Meffert · Marketing

Heribert Meffert

Marketing

Grundlagen marktorientierter Unternehmensführung

Konzepte – Instrumente – Praxisbeispiele

Mit neuer Fallstudie VW Golf

9., überarbeitete und erweiterte Auflage

Prof. Dr. Dr. h.c. mult. Heribert Meffert ist Professor der Betriebswirtschaftslehre, insbesondere Marketing, und Direktor des Instituts für Marketing an der Westfälischen Wilhelms-Universität Münster.

Die Deutsche Bibliothek – CIP-Einheitsaufnahme

Ein Titeldatensatz für diese Publikation ist bei
Der Deutschen Bibliothek erhältlich.

1. Auflage 1977	5. Auflage 1980	Nachdruck 1991	9. Auflage
2. Auflage 1977	6. Auflage 1982	Nachdruck 1992	Oktober 2000
3. Auflage 1978	7. Auflage 1986	Nachdruck 1993	
4. Auflage 1979	Nachdruck 1989	8. Auflage 1998	

Alle Rechte vorbehalten
© Betriebswirtschaftlicher Verlag Dr. Th. Gabler GmbH, Wiesbaden, 2000
Lektorat: Barbara Roscher/Ulrike Lörcher

Der Gabler Verlag ist ein Unternehmen der Fachverlagsgruppe BertelsmannSpringer.

Das Werk einschließlich aller seiner Teile ist urheberrechtlich geschützt. Jede Verwertung außerhalb der engen Grenzen des Urheberrechtsgesetzes ist ohne Zustimmung des Verlags unzulässig und strafbar. Das gilt insbesondere für Vervielfältigungen, Übersetzungen, Mikroverfilmungen und die Einspeicherung und Verarbeitung in elektronischen Systemen.

www.gabler.de

Höchste inhaltliche und technische Qualität unserer Produkte ist unser Ziel. Bei der Produktion und Verbreitung unserer Bücher wollen wir die Umwelt schonen: Dieses Buch ist auf säurefreiem und chlorfrei gebleichtem Papier gedruckt. Die Einschweißfolie besteht aus Polyäthylen und damit aus organischen Grundstoffen, die weder bei der Herstellung noch bei der Verbrennung Schadstoffe freisetzen.

Die Wiedergabe von Gebrauchsnamen, Handelsnamen, Warenbezeichnungen usw. in diesem Werk berechtigt auch ohne besondere Kennzeichnung nicht zu der Annahme, daß solche Namen im Sinne der Warenzeichen- und Markenschutz-Gesetzgebung als frei zu betrachten wären und daher von jedermann benutzt werden dürften.

Umschlaggestaltung: Schrimpf & Partner, Wiesbaden
Satz: FROMM MediaDesign GmbH, Selters/Ts.
Druck und buchbinderische Verarbeitung: Těšínská Tiskárna, a. S. Česky Těšin
Printed in Czech Republic

ISBN 3-409-69017-4

Vorwort zur neunten Auflage

Die vollständig neu bearbeitete 8. Auflage dieses Werkes hat in Wissenschaft und Praxis gleichermaßen gute Resonanz gefunden. In der vorliegenden 9. Auflage wurden neuere Entwicklungen des Internet und E-Commerce aufgegriffen, die Literatur aktualisiert und ergänzt sowie die Praxisbeispiele überarbeitet. Die große, im Unterricht bewährte Fallstudie aus dem Automobilbereich wurde mit dem GOLF IV auf den neuesten Stand gebracht. Weiterhin sind formale Korrekturen durchgeführt und inhaltliche Ungenauigkeiten bereinigt worden.

Diese Arbeiten wurden maßgeblich durch Mitarbeiter meines Instituts unterstützt. So stand mir Dr. Christoph Burmann auch bei dieser Neuauflage in bewährter Form mit Rat und Tat zur Seite. Mein Dank gilt vor allem Frau Dr. Silvia Danne und Herrn Dipl.-Kfm. Marcel Kranz für die tatkräftige Hilfe bei der Überarbeitung dieser Auflage. Ferner danke ich Herrn Dipl.-Kfm. Christian Böing sowie Herrn Dr. Martin Koers für die Unterstützung bei den neu eingearbeiteten Inhalten und Herrn Thomas Sauer von der Volkswagen AG für die kritische Durchsicht der GOLF-Fallstudie.

Schließlich gilt mein Dank dem Gabler-Verlag für die wie immer engagierte Zusammenarbeit und die gelungene Kooperation bei der Überarbeitung und nunmehr farblichen Ausgestaltung dieses Werkes.

Münster, im September 2000   HERIBERT MEFFERT

Vorwort zur achten Auflage

Die siebte Auflage hat sich zehn Jahre als Grundlagenwerk bewährt, obwohl insbesondere seit Ende der achtziger Jahre neue „Moden und Mythen" im Marketing nahezu wöchentlich verkündet wurden. Schlagworte wie Turbo-Marketing, Maxi-Marketing, Retention- oder Relationship-Marketing rückten vielfach in den Mittelpunkt der Diskussion. Einige Konzepte überdauerten kaum ein Jahr, während andere eine wertvolle Ergänzung und Erweiterung des klassischen Marketingverständnisses bewirkten. Allerdings hat sich an dem Grundgedanken des Marketing, die Kundenorientierung als wesentliches Element einer erfolgreichen Unternehmensführung zu begreifen, nichts geändert. Vielmehr wird die Rückbesinnung auf den Kunden in vielen Unternehmen nach mühevollen Reengineering-Projekten als „neue" Herausforderung im globalen Wettbewerb verstanden.

In einer solch turbulenten Zeit stellen sich besondere Anforderungen an ein Grundlagenwerk, die „Spreu vom Weizen" zu trennen sowie Bewährtes und Neues miteinander zu verknüpfen. Angesichts dieser Herausforderung wurde in der neu überarbeiteten achten Auflage die bewährte konzeptionelle Struktur des Marketing beibehalten und um eine institutionelle Perspektive ergänzt. Ausgehend von den veränderten Anforderungen an das Marketingmanagement und einem Überblick über Ansätze der Marketingtheorie sind die Inhalte der strategischen und instrumentellen Ausrichtung des Marketing aktualisiert und um moderne Ansätze ergänzt worden. Neu ausgearbeitet wurden die funktionsübergreifenden Bezüge und Koordinationserfordernisse des Marketing, die angesichts des Voranschreitens prozeßorientierter Unternehmensorganisationen eine verstärkte Bedeutung erlangt haben. Die sich hieraus ergebenden Konsequenzen für die Marketing-Implementierung werden dem Leser ebenso erörtert wie die Auswirkungen auf das Marketing-Controlling. Die institutionellen Besonderheiten und Ausgestaltungsformen des Marketing im Dienstleistungs- und Investitionsgüterbereich sowie im internationalen Marketing und im Social- und Öko-Marketing werden im Kapitel V dargelegt. Im letzten Kapitel vermittelt die Fallstudie VW Golf III dem Leser aus einer konzeptionellen Gesamtsicht einen Einblick in die Gestaltung einer der erfolgreichsten Marketingkonzeptionen der Automobilindustrie. Neben dieser Fallstudie vermitteln Inserts zu aktuellen Entwicklungen und Konzepten des Marketing in allen Teilen des Grundlagenwerkes vielfältige Praxisbezüge.

Angesichts der nahezu explosionsartigen Zunahme der Stoffvielfalt im Marketing erwies es sich als schwierige Gradwanderung, dem notwendigen Überblickscharakter eines Grundlagenwerkes wie auch gleichermaßen einer hinreichenden Vertiefung der konzeptionellen Grundlagen des Marketingmanagement gerecht zu werden. Ich hoffe, daß es mit dem vorliegenden Werk gelungen ist, einen grundlegenden Baustein für die „Meffert Marketing Edition" des Gabler Verlags geschaffen zu haben. Interessierte Leser, die sich über die im Grundlagenwerk dargelegten Ausführungen vertiefend mit den Informationsgrundlagen und Fragestellungen des Marketingmanagement auseinandersetzen wollen, eröffnen die weiteren Schriften der Marketing Edition **„Marketing und Käuferverhalten"** und **„Marketingmanagement"** einen differenzierten Einblick. Übungsmöglichkeiten werden insbesondere den Studenten im Grund- und Hauptstudium durch das **„Arbeitsbuch zum Marketing"** bereitgestellt.

Ein besonderer Dank richtet sich an meinen langjährigen Mitarbeiter, Herrn Dr. Christoph Burmann, der mit großem Engagement zur Überarbeitung einen wesentlichen Beitrag geleistet hat. Darüber hinaus möchte ich *allen* Mitarbeitern am Institut für Marketing danken, die über mehrere „Generationen" mit Teamgeist an der Vollendung der neuen Auflage mitgewirkt haben.

Schließlich gilt mein Dank dem Gabler Verlag für das entgegengebrachte Verständnis im Rahmen des langjährigen Überarbeitungsprojektes und die stets hervorragende Zusammenarbeit bei der Drucklegung des Werkes.

Münster, im September 1997　　　　　　　　　　　　　　　　　HERIBERT MEFFERT

Inhaltsverzeichnis

Erstes Kapitel
Konzeptionelle Grundlagen des Marketing

1. Marketing als marktorientierte Unternehmensführung 3
   - 1.1 Philosophie und Anspruchsspektrum des Marketing 3
   - 1.2 Entwicklungslinien und Interpretationsformen des Marketing 4
   - 1.3 Begriff und Merkmale des Marketing 8
   - 1.4 Aufgaben des Marketing-Management 11
   - 1.5 Herausforderungen des Marketing-Management 17

2. Ansätze der Marketingtheorie 19
   - 2.1 Gegenstand und Entwicklung der Marketingtheorie 19
   - 2.2 „Klassische Ansätze" der Marketingtheorie 19
   - 2.3 Ansätze der modernen Marketingtheorie 22
   - 2.4 Auf dem Weg zu „neuen" Paradigmen in der Marketingtheorie 24
     - 2.41 Informationsökonomischer Ansatz 24
     - 2.42 Transaktions- versus Relationship-Marketing 25
     - 2.43 Prozeßorientierter Ansatz 26

3. Die Arena des Marketing: Umwelt und Märkte 28
   - 3.1 Umwelt als Aktionsfeld des Marketing 28
     - 3.11 Umweltbezüge des Marketing 28
     - 3.12 Erfassung der Marketingumwelt 28
     - 3.13 Kennzeichnung der Anspruchsgruppen 31
   - 3.2 Märkte als Aufgabenumwelt des Marketing 35
     - 3.21 Abgrenzung und Formen des Marktes 36
       - 3.211 Kriterien zur Abgrenzung relevanter Märkte 37
       - 3.212 Anbieter- und produktbezogene Ansätze
         der Marktabgrenzung 40
       - 3.213 Nachfragebezogene Ansätze der Marktabgrenzung 42
     - 3.22 Entwicklungsdynamik von Märkten 46
   - 3.3 Klassifikation von Marktleistungen 49
     - 3.31 Sach- und dienstleistungsorientierte Leistungstypologie 49
     - 3.32 Informationsökonomische Leistungstypologie 54

4. Marketingentscheidung und Marketingkonzeption 57
   - 4.1 Grundlagen der Marketingentscheidung 57
     - 4.11 Begriff und Merkmale der Marketingentscheidung 57

		4.12 Strukturelemente der Marketingentscheidung	58
		4.13 Die Marketingstrategie als zentraler Bestandteil der Marketingkonzeption	61
	4.2	Situationsanalyse im Marketing	63
		4.21 Chancen-/Risiken-Analyse	65
		4.22 Ressourcenanalyse	66
	4.3	Unternehmens- und Marketingziele	69
		4.31 Zielplanung als mehrstufiger Entscheidungsprozeß	69
		4.32 Marketingziele im Zielsystem der Unternehmung	76

Zweites Kapitel
Verhaltens- und Informationsgrundlagen des Marketing

1.	Marketing- und Käuferverhaltensforschung im System des Marketing		93
	1.1 Der Informationsaspekt des Marketing-Management		93
	1.2 Fragestellungen und Ansätze der Käuferverhaltensforschung		98
2.	Verhalten von Marktteilnehmern		101
	2.1 Kaufentscheidungstypen und -träger		101
	2.2 Kaufverhalten von Konsumenten		104
	2.21 Aktuelle Entwicklungen im Kaufverhalten der Konsumenten		104
	2.22 Kaufverhalten von Konsumenten		109
	2.221 Aktiviertheit und Involvement		110
	2.222 Emotionen		113
	2.223 Wissen und Wissenserwerb		114
	2.224 Motive		117
	2.225 Einstellungen		118
	2.226 Werte		125
	2.227 Persönlichkeit		127
	2.228 Soziale Bestimmungsfaktoren		127
	2.23 Modelle zur Erklärung des Entscheidungsverhaltens von Konsumenten		132
	2.3 Kaufentscheidungen von Unternehmen		137
	2.31 Kaufentscheidungen industrieller Unternehmen		137
	2.311 Besonderheiten und Typen der Kaufentscheidungen von Unternehmen		137
	2.312 Monoorganisationale Erklärungsansätze		139
	2.313 Multiorganisationale Erklärungsansätze		140
	2.32 Kaufentscheidungen von Handelsunternehmen		142

3. Grundlagen der Marketingforschung und Absatzprognosen 145
   3.1 Gegenstand und Aufgaben der Marketingforschung 145
   3.2 Informationsgewinnung 146
      3.21 Entscheidungsprobleme der Informationsgewinnung 146
      3.22 Meß- und Auswahlverfahren der Informationsgewinnung 147
      3.23 Methoden der Informationsgewinnung 152
         3.231 Sekundärforschung 152
         3.232 Primärforschung 154
            3.2321 Beobachtung 154
            3.2322 Befragung 155
            3.2323 Experiment 158
            3.2324 Spezialformen der Informationsgewinnung 161
   3.3 Informationsauswertung 164
      3.31 Entscheidungsprobleme der Informationsauswertung 164
      3.32 Uni- und bivariate statistische Auswertungsverfahren 165
      3.33 Multivariate statistische Auswertungsverfahren 168
   3.4 Absatzprognosen 171
      3.41 Begriff und Gegenstand der Absatzprognosen 171
      3.42 Quantitative Prognosemethoden 173
      3.43 Qualitative Absatzprognosen 178

4. Marktsegmentierung 181
   4.1 Gegenstand der Marktsegmentierung 181
      4.11 Ziele und Aufgaben der Marktsegmentierung 181
      4.12 Entscheidungstatbestände der Marktsegmentierung 183
   4.2 Erfassung von Marktsegmenten 185
      4.21 Abgrenzung des relevanten Produktmarktes 185
      4.22 Kriterien zur Marktsegmentierung 186
         4.221 Anforderungen an Segmentierungskriterien 186
         4.222 Geographische Marktsegmentierung 189
         4.223 Soziodemographische Marktsegmentierung 192
         4.224 Psychographische Marktsegmentierung 196
            4.2241 Einstellungen als Kriterium
                   zur Marktsegmentierung 196
            4.2242 Segmentierung auf Basis von
                   Persönlichkeitsmerkmalen 199
            4.2243 Segmentierung auf Basis von
                   Nutzenvorstellungen 204
         4.225 Verhaltensorientierte Marktsegmentierung 208
      4.23 Verfahren zur Identifikation von Marktsegmenten 213
   4.3 Segmentspezifische Marktbearbeitung 214
      4.31 Auswahl von Zielsegmenten 214
      4.32 Strategien der Marktbearbeitung 216
   4.4 Das Problem der optimalen Marktsegmentierung 218

Drittes Kapitel
Aktionsgrundlagen der Marketingentscheidung

1. Planung von Unternehmens- und Marketingstrategien 233
   1.1 Entscheidungen im Rahmen der strategischen Unternehmensplanung ... 235
      1.11 Bildung strategischer Geschäftsfelder 235
      1.12 Geschäftsfeldwahl und Marktabdeckungsstrategie 239
      1.13 Ableitung der strategischen Stoßrichtung 244
      1.14 Ableitung von Normstrategien 249
         1.141 Normstrategien auf Basis der Portfolioanalyse 249
         1.142 Normstrategien auf Basis der Erfahrungskurvenanalyse 253
         1.143 Normstrategien auf Basis der Marktlebenszyklusanalyse ... 256
            1.1431 Normstrategien in „jungen" Märkten 256
            1.1432 Normstrategien in stagnierenden und
                   schrumpfenden Märkten 259
         1.144 Risiken bei der Orientierung an Normstrategien 265
   1.2 Entscheidungen im Rahmen der strategischen Marketingplanung 267
      1.21 Marktteilnehmerübergreifende Entscheidungen 267
         1.211 Systematisierung strategischer Marketingentscheidungen .. 267
         1.212 Differenzierung der Marktbearbeitung 268
      1.22 Abnehmergerichtete Strategien 269
         1.221 Systematisierung abnehmergerichteter Strategien 269
         1.222 Innovationsorientierung 272
         1.223 Qualitätsorientierung 273
         1.224 Markierungsorientierung 277
         1.225 Programmbreitenorientierung 278
         1.226 Kostenorientierung 279
      1.23 Konkurrenzgerichtete Strategien 282
         1.231 Systematisierung konkurrenzgerichteter Strategien 282
         1.232 Kooperationsstrategien 284
         1.233 Konfliktstrategien 285
         1.234 Ausweich- und Anpassungsstrategien 286
      1.24 Absatzmittlergerichtete Strategien 288
         1.241 Systematisierung absatzmittlergerichteter Strategien 288
         1.242 Anpassungsstrategien 291
         1.243 Konfliktstrategien 292
         1.244 Kooperationsstrategien 292
         1.245 Umgehungs- und Ausweichstrategien 293
      1.25 Anspruchsgruppengerichtete Strategien 296
         1.251 Systematisierung anspruchsgruppengerichteter Strategien . 296
         1.252 Einfluß situativer Faktoren auf die Strategiewahl 299

1.3 Strategiebewertung 302
    1.31 Bewertung als Teilaufgabe der strategischen Planung 302
    1.32 Elemente des strategischen Bewertungsprozesses 304
    1.33 Darstellung ausgewählter Bewertungsmethoden 308
        1.331 Strategiebewertung durch Checklisten- und
              Strategieprofilmethoden 308
        1.332 Strategiebewertung durch den Analytic Hierarchy Process
              (AHP) 308
        1.333 Strategiebewertung durch die Kapitalwertmethode 310
        1.334 Strategiebewertung durch das Capital Asset Pricing Model .. 311
1.4 Prozeß der Strategieanpassung 314

2. Produkt- und programmpolitische Entscheidungen 327
   2.1 Ziele der Produkt- und Programmpolitik 329
   2.2 Entscheidungstatbestände der Produkt- und Programmpolitik 332
   2.3 Informationsgrundlagen der Produkt- und Programmpolitik 337
      2.31 Informationsgrundlagen der strategischen Produkt-
          und Programmpolitik 338
          2.311 Produktlebenszyklusanalyse 338
              2.3111 Modell des Produktlebenszyklus 339
              2.3112 Aussagewert des Lebenszykluskonzeptes 342
          2.312 Programmstrukturanalysen 346
          2.313 Portfolioanalyse 350
          2.314 Produktpositionierungsanalyse 353
          2.315 Analyse der Absatzmittlerbedürfnisse 360
      2.32 Informationsgrundlagen der operativen
          Produkt- und Programmpolitik 362
          2.321 Deckungsbeitragsanalysen 362
          2.322 Kennzahlenanalysen 365
          2.323 Kundenzufriedenheits- und Beschwerdeanalysen 366
   2.4 Produktinnovation 373
      2.41 Begriffliche Grundlagen und Bedeutung von Produktinnovationen . 374
      2.42 Ziele des Innovationsmanagements 380
      2.43 Phasen des Innovationsmanagements 380
      2.44 Innovationsstrategien 382
          2.441 Strategische Grundausrichtung 382
          2.442 Systematisierung strategischer Handlungsoptionen 385
      2.45 Gewinnung von Neuproduktideen 390
      2.46 Prüfung von Neuproduktideen 398
          2.461 Vorauswahl von Produktideen 398
          2.462 Konkretisierung von Produktideen 399
          2.463 Wirtschaftlichkeitsanalysen 405
      2.47 Realisation von Neuproduktideen 408
          2.471 Produkttests 408

		2.472	Markt- und Storetest	410
		2.473	Testmarktersatzverfahren	411
	2.48		Markteinführung und Diffusion von Neuprodukten	418
	2.49		Erfolgsfaktoren des Innovationsmanagements	422
		2.491	Aufbau und Sicherung von Zeitvorteilen	422
		2.492	Erfolgreiche Innovationsstrategien	427
		2.493	Erfolgsvoraussetzungen in der Ideengewinnungsphase	430
		2.494	Erfolgsvoraussetzungen bei der Prüfung von Neuproduktideen	431
		2.495	Erfolgsfaktoren in der Markteinführungsphase	433
		2.496	Innovationsfördernde Organisationsstrukturen und -prozesse	434
2.5	Produktvariation			437
2.6	Produktdifferenzierung			439
	2.61	Grundlagen der klassischen Produktdifferenzierung		439
	2.62	Produktdifferenzierung durch Value-Added-Services		442
		2.621	Differenzierungswirkung von Value-Added-Services	444
		2.622	Generierung und Ausgestaltung von Value-Added-Services	446
	2.63	Probleme der Produktdifferenzierung		448
2.7	Produktelimination			450
2.8	Verpackungsgestaltung			455
2.9	Programmgestaltung			461
	2.91	Strategische Programmgestaltung		462
	2.92	Operative Programmgestaltung		464
	2.93	Verbundeffekte im Programm		467
2.10	Verbraucherpolitische und ökologische Aspekte der Produktgestaltung			470

3.	Kontrahierungspolitische Entscheidungen				482
	3.1	Preispolitik			483
		3.11	Bedeutung der Preispolitik		483
		3.12	Ziele und Anlässe preispolitischer Entscheidungen		485
		3.13	Bestimmungsfaktoren bei der Wahl der Preisstrategie		488
			3.131	Klassische Bestimmungsfaktoren	488
			3.132	Verhaltenstheoretische Bestimmungsfaktoren	493
			3.133	Produktbezogene Bestimmungsfaktoren	500
			3.134	Marktformenspezifische Bestimmungsfaktoren	504
		3.14	Preispolitische Strategien		505
			3.141	Prinzipien der Preisbestimmung	506
				3.1411 Kostenorientierte Preisbestimmung	506
				3.1412 Nachfrageorientierte Preisbestimmung	512
				3.14121 Preisbestimmung im Monopol	514
				3.14122 Preisbestimmung im Polypol	520
				3.14123 Preisbestimmung mit Deckungsbeitragsanalysen	527

                3.1413 Konkurrenzorientierte Preisbestimmung 530
                        3.14131 Preisbestimmung im Oligopol 530
                        3.14132 Preisbestimmung mit Leitpreisen 541
                3.1414 Nutzenorientierte Preisbestimmung 542
        3.142 Statische Strategiekonzepte der Preispolitik 548
                3.1421 Prämien- und Promotionspreispolitik 549
                3.1422 Strategien der Preisdifferenzierung 550
                        3.14221 Theoretische Ansätze
                                der Preisdifferenzierung 550
                        3.14222 Preisdifferenzierung in der Praxis 556
                3.1423 Preispolitischer Ausgleich 561
        3.143 Dynamische Strategiekonzepte der Preispolitik 564
                3.1431 Penetrations- und Skimmingpreispolitik 565
                3.1432 Lebenszyklusabhängige Preispolitik 568
                3.1433 Yield Management 570
                3.1434 Dynamische, nicht-lineare Preispolitik 575
        3.15 Prozeß der Preisentscheidung 576
    3.2 Konditionenpolitik 581
        3.21 Rabattpolitik 581
                3.211 Ziele der Rabattpolitik 581
                3.212 Formen der Rabattpolitik 585
        3.22 Absatzkreditpolitik 589
        3.23 Lieferungs- und Zahlungsbedingungen 591

4. Distributionspolitische Entscheidungen 600
    4.1 Ziele und Entscheidungstatbestände der Distributionspolitik 600
    4.2 Absatzmittlergerichtete Strategien als Basisentscheidungen
        im vertikalen Marketing 605
    4.3 Absatzkanalmanagement zur Realisierung
        der absatzmittlergerichteten Strategien 610
        4.31 Verhaltensbeziehungen in Distributionssystemen
             als Grundlage des Absatzkanalmanagements 610
        4.32 Selektionskonzept 614
                4.321 Festlegung der vertikalen und horizontalen
                      Absatzkanalstruktur 614
                4.322 Bewertung und Auswahl alternativer
                      Absatzkanalstrukturen 618
                4.323 Einsatz von Handelsvertretern oder Reisenden
                      als Sonderproblem der Absatzmittlerselektion 626
                        4.3231 Zentrale Merkmale von Handelsvertretern
                               und Reisenden 626
                        4.3232 Auswahlentscheidung zwischen
                               Handelsvertretern und Reisenden 627

4.33 Kontraktkonzept 631
 4.331 Klassifizierung vertraglicher Beziehungsstrukturen
   zwischen Herstellern und Absatzmittlern 632
 4.332 Umsetzung von Kooperationsstrategien
   durch vertragliche Vertriebssysteme 634
   4.3321 Kommissionsvertrieb 634
   4.3322 Vertriebsbindungs- und Alleinvertriebssyteme 635
   4.3323 Vertragshändler- und Franchisesysteme 638
 4.333 Umsetzung von Umgehungsstrategien
   durch Direktvertriebs- und Filialkonzepte 642
4.34 Akquisitions- und Stimulierungskonzept 646
 4.341 Push- und Pull-Ansatz als Basisoptionen
   der Absatzmittlerakquisition und -stimulierung 647
 4.342 Monetäre und nicht-monetäre Anreize
   als Schlüsselinstrumente zur Absatzmittlerakquisition
   und -stimulierung 649
4.4 Marketinglogistik 653
 4.41 Ziele und Aufgaben der Marketinglogistik 654
 4.42 Strategische Marketinglogistik 662
 4.43 Operative Marketinglogistik 665
  4.431 Entscheidungen über die Lagerhaltung 666
  4.432 Entscheidungen über Transportmittel und -wege 668
 4.44 Scanning und integrierte Warenwirtschaftssysteme
   als Erfolgsfaktoren der Marketinglogistik 669

5. Kommunikationspolitische Entscheidungen 678
 5.1 Ziele und Entscheidungstatbestände der Kommunikationspolitik 678
  5.11 Kommunikationsziele als Steuerungskriterien 678
   5.111 Ökonomische und psychographische Ziele 680
   5.112 Bedeutung der Zielgruppenabgrenzung 682
  5.12 Entscheidungstatbestände der Kommunikationspolitik 683
 5.2 Verhaltenswissenschaftliche Grundlagen der
  Unternehmenskommunikation 691
  5.21 Teilprozesse der Kommunikationswirkung 691
   5.211 Wahrnehmungswirkungen 691
   5.212 Verarbeitungswirkungen 693
   5.213 Verhaltenswirkungen 694
  5.22 Einflußfaktoren der kommunikativen Wirkungen 694
  5.23 Modelle der Kommunikationswirkung 696
   5.231 Wirkungsstufenmodelle 696
   5.232 Modell der Wirkungspfade 698
   5.233 Involvement-Modell 701
   5.234 Neo-behavioristisches Verhaltensmodell 701

5.3	Festlegung der Kommunikationsstrategien	705
	5.31 Corporate Identity als Orientierungsrahmen der Kommunikationsstrategie	705
	5.32 Dimensionen der kommunikativen Strategieplanung	709
5.4	Einsatz der Kommunikationsinstrumente	712
	5.41 Klassische Werbung	712
	5.411 Werbung in Insertionsmedien	715
	5.412 Werbung in elektronischen Medien	717
	5.42 Verkaufsförderung	721
	5.43 Public Relations	724
	5.44 Sponsoring	729
	5.45 Event-Marketing	737
	5.46 Messen und Ausstellungen	741
	5.47 Direktkommunikation	743
	5.48 Multimedia-Kommunikation	746
	5.481 Grundlagen der Multimedia-Kommunikation	746
	5.482 Offline-Kommunikation	749
	5.483 Online-Kommunikation (Internet)	753
	5.4831 Entwicklung und Bedeutung des Internet	753
	5.4832 Besonderheiten der Kommunikation im Internet	759
	5.4833 Kommunikationsformen im Internet	762
	5.4834 Erfolgskontrolle der Kommunikation im Internet	780
5.5	Budgetierung des Kommunikations-Mix	784
	5.51 Prozeß der Budgetierung	784
	5.52 Methoden zur Festlegung des Kommunikationsbudgets	785
	5.521 Monovariable, nicht-wirkungsgestützte Methoden	786
	5.522 Monovariable, wirkungsgestützte Methoden	789
	5.523 Polyvariable, wirkungsgestützte Methoden	790
	5.524 Polyvariable, nicht-wirkungsgestützte Methoden	797
5.6	Gestaltung der kommunikativen Botschaft	799
	5.61 Gestaltung der Botschaftsform	800
	5.62 Gestaltung des Botschaftsinhalts	806
5.7	Budgetallokation und Mediaselektion	811
	5.71 Ziele und Formen der Mediaselektion	811
	5.72 Sachliche Aufteilung des Kommunikationsbudgets	811
	5.721 Intermediaselektion	811
	5.722 Intramediaselektion	815
	5.73 Zeitliche und geographische Aufteilung des Kommunikationsbudgets	819
	5.74 Aufbau von Mediaselektionsmodellen	824
5.8	Optimierung des Kommunikationsmix	828
5.9	Wirkungskontrolle des Kommunikationsmix	830
	5.91 Entscheidungtatbestände der Wirkungskontrolle	880
	5.92 Ansätze der Wirkungsforschung	831

5.93 Testmethoden in der Wirkungsforschung 832
    5.931 Pre-Tests 832
    5.932 Post-Tests 835
5.94 Wirkungsinterdependenzen 836

6. Mixübergreifende Entscheidungen 846
  6.1 Markenpolitische Entscheidungen 846
    6.11 Historie und Wesen der Marke 846
    6.12 Ziele und Entscheidungstatbestände der Markenpolitik 848
    6.13 Prozeß der Markenpositionierung und Markenprofilierung 851
    6.14 Strategische Optionen der Markenpolitik 856
        6.141 Markenstrategien im horizontalen Wettbewerb 856
            6.1411 Einzelmarkenstrategie 856
            6.1412 Mehrmarkenstrategie 858
            6.1413 Markenfamilienstrategie 861
            6.1414 Dachmarkenstrategie 862
            6.1415 Markentransferstrategie 865
        6.142 Markenstrategien im vertikalen Wettbewerb 869
            6.1421 Gattungsmarkenstrategie 872
            6.1422 Eigenmarkenstrategie des Handels 872
            6.1423 Premiummarkenstrategie des Handels 874
        6.143 Markenstrategien im internationalen Wettbewerb 874
            6.1431 Multinationale Markenstrategie 874
            6.1432 Globale Markenstrategie 876
            6.1433 Gemischte Markenstrategie 877
    6.15 Identitätsorientiert-ganzheitliche Markenführung 878
  6.2 Verkaufsmanagement 886
    6.21 Gegenstand des Verkaufsmanagement 886
    6.22 Formen und Arten des Verkaufs 887
        6.221 Persönlicher Verkauf 889
        6.222 Semipersönlicher Verkauf 891
        6.223 Unpersönlich-medialer Verkauf 892
    6.23 Aufgaben des Verkaufs 895
    6.24 Entscheidungstatbestände des Verkaufsmanagement 899
        6.241 Konzeptionelle Verkaufsplanung 899
        6.242 Operative Verkaufsplanung 900
    6.25 Erfolgreiche Verkaufsprozesse 906
    6.26 Organisation des Verkaufsmanagement 911
        6.261 Führungs- und Vergütungssysteme im Verkauf 911
        6.262 Strukturierung der Verkaufsorganisation 913
    6.27 Verkauf über das Internet (E-Commerce) 919
        6.271 Begriff und Bedeutung des E-Commerce 917
        6.272 Veränderungen in der Wertschöpfungskette durch
              den E-Commerce 921

    6.273 Ziele und strategische Besonderheiten des E-Commerce ... 928
    6.274 Ausgestaltung des E-Commerce 931
 6.3 Kundendienstmanagement 940
  6.31 Gegenstand des Kundendienstmanagement 940
  6.32 Ziele und Entscheidungstatbestände
    des Kundendienstmanagement 946
  6.33 Informationsgrundlagen des Kundendienstmanagement 949
  6.34 Strategien im Kundendienstmanagement 952
  6.35 Gestaltung des Kundendienst-Mix 954
  6.36 Probleme bei der Integration des Kundendienst-Mix 962

Viertes Kapitel
Marketingkoordination

1. Grundlagen der Marketingkoordination 969
2. Integrierte Planung des Marketing-Mix als funktionsspezifische
 Koordination 969
 2.1 Entscheidungstatbestände bei der Gestaltung des Marketing-Mix 969
  2.11 Ablauf des Marketing-Mix-Planungsprozesses 971
  2.12 Interdependenzen als zentrales Problem
    der Marketing-Mix-Gestaltung 973
  2.13 Bestimmung des Informationsbedarfs 974
  2.14 Festlegung des globalen Aktivitätenniveaus und Budgetallokation 975
 2.2 Situative Gestaltung des Marketing-Mix 977
  2.21 Produktbezogene und sektorale Besonderheiten 977
  2.22 Lebenszyklusphase als Bestimmungsfaktor
    der Marketing-Mix-Gestaltung 980
 2.3 Integrierte Planung des Marketing-Mix 982
  2.31 Analytische Verfahren 982
    2.311 Marginalanalyse 982
    2.312 Mathematische Programmierung 986
  2.32 Heuristische Verfahren 987
    2.321 Anwendung heuristischer Prinzipien 987
    2.322 Warenspezifische Analogiemethode
      als produktbezogenes Verfahren 989
      2.3221 Bestimmung des Marketing-Mix 989
      2.3222 Aussagewert produktbezogener
        Auswahlheuristiken 992
    2.323 Kühn-Modell 992
  2.33 Aussagewert und Anwendbarkeit von Marketing-Mix-
    Planungsmodellen für Problemstellungen der Praxis 995

2.4 Nachfragewirkung von Marketinginstrumenten 997
  2.41 Univariate Effekte und Interaktionswirkungen 997
  2.42 Empirische Einflußfaktoren der Nachfragewirkung 999

3. Funktionsübergreifende Koordination des Marketing 1006
  3.1 Stellenwert der funktionsübergreifenden Koordination des Marketing .. 1006
    3.11 Veränderungen in der Markt- und Umweltsituation 1006
    3.12 Koordinationsaufgaben im Rahmen des Lean Management,
         Total Quality Management und Reengineering 1009
  3.2 Systematisierung von Koordinationsformen 1013
    3.21 Reduktion des Koordinationsbedarfs 1013
      3.211 Prozeßorientierte Entkopplung 1015
      3.212 Fokussierung (Outsourcing) 1018
      3.213 Überschußressourcen 1020
      3.214 Flexibilisierung von Ressourcen 1020
      3.215 Verringerung der Koordinationsparameter 1021
      3.216 Standards (Bandbreiten) 1022
      3.217 Verringerung des Anspruchsniveau 1022
    3.22 Deckung des Koordinationsbedarfs 1022
      3.221 Abgrenzung von Koordinationskosten 1022
      3.222 Markt und Hierarchie als klassische Koordinationsformen .. 1023
      3.223 Personenorientierte Koordinationsformen 1025
      3.224 Technokratische Koordinationsformen 1026
      3.225 Nicht-strukturelle Koordinationsformen 1028
  3.3 Auswahl geeigneter Koordinationsformen 1029
  3.4 Komplexität als zentrales funktionsübergreifendes
      Koordinationsproblem 1033
    3.41 Externe und interne Komplexität 1033
    3.42 Erlös- und Kostenwirkungen der Komplexität 1037
    3.43 Abgrenzung der Komplexitätskosten 1042
    3.44 Produkt- und Variantenvielfalt als Determinante
         der Komplexitätskosten 1044
  3.5 Reduktion des Koordinationsbedarfs durch Komplexitätsabbau 1049
    3.51 Komplexitätsabbau auf der Produktprogrammebene 1050
    3.52 Komplexitätsabbau auf der Produktebene 1051
    3.53 Komplexitätsabbau auf der Prozeßebene 1051
      3.531 Unternehmenssegmentierung 1051
      3.532 Reintegration von Arbeitsinhalten und Empowerment 1053
      3.533 Fokussierung und Customer Integration 1058

4. Marketingorganisation 1064
  4.1 Aufgaben und zentrale Entscheidungstatbestände
      der Marketingorganisation 1064
  4.2 Integration des Marketing in die Unternehmensorganisation 1066

4.3 Grundlegende Strukturtypen der Unternehmens-
und Marketingorganisation 1069
4.4 Aufgabengliederung innerhalb der Marketingorganisation 1071
4.41 Funktionale Marketingorganisation 1071
4.42 Objektorientierte Marketingorganisation 1074
4.421 Produktorientierte Marketingorganisation 1074
4.422 Kundenorientierte Marketingorganisation 1079
4.423 Regionenorientierte Marketingorganisation 1084
4.5 Neue Formen der Marketingorganisation 1086
4.51 Prozeßorganisation 1086
4.52 Projektorganisation 1088
4.53 Modulare Marketingorganisation 1089
4.54 Virtuelle Marketingorganisation 1090
4.55 Category Management 1094

5. Marketingimplementierung 1101
5.1 Grundlagen und Begriff der Marketingimplementierung 1101
5.11 „Implementierungslücke" als strategisches Dilemma 1101
5.12 Begriff und Inhalt der Marketingimplementierung 1102
5.2 Bezugsobjekte und Zielsetzungen
der Marketingimplementierung 1103
5.3 Durchsetzung und Umsetzung
der Marketingimplementierung 1105
5.31 Durchsetzung der Marketingimplementierung 1105
5.32 Umsetzung der Marketingimplementierung 1108
5.321 Spezifizierung von Marketingstrategien 1108
5.322 Anpassung der Unternehmenspotentiale 1109
5.3221 Anpassung der Unternehmenskultur 1110
5.3222 Anpassung der Unternehmenssysteme 1111
5.3223 Anpassung der Unternehmensstruktur 1112
5.4 Erfolgsvoraussetzungen der Marketingimplementierung 1114
5.41 Identifikation der Implementierungsträger 1114
5.42 Anwendung adäquater Führungsstile 1115
5.5 Internes Marketing zur Unterstützung
der Marketingimplementierung 1118
5.6 Implementierungsprinzipien des Total Quality Management 1120

6. Marketing-Controlling 1123
6.1 Gegenstand, Ziele und Aufgaben des Controlling 1123
6.2 Besonderheiten des Marketing-Controlling 1129
6.3 Funktionen des Marketing-Controlling 1131
6.4 Formen des Marketing-Controlling 1134
6.41 Strategisches Marketing-Controlling 1135
6.42 Operatives Marketing-Controlling 1138

XIX

6.5 Kontrollgrößen und Instrumente des Marketing-Controlling 1141
    6.51 Ökonomische Kontrollgrößen 1142
    6.52 Psychographische Kontrollgrößen 1142
    6.53 Kennzahlen und Kennzahlensysteme 1143
    6.54 Absatzsegmentrechnung 1145
6.6 Implementierung und Organisation des Marketing-Controlling 1150
    6.61 Träger des Marketing-Controlling 1150
    6.62 Organisatorische Einbindung des Marketing-Controlling 1151

Fünftes Kapitel
Institutionelle Bereiche des Marketing

1. Gegenstand und Besonderheiten des Dienstleistungsmarketing 1159
    1.1 Gegenstand des Dienstleistungsmarketing 1159
    1.2 Merkmale von Dienstleistungen 1160
        1.21 Immaterialität von Dienstleistungen 1160
        1.22 Leistungsfähigkeit des Dienstleistungsanbieters 1161
        1.23 Integration des externen Faktors in den
             Dienstleistungserstellungsprozeß 1162
    1.3 Käuferverhalten und Marktforschung im Dienstleistungsbereich 1163
    1.4 Strategische Entscheidungstatbestände des Dienstleistungsmarketing ... 1164
        1.41 Ziele im Dienstleistungsmarketing 1164
        1.42 Strategische Planungskonzepte im Dienstleistungsmarketing 1165
        1.43 Festlegung von Strategien im Dienstleistungsmarketing 1165
    1.5 Operative Entscheidungstatbestände des Dienstleistungsmarketing 1167
        1.51 Marketing-Mix im Servicebereich 1167
        1.52 Leistungspolitik 1167
        1.53 Kommunikationspolitik 1170
        1.54 Preispolitik 1171
        1.55 Distributionspolitik 1173
    1.6 Implementierung des Dienstleistungsmarketing 1174
    1.7 Zukünftige Entwicklung des Dienstleistungsmarketing 1175

2. Gegenstand und Besonderheiten des Handelsmarketing 1178
    2.1 Abgrenzung und Besonderheiten des Handelsmarketing 1178
    2.2 Entwicklung des Handelsmarketing 1179
    2.3 Strategische Rahmenentscheidungen im Handel 1182
        2.31 Situationsanalyse und Ziele im Handelsmarketing 1182
        2.32 Strategische Grundkonzeption im Handel 1183
            2.321 Basisstrategien der Marktabdeckung 1183
            2.322 Sortimentsstrategien 1185
            2.323 Standortstrategien 1185

    2.324 Abnehmergerichtete Wettbewerbsstrategien 1187
    2.325 Vertikale Strategien 1189
    2.326 Betriebsformen und -typenstrategien 1192
  2.4 Integriertes Marketing-Mix im Handel 1195
    2.41 Leistungspolitik (Sortimentspolitik) 1197
    2.42 Distributionspolitik 1198
    2.43 Kontrahierungspolitik 1199
    2.44 Kommunikationspolitik 1200

3. Gegenstand und Besonderheiten des Investitionsgütermarketing 1203
  3.1 Definiton und Abgrenzung des Investitionsgütermarketing 1203
  3.2 Ansätze und Informationsgrundlagen des Investitionsgütermarketing ... 1204
    3.21 Charakteristika von Investitionsgütermärkten 1204
    3.22 Forschungsansätze zum Verhalten auf Investitionsgütermärkten .. 1206
    3.23 Typologien des Investitionsgütermarketing 1212
    3.24 Marktsegmentierung im Investitionsgütersektor 1217
  3.3 Strategische Besonderheiten des Investitionsgütermarketing 1217
    3.31 Abnehmergerichtete Strategien 1218
    3.32 Konkurrenz- und anspruchsgruppengerichtete Strategien 1220
  3.4 Besonderheiten des Marketing-Mix in Investitionsgütermärkten 1221
    3.41 Produktpolitik 1221
    3.42 Kontrahierungspolitik 1222
    3.43 Distributionspolitik 1223
    3.44 Kommunikationspolitik 1224
  3.5 Ausblick 1226

4. Gegenstand und Besonderheiten des internationalen Marketing 1230
  4.1 Herausforderungen und Grundorientierungen
    im internationalen Marketing 1230
    4.11 Internationalisierung als Herausforderung an das Marketing 1230
    4.12 Grundorientierungen im internationalen Marketing 1231
  4.2 Informationsgrundlagen im internationalen Marketing 1233
    4.21 Umweltanalyse als zentrale Aufgabe
      internationaler Marktforschung 1233
    4.22 Besonderheiten der internationalen Marktforschung 1235
  4.3 Ziele und Strategien im internationalen Marketing 1236
    4.31 Motive und Ziele als Ausgangspunkt der strategischen
      Planung im internationalen Marketing 1236
    4.32 Marktwahlstrategien im internationalen Marketing 1236
    4.33 Formen des Markteintritts in internationale Märkte 1239
    4.34 Timing des Markteintritts 1241
    4.35 Abnehmergerichtete Wettbewerbsstrategien
      im internationalen Marketing 1242

4.4 Maßnahmenplanung im internationalen Marketing 1244
    4.41 Standardisierung versus Differenzierung
        als zentrales Entscheidungsproblem 1244
    4.42 Internationale Produkt- und Markenpolitik 1245
    4.43 Kommunikationspolitik im internationalen Marketing 1249
    4.44 Distributionspolitik im internationalen Marketing 1253
    4.45 Internationale Kontrahierungspolitik 1254
    4.46 Auswirkungen des Euro auf das internationale Marketing 1256
4.5 Implementierung des internationalen Marketing 1258

5. Gegenstand und Besonderheiten des Marketing für öffentliche Betriebe 1265
   5.1 Defintion und Abgrenzung öffentlicher Betriebe 1265
   5.2 Güter- und anbieterspezifische Besonderheiten öffentlicher Betriebe ... 1267
   5.3 Notwendigkeit einer Marketingorientierung 1269
   5.4 Marketingziele öffentlicher Betriebe 1270
   5.5 Strategisches Marketing für öffentliche Betriebe 1271
   5.6 Besonderheiten des Marketing-Mix öffentlicher Betriebe 1272

6. Gegenstand und Besonderheiten des Social Marketing 1276
   6.1 Entwicklung und Abgrenzung des Social Marketing 1276
   6.2 Situationsanalyse im Social Marketing 1282
   6.3 Ziele und Strategien im Social Marketing 1283
   6.4 Besonderheiten des Social Marketing-Mix 1284
   6.5 Implementierung des Social Marketing 1289
   6.6 Entwicklungstendenzen und Zukunftsperspektiven
       des Social Marketing 1290

7. Gegenstand und Besonderheiten des Öko-Marketing 1293
   7.1 Ökologische Problemstellungen als Herausforderung
       an das Marketing 1293
   7.2 Gegenstand und Abgrenzung des ökologieorientierten Marketing 1296
   7.3 Informationsgrundlagen des Öko-Marketing 1300
   7.4 Strategische Ausrichtung des Öko-Marketing 1304
   7.5 Operative Ausrichtung des Öko-Marketing 1305
   7.6 Implementierung des Öko-Marketing 1311
   7.7 Zusammenfassung und Ausblick 1312

Fallstudie VW Golf IV

1. Bedeutung des Golf-Konzeptes für den Volkswagen-Konzern –
   Entwicklung, Einführung und Markterfolg der Modelle
   Golf I, II, III und IV 1317

2. Gesamtmarkt- und Unternehmenssituation bei der Einführung
   des Golf IV 1323
   2.1 Gesamtmarktentwicklung für die nationalen und internationalen
        Automobilmärkte bei der Einführung des Golf IV 1323
   2.2 Trends auf den Automobilmärkten bei der Einführung des Golf IV 1326
   2.3 Unternehmenssituation des Volkswagen-Konzerns auf dem Weg
        ins neue Jahrtausend 1329
        2.31 Mehrmarken- und Plattformstrategie im Volkswagen-Konzern
             als Reaktion auf automoblile Trends 1329
        2.32 Ökonomische Schlüsselgrößen des Volkswagen-Konzerns 1334

3. Entwicklung einer Marketing-Konzeption für den Golf IV 1339
   3.1 Strategischer Planungsprozeß bei der Neuwagenentwicklung 1339
   3.2 Key Issue Analyse für die Planungs- und
        Einführungsphase des Golf IV 1341
        3.21 Prognose zukünftiger Umweltzustände 1341
        3.22 Analyse des Käuferverhaltens bei der Golf IV-Einführung 1342
        3.23 Analyse der Wettbewerbsaktivitäten bei der Golf IV-Einführung .. 1347
        3.24 Prognose des Absatzpotentials bei der Golf IV-Einführung 1356
   3.3 Festlegung der strategischen Ziele und Positionierung des Golf IV 1357

4. Produktpolitik für den Golf IV 1360
   4.1 Bedeutung und Rahmenbedingungen der Produktpolitik 1360
   4.2 Produktentstehungsprozeß bei Volkswagen 1360
   4.3 Ziele und Entscheidungstatbestände der Produktpolitik für den Golf IV . 1363
   4.4 Angebots- und Modelldifferenzierung 1366
   4.5 Sondermodellpolitik 1369

5. Preis- und kontrahierungspolitische Entscheidungen 1371
   5.1 Bedeutung der Preis- und Kontrahierungspolitik für das Marketing-
        Mix von Automobilherstellern 1371
   5.2 Determinanten und Instrumente der Preispositionierung
        für den Golf IV 1372
   5.3 Operative Ausgestaltung der Preispolitik für den Golf IV 1378

6. Kommunikationspolitik bei der Einführung des Golf IV 1380
   6.1 Bedeutung und Rahmenbedingungen der Kommunikationspolitik 1380
   6.2 Kommunikationsziele 1381
   6.3 Kommunikationsstrategie und Einzelmaßnahmen zur Einführung
       des Golf IV 1382
       6.31 Händlergerichtete Kommunikationsmaßnahmen 1384
       6.32 Konsumentengerichtete Kommunikationsmaßnahmen 1385
   6.4 Gestaltung der Werbebotschaft sowie Umsetzung der Erfolgsfaktoren
       des Golf-Konzeptes in der Kommunikationspolitik 1391
   6.5 Budgetierungsentscheidungen 1399

7. Distributionspolitische Entscheidungen bei der Einführung des Golf IV 1405
   7.1 Bedeutung und Rahmenbedingungen der Distributionspolitik 1405
   7.2 Die neue Vertriebsstrategie bei Volkswagen 1406
   7.3 Absatzkanal-Management und Durchsetzung der Golf IV-Konzeption
       in der Händlerorganisation 1408

8. Mixübergreifende Entscheidungen für den Golf IV 1411
   8.1 Service- und Kundendienstpolitik 1411
   8.2 Markenmanagement für den Golf IV 1414

9. Marketing-Koordination 1419
   9.1 Marketingcontrolling bei Volkswagen 1419
       9.11 Kontrollgrößen und Instrumente des Marketing-Controlling 1419
       9.12 Zentrale Controllingergebnisse nach Markteinführung
            des Golf IV 1420
   9.2 Marketingorganisation bei Volkswagen sowie Projektorganisation
       für den Golf IV 1426

10. Erfolgsfaktoren des Golf-Konzeptes 1431

11. Fragen und Aufgabenstellungen zur Fallstudie 1437

Stichwortverzeichnis 1443

Kapitelübersicht

Erstes Kapitel
Konzeptionelle Grundlagen des Marketing

1. Marketing als marktorientierte Unternehmensführung 3
   1.1 Philosophie und Anspruchsspektrum
       des Marketing 3
   1.2 Entwicklungslinien und Interpretationsformen
       des Marketing 4
   1.3 Begriff und Merkmale des Marketing 8
   1.4 Aufgaben des Marketing-Management 11
   1.5 Herausforderungen des Marketing-Management 17
2. Ansätze der Marketingtheorie 19
   2.1 Gegenstand und Entwicklung
       der Marketingtheorie 19
   2.2 „Klassische Ansätze" der Marketingtheorie 19
   2.3 Ansätze der modernen Marketingtheorie 22
   2.4 Auf dem Weg zu „neuen" Paradigmen
       in der Marketingtheorie 24
3. Die Arena des Marketing: Umwelt und Märkte 28
   3.1 Umwelt als Aktionsfeld des Marketing 28
   3.2 Märkte als Aufgabenumwelt des Marketing 35
   3.3 Klassifikation von Marktleistungen 49
4. Marketingentscheidung und Marketingkonzeption 57
   4.1 Grundlagen der Marketingentscheidung 57
   4.2 Situationsanalyse im Marketing 63
   4.3 Unternehmens- und Marketingziele 69

Fünftes Kapitel
Institutionelle Bereiche des Marketing

1. Gegenstand und Besonderheiten des Dienstleistungsmarketing
2. Gegenstand und Besonderheiten des Handelsmarketing

1. Marketing als marktorientierte Unternehmensführung

1.1 Philosophie und Anspruchsspektrum des Marketing

Es besteht kein Zweifel, daß das Marketing in den letzten 30 Jahren einen imposanten Aufstieg in Wissenschaft und Praxis genommen hat. Der Grundgedanke einer konsequenten, in der ganzen Unternehmung auf den Markt ausgerichteten Unternehmensführung hat sich dabei vor dem Hintergrund des **Wandels vom Verkäufer- zum Käufermarkt** in verschiedenen Etappen vollzogen und zu einem branchenspezifisch unterschiedlich hohen Stellenwert des Marketing in Wissenschaft und Praxis geführt (Meffert 1989a, 1990).

Die Beantwortung der Frage nach dem Stellenwert des Marketing innerhalb der Betriebswirtschaftslehre gibt zunächst Anlaß, den bisherigen Entwicklungsweg und die Veränderungen im Anspruchsspektrums des Marketing aufzuzeigen. Die **Ursprünge des Marketing** lassen sich bis zum Anfang des 20. Jahrhunderts zurückverfolgen. Ausgehend von Problemen der Vermarktung vorwiegend landwirtschaftlicher Produkte wurden um die Jahrhundertwende Möglichkeiten der Distribution systematisch untersucht (Hellauer 1910; Hirsch 1925). In der weiteren Entwicklung wandelte sich das Marketing zu einer primär auf das Verkaufen von Produkten ausgerichteten Disziplin. Hierauf aufbauend entwickelte McCarthy zu Beginn der sechziger Jahre eine **managementorientierte Sicht des Marketing** mit der Formulierung der 4 P (price, product, place, promotion) als Ansatzpunkte für marktgerichtete Aktivitäten (McCarthy 1960).

Dies ist die Geburtsstunde des „modernen Marketing", das insbesondere durch Philip Kotler weiter ausgearbeitet wurde. McCarthy und Kotler stellten die konsequente Orientierung der Unternehmensaktivitäten an den Bedürfnissen und Wünschen der Nachfrager in den Mittelpunkt ihrer Überlegungen (McCarthy 1960; Kotler 1967). Auch andere Autoren, wie zum Beispiel Theodore Levitt, hatten die Notwendigkeit einer Umorientierung von einer „kurzsichtigen" Produktorientierung hin zu einer weitsichtigen Bedürfnisorientierung erkannt (Levitt 1960). Damit war der **Wandel des Marketing** von einer funktionsorientierten Sichtweise **zu einer unternehmensbezogenen Denkhaltung** vollzogen.

Die mechanistischen Anschauungen der frühen Marketingtheoretiker wurden durch die Auffassung des **„integrierten Marketing" als Unternehmensphilosophie** ersetzt (Kotler 1974; Meyer 1986). Mit diesem Verständnis des Marketing als einer Konzeption der

Unternehmensführung ist die Frage nach dem Anspruch des Marketing als Bestandteil der Betriebswirtschaftslehre verbunden. Dabei steht vor allem der umstrittene und oftmals fehlinterpretierte **Dominanzanspruch des Marketing** im Mittelpunkt des Interesses (Schneider 1983). Dieser Anspruch besagt, daß die Absatz- und Marktorientierung auf alle betriebswirtschaftlichen Teilbereiche der Unternehmung insofern zurückwirkt, als auch die innerbetriebliche Leistungserstellung marktorientiert gestaltet werden muß (Raffée 1984). In diesem Sinne sind die drei folgenden Ansatzpunkte zur Interpretation des Marketing und seines Managementanspruches hervorzuheben:

1. Die konsequente Ausrichtung aller Entscheidungen an den Erfordernissen und Bedürfnissen der Abnehmer beziehungsweise Käufer (**Marketing als Maxime**).
2. Der koordinierte Einsatz marktbeeinflussender Instrumente zur Schaffung dauerhafter Präferenzen und Wettbewerbsvorteile (**Marketing als Mittel**).
3. Die systematische, moderne Techniken nutzende Entscheidungsfindung (**Marketing als Methode**) (Nieschlag et al. 1997, S. 13).

Allerdings sind diese **Leitprinzipien des Marketing** nicht so zu verstehen, daß die Marketingwissenschaft alle Bereiche der Betriebswirtschaft integrieren möchte (Raffée 1984). Vielmehr ist das Primat des Marketing in der Tradition des auf Gutenberg zurückzuführenden **Engpaßdenkens** zu interpretieren. Damit wird Marketing immer dann zur dominanten Handlungsmaxime, wenn der Absatzbereich den zentralen Engpaß der Unternehmenstätigkeit darstellt (Hansen/Stauss 1983).

1.2 Entwicklungslinien und Interpretationsformen des Marketing

Dieser grundsätzliche Anspruch des Marketing spiegelte jedoch nur bedingt das gesamte Anspruchsspektrum wider, wenn nicht die inhaltlichen Entwicklungslinien und Ausweitungstendenzen erwähnt würden, denen sich das Marketing in den vergangenen drei Jahrzehnten gegenübersah (vgl. Abbildung 1-1).

Während das Marketing in den fünfziger Jahren primär als „Distributions- und Verkaufsfunktion" interpretiert wurde, ist es in den **sechziger Jahren** vor dem Hintergrund der zunehmenden Käufermarktsituation verstärkt als dominante Engpaßfunktion erkannt worden. Marketing wurde in dieser Phase vor allem als eine **operative Beeinflussungstechnik** verstanden. Das besondere Interesse galt den Instrumenten des Marketing-Mix und der Implementierung von Marketingabteilungen.

Erstes Kapitel Konzeptionelle Grundlagen des Marketing

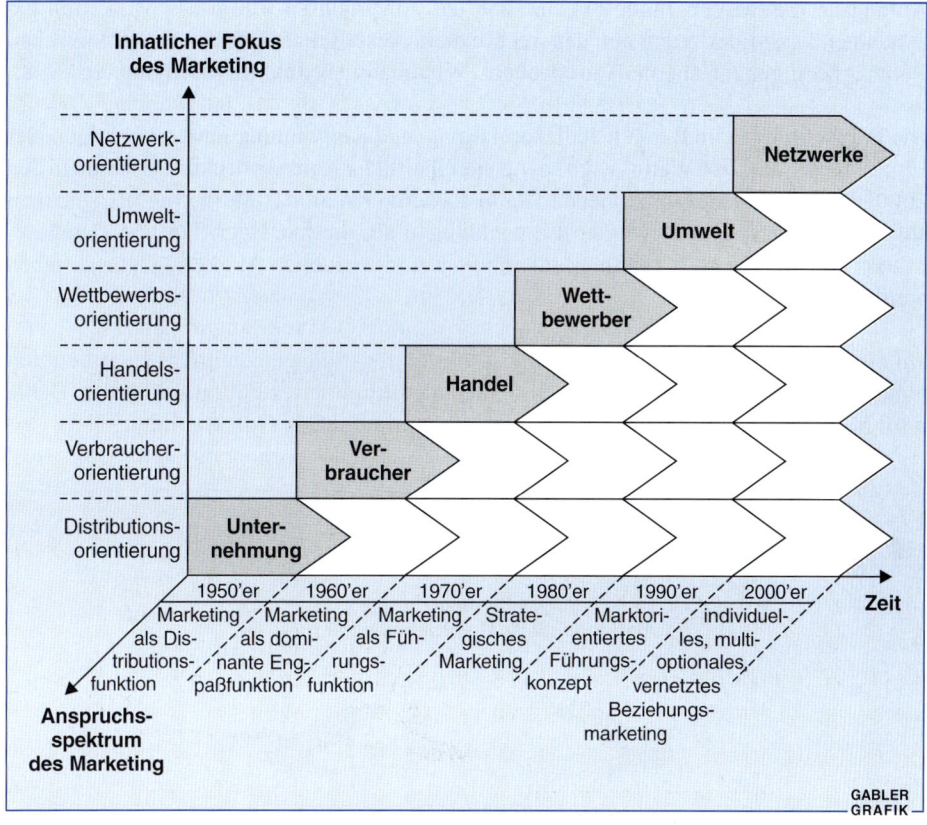

Abbildung 1-1: Entwicklungsstufen des Marketing

Die **siebziger Jahre** lenkten aufgrund wachsender Nachfragemacht des Handels („Gatekeeper") das Interesse verstärkt auf Aspekte des vertikalen Marketing. In diesem Zusammenhang wurden die handelsgerichteten Instrumente des Marketing systematisch ausgebaut. Hinzu kam der Übergang zu einer Langfristorientierung im Marketing. In dieser Phase wurde die strategische Unternehmensplanung noch als eigenständige betriebswirtschaftliche Managementaufgabe aufgefaßt, die erst schrittweise Berührungspunkte zu einem sich emanzipierenden Marketing aufwies. In diesem Kontext beginnt sich das Marketing als Führungsfunktion zu etablieren.

In den **achtziger Jahren** stand eine stärkere kompetitive Ausrichtung des Marketing im Vordergrund. Die Marketingwissenschaft beschäftigte sich intensiv mit Wettbewerbsvorteilen und der Wettbewerbspositionierung. Unter dem Einfluß der stärkeren Internationalisierung und Globalisierung des Wettbewerbs gewann das sogenannte „Global-Marketing" (Levitt 1983) besonderes Interesse.

Marketing als marktorientierte Unternehmensführung

Anfang der **neunziger Jahre** beginnt sich das Anspruchsspektrum des Marketing bei zunehmender Orientierung an den rechtlichen, gesellschaftlichen und ökologischen Rahmenbedingungen abermals zu erweitern (Wiedmann 1993; Meffert/Kirchgeorg 1998).

Die Entwicklungen im Bereich der Informations- und Kommunikationstechnologien, der Hyper- bzw. paradoxe Wettbewerb sowie uneinheitliche Konsumstrukturen führen in den **2000er Jahren** wiederum zu neuen Herausforderungen an das Marketing. Es zeichnen sich insbesondere in Netzwerken Entwicklungen ab, die mit Begriffen wie Database-Marketing, Netzwerk-Marketing, Interaktives und virtuelles Marketing umschrieben werden können.

An die Stelle des Marketing als Führungsfunktion rückt die ganzheitliche Interpretation eines integriert ausgerichteten Marketing als marktorientiertes Führungskonzept. Dabei wird **Marketing als ein duales Führungskonzept** aufgefaßt (vgl. Abbildung 1-2).

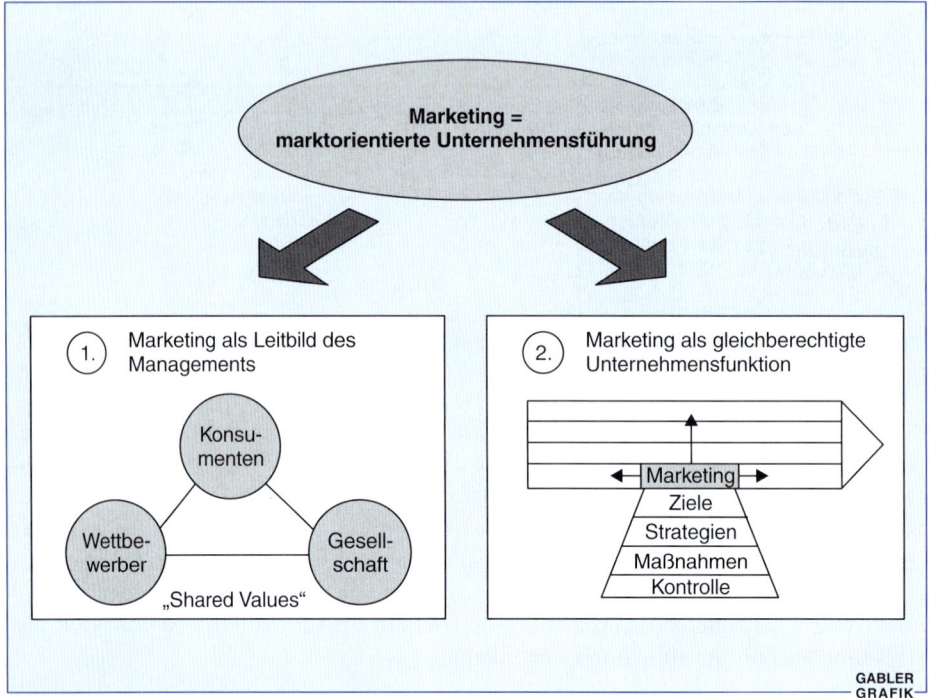

Abbildung 1-2: Marketing als duales Führungskonzept

Dieses duale Konzept spiegelt sich in zwei Teilbereichen wider: Zum einen kommt dem **funktionalen Kern des Marketing**, das heißt dem Absatzbereich, die Rolle einer gleichberechtigten Unternehmensfunktion zu. Zum anderen wird mit dem Marketing ein **Leitkonzept der Unternehmensführung** verbunden, welches im Spannungsfeld zwischen Konsumenten, Handel und Wettbewerbern eine **marktorientierte Koordination aller betrieblichen Funktionsbereiche im Sinne von „shared values"** sicherstellen soll. Das gesamte Unternehmen ist in funktionsübergreifender Weise auf die Bedürfnisse aktueller und potentieller Kunden auszurichten (vgl. viertes Kapitel, Abschnitt 3). Im Wettbewerb ist das Leistungsangebot so zu gestalten, daß der Kunde es besser beurteilt als das der Konkurrenten, das heißt es müssen „komparative Wettbewerbsvorteile" (Backhaus 1996, S. 26 f.) vorhanden sein. Solche Vorteile begründen Kundenzufriedenheit und Kundenbindung und führen letztlich zur Erreichung der ökonomischen Ziele des Anbieters. In diesem Sinne ist die **Marketingphilosophie** zu verstehen.

Eine im Jahre 1999 durchgeführte Studie des Instituts für Marketing (vgl. Meffert/ Bongartz 2000) bestätigt, daß sich das Verständnis des Marketing von einer operativen Beeinflussungstechnik (Marketing-Mix-Instrumente) in der wissenschaftlichen Diskussion immer mehr hin zu einer funktionsübergreifenden, integrierten Interpretation als marktorientierte Führungskonzeption entwickelt hat (vgl. Abbildung 1-3).

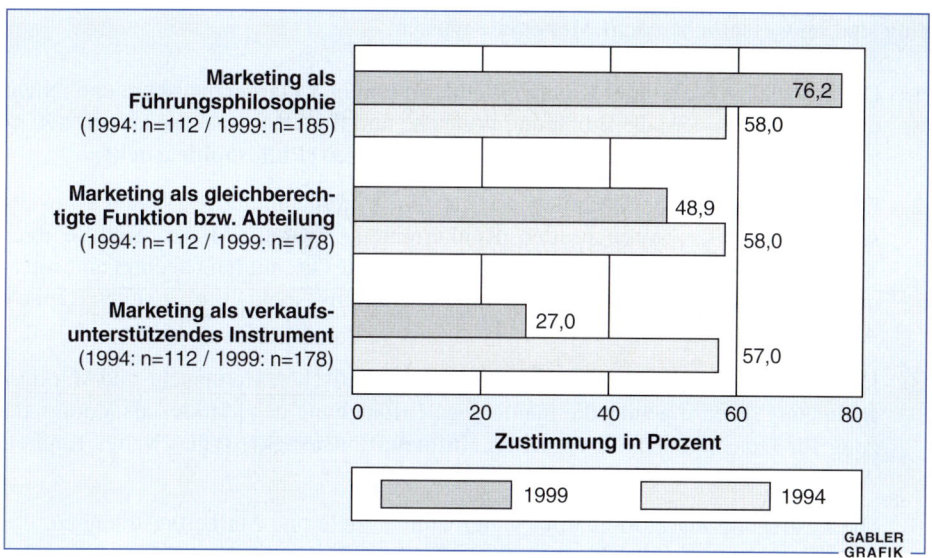

Abbildung 1-3: Wandel des Marketingverständnisses in der Unternehmenspraxis
(Quelle: Meffert/Bongartz 2000, S. 12)

1.3 Begriff und Merkmale des Marketing

Auf der Grundlage dieser Philosophie kann man Marketing zunächst als Arbeitsbegriff wie folgt umschreiben: **Marketing ist die bewußt marktorientierte Führung des gesamten Unternehmens oder marktorientiertes Entscheidungsverhalten in der Unternehmung.** Die Marketingdefinitionen in der Literatur können stark vereinfacht in zwei Kategorien eingeteilt werden und zwar in eine klassische, ökonomische (enge) und in eine moderne, generische (weite) Fassung. Beide Versionen sollen mit ihren wesentlichen Merkmalen kurz dargestellt werden.

In der klassischen Interpretation **bedeutet Marketing die Planung, Koordination und Kontrolle aller auf die aktuellen und potentiellen Märkte ausgerichteten Unternehmensaktivitäten. Durch eine dauerhafte Befriedigung der Kundenbedürfnisse sollen die Unternehmensziele verwirklicht werden.** Für diese Interpretation des Marketing sind im wesentlichen **acht Merkmale** typisch:

1. Die bewußte Absatz- und Kundenorientierung aller Unternehmensbereiche. Nicht das Produkt, sondern die Probleme, Wünsche und Bedürfnisse aktueller und potentieller Kunden stehen am Anfang aller Überlegungen (**Philosophieaspekt**).

2. Die Erfassung und Beobachtung der für eine Unternehmung relevanten Umweltschichten (Käufer, Absatzmittler, Konkurrenten, Staat u. a.) zur Analyse ihrer Verhaltensmuster. Eine verhaltenswissenschaftliche Orientierung bedingt eine interdisziplinäre Ausrichtung des Marketing (**Verhaltensaspekt**) (vgl. zweites Kapitel, Abschnitt 1 und 2).

3. Die schöpferisch-gestaltende Funktion der systematischen Marktsuche und Markterschließung. Hierzu gehört die planmäßige Erforschung des Marktes als Voraussetzung für kundengerechtes Verhalten (**Informationsaspekt**) (vgl. zweites Kapitel, Abschnitt 3).

4. Die Festlegung marktorientierter Unternehmensziele und Marketingstrategien, das heißt den Entwurf eines längerfristigen, auf die Marktteilnehmer (Konsumenten, Handel und Wettbewerber) und die relevante Umwelt (zum Beispiel Öffentlichkeit, Staat) ausgerichteten Verhaltensplanes sowie die Setzung von Akzenten bei der Auswahl und Bearbeitung von Märkten (**Strategieaspekt**) (vgl. drittes Kapitel, Abschnitt 1).

5. Die planmäßige Gestaltung des Marktes, das heißt der zieladäquate und harmonische Einsatz aller Instrumente des Marketing-Mix (**Aktionsaspekt**) (vgl. drittes Kapitel, Abschnitt 2 bis 6).

6. Die Anwendung des Prinzips der differenzierten Marktbearbeitung. Der Gesamtmarkt jeder Unternehmung ist nach bestimmten Kriterien zu zerlegen (Segmente). Sie bilden die Grundlage für eine bewußte, intensitätsmäßig abgestufte Marktbearbeitung (**Segmentierungsaspekt**) (vgl. zweites Kapitel, Abschnitt 4).

7. Die Koordination aller marktgerichteten Unternehmensaktivitäten, das heißt die organisatorische Verankerung des Marketingkonzeptes innerhalb der Unternehmensorganisation (**Koordinationsaspekt**) (vgl. viertes Kapitel, Abschnitt 1 bis 3).

8. Die Einordnung der Marketingentscheidungen in größere soziale Systeme (**Sozialaspekt**) (vgl. drittes Kapitel, Abschnitt 1).

Die moderne, generische und zugleich weiteste Interpretation **bezieht das Marketing auf jegliche Form eines Austausches zwischen zwei Kontrahenten**, bei dem beide Parteien durch den Austauschprozeß ihre Bedürfnisse befriedigen möchten. Statt durch Austauschprozesse (Transaktionen) kann die Bedürfnisbefriedigung grundsätzlich auch durch Betteln, Zwang oder Eigenproduktion erfolgen (Kotler/Bliemel 1999, S. 11). Neben der Vermarktung von Ideen und Diensten werden auch die Austauschprozesse zwischen nicht-kommerziellen Organisationen und Individuen in die Betrachtung mit einbezogen.

Die erweiterte Fassung des Marketing-Konzeptes findet in der folgenden seit 1985 gültigen Definition der American Marketing Association (AMA) ihren Niederschlag: **„Marketing is the process of planning and executing the conception, pricing, promotion and distribution of ideas, goods, and services to create exchanges that satisfy individual and organizational objectives."**

Diese Definition verdeutlicht den **Prozeßcharakter des modernen Marketing**. Die marktorientierte Unternehmensführung umfaßt demnach **sowohl einen primär unternehmensinternen als auch einen im wesentlichen unternehmensexternen Prozeß**. Während der erste Teil der AMA-Definition den innengerichteten **Planungs-, Koordinations- und Kontrollprozeß** des Marketing kennzeichnet, steht beim **Transaktionsprozeß** („create exchanges") mit der Gestaltung der Austauschbeziehungen zwischen Anbieter und Nachfrager die unternehmensexterne Perspektive im Fokus der Betrachtung. Vor diesem Hintergrund verdeutlicht Abbildung 1-4 zusammenfassend den Wandel in der Interpretation des Marketing im Zeitablauf.

Die generische Interpretation führt zu einem universellen Konzept der Marktbeeinflussung und damit zu einem Verständnis des **Marketing als Sozialtechnik** (Nieschlag et al. 1997, S. 25). Dabei haben sich eine Reihe von Spielarten des sogenannten nicht-kommerziellen Marketing (zum Beispiel Vermarktung der Leistungen von Parteien, Theatern, Museen) und des Social-Marketing (zum Beispiel Krankenfürsorge) herausgebildet (vgl. fünftes Kapitel, Abschnitt 6).

Zeit	Marketing-Definitionen	Philosophie
1948	Marketing ist die Erfüllung derjenigen Unternehmensfunktionen, die den Fluß von Gütern und Dienstleistungen vom Produzenten zum Verbraucher bzw. Verwender lenken (AMA).	Distributionsorientierung des Marketing
1967	Marketing ist die Analyse, Organisation, Planung und Kontrolle der kundenbezogenen Ressourcen, Verhaltensweisen und Aktivitäten einer Firma mit dem Ziel, die Wünsche und Bedürfnisse ausgewählter Kundengruppen gewinnbringend zu befriedigen (Kotler).	Konsumentenorientierung des Marketing (Bedürfnisse)
1977	Marketing ist die Planung, Koordination und Kontrolle aller auf die aktuellen und potentiellen Märkte ausgerichteten Unternehmensaktivitäten. Durch eine dauerhafte Befriedigung der Kundenbedürfnisse sollen die Unternehmensziele im gesamtwirtschaftlichen Güterversorgungsprozeß verwirklicht werden (Meffert).	
1980	Das Marketingkonzept geht davon aus, daß der Schlüssel zur Erreichung der Unternehmensziele in der Bestimmung der Bedürfnisse und Wünsche von Zielmärkten und der Befriedigung dieser Wünsche in einer effektiveren und effizienteren Art und Weise als der Wettbewerb besteht (Kotler).	Wettbewerbsorientierung des Marketing (Wettbewerbsvorteil)
1985	Marketing ist der Prozeß von Planung und Umsetzung der Entwicklung, Preissetzung, Kommunikation und Distribution von Ideen, Gütern und Dienstleistungen zur Ermöglichung von Austauschprozessen, die die individuellen und organisationsbezogenen Zielsetzungen erfüllen (AMA).	Marketing als Management von Austauschprozessen (Transaktionen)
1990	Marketing hat als Unternehmensaufgabe den Aufbau, die Aufrechterhaltung und Verstärkung der Beziehungen zum Kunden, anderen Partnern (Stakeholdern) und gesellschaftlichen Anspruchsgruppen zu gestalten. Mit der Sicherung der Unternehmensziele sollen auch die Bedürfnisse der beteiligten Gruppen befriedigt werden (Grönroos).	Marketing als Management von Beziehungen (Anreiz/Beitrags-Gleichgewicht)

Abbildung 1-4: Wandel der Interpretation des Marketing
(Quelle: Meffert 1995, Sp. 1474)

Bei allen Unterschieden in der Zwecksetzung weisen die ökonomische und die generische Marketinginterpretation **grundlegende Gemeinsamkeiten** auf:

- Ein Austausch (Transaktion) zwischen den „Marktpartnern" findet nur dann statt, wenn dieser für alle Parteien vorteilhaft ist. Dem liegt die Annahme zugrunde, daß in Gratifikationen (Belohnungen, Vermeidung von Bestrafungen) die maßgeblichen Antriebskräfte des menschlichen Verhaltens liegen (**Gratifikationsprinzip**).

- Beim Streben nach Austauschprozessen bestimmt die Knappheit der Güter oder Dienste das Verhalten der „Marktparteien" (**Knappheitsprinzip beziehungsweise Engpaßorientierung**).

Diese allgemeinen Leitideen für ein universelles Marketing lassen sich bei entsprechender Analyse und Interpretation von Austauschvorgängen zweifellos auch im nicht-kommerziellen Bereich konkretisieren (Raffée et al. 1983, S. 701 ff.). Dennoch erweist es sich als zweckmäßig, im Rahmen der vorliegenden Darlegungen die Analyse im wesentlichen auf kommerzielle Transaktionen als Identifikationskern einer betriebswirtschaftlichen Marketingtheorie einzuschränken. Im einzelnen werden dabei folgende Merkmale für die **Abgrenzung des Marketing** zugrunde gelegt.

1. Es dominiert die Absicht, menschliche Verhaltensweisen zu beeinflussen oder zu steuern.
2. Die Beeinflussung erstreckt sich auf erwünschte kommerzielle Transaktionen, das heißt den Tausch von Leistungen gegen Entgelt im weitesten Sinne (Verkäufer-Käufer-Systeme).
3. Für die kommerziellen Transaktionen sind ökonomische Ziele relevant oder sie bestehen als Nebenbedingungen.
4. Das Leistungsprogramm besteht aus privaten oder öffentlichen Gütern beziehungsweise Dienstleistungen.
5. Dem Einsatz der Marketingaktivitäten liegt eine Markt- und Organisationsorientierung zugrunde.

1.4 Aufgaben des Marketing-Management

Das Marketing-Management umfaßt die zielorientierte Gestaltung aller marktgerichteten Unternehmensaktivitäten. Es integriert die Prozesse der Planung, Koordination und Kontrolle sowie den Transaktionsprozeß. Dabei hat es sich in der Literatur durchgesetzt, die Merkmale des Marketing als Führungskonzeption in **drei wichtige Aufgabenkomplexe** zusammenzufassen, in

- marktbezogene,
- unternehmensbezogene und
- gesellschafts- und umweltbezogene Aufgaben.

Im einzelnen werden die Aufgaben natürlich auch vom individuellen Unternehmungstyp geprägt. So hat etwa ein Markenartikelhersteller bei der differenzierten Marktbearbeitung andere Schwerpunkte zu beachten als ein Handelsunternehmen oder ein Investitionsgüterhersteller. Der konkrete Inhalt und Umfang der Marketingaktivitäten sowie die Akzentuierung der jeweiligen Aufgaben ergeben sich immer aus der spezifischen Absatzsituation und den Marketingzielen des einzelnen Unternehmens. Der Katalog marktbezogener, unternehmensbezogener und gesellschaftsbezogener Aufgaben kann insofern hier nur allgemein dargestellt werden.

Die **marktbezogenen Aufgaben** können als Nachfragesteuerung umschrieben werden. Ausgehend von verschiedenen Nachfragekonstellationen lassen sich dabei beispielsweise folgende Marketingaufgaben präzisieren:

- vorhandene Nachfrage: Bedarf decken,
- fehlende Nachfrage: Bedarf schaffen,
- latente Nachfrage: Bedarf entwickeln,
- stockende Nachfrage: Bedarf beleben,
- schwankende Nachfrage: Bedarf synchronisieren,
- übersteigerte Nachfrage: Bedarf reduzieren.

Daraus folgt, daß die marktbezogenen Aufgaben nicht nur auf eine Befriedigung vorhandener Wünsche und eines bestehenden Bedarfs ausgerichtet sind. Vielmehr geht es auch um die systematische Bedarfs- beziehungsweise Verhaltensbeeinflussung der Nachfrager. Dabei lassen sich, stark vereinfacht, **zwei Stoßrichtungen** auf den Märkten verfolgen:

1. Durchdringung und Ausschöpfung der vorhandenen Märkte mit vorhandenen Produkten (**Intensivierung**) sowie
2. Entwicklung und Schaffung neuer Märkte mit neuen Produkten (**Extensivierung**).

Je mehr sich eine Unternehmung von angestammten in neue Märkte bewegt, um so größer werden die Risiken. Gleichzeitig gewinnen die Marketingplanungsprozesse an Komplexität und Intensität. Zur Beeinflussung der Nachfrage hat das Marketing-Management die folgenden **spezifischen Funktionen** zu erfüllen (Staudt/Taylor 1970; Schewe/Smith 1980):

- Definition und Identifikation von Märkten beziehungsweise Zielgruppen,
- Kaufmotivation,
- Produktpositionierung und -gestaltung,
- Kommunikation,
- Warenverteilung,
- Initiierung von Kauftransaktionen (zum Beispiel durch die Konditionengestaltung),
- Durchführung von Nachkauftransaktionen (zum Beispiel Kundendienst).

Diese Funktionen sind in Abhängigkeit von dem angebotenen Produkt und der jeweiligen Marktsituation unterschiedlich zu gewichten.

Den marktbezogenen Aufgaben steht die notwendige **Koordination der Aktivitäten in der Unternehmung** gegenüber. Eine Integration der unternehmenspolitischen Interessen ist aus Sicht der Marketingkonzeption im Hinblick auf die zu erreichenden Unternehmensziele erforderlich. So sind beispielsweise Interessenkonflikte zwischen den einzelnen Unternehmensbereichen auszugleichen und marktorientierte Prioritäten festzulegen. Ferner sind die Mitarbeiter in allen Unternehmensbereichen von der Notwendigkeit eines marktorientierten Verhaltens zu überzeugen.

Die Koordinationsaufgabe des Marketing in der Unternehmung erstreckt sich zum einen auf eine Abstimmung der Marketingaktivitäten mit den Forschungs- und Entwicklungsstrategien, den Produktions- und Lagerhaltungsstrategien sowie den Einkaufs- und Finanzierungsmaßnahmen. Zum anderen sind vor allem die Marketinginstrumente innerhalb der Unternehmung in sachlicher und zeitlicher Hinsicht zu koordinieren. So kann zum Beispiel der Verkauf eines Markenartikels mit hohem Qualitätsimage in Discountgeschäften zu Konflikten führen. Ähnlich verhält es sich mit der Einleitung einer Werbekampagne, obwohl das Produkt am Verkaufsort noch nicht erhältlich ist.

Aus dem Koordinationserfordernis wird ersichtlich, daß die Marketingkonzeption organisatorisch von der Unternehmensspitze integriert werden muß. Der Marketingbereich sollte organisatorisch gleichberechtigt gegenüber den anderen betrieblichen Hauptfunktionen bei der Formulierung der Unternehmenspolitik vertreten sein. Nur unter dieser Bedingung ist eine auf die verschiedenen Marktsegmente und Kunden abgestimmte Politik möglich. Im einzelnen kann dabei die Institutionalisierung des Marketing in der Unternehmensorganisation sehr unterschiedlich sein (vgl. viertes Kapitel, Abschnitt 4).

Im Rahmen der **umwelt- beziehungsweise gesellschaftsbezogenen Aufgaben** ist die besondere soziale Verantwortung des Marketing-Management angesprochen. Dabei wird vor allem von den Kritikern des Marketing auf eine Reihe sogenannter dysfunktionaler Wirkungen oder „externer Effekte" unter gesamtwirtschaftlicher beziehungsweise gesellschaftlicher Perspektive hingewiesen (zum Beispiel künstliche Schaffung von Bedürfnissen, manipulative und irreführende Werbung, Verschwendung in der Marktkommunikation, unsichere Produkte, umweltschädliche Verpackungen und Produkte).

Diese Entwicklungen haben bereits in den sechziger Jahren in den USA die sogenannte **Konsumerismusbewegung** ausgelöst und zu einer kritischen Überprüfung sowie zur Erweiterung der klassischen Marketingkonzepte geführt. So wurde zum Beispiel das „Human-Concept of Marketing" (Dawsen 1969) vorgeschlagen. Zwar soll die Abnehmerorientierung nach wie vor Basis der Gewinnerzielung sein; zahlreiche soziale Veränderungen in der Umwelt der Unternehmung bewirken jedoch, daß **das Gewinnstreben durch Nebenbedingungen sozialer Art begrenzt wird beziehungsweise werden sollte**. Dieser Aspekt wird im Gegensatz zur Ausweitung des Marketing (Broadening) in den nicht-kommerziellen beziehungsweise sozialen Bereich auch als Vertiefung (Deepening) der marktorientierten Führung bezeichnet (vgl. fünftes Kapitel, Abschnitt 6). Man versteht darunter die Ergänzung rein ökonomischer Entscheidungskriterien durch ökologische, humanistische und ethische Maßstäbe (Angehrn 1974, S. 27 ff.; Weinhold 1978, S. 20).

Sämtliche Aufgaben und Aktivitäten des Marketing können zusammenfassend auch als eindeutig identifizierbarer Prozeß der Willensbildung und Willensdurchsetzung (Managementprozeß) gekennzeichnet werden. Dieser Managementprozeß umfaßt sowohl den Planungs-, Koordinations- und Kontrollprozeß als auch den Transaktionsprozeß und läuft in mehreren Phasen mit Rückkopplungsschleifen ab. Die wichtigsten Aktivitäten und Elemente sind in der Abbildung 1-5 enthalten.

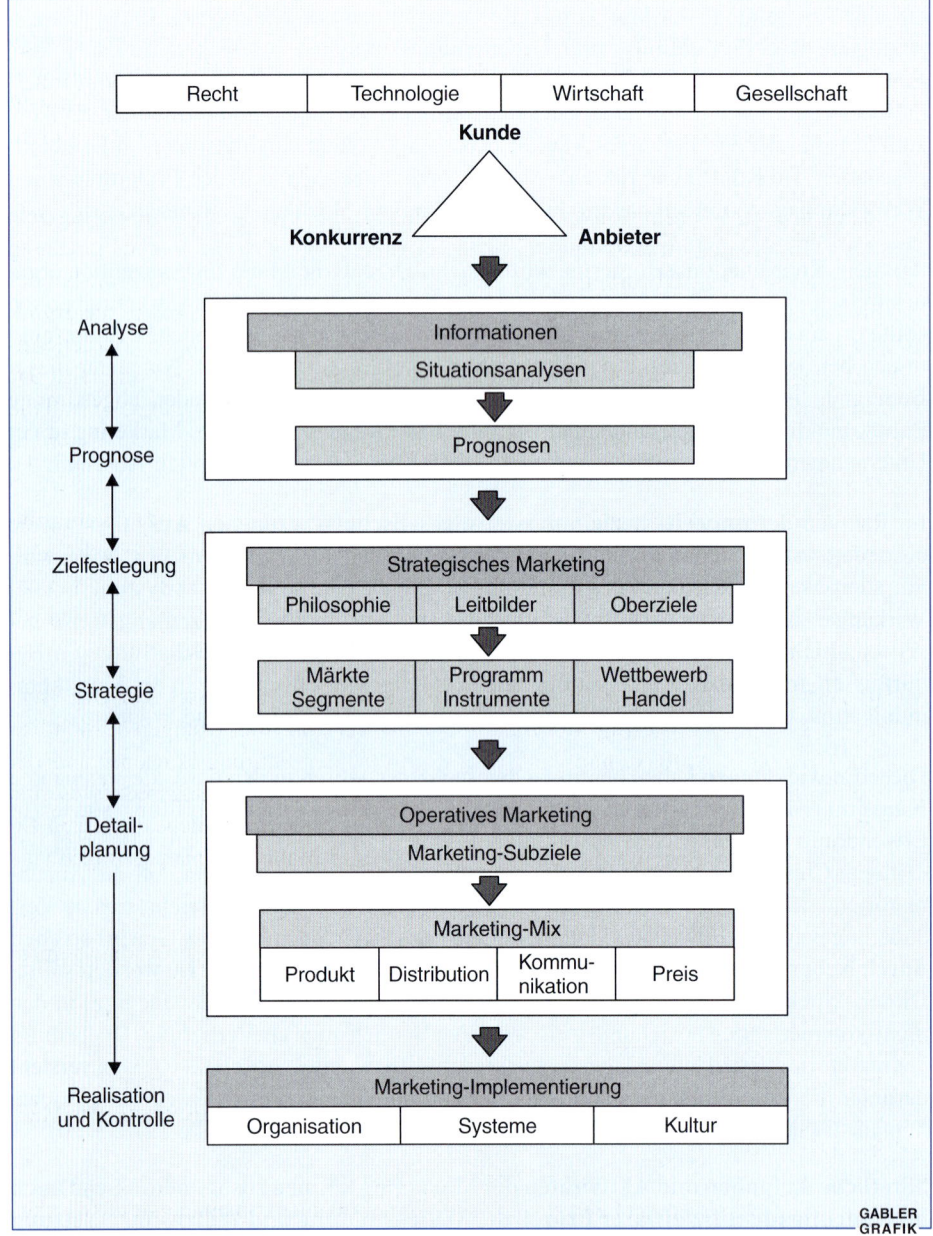

Abbildung 1-5: Aufgaben des Marketing als Managementprozeß

1. In der **Analysephase** geht es darum, die relevanten Probleme strategischer und operativer Art zu erkennen. Die wesentlichen Elemente des Marketingsystems – Kunden-Konkurrenz-Handel – sind ebenso wie das eigene Unternehmen im Hinblick auf die Stärken und Schwächen zu untersuchen. Es gilt die Frage zu beantworten: Wo stehen wir?

2. In einem zweiten Schritt, der **Prognosephase**, sind die relevanten Marketingfaktoren zu prognostizieren, um die Zukunftschancen aufzudecken. Es geht dabei insbesondere um Trends im Kundenverhalten, im Konkurrenzverhalten und in der Umwelt sowie die Vorhersage von Markt- und Absatzentwicklungen. Die Aktivitäten gipfeln in der Frage: Wohin geht die Entwicklung?

3. In einem dritten Schritt sind **die langfristigen Unternehmens- und Marketingziele sowie die Strategien festzulegen**. Im Mittelpunkt steht dabei die Marktabgrenzung und die Wahl der zu bearbeitenden Marktsegmente, ferner sind die Akzente bei der Programmgestaltung und beim Einsatz der Marketinginstrumente sowie die grundlegenden Verhaltensweisen gegenüber Wettbewerbern, dem Handel und den Anspruchsgruppen festzulegen. In dieser Phase des strategischen Marketing wird das Konzept für das eigene unternehmerische Verhalten im Markt festgelegt. Es sind die Fragen zu beantworten: Was wollen wir erreichen? Welche grundlegenden Stoßrichtungen sind bei der Marktbearbeitung zu verfolgen?

4. Das strategische Marketing bildet den Rahmen für die **operative Marketingplanung**, das heißt für die kurzfristigen beziehungsweise taktischen Marketing-Entscheidungen. Ausgehend von operationalen Subzielen ist das Marketing-Mix zu konzipieren. Dabei ist die Frage zu beantworten: Welche Maßnahmen ergreifen wir im Leistungs-, Distributions-, Kommunikations- und Kontrahierungsmix?

5. In der letzten Phase ist die **Realisation beziehungsweise Durchsetzung der Strategien und des Marketing-Mix** sicherzustellen. Es sind Überlegungen hinsichtlich der effizienten Aufbau- und Ablauforganisation, der Führungskonzepte und der Kontrollmaßnahmen anzustellen. Im Rahmen eines Rückkopplungsprozesses sind die Fragen zu beantworten: Haben wir unser Ziel erreicht? Welche Ursachen für Soll-Ist-Abweichungen bestehen? Welche Ziel- und Maßnahmenanpassungen sind notwendig?

Zusammenfassend kann davon ausgegangen werden, daß das Marketing-Management am wirksamsten arbeitet, wenn es

- sich konsequent am Kunden und der Umwelt orientiert,
- nach einer koordinierten strategischen und taktischen Planung vorgeht und
- organisatorisch über entsprechende Kompetenzen bei der Durchsetzung der Maßnahmen verfügt.

Das Marketing-Management bewegt sich dabei immer in einem Spannungsfeld zwischen Kreativität, Rationalität und Durchsetzbarkeit. Die **Kreativitätskomponente** ist auf die

Marketing als marktorientierte Unternehmensführung

T+I ELEKTRONISCHE TINTE

Nie wieder Altpapier

Tageszeitungen sollen in Zukunft auf intelligenten Folien erscheinen. Bei Werbeplakaten klappt das schon.

Matthias Buchner, ein begeisterter Leser im Jahr 2010, nimmt seine Zeitung zur Hand. Noch sind die Informationen auf dem Stand vom frühen Morgen, als er sie zuletzt las. Zum Mittagsblatt wird sie erst, wenn er sie mit dem Internet verbindet. Daraus lädt er die aktuelle Version herunter, die er Sekunden später wie ein gedrucktes Exemplar lesen kann.

Buchner legt die Zeitung auf den Küchentisch. Mitten in eine Kaffeepfütze. Macht nichts, die gummiartige Oberfläche der Zeitung läßt sich einfach mit einem Tuch abwischen. Trotzdem rollt er sie danach lieber zusammen und packt sie in seine Aktentasche. In der S-Bahn ist genug Zeit zum Lesen.

Dieses Szenario bleibt vorerst eine Zukunftsvision. Ganz überflüssig wird normales Papier wohl auch in 20 Jahren nicht sein. Dennoch spricht einiges dafür, daß sogenanntes elektronisches Papier den Durchbruch zum marktfähigen Produkt schaffen könnte. Mit elektronischen Werbeplakaten ist das hierzulande kaum bekannte Unternehmen E-Ink Corporation in den USA seit Anfang des Jahres auf dem Markt. Der US-Druckerspezialist Xerox, der eine andere Technik entwickelt hat, fand in 3M, dem Folienexperten aus St. Paul in Minnesota, einen Partner für die Produktion.

David Engler vom Display Materials Technology Center präsentiert in der 3M-Zentrale ein pizzagroßes Display, das in wechselnder Beschriftung für sich selbst wirbt. „Großformatig" preist es sich. Es sei „flexibel" und glänze mit „geringem Energiebedarf". Doch schwarz auf weiß, wie es Leser gewohnt sind, präsentieren sich Texte und Logos nicht. Schwarz auf grau stimmt eher. „Das kriegen wir noch hin", sagt Engler. „Wir brauchen vielleicht noch ein Jahr für die Optimierung unserer elektronischen Tinte."

Die 0,2 Millimeter dicke Folie des Displays, die sich wie ein Filzhut anfühlt, besteht aus zwei elektrisch leitfähigen Schichten. Sie umschließen eine Folie mit unzähligen mikroskopisch kleinen Kügelchen, der eigentlichen elektronischen Tinte. Die Kügelchen sind zur Hälfte schwarz, zur Hälfte weiß. In einem elektrischen Feld drehen sie sich, doch offensichtlich gibt es darunter Quertreiber, die auf den kleinen Stromimpuls nicht reagieren – daher die Grundfarbe Grau.

Das Verfahren hat Xerox entwickelt, 3M steuert sein Know-how als Folienhersteller bei. Dabei gelang es den Forschern, eine Technik, mit der sich verschiedenfarbige Zahnpastastränge in sauber getrennten Streifen aus der Tube drücken lassen, so abzuwandeln, daß halb schwarze und halb weiße Kügelchen entstehen. Damit sie sich schnell drehen, ist jedes in einer Hülle mit Öl ummantelt.

Jim Iuliano, Chef des US-Unternehmens E-Ink, sieht ein riesiges Marktpotential für die elektronische Tinte. Sein Unternehmen ist eine Ausgründung aus dem Media Lab des Massachusetts Institute of Technology (MIT) und arbeitet mit mehr als 50 Mitarbeitern seit zwei Jahren daran, die Innovation zu vermarkten.

E-Ink verkaufte der Supermarktkette J. C. Penney bereits elektronische Werbeplakate, die etwa in Boston und Chicago deren Verkaufsstellen zieren. Vorteil: Sonderangebote und Produktinformationen lassen sich jetzt rasch aktualisieren, während die bisher üblichen Plakate erst gedruckt werden mußten. Selbst kurze Werbefilme lassen sich präsentieren, wenn auch zunächst nur im Zeitlupentempo.

Iuliano bemüht sich, völlig neue Märkte zu erschließen. Das neue Medium, von E-Ink auf den Namen „Immedia" getauft, könne in fast jedes elektronische Haushaltsgerät integriert werden, schwärmt er: „Stellen Sie sich eine Fernbedienung vor, die sich verfärbt, wenn die Akkus aufgeladen werden müssen." Informationen, die schnell verlorengehen, wie beispielsweise Gebrauchsanwei-

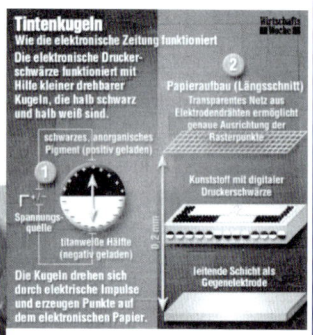

sungen, will er in Zukunft direkt auf dem Produkt lesbar machen. Bereits Ende des Jahres sollen Mobiltelefone, Minicomputer und Armbanduhren mit Immedia ausgerüstet sein. Auf lange Sicht peilt Iuliano Zeitungs- und Buchverlage als Abnehmer an.

Das elektronische Papier von E-Ink bietet einen so hohen Kontrast, daß es tagsüber ohne Zusatzbeleuchtung auskommt. Lesbar bleibt es auch bei schräger Aufsicht. Zudem ist die Herstellung von Immedia wesentlich billiger als die von Flüssigkristalldisplays, die außerdem ein Vielfaches an Strom verbrauchen.

Wie eine digitale Zeitung konkret aussehen könnte, hat IBM in einer Designstudie vorgestellt. Der noch nicht voll funktionstüchtige Prototyp besteht aus 16 doppelt bedruckten Seiten in gewohnter Zeitungsgröße. Bob Steinbugler, Chef des IBM Strategic Design Programms, schätzt die Frist bis zur Marktreife auf fünf bis zehn Jahre.

Ein ungelöstes Problem bei allen Herstellern: der Farbdruck. Da die Tintenkugeln nur positiv oder negativ geladen sein können, ist eine mehrfarbige Abbildung bisher technisch nicht möglich.

Leser Buchner könnte diesen Mangel verschmerzen. Für ihn zählt Aktualität – und der Vorzug, daß er nie wieder Altpapier zum Container kutschieren muß.

CORNELIA GEISSLER ■

IBM-PROTOTYP EINER DIGITALEN ZEITUNG: Immer aktuell

INSERT 1-1: Wirtschaftswoche, Nr. 42, 14.10.1999, S. 178

Problemfindung, das Entdecken und die Gestaltung neuer Kundenbedürfnisse ausgerichtet (vgl. Insert 1-1). Die **Kalkülkomponente** befaßt sich mit der systematischen Analyse und der optimalen Auswahl beziehungsweise Kombination der Marketinginstrumente. Zur **Durchsetzungskomponente** gehört schließlich die Implementierung, Realisation und Steuerung der Konzepte in der Unternehmung und im Markt. Dabei kann die entscheidungsorientierte Betrachtungsweise bei der gedanklichen Durchdringung der komplexen Planungsprozesse eine wesentliche Hilfe sein.

1.5 Herausforderungen des Marketing-Management

Der hohe Stellenwert und die skizzierte Anpassungsfähigkeit des Marketing in Praxis und Wissenschaft können nicht darüber hinwegtäuschen, daß sich die Marketingdisziplin zunehmender Kritik ausgesetzt sieht. Innerhalb der Betriebswirtschaftslehre wurde gegenüber dem Marketing der Vorwurf der **„Theorielosigkeit der Aussagensysteme"** erhoben (Schneider 1983), während außerhalb der Fachdisziplin das Marketing der gesellschaftlichen Kritik ausgesetzt war, „Sinnbild der Überflußgesellschaft" zu sein. Insbesondere seit Ende der achtziger Jahre sind auch kritische Stimmen aus der Praxis nicht zu überhören, und es mehren sich die Anzeichen, daß die Marketingdisziplin in eine „Identitätskrise" gerät (von Briskorn 1987). Die inflationäre Entwicklung neuer „Marketing-Varianten" wie Mega-, Turbo-, Maxi-Marketing und gesellschaftsorientiertes Marketing zeigen einerseits eine fortschreitende Dynamik und Ausdifferenzierung des Marketingkonzeptes. Andererseits führen die immer schneller aufeinander folgenden „Theoriewellen" zu **einer Verwässerung der Marketingphilosophie**.

Dies gibt wiederum den Kritikern Anlaß, die Grundprinzipien des Marketing in Frage zu stellen. Die Kritik reicht dabei von der Zurückweisung des Marketing-Mixes als „Relikt aus alter Zeit" (von Briskorn 1987) bis hin zu der Forderung des Trendforschers Gerken, vollständig „Abschied vom Marketing" zu nehmen (Gerken 1992). Gerken und andere machen die Kritik am Marketing im wesentlichen an zwei Themenbereichen fest: An der Marketingphilosophie selbst und an dem im Marketing eingesetzten Instrumentarium. Mit Bezugnahme auf die Marketingphilosophie wird behauptet, daß die Bedürfnisorientierung als Grundprinzip des Marketing zunehmend überholt sei:

- Es wird kritisiert, daß eine Unternehmensfunktion ihren besonderen Stellenwert verlieren müsse, die sich in einer Überflußgesellschaft der Identifikation nicht-befriedigter Bedürfnisse und ihrer Erfüllung verschrieben habe (**„Bedarfslenkungs-Obsoleszenz"**).

- Weiterhin wird angemerkt, daß sich das Marketing zwar über seine vermeintliche Orientierung an den Kundenbedürfnissen als „innerbetrieblicher Anwalt des Konsumenten" verstehe. Dennoch konnte das Marketing nicht verhindern, daß diverse

- gesellschaftliche Anspruchsgruppen (zum Beispiel Umweltschützer) den Gesetzgeber zu einer Reglementierung der Unternehmensaktivitäten drängen (**„Reglementierungsbedarf"**).

- Ferner behaupten die Marketingkritiker, daß das Marketing bislang wenig dazu beitragen konnte, die Schnittstellen-Problematik nach innen und außen zu lösen. So habe sich das Marketing weder in der Praxis aus einer Position als unternehmerische Teilfunktion weiterentwickeln können, noch gelinge in den meisten Fällen die marktbezogene Vernetzung der Unternehmensfunktionen (zum Beispiel Marketing und F & E) (**„Koordinationsdefizit"**) (Gerken 1992).

- Darüber hinaus wird der Einwand erhoben, daß die einseitige Orientierung der marktorientierten Führung an Kundenbedürfnissen und Wettbewerbsvorteilen zu einer Vernachlässigung der Interessen der übrigen „Stakeholder" (Mitarbeiter, Kapitalgeber, Lieferanten) und gesellschaftlicher Anspruchsgruppen führe und eine „spezifische Ethik der Unternehmensführung" (Schneider 1983) impliziere (**„Anspruchsgruppendefizit"**).

- Am tiefgreifendsten stellen die Marketing-Kritiker allerdings die vom Marketing eingesetzten Problemlösungstechniken und die dahinterstehende Planungsphilosophie in Frage (**„Marketing-Technokratie-Vorwurf"**). So wird die Gestaltbarkeit des Marketing durch eine Kombination der klassischen Marketing-Mix-Instrumente generell in Frage gestellt und das Mix mit dem Hinweis auf seinen wirklichkeitsfremden „rezeptologisch-mechanistischen Charakter" verworfen (von Briskorn 1987).

Während der letzte Kritikpunkt insbesondere am operativen Marketing ansetzt, findet darüber hinaus eine zunehmende Auseinandersetzung mit dem strategischen Marketing statt. Einerseits wird der intensive und breite Einsatz statistischer und strategischer Analyseverfahren für die Verdrängung des visionären und risikobewußten Unternehmersinnes verantwortlich gemacht (Gerken 1992). Andererseits wird von Vertretern der evolutionären Managementlehre angemerkt, daß das strategische Management mit dem Anspruch auf vollständige Planbarkeit und proaktive anbieterseitige Marktbeeinflussung den zunehmend diskontinuierlichen Markt- und Umweltbedingungen nicht mehr gewachsen sei (Servatius 1991). Als Indikatoren werden dabei ein zunehmendes „Strategieversagen" und sogenannte „Implementierungslücken" (Bonoma 1984; Hilker 1993) angeführt (vgl. viertes Kapitel, Abschnitt 5).

Im Lichte dieser kritischen Bestandsaufnahme – die im Gegensatz zu früher nicht mehr die Kritik an einzelnen Instrumenten, sondern an den fundamentalen Prinzipien des Marketing verdeutlicht – ist die Frage nach **dem zukünftigen Stellenwert und den Funktionen des Marketing** zu stellen. Die Beantwortung dieser Frage setzt eine Auseinandersetzung mit den verschiedenen Ansätzen der Marketingwissenschaft voraus.

2. Ansätze der Marketingtheorie

2.1 Gegenstand und Entwicklung der Marketingtheorie

Unter einem Ansatz beziehungsweise einem **Paradigma** versteht man grundlegende Leitideen und wissenschaftliche Problemlösungsmuster, die von Vertretern eines wissenschaftlichen Fachgebietes weitgehend geteilt werden (Kuhn 1973). Obwohl die Verwendung des Paradigmabegriffes in der Betriebswirtschaftslehre wiederholt kritisiert worden ist, hat er zur Kennzeichnung der grundlegenden Wissenschaftsprogramme breite Verwendung gefunden. Wissenschaftlicher Wandel geht nach Kuhn darauf zurück, daß vorherrschende Paradigmen in Frage gestellt und angesichts von Unsicherheit und Unzufriedenheit neue, konkurrierende Problemlösungsmuster in einer Disziplin vorgeschlagen werden.

Die skizzierten Entwicklungslinien des Marketing machen deutlich, daß sich im Paradigmenwechsel mit der allgemeinen Betriebswirtschaftslehre auch in der Marketingwissenschaft in den letzten Jahrzehnten eine Vielzahl konkurrierender und sich ergänzender Forschungsprogramme und Theorieansätze (vgl. Abbildung 1-6) herausgebildet haben (Meffert 1989a). Ausgehend von den eher klassischen Ansätzen, die in den letzten Jahrzehnten das Forschungsprogramm im Marketing bestimmten, werden im folgenden neuere Ansätze gekennzeichnet, deren zunehmende Verbreitung die Diskussion um den Paradigmenwechsel und eine damit einhergehende Neuorientierung des Marketing begründet haben.

2.2 „Klassische Ansätze" der Marketingtheorie

Zu den ältesten Ansätzen der Marketingwissenschaft zählen institutionen- und warenorientierte Ansätze. Gegenstand der **institutionenorientierten Forschung** bildet die Deskription, Klassifikation und Erklärung empirisch relevanter absatzwirtschaftlicher Institutionen (Schäfer 1950; Seyffert 1955). Einen besonderen Schwerpunkt der institutionenorientierten Forschung bildet die Auseinandersetzung mit verschiedenen Betriebsformen des Handels und den Erklärungsansätzen für den institutionellen Wandel im Handel (Nieschlag 1954).

Ansätze der Marketingtheorie

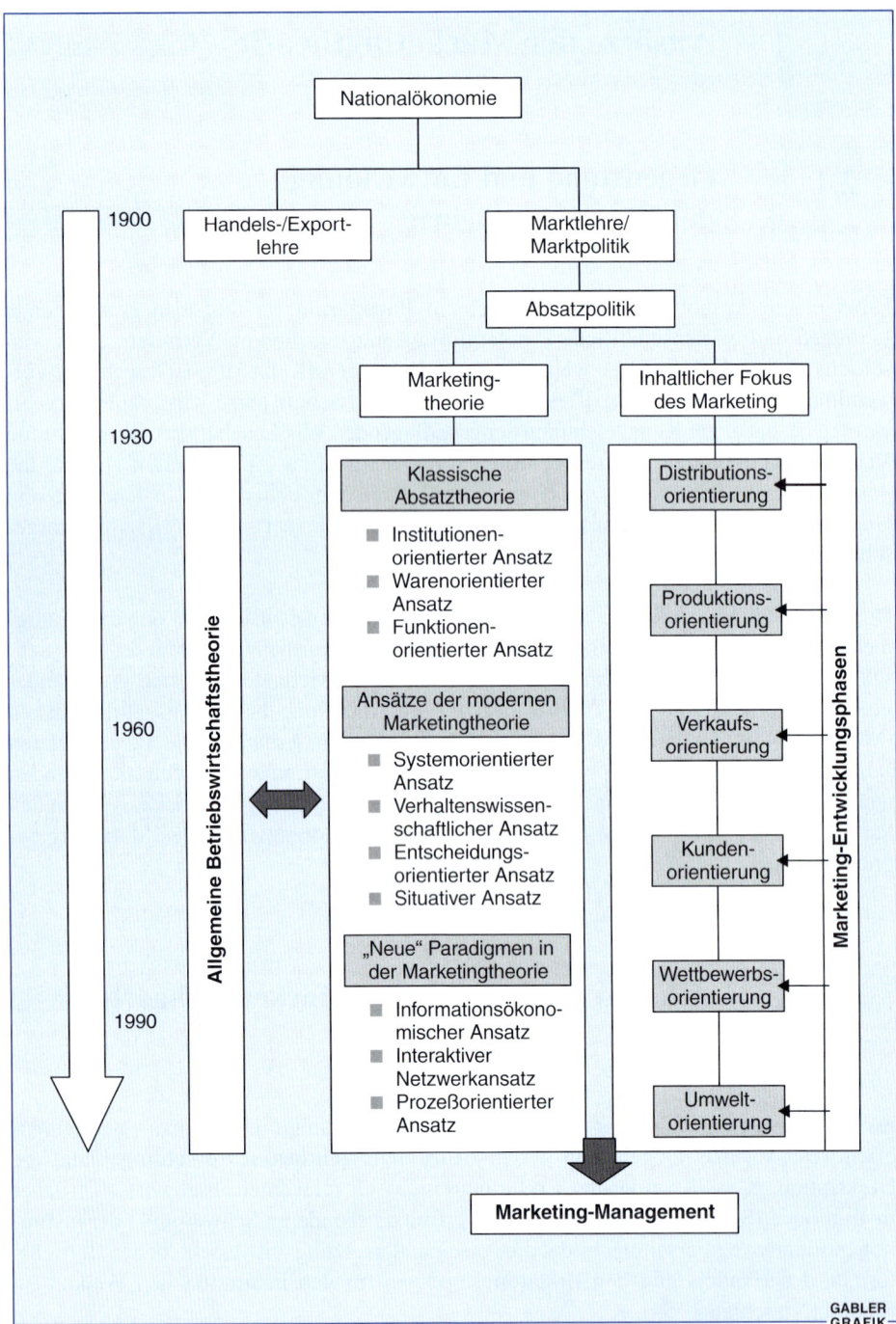

Abbildung 1-6: Entwicklungsphasen und Systematik der Marketingtheorie

Der **warenorientierte Ansatz** stellt einzelne Produkte und Produkttypologien in den Mittelpunkt der marketingbezogenen Analyse (Koppelmann 1973). Ausgehend von der Identifikation spezifischer Produkteigenschaften werden für einzelne Produktkategorien Besonderheiten der Ausgestaltung des Marketing abgeleitet. Diesem Ansatz liegt die Annahme zugrunde, daß in Abhängigkeit der jeweiligen Produkteigenschaften unterschiedliche Kaufentscheidungstypen vorherrschen und sich hieraus für die Gestaltung des Marketing differenzierte Anforderungen ergeben. Grundsätzlich hat sich eine güterspezifische Differenzierung von Marketingansätzen nach den Kategorien Konsumgüter, Investitionsgüter und Dienstleistungen in den siebziger Jahren durchgesetzt. Spezifische Kategorisierungen im Konsumgüterbereich nehmen eine weitere Unterscheidung in Convenience-, Shopping- und Speciality-Goods vor (vgl. zweites Kapitel, Abschnitt 2), während im Investitionsgüterbereich eine güterspezifische Differenzierung nach Komponenten, Anlagen und Systemen erfolgt (vgl. fünftes Kapitel, Abschnitt 3).

Grundsätzlich ist im Zusammenhang mit den güterbezogenen Ansätzen im Marketing festzustellen, daß produktbezogene Eigenschaften zunehmend durch die **hinter dem Kaufentscheidungsprozeß stehenden verhaltensrelevanten Charakteristika der Nachfrager** dominiert werden. Entscheidend für die kundenorientierte Ausgestaltung der Marketingmaßnahmen ist letztlich nicht die physikalisch-technische Beschaffenheit eines Gutes, sondern die spezifischen Merkmale des Kaufverhaltens eines Nachfragers (Einstellungen, Risikobereitschaft, Informationsverhalten, Involvement, Produkterfahrung etc.). Dementsprechend ist der Einwand berechtigt, daß ein Produkt a priori nicht eindeutig einer Produktkategorie zugeordnet werden kann, sondern ein und dasselbe Produkt für einen Konsumenten ein Shopping-Gut und für einen anderen ein Convenience-Gut darstellen kann. Dies verdeutlicht, warum man in der Marketingtheorie von einer vordergründigen Erfassung der Produktcharakteristika mehr und mehr zu den verhaltenstheoretischen Begründungen für ein differenziertes Kaufverhalten übergeht.

Der **funktionenorientierte Ansatz** setzt sich mit einer Deskription der einzelnen Funktionen des Marketing auseinander, die in einer Vielzahl von Systematisierungsansätzen **der betrieblichen Funktionenlehre** münden. Forschungsgegenstand ist dabei ein bestimmtes Absatzgut zwischen dessen Herstellung und Verbrauch eine Reihe von Spannungen bestehen, die durch absatzwirtschaftliche Instrumente zu überbrücken sind. Die **Funktionen des Marketing** können zum Beispiel nach objektbezogenen, inhaltlichen, zeitlichen und räumlichen Gesichtspunkten strukturiert werden (Oberparleitner 1918; Leitherer 1966; Specht 1992). Insbesondere im Hinblick auf die Ausrichtung des Marketing in vertikalen Systemen ist in den siebziger Jahren mit zunehmender Bedeutung der Handelsunternehmen die Funktionsaufteilung zwischen Handels- und Herstellermarketing in den Mittelpunkt der Betrachtungen gerückt (Hansen 1990).

2.3 Ansätze der modernen Marketingtheorie

Ausgehend von den eher klassischen und von der Absatztheorie geprägten Theorievarianten haben sich in den sechziger und siebziger Jahren Ansätze des „modernen" Marketing im Forschungsprogramm etabliert. **Die Paradigmen der modernen Marketingtheorie** sind weniger durch ein konkurrierendes als vielmehr durch ein zum Teil **komplementäres Verhältnis zueinander** geprägt.

Im Rahmen **verhaltenswissenschaftlicher Ansätze** wird versucht, Erkenntnisse über das **Verhalten von Konsumenten und Organisationen** bereitzustellen (zum Beispiel Howard/Sheth 1969; Kroeber-Riel 1972; Meffert 1992; Trommsdorff 1998; Kroeber-Riel/Weinberg 1999). Verhaltenswissenschaftliche Erklärungsmodelle sollen dabei nicht nur Einsichten in Kaufentscheidungsprozesse vermitteln, sondern auch Anhaltspunkte über die Wirkung von Marketinginstrumenten auf das Kaufverhalten geben.

Ausgangspunkt verhaltenswissenschaftlicher Erklärungsansätze bildet häufig eine grundlegende **Typologisierung von Kaufentscheidungen**. Differenziert nach Art und Anzahl der Kaufentscheidungsträger wird das Spektrum möglicher Kaufentscheidungstypen durch individuelle und familiäre Kaufentscheidungen sowie Entscheidungen von Repräsentanten oder Einkaufsgremien abgesteckt (vgl. zweites Kapitel, Abschnitt 2). Während in der Vergangenheit die Erklärung einzelner Kaufentscheidungsprozesse im Mittelpunkt käuferverhaltenstheoretischer Betrachtungen stand, versuchen neuere Ansätze im Rahmen des „Relationship Marketing", sich auf die Analyse dauerhafter Kundenbeziehungen zu konzentrieren und die Bedeutung der Interaktion zwischen Unternehmen und Kunden hervorzuheben (Berry 1983; Diller/Kusterer 1988; Backhaus 1997).

Der **entscheidungsorientierte Ansatz** stellt normative Aussagen über rationale Wahlhandlungen des Marketingmanagement in den Mittelpunkt der Betrachtung (vgl. Meffert 1999, S. 94 f.). Die Bewältigung von marketingbezogenen Problemstellungen wird hierbei als **Entscheidungsprozeß** aufgefaßt. Die Entscheidungssituationen werden durch die Begriffe Ziele, Alternativen, Umweltzustände und Konsequenzen beziehungsweise Entscheidungsresultate beschrieben (Heinen 1971; Meffert 1986). Als konstitutiv zur Abbildung eines Entscheidungsfeldes werden für einen Marketingentscheidungsprozeß die Situationsanalyse, die Formulierung von Marketingzielen und -strategien sowie die Festlegung alternativer Instrumentekombinationen gesehen. Für die Bestimmung der zieloptimalen Kombination der Marketinginstrumente wurden in der entscheidungsorientierten Marketingtheorie zahlreiche Entscheidungsmodelle entwickelt.

Der entscheidungsorientierte Ansatz hat in der amerikanischen und deutschen Marketingtheorie eine weite Verbreitung gefunden und bis heute die Forschungsprogramme der Marketingwissenschaft dominiert. Dies mag darin begründet liegen, daß der Ansatz nicht nur dem Problemlösungsverhalten der Marketingpraxis besonders nahe kommt, sondern auch eine große Offenheit für **die Integration von interdisziplinären Bezügen des Marketing** aufweist. Beispielsweise wurde die ökonomisch geprägte Zielebene um gesellschaftliche, humanistische und umweltbezogene Ziele erweitert.

Zielsetzung der **systemtheoretischen Ansätze** im Marketing ist die **Erfassung und Beschreibung komplexer Marketingsysteme** und die Explikation spezifischer Verhaltensweisen einzelner Systemteilnehmer. Darüber hinaus sollen in praktisch normativer Hinsicht Gestaltungsempfehlungen für das Marketing abgeleitet werden (zum Beispiel Fisk 1967; Ulrich 1971; Baetge 1974; Meffert 1975).

Den Ausgangspunkt der systemtheoretischen Überlegungen bildet die Strukturierung komplexer Systeme und die Analyse einzelner Systemelemente unter Einbeziehung verhaltenswissenschaftlicher Erklärungsansätze. Im Mittelpunkt der Systemanalyse steht die Beschreibung und Erklärung der zwischen den einzelnen Systemelementen bestehenden Austauschbeziehungen. Hier ergibt sich eine enge Verknüpfung zu marketingpolitischen Gestaltungsempfehlungen (vgl. viertes Kapitel, Abschnitt 3).

Der Vorteil der systemtheoretischen Ansätze liegt in der Erfassung und Beschreibung komplexer Beziehungssysteme und in der **mehrdimensionalen und ganzheitlichen Betrachtung** der Marketingproblemstellung unter Einbeziehung ökonomischer und verhaltenstheoretischer Aspekte. Insbesondere im Zusammenhang mit der stärkeren Einbeziehung des Marketing in den gesellschaftlichen und ökologischen Kontext (Meffert/Kirchgeorg 1998) erlangen systemtheoretische Konzepte für die Deskription von Systemen und Beziehungen in Kombination mit dem entscheidungsorientierten Ansatz eine besondere Bedeutung.

Unter Rückgriff auf die Mitte der sechziger Jahre in der Organisationstheorie gewonnenen Erkenntnisse stellt der situative Ansatz kontextbezogene, das heißt sich aus dem Umfeld der Unternehmung ergebende Anpassungsnotwendigkeiten in den Vordergrund (Kast/Rosenzweig 1970; Meffert 1986, 1989b; Kieser/Kubicek 1992). Zielsetzung des situativen Ansatzes im Marketing ist die Identifikation relevanter Situationsvariablen und „Situationscluster" (Kategorien ähnlicher Situationen) sowie die Auswahl situationsadäquater Gestaltungsempfehlungen. Hierdurch soll ein möglichst optimaler Fit zwischen der Marktsituation und den Strategien beziehungsweise Marketinginstrumenten sichergestellt werden.

In diesem Zusammenhang wurde insbesondere die situationsadäquate Gestaltung eines Marketingkonzeptes in einzelnen Produktlebenszyklusphasen untersucht (Meffert 1974) (vgl. drittes Kapitel, Abschnitt 2.311). Die Bedeutung des situativen Ansatzes in der Marketingwissenschaft wird nicht in einem eigenständigen Theorieansatz, sondern als Weiterentwicklung des entscheidungs- und systemorientierten Ansatzes gesehen. Nach dem Prinzip der situativen Bedingtheit werden die letzteren Ansätze unter einen kontextbezogenen Problembezug gestellt.

2.4 Auf dem Weg zu „neuen" Paradigmen in der Marketingtheorie

Nicht zuletzt aus der Kritik an den in der Marketingwissenschaft bisher etablierten Ansätzen werden „neue" Paradigmen im Marketing diskutiert und entwickelt. Neben informationsökonomischen Ansätzen handelt es sich insbesondere um prozeßorientierte sowie netzwerkorientierte Ansätze, die in der Marketingwissenschaft besondere Beachtung finden.

2.41 Informationsökonomischer Ansatz

Die Kernprobleme des Marketing werden in den **informationsökonomischen Ansätzen** in der **Bewältigung von marktbezogenen Informations- und Unsicherheitsproblemen** gesehen. Obwohl in den klassischen Ansätzen der Marketingtheorie die Informations- und Unsicherheitsprobleme (zum Beispiel in den verhaltenswissenschaftlichen und entscheidungsorientierten Ansätzen) Berücksichtigung finden, plädieren Vertreter des informationsökonomischen Ansatzes für die Notwendigkeit einer umfassenderen und systematischeren Analyse der marktspezifischen Informations- und Unsicherheitsstrukturen. Insofern kann der informationsökonomische Ansatz als eine Ergänzung verhaltens- und entscheidungsorientierter Ansätze angesehen werden.

Der Ansatz unterstellt, daß bei realen Transaktionsprozessen zwischen Anbietern und Nachfragern **Informationsasymmetrien** und damit Verhaltensunsicherheiten auftreten können. Der Abbau von Informationsdefiziten bei Anbietern und Nachfragern verursacht Informationskosten, erhöht die Transaktionskosten und wirkt sich damit auf die Transaktionsprozesse in unterschiedlicher Weise aus. In den Überlegungen des informationsökonomischen Ansatzes wird die Höhe der Informationsdefizite beziehungsweise -kosten und damit auch das Maß an Verhaltensunsicherheit eines Nachfragers von seinem **Beurteilungsverhalten und den Beurteilungsmöglichkeiten eines Leistungsangebotes** determiniert.

In diesem Zusammenhang wird eine Unterscheidung von Leistungsmerkmalen nach **Such-, Erfahrungs- und Vertrauenseigenschaften** vorgenommen. Güter mit einem hohen Anteil von Such- beziehungsweise Inspektionseigenschaften (search qualities) sind dadurch gekennzeichnet, daß sich ihre Qualität ohne Probleme vom Nachfrager durch **Informationssuche vor dem Kauf,** beispielsweise in Form einer Inspektion, bewerten lassen (zum Beispiel Möbel). Demgegenüber läßt sich bei Gütern mit einem hohen Anteil an Erfahrungseigenschaften (experience qualities) die Qualität nur durch die **Produktverwendung nach dem Kauf** beurteilen (zum Beispiel Konserven). Wiederum anders verhält es sich bei Gütern mit einem hohen Anteil an Vertrauenseigenschaften (credence qualities). Hier kann der Nachfrager bestimmte Eigenschaften beziehungsweise Qualitäten **weder vor noch nach dem Kauf überprüfen** (zum Beispiel Gemüse aus biologischem Anbau, Abschluß einer Lebensversicherung). Je nach Dominanz einzelner Eigenschaften können unterschiedliche Erscheinungsformen des Marketing abgegrenzt und Empfehlungen zur Vertrauensbildung und zur Ausgestaltung der Transaktionen (zum Beispiel Vertragsgestaltung) gegeben werden.

Der **Stellenwert des informationsökonomischen Ansatzes** im Forschungsprogramm des Marketing ist nicht in der Erweiterung des Gestaltungsspektrums der marketingpolitischen Instrumente zu sehen, sondern liegt darin begründet, daß die Faktoren „Art und Ausmaß der Unsicherheit, Informationsverteilung, Kosten der Informationsgewinnung und moralisches Risiko einen einheitlichen markttheoretischen Bezugsrahmen für die Theorie des Konsumentenverhaltens und für die Marketingtheorie bilden" (Kaas 1990, S. 546). Über die vorgeschlagene Eigenschaftstypologie lassen sich möglicherweise neue Ansatzpunkte für die Neuausrichtung spezieller Marketinglehren gewinnen. Die Einbeziehung von Erkenntnissen der neuen Institutionenökonomie führt – bei allen Vorbehalten gegenüber transaktionskostentheoretischen Aussagesystemen – zu einer gewissen Integrationskraft für die Betriebswirtschaftslehre als Ganzes (Meffert 1994a).

2.42 Transaktions- versus Relationship-Marketing

Dem **Paradigma interaktiver Netzwerke** liegt die These zugrunde, daß die Vorstellung von einzelnen Transaktionen für das Verständnis der Kundenbeziehungen und das Entstehen neuer Organisationsformen (strategische Allianzen, Netzwerkorganisationen, virtuelle Organisationen, etc.) nicht adäquat sei. Die bisher übliche instrumentelle, eher auf den kurzfristigen Erfolg ausgerichtete Einwegbetrachtung soll durch eine prozessuale, ganzheitliche und dynamisch angelegte Betrachtung von Austauschbeziehungen abgelöst werden. An Stelle von „Beeinflussungs-" wird „**Beziehungsmarketing**" gefordert (McKenna 1991; Christopher et al. 1998; Grönroos 1996).

Die Ansätze haben eine lange Tradition im Investitionsgütermarketing, wo **Geschäftsbeziehungen auf verschiedenen Interaktionsebenen** (Organisationen, Gruppen, Personen) untersucht werden (Kern 1990; Backhaus/Diller 1993). Neu ist die strategisch angelegte Perspektive, was in dem auf Harmonie ausgerichteten Leitbild für Geschäftsbeziehungen, der inneren Verpflichtung gegenüber den Geschäftsbeziehungen, der Gestaltung ökonomischer Anreize für den Aufbau und die Erhaltung einer dauerhaften Geschäftsbeziehung und vor allem in der **Bedeutung des Kontruktes Vertrauen** zur Erklärung von langfristigen Geschäftsbeziehungen zum Ausdruck kommt (Plötner 1995).

Das **Relationship Marketing** kann als eine solche Form der Partnerschaft zu allen externen und internen Anspruchsgruppen interpretiert werden (Backhaus 1997). Der Vorzug dieses Ansatzes liegt darin, daß der Fokus auf die Erklärung und Gestaltung der

Kundenbeziehungen gelegt wird (Gummesson 1987, 1996; Czepiel 1990; Grönroos 1990, 1994; Bruhn 1999a). Dabei wird die Verantwortung für die Kundenbeziehungen auf die gesamte Unternehmensorganisation übertragen. Der **Aufbau von Vertrauen als Grundvoraussetzung jeder dauerhaften Beziehung** kann nur dann erreicht werden, wenn sich alle Mitarbeiter des Unternehmens in gleicher Weise der Kundenorientierung verpflichtet fühlen. Dies setzt wiederum eine **starke Corporate Identity** voraus und trägt zur marktorientierten Vernetzung der betrieblichen Funktionsbereiche bei.

Auf diese Weise gelingt es ferner, empirisch relevante Klassifikationen von Geschäftsbeziehungen – im Spektrum von Gelegenheitsbeziehungen bis zu Allianzen – abzugrenzen und im Hinblick auf Effizienz und Stabilität zu analysieren. Darüber hinaus wird dem Aspekt der **Individualisierung** im Sinne von Customization (Pine 1993) und der Aufgabe der **Kundenbindung** sowie der Gestaltung des „**Kundenwertes**" (customer value) ein besonderer Stellenwert zugewiesen.

2.43 Prozeßorientierter Ansatz

Die neueren Bemühungen in der Betriebswirtschaftslehre, die klassische Funktionenlehre durch eine stärkere **Prozeßorientierung** zu ergänzen oder abzulösen, führten auch in der Marketingwissenschaft zur verstärkten Berücksichtigung dieser Perspektive. Bisher scheint es zwar verfrüht, im Forschungsprogramm der Marketingtheorie von einem **prozeßorientierten Ansatz** zu sprechen, jedoch lassen sich erste Implikationen aufzeigen, die eine stärkere Prozeßorientierung für die Marketingtheorie hat.

Die Ursache der aktuellen Diskussion um die Prozeßorientierung liegt darin, daß die aus Gründen der Komplexitätsreduzierung in den letzten Jahrzehnten vorangetriebene produkt-, funktions- oder regionalorientierte **Zergliederung der Unternehmensaktivitäten** kontraproduktive Wirkungen zeigt. Die hierbei auftretenden Schnittstellenprobleme, Zeitverluste, Intransparenzen und Ineffizienzen können vielfach nur bei gleichzeitig überproportionalem Anstieg von Koordinationskosten bewältigt werden (Horvath 1991). Betrachtet man die Philosophie des Marketing, so kommt in der Zielsetzung der Planung, Koordination und Kontrolle aller auf den Absatzmarkt gerichteten Aktivitäten bereits der **funktionsübergreifende, integrierende Prozeßgedanke** zum Ausdruck. Es liegt somit bereits in der Marketingphilosophie begründet, daß **alle Marketingaktivitäten über die gesamte Wertkette hinweg auf eine Erfolgsposition im Markt auszurichten sind.** In diesem Zusammenhang wird die innengerichtete, funktionsübergreifende und kundenorientierte Ausrichtung der Unternehmensaktivitäten auch als **internes Marketing** bezeichnet und als Voraussetzung einer marktorientierten Unternehmensführung verstanden (Kotler 1972; Weiber 1993; Bruhn 1999b).

Die Prozeßorientierung ist dem Marketing somit immanent. Allerdings hat sich dieser Anspruch in der Praxis nicht hinreichend durchgesetzt. Darüber hinaus fehlten leistungsfähige Instrumente, um in den zergliederten Unternehmenseinheiten eine funktionsübergreifende Koordination und Steuerung vorzunehmen. Für die Marketingtheorie sind somit Instrumente wie die **Prozeßkostenrechnung** und das **Target Costing** für spezifische Markttransaktionen auszubauen und effiziente Implementierungsstrategien für das Marketing zu entwickeln (vgl. viertes Kapitel, Abschnitt 6).

Die skizzierten Paradigmen der Marketingtheorie setzen bei der Erklärung und Gestaltung der realen Marketingphänomene unterschiedliche Akzente. Welcher Ansatz sich im Wettstreit der wissenschaftlichen Auseinandersetzung auch immer durchsetzen mag, Wissenschaft und Praxis werden Marketing zunehmend als **individualisiertes, vernetztes und multioptionales Beziehungsmanagement** verstehen müssen. Diese erweiterte Sichtweise der marktorientierten Führung führt zur Vision des „totalen Marketing" (Kotler 1992), indem zur Sicherung und Gestaltung von Wettbewerbsvorteilen alle Marktpartner im Beschaffungs- und Absatzbereich sowie die Koalitionspartner und gesellschaftlichen Anspruchsgruppen unter dem Aspekt der marktorientierten Führung einbezogen werden (vgl. Abbildung 1-7).

Dem internen Marketing kommt für eine erfolgreiche Implementierung dieses erweiterten Denkens eine ebenso bedeutsame Schlüsselrolle zu wie dem Public Marketing und dem Beschaffungsmarketing. **Die absatzmarktgerichteten Aspekte des Marketing werden daher relativiert und in einen größeren Zusammenhang eingeordnet.**

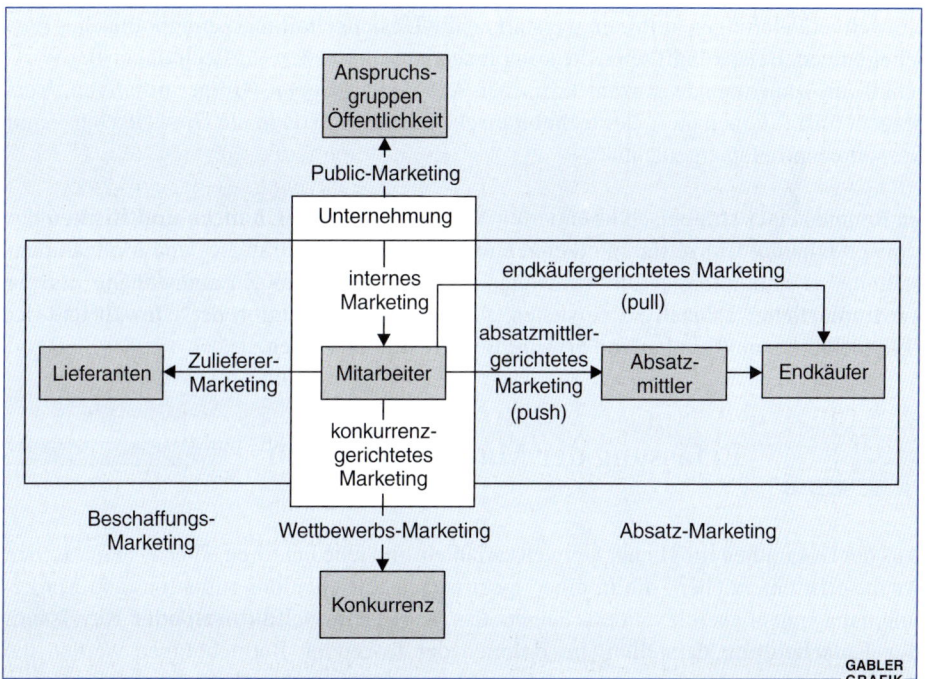

Abbildung 1-7: Konzept des integrierten Marketing

3. Die Arena des Marketing: Umwelt und Märkte

3.1 Umwelt als Aktionsfeld des Marketing

3.11 Umweltbezüge des Marketing

Beim entscheidungsorientierten Ansatz des Marketing findet die laufende Veränderung der Umweltbedingungen Berücksichtigung durch die Analyse der Umweltsituation. Die besondere Relevanz der Umweltbezüge für das Marketing begründet sich insbesondere mit der zunehmenden Komplexität und Dynamik der Marketingumwelt.

Die **Komplexität** drückt sich in der Anzahl und Heterogenität jener Umweltfaktoren aus, die bei marketingpolitischen Entscheidungen berücksichtigt werden müssen (vgl. viertes Kapitel, Abschnitt 3). Sowohl die Komplexität als auch die erhöhte **Umweltdynamik**, das heißt die Häufigkeit (Frequenz), Stärke (Amplitude) und Diskontinuität, mit der Umweltveränderungen auftreten, verstärken die **Unsicherheit** marketingpolitischer Entscheidungen. Beispielhaft seien die komplexen internationalen Verflechtungen der Wirtschaft, die zunehmende Anzahl kritischer Anspruchsgruppen (Bürgerinitiativen, Verbraucherinstitutionen etc.), der technologische Fortschritt sowie die Umweltschutz- und Ressourcenprobleme genannt.

Im Rahmen eines strategisch orientierten Marketing sind die **Chancen und Risiken** der Umweltdynamik frühzeitig zu erkennen und bei der Ziel-, Strategie- und Maßnahmenplanung zu antizipieren. Die Umweltanalyse ist in diesem Zusammenhang als ein **kontinuierlicher Prozeß** zu verstehen. Aufgrund der Evolution der Umwelt und der Unternehmung muß sie laufend erweitert und revidiert werden.

3.12 Erfassung der Marketingumwelt

Aus der Gesamtheit möglicher Umweltvariablen sind jene Faktoren einer systematischen Analyse zu unterziehen, die in einer spezifischen Entscheidungssituation dem Marketingmanagement als relevant erscheinen, das heißt **Schlüsselfaktoren oder Key-Issues der Entscheidung** darstellen. Im Rahmen der folgenden Betrachtungen werden die Komponenten der Marketingumwelt sowohl nach funktionalen als auch nach institutionellen Kriterien untergliedert. Die Mehrzahl der systemtheoretischen und situativen Forschungsansätze nimmt in diesem Zusammenhang eine Untergliederung der Unternehmensumwelt in eine globale beziehungsweise Makroumwelt und eine unternehmensspezifische Aufgabenumwelt vor.

- Die **Aufgabenumwelt** (task environment) der Unternehmung weist die engste Bindung zwischen den Unternehmensaktivitäten und den externen Transaktionspartnern auf. Die Transaktionspartner auf den Beschaffungs- und Absatzmärkten (Lieferanten, Handel, Konsumenten), die Konkurrenten, aber auch jene Institutionen und Teilöffentlichkeiten (Aufsichtsämter, Behörden etc.), die unmittelbar die Unternehmensaktivitäten beeinflussen, zählen zur Aufgabenumwelt.

- Die **Makroumwelt** (macro environment) der Unternehmung beinhaltet die nichtkontrollierten Variablen, die das Verhalten der Unternehmung und der Transaktionspartner der Aufgabenumwelt mittelbar beeinflussen können. Die Makroumwelt kann in die ökologische, politisch-rechtliche, sozio-kulturelle, ökonomische und technologische Umwelt differenziert werden.

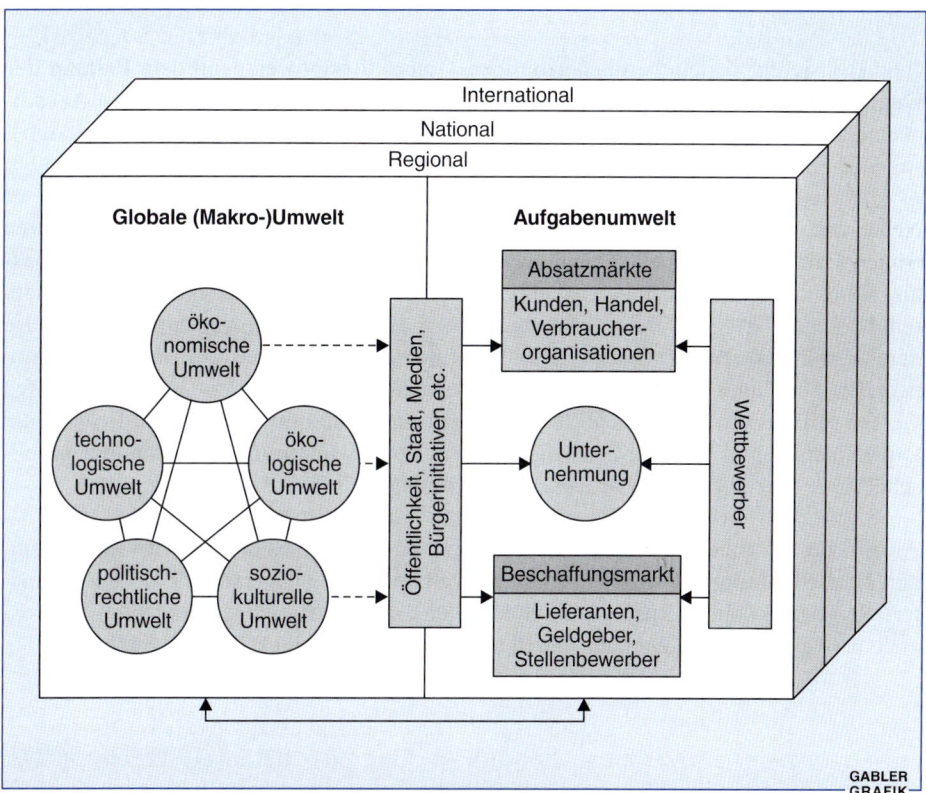

Abbildung 1-8: Modell der Unternehmensumwelt
(in Anlehnung an Raffée/Wiedmann 1987, S. 187)

Wie in Abbildung 1-8 schematisiert dargestellt, sind alle Bereiche der Makroumwelt untereinander vernetzt und können das Unternehmensverhalten beeinflussen (Preissteigerung auf den Rohstoffmärkten aufgrund der Verknappung natürlicher Ressourcen etc.).

Diese Betrachtungsweise knüpft an transaktionstheoretische und aus der Anreiz-/Beitragstheorie abgeleitete Erkenntnisse an. **Umweltbeziehungen einer Unternehmung lassen sich im Kern als Austauschbeziehungen kennzeichnen** (Homans 1973; Bagozzi 1974; Levy/Zaltman 1975), durch die Unternehmungen die an sie herangetragenen Ansprüche verschiedener Transaktionspartner zu befriedigen versuchen. Jede Bezugsgruppe der Aufgabenumwelt kann somit auch als **Anspruchsgruppe** gekennzeichnet werden (Dyllick 1992, S. 42 ff.; Meffert/Kirchgeorg 1998).

Die zur Erfüllung der Ansprüche initiierten Transaktionen einer Unternehmung lassen sich durch

- Güter-,
- Geld- und
- Informationsströme

charakterisieren. Zudem beruhen sämtliche Transaktionsprozesse auf dem **Prinzip der Gegenseitigkeit**. Die Erfüllung von kundenbezogenen oder gesellschaftlichen Ansprüchen durch die Unternehmung führt zur Sicherung der Marktposition und zum langfristigen Erhalt der Legitimität in der Gesellschaft.

Neben den direkten (materiellen) Transaktionen zwischen der Unternehmung und ihren Abnehmern und Lieferanten sind immaterielle Transaktionen in Form von Informations- und Kommunikationsprozessen bei der Unternehmens-Umwelt-Beziehung von besonderem Interesse. Dies gilt für die absatzmarktgerichteten Transaktionen, wo beispielsweise durch gezielte Werbebotschaften einer Unternehmung bestimmte Verhaltensdispositionen der Abnehmer (zum Beispiel Einstellungsurteile, Präferenzen usw.) geschaffen werden sollen. Ferner führen Veränderungen in der Makroumwelt, wie zum Beispiel die Umweltverschmutzung, zur Artikulation von Umweltschutzansprüchen durch gesellschaftliche oder marktbezogene Anspruchsgruppen.

Ansprüche, die zunächst in Form eines Informationsprozesses übermittelt werden, können ein **Bedrohungspotential** beinhalten, weil bei ihrer Nichterfüllung bestimmte materielle Transaktionen (Kauf von Produkten etc.), die zur Erreichung der Unternehmensziele notwendig sind, nicht mehr durchgeführt werden (Dyllick 1992, S. 36 ff.).

Von besonderer Bedeutung sind weiterhin die **indirekten Beziehungen** zu den Konkurrenten oder den Absatzmittlern (Handelsvertreter, selbständige Einzelhandelsbetriebe etc.), die durch ihr Verhalten die Absatzchancen der Unternehmung erheblich beeinflussen können. Gerade wegen der fehlenden unmittelbaren Transaktionsbeziehungen sind die indirekten Prozesse erheblich schwieriger zu erkennen und abzuschätzen, in ihrer Bedeutung für die Zielerreichung der Unternehmung jedoch häufig ebenso wichtig wie die direkten Beziehungen. Somit wird deutlich, daß zwischen sämtlichen Transaktionspartnern Austauschbeziehungen bestehen, die ganz wesentlich zur Komplexität und Dynamik der unternehmerischen Umwelt beitragen.

3.13 Kennzeichnung der Anspruchsgruppen

Anspruchsgruppen sind Interessengruppen, die aus gesellschaftlichen oder marktbezogenen Ansprüchen mehr oder weniger konkrete Erwartungen an die Unternehmung ableiten und entweder selbst oder durch Dritte auf die Unternehmensziele oder die Art und Weise der Zielerreichung Einfluß ausüben (Achleitner 1985; Dyllick 1992, S. 42 ff.; Meffert/Kirchgeorg 1998).

Anspruchsgruppen lassen sich nach unterschiedlichen Kriterien abgrenzen, beispielsweise nach

- den Inhalten und Ursachen der Ansprüche,
- der zeitlichen Dauer und Intensität der Ansprüche,
- dem geographischen/räumlichen Fokus der Ansprüche,
- der Zugehörigkeit zu gesellschaftlichen Subgruppen.

Abbildung 1-9 zeigt beispielhaft die Abgrenzung von Anspruchsgruppen nach ihrer Zugehörigkeit zu markt- und gesellschaftsbezogenen Gruppen, den aus Veränderungen einzelner Umweltsphären artikulierten Ansprüchen und dem räumlichen Fokus der Ansprüche (vgl. drittes Kapitel, Abschnitt 1.25).

Die Arena des Marketing: Umwelt und Märkte

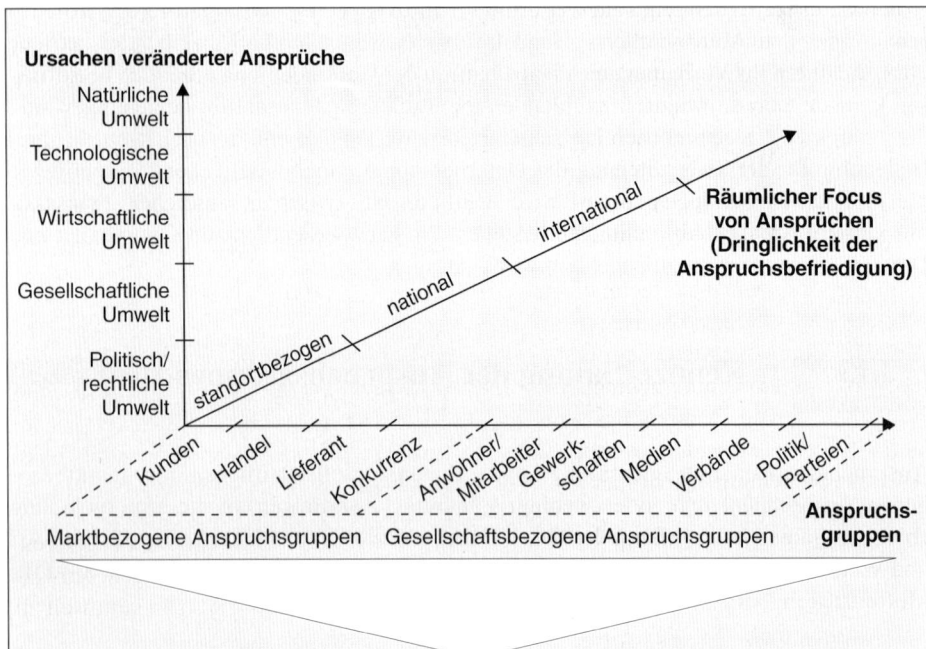

Anspruchsgruppen		Unternehmensbezogene Ansprüche (Beispiele)
Komponenten der Umwelt	**Subgruppen**	
Markt	Konsumenten	■ Preis-Leistungs-Verhältnis ■ umweltgerechte Produktqualität
	Handel	■ Unterstützung am Point of Sale
	Lieferanten	■ Langfristig stabile Lieferbeziehung
	Konkurrenten	■ (indirekte Ansprüche) Definition von technischen Standards
Gesellschaft	Verbände (z. B. Verbraucherverbände)	■ Umweltschutzforderungen ■ Verbraucherschutz (sichere Produkte)
	Bürgerinitiativen	■ Umweltschutzforderungen
	Medien	■ Artikulation der öffentlichen Meinung (z. B. Behindertenarbeitsplätze)
	Teilöffentlichkeiten am Standort	■ Behinderung der Standortwahl ■ Forderung nach Produktionseinstellung
Recht und Politik	Gesetzgeber	■ Gesetze, Verbote
	Parteien	■ Handlungsaufforderungen (moral suasion)
	Gewerkschaften	■ Mitbestimmung

Abbildung 1-9: Abgrenzung von Anspruchsgruppen

Aus der Sicht des Marketing steht der **Konsument** mit seinen vielfältigen Bedürfnissen und Preis-/Qualitätsansprüchen im Mittelpunkt des Interesses. Als Absatzmittler nimmt der **Handel** eine „Gatekeeper"-Funktion zwischen Hersteller und Konsument ein (Lewin 1963). Zum einen vermittelt er die an ihn herangetragenen konsumentenbezogenen Ansprüche, zum Beispiel nach Belieferung mit verschiedenen Produktvarianten, an den Hersteller. Andererseits leiten sich aus den Absatzmittlerfunktionen originäre Ansprüche, zum Beispiel nach Handelsspannenmaximierung, Lagerbestandsreduzierung etc., ab (vgl. fünftes Kapitel, Abschnitt 2).

Weiterhin steht ein Unternehmen mit **Lieferanten** und **Absatzhelfern** (Speditionen, Makler etc.) in Transaktionsbeziehungen, denen auf der Seite der Marktpartner zum Beispiel Entgeltansprüche zugrunde liegen. Auch die Konkurrenten definieren indirekt über ihr Verhalten unternehmensrelevante Ansprüche. Technologie-, Qualitäts- und Preisführer setzen in ihren Branchen Wettbewerbsstandards und Normen, die es im Rahmen der Festlegung wettbewerbsbezogener Profilierungsstrategien und beim Markteintritt zu berücksichtigen gilt.

Meinungsführer in Form von Wissenschaftlern, sozialen Bezugsgruppen oder Interessenverbänden wie Verbraucherschutzorganisationen, Gewerkschaften u. a. sind teilweise in Form institutionalisierter Anspruchsgruppen als Elemente der Aufgabenumwelt zu berücksichtigen.

Für das Marketing haben insbesondere die von **Verbraucherorganisationen** artikulierten Interessen und Ansprüche eine besondere Relevanz. Ausgehend von der Konsumerismusbewegung Anfang der sechziger Jahre haben sich Verbraucherorganisationen etabliert, die eine Verstärkungs-, Ergänzungs- und Kontrollfunktion von individuellen Verbraucherinteressen übernehmen.

Im Rahmen gesellschaftlicher Anspruchsgruppen übernehmen Interessengruppen zum Beispiel in Form von **Bürgerinitiativen, Naturschutzverbänden und Umweltorganisationen** häufig eine Initiativfunktion bei der Artikulation von unternehmensbezogenen Ansprüchen, die sich aus kritischen Veränderungen der einzelnen Umweltsphären (zum Beispiel Umweltschutzprobleme) ableiten lassen (Hansen 1995). Auch Anlieger der Unternehmensstandorte und die Mitarbeiter in Unternehmen sind als Anspruchsgruppen zu berücksichtigen. Im Zusammenhang mit kritischen Teilöffentlichkeiten ist auch der Stellenwert der **Medien** als „Kanalisator" öffentlicher Anliegen und Träger der öffentlichen Meinung hervorzuheben (Löffler 1981; Kirchgeorg 1990). **Politische Parteien** und **staatliche Institutionen** determinieren über politische Appelle bis hin zu gesetzlich verbindlichen Vorschriften das Entscheidungsfeld der Unternehmen. Nicht zuletzt sind **kirchliche Organisationen** im Kontext der Anspruchsgruppen zu beachten.

Je nach Anliegen müssen Unternehmen unter Umständen komplexe und weltweit handlungsfähige Anspruchsgruppennetze berücksichtigen (beispielsweise die Umweltschutzorganisation Greenpeace), denen zur Durchsetzung ihrer Ansprüche folgende Strategien zur Verfügung stehen (Dyllick 1990, S. 53 ff.):

- Mobilisierung des öffentlichen Drucks,
- Mobilisierung des politischen Drucks,
- Mobilisierung der Marktkräfte (Konsumentenboykott),
- Aktivierung der Gesellschafter der Unternehmung,
- direkte Verhandlung mit dem Unternehmen.

Diese Strategien der Anspruchsgruppen werden vielfach miteinander verknüpft und können bei einer Ignoranz das Unternehmen in eine **Legitimitätskrise** führen. Welche Anspruchsgruppen wann und mit welcher Intensität ihre Anliegen gegenüber der Unternehmung artikulieren, kann auf der Grundlage des Lebenszyklusmodells (vgl. Abbildung 1-10) gesellschaftlicher Anliegen analysiert werden (Meffert/Kirchgeorg 1998).

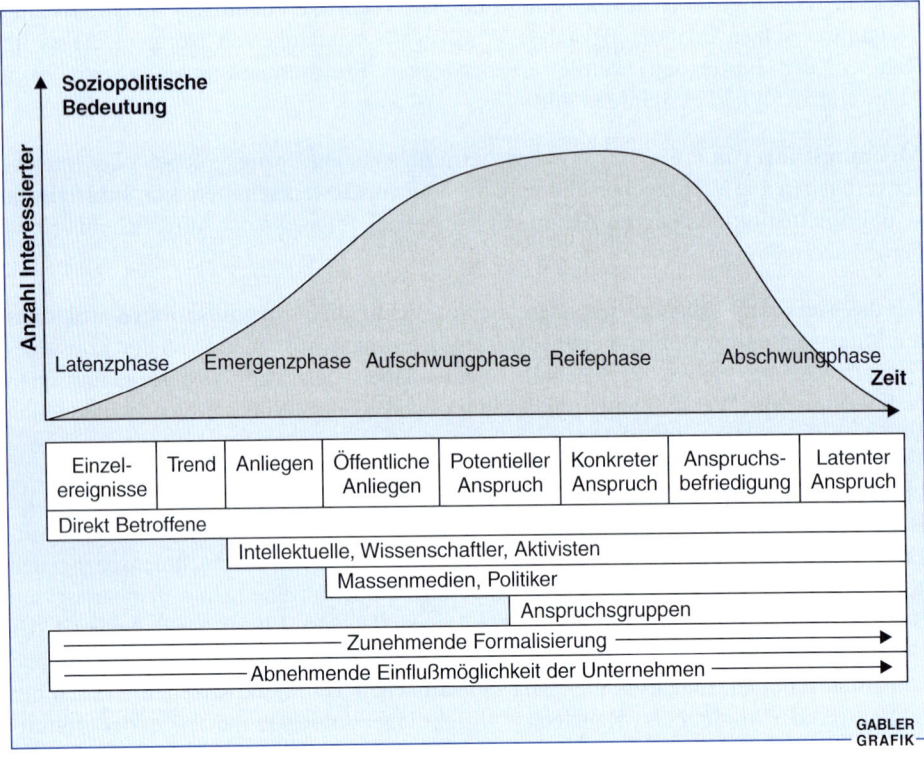

Abbildung 1-10: Lebenszyklusmodell gesellschaftlicher Ansprüche
(in Anlehnung an Dyllick 1992, S. 241)

Im Rahmen der Analyse der Aufgaben- und Makroumwelt sind die markt- und gesellschaftsbezogenen Rahmenbedingungen und Ansprüche somit detailliert zu erfassen, um sie in den Strategie- und Maßnahmenkonzepten frühzeitig zu antizipieren.

3.2 Märkte als Aufgabenumwelt des Marketing

Zur Erreichung der von der Unternehmung angestrebten Ziele muß oder kann sie je nach Ausgestaltung ihrer konkreten Aufgabenumwelt mit den einzelnen Elementen und Anspruchsgruppen der Aufgabenumwelt in einen Transaktionsprozeß treten. Überwiegend finden diese Transaktionsprozesse zum Beispiel zu Lieferanten oder Konsumenten auf Märkten statt. Insofern lassen sich **Märkte** als „Zwischensysteme" der unternehmerischen Aufgabenumwelt interpretieren. Die Analyse der Aufgabenumwelt stellt somit zugleich eine Beschreibung und Abgrenzung von Märkten dar, die durch Marktteilnehmer und die zwischen ihnen stattfindenden Transaktionsprozesse zu kennzeichnen sind.

Inhaltlich umfaßt die **Aufgaben-Umwelt-Analyse** im weiteren Sinne zwei zentrale Ziele, und zwar

- die Erfassung und Abgrenzung des relevanten Marktes sowie
- die Ermittlung von Marktreaktionsfunktionen.

Die Erfassung und Abgrenzung des **relevanten Marktes** nimmt eine Schlüsselstellung im Rahmen der strategischen Unternehmensführung und des Marketing ein (Abell 1980, S. 17 ff.; Bauer 1989). Sie dient zum Beispiel als Grundlage für

- die Festlegung strategischer Geschäftsfelder,
- den Aufbau neuer strategischer Geschäftseinheiten,
- die Anwendung strategischer Planungsmethoden,
- die Abgrenzung sogenannter strategischer Gruppen,
- die Identifikation von Bedarfsnischen,
- die Entwicklung und Modifikation von Produkten,
- die Optimierung der Produktprogrammpolitik.

Darüber hinaus stellt sich die Frage nach der Marktabgrenzung im Rahmen des Wettbewerbsrechts und der Wettbewerbspolitik. Vor allem das Gesetz gegen Wettbewerbsbeschränkungen erfordert im Zusammenhang mit Fusionskontrolle und Mißbrauchsaufsicht Marktabgrenzungen, um die Marktstellung, Marktbeherrschung oder Wettbewerbssituation von Unternehmen zu erfassen (Ahlert/Schröder 1996).

Die Bestimmung des relevanten Marktes stellt die Voraussetzung zur Ermittlung von **Marktreaktionsfunktionen** dar (Steffenhagen 1978; Balderjahn 1993). Hierbei gilt es zu ermitteln, mit welchen alternativen Strategien und marketingpolitischen Instrumenten unter Berücksichtigung der spezifischen Marktsituation die Unternehmensziele am besten zu erreichen sind. Dies setzt die systematische Analyse

- des Konsumentenverhaltens,
- der Konkurrenzsituation sowie
- der Absatzmittler und -helfer

voraus. Darüber hinaus beeinflussen aber auch gesellschaftliche Anspruchsgruppen sowie Entwicklungen in einzelnen Umweltsphären die Entscheidungskonsequenzen und sind somit als Erwartungsparameter in das Kalkül mit einzubeziehen.

3.21 Abgrenzung und Formen des Marktes

Mit dem Problem der Erfassung und Abgrenzung des relevanten Marktes haben sich bereits unterschiedliche Forschungsdisziplinen wie die Volkswirtschaftslehre, Rechtswissenschaften und Betriebswirtschaftslehre im allgemeinen sowie die Marketingtheorie im speziellen beschäftigt. Bisher gibt es keine allgemeingültige Antwort auf die Frage, wie der relevante Markt abzugrenzen sei.

In der **Volkswirtschaftslehre** wird der Markt aus objektiver, neutraler Perspektive (Vogelperspektive) betrachtet. In ihr wird der Markt als Vorgang verstanden, bei dem Angebot und Nachfrage aufeinandertreffen und Anbieter und Nachfrager, eingebettet in einen Wettbewerbsprozeß, Leistungen austauschen. Gegenüber dieser eher prozeßbezogenen Betrachtung knüpft eine zweite Bedeutungsvariante an den am Tauschprozeß beteiligten Wirtschaftssubjekten an. Der Markt wird hierbei als eine Menge von Nachfragern, Gütern und Anbietern definiert.

In der **Betriebswirtschaftslehre** und speziell in der Marketingtheorie wird der Markt vom Standpunkt einer Marktpartei (Anbieterperspektive) betrachtet und vereint eine prozeß- und objektbezogene Betrachtung. In der Marketingtheorie wird hierbei der Absatzseite besondere Beachtung geschenkt, weil die Gestaltung der Marketinginstrumente einer Unternehmung stets im Hinblick auf das Kaufverhalten der aktuellen und potentiellen Abnehmer erfolgt.

Allgemein werden **Absatzmärkte definiert als Menge der aktuellen und potentiellen Abnehmer bestimmter Leistungen sowie der aktuellen und potentiellen Mitanbieter dieser Leistungen sowie den Beziehungen zwischen diesen Abnehmern und Mitanbietern.** Obwohl die Definition des Absatzmarktes in allgemeiner Form den Marktbegriff konkretisiert, bleibt die Frage unbeantwortet, wie im Einzelfall eine Unternehmung den für sie relevanten Markt abgrenzen kann.

3.211 Kriterien zur Abgrenzung relevanter Märkte

Grundsätzlich kann die Abgrenzung des relevanten Marktes in räumlicher, zeitlicher und sachlicher Hinsicht erfolgen:

- **Räumliche Abgrenzung**: Werden beispielsweise die Snowboards eines Herstellers
  - lokal
  - regional
  - national
  - auf dem EG-Markt
  - auf dem Weltmarkt

  nachgefragt?

- **Zeitliche Abgrenzung**:
  - Wie lange dauert die Snowboardsaison?
  - Wann werden neue Snowboards entwickelt?

- **Sachliche Abgrenzung**: Konkurriert das Snowboard
  - mit klassischen Skiern oder
  - mit den modernen Carving-Skiern?
  - mit Snowbobs?
  - mit Schlitten?
  - mit anderen Wintersportgeräten?

Während die räumliche und zeitliche Abgrenzung in der Regel keine Probleme aufwirft (Lampe 1979; Schmidt 1981), ist die Frage der sachlichen Marktabgrenzung bis heute umstritten und nicht endgültig gelöst. Dies hat vorwiegend zwei Gründe:

- Zum einen fehlt es an eindeutigen Abgrenzungskriterien (Oberender 1975). Die Frage nach dem relevanten Markt kann jeweils nur im konkreten Einzelfall beantwortet werden.

- Zum anderen richtet sich die Abgrenzung stets nach dem Zweck der Analyse (Kaufer 1967; Bauer 1989). Je nachdem, ob das Anliegen eher wettbewerbspolitischer oder absatzpolitischer Art ist, wird man das Schwergewicht der Überlegungen mehr auf Wettbewerbsbeziehungen oder mehr auf die Beschaffenheit der Produkte oder der Bedarfs- und Nutzungssituation der Verwender legen.

Bei der sachlichen Abgrenzung des relevanten Marktes stellen sich zwei zentrale Fragen:

- Was sind die **Objekte der Marktabgrenzung** (Art der Marktabgrenzung) und
- nach welchen **Eigenschaften** lassen sich die Objekte und somit der relevante Markt abgrenzen (Kriterien der Marktabgrenzung)?

Anknüpfend an die Definition des Absatzmarktes bilden Unternehmen, Güter und Nachfrager unter Berücksichtigung der Beziehungen zwischen ihnen die Objekte der Marktabgrenzung. Dabei gilt es, je nach der verfolgten Zwecksetzung der Marktabgrenzung, geeignete Merkmalsarten von Unternehmen, Gütern und Nachfragern zu finden. Während in der Wettbewerbspolitik überwiegend unternehmensbezogene Merkmale bei der Abgrenzung des relevanten Marktes im Vordergrund stehen, verdient im Marketing die produkt- und nachfragerbezogene Marktabgrenzung besonderes Interesse. Im folgenden werden die wichtigsten theoretisch und empirisch orientierten Ansätze der Marktabgrenzung dargestellt.

Die **theoretischen Abgrenzungskriterien** sind überwiegend Abgrenzungsmerkmale der Marktformenlehre (Ott 1978, S. 7 ff.). Im einzelnen sind vor allem folgende Aspekte bedeutsam (vgl. drittes Kapitel, Abschnitt 3.134):

1. **Spielregeln des Marktes**
   Solche Regeln sind etwa staatliche Gesetze und Verordnungen, die ein ganzes Kontinuum von Marktbeschränkungen enthalten (freie und regulierte Märkte). Staatlich regulierte Märkte liegen dann vor, wenn der Staat den Marktteilnehmern Beschränkungen hinsichtlich der zu vereinbarenden Transaktionsbedingungen und der Art und Weise der Kontrahierung auferlegt (zum Beispiel Kontrahierungszwang bei der Deutschen Post AG und den Sparkassen).

2. **Zugang zu den Märkten**
   Der Zugang zum Markt kann faktisch oder juristisch beschränkt sein (offene und geschlossene Märkte). Geschlossene Märkte sind meist Ausdruck einer Kontingentierung (mengenmäßige Beschränkung des Angebots) und/oder einer Konzessionierung.

   In Deutschland ist beispielsweise der Betrieb von Gaststätten, Taxi- oder Speditionsunternehmen vom Gesetzgeber kontingentiert. In Italien war der Marktanteil von japanischen PKWs bis 1992 per Gesetz auf maximal 3 Prozent begrenzt. Nicht juristisch, wohl aber faktisch geschlossene Märkte finden sich beispielsweise im Luftverkehr. Aufgrund der starken Nachfrage nach zeitlich genau festgelegten Abflug- und Landerechten (sogenannten slots) ist beispielsweise am Flughafen London-Heathrow der Marktzugang für neue Airlines kaum möglich.

3. **Anzahl und Größe der Marktteilnehmer**
   Verknüpft man die Zahl und Größe der Anbieter und Nachfrager auf einem Markt, so ergeben sich im wesentlichen die Marktformen des Monopols, Oligopols und Polypols.

4. **Vollkommenheitsgrad des Marktes**
   Ein vollkommener Markt ist gegeben, wenn bei sachlicher Gleichartigkeit der Güter keine persönlichen, räumlichen und zeitlichen Präferenzen bestehen sowie die vollständige Markttransparenz vorhanden ist. Wenn eine dieser Bedingungen nicht erfüllt ist, spricht man von einem unvollkommenen Markt (von Stackelberg 1951).

Die theoretisch orientierte Marktabgrenzung bietet dem Marketing erste allgemeine Orientierungspunkte. Von besonderer Bedeutung für die Planung von Marketingentscheidungen sind jedoch die empirischen Ansätze der Marktabgrenzung.

Den wichtigsten empirisch orientierten Ansätzen in der Literatur (Kaufer 1967; Oberender 1975; Dichtl et al. 1977; Lampe 1979; Abell 1980; Bartling 1980; Schmidt 1981; Fraser/Bradford 1983; Srivastava et al. 1984; Bauer 1989; Backhaus 1999, S. 120 ff.) liegen entweder eine Produktorientierung, eine Anbieter- oder eine Nachfragerorientierung zugrunde (vgl. Abbildung 1-11).

Orientierung	Konzept	Aussage	Vertreter
Anbieter- und produktbezogene Ansätze	Konzept der physisch-technischen Ähnlichkeit	RM umfaßt alle Produkte, die sich nach Stoff, Verarbeitung, Form, technischer Gestaltung gleichen	Marshall
	Konzept der Kreuzpreiselastizität	RM umfaßt alle Produkte, die sich durch eine hohe Kreuzpreiselastizität auszeichnen	Triffin
	Konzept der Wirtschaftspläne	RM umfaßt alle Konkurrenzprodukte, die ein Anbieter bei seinen Absatzplanungen berücksichtigt	Schneider
	Konzept der funktionalen Ähnlichkeit	RM umfaßt alle Güter, die das gleiche Grundbedürfnis bzw. die gleiche Funktion erfüllen	Abott/ Arndt
Nachfragerbezogene Ansätze	Konzept der subjektiven Austauschbarkeit	RM umfaßt alle Produkte, die vom Verwender als subjektiv austauschbar angesehen werden	Dichtl/ Andritzky/ Schobert
	Substitution-in-use-Ansatz	RM umfaßt alle Produkte, die für den Verwender in einer bestimmten Ge- und Verbrauchssituation den gleichen Nutzen stiften	Srivastava/ Alpert/ Shocker
	Kaufverhaltens-Ansätze	RM umfaßt alle Produkte, die auf der Grundlage des realen Kauf-/ Nutzungsverhaltens als substituierbar zu kennzeichnen sind	Fraser/ Bradford
	Konzept der Kundentypendifferenzierung	RM umfaßt alle Produkte, die von den gleichen Kundentypen nachgefragt werden	Kotler

Abbildung 1-11: Anbieter-, produkt- und nachfragerorientierte Abgrenzung des relevanten Marktes (RM)

3.212 Anbieter- und produktbezogene Ansätze der Marktabgrenzung

Nach dem Konzept von **Marshall** (1925) werden alle Unternehmen zu einem Markt zusammengefaßt, die ein physisch-technisch ähnliches Gut herstellen. Das Abstellen auf die objektive Beschaffenheit der Güter („performance space") widerspricht allerdings dem Marketing-Denken (Backhaus 1999, S. 208). **Entscheidend kann allein die subjektive Bewertung auf seiten des Verbrauchers sein**. Zudem ist denkbar, daß der Verbraucher physisch-technisch ähnliche Produkte nicht als verwandt empfindet oder aber ähnliche Produkte ganz andere intendierte Funktionen besitzen, zum Beispiel bei pharmazeutischen Produkten in der Medizin. Es könnte daher passieren, daß der Markt zu weit oder zu eng abgegrenzt wird.

Nach dem auf **Triffin** zurückgehenden Konzept wird ein Markt von denjenigen Gütern beziehungsweise Leistungen gebildet, die durch eine hohe Kreuzpreiselastizität miteinander verbunden sind (Triffin 1947). Die Kreuzpreiselastizität (T) ist definiert als das Verhältnis zwischen der relativen Änderung der Nachfragemenge (x) eines Gutes (i) und der sie bewirkenden relativen Änderung des Preises (p) eines anderen Gutes (k):

(1) $\quad T = \dfrac{dx_i}{x_i} : \dfrac{dp_k}{p_k}$

Sie stellt ab auf die **mengenmäßige Reaktion der Nachfrager** von Gut (i) bei Preisänderungen anderer Güter, in diesem Fall von Gut (k). So läßt sich aufgrund des Vorzeichens der Kreuzpreiselastizität feststellen, ob zwischen Gütern eine Substitutions- oder Komplementaritätsbeziehung besteht.

Wird beispielsweise von einer engen Substitutionsbeziehung zwischen Streichhölzern und Feuerzeugen ausgegangen, so führt ceteris paribus eine Preiserhöhung bei Feuerzeugen zu einer Mehrnachfrage nach Streichhölzern; die Kreuzpreiselastizität ist in diesem Fall positiv. Umgekehrt löst im Fall einer Komplementaritätsbeziehung – zum Beispiel bei Zigaretten und Streichhölzern oder Feuerzeugen – eine Preiserhöhung des einen Gutes eine Mindernachfrage des anderes Gutes aus. Die Kreuzpreiselastizität ist negativ. Je größer die Kreuzpreiselastizität ist, desto enger ist die Substitutions- beziehungsweise Komplementaritätsbeziehung.

Die einzelnen Märkte werden durch sogenannte Substitutionslücken („isolated selling") voneinander getrennt. Sie entstehen dadurch, daß kein „fühlbarer" Zusammenhang zwischen Preisänderungen des einen Gutes und Mengenänderungen des anderen Gutes besteht. Auf diese Weise läßt sich feststellen, wann es sich um einen oder um verschiedene Märkte handelt. Die Kreuzpreiselastizität ist eine statische Größe. Ihre Aussagefähigkeit ist von der Verwirklichung der **Ceteris-paribus-Bedingung** (Unveränderlichkeit aller übrigen Einflußfaktoren der Nachfrage, zum Beispiel anderer Marketinginstrumente) abhängig. Offen ist zudem, ab welcher Schwelle auf der von 0 bis ∞ reichenden Werteskala die Substitutionslücke festzulegen ist, die eine Grenze des relevanten Marktes bestimmt, das heißt ab wann der Zustand der Konkurrenz gegeben sein soll. Außerdem erweist es sich als schwierig, den Einfluß neuer Produkte, für die es noch keine reale Nachfrage gibt, zu untersuchen (Bauer 1989, S. 55). **Insgesamt gesehen wirft die praktische Verwendung der Kreuspreiselastizität erhebliche Datengewinnungsprobleme auf.**

Aus der Sicht des Marketing erscheint es schließlich als fraglich, etwaige Substitutionsprozesse allein auf preispolitische Aktivitäten und nicht zugleich auch auf die übrigen Marketingmaßnahmen des Anbieters sowie Veränderungen des Konkurrenzverhaltens oder auch technologische Entwicklungen als Ursache für Nachfrageverschiebungen zurückzuführen (Dichtl et al. 1977; Backhaus 1999, S. 208).

Bei dem Konzept der **subjektiven Wirtschaftspläne** (Schneider 1969) wird der individuelle Wirtschaftsplan der Unternehmung von der Einschätzung, wie die Konkurrenten reagieren werden, bestimmt. Eine Unternehmung bildet dann zusammen mit anderen Anbietern einen Markt beziehungsweise steht mit diesen in einer Konkurrenzbeziehung, wenn sie damit rechnet und in ihren Planungen berücksichtigt, daß ihr Absatz nicht allein von dem Einsatz der eigenen Aktionsparameter, sondern auch von den Aktionsparametern der anderen Anbieter abhängig ist. Dem Markt werden also diejenigen Unternehmen zugerechnet, die aufgrund subjektiver Erwartungen bei den eigenen Planungen miteinbezogen werden (Oberender 1975, S. 576).

Eine derart subjektive Interpretation des Marktes aus der Sicht der Unternehmung wirft erhebliche Operationalisierungsprobleme auf (Bartling 1980). Im übrigen ist es fraglich, wie derartige Informationen, insbesondere über Details der Wirtschaftspläne von Wettbewerbern, überhaupt verfügbar gemacht werden können (Dichtl et al. 1977). Das Konzept hat daher nur geringe praktische Bedeutung.

Bei dem Konzept von Abbot (1955) und Arndt (1966) wird von der Funktion beziehungsweise dem Bedürfnisbefriedigungspotential der Güter ausgegangen. Es handelt sich hierbei also um ein Konzept, welches sowohl produkt- als auch nachfragerbezogen ist. Dabei werden all diejenigen Güter, die grundsätzlich eine bestimmte Bedürfnisart befriedigen können, zum Beispiel Stillen des Durstes oder des Hungers, zu einem Markt zusammengefaßt.

In dieser Hinsicht stellt dieses Konzept eine zweckbezogene Weiterentwicklung des **Konzepts der physisch-technischen Ähnlichkeit** dar, und zwar insofern, als physisch-technisch ähnliche Produkte ganz unterschiedliche Funktionen erfüllen können. Dennoch weist auch dieses Konzept gewisse Mängel auf. Zunächst bereitet eine Klassifikation der Bedürfnisse sowie die Zuordnung von Gütern zu Bedürfnisarten erhebliche Probleme (Lampe 1979). Zum anderen kann nicht a priori davon ausgegangen werden, daß die für die Bedürfnisbefriedigung relevanten Produkte als solche von den Konsumenten wahrgenommen werden beziehungsweise daß die angestrebte Wirkungsweise der Produkte erkannt und akzeptiert wird.

3.213 Nachfragerbezogene Ansätze der Marktabgrenzung

Auf die **subjektiv empfundene Substituierbarkeit** stellen sowohl das Konzept von Schneider als auch das Konzept der verwenderorientierten subjektiven Austauschbarkeit ab (Dichtl et al. 1977; 1980). Dieses Konzept, das auch als Konzept des „evoked set" bezeichnet wird (Campbell 1969), geht ebenso wie das Konzept der funktionalen Ähnlichkeit von der Bedürfnisbefriedigungskapazität von Produktalternativen aus, also vom subjektiven Wahrnehmungsraum der Konsumenten. Allerdings wird bei diesem Konzept der Umfang des relevanten Marktes nicht von sämtlichen Produktalternativen gebildet, sondern lediglich von der Teilmenge, die bei einem Verbraucher ins Bewußtsein tritt („evoked set"). Entscheidend ist also, daß es sich dabei nur um „einen subjektiv wahrgenommenen Ausschnitt aus dem gesamten Spektrum an Möglichkeiten handelt" (Dichtl et al. 1977, S. 293).

So könnte beispielsweise ein Hersteller von Surfboards Konkurrenzprodukte in seinem Wirtschaftsplan berücksichtigen, die dem kaufenden Konsumenten gar nicht bekannt sind, und die er somit auch nicht als Substitutionsmöglichkeit betrachtet. Der Hersteller würde folglich den relevanten Markt weiter definieren als er tatsächlich ist. Dichtl et al. (1977) haben in einer empirischen Studie am Beispiel von Pharmaprodukten gezeigt, daß es bei der Abgrenzung des relevanten Marktes aufgrund objektiver Eigenschaften der Produkte und aufgrund des Konzeptes des „evoked set" zu einer deutlichen Diskrepanz der Ergebnisse kommen kann.

Eine Weiterführung des Konzeptes der subjektiven Substituierbarkeit kann im **„Substitution-in-use"-Ansatz** gesehen werden (Srivastava et al. 1984). Er stellt auf die Erkenntnis ab, daß die Substituierbarkeit von Produkten nur unter Berücksichtigung einer spezifischen Verwendungssituation erfaßt werden kann. Somit sind es nicht ähnliche, den Produkten inhärente Nutzenkomponenten, die deren Austauschbarkeit bedingen, sondern der in einer bestimmten Verwendungssituation vom Nachfrager gewünschte Nutzen (Bauer 1989, S. 123).

Beispielsweise werden an Motoröle in Abhängigkeit der Motorleistung und -belastung unterschiedliche Anforderungen gestellt. Ebenso können die Ansprüche an das Produkt „Rasen" je nach Verwendungssituation sehr unterschiedlich sein. Steht die schnelle Nutzbarkeit des Rasens im Mittelpunkt, steht der natürliche Rollrasen mit Kunstrasen im Wettbewerb (vgl. Insert 1-2). Spielt demgegenüber die zeitliche Verfügbarkeit des Rasens keine Rolle, steht der Rollrasen mit dem einfachen Rasensamen (Aussaat) im Wettbewerb.

Der Substitutionsgrad kann zum einen aufgrund der Ähnlichkeit von Verwendungszwecken, in denen Produkte zur Anwendung kommen, oder einer individuellen Einschätzung der Substituierbarkeit von Produkten unter Vorgabe bestimmter Verwendungssituationen durch den Nachfrager ermittelt werden.

Mit Fertigrasen wird ein schneller Spielbetrieb möglich

Nicht nur Sportplätze werden immer häufiger mit sogenanntem Fertigrasen belegt. Denn durch das Auslegen mit Rollrasen kann die Zeitspanne bis zum Beginn des Spielbetriebs in einem Fußballstadion oder bis zum Betreten einer Liegewiese in einem Freibad auf etwa sechs Wochen verkürzt werden. Wählt man die herkömmliche Vorgehensweise und sät Grassamen aus, muß man in der Regel über ein Jahr warten, bis die Rasenfläche genutzt werden kann. Die rund ein Dutzend Betriebe, die in Deutschland Fertigrasen herstellen und verkaufen, können über Absatzschwierigkeiten nicht klagen. Der Umsatz mit dem zu Rollen aufgewickelten exakt ein Quadratmeter großen Rasenstücken ist in den vergangenen Jahren kontinuierlich mit einer zweistelligen Prozentzahl gestiegen. Der in Deutschland hergestellte Fertigrasen, der bis auf die Wintermonate ganzjährig verlegt werden kann, wird zum Teil auch ins Ausland verkauft. So wurde Rollrasen schon aus der Nähe von Darmstadt in einem Kühl-Lastkraftwagen bis nach Griechenland transportiert, um hier in einem gerade fertiggestellten Sportstadium ausgelegt zu werden. Das Ausschneiden und Aufrollen des Rollrasens übernehmen sogenannte Vollernter. Das hier gezeigte, weitgehend vollautomatisch arbeitende und rund 100 000 DM teure Gerät gehört dem Unternehmen Günther Büchner Fertigrasenkulturen Bergstraße aus Alsbach/Hähnlein. Während in Deutschland erst etwa 10 bis 15 Prozent der jährlich angelegten Rasenflächen mit Fertigrasen belegt werden, hat Rollrasen in Amerika und in den Niederlanden eine viel größere Bedeutung. In diesen Ländern werden 90 beziehungsweise 70 Prozent der neu angelegten Grasflächen mit Rollrasen ausgerüstet.

Georg Küffner

INSERT 1-2: Frankfurter Allgemeine Zeitung, 21.07.1997, S. 17

Die **situative Relativierung der Substitutionsbeziehungen** von Produkten führt zu einer sehr differenzierten Abgrenzung des relevanten Marktes. Nicht zu übersehen sind jedoch die erhöhten Anforderungen an die Informationsgewinnung und Urteilskraft der Nachfrager. Darüber hinaus ist nicht auszuschließen, daß zwischen dem bekundeten und tatsächlichen Substitutions- und Kaufverhalten eine Divergenz besteht.

Im finalen Sinne wird der relevante Markt durch das **reale Nachfragerverhalten** bestimmt. Ob Konsumenten Produkte für austauschbar und damit zu einem Markt gehörig ansehen, manifestiert sich im konkreten Kaufverhalten. Die **am Kaufverhalten orientierten Ansätze** stellen auf das über Paneldaten erfaßte Wechselverhalten beziehungsweise den Produkt- und Markenwechsel der Konsumenten ab. Diesen Ansätzen wird zumeist eine besonders hohe Eignung zur Bestimmung des relevanten Marktes zugesprochen. Allerdings besteht eine berechtigte Kritik darin (Bauer 1989, S. 153 ff.), daß diesen Ansätzen eine **Black-Box-Betrachtung** der Ist-Situation zugrunde liegt, die Ursachen der Austauschbarkeit von Produkten jedoch nicht aufgezeigt werden. Darüber hinaus wird eine Reihe meßtechnischer Probleme (Vorabbestimmung austauschbarer Produkte etc.) aufgeworfen. **Hieraus wird deutlich, daß ein idealer Ansatz der Marktabgren-**

zung eine Verknüpfung von psychographischen (wahrgenommener Substituierbarkeit, Nutzen) und verhaltensbezogenen Abgrenzungskriterien (realer Kauf) sicherstellen muß.

Zumindest vom konzeptionellen Grundgedanken nimmt Kotler mit seinem sehr pragmatisch orientierten Marktabgrenzungsansatz auf diese Erkenntnis Bezug (Kotler 1982, S. 135 ff.). Er versucht, einen marketingspezifischen Denkrahmen zu entwickeln, der auf alle Märkte anwendbar und zugleich geeignet ist, alle wesentlichen Merkmale eines Marktes zu erfassen. Märkte lassen sich nach Kotler mit Hilfe der folgenden Gesichtspunkte genauer abgrenzen:

1. **Was** wird auf dem Markt gekauft? (Kaufobjekte)
2. **Warum** wird auf dem Markt gekauft? (Kaufmotive)
3. **Wer** kauft? (Kaufakteure, Träger der Kaufentscheidung)
4. **Wie** wird gekauft? (Kaufentscheidungsprozesse, Kaufpraktiken)
5. **Wieviel** wird gekauft? (Kaufabhängigkeit, Kaufmenge)
6. **Wo** wird gekauft? (Einkaufsstättenwahl)

Je nach den Ausprägungen dieser Merkmale sind folgende grundlegende Markttypen zu unterscheiden:

1. Konsumentenmärkte (K-Markt),
2. Produzentenmärkte (P-Markt),
3. Wiederverkäufermarkt (W-Markt),
4. Märkte der öffentlichen Betriebe (Ö-Markt).

Der **K-Markt** ist der Markt für Produkte und Dienstleistungen, die von Einzelpersonen und Haushalten für den eigenen (nicht-gewerblichen) Ge- oder Verbrauch gekauft oder in Anspruch genommen werden. Es werden persönliche Bedürfnisse oder Ziele befriedigt. Der Kauf erfolgt meistens durch Einzelpersonen. Die Kaufentscheidungsprozesse sind unterschiedlicher Natur, je nachdem, ob es sich um Convenience-Güter (Seife), Shopping-Güter (Haushaltsgeräte) oder Speciality-Güter (Stereoanlagen) handelt (vgl. zweites Kapitel, Abschnitt 2.1 und 2.2).

Der **P-Markt** besteht aus Einzelpersonen und Organisationen, welche Güter und Dienstleistungen erwerben, und zwar zum Zweck der Erzeugung weiterer Produkte oder Dienstleistungen, die an andere verkauft beziehungsweise anderen zur Verfügung gestellt werden. Man spricht deshalb auch vom Investitionsgütermarkt oder vom Markt der Wiedereinsatzgüter (vgl. fünftes Kapitel, Abschnitt 3). Die Produkte werden in der Regel in kollektiven Kaufentscheidungsprozessen erworben. Professionelle Einkäufer entscheiden auf der Grundlage vorbestimmter Entscheidungskriterien (zum Beispiel Kosten, Qualität, Lieferbereitschaft) über die Beschaffung der Produkte (vgl. zweites Kapitel, Abschnitt 2.32).

Ebay baut eine Handelsplattform für Unternehmen auf

Provisionsmodell in Deutschland eingeführt / Restposten versteigern / Marktpreise für neue Produkte testen

ht. FRANKFURT, 20. Oktober. Geht es um die Mega-Erfolgsgeschichten im Internet, fällt neben Yahoo, Amazon und AOL schnell der Name Ebay. Obwohl der Weltmarktführer für Internet-Auktionen mit sechs Millionen Nutzern erst seit Sommer auf dem deutschen Markt präsent ist, haben sich bereits 250 000 Nutzer angemeldet, die Modelleisenbahnen, Teddybären oder ihren Gebrauchtwagen bei Ebay versteigern. „500 000 Auktionen laufen jeden Tag auf unseren Rechnern", sagt Alexander Samwer, Geschäftsführer von Ebay-Deutschland, im Gespräch mit dieser Zeitung. Die Expansion in Europa und die Einführung neuer Geschäftsplattformen für Unternehmen stehen als nächste Punkte auf der Prioritätenliste.

Das Konzept der Auktionen im Internet ist einfach: Auf einem virtuellen Marktplatz können registrierte Nutzer gebrauchte Produkte versteigern. Per Mausklick können die ebenfalls registrierten Interessenten bieten. Bis zu 70 000 Produkte kommen allein bei Ebay in Deutschland täglich unter den Hammer. Der Durchschnittswert liege bei rund 100 DM. „Aber auch ein Oldtimer für 180 000 DM ist schon bei uns versteigert worden", sagt Samwer. Ebay sieht sich aus juristischen Gründen selbst nur als Plattform für die Auktionen und versteigert keine eigenen Produkte wie Konkurrent Ricardo. Einnahmen werden über Provisionen für erfolgreiche Auktionen erzielt. Seit Anfang September muss ein Verkäufer bei einem Verkaufspreis von weniger als 1000 DM drei Prozent und bei mehr als 1000 DM 1,5 Prozent des Erlöses an Ebay zahlen. „Da bei Ebay eine kritische Masse an Interessenten überschritten sei, liegt der erzielte Erlös für interessante Artikel höher als bei anderen Unternehmen. Daher sind die Nutzer bereit, diese Provisionen zu zahlen", sagt Samwer. Proteste der Nutzer wie in Amerika habe es in Deutschland nicht gegeben.

Wie alle Auktionatoren im Internet kämpfe auch Ebay bei sechs Millionen Nutzern mit unseriösen und ungesetzlichen Angeboten. Gelegentlich tauchten Waffen, pornographisches Material oder Nazi-Propaganda im Angebot auf. Unrühmlicher Höhepunkt: Bei Ebay in Amerika lief die Versteigerung einer menschlichen Niere bereits mehrere Tage, bevor sie entdeckt und unterbunden wurde. „Wir haben in Deutschland drei Leute im Einsatz, die alle Angebote durchsuchen und gegebenenfalls sofort löschen. Verletzungen der Urheberrechte, der Markengesetze oder des Naturschutzes werden ebenfalls geahndet", sagt Samwer.

Die Seriosität braucht Ebay, um Vertrauen für neue Geschäftsfelder zu schaffen. Das Unternehmen ist bereits in den Shopping-Kanälen von T-Online, Focus und Germany.net vertreten. Große Auktionshäuser lassen bereits Artikel bei Ebay versteigern. Bald sollen Auktionen für Unternehmen eingerichtet werden, in denen gebrauchte Maschinen, Büromöbel oder Produktionsanlagen versteigert werden können. „Eine gebrauchte Fräsmaschine für 34 000 DM hat bei uns schon den Besitzer gewechselt", sagt Samwer. Auch Bestände aus Zwangsversteigerungen und Restposten könnten versteigert werden. Aus diesem Grund seien Zusatzdienstleistungen wie ein Treuhänderkonto, eine elektronische Nachnahme und internationale Logistiklösungen geplant, sagt Samwer. Über Plattformen für einen limitierten Nutzerkreis werde ebenfalls nachgedacht. In das Geschäft mit neuen Produkten will Ebay nicht einsteigen. „Wir bieten Unternehmen die Möglichkeit, mit Auktionen für ihre Produkte Marktpreise zu ermitteln oder Marktforschung zu betreiben. Wir selber halten uns aus diesem Geschäft heraus."

Die Geschichte von Ebay-Deutschland, das früher Alando hieß, ist eine der berühmten Internet-Legenden. Schon vor ihrem Studium haben sich die drei Brüder Alexander, Marc und Oliver Samwer vorgenommen, gemeinsam ein Unternehmen zu gründen. Gegen Ende ihres Studiums gingen sie ins Silicon Valley, um dem Erfolgsrezept der jungen Internet-Firmen auf die Spur zu kommen. Aus Amerika haben sie die Idee mitgebracht, die aus dem kalifornischen Unternehmen Ebay in drei Jahren ein Milliarden Dollar schweres Unternehmen gemacht hat: Auktionen im Internet. Der Programmierer Pierre Omidyar hatte mit großem Erfolg einen virtuellen Marktplatz gegründet, auf dem private Nutzer gebrauchte Artikel aller Art handeln können. Die Samwers wollten die Idee des Flohmarkts im Internet auch in Deutschland umsetzen. Zusammen mit drei Freunden gründeten die Brüder Anfang des Jahres in Berlin das Unternehmen Alando und stellten die Auktions-Seite im März ins Netz. Wenige Wochen später hatten sich bereits 80 000 Nutzer bei Alando angemeldet, als Ebay-Chef Omidyar mit einem Kaufvertrag vor der Tür stand. Sein Unternehmen war in Amerika so schnell zum Weltmarktführer gewachsen, dass er sich nach geeigneten Unternehmen umschauen musste, die das Ebay-Konzept auf andere Länder übertragen sollten. Da kamen die sechs Jungunternehmer aus Deutschland gerade recht. Im Juni kaufte der Weltmarktführer die drei Monate alte Kreuzberger Hinterhof-Firma. Über Geld schwiegen alle Beteiligten beharrlich, aber einen zweistelligen Millionenbetrag (in Aktien) wird Milliardär Omidyar schon ausgegeben haben.

Die Alando-Geschichte ging um die Welt, war damit aber noch lange nicht zu Ende. Denn mit dem Kauf war für die sechs der Auftrag verbunden, Ebay nicht nur in Deutschland, sondern in ganz Europa aufzubauen. In Österreich und der Schweiz gibt es Ebay inzwischen, die englische Seite soll nun auch bald einen nationalen Charakter bekommen.

Auktionen im Internet

Unternehmen	Internet-Seite	Besonderheit
Bertelsmann	www.andsold.de	Benefiz-Auktion und 20 DM Startguthaben
Conrad Electronics	auktion.conrad.de	Elektronik und andere Artikel
Auto-Auktion	www.die-auto-auktion.de	Autos zum Ersteigern und Kaufen
Atrada Trading Network AG	www.deals.de	Viele Kategorien für Privatauktionen
Ebay Inc.	www.ebay.de	Weltmarktführer für Privatauktionen
Eurobid	www.eurobid.com	Live-Auktionen in ganz Europa
IEZ	www.iez-auktion.de	Neue und gebrauchte Produkte
Itrade GmbH	www.itrade.de	Privatauktionen
Metro und Debis	www.primus-online.de	Nutzer können Einkaufsmacht bündeln
QXL	www.qxl.com	Große europäische Versteigerungen
Ricardo	www.ricardo.de	Moderierte Live-Auktionen

INSERT 1-3: Frankfurter Allgemeine Zeitung, 21.10.1999, S. 26

Der **W-Markt** besteht aus Individuen und Organisationen (Händler oder Verteiler), welche Güter zum Zweck der Gewinnerzielung durch Weiterverkauf oder Vermietung erwerben (vgl. fünftes Kapitel, Abschnitt 2).

Auf dem **Ö-Markt** kaufen staatliche Institutionen in der Regel durch kollektive Kaufentscheidungsprozesse im Rahmen von Einkaufsgremien (budgetbestimmtes Kaufverhalten). Sie erwerben Investitionsgüter, Ge- und Verbrauchsgüter sowie Dienstleistungen zur Befriedigung der sozialen Bedürfnisse der Staatsbürger (vgl. fünftes Kapitel, Abschnitt 5).

Die Markttypologie von Kotler bildet eine erste Grundlage, um konzeptionelle Überlegungen im Marketing für jeden Markttyp strukturiert abzuleiten. Im Einzelfall erweist sich dieser Ansatz jedoch als zu grob, um den relevanten Markt für ein Unternehmen abzugrenzen. Darüber hinaus gibt der Ansatz keinen Aufschluß über die Art der Informationsgewinnung (zum Beispiel Erfassung von Kaufmotiven, Identifikation von Entscheidungsträgern), um konkret eine Marktabgrenzung vornehmen zu können. Eine weitere Komplexitätsdimension stellt dabei die Substitution physischer Märkte durch virtuelle Marktformen dar (vgl. Insert 1-3).

3.22 Entwicklungsdynamik von Märkten

Die relevanten Märkte der Unternehmung sind Veränderungen unterworfen. Der Wertewandel der Konsumenten, die Internationalisierung des Angebots, der technologische Fortschritt oder konjunkturelle Entwicklungen sind unter anderem für die Transformation von Märkten verantwortlich. Die **Marktdynamik** drückt sich in Veränderungen der Art und Anzahl sowie der Ansprüche der Marktteilnehmer und der zwischen ihnen stattfindenden Transaktionen aus (vgl. Insert 1-4).

Im **Modell des Markt-Lebenszyklus** (vgl. ausführlich drittes Kapitel, Abschnitt 1.143) werden in idealtypischer Form die dynamischen Marktentwicklungen abgebildet. Ausgehend von der These, daß ein Markt wie ein Produkt durch eine Innovation geschaffen wird, wächst, ausreift, stagniert und schließlich sogar schrumpft, läßt sich ein idealtypischer Markt-Lebenszyklus kennzeichnen (vgl. Abbildung 1-12).

Die verschiedenen Beschreibungsmodelle des Marktentwicklungsprozesses sind dem Konzept des **Produkt-Lebenszyklus** vergleichbar und weisen daher auch dessen Schwächen auf (vgl. drittes Kapitel, Abschnitt 2.3112). So sind beispielsweise die einzelnen **Phasenabgrenzungen** und **-identifikationen** nicht eindeutig und die Aussagen nicht allgemeingültig. Ebenso ließ sich der unterstellte Marktzyklusverlauf empirisch selten oder gar nicht bestätigen (Polli/Cook 1967; Huppert 1978; Dhalla/Yuspeh 1980; Pfeiffer et al. 1982). Dies verdeutlicht an ausgewählten Beispielen empirisch beobachteter Marktlebenszyklusverläufe die Abbildung 1-13.

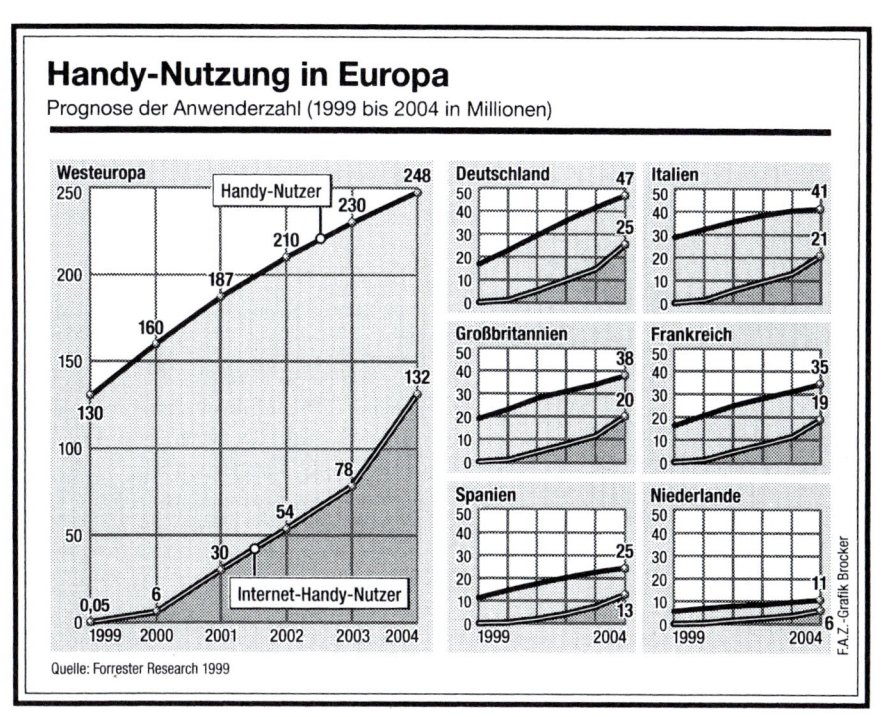

Bereits heute nutzen 117 Millionen Menschen in der Europäischen Union ein Handy. Diese führende Position in der Handy-Nutzung wird Europa aber noch ausbauen. Die neuen WAP-Handys, auf denen sich Inhalte aus dem Internet darstellen lassen, werden nach einer Prognose des Marktforschungsunternehmens Forrester Research ab dem kommenden Jahr schnell an Bedeutung gewinnen. Rund 90 Prozent der befragten E-Commerce-Anbieter wollen Seiten für WAP-Handys entwickeln. Viele große Mobilfunkbetreiber planen nach Forrester-Einschätzung auch, Dienste nur für bestimmte Nutzergruppen anzubieten. In Zusammenarbeit mit Partnern sollen mobile Internet-Dienste mit benutzungsabhängigen Gebühren angeboten werden. Entscheidend für den Erfolg der WAP-Handys wird letztlich sein, ob es gelingt, den elektronischen Handel auf die Funktionalität eines Handys zu übertragen. ht.

INSERT 1-4: Frankfurter Allgemeine Zeitung, 23.12.1999, S. 22

Außerdem ist es möglich, daß für bestimmte Märkte kein Zyklus existiert. Es bleibt daher zunächst festzuhalten, daß es sich bei dem Markt-Lebenszyklus-Konzept um ein vereinfachtes Modell handelt, welches der Veranschaulichung von Entwicklungsstufen eines Marktes dient. Situative Einflüsse, die eine hohe Relevanz für die Marktentwicklung besitzen, sind im Grundkonzept des Markt-Lebenszyklus nicht berücksichtigt. Es besitzt insofern eine eher **globale, heuristische Funktion, als daß es die besondere Bedeutung der Marktidentifikation, der (richtigen) Marktabgrenzung und der Marktentwicklung als Ausgangspunkt jeder strategischen Marketingplanung aufzeigt.**

Die Arena des Marketing: Umwelt und Märkte

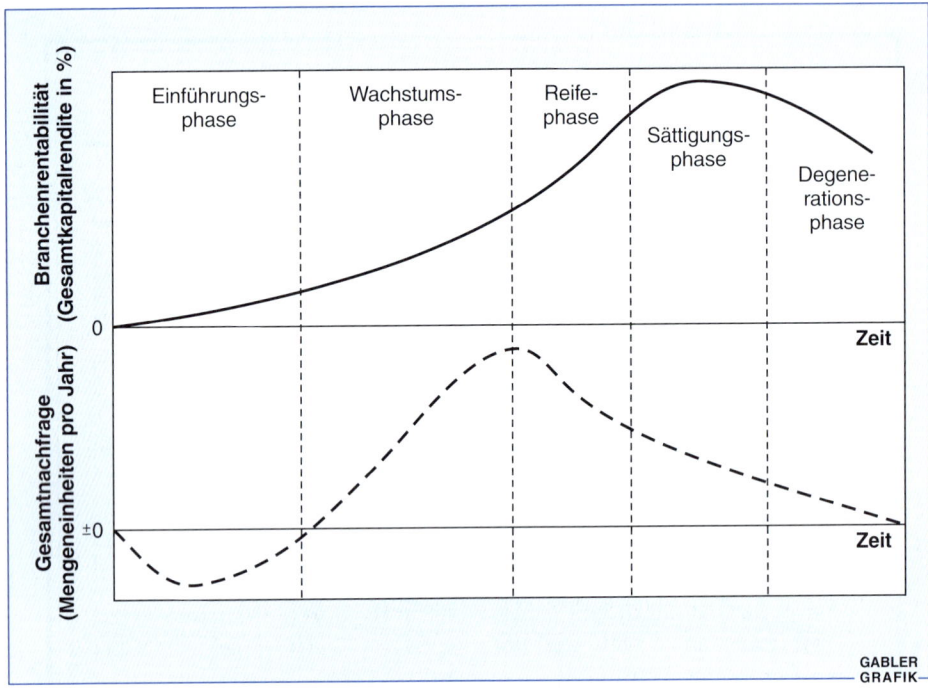

Abbildung 1-12: Idealtypischer Verlauf eines Marktlebenszyklus

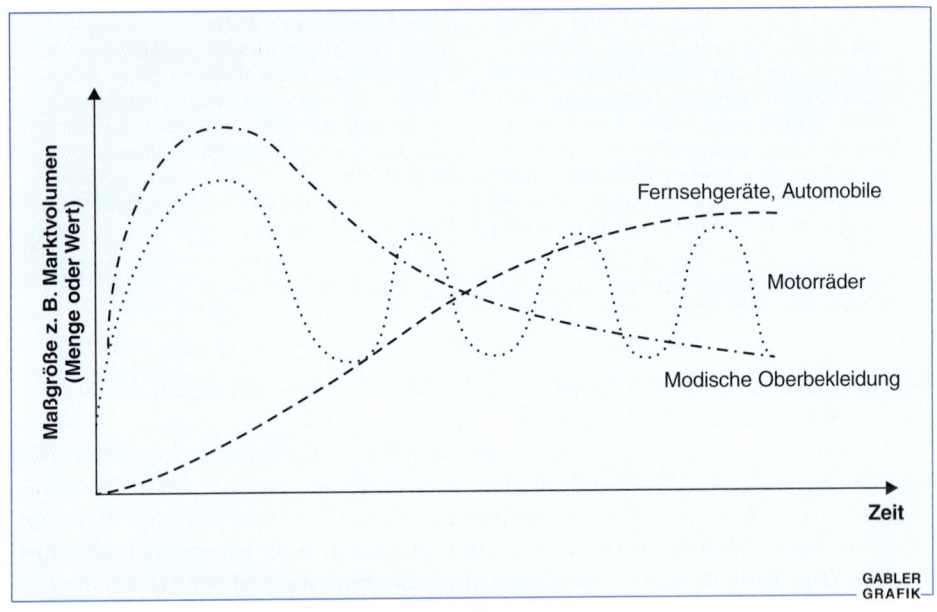

Abbildung 1-13: Empirische Marktlebenszyklen

3.3 Klassifikation von Marktleistungen

Die Abgrenzung des relevanten Marktes ist für eine bedürfnisgerechte Gestaltung von Marktleistungen zumeist nicht ausreichend. Die Heterogenität der Nachfrager und ihrer spezifischen Bedürfnisse hat im Marketing deshalb schon früh zu dem Versuch geführt, das unterschiedliche **Kaufverhalten der Konsumenten zu klassifizieren und letztlich zu erklären, um die Marktleistungen gezielter auf einzelne Kundengruppen ausrichten zu können.**

Bevor im zweiten Kapitel ausführlich auf die verschiedenen Erklärungsansätze im Rahmen der verhaltenswissenschaftlichen Forschung eingegangen wird, sollen hier zunächst **zwei Ansätze zur Typologisierung von Marktleistungen** vorgestellt werden.

Generelles Ziel einer Typologie im Marketing ist die Identifikation von Leistungstypen, die typenübergreifend differenzierte, innerhalb eines Typs aber einheitliche Implikationen für das Marketing besitzen. Der zentrale Vorteil einer Typologie gegenüber definitorischen Ansätzen ist darin zu sehen, daß als relevant erachtete Merkmale als Kontinuum zwischen ihren Extremausprägungen dargestellt werden können. Typologien verwenden somit keine konstitutiven Leistungsmerkmale, sondern greifen auf solche Kriterien zurück, die für den jeweiligen Zweck der Typologiebildung den höchsten Aussagewert besitzen (vgl. hierzu und im folgenden Meffert 1993, S. 7 ff.). Damit sind Typologien in besonderem Maße geeignet, das Problem von Unschärfebereichen zwischen den „Reinformen" bestimmter Absatzobjekte abzubilden, ohne gleichzeitig zu dessen Lösung – im Sinne einer eindeutigen Zuordnungsvorschrift – beitragen zu müssen.

3.31 Sach- und dienstleistungsorientierte Leistungstypologie

Vor diesem Hintergrund haben Engelhardt et al. eine in ihrer methodischen Fundierung überzeugende Leistungstypologie vorgelegt (Engelhardt et al. 1992, 1993, 1995; Kleinaltenkamp 1998). Diese beruht auf zwei Dimensionen: dem **Immaterialitätsgrad des Leistungsergebnisses** sowie dem **Integrationsgrad der betrieblichen Leistungsprozesse**, wobei letzterer implizit in die Teildimensionen „Eingriffstiefe" und „Eingriffsintensität" zerlegt wird (vgl. Abbildung 1-14). Die Kombination der jeweiligen Extremausprägungen führt zu **vier Grundtypen von Leistungen**, für die konkrete Marketingimplikationen abgeleitet werden können:

1. Der erste Leistungstyp ist durch ein immaterielles Leistungsergebnis sowie eine starke Integration des externen Faktors in den Prozeß der Leistungserstellung gekennzeichnet. Typisches Beispiel sind hier die Leistungen klassischer Unternehmensberatungen, die Problemlösungen im engen Kontakt mit ihren Kunden erarbeiten.
2. Demgegenüber weist der zweite Leistungstyp bei ebenfalls hohem Integrationsgrad ein materielles Leistungsergebnis auf, was etwa bei im Kundenauftrag individuell angefertigten Sondermaschinen regelmäßig beobachtet werden kann.
3. Beim dritten Leistungstyp handelt es sich um typische industriell gefertigte Massenprodukte. Sie sind durch ein materielles Leistungsergebnis bei gleichzeitig autonom gestalteten Leistungserstellungsprozessen gekennzeichnet. Beispielhaft für diesen Leistungstyp stehen die klassischen Produkte der Konsumgüterhersteller von Automobilen bis zu Gütern des täglichen Bedarfs.
4. Autonome Prozesse bei der Leistungserstellung sind auch für den vierten Leistungstyp charakteristisch, wobei das Leistungsergebnis jedoch immaterieller Natur ist. Datenbankdienste etwa zeichnen sich durch eine derartige Ausprägung der Leistungs- und Prozeßmerkmale aus.

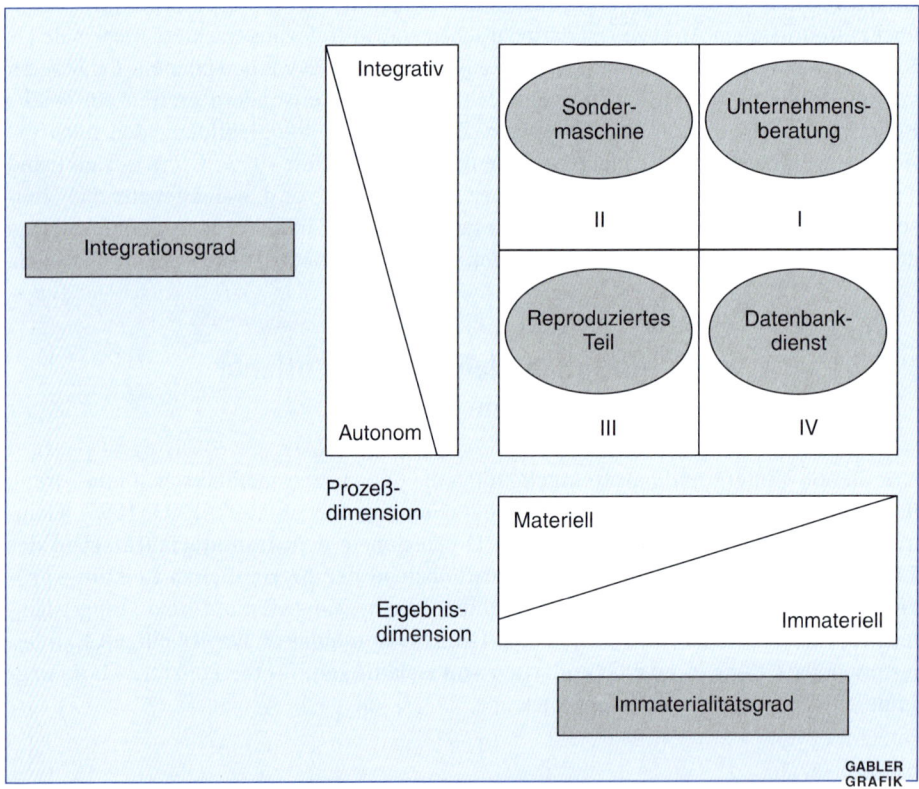

Abbildung 1-14: Leistungstypologie nach Engelhardt et al.
(Quelle: Engelhardt/Kleinaltenkamp/Reckenfelderbäumer 1992, S. 35)

Eine intensive Auseinandersetzung mit dieser Leistungstypologie und ihrem Aussagewert für die marktorientierte Unternehmenführung offenbart Ansatzpunkte zu ihrer Ergänzung. Diese liegen in einer **Zerlegung der Integrationsdimension** in solche Teildimensionen, die weiterführende Aussagen zur Leistungserstellung, vor allem aber zur Gestaltung von Struktur, Systemen und Kultur eines Dienstleistungsunternehmens besitzen. Solche relevanten Teildimensionen sind (eine ähnliche Erweiterung findet sich bei Maister/Lovelock 1988, S. 67 ff.)

- **der Interaktionsgrad**, der zu einer Differenzierung zwischen quasi-industriellem und interaktionsorientiertem Marketing führt (Klaus 1991) sowie

- **der Individualisierungsgrad**, der ein Kontinuum zwischen der Standardisierung von Leistungen und der individuellen Kundenorientierung im Sinne einer Customization aufspannt (Wohlgemuth 1989; Corsten 1997, S. 172).

Diese Unterscheidung ermöglicht eine eindeutige und für die Ableitung von Implikationen für die marktorientierte Unternehmensführung wertvolle Trennung zwischen

- der Ausrichtung von Wertaktivitäten auf die Kundenbedürfnisse im Sinne des Individualisierungsgrades und

- der Integration des externen Faktors in den Leistungserstellungsprozeß im Sinne des Interaktionsgrades.

Der **Interaktionsgrad** bezieht sich damit auf jegliche Form einer Einbindung des externen Faktors in den Leistungserstellungsprozeß. Dabei können dem externen Faktor Unterstützungs- aber auch Vollzugsfunktionen im Rahmen der Leistungserstellung zukommen. Demgegenüber kennzeichnet der Individualisierungsgrad die kundenbezogene Spezifität der Bereitstellungsleistung und des sich anschließenden Leistungserstellungsprozesses, ohne daß hiermit – mit Ausnahme von kundenbezogenen Informationen – gleichzeitig eine Einbindung des externen Faktors in die betriebliche Wertkette verbunden ist.

An dieser Stelle kann die **fehlende Unabhängigkeit beider Teildimensionen** kritisiert werden. Mit anderen Worten: Ist nicht jede Individualisierung von Leistungen zumindest mit einer informationsbedingten Integration des externen Faktors, also zum Beispiel der Mitteilung individueller Körpermaße zur Herstellung eines Maßanzuges, verbunden?

Diesem Einwand kann auf zweifache Weise begegnet werden: Zum einen bedarf es in längerfristigen Kundenbeziehungen auch bei einem hohen Individualisierungsgrad der Leistung nicht mit jedem Kaufakt einer erneuten informationsbedingten Integration. In diesem Fall ist also eine individuelle Leistungserstellung nicht gleichzeitig auch an eine Integration des externen Faktors im Sinne seiner Einbindung in den Leistungserstellungsprozeß geknüpft.

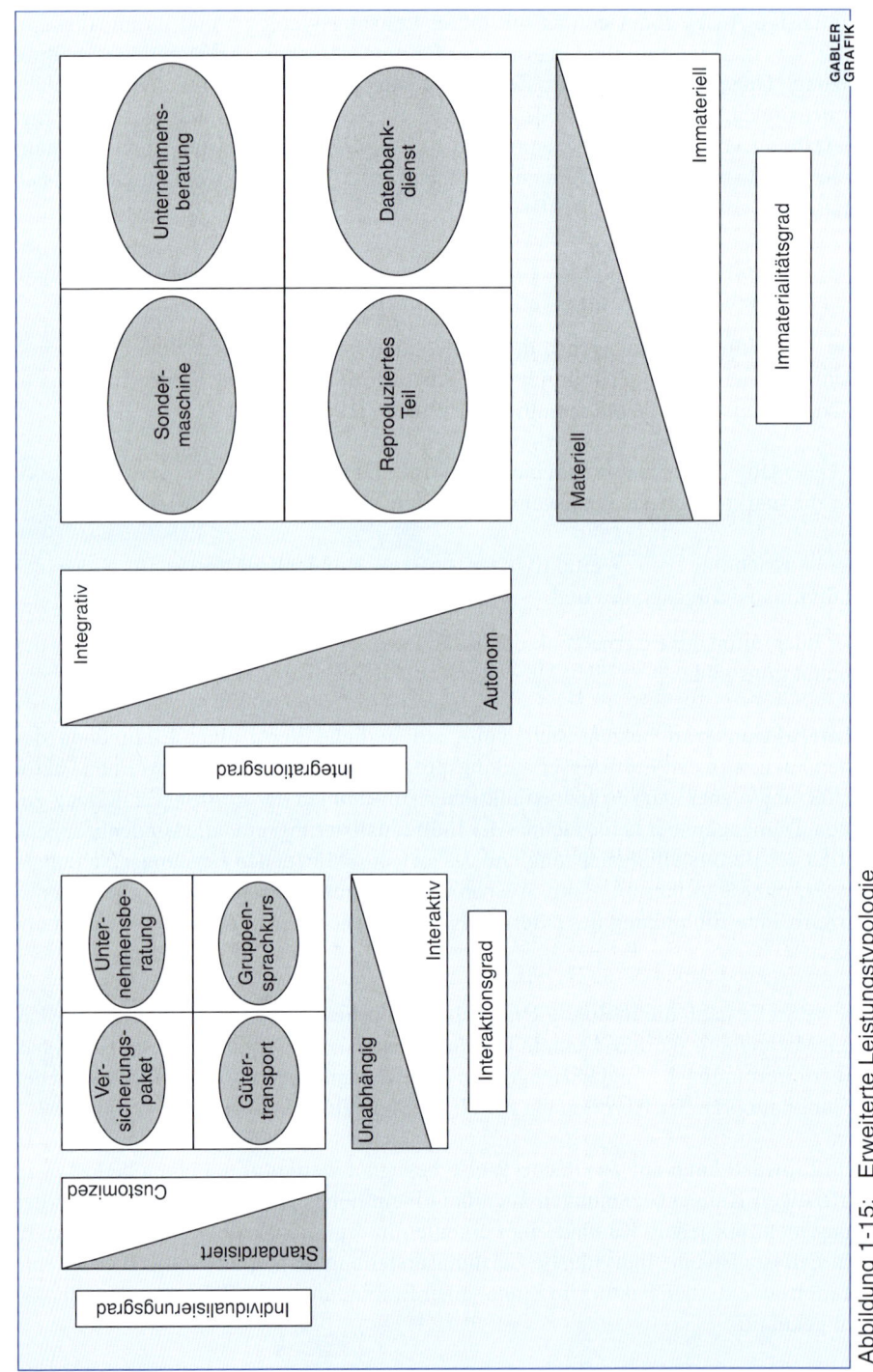

Abbildung 1-15: Erweiterte Leistungstypologie (Quelle: Meffert 1993, S. 12)

Zum anderen ist es an dieser Stelle sinnvoll, neben dem bislang in der Literatur dominierenden objektiven einen subjektiven Integrationsbegriff einzuführen. Inwieweit ein Konsument sich in den Leistungserstellungsprozeß eingebunden fühlt, hängt nicht direkt mit der Individualität der Leistung zusammen. Insbesondere neue Kommunikationstechnologien ermöglichen kunden-individuelle Leistungen bei einer von seiten der Nachfrager nur als gering empfundenen Integration in den Leistungserstellungsprozeß. Aus einem solchen subjektiven Integrationsbegriff ergeben sich zudem überaus interessante Implikationen für die Marktsegmentierung. So können Nachfrager nach der erwarteten Integrationsintensität und -dauer homogenen Segmenten zugeordnet werden, um auf dieser Basis eine differenzierte Marktbearbeitung vorzunehmen.

Im Ergebnis entsteht aus der dargelegten Zerlegung der Integrationsdimension eine **dreidimensionale Leistungstypologie** mit den folgenden Dimensionen (vgl. Abbildung 1-15):

- Immaterialitätsgrad,
- Interaktionsgrad und
- Individualisierungsgrad.

Dabei bezieht sich der Immaterialitätsgrad auf das Leistungsergebnis. Demgegenüber bildet der Interaktionsgrad im wesentlichen die Phase der Leistungserstellung ab, weist aber auch – im Sinne einer Ausrichtung von Leistungspotentialen auf Interaktionserfordernisse – gewisse Bezüge zur Bereitstellungsleistung auf. Der Individualisierungsgrad schließlich steht in Beziehung zu allen drei Phasen der Leistungserstellung: Er besitzt Implikationen für die Bereitstellungsleistung und den sich anschließenden Leistungserstellungsprozeß und kennzeichnet die Ausprägung des Leistungsergebnisses.

Innerhalb dieser Typologie ist eine eindeutige Abgrenzung zwischen Dienst- und Sachleistungen für die überwiegende Mehrzahl von Absatzobjekten allerdings nicht möglich. Trotz der Logik der Argumentation scheint aber der von Engelhardt et al. vorgeschlagene Verzicht auf das Begriffspaar Dienst- und Sachleistung als zu weitreichend. Vielmehr können beide Begriffe als Extremausprägungen von Kontinuen aufgefaßt und somit auch zukünftig in der wissenschaftlichen Diskussion beibehalten werden. Damit bleibt der Marketingwissenschaft ein Orientierungsrahmen erhalten, der die ansonsten nicht zu verhindernde Zersplitterung in eine Vielzahl typenspezifischer Partialtheorien aufzuhalten vermag.

3.32 Informationsökonomische Leistungstypologie

Während der erste Typologisierungsansatz als Bezugsobjekt die spezifischen Merkmale einzelner Güter (Sachleistungen versus Dienstleistungen) wählt und daraus Rückschlüsse für das Kaufverhalten zieht, liegt dem informationsökonomischen Ansatz eine umgekehrte Vorgehensweise zugrunde. Hier werden Kaufprozesse der Konsumenten, primär aufgrund der wahrgenommenen Verhaltensunsicherheit, klassifiziert und im nächsten Schritt diesen Kaufprozeßtypen bestimmte Güter zugeordnet.

Bereits in den achtziger Jahren wurden informationsökonomische Erkenntnisse über Such-, Erfahrungs- und Vertrauenseigenschaften von Gütern auf ihren Aussagewert im Marketing untersucht (Ford et al. 1988, 1990; Zeithaml 1988). Die durch die Anwendung dieser Eigenschaftstypologie möglichen Einblicke in die Struktur von Transaktionsprozessen im Marketing führten schließlich auch im deutschsprachigen Raum zu einer verstärkten Auseinandersetzung mit der informationsökonomischen Analyse des Marketing (Kaas 1990, 1994; Weiber 1993; Tolle 1994; Weiber/Adler 1995a/b; Kaas/Busch 1996).

Die Unterscheidung von Such- (Inspektions-) und Erfahrungseigenschaften beruht auf Arbeiten von Nelson (1970, 1974) und wurde durch Darby und Karni (1973) um die Vertrauenseigenschaften ergänzt. Diese Dreiteilung wurde zunächst direkt in eine Gütertypologie übertragen, in der dementsprechend Such-, Erfahrungs- und Vertrauensgüter unterschieden wurden. Dies erscheint jedoch nicht zweckmäßig, denn **die meisten Güter weisen alle drei Eigenschaften auf (Komplementarität der Eigenschaften) und unterscheiden sich lediglich im Ausmaß, mit dem die jeweiligen Eigenschaften bei einem Gut zum Tragen kommen.** „Beispielsweise ist die knusprige Kruste eines Brotes eine Inspektionseigenschaft, sein Geschmack ist eine Erfahrungseigenschaft und seine Herstellung aus ökologisch angebautem Getreide eine Vertrauenseigenschaft." (Kaas/ Busch 1996, S. 244).

Demzufolge wird heute weniger von einer Gütertypologie als vielmehr von einer **informationsökonomischen Eigenschaftstypologie** gesprochen. Die Zuordnung der Merkmale eines Produktes zu den drei Eigenschaftskategorien ist nicht allein aufgrund objektiver Gegebenheiten möglich, sondern ist vor allem von der subjektiven Wahrnehmung und dem Beurteilungsvermögen der Konsumenten abhängig (Anthorsson et al. 1991; Weiber/Adler 1995a; Kaas/Busch 1996).

Auf Basis der **Komplementarität der Such-, Erfahrungs- und Vertrauenseigenschaften** können Güter in dem in Abbildung 1-16 dargestellten dreidimensionalen Raum dargestellt werden. Es wird deutlich, daß jedes Gut eindeutig in der grau schraffierten Ebene positioniert werden kann, weil „bei jedem Kaufakt immer alle drei Eigenschaftskategorien in mehr oder weniger starkem Ausmaß vorhanden sind und sich deren Anteile in der Summe zu 100 Prozent ergänzen" (Weiber 1993, S. 62). Die Eckpunkte der Ebene kennzeichnen Extremformen eines „reinen" Such-, Erfahrungs- oder Vertrauensgutes.

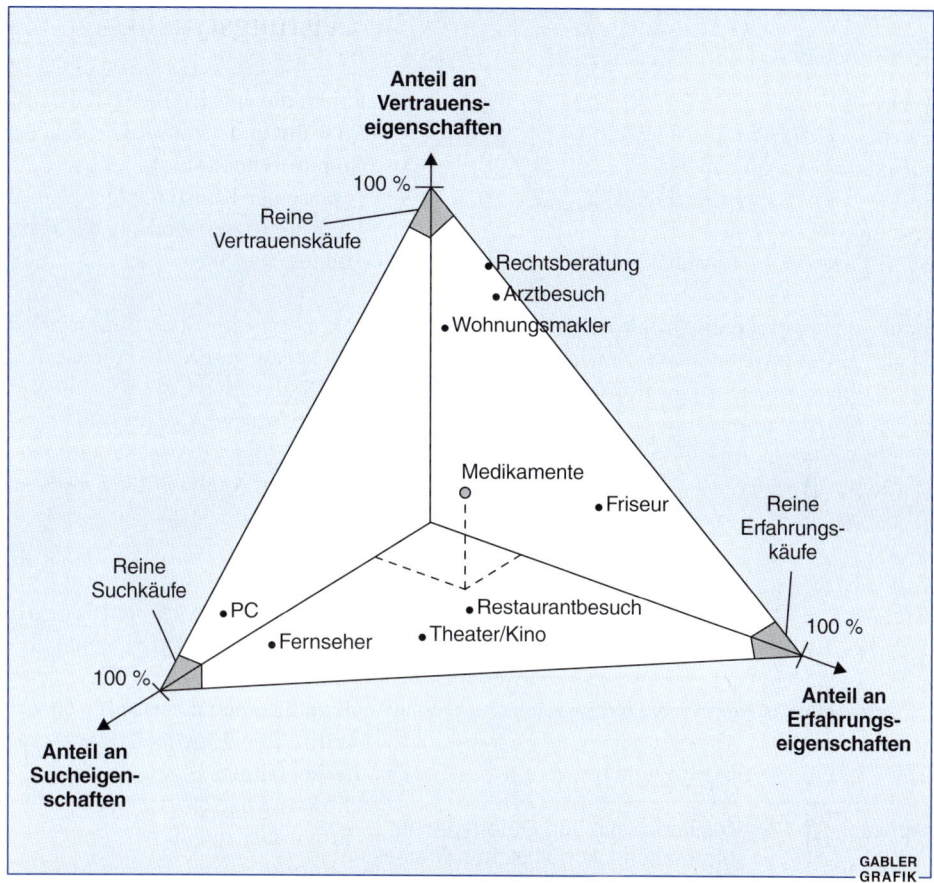

Abbildung 1-16: Komplementarität von Leistungseigenschaften
(Quelle: in Anlehnung an Weiber/Adler 1995)

Die dreidimensionale Darstellung kann in eine zweidimensionale Graphik, das sogenannte **informationsökonomische Dreieck** überführt werden (vgl. Abbildung 1-17). In Abhängigkeit von der Dominanz einer der drei Eigenschaften bei einem Gut wird die informationsökonomische Eigenschaftstypologie in dieser Dreiecksdarstellung in eine Gütertypologie transformiert. Wesentlich für die Klassifikation ist dabei der güterspezifische, von der Dominanz einer bestimmten Eigenschaft geprägte Kaufprozess (Weiber 1993, S. 64). Unberücksichtigt bleibt hier jedoch die Tatsache, daß die Dominanz einer Eigenschaft von der Wahrnehmung und dem Beurteilungsvermögen des einzelnen Konsumenten abhängt. Damit ist eine personenübergreifende, verallgemeinerungsfähige Güterklassifikation anhand des informationsökonomischen Dreiecks nur bedingt aussagekräftig.

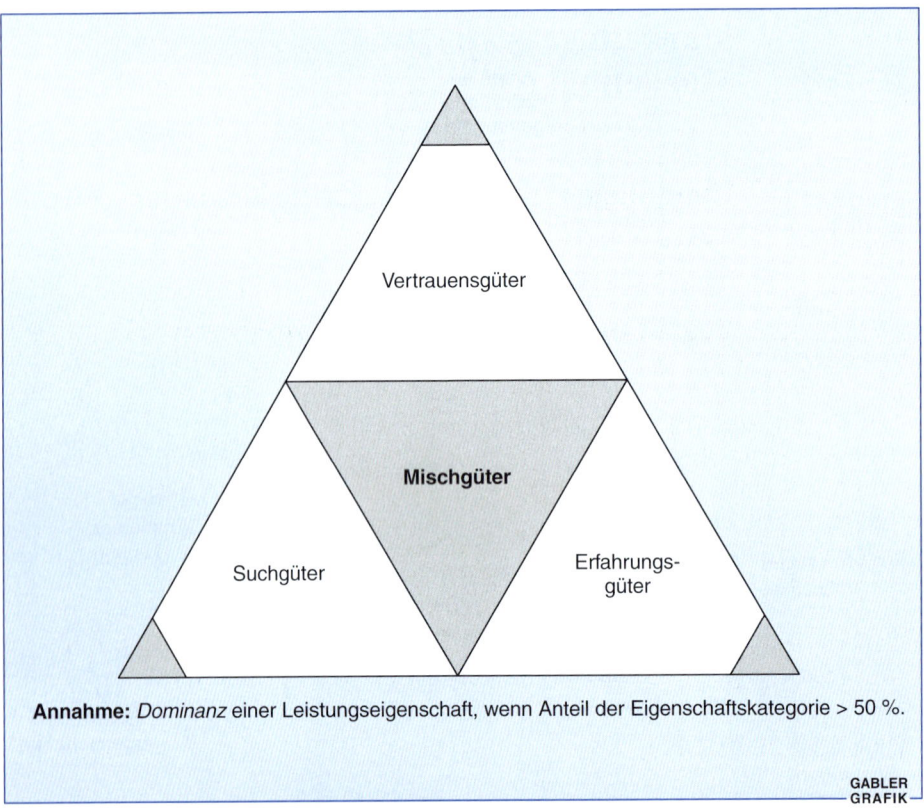

Abbildung 1-17: Positionierung von Gütertypen im informationsökonomisches Dreieck
(in Anlehnung an Weiber 1993, S. 64)

Der Aussagewert der informationsökonomischen Eigenschaftstypologie liegt insoweit vor allem darin begründet, daß es mit ihr gelingt, die Gründe für das vom Konsumenten wahrgenommene Kaufrisiko umfassender offenzulegen, als dies im Rahmen der verhaltenswissenschaftlichen Forschung bislang möglich war (Kaas/Busch 1996). Auf dieser Grundlage können gezielte Marketingmaßnahmen zum Abbau des Kaufrisikos entwickelt werden.

4. Marketingentscheidung und Marketingkonzeption

4.1 Grundlagen der Marketingentscheidung

4.11 Begriff und Merkmale der Marketingentscheidung

Voraussetzung für die Lösung jedes Entscheidungsproblems ist seine klare Strukturierung. Die betriebswirtschaftliche Entscheidungstheorie untersucht die Strukturen komplexer Wahlhandlungen von Personen und Organisationen. Das diesen Theorien zugrundeliegende Denkschema der „Bewertung von Alternativen (Engels 1962, S. 3) ist geeignet, auch die Entscheidungsprobleme im Marketing transparent zu machen und für alle Unternehmungen generell zu charakterisieren (Heinen 1971).

Allgemein lassen sich Marketingentscheidungen dadurch kennzeichnen, daß sie unter unvollkommenen Informationen über Prozesse getroffen werden müssen, die dynamisch, nichtlinear, verzögert, stochastisch und sich gegenseitig beeinflussend sind (Kotler 1974, S. V).

Marketingentscheidungen stellen, wie alle unternehmerischen Entscheidungen, den Entscheidungsträger vor das Problem, aus einer Vielzahl mehr oder weniger gut strukturierter Alternativen diejenige auszuwählen, die den größten Erfolg in bezug auf die Unternehmensziele verspricht. Entgegen den meisten Entscheidungen in anderen funktionalen Teilgebieten der Unternehmung hebt sich das Wahlproblem bei Marketingentscheidungen dadurch hervor, daß es zwei Komponenten beinhaltet. Einmal muß die Entscheidung unternehmensbezogenen Gegebenheiten gerecht werden, zum anderen muß sie stark marktbezogen ausgerichtet sein.

Der Marktbezug verleiht der Marketingentscheidung einen **besonderen Komplexitätsgrad,** der sich zudem in einem **hohen Maß an Ungewißheit** widerspiegelt. Im Mittelpunkt steht das Problem der Ermittlung der Marktreaktion auf ein bestimmtes Aktivitätsniveau der Unternehmung. Darüber hinaus weisen einzelne Marketinginstrumente substitutive und komplementäre Beziehungen auf (vgl. viertes Kapitel, Abschnitt 2). Sie lassen sich in ihrer Wirkungsweise oft nur schwer messen. Hinzu kommt die schwierige Vorhersage der Konkurrenzeffekte, die sich unter Berücksichtigung regional unterschiedlicher Märkte noch intensivieren. Schließlich ist zu beachten, daß die Entscheidungsträger im Marketing neben dem Kunden- und Konkurrenzverhalten häufig die Entscheidungen von Absatzmittlern und Absatzhelfern als Erwartungsparameter in das Kalkül einbeziehen müssen.

Neben diesen externen sind unternehmensinterne Determinanten der Marketingentscheidung zu beachten. So bestehen in Mehrproduktunternehmungen in der Regel Interdependenzen zwischen Produkten oder Produktlinien, deren Ausstrahlungseffekte von großer Bedeutung für die Wirkung des gesamten Leistungsangebots sind. **Dabei ist wichtig, daß die Marketingentscheidung nicht isoliert, sondern immer in enger Abstimmung mit den anderen unternehmenspolitischen Entscheidungen stehen muß**, um den Entscheidungsinterdependenzen im Gesamtsystem „Unternehmung" Rechnung tragen zu können.

4.12 Strukturelemente der Marketingentscheidung

Entscheidungssituationen werden durch die Begriffe Ziele, Alternativen, Umweltsituationen und Konsequenzen beziehungsweise Entscheidungsresultate beschrieben. Der Zielerreichungsgrad respektive der Erfolg jeglichen menschlichen Handelns hängt von zwei Gruppen von Variablen ab. Einmal handelt es sich um **kontrollierte Variablen**, welche der Entscheidungsträger festlegen oder beeinflussen kann. Diesen stehen **nicht kontrollierte Variablen oder Entscheidungsdaten** (Gümbel 1974, Sp. 12 ff.) gegenüber, welche von anderen Entscheidungseinheiten und der natürlichen Umwelt bestimmt werden.

Abbildung 1-18 zeigt die Grundelemente einer Marketingentscheidung in ihrem Zusammenhang. Ausgangspunkt bildet eine Menge von Marketingzielen oder -entscheidungskriterien ($Z = \{z_1, ..., z_q\}$), welche als Ergebnis von Zielbildungsprozessen den erstrebenswerten Zustand für die Unternehmung definieren. Das Marketingmanagement kann eine Menge von **Marketingaktivitäten** ($A = \{a_1, ..., a_a\}$) zur Zielerreichung einsetzen. Das Management stößt dabei auf eine Menge von **Zuständen der unternehmensrelevanten Umwelt** (Marketingsituation ($S = \{s_1, ..., s_m\}$). Diese sind teilweise durch Marketingaktivitäten beeinflußbar, teilweise stellen sie von diesen nicht beeinflußbare Größen dar. Die Zustände der Umwelt sind so zu definieren, daß sie einen relevanten Ausschnitt aus der Menge möglicher Umweltsituationen bilden. Das bedeutet, daß jeweils nur ein Zustand „wahr" sein und somit eintreffen kann. Marketingaktivitäten und relevante Umwelt stellen die **Komponenten des Marketing-Entscheidungsfeldes der Unternehmung** dar.

Angesichts der Komplexität der Marketingentscheidungen und der Vielzahl oft miteinander in Konkurrenz stehender Marketingziele ist es zweckmäßig, das Entscheidungsproblem auf eine **Entscheidungsmatrix** zurückzuführen (Schneeweiß 1967, S. 7 ff.). Der Prozeß der Aufstellung einer Entscheidungsmatrix läßt sich anhand von Abbildung 1-19 veranschaulichen.

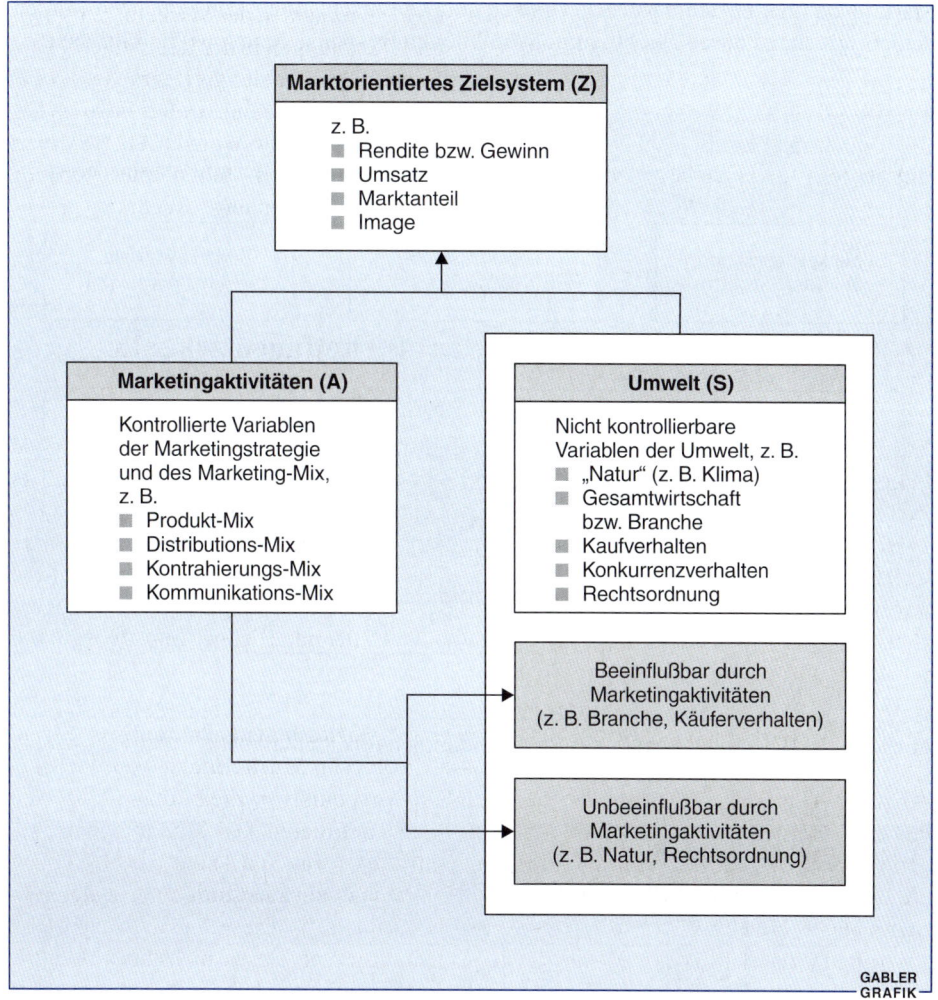

Abbildung 1-18: Entscheidungstheoretischer Ansatz im Marketing

Der Entscheidungsträger beziehungsweise Marketingmanager muß sich zunächst Klarheit darüber verschaffen, zu welchen Konsequenzen (e_{ijk}) die i-te Marketingaktion (a_i) führt, wenn der j-te Umweltzustand (s_j) eintritt, gemessen an dem Ziel z_k. Der Zusammenhang zwischen den Aktionen, Umweltzuständen und Entscheidungskonsequenzen ist schematisch in Abbildung 1-20 wiedergegeben.

In der Matrix E = {e_{ijk}} wird jedem Ziel für jede Konstellation von Aktion und Umwelt ein Ergebnis in Form eines Zielerreichungsgrades zugeordnet. Entsprechend heißt die Matrix auch **Ergebnismatrix, Matrix der Handlungsfolgen oder Matrix der Entscheidungskonsequenzen**. Marketingentscheidungen zielen stets auf die Beeinflussung der

Marktteilnehmer beziehungsweise Umwelt ab. Die Entscheidungskonsequenzen werden dementsprechend durch Marktreaktionsfunktionen (response functions) beschrieben.

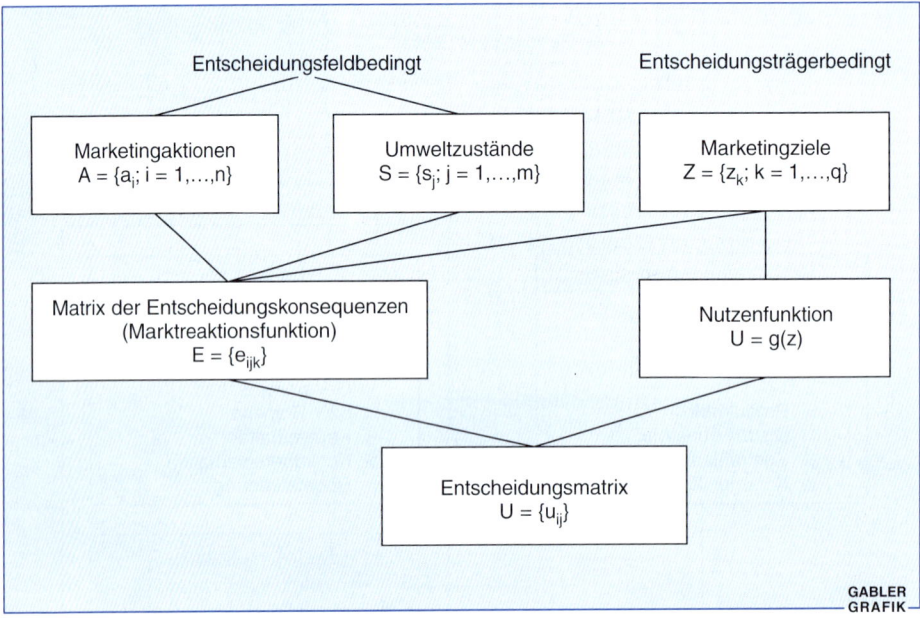

Abbildung 1-19: Aufstellung einer Entscheidungsmatrix im Marketing

Abbildung 1-20: Berücksichtigung mehrerer Ziele im Grundmodell

Marktreaktionsfunktionen bringen ausschließlich **entscheidungsfeldabhängige Tatbestände** zum Ausdruck (zum Beispiel: Wie entwickelt sich der Umsatz bei Einsatz eines bestimmten Instrumentariums, wobei ein bestimmtes Käuferverhalten und Konkurrenzverhalten unterstellt wird). Für eine Lösung des Entscheidungsproblems ist es jedoch erforderlich, daß die Alternativen gemäß den subjektiven Zielvorstellungen des Marketingmanagements bewertet werden. Aus der Menge möglicher Lösungen ist jene auszuwählen, die in der Präferenzordnung des Entscheidenden von keiner anderen übertroffen wird – deren ordinaler oder kardinaler Nutzen also am größten ist.

Mit der Nutzenbetrachtung finden **entscheidungsträgerabhängige Sachverhalte** Berücksichtigung. Die **Nutzenfunktion** ist eine transformierte Abbildung von der Menge E der Entscheidungskonsequenzen in die Menge U der Nutzenmaße. Den Entscheidungsergebnissen e_{ijk} wird genau ein Nutzwert u_{ij} zugeordnet. Das Ergebnis der Zuordnung ist die **Entscheidungs- oder Auszahlungsmatrix**. Geht man davon aus, daß die Konsequenzen e_{ijk} in Geldeinheiten (zum Beispiel Umsatz, Gewinn) bewertet werden, so gibt das Element u_{ij} an, welche monetären Konsequenzen eintreten, wenn sich der Entscheidungsträger für die Alternative a_i entscheidet und die Umweltsituation s_j relevant wird.

Die Entscheidungstheorie liefert den formalen begrifflichen Rahmen zur Beschreibung komplexer Entscheidungssituationen. Die Matrixbetrachtung zwingt dazu, für jede mögliche Marketingmaßnahme zu überlegen, welche Konsequenzen bei Eintritt alternativer Umweltkonstellationen auftreten würden. Es ist eine zentrale Aufgabe der Marketingtheorie, das formale Denkgerüst der „Bewertung von Alternativen" materiell möglichst allgemeingültig zu interpretieren.

4.13 Die Marketingstrategie als zentraler Bestandteil der Marketingkonzeption

Marketing als marktorientierte Unternehmensführung läßt sich im Sinne dieses formalen Denkgerüsts nur dann konsequent verwirklichen, wenn dem unternehmerischen Handeln eine unternehmensindividuelle und abgesicherte Marketingkonzeption zugrundeliegt.

Unter dem **Begriff der Marketingkonzeption** wird ein umfassender, gedanklicher Entwurf verstanden, „der sich an angestrebten Zielen (,Wunschorten') orientiert, für ihre Realisierung geeignete Strategien (,Routen') wählt und auf ihrer Grundlage die adäquaten Marketinginstrumente (,Beförderungsmittel') festlegt" (Becker 1998, S. 5).

Die Marketingkonzeption ist das Ergebnis detaillierter strategischer Analysen und umfaßt Festlegungen auf drei Konzeptionsebenen, und zwar der Ziel-, Strategie- und der Instrumental- beziehungsweise Marketingmix-Ebene (vgl. Abbildung 1-21). Während die Unternehmens- und Marketingziele als zukunftsbezogene Vorgaben für das Unternehmen angesehen werden können, stellen die Marketingstrategien strukturierende Maßnahmen („Kanalisierungen") dar, innerhalb derer sich die Festlegung des Marketing-Mix als operativer Planungsprozeß vollzieht. Die operativen Maßnahmen bestimmen die laufenden Aktionen innerhalb kurzfristiger Planungsperioden (Monat, Quartal, Jahr) zur

Marketingentscheidung und Marketingkonzeption

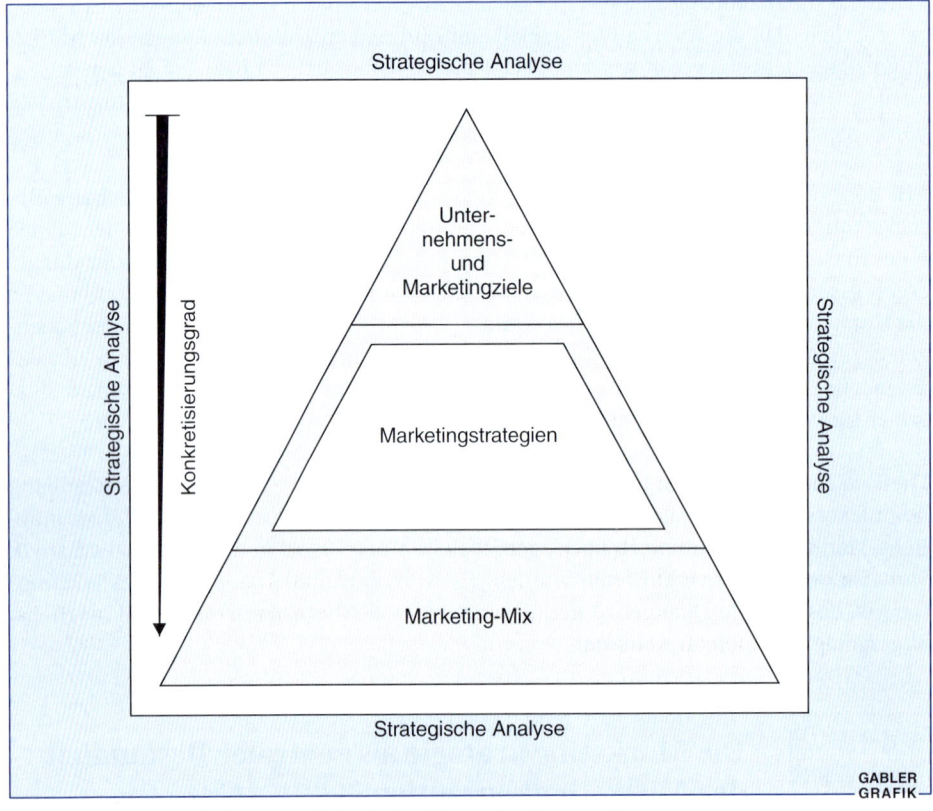

Abbildung 1-21: Aufbau und Inhalt der Marketingkonzeption

Bewältigung der im Tagesgeschäft auftretenden Probleme (zum Beispiel Abwehr von Konkurrenzmaßnahmen).

Im Rahmen der Marketingkonzeption bilden die Unternehmens- und Marketingstrategien ein zentrales Bindeglied zwischen den Zielen und den operativen Marketingmaßnahmen. Zum einen beinhaltet die Strategiefestlegung auch „zielsuchende Elemente" (Trux/Kirsch 1979, S. 227), die unter Umständen mehrstufige **Rückkopplungsprozesse** erforderlich machen. Zum anderen bestehen zwischen Marketingstrategie und Marketing-Mix Wechselbeziehungen in der Weise, daß durch taktische Maßnahmen eine Strategie einerseits verwirklicht wird, andererseits unter Umständen aber auch modifiziert beziehungsweise außer Kraft gesetzt werden kann.

Insofern **ist eine Marketingstrategie als ein bedingter, langfristiger, globaler Verhaltensplan zur Erreichung der Unternehmens- und Marketingziele zu charakterisieren** (Meffert 1980, S. 89).

Die **Bedingtheit** der Marketingstrategie ergibt sich daraus, daß sie in einer spezifischen, internen Situation unter einem gegebenen Informationsstand festgelegt wird. Ihre Kennzeichnung als **langfristig** setzt an der zeitlichen Wirksamkeit an. Marketingstrategien müssen mehrere Planungsperioden (Jahre) wirksam sein. Mit der **Globalität** ist die Tatsache angesprochen, daß der Gegenstand von Marketingstrategien meist auf einem hohen Aggregationsgrad angesiedelt ist. Durch den **Verhaltensbegriff** wird die Handlungsorientierung deutlich, während der Zusatz „Plan" die generelle Verbindlichkeit der Marketingstrategie für die ausführenden Ebenen hervorhebt (Wehrle 1981, S. 8).

Die Unterscheidung von drei Konzeptionsebenen berücksichtigt die Tatsache, daß eine Marketingkonzeption nicht in einem Schritt entwickelt werden kann, sondern das Ergebnis eines umfassenden iterativen und dynamischen Planungsprozesses darstellt.

Im folgenden soll auf die zentralen Elemente einer Marketingkonzeption näher eingegangen werden. Den Ausgangspunkt bilden ausgewählte Instrumente der strategischen Analyse (Situations-, Ressourcenanalyse), deren Ergebnisse die informatorische Basis aller weiteren Entscheidungen darstellen. Im Anschluß daran wird kurz auf die Festlegung der Unternehmensphilosophie und des Zielsystems der Unternehmung eingegangen. Im dem sich anschließenden zweiten Buchkapitel werden dann die absatz- und beschaffungsmarktgerichteten Verhaltens- und Informationsgrundlagen dargestellt, bevor zu Beginn des dritten Kapitels ausführlich auf die strategischen Unternehmens- und Marketingentscheidungen eingegangen wird.

4.2 Situationsanalyse im Marketing

Jede Marketingentscheidung hängt grundsätzlich von der eigenen Lage, der Beurteilung der gegnerischen Lage und dem eigenen Mittelbestand ab, über welchen die Unternehmung verfügt. Das Erkennen der Marketingsituation beziehungsweise Bedingungslage bildet daher den Ausgangspunkt jeder Marketingentscheidung. Es ist eine möglichst vollständige und genaue Erfassung der Umweltzustände und Daten (nicht kontrollierte Variablen) für die Präzisierung der Marketingziele und für den Einsatz der Instrumente von entscheidender Bedeutung.

Aus der Gesamtheit möglicher Umweltvariablen beziehungsweise Zustände interessieren nur jene, die in der spezifischen Entscheidungssituation dem Marketingmanagement als relevant erscheinen. Die konkrete Marketingsituation, in der sich ein Unternehmen mit seinen Erzeugnissen befindet, ist naturgemäß in jeder Unternehmung verschieden. Im Regelfall ist sie durch eine Vielzahl interner und externer Variablen zu beschreiben. **Unternehmensexterne Faktoren** sind zum Beispiel Art des Bedarfs, Wachstumsrate der Branche, Käuferstruktur und -verhalten, Konkurrenzverhältnisse und rechtliche Vor-

Komponenten einer Situationsanalyse	Bezugspunkte	Wichtige Bestimmungsfaktoren
Markt	Gesamtmarkt (produktklassenbezogen)	■ Entwicklung ■ Wachstum ■ Elastizität
	Branchenmarkt (produktgruppenbezogen)	■ Entwicklungsstand, Sättigungsgrad ■ Marktaufteilung
	Teilmarkt (produktbezogen)	■ Bedürfnisstruktur ■ Substitutionsgrad ■ Produktstärke
Marktteilnehmer	Hersteller	■ Marktstellung ■ Produkt- und Programmorientierung ■ Angebotsstärke
	Konkurrenz	■ Wettbewerbsstärke ■ Differenzierungsgrad ■ Programmstärke
	Absatzmittler	■ Funktionsleistung, Sortimentsstruktur, Marktabdeckung
	Absatzhelfer	■ Funktionsleistung
	Konsument	■ Bedürfnislage (Nutzenstiftung) ■ Kaufkraft ■ Einstellung
Instrumente	Produkt-Mix	■ Produkt- und Programmstärke ■ Angebotsflexibilität
	Kommunikations-Mix	■ Bekanntheitsgrad und Eignung der Medien ■ Werbestrategie
	Kontrahierungs-Mix	■ Preisniveau ■ Preisstreuung, Rabattstruktur
	Distributions-Mix	■ Distributionsdichte ■ Lieferfähigkeit, Liefervorteile
Umwelt	Natur	■ Klima ■ Infrastruktur
	Wirtschaft	■ Konjunktur ■ Wachstum
	Gesellschaft	■ soziale Normen ■ Lebensgewohnheiten
	Technologie	■ Wissenschaft ■ technischer Fortschritt
	Recht und Politik	■ Rechtsnormen ■ politische Institutionen

Abbildung 1-22: Situationsanalyse im Marketing

schriften. **Unternehmensinterne Variablen** sind zum Beispiel Art und Funktion der angebotenen Marktleistungen, vorhandener Vertriebsapparat, finanzielle Mittel, Produktionskapazitäten. Alle Faktoren, die bei der „Lagebeurteilung" im Marketing berücksichtigt werden müssen, lassen sich nach verschiedenen Kriterien genauer systematisieren. Abbildung 1-22 zeigt eine mögliche Darstellung der wichtigsten Komponenten und Bestimmungsfaktoren. Der Markt, die Marktteilnehmer, die Marketinginstrumente und die Umwelt beschreiben dabei die relevante Marketingsituation. Das Marketingmanagement muß feststellen, in welcher Richtung und in welcher Stärke diese Bestimmungsfaktoren in der konkreten Entscheidungssituation wirksam werden und wie sie sich zukünftig verändern könnten.

Im Rahmen der strategischen Analyse werden eine Vielzahl von Denkmodellen vorgeschlagen und in der Praxis verwendet. In methodischer Hinsicht handelt es sich um Instrumente zur Bestimmung der Istposition der Unternehmung im Markt- und Wettbewerbsumfeld. Als grundlegende Instrumente der strategischen Diagnose sollen im folgenden die Chancen-/Risiken-Analyse und die Ressourcenanalyse vorgestellt werden. Differenziertere Instrumente der strategischen Analyse werden im dritten Kapitel, Abschnitt 2.3, erläutert.

4.21 Chancen-/Risiken-Analyse

Im Rahmen der Chancen-/Risiken-Analyse versucht das Unternehmen, **die unternehmensexternen Umwelteinflüsse** zu erkennen, die für die Planung der Unternehmens- und Marketingstrategie von Bedeutung sind. In Zeiten dynamischer Umweltentwicklungen liegt die zentrale Aufgabe der Analyse in der Erkennung „strategischer Diskontinuitäten".

Unter „strategischen Diskontinuitäten" versteht Ansoff schwer vorhersehbare Ereignisse, deren Eintritt die Unternehmung zum einen mit der Gefahr des Konkurses konfrontieren. Zum anderen können sich Diskontinuitäten als Chancen erweisen, die sich plötzlich und unvorhergesehen eröffnen und deren Ausnutzung ein schnelles Handeln erfordert (Ansoff 1981, S. 263). Abbildung 1-23 zeigt einige ausgewählte Chancen und Risiken am Beispiel eines Automobilherstellers.

Die Chancen und Risiken sollen nicht nur antizipiert werden, um sich ihnen im Rahmen der Planung anpassen zu können. Es sollen alle Möglichkeiten genutzt werden, negative Ereignisse zu verhindern, das heißt ihrem Eintreten (zum Beispiel durch Lobbyismus) aktiv entgegenzuwirken sowie positive Diskontinuitäten zu verstärken. Im Rahmen der strategischen Analyse sind die Hauptbedrohungen und Hauptchancen der Gesamtunternehmung und jeder strategischen Geschäftseinheit regelmäßig zu überprüfen.

Chancen	Risiken
■ Entwicklung eines Kompaktwagens mit extrem niedrigem Benzinverbrauch ■ Entwicklung eines Autos mit extrem niedrigen Abgaswerten bei gleichzeitig hoher Leistung ■ Entwicklung eines leistungskräftigen elektrischen Autos mit hoher Reichweite und leichten Batterien ■ Attraktivitätsverlust der öffentlichen Verkehrsmittel	■ Entwicklung eines Kompaktwagens mit extrem niedrigem Benzinverbrauch und Abgaswerten durch einen Konkurrenten ■ zunehmende Verbraucherakzeptanz von einfachen Fahrzeugen zu niedrigen Preisen von Wettbewerbern aus „Niedriglohnländern" ■ drastische Geschwindigkeitsbeschränkungen und Einführung autofreier Tage ■ anhaltende Treibstoffverknappung in Verbindung mit Mineralölsteuererhöhungen

Abbildung 1-23: Chancen und Risiken für einen Automobilhersteller

4.22 Ressourcenanalyse

Während die Chancen-/Risiken-Analyse der Unternehmung den Möglichkeitsraum der Strategieplanung absteckt, versucht die Ressourcenanalyse festzustellen, was die Unternehmung vor dem Hintergrund der gegenwärtigen und zukünftigen Ressourcensituation (Stärken/Schwächen) strategisch sinnvoll tun kann (Christensen et al. 1973, S. 236 ff.; Hinterhuber 1989; Schreyögg 1984, S. 111). Zur Durchführung der Ressourcenanalyse empfiehlt sich **eine dreistufige Vorgehensweise** (Hofer/Schendel 1978, S. 144 f.; Schreyögg 1984, S. 111 f.):

1. Erstellung eines Ressourcenprofils,
2. Ermittlung der Stärken und Schwächen,
3. Identifikation spezifischer Kompetenzen.

Im ersten Schritt sind die vorhandenen finanziellen, physischen, organisatorischen und technologischen Ressourcen zu erfassen und zu bewerten. Im folgenden Schritt wird das ermittelte Ressourcenprofil den Schlüsselanforderungen des Marktes gegenübergestellt. Dadurch gelingt es, die Hauptstärken und Synergien zu identifizieren, auf denen eine erfolgreiche Strategie aufgebaut werden kann. Zudem werden die Hauptschwächen herausgearbeitet, die zur Vermeidung von Mißerfolgen beseitigt werden müssen. Im dritten Schritt sind die spezifischen Stärken und Schwächen der Unternehmung (beziehungsweise der strategischen Geschäftseinheiten) mit denen der Hauptkonkurrenten zu vergleichen. Abbildung 1-24 zeigt das Vorgehen beispielhaft für einen strategischen Geschäftsbereich unter Einbeziehung des stärksten Konkurrenzunternehmens. Auf diese Weise lassen sich jene Bereiche identifizieren, in denen die Unternehmung spezifische Wettbewerbsvorteile besitzt (im Beispiel vor allem Produktlinie X und das Marketingkonzept).

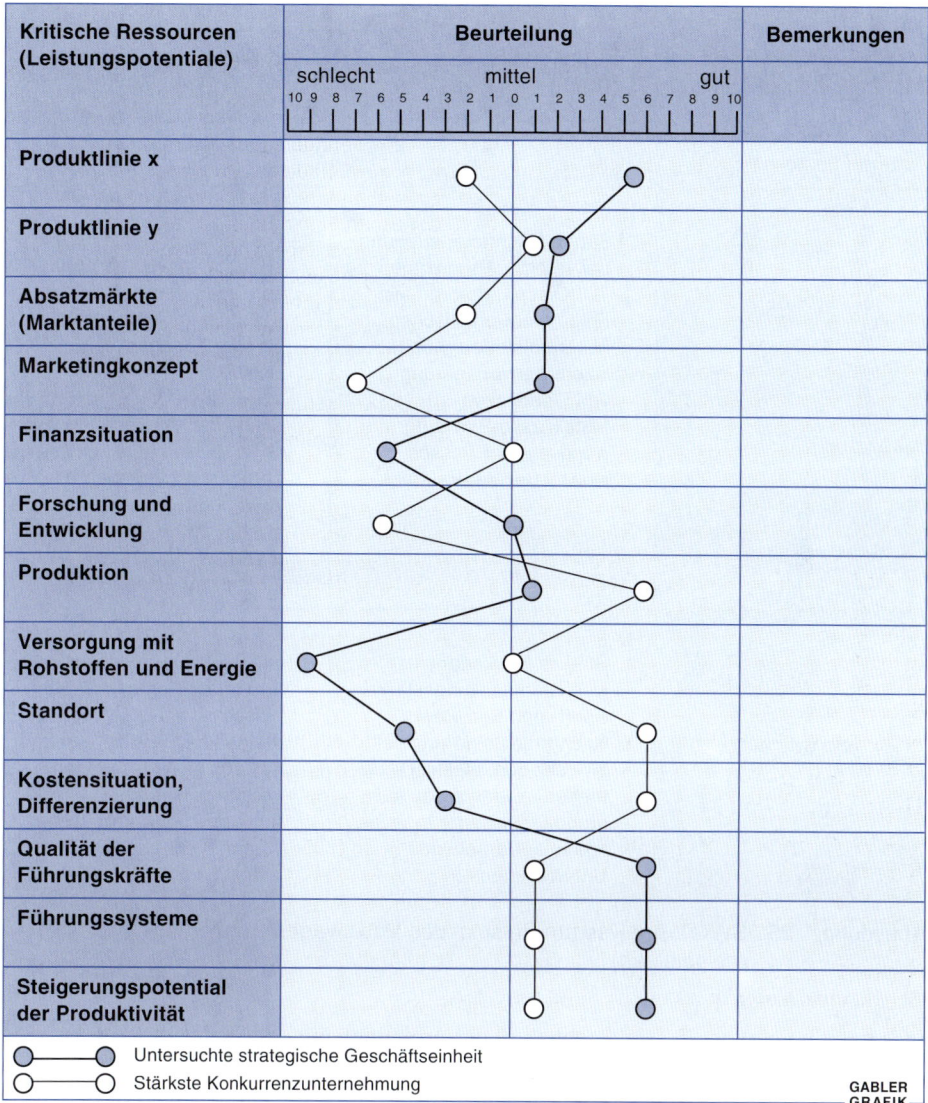

Abbildung 1-24: Stärken-Schwächen-Profil einer strategischen Geschäftseinheit
(in enger Anlehnung an Hinterhuber 1996, S. 127)

Die Ressourcenanalyse gibt nicht nur Hinweise auf eine erfolgreiche Wettbewerbsstrategie in den bestehenden Märkten. Es kann ebenfalls geprüft werden, inwieweit die festgestellten Stärken auch in neuen Märkten (Diversifikation) erfolgreich eingesetzt werden können. Zu diesem Zweck wird die Ressourcenanalyse mit der Chancen-/Risiken-Analyse zur sogenannten SWOT (Strengths, Weaknesses, Opportunities, Threats)-Analyse verknüpft (vgl. Abbildung 1-25).

Unternehmens-externe Faktoren / Unternehmens-interne Faktoren	Chancen	Risiken
Stärken	① ■ Starke Nachfragebelebung bei verbrauchsgünstigen TDI(Diesel-)Motoren als Folge einer drastischen Mineralölsteuererhöhung ■ Nachfrageverlagerung von Oberklasse- zu Mittelklasse-Pkw aufgrund wachsender Preissensibilität der Verbraucher	② ■ Die chinesische Regierung erlaubt zahlreichen Konkurrenten den Aufbau von Fabriken in China ohne weitere Auflagen ■ Schwächen der Marke Volkswagen aufgrund umfassender Verwendung von Gleichteilen bei allen Konzerngesellschaften. VW, Seat und Skoda werden austauschbar (Mehrmarkenstrategie wird statt zur Chance zu einem Risiko)
Schwächen	③ ■ Starkes Markenanteilswachstum leistungsstarker Sport- und Fun-Pkw ■ Nachfragesteigerung bei zweisitzigen, elektrisch betriebenen Stadtautos aufgrund technischer Innovationen außerhalb des Unternehmens	④ ■ Starkes Nachfragewachstum in der Kompaktwagenklasse in den USA aufgrund steigender Benzinpreise und schlechter Wirtschaftsentwicklung. Geringe Partizipation am US-Marktwachstum wegen niedrigem VW-Marktanteil in den USA

Abbildung 1-25: SWOT-Analyse am Beispiel des Volkswagen Konzerns (beispielhaft)

Insgesamt kommt der Ressourcenanalyse in Verbindung mit der Chancen-/Risiken-Analyse (SWOT) die Aufgabe zu, das Entscheidungsfeld des strategischen Planers einzuengen, indem bestimmte Chancen der Umwelt nicht ausgeschöpft werden, weil sie entweder den durch die bestehenden Ressourcen abgesteckten Rahmen überschreiten oder mit dem spezifischen Ressourcenprofil der Unternehmung (beziehungsweise der strategischen Geschäftseinheiten) nicht vereinbar sind (Feld 3). Zum anderen weist die SWOT-Analyse auf seltene und zumeist nur begrenzte Zeiträume hin, in denen die besonderen Kompetenzen einer Unternehmung genau die Entwicklung und spezifischen Anforderungen des Marktes treffen (Feld 1). In einer solchen Phase, in der sozusagen das „**strategische Fenster**" offensteht, muß die Unternehmung alle Anstrengungen aufbieten, um die Gunst der Stunde für einen langfristigen Durchbruch in neue Marktdimensionen nutzen zu können (Abell 1978, S. 21 ff.).

4.3 Unternehmens- und Marketingziele

4.31 Zielplanung als mehrstufiger Entscheidungsprozeß

Die Formulierung eines klaren, langfristig ausgerichteten Zielsystems ist wesentlicher Bestandteil der Marketingkonzeption. Ohne eine zielorientierte Ausrichtung droht die Unternehmens- und Marketingplanung zu einer reaktiven Anpassung an Umweltveränderungen mit der Gefahr eines „Durchwurstelns" („Muddling Through") zu degenerieren (Raffée 1984, S. 67).

In der Konzeption des strategischen Managements (Orientierung an einer konzeptionellen Gesamtsicht) kommt zum Ausdruck, daß die Festlegung von Zielen in enger Beziehung zur Formulierung von Strategien steht. Strategien dienen einerseits der Erreichung von gesetzten Zielen, andererseits kann die Festlegung von Zielen erst aufgrund einer Analyse

- der Umweltbedingungen und -trends,
- der Stärken und Schwächen der Unternehmung,
- der Beziehungen zwischen Umweltchancen und Unternehmensressourcen,
- der kulturellen Wertmaßstäbe und Ideale der Unternehmensleitung sowie
- der Verpflichtungen der Unternehmung gegenüber der Gesellschaft

erfolgen (Grimm 1983, S. 246; Hinterhuber 1996, Becker 1998, S. 13 ff.). Abbildung 1-26 zeigt diese Zusammenhänge im Überblick.

Im Rahmen der Zielplanung erweist sich eine differenzierte Betrachtung des Zielbegriffs als zweckmäßig. Während übergeordnete Ziele quasi als Prämissen beziehungsweise Leitlinien für den Prozeß der Bildung und Auswahl von Strategien anzusehen sind, lassen sich konkrete inhaltliche Handlungsziele erst im Anschluß an die gewählte Strategie bilden (Schreyögg 1984, S. 87). Die unterschiedlichen Zielebenen können als „Pyramide" (Steiner 1971, S. 199 f., Becker 1998, S. 27 f.) dargestellt werden, wobei die Zahl und der Konkretisierungsgrad der Ziele von der Spitze zur Basis jeweils zunimmt (vgl. Abbildung 1-27).

Die Spitze einer solchen Zielpyramide bildet der eigentliche Unternehmenszweck („business mission"), der bestimmt, welche Arten von Leistungen die Unternehmung als Teil der Gesamtwirtschaft erbringen soll (Hill 1968, S. 13). Mit der Beantwortung der Fragen „Was ist unser Geschäft?" und „Was sollte unser Geschäft sein?" (Kollat et al. 1972, S. 14; Drucker 1973) gibt die „business mission" dem Unternehmen eine klare Grundrichtung (Kotler 1999, S. 87 f.).

Marketingentscheidung und Marketingkonzeption

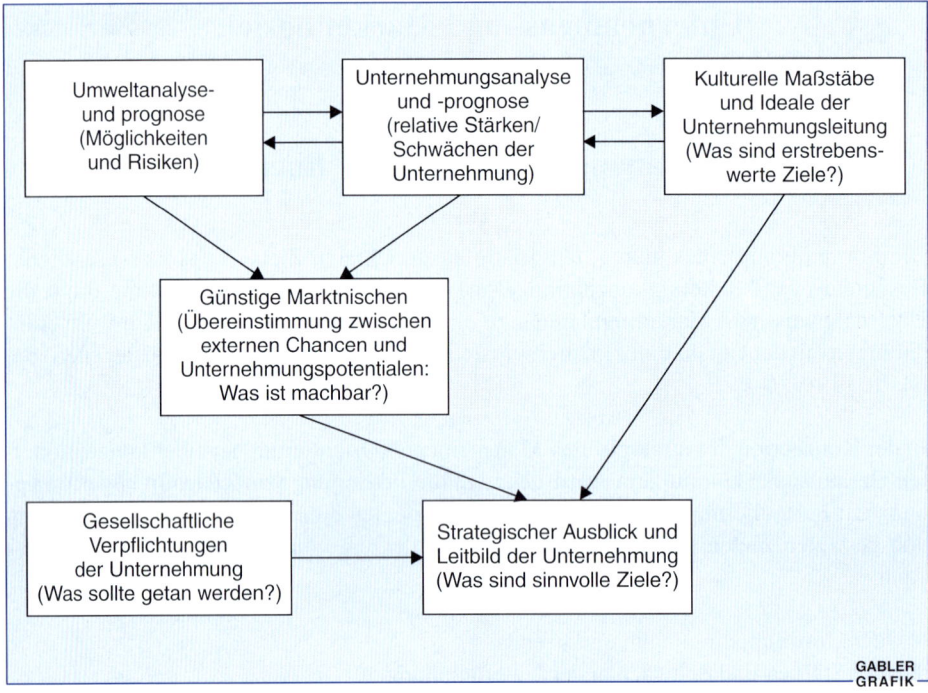

Abbildung 1-26: Prozeß der Festlegung strategischer Ziele

Während früher der Unternehmenszweck fast immer durch Bezugnahme auf eine Produktklasse (zum Beispiel „Wir sind ein Computer-Hersteller") oder auf einen technologischen Bereich („Wir sind ein Hersteller von Mikroelektronik") umrissen wurde, wählen heute zunehmend mehr Unternehmen eine marktbezogene Formulierung („Wir helfen Unternehmen bei der Bewältigung Ihrer Informations- und Kommunikationsprobleme"). Bei der Entwicklung einer marktbezogenen Unternehmenszweckbestimmung muß ein Mittelweg zwischen einer zu engen und einer zu breiten Formulierung gefunden werden (Kotler 1982, S. 70f.). Während eine zu enge Definition den Bestand des Unternehmens gefährden kann, ist eine zu breite „business mission" mit der Gefahr behaftet, daß sie nicht in konkrete Aktionen umgesetzt werden kann und eine Erosion der Corporate Identity einsetzt.

Unter der **Corporate Identity** wird im weitesten Sinne die „Unternehmenspersönlichkeit beziehungsweise Unternehmensidentität" verstanden, die sich im Verhalten, der Kommunikation und dem Erscheinungsbild des Unternehmens ausdrückt (Birkigt et al. 1998, S. 20ff.; Meffert/Burmann 1996, S. 23ff.). Sie spiegelt den gegenwärtigen Zustand der Unternehmung, ihre Tradition, die bisherige Unternehmenspolitik sowie die Einstellungen der Führungskräfte und Mitarbeiter wider. Die Elemente der Unternehmensidentität strahlen kontinuierlich nach innen (auf die Mitarbeiter), aber auch nach außen (auf die Umwelt) ab und produzieren in der Öffentlichkeit ein spezifisches Image als (mehr oder

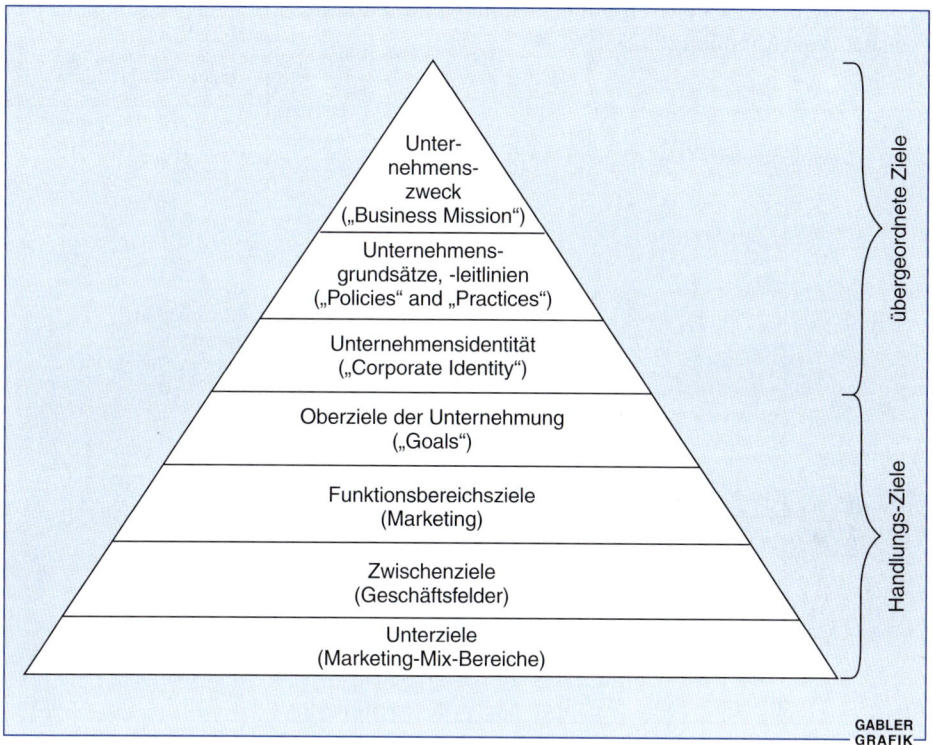

Abbildung 1-27: Hierarchie der Zielebenen

weniger genaues) Abbild der Identität (Kirsch/Trux 1982, S. 67) (vgl. drittes Kapitel, Abschnitt 6.15).

Die Unternehmensleitung muß detailliert analysieren, was die Stärken und Schwächen der Unternehmung ausmacht, wie sie sich in den einzelnen Elementen der Identität niederschlagen und welches Maß an Veränderung die Unternehmung verträgt, ohne daß sie sich damit selbst „untreu" wird. Es gehört zu den schwierigsten Problemen der langfristigen Zielplanung, die Balance zu halten zwischen Unternehmens- und Marketingstrategien, die dieser Notwendigkeit Rechnung tragen und Strategien, die einen als notwendig erkannten grundlegenden Wandel in der Unternehmensführung einleiten (Reichert 1984, S. 146).

Unternehmenszweck und Unternehmensidentität finden ihren Niederschlag in den **Unternehmensgrundsätzen beziehungsweise -leitlinien**. Diese Unternehmensgrundsätze beeinflussen in erheblichem Maße die Zielinhalte. So zeigt zum Beispiel Ansoff, daß sich die Zielprioritäten einer gesellschaftlich reagierenden Unternehmung in Abhängigkeit vom jeweiligen Gewinnniveau verändern. Sind Gewinn und Wachstum der Unternehmung in einem Mindestmaß erfüllt, gewinnen zunächst kunden- und arbeitnehmerorientierte sowie in einer weiteren Stufe auch umweltorientierte Verhaltensweisen und Ziele Priorität (vgl. Abbildung 1-28).

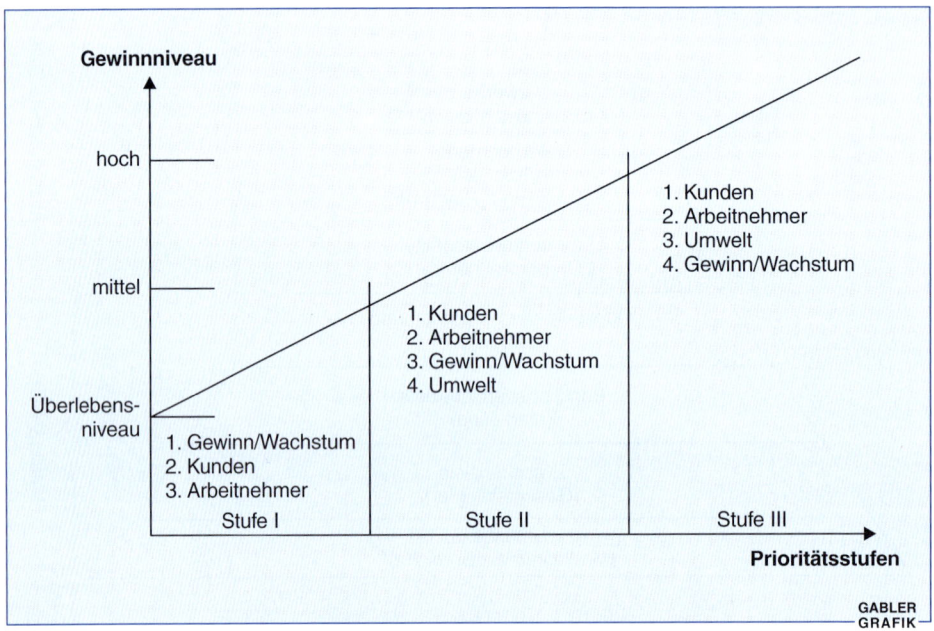

Abbildung 1-28: Stufen von Ziel-Prioritäten in einer gesellschaftlich reagierenden Unternehmung
(Quelle: Ansoff 1989, S. 204)

Auf der nächsten Zielplanungsebene steht das Management vor der Aufgabe, den Unternehmenszweck unter Berücksichtigung der Corporate Indentity und der Unternehmensgrundsätze in konkrete Handlungsziele umzusetzen. Die Unternehmensziele („goals") stellen in diesem Sinne Orientierungs- beziehungsweise Richtgrößen für unternehmerisches Handeln dar. Sie sind zugleich **Aussagen über anzustrebende Zustände, die mit Hilfe unternehmerischer Maßnahmen erreicht werden sollen** (Kupsch 1979, S. 15 f.).

In marktwirtschaftlichen Systemen muß der Gewinn nicht nur als notwendige Stabilitätsbedingung für die Unternehmen angesehen werden, sondern stellt auch eine Voraussetzung für den Bestand und den Fortschritt der Gesellschaft selbst dar (Gälweiler 1974, S. 144). Trotz der zentralen Bedeutung des Gewinnziels haben die Befunde der empirischen Zielforschung ergeben, daß die klassische Gewinnmaximierungshypothese in ihrem absoluten Anspruch nicht mehr aufrechterhalten werden kann. Vielmehr ist davon auszugehen, daß die Unternehmen dem Gewinnziel eher eine relative Bedeutung einräumen (Mindestgewinn beziehungsweise angemessener Gewinn) und in der Regel **eine Vielzahl von Zielen gleichzeitg verfolgen.**

Die Fülle möglicher Unternehmensziele kann in folgenden Basiskategorien zusammengefaßt werden (Ulrich/Fluri 1975, S. 80; Becker 1993, S. 13):

- **Marktstellungsziele**
  - Marktanteil
  - Umsatz
  - Marktgeltung
  - Neue Märkte

- **Rentabilitätsziele**
  - Gewinn
  - Umsatzrentabilität
  - Rentabilität des Eigenkapitals
  - Rentabilität des Gesamtkapitals

- **Finanzielle Ziele**
  - Kreditwürdigkeit
  - Liquidität
  - Selbstfinanzierungsgrad
  - Kapitalstruktur

- **Soziale Ziele** (in Bezug auf die Mitarbeiter)
  - Arbeitszufriedenheit
  - Einkommen und soziale Sicherheit
  - Soziale Integration
  - Persönliche Entwicklung

- **Markt- und Prestigeziele**
  - Unabhängigkeit
  - Image und Prestige
  - Politischer Einfluß
  - Gesellschaftlicher Einfluß

Dabei ist davon auszugehen, daß die Marktstellungsziele für die Erreichung der Rentabilitätsziele grundlegende Voraussetzung sind. Die finanziellen Ziele stecken demgegenüber die Bedingungen ab, unter denen die Realisierung der Marktstellung und Rentabilitätsziele erst möglich ist. Die sozialen Ziele stellen wesentliche Begleitziele dar, während Macht- und Prestigeziele in wechselseitiger Beziehung zur Erreichung der Gewinn- und Rentabilitätsziele stehen (Becker 1998, S. 20).

In der Literatur fehlt es nicht an Versuchen, die unterschiedlichen Unternehmensziele im Rahmen eines konsistenten Zielsystems in eine hierarchische Ordnung zu bringen. So basiert zum Beispiel das von Heinen entwickelte deduktiv orientierte Mittel-Zweck-Schema der wichtigsten Unternehmensziele auf dem Oberziel der Gesamtkapitalrentabilität (vgl. Abbildung 1-29). Aus definitionslogischen Beziehungen ergeben sich dabei jeweils aus den übergeordneten Zielen die untergeordneten (Zwischen- beziehungsweise

Unter-) Ziele. So ist die Gesamtkapitalrentabilität als Verhältnis von Kapitalgewinn (Gewinn und Fremdkapitalzinsen) zum eingesetzten Kapital definiert. Die Kapitalrentabilität kann wiederum als Produkt aus Umsatzrentabilität (Gewinn und Fremdkapitalzinsen/Umsatz) und Kapitalumschlag (Umsatz/Gesamtkapital) ausgedrückt werden. Neben diesen definitionslogischen Beziehungen umfaßt ein solches Zielsystem allerdings auch Mittel-Zweck-Vermutungen (zum Beispiel zwischen Gewinn und sozialen Bestrebungen oder zwischen Eigenkapital und Liquidität).

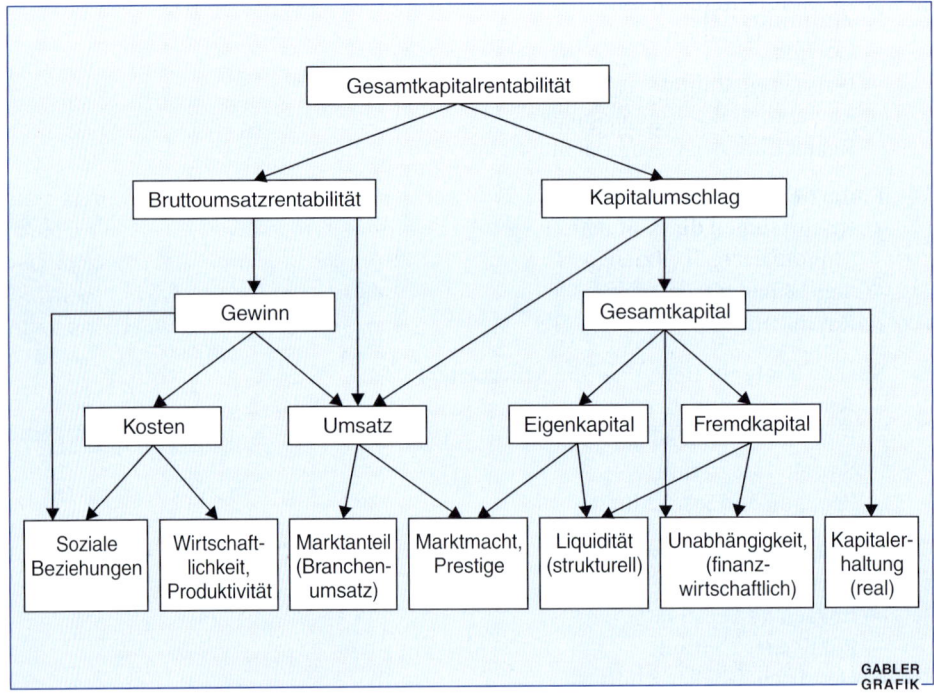

Abbildung 1-29: Deduktiv orientiertes Mittel-Zweck-Schema der wichtigsten Unternehmensziele
(Quelle: Heinen 1976, S. 128)

Neben diesen theoretischen Ansätzen zur Bildung konsistenter Zielsysteme der Unternehmung gewinnen in letzter Zeit vor allem empirische Untersuchungen zur Mittel-Zweck-Beziehung von Zielen an Bedeutung. Breite Beachtung hat in diesem Zusammenhang das PIMS-Projekt des Strategic Planning Institute gefunden, in dem versucht wurde, auf der Basis von Korrelations- und Regressionsanalysen die wichtigsten Determinanten der Oberziele Rentabilität (Return on Investment, RoI) und Cash-Flow (als Liquiditätsbeziehungsweise Sicherheitsmaßstab) zu ermitteln (Meffert 1994b, S. 57 ff.). Die dabei identifizierten Schlüsselgrößen beziehungsweise Erfolgsfaktoren

- Marktanteil,
- Produktivität und
- Produktqualität

entsprechen konkreten Unterzielen. Die als ebenfalls bedeutsam eingestuften Eigenschaften

- Investitionsintensität,
- Marktwachstum,
- Innovation/Differenzierung von Mitbewerbern sowie
- Vertikale Integration

weisen zwar keinen Zielcharakter auf, sollten aber bei der Bewertung von Unternehmens- und Marketingstrategien ebenfalls herangezogen werden.

Die Unternehmensziele können nur dann realisiert werden, wenn den einzelnen Funktionsbereichen der Unternehmung (Beschaffung, Produktion, Marketing, Finanzierung) **detaillierte Teilziele vorgegeben werden.** Die Funktionsbereichsziele des Marketing können wieder in Zwischenziele der strategischen Geschäftseinheiten sowie auf der nachfolgenden Ebene in Unterziele für die einzelnen Marketinginstrumente aufgegliedert werden (vgl. Abbildung 1-30).

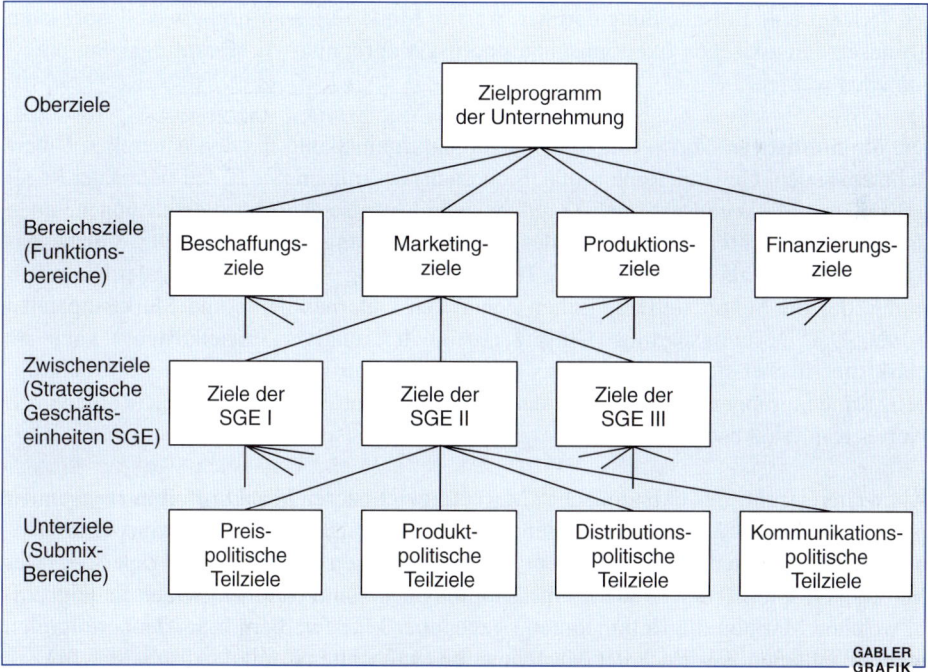

Abbildung 1-30: Zielebenen im Marketingbereich

4.32 Marketingziele im Zielsystem der Unternehmung

Stellt das Marketing den zentralen Engpaß des Unternehmens dar, kommt den Marketingzielen eine herausragende Steuerungs- und Koordinationsfunktion zu. **Die Marketingziele kennzeichnen die dem Marketingbereich gesetzten Imperative (Vorzugszustände), die durch den Einsatz der Marketinginstrumente erreicht werden sollen** (Meffert 1971; Heinen 1976, S. 49 ff.). Die Festlegung der Marketingziele beinhaltet zwei Problemkreise:

1. Die **Dimensionen der Marketingziele** sind zu operationalisieren. Operationalität verlangt eindeutige Meßvorschriften, anhand derer die Zielerreichung zu kontrollieren ist.

2. Es ist ein **marktorientiertes Zielsystem** zu entwickeln. Dies bedeutet, daß die verschiedenen Imperative des Marketing unter Beachtung des Gesamtzusammenhangs der Unternehmensziele (Zielbeziehungen) in eine Ordnung zu bringen sind. Insbesondere müssen bei Vorliegen von Zielkonflikten Prioritäten gesetzt werden.

Die Festlegung der Zieldimension macht eine Präzisierung der Marketingziele nach Inhalt, Ausmaß, Zeit- und Segmentbezug erforderlich. Die Festlegung des Zielinhaltes verlangt eine Entscheidung darüber, was im Marketing angestrebt wird. Dabei kann grundsätzlich zwischen ökonomischen und psychographischen Marketingzielen unterschieden werden.

Die **ökonomischen Marketingziele** hängen naturgemäß eng mit den generellen Unternehmenszielen (Gewinn, Rentabilität, Sicherheit) zusammen. Sie lassen sich in der Regel anhand der Markttransaktionen (Kauf beziehungsweise Absatz) messen und nehmen damit auf beobachtbare Ergebnisse des Kaufentscheidungsprozesses Bezug. Von besonderer Bedeutung als Zielgröße ist der **Deckungsbeitrag** oder Bruttoerfolg der Unternehmung, der die Schnittstelle zwischen generellen Unternehmens- und Marketingzielen bildet. Der Deckungsbeitrag (Umsatz abzüglich „relativer Einzelkosten") kann als marktspezifischer Erfolgsbeitrag, das heißt bezogen auf Verkaufsgebiete, Artikelgruppen, Kundengruppen etc. mit Hilfe der Absatzsegmentrechnung ermittelt werden (vgl. viertes Kapitel, Abschnitt 6.54).

Als weiteres zentrales ökonomisches Marketingziel ist der **Marktanteil** anzusehen. Er ist definiert als das Verhältnis des mengen- oder wertmäßigen Absatzes einer Unternehmung zum gesamten Absatz in einem Teilmarkt sowie einer Betrachtungsperiode. Der Marktanteil spiegelt den Grad der Ausschöpfung des Marktvolumens wider. Er zeigt auf, in welchen Märkten die Unternehmung gegenüber Mitbewerbern besonders erfolgreich war und ist somit Ausdruck der Marktposition (vgl. drittes Kapitel, Abschnitt 1.141).

Milliarden für Kunden
Die Übernahmen in der Telekommunikation / Von Johannes Winkelhage

In den vergangenen 14 Monaten hat der amerikanische Telefonriese AT&T 140 Milliarden Dollar in die Akquisition von Unternehmen investiert. 129 Milliarden Dollar hat MCI WorldCom für Sprint gezahlt und die Mannesmann AG wird fast 75 Milliarden DM für die geplante Übernahme von Orange und die Aufstockung ihrer Anteile an den italienischen Unternehmen Omnitel und Infostrada ausgeben. Die Deutsche Telekom AG hat die Mobilfunkgesellschaft One-2-One in Großbritannien für weit mehr als 20 Milliarden DM akquiriert und France Telecom lässt sich die deutsche Gesellschaft E-Plus ebenfalls einen zweistelligen Milliardenbetrag kosten. Was rechtfertigt diese Preise? Wie kann ein Unternehmen, das wie Orange, trotz sehr hoher Zugewinne bei Kunden und Umsatz bisher noch dabei ist, seine Verluste zu begrenzen, 60 Milliarden DM wert sein?

Nicht wenige Analysten und auch Aktionäre meinen, die Vorstände der Konzerne würden im Zustand einer „Telekommunikationseuphorie" über die Stränge schlagen und hätten jeden Sinn für den wahren Wert der Unternehmen verloren oder würden sich – wie im Fall Mannesmann – durch irrational hohe Kaufpreise davor retten, selber übernommen zu werden. So nahe liegend diese Annahme bei vordergründiger Betrachtung sein mag, so falsch ist sie, wenn man die Hintergründe einbezieht. Dies ist zudem erst der Anfang. Es werden größere und vor allem teurere Übernahmen in der Telekommunikation folgen.

Die Preise, die heute für die Unternehmen der Telekommunikationsbranche gezahlt werden, sind in der Größenordnung gerechtfertigt. Dies gilt für Orange, Sprint auch für E-Plus und die anderen. Grund hierfür ist ein fundamentaler Wechsel der Bewertungsgrundlage. Im Gegensatz zu früheren Maßstäben sind heute die an Unternehmen vertraglich verbundenen Kunden und die erwarteten Wachstumsraten der Kundenneugewinnung die zentrale Einheiten, die den Wert bestimmen. Dies gilt vor allem für das Mobilfunksegment. Hier steigen die Preise für die „Einheit Kunde" von Übernahme zu Übernahme. Während die Deutsche Telekom noch rund 9000 DM für einen One-2-One-Kunden zahlte, musste France Télécom bei der geplanten Übernahme von E-Plus schon tiefer in die Tasche greifen und mehr als 10 000 DM für jeden Kunden ausgeben. Die Mannesmann AG, die ebenso wie France Télécom aus dem Bietergefecht um One-2-One ausgestiegen war, weil sie „nicht jeden Preis" für ein Unternehmen zahlen wollte, muss jetzt weit mehr als 17 000 DM je Orange-Kunden aufbieten, um den Hauptaktionär Hutchison in Hongkong zum Verkauf zu bewegen.

Diese Kaufsumme kann das Unternehmen von dem einzelnen Kunden wahrscheinlich nie erlösen. Die Unternehmen spekulieren aber mit Recht auf immense Zuwachsraten bei den Kunden. Die hohen Übernahmesummen vor allem im Mobilfunk werden heute dadurch gerechtfertigt, dass gerade in Europa in diesem Segment ebenjene hohen Zuwachsraten vorhergesagt werden. Prognosen gehen von Penetrationsraten von mehr als 80 Prozent bis zum Jahr 2005 im europäischen Durchschnitt aus. In Deutschland liegt diese Rate bisher bei etwas mehr als 20 Prozent, in Großbritannien werden rund 30 Prozent erreicht. Allein in den ersten sechs Monaten des Jahres 1999 wurden in Europa rund 24 Millionen neue Mobilfunkkunden gewonnen. Hieran wird deutlich, auf welche Potenziale die Unternehmen spekulieren, wenn sie diese hohen Kosten für eine Übernahme in Kauf nehmen.

Der Wettbewerb im Kampf um die Neukunden wird in allen Ländern zumeist über den Preis ausgetragen, den der Kunde für seine Gespräche zu zahlen hat. Dies führt dazu, dass angesichts der immensen Investitionen, die die Unternehmen in den Aufbau und die Modernisierung der Netze, die Produktentwicklung und in ihre Marketinginitiativen stecken, die Margen erheblich reduziert werden und nur durch die Nutzung von Größenvorteilen, durch die „economies of scale", ein unabhängiges Überleben des einzelnen Unternehmens gesichert werden kann. Die so in Gang gesetzte spiralförmige Entwicklung ist einfach zu durchschauen. Wer weniger Kunden gewinnt, kann den Preissenkungen besser akquirierender Unternehmen nicht im selben Maße folgen, er gewinnt noch weniger Kunden und verliert schließlich seine Wettbewerbsfähigkeit völlig. Dies funktioniert natürlich auch umgekehrt. So rückt die Kundenzahl in den Mittelpunkt der Unternehmensbewertung.

Angesichts der astronomischen Summen darf aber auch nicht vergessen werden, dass gerade im Fall Orange die Börsenkapitalisierung des Unternehmens und damit die Bewertung durch den Markt die Höhe des Preises für den Mobilfunkanbieter definiert hat. Der Preis, der für Unternehmensanteile gezahlt wurde, war schon vorher hoch. Dass ein Börsenkurs darüber hinaus bei Übernahmegerüchten noch einmal kräftig zulegt, ist nicht unüblich und auch ein Paketzuschlag – wie im Fall Hutchison – ist gängige Praxis. Es bleibt daher allein die Frage, ob Mannesmann sich mit dieser Akquisition übernimmt. Der Preis aber wurde vom Markt vorgegeben.

Die reine Größe der Unternehmen ist demnach keine „Gigantomanie" von übermütig agierenden Wirtschaftslenkern, sondern eine zwingende Strategie auf einem Markt, der sich in Richtung eines engen Oligopols bewegt. Dies gilt nicht nur für den Mobilfunk, sondern für sämtliche Segmente der Telekommunikationsbranche.

Im Festnetz gilt, dass die Unternehmen ihren Kunden durch einen breitbandigen Zugang zum Netz erheblich mehr Multimedia-Dienste anbieten können als bisher. So wird der Umsatz, den der einzelne Kunden beisteuert, beispielsweise auch durch Anwendungen des elektronischen Handels wachsen. Auch hier wird mit sehr hohen Wachstumsraten gerechnet. Hierauf spekulieren die übernehmenden Gesellschaften und hierauf spekuliert auch die Börse.

INSERT 1-5: Frankfurter Allgemeine Zeitung, 29.10.1999, S. 11

Marketingentscheidung und Marketingkonzeption

Im Rahmen der zunehmenden Unternehmensaquisitionen gewinnt der Kundenwert als ökonomische Zielgröße des Marketing eine steigende Bedeutung (vgl. Bruhn/Homburg 1998; Kraft 1997). So werden beispielsweise in der Telekommunikationsbranche für einen Kunden mehr als DM 17.000 angesetzt (vgl. Insert 1-5).

Marketingmaßnahmen sollen eine Beeinflussung beziehungsweise Änderung des Kaufverhaltens bewirken. Voraussetzung für diesen Aktions- oder Handlungserfolg ist die Erzielung einer psychischen Wirkung beim Käufer. **Psychographische Marketingziele** knüpfen deshalb in erster Linie an den mentalen Prozessen der Käufer an (vgl. zweites Kapitel, Abschnitt 2.22). Ausgangspunkt bildet die empirisch nachgewiesene Hypothese, daß Motive, Einstellungen und Images der Konsumenten die Kaufbereitschaft und damit letztlich die Kaufwahrscheinlichkeit bestimmen (Steffenhagen 1978, S. 74ff.). Dabei sind vor allem folgende Ziele von Bedeutung:

- Erhöhung des Bekanntheitsgrades,
- Erzielung von Wissenswirkungen,
- Veränderung beziehungsweise Verstärkung von Einstellungen beziehungsweise Images,
- Erhöhung der Präferenzen,
- Verstärkung der Kaufabsicht.

Das **Kernproblem besteht in der Messung** dieser nicht unmittelbar beobachtbaren psychischen Variablen (intervenierende Variable als Konstrukte).

Die größte Bedeutung wird bei der Zielplanung den Einstellungen und Images zuerkannt (Trommsdorff 1975, S. 5ff.). **Einstellungen** sind gelernte und relativ dauerhafte Bereitschaften, auf bestimmte Reizkonstellationen der Umwelt konsistent positiv oder negativ zu reagieren. Sie beruhen auf der Einschätzung von Produkten, einer Marke oder einer Unternehmung bezüglich einzelner kaufrelevanter Kriterien wie zum Beispiel Preis, Lieferfähigkeit, Qualität und Solidität.

Images werden als **mehrdimensionale Einstellungskonstrukte** interpretiert. Stark vereinfacht ausgedrückt bilden sich Images aus der Summe von Einstellungen oder Eindruckswerten von einem Objekt (Produkt, Person, Meinungsgegenstand, Unternehmung etc.).

Die **Festlegung des Zielausmaßes** verlangt eine Dimensionierung des Zielerreichungsgrades. Marketingziele können unbegrenzt oder begrenzt formuliert sein. Unbegrenzte Ziele sind beispielsweise die Gewinn-, Umsatz- oder Marktanteilsmaximierung. In der Realität liegen meist begrenzte, in einem bestimmten Anspruchssatz formulierte Ziele vor, wie zum Beispiel Erreichung eines Marktanteils von x Prozent, Erzielung eines Umsatzzuwachses von y Prozent, Sicherung einer bestimmten Mindestrendite von z Prozent oder Erreichung einer Kaufabsicht im Zielsegment von u Prozent.

Der **zeitliche Bezug** bestimmt, in welchem Zeitraum die Marketingziele erreicht werden sollen. Je nach der zugrundeliegenden Planperiode können kurz-, mittel- und langfristige

Zielformulierungen vorliegen. Darüber hinaus können die Ziele statisch oder dynamisch formuliert sein. Eine dynamische Zielformulierung bedeutet zum Beispiel die Formulierung von Wachstumszielen unter Bezugnahme auf die Zielerreichung bestimmter Vorperioden.

Zumeist wird neben den drei Zieldimensionen Inhalt, Ausmaß und Zeitbezug noch der **Marktsegmentbezug** gefordert. Marketingziele müssen auf eine jeweils sich möglichst homogen verhaltende Schicht von Käufern abgestellt werden (vgl. zweites Kapitel, Abschnitt 4). Beispiele für die operationale Formulierung von Marketingzielen lauten: Steigerung des Umsatzes für Produkt A im Gebiet B bei der Käuferschicht C um 10 Prozent bis zum Ende des nächsten Jahres oder: Aufrechterhaltung des Marktanteils von x Prozent bei einer Gewinnsteigerung von z Prozent im nächsten Jahr bei der Produktgruppe B, oder: Maximierung des Deckungsbeitrages der Produkte C bei den Kunden D im nächsten Monat.

Zwischen den Marketingzielen beziehungsweise Unternehmenszielen bestehen vielfältige **Zielbeziehungen**. Teilweise können sich die Ziele gegenseitig positiv beeinflussen – so erhöht zum Beispiel die Marktanteilssteigerung in einzelnen Produktmärkten in aller Regel den Gewinn. Jedoch sind auch andere Beziehungen denkbar. Beispielsweise müssen Marktanteile vielfach durch Intensivierung des Außendienstes, durch Erhöhung der Werbe- und Verkaufsförderungsbudgets oder durch Preissenkungen erkämpft werden. Dies kann zu Gewinneinbußen führen.

In solchen **Konfliktfällen** besteht die Notwendigkeit, im Rahmen der Zielplanung die **Marketingziele in ein Zielsystem zu bringen**. Eine derartige Ordnung hängt einmal von der subjektiven Einstellung des Managements (entscheidungsträgerbedingter Aspekt), zum anderen von der jeweiligen Marketingsituation ab (entscheidungsfeldbedingter Aspekt).

Drei Gesichtspunkte sind generell beim Entwurf marktorientierter Zielsysteme zu beachten:

1. Der erste Gesichtspunkt bezieht sich auf die Prüfung möglicher Zielbeziehungen. Dabei sind **Zielkomplementarität** (die Zielerreichung eines Zieles bedeutet zugleich eine bessere Erfüllung eines anderen Zieles), **Zielneutralität** (die Zielerreichung eines Zieles hat keine Auswirkung auf die Erreichung eines anderen Zieles) und **Zielkonflikte** (die Erreichung eines Zieles wirkt sich negativ auf die Erfüllung eines anderen Zieles aus) denkbar. Bei komplementären Zielen ist es möglich, das jeweils operationalere Ziel zur Entscheidungsfindung heranzuziehen. Im Rahmen neutraler Zielbeziehungen treten keine Auswahlprobleme auf. Schwierigkeiten bereiten dagegen konfliktäre Ziele. Bei widersprüchlichen Zielen liegt ein Denkfehler des Managements vor. Konkurrieren die Ziele nur in bestimmten Bereichen, so muß zur Entscheidungsfindung ein bestimmtes Entscheidungskriterium herangezogen werden.

Folgendes Beispiel möge den Zusammenhang konfliktärer Ziele verdeutlichen: Eine Unternehmung produziert Farbfernsehgeräte mit konstanten Grenzkosten. Die abgesetzte Stückzahl hängt von der Höhe des Preises ab. Die Gesamterlöse ($U = p \cdot x$) sind ebenfalls eine Funktion des Preises. Es wird angenommen, daß bei wachsender Marktsättigung die Gesamterlöse nur degressiv steigen. Es gilt somit folgender Funktionszusammenhang (Abbildung 1-31):

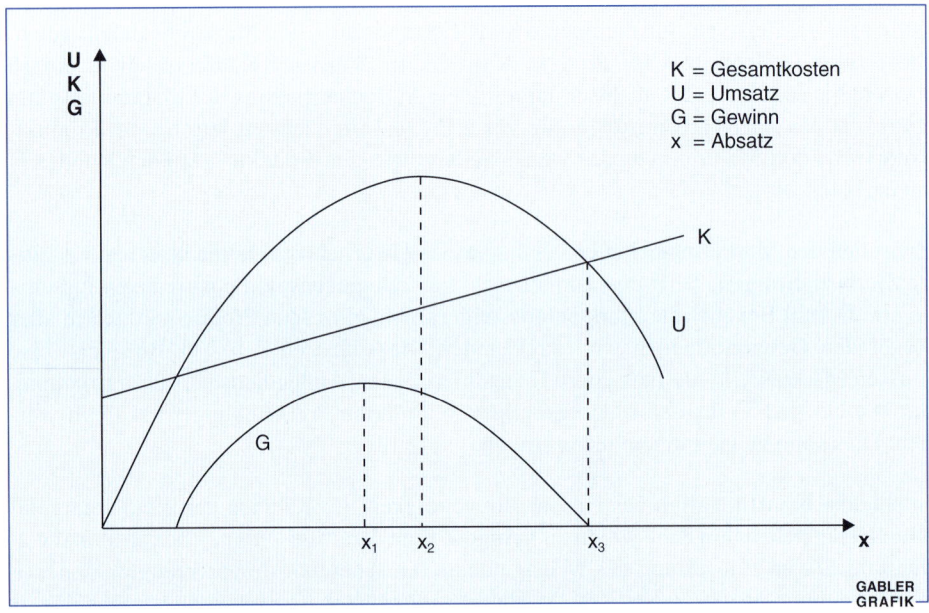

Abbildung 1-31: Konflikte zwischen den Marketingzielen Absatz-, Umsatz- und Gewinnmaximierung

Aus der Abbildung wird ersichtlich, daß die Zielsetzungen Absatzmaximierung (bei angestrebter Kostendeckung, realisiert bei x_3), Umsatzmaximierung (realisiert bei x_2) und Gewinnmaximierung (realisiert bei x_1) auseinanderfallen. Es liegt also ein Zielkonflikt vor.

2. Liegen Konfliktsituationen im Marketing vor, dann greift der zweite Gesichtspunkt der Ordnung von Zielen. Die für die Präzisierung des Zielsystems Verantwortlichen müssen für den Fall einer kombinierten Zielsetzung eine **Zielgewichtung** vornehmen. Sie müssen klare Prioritäten setzen und eine Rangordnung der Marktziele aufstellen. Eine solche Prioritätensetzung ist nichts anderes als die Formulierung einer Entscheidungsregel.

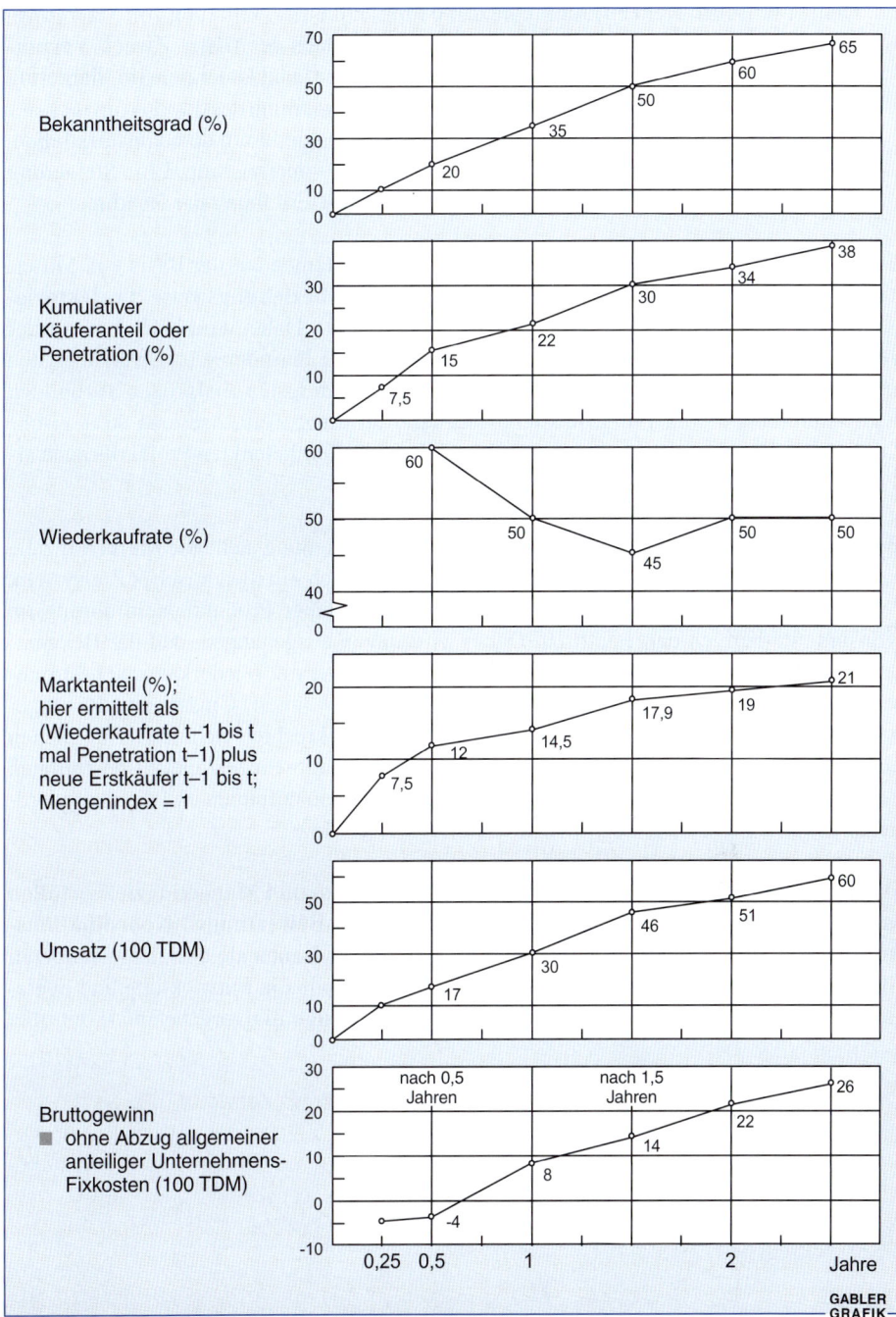

Abbildung 1-32: Beispiel einer Zielbündel-Trajektorie
(Quelle: Köhler 1981, S. 280)

3. Dem praktischen Denken kommt die dritte Möglichkeit der Ordnung von Marketingzielen besonders entgegen. Es ist dies die Ordnung nach der **Mittel-Zweck-Vermutung von Zielen**. Danach lassen sich Ober-, Zwischen- und Unterziele im Marketing unterscheiden. So dient beispielsweise eine Verbesserung des Produktimages der Erhöhung des (mengenmäßigen) Absatzes und diese wiederum dem Umsatzstreben. Das Umsatzstreben ist seinerseits ein Mittel der Gewinnerzielung. Eine Steigerung des Gewinns führt bei gegebenem Kapitaleinsatz zur Erhöhung der Rendite.

Ein zeitbezogenes Konzept für den Aufbau von Zielsystemen auf der Basis von Mittel-Zweck-Vermutungen stellt das sogenannte **Leitlinien- beziehungsweise Trajektorie-Konzept** dar (Crawford 1972; Köhler 1981; Bauer 1989). Dabei wird im Rahmen einer mehrdimensionalen Zielstufenplanung, die über mehrere Perioden reicht, versucht, den erwarteten zeitlichen Zusammenhang zwischen den wichtigsten Zielgrößen abzubilden (vgl. Abbildung 1-32). Für jede Zielgröße wird auf einer Zeitachse eine strategische Leitlinie – in Analogie zur ballistischen Flugbahn eines ferngelenkten Projektils auch als Trajektorie bezeichnet – vorgegeben.

Berücksichtigt man mehrere in einer Mittel-Zweck-Beziehung stehende Marketingziele mit ihren jeweiligen Dimensionen gleichzeitig, ergibt sich ein dynamisches Zielsystem, wie dies beispielhaft in Abbildung 1-32 für den Fall einer Produktneueinführung im Konsumgüterbereich dargestellt ist. Dabei wird davon ausgegangen, daß der Bekanntheitsgrad, der kumulative Käuferanteil (Penetration) sowie die Wiederkaufrate bestimmte Mindestausprägungen aufweisen müssen, damit Marktanteil, Umsatz und Bruttogewinn die angestrebte Höhe erreichen können. Die senkrechten Schnitte ermöglichen einen übersichtlichen Vergleich, in welchem Ausmaß die Einzelziele zu bestimmten Zeitpunkten erfüllt sein müssen, um die strategischen Vorstellungen und die übergeordneten Unternehmensziele zu verwirklichen (Köhler 1981).

Die im Zielbildungsprozeß festgelegten Unternehmens- und Marketingziele erfüllen im Rahmen der konzeptionellen Marketingplanung Bewertungs-, Koordinations- und Kontrollfunktionen. Als Entscheidungskriterien dienen sie der zielgesteuerten Strategie- und Maßnahmenauswahl. Ebenso wichtig wie die Entwicklung und operationale Formulierung der Marketingziele ist eine sorgfältige Zielvorgabe und -kontrolle.

Literaturhinweise

Abbott, L. (1955), Quality and Competition. An Essay in Economic Theory, New York.
Abell, D. E. (1978), Strategic Windows, in: Journal of Marketing, Vol. 42, No. 3, S. 21 ff.
Abell, D. E. (1980), Defining the Business. The Starting Point of Strategic Planing, Englewood Cliffs, New York.
Achleitner, P. M. (1985), Sozio-politische Strategien multinationaler Unternehmungen, Bern u. a.
Ahlert, D., Schröder, H. (1996), Rechtliche Grundlagen des Marketing, 2. Aufl., Stuttgart u. a.
Angehrn, O. (1974), System des Marketing, Bern u. a.
Ansoff, H. J. (1981), Die Bewältigung von Überraschungen und Diskontinuitäten durch die Unternehmensführung – Strategische Reaktionen auf schwache Signale, in: Steinmann, H. (Hrsg.), Planung und Kontrolle, München, S. 233–264.
Ansoff, H. J. (1984), Implanting Strategic Management, 2. Aufl., New York u. a.
Arndt, H. (1966), Mikroökonomische Theorie, 2. Bd., Tübingen.
Arnthorsson, A., Berry, W. E., Urbany, J. E. (1991), Difficulty of Pre-purchase Quality Inspection: Conceptualization and Measurement, in: Advances in Consumer research, Vol. 18, S. 217–224.
Backhaus, K. (1997), Relationship Marketing – Ein neues Paradigma im Marketing?, in: Bruhn, M., Steffenhagen, H. (Hrsg.), Marktorientierte Unternehmensführung. Reflexionen – Denkanstöße – Perspektiven, Wiesbaden, S. 19–35.
Backhaus, K. (1999), Industriegütermarketing, 6. Aufl., München.
Backhaus, K., Diller, H. (Hrsg.) (1993), Beziehungsmanagement und Marketing, Dokumentation des 1. Workshops der Arbeitsgruppe „Beziehungsmanagement" der wissenschaftlichen Kommission für Marketing im Verband der Hochschullehrer für Betriebswirtschaft, Frankfurt am Main.
Baetge, J. (1974), Betriebswirtschaftliche Systemtheorie, Opladen.
Bagozzi, R. (1974), Marketing as an Organized Behavioral System of Exchange, in: Journal of Marketing, Vol. 38, No. 4, S. 77–81.
Balderjahn, I. (1993), Marktreaktionen von Konsumenten: ein theoretisch-methodisches Konzept zur Analyse der Wirkung marketingpolitischer Instrumente, Berlin.
Bartling, H. (1980), Leitbilder der Wettbewerbspolitik, München.
Bauer, H. H. (1989), Marktabgrenzung, Berlin.
Becker, J. (1983), Grundlagen der Marketing-Konzeption, München.
Becker, J. (1998), Marketing-Konzeption: Grundlagen des strategischen Marketing-Managements, 6. Aufl., München.
Berry, L. L. (1983), Relationship Marketing, in: Berry, L. L., Shostack, G. L., Upah, G. D. (Hrsg.), Emerging Perspectives on Services Marketing, Chicago, S. 25–28.
Birkigt, K., Stadler, M. M., Funck, H. J. (1998), Corporate Identity: Grundlagen, Funktionen, Fallbeispiele, 9. Aufl., Landsberg am Lech.
Bonoma, Th. V. (1984), Managing Marketing, New York.
Bruhn, M. (1999a), Relationship Marketing – Neustrukturierung der klassischen Marketinginstrumente durch eine Orientierung an Kundenbeziehungen, in: Grüning, R., Pasquier, M. (Hrsg.), Strategisches Management und Marketing: Festschrift für Prof. Dr. Richard Kühn zum 60. Geburtstag, Bern u. a., S. 189–218.
Bruhn, M. (Hrsg.) (1999b), Internes Marketing: Integration der Kunden- und Mitarbeiterorientierung. Grundlagen, Implementierung, Praxisbeispiele, 2. Aufl., Wiesbaden.
Bruhn, M., Homburg, C. (1999), Handbuch Kundenbindungsmanagement: Grundlagen – Konzepte – Erfahrungen, 2. Aufl., Wiesbaden.
Campbell, B. M. (1969), The Existence of Evoked Set and Determinants of its Magnitude in Brand Choice Behavior, Columbia University.
Christensen, G. R., Andrews, K. R., Bauer, J. L. (1973), Business Policy, 3. Aufl., Homewood, Illinois.

Christopher, M., Payne, A., Ballantyne, D. (1998), Relationship Marketing. Bringing Quality, Customer Service and Marketing together, London.

Corsten, H. (1997), Betriebswirtschaftslehre der Dienstleistungsunternehmungen, 3. Aufl., München u. a.

Crawford, C. M. (1972), Das Leitlinienkonzept in der Absatzplanung, in: Marketingtheorie, Kroeber-Riel, W. (Hrsg.), Köln, S. 254–269.

Czepiel, J.A. (1990), Managing Relationships with Customers: A Differentiating Philosophy of Marketing, in: Bowen, D. E., Chase, R. D. (Hrsg.), Service Management Effectiveness, San Francisco, S. 299–323.

Darby, M. R., Karni, E. (1973), Free Competition and the Optimal Amount of Fraud, in: Journal of Law and Economics, Vol. 16, S. 67–88.

Dawson, L. M. (1969), The Human Concept: New Philosoph for Business, in: Business Horizons, Dec. 1969.

Dhalla, N., Yuspeh, S. (1980), Abschied vom Konzept des Produkt-Lebenszyklus, in: Harvard Manager, Nr. 1, S. 69–82.

Dichtl, E., Andritzky, K., Schober, S. (1977), Ein Verfahren zur Abgrenzung des „relevanten Marktes" auf der Basis von Produktperzeptionen, in: Wirtschaftswissenschaftliches Studium, 6. Jg., Nr. 6, S. 290–301.

Dichtl, E., Bauer, H. H., Schober, S. (1980), Die Dynamisierung mehrdimensionaler Marktmodelle am Beispiel des deutschen Automobilmarktes, in: Marketing. Zeitung für Forschung und Praxis, 2. Jg., Nr. 3, S. 163–177.

Diller, H., Kusterer, M. (1988), Beziehungsmanagement – Theoretische Grundlagen und explorative Befunde, in: Marketing. Zeitung für Forschung und Praxis, 9. Jg., Nr. 3, S. 211–220.

Drucker, R. E. (1973), Management. Tasks, Responsibilities, Practices, New York.

Dyllick, Th. (1992), Management der Umweltbeziehungen, Öffentliche Auseinandersetzungen als Herausforderung, Wiesbaden.

Dyllick, Th. (1990), Ökologisch bewußtes Management. Die Orientierung. Nr. 96, Schweizerische Volksbank, Bern.

Engel, W. (1962), Betriebswirtschaftliche Bewertungslehre im Lichte der Entscheidungstheorie, Köln und Opladen 1962.

Engelhardt, W. H., Kleinaltenkamp, M., Reckenfelderbäumer, M. (1992), Dienstleistungen als Absatzobjekt, Arbeitsbericht Nr. 52 des Instituts für Unternehmensführung und Unternehmensforschung an der Ruhr-Universität Bochum, Bochum.

Engelhardt, W. H., Kleinaltenkamp, M., Reckenfelderbäumer, M. (1993), Dienstleistungen als Absatzobjekt, in: Zeitschrift für betriebswirtschaftliche Forschung, 45. Jg., Nr. 5, S. 395–426.

Engelhardt, W. H., Kleinaltenkamp, M., Reckenfelderbäumer, M. (1995), Leistungstypologien als Basis des Marketing. Ein erneutes Plädoyer für die Aufhebung der Dichotomie von Sachleistungen und Dienstleistungen, in: Die Betriebswirtschaft, 55. Jg., Nr. 5, S. 673–678.

Fisk, G. (1967), Marketing Systems, New York u. a.

Ford, G. T., Smith, D. B., Swasy, J. L. (1988), An Empirical test of the Search, Experience and Credence Attributes Framework, in: Advances in Consumer Research, Vol. 15, S. 239–243.

Ford, G. T., Smith, D. B., Swasy, J. L. (1990), Consumer Skepticism of Advertising Claims: Testing Hypotheses from Economics of Information, in: Journal of Consumer Research, Vol. 16, No. 4, S. 433–441.

Fraser, C., Bradford, J. W. (1983), Competitive Market Structure Analysis: Principal Positioning of Revealed Substitutabilities, in: Journal of Consumer Research, Vol. 10, No. 1 (June), S. 15–30.

Gälweiler, A. (1974) Unternehmensplanung, Frankfurt am Main, New York.

Gerken, G. (1990), Abschied vom Marketing: Interfusion statt Marketing, Düsseldorf.

Grimm, U. (1983), Analyse strategischer Faktoren, Wiesbaden.

Grönroos, C. (1990), Relationship Approach to the Marketing Function in Service Contexts: The Marketing and Organizational Behavior Interface, in: Journal of Business Research, Vol. 20, No. 1, S. 3–12.

Grönroos, C. (1994), Quo Vadis, Marketing? Toward a Relationship Marketing Paradigm, in: Journal of Marketing Management, Vol. 10, S. 347–360.

Grönroos, C. (1996), Relationship Marketing : A Structural Revolution in the Corporation, in: Sheth, J. A., Söllner, A. (Hrsg.), Development, Management and Governance of Relationships, Proceedings of 1996 International Conference on Relationship Marketing, Berlin, S. 313–319.

Gümbel, R. (1974), Absatz, in: Tietz, B. (Hrsg.), Handwörterbuch der Absatzwirtschaft, Stuttgart, Sp. 1–22.

Gummeson, E. (1987), The New Marketing – Developing Long-Term Interactive Relationships, in: Long Range Planning, Vol. 20, No. 4, S. 10–20.

Hansen, U. (1990), Beschaffungs- und Absatzmarketing des Einzelhandels, 2. Aufl., Göttingen.

Hansen, U. (Hrsg.) (1995), Verbraucher- und umweltorientiertes Marketing: Spurensuche einer dialogischen Marketingethik, Stuttgart.

Hansen, U., Stauss, B. (1983), Marketing als marktorientierte Unternehmenspolitik oder als deren integrativer Bestandteil?, in: Marketing. Zeitschrift für Forschung und Praxis, 5. Jg., Nr. 2, S. 77–86.

Heinen, E. (1971), Der entscheidungsorientierte Ansatz in der Betriebswirtschaftslehre, in: Zeitschrift für Betriebswirtschaft, 41. Jg., Nr. 7, S. 429 ff.

Heinen, E. (1976), Grundlagen betriebswirtschaftlicher Entscheidungen: das Zielsystem der Unternehmenskultur, strategische Führungskompetenz, 4. Aufl., Berlin.

Hellauer, J. (1910), System der Welthandelslehre, Bd. 1, Teil 1: Allgemeine Welthandelslehre, Berlin.

Hilker, J. (1993), Marketingimplementierung – Grundlagen und Umsetzung am Beispiel ostdeutscher Unternehmen, Wiesbaden.

Hill, W. C. (1968), Die unternehmenspolitische Zielordnung. Mit jedem Planungszyklus muß die Rangordnung neu überprüft werden, in: VDI-Nachrichten, Nr. 7, S. 13.

Hinterhuber, H. H. (1989), Strategische Unternehmensführung, 4. Aufl., Berlin u. a.

Hirsch, J. (1925), Der moderne Handel, seine Organisation und Formen und die staatliche Binnenhandelspolitik, Grundriß der Sozialökonomie, 2. Teil, 2. Aufl., Tübingen.

Hofer, C. W., Schendel, D. (1978), Strategy Formulation: Analytical Concepts, St. Paul.

Homans, G. C. (1973), Soziales Verhalten als Austausch, in: Hartmann, H. (Hrsg.), Moderne amerikanische Soziologie. Neuere Beiträge zur Soziologischen Theorie, 2. Aufl., Stuttgart.

Horvath, P. (1991), Schnittstellenüberwindung durch das Controlling, in: Horvath, P. (Hrsg.), Synergien durch Schnittstellen-Controlling, Stuttgart, S. 1–23.

Howard, J. A., Sheth, J. N. (1969), The Theory of Buying Behavior, New York.

Huppert, E. (1978), Produkt-Lebenszyklus: Eine Entscheidungshilfe?, in: Marketing-Journal, Nr. 5, S. 416–423.

Kaas, K. P. (1990), Marketing als Bewältigung von Informations- und Unsicherheitsproblemen im Markt, in: Die Betriebswirtschaft, 50. Jg., S. 539–548.

Kaas, K. P. (1994), Ansätze einer institutionenökonomischen Theorie des Konsumentenverhaltens, in: Forschungsgruppe Konsum und Verhalten (Hrsg.), Konsumentenforschung, München, S. 245–260.

Kaas, K.P., Busch, A. (1996), Inspektions-, Erfahrungs- und Vertrauenseigenschaften von Produkten, Theoretische Konzeption und empirische Validierung, in: Marketing Zeitschrift für Forschung und Praxis, 18. Jg., Nr. 4, S. 243–252.

Kast, J., Rosenzweig, J. (1970), Organization and Management. A contingency approach, Tokyo.

Kaufer, E. (1967), Die Bestimmung von Marktmacht – dargestellt am Problem des relevanten Marktes in der amerikanischen Antitrustpolitik, Bern.

Kern, E. (1990), Der Interaktionsansatz im Investitionsgütermarketing, Berlin.

Kieser, A., Kubicek, H. (1992), Organisation, 3. Aufl., Berlin u. a.

Kirchgeorg, M. (1990), Ökologieorientiertes Unternehmensverhalten: Typologien und Erklärungsansätze auf empirischer Grundlage, Wiesbaden.

Kirsch, W. (1985), Evolutionäres Management und okzidentaler Rationalismus, in: Probst, G. J., Siegwart, H. (Hrsg.), Integriertes Management, Bern u. a., S. 331–350

Klaus, P. (1991), Die Qualität von Bedienungsinteraktionen, in: Bruhn, M., Stauss, B. (Hrsg.), Dienstleistungsqualität, Konzepte, Methoden, Erfahrungen, Wiesbaden.
Kleinaltenkamp, M. (1998), Begriffsabgrenzungen und Erscheinungsformen von Dienstleistungen, in: Bruhn, M., Meffert, H. (Hrsg.), Handbuch Dienstleistungsmanagement: von der strategischen Konzeption zur praktischen Umsetzung, Wiesbaden, S. 30–52.
Köhler, R. (1981), Grundprobleme der strategischen Marketingplanung, in: Geist, M., Köhler, R. (Hrsg.), Stuttgart, Die Führung des Betriebs, S. 261–291.
Kollat, D. T., Blackwell, R. D., Robeson, I. E (1972); Strategic Marketing, New York u. a.
Koppelmann, U. (1973), Beiträge zum Produktmarketing, Herne u. a.
Kotler, P. (1967), Marketing-Management, 1. Aufl., Englewood Cliffs.
Kotler, P. (1972), A Generic Concept of Marketing, in: Journal of Marketing, Vol. 36, No. 2, S. 46 ff.
Kotler, P. (1974), Marketing-Management, Deutsche Übersetzung der 2. Aufl., Stuttgart.
Kotler, P. (1982), Marketing-Management, 4. Aufl., Stuttgart.
Kotler, P. (1992), Total Marketing, Business Week Advance Executive Brief, Vol. 2, New York.
Kotler, P., Armstrong, G., Saunders, J., Wong, V. (1999), Principles of Marketing, 2nd European Edition, New Jersey.
Kotler, P., Bliemel, F. (1999), Marketing-Management: Analyse, Planung, Umsetzung und Steuerung, 9. Aufl., Stuttgart.
Krafft, M. (1997), Kundenzufriedenheit und Kundenwert, Kiel, S. 74.
Kroeber-Riel, W. (1972), Marketingtheorie, verhaltensorientierte Erklärungen von Marktreaktionen, Köln.
Kroeber-Riel, W., Weinberg, P. (1999), Konsumentenverhalten, 7. Aufl., München
Kuhn, T. (1973), Die Struktur wissenschaftlicher Revolutionen, Frankfurt am Main.
Kupsch, P. (1979), Unternehmensziele, Stuttgart, New York.
Lampe, H.-K. (1979), Wettbewerb – Wettbewerbsbeziehungen – Wettbewerbsintensität, Baden-Baden.
Leitherer, E. (1966), Methodische Positionen der betrieblichen Marktlehre, in: Betriebswirtschaftliche Forschung und Praxis, 18. Jg., S. 552–570.
Levitt, Th. (1960), Marketing Myopia, in: Harvard Business Review, No. 4, S. 45–56.
Levitt, Th. (1983), The Globalization of Markets, in: Harvard Business Review, No. 3, S. 92 ff.
Levy, S. J., Zaltman, G. (1975), Marketing, Society and Conflict, Englewood Cliffs.
Lewin, K. (1963), Feldtheorien in Sozialwissenschaften. Ausgewählte theoretische Schriften, Bern, Stuttgart.
Löffler, M. (1981), Der Rechtsbegriff der öffentlichen Meinung, in: Maier, H. (Hrsg.), Öffentliche Meinung und sozialer Wandel, Opladen 1981, S. 64–70.
Maister, Lovelock, Ch. H. (1988), Managing Faciliator Services, in: Lovelock, Ch. H. (Hrsg.), Managing Services. Marketing, Operations, and Human Resources, Englewood Cliffs.
Marshall, A. (1925), Principles of Economics, 8. Aufl., London.
McCarthy, J. (1960), Basic Marketing: A Managerial Approach, Homewood/Illinois
McKenna, R. (1991), Relationship Marketing. Succesful Strategies for the Age of the Customer, Boston.
Meffert, H. (1971), Unternehmensziele, in: Schöttle, K. M. (Hrsg.), Jahrbuch des Marketing, Essen, S. 22–34.
Meffert, H. (1974), Interpretation und Aussagewert des Produktlebenszyklus-Konzeptes, in: Hammann, P., Kroeber-Riel, W., Meyer, C. W. (Hrsg.), Neuere Ansätze der Marketingtheorie, Berlin, S. 85–134.
Meffert, H. (1975), Die Gestaltung betriebswirtschaftlicher Systeme, in: Baetge, J. (Hrsg.), Grundlagen der Wirtschafts- und Sozialkybernetik, Opladen, S. 97–104.
Meffert, H. (1980), Strategische Planung in gesättigten, rezessiven Märkten, in: Absatzwirtschaft, 23. Jg., Nr. 6, S. 89–97.

Meffert, H. (1986), Marketing und strategische Unternehmensführung – ein wettbewerbsorientierter Kontingenzansatz, in: Hahn, D., Taylor, B. (Hrsg.), Strategische Unternehmensplanung, 4. Aufl., Heidelberg u. a., S. 660–684.

Meffert, H. (1989a), Marketing und allgemeine Betriebswirtschaftslehre – Eine Standortbestimmung im Lichte neuerer Herausforderungen der Unternehmensführung, in: Kirsch, W., Picot, A. (Hrsg.), Die Betriebswirtschaftslehre im Spannungsfeld zwischen Generalisierung und Differenzierung, Wiesbaden, S. 339–357.

Meffert, H. (1989b), Marketingstrategien in unterschiedlichen Marktsituationen, in: Bruhn, M. (Hrsg.), Handbuch des Marketing, Anforderungen an Marketingkonzeptionen aus Wissenschaft und Praxis, München, S. 277–306.

Meffert, H. (1990), Entwicklungslinien des Marketing – Akzente der marktorientierten Führung in den 90er Jahren, in: Schöttle, K. M. (Hrsg.), Jahrbuch des Marketing, 5. Aufl., Wiesbaden, S. 12–21.

Meffert, H. (1992), Marketingforschung und Käuferverhalten, 2. Aufl., Wiesbaden.

Meffert, H. (1993), Marktorientierte Führung von Dienstleistungsunternehmen – neuere Entwicklungen in Theorie und Praxis, Arbeitspapier Nr. 78 der Wissenschaftlichen Gesellschaft für Marketing und Unternehmensführung e.V., Meffert, H., Wagner, H., Backhaus, K. (Hrsg.), Münster.

Meffert, H. (1994a), Marktorientierte Unternehmensführung im Umbruch – Entwicklungsperspektiven des Marketing in Wissenschaft und Praxis, in: Bruhn, M., Meffert, H., Wehrle, F. (Hrsg.), Marktorientierte Unternehmensführung im Umbruch, Stuttgart.

Meffert, H. (1994b), Marketing-Management, Analyse – Strategie – Implementierung, Wiesbaden.

Meffert, H. (1995), Marketing, in: Handwörterbuch des Marketing (HWM), Tietz, B., Köhler, R., Zentes, J. (Hrsg.), 2. Aufl., Stuttgart, Sp. 1472–1490.

Meffert, H. (1999), Marktorientierte Unternehmensführung im Wandel: Retrospektive und Perspektiven des Marketing, Wiesbaden.

Meffert, H., Burmann, Chr. (1996), Identitätsorientierte Markenführung – Grundlagen für das Management von Markenportfolios, Arbeitspapier Nr. 100 der Wissenschaftlichen Gesellschaft für Marketing und Unternehmensführung e.V., Meffert, H., Wagner, H. Backhaus, K. (Hrsg.), Münster.

Meffert, H., Bongartz, M. (2000), Perspektiven des Marketing an der Jahrtausendwende – Bestandsaufnahme aus der Sicht der Wissenschaft, Arbeitspapier Nr. 135 der Wissenschaftlichen Gesellschaft für Marketing und Unternehmensführung e. V., Meffert, H., Backhaus, K., Becker, J. (Hrsg.), Münster.

Meffert, H., Kirchgeorg, M. (1994), Marketing – Quo Vadis? – Herausforderungen und Entwicklungsperspektiven des Marketing aus Unternehmenssicht, Arbeitspapier Nr. 89 der Wissenschaftlichen Gesellschaft für Marketing und Unternehmensführung e.V., Meffert, H., Wagner, H. Backhaus, K. (Hrsg.), Münster.

Meffert, H., Kirchgeorg, M. (1998), Marktorientiertes Umweltmanagement, 3. Aufl., Stuttgart.

Meyer, P. W. (1986), Der integrative Marketingansatz und seine Konsequenzen für das Marketing, in: Meyer, P. W. (Hrsg.), Integrierte Marketingfunktionen, Stuttgart, S. 13–30.

Nelson, P. (1970), Information and Consumer Behavior, in: Journal of Political Economy, Vol. 78, No. 2, S. 311–329.

Nelson, P. (1974), Advertising as Information, in: Journal of Political Economy, Vol. 82, No. 4, S. 729–754.

Nieschlag, R. (1954), Die Dynamik der Betriebsformen im Handel, Essen.

Nieschlag, R., Dichtl, E., Hörschgen, H. (1997), Marketing, 18. Aufl., Berlin.

Oberender, P. (1975), Zur Problematik der Marktabgrenzung unter besonderer Berücksichtigung des Konzepts des „relevanten Marktes", in: Wirtschaftswissenschaftliches Studium, 4. Jg., Nr. 12, S. 575–579.

Oberparleitner, K. (1918), Die Funktionen des Handels,Wien.
Ott, A. E. (1978), Grundzüge der Preistheorie, Darmstadt.
Pfeiffer, W., Metze, H., Schneider, M., Amler, U. (1982), Technologie-Portfolio zum Management strategischer Zukunftsgeschäftsfelder, Göttingen.
Pine, B. J. (1993), Mass Customization: The New Frontier in Business Competition, Boston.
Plötner, O. (1995), Das Vertrauen des Kunden. Relevanz, Aufbau und Steuerung auf industriellen Märkten, Wiesbaden.
Polli, R., Cook, V. J. (1967), A Test of the Product Life Cycle as a Model of Sales Behavior, Market Science Institute Working Paper.
Raffée, H. (1984), Marktorientierung der BWL zwischen Anspruch und Wirklichkeit, in: Die Unternehmung, 38. Jg., Nr. 1, S. 3–18.
Raffée, H., Wiedmann, K. P., Abel, B. (1983), Sozio-Marketing, in: Irle, M. (Hrsg.), Methoden und Anwendungen in der Marktpsychologie, Göttingen, Toronto, Zürich, S. 675–777.
Raffée, H., Wiedmann, K. P. (1987), Marketingumwelt 2000. Gesellschaftliche Mega-Trends als Basis einer Neuorientierung von Marketing-Praxis und Marketing-Wissenschaft, in: Schwarz, C. (Hrsg.), Marketing 2000: Perspektiven zwischen Marketing und Theorie, Wiesbaden.
Reichert, R. (1984), Entwurf und Bewertung von Strategien, München.
Schäfer, E. (1950), Die Aufgabe der Absatzwirtschaft, Köln.
Schewe, C. D., Smith, R. M. (1980), Marketing. Concepts and Applications, Tokyo u. a.
Schmidt, I. (1981), Wettbewerbstheorie und Wettbewerbspolitik, Stuttgart
Schneeweiß, H. (1967), Entscheidungskriterien bei Risiko, Berlin u. a.
Schneider, D. (1983), Marketing als Wirtschaftswissenschaft oder Geburt einer Marketingwissenschaft aus dem Geiste des Unternehmerversagens?, in: Zeitschrift für betriebswirtschaftliche Forschung, 35. Jg., Nr. 3, S. 197–222.
Schneider, E. (1969), Einführung in die Wirtschaftstheorie, 2. Teil, 12. Aufl., Tübingen (1. Aufl. 1947).
Schreyögg, C. (1984), Unternehmensstrategie, Berlin, New York.
Senge, P. (1994), The fifth discipline fieldbook: strategies and tools for building a learning organization, New York.
Servatius, H. G. (1991), Vom Strategischen Management zur Evolutionären Führung: Auf dem Weg zu einem ganzheitlichen Denken und Handeln, Stuttgart.
Seyffert, R. (1955), Die Wirtschaftslehre des Handels, 2. Aufl., Köln.
Specht, G. (1992), Distributionsmanagement, 2. Aufl., Stuttgart.
Srivastava, R. K., Alpert, M. J., Shocker A. D. (1984), A Customer-oriented Approach for Determining Market Structures, in: Journal of Marketing, Vol. 48, No. 2, S. 32–45.
Staudt, Th., Taylor, D. A. (1970), A Managerial introduction to Marketing, Englewood Cliffs.
Steffenhagen, H. (1978), Wirkungen absatzpolitischer Instrumente. Theorie und Messung der Marktreaktion, Stuttgart.
Steiner, G. A. (1971), Top Management Planung, München.
Tolle, E. (1994), Informationsökonomische Erkenntnisse für das Marketing bei Qualitätsunsicherheit der Konsumenten, in: Zeitschrift für betriebswirtschaftliche Forschung, 46. Jg, Nr. 11, S. 926–938.
Triffin, R. (1947), Monopolistic Competition and General Equilibrium Theory, Cambridge.
Trommsdorff, V. (1975), Die Messung von Produktimages für das Marketing, Grundlagen und Operationalisierung, Köln.
Trommsdorff, V. (1998), Konsumentenverhalten, 3. Aufl., Stuttgart u. a.
Trux, W., Kirsch, W. (1979), Strategisches Marketing oder die Möglichkeit einer „wissenschaftlichen" Unternehmensführung, in: Die Betriebswirtschaft, S. 215–235.
Ulrich, H. (1971), Der systemorientierte Ansatz, in: von Kortzfleisch, G. (Hrsg.), Wissenschaftsprogramm und Ausbildungsziele der Betriebswirtschaftslehre, Berlin.
Ulrich, P., Fluri, E. (1975), Management: eine konzentrierte Einführung, 1. Aufl., Bern.

von Briskorn, G. (1987), Gedanken an den Grenzen des Marketing. Optionen und Potential, in: Innovation, Nr. 5/6, S. 6–12.
von Stackelberg, H. (1951), Grundlagen der theoretischen Volkswirtschaftslehre, 2. Aufl., Tübingen, Zürich.
Wehrle, F. (1981), Strategische Marketingplanung in Warenhäusern, Frankfurt am Main u. a.
Weiber, R. (1993), Was ist Marketing. Ein informationsökonomischer Erklärungsansatz, Arbeitspapier zur Marketingtheorie Nr. 1, Weiber, R. (Hrsg.), Universität Trier, Trier.
Weiber, R., Adler, J. (1995a), Informationsökonomisch begründete Typologisierung von Kaufprozessen, in: Zeitschrift für betriebswirtschaftliche Forschung, 47. Jg., Nr. 1, S. 43–65.
Weiber, R., Adler, J. (1995b), Positionierung von Kaufprozessen im informationsökonomischen Dreieck, in: Zeitschrift für betriebswirtschaftliche Forschung, 47. Jg., Nr. 2, S. 99–123.
Weinhold-Stünzi, H. (Hrsg.) (1978), Unternehmung und Markt. Systemtheoretische und prognostische Betrachtung zu Marketing und Distribution, Zürich.
Wiedmann, K.-P. (1993), Rekonstruktion des Marketingansatzes und Grundlagen einer erweiterten Marketingkonzeption, Stuttgart.
Wohlgemuth, A. C. (1989), Führung im Dienstleistungsbereich. Interaktionsintensität und Produktionsstandardisierung als Basis einer neuen Typologie, in: Zeitschrift Führung und Organisation, 58. Jg., Nr. 5, S. 339–349.
Zeithaml, V. (1988), Consumer Perceptions of Price, Quality and Value – A Means-End Model and Synthesis of Evidence, in: Journal of Marketing, Vol. 52, No. 3, S. 2–22.

Kapitelübersicht

Erstes Kapitel
Konzeptionelle G...
1. Marketing als ...
2. Ansätze der Ma...
3. Die Arena des ...
4. Marketingentsc...

Zweites Kapitel
Verhaltens- und I...

1. Marketing- und ...
2. Verhalten von ...
3. Grundlagen der ...
4. Marktsegmentie...

Drittes Kapitel
Aktionsgrundlage...
1. Planung von U...
2. Produkt- und p...
3. Kontrahierungs...
4. Distributionspo...
5. Kommunikatio...
6. Mixübergreifen...

Viertes Kapitel
Marketingkoordi...
1. Grundlagen der ...
2. Integrierte Plan...
3. Funktionsüberg...
4. Marketingorgar...
5. Marketingimple...
6. Marketing-Con...

Zweites Kapitel

Verhaltens- und Informationsgrundlagen des Marketing

1. Marketing- und Käuferverhaltensforschung im System des Marketing	93
1.1 Der Informationsaspekt des Marketing-Management	93
1.2 Fragestellungen und Ansätze der Käuferverhaltensforschung	98
2. Verhalten von Marktteilnehmern	101
2.1 Kaufentscheidungstypen und -träger	101
2.2 Kaufverhalten von Konsumenten	104
2.3 Kaufentscheidungen von Unternehmen	137
3. Grundlagen der Marketingforschung und Absatzprognosen	145
3.1 Gegenstand und Aufgaben der Marketingforschung	145
3.2 Informationsgewinnung	146
3.3 Informationsauswertung	164
3.4 Absatzprognosen	171
4. Marktsegmentierung	181
4.1 Gegenstand der Marktsegmentierung	181
4.2 Erfassung von Marktsegmenten	185
4.3 Segmentspezifische Marktbearbeitung	214
4.4 Das Problem der optimalen Marktsegmentierung	218

Fünftes Kapitel
Institutionelle Bereiche des Marketing
1. Gegenstand und Besonderheiten des Dienstleistungsmarketing
2. Gegenstand und Besonderheiten des Handelsmarketing
3. Gegenstand und Besonderheiten des Investitionsgütermarketing

1. Marketing- und Käuferverhaltensforschung im System des Marketing

1.1 Der Informationsaspekt des Marketing-Management

Für die Fundierung von **Marketingentscheidungen** ist die Kenntnis des Marktteilnehmerverhaltens von zentraler Bedeutung. Insbesondere der Zusammenhang zwischen den von großem Unternehmungen am Markt eingesetzten Marketinginstrumenten und dem dadurch bewirkten Verhalten potentieller Nachfrager ist von großem Interesse für das Marketing-Management.

Ausgangspunkt bildet dabei das reale **Marktverhalten**. In ihm artikulieren sich konkrete Marktbedürfnisse, auf die das in Marketingentscheidungen festgelegte Marktangebot der Unternehmungen ausgerichtet ist. Aufgabe der **Marketingforschung** ist es, diese Marktbedürfnisse zu antizipieren, das konkrete Marktverhalten durch geeignete Methoden zu messen und es in einen Zusammenhang zu den eingesetzten Marketinginstrumenten zu setzen. Die Darstellung dieses Zusammenhangs erfolgt durch **Marktreaktionsfunktionen** (Steffenhagen 1978; Balderjahn 1993). Die Marketingforschung hat somit die laufende **Informationsversorgung** des Marketing-Management sicherzustellen, um zu einer Qualitätsverbesserung der Marketingentscheidungen zu führen. Gleichzeitig lösen Marketingentscheidungen je nach Tragweite und Komplexität einen entsprechenden **Informationsbedarf** bei der Marketingforschung aus. Zusammenfassend kann **Marketingforschung** als die „systematische Suche, Sammlung, Aufbereitung und Interpretation von Informationen, die sich auf alle Probleme des Marketing von Gütern und Dienstleistungen beziehen", definiert werden (American Marketing Association).

Vom Begriff der Marketingforschung kann der Begriff der Marktforschung abgegrenzt werden. **Marktforschung** ist die systematisch betriebene Erforschung der Märkte (Zusammentreffen von Angebot und Nachfrage), insbesondere die Analyse der Fähigkeit dieser Märkte, Umsätze hervorzubringen. Der Begriff Marketingforschung ist einerseits umfassender, andererseits enger als der Begriff der Marktforschung. Umfassender ist der Begriff der Marketingforschung, weil er die gesamten zur Absatzgestaltung eines Unternehmens zu lösenden Informationsprobleme zum Gegenstand hat. Insbesondere müssen die Wirkungen von Marketingaktivitäten (zum Beispiel Werbe-, Distributions-, Produkt- und Preisforschung) und die Erforschung innerbetrieblich relevanter Sachverhalte (zum Beispiel Vertriebskosten, Lagerung, Kapazitäten) in die Betrachtung einbezogen werden. Enger als der Begriff Marktforschung ist dagegen der Begriff der Marketingforschung, weil Marketingforschung nur die Absatzmärkte des Unternehmens berührt. Marktforschung bezieht sich auch auf die Beschaffungsseite eines Unternehmens (vgl. Abbildung 2-1). Im folgenden werden die Begriffe Markt- und Marketingforschung synonym verwendet.

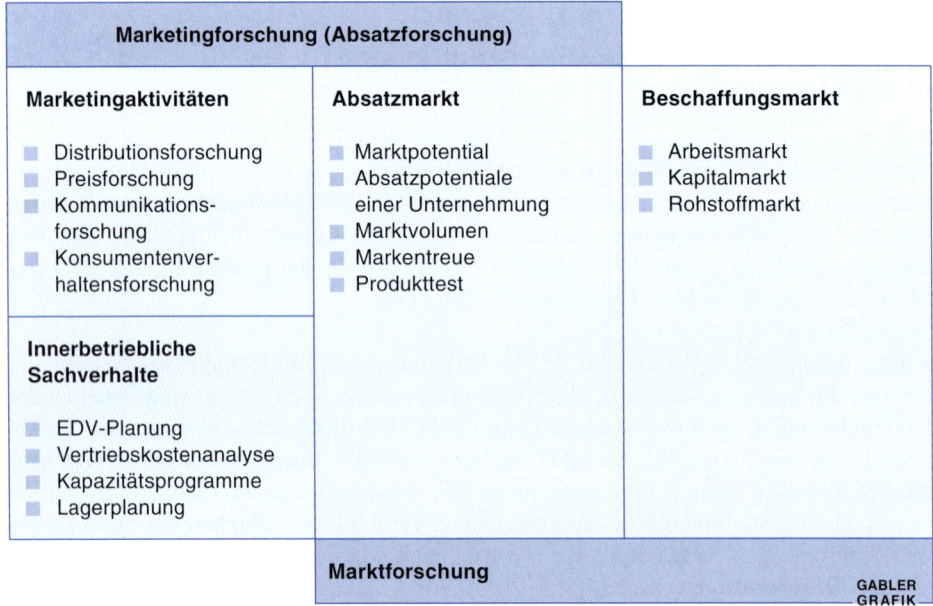

Abbildung 2-1: Abgrenzung zwischen Marketingforschung und Marktforschung
(Quelle: Meffert 1992, S. 16)

Die Rolle der **Marketingtheorie** besteht in der Zurverfügungstellung leistungsfähiger Hypothesen über das Marktverhalten. Die Darstellung dieser Hypothesen erfolgt durch die **Bildung von Markt- beziehungsweise Verhaltensmodellen**. Bei der Marketingentscheidung steht die Hypothesenbildung, bei der Marketingforschung die Hypothesenprüfung im Vordergrund.

Das Zusammenspiel von Marktverhalten, Marketingentscheidungen, Marketingforschung und Marketingtheorie wird in Abbildung 2-2 deutlich.

Beispielsweise hat die Marktforschungsabteilung eines führenden Zigarettenherstellers ermittelt, daß der Absatz der eigenen Zigarettenmarke in Deutschland langfristig zurückgehen wird. Die Ursache dieses Trends konnte durch Befragungen aufgedeckt werden: Die bisher hergestellte Zigarette besitzt sehr hohe Nikotin- und Kondensatwerte, in der Zukunft werden jedoch verstärkt leichtere Zigaretten nachgefragt. Die Ergebnisse der Marktforschungsstudie werden dem Marketing-Management präsentiert (**Informationsversorgung**).

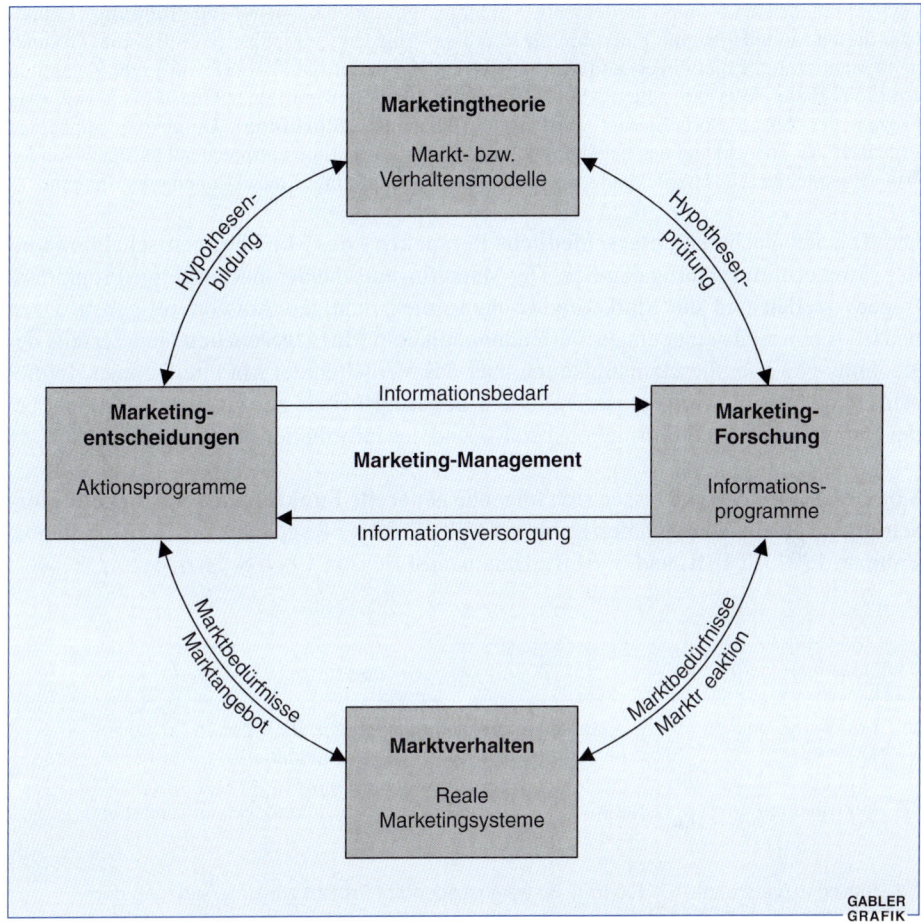

Abbildung 2-2: Zusammenhang zwischen Marketingtheorie, Marketingentscheidung, Marketingforschung und Marktverhalten
(Quelle: Meffert 1992, S. 8)

Tatsächlich tritt der prognostizierte Trend ein, der Marktanteil im deutschen Zigarettenmarkt sinkt um zehn Prozent (**Marktverhalten**). Um dem Umsatzrückgang entgegenzuwirken, wird über die Einführung einer Light-Zigarette diskutiert. Die Verantwortlichen wissen jedoch nicht genau, wie groß das Marktpotential für Light-Zigaretten in Deutschland ist (**Informationsbedarf**). Aus diesem Grund wird von der Marktforschungsabteilung das Potential (**Marktbedürfnisse**) durch schriftliche und mündliche Befragungen ermittelt (**Informationsversorgung**). Es stellt sich heraus, daß das Marktpotential so groß ist, daß die Einführung der Light-Zigarette im deutschen Markt beschlossen wird (**Marketingentscheidung**).

Um in der Zukunft derartige Trendentwicklungen frühzeitig erkennen zu können, wird auf ein Modell zurückgegriffen, das den Kaufentscheidungsprozeß bei Konsumgütern beschreibt (**Marketingtheorie**). Dieses Modell wird so modifiziert, daß mit einer Vorlaufzeit von drei Monaten die Verbrauchertrends im Zigarettenmarkt vorhergesagt werden können (**Modellbildung**). Grundlage dieses Modells ist eine Funktion, die durch verschiedene Variablen (zum Beispiel Gesundheitsorientierung, Einkommen und Werbebudget) den zukünftigen Absatz von Light-Zigaretten ermittelt. Erste Tests des neuen Modells haben ergeben, daß mit einer Genauigkeit von zwei Prozent der Absatz vorhergesagt werden kann (**Hypothesenprüfung**). Durch das frühzeitige Erkennen der Trends kann das marketingpolitische Instrumentarium entsprechend angepaßt werden (zum Beispiel bei Umsatzrückgängen durch verstärkte Werbung, Preisaktionen oder ähnliches).

Das Beispiel macht die **unterschiedliche Perspektive des Marketingentscheiders und der Marketingforschung** deutlich. Der Marketingentscheider muß „richtige Programmfragen" stellen und die Marketingforschung die „richtigen Antworten" geben. Dazu bedarf es einerseits einer engen Verbindung mit dem **Marktgeschehen**, andererseits der Kenntnis gewisser Gesetzmäßigkeiten über das Verhalten der Marktteilnehmer. In diesem Sinne trägt die verhaltensorientierte **Marketingtheorie** zur Effizienzsteigerung bei der Formulierung des Informationsbedarfs und der Informationsversorgung bei.

Vor diesem Hintergrund lassen sich folgende **generelle Funktionen der Marketingforschung** unterscheiden (Schäfer/Knoblich 1978, S. 28 ff.; Rogge 1981, S. 24 ff.; Barabba/Zaltman 1991, S. 10 ff. und S. 61 ff.; Hammann/Erichson 1994, S. 26 ff.):

Funktion	Bedeutung
1. Frühwarn-Funktion	Die Marketingforschung sorgt dafür, daß Risiken frühzeitig erkannt und abgeschätzt werden können.
2. Innovations-Funktion	Sie trägt dazu bei, daß Chancen aufgedeckt, antizipiert und genutzt werden können.
3. Intelligenzverstärker-Funktion	Sie trägt im willensbildenden Prozeß zur Unterstützung der Arbeit der Unternehmensführung bei.
4. Unsicherheitsreduktions-Funktion	Sie trägt in der Phase der Entscheidungsfindung zur Präzisierung und Objektivierung der Sachverhalte bei.
5. Strukturierungs-Funktion	Sie fördert das Verständnis der Zielvorgabe und die Lernprozesse in der Unternehmung.
6. Selektions-Funktion	Sie sorgt dafür, daß aus der umweltbedingten Informationsflut die für die unternehmerischen Ziel- und Maßnahmenentscheidungen relevanten Informationen selektiert und aufbereitet werden.

Abbildung 2-3: Funktionen der Marketingforschung

Im Rahmen eines systematischen Vorgehens werden dabei die folgenden **Arbeitsschritte** durchlaufen:

Marktforschung gewinnt im Mittelstand an Bedeutung
Mehr als die Hälfte der Unternehmen will künftig externe Dienstleister beschäftigen

jcw. FRANKFURT, 30. November. Der Bedarf des Mittelstands an Marktforschung wächst. Weit mehr als die Hälfte aller Betriebe geht davon aus, dass sie ihre Informationsbeschaffung auf diesem Wege in den kommenden zwei Jahren verstärken werden. Dies gilt sowohl für die intern abgewickelte Marktforschung als auch für die Aktivitäten in diesem Segment, mit denen externe Dienstleister beauftragt werden. Zu diesem Ergebnis kommt eine Befragung, die von dem Beratungsunternehmen Dr. Hirsch & Gayer Consulting aus Rheinbreitbach bei Bonn erstellt wurde.

Wurde früher das Instrument der Marktforschung zur Justierung der Marketinginitiativen der Unternehmen eher von den großen Betrieben genutzt, sind heute rund 84 Prozent der Mittelständler in Deutschland an dieser Informationsquelle sehr interessiert und nutzen diverse Instrumente der Marktforschung. Nur 16 Prozent der Befragten sehen für ihren Betrieb keinerlei Bedarf in dieser Hinsicht. Als Grund für dies Desinteresse gaben diese Betriebe vielfach an, dass ihnen der Markt und auch die Kundenbedürfnisse hinreichend bekannt seien. Das wurde von 39 Prozent derjenigen, die auf Marktforschung verzichten, genannt.

Diejenigen Unternehmen, die die Instrumente der Marktforschung nutzen, vertrauen allerdings mehrheitlich auf die Kapazitäten im eigenen Hause. Rund 70 Prozent dieser Betriebe arbeiten nicht mit externen Dienstleistern auf diesem Gebiet zusammen. Als Gründe hierfür werden den angegeben, dass die Instrumente oft zu speziell seien, um von externen Dienstleistern bearbeitet zu werden. Auch Kostenerwägungen werden von 20 Prozent der befragten Unternehmen als Grund dafür genannt, dass nicht mit externen Marktforschungsinstituten zusammengearbeitet werde. Allerdings planen 57 Prozent der befragten Unternehmen, ihre Zusammenarbeit mit externen Marktforschern in den kommenden zwei Jahren auszubauen oder eine Kooperation dieser Art zu beginnen.

Als Gründe für den wachsenden Bedarf an Marktforschungsdaten gaben die Befragten vor allem den wachsenden Wettbewerbsdruck in ihrer Branche an. Dies wurde von knapp 14 Prozent der Unternehmen genannt. Ähnlich oft wurde von den Unternehmen die Tatsache betont, dass das geplante Wachstum nur auf Basis detaillierter Marktdaten zu erreichen sei.

Große Unterschiede zeigen sich bei dieser Fragestellung allerdings, wenn man die Ergebnisse nach Branchen aufspaltet. So entsteht der Informationsbedarf im Verarbeitenden Gewerbe eindeutig stärker durch das Vorhaben, in neue Märkte oder Marktsegmente vorzustoßen. Dies wird von mehr als 16 Prozent der Betriebe genannt. Im Handel hingegen steht mit einer Nennung von 33 Prozent eindeutig der steigende Wettbewerbsdruck im Vordergrund, wenn nach den Gründen für wachsende Marktforschungsbemühungen gefragt wird. Im Dienstleistungsgewerbe wird die strategische Informationsbeschaffung zur Wachstumsabsicherung von mehr als 21 Prozent der befragten Unternehmen als Hauptgrund genannt.

Ähnliche Unterschiede zeigen sich, wenn nach den Themen der Marktforschung gefragt wird. Während der Durchschnitt vor allem an Daten über die vorhandenen Kunden des Unternehmens und den Wettbewerbern interessiert ist, spielen im Handel und im Verarbeitenden Gewerbe vor allem auch Informationen über die Branche eine große Rolle und werden in beiden Fällen wichtiger bewertet als die Informationen über die vorhandenen Kunden, die bei den Dienstleistungsbetrieben weit im Vordergrund stehen, wenn es um die Informationspräferenzen geht.

Die Untersuchung zeigt auch, dass dem Preis der Marktforschung nicht das wichtigste Kriterium bei der Auswahl eines externen Dienstleisters darstellt. Im Vordergrund steht eindeutig die Qualität der von der Marktforschung gelieferten Daten. Ebenso stellen die Referenzen, die von den einzelnen Dienstleistern vorgelegt werden können, ein wichtiges Kriterium bei der Auswahl dar. Auch die Spezialisierung auf bestimmte Themengebiete und die Schnelligkeit, mit der die einzelnen Anbieter die Daten über Markt, Kunden oder die Branche beschaffen können, rangieren vor dem Kriterium Preis.

In begrenztem Umfang werden in den kommenden zwei Jahren im deutschen Mittelstand auch Arbeitsplätze im Segment der Marktforschung entstehen. Die Untersuchung kommt zu dem Ergebnis, dass zwar heute nur ein Prozent der Unternehmen eigene Mitarbeiter speziell für das Marktforschungssegment beschäftigen. In zwei Jahren hingegen gehen rund sechs Prozent der Unternehmen davon aus, dass Stellen mit entsprechenden Aufgaben eingerichtet werden.

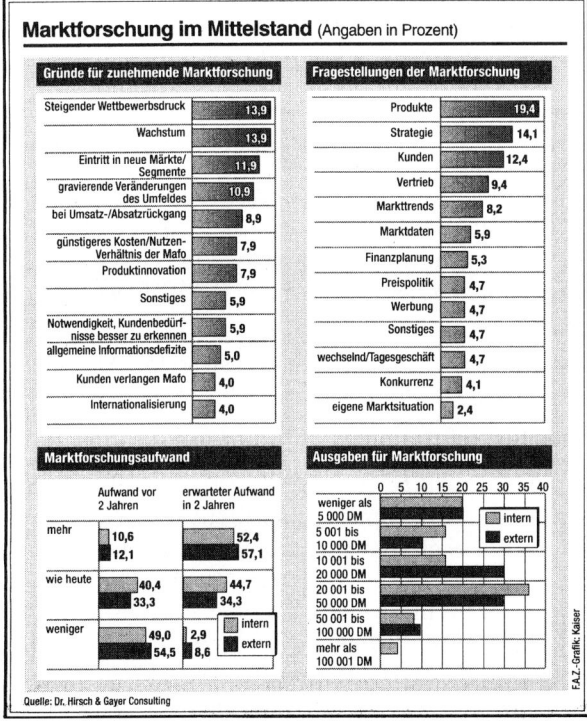

INSERT 2-1: Frankfurter Allgemeine Zeitung, 01.12.1999, S. 29

1. Definition des Marketingproblems und der Forschungsziele,
2. Informationsbedarfsformulierung und Hypothesenfindung,
3. Erhebung und Erfassung der Daten,
4. Auswertung und Analyse der Daten,
5. Präsentation und Kommunikation der Ergebnisse.

Die Qualität dieses Prozesses – und damit letztlich auch der Nutzen von Marktforschungsergebnissen für die Entscheidungsunterstützung – hängt im wesentlichen davon ab, inwieweit Marketingentscheidungen mit Marktforschungsaufgaben verknüpft werden (**Definitionsprobleme**), inwieweit leistungsfähige Methoden zur Informationsgewinnung und -verarbeitung eingesetzt werden (**Methodenprobleme**) und inwieweit die gewonnenen Informationen richtig interpretiert, kommuniziert und von den Entscheidungsträgern akzeptiert werden (**Akzeptanzprobleme**).

Insert 2-1 veranschaulicht die zunehmende Bedeutung der Marktforschung. Dabei geht die Entwicklung dahin, dass auch immer mehr mittelständische Unternehmen im Bestreben sich im Wettbewerb zu behaupten die Instrumente der Marktforschung nutzen.

1.2 Fragestellungen und Ansätze der Käuferverhaltensforschung

Dem **Käuferverhalten** kommt bei der Abschätzung von Marktreaktionen eine Schlüsselrolle zu. Dementsprechend hat sich die Käuferverhaltensforschung seit langem bemüht, die zentralen Bestimmungsfaktoren des Verhaltens aufzudecken und leistungsfähige Erklärungsansätze zu liefern. Die dabei interessierenden Fragestellungen lassen sich im folgenden **Paradigma des Kaufverhaltens** zusammenfassen (Meffert 1971, S. 392):

- Wer kauft? → Kaufakteure, Träger der Kaufentscheidung
- Was? → Kaufobjekte
- Warum? → Kaufmotive
- Wie? → Kaufentscheidungsprozesse, Kaufpraktiken
- Wieviel? → Kaufmenge
- Wann? → Kaufzeitpunkt, Kaufhäufigkeit
- Wo beziehungsweise bei wem? → Einkaufsstätten-, Lieferantenwahl

Die Käuferverhaltensforschung versucht für diese Fragestellungen Allgemeinaussagen unter bestimmten Bedingungen abzuleiten. Zur **Erklärung des Verhaltens von Konsumenten** existiert eine Fülle von Modellen und Theorien, die je nach Art und Umfang einbezogener Situations- und Bedingungskonstellationen einen unterschiedlich hohen Komplexitätsgrad aufweisen. Den verschiedenen **Modellansätzen der Käuferverhal-**

tensforschung liegen abweichende Menschenbilder zugrunde. Stark vereinfacht können behavioristische, neobehavioristische und kognitive Forschungsansätze des Käuferverhaltens unterschieden werden.

Behavioristische Erklärungsansätze stellen ihre Analysen nur auf beobachtbare und meßbare Variablen des Käuferverhaltens ab. Vertreter dieser Ansätze behaupten, daß psychische Prozesse des Konsumenten nicht beobachtbar sind und daher nicht Gegenstand der Untersuchungen sein sollten. In diesem Zusammenhang wird häufig auch von **Black-Box-Modellen (S-R-Modelle)** gesprochen. Das Verhalten des Menschen wird als Reaktion (R – Response) auf beobachtbare Stimuli (S) interpretiert. Zu den Stimuli zählen alle Sinneswirkungen und damit alle auf den Konsumenten ausgerichteten Marketingaktivitäten. Beispielsweise kann die attraktive Gestaltung einer Süßigkeitentüte (Stimulus) zu einem Impulskauf (Reaktion) führen. Es wird jedoch nicht beachtet, welche psychischen Prozesse im Konsumenten vor und während des Kaufes ablaufen.

Neobehavioristische Erklärungsansätze arbeiten mit sogenannten „intervenierenden Variablen". Neben beobachtbaren und meßbaren Variablen werden auch solche „Konstrukte" zugelassen, die nur indirekt über Indikatoren empirisch erfaßt werden können. Es wird versucht, die im Organismus (O) des Menschen ablaufenden, nicht beobachtbaren Vorgänge zur Erklärung seines Verhaltens zu berücksichtigen. Folglich werden diese Modelle als **„Echte Verhaltensmodelle" (Stimulus-Organismus-Response/S-O-R-Modelle)** bezeichnet. Beispielsweise kann die Wirkung einer Werbeanzeige (Stimulus) durch die Einstellung eines Konsumenten (Organismus) zum umworbenen Produkt positiv oder negativ verstärkt werden und dazu führen, daß er das umworbene Produkt kauft oder nicht kauft (Response).

In neobehavioristischen Ansätzen wird unterstellt, daß die „intervenierenden Variablen wie Schaltelemente die eingehenden Stimuli in einer bestimmten Weise verändern" (Behrens 1991, S. 18). Diese Annahme wird den differenzierten Informationsverarbeitungsprozessen beim Käufer nur bedingt gerecht. Zwar finden die Konstrukte Aktiviertheit, Involvement, Emotionen, Motive und Einstellungen Beachtung, es werden aber die kognitiven Prozesse im Menschen nicht berücksichtigt. Dies hat zur Entwicklung der **kognitiven Erklärungsansätze** geführt, die aktivierende, emotionale, motivationale und zusätzlich kognitive Prozesse gleichermaßen berücksichtigen.

Die kognitiven Erklärungsansätze stellen zusätzlich zu den genannten Konstrukten auf **Informationsverarbeitungsprozesse** im Lang- und Kurzzeitgedächtnis und damit auf die Variablen **„Lernen", „Denken"** und **„Wissen"** ab. Beispielsweise könnte das neue Auto eines Nachbarn (Stimulus) jemanden dazu veranlassen, ebenfalls nach einem neuen Auto zu suchen. Bei der Alternativensuche wird sich die Person aufgrund des hohen Preises von Neuwagen in der Regel genau überlegen, welche Autos mit welcher Ausstattung in die engere Wahl zu ziehen sind. Dabei wird die Person auf vorhandenes Wissen (zum Beispiel Erfahrungen mit einer bestimmten Automarke) zurückgreifen. Erst nach einem relativ langen Kaufentscheidungsprozeß, der gleichermaßen durch affektiv-gefühlsmäßige (zum Beispiel bei der Wahl der Sitzfarbe) und kognitiv-rationale Bestandteile (zum Beispiel bei der Wahl des Motors) gekennzeichnet ist, wird sich die Person für ein Auto entscheiden. Die folgende Abbildung faßt die Forschungsansätze des Käuferverhaltens nochmals im Überblick zusammen:

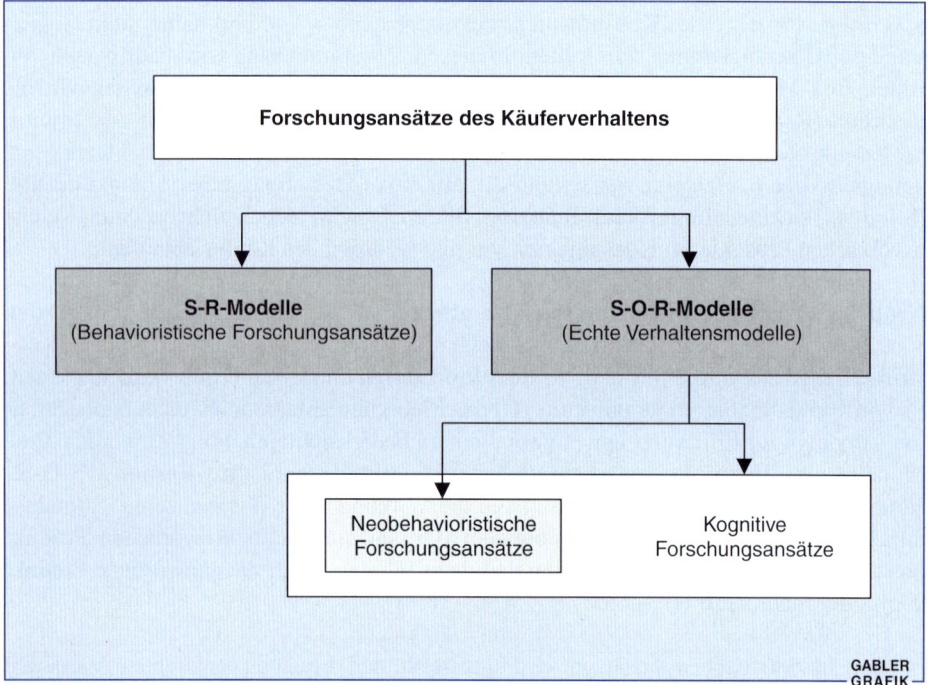

Abbildung 2-4: Kennzeichnung der Forschungsansätze des Käuferverhaltens

Aus den vorhergehenden Abschnitten ist deutlich geworden, daß **Marketing- und Käuferverhaltensforschung** komplementäre Bereiche sind, die in vielfältiger Beziehung zueinander stehen. Zum einen setzt die wissenschaftliche Erforschung der zentralen Bestimmungsfaktoren des Käuferverhaltens geeignete Meßkonzepte und Auswertungsverfahren der Marketingforschung voraus. Zum anderen bedarf die Marketingforschung ihrerseits bei der Bildung und Prüfung von Hypothesen einer Theorieunterstützung.

2. Verhalten von Marktteilnehmern

2.1 Kaufentscheidungstypen und -träger

Bei der Erklärung des Käuferverhaltens ist die **Art und Anzahl der** bei der Modellbildung berücksichtigten **Entscheidungsträger** von grundlegender Bedeutung. Dementsprechend ist zwischen dem Kaufverhalten privater Haushalte und Unternehmungen beziehungsweise öffentlicher Institutionen einerseits sowie individuellen und kollektiven Kaufentscheidungen andererseits zu trennen. Werden diese Kriterien kombiniert, so ergeben sich die in Abbildung 2-5 dargestellten Grundtypen von Kaufentscheidungen.

	Haushalt	Unternehmung bzw. Institution
Individuum	1. Kaufentscheidungen des Konsumenten	2. Kaufentscheidungen des Repräsentanten
Kollektiv	3. Kaufentscheidungen von Familien	4. Kaufentscheidungen des Einkaufsgremiums (Buying Center)

Abbildung 2-5: Grundtypen von Kaufentscheidungen
(Quelle: Meffert 1992, S. 38)

Die größte Aufmerksamkeit wurde in der Käuferverhaltensforschung bisher den **individuellen Kaufentscheidungen der Konsumenten** gewidmet (Feld 1). Ebenso wie bei individuellen Kaufentscheidungen lag die Annahme einzentriger Willensbildungen lange Zeit auch den Erklärungsversuchen von **Kaufentscheidungen in Organisationen** zugrunde (Feld 2). Analog zur ökonomischen Haushaltstheorie, die den nutzenmaximierenden Konsumenten betrachtet, galt das Interesse den Investitions- und Beschaffungsentscheidungen gewinnmaximierender Unternehmen. Dementsprechend wurden Investitions- und Beschaffungskalküle unter der wenig realistischen Annahme vollständig rationalen Verhaltens zur Prognose der Einkaufsentscheidungen herangezogen.

Erklärungsmodelle **kollektiven Kaufverhaltens** tragen der Tatsache Rechnung, daß mehrere Personen mit verschiedenen Zielsetzungen und möglicherweise konfliktären Bewertungskriterien am Entscheidungsprozeß teilnehmen. Die Kaufentscheidung wird arbeitsteilig vollzogen. Dieser Sachverhalt wirft bereits bei der Analyse **familiärer**

Kaufentscheidungen (Feld 3) besondere Probleme auf. Obwohl ein Großteil aller Konsumentenentscheidungen im Kollektiv der Familie getroffen wird, ist den entsprechenden Einflußgrößen in Form von theoretischen Analysen erst Anfang der achtziger Jahre gebührendes Interesse geschenkt worden (Dahlhoff 1980; Böcker 1987). Gleiches – wenn auch mit gewissen Modifikationen – gilt für die **kollektiven Kaufentscheidungen in Unternehmungen** (Feld 4). Hier konzentriert sich das besondere Interesse auf das Einkaufsgremium (Buying Center), das für die Durchführung der Einkaufsprozesse verantwortlich ist (Wind 1978; Wesley/Bonoma 1981; Kern 1990; Büschken 1994). Es besteht hier nicht nur die Schwierigkeit, den Verantwortlichen des Einkaufs zu identifizieren, sondern auch die Zusammensetzung des Buying-Centers zu ermitteln und die darin bestehende Macht- und Autoritätsstruktur aufzudecken. Hieraus ergibt sich die Notwendigkeit, die wichtigsten formalen und informalen Rollen der Mitglieder des Buying Centers in ihrem Zusammenhang im Hinblick auf die Auswirkungen auf das Kaufverhalten zu analysieren.

Weiterhin kann in echte und habituelle Kaufentscheidungstypen unterteilt werden (Katona 1960). Bei **echten Kaufentscheidungen** sind die kognitive Beteiligung und der Informationsbedarf des Konsumenten besonders groß. Die vergleichende Analyse verschiedener Alternativen verursacht eine verhältnismäßig lange Entscheidungsdauer. Vor allem bei hochwertigen, langlebigen Gebrauchsgütern finden extensive Kaufentscheidungen statt, bei denen sich der Konsument häufig nicht auf bestehende produktspezifische Erfahrungen stützen kann. Kennzeichnend für **habituelle Kaufentscheidungen** ist die gewohnheitsmäßig getroffene Produkt- und Markenwahl. Der Verzicht auf die Suche nach neuen Produktalternativen hat zur Folge, daß zwischen Stimulus und Reaktion keine Informationssuche und -verarbeitung stattfindet und die kognitive Steuerung derartiger Käufe dementsprechend gering ist. Habituelle Kaufentscheidungen betreffen insbesondere die Güter des täglichen Bedarfs.

Howard und Sheth (1969) unterteilen in impulsive und limitierte Kaufentscheidungstypen. Bei **impulsiven Kaufentscheidungen** reagiert der Konsument spontan auf bestimmte Reize am Point of Sale. Es erfolgt keine Informationsaufnahme und -verarbeitung, sondern die Kaufentscheidung ist rein affektgesteuert. Bei **limitierten Kaufentscheidungen** gelangen mehrere Produkte beziehungsweise Marken in die engere Auswahl, ohne daß ein bestimmtes Produkt präferiert wird. Der kognitive Problemlösungsaufwand bleibt dabei begrenzt, da lediglich Produktalternativen miteinander verglichen werden.

Eine umfassende Typologie des Kaufverhaltens von Konsumenten wurde von Ruhfus entwickelt. Hauptgliederungskriterien sind dabei der **Grad der Kollektivität** der Entscheidungsfindung (Anzahl der beteiligten Personen) und die **Ausprägung des Kaufprogramms** (vgl. Abbildung 2-6).

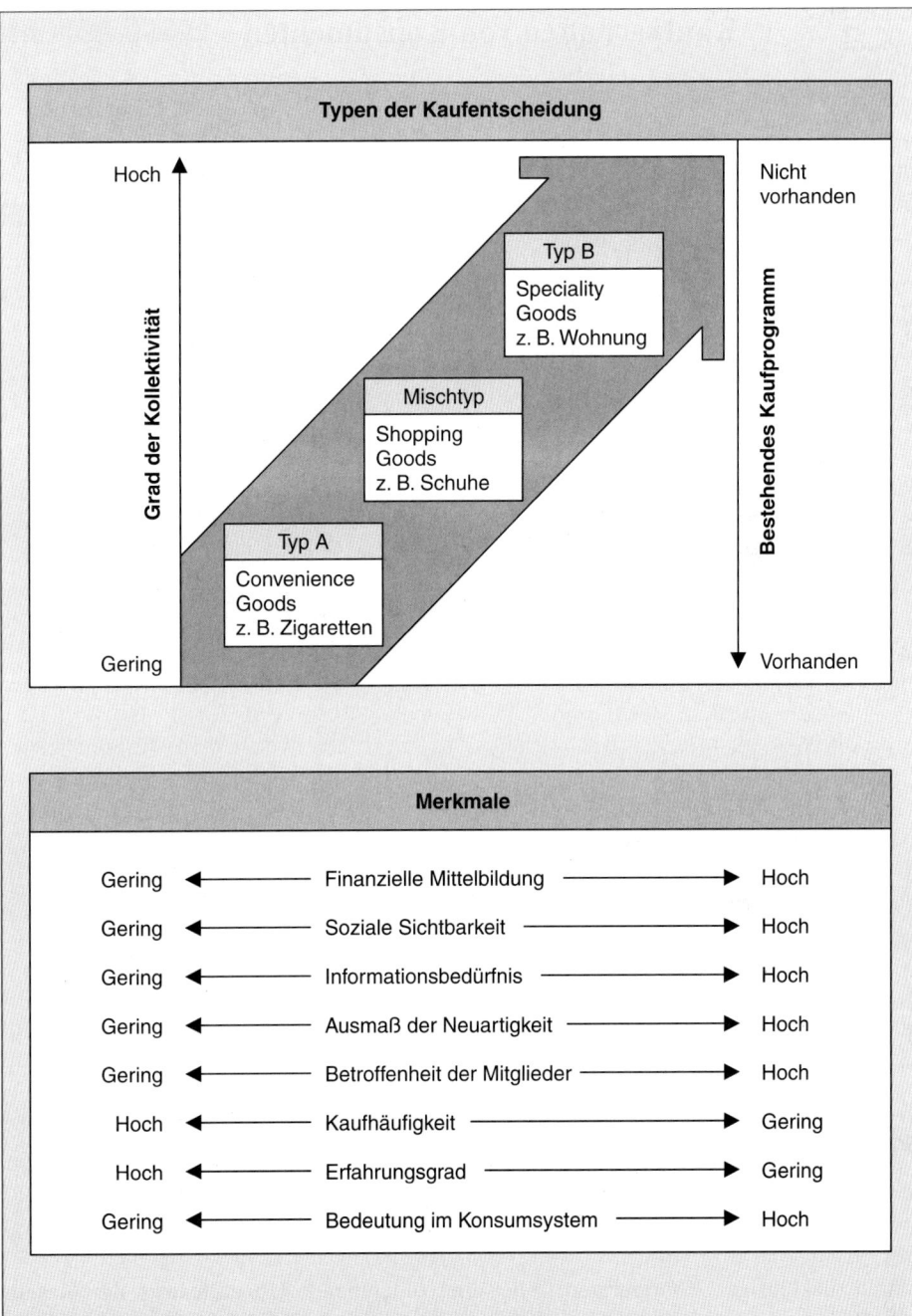

Abbildung 2-6: Typologie von Kaufentscheidungen des Haushalts
(in Anlehnung an Ruhfus 1976, S. 23)

Verhalten von Marktteilnehmern

2.2 Kaufverhalten von Konsumenten

2.21 Aktuelle Entwicklungen im Kaufverhalten der Konsumenten

Das Verhalten der Konsumenten hat sich in den letzten Jahren in vielen Bereichen wesentlich verändert. Diese Trends haben einen zum Teil erheblichen Einfluß auf das Marketing. Besonders deutlich wird dies am Beispiel der veränderten **Bevölkerungsstruktur** (vgl. Abbildung 2-7).

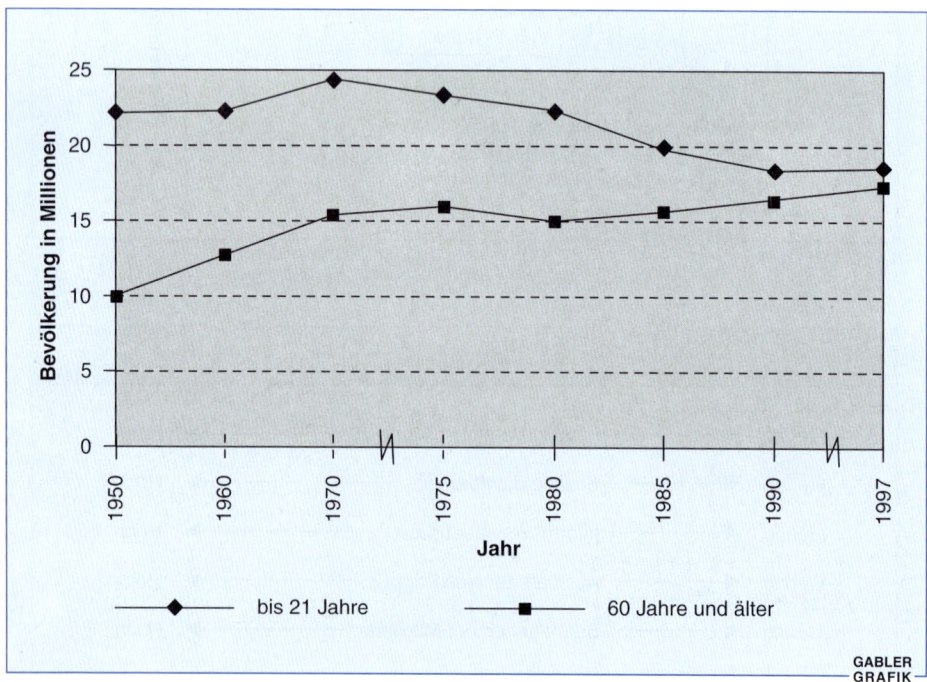

Abbildung 2-7: Bevölkerungsstruktur in der Bundesrepublik Deutschland nach Altersklassen
(Quelle: Institut der deutschen Wirtschaft Köln 1999, S. 10)

Durch rückläufige Geburtenraten findet eine zunehmende **Überalterung der Gesellschaft** statt. In der Bundesrepublik Deutschland wird im Jahre 2000 voraussichtlich ein Fünftel der Bevölkerung älter als 60 Jahre sein. Die Senioren zeigen im Vergleich zu jüngeren Altersgruppen ein abweichendes Einkaufsverhalten. Als Konsequenz für das

Marketing ergibt sich, daß die Senioren mit spezifischen Marketingprogrammen gezielt bearbeitet werden müssen. Dementsprechend hat sich mit dem „Seniorenmarketing" eine neue Teildisziplin der marktorientierten Unternehmensführung herausgebildet (Lakaschus 1992; Kölzer 1995).

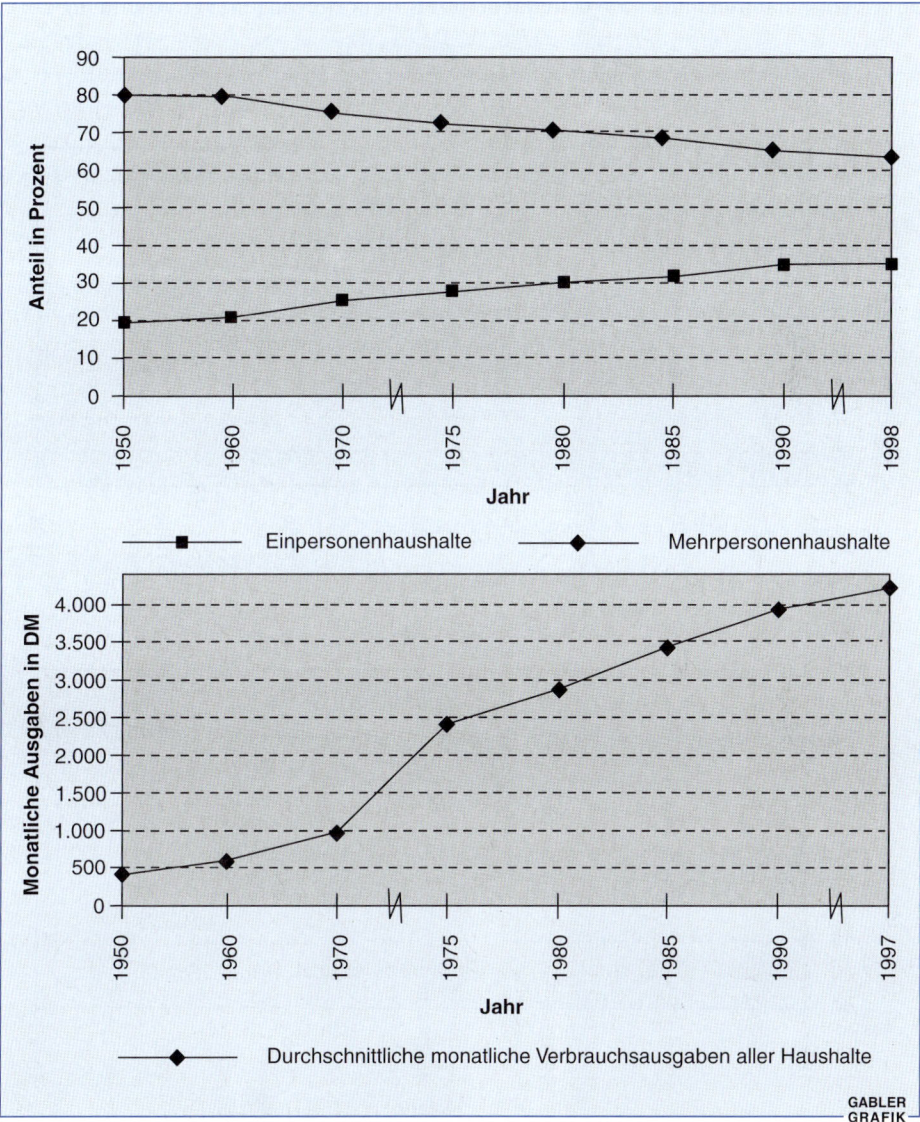

Abbildung 2-8: Anzahl der Ein- und Mehrpersonenhaushalte in der Bundesrepublik Deutschland (Ost und West) und durchschnittliche monatliche Verbrauchsausgaben (nur West)
(Quelle: Institut der deutschen Wirtschaft Köln 1999, S. 13 und 53)

Des weiteren ist ein **Trend zu Single-Haushalten** festzustellen, wobei die Privathaushalte insgesamt über ein wachsendes **Bruttogeldvermögen** verfügen. In diesem Zusammenhang wird auch von der **Wohlstandsgesellschaft** und der **Erbengeneration** gesprochen (vgl. Abbildung 2-8). Darüber hinaus sind der durchschnittliche **Urlaubsanspruch** eines Arbeitnehmers in Deutschland in den letzten Jahrzehnten deutlich angestiegen und die effektive durchschnittliche **Wochenarbeitszeit** zurückgegangen (vgl. Abbildung 2-9).

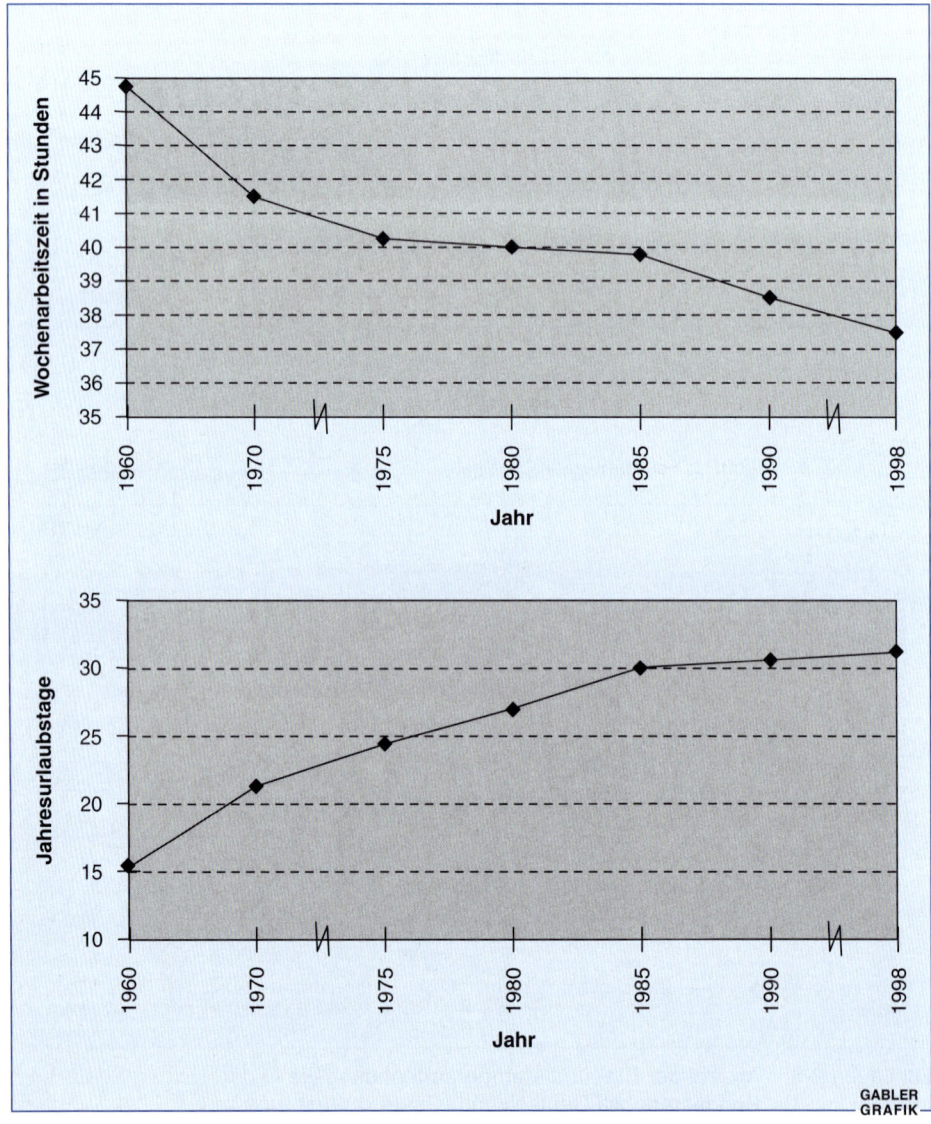

Abbildung 2-9: Wochenarbeitszeit und Urlaubsanspruch im Zeitablauf
(Quelle: Institut der deutschen Wirtschaft Köln 1999, S. 31)

Die aufgezeigten Veränderungen resultieren in einem veränderten Konsumverhalten mit entsprechender **Konsequenz für das Marketing**. So hat beispielsweise der Trend zu Single-Haushalten dazu geführt, daß im Automobilbereich die Absatzzahlen im Segment der „Freizeitautos" (Sportwagen, Cabrios und Roadster) enorm gestiegen sind. Ebenso steht den Konsumenten durch die verringerte durchschnittliche Wochenarbeitszeit und den erhöhten Urlaubsanspruch mehr Zeit für Freizeitaktivitäten und Urlaub zur Verfügung, was zu einem entsprechenden Anstieg der Freizeit- und Urlaubsausgaben und damit zum **„Wachstumsmarkt Freizeit und Urlaub"** geführt hat.

Weiterhin kann ein Trend der wachsenden **Individualisierung** des Konsumentenverhaltens festgestellt werden (vgl. viertes Kapitel, Abschnitt 3.11). Es werden vermehrt Produkte nachgefragt, die eine gewisse Einzigartigkeit beziehungsweise eine „individuelle Note" besitzen. Die Individualisierung hat zu einer **Fragmentierung der Märkte** (Zersplitterung) geführt. Der Konsument verlangt auf seine Bedürfnisse abgestimmte Produkte. Dies läßt sich gut am Beispiel des Automobilmarktes in Deutschland zeigen. Während der Automobilmarkt zum Ende der achtziger Jahre noch durch neun Segmente gekennzeichnet war, so werden mittlerweile 16 Segmente durch die Automobilhersteller bedient.

Ein weiteres Phänomen der neunziger Jahre ist die **Instant-Mentalität** der Konsumenten (Wüthrich 1991, S. 373). Das im Vergleich zu seinen Konkurrenten schneller liefernde Unternehmen wird vom Konsumenten bevorzugt. Berücksichtigt man dabei, daß die Konsumpräferenzen der Konsumenten immer häufiger und schneller wechseln und die Marken- und Anbieterloyalität in vielen Produktbereichen sinken, wird deutlich, daß die Reaktionszeit für zahlreiche Unternehmen zu einem wichtigen Erfolgsfaktor geworden ist.

Bezogen auf den einzelnen Konsumenten zeichnen sich ferner zunehmend **„hybride" Konsumstrukturen** ab, das heißt, daß sich der Konsument in manchen Fällen völlig gegensätzlich verhält. Einerseits werden Produkte des täglichen Bedarfs möglichst preisgünstig eingekauft, andererseits besteht bei demselben Konsumenten ein Bedarf an Luxusgütern. Die hybriden Konsumstrukturen bewirken in vielen Branchen eine **Polarisierung der Nachfrage**, das heißt ein gleichzeitiges Wachstum des Hoch- und Niedrigpreissegmentes. Während in den sechziger Jahren die meisten Produkte aus dem Mittelpreissegment stammten und Produkte im Hoch- und Niedrigpreissegment eher von untergeordneter Bedeutung waren, so verlieren die Produkte im Mittelpreissegment in den neunziger Jahren stark an Bedeutung. Dabei kommt jedoch der Qualität nach wie vor eine Schlüsselrolle zu (Diller 1995).

Auch das wachsende **Umweltbewußtsein** der Konsumenten (Meffert/Bruhn 1996) hat Konsequenzen für das Marketing (vgl. Abbildung 2-10). Für Unternehmen ergibt sich dadurch die Chance, durch umweltgerechte Produkte bestehende Marktpotentiale zu nutzen und sich gegenüber den Wettbewerbern zu profilieren (Meffert/Kirchgeorg 1998).

Verhalten von Marktteilnehmern

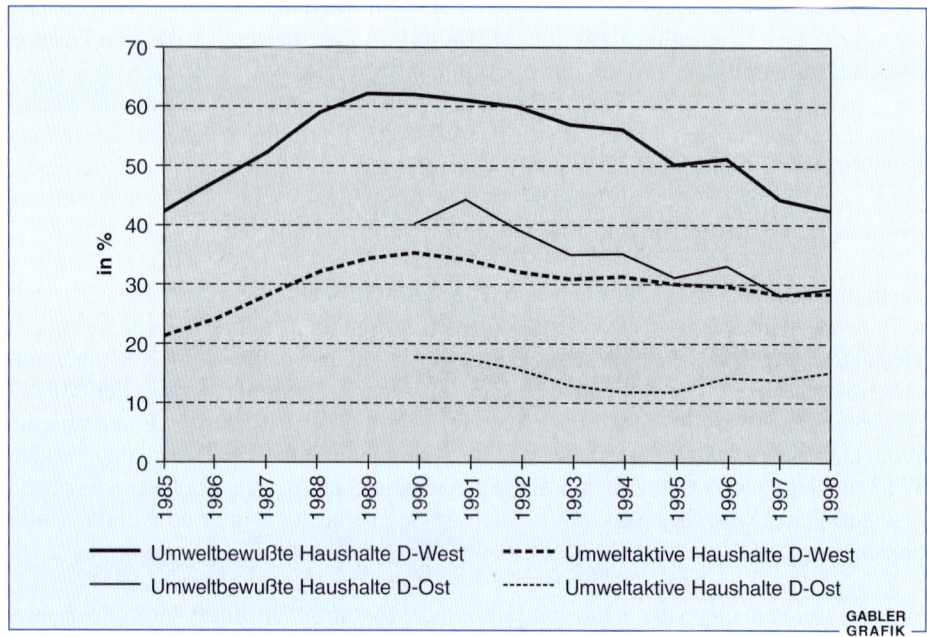

Abbildung 2-10: Zeitliche Entwicklung des Umweltbewußtseins in Deutschland
(Quelle: GfK Panel Services Consumer Research 1999)

Ein weiterer relevanter Verhaltenstrend ist die Informationsüberlastung der Konsumenten durch Massenmedien und Werbung (**Information Overload**). Empirische Studien in Deutschland und den USA zeigen, daß die Informationsüberlastung teilweise bis zu 99 Prozent beträgt (Kroeber-Riel 1987). Das heißt, daß nur 1 Prozent aller dem Konsumenten im Verlaufe beispielsweise eines Tages durch verschiedene Medien dargebotenen Informationen tatsächlich aufgenommen werden.

Bei diesen Studien wurde das Informationsangebot durch elektronische Medien, das vor allem in den letzten Jahren nicht zuletzt durch Online-Dienste (Internet) enorm gestiegen ist, nicht miteinbezogen. Somit ist davon auszugehen, daß die Informationsüberlastung seit 1987 weiter gestiegen ist und noch weiter steigen wird. Für das Marketing ergibt sich daraus, daß es **für Unternehmen zunehmend schwieriger wird, die Aufmerksamkeit des Konsumenten auf sich zu ziehen**. Das Informationsinteresse der Konsumenten läßt nach, so daß die angebotenen Informationen immer auffälliger verpackt werden müssen (vgl. drittes Kapitel, Abschnitt 5.2).

Das sich laufend verändernde Konsumentenverhalten weist der **verhaltenstheoretischen Fundierung von Marketingentscheidungen** zukünftig eine hohe und wachsende Bedeutung zu.

2.22 Kaufverhalten von Konsumenten

Bei dem Versuch, das Kaufverhalten von Konsumenten zu erklären, haben sich in der Literatur zwei unterschiedliche Vorgehensweisen durchgesetzt. Einerseits besteht die Möglichkeit, alle wesentlichen Bestimmungsfaktoren des Käuferverhaltens in einem **Totalmodell** zu integrieren. Totalmodelle können ihrerseits in Struktur- und Prozeßmodelle unterteilt werden. Während in **Strukturmodellen** die Beziehungen zwischen den verschiedenen Konstrukten des Käuferverhaltens erklärt werden, findet in **Prozeßmodellen** eine Phasenbetrachtung der Kaufentscheidung statt. In **Partialmodellen** werden andererseits die Bestimmungsfaktoren des Käuferverhaltens voneinander isoliert betrachtet. Da die Totalmodelle auf den Erkenntnissen der einzelnen Konstrukte aufbauen, bedarf es im folgenden zuerst einer isolierten Betrachtung dieser Konstrukte. Die wesentlichen Bestimmungsfaktoren werden aus Abbildung 2-11 ersichtlich.

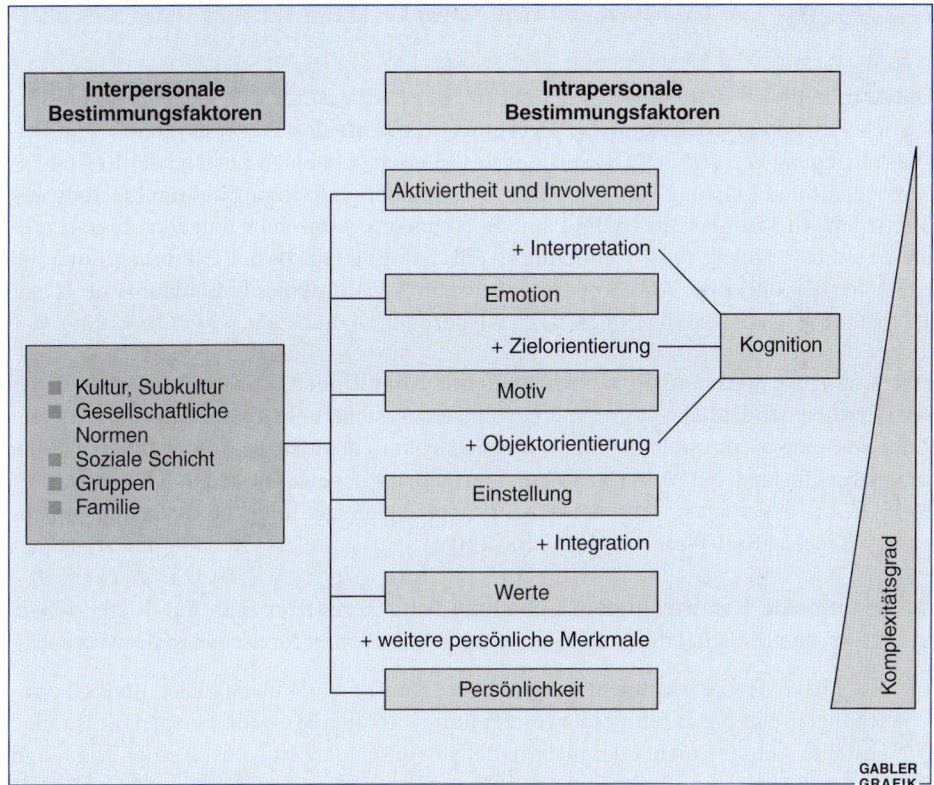

Abbildung 2-11: Bestimmungsfaktoren des Käuferverhaltens
(in Anlehnung an Trommsdorff 1998, S. 33)

Die **intrapersonalen Bestimmungsfaktoren des Konsumentenverhaltens** sind durch einen unterschiedlichen Komplexitätsgrad gekennzeichnet. Sie bauen im Sinne einer Hierarchie aufeinander auf, so daß das Konstrukt der Persönlichkeit alle anderen Konstrukte integriert. Die **interpersonalen Bestimmungsfaktoren** beeinflussen alle intrapersonalen Bestimmungsfaktoren. Zum Beispiel prägen die Kultur, die gesellschaftlichen Normen und die Schicht-, Gruppen- und Familienzugehörigkeit das Wertesystem eines Menschen. Andererseits prägt auch ein Individuum sein soziales Umfeld, so daß von einem gegenseitigen Abhängigkeitsverhältnis (Interdependenz) gesprochen werden kann.

Durch die vielen wechselseitigen Beziehungen zwischen den Bestimmungsfaktoren des menschlichen Handelns kann das Käuferverhalten von Konsumenten bis heute erst ansatzweise erklärt werden. Die isolierte Betrachtung nur eines Bestimmungsfaktors des Käuferverhaltens reicht zur Erklärung des Konsumentenverhaltens nicht aus, ist jedoch stets eine notwendige Vorbedingung für das Verständnis des menschlichen Handelns in seiner Gesamtheit.

2.221 Aktiviertheit und Involvement

Die Aktiviertheit beschreibt den inneren Erregungszustand eines Menschen. Aus physiologischer Sichtweise ist damit die **Erregung des zentralen Nervensystems** gemeint. Diese Erregung versetzt den Organismus des Menschen in einen Zustand der Leistungsbereitschaft und Leistungsfähigkeit. Die Wirkung der Aktivierung auf die Leistung des Menschen wird zumeist durch die Lambda-Hypothese (oder auch umgekehrte μ-Hypothese) wiedergegeben (vgl. Abbildung 2-12). Die Lambda-Hypothese besagt, daß bei zunehmender Stärke der Aktivierung zunächst die Leistung eines Individuums steigt und ab einer bestimmten Aktivierungsstärke wieder fällt.

Das Konstrukt Aktiviertheit beinhaltet **keine Kognitionen**, das heißt, der Grad der Aktiviertheit wird allein vom Unterbewußtsein gesteuert. In diesem Zusammenhang kann von einem „physiologisch grundlegenden, im entwicklungsgeschichtlichen Sinn primitiven Zustand, der bereits das Verhalten niederer Lebewesen steuert" (Trommsdorff 1998, S. 42), gesprochen werden. Die Aktiviertheit kann auf folgende **Ursachen** zurückgehen (Kroeber-Riel/Weinberg 1999, S. 71 ff.):

- **Emotionale Reizwirkungen:** Schaffung der inneren Erregung durch emotionale Reize, zum Beispiel durch die Darstellung von nackten Menschen in der Werbung,

- **Kognitive Reizwirkungen:** gedankliche Konflikte, Widersprüche und Überraschungen, die die Informationsverarbeitung stimulieren, wenn beispielsweise eine gestellte Aufgabe nicht oder nicht in der gewünschten Zeit gelöst werden kann, und

- **Physische Reizwirkungen:** physisch wirkende Reize wie Regen, Berührung, Musik, Farben, Geruch etc.

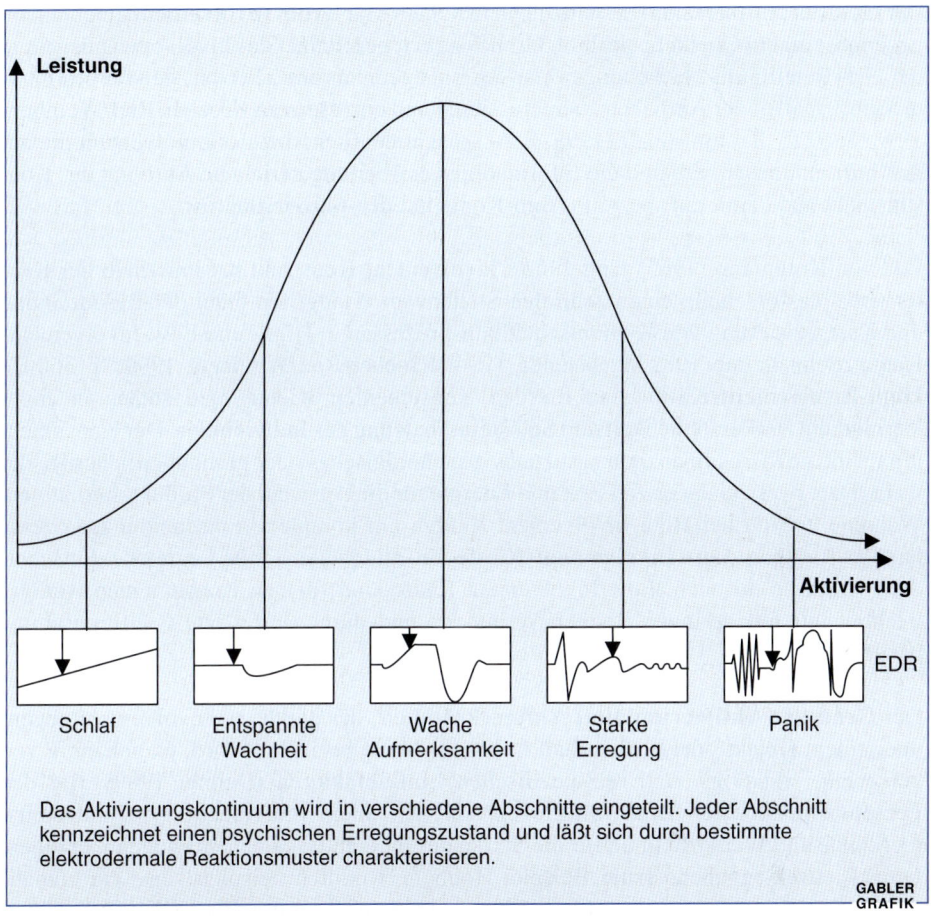

Abbildung 2-12: Zusammenhang zwischen Aktivierung und Leistung des menschlichen Organismus
(Quelle: Kroeber-Riel/Weinberg 1999, S. 79)

Konsumenten verhalten sich gegenüber der Kommunikation von Unternehmen in der Regel zunächst passiv. Somit müssen gezielte **Aktivierungstechniken** eingesetzt werden, damit das Unternehmen beziehungsweise ein Produkt überhaupt vom Konsumenten wahrgenommen wird. Die **Aktivierung ist die Grundvoraussetzung für eine gezielte Beeinflussung des Käuferverhaltens**.

Neben der Aktiviertheit muß zusätzlich **Aufmerksamkeit** beim Konsumenten erweckt werden. Aufmerksamkeit bedeutet die Selektion und Konzentration auf bestimmte Reize beziehungsweise Informationen (Trommsdorff 1998, S. 43). Gerade vor dem Hintergrund des **Information Overload** wird deutlich, daß es immer wichtiger wird, Aufmerksamkeit beim Konsumenten zu wecken.

Der Grad der Aufmerksamkeit wird dabei in hohem Maße vom **Involvement** einer Person gegenüber einem Objekt beeinflußt. Grundsätzlich bezeichnet das Involvement den Grad der „Ich-Beteiligung" beziehungsweise des Engagements einer Person, sich für bestimmte Sachverhalte oder Aufgaben zu interessieren und einzusetzen (Kroeber-Riel/Weinberg 1998, S. 92 f.). Trommsdorff (1998, S. 41) macht deutlich, daß das Involvement die auf den Informationserwerb und die Informationsverarbeitung gerichtete Aktivität des Konsumenten und damit ein spezielles Sub-Konstrukt der Aktiviertheit ist.

Das von Krugmann (1965) eingeführte Involvement-Konstrukt hat innerhalb der Käuferverhaltensforschung einen zentralen Stellenwert erlangt. Es dient der Beschreibung und Kategorisierung von Kaufentscheidungsprozessen in High- und Low-Involvement-Käufe (Schnetkamp 1982; Laaksonen 1994; Kroeber-Riel/Weinberg 1999, S. 360 f.). **High-Involvement-Käufe** sind für den Konsumenten wichtig und stehen in enger Verbindung zur Persönlichkeit und Selbsteinschätzung des Individuums. Der Konsument nimmt ein gewisses finanzielles, soziales, psychologisches oder gesundheitliches Risiko wahr. Daher verwendet er viel Zeit und Energie für die Auswahl der Produktalternativen. Während es sich bei High-Involvement-Käufen um komplexe Entscheidungsprozesse handelt, bringen **Low-Involvement-Käufe** im allgemeinen nur begrenzte Entscheidungsprozesse mit sich. Low-Involvement-Käufe sind für den Konsumenten weniger wichtig, nur mit geringen Risiken verbunden und durch verfestigte Kaufprogramme bestimmt.

Der **Grad der Aktivierung und Aufmerksamkeit**, der durch das Involvement gegenüber einem Objekt oder Sachverhalt in hohem Maße beeinflußt wird, ist abhängig von personen-, situations- und reizspezifischen Einflußfaktoren (Deimel 1989). Bei den **personenspezifischen Einflußfaktoren** sind vor allem individuelle Persönlichkeitsmerkmale und Wertstrukturen für die Stärke des inneren Engagements gegenüber einem Objekt ausschlaggebend (zum Beispiel Hobbys), wodurch beispielsweise ein „fanatisches" Konsumverhalten ausgelöst werden kann. **Situationsspezifische Einflußgrößen** sind zum Beispiel Zeitdruck und die Nicht-Verfügbarkeit eines Produktes. Bei den **reizspezifischen Einflußfaktoren** steht vor allem das Konstrukt des Produkt-Involvement im Vordergrund. Das **Produkt-Involvement** ergibt sich aus der persönlichen Wichtigkeit, die einem Produkt beigemessen wird, und aus der persönlichen Bindung eines Konsumenten an eine bestimmten Produktmarke (Mühlbacher 1988).

Die Konstrukte Aktiviertheit, Aufmerksamkeit und Involvement können grundsätzlich auf zwei verschiedene Arten gemessen werden. Möglich sind die apparative Messung (zum Beispiel Hautwiderstandsmessung) und die verbale Befragung (Trommsdorff 1998, S. 56 ff.).

2.222 Emotionen

Izard (1981) bezeichnet Emotionen als jene psychischen Erregungen, die subjektiv wahrgenommen werden. Er geht von zehn angeborenen (primären) emotionalen Grundhaltungen aus: Interesse, Freude, Überraschung, Kummer, Zorn, Ehre, Geringschätzung, Furcht, Scham und Schuldgefühl. Alle anderen (sekundären) Emotionen setzen sich aus diesen Emotionen zusammen. Emotionen schließen die Konstrukte Aktiviertheit, Aufmerksamkeit und Involvement ein. Die Emotion enthält jedoch zusätzlich die **Interpretation** eines Sachverhaltes. Emotionen werden teilweise bewußt vom Menschen wahrgenommen, jedoch sind viele Emotionen nur anhand innerer Bilder, das heißt visueller Vorstellungen eines Menschen, die nicht oder nur schwer verbalisiert werden können, nachvollziehbar. Im Rahmen der Emotionstheorie wird Emotionen vor allem eine **Antriebsfunktion** für menschliches Handeln zugesprochen (Trommsdorff 1998, S. 61).

Die zunehmende **Emotionalisierung des Konsumentenverhaltens** ist eine Folge der wachsenden technischen Homogenität vieler Produkte. Die mit einem Produkt verbundenen Gefühle sind oftmals zu ausschlaggebenden Differenzierungskriterien im Wettbewerb geworden. Bei Produkten, die aus technisch-qualitativer Sicht vom Konsumenten als austauschbar wahrgenommen werden, kommt der Vermittlung produktspezifischer Emotionen bei der Positionierung eine hohe Bedeutung zu. Beispielhaft können hier Produkte aus dem Zigaretten-, HiFi- und Biermarkt genannt werden.

Die **Messung von Emotionen** kann durch **psychobiologische** Instrumente erfolgen. Diese dienen vor allem der Erfassung der Stärke emotionaler Erregungen und Aktivierungen. Zu nennen sind hier das Elektroenzephalogramm (EEG) zur Messung der Reaktionen des zentralen Nervensystems, die Verfahren zur Messung des Hautwiderstandes sowie die Messung von Pupillenerweiterungen und -verengungen. Die psychobiologischen Instrumente sollten durch **verbale und nonverbale Meßansätze** ergänzt werden, um Aufschluß über die Richtung und den Inhalt emotionaler Erregungszustände zu erhalten. Ein subjektiv-verbales Verfahren zur Messung der mit Emotionen verbundenen kognitiven Vorgänge ist das **Semantische Differential**, das durch die Verwendung zweipoliger Rating-Skalen (zum Beispiel angenehm/unangenehm, glücklich/traurig, erregend/beruhigend) Aussagen über die Richtung und die Qualität („Inhalt") der Emotionen ermöglicht.

Angesichts der problematischen Verbalisierung von Emotionen rücken zunehmend nonverbale Meßverfahren wie die **Beobachtung** in den Blickpunkt des Interesses. Diese Verfahren zeichnen sich dadurch aus, daß direkt beobachtbare Veränderungen des Konsumentenverhaltens aufgezeichnet werden (Fast 1979; Forschungsgruppe Konsum und Verhalten 1983), die Rückschlüsse auf psychologische Prozesse zulassen. Von besonderer Bedeutung sind dabei Mimik und Gestik als non-verbale Ausdrucksweisen (Weinberg 1986).

2.223 Wissen und Wissenserwerb

Kognitionen (Wissenszustände) werden definiert als „eigenständig bewußt zu machende Wissenseinheiten, das heißt als subjektives Wissen, das bei Bedarf zur Verfügung steht, sei es als intern gespeicherte Information, die durch Erinnern … verfügbar ist, sei es als externe Information, die durch Wahrnehmen … verfügbar wird" (Trommsdorff 1998, S. 79). Kognitive Bestimmungsfaktoren beeinflussen die Vorgänge, mit denen der Mensch sich gedanklich innerhalb seiner Umwelt organisiert. Sie stehen dabei in engem Zusammenhang mit der Aktiviertheit und den Emotionen, die im Sinne eines Filters die Steuerung, Hemmung und Intensivierung von gedanklichen Vorgängen übernehmen. Während die Aktivierung dafür sorgt, daß Verhalten überhaupt stattfindet, wird bei der kognitiven Steuerung der Frage nachgegangen, welches Verhalten stattfinden soll. Die kognitiven Vorgänge lassen sich in **Wahrnehmung** sowie **problemlösendes Denken und Lernen** (Gedächtnisleistung) einteilen.

Beginn aller kognitiven Prozesse ist die **Wahrnehmung**. Die Wahrnehmung umfaßt den Prozeß der Aufnahme und Selektion von Informationen sowie deren Organisation (Gliederung und Strukturierung) und Interpretation durch das Individuum. Von großer Bedeutung für das Verständnis der Wahrnehmung ist ihre **Aktivität, Subjektivität und Selektivität** (Kroeber-Riel/Weinberg 1999, S. 265 ff.). Das Individuum verarbeitet aktiv die wahrgenommenen Informationen seiner Umwelt, das heißt, **ohne Aktivierung erfolgt keine Wahrnehmung**. Aus der Fülle der Informationen werden subjektiv jene Informationen herausgefiltert (Selektion), die das eigene Informationssystem nicht überfordern und den individuellen Bedürfnissen entsprechen.

Damit ein Reiz in der heute vorherrschenden Situation der Reizüberflutung (Information Overload) überhaupt wahrgenommen wird, muß dieser einen spezifischen Intensitäts-Schwellenwert überschreiten. Mit unterschwelliger beziehungsweise **subliminaler Wahrnehmung** wird der Sachverhalt bezeichnet, daß eine Wahrnehmung trotz einer Reizintensität unterhalb dieses Schwellenwertes stattfindet. Die subliminale Wahrnehmung wird vor allem unter dem Gesichtspunkt der unkontrollierten Steuerung des Verbraucherverhaltens durch Werbebotschaften vielfach diskutiert (Koeppler 1972; Brand 1978; Trommsdorf 1998, S. 286 f.).

Die Wahrnehmung einer Person wird in hohem Maße von der Aktiviertheit, dem Involvement und den Emotionen beeinflußt. Unter diesen Einflußfaktoren ist das **Involvement** von dominierender Bedeutung. Während bei niedrigem Involvement kaum Informationen wahrgenommen werden, suchen hoch involvierte Personen aktiv nach Informationen.

Neben der Wahrnehmung zählt auch das **problemlösende Denken und Lernen** zu den kognitiven Bestimmungsfaktoren des Käuferverhaltens. Lernen kann als die systematische Änderung des Verhaltens aufgrund von Erfahrungen bezeichnet werden (Meffert 1992, S. 62). In der **Lerntheorie** werden unterschiedliche Konzeptionen diskutiert, die vom Prinzip des auf „Versuch und Irrtum" beruhenden Lernens bis zum „intelligenten" Lernen reichen (Bower/Hilgard 1983, 1984). Die bekanntesten Lerntheorien sind die klassische Konditionierung, die operante Konditionierung und das Modell des sozial-kognitiven Lernens.

Die Grundannahme der **klassischen Konditionierung** ist, daß jeder Mensch über ungelernte Reflexe verfügt und „automatisch" auf bestimmte Umweltreize reagiert. Sofern ein anderer sogenannter „neutraler", bedeutungsloser Umweltreiz wiederholt gleichzeitig mit einem solchen Reiz auftritt, der eine automatische Reflexreaktion auslöst, wird im Laufe der Zeit eine neue Stimulus-Response-Assoziation gelernt. Dann ist der neutrale Stimulus auch ohne gleichzeitiges Auftreten des ursprünglichen Stimulus in der Lage, die gleiche Reaktion auszulösen. Anwendung findet dieses Phänomen in der assoziativen Werbung, indem Produkte (zum Beispiel Marlboro) wiederholt mit geladenen Reizen (Naturlandschaften, Cowboys) präsentiert werden. Es wird in diesem Fall von **emotionaler Konditionierung** gesprochen (Kroeber-Riel/Weinberg 1999, S. 133 ff.).

Die Theorie der **operanten Konditionierung** basiert auf dem Prinzip des Verstärkerlernens. Das Individuum reagiert auf einen bestimmten Stimulus zunächst unregelmäßig und zufällig. Durch wiederholte Belohnung wird jedoch allmählich gelernt, auf den Stimulus in bestimmter Weise zu reagieren. Eine S-R-Verbindung wird durch den nachfolgenden „belohnenden" Stimulus verstärkt. Mit diesem Ansatz läßt sich zum Beispiel die Produkt- beziehungsweise Markentreue erklären: Ein Konsument, der positive Erfahrungen mit einem Produkt oder Geschäft gemacht hat (Belohnung), wird mit großer Wahrscheinlichkeit seinen Kauf beziehungsweise Besuch wiederholen.

Im Modell des **sozial-kognitiven Lernens** wird versucht, externe Reizsituationen mit kognitiven Verarbeitungsvorgängen zu verknüpfen (Bandura 1976; 1981). Am Anfang des Lernprozesses steht eine hohe Aufmerksamkeit, die das Individuum bestimmte Verhaltensweisen beobachten läßt. Durch Behalten und Reproduktion dieser Verhaltensweisen sowie die informationsverarbeitende und verhaltenssteuernde Funktion kognitiver Prozesse kommt es zu einem **Imitationsverhalten** des Individuums. Lernen stellt somit einen aktiv gesteuerten Prozeß erlebter Erfahrung dar, der durch positive Selbstverstärkung zu Gewohnheiten führen kann.

Im **Gedächtnis** wird das Erlernte dauerhaft gespeichert. Hier kann zwischen dem sensorischen Speicher, dem Kurzzeit- und dem Langzeitspeicher unterschieden werden („3-Speicher-Modell"). Wenn man das **Informationsverhalten** des Konsumenten als Ablauf eines **Prozesses** interpretiert (Raffée 1969, S. 93; Hughes 1974, S. 3), so können die Phasen der Informationssuche, Informationsaufnahme und Informationsverarbeitung den drei genannten Speicherarten wie folgt zugeordnet werden (Kroeber-Riel/Weinberg 1999, S. 224 ff.) (vgl. Abbildung 2-13):

- **Sensorischer Speicher (Ultrakurzzeitspeicher):**
  Hier werden die durch das Auge aufgenommenen sensorischen Eindrücke, wie die Farbe oder Größe eines Produktes, kurzfristig gespeichert und mit anderen Reizkon-

stellationen – zum Beispiel der Umgebung des Produktes – in Beziehung gebracht. Die Weiterverarbeitung, die die Auswahl, Interpretation und Verknüpfung aufgenommener Reize umfaßt, erfolgt quasi „automatisch" und bedarf noch keiner gerichteten Aufmerksamkeit. Die Speicherkapazität des sensorischen Speichers ist sehr groß, die Speicherdauer jedoch sehr klein (circa 0,1 bis 1 Sekunde).

- **Kurzzeit-(Arbeits-)speicher:**
  Hier wird eine Reizauswahl in Abhängigkeit von dem Aktivierungspotential getroffen. Die Reize werden hier in Informationen umgewandelt. Während dieses Prozesses wird auf die im Langzeitspeicher vorhandenen Informationen früherer Erfahrungen zurückgegriffen. Die Informationen des Kurzzeitspeichers werden entweder nach einigen Sekunden gelöscht oder sie gehen in den Langzeitspeicher über.

- **Langzeitspeicher:**
  Der Langzeitspeicher stellt das eigentliche Gedächtnis des Menschen dar. Die bereits verarbeiteten und zu kognitiven Einheiten organisierten Informationen werden langfristig gespeichert und – nach herrschender Auffassung – nie wieder vergessen. Das Vergessen von Informationen ist vielmehr auf eine mangelnde Zugriffsmöglichkeit auf die vorhandenen Informationen zurückzuführen.

Hervorzuheben ist, daß die gekennzeichneten kognitiven Vorgänge in **einer Wechselwirkung mit den aktivierenden Prozessen** stehen. Diese lenken die Informationsaufnahme und haben einen fördernden oder hemmenden Einfluß auf die Gedächtnisleistung.

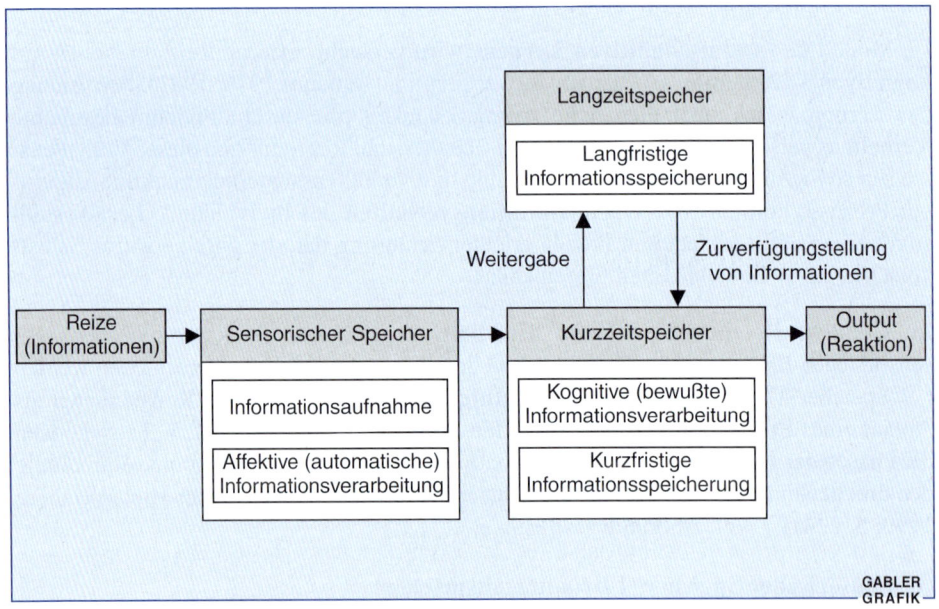

Abbildung 2-13: Gedächtnismodell zur Darstellung elementarer kognitiver Prozesse

2.224 Motive

In engem Zusammenhang mit emotionalen Vorgängen stehen die menschlichen Motive (Bedürfnisse). Motive versorgen den Konsumenten mit Energie und **richten das Verhalten auf ein Ziel aus**. Insofern beantwortet dieses Konstrukt das „Warum" des menschlichen Handelns (Kroeber-Riel/Weinberg 1999, S. 141 ff.).

Die Begriffe **Motiv und Motivation** werden uneinheitlich gebraucht. Motivationen bezeichnen eher die aktuelle Handlungsausrichtung, während Motive zumeist durch einen überdauernden Aspekt gekennzeichnet sind.

In den psychologischen Theorien besteht Übereinstimmung darüber, daß Motivation einerseits eine **Aktivierungskomponente**, das heißt die Konstrukte Aktiviertheit, Involvement und Emotionen, und andererseits auch eine **kognitive Komponente** umfaßt. Beispielsweise führt ein Mangel an Nahrung zu Hunger (Aktivierungskomponente). Der Hunger wird dem Menschen bewußt, und er sucht zielgerichtet nach Alternativen zur Befriedigung des Hungergefühls (kognitive Komponente).

Es können verschiedene **Arten von Motiven** unterschieden werden. Dabei sind folgende Unterteilungen möglich:

- primäre und sekundäre Motive,
- intrinsische und extrinsische Motive,
- bewußte und unbewußte Motive,
- Motive nach Maslow.

Primäre Motive sind nicht gelernte, biologische Bedürfnisse. Sie stehen in direktem Zusammenhang mit dem Überleben des Menschen (Hunger, Durst und Schlaf). **Sekundäre Motive** sind im Unterschied zu den angeborenen Motiven erlernt (zum Beispiel der Gelderwerb). Sie werden mit den primären Motiven assoziiert oder dienen direkt beziehungsweise indirekt zur Befriedigung der primären Motive.

Intrinsische Motive liegen vor, wenn das Handeln zu einer Belohnung durch den Konsumenten selbst führt. Beispielsweise können Neugierde und das Bedürfnis nach Stimulusvariation (Abwechslung) wichtige Motive für das Individuum sein. **Extrinsische Motive** stellen auf das Handeln und auf die Belohnung durch die Außenwelt ab, zum Beispiel auf das Bedürfnis nach Anerkennung durch Freunde oder im Beruf.

Unbewußte Motive unterscheiden sich von **bewußten Motiven** dadurch, daß ihr Einfluß auf den Konsumenten nicht feststellbar ist, das heißt unterhalb der Schwelle der persönlichen Wahrnehmung liegt.

Maslow (1975) unterscheidet folgende Bedürfnisse:

1. **Physiologische Bedürfnisse** wie Nahrung, Schlaf und Erhaltung der Gesundheit,
2. **Sicherheitsbedürfnisse** wie Erhaltung der Erwerbsfähigkeit und Alterssicherung,
3. **Soziale Bedürfnisse** wie Pflege der Geselligkeit, aber auch Zuneigung und Liebe,
4. **Prestigebedürfnisse** wie Selbstachtung und Anerkennung durch andere,
5. **Bedürfnis nach Selbstverwirklichung**, das heißt Entfaltung der Persönlichkeit und Kreativität im weitesten Sinne.

Nach Maslow kann jede Bedürfnisstufe bis zum „höchsten" (5.) Bedürfnis erst dann erreicht werden, wenn die darunter liegenden Bedürfnisse befriedigt werden konnten („Bedürfnis-Pyramide").

Wenn die Motivationen eines Konsumenten im Widerspruch zueinander stehen, kommt es zu **motivationalen Konfliktsituationen** (Berelson/Steiner 1974, S. 171). Derartige Konflikte (zum Beispiel der Konflikt zwischen dem Wirtschaftlichkeits- und Geschwindigkeitsmotiv beim Autokauf) bieten Herstellern die Möglichkeit, auf den Konsumenten einzuwirken (zum Beispiel durch die besondere Herausstellung des Fahrspaßes und des im Vergleich dazu angemessenen Benzinverbrauchs).

2.225 Einstellungen

Das Verhaltenskonstrukt der „Einstellung" ist die am häufigsten zur Erklärung des Käuferverhaltens herangezogene Variable (Trommsdorff 1975; Geise 1984; Schmedlitz 1985; Kroeber-Riel/Weinberg 1999, S. 167ff., Böhler 1999). **Einstellungen sind innere Bereitschaften (Prädispositionen) eines Individuums, auf bestimmte Stimuli der Umwelt konsistent positiv oder negativ zu reagieren.** Objekte der Einstellungen können Sachen, Personen oder Themen sein (sogenannte Objektorientierung der Einstellung). Der Einstellungsbegriff ist somit weiter gefaßt als der Begriff der Motivation, da die Einstellung zusätzlich eine Gegenstandsbeurteilung vornimmt.

Der Begriff **„Image"** wird als weitgehend deckungsgleich mit dem Einstellungsbegriff angesehen. Das Image wird auch als **mehrdimensionales** Einstellungskonstrukt beschrieben. Es kennzeichnet die „Einstellung einer Person zu einem Meinungsgegenstand" (Andritzky 1976, S. 215) und kann insofern als differenziertes und dabei ganzheitliches Bild eines Einstellungsobjektes begriffen werden (Trommsdorff 1998, S. 152ff.).

Eine in der Praxis weitverbreitete Methodik das Einstellungskonstrukt darzustellen, sind sogenannte Imageprofile. Abbildung 2-14 zeigt am Beispiel von konkurrierenden Warenhäusern die Bewertung einzelner Imagekomponenten aus Sicht der Konsumenten.

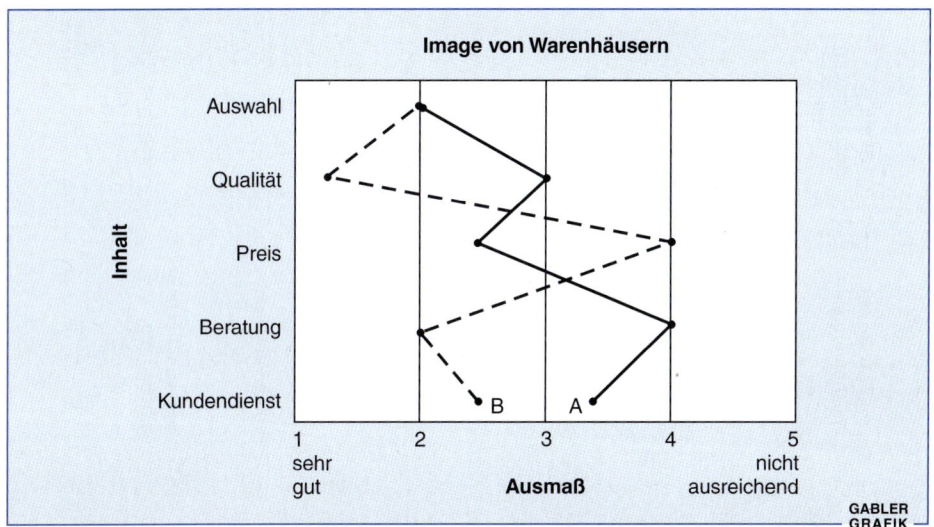

Abbildung 2-14: Beispielhafte Darstellung der Imageprofile zweier Warenhäuser

Einstellungen entstehen durch **Lernprozesse**, das heißt, das Individuum entwickelt aufgrund unmittelbarer oder mittelbarer Erfahrungen mit einem Objekt Überzeugungen, Vorurteile oder Meinungen. Die Einstellungstheorie geht im Rahmen der Käuferverhaltensforschung davon aus, daß mit zunehmender Stärke positiver (negativer) Einstellungen gegenüber Produkten oder Dienstleistungen die Wahrscheinlichkeit des Kaufes steigt (sinkt).

Insgesamt lassen sich bei der Interpretation und Analyse von Einstellungen drei **Komponenten** unterscheiden (3-Komponenten-Theorie der Einstellung):

■ **Affektive Komponente:** Sie enthält die mit der Einstellung verbundene gefühlsmäßige Einschätzung eines Objektes.

■ **Kognitive Komponente:** Sie beinhaltet die mit einer Einstellung verbundenen Gedanken (subjektives Wissen) über das Einstellungsobjekt.

■ **Konative Komponente:** Sie bezeichnet eine mit der Einstellung verbundene Handlungstendenz (Verhaltensabsicht, Kaufbereitschaft).

Abbildung 2-15 beschreibt die allgemeine Vorgehensweise bei der **Messung des Einstellungskonstruktes**. Ausgehend von den drei Konstruktdimensionen (affektiv, kognitiv, konativ) können Einstellungen anhand physiologischer Reaktionen (zum Beispiel Hautwiderstandsänderungen), durch die im Rahmen einer Befragung gegebenen Antworten oder anhand des beobachtbaren Verhaltens (zum Beispiel Kauf, Probierverhalten) erfaßt werden. Den Einzelindikatoren werden direkt oder indirekt Skalenwerte zugeordnet, welche die Anwendung mathematisch-statistischer Analyseverfahren ermöglichen.

Verhalten von Marktteilnehmern

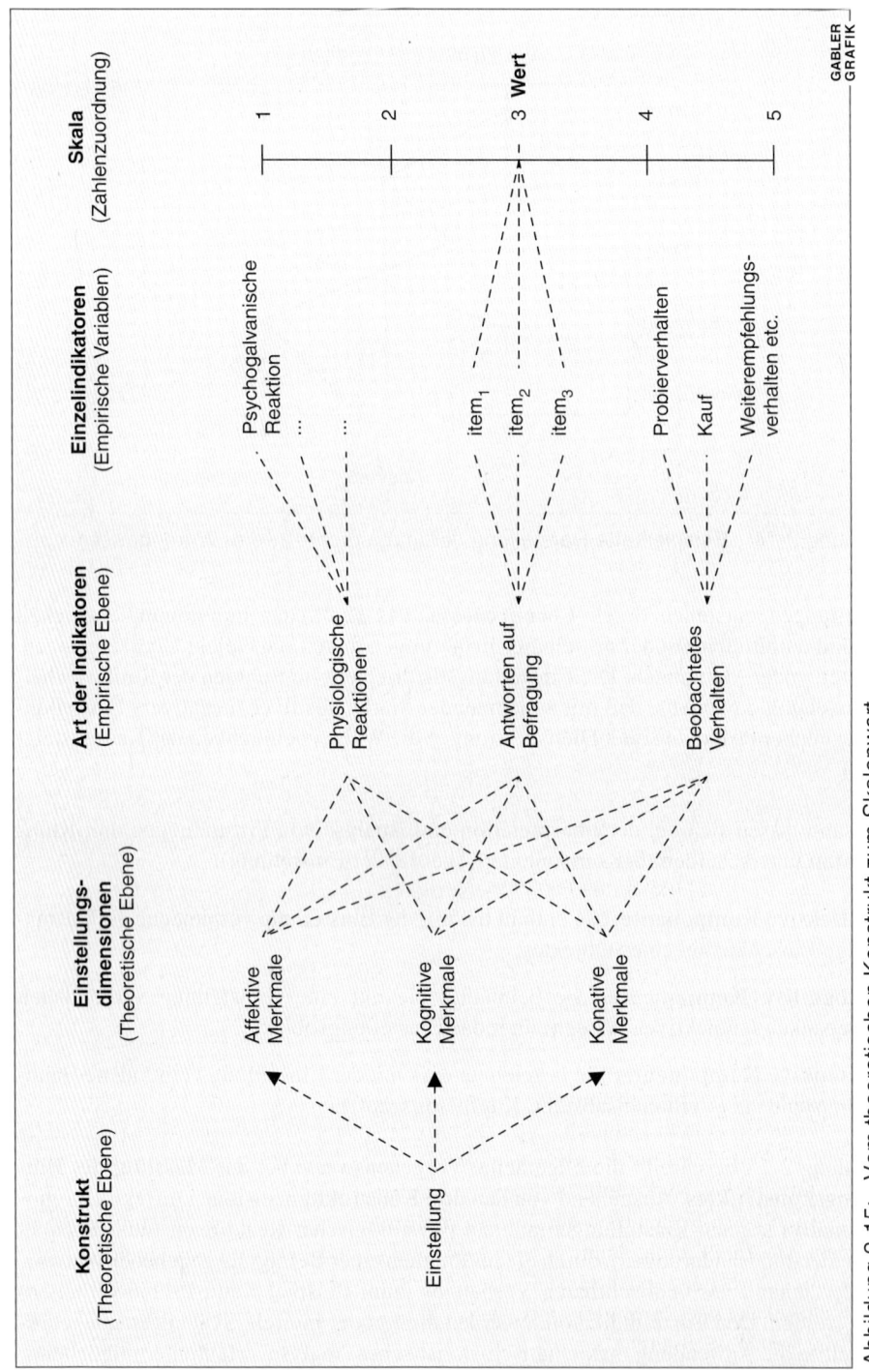

Abbildung 2-15: Vom theoretischen Konstrukt zum Skalenwert (in Anlehnung an Kroeber-Riel 1984, S. 183)

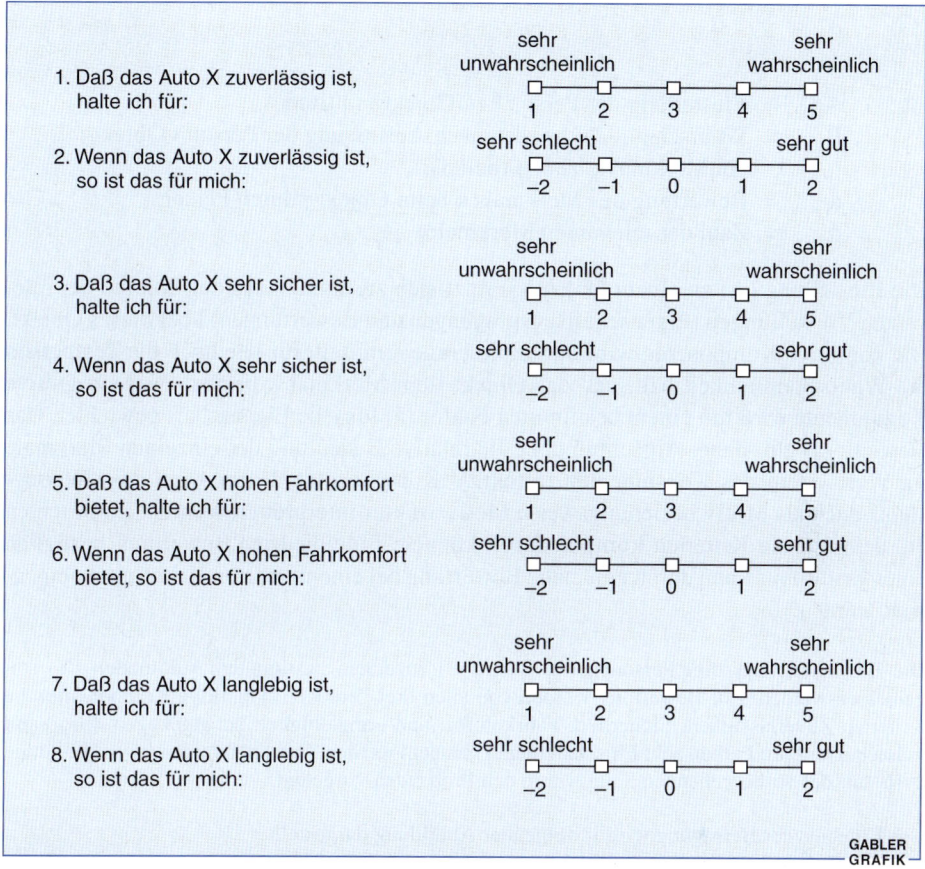

Abbildung 2-16: Fragebogen zur Ermittlung eines Einstellungswertes auf Basis des Fishbein-Modells

Unter den zahlreichen Modellen zur Messung von Einstellungen ist das **Einstellungsmodell von Fishbein** am bekanntesten (Fishbein 1967; Ajzen/Fishbein 1980). Fishbein geht davon aus, daß zwischen der Einstellung eines Individuums zu einem ausgewählten Objekt (Produkt) und der kognitiven beziehungsweise affektiven Beurteilung dieser Person ein funktionaler Zusammenhang besteht. Das kognitive Wissen von Produkteigenschaften, das durch subjektive Wahrscheinlichkeiten erfaßt wird (B_{ijk}), und die affektive Bewertung dieser Eigenschaften anhand von Notenskalen (a_{ijk}) werden multiplikativ miteinander verknüpft und über die Anzahl der in beiden Dimensionen enthaltenen Variablen (Merkmale) summiert. Da das Modell von Fishbein zu den kompensatorischen Modellen zählt, kann der resultierende Wert positiv (positive Einstellung), gleich null (Indifferenz) oder negativ (negative Einstellung) sein. Prämisse ist dabei, daß nur wichtige Merkmale abgefragt werden. In einer Formel ausgedrückt ergibt sich folgender Zusammenhang:

(1a) $\quad A_{ij} = \sum_{k=1}^{n} B_{ijk} \cdot a_{ijk}$

mit:
- A_{ij} = Einstellung der Person i zu Objekt j (attitude),
- B_{ijk} = Wahrscheinlichkeit, daß nach Auffassung der Person i Objekt j ein Merkmal k besitzt (belief),
- a_{ijk} = Bewertung des Merkmals k beim Objekt j durch Person i,
- n = Zahl der relevanten Merkmale.

Die Einstellung (A) zu einem Objekt (j) setzt sich zusammen aus der Summe der relevanten Vorstellungen (Eigenschaftsausprägungen und Bewertungen) über dieses Objekt. Die kognitive Komponente wird durch die Frage ermittelt, für wie hoch die Testperson die Wahrscheinlichkeit hält, daß das Objekt j ein Merkmal k besitzt. Diese kognitive Komponente wird mit einem bestimmten Faktor (a) für jede Eigenschaft gewichtet. Das Gewicht (a) gibt dabei Aufschluß über die relative Bedeutung der einzelnen Merkmale im Wertsystem des Konsumenten (affektive Komponente). Dabei kann das „Wertsystem" auch als Motiv beziehungsweise Motivstruktur interpretiert werden. Zu beachten ist, daß sich die Kriterien **kompensieren** können: Eine niedrige Bewertung bezüglich eines Kriteriums kann durch eine hohe Bewertung bei einem anderen Kriterium kompensiert werden.

Die Einstellung der drei Personen (A, B und C) zu einem bestimmten Automodell (X) soll gemessen werden. Zur Bewertung werden von allen drei Personen (kognitive Komponente) die Kriterien Zuverlässigkeit, Sicherheit, Fahrkomfort und Langlebigkeit herangezogen. Insgesamt müssen damit pro Person acht Einschätzungen gemacht werden. Der Fragebogen (vgl. Abbildung 2-16) auf der vorhergehenden Seite wurde den Probanden vorgelegt.

Das Ergebnis der Befragung wird in folgender Abbildung dargestellt:

Person	Frage 1	Frage 2	Frage 3	Frage 4	Frage 5	Frage 6	Frage 7	Frage 8
A	4	1	3	2	4	−1	2	2
B	3	0	2	0	4	2	4	−1
C	3	1	3	1	3	−2	4	−1

Abbildung 2-17: Befragungsergebnis für das Fishbein-Modell

Daraus ergeben sich folgende Einstellungswerte:

Person A: $A_{AX} = 4 \cdot 1 + 3 \cdot 2 + 4 \cdot (-1) + 2 \cdot 2 = 10$
Person B: $A_{BX} = 3 \cdot 0 + 2 \cdot 0 + 4 \cdot 2 + 4 \cdot (-1) = 4$
Person C: $A_{CX} = 3 \cdot 1 + 3 \cdot 1 + 3 \cdot (-2) + 4 \cdot (-1) = -4$

Somit hat Person A die positivste Einstellung zum Auto (X).

Ein weiterer bekannter Ansatz zur mehrdimensionalen Messung von Einstellungen ist die aus dem Fishbein-Modell entwickelte **Konzeption von Trommsdorff** (Trommsdorff 1975). Bei diesem Modell gilt folgender funktionaler Zusammenhang:

(1b) $\quad E_{ij} = \sum_{k=1}^{w} | B_{ijk} - I_{ik} |$

mit:
- E_{ij} = Einstellung der Person i zu Objekt j,
- B_{ijk} = Realeindruck des k-ten Merkmals beim Objekt j durch Person i,
- I_{ik} = Idealbild, das Person i vom k-ten Merkmal derartiger Objekte hat,
- $B_{ijk} - I_{ik}$ = Eindruckswert,
- w = Zahl der relevanten Merkmale.

Bei diesem Modell wird davon ausgegangen, **daß sich der Konsument an einem produktart-typischen Idealbild** orientiert. Im Gegensatz zur multiplikativen Verknüpfung bei Fishbein werden Distanzen zwischen Real- und Idealeindruck von Objekteigenschaften ermittelt und über alle Variablen (Merkmale) summiert. Je kleiner die Distanz zwischen Ideal- und Realeindruck ist, desto positiver ist die Einstellung des Konsumenten gegenüber dem Einstellungsobjekt.

Die Einstellung der drei Personen (A, B und C) zu einem Auto (X) soll mit Hilfe der Konzeption von Trommsdorff gemessen werden. Zur Bewertung werden erneut die Merkmale Zuverlässigkeit, Sicherheit, Fahrkomfort und Langlebigkeit herangezogen. Für jedes Kriterium mußte eine Einschätzung bezüglich des Autos X und des personenspezifischen „Idealautos" abgegeben werden. Zur Messung wurden semantische Differentiale (hoher Fahrkomfort, niedriger Fahrkomfort) und eine fünfstufige Skala verwendet.

Das Ergebnis der Befragung läßt sich aus folgender Abbildung erkennen:

Kriterium	Realbild A	Idealbild A	Realbild B	Idealbild B	Realbild C	Idealbild C
Zuverlässigkeit	2	3	2	5	2	5
Sicherheit	4	4	1	4	2	3
Fahrkomfort	2	4	3	4	4	4
Langlebigkeit	5	5	3	5	4	4

Abbildung 2-18: Befragungsergebnis für das Trommsdorff-Modell

Person A: $\quad E_{AX} = |2-3| + |4-4| + |2-4| + |5-5| = 3$
Person B: $\quad E_{BX} = |2-5| + |1-4| + |3-4| + |3-5| = 9$
Person C: $\quad E_{CX} = |2-5| + |2-3| + |4-4| + |4-4| = 4$

Die positivste Einstellung zum Auto (X) hat Person A.

Die Kenntnis von **Einstellungen** betrifft unmittelbar die Aktionsseite des Marketing (Werbung, Marktsegmentierung, Produkt- und Sortimentspolitik). Die Einflußnahme des Marketing erstreckt sich dabei auf die Art, Anzahl und Gewichtung einstellungsrelevanter Produkteigenschaften, die produktbezogene Beurteilung der Eigenschaftsausprägungen sowie die Idealanforderungen an ein Produkt. Um Veränderungen in diesen Faktoren feststellen zu können, sind **regelmäßige Analysen** notwendig. Dadurch kann beispielsweise festgestellt werden, welche Eigenschaften an Bedeutung gewonnen haben (zum Beispiel aufgrund der Aktivitäten der Konkurrenz) oder bei welchen Eigenschaften sich die Bewertung des eigenen Produktes (Realbild) verbessert und dem Idealbild angenähert hat (zum Beispiel aufgrund von Produktverbesserungen oder Intensivierung der Werbeanstrengungen).

Im Zusammenhang mit den Einstellungen einer Person muß auch die generelle Risikobereitschaft und das wahrgenommene situationsbezogene Risiko gesehen werden. Unter der **generellen Risikobereitschaft**, die auch als **Risikoeinstellung** bezeichnet wird, ist eine dauerhafte, mehrdimensionale Verhaltensdisposition zu verstehen (Panne 1977). Sie gibt einen individuellen Toleranzbereich vor, dessen Grenzen die maximal oder minimal akzeptablen Werte der Risikobereitschaft darstellen. Dieser Toleranzbereich ist von Person zu Person unterschiedlich, das heißt sowohl das Niveau als auch die Breite des Toleranzbereiches sind individuell verschieden. Demgegenüber bezieht sich das **wahrgenommene Risiko** auf spezifische Kaufsituationen. Entscheidend ist dabei nicht das objektive, sondern das bei der Kaufentscheidung vom Individuum subjektiv wahrgenommene Risiko (Bauer 1976). Es beschreibt die als nachteilig empfundenen potentiellen Folgen des Verhaltens, die vom Konsumenten nicht konkret vorhersehbar sind. Je nach Kaufsituation wirken verschiedene Einflußfaktoren (zum Beispiel interpersonelle Einflüsse und Kaufort) auf das wahrgenommene Risiko des Konsumenten ein.

Die Risiken, die Konsumenten beim Kauf erwarten, können unterschiedlicher Art sein. Das **finanzielle Risiko** beinhaltet die Gefahr finanzieller Einbußen, weil das Produkt in einem anderen Geschäft günstiger gewesen wäre oder die verausgabten Geldmittel nicht mehr für etwas anderes eingesetzt werden können. Mit dem **funktionalen Risiko** ist die Gefahr angesprochen, daß das Produkt qualitative Mängel aufweist und daher nur bedingt funktionstüchtig ist. Weiterhin kann mit dem Produktkauf ein **gesundheitliches** (zum Beispiel bei Zigaretten- und Alkoholkonsum), ein **soziales** (zum Beispiel fehlende Anerkennung im Freundeskreis) und ein **psychisches Risiko** (Unzufriedenheit) verbunden sein.

Welche negativen Kauffolgen vom Konsumenten wahrgenommen werden, hängt dabei vom Produkt, aber auch vom Individuum, das heißt von seiner generellen **Risikobereitschaft**, selbst ab. Konsumenten, die ein Risiko im Kaufentscheidungsprozeß empfinden, sind bestrebt, dieses Risiko zu mindern. Die bekannteste **Risikominderungsstrategie** stellt dabei die Markentreue dar, da die Konsequenzen dieses Verhaltens sehr gut abschätzbar sind. Auch der Kauf von anerkannten beziehungsweise zertifizierten Qualitäts- und hochpreisigen Produkten, die einen positiven und risikomindernden Preis-Qualitäts-Zusammenhang vermuten lassen sowie der Kauf in bekannten Einkaufsstätten (Einkaufsstättentreue) stellen Möglichkeiten dar, das wahrgenommene Risiko zu mindern.

2.226 Werte

Ein Wert stellt eine Auffassung von Wünschenswertem dar, „die explizit oder implizit für ein Individuum oder für eine Gruppe kennzeichnend ist und die Auswahl der zugänglichen Weisen, Mittel und Ziele des Handelns beeinflußt" (Kluckhohn 1962). Werte werden auch als „Über-Einstellungen" beziehungsweise als ein konsistentes System von Einstellungen bezeichnet (Trommsdorff 1998, S. 175). Einstellungen sind somit im Konstrukt Werte integriert. Weiterhin sind Werte in der Regel dauerhafter als Einstellungen.

Werte können auf **drei unterschiedlichen Ebenen** angesiedelt sein, die in Abbildung 2-19 verdeutlicht werden. Die erste Ebene umfaßt **Basiswerte beziehungsweise Grundorientierungen** des Konsumenten. Beispiele hierfür sind die Werte Frieden, Gerechtigkeit oder Sicherheit. In einer zweiten Ebene sind die **Bereichswerte** enthalten. Sie geben Auskunft über die Werte in verschiedenen Lebens- und Gesellschaftsbereichen des Konsumenten.

Die dritte Ebene nimmt auf **produktbezogene Bewertungen** Bezug. Auf dieser Ebene sind Konsumenten in der Lage, ihre Wertvorstellungen bezüglich bestimmter Produkte zu artikulieren. Werte wie Sauberkeit, Sparsamkeit und Umweltfreundlichkeit geben einerseits bereits erste Hinweise auf Produktpräferenzen des Konsumenten und zeigen andererseits warengruppenbezogene Grundhaltungen auf.

Das **Life-Style-Konstrukt** beinhaltet eine Zusammenfassung aus übernommenen Rollen, Interessen und Aktivitäten, die eine bestimmte Art der Lebensführung dokumentieren (Windhorst 1985, S. 34 f.; Drieseberg 1995). Lebensstile lassen sich anhand der A(activities)-I(interests)-O(opinions)-Variablen erfassen (Wells/Tijert 1971; Kroeber-Riel/ Weinberg 1999, S. 547 ff.). Diese beinhalten die drei wesentlichen Formen menschlicher Verhaltensmuster:

1. beobachtbare Aktivitäten (A),
2. emotional bedingtes Interesse und Verhalten (I),
3. kognitive Meinungen (O).

Individuelle Werte und Lebensstile stehen in einem hierarchischen Verhältnis zueinander, wobei Werte den Lebensstilen übergeordnet sind und einen Haupteinflußfaktor des Life-Style-Konstruktes bilden (Windhorst 1985).

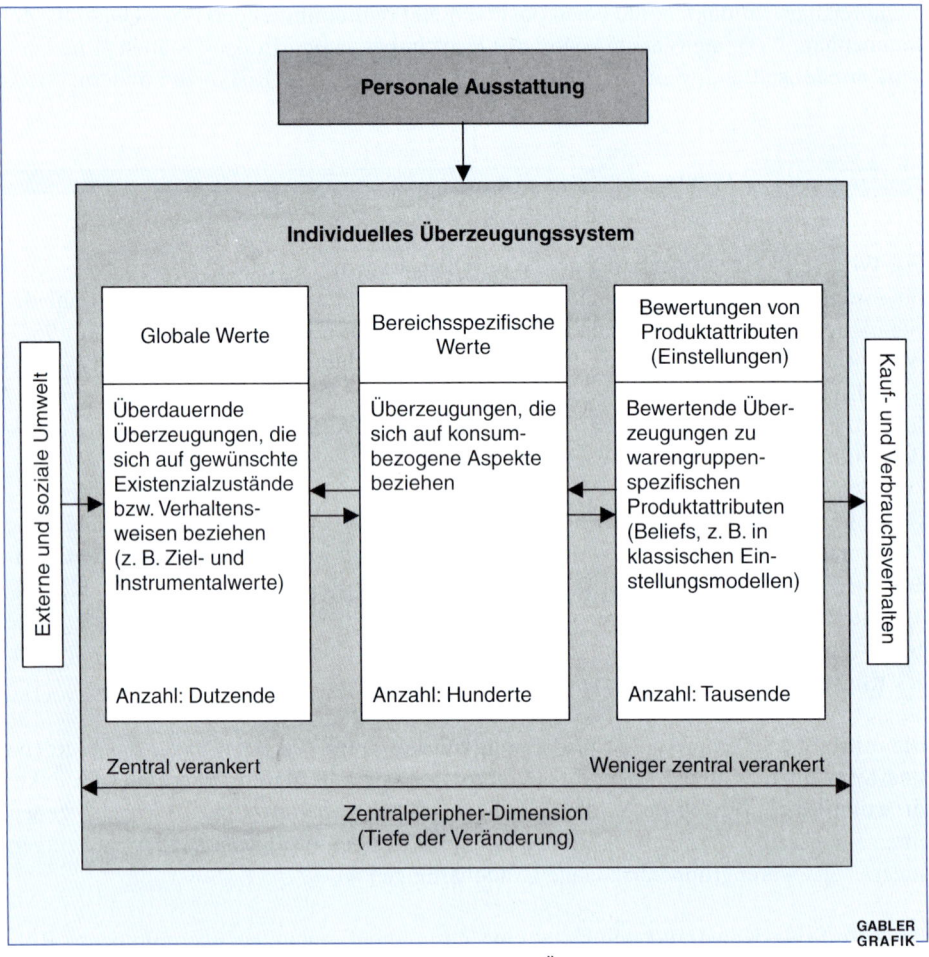

Abbildung 2-19: Wertekategorien im individuellen Überzeugungssystem
(in Anlehnung an Vinson et al. 1977 S. 44 ff.)

Im Rahmen der **Messung von Wertestrukturen** bei Konsumenten ist es sinnvoll, die aus Sicht des Individuums idealen Werte und die relative Wichtigkeit der Einzelwerte heranzuziehen (Windhorst 1985, S. 101 f.). Insbesondere die Wichtigkeitsabfrage, die die Bedeutung der einzelnen Werte (zum Beispiel Freizeit, gesellschaftliche Anerkennung, umwelt- und energiebewußt leben, persönliche und finanzielle Sicherheit, auf gutes Aussehen Wert legen) für den Konsumenten erfaßt, kann Aufschluß über die Stärke der Beeinflussung des Verhaltens durch die Einzelwerte geben.

Neben der Erfassung der aktuellen Wertorientierung ist es sinnvoll, die **zukunftsgerichtete Einschätzung** der Wertorientierung des einzelnen zu erheben. Durch diese Vorgehensweise kann ein möglicher **Wertewandel** erkannt werden. Wird neben der Erfassung des Wertewandels zusätzlich eine Verhaltensdimension berücksichtigt, können Veränderungen in der **Wert-Verhaltens-Beziehung** im Zeitablauf festgestellt und als „Frühwarnindikatoren" verwendet werden.

2.227 Persönlichkeit

Die Persönlichkeit ist das **komplexeste Konstrukt** des Konsumentenverhaltens. Es beinhaltet alle bisher behandelten Konstrukte. Darüber hinaus hat vor allem die Interaktion der verschiedenen Konstrukte zur Folge, daß die Persönlichkeit mehr als die Summe der Teile (Konstrukte) ist. Unter der Persönlichkeit ist ein bei jedem Menschen bestehendes, einzigartiges, relativ stabiles und normalerweise nicht zu änderndes und somit den Zeitablauf überdauerndes Verhaltensmuster (insbesondere Reaktions- und Kommunikationsmuster) zu verstehen (Meffert 1992, S. 66).

Zur Persönlichkeit eines Individuums gehören neben den bereits genannten Konstrukten weiterhin bestimmte **Anlagen und Züge** (sogenannte traits) wie Intelligenz, Musikalität, Sportlichkeit, Spontanität, Geiz etc. (Trommsdorff 1998, S. 197 ff.). Persönlichkeitsmerkmale können sowohl angeboren und damit **genetisch** bedingt als auch von anderen erlernt und damit **umweltbedingt** sein. Zu den umweltbedingten Einwirkungen zählen insbesondere kulturelle und schichtspezifische Einflüsse.

Im Rahmen einer differenzierten Marktbearbeitung werden oft **Käufertypologien auf Basis der Persönlichkeit** gebildet, um das einzelne Angebot an die besonderen Ansprüche und Erwartungen dieser Gruppen anzupassen.

2.228 Soziale Bestimmungsfaktoren

Mit den **interpersonalen Bestimmungsfaktoren des Käuferverhaltens** werden jene Einflußfaktoren berücksichtigt, die sich aus der sozialen **Abhängigkeit des Konsumenten von seiner Umwelt** ergeben. In diesem Rahmen wird der Konsument als Mitglied verschiedener sozialer Systeme gesehen, dessen Entscheidungen durch die Gesellschaft beeinflußt werden. Die interpersonalen Bestimmungsfaktoren des Käuferverhaltens nehmen **Einfluß auf alle bisher angeführten Konstrukte** des Käuferverhaltens. Am deutlichsten wird dieser Einfluß im Zusammenhang mit dem Konstrukt „Werte", denn die Werte eines Individuums sind wesentlich durch sein soziales Umfeld geprägt. Aus diesem Grund sind innerhalb bestimmter sozialer Systeme (Kultur, Schicht etc.) einheitliche (homogene) Wertstrukturen zu finden, während zwischen verschiedenen sozialen Systemen die Werte so unterschiedlich sein können, daß Wertstrukturen als Abgrenzungskriterium dieser Systeme herangezogen werden.

Von besonderer Bedeutung sind die folgenden **interpersonalen Bestimmungsfaktoren**:

- Kultur und Subkultur,
- gesellschaftliche Normen,
- soziale Schicht,
- Gruppen,
- Familie.

Im Rahmen der Kultur entwickeln sich in jeder Gesellschaft kollektive Wertsysteme oder Normen, welche innerhalb bestimmter Toleranzen zu einem weitgehend konformen Verhalten der Gesellschaftsmitglieder führen. Dabei ist nach dem Ausmaß der Verhaltensbeeinflussung in Muß-, Soll- und Kann-Normen zu trennen (Dahrendorf 1967; Hillmann 1971; Wright 1994).

Konsumrelevante **Muß-Normen** beruhen auf Ge- und Verboten (zum Beispiel Haftpflichtversicherung beim Autokauf, Verbot von Rauschgiftgenuß), die von den Gesellschaftsmitgliedern eingehalten werden müssen. **Soll- beziehungsweise Kann-Normen** legen allgemeine Verhaltensstandards fest und gewährleisten einen größeren Verhaltensspielraum (zum Beispiel Leistungsdruck, Rolle der Hausfrau, Kleidung zu bestimmten Anlässen). Die Einhaltung dieser sich im Zeitablauf wandelnden kulturellen Normen und Erwartungen wird durch ein System von Belohnungen und Bestrafungen sichergestellt. Die Auswahl und Bewertung von Kaufalternativen bleibt davon nicht unberührt. Ähnliche Einflüsse ergeben sich aus **Subkulturen** der Gesellschaft. Subkulturen bilden sich zum Beispiel nach ethischen (Rasse, Religion, Nationalität), altersmäßigen (Jugendliche, Senioren) oder geographischen Gesichtspunkten (zum Beispiel Stadt- und Landbevölkerung) und entwickeln eigene Werte und Vorstellungen.

Soziale Schichten lassen sich durch Gleichartigkeit oder Ähnlichkeit von Merkmalen wie zum Beispiel Prestige oder sozialem Status kennzeichnen. Es gibt eine Vielzahl von Beschreibungen sozialer Schichten (Unterklasse, Mittelklasse, Oberklasse) und Analysen ihrer Verhaltensweisen (vgl. zweites Kapitel, Abschnitt 4.2242). Konsumenten innerhalb einer bestimmten sozialen Schicht orientieren sich häufig am Konsum der in der Sozialpyramide über ihnen stehenden Gruppe. Der Einfluß sozialer Schichten auf das Kaufverhalten hat jedoch infolge der zunehmenden Einkommensnivellierung der Bevölkerung in hochentwickelten Volkswirtschaften an Bedeutung verloren.

Der stärkste Einfluß auf das Verhalten des Konsumenten geht von den **Gruppen** aus, denen er angehört. Bezeichnet man eine Gruppe als jene Mehrzahl von Personen, die in wiederholten und nicht nur zufälligen wechselseitigen Beziehungen zueinander stehen (Kroeber-Riel/Weinberg 1999, S. 469ff.), so ist das Ausmaß des Gruppeneinflusses auf das Kaufverhalten stark vom **Grad der Identifikation des Individuums mit der Gruppe** abhängig. Der Gruppeneinfluß ist im wesentlichen eine Funktion der Häufigkeit der Gruppeninteraktionen, der Zahl der durch die Gruppe befriedigten Bedürfnisse, des

Gemeinsamkeitsgrades der verfolgten Ziele sowie des wahrgenommenen Prestiges und der wahrgenommenen Konkurrenz in der Gruppe.

Dabei kann zwischen informalen und formalen Gruppen einerseits und Mitgliedschafts- und Bezugsgruppen andererseits unterschieden werden. **Informale Gruppen** sind zumeist Kleingruppen, die sich durch face-to-face-Interaktionen auszeichnen. Diese Gruppen haben ein ausgeprägtes „Wir-Gefühl". Ein Beispiel für eine informale Gruppe ist der Freundeskreis eines Individuums. Die Ziele und strukturellen Beziehungen werden innerhalb informaler Gruppen in der Regel nicht offiziell festgelegt. Im Gegensatz dazu sind **formale Gruppen** häufig Großgruppen, deren Mitglieder in einem formal begründeten und daher distanzierten Verhältnis zueinander stehen. Der Kontakt ist weniger regelmäßig, und die Gruppenmitglieder kennen sich teilweise nur flüchtig oder überhaupt nicht (zum Beispiel bei Gewerkschaften, Parteien, Schulen, Unternehmungen).

Mitgliedschaftsgruppen sind formale Gruppen, in denen das Mitglied faktisch oder nominell integriert ist (zum Beispiel aktive beziehungsweise passive Mitgliedschaft in einem Sportverein). In solchen Gruppen sind die Ziele sowie die organisationalen Strukturen relativ klar festgelegt. Die Meinungen, die in diesen Gruppen vertreten werden, beeinflussen die Wünsche, Bedürfnisse, Einstellungen und Wahrnehmungen des Konsumenten.

Bezugsgruppen (-individuen) sind jene Gruppen (oder Personen), mit denen sich das Individuum identifiziert. Eine Gruppenzugehörigkeit muß nicht bestehen. Bezugsgruppen erfüllen zunächst eine normative Funktion, sofern deren Wertvorstellungen den Bezugsrahmen für das individuelle Verhalten darstellen. Die Anerkennung durch die Bezugspersonen wird als Belohnung beziehungsweise bei Nichterreichen der Bezugsgruppennormen als Strafe empfunden. Die normative Funktion wird häufig begleitet von einer Vergleichsfunktion, indem die Wertvorstellungen, Konsumniveaus und Verbrauchsgewohnheiten anderer als Vergleichsmaßstab für das eigene Verhalten dienen.

Im Rahmen der Gruppenzugehörigkeit des Konsumenten ist das Konzept des **Meinungsführers** von Bedeutung. Als Meinungsführer werden jene Mitglieder einer Gruppe bezeichnet, die im Rahmen des Kommunikationsprozesses einen stärkeren persönlichen Einfluß als andere ausüben und daher die Meinung anderer beeinflussen (Kroeber-Riel/Weinberg 1999, S. 506ff.). Meinungsführer sind in allen sozialen Schichten zu finden. Die Rolle des Meinungsführers kann in unterschiedlichen Produktbereichen von jeweils anderen Personen übernommen werden. Ihre Lebensverhältnisse und Interessen sind denen der von ihnen beeinflußten oft sehr ähnlich, wodurch eine Einflußnahme erleichtert wird. Die zahlreichen Außenkontakte von Meinungsführern und ihre aktive Teilnahme an sozialen Interaktionen von Gruppen geben ihnen eine Schlüsselposition innerhalb des Kommunikationsgefüges. Das Meinungsführerkonzept wird auch im Bereich der Werbung angewendet. So können beispielsweise „populäre Stars" und auch „Experten", die als **Meinungsführer in der Werbung** eingesetzt werden, ein erhöhtes Maß an positiver Produktwahrnehmung und Glaubwürdigkeit vermitteln.

Verhalten von Marktteilnehmern

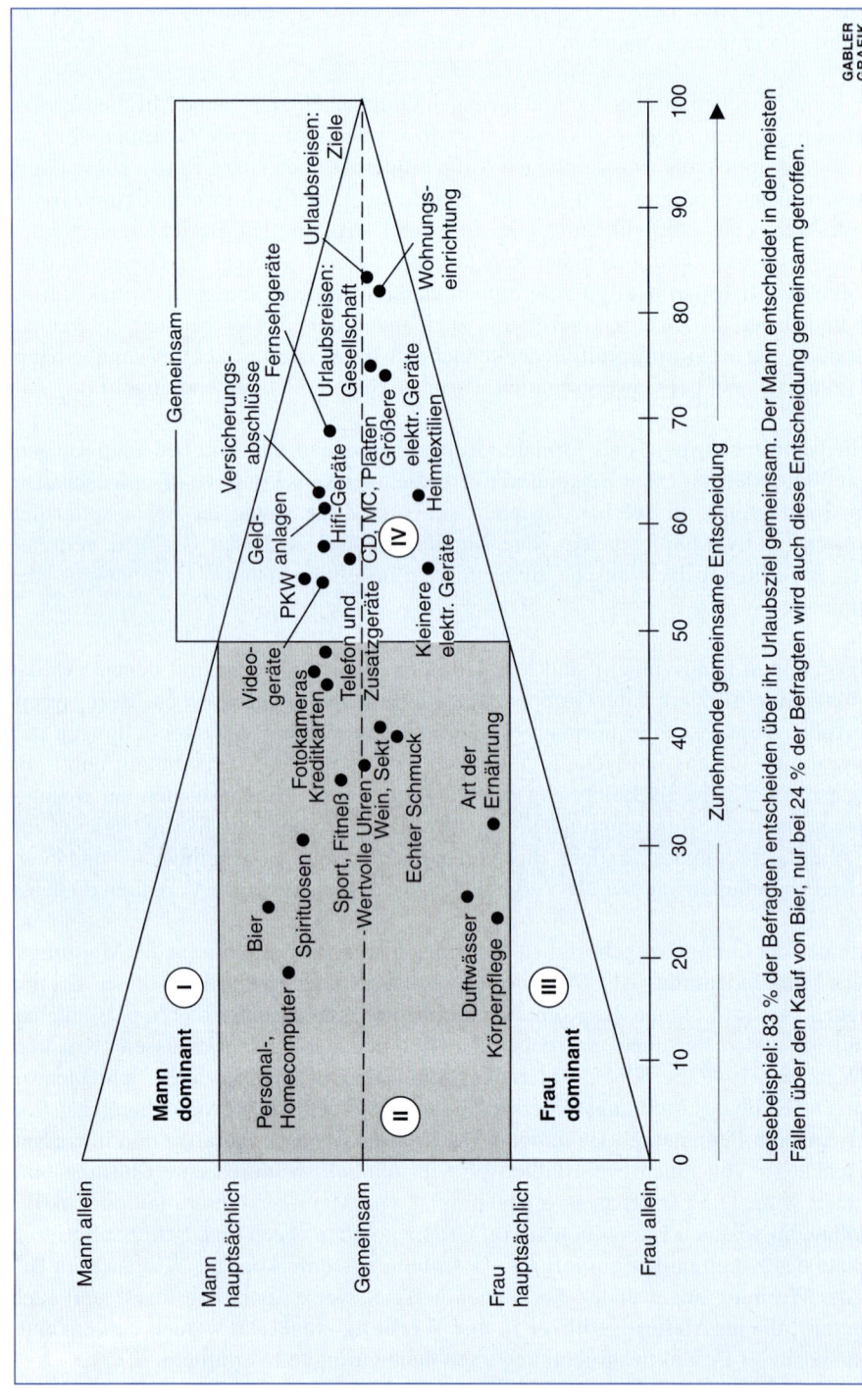

Abbildung 2-20: Rollenverteilung bei Kaufentscheidungen in Partnerschaftshaushalten (Quelle: Die Stern-Bibliothek 1995, S. 23)

Einen ähnlich starken Einfluß auf das Käuferverhalten wie die Gruppen besitzt auch die **Familie**. Die Familie ist ein soziales System, in dem Familienmitglieder aufgrund vielfältiger Interaktionen den Ausgang von Kaufentscheidungen mitbestimmen (Ruhfus 1976; Szybillo/Sosannie 1977; Meffert/Dahlhoff 1979; Dahlhoff 1980; Lutz 1983).

Aus Sicht der Käuferverhaltensforschung ist es vor allem interessant, die Mitwirkung von Mann, Frau und Kindern beim Kauf verschiedener Produkte zu erklären (vgl. Abbildung 2-20). Nach einer Studie des Stern-Verlags dominiert der **Ehemann** die Produktentscheidung, wenn es um den Kauf technischer Erzeugnisse wie Auto, Fotoapparat und TV-Gerät oder Angelegenheiten des Geldmanagements (Versicherungen, Kredite) geht. Demgegenüber kommen den **Ehefrauen** überwiegend Entscheidungen über Wohnungseinrichtung, Lebensmittelversorgung und Kleidung, aber auch im Hinblick auf Waschmaschine und Staubsauger zu. Neben der Abhängigkeit der Einflußdominanz von persönlichkeits- und geschlechtsspezifischen Merkmalen ist insgesamt jedoch ein zunehmender **Trend zu gemeinsamen Entscheidungen** beim Kauf von Produkten mit gemeinsamer Nutzung festzustellen (zum Beispiel Kauf eines Hauses oder einer Wohnung, Entscheidung über Urlaubsreisen) (Die Stern-Bibliothek 1995, S. 23).

Darüber hinaus wird zunehmend der Beteiligung von **Kindern** an den kollektiven Kaufentscheidungen der Familie Beachtung geschenkt (Lutz 1983; Meffert/Windhorst 1985). In welchem Ausmaß und bei welchen Produktbereichen Kinder und Jugendliche mitentscheiden dürfen, hängt dabei wesentlich von ihrem Alter ab. Generell gilt, daß der Einfluß von Kindern und Jugendlichen mit zunehmendem Alter steigt (Mayer/Boor 1988). Die Einflußnahme kleinerer Kinder (etwa drei bis zwölf Jahre) beschränkt sich im wesentlichen auf Produktbereiche, die ihrem eigenen Bedarf dienen, wie zum Beispiel Frühstücksflocken oder andere Lebensmittel sowie Spielsachen (Douglas 1983; Lutz 1983; Haedrich et al. 1984). Dabei kann Kindern vorwiegend kaufanregende Einflußnahme zugesprochen werden, indem sie ihre Eltern um den Erwerb eines bestimmten Produktes bitten oder auch durch die Verweigerung des Konsums bestimmter Produkte (insbesondere Nahrungsmittel) einen künftigen Produkt- oder Markenwechsel anregen.

Jugendliche besitzen meist in geringem Maße eigene finanzielle Mittel, die ihnen den eigenständigen Erwerb bestimmter Produkte ermöglichen. Insgesamt kommt Jugendlichen ein um so größerer Einfluß auf die Kaufentscheidung zu, je mehr sie in der Lage sind, ihre Eltern mit entscheidungsrelevanten und diesen bisher unbekannten Informationen zu versorgen (Hilger 1981).

2.23 Modelle zur Erklärung des Entscheidungsverhaltens von Konsumenten

Einfache partialanalytische Erklärungsansätze auf Basis der bisher behandelten Konstrukte des Käuferverhaltens sind nicht in der Lage, das Konsumentenverhalten vollständig und umfassend zu erklären. Ein erweiterter Ansatz zur Erklärung des Käuferverhaltens stellt die Bildung von Totalmodellen dar, die versuchen, alle wesentlichen Kaufverhaltenskonstrukte und deren Beziehungen untereinander zu integrieren.

Ein weit verbreitetes Totalmodell des Konsumentenverhaltens ist das **Modell von Engel, Kollat und Blackwell** (1978, Engel et al. 1995) (vgl. Abbildung 2-21). Das Modell baut auf den drei Hauptkomponenten Entscheidungs-, Informationsverarbeitungs- und Bewertungsprozeß auf (Berkman/Gilson 1981, S. 41 f.; Bänsch 1998, S. 131 ff.). Der **Entscheidungsprozeß** beginnt mit dem Erkennen eines Problems, wenn das Individuum Abweichungen zwischen einem Ideal- und einem Ist-Zustand bemerkt. Diese Erkenntnis wird durch aktivierende Motive und unterschiedliche Stimuli ausgelöst. Ist dem Konsumenten das Problem bewußt geworden und hat er keine unmittelbare Problemlösung bereit, setzt die **Informationssuche** ein. Die Intensität der Informationssuche hängt von den Informationskosten und dem erwarteten Informationsnutzen ab. Die Suche ist beendet, wenn die zusammengetragenen Informationen eine Alternativenbewertung erlauben. Die gewonnenen Informationen bilden folglich die Grundlage für den **Bewertungsprozeß** von Produktalternativen.

Auch das **Totalmodell von Howard und Sheth** (1969) ist in Wissenschaft und Praxis auf breite Resonanz gestoßen. Wie bei Engel, Kollat und Blackwell stehen psychische Vorgänge des Konsumenten im Vordergrund. Der Ansatz folgt der Grundstruktur eines S-O-R-Modells und ist so aufgebaut, daß zwischen den Inputvariablen (zum Beispiel Produktdarbietungen, symbolische Informationen, soziale Einflüsse) und Outputvariablen (Kauf, Kaufabsicht, Einstellungen etc.) Wahrnehmungs- und Lernkonstrukte zwischengeschaltet sind. Die Wahrnehmungs- und Lernkonstrukte sind weiter untergliedert und miteinander verknüpft (vgl. Abbildung 2-22).

Beginnend mit den **Wahrnehmungskonstrukten** wirkt auf den Konsumenten eine Vielzahl von Stimuli (Inputvariablen) ein. Er wird mit Informationen von Freunden und Bekannten (Informationen aus sozialen Quellen) und Informationen wie Preis, Qualität usw. aus den Medien oder der Firmenwerbung konfrontiert. Verständnisprobleme im Sinne einer Mehrdeutigkeit ergeben sich, wenn die erhaltenen Informationen von den gespeicherten symbolischen Informationen (zum Beispiel Preis, Qualität) abweichen. Als Reaktionen sind ein erneutes Suchverhalten oder gesteigerte Aufmerksamkeit denkbar. Welche Stimuli Aufmerksamkeit erzeugen, hängt von den Einstellungen gegenüber Informationsquellen und Marken ab. Motive führen zur Erhöhung der Aufmerksamkeit, bedingen jedoch gleichzeitig in Abhängigkeit von den Einstellungen eine Filterung der aufgenommenen Informationen.

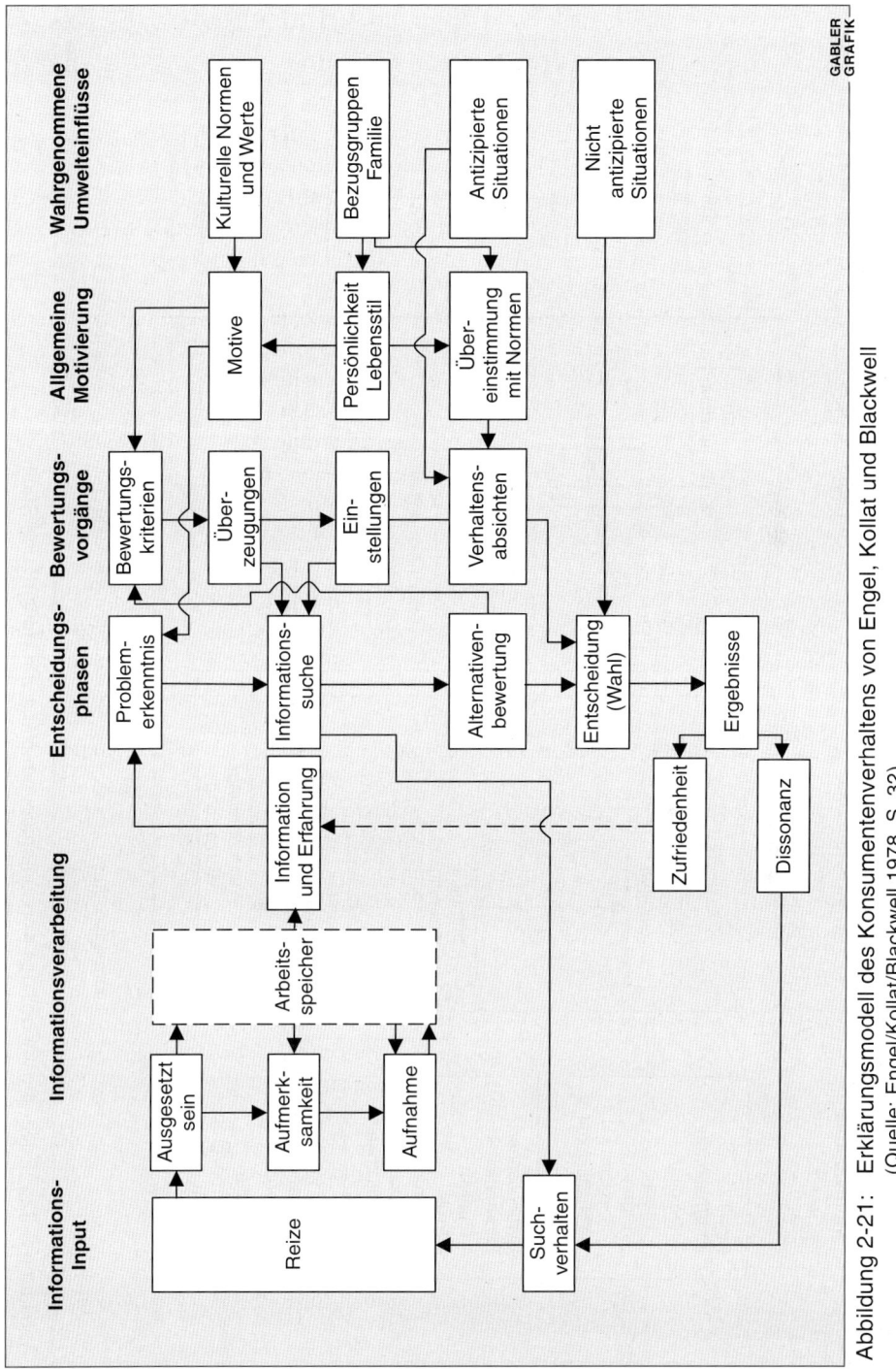

Abbildung 2-21: Erklärungsmodell des Konsumentenverhaltens von Engel, Kollat und Blackwell
(Quelle: Engel/Kollat/Blackwell 1978, S. 32)

Verhalten von Marktteilnehmern

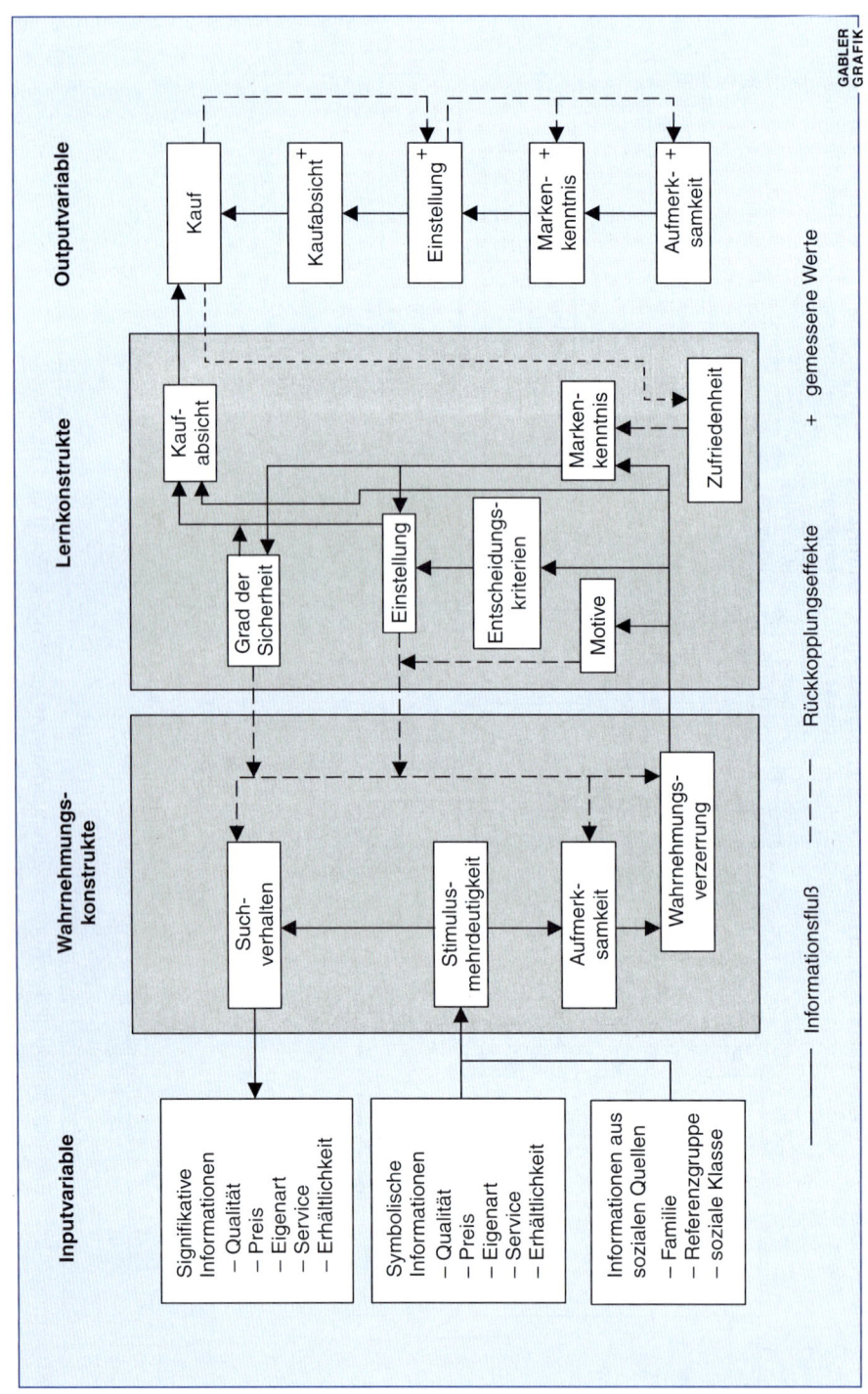

Abbildung 2-22: Erklärungsmodell des Konsumentenverhaltens von Howard und Sheth
(in Anlehnung an Howard/Sheth 1969, S. 30)

Eng verbunden mit den Wahrnehmungskonstrukten sind die **Lernkonstrukte**. Während die Markenkenntnis als Lernkonstrukt das Wissen um die Existenz und die Eigenschaften von Marken beschreibt, dienen Entscheidungskriterien der Bewertung von Alternativen bei gleichzeitiger Berücksichtigung der Motive. Nach der Bewertung ordnen die Einstellungen den einzelnen Marken ihre Möglichkeit zur Motiverfüllung zu. Die vom Konsumenten empfundene Sicherheit bezüglich seiner Markenkenntnis löst je nach Ausprägung eine Kaufabsicht für die Marke oder erneutes Suchverhalten aus. Werden alle Erwartungen und Wünsche durch den Kauf erfüllt, kann der Kaufentscheidungsprozeß als befriedigt bezeichnet werden. Die erfüllten oder übererfüllten Erwartungen stabilisieren die positive Einstellung zum Produkt und die Sicherheit, richtig gehandelt zu haben.

Das vorgestellte Modell ist ebenso wie das Engel-Kollat-Blackwell-Modell sehr komplex. Wenngleich auch dieses Modell wertvolle Hilfestellung bei der Strukturierung von Bestimmungsfaktoren des Käuferverhaltens geben kann, ist die empirische Überprüfung des Modells wegen auftretender Operationalisierungs- und Meßprobleme kaum möglich.

In beiden Modellen führt der Kauf eines Produktes zur **Zufriedenheit oder Unzufriedenheit** (Dissonanz). Zufriedene Konsumenten bilden positive Einstellungen (Erstkauf) oder sehen im Kauf des Produktes ihre vorhandenen Einstellungen und Überzeugungen bestätigt und speichern diese Erfahrungen für künftige Einkäufe ab. Im allgemeinen bezeichnet **Konsumentenzufriedenheit** die Übereinstimmung zwischen den subjektiven Erwartungen und der tatsächlich erlebten Motivbefriedigung bei Produkten oder Dienstleistungen (Bruhn 1982). Vielfach wird die Konsumentenzufriedenheit synonym mit dem Konstrukt der Einstellung verwendet. Im Gegensatz zur Einstellung setzt die (Un-)Zufriedenheit jedoch eine direkte Produkterfahrung des Konsumenten voraus. Darüber hinaus handelt es sich bei der Zufriedenheit um ein verhaltensnäheres Konstrukt (Simon/Homburg 1998). Ein hohes Maß an Zufriedenheit ist die Grundlage für eine langfristige Kundenbindung und Markentreue beziehungsweise -loyalität.

Werden die Erwartungen eines Konsumenten nicht erfüllt, so liegt **Unzufriedenheit** vor. Konsumenten können (still) zur Konkurrenz abwandern („unvoiced complaints") und/oder ihren Widerspruch gegenüber den am Kaufakt Beteiligten sowie anderen Personen und Institutionen zum Ausdruck bringen (zum Beispiel durch Beschwerden) (Hirschmann 1974; Stauss/Seidel 1998).

Obwohl in Marketingtheorie und -praxis mittlerweile Konsens hinsichtlich der hohen Bedeutung der Konsumentenzufriedenheit besteht, ist bezüglich der Zufriedenheitsmessung nach wie vor ein ausgesprochener Methodenpluralismus zu beobachten (Jung 1997; Stauss/Seidel 1998).

Die **Messung der Zufriedenheit** kann sowohl ohne als auch mit Bezugnahme auf Kundenprobleme erfolgen. Darüber hinaus läßt sich die subjektbezogene Erfassung der Zufriedenheit von der objektbezogenen Messung (zum Beispiel durch Indikatoren) abgrenzen. Erstere kann ferner nach merkmalsorientierten (zum Beispiel Erhebung der Zufriedenheit mit einzelnen Produkteigenschaften mittels Konsumentenbefragungen) und ereignisorientierten Verfahren (Critical Incident Technique) unterteilt werden (Hentschel 1992; Stauss/Hentschel 1992). Auf der Grundlage dieser Unterscheidung sind in Abbildung 2-23 Ansatzpunkte zur Messung der Konsumentenzufriedenheit aufgeführt.

	Objektbezogene Messung	Subjektbezogene Messung
Messung *ohne* Bezugnahme auf Kundenprobleme	– Umsatz – Marktanteil – Wiederkaufsraten – Eroberungsraten	– Konsumentenbefragung (Zufriedenheits-Skalen) – Meinungsbefragung von Verkäufern und Absatzmittlern
Messung *mit* Bezugnahme auf Kundenprobleme	– Häufigkeit von Garantiemängeln – Häufigkeit objektiver Produktmängel	– Häufigkeit wahrgenommener Kundenprobleme – Prozeß der Beschwerdeführung – Beschwerdezufriedenheit – Häufigkeit von „unvoiced complains"

Abbildung 2-23: Ansatzpunkte zur Messung der Konsumentenzufriedenheit
(Quelle: Meffert/Bruhn 1981, S. 600)

Sind Informationen über die Konsumentenzufriedenheit und die Kundenprobleme rechtzeitig verfügbar, können sie als **Frühwarnsignale für das Marketing** verwendet werden. Insgesamt kann festgehalten werden, daß eine Analyse der Konsumentenzufriedenheit und des Beschwerdeverhaltens die Erklärung von Marktreaktionen erheblich verbessert.

2.3 Kaufentscheidungen von Unternehmen

2.31 Kaufentscheidungen industrieller Unternehmen

2.311 Besonderheiten und Typen der Kaufentscheidungen von Unternehmen

Das Kaufverhalten von Unternehmen weicht in vielerlei Hinsicht vom Kaufverhalten der Konsumenten ab. Bei den Kaufentscheidungen von Unternehmen handelt es sich in den meisten Fällen um **Kollektiventscheidungen**. Nach einer Spiegel-Untersuchung (1982) werden 86 Prozent der Beschaffungsentscheidungen von mittelständischen Betrieben und Großunternehmen durch mindestens zwei bis über 20 Personen umfassende Kollegien (zum Beispiel Buying Center) getroffen (Spiegel-Verlag 1982, S. 41). Zumeist liegt dabei ein **hoher Formalisierungsgrad** vor, der sich aus fixierten Verfahrensregeln und Zuständigkeitsbereichen für die an der Kaufentscheidung Beteiligten ergibt. Diesem Merkmal kommt besondere Bedeutung zu, wenn die öffentliche Hand als Nachfrager in Erscheinung tritt, da die Beschaffungsvorgänge von öffentlichen Institutionen gesetzlich geregelt sind (Backhaus 1999, S. 108 ff.).

Zahlreiche Beschaffungsvorgänge werden durch die Vorgaben der Kunden bestimmt (**Fremddeterminiertheit** unternehmerischer Kaufentscheidungen). Dies ist beispielsweise der Fall, wenn ein Kunde dem Anbieter industrieller Anlagen vorschreibt, welche Teilkomponenten von welchem Sublieferanten zu beziehen sind.

Eine weitere Besonderheit der Kaufentscheidungen von Unternehmen betrifft die **Anreiz- und Sanktionsmechanismen**, die auf den Beschaffungsvorgang einwirken. So kann die Verletzung der fixierten „Spielregeln" durch einen an der Kaufentscheidung Beteiligten zu beruflichen Konsequenzen (Versetzung, Entlassung) führen. Andererseits haben monetäre oder nicht-monetäre Anreize eine Leistungssteigerung der Entscheider zum Ziel.

Neben den Besonderheiten industrieller Kaufentscheidungen erweist es sich für die weitere Analyse als sinnvoll, zwischen verschiedenen **Typen von Kaufentscheidungen** zu differenzieren (Robinson et al. 1957):

1. **Erstkauf:**
   Die Entscheidungsbeteiligten stehen vor einer völlig neuen und bisher nicht gegebenen Problemstellung. Die bisherigen Erfahrungen im Kaufverhalten sind daher irrelevant, und es besteht ein großer Informationsbedarf vor der Kaufentscheidung.

2. **Modifizierter Wiederholungskauf:**
   Die Entscheidungssituation ist durch eine Problemstellung gekennzeichnet, die nicht neu ist, jedoch in verschiedener Hinsicht von früheren, ähnlichen Situationen abweicht. Obwohl bisherige Erfahrungen vorliegen, müssen zusätzliche Informationen beschafft werden.

3. **Reiner Wiederholungskauf:**
   Hierbei handelt es sich um ständig wiederkehrende Problemstellungen (bei wiederholtem Bedarf). Die bisherigen Erfahrungen der Entscheidungsbeteiligten werden als völlig oder annähernd ausreichend erachtet. Der Beschaffungsvorgang kann automatisiert werden.

Die Erklärungsansätze des Kaufverhaltens industrieller Unternehmungen lassen sich in zwei Gruppen einteilen. In der ersten Gruppe steht das Entscheidungsverhalten einer einzelnen Unternehmung im Vordergrund (**monoorganisationale Erklärungsansätze**). Die zweite Gruppe beschäftigt sich mit den Interaktionsbeziehungen zwischen Anbieter und Nachfrager (**multiorganisationale Erklärungsansätze**), wobei durchaus mehrere Organisationen auf der Anbieter- und Nachfragerseite am Kauf- beziehungsweise Verkaufsprozeß beteiligt sein können (vgl. Abbildung 2-24).

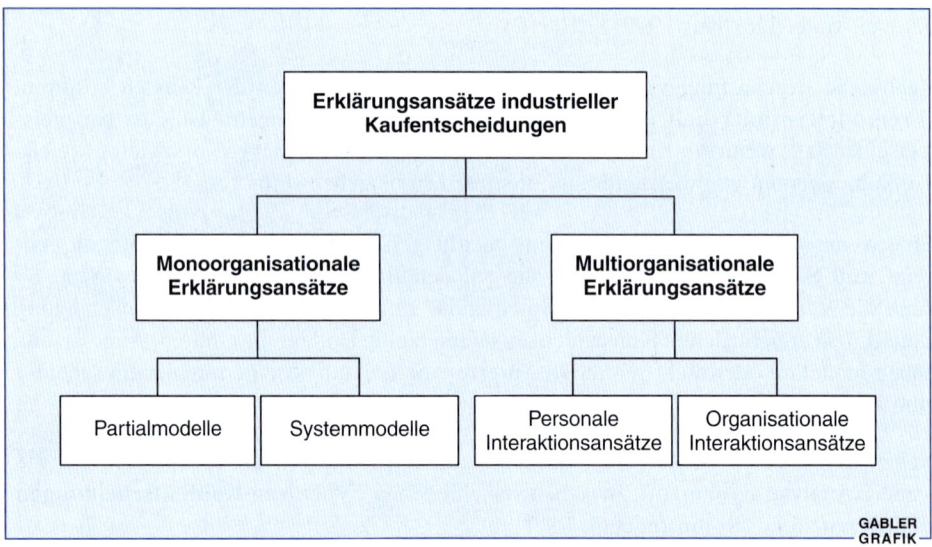

Abbildung 2-24: Erklärungsansätze industrieller Kaufentscheidungen

2.312 Monoorganisationale Erklärungsansätze

Zur Erklärung industriellen Kaufverhaltens wird bei den monoorganisationalen Ansätzen der Frage nachgegangen, wodurch das Beschaffungsverhalten eines einzelnen Unternehmens gekennzeichnet ist (Backhaus 1999, S. 60–128). Je nachdem, ob nur Ausschnitte des industriellen Kaufverhaltens erklärt oder ganze Systeme von Einflußfaktoren abgebildet werden sollen, werden Partial- von Systemmodellen unterschieden.

Bei komplexen oder nicht routinemäßig durchgeführten Entscheidungen spielt das **Buying Center** als **Partialmodell** eine bedeutsame Rolle (Büschken 1994). Im Mittelpunkt der Betrachtung stehen dabei die Zusammensetzung des Einkaufsgremiums sowie die Entscheidungsprozesse der beteiligten Personengruppen. Nach herrschender Meinung (Webster/Wind 1972a; Hill/Hillier 1977; Crow/Lindquist 1985; Backhaus 1999) werden folgende fünf Rollen im Buying Center unterschieden:

- **Benutzer** sind Organisationsmitglieder, die das gekaufte Produkt anwenden. Ihre Erfahrung bestimmt im wesentlichen über den Erfolg oder Mißerfolg des Einkaufs.

- **Einkäufer** sind autorisiert und verantwortlich für den Vertragsabschluß. Da ihnen das Kontaktmanagement zu den Lieferanten obliegt und sie insbesondere Einfluß auf die Auswahl der Lieferanten nehmen, kommt dieser Rolle im Buying Center besondere Bedeutung zu.

- **Entscheidungsträger** wählen aufgrund ihrer Machtposition zwischen alternativen Kaufoptionen aus. Es handelt sich häufig um Mitglieder der Unternehmensführung.

- **Einflußagenten** bestimmen durch Normen oder gezielte Informationspolitik über den Verlauf einer Wahlentscheidung. Dabei sind ihre Forderungen als Entscheidungsrestriktionen anzusehen.

- **Gatekeeper** kontrollieren den internen Informationsfluß und den Zustrom von neuen Informationen im Einkaufsgremium. Ihr Einfluß liegt daher vor allem in der Phase der Entscheidungsvorbereitung.

Die Ausgestaltung der **Rollenverteilung** in der Unternehmenspraxis ist vielseitig. So kann ein Mitglied des Buying Centers während des Informationsprozesses mehrere Rollen wahrnehmen (Einkäufer ist zugleich Gatekeeper), während andere Entscheidungsbeteiligte die gleiche Rolle innehaben (mehrere Einflußagenten).

Bei der Aufnahme von Verhandlungsbeziehungen zwischen dem nachfragenden Unternehmen und dem Anbieter weiß der Anbieter oft nicht, welche Mitglieder des Buying Centers **Schlüsselpositionen** während des Verhandlungsprozesses einnehmen. Schlüsselpositionen haben Mitglieder einer Organisation inne, wenn sie intern legitimiert sind, Vertragsabschlüsse zu tätigen, oder aufgrund einer fachlichen Legitimation am Entscheidungsprozeß teilnehmen und entsprechenden Einfluß ausüben. Personen mit Schlüsselpositionen sind vom verkaufenden Unternehmen zu identifizieren, damit sie gezielt angesprochen werden können.

Weiterhin sind die **Einflußgrößen des Gruppenverhaltens** im Buying Center hervorzuheben. Das Gruppenverhalten resultiert aus:

- den individuellen Zielen und persönlichen Charakteristika der Gruppenmitglieder,
- der Art der Gruppenzugehörigkeit,
- der Gruppenstruktur,
- den Aufgaben der Gruppe,
- den externen Einflüssen auf die Gruppe.

Systemmodelle streben eine vollständige Erfassung aller Faktoren an, die die unternehmerische Kaufentscheidung beeinflussen. Einer der ersten umfassenden und gleichzeitig bekanntesten Erklärungsansätze zum organisationalen Kaufverhalten ist das **Modell von Webster und Wind** (1972b) (vgl. Abbildung 2-25).

Die Autoren unterscheiden im Rahmen ihres **Modells vier hierarchisch abgestufte Ebenen**: Die Umwelt, die organisationale Ebene, die interpersonale Ebene und die intrapersonale Ebene. Diese Ebenen beinhalten alle für den industriellen Einkauf relevanten Einflußgrößen und sind gleichzeitig in eine strukturelle Ordnung gebracht. Der mehrstufige Erklärungsansatz von Webster und Wind macht deutlich, daß eine gezielte Beeinflussung des industriellen Einkaufsverhaltens nur möglich ist, wenn den Anbietern im Sinne der Marketingziele das Einkaufs- und Informationsverhalten der Abnehmer bekannt ist.

2.313 Multiorganisationale Erklärungsansätze

Im folgenden wird der Erkenntnis Rechnung getragen, daß sich bei industriellen Kaufentscheidungen der Beschaffungsprozeß schrittweise in **wechselseitiger Beziehung** zwischen den verschiedenen Parteien auf Anbieter- und Nachfragerseite vollzieht (Backhaus 1999, S. 107). Insofern sind alle Beteiligten des Kauf- und Verkaufsprozesses nicht isoliert, sondern als Mitglieder einer sozialen Gruppe zu betrachten, die einerseits voneinander abhängen und sich andererseits gegenseitig beeinflussen. Zur Erfassung des Beziehungsgeflechts ist ein **Interaktionsansatz** heranzuziehen, der die Grundlage zur Analyse längerfristiger Geschäftsbeziehungen (Abfolge von Interaktionen) bildet (Kern 1987; Backhaus 1999, S. 144). Je nachdem, ob die beteiligten Individuen oder die Organisationen schwerpunktmäßig betrachtet werden, lassen sich personale und organisationale Interaktionsansätze unterscheiden.

Bei den **personalen Interaktionsansätzen** handelt es sich vorwiegend um sogenannte „Matching-Studien", die das Resultat eines Interaktionsprozesses (Kauf/Nicht-Kauf) in

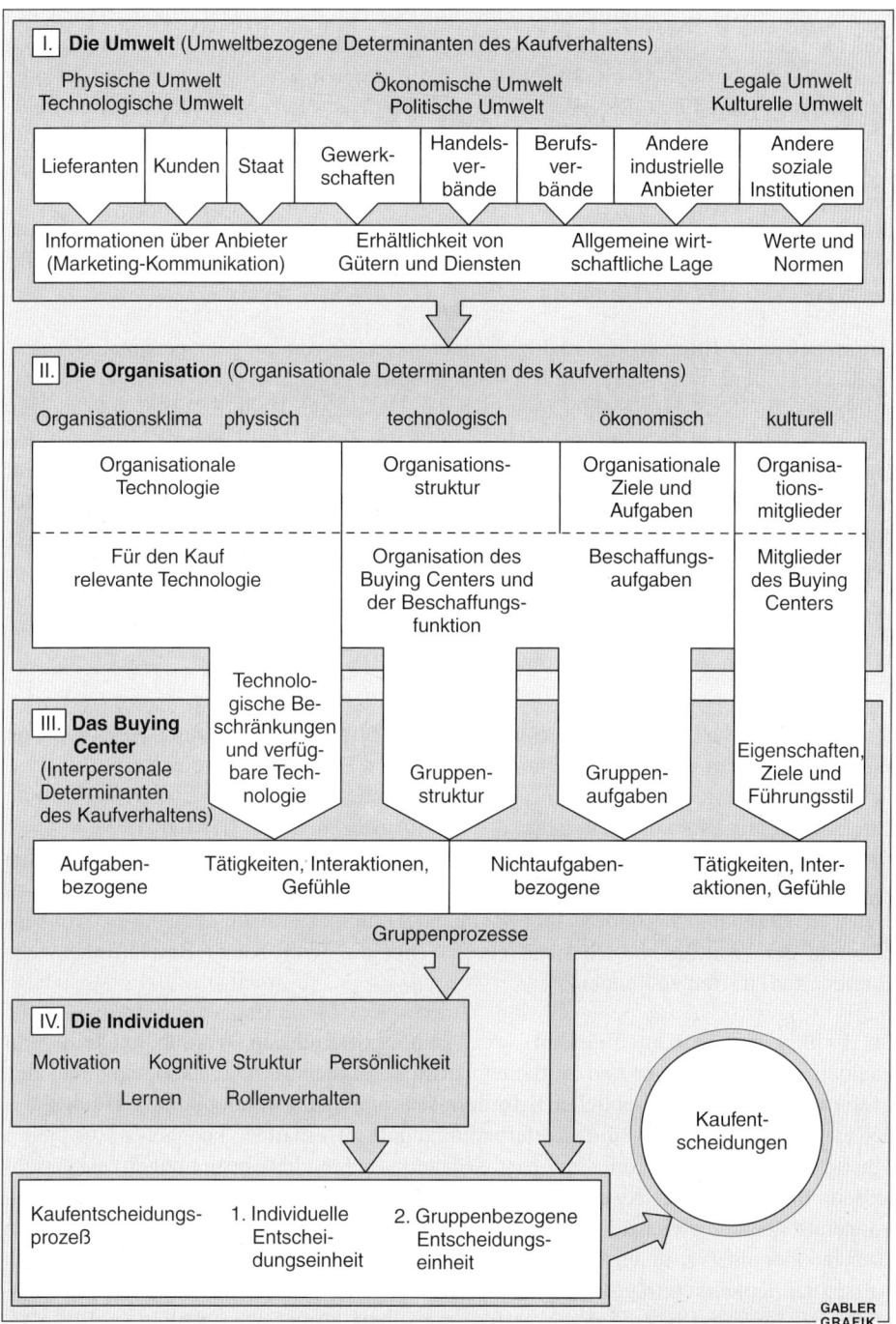

Abbildung 2-25: Modell des organisationalen Kaufverhaltens nach Webster/Wind
(Quelle: Backhaus 1999, S. 117)

Abhängigkeit von der Ähnlichkeit (matching) beider Partner betrachten. Neben der Gleichartigkeit von ökonomischen, sozialen, physischen und Persönlichkeitsmerkmalen der Interaktionspartner (Evans 1963) ist auch die von den Beteiligten gegenseitig wahrgenommene Ähnlichkeit des jeweils anderen bedeutsam. Ferner werden Machtverhältnisse untersucht (Kern 1987, S. 22; Backhaus 1999, S. 137). Hierarchien beinhalten die Gefahr von Statusproblemen, wenn beispielsweise Vorstandsmitglied und Sachbearbeiter Angehörige desselben Buying Centers sind. Darüber hinaus verschieben sich mit steigender Anzahl der Interaktionsbeteiligten die Machtverhältnisse, und es kann zu Absprachen oder zur Bildung von Koalitionen (zum Beispiel Käufer und Verkäufer gegen den Verkaufsleiter) kommen.

Organisationale Interaktionsansätze bedeuten eine Erweiterung der personalen Ansätze, da die Rollenerwartungen und Beziehungsmuster gegenüber anderen Organisationsmitgliedern in die Analyse einbezogen werden (Backhaus 1999, S. 139 ff.). Weiterhin haben Produktspezifika wie Innovations- und Komplexitätsgrad einen Einfluß auf den organisationalen Interaktionsgrad (Hakansson/Östberg 1975; Backhaus 1999), denn mit zunehmender Neuartigkeit und Komplexität einer Problemlösung steigt die Intensität der Interaktion, um die Ungewißheit auf beiden Seiten abzubauen.

2.32 Kaufentscheidungen von Handelsunternehmen

Innerhalb der Marketingforschung wurde lange Zeit das Beschaffungsverhalten von Handelsunternehmen zugunsten einer absatzseitigen Betrachtungsweise vernachlässigt. Gründe hierfür lagen vor allem in der weit verbreiteten Auffassung, die Beschaffung durch den Handel sei komplementär zu seinem Absatz zu sehen (Hansen 1990, S. 464). Diese Sichtweise, die den Konsumenten als Marktpartner auf der Absatzseite in den Vordergrund stellt, ist durch die Marktpartner des Handels auf der Beschaffungsseite zu ergänzen. Hier hat insbesondere der Einzelhandel unterschiedliche Ebenen des Großhandels und der Produktion zu berücksichtigen, um die Wahl seiner Beschaffungswege (Lieferanten) treffen zu können.

Im Hinblick auf die **Konsumenten** ist der Handel bestrebt, die Warenbereitstellung in qualitativer, quantitativer und zeitlicher Hinsicht zu sichern. Das Ziel gegenüber den **Lieferanten**, ein den betrieblichen Erfordernissen angepaßtes Waren- und Leistungsbündel zu günstigen Preisen und Lieferbedingungen zu erhalten, kann eher kurzfristig („harte" Einkaufspolitik) oder langfristig (dauerhafte Geschäftsbeziehungen) ausgerichtet sein. In bezug auf die **Konkurrenz** hat der Händler die Wahl zwischen Beschaffungskooperationen, die gleichzeitig einen Machtgewinn gegenüber den Lieferanten bedeuten können, oder einer betonten Abgrenzung von anderen Konkurrenten (zum Beispiel durch Ausschließlichkeitsverträge). Letztendlich ist der Händler um eine kostengünstige Warenbeschaffung und bestmögliche Auslastung seiner Kapazitäten bemüht (vgl. fünftes Kapitel, Abschnitt 2).

Den Beschaffungsentscheidungen eines Handelsunternehmens liegt die Frage zugrunde, welche Waren von wem zu beziehen sind. Es ergeben sich die in Abbildung 2-26 aufgeführten Teilentscheidungen der **Sortimentszusammensetzung** und der Bestimmung von **Beschaffungswegen**.

Ausgangspunkt der Beschaffungsüberlegungen ist die **Auswahl der Produkte** (Sortimentsbestimmung), die das Handelsunternehmen vom Lieferantenmarkt zu beziehen gedenkt. Bei dieser Auswahlentscheidung sind neben beschaffungsmarktgerichteten Überlegungen die zu befriedigenden Konsumentenbedürfnisse in den Mittelpunkt zu stellen. In engem Zusammenhang mit der Entscheidung, welche Waren beschafft werden sollen, steht dabei die Wahl der Beschaffungswege. So haben vor allem Einzelhändler im Rahmen der **vertikalen Lieferantenauswahl** auf der Basis eines Leistungs- und Kostenvergleichs die Entscheidung zu treffen, ob sie das gewünschte Produkt- oder Sortimentsbündel direkt vom Hersteller oder von verschiedenen Großhandelsstufen beziehen wollen (Hansen 1990, S. 487). Bei der **horizontalen Lieferantenauswahl** besteht für den Einkäufer des Handels die Wahl zwischen verschiedenen Lieferanten auf der Hersteller- beziehungsweise Großhandelsebene. Ist die Auswahl der Lieferanten getroffen, so hat der Einzelhändler die Möglichkeit einer persönlichen oder unpersönlichen (beispielsweise via Internet) **Kontaktanbahnung** zum Lieferanten.

Mit der **Institutionalisierung der Lieferantenauswahl** ist die formelle oder informelle Gestaltung von Beschaffungswegen angesprochen. Im Rahmen der formalen Gestaltung fixieren Verträge die Rechte und Pflichten von Lieferanten und Händlern. Eine informelle Institutionalisierung der Lieferantenbeziehung ist die Habitualisierung. Die Beschaffungsentscheidungen werden in diesem Falle durch Gewohnheiten und internalisierte Normen (zum Beispiel branchenspezifische Gebräuche) gesteuert und laufen in relativ festen Verhaltensmustern ab.

Verhalten von Marktteilnehmern

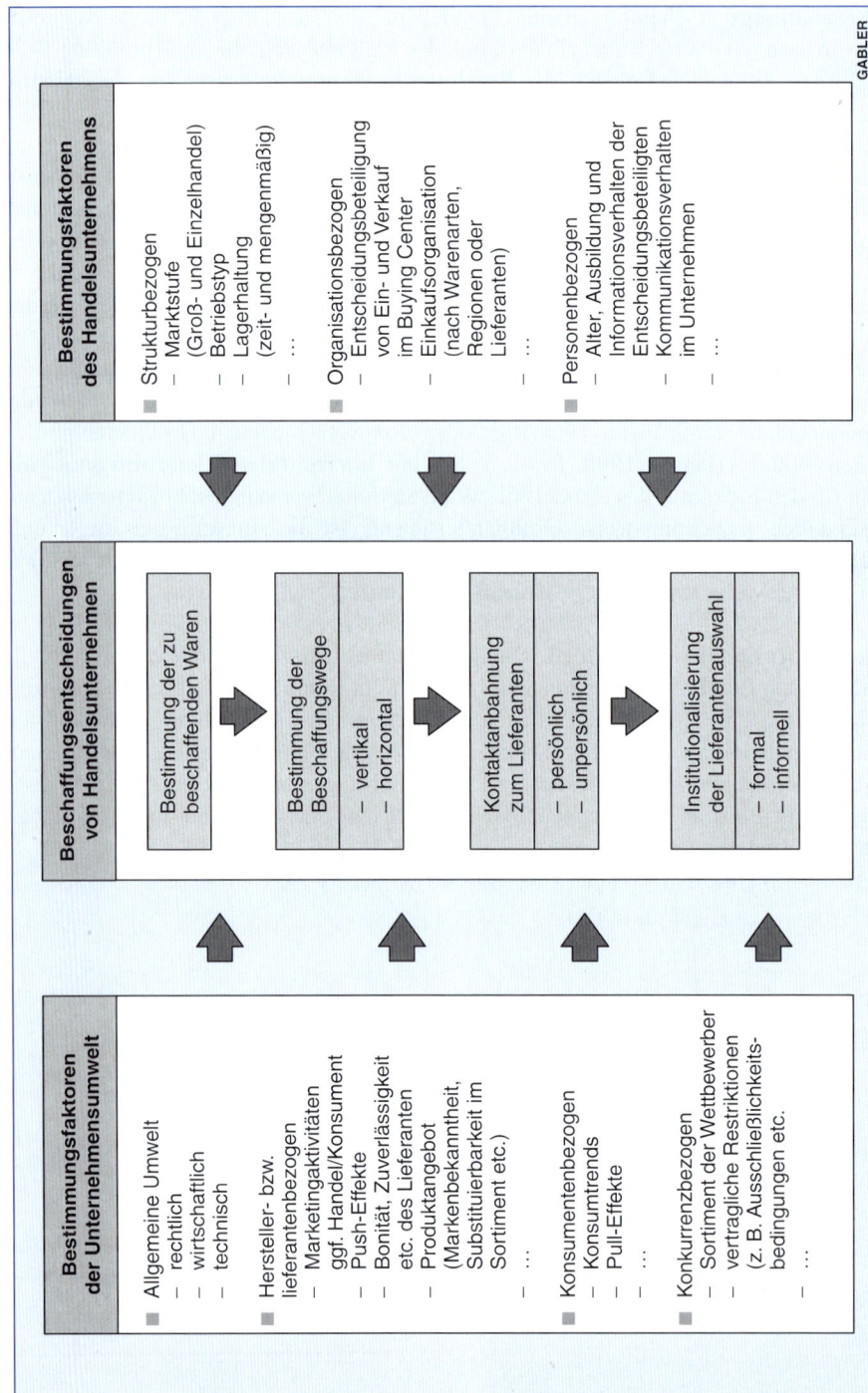

Abbildung 2-26: Beschaffungsentscheidungen von Handelsunternehmen und deren Bestimmungsfaktoren

3. Grundlagen der Marketingforschung und Absatzprognosen

3.1 Gegenstand und Aufgaben der Marketingforschung

Die Grundaufgabe der Marketingforschung ist die Deckung eines aktuellen beziehungsweise zukünftig zu erwartenden Informationsbedarfs. Die Heterogenität unterschiedlicher Informationsansprüche führt dabei zu einer Vielfalt von Formen der Marketingforschung.

Generell kann nach der Art des Untersuchungsobjektes zwischen ökoskopischer und demoskopischer Marketingforschung unterschieden werden. Die **demoskopische Marketingforschung** ermittelt die mit den Marktteilnehmern untrennbar verbundenen Tatbestände objektiver Art wie Alter, Geschlecht, Beruf und subjektiver Art wie Einstellungen, Meinungen und Bedürfnisse. Die **ökoskopische Marketingforschung** erfaßt dagegen die objektiven, von den Marktteilnehmern losgelösten Marktgrößen wie Umsätze und Distributionsquoten. Diese Größen stellen das Resultat der Handlungen beziehungsweise der Verhaltensweisen der Marktteilnehmer dar.

Nach der Art der Durchführung der Informationsgewinnung ist zwischen Sekundär- und Primärforschung zu trennen (Berekoven et al. 1999, S. 42, 49). Die **Sekundärforschung** hat die Beschaffung, Zusammenstellung und Analyse anderweitig bereits vorhandenen Materials zur Aufgabe. Demgegenüber wird bei der **Primärforschung** der Informationsbedarf durch Erhebungen im Markt gedeckt.

Unabhängig vom Entscheidungsproblem oder Anwendungsgebiet durchläuft der **Prozeß der Marketingforschung** mehrere Phasen (Meffert 1974, S. 10f.):

1. **Problemdefinitions- beziehungsweise Designphase:**
   Es ist zunächst zu definieren, worin das Entscheidungs-/Marketingproblem besteht.

2. **Informationsgewinnungsphase:**
   Das Untersuchungsproblem und die Anforderungen an Art, Menge und Qualität der Informationen bestimmen die Auswahl des erhebungstechnischen Instrumentariums, mit dem die Daten gewonnen werden sollen.

3. **Informationsverarbeitungsphase beziehungsweise Phase der Informationssynthese:**
   Die gewonnenen Basisinformationen sind zu verarbeiten, auszuwerten, zu interpretieren und zu dokumentieren.

4. **Kommunikationsphase:**
   Die Informationen sind je nach Zielgruppe beziehungsweise Entscheidungsinstanz selektiert, komprimiert und mit entsprechenden Interpretationen versehen an die Entscheidungsträger weiterzuleiten.

Dabei haben die durch die Marketingforschung zu gewinnenden Informationen den grundsätzlichen **Anforderungen** der Entscheidungsträger zu genügen:

- Das Ziel der Informationsgewinnung ist es nicht, alle nur denkbaren Informationen zu beschaffen; vielmehr besteht es darin, alle für die Entscheidung **relevanten Informationen** vollständig zu erheben.

- Die Informationen sollten **zuverlässig (reliabel)** und bei wiederholten Messungen **stabil** sein (Berekoven et al. 1999, S. 87). Reliabilität bedeutet somit die Reproduzierbarkeit eines Ergebnisses unter identischen Bedingungen.

- Die **Gültigkeit (Validität)** von Informationen bringt zum Ausdruck, inwieweit ein Meßergebnis auch tatsächlich auf den zu untersuchenden Sachverhalt Bezug nimmt beziehungsweise inwieweit inhaltlich jene Information gemessen und wiedergegeben wird, die zu messen beabsichtigt war (Berekoven et al. 1999, S. 88 f.).

- Die Informationen sollten **aktuell** und in einem moderaten Zeitraum zu beschaffen sein. Die Erfüllung dieses Kriteriums wird maßgeblich durch die Art und Komplexität der gewählten Datengewinnungsmethoden bestimmt.

- **Kosten und Nutzen** von Marketinginformationen müssen abgeschätzt und gegeneinander aufgewogen werden. Besondere Probleme treten bei der Schätzung des Informationsnutzens auf, der letztlich in einem durch Entscheidungsverbesserung bedingten Ertragszuwachs gesehen werden kann.

3.2 Informationsgewinnung

3.21 Entscheidungsprobleme der Informationsgewinnung

Unter Berücksichtigung der spezifischen Situation innerhalb der Unternehmen sind bei der Informationsgewinnung eine Reihe von Detailentscheidungen zu treffen:

- die Festlegung der zu untersuchenden **Zielgruppen** und **Untersuchungsobjekte**,

- die Präzisierung des **Untersuchungsgegenstandes** im Hinblick auf die Art und Operationalisierung der Zielgrößen (Skalen/Skalierungsverfahren),

- die Festlegung des notwendigen **Stichprobenumfangs** in Abhängigkeit des geforderten Sicherheitsgrades der Aussagen und der untersuchten Grundgesamtheit,

- eine Analyse der Anwendbarkeit alternativer **Stichproben-Auswahlverfahren** und die Auswahl eines Verfahrens,

- die Bestimmung der einzusetzenden **Informationsgewinnungs-Methoden** beziehungsweise Methodenkombinationen.

Im folgenden soll insbesondere auf die Meß- und Auswahlverfahren sowie die Methoden und Designs der Informationsgewinnung eingegangen werden.

3.22 Meß- und Auswahlverfahren der Informationsgewinnung

Messen im allgemeinen Sinne beinhaltet den Prozeß der Informationsgewinnung, während messen im engeren Sinne eine nach bestimmten Regeln vollzogene Zuordnung von Symbolen (Zeichen und Zahlen) zu festgestellten Ausprägungen von Merkmalen der Untersuchungsobjekte bedeutet (Mayntz et al. 1978, S. 38). Grundlegende Voraussetzung für die Informationsgewinnung ist die intersubjektive Überprüfung der Messungen. Diese kann durch eine eindeutige Definition der Maßstäbe erreicht werden, mit denen Merkmale und Ausprägungen bei einem Untersuchungsgegenstand gemessen werden.

Während bei **quantitativen, beobachtbaren Größen** die Messung in der Regel unproblematisch ist, da operationale Maßstäbe vorliegen (zum Beispiel Umsatzzahlen), gibt es insbesondere im Bereich der Quantifizierung und intensitätsmäßigen Erfassung nicht beobachtbarer, **qualitativer Variablen** (sogenannte theoretische Konstrukte) wie Einstellungen, Motive oder Zufriedenheit keine allgemeingültigen, verläßlichen Maßstäbe, Meßeinheiten oder Indikatoren. Als Grundvoraussetzung für das Messen bedarf es hier vorab einer Operationalisierung der theoretischen Konstrukte. Das Problem der Operationalisierung besteht darin, Indikatoren oder empirische Äquivalente zu finden, mit denen Schlußfolgerungen im Hinblick auf das untersuchte Konstrukt nicht nur möglich, sondern auch gültig (valide) sind .

Im Anschluß an die Definition eines Meßobjektes und seines empirischen Maßstabes können den Merkmalen beziehungsweise Merkmalsausprägungen der Objekte Zahlenwerte zur Abbildung zugeordnet werden. Zuordnungsregeln oder Meßinstrumente in diesem Sinne sind **Skalen**.

Insgesamt lassen sich **vier Skalenarten** verschiedener Meßniveaus unterscheiden (vgl. Abbildung 2-27).

		Meßniveau	Mathematische Eigenschaften der Meßwerte	Beschreibung der Meßwerteigenschaften	Beispiele
↑ Zunahme des Informationsgehaltes ↓	Nicht-metrische Daten	Nominal-niveau	$A = A \neq B$	Klassifikation: Die Meßwerte zweier UEn sind identisch oder nicht identisch	Zweiklassig: Geschlecht (männlich/weiblich) Mehrklassig: Betriebstyp (Discounter/ Verbrauchermarkt/ Supermarkt)
		Ordinal-niveau	$A > B > C$	Rangordnung: Meßwerte lassen sich auf einer MD als kleiner/größer/gleich einordnen	Präferenz- und Urteilsdaten: z. B. Marke X gefällt mir besser, gleich gut, weniger als Marke Y
	Metrische Daten	Intervall-niveau	$A > B > C$ und $A - B = B - C$	Rangordnung und Abstandsbestimmung: Die Abstände zwischen Meßwerten sind angebbar	Intelligenzquotient Kalenderzeit
		Rationiveau (Verhältnis-Skala)	$A = x \cdot B$	Absoluter Nullpunkt: Neben Abstandsbestimmung können auch Meßwertverhältnisse berechnet werden	Alter Jahresumsatz

UE = Untersuchungseinheit
MD = Merkmalsdimension

GABLER GRAFIK

Abbildung 2-27: Meßniveaus und Meßwerteigenschaften
(Quelle: Berekoven et al. 1999, S. 71)

Die Messung von Merkmalsausprägungen auf **nominalem Niveau** stellt die einfachste Form des Messens dar. Nominalskalen dienen lediglich der Klassifikation von Untersuchungsgegenständen. Außer der Analyse von Häufigkeiten sind keine weiteren statistischen Operationen anwendbar. Bei **ordinalskalierten Daten** lassen sich die Untersuchungsobjekte hinsichtlich ihrer Meßwerte auf einer Merkmalsdimension nach „größer", „kleiner" oder „gleich" einordnen. Es läßt sich eine Rangreihe erstellen, ohne daß Aussagen über die Abstände zwischen den Rangplätzen gemacht werden können. **Intervallskalen** weisen eine feste Meßeinheit, das heißt feste Abstände (Standardentfernungen) zwischen den Skalenrängen, auf. Auf der Basis der Meßeinheiten lassen sich die

Unterschiede zwischen zwei Meßobjekten genau fixieren. **Verhältnisskalen** (Relationsskalen) sind außer durch die Eigenschaften der Intervallskalen noch durch einen absoluten Nullpunkt gekennzeichnet.

Im Rahmen der Messungen von subjektiven Sachverhalten wie Einstellungen, Motiven und Images, die eine Transformation der qualitativen Sachverhalte in quantitative Größen erfordern, finden häufig sogenannte **Rating-Skalen** Anwendung (Green/Tull 1982, S. 162 ff.; Tull/Hawkins 1990). Die befragten Personen haben dem Untersuchungsobjekt (Einstellungsobjekt) auf einer vorgegebenen Antwortskala einen Meßwert zuzuordnen. Bei diesen Rating-Skalen handelt es sich von der Grundstruktur zunächst nur um Ordinalskalen, deren Rangplätze meist verbal – gut bis schlecht, trifft zu bis trifft nicht zu, wichtig bis nicht wichtig – bestimmt und differenziert werden. Dennoch kann davon ausgegangen werden, daß die Abstände zwischen den Rangplätzen von den Befragten bei entsprechender graphischer Darstellung als konstant betrachtet werden. So wird der Abstand zum Beispiel zwischen den Schulnoten sehr gut und gut sowie gut und befriedigend als gleich groß wahrgenommen. Die Rating-Skalen erfüllen damit die mathematischen Voraussetzungen von Intervallskalen und erlauben den Einsatz entsprechender statistischer Operationen.

In der Frage, über welche **Gesamtheit von Analyseobjekten** (Personen, Produkte, Geschäftsstätten) Schlüsse gezogen werden sollen und wie die Auswahl der zu untersuchenden Elemente erfolgen soll, liegt eines der zentralen Entscheidungsprobleme der Informationsgewinnung. Um gesicherte Aussagen über eine Gesamtheit von Elementen machen zu können, besteht die Möglichkeit, im Rahmen einer **Vollerhebung** alle Elemente oder im Rahmen einer **Teilerhebung** nur eine bestimmte Auswahl von Einheiten der definierten Gesamtheit zu untersuchen. Da in den meisten Fällen eine Informationsbeschaffung durch Vollerhebungen unter wirtschaftlichen, zeitlichen, technischen und organisatorischen Aspekten nicht zweckmäßig ist, werden in der Praxis fast ausschließlich Teilerhebungen durchgeführt. Aus den Aussagen über die Teilmenge werden dabei Schlüsse auf die Grundgesamtheit gezogen (Repräsentationsschluß). Ein solcher Rückschluß ist nur dann gerechtfertigt und vermag gesicherte Erkenntnisse zu liefern, wenn die Teilmenge hinsichtlich der Untersuchungsmerkmale ein verkleinertes, wirklichkeitsgetreues Abbild der Grundgesamtheit darstellt, das heißt den Anspruch der **Repräsentativität** erfüllt. Eine Teilerhebung erfordert dann die Konstruktion einer Stichprobe, worunter die nach einem bestimmten **Auswahlverfahren** erfolgende Entnahme einer begrenzten Anzahl von Elementen aus einer Grundgesamtheit verstanden wird (Mayntz et al. 1978, S. 68). Abbildung 2-28 gibt einen Überblick über mögliche Auswahlverfahren.

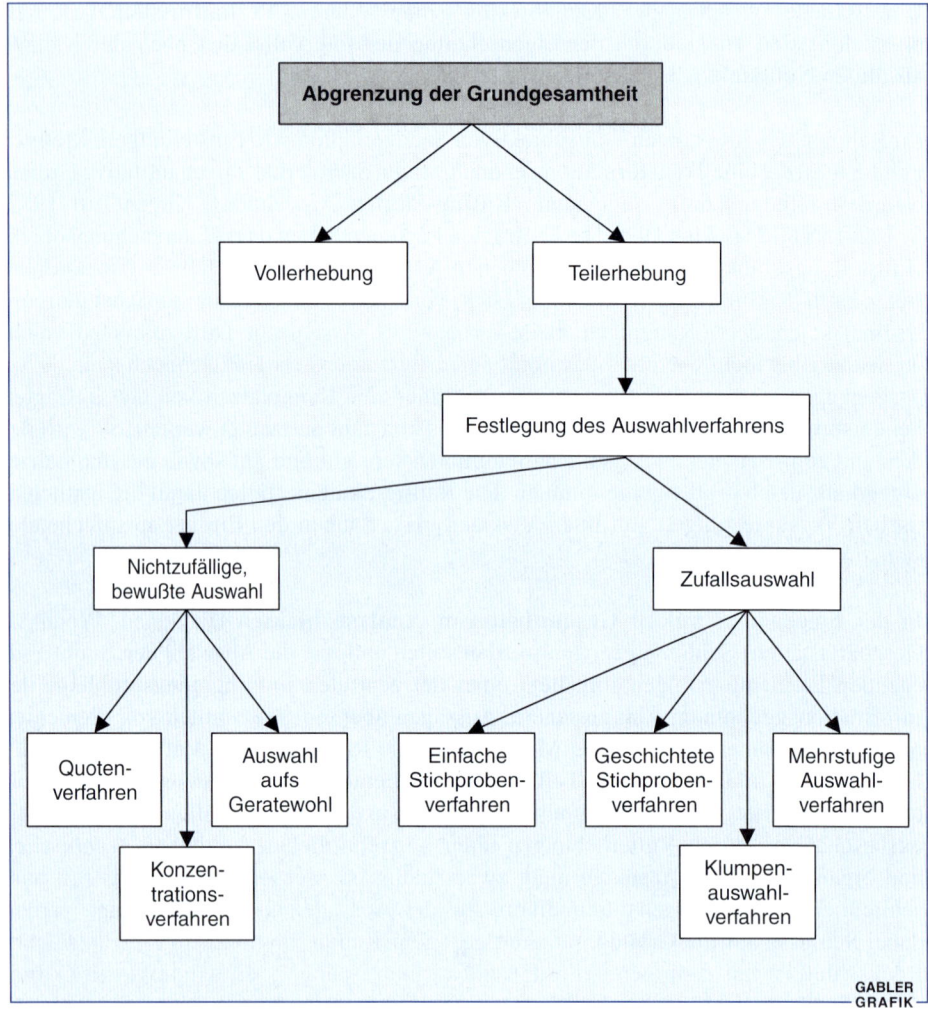

Abbildung 2-28: Auswahlverfahren
(in Anlehnung an Hammann/Erichson 1994, S. 109)

Bei den Verfahren der **bewußten Auswahl** wird die Stichprobe konstruiert und die Auswahl der zu untersuchenden Elemente gezielt nach sachrelevanten Merkmalen vorgenommen. Demgegenüber erfolgt bei der **Zufallsauswahl** die Selektion der Untersuchungseinheiten durch einen Zufallsprozeß. Der Zufallsprozeß wird so gestaltet, daß jedes Element der definierten Grundgesamtheit mit einer bestimmten berechenbaren und von Null verschiedenen Wahrscheinlichkeit in die Auswahl gelangen kann. Damit ergibt sich die Möglichkeit, den **Stichproben- beziehungsweise Zufallsfehler statistisch exakt zu ermitteln**. Demgegenüber ist bei den nicht zufälligen Auswahlverfahren immer eine subjektive Einflußnahme und damit eine bewußte, nicht quantifizierbare Beeinträchtigung der Repräsentativität möglich. Die Entscheidung, welches der Auswahlverfahren anzuwenden ist, hat unter Berücksichtigung der Erhebungsziele und der organisatorischen und finanziellen Aspekte zu erfolgen.

Die Anwendung des **Quotenverfahrens** geht von der Kenntnis aller beziehungsweise ausgewählter untersuchungsrelevanter Merkmale und deren Ausprägungen sowie ihrer relativen Verteilung (Quote) in der Grundgesamtheit aus. Auf der Grundlage der Quoten wird eine Stichprobe konstruiert, die in der Verteilung aller herangezogenen Merkmale für die Gesamtheit repräsentativ ist (Green/Tull 1982, S. 195f.). Beispielsweise bieten sich bei Untersuchungen, die für alle Bundesbürger repräsentativ sein sollen, die Merkmale Alter, Berufs- oder Einkommensschicht und ihre prozentuale Verteilung in der Gesamtbevölkerung für die Zusammensetzung einer Stichprobe an.

Beim **Konzentrationsverfahren** erfolgt bei der Zusammensetzung der Stichprobe eine bewußte Konzentration auf bestimmte Elemente der Grundgesamtheit. Als spezielle Verfahren sind die „typische Auswahl" und das „Abschneideverfahren" (Cut-off-Verfahren) zu nennen (Hammann/Erichson 1994, S. 57; Berekoven et al. 1999). Im Fall der **typischen Auswahl** wird eine Anzahl von Elementen, die als charakteristisch und typisch für die Grundgesamtheit angesehen wird, herausgegriffen. So können sich zum Beispiel Untersuchungen auf eine Stadt beschränken, die als typisch für eine ganze Region angesehen wird, was beispielsweise bei Hochrechnungen von Wahlergebnissen (Bundestagswahl, Landtagswahl oder ähnliche) Anwendung findet.

Bei der **Auswahl aufs Geratewohl** werden nach freiem Ermessen Elemente aus der Grundgesamtheit in die Stichprobe einbezogen. So werden zum Beispiel zu einer bestimmten Tageszeit in einer Einkaufsstätte willkürlich Kunden herausgegriffen und ihre Warenkörbe untersucht. Von diesen Ergebnissen wird auf eine Gesamtheit geschlossen, obwohl je nach Tageszeit bestimmte Personengruppen – Hausfrauen, Schüler, Berufstätige – einkaufen, für die andere Warenkörbe typisch sind.

Das **Verfahren der einfachen Zufallsauswahl** setzt voraus, daß alle Einheiten der Grundgesamtheit bekannt und in irgendeiner Form identifizierbar sind (Karteikarte, Numerierung etc.). Mit Hilfe alternativer Auswahltechniken wie zum Beispiel durch die Verwendung von Zufallszahlentabellen, durch Abzählverfahren oder durch eine Lotterieauswahl mit Auslassen oder Auswürfeln werden die einzelnen Elemente der Stichprobe unmittelbar aus der Grundgesamtheit gezogen.

Gerade bei heterogenen Grundgesamtheiten findet das **geschichtete Stichprobenverfahren** Anwendung (McGown 1979, S. 197f.; Brown 1980, S. 159ff.). Das Prinzip der Schichtung besteht darin, daß die Grundgesamtheit nach einem oder mehreren Kriterien in homogene Teilgesamtheiten aufgegliedert und geschichtet wird. So lassen sich zum Beispiel alle Einkaufsstätten des Handels nach dem Hauptkriterium der Betriebsform in Segmente wie zum Beispiel Warenhäuser, Discounter, Filialisten, Fachgeschäfte etc. gliedern. Aus den Teilgesamtheiten werden anschließend einfache zufallsgesteuerte Stichproben entnommen.

Bei einer **Klumpenauswahl** wird die Grundgesamtheit nicht mehr in einzelne Elemente, sondern in Klumpen unterteilt, aus denen dann nach dem Zufallsprinzip eine entsprechende Auswahl getroffen wird, wobei jeweils alle den ausgewählten Klumpen zugehörigen Elemente in die Stichprobe einbezogen werden. Als Sonderform ist hier das Flächenstichproben-Verfahren (area sampling) anzuführen, bei dem die Klumpen geographisch bestimmt werden. So kann zum Beispiel eine Großstadt nach ihren Stadtteilen „geklumpt" werden (Cox 1979, S. 279; McGown 1979, S. 199).

Die **mehrstufige Auswahl** ist dadurch charakterisiert, daß wenigstens zwei Auswahlstufen vorliegen. Dabei wird die Grundgesamtheit im ersten Schritt in mehrere Primäreinheiten (Teilmengen, Schichten, Klumpen) aufgeteilt, aus denen nach der einfachen Zufallsauswahl eine begrenzte Anzahl von Einheiten ausgewählt wird. Im zweiten Schritt erfolgt eine Zufallsauswahl von Untersuchungseinheiten (Sekundäreinheiten) aus den ausgewählten Primäreinheiten (Cox 1979, S. 280).

3.23 Methoden der Informationsgewinnung

3.231 Sekundärforschung

Die Informationsgewinnung durch **Sekundärforschung** hat die Beschaffung, Zusammenstellung und Auswertung bereits vorhandenen Datenmaterials zum Gegenstand (Büning et al. 1981, S. 67 ff.). Somit ist Sekundärforschung im wesentlichen Quellenforschung mit praktisch unbegrenzt verfügbaren Daten aus internen und externen Informationsquellen. Die **Bedeutung interner und externer Informationsquellen** läßt sich nicht allgemeingültig festlegen; sie ist je nach Fragestellung verschieden (vgl. Abbildung 2-29). Sekundärdaten stellen Basisinformationen dar, die die Einarbeitung in die Problemstellung erleichtern und zur Ökonomisierung der Forschungsarbeit beitragen. Die Informationen sind in der Regel im Vergleich zu Primärdaten schneller und kostengünstiger zu beschaffen. Die Verfügbarkeit **weltweiter elektronischer Netze** (zum Beispiel Internet) erweitert das Spektrum der Sekundärforschung erheblich und führt zu signifikanten Kostensenkungen im Vergleich zur klassischen Sekundärforschung. Ferner verbessert sich die Aktualität der gewonnenen Informationen. Darüber hinaus sind bestimmte Daten (volkswirtschaftliche Gesamtgrößen, Entwicklungszahlen etc.) auf anderen Wegen für das einzelne Unternehmen praktisch nicht zugänglich.

Trotz der Vielfalt verfügbarer Sekundärinformationen und ihrer Einsatzmöglichkeiten sind der Sekundärforschung **Grenzen** gesetzt, insbesondere hinsichtlich der Vergleichbarkeit der Informationen unterschiedlicher Quellen, der Genauigkeit der Information, des Detaillierungsgrades und des Umfangs der erforderlichen beziehungsweise verwendbaren Informationen (Berekoven et al. 1999, S. 47 f.).

Information über Informationsquellen	Absatzwege Konk.	Absatzwege Eigene	Absatzform Konk.	Absatzform Eigene	Produkt- und Sortimentsgestaltung Konk.	Produkt- und Sortimentsgestaltung Eigene	Preisgestaltung Konk.	Preisgestaltung Eigene	Lieferungs- und Zahlungsbedingungen Konk.	Lieferungs- und Zahlungsbedingungen Eigene	Werbung, PR, Verkaufsförderung Konk.	Werbung, PR, Verkaufsförderung Eigene	Kundendienst Konk.	Kundendienst Eigene
I. Intern														
1. Umsatzstatistik		x		x		x		x		x		x		x
2. Auftragsstatistik		x		x		x		x				x		x
3. Kostenrechnung						x		x		x		x		x
4. Kundenkartei				x		x				x		x		x
5. Kundenkorrespondenz		x		x		x		x		x		x		x
6. Absatzmittlerkartei		x				x		x		x				x
7. Vertreterberichte	x	x	x	x	x	x	x	x	x	x	x	x	x	x
8. Kundendienstberichte					x	x						x	x	x
9. Berichte des Einkaufs	x		x		x	x	x		x		x		x	
II. Extern														
10. Amtliche Statistik, Umsätze					x									
11. Amtliche Statistik, Preis							x							
12. Prospekte, Kataloge	x				x		x		x		x		x	
13. Geschäftsberichte	x		x		x				x					
14. Wirtschaftszeitungen	x		x		x		x		x		x		x	
15. Fachzeitschriften	x				x						x		x	
16. Adreß-, Handbücher usw.		x		x								x		
17. Adressenbüros		x		x								x		
18. Messekataloge und -besuche	x		x		x		x		x		x		x	

Abbildung 2-29: Informationsgewinnung durch Sekundärforschung für einzelne Marketingaktivitäten

3.232 Primärforschung

3.2321 Beobachtung

Die **Beobachtung** wird als die von Personen oder technischen Hilfsmitteln vollzogene systematische Erfassung von sinnlich wahrnehmbaren Sachverhalten zum Zeitpunkt ihres Geschehens verstanden (Becker 1973, S. 6). Zu den wahrnehmbaren Sachverhalten zählen zum Beispiel Sortimentsbestände oder, im Bereich der Beobachtung von Personen, alle objektiven Tatbestände wie zum Beispiel physische Aktivitäten, Verhaltensweisen und soziodemographische Merkmale.

Bei der Beobachtung werden verschiedene methodische Varianten unterschieden, deren Anwendung sich je nach Ziel und Gegenstand der Untersuchung richtet:

- **Fremd- und Selbstbeobachtung:**
  Fremdbeobachtung zielt auf die Untersuchung von Vorgängen ab, die außerhalb der Person des Beobachters liegen. Demgegenüber beinhaltet die Selbstbeobachtung die Analyse und Beschreibung eigener psychischer Vorgänge (Rogge 1981, S. 127).

- **Persönliche und unpersönliche Beobachtung:**
  Hinsichtlich der Form der Wahrnehmung wird die Erfassung durch Beobachter und die unpersönliche Erfassung durch Beobachtungsgeräte unterschieden (Hüttner 1979, S. 54 f.).

- **Teilnehmende und nicht teilnehmende Beobachtungen:**
  Der Beobachter beschränkt sich bei der nicht teilnehmenden Beobachtung ausschließlich auf die Wahrnehmung der Aktionen der zu beobachtenden Personen, während er sich bei einer teilnehmenden Beobachtung auf einer Ebene mit den zu beobachtenden Personen bewegt (Hammann/Erichson 1994, S. 96).

- **Bewußtseinsgrade der Beobachtung:**
  Es lassen sich folgende Beobachtungssituationen und damit verbundene Bewußtseinsgrade unterscheiden (Spiegel 1970, S. 42; Salcher 1995, S. 105 ff.):
  - **offene und durchschaubare Situation**, in der die Versuchsperson von der Beobachtung, dem Zweck und dem eigentlichen Beobachtungsgegenstand weiß;
  - **nicht durchschaubare Situation**, in der der Versuchsperson nur die Tatsache und der eigentliche Gegenstand der Untersuchung, nicht aber das Versuchsziel bekannt ist;
  - **quasi-biotische Situation**, in der der Versuchsperson lediglich ihre Rolle als Versuchsobjekt bekannt ist;
  - **biotische Situation**, in der die Versuchsperson vollkommen im ungewissen gelassen wird und ihre Reaktionen in lebensechten Situationen ermittelt werden.

■ **Feld- und Laborbeobachtung:**
Bei Feldbeobachtungen findet die Aufzeichnung der Tatbestände und Verhaltensweisen in der gewohnten Umgebung der beobachteten Personen, wie zum Beispiel im Geschäft, auf der Straße oder zu Hause, statt. Laborbeobachtungen beschränken sich auf künstlich geschaffene Situationen, die die Erfassung und Kontrolle eines komplexen Beobachtungsfeldes ermöglichen (Becker 1973, S. 47 ff.).

Der wesentliche **Vorteil der Beobachtung** ist darin zu sehen, daß die Geschehnisse während ihres spontanen Vollzugs festgehalten und dabei gleichzeitig die spezifischen Umweltsituationen aufgenommen werden. Demgegenüber lassen sich Vorgänge, die sich über einen längeren, möglicherweise unterbrochenen Zeitraum erstrecken, nur sehr schwer durch Beobachtung festhalten.

Zwar ist die Beobachtung unabhängig von der **Auskunftsbereitschaft** der Versuchspersonen, und das Problem des Interviewereinflusses entfällt, aber es tritt je nach Bewußtseinsgrad der Beobachtung ein **„Beobachtungseffekt"** (Pepels 1995, S. 216) auf, der erhebliche Verzerrungen bedingen kann.

Eine generelle Einschränkung der Anwendbarkeit der Beobachtung zeigt sich jedoch im Hinblick auf die **Messung bestimmter subjektiver Sachverhalte** wie Einstellungen, Meinungen, Präferenzen, Verhaltensabsichten und andere, die sich der Beobachtung entziehen. Darüber hinaus kann bei allen nicht experimentellen Beobachtungen die Ursache für das beobachtete Verhalten nicht ermittelt werden, ohne zusätzlich auf die Befragung als Erhebungsmethode zurückzugreifen.

3.2322 Befragung

Die **Befragung** ist die am weitesten verbreitete und wichtigste Informationsgewinnungsmethode im Marketing (Holm 1975; Schäfer/Knoblich 1978, S. 276). Ziel und Aufgabe von Befragungen bestehen darin, ausgewählte Personen zu bestimmten und vorgegebenen Sachverhalten Auskunft geben zu lassen. Damit können Befragungen für zahlreiche Marketingproblemstellungen eingesetzt werden. Sie dienen der Erfassung sowohl des beobachtbaren als auch des nicht beobachtbaren Verhaltens. Eine Befragung kann entweder in schriftlicher, mündlicher oder telefonischer Form erfolgen (Berekoven et al. 1999, S. 93 ff.). Bei der **schriftlichen Befragung** werden den Versuchspersonen die Fragebögen zugeschickt, die sie nach Beantwortung beziehungsweise Bearbeitung ausgefüllt zurücksenden sollen. Die im Vergleich bedeutendste Befragungsform ist die **mündliche Befragung**, bei der die Informationen durch Interviewer erhoben werden. Die Befragung mit Hilfe des Telefons wird aufgrund der Leistungsfähigkeit moderner computergestützter Befragungstechniken (Computer-Aided-Telephone-Interviewing, CATI) sowie der Kosten- und Zeitvorteile zunehmend häufiger eingesetzt. Die wesentlichen Vor- und Nachteile sind zusammenfassend in Abbildung 2-30 dargestellt.

	Schriftliche Befragung	**Mündliche Befragung**	**Telefonische Befragung**
Vorteile	▪ Ein großes räumliches Gebiet kann abgedeckt werden. ▪ Es entstehen **niedrige Kosten**, d. h. zumindest dann, wenn die zu befragende Stichprobe durch ein besonderes Interesse am Befragungsgegenstand gekennzeichnet ist und somit eine gewisse Rücklaufquote zu erwarten ist. ▪ Es entfallen die **Beeinflussungsmöglichkeiten** durch den Interviewer.	▪ Es besteht eine **hohe Erfolgsquote** und eine damit verbundene Repräsentativität der Ergebnisse. ▪ Der **Fragebogenumfang** und -inhalt unterliegt vergleichsweise geringen Einschränkungen. ▪ Das **befragungstaktische Instrumentarium** kann insbesondere im Hinblick auf die Frageformen und die Fragenreihenfolge voll zur Anwendung gelangen. ▪ Die **Befragungssituation** läßt sich in bestimmten Grenzen kontrollieren. ▪ Es können **zusätzliche Informationen** wie z. B. ergänzende Beobachtungen hinsichtlich der Spontaneität der Beantwortung oder auftretende emotionale Reaktionen gewonnen werden.	▪ Die telefonische Befragung ist sehr **kurzfristig einsetzbar**. ▪ Die **Kosten** sind **geringer** als bei der mündlichen Befragung.
Nachteile	▪ Es können nur die Personen in die Befragung einbezogen werden, deren **postalische Adresse** bekannt ist. ▪ Die **Rücklaufquoten** bzw. Erfolgsquoten liegen in der Regel nur zwischen 5 bis 30 Prozent und sind damit erheblich geringer als beispielsweise bei mündlichen Befragungen. ▪ Der **Fragenumfang** ist stärker limitiert und die Anwendung bei bestimmten (z. B. tabuisierten) Themenstellungen grundsätzlich wenig erfolgversprechend. ▪ Es ist nicht sicherzustellen, daß die in die Stichprobe einbezogene und angesprochene Person den Fragebogen selbst ausfüllt, wodurch gegebenenfalls die **Repräsentativität** der Stichprobe nicht mehr gewährleistet werden kann. ▪ Weiterhin läßt sich die **Reihenfolge der Beantwortung der Fragen** sowie der Zeitpunkt der Befragung nicht kontrollieren, und die situativen Verhältnisse sowie deren mögliche Auswirkungen auf die Beantwortung sind unbekannt (Hafermalz 1976).	▪ Es entstehen **hohe Kosten**. ▪ Durch die Interviewsituation bzw. den **Interviewereinfluß** können **Verzerrungsgefahren** entstehen. Die Person des Interviewers sowie Ort und Zeit des Interviews führen in Abhängigkeit vom Befragungsgegenstand zu mehr oder weniger starken Auswirkungen auf den sozialen Interaktionsprozeß zwischen Interviewer und Befragten. Je nach dem Grad der Beeinträchtigung innerhalb der sozialen Situation des Interviews sind ergebnisverzerrende Verhaltensreaktionen und Anpassungsmechanismen beim Befragten zu erwarten (Atteslander/Kneubühler 1975).	▪ Aufgrund der Anonymität des Fragenden sind **nur bestimmte Befragungsthemen** möglich, wobei auf Fragen mit umfangreichen Antwortkategorien verzichtet werden muß und **optische Hilfen** bei der Beantwortung nicht gegeben werden können (Groves/Kahn 1979; Strobel 1983).

Abbildung 2-30: Vor- und Nachteile der schriftlichen, mündlichen und telefonischen Befragung

Nach der Festlegung der Befragungsform ist im Rahmen der Bestimmung des befragungstaktischen Instrumentariums über die **Gestaltung des Fragebogens** und über die Art der Fragenformulierung zu entscheiden.

Inhaltlich sind **vier Gruppen von Fragen** zu unterscheiden, die zugleich den Aufbau des Fragebogens beziehungsweise die Fragensequenz prägen (Nieschlag et al. 1997, S. 698 ff.):

- **Einleitungs-, Kontakt- und Eisbrecherfragen** sollen bei den Auskunftspersonen eine mögliche Befangenheit nehmen, Reserviertheit auflösen und damit eine Aufgeschlossenheit für das nachfolgende Interview herbeiführen.

- **Sachfragen** stellen den Hauptteil der Befragung dar und beziehen sich primär auf den eigentlichen Untersuchungsgegenstand.

- **Kontroll- und Plausibilitätsfragen** dienen zum einen der Überprüfung der Befragtenauskünfte auf Konsistenz beziehungsweise auf Konditionierung durch den Fragebogen und zum anderen zur Kontrolle der Interviewer.

- **Fragen zur Person** werden meist am Ende des Interviews gestellt und dienen zur Erfassung von soziodemographischen und ökonomischen Merkmalen der Befragten.

Bei der Art der Fragenformulierung können grundsätzlich direkte und indirekte Frageformen unterschieden werden (Hammann/Erichson 1990, S. 78f.). Die **direkte Befragung** stand lange Zeit im Mittelpunkt der Marketingforschung. Hier ist der Befragte aufgefordert, Auskünfte über seine eigene Person und sein eigenes Verhalten zu geben (zum Beispiel: „Sind Sie für Tempo 100 auf Autobahnen?"). Probleme dieser Befragungstaktik treten immer dann auf, wenn die Befragten das Ziel der Frage zu durchschauen glauben und im Sinne des Fragenden antworten oder wenn sie zum Beispiel befürchten, sich durch die Beantwortung dieser Frage bloßzustellen (Blair et al. 1978, S. 225 ff.). Daher wird heute häufig die **indirekte Befragungsform** bevorzugt. Hier wird die Auskunftsperson durch psychologisch geschickte Frageformulierungen veranlaßt, über Sachverhalte zu berichten, die sie bei direkter Ansprache verschweigen oder nur verzerrt wiedergeben würde (zum Beispiel: „Ist jemand in Ihrer Familie für Tempo 100 auf Autobahnen?"). Indirekte Fragen werden vor allem dann verwendet, wenn tabuisierte oder durch Prestige- beziehungsweise Statusdenken beeinflußte Problemkreise untersucht werden oder wenn eine unzureichende Auskunftsbereitschaft der Befragten zu umgehen ist.

Ferner ist zwischen offenen und geschlossenen Fragestellungen zu differenzieren (Pepels 1995, S. 181). Die weitaus gebräuchlichsten Fragestellungen sind die **geschlossenen Fragen**. Der Normalfall ist die Alternativenfrage in Form von vorgegebenen Antwortmöglichkeiten, bei der der Befragte wahlweise eine einzige oder gleichzeitig mehrere Antworten anzukreuzen hat. Von besonderer Bedeutung ist hier auch die Festlegung der Skalierung. In diesem Zusammenhang müssen die Befragten eine Einstufung der Stärke oder Ausprägung von Meinungen oder Tatbeständen auf einer Skala vornehmen. Bei **offenen Fragen** sind demgegenüber keine festen Antwortkategorien vorgesehen. Ob eine offene oder geschlossene Frage gestellt werden soll, hängt vom Ziel der Befragung ab.

Soll die Einstellung einer Person A zu einem bestimmten Produkt ermittelt werden, kann damit beispielsweise das Ziel verfolgt werden, die Einstellung der Person A zu diesem Produkt mit der Einstellung einer Person B zu diesem Produkt zu vergleichen. Wird die Befragung mit Rating-Skalen (geschlossene Fragen, da die Antwortmöglichkeiten genau vorgegeben sind) durchgeführt, ist aufgrund des gleichen Skalenniveaus ein Vergleich möglich. Offene Fragen dienen in der Regel dazu, Aspekte, die bei der Befragung nicht behandelt wurden, aber für den Befragten von besonderer Wichtigkeit sind, zu erfassen. Mit offenen Fragen wie zum Beispiel „Woran denken Sie, wenn Sie das Produkt X sehen?" können sehr gut Pauschalurteile und Assoziationen abgefragt werden. Für den Befragten ergibt sich so die Möglichkeit, ohne vorgegebenen Rahmen seine Meinung unverfälscht zu äußern.

Nicht zu verwechseln mit der Geschlossenheit der Fragestellung ist der Grad der Standardisierung der Fragen, der in zwei Extremfälle zu unterscheiden ist: Das freie und das standardisierte Interview. Ein **standardisiertes Interview** ist dadurch gekennzeichnet, daß dem Interviewer ein Fragebogen vorgegeben wird, der das Vorgehen exakt beschreibt, so daß der Interviewer genau formulierte Fragen in einer festgelegten Reihenfolge zu stellen hat. Da die Fragebögen im voraus getestet sind, werden mögliche Fehlerquellen beseitigt und Einflußmöglichkeiten vermindert. Nachteilig dabei ist, daß sich der Interviewer nicht auf den Befragten einstellen kann und somit Informationen verlorengehen können.

Beim **freien Interview** sind dem Interviewer nur Thema und Ziel der Befragung vorgegeben. Es ist ihm die Entscheidung über Inhalt, Form und Reihenfolge der Fragen überlassen, weshalb er großen Einfluß auf das Ergebnis des Interviews nehmen kann. Häufig besteht durch die jederzeitige Anpassung an den Gesprächspartner jedoch erst die Möglichkeit, die tatsächliche Meinung des Befragten zu erfahren und wertvolle Zusatzinformationen zu erfassen.

3.2323 Experiment

Unter einem Experiment wird eine wiederholbare, unter kontrollierten, vorher festgelegten Umweltbedingungen durchgeführte Versuchsanordnung verstanden, die es mit Hilfe der Messung von Wirkungen eines oder mehrerer unabhängiger Faktoren auf die jeweilige(n) abhängige(n) Variable(n) gestattet, aufgestellte Hypothesen empirisch zu überprüfen (Kinnear/Taylor 1996; Berekoven et al. 1999, S. 151).

Im Bereich der Marketingforschung werden durch den Einsatz von Experimenten Aussagen darüber ermöglicht, ob und inwieweit der Einsatz oder die Variation einer Marketingvariablen in einer ursächlichen Beziehung zu der Veränderung einer gemessenen abhängigen Zielgröße wie Umsatz oder Marktanteil steht (Marktreaktionen). Die einzelnen Elemente, die das experimentelle Modell kennzeichnen, sind wie folgt zu charakterisieren:

- **Testelemente/Testeinheiten** sind die Objekte, an denen Experimente ausgeführt werden (Individuen, Geschäfte, Produkte).

- **Unabhängige Variablen** sind die Faktoren, deren Einfluß gemessen werden soll (Marketingvariablen wie Displays, Zugaben, Proben).

- **Abhängige Variablen** sind die Faktoren, an denen die Wirkung des Einflusses der unabhängigen Variablen gemessen wird (Umsatz, Marktanteil, Einstellungen).

- **Störvariablen** sind alle die Faktoren, die neben den unabhängigen Variablen Einfluß auf die abhängige Größe nehmen, jedoch als nichtkontrollierbare Parameter anzusehen sind (saisonale und konjunkturelle Einflüsse, Unterschiede in den Testeinheiten wie zum Beispiel Größe der Geschäfte).

- **Kontrollierte Variablen** sind die nicht untersuchten, vom Unternehmen direkt beeinflußbaren Variablen, deren möglicher Einfluß auf die abhängige Größe durch Beibehaltung des jeweilig vorhandenen Ausprägungsgrades (Ceteris-paribus-Bedingung) ausgeschaltet wird.

Experimente, bei denen die Messung der Ursache-Wirkungs-Beziehungen in einer natürlichen, realistischen Umgebung vollzogen wird, sind als **Feldexperimente** zu bezeichnen, während man bei Experimenten in einer speziell geschaffenen, künstlichen und stark vom Forscher beeinflußten Situation von **Laborexperimenten** spricht (Pepels 1995, S. 235; Berekoven et al. 1999, S. 154 f.). Die künstliche Situation ermöglicht im Gegensatz zum natürlichen Umfeld insbesondere aufgrund des Einsatzes von technischen Hilfsmitteln und Apparaturen eine größere Kontrolle der unabhängigen Variablen und anderer Einflußfaktoren, verliert aber aufgrund der isolierten und atypischen Betrachtung an Realitätsgehalt.

Je nach dem zeitlichen Einsatz der Messungen ist eine Unterscheidung in projektives und Ex-post-facto-Experiment notwendig (Steidl 1977). Von einem **projektiven Experiment** wird dann gesprochen, wenn ein Vorgang, der durch experimentell geschaffene Bedingungen beeinflußt wird, während des gesamten Zeitraumes von der Veränderung der unabhängigen Variablen bis hin zu erfolgten Auswirkungen untersucht wird. Demgegenüber wird bei einem **Ex-post-facto-Experiment** erst im nachhinein versucht, von Veränderungen bestimmter Variablen Wirkungsbeziehungen kausaler Art herzuleiten, indem auf den Einfluß möglicher unabhängiger Variablen geschlossen wird.

Experimentelle Versuchsanlagen lassen sich in Versuchspläne, die von einer bestimmten Anordnung der unabhängigen Faktoren und der Störvariablen ausgehen (formale Experimente), und in Versuchsanlagen, bei denen auf eine systematische Variation der Versuchsbedingungen verzichtet wird (informale Experimente), unterteilen (Böcker/Kieselbach 1974).

Typ	Beschreibung	Beispiel	Faktorwirkung	Beurteilung
EBA	Messung der Werte der abhängigen Variablen zeitlich vor und nach Einsatz der unabhängigen Variablen in einer Testgruppe	Messung und Vergleich der Umsätze für ein bestimmtes Produkt in ausgewählten Einzelhandelsgeschäften vor und nach einer Preissenkung für das betreffende Produkt: Paneluntersuchungen, Store-Tests	$x_1 - x_0$ Differenz in Experimentiergruppe zwischen zwei Zeitpunkten	Vernachlässigung von Störvariablen; Kontrollgruppe fehlt; zeitliche Entwicklungseffekte nicht meßbar
EB-CA	Messung der Werte der abhängigen Variablen zeitlich vor Einsatz der unabhängigen Variablen in **einer** Testgruppe und zeitlich nach dem Einsatz in einer anderen Testgruppe (bei zwei repräsentativen Querschnitten)	Tendenzumfrage, das heißt die Befragung eines unterschiedlichen repräsentativen Querschnitts der Bundesbürger mit gleichem Fragenwortlaut: z. B. die Frage der Parteienpräferenz vor und nach einer Fernsehdiskussion führender Politiker aller Parteien	$y_1 - x_0$ Differenz zwischen Kontrollgruppe im Zeitpunkt 1 und Experimentiergruppe im Zeitpunkt 0	Vernachlässigung von Störvariablen; zeitliche Entwicklungseffekte nicht meßbar; keine echte Kontrollgruppe
EA-CA	Messung der Werte der abhängigen Variablen in Test- und Kontrollgruppe nur nach Einsatz der unabhängigen Variablen	Probe-Aktion in ausgewählten Testgeschäften und Vergleich der Umsatzzahlen mit Geschäften, die nicht in die Aktion einbezogen waren	$x_1 - y_1$ Differenz zwischen Experimentier- und Kontrollgruppe im Zeitpunkt 1	Vernachlässigung von Störvariablen; Unterstellung gleicher Ausgangslage vor Durchführung des Experiments (t_0)
EBA-CBA	Messung der Werte der abhängigen Variablen vor und nach Einsatz der unabhängigen Variablen in der Testgruppe sowie Vor- und Nachher-Messung in der Kontrollgruppe, die nicht dem Einfluß der unabhängigen Variablen ausgesetzt wird	Wie beim EBA-Typ; jedoch wird zusätzlich eine weitere Gruppe von Geschäften ausgewählt, in der keine Preisaktion erfolgt	$(x_1 - x_0) - (y_1 - y_0)$ Differenz zwischen den gemeinsamen Unterschieden in Experimentier- und Kontrollgruppe	Wirkung der unabhängigen Variablen in der Experimentiergruppe wird bereinigt um Entwicklungseffekte, die sich in der Kontrollgruppe zeigen; keine Erfassung von Störvariablen

Abbildung 2-31: Typen informaler Versuchsanlagen

Bei den **informalen Experimenttypen** wird die Wirkung einer unabhängigen Variablen auf die betrachtete abhängige Variable durch reine Differenzbetrachtung ermittelt (Tull/Hawkins 1987, S. 151 ff.). Dieser Berechnungsweise liegt die Annahme zugrunde, daß der Einfluß der Störgrößen additiv ist (**Unabhängigkeit zwischen den Störgrößen**) und daß alle in die Untersuchung einbezogenen Testelemente von den Störfaktoren mit gleicher Intensität getroffen werden. Je nach dem Zeitpunkt der Messungen und dem Einsatz von Kontroll- und Experimentiergruppen sind **vier Typen informaler Versuchsanordnungen** zu unterscheiden, zu deren näherer Kennzeichnung folgende Symbolik herangezogen wird:

E = Versuchs-/Experimentiergruppe (experimental group)
C = Kontrollgruppe (control group)
B = Messung vor (before) Einsatz beziehungsweise Einflußnahme des unabhängigen Faktors
A = Messung nach (after) Einsatz beziehungsweise Einflußnahme des unabhängigen Faktors

In Abbildung 2-31 sind die Versuchsanlagen im einzelnen beschrieben.

Mit Hilfe **formaler Experimenttypen** lassen sich die Wirkungen **aller einflußnehmenden Variablen** in Art (Störfaktoren, unabhängige Variablen) und Intensität durch Streuungsanalysen (Varianzanalysen) ermitteln. Die Messung der Wirkung unterschiedlicher Einflußgrößen erfolgt durch die Berücksichtigung bekannter Störvariablen und durch Wiederholung der Testvorgänge. Die Meßwiederholungen führen zum Beispiel zu unterschiedlichen Werten der abhängigen Variablen, die um einen Mittelwert streuen. Gelingt es, die festgestellte Streuung verursachungsgemäß aufzuspalten, lassen sich Einflüsse von Störvariablen, Zufallseinflüsse und die tatsächliche Wirkung der eingesetzten unabhängigen Variable(n) messen.

Der Anwendung experimenteller Methoden zur Aufdeckung von Kausalzusammenhängen sind **erhebliche Grenzen** gesetzt:

- Langfristige Auswirkungen lassen sich aufgrund der problematischen Kontrolle möglicher Einflußfaktoren über einen großen Zeitraum nur schwer messen.

- Zahlreiche Störeinflüsse führen zu einer Einschränkung der Aussagekraft gewonnener Ergebnisse.

3.2324 Spezialformen der Informationsgewinnung

Zu den für die Marketingforschungspraxis wichtigsten Spezialformen der Informationsgewinnung zählen Panel, apparative Verfahren, computergestützte Verfahren, psychologische Testverfahren sowie Testmärkte und Testmarktkombinationen (vgl. zu Testmärkten drittes Kapitel, Abschnitt 2.47).

Unter **Panelerhebungen** werden Untersuchungen verstanden, die bei einem bestimmten gleichbleibenden Kreis von Untersuchungseinheiten (Personen, Einkaufsstätten, Unternehmen) in (regelmäßigen) zeitlichen Abständen wiederholt zum gleichen Untersuchungsgegenstand durchgeführt werden (Weissman 1983, S. 10 ff.; Berekoven et al. 1999, S. 123, Günther et al. 1998). Das Panel stellt dabei keine eigene Erhebungstechnik dar, sondern eine besondere Art der Forschungsanordnung unter Zuhilfenahme der bereits diskutierten Erhebungsmethoden.

Das **Ziel von Panelerhebungen** ist die Erforschung von Markt- beziehungsweise Verhaltensänderungen im Zeitablauf. Neben der deskriptiven Erfassung von Markenwechselvorgängen haben die Paneluntersuchungen im Sinne eines Experiments die Erklärung von Verhaltensänderungen zur Aufgabe. Grundsätzlich lassen sich nach der Art der Untersuchungseinheiten das Verbraucherpanel, das Unternehmerpanel und das Handelspanel unterscheiden (Hammann/Erichson 1990, S. 133 ff.).

Im **Unternehmerpanel** wird eine repräsentative Stichprobe aller Unternehmer oder auch nur der einer einzelnen Branche (zum Beispiel Textilpanel) regelmäßig einer Befragung zu allgemeinen Einschätzungen wie Konsumklima, Investitionsklima oder zu konkreten Entwicklungstendenzen wie Auftragsbestand und Umsatzentwicklung unterzogen.

Das **Handelspanel** stellt eine spezielle Form des Unternehmerpanels dar. Handelspanel können auf jeder Stufe des Distributionssystems aufgebaut sein und je nach Untersuchungsgegenstand ein breites Aufgabenspektrum besitzen oder auch nur einen sehr speziellen Tatbestand analysieren. Im Gegensatz zum Verbraucherpanel werden die Informationen beim Handelspanel hauptsächlich durch Beobachtung gewonnen. Die Mitglieder beziehungsweise Untersuchungseinheiten des Handelspanels setzen sich dabei aus Großhandels- und Einzelhandelsbetrieben zusammen. Die Panelinformationen betreffen vor allem die Entwicklung von Warenbewegungen und Lagerbeständen der in das Panel einbezogenen Handelsgeschäfte und Produkte.

Verbraucherpanels lassen sich nach der untersuchten Zielgruppe differenzieren. Setzt sich ein Verbraucherpanel nur aus Einzelpersonen zusammen, wird von einem Individualpanel gesprochen. Besteht die Untersuchungseinheit aus einem Haushalt, handelt es sich um ein Haushaltspanel. Charakteristisches Kennzeichen beider genannten Formen ist die aktive Beteiligung der Panelteilnehmer. Diese müssen, da die Datengewinnung meist durch eine schriftliche Befragung erfolgt, periodisch Fragebögen ausfüllen oder Ausgabenlisten führen.

Die Ergebnisse von Paneluntersuchungen werden durch die sogenannte Panelsterblichkeit, den Paneleffekt und die Panelerstarrung eingeschränkt (Rogge 1981, S. 122 ff.; Hansen 1982, S. 107 ff.). Die **Panelsterblichkeit** beinhaltet das Ausscheiden von Teilnehmern aus dem Panel durch laufende Fluktuation, beispielsweise aufgrund eines Ortswechsels. Von zentraler Bedeutung ist auch der **Paneleffekt**, der dadurch entsteht, daß die Panelteilnehmer auf die ständige (Selbst-)Kontrolle mit unbewußten oder bewußten Verhaltensänderungen reagieren. Zum Beispiel werden manche Käufe nicht aufgeführt, wenn der Konsument in „Begründungsnot" geraten könnte (Impulskäufe). Darüber hinaus ist das Phänomen der **Panelerstarrung** anzuführen, das durch die Entwicklung beziehungsweise Veränderung von soziodemographischen Merkmalen (Familienstand, Alter, Einkommen) des Panels im Zeitablauf ausgelöst wird. Die Zusammensetzung der Panelstichprobe entspricht dann zunehmend weniger der Grundgesamtheit und erfüllt damit nicht mehr die Voraussetzung der statistischen Repräsentativität.

Apparative Verfahren basieren im Vergleich zu den durch Befragungen erhobenen subjektiven Auskünften der Testpersonen auf objektiven Messungen durch technische Apparaturen. Die apparativen Verfahren versuchen, die psychischen Zustände und Reaktionen des Menschen meßbar zu machen. Ihre Einsatzmöglichkeiten erstrecken sich auf Verhaltensbeobachtungen von Wahrnehmungs-, Entscheidungs- und Handlungsabläufen und auf die Erfassung beziehungsweise Beobachtung von psychischen Reaktionen wie Erregung oder Ablehnung, die einen Ausdruck in meßbaren physischen Aktivitäten (zum Beispiel Herzschlag) finden. Beispiele apparativer Verfahren sind: Messung der Lidschlagfrequenz, des elektrischen Hautwiderstandes, des Gehirnstromes, der Pupillenweite und der Stimmenfrequenz, aber auch Blickregistrierungsverfahren, tachistoskopische Tests (Darstellung von Gegenständen für Bruchteile von Sekunden) und die sogenannte Schnellgreifbühne (während des kurzen Moments der Darbietung muß der Gegenstand ausgewählt werden, der der Testperson am meisten zusagt).

Zu den **computergestützten Systemen**, die in der Marketingforschung Anwendung finden, zählen insbesondere CATI, CAPI (Computer-Assisted-Telephone-/Personal-Interviewing) und die Online-Befragung (Glagow 1984; Müller-Schroth 1995; Hünerberg et al. 1996, S. 169; Meier 1996). Diese Systeme ermöglichen die Realisierung erheblicher Kosten- und Zeitvorteile. Darüber hinaus läßt sich bei bestimmten Zielgruppen die Antwortbereitschaft erhöhen. Insbesondere die **Multimedia-Marktforschung** gewinnt in jüngster Zeit an Bedeutung. So bieten Multimedia-Systeme grundsätzlich eine Protokollierungsfunktion aller Kundenkontakte (Jaspersen 1997, S. 122 ff.; Silberer 1995, S. 92; Lampe 1996, S. 110).

Im Rahmen **psychologischer Testverfahren** wird von den Versuchspersonen neben der Beantwortung von Fragen häufig eine Lösung von vorgegebenen Aufgabenstellungen verlangt (Hammann/Erichson 1990, S. 81). Ziel dieser Verfahren ist es, von den Verhaltensreaktionen beziehungsweise Problemlösungen der Versuchspersonen Rückschlüsse auf ihr Verhalten, ihre Persönlichkeitsstruktur und auf die ihnen selbst nur teilweise bewußten Einstellungen, Wünsche und Motive zu ziehen. So werden die Testpersonen durch Fragen oder Bildvorlagen veranlaßt, ihre subjektiven Wertvorstellungen, Meinungen und Emotionen darzulegen.

Aus der Vielzahl psychologischer Testverfahren sind besonders das Tiefeninterview und die Gruppenexploration von Interesse (Schub von Bossiazky 1992, S. 88 f.; Salcher 1995, S. 37 ff.). Grundsätzlich beinhaltet das **Tiefeninterview** ein besonders intensives Gespräch mit einer Testperson, bei dem aufgrund der offenen und nicht standardisierten Form die Interviewer den Befragten erheblichen Freiraum lassen und so Gedanken und Gefühle frei zum Ausdruck gebracht werden können. Die **Gruppenexploration** (Gruppendiskussion) beinhaltet eine gleichzeitige Befragung mehrerer Personen, denen während des Gesprächs die Kommunikation und Interaktion untereinander erlaubt ist.

3.3 Informationsauswertung

3.31 Entscheidungsprobleme der Informationsauswertung

Die Datenerhebung beziehungsweise die skizzierten Erhebungsverfahren liefern eine Vielzahl von detaillierten Einzelinformationen. Diese Informationen aufzubereiten, zu analysieren und dann auf ein für die Entscheidungsfindung notwendiges Maß zu komprimieren, ist Aufgabe der Informationsauswertung.

Zu den zentralen **auswertungstechnischen Aktivitäten und Detailentscheidungen** zählen:

1. Die Erstellung eines **Auswertungsplans** in Abhängigkeit des Untersuchungsaufbaus beziehungsweise der Zielsetzung. Hier sind zum Beispiel die interessierenden und zu untersuchenden Abhängigkeiten und Zusammenhänge von Variablen oder Tatbeständen aufzulisten und zu strukturieren.

2. Die Überprüfung und Auswahl der für die Fragestellung möglichen oder notwendigen **Auswertungsverfahren**. Die Verfahren lassen sich unterteilen in die herkömmlichen uni- beziehungsweise bivariaten Verfahren, die die Untersuchung einer beziehungsweise zweier Variablen und ihrer Zusammenhänge gestatten, und in die weiter an Bedeutung gewinnenden multivariaten Datenanalyseverfahren. Letztere ermöglichen die Analyse der Beziehungen einer nur technologisch (EDV-Kapazität) begrenzten Anzahl von Variablen und Untersuchungseinheiten.

3. Die **Interpretation und Bewertung** der erarbeiteten beziehungsweise errechneten Ergebnisse.

3.32 Uni- und bivariate statistische Auswertungsverfahren

Beschränkt man sich bei der Betrachtung einer beobachteten statistischen Gesamtheit auf die Analyse nur einer beziehungsweise zweier Variablen, spricht man von uni- beziehungsweise bivariaten Auswertungsverfahren (Brown 1980; Kinnear/Taylor 1996).

Im Normalfall einer univariaten Analyse wird die Verteilung einer einzelnen Variable über alle Meßelemente (Objekte) untersucht. Bei nominalskalierten Daten beschränkt sich die Auswertung auf die Darstellung der **absoluten und relativen Häufigkeiten**. Bei Daten mit höherem Skalenniveau lassen sich zusätzlich Mittelwert und Standardabweichung berechnen.

Bei der einfachen **Regressionsanalyse** werden zwei Variablen in die Betrachtung einbezogen. Die Zielsetzung einer Regressionsanalyse besteht in der Prüfung der Beziehung zwischen einer abhängigen (metrisch skalierten) und einer beziehungsweise mehreren unabhängigen (metrisch skalierten) Variablen (Bleymüller et al. 1998, S. 139). Die Einteilung der Variablen in unabhängige und abhängige Variablen erfolgt vorab aufgrund eines sachlogischen Zusammenhangs. Die Regressionsanalyse unterstellt folglich eine eindeutige Richtung des Zusammenhangs, die nicht umkehrbar ist (**Dependenzanalyse**).

Die Bedeutung dieses Verfahrens für das Marketing beruht darauf, daß gerade für Marketingentscheidungen das Wissen um **Ursache-Wirkungsbeziehungen**, die mit der Regressionsanalyse dargestellt und gemessen werden können, von besonderer Relevanz ist. Im einzelnen lassen sich mit der Regressionsanalyse folgende Fragestellungen beantworten (Backhaus et al. 1999, S. 5):

- Wie stark ist der Einfluß einer Marketingvariablen auf die Zielgrößen Umsatz, Image oder Bekanntheitsgrad (**Ursachenanalyse** in Art und Intensität)?
- Wie verändern sich die abhängige Variable Umsatz und ähnliche, wenn die Marketingvariablen verändert werden (**Wirkungsprognose**)?
- Wie verändert sich die abhängige Größe im Zeitablauf bei gleichbleibendem Instrumenteeinsatz (**Zeitreihenanalyse**)?

Die Übertragung der Punktepaare pro Objekt in ein zweidimensionales Koordinatensystem, deren Achsen durch die betrachteten Variablen beschrieben werden, führt zu Streuungsdiagrammen oder Punktwolken. Die Aufgabe der Regressionsanalyse besteht nun darin, eine Gerade oder Kurve durch die Punktwolken zu legen und den Funktionsverlauf (das heißt den Zusammenhang zwischen der abhängigen und der unabhängigen Variablen) durch eine mathematische Funktion zu beschreiben (vgl. Abbildung 2-32).

Beispielsweise könnte sich ein Unternehmen für den Zusammenhang zwischen eingesetztem Werbebudget und dem erzielten Umsatz interessieren. Im relevanten Bereich wird ein linearer Zusammenhang vermutet. Entsprechend werden die Umsatz- und Werbebudgetzahlen der Konkurrenz in einem Diagramm abgetragen. Aus diesen Daten wird die Regressionsgerade bestimmt, mit der für zukünftige Werbebudgets die zu erwartenden Umsätze berechnet werden können.

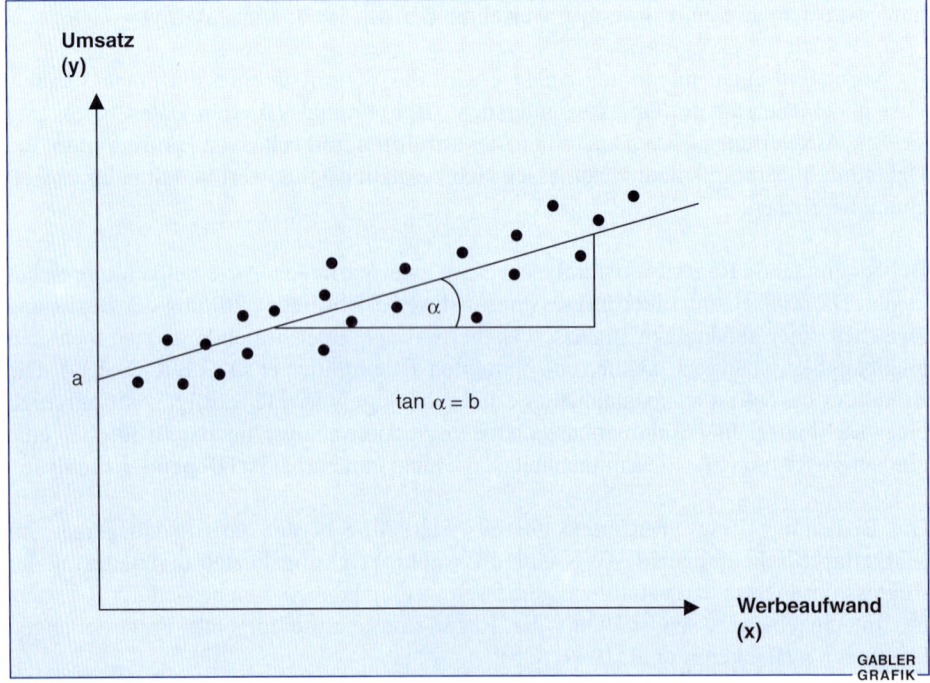

Abbildung 2-32: Beispiel einer Regressionsgeraden und einer Punktwolke

Im Rahmen einer **linearen Einfachregression** bestimmen zwei Parameter die Lage der Funktion (Geraden):

- das absolute Glied a, das den y-Wert für x = 0 angibt,
- das Steigungsmaß b, das die Neigung der Geraden bestimmt.

Die **lineare Einfachregressionsfunktion** lautet damit allgemein:

$\hat{y}_i = a + b \cdot x_i$ wobei y_i = der durch die Regressionsgerade an der Stelle x_i für y_i gelieferte Schätzwert ist.

Die Abweichungen zwischen den tatsächlichen (beobachteten) y_i-Werten und den durch die Funktion geschätzten y_i-Werten werden als Residualschwankungen oder Residuen (e_i) bezeichnet. Die Parameter der Regressionsgeraden sollen so bestimmt werden, daß die Streuung der beobachteten Werte um die Gerade möglichst minimiert und damit die Schätzgenauigkeit der Regressionsfunktion möglichst groß wird. Man minimiert daher die Summe der Quadrate der einfachen Abweichungen, also der Residuen:

$$SAQ = e_i^2 = (y_i - \hat{y}_i)^2 \rightarrow min.!$$

Die Bildung der partiellen Ableitungen dieser Zielfunktion, die Nullsetzung und die Auflösung nach a und b führt zu folgenden für alle linearen Einfachregressionen gültigen Normalgleichungen, mit denen die unbekannten Lageparameter zu bestimmen sind:

$$a = \frac{\sum x_i^2 \sum y_i - \sum x_i \sum x_i y_i}{n \sum x_i^2 - (\sum x_i)^2}$$

$$b = \frac{n \sum x_i y_i - \sum x_i \sum y_i}{n \sum x_i^2 - (\sum x_i)^2}$$

Das Bestimmtheitsmaß (R^2) ist ein Kriterium für die Güte der Anpassung der durch eine Regressionsfunktion geschätzten Werte an die tatsächlichen empirischen Werte. Es ist definiert als:

$$r^2 = \frac{\text{erklärte Abweichungsquadratsumme}}{\text{zu erklärende Abweichungsquadratsumme}} = \frac{\sum_{i=1}^{n} (\hat{y}_i - \bar{y})^2}{\sum_{i=1}^{n} (y_i - \bar{y})^2}$$

Das Bestimmtheitsmaß kann nur Werte zwischen den beiden Extremen $R^2 = 0$ (kein Erklärungsbeitrag) und $R^2 = 1$ (vollständige Erklärung) annehmen. Allgemein kann gesagt werden, daß R^2 um so größer ist, je geringer die beobachteten Werte um die Regressionsgerade streuen.

Die Korrelations- und Regressionsanalyse stehen in engem Zusammenhang (Bleymüller et al. 1998, S. 145 f.). Der grundsätzliche Unterschied liegt darin, daß bei der **Korrelationsanalyse** nicht mehr die Messung von Abhängigkeiten, sondern die Messung eines Zusammenhangs, das heißt einer gleichgerichteten Entwicklung zwischen Variablen, im Vordergrund steht (**Interdependenzanalyse**). Korrelationen bringen gesetzmäßige, nicht stochastische Zusammenhänge zum Ausdruck. Das Maß, das die Stärke und Richtung des Zusammenhangs wiedergibt, ist der **Korrelationskoeffizient**. Wird die gegenseitige Abhängigkeit von zwei Variablen untersucht, handelt es sich um eine Einfachkorrelation, bei mehr als zwei Variablen um eine multiple Korrelation.

Es gibt verschiedenste Korrelationskoeffizienten (Meffert 1992, S. 252). Allen Koeffizienten ist gemein, daß sie **normiert** sind und nur Größen zwischen +1 und –1 annehmen können. Durch die Größe des Wertes wird die Stärke, durch das Vorzeichen die Richtung des Zusammenhangs angezeigt. Bei einem stark positiven (negativen) Zusammenhang nimmt der Koeffizient den Wert +1 (–1) an. Je geringer der Zusammenhang ist, desto stärker tendiert das Korrelationsmaß gegen 0.

Die **Berechnung des Korrelationskoeffizienten** (für metrische Daten nach **Pearson**) erfolgt nach folgender Formel:

$$r = \frac{S_{xy}}{S_x \cdot S_y} = \frac{\sum_{i=1}^{n}(x_i - \bar{x})(y_i - \bar{y})}{\sqrt{\sum_{i=1}^{n}(x_i - \bar{x})^2 \cdot \sum_{i=1}^{n}(y_i - \bar{y})^2}}$$

Dam it ist der Korrelationskoeffizient definiert als das Verhältnis der Kovarianz zu den multiplizierten Standardabweichungen der beiden Variablen.

3.33 Multivariate statistische Auswertungsverfahren

Im Gegensatz zu den uni-/bivariaten Analysemethoden werden bei den multivariaten statistischen Methoden an einer Vielzahl von Objekten beziehungsweise Merkmalsträgern (Elemente, Personen, Produkte) **mehrere Variablen** gemessen und gleichzeitig ausgewertet (Green 1978; Kinnear/Taylor 1996; Backhaus et al. 1996).

Die zunehmende Verwendung multivariater Analysetechniken in Wissenschaft und Praxis liegt insbesondere darin begründet, daß aufgrund der wachsenden Vielzahl von Einzelinformationen erst eine Verdichtung dem Marketing-Management eine bessere Entscheidungsgrundlage verschafft. Darüber hinaus haben sich die einfachen Analyseverfahren als wenig geeignet erwiesen, komplexe Marketing-Phänomene zu untersuchen. So läßt sich zum Beispiel der Kauf eines Produktes in der Regel nur durch eine Vielzahl gleichzeitig wirkender, untereinander abhängiger Faktoren erklären.

Durch die **Mehrfachregression** versucht man die Abhängigkeit einer Variablen von mehreren unabhängigen Variablen zu ermitteln (Bleymüller et al. 1998, S. 163 ff.). Wiederum wird unterstellt, daß die Beziehungen linearer Natur sind. Die um mehrere unabhängige Variablen erweiterte allgemeine Form der Regressionsfunktion lautet damit:

$$\hat{y} = a + b_1 \cdot x_1 + b_2 \cdot x_2 + \ldots + b_k \cdot x_k.$$

Bei der **Faktorenanalyse** wird ohne eine Einteilung in abhängige und unabhängige Variablen eine gleichzeitige Auswertung/Analyse mehrerer Variablen beziehungsweise eines ganzen Datensatzes vorgenommen (Überla 1971; Harmann 1973; Reverstorf

1976). Die Faktorenanalyse untersucht Variablenmengen, bei denen es Anhaltspunkte dafür gibt, daß sie von gemeinsamen Einflußgrößen (sogenannten Supervariablen) abhängig sind, die selbst nicht direkt erfaßbar sind. Das Hauptziel der Faktorenanalyse ist daher die Identifikation dieser Faktoren (Supervariablen) aus einer Menge beobachteter Variablen. Die Faktoren sollen inhaltlich möglichst homogen sein und die zahlreichen Ursprungsvariablen weitestgehend verdichten.

Die **Clusteranalyse** hat zum Ziel, eine Anzahl von Objekten (Personen, Produkte, Unternehmen) entsprechend ihrer Ähnlichkeit in eine natürliche Ordnung von sich unterscheidenden Gruppen oder Klassen zu bringen. Die dabei gebildeten Gruppen sollen sich dadurch auszeichnen, daß die in ihnen enthaltenen Objekte im Hinblick auf die untersuchten Eigenschaften oder Merkmalsausprägungen eine große Homogenität aufweisen, die Unterschiede zwischen den Gruppen aber möglichst groß sind (Backhaus et al. 1996, S. 261 f.).

Ziel der **Diskriminanzanalyse** ist die Trennung einer Menge von Objekten oder Personen und deren Zuordnung zu vorgegebenen Teilmengen (Gruppen, Klassen) sowie die Erklärung dieser Gruppenzugehörigkeit anhand unabhängiger, die Gruppen bestmöglich trennender beziehungsweise charakterisierender Variablen (Backhaus et al. 1996, S. 91 f.). Es kann untersucht werden, ob a priori zwischen vorgegebenen Gruppen von Elementen signifikante Unterschiede hinsichtlich einzelner Eigenschaften oder Merkmale (unabhängige Variablen) bestehen, mit welcher (Linear-)Kombination von Merkmalen sich eine bestmögliche Trennung der vorgegebenen Gruppen erreichen läßt, welche relative Gewichtung den einzelnen Merkmalen bei der Trennung der Gruppen zukommt und welcher der vorgegebenen Gruppen ein neu zu untersuchendes und zu klassifizierendes Element aufgrund seiner Merkmalsstruktur zugeordnet werden kann.

Das Verfahren der **Varianzanalyse** verfolgt das Ziel, den Zusammenhang zwischen Beobachtungswerten (zum Beispiel Absatzmenge) und einer oder mehrerer unabhängiger Einflußgrößenkategorien zu untersuchen (zum Beispiel Verpackungs- oder Plazierungsalternativen eines Produktes). Die unabhängige Variable ist nominal skaliert. Die abhängige Variable (Beobachtungswerte) verfügt über ein metrisches Skalenniveau. Die Varianzanalyse dient also letztlich der Prüfung des Unterschieds der Mittelwerte von Gruppen (Kategorien) verschiedener Personen beziehungsweise Objekten (Hüttner 1979, S. 271 ff.; Green/Tull 1982, S. 324 ff.; Weis/Steinmetz 1998, S. 260 ff.; Bleymüller et al. 1998, S. 119 ff.).

Grundvoraussetzung zur Durchführung von **Kausalanalysen** sind theoriegeleitete Hypothesen über die Art der Kausalität der zu untersuchenden Variablen. Aufbauend auf diesen Hypothesen ist es die Aufgabe der Kausalanalyse zu prüfen, inwieweit die theoretisch aufgestellten Beziehungen mit den empirisch gemessenen Zusammenhängen übereinstimmen. Die Kausalanalyse ist daher den konfirmatorischen Analysen zuzurechnen (Hildebrand 1983; Fritz 1995).

Bei der **Multidimensionalen Skalierung** (MDS) handelt es sich um eine Gruppe von Verfahren, deren Ziel es ist, Objekte wie zum Beispiel Marken oder Einkaufsstätten als Punkte in einem möglichst niedrig dimensionierten Raum (zwei- beziehungsweise dreidimensional) derart zu positionieren, daß die geometrische Nähe die von den Befragten wahrgenommene Ähnlichkeit der Untersuchungsobjekte wiedergibt (Green/Wind 1973, S. 47; Dichtl/Schobert 1979, S. 1).

Mit dem Begriff **Conjoint-Analyse** oder auch Conjoint Measurement bezeichnet man eine Gruppe psychometrischer Verfahren (Thomas 1979, S. 199). Es handelt sich um empirische Verfahren, welche die Nutzenvorstellungen beziehungsweise Präferenzen von Testpersonen ermitteln (vgl. zweites Kapitel, Abschnitt 4.2243). Im Gegensatz zu anderen Verfahren werden beim Conjoint Measurement nicht Einzelurteile über spezifische Eigenschaften, zum Beispiel eines Produktes, zu einer Gesamtbeurteilung zusammengesetzt (kompositioneller Ansatz). Es werden vielmehr Gesamturteile erhoben, aus denen der Beitrag einzelner Eigenschaften zu diesem Urteil errechnet wird (dekompositioneller Ansatz) (Mazanec 1976, S. 14; Backhaus et al. 1996, S. 431). Das Ergebnis ist also ein Set von Teilnutzenwerten, die jeweils einem Produktmerkmal zugeordnet werden (Parasuraman 1986, S. 717).

Beispielsweise sollte im Rahmen einer groß angelegten Marktforschungsstudie in Deutschland bestimmt werden, welche Faktoren den Kauf eines Autos beeinflussen. Die befragten Personen mußten Angaben zu ihrer Person machen (Alter, Herkunft und ähnliche) und 22 Kriterien auf einer Skala, die von „überhaupt nicht wichtig" bis „sehr wichtig" reichte, beurteilen. Des weiteren mußten zehn Herstellermarken entsprechend der von den Befragten wahrgenommenen Ähnlichkeit in einem zweidimensionalen, eigenschaftslosen Raum eingeordnet werden. Die folgende Darstellung macht deutlich, wie mit Hilfe der **Faktorenanalyse** die 22 Kriterien auf fünf Faktoren komprimiert werden konnten:

	Faktoren				
	Funktionalität	Außendesign	Innendesign	Preis/Kosten	Service
Kriterien	■ Verarbeitung ■ PS-Zahl ■ Spitzengeschwindigkeit ■ Hubraum ■ Anzahl der Gänge ■ Anzahl der Ventile ■ Verbrauch ■ Sicherheit ■ Zuverlässigkeit	■ Farbe ■ Karosseriedesign ■ Felgendesign	■ Bequeme Sitze ■ Armaturenbrettgestaltung ■ Kopffreiheit ■ Beinfreiheit ■ Kofferraumgröße	■ Anschaffungspreis ■ Wartungskosten ■ Umfang der Grundausstattung	■ 24-Stunden-Servicebereitschaft ■ Schnelle Ersatzteilversorgung ■ Ersatzwagenbereitstellung

Abbildung 2-33: Faktoranalytische Verdichtung am Beispiel einer Einstellungsmessung im Automobilbereich

Die befragten Personen haben bei den 22 Kriterien sehr unterschiedliche Urteile abgegeben. Entsprechend sollten die Personen in Gruppen zusammengefaßt werden. Mit Hilfe der **Clusteranalyse** wurden folgende Gruppen bestimmt: „Die Kostenminimierer", „Die Prestigefahrer" und „Die Durchschnittsfahrer". Während dem „Prestigefahrer" der Preis eher unwichtig ist und er statt dessen hohe Erwartungen hinsichtlich Funktionalität, Außendesign, Innendesign und Service hat, erachtet der „Kostenminimierer" allein den Anschaffungspreis als entscheidendes Kaufkriterium. Die „Durchschnittsfahrer" betrachten einen angemessenen Preis bei durchschnittlicher Funktionalität und Servicequalität beziehungsweise durchschnittlichem Außen- und Innendesign als wichtig. Mit Hilfe der **Diskriminanzanalyse** wurde festgestellt, daß vor allem der Faktor Preis/Kosten in der Lage ist, die mit der Clusteranalyse gefundenen Gruppen zu trennen. Des weiteren konnte durch die **Varianzanalyse** festgestellt werden, daß Personen, die aus Norddeutschland kommen, preissensibler als Personen aus Süddeutschland sind. Eine vor der Erstellung des Fragebogens geäußerte Vermutung, daß junge Personen vor allem eine hohe PS-Zahl präferieren, konnte durch die **Kausalanalyse** bestätigt werden.

3.4 Absatzprognosen

3.41 Begriff und Gegenstand der Absatzprognosen

Die Vorausschätzung des Absatzes ist traditionell ein zentraler Gegenstand der Marketingforschung. Unter **Absatzprognose** versteht man allgemein eine auf die Empirie gestützte Vorhersage des zukünftigen Absatzes von Produkten einer Unternehmung an bestimmte Käuferschichten (Abnehmer) in einem bestimmten Zeitabschnitt und bei einer bestimmten absatzpolitischen Instrumentekombination (Meffert 1992, S. 333 ff.).

Gegenstand von Absatzprognosen sind vor allem die zukünftige Entwicklung des Markt- und Absatzpotentials, des Markt- und Absatzvolumens sowie des Marktanteils:

- **Marktpotential** ist die Gesamtheit möglicher Absatzmengen eines Marktes für eine bestimmte Produktgattung (Aufnahmefähigkeit des Marktes).

- **Absatzpotential** ist die Absatzmenge eines Produktes, die ein Unternehmen im Rahmen seiner Möglichkeiten glaubt, maximal erreichen zu können (Zielsetzung).

- **Marktvolumen** ist die gegenwärtig realisierte Absatzmenge der Produktgattung einer ganzen Branche.

- **Absatzvolumen** ist die Absatzmenge des Produktes einer Unternehmung.

- **Marktanteil** ist das Verhältnis von Absatzvolumen zu Marktvolumen in Prozent.

Dabei ist zunächst zwischen Entwicklungs- und Wirkungsprognosen zu trennen. **Entwicklungsprognosen** zeigen die zu prognostizierende Größe (zum Beispiel Umsatz, Marktanteil) in Abhängigkeit von Variablen, die die Unternehmungen nicht direkt kontrollieren (zum Beispiel Zeit). In **Wirkungsprognosen** wird demgegenüber die zu prognostizierende Größe durch Variablen bestimmt, die die Unternehmungen direkt kontrollieren (zum Beispiel absatzpolitisches Instrumentarium).

Insert 2-2 zeigt eine Entwicklungsprognose an einem Beispiel aus der Pkw-Industrie. Zwei Szenarien werden aufgezeigt, wobei im ersten Szenario „Neue Ordnung" von stabilen und mobilitätsorientierten Rahmenbedingungen ausgegangen wird, welche durch gesellschaftliche Akzeptanz der Globalisierung und länderübergreifende Kooperation geschaffen werden. Das zweite Szenario „kreative Vielfalt" stellt hingegen den einzelnen Menschen in den Vordergrund, der durch unzureichende Vernetzung der Mobilität und eine fehlende europäische Integration dazu gezwungen wird, auf die virtuelle Ebene auszuweichen.

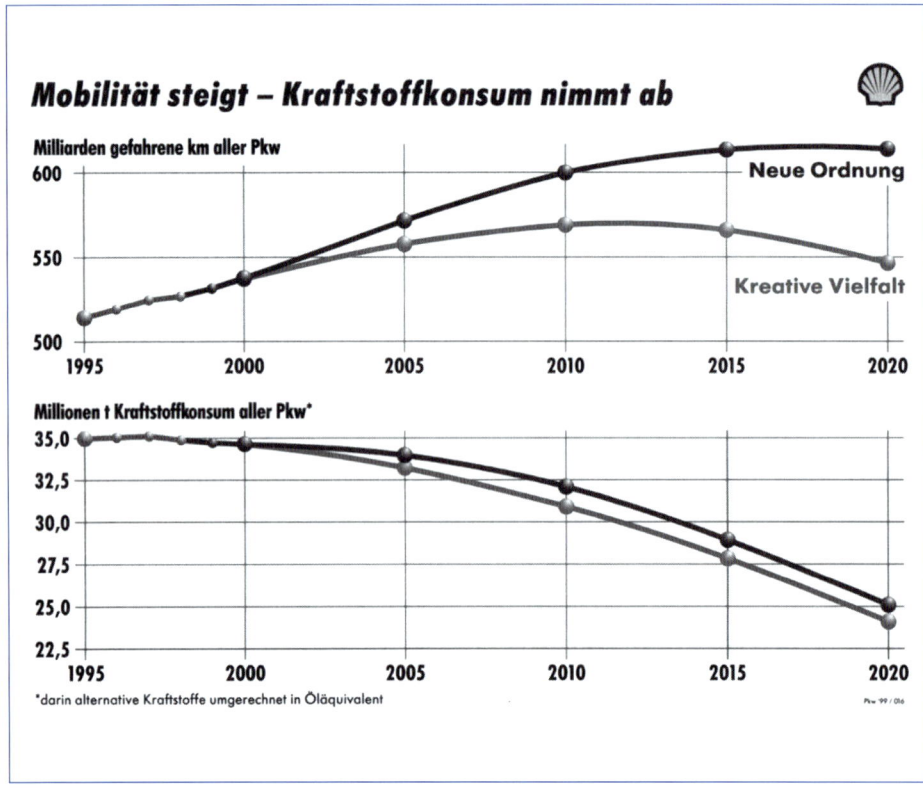

INSERT 2-2: Shell Pkw-Szenarien: Mehr Autos – weniger Emissionen, Deutsche Shell-AG

Nach dem Prognosezeitraum sind kurz- und langfristige Prognosen zu unterscheiden (Pepels 1955, S. 408 f.). **Kurzfristige Absatzprognosen** reichen bis zu einem Jahr. Im Mittelpunkt steht die Vorhersage von Wochen- beziehungsweise Monatswerten. Bei der **langfristigen Prognose** (zehn und mehr Jahre) ist demgegenüber der Charakter eines Zeitreihenverlaufs von besonderem Interesse. Es ist zu untersuchen, ob und in welcher Form die Absatzwerte beispielsweise einen Trend widerspiegeln.

Nach der Art der Vorhersage kann zwischen quantitativen (exakten) und qualitativen (inexakten, intuitiven) Methoden unterschieden werden. Während die **quantitativen Prognosen** auf der Basis mathematischer Verfahren (zum Beispiel Trendextrapolation) zu rechnerischen Ergebnissen führen, liefern die **qualitativen Prognosen** durch Ausschöpfung vorhandener Erfahrungen, Kenntnisse und Fingerspitzengefühl überwiegend verbale Aussagen (zum Beispiel Expertenvorhersage).

3.42 Quantitative Prognosemethoden

Im Rahmen **kurzfristiger Absatzprognosen** werden in der Marketingforschung vor allem die Methoden der gleitenden Durchschnitte und die Methode der exponentiellen Glättung, im Rahmen langfristiger Absatzprognosen insbesondere Trend- und Indikatormodelle herangezogen.

Die Methode **gleitender Durchschnitte** berechnet aus den letzten n Beobachtungswerten einen Mittelwert, der als Schätzung für den Erwartungswert a und damit als Prognosewert $\hat{y}_{t+1}$ für die folgende Periode herangezogen wird:

$$\hat{y}_{t+1} = \hat{a}_t = \frac{y_t + y_{t-1} + y_{t-2} + \ldots + y_{t-n+1}}{n}$$

Die Bezeichnung „gleitende" Durchschnitte ist darauf zurückzuführen, daß bei Vorliegen eines neuen Beobachtungswertes dieser an die erste Stelle tritt. Dafür rücken die übrigen Werte nun eine Zeiteinheit zurück und der älteste Wert (y_{t-n+1}) fällt aus der Berechnung heraus. Allen Daten wird somit das gleiche Gewicht $1/n = w$ zugeordnet.

Üblicherweise haben jüngere Daten eine größere prognostische Relevanz als weiter zurückliegende Werte. Durch Einführung spezieller Gewichte (w) erreicht man meist eine höhere Güte der Anpassung, insbesondere dann, wenn trendähnliche Tendenzen zu vermuten sind. Ein Verfahren, das dies berücksichtigt, wird als **„gewogener gleitender Durchschnitt"** bezeichnet:

$$\hat{y}_{t+1} = \hat{a}_t = y_t \cdot w_t + y_{t-1} \cdot w_{t-1} + y_{t-2} \cdot w_{t-2} + \ldots + y_{t-n+1} \cdot w_{t-n+1}$$

In der Regel gilt für die Einzelgewichte:

(1) $w_t > w_{t-1} > w_{t-2} > \ldots > w_{t-n+1}$

(2) $\sum_{i=0}^{n-1} w_{t-1} = 1$

Das Hauptproblem beim gewogenen Durchschnitt stellt die Bestimmung der Gewichtungskoeffizienten dar. Sie werden entweder subjektiv oder nach dem Kriterium der Reproduktionsfähigkeit historischer Werte mittels Fehlerminimierung aufgestellt.

Das Prognoseverfahren der **exponentiellen Glättung** gilt als eine Weiterentwicklung des gewogenen Durchschnitts. Es gehört zum Standardprogramm in computergestützten Prognoserechnungen der Praxis. Auch bei diesem Verfahren wird unterstellt, daß die aktuellsten Werte eine höhere prognostische Relevanz aufweisen und damit stärker zu gewichten sind als weiter zurückliegende Werte (Hüttner 1982, S. 97 f.; Hansmann 1983, S. 28; Hammann/Erichson 1990, S. 310 ff.). Die Grundformel der exponentiellen Glättung lautet:

$\hat{y}_{t+1} = \alpha y_t + (1 - \alpha) \hat{y}_t$ mit $0 \leq \alpha \leq 1$ und

$\hat{y}_{t+1}$ = Prognosewert
$\hat{y}_t$ = Schätzwert für Periode t
y_t = Beobachtungswert für Periode t
α = Gewichtungskoeffizient

Die Gleichung läßt sich dahingehend interpretieren, daß der Prognosewert $\hat{y}_{t+1}$ sich aus α Prozent des letzten Beobachtungswertes und aus $(1 - \alpha)$ Prozent des von dieser Zeitreihe bislang berechneten Mittelwertes zusammensetzt.

Unter der Annahme eines tatsächlich über die Zeit konstanten Erwartungswertes ist es bei den bisher vorgestellten Methoden sinnvoll, eine möglichst große Zahl von Beobachtungen in die Mittelwertberechnung einfließen zu lassen. Mit steigender Anzahl sinkt die Varianz, und die Genauigkeit des Prognosewertes steigt.

Im Unterschied zu den Kurzfristprognosen, die nur einen Prognosewert für die jeweils folgende Periode ermitteln, ist es das Ziel **langfristiger Prognosen**, eine zeitliche Abfolge unterschiedlicher Prognosewerte zu berechnen. Zu diesen Modelltypen zählen primär Trend- und Indikatorprognosen. Sie ermitteln aus historischem Datenmaterial Gesetzmäßigkeiten über die Entwicklung der Prognosegröße.

Der Grundgedanke aller **Trendverfahren** ist die Verknüpfung der Beobachtungswerte mit der Zeit. Zwar unterliegt die Entwicklung einer Zeitreihe der Wirkung einer Vielzahl von Ursachen (zum Beispiel Instrumenteeinsatz, Käuferverhalten), jedoch wird bewußt auf die Analyse der einzelnen Komponenten verzichtet. Sie werden als ein Ursachenkomplex aufgefaßt, bei dem die in der Vergangenheit festgestellte Wirkung (Gesetzmäßigkeit) auch für die Zukunft unterstellt wird. Die Wirkung dieses Ursachenkomplexes soll als Trend erkannt und prognostiziert werden (Trendextrapolation).

Zur Ermittlung der Parameter einer Trendfunktion sind **analytische Verfahren** anzuwenden. Gewöhnlich bedient man sich der Methode der „kleinsten Quadrate" oder der „Maximum-Likelihood"-Methode (Menges 1972, S. 298 ff.). Da bei beiden Verfahren der Funktionstyp vorher bestimmt sein muß, wird zunächst auf graphischem Wege der Funktionstyp bestimmt und werden anschließend mit Hilfe analytischer Methoden die Parameter geschätzt.

Die **Wahl des Funktionstyps** bei der Ermittlung der Trendfunktion ist von besonderer Bedeutung. Unterschieden werden lineare, exponentielle und logistische Trends (vgl. Abbildung 2-34).

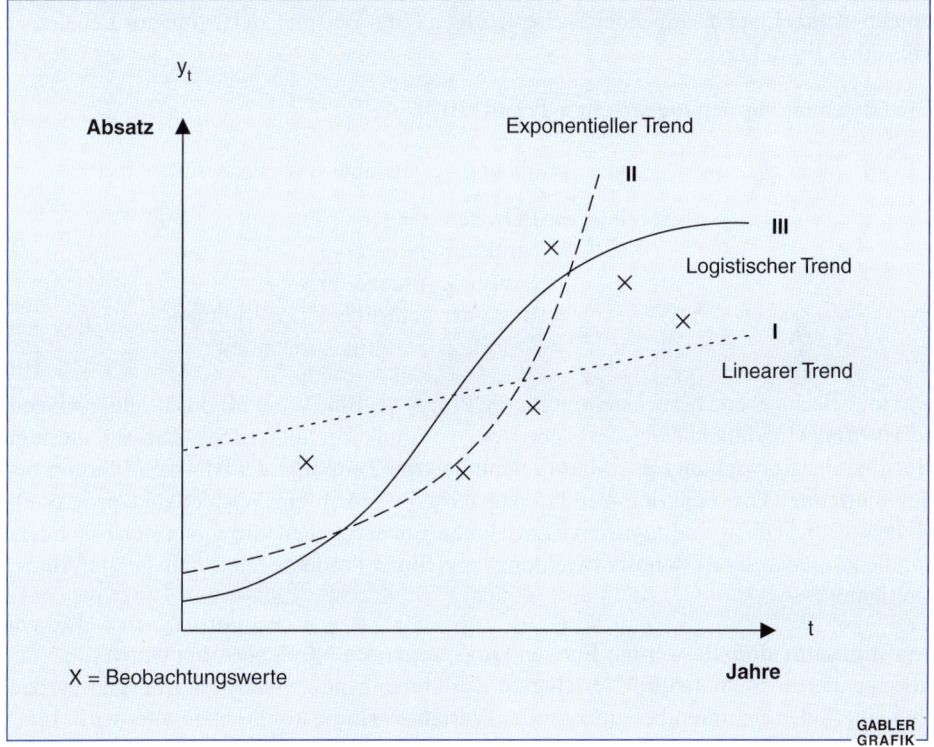

Abbildung 2-34: Grundformen von Trendfunktionen

Die Gleichung des **linearen Trends** (I) lautet:

$$y_t = a + b \cdot t + u_t$$

Dieser Trendtyp findet am häufigsten Verwendung, da er rechnerisch einfach zu handhaben ist und eine leichte Bestimmung des Prognosewertes durch eine einfache Verlängerung der Trendgeraden erlaubt. Der lineare Trend ist durch gleichbleibende absolute Zuwächse oder Abnahmen pro Zeiteinheit gekennzeichnet. Im Falle einer Absatzfunktion schließt ein linear ansteigender Trend eine Marktsättigung aus. Lineare Trends unterstellen eine unveränderte Markt- und Wettbewerbssituation und werden insoweit den in der Realität oftmals diskontinuierlichen Entwicklungen nicht gerecht.

Für den **exponentiellen Trend** (II) ergibt sich die folgende Gleichung:

$$y_t = a + b^t + u_t$$

Die Zuwachsrate pro Zeiteinheit der zu prognostizierenden Variablen ist konstant. Das exponentielle Modell ist besonders dann geeignet, wenn Bestands- oder Absatzentwicklungen in zunehmend steigender Weise erfolgen (zum Beispiel zu Beginn des Lebenszyklus eines Produktes).

Die Gleichung für den **logistischen Trend** (III) lautet:

$$y_t = \frac{s}{1 + e^{a-b_t}} + u_t$$

y_t = abhängige Variable (Prognosegröße Absatz)
t = Perioden (t = 1, ..., T)
a, b = Strukturparameter
s = Sättigungsgrenze für y
e = Basis der natürlichen Logarithmen
u_t = Störglied, zufälliges Restglied

Der logistische Trend berücksichtigt für die Prognosegröße y_t ein Marktsättigungsniveau s, das vom Modellbenutzer vorgegeben werden muß. Die logistische Kurve zeigt zum Beispiel die Entwicklung des Marktpotentials vom Zeitpunkt der Markteinführung bis zur Sättigung. Die Funktion verläuft zunächst bis zu ihrem Wendepunkt progressiv steigend, um dann in eine degressive Entwicklung überzugehen. Sie eignet sich besonders für die Prognose der Bestandsentwicklung langlebiger Produkte (Haushaltsgeräte, Autos, Computer).

Als **Indikatormodelle** werden Entwicklungsprognosen bezeichnet, bei denen die Vorhersage aus einem statistisch gesicherten Zusammenhang zwischen der Prognosegröße und einer oder mehreren beeinflussenden Variablen (Indikatoren) abgeleitet wird. Indikatoren sind Variablen, auf die die Unternehmung nur einen geringfügigen Einfluß hat, von denen die Entwicklung des Absatzes jedoch wesentlich bestimmt wird.

Zur Anwendung von Indikatorprognosen sind **zwei Voraussetzungen** notwendig:

1. Eine hohe Korrelation zwischen der Entwicklung der Indikatoren und der zu prognostizierenden Variablen,
2. Eine leichte und sichere Vorausschätzung der Indikatoren.

Unter diesen Bedingungen hat die Indikatorprognose gegenüber der Trendextrapolation den großen Vorteil, daß die bisherige Entwicklungsrichtung nicht beibehalten werden muß (Hansmann 1983, S. 104 ff.).

Als **makroökonomische Indikatoren** gelten beispielsweise das Bruttosozialprodukt beziehungsweise das Volkseinkommen, das Geschäftsklima, der Index der industriellen Nettoproduktion oder das disponible persönliche Einkommen. Diese hochaggregierten gesamtwirtschaftlichen Kennzahlen haben sich bei Prognosen vielfach bewährt.

Indikatoren auf der Basis institutioneller oder technischer Relationen haben zumeist einen direkten Bezug zur Prognosegröße. So kann etwa der Absatz eines Komplementärgutes ein Indikator für die Absatzentwicklung des entsprechenden Produktes sein. Voraussetzung ist dabei, daß entweder der Absatz des Komplementärgutes mit einem größeren Zeitvorlauf der Prognosevariable vorauseilt oder zuverlässiger prognostiziert werden kann.

Besonders für langfristige Entwicklungsprognosen des Markt- und Absatzvolumens eignen sich sozio-demographische und sozio-ökonomische Indikatoren. Dazu zählen etwa die Bevölkerungsentwicklung, der Altersaufbau, die Haushaltsstruktur oder die Konsumentenstimmung.

Wirkungsbedingte Absatzprognosen beruhen auf Marktreaktionsfunktionen. Sie zeigen den Verlauf ökonomischer und psychographischer Zielvariablen (zum Beispiel Umsatz, Absatz, Bekanntheitsgrad, Einstellungen) in Abhängigkeit von den jeweils veränderten Aktionsparametern beziehungsweise Aktivitätsniveaus der Marketinginstrumente (Meffert/Steffenhagen 1977; Steffenhagen 1978). Die prognostische Verwendung von Marktreaktionsfunktionen ermöglicht es, bei unterschiedlichen Reaktionsannahmen des Konkurrenzverhaltens die Wirkungen einzelner oder mehrerer Marketinginstrumente auf ihre voraussichtliche Absatzwirkung vorherzusagen. Damit wird eine wesentliche Voraussetzung geschaffen, ein optimales Marketing-Mix zu planen (Schmidt/Topritzhofer 1978, S. 228 f.; Hanssens et al. 1994; Lilien et al. 1992, S. 523 ff.).

3.43 Qualitative Absatzprognosen

Neben den quantitativen Prognosen, die auf der Basis von Vergangenheitsdaten den Absatz der Zukunft vorausberechnen, haben in der Unternehmenspraxis die **qualitativen oder intuitiven Absatzprognosen** eine sehr große Bedeutung gefunden (Hüttner 1989, S. 290 f.; Wöller 1999). Zur Absatzentwicklung können die Geschäftsführung und die Verkaufsorganisation sowie der Handel und die Endverbraucher Vorausschätzungen abgeben.

Bei Prognosen durch die Geschäftsführung werden die Leiter der einzelnen Geschäftsbereiche zu der erwarteten Verkaufsentwicklung der Produkte oder Produktgruppen befragt. Der Prognosewert ergibt sich aus der Summierung und anschließenden Mittelung der Ergebnisse. Die besonderen Vorteile dieses Verfahrens liegen in der raschen Durchführung, der Nutzung langfristig gewonnenen Expertenwissens und dem besonderen Urteilsvermögens der Experten. Die Gefahr unrealistischer Prognosen resultiert beispielsweise aus Eigeninteressen einzelner Bereichsmanager, die zur Sicherung zukünftiger Ressourcen überhöhte Schätzungen abgeben.

Eine große Zahl von Firmen erstellt ihre Prognosen durch die **Befragung des Außendienstes** (sogenannte „Sales Force Composite Method") (Eby/O'Neill 1977, S. 23 ff.; Lilien et al. 1992, S. 361 ff.). Danach werden die Verkäufer aufgefordert, den zukünftig zu erwartenden Absatz in ihrem Bereich zu schätzen. Die so ermittelten Prognosen werden von den Verkaufsleitern gesammelt, unter Umständen korrigiert und schließlich an übergeordnete Stellen weitergegeben. Das Verfahren ist schnell durchzuführen, verursacht geringe Kosten und bietet den **Vorteil**, von Personen mit spezifischen Marktkenntnissen erstellt worden zu sein. Falls Fehler in den Einzelurteilen auftreten, werden sie durch die zumeist große Zahl der Befragten ausgeglichen. Diese Methode birgt jedoch auch mehrere **Gefahren** in sich. Der Verkäufer muß damit rechnen, daß seine Prognose in die Sollvorgabe der nächsten Periode eingeht und möglicherweise mit einer Änderung der Provisionssätze verbunden ist. Er gerät in einen Interessenkonflikt, der ihn dazu verleiten mag, eine zu niedrige Prognose abzugeben. Darüber hinaus fehlt dem einzelnen Verkäufer vielfach die Übersicht, um Tendenzen zu erkennen oder die Wirkung des geplanten Marketinginstrumenteeinsatzes antizipieren zu können. Die Einzelprognosen können schließlich auch deshalb falsch sein, weil das zeitraubende Ausfüllen von Außendienstberichten nicht sorgfältig durchgeführt wird.

Befragungen von Händlern werden vor allem dann durchgeführt, wenn die Prognose auf die Geschäftspolitik des Handels selbst gerichtet ist (Neuaufnahme von Produkten in das Sortiment). Bedenklich ist die Anwendung des Verfahrens, wenn auf diesem Wege Informationen über das Verbraucherverhalten als Basis der Prognose gewonnen werden sollen. Der Händler steht zwar im engen Kontakt mit dem Kunden, seine Beobachtungen sind aber eher zufällig und lückenhaft. Ferner können Angaben häufig durch massive Eigeninteressen gefärbt sein (überhöhte Angaben bei Produkten mit lukrativen Spannen).

Durch die Aggregation der Kaufabsichten der einzelnen Abnehmer lassen sich durch **Kundenbefragungen** Absatzprognosen aufstellen. **Für den Investitionsgüterbereich** ist die Abnehmerbefragung am besten durchführbar. Ist der Abnehmerkreis überschaubar, sind seine Investitionsvorhaben bis hin zur Einkaufsentscheidung spezifiziert sowie die einkaufsentscheidenden Personen bekannt und auskunftswillig, dann stellt die Befragungsmethode ein ideales Prognoseverfahren dar. Diese Voraussetzungen sind jedoch nur in den wenigsten Fällen erfüllt.

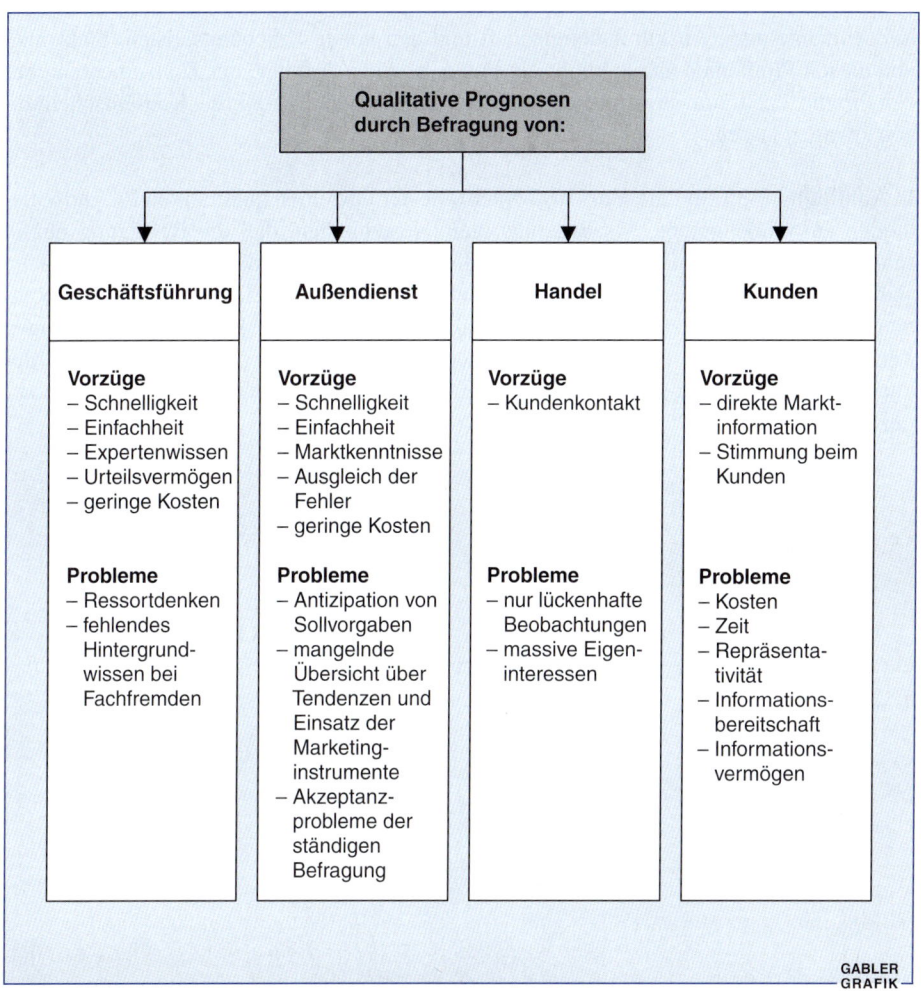

Abbildung 2-35: Vor- und Nachteile qualitativer Prognosen

Durch die Aggregation der Kaufabsichten der einzelnen Abnehmer lassen sich durch **Kundenbefragungen** Absatzprognosen aufstellen. **Für den Investitionsgüterbereich** ist die Abnehmerbefragung am besten durchführbar. Ist der Abnehmerkreis überschaubar, sind seine Investitionsvorhaben bis hin zur Einkaufsentscheidung spezifiziert sowie die einkaufsentscheidenden Personen bekannt und auskunftswillig, dann stellt die Befragungsmethode ein ideales Prognoseverfahren dar. Diese Voraussetzungen sind jedoch nur in den wenigsten Fällen erfüllt.

Problematischer sind **Abnehmerbefragungen im Konsumgüterbereich**. Da der Kreis potentieller Abnehmer fast immer sehr groß und anonym ist, besteht die Notwendigkeit, sich auf eine bestimmte Stichprobe zu konzentrieren. Neben den hiermit einhergehenden Einschränkungen hinsichtlich der Repräsentanz der Aussagen liegen weitere Probleme in der mangelnden Auskunftsbereitschaft und den hohen Erhebungskosten. Sieht man von diesen Problemen ab, so bleibt die Frage, ob die Kaufpläne der Konsumenten über den Prognosezeitraum soweit festgelegt sind, daß sie sich als konkrete Kaufentscheidungen erfragen lassen.

In Abbildung 2-35 sind die **Vor- und Nachteile** der einzelnen qualitativen Prognosemethoden zusammengefaßt. Als Ergebnis bleibt festzuhalten, daß die Befragung nur in seltenen Fällen eine gesicherte Basis für die Absatzprognose darstellt. Bewährt haben sich allenfalls die unternehmensinternen Befragungen bei Kurzfristprognosen. Im Rahmen von Langfristprognosen werden häufig Expertenurteile bevorzugt. Im übrigen erhalten Befragungen dann einen gewissen Wert, wenn sie mit den Methoden der quantitativen Prognose gekoppelt und zur Interpretation quantitativer Ergebnisse herangezogen werden.

4. Marktsegmentierung

4.1 Gegenstand der Marktsegmentierung

4.11 Ziele und Aufgaben der Marktsegmentierung

Die Marktsegmentierung ist eines der am meisten diskutierten Konzepte des Marketing. Seit den ersten Beiträgen zur Marktsegmentierung in den fünfziger Jahren (Hummel 1954; Smith 1956) ist eine Vielzahl von Ansätzen und Konzepten entwickelt worden, deren Ursprung in volkswirtschaftlichen Überlegungen zur Abgrenzung von Märkten zu finden ist (Horst 1988, S. 350 ff.; Bauer 1989, S. 46 ff.; Backhaus 1999, S. 210 ff.). Trotz der zum Teil sehr unterschiedlichen Vorgehensweise beruhen die verschiedenen Ansätze zur Marktsegmentierung auf der gleichen **Grundidee**, die sich wie folgt beschreiben läßt: Setzt sich ein Gesamtmarkt aus einer Vielzahl aktueller und potentieller Konsumenten zusammen und sind diese Konsumenten durch unterschiedliche Bedürfnisse bezüglich der relevanten Produkte gekennzeichnet, so besteht die Möglichkeit, mittels bestimmter Merkmale der Konsumenten den Gesamtmarkt in intern homogene Teilmärkte aufzuteilen, das heißt zu segmentieren. Damit kann den heterogenen Bedürfnissen der Marktsegmente durch differenzierte Marktleistungen entsprochen werden. Eine derartige Ausrichtung der Unternehmensaktivitäten am Konsumenten entspricht dem Grundgedanken des Marketing.

Unter Marktsegmentierung wird somit die Aufteilung eines Gesamtmarktes in bezüglich ihrer Marktreaktion intern homogene und untereinander heterogene Untergruppen (Marktsegmente) sowie die Bearbeitung eines oder mehrerer dieser Marktsegmente verstanden (Schreiber 1973, S. 9 ff.; Bauer 1977, S. 59 ff.; Freter 1983, S. 18).

Marktsegmentierung umfaßt demnach nicht nur den Prozeß der Marktaufteilung (Marktsegmentierung im engeren Sinne), wenngleich in der Vergangenheit vereinzelt diese Auffassung vertreten wurde (Walters/Paul 1970, S. 61 ff.; Boyd/Massy 1972, S. 87 ff.) und hierin lange Zeit ein Schwerpunkt der forscherischen Aktivitäten lag (Frank/Massy/Wind 1972, S. 11 ff.). Vielmehr beinhaltet die Marktsegmentierung zusätzlich die gezielte Bearbeitung von Marktsegmenten mit Hilfe segmentspezifischer Marketingprogramme und stellt somit ein **integriertes Konzept der Markterfassung und Marktbearbeitung dar**.

Unschuldsengel oder Rambo?

Sicher Direct Versicherung ließ untersuchen, wie sich Nutzer bestimmter Automarken einschätzen und was die anderen über sie denken. Die Ergebnisse helfen der Assekuranz bei der Kommunikation – und den Autobauern.

Attacke! Deutschlands Straßen sind bekanntlich als Ersatzkriegsschauplätze der Nation gefürchtet. Und ebenso fürchten Hersteller das Negativ-Image einer unsympathischen Krawallmarke, wenn frustrierte Familienväter oder gestresste Manager mit ihren Marken die Straßen unsicher machen. Da nützt auch die sanftmütigste Kampagne wenig, wenn das pralle Leben anderes lehrt.

Der Dreieicher Versicherer Sicher Direct hat jetzt vom Sinus-Institut untersuchen lassen, wie sich Selbst- und Fremdbild deutscher Autofahrer unterscheiden. Die Ergebnisse – sie werden exklusiv vorab in *w&v* präsentiert – stellen eine Herausforderung für die Kommunikatoren besonders bei den drei deutschen Edelmarken dar.

Denn gerade bei BMW, Mercedes und Audi klaffen Selbst- und Fremdeinschätzung der Fahrer weit auseinander – und das hat Folgen für die Markenkommunikation: Während die Fahrer der Premium-Marken sich selbst meist für gelassene und nüchtern-rationale Verkehrsteilnehmer halten, gelten sie beim Rest der Deutschen nicht selten als Rambo-Rüpel. Auf diese Diskrepanz müssen die Marketingspezialisten der Hersteller Rücksicht nehmen, eine Gratwanderung.

Beispiel Audi: „Sportlichkeit und Dynamik zählen zu den Kernwerten, die wir unseren Kunden vermitteln wollen", sagt Marketingvorstand Georg Flandorfer. Das Problem dabei: Wenn ein

TV-Spot bei den Marken-Fans genau diese positiven Assoziationen weckt, darf er bei den Nichtkunden nicht deren Vorurteile (s. unten) verstärken. Die Massenhersteller haben – vielleicht gerade wegen dieses Faktums – solche Probleme nicht. Ihnen fehlt trotz werblicher Anstrengungen der vergangenen Jahre beim Verbraucher eher die emotionale Komponente.

Der Versicherer fertigt seine Studie natürlich nicht zum Selbstzweck an. Ernst Strackhaar, Marketingvorstand der Axa-Tochter, schneidet seine Marken nach solchen Erkenntnissen auf den Markt zu: „Wir waren die Ersten, die mit einem individuellen Tarifsystem an den Start gingen." Die Markendifferenzierung anhand der Risiken hat sich für die Konzerntochter bereits bezahlt gemacht: In nur drei Jahren ist Sicher Direct zum zweitgrößten Kfz-Direktversicherer geworden.

Peter Weißenberg

Die Typen der Autofahrer

Das Heidelberger Sinus-Institut fasst die deutschen Autofahrer in sechs unterschiedliche Kategorien zusammen:

■ **Der Funktionalist**
Mit fast 30 Prozent der deutschen Autofahrer repräsentiert diese Kategorie die größte Gruppe. Der Otto Normalfahrer hat ein ausgesprochen nüchternes Verhältnis zu seinem Gefährt und relativ viel Fahrerfahrung.

■ **Der Gelassene**
Die 19 Prozent Fahrer aus dieser Gruppe sind die Genießer unter den Autokunden. Angst- und aggressionslos und mit Spaß am Fahren bewegen sie sich im Straßenverkehr. Wie die Funktionalen sehen sie das Auto dabei aber nicht als Statussymbol.

■ **Der Vorsichtige**
16 Prozent der Autobesitzer gehen mit gelegentlichen Ängsten in den Straßenverkehr. Sie kaufen möglichst sichere Autos, um so ihre Bedenken gegenüber auch den eigenen Fähigkeiten zu bewältigen. Auto fahren macht ihnen aber trotzdem Spaß.

■ **Der Ängstliche**
Immerhin 17 Prozent der Teilnehmer auf deutschen Straßen gehören dieser Steigerungsform des Vorsichtigen an. Sie fahren zurückhaltend und langsam und sind sich ihrer Ängste im Straßenverkehr bewusst. Andere halten sie für rollende Hindernisse.

■ **Der Raser**
Elf Prozent. Er/sie lebt die Lust am Risiko auf Deutschlands Straßen voll aus. Das Auto bedeutet für sie Anerkennung, Abenteuer und Selbstbestätigung. Der Raser gibt für sein Hobby Auto viel Geld aus und misst sich gern mit anderen.

■ **Der Frustrierte**
Neun Prozent der Autofahrer gehören der Gruppe der Frustrierten an. Auch sie suchen auf den Straßen Anerkennung – aber (etwa aus familiären Gründen) können sie dabei nicht das passende Auto fahren. Der Frustrierte betrachtet andere Autofahrer – vor allem die ihm seelenverwandten Raser – als Widersacher.

Gelassene, Raser und Angsthasen

Wie sich Autofahrer verschiedener Marken und Fabrikate in Deutschland einschätzen – und wie sie von anderen gesehen werden

Fahrer von	Selbsteinschätzung	Fremdbild	Erkenntnis	Folge
Audi	Funktionalisten, Gelassene	Raser	Gegensatz zwischen Eigen- und Fremdbild	Marke muss differenziert auftreten
BMW	Funktionalisten, Gelassene	Raser	Gegensatz zwischen Eigen- und Fremdbild	Marke muss differenziert auftreten
Mercedes-Benz	Funktionalisten, Gelassene	Gelassene, Raser	Spannung zwischen Eigen- und Fremdbild	Probleme bei der Markenkommunikation
Ford	Funktionalisten, Gelassene	Funktionalisten	Übereinstimmung von Eigen- und Fremdbild	Marke braucht emotionale Aufladung
Opel	Funktionalisten, Gelassene	Funktionalisten, Gelassene, Ängstliche	Übereinstimmung von Eigen- und Fremdbild	Marke braucht emotionale Aufladung
Volkswagen	Funktionalisten, Ängstliche	Funktionalisten	Übereinstimmung von Eigen- und Fremdbild	Marke fehlt Emotion und Sportlichkeit
französischen Herstellern	Funktionalisten	Funktionalisten	Übereinstimmung von Eigen- und Fremdbild	Marke braucht emotionale Aufladung
japanischen Herstellern	Funktionalisten, Vorsichtige	Funktionalisten	Übereinstimmung von Eigen- und Fremdbild	Marke braucht emotionale Aufladung

Quelle: Sinus-Institut für Sicher Direct Versicherung; w&v.

INSERT 2-3: Werben & Verkaufen News, Nr. 43/1999, S. 108

Hauptziel der Marktsegmentierung ist es, einen hohen Identitätsgrad zwischen der angebotenen Marktleistung und den Bedürfnissen der Zielgruppen zu erreichen. Die Marktsegmentierung dient somit einerseits der

- **Marktidentifizierung**, die im einzelnen
    - die Abgrenzung des relevanten Produktmarktes,
    - die Ermittlung der relevanten Marktsegmente innerhalb des Produktmarktes und
    - das Auffinden von Marktlücken umfaßt,

sowie andererseits der

- besseren **Befriedigung der Konsumentenbedürfnisse** durch den differenzierten Einsatz der Marketinginstrumente.

Darüber hinaus dient die Marktsegmentierung dazu, den Informationsstand über Strukturen und Gesetzmäßigkeiten des Marktes zu erhöhen. Gelingt es, den Gesamtmarkt in homogene Teilmärkte zu zerlegen, so wird damit auch die Prognose von Marktentwicklungen und die Herleitung von Marktreaktionsfunktionen erleichtert. Demzufolge wird eine zieladäquate Allokation des Marketingbudgets ermöglicht.

Insert 2-3 veranschaulicht an einem Beispiel aus der Versicherungsbranche, wie durch eine Segmentierung des Marktes für Automobile über die Selbst- und Fremdeinschätzung der Autofahrer kokrete Marketingmaßnahmen abgeleitet werden können.

4.12 Entscheidungstatbestände der Marktsegmentierung

Markterfassung und Marktbearbeitung umfassen unterschiedliche Entscheidungstatbestände und weisen eine Vielzahl spezifischer Fragestellungen auf. Die sich hieraus ergebenden verschiedenen Komponenten der Marktsegmentierung sind in Abbildung 2-36 dargestellt.

Bei der **Markterfassung** stehen zum einen verhaltenswissenschaftliche Aspekte im Vordergrund (konsumentenorientierter Ansatz); zum anderen geht es um mathematisch-statistische Verfahren zur Analyse der verhaltenswissenschaftlich relevanten Zusammenhänge (methodenorientierter Ansatz).

Bedingt durch die Entwicklung immer leistungsfähigerer und kostengünstigerer Computer sowie durch das Angebot zunehmend bedienungsfreundlicherer Software-Pakete ist der Einsatz der **mathematisch-statistischen Methoden** relativ unproblematisch. Bei diesen Verfahren handelt es sich vor allem um die multivariaten Verfahren der Cluster-, Diskriminanz- und Faktorenanalyse sowie in zunehmendem Maße um die Methoden der

Marktsegmentierung

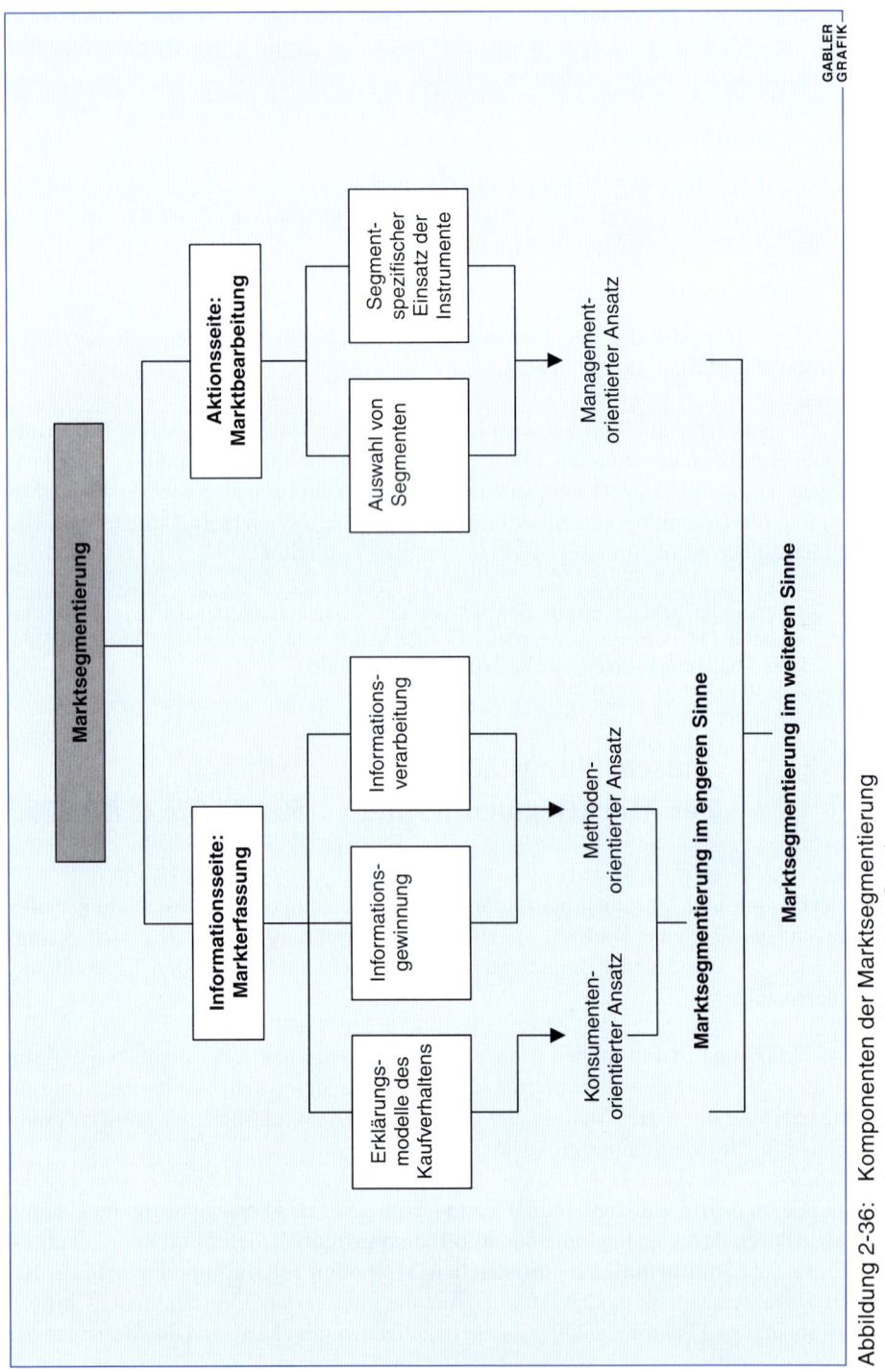

Abbildung 2-36: Komponenten der Marktsegmentierung (in Anlehnung an Freter 1983, S. 14)

Multidimensionalen Skalierung (MDS) und des Conjoint-Measurement (Backhaus et al. 1996, Homburg/Hermann 1999). Im Hinblick auf die **Analyse des Käuferverhaltens** steht die Auswahl von Segmentierungsmerkmalen im Vordergrund. Die Festlegung solcher Merkmale erweist sich allerdings vielfach als problematisch, da die Verwendung unterschiedlicher Kriterien zumeist auch verschiedene Segmentlösungen zur Folge hat (Kuhlmann 1979; Stegmüller/Hempel 1996).

Bei der **Marktbearbeitung** steht der Einsatz des Marketinginstrumentariums unter entscheidungsorientierten Gesichtspunkten im Vordergrund. Hier sind die Auswahl der Zielsegmente, die unterschiedlichen Strategien der Segmentabdeckung und die Ausgestaltung segmentspezifischer Marketing-Mix-Programme festzulegen (managementorientierter Ansatz).

Grundvoraussetzung für die Erfassung von Marktsegmenten ist, daß die aktuellen und potentiellen Konsumenten Unterschiede im Kaufverhalten und in der Reaktion auf den Einsatz der Marketinginstrumente aufweisen. Ist diese Voraussetzung nicht erfüllt, ist eine Marktsegmentierung nicht sinnvoll. Aber auch, wenn derartige Unterschiede bestehen, ist es nicht immer lohnend, den Markt zu segmentieren und die Segmente differenziert anzusprechen. Eine differenzierte Marktbearbeitung sollte nur dann durchgeführt werden, wenn die Kosten der Markterfassung und -bearbeitung durch die zusätzlich erzielbaren Erlöse überkompensiert werden. Daher muß eine Marktsegmentierung die Entstehung von **hinreichend großen und ökonomisch interessanten Marktsegmenten** zur Folge haben. Ein Problem ist dabei in der Tatsache zu sehen, daß die Entscheidung für oder gegen eine Marktsegmentierung unter Unsicherheit getroffen werden muß (Kaiser 1978, S. 251 ff.).

4.2 Erfassung von Marktsegmenten

4.21 Abgrenzung des relevanten Produktmarktes

Die Abgrenzung des für die Marktsegmentierung relevanten Marktes hat nach **sachlichen, personellen, räumlichen und zeitlichen Kriterien** zu erfolgen (Ulm 1978, S. 17 ff.; Bauer 1989).

Die sachliche Marktabgrenzung erfolgt nach Produkten beziehungsweise Produktgruppen, die personelle Abgrenzung nach aktuellen und potentiellen Konsumenten und Konkurrenten, die räumliche nach den Absatzgebieten und die zeitliche nach der Gültigkeitsdauer der Abgrenzung.

Es sei an dieser Stelle darauf hingewiesen, daß durchaus unterschiedliche Ansätze für die Zuordnung von Produkten und Produktgruppen zum relevanten Produktmarkt existieren. Eine kritische Würdigung dieser Ansätze führt jedoch zu der Erkenntnis, daß diese überwiegend nur bedingt geeignet sind, eine operationale Abgrenzung von Märkten vorzunehmen und somit für die Zwecke der Marktsegmentierung einen nur geringen Aussagewert besitzen (Bauer 1977, S. 75 ff.; Freter 1983, S. 19; Backhaus 1999, S. 207 ff.). Dies ist unter anderem darauf zurückzuführen, daß der Begriff des relevanten Marktes primär darauf abstellt, „einem Gut die zugehörigen Anbieter zuzuordnen" (Horst 1988, S. 129). Gegenstand der Marktsegmentierung dagegen ist in erster Linie eine Aufteilung heterogener Märkte in homogene Käuferklassen.

Letztendlich bestimmt der Konsument durch die von ihm wahrgenommenen **Substitutionsbeziehungen** zwischen Produkten den relevanten Markt. Es ist somit Aufgabe der Unternehmung, hier eine **adäquate „Grenzziehung" im Sinne einer nachfragebezogenen Marktabgrenzung** vorzunehmen (Bauer/Hermann 1993).

4.22 Kriterien zur Marktsegmentierung

Zur Aufteilung eines Gesamtmarktes in bezüglich seiner Marktreaktion intern homogene, extern heterogene Marktsegmente bedarf es der Auswahl geeigneter Segmentierungskriterien, die eine sinnvolle Abgrenzung, Beschreibung sowie Bearbeitung von Marktsegmenten ermöglichen. Zur Erfüllung dieser Aufgabe ist es notwendig, die Marktsegmente so zu bilden, daß die Konsumenten innerhalb eines Segmentes gleiche oder zumindest ähnliche Reaktionen auf den Einsatz der Marketinginstrumente aufweisen. Die Erhebung solcher auf den **Marketing-Mix bezogenen Reaktionskoeffizienten** stellt sich jedoch als sehr problematisch dar (Freter 1983, S. 45 ff.). Daher wird auf geeignete Ersatzkriterien zurückgegriffen, die leichter erfaßbar sind und anhand derer die Konsumenten zu Marktsegmenten zusammengefaßt werden können.

4.221 Anforderungen an Segmentierungskriterien

An diese Kriterien der Markterfassung sind bestimmte Anforderungen zu stellen. Diese gewährleisten einerseits die Zweckmäßigkeit der Marktaufteilung und andererseits erlauben sie eine situationsspezifische Eingrenzung der Vielzahl grundsätzlich möglicher Segmentierungskriterien (Freter 1983, S. 43 f.; Backhaus 1999, S. 211; Kotler/Bliemel 1999, S. 456):

- **Kaufverhaltensrelevanz:**
  Als Kriterien sind geeignete Indikatoren für das zukünftige Käuferverhalten der Konsumenten auszuwählen. Es sind somit Eigenschaften und Verhaltensweisen zu

erfassen, die Voraussetzungen für den Kauf eines bestimmten Produktes darstellen und anhand derer intern homogene sowie extern heterogene Marktsegmente abgegrenzt werden können. Der gezielte, segmentspezifische Einsatz des Marketinginstrumentariums und die Möglichkeit einer Verhaltensprognose der ermittelten Marktsegmente ist vom Grad der Erfüllung dieser Anforderung abhängig.

- **Meßbarkeit (Operationalität):**
Die Marktsegmentierungskriterien müssen mit den vorhandenen Marktforschungsmethoden meßbar und erfaßbar sein. Dies ist eine wichtige Voraussetzung für den Einsatz mathematisch-statistischer Verfahren zur Identifikation von Marktsegmenten. Die Verwendung kaufverhaltenstheoretischer Konstrukte wie Motive und Einstellungen erfordert dabei häufig ein hohes Maß an Expertenwissen.

- **Erreichbarkeit beziehungsweise Zugänglichkeit:**
Die Segmentierungskriterien müssen die gezielte Ansprache der mit ihrer Hilfe abgegrenzten Segmente gewährleisten. Diese Anforderung beeinflußt das Ausmaß, in dem die Unternehmung mittels der segmentspezifischen Marketingaktivitäten eine direkte Ansprache der Konsumenten innerhalb eines Zielsegmentes erreichen kann. In diesem Zusammenhang kommt der Möglichkeit zur präzisen Zielung der Kommunikations- und der Distributionspolitik besondere Bedeutung zu.

- **Handlungsfähigkeit:**
Nur wenn die Segmentierungskriterien den gezielten Einsatz des Marketinginstrumentariums ermöglichen, sind sie für eine Marktsegmentierung als geeignet anzusehen. Ist dies der Fall, wird die Verbindung zwischen Markterfassung und Marktbearbeitung geschaffen.

- **Wirtschaftlichkeit:**
Die Erhebung der Kriterien hat derart zu erfolgen, daß der sich aus der Segmentierung ergebende Nutzen größer ist als die anfallenden Kosten. Das heißt, daß die ausgewählten Segmentierungskriterien zu Marktsegmenten führen müssen, die die Ausarbeitung segmentspezifischer Marketingstrategien rechtfertigen. Sofern diese Anforderung ex ante nicht eingehalten werden kann, sollten die Kriterien zumindest das Ausmaß der segmentspezifischen Nachfrage erkennen lassen.

- **Zeitliche Stabilität:**
Die Informationen, die mittels der Kriterien erhoben werden, müssen über den Planungszeitraum hinweg stabil sein. Eine Marktsegmentierung ist nur dann sinnvoll, wenn die Ergebnisse der Markterfassung für den Zeitraum der Durchführung und Wirkung der segmentspezifischen Marktbearbeitungsaktivitäten Gültigkeit besitzen.

Zur Beurteilung der im folgenden zu analysierenden Marktsegmentierungskriterien müssen diese Anforderungen herangezogen werden. Dabei ist zu berücksichtigen, daß die Anforderungen der Meßbarkeit und der zeitlichen Stabilität von jedem einzelnen Kriterium erfüllt werden müssen. Die darüber hinausgehenden Anforderungen brauchen jedoch nur von dem zur Marktsegmentierung herangezogenen Kriterienkatalog insgesamt erfüllt werden.

Marktsegmentierung

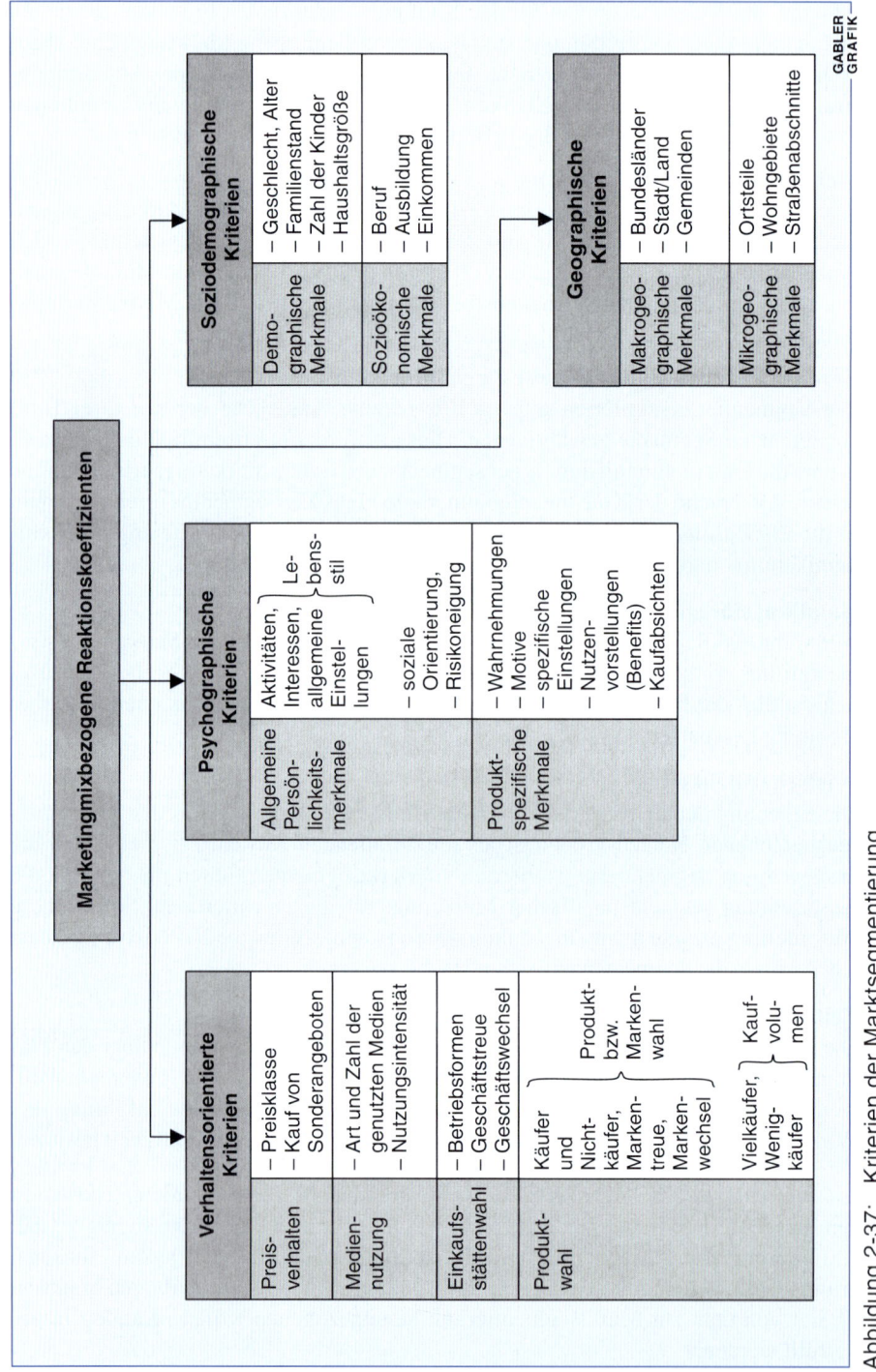

Abbildung 2-37: Kriterien der Marktsegmentierung
(in Anlehnung an Freter 1983, S. 46)

Die Vielzahl der in Theorie und Praxis entwickelten und zumeist empirisch getesteten beziehungsweise angewandten Segmentierungskriterien läßt sich nach unterschiedlichen Gesichtspunkten zu Kriteriengruppen zusammenfassen (Frank et al. 1972, S. 26 ff.; Freter 1983, S. 46; Weinstein 1994; Stegmüller 1995, S. 164). Zur Systematisierung soll im folgenden zwischen **geographischen, soziodemographischen, psychographischen und verhaltensorientierten Kriterien** der Marktsegmentierung unterschieden werden. Diese Kriteriengruppen bedingen sich gegenseitig und gelangen somit häufig kombiniert zur Anwendung. Abbildung 2-37 gibt einen synoptischen Überblick über die verschiedenen Segmentierungskriterien und deren mögliche Ausprägungen.

4.222 Geographische Marktsegmentierung

Häufig erfolgt eine erste Segmentierung des Abnehmermarktes auf Basis geographischer Merkmale. Dabei kann zwischen makro- und mikrogeographischen Kriterien unterschieden werden. Bei einer **makrogeographischen Segmentierung** erfolgt im wesentlichen eine Aufteilung des Marktes nach Kriterien wie Bundesländer, Städte, Landkreise oder Gemeinden.

Eine der bekanntesten, von zahlreichen Marktforschungsinstituten vorgenommene geographische Segmentierung ist die Einteilung des Bundesgebietes in Regionen, die sich an den Bundesländern ausrichten. Abbildung 2-38 zeigt die am häufigsten verwendete regionale Aufteilung des Marktforschungsinstituts A. C. Nielsen.

Andere Segmentierungsstudien differenzieren häufig zwischen Stadt- und Landbevölkerung oder Gemeindegrößenklassen.

So konnten bei einer Analyse der deutschen Möbelkäufer signifikante Unterschiede zwischen den Zielgruppen in unterschiedlichen Ortsgrößenklassen festgestellt werden. Während in kleineren Städten und Gemeinden die Konsumenten beim Kauf von Möbeln der Beratung und dem Kundendienst eine besonders hohe Bedeutung beigemessen haben, waren Konsumenten in größeren Städten an diesen Leistungen erheblich weniger interessiert (Kook 1983).

Der Vorteil der makrogeographischen Segmentierung ist in der zumeist **sekundärstatistischen** und damit vergleichsweise **einfachen und kostengünstigen Datenbeschaffung** zu sehen. Darüber hinaus liefert diese Segmentierungsform bereits hilfreiche Anhaltspunkte für den regionalen Einsatz von Marketinginstrumenten. Sie stellt jedoch nur indirekte beziehungsweise grobe Bezüge zum Kaufverhalten her. An diesem Schwachpunkt setzt die **mikrogeographische Marktsegmentierung** an. Unter mikrogeographischer Segmentierung versteht man die räumliche Aufteilung von Konsumenten in sogenannte Wohngebietszellen unterhalb des Stadt- beziehungsweise Stadtviertelniveaus. Durch die Verknüpfung regionaler Kenndaten (zum Beispiel Demographie, Beschäftigungs-, Wirtschafts- und Infrastruktur) mit Angaben zum Lebensstil können kleinste Marktsegmente lokalisiert und gezielt angesprochen werden.

Marktsegmentierung

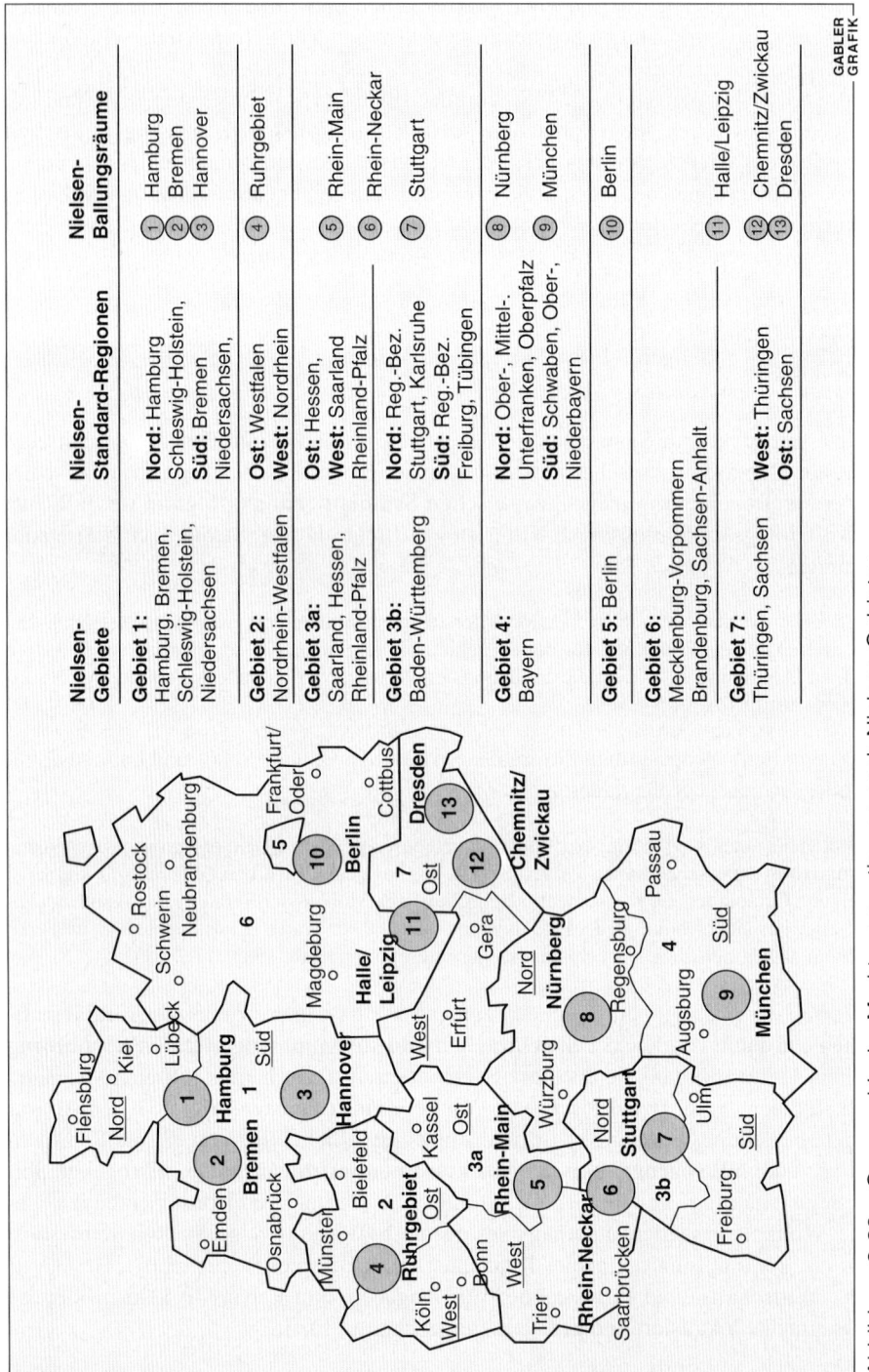

Abbildung 2-38: Geographische Marktsegmentierung nach Nielsen-Gebieten

Der mikrogeographischen Segmentierung liegt die Grundidee der sogenannten „Nachbarschafts-Affinität" zugrunde, das heißt die Vermutung, daß Personen mit gleichem oder ähnlichem sozialen Status und Lebensstil sowie, daraus resultierend, vergleichbarem Kaufverhalten benachbart beziehungsweise in ähnlichen regionalen Bezirken wohnen (Kirchgeorg 1995). Das Kriterium des Wohnorts stellt somit den Ausgangspunkt einer sich anschließenden Analyse von soziodemographischen und psychographischen Informationen über jede regionale Wohngebietszelle dar (Bertl 1988). Diese Analyse erlaubt eine Zusammenfassung von Wohngebietszellen zu bestimmten Wohngebietstypen, die durch in sich **homogene Lebensstile und Kaufverhaltensmuster** gekennzeichnet sind. Auf diese Weise können sich Unternehmen eine gute Datenbasis für segmentspezifische Marketingstrategien schaffen.

Eine derartige Typologie von Wohngebieten war das Resultat der Regionaldatenbank ACORN (A Classification of Residential Neighbourhoods), die auf der Annahme basierte, daß Menschen mit ähnlichem Konsum- und Lebensstil häufig in konzentrierter Form an bestimmten Wohnorten vorzufinden sind (Wilde 1986). So ließen sich beispielsweise auf den ersten Blick Studenten- und Künstlerviertel von wohlhabenden Villenvororten und Gastarbeiterstadtteilen unterscheiden. Für eine differenziertere Analyse wurden zunächst Wohngebietstypen ermittelt, die ein charakteristisches Merkmalsprofil hinsichtlich ihrer Demographie, Beschäftigungs- und Wirtschaftsstruktur, Flächennutzung etc. aufwiesen. Diese Typen konnten mit produkt- und marktspezifischen Daten (zum Beispiel Marktpotentiale, Kaufverhaltenscharakteristika etc.) kombiniert werden und stellten somit eine gute Informationsbasis für typenspezifische Marketingstrategien dar.

Die mikrogeographische Segmentierung kann je nach Zielsetzung auf unterschiedlichen Aggregationsniveaus erfolgen. Die Aussagekraft mikrogeographischer Segmentierungslösungen steigt dabei mit dem Grad der Feinräumigkeit, da hiermit zumeist auch der Homogenitätsgrad der Segmente zunimmt (Martin 1993).

In den USA führte bereits die Verwendung von Postleitcodes zu homogenen Segmenten in bezug auf Gesellschaftsschichten, Lebenszyklusphase der Haushalte sowie Bildungs- und Einkommensniveau der Bewohner. Dagegen waren Postleitzahlen für das Bundesgebiet zumindest vor der Reform der Postbezirke im Jahr 1993 ein zu grobes Segmentierungskriterium.

Für eine detailliertere Raumaufteilung nehmen datenbankgestützte Regionaltypologien wie zum Beispiel CAS (Infas) oder REGIO (Regio Select Bertelsmann) unterschiedliche Abstufungen einer mikrogeographischen Feinparzellierung des Bundesgebietes vor. Um Rückschlüsse auf das Kaufverhalten solcher Teilsegmente ziehen zu können, ist eine **Charakterisierung der Wohngebietszellen im Hinblick auf das Konsum- und Informationsverhalten der Bewohner** notwendig. So kann beispielsweise anhand vorliegender Kundenadressen eine Regionaltypologie mit der unternehmensinternen Kundendatei verknüpft werden. Die Zuordnung des Kundenbestandes zu den einzelnen Wohngebietstypen erlaubt dann Aussagen über die Verteilung der Kunden innerhalb der Regionaltypologie. Die mikrogeographische Auswertung kunden- und marktbezogener Daten kann in bestimmten zeitlichen Abständen wiederholt werden. Auf diese Weise werden bedeutsame Veränderungen offensichtlich, die gegebenenfalls Anpassungsmaßnahmen in der Marktbearbeitung erforderlich machen.

Grundvoraussetzung für den effizienten Einsatz der mikrogeographischen Segmentierung ist ein professionelles **Database-Marketing**. Durch fortlaufende Pflege und Aktualisierung des Datenbestands läßt sich damit eine hinreichende Kaufwahrscheinlichkeit für bestimmte Produktbereiche prognostizieren. Die hierzu erforderlichen differenzierten Informationen (zum Beispiel Aktions-, Reaktions- und Kaufverhaltensdaten) liegen allerdings nur in seltenen Fällen vor.

Damit ist auch der zentrale Nachteil der mikrogeographischen Marktsegmentierung angesprochen, der in der aufwendigen Datenbeschaffung und den damit einhergehenden **hohen Kosten** zu sehen ist. Probleme ergeben sich auch im Hinblick auf die **zeitliche Stabilität** mikrogeographischer Segmentierungen. Gerade bei Segmentlösungen auf relativ niedrigem Aggregationsniveau (zum Beispiel Segmentierungen nach Wohngegenden, Straßenabschnitten) können sich die einmal gebildeten Strukturen relativ kurzfristig ändern, was die Bedeutung einer fortlaufenden Aktualisierung des Informationsbestandes unterstreicht. Dem Vorteil der mikrogeographischen Segmentierung, der in der **hohen Aussagefähigkeit** solcher Lösungen **im Hinblick auf den gezielten Einsatz des Marketing-Mix** liegt, steht damit die oft geringe Wirtschaftlichkeit des Verfahrens gegenüber.

4.223 Soziodemographische Marktsegmentierung

Bei den soziodemographischen Segmentierungskriterien läßt sich zwischen demographischen und sozioökonomischen Merkmalen differenzieren. Zu den **demographischen Segmentierungskriterien** zählen die Merkmale Geschlecht, Alter, Familienstand, Haushaltsgröße sowie die Zahl der Kinder. Diese Kriterien werden vielfach in kombinierter Form eingesetzt.

Eine Segmentierung des relevanten Produktmarktes nach dem Kriterium **Geschlecht** bietet sich immer dann an, wenn die Fragestellung beziehungsweise Produktgruppe, auf die sich die Marktsegmentierung bezieht, in einem direkten Zusammenhang zum Geschlecht steht. Beispiele hierfür stellen Produktgruppen wie Schmuck, Bekleidung oder Kosmetika dar. Die Frage nach dem Geschlecht des Konsumenten ist ferner immer dann von Bedeutung, wenn die Unternehmung daran interessiert ist, welche Personen eines Haushaltes als Verwender oder Beeinflusser auftreten und wer letztlich die Kaufentscheidung trifft. Eine dahingehende Analyse ist insbesondere in Märkten relevant, in denen sich die traditionelle Rollenverteilung im Haushalt geändert hat.

Das **Alter** als Segmentierungsmerkmal ist vor allem für solche Unternehmungen bedeutsam, deren Produkte sich an spezifischen Altersgruppen ausrichten wie zum Beispiel den Senioren oder Teenagern. Der Grund hierfür ist in der Tatsache zu sehen, daß auf vielen Märkten die Bedürfnisse und das Verhalten der Konsumenten mit dem Alter korrelieren (French/Fox 1985). Beispiele hierfür stellen insbesondere der Freizeitmarkt oder Produkte wie Möbel und Bekleidung dar. Auch die Sparneigung der Bevölkerung korreliert mit dem Alter. Es gilt allerdings zu berücksichtigen, daß das **kalendarische Alter** nur einen bedingten Aussagewert hat. Einen höheren Erklärungsbeitrag für das Kaufverhalten liefert das **psychologische Alter**, das verdeutlicht, mit welcher Altersgruppe sich die jeweilige Person identifiziert. Probleme können sich hier allerdings bei der Messung ergeben.

Der **Familienstand** und die **Zahl der Kinder** werden im Rahmen der soziodemographischen Marktsegmentierung kaum als eigenständige Kriterien eingesetzt, gehen allerdings in das häufiger verwendete Merkmal **Familienlebenszyklus** ein. Dieses Kriterium stellt eine Kombination verschiedener demographischer Merkmale dar (Wells/Gubar 1966). Neben dem Familienstand und der Zahl der Kinder wird hierzu das Alter der Ehepartner beziehungsweise Haushaltsmitglieder verwendet. Die Stellung des Konsumenten innerhalb des Familienlebenszyklus weist eine hohe Korrelation mit den Bedürfnissen nach spezifischen Produkten- und Dienstleistungen auf. So liefert die Lebenszyklusphase zum Beispiel einen hohen Erklärungsbeitrag für den Kauf von Einrichtungsgegenständen. Der Prozentsatz des Einkommens, der hierfür ausgegeben wird, ist in den ersten Jahren nach der Hochzeit und dann wenn die Kinder älter geworden sind beziehungsweise das Haus verlassen haben, am größten.

Die zweite Gruppe der soziodemographischen Segmentierungskriterien ist die der **sozioökonomischen Merkmale**. Zu dieser Kriteriengruppe zählen Ausbildung, Beruf und Einkommen. Teilweise wird als übergeordnetes Merkmal auch die soziale Schicht verwendet.

Eine Segmentierung des relevanten Produktmarktes nach dem Kriterium **Ausbildung** bietet sich zumeist lediglich in der Kombination mit anderen Merkmalen an. In seiner isolierten Anwendung kann die Ausbildung allenfalls als Segmentierungskriterium verwendet werden, wenn für ein bestimmtes Produkt Kaufentscheidungen notwendig sind, die ein echtes Problemlösungsverhalten vom Konsumenten verlangen. Dies ist etwa bei hochwertigen Gütern des langfristigen Bedarfs der Fall. Das Segmentierungskriterium **Beruf** läßt sich insbesondere dann einsetzen, wenn die Nachfrage nach der relevanten Produktgruppe in einem engen Zusammenhang zum Beruf steht (zum Beispiel bei Arbeitsbekleidung, Heimwerkermaschinen oder Fachmagazinen).

Das **Einkommen** ist eines der am häufigsten verwendeten soziodemographischen Kriterien der Marktsegmentierung. Obwohl das Einkommen in keinem direkten Zusammenhang zum Kaufverhalten steht, ist es dennoch ein bedeutender Indikator für die Kaufkraft der jeweiligen Zielgruppen. Die beiden Extrempunkte der Einkommenspyramide (extrem hohes beziehungsweise niedriges Einkommen) sind häufig mit einem stark unterschiedlichen Kaufverhalten verbunden, so daß eine Segmentierung auf Basis des Einkommens wertvolle Anhaltspunkte für das Marktpotential besonders preisaggressiver beziehungsweise hochpreisiger Güter liefern kann.

Unter Vernachlässigung der beiden Extremeinkommensgruppen zeigt sich jedoch, daß das **Einkommen gerade bei Gütern des täglichen Bedarfs nur einen relativ geringen Bezug zum Kaufverhalten aufweist**. Beim Kauf von Gebrauchsgütern spielt das Einkommen hingegen eine größere Rolle. Im Zuge der wachsenden Vermögensnivellierung (Erbengeneration) hat das Haushaltseinkommen als alleiniges Kriterium zur Marktsegmentierung allerdings in den letzten Jahren an Bedeutung verloren.

Auch die sich aus der Kombination der Merkmale Ausbildung, Beruf und Einkommen ergebende **soziale Schichtung** findet heute im Rahmen der Marktsegmentierung seltener Anwendung als in der Vergangenheit. Hierfür ist insbesondere die zunehmende **Polarisierung und Individualisierung des Konsumentenverhaltens** verantwortlich.

Ein bekanntes Beispiel für die frühere Bedeutung der sozialen Schichtung für das Kaufverhalten ist die Einführung des Fernsehens in den USA und Europa. Es waren zunächst die Unterschicht und die untere Mittelschicht, die sich gegenüber diesem Projekt aufgeschlossen zeigten und oft unter erheblichen finanziellen Anstrengungen ein Fernsehgerät kauften und dieses vornehmlich als Statussymbol verwendeten. Dagegen wurde das Produkt von der Oberschicht und der oberen Mittelschicht lange Zeit abgelehnt. Man wollte zeigen, daß für eine derartige „passive" Freizeitbeschäftigung keine Zeit und kein Interesse bestünde. Zugleich war diese Haltung Ausdruck der unterschiedlichen Normen in verschiedenen sozialen Schichten.

Der Einsatz der sozialen Schichtung als Segmentierungsmerkmal bringt insbesondere Messungs- und Abgrenzungsprobleme mit sich. Die Bildung sozialer Schichten führt heute nur noch selten zu gesellschaftsbezogenen Marktsegmenten, die sich anhand ähnlicher Wertvorstellungen, Interessen, Lebensstilen und Verhaltensmustern charakterisieren lassen.

Da einzelne soziodemographische Segmentierungskriterien keinen hohen Erklärungsbeitrag zum Kaufverhalten der Konsumenten liefern können, werden in der Praxis vornehmlich Kriterienkombinationen eingesetzt.

Ein Beispiel für ein solches Vorgehen zeigt Abbildung 2-39. Anhand der Kombination von drei soziodemographischen Kriterien (Einkommen, Familiengröße, Alter) können mit den hier gewählten Ausprägungen insgesamt 36 Marktsegmente gebildet werden (Kotler 1984, S. 258). Entscheidend ist, daß jedes der Segmente eine hinreichend große Zahl potentieller Käufer vermuten läßt.

Zusammenfassend ist der primäre Vorteil der soziodemographischen Marktsegmentierungskriterien in ihrer **leichten Erfaß- und Meßbarkeit** zu sehen. Darüber hinaus weisen die Segmentlösungen zumeist eine hohe **zeitliche Stabilität** auf. Veränderungen, die sich etwa aufgrund wandelnder Altersstrukturen ergeben, lassen sich vielfach gut prognostizieren (Freter 1983, S. 58). Der zentrale Nachteil der soziodemographischen Marktsegmentierung liegt demgegenüber in der relativ geringen **prognostischen Relevanz für das Kaufverhalten**.

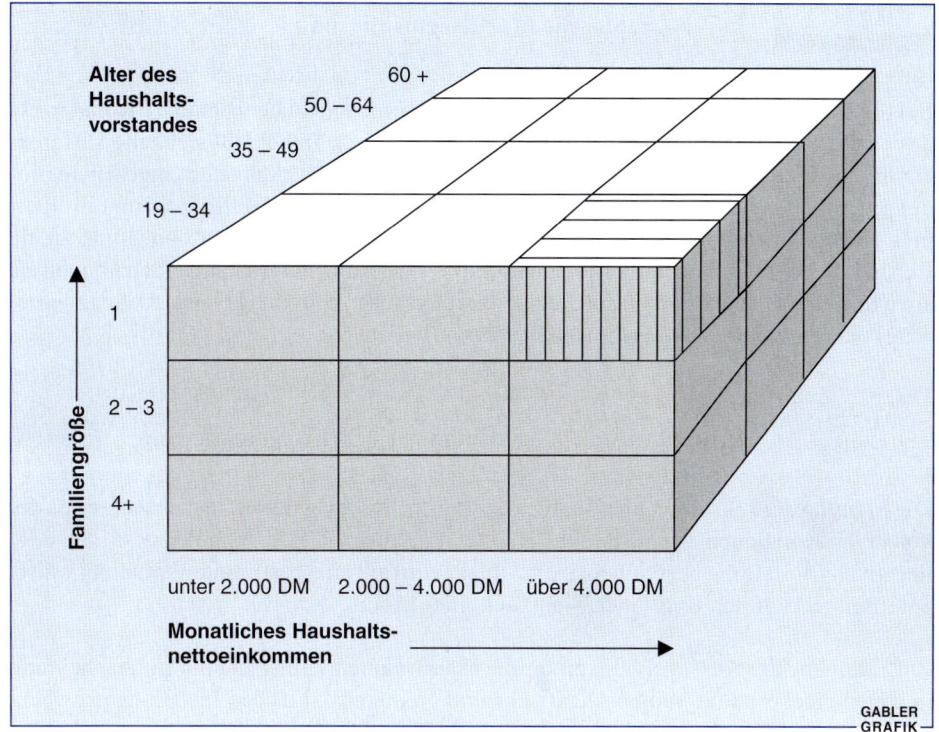

Abbildung 2-39: Segmentierung eines Marktes durch
drei soziodemographische Kriterien
(in Anlehnung an Kotler 1984, S. 258)

Damit einhergehend weisen allein auf Basis soziodemographischer Kriterien entstandene Segmentlösungen lediglich eine **eingeschränkte Aussagefähigkeit für den Einsatz des Marketinginstrumentariums** auf.

Der ausschließliche Einsatz der soziodemographischen Marktsegmentierung hat daher in der Vergangenheit zunehmend an Bedeutung verloren (vielfach wird die soziodemographische Marktsegmentierung auch als **„klassische Marktsegmentierung"** bezeichnet). Abhängig von der Untersuchungsfragestellung erfolgt heute verstärkt ein kombinierter Einsatz mit anderen Segmentierungskriterien oder ein vollkommener Verzicht auf soziodemographische Merkmale zur Segmentbildung. Die Soziodemographie wird jedoch in fast jeder Untersuchung dazu verwendet, die auf Basis anderer Kriterien gebildeten Segmente zu beschreiben. Aufgrund der vergleichsweise hohen Kaufverhaltensrelevanz sind zur Bildung der Segmente besonders die psychographischen Kriterien von Bedeutung (**„moderne Marktsegmentierung"**).

4.224 Psychographische Marktsegmentierung

Bei der psychographischen Marktsegmentierung werden nicht beobachtbare **Konstrukte** des Käuferverhaltens zur Segmentbildung herangezogen. Dabei läßt sich eine Differenzierung der Segmentierungskriterien in allgemeine Persönlichkeitsmerkmale sowie produktspezifische Merkmale vornehmen. Dem Konstrukt der **Einstellung** kommt im Rahmen der psychographischen Marktsegmentierung eine übergeordnete Bedeutung zu, da Einstellungen sowohl isoliert als Segmentierungskriterium eingesetzt werden können als auch in weitere psychographische Segmentierungsansätze direkt (Lebensstil-Segmentierung) oder indirekt (Nutzensegmentierung) einfließen.

4.2241 Einstellungen als Kriterium zur Marktsegmentierung

Die Eignung der Einstellung als Segmentierungskriterium resultiert insbesondere aus der konativen Komponente (vgl. zweites Kapitel, Abschnitt 2.225). Von der positiven oder negativen Einstellung gegenüber einem Objekt wird auf eine bestimmte Verhaltensweise, zum Beispiel auf den Kauf oder Nichtkauf eines Produktes, geschlossen.

Zur Erhöhung der Aussagefähigkeit für die Marktsegmentierung ist eine Unterscheidung in allgemeine, produktgruppenspezifische und produktspezifische Einstellungen zweckmäßig (Freter 1983, S. 75; Stegmüller 1995, S. 195). **Allgemeine Einstellungen** werden vielfach auch als unspezifische Einstellungen bezeichnet (Böhler 1977, S. 97) und beziehen sich auf generelle Haltungen zu bestimmten Einstellungsobjekten beziehungsweise -fragestellungen (zum Beispiel Aufgeschlossenheit gegenüber einem modernen Warenangebot, Qualitätsanspruch im Kaufverhalten, Beachtung der Gesundheit oder Einstellung zur Freizeitgestaltung). Marktsegmentierungen auf Basis allgemeiner Einstellungen führen zu einer Bildung von Typen, von deren übergeordneten Einstellungsäußerungen häufig auf Verhaltensaktionen und -reaktionen im Hinblick auf spezifischere Fragestellungen geschlossen wird. Oft sind allerdings Segmentierungen allein auf Basis allgemeiner Einstellungen nicht geeignet, um daraus genaue Prognosen im Hinblick auf ein produktgruppen- oder produktspezifisches Kaufverhalten abzuleiten. Wird zum Beispiel ein Konsument grundsätzlich als sparsam eingestuft, so kann daraus nur bedingt eine Aussage bezüglich der Preisbereitschaft in einem konkreten Produktbereich getroffen werden. Von größerer Bedeutung für die Marktsegmentierung sind allgemeine Einstellungen allerdings im Zusammenhang mit der Lebensstil-Segmentierung.

Ein stärkerer Kaufverhaltensbezug und damit eine Erhöhung der Aussagefähigkeit der Segmentierung für den Einsatz des Marketinginstrumentariums kann erzielt werden, wenn auf Basis von **produktgruppen- beziehungsweise produktspezifischen Einstellungen** segmentiert wird. Dabei werden die Einstellungen gegenüber bestimmten Produktbereichen (zum Beispiel Einstellung gegenüber medizinischen Heilmitteln oder

Einstellung zum Automobil etc.) oder gegenüber spezifischen Produkten beziehungsweise Angeboten (zum Beispiel Einstellung zur Preiswürdigkeit, Sicherheit, Umweltfreundlichkeit etc. eines Volkswagen-Golf) ermittelt (Gierl 1989).

Am Beispiel von Heilmitteln für Erkältungskrankheiten läßt sich zum Beispiel die produktgruppenspezifische Einstellung auf Basis der Antworten zu folgenden Statements ermitteln. „Gegen eine Grippe ist man mehr oder weniger machtlos", „Wenn eine Grippewelle grassiert, bleibe ich davon garantiert nicht verschont", „Es ist besser, gleich zu einem Arzt zu gehen, selbst bei einer Grippe", „Alle Anti-Grippe-Mittel sind im Grunde gleich, nur die Namen sind anders", „Die meisten Arzneimittel kosten zu viel Geld". Auf Basis der Bewertungen dieser Statements durch die Befragten (zum Beispiel mit Hilfe einer Rating-Skala) lassen sich schließlich produktspezifische Einstellungstypen bilden.

Ein anderes Beispiel zur Marktsegmentierung mit Hilfe produktgruppenspezifischer Einstellungen stellt eine in der Automobilindustrie durchgeführte Untersuchung dar. Dabei wurde auf Grundlage von insgesamt 18 Einstellungsstatements eine Einstellungssegmentierung für den spanischen Automobilmarkt über mehrere tausend Befragte durchgeführt. Hierzu wurde eine vierstufige Ratingskala verwendet. Abbildung 2-40 zeigt die segmentspezifischen Einstellungsprofile. Für den leidenschaftlich emotionalen Autofahrer verkörpert das Auto sowohl hinsichtlich emotionaler als auch in bezug auf faktische Werte „mehr" als ein reines Fortbewegungsmittel. Das Segment der pragmatischen Autofahrer stellt den Gegensatz zu diesem Segment dar. Hier nimmt das Auto eine reine Fortbewegungsfunktion ein. Emotionale Aspekte wie beispielsweise der Ausdruck von Persönlichkeit durch das Auto spielen für den pragmatischen Autofahrer kaum eine Rolle.

Die Messung von Einstellungen erfolgt durch Einstellungsskalen (vgl. zweites Kapitel, Abschnitt 2.225), deren Ergebnisse meist durch mehrdimensionale Einstellungsmodelle zu einem Einstellungswert verdichtet werden (Fishbein 1967; Trommsdorff 1975). Zur Marktsegmentierung scheinen insbesondere diejenigen Konzeptionen geeignet, die **ideale Einstellungen** in das Modell einbeziehen (Freter 1983, S. 72). Hierbei wird von der Hypothese ausgegangen, daß die Konsumenten sich bei der Bildung ihrer Einstellungen an einem produktarttypischen Idealbild orientieren (Trommsdorff 1975, S. 73). Je geringer die Distanz zwischen der Idealproduktvorstellung des Konsumenten und seiner Realproduktbeurteilung ist, desto positiver ist seine Einstellung gegenüber einem Produkt. Konsumenten mit ähnlichen Idealproduktvorstellungen bilden dann ein in sich homogenes Segment (vgl. drittes Kapitel, Abschnitt 2.314).

Die Beliebtheit der Einstellungen als Kriterien zur Marktsegmentierung ist vornehmlich darauf zurückzuführen, daß die Ergebnisse einer Einstellungssegmentierung **konkrete Ansatzpunkte für die Ausgestaltung des Marketinginstrumentariums** liefern können (Ulm 1978, S. 160 ff.). Darüber hinaus können Einstellungen als zeitlich relativ stabil angesehen werden. Der vielfach angeführte Vorteil einer hohen Kaufverhaltensrelevanz ist allerdings in Abhängigkeit vom jeweiligen Untersuchungsgegenstand zu relativieren (Kroeber-Riel/Weinberg 1999, S. 170 ff.).

In der Vergangenheit haben Untersuchungen wiederholt Divergenzen zwischen Einstellungen und tatsächlichem Verhalten aufgezeigt (Monhemius 1990). So erscheint zum Beispiel die ausschließliche Verwendung von Einstellungen zur Bildung einer Typologie zum umweltbewußten Kauf-

Marktsegmentierung

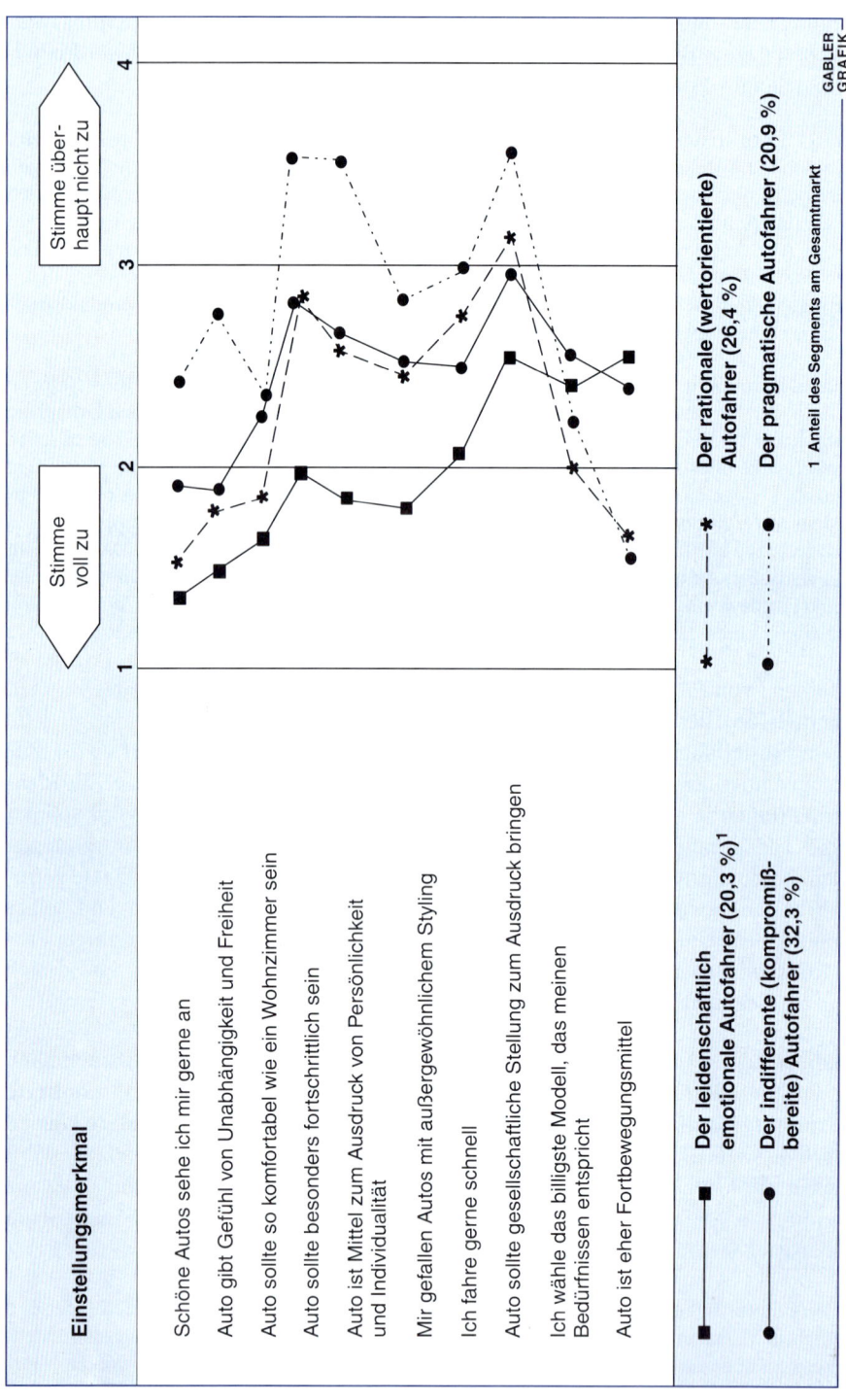

Abbildung 2-40: Einstellungssegmente im spanischen Automobilmarkt
(Quelle: Volkswagen AG)

verhalten recht zweifelhaft. Gerade in diesem Bereich haben zahlreiche Produkt- und Verpakkungsbeispiele verdeutlicht, daß das tatsächliche Kaufverhalten nur ansatzweise an den umweltbezogenen Einstellungen ausgerichtet ist (Wimmer 1995).

Aufgrund ihrer **eingeschränkten Kaufverhaltensrelevanz** werden Einstellungen im Rahmen der Marktsegmentierung verstärkt in Kombination mit anderen Kriterien eingesetzt.

4.2242 Segmentierung auf Basis von Persönlichkeitsmerkmalen

Häufig erfolgt eine psychographische Marktsegmentierung auf Basis allgemeiner Persönlichkeitsmerkmale. Hierbei läßt sich zwischen Kriterien des Lebensstils, der sozialen Orientierung und der Risikoneigung differenzieren, wobei eine scharfe Abgrenzung der jeweils zur Segmentierung herangezogenen Merkmale kaum möglich ist.

Die **Persönlichkeit** eines Menschen führt zu einer konsistenten Reaktion auf Stimuli seiner Umwelt (Kassarjian 1971). Die Persönlichkeit kommt in verschiedenen Merkmalen wie Kontaktfähigkeit, Selbständigkeit, Ehrgeiz, Fortschrittlichkeit oder Risikofreude zum Ausdruck. Solche Merkmale werden allerdings nur selten zur Segmentierung eines Produktmarktes herangezogen, da einerseits die **Meßbarkeit der Kriterien** mit Schwierigkeiten verbunden ist (Böhler 1977, S. 85 ff.) und zum anderen der Bezug zum Kaufverhalten als vergleichsweise gering einzustufen ist.

Seit Mitte der achtziger Jahre erfreuen sich dagegen sogenannte **Lebensstil-Segmentierungen** (oft auch als „Life-Style-Typologie" bezeichnet) einer zunehmenden Beliebtheit (Engel et al. 1995; Michman 1991; Drieseberg 1995, S. 5). Vielfach wurde in der Vergangenheit sogar der Begriff der Lebensstil-Segmentierung als Synonym für die psychographische Marktsegmentierung verwendet (Wells 1974; Weinstein 1994).

Lebensstil-Analysen lassen sich sowohl zur Beschreibung einer ganzen Gesellschaft als auch von Gruppen oder Einzelpersonen nutzen. Das Kriterium „Life-Style" eignet sich somit zur **Segmentierung von Gesamt- oder Teilmärkten** (Plummer 1974). Dabei wird unter Lebensstil eine **Kombination typischer Verhaltensmuster** einer Person oder einer Personengruppe verstanden. Der Lebensstil umfaßt:

- Merkmale des beobachtbaren Verhaltens (zum Beispiel Freizeitverhalten, Gewohnheiten etc.) und
- psychische Variablen (zum Beispiel Werte, allgemeine Einstellungen, Meinungen).

Die **Messung des Life-Style** kann mittels zweier Konzepte erfolgen (Frank et al. 1972, S. 58 ff.; Wind/Green 1974):

- Der Lebensstil eines Konsumenten kann einerseits durch die Erfassung aller von ihm ge- und verbrauchten Produkte gemessen werden. Dieser Ansatz folgt der Hypothese, daß die Persönlichkeit und der Lebensstil einer Person beziehungsweise Personengruppe sich in den konsumierten Produkten niederschlägt.

- Andererseits stellt der Lebensstil ein Beziehungssystem aus situativen Faktoren und beobachtbaren Handlungen (**A**ctivities), emotional bedingtem Verhalten (**I**nterests) und kognitiven Orientierungen und Wertvorstellungen (**O**pinions) der betreffenden Person beziehungsweise Personengruppe dar (AIO-Ansatz).

Für die Marktsegmentierung ist vor allem die zweite Methode zur Operationalisierung des Life-Style-Konzeptes von Bedeutung, da sie in besonderer Weise eine Kombination typischer Verhaltensweisen darstellt. Insbesondere die persönlichen Werthaltungen werden in zunehmendem Maße herangezogen, um den Lebensstil von Konsumenten erfassen und typologisieren zu können. Dies wird vor allem damit begründet, daß Werte von kurzfristigen situativen Veränderungen relativ unabhängig sind und sich damit durch ihre besondere prognostische Relevanz für das Kaufverhalten auszeichnen.

Aufgrund der vielfältigen Möglichkeiten zur Ermittlung des Lebensstils von Konsumenten ist in der Vergangenheit ein breites Spektrum von Studien zu diesem Themenbereich entstanden. Die verschiedenen **Konsumententypologien** unterscheiden sich im wesentlichen durch die Kombination verschiedener Lebensstil-Merkmale sowie durch die Zielsetzung und das Aggregationsniveau der Typologie.

Eine der bekanntesten Möglichkeiten der Marktsegmentierung anhand des Life-Style stellt der Milieu-Ansatz des SINUS-Instituts in Heidelberg dar. Seit 1979 nimmt das SINUS-Institut in regelmäßigen Abständen eine Segmentierung der bundesdeutschen Bevölkerung in kombinierte Werte- und Sozialschichtgruppen vor. Zielsetzung dieses Ansatzes ist es, die „Lebenswelt" von Zielgruppen unter Berücksichtigung sich verändernder Einstellungen und Wertorientierungen möglichst adäquat zu erfassen. Unter Lebenswelt werden dabei alle relevanten Erlebnisbereiche verstanden, mit denen das Individuum tagtäglich zu tun hat (Arbeit, Familie, Freizeit, Konsum etc.) und die maßgeblich zur Entwicklung und Veränderung von Einstellungen, Werthaltungen und Verhaltensmustern beitragen.

Zentrales Ergebnis der SINUS-Lebensweltforschung ist die Abgrenzung und Beschreibung von sozialen Milieus und ihrer jeweiligen Marktpotentiale für beliebige Untersuchungsobjekte. Die Kriterien zur Abgrenzung solcher Milieus sind in Abbildung 2-41 aufgelistet. Abbildung 2-42 zeigt eine graphische Darstellung der in 1994 gebildeten Lebenswelt-Segmente in Westeuropa. Die Zielgruppen können im zweiten Schritt durch segmentspezifische Einstellungen gegenüber dem Automobil ergänzt werden. Die entsprechenden Segmente sind am Beispiel des westeuropäischen Automobilmarktes in Abbildung 2-43 dargestellt.

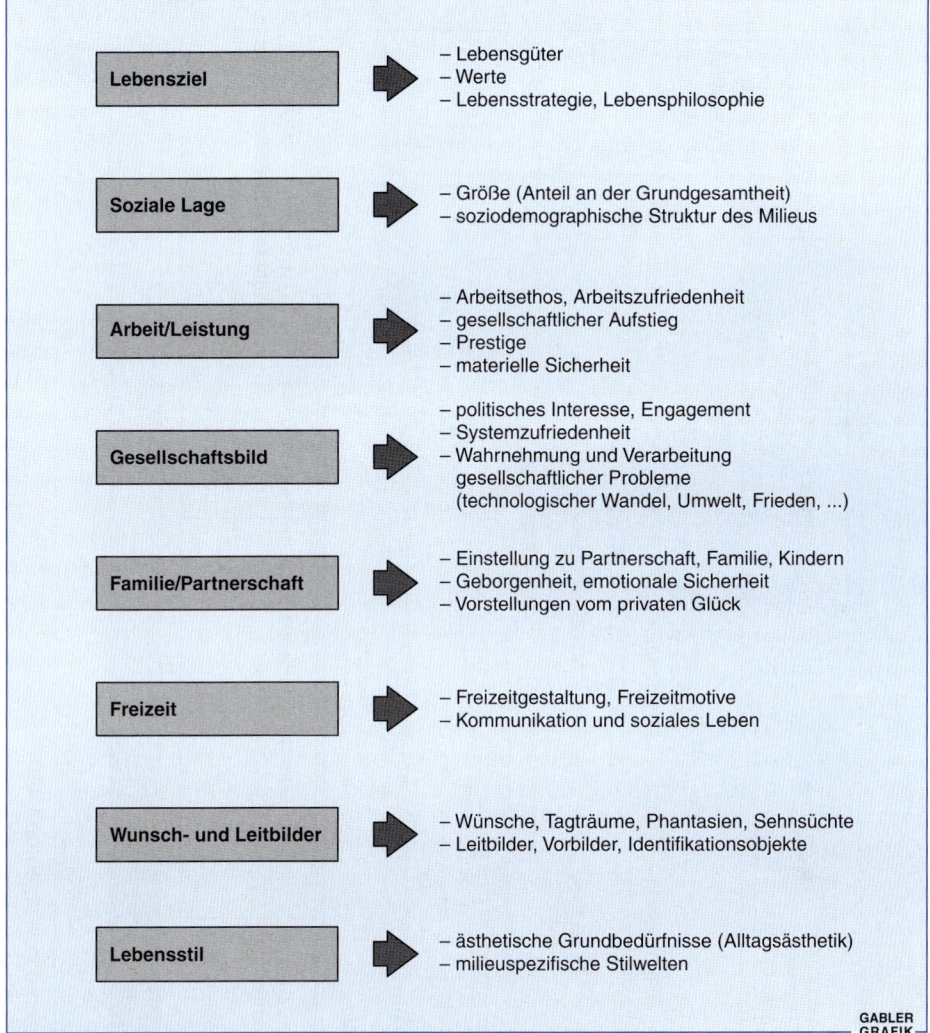

Abbildung 2-41: Kriterien zur Abgrenzung sozialer Milieus

Einschränkend ist festzuhalten, daß eine Marktsegmentierung anhand des Life-Style maßgeblich von der Auswahl der jeweils im konkreten Anwendungsfall relevanten Merkmalsgruppen determiniert wird (Gierl 1989). Trotz der Vielzahl vorhandener Studien und der zu berücksichtigenden Lebensstil-Kriterien macht die Standardisierung und Validierung von Lebensstil-Statements ein wesentliches methodisches Problem dieses Konzepts aus. Dennoch wird Ansätzen der Lebensstil-Segmentierung im Rahmen der psychographischen Marktsegmentierung auch in Zukunft eine hohe Bedeutung beizumessen sein. Die Ansätze werden dabei zumeist mit weiteren Merkmalen verknüpft, so daß sich aus diesen Ergebnissen konkrete Ansatzpunkte für das Marketing ableiten lassen.

Marktsegmentierung

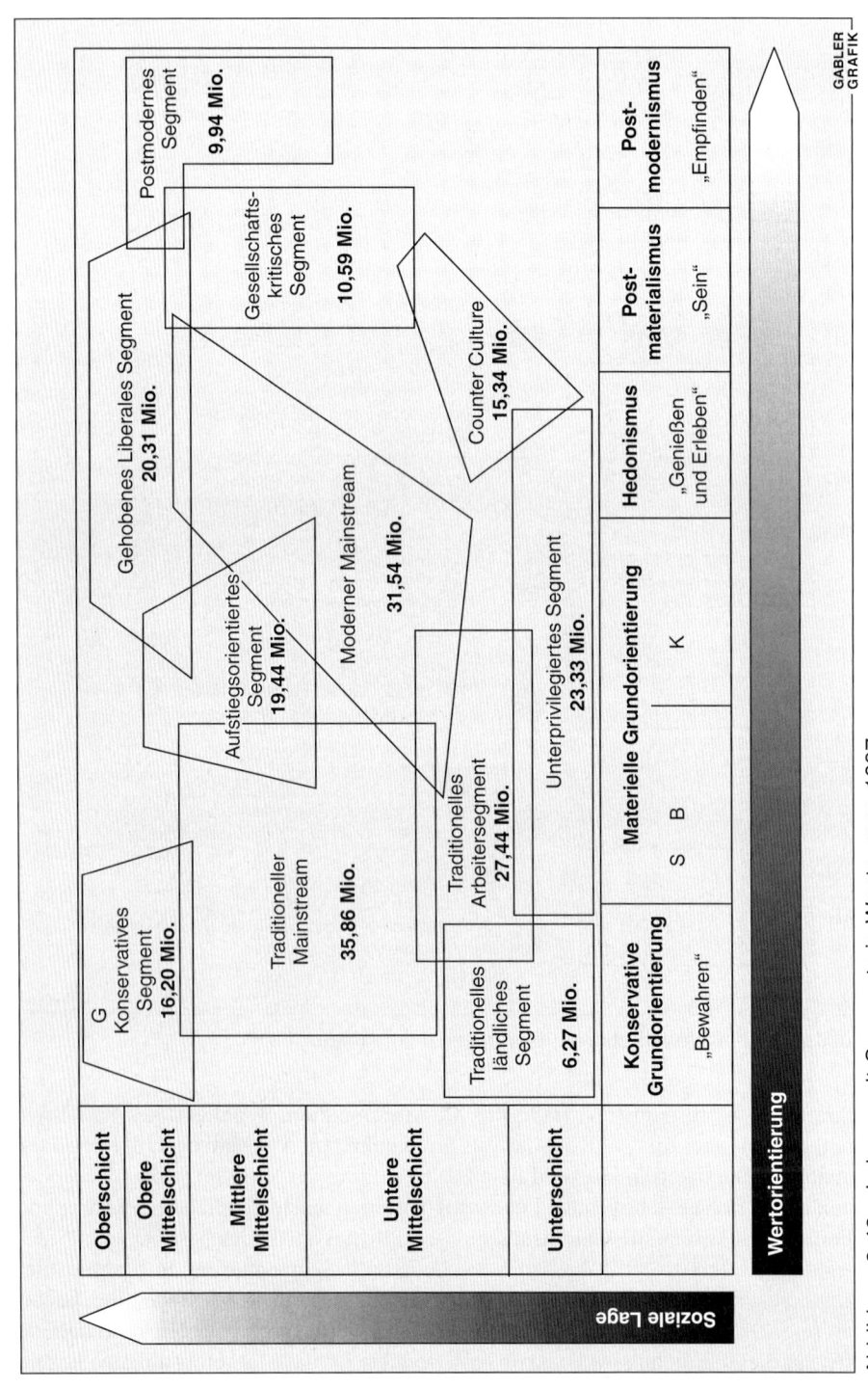

Abbildung 2-42: Lebenswelt-Segmente in Westeuropa 1997
(Quelle: SIGMA Institut, Mannheim)

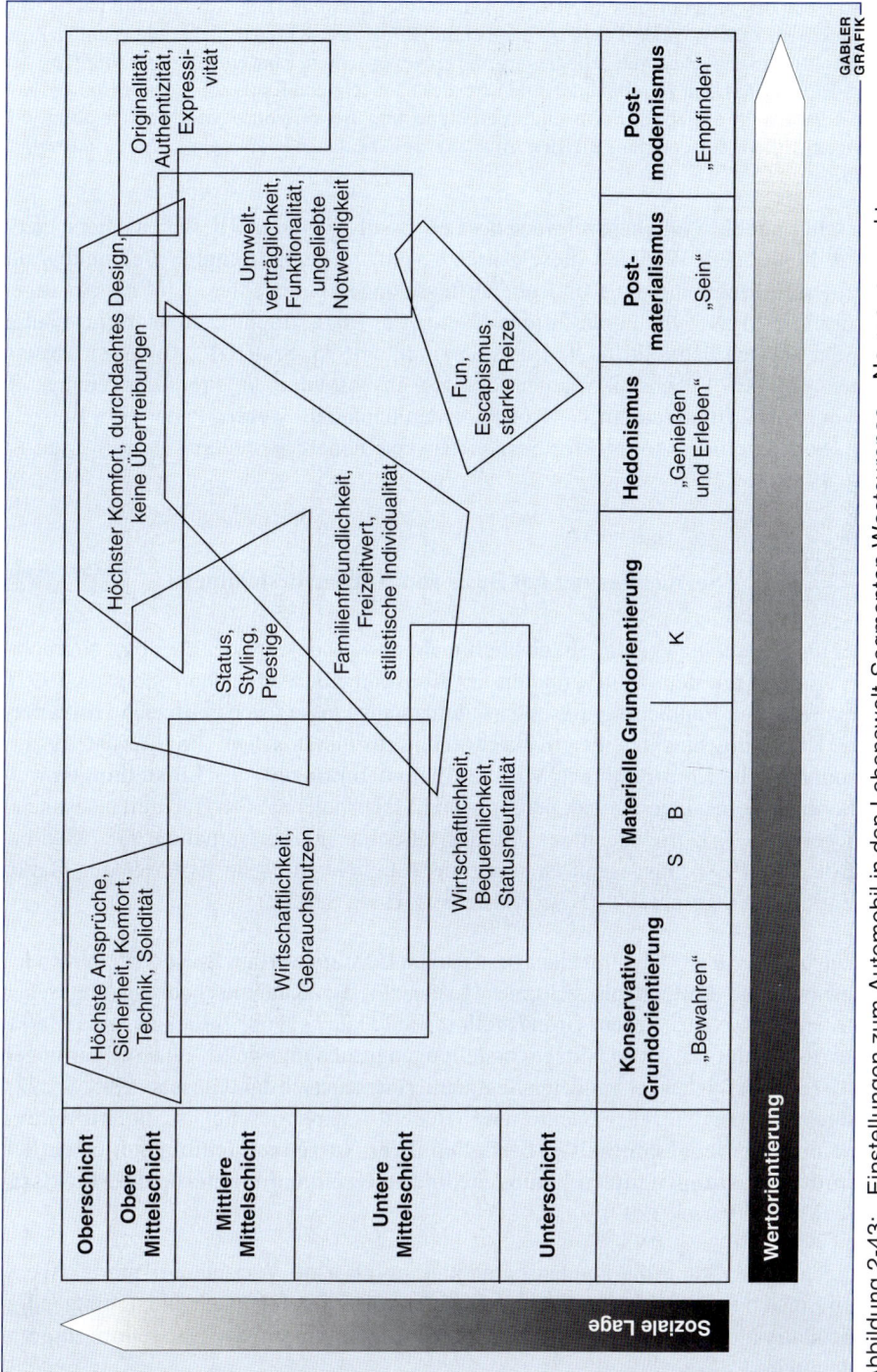

Abbildung 2-43: Einstellungen zum Automobil in den Lebenswelt-Segmenten Westeuropas – Neuwagenmarkt (Quelle: SIGMA Institut, Mannheim)

Vorreiter bei der Nutzung des SINUS-Milieus waren Hersteller der Automobilindustrie wie Mercedes-Benz, BMW oder Porsche, die bereits Mitte der achtziger Jahre versuchten, ihre Modellpolitik auf die relevanten Abnehmergruppen auszurichten. Eine einfache Verknüpfung der SINUS-Milieus läßt sich zum Beispiel mit Daten des beobachteten Kaufverhaltens herstellen. Auf diese Weise ist in einfacher Form eine Verteilung und Beschreibung der Marken durch die jeweiligen Milieus zu erzielen, die den Ausgangspunkt einer Marketingkonzeption darstellen können.

Im Hinblick auf die Verhaltensrelevanz der Lebensstil-Typologien bestehen unterschiedliche Auffassungen. Während diese Ansätze vielfach als notwendige Bedingung zur effizienten Befriedigung der Kundenbedürfnisse angesehen werden, wird die Aussagekraft der Life-Style-Typologien für den Einsatz des Marketinginstrumentariums häufig auch sehr kritisch beurteilt (o. V. 1992, Stegmüller 1995, S. 269 ff.). Einigkeit besteht darüber, daß den Lebensstil-Segmentierungen insbesondere in Produktbereichen, in denen ein hohes **Involvement** der Konsumenten unterstellt werden kann (zum Beispiel Uhren, Schmuck oder Autos) eine vergleichsweise höhere Bedeutung beizumessen ist (Haley 1985, S. 12).

4.2243 Segmentierung auf Basis von Nutzenvorstellungen

Stärker als allgemeine Persönlichkeitsmerkmale sind produktspezifische, psychographische Variablen mit dem Kaufverhalten der Konsumenten verbunden (Sampson 1992). Zur theoretischen Fundierung dieses Zusammenhangs lassen sich **zahlreiche intrapersonale Erklärungsansätze des Käuferverhaltens** heranziehen. Produktspezifische, psychographische Konstrukte wie **Motive, Wahrnehmungen** oder **Einstellungen** weisen allerdings neben Operationalisierungs- und Meßproblemen den Nachteil eines in der Regel geringen Erklärungsbeitrags für das tatsächliche Kaufverhalten auf (Mühlbacher/Botschen 1990). Insgesamt ist somit die Tauglichkeit dieser Kriterien zur Marktsegmentierung eingeschränkt (Heise/Hünerberg 1995, S. 93).

Im Gegensatz dazu wird der mit einer bestimmten Leistung verbundene und vom Kunden wahrgenommene **Nutzen** als zentrales Kriterium der Kaufentscheidung angesehen (Weinstein 1994). Aus diesem Grund stellt die auf Haley (1968) zurückgehende Marktsegmentierung auf Basis von Nutzenvorstellungen beziehungsweise Nutzenerwartungen einen der am häufigsten verwendeten Segmentierungsansätze dar (Gutsche 1995, S. 227). Grundgedanke der Nutzensegmentierung (Benefit-Segmentierung) ist die **Aufteilung einer Konsumentengesamtheit in bezüglich ihrer Nutzenvorstellungen hinsichtlich bestimmter Leistungen intern homogene und untereinander heterogene Marktsegmente** (Meffert/Perrey 1997).

Strenggenommen kann die Nutzensegmentierung als eine Variante der produktspezifischen Einstellungsmessung betrachtet werden, wobei mit der Nutzenvorstellung lediglich die motivationale beziehungsweise **affektive Komponente der Einstellung** zugrunde gelegt wird.

Die Messung der Nutzenvorstellungen kann sowohl auf kompositionelle als auch auf dekompositionelle Weise erfolgen. Bei der **kompositionellen Erfassungsweise** wird der Gesamtnutzenwert eines Produktes ausgehend von merkmalsspezifischen Einzelbeurteilungen ermittelt (Bottom-Up). Die einzelnen Nutzenbeiträge können zum Beispiel auf einer Ratingskala erhoben werden. Der produktspezifische Gesamtnutzenwert läßt sich dann durch einfache Addition der Einzelbeurteilungen ermitteln. In der **dekompositionellen Erhebungsform** bilden dagegen die Gesamtnutzenurteile der Befragten die Datenbasis (Top-Down), um daraus die Nutzenbeiträge einzelner Attribute bestimmen zu können (Gutsche 1995, S. 75). Obwohl die kompositionellen Verfahren aufgrund ihrer vergleichsweise einfachen Anwendbarkeit nach wie vor auf Akzeptanz in der Praxis stoßen, weisen diese doch erhebliche Mängel auf (Balderjahn 1993, S. 76 f.; Gutsche 1995, S. 76):

- Die Befragten tendieren dazu, viele der zu beurteilenden Eigenschaften als besonders wichtig einzustufen.

- Der Kaufentscheidungsprozeß wird aufgrund der isolierten Merkmalsbeurteilung in der Regel nicht realitätsnah abgebildet.

- Wahlentscheidungen des Konsumenten zwischen konkurrierenden Angeboten werden nicht berücksichtigt (trade-off).

Da diese gravierenden Nachteile mit Hilfe der dekompositionellen Erfassungsweise weitestgehend vermieden werden können, löst dieser Ansatz die kompositionelle Messung der Nutzenvorstellungen mehr und mehr ab. Zur dekompositionellen Erfassung der Nutzenvorstellungen wird das multivariate Verfahren der **Conjoint-Analyse** eingesetzt (Green/Srinivasan 1978; Backhaus et al. 1996, S. 497 ff.). Herausragender Vorteil der Conjoint-Analyse ist die gute Abbildung von Kauf- beziehungsweise Auswahlentscheidungen, da der in einer realen Kaufsituation auftretende trade-off zwischen unterschiedlichen Produktmerkmalen geeignet nachvollzogen wird (Perrey 1996; Weiber/Rosendahl 1997).

In Abhängigkeit vom Untersuchungsgegenstand sowie von der Erfassungsweise der Nutzenvorstellungen können zur Durchführung einer Nutzensegmentierung verschiedene Analysephasen durchlaufen werden (Green et al. 1985; Heise/Hünerberg 1995, S. 103; Stegmüller 1995, S. 103). Bei Anwendung des dekompositionellen Conjoint-Verfahrens im Rahmen der Marktsegmentierung läßt sich der Untersuchungsablauf in folgende **Grob-Phasen** strukturieren (Meffert/Perrey 1997):

1. **Auswahl der Untersuchungseigenschaften und Ausprägungen**
   In einem ersten Schritt sind die später zur Segmentierung verwendeten Produkteigenschaften und deren Ausprägungen zu generieren. Die Anzahl der zu untersuchenden Eigenschaften ist dabei sowohl aus verfahrenstechnischen als auch aus konsumentenbezogenen Gründen beschränkt. So sind die Auskunftspersonen bei einer zu großen Anzahl von Eigenschaften nicht mehr in der Lage, den anschließenden

Beurteilungsprozeß realitätsnah und plausibel zu vollziehen. Daher erfolgt in praktischen Anwendungen vielfach **eine Reduktion der Eigenschaften auf wenige zentrale Merkmale** (in der Regel 4–6, jedoch maximal 8–9).

2. **Festlegung des Conjoint-Designs**
   Im zweiten Schritt sind die notwendigen Stufen zur Durchführung der Conjoint-Analyse festzulegen (Green/Srinivasan 1978; Backhaus et al. 1996, S. 500; Perrey 1996). Von besonderer Bedeutung ist dabei die Festlegung des Erhebungsdesigns, wobei die Anzahl der den Auskunftspersonen vorzulegenden Untersuchungsstimuli zu bestimmen ist.

3. **Schätzung der Nutzenwerte**
   Anschließend werden die Teilnutzenwerte auf Basis des zuvor festgelegten Algorithmus für sämtliche Eigenschaftsausprägungen geschätzt. Diese Resultate dienen als Grundlage für die sich anschließende Bestimmung der Nutzensegmente.

4. **Bestimmung der Nutzensegmente**
   Die Segmentierung auf Basis der Nutzenvorstellungen erfolgt schließlich auf Grundlage der individuellen Schätzwerte. Dabei werden diejenigen Konsumenten zu Gruppen zusammengefaßt, die eine gleichartige Struktur der Nutzenvorstellungen aufweisen. Hierzu wird gängigerweise das Verfahren der Cluster-Analyse verwendet.

Die Nutzensegmentierung soll an einem Beispiel der Zielgruppenforschung im Verkehrsdienstleistungsbereich verdeutlicht werden (Meffert/Perrey 1997; Perrey 1998). Da es der Deutschen Bahn AG in den vergangenen Jahren nicht ausreichend gelungen ist, am Wachstum des inländischen Personenfernverkehrs zu partizipieren, kam einer detaillierten Markt- und Zielgruppenkenntnis eine zentrale Bedeutung zur Sicherung der langfristigen Wettbewerbsfähigkeit zu.

Eine Segmentierung des Abnehmermarktes erfolgte bislang vornehmlich aus **angebotsbezogener Perspektive**. Dabei wurden häufig Kriterien wie der Reiseanlaß oder die Reiseklasse zur Aufteilung der Konsumenten in Segmente verwendet. Aufgrund der geringen Prognosefähigkeit solcher Ansätze für das Kaufverhalten der Abnehmer erwies sich allerdings eine zielgruppenspezifische Marktbearbeitung mit Hilfe solcher Lösungen als kaum möglich. Das Ziel einer empirischen Untersuchung lag damit in einer **nutzenbasierten Segmentierung der aktuellen Bahn-Nutzer** zur Ableitung von Zielgruppen im Personenfernverkehr.

Ausgangspunkt der Betrachtung stellte zunächst eine detaillierte Analyse der nutzenrelevanten Kriterien einer Bahnreise dar. Die Bestimmung dieser Merkmale erfolgte mittels einer **explorativen Vorstudie**, die zu einer Vielzahl von Nutzendimensionen führte. Mit Hilfe einer Faktorenanalyse konnte die Zahl der Nutzendimensionen schließlich auf **fünf zentrale Merkmale** (Komfort, Ausstattung, Reisezeit, Preis und Aspekte des sozialen Nutzens) reduziert werden. Eine Bewertung dieser Dimensionen erfolgte mit Hilfe der Conjoint-Analyse, wobei fast 4.500 aktuelle Bahn-Nutzer während der Reise im Zug befragt wurden. Die resultierenden Schätzwerte stellten schließlich die Datenbasis für die Segmentierung mit Hilfe einer Cluster-Analyse dar.

Hierbei konnten drei zentrale Zielgruppen identifiziert werden, deren Nutzenstrukturen in Abbildung 2-44 wiedergegeben sind. Die aufgeführten Merkmalswichtigkeiten ließen sich dabei unmittelbar aus den ermittelten Teilnutzenwerten berechnen. Mit einer Segmentgröße von über 50 Prozent stellt die Gruppe der „Preissensiblen" das volumenstärkste Segment dar. Hier wird die Auswahlentscheidung primär am Preis der Dienstleistung ausgerichtet. Im Cluster der „Reisezeitminimierer" dominiert dagegen das Merkmal Reisezeit mit einer Wichtigkeit von etwa 65 Prozent. Ein Nischensegment (Segmentgröße 18 Prozent) nimmt die Zielgruppe der „Komfortorientierten" ein. Hier können ausstattungs- und servicebezogene Merkmale etwa 70 Prozent der Gesamtbedeutung auf sich vereinen. Im Anschluß an die nutzenbasierte Segmentierung erfolgte eine detaillierte Beschreibung der Zielgruppen, um Ansatzpunkte für die Bearbeitung der Segmente zu erhalten.

	Gesamt	„Reisezeit-minimierer" (30,39 %)	„Preissensible" (51,30 %)	„Komfort-orientierte" (18,31 %)
Wichtigkeiten (in %):				
■ Service	10,11	2,93	5,03	45,05
■ Ausstattung	9,74	4,64	8,64	25,04
■ Preis	41,20	23,64	60,64	4,82
■ Zeitaufwand	30,59	64,17	17,10	9,49
■ Sozialer Nutzen	8,36	4,62	8,59	15,60

Abbildung 2-44: Nutzenbasierte Zielgruppen im Markt für schienenbezogene Fernverkehrsreisen

Die Nutzensegmentierung hat sich in zahlreichen Anwendungen und über viele Branchen hinweg als ein leistungsfähiger Ansatz zur Marktsegmentierung erwiesen (Mühlbacher/ Botschen 1990). Dabei werden in jüngster Zeit erweiterte Ansätze diskutiert, die eine Einbeziehung der Konsumsituation in die Segmentierung vornehmen (sogenannte gelegenheitsorientierte Nutzensegmentierung, Dubow 1992). Aufgrund der hohen Kaufverhaltensrelevanz weisen Nutzensegmentierungen eine unbestritten hohe Aussagekraft für den zielgruppenspezifischen Einsatz des Marketinginstrumentariums auf. Häufig lassen sich die gebildeten Zielgruppen allerdings nur ansatzweise anhand weiterer Merkmale beschreiben. Dies führt allerdings gleichermaßen zum Umkehrschluß, daß solche Variablen (zum Beispiel soziodemographische) nur unzureichend zur Auffindung kaufverhaltensrelevanter Nachfragersegmente beitragen können.

Während der Nutzen als Resultat einer Gesamtbeurteilung verschiedener Produktalternativen angesehen werden kann, stellt er gleichzeitig den Ausgangspunkt für die von Konsumenten gebildete Präferenzrangfolge bezüglich bestimmter Produkte dar. Zuweilen erfolgt daher die Bildung von Marktsegmenten auch unmittelbar auf Basis von **Kaufwahrscheinlichkeiten**, welche direkt aus den Präferenzdaten berechnet werden. Probleme ergeben sich allerdings im Hinblick auf die Messung der Kaufabsichten, da die bekundeten Kaufabsichten vielfach vom tatsächlichen Verhalten abweichen (Böhler 1977, S. 111).

4.225 Verhaltensorientierte Marktsegmentierung

Dienen die psychographischen Segmentierungskriterien als Bestimmungsfaktoren des Kaufverhaltens, so stellen Kriterien des beobachteten Verhaltens das Ergebnis solcher Kaufentscheidungsprozesse dar. Derartige Merkmale können als eigenständige Segmentierungskriterien dienen, um auf zukünftiges Kaufverhalten zu schließen (Freter 1992). Die Verhaltensmerkmale sind ähnlich wie die psychographischen Segmentierungskriterien von der Marktsituation abhängig und nehmen direkten Bezug auf bestimmte Produkte beziehungsweise Entscheidungsprozesse (Frank et al. 1972, S. 26 ff.). Entsprechend den Instrumentalbereichen des Marketing läßt sich bei den verhaltensorientierten Segmentierungskriterien eine Differenzierung in produktbezogene Merkmale, Kriterien des Informations- und Kommunikationsverhaltens sowie Merkmale des Preisverhaltens und des Einkaufsstättenwahlverhaltens vornehmen.

Zu den Kriterien des **Informations- und Kommunikationsverhaltens** zählen insbesondere das Nutzungsverhalten von Medien und die Teilnahme an interpersonellen Kommunikationsprozessen. Informationen über das **Nutzungsverhalten von Medien** beinhalten sowohl die Art und Zahl der genutzten Medien als auch die Nutzungsintensität und ermöglichen es dem Unternehmen, die Werbeträgerauswahl zielgruppenspezifisch durchzuführen. Die Segmentierung des Gesamtmarktes nach der Teilnahme an interpersonellen Kommunikationsprozessen führt zu einer Segmentierung in **Meinungsführer- und Meinungsfolgerschaft**. Auch hier bestehen Anknüpfungspunkte für konkrete Marketingaktivitäten.

In der Käuferverhaltensforschung wird im allgemeinen davon ausgegangen, daß von Meinungsführern ein hohes Maß an Beeinflussung von Kauf- und Konsumgewohnheiten ausgeht. Das Meinungsführerkonzept wird daher häufig auf den Bereich der Werbung übertragen. Zielsetzung der werbetreibenden Unternehmen ist die Erreichung eines möglichst hohen Fits zwischen dem eingesetzten Meinungsführer (zum Beispiel Fernsehstar) und dem beworbenen Produkt. So vermittelt zum Beispiel Franz Beckenbauer eine hohe Glaubwürdigkeit in der Werbung für ein Malzbier. Neben der gezielten Auswahl von Meinungsführern kommt auch der zielgruppenspezifischen Selektion der Werbemedien eine hohe Bedeutung zu. In diesem Zusammenhang ist eine hohe Übereinstimmung der Verwenderstruktur des eingesetzten Mediums zur Verwenderstruktur des zu bewerbenden Produktes anzustreben. So können beispielsweise die Streuverluste einer Werbung für ausgewählte Premium-Marken via einer Fernsehwerbung im Nachrichtensender n-tv gesenkt werden (vgl. Insert 2-4).

Zur Marktsegmentierung nach **produktbezogenen Verhaltensmerkmalen** dienen Kriterien wie **Produkt- oder Markenwahl**, Markentreue, Kaufrhythmus oder Nutzungsintensität sowie die bevorzugte Packungsgröße (Blattberg/Sen 1974). Eine verhaltensorientierte Segmentierung auf Basis des Produkt- oder Markenwahlverhaltens stellt zwar häufig den notwendigen Ausgangspunkt einer Zielgruppenbestimmung dar, konkrete Ansatzpunkte für gezielte Marketingmaßnahmen lassen sich aber erst in der Kombination dieser Merkmale mit anderen Segmentierungskriterien (insbesondere psychographischen) erzielen.

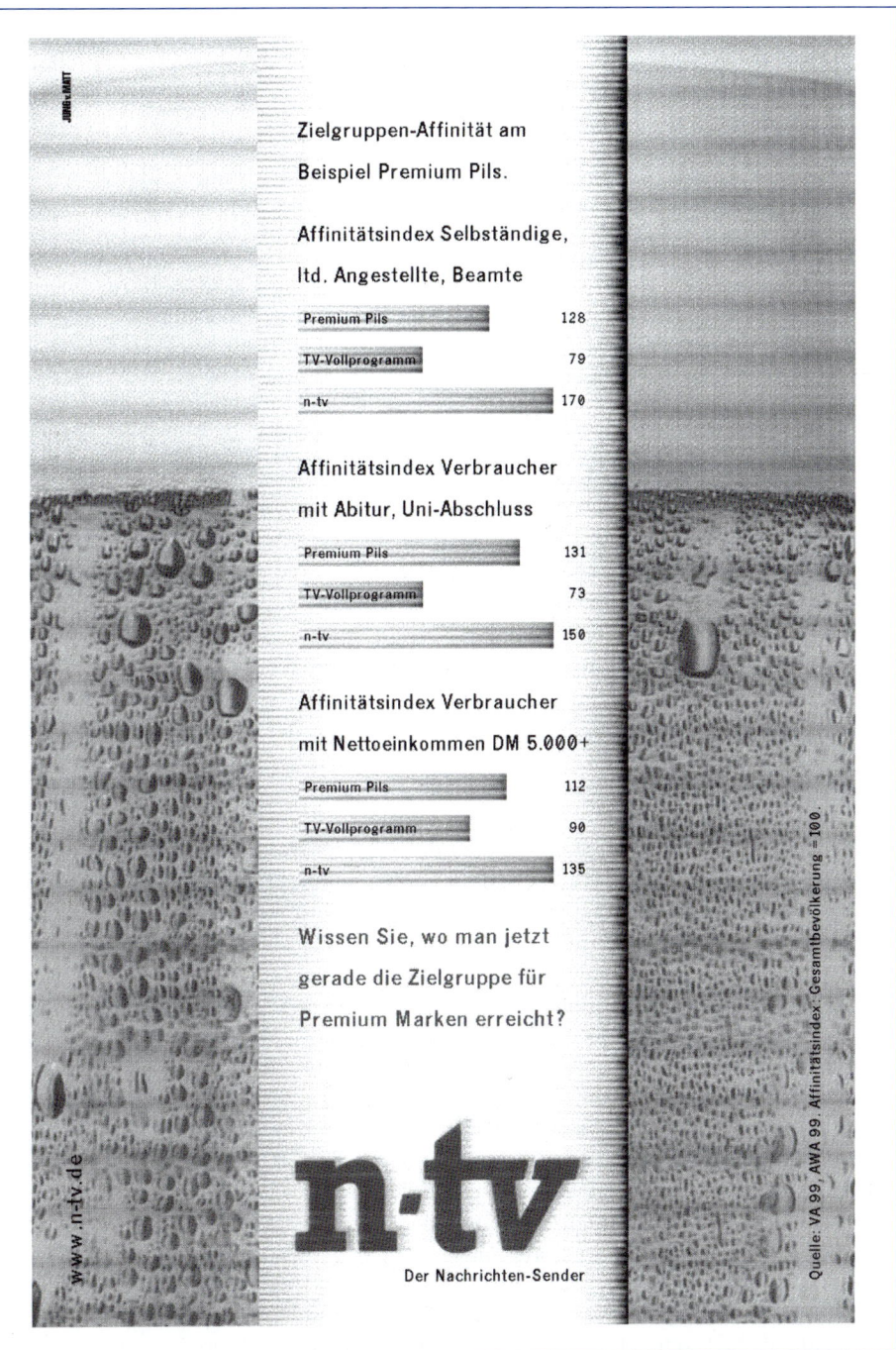

INSERT 2-4: Segmentspezifische Kommunikation des Fernsehsenders n-tv

Ein Beispiel für die Marktsegmentierung mit Hilfe des Produkt- oder Markenwahlverhaltens stellt die auch als **Angebotssegmentierung** bezeichnete Typologisierung der Fahrzeuge in Größensegmente in der Automobilindustrie dar (Heise/Hünerberg 1995, S. 92). Dabei erfolgt zunächst eine Einteilung der Fahrzeuge in zuvor definierte Größenklassen wie Kleinstwagen (Fiat Panda), Kleinwagen (Opel Corsa), Wagen der unteren Mittelklasse (VW Golf), Wagen der oberen Mittelklasse (Mercedes E-Klasse) und Luxusklasse (BMW 7er). Eine Zuordnung der Neuwagenkäufer zu diesen Angebotsklassen anhand ihres tatsächlichen Wahlverhaltens führt schließlich zu einer angebotsorientierten Segmentierung des Käufermarktes. Nach wie vor erfolgt vielfach eine Positionierung neuer Fahrzeuge aufgrund einer solchen Marktsegmentierung, obgleich eine saubere Abgrenzung der Größenklassen nicht möglich ist. Darüber hinaus ist der Zusammenhang zwischen Kundentypen und Fahrzeugklassen kritisch zu hinterfragen, da Merkmale der Abnehmer hier unberücksichtigt bleiben (Beger 1994). Der Erfolg einiger Produktinnovationen in der Automobilindustrie unterstreicht die mangelnde Tauglichkeit eines solchen Segmentierungsvorgehens. So müßten beispielsweise die sogenannten „Multi Purpose Vehicle" (MPV) wie Renault Espace oder VW-Sharan auf Basis der angebotsorientierten Segmentierung der oberen Mittelklasse zugeordnet werden, obgleich diese Fahrzeuge vollkommen andere Funktionen erfüllen als die übrigen Fahrzeuge dieser Klasse (zum Beispiel Audi A6, Mercedes E-Klasse, BMW 5er) und demnach auch andere Käuferprofile aufweisen.

Ein weiteres produktbezogenes Verhaltensmerkmal ist die **Nutzungs- beziehungsweise Verwendungsintensität**. Die Nutzungsintensität erfaßt jene Menge eines Produktes, die von Personen beziehungsweise Haushalten innerhalb eines bestimmten Zeitraumes durchschnittlich verbraucht beziehungsweise gebraucht wird. Anhand des Verbrauchsvolumens oder des Kaufrhythmus können die Konsumenten zum Beispiel in die Segmente der Nicht-Käufer, der Wenig-Käufer und der Viel-Käufer (light versus heavy user) eingeteilt werden (Twedt 1972). Die Verwendungsintensität ist eines der wenigen Segmentierungskriterien, über das festgestellt werden kann, ob im Rahmen der Marktsegmentierung ausreichend große Segmente entstanden sind.

Der Kauf in bestimmten **Preisklassen** oder die Reaktion auf **Sonderangebote** kann zur Segmentierung anhand des **Preisverhaltens von Konsumenten** verwendet werden. Hier ergeben sich zum Teil ähnliche Interpretationen wie bei der Verwendung psychographischer Merkmale (Preisbewußtsein). Fraglich ist allerdings, ob aufgrund des beobachteten Preisverhaltens auch auf entsprechendes Verhalten in der Zukunft geschlossen werden kann. Nur wenn die Informationen eine zeitliche Stabilität aufweisen, kann das in der Vergangenheit gezeigte Verhalten in die Zukunft extrapoliert werden.

Zu den **Kriterien des Einkaufsstättenwahlverhaltens** zählen schließlich insbesondere die Bevorzugung bestimmter **Betriebstypen** sowie die **Geschäftstreue**. In einer Kombination mit psychographischen Merkmalen (zum Beispiel Einstellungen) dient das Einkaufsstättenwahlverhalten häufig zur Bildung einer Einkaufsstättentypologie. Im Fokus der Betrachtungen steht dabei zumeist die Frage, ob die Erlebnisorientierung einen signifikanten Einfluß auf die Anforderungen der Konsumenten an einen Betriebstyp hat (Heinemann 1989).

Insgesamt bleibt festzuhalten, daß **Verhaltensmerkmale**, sofern sie unabhängig von anderen Segmentierungskriterien eingesetzt werden, nur eine eingeschränkte Aussagekraft zur Bestimmung homogener Käufersegmente besitzen. Insbesondere die gezielte Ansprache der Marktsegmente ist oftmals nicht gewährleistet. Da verhaltensorientierte Merkmale lediglich das Ergebnis, nicht aber die Ursachen für das Wahlverhalten der Konsumenten offenlegen können, werden solche Kriterien zumeist lediglich als „passive" und damit **segmentbeschreibende Variablen** eingesetzt (Scharf et al. 1996). Der isolierte Einsatz verhaltensorientierter Merkmale zur Segmentbildung kann aufgrund des deskriptiven Charakters der Kriterien allenfalls ein erster Schritt auf dem Weg zu einer präzisen Zielgruppenbestimmung sein.

Eine andere Einsatzmöglichkeit verhaltensorientierter Merkmale bei der Marktsegmentierung liegt in der Anwendung der Kohortenanalyse. Während der aus der Soziologie stammende Begriff der Kohorte originär zur Beschreibung von Personen gleichen Alters dient, wird diese Gleichaltrigkeit in der wirtschaftswissenschaftlichen Literatur umfassender definiert. Eine Kohorte kann dabei als eine Gruppe von Personen beschrieben werden, die im Sinne eines gleichartigen Auslöserprozesses als gleichaltrig anzusehen ist (Horn 1996). Ausgehend von einem gemeinsamen Starterereignis dient die Kohortenanalyse zur systematischen Analyse von Gruppen im Zeitablauf. Da solche Ereignisse zum Beispiel im Erstkauf eines Produktes oder einer Produktgruppe liegen können, wird die Bedeutung verhaltensorientierter Merkmale bei der Anwendung der Kohortenanalyse deutlich. Die Kohortenanalyse erfreut sich besonders im Pharmabereich einer zunehmenden Beliebtheit zur Bestimmung und Analyse von Zielgruppen. Durch eine kontinuierliche Aufdeckung von Verhaltensweisen im Rahmen einer zeitablaufbezogenen Untersuchung kann beispielsweise ausgehend vom erstmaligen Medikamenteneinsatz durch eine Gruppe von Ärzten eine **dynamische Marktsegmentierung** im Markt für spezifische Heilpräparate entstehen (Horn 1996).

Zusammenfassend bleibt festzuhalten, daß die verschiedenen Segmentierungskriterien die oben aufgezeigten Anforderungen in unterschiedlichem Maße erfüllen (Freter 1983, S. 96 ff.; Bauche 1994, S. 42 ff.; Stegmüller 1995, S. 179 ff.). Während die Vorteile der soziodemographischen und geographischen Kriterien insbesondere in der Möglichkeit einer gezielten Ansprache der Marktsegmente liegen, liefern psychographische und verhaltensorientierte Kriterien aufgrund ihrer Nähe zum Kaufverhalten Ansatzpunkte für die konkrete Ausgestaltung des Marketinginstrumentariums. **Häufig werden die Kriterien daher nur in ihrer Kombination den oben genannten unterschiedlichen Anforderungen gerecht.**

Anhand eines Beispiels aus dem Markt der Fotoamateure soll die kombinierte Anwendung unterschiedlicher Segmentierungskriterien verdeutlicht werden. Die Kodak AG, ein Hersteller von Fotokameras und -filmen, sah sich Mitte der siebziger Jahre trotz der positiven Entwicklung im Fotoamateurmarkt mit rückläufigen Absatzzahlen bei Fotokameras konfrontiert. Ursache dafür war unter anderem der Markterfolg der kleineren Marken und der Pocket-Modelle der Versender. Bei vergleichbaren Preisen war es Kodak nicht gelungen, sich genügend von diesem Angebot zu differenzieren. Die bisherige Segmentierung in Elite- und Breitenmarkt sowie die Gruppe der uninteressierten Apparatebesitzer erwies sich als wenig nützlich. Beispielsweise umfaßte der sogenannte Elitemarkt diejenigen Personen, die mehr als 150 Aufnahmen im Jahr machten, über hohe technische Kenntnisse verfügten und verstärkt Fotozubehör verwendeten. Demgegenüber kam in der Gruppe der „uninteressierten Apparatebesitzer" dem Fotografieren keine große Bedeutung zu, die Anzahl der Aufnahmen belief sich pro Jahr auf weniger als 50, und die Kameras waren überwiegend vor dem Jahr 1961 angeschafft worden. Für eine differenzierte Marktbearbeitung und

Marktsegmentierung

Typen / Kriterien	Konformisten	Individualisten	Lebenskünstler
Sozio-demographische Charakterisierung			
Geschlecht	überwiegend Frauen	fast nur Männer	überwiegend Männer
Alter	mehr als die Hälfte über 40 Jahre	mehr als 50 % über 30 Jahre	fast die Hälfte jünger als 30 Jahre
Einkommen	ca. 60 % mit einem Nettoeinkommen unter 1.500 DM	ca. 2/3 mit einem Nettoeinkommen über 1.500 DM	etwa die Hälfte mit einem Nettoeinkommen über 1.500 DM
Soziale Schichtung	untere Mittelschicht; 50 % Arbeiterhaushalte; fast alle Landwirte	obere Mittelschicht; ca. 80 % Angestellte bzw. Beamte	Arbeiter, leitende Beamte, Angestellte entsprechend dem Gesamtquerschnitt, überdurchschnittlich viele Selbständige
Bildung	überwiegend Volksschulbildung	über 50 % höhere Schule (16 % Abitur)	ca. 40 % höhere Schule (4 % Abitur und Studium)
Psychographische Charakterisierung			
Hauptinteressengebiete	■ Wandern ■ Zeitunglesen ■ Fernsehen ■ Gartenarbeit ■ Schaufenster ansehen	■ Bekannte, Gäste einladen ■ Buch zur Unterhaltung lesen ■ Buch zur Weiterbildung lesen ■ Theaterbesuch ■ Klassische Musik	■ leichte Musik ■ Ausgehen ■ Kartenspiel ■ Sport ■ Tanzen
Charaktereigenschaften	■ angepaßt ■ ordnungsbewußt ■ unauffällig ■ familienzentriert ■ konservativ	■ selbstbewußt ■ eigenständig ■ kritisch ■ etwas extravagant ■ anspruchsvoll	■ spontan ■ unbekümmert ■ gesellig ■ optimistisch ■ die fröhlichen Seiten des Lebens genießen
Einstellung zum Fotografieren	■ unsicherer Knipser ■ Fotos als Erinnerungsbilder bei besonderen Gelegenheiten	■ innovativer, künstlerischer Fotoamateur ■ Suche nach ausgefallenen Motiven	■ lernwilliger Fotoamateur ■ Fotos sind Hilfe zur Kommunikation
Bevorzugte Bildmotive	Erlebnisdimensionen: ■ heile Welt ■ Harmonie ■ glückliches Familienleben ■ Dreamstyle	Erlebnisdimensionen: ■ Erotik ■ außergewöhnliche Situationen	Erlebnisdimensionen: ■ moderne Technik ■ aggressive Sportlichkeit ■ Meer

Abbildung 2-45: Typologie der Fotoamateure

zur direkten Zielgruppenansprache wurde eine Typologie der Fotoamateure auf Basis unterschiedlicher Kriterien entwickelt. Dabei galt es, solche Fotoamateure in Gruppen zusammenzufassen, die sich hinsichtlich soziodemographischer und psychographischer Merkmale weitgehend gleichen. Die zu einer solchen Marktsegmentierung verwendeten psychographischen Basisdaten bezogen sich vorwiegend auf psychologische Selbsteinstufungen, Einstellungen und Meinungsäußerungen im Zusammenhang mit dem Fotografieren, Angaben über Freizeitbeschäftigungen und die Reaktion auf Bildvorlagen. Die soziodemographische Charakterisierung der Fotoamateure erfolgte über Merkmale wie Geschlecht, Alter, Einkommen, soziale Schichtung und Bildung. Nach einer faktoren- und clusteranalytischen Auswertung konnten drei Typen von Fotoamateuren – Konformisten, Individualisten und Lebenskünstler – ermittelt werden, deren Beschreibung anhand demographischer und psychographischer Kriterien in Abbildung 2-45 aufgelistet ist.

4.23 Verfahren zur Identifikation von Marktsegmenten

Verfügt der Entscheidungsträger über ausreichende Kenntnisse bezüglich der relevanten Marktsegmentierungskriterien, stellt sich anschließend die Frage, ob und wie gut Marktsegmente identifiziert werden können. Zu diesem Zweck werden mit Hilfe empirischer Untersuchungen die Ausprägungen der als relevant erachteten Segmentierungskriterien erhoben und ausgewertet. Mit den Fortschritten in der Computertechnologie und der Entwicklung leistungsfähiger Softwarepakete haben dazu **multivariate Analysemethoden** eine weite Verbreitung erfahren.

Als Verfahren zur Analyse von Interdependenzen zwischen den zu untersuchenden Variablen (den Segmentierungsmerkmalen) bieten sich beispielsweise die **Faktoren-** und die **Cluster-Analyse** an. Während die Faktorenanalyse eine Reduktion der Ausgangsdaten auf relevante Grunddimensionen und die Erstellung orthogonaler Eigenschaftsräume (Wahrnehmungsräume mit voneinander unabhängigen Eigenschaften) erlaubt, werden mit Hilfe clusteranalytischer Verfahren solche Konsumenten zu Gruppen zusammengefaßt, die durch gleiche oder ähnliche Merkmalsausprägungen gekennzeichnet sind (Meffert 1992, S. 255 ff.; Backhaus et al. 1996, S. 261 ff.).

Im Zuge der breiten Anwendung einer Segmentierung auf Basis von Nutzenvorstellungen hat sich besonders die **Conjoint-Analyse** zu einer beliebten Methode zur Aufdeckung von Marktsegmenten entwickelt (Green/Srinivasan 1990, S. 3 ff.; Green/Krieger 1991, S. 20 ff.). Darüber hinaus findet auch die **Multidimensionale Skalierung** zur Aufdeckung von Marktsegmenten Verwendung (Green/Krieger 1989). Mit Hilfe dieses Verfahrens läßt sich aus den von Auskunftspersonen abgegebenen Ähnlichkeits- oder Präferenzurteilen eine Konfiguration der untersuchten Objekte (Produkte bzw. Dienstleistungen) im Wahrnehmungsraum der Konsumenten ableiten (Backhaus et al. 1996, S. 433).

Ist die Gruppierung der Konsumenten bekannt und werden nur diejenigen Variablen gesucht, mit denen sich die Zugehörigkeit der Konsumenten zu diesen Segmenten am trennschärfsten erklären läßt, so findet die **Diskriminanzanalyse** Anwendung. Dieses

Verfahren wird auch angewandt, um die Güte der durch die Cluster-Analyse erfolgten Segmentbildung zu überprüfen. Anhand der Diskriminanzfunktion können dann Aussagen über die Trennschärfe der einzelnen Segmentierungskriterien getroffen werden. Darüber hinaus wird in neueren Arbeiten zur Marktsegmentierung auch der Einsatz **neuronaler Netze** vorgeschlagen (Raffée et al. 1995; Hruschka/Natter 1995).

Für die praktische Umsetzung der Ergebnisse müssen die Segmente eingehend beschrieben werden. Die typischen Merkmale der einzelnen Segmente geben Hinweise für die Auswahl der Zielgruppen und sind Ansatzpunkte für den segmentspezifischen Einsatz der Marketinginstrumente.

4.3 Segmentspezifische Marktbearbeitung

4.31 Auswahl von Zielsegmenten

Sind die verschiedenen Marktsegmente eines Marktes identifiziert, ist schließlich eine Entscheidung darüber zu treffen, welche Segmente bearbeitet werden sollen. Dies ist notwendig, da die Unternehmungen meist nicht in der Lage sind, alle Marktsegmente differenziert zu bearbeiten. Hierzu muß eine **Bewertung der Segmente** vorgenommen werden, die sich an den Unternehmens- oder Geschäftsfeldzielen zu orientieren hat. Will die Unternehmung beispielsweise mit jedem bearbeiteten Marktsegment einen bestimmten Mindestgewinn realisieren, so müssen die Umsätze in den einzelnen Segmenten und die segmentspezifischen Kosten abgeschätzt werden. Für die **Auswahl der Zielgruppen** bietet sich eine dreistufige Vorgehensweise an (Kotler/Bliemel 1999, S. 456 ff.):

1. Im ersten Analyseschritt werden alle Marktsegmente, die mit den Unternehmenszielen nicht kompatibel sind, von der weiteren Beurteilung ausgeschlossen. So kann zum Beispiel ein Anbieter, der über ein hohes Qualitätsimage verfügt, solche Marktsegmente ausschließen, deren Idealprodukt sich durch Preiswürdigkeit bei minderer Qualität auszeichnet.

2. Die verbliebenen Marktsegmente werden im zweiten Analyseschritt bewertet. Hierzu können die folgenden Kriterien herangezogen werden:
   - Anhand der Segmentgröße und der Ge- beziehungsweise Verbrauchsintensität der Segmentmitglieder kann das **segmentspezifische Marktpotential** und **Marktvolumen** geschätzt werden. Der Vergleich des zukünftigen Marktpotentials mit dem aktuellen Marktvolumen läßt erste Rückschlüsse auf die Attraktivität des Marktsegments zu.

- Die **Aktivitäten der Konkurrenz** und die **eigene Marktstellung** in dem zu beurteilenden Segment geben weitere Anhaltspunkte für die Segmentattraktivität. Die eigene Marktstellung und die Konkurrenzintensität läßt sich durch die Anzahl der Konkurrenzprodukte und deren räumliche Nähe zum Idealprodukt der Konsumenten ermitteln.
- Ein weiteres Beurteilungskriterium ist der erreichbare **segmentspezifische Marktanteil**.
- Darüber hinaus ist der erreichbare **Umsatz** in den Marktsegmenten ein wichtiges Beurteilungskriterium. Er kann anhand der geschätzten Marktanteile und der Marktvolumina ermittelt werden.
- Für die kontrollierte Bearbeitung der Marktsegmente ist insbesondere die **Ansprechbarkeit** der Segmente mittels kommunikativer und distributiver Maßnahmen von Bedeutung. Die Marktsegmente sollten sich somit hinsichtlich ihres Mediennutzungs- und Einkaufsverhaltens abgrenzen lassen.
- Da in den einzelnen Marktsegmenten Produktvarianten angeboten werden, die dem segmentspezifischen Idealprodukt möglichst ähnlich sind, müssen die zur differenzierten Marktbearbeitung **zusätzlich anfallenden Kosten** (zum Beispiel Marketing-, Produktions- und Komplexitätskosten) geschätzt werden, um damit die Segmentattraktivität zu überprüfen.
- Auch die **zeitliche Stabilität** der Segmentabgrenzung ist von Bedeutung für die Segmentbeurteilung. Sie muß zumindest für die Planungsperiode gewährleistet sein. Zur Beurteilung der zeitlichen Stabilität müssen die Konsumentenbewegungen zwischen den Segmenten ermittelt werden (Freter 1977, S. 325 ff.).

Um die unterschiedlichen Marktsegmente in eine Attraktivitätsrangfolge einordnen zu können, ist es sinnvoll, die Beurteilungskriterien mittels eines **Scoring-Modells** zu einem Punktwert zu verdichten. Die unterschiedliche Bedeutung der einzelnen Kriterien für die individuelle Unternehmenssituation kann dabei durch eine differenzierte Gewichtung berücksichtigt werden.

3. Die Bestimmung der **Anzahl der Zielsegmente und deren Auswahl** erfolgt im dritten Analyseschritt anhand unternehmensinterner und -externer Beurteilungsfaktoren:

- Die Beschränktheit der unternehmerischen Produktions- und Managementkapazität (**unternehmensinterne Begrenzungsfaktoren**) schließt eventuell eine Bearbeitung aller im zweiten Analyseschritt als attraktiv eingestuften Segmente aus und zwingt die Unternehmung, nur eines oder einige Marktsegmente auszuwählen. Weiterhin kann die Ausgestaltung des betrieblichen Produktionsapparates oder die Qualifikation der Beschäftigten die Herstellung bestimmter, auf die Segmentbedürfnisse ausgerichteter Produktvarianten ausschließen.
- Die unternehmensexternen Begrenzungsfaktoren sind zum einen rechtliche oder technologische Beschränkungen, die die Realisation bestimmter Produktvarianten verhindern. Zum anderen stehen der Einführung einzelner Produktvarianten unter Umständen Widerstände der Absatzmittler entgegen.

4.32 Strategien der Marktbearbeitung

Eng verbunden mit der Auswahl der Zielsegmente ist die Entscheidung über die **Art der Marktbearbeitung**. Strategien zur Bearbeitung der Marktsegmente können auf unterschiedliche Weise klassifiziert werden (vgl. drittes Kapitel, Abschnitt 1). In diesem Zusammenhang sind insbesondere Entscheidungen über die **Anzahl der abzudeckenden Marktsegmente** und **die Art der Segmentbearbeitung** zu treffen.

Grundsätzlich kann im Rahmen der Segmentbearbeitungsstrategien zwischen einer **konzentrierten**, einer **undifferenzierten** und einer **differenzierten** Strategie unterschieden werden (Kotler/Bliemel 1999, S. 458 ff.). Diese Unterscheidung beinhaltet implizit zwei Dimensionen der Marktbearbeitung. In der Dimension **„Differenzierung des Instrumenteeinsatzes"** kommt zum Ausdruck, ob unternehmensweit ein einziges oder mehrere Marketingprogramme erarbeitet werden. Demgegenüber ermöglicht die Dimension **„Abdeckung des Marktes"** eine Unterscheidung nach vollständiger oder teilweiser Marktabdeckung, das heißt, wieviele der zuvor identifizierten Segmente bearbeitet werden sollen. Abbildung 2-46 zeigt die daraus resultierenden vier Strategien zur Segmentbearbeitung (Freter 1983, S. 110 ff.).

Im Rahmen der **undifferenzierten Marktbearbeitungsstrategie** (Feld 1) wird mit einem Produkt und einem Marketingprogramm der Gesamtmarkt bearbeitet. Eine Segmentierung des Produktmarktes wird somit hinfällig. Diese Art der Marktbearbeitung stellt das Pendant zur Standardisierung und Massenproduktion dar. Es wird versucht, die Produktions- und Absatzkosten so niedrig wie möglich zu halten. Die absatzpolitischen Bemühungen konzentrieren sich auf die Gemeinsamkeiten und nicht die Unterschiede in den Bedürfnisstrukturen und Verhaltensweisen der Konsumenten. Wird diese Strategie von mehreren Unternehmungen in derselben Branche verfolgt, so sind ein äußerst harter Konkurrenzkampf und hohe Marketingkosten die Folge, die die Vorteile der Massenproduktion kompensieren können. Zudem besteht die Gefahr, daß Konkurrenten mit segmentspezifischen und damit bedarfsgerechteren Produkten und Programmen Wettbewerbsvorteile erzielen (Freter 1983, S. 111 f.).

Bei der **konzentrierten Marktbearbeitungsstrategie** (Feld 2) ist die Unternehmung bemüht, eine starke Marktstellung auf einem Teilmarkt beziehungsweise in einer Marktnische (Nischenstrategie) zu gewinnen, indem sie sich mit ihren Marketingaktivitäten auf ein besonders lukratives Marktsegment konzentriert. Diese Strategie hat den Vorteil, daß sich die Unternehmung mit ihrem Produkt und ihrem Marketingprogramm optimal auf die Wünsche und Bedürfnisse des ausgewählten Marktsegments einstellen kann. Aufgrund des engen Segmentbezugs fällt es leichter, detaillierte Informationen über das Segment zu beschaffen. Der wichtigste Grund für die konzentrierte Strategie ist in der Ressourcenbeschränkung einer Unternehmung zu sehen. Sind nur geringe finanzielle Mittel oder eine beschränkte Managementkapazität vorhanden, so kann die Unternehmung oft nicht mehr als ein Marktsegment bearbeiten, da ansonsten die Gefahr der

Grad der Differenzierung \ Abdeckung des Marktes	Undifferenziert	Differenziert
Vollständig	① Undifferenziertes Marketing	③ Differenziertes Marketing
Teilweise	② Konzentriertes Marketing	④ Differenziertes Marketing (einzelne Segmente)

Abbildung 2-46: Segmentspezifische Marktbearbeitungsstrategien
(Quelle: Freter 1983, S. 110)

„Verzettelung" bestünde. Diese Restriktionen treffen insbesondere für kleine und mittlere Unternehmen zu, die mittels der konzentrierten Strategie lukrative Marktnischen finden, die von den Marktführern nicht hinreichend abgedeckt werden. Der Nachteil einer konzentrierten Marktbearbeitung ist in der Gefahr einer Absatzpotentialeinbuße zu sehen. Durch die Konzentration auf spezifische Teilsegmente verzichtet die Unternehmung eventuell auf erhebliche Gewinne, die mittels einer differenzierten Strategie realisiert werden könnten. Weiterhin ist eine Risikostreuung nicht möglich. Dies hat zur Folge, daß der Unternehmenserfolg ausschließlich von der Nachfrageentwicklung eines einzigen Marktsegments abhängt. Deshalb muß bei der Auswahl der Zielgruppe speziell darauf geachtet werden, daß es sich um einen wachsenden Teilmarkt handelt, auf dem möglichst wenig Konkurrenten vertreten sind.

Mittels der **differenzierten Marktbearbeitungsstrategie** (Feld 3) versucht die Unternehmung schließlich, durch den unterschiedlichen Einsatz des Marketinginstrumentariums alle attraktiven Marktsegmente eines relevanten Produktmarktes mit segmentspezifischen Marktleistungen zu versorgen. Da mit zunehmendem Differenzierungsgrad der Aktivitäten hohe finanzielle, produktionstechnische und verwaltungsmäßige Ressourcen erforderlich werden, kommt diese Strategiealternative nur für größere Unternehmungen in Frage. Durch die parallele Bearbeitung aller relevanten Segmente kommt es dabei häufig zum Aufbau redundanter Kapazitäten (Reiß/Högel 1993). Die in Feld 4 dargestellte Strategie unterscheidet sich von der dritten Strategie dadurch, daß der Instrumenteeinsatz **selektiv** auf ausgewählte Marktsegmente gerichtet ist (Freter 1983, S. 111). Die beiden differenzierten Strategietypen haben den Vorteil, daß in der Regel mit höheren Umsätzen als bei den anderen aufgezeigten Strategiealternativen gerechnet werden kann. Allerdings stehen dem nicht unerhebliche Kostensteigerungen gegenüber. Durch das Angebot eines mehrere Varianten umfassenden Produktprogramms sind die Unternehmungen bestrebt, eine gefestigte Position in mehreren Marktsegmenten zu erreichen, um so das leistungswirtschaftliche Risiko zu vermindern.

Die Auswahl der optimalen Segmentabdeckungs- und Segmentbearbeitungsstrategien ist ebenso wie die Differenzierung einzelner oder aller Instrumente des Marketing-Mix von vielen unternehmensinternen und -externen Einflußfaktoren abhängig. Die Entscheidung für eine konkrete Strategie und die genaue Ausgestaltung der Marketingprogramme kann daher nur auf der Grundlage der spezifischen Unternehmens- und Marktsituation erfolgen.

4.4 Das Problem der optimalen Marktsegmentierung

Zumeist werden Markterfassung und Marktbearbeitung als unabhängige Problembereiche der Marktsegmentierung dargestellt. Ohne die im Zusammenhang mit diesen beiden Teilaspekten bereits bei isolierter Betrachtung auftretenden Schwierigkeiten zu vernachlässigen, resultiert die eigentliche Komplexität der Marktsegmentierung aus der **Interdependenz von Markterfassung und Marktbearbeitung**:

- Die optimale Segmentierungsintensität läßt sich nicht unabhängig von den Bestimmungsfaktoren der Marktbearbeitung ableiten. Vielmehr kann ein Gesamtmarkt in eine Vielzahl von Segmentkonfigurationen zerlegt werden. Die optimale Anzahl an Segmenten ist diejenige, die den absolut höchsten Zielerreichungsgrad, zum Beispiel gemessen in Deckungsbeiträgen, erbringt (Dichtl 1974; Resnik et al. 1979).

- Die segmentspezifischen Marketing-Mix-Programme können andererseits nicht festgelegt werden, sofern die Segmente nicht bekannt sind, da die Bestimmung der Marketingaktivitäten von den speziellen Bedürfnisstrukturen der Marktsegmente abhängt. Der Zielerreichungsgrad in den Marktsegmenten läßt sich jedoch nicht bestimmen, bevor die einzusetzenden Marketingaktivitäten bekannt sind (Krautter 1975).

Wird als Ziel der Segmentierungsaktivitäten der Gewinn herangezogen, so lassen sich die bestehenden Interdependenzen auch durch eine Analyse der Gewinneinflußgrößen verdeutlichen (vgl. Abbildung 2-47).

Die Bruttogewinne (ohne Marketingkosten) BG steigen in Abhängigkeit von der Segmentierungsintensität S_i degressiv an. Andererseits steigen die Marketingkosten MK (inklusive Segmentierungskosten) mit zunehmender Segmentierungsintensität progressiv (Winter 1979; Freter 1983, S. 166). Die optimale Segmentierungsintensität S_{iopt} ist dort erreicht, wo die Steigung von BG gleich der von MK ist (Maximum der Nettoge-

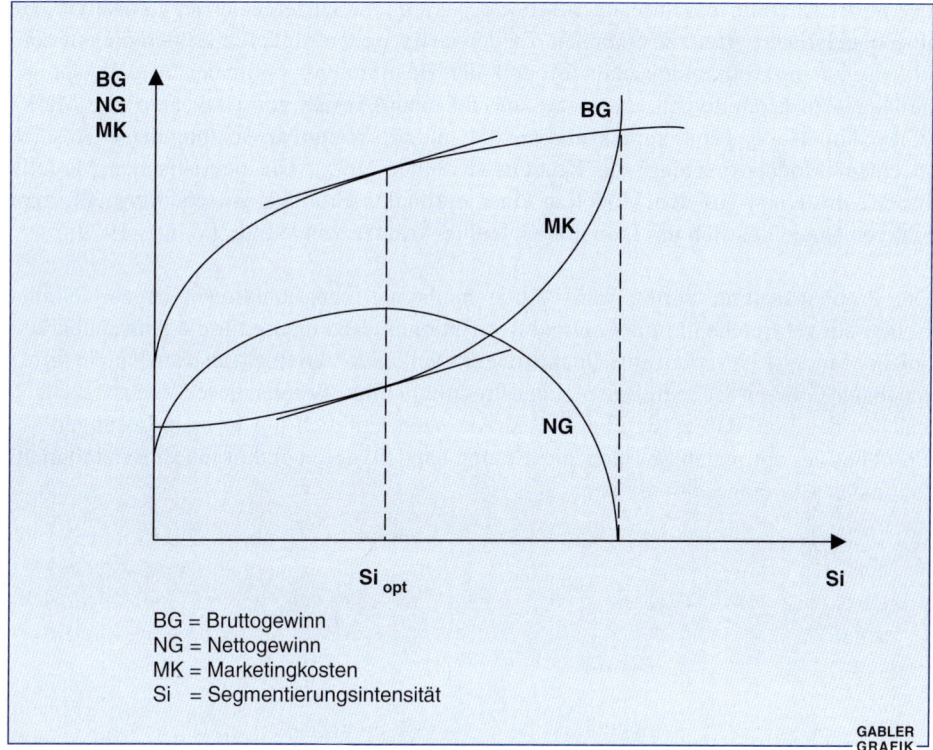

Abbildung 2-47: Gewinnmaximale Segmentierungsintensität

winn-Kurve NG). Um den optimalen Segmentierungsgrad bestimmen zu können, müssen die Marketingaktivitäten, die sowohl BG als auch MK beeinflussen, bekannt sein. Diese Aktivitäten können jedoch erst ermittelt werden, wenn der optimale Segmentierungsgrad ermittelt ist.

Die bestehenden Interdependenzen bedingen **ein integriertes Konzept der Markterfassung und Marktbearbeitung** (Arndt 1975, S. 4f.). Dieser Problembereich wird unter dem Begriff der optimalen Marktsegmentierung diskutiert und durch unterschiedliche Konzepte und Modelle einer Lösung nähergebracht.

Eine derartige normative Theorie der Marktsegmentierung hat die beiden folgenden Aufgaben durch eine simultane oder sukzessive Vorgehensweise zu lösen (Bauer 1977, S. 98 ff.):

- Die Bestimmung der **optimalen Anzahl der Marktsegmente** und die Auswahl der Zielsegmente.
- Die optimale **Allokation der Marketingaktivitäten** auf die Zielsegmente.

Die in der Literatur beschriebenen Modelle lassen eine Differenzierung in **analytische und heuristische Ansätze** erkennen. Zu den analytischen Modellen zählen die auf dem klassischen mikroökonomischen Modell der Bestimmung optimaler Angebotspreise aufbauenden Modelltypen, die insgesamt auf einen Ansatz von Claycamp und Massy (Claycamp/Massy 1968) zurückführbar sind, und die Weiterentwicklung dieser Ansätze in einem Modellvorschlag von Krautter (Krautter 1975). Die heuristischen Modelle bauen zum einen auf den Modellen einer optimalen Produktpositionierung auf, zum anderen handelt es sich um Decision-Calculus-Ansätze von Winter (Winter 1979).

Die Problemstruktur wird jeweils durch mathematische Funktionen abgebildet und basiert auf zahlreichen Prämissen und Restriktionen. Bedingung für die Anwendbarkeit solcher Modelle ist zudem eine Quantifizierbarkeit aller Variablen, also auch nicht direkt meßbarer Größen wie zum Beispiel der Produktqualität. Bereits diese Voraussetzungen machen deutlich, daß es sich bei diesen Ansätzen lediglich um formale Lösungen des Problems der optimalen Marktsegmentierung handelt, deren praktische Einsatzmöglichkeit indes sehr eingeschränkt ist.

Literaturhinweise

Ajzen, I., Fishbein, M. (1980), Understanding Attitudes and Predicting Social Behavior, Englewood Cliffs/N. J.
Andritzky, K. (1976), Die Operationalisierbarkeit von Theorien zum Konsumentenverhalten, Berlin.
Arndt, J. (1974), Market Segmentation. Theoretical and empirical dimensions, Bergen u. a.
Atteslander, P., Kneubühler, H. U. (1975), Verzerrungen im Interview, Opladen.
Backhaus, K. (1999), Industriegütermarketing, 6. Aufl., München.
Backhaus, K., Erichson, B., Plinke, W., Schuchard-Fischer, C., Weiber, R. (1996), Multivariate Analysemethoden, 8. Aufl., Berlin u. a.
Balderjahn, I. (1993), Marktreaktionen von Konsumenten: Ein theoretisch-methodisches Konzept zur Analyse der Wirkung marketingpolitischer Instrumente, Berlin.
Bandura, A. (1976), Lernen am Modell, Stuttgart.
Bandura, A. (1981), Verstärkerbedingungen des Modells und deren Auswirkungen auf das Lernen imitativer Verhaltensweisen, in: Herkner, W. (Hrsg.), Experimente zur Sozialpsychologie, Bern u. a., S. 13–26.
Bänsch, A. (1998), Käuferverhalten, 8. Aufl., München u.a.
Barabba, V. P., Zaltman, G. (1991), Hearing the Voice of the Market. Competitive Advantage through Creative Use of Market Information, Boston/Mass.
Bauche, K. (1994), Segmentierung von Kundendienstleistungen auf investiven Märkten: dargestellt am Beispiel von Personal Computern, Frankfurt am Main u. a.
Bauer, E. (1977), Markt-Segmentierung, Stuttgart.
Bauer, H. H. (1989), Marktabgrenzung. Konzeption und Problematik von Ansätzen und Methoden zur Abgrenzung und Strukturierung von Märkten unter besonderer Berücksichtigung von marketingtheoretischen Verfahren, Berlin.
Bauer, H. H., Hermann, A. (1993), Marktabgrenzung als zentrale Aufgabe der Marktforschung, in: Marktforschung & Management, 37. Jg., Nr. 2, S. 78–81.
Bauer, R. A. (1976), Consumer Behavior as Risk Taking, in: Specht, K.-G., Wiswede, G. (Hrsg.), Marketingsoziologie. Soziale Interaktionen als Determinanten des Marktverhaltens, Berlin, S. 207–217.
BBE – Unternehmensberatung (1982), Mehrdimensionale Zielgruppenanalyse der deutschen Möbelkäufer 1982, Köln.
Becker, W. (1973), Beobachtungsverfahren in der demoskopischen Marktforschung, Stuttgart.
Beger, R. (1994), Megatrends in der Automobilwirtschaft, in: Meinig, W. (Hrsg.), Wertschöpfungskette Automobilwirtschaft Zulieferer-Hersteller-Handel, Internationaler Wettbewerb und globale Herausforderungen, Wiesbaden, S. 13–34.
Behrens, G. (1991), Konsumentenverhalten, 2. Auflage, Heidelberg.
Berekoven, L., Eckert, W., Ellenrieder, P. (1999), Marktforschung. Methodische Grundlagen und praktische Anwendungen, 8. Aufl., Wiesbaden.
Berelson, B., Steiner, G. (1974), Menschliches Verhalten, Bd. 1, 3. Aufl., Weinheim.
Berkman, H. W., Gilson, C. (1981), Consumer Behavior. Concepts and Strategies, 2. Aufl., New York.
Bertl, W. (1988), Mikrografische Marktsegmentation – was ist das? Auf Zielgruppen-Suche auch im kleinsten Raum, in: Werbung und Verkauf, Nr. 28, S. 41–43.
Blair, E., Bradburn, N. M., Stocking, C., Sudman, S. (1978), How to Ask Questions About Drinking and Sex: Response Effects in Measuring Consumer Behavior, in: Ferber, R. (Hrsg.), Readings in Survey Research, Chicago, S. 225–235.
Blattberg, R. C., Sen, S. K. (1974), Market Segmentation Using Models of Multidimensional Purchasing Behaviour, in: Journal of Marketing, Vol. 38, No. 4, S. 17–28.
Bleymüller, J., Gehlert, G., Gülicher, H. (1998), Statistik für Wirtschaftswissenschaftler, 11. Aufl., München.

Literaturhinweise

Böcker, F. (1987), Die Bildung von Präferenzen für langlebige Konsumgüter in Familien, in: Marketing, Zeitschrift für Forschung und Praxis, 9. Jg., Nr. 1, S. 16–24.

Böcker, F., Kieselbach, B. (1974), Formale Feldexperimente als Instrumente der Absatzforschung, Arbeitspapier Nr. 25 des betriebswirtschaftlichen Instituts der Universität Erlangen-Nürnberg, Erlangen-Nürnberg.

Böhler, H. (1977), Methoden und Modelle der Marktsegmentierung, Stuttgart.

Böhler, H. (1999), Marktforschung, 3. Aufl. Stuttgart u. a.

Bower, G. H., Hilgard, E. R. (1983), Theorien des Lernens, Bd. 1, 5. Aufl., Stuttgart.

Bower, G. H., Hilgard, E. R. (1984), Theorien des Lernens, Bd. 2, 3. Aufl., Stuttgart.

Boyd, H. W., Massy, W. F. (1972), Marketing Management, New York u. a.

Brand, G. T. (1972), The Industrial Buying Decision, London.

Brand, H. W. (1978), Die Legende von den geheimen Verführern, Weinheim.

Brown, F. E. (1980), Marketing Research. A Structure for Decision Making, Reading, Mass.

Bruhn, M. (1982), Konsumentenzufriedenheit und Beschwerden, Erklärungsansätze und Ergebnisse einer empirischen Untersuchung in ausgewählten Konsumbereichen, Frankfurt am Main.

Büning, H., Haedrich, G., Kleinert, H., Kuß, A., Streitberg, B. (1981), Operationale Verfahren der Markt- und Sozialforschung, Berlin/New York.

Büschken, J. (1994), Multipersonale Kaufentscheidungen: empirische Analyse zur Operationalisierung von Einflußbeziehungen im Buying Center, Wiesbaden.

Claycamp, H. J., Massy, W. F. (1968), A Theory of Market Segmentation, in: Journal of Marketing, Vol. 32, No. 5, S. 388–394.

Cox, E. P. (1979), Marketing Research, New York u. a.

Crow, L. E., Lindquist, J. D. (1985), Impact of Organizational and Buyer Characteristics on the Buying Center, in: Industrial Marketing Management, Vol. 14, S. 49–58.

Dahlhoff, H. D. (1980), Kaufentscheidungsprozesse von Familien – Empirische Untersuchung zur Beteiligung von Mann und Frau bei der Kaufentscheidung, Frankfurt am Main.

Dahrendorf, R. (1967), Pfade aus Utopia, München.

Deimel, K. (1989), Grundlagen des Involvement und Anwendung im Marketing, in: Marketing, Zeitschrift für Forschung und Praxis, 11. Jg., Nr. 3, S. 153–161.

Dichtl, E. (1974), Die Marktsegmentierung als Voraussetzung differenzierter Marktbearbeitung, in: Wirtschaftswissenschaftliches Studium, 3. Jg., Nr. 2, S. 92–102.

Dichtl, E., Schobert, R. (1979), Mehrdimensionale Skalierung – Methodische Grundlagen und betriebswirtschaftliche Anwendungen, München.

Die Stern-Bibliothek (1995), Markenprofile 5, Hamburg.

Diller, H. (1995), Tiefpreispolitik: Aktuelle Entwicklungen und Erfolgsaussichten, Arbeitspapier Nr. 38 des Lehrstuhls für Marketing der Universität Erlangen-Nürnberg, Diller, H. (Hrsg.), Erlangen-Nürnberg.

Douglas, S. P. (1983), Examing Family Decision-Making Processes, in: Bagozzi, R. P., Tybout, A. M. (Hrsg.), Advances in Consumer Research, Vol. 10, S. 451–453.

Drieseberg, T. J. (1995), Lebensstil-Forschung: Theoretische Grundlagen und praktische Anwendungen, Heidelberg.

Dubow, J. S. (1992), Occasion-Based versus User-Based Benefit Segmentation. A Case Study, in: Journal of Advertising Research, Vol. 32, No. 2, S. 11–18.

Eby, F. H. Jr., O'Neill, W. J. (1977), The Management of Sales Forecasting, Lexington.

Engel, J. F., Blackwell, R. D., Kollat, D. T. (1978), Consumer behavior, 3. Aufl., Hinsdale.

Engel, J. F., Blackwell, R. D, Miniard, P. W. (1995), Consumer behavior, 8th ed., Philadelphia u. a.

Evans, F. (1963), Selling as a Dydactic Relationship – A New Approach, in: The American Behavioral Scientist, S. 76–79.

Fast, J. (1979), Körpersprache, Reinbek.

Fishbein, M. (1967), A Behavior Theory Approach to the Relations between Beliefs about an Object and the Attitude toward the Object, in: Fishbein, M. (Hrsg.), Readings in Attitude Theory and Measurement, New York u. a., S. 389–400.

Forschungsgruppe Konsum und Verhalten (Hrsg.) (1983), Innovative Marktforschung, Bd. 3, Würzburg.

Frank, R. E., Massy, W. F., Wind, Y. (1972), Market Segmentation, Englewood Cliffs/N. J.

French, W. A., Fox, R. (1985), Segmenting the Senior Citizen Market, in: The Journal of Consumer Marketing, No. 1, S. 61–74.

Freter, H. (1977), Markenpositionierung. Ein Beitrag zur Fundierung markenpolitischer Entscheidungen auf der Grundlage psychologischer und ökonomischer Modelle, unveröffentlichte Habilitationsschrift, Münster.

Freter, H. (1983), Marktsegmentierung, Stuttgart u. a.

Freter, H. (1992), Marktsegmentierung, in: Diller, H. (Hrsg.), Vahlens Großes Marketing Lexikon, München, S. 733–738.

Fritz, W. (1995), Marketing-Management und Unternehmenserfolg: Grundlagen und Ergebnisse einer empirischen Untersuchung, 2. Aufl., Stuttgart.

Geise, W. (1984), Einstellung und Marktverhalten. Analyse der theoretisch-empirischen Bedeutung des Einstellungskonzeptes im Marketing und Entwicklung eines alternativen Forschungsprogramms aus alltagstheoretischer Perspektive, Thun u. a.

Gierl, H. (1989), Konsumententypologie oder A-priori-Segmentierung als Instrumente der Zielgruppenauswahl, in: Zeitschrift für betriebswirtschaftliche Forschung, 11. Jg., Nr. 9, S. 766–789.

Glagow, H. (1984), Interview-Computer: rechnergestützte Datenerhebung, in: Zentes, J. (Hrsg.), Neue Informations- und Kommunikationstechnologien in der Marktforschung, Berlin u. a., S. 42–66.

Green, P. E. (1978), Analyzing Multivariate Data, Hinsdale.

Green, P. E., Krieger, A. M. (1989), Recent contributions to optimal product positioning and buyer segmentation, in: European Journal of Operational Research, Vol. 41, No. 2, S. 127–141.

Green, P. E., Krieger, A. M. (1991), Segmenting Markets with Conjoint-Analysis, in: Journal of Marketing, Vol. 55, No. 4, S. 20–31.

Green, P. E., Krieger, A. M., Schaffer, C. M. (1985), Quick and Simple Benefit Segmentation, in: Journal of Advertising Research, Vol. 25, No. 3, S. 9–17.

Green, P. E., Srinivasan, V. (1978), Conjoint-Analysis in Consumer Research: Issues and Outlook, in: Jounal of Consumer Research, Vol. 5, No. 2, S. 103–123.

Green, P. E., Srinivasan, V. (1990), Conjoint-Analysis in Marketing: New Developments with Implications for Research and Practice, in: Journal of Marketing, Vol. 54, No. 4, S. 3–19.

Green, P. E., Tull, D. S. (1982), Methoden und Techniken der Marketingforschung, 4. Aufl., Stuttgart.

Green, P. E., Wind, Y. (1973), Multiattribute Decisions in Marketing – A Measurement Approach, Hinsdale.

Groves, R. M., Kahn, R. L. (1979), Surveys by Telephone – A National Comparison with Personal Interviews, New York.

Günther, M., Vossenbein, V., Wildner, R. (1998), Marktforschung mit Panels: Arten, Erhebung, Analyse, Anwendung, Wiesbaden.

Gutsche, J. (1995), Produktpräferenzanalyse. Ein modelltheoretisches und methodisches Konzept zur Marktsimulation mittels Präferenzerfassungsmodellen, Berlin.

Haedrich, G., Adam, M., Kreilkamp, E., Kuß, A. (1984), Werbewirkung bei Kindern – Ergebnisse einer experimentellen Untersuchung zur Fernsehwerbung, in: Jahrbuch der Absatz- und Verbrauchsforschung, S. 21–40.

Hafermalz, O. (1976), Schriftliche Befragung – Möglichkeiten und Grenzen, Wiesbaden.

Hakansson, H., Östberg, C. (1975), Industrial Marketing: An Organizational Problem, in: Industrial Marketing Management, Nr. 2/3, S. 113–123.

Haley, R. I. (1968), Benefit Segmentation. A decision-oriented research tool, in: Journal of Marketing, Vol. 32, No. 3, S. 30–35.

Haley, R. I. (1985), Developing effektive communications strategy. A benefit segmentation approach, New York u. a.

Hammann, P., Erichson, B. (1994), Marktforschung, 3. Aufl., Stuttgart/New York.

Hansen, J. (1982), Das Panel. Zur Analyse von Verhaltens- und Einstellungswandel, Opladen. 2. Aufl., Göttingen.
Hansen, U. (1990), Absatz- und Beschaffungsmarketing des Einzelhandels. Eine Aktionsanalyse, Göttingen.
Hansmann, K. W. (1983), Kurzlehrbuch Prognoseverfahren, Wiesbaden.
Hanssens, D. M., Parsons, L. J., Schultz, R. L. (1996), Market Response Models, Econometric and Time Series Analysis, Boston.
Harmann, H. H. (1973), Modern Factor Analysis, Chicago.
Heinemann, G. (1989), Betriebstypenprofilierung und Erlebnishandel. Eine empirische Analyse am Beispiel des textilen Facheinzelhandels, Wiesbaden.
Heise, G., Hünerberg, R. (1995), Globale Segmentierung – Herausforderung für das Automobilmarketing, in: Hünerberg, R., Heise, G., Hoffmeister, M. (Hrsg.), Internationales Automobilmarketing. Wettbewerbsvorteile durch marktorientierte Unternehmensführung, Wiesbaden, S. 83–199.
Hentschel, B. (1992), Dienstleistungsqualität aus Kundensicht: Vom merkmalsorientierten zum ereignisorientierten Ansatz, Wiesbaden.
Hildebrandt, L. (1983), Konfirmatorische Analysen von Modellen des Konsumentenverhaltens, Berlin.
Hilger, H. (1981), Informationsbedarf und Informationsbeschaffung jugendlicher Konsumenten beim Kauf langlebiger Güter, in: Raffée, H. et al. (Hrsg.) Informationsverhalten des Konsumenten, Wiesbaden, S. 143–168.
Hill, R. W., Hillier, T. J. (1977), Organizational Buying Behavior, London, Basingstoke.
Hillmann, K. H. (1971), Soziale Bestimmungsgründe des Konsumentenverhaltens, Stuttgart.
Hirschman, A. O. (1974), Abwanderung und Widerspruch, Tübingen.
Holm, K. (1975), Die Befragung, Bd. 1, München.
Homburg, Ch., Hermann, A. (1999), Marktforschung: Methoden, Anwendungen, Praxisbeispiele, Wiesbaden.
Horn, R. (1996), Kohortenanalyse: Nutzung zur strategischen Zielgruppenbestimmung, in: Planung und Analyse, 23. Jg., Nr. 3, S. 54–56.
Horst, B. (1988), Ein mehrdimensionaler Ansatz zur Segmentierung von Investitionsgütermärkten, Köln.
Howard, J. A., Sheth, J. N. (1969), The Theory of Buyer Behavior, New York.
Hruschka, H., Natter, M. (1995), Clusterorientierte Marktsegmentierung mit Hilfe künstlicher Neuraler Netzwerke, in: Marketing, Zeitschrift für Forschung und Praxis, 17. Jg., Nr. 4, S. 249–254.
Hughes, G. D. (1974), Buyer/Consumer Information Processing: An Overview where Researches have been and where they should be going, in: Hughes, G. D., Ray, M. L. (Hrsg.), Buyer/Consumer Information Processing, Chapel Hill, S. 3–14.
Hummel, F. E. (1954), Market Potentials in the Machine Tool Industry, in: Journal of Marketing, Vol. 18, No. 3, S. 34–41.
Hünerberg, R., Heise, G., Mann, A. (1996), Handbuch Online M@rketing: Wettbewerbsvorteile durch weltweite Datennetze, Landsberg am Lech.
Hüttner, M. (1979), Informationen für Marketing-Entscheidungen, München.
Hüttner, M. (1982), Markt- und Absatzprognosen, Stuttgart u. a.
Hüttner, M. (1989), Grundzüge der Marktforschung, 4. Aufl., Berlin/New York.
Institut der deutschen Wirtschaft Köln (Hrsg.) (1998), Zahlen zur wirtschaftlichen Entwicklung der Bundesrepublik Deutschland, Köln.
Izard, C. E. (1981), Die Emotionen des Menschen. Eine Einführung in die Grundlagen der Emotionspsychologie, Weinheim/Basel.
Jaspersen, T. (1997), Computergestütztes Marketing: controllingorientierte DV-Verfahren für Absatz und Vertrieb, 2. Aufl., München u. a.
Jung, H. (1997), Grundlagen zur Messung der Kundenzufriedenheit, in: Kundenzufriedenheit, Simon, H., Homburg, C. (Hrsg.), 2. Aufl., Wiesbaden, S. 141–161.
Kaiser, A. (1978), Die Identifikation von Marktsegmenten, Berlin.

Kassarjian, H. H. (1971), Personality and Consumer Behaviour – A Review, in: Journal of Marketing Research, Vol. 8, No. 4, S. 409–418.
Katona, G. (1960), Das Verhalten der Verbraucher und Unternehmer, Tübingen.
Kern, E. (1987), Der Interaktionsansatz im Investitionsgütermarketing, Arbeitspapier Nr. 9 des betriebswirtschaftlichen Instituts für Anlagen und Systemtechnologien, Backhaus, K. (Hrsg.), Münster.
Kern, E. (1990), Der Interaktionsansatz im Investitionsgütermarketing, Berlin.
Kinnear, T. C., Taylor, J. R. (1996), Marketing Research. An Applied Approach, 5th ed., New York.
Kirchgeorg, M. (1995), Zielgruppenmarketing, in: Thexis, 12. Jg., Nr. 3, S. 20–26.
Kluckhohn, C. (1962), Values and Value-Orientation in the Theory of Action, in: Parsons, T., Shilis, E. A. (Hrsg.), Towards a General Theory of Action, Cambridge, S. 388–433.
Koeppler, K.-F. (1972), Unterschwellig wahrnehmen – unterschwellig lernen, Suttgart u. a.
Kölzer, B. (1995), Senioren als Zielgruppe: Kundenorientierung im Handel, Wiesbaden.
Kook, W. (1983), Verbraucherzielgruppen beim Möbelkauf – Ermittlung und Nutzung im Möbelhandel (unveröffentliches Vortragsmanuskript), Köln.
Kotler, P. (1984), Marketing Management: Analysis, Planning and Control, 5. ed., Englewood Cliffs, New Jersey.
Kotler, P., Bliemel, F. (1999), Marketing-Management. Analyse, Planung, Umsetzung und Steuerung, 9. Aufl., Stuttgart.
Krautter, J. (1975), Zum Problem der optimalen Marktsegmentierung, in: Zeitschrift für Betriebswirtschaft, 45. Jg., S. 109–128.
Kress, G. (1979), Marketing Research, Reston, Virginia.
Kroeber-Riel, W. (1984), Emotional Product Differentiation by Classical Conditioning (with Consequences for the Low-Involvement-Hierarchy), in: Kinnear, T. (Hrsg.), Advances in Consumer Research, Vol. 11, S. 528–543.
Kroeber-Riel, W. (1987), Informationsüberlastung durch Massenmedien und Werbung in Deutschland, Die Betriebswirtschaft, 47. Jg., Heft 3, S. 257–264.
Kroeber-Riel, W., Weinberg, P. (1999), Konsumentenverhalten, 7. Aufl., München.
Krugmann, H. E. (1965), The Impact of Television Advertising: Learning without Involvement, in: Public Opinion Quarterly, Vol. 29, S. 349–356.
Kuhlmann, E. (1979), Die Selektion von Segmentierungsmerkmalen, Arbeitspapiere zum Marketing, Nr. 4, Engelhardt, W. H., Hammann, P. (Hrsg.), Bochum.
Laaksonen, P. (1994), Consumer Involvement: concepts and research, London u. a.
Lakaschus, C. (1992), Seniorenmarkt, in: Diller, H., Vahlens großes Marketinglexikon, München, Sp. 1043–1046.
Lampe, F. (1996), Business im Internet: Erfolgreiche Online-Geschäftskonzepte, Wiesbaden.
Lehmeier, H. (1979), Grundzüge der Marktforschung, Stuttgart u. a.
Lilien, G. L., Kotler, P., Sridahr Moorthy, K. (1992), Marketing Models, Englewood Cliffs/N. J.
Lutz, T. (1983), Der Einfluß von Kindern auf Produktpräferenzen ihrer Mütter, Berlin.
Martin, M. (1993), Mikrogeographische Marktsegmentierung. Ein Ansatz zur Segmentidentifikation und zur integrierten Zielgruppenbearbeitung, in: Marketing, Zeitschrift für Forschung und Praxis, 15. Jg., Nr. 3, S. 164–180.
Maslow, A. M. (1975), Motivation and Personality, in: Levine, F. M. (Hrsg.), Theoretical Readings in Motivation, Chicago, S. 358–379.
Mayer, H., Boor, W. (1988), Familie und Konsumentenverhalten, in: Jahrbuch der Absatz- und Verbrauchsforschung, 34. Jg., Nr. 2, S. 120–153.
Mayntz, R., Holm, K., Hübner, P. (1978), Einführung in die Methoden der empirischen Soziologie, 5. Aufl., Opladen.
Mazanec, J. (1976), Die Schätzung des Beitrages einzelner Produkteigenschaften zur Marktpräferenz als Problem der polynominalen Verbundmessung, Arbeitspapier Nr. 6 der absatzwirtschaftlichen Institute der Wirtschaftsuniversität Wien, Wien.
McGown, C. (1979), Marketing Research, Cambridge/Mass.
Meffert, H. (1971), Marketing, in: Management-Enzyklopädie, Bd. 4, München, S. 383–413.

Meffert, H. (1974), Produktivgüter-Marketingforschung im System des Marketing, in: Der Markt 1974, S. 6–17.
Meffert, H. (1985), Marketing und neue Medien, Stuttgart.
Meffert, H. (1992), Marketingforschung und Käuferverhalten, 2. Aufl., Wiesbaden.
Meffert, H. (1994), Marktorientierte Unternehmensführung im Umbruch – Entwicklungsperspektiven des Marketing in Wissenschaft und Praxis, in: Bruhn, M., Meffert, H., Wehrle, F. (Hrsg.), Marktorientierte Unternehmensführung im Umbruch, Stuttgart, S. 3–39.
Meffert, H., Bruhn, M. (1981), Ansatzpunkte zur Messung der Konsumentenzufriedenheit, Münster.
Meffert, H., Bruhn, M. (1996), Das Umweltbewußtsein von Konsumenten, in: Die Betriebswirtschaft, 56. Jg., Nr. 5, S. 737–754.
Meffert, H., Dahlhoff, H.-D. (1979), Kollektive Kaufentscheidungsprozesse von Konsumenten, in: Handelsforschung heute, Festschrift zum 50jährigen Bestehen der Forschungsstelle für den Handel, Berlin, S. 193–205.
Meffert, H., Kirchgeorg, M. (1998), Marktorientiertes Umweltmanagement, 3. Aufl., Stuttgart.
Meffert, H., Perrey, J. (1997), Nutzensegmentierung im Verkehrsdienstleistungsbereich – theoretische Grundlagen und empirische Befunde, in: Tourismus Journal, 1. Jg., Nr. 1, S. 13–40.
Meffert, H., Steffenhagen, H. (1977), Marktprognosemodelle, Stuttgart.
Meffert, H., Windhorst, K.-G., (1985), Wertewandel und Konsumentenverhalten Jugendlicher, in: Knoll, J. H., Schoeps, J. H. (Hrsg.), Die zwiespältige Generation – Jugend zwischen Anpassung und Protest, S. 239–259.
Meier, G. (1996), Die CAPI-Technik der zweiten Generation: Optimieren die neuen Eingabemethoden die Interview-Ergebnisse?, in: Planung und Analyse, 23. Jg., Nr. 4, S. 54–59.
Menges, G. (1972), Grundriß der Statistik, Teil 1: Theorie, 2. Aufl., Oplanden.
Michman, R. D. (1991), Lifestyle market segmentation, New York.
Monhemius, K. C. (1990), Divergenzen zwischen Umweltbewußtsein und Kaufverhalten. Ansätze zur Operationalisierung und empirische Ergebnisse, Arbeitspapier Nr. 38 des Instituts für Marketing, Meffert, H. (Hrsg.), Münster.
Mühlbacher, H. (1988), Ein situatives Modell der Motivation zur Informationsaufnahme und -verarbeitung bei Werbekontakten, in: Marketing, 10. Jg., Nr. 2, S. 85–94.
Mühlbacher, H., Botschen, G. (1990), Benefit-Segmentierung von Dienstleistungsmärkten, in: Marketing, Zeitschrift für Forschung und Praxis, 12. Jg., Nr. 3, S. 159–168.
Müller-Schroth, A. (1995), Der Pen-Pad im Feldeinsatz: CAPI-Befragungen in der Mediaforschung, in: Planung und Analyse, 22. Jg., Nr. 1, S. 54–57.
Nieschlag, R., Dichtl, E., Hörschgen, H. (1997), Marketing, 18. Aufl., Berlin.
o. V. (1992), Lifestyle-Typologien helfen dem Marketing kaum, in: Werben und Verkaufen, Nr. 3, S. 12–16.
Panne, F. (1977), Das Risiko im Kaufentscheidungsprozeß des Konsumenten: die Beiträge risikotheoretischer Ansätze zur Erklärung des Kaufentscheidungsprozesses des Konsumenten, Zürich.
Parasuraman, A. (1986), Marketing Research, Reading, Mass. u. a.
Pepels, W. (1995), Käuferverhalten und Marktforschung: Eine praxisorientierte Einführung, Stuttgart.
Perrey, J. (1996), Erhebungsdesign-Effekte bei der Conjoint-Analyse, in: Marketing, Zeitschrift für Forschung und Praxis, 18. Jg., Nr. 2, S. 105–116.
Perry, J. (1998), Nutzenorientierte Marktsegmentierung: ein integrativer Ansatz zum Zielgruppenmarketing im Verkehrsdienstleistungsbereich, Wiesbaden.
Plummer, J. T. (1974), The Concept and Application of Life Style Segmentation, in: Journal of Marketing, Vol. 38, No. 1, S. 33–37.
Raffée, H. (1969), Konsumenteninformation und Beschaffungsentscheidung des privaten Haushalts, Stuttgart.

Raffée, H., Wiedmann, K.-P., Jung, H.-H. (1995), Eignung neuronaler Netze als Berechnungsansatz der Marketingforschung, Arbeitspapier Nr. 107, Institut für Marketing, Universität Mannheim.
Reiß, M., Höge, R. (1993), Kosten und Nutzen der Segmentierung, in: Kostenrechnungspraxis, Nr. 4, S. 215–221.
Resnik, A. J., Turney, P. B., Mason, J. B. (1979), Marketers turn to „Counter Segmentation", in: Harvard Business Review, Vol. 57, No. 5, S. 100–106.
Revernstorf, D. (1976), Lehrbuch der Faktorenanalyse, Stuttgart.
Robinson, P. J., Faris, C. W., Wind, Y. (1957), Industrial Buying and Creative Marketing, Boston.
Rogge, H.-J. (1972), Methoden und Modelle der Prognose aus absatzwirtschaftlicher Sicht, Berlin.
Rogge, H.-J. (1981), Marktforschung, München/Wien.
Ruhfus, R. (1976), Kaufentscheidungen von Familien. Ansätze zur Analyse des kollektiven Entscheidungsverhaltens im privaten Haushalt, Schriftenreihe Unternehmensführung und Marketing, Bd. 7, Meffert, H. (Hrsg.), Wiesbaden.
Salcher, E. F. (1995), Psychologische Marktforschung, 2. Aufl., Berlin.
Sampson, P. (1992), People are people the world over, the case for psychological market segmentation, in: Marketing and research today, No. 3, S. 236–244.
Schäfer, E., Knoblich, H. (1978), Grundlagen der Marktforschung, 5. Aufl., Stuttgart.
Scharf, A., Döring, M., Jellinek, J. S. (1996), Bildung von Konsumententypen zur Erklärung des Markenverhaltens bei Parfüm/Duftwasser, in: Planung und Analyse, Heft 3, S. 60–67.
Schmedlitz, P. (1985), Einstellungen und soziale Beeinflussungen als Bedingungen von Kaufabsichten, Frankfurt am Main/Bern.
Schmidt, D., Topritzhofer, E. (1978), Reaktionsfunktionen im Marketing: Zum Problem der Quantifizierung von Nachfrage- und Konkurrenzreaktionen, in: Topritzhofer, E. (Hrsg.), Marketing: Neue Ergebnisse aus Forschung und Praxis, Wiesbaden, S. 195–238.
Schnetkamp, G. (1982), Einstellungen und Involvement als Bestimmungsfaktoren des sozialen Verhaltens: eine empirische Analyse am Beispiel der Organspendebereitschaft in der Bundesrepublik Deutschland, Frankfurt am Main u. a.
Schreiber, U. (1973), Psychologische Marktsegmentierung mit Hilfe multivariater Verfahren, München.
Schub von Bossiazky, G. (1992), Psychologische Marketingforschung: qualitative Methoden und ihre Anwendung in der Markt-, Produkt- und Kommunikationsforschung.
Silberer, G. (1995), Marketing und Multimedia, in: Hünerberg, R., Heise, G. (Hrsg.), Multi-Media und Marketing: Grundlagen und Anwendungen, Wiesbaden, S. 85–104.
Simon, H., Homburg, C. (1998), Kundenzufriedenheit. Konzepte – Methoden – Erfahrungen, 3. Aufl., Wiesbaden.
Smith, W. R. (1956), Product Differentiation and Market Segmentation as Alternative Marketing Strategies, in: Journal of Marketing, Vol. 20, No. 1, S. 3–8.
Spiegel, B. (1970), Werbepsychologische Untersuchungsmethoden, 2. Aufl., Berlin.
Spiegel-Verlag (Hrsg.) (1982), Der Entscheidungsprozeß bei Investitionsgütern. Beschaffung, Entscheidungskompetenzen, Informationsverhalten, Hamburg.
Stauss, B., Hentschel, B. (1992), Messung von Kundenzufriedenheit, in: Marktforschung & Management, 36. Jg., Heft 3, S. 115–122.
Stauss, B., Seidel, W. (1997), Prozessuale Zufriedenheitsermittlung und Zufriedenheitsdynamik bei Dienstleistungen, in: Kundenzufriedenheit, Simon, H., Homburg, C. (Hrsg.), 2. Aufl., Wiesbaden, S. 185–208.
Stauss, B., Seidel, W. (1998), Beschwerdemanagement: Fehler vermeiden – Leistung verbessern – Kunden binden, 2. Aufl., München u. a.
Steffenhagen, H. (1978), Wirkungen absatzpolitischer Instrumente – Theorie und Messung der Marktreaktion, Stuttgart.
Stegmüller, B. (1995), Internationale Marktsegmentierung als Grundlage für internationale Marketingkonzeptionen, Bergisch-Gladbach u. a.

Stegmüller, B., Hempel, P. (1996), Empirischer Vergleich unterschiedlicher Marktsegmentierungsansätze über die Segmentpopulationen, in: Marketing, Zeitschrift für Forschung und Praxis, 18. Jg., Nr. 1, S. 25–30.
Steidl, P. E. (1977), Experimentelle Marktforschung, Berlin.
Strobel, K. (1983), Die Anwendbarkeit der Telefonumfrage in der Marktforschung: eine Analyse unter besonderer Berücksichtigung des Kommunikations- und des Repräsentanzproblems, Frankfurt am Main.
Szybillo, G. J., Sosannie, A. (1977), Family Decision Making: Husband, Wife and Children, in: Perreault, W. (Hrsg.), Advances in Consumer Research, 4. Aufl., Atlanta, S. 46–49.
Thomas, L. (1979), Conjoint Measurement als Instrument der Absatzforschung, in: Marketing, Zeitschrift für Forschung und Praxis, 1. Jg., Nr. 3, S. 199–211.
Tietz, B. (1975), Die Grundlagen des Marketing, Bd. 1, 2. Aufl., München.
Trommsdorff, V. (1975), Die Messung von Produktimages für das Marketing – Grundlagen und Operationalisierung, Köln u. a.
Trommsdorff, V. (1998), Konsumentenverhalten, 3. Aufl., Stuttgart u. a.
Tull, D. S., Hawkins, D. J. (1990), Marketing Research, 5th ed., New York.
Twedt, D. W. (1972), Some Practical Applications of „Heavy-Half"-Theory, in: Engel, J. F., Fiorillo, H. F., Cayley, M. A. (Hrsg.), Market Segmentation – Concepts and Applications, New York u. a., S. 265–271.
Überla, K. (1971), Faktorenanalyse, 2. Aufl., Berlin u. a.
Ulm, H.-J. (1978), Preisstrategien aufgrund der Marktsegmentierung, Aachen.
Vinson, D. E., Scott, J. E., Lamont, L. M. (1977), The role of Personal Values in Marketing and Consumer Behavior, in: Journal of Marketing, Vol. 41, No. 4, S. 44–50.
Volkswagen 1994, unveröffentlichte Marktforschungsstudie, Wolfsburg.
Wind, Y., Green, P. E. (1974), Some Conceptual, Measurement and Analytical Problems in Life Style Research, in: Wells, W. D. (ed.), Life Style and Psychographics, Chicago/Illinois, S. 99–126.
Walters, C. G., Paul, G. W. (1970), Consumer Behavior – An Integrated Framework, Homewood/Illinois.
Webster, F. E, Wind, Y. (1972a), Organizational Buying Behavior, Englewood Cliffs/N. J.
Webster, F. E., Wind, Y. (1972b), A General Model for Understanding Organizational Buying Behavior, in: Journal of Marketing, Vol. 36, No. 2, S. 12–19.
Weiber, R., Rosendahl, T. (1997), Anwendungsprobleme der Conjoint-Analyse: Die Eignung conjointanalytischer Untersuchungsansätze zur Abbildung realer Entscheidungsprozesse, in: Marketing ZFP, 19. Jg., Nr. 2, S. 107–118.
Weinberg, P. (1986), Nonverbale Marktkommunikation, Heidelberg.
Weinstein, A. (1994), Market Segmentation, Chicago/Illinois.
Weis, H., Steinmetz, P. (1998), Marktforschung, 3. Aufl., Ludwigshafen.
Weissmann, A. (1983), Verbraucherpanel – Informationen als Grundlage für Marketingentscheidungen im Einzelhandel, München.
Wells, W. D. (1974), Life Style and Psychographics. Definitions, Uses and Problems, in: Wells, W. D. (ed.), Life Style and Psychographics, Chicago/Illinois, S. 317–363.
Wells, W. D., Gubar, G. (1966), Life Cycle Concept in Marketing Research, in: Journal of Marketing Research, 3. Jg., S. 355–363.
Wells, W. D., Tijert, D. J. (1971), Activities, Interests and Opinions, in: Journal of Advertising Research, Vol. 11, No. 11, S. 27–35.
Wesley, J. J., Bonoma, T. V. (1981), The Buying Center: Structure and Interaction Patterns, in: Journal of Marketing, Vol. 45, No. 11, S. 27–35.
Wilde, K. D. (1986), Differenziertes Marketing auf der Basis von Regionaltypologien, in: Marketing, Zeitschrift für Forschung und Praxis, 8. Jg., Nr. 3, S. 153–162.
Wimmer, F. (1995), Der Einsatz von Paneldaten zur Analyse des umweltorientierten Kaufverhaltens von Konsumenten, in: Umwelt Wirtschafts-Forum, 4. Jg., Nr. 1, S. 28–43.

Wind, Y. (1978), Organizational Buying Center: A Research Agenda, in: Zaltman, G., Bonoma, T. V. (Hrsg.), Organizational Buying Behavior, AMA, Chicago.
Windhorst, K. G. (1985), Wertewandel und Konsumentenverhalten. Ein Beitrag zur empirischen Analyse der Konsumrelevanz individueller Wertevorstellungen in der Bundesrepublik Deutschland, München.
Winter, F. W. (1979), A Cost-Benefit Approach to Market Segmentation, in: Journal of Marketing, Vol. 43, No. 4, S. 103–111.
Wöller, R. (1999), Qualitative Prognosen, in: Pepels, W., Moderne Marktforschungspraxis: Handbuch für mittelständische Unternehmen, Neuwied u. a., S. 441–454.
Wright, G. H. von (1994), Normen, Werte und Handlungen, Frankfurt am Main.
Wüthrich, H. A. (1991), Neuland des strategischen Denkens – von der Strategietechnokratie zum mentalen Management, Wiesbaden.
Zaltmann, G., Burger, P. C. (1975), Marketing Research, Hinsdale.
Zentes, J. (1981), Mediendynamik und Marketing, Perspektiven für Marktforschung und Marketing-Entscheidungen, in: Wirtschaftswissenschaftliches Studium, 10. Jg., Nr. 1, S. 19–25.

Kapitelübersicht

Drittes Kapitel

Aktionsgrundlagen der Marketingentscheidung

1.	Planung von Unternehmens- und Marketingstrategien	233
	1.1 Entscheidungen im Rahmen der strategischen Unternehmensplanung	235
	1.2 Entscheidungen im Rahmen der strategischen Marketingplanung	267
	1.3 Strategiebewertung	302
	1.4 Prozeß der Strategieanpassung	314
2.	Produkt- und programmpolitische Entscheidungen	327
	2.1 Ziele der Produkt- und Programmpolitik	329
	2.2 Entscheidungstatbestände der Produkt- und Programmpolitik	332
	2.3 Informationsgrundlagen der Produkt- und Programmpolitik	337
	2.4 Produktinnovation	373
	2.5 Produktvariation	437
	2.6 Produktdifferenzierung	439
	2.7 Produktelimination	450
	2.8 Verpackungsgestaltung	455
	2.9 Programmgestaltung	461
	2.10 Verbraucherpolitische und ökologische Aspekte der Produktgestaltung	470
3.	Kontrahierungspolitische Entscheidungen	482
	3.1 Preispolitik	483
	3.2 Konditionenpolitik	581

Erstes Kapitel
Konzeptionelle G

1. Marketing als N
2. Ansätze der Ma
3. Die Arena des
4. Marketingentsc

Zweites Kapitel
Verhaltens- und

1. Marketing- und
2. Verhalten von
3. Grundlagen der
4. Marktsegmenti

Drittes Kapitel
Aktionsgrundla

1. Planung von U
2. Produkt- und p
3. Kontrahierungs
4. Distributionspo
5. Kommunikatio
6. Mixübergreifen

Viertes Kapitel
Koordination und

1. Grundlagen der
2. Integrierte Plan
3. Funktionsüberg
4. Marketingorganisation
5. Marketingimplementierung
6. Marketing-Controlling

Fünftes Kapitel
Institutionelle Bereiche des Marketing

1. Gegenstand und Besonderheiten des Dienstleistungsmarketing
2. Gegenstand und Besonderheiten des Handelsmarketing
3. Gegenstand und Besonderheiten des Investitionsgütermarketing
4. Gegenstand und Besonderheiten des internationalen Marketing
5. Gegenstand und Besonderheiten des Marketing für öffentliche Betriebe
6. Gegenstand und Besonderheiten des Social Marketing

4.	Distributionspolitische Entscheidungen	600
4.1	Ziele und Entscheidungstatbestände der Distributionspolitik	600
4.2	Absatzmittlergerichtete Strategien als Basisentscheidungen im vertikalen Marketing	605
4.3	Absatzkanalmanagement zur Realisierung der absatzmittlergerichteten Strategien	610
4.4	Marketinglogistik	653
5.	Kommunikationspolitische Entscheidungen	678
5.1	Ziele und Entscheidungstatbestände der Kommunikationspolitik	678
5.2	Verhaltenswissenschaftliche Grundlagen der Unternehmenskommunikation	691
5.3	Festlegung der Kommunikationsstrategien	705
5.4	Einsatz der Kommunikationsinstrumente	712
5.5	Budgetierung des Kommunikations-Mix	784
5.6	Gestaltung der kommunikativen Botschaft	799
5.7	Budgetallokation und Mediaselektion	811
5.8	Optimierung des Kommunikationsmix	828
5.9	Wirkungskontrolle des Kommunikationsmix	830
6.	Mixübergreifende Entscheidungen	846
6.1	Markenpolitische Entscheidungen	846
6.2	Verkaufsmanagement	886
6.3	Kundendienstmanagement	940

1. Planung von Unternehmens- und Marketingstrategien

Strategische Entscheidungen, das heißt Aussagen über das langfristige Verhalten von Organisationen unter der Annahme bestimmter Umweltbedingungen (Prämissen), können sich auf **unterschiedliche Objekte** beziehen. Im Rahmen der strategischen Unternehmensplanung werden Entscheidungen über das Objekt Gesamtunternehmung getroffen, während sich die strategische Marketingplanung mit den **strategischen Geschäftseinheiten (SGE), Produkten** (beziehungsweise Dienstleistungen) **oder Produktgruppen** beschäftigt. Gegenstand der operativen Marketingplanung ist die konkrete Ausgestaltung der Marketinginstrumente.

Der Lufthansa-Konzern ist beispielsweise in die wesentlichen strategischen Geschäftseinheiten Lufthansa AG (Zusammenfassung aller Aktivitäten im Bereich Passagier-Linienluftverkehr), Condor Flugdienst GmbH (Passagier-Charterluftverkehr), Lufthansa Technik AG (technische Wartungs- und Reparaturleistungen), Lufthansa Cargo AG (Luftfrachtverkehr), Lufthansa Systems GmbH (Datenverarbeitungsinfrastruktur, Softwareentwicklung, EDV-Systemberatung), Lufthansa City Center GmbH (Reisebüro Franchising-System) und LSG Lufthansa Service Sky Chefs GmbH (Catering von Luftfahrtgesellschaften) untergliedert. Daneben existieren eine Vielzahl kleinerer strategischer Geschäftseinheiten (Lufthansa 1996).

Die Unterscheidung verschiedener Objekte strategischer Entscheidungen hat sich insbesondere als Folge der seit den sechziger Jahren verstärkt zu beobachtenden Diversifikation der Unternehmensaktivitäten in heterogene Tätigkeitsbereiche durchgesetzt. Die strategische Unternehmensplanung, die strategische Marketingplanung und die operative Marketingplanung können neben der unterschiedlichen Objektorientierung auch hinsichtlich der typischen **Entscheidungsträger** differenziert werden. Entscheidungsträger bei der strategischen Unternehmensplanung ist die Unternehmensleitung, bei der strategischen Marketingplanung die Sparten- oder Geschäftsbereichsleitung und bei der operativen Marketingplanung das Produktmanagement.

Vor diesem Hintergrund geben **Unternehmensstrategien** vor allem Antwort auf die Frage, in welchen Bereichen (Produkt-Markt-Kombinationen) das Unternehmen tätig werden soll. Auf der Grundlage des Unternehmenszwecks, der Unternehmensgrundsätze und der Unternehmensidentität beinhalten Unternehmensstrategien primär Aspekte der **Ressourcenverteilung auf verschiedene strategische Geschäftseinheiten**. Dies geschieht zum Beispiel unter Berücksichtigung der Attraktivität eines Geschäftsfeldes und der Wettbewerbsstärke der eigenen strategischen Geschäftseinheit in diesem Geschäftsfeld (Kreilkamp 1987, S. 445 f.; Hinterhuber 1997, S. 103 ff.). Unternehmensstrategien nehmen oft die Form von sogenannten **Normstrategien** an, welche die allgemeine Entwicklungsrichtung (strategische Stoßrichtung) für einzelne Geschäftseinheiten aufzeigen. Zu den bekanntesten Normstrategien zählen die Behauptungs-, Wachstums- und Rückzugsstrategie auf Basis der Portfolioanalyse.

Planung von Unternehmens- und Marketingstrategien

Die in der Unternehmensstrategie festgehaltenen Entscheidungen über die Stoßrichtungen der einzelnen strategischen Geschäftseinheiten haben unmittelbare Konsequenzen für die Funktionsbereiche eines Unternehmens. Insbesondere der finanz- und produktionswirtschaftliche Bereich, die Forschung und Entwicklung und das Personalmanagement sind in enger Abstimmung mit den angestrebten Entwicklungsrichtungen der Geschäftseinheiten auszugestalten (vgl. viertes Kapitel, Abschnitt 3). In diesem Sinne wird auch von der Notwendigkeit einer **integrierten Unternehmensstrategie** gesprochen.

Die Vorgaben aus der Unternehmensstrategie werden dann von der Sparten- beziehungsweise Geschäftsbereichsleitung weiter konkretisiert und in der Strategie der strategischen Geschäftseinheit festgehalten. Die **SGE-Strategie** legt einerseits die grundsätzliche Form der Marktbearbeitung (undifferenziert oder differenziert) fest und regelt andererseits das Verhalten gegenüber den Marktteilnehmern (Abnehmer, Konkurrenten, Absatzmittler, sonstige Anspruchsgruppen).

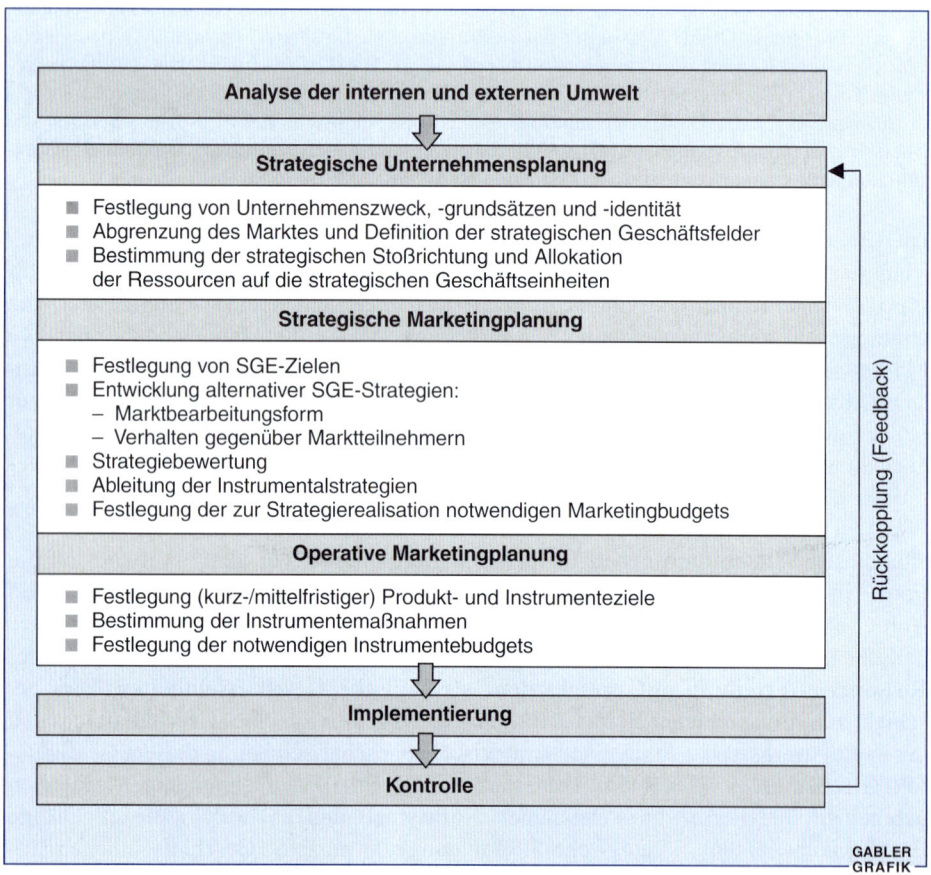

Abbildung 3-1: Aufgaben der strategischen Unternehmensplanung sowie der strategischen Marketingplanung

Im Zuge dieser Festlegungen werden auch Rahmenentscheidungen über die grundsätzliche Gestaltung der Marketinginstrumente für die Produkte beziehungsweise Produktgruppen der Geschäftseinheit (Instrumentalstrategien) getroffen.

Die strategische Unternehmensplanung und die strategische und operative Marketingplanung sind jeweils durch eine vorgelagerte Analyse- und Prognosephase sowie eine nachgelagerte Implementierungs- und Kontrollphase zu ergänzen (vgl. Abbildung 3-1). Aufgrund der **starken Interdependenzen** zwischen den drei Planungsbereichen ergibt sich die Notwendigkeit einer **systematischen Verknüpfung** (Köhler 1993, S. 102 ff.). Diese Abstimmung der Unternehmens- und Marketingplanung ist unter anderem durch eine entsprechende Gestaltung des Strategieentwicklungsprozesses zu gewährleisten (vgl. drittes Kapitel, Abschnitt 1.4). Darüber hinaus leisten eine starke Unternehmenskultur und -identität, die informations- und kommunikationstechnische Infrastruktur und die Gestaltung der Organisationsstrukturen und -abläufe wesentliche Beiträge zur Koordination interdependenter Planungsaktivitäten in unterschiedlichen Unternehmensbereichen.

1.1 Entscheidungen im Rahmen der strategischen Unternehmensplanung

1.11 Bildung strategischer Geschäftsfelder

Die Bildung strategischer Geschäftsfelder bedeutet ein Aufbrechen des Gesamtmarktes in intern homogene Segmente, die sich in ihren abnehmerbezogenen Anforderungen und anderen erfolgsrelevanten Charakteristika, wie zum Beispiel der Intensität und Struktur des Wettbewerbs, deutlich voneinander unterscheiden. Die Bildung strategischer Geschäftsfelder ist eng mit der Marktsegmentierung verknüpft. In beiden Fällen wird der Gesamtmarkt in intern homogene und extern heterogene Teilmärkte zerlegt. Der Unterschied zwischen diesen beiden Aufgaben liegt im **Aggregationsniveau**. Bei der Bildung strategischer Geschäftsfelder zur Aufteilung des Gesamtmarktes wird auf relativ grobe, häufig direkt beobachtbare Kriterien zurückgegriffen. Innerhalb der auf diese Weise gebildeten Geschäftsfelder erfolgt im Rahmen der Marktsegmentierung eine weitere Differenzierung nach unterschiedlichen Abnehmergruppen.

Als grundlegende Eigenschaften strategischer Geschäftsfelder beziehungsweise der in diesen Feldern tätigen Geschäftseinheiten gelten die Kriterien der **Marktaufgabe**, der **Eigenständigkeit** und des **Erfolgspotentialbeitrags**. Eine strategische Geschäftseinheit ist demnach dadurch gekennzeichnet, daß sie

- eine eigene, von anderen Geschäftseinheiten unabhängige Marktaufgabe („unique business mission") besitzt, die auf die Lösung abnehmerrelevanter Probleme ausgerichtet ist,

- am Markt als vollwertiger Konkurrent mit eindeutig identifizierbaren Konkurrenzunternehmen partizipiert und nicht etwa die Funktion eines internen Lieferanten einnimmt,

- die Formulierung und Implementierung eines weitgehend eigenständigen strategischen Handlungsplans erlaubt sowie

- einen eigenständigen Beitrag zur Steigerung des Erfolgspotentials der Gesamtunternehmung leistet (Kreilkamp 1987, S. 317; Hinterhuber 1992, S. 126).

Neben den konstitutiven Merkmalen sind Kriterien zu formulieren, die eine konkrete Abgrenzung der strategischen Geschäftsfelder ermöglichen. In der Literatur finden sich hierzu eine Vielzahl von Ansätzen. Keiner dieser Ansätze kann als eindeutig richtig bezeichnet werden, sondern es ist im Einzelfall anhand der konkreten Unternehmens- und Marktsituation zu prüfen, welche Vorgehensweise zu wählen ist.

Einigkeit besteht darin, daß eine rein **produktbezogene Definition** strategischer Geschäftsfelder den Anforderungen einer marktorientierten Unternehmensstrategie nicht genügt. Obwohl sich der Ansatz einer produktbezogenen Definition in der wissenschaftlichen Diskussion als nicht tragbar erwiesen hat, zeigt die Unternehmenspraxis, daß entsprechende Abgrenzungen durchaus weiterhin üblich sind. Es ist jedoch davon auszugehen, daß dies nicht unbedingt auf ein fehlendes strategisches Verständnis der Unternehmen zurückzuführen ist. Stattdessen handelt es sich bei der produktbezogenen Abgrenzung häufig um eine vereinfachte Darstellung, die erst nach einem umfassenden Planungsprozeß gewählt wird.

Einen erweiterten Ansatz der Geschäftsfeldabgrenzung beschreibt Hinterhuber. Er erweitert die rein produktorientierte Abgrenzung um die Dimension des Marktes, ohne allerdings explizit auf die spezifischen Bedürfnisse der einzelnen Abnehmergruppen einzugehen (Hinterhuber 1997, S. 107ff.). Der umfassendste Ansatz geht auf Abell (1980) zurück. Ausgangspunkt seiner Überlegungen ist die These, daß ein Produkt das physische Gegenstück der Anwendung einer Technologie zur Realisierung bestimmter Problemlösungen für eine spezifische Zielgruppe ist. Diesem Gedanken entsprechend entwickelte er einen **dreidimensionalen Bezugsrahmen** mit den Dimensionen „**Abnehmergruppe**", „**Funktionserfüllung**" und „**Technologie**". Entlang der Dimension „Abnehmergruppe" wird festgelegt, wessen Bedürfnisse angesprochen werden sollen. Hierzu kann auf die Überlegungen zur Marktsegmentierung zurückgegriffen werden. Die Dimension der „Funktionserfüllung" bezieht sich auf die Aufgabe des Produktes und legt fest, welches Bedürfnis der Abnehmergruppen durch das Produkt befriedigt werden soll. Die dritte Dimension schließlich beschreibt alternative Wege, wie diese Bedürfnisse befriedigt werden können.

Für die Konkretisierung der Dimensionen empfiehlt es sich, zunächst von einem relativ hohen Abstraktionsgrad der Achsenbezeichnungen auszugehen und diese in einem **stufenweisen Prozeß** zu konkretisieren (Krups 1985). Hierdurch wird zum einen eine möglichst umfassende Berücksichtigung potentieller Geschäftsfelder gewährleistet, so daß erfolgversprechende Produkt-Markt-Kombinationen nicht von vornherein ausgegrenzt werden. Zum anderen reduziert eine stufenweise Konkretisierung die Komplexität des Planungsproblems, da in jeder Stufe eine weitere Eingrenzung der Geschäftsfelddimensionen vorgenommen wird. Einen Suchraum zur Abgrenzung strategischer Geschäftsfelder im Markt der Finanzdienstleistungen zeigt Abbildung 3-2.

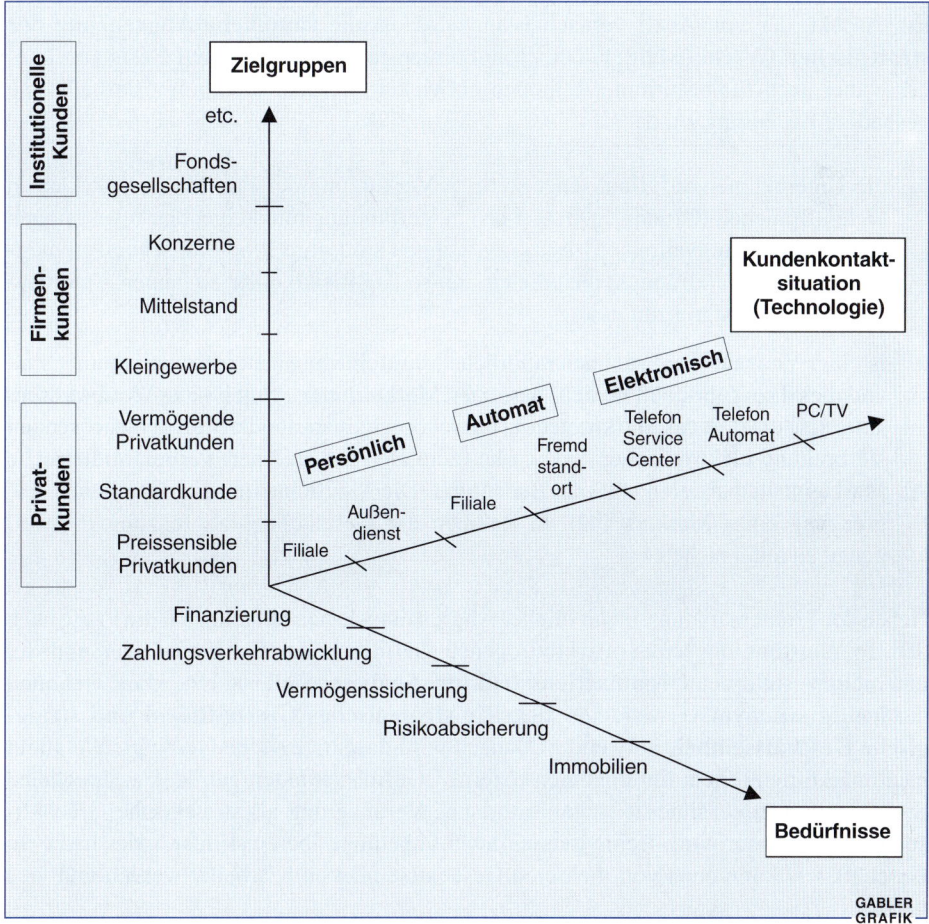

Abbildung 3-2: Geschäftsfeldabgrenzung im Markt für Finanzdienstleistungen

Bei der Konkretisierung des dreidimensionalen Suchraums ist zu berücksichtigen, daß die Zahl möglicher Geschäftsfelddefinitionen mit zunehmender Differenzierung der

Dimensionen exponentiell ansteigt. Eine simultane Abgrenzung des Geschäftsfeldes in allen drei Dimensionen wird damit nahezu unmöglich. Aus diesem Grunde ist vorher festzulegen, **in welcher Reihenfolge** die einzelnen Dimensionen bei der Abgrenzung zu berücksichtigen sind. Der „klassische Marketingansatz" spiegelt sich in der Reihenfolge „Abnehmer-Funktion-Technologie" wider, bei der die Abnehmerbedürfnisse im Mittelpunkt stehen. Die Reihenfolge „Funktion-Technologie-Abnehmer" dagegen orientiert sich relativ stark an der Machbarkeit des Produkts aus Sicht der Unternehmung (Hinterhuber et al. 1997). Obwohl die optimale Reihenfolge vom situativen Kontext abhängt, führt insbesondere letztere zu recht guten und umsetzbaren Ergebnissen, da sie vorhandene Potentiale und Ressourcen im besonderen Maße berücksichtigt (Krups 1985).

Ein Aspekt, der von Abell vernachlässigt wird, ist die **räumliche Abgrenzung der strategischen Geschäftsfelder**. Die „Raumdimension" kann dabei auf Basis von Ländern, aber auch für bestimmte Regionen entwickelt werden. Ihr kommt deshalb eine besondere Bedeutung zu, da

- die Unternehmen aufgrund einer stetigen Verkürzung der Produktlebenszyklen in vielen Branchen (Gruner 1996, S. 14 f.) in Verbindung mit steigenden Investitionen während des Innovationsprozesses gezwungen sind, ihre Produkte schnell in möglichst vielen Markträumen anzubieten, um so das Risiko einer zu langen Amortisationsdauer zu begrenzen, und

- in einer Vielzahl von Branchen räumliche Markteintrittsbarrieren relativ gering sind und dies dazu führt, daß in nicht besetzten Markträumen schnell neue Wettbewerber auftreten, die dort das Marktpotential ausschöpfen. Insbesondere mit der wachsenden Verbreitung elektronischer Netzwerke (zum Beispiel Internet) verlieren räumliche Markteintrittsbarrieren stark an Bedeutung. Die Möglichkeiten zur räumlichen Abgrenzung eines Marktes sind im Rahmen der Geschäftsfeldabgrenzung insoweit genau zu untersuchen.

Neben der Problematik unterschiedlicher Abgrenzungskriterien stellt sich die Frage nach der Übereinstimmung einer marktbezogenen Definition der Geschäftsfelder und der unternehmensinternen **Organisationsstruktur**. An dieser Stelle ist eine klare Trennung der häufig synonym verwendeten **Begriffe strategisches Geschäftsfeld und strategische Geschäftseinheit** notwendig. Danach wird das strategische Geschäftsfeld allein nach marktorientierten, unternehmensexternen Gesichtspunkten gebildet, währenddessen die unternehmensinterne, organisatorische Verankerung als strategische Geschäftseinheit bezeichnet wird. Beide müssen nicht unbedingt übereinstimmen, das heißt ein Geschäftsfeld kann auch von mehreren Geschäftseinheiten bearbeitet werden und vice versa.

Welche **Form der organisatorischen Implementierung** sich letztlich eignet, ist im Einzelfall an Kriterien wie Unternehmensgröße, den zur Verfügung stehenden Ressourcen sowie anhand von Bedeutung, Umfang und Anzahl der strategischen Geschäftsfelder zu prüfen. In jedem Fall muß sichergestellt werden, daß sich die marktorientierte Definition der strategischen Geschäftsfelder in Form klarer Kompetenzen und Verantwortungen für deren Bearbeitung in der Organisation widerspiegelt. Der Art der **Beziehung zwischen der Gesamtunternehmensleitung und den strategischen Geschäftseinheiten** kommt dabei eine hohe Bedeutung für den SGE-Erfolg zu. Die weitestgehende Eigenständigkeit (Dezentralisierung) der strategischen Geschäftseinheiten bei allen für die Entwicklung und Implementierung der SGE-Strategien wesentlichen Entscheidungen führt oft zu einer Verbesserung der Rentabilität und des Markterfolgs der strategischen Geschäftseinheiten (Golden 1992).

Ausgehend von der Überlegung, daß die meisten breiter definierten Märkte (zum Beispiel Märkte für Finanzdienstleistungen, Kommunikationstechnologien) in der Regel mehr Abnehmergruppen, Abnehmerbedürfnisse und Technologien umfassen, als eine Unternehmung dauerhaft in überlegener Weise erfüllen kann, ist eine **Auswahl der** vom Unternehmen zu bearbeitenden **strategischen Geschäftsfelder** notwendig.

1.12 Geschäftsfeldwahl und Marktabdeckungsstrategie

Bei der Auswahl strategischer Geschäftsfelder und der sich anschließenden Bildung von strategischen Geschäftseinheiten gilt es, die Unternehmensressourcen in die Felder der größten Chancen und relativen Wettbewerbsvorteile zu lenken. Durch die Geschäftsfeldwahl und SGE-Bildung wird gleichzeitig festgelegt, in welchem Umfang der relevante Markt (zum Beispiel Finanzdienstleistungen) bearbeitet beziehungsweise abgedeckt werden soll (vgl. Cravens 2000). Dabei stehen dem Unternehmen zwei grundlegende Optionen zur Verfügung, die **Gesamtmarktabdeckung** und die Teilmarktabdeckung beziehungsweise **Spezialisierung** auf ausgewählte Geschäftsfelder (Porter 1983, S. 62 f.).

Aufgrund der zunehmenden Integration der Weltwirtschaft, die durch neue Informations- und Kommunikationstechnologien weiter verstärkt wird, ist die Realisierung einer Gesamtmarktabdeckung heute in vielen Branchen mit erheblichen Problemen verbunden. Durch das Zusammenwachsen bislang abgeschirmter Ländermärkte steigen die Zahl der Anbieter und die Wettbewerbsintensität. Für das einzelne Unternehmen wird hierdurch eine Differenzierung vom Wettbewerb erschwert. Eine **Fokussierung der Unternehmenstätigkeiten** auf wenige Zielgruppen oder Produkte im Sinne einer Spezialisierung bietet oftmals den einzigen Ausweg, um sich dauerhaft von den Wettbewerbern zu unterscheiden (Ries 1996a; Picot et al. 2000).

Diese Entwicklung kann anhand einer Analogie verdeutlicht werden. In einer ländlichen, schwach besiedelten Region, die fernab der großen Ballungszentren gelegen ist, wird der einzige Einzelhändler in einem kleinen Dorf sich als traditioneller Gemischtwarenladen positionieren oder, mit anderen Worten, eine Gesamtmarktabdeckung verfolgen. Demgegenüber könnte sich dasselbe Einzelhandelsgeschäft in einer Großstadt als Gemischtwarenladen kaum im Wettbewerb durchsetzen. Hier kann eine Differenzierung gegenüber den zahlreichen lokalen Wettbewerbern nur durch eine Spezialisierung auf klar abgegrenzte Teilmärkte erreicht werden (Ries 1996b).

Bei der Teilmarktabdeckung kann weiter nach der **Art der Spezialisierung** unterschieden werden. Am Beispiel des Finanzdienstleistungsmarktes können die verschiedenen Marktabdeckungsstrategien verdeutlicht werden (vgl. Abbildung 3-2):

- **Zielgruppenspezialisierung** (Marktspezialisierung)
  Marktbearbeitung mit einer vollständigen Produktpalette, die lediglich einer Abnehmergruppe angeboten wird. Beispielsweise widmen sich bestimmte Privatbankiers (zum Beispiel Julius Bär, Merck, Finck und Co.) primär der Zielgruppe sehr vermögender Privatkunden, bei denen sie alle Finanzdienstleistungsbedürfnisse abzudecken versuchen.

- **Funktions- beziehungsweise Bedürfnisspezialisierung** (Produktspezialisierung)
  Marktbearbeitung mit einem Produkt beziehungsweise einem sehr engen Produktprogramm, das sämtlichen Abnehmergruppen angeboten wird. Beispielsweise haben sich die sogenannten Realkreditinstitute auf das Angebot von Finanzdienstleistungen „rund um den Immobilienerwerb" spezialisiert. Diese speziellen Kreditformen werden zumeist allen Zielgruppen angeboten (Privat-, Firmen-, institutionelle Kunden).

- **Technologiespezialisierung**
  Marktbearbeitung auf der Grundlage einer speziellen Technologie (vgl. Insert 3-1). Auf der Grundlage der Technologiespezialisierung werden alle beziehungsweise viele Abnehmergruppen mit einem breiten Produktprogramm bearbeitet. Beispielhaft für diese Marktabdeckungsstrategie können sogenannte „virtuelle" Banken genannt werden (o. V. 1996b, S. 116 ff.). So bietet etwa Consors-Discount-Broker Finanzdienstleistungen hauptsächlich über das Internet an. Ebenso wäre im Markt der Buch- und Zeitschriftenverlage eine ausschließliche Publikation in elektronischen Netzen möglich oder im Fernsehmarkt eine Spezialisierung auf das Angebot digitaler Pay-TV-Programme.

- **Kombinierte Spezialisierung**
  (zum Beispiel Zielgruppen- und Funktionspezialisierung)
  Marktbearbeitung mit nur einem Produkt beziehungsweise einem sehr engen Produktprogramm, welches lediglich einer Abnehmergruppe unter Verwendung einer bestimmten Technologie angeboten wird. Beispielsweise konzentrieren sich sogenannte Discount Broker auf die Bearbeitung sehr preissensibler Privatkunden (unteres bis mittleres Einkommensniveau) mit Vermögensanlagebedarf, denen sie die Abwicklung von Wertpapiertransaktionen zu sehr niedrigen Gebühren anbieten. Der Kontakt zum Kunden wird dabei ausschließlich über das Telefon beziehungsweise via Computer hergestellt. Eine persönliche Kontaktaufnahme in stationären Filialen findet ebensowenig statt wie eine Vermögensanlage in Immobilien oder anderen Sachgütern (Edelmetalle, Kunstgegenstände etc.).

Anonymer Genuß

Nahezu jeden Hit gibt es kostenlos im Internet. Microsoft und die Musikindustrie bauen jetzt Hürden auf.

Fabian, ein 13jähriger Schüler, und Stefan, ein 35jähriger Ingenieur, lieben Musik. Trotzdem verzichten sie auf teure Audio-CDs. Die beiden zapfen lieber das Internet an. Dazu brauchen sie nur einen flotten Netzzugang, ein paar Spezialprogramme und einen Rio-Player, die moderne Ausgabe des in die Tage gekommenen Walkman. Das neue Kultobjekt der Unterhaltungsindustrie ist die Nummer eins unter den Konfirmationsgeschenken und erregt in Kreisen technophiler Gutverdiener mehr Aufmerksamkeit als das schickste Mobilfunkgerät.

Nahezu jedes beliebige Musikstück, selbst die Hits aus den neuesten Charts werden im Internet angeboten, illegal, wie die Musikindustrie zetert. Sie versucht, Webseiten, auf denen ihr Eigentum verschenkt wird, per Gericht schließen zu lassen.

Wenn die Musik auf ganz normalen Webseiten angeboten wird, schafft sie das auch manchmal. Doch Insider finden das, was sie suchen, in einem weniger populären Dienst des Internets, dem File Transfer Protocol. Mit der Gratissoftware Abe's MP3 läßt sich nahezu jeder Musikschatz heben. Hier ist die Industrie beinahe machtlos, weil die Anbieter nur per Zufall zu identifizieren sind. Die International Federation of the Phonographic Industry schätzt, daß mehr als 300 000 Musikdateien im Internet zugänglich sind und jeden Monat etwa 70 000 neue hinzukommen. Weltweit verfügen 20 Millionen Anwender über die Software, mit der Musikdateien hörbar werden und sich auf dem Rio-Player oder dem deutschen Gegenstück, dem MPlayer der Pontis Electronic GmbH im bayrischen Schwarzenfeld speichern und wieder abspielen lassen.

Rio- und MPlayer sind winzige Spezialgeräte, die für den im Internet dominierenden Musikstandard MP3 ausgelegt sind. Entwickelt wurde er vom Fraunhofer-Institut für Integrierte Schaltkreise in Erlangen. Er reduziert die Datenmenge einer Audio-CD auf ein Zehntel, ohne daß sich die Musikqualität hörbar verschlechtert. Erst durch diese Datenkomprimierung ist es möglich, Musik in zumutbarer Zeit per Internet zu verteilen und sie auf den neuen Abspielgeräten zu speichern. Weiterer Vorteil: MP3 ist kostenlos. Was die Musikindustrie am meisten ärgert, ist die Tatsache, daß Musik in diesem Format verteilt werden kann, ohne ihren Besitzer fragen oder ihm Gebühren zahlen zu müssen. Wer eine Kopie anfertigt, bleibt meist anonym, kann also bei einer Copyright-Verletzung nicht gerichtlich belangt werden.

Mit der kürzlich veröffentlichten Windows Media Technology 4.0, kurz MS Audio, soll das anders werden. Der Softwarekrake Microsoft entwickelte diesen Standard, um auch in diesem zukunftsträchtigen Geschäft mitmischen zu können. Allein in Deutschland kann der Umsatz beim – legalen – Onlineverkauf von Musik im Jahr 2000 190 Millionen Euro (375 Millionen Mark) erreichen, schätzt Thomas Stein, Geschäftsführer der BMG und Vorsitzender des Bundesverbandes der Phonographischen Wirtschaft.

Microsoft-Chef Bill Gates will mit MS Audio gleich zwei Konkurrenten das Leben schwermachen: dem MP3-Format und der sogenannten Streaming-Technologie, einer Software, mit der man Musik aus dem Internet live hören kann. Die Software, gewissermaßen ein virtuelles Abspielgerät, hat das US-Unternehmen Real Networks entwickelt. Genutzt wird es von 58 Millionen der weltweit etwa 130 Millionen Internetsurfer. Damit kommt Real Networks in diesem Bereich auf einen Marktanteil von 85 Prozent. Die Software ermöglicht auch das Abspielen von Videos im Internet.

„MS Audio", so Jim Allchin, Senior Vice-President von Microsoft bei der Präsentation der Software in New York, „schlägt MP3 und Realaudio in jeder Hinsicht." Die Datenmenge wird noch einmal um 50 Prozent reduziert, ohne die Klangqualität zu beeinträchtigen. Das bestätigt das Test-Institut National Software Testing Laboratories Inc. (www.nstl.com). Der Versuch fand allerdings vor der Geräuschkulisse eines Büros statt.

Ob das Ergebnis die Musikkonsumenten überzeugt, ist fraglich. Die Industrie dagegen ist begeistert. MS Audio sorgt nebenbei dafür, daß der Anbieter eines Musikstückes oder einer Videosequenz die Kontrolle über die Verbreitung behält und Konsumenten zur Kasse bitten kann.

Schlechte Aussichten für zahlungsunwillige Musikliebhaber, zumal Real Networks (www.real.com) jetzt gemeinsam mit IBM ebenfalls ein System gegen die Selbstbedienung im Internetmusikangebot entwickelt. Ab Juni können 1000 Bürger von San Diego Musiktitel aus 2000 CDs auswählen und live hören. Wer ein Stück haben will, kann es bestellen. Es wird gegen Bezahlung auf CD geliefert. Fünf der großen Musik-Labels unterstützen das Projekt: BMG, EMI, Sony Music, Universal Music und Warner Music. Sonys Musik-Chef Jochen Leuschner: „Damit erschließen wir uns den Musikmarkt im Internet."

Wird auch Zeit, aus der Sicht der Musikverlage. Sie verlieren bereits die Kontrolle über viele Künstler, weil sie ihre Werke selbst vermarkten. Sogar Weltstars bieten auf ihren Webseiten bereits Stücke im MP3-Format an. Rockstar Tom Petty beispielsweise veröffentlichte im Februar auf seiner Webseite seine neue Single „Free Girl Now". Innerhalb von zwei Tagen hatten 156 000 Fans des Altrockers den Song von seiner Rio-Player geladen. Wäre das Stück als Maxi-CD über den Ladentisch gegangen, hätte der Umsatz bei 750 000 Euro (1,5 Millionen Mark) gelegen. Das war Pettys Musikverleger Warner Music zuviel. Er zwang den Künstler, den Song aus dem Netz zu verbannen.

Der englische Popsänger David Bowie bietet seinen Fans auf seiner Webseite www.davidbowie.com an, seinen Hit „Fame" selbst neu zu arrangieren. Auf Webservern wie www.mp3.com liegen Tausende von Musikdateien abrufbereit – für jeden Geschmack und gratis. Wem ein Stück gefällt, kann weitere Titel dieses Interpreten online einkaufen. In Deutschland bietet Germany Net, eine Tochterfirma von Otelo und damit von Mannesmann Arcor, unter www.germany.net einen Marktplatz für Amateurbands an.

Nahezu alle Anbieter wählen das MP3-Format, und nahezu alle Konsumenten speichern die Ware Musik auf Rio- oder MPlayer. Sie auf Musikkassette, Mini Disc oder per Brenner auf eine beschreibbare CD zu bannen ist für die meisten Anwender zu kompliziert und zu zeitaufwendig, weil die Dateien beispielsweise konvertiert werden müssen.

Der Rio-Player, der so groß wie eine Zigarettenschachtel und keine zwei Zentimeter dick ist, bunkert die Musikdaten in Speicherchips. Anders als bei mobilen CD-Spielern, deren Abtastlaser bei Erschütterungen unkontrolliert herumhüpfen, sind MP3-Spieler immun gegen Stöße. Außerdem genügt eine einzige 1,5-Volt-Batterie für vielstündiges Hören, da es keine stromfressende Mechanik gibt. In der Grundausstattung speichert der Rio-Player 32 Megabyte (MB). Das reicht für eine Spieldauer von rund 30 Minuten; für jeweils 100 Mark läßt sich der Speicher um zweimal 16 MB vergrößern.

KULTOBJEKT RIO-PLAYER:
Kostenlose Musik

DIGITALKAMERA, SPEICHERMEDIUM MEMORY STICK: Sonys neuer Weg

INSERT 3-1: Wirtschaftswoche, Nr. 18, 29.04.1999, S. 92–95

Der Rio-Player ist das am weitesten verbreitete mobile Abspielgerät für MP3-Musikdateien. Für 1999 rechnet der kalifornische Hersteller Diamond Multimedia mit einem Absatz von rund 500 000 Stück weltweit. Bisher kann das Unternehmen den Bedarf bei weitem nicht decken. In Deutschland beispielsweise ist es ständig ausverkauft. Das könnte die Chance für Pontis (www.pontis.de) und ihren MPlayer sein. Geschäftsführer Erich Böhm will in diesem Jahr europaweit 100 000 Geräte verkaufen: „Das Geschäft geht jetzt erst richtig los." Als nächstes will er MP3-taugliche Autoradios und Hi-Fi-Geräte entwickeln. Als dritter folgt in Kürze der koreanische Elektronikriese Samsung mit dem MP3-Player Yepp (www.yepp.co.kr/).

Alles Unsinn, findet das Sony-Management. Mit dem Memory Stick, einer briefmarkengroßen Steckkarte, will der Konzern sämtliche Speichermedien – Magnetband, Mini Disc, Compact Disc und die Chips in den MP3-Playern – überflüssig machen. Die Japaner setzen dazu das Adtrac-Komprimierungsformat ein, das für die – immer wieder bespielbare – Mini Disc entwickelt wurde. Der Memory Stick soll nicht nur Internetmusik verfügbar machen, sondern überall tätig werden: in der Digitalkamera ebenso wie im Kühlschrank als Lagerverwalter und im Display an der Wand als Bilderspeicher.

Sony im Alleingang: Das ging schon einmal schief. Mitte der siebziger Jahre wollten die Japaner mit dem Videorecorderstandard Beta die Welt aufmischen. Doch die machte nicht mit. Sie entschied sich für das leistungsschwächere, heute aber weltweit dominierende VHS-Format.

MICHAEL HASENPUSCH ∎

ROCKSTAR BOWIE: Songs aus dem Internet lassen sich bearbeiten

INSERT 3-1: Wirtschaftswoche, Nr. 18, 29.04.1999, S. 92–95 (Fortsetzung)

■ **Gesamtmarktabdeckungsstrategie**
Marktbearbeitung mit einer vollständigen Produktpalette, die allen Abnehmern mit verschiedenen Technologien angeboten wird. Hier ist im Markt für Finanzdienstleistungen beispielhaft die Deutsche Bank zu nennen.

Bei aller Notwendigkeit zu einer klaren Fokussierung auf ausgewählte Zielgruppen, Funktionen oder Technologien darf nicht übersehen werden, daß mit einer sehr engen Spezialisierung auf eine kleine Marktnische auch erhebliche Gefahren verbunden sein können (vgl. Insert 3-2). In diesem Zusammenhang ist insbesondere auf die hohe Abhängigkeit von einer kleinen Kundengruppe beziehungsweise einem spezifischen Kundenbedürfnis zu verweisen.

Sofern nicht die Strategie der Gesamtmarktabdeckung gewählt wird, beinhaltet die Geschäftsfeldwahl immer einen **Ausschluß bestimmter Segmente**. Grundlage der Ausschlußentscheidung ist die Einschätzung des Managements, daß aufgrund **unterschiedlicher Erfolgsfaktoren** nicht alle potentiellen Geschäftsfelder gleich gut bearbeitet werden können, sondern die Marktchancen und -risiken sehr unterschiedlich ausgeprägt sind. Dies trifft insbesondere auf die internationale Unternehmenstätigkeit zu (Burmann 1995, S. 136 f.). Die Besonderheiten der Geschäftsfeldwahl und Marktabdeckung im internationalen Marketing werden im fünften Kapitel, Abschnitt 5, dargestellt.

Selbst bei einer Entscheidung für eine kombinierte Spezialisierung kann das gewählte Geschäftsfeld noch zu umfangreich sein, um mit den begrenzten Unternehmensressourcen erfolgreich bearbeitet werden zu können. In diesem Falle ist zunächst eine **tiefergehende Segmentierung** des ausgewählten Geschäftsfeldes notwendig. Auf dieser Grundlage ist dann über den **Grad der Marktabdeckung innerhalb des strategischen Geschäftsfeldes** zu entscheiden.

Im Maschinenbau greifen Massenanbieter die Nischenhersteller an
Studie: Einkauf, Vertrieb und Service ernster nehmen / Personalabbau bringt weniger / Zahl der Lieferanten verringern

chs. FRANKFURT, 29. Oktober. In der Rezession Anfang der neunziger Jahre hat sich im Maschinenbau der Abstand zwischen erfolgreichen und weniger erfolgreichen Unternehmen deutlich vergrößert. Zu den erfolgreichen Maschinenbauern gehören vor allem die Anbieter auf den Märkten mit großen Stückzahlen (Volumenmärkte). Zwischen 1990 und 1994 haben diese Anbieter Umsatzwachstum und Umsatzrendite (vor Steuern) gesteigert, während die Nischenanbieter Rückschläge erlitten. Dies ist das Ergebnis einer Studie der Unternehmensberatung McKinsey und der Technischen Hochschule Darmstadt (Institut für Produktionstechnik und Spanende Werkzeugmaschinen). Untersucht wurden rund dreißig vorwiegend mittelständische Unternehmen des Maschinen- und Anlagenbaus im In- und Ausland zwischen 1990 und 1994.

Die Volumenanbieter seien im allgemeinen stärker „marktgetrieben"; mit markt- und kostenoptimierten Produkten hätten sie die Nischenanbieter angegriffen. „Für die Nischenanbieter dürften die kommenden Jahre besonders schwierig zu meistern sein", heißt es. Die These vom größeren Erfolg der Volumenanbieter wird vom Verband Deutscher Maschinen- und Anlagenbau (VDMA) in ihrer einseitigen Version in Frage gestellt. „Die Nische von heute ist häufig das Volumen von morgen", sagt Martin Wansleben, Mitglied der Hauptgeschäftsführung. Der VDMA sieht die Zukunft eher in einer Orientierung am einzelnen Kunden als im anonymen Massengeschäft.

Die Gutachter von McKinsey und der TH Darmstadt empfehlen dem deutschen Maschinenbau, sich stärker auf den Einkauf, den Vertrieb und den Service zu konzentrieren. In den vergangenen Jahren hat sich die Branche mit der Verbesserung von internen Abläufen beschäftigt, beispielsweise eine dezentrale Organisationsstruktur eingeführt oder das Sortiment vereinfacht. Solche Veränderungen sind Voraussetzung für den Unternehmenserfolg, dürften aber kaum ausreichen, um höhere Wettbewerbsfähigkeit zu erzielen. Auch der VDMA sieht noch Verbesserungsmöglichkeiten. Aber: „Die positiven Veränderungen sind klar auf dem Vormarsch", sagt Wansleben.

Erfolgreiche Maschinenbauunternehmen, dies ergab die Studie, reduzieren die Zahl ihrer Lieferanten und arbeiten mit diesen eng in gemeinsamen Entwicklungsprojekten zusammen, bis hin zu einer „virtuellen Verschmelzung der Wertschöpfungsstufen von Lieferant und Unternehmen", wodurch die Gesamtkosten sinken. Eines der Auswahlkriterien ist die Fähigkeit und Bereitschaft der Lieferanten zur Überarbeitung ihrer Waren und Leistungen. Weniger erfolgreiche Unternehmen dagegen ermitteln ihre Lieferanten in Ausschreibungen allein nach dem Preis. Dem Einkauf kommt damit eine Schlüsselrolle zu. Eine Veränderung in der Einkaufsleistung (zum Beispiel die Senkung der Materialkosten) wirke deutlich stärker auf den Unternehmenserfolg als der bloße Personalabbau, heißt es in der Studie. „Dennoch genießt der Einkauf in kaum einem Unternehmen Vorstandsrelevanz, sondern führt eher ein Schattendasein", berichten die Gutachter.

Für den Kundenkontakt kommt Marketing und Vertrieb eine besondere Bedeutung zu. Zum Informationsaustausch besuchen die Mitarbeiter regelmäßig die großen Anwender in der Branche, auch wenn diese nicht zu den Kunden gehören. Wichtig ist die systematische Analyse der Fälle, in denen es nicht zu einem Kaufabschluß kam. Diese Art von Marktforschung steuert die gesamten Entwicklungsaktivitäten der Unternehmen. Bei erfolglosen Maschinenbauern dagegen wird das Marketing nur für die Vorbereitung von Messen und Werbemaßnahmen eingesetzt. Als wichtige Vertriebsregion entwickelt sich immer stärker Südostasien. Erfolgreiche Maschinenbauer sind dort durch eigenen Vertrieb oder Gemeinschaftsunternehmen doppelt so stark präsent wie die von den Gutachtern als weniger erfolgreich eingeschätzten Unternehmen.

Ein weiteres Expansionsfeld ist schließlich der Service, in dem alle untersuchten Unternehmen Umsatzrenditen zwischen 20 und 50 Prozent erzielen. Moderne Unternehmen haben umfangreiche Angebote entwickelt: von der Installation über die Modernisierung bis zur Verschrottung einer Anlage. Dienstleistungen können auch für Produkte der Konkurrenz angeboten werden. Die Kundenzufriedenheit hängt zudem von der Schnelligkeit des Service ab: Serviceorientierte Unternehmen liefern ein Viertel ihrer Ersatzteile innerhalb von 24 Stunden. Die Ferndiagnose erfolgt häufig online.

Christian Schubert

Neuer Großauftrag für Boeing
American bindet sich auf 20 Jahre / Rückschlag für McDonnell

bf. NEW YORK, 22. November. Mit einem neuen Typ eines Kaufvertrages gehen die Fluggesellschaft American Airlines (AA) und der Flugzeughersteller Boeing Co., Seattle, neue Wege. Kern des Abkommens ist, daß sich die AMR Corp., die Muttergesellschaft von AA, dazu verpflichtet hat, in den nächsten 20 Jahren ausschließlich von Boeing Flugzeuge zu beziehen. Nach dem Abkommen hat AA bei Boeing 103 Flugzeuge fest bestellt. Laut Listenpreis beträgt das Auftragsvolumen etwa 6,5 Milliarden Dollar (10 Milliarden DM), doch dürfte AA deftige Rabatte ausgehandelt haben. Darüber hinaus hat sich AA das Recht gesichert, in den nächsten Jahren 527 weitere Boeing-Flugzeuge zu kaufen. Dabei sind die Preise bereits jetzt fest vereinbart, allerdings unter Einbeziehung einer Inflationsklausel. Übt AA die Optionen aus, muß Boeing die bestellten Flugzeuge auf Wunsch in 15 bis 18 Monaten ausliefern. Dies ermöglicht AA, vergleichsweise rasch auf neue Marktentwicklungen zu reagieren.

Ebenso ungewöhnlich wie diese Zugeständnisse von seiten Boeings ist, was AA im Gegenzug gewährt hat: So hat sich AA verpflichtet, den Bedarf für ihre Flotte von derzeit 640 Flugzeugen bis zum Jahre 2018 allein bei Boeing zu decken. Für Boeing ist damit so gut wie sicher, daß AA die Optionen im Laufe der Jahre auch ausüben wird. AA will Flugzeuge der Hersteller McDonnell Douglas (MD) und Fokker in nächster Zeit ausmustern; die Flotte von 35 Airbus-Flugzeugen soll nicht weiter ausgebaut werden. AA bezweckt mit der Konzentration auf wenige Flugzeughersteller und Typen, die Wartungs-, Schulungs- und Personalkosten deutlich zu vermindern.

Für MD, den kleinsten der drei Hersteller von großen Passagier-Flugzeugen, ist AA neue Strategie ein weiterer Rückschlag. Denn das Unternehmen hat sich in jüngster Zeit als ein Anbieter dargestellt, der mit einigen besonders effizienten Flugzeugen bestimmte Marktnischen ausfüllen kann. AA, ein traditioneller Großkunde, hat diesem Ansatz nun die kalte Schulter gezeigt. Darüber hinaus muß MD befürchten, daß weitere Fluggesellschaften dem Vorbild von AA folgen und ihre Flotten aus Kostengründen weitgehend auf einen der beiden großen Anbieter Boeing oder Airbus konzentrieren. Für den Nischenanbieter MD wäre dann zusehends weniger Bedarf.

Dr. Benedikt Fehr

INSERT 3-2: Frankfurter Allgemeine Zeitung, 30.10.1996, S. 19 und Frankfurter Allgemeine Zeitung, 23.11.1996, S. 20

Planung von Unternehmens- und Marketingstrategien

1.13 Ableitung der strategischen Stoßrichtung

Nach Festlegung des Grades der Gesamtmarktabdeckung durch Auswahl der zu bearbeitenden Geschäftsfelder ist die grobe Entwicklungsrichtung der strategischen Geschäftseinheiten zu bestimmen. Auf der Grundlage der Unternehmens- und Marketingziele ist dabei zunächst zu überprüfen, ob mit der bislang verfolgten Unternehmensstrategie eine Erreichung der gesteckten Ziele gewährleistet werden kann. Ist dies nicht der Fall, das heißt treten Ziellücken auf, ist nach grundlegenden Handlungsalternativen zu suchen. Zur Strukturierung dieser Suche kann die sogenannte **Produkt-Markt-Matrix** (Ansoff 1966, S. 13 ff.) herangezogen werden, die Hinweise für die strategische Stoßrichtung des Unternehmens in den verschiedenen Geschäftsfeldern liefert (vgl. Abbildung 3-3). Die Festlegung der strategischen Stoßrichtung für jede strategische Geschäftseinheit wird auch als **Marktfeldstrategie** bezeichnet (Becker 1993, S. 123 ff.; Meffert 1994a, S. 123).

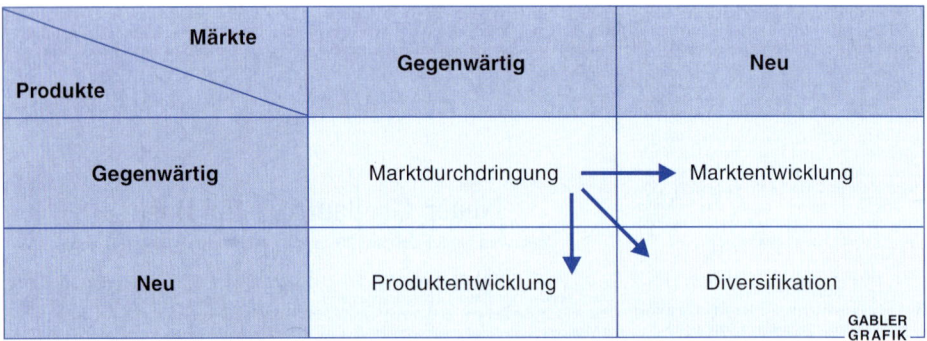

Abbildung 3-3: Alternative strategische Stoßrichtungen zur Erschließung von Wachstumsquellen (Produkt-Markt-Matrix)
(Quelle: Ansoff 1966)

Die Strategie der **Marktdurchdringung** (Intensivierungsstrategie) beinhaltet die Ausschöpfung des Marktpotentials vorhandener Produkte in bestehenden Märkten. Die Marktdurchdringungsstrategie besteht im wesentlichen in einer Verstärkung der Marketinganstrengungen und stellt quasi die Plattform dar, von der aus alle anderen strategischen Planungen ihren Ausgangspunkt nehmen. Bei dieser Strategie sind grundsätzlich drei Ansatzpunkte möglich, die auch kombiniert verfolgt werden können:

- Erhöhung (Intensivierung) der Produktverwendung bei bestehenden Kunden, beispielsweise durch die Schaffung neuer Anwendungsbereiche oder die Beschleunigung des Ersatzbedarfs durch künstliche Obsoleszenz (Veralterung).

- Gewinnung von Kunden, die bisher bei der Konkurrenz gekauft haben, für das eigene Produkt. Dies kann zum Beispiel durch direkte oder indirekte Preisreduktionen (umfangreichere Ausstattung bei gleichbleibendem Preis), Verkaufsförderungsaktionen oder eine Verbesserung der Warenpräsentation im Einzelhandel erreicht werden.

- Gewinnung bisheriger Nichtverwender des Produktes, zum Beispiel durch Warenprobenverteilung oder die Einschaltung neuer Vertriebskanäle.

Bei der Strategie der **Marktentwicklung** wird angestrebt, für die gegenwärtigen Produkte einen neuen oder mehrere neue Märkte zu finden. Der Versuch, weitere Marktchancen für ein bestehendes Produkt aufzudecken, umfaßt folgende Ansatzpunkte:

- Erschließung zusätzlicher Absatzmärkte durch regionale, nationale oder internationale Ausdehnung.

- Gewinnung neuer Marktsegmente, beispielsweise durch speziell auf bestimmte Zielgruppen abgestimmte Produktvarianten beziehungsweise „psychologische" Produktdifferenzierung durch Werbemaßnahmen.

Die Strategie der **Produktentwicklung** basiert auf der Überlegung, für bestehende Märkte neue Produkte zu entwickeln. Als grundlegende Alternativen bieten sich an:

- Schaffung von Innovationen im Sinne echter Marktneuheiten,
- Programmerweiterung durch Entwicklung zusätzlicher Produktvarianten.

Die **Diversifikationsstrategie** ist durch die Ausrichtung der Unternehmensaktivitäten auf neue Produkte für neue Märkte charakterisiert. Je nach dem Grad der mit dieser Strategie verfolgten Risikostreuung beziehungsweise dem Risikoausmaß lassen sich folgende Typen von Diversifikationsstrategien unterscheiden (Ansoff 1966, S. 152 ff.; Yip 1982, S. 129 ff.; Aaker 1998):

- Die **horizontale Diversifikation** kennzeichnet die Erweiterung des bestehenden Produktprogramms um Erzeugnisse, die mit diesem noch in sachlichem Zusammenhang stehen, indem zum Beispiel gleiche Werkstoffe oder verwandte Technologien verwendet, vorhandene Vertriebssysteme genutzt oder verwandte Teilmärkte beliefert werden (zum Beispiel erweitert ein PKW-Hersteller sein Produktprogramm um leichte LKWs).

- Die **vertikale Diversifikation** entspricht der Vergrößerung der Tiefe eines Programms sowohl in Richtung Absatz der bisherigen Erzeugnisse (sogenannte Vorwärtsintegration) als auch in Richtung Herkunft der Rohstoffe und Produktionsmittel (sogenannte Rückwärtsintegration). Beispielsweise kauft der PKW-Hersteller BMW bislang eigenständige Autohandelsbetriebe auf und betreibt damit eine vertikale Diversifikation.

- Die **laterale Diversifikation** bedeutet den Vorstoß in völlig neue Produkt- und Marktgebiete, wobei die Unternehmung aus dem Rahmen ihrer traditionellen Branche ausbricht und in weitabliegenden Aktivitätsfeldern tätig wird. Da ein sachlicher Zusammenhang zum bisherigen Geschäft nicht mehr besteht, ist dies die chancen- und zugleich risikoreichste der drei Diversifikationsarten. Hier kann beispielhaft auf den Kauf des Büromaschinenherstellers Triumph-Adler durch den Automobilhersteller Volkswagen in den achtziger Jahren verwiesen werden.

Als wesentliches Entscheidungskriterium für die Auswahl der zu verfolgenden Strategien der Ansoffschen Produkt-Markt-Matrix kann der **Grad der Synergienutzung** angesehen werden. Während die Marktdurchdringungsstrategie das höchste Synergiepotential aufweist, lassen sich im Falle der Diversifikation kaum noch Synergien zum bestehenden Geschäft nutzen. Eine Ziellücke sollte daher nach Möglichkeit entsprechend der in Abbildung 3-4 dargestellten Reihenfolge geschlossen werden.

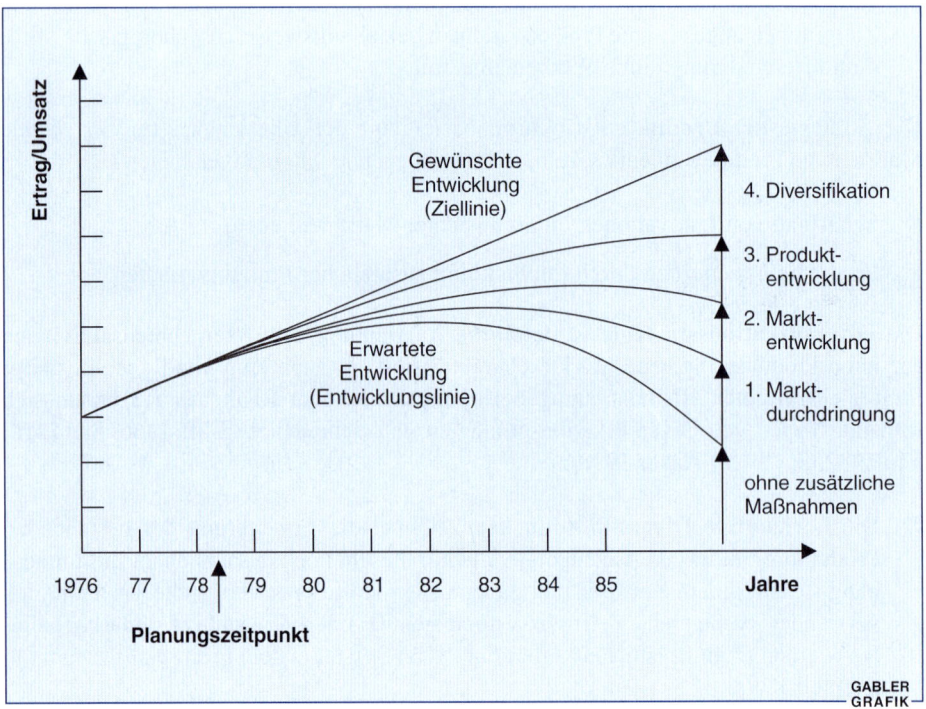

Abbildung 3-4: Schließung einer Ziellücke durch die Strategien der Produkt-Markt-Matrix
(Quelle: Becker 1983, S. 197)

In Abbildung 3-5 sind die vier marktfeldstrategischen Optionen am Beispiel einer deutschen Reederei, die sich auf Flußkreuzfahrten spezialisiert hat, dargestellt. Den Ausgangspunkt für die Planung der strategischen Stoßrichtung bildete die Feststellung eine Ziellücke. Die vom Unternehmen für die kommenden fünf Jahre geplanten Umsatz- und Deckungsbeitragszuwächse waren

Drittes Kapitel — Aktionsgrundlagen der Marketingentscheidung

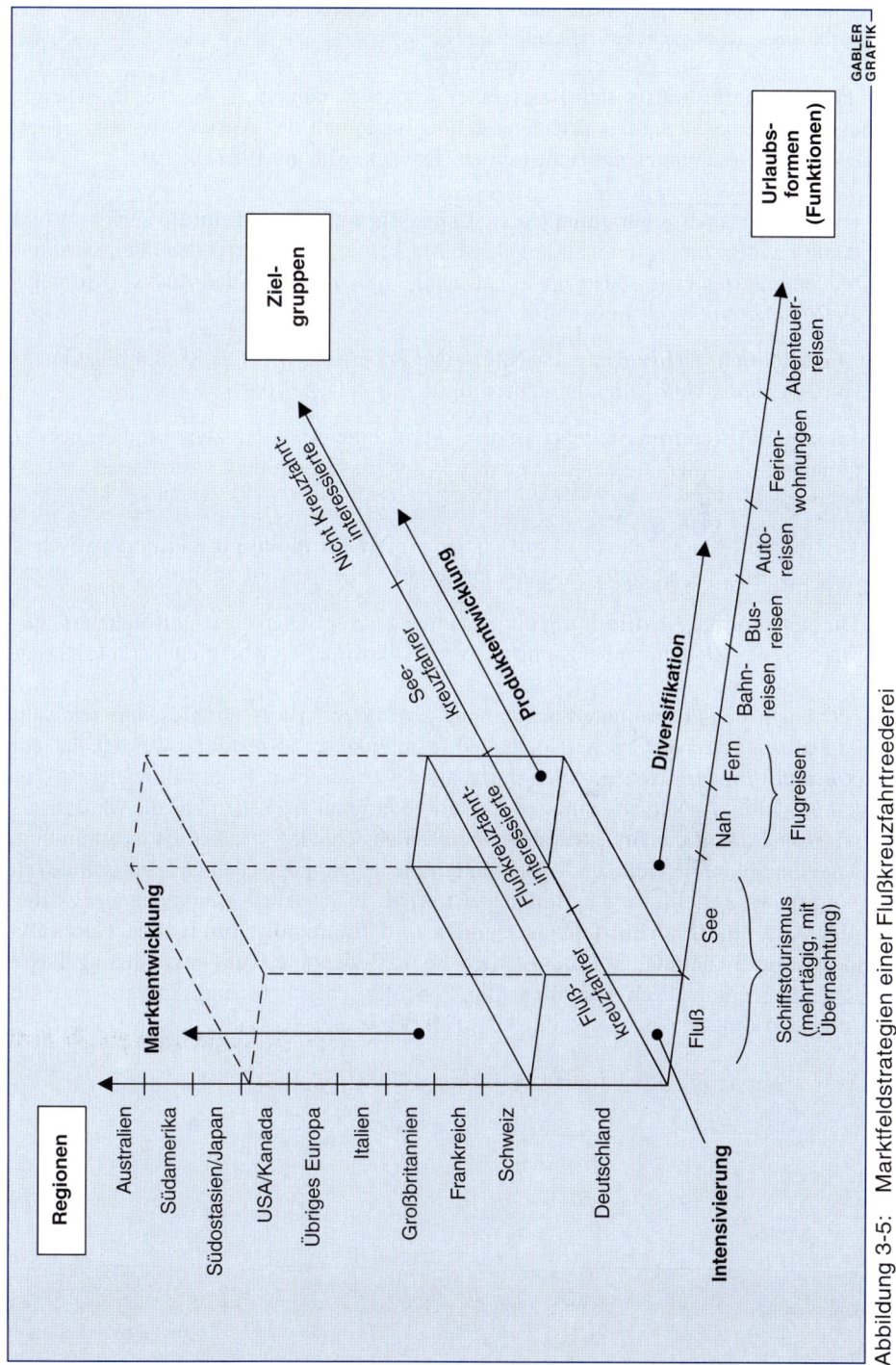

Abbildung 3-5: Marktfeldstrategien einer Flußkreuzfahrtreederei

nach Einschätzung des Managements durch eine einfache Fortschreibung der bislang verfolgten Unternehmensstrategie nicht zu erreichen.

Die Produkt-Markt-Matrix auf Basis einer Lückenplanung war das vorherrschende strategische Denkschema der sechziger Jahre. Bezüglich des **Aussagewertes** müssen folgende Einschränkungen gemacht werden (Roventa/Mauthe 1982, S. 191):

- Die strategischen Stoßrichtungen sind **einseitig auf Wachstum ausgerichtet** und damit unvollständig. Beim strategischen Marketing in stagnierenden oder schrumpfenden Märkten erweisen sich vielfach auch Desinvestitions- und Rückzugsstrategien (Schmidt 1994) als notwendig.

- **Marktteilnehmerbezogene Aspekte**, insbesondere die wichtige Konkurrenzdimension, werden nicht explizit berücksichtigt.

- **Interne Stärken und Schwächen** des Unternehmens werden zwar implizit bei der strategischen Alternativensuche zugrunde gelegt, jedoch nicht systematisch aufgespürt.

- Die Produkt-Markt-Matrix ist zu sehr an einer **Extrapolation** und pragmatischen Verbesserung bestehender Zustände orientiert.

- Die **notwendige Abstimmung** der einzelnen strategischen Geschäftseinheiten hinsichtlich der Ressourcenbelastung und der Risikosituation wird nicht berücksichtigt.

Aus der Sicht des Gesamtunternehmens müssen die auf Basis der Geschäftsfeldwahl gebildeten strategischen Geschäftseinheiten so aufeinander abgestimmt werden, daß ein **Risiko- und Finanzmittelausgleich** innerhalb des Unternehmens gewährleistet ist. Zur Sicherung dieses Ausgleichs muß auf Gesamtunternehmensebene über die Marktbearbeitungs- und damit die **Investitionsprioritäten** entschieden werden. Es ist somit eine Entscheidung über die Höhe der Finanzmittel, die den strategischen Geschäftseinheiten zur Verfügung gestellt werden sollen, zu treffen. In diesem Zusammenhang ist **der richtige Mix aus finanzmittelfreisetzenden und finanzmittelbindenden Geschäftseinheiten** zur Sicherung der Liquidität von hoher Bedeutung. Zur Unterstützung dieser Entscheidung eignen sich vor allem die Portfolio-, die Erfahrungskurven- und die Marktlebenszyklusanalyse.

1.14 Ableitung von Normstrategien

1.141 Normstrategien auf Basis der Portfolioanalyse

Die grundsätzliche Vorgehensweise einer Portfolioanalyse besteht darin, die Chancen und Risiken der strategischen Geschäftseinheiten durch ein System von Bestimmungsfaktoren zum Ausdruck zu bringen. Gruppiert man diese Bestimmungsfaktoren in **zwei Hauptdimensionen**, so läßt sich unabhängig von ihrer konkreten Ausprägung eine zweidimensionale Matrix aufstellen, in die sich die strategischen Geschäftseinheiten des Unternehmens positionieren lassen. Hierbei wird eine der Achsendimensionen zumeist von solchen Faktoren bestimmt, die die Unternehmensleitung direkt beeinflussen kann (zum Beispiel Marktanteil, relative Wettbewerbsvorteile). Die zweite Dimension wird durch nicht beziehungsweise nur indirekt durch die Unternehmensleitung beeinflußbare Faktoren bestimmt, die weitgehend am Markt orientiert sind, wie zum Beispiel das Marktvolumen, das Produktlebenszyklusstadium oder das Marktwachstum. Ist die Auswahl der relevanten Faktoren durchgeführt, werden die verschiedenen strategischen Geschäftseinheiten beurteilt und in der Matrix positioniert.

Um die Marktstellung einer strategischen Geschäftseinheit und die damit einhergehenden Erfolgspotentiale beurteilen zu können, sind die **langfristigen Erfolgsdeterminanten (Schlüsselgrößen) der SGE** zu analysieren (Köhler 1981, S. 273). Je nach Anspruchsniveau beziehungsweise Genauigkeitsgrad der Diagnose kann die Auswahl der Erfolgsfaktoren aufgrund von Kreativität, Intuition, Plausibilitätsüberlegungen oder aufgrund empirischer Untersuchungen erfolgen (Schröder 1994). Viele Portfolio-Analysen knüpfen dabei an die empirischen Ergebnisse des **PIMS-Projektes** (Profit Impact of Market Strategies) an. Danach kommt dem Marktanteil eine zentrale Bedeutung für die Gewinnerzielung, den Return on Investment (RoI) sowie den Cash-flow zu (Buzzell/Gale 1989, S. 60 ff.).

Der auf Basis des PIMS-Projektes ermittelte positive Zusammenhang zwischen dem Marktanteil und der Rentabilität (RoI) einer strategischen Geschäftseinheit wurde in zahlreichen empirischen Studien überprüft. Dabei zeigten sich teilweise widersprüchliche Ergebnisse. In einer Meta-Analyse untersuchten Szymanski, Sundar und Varadarajan (1993) diesbezüglich die Ergebnisse und das Forschungsdesign von insgesamt 76 wissenschaftlichen Untersuchungen im Zeitraum von 1971 bis 1991. In der Mehrzahl der untersuchten Geschäftseinheiten konnte die positive Beziehung zwischen Marktanteil und RoI bestätigt werden. Szymanski et al. konnten darüber hinaus jedoch auch nachweisen, daß die Richtung und Stärke dieser Beziehung von zahlreichen weiteren Einflüssen bestimmt wird.

Abbildung 3-6 zeigt die im Rahmen der Meta-Analyse aufgedeckten Determinanten, die die positive Beziehung zwischen Marktanteil und RoI verstärken oder abschwächen. Alle Einflußfaktoren zusammengenommen können insgesamt 52 Prozent des tatsächlich zu beobachtenden RoI erklären. Deutlich wird bei der Meta-Analyse aber vor allem, daß die positive Beziehung zwischen

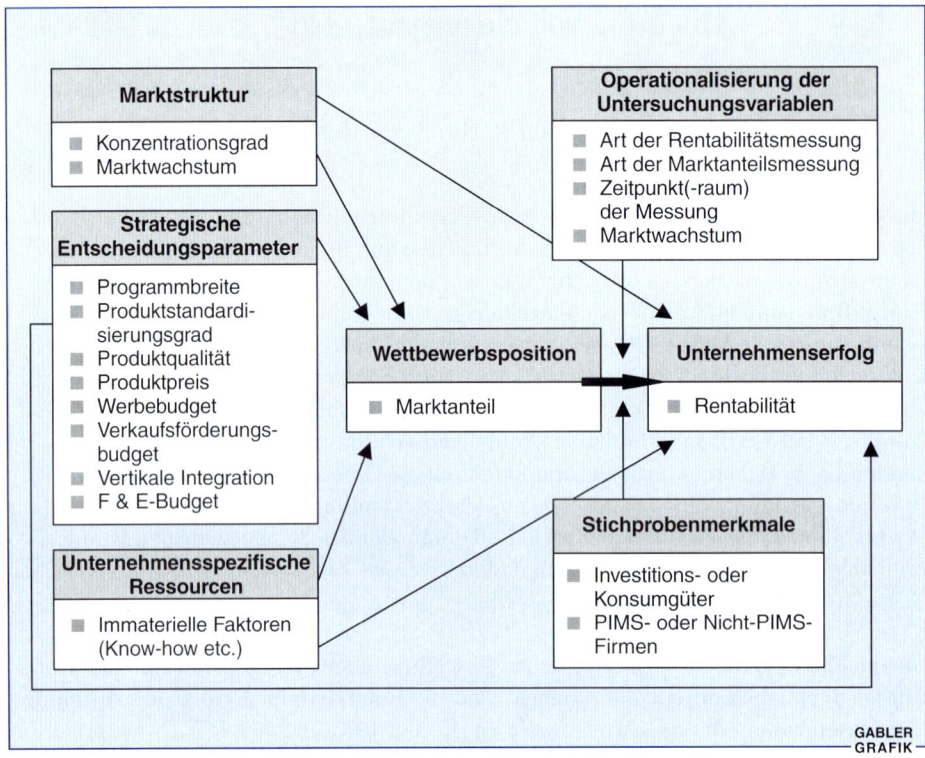

Abbildung 3-6: Einflußfaktoren der Marktanteils-RoI-Beziehung
(Quelle: Szymanski/Sundar/Varadarajan 1993, S. 4)

Marktanteil und RoI in vielen Studien eine Folge der Vernachlässigung wichtiger anderer RoI-Determinanten ist (zum Beispiel Marketing-Know-how, Vertriebsstrategie, Produkt- und Servicequalität). Die explizite Berücksichtigung des Einflusses dieser spezifischen Unternehmensressourcen führte in vielen Fällen zu einer deutlichen Abschwächung der Beziehung zwischen Marktanteil und RoI. Letztlich bleibt somit trotz der Vielzahl empirischer Studien unklar, welche konkreten Maßnahmen zu einer Steigerung des Marktanteils führen und wie diese Maßnahmen, insbesondere in welcher Kombination, den RoI beeinflussen.

Eine Erklärung für die **Erfolgsrelevanz des Marktanteils** findet sich in drei verschiedenen Ansätzen:

- Mit steigendem Marktanteil wächst die Betriebsgröße (dabei wird ein stagnierender oder wachsender Gesamtmarkt unterstellt). Damit können Betriebsgrößenvorteile, sogenannte **Economies-of-Scale** genutzt werden (zum Beispiel günstigere Einkaufskonditionen als Folge von Mengenrabatten, sinkende Stückkosten wegen günstigerer Verwaltungskostenumlage).

▪ Bei hohen Marktanteilen lassen sich **Erfahrungskurveneffekte** realisieren. Das Unternehmen profitiert von den mit zunehmenden kumulierten Produktionszahlen gesammelten Erfahrungen und nutzt diese zur Reduktion der Stückkosten.

▪ Hohe Marktanteile führen in der Regel zu einer höheren **Marktmacht** des Unternehmens. Aufgrund dieser Marktmacht kann beispielsweise der Zugang zu bestimmten Vertriebskanälen oder Lieferanten für Wettbewerber versperrt werden.

Die Kenntnis der Erfolgsrelevanz des Marktanteils (als aggregiertem Indikator des Unternehmensverhaltens beziehungsweise der Unternehmensressourcen) und des Marktwachstums (als aggregierter Indikator der Marktsituation) hat im Rahmen der Portfolioanalyse zur Entwicklung einer **Vier-Felder-Matrix** durch die Boston Consulting Group und zu einer differenzierteren **Neun-Felder-Matrix** durch McKinsey geführt. Darüber hinaus wurden zahlreiche weitere Formen der Portfolioanalyse entwickelt (vgl. Welge/Al-Laham 1999, S. 237).

Bei der in Abbildung 3-7 dargestellten Neun-Felder-Matrix werden als Hauptdimensionen die „**Marktattraktivität**" und die „**relativen Wettbewerbsvorteile**" genannt. Dabei wird die Marktattraktivität mit Hilfe der vier Hauptkriterien:

▪ Marktwachstum und Marktgröße,
▪ Marktqualität,
▪ Versorgung mit Energie und Rohstoffen,
▪ Umweltsituation

dargestellt, die sich jeweils aus mehreren Subkriterien zusammensetzen.

Zur Bestimmung der relativen Wettbewerbsvorteile (mit Bezug auf den stärksten Wettbewerber) werden die vier Hauptkriterien

▪ relative Marktposition (unter anderem relativer Marktanteil im Verhältnis zum Hauptwettbewerber beziehungsweise den drei größten Wettbewerbern),
▪ relatives Produktionspotential,
▪ relatives F & E-Potential,
▪ relative Qualifikation der Führungskräfte und Mitarbeiter

herangezogen. Je nach Unternehmenssituation werden die relevanten Beurteilungsdimensionen festgelegt und ihre Bedeutung durch Gewichte zum Ausdruck gebracht.

Das Portfolio-Management als Weiterentwicklung der Portfolioanalyse geht von der Grundüberlegung aus, daß sich aus der Ist-Position der strategischen Geschäftseinheit unmittelbar sogenannte Normstrategien (vgl. Abbildung 3-7) ableiten lassen (Meffert/Wehrle 1982, S. 23 f.; Naumann 1982, S. 230 ff.; Hinterhuber 1983). **Investitions- und Wachstumsstrategien** werden für die strategischen Geschäftsbereiche formuliert, deren

Planung von Unternehmens- und Marketingstrategien

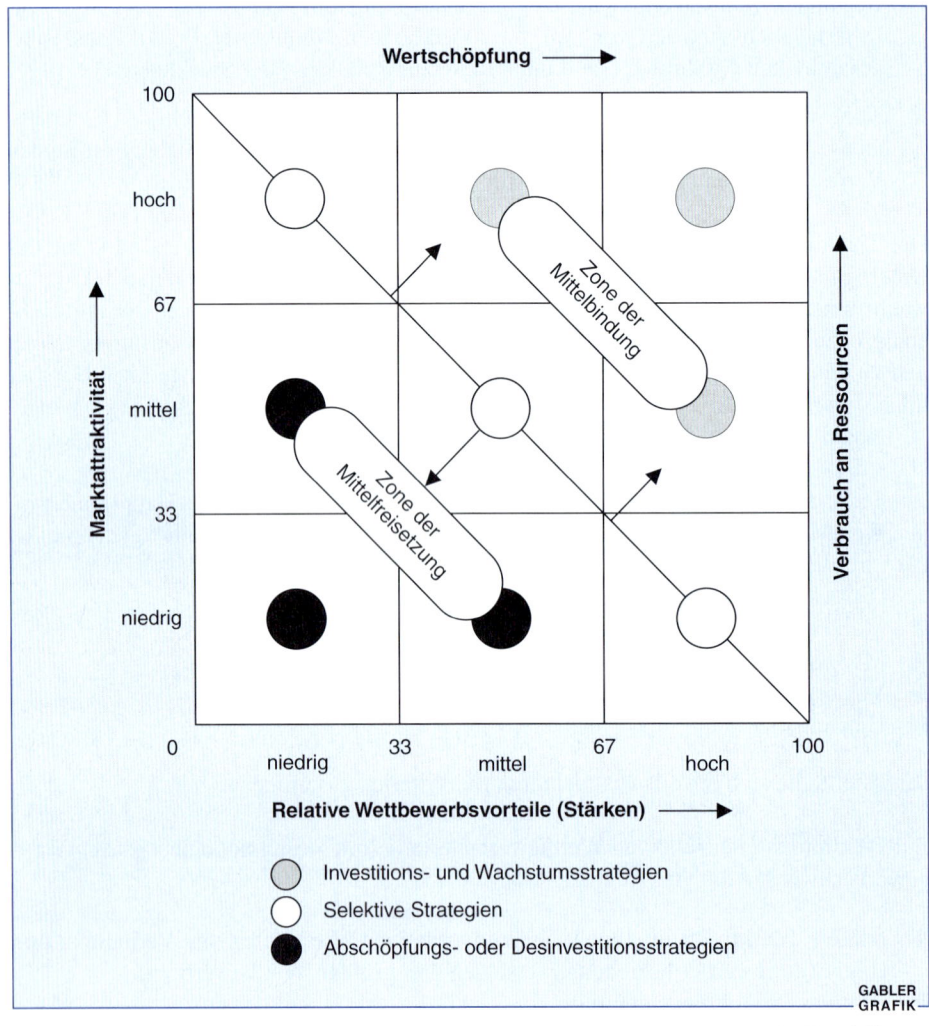

Abbildung 3-7: Normstrategien im Marktattraktivitäts-Wettbewerbsvorteile-Portfolio
(Quelle: Hinterhuber 1983)

Marktattraktivität und relative Wettbewerbsvorteile jeweils als mittel bis hoch beurteilt werden. Strategische Geschäftseinheiten mit niedriger oder mittlerer Marktattraktivität und gleichzeitig kleinen bis mittleren Wettbewerbsvorteilen erfordern im allgemeinen eine **Abschöpfungs- und Desinvestitionsstrategie**.

Die Ableitung von Normstrategien für strategische Geschäftseinheiten in den mittleren Feldern ist relativ schwierig. Man unterscheidet drei Arten von selektiven Strategien – Offensivstrategien, Defensivstrategien und Übergangsstrategien (Hinterhuber 1983) –, je nachdem, ob eine entscheidende Positionsverbesserung für die SGE realisiert werden kann oder nicht. Ein günstiges **Zielportfolio** (Becker 1993, S. 367) gilt dann als erreicht, wenn den Geschäftsfeldern im Investitionsbereich entsprechende Geschäftsfelder im Abschöpfungsbereich gegenüberstehen. In diesem Sinne verdeutlicht die Portfolioanalyse dem Marketingmanager, daß seine Aufgabe nicht immer in der Erhöhung von Umsatz und Marktanteil liegt, sondern auch die Erarbeitung von Rückzugs- oder Marktaustrittsstrategien umfassen kann (Schmidt 1994).

1.142 Normstrategien auf Basis der Erfahrungskurvenanalyse

Die Erfahrungskurvenanalyse baut ebenso wie die Portfolioanalyse auf der zentralen Rolle des **Marktanteils und des Marktwachstums als Schlüsselfaktoren zur Erklärung des Unternehmenserfolges** auf.

Der Erfahrungskurveneffekt wurde erstmals Ende der sechziger Jahre im Rahmen empirischer Untersuchungen der Boston Consulting Group über die Preis- und Kostenentwicklung in verschiedenen Branchen festgestellt (Henderson 1974). **Der Erfahrungskurveneffekt besagt, daß die realen (nicht inflationierten) Stückkosten eines Produktes durchschnittlich um einen relativ konstanten Betrag von 20 bis 30 Prozent zurückgehen, sobald sich die in kumulierten Produktionsmengen ausgedrückte Produkterfahrung verdoppelt** (Henderson 1974, S. 19). Der Erfahrungskurveneffekt ist dabei nicht als quasi gesetzmäßige Kostenreduktion zu verstehen, sondern lediglich ein Kostensenkungspotential. Dieses Kostensenkungspotential läßt sich nur dann realisieren, wenn alle Lerneffekte, Produkt- und Verfahrensinnovationen etc. konsequent genutzt werden. Darüber hinaus bezieht sich das Kostensenkungspotential lediglich auf die Wertschöpfung des Unternehmens.

Wird der Kostenverlauf in Abhängigkeit von der kumulierten Menge graphisch dargestellt, ergibt sich der in Abbildung 3-8 gezeigte Kurvenverlauf.

In der Praxis lassen sich zahlreiche Beispiele für die Realisation von Erfahrungskurveneffekten finden (vgl. Abbildung 3-9).

Für die strategische Unternehmens- und Marketingplanung kommt der Analyse von Erfahrungskurven eine erhebliche Bedeutung zu, denn das Vorhandensein und die Kenntnis über den Verlauf der jeweils gültigen Erfahrungskurve ermöglicht (Bamberger 1981, S. 99 f.; Becker 1993, S. 358):

- die langfristige Prognose der Kostenentwicklung,
- die langfristige Prognose der Preisentwicklung (wenn unterstellt wird, daß sich die Preisentwicklung zumindest längerfristig an der Kostenentwicklung orientiert),

Planung von Unternehmens- und Marketingstrategien

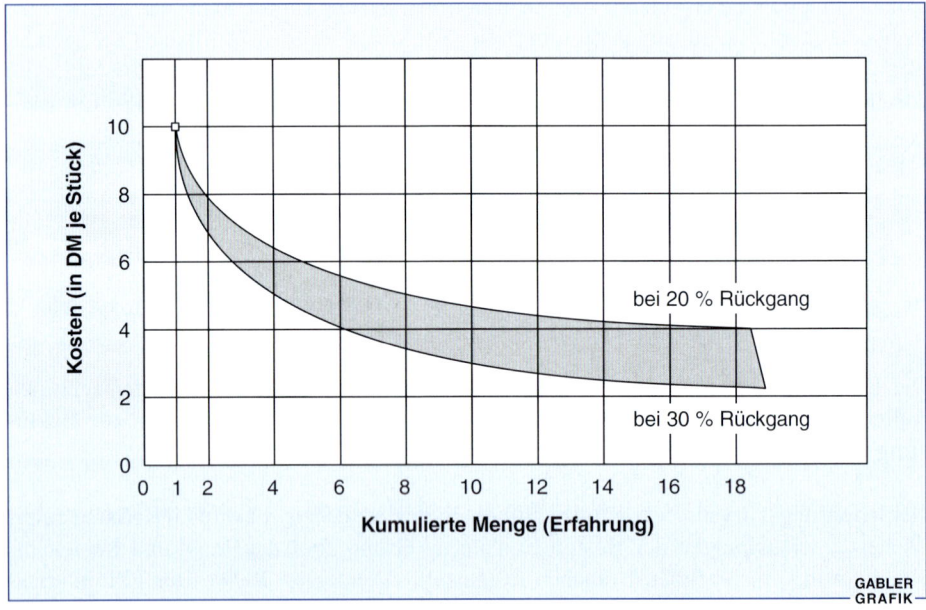

Abbildung 3-8: Die Erfahrungskurve bei linear eingeteilten Ordinaten
(Quelle: Gälweiler 1974, S. 243)

- die langfristige Prognose von Gewinnpotentialen,
- die Prognose der Kosten- und Gewinnauswirkungen einer Marktanteilsveränderung,
- die Ermittlung der Kostenentwicklung und damit des preispolitischen Spielraumes der Konkurrenten, wenn deren Marktanteile beziehungsweise Produktionsmengen bekannt sind.

Die Unternehmung mit dem höchsten Marktanteil besitzt bei gleichem Markteintrittszeitpunkt grundsätzlich ein höheres Kostensenkungspotential als die Konkurrenten. Zum anderen steigt mit wachsendem Marktanteil das Gewinnpotential, wenn es zu keiner Senkung des Marktpreises kommt. Da zudem die Höhe des Kostensenkungspotentials von der Stärke des Marktwachstums determiniert wird, erweisen sich solche Strategien regelmäßig als besonders erfolgreich, die einen möglichst hohen Marktanteil in stark wachsenden Märkten anstreben (Hahn 1982).

Die Kenntnis der jeweils geltenden Erfahrungskurven erlaubt die Ableitung von **Normstrategien im Sinne von Investitions- und Desinvestitionsentscheidungen** für die einzelnen strategischen Geschäftseinheiten. Die Nutzung der durch Erfahrungskurveneffekte entstehenden Kostensenkungspotentiale erfordert in der Regel hohe Investitionen. Diese sind beispielsweise erforderlich für den Aufbau großer Produktionskapazitäten, die Sicherstellung eines hohen Werbebudgets zur Unterstützung des Marktanteils-

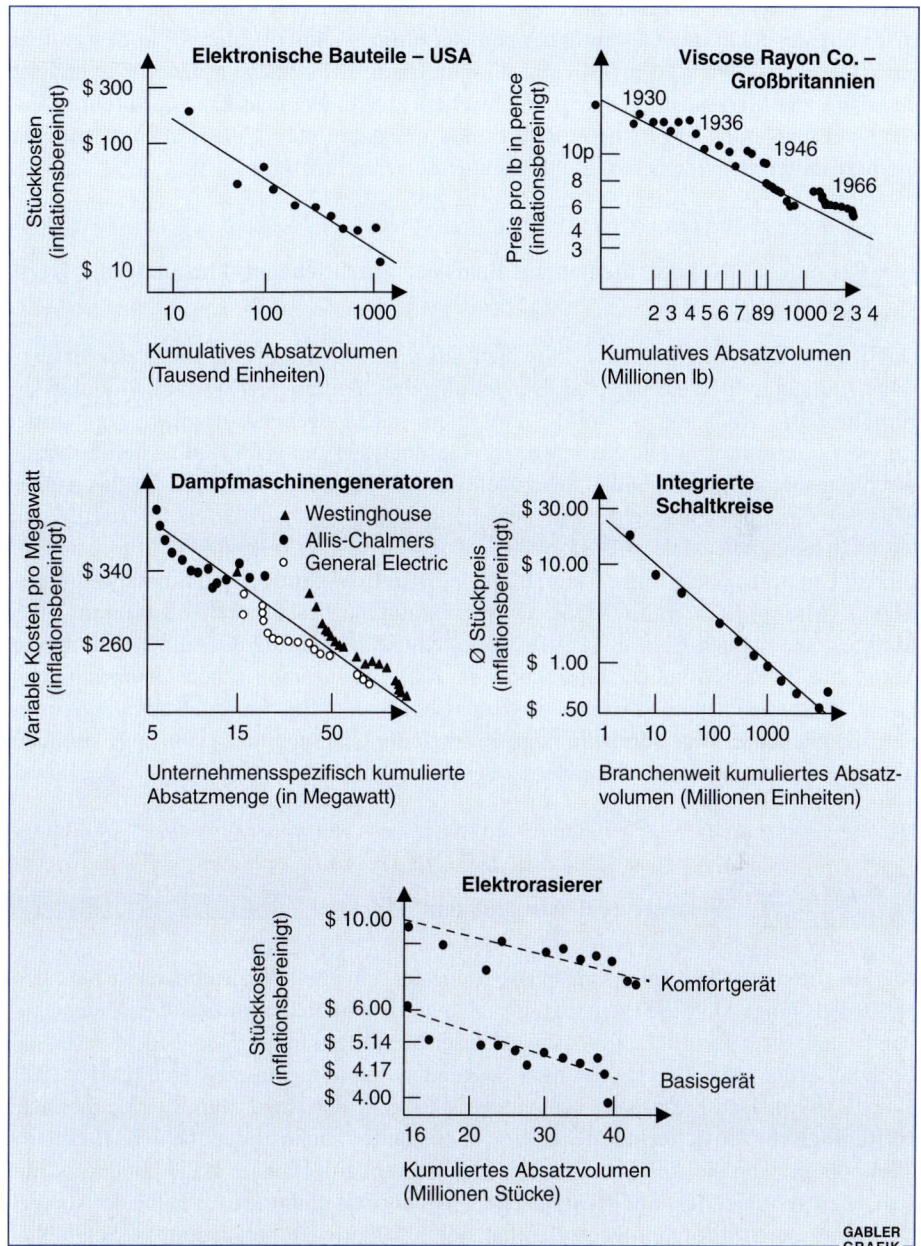

Abbildung 3-9: Beispiele realer Erfahrungskurven
(Quelle: Kerin/Mahajan/Varadarajan 1990, S. 118)

wachstums oder den Aufbau einer hohen Distributionsdichte. Vor diesem Hintergrund ist es aus der Sicht des Gesamtunternehmens oftmals sinnvoll, massiv in den Aufbau einer Geschäftseinheit zu investieren, um langfristig Erfahrungskurveneffekte erzielen und damit die Marktposition dauerhaft absichern zu können. Dies kann dazu führen, daß zur Sicherung eines langfristigen Risiko- und Finanzmittelausgleichs auf Investitionen in kurzfristig ertragsreichere Geschäftseinheiten verzichtet wird.

1.143 Normstrategien auf Basis der Marktlebenszyklusanalyse

Das Konzept des Marktlebenszyklus dient als eigenständiges Instrument der strategischen Planung. In idealtypischer Darstellung durchlaufen Märkte und Produkte die Einführungs-, Wachstums-, Reife-, Sättigungs- und Degenerationsphase (vgl. drittes Kapitel, Abschnitt 2.3). Die Marktlebenszyklusanalyse kann zur Typologisierung strategisch relevanter Situationen herangezogen werden. Sie liefert Hinweise für das Auffinden von Grundsatzentscheidungen beziehungsweise Normstrategien für strategische Geschäftseinheiten (Meffert 1983, S. 20f.). Die strategische Relevanz der Marktsituation für den Unternehmenserfolg basiert auf dem **„Structure-conduct-performance"-Paradigma** (Mason 1939; Bain 1956). Dieses Paradigma besagt, daß die Struktur eines Marktes einen hohen Einfluß auf das Verhalten und den Erfolg der Anbieter in diesem Markt hat. Diese Grundannahme wurde in zahlreichen empirischen Untersuchungen bestätigt. Studien neueren Datums kommen dabei zu dem Ergebnis, daß circa 20 Prozent des finanziellen Erfolgs durch die Zugehörigkeit der Unternehmen zu einem bestimmten Markt beziehungsweise einer Branche zu erklären ist (Montgomery/Porter 1996; Powell 1996).

1.1431 Normstrategien in „jungen" Märkten

Märkte, die sich in der Einführungsphase sowie der schnellen Wachstumsphase befinden, werden als junge Märkte bezeichnet. Unabhängig von branchenspezifischen Unterschieden besteht die wesentliche Eigenschaft dieser Märkte aus strategischer Sicht darin, daß noch keine auf speziellen Erfahrungen begründeten Spielregeln existieren (Porter 1997; Hamel 1996). Darüber hinaus sind junge Märkte in der Regel durch eine erhebliche **technologische Unsicherheit** gekennzeichnet. Häufig konkurrieren mehrere alternative Technologien um die Anerkennung als Industriestandard. Hand in Hand mit der technologischen geht vielfach eine **strategische Unsicherheit** einher. Noch keine der von den Wettbewerbern verfolgten Strategien hat sich als überlegen herausgestellt. Schließlich sind die für das Marketing gravierenden Verunsicherungen auf der Kundenseite hervorzuheben, die unter anderem aus der Vielzahl alternativer Produktkonzepte, technologischer Varianten und sich widersprechender Behauptungen einer Vielzahl oftmals kleiner Wettbewerber resultieren (Walters 1984).

Beispielhaft kann in diesem Zusammenhang auf die Einführung des digitalen Fernsehens in Deutschland durch die Bertelsmann AG (Club-RTL) und die Kirch-Gruppe (DF-1) verwiesen werden. Hier bestand während der Entwicklungsphase eine hohe technische Unsicherheit über die Akzeptanz der Kunden bezüglich der von beiden Anbietern unabhängig voneinander entwickelten, nicht kompatiblen Decodersysteme, die zum Empfang der digitalen Programme notwendig sind. Zusätzlich herrschte auf seiten der Bertelsmann AG eine ausgeprägte Vermarktungsunsicherheit hinsichtlich der richtigen Marketingstrategie. Im Rahmen des Beschaffungsmarketing stellte die Versorgung der digitalen Fernsehprogramme mit attraktiven Filmen einen zentralen Engpaß dar. Diesen Versorgungsengpaß hatte die Kirch-Gruppe durch den frühzeitigen Abschluß langfristiger Lizenzvereinbarungen mit den großen amerikanischen Filmstudios behoben. Auf der Absatzseite mußte Bertelsmann das Problem der Positionierung und Abgrenzung von Club-RTL gegenüber dem ebenfalls zu Bertelsmann gehörenden (analogen) Pay-TV-Sender Premiere lösen. Diese hohe Verunsicherung und die Tatsache, daß DF-1 bereits im Juli 1996, mehrere Monate vor Bertelsmann, der Markteintritt gelang, führte kurz vor dem geplanten Markteintrittszeitpunkt zu einer zeitlich unbestimmten Verschiebung der Einführungspläne der Bertelsmann AG.

In besonderem Maße treffen diese Erscheinungen auf die sogenannten **„High-Tech" Märkte** zu. Zur Abgrenzung von High-Tech Märkten werden verschiedene Konzepte diskutiert (Moriarty/Kosnik 1989). Hier sollen als solche wachsende Märkte bezeichnet werden, in denen der F&E-Aufwand das Doppelte des Industriedurchschnitts eines Landes beträgt (zum Beispiel Informations- und Kommunikationstechnik, Biotechnologie, Luft- und Raumfahrt). Hier stehen Unternehmen dem **„Paradoxon des High-Tech Managements"** (Maidique/Hayes 1984) gegenüber: Den in diesen Branchen immer länger werdenden Entstehungszyklen von Produkten aufgrund des hohen Innovationsgrades und der wachsenden Technologiekomplexität auf der einen Seite und den immer kürzer werdenden Produkt- beziehungsweise Marktlebenszyklen auf der anderen Seite (Pfeiffer 1985; Popper/Buskirk 1992). Die kurze Präsenz der Produkte am Markt ist mit hohen Investitionen und einem oftmals rapiden Preisverfall verbunden.

Aus der spezifischen Situation junger Märkte lassen sich Normstrategien für strategische Geschäftseinheiten ableiten. Die Bedeutung der Technologie als zentraler Erfolgsfaktor in jungen Märkten führt zu der Notwendigkeit hoher Investitionen in die Forschung und Entwicklung. Diese Investitionen sind mit dem hohen Risiko verbunden, für die eigene Technologie im Markt keine ausreichende Akzeptanz zu finden. Vor diesem Hintergrund kommt der **Planung des Markteintritts**, das heißt der Festlegung des Markteintrittszeitpunktes und der Markteintrittsform, eine hohe Bedeutung zu.

Die Wichtigkeit des **Markteintrittszeitpunktes** (Timing-Strategie) resultiert aus dem Paradoxon des High-Tech Marketing. Wird der richtige Eintrittszeitpunkt versäumt, gerät das Unternehmen schnell in eine „Zeitfalle", in der die hohen F&E-Investitionen innerhalb der kurzen Vermarktungszeit des Produktes nicht mehr erwirtschaftet werden können. Als Grundtypen von Timing-Strategien werden die **Pionier- sowie die frühe und späte Folgerstrategie** unterschieden. Während der Pionier als erster Anbieter in einen Markt eintritt und diesen aufbaut und erschließt, tritt der frühe Folger nach dem Pionier ein. Der späte Folger tritt erst nach dem sogenannten „take-off" in den Markt ein,

Planung von Unternehmens- und Marketingstrategien

das heißt, nachdem ein Erfolg der ersten Anbieter im Sinne eines sich deutlich beschleunigenden Marktwachstums zu erkennen ist. Zu einer ersten Grobeinschätzung des im Einzelfall adäquaten Markteintrittszeitpunktes können die in Abbildung 3-10 genannten Kriterien herangezogen werden.

Situationsvariable	Begünstigt eher den Führer	Begünstigt eher den Folger
1. Unternehmen		
– strategische Grundhaltung	offensiv	defensiv
– Risikoneigung	groß	gering
– Ressourcenstärke	groß	gering
2. Technologie		
– Übereinstimmung mit bisherigem Fertigungsprogramm	groß	gering
– Einsatz vorhandener Fertigungsanlagen	möglich	nicht/kaum möglich
– Erfahrung mit der Fertigungstechnologie	groß	gering
– Wettbewerbsbedeutung der Fertigungstechnologie	groß	gering
3. Produkt		
– Komplexität	nicht eindeutig	gering
– Innovationsgrad	groß	gering
– Produktwechselkosten	hoch	gering
– Normierungs- und Standardisierungstauglichkeit	groß	gering
4. Kunden		
– Anteil neuer Kunden	groß	gering
– Risikobereitschaft	groß	gering
– Anbieterpräferenzen	stark	schwach
– Erfahrung mit vergleichbaren Leistungsangeboten	groß	keine/kaum
5. Markt		
– Marktpotential	nicht eindeutig	groß
– Marktwachstum	hoch	niedrig
– distributionspolitische Eintrittsbarrieren	leicht zu errichten	schwierig zu errichten
– staatliche Reglementierung	gering	groß

Abbildung 3-10: Wichtige Einflußvariablen der unternehmerischen Timing-Entscheidung
(Quelle: von der Oelsnitz 1996, S. 110)

Im Markt der Mobilkommunikation (Handys) hat die Telekom aufgrund ihrer Monopolstellung die Pionierrolle übernommen. Als frühe Folger sind die Mobilfunkbetreiber „Mannesmann D2" und „e-plus" zu bezeichnen. Mit mehrjähriger Verspätung ist 1998 schließlich der Anbieter Viag Interkom als später Folger in den Markt eingetreten.

Der Pionier verfolgt dabei in der Regel zunächst eine Gesamtmarktabdeckung. Bei der Erschließung größerer Märkte setzt dies erhebliche Ressourcen voraus. Trotz der hohen Kosten der Markterschließung und der ungewissen Nachfrageentwicklung kommt der Pionierrolle zum Aufbau langfristig starker Marktpositionen eine hohe Bedeutung zu. Dies liegt vor allem an der Chance zum frühzeitigen Aufbau von Markt-Know-how und dem oft über mehrere Jahre wirksamen Sympathie- und Kompetenzbonus, den viele Konsumenten Pionieren zusprechen (Alpert/Kamins 1995; Alpert et al. 1996).

Hinsichtlich der Form des **Markteintritts** (Markteintrittsstrategie) können die Optionen der Neuprodukteinführung, der Akquisition und der Kooperation unterschieden werden (Remmerbach 1988; Meffert 1994a, S. 203 f.). Zur Absenkung des Investitionsbedarfs und zur leichteren Durchsetzung technologischer Standards werden in jungen Märkten dabei häufig **kooperative Strategien**, zum Beispiel im Rahmen strategischer Allianzen oder Joint Ventures, verfolgt (vgl. Abbildung 3-11). Kooperationen ermöglichen es, schon zum Zeitpunkt des Markteintritts ein umfassendes Programm verschiedener Produktvarianten, Services und komplementärer Güter (zum Beispiel Anwendungssoftware) anbieten zu können.

Zusammenfassend kann festgehalten werden, daß ähnlich wie die Normstrategien auf Basis der Portfolio- und der Erfahrungskurvenanalyse auch die Entscheidungen über den **Zeitpunkt und die Form des Markteintritts in jungen Märkten erhebliche Auswirkungen auf den Risiko- und Finanzmittelausgleich** zwischen den strategischen Geschäftseinheiten eines Unternehmens haben.

1.1432 Normstrategien in stagnierenden und schrumpfenden Märkten

Nach einer Zeit jahrzehntelangen Wachstums, in der Unternehmen weitgehend darauf bedacht waren, neue Märkte und Entwicklungen zu erkennen und durch frühzeitige Gewinnung von Marktanteilen die Unternehmensposition zu stärken, sieht sich die Unternehmensführung in den letzten Jahren verstärkt der Problematik stagnierender und schrumpfender Märkte gegenüber.

Stagnierende und schrumpfende Märkte sind kein neues Phänomen, sondern existierten in jeder Phase der volkswirtschaftlichen Entwicklung. Die Thematik gewinnt jedoch an Bedeutung, da die Zahl der Märkte ohne Wachstum ein zuvor nicht bekanntes Ausmaß erreicht hat. Schätzungen zufolge weisen 50–75 Prozent aller Branchen in Westeuropa, Japan und den USA nur noch geringe, keine oder negative Wachstumsraten auf (Bauer 1988; Harrigan 1989; Schaaff 1990). Auch wenn die Genauigkeit derartiger Schätzungen

Planung von Unternehmens- und Marketingstrategien

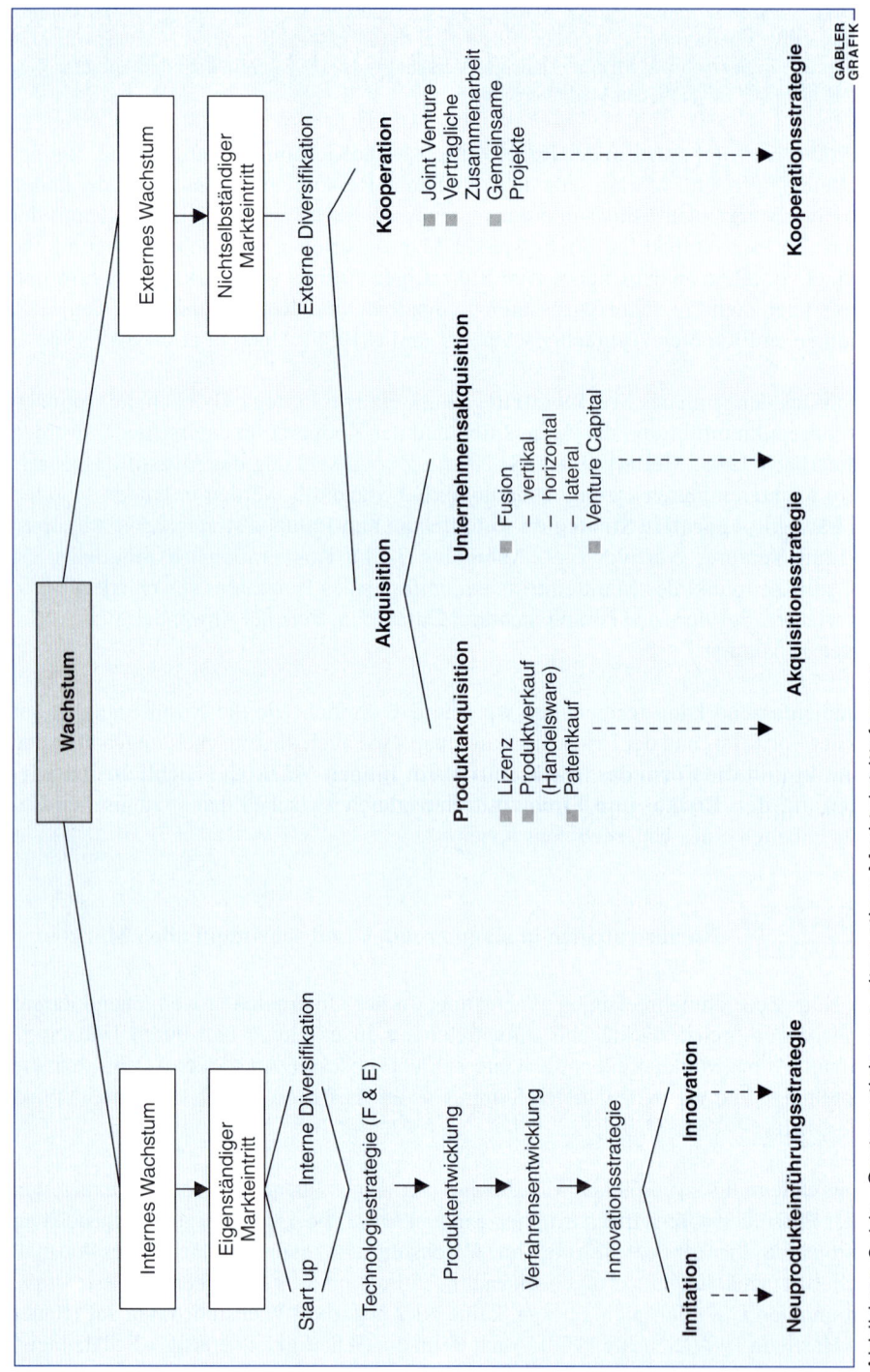

Abbildung 3-11: Systematisierung alternativer Markteintrittsformen
(In Anlehnung an Remmerbach 1988, S. 23)

aufgrund von Problemen bei der Abgrenzung von Branchen und Märkten, der Wahl geeigneter Indikatoren für die Messung der Wachstumsraten und unterschiedlicher Definitionen der Begriffe Stagnation und Schrumpfung eher vorsichtig zu betrachten sind, so wird doch deutlich, daß **eine stark zunehmende Anzahl von Branchen und Märkten von dieser Entwicklung betroffen** ist. Darüber hinaus wird die aktuelle Situation durch die Globalisierung der Märkte verschärft. Während in früheren Jahren bei Stagnation der Inlandsnachfrage Ausweichmöglichkeiten auf ausländische Märkte bestanden, so ist heute für eine Reihe von Branchen die gleichzeitige Abnahme von Wachstumsraten in allen wichtigen Ländern festzustellen.

Wesentliche **Gründe für eine Stagnation beziehungsweise Schrumpfung** des Marktvolumens liegen

- in der Marktsättigung (zum Beispiel Märkte für HiFi- und Fernsehgeräte, Kühlschränke),

- in der Entwicklung kostengünstiger und technologisch überlegener Substitutionsprodukte (zum Beispiel Stagnation bei Festnetztelefonen nach der Einführung und Penetration von Mobiltelefonen),

- in demographischen und gesellschaftlichen Veränderungen (zum Beispiel Stagnation bei Kinderbekleidung aufgrund deutlich rückläufiger Geburtenraten; Marktvolumenschrumpfung bei Fleischprodukten und einigen sehr fetthaltigen Nahrungsmitteln aufgrund stärker gesundheitsbewußten Ernährungsverhaltens) sowie

- in geänderten staatlichen Rahmenbedingungen (Stagnation bei PVC-Verpackungen aufgrund neuer Umweltschutzverordnungen; Stagnation beim Verkauf von Dieselkraftstoffen aufgrund veränderter steuerlicher Regelungen).

Als zentrale Ursache einer strukturellen Marktstagnation steht häufig die Marktsättigung im Vordergrund. Marktsättigungstendenzen beruhen auf der abnehmenden Zahl der Konsumenten und/oder einer Verringerung der durchschnittlichen Verbrauchs- beziehungsweise Verwendungsintensität (Gordon et al. 1991). Neben der mengenmäßigen Betrachtung des Absatzpotentials ist die Preisbereitschaft der Konsumenten zu berücksichtigen. Obwohl in vielen industriellen Ländern die mengenmäßige Nachfrage bereits befriedigt ist, wird durch die Schaffung von Zusatznutzen wie Prestige, Beratung oder Service und der damit einhergehenden Steigerung der Preisbereitschaft ein wertmäßiges Wachstum des Marktvolumens erreicht (Ohlsen 1985, S. 126).

Unabhängig von den konkreten, im Einzelfall zu untersuchenden Ursachen der Stagnation beziehungsweise Schrumpfung eines Marktes, kommt es zu einer Reihe von **Veränderungen im Wettbewerb** der Unternehmen. Umsatzsteigerungen sind nur noch durch Marktanteilssteigerungen möglich, mit denen ein gleichzeitiger Marktanteilsverlust der Wettbewerber einhergeht. Der **Verdrängungswettbewerb** wird verstärkt durch in der Wachstumseuphorie geschaffene Überkapazitäten, die sich in den Phasen der Stagnation und Schrumpfung negativ auf die Kostenstruktur der Unternehmen auswirken. Der steigende Kostendruck führt häufig zu starken Reaktionen der Unternehmen, die sich beispielsweise in Preiskämpfen oder einem Überangebot an Serviceleistungen niederschlagen (Hinder/Bartosch 1987, S. 11).

Auch die **Beziehungen zum Handel und zu Konsumenten** werden durch abnehmende Wachstumsraten beeinflußt. Der Anteil produkterfahrener Konsumenten steigt und das Produktangebot wird in zunehmendem Maße transparenter. Ein verstärktes Preisbewußtsein sowohl beim Konsumenten als auch beim Handel **verringert die Marken- und Lieferantentreue**. Sinkende Handelsspannen und eine tendenziell wachsende Handelsmacht, verbunden mit dem Einsatz eigener Handelsmarken, führen darüber hinaus zu einer verringerten Kooperationsbereitschaft des Handels und einem **intensivierten Preisdruck auf den Hersteller** (Meffert 1984b, S. 39; Erfmann 1988, S. 108).

Als Folge dieser Entwicklungen ist eine **Verringerung der Branchenrendite** zu beobachten, die letztlich zu einem Zwangsausstieg derjenigen Unternehmen führt, die nicht frühzeitig **Anpassungen in ihrem Zielsystem und dem SGE-Portfolio** vornehmen, geeignete Strategien entwickeln und entsprechende Maßnahmen zur Sicherung der Wettbewerbsposition ergreifen.

Zur Sicherung einer ausreichenden Umsatzrendite in stagnierenden Märkten kommt der Abstimmung („Fit") zwischen der Marketing- und der Technologiestrategie einer Unternehmung eine hohe Bedeutung zu. So wurde zum Beispiel in einer Untersuchung von 103 Unternehmen in stagnierenden Branchen der USA festgestellt, daß sich erfolgreiche Markenartikelhersteller (hohe Umsatzrendite) auf die werbliche Stärkung ihrer Marken und technische Produktverbesserungen konzentrieren. Gleichzeitig wird Prozeßinnovationen und einer umfassenden Rationalisierung der Fertigung eine eher geringe Beachtung geschenkt. Demgegenüber erzielen Unternehmen mit undifferenzierten Produkten und geringen Marketingaktivitäten immer dann relativ hohe Umsatzrenditen, wenn sie massiv in Prozeßinnovationen und Fertigungsautomation investieren (Zahra/Covin 1993).

Die charakteristischen Merkmale strategischer Geschäftseinheiten in jungen versus stagnierenden Märkten sind in Abbildung 3-12 zusammenfassend dargestellt. Es wird deutlich, daß die Stellung der strategischen Geschäftseinheiten in unterschiedlichen **Marktlebenszyklusphasen erhebliche Auswirkungen auf den Risiko- und Finanzmittelausgleich zwischen den SGE** hat. Auf Basis der Marktlebenszyklusuntersuchung der strategischen Geschäftseinheiten können ebenso wie mit der Portfolio- und Erfahrungskurvenanalyse erste Handlungsempfehlungen für die strategische Ausrichtung der SGEs abgeleitet werden.

Marktstadium / Merkmale	Junge Märkte (High-Tech Märkte)	Stagnierende und schrumpfende Märkte
1. Strategieschwerpunkt	**Produktgestaltung:** ■ Qualitätssicherung ■ Technologiebeherrschung	**Prozeßgestaltung:** ■ Rationalisierung ■ Fokussierung auf Kernprozesse (Outsourcing)
2. Finanzmittelbedarf	**Hoher Investitionsbedarf:** ■ Hoher Kapitalbedarf zur Wachstumsfinanzierung (zum Beispiel Betriebsmittel) ■ Hohe F & E-Aufwendungen ■ Hohe Markterschließungskosten	**Niedriger Investitionsbedarf:** ■ Kapitalfreisetzung durch Prozeßoptimierung (Outsourcing) ■ Kapitalfreisetzung durch Betriebsgrößenschrumpfung ■ Niedriger F & E-Aufwand ■ Gegebenenfalls hoher Kommunikationsaufwand
3. Rentabilität	**Hohe Rentabilität:** ■ Hohe Preisbereitschaft bei „Innovatoren" (Frühkäufern) ■ Geringe Wettbewerbsintensität	**Niedrige Rentabilität:** ■ Geringe Preisbereitschaft der Konsumenten ■ Viele Wettbewerber, hohe Wettbewerbsintensität ■ Preis als wichtigster Aktionsparameter der Absatzmittler (Erlösdruck beim Hersteller)
4. Risiken	**Hohes Risiko:** ■ Technologieunsicherheit ■ Strategieunsicherheit ■ Kaufverhaltensunsicherheit	**Mittleres Risiko:** ■ Marktanteilsunsicherheit aufgrund eines scharfen Verdrängungswettbewerbs

Abbildung 3-12: Charakteristische Merkmale von strategischen Geschäftseinheiten in jungen und stagnierenden Märkten

Zur Präzisierung dieser Empfehlungen kann auf die für stagnierende und schrumpfende Märkte entwickelten Normstrategien zurückgegriffen werden, die in Marktbehauptungs- und Rückzugsstrategien unterteilt werden können (Meffert 1983; Meffert 1985a; Trummer 1990; Göttgens 1996). **Marktbehauptungsstrategien** sind im wesentlichen modifizierte Formen der in den folgenden Kapiteln dargestellten allgemeinen Marketingstrategien. Sie basieren weitgehend auf der Strategiesystematik von Porter, die sich an den beiden Dimensionen „Art des Wettbewerbsvorteils" (Kosten- versus Qualitätsvorteil) und „Marktabdeckungsgrad" (Gesamtmarkt versus Nische) orientiert (Meffert 1994a, S. 230ff.).

Ist aus der Sicht des Gesamtunternehmens ein Rückzug aus bestimmten strategischen Geschäftsfeldern notwendig, ist für die SGE eine entsprechende **Rückzugs- oder Marktaustrittsstrategie** zu erarbeiten. Grundsätzlich können dabei drei Ausprägungsformen unterschieden werden: die bewußte Einengung und Konzentration der Marktbearbeitung auf wenige, noch vergleichsweise profitable Kunden, die Abschöpfungsstrategie und die Zerschlagungs- beziehungsweise Verkaufsstrategie. Bei der **Konzentrationsstrategie** wird statt eines endgültigen Rückzugs versucht, durch bewußte Verkleinerung des Geschäftsfeldes eine langfristig profitable Tätigkeit der strategischen Geschäftseinheit sicherzustellen (Trummer 1990, S. 203 ff.). Die Begrenzung der Marktbearbeitung auf eine eng abgegrenzte Zielgruppe fällt oft mit der Auslagerung (Outsourcing) wesentlicher Tätigkeiten der Geschäftseinheit zusammen (Meffert 1994b, S. 48 ff.).

Bei der **Abschöpfungsstrategie** wird demgegenüber das Ziel des langfristig vollständigen Rückzugs aus einem Geschäftsfeld verfolgt. Gleichzeitig wird jedoch versucht, die zukünftig noch zu erwartenden Cash-flows zu optimieren. Zu diesem Zweck werden gezielte Desinvestitionen vorgenommen. Hier können zum Beispiel eine Kürzung der Ausgaben für Werbung, persönlichen Verkauf und Kundendienst, eine Verschlechterung der Produktqualität oder gegebenenfalls Preiserhöhungen durchgeführt werden (Schmidt 1994). Bei einer vollständigen Einstellung aller Produktionstätigkeiten wird oft für einen begrenzten Zeitraum ausschließlich das (noch) profitable Service- und Ersatzteilgeschäft betrieben. Bei der Abschöpfungsstrategie sollen möglichst viele Finanzmittel aus der SGE herausgeholt werden, bevor sie verkauft oder geschlossen wird.

Bei der **Zerschlagungsstrategie** wird eine möglichst schnelle Einstellung aller SGE-Tätigkeiten angestrebt. Die Realisierung dieser Strategie setzt die Überwindung erheblicher **sachlicher Barrieren** (geringe Erlöse für Vermögenswerte, hohe Sozialplankosten, negative Ausstrahlungseffekte auf andere SGE) und **personeller Barrieren** voraus. Zur Umgehung dieser Barrieren kann alternativ auch ein Verkauf der gesamten SGE oder von Teilbereichen erfolgen (Trummer 1990, S. 243 ff.).

Zusammenfassend wird deutlich, daß die Ableitung von strategischen Stoßrichtungen und Normstrategien auf Basis der Portfolio-, der Marktlebenszyklus- und der Erfahrungskurvenanalyse das notwendige Bindeglied zwischen der Unternehmensstrategie und den Marketingstrategien auf der SGE-Ebene darstellt.

1.144 Risiken bei der Orientierung an Normstrategien

Bezüglich der inhaltlichen Ausgestaltung der Marketingstrategien für strategische Geschäftseinheiten vermögen die Portfolio-, Erfahrungskurven- und Marktlebenszyklusanalyse wenig beizutragen, denn die schematisierte Ableitung von Normstrategien kann die notwendige kreative Leistung bei der Strategieentwicklung nicht ersetzen.

Darüber hinaus sind die Normstrategien sowohl auf Basis der Erfahrungskurvenanalyse als auch auf Basis der Portfolioanalyse noch zu global gehalten, um materielle Aussagen bezüglich der abnehmer-, konkurrenz-, absatzmittler- und anspruchsgruppengerichteten Marketingstrategie machen zu können.

Ein besonderes Problem ergibt sich aus der normativen Ausrichtung der drei strategischen Planungsinstrumente: Die unreflektierte Anwendung der Normstrategien fördert die Austauschbarkeit der Unternehmen und konterkariert damit die vom Marketing angestrebte Wettbewerbsdifferenzierung. Innovatives unternehmerisches Handeln wird auf diese Weise allzu oft von der Imitation branchenüblicher strategischer Verhaltensweisen verdrängt. Dies ist insoweit bedenklich, als daß neue Wachstumspotentiale, insbesondere in reifen Märkten, sich nur über Innovationen erschließen lassen. In diesem Zusammenhang wird zurecht die Forderung erhoben, die **Entwicklung einer Marketingstrategie müsse einer „Revolution" gleichen** (Hamel 1996). Statt einer wiederholten Fortschreibung der bislang verfolgten Strategie wird hier gefordert, völlig neuartige Wege zur Erfüllung von Kundenwünschen zu gehen (vgl. Insert 3-3). Gerade die bewußte Abweichung von branchenweit üblichen strategischen Verhaltensweisen führt häufig zu enormem Wachstum.

Beispielhaft kann hier auf den Erfolg des Kosmetikfilialisten The Body Shop, der Computerhersteller Dell und Apple, des Discount-Brokers Direkt-Anlage-Bank, des Verbrauchermarktfilialisten Wal-Mart, der „Billig-Airlines" People-Express, Southwest und ValuJet oder des Softwareproduzenten Netscape verwiesen werden. Das Beispiel von Apple und People-Express zeigt allerdings auch, daß der Erfolg „revolutionärer Marketingstrategien" nicht von Dauer sein muß. Stattdessen ist gegebenenfalls eine Anpassung der Strategie an branchenweite Verhaltensweisen erforderlich, um veränderten Marktbedingungen (zum Beispiel Netzwerk-Computing) gerecht zu werden. Im Falle von Apple bedeutet dies, daß hinsichtlich des Betriebssystems mittlerweile eine Anpassung an den branchenweiten Standard MS-DOS notwendig erscheint, um die von den Kunden gewünschte Kompatibilität mit anderen Computern, Peripheriegeräten und Softwareprodukten sicherstellen zu können.

Ryanair gilt als Geheimtip für Flüge vom Hunsrück nach London

„Wir haben die höchsten Gewinnmargen aller Fluggesellschaften" / Ein Gespräch mit Michael O'Leary

FRANKFURT, 20. Januar. Die etablierten Fluggesellschaften sehen in ihr eine ernsthafte Konkurrenz, beneiden sie um ihren wirtschaftlichen Erfolg: Ryanair, die Billigfluggesellschaft aus Irland, macht sich auf, den „westeuropäischen Markt zu erobern. Seit acht Monaten starten und landen ihre Boeing-Maschinen auf dem Flughafen Hahn im Hunsrück. Der ehemalige Militärflughafen liegt für viele Pauschalreisende zu weit abseits. Doch für Flüge nach London nehmen viele preisbewusste Passagiere den Weg in den Hunsrück auf sich. In den ersten acht Monaten sind schon mehr als 100 000 Fluggäste auf dieser Route befördert worden. Zu ausgewählten Terminen gibt es gegenwärtig ein Angebot von 29 DM für die einfache Strecke – als besondere Werbeaktion. Hierin sind die Flughafengebühren enthalten, die Michael O'Leary, der Chief Executive Officer der börsennotierten Gesellschaft, als lächerlich und zugleich ärgerlich bezeichnet.

Trotz des guten Starts in Deutschland hat die größte europäische Billigfluggesellschaft, die im vergangenen Jahr mehr als sechs Millionen Passagiere befördert hat, ihren Schwerpunkt immer noch in Irland und Großbritannien. Innerhalb von fünf Jahren wuchs die Passagierzahl von rund 1,7 auf rund 6 Millionen. Der Umsatz stieg von weniger als 100 Millionen auf 232,9 Millionen irische Pfund (rund 580 Millionen DM). Der Gewinn vor Steuern verbesserte sich von 15 auf 45,3 Millionen irische Pfund. Damit zählt Ryanair zu den profitabelsten Fluggesellschaften mit einer Umsatzrendite von fast 23 Prozent.

Das Erfolgsrezept ist nach Aussage von O'Leary eher simpel und unterscheidet sich nicht wesentlich von anderen Gesellschaften: Hohe Auslastung der Kapazitäten sowie kurze Bodenabfertigungs- und hohe Flugbetriebszeiten gehören zu den betriebswirtschaftlichen Zielen vieler Fluggesellschaften. Doch in einigen Details unterscheidet sich das Konzept von Ryanair von den anderen. In London nutzt Ryanair nicht den Hauptflughafen Heathrow, sondern den kleineren Flugplatz Stansted. Hier können – wie auch in anderen kleinen, etwas abseits gelegenen Flughäfen – die Abfertigungszeiten auf eine halbe Stunde gedrückt werden. Auf den Großflughäfen sind diese Standzeiten mindestens doppelt so lang. „Allein der Weg von der Landung zum Gate dauert in Heathrow gut zwanzig Minuten", sagt O'Leary. Durch die kürzere Verweilzeit am Boden wird die Einsatzdauer der Maschinen und damit die angebotene Kapazität erhöht. „Wenn man dies vier- bis fünfmal am Tag macht, dann spart man drei Stunden und kann mit dem Flugzeug zwei weitere Flüge bestreiten." Das führt dazu, dass je Flugzeug und je Pilot täglich deutlich mehr Passagiere befördert werden können. „Wir haben dadurch die höchsten Gewinnmargen aller Fluggesellschaften in der Welt", sagt O'Leary. In den vergangenen sieben Jahren betrug die Gewinnmarge nach Steuern 20 Prozent. Der Sitzladefaktor, der Maßstab für die Kapazitätsauslastung, beträgt 72 Prozent – Chartergesellschaften kommen auf weit mehr als 80 Prozent. Trotz dieser zwar ordentlichen, aber nicht überragenden Auslastung wird die Flotte, bestehend aus 31 Boeing 737, weiter ausgebaut. Für 2 Milliarden Dollar hat Ryanair 45 Boeing 757-800 bestellt, je-

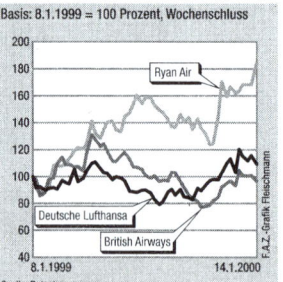

de Maschine verfügt über 189 Sitze, während die Lufthansa 130 Sitze in dem gleichem Modell hat. Werden diese Sitze gefüllt, sinken automatisch die Durchschnittskosten je Sitz.

Eine recht hohe Auslastung, geringere Personalkosten durch eine schlanke Organisation und der Verzicht auf kostenlosen Service an Bord ermöglichen erst die billigen Ticketpreise, die zum Teil mehr als neunzig Prozent unter denen von Wettbewerbern liegen. Angestrebt wird der niedrigste Flugpreis in jedem Teilmarkt, um ganz neue Kundengruppen zu erschließen. Ein Vorhaben, das im irischen und britischen Markt funktioniert und dort nach Aussage von O'Leary Ryanair vor British Midland zur zweitgrößten internationalen Fluggesellschaft hat werden lassen. Aber auch an anderen Flughäfen weichen die früheren Platzhirsche dem ungestümen Angreifer aus Dublin. Die British Airways hat 20 verlustbringende europäische Flugstrecken aufgegeben, Alitalia hat sich aus Pisa ebenso zurückgezogen wie SAS aus Aarhus. Auch mit Blick auf die Billigkonkurrenz „Go" (British Airways) oder „Buzz" (KLM) ist O'Leary nicht bang. „Wir haben einen mehrjährigen Vorsprung, die niedrigsten Preise und sind schlanker", sagt er.

Angesichts des ambitionierten Flottenaufbaus und dem Scheitern von anderen Wettbewerbern wie Debonair ist O'Leary vor der Zukunft nicht bang. Er sieht keine wirklichen Hindernisse, die das Wachstum, das gegenwärtig 25 Prozent je Jahr beträgt, stoppen könnte. Er zeigt sich zuversichtlich, dass es seiner Gesellschaft gelingen wird, in zehn bis fünfzehn Jahren die Passagierzahl von gegenwärtig rund sechs Millionen auf 30 bis 40 Millionen in Europa steigern zu können. Damit wäre O'Leary seinem Vorbild Southwest Airlines recht nahe gekommen, die rund 44 Millionen Passagiere befördert – mit einem jährlichen Wachstum zwischen 8 und 9 Prozent.

Er begründet seine Zuversicht damit, dass in den meisten großen Staaten in Europa die Inlandsflugpreise der früheren Monopolisten sehr hoch seien und dass Ryanair erst gerade begonnen habe, andere europäische Quellmärkte zu erobern. Es sei vorgesehen, dass die Passagierzahl sich in den kommenden fünf Jahren auf 12 Millionen verdopplen wird. Damit wäre die Gesellschaft die fünftgrößte europäische Fluggesellschaft im internationalen Geschäft. Ein erster Anfang soll im Februar gemacht werden, wenn fünf neue Routen bekannt gegeben werden. Im Laufe dieses Jahres ist auch der Start einer zweiten deutschen Verbindung nach London geplant, wobei er sich zu Details nicht äußern mag. Ebenfalls nicht ausschließen will er Direktflüge von deutschen Flughäfen in andere europäische Ziele, doch gegenwärtig sei dafür die Zeit noch nicht reif.

Auf die Frage, ob das Erfolgsgeheimnis von Ryanair in drei Worten beschrieben werden könnte, sagt O'Leary: „Effizienz, Effizienz und nochmals Effizienz." Und fügt an, dass die Piloten und andere Mitarbeiter die gleiche Bezahlung erhielten wie bei anderen Gesellschaften. „Nur unsere arbeiten profitabler."

Das Gespräch führte Hans-Christoph Noack

INSERT 3-3: Frankfurter Allgemeine Zeitung, 21.01.2000, S. 24

1.2 Entscheidungen im Rahmen der strategischen Marketingplanung

1.21 Marktteilnehmerübergreifende Entscheidungen

1.211 Systematisierung strategischer Marketingentscheidungen

Die vielfältigen Veränderungen in der Aufgabenumwelt der Unternehmungen haben die **Dominanz der Kundenorientierung** im Marketing, das heißt die einseitige **Ausrichtung auf nur einen Marktteilnehmer**, zum Teil in Frage gestellt. Selbst ein den Bedürfnissen und Anforderungen der Kunden entsprechendes Produkt kann die Existenz eines Unternehmens nicht absichern, wenn zahlreiche Wettbewerber ähnliche Leistungen anbieten. Insbesondere die wachsende Wettbewerbsintensität und das Auftreten neuer, zum Teil weltweit tätiger Konkurrenten erhöht in Verbindung mit stagnierenden oder schrumpfenden Märkten die Reaktionsverbundenheit der Wettbewerber erheblich. Neuerungen eines Unternehmens werden auf diese Weise schnell und oftmals auch billiger von Konkurrenten imitiert. Der **Aufbau und die Absicherung von Wettbewerbsvorteilen** erhält daher wachsendes Gewicht. Ein Wettbewerbsvorteil liegt immer dann vor, wenn die drei Kriterien

- **Wichtigkeit** (wettbewerbsüberlegene Leistung bei einem für den Kunden wichtigen Produkt- beziehungsweise Dienstleistungsmerkmal),
- **Wahrnehmbarkeit** (der Leistungsvorsprung wird vom Kunden wahrgenommen) und
- **Dauerhaftigkeit** (der Leistungsvorsprung gegenüber der Konkurrenz kann langfristig aufrechterhalten werden)

erfüllt sind (Ghemawat 1986, S. 53 ff.; Simon 1988, S. 4). Insbesondere durch die Arbeiten von Porter (1983) rückte die Wettbewerbsorientierung bei der Strategieentwicklung in den Mittelpunkt des Interesses.

Aber auch eine zweidimensionale, an Kunden und Wettbewerbern orientierte Strategieentwicklung wird in Zukunft in solchen Märkten, in denen der Handel sich als bedeutender Marktfaktor etabliert hat, nicht ausreichen. Nicht zuletzt die Akquisitionen und Fusionen der jüngsten Zeit haben die Konzentration im Handel weiter ansteigen und Handelskonzerne entstehen lassen, deren Größe viele Herstellerunternehmen als Kleinbetriebe erscheinen läßt. Beispielsweise erzielte die Metro AG als größter deutscher Handelskonzern 1995 einen Umsatz von über 63 Milliarden DM. Hier ist vielfach, als dritte Dimension bei der Strategieentwicklung, eine **Ausrichtung auf die Wünsche,**

Probleme und Forderungen des Handels notwendig, damit die Endverbraucher die angebotenen Produkte überhaupt in den Regalen des Handels vorfinden.

Darüber hinaus haben tiefgreifende sozio-politische Veränderungen in den vergangenen Jahren zu einer Legitimations- und Vertrauenskrise der Wirtschaft geführt. Mit der Zunahme des Bewußtseins der Bevölkerung für gesellschaftspolitische Probleme verstärkt sich das Interesse einer breiten Öffentlichkeit am Verhalten von Unternehmen. Auswirkungen der Unternehmenstätigkeit auf Bereiche wie Ökologie, Politik und Gesundheit werden seitdem einer kritischen Betrachtung unterzogen. Unternehmen, die potentielle Bedrohungen ihrer Akzeptanz nicht rechtzeitig erkennen und mit glaubwürdigen Gegenmaßnahmen beantworten, gefährden langfristig ihre Existenz. Beispiele wie Shell (Versenkung der Öllagerplattform Brent Spar), Birkel („Frischeiskandal"), Pieroth („Weinskandal") oder Nestlé (verunreinigte Babynahrung) belegen dies nachhaltig. Damit gewinnt neben der Schaffung von Kundennutzen, dem Aufbau von Wettbewerbsvorteilen und der Absicherung tragfähiger Hersteller-Handelsbeziehungen die **Akzeptanz der Unternehmung bei den relevanten Anspruchsgruppen,** als vierte Dimension der Strategieentwicklung, an Bedeutung (Hoff/Strümpel 1982, S. 36 f.).

Allerdings dürfen die vier marktteilnehmerbezogenen Strategiedimensionen nicht isoliert nebeneinander gestellt werden, sondern bedürfen der Integration in ein geschlossenes Marketingkonzept (vgl. erstes Kapitel Abbildung 1-7). Im Rahmen der Integration ist auch eine Festlegung des Verhaltens gegenüber den Zulieferern und den eigenen Mitarbeitern notwendig (vgl. viertes Kapitel, Abschnitt 5.5).

1.212 Differenzierung der Marktbearbeitung

Marktteilnehmerübergreifend ist dabei zunächst festzulegen, ob eine undifferenzierte oder eine differenzierte Marktbearbeitung durch die Geschäftseinheit erfolgen soll (Kotler 1967, S. 111; Bauer 1976, S. 93 ff.). Im Rahmen der **undifferenzierten Marktbearbeitung** werden Standardprodukte angeboten, die auf die durchschnittlichen Erwartungen der Zielgruppe ausgerichtet sind. Die absatzpolitischen Bemühungen werden auf die Gemeinsamkeiten und nicht auf die Unterschiede in den Bedürfnissen und Verhaltensweisen der Marktteilnehmer konzentriert. Die undifferenzierte Marktbearbeitung ist das Pendant zur Standardisierung und Massenproduktion. Insoweit wird auch mit einer undifferenzierten Marktbearbeitung ein klarer Wettbewerbsvorteil angestrebt (zum Beispiel weltweit gleichbleibende, zuverlässige Qualität bei McDonald's als Folge der Standardisierung).

Ziel der **differenzierten Marktbearbeitung** ist es, durch zielgruppenspezifischen Einsatz der Marketinginstrumente das in dem anvisierten Geschäftsfeld bestehende Käuferpotential auszuschöpfen. Es wird bewußt versucht, sich auf die Besonderheiten unterschiedlicher Käufergruppen einzustellen und das Marketingkonzept entsprechend ihrer

Bedürfnisse zu gestalten. Je nach Marktsituation ist eine Differenzierung einzelner oder aller Instrumente des Marketing-Mix angezeigt. Von besonderer Bedeutung sind dabei Preisdifferenzierungen, materielle oder psychologische (durch Kommunikationsmaßnahmen geschaffene) Produktdifferenzierungen sowie Differenzierungen der Vertriebswege.

Die konkrete Ausgestaltung der differenzierten Marktbearbeitung setzt eine sorgfältige Geschäftsfeldabgrenzung und vor allem Marktsegmentierung voraus (vgl. zweites Kapitel, Abschnitt 4). Die auf diesen beiden Stufen getroffenen Entscheidungen zur Abgrenzung von Zielgruppen und deren Bedürfnissen sowie zur Marktabdeckung bestimmen Art und Umfang der Differenzierungsmaßnahmen.

1.22 Abnehmergerichtete Strategien

1.221 Systematisierung abnehmergerichteter Strategien

Die Kaufentscheidung der Abnehmer ist in der klassischen Mikroökonomie ausschließlich vom Preis eines Produktes abhängig, weil aufgrund der Prämisse eines vollkommenen Marktes keine Qualitätsunterschiede zwischen den Produkten und damit keine Präferenzen der Abnehmer für bestimmte Leistungen bestehen. Im Zuge des Wandels von Verkäufer- zu Käufermärkten entstand jedoch neben dem Preiswettbewerb in zunehmendem Maße ein Qualitätswettbewerb. Aus Marketingsicht ergeben sich somit grundsätzlich zwei Alternativen zur gezielten Beeinflussung des Abnehmerverhaltens:

- die **Präferenzstrategie** und
- die **Preis-Mengen-Strategie**.

Mit der **Präferenzstrategie** wird das Ziel verfolgt, insbesondere durch den Einsatz von nicht-preislichen Aktionsparametern **mehrdimensionale Präferenzen** beim Abnehmer aufzubauen und dadurch einen überdurchschnittlichen Preis zu erzielen (Becker 1993, S. 158). In der Psyche der Abnehmer soll eine Vorzugsstellung aufgebaut werden, die sich auf eine Vielzahl von spezifischen, das eigene Produkt im Wettbewerb differenzierenden Merkmalen stützt.

Demgegenüber zielt die **Preis-Mengen-Strategie** auf den Aufbau **eindimensionaler Präferenzen**. Hierfür werden alle Marketingaktivitäten auf preispolitische Maßnahmen konzentriert. Der Abnehmer soll das Produkt im wesentlichen aufgrund des sehr niedrigen Preises kaufen. Der Einsatz der übrigen Marketinginstrumente erfolgt nur insoweit, als sie für die Abwicklung der Transaktion zwingend erforderlich sind (Becker 1993, S. 158). Durch den niedrigen Preis soll eine große Zahl von Abnehmern angesprochen werden. Die höhere Absatzmenge soll den geringeren Stückgewinn überkompensieren.

Planung von Unternehmens- und Marketingstrategien

Eine ähnliche Strategiesystematik schlägt Porter vor (Porter 1997). Seine Überlegungen basieren auf der Erkenntnis, daß jedes Unternehmen eine spezifische **Kernkompetenz** (Prahalad/Hamel 1990; Hamel/Prahalad 1995, S. 307 ff.) entwickeln und kultivieren muß, um im Wettbewerb auf Dauer überleben zu können. Diese Wettbewerbsvorteile können auf ganz unterschiedliche Weise aufgebaut und abgesichert werden. Auf der Basis eigener empirischer Untersuchungen entwickelt Porter die in Abbildung 3-13 dargestellten „Wettbewerbsstrategien".

Zum einen besteht die Möglichkeit der Profilierung auf dem Gesamtmarkt durch Leistungs- oder Kostenvorteile. Es ist also entweder eine **aggressive Preisstrategie** durch ein besonders niedriges Kostenniveau anzustreben oder eine **Qualitätsführerschaftsstrategie** zu verfolgen. Zum anderen vermag eine Konzentration auf tragfähige Marktnischen eine klare strategische Erfolgsposition zu begründen (Meffert/Walters 1984; Meffert 1985b; Porter 1997, Macharzina). Die im Zusammenhang mit der Geschäftsfeldwahl bereits diskutierte strategische Entscheidung über den Grad der Marktabdeckung wird hier implizit auf die Ebene der einzelnen strategischen Geschäftseinheiten übertragen.

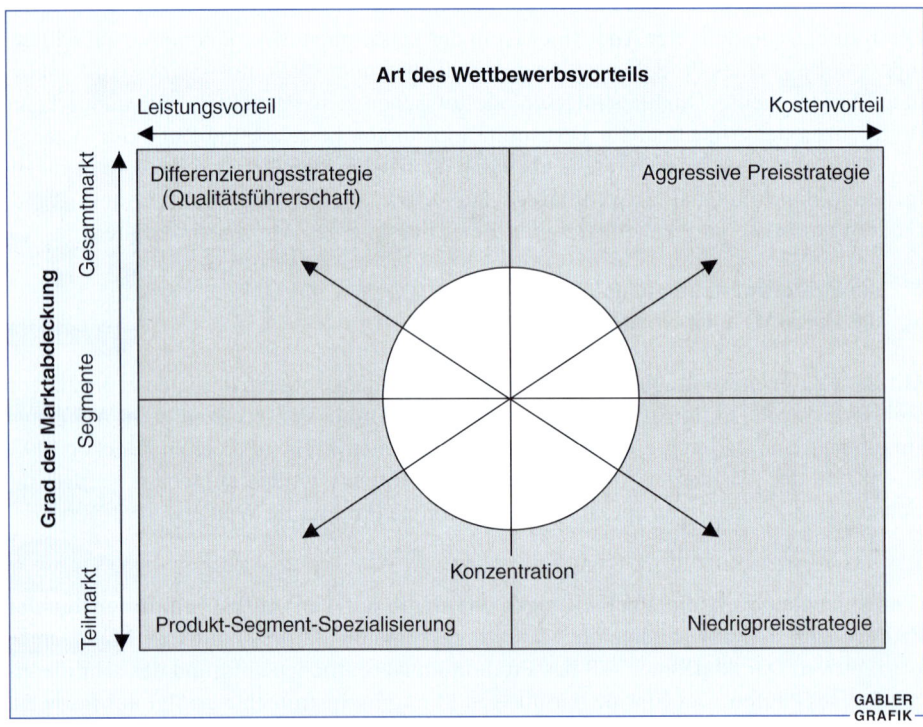

Abbildung 3-13: Wettbewerbsstrategien nach Porter

Auch die Porterschen „Wettbewerbsstrategien" zielen auf die Realisierung einer Vorzugsstellung in der Psyche der Abnehmer und sind insoweit **abnehmergerichtet**. Diese verwirrende Begrifflichkeit erklärt auch die vielfach wenig überzeugenden Versuche in der Literatur, Unterschiede zwischen Porters Strategiealternativen der Qualitätsführerschaft (Differenzierungsstrategie) und der aggressiven Preisstrategie sowie der Preis-Mengen- versus Präferenzstrategie hervorzuheben. Letztlich können zwischen beiden Systematisierungsansätzen zwei wesentliche Unterschiede herausgearbeitet werden (Meffert 1994a, S. 127):

- Die Vorzugsstellung beziehungsweise die spezifische Kompetenz eines Anbieters muß immer in Relation zur Konkurrenz beurteilt werden.
- Die Strategien von Porter weisen einen stärkeren funktionsübergreifenden Bezug auf als die vor allem auf das Marketing bezogene Preis-Mengen- und Präferenzstrategie.

Beide Systematisierungsansätze gehen letztlich nur von zwei abnehmergerichteten Wettbewerbsvorteilen aus, einer überlegenen Leistungsqualität oder einem Preisvorteil. **Es herrscht mittlerweile jedoch Einigkeit darüber, daß diese zweidimensionale Sicht die realen Marktbedingungen nur verkürzt wiedergibt.**

Ein Blick in die Literatur offenbart in diesem Zusammenhang zahlreiche konzeptionelle und empirische Versuche, differenziertere Inhalte abnehmergerichteter Marketingstrategien zu erfassen (Galbraith/Schendel 1983; White 1986; Kim/Lim 1988; Mintzberg 1988; Morrison 1990, S. 69). Unterzieht man diese Studien einer umfassenden Würdigung, so wird deutlich, daß viele Untersuchungen Übereinstimmungen hinsichtlich der angestrebten Wettbewerbsvorteile im Rahmen abnehmergerichteter Strategien aufweisen. Daher ist von einer insgesamt **begrenzten Zahl strategischer Grunddimensionen** auszugehen. Diese sind:

- Innovationsorientierung,
- Qualitätsorientierung,
- Markierungsorientierung,
- Programmbreite,
- Kostenorientierung (Benkenstein 1992, S. 71 ff.).

Mintzberg (1988) ergänzt diese Dimensionen noch um eine sechste Dimension, die „Differenzierung durch Imitation". Bei dieser Strategie werden erfolgreiche Wettbewerber gezielt nachgeahmt. Dies erscheint jedoch nur dann erfolgversprechend, wenn gegenüber den imitierten Wettbewerbsprodukten zumindest ein Preisvorteil besteht. Demzufolge besteht kein nennenswerter Unterschied zur Strategiedimension der Kostenorientierung.

So verfolgt beispielsweise ALDI im Rahmen seiner Handelsmarkenpolitik eine bewußte „Imitationsstrategie". Der Vorteil der ALDI-Produkte liegt dabei primär in einem gegenüber den imitierten Markenprodukten deutlich niedrigeren Preis.

Die übrigen fünf Strategiedimensionen von Mintzberg lassen sich in die fünf genannten Grunddimensionen überführen und konnten in empirischen Studien bestätigt werden (Bolz 1992, S. 43 ff.; Kotha/Vadlamani 1995; Kotha et al. 1995).

Unter Berücksichtigung dieser grundlegenden Strategiedimensionen soll die abnehmergerichtete Wettbewerbsstrategie definiert werden als ein **langfristiger Verhaltensplan, der die Realisierung eines oder mehrerer dieser abnehmergerichteten Wettbewerbsvorteile im relevanten Markt** (das heißt auf Geschäftsfeldebene) **zum Inhalt hat**. Im folgenden sollen die einzelnen Grunddimensionen abnehmergerichteter Wettbewerbsstrategien näher betrachtet werden.

1.222 Innovationsorientierung

Eine ausgeprägte Innovationsorientierung ist vor allem durch in Relation zum Umsatz hohe F&E-Budgets, durch einen hohen Anteil neuer Produkte am Produktprogramm sowie durch eine **Pionierposition** am Markt gekennzeichnet. Sie konnte in der Mehrzahl der vorliegenden empirischen Untersuchungen als eine – vor allem im Vergleich zur Qualität – eigenständige Strategiedimension nachgewiesen werden (Alpert/Kamins 1995; Alpert et al. 1996). In diesem Zusammenhang wird in jüngster Zeit verstärkt die Rolle der **Zeit als strategischem Wettbewerbsvorteil** herausgestellt (Stalk/Hout 1990; Blackburn 1991). Zwei Komponenten des Zeitvorteils sind dabei zu unterscheiden. Zum einen werden Zeitvorteile unter Gesichtspunkten des frühzeitigen Markteintritts diskutiert (sogenannte Pioniervorteile). Zum anderen wird die Zeitkomponente bei der unmittelbaren Befriedigung aktueller Kundenwünsche behandelt. Dieser – auch unter dem Schlagwort „Turbo-Marketing" (Kotler/Bliemel 1999, S. 491 ff.) bekannt gewordene – Aspekt stellt eine von mehreren Qualitätsdimensionen dar und soll daher auch dort diskutiert werden.

Als wesentlicher Vorteil einer **Pionierorientierung** ist die Möglichkeit des frühzeitigen Entwickelns von Markt-Know-how (Erfahrung) und des Aufbaus eines fortschrittlichen Technologieimages zu werten, wie dies vielfach den japanischen Automobil- und HiFi-Unternehmen zugeschrieben wird. Es ist davon auszugehen, daß Erfahrungs- und Degressionsvorteile in erster Linie Marktpionieren zugute kommen. Diese Wirkung verstärkt sich, wenn es gelingt, **Industriestandards** zu setzen. Diese Standards sind insbesondere bei einem hohen Maß an Produktstandardisierung durchsetzbar (Bolz 1992, S. 207) und können die einmal gewonnene Pionierposition absichern, wie dies unter anderem in der Computer- oder Unterhaltungselektronikbranche (zum Beispiel Videosystem VHS) zu beobachten ist.

Die Realisierung von Innovationsvorteilen im Rahmen abnehmergerichteter Strategien knüpft an einige zentrale **Erfolgsvoraussetzungen** an (Perlitz 1988; Albach 1990):

- Innovationsfähigkeit setzt das gezielte **Management von Wissen** voraus. Dies umfaßt sowohl die Schaffung eines für Innovationen notwendigen Wissensbestandes als auch die Steuerung des Zugriffs auf vorhandenes Know-how. In diesem Zusammenhang zeigt sich, daß die Innovationskraft vieler japanischer Unternehmen vor allem aus einer höheren Akzeptanz extern beschaffter Basisinnovationen resultiert.

- Neben der Notwendigkeit eines langfristigen, das heißt an Innovationen orientierten Denkens im Management sind explizit **Innovationsziele** zu setzen (zum Beispiel Neuprodukt-Umsatzanteile).

- Als zentrale Voraussetzung erweist sich weiterhin eine verstärkte Abstimmung technischer und absatzmarktbezogener Aktivitäten im Sinne eines **innovationsgerichteten Schnittstellenmanagements**.

- Weiterhin ist ein innovationsgerichtetes Engagement der Mitarbeiter zu fördern. Dies beinhaltet sowohl die **Akzeptanz von Innovationsmißerfolgen** als auch die Einrichtung von am Innovationsgrad ausgerichteten Entlohnungssystemen. Schließlich zeichnen sich besonders erfolgreiche innovative Unternehmen dadurch aus, daß sie ihren Mitarbeitern einen gewissen zeitlichen Spielraum für die Verfolgung eigener Forschungs- und Entwicklungsaktivitäten einräumen.

- Schließlich ist dafür Sorge zu tragen, daß **Innovationserträge möglichst vollständig im Unternehmen einbehalten** werden können. Dazu tragen Patente, strikte Geheimhaltung, zeitliche Vorsprünge, Lernkurveneffekte, hohe Imitationskosten sowie ein hohes Niveau an Serviceleistungen bei (Leder 1989).

1.223 Qualitätsorientierung

Die meisten Untersuchungen zur inhaltlichen Ausgestaltung abnehmergerichteter Wettbewerbsstrategien konnten die Qualitätsorientierung als zentrale Strategiedimension identifizieren (Buzzell/Gale 1989, S. 89 ff.). Da mit einer hohen relativen Produktqualität (im Vergleich zu den Hauptwettbewerbern) in der Regel ein hoher relativer Preis einhergeht, wird in empirischen Untersuchungen die Produkt- und Servicequalität auch durch den (relativen) Preis dargestellt.

„Qualität" besteht aus objektiven und subjektiven Komponenten. Dabei stellt die **objektive oder technische Qualität** vor allem auf anbieterbezogene Aspekte wie Qualitätskontrolle, Übereinstimmung mit bestimmten technischen Spezifikationen, Ausschußquoten etc. ab. Demgegenüber ist die **subjektive, abnehmerbezogene Qualität** als Ergebnis eines Wahrnehmungs- und Bewertungsvorgangs auf Kundenseite anzusehen. Qualität ergibt sich danach aus der individuellen Nutzenerfüllung in bestimmten Verwendungssituationen. Vor diesem Hintergrund wird **in der neueren Marketinglehre der Qualitätsbegriff in einer erweiterten Fassung gesehen: Qualität als Erfüllungsgrad eines individuellen Abnehmerbedürfnisses**. Da die Qualitätsbeurteilung neben der Erwartungshaltung, der tatsächlich erlebten Leistung und bestimmten situativen Faktoren auch vom Vergleich mit Konkurrenzprodukten beeinflußt wird, kann von einer relativen Qualität gesprochen werden.

Insert 3-4 unterstreicht in diesem Zusammenhang die wachsende Bedeutung der Individualisierung als Qualitätsmerkmal von Produkten und Dienstleistungen. Insbesondere neue Informations- und Kommunikationstechnologien bieten ein hohes Potential zur Gestaltung individueller Leistungen. Die Wettbewerbsdifferenzierung erfolgt dabei häufig nur über zwei Merkmale, die Individualität und die Aktualität.

Um einen bestimmten Qualitätsstandard anzustreben, muß dem Unternehmen vor allem bekannt sein, welche Teileigenschaften die relative, wahrgenommene Qualität umfaßt.

Diese bilden dann mögliche **Komponenten einer Qualitätsorientierung** im Sinne eines strategischen Wettbewerbsvorteils. Dabei kann zwischen den folgenden **Qualitätsdimensionen** unterschieden werden (Garvin 1988; Kotler/Bliemel 1999, S. 266 ff.):

- Mit dem **Gebrauchsnutzen** werden die wichtigsten Funktionsmerkmale eines Produktes beschrieben. In der Automobilindustrie handelt es sich hierbei zum Beispiel um Eigenschaften wie Beschleunigungsvermögen, Wirtschaftlichkeit, Fahrzeuggröße und Fahrverhalten. Weil diese Qualitätsdimension meßbare Kennzeichen aufweist, lassen sich die Produkte in eine objektive Rangordnung überführen. Eine globale, subjektive Gesamteinschätzung fällt hingegen schwer, weil die einzelnen Funktionsmerkmale für jeden Nachfrager nicht die gleiche Relevanz besitzen und damit einen unterschiedlichen Nutzen stiften.

- Die **Haltbarkeit** ist ein Maß für die Lebensdauer eines Produktes. Damit hängen sowohl ökonomische als auch technische Komponenten zusammen. Technische Aspekte zugrundelegend bedeutet die Produkthaltbarkeit die Häufigkeit des Gebrauchs bis zu dem Zeitpunkt, wo es seine Funktionstüchtigkeit verliert. In diesem Fall muß der Nachfrager die zu erwartenden Kosten für Reparaturen gegen die Ausgabe für ein neues Produkt abwägen. Diese Überlegung betrifft dann die ökonomische Seite der Qualitätsdimension „Haltbarkeit". Hiervon abzugrenzen ist die subjektive Seite der Haltbarkeitsdimension, die sogenannte künstliche Veralterung von Produkten (Meffert 1990a). Hier wird die Lebensdauer durch veränderte Geschmackspräferenzen beziehungsweise neue Modetrends und nicht durch technisch-wirtschaftliche Kriterien bestimmt.

- Die **Zuverlässigkeit** eines Produktes sagt etwas über die Wahrscheinlichkeit aus, nach der es zu einem bestimmten Zeitpunkt versagt. Die Zuverlässigkeit gewinnt eine um so höhere Bedeutung, je teurer Ausfall- und Wartungszeiten für die Kunden sind.

- Die **Ausstattung** wird oft als ein Sekundäraspekt der Qualitätsdimension „Gebrauchsnutzen" angesehen. Ausstattung umfaßt alle jene Aspekte, die den Grundnutzen um bestimmte Zusatzvorzüge ergänzt (zum Beispiel kostenlose Getränke und Zeitschriften bei Flugreisen etc.).

Die Telefontarife werden in diesem Jahr kaum noch fallen

Wettbewerb wird über Service und Zusatzdienste entscheiden / Internet-Telefonie könnte den Markt beleben

ht. FRANKFURT, 31. Januar. Der deutsche Telefonmarkt hat auf die Liberalisierung weit heftiger reagiert als der Märkte anderer Länder: Gut ein Jahr nach dem Wegfall des Monopols sind die Telefontarife für Ferngespräche bereits um rund 70 Prozent gefallen, während sie in Ländern wie den Vereinigten Staaten, Großbritannien oder Schweden zu einem vergleichbaren Zeitpunkt nur um 20 bis 40 Prozent gesunken waren. Als Gründe für den drastischen Preisverfall in Deutschland gelten wettbewerbsfreundliche Entscheidungen der Regulierungsbehörde für Telekommunikation und Post und das hohe Ausgangsniveau der Tarife. Allerdings ist der Preissenkungsspielraum weitgehend ausgeschöpft. Branchenkenner erwarten in diesem Jahr nur noch geringere Preisnachlässe.

Nach einer Untersuchung der Boston Consulting Group (BCG) bewerben sich inzwischen rund 40 Unternehmen um die Gunst der Telefonkunden. Als Folge der neuen Anbietervielfalt sei der Marktanteil des ehemaligen Monopolisten, der Deutschen Telekom, bereits im ersten Jahr von 100 auf rund 80 Prozent bei den Ferngesprächen gefallen. Allerdings hat die Ankündigung des Telekom-Chefs Ron Sommer, die Tarife für Ferngespräche zwischen 21 und 6 Uhr auf sechs Pfennig je Minute nochmals halbieren zu wollen, in der Branche zu Unruhe geführt. Denn für viele Konkurrenten sei damit die Schmerzgrenze der Tarifsenkung erreicht. Der Konsolidierungsprozeß auf dem Markt sei damit eingeläutet, wandte sich Sommer an die Konkurrenz.

Allerdings sind die Tarife nicht auf allen Gebieten gleich stark gesunken. Bei den Auslandsgesprächen ist es nach einer deutlichen Tarifsenkung im ersten Monat der Liberalisierung zu keinen wesentlichen Preisrückgängen mehr gekommen, haben die BCG-Berater herausgefunden. Auch die Preise für Gespräche vom Festnetz in die Mobilfunknetze seien zunächst gestiegen und seitdem erst langsam wieder rückläufig. In diesen Teilmärkten ist der Wettbewerb noch nicht so ausgeprägt. Aus den Erträgen dürften die Anbieter die zum Teil sehr niedrigen Tarife für Ferngespräche im Festnetz subventioniert haben, vermuten die Berater.

Als erfolgreichstes Produkt der neuen Anbieter haben sich die sogenannten Call-by-Call-Gespräche erwiesen. Dabei entscheidet sich der Telefonkunde vor jedem Anruf neu für eine Telefongesellschaft, indem er die Netzvorwahl wie 0 10 30 für Teldafax festlegt. Diese Gesprächsform führt allerdings nicht zur Kundenbindung, da der Wechsel zur jeweils billigsten Gesellschaft ohne Schwierigkeiten möglich ist. Besonders häufig wählten die Kunden die Gesellschaft Mobilcom. Die Schleswiger hatten nach BCG-Angaben Ende 1998 einen Anteil von 25 Prozent an den Call-by-Call-Gesprächen erobert, die auf die neuen Anbieter entfallen. Danach folgten Mannesmann Arcor mit einem Anteil von 18 Prozent, Otelo mit 15 Prozent, Teldafax mit 10 Prozent und Viag Interkom mit 9 Prozent. Diese Anbieter teilten sich rund drei Viertel des Marktes, während der Rest auf weitere 35 Unternehmen entfällt.

Telefongesellschaften, die Call-by-Call-Gespräche nur mit vorheriger Anmeldung anboten, seien dagegen weit weniger erfolgreich gewesen, urteilen die Berater. Die meisten Bundesbürger scheuten eine vertragliche Bindung an einen der neuen Anbieter. Nicht einmal acht Prozent der Nutzer hätten sich für die sogenannte Preselection-Variante entschieden, also den vollständigen Wechsel für alle Ferngespräche zu einem der neuen Akteure auf dem Markt. Als Grund für die Zurückhaltung hat das Marktforschungsunternehmen Emnid eine sehr hohe Erwartungshaltung bei den Telefonkunden herausgefunden: 85 Prozent der von Emnid befragten Telefonierer erwarteten von einem Preselection-Tarif, daß er günstiger als alle anderen Angebote der Konkurrenz sein müsse. Diese Erwartung sei jedoch angesichts der rasanten Tarifänderungen auf diesem Markt kaum zu realisieren. Allerdings seien diese Kunden sehr attraktiv für die Telefongesellschaften, da sie im Durchschnitt für mehr als 200 DM im Monat telefonierten.

Für das zweite Jahr nach der Marktöffnung erwarten die BCG-Berater eine sinkende Bedeutung des Preises als Wettbewerbsinstrument. Da die Telekom ihre Tarife inzwischen deutlich gesenkt habe, könnten sich die neuen Gesellschaften durch niedrige Preise kaum noch von dem ehemaligen Monopolisten differenzieren. Kriterien wie freie Leitungen, verständliche Rechnungen, Schnelligkeit der Verbindung und Service werden immer wichtiger. Dazu kommen die Kombiangebote für Telefonierer und Internet-Nutzer. Mobilcom hatte mit einem Pauschalangebot für Telefon- und Internetanschluß einen unerwartet hohen Zulauf bekommen. Die Internet-Telefonie, bei der lediglich die Ortstarife für die Verbindung zum nächsten Einwahlknoten anfallen, könnte die Strategien der Anbieter ebenfalls durchkreuzen. Immer mehr Unternehmen wickeln ihre Sprach- und Datenübertragung inzwischen mit Hilfe der Internet-Technologie ab. Nahezu alle Akteure auf dem Telefonmarkt bieten deshalb auch Internetdienste an. Dort müssen sie allerdings mit Konkurrenz der klassischen Internet-Dienstleister rechnen, die sich bereits auf diesem Markt etabliert haben.

Gründe für die Wahl der Telefongesellschaft
In Prozent aller Wechsler[1]

- Günstige Preise für Ferngespräche: 75,6
- Günstige Preise für Ortsgespräche: 56,9
- Verständliche, detaillierte Rechnung: 55,6
- Schnelles Durchkommen: 51,8
- Schnelligkeit bei Freischaltung / Störung: 49,6
- Freundliches Beratungs- / Servicepersonal: 37,0
- Spezielle Rabattangebote: 36,3
- Günstige Preise für internationale Gespräche: 34,6
- Positives Image des Anbieters: 12,9
- Rund-um-die-Uhr Service Hotline: 11,8

[1] Alle Nennungen „sehr wichtig" oder „ganz besonders wichtig"; Basis: 800 Wechsler. Quellen: Emnid / The Boston Consulting Group, 1999

INSERT 3-4: Frankfurter Allgemeine Zeitung, 01.02.1999, S. 23

- Die **Normgerechtigkeit** betrifft die Frage, inwieweit Konstruktion und Gebrauchseigenschaften mit etablierten Gütenormen (zum Beispiel DIN-Normen) übereinstimmen. Diese Dimension entspricht traditionellen Vorstellungen der Qualitätssicherung.

- Eine weitere Qualitätsdimension, **Ästhetik**, umfaßt vor allem das Styling und Produktdesign und betrifft einen sehr subjektiv zu beurteilenden Qualitätsaspekt. So ist die Ästhetik des Produktaussehens, -geschmacks oder -geruchs eindeutig von persönlichen Einstellungen und Vorlieben geprägt (Buck/Vogt 1997; Mayer 1997).

Die **Qualität von Serviceleistungen** beziehungsweise des Kundendienstes stellt eine weitere zentrale Qualitätsdimension dar, die sich direkt auf das Kaufverhalten und damit den Absatzerfolg auswirkt (Zeithaml et al. 1996). Die Besonderheiten von Serviceleistungen, die sich aus den Spezifika von Dienstleistungen ableiten (vgl. fünftes Kapitel, Abschnitt 2), führen dazu, daß die Servicequalität anhand spezifischer Kriterien erfaßt werden muß (Parasuraman et al. 1985; Büker 1991, S. 147). Dazu zählen

- die sachliche und personelle **Ausstattung**,

- die **Verläßlichkeit**, mit der versprochene Serviceleistungen ausgeführt werden,

- die generelle **Bereitschaft**, den Abnehmer bei der Problemlösung zu unterstützen,

- die **Glaubwürdigkeit**, die vor allem die eigentliche Kompetenz, die Höflichkeit und die Vertrauenswürdigkeit der Mitarbeiter umfaßt (Fulmer/Goodwin 1988, S. 58), sowie

- das **Kundenverständnis**, das heißt das Einfühlungsvermögen und die Bereitschaft, auch auf individuelle Wünsche der Abnehmer einzugehen (Albers/Eggert 1988, S. 11).

Als besonders bedeutsam hat sich in der Praxis zusätzlich die **Zeitkomponente** vor allem bei der Ausführung von Kundendienstaktivitäten erwiesen. So interessiert oftmals nicht alleine die Schadensanfälligkeit eines Produktes, sondern auch der Aufwand und die Zeit zur Behebung des Schadens. Das amerikanische Unternehmen Caterpillar war beispielsweise in der Lage, durch einen weltweiten 24-Stunden-Ersatzteilservice einen deutlichen Qualitätsvorteil gegenüber seinen Konkurrenten zu realisieren.

Zu dem Aspekt der Qualität von Serviceleistungen zählt schließlich auch die **Behandlung von Reklamationen**, denen Unternehmen häufig nicht nachgehen oder auf den Rechtsweg verweisen, um unzufriedene Kunden abzuwehren (Stauss/Seidel 1998). Demgegenüber haben andere Unternehmen gebührenfreie Telefonnummern eingerichtet, über die sich unzufriedene Kunden direkt an die Serviceabteilung wenden können.

Die zentrale Bedeutung von Beschwerden wird im Rahmen der Garantiepolitik des amerikanischen Herstellers Pitney-Bowes deutlich. Neben einer verbindlichen Garantie für das Produkt, die zugesagten Leistungsmerkmale und den rechtzeitigen Kundendienst nach der Lieferung verspricht das Unternehmen die Unterstützung durch die Geschäftsleitung, falls der Kunde unzufrieden sein sollte. Die Erfahrung mit dieser Kundengarantie hat dabei belegt, daß mit ihr keine erheblichen Mehraufwendungen verbunden sind: Bei über 100.000 Verkäufen lag die Zahl der Anrufe bei der Geschäftsleitung wegen Reklamationen bei unter 100 (Altschul 1991, S. 252).

In Wissenschaft und Praxis besteht Einigkeit darüber, daß Qualitätsstrategien durch die Etablierung eines **Total Quality Management (TQM)** umgesetzt werden müssen. Grundüberlegung des Total Quality Management ist, in allen Bereichen der Unternehmung ein hohes Qualitätsbewußtsein zu entwickeln und umzusetzen (vgl. viertes Kapitel, Abschnitt 3). Gerade in den internen Verwaltungsbereichen der Unternehmung bestehen zahlreiche Möglichkeiten der Qualitätsbeeinflussung. So entscheiden zum Beispiel die Abteilungen Einkauf, Auftragsbearbeitung, Produktionsplanung oder interne Logistik in erheblichem Maße nicht nur über die Durchlaufzeit, in der ein Auftrag erfüllt wird – und damit über die Zufriedenheit und den Nutzen des Abnehmers –, sondern auch über die für die Auftragsabwicklung notwendige Kapitalbindung.

Albach berichtet in diesem Zusammenhang von einem Haushaltsgerätehersteller, der einen Auftrag mit folgender Begründung des Kunden verlor: „Wer Rechnungen nicht perfekt schreiben kann (der Briefkopf war fehlerhaft), kann auch keine perfekte Küche herstellen" (Albach 1990).

Aktuelle empirische Studien zur Relevanz des Total Quality Management für den Unternehmenserfolg zeigen, daß einer offen-informalen Unternehmenskultur, der Delegation von Verantwortungs- und Entscheidungskompetenz auf untere Hierarchieebenen („employee empowerment") und dem qualitätsorientierten Führungsstil des Managements („quality commitment") eine herausgehobene Bedeutung bei der Umsetzung von Qualitätsstrategien zukommt (Powell 1995).

1.224 Markierungsorientierung

Die Markierungsorientierung stellt eine weitere zentrale, abnehmergerichtete Differenzierungsdimension dar. Sie wird vornehmlich durch das Produktimage, den Werbedruck beziehungsweise die gesamte Kommunikationspolitik und die Stellung im Absatzkanal bestimmt (Aaker 1998). Insbesondere bei Produkten, die aus Abnehmersicht im Wettbewerbsumfeld durch eine hohe Homogenität und Austauschbarkeit gekennzeichnet sind, kommt es darauf an, eine differenzierende Wirkung über die **Markierung** beziehungsweise über das mit einer Marke verbundene Image zu realisieren (vgl. drittes Kapitel, Abschnitt 6.1). Auch in Fällen, in denen Nachfrager nicht hinreichend über das Produkt informiert sind, kann eine derartige **„psychologische Differenzierung"** Kaufpräferenzen zugunsten des eigenen Unternehmens beeinflussen (Mintzberg 1988).

Wenn objektive Kriterien zur Bewertung von Produkten nicht vorhanden sind, zieht der Abnehmer in der Regel das Markenimage zur Beurteilung heran. Das Markenimage kann sich auf unterschiedliche Objekte beziehen (zum Beispiel Produkte, Produktlinie beziehungsweise -familie, Gesamtunternehmen) und muß vier zentrale Anforderungen erfüllen, um wettbewerbsdifferenzierend zu wirken: Es muß zunächst eine **einmalige Botschaft über die Eigenschaften des Produktes** zum Ausdruck bringen. Diese Botschaft muß **glaubwürdig** sein, das heißt, sie muß mit der Identität der Marke beziehungsweise des Unternehmens und den tatsächlichen Gegebenheiten übereinstimmen (Meffert/Burmann 1996a). Ferner muß die Botschaft **auf unverwechselbare Art vermittelt** werden und emotionale Unterstützung für den Nachfrager liefern. Schließlich muß das Markenimage **kommunikativ intensiv umgesetzt** und durch andere flankierende Maßnahmen unterstützt werden. Dabei ist vor allem an eine entsprechende Ausgestaltung der Distributions- und Preispolitik (zum Beispiel durch Selektivvertrieb in Verbindung mit einer Hochpreisstrategie) aber auch der Marketingorganisation zu denken (Meffert/Burmann 1996b).

1.225 Programmbreitenorientierung

Eine weitere Dimension stellt die Programmbreite dar. Sie spiegelt eine ausgeprägte Nachfragerorientierung innerhalb der Angebotspolitik wider und wird vornehmlich durch die **Flexibilität, schnell und profitabel zahlreiche Produktvarianten anbieten zu können**, geprägt. Dieser – oft unter dem Stichwort „Kundennähe" diskutierte – Aspekt (Albers/Eggert 1988; Homburg 1995) beschreibt das Potential zur differenzierten Marktbearbeitung, das sich vor allem in einer Produktdifferenzierung durch ein breites und tiefes Programm sowie durch das Angebot flankierender Dienstleistungen (value-added-services) auszeichnet (Meyer 1985, Laakmann 1995).

Eine derartige Angebotsdifferenzierung ist stärker mit einem **hohen Ressourceneinsatz** verbunden als eine konsequente Qualitätsorientierung. Es besteht daher die Gefahr, daß Unternehmen mit einem breiten, differenzierten Programm gegenüber Spezialanbietern im Kostennachteil sind. Dies resultiert vor allem aus den mit zunehmender Programmbreite häufig überproportional ansteigenden **Komplexitätskosten** (vgl. viertes Kapitel, Abschnitt 3.11). Daher liegt die zentrale Herausforderung bei umfassenden Angebotsprogrammen in einer Kostenreduktion durch ein gezieltes **Variantenmanagement** (Lingnau 1994; Rathnow 1994; Kaiser 1995). Hierbei ist insbesondere auf die Realisierung von **Synergien** abzustellen.

Synergien entstehen in diesem Zusammenhang, wenn zur Erstellung und dem Vertrieb unterschiedlicher Produkte auf gemeinsames Know-how, gemeinsame Ressourcen (zum Beispiel Maschinen), Vertriebskanäle oder Abnehmergruppen zurückgegriffen werden kann. Darüber hinaus ist es möglich, auf der Basis sogenannter **modularer Konzepte** (Baukastenprinzip) große Stückzahlen bei einzelnen Komponenten zu realisieren, die dann in unterschiedlichen Konbinationen zusammengesetzt werden können.

| Drittes Kapitel | Aktionsgrundlagen der Marketingentscheidung |

1.226 Kostenorientierung

Die Dimension Kostenorientierung weist in allen empirischen Studien einen strategietyp-trennenden Charakter auf. Gekennzeichnet ist eine ausgeprägte Kostenorientierung vor allem durch niedrige direkte Kosten, die durch die Realisation von Größen- und Erfahrungskurveneffekten sowie die Nutzung von Economies of Scope entstehen (vgl. viertes Kapitel, Abschnitt 3).

Größeneffekte geben die mit einer größeren Ausbringungsmenge verbundene Effizienzerhöhung wieder. Diese Effizienz resultiert dabei aus **Economies-of-Scale- und Fixkostendegressions-Effekten**. Economies-of-Scale geben die sinkenden Kosten durch zum Beispiel effizientere Maschinen in der Produktion oder Beschaffungskostenvorteile wieder, während sich die Fixkostendegression auf sinkende durchschnittliche Kosten bezieht. Im letzteren Fall werden fixe Kosten für Produktionsanlagen, Verwaltung oder Werbung auf eine größere Zahl abgesetzter Produkte verteilt. Voraussetzung für die Realisierung von Degressionseffekten ist neben einem hohen Absatzpotential je Fertigungsstätte die weitgehende Standardisierung der zu produzierenden Güter.

Produktionsprozesse	Kosten (in % der gesamten variablen Kosten)	Kostensenkungspotentiale der Kosten bei Verdoppelung der Jahresproduktionsmenge (in %)
Motoren	15	– 15
Kupplung	7	– 15
Achsen	10	– 10
Andere mechanische Teile	12	– 12
Karosseriepresse	8	– 30
Karosseriemontage	10	– 5
Ausstattung und Sitze	11	0
Gesamtmontage und Lackierung	27	0

Abbildung 3-14: Kostensenkungspotentiale ausgewählter Prozesse bei der Automobilproduktion
(Quelle: Doz 1986, S. 63)

Beispiele für die Sensitivität verschiedener Prozesse bezüglich Größenvariationen (Skalensensitivität) in der Automobilindustrie zeigt Abbildung 3-14. Es wird deutlich, daß insbesondere die Herstellung von Karosserieteilen und Motoren besonders hohe Kostensenkungspotentiale aufweist. Konsequenterweise wird gerade in der Automobilindustrie versucht, zum Beispiel im Rahmen von Joint Ventures oder Abkommen über die gemeinsame Nutzung von Komponenten und Technologien ansonsten nicht realisierbare Größenvorteile zu erreichen. So verwenden Volkswagen und Mercedes-Benz (Benzin-Sechszylinder im VW-Corrado und der Mercedes V-Klasse), aber auch BMW und Opel (Diesel-Sechszylinder im Opel-Omega und der BMW 5er-Reihe) identische Motoren und der VW Passat und der Audi A4 basieren auf derselben Bodengruppe.

Planung von Unternehmens- und Marketingstrategien

Größenvorteile lassen sich auch in der **Forschung und Entwicklung** realisieren. In diesem Bereich sind Tendenzen erkennbar, durch die Zusammenarbeit von Wettbewerbern hohe Outputmengen anzustreben, um hierdurch Degressionsvorteile zu realisieren. So wurde von Siemens, ICL und Bull in der Bundesrepublik ein gemeinsames Forschungsinstitut eingerichtet, um dort kooperative Grundlagenforschung zu betreiben (Porter/Fuller 1989). Ebenso entwickelten die direkten Wettbewerber Volkswagen und Renault in den achtziger Jahren gemeinsam ein Automatikgetriebe für ihre Mittelklasse-PKW.

Das **Potential zur Realisierung von Degressions- und Erfahrungskurveneffekten** hängt von einer Reihe unternehmensinterner Faktoren ab. Kostenorientierte Strategien können vor allem mit einer zentral gesteuerten, funktional ausgerichteten **Organisationsstruktur** umgesetzt werden (Stein 1988; Meffert 1991; Porter 1992, S. 69). Der Einsatz hierarchischer, eindimensionaler Koordinationskonzepte erlaubt dabei eine effiziente Kostenplanung und -kontrolle. Darüber hinaus stellt die räumliche Aufteilung der Wertschöpfungsaktivitäten auf Standorte mit niedrigen Produktionskosten (Konfiguration) eine wesentliche Voraussetzung zur Erzielung dauerhafter Kostenvorteile dar. In diesem Zusammenhang zeigt Insert 3-5, daß der vor allem im unteren Preissegment agierende Automobilhersteller Fiat seine Produktionsstätten konsequent in Niedriglohn-

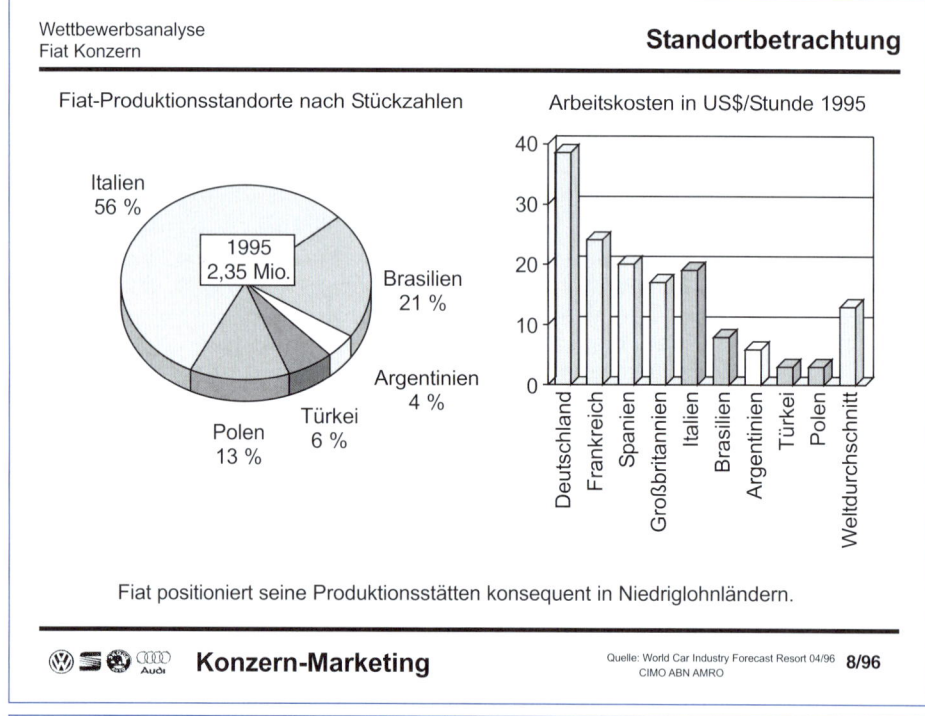

INSERT 3-5: Volkswagen AG, August 1996

ländern positioniert. Die Ausrichtung auf Niedriglohnländer ist insbesondere dann vorteilhaft, wenn weltweit dieselben Fertigungstechnologien verfügbar sind oder es sich um sehr personalintensive Produktionsprozesse handelt.

Im Rahmen der **Beschaffung** können Kostenvorteile durch eine Verringerung der Anzahl der Zulieferer bis zum **Single Sourcing** (Größenvorteile) und durch ein **Global Sourcing** (weltweiter Materialeinkauf) realisiert werden. So reduzierte Fiat die Zahl seiner Zulieferer im Zeitraum 1991 bis 1996 von 671 auf 320 (Volkswagen 1996). Ferner kann durch die produktionssynchrone Teileanlieferung im Rahmen von **Just-in-Time-Konzepten** zum Beispiel die Kapitalbindung im Materiallager deutlich verringert werden. Darüber hinaus ist eine optimale innerbetriebliche Abstimmung der Materialwirtschaft und Logistik erforderlich, da hier oftmals beträchtliche Kosten durch lange Durchlaufzeiten und damit wiederum eine hohe Kapitalbindung entstehen. Die Orientierung an **innovativen Prozeßtechnologien** stellt ein weiteres Merkmal von Kostenstrategien dar. Neueste Verfahren und Produktionstechniken sowie der Alleinbesitz von Know-how und Patenten sind dabei als zentrale Erfolgsfaktoren zu nennen (Ghemawat 1985, S. 146).

In diesem Zusammenhang wird deutlich, daß die Diskussion der Kostenorientierung vor allem anhand **innengerichteter Aspekte** erfolgt. Eine abnehmergerichtete Bedeutung erlangt die Kostenorientierung durch die Weitergabe der Kostenvorteile an die Abnehmer in Form von **Preisvorteilen**. Dies ist jedoch keine zwangsläufige Folge der Kostenorientierung. Es ist ebenso denkbar, daß Kostenvorteile zunächst nicht an die Abnehmer weitergegeben werden, sondern die zusätzlichen Deckungsbeiträge beispielsweise zur Produktverbesserung (zum Beispiel umfangreichere Serienausstattung bei Automobilen) oder Stärkung der F&E-Aktivitäten eingesetzt werden. Da sich in der Literatur jedoch der Begriff der „Kostenführerschaft" durchgesetzt hat, soll auch hier davon ausgegangen werden, daß sich die Kostenvorteile direkt als Preisvorteile in den abnehmergerichteten Strategien widerspiegeln.

In der Vergangenheit konzentrierten sich Unternehmen bei der Schaffung von Wettbewerbsvorteilen häufig auf jeweils eine strategische Grunddimension der Abnehmerorientierung. Spätestens jedoch mit der Entwicklung des **Outpacing-Ansatzes**, einer Kombination von Qualitäts- und Kostenführerschaft (Gilbert/Strebel 1987), wurde deutlich, **daß ein langfristiger Erfolg eine mehrdimensionale Orientierung erfordert**. Abnehmer verlangen zunehmend hohe Qualität bei gleichzeitig niedrigem Preis. Die Markierungsorientierung stellt insbesondere bei homogenen, austauschbaren Produkten eine Voraussetzung des Markterfolges dar und oftmals erlaubt nur ein breites Programm die Befriedigung der zunehmend individuelleren Konsumentenwünsche (Fragmentierung der Märkte). Darüber hinaus gewinnt aufgrund der Marktdynamik mit immer schneller aufeinanderfolgenden Lebenszyklen die Innovationsorientierung an Bedeutung. In welchem Ausmaß es möglich ist, auf mehreren Dimensionen Wettbewerbsfähigkeit zu beweisen, verdeutlichen japanische Unternehmen. Mit einem Angebot innovativer, qualitativ hochwertiger Produkte zu niedrigen Preisen dominieren sie heute in einer Vielzahl von Märkten.

1.23 Konkurrenzgerichtete Strategien

1.231 Systematisierung konkurrenzgerichteter Strategien

Bei einer Systematisierung konkurrenzgerichteter Strategien, das heißt langfristiger, bedingter Pläne über das eigene Verhalten gegenüber den Wettbewerbern, ist zunächst eine Unterscheidung zwischen aktivem und passivem Verhalten zu treffen. Ein **passives Verhalten** zeigt sich, wenn die Aktivitäten der Konkurrenten weder implizit noch explizit in die Unternehmensentscheidungen einbezogen werden. So entwickeln passive Unternehmen keine konkurrenzgerichtete Strategie und realisieren auch keine auf den Wettbewerber gerichteten Aktivitäten. Diese Verhaltensausprägung trifft insbesondere auf große Unternehmen zu, die über eine dominierende Marktposition verfügen („wettbewerbsautonomes Verhalten") oder die Bedeutung einer Konkurrenzorientierung nicht erkennen („wettbewerbsignorantes Verhalten").

Aktives Verhalten setzt demgegenüber eine Einbeziehung kompetitiver Maßnahmen in die Planung voraus. Konkurrenzgerichtete Strategien werden daher nur von Unternehmen realisiert, die dem Wettbewerbsgeschehen aktiv gegenüberstehen. Generell kann eine Typologisierung des aktiven konkurrenzgerichteten Verhaltens anhand der zwei **Typologisierungsdimensionen**

- innovativ versus imitativ sowie
- wettbewerbsvermeidend versus wettbewerbsstellend

erfolgen. Insbesondere in der Tradition der Wettbewerbstheorie und in der amerikanischen Industrial Organization Forschung hat die Unterscheidung zwischen innovativem und imitativem Verhalten einen tragenden Charakter. Wettbewerb wird in diesem Zusammenhang als „Prozeß der schöpferischen Zerstörung" (Schumpeter 1950, S. 137 f.) angesehen und als „Suchprozeß und Entdeckungsverfahren" (Hayek 1968, S. 249 ff.) gedeutet. Überkommene Verfahren, Produkte oder Marketingkonzeptionen werden durch inhaltliche und prozessuale Innovationen verdrängt. Der Wettbewerbsprozeß wird dabei in Abhängigkeit von der **Art des Verhaltens der Konkurrenten** als „Imitationsverfahren", das heißt die Wettbewerber übernehmen Technologie sowie Verhalten und passen sich dem langfristigen Gleichgewicht an, oder, bei technischem Fortschritt, als „Entdeckungsverfahren" bezeichnet.

Die Dimension „wettbewerbsvermeidend versus wettbewerbsstellend" unterscheidet sich vor allem in bezug auf den **Zeitpunkt der eingeleiteten Maßnahmen**. Ein wettbewerbsvermeidendes Verhalten beruht dabei auf der Anpassung der eigenen unternehmerischen Entscheidungen an die Handlungen der Konkurrenten. Konkurrenzgerichtete Maßnahmen werden erst dann ergriffen, wenn die Unternehmung durch ein offensives Vorgehen eines oder mehrerer Anbieter bedroht wird (vgl. Insert 3-6).

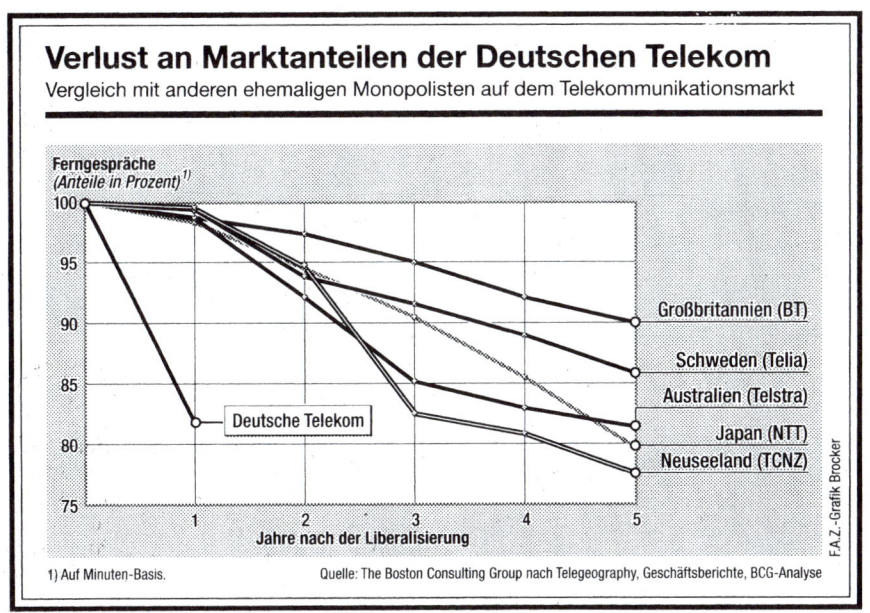

Schwere Zeiten für die Deutsche Telekom: Aufgrund der hohen Telefontarife zum Beginn der Liberalisierung des Telefonmarktes hat der ehemalige Monopolist im ersten Jahr nach der Marktöffnung fast 20 Prozent seines Marktanteiles bei den Ferngesprächen verloren, deutlich mehr als die ehemaligen Monopolisten in anderen Industrieländern. Spät hat das Unternehmen die Gefahr der neuen Konkurrenz erkannt und die Tarife deutlich gesenkt. Der Wettbewerb geht in eine neue Runde. Statt der Tarife werden aber Service und Zusatzdienste über den Markterfolg entscheiden. ht.

INSERT 3-6: Frankfurter Allgemeine Zeitung, 01.02.1999, S. 23

Demgegenüber ist wettbewerbsstellendes Verhalten dadurch gekennzeichnet, daß Unternehmen bereits auf erste „schwache Signale" (Ansoff 1976, S. 129) im Vorfeld marktgerichteter Aktivitäten der Konkurrenz reagieren und deren mögliche Vorgehensweisen explizit in die eigene Planung einbeziehen. Unternehmen, die sich durch ein wettbewerbsstellendes Verhalten auszeichnen, sind oft in der Lage, aufgrund frühzeitig erkannter Konsumentenbedürfnisse gegenüber reaktiven Konkurrenten einen Zeitvorteil zu realisieren. Die Zeitvorteile können in Image- und Ertragsvorteile umgesetzt werden, wenn es dem Unternehmen gelingt, sich zum Beispiel durch die proaktive Entwicklung und Umsetzung von innovativen Produkt- und Prozeßtechnologien im Markt als Technologieführer zu profilieren.

Typologisiert man das konkurrenzgerichtete Verhalten von Unternehmen anhand der diskutierten Dimensionen, so lassen sich die folgenden **vier konkurrenzgerichteten Strategien** abgrenzen (vgl. Abbildung 3-15).

Verhaltensdimensionen	Innovativ	Imitativ
Wettbewerbsvermeidend	Ausweichen	Anpassung
Wettbewerbsstellend	Konflikt	Kooperation

Abbildung 3-15: Typologisierung konkurrenzgerichteten Verhaltens

1.232 Kooperationsstrategien

Kooperationen werden vor allem von Unternehmen angestrebt, die über keinen deutlichen Wettbewerbsvorteil verfügen oder denen die notwendigen Ressourcen für Konkurrenzauseinandersetzungen beziehungsweise ein erfolgreiches Überleben im Wettbewerb fehlen. Dem aggressiven Wettbewerb wird das offene oder stillschweigende Einverständnis bezüglich bestimmter Geschäftspolitiken vorgezogen. Zumeist ist dieses Verhalten durch die Einsicht bestimmt, daß durch ein Entgegenkommen der Wettbewerber eine höhere Rendite erwirtschaftet werden kann als bei einem intensiven Wettbewerb. Insbesondere auf Oligopolmärkten ist daher häufig ein mehr oder weniger ausdrückliches Einverständnis über das Wettbewerbsgebaren im Sinne einer informalen Kooperation zu beobachten (Lambin 1987, S. 180).

Die weitestgehende Form des kooperativen Verhaltens stellt zweifellos die Zusammenarbeit dar (formale Kooperation). Formen und Ausprägungen derartiger Kooperationen sind dabei durch einen unterschiedlichen Grad der Zusammenarbeit und unterschiedliche Bindungsarten gekennzeichnet. Beschränkt man sich auf vertraglich abgesicherte Kooperationen, so sind vor allem **Lizenzverträge, Vertragsfertigungen, Franchising, Managementverträge, strategische Allianzen und Joint Ventures** von vorrangigem Interesse bei der Analyse von Unternehmenskooperationen (Gahl 1991; Dussauge/Garrette 1995; Eisele 1995; Meurer 1997; Netzer 1999).

Insert 3-7 verdeutlicht die globale Bedeutung von Allianzen im Verkehrsdienstleistungsbereich. So agiert beispielsweise die Lufthansa in einer strategischen Allianz mit United Airlines (USA), SAS (Schweden), Varig (Brasilien), Thai Airways (Thailand) und anderen Fluggesellschaften unter der Dachmarke „Star Alliance" im Wettbewerb. Diese Kooperation dient in erster Linie der Überwindung von Markteintrittsbarrieren und der ressourcenschonenden Erweiterung des Streckennetzes (Ausweitung des Angebotsprogramms).

Drittes Kapitel   Aktionsgrundlagen der Marketingentscheidung

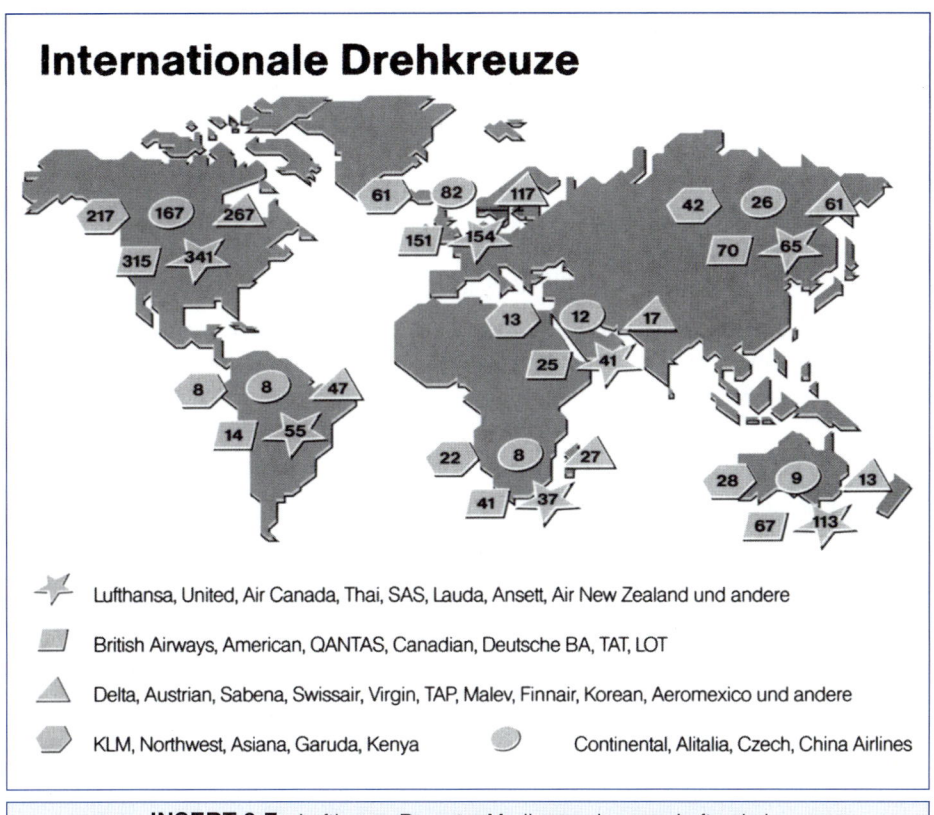

INSERT 3-7: Lufthansa Report – Medienservice zum Luftverkehr
Deutsche Lufthansa AG, 1998

1.233 Konfliktstrategien

Konfliktstrategien sind zumeist mit der Zielsetzung verbunden, durch ein im Vergleich zum Wettbewerber innovatives Verhalten Marktanteile zu gewinnen und möglicherweise die Marktführerschaft zu realisieren. Eine Konfrontation mit dem Wettbewerber wird dabei bewußt in Kauf genommen.

In ihrer aggressivsten Form verfolgen Konfliktstrategien das Ziel, den Wettbewerber durch frontale Angriffe möglichst stark zu schwächen beziehungsweise ihn aus dem Markt zu drängen. Oft werden dabei auch wettbewerbsrechtliche Verstöße in Kauf genommen. Üblicherweise läßt sich aggressives Verhalten auf Märkten beobachten, die sich in der Stagnations- oder Schrumpfungsphase befinden, da hier eine Positionsverbesserung nur noch auf Kosten der Marktstellung anderer Anbieter möglich ist (sogenanntes

Nullsummenspiel). Auch oligopolistische Märkte sind häufig durch aggressives Wettbewerbsverhalten gekennzeichnet. Die konfliktorientierte Konkurrenzstrategie wird in der Literatur oft in militärischen Kategorien beschrieben (Kotler/Single 1981; Ries/Trout 1985; Cohen 1986; Durö/Sandström 1988, Hausen 1999, S. 273). Dabei werden unter anderem folgende Angriffsweisen unterschieden:

- Ein **Direktangriff** zielt auf die Hauptproduktbereiche des anvisierten Konkurrenten, indem zum Beispiel mit neuen oder verbesserten eigenen Produkten oder mit einer Preisreduzierung die Marktstellung des Wettbewerbers erschüttert werden soll.

- Bei der **Umzingelung** soll die Marktstellung des Konkurrenten von mehreren Seiten aus aufgeweicht werden. Dabei wird dem Konkurrenzprodukt zum Beispiel nicht nur ein direktes Angebot gegenübergestellt, sondern zusätzlich wird unter einer zweiten und dritten Marke eine preisgünstigere Produktalternative und/oder ein Premiumprodukt eingeführt.

- Der **Flankenangriff** hat zum Ziel, den Konkurrenten an seinen schwachen beziehungsweise ungeschützten Stellen anzugreifen (vgl. Insert 3-8). Dies könnte bei global operierenden Unternehmen beispielsweise dadurch geschehen, daß massiv in die Eroberung solcher Ländermärkte investiert wird, in denen der Konkurrent nur einen niedrigen Marktanteil besitzt. Dies ist insbesondere dann erfolgversprechend, wenn es sich bei den betroffenen Märkten um stark wachsende oder volumenstarke Märkte handelt, die für den langfristigen Erfolg in einer bestimmten Branche eine hohe Relevanz besitzen.

Die umfangreichen Investitionen japanischer Unternehmen in Indien, China, Vietnam, Thailand, Indonesien und anderen südostasiatischen Ländern können in diesem Zusammenhang als ein Flankenangriff auf Wettbewerber aus Deutschland bezeichnet werden, die in dieser Region bislang nur schwach vertreten sind. Insbesondere aufgrund der hohen Wachstumsraten des Bruttosozialprodukts und der absoluten Größe dieser Märkte kann dieser Angriff langfristig zu einer enormen Bedrohung für deutsche Unternehmen werden.

1.234 Ausweich- und Anpassungsstrategien

Ausweichstrategien sind dadurch gekennzeichnet, daß Unternehmen versuchen, einem erhöhten Wettbewerbsdruck durch innovative Aktivitäten zu entgehen. Im Einzelfall kann dies durch abgeschirmte Marktsegmente, neue Produkt- beziehungsweise Prozeßtechnologien oder ausgeprägte Marketinganstrengungen erfolgen. Ausweichstrategien weisen vor allem dann ein hohes Erfolgspotential auf, wenn es möglich ist, frühzeitig Markteintrittsbarrieren aufzubauen, und die Realisierung von Spezialisierungs- und Erfahrungseffekten gelingt.

Anpassungsstrategien zielen auf die Erhaltung der einmal realisierten Marktposition ab. Das eigene Verhalten wird auf die Reaktion der Wettbewerber abgestimmt. Diese

Kleiner Flieger, große Wirkung. British Airways ist über die Verbindung von Lufthansa und British Midland nicht erfreut. Foto Klemm

Lufthansa zielt auf das Herz von British Airways
Die Allianz mit British Midland muss aber noch genehmigt werden / British Airways protestiert

chs. LONDON, 9. November. Die 20 Prozent hohe Beteiligung der Lufthansa an British Midland und die geplante Aufnahme der britischen Gesellschaft in die „Star"-Allianz hat zu einer Auseinandersetzung mit British Airways um die Vormachtstellung an den jeweiligen Heimatflughäfen geführt. British Airways hat angedroht, sich bei der Europäischen Kommission zu beschweren, wenn für die Genehmigung der deutsch-britischen Allianz andere Maßstäbe angesetzt werden als für die internationalen Verbindungen von British Airways.

Bob Ayling, der Chief Executive von British Airways, sagte, die Lufthansa halte in Frankfurt „eine auf unfaire Weise dominante Position", weil sie die Zuteilung von Slots an die Wettbewerber blockiere. British Airways ist beunruhigt, weil die „Star"-Allianz im Fall der Anschlußgenehmigung für British Midland deutlich mehr Start- und Landerechte (Slots) am Londoner Flughafen Heathrow erhält, dem größten internationalen Flughafen der Welt. British Midland hält dort 14 Prozent aller Slots und hat zudem die Genehmigung für Flüge in die Vereinigten Staaten beantragt, einem besonders ertragreichen Markt für British Airways.

Die Streitparteien arbeiten dabei mit unterschiedlichen Zahlen: British Airways behauptet, dass ihre Allianz „One World" 41 Prozent der Rechte in Heathrow halten würde (darunter 36 Prozent British Airways), während die „Star"- -Allianz zusammen mit British Midland auf 26 Prozent kommen würde. Dagegen halte die Lufthansa in Frankfurt 70 Prozent der Slots und „One World" nur 4 Prozent. Die Lufthansa beharrt indes darauf, nur die Flugrechte für internationale Verbindungen zu zählen, denn alles andere hieße Äpfel mit Birnen zu vergleichen, wie Vorstandsvorsitzender Jürgen Weber in London sagte. Dabei hielten beide Gesellschaften rund 30 Prozent der Rechte an ihren jeweiligen Heimatflughäfen.

Ein weiterer Streitpunkt ist die gemeinsame Nutzung von Sitzkapazitäten (codesharing) sowie die Koordinierung von Vielfliegerprogrammen und Flugpreisen, die Lufthansa und British Midland nun in Brüssel beantragen. British Airways ist in seiner Allianz „One World" genau in diesen Punkten eingeschränkt, vor allem über den Nordatlantik, wo sich die Angebote von British Airways und dem wichtigsten „One World"-Partner, American Airlines, überlappen. Das gemeinsame Codesharing dieser Gesellschaften würde den Wettbewerb wesentlich einschränken, meinen die amerikanischen Aufsichtsbehörden und die EU-Kommission.

British Airways fordert die EU-Kommission auf die Maßstäbe ihrer verkehrspolitischen Entscheidungen zu veröffentlichen und sie „auf eine fairen und gleichen Basis anzuwenden, egal welche Fluggesellschaften betroffen sind". Bei der Lufthansa heißt es, die Allianzen würden genehmigt, wenn die Partner komplementäre Angebote haben, sodass anders als bei Überlappungen der Wettbewerb nicht leide. Dabei verweist sie auch darauf, dass British Airways rund 60 Prozent der Sitzkapazitäten auf deutsch-britischen Flügen beherrsche gegenüber weniger als 40 Prozent für Lufthansa.

Die Lufthansa übernimmt 20 Prozent der Anteile an British Midland von der Scandinavian Airlines System (SAS), die bisher 40 Prozent besaß und nun 20 Prozent behalten wird, wie die drei Gesellschaften in London bekanntgaben. Die Lufthansa zahlt dafür 91,4 Millionen Pfund, 278,8 Millionen DM. Die restlichen 60 Prozent an British Midland, wovon Chairman Sir Michael Bishop die Mehrheit hält, bleiben unverändert. Die Transaktion kommt aber nur zustande, wenn die Aufnahme von British Midland in die „Star"-Allianz genehmigt wird. Die mehr als 60 Jahre alte Gesellschaft beschäftigt derzeit 6500 Mitarbeiter und fliegt mit 52 Maschinen. Sir Michael will die Belegschaft in den kommenden Jahren verdoppeln und die Flotte auf 80 Maschinen ausweiten. 1998 erzielte British Midland einen Umsatz von 558,8 (Vorjahr 529,3) Millionen Pfund und einen Vorsteuergewinn von 11,02 (17,3) Millionen Pfund. Dabei transportierte die Gesellschaft 6 Millionen Passagiere.

INSERT 3-8: Frankfurter Allgemeine Zeitung, 10.11.1999, S. 27

wettbewerbsvermeidende, defensive Ausrichtung wird häufig nur so lange beibehalten, wie keine Schwächung der eigenen Position durch Vorstöße der Wettbewerber erfolgt.

Die Frage nach dem unter Wettbewerbsaspekten „richtigen" Vorgehen gewinnt zusätzlich an Komplexität, wenn man berücksichtigt, daß Unternehmen oftmals auf mehreren Märkten miteinander konkurrieren (**Mehrpunktwettbewerb**). Wird ein Unternehmen von einem Wettbewerber auf einem bestimmten Markt angegriffen, bestehen verschiedene Möglichkeiten zu reagieren. Zum einen kann das betroffene Unternehmen auf demselben Markt den Vorstoß des Konkurrenten parieren, zum anderen kann auf einem anderen Markt eine Gegenmaßnahme gestartet werden und schließlich besteht die Möglichkeit, auf allen gemeinsamen Märkten zu reagieren.

Ein vielfach zitiertes Beispiel stellt das Eindringen von Michelin in den nordamerikanischen Reifenmarkt Anfang der siebziger Jahre dar. Goodyear, dessen Position von Michelins Vorstoß am stärksten bedroht war, reagierte nicht mit einem Gegenschlag auf dem nordamerikanischen Markt, sondern baute seine bis dato eher schwache Position im europäischen Stammarkt von Michelin aus (Watson 1982, S. 40 ff.).

1.24 Absatzmittlergerichtete Strategien

1.241 Systematisierung absatzmittlergerichteter Strategien

Spätestens seit Beginn der achtziger Jahre kündigte sich in vielen Märkten eine Situation an, in der aus Herstellersicht nicht mehr die Akzeptanz auf der Endverbraucherstufe, sondern bereits auf der zwischengelagerten Stufe des Handels über den Markterfolg entscheidet. Vier Entwicklungstendenzen sind hierfür maßgeblich (vgl. Abbildung 3-16):

- Sowohl auf der Einzel- als auch der Großhandelsstufe ist eine fortschreitende **Konzentration** zu beobachten. In ihrer Folge gerät der Hersteller in eine Abhängigkeit von wenigen Einkaufsmanagern im Handel (Nachfragemacht). Große und professionell betriebene **Handelsunternehmen emanzipieren sich** zunehmend von der Einflußnahme der Hersteller und entwickeln ein eigenständiges Handelsmarketing, wodurch der Spielraum des klassischen Herstellermarketing eingeschränkt wird.

- Gleichzeitig bewirken eine **Ausdifferenzierung zahlreicher Märkte** und das Eindringen neuer nationaler und internationaler Anbieter eine wachsende Zahl von Neuprodukten. Für jedes einzelne Produkt steht bei weitgehend stagnierender Gesamtverkaufsfläche im Handel immer weniger Regalplatz zur Verfügung.

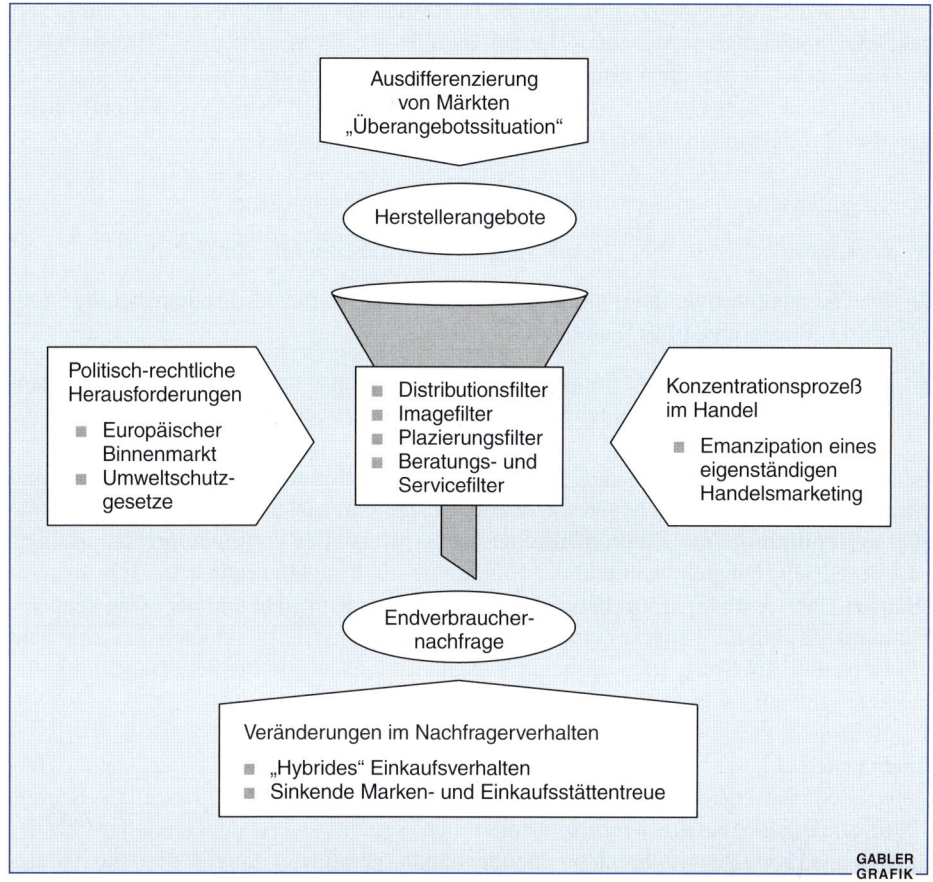

Abbildung 3-16: Herausforderungen an das absatzmittlergerichtete Marketing in den neunziger Jahren

- Veränderungen im Konsumentenverhalten wirken sich – nicht zuletzt durch das vielzitierte **„hybride" Einkaufsverhalten** (Litzenroth 1995) – auf die Absatzkanalwahl der Hersteller aus. Die Realisierung langfristig ausgerichteter Strategien wird dabei angesichts zunehmend instabiler Käufergewohnheiten (sinkende Marken- als auch Einkaufsstättentreue) erschwert.

- Schließlich beeinflussen **politisch-rechtliche Maßnahmen** den handelsgerichteten Gestaltungsbereich der Hersteller. International führt vor allem die Ausgestaltung des europäischen Binnenmarktes zu einer Strukturveränderung in zahlreichen Absatzsystemen. National führen ökologische Anforderungen des Gesetzgebers (Duales System, Rücknahmeverpflichtungen des Handels etc.) zwangsläufig zu einer Neudefinition der Arbeitsteilung im Absatzkanal.

Diese Entwicklungstendenzen fordern die Hersteller um so mehr heraus, als ein in seinem Machtbewußtsein erwachter Handel seine Rolle als „Gatekeeper" (Lewin 1963, S. 206 ff.) oder „Filter" im Vermarktungsprozeß von Gütern und Dienstleistungen realisiert hat. Nach Thies (1976, S. 63 ff.) lassen sich aus Herstellersicht vier **Filterfunktionen des Handels** lokalisieren. Demnach entscheidet der Handel,

- ob ein Produkt überhaupt distribuiert wird („Distributionsfilter"),
- ob ein Herstellerangebot „image-adäquat" vertrieben wird („Imagefilter"),
- welche quantitative und qualitative Regalplatzfläche für das Produkt bereitgestellt wird („Plazierungsfilter") und
- welche verkaufs- und nachkaufbezogenen Beratungs- und Serviceleistungen handelsseitig das Herstellerangebot komplettieren („Service- und Beratungsfilter").

In diesem Zusammenhang bedarf es kaum einer Erläuterung, daß sich Hersteller und Handel zwar um den gleichen Konsumenten bemühen, hinsichtlich ihrer Zielsysteme aber **systemimmanente Zielkonflikte** austragen. Hersteller verfolgen primär produktbezogene Zielsetzungen, während der Händler geschäftsstättenorientierte Ziele anstrebt (Hansen 1990, S. 161 ff.). Vor dem Hintergrund dieser Konflikte und der „Gatekeeper"-Funktion des Handels bedarf es einer sorgfältigen absatzmittlergerichteten Strategiewahl des Herstellers im Sinne eines globalen Verhaltensplans gegenüber dem Handel, um die marktgerichteten Ziele erreichen zu können.

Einen ersten „klassischen" Ansatz für absatzmittlergerichtete Verhaltenspläne der Hersteller stellt die Differenzierung in Push- und Pullstrategien dar (Voss 1983; Szeliga 1996). Die **Push-Strategie** beschreibt dabei eine Vorgehensweise des Herstellers, bei der dieser seine Produkte mittels entsprechender händlergerichteter Anreize über die Absatzkanäle in den Markt „hineindrückt". Demgegenüber soll eine **Pull-Strategie** durch ein effektives endverbrauchergerichtetes Marketing zu einem Nachfragesog der Konsumenten gegenüber dem Handel führen. Der Handel soll demnach über einen indirekten Herstellerdruck zur Listung „gezwungen" werden.

Geht man demgegenüber von der in vielen Märkten realitätsnäheren Situation aus, daß ein Hersteller seine Produkte bei bestenfalls gleichberechtigter Machtverteilung im Absatzkanal vertreibt, so ergeben sich für ihn vier grundsätzliche absatzmittlergerichtete Strategieansätze (vgl. Abbildung 3-17). Erkennt der Hersteller die Nachfragemacht des Handels an, so stehen ihm die Verhaltensalternativen Machtumgehung (**Umgehungsstrategie**) und Machtduldung (**Anpassungsstrategie**) zur Verfügung. Falls der Hersteller die Machtposition des Handels nicht anerkennt, kann er sich für einen offensiven Machtkampf (**Konfliktstrategie**) oder einen eher defensiven Machterwerb (**Kooperationsstrategie**) entscheiden (vgl. Meffert 1999).

Marketing des Herstellers	Passiv in der Gestaltung der Absatzwege	Aktiv in der Gestaltung der Absatzwege
Passiv in der Reaktion auf Marketingaktivitäten des Handels	Anpassung (Machtduldung)	Konflikt (Machtkampf)
Aktiv in der Reaktion auf Marketingaktivitäten des Handels	Kooperation (Machterwerb)	Umgehung/Ausweichen (Machtumgehung)

Abbildung 3-17: Strategien im vertikalen Marketing

1.242 Anpassungsstrategien

Betrachtet man zunächst die Anpassungsstrategie, so zeichnet sich diese Art des Vorgehens durch eine passive Haltung des Herstellers in bezug auf seine Aktivitäten zur Gestaltung seiner Absatzwege aus. Dies kann sich zum Beispiel darin äußern, daß „branchenübliche" oder „bewährte" Wege zum Vertrieb der eigenen Erzeugnisse gewählt werden; eigene Initiativen sind kaum anzutreffen, und der Hersteller ist bemüht, sich den Vorstellungen des nachfragemächtigen Handels anzupassen. Im Prinzip akzeptiert der Hersteller bei dem unterstellten Ausgangsfall einen Machtzuwachs durch den Handel und gegebenenfalls eine Funktionsverlagerung zugunsten des Absatzmittlers. Einzuordnen sind hierbei aber auch die Fälle, in denen der Hersteller zur Übernahme ehemals vom Absatzmittler ausgeübter Funktionen der Regalplatzpflege (Warenauszeichnungspflicht etc.) gezwungen wird, ohne für die zusätzlich entstehenden Kosten vom Absatzmittler vergütet zu werden.

Es bedarf keiner Begründung, daß ein derartiges Verhalten eigentlich dem Grundgedanken einer marktorientierten Unternehmensführung nicht entspricht. Damit dieses Verhalten auf längere Sicht nicht zu einer Überlebensfrage für den Hersteller führt, ist bei einer solchen Vorgehensweise zumindest eine konsequente Beobachtung des Absatzkanals unerläßlich, um auf erfolgsbeeinträchtigende Veränderungen (zum Beispiel Umsatzrückgang, Verschiebungen im Sortiment, Veränderungen der Plazierung) rechtzeitig reagieren zu können.

1.243 Konfliktstrategien

Eine aktive Gestaltung der Absatzwege führt dagegen für den Hersteller dann zu einer Konfliktstrategie, wenn er dabei die Verhaltensweisen und die Nachfragemacht des Handels nicht beachtet oder bewußt ignoriert. In dieser Situation strebt der Hersteller eine **Marketingführerschaft im Absatzkanal** an (Irrgang 1989, S. 12 ff.; 1994, S. 1 ff.). Voraussetzung für eine solche Vorgehensweise ist offensichtlich, daß der Hersteller eine größere Machtbasis als der Absatzmittler hat. Verfügen hingegen die verschiedenen Absatzstufen über das größere Machtpotential, so kann der Hersteller in seinen Aktivitäten zurückgedrängt und damit zur Anpassung gezwungen werden. Hat dagegen der Hersteller die vergleichsweise größere Machtbasis, so kann er statt einer Konfliktstrategie auch versuchen, durch aktives Reagieren auf die Marketingaktivitäten des Handels seine Zielvorstellungen durchzusetzen (Umgehungs-, Kooperationsstrategie).

Der Übergang von einer Konflikt- zu einer Kooperationsstrategie ist dabei fließend und kann im Zeitablauf sogar wechseln. Für die Strategieauswahl haben situations- und unternehmensbezogene Merkmale, die Einbindung in Verbundgruppen sowie finanzielle und personelle Ressourcen einen unmittelbaren Einfluß.

1.244 Kooperationsstrategien

Die zunehmende machtbezogene Pattsituation in zahlreichen Absatzkanalsystemen hat sowohl auf Hersteller- als auch auf Händlerseite zu der Erkenntnis geführt, daß eine Kooperationsstrategie am ehesten geeignet ist, divergente Zielvorstellungen mit einem Gewinn für beide Partner zu realisieren. Ein umfassendes Konzept zur Ausgestaltung von herstellerinitiierten Kooperationsstrategien wird in der Literatur unter dem Begriff des **vertikalen Marketing** subsumiert (vgl. drittes Kapitel, Abschnitt 4). Hierunter wird eine aktive Beeinflussung der unmittelbaren Abnehmer mit dem Bemühen um eine weitgehende Koordination der Marketingaktivitäten verstanden (Kunkel 1977; Ahlert 1982; Florenz 1991; Irrgang 1994).

Hauptansatzpunkte – und damit auch zugleich Problem- beziehungsweise Konfliktursachen – ergeben sich bei diesem Strategietyp aus der Divergenz zwischen der produktorientierten Sichtweise der Anbieter und der sortimentsbezogenen Denkweise des Handels. Inwieweit sich das Verfolgen einer Kooperationsstrategie auf die **Funktionsverteilung im Absatzkanalsystem** auswirkt, kann nur tendenziell beschrieben werden. Generell ist zu vermuten, daß Kooperationsstrategien zunächst verteilungsneutral sind. Herstellerseitig initiierte Kooperationsstrategien verfolgen aber oftmals das Ziel, die Kontrolle über den Absatzkanal zu erhöhen, womit eine Funktionsverlagerung zugunsten des Herstellers verbunden ist. Der Zusammenhang zwischen den absatzmittlergerichteten Strategien und der Funktionsverteilung im Absatzkanal ist in Abbildung 3-18 wiedergegeben.

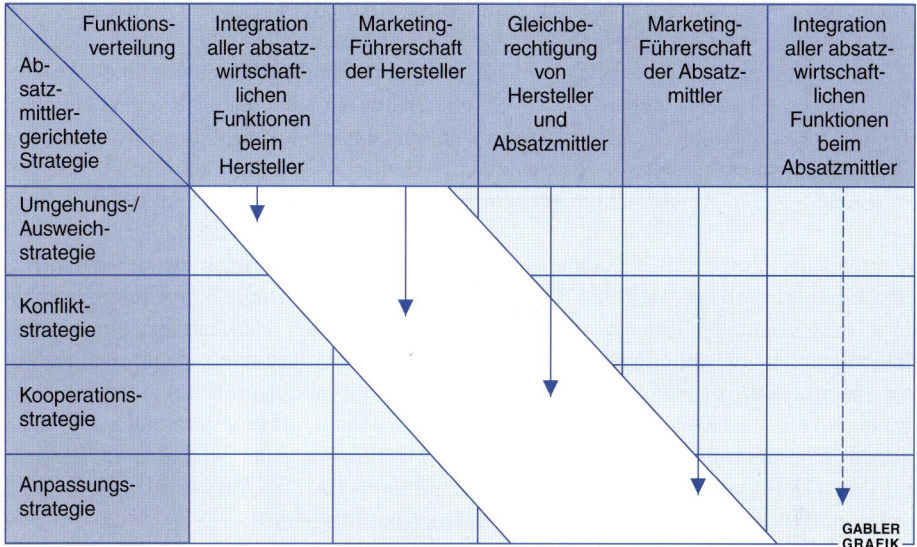

Abbildung 3-18: Beziehungskorridor von Funktionsverteilung und absatzmittlergerichteter Strategie

1.245 Umgehungs- und Ausweichstrategien

Bei der Umgehungsstrategie wird bewußt auf kooperative Verhaltensabstimmungen verzichtet. Mögliche Ausprägungen dieses Strategietyps sind der stationäre, der mobile und der Direktvertrieb (Boy 1986):

- **Stationärer Vertrieb**
  - Filialverkauf
  - Fabrikverkauf
  - Show Rooms
  - Automatenverkauf etc.

- **Mobiler Vertrieb**
  - Fahrbare Verkaufsstellen
  - Messeverkauf
  - Hotelverkauf etc.

- **Direktvertrieb**
  - Telefonverkauf
  - Online-Verkauf (zum Beispiel über das Internet)
  - Katalogverkauf
  - Direct-Mail-Verkauf etc.

Ohne Zweifel ergeben sich bei der **Umgehungsstrategie** wegen der **fehlenden Reibungsverluste mit dem Handel** zahlreiche Chancen für den Hersteller, insbesondere aus der uneingeschränkten Kontrolle aller Marketinginstrumente über den gesamten Absatzweg. Diesen Chancen stehen jedoch entsprechende Kosten und Risiken gegenüber. Beispielhaft können hier höhere finanzielle und personelle Aufwendungen aufgrund der Übernahme von Aufgaben, die andernfalls der Handel übernimmt, und der Verlust von Sortiments- und Verbundeffekten genannt werden (vgl. drittes Kapitel, Abschnitt 4.333).

Während die Umgehungsstrategie einen Totalverzicht auf Geschäftsbeziehungen mit dem Handel impliziert, stellt die **Ausweichstrategie** eine partielle Umgehungsstrategie dar. Diese Strategiealternative beinhaltet die Aufgabe der Geschäftsbeziehungen zu denjenigen Handelsunternehmen, die der Hersteller als besonders nachfragemächtig einschätzt. Damit ist gleichzeitig die Neuselektion und -akquisition von Absatzmittlern mit einem aus der Sicht des Herstellers niedrigeren Machtpotential verbunden. Dabei ist jedoch zu berücksichtigen, daß die schwächere Machtposition der Absatzmittler letztlich auf deren geringere Marktbedeutung zurückzuführen ist. Die Ausweichstrategie führt somit in der Regel zu einem Rückgang des Distributionsgrades.

Zentrale Zielsetzungen der Ausweichstrategie sind die Verminderung der Abhängigkeit von bestimmten Handelsunternehmen sowie die Erhöhung der Deckungsbeiträge durch die Realisierung höherer Handelsabgabepreise. Hinsichtlich der Art des Ausweichens konzentriert sich der Hersteller entweder auf neue Betriebsformen (zum Beispiel Factory Outlet Center) oder traditionelle Angebotsformen (zum Beispiel Fachhandel). Die Wahl zwischen den Alternativen Versorgungs- und Erlebnishandel sowie die Option einer stärkeren Internationalisierung stellen weitere Gestaltungsparameter der Ausweichstrategie dar.

Innerhalb einer Branche sind oftmals mehrere absatzmittlergerichtete Strategien zu beobachten (vgl. Insert 3-9). In der Backwarenindustrie verfolgen die führenden Großbäckereien aufgrund der dominanten Machtposition der Absatzmittler eine **Anpassungsstrategie**. Um gegenüber der Nachfragemacht der Absatzmittler die eigene Überlebensfähigkeit sicherzustellen, versuchen die Großbäckereien, durch Akquisitionen die eigene Machtposition zu verbessern. Die Option des Ausweichens oder Umgehens steht den Großbäckereien nicht zur Verfügung, weil der Aufbau einer für Backwaren erforderlichen breiten Distribution in Verbindung mit einem ausgefeilten Logistikkonzept wirtschaftlich nicht sinnvoll und wegen fehlender Ressourcen nicht umsetzbar wäre.

Der Nahrungsmittelhersteller Schoeller verfolgt zusätzlich eine **Ausweichstrategie**, indem er zur Verringerung seiner Abhängigkeit gegenüber dem Lebensmitteleinzelhandel den neuen Vertriebsweg über Tankstellen ausbaut. Ebenso gelingt dem Nahrungsmittelkonzern Unilever die Erschließung des Vertriebsweges der traditionellen Bäckereien, wodurch sich auch in diesem Fall die Abhängigkeit Unilevers gegenüber dem Lebensmitteleinzelhandel verringert. Gleichzeitig wird die Marktposition der kleinen Bäckereien im Vergleich zu den Großbäckereien gestärkt, denn die lokalen Bäckereien können nun ihren Wettbewerbsvorteil der Kundennähe mit den Vorteilen der Großserienproduktion (von Unilever) kombinieren.

An die Gurgel gepackt

Großbäckereien und Filialketten rollen den deutschen Markt auf. Zahlreiche Familienbetriebe bleiben dabei auf der Strecke.

An der Sache sei „definitiv nichts dran", dementiert Klaus-Dieter Ostendorf, Geschäftsführender Gesellschafter der Großbäckerei Wendeln GmbH, heftig. Doch unter den deutschen Industriebäckern ist es längst ein offenes Geheimnis: Das nächste Takeover der Branche steht unmittelbar bevor, Marktführer Wendeln wird vielleicht noch in diesem Jahr die bisherige Nummer zwei unter den Brotbäckern, die Wilhelm Weber GmbH aus Pfungstadt, übernehmen.

Der Deal wäre der vorläufige Höhepunkt einer Konzentrationswelle in Deutschland, die Mitte der achtziger Jahre einsetzte und seitdem ständig an Geschwindigkeit zugenommen hat. Der einst zersplitterte Brot- und Plätzchenmarkt hat sich stark polarisiert. Die zehn umsatzstärksten Großbäckereien zwischen Flensburg und Freilassing kontrollieren inzwischen bereits über die Hälfte des Gesamtgeschäfts der Industriebäckereien von derzeit rund 9,5 Milliarden Mark. Den Rest teilen sich weitere 100 Großbäckereien mit jeweils mehr als 50 Beschäftigten.

Besonders Übernahmekandidat Weber tat sich in den vergangenen zehn Jahren als fleißiger Aufkäufer hervor. In rascher Folge hatten sich die Pfungstädter, bis vor kurzem noch im Besitz des amerikanischen Mischkonzerns Borden, unter anderen die Großbäckerei Nuschelberg, die Stefansbäckerei, Klemme, die Kützle Brot, Nur Hier und die Karl Jaus & Söhne einverleibt und damit ihren Umsatz auf zuletzt 720 Millionen Mark mehr als verdoppelt.

Noch rascher expandierte nur Marktführer Wendeln. Nach Informationen der „Lebensmittelzeitung" verdoppelten die Nordfriesen ihre Verkäufe seit 1990 auf 1,25 Milliarden Mark im vergangenen Jahr. Falls Wendeln auch noch Weber schluckt, produziert die Gruppe mehr als ein Fünftel des Angebots industriell gefertigter Brot- und Backwaren.

Die Übernahmegerüchte wollen auch deshalb nicht verstummen, weil die Besitzer der Weber-Muttergesellschaft Borden kürzlich gewechselt haben. Neuer Eigentümer ist die als Firmenaufkäufer bekannte New Yorker Investorengruppe Kravis, Kolberg, Roberts & Co. (KKR). „Wir erfahren es sicher als letzte", gibt sich Weber-Geschäftsführer Gerhard Sturm über entsprechende Verkaufsverhandlungen „offiziell nicht informiert". Doch auch für Sturm steht fest: „KKR will offensichtlich verkaufen, und die Anzeichen dafür verdichten sich täglich."

Gemessen an amerikanischen Verhältnissen sind die deutschen Industriebäcker arme Schlucker. Obwohl die Deutschen mit Abstand Weltmeister im Brotverzehr sind – jeder Bundesbürger verdrückt im Jahr insgesamt 83 Kilogramm Stuten, Schwarzbrot, Plätzchen und andere Backwaren und damit rund 15 Prozent mehr als unsere europäischen Nachbarn –, sind die Gewinnspannen ausgesprochen mager.

Dürftige 0,4 Prozent vor Steuern hat der Verband Deutscher Großbäckereien (VDGB) in einer repräsentativen Analyse fünf führender Betriebe gerade als durchschnittliche Umsatzrendite ermittelt. Auch Weber-Chef Sturm weiß: „Solche kleinen Brötchen backen die neuen Borden-Eigner nicht, schon gar nicht bei einem Engagement, das im fernen Europa liegt."

Selbst die führenden Großbäcker in Deutschland haben in den harten Verhandlungen mit den großen Lebensmittelhandelsketten, der Hauptvertriebsschiene der Branche, schlechte Karten. Der Preisdruck der Umsatzmilliardäre Aldi, Rewe, Spar, Tengelmann und Co. werde „immer massiver", klagt etwa Lothar Mainz, der VDGB-Vorsitzende und Eigner der Kronenbrot KG Franz Mainz. „Die halten uns alle an der Gurgel umpackt", formuliert es Weber-Chef Sturm noch drastischer.

Den Backwarenherstellern bleibt keine andere Wahl. „Wir müssen unsere Kapazitäten und Vertriebswege ständig vergrößern", konstatiert beispielsweise Anton Dieter Hammel, Geschäftsführer der Mitteldeutschen Simonsbrotfabrik in Eschwege. Gelingt das nicht, drohe vielen Betrieben das Aus. Vier Großbäckereien mußten bereits in den vergangenen drei Jahren ihre Öfen endgültig abstellen oder konnten sich nur über einen Vergleich retten:

☐ Im Oktober 1993 erwischte es die Berliner Schlüterbrot und Bärenbrot.
☐ Im Januar 1994 wurde die Lieken Batscheider Mühlen- und Backwarenbetriebe an die Mitteldeutsche Simonsbrot-Fabrik verkauft.
☐ Horst Schiesser, als Kurzzeitinhaber der Neuen Heimat Ende der achtziger Jahre zu bundesweiter Berühmtheit gelangt, stellte im Februar 1995 Vergleichsantrag für seine Geschi-Brot-Gruppe.
☐ Nur einen Monat später mußte die Brotfabrik Rugenberg, die damalige Nummer vier der Branche und Hauptlieferant von Rewe, Konkurs anmelden.

Vor allem Schiesser, wird in der Branche kolportiert, habe den verhängnisvollen Fehler begangen, sich einem einzigen Abnehmer auszuliefern: beispielsweise dem berüchtigten Preisdrücker Aldi Nord mit seinen über 1300 Filialen im Bundesgebiet.

Zwar wurde das Vergleichsverfahren im August dieses Jahres erfolgreich abgeschlossen. Doch mit rund 24 Millionen Mark, die Schiesser seinen Gläubigern jetzt in vier Raten auszahlen muß, zahlte der Bäckermeister teures Lehrgeld. Ein Ex-Bankier, der Düsseldorfer Herbert Küppers, soll als ein neuer Geschi-Chef – der vierte seit 1995 – Kontakte zu neuen Großabnehmern knüpfen.

Küppers ist um seine Aufgabe wahrlich nicht zu beneiden, ein schwereres

INSERT 3-9: Wirtschaftswoche, Nr. 51, 1996, S. 76–79

> Amt hätte er sich kaum aussuchen können. Denn seit neue Technologien in Herstellung und Verteilung von Brot- und Backwaren sich durchzusetzen beginnen, attackieren auch bislang branchenfremde Großkonzerne immer aggressiver den Markt – allen voran Unilever über seine Bremer Tochter Meister-Marken.
> Der britisch/niederländische Lebensmittel- und Waschmittelkonzern hat ein Verfahren entwickelt, bei dem die Teiglinger schockgefroren und damit fast unbegrenzt haltbar gemacht werden. Zahlreiche Bäcker und Back-Shop-Betreiber bedienen sich bereits dieser für sie überaus bequemen Methode zur Herstellung „ofenfrischer" Apfelschnitten, Baguettebrötchen und Berlinern, von Croques oder Croissants: sie selbst müssen nicht länger frühmorgens den Teig rühren. Aufbacken im Ofen genügt.
> Auch Eis- und Tiefkühlspezialist Schöller, an dem der Mannheimer Zuckerrübenkonzern Südzucker mit 65 Prozent beteiligt ist, knetet den Markt in diesem Segment schon kräftig durch. Schöller zielt dabei vor allem auf die neue Absatzschiene Tankstellen-Back-Shops und beliefert bereits das gesamte Tankstellennetz (2500 Stationen) vom deutschen Marktführer Aral.
>
> Die Leidtragenden dieses Trends sind die traditionellen Familienbetriebe um die Ecke. „Wir verlieren jedes Jahr drei bis vier Prozent unserer Mitglieder", konstatiert Ralf Lorenzen, Geschäftsführer der Bäcker- und Konditorenvereinigung Nord. Allein in den vergangenen zehn Jahren summierte sich die Zahl der Betriebsschließungen im Bundesgebiet auf über 10 000.
> Stark auf dem Vormarsch und damit eine immer ernster zu nehmende Konkurrenz für die Großbäcker sind dagegen die rund 800 Bäckerei-Filialisten. Vom gesamten Backwarenmarkt in Deutschland (Umsatz 1995: 26 Milliarden Mark) kontrollieren sie inzwischen 26 Prozent – Tendenz: steigend. Große Filialbetriebe betreiben bis zu 100 Läden oder Shop-in-Shop-Geschäfte.
> Schon frühzeitig mit dabei: Der Hamburger Brillenkönig Günther Fielmann. Über eine Kooperation mit der Hamburger Bäckereikette Knaack (30 Filialen) bietet Fielmann seit nunmehr vier Jahren seine Biobrote an, die er mit auf seinem Öko-Landgut Hof Lütjensee angebauten Getreide nach „garantiert natürlichem" Verfahren backen läßt – neuerdings auch sonntags.
>
> FRANZ JÄGELER ■

INSERT 3-9: Wirtschaftswoche, Nr. 51, 1996, S. 76–79 (Fortsetzung)

1.25 Anspruchsgruppengerichtete Strategien

1.251 Systematisierung anspruchsgruppengerichteter Strategien

Die Gestaltung der Beziehungen zu den gesellschaftlichen Anspruchsgruppen der Unternehmung (vgl. Abbildung 3-19) besitzt den Stellenwert eines strategischen Erfolgsfaktors. Maßnahmen auf rein operativer Ebene sind heute nicht mehr ausreichend, um der besonderen Bedeutung dieser Beziehungen gerecht zu werden. Vielmehr sind Entscheidungen über das grundsätzliche Verhalten der Unternehmen gegenüber den Anspruchsgruppen als strategische Entscheidungen zu betrachten und auf der Unternehmensführungs- beziehungsweise SGE-Ebene zu verankern. Die im folgenden diskutierten strategischen Handlungsalternativen geben Anhaltspunkte, welche grundlegenden Verhaltensweisen in diesem Zusammenhang bestehen (Krüger 1974; Stitzel 1976; Dyllick 1989; Dyllick 1990; Kirchgeorg 1990) (vgl. erstes Kapitel, Abschnitt 3.13).

Die Strategie der **Innovation** zeichnet sich durch eine proaktive Haltung des Unternehmens aus. Gesellschaftlichen Ansprüchen wird bereits in einem sehr frühen Stadium mit

Anspruchsgruppen		
Unternehmensintern	**Unternehmensextern**	
	Nicht-Marktbezogen	Marktbezogen
■ Unternehmenseinheiten – Abteilungen – Tochterunternehmen ■ Eigenkapitalgeber – Aktionäre – Gesellschafter – Einzelunternehmer etc. ■ Mitarbeiter (unterschieden nach:) – Hierarchieebenen – Tätigkeitsfeld – Demographika	■ Gesellschaft – Verbraucher- organisationen – Medien – Bürgerinitiativen – Kirche – Bildungswesen – kulturelle Institutionen – Umweltorganisationen ■ Zukünftige Generationen ■ Staat (im Bereich:) – Legislative – Exekutive – Jurisdiktion	■ Kunden – Großhandel – Einzelhandel – Konsumenten etc. ■ Lieferanten – direkte – indirekte ■ Konkurrenten ■ Fremdkapitalgeber ■ Sonstige Dienstleister des Unternehmens – Berater – Caterer – Support Services – Selbständige ■ Kooperationspartner

Abbildung 3-19: Anspruchsgruppen der Unternehmung

innovativen Lösungen begegnet. Diese Strategie ist besonders dazu geeignet, Wettbewerbsvorteile zu schaffen, da sie nicht nur die Akzeptanz von Seiten der Anspruchsgruppen erhöht, sondern zu einem Zeit- und Erfahrungsvorteil gegenüber den Wettbewerbern führt. Allerdings ist die proaktive Ausrichtung der Innovationsstrategie mit erheblichen Risiken verbunden. Nachteile können sich ergeben, wenn es den Wettbewerbern gelingt, die Innovation relativ kurzfristig und mit geringem eigenen Einsatz nachzuahmen. Voraussetzung für die Innovationsstrategie ist eine aktive Gestaltung der Beziehungen zwischen Unternehmen und Anspruchsgruppen. Das Unternehmen wird hierdurch zum einen frühzeitig auf Entwicklungen aufmerksam und ist zum anderen in der Lage, seine proaktiven Leistungen öffentlichkeitswirksam darzustellen.

Im Rahmen der **Anpassungsstrategie** nimmt das Unternehmen eine abwartende Haltung ein. Das Unternehmen reagiert erst, wenn sich die Ansprüche konkretisiert haben und zum Beispiel durch Forderungen von Bürgerinitiativen oder den Medien artikuliert werden. In seiner Reaktion auf die Forderungen beschränkt sich das Unternehmen auf die nicht zu vermeidenden Anpassungen des eigenen Verhaltens. Selbst wenn in dieser Situation innovative Lösungen angestrebt werden, verbleibt aufgrund des erhöhten öffentlichen Drucks und der dadurch fortgeschrittenen Dringlichkeit des Problems häufig keine Zeit zur Entwicklung und Umsetzung entsprechender Konzepte. Der Dialog zwischen Unternehmen und Öffentlichkeit ist schwach ausgeprägt, da seitens der Unternehmen Kontakte zu kritisch eingestellten Gruppen eher vermieden werden.

Die **Widerstandsstrategie** ist auf die Beibehaltung des gegenwärtigen Zustands ausgerichtet. Sie kann sowohl proaktiv als auch reaktiv eingesetzt werden, erbringt aber im Hinblick auf das zugrunde liegende Anliegen in keinem Fall einen Beitrag zur Problemlösung. Proaktiv dient sie dazu, vor der Manifestierung von Ansprüchen, zum Beispiel in Form von Umweltgesetzen, die Diskussion im Sinne des Unternehmens zu beeinflussen. Häufig kommt es dabei zu einem Zusammenschluß aller betroffenen Unternehmen, die im Vorfeld gemeinsam den entstehenden Ansprüchen entgegentreten (zum Beispiel durch Lobbyismus). Reaktiv versucht das Unternehmen trotz konkreter Forderungen der Anspruchsgruppen den status quo zu erhalten. Dabei bezieht das Unternehmen deutlich Stellung gegenüber den Anspruchsgruppen und verteidigt seine Position auch in der öffentlichen Diskussion. Eine reaktive Widerstandsstrategie verfolgte Shell im Zusammenhang mit der beabsichtigten Versenkung der Öllagerplattform Brent Spar im Nordatlantik (Meffert/Kirchgeorg 1995).

Grundsätzlich ist die Widerstandsstrategie mit **erheblichen Gefahren** für das Unternehmen verbunden. Kurzfristig können Kostenvorteile im Vergleich zu denjenigen Unternehmen entstehen, die sich den gesellschaftlichen Ansprüchen gegenüber offen zeigen. Der Widerstand des Unternehmens führt jedoch zwangsläufig zu einer Konfrontation mit den Anspruchsgruppen und im Ergebnis häufig zu einer Verringerung der gesellschaftlichen Akzeptanz und zum Teil massiven Imageeinbußen. Wird die Widerstandsstrategie im Kollektiv aller Unternehmen einer Branche eingesetzt, kann sich der Konflikt zu einer Gefährdung der Legitimation der gesamten Branche ausweiten.

Ein Beispiel hierfür zeigte sich im Bereich des Gesundheitswesens beim Widerstand von Unternehmen und Verbänden gegen die Gesundheitsreform oder bei der Zigarettenindustrie beziehungsweise den asbestverarbeitenden Unternehmen im Zusammenhang mit Gesundheitsschäden durch die Verwendung der jeweiligen Produkte (Meffert/Kirchgeorg 1993, S. 525 ff.).

Mit Hilfe der **Ausweichstrategie** verfolgen Unternehmen das Ziel, sich den Forderungen von Anspruchsgruppen möglichst zu entziehen und Konflikte zu umgehen. Diese Strategie kommt überwiegend reaktiv zum Einsatz. Es lassen sich zwei grundlegende Ausprägungen voneinander unterscheiden, die Problemverlagerung und der Rückzug. Bei der **Problemverlagerung** wird den Forderungen insoweit nachgegeben, als daß akute Probleme in einen Bereich außerhalb der Wahrnehmung der Anspruchsgruppen verlegt werden. Dieser Strategietyp kam beispielsweise zur Anwendung, als die Genforschung deutscher Unternehmen aufgrund fehlender Akzeptanz bei den relevanten inländischen Anspruchsgruppen ins Ausland verlagert wurde. Diese Strategie kann unter Umständen zur Sicherung der Akzeptanz des Unternehmens im Inland beitragen (Brenken 1988, S. 273 ff.). Die zunehmende Internationalität und weltweite Verflechtung von Anspruchsgruppen birgt jedoch das Risiko, daß Ausweichmanöver der Unternehmen als **Täuschungsversuche** interpretiert und deshalb nicht akzeptiert werden. Der hieraus resultierende Akzeptanzverlust kann weit höher sein als aufgrund des ursprünglichen Anliegens zu erwarten war.

Der **Rückzug** aus Bereichen, die in der Kritik von Anspruchsgruppen stehen, stellt die weitreichendste Konsequenz der Ausweichstrategie dar. Mit dem Rückzug überläßt es das Unternehmen seinen Wettbewerbern, den Forderungen der Anspruchsgruppen mit innovativen Lösungen zu begegnen und begibt sich damit in die Gefahr, komparative Wettbewerbsnachteile zu erleiden.

So zog sich beispielsweise das Touristikunternehmen TUI aufgrund seiner anspruchsvollen unternehmensinternen Umweltschutzleitlinien aus einem ökologisch besonders sensiblen Urlaubsgebiet in der Karibik zurück. Diese Rückzugsstrategie wurde von den Wettbewerbern sofort ausgenutzt, indem die Hotels dieser Region für die Pauschalreiseangebote der Wettbewerber unter Vertrag genommen wurden.

Bei der Rückzugsstrategie besteht aber auch die Chance, daß der Ausstieg aus einem kritischen Bereich in der Wahrnehmung von Anspruchsgruppen als gesellschaftlich verantwortungsvoller Schritt gesehen wird. Die hierdurch erreichte Erhöhung der Akzeptanz kann einen Wettbewerbsvorteil darstellen, der im Idealfall auf alle Tätigkeitsbereiche des Unternehmens positiv ausstrahlt.

Die Strategie der **Passivität** schließlich ist durch ein „Nicht-Verhalten" und die Ignoranz gegenüber den Forderungen der Anspruchsgruppen gekennzeichnet. Das Unternehmen unterstellt, daß von Seiten der Anspruchsgruppen keine substantielle Bedrohung seiner Legitimität besteht. Den Beziehungen zu diesen Gruppen wird dementsprechend ein geringer Stellenwert eingeräumt. Eine Unterschätzung dieser Gruppen kann jedoch erhebliche Risiken bergen (vgl. Insert 3-10).

1.252 Einfluß situativer Faktoren auf die Strategiewahl

Der Erfolg der anspruchsgruppengerichteten Strategietypen ist maßgeblich vom situativen Kontext abhängig, in dem sie zum Einsatz kommen. Im folgenden soll daher versucht werden, die anspruchsgruppengerichteten Strategien unterschiedlichen Situationen zuzuordnen. Die Vielzahl der zu berücksichtigenden Einflußgrößen wird hierzu auf die Faktoren „Einfluß gesellschaftlicher Anspruchsgruppen" und „Unternehmensstärke" verdichtet (vgl. Abbildung 3-20).

Der **Einfluß gesellschaftlicher Anspruchsgruppen** auf den Unternehmenserfolg ist abhängig vom Stellenwert der Gruppe in der Gesellschaft und der Bedeutung, die ihren Ansprüchen in der aktuellen öffentlichen Diskussion zugemessen wird. Die **Stärke eines Unternehmens** resultiert aus seiner Wettbewerbsposition sowie den ihm zur Verfügung stehenden finanziellen, personellen und organisatorischen Ressourcen. Sie dient damit zum einen als Indikator für das Potential eines Unternehmens zur Schaffung innovativer Problemlösungen und zeigt zum anderen, inwieweit das Unternehmen in der Lage ist, seine angestrebte Position auch gegen die Forderungen der Anspruchsgruppen durchzusetzen.

US-Studenten setzen Nike kräftig unter Druck

Von Michael Remke

New York – Sonia Lara arbeitet im Akkord, täglich mindestens zwölf Stunden, von Montag bis Sonntag. Anspruch auf einen freien Tag, Urlaub oder andere soziale Leistungen hat die alleinerziehende Mutter im mittelamerikanischen El Salvador nicht. Und auch der Verdienst ist eher bescheiden. Die 23-jährige Näherin fertigt T-Shirts, Baseball-Kappen und Jogging-Anzüge für US-Textilhersteller.

Sonia Lara ist kein Einzelfall. Mehrere Hunderttausend Menschen schuften nach Schätzungen von Arbeitsorganisationen und Menschenrechtsgruppen rund um den Erdball für US-Firmen. In der Kritik stehen dabei immer wieder Modehäuser wie Liz Claiborne Inc., Gap Inc., Levi Strauss Co. und der Spielwaren-Produzent Mattel.

Unter schwerem Beschuss sind mittlerweile auch die Sportartikel-Hersteller Nike und Reebok geraten. Gegen sie laufen seit geraumer Zeit in den USA Tausende von Studenten Sturm. Die Vereinigung „United Students Against Sweatshops" (USAS) ruft nicht nur zum Boykott von Billig-Produkten auf. Die „größte Bewegung seit den Anti-Apartheits-Protesten in den achtziger Jahren" (Financial Times) verlangt von Nike und Reebok auch die Bekanntgabe aller Fabrik-Standorte in Südamerika, Asien und der Karibik sowie „radikale Verbesserungen der Arbeitsverhältnisse". Was das heißt, haben die Hochschüler – unter anderem aus Harvard, Yale, Georgetown und Princeton – in einem „Code of Conduct" aufgeschrieben: Mindestlöhne, Arbeitszeit-Begrenzungen und ein Verbot von Kinderarbeit.

Die Studenten wollen nur noch „politisch korrekte" Kleidung tragen. Sie gehören nicht nur zur potenziellen Käufergruppe von Nike und Reebok. Die meisten Universitäten des Landes haben auch Merchandising-Verträge mit den Unternehmen abgeschlossen, über die die Football-, Baseball- oder Basketball-Teams der Schule ausgerüstet werden.

Der Protest der Studenten, der im Frühling 1997 an der Duke Universität in Durham, North Carolina, begann, zeigt mittlerweile Wirkung. Liz Claiborne Inc., Levi Strauss Co sowie Mattel haben Manager eingesetzt, um die Arbeitssituation zu verbessern. Ähnliches hat auch Reebok versprochen. Und selbst Nike lenkt ein. Insgesamt 41 seiner 365 „geheimen" Produktions-Standorte will das Unternehmen aus Beaverton/Oregon jetzt veröffentlichen. Zusätzlich soll sich eine Delegation von elf Studenten in ausgewählten Fabriken ein Bild von den Bedingungen machen.

Allerdings: Die Studenten misstrauen Nike. „Die zeigen uns nicht die wirklich schlimmen Fabriken", glaubt Dana Manske von Universität in Milwaukee. Die Studentenbewegung appelliert denn auch an ihre Mitglieder, die Rundreise zu boykottieren.

„Die größte Bewegung seit den Anti-Apartheits-Protesten in den achtziger Jahren."

INSERT 3-10: Die Welt, 29.12.1999, S. 16

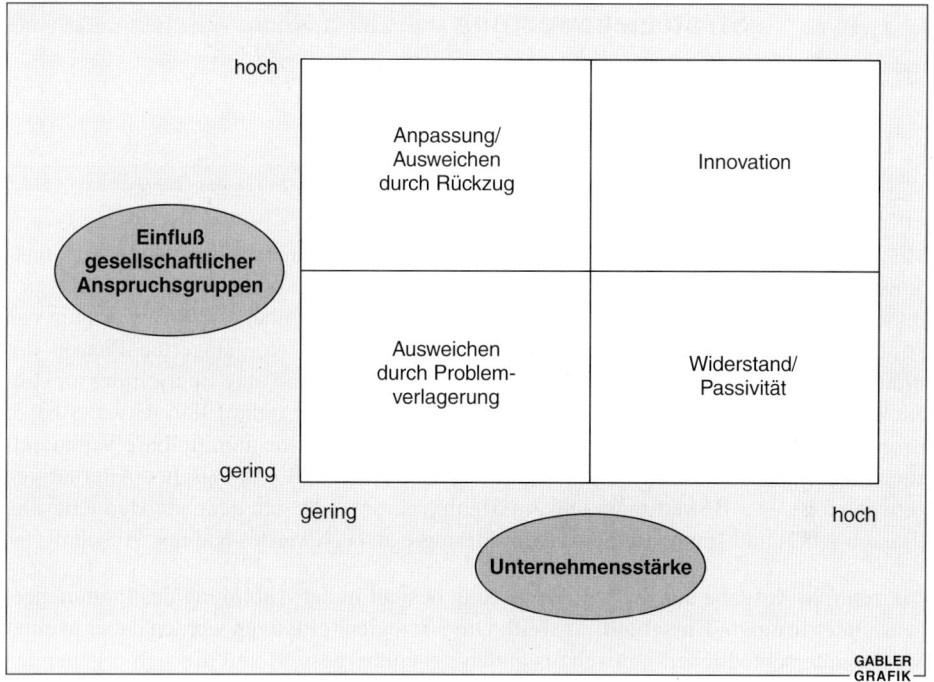

Abbildung 3-20: Anspruchsgruppengerichtete Strategie im situativen Kontext

Starke Unternehmen besitzen den größten Gestaltungsspielraum in ihrem Verhalten gegenüber Anspruchsgruppen. Grundsätzlich stehen ihnen alle strategischen Optionen zur Verfügung. Gegenüber wenig einflußreichen Anspruchgsgruppen kann erfolgreich eine Strategie des Widerstands oder der Passivität eingesetzt werden, da der Akzeptanzverlust in seiner Wirkung begrenzt ist. Die Erfolgswahrscheinlichkeit einer Widerstandsstrategie sinkt mit zunehmendem Einfluß der Anspruchsgruppen. Da diese Unternehmen über genügend Potential zur Entwicklung und Durchsetzung von Innovationen verfügen, kann Forderungen proaktiv mit eigenen Problemlösungen begegnet werden.

Schwachen Unternehmen verbleibt aufgrund fehlender Ressourcen und einer fehlenden Wettbewerbsstärke oftmals nur die Möglichkeit der Anpassungs- oder Ausweichstrategie. Ist der Einfluß der Anspruchsgruppen gering, wird das Unternehmen bestrebt sein, sich den Forderungen durch Problemverlagerung zu entziehen. Starken Anspruchsgruppen gegenüber wird das Unternehmen gezwungen sein, sich entweder den Forderungen anzupassen oder den Rückzug anzutreten.

1.3 Strategiebewertung

1.31 Bewertung als Teilaufgabe der strategischen Planung

Mit zunehmender Komplexität des Aufgabenumfeldes und unternehmensinterner Funktionsabläufe wachsen die Anforderungen an die Qualität des strategischen Planungsprozesses. Besondere Bedeutung kommt in diesem Zusammenhang der Bewertung von Strategien zu, da an dieser Stelle alle Informationen aus vorgelagerten Phasen des strategischen Planungsprozesses zusammengefaßt werden und eine Beurteilung im Hinblick auf die vorgegebenen Ziele erfolgt (Day/Fahey 1988; Cunha 1989; Altwegg 1995; Bronner 1995). Die Bewertung von Strategien stellt damit eine unmittelbare Voraussetzung für die sich anschließende Entscheidung dar, welche der strategischen Alternativen zu wählen ist. Der Bewertungs- und Auswahlphase schließt sich dann die Budgetierung (Barzen 1989) und Implementierung der Strategie an (vgl. viertes Kapitel, Abschnitt 5).

Die zentrale Aufgabe der Strategiebewertung besteht in der Abbildung des Planungsgegenstandes in einem **Entscheidungsfeld**. Die Strategiealternativen werden dabei in einer Matrix unterschiedlichen Umweltzuständen gegenübergestellt und die sich ergebenden Strategiefolgen (Handlungsergebnisse) in zumeist qualitativer Form bestimmt. Diese Ergebnisse werden im nächsten Schritt anhand der zuvor festgelegten strategischen Ziele (zum Beispiel Eigen- und Gesamtkapitalrendite, Kapitalumschlag, Umsatz, Absatz, Marktanteil) bewertet. Vor dem Hintergrund dieser mehrdimensionalen, quantitativen Bewertung wird ein eindimensionales Entscheidungskriterium entwickelt und die optimale Strategiealternative ausgewählt (vgl. Abbildung 3-21).

Dieser an das klassische Planungsschema der betriebswirtschaftlichen Entscheidungstheorie (Heinen 1985) angelehnte Prozeß geht von **gut strukturierten Planungsproblemen** aus, bei denen alle Elemente des Planungsschemas aus Abbildung 3-22 vollständig bekannt und konkret spezifiziert werden können. Dies ist bei Marketingproblemen in der Regel nicht der Fall, das heißt es liegen **Strukturdefekte** vor (Adam 1996, S. 10ff.). Insbesondere **strategische Marketingentscheidungen sind zumeist schlecht strukturiert** (Meffert 1994, S. 27). So können beispielsweise weder die zukünftigen Verhaltensweisen von Wettbewerbern, Absatzmittlern oder Konsumenten vollständig ermittelt werden, noch ist bekannt, zu welchen finanziellen Ergebnissen die einzelnen Strategien führen.

In diesem Zusammenhang sind im Marketing sogenannte Bewertungs- und Wirkungsdefekte von besonderer Relevanz. **Bewertungsdefekte** liegen vor, wenn die erwarteten Strategiefolgen (zum Beispiel Verbesserung des Images einer Automobilmarke bezüglich der Dimension Sportlichkeit) hinsichtlich ihres ökonomischen Wertes nicht bewertet werden können (Gewinnsteigerung aufgrund des sportlicheren Images) oder allgemein

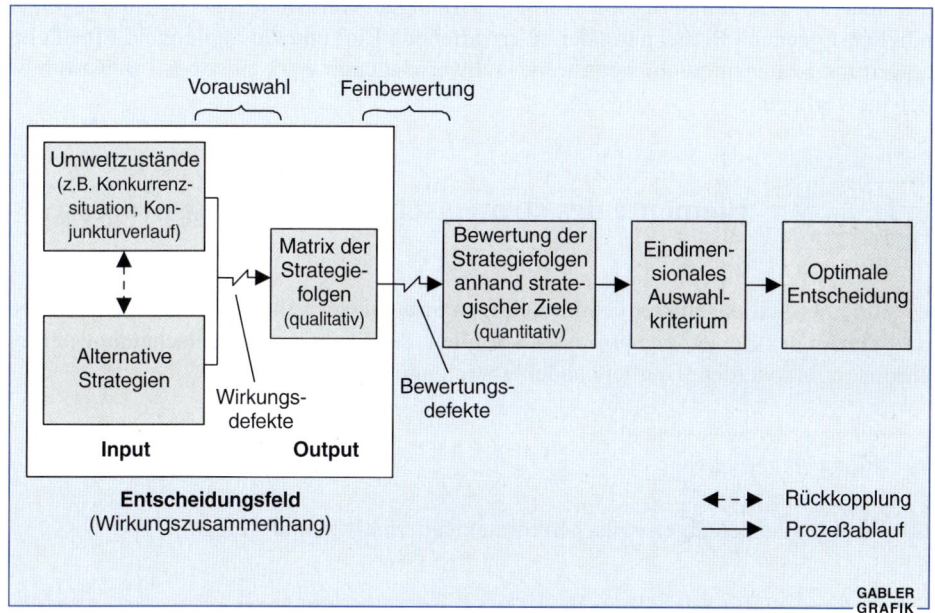

Abbildung 3-21: Idealtypische Struktur des Strategiebewertungsprozesses

anhand der strategischen Ziele nicht bewertbar sind (wie wirkt sich das sportlichere Image auf das Ziel „Steigerung der Kundenzufriedenheit" oder „Erhöhung des Marktanteils" aus).

Wirkungsdefekte sind gegeben, wenn entweder nicht bekannt ist, mit welchen strategischen Entscheidungen die angestrebten Strategiefolgen erreicht werden können (wie soll beispielsweise ein mittelständischer Nahrungsmittelhersteller die Abhängigkeit gegenüber großen Einzelhandelskonzernen verringern; wie kann ein deutscher Filmproduzent die Akzeptanzbarrieren für deutsche Kinofilme in den USA abbauen), oder keine Vorstellung darüber existiert, **welches Niveau** der Handlungsparameter zur Erreichung der erwünschten Strategiefolgen notwendig ist (in welchem Umfang muß das Werbebudget erhöht werden, um den Bekanntheitsgrad um 10 Prozent zu steigern; in welchem Ausmaß muß der Distributionsgrad erhöht werden, um eine Absatzsteigerung von 20 Prozent zu erreichen).

Die eigentliche Strategiebewertung durchläuft die Stufen der Vor- und Feinauswahl. Bei der **Vorauswahl** ist nur eine relativ grobe Struktur erforderlich. Die Aufgabenstellung besteht darin, in einem frühen Bewertungsstadium und unter möglichst geringem Aufwand solche Strategien auszuschließen, bei denen schwerwiegende Wirkungsdefekte auftreten. Damit scheiden insbesondere solche Strategieoptionen aus, bei denen hinsichtlich der eintretenden Strategiefolgen nur vage Vermutungen bestehen. Die Vorauswahl erfolgt häufig anhand von Checklisten. Demgegenüber verlangt die **Feinbewertung** eine

Planung von Unternehmens- und Marketingstrategien

differenzierte, quantitative Analyse der Wirkungen von Strategien, bis hin zu einer möglichst genauen Berechnung der zu erwartenden Ein- und Auszahlungen. Eine Feinbewertung ist nur möglich, wenn weder schwerwiegende Wirkungs- noch Bewertungsdefekte vorliegen.

1.32 Elemente des strategischen Bewertungsprozesses

Um die Entscheidungsträger bei der richtigen Strategieauswahl zu unterstützen, müssen im Rahmen des Bewertungsprozesses vor allem die Elemente des Entscheidungsfeldes adäquat erfaßt werden. Hierbei handelt es sich um:

- relevante Umweltzustände,
- Strategiealternativen,
- Strategiefolgen und
- Wirkungsbeziehungen zwischen Strategiealternativen und -folgen.

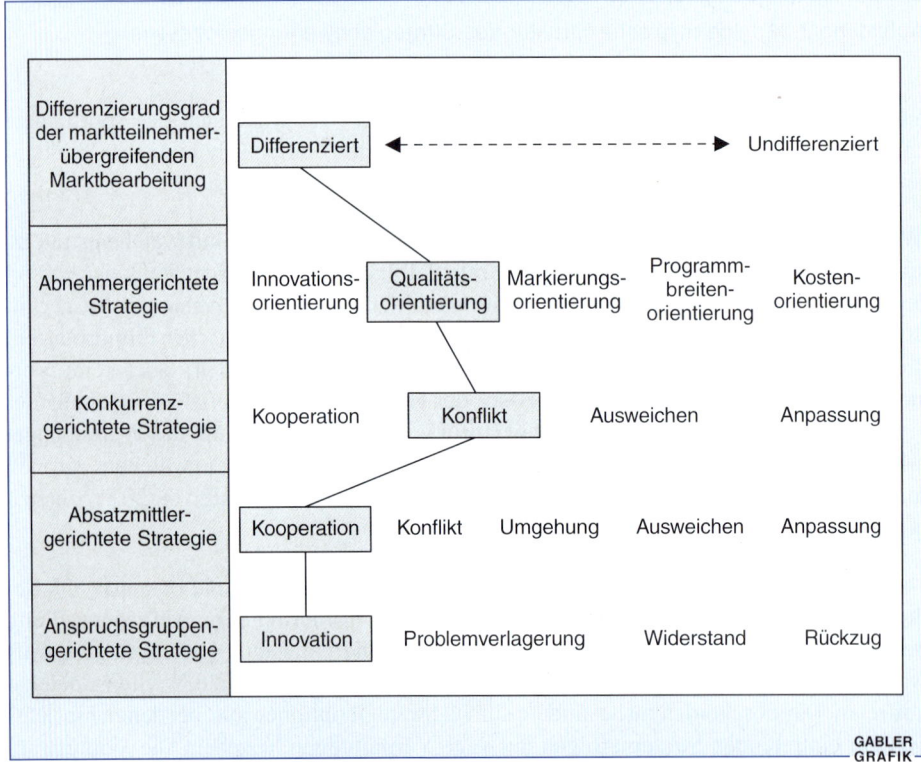

Abbildung 3-22: Beispiel eines Strategieprofils für eine strategische Geschäftseinheit

Mit Blick auf die Strategiealternativen ist festzulegen, **welche Art von Strategie** bewertet werden soll. Es können sowohl einzelne strategische Teilentscheidungen (zum Beispiel abnehmergerichtete Strategie) als auch ganzheitliche Strategieprofile Gegenstand der Evaluation sein. **Strategieprofile** stellen eine Verknüpfung von Strategieausprägungen auf verschiedenen strategischen Entscheidungsebenen dar (vgl. Abbildung 3-22). Darüber hinaus kann der Fall einer singulären Strategiebewertung (Strategie A: Ja/Nein) von der Bewertung mehrerer Strategieoptionen unterschieden werden.

Kernbestandteil des Entscheidungsfeldes ist die **Abbildung der formalen Wirkungszusammenhänge** zwischen den Strategien und den Strategiefolgen. Inwieweit eine Strategie letztlich zur Zielerreichung beitragen kann, hängt von **strategischen Erfolgsfaktoren** (Fritz 1995) ab. Damit sind zentrale Schlüsselgrößen angesprochen, die innerhalb der Unternehmung (zum Beispiel Marketingbudget, Produktqualität) oder außerhalb der Unternehmung (zum Beispiel geringe preisliche Wettbewerbsintensität und hohes Marktwachstum) angesiedelt sind und vorliegen müssen, um eine Strategie erfolgreich umsetzen zu können.

Dementsprechend sind beim Zusammenhang von Strategie und Strategiefolgen die **Wirkungsart und -intensität** der einzelnen Erfolgsfaktoren (vgl. Abbildung 3-23) sowie die **Wirkungsinteraktion** (Wechselwirkungen) der Erfolgsfaktoren untereinander zu untersuchen (Wilde 1989, S. 54 ff.). In diesem Zusammenhang muß vor allem der **Multikausalität** („Jede Ursache hat mehrere Wirkungen, jede Wirkung mehrere Ursachen") unternehmerischen Erfolgs Rechnung getragen werden.

Nach der formalen Bestimmung des Entscheidungsfeldes folgt die **inhaltliche Konkretisierung des Strategiebewertungsprozesses**. Eine Strategie kann generell hinsichtlich ihrer Konsistenz, ihrer Kompetenz und ihrer Funktion einem Test unterzogen werden (Reichert 1982, S. 154 ff.; Florin 1988, S. 24 ff.). Im Rahmen des **Konsistenz-Tests** wird – vor allem in der Vorauswahlphase – der widerspruchsfreie Fit der Strategie hinsichtlich der Unternehmensphilosophie sowie der strategischen Stoßrichtungen und Ziele der verschiedenen Anspruchsgruppen der Unternehmung überprüft. Beim **Kompetenz-Test** werden – ebenfalls im Rahmen der Vorauswahl – aus den Strategiealternativen anhand globaler Kriterien wie der vorhandenen Managementkompetenz sinnvolle Alternativen ausgewählt. Zusätzlich wird die formale Kompetenz des Strategievorschlags im Hinblick auf Verständlichkeit, Genauigkeit und Sensibilität überprüft (Strasmann 1996). Das eigentliche Kernstück der Strategiebewertung bildet der klassische **Funktions-Test**, der zur Feinbewertung eingesetzt wird. Hier sind die Konsequenzen der Strategievorschläge nach folgenden Gesichtspunkten zu prüfen:

- Sind die zur Strategieimplementierung erforderlichen unternehmensinternen Ressourcen und Fähigkeitspotentiale verfügbar („Ressourcentest") und
- welche konkreten, quantitativen Auswirkungen hat die Strategiedurchführung im Hinblick auf den Zielerreichungsgrad („Wirkungstest")?

Planung von Unternehmens- und Marketingstrategien

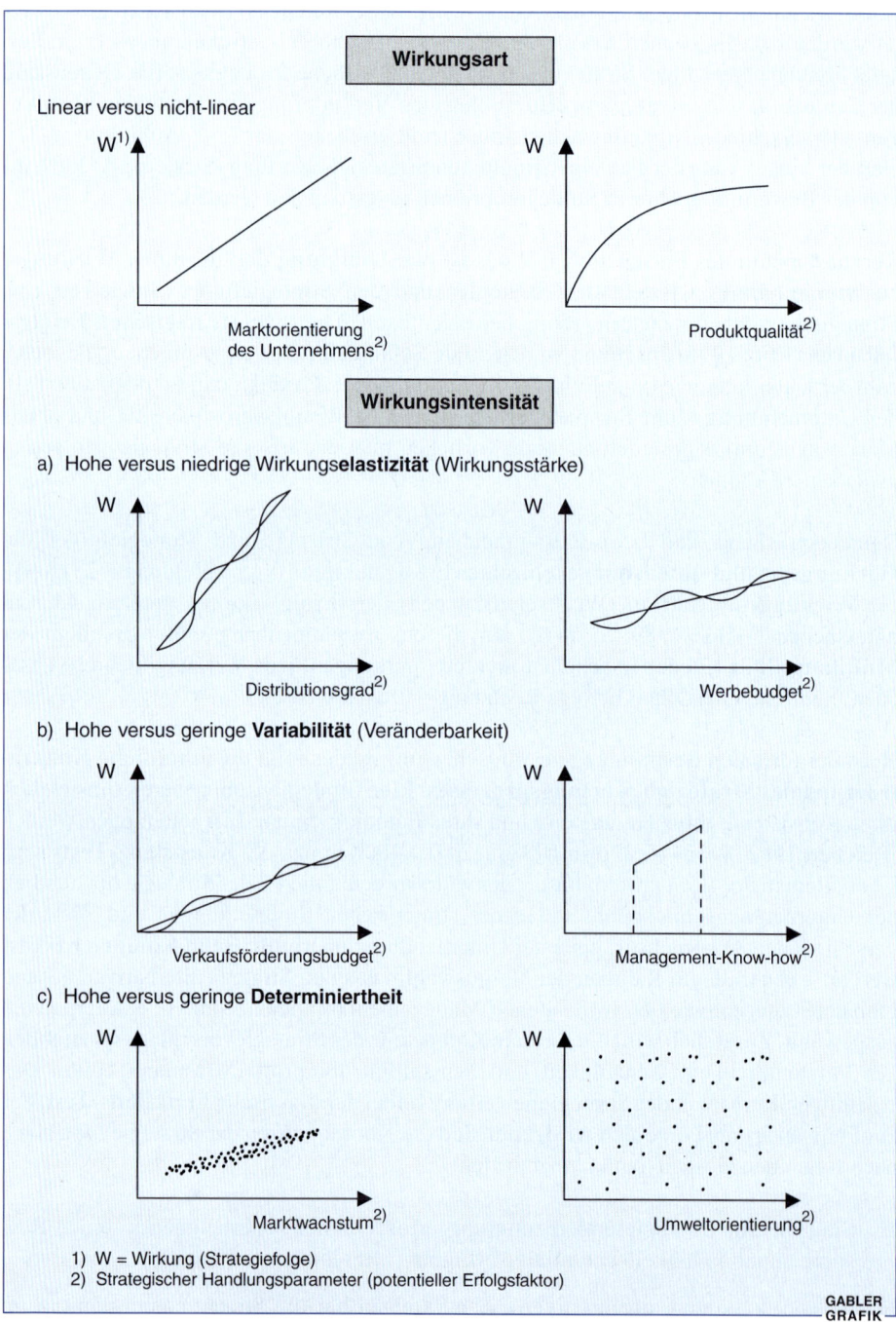

Abbildung 3-23: Art und Intensität des Wirkungszusammenhangs strategischer Erfolgsfaktoren

Für die Durchführung der Konsistenz-, Kompetenz- und Funktionstests ist eine Vielzahl von **Bewertungsmethoden** entwickelt worden. Eine Strategiebewertungsmethode umfaßt ein in Theorie und Praxis anerkanntes, heuristisches beziehungsweise algorithmisches Verfahren zur Evaluierung einer geplanten Strategie. Die Bewertungsverfahren lassen sich in drei Methodengruppen klassifizieren (Wilde 1989, S. 161 ff.; Voigt 1993, S. 183).

Eine **erste Methodengruppe** (vgl. Abbildung 3-24) umfaßt solche Verfahren, die nur überprüfen, ob und in welcher Beschaffenheit die für die Realisierung einer Strategiealternative notwendigen Umfeldbedingungen und Fähigkeitspotentiale vorhanden sind. Diese heuristischen Verfahren dienen primär der Vorauswahl im Rahmen von Konsistenz- und Kompetenztests. Eine **zweite Methodenklasse** umfaßt solche Verfahren, die zusätzlich zur oben genannten Vorgehensweise auch den Wirkungszusammenhang zwischen den Strategien und den Strategiefolgen bewerten. Die **Methoden der dritten Gruppe** werden im Rahmen der Feinbewertung eingesetzt. Sie berücksichtigen neben den Strategiealternativen und -folgen auch die quantitative Bewertung der Strategiefolgen anhand ökonomischer Ziele. Letztlich führen nur diese Verfahren zu einer konkreten Quantifizierung des Zielerreichungsgrades einer Strategie.

1. Methodengruppe: Überprüfung von Strategiealternativen hinsichtlich der zur Implementierung notwendigen Ressourcen

- Checklisten
- Strategieprofilmethode

2. Methodengruppe: Überprüfung des Wirkungszusammenhanges zwischen Strategien und Strategiefolgen

- Nutzwertanalyse/Scoringmodelle
- Analytic Hierarchy Process (AHP)
- Lebenszyklusanalyse/Life Cycle Costing
- Portfolio-Analyse
- Erfahrungskurvenanalyse
- Par-Report (PIMS)

3. Methodengruppe: Quantitative Bewertung der Strategien hinsichtlich ihres ökonomischen Zielerreichungsgrades

- Kapitalwertmethode
- Strategiebewertung mit dem CAPM
- Simulationsmodelle

Abbildung 3-24: Systematisierung ausgewählter Methoden zur Strategiebewertung

1.33 Darstellung ausgewählter Bewertungsmethoden

1.331 Strategiebewertung durch Checklisten- und Strategieprofilmethoden

Die Bewertung durch sogenannte Checklisten-Methoden stellt ein vergleichsweise einfaches Verfahren zur Bewertung von Strategien dar. Diese Bewertungsmethode besteht im Prinzip darin, einen Katalog von Strategieanforderungen aufzustellen, deren Erfüllung „Punkt für Punkt" zu prüfen ist. Für dieses Verfahren sind diverse Kriterienkataloge entwickelt worden (Hörschgen et al. 1993, S. 201 f.; Kessing et al. 1994). Dabei kann zwischen allgemeinen Strategiebewertungskriterien wie Flexibilität, Risikoausmaß, „Strategischer Fit", Kontinuität etc. und speziellen Kriterien differenziert werden, die situationsspezifisch zu verwenden sind. Die Bewertung der einzelnen Kriterien erfolgt dabei in der Regel intuitiv.

Die Strategieprofilmethoden stellen eine Erweiterung der Checklisten-Verfahren dar, indem die bei Checklisten-Verfahren isolierten „Ja-Nein"-Bewertungen zu **einer ganzheitlichen Strategiebewertung** zusammengefaßt werden. Dazu ist es notwendig, zusätzlich zu dem Kriterienkatalog für alle Kriterien gleichermaßen gültige ordinale Bewertungsskalen zu entwerfen. Beide Verfahrensgruppen vernachlässigen jedoch die Frage, wie eine Unternehmung die zur Strategiebewertung notwendigen Erfolgsfaktoren ermitteln kann.

1.332 Strategiebewertung durch den Analytic Hierarchy Process (AHP)

Der Analytic Hierarchy Process (AHP) ist eine weiterentwickelte Sonderform der **Nutzwertanalyse**. Er kann wegen seines breiten Anwendungsspektrums auch zur Strategiebewertung eingesetzt werden (Saaty 1980; Ossadnik 1994; Tavana/Banerjee 1995). Ziel des AHP im Strategiebewertungsprozeß ist es, eine oder mehrere Strategien mit einem „Attraktivitäts-Punktwert" auszustatten und damit die Auswahlentscheidung abzusichern. Kennzeichen dieser speziellen Nutzwert-Variante ist die Berücksichtigung von hierarchisch strukturierten Erfolgsfaktorenzusammenhängen und die Generierung der Erfolgsfaktorengewichtungen und -ausprägungen mittels subjektiv vorgenommener Paarvergleiche (Haedrich et al. 1986; Gussek/Tomczak 1988). Der AHP-Prozeß läßt sich in drei Stufen unterteilen:

- Strukturierung des Bewertungsprozesses durch hierarchische Problemdekomposition,
- paarweise Bewertung der Hierarchieelemente und
- Berechnung des Attraktivitätswertes der Strategiealternativen.

Alle drei Prozeßstufen sollen an einem Beispiel verdeutlicht werden: Ein Unternehmen sei nach einer ersten Strategievorauswahl zu dem Ergebnis gekommen, daß im Rahmen der Festlegung strategischer Stoßrichtungen die Alternativen Marktdurchdringung des nationalen Marktes oder internationale Diversifikation in Frage kommen. Im Rahmen der Feinauswahl mit Hilfe des AHP sind die Strategiealternativen in einen hierarchisch strukturierten Zusammenhang von Oberzielen, Szenarien, Unterzielen und Strategien einzuordnen. Im zweiten Schritt wird der Entscheider nun in einem Paarvergleich den Erfolgsbeitrag von zwei Elementen einer Hierarchiestufe im Hinblick auf die nächst höhere Ebene bewerten. So schätzt er zum Beispiel, daß die Strategie „Marktdurchdringung" zu 20 Prozent und die Diversifikationsstrategie zu 80 Prozent zur Erreichung des Deckungsbeitragsziels beiträgt (vgl. Abbildung 3-25).

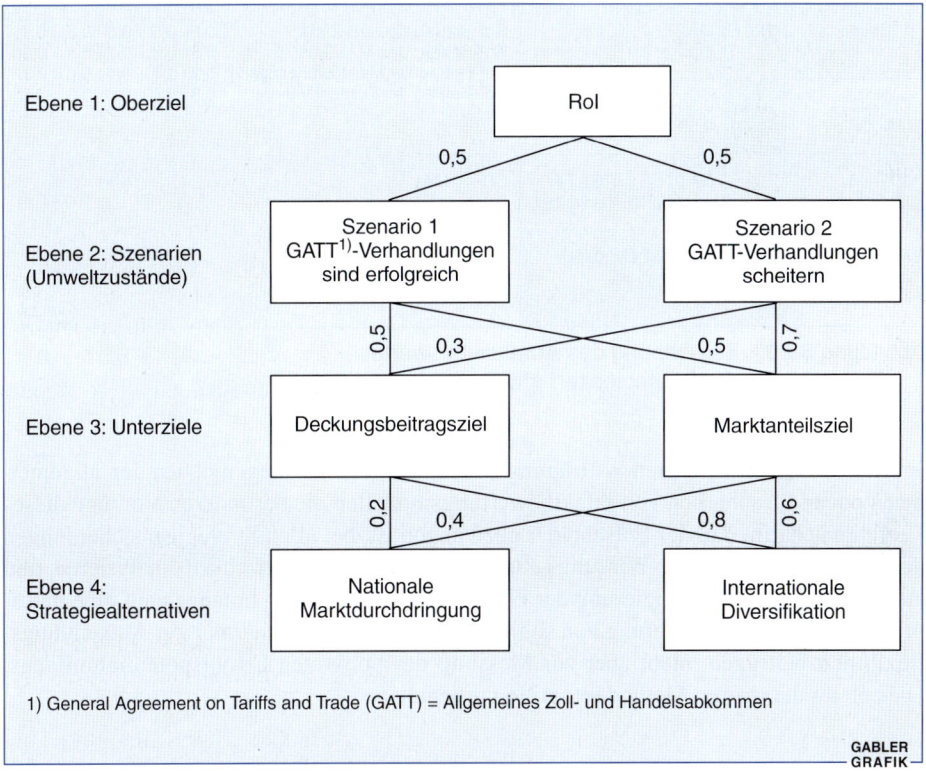

Abbildung 3-25: Hierarchisierung und Bewertung von Strategien im Rahmen des AHP

Aus allen Paarvergleichen ergibt sich dann die Ausgangspyramide zur Strategieevaluierung (vgl. Abbildung 3-25). Aus dieser Ausgangspyramide ist jeweils nur der potentielle Erfolgszusammenhang zwischen Elementen zweier nachgeordneter Ebenen zu erkennen. Ziel des AHP-Prozesses ist es aber, den Beitrag der „untersten Ebene" – der Strategiealternativen – zur obersten – dem potentiellen Erfolg des Unternehmens gemessen durch den Return on Investment (RoI) – aufzuzeigen. Dazu findet in einer dritten Phase eine Verknüpfung der Ebenen bis zur Endpyramide statt, aus der das **Ergebnis des AHP** abzulesen ist (vgl. Abbildung 3-26). So zeigt sich, daß im Paarvergleich der Strategie „Internationale Diversifikation" im Hinblick auf das Oberziel eines maximalen Return on Investment mit 0,68 ein wesentlich höherer Erfolgsbeitrag zukommt als einer Marktdurchdringungsstrategie.

1. Ebene	RoI			RoI-Beitrag der Marktdurchdringung GATT +:	0,2 · 0,5 + 0,4 · 0,5 = 0,30
				RoI-Beitrag der Marktdurchdringung GATT –:	0,2 · 0,3 + 0,4 · 0,7 = 0,34
GATT erfolgreich	0,50			RoI-Beitrag der Diversifikation GATT +:	0,6 · 0,5 + 0,8 · 0,5 = 0,70
GATT scheitert	0,50			RoI-Beitrag der Diversifikation GATT –:	0,6 · 0,7 + 0,8 · 0,3 = 0,66
2. Ebene	RoI	GATT erfolgreich	GATT scheitert	RoI-Beitrag des DB-Ziels:	0,5 · 0,5 + 0,3 · 0,5 = 0,40
				RoI-Beitrag des MA-Ziels:	0,5 · 0,5 + 0,7 · 0,5 = 0,60
				RoI-Beitrag der Marktdurchdringung:	0,2 · 0,4 + 0,4 · 0,6 = 0,32
				RoI-Beitrag der Diversifikation:	0,8 · 0,4 + 0,6 · 0,6 = 0,68
DB-Ziel	**0,40**	0,50	0,30		
MA-Ziel	**0,60**	0,50	0,70		

3. Ebene	RoI	GATT erfolgreich	GATT scheitert	DB-Ziel	MA-Ziel
Marktdurchdringung	**0,32**	0,30	**0,34**	0,20	0,40
Diversifikation	**0,68**	0,70	**0,66**	0,80	0,60

Abbildung 3-26: Berechnung des Attraktivitätswertes der Strategiealternativen

Im Rahmen einer kritischen Würdigung des AHP-Prozesses liegen neben den allgemeinen Vor- und Nachteilen von Punktbewertungsmodellen die besonderen Vorzüge dieses Verfahrens darin, daß der Entscheider gezwungen ist, bei allen Strategieentscheidungen den jeweiligen Strategie-Wirkungs-Zusammenhang systematisch zu analysieren und aufzuzeigen. Die Quantifizierung der Ergebnisse reduziert sich hingegen auf eine multiplikativ-additive Verknüpfung von subjektiven Werturteilen, die zwar zur Anwendungsflexibilität beitragen, nicht aber zur Messung des konkreten Erfolgspotentialumfangs. Dies bleibt der dritten Methodenfamilie vorbehalten.

1.333 Strategiebewertung durch die Kapitalwertmethode

Ebenso wie bei der Bewertung von Investitionsobjekten können auch bei Marketingstrategien die klassischen Methoden der Investitionsrechnung wie zum Beispiel Pay-off-Methode, Verfahren der vollständigen Finanzplanung, Kapitalwertmethode etc. angewandt werden. Die Kapitalwertmethode (Perridon/Steiner 1999, S. 61 ff.) ermittelt den Kapitalwert einer Investition beziehungsweise Strategie als ihren gegenwärtigen, ökonomischen Wert aus der Sicht eines an langfristiger Gewinnmaximierung interessierten Investors.

Der Kapitalwert einer Strategie berechnet sich dabei als:

(1) $\quad C_0 = \sum_{t=0}^{n} (E_t - A_t) \cdot \frac{1}{(1+i)^t}$

mit C_0 = Kapitalwert
$E_t - A_t$ = Einzahlungsüberschuß ($E_t > A_t$) oder Auszahlungsüberschuß ($A_t > E_t$) in der Periode t
$\frac{1}{(1+i)^t}$ = Abzinsungsfaktor der Periode t
t = Periodenindex
i = Kalkulationszinsfuß

Die Kapitalwertmethode kann bezüglich der Strategieauswahl folgende „Bewertungsempfehlungen" abgeben:

1. $C_0 > 0$: Die Strategie erwirtschaftet eine Rendite, die über der Kapitalmarktverzinsung beziehungsweise einer festgelegten Mindestverzinsung liegt (positive Bewertung der Strategie).

2. $C_0 = 0$: Die Strategie erwirtschaftet eine kapitalkostengleiche Rendite und damit keinen zusätzlichen Wert (Bewertungsindifferenz).

3. $C_0 < 0$: Die Rendite liegt unter den Kapitalkosten und führt zu einem potentiellen Wertverlust.

4. $C_0^1 \lessgtr C_0^2$: Bei mehreren Strategiealternativen ist ceteris paribus diejenige Alternative mit dem höchsten Kapitalwert auszuwählen.

Durch die Quantifizierung des geplanten Strategieerfolges geht die Kapitalwertmethode einen Schritt weiter als die oben beschriebenen Bewertungsmethoden. Es ergeben sich allerdings an dieser Stelle erhebliche **Anwendungsschwierigkeiten** aus der Notwendigkeit, die Einnahmen- und Ausgabenzeitreihen einer Strategie zu ermitteln.

1.334 Strategiebewertung durch das Capital Asset Pricing Model

Das Capital Asset Pricing Model (CAPM) stellt eine Weiterentwicklung bei der Beurteilung von Investitionsobjekten beziehungsweise Strategien dar. Im Gegensatz zur „klassischen" Kapitalwertmethode werden hier die Eigenkapitalkosten für jede Geschäftseinheit individuell bestimmt. Zur Bewertung einer Strategie wird dabei die geschätzte Rendite der Strategierealisation mit anderen Anlagemöglichkeiten am Kapitalmarkt unter Einbeziehung von Risikoaspekten verglichen (Spremann 2000, S. 207 ff.).

Von dem zur Bewertung anstehenden Strategieobjekt – hier die potentielle Strategie einer strategischen Geschäftseinheit – wird zunächst angenommen, daß bei gegebenen geschäftsfeldindividuellen Risiken eine Rendite von R_i erzielt werden kann. Ob die im Rahmen der Strategierealisation vorzunehmende Investition in eine Geschäftseinheit „attraktiv" ist, ergibt sich aus dem Vergleich der geschäftseinheits- und strategiespezifischen **Renditeerwartung R_i** mit den Renditeerwartungen von alternativen Investitionsmöglichkeiten (inklusive anderer Strategien für dieselbe oder andere Geschäftseinheiten). Dabei werden die mit den übrigen Investitionsalternativen verbundenen Risiken explizit berücksichtigt.

Das mit der Strategierealisation verbundene Risiko läßt sich in ein sogenanntes **systematisches Risiko** aller risikobehafteten Anlagen am Kapitalmarkt (z. B. Risiko eines konjunkturellen Abschwungs, Gefahr eines Börsencrashes) und ein investitions- beziehungsweise strategiespezifisches Risiko unterteilen. Letzteres wird in der Kapitalmarkttheorie als **unsystematisches Risiko** bezeichnet. Wichtig ist, daß Risiko in diesem Zusammenhang nicht als Gefahr eines Verlustes oder sogar der Existenzgefährdung des Unternehmens definiert wird. Vielmehr wird Risiko über die Streuung der tatsächlichen Strategierendite – beim Eintritt verschiedener Umweltszenarien – um den Erwartungswert der Strategierendite definiert.

Während sich das **systematische Risiko** durch Diversifikation der strategischen Investitionen nicht beseitigen läßt (es wäre nur durch eine Geldanlage in als sicher unterstellte deutsche Staatsanleihen mit entsprechend geringer Rendite zu beseitigen), kann das **strategiespezifische Risiko** durch Diversifikation weitgehend beseitigt werden. Dies kann das Unternehmen erreichen, indem es sein Investitionsvolumen über ein SGE-Portfolio breit streut. Es muß dann in solche Strategien und SGE's investiert werden, die sich hinsichtlich ihres finanzwirtschaftlichen Erfolgs voraussichtlich gegenläufig entwickeln. Dadurch entsteht ein Risikokompensationseffekt, der demjenigen von Wertpapierportfolios entspricht.

Da der Investor eine bestimmte Erwartung über die Rendite eines **vollkommen diversifizierten Portfolios** mit der Rendite R_M („Marktrendite" risikobehafteter Anlagen, zum Beispiel Rendite eines Aktien-Portfolios, welches den deutschen Aktienindex DAX oder den Weltaktienindex MSCI bei internationalen Strategien abbildet) und eines nur aus **risikolosen Investitionen** bestehenden Portfolios mit der Rendite R_f („sichere Rendite") besitzt, kann er nun mit Hilfe der sogenannten **Wertpapierlinie** Strategien beurteilen. Grundsätzlich steigen die Renditeforderungen der Unternehmensleitung mit wachsendem Risiko einer SGE-Strategie. Die Renditeforderung ergibt sich dabei nach:

(2) $R_i = R_f + \beta_i (R_M - R_f)$

mit: R_i = Renditeforderung bei der Realisation der SGE-Strategie i
R_f = Rendite risikoloser Anlagen (zum Beispiel Bundesanleihen)
β_i = Systematisches Risiko der SGE-Strategie i (Spremann 2000, S. 76 f.)
R_M = Rendite des risikobehafteten Marktportfolios (Rendite aller risikobehafteten Anlagemöglichkeiten am Kapitalmarkt, zum Beispiel DAX-Rendite)

Auf der Wertpapierlinie befinden sich alle im Sinne der Kapitalmarkttheorie effizienten Kombinationen aus risikofreier Anlage in Staatsanleihen (z. B. in deutsche Bundesanleihen) und risikobehafteten Investitionen in das Marktportfolio.

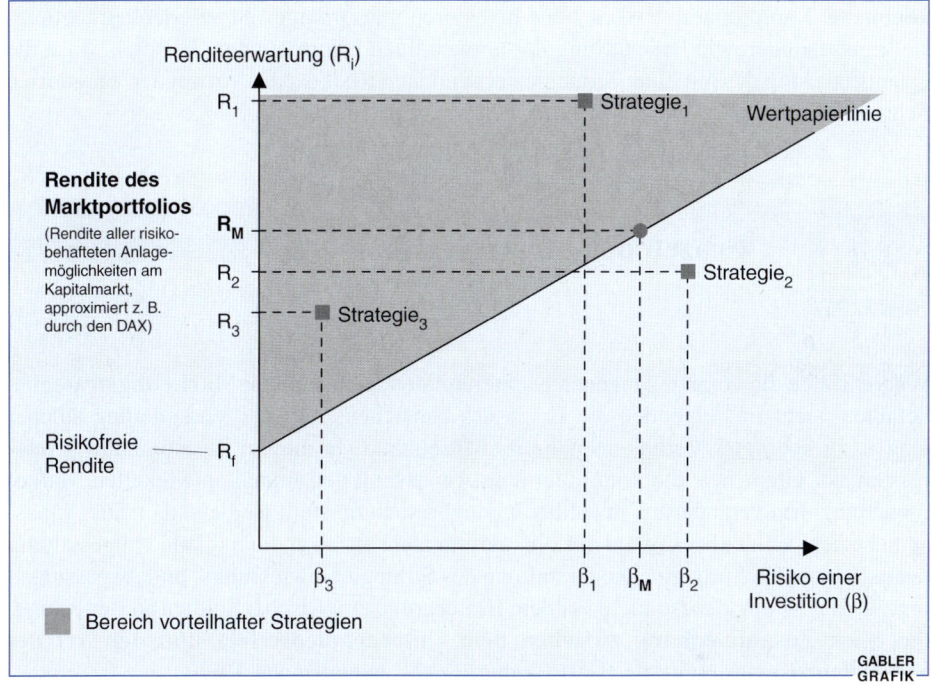

Abbildung 3-27: Strategiebewertung mit dem CAPM

Will nun ein Unternehmen seine Strategie bewerten, so kann es sein Investitionsprojekt unter Zuhilfenahme der Grundgedanken des CAPM positionieren. **Je nachdem, ob das Investitionsprojekt ober- oder unterhalb der Wertpapierlinie positioniert ist, kann es als günstige oder ungünstige Strategie bewertet werden.**

Wie Abbildung 3-27 verdeutlicht, weist die Strategiealternative 2 ein höheres Risiko ($\beta_2 > \beta_M$) und eine geringere Rendite ($R_2 < R_M$) auf als das Marktportfeuille. Sie scheidet somit aus der weiteren Betrachtung aus. Die Strategien 1 und 3 erwirtschaften demgegenüber eine über der Wertpapierlinie liegende Verzinsung. Die tatsächliche Entscheidung für Strategiealternative 1 oder 3 ist von der Risikopräferenz der Entscheider abhängig, denn die höhere Rendite der Strategie 1 im Vergleich zu Strategie 3 wird mit einem höheren Risiko erkauft.

Ebenso ist es möglich, bei Kenntnis des mit einer Strategie verbundenen Risikos, die **Mindestrendite einer SGE-Strategie** zu bestimmen. Diese Mindestrendite stellt die am Kapitalmarkt bei vergleichbarem Risiko zu erzielende Rendite und somit die Opportunitätskosten des Eigenkapitals der Unternehmung im Falle der Strategierealisation dar (Eigenkapitalkostensatz).

Auch die Strategiebewertung mittels des CAPM ist mit erheblichen Anwendungsproblemen behaftet. Neben den teilweise realitätsfernen Modellprämissen (zum Beispiel vollkommener Kapitalmarkt, risikoscheue Investoren, kurzfristige Einperiodenbetrachtung) stellt insbesondere die Beschaffung der notwendigen Informationen, beispielsweise die Quantifizierung des mit einer Strategie verbundenen Risikos, den Anwender vor enorme Schwierigkeiten.

1.4 Prozeß der Strategieanpassung

Während sich die vorangegangenen Kapitel mit den **Inhalten von Marketingstrategien** befaßten, steht im folgenden die Frage des Entstehens und der Veränderung solcher langfristig bedingter Verhaltenspläne im Mittelpunkt. In diesem Zusammenhang interessiert vor allem, wie die kontinuierliche Anpassung der einmal entwickelten Marketingstrategie an veränderte Umweltbedingungen sichergestellt werden kann. Die Anpassung bezieht sich dabei sowohl auf die inkrementale als auch die radikale Umgestaltung der existierenden Strategie. Die Gestaltung des Strategieentwicklungs- und Anpassungsprozesses gewinnt insbesondere vor dem Hintergrund empirischer Studien an Bedeutung, die einen **Zusammenhang zwischen dem Unternehmenserfolg und der Art des Strategieprozesses** ermitteln (Hart/Banbury 1994; Noda/Bower 1996).

In der Literatur werden zumeist **drei Merkmale** erfolgreicher strategischer Anpassungsprozesse herausgestellt (Chakravarti/Doz 1992; Schendel 1992):

- institutionalisiertes Innovationsmanagement,
- Verankerung internen Unternehmertums („internal venturing"),
- kontinuierliche Initiierung von Veränderungsprozessen („strategic change").

Eine hohe strategische Anpassungsfähigkeit ist ohne die Entwicklung neuer Produkte, Dienstleistungen und Prozesse nicht vorstellbar. Die **Innovationsaufgabe** ist in den Köpfen aller Mitarbeiter zu verankern und durch ein institutionalisiertes Innovationsmanagement in Verbindung mit einer konsequenten Selbstverpflichtung der Unternehmensleitung umzusetzen. Aufgrund der besonderen Relevanz des Innovationsmanagements wird im Rahmen der Produktpolitik auf diesen Aspekt detailliert eingegangen.

Die strategische Anpassungsfähigkeit wird wesentlich von Organisationsstrukturen und -abläufen bestimmt (vgl. fünftes Kapitel, Abschnitt 4). Zahlreiche neuere Organisationskonzepte (Bullinger/Warnecke 1996) betonen in diesem Zusammenhang die Wichtigkeit der Teambildung, die Abflachung von Hierarchien in Kombination mit der Ermächtigung und Befähigung von Mitarbeitern auf unteren Ebenen der Organisation („empowerment") und die Neuausrichtung von Anreiz- und Führungssystemen zur Förderung der Eigenständigkeit der Mitarbeiter (Pfeffer 1994). Die Mehrzahl dieser Vorschläge zielt letztlich auf die **Stärkung des internen Unternehmertums ab** (Pinchot 1985). Initiativen zur Änderung und Neuformulierung von Marketingstrategien sollen auf diese Weise von allen Mitarbeitern ausgehen.

Neue Organisationskonzepte, die enormen Potentiale neuer Informations- und Kommunikationstechnologien (Picot et al. 2000) und diskontinuierliche Veränderungen der Marktumwelt, insbesondere des Konsumentenverhaltens, haben in jüngster Zeit zu einer intensiven Auseinandersetzung mit **strategischen Veränderungsprozessen** geführt (Gouillart/Kelly 1995; Hammer 1996; Kotter 1996). Ziel dieser Untersuchungen ist die Identifikation solcher Rahmenbedingungen, die zu einer hohen Anpassungsfähigkeit der Unternehmung führen (vgl. Insert 3-11).

Die Fähigkeit zu einer frühzeitigen Anpassung der Marketingstrategie kann dabei vor allem durch ein leistungsfähiges **Marketing-Controlling** unterstützt werden (vgl. viertes Kapitel, Abschnitt 6). Erst die **Rückkopplung** des strategischen Planungs- und Implementierungsprozesses mit den ausgelösten Marktreaktionen (vgl. Abbildung 3-1) ermöglicht eine zielgerichtete Strategieanpassung. Während die Errichtung eines Marketing-Controlling-Systems die notwendige Bedingung zur Sicherstellung einer rechtzeitigen Strategieanpassung ist, stellt die **Anpassungsfähigkeit und -willigkeit** der Mitarbeiter die hinreichende Bedingung dar. An dieser Stelle wird deutlich, daß sowohl den Führungs- und Anreizsystemen als auch der Aus- und Fortbildung der Mitarbeiter zur Sicherung einer effektiven und effizienten Strategieanpassung eine hohe Bedeutung zukommt.

In diesem Zusammenhang gilt es insbesondere, das **Beharrungsvermögen** der Mitarbeiter gegenüber der bestehenden Strategie zu verringern. Während kurz nach der Implementierung einer neuen Strategie die Identifikation und das Engagement für eine neue Strategie zunächst noch gering ist, wächst im Zeitablauf die Akzeptanz und das persönliche Verpflichtungsgefühl der Mitarbeiter (Huff et al. 1992). Dieses Verhalten ist vor allem die Folge eines durch **Gewohnheit** geprägten Verhaltens und eines in der Regel hohen Risikoempfindens der Mitarbeiter gegenüber Neuerungen im Arbeitsumfeld. Darüber hinaus kann auch die konsequente Fokussierung auf wenige Kernkompetenzen bei diskontinuierlicher Veränderung der Unternehmensumwelt zu einer Erhöhung des Beharrungsvermögens führen. **Kernkompetenzen können auf diese Weise zu einer strategischen Starrheit** führen (Leonard-Barton 1992). Die aufgezeigten Entwicklungen führen im Zeitablauf zu einem wachsenden Beharrungsvermögen zugunsten der bestehenden Marketingstrategie, dem durch die Gestaltung der Führungs- und Anreizsysteme sowie der organisatorischen Rahmenbedingungen entgegengewirkt werden muß (Picot et al. 2000).

Yahoo wandelt sich zum Medien- und Kaufhaus im Internet

Portal-Betreiber setzt auf E-Commerce / Kooperationen mit Mannesmann / Tochterunternehmen mit Gewinn

ht. FRANKFURT, 4. August. Rund fünf Jahre nachdem die beiden Studenten Jerry Young und David Filo an der Universität Stanford auf die Idee kamen, ihre Lesezeichen im Internet zu sortieren, um sich schneller zurechtzufinden, verbinden die meisten der rund 200 Millionen Internet-Nutzer auf der Welt mit dem Internet vor allem einen Namen: Yahoo. Gemeinsam mit der zugekauften Online-Gemeinschaft Geocities weist Yahoo eine Reichweite von rund 50 Prozent auf. Statistisch betrachtet hat somit jeder zweite Internet-Nutzer in den vergangenen vier Wochen mindestens einmal eine Yahoo-Seite im Internet angeschaut. Innerhalb einer Woche sind das allein in den Vereinigten Staaten mehr als 15,7 Millionen Menschen, zeigt eine Untersuchung der Nielsen Media Research.

Aus der Idee der beiden Studenten, die damit längst Milliardäre geworden sind, hat sich mit Hilfe des ehemaligen Motorola-Managers Tim Koogle in wenigen Jahren der populärste Adress-Katalog im World Wide Web entwickelt. In 19 Ländern der Welt, darunter 8 in Europa, surfen Yahoo-Mitarbeiter im Internet, um die besten Seiten zu finden und sie dann in Kategorien einzuordnen. Die Nutzer schätzen diese Art der Navigationshilfe, denn unter den vielen hundert Millionen Internet-Seiten wird die Orientierung zunehmend schwieriger. Das Unternehmen hat im Vergleich mit anderen Internet-Firmen früh Gewinne ausgewiesen und bei einem Quartalsumsatz von 115 Millionen Dollar inzwischen einen Börsenwert von rund 27 Milliarden Dollar erreicht – ungefähr so viel wie ein großer Autohersteller und trotzdem fast 50 Prozent vom Höchstwert im Januar wieder entfernt, als der Wert 41 Milliarden Dollar betragen hat.

Die Eigenständigkeit will sich das Unternehmen erhalten, sagt Peter Würtenberger, Geschäftsführer der deutschen Tochtergesellschaft in München, im Gespräch mit dieser Zeitung. Seit knapp drei Jahren ist das kalifornische Unternehmen inzwischen in Deutschland präsent und hat sich zur beliebtesten Portal-Seite entwickelt. Knapp die Hälfte der deutschen Internet-Nutzer, deren Zahl nach jüngsten Erhebungen auf knapp 12 Millionen angestiegen sein dürfte, verwenden die Yahoo-Seite für den Einstieg ins World Wide Web, hat die Nürnberger Gesellschaft für Konsumforschung ermittelt. Rund 28 Prozent der befragten Nutzer nannten Yahoo als ihre bevorzugte Einstiegsseite.

Inzwischen sind die meisten europäischen Tochtergesellschaften in den schwarzen Zahlen, obwohl kräftig investiert wird. Noch macht die Werbung den größten Teil der Einnahmen aus, sagt Würtenberger. Der Vorteil eines Internet-Katalogs wie Yahoo liege in der Möglichkeit, die Zielgruppen der Werbewirtschaft exakt ansteuern zu können. Zu den größten Werbekunden zählen neben der Deutschen Bank der Online-Broker Consors, der Internet-Buchhändler Amazon und der CD-Verkäufer Cdnow. Neue Formen seien in der Online-Werbung neben den traditionellen Bannern entwickelt worden. Dazu gehörten permanente Präsenzen eines Werbepartners auf den Seiten eines Themengebiets oder Mikro-Seiten mit Gewinnspielen. Auch das Sponsoring kompletter Internet-Seiten sei möglich. Zum Beispiel fördere Siemens den Sportteil bei Yahoo.

Doch wie andere Portal-Betreiber modifiziert Yahoo zur Zeit sein Geschäftsmodell, um neben der Werbung neue Einnahmequellen zu erschließen. Als einen ersten Schritt bietet das Unternehmen gemeinsam mit Mannesmann Arcor Internet-Zugänge an. Gegenüber dem Kunden trete nur Yahoo in Erscheinung, während der Datentransfer komplett von Mannesmann abgewickelt werde, erläutert Würtenberger die Strategie. Diese Markenpolitik werde auch im Electronic Commerce, dem elektronischen Handel im Internet, beibehalten. Seit kurzem seien zum Beispiel Auktionen möglich. Gemeinsam mit Leisure Planet sei Yahoo auch ins Online-Reisegeschäft eingestiegen. Obwohl Leisure Planet die Buchungsmöglichkeiten und die Informationen zu den Reisen eigenständig anbiete, bleibe der Nutzer jederzeit auf den Seiten von Yahoo. Ende August werde Yahoo gemeinsam mit dem Mobilfunkbetreiber D2-Mannesmann Internet-Dienste für das Handy vorstellen. Die Inhalte aus dem Internet sollten so verdichtet werden, dass sie trotz der geringen Datenübertragungskapazitäten im Mobilfunk schnell übermittelt werden könnten, sagt Würtenberger.

Die beliebtesten Internet-Seiten privater Nutzer in Amerika

		Nutzer in Millionen*	Verweildauer in Minuten
1.	AOL	17,939	13.6
2.	Yahoo!	15,750	30.5
3.	MSN	11,165	25.6
4.	Lycos Network	7,614	9.2
5.	GO Network	5,610	13.4
6.	Excite Network	4,948	22.2
7.	Microsoft	4,319	14.4
8.	Time Warner	3,281	13.2
9.	AltaVista	3,021	6.9
10.	eBay	2,694	85.7
11.	Amazon	2,583	12.6
12.	Sony	2,311	3.5
13.	Blue Mt. Arts	2,077	13.1
14.	LookSmart	1,702	6.5
15.	CNET	1,654	7.9

* ohne Doppelzählung, wenn mehrere Seiten eines Netzwerks besucht wurden. Erfasst wurden nur Internet-Nutzer, die von zu Hause im Internet gehen. Zeitraum: 19. bis 25. Juli 1999. Quelle: Nielsen Media Research

Langfristig will Koogle das Unternehmen zu einem führenden Medienhaus im Internet entwickeln. Seine Strategie ist klar: Yahoo soll überall sein. Suchdienst, Electronic-Commerce-Plattform und selbst Übertragungskanal für Videos. Mit Geocities und Breitbanddiensten mit der Technik der ebenfalls übernommenen Firma Broadcast will Koogle in den kommenden Monaten auf den europäischen Markt.

Portale gewinnen mit steigenden Nutzerzahlen rasant an Bedeutung. Damit werden die Portale als Übernahmeobjekte für Großunternehmen zunehmend interessanter. Walt Disney hat bereits Infoseek übernommen, AOL den Internet-Pionier Netscape, und Excite wurde von der AT & T-Tochtergesellschaft At Home geschluckt. Als eines der wenigen Unternehmen, die bisher konsequent ihren eigenen Weg verfolgt haben, ist Yahoo übrig geblieben. Im Gegenteil: Mit der Übernahme der Online-Gemeinschaft Geocities will Yahoo dem Expansionsdruck des Internet aus eigener Kraft trotzen. Angst vor feindlichen Übernahmen hat Koogle nicht. Der Streubesitz der Aktien sei zu klein. Doch Unternehmen wie Microsoft oder Time Warner wird ein wachsendes Interesse an der Firma aus dem Silicon Valley nachgesagt.

Reichweiten der Suchdienste im Internet

Angaben für Deutschland in Prozent (in Klammern = Millionen Nutzer)

	2. Welle Mitte 1998	3. Welle Anfang 1999
Yahoo!	47	48 (4,0)
Altavista	32	30 (2,5)
Netscape-Guide	24	20 (1,7)
Web.de	21	24 (2,0)
Lycos	21	20 (1,7)
Fireball	20	23 (1,9)
AOL Netfind	17	16 (1,3)

Quelle: GfK Online-Monitor 1999

INSERT 3-11: Frankfurter Allgemeine Zeitung, 05.08.1999, S. 23

Literaturhinweise

Aaker, D. A. (1996), Building Strong Brands, New York u. a.
Aaker, D. A. (1998), Strategic Market Management, 5. Aufl., New York u. a.
Abell, D. F. (1980), Defining the Business. The Starting Point of Strategic Planning, Engelwood Cliffs/N. J.
Achleitner, P. M. (1985), Sozio-politische Strategien multinationaler Unternehmungen, Schriftenreihe Betriebswirtschaft der Hochschule St. Gallen, Bd. 13, Bern, Stuttgart.
Adam, D. (1996), Planung und Entscheidung, Modelle – Ziele – Methoden, 4. Aufl., Wiesbaden.
Ahlert, D. (Hrsg.) (1981), Vertragliche Vertriebssysteme zwischen Industrie und Handel, Wiesbaden.
Ahlert, D. (1982), Vertikale Kooperationsstrategien im Vertrieb, in: Zeitschrift für Betriebswirtschaft, Nr. 1, S. 62–93.
Albach, H. (1990), Das Management der Differenzierung, in: Zeitschrift für Betriebswirtschaft, Nr. 8, S. 773–788.
Albers, S., Eggert, K. (1988), Kundennähe – Strategie oder Schlagwort? in: Marketing, Zeitschrift für Forschung und Praxis, Nr. 1, S. 5–16.
Alpert, F. H., Kamins, M. A. (1995), An Empirical Investigation of Consumer Memory, Attitude, and Perceptions towards Pioneer and Follower Brands, in: Journal of Marketing, Vol. 59, S. 34–45.
Alpert, F. H., Kamins, M. A., Graham, J., Sakano, T., Onzo, N. (1996), Pioneer Brand Advantage in Japan and the United States, Working Paper 96–101, Marketing Science Institute (Hrsg.), Cambridge/Mass.
Altschul, K. (1991), Ein roter Teppich für den Kundendienst, in: Absatzwirtschaft, Sonderheft Oktober, S. 238–252.
Altwegg, R. (1995), Strategiebewertung und Ermittlung des Synergiewertes bei Kooperationen, Basel.
Ansoff, H. I. (1966), Management-Strategie, München.
Ansoff, H. I. (1976), Managing Surprise and Discontinuity – Strategic Response to Weak Signals, in: Zeitschrift für betriebswirtschaftliche Forschung, Nr. 28, S. 129–152.
Amit, R., Domowitz, I., Fershtman, C. (1988), Thinking one Step Ahead. The Use of Conjecters in Competitive Analysis, in: Strategic Management Journal, Vol. 9, No. 5, S. 431–442.
Bain, J. S.(1956), Barriers to New Competition, Cambridge/Mass.
Bain, J. (1968), Industrial Organisation, 2. Aufl., New York u. a.
Bamberger, I. (1981), Theoretische Grundlagen strategischer Entscheidungen, in: Wirtschaftswissenschaftliches Studium, S. 97–104.
Barzen, D. (1990), Marketing-Budgetierung, Frankfurt am Main u. a.
Bauer E. (1976), Markt-Segmentierung als Marketing-Strategie, Berlin.
Bauer, H. H. (1988), Marktstagnation als Herausforderung für das Marketing, in: Zeitschrift für Betriebswirtschaft, Heft 10, S. 1052–1071.
Becker, J. (1993), Marketing-Konzeption, 5. Aufl., München.
Benkenstein, M. (1992), Die Reduktion der Fertigungstiefe als betriebswirtschaftliches Entscheidungsproblem, unveröffentlichte Habilitationsschrift, Münster.
Berg, H. (1978), Markteintrittsbarrieren, potentielle Konkurrenz und wirksamer Wettbewerb, in: Wirtschaftsstudium, Nr. 3, S. 282–287.
Blackburn, J. D. (1991), Time-Based Competition. The Next Battleground in American Manufacturing, Homewood/Illinois.
Bode, T. (1992), Zur Strategie von Umweltinitiativen – das Beispiel Greenpeace, in: Steger, U. (Hrsg.), Handbuch des Umweltmanagements, München, S. 207–216.
Bolz, J. (1992), Wettbewerbsorientierte Standardisierung der internationalen Marktbearbeitung, Darmstadt.

Boy, F. E. (1986), Alternative Marketingstrategien von Herstellern mit schwacher Marktposition in Märkten mit hoher Nachfragemacht, unveröffentlichte Diplomarbeit, Münster.
Brenken, D. (1988), Strategische Unternehmensführung und Ökologie, in: Szyperski, N. et al. (Hrsg.), Schriftenreihe Planung, Information und Unternehmensführung, Bd. 21, Bergisch Gladbach/Köln.
Bronner, T. (1995), Wertsteigerungen durch strategische Entscheidungen, Stuttgart.
Bruhn, M. (1985), Ertragssicherung im Spannungsfeld zwischen Markenstrategien und Niedrig-Preis-Strategien, in: Markenartikel, Nr. 1, 47. Jg., S. 482–488.
Buchholz, W. (1996), Time-to-Market-Management, Zeitorientierte Gestaltung von Produktinnovationsprozessen, Stuttgart u. a.
Buck, A., Vogt, M. (1997), Design Management. Was Produkte wirklich erfolgreich macht, Wiesbaden.
Büker, B. (1991), Qualitätsbeurteilung investiver Dienstleistungen, Frankfurt am Main u. a.
Bullinger, H. J., Warnecke, H. J. (Hrsg.) (1996), Neue Organisationsformen im Unternehmen, Berlin u. a.
Burmann, G. (1995), Marktarealstrategien der internationalen Automobilhersteller, in: Hünerberg, R., Heise, G., Hoffmeister, M. (Hrsg.), Internationales Automobilmarketing, Wiesbaden, S. 121–141.
Buzzell, R. D., Gale, B. T. (1989), Das PIMS-Programm. Strategien und Unternehmenserfolg, Wiesbaden.
Caves, R. E. (1977), American Industry, Structure, Conduct, Performance, New York.
Caves, R. E., Ghemawat, P. (1992), Identifying mobility barriers, in: Strategic Management Journal, Vol. 13, No. 1, S. 1–12.
Ceyp, M. (1996), Ökologieorientierte Profilierung im vertikalen Marketing, Frankfurt am Main.
Chakravarthy, B. S., Doz, Y. (1992), Strategy Process Research: Focussing on Corporate Self-Renewal, in: Strategic Management Journal, Vol. 13, Summer, Special Issue Strategy Process Research, S. 5–14.
Cohen, W. A. (1986), War in the Market Place, in: Business Horizons, March/April, S. 10–20.
Cravens, D. W. (2000), Strategic marketing, 6th. ed., Boston 2000.
Cunha, C. J. (1989), Ein Modell zur Unterstützung der Bewertung und Auswahl von Strategiealternativen, Aachen.
Day, G., Fahey, L. (1988), Valuing market strategies, in: Journal of Marketing, Vol. 52, No. 3, S. 45–57.
Dietze, R. R. (1984), Vertriebsstrategien, in: Wieselhuber, N., Töpfer, A. (Hrsg.), Handbuch Strategisches Marketing, Landsberg am Lech.
Doz, Y. (1986), Strategic Management in Multinational Companies, Oxford u. a.
Dunst, K. H. (1983), Portfolio-Management. Konzeption für die strategische Unternehmensplanung, 2. Aufl., Berlin/New York.
Durö, R., Sandström, B. (1988), The Basic Principles of Marketing Warfare, Chichester u. a.
Dussauge, P., Garrette, B. (1995), Determinants of Success in International Alliances: Evidence from the Global Aerospace Industry, in: Journal of International Business Studies, Vol. 26, No. 3, S. 505–531.
Dyllick, Th. (1989), Management der Umweltbeziehungen, Wiesbaden.
Dyllick, Th. (1990), Ökologisch bewußtes Management. Die Orientierung. Nr. 96, Schweizerische Volksbank, Bern.
Easton, G. (1987), Competition and Marketing Strategy, in: European Journal of Marketing, No. 2, S. 31–49.
Eisele, J. (1995), Erfolgsfaktoren des Joint-Venture-Management, Wiesbaden.
Engelhardt, W. H., Kleinaltenkamp, M., Rieger, S. (1984), Der Direktvertrieb im Konsumgüterbereich, Stuttgart u. a.
Erfmann, M. (1988), Wettbewerbsstrategien in reifen Märkten, Frankfurt am Main.
Fessler, E. (1989), Gesellschaftsorientiertes Marketing, Bern u. a.

Florenz, P. J. (1992), Konzept des vertikalen Marketing. Entwicklungen und Darstellung am Beispiel der deutschen Automobilwirtschaft, Bergisch-Gladbach.
Florin, G. (1988), Strategiebewertung auf der Ebene der Strategischen Geschäftseinheiten, Frankfurt am Main.
Friedrich, R. (1984), Marketingstrategien in Märkten mit hoher Nachfragemacht, in: Wieselhuber, N., Töpfer, A. (Hrsg.), Handbuch Strategisches Marketing, Landsberg am Lech, S. 359–372.
Fritz, W. (1995), Marketingmanagement und Unternehmenserfolg: Grundlagen und Ergebnisse einer empirischen Untersuchung, 2. Aufl., Stuttgart.
Fronhoff, B. (1986), Die Gestaltung von Marketingstrategien, Bergisch-Gladbach.
Fulmer, W. E., Goodwin, J. (1988), Differentiation. Begin with the Consumer, in: Business Horizons, Vol. 31, No. 5, S. 55–63.
Gahl, A. (1991), Die Konzeption strategischer Allianzen, Berlin.
Gälweiler A. (1974), Unternehmensplanung, Frankfurt am Main/New York.
Galbraith, C., Schendel, D. (1983), An Empirical Analysis of Strategy Types, in: Strategic Management Journal, Vol. 4, No. 2, S. 153–173.
Garvin, D. A. (1988), Die acht Dimensionen der Produktqualität, in: Harvard Manager, Nr. 3, S. 66–74.
Gerl, K., Roventa, P. (1983), Strategische Geschäftseinheiten aus der Sicht des Strategischen Managements, in: Kirsch, W., Roventa, P. (Hrsg.), Bausteine eines Strategischen Managements, Berlin u. a.
Ghemawat, P. (1985), Building Strategy on the Experience Curve, in: Harvard Business Review, No. 1, S. 143–149.
Ghemawat, P. (1988), Dauerhafte Wettbewerbsvorteile aufbauen, in: Simon, H. (1988), Wettbewerbsvorteile und Wettbewerbsfähigkeit, Stuttgart, S. 18–29.
Gilbert, X., Strebel, P. (1987), Strategies to Outpace the Competition, in: The Journal of Business Strategy, No. 1, S. 28–37.
Görgen, W., van Kerkom, K. (1991), Der Wechsel der Wettbewerbsstrategie. Eine kritische Analyse der Bestimmungsfaktoren und Maßnahmen, Arbeitspapier Nr. 20 des Instituts für Markt- und Distributionsforschung, Köhler, R. (Hrsg.), Köln.
Göttgens, O. (1996), Erfolgsfaktoren in stagnierenden und schrumpfenden Märkten. Instrumente einer erfolgreichen Unternehmenspolitik, Frankfurt am Main.
Golden, B. R. (1992), SBU Strategy and Performance: The Moderating Effects of the Corporate-SBU Relationship, in: Strategic Management Journal, Vol. 13, No. 2, S. 145–158.
Gordon, G. L., Calantone, R. J., di Benedetto, C. A. (1991), Mature Markets and Revitalization Strategies: An American Fable, in: Business Horizons, May/June, S. 39–49.
Gouillart, F. J., Kelly, J. N. (1995), Transforming the Organization. Reframing Corporate Direction. Restructuring the Company. Revitalizing the Enterprise. Renewing People, New York.
Grahammer, D. (1984), Anleitung und Checklisten zur Konkurrenz-Beobachtung und Konkurrenz-Analyse, Berlin.
Grossekettler, H. (1981), Die gesamtwirtschaftliche Problematik vertraglicher Vertriebssysteme, in: Ahlert, D. (Hrsg.), Vertragliche Vertriebssysteme zwischen Industrie und Handel, Wiesbaden, S. 255 ff.
Gruner, K. (1996), Die Beschleunigung von Marktprozessen. Modellgestützte Analyse von Einflußfaktoren und Auswirkungen, Wiesbaden.
Gussek, F., Tomczak, T. (1988), Ressourcenallokation mit dem „Analytic Hierarchy Process (AHP)", Arbeitspapier Nr. 25 des Instituts für Markt- und Verbrauchsforschung der Freien Universität Berlin, Berlin.
Haedrich, G., Kuß, A., Kreilkamp, E. (1986), Der Analytic Hierarchy Process, in: Wirtschaftswissenschaftliches Studium, 15. Jg., Nr. 3, S. 120–126.
Hahn, D. (1982), Zweck und Standort des Portfolio-Konzepts in der strategischen Unternehmensführung, in: agplan Gesellschaft für Planung e. V. (Hrsg.), Portfolio-Management, Berlin, S. 1–24.

Hamel, G., Prahalad, C. K. (1986), Haben Sie wirklich eine globale Strategie?, in: Harvard Manager, Heft 1, S. 90–97.
Hamel, G., Prahalad, C. K. (1995), Wettlauf um die Zukunft, Wien.
Hamel, G. (1996), Strategy as Revolution, in: Harvard Business Review, July/August, S. 69–83.
Hammer, M. (1996), Beyond Reengineering. How the Process-Centered Organization is Changing our Work and our Lives, New York.
Hansen, U. (1990), Absatz- und Beschaffungsmarketing des Einzelhandels, 2. Aufl., Göttingen.
Hansen, U., Bode, M. (1999), Marketing & Konsum: Theorie und Praxis von der Industrialisierung bis ins 21. Jahrhundert, München.
Harrigan, K. R. (1980), Strategies for Declining Businesses, Toronto.
Harrigan, K. R. (1981), Barriers to Entry and Competitive Strategy, in: Strategic Management Journal, Vol. 2, No. 4, S. 395–412.
Harrigan, K. R. (1989), Unternehmensstrategien für reife und rückläufige Märkte, Frankfurt am Main.
Hart, S., Banbury, C. (1994), How Strategy-Making Processes can make a Difference, in: Strategic Management Journal, Vol. 15, No. 4, S. 251–269.
Hatten, K. J., Hatten, M. L. (1988), Effective Strategic Management, Englewood Cliffs/N. J.
Hayek, F. A. (1968), Der Wettbewerb als Entdeckungsverfahren, in: Kieler Vorträge (neue Folge 56), Kiel, S. 249–265.
Henderson, B. D. (1974), Die Erfahrungskurve in der Unternehmensstrategie, Frankfurt am Main u. a.
Henderson, B. D. (1983), The Anatomy of Competition, in: Journal of Marketing, Spring, S. 7–11.
Hergert, M., Morris, D. (1987), Trends in International Collaborated Agreements, in: Columbia Journal of World Business, Summer, S. 15–22.
Hinder, W., Bartosch, S. (1987), Strategisches Wettbewerbsverhalten in stagnierenden Märkten, Frankfurt am Main u. a.
Hinterhuber, H. H. (1984), Strategische Unternehmungsführung, 3. Aufl., Berlin u. a.
Hinterhuber, H. H. (1990), Wettbewerbsstrategie, 2. Aufl., Berlin u. a.
Hinterhuber, H. H. (1997), Strategische Unternehmungsführung, II. Strategisches Handeln, 6. Aufl. Berlin u. a.
Hinterhuber, H. H., Handlbauer, G., Matzler, K. (1997), Kundenzufriedenheit durch Kernkompetenzen: eigene Potentiale erkennen – entwickeln – umsetzen, München u. a.
Hörschgen, H., Kirsch, J., Käßer-Pawelka, G., Grenz, J. (1993), Marketing-Strategien, Konzepte zur Strategiebildung im Marketing, 2. Aufl., Ludwigsburg u. a.
Hoff, A., Strümpel, B. (1982), Öffentlichkeitsarbeit als Unternehmerfunktion, in: Haedrich, G., Barthenheier, G., Kleinert, H. (Hrsg.), Öffentlichkeitsarbeit. Dialog zwischen Institutionen und Gesellschaft, Berlin/New York, S. 35–52.
Hoffmann, J. (1986), Die Konkurrenz – Erkenntnisse für die strategische Führung und Planung, in: Wieselhuber, N., Töpfer, A. (Hrsg.), Praxis der Strategischen Unternehmensplanung, Landsberg am Lech, S. 183–205.
Homburg, C. (1995), Kundennähe von Industriegüterunternehmen: Konzeption-Erfolgswirkungen-Determinanten, Wiesbaden.
Irrgang, W. (1989), Strategien im vertikalen Marketing. Handelsorientierte Konzeptionen der Industrie, München.
Irrgang, W. (1994), Vertikales Marketing im Wandel. Aktuelle Strategien und Operationalisierungen zwischen Hersteller und Handel, München.
Jägeler, F. (1996), An die Gurgel gepackt, in: Wirtschaftswoche, Nr. 51, S. 76–79.
Jaunig, G. (1995), Das Ticket kommt per Fax, in: AERO International, Nr. 10, S. 32–34.
Jegminat, G. (1996), Die Potentiale der Partner kombinieren, in: Fremdenverkehrswirtschaft international, Nr. 11, S. 67–69.
Joas, A. (1990), Konkurrenzforschung als Erfolgspotential im strategischem Marketing, Augsburg.
Kaiser, A. (1995), Integriertes Variantenmanagement mit Hilfe der Prozeßkostenrechnung, Hallstadt.

Karnani, A., Wernerfelt, B. (1985), Multiple Point Competition, in: Strategic Management Journal, Vol. 6, No. 1, S. 87–96.
Kerin, R. A., Mahajan, V., Varadarajan, P. R. (1990), Contemporary Perspectives on Strategic Market Planning, Boston u. a.
Kessing, O., Fischer, H., Neeb, D. O. (1994), Implementation einer computergestützten strategischen Geschäftsfeld-Analyse, in: Zeitschrift für Planung, 5. Jg., Nr. 4, S. 315–333.
Kim, L., Lim, Y. (1988), Environment, Generic Strategies and Performance in a Rapidly Developing Country: A Taxonomic Approach, in: Academy of Management Journal, Vol. 31, No. 4, S. 802–827.
Kirchgeorg, M. (1990), Ökologieorientiertes Unternehmensverhalten, Wiesbaden.
Knauth, P. (1992), Sunk Costs, in: Wirtschaftswissenschaftliches Studium, Nr. 2, S. 76–78.
Köhler, R. (1981), Grundprobleme der strategischen Marketingplanung, in: Geist, M., Köhler, R. (Hrsg.), Die Führung des Betriebs, Stuttgart, S. 261–291.
Kolbe, C. (1991), Eintrittsbarrieren und Eintrittsfähigkeit potentieller Konkurrenten, Göttingen.
Kotha, S., Vadlamani, B. L. (1995), Assessing generic strategies: An empirical investigation of the two competing Typologies in discrete Manufacturing industries, in: Strategic Management Journal, Vol. 16, No. 1, S. 75–83.
Kotha, S., Dunbar, R. L. M., Bird, A. (1995), Strategic action generation: A comparison of emphasis placed on generic competitive methods by U.S. and Japanese managers, in: Strategic Management Research, Vol. 16, No. 3, S. 195–220.
Kotler, P. (1967), Marketing-Management. Analysis, planning and control, Englewood Cliffs/N. J.
Kotler, P., Bliemel, F. (1999), Marketing-Management: Analyse, Planung, Umsetzung und Steuerung, 9. Aufl., Stuttgart.
Kotler, P., Fahey, L., Jatusripitak, S. (1985), The New Competition, Englewood Cliffs/N. J.
Kotter, J. P. (1996), Leading Change, Boston/Mass.
Kreilkamp, E. (1987), Strategisches Management und Marketing, Berlin/New York.
Krüger, W. (1974), Umweltwandel und Unternehmungsverhalten, in: Zeitschrift für Organisation, Nr. 2, S. 62–70.
Krups, M. (1985), Marketing innovativer Dienstleistungen am Beispiel elektronischer Wirtschaftsinformationsdienste, Frankfurt am Main.
Kube, C. (1991), Erfolgsfaktoren in Filialsystemen, Wiesbaden.
Kunkel, R. (1977), Vertikales Marketing im Herstellerbereich. Bestimmungsfaktoren und Gestaltungselemente stufenübergreifender Marketing-Konzeptionen, München.
Laakmann, K. (1996), Value added Services als Profilierungsinstrument im Wettbewerb: Analyse, Generierung und Bewertung, Frankfurt am Main.
Lambin, J. J. (1997), Strategisches Marketing, Hamburg u. a.
Lawless, M. W., Finch, L. K. (1989), Choice and determinism, in: Strategic Management Journal, Vol. 10, No. 4, S. 351–365.
Leder, M. (1989), Innovationsmanagement – Ein Überblick, in: Zeitschrift für Betriebswirtschaft-Ergänzungsheft, Nr. 1, S. 1–54.
Leibfried, K., MacNair, C. J. (1996), Benchmarking, 2. Aufl., New York.
Leonard-Barton, D. (1992), Core Capabilities and Core Rigidities: A Paradox in Managing New Product Development, in: Strategic Management Journal, Vol. 13, Special Issue „Strategy Process Research", S. 111–126.
Levitt, T. (1960), Marketing Myopia, in: Harvard Business Review, Vol. 38, No. 4, S. 45–56.
Lewin, K. (1963), Feldtheorie in den Sozialwissenschaften – Ausgewählte theoretische Schriften, Bern u. a.
Lingnau, V. (1994), Variantenmanagement: Produktionsplanung im Rahmen einer Produktdifferenzierungsstrategie, Berlin.
Link, U. (1988), Strategische Konkurrenzanalyse im Konsumgütermarketing, Idstein.
Litzenroth, H. A. (1995), Dem Verbraucher auf der Spur. Quantitative und qualitative Konsumtrends, in: Jahrbuch der Absatz- und Verbrauchsforschung, 41. Jg., Nr. 3, S. 219–305.
Lufthansa (1996) (Hrsg.), Geschäftsbericht 1995, Köln.

Macharzina, K. (1999), Unternehmensführung: Das internationale Managementwissen, 3. Auflage, Wiesbaden.
Magyar, K. M., Magyar, P. K. (1987), Marketingpioniere und Pioniermanagement, Landsberg am Lech.
Maidique, M. A., Hayes, R. M. (1984), The Art of High Technology Management, in: Sloan Management Review, Winter, S. 17–31.
Mason, E. (1939), Price and production policies of large-scale enterprise, in: American Economic Review, Suppl. 29, S. 61–74 (zitiert nach Powell 1996).
Mayer, S. (1997), Der Einsatz von Design als Wettbewerbsfaktor im Markt für Investitionsgüter, Hamburg.
Meffert, H. (1981), Verhaltenswissenschaftliche Aspekte vertraglicher Vertriebssysteme, in: Ahlert, D. (Hrsg.), Vertragliche Vertriebssysteme zwischen Industrie und Handel, Wiesbaden, S. 99 ff.
Meffert, H. (1983), Marketingstrategien in stagnierenden und schrumpfenden Märkten, Arbeitspapier Nr. 30 des Instituts für Marketing der Universität Münster, Meffert, H. (Hrsg.), Münster.
Meffert, H. (1984), Marketingstrategien in stagnierenden und schrumpfenden Märkten, in: Betriebswirtschaftliche Entscheidungen bei Stagnation, Edmund Heinen zum 65. Geburtstag, Pack, L., Börner, D. (Hrsg.), Wiesbaden, S. 37–72.
Meffert, H. (1985a), Wettbewerbsorientierte Marketingstrategien im Zeichen schrumpfender und stagnierender Märkte, in: Raffeè, H., Wiedmann, K. P. (Hrsg.), Strategisches Marketing, Stuttgart, S. 475–490.
Meffert, H. (1985b), Zur Bedeutung der Konkurrenzstrategie im Marketing, in: Marketing, Zeitschrift für Forschung und Praxis, 7. Jg., Nr. 1, S. 13–19.
Meffert, H. (1986), Marketing und strategische Unternehmensführung – ein wettbewerbsorientierter Kontingenzansatz, Arbeitspapier Nr. 32 der Wissenschaftlichen Gesellschaft für Marketing und Unternehmensführung e. V., Meffert, H., Wagner, H. (Hrsg.), Münster.
Meffert, H. (1989), Globalisierungsstrategien und ihre Umsetzung im internationalen Wettbewerb, in: Die Betriebswirtschaft, Nr. 4, S. 445–463.
Meffert, H. (1990a), Produktalterung als Absatzstrategie, in: Züricher Zeitung, Nr. 49, 28.02.1990, S. 65.
Meffert, H. (1990b), Ökologieorientierte Marketing- und Werbestrategie der Marke Opel, Hamburg.
Meffert, H. (1991), Wettbewerbsstrategien auf globalen Märkten, in: Betriebswirtschaftliche Forschung und Praxis, Nr. 5, S. 399–415.
Meffert, H. (1994a), Marketing-Management: Analyse – Strategie – Implementierung, Wiesbaden.
Meffert, H. (1994b), Erfolgreiches Marketing in der Rezession, Wien.
Meffert, H. (1999), Zwischen Kooperation und Konfrontation: Strategien und Verhaltensweisen im Absatzkanal, in: Beisheim, O. (Hrsg.), Distribution im Aufbruch, München, S. 407–424.
Meffert, H., Bruhn, M. (1997), Dienstleistungsmarketing. Grundlagen – Konzepte – Methoden, 2. Aufl., Wiesbaden.
Meffert, H., Burmann, C. (1991), Umweltschutzstrategien im Spannungsfeld zwischen Hersteller und Handel. Ein Beitrag zum vertikalen Ökomarketing, Arbeitspapier Nr. 66 der Wissenschaftlichen Gesellschaft für Marketing und Unternehmensführung e. V., Meffert, H., Wagner, H., Backhaus, K. (Hrsg.), Münster.
Meffert, H., Burmann, C. (1996a), Identitätsorientierte Markenführung – Grundlagen für das Management von Markenportfolios, Arbeitspapier Nr. 100 der Wissenschaftlichen Gesellschaft für Marketing und Unternehmensführung e. V., Meffert, H., Wagner, H., Backhaus, K. (Hrsg.), Münster.
Meffert, H., Burmann, C. (1996b), Towards an identity-oriented approach of branding, Working Paper No. 18, Judge Institute of Management Studies, University of Cambridge (Hrsg.), Cambridge.

Meffert, H., Katz, R. (1983), Unternehmensverhalten in stagnierenden und schrumpfenden Märkten. Ergebnis einer empirischen Untersuchung in der Bundesrepublik Deutschland, Arbeitspapier Nr. 12 der Wissenschaftlichen Gesellschaft für Marketing und Unternehmensführung e. V., Meffert, H., Wagner, H. (Hrsg.), Münster.

Meffert, H., Kirchgeorg, M. (1993), Marktorientiertes Umweltmanagement, 2. Aufl., Stuttgart.

Meffert, H., Walters, M. (1984), Anpassung des absatzpolitischen Instrumentariums in stagnierenden und schrumpfenden Märkten, Arbeitspapier Nr. 16 der Wissenschaftlichen Gesellschaft für Marketing und Unternehmensführung e. V., Meffert, H., Wagner, H. (Hrsg.), Münster.

Meffert, H., Wehrle, F. (1982), Strategische Unternehmensplanung, Arbeitspapier Nr. 4 der Wissenschaftlichen Gesellschaft für Marketing und Unternehmensführung e. V., Meffert, H., Wagner, H. (Hrsg.), Münster.

Meurer, J. (1997), Führung von Franchisesystemen – Erklärungsansätze, Verhaltens- und Erfolgswirkungen auf der Grundlage einer empirischen Führungstypologie, Wiesbaden.

Meyer, A. (1985), Produktdifferenzierung durch Dienstleistungen, in: Marketing, Zeitschrift für Forschung und Praxis, Nr. 2, S. 99–107.

Miles, R., Snow, C. (1978), Organizational Strategy, Structure and Process, New York.

Miller, D., Friesen, D. H. (1982), Innovation in Conservative and Entrepreneurial Firms: Two Models of Strategic Momentum, in: Strategic Management Journal, Vol. 3, No. 1, S. 1–25.

Minderlein, N. (1989), Markteintrittsbarrieren und Unternehmensstrategie, Wiesbaden.

Mintzberg, H. (1979), The Structuring of Organizations, Englewood Cliffs/N. J.

Mintzberg, H., (1988), Generic Strategies: Toward a comprehensive framework, in: Advances in Strategic Management, Vol. 5, Greenwich, Connecticut.

Montgomery, C. A., Porter, M. E. (1996), Einführung, in: Montgomery, C. A., Porter, M. E. (Hrsg.), Strategie, Wien, S. XI – XXVI.

Moriarty, R. T., Kosnik, T. J. (1989), High-Tech-Marketing: Concepts, Continuity and Change, in: Sloan Management Review, Summer, S. 7–17.

Morrison, A. J. (1990), Strategies in Global Industries, New York.

Müller, G., Schmid, M. (1985), Umbruch im Handel, in: Harvard Manager, Nr. 4, S. 104–107.

Murray, J. A. (1984), A Concept of Entrepreneurial Strategy, in: Strategic Management Journal, Vol. 5, No. 1, S. 1–14.

Naumann, C. (1982), Strategische Steuerung und integrierte Unternehmensplanung, München.

Noda, T., Bower, J. L. (1996), Strategy Making as Iterated Processes of Resource Allocation, in: Strategic Management Journal, Vol. 17, Summer, S. 159–192.

Netzer, F. (1999). Strategische Allianzen im Luftverkehr: nachfrageorientierte Problemfelder ihrer Gestaltung, Frankfurt/Main, u. a.

Oelsnitz, D. von der (1996), Ist der „Firstcomer" immer ein Sieger, in: Marktforschung und Management, Nr. 3, S. 108–111.

Ohlsen, G. (1985), Marketing-Strategien in stagnierenden Märkten. Eine empirische Untersuchung des Verhaltens von Unternehmen im deutschen Markt für elektrische Haushaltsgroßgeräte, Schriften der wissenschaftlichen Gesellschaft für Unternehmensführung e. V., Bd. 3, Meffert, H., Wagner, H. (Hrsg.), Münster.

o. V. (1996a), Das Internet bringt neue individualisierte Massenmedien hervor, in: FAZ, 26.11.1996, S. 26.

o. V. (1996b), Goldgräber im Cyberspace, in: Der Spiegel, Nr. 12, S. 116–132.

o. V. (1996c), Im Maschinenbau greifen Volumenanbieter Nischenhersteller an, in: FAZ, 30.10.1996, S. 19.

o. V. (1996d), Innovativer Großauftrag für Boeing, in: FAZ, 23.11.1996, S. 20.

o. V. (1996e), Von Karte zu Karte, in: Der Spiegel, Nr. 12, S. 124–125.

Ossadnik, W. (1994), Strategiewahl mittels AHP, in: Die Unternehmung, Nr. 3, S. 159–169.

Oster, S. M. (1990), Modern Competitive Analysis, New York u. a.

Parasuraman, A., Zeithaml, V. A., Berry, L. L. (1985), A Conceptual Model of Service Quality and its Implications for Future Research, in: Journal of Marketing, Vol. 49, No. 2, S. 41–50.

Perridon, L., Steiner, M. (1999), Finanzwirtschaft der Unternehmung, 10. Aufl., München.

Perlitz, M. (1988), Wettbewerbsvorteile durch Innovation, in: Simon, H. (Hrsg.), Wettbewerbsvorteile und Wettbewerbsfähigkeit, Stuttgart, S. 47–65.

Peters, Th. J., Waterman, R. H. (1982), In Search for Excellence, New York.
Pfeffer, J. (1994), Competitive Advantage through People. Unleashing the Power of the Work Force, Boston/Mass.
Pfeiffer, W. (1985), Zur Notwendigkeit strategischer Vorsteuerung von Innovationsprozessen, in: Franke, J. (Hrsg.), Betriebliche Innovation als interdisziplinäres Problem, Stuttgart, S. 124–134.
Picot, A., Reichwald, R., Wigand, R. T. (2000), Die grenzenlose Unternehmung, 4. Aufl., Wiesbaden.
Pieske, R. (1992), Am Klassenbesten orientieren. Quellen für Wettbewerbsvorteile, in: Absatzwirtschaft, Sonderheft Oktober, S. 149–155.
Pinchot, G. (1985), Intrapreneuring, New York u. a.
Popper, E. T., Buskirk, B. D. (1992), Technology life cycles in industrial markets, in: Industrial Marketing management, Vol. 21, No. 1, S. 23–32.
Porter, M. E. (1981), The Contributions of Industrial Organisation to Strategic Management, in: Academy of Management Review, No. 4, S. 609–620.
Porter, M. E. (1992), Wettbewerbsstrategie, Frankfurt am Main.
Porter, M. E. (1997), Wettbewerbsstrategie. Methoden zur Analyse von Branchen und Konkurrenten, 9. Aufl., Frankfurt am Main.
Porter, M. E., Fuller, M. B. (1989), Koalitionen und globale Strategie, in: Porter, M. E. (Hrsg.), Globaler Wettbewerb, Wiesbaden, S. 363–399.
Powell, T. C. (1995), Total Quality Management as Competitive Advantage: A Review and Empirical Study, in: Strategic Management Journal, Vol. 16, No. 1, S. 15–37.
Powell, T. C. (1996), How Much Does Industry Matter? An Alternative Empirical Test, in: Strategic Management Journal, Vol. 17, No. 4, S. 323–334.
Prahalad, C. K., Hamel, G. (1990), The Core Competence of the Corporation, in: Harvard Business Review, Vol. 68, No. 3, S. 79–91.
Rathnow, P. (1993), Integriertes Variantenmanagement, Göttingen.
Reichert, R. (1984), Entwurf und Bewertung von Strategien, München.
Remmerbach, K. U. (1988), Markteintrittsentscheidungen, Wiesbaden.
Ries, A. (1996a), Strategiewandel: Zurück zum Focus, in: Absatzwirtschaft, 39. Jg., Nr. 9, S. 58–63.
Ries, A. (1996b), Focus. The Future Of Your Company Depends On It, New York.
Ries, A., Trout, J. (1986), Marketing Warfare, New York u. a.
Rieser, I. (1989), Konkurrenzanalyse. Wettbewerbs- und Konkurrentenanalyse im Marketing, in: Die Unternehmung, Nr. 4, S. 293–309.
Roventa, R, Mauthe, K. D. (1982), Versionen der Portfolio-Analyse auf dem Prüfstand, in: Zeitschrift für Organisation, Nr. 4, S. 191–204.
Rüschen, R. (1984), Wie stellt sich die Markenartikelindustrie auf die Handelskonzentration ein?, in: Markenartikel, Nr. 3, S. 108–117.
Saaty, T. L. (1980), The Analytic Hierarchy Process: Planning, Priority Setting, Resource Allocation, New York.
Schaaff, H. (1990), Sättigung und Stagnation aus betriebs- und volkswirtschaftlicher Sicht, in: Wirtschaftswissenschaftliches Studium, Nr. 3, S. 123–128.
Scharrer, E. (1991), Qualität – ein betriebswirtschaftlicher Faktor, in: Zeitschrift für Betriebswirtschaft, Nr. 7, S. 695–720.
Schendel, D. (1992), Introduction to the Special Issue on „Strategy Process Research", in: Strategic Management Journal, Vol. 13, Summer, Special Issue „Strategy Process Research", S. 1–4.
Schmidt, G. (1994), Marktaustrittsstrategien, Frankfurt am Main.
Schröder, H. (1994), Erfolgsfaktorenforschung im Handel. Stand der Forschung und kritische Würdigung der Ergebnisse, in: Marketing Zeitschrift für Forschung und Praxis, Nr. 2, S. 18–22.
Schumpeter, J. A. (1950), Kapitalismus, Sozialismus und Demokratie, 2. Aufl., München.

Shetty, Y. K. (1987), Product Quality and Competitive Strategy, in: Business Horizons, No. 3, S. 46–52.
Simon, H. (1988), Management strategischer Wettbewerbsvorteile, in: Simon, H. (Hrsg.), Wettbewerbsvorteile und Wettbewerbsfähigkeit, Stuttgart, S. 1–17.
Simon, H. (1989), Markteintrittsbarrieren, in: Macharzina, K., Welge, M. K. (Hrsg.), Handwörterbuch Export und internationale Unternehmung, Stuttgart, Sp. 1441–1453.
Simon, H. (1992), Preismanagement, 2. Aufl., Wiesbaden.
Sommer, H. (1985), Handelskonzentration und Markenpolitik. Programmierter Konflikt oder Chance zum gemeinsamen Erfolg? in: Markenartikel, 47. Jg., Nr. 1, S. 2–6.
Spremann, K. (2000), Portfoliomanagement, München.
Staehle, H. W. (1985), Strategien des Managements aus gesamtgesellschaftlicher Sicht, in: Wirtschaftswissenschaftliches Studium, Nr. 5, S. 225–229.
Stalk, G., Hout, T. (1990), Competing against Time, New York u. a.
Stauss, B., Seidel, W. (1998), Beschwerdemanagement, 2. Aufl., München.
Steffenhagen, H. (1974), Vertikales Marketing, in: Marketing Enzyklopädie, München, S. 675–677.
Stein, H. G. (1988), Kostenführerschaft als strategische Erfolgsposition, in: Henzler, H. (Hrsg.), Handbuch Strategische Führung, Wiesbaden, S. 397–426.
Stitzel, M. (1976), Das Verhalten der Unternehmer gegenüber gesellschaftspolitischem Wandel, München.
Strasmann, J. (1996), Kernkompetenzen: Was ein Unternehmen wirklich erfolgreich macht, Stuttgart.
Szeliga, M. (1996), Push und Pull in der Markenpolitik. Ein Beitrag zur modellgestützten Marketingplanung am Beispiel des Reifenmarktes, Schriften zu Marketing und Management, Meffert, H. (Hrsg.), Frankfurt am Main.
Szymanski, D. M., Bharadwaj, S. G., Varadarajan, P. R. (1993), An Analysis of the Market Share-Profitability Relationship, in: Journal of Marketing, Vol. 57, July, S. 1–18.
Tavana, M., Banerjee, S. (1995), Strategic Assessment Model (SAM): A Multiple Criteria Decision Support System for Evaluation of Strategic Alternatives, in: Decision Sciences, Vol. 26, No. 1, S. 119–143.
Thies, G. (1976), Vertikales Marketing, Berlin u. a.
Thiesing, E.-O., Schmidt, E. (1983), Der Kommissionsvertrieb als alternative Vertriebsstrategie im Konsumgüterbereich, in: Die Betriebswirtschaft, Nr. 3, S. 369–380.
Thomas, U. (1989), Die Substitutionskonkurrenz als Herausforderung für das Marketing, Berlin.
Thorbrietz, P. (1980), Vernetztes Denken im Journalismus – Journalistische Vermittlungsdefizite am Beispiel Ökologie und Umweltschutz, Schriftenreihe Medien in Forschung und Unterricht, Baacke, D., Gast, W., Straßner, E. (Hrsg.), Tübingen.
Tiemann, K. (1991), Der Freiraum einer deutschen Edelmarke unter französischer Regie, in: Absatzwirtschaft, Sonderheft Oktober, S. 104–109.
Tietz, B., Mathieu, G. (1979), Das Kontraktmarketing als Kooperationsmodell, Köln.
Tietz, B. (1990), Herausforderungen an den Handel im europäischen Binnenmarkt, in: Meffert, H., Kirchgeorg, M. (Hrsg.), Marktorientierte Unternehmensführung im europäischen Binnenmarkt, Stuttgart, S. 81–116.
Trummer, A. (1990), Strategien für strategische Geschäftseinheiten in stagnierenden und schrumpfenden Märkten, Frankfurt am Main.
Voigt, K. J. (1993), Strategische Unternehmensplanung: Grundlagen – Konzepte – Anwendung, Wiesbaden.
Volkswagen AG (1996), FIAT-Wettbewerbsanalyse, unveröffentlichte Marktforschungsstudie, Wolfsburg.
Voss, W. D. (1983), Modellgestützte Markenpolitik. Planung und Kontrolle markenpolitischer Entscheidungen auf der Grundlage computergestützter Informationssysteme, Wiesbaden.
Walters, M. (1984), Marktwiderstände und Marketingplanung, Schriftenreihe Unternehmensführung und Marketing, Meffert, H., Steffenhagen, H., Freter, H. (Hrsg.), Wiesbaden.

Watson, C. M. (1982), Ideas for Action: Counter Competition Abroad to Protect Home Markets, in: Harvard Business Review, No. 1, S. 40–57.
Watson, G. H. (1992), The Benchmarking Workbook, Cambridge u. a.
Welge, M. K., Al-Laham, M. (1999), Strategisches Management, 2. Auflage, Wiesbaden.
White, R. E. (1986), Generic Business Strategies, Organizational Context and Performance: An Empirical Investigation, in: Strategic Management Journal, Vol. 7, No. 3, S. 217–231.
Wiedmann, K. P. (1989), Gesellschaft und Marketing – Neuorientierung der Marketingkonzeption im Zeichen des gesellschaftlichen Wandels, in: Specht, G., Silberer, G., Engelhardt, H. (Hrsg.), Marketing Schnittstellen, Stuttgart, S. 227–246.
Wilde, K. D. (1989), Bewertung von Produkt-Markt-Strategien. Theorie und Methoden, Berlin.
Wildemann, H. (1987), Strategische Investitionsplanung – Methoden zur Bewertung neuer Produktionstechnologien, Wiesbaden.
Wolf, F. (1994), Strategie in Zahlen, in: Gabler's Magazin, Nr. 4, S. 43–47.
Wright, P. (1987), Refinement of Porter's Strategies, in: Strategic Management Journal, Vol. 7, No. 1, S. 93–101.
Yip, G. S. (1982), Barriers to Entry, Lexington.
Zahra, S. A., Covin, J. G. (1993), Business Strategy, Technology Policy and Firm Performance, in: Strategic Management Journal, Vol. 14, Heft 6, S. 451–478.
Zahn, E. (1987), Produktionstechnologien als Element internationaler Wettbewerbsstrategien, in: Dichtl, E., Gehrke, W., Kieser, A. (Hrsg.), Innovation und Wettbewerbsfähigkeit, Wiesbaden, S. 153 ff.
Zeithaml, V. A., Berry, L. L, Parasuraman, A. (1996), The Behavioral Consequences of Service Quality, in: Journal of Marketing, Vol. 60, No. 2, S. 31–46.

Drittes Kapitel   Aktionsgrundlagen der Marketingentscheidung

2. Produkt- und programmpolitische Entscheidungen

Die Produkt- und Programmpolitik ist einer der zentralen Parameter der Marketingpolitik jeder Unternehmung. Sie **beinhaltet alle Entscheidungstatbestände, die sich auf die marktgerechte Gestaltung aller vom Unternehmen im Absatzmarkt angebotenen Leistungen beziehen.**

Die Aktivitäten der Produkt- und Programmpolitik leiten sich unmittelbar aus der strategischen Unternehmens- und Marketingplanung ab. Welchen gewichtigen Stellenwert produkt- und programmpolitische Entscheidungen im Unternehmen einnehmen, zeigen empirische Untersuchungen auf der Basis des PIMS-Forschungsprojektes sowie zahlreiche Erfolgsfaktorenstudien (Peters/Watermann 1983; Cooper/Kleinschmidt 1991; Arthur D. Little 1994; Utterback 1994; Sanchez 1996; Storey/Easingwood 1996). So wurde festgestellt, daß Produktinnovationen und Qualitätsverbesserungen eine **herausragende Wirkung auf den Marktanteil und auf den Return on Investment (RoI)** einer Unternehmung haben. Sogenannte Spitzenunternehmen konnten ihre Marktposition nachhaltig mit einer hohen Rate von Produktinnovationen und kontinuierlichen Produktverbesserungen aufbauen und absichern.

Die Zunahme des Qualitätswettbewerbs und die damit einhergehende Diskussion über das **Total Quality Management** (Meffert/Bruhn 1997, S. 197, Adam 1998, S. 78 ff.) zur Erlangung der Qualitätsführerschaft im Markt unterstreichen die Bedeutung der Produktpolitik. Die Produktpolitik dient der Sicherung des langfristigen Erfolgspotentials einer Unternehmung und erfüllt die Merkmale echter Führungsentscheidungen, da Änderungen des Produktprogramms nicht nur Auswirkungen auf die Ertrags- und Vermögenslage des Unternehmens, sondern in der Regel auch auf alle anderen Unternehmensbereiche haben. Vor diesem Hintergrund kommt der **Koordination zwischen der Produktpolitik, der Forschung und Entwicklung und der Produktion** eine zentrale Bedeutung zu.

Eine exponierte Stellung nimmt die Produkt- und Programmpolitik auch innerhalb des Marketing-Mix ein, da **Entscheidungen über Produkte nicht nur als technisches, sondern vor allem auch als marktbezogenes Problem** gesehen werden müssen. Die Produkte einer Unternehmung stellen Problemlösungen dar, die aus einem **Bündel von materiellen und immateriellen Leistungen** bestehen (Brockhoff 1999a, S. 19). Sie sind entsprechend der Bedürfnisse, Ansprüche und Probleme der Kunden zu gestalten. Die Produkt- und Programmpolitik kann somit auch als „Herz des Marketing" bezeichnet werden (Meffert 1978). Dies soll zum Ausdruck bringen, daß die Entwicklung neuer Erzeugnisse, die Verbesserung, die Ergänzung und Elimination vorhandener Produkte, das heißt die attraktive Gestaltung des Absatzprogramms, für die Überlebensfähigkeit der Unternehmung im Wettbewerb von zentraler Bedeutung sind. Die Befriedigung der

Konsumentenbedürfnisse durch ein auf den Kundennutzen ausgerichtetes Leistungsprogramm soll die **Erreichung der Unternehmensziele** langfristig gewährleisten.

Darüber hinaus haben verschiedene **Markt- und Umweltentwicklungen** die Produkt- und Programmpolitik wieder stärker in den Mittelpunkt des Interesses gerückt:

1. Die **Qualitätsansprüche** der Konsumenten sind in den vergangenen Jahren deutlich angestiegen. Dies spiegelt sich in der wachsenden Bedeutung von Warentestinformationen bei Kaufentscheidungen, der zunehmenden Beschwerdebereitschaft und den in vielen Bereichen deutlich verlängerten Garantiezeiten wider. Gleichzeitig ist in reifen Branchen eine Angleichung der Produktqualität auf hohem Niveau festzustellen, die damit zusehens zu einem von allen Zielgruppen gleichermaßen erwarteten und vorausgesetzten Merkmal wird. Eine hohe Produktqualität ist in vielen Fällen zur „conditio sine qua non" geworden.

   Zur Verdeutlichung der Qualität seiner Bekleidungsprodukte bietet zum Beispiel das amerikanische Versandhandelsunternehmen „Lands' End" eine zeitlich unbegrenzte Garantie auf alle Produkte. Die Kunden können auch nach zehn Jahren ohne Angabe von Gründen die Produkte zurücksenden und erhalten den seinerzeit gezahlten Kaufpreis in voller Höhe zurück. Seit der Unternehmensgründung 1963 haben von den 22 Millionen Kunden erst 2 000 die Lebenszeit-Garantie mißbräuchlich genutzt (Oschmann 1996).

2. Die wachsende technisch-qualitative Homogenität hat ferner zur Folge, daß viele Produkte vom Konsumenten als austauschbar wahrgenommen werden. Die von den Anbietern angestrebte Bindung des Kunden an das Unternehmen kommt in dieser Situation nicht durch eine einmalige Transaktion, das heißt durch den Kauf eines Produktes, sondern erst durch den **Aufbau einer langfristigen Beziehung zum Kunden** zustande. Der Aufbau und die Pflege einer solchen Kundenbeziehung (Relationship-Marketing) erfordert statt dem Verkauf „nackter" Produkte das Angebot ganzheitlicher Problemlösungen. Diese Entwicklung erfordert in der Regel eine Ausweitung der Absatzprogrammstruktur insbesondere durch **Dienstleistungsangebote (Value-Added-Services)**.

3. Das hohe **Umweltbewußtsein** vieler Konsumenten stellt heute andere Anforderungen an Produkte als in der Vergangenheit. Hierbei ist beispielsweise an einen sparsamen Energieverbrauch, die Wiederverwendbarkeit einzelner Baugruppen, die Verwendung umwelt- und gesundheitsverträglicher Materialien, eine emissionsarme Produktion, den Verzicht auf übermäßigen Verpackungsaufwand oder die kostenfreie Entsorgung von Altprodukten im Rahmen von **Wertschöpfungskreisläufen** zu denken (Meffert/Kirchgeorg 1998, S. 216; Kirchgeorg 1999).

4. Zunehmende **gesetzliche und staatliche Regelungen** engen den Spielraum der Produkt- und Programmpolitik ein. Zum einen sind dies die verschärften gesetzlichen Bestimmungen des Umweltschutzes, andererseits zusätzliche Auflagen im Rahmen der **Produzentenhaftung** (Ahlert/Schröder 1996, S. 147 f. und 178 ff.).

5. Bedingt durch den zunehmenden Anteil an „High-Tech"-Produkten und das Angebot zahlreicher, kundenindividueller Ausstattungsoptionen hat die **Produktkomplexität** in vielen Branchen stark zugenommen. Die als Folge dieser Entwicklung wachsende Vielschichtigkeit der Steuerungs- und Koordinationsprozesse im Unternehmen hat zu einem starken Anstieg der Kosten in den indirekten Unternehmensbereichen geführt. Die Reduzierung dieser durch die Produkt- und Prozeßkomplexität entstehenden Kosten (Adam/Rollberg 1996) macht eine **Vereinfachung und Modularisierung von Produktkonzepten** erforderlich (Sanchez 1996).

6. Die zunehmende **Nachfragemacht des Handels** hat zur Folge, daß die Interessen des Handels bei der Gestaltung und Einführung von neuen Produkten wesentlich stärker zu berücksichtigen sind als in der Vergangenheit. Insbesondere bei Gütern des täglichen Bedarfs ist eine erfolgreiche Produkt- und Programmpolitik ohne die Einbeziehung der Absatzmittler bereits in der Produktentwicklungsphase kaum möglich (Koppelmann 1997, S. 169 ff.).

7. Viele Märkte zeichnen sich dadurch aus, daß sich die **Produktlebenszyklen erheblich verkürzt haben** und gleichzeitig die **Entwicklungskosten deutlich angestiegen** sind (Backhaus 1999, S. 16). Um sich im Wettbewerb behaupten zu können, ist dementsprechend die kontinuierliche Entwicklung neuer Produkte notwendig, bei denen die Überschreitung der Gewinnschwelle mit immer höheren Risiken verbunden ist.

Damit wird deutlich, daß die Produkt- und Programmpolitik für die Wettbewerbsposition und das langfristige Wachstum einer Unternehmung von außerordentlich hoher Bedeutung ist.

2.1 Ziele der Produkt- und Programmpolitik

Produktpolitische Ziele müssen eng mit den Oberzielen der Unternehmung und den daraus abgeleiteten Marketingzielen korrespondieren, um eine abgestimmte Planung und Gestaltung im Gesamtsystem aller Marketinginstrumente zu gewährleisten.

Wie Abbildung 3-28 verdeutlicht, lassen sich die Ziele der Produkt- und Programmpolitik in **ökonomische und psychographische Ziele** unterteilen.

Produkt- und programmpolitische Entscheidungen

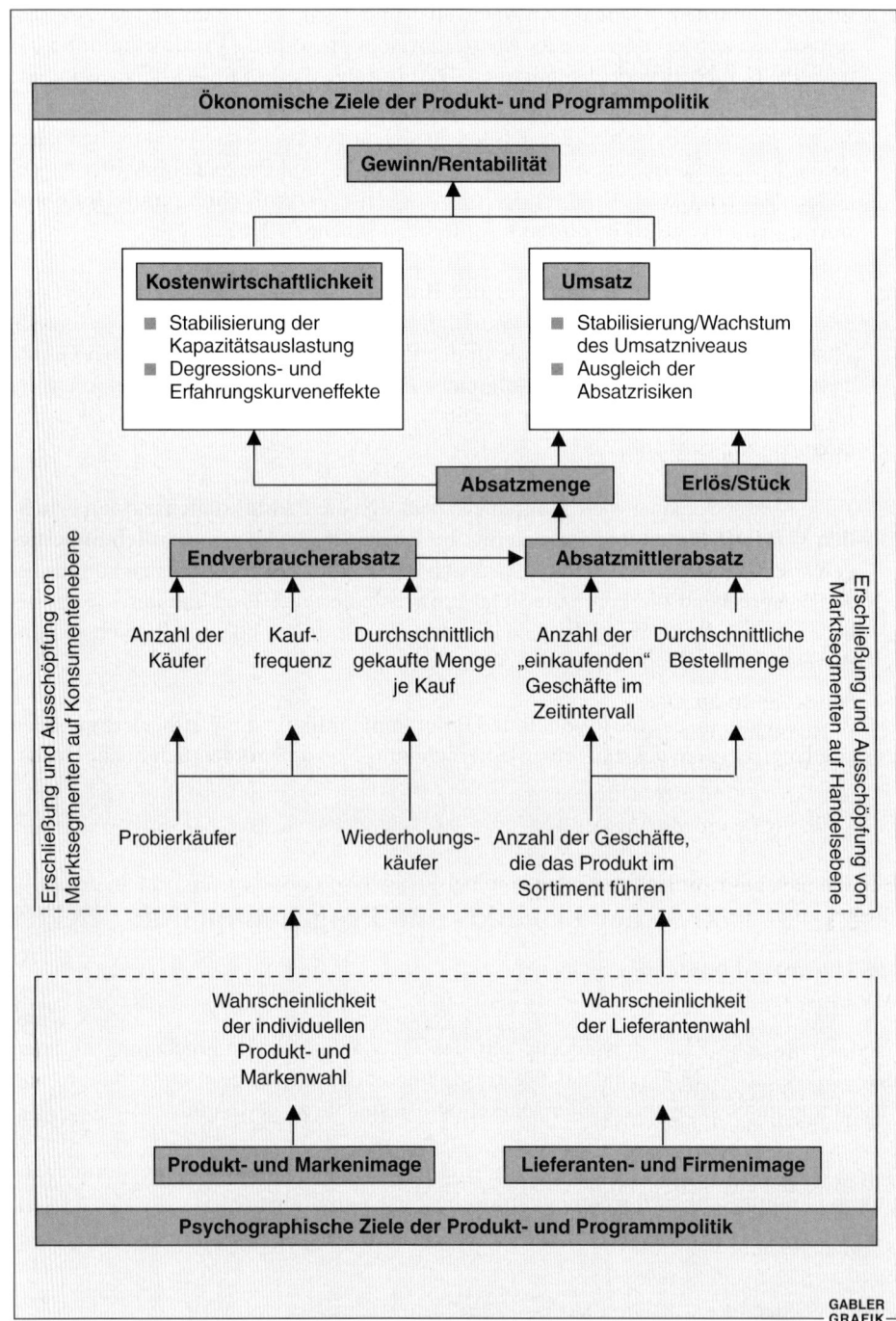

Abbildung 3-28: Ziele der Produkt- und Programmpolitik

Zu den **ökonomischen Zielen** zählen insbesondere:

- **Gewinn und Rentabilitätsziele**
  - Erreichung eines bestimmten Deckungsbeitrages
  - Erreichung eines bestimmten RoI

- **Wachstumsziele**
  - Absatzwachstum
  - Umsatzwachstum
  - Gewinnwachstum

- **Rationalisierungsziele**
  - Nutzung von Synergieeffekten in der Produktion
  - Degressionseffekte

- **Kapazitätsauslastungsziele**
  - Produktionskapazität
  - Marketingkapazität

- **Sicherheitsziele**
  - Risikostreuung
  - Ausgleich von Absatzschwankungen innerhalb des Programms
  - Ansprache weiterer Kundensegmente
  - langfristige Überlebenssicherung

- **Marktstellungsziele**
  - Marktanteilssteigerung
  - Qualitätsverbesserung
  - „Vollsortimenter" (Programmbreite)
  - ökologiegerechte Produkte

Bei den **psychographischen Zielen** sind beispielsweise Einstellungen beziehungsweise Images zu nennen.

Die konkrete Ausgestaltung produktpolitischer Ziele wird in starkem Maße von der Art des Produktes bestimmt. Die Vielzahl verschiedenartiger Produkte beziehungsweise Leistungen macht dabei zunächst die Zusammenfassung ähnlicher Produkte im Rahmen von **Produkttypologien** erforderlich. Diese Typologien lassen sich unter Verwendung unterschiedlicher Kriterien bilden (Kotler/Bliemel 1999, S. 673). Die von Unternehmen angebotenen Leistungen können einerseits nach ihrer Dauerhaftigkeit und materiellen Beschaffenheit in **Verbrauchs-, Gebrauchsgüter und Dienstleistungen** unterteilt werden. Andererseits werden Produkte hinsichtlich der Art des Kaufprozesses auf Seiten des Konsumenten in **convenience goods, shopping goods und speciality goods** unterteilt. Während erstere vom Konsumenten in kurzen zeitlichen Abständen und unter Zuhilfenahme eines festen Kaufprogramms, gleichsam „mühelos" erworben werden (zum Beispiel Lebensmittel), stellen letztere solche Güter dar, die der Konsument in großen zeitlichen Abständen, mit hohem Auswahl- und Vergleichsaufwand sowie unter aktiver

Einbeziehung von Bezugspersonen (Familie, Freunde etc.) erwirbt. Hierbei ist beispielsweise an den Kauf einer Eigentumswohnung oder eines Autos zu denken. Bei der Zielformulierung für convenience goods kommt dementsprechend zum Beispiel absatzmittlergerichteten Zielen eine höhere Bedeutung zu als bei specialty goods, die oftmals im Direktvertrieb abgesetzt werden können. Ebenso muß die Zielkonkretisierung bei Dienstleistungen den spezifischen Merkmalen, wie beispielsweise der Immaterialität und Nichtlagerfähigkeit von Dienstleistungen, Rechnung tragen (vgl. fünftes Kapitel, Abschnitt 1).

Die Festlegung von produkt- und programmpolitischen Zielen und Entscheidungstatbeständen erfolgt im Rahmen eines systematischen Planungsprozesses. Hierbei kann zwischen **strategischer und operativer Produkt- und Programmplanung** differenziert werden. Gegenstand der strategischen Planung sind alle produkt- und programmpolitischen Entscheidungstatbestände, welche die langfristige Ertragskraft der Unternehmung sichern. Sie umfaßt Zeiträume von etwa zwei bis zehn Jahren. Der operativen Planung sind alle produkt- und programmpolitischen Entscheidungstatbestände zugeordnet, die der kurzfristigen Steuerung der bereits im Markt befindlichen Produkte und Programme dienen (Greenly 1983).

Die Ziele der Produkt- und Programmpolitik lassen sich dementsprechend hinsichtlich ihres Objekt- und Zeitbezuges in **strategische und operative Zielsetzungen** unterteilen. Während zu den Inhalten von operativen Zielsetzungen zum Beispiel die Kapazitätsauslastung, der Ausgleich von Absatzschwankungen oder Qualitätsverbesserungen zählen, beziehen sich die strategischen Ziele zum Beispiel auf die langfristige Festlegung der Risikostreuung oder die Sicherung des Unternehmenswachstums. Die auf den verschiedenen Managementebenen formulierten Ziele sind aufeinander abzustimmen und der Planung von produkt- und programmpolitischen Maßnahmen zugrundezulegen (Wind 1982, S. 155 ff.).

2.2 Entscheidungstatbestände der Produkt- und Programmpolitik

Die Abgrenzung von Entscheidungstatbeständen der Produkt- und Programmpolitik setzt eine **Abgrenzung und inhaltliche Bestimmung des Produktbegriffs** voraus. Nach einer ursprünglich auf Kotler zurückgehenden Definition können das substantielle, das erweiterte und das generische Produktkonzept unterschieden werden (Kotler 1972, S. 424). Der **substantielle Produktbegriff** kennzeichnet „ein abgrenzbares, physisches Kaufobjekt" (Brockhoff 1999a, S. 14). Dienstleistungen sind bei diesem Begriffsverständnis ausgeschlossen. Angesichts der Homogenität der technisch-qualitativen Produkteigenschaften und der damit einhergehenden Austauschbarkeit der Produkte in der Wahrnehmung der Konsumenten werden Dienstleistungen zur Profilierung von Produkten zunehmend wichtiger. Aus diesem Grunde ist die Verwendung des substantiellen Produktbegriffs heute nicht mehr zweckmäßig.

Das **erweiterte Produktkonzept** umfaßt alle mit dem substantiellen Produkt zusammenhängenden Kundendienstleistungen. Auch bei dieser Begriffsauffassung wird einseitig auf den gegenständlichen, physischen Charakter des Basisproduktes Bezug genommen, welches lediglich um Kundendienstleistungen ergänzt wird. Die Dienstleistungen einer Bank oder einer Versicherung wären nach dieser erweiterten Begriffsauffassung beispielsweise nicht als Produkte zu bezeichnen. Nach dem im folgenden verwendeten **generischen Produktbegriff** wird der gesamte, den Konsumenten vom Unternehmen angebotene Nutzen unter dem Produktbegriff subsumiert. Der vom Abnehmer wahrgenommene Nutzen ist die Folge „einer gebündelten Menge von Eigenschaften" (Brockhoff 1999a, S. 13), durch die sich die angebotene Leistung auszeichnet. In Abbildung 3-29 wird in diesem Zusammenhang zwischen dem **Grund- und Zusatznutzen** eines

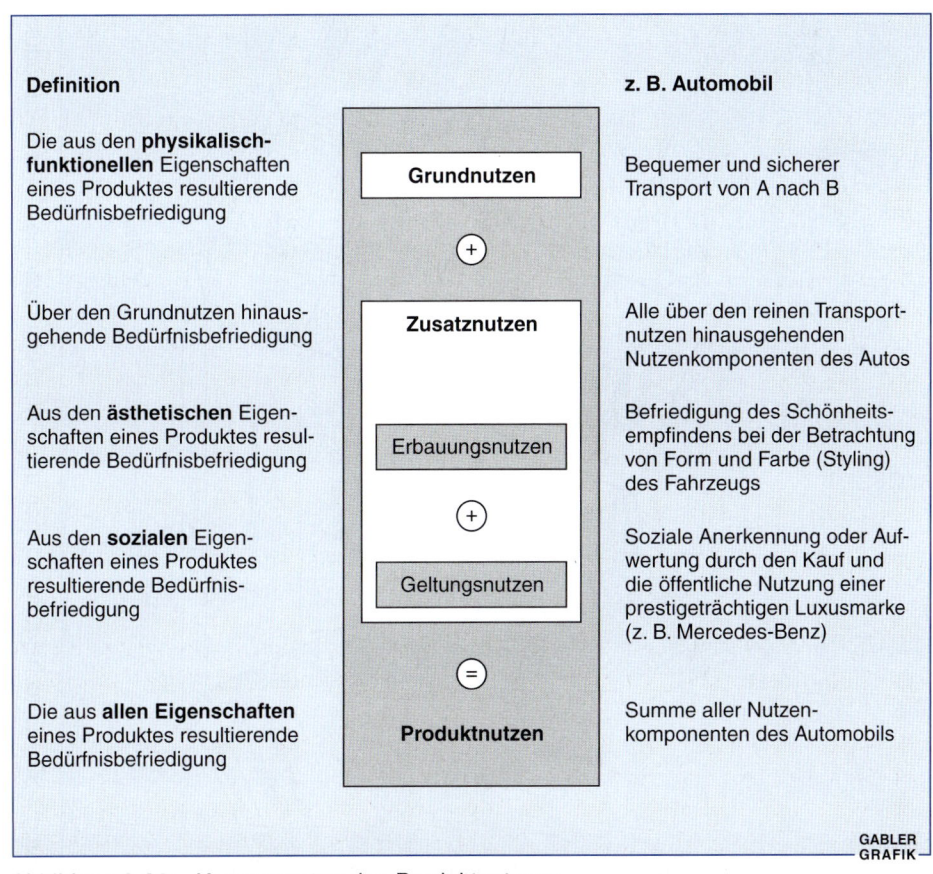

Abbildung 3-29: Komponenten des Produktnutzens
(in Anlehnung an Bänsch 1996)

Produkt- und programmpolitische Entscheidungen

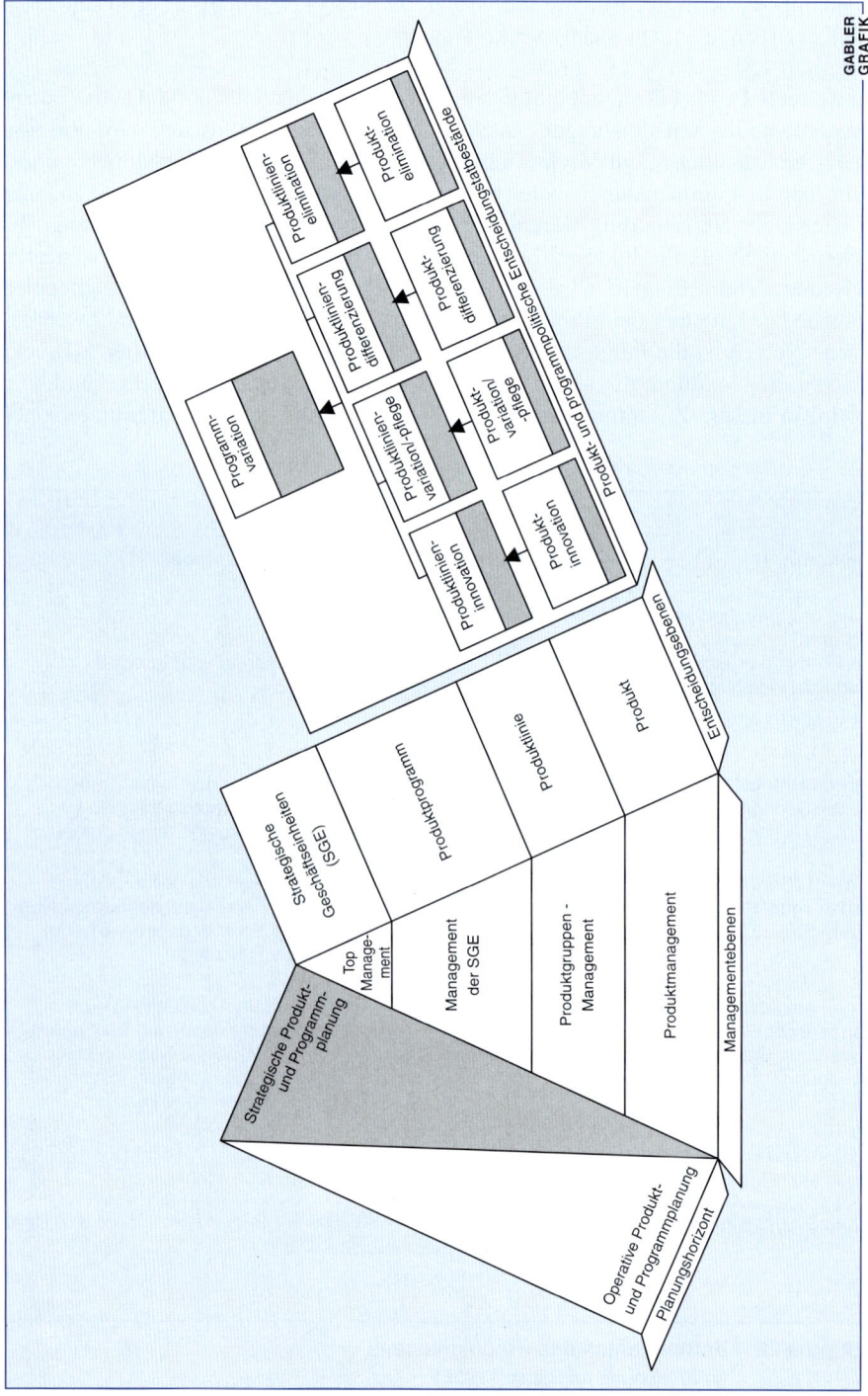

Abbildung 3-30: Entscheidungsebenen und Entscheidungstatbestände der Produkt- und Programmpolitik

Produktes differenziert (Vershofen 1940, S. 71; 1950, S. 274). Gemäß der generischen Begriffsauffassung **kann sich der Produktbegriff sowohl auf materielle Sachleistungen als auch auf immaterielle Dienstleistungen beziehen.**

Hinsichtlich der Entscheidungstatbestände der Produkt- und Programmpolitik ist es sinnvoll, zwischen den in Abbildung 3-30 dargestellten Entscheidungsebenen zu differenzieren.

Die Produkt- und Programmpolitik umfaßt die **Entscheidungsebenen Produkt, Produktlinie und Produktprogramm.** Dem Top-Management kommt in diesem Zusammenhang die Aufgabe zu, durch die Geschäftsfeldabgrenzung und die Festlegung der Marktabdeckung den Rahmen der Produkt- und Programmpolitik für die nachgeordneten Managementebenen festzulegen.

Auf der Ebene des **Produktes** sind Entscheidungen über die Innovation, Variation, Differenzierung und Elimination von Produkten zu treffen. Abbildung 3-30 zeigt den Beziehungszusammenhang zwischen den Entscheidungstatbeständen der verschiedenen Managementebenen. Es wird deutlich, daß dem Produktmanager nicht alle Entscheidungstatbestände auf der Produktebene zugeordnet sind. Seine Aufgaben sind primär auf die Variation beziehungsweise laufende Pflege der existierenden Produkte – im Sinne der Beseitigung von Produktmängeln – gerichtet. Ihm fehlt häufig die Zeit, die strategische Weitsicht und die Kompetenz, um Produktinnovationen zu planen und durchzusetzen (Sands 1983, S. 19 ff.).

Entscheidungsobjekt auf der zweiten Ebene ist die **Produktlinie.** Eine Produktlinie ist eine Gruppe von Produkten, die aufgrund bestimmter Kriterien (zum Beispiel Bedarfszusammenhang, Produktionszusammenhang) in enger Beziehung zueinander stehen. Auf dieser Ebene lassen sich die Entscheidungstatbestände der Innovation, Variation, Differenzierung und Elimination von Produktlinien unterscheiden. Die Entscheidungen auf der Produktlinienebene beruhen auf den Entscheidungen der Produktebene. Da Produktlinien-Innovationen oder die Eliminierung einer ganzen Produktlinie den langfristigen Erfolg der Unternehmung nachhaltig beeinflussen können, sind diese Entscheidungen weitgehend der strategischen Produkt- und Programmplanung zuzuordnen.

Auf der dritten Managementebene sind Entscheidungen über die Veränderung oder Beibehaltung des **Produktprogramms** zu treffen. Ein Produkt- oder Angebotsprogramm soll hier zunächst vereinfachend als „Gesamtheit aller Produktlinien und Produkte, die ein Anbieter seinen jeweiligen Kunden zum Kauf anbietet" verstanden werden (Haedrich/ Tomczak 1996, S. 45). Im Handel wird nicht von einem Produktprogramm sondern von einem Sortiment gesprochen (Gümbel 1963, S. 59). Die vom Unternehmen angebotenen Produkte können nach **Primär- und Sekundärleistungen** unterschieden werden. Die Primärleistung kennzeichnet die ursprüngliche Kernleistung eines Unternehmens, die in der „Bereitstellung und Veräußerung von Gütern und/oder Diensten" (Hammann 1974, S. 136) besteht. Während Primärleistungen stets losgelöst von anderen Leistungen des Unternehmens vom Kunden bezogen werden können, werden Sekundärleistungen immer in Kombination mit einer Primärleistung angeboten.

Produkt- und programmpolitische Entscheidungen

Eng verzahnt mit der Gestaltung des Produktprogramms sind die Entscheidungen über die **Markenpolitik** und die **Kundendienstpolitik** beziehungsweise das Angebot von **Value-Added-Services**. "Value-Added-Services sind Sekundärdienstleistungen, die in Kombination mit einer Primärleistung ein Leistungsbündel ergeben, welches zumindest einzelnen Konsumentengruppen einen zusätzlichen Nutzen gegenüber anderen Leistungsbündeln mit gleicher Primärleistung verspricht" (Laakmann 1995, S. 22). Wichtig ist in diesem Zusammenhang, daß die einem bestimmten Value-Added-Service (zum Beispiel Abhol- und Bringservice für ältere Kunden) zugrundeliegende Primärleistung sowohl eine Sachleistung als auch eine Dienstleistung sein kann, wohingegen Kundendienstleistungen zumeist als Sekundärleistung von Produkten mit Sachleistungscharakter zu verstehen sind (vgl. Abbildung 3-31). Aufgrund ihres integrativen, instrumenteübergreifenden Charakters wird der Kundendienst- und der Markenpolitik ein eigenes Kapitel gewidmet (vgl. drittes Kapitel, Abschnitt 6).

		Primärleistung besitzt eher ...	
		Sachleistungscharakter	**Dienstleistungscharakter**
Sekundärleistung besitzt eher ...	**Sachleistungscharakter**	① Zubehör	② Theaterprogramm Duty-Free-Verkauf bei Flugreisen Merchandisingartikel bei Konzerten
	Dienstleistungscharakter	③ Garantie Versicherung der Primärleistung Klassischer (technischer) Kundendienst	④ Telefonbanking Sportangebot bei Urlaubsreisen Zugrestaurant Frequent-Flyer-Programme der Luftfahrtgesellschaften

Abbildung 3-31: Ausprägungsformen von Primär- und Sekundärleistungen
(Quelle: Laakmann 1995, S. 11)

Drittes Kapitel   **Aktionsgrundlagen der Marketingentscheidung**

2.3 Informationsgrundlagen der Produkt- und Programmpolitik

Um das Produktprogramm einer Unternehmung den sich wandelnden Bedürfnissen der Kunden und den erwarteten Reaktionen der Wettbewerber anpassen zu können, ist eine systematische Analyse und Aufbereitung der Informationen notwendig, die für den Bereich der Produkt- und Programmpolitik von Bedeutung sind. Entsprechend der unterschiedlichen Zielsetzung von operativer und strategischer Produkt- und Programmplanung sind für beide Planungsbereiche unterschiedliche Analysetechniken einzusetzen, die in Abbildung 3-32 im Überblick dargestellt sind.

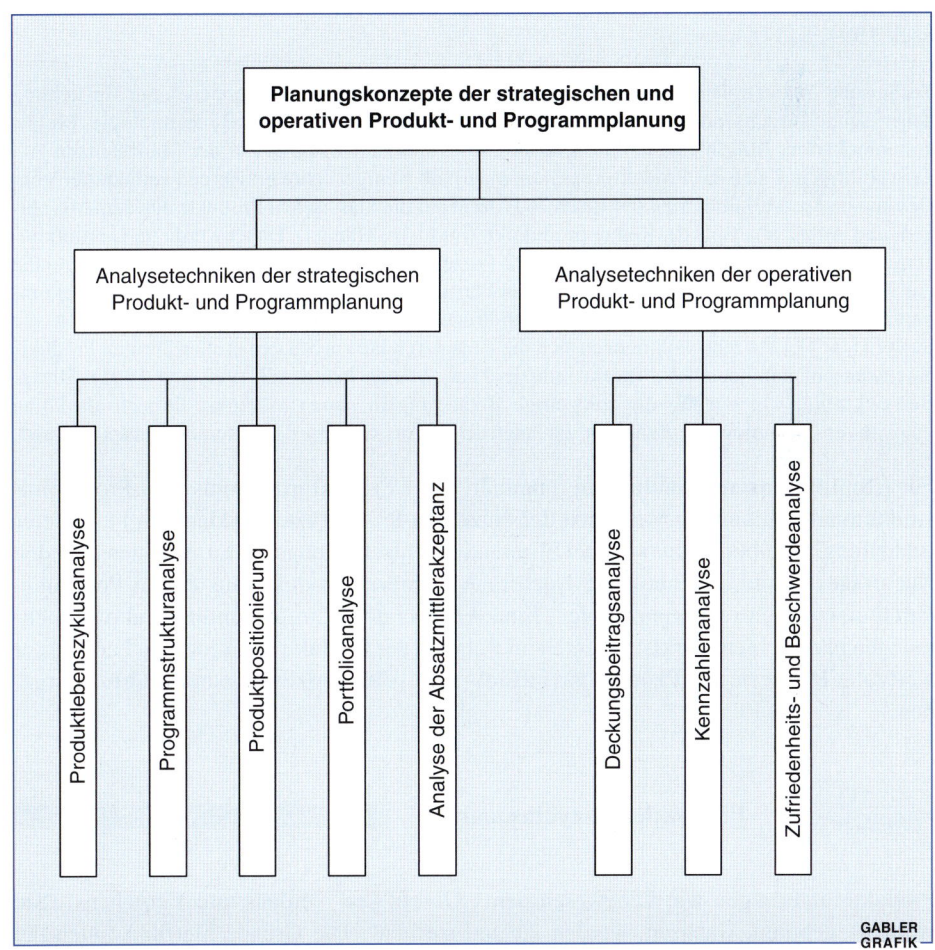

Abbildung 3-32: Ausgewählte Planungskonzepte der Produkt- und Programmpolitik

2.31 Informationsgrundlagen der strategischen Produkt- und Programmpolitik

Im Rahmen der strategischen Produkt- und Programmplanung sind Informationen für Innovationen, Eliminationen, Produktdifferenzierungen und grundlegende Produktvariationen zu gewinnen. Je nach Art der zu treffenden Entscheidungen stehen unterschiedliche Informationen im Vordergrund.

Für **Produktinnovationen** ist eine genaue Analyse der betreffenden Märkte erforderlich. Die größte Bedeutung kommt in diesem Bereich der Prognose der Markt- und Absatzpotentiale, das heißt dem kurz- und mittelfristig zu erwartenden Konsumenten- und Wettbewerbsverhalten zu. Darüber hinaus spielt auch die Prognose technischer Entwicklungen für Produktinnovationen eine wichtige Rolle (Pessemier 1982, S. 233 ff.; Utterback 1994, S. 1 ff.).

Technische Innovationen haben in den vergangenen Jahren in vielen Bereichen zur Entstehung neuer, schnell wachsender Märkte beigetragen (zum Beispiel Gen- und Biotechnologie, Mobilkommunikation, Multimedia/Online-Dienste). Dies hat zum Beispiel bei der Mannesmann AG dazu geführt, daß sich das Produktprogramm innerhalb weniger Jahre gravierend veränderte: Vom Gesamtumsatz des Jahres 1990 entfielen 76 Prozent auf die klassischen Produkte aus dem Maschinen- und Anlagenbau und der Röhrenproduktion (inklusive Handel). Dabei wurde im Gesamtkonzern eine Umsatzrendite vor Steuern von 4,2 Prozent erzielt. 1995 waren diese Produktbereiche nur noch für 63 Prozent des Umsatzes verantwortlich. Auf den neuen Produktbereich Telekommunikation entfielen gleichzeitig knapp neun Prozent des Umsatzes bei einer Umsatzrendite vor Steuern von 17,1 Prozent, wohingegen sich die Umsatzrendite vor Steuern in allen übrigen Produktbereichen auf nur noch 1,5 Prozent reduziert hat (Mannesmann AG 1990 und 1995). Dieses Beispiel zeigt, wie wichtig die frühzeitige Betätigung in neuen Märkten, die sich als Folge innovativer Technologien entwickeln, zur langfristigen Absicherung der Unternehmensexistenz ist.

Für **Eliminationsentscheidungen** innerhalb eines Produktprogramms sind Programmstrukturanalysen und ein Vergleich der einzelnen Produktlebenszyklen von besonderer Bedeutung. Darüber hinaus sind bei Eliminationsentscheidungen Informationen über den Nachfrageverbund, das heißt die Nachfrage mehrerer Produkte aus einem Programm durch einen Nachfrager, einzuholen. Eine Analyse der Wünsche und Produktwahrnehmungen in einzelnen Marktsegmenten im Rahmen der Produktpositionierung kann ferner wertvolle Hinweise auf **Produktvariations- und -differenzierungsmaßnahmen** ergeben.

2.311 Produktlebenszyklusanalyse

Produkte unterliegen wie Lebewesen dem „Gesetz des Werdens und Vergehens". Sie werden „geboren, wachsen, werden alt und sterben". Die Gründe hierfür können die Ausschöpfung des Nachfragepotentials, Änderungen der Nachfrage (Verschiebungen in der Bevölkerungsstruktur, Wandlungen der Werteauffassungen, Steigerung der Kaufkraft etc.), technischer Fortschritt und anderes mehr sein. Dieser Sachverhalt führt dazu, daß Produkte eine **begrenzte Lebensdauer** haben und während ihres „Lebens" bestimmte **Phasen** durchlaufen. Lebenszyklusmodelle sind geeignet, diesen Sachverhalt zu beschreiben (Meffert 1974a, S. 85 ff.; Hofstätter 1977).

2.3111 Modell des Produktlebenszyklus

Der Lebenszyklus von Produkten kann als ein deterministisches, **zeitraumbezogenes Marktreaktionsmodell** beschrieben werden. Auf der Abszisse wird die Zeit abgetragen, auf der Ordinate die Umsätze und der Gewinn pro Zeiteinheit. Betrachtet man zunächst die Umsatzentwicklung eines Produktes während seiner Lebensdauer, so sind unterschiedliche Kurvenverläufe denkbar. In der Marketingliteratur wird meist von einer Form ausgegangen, die dem **ertragsgesetzlichen** (S-förmigen) **Kurvenverlauf** der Produktionstheorie entspricht und als **typisch** apostrophiert, aber nicht näher begründet wird.

Die Phaseneinteilung wird dabei ohne oder mit teilweisem Rückgriff auf die mathematischen Charakteristika des Kurvenverlaufs relativ willkürlich vorgenommen. Am häufigsten werden zur Erklärung des Lebenszyklusphänomens die in Abbildung 3-33 dargestellten Kurvenverläufe verwendet.

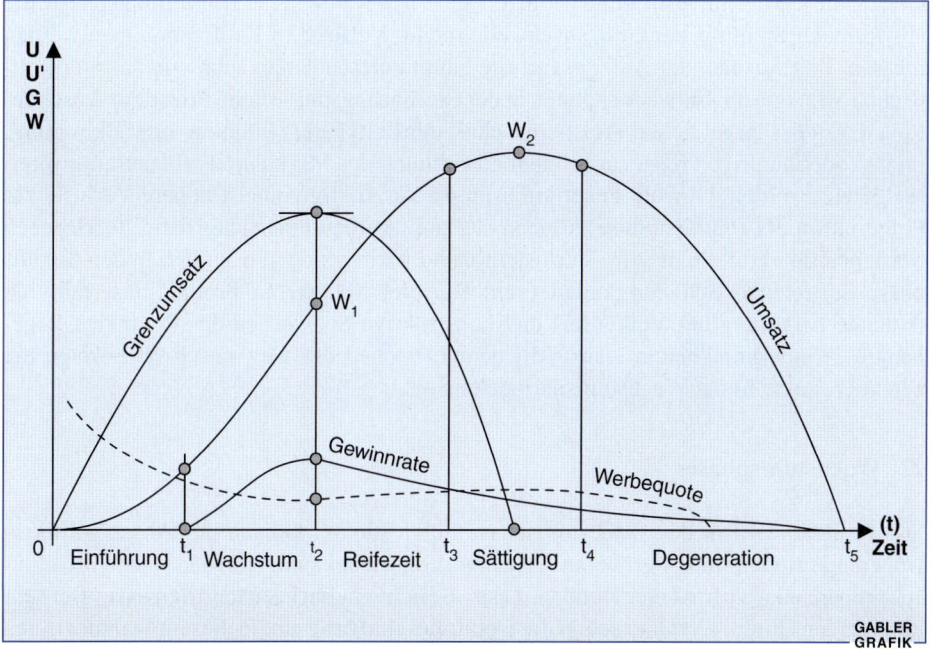

Abbildung 3-33: Abgrenzung der Phasen des Lebenszyklus

Als Grundlage für das dabei unterstellte Nachfragerverhalten wird in der Literatur häufig auf die Hypothesen zur Diffusion von Innovationen verwiesen (Höft 1992; Schürmann 1993, S. 39).

Die grundlegenden Aussagen des Modells sind, daß jedes Produkt – unabhängig von seinem spezifischen Umsatzverlauf – zunächst steigende und dann sinkende Umsätze erzielt und daß jedes Produkt ganz bestimmte Phasen durchläuft, unabhängig davon, ob die absolute Lebensdauer eines Produktes Jahrzehnte, einige Jahre oder nur wenige Monate beträgt.

Die Phasen im einzelnen sind:

1. Einführungsphase

Der Verlauf der Kurve in der Einführungsphase erklärt sich durch Neugier-Käufe und durch die Erfolge der Einführungsaktivitäten des Marketing. Die Einführungsphase ist oft die wichtigste Phase, denn hier entscheidet sich, ob die ursprüngliche Produktidee in ein wirtschaftlich erfolgreiches Produkt umgesetzt worden ist. Mit der Einführung des Produktes ist die ursprüngliche Produktgestaltung abgeschlossen. Die Einführungsphase ist die Phase der höchsten Marktinvestitionen, vor allem der Werbung und Verkaufsförderung.

Gerade diese Marktinvestitionen bedingen aber, daß während der Einführungsphase, die aus formaler Sicht bis zur Gewinnschwelle reicht, Verluste in Kauf genommen werden müssen. Das Ausmaß der Anfangsverluste hängt unter anderem auch von der preispolitischen Strategie ab. Entweder können in der Einführungsphase hohe Preise zur Abschöpfung der in der Regel hohen Preisbereitschaft der Erstkäufer (Prämien- oder Skimmingpreise) oder niedrige Preise zur schnellen Erhöhung des Marktanteils (Penetrationspreise) gesetzt werden. Obwohl Penetrationspreise kurzfristig zumeist höhere Verluste zur Folge haben als Prämienpreise, können sie zum Aufbau einer langfristig überlegenen Marktposition vorteilhaft sein. Verlusterhöhend wirken sich gewöhnlich in der Anlaufphase auftretende Schwierigkeiten (zum Beispiel Mangel an Produktionserfahrung, fehlende Erfahrung der Verkäufer) und konstruktive Schwächen des Produktes, sogenannte „Kinderkrankheiten", aus. Mit dem Erreichen der Gewinnschwelle treten die neuen Produkte in die Wachstumsperiode ein.

2. Wachstumsphase

Das Produkt wird in der Wachstumsphase durch die Wirkungen der Absatzpolitik in früheren Perioden immer größeren Abnehmerkreisen bekannt. Hinzu kommen die „Flüsterpropaganda" zufriedener Kunden, Tests, Berichte in Fachzeitschriften usw.. Bei sehr kurzlebigen Gütern setzt hier schon die **Ersatzbeschaffung** ein. In diesem Stadium treten häufig auch Konkurrenten mit Nachahmungen auf. Sie differenzieren ihre Erzeugnisse in der Form, der technischen Ausführung, der Qualität oder im Preis und gewinnen auf diese Weise neue Käuferschichten. Eine starke Expansion des Marktes ist oftmals die Folge. Nach überproportionalen Umsatzzuwächsen stabilisiert sich die Zuwachsrate nach einigen Jahren bei einem bestimmten Prozentsatz. Mathematisch gesehen ist dies beim Erreichen des **Wendepunktes der Umsatzkurve** der Fall. Die **Grenzumsatzkurve** erreicht in diesem Fall ihr **Maximum**. Im allgemeinen wird angenommen, daß an dieser Wendemarke auch die höchste Umsatzrendite und die relativ niedrigsten Werbekosten erreicht werden.

3. Reifephase

Die dritte Phase ist gekennzeichnet durch eine weitere **absolute Marktausdehnung** bei gleichzeitigem **Absinken der Umsatzzuwachsraten** und durch den **Rückgang der Umsatzrentabilität**. Häufig wird durch Investitionen der Konkurrenz der Wettbewerb in dieser Lebenszyklusphase sehr stark. Es erscheinen auch Nachzügler auf dem Markt, die ihre Chancen relativ spät erkannt haben. Die Produktpolitik ist in dieser Phase durch einen Anstieg der Zahl der Produktvarianten zur Anpassung des Angebotes an heterogene Kundenwünsche gekennzeichnet. Die im Zeitablauf wachsende Differenzierung der Abnehmerbedürfnisse ist ein Resultat der steigenden Produkterfahrung und eines höheren Anforderungsniveaus der Kunden. Das Ende der Reifezeit ist erreicht, wenn das absolute Umsatzwachstum zum Erliegen kommt. Die Grenze kann hier nicht genau gezogen werden, da konjunkturelle Einflüsse eine Stagnation vortäuschen können, obwohl der Markt vielleicht noch auf längere Sicht expandiert.

4. Phase der Marktsättigung

Auf die Reifezeit folgt eine Phase der Marktsättigung. Die **Umsatzkurve** erreicht hier ihr **Maximum**, die **Grenzumsätze** werden **negativ**. Allerdings sind die Grenzen zu benachbarten Phasen in dieser Situation nicht eindeutig festzulegen. Dies gilt vor allem hinsichtlich der Abgrenzung zur Degenerationsphase. Darüber hinaus kann insbesondere durch preispolitische Maßnahmen (zum Beispiel Preisnachlässe) in Verbindung mit einer verbesserten Produktausstattung die Sättigungsphase erheblich verlängert werden.

5. Degenerationsphase

Die Degenerationsphase schließt den Lebenszyklus des Produktes. Ursächlich hierfür ist, daß das Bedürfnis, auf dessen Befriedigung das Produkt abgestellt war, nun besser, billiger und/oder bequemer von neuen, andersartigen Produkten befriedigt werden kann. Diese Phase des Absterbens eines Produktes läßt sich auf mehrere Faktoren zurückführen: Technischer Fortschritt, wirtschaftliche Überholung oder auch gesetzliche und wirtschaftspolitische Maßnahmen. Beispielhaft ist hier an die steuerliche Förderung von Automobilen mit geringerem Schadstoffausstoß Mitte der achtziger Jahre zu denken.

Produkt- und programmpolitische Entscheidungen

Diese Maßnahme läutete für Autos ohne Katalysator die Degenerationsphase ein. Besonders schnell tritt die Degenerationsphase ein, wenn neben der natürlichen Veralterung eine künstliche Veralterung tritt, die bewußt durch nur oberflächlich neue, das alte Produkt substituierende Produkte geschaffen wird. Besonders ausgeprägt ist diese Erscheinung der psychologischen oder künstlichen Obsoleszenz bei modischen Produkten (Meffert 1990).

2.3112 Aussagewert des Lebenszykluskonzeptes

Bei der Analyse des Lebenszykluskonzeptes ist stets zu prüfen, auf welche Größen sich die Aussagen beziehen sollen. Als **Bezugsgrößen** können in Frage kommen:

- Branchen (zum Beispiel Elektrische Haushaltsgeräte),
- strategische Geschäftsfelder (zum Beispiel Haushalts**groß**geräte),
- Produktlinien (zum Beispiel Waschmaschinen),
- Marken (zum Beispiel Waschmaschinen der Marke AEG),
- Produkte beziehungsweise Artikel (zum Beispiel Öko-Lavamat von AEG).

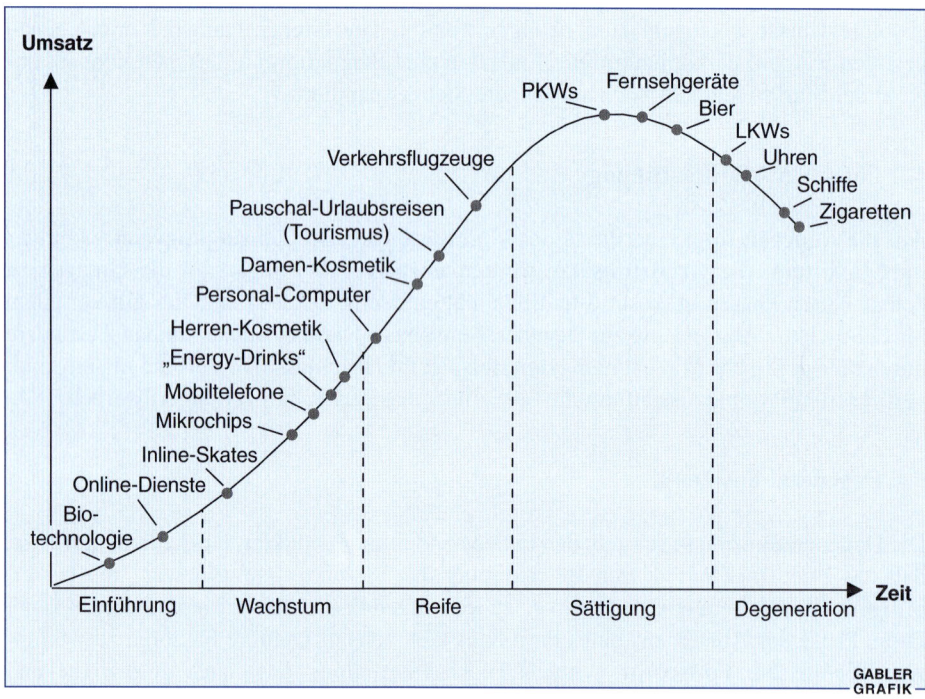

Abbildung 3-34: Zuordnung strategischer Geschäftsfelder (Branchen) zu den Lebenszyklusphasen

Je allgemeiner die Bezugsgrößen sind, um so plausibler erscheint das Konzept. Abbildung 3-34 zeigt beispielhaft die Zuordnung von strategischen Geschäftsfeldern beziehungsweise Branchen zu einzelnen Lebenszyklusphasen. Es ist jedoch durchaus möglich, daß sich ein strategisches Geschäftsfeld (zum Beispiel Fernsehgeräte, Festnetztelefone) in der Sättigungsphase befindet, während einzelne Produktlinien innerhalb dieses Geschäftsfelds noch in der Wachstumsphase sind (zum Beispiel 16:9-Breitbandfernsehgeräte beziehungsweise schnurlose Festnetztelefone). Ebenso kann eine Produktlinie insgesamt stagnieren beziehungsweise schrumpfen (zum Beispiel Kassen-Brillen) und eine einzelne Marke noch wachsen (zum Beispiel Kassen-Brillen von Fielmann).

Relativ problematisch erscheint die generelle Anwendung des Konzeptes auf einzelne Produkte und Marken. Demgegenüber kann die Lebenszyklusanalyse auf relativ hoch aggregierter Ebene (zum Beispiel strategische Geschäftsfelder) zur Charakterisierung typischer Markt- und Wettbewerbssituationen und zur Fundierung strategischer Grundsatzentscheidungen verwendet werden (vgl. Abbildung 3-35). Zudem kann die Lebenszyklusanalyse zur Abschätzung des Wachstumspotentials unterschiedlicher Produkttechnologien dienen.

Die folgenden Gesichtspunkte, die den **Aussagewert des Konzeptes einschränken**, sind dabei zu berücksichtigen:

- Das Lebenszykluskonzept hat keine Allgemeingültigkeit. Differenzierte Forschungen, die Lebenszyklen für bestimmte Güterkategorien nachweisen, fehlen beziehungsweise scheitern an der Definition einer adäquaten Bezugsbasis.

- Eine Gesetzmäßigkeit des Lebenszyklus liegt nicht vor. Sie läßt sich weder empirisch belegen noch theoretisch ableiten.

- Lebenszyklen ergeben sich nicht nur aus eigenständigen Kräften und zeitlichen Gesetzmäßigkeiten des Alterns von Produkten, sondern sie werden auch von absatzpolitischen Aktivitäten beeinflußt.

- Markt- und Geschäftsfelddefinitionen, die der Anwendung der Lebenszyklusanalyse zugrunde liegen, können sich im Zeitablauf verändern.

- Diskontinuierliche Veränderungen der Unternehmensumwelt werden im Modell nicht berücksichtigt.

- Die nachfrage-, technologie- und wettbewerbsorientierten Einflußfaktoren auf den Umsatzverlauf eines Produktes können sich gegenläufig entwickeln.

- Es gibt keine eindeutigen Kriterien zur Abgrenzung der Phasen und die Phasenbestimmung ist erst ex post durchführbar.

Produkt- und programmpolitische Entscheidungen

		Einführungs-phase	Wachstums-phase	Reife- und Sättigungsphase	Degenerations-phase
Marktbedingungen	Wachstums-rate	■ bis „take-off": schwache Wachstumsrate ■ nach „take-off": schnell steigendes Wachstum	■ steigende Wachstumsrate	■ stagnierende Wachstumsrate	■ negative Wachstumsrate
	Marktpotential	■ noch nicht erkennbar	■ Unsicherheit in der Bestimmung ■ ansteigendes Ausschöpfen des Marktpotentials	■ begrenzt und überschaubar ■ häufig Ersatzbedarf	
	Risiko und Produkt-erfahrung	← ansteigendes Risiko wachsende Erfahrung →			
	Konsumenten	■ Innovatoren (oft mit hohem Einkommen) ■ Überredung zum Produkttest erforderlich	■ Massenmarkt	■ Massenmarkt ■ Wiederholungs-käufe ■ Auswahl unter Marken	■ Nachzügler ■ Ersatzbedarf ■ hohe Qualitäts-ansprüche
	Absatzmärkte	■ Globale Märkte	■ Internationale Märkte	■ Multinationale Märkte	■ Substitution
	Wettbewerb (Barrieren)	■ bis „take-off": wenige Pioniere ■ nach „take-off": zunehmende Markteintritte ■ Markteintritts-barrieren aufbauen ■ keine Spielregeln	■ Markteintritte ■ hohe Markteintrittsbarrieren ■ viele Wettbewerber ■ steigende Konkurrenzintensität ■ zahlreiche Fusionen	■ höchste Konkurrenzintensität ■ hohe Markt-ein- und -austrittsbarrieren	■ weniger Wettbewerber ■ Marktaustritte ■ hohe Marktaus-trittsbarrieren
	Technologie	■ technische Innovationen ■ Dominanz von Schrittmacher-technologien	■ Produkt- und Verfahrens-innovationen ■ Schlüssel-technologien	■ Dominanz von Basistechnologie	
	Marktanteile	■ Entwicklung nicht abschätzbar ■ starke Schwankungen/hohe Instabilität	■ Ansätze zur Konzentration ■ Schwankungen	■ Konzentration ■ relative Stabilität	
	Schlüssel-faktoren	■ Technologie/Marketing ■ Zeit	■ Produktion/Marketing	■ Marketing	■ Kostenmanage-ment/Rationali-sierung
	Haupt-probleme	■ Markteintritt, Markteintrittsbarrieren ■ Marktpenetration ■ Kundenbedürfnisse ■ Management des „take-off" ■ Substitutionstech-nologien, -produkte ■ Flexibilität	■ Dynamik der Marktanteils-verschiebung ■ Konkurrenz	■ Marktwachs-tumsrate ■ Kundenorientierung ■ Veränderungen im Bedarf ■ Flexibilität	■ Kunden-orientierung ■ Desinvestition ■ Marktaustritts-barrieren ■ Veränderungen im Käufer-verhalten

Abbildung 3-35: Charakteristika der Produktlebenszyklusphasen

		Einführungs-phase	Wachstums-phase	Reife- und Sättigungsphase	
Ausrichtung des Marketing	Zielsetzung	■ Wachstum ■ Prestigemotive ■ Sicherheitsziele (insbes. bei diversifizierten Unternehmen)	■ Wachstum ■ Marktanteilsziele ■ offensive Marketingziele	■ Rentabilität ■ Sicherung/Stabilisierung/Konsolidierung	
	Strategie-schwerpunkte	■ bis „take-off": Technologie ■ nach „take-off": Konsument	■ Konsument/Konkurrenz	■ Konkurrenz/Konsument	■ Konkurrenz/Technologie
	Ausrichtung der Strategie	■ Markteintritt (Timing, Markteintrittsform) ■ Marktschaffung, Marktaufbau/Markterschließung ■ Aufbau/Überwindung von Markteintritts-barrieren	■ Markteintritt (Timing, Markteintrittsform) ■ Aufbau von Wettbewerbs-vorteilen ■ Marktanteils-ausdehnung/Marktdurch-dringung ■ Standardisierung	■ Sicherung von Wettbewerbs-vorteilen/Markt-behauptung ■ Standardisierung ■ Rationalisierung	■ Aufbau neuer Wettbewerbs-vorteile (Über-lebensstrategie) ■ Marktbehauptung ■ Austritt in neue Segmente ■ Rationalisierung
	Marketing-Investitionen	■ sehr hoch	■ hoch, aber fallend	■ weiter fallend	■ gering
	Marketing-schwerpunkte	■ Überwindung von Markt-widerständen ■ Aufklärung ■ Gewinnung von Erstkäufern ■ Aufbau von Bekanntheitsgrad ■ Aufbau von Markentreue; Initiierung von Wie-derholungskäufen	■ Markenpräferen-zen festigen ■ Qualitäts-optimierung ■ Produkt-differenzierung ■ Marken-strategien	■ Erhaltung von Markentreue ■ Marktsegmentierung ■ Qualitätsverbesserung ■ Imagesicherung ■ Erhaltung der Firmen- und Markentreue	
	Marketing-instrumente-strategien	■ **Produktpolitik:** Standardisierung mit wenigen Produkt-varianten; regel-mäßige Produkt-verbesserungen ■ **Preispolitik:** Wahl zwischen Skimming- und Penetration-Pricing ■ **Kommunikation:** Information und Überzeugung; persönlicher Verkauf ■ **Distribution:** Aufbau von Distri-butionssystemen; Kooperationsstra-tegien im Handel	■ **Produktpolitik:** Marken-profilierung; Steigerung des psychologischen Produktnutzens ■ **Preispolitik:** wettbewerbs-orientierte Preis-festsetzung; Orientierung am Massenmarkt ■ **Kommunika-tion:** Marken-werbung; Nutzenvorteile kommunizieren ■ **Distribution:** Sicherung der Lieferkapazität; intensive Distribution	■ **Produktpolitik:** Ausnutzung von Synergien; Systemkonzepte ■ **Preispolitik:** Defensive Preispolitik; keine enge Kopplung an Marktanteilsentwicklungen ■ **Kommunikation:** starke Corporate Identity; flankierende Emotionalisie-rung; persönlicher Verkauf ■ **Distribution:** Kooperation mit Handel (vertragliche Vertriebssysteme oder Umgehung) (Direktvertrieb); flexible Lieferpolitik	

Abbildung 3-35: Charakteristika der Produktlebenszyklusphasen (Fortsetzung)

Daraus folgt, daß **das Konzept keine normative Aussagekraft hat.** Es kann keine Empfehlung geben, wann welches Marketing-Mix einzusetzen ist und welcher Funktionstyp zur Umsatzprognose heranzuziehen ist. Seine Aussagekraft ist lediglich beschreibender Natur und dient zur Erklärung und Veranschaulichung des Gesetzes des „Werdens und Vergehens".

Dennoch gibt die Produktlebenszyklusanalyse Anregungen zur gedanklichen Durchdringung von Absatzproblemen. Neuere Entwicklungen zeigen, daß ein auf dem Produktlebenszyklus aufbauendes **Product Life Cycle Management** auch und insbesondere in technologieintensiven Märkten Ansatzpunkte zur Strukturierung strategischer und produktpolitischer Maßnahmen liefern kann (Meffert/Burmann 2000).

2.312 Programmstrukturanalysen

Im Rahmen von **Programmstrukturanalysen** werden die Lebenszyklusanalysen einzelner Produkte zu einer integrierten Betrachtung zusammengeführt. Die Analyse der Programmstruktur ist darauf gerichtet, komprimierte Informationen über das gesamte Programm zu erhalten. Es sind grundsätzlich zwei Formen von Strukturanalysen zu unterscheiden, die **Risiko- und** die **Erfolgsanalysen.** Im Rahmen von Risikoanalysen wird die Alters-, Umsatz- und Kundenstruktur untersucht. Hierdurch werden Informationen bereitgestellt, die Erkenntnisse über die langfristige Sicherheit beziehungsweise die langfristigen Risiken und Wachstumschancen innerhalb des bestehenden Programms vermitteln. Zu den Erfolgsanalysen sind Deckungsbeitragsanalysen und die Bildung von Umsatzrelationen zu zählen. Sie sind jedoch den Analysetechniken der operativen Produkt- und Programmplanung zuzuordnen, weil sie primär Informationen für kurzfristige Programmänderungen bereitstellen.

Die **Analyse der Altersstruktur** eines Sortiments ist besonders für Unternehmen mit umfangreichen Programmen wichtig. Beispiele für solche Unternehmen finden sich in der chemischen Industrie, der Pharmaindustrie, der elektrotechnischen Industrie, aber auch im Bereich der Lebensmittelhersteller. Die Lebenserwartung der einzelnen Produkte im Programm ist je nach ihrer Stellung im Lebenszyklus unterschiedlich. Viele alte Produkte im Programm bilden in der Regel ein hohes Risiko für das Unternehmen, während demgegenüber zahlreiche neue Produkte im Programm die Wachstumschancen des Unternehmens und damit das längerfristige Überleben am Markt sichern.

Abbildung 3-36 a) zeigt ein Beispiel für eine ungünstige Altersstruktur (Grosche 1967, S. 149 f.). Das Programm ist in bezug auf die Zahl der Artikel und insbesondere den Umsatzbeitrag stark „kopflastig". Zu viele Produkte befinden sich in späten Phasen des Lebenszyklus und müssen in absehbarer Zeit aus dem Markt genommen werden. Dem Unternehmen fehlt eine ausreichende Anzahl junger, chancenreicher Produkte. Die langfristigen Überlebenschancen am Markt sind durch die Programmstruktur des Unternehmens nachhaltig bedroht.

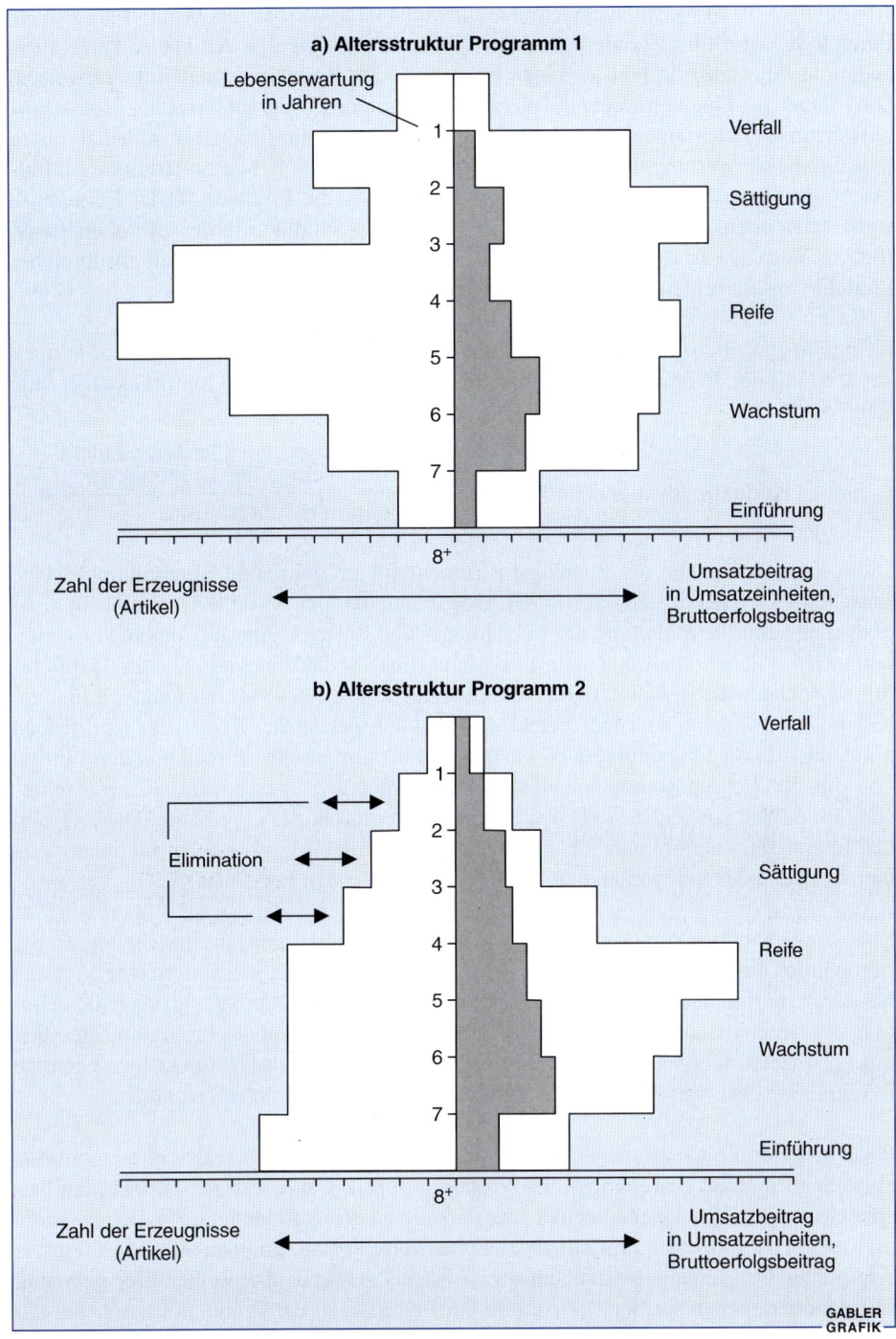

Abbildung 3-36: Altersstrukturanalysen im Produktprogramm

Abbildung 3-36 b) weist dagegen einen günstigen Altersaufbau des Programms auf. Im Bereich der zu eliminierenden Produkte sind nur noch wenige Artikel zu finden, die zudem in Relation zum Umsatz einen befriedigenden Brutto-Erfolgsbeitrag aufweisen. Dies deutet auf eine konsequente Rückzugsstrategie des Unternehmens bei diesen Produkten hin. Der überwiegende Teil des Programms besteht aus Produkten mit einer relativ hohen Lebenserwartung. Die Umsatzstruktur der nach ihrer Lebenserwartung gestaffelten Produkte entspricht dem Lebenszyklus, das heißt die Produkte in der Reifephase weisen den höchsten Umsatzanteil auf. Die Zahl der Produkte in der risikobehafteten Einführungsphase ist relativ hoch, so daß eine ausreichende Zahl potentiell erfolgreicher Produkte für die folgenden Jahre zur Verfügung steht.

Informationen, die im Rahmen von Altersstrukturanalysen gewonnen werden, können zur Bildung der **Produktinnovationsrate** herangezogen werden. Sie drückt folgende Relation aus:

$$\text{Produktinnovationsrate} = \frac{\text{Jahresumsatz aus den in den letzten x Jahren (z. B. 3 Jahre) eingeführten Produkten}}{\text{gesamter Jahresumsatz}}$$

Diese Kennziffer kann als Planungsinstrument für produkt- und programmpolitische Entscheidungen herangezogen werden. Über einen Vergleich von Soll- und Ist-Innovationsraten kann die Steuerung der Forschungs- und Entwicklungsaufwendungen vorgenommen werden, so daß in Zukunft kontinuierlich Produktinnovationen zur Markteinführung gelangen. Hierbei wird die Annahme einer positiven Verknüpfung von Innovationsrate und Gewinn zugrunde gelegt. Der Aussagewert dieser Kennziffer wird jedoch durch das Abgrenzungsproblem von neuen und herkömmlichen Produkten, den Einfluß von substitutiven und komplementären Beziehungen zwischen neuen und herkömmlichen Produkten sowie die Wahl des Beobachtungszeitraumes eingeschränkt. Aufgrund der Interpretationsprobleme für Außenstehende führt ein zwischenbetrieblicher Vergleich anhand der Innovationsrate kaum zu befriedigenden Ergebnissen.

Eine zweite wichtige Analyse unter dem Aspekt der langfristigen Absatzsicherung ist die Betrachtung der **Umsatzstruktur** des Programms. Der Umsatz ist insofern eine wichtige Kennzahl im Rahmen der strategischen Produkt- und Programmplanung, als er den Umfang der Geschäftstätigkeit in den unterschiedlichen Bereichen des Programms deutlich macht. Außerdem lassen sich aus der zeitlichen Entwicklung der Umsatzzahlen wichtige Erkenntnisse über die Marktsituation in den einzelnen Produktbereichen ableiten.

Die Umsatzstruktur zeigt die Verteilung des Gesamtumsatzes des Unternehmens auf die einzelnen Produkte beziehungsweise Produktgruppen. Das Umsatzprofil läßt sich beispielsweise mit Hilfe einer **Lorenzkurve** darstellen (vgl. Abbildung 3-37). Dazu werden die Anteile der einzelnen Produkte beziehungsweise Produktgruppen am Gesamtumsatz ermittelt und beginnend mit dem umsatzstärksten Produkt in eine Reihenfolge gebracht. Den Umsatzanteilen werden die Anteile der Produkte an der Produktionskapazität der Unternehmung zugeordnet. Durch Eintragung der Umsatz- und Kapazitätsanteile in ein

Koordinatensystem ergeben sich die Punkte des Umsatzprofils. Ein Vergleich mit der 45°-Linie des Koordinatensystems zeigt die Stärke der Konzentration des Programms. Je weiter sich die Lorenzkurve von der Linie einer gleichgewichtigen Verteilung entfernt, desto stärker ist die Konzentration und damit die **Abhängigkeit von einzelnen Produkten**. Abbildung 3-37 zeigt dies am Beispiel eines Vier-Produkt-Programms. Produkt I hat einen Anteil von 40 Prozent am Gesamtumsatz, beansprucht aber nur zehn Prozent der Produktionskapazität.

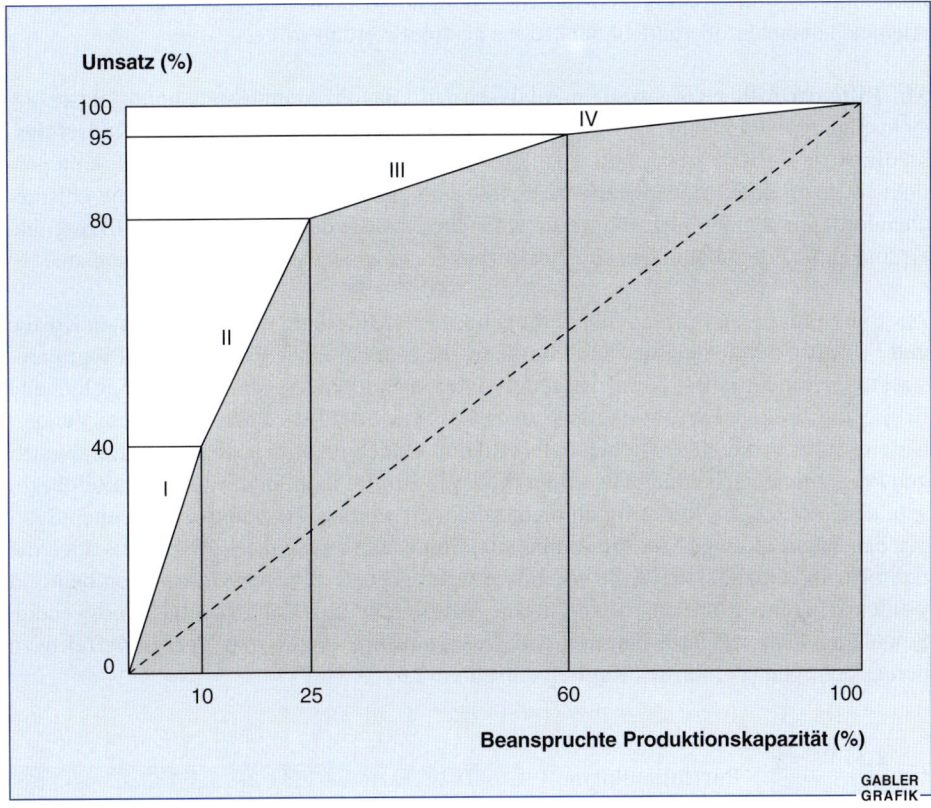

Abbildung 3-37: Umsatzprofil eines Programms (Lorenzkurve)

Für die Unternehmung vermittelt das Umsatzprofil einen Einblick in die Verteilung der zumeist kapitalintensiven Produktionskapazität auf einzelne Produkte. Durch die Art und das Ausmaß von Veränderungen im Zeitablauf ergeben sich Hinweise auf fertigungswirtschaftliche Nachteile, wenn eines der Produkte oder eine Produktgruppe einen starken Umsatzrückgang verzeichnet. Weiterhin lassen sich mit dem Umsatzprofil eliminierungsverdächtige Produkte ermitteln. Produkte mit einer ungünstigen Umsatzanteil/Kapazitätsanteil-Relation (im Beispiel Produkt IV) sollten in bezug auf eine Elimination genauer untersucht werden (Reinöhl 1981).

Eine weitere Information ist die Verteilung des Gesamtumsatzes und der Verkaufsmenge auf einzelne Kunden beziehungsweise Aufträge. Ein solches **Kundenprofil** hat besondere Bedeutung für die Risikosituation des Unternehmens und zeigt die **Abhängigkeit eines Unternehmens von einzelnen Abnehmern**. Die graphische Darstellung ähnelt der des Umsatzprofils, wobei auf der Abszisse die Zahl der Kunden abgetragen wird. Aus der Kurve läßt sich dann ablesen, mit wieviel Prozent der Kunden zum Beispiel 50 Prozent des Umsatzes gemacht werden. Eine starke Konzentration auf wenige Abnehmer hat für die Unternehmung ein hohes Risiko zur Folge. In diesem Fall sind Überlegungen notwendig, ob das Risiko nicht durch Produktmodifikationen oder Innovationen zur Ansprache eines größeren Kundenkreises gestreut werden sollte.

Mit Hilfe der bisher vorgestellten Analysen wird das Programm stets unter Umsatzgesichtspunkten untersucht. Diese Untersuchungen sagen jedoch nichts über die **Erfolgsstruktur** des Absatzprogramms aus. Die Umsatzanalyse muß deshalb durch eine produkt- oder produktgruppenbezogene Erfolgsanalyse ergänzt werden. Für eine entsprechende Untersuchung bieten sich zum einen die Analyse des Gewinns auf Vollkostenbasis und zum anderen eine Deckungsbeitragsrechnung als geeignete Instrumente an.

Zur Beurteilung von Programmänderungen ist es erforderlich, nur die relevanten Kosten und Erlöse zu betrachten, das heißt nur jene, die sich bei einer Variation der Programmstruktur verändern. Bei kurzfristigen Programmänderungen sind es die Kosten und Erlöse, die direkt bei der Produktion beziehungsweise der Beschaffung und dem Verkauf der einzelnen Produkte entstehen und die damit eindeutig zurechenbar sind. Bei derartigen Programmentscheidungen werden die fixen Kosten nicht in das Kalkül miteinbezogen, da sie durch die Maßnahmen nicht verändert werden. Bei langfristigen und strategischen Entscheidungen im Programm sind hingegen sowohl die variablen als auch die fixen Kosten einzubeziehen, insbesondere wenn größere Investitionsvorhaben beurteilt werden müssen. In diesen Fällen ist eine Beurteilung auf Vollkostenbasis notwendig. Sowohl bei kurz- als auch langfristigen Programmänderungen sind **Verbundeffekte** zu berücksichtigen (vgl. drittes Kapitel, Abschnitt 2.9).

2.313 Portfolioanalyse

Während bei der Lebenszyklusanalyse eine isolierte Betrachtung von Produkten beziehungsweise Produktlinien im Vordergrund steht, wird bei der **Portfolioanalyse** die Gesamtheit von strategischen Geschäftseinheiten, Produktlinien oder Produkten einer Unternehmung hinsichtlich ihrer Wachstums- und Ertragschancen beziehungsweise Risiken untersucht. Im Gegensatz zu Programmstrukturanalysen kann die Portfolioanalyse auf jeder der drei Entscheidungsebenen strategische Geschäftseinheit, Produktlinie und Produkt angewendet werden. In Anlehnung an das Portfolio von Wertpapieren ist es das Ziel, eine Ausgewogenheit des Gesamtportfolios sicherzustellen. Das Ziel der Ausgewogenheit kann sich beispielsweise auf die Kriterien Wachstum oder Liquidität beziehen.

Angestrebt wird dann ein Produktprogramm, innerhalb dessen sich Produkte mit hohen und niedrigen Wachstumsraten beziehungsweise mit hohem und niedrigem Investitionsbedarf (Liquiditätsverbrauch versus -freisetzung) die Waage halten.

Die **grundsätzliche Vorgehensweise** der Portfolioanalyse besteht darin, zunächst diejenigen Bestimmungsfaktoren zu identifizieren, die den langfristigen Erfolg der im Portfolio zu positionierenden Objekte maßgeblich bestimmen (Erfolgsfaktoren). Dabei beschränkt man sich zumeist auf zwei zentrale Schlüsselgrößen, um eine einfache Handhabung des Portfolios zu gewährleisten. Die beiden Dimensionen repräsentieren einerseits unternehmensexterne, andererseits unternehmensinterne Erfolgseinflüsse. Je nach Anspruchsniveau (Genauigkeitsgrad) der Analyse kann die Auswahl der Erfolgsfaktoren aufgrund von Kreativität, Intuition, Plausibilitätsüberlegungen oder infolge empirischer Untersuchungen erfolgen. Nach der Identifikation der wichtigsten Erfolgsdeterminanten und ihrer Dimensionierung werden die Produkte des Unternehmens bezüglich der Erfolgsdeterminanten beurteilt und in der zweidimensionalen Matrix positioniert. Der sinnvolle Einsatz der Portfolioanalyse setzt eine geeignete Abgrenzung der zu positionierenden Objekte voraus. In diesem Zusammenhang bereitet insbesondere die Abgrenzung strategischer Geschäftseinheiten oder Produktlinien in der Praxis teilweise erhebliche Schwierigkeiten (Meffert/Wehrle 1982, S. 13ff.).

Viele Portfolioanalysen knüpfen zur Ermittlung der zentralen Erfolgsdeterminanten an den Ergebnissen des PIMS-Projektes (Profit Impact of Market Strategies) des Strategic Planning Institutes in Cambridge/Mass. an. Den Ergebnissen der PIMS-Analysen zufolge kommt dem **Marktanteil** eine zentrale Bedeutung für die Gewinnhöhe, den Return on Investment (RoI) und den Cash-flow zu. Dies gilt sowohl für den absoluten als auch den relativen Marktanteil, der das Verhältnis des eigenen Marktanteils zum Marktanteil des stärksten Wettbewerbers (zum Teil auch im Verhältnis zu den drei wichtigsten Wettbewerbern) beschreibt. Zusammen mit der zweiten Dimension, der **Wachstumsrate des Marktes**, gilt entsprechend dem Erfahrungskurveneffekt: Je höher die Marktwachstumsrate und je größer der eigene Marktanteil ist, desto höher ist auch die Rentabilität. Die Wachstumsrate wird zugleich als Indikator für den Cash-flow-Abfluß angesehen, während ein hoher Marktanteil zu hohen Cash-flow-Zuflüssen führen soll (Schreyögg 1984, S. 93).

Auf dieser Grundlage hat die Boston Consulting Group das sogenannte **Marktwachstums-Marktanteils-Portfolio** entwickelt (Hedley 1977, S. 10). Abbildung 3-38 verdeutlicht die Lebenszyklusphasen der verschiedenen Produkte, Produktlinien oder strategischen Geschäftseinheiten und kennzeichnet die Richtung des Cash-flow-Verlaufs.

Produkt- und programmpolitische Entscheidungen

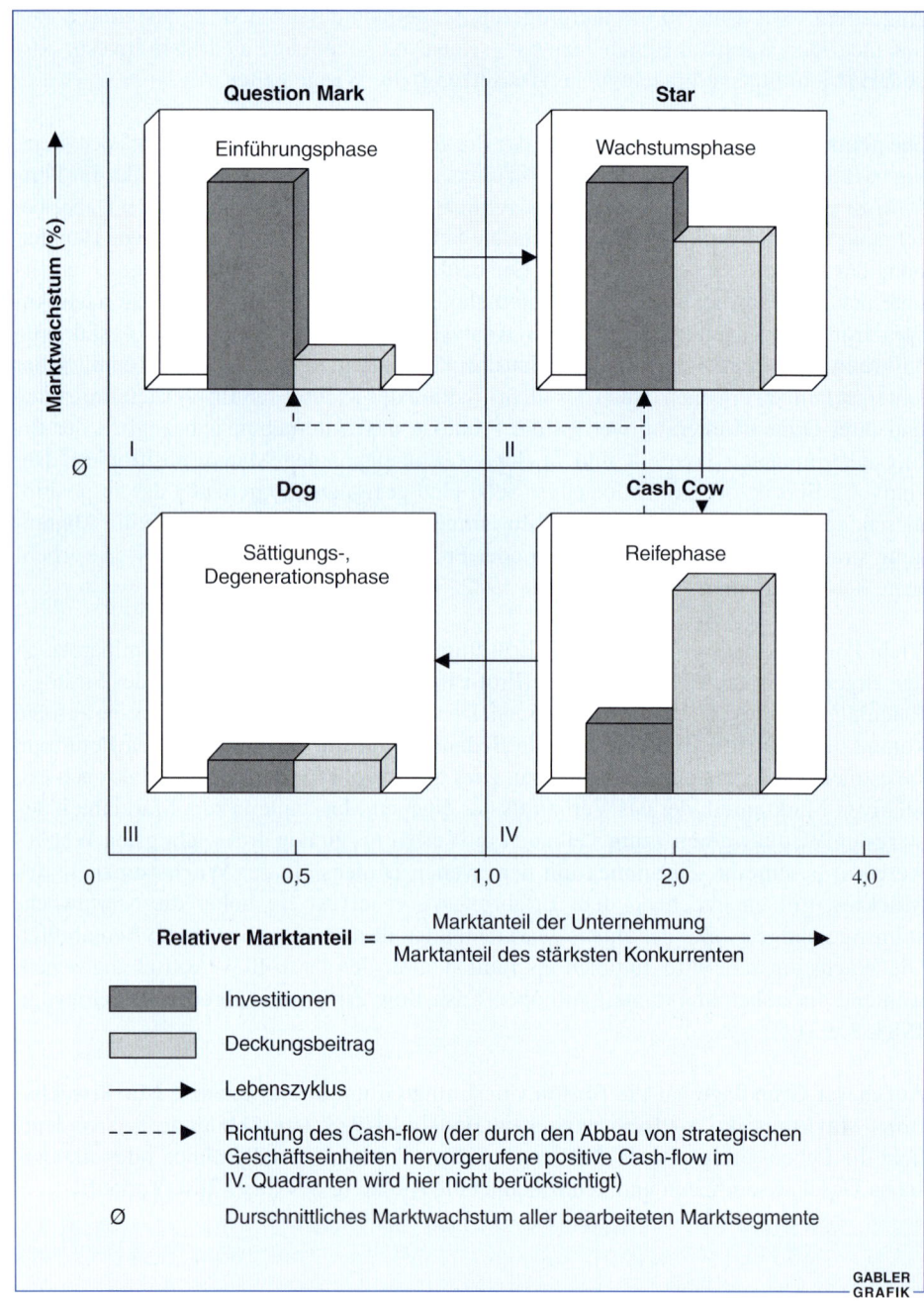

Abbildung 3-38: Lebenszyklus und Cash-flow-Verlauf
im Marktanteils-Marktwachstum-Portfolio
(in Anlehnung an Hinterhuber 1983)

In Anlehnung an die für strategische Geschäftseinheiten aufgestellten Normstrategien lassen sich auch für Produkte beziehungsweise Produktlinien in jedem der vier Quadranten **typische Gestaltungsmaßnahmen** ableiten:

- Um ein langfristig ausgewogenes Produktportfolio zu erhalten, müssen die aus dem Portfolio zu eliminierenden Produkte („Dogs") rechtzeitig durch Produktinnovationen ersetzt werden.

- Produkte in der „Question-Mark"-Position sind verstärkt im Programm zu fördern und, gegebenenfalls durch Produktvariationen, in die „Star"-Position zu überführen.

- Sind Produkte in der „Star"- oder „Cash-Cow"-Position, so kommt der Produktpflege große Bedeutung zu. Die Marktanteilserhaltung von Produkten in der „Cash-Cow"-Position macht unter Umständen Produktvariationen oder Produktdifferenzierungen notwendig.

- Die „Dogs" im Programm sind aufgrund ihrer schwachen Position aus dem Programm zu eliminieren. Dabei sind mögliche Nachfrageverbundeffekte im Produktprogramm zu berücksichtigen.

Um eine Kontrolle und Wirkungsanalyse der Produkt- und Programmpolitik vornehmen zu können, ist eine Betrachtung von Ist-Portfolios zu verschiedenen Zeitpunkten im Vergleich zum Ziel-Portfolio notwendig. Eine solche **Längsschnittanalyse** zeigt Entwicklungstendenzen im Produktprogramm auf und gibt an, inwieweit die angestrebten Zielpositionen im Portfolio realisiert wurden.

Insgesamt beurteilt liegen die **Vorteile** der Portfolio-Methode in ihrer Anschaulichkeit, ihrer leichten Operationalisierung und Handhabung, der empirischen Relevanz der Schlüsselfaktoren, ihrem hohen Kommunikationswert und dem daraus resultierenden praktischen Erfolg. **Probleme** ergeben sich daraus, daß der Einfluß auf den Cash-flow nur durch zwei Faktoren erklärt wird, die Reaktionen der Konkurrenten nicht berücksichtigt werden, die Abgrenzung der Quadranten recht willkürlich durchgeführt wird und die Entwicklung des Cash-flow im Zeitablauf nicht genügend konkretisiert ist (Koch 1980, S. 369 f.).

2.314 Produktpositionierungsanalyse

Eine weitere Analysetechnik der strategischen Produkt- und Programmplanung stellt die Produktpositionierung dar (Tomczak et al. 1996). Die Grundlagen für diese Analysetechnik wurden in den siebziger Jahren in den USA entwickelt (Bass et al. 1971; Shocker/Srivastava 1973). Ausgangspunkt der Positionierungsanalyse ist die subjektive Wahrnehmung des Produktes in den Augen der Konsumenten. Es wird davon ausgegangen, daß Konsumenten anhand der für sie wichtigsten Kaufentscheidungskriterien die Produkte wahrnehmen und beurteilen. Die Kaufwahrscheinlichkeit ist dann für dasjenige

Produkt am höchsten, welches bei den für die Kaufentscheidung wichtigsten Produkteigenschaften die geringste Distanz zum Idealprodukt aufweist.

Die gemeinsame Darstellung der von den Konsumenten wahrgenommenen Real- und Idealprodukte in einem zwei- oder dreidimensionalen Raum wird **Produktmarktraum** („joint space") genannt (Brockhoff 1999a, S. 39). Für bestimmte Anwendungszwecke der Produkt- und Programmpolitik wird auch mit einer getrennten Darstellung der Realproduktwahrnehmung („perceptual map") einerseits und der Idealproduktwahrnehmung („preference map") andererseits gearbeitet. Erstere dient insbesondere dazu, die Differenzierungsfähigkeit der eigenen Produkte im Vergleich zu den Hauptwettbewerbern zu ermitteln, um auf dieser Basis Anregungen für Produktmodifikationen zu erhalten. Demgegenüber kann eine „preference map" wertvolle Hilfestellung bei der Marktsegmentierung leisten.

Der im Rahmen einer Positionierungsanalyse ermittelte Produktmarktraum besteht zusammenfassend somit aus vier Elementen (Freter 1983, S. 34 f.):

- **Produkteigenschaften:** Hier sind diejenigen Produkteigenschaften angesprochen, denen bei der Kaufentscheidung in der untersuchten Produktgruppe die höchste Bedeutung zukommt. Dabei ist zu beachten, daß den Eigenschaften unterschiedliche Bedeutungsgewichte zukommen können. Diese Bedeutungsgewichte fallen darüber hinaus für jeden Abnehmer unterschiedlich aus.

- **Produktpositionen:** Jedes den Konsumenten bekannte Produkt wird anhand seiner wahrgenommenen Ausprägung der kaufrelevanten Produkteigenschaften im Positionierungsraum eingeordnet.

- **Kundenpositionen:** Jeder potentielle und aktuelle Kunde wird anhand seiner individuellen Anforderungen an ein ideales Produkt in den Produktmarktraum eingeordnet. Personen mit ähnlichen Idealanforderungen können dabei zu Marktsegmenten zusammengefaßt werden. Die Kreuze in Abbildung 3-39 repräsentieren zusammengefaßte Idealanforderungen im Sinne von Marktsegmenten.

- **Distanzen zwischen Produkt- und Kundenpositionen:** Die räumliche Distanz zwischen Ideal- und Realpositionen der einzelnen Produkte bestimmt die Kaufwahrscheinlichkeit der Produkte. Für die Berechnung der wahrgenommenen Distanz stehen verschiedene Distanzmaße zur Verfügung (Backhaus et al. 1996a, S. 265).

Mit der Produktpositionierungsanalyse können sowohl Informationen für die Entwicklung von Produktinnovationen als auch für Produktvariationen und -differenzierungen gewonnen werden (Brockhoff 1999a, S. 40 f.). Durch die Positionierung von Produkten und die aus den Präferenzen der Konsumenten abgeleiteten Idealprodukte können bisher noch nicht besetzte Marktnischen entdeckt oder die Notwendigkeit erkannt werden, sich mit bereits im Markt befindlichen Produkten stärker von der Konkurrenz zu differenzieren und/oder sich dem Idealprodukt besser anzupassen.

Drittes Kapitel
Aktionsgrundlagen der Marketingentscheidung

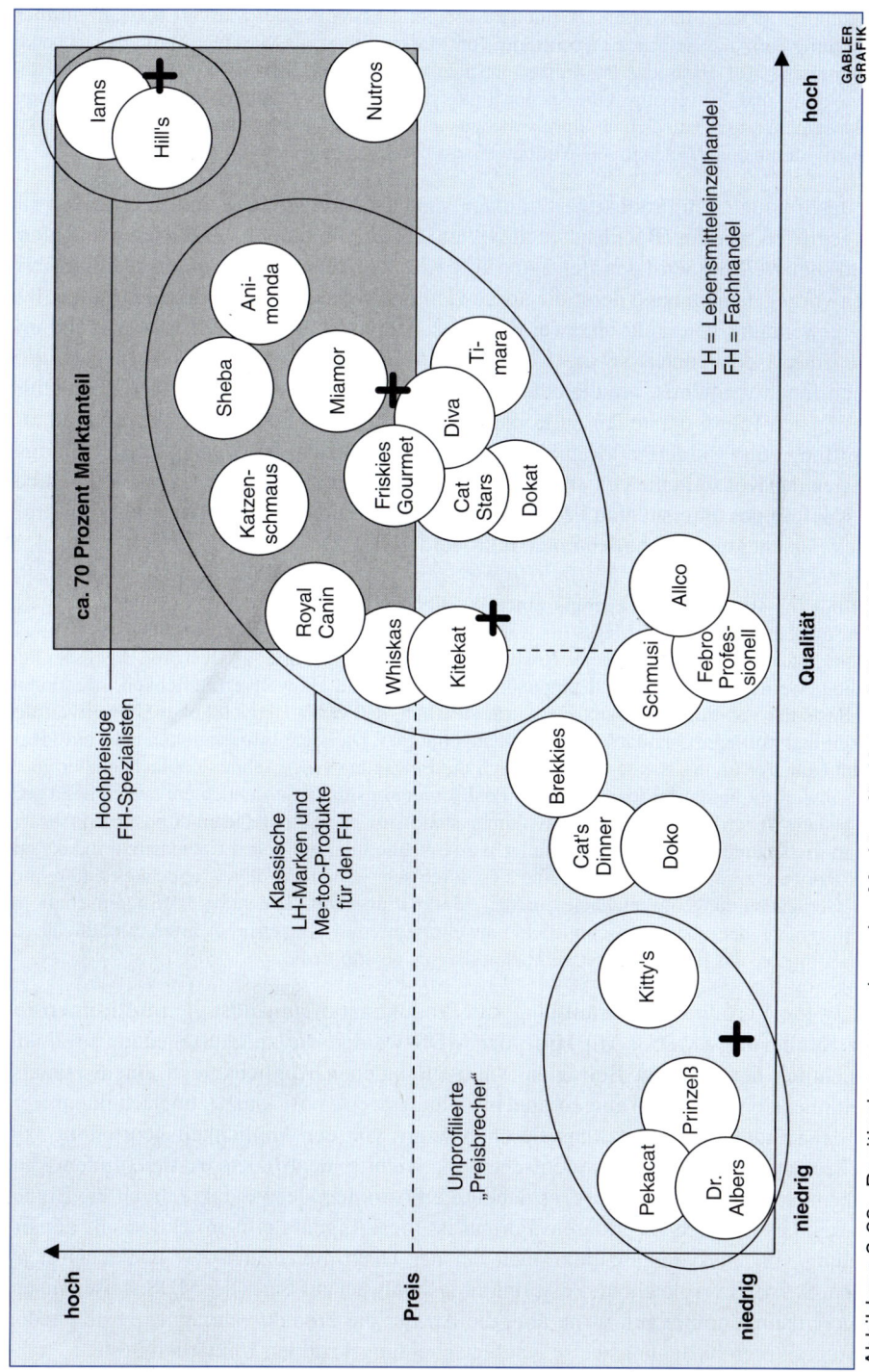

Abbildung 3-39: Positionierungsanalyse des Marktes für Katzenfutter 1994

Abbildung 3-39 zeigt das Ergebnis einer Positionierungsanalyse des Marktes für Katzenfutter. Zielsetzung der Analyse war die Ermittlung von Marktnischen zur Markteinführung eines neuen Katzenfutters. Auf Basis der Positionierungsanalyse entschied sich das Unternehmen, auf die Entwicklung und Einführung eines neuen Futterproduktes zu verzichten, weil alle relevanten Marktsegmente, gekennzeichnet durch die zusammengefaßt dargestellten vier Idealprodukte (Kreuze), durch eine Vielzahl von Wettbewerbern bereits abgedeckt wurden.

Zur Bestimmung von Produktmarkträumen kann auf **zwei verschiedene Verfahren** zurückgegriffen werden (Backhaus et al. 1996a, S. 433). Bei dem **Verfahren der Eigenschaftsbeurteilung** wird den Befragten eine Liste der kaufrelevanten Entscheidungskriterien vorgegeben, anhand derer die ausgewählten Produkte bewertet werden sollen. Bei der Verwendung von mehr als zwei Kaufentscheidungskriterien wird anschließend mit Hilfe einer Faktorenanalyse die Liste der Entscheidungskriterien auf zwei oder drei Dimensionen verdichtet, um die beurteilten Produkte im zwei- beziehungsweise dreidimensionalen Raum darstellen zu können. Dieses Verfahren ist insbesondere dann zur Ermittlung von Produktmarkträumen geeignet, wenn die kaufrelevanten Entscheidungskriterien der Konsumenten ex ante relativ zuverlässig bestimmt werden können und bei den Käufern der untersuchten Produktgruppe mehrheitlich ein primär kognitiv kontrolliertes Entscheidungsverhalten unterstellt werden kann.

Abbildung 3-40 zeigt das Ergebnis einer Positionierungsanalyse mittels des Verfahrens der Eigenschaftsbeurteilung im Markt für Katzenstreu. Aus mehreren Marktforschungsstudien war bekannt, daß sich die Käufer beim Erwerb von Katzenstreu primär an den drei Eigenschaften Qualität (Geruchsbindung und Klumpenbildung), Preis und Umweltverträglichkeit orientieren. Auf Basis der Positionierungsanalyse wurde deutlich, daß es im Bereich hoher Umweltverträglichkeit und mittlerer Qualität kein Produktangebot gab. Da keine Informationen über ein Idealprodukt zur Verfügung standen, wurde durch die Befragung ausgewählter Zoofachhändler überprüft, inwieweit hinter der identifizierten **Positionierungslücke** tatsächlich ein ausreichend großes, bislang unbefriedigtes Nachfragevolumen stand. Auf der Grundlage einer positiven Absatzpotentialschätzung durch die Fachhändler wurde schließlich ein neues Katzenstreuprodukt mit einer innovativen Materialmischung, die sich durch sehr hohe Umweltverträglichkeit und relativ gute Geruchsbindung auszeichnete, in den Markt eingeführt. Die hohe Preisbereitschaft im Marktsegment der überdurchschnittlich umweltorientierten Katzenstreukäufer ermöglichte es darüber hinaus, das neue Katzenstreu hochpreisig zu positionieren.

Das zweite Verfahren zur Ermittlung von Produktmarkträumen ist die **multidimensionale Skalierung** (MDS). Mit Hilfe der MDS werden die zu beurteilenden Produkte hinsichtlich der von den Befragten wahrgenommenen Ähnlichkeit in einem zumeist zweidimensionalen Raum eingeordnet beziehungsweise positioniert. Im nachhinein werden dann Produkteigenschaften, die unabhängig von der Ähnlichkeitsbeurteilung von den Probanden als für ihre Kaufentscheidung wichtig identifiziert wurden, in den Ähnlichkeitsraum projiziert. Ziel ist es dabei, die Positionen der Produkte durch die Eigenschaften bestmöglich zu erklären. Formal ist diese Eigenschaftsprojektion mit der Ermittlung von Diskriminanzfunktionen bei der Diskriminanzanalyse (Backhaus et al. 1996a, S. 96 ff.) vergleichbar. Positionierungsanalysen auf Basis der MDS weisen insbesondere dann Vorteile auf, wenn über die Art der die Produktwahrnehmung prägenden Einflußfaktoren beziehungsweise Kaufentscheidungskriterien Unklarheit besteht.

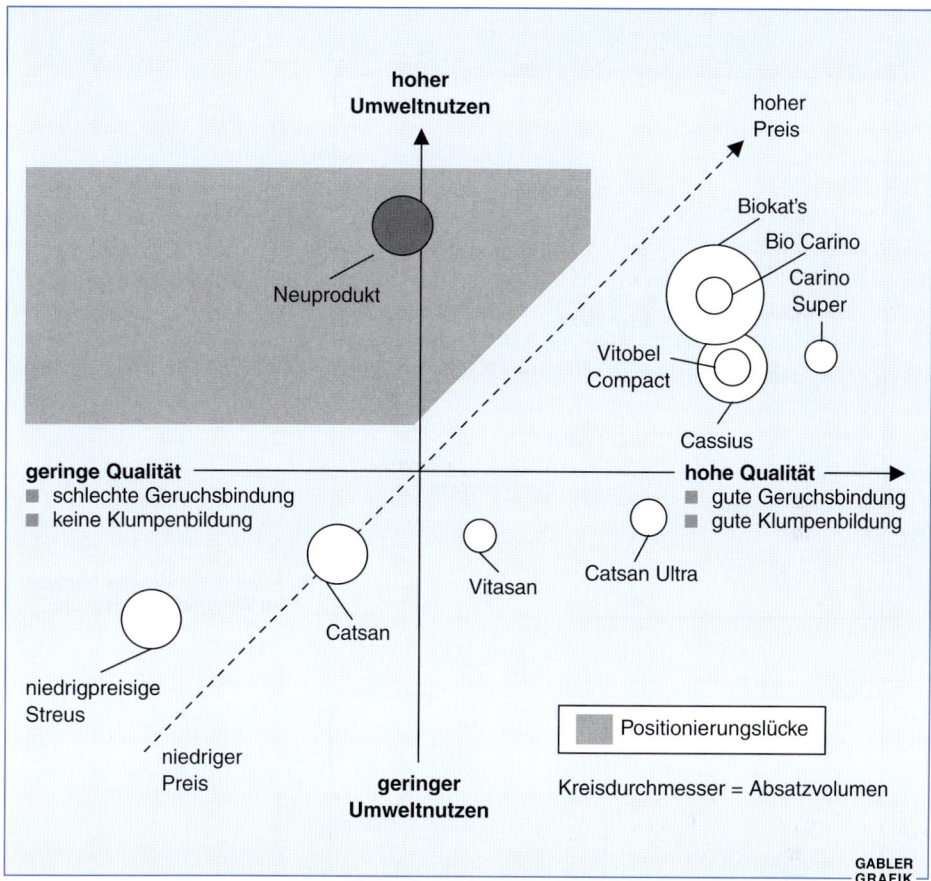

Abbildung 3-40: Ergebnis einer Positionierungsanalyse mittels des Verfahrens der Eigenschaftsbeurteilung im Markt für Katzenstreu

Abbildung 3-41 zeigt die Ergebnisse einer Positionierungsanalyse des deutschen Automobilmarktes, im Segment der Mittelklasse-PKW, mittels der multidimensionalen Skalierung. Abbildungsteil (a) zeigt zunächst die von den Befragten wahrgenommene Ähnlichkeit der Automobile. Es wird deutlich, daß die Ähnlichkeitsbeurteilung ohne die Vorgabe von Produkteigenschaften erfolgt. Zur ex post Erklärung der wahrgenommenen Produktpositionen wurden die Probanden im zweiten Schritt aufgefordert, die Autos anhand der Eigenschaften Preis/Unterhaltskosten, Technologie/Fahrleistung und Solidität/Qualität zu beurteilen. Abbildungsteil (b) zeigt die Eigenschaftsprojektion mit dem höchsten Varianzerklärungsanteil. Auf dieser Grundlage können insbesondere Maßnahmen zur Produktvariation ergriffen werden, um die Differenzierungsfähigkeit der Produkte zu erhöhen. Dies ist vor allem bei den japanischen Produkten (Mazda 626, Mitsubishi Galant und Honda Accord) notwendig, die sich zum Zeitpunkt der Untersuchung in der Wahrnehmung der relevanten Zielgruppe nicht voneinander unterschieden. Beispielsweise könnte durch eine Reduktion des Kraftstoffverbrauchs in Verbindung mit einer Ausdehnung der Wartungsintervalle eine Verbesserung der Wahrnehmung auf der Dimension Unterhaltskosten angestrebt werden.

Produkt- und programmpolitische Entscheidungen

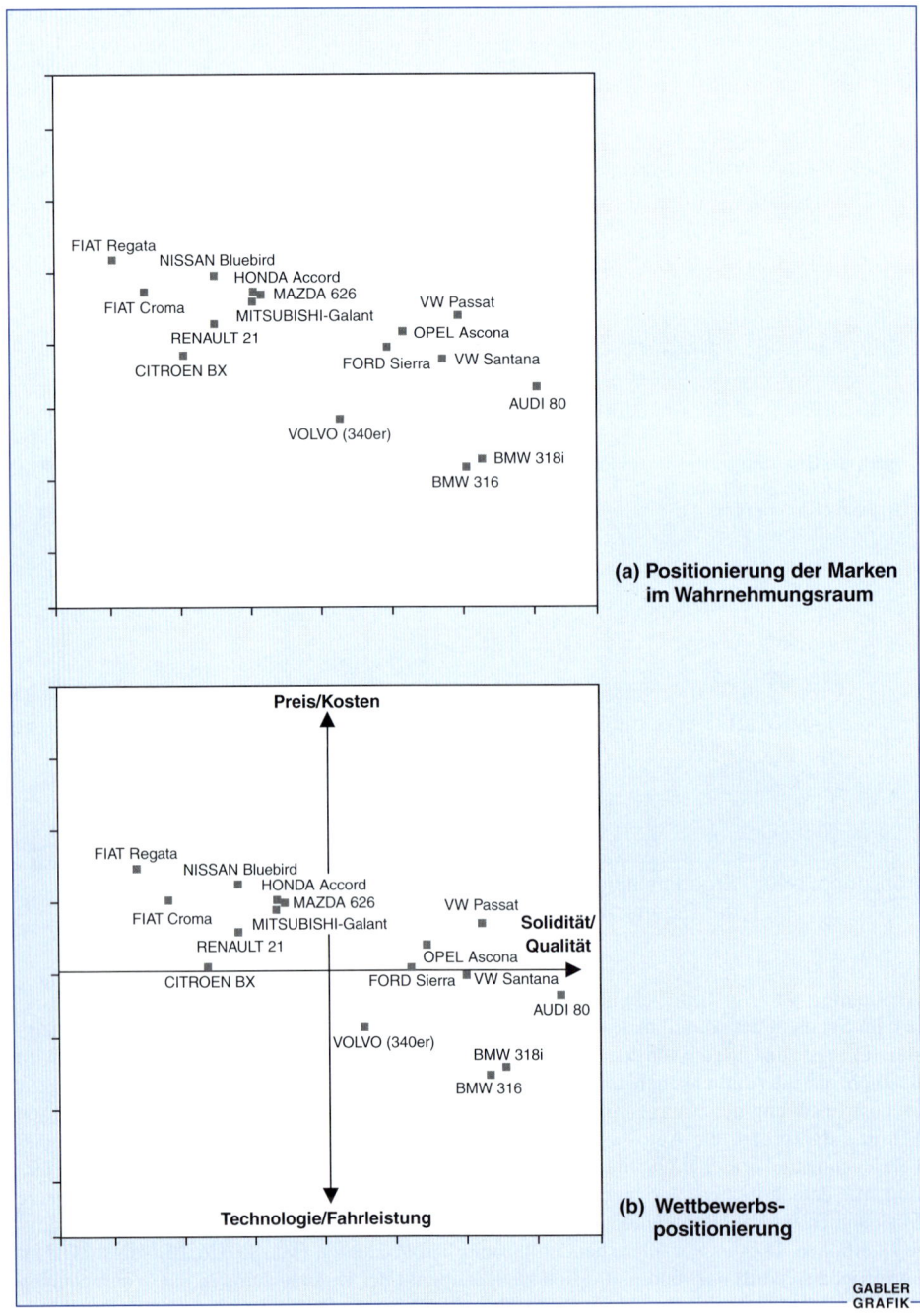

Abbildung 3-41: Ergebnisse einer Positionierungsanalyse des deutschen Automobilmarktes (Quelle: Volkswagen AG)

Generell können aus Positionierungsanalysen zahlreiche Anhaltspunkte für produkt- und programmpolitische Maßnahmen gewonnen werden (Schweiger/Schrattenecker 1995, S. 137):

- Weist das Produkt hinsichtlich der kaufverhaltensrelevanten Eigenschaften **objektiv nachvollziehbare Mängel** auf, können gezielt Produktverbesserungsmaßnahmen durchgeführt werden. Beispielsweise könnte die Wahrnehmung der Qualität und Solidität beim Fiat Regata (vgl. Abbildung 3-41) durch zusätzliche Versteifungen der Karosserie in Verbindung mit höherwertigen Kunststoffteilen und Polsterstoffen im Innenraum verbessert werden.

- Bei **Wahrnehmungsverzerrungen** der Konsumenten, die nicht den tatsächlichen Produkteigenschaften entsprechen, kann vor allem durch Maßnahmen der Kommunikationspolitik eine Veränderung erreicht werden. Beispielsweise könnte die Audi AG versuchen, die trotz objektiv vergleichbarer Fahrleistungen und Motoren schlechtere Wahrnehmung der Fahrleistungen beim Audi 80 im Vergleich zum BMW 316/318i (vgl. Abbildung 3-41) durch die werbliche Herausstellung sowohl ihres Motorsportengagements als auch der Ergebnisse aus Vergleichstests der Automobilfachzeitschriften zu korrigieren.

- Durch Positionierungsanalysen aufgedeckte **Marktnischen** können durch die Einführung neuer Produkte erfolgreich ausgeschöpft werden.

- Bei einer im Wettbewerbsvergleich sehr ungünstigen Positionierung des eigenen Produktes kann durch die Einführung eines innovativen Neuproduktes der bisherige Wahrnehmungsraum der Konsumenten durch **neue Beurteilungsdimensionen** verändert werden.

Im Bankenbereich gelang dies beispielsweise der Direkt-Anlage-Bank. Diese Bank positionierte sich erstmals anhand der Kriterien niedriges Preisniveau und sehr schmales Leistungsprogramm (Konzentration auf die Transaktionsabwicklung und Verwahrung von Wertpapieren) und konnte sich auf diese Weise von den etablierten Banken differenzieren. Eine ähnliche Entwicklung war in den achtziger Jahren in vielen Branchen durch die Positionierung anhand der Eigenschaft „Umweltverträglichkeit" zu beobachten (Meffert/Kirchgeorg 1993, S. 203 ff.). So konnte beispielsweise PERSIL durch die Produktverbesserung der Phosphatfreiheit erstmals im Vollwaschmittelmarkt die Umweltverträglichkeit zur Positionierung und Differenzierung im Wettbewerb erfolgreich nutzen.

Trotz dieses Anwendungsnutzens ist die Positionierungsanalyse mit einer Reihe von **Schwächen** verbunden (Haedrich/Tomczak 1996, S. 145). Die Anwendung der Positionierungsanalyse durch mehrere Wettbewerber kann zu einer Angleichung der Marketingaktivitäten und insbesondere der Produkt- und Programmpolitik führen. Statt der angestrebten Differenzierung im Wettbewerbsumfeld kann auf diese Weise der Homogenität und Austauschbarkeit der Produkte weiter Vorschub geleistet werden. Andere Schwächen betreffen das reaktive statt aktive Wettbewerbsverhalten und die mangelnde Innovationsorientierung. Diese Mängel dürften insbesondere dann auftreten, wenn die Positionierungsanalyse als einziges Analyseverfahren eingesetzt wird. Darüber hinaus ist zu berücksichtigen, daß trotz der formalen Abbildung aller aktuellen und potentiellen Kunden in **einem** Produktmarktraum in der Praxis häufig die Situation auftritt, daß die verschiedenen Kundengruppen höchst unterschiedliche Kaufentscheidungskriterien ihrer Produktwahl zugrunde legen. In diesem Fall kann eine Positionierungsanalyse nicht mehr für den Gesamtmarkt, sondern nur innerhalb der Segmente durchgeführt werden.

Da die bislang vorgestellten Strukturanalysen statisch sind, sollten ergänzende Überlegungen angestellt werden, wie die zeitliche Entwicklung der Programmstrukturen in die Entscheidungsvorbereitung einbezogen werden kann. Dies könnte zum einen durch einfachen Vergleich mehrerer, zeitlich gestaffelter Strukturanalysen oder eine Zeitreihenbetrachtung der Strukturentwicklung geschehen (Reinöhl 1981, S. 45).

2.315 Analyse der Absatzmittlerbedürfnisse

Die Analyse der Konsumentenbedürfnisse reicht als Informationsgrundlage der strategischen Produkt- und Programmpolitik nicht aus. Immer dann, wenn der Hersteller nicht über direkte Vertriebswege zum Endverbraucher verfügt, ist die Berücksichtigung der Absatzmittlerbedürfnisse erforderlich. Angesichts der hohen und wachsenden Konzentration im Handel ist die erfolgreiche Einführung neuer Produkte nur bei aktiver Unterstützung durch die Absatzmittler möglich. Das Engagement des Einzelhandels hängt dabei ganz wesentlich von der Erfüllung seiner Ansprüche seitens der Hersteller ab (Koppelmann 1997, S. 169 ff.). Werden diese Anforderungen nicht erfüllt, wird das **Produkt nicht gelistet**, das heißt es kommt nicht in die Verkaufsregale des Einzelhandels. Neben der Aufnahme in das Sortiment des Handels im Sinne der Listung ist es das Ziel des Herstellers, für sein Produkt eine **optimale Plazierung** in den Einzelhandelsgeschäften zu erreichen (Günther/Mattmüller 1993). Dies bedeutet zum Beispiel eine Regalplazierung in Augenhöhe, die Belegung einer breiten und hohen Regalfläche, um alle Produktvarianten in ausreichender Zahl präsentieren zu können oder auch die Durchsetzung sogenannter **Zweitplazierungen**. Letzteres kennzeichnet die Errichtung zusätzlicher Verkaufsständer möglichst in Kassennähe (Kiehne 1969; Schulz 1975).

Die aktive Einbindung des Handels im Rahmen der Produkt- und Programmpolitik ist ein konstitutives Merkmal des **vertikalen Marketing**. Letzteres bezeichnet die über alle Distributionsstufen hinweg koordinierte Steuerung und Regelung marktgerichteter Unternehmensaktivitäten (Meffert 1975; Steffenhagen 1975). Die Berücksichtigung der Handelsbedürfnisse ist nicht zuletzt deshalb notwendig, weil ein aus Herstellersicht neues Produkt im Einzelhandel zumeist auf zahlreiche relativ ähnliche Produkte trifft. Für den Einzelhändler stellt die Produktinnovation eines Herstellers daher nur selten eine wirkliche Neuheit dar.

Vor diesem Hintergrund kommt der Beachtung von Handelsbedürfnissen (vgl. Abbildung 3-42) bei produkt- und programmpolitischen Maßnahmen der Hersteller eine

Drittes Kapitel Aktionsgrundlagen der Marketingentscheidung

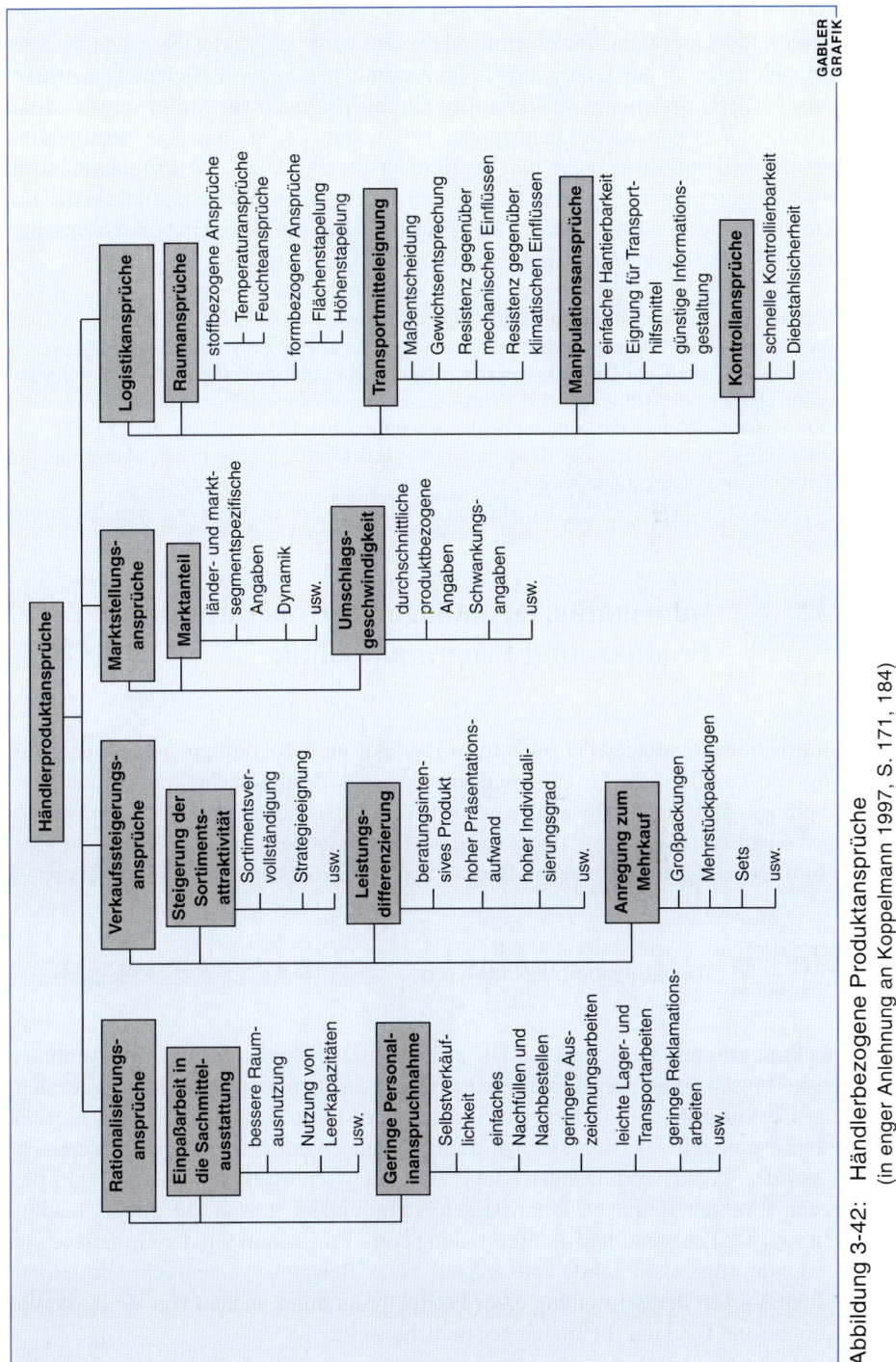

Abbildung 3-42: Händlerbezogene Produktansprüche
(in enger Anlehnung an Koppelmann 1997, S. 171, 184)

außerordentlich hohe Bedeutung zu. Das diese Notwendigkeit zur gegenseitigen Abstimmung von Handel und Industrie zunehmend erkannt wird, zeigen die intensiven Kooperationsbemühungen in den letzten Jahren im Zusammenhang mit **Efficient-Consumer-Response- (ECR)** beziehungsweise **Supply-Chain-Management**-Projekten (Friedrich et al. 1995; o. V. 1995; Klein/Lachhammer 1996). Dabei wird eine enge Abstimmung von Handel und Industrie nicht nur im Bereich der Produkt- und Programmpolitik sondern auch durch ein integriertes Management der gesamten Wertschöpfungskette vom Vorlieferanten über den Hersteller bis zum Einzelhändler, auf Basis eines elektronischen Datenaustausches (Electronic Data Interchange/EDI), angestrebt.

Auf der Basis einer umfassenden empirischen Studie konnte nachgewiesen werden, daß sich durch ECR-Projekte im Lebensmitteleinzelhandel bis zu knapp sechs Prozent vom Endverbraucherpreis einsparen lassen (Coca-Cola 1994). Insgesamt entspricht dies europaweit einem Einsparungspotential von jährlich 45 Milliarden DM. Trotz dieser Einsparungspotentiale darf jedoch nicht übersehen werden, daß hier die Autonomie des Herstellers bei der Gestaltung der Produkt- und Programmpolitik, insbesondere bei Kooperationen mit den großen Einzelhandelskonzernen, in erheblichem Maße eingeschränkt wird.

2.32 Informationsgrundlagen der operativen Produkt- und Programmpolitik

Die Informationsgrundlagen der operativen Produkt- und Programmplanung dienen der Planung von kurzfristigen Programmänderungen. Als Analysetechniken werden Deckungsbeitrags- und Kennzahlenanalysen sowie Kundenzufriedenheits- und Beschwerdeanalysen eingesetzt. Bei kurzfristigen Entscheidungen ist der Deckungsbeitrag die relevante Informationsgrundlage für die Beurteilung der Erfolgsstruktur des Programms.

2.321 Deckungsbeitragsanalysen

Als **Deckungsspanne (DS)** wird die Differenz zwischen dem eindeutig zurechenbaren Erlös eines Produktes und den diesem eindeutig zurechenbaren variablen Kosten bezeichnet. Der **Deckungsbeitrag (DB)** ergibt sich aus der Multiplikation der stückbezogenen Deckungsspanne mit der Absatzmenge. Entscheidungen auf Basis der Vollkostenrechnung, bei der jedem Produkt über einen Verteilungsschlüssel anteilmäßig Fixkosten zugerechnet werden, führen bei kurzfristigen Programmänderungen zu Fehlentscheidungen. Zu welcher Fehlsteuerung die Beurteilung eines Programms auf der Grundlage von Vollkosteninformationen führt, soll anhand eines Beispiels verdeutlicht werden. In Abbildung 3-43 ist die Beurteilung eines Produktprogramms anhand von Vollkosteninformationen und Deckungsbeiträgen gegenübergestellt.

Prod. Nr.	Absatz x	Preis DM/Stck. p	Selbstkosten DM/Stck. kg	Nettogewinn/ -verlust DM/Stck. g_N	Erlöse E = p · x	Selbstkosten K_g = kg · x	Nettogewinn/ -verlust $G_N = E - K_g$ (g_N · x)
1	2 420	12,–	15,–	3,–	29 040,–	36 300,–	7 260,–
2	1 730	15,–	15,–	–	25 950,–	25 950,–	–
3	9 250	8,–	4,50	3,50	74 000,–	41 625,–	32 375,–
Σ					128 990,–	103 875,–	25 115,–

Beurteilung des Fertigungsprogramms auf der Grundlage von Vollkosteninformationen bzw. Nettogewinnen

Prod. Nr.	Absatz x	Preis DM/Stck. p	Variable Selbstkosten k_V	Brutto- gewinn g_B	Erlöse E = p · x	Variable Selbstkosten K_V = k_V · x	Bruttogewinn = Deckungsbeitrag $G_B = E - K_V$ (g_B · x)
1	2 420	12,–	5,–	7,–	29 040,–	12 100,–	16 940,–
2	1 730	15,–	10,–	5,–	25 950,–	17 300,–	8 650,–
3	9 250	8,–	3,–	5,–	74 000,–	27 750,–	46 250,–
Σ					128 990,–	57 150,–	71 840,–

Beurteilung des Fertigungsprogramms auf der Grundlage von Grenzkosteninformationen bzw. Deckungsbeiträgen (Fixkosten = 46 725,–)

Abbildung 3-43: Beurteilung des Programms auf der Grundlage von Vollkosteninformationen (Nettogewinnen) und Grenzkosteninformationen (Deckungsbeiträgen)

Wie aus der oberen Tabelle zu entnehmen ist, wäre Produkt 1 im Rahmen der Vollkostenrechnung als Verlustbringer einzustufen und aus dem Produktprogramm zu eliminieren. Bei Herausnahme von Produkt 1 aus dem Programm würde sich der Gewinn jedoch von 25 115 DM auf 15 435 DM verringern. Wie ist dies zu erklären? Wenn das Produkt 1 aus dem Programm herausgenommen wird, so fallen die diesem Punkt anteilmäßig zugerechneten Fixkosten nicht weg, sondern müssen von den im Programm verbleibenden Produkten mitgetragen werden. Die untere Tabelle zeigt, daß das Produkt 1 mit 16 940 DM zur Deckung der Fixkosten beiträgt und eine Elimination dieses Produktes zu einer Verringerung des Gewinns um 9 680 DM (16.940 DM – 7.260 DM) führt. Die Fixkosten sind bei kurzfristigen Programmänderungen also nicht entscheidungsrelevant, so daß die Vollkostenrechnung hier zu Fehlentscheidungen führt.

Um das Ziel eines hohen Unternehmensgewinns erreichen zu können, muß die Programmpolitik auf die Erzielung möglichst hoher Deckungsbeiträge ausgerichtet sein. Hohe Deckungsbeiträge können den unternehmensspezifischen Fixkostenblock schneller abdecken und führen so zu einem höheren Betriebsergebnis. Für eine entsprechende Gestaltung der Programmstruktur ist ein Deckungsbeitragsprofil von großer Bedeutung.

Produkt- und programmpolitische Entscheidungen

In bezug auf die Verteilung des Deckungsbeitrages läßt sich eine Rangfolge ermitteln, die Hinweise auf deckungsbeitragsschwache und damit eliminierungsverdächtige Produkte gibt. Eine wichtige Relation für Programmentscheidungen ist der **Vergleich von Umsatz- und DB-Anteilen** innerhalb eines Programms oder einer Produktlinie. Dabei lassen sich besonders erfolgträchtige Produkte aufzeigen, die im Rahmen einer Programmpolitik gefördert werden müssen.

Als besonders erfolgträchtig erweist sich in Abbildung 3-44 das Produkt 2, während insbesondere Produkt 4 eine schlechte Position einnimmt. Gerade an diesem Beispiel zeigt sich die Gefahr, wenn nur auf der Basis einer einzelnen Analyse programmpolitische Entscheidungen getroffen werden. Während aufgrund einer Deckungsbeitragsanalyse das Produkt 4 eliminierungsverdächtig ist, kann eine Lebenszyklusbetrachtung zeigen, daß das Produkt sich gerade in der Einführungsphase befindet und sehr gute Entwicklungschancen für die Zukunft aufweist.

Es ist also notwendig, **verschiedene Analysen parallel durchzuführen** und die Ergebnisse im Zusammenhang zu sehen. Dies trifft sowohl für die Beschaffung der strategischen als auch der operativen Informationsgrundlagen zu. Ebenso sind **Verbundwirkungen** zwischen den Produkten im Programm zu berücksichtigen. Bestehen zwischen

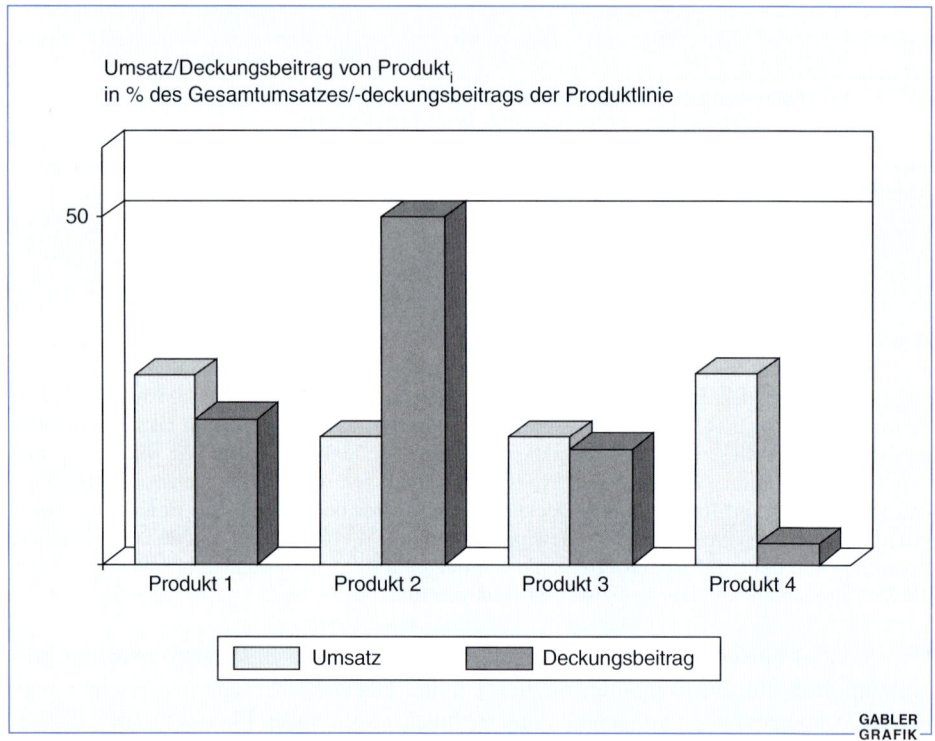

Abbildung 3-44: Vergleich von Umsatz-/Deckungsbeitragsanteilen innerhalb einer Produktlinie

einzelnen Produkten komplementäre Beziehungen, das heißt der Absatz des einen Produktes beeinflußt den Absatz eines anderen Produktes positiv, so kann es auch sinnvoll sein, Produkte mit negativem Deckungsbeitrag in das Programm aufzunehmen, um den Gewinn zu verbessern. Bestehen zwischen den Produkten substitutive Beziehungen, das heißt der Absatz eines Produktes beeinträchtigt die Absatzchancen eines anderen Produktes (Kannibalisierung), so sind Entscheidungen über die Veränderung des Programms nur anhand eines Gesamtgewinnvergleichs vorzunehmen.

2.322 Kennzahlenanalysen

Kennzahlen dienen dazu, die einzelnen Alternativen der Programmgestaltung auf eine einheitliche Basis zu beziehen und somit vergleichbar zu machen. Sie verdeutlichen Beziehungen zwischen zwei oder mehr Größen, indem ein Quotient aus einer Stromgröße und der jeweiligen Bezugsgröße gebildet wird. Als Stromgrößen werden Umsatz, Gewinn, Deckungsbeitrag oder Kosten verwendet, als Bezugsgrößen dienen Engpaßfaktoren wie Faktoreinsatz, Kapital, Raumgrößen oder Marktdaten (Schott 1988). Im Rahmen von Deckungsbeitragsanalysen sind relative Deckungsbeiträge als Kennzahlen zu ermitteln (Riebel 1994). Bei der Ermittlung eines relativen Deckungsbeitrags wird der jeweilige Engpaßfaktor (zum Beispiel Engpässe in der Produktion, der Finanzierung oder im Vertriebsbereich) als Bezugsgröße gewählt. Einige Beispiele dafür sind:

- Deckungsbeitrag je Fertigungszeiteinheit,
- Deckungsbeitrag je DM proportionaler Kosten (Erfolgskoeffizient),
- Deckungsbeitrag in Prozent vom Nettoerlös,
- Deckungsbeitrag je Quadratmeter Verkaufsfläche im Handel.

Weitere typische Kennzahlen, die zur Programmsteuerung herangezogen werden können, sind

- Umsatzrentabilität $= \dfrac{\text{Gewinn}}{\text{Umsatz}}$

- Umsatzbezogene Kapitalrentabilität $= \dfrac{\text{Gewinn}}{\text{umsatzbezogener Kapitaleinsatz}}$

- Kapitalumschlag $= \dfrac{\text{Umsatz}}{\text{umsatzbezogener Kapitaleinsatz}}$

- Raumleistung beziehungsweise Flächenproduktivität $= \dfrac{\text{Umsatz}}{\text{Verkaufsfläche in m}^2}$

- Lagerumschlag $= \dfrac{\text{monatlicher Lagerabgang}}{\text{durchschnittlicher Lagerbestand}}$

- Entwicklungskostenanteil am Produkt $= \dfrac{\text{Kosten für F \& E}}{\text{Umsatz}}$

Produkt- und programmpolitische Entscheidungen

- Materialkostenanteil je Produkt $= \dfrac{\text{Materialkosten}}{\text{Umsatz}}$

- Relativer Marktanteil $= \dfrac{\text{eigener Marktanteil}}{\text{Marktanteil des Hauptkonkurrenten bzw. der drei größten Wettbewerber}}$

Durch den Vergleich von Soll- und Ist-Werten beziehungsweise durch den Vergleich einzelner Kennzahlen der Programmalternativen lassen sich erste Ansatzpunkte für eine Programmgestaltung gewinnen. Kennzahlenorientierte Informationssysteme können insbesondere **zur laufenden Kontrolle der** bisher verfolgten Strategie für die **im Markt befindlichen Produkte** eingesetzt werden (Voss 1984, S. 243 ff.). Problematisch sind bei komplexeren Kennzahlenmodellen die Informationsbeschaffung und das Fehlen von objektiven Mindestanforderungen für neue Produkte. Es besteht die Gefahr, daß mit Hilfe eines solchen Modells lediglich die relativ beste von mehreren schlechten Alternativen ausgewählt wird.

2.323 Kundenzufriedenheits- und Beschwerdeanalysen

Die Produkt- und Programmpolitik war in der Vergangenheit stark auf die Gewinnung neuer Kunden und die Initiierung einzelner Transaktionen fokussiert. Demgegenüber kommt heute der Pflege und Intensivierung bestehender Kundenbeziehungen eine wachsende Bedeutung zu (Dichtl/Schneider 1994). Dies ist eine Folge der hohen Wettbewerbsintensität, die in vielen Branchen in Verbindung mit nur noch schwach wachsenden oder stagnierenden Märkten vorzufinden ist. In dieser Situation ist ein Absatzwachstum nur über eine Verdrängung von Wettbewerbern, das heißt über die Gewinnung von Kunden der Konkurrenz möglich. Schutz vor Verdrängungsmaßnahmen der Konkurrenten bietet nur eine enge Bindung der Kunden an das eigene Unternehmen.

Die enge Beziehung zum Kunden kann über das Produkt allein immer seltener hergestellt werden, denn die Verkürzung der Produktlebenszyklen führt tendenziell zu einer nachlassenden Bindung der Kunden an das einmal erworbene Produkt. Der Aufbau einer stabilen Kundenbeziehung vollzieht sich in der Regel über einen längeren Nutzungs- und Wiederkaufzyklus. Voraussetzung zur Kundenbindung ist dabei die **Zufriedenheit des Kunden** in allen Phasen des Konsumprozesses, das heißt der Vorkauf-, Kauf-, Verwendungs- und Entsorgungsphase des Produktes.

Erst eine in diesem Sinne umfassende, zeitraumbezogene Kundenzufriedenheit bildet die Grundlage für eine hohe **Loyalität** gegenüber dem Produkt, dem Hersteller des Produktes und dem das Produkt vertreibenden Einzelhändler (Burmann 1991). Im Gegensatz zu den behavioristischen Operationalisierungsansätzen, die Loyalität beziehungsweise (Marken-)Treue lediglich über das **Merkmal des wiederholten Kaufs** eines Produktes erfassen, wird in den umfassenderen Ansätzen (Day 1969, S. 29 f.) davon ausgegangen, daß erst dann von Loyalität des Kunden gesprochen werden kann, wenn über den mehrfachen Wiederkauf eines Produktes hinaus eine **positive Einstellung** gegenüber dem gekauften Produkt besteht. Diese positive Einstellung bringt das **Verbundenheitsgefühl** des Kunden zum Ausdruck. Im Gegensatz zur Zufriedenheit sind diese positiven Einstellungen zeitlich stabiler.

Dem Aufbau und der Sicherung der Loyalität der Kunden kommt im Rahmen der Produkt- und Programmpolitik aus mehreren Gründen eine hohe Bedeutung zu. Eine hohe Kundenloyalität stellt eine **Markteintrittsbarriere** gegenüber neu in den Markt eintretenden Wettbewerbern und eine **Wechselbarriere** gegenüber bereits existierenden Konkurrenten dar. Darüber hinaus führt eine hohe Loyalität zu einer geringeren Preiselastizität der eigenen Kunden. Dies eröffnet dem Anbieter **Preiserhöhungsspielräume**, ohne daß die Kunden sofort zur Konkurrenz abwandern. Das mit einer hohen Loyalität einhergehende **Vertrauen** der Kunden in die Leistungsfähigkeit des Anbieters hat zur Folge, daß einzelne Produktmängel eher verziehen werden und die Kunden bei auftretenden Problemen den Kontakt zum Anbieter suchen, statt sofort einen Produktwechsel zu vollziehen. Dies zeigt sich auch bei Auflösung von Monopolen z. B. im Telekommunikationsmarkt (vgl. Insert 3-12).

Die Kundenzufriedenheit als Grundvoraussetzung für die Entstehung von Loyalität ist ein guter Indikator zur Messung der vom Kunden **wahrgenommenen Produktqualität**. Im Vergleich zur Einstellungsmessung (vgl. zweites Kapitel, Abschnitt 2.225) gilt die Erfassung der Kundenzufriedenheit als verhaltensnäher und produktbezogener, denn die Zufriedenheit mit einem Produkt kann sich im Gegensatz zur Einstellung erst **nach einer konkreten Produkterfahrung** bilden. Ist der Kunde mit einem Produkt nicht zufrieden, stehen ihm die in Abbildung 3-45 gezeigten Verhaltensoptionen zur Verfügung.

Die Auswertung von **Beschwerden** stellt für das Unternehmen die preiswerteste Form der Informationsgewinnung für produktpolitische Maßnahmen dar. Beschwerden weisen zumeist einen konkreten Bezug zu Produktverbesserungen und Programmerweiterungen auf. Durch die Institutionalisierung eines **Beschwerdemanagements** (Stauss/Seidel 1998) können wichtige produktpolitische Informationen systematisch erfaßt und unternehmensintern weitergeleitet werden. Darüber hinaus kann durch ein Beschwerdemanagement eine schnelle und angemessene Reaktion des Unternehmens sichergestellt und die Zufriedenheit des Kunden wiederhergestellt werden (vgl. Abbildung 3-46; Insert 3-13). Inwieweit durch eine professionelle und kulante Behandlung von Beschwerden die Zufriedenheit sogar über das Niveau derjenigen Kunden, die keinen Anlaß zu Beschwerden hatten, erhöht werden kann, ist in der Literatur umstritten (Stauss/Seidel 1998).

Die Beschwerdeanalyse allein reicht als Informationsgrundlage für produktpolitische Maßnahmen nicht aus, denn sie würde einerseits zu einem reaktiven Verhalten des Unternehmens führen und andererseits diejenigen Kunden vernachlässigen, die zwar

Die Wechselbereitschaft auf dem Telefonmarkt stagniert

82 Prozent der Telefonkunden wollen bei der Deutschen Telekom bleiben / Neueinsteiger im Call-by-Call-Geschäft

ht. FRANKFURT, 17. November. Fast zwei Jahre nach der Freigabe des Wettbewerbs auf dem Telefonmarkt haben sich erste Strukturen gefestigt: Etablierte Anbieter wie Mannesmann Arcor konzentrieren sich immer stärker darauf, Telefonkunden fest an sich zu binden. Gleichzeitig verlieren die etablierten Anbieter bei den so genannten Call-by-Call-Gesprächen, die den Wettbewerb erst richtig in Gang gebracht haben, Marktanteile an Neueinsteiger. Gleichzeitig stagniert die Bereitschaft der Telefonkunden, von der Deutschen Telekom ganz zu einem neuen Anbieter zu wechseln. Zu diesen Ergebnissen kommt eine Untersuchung des Nürnberger Marktforschungsunternehmens Target Group.

Rund drei Viertel der befragten Personen kennt nach dieser Untersuchung die Möglichkeit der Call-by-Call-Gespräche, bei der Telefonkunden mit der Netzvorwahl vor jedem Gespräch eine eigene Telefongesellschaft wählen können. Bei Auslandsgesprächen lassen sich auf diese Weise Preisvorteile von bis zu 1000 Prozent gegenüber den normalen Tarifen der Deutschen Telekom erzielen. Immerhin 45 Prozent aller Befragten haben von dieser Möglichkeit auch schon Gebrauch gemacht, nach 9 Prozent in den ersten Monaten nach der Freigabe des Wettbewerbs. Aber nur 37 Prozent aller Telefonierer nutzen Call by Call bei jedem Ferngespräch, während 57 Prozent aller Telefonkunden nur ab und zu mit einer Netzvorwahl zu einem anderen Anbieter wechseln.

Nutzte im Frühjahr dieses Jahres noch jeder fünfte Telefonkunde bevorzugt die Gesellschaften Mannesmann Arcor und Mobilcom für die Call-by-Call-Gespräche, sind diese Werte auf rund 15 Prozent gefallen. Auch Otelo, inzwischen zu Mannesmann gehörend, hat in diesem Zeitraum an Popularität bei den Call-by-Call-Gesprächen eingebüßt, ergab die Untersuchung. Leicht zulegen konnten dagegen Teldafax und Viag Interkom. Zu den Preisführern bei diesen Gesprächen gehören inzwischen vor allem Neueinsteiger wie 01051 Telecom oder 3U Telecommunikation, die aufgrund extrem schlanker Verwaltungsstrukturen und geringer Personalkosten in diesem Geschäft mit niedrigen Gewinnspannen überleben können.

Über dem Markt für die beliebten Call-by-Call-Gespräche schweben allerdings dunkle Wolken, denn die Deutsche Telekom hat angekündigt, im kommenden Jahr nicht mehr das Inkasso für ihre Konkurrenten betreiben zu wollen. Der Gesetzgeber hat den ehemaligen Monopolisten Deutsche Telekom zwar verpflichtet, die Telefongebühren über die normale Telefonrechnung einzutreiben und an die neuen Gesellschaften weiterzuleiten. Aus dieser Verpflichtung will sich die Bonner Telefongesellschaft befreien. Branchenkenner räumen der Telekom dabei aber nur geringe Chancen ein.

Der Chef der Regulierungsbehörde für den Telekommunikationsmarkt, Klaus-Dieter Scheurle, hat dessen ungeachtet für das kommende Jahr weiter fallende Telefonkosten vorhergesagt. „Durch Call by Call können bis zu 85 Prozent der Gebühren gespart werden", sagte Scheurle. Jede dritte Ferngesprächsminute sei Mitte 1999 von den Wettbewerbern der Deutschen Telekom geschaltet worden. Im kommenden Jahr könnte ein neues Gebührenmodell für die so genannte Netzzusammenschaltung (Interconnection) zu weiteren Preissenkungen führen. Die neuen Gesellschaften, die in der Regel über kein eigenes Netz verfügen, müssen für jede Minute, in der ihre Kunden das Ortsnetz der Telekom benutzen, eine so genannte Interconnection-Gebühr zahlen. Diese Gebühr könnte fallen und den Anbietern die Möglichkeit für weitere Preissenkungen schaffen.

Der Wettbewerb bietet den Telefonkunden aber auch die Möglichkeit, für alle Ferngespräche zu einem neuen Anbieter zu wechseln (Pre-Selection). Bisher haben nur wenige Prozent der Bevölkerung von dieser Möglichkeit Gebrauch gemacht. Eine niedrige Telefonrechnung und die Gewöhnung an die Deutsche Telekom werden besonders häufig als Gründe für den Verbleib genannt. Rund 82 Prozent der Befragten gab daher an, in absehbarer Zeit nicht wechseln zu wollen. Dagegen wollen 5,4 Prozent der Befragten in den kommenden zwölf Monaten die Telefongesellschaft wechseln. „Die Ergebnisse deuten darauf hin, dass das Potential an Wechselinteressenten langsam ausgeschöpft ist", folgern die Marktforscher.

Allerdings sind die Wechselwilligen meist lukrative Kunden für die neuen Gesellschaften: Sie haben überdurchschnittlich hohe Telekommunikationskosten im Monat, sind besser mit Geräten wie Telefonen, Fax oder Internet-Computern ausgestattet und besitzen häufiger ein Mobiltelefon als die Nichtwechselwilligen.

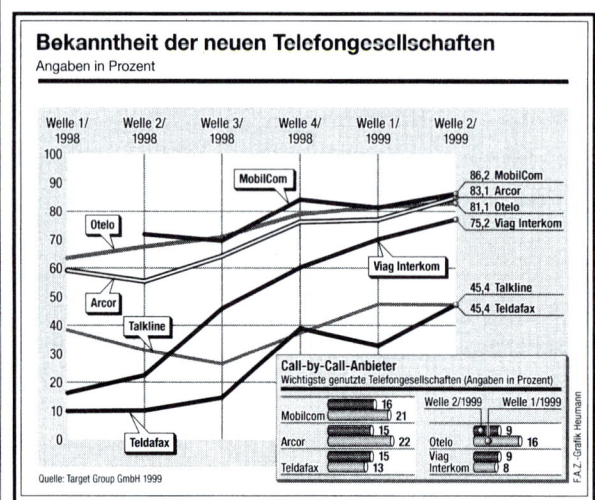

INSERT 3-12: Frankfurter Allgemeine Zeitung, 18.11.1999, S. 28

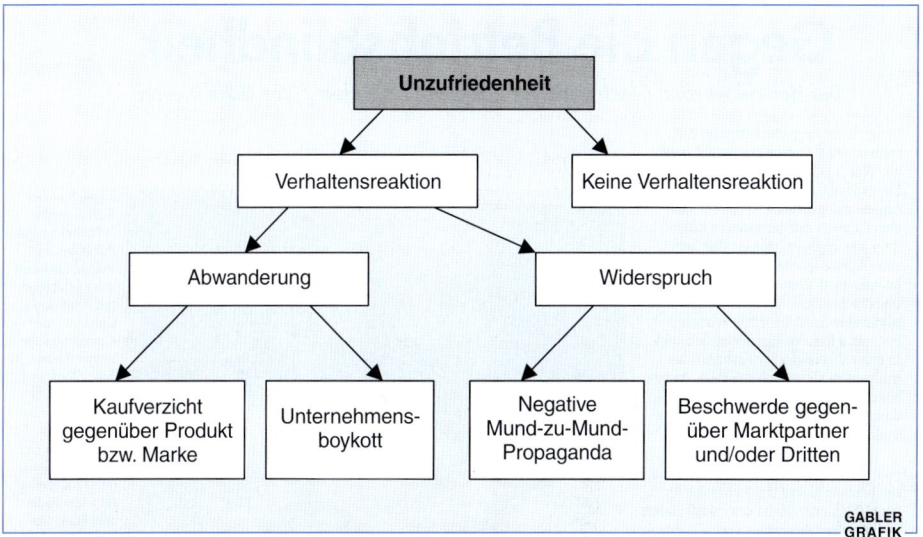

Abbildung 3-45: Verhaltensoptionen bei Unzufriedenheit
(Quelle: Dichtl/Schneider 1994, S. 8)

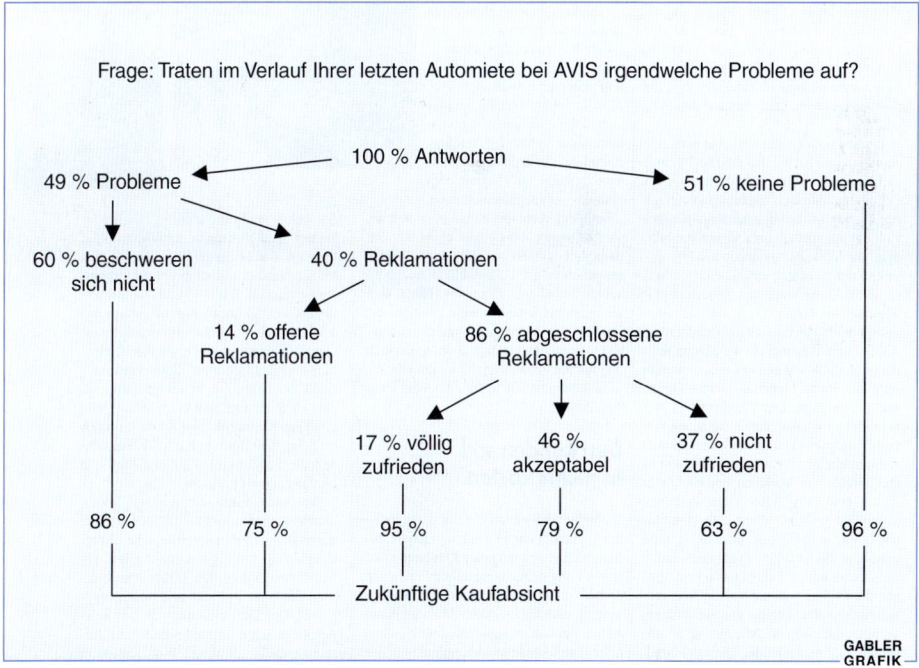

Abbildung 3-46: Einfluß des Beschwerdemanagements auf die Kundenzufriedenheit und -bindung am Beispiel einer Autovermietung
(Quelle: TARP-Studie 1989)

Produkt- und programmpolitische Entscheidungen

Gegen die Betriebsblindheit
Bei Henkel werden Beschwerden als Chance begriffen / Von Silke Biester

In der Konsumgüterbranche hat man es im Allgemeinen nicht gerne, wenn sich jemand beschwert. Ein professionelles Beschwerdemanagement gibt es sowohl im Handel als auch auf Seiten der Industrie nur äußerst selten. Der Service-Aufwand steht in keinem Verhältnis zum Wert der Ware – so die übliche Einstellung. Eine Ausnahme bildet der Spezialist für Wasch-, Putz und Reinigungsmittel, Henkel. In dem Düsseldorfer Konzern bemüht man sich nach Kräften, unzufriedene Verbraucher dazu zu bewegen, sich bei dem Hersteller zu melden.

Täglich öffnet Karl Gerads (sitzend) einige Päckchen mit Wäschestücken oder fehlerhaften Produkten. Der Leiter der Abteilung Consumer Relations, Joachim Bochberg, ist froh über jede Beschwerde. So erfährt das Unternehmen, von den Problemen der Anwender und kann Gegenmaßnahmen ergreifen.

Fotos: Georg Lukas

Auch Henkel-Manager machen Fehler. Joachim Bochberg, Leiter der Abteilung Consumer Relations, weiß davon einiges zu berichten. Auf seinem Schreibtisch ist schon so mancher Fauxpas gelandet und darüber ist er froh. Denn bei ihm und seinen Mitarbeitern laufen die Telefone heiß, wenn ein fehlerhaftes Produkt tatsächlich den Weg in die Supermarktregale findet. Auf diesem Wege erfährt das Unternehmen von all jenen Kleinigkeiten, die den Entwicklern trotz umfangreicher Tests durch die Lappen gegangen sind. In gravierenden Fällen kann er binnen kürzester Zeit die nötigen Gegenmaßnahmen auf den Weg bringen.

So war es beispielsweise als man sich entschlossen hatte, die Marke Perwoll nicht nur als Pulver, sondern auch als Flüssigwaschmittel anzubieten. Nach der Markteinführung allerdings häuften sich die Anrufe zu dem neuen Produkt, denn die Verbraucher haben die Flüssigkeit in der rosafarbenen Flasche teilweise nicht zum Waschen, sondern als Weichspüler eingesetzt – mit dem Ergebnis waren sie folglich unzufrieden. Anstatt den Vorgang auf die „Dummheit der Verbraucher" abzuschieben, hat man sich bei Henkel gefragt, wie es dazu kommen konnte. Das Ergebnis war wenig erfreulich: Auf der Ware stand nirgends klipp und klar geschrieben, dass es sich um ein Waschmittel handelt. Wie es dazu wiederum kommen konnte, dafür findet Bochberg eine klare Antwort: „Betriebsblindheit." Für die Produktmanager war es offenbar sonnenklar, dass der Name Perwoll für Waschmittel steht, dass sie es schlicht versäumt haben, dies auf die Packung zu schreiben. Stattdessen prangte dort der für die Verbraucher verwirrende Slogan „Mit Wolle-Weichpfleger". „Solche Fehler können überall vorkommen", ist Bochberg überzeugt. „Wichtig ist, dass man schnellstmöglich davon erfährt und reagieren kann."

Deshalb macht Henkel es den Konsumenten so leicht wie möglich, mit dem Unternehmen Kontakt aufzunehmen. Auf jeder einzelnen Packung, die das Werk verläßt, ist die komplette Adresse sowie eine kostenlose Service-Telefonnummer aufgedruckt. Auch Pakete werden auf Kosten des Hauses entgegengenommen. „Wenn ein Verbraucher schon so nett ist, uns zu sagen, dass etwas nicht stimmt, dann soll er dafür nicht auch noch Geld ausgeben müssen", bekräftigt Bochberg seine Einstellung. Denn die Hürde, sich zu beschweren sei ohnehin groß genug. Die meisten Menschen würden ein Produkt, über das sie sich ärgern, einfach wegwerfen – und dann nie wieder kaufen. „Das ist das Gefährliche", weiß der Henkel-Mann.

Den Kunden soll es nichts kosten

Gerne widerspricht er den traditionellen Gedanken der Betriebswirtschaft, denen zufolge sich ein guter Kundenservice nur bei vergleichsweise teuren Produkten rechnen kann. Für ihn ist es kein Widerspruch, auch für Lowcost-Produkte einen hohen Service anzubieten. Selbst, wenn er bei zurückgewonnenen Kunden nicht mit einem Lifetime-Value von 500000 DM ausgehen kann, wie es beispielsweise in

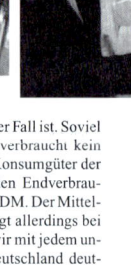

der Automobilbranche der Fall ist. Soviel Wasch- und Putzmittel verbraucht kein Mensch. Die teuersten Konsumgüter der Marke Henkel kosten den Endverbraucher zwischen 30 und 40 DM. Der Mittelwert aller Packungen liegt allerdings bei 3,99 DM. „1998 haben wir mit jedem unserer Verbraucher in Deutschland deutlich weniger als fünf Euro verdient", rückt Bochberg die Relationen zurecht. „Da ist nicht viel Spielraum drin." Jede einzelne Kundenanfrage koste dagegen im Schnitt 10 Euro. In Extremfällen können die Servicekosten sogar höher sein als der gesamte Lifetime-Value.

Warum Henkel trotzdem seit Jahren den Verbraucher-Service kontinuierlich ausbaut? Immerhin investierte das Unternehmen im vergangenen Jahr allein 1,6 Millionen DM in den Verbraucher-Service für Wasch-, Putz- und Reinigungsmittel. Der Bereich Kosmetik und Körperpflege hat nochmals eine eigene Abteilung dafür. „Weil die Wirklichkeit in den Haushalten viel komplexer ist, als wir es in Tests und Labors abbilden kön-

INSERT 3-13: Lebensmittelzeitung, 04.02.2000, S. 34

nen", antwortet der Manager und liefert ein Beispiel. Vor rund vier Jahren hat Henkel in Deutschland einen chlorhaltigen Badreiniger auf den Markt gebracht, der in Südeuropa schon lange eingeführt war und gut funktionierte. Die Folge: In manchen Haushalten verfärbten sich die Fliesen. Aber auch der warnende Packungsaufdruck, man möge das Produkt zunächst an einer verdeckten Stelle testen, half nicht. Versteckte Fliesen wurden sauber, aber in manchen Duschen bildeten sich braune Schlieren.

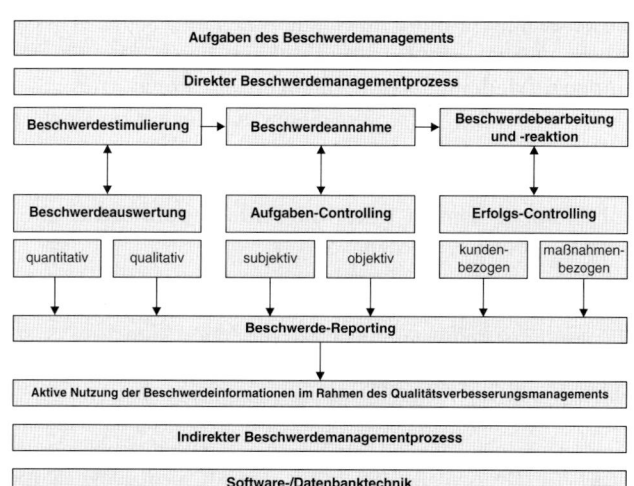

Und weil man Badezimmer nicht per Post verschicken kann, sind die Henkel-Mitarbeiter zu den Konsumenten nach Hause gefahren, um die Situation zu studieren. „Ein hoher Aufwand, aber wenn man bedenkt, was es kostet ein Bad neu zu fliesen, geschweige denn, dass die Marke langfristig gefährdet sein könnte, ist es allemal gerechtfertigt, der Sache auf den Grund zu gehen", rechnet Bochberg vor. Vor Ort fand man allmählich eine Erklärung: In allen Fällen handelte es sich um eine bestimmte Sorte Fliesen, die zwischen 1983 und 1986 von der Firma Villeroy & Boch hergestellt worden war. An beanspruchten Stellen wurde die Glasur porös und ermöglichte die Verfärbung. In Südeuropa hatte es das Problem nicht gegeben, weil diese Fliesen nur in Deutschland verkauft worden waren. Nachdem man das Problem einmal erkannt hatte, konnte es mit entsprechenden Warnhinweisen sowie einer Rezepturänderung schnell gebannt werden.

Im Jahr kommen rund 80 000 Impulse von Verbrauchern, per Telefon, Post, Fax oder E-Mail im Henkel Verbraucher-Service an. Die meisten Fragen, bei denen es um Anwendungshinweise geht, können die Mitarbeiter direkt beantworten. Manchmal muss aber auch das Wissen von Experten herangezogen werden. Bochberg unterstreicht, dass es sich bei der eineköpfigen Mannschaft keineswegs um eine frisch eingekaufte klassische Call-Center-Besatzung handelt. „Jeder Einzelne kann im Schnitt auf 18 Jahre Erfahrung bei Henkel zurückblicken", bekräftigt er. „Dieser Erfahrungsschatz macht die Kompetenz aus."

Alle Verbraucherkontakte werden sofort in einer Datenbank erfasst, die auf zwei Säulen basiert. Einerseits geht es um die Bereiche Marke, Produkt, Verpackung. Andererseits ist das System problemorientiert aufgebaut, mit 70 Hauptund 800 Unterkategorien. Wöchentlich werden alle Eingänge mit einem Standardreporting ausgewertet und an alle Personen weitergeleitet, die am Gelingen eines Produkts beteiligt sind. Zusätzlich werden die Verbraucherreaktionen in regelmäßigen Roundtable-Gesprächen auch mit der Geschäftsführung diskutiert. Nur so mache das Ganze überhaupt Sinn. Denn das Feedback und die Lerneffekte aus dem Markt müssten systematisch ins Unternehmen zurückfließen. „Service für Low-Cost-Produkte ist praktizierte Marktforschung", lautet sein Fazit. Jedes Problem, das an ihn herangetragen wird, sei nur ein Stellvertreter für hunderte ähnlicher Fälle, von denen das Unternehmen aber nichts erfährt. Bochberg findet ein weiteres Argument für den Service: „Wir bekommen so auch Anregungen zu neuen Ideen und Verbesserungen, die sich aus den Haushaltsproblemen der Konsumenten ergeben."

Darüber hinaus böten Reklamationen immer auch eine Chance zur aktiven Kundenbindung, merkt Bochberg an. Denn wenn die Kunden merken, dass sie mit ihrem Problem ernst genommen werden und das Unternehmen engagiert versucht, Abhilfe zu schaffen, wandelt sich das Negativ-Erlebnis zum positiven. Der Ärger verfliegt. So hat Henkel etwa allen Verbrauchern, die sich bei der Einführung der Persil-Megaperls über das nicht immer optimale Lösungsverhalten des Produkts beschwert hatten, Monate später eine Packung mit der nachgebesserten Variante zugeschickt. In dem beigefügten Brief hieß es: „Wir baten um Ihre Beschwerde gelernt. Probieren Sie das Produkt doch noch einmal aus und sagen uns, wie es Ihnen jetzt gefällt." Daraufhin hat sich fast die Hälfte der 3 000 Angeschriebenen zurückgemeldet. Mehr als 90 Prozent davon sollen „absolut begeistert" gewesen sein.

Insbesondere bei Neuheiten versteht Bochberg das Verbraucher-Telefon regelrecht als „Early-Warning-System". Denn bei Neueinführungen will jeder im Unternehmen ganz genau wissen, was die Verbraucher dazu sagen und welche Fragen in der Anwendung offen geblieben sind. Die interne Alarmschwelle liegt bei sechs Reklamationen pro 100000 verkaufte Packungen. Zwar durchlaufen die Produkte in der Regel vor der Markteinführung eine Reihe Home-use-Tests in den Haushalten. Doch Bochberg weiß, dass diese Testpersonen oftmals so patent sind im Umgang mit der Ware, dass sie Schwachstellen manchmal gar nicht aufdecken.

Service ist aktive Kundenbindung

Unternehmensintern spielt Bochberg oftmals die Rolle des Anwalts für die Verbraucher. Denn nicht immer sehen die betroffenen Abteilungen gleich ein, dass ihr gut durchdachtes Konzept noch verbesserungsbedürftig ist. Bochberg bemüht sich dann, ihre Sichtweise zu verändern: „Die Leute machen das nicht falsch, sondern sie tun das, wovon sie glauben, dass es richtig ist." Bei der Einführung neuer kindersicherer Verschlüsse hatten sich beispielsweise die Bitten gehäuft „Sagen Sie mir wie ich die Flasche aufbekomme!". Da gab es ein Kommunikationsproblem, das es zu lösen galt. „Die Verbraucher sind Kläger und Richter in einer Person", argumentiert er. „Wenn sie mit dem Produkt nicht klar kommen, kaufen sie ein anderes."

Was diese Initiativen ganz konkret bringen, dafür hat Bochberg keine klare Bewertung. Denn es spielen in erster Linie weiche Faktoren wie Image und Kundenbindung eine Rolle. Eine echte Erfolgsmessung ist dagegen schwierig. „Das wäre Kaffeesatzleserei", sagt der Manager. An der Wichtigkeit des professionellen Beschwerdemanagements will er dennoch keine Zweifel aufkommen lassen. Eine Überzeugung, die auch von der Geschäftsführung getragen wird. Ansonsten würden die Maßnahmen wohl auch auf halbem Wege versickern. □

INSERT 3-13: Lebensmittelzeitung, 04.02.2000, S. 34 (Fortsetzung)

unzufrieden sind, sich aber nicht beschweren („unvoiced complainers"). Außerdem ist eine Beschwerdeanalyse mit dem Nachteil behaftet, keine Aussagen über die Position des Unternehmens im Wettbewerbsvergleich bereitzustellen. Diese Defizite können durch **Kundenzufriedenheitsstudien** abgebaut werden. Dies gilt vor allem dann, wenn die Kundenzufriedenheit in regelmäßigen Abständen und unternehmensübergreifend erfaßt wird. Durch die Analyse der Kundenzufriedenheit mit einzelnen Produktkomponenten und der Zufriedenheitsentwicklung im Zeitablauf sowie im Vergleich zu den Hauptwettbewerbern können **wertvolle Anhaltspunkte für die Produkt- und Programmpolitik** gewonnen werden.

Beispielsweise führt die Automobilindustrie branchenweite Zufriedenheitsstudien bei Neuwagenkäufern alle sechs beziehungsweise zwölf Monate durch (Korte 1995, S. 80). Diese in den Ländern Deutschland, Frankreich, Großbritannien, Italien, Spanien, Portugal, Niederlande und Schweden durchgeführten Studien werden mit einem Stichprobenumfang von 40 000 (Deutschland) beziehungsweise 200 000 (Europa) Personen erhoben. Trotz dieser auf den ersten Blick enormen Stichprobengröße ist eine sinnvolle Auswertung der Kundenzufriedenheit für jeden einzelnen Händlerbetrieb (in Deutschland 1994 circa 25 000) nicht möglich. Die Studien verschaffen lediglich einen Überblick über die markenspezifische Zufriedenheit in den einzelnen Ländern. Da auch die Zufriedenheit mit dem Händler einen hohen Einfluß auf die Produktzufriedenheit ausübt, werden zum Beispiel von der Volkswagen AG seit zehn Jahren zusätzlich jährlich 340 000 Interviews mit den Kunden der 3 166 VW-Händler (1991) durchgeführt. Auf dieser Basis kann die Zufriedenheitsentwicklung für jeden einzelnen Händler überprüft und für Maßnahmen zur Erhöhung der Produktzufriedenheit (händlergerichtetes Marketing) verwendet werden.

Abbildung 3-47 gibt einen Überblick der in den markenübergreifenden Zufriedenheitsstudien erfaßten Verhaltenskonstrukte. Hinweise auf eine hohe Unzufriedenheit mit der Auslieferungsqualität der Fahrzeuge führten bei einem Hersteller zur Einrichtung einer umfassenden „pre-delivery inspection". Nach einer gründlichen Überprüfung zahlreicher Funktionen im Rahmen einer Probefahrt bürgt nun ein Mitarbeiter mit seinem Namen persönlich für die Auslieferungsqualität des Neufahrzeugs. In einem anderen Fall wurde aufgrund hoher Unzufriedenheit mit dem Kofferraumvolumen durch eine Produktvariation der Kofferraum eines Mittelklasse-PKW deutlich vergrößert.

Zufriedenheits- und Beschwerdeanalysen können über die Produktpolitik hinaus als **Controllinginstrument zur Erhöhung der Effizienz aller Marketingaktivitäten** eines Unternehmens dienen. Dies ist zweckmäßig, weil sowohl die Erwartungen des Kunden gegenüber dem Produkt als auch die Wahrnehmung der tatsächlichen Leistung nicht nur von der Qualität des Produktes, sondern von vielen Marketingparametern abhängt. Der Kunde beurteilt insoweit keine getrennten Einzelleistungen, sondern die Gesamtleistung im Sinne des generischen Produktkonzeptes. So ist zum Beispiel für die Produktzufriedenheit in der Automobilindustrie auch die Kauferfahrung beim Händler, der Kundendienst, das Preisniveau und die Kommunikation maßgebend (Burmann 1991; Korte 1995).

	Berücksichtigte Konstrukte in den markenübergreifenden Studien und Erhebungszeitpunkt im Besitzzyklus					
	BZ	PZ/MZ	HZ	ML	HL	Erhebungszeitpunkt
Deutsches Kundenbarometer						unbestimmt
Initial Quality Study (J. D. Power and Associates)						nach 3 Monaten[1]
Sales Satisfaction Study (J. D. Power and Associates)						nach 3 Monaten
Customer Service Satisfaction Study (J. D. Power and Associates)						nach 12–14 Monaten
Vehicle Performance Study (J. D. Power and Associates)						nach 2–3 Jahren
Vehicle Dependability Study (J. D. Power and Associates)						nach 4–5 Jahren
Quality Audit Survey						nach 12 und nach 36 Monaten
New Car Buyer Study						nach 3 Monaten
European Customer Satisfaction Survey						nach 2 Jahren

Anmerkungen:

BZ = Beschwerdezufriedenheit
PZ/MZ = Produkt-/Markenzufriedenheit
HZ = Händlerzufriedenheit
ML = Markenloyalität
HL = Händlerloyalität

Konstrukt berücksichtigt
Konstrukt nicht berücksichtigt
1 Zeitraum nach dem Kauf

Abbildung 3-47: Zufriedenheitsstudien in der Automobilindustrie
(Quelle: Korte 1995, S. 86)

2.4 Produktinnovation

Die Gestaltung von **Produkten** bildet den Kernbereich der Produkt- und Programmpolitik. Entscheidungen auf der Ebene der Produktlinie und des Produktprogramms lassen sich auf die Entscheidungen der Produktebene zurückführen. Aus diesem Grund steht die eingehende Analyse von Entscheidungen über die Einführung neuer Produkte (Produktinnovationen), die Variation und Pflege der bereits am Markt befindlichen

Produkte und die Herausnahme wirtschaftlich nicht attraktiver Produkte aus dem Markt (Produkteliminierung) im Mittelpunkt der folgenden Betrachtungen.

Der Begriff der **Innovation** ist in den letzten Jahren zum Schlagwort geworden. Seit den Thesen Schumpeters (1912) besteht weitgehend Einigkeit darüber, daß Innovationen der wichtigste, wenn nicht gar der einzige **Träger von Wirtschaftswachstum** sind. In den westlichen Industrieländern kann die internationale Wettbewerbsfähigkeit nur durch Innovationen gewährleistet werden, da Schwellen- und Entwicklungsländer bei schnell diffundierendem Technologie-Know-how aufgrund des niedrigeren Lohnniveaus kostenorientiert große Vorteile besitzen.

Auch aus einzelbetrieblicher Sicht wird von einer Innovationsnotwendigkeit gesprochen, um die Wettbewerbsfähigkeit, den Erfolg und das Wachstum der Unternehmung zu sichern. Als zentrales Problem stellt sich in diesem Zusammenhang jedoch die **hohe Mißerfolgsrate** von Innovationen dar. Als wesentliches Innovationshemmnis erweist sich häufig insbesondere die unzureichende Innovationsorientierung von Management und Mitarbeitern. Innovationen sind mit erheblichen Veränderungen des persönlichen Arbeitsumfeldes verbunden und lösen deshalb häufig Konflikte und Widerstände in den Unternehmen aus (Hauschildt 1997, S. 89 ff.). Schon Schumpeter hat daher auf den hohen „Beharrungswiderstand gegen Veränderungen" hingewiesen (Schumpeter 1912, S. 108).

2.41 Begriffliche Grundlagen und Bedeutung von Produktinnovationen

Produktinnovationen werden in Theorie und Praxis unterschiedlich definiert. Hier sollen darunter die mit der Entwicklung von Neuprodukten verbundenen Änderungsprozesse in einer Unternehmung verstanden werden (Schmitt-Grohe 1972, S. 25 ff.). Die Änderungsprozesse können alle funktionalen Bereiche des Unternehmens betreffen.

Produktinnovationen gehen häufig mit **Prozeßinnovationen** einher. Diese kennzeichnen „neuartige Faktorkombinationen, die die Produktion eines bestimmten Gutes kostengünstiger, qualitativ hochwertiger, sicherer oder schneller" machen (Hauschildt 1997, S. 9). Insoweit werden hier auch Veränderungen im Humanbereich der Unternehmen (Sozialinnovationen) unter dem Begriff der Prozeßinnovation subsumiert, weil eine Restrukturierung unternehmerischer Prozesse ohne gleichzeitige Veränderung der Arbeitsabläufe und Anforderungen an das Personal selten ist. Prozeßinnovationen beziehen sich in der Regel nur auf innerbetriebliche Veränderungen und nicht auf den marktlichen, unternehmensexternen Verwertungsprozeß. Sie können sich auch auf bereits am Markt eingeführte Produkte beziehen.

Unabhängig vom Gegenstand beziehungsweise Objekt der Innovation (Produkt versus Prozeß) **ist Neuheit stets ein relativer Begriff**. Zur näheren Beschreibung einer Produktinnovation können vier Dimensionen herangezogen werden (Meffert 1973a):

1. Subjektdimension: Neu für wen?
2. Intensitätsdimension: Wie sehr neu?
3. Zeitdimension: Wann beginnt und endet eine Innovation?
4. Raumdimension: In welchem Gebiet neu?

Der relative Charakter von Innovationen deutet bereits darauf hin, daß die Beurteilung dessen, was als neu zu bezeichnen ist, von der subjektiven Wahrnehmung einer Person abhängt. Eine Produktinnovation ist demnach das, was als solche wahrgenommen wird. Die **Subjektdimension** unterscheidet dementsprechend zunächst nach der Art des Personenkreises, dessen Wahrnehmungen betrachtet werden, in **Hersteller- und Konsumentenneuheiten**. Aus Sicht der Konsumenten interessiert vor allem die veränderte Nutzenstiftung. Neue Verpackungen, veränderte Werbebotschaften, neue Vertriebswege usw. schaffen beim Käufer häufig bereits „Neuheitserlebnisse". Aus Sicht des Herstellers steht demgegenüber meist der Grad produkt- und produktionstechnischer Veränderungen im Vordergrund.

Die **Intensitätsdimension** der Neuheit („Innovationshöhe") kann durch eine Skala zum Ausdruck gebracht werden, die von Neuheiten in Form geringfügiger Modifikationen der Marketinginstrumente bis hin zu technischen Neuerungen, die in der Geschichte der Menschheit erstmalig erfunden und wirtschaftlich verwertet werden, reicht (Hauschildt 1997, S. 9). Letztere sind als **Marktneuheiten** zu charakterisieren, wobei zwischen Marktneuheiten im engeren Sinne (Weltneuheiten) und im weiteren Sinne unterschieden werden kann. Eine Marktneuheit im weiteren Sinne ist zum Beispiel die erstmalige Einführung eines Großraum-PKW (Renault Espace) auf dem deutschen Markt im Jahre 1984. Von einer Marktneuheit im weiteren Sinne wird hier deshalb gesprochen, weil ähnliche Fahrzeugkonzepte auf dem amerikanischen Markt bereits vor 1984 von anderen Unternehmen angeboten wurden.

Eine Beschränkung der Produktinnovation auf Marktneuheiten würde jedoch den betriebswirtschaftlichen Problemen im Zusammenhang mit der Planung und Einführung neuer Produkte nicht gerecht. Stattdessen ist aus betriebswirtschaftlicher Sicht eine Produktinnovation immer dann gegeben, wenn die Unternehmung „eine technische Neuerung erstmalig nutzt, unabhängig davon, ob andere Unternehmungen den Schritt vor ihr getan haben oder nicht" (Witte 1973, S. 3). In diesem Fall kann von **Betriebsneuheiten** gesprochen werden. Es bedarf keiner Begründung, daß der Komplexitätsgrad der Entscheidung mit wachsender Tendenz zur Marktneuheit steigt.

Die **Zeitdimension** kennzeichnet zwei verschiedene Aspekte: Wie lange ist der Zeitraum zu bemessen, in dem ein Produkt nach der Markteinführung als neu gilt und ab wann kann innerbetrieblich von einer Innovation gesprochen werden. Der erste Aspekt ist generalisierend nicht zu beantworten. Je nach Produktgattung und Produkt sind hier erhebliche Unterschiede anzutreffen. Während bei den meisten Produktinnovationen im Dienstleistungssektor als Folge eines eingeschränkten Patentschutzes oft eine **schnelle Imitation** durch die Wettbewerber zu beobachten ist, kann beispielsweise im Pharmabereich über fünf bis zehn Jahre und länger ein neues Medikament als Produktinnovation gelten (zum Beispiel Aspirin von Bayer). Generell ist festzuhalten, daß sich der Zeitraum, innerhalb dessen eine Produktinnovation als neu wahrgenommen wird, in den letzten Jahren als Folge einer immer schnelleren Technologiediffusion erheblich verkürzt hat.

Der zweite Aspekt der Zeitdimension beschreibt die Tatsache, daß eine Produktinnovation mehr ist als eine Invention, das heißt eine Erfindung. Von einer Produktinnovation wird vielmehr erst dann gesprochen, wenn **bestimmte Phasen** (zum Beispiel Idee, Forschung und Entwicklung, marktliche Verwertung) durchlaufen werden und ein neues Produkt im Markt eingeführt wird. Die Anzahl und Abgrenzung der Phasen ist dabei in der Literatur umstritten.

Die **Raumdimension** des Innovationsbegriffes kennzeichnet den Sachverhalt, daß ein bereits in einem Gebiet verkauftes Produkt für ein anderes Gebiet eine Neuheit darstellen kann. Damit ist insbesondere die **stufenweise Einführung neuer Produkte in Auslandsmärkten** angesprochen. Sehr innovative Produkte werden häufig zunächst nur in einem regionalen beziehungsweise nationalen Markt vorgestellt, um seitens des Unternehmens das Übernahme- und Lernverhalten der Kunden beobachten zu können. Erst auf der Grundlage der genauen Kenntnis des Kommunikations- und Nutzungsverhaltens der ersten Kunden wird dann eine Marktbearbeitungsstrategie zur Erschließung des breiten Massenmarktes entwickelt.

Produktinnovationen nehmen im Produktmix eine besondere Stellung ein. Vor dem Hintergrund gesättigter Märkte, Überkapazitäten im Fertigungsbereich, rechtlicher Restriktionen (Umweltschutzbestimmungen, Produkthaftpflicht) sowie der Verkürzung der Produktlebenszyklen müssen die Unternehmen in verstärktem Maße eine Umorientierung ihrer Ressourcen auf die Entwicklung neuer Produkte vornehmen. Produktinnovationen sind mit **enormen Wachstumschancen** verbunden (vgl. Insert 3-14).

In der seit 1972 in den USA durchgeführten PIMS-Studie, die auf einer Längsschnittuntersuchung von über 3 000 Unternehmen beruht, wurde festgestellt, daß durch Produktinnovationen wesentliche Marktanteilsgewinne und Umsatzzuwächse zu erzielen sind (Buzzell/Gale 1989, S. 87). In einer vom Marketing Science Institute unterstützten branchenübergreifenden Untersuchung konnte festgestellt werden, daß bei den untersuchten amerikanischen Firmen 25 Prozent der Umsätze mit Produkten erzielt werden, die in den letzten drei Jahren in den Markt eingeführt wurden (Wind/Mahajan 1991). In anderen Untersuchungen werden Umsatzanteile von Produkten, die nicht älter als fünf Jahre sind, von 46 bis 50 Prozent nachgewiesen (Hinterhuber 1975; Cooper 1985). Eine von Booz, Allen und Hamilton durchgeführte Untersuchung bei 700 amerikanischen Unternehmen kommt zu dem Ergebnis, daß durchschnittlich 31 Prozent der Gewinne in den kommenden fünf Jahren durch neu einzuführende Produkte erwirtschaftet werden sollen (Booz, Allen & Hamilton 1982).

Foto Zentralbild

Im VW-Werk im sächsischen Mosel wird die vorgefertigte Tür nur noch montiert.

Höhere Rendite dank ehrgeiziger Ziele und disziplinierter Umsetzung

In Autozulieferunternehmen entscheiden nicht die Methoden, sondern deren Anwendung über den Erfolg

mir. FRANKFURT, 9. Januar. Innovative Automobilzulieferer verfolgen ehrgeizige Wachstumsziele, konzentrieren sich auf echte Produktneuheiten und lassen ihre Forschungs- und Entwicklungsabteilungen frühzeitig an den Anforderungen des Markts teilhaben. Das zeigt eine Analyse der Wachstumsstrategien von 88 Automobilzulieferunternehmen auf der ganzen Welt, welche die Unternehmensberatung McKinsey zusammen mit der RWTH Aachen durchgeführt hat.

Die Anstrengungen der Unternehmen zahlen sich aus. Innovative Autozulieferunternehmen erzielten im Durchschnitt der Jahre 1995 bis 1997 eine doppelt so hohe Umsatzrendite als ihre weniger innovative Konkurrenz. Das Umsatzwachstum der innovativen Unternehmen habe sogar viermal so hoch als das Ertragswachstum gelegen. Als Beispiele für die Produktpalette innovativer Unternehmen werden so genannte Front-End-Module, wasserlösliche Lacke, elektronische Fahrdynamikregelungen, automatisch abblendende Innenspiegel oder Xenon-Scheinwerfer genannt.

Die innovativen Unternehmen setzen sich ehrgeizige Wachstumsziele und gehen konsequenter an die Umsetzung heran, heißt es in der Untersuchung. Sie planten für die Jahre 1997 bis 2000 Umsatzsteigerungen von durchschnittlich 24 Prozent, die weniger innovativen begnügten sich mit 17 Prozent Umsatzwachstum. Bei der Umsetzung der Wachstumsstrategien seien im Wesentlichen bekannte Methoden verwendet worden, wie das aktive Management des Entwicklungsportfolios, Innovationszirkel zur Ideengenerierung oder die Arbeit in Teams unter Einbeziehung von Kunden und Lieferanten. Die disziplinierte Anwendung dieser Techniken unterscheide die erfolgreichen von den weniger erfolgreichen Zulieferern der Branche.

Die Erfolgreichen haben sich auf „echte Neuerungen" konzentriert. Die Entwicklung neuer Produkte habe eine deutlich höhere Priorität als die Verbesserung existierender Produkte. Die innovativen Unternehmen geben nur 29 Prozent ihres Entwicklungsbudgets für Produktverbesserungen, aber 40 Prozent für die Entwicklung neuer Produkte aus. Selbst die Produktverbesserungen sollten so tief greifend wie möglich sein, wird empfohlen. Je stärker sich das Nachfolgemodell vom Vorgänger unterscheide, desto deutlicher sei der Markterfolg. Als echter Durchbruch haben sich beispielsweise komplette Türmodule erwiesen. Seit 1990 habe sich ihr Marktanteil mehr als verdoppelt, die Tendenz ist eindeutig steigend.

Die wenigsten Unternehmen haben Schwierigkeiten, neue Ideen zu entwickeln. Der wesentlich anspruchsvollere Schritt bestehe darin, aus der Fülle der Ideen kompromisslos diejenigen mit dem höchsten Potential herauszufiltern. Bei den innovativen Unternehmen erreichten 37 Prozent der gestarteten Projekte die Serienreife, bei den weniger innovativen nur 26 Prozent. Um die besten Ideen herauszufiltern, sollten unter anderem Mitarbeiter aus Forschungs- und Entwicklungsabteilungen beispielsweise in Wettbewerberanalysen und Kundenbefragungen einbezogen werden. Nichtkäufer könnten präziser beschreiben, in welcher Richtung ein Projekt verbessert werden sollte. Die Untersuchung zeige, dass dieses Instrument wenig genutzt werde und Forscher und Entwickler zu selten daran teilnehmen.

Es schade auch nicht, wenn die Entwickler im „Vertrieb mitlaufen". So erlebten sie, wie Kunden „ihre" Produkte beurteilen. Angesprochene Schwächen ließen sich nicht so leicht abtun wie die internen Diskussionen. Die Entwickler könnten die Anforderungen des Markts ebenfalls frühzeitig berücksichtigen, wenn sie eng mit Mitarbeitern aus Marketing, Einkauf, Produktion und Vertrieb zusammenarbeiteten. Um das geeignete Umfeld für Innovationen zu schaffen, setzten die innovativen Unternehmen auf Trainings für die Mitarbeiter in Forschung und Entwicklung (Themen: innovative Materialien, Technologien, Design-to-Cost-Management) und auf Motivation durch finanzielle Anreize.

Die persönliche Entwicklung und die Flexibilität der Mitarbeiter würden honoriert. Soziale Anreize wie die Förderung von Publikationen spielten eher eine nachgeordnete Rolle. Der Anteil der einbezogenen Mitarbeiter an Forschung und Entwicklung sei bei innovativen und weniger innovativen Unternehmen annähernd gleich hoch. Aber auch hier hänge der Erfolg von der Disziplin ab. Alle Formen von Anreizsystemen werden von innovativen Unternehmen drei- bis viermal so häufig regelmäßig und systematisch angewendet als von weniger innovativen Unternehmen.

Die Entwicklungsabteilungen innovativer Unternehmen seien überwiegend nach Produktgruppen organisiert. Die Mitarbeiter dieser Gruppen begleiteten alle Phasen des Entwicklungsprozesses bis zur Produktionsplanung. Mit Projektplanungssystemen und Rapid-Prototyping-Technologien, aber auch mit Simultaneous Engineering würden bei den innovativen Unternehmen die Entwicklungszeiten verkürzt.

Innovative Unternehmen bildeten für mehr als die Hälfte ihrer Projekte Teams mit Kunden oder Lieferanten. Von beiden verlangten sie einen höheren Entwicklungsbeitrag. Innovative Unternehmen lagern 22 Prozent der Forschungs- und Entwicklungsausgaben aus, weniger innovative nur 8 Prozent.

INSERT 3-14: Frankfurter Allgemeine Zeitung, 10.01.2000, S. 25

Den Wachstumschancen stehen **hohe Risiken** gegenüber. Die Risiken ergeben sich einerseits aus den enormen Investitionen, die mit der Entwicklung und Markteinführung von Neuprodukten verbunden sind.

So wird die geplante Entwicklung eines neuen „Super-Airbus" mit 600 Sitzplätzen als Konkurrenz zum „Jumbo-Jet" von Boeing voraussichtlich zwischen 8 und 15 Milliarden DM kosten (o. V. 1996a, S. 105). Die Investitionen für die Entwicklung eines neuen Automobils liegen in der Regel im Bereich zwischen 1 und 3 Milliarden DM.

Andererseits ist die Neuproduktentwicklung mit **einer hohen Mißerfolgswahrscheinlichkeit** verbunden. Diesbezüglich kommt die Unternehmensberatung Arthur D. Little in einer Studie zu dem Ergebnis, daß von 100 Neuproduktideen nur eine zu einer tatsächlich erfolgreichen Produktinnovation wird (vgl. Abbildung 3-48). Andere Untersuchungen berichten von einer 70prozentigen Versagerquote bei Marken auf Testmärkten, wobei diese Quote noch zu niedrig gegriffen ist, da sich einige Produkte trotz erfolgreicher Markttests später als Flop erwiesen haben (Davidson 1979, S. 46 ff.). Im Lebensmittelbereich wurde anhand von Ordersatzanalysen eine Floprate je nach Warengruppe von 57 Prozent bei Backmischungen bis zu 98 Prozent bei Konserven ermittelt (Becker 1998). Die Flopraten gehen tendenziell zurück, wenn es sich nicht um Weltinnovationen, sondern nur um nationale, branchen- oder unternehmensbezogene Innovationen handelt (Wind 1982).

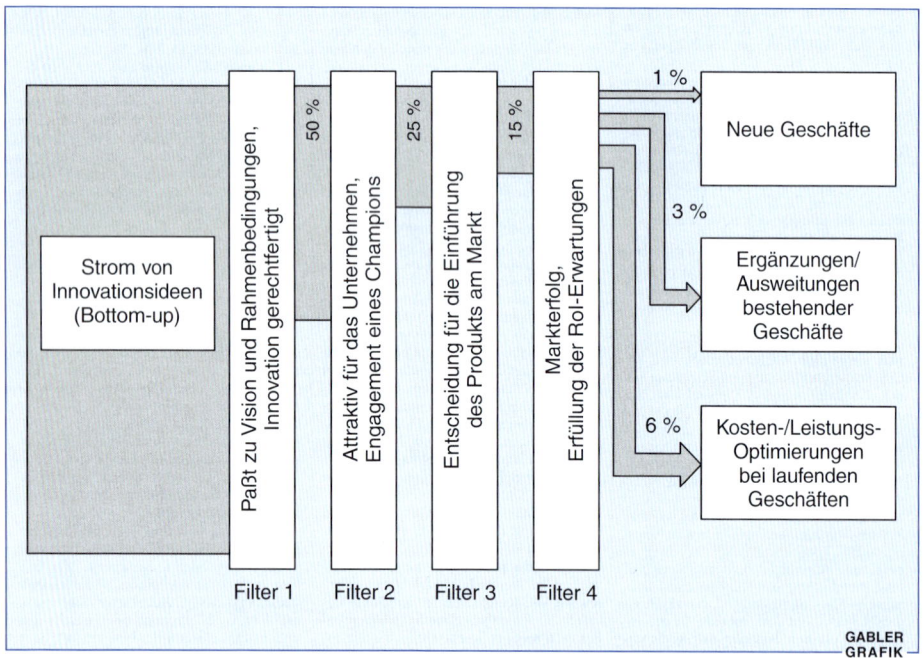

Abbildung 3-48: Innovationserwartungen und Erfolgschancen
(Quelle: A. D. Little 1988, S. 113; zitiert nach Haedrich/Tomczak 1996, S. 156)

Eines der zentralen Probleme von Produktinnovationen liegt darin, daß sie einerseits die Ertragskraft der Unternehmen in der Zukunft stärken sollen, auf der anderen Seite aber ex ante erhebliche finanzielle und personelle Ressourcen voraussetzen. Neben Investitionen in Forschung und Entwicklung sowie Marktforschung sind vor allem auch Kosten für produktbegleitende Prozeßinnovationen und die Markteinführung zu berücksichtigen. Mit jeder weiteren Stufe im Rahmen des Neuproduktentwicklungsprozesses steigen die Kosten progressiv an (vgl. Abbildung 3-49). Sofern eine Produktinnovation erfolgreich in den Markt eingeführt wird, besteht weiterhin das Risiko, daß aufgrund der verkürzten Produktlebenszyklen die Vermarktungszeit zur Wiedergewinnung der hohen Innovationsaufwendungen nicht ausreicht.

Entwicklungsphase	Anzahl der Produktideen	Ausscheidungsquote	Kosten pro Produktidee in US-$	Gesamtkosten in US-$
1. Ideenvorauswahl	64	1 : 4	1 000	64 000
2. Konzepterprobung	16	1 : 2	20 000	320 000
3. Produktentwicklung	8	1 : 2	200 000	1 600 000
4. Markterprobung	4	1 : 2	500 000	2 000 000
5. Landesweite Markteinführung	2	1 : 2	5 000 000	10 000 000
			5 721 000	13 984 000

Abbildung 3-49: Schätzung der Kosten eines Entwicklungsprogramms, das zu einem erfolgreichen Neuprodukt führt (ausgehend von ursprünglich 64 Produktideen) (Quelle: Kotler/Bliemel 1999, S. 512)

Die Chancen und Risiken von Produktinnovationen für die Unternehmensexistenz unterstreichen die Notwendigkeit eines effizienten Einsatzes der Unternehmensressourcen durch ein **systematisches Innovationsmanagement**. Dieses kann als institutionalisierter Planungs-, Steuerungs- und Kontrollprozeß definiert werden, der alle mit der Entwicklung, Durchsetzung und Einführung von unternehmenssubjektiv neuen Produkten und Prozessen verbundenen Aktivitäten betrieblicher Führungspersonen umfaßt.

Neuproduktentscheidungen dürfen nicht dem Zufall überlassen bleiben, sondern müssen Gegenstand eines dezidierten Planungsprozesses sein, der eine **enge Kooperation von Marketing, Forschung und Entwicklung und Produktion** sicherstellt (Benkenstein 1986; Brockhoff 1999b; Trommsdorff 1995, S. 60 f.).

Hierbei wird der Erfolg von Produktinnovationen erheblich davon beeinflußt, inwieweit es gelingt, das **Management der Neuproduktentwicklung vom Routinemanagement zu trennen, ohne auf die Nutzung von Synergien zu verzichten** (Galbraith 1982, S. 6; Moorman/Miner 1995). Die Organisation eines Unternehmens ist normalerweise darauf ausgerichtet, wiederholt auftretende, voll- oder teilstandardisierte Tätigkeiten effizient, zuverlässig und schnell abzuwickeln. Im Gegensatz dazu befaßt sich das Innovationsmanagement in vielen Bereichen mit einmaligen, durch ein hohes Maß an Kreativität und Handlungsfreiraum gekennzeichneten Aktivitäten. Diese konträren Anforderungen an die Organisationsstruktur schlagen sich in unterschiedlichen Unternehmenskulturen nieder. Unternehmen mit ausgeprägter Innovationskultur gelten daher als ungeeignet zur schnellen und kostengünstigen Abwicklung von Routineaufgaben.

2.42 Ziele des Innovationsmanagements

Ohne eine zielorientierte Ausrichtung der Innovationsaktivitäten droht die marktorientierte Unternehmensführung zu einer reaktiven Anpassung an Umweltveränderungen mit der Gefahr des „Muddling Through" zu verkümmern. Produktinnovationen sind auf die Erhaltung der dauerhaften Wettbewerbsfähigkeit ausgerichtet. Dies unterstreicht eine empirische Erhebung von Cooper und Kleinschmidt (1986) bei 203 Unternehmen. In dieser Studie wurde untersucht, welche Ziele durch Produktinnovationen erreicht werden sollen. Dabei wurden die drei unabhängigen Zieldimensionen **„Financial Performance"**, **„Market Impact"** (Marktanteile Inland/Ausland, relativer Marktanteil etc.) und **„Opportunity Window"** (Erschließung neuer Produktmärkte, Diversifikation etc.) identifiziert.

In diesem Zusammenhang konnten die Autoren feststellen, daß Erfolgsfaktoren, die eines dieser Ziele positiv beeinflussen, für ein anderes Ziel unbedeutend oder sogar von negativem Einfluß sein können. Im Rahmen der Formulierung von Innovationsstrategien ist daher eine Spezifizierung der Art des angestrebten Erfolgs notwendig. Die Formulierung von Innovationszielen sollte somit integrativer Bestandteil des Innovationsmanagements sein (Pleschak/Sabisch 1996, S. 8 f.).

2.43 Phasen des Innovationsmanagements

Neuproduktentscheidungen sind in der Regel als **schlecht strukturierte Entscheidungen** einzustufen. Eine klare, operationale Vorgabe der Aufgabenstellung fehlt und die einzelnen Entscheidungsparameter können nur in Ausnahmefällen quantifiziert werden. Der Entscheidungsablauf läßt sich somit nicht als quantitatives Modell darstellen. Es empfiehlt sich ein stufenweiser, heuristischer Lösungsansatz, wobei die Ergebnisse der

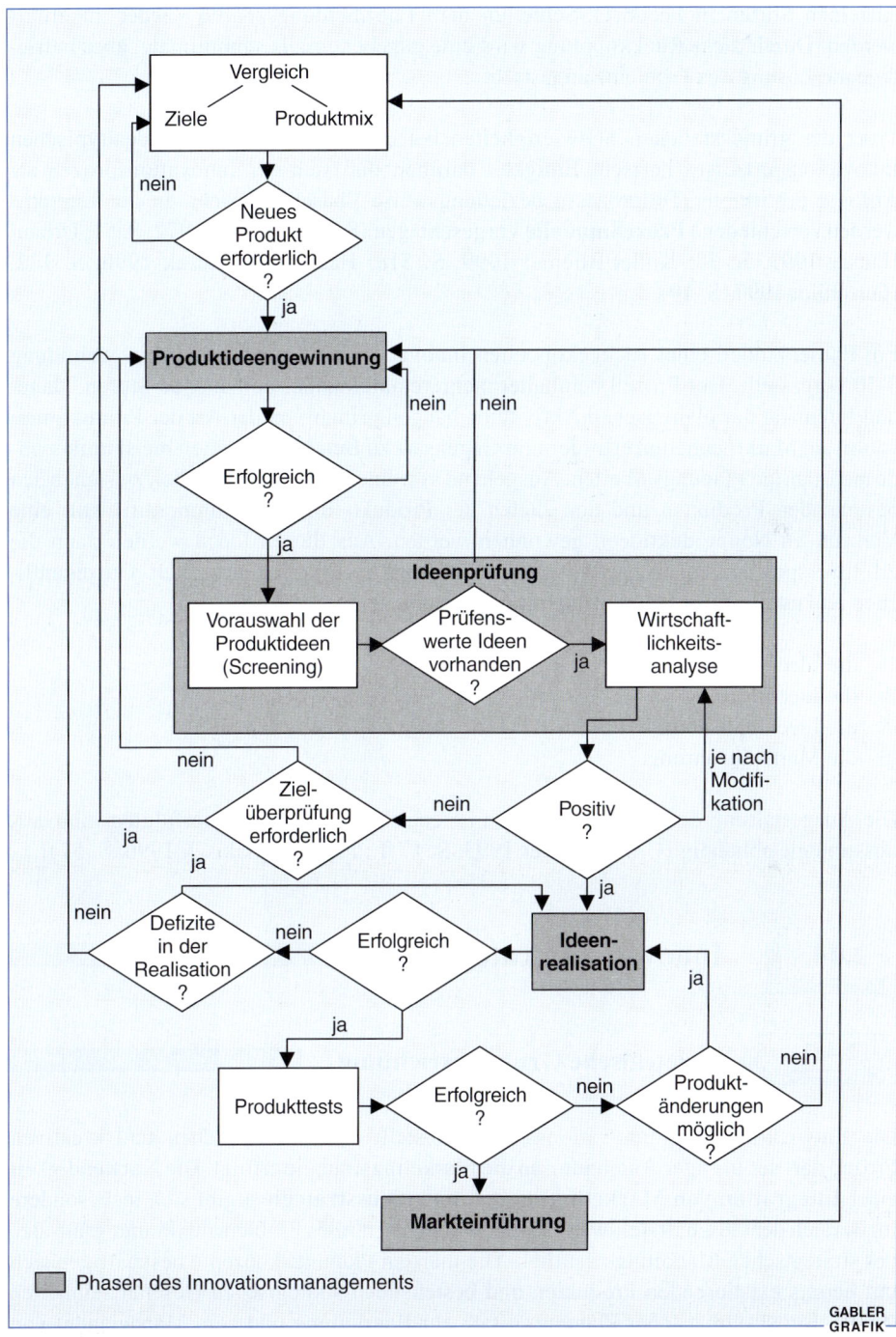

Abbildung 3-50: Phasenmodell des Innovationsmanagements

einzelnen Stufen in Feedback-Schleifen dem Entscheidungsprozeß wieder zugeführt werden. Durch diese Rückkopplung wird eine gegebenenfalls suboptimale, aber befriedigende Lösung des Problems angestrebt.

Trotz der grundsätzlichen Schwierigkeiten bei der Aufstellung eines idealtypischen Innovationsprozesses herrscht Einigkeit darüber, daß sich der Innovationsprozeß als Abfolge bestimmter Teilprozesse beziehungsweise Phasen vollzieht. In der Literatur werden verschiedene **Prozeßmodelle** vorgeschlagen (Schmitt-Grohé 1972, S. 51; Urban/Hauser 1993, S. 38; Kotler/Bliemel 1999, S. 518; Haedrich/Tomczak 1996, S. 172; Hauschildt 1997, S. 19).

Ein Phasenmodell eines rückgekoppelten Innovationsmanagements wird in Abbildung 3-50 vorgestellt. Der Prozeß beinhaltet mehrere aufeinander aufbauende Stufen. Dauer und Intensität der planerischen Aktivitäten hängen primär von der Art der Produktinnovation ab. Marktneuheiten erfordern im Gegensatz zu Betriebsneuheiten meist umfassende mehrjährige Planungsarbeiten. Ausgehend von einem Soll-Ist-Vergleich zwischen den bestehenden Produkten und den Zielen der Produkt- und Programmpolitik soll eine Vielzahl an Neuproduktideen gewonnen werden. Aus diesen Ideen werden dann die erfolgversprechenden ausgewählt und bis zur Marktreife weiterentwickelt. Die eigentlichen **Kernstufen des Innovationsmanagements** sind (Meffert 1973b):

- die Ideengewinnung,
- die Ideenprüfung,
- die Ideenrealisation,
- die Markteinführung.

Die Ausgestaltung der einzelnen Phasen ist entscheidend von der verfolgten Innovationsstrategie abhängig (Urban/Hauser 1993, S. 17 ff.; Pleschak/Sabisch 1996, S. 57 ff.).

2.44 Innovationsstrategien

2.441 Strategische Grundausrichtung

Die Entwicklung von Innovationsstrategien stellt einen analytischen und kreativen Prozeß dar, der in enger Anlehnung an die Marketingstrategie erfolgt. Die Notwendigkeit einer **Integration von Marketing- und Innovationsstrategie** ergibt sich insbesondere im Bereich der Geschäftsfeldwahl. Dabei wird ein zentrales Problem der Planungsansätze des strategischen Marketings deutlich. Die meisten Planungskonzepte beschäftigen sich mit bereits existierenden Produkten und bestehenden strategischen Geschäftseinheiten (SGE). Ein systematischer Planungsansatz zur Beurteilung und zum Management von Neuprodukten und neuen potentiellen SGE fehlt bislang.

Bei der Entwicklung und Implementierung einer Innovationsstrategie ist zwischen **zwei Risikoarten** zu differenzieren (Urban/Hauser 1993, S. 426 f.). Auf der einen Seite besteht das Risiko, mit dem „falschen" Produkt rechtzeitig am Markt zu sein (**Entwicklungs- oder Eintrittsrisiko**), andererseits können hohe **Opportunitätskosten** durch das Verpassen einer Marktchance bei zu spätem Markteintritt entstehen. Während im ersten Fall zwar die Vorteile eines Marktpioniers genutzt werden, kann das aufgrund des überhasteten Markteintritts gegebenenfalls unausgereifte Produkt zu negativen Image- und Absatzwirkungen führen (Rüggeberg 1997).

Beispielsweise führte die Markteinführung der Boeing 777, die zur Schwächung des Hauptwettbewerbers Airbus Industries zeitlich vorverlegt wurde, zu Nachlässigkeiten bei Vibrationstests der Motoren. Die Boing 777 war das erste Großraumlangstreckenflugzeug, das im Gegensatz zu den klassischen vierstrahligen Langstreckenjets nur mit zwei Triebwerken ausgestattet war. Dies machte die Neuentwicklung extrem großer, leistungsstarker Motoren notwendig. Die durch diese Großtriebwerke unter bestimmten Flugbedingungen verursachten Vibrationen führten in Verbindung mit anderen Qualitätsproblemen beim Erstkunden United Airlines überdurchschnittlich häufig zu Stillstandszeiten aufgrund notwendiger Reparaturen (Figgen 1996). Als Beispiel für hohe Opportunitätkosten durch das Verpassen eines „strategischen Fensters" kann der verspätete Markteintritt von IBM in den PC-Markt angeführt werden.

Einer der wichtigsten Entscheidungsparameter bei der Festlegung einer Innovationsstrategie betrifft die grundsätzliche Ausrichtung auf eine **technologieinduzierte oder eine nachfrageinduzierte Innovationsstrategie**. Kaum eine Problemstellung in der Innovationsforschung ist so umstritten wie die Frage, ob der Nachfragesog aus dem Markt („market-pull") oder ein technologischer Angebotsdruck („technology-push") die langfristig erfolgreichere Quelle von Innovationen darstellt. Obwohl in einigen empirischen Studien gezeigt wurde, daß Unternehmen, die eine „market-pull" orientierte Innovationsstrategie verfolgen, erfolgreicher sind (Cooper 1990, 1992; Johne/Pavlidis 1995), **sichert letztlich erst die Kombination** der beiden scheinbar gegensätzlichen Strategien **den langfristigen Unternehmenserfolg**. Tendenziell gilt: Je höher der Innovationsgrad, desto eher ist der „Technology-push"-Ansatz erfolgreich (vgl. Insert 3-15).

Das Beispiel der Firma Sony verdeulicht die **„Market-pull"-Innovations-Strategie**. Zu den großen Sony-Erfolgen gehören diejenigen Entwicklungen, die nicht aus der technischen Entwicklung kamen, sondern aus der Phantasie für neue Anwendungen entstanden. Das erste Beispiel stellt das für Sony zum Welterfolg gewordene kompakte Transistorradio dar. Die zugrundeliegende technische Innovation, der Transistor, wurde von den Erfindern (Bell Laboratories, USA) zum damaligen Zeitpunkt nur für Hörgeräte eingesetzt. Den Erfolg brachte hier die Umsetzung der vorhandenen technischen Innovation in einen neuen Kundennutzen. Auch das zweite Beispiel, der Sony-Walkman, stellt eine „market-pull" Innovation dar. Die Umsetzung des Kundenbedürfnisses, an jedem Ort dem individuellen Geschmack entsprechende Musik zu hören, in ein marktfähiges Produkt mußte sogar gegen den entschiedenen Widerstand der eigenen Techniker durchgesetzt werden (Morita 1992). Ein weiteres Beispiel ist die Übertragung der ursprünglich für Weltraumflüge entwickelten Teflon-Beschichtung für Anwendungen im Haushalt.

Der Richtfunk macht die Bandbreite billiger

Bis zu 155 Megabit je Sekunde über die „letzte Meile" / Telefonieren kostenlos / Gilt vorerst nur für Unternehmen

ggf. MÜNCHEN, 12. Januar. „Die Hürde vor der ‚letzten Meile' ist gefallen", erklärte Frank Brügmann, Geschäftsführer der Mediascape Communications GmbH, einer Tochtergesellschaft der Emprise Management Consulting AG aus Hamburg. Das Unternehmen zeigte in der Zentrale der Hypo-Vereinsbank AG erstmals, dass Daten bis zu einer Geschwindigkeit von 155 Megabit je Sekunde über Richtfunk übertragen werden können, ohne auf Technik der Deutschen Telekom angewiesen zu sein. Die Bank will künftig ihr Filialnetz allein über Richtfunk vernetzen. Im Rahmen eines Pilotprojekts habe man bereits gute Erfahrungen gemacht, so dass jetzt bereits damit begonnen werden kann, Dienstleistungszentren der Hypo-Vereinsbank in den Ballungszentren München und Hamburg (Vereins- und Westbank) drahtlos anzubinden.

In höchstens fünf bis sechs Jahren werde man die Kommunikationstechnik in den mehr als 1000 Filialen umgestellt haben, erklärte Norbert Büker von der Hypo-Vereinsbank. Er rechnet mit einer Einsparung an Kommunikationskosten von 30 bis 40 Prozent, zumal der Telefonverkehr ebenfalls über diese Richtfunkstrecken abgewickelt werden kann.

Mediascape hat bislang in den Städten Berlin, Düsseldorf, Essen, Frankfurt/Main, Hamburg, Hannover, Köln, Mannheim und München die nötige Infrastruktur für Übertragungen von vorerst bis zu 34 Megabit je Sekunde aufgebaut, um Unternehmen zu vernetzen. In diesem Jahr sollen Braunschweig, Bremen, Karlsruhe, Leipzig, Nürnberg und Würzburg dazukommen. Beispielsweise in Hamburg verfügt das Unternehmen derzeit über 20 rundstrahlende Relaisstationen, auf die die kleinen Spiegel der Kunden ausgerichtet sein müssen; der größte misst gerade mal 45 Zentimeter. Um eine so hohe Übertragungsleistung von bis zu 155 Megabit je Sekunde zu erzielen, dürfen die Richtfunkantennen höchstens drei Kilometer voneinander entfernt sein. Über diese Strecken werden die Daten – quasi zu Paketen geschnürt – auf die Reise geschickt, und zwar 2325 Mal schneller als über ISDN. Mediascape verwendet eine Vermittlungstechnik von Cisco, das sogar gute Telefonverbindungen ermöglicht, ohne dass sich deren Qualität von einer analogen Duplexverbindung hörbar unterscheidet. Voraussetzung dafür ist eine schnelle Datenleitung und eine entsprechende Vermittlungstechnik, die die Sprachdaten als solche erkennt und mit hoher Priorität auf die Reise schickt, so dass eine Verzögerung möglichst nicht merkbar wird.

Als zusätzlichen Anreiz lockt Mediascape damit, dass das Telefonieren in seinem Netz kostenlos ist. Neben der Übertragungstechnik hält das Unternehmen seine Preisgestaltung für besonders attraktiv: Der Kunde zahlt keine Grundgebühren, sondern nur für die tatsächlich übertragene Datenmenge. Allein für die Einrichtung muss ein einmaliger Betrag bezahlt werden, der sich nach der gewünschten Bandbreite richtet: für 2 Megabit je Sekunde – die heute noch gebräuchlichste Übertragungskapazität – werden etwa 2500 DM fällig, bei 10 Megabit je Sekunde sind es 4000 DM.

Neben der Hypo-Vereinsbank hat Mediascape beispielsweise den Baumarktfilialisten Max Bahr als Referenzkunden, der über Richtfunk die Kassendaten in seinen diversen Märkten abrufen kann und drahtlos einen schnellen Internet-Zugang hat.

Die Deutscher Ring Bausparkasse AG ist ebenso über Mediascape vernetzt wie die 46 Niederlassungen der Vedior Personaldienstleitungen GmbH oder die Hamburger Annoncen-Agentur Avis, die für ihr Transfervolumen von etwa 40 Gigabit im Monat 7200 DM bezahlt. Die Sicherheit der über die Luftschnittstelle verschickten Daten erfordert ein spezielles Konzept. Banken wie die Hypo-Vereinsbank haben zusammen mit anderen Instituten ein eigenes Trustcenter und verwenden einen eigenen Schlüssel, um ganz sicherzugehen, dass die gefunkten Informationen von Unbefugten nicht eingesehen oder gar verfälscht werden können. Mediascape selbst setzt zudem Schlüssel ein und verändert während der Übertragung permanent die Funkfrequenzen.

Mediascape gehört seit Anfang 1998 zu 72 Prozent zur Hamburger Emprise Management Consulting AG. Diese seit dem 16. Juli 1999 am Neuen Markt notierte Aktiengesellschaft hat gerade in den vergangenen Tagen ziemliche Kurssprünge gemacht. Das Anfang 1994 noch als GmbH gegründete Unternehmen gilt heute als Spezialist für Informationstechnologie. Es verfünffachte seinen Umsatz innerhalb von nur zwei Jahren auf 40,4 Millionen DM (1998). Das Wachstum – erklärte der Sprecher des Vorstandes Gerd Nicklisch – habe man allein aus dem Mittelzufluss (Cashflow) finanzieren können.

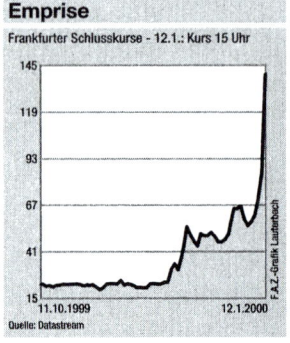

INSERT 3-15: Frankfurter Allgemeine Zeitung, 13.01.2000, S. 27

2.442 Systematisierung strategischer Handlungsoptionen

Zu Beginn jeder Entscheidung über die Ausgestaltung des Innovationsmanagements steht die Frage, ob für ein existierendes Produkt überhaupt ein innovatives Nachfolgeprodukt entwickelt werden soll (Hauschildt 1997, S. 29). Beispielsweise kann es bei einigen langjährig erfolgreichen Markenartikeln oder bei bestimmten Produkten im Medienbereich durchaus sinnvoll sein, lediglich Maßnahmen zur Produktpflege durchzuführen, weil der **besondere Reiz dieser Produkte gerade darin liegt, daß sie nicht verändert** werden.

In diesem Zusammenhang kann zum Beispiel auf die Nivea Creme oder die Würze von Maggi verwiesen werden. Das unbeirrte Festhalten an einem bewährten Produktkonzept, das heißt der bewußte Verzicht auf Produktinnovationen hat in diesen Fällen maßgeblich zum Erfolg des Produktes und der Entstehung einer starken Markenidentität beigetragen (Meffert/Burmann 1996a). Ebenso erscheint zweifelhaft, ob eine grundlegende Innovation im Sinne eines vollständig neuen Konzeptes beim Nachrichtenmagazin „Der SPIEGEL" oder bei der „ARD Tagesschau" von Erfolg gekrönt wäre.

Werden demgegenüber Innovationen angestrebt, ist zunächst zu entscheiden, inwieweit beispielsweise aus Gründen der Risikoreduktion, wegen Zeitmangel oder fehlender eigener Ressourcen **auf die Innovationen fremder Unternehmen zurückgegriffen** werden soll (vgl. Abbildung 3-51). In diesem Fall stehen drei Handlungsoptionen, der Innovationseinkauf, die Lizenznahme oder die Imitation, zur Verfügung.

Der **Innovationseinkauf** dient häufig der Beschaffung von Prozeßinnovationen, um auf diese Weise eigene Produkte effizienter herstellen zu können. Für den Einkäufer von Innovationen sind Referenzanlagen ein wichtiges Instrument zur Risikoreduktion und Vertrauensbildung hinsichtlich der problemlosen Funktion einer technischen Neuerung.

Bei einer **Lizenznahme** steht im Konsumgütersektor zumeist der Erwerb des Rechtes zur Nutzung fremder Produktinnovationen, die mit einem Patent oder Gebrauchsmusterschutz belegt sind, im Mittelpunkt. Lizenzen werden vor allem bei **netzwerkabhängigen Produktinnovationen** (Lundgren 1995) vergeben, die auf eine möglichst schnelle Übernahme eines technischen Standards als Voraussetzung der Innovationsakzeptanz im Massenmarkt angewiesen sind. Die Einführung eines neuartigen Systems der Fotographie (vgl. Insert 3-16) kann hier ebenso als Beispiel angeführt werden wie die Lizenznahme des Betriebssystems Windows von Microsoft durch andere Softwarehersteller.

Die Option der **Imitation** kann, zumindest theoretisch, nur dann eingesetzt werden, wenn die Innovationen anderer Unternehmen nicht geschützt sind. Gleichwohl zeigt sich in der Praxis, daß es auch bei geschützten Innovationen zu Imitationen kommt. Imitationen werden oftmals in Kombination mit eigenen Innovationen eingesetzt und von spät in den Markt eintretenden Wettbewerbern genutzt. Diese Nachzügler haben vor allem dann Aussicht auf Erfolg, wenn es ihnen über Prozeßinnovationen oder neuartige Vermarktungskonzepte gelingt, die Markteintrittsbarrieren der etablierten Innovatoren zu überwinden (Utterback 1994, S. 167 ff.).

Produkt- und programmpolitische Entscheidungen

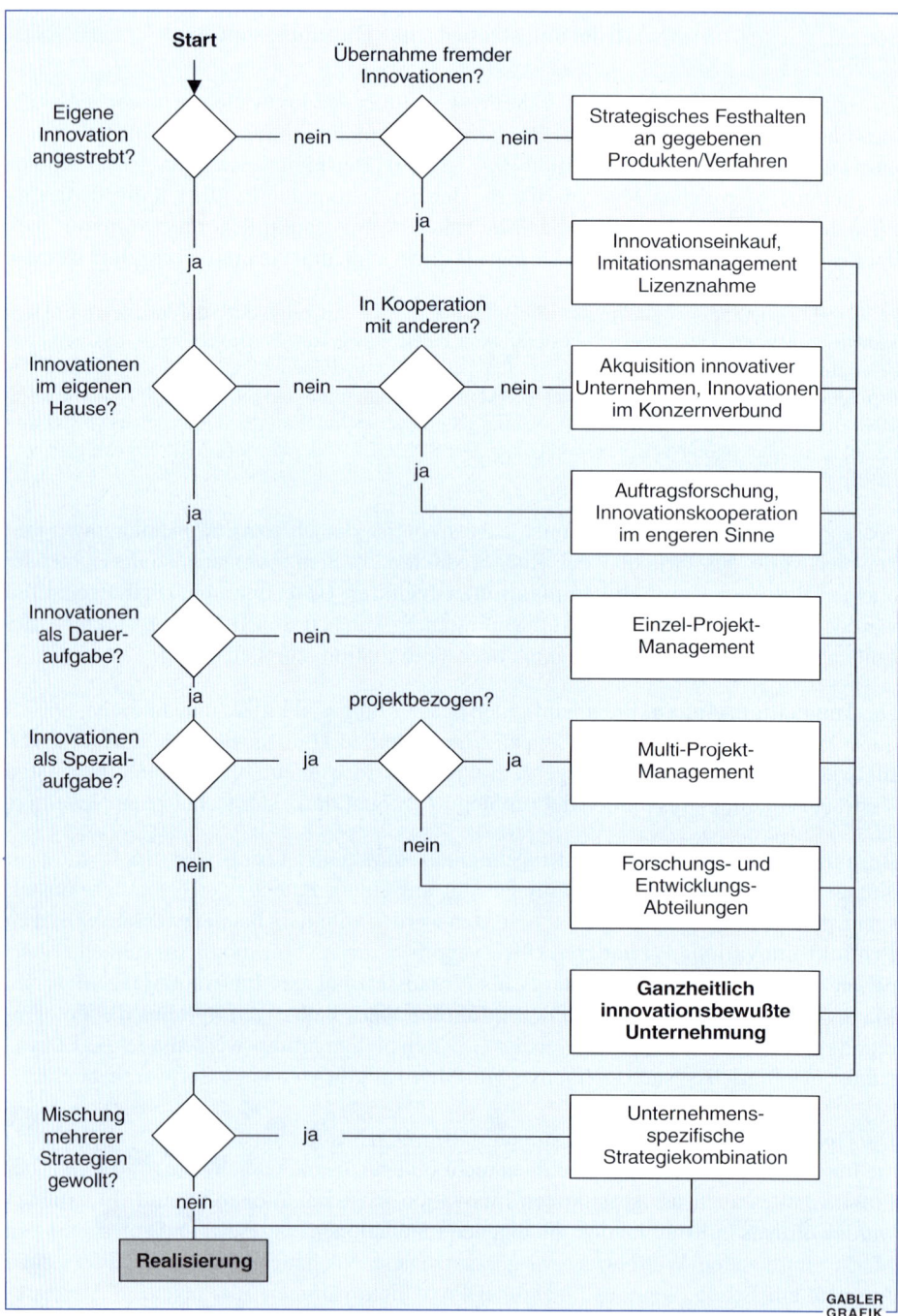

Abbildung 3-51: Innovationsstrategien und ihre organisatorischen Konsequenzen
(Quelle: Hauschildt 1997, S. 30)

Ein neues System soll der Fotoindustrie neuen Schwung geben
Film wird wie die Batterie eingelegt / Neue Kamera nötig / Eine Milliarde DM für Entwicklung / Mit 1995 zufrieden

ull. FRANKFURT, 16. April. Der Photoindustrie-Verband blickt mit unverhohlenem Optimismus in die Zukunft. Nach einem für die Branche guten Geschäftsjahr 1995 startet am 22. April weltweit der Verkauf von Kameras und Filmen, die nach dem neuen Standard „Advanced Photographic System" (APS) arbeiten werden. „Das klassische System der Fotografie wird langsam verdrängt werden", sagte der Vorsitzende des Photoindustrie-Verbandes Wolfgang König in Frankfurt. APS sei dafür gedacht, Fotografieren für den breiten Markt noch einfacher zu machen. Bei dem neuen Standard, der seit 1991 von führenden internationalen Herstellern entwickelt wurde, werde der Film wie eine Batterie eingelegt. Es brauche kein Lasche mehr eingefädelt zu werden. Der Kunde bekommt statt eines Negativs nach der Entwicklung seine Filmrolle zurück, von der er jederzeit neue Bilder machen lassen kann. Zusätzlich gibt es einen Indexprint, einen Ausdruck aller Bilder im Miniformat auf ei-

Vom 18. bis 23. September 1996 wird die Photokina, die Weltmesse des Bildes, in Köln stattfinden. Die Messe Köln erwartet 1500 Unternehmen aus etwa 40 Ländern, die ihre Neuheiten vorführen werden. Dabei werden Hersteller aus den Vereinigten Staaten das größte Kontingent an den Auslandsausstellern sein. Ein besonderer Schwerpunkt wird 1996 auf der Entwicklungen rund um das Advanced Photo System bilden. Fachleute erwarten im September bereits die zweite Generation an Kameras, die auf dieser Technik basieren. Zudem dürften dann schon erste Verkaufszahlen über das System vorliegen, mit dessen Verkauf in kürze begonnen wird.

nem Stück Papier. „Der Film und die Kamera tauschen im APS-System Informationen aus", sagte König. Er wies darauf hin, daß die Entwicklungen in diesem Bereich noch große technische Perspektiven böten, auch im Zusammenhang mit modernen datenverarbeitenden Systemen.

Für den Kunden bedeutet dies aber auch, daß mit dem neuen Standard die Kameras neu gekauft werden müssen, da die neuen, im Format gegenüber herkömmlichen kleineren Filme mit den bisherigen Systemen nicht kompatibel sind. Sowohl die Kameras als auch die Filme werden 15 bis 20 Prozent teurer sein als die bisherigen Produkte. Fünf Hersteller haben sich auf dieses System geeinigt und zur Entwicklung beigetragen. „Ein neuer Standard in der Industrie kann heute nicht mehr von einzelnen Unternehmen durchgesetzt werden", sagte König und verwies auf die Erfahrungen bei der Durchsetzung einer Norm für Videosysteme, bei der am Anfang neben VHS auch Video 2000 und Betamax sich durchzusetzen versuchten. Ohne konkret zu werden, was die Branche an zusätzlichen Umsätzen erhofft, gab er eine langfristige Prognose ab. Industrieschätzungen zufolge soll sich der Marktanteil der APS-Kameras am Amateurmarkt im Jahr 2000 auf 20 bis 50 Prozent belaufen. Die Entwicklungskosten beliefen sich bis 1991 wohl auf über eine Milliarde DM, sagte König.

Zufrieden mit den erreichten Zielen zeigte sich der Verbandsvorstand auch für das Geschäftsjahr 1995. Die Deutschen kauften nach wie vor Kameras und Zubehör wie in den Vorjahren, die Zahl der geschossenen Bilder blieb mit 5,1 Milliarden gegenüber dem Vorjahr auf hohem Niveau gleich. Dabei seien sogar eine Million Filme mehr verkauft worden als 1994. Da die durchschnittliche Aufnahmezahl bei einem weiter wachsenden Markt für Kleinbild-Colornegativfilme geringer ist als bei Diafilmen, sei die Gesamtzahl der Aufnahmen dennoch gleich geblieben. Ein neuer Rekord sei 1995 beim Colorpapierbild erzielt worden. Mit 4,3 Milliarden Stück habe hier das Wachstum 2 Prozent betragen. „Auch wenn dies nicht so dramatisch klingt, ist doch 80 Millionen Bilder mehr als im Vorjahr", sagte König. Das stete Interesse der Konsumenten an Papierbildern sei ungebrochen.

1995 wurden wieder mehr Spiegelreflexkameras verkauft. Mit 340 000 Stück ist dies gegenüber dem Vorjahr ein Anstieg von 3 Prozent. Von Kleinbild-Sucherkameras wurden 3,155 Millionen Exemplare verkauft. Das wichtigste Segment des Kamerageschäftes mit 82 Prozent Anteil sei damit nachfragestabil, sagte König. Dies sei nicht selbstverständlich, da die Branche nach der Ankündigung des APS eher eine Kaufzurückhaltung bei der Einführung der neuen Produkte erwartet hatte. Insgesamt hat die Branche gegenüber 1994 mit 3,86 Millionen Fotoapparaten etwa 5 Prozent weniger Kameras verkauft. „Dies ist ganz auf eine Sonderentwicklung bei Sofortbildkameras zurückzuführen", sagte König. 1994 sei eine einmalig hohe Nachfrage vor allem aus Osteuropa, insbesondere Rußland, aus Deutschland heraus gedeckt worden. 1995 seien die Vertriebsstrukturen in Osteuropa selbst aufgebaut gewesen, so daß die Nachfrage nicht mehr aus Deutschland befriedigt worden sei.

APS sei auch keine Konkurrenz für das digitale Fotografieren, da jenes nur auf den Profi-Markt ziele. Derzeit koste eine entsprechende Kamera noch um die 50 000 DM. Um die digitalisierte Information in Bild-Qualität drucken zu lassen, müsse der Kunde noch einmal in einen Drucker investieren, der bei etwa 10 000 DM Kosten liege. Zusätzlich müsse natürlich ein PC mit entsprechender Kapazität vorhanden sein. Es handele sich somit um zwei getrennte Märkte.

Für 1996 zeigte sich König für die Fotobranche zuversichtlich. Zwei Entwicklungen stützten seine Erwartungen, sagte er. Die Fortentwicklung der Freizeitwirtschaft – Freizeitparks und Torismusgeschäft beispielsweise – kämen der Fotoindustrie zugute, da gerade hier oftmals Bilder gemacht würden. Zum zweiten sei eine verstärkte Einbindung der klassischen Fotografie in die moderne Welt der Bildkommunikation zu beobachten.

In Deutschland hängen etwa 50 000 Arbeitsplätze am Fotogeschäft. 22 000 Personen sind bei den Herstellern von fotografischen Produkten beschäftigt. 110 Betriebe zählt hier der Verband. 15 000 Personen werden dem Fachhandel zugerechnet. In 5000 Fotobetrieben – Fotografen, Künstler und andere – arbeiten etwa 12 000 Menschen. In 60 Laborbetrieben entwickeln etwa 8000 Personen Filme.

Uwe Lill

INSERT 3-16: Frankfurter Allgemeine Zeitung, 17.04.1996, S. 19

Sollen wegen der hohen Abhängigkeit keine fremden Innovationen genutzt werden, gleichzeitig jedoch das Innovationsrisiko reduziert und Zeitvorteile realisiert werden, kann auf die **Akquisition innovativer Unternehmen** oder das Eingehen von Kooperationen (zum Beispiel Auftragsforschung, F&E Kooperation) zurückgegriffen werden. Die Akquisition insbesondere von Unternehmen im Ausland erfolgt oft auch deshalb, weil in Deutschland schärfere gesetzliche Restriktionen und teilweise mehrjährige Genehmigungsverfahren (zum Beispiel Genforschung), zu durchlaufen sind, bevor eine innovative Produktionsanlage oder Forschungseinrichtung gebaut werden darf. Beim Erwerb kleinerer, hochinnovativer Unternehmen durch große Konzerne erweist sich allerdings der oft **fehlende Fit zwischen den Unternehmenskulturen** als Problem. Als Folge kommt es häufig zu Kündigungswellen gerade der besonders leistungsfähigen Mitarbeiter.

Die Innovationsstrategie der **Kooperationen** (Kirchmann 1996) wird in den letzten Jahren in zunehmendem Maße verfolgt. Verantwortlich hierfür sind die in vielen Branchen verkürzten Produktlebenszyklen in Verbindung mit stark steigenden Entwicklungsaufwendungen, die von den Unternehmen immer seltener allein getragen werden können. Kooperationsstrategien werden häufig auch dann verfolgt, wenn komplexe Innovationskonzepte mit hohem Veränderungsbedarf innerhalb des Unternehmens eine Verlängerung der Entwicklungszeit erwarten lassen (Griffin 1993). Darüber hinaus führt das Zusammenwachsen bislang getrennter Industrien (zum Beispiel Informations- und Kommunikationstechnologien, Finanzdienstleistungen) selbst bei großen Konzernen zur Notwendigkeit von Kooperationen, um auf diese Weise in Teilbereichen bestehende Knowhow-Defizite zu kompensieren (Lundgren 1995).

In diesem Zusammenhang zeigt Abbildung 3-52 das Ausmaß der **Lebenszykluskontraktion** ausgewählter Branchen innerhalb der letzten 25 Jahre. Kooperationsstrategien resultieren dabei nicht nur aus der Notwendigkeit, die Entwicklungsaufwendungen auf einen kürzeren Vermarktungszeitraum verteilen zu müssen, sondern sind oftmals auch die Folge **verspäteter Markteintrittsentscheidungen**. Nachdem der 1984 von Renault aufgebaute Markt für Großraum-PKW in Europa sich sehr expansiv entwickelte und zahlreiche Wettbewerber bereits in den Markt eingetreten waren, entschlossen sich auch Ford und VW Anfang der neunziger Jahre, ebenfalls einen Großraum-PKW zu entwerfen. Um trotz der eingetretenen Verzögerung möglichst schnell im Markt präsent zu sein, wurde von VW und Ford die Kooperationsstrategie gewählt. Die Entwicklung und Produktion eines neuen Großraum-PKW (VW Sharan, Ford Galaxy) wurden in einer neu gegründeten Tochtergesellschaft (Auto Europa AG) gemeinsam betrieben.

Wird das Ziel verfolgt, alle Innovationstätigkeiten im eigenen Hause durchzuführen, stellt sich die Frage der **Befristung und organisatorischen Verankerung des Innovationsmanagements**. Dies sind die wichtigsten Entscheidungen im Rahmen des Innovationsmanagements. Dabei ist zu entscheiden, ob Innovationen als diskontinuierliche Sonderaufgabe in Form eines Einzel-Projekt-Managements, als Daueraufgabe für Spezialisten (F&E-Abteilung) oder als Daueraufgabe für alle Unternehmensbereiche im Sinne eines integrierten Innovationsmanagements zu verankern sind.

Branche	Zeitraum		
	70er Jahre	80er Jahre	90er Jahre
Anlagenbau	13 Jahre	11 Jahre	9 Jahre
Chemische Industrie	10 Jahre	9 Jahre	6 Jahre
Elektrotechnik	12 Jahre	8 Jahre	6 Jahre
Fahrzeugbau	11 Jahre	9 Jahre	7 Jahre
Informationstechnik	11 Jahre	8 Jahre	5 Jahre
Maschinenbau	12 Jahre	9 Jahre	7 Jahre
Durchschnitt	11 Jahre	9 Jahre	6 Jahre

Abbildung 3-52: Entwicklung der Produktlebenszeiten nach Branchen
(Quelle: Droege/Backhaus/Weiber 1993, S. 54)

Eine Behandlung als Daueraufgabe wird sich immer dann anbieten, wenn mehrere Innovationsprojekte parallel oder nacheinander bearbeitet werden oder die Spezialisierungsvorteile einer eigenen F&E-Abteilung genutzt werden sollen. Innovation als Daueraufgabe erfordert die langfristige Festlegung des **Zentralisationsgrades** des Innovationsmanagements, der **Entscheidungskompetenz** (Linien- versus Stabsfunktion) und des **Verhältnisses zum Marketing- und Produktionsbereich** (Hauschildt 1997, S. 69 f.). Zur Verbesserung und Beschleunigung der Kommunikation zwischen den drei Bereichen F&E, Produktion und Marketing wird die Einrichtung eines **Schnittstellen-Managements** empfohlen (Brockhoff 1989).

Die aufgeführten Innovationsstrategien schließen sich nicht gegenseitig aus, sondern können kombiniert werden. Zur Sicherstellung einer wettbewerbsüberlegenen Innovationsleistung ist es heute zunehmend erforderlich, sich im Rahmen der eigenen Forschungs- und Entwicklungstätigkeit auf wenige Bereiche zu konzentrieren, in denen das Unternehmen besondere Kompetenzen besitzt. Da der Kunde andererseits umfassende, ganzheitliche Problemlösungen fordert, die das Unternehmen immer seltener vollständig selbst entwickeln kann, liegt der Ausweg in vielen Fällen in einer auf die spezifische Situation abgestimmten **Kombination mehrerer Innovationsstrategien**. In den folgenden Kapiteln zu einzelnen Phasen des Innovationsmanagements wird dabei von der Strategie einer vollständigen Eigenentwicklung der Produktinnovationen im Sinne einer Daueraufgabe ausgegangen.

2.45 Gewinnung von Neuproduktideen

In dieser Stufe des Produktinnovationsprozesses spielt die **Kreativität** eine wesentliche Rolle. Da die Ausfallrate der Produktideen im Laufe des Innovationsprozesses sehr hoch ist, müssen möglichst viele Ideen gewonnen werden. Es ist sowohl eine **planmäßige Sammlung** von Produktideen als auch eine **bewußte Ideenproduktion** notwendig. Erster Ansatzpunkt aller Innovationsbemühungen sollte die systematische Sammlung von vorhandenen oder leicht beschaffbaren Produktvorschlägen sein, weil auf diese Weise mit relativ geringen Kosten bereits eine Anzahl von Innovationsalternativen erfaßt werden können. Dabei sollen sowohl unternehmensinterne als auch unternehmensexterne Quellen genutzt werden (Scheuch/Holzmüller 1983; Haedrich/Tomczak 1996, S. 187). Abbildung 3-53 zeigt eine Kategorisierung möglicher Quellen für Neuproduktideen. Die Suche nach Ideen kann einerseits unsystematisch erfolgen, das heißt eine Unternehmung verläßt sich darauf, daß ihr ohne gezielte Suchaktivitäten Produktideen von innen oder außen zugeführt werden. Im Gegensatz hierzu steht die systematische, gezielte Suche nach Neuproduktideen.

Ideenquellen	Art der Ideenproduktion	Systematisch	Unsystematisch
Unternehmensextern	Konsumenten	■ Problemlösungsstudien	■ Tiefeninterviews ■ Kundenwünsche ■ Kundenbeschwerden/-probleme
Unternehmensextern	Experten	■ Aufträge an Forschungsinstitute ■ Unternehmensberater ■ Marktforschungsaufträge ■ Konkurrenzanalyse/ Benchmarking	■ Lead User ■ Anregungen von Lieferanten/Händlern ■ Erfindermessen ■ Berichte über Erfindungen und Patente ■ Informationsbroker ■ Veröffentlichungen von Marktforschungsunternehmen, Beratern und staatlichen Institutionen ■ Ergebnisse der Stiftung Warentest
Unternehmensintern	Experten	■ Fragenkataloge ■ Funktionsanalysen ■ Checklisten ■ morphologische Analysen ■ interne F & E ■ Marktanalysen ■ Zufriedenheitsmanagement	■ Brainstorming ■ Synectics ■ Anregungen des Außen- und Kundendienstes ■ betriebliches Vorschlagswesen, Ideenwettbewerbe ■ zufällige Nebenprodukte der F & E-Abteilung

Abbildung 3-53: Quellen von Neuproduktideen

Insbesondere die Nutzung EDV-gestützter Patent-Recherchedienste wird, empirischen Untersuchungen zufolge, bislang nur unzureichend genutzt. Nach Aussagen des Präsidenten des Deutschen Patentamtes werden circa ein Drittel aller Patentanmeldungen abgelehnt, weil die vermeintliche Innovation bereits existierte. Von den 58 Milliarden DM, die 1994 von Seiten der Industrie in Deutschland für Forschung und Entwicklung ausgegeben wurden, sind auf diese Weise fast 20 Milliarden DM für überflüssige Projekte ausgegeben worden (Statistisches Bundesamt 1995, S. 411).

Einen der wichtigsten Ansatzpunkte zur Generierung von Produktideen stellt der **Konsument** dar. Häufig bilden die dem Unternehmen gegenüber geäußerten Kundenwünsche und Kundenbeschwerden eine wichtige Grundlage für die Entwicklung neuer Produkte. Die Einbeziehung von Konsumenten zur Generierung von Neuproduktideen hat dort ihre Grenzen, wo es um die Generierung von Ideen für die Lösung komplizierterer Probleme geht. Auch bei Problemen, die einer grundlegend neuen Problemlösung bedürfen, wird das Abstraktions- und Vorstellungsvermögen der Konsumenten in der Regel überfordert.

Hier sind **Experten** als Quellen für die Ideengewinnung mit einzubeziehen, zu denen alle unternehmensinternen und -externen Personen zählen, die aufgrund ihres spezifischen Know-hows zur Generierung neuer Ideen herangezogen werden können. Hierzu zählen auch sogenannte „**lead-user**" (Leitkunden) oder „launching customer", die als „Kunden der ersten Stunde" über ein hohes nutzungsorientiertes Produkt-Know-how verfügen (von Hippel 1986). Es handelt sich dabei um solche Kunden, die in der Vergangenheit durch ihre **Trendsetterrolle** aufgefallen sind und ihre Bedürfnisse früher artikulieren als das breite Massenpublikum. Leitkunden sind durch ein überdurchschnittlich hohes **Produktinvolvement** (Laaksonen 1994) gekennzeichnet. Das hohe Produktinteresse in Verbindung mit dem produktspezifischen Fachwissen führt dazu, daß „lead-user" oftmals über ein hohes Potential kreativer Neuprodukt- beziehungsweise Produktverbesserungsideen verfügen. Während die Einbindung von Leitkunden zur Ideengenerierung im Investitionsgütersektor weit verbreitet ist, bereitet bei Konsumgütern die Identifikation und Ansprache von Leitkunden erhebliche Probleme. Darüber hinaus ist die Bereitschaft der „lead user" zur aktiven Mitarbeit vor allem bei Verbrauchsgütern des täglichen Bedarfs weitaus geringer als zum Beispiel bei der Entwicklung neuer Flugzeugtypen (Brockhoff 1999a, S. 134).

Weiterhin ist die **Konkurrenzanalyse** (Wolfrum 1994) eine wichtige externe Informationsquelle für Produktinnovationen. Dies gilt vor allem für die Frühaufklärung der Forschungs- und Entwicklungstätigkeiten der Hauptwettbewerber. Insbesondere der systematischen Sammlung und Analyse von Neuproduktankündigungen der Wettbewerber kommt für die Prognose des Wettbewerbsverhaltens und die eigene Innovationsstrategie eine hohe Bedeutung zu (Görgen 1992, S. 309 ff.).

Im Rahmen der Konkurrenzanalyse kann auch das Instrument des **Benchmarking** eingesetzt werden (Camp 1992; Watson 1993; Mertins/Kohl 1999; Morwind 1995; Meyer 1996). Ein Benchmark kann als ein Referenzmaßstab zur Beurteilung der eigenen Leistungsfähigkeit in bezug auf Produkte oder Prozesse verstanden werden. Er zeigt

Kostensenkungs- und Qualitätsverbesserungspotentiale auf. Beim Benchmarking werden ausgewählte Teilbereiche, ganze Funktionsbereiche (zum Beispiel Produktion), Prozesse (zum Beispiel Auftragsabwicklung) oder Produkte des eigenen Unternehmens, zumeist branchenübergreifend mit anderen Unternehmen verglichen, die in bezug auf den zu untersuchenden Teilbereich als weltweit führend gelten. Im ersten Schritt wird in quantitativer Form die Leistungslücke im Vergleich zu diesen „Best-practice"-Unternehmen aufgedeckt. Im zweiten Schritt folgt eine qualitative Analyse der Gründe für die aufgedeckte Leistungslücke. Das Benchmarking ist dabei als ein systematischer, stufenweiser Informationsgewinnungsprozeß zu verstehen, dessen Ziel die Realisierung von „Quantensprüngen" in der Leistungsverbesserung ist.

Generell ist zu berücksichtigen, daß die externen Ideenquellen in der Regel auch den Konkurrenten zugänglich sind, das heißt, es lassen sich in diesem Bereich nur bedingt Informationsvorteile gegenüber der Konkurrenz erzielen. Deshalb gilt es, die **internen Quellen** der Ideengewinnung intensiv zu nutzen. Ohne gezielte Suchaktivitäten einzuleiten, können Anregungen des Verkaufsaußen- und Kundendienstes für die Neuproduktplanung wesentliche Hinweise enthalten. Gerade der Kundendienst kann über die Schwachpunkte und Probleme der bisher eingeführten Produkte sowie über das Verwendungsverhalten der Konsumenten Auskunft geben. Um das Innovationspotential des gesamten Unternehmens zu aktivieren und zu kanalisieren, können ein **betriebliches Vorschlagswesen** eingerichtet und **Ideenwettbewerbe** durchgeführt werden (Kesten 1996).

So hat die Firma Hailo (vgl. Insert 3-17), ein Hersteller von Aluminiumleitern und Bügeltischen, einen Innovationsmanager eingesetzt, um die Ideenentwicklung bei den eigenen Mitarbeitern zu fördern und zu systematisieren (o. V. 1996). Die Volkswagen AG erhielt im Rahmen des betrieblichen Vorschlagswesens im Jahr 1995 insgesamt 35 051 Verbesserungsvorschläge und belohnte von diesen 15 401 Ideen durch die Auszahlung von Prämien in Höhe von 29,2 Millionen DM. Durch die Realisierung der Mitarbeiterideen konnte nicht nur die Produktqualität erhöht, sondern gleichzeitig die Gesamtkosten um 166,8 Millionen DM per annum beziehungsweise 567,1 Millionen DM über die gesamte Nutzungsdauer gesenkt werden (Volkswagen AG 1996).

Um zu innovativen Problemlösungen zu gelangen ist es notwendig, sich von einer reinen Ideensammlung zu lösen und eine **Ideenproduktion** durch kreative Denkprozesse einzuleiten. Kreativität beinhaltet spezielle Problemlösungsprozesse, die durch Neuheit, Unkonventionalität und schlecht definierte Problemstellungen gekennzeichnet sind. Aufbauend auf einer Analyse dieser Prozesse wurden verschiedene Verfahren entwickelt, die zur Generierung von Produktideen einsetzbar sind (Sikora 1976). Entsprechend der Art ihrer Vorgehensweise lassen sich **diskursive und intuitive Verfahren** unterscheiden. Zu den diskursiven oder systematisch-analytischen Methoden zählen **Fragenkataloge, Checklisten, Funktionsanalysen, Morphologie** sowie Methoden der **systematischen Konfrontation**.

Durch die Anwendung von Fragenkatalogen, Checklisten oder Funktionsanalysen wird versucht, zu neuen Produktideen zu gelangen, indem man einzelne Eigenschaften oder

Bei Hailo gibt es einen Innovationsmanager

„Kosten im Griff" / Neue Ideen sollen schneller umgesetzt werden

Hailo-Werk Rudolf Loh GmbH & Co. KG, Haiger in Hessen. Aluminiumleitern und Bügeltische zählt man nicht von vornherein zu High-Tech-Produkten. Und der mit jeweils etwa 40 Prozent Marktanteil größte Anbieter auf diesem Markt, das Familienunternehmen Hailo, muß sich denn auch gegen zunehmende Konkurrenz durch Anbieter aus Niedriglohnländern behaupten. Für Geschäftsführer Lutz Klimek heißt die Antwort darauf aber nicht Produktionsverlagerung. Klimek setzt auf Vorsprung durch Innovation. Er möchte bei allen Hailo-Mitarbeitern das Bewußtsein verankern, ständig innovativ sein zu müssen und an Produktverbesserungen mitzuarbeiten. Er ist sich aber auch bewußt, daß man Innovation nicht dem Zufall überlassen darf. Seit April gibt es daher einen Innovationsmanager, der die systematische Ideen-Entwicklung koordiniert. Ihm unterstehen sogenannte Champion-Teams, Innovative Scouts und Ibis-Teams. Die Champion-Teams sollen beispielsweise Leitern der nächsten Produktgeneration entwickeln. Die Innovative Scouts haben die Aufgabe, weltweit nach neuen Ideen und Erfindungen zu suchen. Das sind Mitarbeiter, die von ihrer Aufgabe her eh mit Marktbeobachtung betraut sind wie der Exportleiter und die 10 Prozent ihrer Zeit für die systematische Suche neuer Ideen aufwenden sollen. In den Ibis-Teams (Ibis steht für „Ich bin innovativ. Ständig") arbeiten 20 bis 25 Mitarbeiter an ständigen Produktverbesserungen. Das Ganze soll dazu führen, daß mehr Ideen entwickelt und schneller in verkaufsfähige Produkte umgesetzt werden.

Als erste Ergebnisse der Bemühungen um mehr Innovationen wertet Klimek eine Leiter, die oben konisch zuläuft und damit in Baumkronen geschoben werden kann, ohne Äste zu beschädigen. Oder ein Noppenkopf, der Leitern an Hauswänden mehr Halt gibt. Seit 1994 bietet Hailo Bügeltische mit integrierten Dampfabsaugern und dazugehörigem Bügeleisen. Und kurz vor der Markteinführung steht ein Bügeltisch mit einem Stehsitz, der vor allem die Wirbelsäule des Bügelnden entlasten soll. Aber auch neue Produkte entbinden nicht von ständiger Rationalisierung. Die Zahl der Beschäftigten von zur Zeit 350 wird trotz Wachstum auf etwa 300 sinken. Hailo hat in Haiger ein Werk mit Produktionsabläufen gestaltet, die alle 16 Sekunden eine Aluminiumleiter entstehen lassen. „Die Kosten haben wir im Griff", sagt Inhaber Joachim Loh. Daher könne man es sich leisten, die Produkte zu 90 Prozent in Deutschland herzustellen.

Mit dem Gewinn ist Loh trotz aller Rationalisierungs- und Markterfolge nicht zufrieden. Hailo wolle daher in den kommenden Jahren überdurchschnittlich wachsen. Im vergangenen Jahr stagnierte der Umsatz bei 120 Millionen DM. Davon entfielen 45 Prozent auf Leitern, 30 Prozent auf Bügeltische, 10 Prozent auf Regalsysteme und 15 Prozent auf Kücheneinbauprodukte. In diesem Jahr erwartet Klimek einen Umsatzzuwachs von 2 bis 3 Prozent vor allem aus dem Ausland. Hailo gehört neben der Expresso-Deutschland Transportgeräte GmbH, Kassel (Umsatz 20 Millionen DM), und der Meta Regalbau GmbH & Co. KG, Arnsberg im Sauerland (60 Millionen DM Umsatz), zur Gruppe von Joachim Loh. Eine zweite Loh-Unternehmensgruppe gehört seinem Bruder Friedhelm. Sie umfaßt die Unternehmen Rittal, Ritto, Stahlo und Sistek.

Georg Giersberg

INSERT 3-17: Frankfurter Allgemeine Zeitung, 9.08.1996, S. 18

Produkt- und programmpolitische Entscheidungen

Funktionen bestehender Produkte systematisch verändert. Abbildung 3-54 zeigt beispielhaft die Anwendung einer **Funktionsanalyse**. Als neues Produkt käme in diesem Falle zum Beispiel ein Spezialklebemittel in Frage. Das besondere Problem dieser Vorgehensweise liegt in der Abhängigkeit der neuen Lösungen von der Qualität der bereits bestehenden Produkte. So ist zum Beispiel denkbar, daß mögliche Produkteigenschaften oder -funktionen nicht erfaßt werden, da sie bei den bestehenden Produkten nicht auftreten. Eine Ausweitung des Spektrums potentieller Problemlösungen ermöglicht die **morphologische Analyse** (Zwicky 1966). Sie verlangt die Totalität der Lösungen eines vorgegebenen Problems. Durch diese Forderung wird allerdings die Handhabung der Methode wesentlich eingeschränkt.

Funktionen/ Eigenschaften \ Produkt	Schrauben	Nieten	Neues Produkt
Nicht lösbar		x	x
Lösbar und arretierbar	x		
Lösbar, nicht arretierbar			
Zusammenhalten	x	x	x
Klammern			
Fixieren	x		x
Sichern	x		
Dichten	x		x
Zieren		x	
Maschinell verarbeitbar	x	x	x
Geringes Gewicht			x

Abbildung 3-54: Funktionsanalyse im Bereich Verbindung

Methodisch ist bei der morphologischen Analyse zunächst in sehr allgemeiner Form das Grundproblem zu beschreiben. Danach wird das Grundproblem in einzelne Merkmale beziehungsweise Teile aufgespalten. Im dritten Schritt werden dann für jedes Merkmal des Grundproblems mögliche Lösungsansätze zusammengestellt. Bei dieser Generierung von Lösungsansätzen für Teilprobleme kann auf intuitive Verfahren zurückgegriffen werden. Im letzten Schritt werden die Einzellösungen für jedes Teilproblem neu kombiniert.

Alle diskursiven Verfahren orientieren sich bei der Ableitung von Neuprodukten an Eigenschaften oder Funktionen existierender Produkte und **lassen die Wünsche und Bedürfnisse der Konsumenten zum großen Teil unbeachtet**. Eine stärkere Orientierung an diesen Wünschen und Bedürfnissen bietet die Anwendung der Positionierungsanalyse. Dabei muß beachtet werden, daß dieses Verfahren nicht in allen Produktkategorien zu gleich guten Ergebnissen führt, da gegebenenfalls kein handhabbarer Produktmarktraum gebildet werden kann. Dieses Problem tritt vor allem bei Neuprodukten mit einem hohen Innovationsgrad auf. Zur Ideengenerierung für bestehende Märkte kann die Positionierungsanalyse jedoch gut eingesetzt werden. Dies trifft vor allem auf solche Märkte zu, in denen das Marketing-Know-how der meisten Anbieter schwach ausgeprägt ist.

Abbildung 3-55 zeigt beispielhaft die Anwendung der Positionierungsanalyse zur Generierung von Neuproduktideen. Abbildungsteil (a) zeigt am Beispiel des Waschmittelmarktes, daß die Position eines kräftigen Bunt-Waschmittels zum Zeitpunkt der Untersuchung unbesetzt war. Diese Marktlücke wurde von der Henkel KGaA durch die Einführung des Produkts „Fakt" geschlossen. Abbildungsteil (b) zeigt am Beispiel des österreichischen Sportschuhmarktes, daß für eine besonders exklusive und gleichzeitig qualitativ sehr hochwertige Sportschuhmarke offenbar ebenfalls eine Marktlücke besteht.

Die **intuitiven Verfahren** wie Brainstorming und Synektik sowie diesen verwandte Verfahren basieren auf spontan-kreativen Eingebungen aus dem Unterbewußtsein. Die Ideenproduktion erfolgt in der Regel als gruppendynamischer Prozeß, um so das Kreativpotential jedes einzelnen Teilnehmers besser ausschöpfen zu können. Dabei muß insbesondere darauf geachtet werden, daß Ideen nicht aufgrund kritischer Äußerungen innerhalb der Gruppe unterdrückt werden. Ähnlich wie bei den diskursiven Verfahren ist bei den intuitiven Verfahren neben einer Ausrichtung auf neue Produktmerkmale und -funktionen auch eine käufer- beziehungsweise marktorientierte Durchführung der Verfahren denkbar, indem zum Beispiel neue Kaufverhaltenstrends zum Ausgangspunkt einer Brainstorming-Sitzung gemacht werden.

Unter **Brainstorming** versteht man die Aktivierung der vollen Leistungsfähigkeit des menschlichen Gehirns (Osborn 1963). Für den erfolgreichen Ablauf einer Brainstorming-Sitzung gelten eine Reihe von Regeln. Dadurch wird ein Enthemmungseffekt erzielt, der die Scheu vor zunächst besonders ausgefallenen Produktvorschlägen nimmt.

Die **Synektik** ist die bezüglich Anwendungskosten und Neuigkeitsgrad der produzierten Ideen anspruchsvollste Methode. Sie beruht auf der Erkenntnis, daß Erfindungen auf der Bildung von Analogien beruhen (Gordon 1961). Synektik bedeutet ein Zusammenführen verschiedener und augenscheinlich nicht zusammenpassender Elemente durch bewußte Simulation der sonst im Unterbewußtsein ablaufenden kreativen Prozesse. Das zentrale Prinzip hierbei ist die systematische Verfremdung des Problems beispielsweise durch eine direkte Analogie, das heißt Übertragung des Problems („schnelle und effiziente Fortbewegung im Wasser") auf die Biologie („Schwimmhäute zwischen den Extremitäten").

Produkt- und programmpolitische Entscheidungen

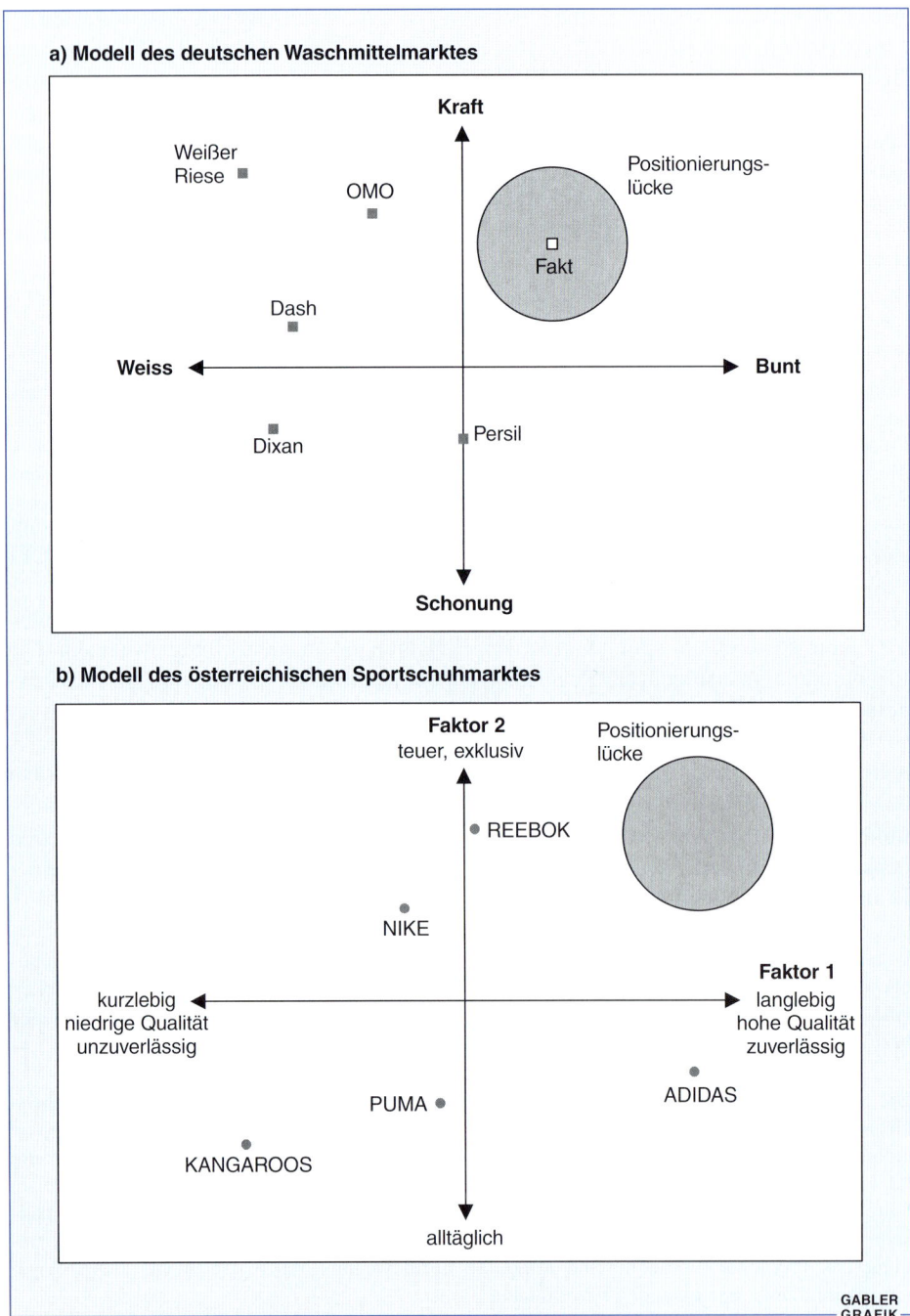

Abbildung 3-55: Anwendung der Positionierungsanalyse zur Generierung von Neuproduktideen
(Quelle: Schweiger/Schrattenecker 1995, S. 135)

Drittes Kapitel — Aktionsgrundlagen der Marketingentscheidung

Merkmal \ Methode (Urheber)	Brainstorming (Osborn 1963)	Synektik (Gordon 1961)	Morphologische Analyse (Zwicky 1971)
Allgemeine Charakteristik	Techniken zur intuitiven Ideengewinnung; Hervorbringen von Vorschlägen bzw. Problemlösungen durch freies Assoziieren bzw. Analogiebildung	Vollständige, eventuell auch physisch-konstruktive Problemlösung	Methode zur diskursiven Ideengewinnung (neuartige Kombination vorhandener Informationen)
Reifegrad der Ideen	Erste Anregungen	Vollständige, eventuell auch physisch-konstruktive Problemlösung	Relativ vollständiges gedankliches Modell
Komplexität der möglichen Problemlösungen	Relativ gering	Auch für technisch sehr komplizierte Probleme geeignet	
Gruppenzusammensetzung und Ablauf	Gruppe mit vier bis sieben Teilnehmern, möglichst fachlich heterogen besetzt; qualifizierter Leiter und Protokollant erforderlich; Dauer ca. 15–60 Minuten	Gruppe mit fünf bis sieben Teilnehmern, die in Synektik geschult sein sollten; qualifizierter Leiter und Wandtafel erforderlich; Dauer ca. zwei Stunden	Beliebig; eventuell auch einzelne Person; Untergliederung einer Gesamtlösung in mehrere Parameter mit unterschiedlichen Ausprägungen (Teillösungen)
Besondere Kennzeichen der Vorgehensweise	Keine vorschnelle Kritik während der Ideenproduktion; freies assoziatives Wechselspiel der Gedanken in der Gruppe; Vermeidung sozialer Spannungen; Ziel: große Ideenzahl, aus der sich qualitativ brauchbare Lösungen ergeben	Intensives Vertrautmachen mit der Problemstellung; Verfremdung des ursprünglichen Problems mit Hilfe von Analogien aus anderen Bereichen; Rückverknüpfung mit Ausgangsproblem verspricht Anhaltspunkte für neuartige Problemlösungen	Durchspielen aller im Morphologischen Kasten (bzw. in der Matrix) enthaltenen Merkmalskombinationen. Anhand problembezogener Bewertungsmaßstäbe werden sinnvolle Lösungsmöglichkeiten ermittelt

Abbildung 3-56: Vergleichende Übersicht ausgewählter Kreativitätstechniken
(Quelle: Uebele 1988, S. 779)

Die Verfahren eignen sich für unterschiedliche Fragestellungen im Rahmen der Produktpolitik. Abbildung 3-56 verdeutlicht, daß die aufwendigen und kostenträchtigen Verfahren wie zum Beispiel die Synektik und die morphologische Analyse in der Lage sind, auch komplexe Probleme zu bearbeiten und relativ umfassende Problemlösungen anzubieten.

2.46 Prüfung von Neuproduktideen

Der Stufe der Ideengewinnung folgt die Prüfung der Ideen hinsichtlich ihrer Übereinstimmung mit den Unternehmenszielen. Ziel dieser Phase ist die **Minimierung des Mißerfolgsrisikos**. Darüber hinaus wird eine **schnelle Konzentration der eigenen Ressourcen** angestrebt, indem nicht erfolgversprechend erscheinende Ideen in einem möglichst frühen Stadium ausgesondert werden (Rommel et al. 1995, S. 89 ff.; Brockhoff 1996, S. 123 ff.). Um den Auswahlprozeß kostengünstig zu gestalten, sollte ein **zweistufiges Verfahren mit Grob- und Feinauswahl** eingesetzt werden (Schmitt-Grohé 1972), weil der Informationsbedarf und damit die Kosten im Laufe des Bewertungsprozesses stark ansteigen.

Bei der Prüfung von Neuproduktideen können zwei Arten von Fehlern auftreten (Cravens et al. 1986, S. 344). Bei **Ablehnungsfehlern** (α-Fehler) wird eine Produktidee abgelehnt, die sich bei Wettbewerbern später als großer Erfolg herausstellt. Beispielsweise haben IBM und EASTMAN KODAK das Erfolgspotential des von Chester Carlson entwickelten Kopiergerätes falsch eingeschätzt und die Idee abgelehnt, wohingegen XEROX die Idee übernahm und zum Erfolg führte (Kotler/Bliemel 1995, S. 517).

Der **Annahmefehler** (β-Fehler) besteht demgegenüber darin, eine sich später als Mißerfolg herausstellende Produktidee in der Phase der Ideenprüfung nicht auszusondern. So wurde zum Beispiel die Produktidee zur Einführung einer sowohl unterhaltenden als auch informierenden Publikumszeitschrift („Tango") vom Verlag Gruner & Jahr fälschlicherweise angenommen. Schon nach neun Monaten stellte sich die Produktidee als nicht erfolgversprechend heraus und wurde vom Markt genommen. Es verblieb ein in dieser Zeit aufgelaufener Verlust von 57 Millionen DM.

2.461 Vorauswahl von Produktideen

Bevor die Grob- oder Vorauswahl (screening) beginnt, werden die Neuproduktideen gedanklich zu geschlossenen Produktkonzepten vervollständigt. Die **Grobauswahl** dient in erster Linie dazu, nicht erfolgversprechende Produktideen möglichst früh auszusondern. Fragenkataloge oder Checklisten sind ein hierzu geeignetes Mittel. Der Produktvorschlag muß **Mindestanforderungen** in bezug auf Erfolgsaussichten, Entwicklungszeit, Entwicklungskosten, Langfristigkeit des Bedarfs oder Umsatzwachstum erfüllen und vor allem aus der Sicht der Kunden signifikante Produktvorteile bieten (Schmitt-

Grohé 1972; Cafarelli 1980). Bei einer ausschließlichen Orientierung an Mindestanforderungen können allerdings Produktideen aufgrund eines einzelnen Kriteriums ausgeschlossen werden, obwohl sie insgesamt erfolgversprechend sind. Dies ist zum Beispiel bei Produktideen mit sehr hohen Entwicklungskosten möglich, die trotz langfristig ausgezeichneter Gewinnaussichten ausgesondert werden. Es ist daher sinnvoll, in solchen Fällen eine interne Gewichtung der Kriterien vorzunehmen oder den Grobauswahlprozeß in mehrere Stufen zu zerlegen.

Diese Forderung wird bei **Punktbewertungsmodellen** (Scoringmodellen) verwirklicht. Die Probleme bei diesen Verfahren liegen in der Auswahl und der Gewichtung der Kriterien. Empirische Untersuchungen in den USA ergaben, daß bis zu 86 Kriterien von verantwortlichen Managern zur Selektion von Neuproduktideen aus dem Unternehmens-, Produkt- und Marktumfeld herangezogen werden (Schnedlitz 1985). Besonderes Interesse hat das gewichtete Punktbewertungsmodell von O'Meara in der Literatur gefunden (O'Meara 1961, S. 84 ff.). Einen Überblick über die einzelnen Kriterien gibt Abbildung 3-57.

Durch eine multiplikative Verknüpfung jedes Teilfaktors mit einem Wahrscheinlichkeitskoeffizienten wird der Erwartungswert des Teilfaktors errechnet. Die Teilfaktoren werden entsprechend ihrer Bedeutung gewichtet und zu vier Hauptfaktoren verdichtet. Diese Hauptfaktoren werden nochmals gewichtet und zu einem Gesamtpunktwert eines Produktkonzeptes addiert. **Auf die Angabe eines Mindestwertes** für den zu erreichenden Punktwert wurde bei der Konzeption **verzichtet**. Diese Größe muß für die jeweilige Unternehmung und das spezifische Innovationsvorhaben individuell festgelegt werden. Probleme ergeben sich ferner hinsichtlich der **fehlenden Überschneidungsfreiheit der Faktoren**. So ist zum Beispiel zwischen den Kriterien I B und I E ein relativ enger Zusammenhang zu vermuten, so daß Verbundeffekte indirekt doppelt gewichtet werden. Hier würde sich zum Beispiel eine faktorenanalytische Überprüfung der Kriterien anbieten, um die Unabhängigkeit der Faktoren sicherzustellen. Darüber hinaus wird eine empirische Fundierung von relevanten und überschneidungsfreien Kriterien mit Hilfe von kausalanalytischen Verfahren vorgenommen.

2.462 Konkretisierung von Produktideen

Nachdem die Phase der Grobauswahl abgeschlossen ist, werden diejenigen Produktideen, die bisher positiv beurteilt wurden, einer genaueren Analyse unterzogen. Die zu diesem Zweck durchgeführten Wirtschaftlichkeitsanalysen orientieren sich hauptsächlich an quantitativen Größen wie Gewinn, Deckungsbeitrag oder Rendite. Um entsprechende Kosten- und Umsatzschätzungen vornehmen zu können, ist es notwendig, die Produktideen weiter zu konkretisieren, erste Prototypen zu entwickeln und Überlegungen hinsichtlich der Markteinführungskonzeption anzustellen.

Produkt- und programmpolitische Entscheidungen

	sehr gut (10)	gut (8)	durchschnittlich (6)	schlecht (4)	sehr schlecht (2)
I. Markttragfähigkeit					
A. Erforderliche Absatzwege	ausschließlich gegenwärtige	überwiegend gegenwärtige	zur Hälfte gegenwärtige	überwiegend neue	ausschließlich neue
B. Beziehung zur bestehenden Produktgruppe	Vervollständigung der zu schmalen Produktgruppe	Abrundung der Produktgruppe	einfügbar in die Produktgruppe	stofflich mit der Produktgruppe verträglich	unverträglich mit der Produktgruppe
C. Preis-Qualitäts-Verhältnis	Preis liegt unter dem ähnlicher Produkte	Preis liegt z. T. unter dem ähnlicher Produkte	Preis entspricht dem ähnlicher Produkte	Preis liegt z. T. über dem ähnlicher Produkte	Preis liegt meist über dem ähnlicher Produkte
D. Konkurrenzfähigkeit	Produkteigenschaften werblich verwertbar und Konkurrenzprodukten überlegen	mehrere werblich bedeutsame Produkteigenschaften sind Konkurrenzprodukten überlegen	werblich bedeutsame Produkteigenschaften entsprechen den Konkurrenzprodukten	einige überlegene Produkteigenschaften	keine überlegenen Produkteigenschaften
E. Einfluß auf Umsatz der alten Produkte	steigert Umsatz der alten Produkte	unterstützt Umsatz der alten Produkte	kein Einfluß	behindert Umsatz der alten Produkte	verringert Umsatz der alten Produkte
II. Lebensdauer					
A. Haltbarkeit	groß	überdurchschnittlich	durchschnittlich	relativ gering	schnelle Veralterung zu erwarten
B. Marktbreite	Inland und Export	breiter Inlandsmarkt	breiter Regionalmarkt	enger Regionalmarkt	enger Spezialmarkt
C. Saisoneinflüsse	keine	kaum	geringe	etliche	starke
D. Exklusivität	Patentschutz	z. T. Patentschutz	Nachahmung schwierig	Nachahmung teuer	Nachahmung leicht und billig
III. Produktmöglichkeiten					
A. Benötigte Produktionsmittel	Produktion mit stilliegenden Anlagen	Produktion mit vorhandenen Anlagen	vorhandene Anlagen können z. T. verwendet werden	teilweise neue Anlagen notwendig	völlig neue Anlagen erforderlich
B. Benötigtes Personal und technisches Wissen	vorhanden	im wesentlichen vorhanden	teilweise erst zu beschaffen	in erheblichem Umfang zu beschaffen	gänzlich neu zu beschaffen
C. Benötigte Rohstoffe	bei Exklusivlieferanten erhältlich	bei bisherigen Lieferanten erhältlich	von einem Neulieferanten zu beziehen	von mehreren Neulieferanten zu beziehen	von vielen Neulieferanten zu beziehen
IV. Wachstumspotential					
A. Marktstellung	Befriedigung neuer Bedürfnisse	erhebliche Produktverbesserung	gewisse Produktverbesserung	geringe Produktverbesserung	keine Produktverbesserung
B. Markteintritt	sehr hoher Investitionsbedarf	hoher Investitionsbedarf	durchschnittlicher Investitionsbedarf	geringer Investitionsbedarf	kein Investitionsbedarf
C. Erwartete Zahl an Endverbrauchern	starke Zunahme	geringe Zunahme	Konstanz	geringe Abnahme	erhebliche Abnahme

Abbildung 3-57: Teilfaktoren und Subfaktoren in einem Punktbewertungsmodell
(Quelle: O'Meara 1961, S. 84 ff.)

Bei der **Auswahl und Konkretisierung der Eigenschaften von Neuprodukten** wird neben dem Quality Function Deployment vor allem auf die Conjoint-Analyse zurückgegriffen (vgl. zweites Kapitel, Abschnitt 4.2243). Das **Quality Function Deployment** (QFD) ist ein Verfahren, bei dem Kundenanforderungen hinsichtlich der Funktion und Qualität einzelner Produktkomponenten (zum Beispiel Stärke und Laufruhe des Motors, Größe und Styling der Karosserie, Fahrwerksabstimmung oder Innenausstattung bei einem PKW) in konkrete Konstruktionsmerkmale (Zylinderzahl des Motors, Innenraumhöhe, Art der Radaufhängung oder Bezugsstoffe) umgesetzt werden (Akao 1992; Kamiske et al. 1994; Rommel et al. 1995, S. 241 ff.; Schmidt 1996). Den Ausgangspunkt bilden dabei die aus Kundensicht wichtigen Komponenten eines Produktes und deren spezifische Merkmale. Bei der Konkretisierung von Neuproduktideen erweist sich das Quality Function Deployment jedoch insofern als problematisch, da durch das QFD keine methodische Unterstützung bei der Gewinnung der aus Kundensicht besonders relevanten Produktmerkmale geleistet wird. Dieses Defizit kann durch eine Conjoint-Analyse behoben werden.

Die auf Luce und Tukey (1964) zurückgehende **Conjoint-Analyse** hat sich mittlerweile zu einem in der Praxis immer häufiger verwendeten Marktforschungsinstrument zur kundenorientierten Gestaltung von Neuprodukten entwickelt. Bereits für den Zeitraum zwischen 1981 und 1985 wurde die Zahl der kommerziellen Conjoint-Anwendungen allein für die USA auf 400 pro Jahr geschätzt (Wittink/Cattin 1989, S. 92), während in Europa erst nach 1985 ein verstärkter Einsatz dieses Verfahrens zu verzeichnen ist (Wittink et al. 1994, S. 43).

Herausragender Vorteil des Ansatzes ist die gute Abbildung von Kauf- beziehungsweise Auswahlentscheidungen des Konsumenten. Der in einer Kaufsituation auftretende **trade-off**, das heißt die bewußte Abwägung zwischen unterschiedlichen Produktmerkmalen, wird durch die Conjoint-Analyse realitätsnah abgebildet. Dabei wird der vom Befragten wahrgenommene Gesamtnutzen des Produktes und der Teilnutzen, den jede Eigenschaft eines Neuproduktes zum Gesamtnutzen beiträgt, ermittelt. Die Analyse soll in diesem Zusammenhang die Frage beantworten, **wie eine Neuproduktidee im Hinblick auf die Bedürfnisse der potentiellen Kunden optimal auszugestalten ist**.

Die Schritte zur Durchführung einer Conjoint-Analyse lassen sich gemäß dem in Abbildung 3-58 dargestellten Ablaufplan zusammenfassen (Green/Srinivasan 1978, S. 105; dies. 1990, S. 5; Backhaus et al. 1996a, S. 500). Besonders problematisch ist dabei die Auswahl der hinsichtlich ihres Nutzenbeitrags zu überprüfenden Produkteigenschaften und ihrer relevanten Ausprägungen. Vor allem bei sehr innovativen Produktideen ist es häufig sehr schwierig festzulegen, welche Produkteigenschaften und Eigenschaftsausprägungen später die für die Kunden wichtigsten Kaufentscheidungskriterien sein werden (Backhaus et al. 1996a, S. 501).

Ablaufschritt	Ausgestaltungsalternativen		
1. Festlegung von Eigenschaften und Ausprägungen	Anforderungen an die Eigenschaften: ■ Beeinflußbarkeit ■ Unabhängigkeit ■ Relevanz ■ keine Ausschluß- ■ Begrenztheit kriterien ■ Realisierbarkeit ■ kompensatorische Beziehung		
2. Wahl eines Präferenzmodells	Abhängig von der Skalierung der Eigenschaften werden verwendet: ■ Idealpunktmodell ■ Idealvektormodell ■ Teilnutzenwertmodell		
3. Methode der Datensammlung	Zwei-Faktor-Methode versus Profilmethode		
4. Auswahl des Erhebungsdesigns	Vollständiges Design versus reduziertes Design		
5. Präsentation der Stimuli	Optische Darstellung versus verbale Beschreibung		
6. Bewertung der Stimuli/Präferenz-messungsskala	Metrische Skalen versus ■ Rating-Skala ■ Dollar-Metrik ■ Konstant-Summen-Skala	Nichtmetrische Verfahren ■ Rangreihung ■ Profilpaarvergleich	
7. Schätzung der Nutzenwerte	Abhängig vom Skalenniveau der abhängigen Variable wird unterschieden zwischen Methoden, die metrisches Skalenniveau (z. B. Kleinste-Quadrate-Schätzung) sowie Methoden, die ordinales Skalenniveau unterstellen (z. B. LINMAP, MONANOVA, PREFMAP)		
8. Aggregation der Nutzenwerte	Individualanalysen versus gemeinsame Conjoint-Analyse		

Abbildung 3-58: Ablaufplan der Conjoint-Analyse
(Quelle: Perrey 1996, S. 106)

Ein Automobilhersteller beschäftigte sich in diesem Zusammenhang mit der Frage, welche Bedeutung eine **Mobilitätsgarantie** für Autokäufer hat und wie diese Idee einer neuartigen Dienstleistung konkret auszugestalten sei (Laakmann 1995, S. 242 ff.). Im ersten Schritt wurde überprüft, wie wichtig eine zusätzliche Mobilitätsgarantie im Vergleich zu den klassischen Kaufentscheidungskriterien beim Autokauf ist (vgl. Abbildung 3-59 a). Im zweiten Schritt wurde untersucht, welche Leistungsmerkmale einer Mobilitätsgarantie den potentiellen Autokäufern einen besonders hohen Nutzen bieten (vgl. Abbildung 3-59 b). Es zeigte sich, daß dem kostenlosen Abschleppen von den Befragten die höchste Bedeutung beigemessen wurde. Darüber hinaus offenbarte sich bei der Nutzeneinschätzung der Leistungsmerkmale über alle Befragte ein sehr heterogenes Bild. Dementsprechend wurde vom Unternehmen erwogen, eine flexible Mobilitätsgarantie anzubieten, bei der sich die Kunden aus verschiedenen Leistungsmodulen den von ihnen gewünschten Leistungsumfang der Mobilitätsgarantie auswählen können.

a) Merkmalswichtigkeiten beim Automobilkauf	
Merkmal	Merkmalswichtigkeit
Preis	24,56 %
Leistung (PS)	20,20 %
Sicherheitstraining	10,14 %
Verlängerte Garantie	28,72 %
Mobilitätsgarantie	16,38 %

b) Merkmalswichtigkeiten im Rahmen der Mobilitätsgarantie	
Merkmal	Merkmalswichtigkeit
Preis	23,94 %
Abschleppen	27,24 %
Mietwagen	24,26 %
Übernachtung	13,52 %
Weiterreise	11,04 %

Abbildung 3-59 a/b: Bedeutung einer Mobilitätsgarantie für Autokäufer
(Quelle: Laakmann 1995, S. 249)

Zur **Abschätzung der Produktentwicklungsaufwendungen**, die bis zum Zeitpunkt der Markteinführung anfallen, wird oft auf den in Abbildung 3-60 dargestellten idealtypischen Verlauf eines Produktentstehungszyklus zurückgegriffen (Pfeiffer/Bischof 1981, S. 133 ff.). Je präziser ein Neuprodukt spezifiziert und je weiter es im Entstehungszyklus voranschreitet, desto stärker steigen die Kosten. Dies macht eine möglichst schnelle Aussonderung wenig erfolgversprechender F & E-Projekte erforderlich. Zur Fundierung dieser **Abbruchentscheidung** sind zahlreiche Kriterien entwickelt worden (zum Beispiel Balachandra 1989; Griffin/Page 1993; Lange 1993, Brockhoff 1994b).

Produkt- und programmpolitische Entscheidungen

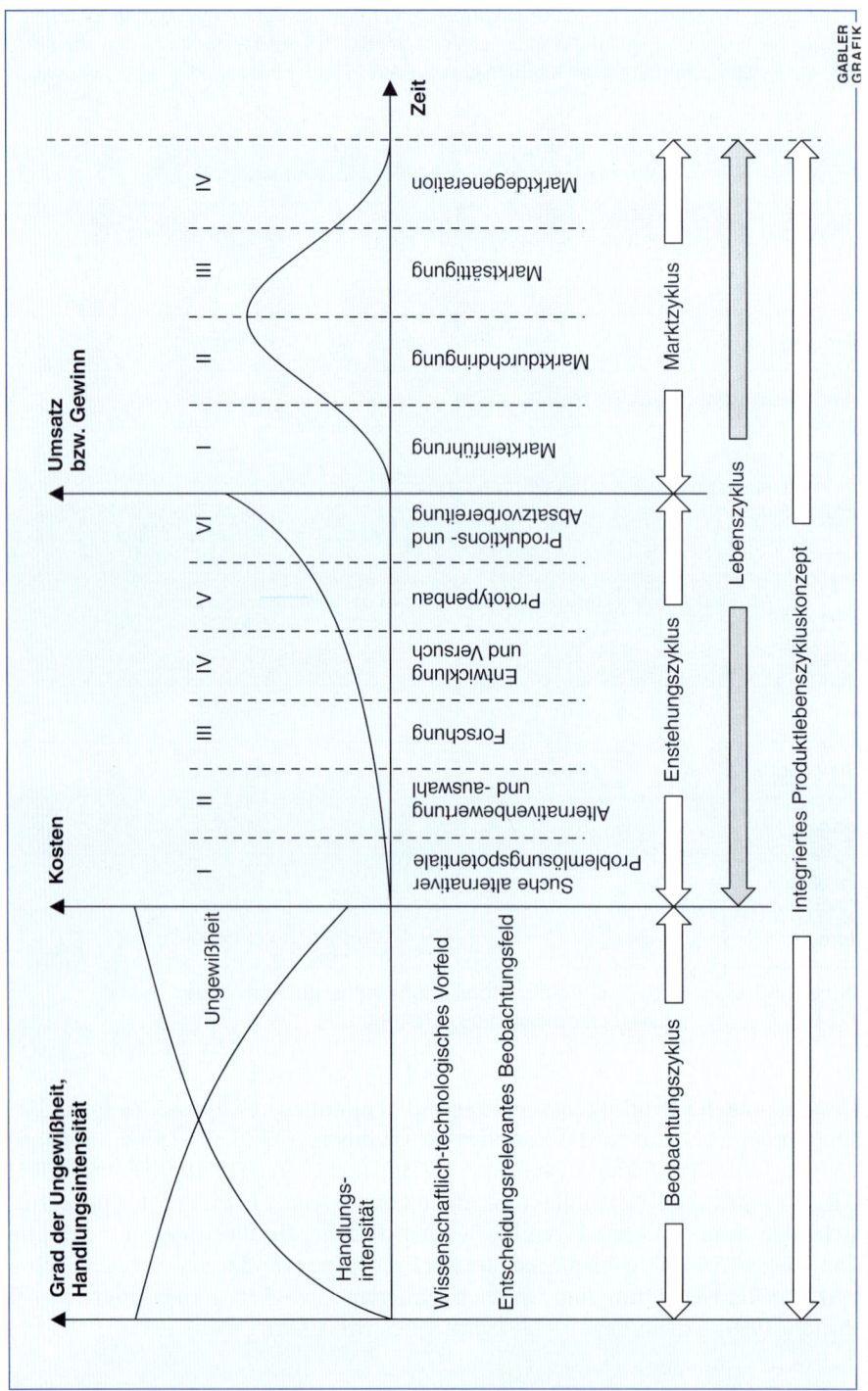

Abbildung 3-60: Idealtypischer Verlauf eines Produktentstehungszyklus
(in Anlehnung an Pfeiffer/Bischof 1981, S. 136)

Ohne eine konkrete Festlegung der Produktspezifikationen ist eine Prognose der insgesamt anfallenden Aufwendungen für die Forschung und Entwicklung sowie die Produktions- und Absatzvorbereitung nicht möglich. Die Konkretisierung der Produktmerkmale und die Entwicklung erster Prototypen ist somit meist die notwendige Voraussetzung einer validen Wirtschaftlichkeitsanalyse. Dabei ist jedoch der **trade-off** zwischen einer exakten und zeitaufwendigen Konzeptkonkretisierung und -überprüfung auf der einen Seite und der Notwendigkeit zur schnellen Markteinführung andererseits zu beachten. Bei einem verspäteten Markteintritt steigt das Risiko, nicht mehr in ausreichendem Maße Gewinne zur Refinanzierung der getätigten Forschungs- und Entwicklungsausgaben erwirtschaften zu können.

2.463 Wirtschaftlichkeitsanalysen

Die für **Wirtschaftlichkeitsanalysen** eingesetzten Modelle reichen von einfachen Break-Even-Analysen über Investitionsrechnungsmodelle bis hin zu dynamischen, mehrstufigen Entscheidungskalkülen. Ein verbreiteter Ansatz zur Ermittlung der Wirtschaftlichkeit einer Neuproduktkonzeption ist die **Break-Even-Analyse** oder die Bestimmung der Gewinnschwelle (Coenenberg 1997, S. 274 ff.). Die Break-Even-Menge ist diejenige Absatzmenge, die zur Deckung aller Kosten, die mit der Entwicklung des Produktes und dessen Absatz anfallen, notwendig ist. Die kumulierten Deckungsbeiträge decken am Break-Even-Punkt gerade die kumulierten Fixkosten (vgl. Abbildung 3-61).

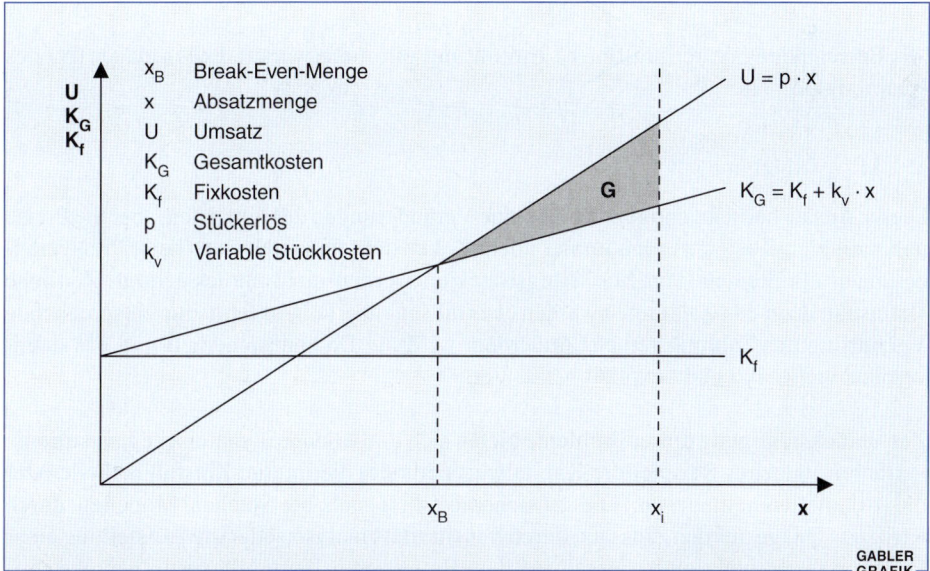

Abbildung 3-61: Graphische Darstellung der Break-Even-Analyse

Der so ermittelte Break-Even-Absatz ist mit der erwarteten Absatzmenge des Neuproduktes x_i zu vergleichen. Dabei gilt folgende Entscheidungsregel:

$x_i > x_B$ Produkteinführung
$x_i < x_B$ Produktablehnung

Eine solche **statische Betrachtung vernachlässigt aber einige wesentliche Aspekte.** Zum einen wird bei der Break-Even-Analyse von einem zeitlich konstanten Preis ausgegangen, wobei die konkrete Preisstrategie zur Produkteinführung vernachlässigt wird. Zum anderen geht die Break-Even-Analyse von konstanten variablen Kosten und konstanten Fixkosten aus.

Die Bestimmung der **Amortisationsperiode** kann einzelne Schwächen der statischen Break-Even-Analyse beseitigen. Als Amortisationsperiode gilt diejenige Zeit, in der die kumulierten Fixkosten der Neuproduktentwicklung und Markteinführung durch die kumulierten Deckungsbeiträge gedeckt werden.

$$\sum_{t=1}^{M} K_f = \sum_{t=1}^{M} (p - k_v) x_t$$

mit: K_f = Fixkosten der Periode t (inkl. Kosten der Neuproduktentwicklung)
 M = Amortisationsdauer in Jahren
 x_t = Absatz in der Periode t
 t = Index für die Perioden
 k_v = Variable Stückkosten
 p = Stückerlös

Als Entscheidungskriterium für die Einführung gilt die erwartete Lebensdauer (N) des Neuproduktes

N > M Einführung
N < M Ablehnung

Dieser Ansatz berücksichtigt zwar zeitliche Veränderungen der Fixkosten, aber die Preise und variablen Kosten werden immer noch als konstant unterstellt, das heißt Preisveränderungen als Element von Marketingstrategien werden nicht berücksichtigt. Zeitliche Unterschiede in den Zahlungen werden ebenfalls nicht erfaßt, es fehlt eine entsprechende Verzinsung der Zahlungsreihen. Außerdem wird die Datenunsicherheit und das damit verbundene Risiko nicht explizit betrachtet.

Zur Berücksichtigung dieser Probleme bieten sich umfassende, dynamische Investitionsverfahren wie zum Beispiel die Kapitalwertmethode, die interne Zinsfußmethode oder die Annuitätenmethode an. Die Unsicherheit läßt sich bei solchen Modellen durch Risikozuschläge auf den Zinssatz, durch Sensitivitätsanalysen oder die Aufstellung einer Risikopräferenzfunktion basierend auf dem Bayes- oder Bernoulliprinzip berücksichtigen (Perridon/Steiner 1999, S. 97 ff.). Ein wesentlicher Kritikpunkt am Einsatz dieser

Methoden ist die Quantifizierung der Zahlungsreihen, die ohne erheblichen Aufwand in der Regel nicht möglich ist. Beispielhaft soll eine solche Investitionsrechnung mit Hilfe der **Kapitalwertmethode** dargestellt werden. Die Unsicherheit wird durch Risikoaufschläge berücksichtigt.

Der Kapitalwert ist definiert als:

$$C_o = -A_o + \sum_{t=1}^{T} d_t (1+i)^{-t}$$

unter Einbeziehung des Risikos

$$C_o^R = -A_o + \sum_{t=1}^{T} d_t (1+i+r)^{-t}$$

mit: A_o = Forschungs- und Entwicklungskosten, Kosten der Markteinführung
d_t = Ein-/Auszahlungsüberschuß des Neuproduktes in der Periode t
i = Kalkulationszinsfuß
r = Risikozuschlag
T = Produktlebensdauer

T = 5	Produktkonzept 1	Produktkonzept 2	Produktkonzept 3
d_1	35.000	42.000	80.000
d_2	37.000	42.000	85.000
d_3	39.000	40.000	89.000
d_4	40.000	38.000	94.000
d_5	40.000	35.000	100.000
i	10 %	10 %	10 %
r	2 %	0 %	10 %
A_o	50.000	60.000	200.000
C_o	93.855,36	90.631,91	136.137,62
C_o^R	86.623,40	90.631,91	68.779,23

Abbildung 3-62: Beispielrechnung für den Kapitalwert

Bei der Entscheidung nach der üblichen Kapitalwertmethode würde man sich für das Produktkonzept 3 entscheiden (vgl. Abbildung 3-62). Wird dagegen das unterschiedliche Risiko mitberücksichtigt, muß der Alternative 2 der Vorzug gegeben werden.

Im Gegensatz zu den bisher beschriebenen Wirtschaftlichkeitsanalysen beschränken sich das globalanalytische **DEMON-Modell** (Charnes et al. 1968) und das **SPRINTER-Modell** (Urban 1967) als seine Weiterentwicklung bei der Datenbeschaffung nicht nur auf

Expertenschätzungen. Unter Berücksichtigung der wesentlichen Marketing-Instrumente wird eine empirisch gewonnene Nachfragefunktion zur Absatzprognose und damit für die Ablehnungs- oder Annahmeentscheidung verwendet. In einem mehrstufigen Entscheidungsmodell werden alle Phasen des Neuproduktplanungsprozesses abgebildet. In jeder Phase wird das Neuproduktkonzept dahingehend überprüft, ob das Konzept abzulehnen beziehungsweise anzunehmen ist oder neue Informationen einzuholen sind.

Ein weiteres Verfahren zur Beurteilung von Neuproduktkonzepten ist die **Nutzwertanalyse**. Der besondere Vorteil gegenüber den beschriebenen Wirtschaftlichkeitsanalysen besteht in der Bewertung auf der Basis eines Zielsystems, so daß außer dem Gewinn weitere mit Produktinnovationen verfolgte Ziele berücksichtigt werden können. Besondere Probleme des Verfahrens liegen in der Aufstellung des Zielprogramms und der Bewertung der Zielbeiträge der Produktalternativen (Brockhoff 1999, S. 182). Hierbei spielt die Antizipation zukünftiger Umwelt- und Marktentwicklungen eine wichtige Rolle. Die Nutzwertanalyse kommt zu keiner optimalen Lösung, sondern aufgrund der subjektiven Präferenzabstufungen zu einer „subjektiv besten Lösung" des Problems. Der Entscheidungsprozeß wird jedoch durch Anwendung des Verfahrens transparenter und insbesondere durch den Einsatz von EDV-Programmen zur Nutzwertanalyse auch handhabbarer.

2.47 Realisation von Neuproduktideen

Die Hauptaufgaben in dieser Phase sind die Sicherung des Markterfolges sowie die Planung der Markteinführung. Es sind Entscheidungen über konkrete Gestaltungsmaßnahmen wie Farbabstimmung, Verpackungsgrößen etc. zu treffen. Dazu reichen in der Regel die Urteile und Einschätzungen von Experten nicht aus. In diesem Stadium des Innovationsmanagements sind Produkttests sowie Markt- und Storetests erforderlich, um detaillierte Informationen über die Akzeptanz des Neuproduktes bei Konsumenten und Absatzmittlern zu erhalten.

2.471 Produkttests

Der Produkttest im engeren Sinne **beinhaltet die Überprüfung der Anmutungs- und Verwendungseigenschaften von Produkten, die noch nicht am Markt eingeführt sind**. Der Test soll klären, ob das Neuprodukt auf dem Markt bestehen kann. Dabei wird die subjektive Wirkung des Produktes oder einzelner Komponenten des Produktes (zum Beispiel Farbe, Verpackung, Materialbeschaffenheit) auf bestimmte Testpersonen gemessen. Produkttests im weiteren Sinne, die nach der Markteinführung von Dritten (zum Beispiel Wettbewerber, Warentestorganisationen) initiiert werden, sollen hier nicht näher betrachtet werden (vgl. Abbildung 3-63).

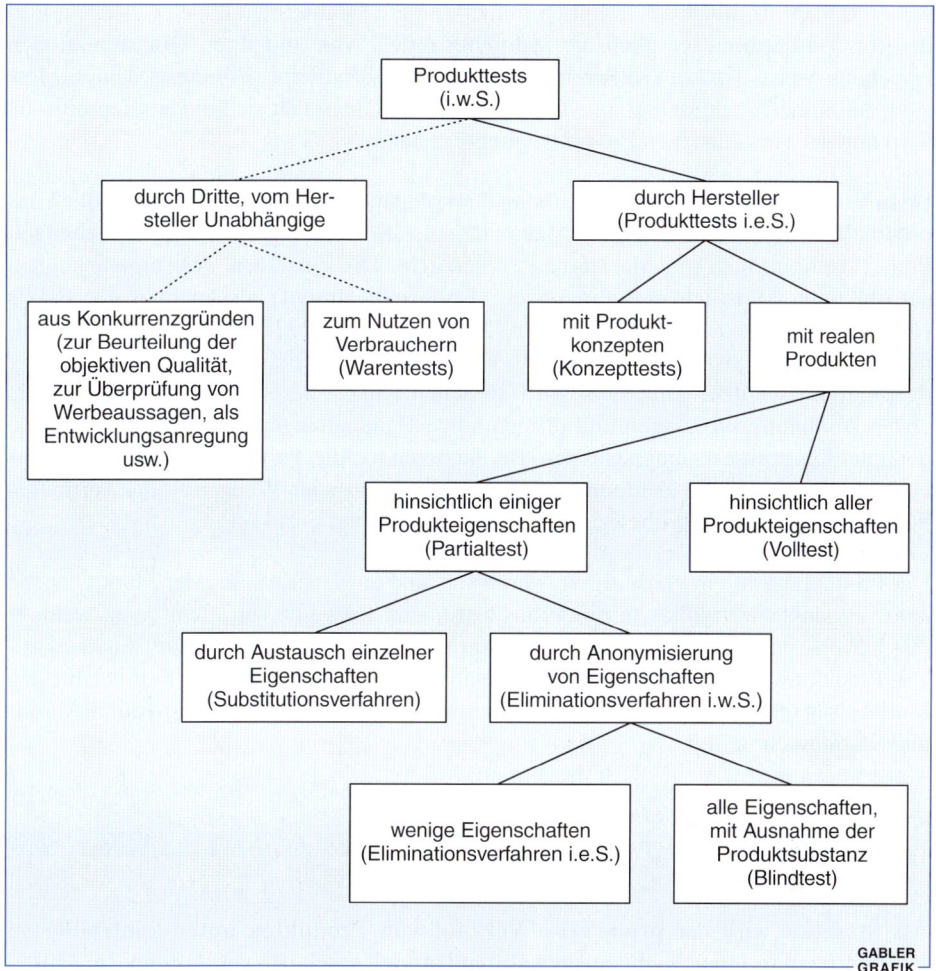

Abbildung 3-63: Wichtige Typen von Produkttests (geordnet nach Aufgabenstellung)
(in enger Anlehnung an Brockhoff 1999, S. 214)

Bei Produkttests wird ausgehend von Konstrukten wie Einstellungen, Präferenzen, Kaufabsichten oder dem beobachteten Produktauswahlverhalten auf den Markterfolg des Neuproduktes geschlossen (Brockhoff 1999a, S. 212 ff.). Man unterscheidet Konzepttests, Partialtests und Volltests. Beim **Konzepttest** wird die Reaktion auf eine verbale Beschreibung des Produktes oder auf ein Produktmodell getestet, das heißt, es wird nicht mit realen Produkten operiert. Demgegenüber ist bei Partial- und Volltests ein reales Produkt Gegenstand der Bewertung. Dabei werden einzelne Eigenschaften des Produktes, zum Beispiel die Innenraumgestaltung bei Automobilen oder die Gestaltung und Anmutungswirkung der Verpackung von Kosmetika, isoliert getestet. Beim Substitutionsverfahren werden hierzu einzelne Produktmerkmale gegeneinander ausgetauscht, während beim Eliminationsverfahren immer weitere Produktmerkmale gestrichen werden, bis zum Schluß lediglich die „anonymisierte" Ware mit ihren Grundfunktionen beziehungsweise dem zu erfüllenden Grundnutzen übrigbleibt (Blindtest). Durch Messung der Kundenreaktion auf die verschiedenen Varianten läßt sich die absatzpolitische Wirkung der verschiedenen Produktelemente testen.

Beim **Volltest** wird dagegen die Wirkung des vollständigen Produktes einschließlich des produktbezogenen Marketing-Mix (zum Beispiel Botschaftsgestaltung, Werbebudget, Preis, Distributionsform, Markierung) untersucht. Die einzelnen Testformen können sowohl unter künstlichen Bedingungen (**Laborexperiment**) als auch in der Praxis (**Feldexperiment**) durchgeführt werden (Meffert 1992, S. 232 ff.). Darüber hinaus können Produkttests als Einzeltest oder als Paarvergleich nacheinander oder gleichzeitig durchgeführt werden. Außerdem wird zwischen Kurzzeittests, in denen lediglich die ersten Anmutungswirkungen und offenkundige Handhabungsprobleme überprüft werden, und Langzeittests unterschieden. Bei letzteren hat die Testperson Gelegenheit, das Neuprodukt über einen Zeitraum von mehreren Tagen oder Wochen in der vertrauten häuslichen Umgebung probeweise zu verwenden (In-home-Tests).

Der Produkttest ist ein vielseitig verwendbares und zur Überprüfung der Marktchancen neuer Produkte wertvolles Informationsinstrument. Dies gilt vor allem dann, wenn er durch Preis- und Werbetests begleitet wird (Meffert 1992, S. 234f.). Die Aussagekraft von Produkttests ist jedoch insoweit zu relativieren, da immer nur ein Teil der für den Markterfolg relevanten Einflußfaktoren überprüft wird. Dieses Defizit wird durch Markt- und Storetests beseitigt.

2.472 Markt- und Storetest

Als **Storetest** wird der **probeweise Verkauf von Produkten unter kontrollierten Bedingungen in einer Reihe ausgewählter Handelsgeschäfte** verstanden. Im Mittelpunkt des Interesses steht die Überprüfung des Konsumentenverhaltens am Point of Sale (PoS) unter realen Bedingungen. Bei einem **Markttest** handelt es sich demgegenüber um den **probeweisen Verkauf von neuen oder modifizierten Produkten unter kontrollierten Bedingungen in einem räumlich abgegrenzten Markt bei Einsatz ausgewählter oder sämtlicher Marketinginstrumente**. Hierbei geht es nicht nur um die Abschätzung des Konsumentenverhaltens, sondern um die Überprüfung aller Marketingprozesse (zum Beispiel Auslieferung/Logistik, Verhalten und Steuerung des Außendienstes). Der Markttest zählt zu den methodisch am weitesten entwickelten Feldexperimenten. Im Rahmen der Neuprodukteinführung dienen Markttests

- der Prognose des Absatzvolumens,
- der Prognose des Käuferverhaltens und
- dem Test von alternativen Produktkonzeptionen am Markt.

Bei der Auswahl unterschiedlicher Testanordnungen müssen also besonders die **Repräsentativität des Testmarktes** und die Möglichkeit einer isolierten Veränderung einzelner Marketingparameter beachtet werden. Aufgrund der hohen Testkosten, der langen Testzeiten und der mit einem Markttest verbundenen Risiken (fehlende Geheimhaltung, Gegenmaßnahmen der Konkurrenz) wurden verschiedene Testmarktersatzverfahren entwickelt.

2.473 Testmarktersatzverfahren

Als Testmarktersatzverfahren stehen Mini-Testmärkte und Labortestmärkte zur Verfügung. Beim **Mini-Testmarkt** (Zentes 1987; Stoffels 1989) werden die **Mitglieder eines Panels in einer möglichst realistischen Umfeldsituation hinsichtlich ihrer Neuproduktakzeptanz untersucht**. Mittels des Haushaltspanels werden Erstkauf-, Wiederkaufraten und durchschnittliche Kaufmengen pro Haushalt und Periode ermittelt. Zu den bekanntesten Mini-Testmärkten zählen ERIM (GfK), TELERIM (Nielsen) und der GfK-Behavior-Scan (vgl. Abbildung 3-64).

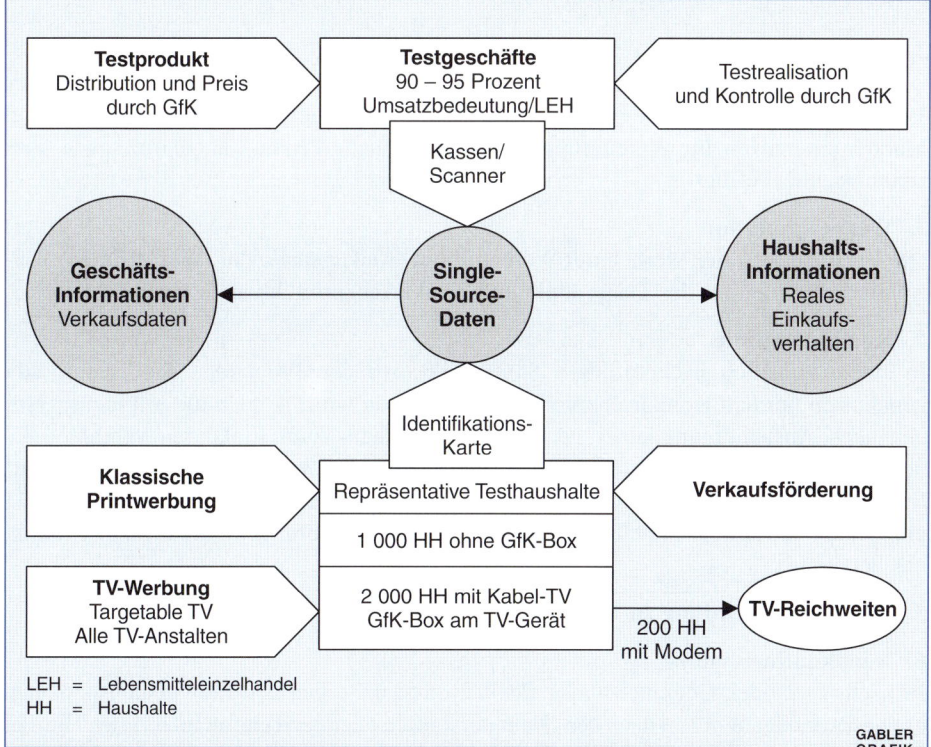

Abbildung 3-64: Beispiel eines Mini-Testmarktes „GfK-Behavior-Scan"
(Quelle: GfK 1988)

Die zu testenden Produkte können in einer begrenzten Anzahl von Geschäften angeboten werden, aus deren Käuferkreis die Panelmitglieder gewonnen werden. Mit Hilfe von Erkennungscodes der Panelmitglieder und Artikelnummern werden die relevanten Informationen über Scannerkassen erfaßt. Die Panelmitglieder erhalten kostenlos eine Programmzeitschrift, in die Werbeanzeigen für das Testprodukt eingefügt werden können. Darüber hinaus sind auch Einblendungen von Test-Werbespots in das laufende Fernsehprogramm möglich (targetable TV). Hierzu wird parallel das Mediennutzungsverhalten der Panelmitglieder erfaßt. Die Testprodukte können den Panelmitgliedern auch über Kataloge oder Verkaufswagen angeboten werden.

Mit **Labortestmärkten beziehungsweise Testmarktsimulationen** (TESI) (Erichson 1996; Gaul et al. 1996) werden Daten über ein simuliertes Kaufverhalten gewonnen. Es wird versucht, die reale Marktsituation im Labor oder Studio möglichst wirklichkeitsnah nachzubilden. Grundsätzlich umfaßt der Ablauf eines Labortestmarktes folgende Stufen (Erichson 1979, S. 257 f.; Rehorn 1988, S. 47 f.):

1. Anwerbung von Versuchspersonen
Es werden in der Regel 300 bis 500 Versuchspersonen ausgewählt, die einen repräsentativen Querschnitt der Zielgruppe bilden.

2. Vorkaufinterviews
Die Versuchspersonen werden in ein Teststudio eingeladen und im Rahmen eines Vorinterviews über soziodemographische Merkmale sowie Konsumgewohnheiten und Markenpräferenzen für Warengruppen, denen das neue Produkt angehört, sowie über Kaufabsichten befragt.

3. Werbesimulation
Die Versuchspersonen werden mit Werbemitteln (Anzeigen-Folder, Werbefilmen) konfrontiert, in denen für das Testprodukt und Konkurrenzprodukte geworben wird.

4. Kaufsimulation
In einem künstlich nachgestellten Supermarkt, wo den Probanden das Testprodukt gemeinsam mit den Konkurrenzprodukten angeboten wird, werden die Versuchspersonen nach Aushändigung eines geringen Geldbetrages zum Einkaufen veranlaßt. Es besteht jedoch keine Kaufverpflichtung. Entscheiden sich Versuchspersonen beim Kauf für ein Konkurrenzprodukt, so wird ihnen nach Abschluß des Kauftests das Testprodukt gratis zur Verfügung gestellt, damit sie Gebrauchserfahrungen mit diesem Produkt machen können.

5. Produktverwendung zu Hause

6. Nachkaufinterviews
Je nach Ver- oder Gebrauchsdauer des Testproduktes werden die Versuchspersonen einige Tage oder Wochen nach dem Kauf persönlich oder per Telefon interviewt. Hierbei wird nach der Produktverwendung, -beurteilung und Wiederkaufabsicht gefragt.

7. Umsatz- und Marktanteilsprognose

Vergleicht man den regionalen Markttest, Mini-Testmarkt und den Labor-Testmarkt miteinander (vgl. Abbildung 3-65), so bietet der regionale Testmarkt aufgrund der großen Realitätsnähe die validesten Ergebnisse. Sein Einsatz erfordert jedoch einen hohen Kosten- und Zeitaufwand und beinhaltet das Risiko, daß die Konkurrenz leicht Kenntnis von der geplanten Produkteinführung erlangt und sehr früh Gegenmaßnahmen einleiten kann. Die Vorteile von Mini-Testmärkten und Labor-Testmärkten gegenüber dem Markttest liegen dementsprechend in der besseren Kontrolle und Geheimhaltung der Ergebnisse sowie dem geringeren Kosten- und Zeitaufwand. Als Nachteile des Mini-Testmarktes gelten die niedrige Validität aufgrund der eingeschränkten Realitätsnähe, der Paneleffekt und die geringe Repräsentanz.

Beurteilungskriterien \ Testverfahren	Regionaler Testmarkt	Mini-Testmarkt	Labor-Testmarkt
Durchführungsart	Feld	Feld	Labor
Gewinnung von Information über Reaktionen	Konsument Handel Konkurrenz	Konsument	Konsument
Anwendbar für den Test sämtlicher Marketing-Mix-Instrumente	Ja	Nein	Nein
Testdauer	Längerer Zeitraum, da die Distrubitionskanäle erst aufgefüllt werden müssen	Kurzer Zeitraum, da keine Distributionsprobleme beim Handel und schnelle Verfügbarkeit der Daten	Kurzer Zeitraum, da keine Distributionsprobleme beim Handel und schnelle Verfügbarkeit der Daten
Kostenaufwand	Relativ hoch	Relativ gering	Gering
Kontrollmöglichkeiten	Gering; Gefahr von Störeinflüssen groß	Hoch; geringe Störeinflüsse	Sehr hoch; kaum Störeinflüsse
Möglichkeit der Geheimhaltung	Nicht gegeben	In der Regel gegeben	Gegeben
Prognosemöglichkeiten	Hohe externe Validität, da größere Realitätsnähe und umfassende Testprogramme	Niedrige externe Validität aufgrund der eingeschränkten Realitätsnähe und geringen Repräsentativität	Niedrige/hohe externe Validität. Empirische Untersuchungen zeigen unterschiedliche Ergebnisse

Abbildung 3-65: Testmarktalternativen im Vergleich
(Quelle: Meffert 1992, S. 241)

Produkt- und programmpolitische Entscheidungen

Als neuestes Testmarktersatzverfahren wurde an der Harvard-Universität das sogenannte **„Virtual shopping"** entwickelt (Burke 1996). Die besonderen Vorteile dieses Verfahrens (vgl. Insert 3-18) liegen neben Kosten- und Zeitvorteilen in der Möglichkeit, das Verhalten der Testpersonen detailliert zu beobachten (zum Beispiel Bewegungs- und Wahrnehmungsverläufe im Geschäft, Nutzung von Packungsinformationen). Ferner können Veränderungen am Testprodukt oder der Versuchsanordnung schnell und kostengünstig durchgeführt werden. Darüber hinaus ist beim „Virtual shopping" die Geheimhaltung gewährleistet.

Im Anschluß an die Durchführung von Markttests beziehungsweise Testmarktersatzverfahren ist eine sorgfältige Auswertung der Testergebnisse vorzunehmen. Die auf dem Testmarkt ermittelten Absatzgrößen sind mit geeigneten **Projektionsverfahren** auf den Gesamtmarkt hochzurechnen. Abbildung 3-66 zeigt ausgewählte Hochrechnungsverfahren, mit denen die Testergebnisse extrapoliert werden können.

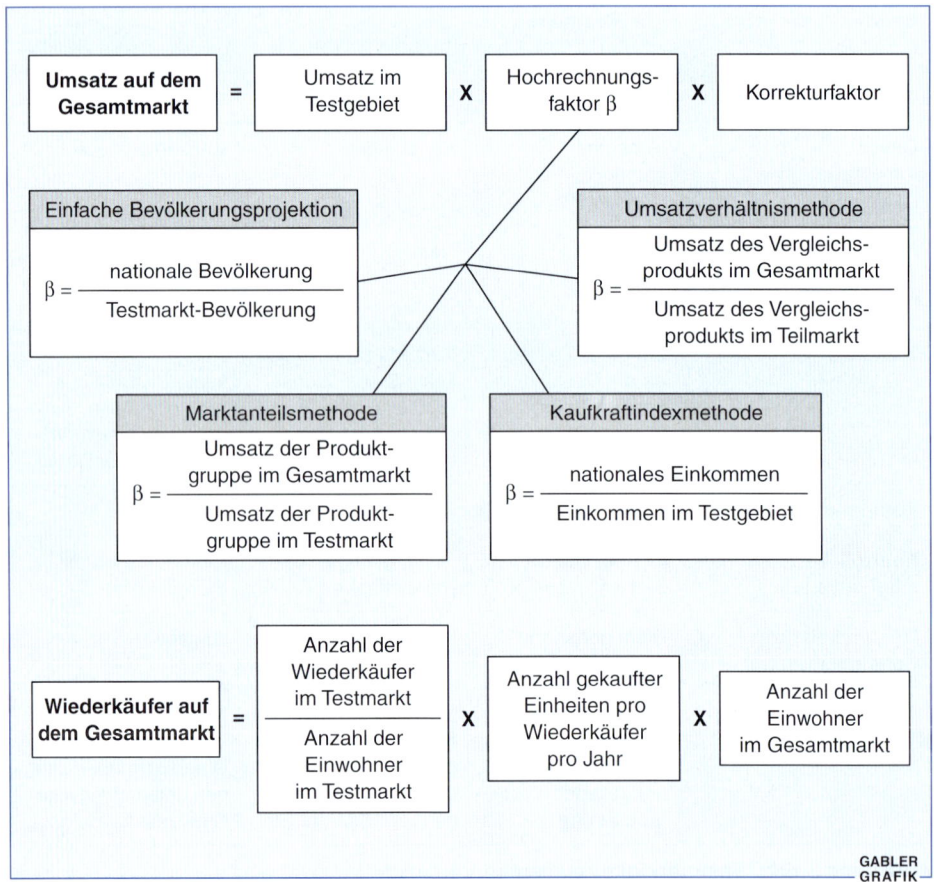

Abbildung 3-66: Projektionsverfahren für Testmarktdaten

EINEN VIRTUELLEN LADEN EINRICHTEN UND NUTZEN

Wenn ein virtueller Laden Managern helfen soll zu verstehen, wie Kunden auf veränderte Warenangebote und Werbemaßnahmen reagieren, muß er in sich Realität und Fiktion vereinen. Die Realität ist der Markt, so wie er heute tatsächlich beschaffen ist – mit der ganzen Fülle an Artikeln, Sonderangeboten und Verkaufsumständen, wie sie Käufern in einem echten Einzelhandelsgeschäft begegnet. Die Fiktion ist der Markt der Zukunft, auf dem Käufer die neuen Vermarktungsideen der Hersteller und Händler realistisch und glaubhaft vorgestellt bekommen. Wenn Anbieter diese beiden Elemente zu einem virtuellen Szenario verknüpfen und danach die Reaktionen der Kunden beim „Einkaufen" bewerten, können sie anhand der Ergebnisse das Zukunftsterrain erkunden und herausfinden, welche Geschäftspolitik die profitabelste sein wird.

Es ist heute nicht mehr schwierig, das elektronische Modell eines realen Ladens zu bauen. Als erstes müssen Marktforscher die relevanten Requisiten zusammenstellen – das sind die Abmessungen, die Standorte und die Erscheinungsbilder der Produkte, die Regalplätze eines wirklichen Ladens, dazu Preise und sonstige Verbraucherinformationen. Dieser Vorgang wird ständig einfacher. Eine zunehmende Zahl von Firmen bedient sich elektronischer Medien, um unterschiedlichste Handelsaufgaben zu planen und zu steuern. Kassenterminals zeichnen die Vorräte und Preise der meisten Artikel auf. Ladengrundrisse enthalten Informationen über die Abmessungen und Standorte der einzelnen Regale, Ständer und Kassen. Regalplatz-Managementsysteme notieren elektronisch Produktabmessungen und deren Regalstellfläche. In einigen Fällen enthalten sie auch gescannte Abbildungen von den Waren und ihren Verpackungen. Branchenverbände und Marktforschungsinstitute haben aus diesen Angaben umfassende Datenbanken für den Handel mit Lebensmitteln, Arzneimitteln und Ganzsortimenten zusammengestellt. Unter der Schirmherrschaft einer Reihe von Herstellerverbänden betreibt MarketWare eine dieser Datenbanken. Diese wird ständig aktualisiert und um neu eingeführte Produkte ergänzt. Anhand der Ladengrundrisse, der Regalgestaltungsdateien, der Daten zu den Produktformaten, der Preise und der Produktabbildungen können dreidimensionale Modelle von Einzelhandelsläden für die Verbraucherforschung konstruiert werden.

Darüber hinaus müssen Marktforscher die Marketingideen visualisieren, die sie testen wollen. In einer Welt, in der Desktop Publishing, Computer-Aided Design und digitale Fertigung allgegenwärtig geworden sind, wird dieser Prozeß zunehmend einfacher. Immer mehr Marketingelemente werden auf dem Computer entwickelt, so daß neue Werbeanzeigen, Verkaufsförderungsunterlagen, Handelsinformationen oder Produkt- und Verpackungsgestaltungen vielfach schon in elektronischer Form verfügbar werden. Und all diese Materialien lassen sich problemlos in ein simuliertes Einkaufsprogramm integrieren. Anbieter können mittels dreidimensional modellierter Software Prototypen ihrer neuen Produkte schaffen und eine Vielzahl von Produktvarianten zu Testzwecken erzeugen. Auch wenn keine elektronischen Unterlagen verfügbar sind, können konkrete Prototypen mittels Videokamera oder Flachbett-Scanner digitalisiert werden.

Es mag einige Handelsbereiche geben – etwa Schnellimbiß-Restaurants, Einkaufszentren oder Automobil-Ausstellungsräume –, bei denen die für die Gestaltung eines virtuellen Ladens erforderlichen, geometrischen und photographischen Informationen nicht vorliegen. In diesen Fällen lassen sich die Außenfronten, Innenwände oder die Regale von realen Ladengeschäften photographieren und diese Bilder in entsprechende Architekturmodelle „verpacken", um photorealistische, dreidimensionale Simulationen herzustellen. Eine weitere Technik sind Raumvideos, bei denen digitalisierte Panoramaphotographien eines Ladens als Hintergrund für computererzeugte Produkte und Verkaufsständer dienen.

Natürlich ist der reale Laden nicht der einzige Ort, an dem Verbraucher etwas über neue Produkte erfahren. Anzeigen, Zeitungsberichte oder Gespräche mit Freunden oder Verkäufern beeinflussen die Kaufentscheidung ebenfalls, speziell wenn es sich um ein teures oder noch unbekanntes Produkt handelt. Auch diese Erfahrungen lassen sich auf dem Computer durch eingeblendete Illustriertenseiten, Zeitungsartikel oder Informationsbroschüren simulieren. Fernsehwerbespots und szenische Interaktionen zwischen Verkäufern und Bekannten macht die digitale Videotechnik ebenfalls möglich. Wissenschaftler des MIT der Sloan School of Management haben auf diese Weise Verbraucherreaktionen auf eine ganze Reihe von neuen Produkten erforscht, darunter Elektroautos und Sofortbildkameras.

Ist der virtuelle Laden eingerichtet, müssen die Marktforscher als nächstes eine repräsentative Verbrauchergruppe durch Anzeigen, telephonische oder direkte persönliche Ansprache anwerben. Es ist häufig sinnvoll, die betreffende Marktforschung als eine allgemeine Untersuchung über private Kaufgewohnheiten auszugeben – oder etwas Entsprechendes –, damit die Teilnehmer in das Vorhaben nicht mit Vorstellungen einsteigen, die möglicherweise ihre Meinung zu dem einen oder anderen Produkt verändern könnten. Im Marketing-Simulationslabor der Harvard Business School werden häufig abgepackte Verbrauchsgüter untersucht.

Die meisten Studien verlaufen nach demselben Grundschema: Den Teilnehmern wird gesagt, daß sie ein neues interaktives Verkaufssystem beurteilen sollen, das schon bald durch Zweiweg-Kabelfernsehen verfügbar sein werde. Sie werden dann gebeten, eine Reihe von Rundgängen durch einen simulierten Laden zu unternehmen und dabei genauso einzukaufen, wie sie das in einem herkömmlichen Laden tun. Diese Touren lassen sich auf einem Computerbildschirm simulieren oder durch einen Bildschirm, der aufgesetzt einem Visier ähnelt (Head-Mounted Display, HMD) samt einem entsprechenden Aufnahmegerät. Das HMD täuscht ein komplettes Eintauchen in die virtuelle Welt vor. Andererseits ist die Auflösung bei einem herkömmlichen Bildschirm derzeit noch etwa vier- bis achtmal so hoch. Das macht ihn für Displays mit Textinformationen (wie Preisen oder Etiketten) geeigneter. Auf jedem Rundgang wandert der Teilnehmer entlang einer Reihe unterschiedlicher Produktgruppen und kauft so viel oder so wenig, wie er wünscht. Genau wie in einem gewöhnlichen Laden bleibt das Angebot und das Arrangement der Produkte von Einkauf zu Einkauf relativ unverändert. Gelegentlich werden jedoch bestimmte Elemente am Bildschirm umgestellt oder umgetauscht.

Wichtig ist es, die Reihenfolge der Szenario-Veränderungen zu planen. Wenn sich bereits anfangs zu viele Dinge verändern, wird das Ergebnis verfälscht. Während der ersten Rund-„fahrten" müssen die Verbraucher lernen, wie der Computer benutzt wird und wo die Artikel stehen. Sie benötigen daher zu Beginn mehr Zeit für ihre Auswahl. Zudem finden die Testteilnehmer die Computertechnik meist neu und aufregend, so daß sie zunächst wahrscheinlich stärker auf Veränderungen in der Darstellung achten. Bei der dritten oder vierten Einkaufstour entspricht die Einstellung der Teilnehmer dann eher ihrem üblichen Einkaufsverhalten. Im Rahmen eines Supermarkts bedeutet das, daß sie pro Warengruppe etwa 10 bis 15 Sekunden für jede Kaufentscheidung benötigen. Sobald die Testkäufer im virtuellen Laden dieselbe Zeit brauchen, können Marktforscher unbesorgt Testprodukte einführen.

INSERT 3-18: Harvard Business Manager, 18. Jg., Nr. 4, 1996, S. 110

DER VIRTUELLE LADEN – WOZU TAUGT ER WIRKLICH?

Gewiß eröffnet Computersimulation der Marktforschung und manchem anderen aufregende neue Möglichkeiten. Doch es gibt – wie bei jeder sich neu entwickelnden Technik – noch viele offene Fragen, was die Leistungsfähigkeit angeht. Daran denkend, machte ich jüngst eine Umfrage über die Marktforschungsmethoden von 18 Unternehmen – jeweils sechs gehören zur Lebensmittel- sowie Gesundheits- und Kosmetikbranche, die restlichen sechs sind Vollsortimenter. Dabei wollte ich eruieren, welche Bedenken die Manager hinsichtlich des virtuellen Einkaufs hegten.

Die Bedenken der Befragten betrafen primär drei Umstände: die beschränkte Anzahl maßgeblicher Daten und die unerprobte Prognosefähigkeit der Simulationstests; die Kosten und Verfügbarkeit der erforderlichen Hard- und Software; den Verlust an sinnlicher Wahrnehmung des Produkts in einem virtuellen Kaufumfeld.

Am meisten berechtigt ist die erste Befürchtung. Marktforscher können mit Computern visuell überzeugende Bilder virtueller Einkaufswelten erzeugen. Aber werden die Kunden dort auf dieselbe Weise einkaufen wie im herkömmlichen Laden? Wieviel Verlaß ist auf eine Computersimulation als Prognosewerkzeug? Skepsis ist durchaus angebracht. In einigen breit veröffentlichten Fällen, in denen auch traditionelle Marktforschungstechniken verwandt wurden, sahen sich die Anbieter durch das Verbraucher-Feedback ziemlich in die Irre geführt. Diät-Hamburger, klare Colas und enthäutete Brathähnchen sind nur einige der Produktkonzepte, wo hervorragende Testergebnisse Verkaufserwartungen weckten, die der reale Markt dann enttäuschte. Aber bekannt sind auch die Gegenbeispiele speziell von innovativen und High-Tech-Produkten: Bei Mikrowellenherden, Faxgeräten und Kleinlastwagen wurde die Nachfrage von der Marktforschung gröblich unterschätzt.

Die Ergebnisse von zwei kürzlichen Validierungsstudien sollten jedoch die Bedenken der Manager dämpfen. Die erste führte ich in Zusammenarbeit mit Bari Harlam (University of Rhode Island) sowie Barbara Kahn und Leonhard Lodish durch (Wharton School at University of Pennsylvania). Finanziert wurde der Test vom „Marketing Science Institute" und veröffentlicht im „Journal of Consumer Research", Juni 1992. Es ging um das Kaufverhalten einer Gruppe ausgewählter Käuferinnen im Alter zwischen 18 und 65 Jahren, die über sieben Monate Produkte aus vier Warengruppen in einem wirklichen Laden einkauften und die danach eine Reihe von Einkaufstouren in einem virtuellen Laden unternahmen. Zu Vergleichszwecken ließen wir sie daneben eine computerisierte Textvorlage benutzen, die ihnen eine alphabetische Liste von Markennamen mit Preis-, Ausstattungs- und Gutscheinangaben vorwies.

Die Studie ergab, daß mit Labordaten durchaus die Marktanteile einer Marke und die Preissensibilität der Verbraucher prognostiziert werden kann, wie aus einem Supermarkt. Am genauesten fielen die Prognosen aus, wenn die Simulation dieselben visuellen Fingerzeige reproduzierte, die bei den Kaufentscheidungen im Laden ihre Rolle spielen. Zum Beispiel ergaben die graphischen Simulationen im Vergleich zu den textbezogenen Einkaufssystemen bessere Schätzwerte hinsichtlich der Preiselastizität der Verbraucher und der Marktanteile der Artikel nach Packungsgröße. Da die graphische Simulation Produktgröße und Preisangabe realistisch wiederzugeben vermag, war das auch zu erwarten.

Die Pearson-Korrelationskoeffizienten der tatsächlichen und der geschätzten Marktanteile eines Markenartikels reichten von 0,67 für die Kategorie Dosenfisch bis zu 0,96 für Erfrischungsgetränke (wobei 1.00 die perfekte lineare Korrelation darstellt). Wir führen den geringeren Wert bei Dosenfisch auf die Schwierigkeiten der Käufer zurück, detailliertere Angaben wie die zum Doseninhalt von der Verpackung abzulesen. Anschließende Simulationen verbesserten wir durch die Möglichkeit, die Etiketten optisch zu vergrößern.

Meine zweite Validierungsstudie, an der 300 Verbraucher beteiligt waren, führte ich in Zusammenarbeit mit einem großen Hersteller abgepackter Verbrauchsgüter durch. Dazu wurde gleichzeitig mit einem herkömmlichen Marktforschungstest ein virtueller Marktforschungstest durchgeführt, um vorherzusagen, wie Verbraucher auf folgende Änderungen reagieren:
❏ neugestaltete Verpackung bei einem Reinigungsmittel;
❏ neugestaltete Verpackung bei einem Gesundheits- und Schönheitspflegepaket und gleichzeitige Preissenkung;
❏ neugestaltete Verpackung eines kleinen Imbißhappens bei gleichzeitiger Einführung weiterer Produkte im Rahmen vorhandener Produktgruppen.
Die Verbraucher unternahmen insgesamt sechs Einkaufstouren durch einen virtuellen Laden, wobei die genannten Veränderungen während der vierten, fünften und sechsten Tour stattfanden. An den herkömmlichen Testmärkten wurden die Umsätze mittels UPC-Scanner vor und nach den Veränderungen ermittelt.

Wiederum erwies sich die Simulation hinsichtlich ihres Prognosewerts als äußerst stichhaltig. Wie die nebenstehende Graphik zeigt, entsprachen die anhand der Simulation geschätzten Marktanteile der Marken weitgehend den Scannerdaten, die in den realen Läden anfielen. Die Skala der Pearson-Koeffizienten reichte von 0,90 bei den Gesundheits- und Kosmetikartikeln bis zu 0,94 bei Haushaltsreinigern.

Auch bei der Einschätzung, wie sich die drei oben genannten Marketingmaßnahmen sowohl auf die Wahrnehmungen der Kunden als auch auf ihre Kaufentscheidungen auswirkten, erzielte der Laborversuch sehr gute Werte. In der Kategorie Gesundheits- und Schönheitspflegeartikel führte beispielsweise eine neu gestaltete Verpackung und gleichzeitige Preissenkung bei einem Artikel im Labor zu einer Umsatzsteigerung von 27 Prozent im Vergleich zu 31 Prozent auf den Testmärkten draußen.

Weniger gut erging es einem Snackprodukt, dessen Verpackung verändert wurde. Hier ergab sich im Labor ein 26prozentiger Verlust, draußen 23 Prozent. Als die Umsätze der erweiterten Produktlinien dem Gesamtumsatz der Marke zugerechnet wurden, betrug die Umsatzveränderung insgesamt vier Prozent plus im Labor und zwei Prozent minus draußen. In der Kategorie Reinigungsmittel steigerte die veränderte Verpackung zwar die Aufmerksamkeit der Konsumenten, beeinflußte aber die Umsätze weder im Labor noch draußen.

Besonders beeindruckend wirkt die Performance des virtuellen Ladens, wenn man bedenkt, wie sehr sich dieser von dem realen Laden unterscheidet. Im computersimulierten Laden waren alle Markenartikel zu 100 Prozent am Lager und lieferbar, aufgereiht und ausgestellt in einer einzigen Regalkonfiguration, zu einheitlichen Preisen, ohne jegliche Werbung, Sonderangebote oder Gutscheine. Und ver- oder gebrauchen konnten die Käufer die Produkte während ihrer Einkaufstouren auch nicht.

Die Verkaufsprognosen mit Hilfe des Instruments virtueller Einkauf könnten noch weiter verbessert werden, wenn noch einige Elemente aus den gängigen simulierten Testmarktmodellen (STM) hinzugenommen würden. So ließe sich zum Beispiel mit virtuellem Laden auch der prozentuale Anteil der Käufer abschätzen, die ein neues Produkt wahrscheinlich ausprobieren würden; gleichzeitig könnte ein STM-Modell Schätzdaten dazu liefern, wie fähig Käufer sind, ein neues Produkt wahrzunehmen, Einkaufsmöglichkeiten zu erkunden und wie wahrscheinlich Wiederholungskäufe sein werden – alles Punkte, die langfristig den Marktanteil eines Pro-

INSERT 3-18: Harvard Business Manager, 18. Jg., Nr. 4, 1996, S. 112

dukts beeinflussen. Wird der virtuelle Laden dafür genutzt, neue Probleme, Produkt- und Käufergruppen zu untersuchen, können die gewonnenen Daten mit den tatsächlichen Ergebnissen verschiedener Vermarktungsaktionen verglichen werden, um die Eignung dieses Marktforschungsinstruments für Prognosen einzuschätzen.

Die zweite Befürchtung, die Manager mir gegenüber äußerten, betraf Kosten und Verfügbarkeit der Soft- und Hardware für Computersimulationen. Auch diese Bedenken werden mit der Zeit gegenstandslos. Die meisten modernen Personalcomputer erlauben bereits umfangreiche Simulationen. Und bei vielen Marktforschungsinstituten ist schon heute eine Anzahl von Hardware-Komponenten installiert, die zur Durchführung von computergestützten Interviews und Conjoint-Analysen nutzbar sind. Mit dem sich ständig verbessernden Preis-Leistungs-Verhältnis bei Computerausrüstungen wird das Tempo, die Komplexität und der Realismus der Simulationen zunehmen.

Das dritte Bedenken, das in den 18 Unternehmen zu hören war, bezog sich auf die fehlende Kaufatmosphäre im virtuellen Laden. Und an diesem Punkt hat die Simulationstechnik in der Tat Probleme. Kunden folgen bei ihren Einkäufen bestimmten Fingerzeigen. So kann bei der Wahl zwischen den Produkten schon vom Markennamen oder der Verpackung der ausschlaggebende Impuls ausgehen; in anderen Fällen ist es eher der Preis, der Platz im Regal, das Signet, der Geruch, das Gewicht, der Geschmack oder die Konsistenz. Soll die Simulation eine stichhaltige Einschätzung des Verbraucherverhaltens erbringen, muß sie all diese Anhaltspunkte im virtuellen Laden getreulich berücksichtigen. Es ist einfach, glaubwürdig eine audiovisuell simulierte Kaufumgebung herzustellen. Weit schwieriger ist es, Tast-, Geruchs- und Geschmacksempfindungen zu simulieren. Zwar gibt es bereits Force-Feedback-Systeme, die ein Tastempfinden bei virtuellen Simulationen der Realität ermöglichen, aber noch sind sie sehr unausgereift und teuer.

Das Fehlen eines taktilen Effekts wird wohl den Einsatz virtueller Marktforschungsmethoden dort stark einschränken, wo es um Agrarerzeugnisse oder Textilien geht, bei denen es auf Gewicht, Festigkeit, Konsistenz et cetera ankommt. Aber bei Produkten oder Services, die primär nach ihrem visuellen Eindruck oder aufgrund mündlicher Informationen beurteilt werden, wird die Computersimulation wahrscheinlich breite Anwendung finden.

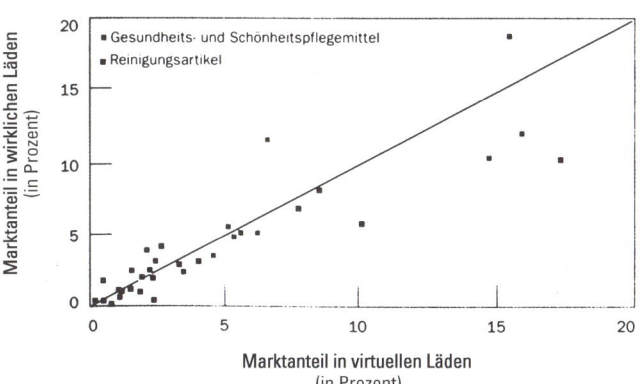

Die Umsätze im virtuellen Laden entsprechen denen draußen

Die Diagonale drückt die vollkommene Übereinstimmung zwischen den Umsatzprognosen aus dem virtuellen Laden und dem tatsächlichen Kaufverhalten gemäß einem herkömmlichen Markttest aus. Die per Simulation geschätzten Marktanteile kommen dem sehr nahe, was von beiden Artikelgruppen laut den aufgezeichneten Scanner-Daten auch tatsächlich verkauft wurde.

INSERT 3-18: Harvard Business Manager, 18. Jg., Nr. 4, 1996, S. 113 (Fortsetzung)

Welches der dargestellten Hochrechnungsverfahren beziehungsweise welcher Korrekturfaktor ausgewählt wird, hängt davon ab, inwieweit das Testgebiet dem Gesamtmarkt bezüglich bestimmter Repräsentanzkriterien entspricht und wie genau die Daten zur Ermittlung des Hochrechnungsfaktors sind. Durch den Ansatz eines Korrekturfaktors, der die mangelnde Repräsentanz der Testergebnisse oder saisonale Einflüsse kompensiert, kann die Genauigkeit der Hochrechnungsverfahren erhöht werden. Weiterhin kann eine Zerlegung zum Beispiel des Umsatzes in die Komponenten Preis und Absatzmenge sowie eine weitere Unterteilung dieser Komponenten differenziertere Ansatzpunkte für die Hochrechnung liefern (Brockhoff 1999a, S. 241 ff.). Eine Hochrechnung der Erst- und Wiederkaufraten des Testmarktes auf den Gesamtmarkt zeigt, ob das Produkt langfristig gesehen eine ausreichende Anzahl von Käufern auf sich vereinen kann.

2.48 Markteinführung und Diffusion von Neuprodukten

Nachdem die einzelnen Produktkomponenten und das zugehörige Marketing-Mix auf ihren potentiellen Markterfolg hin überprüft worden sind, kann die Kommerzialisierung des Produktes beginnen (Witt 1996). Zur Planung der **Markteinführungsstrategie** und des **Markteinführungszeitpunktes** ist eine möglichst genaue Kenntnis über den Prozeß der Verbreitung neuer Produkte im Markt sehr hilfreich. In diesem Zusammenhang kann auf die Erkenntnisse der **Diffusionsforschung** zurückgegriffen werden, die sich mit der Adoption (Übernahme) von Neuerungen in sozialen Systemen und ihren Bestimmungsfaktoren beschäftigt. Die Diffusionsforschung untersucht, in welcher Zeit und in welchen Kommunikationskanälen Informationen über neue Produkte und neue Ideen von der Quelle zu den potentiellen Verwendern gelangen. Darauf aufbauend ermittelt die Diffusionsforschung, wie sich die potentiellen Verwender vom Empfang der ersten Informationen über ein Neuprodukt bis zur vollen Übernahme der Neuerung verhalten (Rogers 1962, 1983; Kaas 1973; Sultan et al. 1990, 1996; Weiber 1993).

Die Dauer dieses **Adoptionsprozesses** wird von einer Reihe personen-, umwelt- und produktbedingter Einflußgrößen bestimmt (vgl. Abbildung 3-67). Die wichtigste personenbedingte Einflußgröße ist die **Risikobereitschaft des Käufers**. Der Grad der Verträglichkeit (Kompatibilität) der Produktinnovation mit den Werten, Normen und Gewohnheiten der Konsumenten und ihrer sozialen Umwelt ist die wichtigste produktbedingte Einflußgröße. Je geringer dieser Kompatibilitätsgrad und je niedriger die Risikobereitschaft ist, desto länger dauert der Adoptionsprozeß.

Im Gegensatz zum Modell des Produktlebenszyklus werden im Diffusionsmodell **ausschließlich Erstkäufer** analysiert. Überträgt man den Prozeß der Diffusion von Neuerungen auf bestimmte Marktsegmente, so lassen sich **idealtypische Diffusionskurven** ableiten. Die Diffusionskurve ergibt sich durch Aggregation des individuellen Adoptionsprozesses über alle Kunden. Diffusionskurven geben in einer sowohl zeitraumbezo-

Drittes Kapitel — Aktionsgrundlagen der Marketingentscheidung

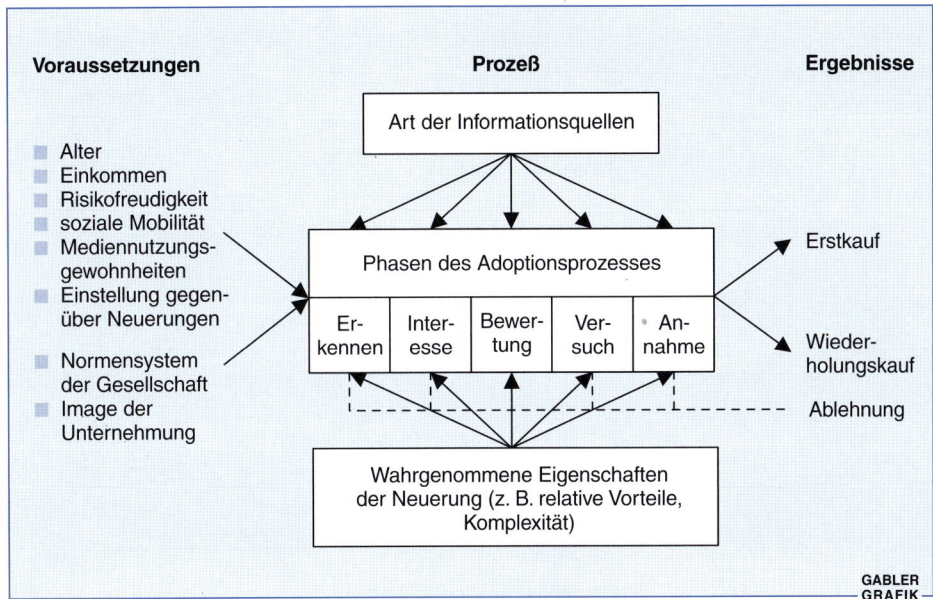

Abbildung 3-67: Adoptionsprozeß bei neuen Produkten

genen als auch kumulierten Betrachtung an, welcher Prozentsatz der Konsumenten die Neuerung jeweils angenommen hat. Der gleiche Sachverhalt läßt sich mit einer **Verteilungsfunktion der Übernahmetermine** über den mittleren Übernahmezeitpunkt darstellen, an dem 50 Prozent der endgültigen Adopter die Innovation aufgenommen haben. Diese Verteilungsfunktion (vgl. Abbildung 3-68) wird in der Diffusionsforschung als Einteilungsgrundlage für verschiedene **Kategorien von Adoptern** zugrunde gelegt.

Das Diffusionsmodell gibt wertvolle Anhaltspunkte für den Einsatz von Marketingstrategien. Gelingt es zum Beispiel in der Einführungsphase eines Produktes, die als **Meinungsführer** agierenden Innovatoren und Frühadopter über die Medien zu erreichen, so ist eine Beschleunigung bei der Durchsetzung von Neuerungen zu erzielen. Empirische Untersuchungen zeigen, daß Ausbildung, Einkommen, Lebensstandard, Mitgliedschaft in Gruppen sowie Aufgeschlossenheit gegenüber Massenmedien positiv mit der Innovationsbereitschaft korreliert sind. Diese Variablen erleichtern die Zielgruppenbestimmung beziehungsweise Marktsegmentierung. Auch für das Timing der Markteinführung und die Art der Werbe- und Verkaufsstrategie ergeben sich wichtige Anhaltspunkte. Die Werbung über Massenmedien spielt vor allem in den ersten Phasen des Diffusionsprozesses eine dominante Rolle. In der Bewertungsphase ist demgegenüber die Aktivität des Handels beziehungsweise des Außendienstes von großer Bedeutung.

Zu einer schnellen **Adoption von Neuprodukten im Handel** tragen insbesondere eine gute Produktqualität, die Möglichkeit zur Sortimentsabrundung, ein positives Image des

Produkt- und programmpolitische Entscheidungen

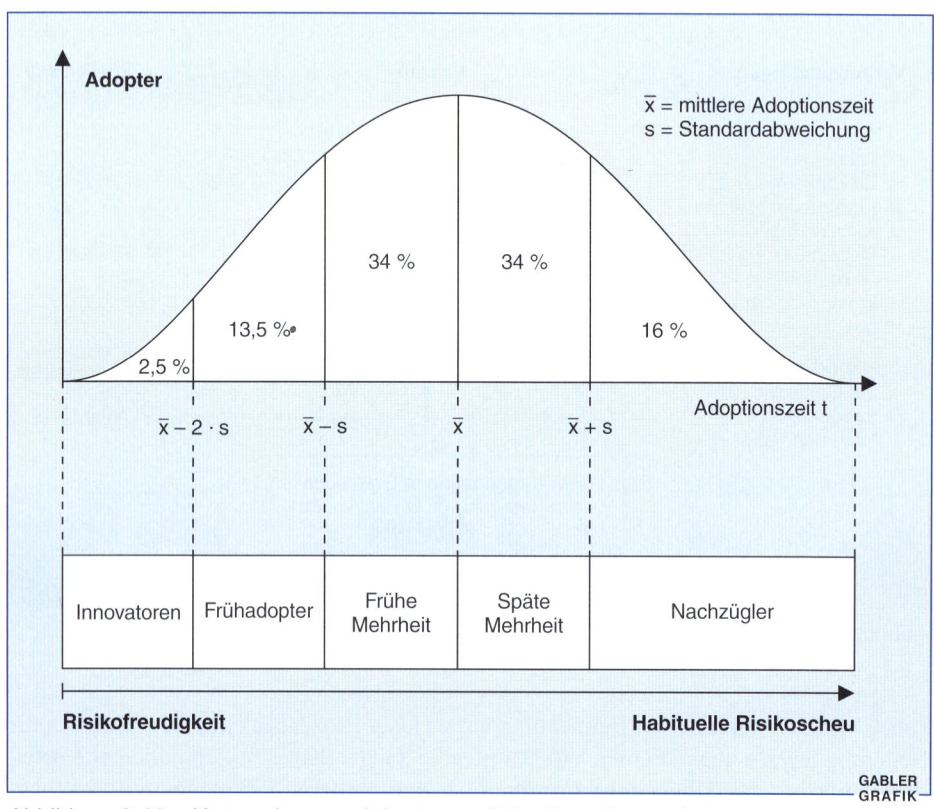

Abbildung 3-68: Kategorien von Adoptern auf der Grundlage relativer
Übernahmezeitpunkte von Innovationen
(Quelle: Rogers 1983, S. 247)

Herstellers, die Bereitstellung von Ladenwerbematerial, ein hoher Anteil von Neuverwendern des Produktes sowie das Konkurrenzumfeld des Handelsbetriebes bei (Pfeiffer 1981, S. 187). Eine schnelle Adoption des neuen Produktes ist ferner von der **Durchsetzung des Neuproduktes gegenüber dem eigenen Außendienst** abhängig. Aufgrund der durch Verwaltungs- und Reisetätigkeiten begrenzten verkaufsaktiven Zeit kann der Außendienst zum Engpaßfaktor für die Neuprodukteinführung werden. Insofern ist eine erfolgreiche Präsentation und eine auch auf Neuprodukte abgestimmte Steuerung und Motivation des Außendienstes eine wichtige Komponente für eine erfolgreiche Neuprodukteinführung.

Um den Markterfolg eines Produktes zu sichern, ist darüber hinaus eine genaue **Terminplanung** des Neuproduktprozesses notwendig. Dabei müssen Aktivitäten in zahlreichen Unternehmensbereichen zeitlich aufeinander abgestimmt werden. Dazu bedient man sich in wachsendem Maße der Verfahren der **Netzplantechnik** (Adam 1998, S. 574 ff.) (vgl. Abbildung 3-69). Durch den Einbau von Pufferzeiten beziehungsweise eines optimisti-

Drittes Kapitel   Aktionsgrundlagen der Marketingentscheidung

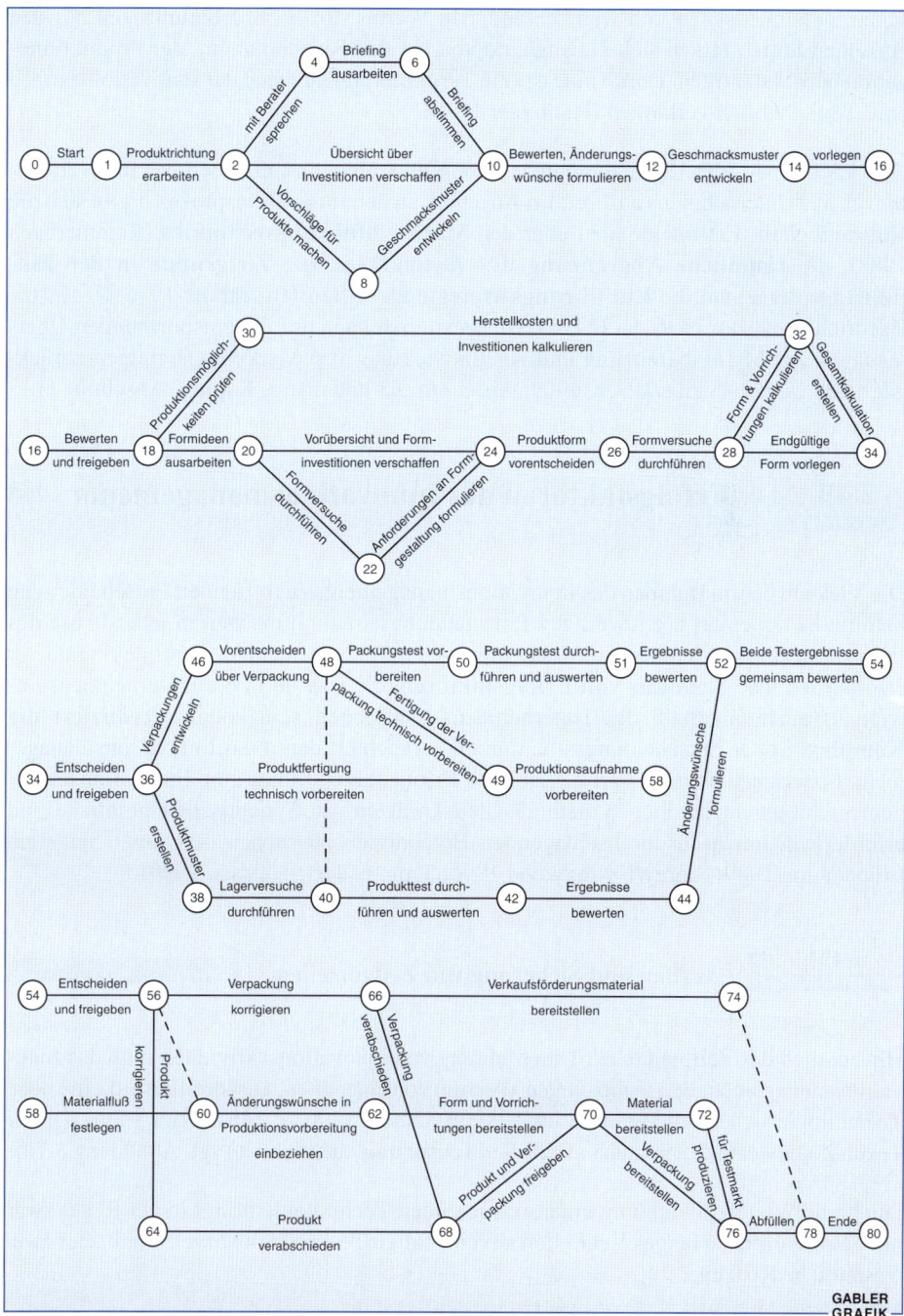

Abbildung 3-69: Netzplan zur Produktentwicklung
(Quelle: Haedrich/Berger 1982, S. 62; zitiert nach Haedrich/Tomczak 1996, S. 229)

schen, pessimistischen und wahrscheinlichen Wertes für die Bearbeitungszeit auf den einzelnen Stufen lassen sich Unwägbarkeiten bei der Terminplanung der Produktinnovation berücksichtigen. Durch eine exakte Terminierung läßt sich der Innovationsprozeß zum Teil erheblich verkürzen (Hallbauer 1978).

Der Adoptions- oder Übernahmeprozeß der Kunden beginnt dort, wo der Innovationsprozeß des Unternehmens aufhört. Im Anschluß an den Innovationsprozeß ergibt sich die Notwendigkeit, Entscheidungen über den **Markteinführungszeitpunkt** (Remmerbach 1988), die **räumliche Abgrenzung des Zielmarktes**, die **Zielgruppe in der Einführungsphase** und die **Einführungsstrategie** zu treffen (Brockhoff 1996, S. 139 ff.; Haedrich/Tomczak 1996, S. 224 ff.). Diesbezüglich kann auf die entsprechenden Überlegungen zur Marktabgrenzung und zur Entwicklung von Marketingstrategien zurückgegriffen werden (vgl. erstes Kapitel, Abschnitt 3.3 und drittes Kapitel, Abschnitt 1).

2.49 Erfolgsfaktoren des Innovationsmanagements

Die Vielzahl der im Rahmen des Innovationsmanagements zu treffenden Entscheidungen und die Komplexität der jeweiligen Entscheidungssituation machen in jeder Phase des Innovationsprozesses eine **Fokussierung** auf möglichst wenige, zentrale Parameter erforderlich. Die **Kenntnis von Erfolgsfaktoren**, die sowohl in der Unternehmensumwelt als auch innerhalb des Unternehmens angesiedelt sein können, **reduziert die Komplexität** der Entscheidungssituation und erleichtert damit das Innovationsmanagement. Inzwischen liegt eine große Zahl von Erfolgsfaktorstudien zum Innovationsmanagement mit unterschiedlichen methodischen Ansätzen vor. Synoptische Überblicke sind erforderlich, um nach durchschlagenden Ergebnissen zu suchen (vgl. unter anderem Lilien/Yoon 1989; Storey/Easingwood 1996; Trommsdorff/Binsack 1999).

2.491 Aufbau und Sicherung von Zeitvorteilen

Hinsichtlich des Zeitpunkts zur Durchführung von Innovationsaktivitäten muß das Innovationsmanagement den rechtzeitigen Wechsel von einer alten, ausgereiften auf eine neue Technologie sicherstellen (Servatius 1988; Buchholz 1996, S. 146 f.; Ries 1996). Dieser Technologiewechsel wird auch als „**S-Kurvensprung**" bezeichnet (vgl. Abbildung 3-70).

Die bloße Weiterentwicklung einer existierenden Technologie bringt in der Regel zwar hohe Erträge, ein zu langes Verweilen auf einer alten Technologiekurve enthält aber zwei wesentliche Risiken:

- Wichtige Entwicklungen werden verpaßt beziehungsweise zu spät aufgenommen und damit dem Wettbewerber überlassen.

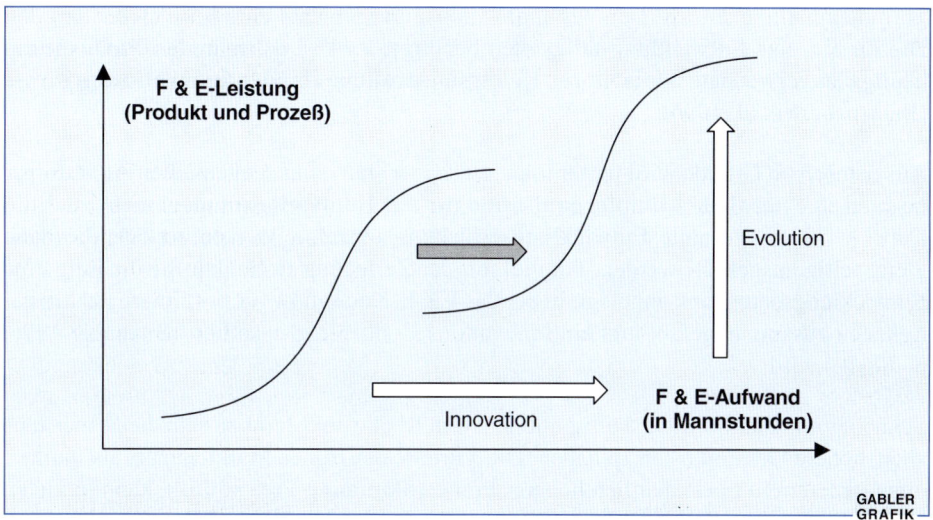

Abbildung 3-70: „S-Kurvenverlauf" bei einem Technologiewechsel
(Quelle: Foster 1982)

■ Im oberen Abschnitt der existierenden Technologiekurve (S-Kurve) wird die weitere Evolution überproportional teuer, da mit einem großen Ressourceneinsatz nur marginale Verbesserungen erzielt werden können.

Die Folgen eines zu späten Technologiewechsels lassen sich am Markt für Videospiele aufzeigen. Ursprünglich beherrschte ATARI diesen Markt mit einer relativ simplen Technologie. Als Atari dann auch auf dem Markt für Personalcomputer tätig wurde, vernachlässigte es sein Kerngeschäft (Verzettelung). Diese Chance nutzte Nintendo, indem es sich mit einer neuen Technologie (8-Bit-System) auf den Markt für Videospiele konzentrierte und schließlich die Marktführerschaft übernahm. Später trat SEGA mit einer wesentlich leistungsfähigeren Technologie in den Markt ein und konnte Nintendo deutliche Marktanteile abnehmen, weil dieses den Technologiewechsel vom 8- auf das 16-Bit-System zu spät vorgenommen hatte. 1997 schließlich trat Sony in den Markt ein. Mit der „Sony-Playstation" und einer 32-Bit-Technologie mit CD-ROM-Laufwerk werden erneut die alten Marktführer mit neuer Technologie angegriffen und – bei verzögertem Technologiewechsel – verdrängt (Ries 1996).

Die Verkürzung der Produktlebenszyklen bei gleichzeitiger Verlängerung der Produktentstehungszyklen hat das erfolgreiche **Management des Zeitfaktors** zu einem entscheidenden Wettbewerbsfaktor werden lassen (Trinkfass 1997). Die zunehmende Komplexität neuer Technologien läßt die Entwicklungskosten neu zu entwickelnder Technologien teilweise exponentiell anwachsen. Die Chancen, diese Aufwendungen im Rahmen der Vermarktungsphase des Produktes wieder hereinholen zu können, verschlechtern sich jedoch als Folge der Lebenszykluskontraktion vieler Produkte. Eine deutliche **Verkürzung der Entwicklungszeiten** erscheint als einziger Ausweg aus diesem Dilemma (LaBahn et al. 1996). Dementsprechend kommt einer präzisen Überwachung der

Termineinhaltung im Rahmen des Innovationsmanagements eine hohe Bedeutung zu. Die für einzelne Entwicklungstätigkeiten benötigte Zeit ist daher in der Praxis die am häufigsten verwendete Variable zur **Erfolgskontrolle laufender Innovationsprozesse** (Balachandra et al. 1996).

Aus demselben Grunde wird ferner immer häufiger statt einer sequentiellen Ablauforganisation eine **parallele Ablauforganisation für das Innovationsmanagement** gewählt. Dabei wird das gesamte Entwicklungsprojekt in einzelne Module zerlegt, die dann gleichzeitig ausgeführt werden. Parallel mit der Zerlegung in Module wird häufig eine Entwicklungsdatenbank angelegt, in der das F & E-Know-how für bestimmte Routinetätigkeiten zusammengefaßt und ein Innovations-Controlling installiert (Buchholz 1996, S. 206 ff.) wird.

Schneller und damit zwangsläufig mit höherem Risiko am Markt zu sein, heißt meistens auch, höhere Gesamtkosten zu haben. Die Vorteile des frühen Markteintritts als Pionier, unter anderem in Form deutlich höherer Preise (Skimming-Preispolitik), kann in vielen Fällen die höheren Kosten jedoch mehr als aufwiegen. Abbildung 3-71 zeigt in diesem Zusammenhang den idealtypischen Verlauf des kumulierten Cash-flows aus einem Neuprodukt aus Sicht des Pioniers und eines verspätet eintretenden Wettbewerbers.

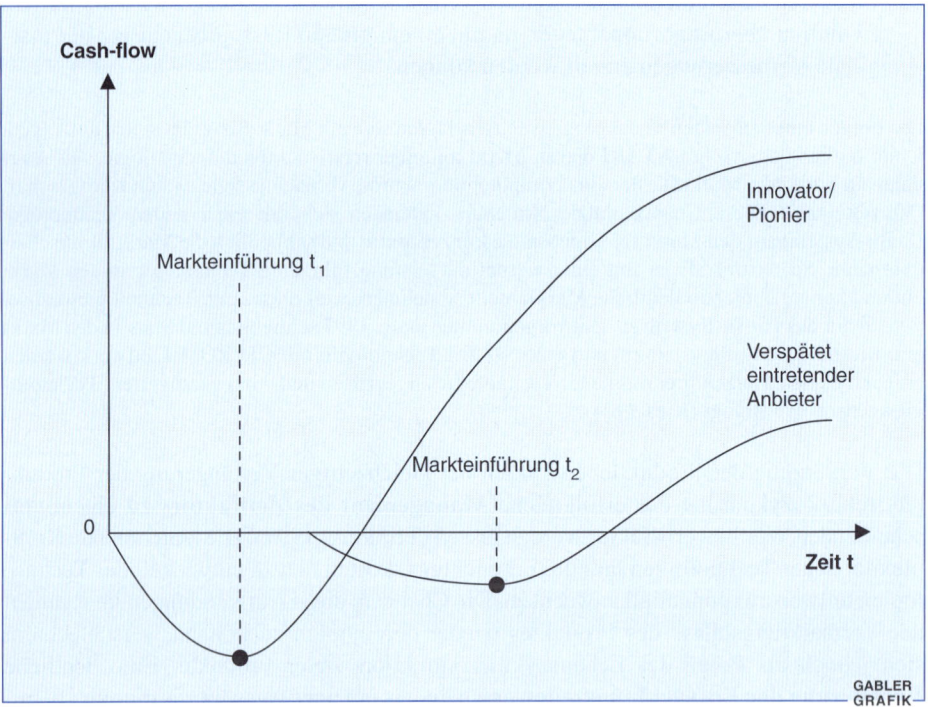

Abbildung 3-71: Idealtypischer Cash-flow-Verlauf in Abhängigkeit vom Markteinführungszeitpunkt

Drittes Kapitel   Aktionsgrundlagen der Marketingentscheidung

MANAGEMENT+KARRIERE INNOVATION

Arme Schlucker

Nicht die Vorreiter und Erfinder erobern neue Märkte, sondern meist sind es die Nachahmer.

Ferrero hat die Kinderherzen fest im Griff: Mit dem Überraschungsei gelang es dem italienischen Familienkonzern, auf dem Massenmarkt Schokolade eine fast unangefochtene Monopolstellung zu gewinnen. Erst vor wenigen Wochen hat das Ei mit dem Spielzeugkern, das in Deutschland seit 1974 am Markt ist, Konkurrenz aus den Reihen der Markenanbieter bekommen. Mit Walt-Disney-Figuren aus der „Schoko-Wunderkugel" will Wettbewerber Nestlé Ferrero Konkurrenz machen. Wie schwer es ist, den Pionier zu schlagen, weiß man allerdings auch bei Nestlé Deutschland in Frankfurt. „Ferrero hat im vergangenen Jahr 500 Millionen Eier verkauft", so Schoko-Marketingchef Kees Langerak. „Wir wären glücklich, wenn wir in zwei Jahren 20 Prozent davon erreichen könnten."

Auch Heinz Hankammer, Chef der Brita Wasser-

COMICFIGUREN, ÜBERRASCHUNGSEI: Nestlé versucht, Ferrero Konkurrenz zu machen

Filter-Systeme GmbH in Taunusstein, verdankt seinen Erfolg einer Pioniertat: 1970 brachte er den Haushaltswasserfilter „Brita" auf den Markt. Seitdem hat er in über 70 Ländern der Erde rund 25 Millionen der Filterkannen verkauft und bedient 85 Prozent der Weltnachfrage. Jahresumsatz des Familienunternehmens: rund 500 Millionen Mark. „Wir haben einen Markt kreiert, wo vorher keiner war", meint Hankammer stolz. „Das ist die einzige Chance, um langfristig Marktführer zu bleiben."

Anders als viele Tüftler hat es auch Artur Fischer geschafft, seinen Ideenreichtum in wirtschaftlichen Erfolg umzumünzen. Von seinen ersten Patenten – Blitzlichter mit Verschlußsynchronisation – profitierte zwar noch das Großunternehmen Agfa, das daraus den berühmten Blitzwürfel entwickelte. Doch kaum hatte er dort genug Geld verdient, machte er sich eine fremde Idee zu nutze. Den Dübel eines britischen Unternehmens verbesserte er 1958 so grundlegend, daß daraus ein Markenprodukt wurde: der Fischer-Dübel. Konkurrenz braucht er in diesem Metier nicht zu fürchten.

Das gilt ebenfalls für den Erfinder des Game Boys, die japanische Firma Nintendo. Seit 1990 verkaufte sie weltweit über 43,5 Millionen Stück der tragbaren Computerspiele für Kids. Trotz aller Bemühung hat es der Wettbewerber Sega bisher nicht geschafft, dem Pionier die Marktführerschaft abzujagen.

Marktrenner wie Nintendo, Fischer-Dübel, Ferrero oder Brita sind, wie jetzt eine Studie belegt, nicht die Regel, sondern die Ausnahme. Meist sind die Pioniere arme Schlucker. Nicht die ersten am Markt und die Innovativsten gewinnen demnach, sondern die Nachahmer, die zweite Reihe.

Joseph Alois Schumpeter jedoch hätte am Game Boy seine Freude gehabt: Nicht, daß der Ahnherr der Volkswirtschaft besonders verspielt gewesen wäre. Doch die Verve, mit der Computer-Komikheld Super Mario und seine Freunde die Kinderherzen eroberten, hätte dem Ökonom sicher imponiert: Seiner ökonomischen Theorie nach werden Pionierunternehmer für ihre Innovationen mit Monopolstatus und ergiebigen Gewinnen belohnt. Bis heute gilt unter Wirtschaftswissenschaftlern die Schumpetersche Erkennt-

INSERT 3-19: Wirtschaftswoche, Nr. 18, 25.04.1996, S. 128–131

Produkt- und programmpolitische Entscheidungen

nis als unumstößlich. „Die Fähigkeit, neue Industrien zu erfinden", predigen zum Beispiel die Bestsellerautoren Gary Hamel und C. K. Prahalad, „ist eine Vorbedingung dafür, daß man die Führung behält."

Doch verlassen sollte man sich darauf als Erfinder lieber nicht. Zwei amerikanische Marketingprofessoren, Gerard Tellis von der University of Southern California und Peter Golder von der New York University, verfolgten die Geschichte von 50 Produktarten, vom alkoholfreien Bier bis zur Höschenwindel, und förderten dabei Erstaunliches zutage.

□ Während amerikanische Studien aus den achtziger Jahren davon ausgehen, daß 70 Prozent aller Märkte von Unternehmen dominiert werden, die ihr Produkt selbst ausgetüftelt haben, kamen Golder und Tellis nur auf elf Prozent.

□ Statt durchschnittlich 30 Prozent Marktanteil brachten es die Pioniere im Mittel der betrachteten Branchen nur auf einen Anteil von gerade einmal zehn Prozent.

□ Dreimal erfolgreicher als die Pioniere waren Unternehmen, die erst nach ihnen in den Markt eingetreten waren. Diese sogenannten Early Leaders – „frühen Führer" – waren aber, wie die Studie zeigte, alles andere als früh dran. Im Durchschnitt begannen sie erst 13 Jahre nach den Pionieren den Markt zu erobern.

□ Rund die Hälfte der genialen Erfinder wurde schließlich sogar vom Markt verdrängt, während ihr Produkt andere reich und berühmt machte.

Wie kommt es, daß die Erfolgsaussichten der Pionierunternehmen trotzdem lange Zeit überschätzt wurden? Paradoxerweise ist gerade das mißliche Schicksal der Pioniere der Grund für die Mythenbildung. Bei ihrer Recherche stellten die beiden Professoren fest: Wer vom Markt verschwindet, wird „meist schnell vergessen". Der Ruhm der Nachwelt, so Tellis und Golder, gilt den Überlebenden.

Weltweit wird zum Beispiel Marktführer Pampers als Synonym für Höschenwindeln verwendet. Hersteller Procter & Gamble gilt als Erstanbieter der pflegeleichten Wickelware. Ein Irrtum, dem nicht nur viele Verbraucher, sondern selbst die Procter-Sprecherin in Schwalbach anheimfällt: Tatsächlich, so stellten Tellis und Golder bei ihren Recherchen fest, gibt es Papierwindeln schon seit 1935. Der Erstanbieter, ein US-Hersteller namens Chux, kann seine Idee allerdings nicht weit verteidigen, denn Procter & Gamble verdrängte den Pionier vom Markt.

Auch deutsche Erfinder erlebten in der Vergangenheit oft, daß andere mit ihren Produkten Industriegeschichte schrieben. Das wohl prominenteste Beispiel ist Konrad Zuse, der Erfinder des Computers. Der Berliner Bauingenieur entwickelte schon Ende der dreißiger Jahre die erste programmgesteuerte Rechenmaschine, die er in den folgenden Jahren zu einem Elektrorechner ausbaute.

Trotzdem war es nicht die deutsche Zuse KG, sondern die amerikanische IBM, die mit dem Computer Furore machte. Mehr als 20 Jahre focht Zuse gegen den amerikanischen Tüftlerkonkurrenten Howard Aiken um die geistige Vaterschaft, bis Aiken die Sache 1962 in einem Brief richtigstellte.

Ähnlich die Geschichte des Faxgerätes: Erfunden wurde der Faksimileschreiber 1928 von einem deutschen Ingenieur Rudolf Hell – allerdings ohne nennenswerte Meriten für die Firma Linotype-Hell. Die Marktführerschaft teilen sich heute die japanischen Konzerne Matsushita, Canon und Sharp. Auch beim Walkman reüssierte ein japanisches Unternehmen mit einer Idee, die ein Deutscher für sich beanspruchte. Insgesamt 140 Millionen der Stereozwerge verkaufte Marktführer Sony bisher weltweit. Das geistige Eigentum an der Erfindung allerdings beansprucht der 51jährige Andreas Pavel, der sich den Mini-Stereorecorder zwei Jahre vor der Sony-Marktpremiere hatte patentieren lassen (siehe Kasten).

„Als einzelner Tüftler", weiß der Vorsitzende des Deutschen Erfinder-Verbandes Joachim Bader, „hat man gegen die Großindustrie keine Chance." Viele, so Bader, scheitern schon an den Entwicklungskosten für ihr Produkt. „Bis das Produkt nach acht oder zehn Jahren Erfolg hat, können die oft nicht mal mehr die Patentgebühren bezahlen."

Doch das Scheitern der Innovatoren allein mit der Größe der Etablierten erklären zu wollen, ist zu einfach. Häufig sind die Pioniere selber schuld. Weil sie am Anfang oft den Markt vernachlässigen, bieten sie Verfolgern eine offene Flanke. Die typischen Fehler, so fanden die US-Forscher heraus, sind:

□ Mangelnde Qualität: Die Autobauer von NSU zum Beispiel waren keine Anfänger mehr. Trotzdem kam der Wankelmotor, der den legendären Ro 80 antrieb, mit zahlreichen Kinderkrankheiten auf den Markt. Der überhitzungsanfällige, ständig öltropfende Motor machte seinem Erfinder Felix Wankel so viel Ärger, daß er sich schließlich ganz aus dem Automobilgeschäft zurückzog. Der damals noch kleine japanische Autobauer Mazda kaufte die Lizenzen und baut den verbesserten Wankelmotor noch heute in seine Sportwagen ein.

□ Hohe Preise: Je teurer das Pionierprodukt, desto einfacher ist es für die Wettbewerber, mit einem günstigeren Angebot das Massengeschäft zu erobern. Klassisches Beispiel: Das amerikanische Unternehmen Ampex brachte schon 1956 den ersten Videorecorder auf den Markt – allerdings für 50 000 Dollar das Stück. Als Sony, JVC und Matsushita 20 Jahre später Geräte für 500 Dollar anboten, zogen sie im Nu das Massengeschäft an sich. Ampex gab sich geschlagen und zog sich aus dem Videogeschäft zurück.

□ Falsche Zielgruppe: Auch Konrad Zuse gelang es nicht, genug Käufer für seinen Computer zu finden. Das lag zum einen an der schwachen Kaufkraft im Nachkriegseuropa. Zum anderen hatte er die falsche Zielgruppe gesetzt. Sein Rechner war auf wissenschaftliches Rechnen ausgelegt, während IBM in erster Linie die kommerzielle Nutzung anvisierte.

Ähnlich ging es auch den Erfindern der Light-Cola. Lange vor Coca-Cola und PepsiCo hatte ein Anbieter namens Royal Crown zuckerfreie Brause angeboten. Doch das Unternehmen wandte sich ausschließlich an Diabetiker und verschenkte so einen Großteil des Marktes. Royal Crown ist „ein Lehrstück dafür, wie der Vorteil des Erstanbieters verlorengehen kann", warnt Richard D'Aveni von der Amos Tuck School in New Hampshire.

Der Marketingexperte hat noch ein weiteres Problem der Pioniere erkannt: mangelnde Konsequenz. Aus Angst, alte Märkte zu kannibalisieren, scheuen Unternehmen oft davor zurück, neue zu erschließen. „Greifen Sie sich selbst an, sonst tun es die anderen", ermutigt D'Aveni die Unternehmen.

Diese Lehre läßt sich auch aus der Geschichte des Telefax ziehen. Tüftler Hell tat sich zur kommerziellen Verwertung seiner Entdeckung 1933 mit Siemens zusammen. Doch statt die Idee zu fördern, hemmte der Konzern deren Entwicklung eher, weil Siemens seine Stärke im Geschäft mit Fernschreibern sah. Die Japaner, die händeringend nach einer Technik zur Übermittlung ihrer Schriftzeichen suchten, machten das Fax schließlich zum Welterfolg.

Damit hätten die Strategen von Siemens eigentlich rechnen müssen. Denn lange vor Golder, Tellis und D'Aveni predigte auch schon der alte Schumpeter, daß man als Pionier alte Märkte opfern muß, um neue zu erobern. Bei ihm hieß das Prinzip der kreativen Zerstörung.

JUTTA HOFFRITZ ■

INSERT 3-19: Wirtschaftswoche, Nr. 18, 25.04.1996, S. 128–131 (Fortsetzung)

In diesem Zusammenhang zeigt eine neuere Studie, daß die Erfinder technischer Innovationen, die eine Marktneuheit als erste auf den Markt bringen, oftmals nicht erfolgreich sind und nach kurzer Zeit wieder aus dem Markt ausscheiden. Hierfür sind häufig eine falsche Preis- und Zielgruppenbestimmung oder technische Probleme verantwortlich. Statt der Pioniere kann sich in diesen Fällen erst das als zweites in den Markt eintretende Unternehmen (früher Folger) erfolgreich etablieren. Die Beispiele im Insert 3-19 verdeutlichen in diesem Zusammenhang das **enorme Risiko, welches mit der Übernahme der Pionierrolle verbunden sein kann.**

Gleichzeitig weisen Studien über erfolgreiches Innovationsmanagement immer wieder auf die Notwendigkeit eines fein dosierten **Mix aus Tempo und Beständigkeit** hin. Innovationen müssen mit entsprechendem Zeitaufwand positioniert und eingeführt werden. Dies erfordert insbesondere eine umfassende Kommunikation des verbesserten Anwendungsnutzens. Darüber hinaus ist gerade bei Gebrauchsgütern mit kurzen Innovationszyklen **beim Konsumenten der Eindruck einer vorschnellen Veralterung zu vermeiden.**

Als Folge eines intensiven Verdrängungswettbewerbs auf dem deutschen Motorradmarkt in den achtziger Jahren verfolgten die führenden japanischen Hersteller eine **aggressive Innovationspolitik**. Dies hatte zur Folge, daß die Zahl der von den einzelnen Herstellern angebotenen Produkte rapide anstieg und zum Beispiel Honda innerhalb kürzester Zeit über 80 neue Motorräder und gleichzeitig mehr als 100 Produktverbesserungen in den Markt einführte (A. D. Little 1994, S. 41). Im Zuge dieser Innovationspolitik verkürzte sich der Lebenszyklus vieler Motorradmodelle auf gerade noch ein Jahr. Diese Innovationsoffensive führte neben einer zusammenbrechenden Ersatzteilversorgung zu einer starken Verunsicherung der Kunden, einem dramatischen Preisverfall bei neuen Motorrädern bereits wenige Monate nach der Markteinführung und zu einem Verfall der Händlermargen.

So besteht das marktorientierte Innovationsmanagement letztlich aus einer Strategie der Ruhe und Beständigkeit (Backhaus/Bonus 1996). Dazu gehören Service- und Ersatzteilgarantien auch für Altprodukte ebenso wie die Gewißheit über eine lange Lebensdauer des Produktes.

2.492 Erfolgreiche Innovationsstrategien

Die Aufdeckung von Merkmalen erfolgreicher Innovationsstrategien ist Gegenstand zahlreicher Studien. Grundsätzlich ist dabei zu berücksichtigen, daß erfolgreiche Innovationsstrategien immer vor dem Hintergrund der jeweiligen **Marktbedingungen** zu sehen sind. Sanchez (1996) unterscheidet in diesem Zusammenhang zum Beispiel stabile, evolutorische und dynamische Marktsituationen und ordnet diesen erfolgversprechende Innovationsstrategien zu (vgl. Abbildung 3-72).

Cooper (1985) konnte in mehreren empirischen Studien vier klar voneinander abgrenzbare, unterschiedlich erfolgreiche Innovationsstrategien identifizieren, die im folgenden skizziert werden:

Produkt- und programmpolitische Entscheidungen

	Product Market Contexts		
	Stable	**Evolving**	**Dynamic**
Central Strategy Concepts	■ Strategic commitment ■ Ownership of production assets ■ Hierarchical integration ■ Direct control of processes ■ Defense of market position	■ Strategic change ■ Accumulation of resources ■ Partnering and alliances ■ Teams, process re-engineering ■ Create sustainable competitive advantage	■ Strategic flexibility ■ Fixed-asset parsimony, leveraging of intellectual assets ■ Firm acts as „network actuator" in development resource network ■ Coordination through modular product architectures ■ Flexible responses to changing market opportunities
Product Strategy Emphases	■ Increasing market share ■ Increasing scale to lower costs ■ Low-cost production of standard products ■ Control of distribution channels	■ Timing new product introductions ■ Timing technology transitions ■ Development of new product attributes and mix to suit new market demands ■ Distribution channel re-design	■ Speed to market ■ Rapid performance upgrading through improved components ■ Proliferation of product variety, high model turnover ■ Flexible distribution networks
Product Creation Processes	■ Infrequent redesign of standard products to lower costs ■ Vendors supply improved components, process equipment ■ Sequential, functional development	■ Conventional marketing research ■ Close collaboration with suppliers in development project teams ■ Team-based, „over-lapping" development processes	■ Real-time market research ■ Multiple short-term collaborations on electronically mediated projects ■ Concurrent, autonomous, distributed development process

Abbildung 3-72: Marktsituation und erfolgreiche Innovationsstrategien (Quelle: Sanchez 1996, S. 124)

Ausgewogene Fokusstrategie
Bei der ausgewogenen Fokusstrategie erfolgen Innovationen im Bereich der von den Konsumenten wahrgenommenen Kernkompetenz des Unternehmens. Es wird hierbei versucht, eine hohe Produktqualität mit einer ausgeprägten Kundenorientierung zu verbinden. Dabei wird weniger eine Diversifikation in unbekannte Produkt-/Marktbereiche als vielmehr ein Markteintritt in attraktive Wachstumsmärkte mit geringer Wettbewerbsintensität angestrebt. Aufgrund des hohen Technologiestandards in Verbindung mit einer gezielten Nutzung vorhandener Stärken stellt dies die erfolgreichste Strategie dar. Cooper führt als Beispiele für diesen Strategietyp unter anderem die Unternehmen IBM und Hewlett-Packard an.

Technologiedominante Strategie
Die technologiedominante Strategie ist gekennzeichnet von einer starken F & E-Orientierung, einem hohen technologischen Produktstandard sowie einem hohen Neuheits- und Komplexitätsgrad. Deshalb wird sie häufig in High-Tech-Märkten mit hohen Wachstumsraten eingesetzt. Schwächen dieser Strategie liegen insbesondere in der Identifikation von Konsumentenbedürfnissen, im Vertrieb sowie in der mangelhaften Nutzung von Synergieeffekten zu bestehendem Produkt-Markt-Technologie-Know-how. Die technologiedominante Strategie besitzt aufgrund der geringen Marketingorientierung die höchste Produktfehlschlagsrate und die schwächste Rentabilität. Sie wird beispielsweise von dem Unternehmen Philips verfolgt.

Strategie des geringsten technologischen Risikos
Bei dieser Strategie ist häufig keine klare Innovationsstrategie erkennbar, da weder eine gezielte Marktforschung noch eine aktive Ideensuche durchgeführt, sondern vielmehr Nachahmungen auf der Basis von reifen Technologien (low-tech) realisiert werden. Dabei stellen Tätigkeiten im F & E-Bereich sowie die Nutzung von Synergien eher die Ausnahme dar. Die Strategie des geringsten technologischen Risikos besitzt bei der niedrigsten Innovationsrate den geringsten Gesamterfolg und wird zumeist von kleinen Unternehmen in gesättigten Low-Tech-Märkten verfolgt. Einige der zumeist in Niedriglohnländern angesiedelten „Me-too"-Computerhersteller lassen sich diesem Strategietyp zuordnen.

Hochriskante Diversifikationsstrategie
Diese Strategie orientiert sich bei der Entwicklung neuer Produkte weder an vorhandenen Stärken noch an Kundenbedürfnissen, weshalb sie eine hohe Fehlschlagsrate aufweist. Trotz schwachen F & E-Managements stellt sie die Strategie mit der höchsten F & E-Aufwandsquote dar. Unternehmen, die diese Strategie verfolgen, werden in der Regel auf einer Vielzahl unterschiedlicher, sehr wettbewerbsintensiver Märkte tätig. Dabei wird „jeder" attraktive Wachstumsmarkt bearbeitet, das heißt die Marktbearbeitung erfolgt ohne klare Fokussierung (Verzettelung). Die hochriskante Diversifikationsstrategie stellt infolgedessen hinsichtlich des Gesamterfolges die zweitschlechteste Innovationsstrategie dar. Sie wird meist von großen Unternehmen verfolgt, wie beispielsweise von dem englischen BAT-Konzern, der unter anderem in den Bereichen Tabakwaren, Finanzdienstleistungen und Warenhäuser tätig ist.

Neben den Charakteristika der genannten Strategietypen ließen sich im Rahmen empirischer Forschungen weitere allgemeine Managementmerkmale als **innovationsstrategische Erfolgsvoraussetzungen** ausmachen (Huxold 1990):

- überdurchschnittliche Risikopräferenz des Managements,
- hohes Involvement und aktive Unterstützung des Innovationsprozesses durch das Management, Verankerung einer Innovationsorientierung bei allen Mitarbeitern,
- „Projekt-Fit", das heißt Nutzung des vorhandenen Know-hows (Erfahrungen),
- ausgeprägte Marketingphilosophie und Kundenorientierung.

Eines der zentralen Ergebnisse der empirischen Forschung zu den Merkmalen erfolgreicher Innovationsstrategien ist die Erkenntnis, daß die **Existenz eines vollständigen, systematisch in einzelne Planungsphasen und Aktivitäten untergliederten Innovationsprozesses** eine wesentliche Voraussetzung für den Markterfolg darstellt. Ferner wird darauf hingewiesen, daß zur Gewährleistung eines dauerhaften Innovationserfolges die „Absicherung" von Produktinnovationen durch Prozeßinnovationen notwendig ist, andernfalls drohe die schnelle Imitation innovativer Produkte durch preisaggressive Konkurrenten (Utterback 1994, S. 167 ff.). In verschiedenen Studien zeigte sich, daß Prozeß- und Produktinnovationen für sich betrachtet einen geringeren positiven Einfluß auf den Unternehmenserfolg haben als der kombinierte Einsatz beider Innovationsformen. Die **Kombination von Produkt- und Prozeßinnovationen** stellt den wichtigsten Erfolgsfaktor in zahlreichen Studien zur Erfolgsfaktorenforschung dar (Kotabe 1990). Das **Outsourcing** wird demgegenüber in empirischen Untersuchungen tendenziell als negativer Einflußfaktor der Innovationsfähigkeit von Unternehmen identifiziert.

2.493 Erfolgsvoraussetzungen in der Ideengewinnungsphase

Die größten Unterschiede zwischen erfolgreichen und weniger erfolgreichen Firmen zeigen sich in den frühen Phasen des Innovationsprozesses. Das Ziel dieser Prozeßphase ist die **Generierung einer möglichst hohen Zahl an Neuproduktideen**. Je mehr Ideen vorliegen, desto größer ist die Erfolgswahrscheinlichkeit des Innovationsprozesses.

Empirische Studien, die der Frage nachgegangen sind, wie die Ideengewinnungsphase bei erfolgreichen Produktinnovationen abgelaufen ist, kommen zu dem Schluß, daß in der Mehrzahl der Fälle die ersten Anregungen beziehungsweise die **Idee zur Neuproduktentwicklung aus dem Markt** kam. Dauerhafte Innovationserfolge gelingen seltener den sehr stark F & E-orientierten als vielmehr denjenigen Unternehmen, die aufgrund ihrer genauen Kenntnis der Kundenbedürfnisse neue, gegebenenfalls **auch unternehmensexterne technische Entwicklungen** schnell in neue Produktideen umzusetzen verstehen (Cooper 1980).

An Bedeutung gewonnen hat in diesem Zusammenhang in den letzten Jahren vor allem die möglichst kontinuierliche Interaktion mit innovativen Anwendern („Lead-Usern"). Diese **Kundennähe** stellt einen wesentlichen Bestimmungsfaktor erfolgreicher Produkte und Produktinnovationen dar (Homburg 1995). Dies gilt insbesondere bei Dienstleistungsinnovationen (Quinn et al. 1990). In diesem Zusammenhang stellen auch **enge Kontakte zu den Zulieferern** eine bedeutsame Ideenquelle dar. Das sich im Rahmen von vertikalen De-Integrationsprozessen bei Zulieferern ansammelnde Know-how sollte vor dem Hintergrund neuerer Formen der Zusammenarbeit zwischen Hersteller und Zulieferer (Benkenstein/Henke 1990; Picot 1991) zukünftig verstärkt als Ideenquelle genutzt werden.

Vergegenwärtigt man sich die Tatsache, daß die Mehrzahl der Neuproduktanregungen aus Quellen innerhalb des Unternehmens stammt, wird deutlich, wie wichtig gerade das Informationsmanagement an den Schnittstellen zwischen F & E, Marketing und Produktion zur Ideengenerierung ist. Häufig existieren Ideen zur Verbesserung des Fertigungsablaufs in der Produktion, der Marketingbereich ist mit den Kundenproblemen vertraut und die F & E-Abteilung verfügt über neue Erkenntnisse aus der Grundlagenforschung. Aber **erst der funktionsübergreifende Informationsaustausch führt letztlich zu erfolgversprechenden Neuproduktideen**.

2.494 Erfolgsvoraussetzungen bei der Prüfung von Neuproduktideen

Das Screening, das heißt die Abschätzung der Erfolgswahrscheinlichkeit von Neuproduktideen und Forschungs- und Entwicklungsprojekten, wird in der Praxis immer wieder als die bei weitem **schwächste, mit den meisten Fehlern behaftete Aktivität im Rahmen des Innovationsmanagement** angesehen (Brockhoff 1999b).

Die Handlungsdefizite in der Praxis werden in einer kanadischen Untersuchung von 252 Produktinnovationen besonders deutlich. In der Studie gaben 60 Prozent der befragten Manager an, beim Screening keine formalen Methoden oder spezifischen Techniken einzusetzen, sondern stattdessen eine Auswahlentscheidung im Rahmen einer Gruppendiskussion eher intuitiv zu treffen. In lediglich zwei Prozent der Fälle wurde eine Vorauswahl auf der Grundlage eines Scoring-Modells vorgenommen (Cooper/Kleinschmidt 1986). In derselben und anderen ähnlich angelegten Studien stellte sich zudem heraus, daß nur in circa 25 Prozent der Fälle Marktforschungsstudien durchgeführt wurden, um die Bedürfnisse der Kunden bei der Auswahl und Spezifikation der Produktideen mit einzubeziehen. Die zu einem vollständigen Produktkonzept weiterentwickelten Innovationsideen wurden nach den Ergebnissen der genannten Studie von keinem der befragten Unternehmen einem Konzepttest unterzogen.

In einer anderen Untersuchung wurde dem Problem, welche konkrete **Entscheidungsregel** in Scoring-Modellen anzuwenden ist, nachgegangen. Dabei stellte sich heraus, daß

Produkt- und programmpolitische Entscheidungen

unter Zuhilfenahme eines einfachen konjunktiven Modells, in dem Neuproduktideen bei jedem Bewertungskriterium einen bestimmten Mindestpunktwert erreichen müssen (Scoring-Modell), die besten Auswahlentscheidungen getroffen wurden. Ferner zeigte sich, daß für eine erfolgreiche Auswahl von Neuproduktideen **lediglich vier bis sechs zentrale Bewertungskriterien notwendig** sind (Baker/Albaum 1986). Bei der Anwendung dieses Modells sind jedoch stets unternehmens- und produktspezifische Besonderheiten zu berücksichtigen.

Generell kann festgestellt werden, daß durch die Anwendung eines Entscheidungsmodells die Wahrscheinlichkeit, ein Neuprodukt einzuführen, das sich als „Flop" erweist, deutlich reduziert wird. Gleichzeitig steigen jedoch die Opportunitätskosten, ein potentiell erfolgreiches Produktkonzept abzulehnen. Hier muß eine Anpassung des Modells an die spezifische **Risikoneigung der Entscheider** erfolgen. Gleichwohl erscheint die Verwendung eines Entscheidungsmodells ratsam, um die für eine erfolgreiche Produktinnovation notwendige hohe Zahl von Produktideen schnell und mit möglichst geringen Kosten bewerten und selektieren zu können.

Auch bei der **Konkretisierung und Weiterentwicklung von Produktideen** ist es erforderlich, die Erfolgswahrscheinlichkeit laufend zu überprüfen, um eine schnelle Fokussierung der F&E-Ressouren auf wenige, erfolgversprechende Produktkonzepte sicherzustellen (Brockhoff 1999b). In diesem Zusammenhang konnte nachgewiesen werden, daß eine **Verschlechterung der Wahrscheinlichkeit des technischen Erfolgs oder des Markterfolgs** während der Entwicklungphase eines Neuproduktes ein gutes Prüfkriterium für die Abbruchentscheidung hinsichtlich der Weiterentwicklung des entsprechenden Produktkonzeptes ist (vgl. Abbildung 3-73).

		Wahrscheinlichkeit des technischen Erfolgs gegenüber dem letzten Prüfungszeitpunkt verschlechtert?	
		ja	nein
Wahrscheinlichkeit des Markterfolgs gegenüber dem letzten Prüfungszeitpunkt verschlechtert?	ja	Abbruch	Zurückstellen
	nein	Weiterprüfen	Fortführen

Abbildung 3-73: Grobes Prüfprogramm für die Entscheidung über die Weiterführung von Entwicklungsprojekten
(Quelle: Brockhoff 1999b, S. 660)

2.495 Erfolgsfaktoren in der Markteinführungsphase

Bei vielen innovativen Produkten besteht aus Kundensicht auf Anhieb keine Motivation zum Kauf. Oftmals verstehen sie zunächst nicht, welche Vorteile ihnen die neuen Produkte beziehungsweise Dienstleistungen bieten (vgl. Christensen 1997). Zusätzlich besteht oft **Skepsis gegenüber Neuerungen**, denn die immer schnellere Folge von Produktgenerationen überfordert die Aufnahmefähigkeit vieler Konsumenten.

Eine systematisch geplante Einführungsstrategie, ein überdurchschnittlicher Ressourceneinsatz bei der Markteinführung und die Festlegung des „richtigen" Einführungszeitpunkts haben sich in empirischen Untersuchungen als wichtige Bestimmungsfaktoren einer erfolgreichen Markteinführung herausgestellt (Lilien/Yoon 1989). Vor diesem Hintergrund erscheint es umso erstaunlicher, daß immer noch zahlreiche Unternehmen der Markteinführungsphase im Gegensatz zu den vorangegangenen Aktivitäten des Innovationsprozesses keine ausreichende Beachtung schenken (Cooper/Kleinschmidt 1986). Die **Fehleinschätzung dieses Erfolgsfaktors** scheint eine wesentliche Ursache für den Mißerfolg zahlreicher Neuprodukteinführungen zu sein (Hopkins 1980).

Für eine möglichst schnelle Durchsetzung einer Innovation im Rahmen der Markteinführung ist auch die **Lebenszyklusphase eines Marktes** entscheidend. Ein sich in der Reifephase befindender Markt mit einer entsprechend hohen Wettbewerbsintensität wirkt tendenziell negativ auf den Erfolg der Neuprodukteinführung.

Faßt man die zentralen Voraussetzungen für eine erfolgreiche Markteinführung zusammen und berücksichtigt dabei nur diejenigen Faktoren, die in empirischen Studien mehrfach als erfolgsbeeinflussende Determinanten identifiziert und bestätigt wurden, so ergeben sich die folgenden **sieben Erfolgsfaktoren von Produktinnovationen** (Lilien/Yoon 1989; Storey/Easingwood 1996 und die dort zitierten Studien):

1. **Einzigartigkeit („Uniqueness") und Überlegenheit der Innovation**
   Dauerhaft erfolgreiche Innovationen müssen stets mit einem differenzierungs- und verteidigungsfähigen Kundennutzen verbunden sein, um als wettbewerbsüberlegenes Angebot vom Konsumenten wahrgenommen zu werden.

2. **Hohes Marketing-Know-how**
   Insbesondere professionelle Marktforschung zur Analyse der Kundenbedürfnisse, Marktpotentiale und Wettbewerber. Vor allem in den frühen Phasen des Innovationsprozesses kommt der Marktforschung eine hohe Bedeutung zu.

3. **Hohes technisches Niveau und Nutzung von Synergien („product fit")**
   Technologisches Know-how, Erfahrung bei der Produkt- und Fertigungstechnologie. Nutzung vorhandener technologischer Ressourcen bei der Auswahl von Innovationsideen.

4. **Marktdynamik und Innovationsintensität**
   Hohe Innovationsraten des Marktes führen zu hoher Wettbewerbsintensität. Die Erfolgswahrscheinlichkeit von Innovationen auf diesen Märkten fällt deutlich geringer aus.

5. **Nutzung von Marketing- und Managementsynergien („market fit")**
   Je neuartiger der Einsatz der Marketinginstrumente und die Wettbewerbs- und Marktstrukturen sind, desto geringer ist die Erfolgswahrscheinlichkeit von Innovationen.

6. **Wettbewerbsintensität und Marktsättigungsgrad**
   Dieser Faktor wirkt negativ auf den Erfolg von Innovationen (geringe Marktattraktivität). Innovationen auf Märkten in fortgeschrittenen Phasen des Lebenszyklus haben oft ein nicht ausreichendes Innovationspotential und sind einem intensiven Preiswettbewerb ausgesetzt.

7. **Hohe Intensität der Markteinführungs- und vor allem der kommunikationspolitischen Aktivitäten in Verbindung mit einer ausgeprägten Distributionsstärke („strong launch effort")**

Demgegenüber zeigen die verschiedenen empirischen Studien hinsichtlich der Übernahme der Pionierrolle widersprüchliche Ergebnisse. Die Innovationsführerschaft („first-to-market") trägt nicht zwangsläufig zur Differenzierung zwischen erfolgreichen und nicht erfolgreichen Neuprodukten bei (Carpenter/Nakamoto 1989; Ostmeier 1990; Alpert/Kamins 1995).

2.496 Innovationsfördernde Organisationsstrukturen und -prozesse

Die Entwicklung und Übernahme von Neuerungen in das Produktpogramm eines Unternehmens bringt eine Reihe von Problemen mit sich. Die Ursachen dafür liegen in **Anpassungswiderständen** gegen die Innovation, die auf allen Ebenen der Unternehmung auftreten (Meffert 1976). Zu ihrer Überwindung konzentrierte man sich lange auf die formale Organisationstruktur. So wurde festgestellt, daß mechanistische, bürokratische Organisationen mit vielen Hierarchieebenen, starker Zentralisierung, vielen Arbeitsrichtlinien und rigider Aufgaben- und Kompetenzabgrenzung eine geringe Innovationsfähigkeit besitzen (Meffert 1976; Buchholz 1996, S. 185 ff.).

Dieser Aussage liegen jedoch einige grobe Vereinfachungen des Innovationsproblems in Organisationen zugrunde. Ein Unternehmen besteht aus mehreren Teilbereichen, die differenziert zu gestalten sind: Der Forschungs- und Entwicklungsbereich benötigt eine andere Organisationstruktur als der Marketingbereich oder die Produktion. Eine undifferenzierte Forderung nach Entbürokratisierung ist demnach wenig hilfreich. Auch haben Versuche, die für eine hohe Innovationsfähigkeit „optimalen" Merkmale von Aufbauorganisationen empirisch zu ermitteln, bislang nicht zu übereinstimmenden Erkenntnissen geführt.

Ursächlich hierfür sind die unterschiedlichen aufbauorganisatorischen Anforderungen der funktionalen Unternehmensbereiche einerseits und der einzelnen Phasen des Innovationsprozesses andererseits (**„organisatorisches Dilemma"**). Generell kann jedoch festgehalten werden, daß aufgrund der spezifischen Aufgaben im Rahmen der Neuproduktplanung eine organisatorische Trennung von Innovations- und Routinemanagement zweckmäßig ist (Hauschildt 1997, S. 27 f.). Darüber hinaus können über einzelne Phasen des Innovationsmanagements folgende Aussagen getroffen werden:

- In der **Anfangsphase** der Innovation sind lockere, partizipative Freiräume schaffende Strukturen und Verhältnisse der Mitarbeiter untereinander und zu deren Vorgesetzten erforderlich.

- Die innerbetriebliche **Entscheidungs- und Durchsetzungsphase** gestaltet sich umso kürzer, je weniger Personen Einfluß auf den Prozeß nehmen. Andererseits kann durch Einbindung aller an einer Innovation beteiligten Mitarbeiter in einem Team die Entscheidungsqualität erhöht werden. Mehr Entscheidungsaspekte können berücksichtigt und personale Widerstände im Vorfeld abgebaut werden. Vor- und Nachteile einer verlängerten Entscheidungs- und Durchsetzungsphase sind dementsprechend gegeneinander abzuwägen.

- In der **Vermarktungsphase** sind die Aufgaben weitgehend vorgezeichnet. Dasselbe Ausmaß an Partizipation wie in den vorangegangenen Phasen würde hier zu unnötigen Verzögerungen führen.

Das **zentrale aufbauorganisatorische Problem** des Innovationsmanagements besteht jedoch in der **Koordination über die verschiedenen Unternehmensbereiche hinweg**. Diese Koordination wird dadurch erschwert, daß unterschiedliche Aufgaben und Einstellungen die Verhaltensweisen der Manager prägen. Wenn Vertreter der verschiedenen Bereiche mit ihren divergierenden Denkhaltungen, Interessen und Verhaltensweisen sich koordinieren müssen, um Produktinnovationen zu realisieren, können erhebliche Konflikte entstehen. Zur Vermeidung solcher Konflikte reichen strukturelle Maßnahmen (zum Beispiel Teambildung) allein nicht aus. Vielmehr kommt der Koordination über ein **gemeinsames Wertsystem aller Organisationsmitglieder** im Sinne einer innovationsorientierten Unternehmenskultur eine hohe Bedeutung zu (Johne/Pavlidis 1995, S. 804).

Die **Gestaltung von Führungs- und Anreizsystemen**, das heißt die Sicherstellung einer effektiven Nutzung von Human-Ressourcen zur Lösung innovativer Aufgaben, gehört in diesem Zusammenhang zu den wichtigsten Aktionsvariablen des Innovationsmanagements. Durch das Führungsverhalten muß dem Mitarbeiter gezeigt werden, daß sich die

Übernahme persönlicher Risiken und Initiativen für ihn lohnt. Die Anreizsysteme müssen aufbauend auf materiellen Grundanreizen vor allem die individuellen Karriereerwartungen der Mitarbeiter einbeziehen. Den Gestaltungsprinzipien Transparenz, Flexibilität und Gerechtigkeit ist dabei besondere Beachtung zu schenken (Staudt et al. 1990).

Faßt man wesentliche Ergebnisse empirischer Studien zusammen, so werden die folgenden **Merkmale des Führungsverhaltens und der Unternehmenskultur** übereinstimmend als Erfolgsvoraussetzungen der Innovationsfähigkeit von Organisationen genannt:

- **Handlungsorientierung**
  Innovationen entstehen aus Experimentierfreude heraus und werden durch einen intensiven Problemlösungsprozeß gefördert. Dabei ist eine handlungsorientierte Planung unabdingbare Erfolgsvoraussetzung.

- **Führung bei Selbstverantwortung**
  Innovationen sollten als Führungsverantwortung jedes Entscheidungsträgers verstanden werden.

- **Ungehinderter Informationsfluß**
  Der Abbau von Informationsfiltern beziehungsweise -barrieren sowie das Rotationsprinzip, das Verständnis für spezifische Probleme und die Motivation zur Kooperation fördert, bilden eine gute Basis für die Innovationsfähigkeit von Organisationen. Jeder Manager sollte vor diesem Hintergrund seine Ideen kommunizieren.

- **Wertschätzung des einzelnen Mitarbeiters**
  Innovationen entstehen in den Köpfen der Mitarbeiter. Konsequenterweise ist eine unternehmerische Einstellung der Mitarbeiter notwendig für den Innovationserfolg. Freude an der Arbeit sowie Entfaltungsmöglichkeiten werden als Wert an sich gesehen. Dabei entstehen sichtbare Aufstiegschancen für „Innovations-Champions".

- **Engagement des Top-Managements für Innovationen**

- **Einfacher, flexibler Aufbau**
  Weitere Erfolgvoraussetzungen der Innovationsfähigkeit von Organisationen sind einfache Führungssysteme, das Abrücken von Matrixstrukturen sowie die Existenz weniger Führungsebenen. Dabei werden die Innovationen durch Einsatz autonomer Teamstrukturen als flexible Organisationsform gefördert.

2.5 Produktvariation

Die Darstellung des Produktinnovationsprozesses verdeutlicht die Komplexität und den zeitlichen und technischen Umfang einer Neuproduktentscheidung. Ein einfacheres und weniger einschneidendes Instrument der Produktpolitik ist die Produktvariation (Priemer 1970; Röttger 1980). **Die Produktvariationsentscheidung befaßt sich mit der Veränderung von Produkten, die bereits im Markt eingeführt sind.** Produktvariationen bilden einen Ansatzpunkt, um die Produkte nach ihrer Markteinführung den sich wandelnden Verbraucherbedürfnissen anzupassen und gegenüber den seit der Markteinführung neu aufgetretenen Konkurrenzprodukten in der Wahrnehmung der Konsumenten wieder positiv hervorzuheben. Produktvariationen können wesentlich zur Verlängerung des Produktlebenszyklus beitragen (Brockhoff 1999a, S. 296).

Bei der Variation bleiben die Grundfunktionen des Produktes erhalten, es werden lediglich ästhetische, physikalische, funktionale und/oder symbolische Eigenschaften verändert (vgl. Abbildung 3-74).

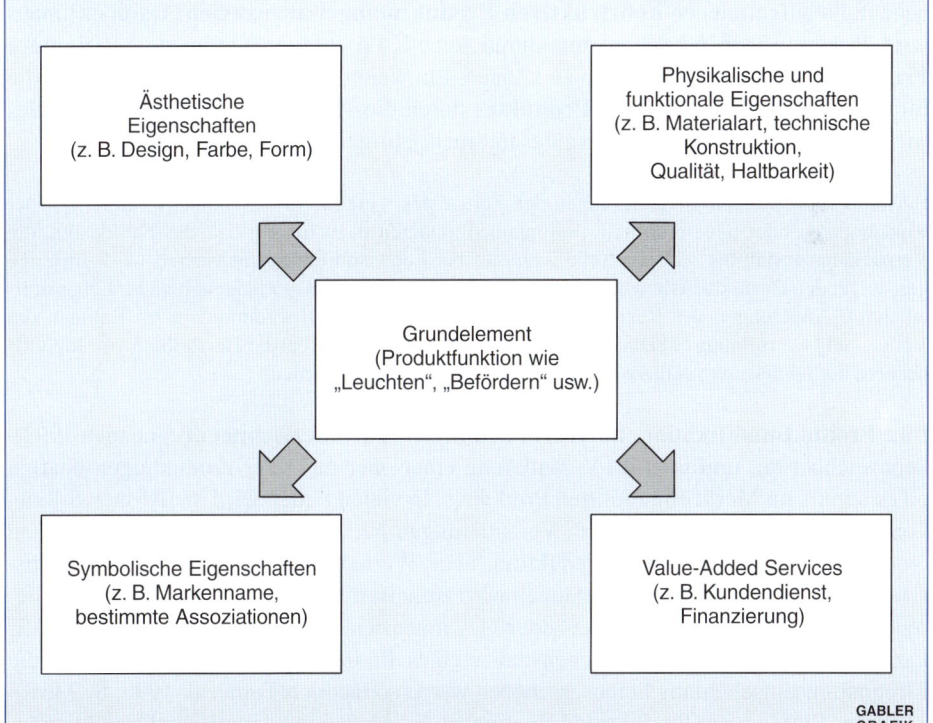

Abbildung 3-74: Elemente des Produktes als Ansatzpunkte für Produktvariationen

Weiterhin kann eine Produktvariation durch das Angebot neuer oder veränderter Zusatzleistungen, sogenannte „value-added-services" erfolgen. Mit einer Produktvariation können verschiedene **Ziele** verfolgt werden: Absicherung der Marktposition, Umsatz- und Gewinnwachstum, Spezialisierung auf bestimmte Zielgruppen zur Durchsetzung höherer Preise, bessere Kapazitätsauslastung oder Rationalisierung der Fertigung. Grundsätzlich sind **zwei Arten der Produktvariation** zu unterscheiden, die Produktpflege und die Produktmodifikation beziehungsweise der Produktrelaunch. Beiden Arten der Produktvariation ist die Tatsache gemeinsam, daß **die Gesamtzahl der vom Unternehmen angebotenen Produkte unverändert bleibt**.

Gegenstand der **Produktpflege** ist die kontinuierliche Verbesserung der im Markt eingeführten Produkte mit dem Ziel, deren Wettbewerbsfähigkeit zu erhalten oder zu verbessern. Im Gegensatz zur Produktmodifikation erfolgen bei der Produktpflege lediglich kleinere Änderungen an den ästhetischen, physikalischen, funktionalen und/oder symbolischen Eigenschaften des Produktes. Eine eindeutige Abgrenzung zwischen Produktpflege und -modifikation einerseits sowie zwischen einer Produktmodifikation und einer -innovation andererseits ist kaum möglich. Maßnahmen der Produktpflege und -modifikation sind vielmehr auf einem Kontinuum zwischen einem unveränderten Produkt und der Einführung einer Produktinnovation einzuordnen (Trommsdorff 1991). Produktpflegemaßnahmen dienen vor allem dazu, die nach der Markteinführung gegebenenfalls aufgetretenen **konstruktiven Produktmängel abzustellen**. Darüber hinaus wird Produktpflege betrieben, um durch leichte Produktveränderungen **effizientere Produktionsprozesse** realisieren zu können. Ein weiteres Ziel der Produktpflege ist die **Sicherung der Aktualität des Produktes** durch die Anpassung an Modetrends. Dies trifft insbesondere auf Gebrauchsgüter mit mehrjährigen Lebenszyklen zu.

Beispielsweise können Veränderungen des Zeitgeistes, veränderte Geschmackspräferenzen der Konsumenten oder neue rechtliche Rahmenbedingungen dazu führen, daß das Farbdesign, die Verpackungsgestaltung oder auch die Rezeptur bei Lebensmitteln leicht variiert wird. Im Zuge des steigenden Gesundheitsbewußtseins wurde zum Beispiel der Kaloriengehalt vieler Lebensmittel durch Änderungen der Rezeptur gesenkt. Die rechtlichen Bestimmungen im Rahmen der Verpackungsverordnung haben dazu geführt, daß die Kunststoffe bei der Herstellung von Joghurtbechern auf leichter recycelbare Monomaterialien umgestellt wurden.

Eine **Produktmodifikation, auch als Produktrelaunch bezeichnet** (Tennhagen 1993), kennzeichnet die **umfassende** Veränderung einer oder mehrerer Produkteigenschaften eines bereits im Markt eingeführten Produktes. In vielen Fällen wird die Absatzwirkung von Produktmodifikationen durch Veränderungen bei anderen Marketinginstrumenten unterstützt (zum Beispiel Preisreduktion, neue Werbebotschaft, veränderte Vertriebsstrukturen). Mit einem Produktrelaunch wird zumeist die Wiederbelebung einer stagnierenden oder rückläufigen Umsatz- oder Gewinnentwicklung bezweckt. Durch Modifikationsmaßnahmen kann die Lebensdauer eines Produktes verlängert und damit die Eliminationsentscheidung herausgeschoben werden (Haedrich/Tomczak 1996, S. 236 f.). Zentrales Problem der Produktmodifikation ist die Abwägung der mit der Produktveränderung verbundenen Kosten und des durch die Veränderung induzierten zusätzlichen

Umsatzes. Auch die Vermeidung eines erwarteten Umsatzrückganges durch eine Produktmodifikation kann in diesem Sinne als „zusätzlicher" Umsatz verstanden werden.

Ein Beispiel für erfolgreiche Produktmodifikationen ist das Vollwaschmittel Persil. Mit Ausnahme des Produktnamens wurden seit der Markteinführung im Jahre 1907 alle Produkteigenschaften in wesentlichem Maße verändert. So wurde zum Beispiel die chemische Rezeptur und die Verpackung mehrfach geändert, um unter anderem veränderten Waschtechniken (Waschmaschinen statt Handwäsche) zu entsprechen, unterschiedliche Gewebearten (Baumwolle und synthetische Fasern) zu reinigen, das gestiegene Umweltbewußtsein zu berücksichtigen (Persil phosphatfrei, volumenreduziertes Persilkonzentrat in kleinerer Packung) und dem Bedürfnis nach farb- und gewebeschonendem Waschen (Persil color, Persil Megaperls) entgegenzukommen (Brockhoff 1999a, S. 297).

2.6 Produktdifferenzierung

2.61 Grundlagen der klassischen Produktdifferenzierung

Der technische Fortschritt und der zunehmende Wettbewerbsdruck haben in vielen Branchen und Warengruppen zu einer Angleichung von Produktqualität, -design und -preis geführt. Dieser Entwicklung steht oft eine Tendenz zur Individualisierung der Konsumentenbedürfnisse gegenüber (Pine 1994). **Durch Maßnahmen der Produktdifferenzierung wird versucht, ein Produkt durch das zeitlich parallele Angebot mehrerer Produktvarianten gezielt auf die Bedürfnisse unterschiedlicher Zielgruppen abzustimmen.** Bei einer Produktdifferenzierung wird ein im Markt eingeführtes Produkt durch Veränderungen einzelner Produktelemente variiert und **zusätzlich zum bestehenden Programm angeboten.** Die Zahl der angebotenen Produkte wächst, das Absatzprogramm wird erweitert. Die in der Literatur beschriebene psychologische Produktdifferenzierung allein durch Maßnahmen der Kommunikationspolitik ist nicht zu den produktpolitischen Entscheidungstatbeständen zu zählen, weil hier gleiche Produkte durch den differenzierten Einsatz von kommunikationspolitischen Instrumenten vom Konsumenten unterschiedlich wahrgenommen werden sollen (Winkelgrund 1984).

Die Notwendigkeit zur Produktdifferenzierung kann sich aus einer differenzierten Ausgestaltung der anderen Marketinginstrumente im Rahmen einer differenzierten Marktbearbeitung ergeben. So läßt sich zum Beispiel eine Preisdifferenzierung, das heißt unterschiedliche Preise bei verschiedenen Zielgruppen für ein und dasselbe Produkt, oftmals nur kombiniert mit zielgruppenspezifischen Veränderungen am Produkt im Sinne einer Produktdifferenzierung durchsetzen (Maucher/Brabeck-Lethmathe 1991).

Der Begriff der Produktdifferenzierung wird in der Literatur noch weiter aufgegliedert.

Die **Produktdifferenzierung im engeren Sinne** befaßt sich mit der Veränderung von Produkten, um bestimmte Käufersegmente besser ansprechen zu können. Sie folgt somit im wesentlichen den Vorgaben der Marktsegmentierung. Demgegenüber ist die Strategie der **Produktvarietät (Produktdifferenzierung im weiteren Sinne)** nicht segmentgerichtet, sondern bearbeitet mit mehreren Produktvarianten den Gesamtmarkt. Der dadurch bedingte Wettbewerb zwischen den eigenen Produkten wird bewußt in Kauf genommen, weil in der Gesamtbetrachtung über alle Produkte ein höherer Umsatz beziehungsweise Gewinn realisiert werden soll.

Der **Prozeß der Produktplanung** bei der Produktvariation und -differenzierung besitzt eine ähnliche Struktur wie der Produktinnovationsprozeß mit den Stufen Ideengewinnung, -bewertung und -realisation. Aufgrund der geringeren Entscheidungskomplexität ist jedoch der Informationsbedarf sowohl in qualitativer als auch quantitativer Hinsicht geringer. In der Stufe der Ideengewinnung sollen ausgehend vom bestehenden Produkt mögliche neue Eigenschaftsausprägungen gefunden werden. Dadurch ist der „Suchraum" wesentlich eingeschränkt. In der Regel führt der Einsatz von Verfahren, die sich an bestehenden Produkten orientieren wie Fragenkataloge, Funktionsanalysen und die Produktpositionierung zu befriedigenden Lösungen.

Maßnahmen der Produktvariation und -differenzierung können an unterschiedlichen Elementen des Produktes (vgl. Abb. 3-74) ansetzen. Das Grundelement (Produktfunktion wie Leuchten, Transportieren, Heizen) kann nicht Gegenstand einer Variations- bzw. Differenzierungsentscheidung sein, da es durch das bestehende Produkt fest vorgegeben ist.

Bei den **physischen und funktionalen Eigenschaften** sind Veränderungen des Materials, der technischen Konstruktion, der Art und Weise der Funktionserbringung sowie der Einbau zusätzlicher Eigenschaften möglich, die den Gebrauchsnutzen erhöhen beziehungsweise einen Zusatznutzen bieten. Ein in den letzten Jahren immer stärker verbreitetes Verfahren zur individuellen Anpassung funktionaler Produkteigenschaften stellt die Entwicklung von **Baukasten- beziehungsweise Modulsystemen** dar (Gsell 1985; Bitsch et al. 1995; Sanchez 1996).

Für die Konzeption von Baukastensystemen ist zunächst eine detaillierte Analyse der Kundenanforderungen notwendig, um das Spektrum möglicher Produktanpassungen festzulegen. Ein anschauliches Beispiel für ein Angebot in Form eines Baukastensystems sind die verschiedenen Ausstattungsbausteine des Volkswagen Polo der Baureihen 1995–1997 (vgl. Insert 3-20). Im Anschluß daran sind im Rahmen von Funktionsanalysen bei den bestehenden Produkten klare Funktionstrennungen in **Muß- und Kann-Funktionen** vorzunehmen. Entsprechend der getroffenen Funktionsaufteilung werden Systembausteine entwickelt. Grundbausteine sind Träger von Muß-Funktionen und Bestandteil jeder Produktvariante. Kann-Bausteine sind Träger von Kann-Funktionen. Sie dienen der Anpassung an die spezifischen Kundenwünsche und werden je nach Bedarf mit dem Grundbaustein kombiniert. Neben der verbesserten Bedürfnisanpassung liegen die Vorteile von Baukastensystemen in der Kosteneinsparung sowohl im Gemeinkostenbereich (Komplexitätsabbau) als auch durch Rationalisierungen im Fertigungs-, Verkaufs- und Kundendienstbereich.

Motoren und Fahrwerk	Innenausstattungen
Polo 45 Servo ▶ 1,0 Liter – 33 kW (45 PS), 5-Gang-Schaltgetriebe ▶ 4 Stahlräder $5^1{}_2$ J x 13 mit Reifen 175/65 ▶ Servolenkung	**Komfort „flanellgrau"** ▶ Stoff: „Granit", flanellgrau, Höheneinstellbare Vordersitze, Geteilte Rücksitzbank/-lehne ▶ 2 Kopfstützen hinten
Polo 45 Interlagos ▶ 1,0 Liter – 33 kW (45 PS), 5-Gang-Schaltgetriebe ▶ 4 Leichtmetallräder $5^1{}_2$ J x 13 mit Reifen 175/65 ▶ Servolenkung	**Komfort „samtschwarz"** ▶ Stoff: „Granit", samtschwarz, Höheneinstellbare Vordersitze, Geteilte Rücksitzbank/-lehne ▶ 2 Kopfstützen hinten
Polo 55 Servo ▶ 1,3 Liter – 40 kW (55 PS), 5-Gang-Schaltgetriebe ▶ 4 Stahlräder $5^1{}_2$ J x 13 mit Reifen 175/65 ▶ Servolenkung	**Komfort-Plus „samtschwarz"** ▶ Stoff: „Granit", samtschwarz ▶ Höheneinstellbare Vordersitze ▶ Beheizbare Vordersitze ▶ Geteilte Rücksitzbank/-lehne ▶ 2 Kopfstützen hinten
Polo 55 Interlagos ▶ 1,3 Liter – 40 kW (55 PS), 5-Gang-Schaltgetriebe ▶ 4 Leichtmetallräder $5^1{}_2$ J x 13 mit Reifen 175/65 ▶ Servolenkung	**Styling „samtschwarz"** ▶ Stoff: „Reflexion", samtschwarz ▶ Höheneinstellbare Vordersitze ▶ Geteilte Rücksitzbank/-lehne ▶ 2 Kopfstützen hinten
Polo 64 Diesel ▶ 1,9 Liter – 47 kW (64 PS) – Dieselmotor, 5-Gang-Schaltgetriebe ▶ 4 Stahlräder $5^1{}_2$ J x 13 mit Reifen 175/65 ▶ Servolenkung	**Sport „samtschwarz"** ▶ Stoff: „Speed", samtschwarz, Sportsitze vorn ▶ Höheneinstellbare Vordersitze ▶ Geteilte Rücksitzbank/-lehne ▶ 2 Kopfstützen hinten
Polo 75 Servo ▶ 1,6 Liter – 55 kW (75 PS), 5-Gang-Schaltgetriebe ▶ 4 Stahlräder $5^1{}_2$ J x 13 mit Reifen 175/65 ▶ Servolenkung	**Sport-Plus „laguneblau"** ▶ Stoff: „Granit", laguneblau, Sportsitze vorn ▶ Höheneinstellbare Vordersitze, Beheizbare Vordersitze, Geteilte Rücksitzbank/-lehne ▶ 2 Kopfstützen hinten
Polo 75 Interlagos ▶ 1,6 Liter – 55 kW (75 PS), 5-Gang-Schaltgetriebe ▶ 4 Leichtmetallräder $5^1{}_2$ J x 13 mit Reifen 175/65 ▶ Servolenkung	

Sonderausstattungen	Lackierungen
Türen ▶ Vier Türen mit Kindersicherung hinten	**Uni-Lackierungen** ▶ Candyweiß ▶ Apricot ▶ Chagallblau ▶ Pistazie
Styling ▶ Große Stoßfänger in Wagenfarbe, Weiße Blinkleuchten vorn, Abgedunkelte Heckleuchten	
Licht & Sicht ▶ Nebelscheinwerfer, Elektrisch einstell- und beheizbare Außenspiegel, Fahrerseite asphärisch ▶ Beheizbare Scheibenwaschdüsen vorn	**Sonderfarben** ▶ Flashrot
ABS ▶ Elektronisch geregeltes Anti-Blockier-System	
Airbag ▶ Volkswagen Airbag-System für Fahrer und Beifahrer	
Glasdach ▶ Schiebe-/Ausstell-Glasdach mit Jalousie	**Metallic-Lackierungen** ▶ Windsorblau metallic ▶ Sturmgrau metallic ▶ Electronicgreen metallic ▶ Hellblau metallic
Klimaanlage ▶ Klimaanlage (nur mit 1,6 L-Motor)	
Colorglas ▶ Grüne Wärmeschutzverglasung	
Auf & Zu (2-türer) ▶ Zentralverriegelung, Elektrische Fensterheber vorn	
Auf & Zu (4-türer) ▶ Zentralverriegelung, Elektrische Fensterheber vorn	**Perleffekt-Lackierungen** ▶ Dragongreen perleffekt ▶ Memoryrot perleffekt ▶ Black magic perleffekt
Sound „alpha" ▶ Radioanlage „alpha" mit 2 Lautsprechern vorn	
Sound „beta" ▶ Radioanlage „beta" mit 4 Lautsprechern vorn als zwei 2-Wege-Systeme	

INSERT 3-20: Die Bausteine des VW-Polo-Baukastensystems der Baujahre 1995–1997

Weiterhin können die **ästhetischen Eigenschaften** (Stil, Farbe, Form, Verpackung und andere ästhetische Merkmale) den sich wandelnden Konsumentenwünschen und Umweltbedingungen angepaßt werden. Der Gestaltung ästhetischer Produkteigenschaften kommt eine wachsende Bedeutung zu, weil sich in vielen Märkten die funktionalen Produktmerkmale in hohem Maße einander angeglichen haben und damit kein ausreichendes Differenzierungspotential bieten. Die Produkte sind deshalb verstärkt mit **erlebnisbetonten Design-Komponenten** auszugestalten, die den Konsumenten emotionale Eindrücke wie zum Beispiel Frische, Geborgenheit, Jugendlichkeit, Erotik oder Alternativsein vermitteln (Kroeber-Riel/Weinberg 1999; Buck/Vogt 1997).

Ein weiterer Ansatzpunkt für eine Produktvariation oder -differenzierung sind die **symbolischen Eigenschaften**. So können bestimmte Symbolbedeutungen eines Produktes, zum Beispiel der hohe Prestigewert einer Marke, auf einzelne Produktvarianten übertragen werden oder durch Markenzusätze in ihrer Bedeutung verändert werden. Beispielsweise versucht Mercedes-Benz bei den verschiedenen Varianten der C-Klasse die Differenzierung durch Markenzusätze wie „Esprit" oder „Elegance" zu erhöhen. Aus demselben Grunde wird versucht, die Unterscheidbarkeit der verschiedenen Produktvarianten von Nivea durch Markenzusätze wie „Visage" oder „for Men" zu erhöhen.

Die **Bewertung neuer Produktvarianten** kann sich auf die zu erwartenden Auswirkungen der Änderung beschränken. Grundsätzliche Daten zum Beispiel über Marktpotentiale, Vertriebswege etc. sind bereits vorhanden. Dagegen gewinnen Untersuchungen über mögliche **Verbundbeziehungen** bei Produktdifferenzierungen besondere Bedeutung. Im Rahmen der Wirtschaftlichkeitsanalysen ist die Frage zu klären, ob die durch die Variation bedingten zusätzlichen Erlöse die zusätzlichen Kosten übersteigen. Durch eine Differenzbetrachtung der jeweiligen Gewinne lassen sich die für eine Beurteilung notwendigen Informationen gewinnen.

In der **Phase der Ideenrealisation** werden ebenfalls Produkt- und Markttests eingesetzt, um die Marktfähigkeit neuer Produktvarianten zu prüfen. Markttests sind insbesondere bei einschneidenden Veränderungen von Produkteigenschaften notwendig. Mit Hilfe von Produkttests soll überprüft werden, ob und wie die Veränderung des Produktes von den Verbrauchern wahrgenommen wird.

2.62 Produktdifferenzierung durch Value-Added-Services

Auch Value-Added-Services (VAS) gehören zu den Eigenschaften eines Produktes. Veränderungen des Produktes können somit auch bei diesen Dienstleistungen ansetzen, um ein Produkt für den Kunden attraktiver zu gestalten (Meinig 1984; Meyer 1985; Laakmann 1995). Angesichts einer immer stärkeren technischen Austauschbarkeit vieler Produkte **kommt den Value-Added-Services zur Produktdifferenzierung eine wachsende Bedeutung zu** (vgl. Insert 3-21).

Vor allem Medienunternehmen nutzen Onlinespiele als Marketinginstrument

Sportbörsen im Internet bringen Neopoly auf Wachstumskurs

HANDELSBLATT, Donnerstag, 13.5.99 sme DÜSSELDORF. Spätestens seit dem Start der vom Kirch-Sender DF1 präsentierten Formel-Eins-Börse ist klar: Internet-Börsen dienen nicht nur der Wissenschaft. Mit den Spielen läßt sich auch Kasse machen. „Der Weg zum Geld führt entweder über Teilnehmergebühren oder über Werbung" erklärt Thomas Küfner. Der Geschäftsführer der Wuppertaler Softwareschmiede Neopoly, die sowohl die vom Handelsblatt und der Universität Witten/Herdecke präsentierte Bundesligabörse als auch die Formel-Eins-Börse technisch umsetzt, sieht in den virtuellen Zockereien einen verlockenden Markt. Eine Million DM, schätzt Küfner, habe seine Firma bisher in die Börsenprojekte investiert. Bis Ende des Jahres soll das Unternehmen die roten Zahlen verlassen.

Was Neopoly billig ist, kann den präsentierenden Partnern nur recht sein. Den erstgenannten Weg zum Bargeld nutzt derzeit die Formel-Eins-Börse. Während sich spekulationsbegeisterte Händler an der Bundesligabörse des Handelsblatts und an der ran-ballstreet umsonst einklicken können, streicht DF1 30 DM von jedem Börsianer ein. Angesichts der erwarteten 20 000 Spieler dürfte dieses Geld beim defizitären Abo-Sender kaum ins Gewicht fallen. Sehr viel mehr versprechen die Werbeeinnahmen.

„Idealerweise", so Thomas Küfner, „sollte der präsentierende Partner aus dem Medienbereich kommen". Nur so lasse sich die nötige Aufmerksamkeit erregen, die Mitspieler und anschließend die Werbewirtschaft auf die Webseiten lockt. Während sich Werbekunden im Printbereich an der Auflage und bei elektronischen Medien an der Reichweite orientieren, zählen bei Online-Angeboten die sogenannten Page-Impressions (PI) und Visits – also die Häufigkeit, mit der die Internet-Nutzer eine Seite aufrufen. Die Bundesligabörse bringt es nach Angaben des Online-Vermarkters GWP, Tochter der Verlagsgruppe Handelsblatt, auf zwischen 250 000 und 400 000 PI pro Woche. „250 000 garantieren wir", so GWP-Mitarbeiter Marcus Brendel. 20 000 DM will die GWP für die garantierte Zahl pro Woche von Werbekunden sehen. Soviel soll die Schaltung eines Werbebanners auf den Seiten der Bundesligabörse kosten. Umgerechnet auf den branchenüblichen Tausender-Kontaktpreis (TKP) wären das 80 DM. Brendel schränkt jedoch ein, daß die Bundesligabörse als Paket vermarktet werde. Dadurch ergäben sich entsprechende Rabatte.

Die Münchner Firma adMaster, die die Formel-Eins-Börse des DF1 vermarktet, verlangt für die Schaltung eines Werbebanners einen TKP von 50 DM. Nach eigenen Angaben erreiche die Börse PIs von 150 000 pro Woche, das hieße für den gleichen Zeitraum 7 500 DM pro Banner. Rabatte gibt es hier ebenfalls.

Den Börsen kommt zugute, daß sich die Online-Werbung steigender Akzeptanz erfreut, wenn auch, so Thomas Breyer vom Bundesverband Deutscher Zeitungsverleger (BDZV), „oft noch Planungsunsicherheit besteht". Der BDZV schätzt die Ausgaben von Firmen für Online-Werbung für 1998 auf 50 bis 100 Mill. DM. In diesem Jahr, so Breyer, könnte sich die Zahl verdoppeln.

Für die präsentierenden Börsenpartner sind die Angebote aber vor allem eine Gelegenheit, neue Kunden anzusprechen. Langfristig, so DF1-Pressesprecher Nikolaus von der Dekken, seien Internet-Angebote und digitales Fernsehen „Dinge, die verschmelzen". Die Formel-Eins-Börse erweitere in dieser Strategie zu allererst die Berichterstattung rund um die Rennen. Darüber hinaus beschere die Börse dem Sender möglicherweise auch neue Abonnenten.

Auch die Deutsche Bank hat es auf neue Kunden abgesehen. Das Finanzinstitut hat sich mit der ran-ballstreet „das publikumswirksame Thema Fußball ausgesucht", so Pressesprecher Klaus Thoma, und so mit der Internet-Börse seinen Zugang zu einer reizvollen Klientel verbessert. Der spielerische Umgang mit dem Portfolio sei ideal, um aus fiktiven Börsianern reale Internet-Banker oder Online-Anleger zu machen. „Wir wollen Kunden hinzugewinnen", erläutert Thoma. Derzeit handeln an der ballstreet etwa 10 000 potentielle Neukunden.

Neopoly-Geschäftsführer Thomas Küfner erfreut sich derweil an der breiten Akzeptanz der Internet-Börsen als Markting-Instrument. Die abgeschlossenen Verträge garantieren Neopoly mehr Geld, sobald die von dem Unternehmen auf die Beine gestellten Börsen erfolgreich vermarktet werden.

Gemeinsam mit den Wittener Wissenschaftlern plant Neopoly weitere Börsen, die eine noch größere Klientel ansprechen dürften. Denn ob Champions-League, UEFA-Cup oder Olympische Spiele – die einmal entwickelte Idee samt Technik läßt sich problemlos auf jede erdenkliche sportliche Großveranstaltung übertragen und entsprechend vermarkten. Mit einer Börse für die englische Premier-League beispielsweise wäre es aufgrund der derzeitigen englischen Rechtslage möglich, daß Börsianer echtes Geld auf die Clubs setzen, von dem die Veranstalter direkt profitieren. „Diese Option", so Thomas Küfner, „wird derzeit geprüft".

INSERT 3-21: Handelsblatt, 14./15.05.1999, S. 57

2.621 Differenzierungswirkung von Value-Added-Services

Value-Added-Services sind Sekundärleistungen, die in Kombination mit einer Primärleistung angeboten werden. Dieses **Leistungsbündel** aus materiellen und immateriellen Komponenten soll bestimmten Zielgruppen einen höheren „Wert" vermitteln als Konkurrenzangebote mit gleicher Primärleistung. Value-Added-Services können sowohl unentgeltlich als auch entgeltlich angeboten werden. Der Begriff des „Wertes" bezieht sich dabei auf das Verhältnis zwischen gefordertem Preis und dem vom Kunden individuell wahrgenommenen Zusatznutzen der Dienstleistung. Diese subjektive Nutzenbewertung verdeutlicht die **Notwendigkeit einer präzisen Marktsegmentierung** als Voraussetzung für ein erfolgreiches Angebot von Value-Added-Services zur Produktdifferenzierung.

Mit zielgruppenspezifischen Value-Added-Services werden neben **ökonomischen Zielen** in erster Linie **Profilierungsziele** verfolgt. Durch die Anreicherung ausgewählter Primärleistungen mit Value-Added-Services können innerhalb eines Produktprogramms die verschiedenen Leistungen eindeutiger voneinander abgegrenzt werden (Intrabrand-Differenzierung). Darüber hinaus wird, vor allem durch personalisierte Zusatzleistungen, eine bessere Differenzierung gegenüber den Wettbewerbern angestrebt (Interbrand-Differenzierung).

Die Art der mit Value-Added-Services zu erreichenden Differenzierungswirkung wird durch zwei Einflußfaktoren bestimmt, der Erwartungshaltung der Kunden und dem Grad der Affinität zwischen Primär- und Sekundärleistung. Hinsichtlich der **Erwartungshaltung** kann zwischen **Muß-, Soll- und Kann-Leistungen** (Meffert 1987, S. 93 ff.) unterschieden werden, die in Abbildung 3-75 am Beispiel der Automobilbranche exemplarisch dargestellt sind. Muß-Leistungen werden von nahezu allen Anbietern in einer Branche angeboten und vom Kunden erwartet. Demgegenüber sind Soll-Leistungen erst bei wenigen Anbietern vorhanden und innovative Kann-Leistungen bei fast keinem Produkt zu finden. Wird den Kunden das Angebot von bislang nicht erwarteten Soll- und Kann-Leistungen kommuniziert, läßt sich oftmals auch ohne konkrete Inanspruchnahme der neuen Leistungen eine Differenzierungswirkung im Sinne eines innovativen und kundenorientierten Images erzielen.

Neben der Erwartungshaltung wird die Differenzierungswirkung maßgebend von der **inhaltlichen Affinität** zwischen der klassischen Produktleistung und den Value-Added-Services geprägt. Bei **hoher Affinität** wird der Kunde seine Zufriedenheit mit dem Zusatzservice in der Regel auf die Primärleistung übertragen. Durch diesen direkten Zufriedenheitstransfer wird letztlich die gewünschte Profilierung und Differenzierung der Primärleistung erreicht. Außerdem ist bei sehr affinen Serviceleistungen, bei denen die Konsumenten dem Anbieter eine hohe Kompetenz bescheinigen, eher damit zu rechnen, daß der angebotene Dienst auch tatsächlich in Anspruch genommen wird. Darüber hinaus wird sich die dem Anbieter zugeschriebene Kompetenz positiv auf die Zufriedenheit der Kunden mit dem Value-Added-Service auswirken.

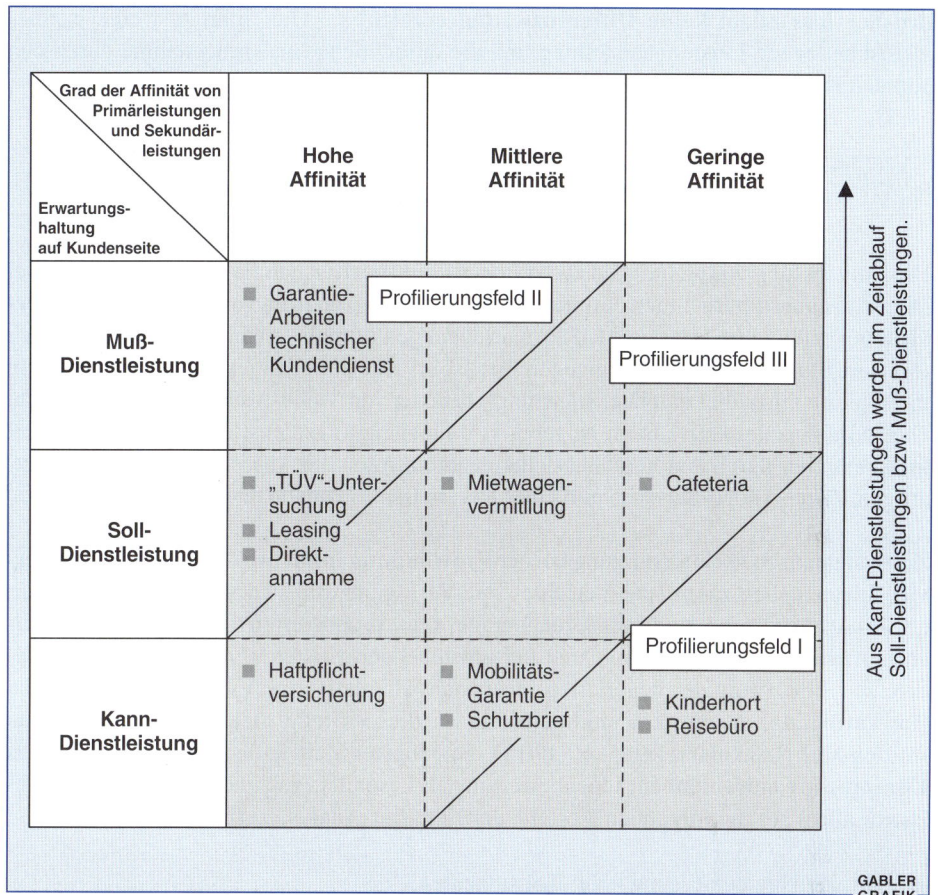

Abbildung 3-75: Profilierungsfelder im Sekundärdienstleistungsbereich
(Quelle: Laakmann 1995, S. 19)

Demgegenüber besteht bei **geringem Affinitätsgrad** die Gefahr, daß die Kunden dem Unternehmen die Kompetenz zur Erstellung der angebotenen Zusatzleistung absprechen und diese nicht nutzen. Selbst im Falle der Inanspruchnahme und Zufriedenheit mit der Zusatzleistung besteht weiterhin die Gefahr, daß die Dienstleistung getrennt von der Primärleistung wahrgenommen und bewertet wird und es somit nicht zu dem angestrebten Transfer auf die Primärleistung kommt. Für die Art der Differenzierungswirkung bleibt festzuhalten, daß **im Feld 1** (vgl. Abbildung 3-75) **bereits durch das bloße Angebot**, das heißt ohne eine konkrete Nutzung der Dienstleistung, als Folge des Überraschungs- und Innovationseffektes **eine Differenzierungswirkung erzielt werden kann**. Hier ist zum Beispiel an die Verbesserung der wahrgenommenen Kundennähe eines Automobilhändlers durch die Integration einer Cafeteria in den Bereich der Kundendienstannahme zu denken. Demgegenüber ist **in Feld 2 durch das Angebot von Value-Ad-**

ded-Services allein keine Differenzierung erreichbar. Hier führt erst eine wettbewerbsüberlegene Leistungserstellung und die tatsächliche Inanspruchnahme durch den Kunden zu der erwünschten Wirkung.

2.622 Generierung und Ausgestaltung von Value-Added-Services

Die Entwicklung von Value-Added-Services ist mit spezifischen Problemen behaftet. Bei Dienstleistungsunternehmen bereitet vor allem die **Abgrenzung von Value-Added-Services** gegenüber den „klassischen" Primärleistungen oftmals erhebliche Schwierigkeiten (Meffert/Burmann 1996b). Demgegenüber ist im Konsumgütersektor eine Abgrenzung meist problemlos über den Dienstleistungscharakter von Value-Added-Services möglich. Dies wird beispielsweise beim Angebot von Finanzierungsdienstleistungen oder Mobilitätsgarantien durch Automobilhersteller deutlich. Auch die Abgrenzung zwischen neuartigen Value-Added-Services und einer Diversifikationsmaßnahme bereitet Probleme.

Zur systematischen Unterstützung bei der **Entwicklung innovativer Value-Added-Service-Ideen** stehen zahlreiche Verfahren zur Verfügung, die sich vor allem hinsichtlich des Innovations- und Konkretisierungsgrades der „produzierten" Ideen, des erforderlichen Anwendungs-Know-hows und der entstehenden Kosten voneinander unterscheiden. Zur Bewertung der generierten Ideen steht ebenfalls eine Vielzahl von Methoden zur Verfügung, auf deren Funktionsweise an dieser Stelle nicht näher eingegangen werden soll (Laakmann 1995, S. 170f.). In jüngster Zeit hat sich insbesondere das **Conjoint-Measurement** zur Ideenbewertung als besonders geeignet herausgestellt. Dies ist vor allem auf die folgenden Vorteile der Conjoint-Analyse zurückzuführen:

- Direkte Nutzenmessung beim Konsumenten,
- Realitätsnahe Nachbildung realer Kaufentscheidungen,
- Berechnung von Preis-Absatz-Funktionen und Marktsimulationen,
- Finanzielle Bewertung einzelner Leistungskomponenten,
- Hoher Kommunikationswert.

Darüber hinaus sind aus den Conjoint-Ergebnissen direkte Hinweise für die Ausgestaltung des Marketing-Mix zu entnehmen.

Nach der Generierung und Bewertung von Value-Added-Service-Ideen müssen Entscheidungen über die **konkrete Ausgestaltung** getroffen werden. Dabei ist festzulegen, für welche Zielgruppe welche Art von Leistung von wem und auf welche Weise erbracht werden soll (vgl. Abbildung 3-76). Bei der Zielgruppenbestimmung ist zunächst zu entscheiden, ob primär eine Neukundenakquisition oder eine Intensivierung der Kundenbindung angestrebt werden soll. Die anschließende Konkretisierung der Value-Added-

Services sollte sich an der **Nutzenwahrnehmung** und **Preisbereitschaft** der Zielgruppen ausrichten. Die Preisbereitschaft ist dabei stets vor dem Hintergrund der Kosten zur Erbringung der Services und der erreichbaren Differenzierungswirkung zu bewerten.

An **wen**?	⇨ Festlegung der Bezugsgruppe auf Basis strategischer Prioritäten Bestimmung der Kriterien zum Bezug der VAS	■ Kundenbindung versus Neukundenakquisition ■ Kundenstatus, zeitliche Zugehörigkeit der Kunden, formale Antragsverfahren
... soll **welche** Leistung?	⇨ Konkretisierung der Leistung auf Basis zielgruppenspezifischer Zusatznutzenpotentiale	■ Identifikation ökonomisch attraktiver Zusatznutzensegmente mit Profilierungschancen
... von **wem**?	⇨ Organisatorische Verankerung	■ Intern versus Extern (Outsourcing) ■ Markierungsprobleme beim Zukauf von Leistungen bei Dritten
... **wie** erbracht werden?	⇨ Ausgestaltung des Marketing-Mix für Value-Added-Services	■ VAS als Markenartikel? ■ Entgeltlicher versus unentgeltlicher Bezug? ■ Art der Bündelung? ■ Integrierte versus separate Kommunikation? ■ Distribution von Leistungsanrechten?

Abbildung 3-76: Ausgestaltung von Value-Added-Services
(Quelle: Meffert/Burmann 1996b, S. 29)

Die **Kostensituation** wird unter anderem von der organisatorischen Verankerung bestimmt, die ihrerseits wiederum eng mit der Markierung zusammenhängt. So ist zum Beispiel beim **Outsourcing** der Leistungserstellung sicherzustellen, daß in der Wahrnehmung der Kunden trotzdem ein Image-Transfer zugunsten der Primärleistung stattfindet. Um diesen Transfer auch bei Einschaltung Dritter zu gewährleisten, wird sich hier in vielen Fällen eine identische Markierung von Kernprodukt und Value-Added-Services anbieten. Demgegenüber kann es beim Angebot weniger affiner Services notwendig sein, auf die Kompetenz externer Anbieter zurückzugreifen und diesen externen Kompetenzträger explizit in der Kommunikation gegenüber dem Kunden herauszustellen (zum Beispiel Co-Branding von Automobilherstellern und Versicherungsunternehmen beim Angebot von Autoversicherungen).

Bezüglich des **Marketing-Mix für Value-Added-Services** ist schließlich festzulegen, wie die Marken-, Preis-, Kommunikations- und Distributionspolitik auszugestalten ist: Sind die Value-Added-Services unentgeltlich zu beziehen, oder wird ein kostendeckender beziehungsweise ertragbringender Preis in Rechnung gestellt? Die Preispolitik ist eng verknüpft mit der Art der Bündelung von Primär- und Sekundärleistung. Gegenüber einer separaten Bepreisung ergeben sich tendenziell geringere Akzeptanzbarrieren, wenn die Services einzeln, losgelöst von der Primärleistung zu beziehen sind. Darüber hinaus können die Akzeptanzbarrieren durch eine eigenständige Kommunikation der Zusatzdienste (zum Beispiel Werbung für den Value-Added-Service einer „Mobilitätsgarantie" durch die Volkswagen AG) weiter herabgesetzt werden.

Die erfolgreiche Implementierung von Value-Added-Services setzt eine systematische, am **langfristigen Kundenwert** ausgerichtete Planung, Steuerung und Kontrolle voraus. Einer **Intensivierung** vorhandener Kundenbeziehungen kommt beim Einsatz von Value-Added-Services tendenziell eine höhere Bedeutung zu als einer **Extensivierung** im Sinne der Neukundenakquisition. Dieses Ziel wird allerdings nur dann erreicht, wenn bei der Gestaltung von Value-Added-Services Konzepte entwickelt werden, die einen spürbaren Kundennutzen stiften und sich vom Wettbewerbsumfeld deutlich abheben.

2.63 Probleme der Produktdifferenzierung

Besondere Probleme der Produktvariations- und Differenzierungsentscheidung liegen in der Bestimmung des Handlungszeitpunktes, der Vielzahl der möglichen Alternativen, dem Ausmaß der Veränderung und den Verbundbeziehungen innerhalb des Absatzprogramms. Zur **Ermittlung des Handlungszeitpunktes** kann der Produktlebenszyklus herangezogen werden. Dabei darf die allgemeine Problematik bei der Bestimmung der Lebenszyklusphasen nicht übersehen werden. Außerdem benötigt eine Produktvariation und -differenzierung einen ausreichenden zeitlichen Vorlauf, so daß die Entscheidung bereits getroffen werden muß, bevor das Produkt in die Phase der Marktsättigung beziehungsweise der Degeneration gelangt. Neben dem Lebenszyklus beeinflussen auch die technische Entwicklung und Maßnahmen der Konkurrenz die Wahl des Handlungszeitpunktes.

Die Differenzierungsentscheidung wird zusätzlich durch die **große Anzahl möglicher Alternativen** erschwert. Bei fünf veränderten Produktelementen, wobei jedes Element nur zwei Ausprägungen annehmen kann, ergeben sich bereits $5^2 = 25$ mögliche Kombinationen. Das exponentielle Wachstum der Variantenzahl führt in der Regel zu einem **starken Anstieg der Komplexitätskosten** (vgl. viertes Kapitel, Abschnitt 3.4).

Ein dritter Problembereich ist das **Ausmaß der Veränderung**, das heißt wie stark sich das veränderte Produkt vom bisherigen abheben soll und wann die Grenze zur Produktinnovation überschritten ist. Eine allgemeingültige Aussage läßt sich zu diesem Problem nicht treffen. Auf der einen Seite muß die Veränderung für den Kunden deutlich wahrnehmbar sein, auf der anderen Seite sollte der notwendige Umstellungsaufwand in der Produktion und den anderen betrieblichen Funktionsbereichen möglichst gering ausfallen, um die Unternehmenskomplexität und damit die Komplexitätskosten durch die Produktdifferenzierung nicht zu stark anwachsen zu lassen.

Im Bereich der Produktdifferenzierung ergeben sich zusätzlich Probleme durch die **Absatzverbundenheit der Produkte**. Dabei sind der Substitutions- und der Partizipationseffekt zu unterscheiden (Jacob 1976). Als **Partizipationseffekt** wird die Nachfrage der durch die zusätzliche Produktvariante neu hinzugewonnenen Käufer, die bislang Konkurrenzprodukte erworben oder keinerlei Käufe in der betrachteten Produktkategorie getätigt haben, bezeichnet. **Substitutionseffekte** treten bei einem Wechsel der Kunden von anderen Produkten des Unternehmens zu den neuen Produktvarianten auf, das heißt es gibt eine interne Konkurrenz der Produkte eines Unternehmens (**Kannibalisierungseffekt**). Unter der Annahme, daß sowohl die Entwicklungskosten als auch die fixen Kosten durch Aufnahme einer neuen Produktvariante konstant bleiben, läßt sich folgende Vorteilhaftigkeitsbedingung aufstellen:

$$Z_n = x_n \cdot DS_n - \bar{x} (DS_a - DS_n) \gtreqless 0$$

mit: Z_n = Zusätzlicher Deckungsbeitrag für die neue Produktvariante n
x_n = neugewonnene Nachfragemenge für die Produktvariante n
(Partizipationseffekt)
$\bar{x}_n$ = Nachfragemenge, die von einer bestehenden Produktvariante a der Unternehmung zu der neuen Produktvariante n übergewechselt ist
(Substitutions- bzw. Kannibalisierungseffekt)
DS_n = Deckungsspanne der neuen Produktvariante n
DS_a = Deckungsspanne der bestehenden Produktvariante a

Die Produktdifferenzierungsentscheidung setzt somit stets eine genaue Abwägung der mit zusätzlichen Produktvarianten erzielbaren Mehrerlöse einerseits und der zusätzlichen Kosten andererseits (zum Beispiel Bekanntmachung der neuen Variante, Umstellungen in der Produktion, Schulung des Außendienstes, höhere Materialkosten, entgangene Deckungsbeiträge durch Substitutionseffekte) voraus. Grundsätzlich kann davon ausgegangen werden, daß mit jeder zusätzlich angebotenen Produktvariante der zu erzielende Mehrerlös sinkt und die Kosten steigen (Backhaus et al. 1996b, S. 160 ff.). Zur Lösung dieses Optimierungsproblems (vgl. Abbildung 3-77) können insbesondere Marktforschungsuntersuchungen und präzise Kostenanalysen beitragen.

Produkt- und programmpolitische Entscheidungen

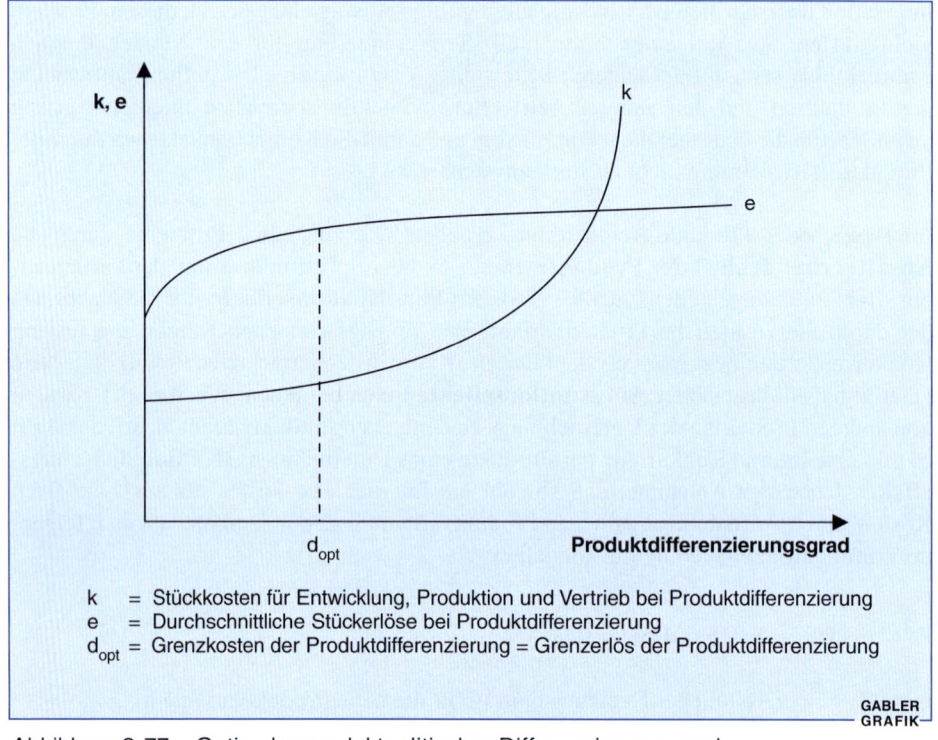

Abbildung 3-77: Optimaler produktpolitischer Differenzierungsgrad
(Quelle: Backhaus/Büschken/Voeth 2000, S. 180)

2.7 Produktelimination

Die Elimination einzelner Produkte aus dem Angebotsprogramm der Unternehmung ist ein weiterer wichtiger Entscheidungstatbestand im Rahmen der Produktpolitik (Majer 1969). Hier soll die Elimination eines einzelnen Produktes betrachtet werden. Die Herausnahme ganzer Produktlinien gehört in den Bereich des strategischen Managements und wird an dieser Stelle nicht behandelt.

Ein wesentlicher Grund für die Produkteliminierung liegt in der **Konkurrenz der Produkte um knappe Ressourcen** des Unternehmens beispielsweise hinsichtlich der Produktionskapazität, des Marketingbudgets, des Regalplatzes im Einzelhandel oder des Personals (Produktmanagement, Außendienst etc.) (vgl. Hermann 1998, S. 545). Es ist somit notwendig, eine objektiv fundierte Entscheidung über die Beibehaltung oder Herausnahme einzelner Produkte aus dem Programm der Unternehmung zu treffen. Da

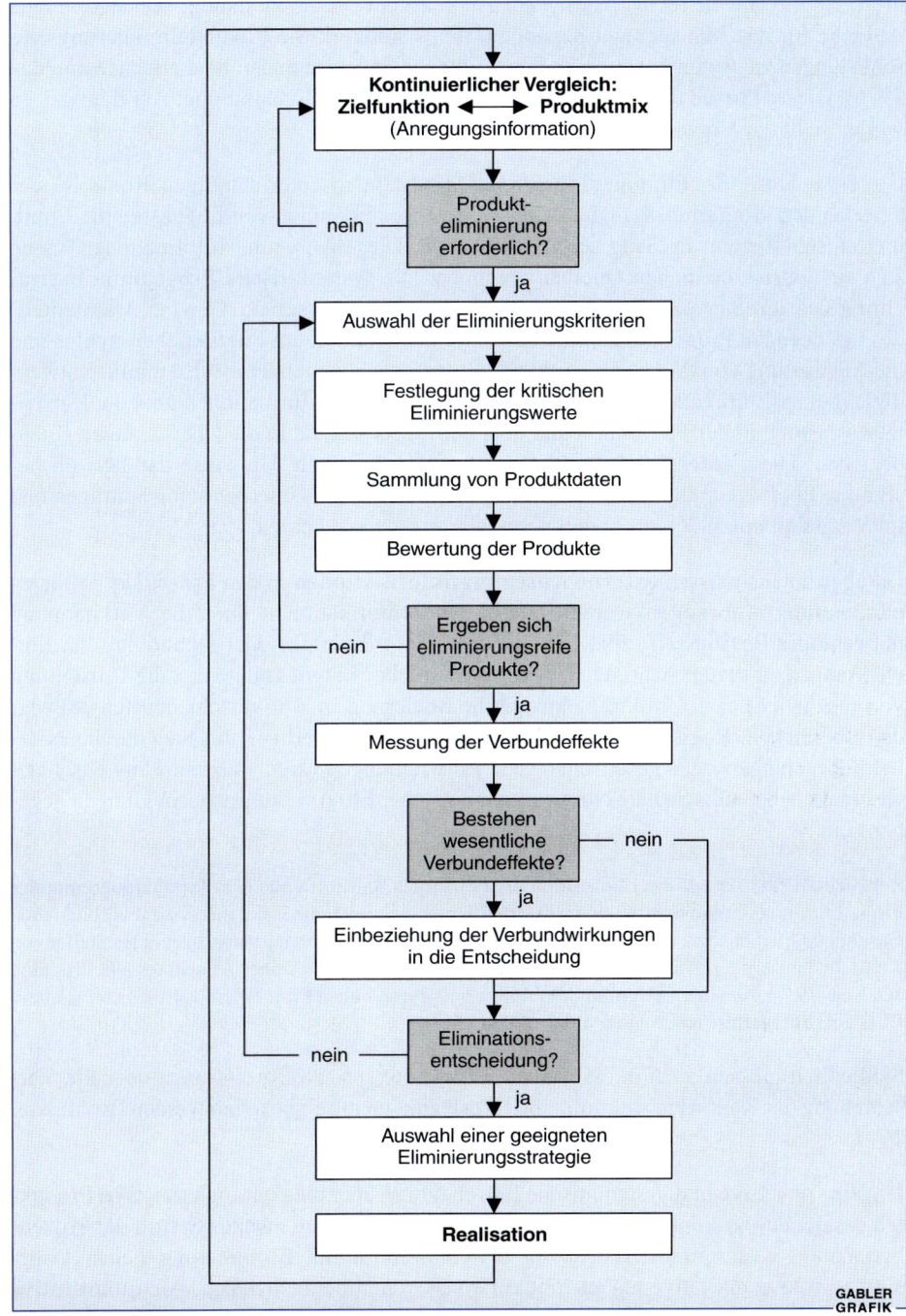

Abbildung 3-78: Prozeß der Produkteliminierung
(in enger Anlehnung an Dornieden 1976)

diese Überlegungen relativ häufig anzustellen sind und eine ständig wiederkehrende Aufgabe für das Management darstellen, ist es sinnvoll, die Produkteliminierungsentscheidungen zu systematisieren und eine Entscheidungsroutine aufzustellen (Dornieden 1976). Dieser Prozeß dient als Richtlinie für die Entscheidungsfindung. Abbildung 3-78 verdeutlicht die Vorgehensweise.

Die erste Stufe des Eliminierungsprozesses besteht in einer ständigen Kontrolle des bestehenden Programms, um durch das rechtzeitige Erkennen von Engpässen die Eliminierungsüberlegung in Gang setzen zu können. Diese Anregungsinformationen lassen sich aus unterschiedlichen Quellen gewinnen. Die **systematische Programmüberwachung** setzt an einer ständigen Kontrolle der Zielerreichungsgrade (Gewinn, Marktanteil) des bestehenden Programms an. Die Position der Produkte im Produktlebenszyklus und die Auswertung von Programmstrukturanalysen geben weitere Hinweise für die Notwendigkeit einer Eliminationsentscheidung. Zusätzlich sind Informationen über die Kapazitätsauslastung in der Produktion und über den Lagerbestand in die Überlegungen einzubeziehen. Diese **internen Informationen** geben wertvolle Hinweise darüber, ob bestimmte Produkte nicht mehr zur Erreichung der Ziele der Unternehmung beitragen und im Vergleich mit anderen Erzeugnissen ungünstiger erscheinen.

Darüber hinaus müssen **externe Anregungsinformationen** in den Prozeß der Produkteliminierung einbezogen werden. Dabei sind Informationen über die Verknappung notwendiger Ressourcen (zum Beispiel Rohstoffe, Energie) oder technologische Entwicklungen zu berücksichtigen. Ein Beispiel solcher Entwicklungen ist die Umstellung von mechanischer auf mikro-elektronische Steuerung in den verschiedensten Anwendungsbereichen (Registrierkassen, Automobile etc.). Weiterhin kann auch durch gesetzliche Regelungen oder gesellschaftliche Entwicklungen (zum Beispiel Umweltschutz, Gesundheitsbewußtsein) die Notwendigkeit solcher Eliminierungsentscheidungen gegeben sein.

Beispielhaft sei hier auf die Elimination asbesthaltiger Baustoffe aus dem Produktpogramm der Firma Eternit als Folge unternehmensexterner Untersuchungen über die mit Asbest verbundenen Gesundheitsrisiken verwiesen (Meffert/Kirchgeorg 1993, S. 525 ff.). Ebenso hat ein Hersteller von Kunststoffenstern aufgrund des gestiegenen Umweltbewußtseins seiner Abnehmer alle Produkte aus Neu-PVC aus seinem Pogramm eliminiert und durch Fenster mit einem Kern aus recyceltem PVC ersetzt (Meffert/Kirchgeorg 1993, S. 547 ff.).

Schließlich müssen auch ökonomische Entwicklungen wie Rezessionen oder die Verschiebung der Kaufkraftstruktur in die Überlegungen miteinbezogen werden (Rohlmann 1977).

Um eine objektive und systematische Entscheidung über die Aussonderung von Produkten aus dem Programm zu ermöglichen, ist es notwendig, im zweiten Schritt der Prozeßbetrachtung Kriterien festzulegen, die als Maßstab für eine Eliminierung dienen. Dabei sind sowohl quantitative als auch qualitative Größen heranzuziehen. Als **quantitative Maßstäbe** werden zahlenmäßig erfaßbare Daten genutzt, welche die entsprechenden Ziele des Unternehmens widerspiegeln sollen:

- sinkender Umsatz,
- sinkender Marktanteil,
- geringer Umsatzanteil,
- sinkende Deckungsbeiträge,
- sinkender Kapitalumschlag,
- sinkende Rentabilität,
- ungünstige Umsatz/Kosten-Relation,
- hohe Beanspruchung knapper Ressourcen (zum Beispiel Außendienst),
- hoher Anteil an den Komplexitätskosten des Unternehmens.

Diese Kriterien allein reichen zur Eliminierung nicht aus, sondern müssen durch qualitative Kriterien ergänzt werden. Diese Kriterien spiegeln Stärken und Schwächen eines Produktes wider, lassen sich aber nur schwer oder gar nicht quantifizieren. Als Beispiele **qualitativer Eliminierungskriterien** sind zu nennen:

- Einführung von Konkurrenzprodukten,
- negativer Einfluß auf das Firmenimage,
- Änderungen der Bedarfsstruktur der bisherigen Kunden,
- Änderung gesetzlicher Vorschriften,
- technologische Veralterung.

Über diese an der Leistungsfähigkeit des Programms orientierten Kriterien hinaus sollten zusätzliche Gesichtspunkte bei der Eliminierung beachtet werden. So können in einzelnen Fällen auch **soziale Faktoren**, wie die Versorgung der Bevölkerung (zum Beispiel bei der Deutschen Bahn AG und der Deutschen Post AG), die Sicherung von Arbeitsplätzen oder die **Belastung der Umwelt** zum Beispiel durch bestimmte Produktionsprozesse bedeutsam sein. Im Anschluß an die Auswahl der Kriterien werden für die entsprechenden Produkte die notwendigen Informationen gewonnen.

Unter Berücksichtigung der dabei anfallenden **Informationsbeschaffungskosten** ist es sinnvoll, die Eliminierungskriterien in eine für den jeweiligen Fall geeignete Reihenfolge zu bringen und den Prozeß der Produktbewertung iterativ ablaufen zu lassen. Dabei sollte im ersten Durchlauf nur ein Set der wichtigsten Kriterien überprüft werden. Führt dies noch nicht zu einem eindeutigen Ergebnis, sollten in weiteren Durchläufen zusätzliche Kriterien einbezogen werden. Hierbei ergibt sich das Problem der Auswahl der relevanten Kriterien. Die Entscheidung kann durch routinisierte Verfahren zur Produktelimination vereinfacht werden.

Nach dem Komplexitätsgrad lassen sich mehrere Verfahren unterscheiden, deren Eignung für den konkreten Fall von den unternehmensspezifischen Besonderheiten sowie vom Informationsbedarf abhängt. Durch den Einsatz von **Checklisten** läßt sich relativ einfach und mit geringen Kosten die Suche nach eliminierungsverdächtigen Produkten durchführen. Zur eigentlichen Eliminationsentscheidung sollte man sie wegen ihrer begrenzten Aussagefähigkeit nicht heranziehen. Dazu sind zum Beispiel Punktbewer-

Produkt- und programmpolitische Entscheidungen

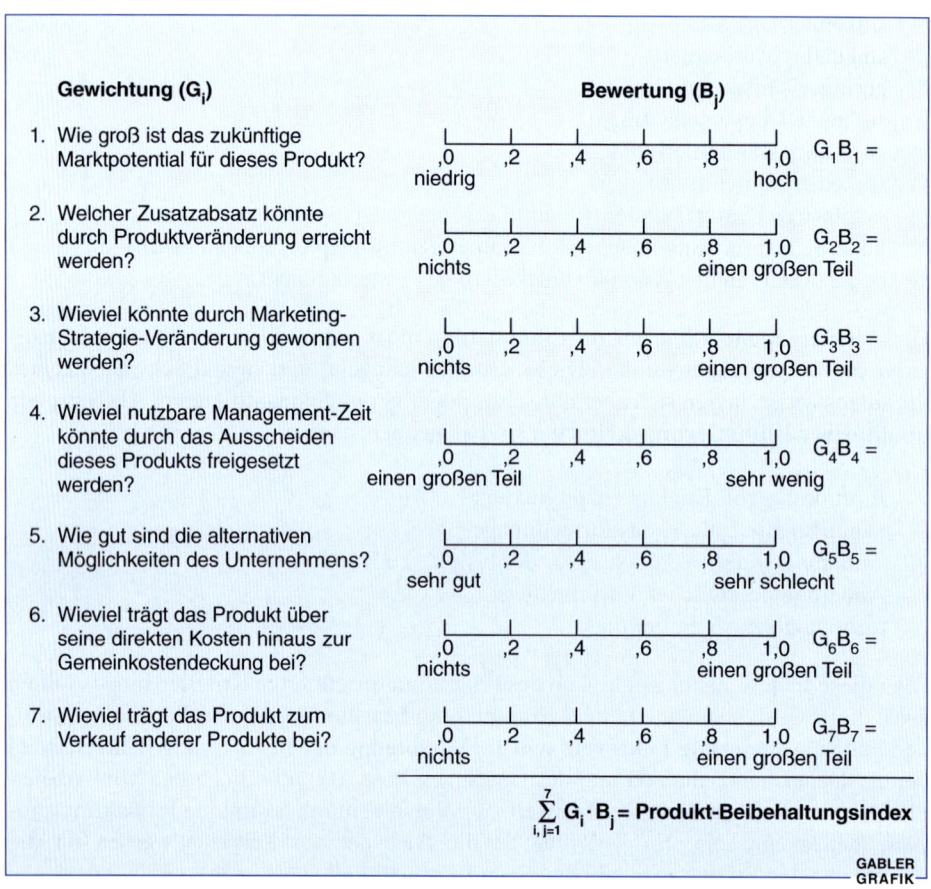

Abbildung 3-79: Produkt-Bewertungsbogen
(Quelle: Kotler 1965)

tungsverfahren (Scoring-Modelle) besser geeignet. Ein Beispiel eines solchen Punktbewertungsmodells ist der in Abbildung 3-79 dargestellte Produkt-Bewertungsbogen.

Die einzelnen Kriterienpunkte werden mit Hilfe von Gewichtungsfaktoren zu einem Produktbeibehaltungsindex verrechnet. Neben der allgemeinen Kritik an Scoringmodellen tritt hier ein weiterer Nachteil in den Vordergrund: **Das Fehlen einer eindeutigen Entscheidungsregel.** Der Produktbeibehaltungsindex ermöglicht lediglich die Aufstellung einer Rangliste der eliminierungsverdächtigen Produkte. Weitere, komplexere Modelle zur Beurteilung eliminierungsverdächtiger Produkte sind in aller Regel computergestützt und orientieren sich an Kennzahlen wie Rendite, Deckungsbeitrag oder Umsatz (Reinöhl 1981, Brockhoff 1999a, S. 323 ff.).

Sind die eliminierungsverdächtigen Produkte ausgewählt, so muß überprüft werden, inwieweit **Verbundbeziehungen** zu anderen Produkten oder Produktgruppen die Entscheidung beeinflussen und durch die Elimination ein bestehender **Risikoausgleich** zwischen Produkten verloren geht (Brauckschulze 1983, S. 149 ff.). Unterschiedliche Ansätze zur Messung dieser Verbundeffekte werden im Abschnitt 2.93 dargestellt. Dabei sollten die Verbundbeziehungen nicht nur im Hinblick auf quantitative Kriterien wie Gewinn, Deckungsbeitrag oder ähnliche betrachtet werden, sondern auch unter der Perspektive qualitativer Beziehungen, insbesondere der Auswirkungen auf das Firmenimage oder die Aufmerksamkeitswirkung einzelner Produkte beim Kunden.

Ist eine Entscheidung für eine Herausnahme aus dem Markt gefallen, so ist in einem weiteren Schritt zu entscheiden, welche **Eliminierungsstrategie** verfolgt werden soll, das heißt es sind der Zeitpunkt sowie die Art und Weise der Elimination festzulegen (Reinöhl 1981). Dabei lassen sich grundsätzlich eine **sofortige Herausnahme** aus dem Markt oder eine geplante **Desinvestitionsstrategie** unterscheiden. Obwohl dabei die zweite Alternative in der Regel erfolgversprechender zu sein scheint, präferieren viele Unternehmen der Konsumgüterindustrie eine abrupte Elimination (Rothe 1970). Dies kann in einem zu späten Erkennen der Eliminationsnotwendigkeit begründet sein, oder aber in der Unterschätzung der Probleme, die mit der sofortigen Herausnahme verbunden sind. Die geplante Desinvestitionsstrategie wird dagegen im Bereich der Investitionsgüterindustrie vorgezogen (Avlonitis 1983). Hier erfordern die oft hohen Marktaustrittsbarrieren (hohe Investitionen in Spezialmaschinen, Kundendienstverpflichtungen etc.) sowie die geringeren Substitutionsmöglichkeiten von Investitionsgütern einen sorgfältig geplanten Rückzug.

2.8 Verpackungsgestaltung

Ein weiterer Entscheidungsbereich im Rahmen der Produkt- und insbesondere der Markenpolitik ist die Verpackungsgestaltung. Der Verpackung kommt durch die weite Verbreitung der Selbstbedienung im Handel, dem Kostendruck bei Transport und Lagerung, das veränderte Konsumentenverhalten (zum Beispiel Umweltbewußtsein) sowie die Notwendigkeit einer prägnanten, aufmerksamkeitsstarken Markierung eine wachsende Bedeutung zu.

In der Literatur existiert keine eindeutige Begriffsauffassung zur Verpackung (Koppelmann 1971, S. 9 ff.; Geiger/Heyn 1973, S. 9 ff.). **Verpackung wird als Sammelbegriff für jegliche Art von Umhüllung eines oder mehrerer Produkte verstanden unabhängig davon, welche Funktion sie erfüllen soll.** Der Begriff **Packung** kennzeichnet die Umhüllung einer einzelnen Produkteinheit, die bis zum endgültigen Verbrauch am Produkt bleibt. Darüber hinaus wird im Zusammenhang mit der Verpackungsverordnung zwischen **Transport-, Um- und Verkaufsverpackungen** unterschieden (Meffert/Kirchgeorg 1993, S. 274). Da im folgenden die Gestaltungsentscheidung im Vordergrund steht

Produkt- und programmpolitische Entscheidungen

und weniger die unterschiedlichen Verwendungsarten, soll auf die Abgrenzung der verschiedenen Verpackungsbegriffe hier nicht näher eingegangen werden.

Die bereits angesprochenen Veränderungen in der Absatzpolitik haben zu einer **Erweiterung der Verpackungsfunktionen** geführt (vgl. Abbildung 3-80). Die Entwicklungsstufen beziehen sich in der Regel auf den Konsumgüterbereich. In anderen Branchen, zum Beispiel bei Investitionsgütern, erfüllt die Verpackung nicht alle angesprochenen Funktionen.

Funktionen der Verpackung / Entwicklungsstufen	Schutz und Sicherung im Transportweg	Dimensionierung für den Verkaufsakt	Selbstpräsentation am Point of Sale	Ge- und Verbrauchserleichterung	Rationalisierung der Warenwirtschaft
Packung als Transportschutz	X				
Packung als Verkaufseinheit	X	X			
Packung als Medium der Verkaufsförderung	X	X	X		
Packung als Qualitätsbestandteil	X	X	X	X	
Packung als warenwirtschaftlicher Informationsträger	X	X	X	X	X

Abbildung 3-80: Funktionserweiterung der Verpackung
(Quelle: Hansen/Leitherer 1984, S. 94)

In der ersten Stufe stellt die Verpackung lediglich einen **Schutz des Produktes vor physischer Beschädigung** dar. Zusätzlich zu dieser Funktion kommt ihr in der zweiten Stufe die **Verkaufsfunktion** durch verbrauchergerechte Dimensionierung des Produktes zu (statt Salz lose aus einem Sack zu verkaufen werden zum Beispiel 500-g-Packungen verwendet). Diese Funktionsbereiche der Verpackung weisen starke Interdependenzen zur Logistik auf, insbesondere bei der Dimensionierung der Verkaufs- und Transporteinheiten (genormte Paletten und Lagerplätze). Eine weitere wichtige Funktion hat die **Verpackung im Rahmen der Verkaufsförderung**. Ein wesentlicher Teil der Kommunikationsaufgaben am Point of Sale (PoS), insbesondere die Differenzierung der Marke gegenüber konkurrierenden Produkten, kann durch eine gelungene Verpackungsgestaltung erreicht werden.

In der vorletzten Stufe kommt der **Verpackung als Qualitätsbestandteil des Produktes** eine wachsende Bedeutung zu. Dieser Zusatznutzen kann zum einen durch eine Erleichterung der Produktverwendung (leichtere Handhabung, gute Dosierbarkeit etc.) oder durch Weiterverwendungsmöglichkeiten der Packung (zum Beispiel Senfglas als Trinkglas) erzielt werden. Ein ähnlicher **Zusatznutzeneffekt** kann durch aufwendige Geschenkverpackungen erreicht werden (Dornieden 1976). Hier hat jedoch das wachsende Umweltbewußtsein der Verbraucher in vielen Fällen zu einer ablehnenden Haltung gegenüber Verpackungen geführt, die als zu aufwendig wahrgenommen werden. Auf Märkten mit quasihomogenen Produktkernen kann durch eine gezielte Verpackungsgestaltung die Kaufentscheidung wesentlich beeinflußt werden. Die letzte Stufe kennzeichnet die Funktion der **Verpackung als Informationsträger**. Die Ausnutzung von Rationalisierungsmöglichkeiten im Warenwirtschaftsbereich hatte zur Folge, daß die Verpackung Träger von per Scanner abtastbaren Informationen (zum Beispiel EAN-Code) wurde.

Neben diesen allgemeinen Funktionen hat die Verpackung marktteilnehmerspezifischen Anforderungen gerecht zu werden (vgl. Abbildung 3-81). Die **Verpackungsansprüche der Konsumenten** werden von dem erwarteten Verpackungsnutzen in der Kaufphase, der Ge- und Verbrauchsphase und der Entsorgungsphase determiniert (Hansen 1986, S. 5 ff.). So achtet der Konsument in der **Kaufphase** beispielsweise auf ein geringes Gewicht und einen guten Produktschutz beim Transport. In der **Ge- und Verbrauchsphase** fordern die Konsumenten zum Beispiel eine hohe Benutzerfreundlichkeit (Öffnen, Verschließen, Portionieren, Standsicherheit, Verderblichkeitsschutz) sowie ausreichende und verständliche Produktinformationen unter anderem über die Mindesthaltbarkeit, wichtige Inhaltsstoffe, den Produktgebrauch und die Adressaten für Beschwerden. Dem-

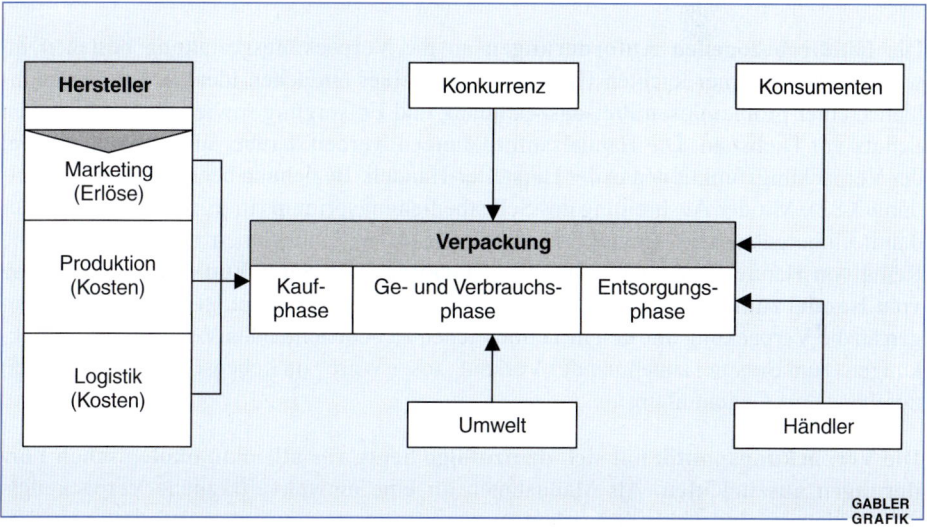

Abbildung 3-81: Einflußfaktoren der Verpackungsgestaltung

gegenüber ist in der **Entsorgungsphase** unter anderem ein geringes Abfallvolumen oder die Wiederverwendbarkeit der Verpackung wichtig.

Die **Verpackungsansprüche des Herstellers** richten sich vor allem auf die **Image- und Aufmerksamkeitswirkung** der Verpackung in der Kaufphase. Beispielsweise kann sich in dieser Phase der Einsatz einer Verbund- oder Sortimentspackung positiv auf das Kaufverhalten auswirken. Bei einer Verbundverpackung werden verschiedene Produkte in einer Verpackung angeboten, um Verbundkäufe zu unterstützen (Ibielski 1982). Ein Beispiel dafür ist ein Autopflegeset, das Autoshampoo, Teerentferner und Hartwachs in einer Packung enthält. In der Entsorgungsphase kann die Entscheidung zugunsten einer Verbundverpackung vom Konsumenten jedoch negativ beurteilt werden.

Weitere Ansprüche des Herstellers folgen aus den **physikalischen Eigenschaften** des Produktes (unter anderem Größe, Gewicht, Konsistenz des Produktes), den **Absatzwirkungen** und den **Kostenüberlegungen** (unter anderem Materialkosten). Hinsichtlich der Absatzwirkungen konnte in mehreren empirischen Untersuchungen nachgewiesen werden, daß mit wachsender Verpackungsgröße (zum Beispiel 1,5-l- statt 1-l-Flasche) die Verbrauchsintensität des Käufers steigt. Dieser Mehrverbrauch ist im wesentlichen auf den mit größeren Verpackungen assoziierten niedrigeren Preis pro Mengeneinheit zurückzuführen (Wansink 1996).

Alle Maßnahmen der Verpackungsgestaltung müssen ferner **Konkurrenzaspekte** berücksichtigen, um sicherzustellen, daß zum Beispiel die beabsichtigte Profilierungswirkung eintritt. Darüber hinaus sind Umweltschutzüberlegungen (Recyclingfähigkeit der Verpackung, sinnvoller Einsatz knapper Rohstoffe, Verwendung von Mehrwegpackungen), logistische Anforderungen und gesetzliche Vorschriften bei der Verpackungsgestaltung zu berücksichtigen (Thomé 1981; Thalmann 1983).

Die **händlerbezogenen Anforderungen** an die Verpackungsgestaltung bestehen im wesentlichen in einer leichten Handhabbarkeit, einer einfachen Identifizierung des Inhaltes, einer problemlosen Preisauszeichnung und Entsorgung sowie einem wirksamen Schutz vor Diebstahl. Die Handelsanforderungen werden darüber hinaus vom Wandel der Verpackungsfunktionen in der Hersteller-Handels-Beziehung beeinflußt (vgl. Abbildung 3-82). Mit der Ausbreitung des Selbstbedienungsprinzips im Einzelhandel und der damit einhergehenden Veränderung der Verpackung übernahmen die Hersteller eine Reihe von Handelsfunktionen. Diese **verpackungsinduzierte Funktionsverlagerung vom Handel zum Hersteller** kehrt sich mit den wachsenden ökologischen Anforderungen an die Verpackung und den in Teilbereichen zu beobachtenden Verzicht auf Verpackungen (zum Beispiel zunehmender Verkauf „loser Ware" im Lebensmitteleinzelhandel) zusehends ins Gegenteil um.

Die Verpackungspolitik hat sich demzufolge heute vor allem an ökologischen Forderungen auszurichten. Als Maßnahmen für eine umweltverträgliche Verpackungspolitik bieten sich dabei insbesondere an:

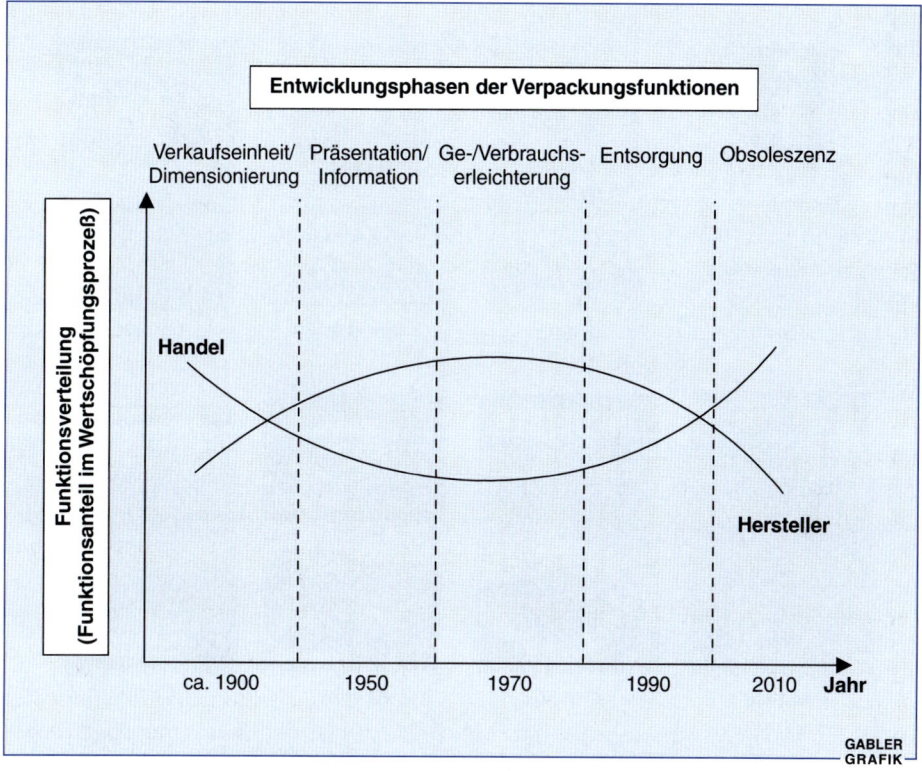

Abbildung 3-82: Verpackungsinduzierter Funktionstransfer zwischen Handel und Hersteller
(Quelle: Meffert/Burmann 1991, S. 57)

- Verzicht auf überdimensionierte Verpackungen (Abfallvermeidung),
- Steigerung der Mehrfachverwendung von Verpackungen (Pfandsysteme),
- Verbesserung der Recyclingfähigkeit der Verpackungsmaterialien (Monomaterialien) im Sinne des Kreislaufwirtschafts- und Abfallgesetzes.

In welcher Form sich die im Zeitablauf veränderten Anforderungen von Konsumenten, Handel und Hersteller in der Verpackungsgestaltung eines Markenartikels niederschlagen, demonstriert Insert 3-22. Die zeitliche Entwicklung der Verpackungen für die Würze von Maggi, das Vollwaschmittel Persil und das Backpulver Backin verdeutlicht ein besonderes Problem bei der Verpackungsgestaltung von Markenartikeln, **den richtigen Mix aus Aktualität und Kontinuität.** Ohne die Wiedererkennbarkeit der Marke zu schwächen, müssen bei der Veränderung der Verpackung neue Geschmackspräferenzen der Konsumenten ebenso berücksicht werden wie neue Umweltschutz- und Entsorgungsanforderungen bei der Auswahl der richtigen Verpackungsmaterialien.

Produkt- und programmpolitische Entscheidungen

Die hundertjährige Geschichte eines klassischen Markenartikels.

INSERT 3-22: Dr. Oetker Nahrungsmittel KG; Maggi GmbH; Henkel KGaA

INSERT 3-22: Dr. Oetker Nahrungsmittel KG; Maggi GmbH; Henkel KGaA (Fortsetzung)

2.9 Programmgestaltung

Die einzelnen Entscheidungen der Innovation, Variation, Differenzierung und Eliminierung von Produkten können nicht isoliert getroffen werden. Sie sind stets im Gesamtzusammenhang der betrieblichen **Programmpolitik** zu sehen.

Es sind Entscheidungen darüber zu treffen, wie und anhand welcher Kriterien die Programmstruktur ausgerichtet werden soll und wie die Ausgestaltung der einzelnen Produktlinien innerhalb eines Programms unter Berücksichtigung von **Verbundbeziehungen** zwischen den Produkten erfolgen soll. Hierbei kann grundsätzlich zwischen der **strategischen Programmplanung** und der **operativen Programmplanung** unterschieden werden. In diesem Zusammenhang wird die Gesamtheit der zu einem Zeitpunkt vom Unternehmen angebotenen Produkte im Handel als Sortiment (Gümbel 1963, S. 59) und

Produkt- und programmpolitische Entscheidungen

im Industriebetrieb als Absatz-, Angebots- oder Produktprogramm bezeichnet (Brockhoff 1999a, S. 67; Haedrich/Tomczak 1996, S. 45). Demgegenüber umfaßt der Begriff des Produktionsprogramms lediglich die vom Industriebetrieb selbst erstellten Produkte, die in Verbindung mit den zugekauften Fertigprodukten das Angebotsprogramm ergeben.

2.91 Strategische Programmgestaltung

Im Rahmen der strategischen Programmplanung sind Entscheidungen über die Breite und Tiefe sowie die grundsätzliche Ausrichtung des Programms zu treffen. Die **Programmbreite** gibt die Anzahl der Produktlinien im Programm wieder, das heißt die Anzahl alternativer Produktangebote. Die **Tiefe des Programms** wird durch die Zahl der Produkte innerhalb einer Produktlinie wiedergegeben (zum Beispiel unterschiedliche Packungsgrößen, verschiedene Farbabstufungen bei Kosmetika). Abbildung 3-83 verdeutlicht diese Zusammenhänge.

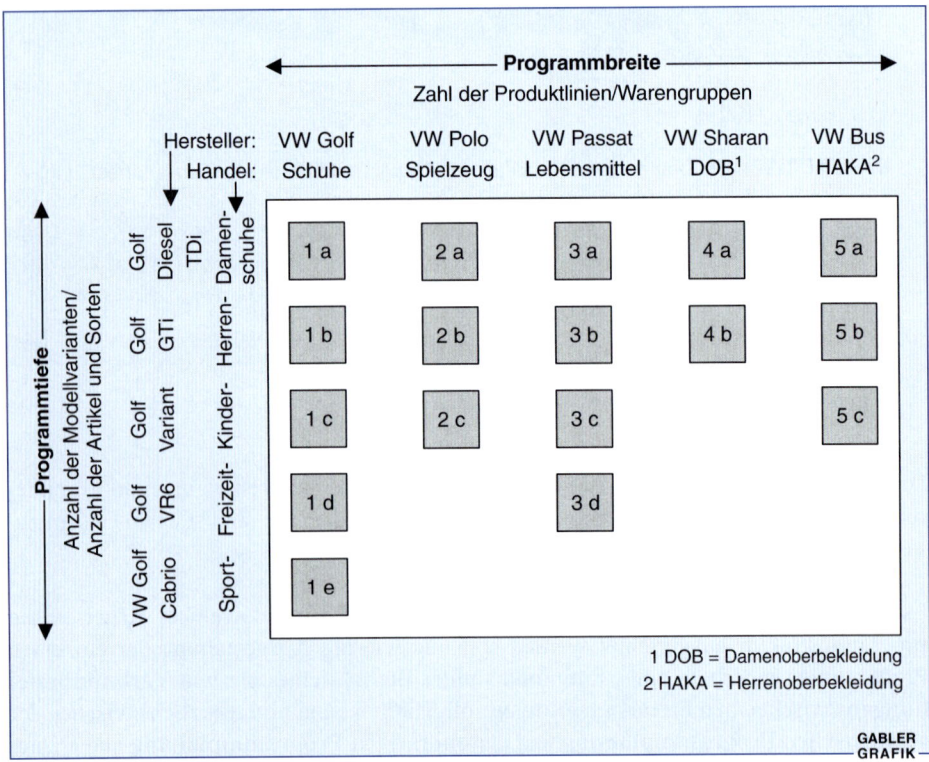

Abbildung 3-83: Breite und Tiefe des Produktprogramms beziehungsweise Sortiments

Die Entscheidung über die Breite und Tiefe des Programms ist eng verknüpft mit der Festlegung der **strategischen Stoßrichtung und der Marktabdeckungsstrategie** eines Unternehmens. Darüber hinaus hat die Entscheidung über die Programmbreite und -tiefe erhebliche Auswirkungen auf die Unternehmenskomplexität und damit die Komplexitätskosten (vgl. viertes Kapitel, Abschnitt 3.4).

Die **grundsätzliche Ausrichtung des Programms** kann sich an den folgenden Prinzipien orientieren:

1. **Herkunftsorientierung:** Das Programm wird durch die Herkunft des Materials bestimmt (Kunststoffe, Metall, Textilien etc.). Dies war der zentrale Bestimmungsfaktor der Sortimentspolitik zum Beispiel bei Eisenwarenhandlungen.

2. **Bedarfs- oder Erlebnisorientierung der Abnehmer:** Das Programm wird den Kundenbedürfnissen entsprechend zusammengestellt (Freizeit- und Sportartikel, Haushaltsgeräte, Reinigungsmittel etc.). Es werden unterschiedlichste Rohstoffe eingesetzt, die aber den gleichen Bedarf der Kunden befriedigen. So versucht beispielsweise der Bertelsmann-Konzern, die Informations-, Bildungs- und Unterhaltungsbedürfnisse von Firmen und privaten Endverbrauchern durch seine Programmpolitik abzudecken. Dies führt zum Angebot unterschiedlicher Produkte beziehungsweise Dienstleistungen wie Bücher, Zeitungen und Zeitschriften, Musik-CDs und CD-ROMs, Cassetten, Videos, Online-Diensten, Datenbanken, Fernsehsendungen, Kalender etc.

3. **Orientierung nach Preislagen:** Die Produkte werden nach der Zugehörigkeit zu bestimmten Preisklassen ausgewählt. In der Regel besteht eine enge Verbindung zur Herkunftsorientierung (zum Beispiel niedrigpreisige Kunststoffartikel, hochpreisige Lederwaren). Beispielhaft kann hier auf die Sortiments- beziehungsweise Programmpolitik von ALDI, C & A oder Mercedes-Benz verwiesen werden.

4. **Orientierung an der Selbstverkäuflichkeit der Ware:** Die Programmzusammenstellung wird von der Erklärungsbedürftigkeit der Produkte bestimmt. Dieses Merkmal kann sowohl mit der Herkunftsorientierung als auch mit der Preis- und Bedarfsorientierung verbunden sein. Dieses Kriterium ist insbesondere bei der Sortimentsgestaltung im Handel und bei Direktbanken von Bedeutung.

Weitere wichtige Einflußfaktoren der Programmplanung sind Konkurrenzreaktionen, Umwelteinflüsse, Veränderungen auf dem Beschaffungsmarkt und innerbetriebliche Faktoren wie Gewinn- und Kostenwirtschaftlichkeit. Eine Sonderstellung im Rahmen der strategischen Programmplanung nehmen **Diversifikationsentscheidungen** ein (vgl. drittes Kapitel, Abschnitt 1.13). Eine Diversifikation liegt immer dann vor, wenn das Unternehmen völlig neuartige Produkte, die auf neuen Märkten angeboten werden, in das Programm aufnimmt. Die Diversifikation ist ein Spezialfall der Innovation. Sie dient als Mittel zur Wachstumssicherung und insbesondere zur Risikostreuung und hat grundsätzlich strategischen Charakter. Es lassen sich die folgenden **drei Formen der Diversifikation** unterscheiden:

- **Horizontale Diversifikation** bezeichnet den „Anbau" von Erzeugnissen an ein bestehendes Programm, die mit diesem noch in einem Zusammenhang stehen (zum Beispiel gleiche Werkstoffe, ähnliche Technik, verwandter Teilmarkt, gleiches Abnehmersegment, Nutzung des bestehenden Vertriebssystems).

- **Vertikale Diversifikation** bedeutet die Erweiterung der Unternehmensaktivitäten sowohl in Richtung Absatz (zum Beispiel Aufbau eines eigenen Vertriebsweges durch einen Industriebetrieb) als auch in Richtung Rohstoffe oder Vorprodukte. In diesem Zusammenhang wird auch von Vorwärts- beziehungsweise Rückwärtsintegration gesprochen. Der Kauf eines Bekleidungsfachgeschäftes durch einen Jeanshersteller wäre ein Beispiel der Vorwärtsintegration, wohingegen die Akquisition eines Reifenherstellers durch einen Autoproduzenten als Rückwärtsintegration zu bezeichnen wäre.

- **Laterale Diversifikation** ist durch vollständig neue Produkte gekennzeichnet, die keinerlei Zusammenhang zum bestehenden Programm aufweisen. Der Erwerb des Computer- und Schreibmaschinenherstellers Triumph-Adler durch die Volkswagen AG ist ebenso ein Beispiel für eine laterale Diversifikation wie die Einführung von Bekleidungsartikeln und Schuhen unter der Marke Camel durch den Zigarettenproduzenten R. J. Reynolds.

2.92 Operative Programmgestaltung

Die operative Programmplanung bezieht sich auf die **Ausgestaltung der Produktlinien innerhalb eines Produktprogramms**. Eine Produktlinie ist eine Gruppe von Produkten, die aufgrund bestimmter Kriterien (Bedarfszusammenhang, produktionstechnischer Zusammenhang) in enger Beziehung zueinander stehen. Ähnlich wird dafür im Bereich des Handels der Begriff Warengruppe verwendet (Gümbel 1963, S. 69). Als zusätzlicher Entscheidungstatbestand der Programmpolitik kann die Produktqualität herangezogen werden, um zu verdeutlichen, daß innerhalb einer Produktlinie unterschiedliche Qualitätsdimensionen realisiert werden können.

Ein **Grundproblem bei der Entscheidung über Produktlinien besteht in der Abgrenzung, welche Produkte zu einer Produktlinie gehören** und welche Produkte eine eigene Produktlinie bilden sollen. Dies soll am Beispiel eines Computerherstellers verdeutlicht werden. So können Personal-Computer und Zubehör (Software, Drucker, Mousepad, Computerbücher, Computerspiele etc.) zu einer Produktlinie zusammengefaßt oder aber als einzelne Produktlinien behandelt werden. Da die Problematik sich stark mit der Bildung strategischer Geschäftseinheiten überschneidet, kann hier auf die entsprechenden Überlegungen verwiesen werden.

Ein weiterer Problembereich sind die **Zieldivergenzen zwischen verschiedenen Unternehmensbereichen** bei der Entscheidung über Produktlinien. Die Marketingabteilung wünscht umfassende Produktlinien, um den Bedürfnissen möglichst vieler Käufersegmente gerecht werden zu können. Die Produktionsabteilung tendiert zu kleinen Produktlinien, um aufgrund der dadurch möglichen höheren Stückzahlen Degressionseffekte in der Produktion zu erzielen. Zu lange Produktlinien führen zu überproportional hohen Kosten vor allem im indirekten Bereich (Komplexitätskosten), zu häufigen Produktionsumstellungen (Rüst- und Stillstandskosten) und zu Verunsicherungen bei Handel und Konsumenten. Zu kurze Produktlinien dagegen verursachen einen Gewinnentgang aufgrund unbefriedigter Konsumentenwünsche und schwächen die Position gegenüber konkurrierenden Anbietern (Jackson/Shapiro 1979; Pine 1994). In jüngster Zeit ist eine starke **Tendenz zur Ausweitung von Produktlinien** zu beobachten. Die mit einer Ausdehnung von Produktlinien verbundenen Nachteile werden dabei jedoch allzu oft übersehen (Quelch/Kenny 1995).

Nach der Abgrenzung der Produktlinien und der Festlegung ihrer Länge ergeben sich im Rahmen der **Gestaltung von Produktlinien** weitere Entscheidungstatbestände (Cardozo 1979; Kotler 1982):

- **Ausweiten einer Produktlinie**

  Für die Ausweitung der Produktlinie bieten sich zwei generelle, von der Produktqualität ausgehende Stoßrichtungen an: nach oben oder nach unten. Eine Ausweitung nach unten (**Trading-down**) kann durch eine starke Konkurrenz am oberen Qualitätslevel und langsameres Wachstum in diesem Bereich verursacht werden. Das Unternehmen verfolgt dann eine Übertragung des im oberen Preis- und Qualitätsbereich erworbenen Images auf untere Marktsegmente. Ein Beispiel dieser Politik ist der Eintritt von IBM, die sich früher auf Großcomputer konzentrierten, in den Markt der Personalcomputer oder die Einführung eines kleinen Kompaktautos (A-Klasse) durch Mercedes-Benz. Die Risiken eines solchen Vorgehens liegen in den Reaktionen der Wettbewerber in den unteren Marktsegmenten (diese besitzen aufgrund ihres hohen Know-hows in der Massenfertigung in der Regel erhebliche Kostenvorteile), in einer fehlenden Akzeptanz beim Handel und in den negativen Auswirkungen auf das Image der weiterhin im oberen Qualitätssegment angebotenen Produkte.

Ein **Trading-up** empfiehlt sich, wenn am oberen Qualitätslevel ein höheres Wachstum, eine geringere Wettbewerbsintensität oder eine höhere Zahlungsbereitschaft besteht. Ford und Peugeot verfolgen diese Strategie mit ihrem Einstieg in die obere Mittel- beziehungsweise Oberklasse (Ford Scorpio, Peugeot 604). Die Risiken eines solchen Vorgehens liegen insbesondere bei den Konsumenten und dem Handel, die dem Hersteller oft die Kompetenz für höherwertige Produkte absprechen.

In einzelnen Fällen erfolgt die **Ausweitung einer Produktlinie auch in beide Richtungen**. So plant beispielsweise die Volkswagen AG, ausgehend von ihrer traditionellen Marktposition eines Herstellers von Kompakt- und Mittelklasse-PKW, die Ausweitung ihrer Produktlinie unter der Marke Volkswagen sowohl auf zehnzylindrige Oberklasseautomobile im Preisbereich von 100.000 bis 150.000 DM als auch auf Kleinstautomobile (VW Lupo/Lupino) in der Preisklasse um 15.000 DM.

Auffüllen einer Produktlinie
In die bestehenden Produktlinien können neue Produkte eingefügt werden. Dabei sollen interne Lücken im Programm (zum Beispiel fehlende Größen- oder Mengenabstufungen) gefüllt und bislang unbefriedigte Kundenwünsche erfüllt werden. Falls diese Maßnahmen intensiv betrieben werden, besteht eine hohe Gefahr der gegenseitigen **„Kannibalisierung" der eigenen Produkte**. Außerdem können bei den Kunden Unsicherheiten hervorgerufen werden, wenn sie nicht mehr in der Lage sind, die einzelnen Produkte zu differenzieren und damit das Vorstellungsbild der Produktlinie verwässert. In diesem Fall können die Kunden zu eindeutiger positionierten Konkurrenzprodukten abwandern.

Modernisierung einer Produktlinie
Die Modernisierung kann stückweise, das heißt für die einzelnen Produkte zeitlich nacheinander, oder aber für alle Produkte gleichzeitig erfolgen. Die Entscheidung hängt von der Kundenreaktion (zum Beispiel Imageschäden durch veraltete Produkte, Verwirrung bei simultaner Modernisierung des Gesamtprogramms) und den im Unternehmen verfügbaren freien Ressourcen ab, da eine komplette Erneuerung einer Produktlinie hohe Managementkapazitäten und finanzielle Ressourcen bindet.

Produktlinienpflege durch Herausstellung einzelner Produkte
Innerhalb einer Produktlinie werden ein oder mehrere „Kopfprodukte" ausgewählt, die die gesamte Produktlinie repräsentieren sollen. Bei der Auswahl ist ähnlich wie bei der Ausweitung der Produktlinie über die Position innerhalb der Linie (oben oder unten) zu entscheiden, da dies die von den herausgehobenen Produkten ausgehenden Ausstrahlungseffekte wesentlich beeinflußt. Die kommunikativen und sonstigen Maßnahmen werden dann für diese Produkte gewissermaßen stellvertretend für die übrige Produktlinie eingesetzt.

Bereinigung innerhalb einer Produktlinie
Wenig erfolgreiche Produkte sollten aus der Produktlinie eliminiert werden, um blockierte Kapazitäten freizusetzen. Dabei kann auf die Überlegungen zur Produkteliminierung zurückgegriffen werden. Entscheidungen über die Bereinigung von Produktlinien orientieren sich in erster Linie an Deckungsbeiträgen und Ressourcenüberlegungen. Durch eine Produktlinienbereinigung kann zum Beispiel Verkaufskapazität im Außendienst, Regalplatz im Handel oder Transportkapazität im Rahmen der Beschaffungs- und Absatzlogistik freigesetzt werden. Allerdings müssen bei der endgültigen Entscheidung die im folgenden erwähnten Verbundbeziehungen innerhalb der Produktlinie explizit berücksichtigt werden.

2.93 Verbundeffekte im Programm

Sowohl bei der strategischen als auch bei der operativen Programmgestaltung sind die Verbundbeziehungen innerhalb des Programms von besonderer Bedeutung (Engelhardt 1976; Wind/Robertson 1983). Durch eine Berücksichtigung dieser Beziehungen zwischen einzelnen Produkten beziehungsweise Produktgruppen bei der Zusammenstellung des Programms lassen sich erhebliche Wettbewerbsvorteile erzielen (Merkle 1981). Grundsätzlich lassen sich **drei Typen von Verbundeffekten** (vgl. Abbildung 3-84) unterscheiden (Böcker 1978):

- **Bedarfsverbund:** Die Verbundwirkung wird durch den gemeinsamen Ge- beziehungsweise Verbrauch von Gütern verursacht. Die jeweiligen Güter stehen in einem komplementären Zusammenhang. Beispiele für einen solchen Bedarfsverbund sind Briefpapier/Briefumschläge, Farbe/Pinsel, Reifen/Felge oder Bleistift/Radiergummi. Der Bedarfsverbund läßt sich unterteilen in **nachfragewirksame und nicht nachfragewirksame Verbundeffekte**. Letztere können zum Beispiel als Folge der Selbsterstellung (Do-it-yourself) bestimmter Produkte oder als Folge finanzieller Engpässe auftreten.

- **Nachfrageverbund:** Der nachfragewirksame Bedarfsverbund bildet einen Teil des Nachfrageverbundes. Darüber hinaus können auch solche Produkte, die nicht durch einen gemeinsamen Ge- und Verbrauch gekennzeichnet sind, vom Konsumenten zusammen nachgefragt werden (zum Beispiel der Kauf von Schreibheften für die Kinder beim täglichen Einkauf von Lebensmitteln durch die Eltern). Durch das Bestreben vieler Konsumenten, einen möglichst großen Teil ihrer Nachfrage in einem Geschäft zu erledigen, entsteht der Nachfrageverbund. Der Kunde will zumeist möglichst rationell einkaufen, insbesondere bei Gütern des täglichen Bedarfs. Der Nachfrageverbund läßt sich in **kaufwirksame und nicht kaufwirksame Auswirkungen** unterteilen. Letzteres ist zum Beispiel dann der Fall, wenn nachgefragte Produkte kurzfristig nicht vorrätig sind oder generell nicht geführt werden.

- **Kaufverbund:** Wird durch den kaufwirksamen Nachfrageverbund oder durch absatzpolitische Maßnahmen der gleichzeitige Einkauf mehrerer Artikel verursacht, so spricht man vom Kaufverbund. Kaufverbundenheit bezieht sich jeweils **nur auf einen Kaufakt**, während die anderen Verbundtypen auch in mehreren zeitlich nacheinander liegenden Kaufakten zum Ausdruck kommen können. Für die Messung von Verbundeffekten wird in der Regel nur der Kaufverbund herangezogen, weil er durch die konkrete Kaufentscheidung für das Unternehmen die größte praktische Relevanz besitzt und mit Hilfe einer direkten Messung leicht operationalisierbar ist.

Darüber hinaus kann auch ein **Informationsverbund** Ursache für Interdependenzen im Programm sein. Der Informationsverbund wird in der Literatur auch als „**Goodwill-Transfer**" bezeichnet (Simon 1985). Er liegt vor, wenn Konsumenten positive Informa-

Produkt- und programmpolitische Entscheidungen

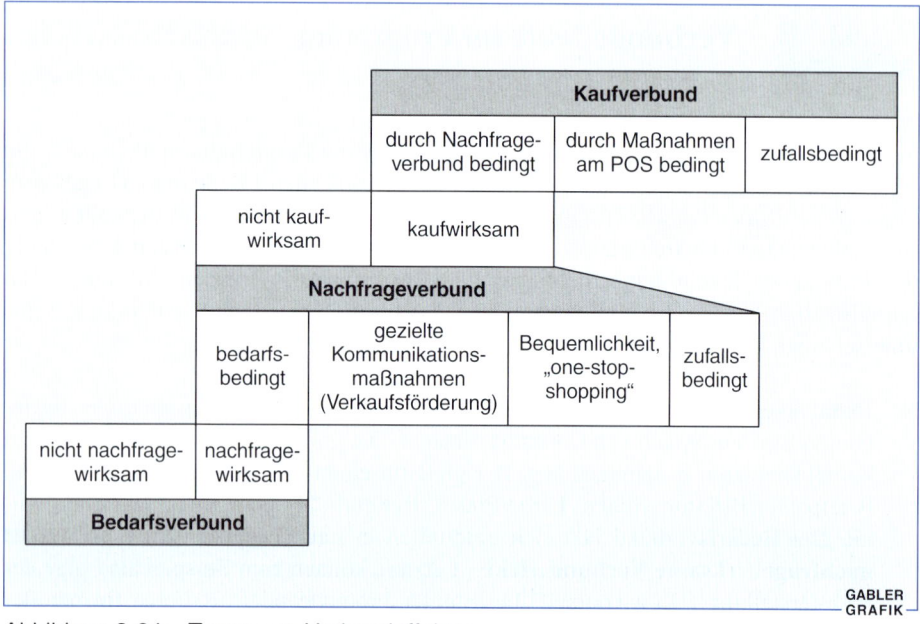

Abbildung 3-84: Typen von Verbundeffekten

tionen, die sich auf ein bestimmtes Produkt beziehen, auf ein anderes Produkt des gleichen Herstellers übertragen und bei der Kaufentscheidung berücksichtigen. Hierdurch kann der Konsument sein empfundenes Kaufrisiko verringern und die Kosten einer erneuten Informationssuche einsparen. Voraussetzung hierfür ist, daß die Herkunft der Produkte vom Konsumenten identifizierbar ist. Der Unterschied des Informationsverbundes zu den oben dargestellten Verbundarten liegt darin, daß er keinerlei technischen, zeitlichen oder personellen Begrenzungen unterliegt (Simon 1985). Soll ein neues Produkt in eine Produktlinie aufgenommen werden, so liegt seine Break-Even-Menge um so niedriger, je mehr Goodwill es auf die bestehenden Produkte übertragen kann. Andererseits kann der Einführungserfolg neuer Produkte wesentlich davon abhängen, inwieweit es Goodwill von den bestehenden Produkten empfängt.

Zur empirischen **Erfassung des Kaufverbundes** kann auf asymmetrische und symmetrische Verbundmodelle zurückgegriffen werden (Stahl 1977; Poggenpohl 1994). **Asymmetrische Verbundmodelle** gehen von einer gerichteten Verbundwirkung aus, das heißt, es lassen sich Grund- und Folgekäufe differenzieren. Als Grundkäufe werden Käufe bezeichnet, wegen derer der Kunde ein bestimmtes Unternehmen gezielt aufsucht (zum Beispiel Sonderangebote). Die Folgekäufe (zum Beispiel Impulskäufe) werden durch die Grundkäufe induziert. Bei **symmetrischen Verbundmodellen** ist ein solcher Ursache-Wirkungs-Zusammenhang nicht feststellbar. Die Richtung der Verbundwirkung kann nicht analysiert werden.

	Abteilung	Menge	Betrag	Kasse	Datum	Zeit
	640	0001	+0000579	056	301090	1502
	640	0001	+0000899	056	301090	1502
	640	0001	+0001250	056	301090	1502
Kaufdatensatz	640	0001	+0000999	056	301090	1502
	640	0001	+0000999	056	301090	1502
	640	0001	+0000579	056	301090	1502
	320	0004	+0005180	073	301090	1510
	320	0001	+0001495	073	301090	1510
	320	0001	+0001495	073	301090	1510
	516	0001	+0200000	303	301090	1536

Kauf-Nr.	Uhrzeit	Abteilung	Lage
1	15.02	Körperpflege	Erdgeschoß/Eingangsbereich
2	15.10	Strümpfe	Erdgeschoß/Zentral
3	15.36	Teppiche	3. Obergeschoß/Zentral

Der Kunde bewegte sich von der Abteilung „Körperpflege" im Erdgeschoß/Eingangsbereich zur Abteilung „Strümpfe", die ebenfalls im Erdgeschoß liegt. Nach diesen Käufen suchte der Kunde die Abteilung „Teppiche" im 3. Obergeschoß auf.

Abbildung 3-85: Ermittlung eines Kundenweges anhand eines Kaufdatensatzes auf Basis eines Kundenkarten- und Scannersystems
(Quelle: Poggenpohl 1994, S. 197)

Der zunehmende Einsatz von **Scannerkassensystemen** wird die Informationsgrundlagen für die Analyse von Verbundbeziehungen im Programm zukünftig weiter verbessern (Kucher 1985, S. 10 ff.; Rüter 1993; Vossebein 1993). Scannerkassen identifizieren die auf der Verpackung des Produktes aufgebrachten optischen Artikelcodes (EAN-Code) und ordnen den Verkauf eines Artikels automatisch einem bestimmten Einkaufsvorgang mit seinen spezifischen Merkmalen (Einkaufssumme, Einkaufszeitpunkt, Artikelauswahl) einer exakt beschreibbaren Marketingsituation (zum Beispiel Plazierung, Preis und Werbung aller angebotenen Artikel pro Warengattung) zu. Die Auszählung der pro Kaufakt eines Kunden eingekauften Artikel kann problemlos erfolgen und gibt Aufschluß über Verbundbeziehungen im Programm beziehungsweise Sortiment (vgl. Abbildung 3-85). Ein weiterer Vorteil von Scannerkassen liegt in der **Kombination mit Warenwirtschaftssystemen**. Ein per Scannerkasse erfaßter Verkauf führt auf diese Weise zu einer automatischen Nachbestellung des verkauften Artikels beim Lieferanten, sofern keine ausreichenden Lagerbestände des Produktes mehr vorhanden sind.

2.10 Verbraucherpolitische und ökologische Aspekte der Produktgestaltung

Im Rahmen der Produktpolitik sind in zunehmendem Maße verbraucherpolitische und ökologische Einflußfaktoren zu berücksichtigen. Dementsprechend ist die Produktpolitik auch aus dem Blickwinkel des verbraucherpolitischen Interesses zu analysieren, um mögliche Konfliktfelder frühzeitig aufzudecken und rechtzeitig Anpassungsmaßnahmen einleiten zu können. In Anlehnung an die amerikanische Verbraucherschutzbewegung spricht man auch von **Konsumerismus**, worunter man das Engagement unterschiedlicher Personen und Gruppen zum Schutz von Verbraucherinteressen und übergeordneten Interessen der Allgemeinheit versteht (Kotler 1972; Meffert 1974b).

Mit dem in den letzten Jahren wachsenden Umweltbewußtsein ist eine zunehmende Integration von Fragen des Konsumerismus mit jenen des Umweltschutzes zu beobachten (Hansen 1995). Von Unternehmen wird die **Wahrnehmung ihrer gesellschaftlichen Verantwortung** gefordert. Im einzelnen richtet sich die Kritik der Verbraucher gegen die mangelnde Markttransparenz, durch die die Realisierung bedürfnisgerechter Kaufentscheidungen beeinträchtigt wird. Hierbei richtet sich die Kritik insbesondere auf irreführende Verpackungen (sogenannte „Mogelpackungen"), Warenkennzeichnungen, Gebrauchsanweisungen, eine unzureichende Qualitätstransparenz, zweifelhafte ethische Maßstäbe und die geringe soziale und ökologische Integrität der Unternehmen. Desweiteren wendet sich die Verbraucherkritik gegen die **„künstliche Obsoleszenz"**, worunter man die Strategie einer bewußten Reduktion der Nutzungsdauer von Produkten durch absatzpolitische Maßnahmen versteht (Meffert 1990).

Darüber hinaus wird von den Verbraucherverbänden die Stärkung der individuellen Rechte der Verbraucher bei einem Schadensfall gefordert. Dies hat in den vergangenen Jahren in vielen Bereichen zu einer erheblichen Ausweitung der **Produzentenhaftung** geführt (Cromme 1990; Kunz 1994; Ahlert/Schröder 1996, S. 179f.). Zur Durchsetzung der einzelnen Forderungen werden verbraucherpolitische Instrumente wie der Verbraucherschutz, die Verbraucherbildung, Verbraucherinformationen und die Verbrauchervertretung eingesetzt.

Die zentralen **ökologischen Problemstellungen** wie Ressourcenerschöpfung, Umweltverschmutzung und Zerstörung der ökologischen Systeme und Kreisläufe werden in der Bevölkerung immer stärker wahrgenommen. Von staatlichen Institutionen sowie von Unternehmen werden in wachsendem Maße Umweltschutzmaßnahmen gefordert. Vor diesem Hintergrund müssen im Rahmen einer ökologieorientierten Produktpolitik (Spiller 1996; Meffert/Kirchgeorg 1997) **Informationen über ökologische Konfliktfelder frühzeitig gewonnen und analysiert werden**, um entsprechende Anpassungsmaßnahmen einleiten zu können. Handelt ein Unternehmen nicht oder zu spät, so können schwere Imageschädigungen eintreten, wenn einzelne Produkte oder Verhaltensweisen des Unternehmens der öffentlichen Kritik ausgesetzt sind (zum Beispiel bei Shell durch den Fall „Brent Spar"). Sämtliche Produkte im Programm sind hinsichtlich der ökologischen Forderungen zu analysieren. Wenn nur ein einzelnes Produkt in Zusammenhang mit ökologischen Problemen gebracht wird, besteht die Gefahr, daß die Verbraucher sämtliche Produkte einer Produktlinie oder einer Unternehmung als umweltgefährdend wahrnehmen (Thomé 1981, S. 50 ff.).

Bei der Analyse potentieller ökologischer Konfliktfelder wird davon ausgegangen, daß ein Produkt in den Phasen Produktion, Verwendung und Entsorgung die Umwelt unterschiedlich belastet. Zur Einschätzung der Umweltwirkungen in der **Produktionsphase** sind zum Beispiel folgende Kriterien zu beurteilen und zu gewichten (Meffert/Kirchgeorg 1997):

- Einsatz umweltgerechter und wenig energieintensiver Stoffe,
- Einsatz reichlich vorhandener Rohstoffe,
- Energieeinsatz pro Arbeitsstunde oder produzierter Produkteinheit,
- Langlebigkeit der Produkte,
- Forcierung der Produktion solcher Produkte, die nicht nur im Vergleich zu anderen Produkten relativ umweltgerechter sind (zum Beispiel Sprayprodukte mit FCKW-freiem Treibgas), sondern per se umweltgerecht sind (zum Beispiel Sprayprodukte in treibgasfreien Pumpsprühern),
- Wiederverwendung zuvor produzierter Abfälle.

In der **Ge- und Verbrauchsphase** kann die Umweltfreundlichkeit eines Produktes an den Kriterien

- Gesundheitsverträglichkeit der Produktsubstanzen,
- Wiederverwend- und Verwertbarkeit von Verpackungen,
- Lärm- und Schadstoffemissionen sowie Energieverbrauch,
- Möglichkeit beziehungsweise Erleichterung der umweltgerechten und sparsamen Produktverwendung (zum Beispiel Dosiervorschriften, Energieregulierung),
- Reparatur- und Wartungsfreundlichkeit (zum Beispiel Austauschfähigkeit von Verschleißteilen),
- Möglichkeit zur Verlängerung der Lebensdauer durch regelmäßige Serviceintervalle,

gemessen werden.

In der **Entsorgungsphase** beeinflußt das Produkt die Umwelt durch die Faktoren:

- Abfallvolumen,
- Deponier-, Verbrennungs- und Kompostierungsmöglichkeit der Produkt- und Verpackungsrückstände,
- Möglichkeit der Produktzerlegung in Einzelbestandteile (Bunt- und Weißglas, Papier, sortenreine Kunststoffe, Aluminium etc.),
- Recyclingfähigkeit der Produkte/Produktbestandteile.

Anhand dieses Sets von Umweltkriterien sind die betrachteten Produkte schließlich hinsichtlich ihres positiven beziehungsweise negativen Umweltbeitrags zu beurteilen. Probleme treten dabei insbesondere durch die teilweise sehr aufwendige Informationsbeschaffung und fehlende Regeln zur Gewichtung der Kriterien auf. Vor dem Hintergrund veränderter gesetzlicher Rahmenbedingungen (zum Beispiel Kreislaufwirtschafts- und Abfallgesetz) müssen sich die Unternehmen darüber hinaus in verstärktem Maße dem Aufbau sogenannter **Wertschöpfungskreisläufe** widmen (Kirchgeorg 1995). Im Rahmen der Produktpolitik ist dementsprechend den Anforderungen aus der Entsorgungsphase des Produktes zukünftig besondere Beachtung zu schenken. Ferner kommt der frühzeitigen, **unternehmensübergreifenden Koordination** mit Entsorgungs- und Verwertungsunternehmen, Lieferanten und Absatzmittlern zum Aufbau ökonomisch und ökologisch effizienter Kreisläufe die Funktion eines **Erfolgsfaktors der Produktpolitik** zu.

Literaturhinweise

Adam, D. (1998), Produktions-Management, 9. Aufl., Wiesbaden.
Adam, D., Rollberg, R. (1996), Komplexitätskosten, in: Die Betriebswirtschaft, Nr. 5, S. 667–670.
Ahlert, D., Schröder, H. (1996), Rechtliche Grundlagen des Marketing, 2. Aufl., Stuttgart u. a.
Akao, Y. (1992), Quality Function Deployment, Landsberg am Lech.
Alpert, F. H., Kamins, M. A. (1995), An Empirical Investigation of Consumer Memory, Attitude, and Perceptions towards Pioneer and Follower Brands, in: Journal of Marketing, Vol. 59, October, S. 34–45.
Arthur D. Little (Hrsg.) (1994), Management erfolgreicher Produkte, Wiesbaden.
Avlonitis, G. J. (1983), The Product-Elimination Decision and Strategies, in: Industrial Marketing Management, Vol. 12, No. 2, S. 31–43.
Backhaus, K. (1999), Industriegütermarketing, 6. Aufl., München.
Backhaus, K., Bonus, H. (1996), Die Beschleunigungsfalle oder der Triumph der Schildkröte, 2. Aufl., Stuttgart.
Backhaus, K., Erichson, B., Plinke, W., Weiber, R. (1996), Multivariate Analysemethoden, 8. Aufl., Berlin u. a.
Backhaus, K., Büschken, J., Voeth, M. (2000), Internationales Marketing, 3. Aufl., Stuttgart.
Bänsch, A. (1996), Käuferverhalten, 7. Aufl., München u. a.
Baker, K., Albaum, G. (1986), Modeling New Product Screening Decisions, in: Journal of Product Innovation Management, Vol. 3, March, S. 32–39.
Balachandra, R. (1989), Early Warning Signals for R & D Projects, Lexington/Mass.
Balachandra, R., Brockhoff, K., Pearson, A. W. (1996), R & D Termination Decisions: Processes, Communication, and Personnel Changes, in: Journal of Product Innovation Management, Vol. 13, No. 2, S. 245–256.
Bass, F. M., Pessemier, E. A., Lehmann, D. R. (1971), An Experimental Study of Relationships between Attitudes, Brand Preference and Choice, Institute Paper No. 307, Krannert Graduate School of Industrial Administration, Purdue University, Layette.
Becker, J. (1998), Marketing-Konzeption. Grundlagen des strategischen Marketing-Managements, 6. Aufl., München (zitiert nach 5. Aufl. 1993).
Benkenstein, M. (1986), Forschung, Entwicklung im Marketing, in: Meffert, H. (Hrsg.), Unternehmensführung und Marketing, Wiesbaden.
Benkenstein, M., Henke, N. (1990), Vertikale Integration: eine transaktionskostentheoretische Interpretation, in: Meffert, H. (Hrsg.), Arbeitspapier 39 des Instituts für Marketing, Münster.
Bitsch, H., Martini, J., Schmitt, H. J. (1995), Betriebswirtschaftliche Behandlung von Standardisierung und Normung, in: Zeitschrift für betriebswirtschaftliche Forschung, Nr. 1, S. 66–85.
Böcker, F. (1978), Die Bestimmung der Kaufverbundenheit von Produkten, Berlin.
Booz, Allen & Hamilton Inc. (Hrsg.) (1982), New Product Management for the 1980s, New York.
Brauckschulze, U. (1983), Produktelimination, in: Barrmeyer, M.-C., Caspers, E.-W. (Hrsg.), Betriebswirtschaftliche Schriftenreihe, Münster.
Brockhoff, K. (1989), Schnittstellen-Management. Abstimmungsprobleme zwischen Marketing und Forschung und Entwicklung, Stuttgart.
Brockhoff, K. (1993), Zur Erfolgsbeurteilung von Forschungs- und Entwicklungsprojekten, in: Zeitschrift für Betriebswirtschaft, 63. Jg., Nr. 12, S. 643–662.
Brockhoff, K. (1994), R & D project termination decision by discriminant analysis – An international comparison, in: IEEE Transactions on Engineering Management, Vol. 41, August, S. 245–254.
Brockhoff, K. (1996), Management von Innovationen; Planung und Durchsetzung; Erfolge und Mißerfolge, Wiesbaden.
Brockhoff, K. (1999a), Produktpolitik, 3. Aufl., Stuttgart u. a.

Brockhoff, K. (1999b), Forschung und Entwicklung. Planung und Kontrolle, 5. Aufl., München u. a.
Buchholz, W. (1996), Time-to-Market-Management, Zeitorientierte Gestaltung von Produktinnovationsprozessen, Stuttgart u. a.
Buck, A., Vogt, M. (1997), Design Management. Was Produkte wirklich erfolgreich macht, Wiesbaden.
Burke, R. R. (1996), Der virtuelle Laden – Testmarkt der Zukunft?, in: Harvard Business Manager, 18. Jg., No. 4, S. 93–105.
Burmann, C. (1991), Konsumentenzufriedenheit als Determinante der Marken- und Händlerloyalität, in: Marketing, Zeitschrift für Forschung und Praxis, Nr. 4, S. 249–258.
Buzzel, R. D., Gale, B. T. (1989), Das PIMS-Programm, Wiesbaden.
Cafarelli, E. J. (1980), Developing New Products and Repositioning Mature Brands, New York.
Camp, R. C. (1992), Benchmarking: the search for industry best practices that lead to superior performance, 2nd ed., New York.
Cardozo, R. N. (1979), Product Policy: Cases and Concepts, Reading/Mass.
Carpenter, G. S., Nakamoto, K. (1989), Consumer Preference Formation and Pioneer Advantage, in: Journal of Marketing Research, Vol. 26, August, S. 285–298.
Charnes, A., Cooper, W. W., De Voe, J. K., Learner, D. B. (1968), DEMON Mark II: An Extremal Equation Approach to New Product Marketing, in: Management Science, Vol. 14, S. 513–524.
Christensen, C. M. (1997), Innovators Dilemma, Boston.
Coca-Cola (1994), Kooperation zwischen Industrie und Handel im Supply Chain Management, Project V, Coca-Cola Retailing Research Group-Europe (Hrsg.), September 1994.
Coenenberg, A. G. (1997), Kostenrechnung und Kostenanalyse, 4. Aufl., Landsberg am Lech.
Cooper, R. G. (1980), Project NewProd: What Makes a New Product a Winner?, Montreal.
Cooper, R. G. (1985), Overall Corporate Strategies for New Product Programs, in: Industrial Marketing Management, Vol. 14, No. 3, S. 179–193.
Cooper, R. G. (1990), Stage-Gate-Systems: A New Tool for Managing New Products, in: Business Horizons, May/June, S. 44–54.
Cooper, R. G. (1992), The NewProd System: The Industry Experience, in: Journal of Product Innovation Management, Vol. 9, No. 2, S. 113–127.
Cooper, R. G., Kleinschmidt, E. J. (1986), An Investigation into the new product process: steps, deficientes and impact, in: Journal of Product Innovation Management, Vol. 3, No. 2, S. 75–90.
Cooper, R. G., Kleinschmidt, E. J. (1991), New product process at leading industrial firms, in: Industrial Marketing Management, Vol. 20, Nr. 2, S. 137–148.
Cravens, D. W., Hills, G., Woodruff, R. B. (1986), Marketing, Reading/Mass. u. a.
Cromme, I. (1990), Produzentenhaftung, in: Fortschrittliche Betriebsführung und Industrial Engineering, Nr. 1, S. 16–20.
Davidson, J. H. (1979), Die sechs Todfeinde neuer Marken, in: Harvard Manager, No. 1, S. 46–52.
Day, G. S. (1969), A Two Dimensional Concept of Brand Loyality, in: Journal of Advertising Research, September, S. 29 ff.
Dichtl, E., Schneider, W. (1994), Kundenzufriedenheit im Zeitalter des Beziehungsmanagement, in: Belz, C., Schögel, M., Kramer, M. (Hrsg.), Thexis, Lean Management und Lean Marketing, St. Gallen, S. 6–12.
Dornieden, K. (1976), Produktpolitik, in: Dornieden, K., Scheiber, A., Weihrauch, J. (Hrsg.), Studienhefte für operatives Marketing, Nr. 2, Wiesbaden, S. 9–93.
Droege, W., Backhaus, K., Weiber, R. (Hrsg.) (1993), Strategien für Investitionsgütermärkte: Antworten auf neue Herausforderungen, Landsberg am Lech.
Engelhardt, W.-H. (1976), Erscheinungsformen und absatzpolitische Probleme von Angebots- und Nachfrageverbunden, in: Zeitschrift für betriebswirtschaftliche Forschung, 28. Jg., Nr. 2, S. 77–90.
Erichson, B. (1979), Prognose für neue Produkte, Teil 1, in: Marketing. Zeitschrift für Forschung und Praxis, 1. Jg., S. 255–266.
Erichson, B. (1996), Methodik der Testmarkforschung, in: Planung & Analyse, Nr. 2, S. 54–57.
Figgen, A. (1996), United kritisiert Boeing 777, in: Aero International, Nr. 4, S. 35.

Foster, R. N. (1982), „A Call for Vision in Managing Technology", McKinsey Quarterly, Summer, S. 26–36.
Freter, H. (1983), Marktsegmentierung, Stuttgart.
Friedrich, S., Hinterhuber, H., Rodens, B. (1995), Supply Chain Management: Partnerschaft für den Konsumenten, in: Gabler's Magazin, Nr. 12, S. 58–63.
Galbraith, J. K., Salinger, N. (1982), Almost everyone's guide to economic, New York.
Gaul, W., Baier, D., Apergis, A. (1996), Verfahren der Testmarktsimulation in Deutschland: Eine vergleichende Analyse, in: Marketing. Zeitschrift für Forschung und Praxis, 18. Jg., Nr. 3, S. 203–217.
Geiger, S., Heyn, W. (1973), Marketing-orientiert verpacken, Düsseldorf.
GfK (1988), GfK-Behaviourscan, Expirementeller Mikro-Testmarkt mit Targetabel TV zur Optimierung des Marketing-Mix – Detailbeschreibung, Nürnberg.
Gordon, W. J. J. (1961), Synectics. The Development of Creative Capacity, New York u. a.
Görgen, H. J. (1992), Einzelaspekte bei der Neuorganisation von Krankenhäusern in den neuen Bundesländern, in: Die Wirtschaftsprüfung, Nr. 11, S. 309–316.
Green, P. E., Srinivasan, V. (1978), Conjoint-Analysis in Consumer Research: Issues and Outlook, in: Jounal of Consumer Research, Vol. 5, No. 2, S. 103–123.
Green, P. E., Srinivasan, V. (1990), Conjoint-Analysis in Marketing: New Developments with Implications for Research and Practice, in: Journal of Marketing, Vol. 54, No. 4, S. 3–19.
Greenly, G. E. (1983), Tactical Product Decisions, in: Industrial Marketing Management, Vol. 12, S. 13–18.
Griffin, A. (1993), Measuring Product Development, Time to Improve the Development Process, Marketing Science Institute (Hrsg.), October.
Griffin, A., Page, A. L. (1993), An interim report on measuring product development success and failure, in: Journal of Product Innovation Management, Vol. 10, No. 4, S. 291–308.
Größer, H. (1991), Markenartikel und Industriedesign, Das Stereotypik-Konzept – Ursachen, Ausprägungen, Konsequenzen, München.
Grosche, K. (1967), Das Produktprogramm, seine Änderungen und Ergänzungen, Berlin.
Gsell, P. (1985), Wie entwickelt man „Baukastensysteme" für Produkte?, in: IO Management Zeitschrift, 54. Jg., Nr. 2, S. 97–99.
Gümbel, R. (1963), Die Sortimentspolitik, in den Betrieben des Wareneinzelhandels, Köln u. a.
Günther, T., Mattmüller, R. (1993), Möglichkeiten und Grenzen der Regaloptimierung im Handel, in: Marketing. Zeitschrift für Forschung und Praxis, 15. Jg., Nr. 2, S. 77–86.
Haedrich, G., Tomczak, T. (1996), Produktpolitik, Stuttgart u. a.
Hallbauer, A. (1978), Ansätze zur Verbesserung der Effizienz von Produktinnovationsprozessen, Zürich u. a.
Hammann, P. (1974), Sekundärleistungspolitik als absatzpolitisches Instrument, in: Neuere Ansätze der Markentheorie, Hammann, P., Kroeber-Riel, W., Meyer, C. W. (Hrsg.), Berlin, S. 135–154.
Hansen, U. (1986), Verpackung und Konsumentenverhalten, in: Marketing, Zeitschrift für Forschung und Praxis, 8. Jg., Nr. 1, Februar, S. 5–12.
Hansen, U. (Hrsg.) (1995), Verbraucher- und umweltorientiertes Marketing: Spurensuche einer dialogischen Marketingethik, Stuttgart.
Hansen, U., Leitherer, E. (1984), Produktpolitik, 2. Aufl., Stuttgart.
Hauschildt, J. (1997), Innovationsmanagement, 2. Aufl., München.
Hedley, B. (1977), Strategy and the „business portfolio", in: Long Range Planning, No. 1, S. 9–15.
Hermann, A. (1998), Produktmanagement, München.
Hinterhuber, H. H. (1975), Innovationsdynamik und Unternehmensführung, Wien u. a.
Hippel, E. von (1986), Lead Users: A source of novel product concepts, in: Managment Science, No. 7, S. 791–805.
Hofstätter, H. (1977), Die Erfassung der langfristigen Absatzmöglichkeiten mit Hilfe des Lebenszyklus eines Produktes, Würzburg u. a.

Höft, U. (1992), Lebenszykluskonzepte. Grundlage für das strategische Marketing- und Technologiemanagement, Berlin.
Homburg, C. (1995), Kundennähe von Industriegüterunternehmen: Konzeption-Erfolgswirkungen-Determinanten, Wiesbaden.
Hopkins, D. S. (1980), New Product Winners and Loosers, Conference Board, New York, Rep. 773.
Hüttel, K. (1998), Produktpolitik, 3. Auflage, Ludwigshafen.
Huxold, S. (1990), Marketingforschung und strategische Planung von Produktinnovationen, Berlin.
Ibielski, E. (1982), Verpackungen in Plus und Minus, in: Markenartikel, 44. Jg., Nr. 4, S. 147–153.
Jackson, B. B., Shapiro, B. P. (1979), New way to make product line decisions, in: Harvard Business Review, May/June, S. 139–149.
Jacob, H. (1976), Der Absatz, in: Jacob, H. (Hrsg.), Allgemeine Betriebswirtschaftslehre in programmierter Form, 3. Aufl., Wiesbaden.
Johne, A., Pavlidis, P. (1995), Product Innovation in Banking: How Marketing Works, in: Journal of Marketing Management, No. 11, S. 797–805.
Kaas, K. P. (1973), Diffusion und Marketing. Das Konsumverhalten bei der Einführung neuer Produkte, Stuttgart.
Kamiske, G. F. et al. (1994), Quality Function Deployment – oder das Systematische Überbringen der Kundenwünsche, in: Marketing. Zeitschrift für Forschung und Praxis, Nr. 3, S. 181–190.
Kesten, R. (1996), Innovationen durch eigene Mitarbeiter, in: Zeitschrift für Betriebswirtschaft, Nr. 6, S. 651–674.
Kiehne, R. (1969), Innerbetriebliche Standortplanung und Raumzuordnung, Wiesbaden.
Kirchgeorg, M. (1995), Kreislaufwirtschaft – neue Herausforderung an das Marketing, Meffert, H., Wagner, H., Backhaus, K. (Hrsg.), Arbeitspapier Nr. 92 der Wissenschaftlichen Gesellschaft für Marketing und Unternehmensführung e. V., Münster.
Kirchgeorg, M. (1999), Marktstrategisches Kreislaufmanagement: Ziele, Strategien, Strukturkonzepte, Wiesbaden.
Kirchmann, E. M. W. (1996), Innovationskooperation zwischen Hersteller und Anwender, in: Zeitschrift für betriebswirtschaftliche Forschung, Nr. 5, S. 442–465.
Klein, H. L., Lachhammer, J. (1996), Die Aufgaben des Beziehungs-Management, in: Absatzwirtschaft, Nr. 2, S. 62–67.
Koch, H. (1980), Marktwachstum-Marktanteil-Analyse versus Cash-Verkaufsanalyse, in: Zeitschrift für Organisation, Nr. 7, S. 369–374.
Koppelmann, U. (1971), Grundlagen der Verpackungsgestaltung, Herne u. a.
Koppelmann, U. (1997), Produktmarketing: Entscheidungsgrundlagen für Produktmanager, 5. Aufl., Berlin u. a.
Korte, C. (1995), Customer Satisfaction Measurement, in: Ahlert, D. (Hrsg.), Schriften zu Distribution und Handel, Fankfurt am Main.
Kotabe, M. (1990), Corporate Product Policy and Innovative Behavior of European and Japanese Multinationals: An Empirical Investigation, in: Journal of Marketing, Vol. 54, No. 2, S. 19–33.
Kotler, P. (1965), Phasing out weak Products, in: Harvard Business Review, March/April, S. 107–118.
Kotler, P. (1972), A Generic Concept of Marketing, in: Journal of Marketing, Vol. 36, April, S. 46–54.
Kotler, P. (1982), Marketing-Management, 4. Aufl., Stuttgart.
Kotler, P., Bliemel, F. (1999), Marketing-Management: Analyse, Planung, Umsetzung und Steuerung, 9. Aufl., Stuttgart.
Kroeber-Riel, W., Weinberg, P. (1999), Konsumentenverhalten, 7. Aufl., München.
Kucher, E. (1985), Scannerdaten und Preissensivität bei Konsumgütern, in: Albach, H. (Hrsg.), Beiträge zur betriebswirtschaftlichen Forschung, Bd. 58, Wiesbaden.

Kunz, J. (1994), Die Produktbeobachtungs- und die Befundsicherungspflicht als Verkehrssicherungspflichten des Warenherstellers, in: Der Betriebs-Berater, Nr. 7, S. 450–454.

Laakmann, K. (1995), Value-Added-Services als Profilierungsinstrument im Wettbewerb, in: Meffert, H. (Hrsg.), Schriften zu Marketing und Management, Bd. 27, Frankfurt am Main.

Laaksonen, P. (1994), Consumer involvement: concepts and research, London.

LaBahn, D. W., Ali, A., Krapfel, R. (1996), New Product Development Cycle Time, The Influence of Project and Process Factors in Small Manufacturing Companies, in: Journal of Business Research, Vol. 36, No. 2, S. 179–188.

Lange, E. C. (1993), Abbruchentscheidung bei F & E-Projekten, Wiesbaden.

Lilien, G. L., Yoon, E. (1989), Determinants of New Industrial Product Performance: A Strategic Reexamination of the Empirical Literature, in: IEEE Transactions on Engineering Management, Vol. 36, No. 1, S. 3–10.

Luce, R. D., Tuckey, J. W. (1964), Simultaneous Conjoint-Measurement, in: Journal of Mathematical Psychology, No. 1, S. 1–27.

Lundgren, A. (1995), Technological Innovation and Network Evolution, London.

Majer, W. (1969), Programmbereinigung als unternehmenspolitisches Problem, Wiesbaden.

Mannesmann AG (1990) (Hrsg.), Geschäftsbericht 1990, Düsseldorf.

Mannesmann AG (1995) (Hrsg.), Geschäftsbericht 1995, Düsseldorf.

Maucher, H. O., Brabeck-Lethmathe, P. (1991), Auswirkungen des gemeinsamen Marktes auf die Möglichkeit regionaler Produkt- und Preisdifferenzierung. Dargestellt am Beispiel der Nahrungsmittelindustrie, in: Zeitschrift für Betriebswirtschaftliche Forschung, Nr. 12, S. 1108–1128.

Meffert, H. (1973a), Der Prozeß der Neuproduktplanung, in: Das Wirtschaftsstudium, Teil I, S. 51–55 und Teil II, S. 101–105.

Meffert, H. (1973b), Marketing-Mix, Marketing-Modelle und Kommunikationsstrategien, in: Bund Deutscher Werbeberater (Hrsg.), Kommunikation und Wissenschaft, Karlsruhe, S. 55–74.

Meffert, H. (1974a), Interpretation und Aussagewert des Produktlebenszyklus-Konzeptes, in: Hammann, P., Kroeber-Riel, W., Meyer, C. W. (Hrsg.), Neuere Ansätze der Marketingtheorie, Festschrift zum 80. Geburtstag von Otto Schnutenhaus, Berlin, S. 85–134.

Meffert, H. (1974b), Instrumente, absatzpolitische, in: Tietz, B. (Hrsg.), Handwörterbuch der Absatzwirtschaft, Stuttgart, Sp. 887–896.

Meffert, H. (1975), Vertikales Marketing und Marketingtheorie, in: Steffenhagen, H., Konflikt und Kooperation in Absatzkanälen: Ein Beitrag zur verhaltensorientierten Marketingtheorie, in: Meffert, H. (Hrsg.), Schriftenreihe Unternehmensführung und Marketing, Wiesbaden, S. 15–20.

Meffert, H. (1976), Die Durchsetzung von Innovationen in der Unternehmung und im Markt, in: Zeitschrift für Betriebswirtschaft, 46. Jg., Nr. 2, S. 77–100.

Meffert, H. (1978), Das Produkt-Mix, in: Koinecke, J. (Hrsg.), Handbuch Marketing, Gernsbach, S. 517–529.

Meffert, H. (1987), Kundendienstpolitik. Eine Bestandsaufnahme zu einem komplexen Marketinginstrument, in: Marketing, Zeitschrift für Forschung und Praxis, 9. Jg., Nr. 2, S. 93–102.

Meffert, H. (1990), Produktalterung als Absatzstrategie, in: Züricher Zeitung, Nr. 49, 28.02.1990, S. 65.

Meffert, H. (1992), Marketingforschung und Käuferverhalten, 2. Aufl., Wiesbaden.

Meffert, H., Bruhn M. (1997), Dienstleistungsmarketing, 2. Aufl., Wiesbaden.

Meffert, H., Burmann, C. (1991), Umweltschutzstrategien im Spannungsfeld zwischen Hersteller und Handel – Ein Beitrag zum vertikalen Ökomarketing, Meffert, H., Wagner, H., Backhaus, K. (Hrsg.), Arbeitspapier Nr. 66 der Wissenschaftlichen Gesellschaft für Marketing und Unternehmensführung e. V., Münster.

Meffert, H., Burmann, C. (1996a), Identitätsorientierte Markenführung – Grundlagen für das Management von Markenportfolios, Meffert, H., Wagner, H., Backhaus, K. (Hrsg.), Arbeitspapier Nr. 100 der Wissenschaftlichen Gesellschaft für Marketing und Unternehmensführung e. V., Münster.

Meffert, H., Burmann, C. (1996b), Value-Added-Services bei Banken, in: Bank & Markt, 25. Jg., April, S. 26–29.
Meffert, H., Burmann, C. (2000), Product Life Cycle Management – Grundmodell und neuer Entwicklungen, in: Thexis, Nr. 2, S. 6–10.
Meffert, H., Kirchgeorg M. (1998), Marktorientiertes Umweltmanagement, 3. Aufl., Stuttgart.
Meffert, H., Wehrle, F. (1982), Strategische Unternehmensplanung, in: Meffert, H. (Hrsg.), Arbeitspapiere der Wissenschaftlichen Gesellschaft für Marketing und Unternehmensführung e. V., Nr. 4, Münster.
Meinig, W. (1984), Produktdifferenzierung durch Dienstleistung, in: Marktforschung, Nr. 4, S. 133–142.
Merkle, E. (1981), Die Erfassung und Nutzung von Informationen über den Sortimentsverbund in Handelsbetrieben, in: Dichtl, E., Böcker, F. (Hrsg.), Schriften zum Marketing, Berlin.
Mertins, K., Kohl, H. (1999), Benchmarking '99: Steigerung der Wettbewerbsfähigkeit privater und öffentlicher Unternehmen, 2. Aufl., o. O.
Mertins, K. et al. (1995), Benchmarking, Praxis in deutschen Unternehmen, Berlin u. a.
Meyer, A. (1985), Produktdifferenzierung durch Dienstleistungen, in: Marketing, Zeitschrift für Praxis und Forschung, 7. Jg., Nr. 2, S. 99–107
Meyer, J. (Hrsg.) (1996), Benchmarking, Stuttgart.
Moorman, C., Miner, A. S. (1995), Walking the Tightrope: Improvisation and Information Use in New Product Developement, Marketing Science Institute (Hrsg.), March.
Morita, A. (1992), Made In Japan, Tokyo.
Morwind, K. (1995), Praktische Erfahrungen mit Benchmarking, in: Zeitschrift für Betriebswirtschaft, 65. Jg., Nr. 2, S. 25–39.
O'Meara, J. T. (1961), Selecting Profitable Products, in: Harvard Business Review, No. 1, S. 83–89.
o. V. (1995), ECR erfordert neue Strukturen – Handel und Industrie auf dem Weg in eine neue Ära, in: Dynamik im Handel, Nr. 4, S. 18–21.
o. V. (1996a), Der Preis-Brecher, in: Manager Magazin, 26. Jg., Mai, S. 104–109.
o. V. (1996b), Ein neues System soll der Fotoindustrie neuen Schwung geben, in: Frankfurter Allgemeine Zeitung vom 18.04.1996, S. 19.
o. V. (1996c), Daimler-Benz zeigt Brennstoffzellen-Auto, in: Frankfurter Allgemeine Zeitung vom 15.05.1996, S. 32.
o. V. (1996d), Bei Hailo gibt es einen Innovationsmanager, in: Frankfurter Allgemeine Zeitung vom 9.08.1996, S. 18.
Osborn, A. F. (1963), Applied Imagination, 3. Aufl., New York.
Oschmann, A. (1996), Im Land der unbegrenzten Garantie, in: Der Handel, Nr. 11, S. 22–23.
Ostmeier, H. (1990), Ökologieorientierte Produktinnovationen, Frankfurt am Main u. a.
Perrey J. (1996), Erhebungsdesign-Effekte bei der Conjoint-Analyse, in: Marketing, Zeitschrift für Forschung und Praxis, 18. Jg., Nr. 2, S. 105–116.
Perridon, L., Steiner, M. (1999), Finanzwirtschaft der Unternehmung, 10. Aufl., München.
Pessemier, E. A. (1982), Product Management, Strategy and Organisation, 2. Aufl., New York u. a. (zitiert nach 1. Aufl. 1977).
Peters, T. J., Watermann, R. H. (1983), Auf der Suche nach Spitzenleistungen, Landsberg am Lech.
Pfeiffer, S. (1981), Die Akzeptanz von Neuprodukten im Handel, in: Meffert, H. Steffenhagen, H., Freter, H. (Hrsg.), Schriftenreihe Unternehmensführung und Marketing, Wiesbaden.
Pfeiffer, W, Bischof, P., (1981), Produktlebenszyklus-Instrument jeder strategischen Produktplanung, in: Steinmann, H. (Hrsg.), Planung und Kontrolle, München, S. 133–165.
Picot, A. (1991), Ein neuer Ansatz zur Gestaltung der Leistungstiefe, in: Zeitschrift für betriebswirtschaftliche Forschung, Heft 4, S. 336–357.
Pine, B. J. (1994), Maßgeschneiderte Massenfertigung. Neue Dimensionen im Wettbewerb, Wien.
Pleschke, F., Sabisch, H. (1996), Innovationsmanagement, Stuttgart.

Poggenpohl, M. (1994), Verbundanalyse im Einzelhandel auf der Grundlage von Kundenkarteninformationen, Eine empirische Untersuchung von Verbundbeziehungen zwischen Abteilungen, in: Meffert, H. (Hrsg.), Schriften zu Marketing und Management, Frankfurt am Main.
Priemer, W. (1970), Produktvariation als Instrument des Marketing, Berlin.
Quelch, J. A., Kenny, D. (1995), Markenpolitik I: Lieber den Gewinn steigern als die Zahl der Varianten, in: Harvard Business Manager, Nr. 1, S. 94–101.
Quinn, J. B., Doorley, T. L., Paquette, P. C. (1990), Wie Dienstleister Industrien umkrempeln, in: Harvard Manager, No. 4, S. 133–142.
Rehorn, J. (1988), Werbetests, Neuwied.
Reinöhl, E. (1981), Probleme der Produkteliminierung, in: Albach, H., Krümmel, H.-J., Sabel, H. (Hrsg.), Bonner Betriebswirtschaftliche Schriften, Bonn.
Riebel, P. (1994), Einzelkosten- und Deckungsbeitragsrechnung. Grundfragen einer markt- und entscheidungsorientierten Unternehmensrechnung, 7. Aufl., Wiesbaden.
Ries, A. (1996), Strategiewandel: Zurück zum Fokus, in: Absatzwirtschaft, 39. Jg., Nr. 9, S. 58–63.
Rogers, E. M. (1962), Diffusion of Innovation, 3. Aufl., New York 1983 (zitiert nach 1. Aufl., 1962).
Rohlmann, P. (1977), Marketing in der Rezession, in: Meffert, H., Steffenhagen, H. (Hrsg.), Unternehmensführung und Marketing, Wiesbaden.
Röttger, W.-A. (1980), Produktvariation als Marketing-Strategie zur Erhaltung des Angebotserfolges, in: Fördergesellschaft Produkt-Marketing (Hrsg.), Beiträge zum Marketing.
Rommel, G. et al. (1995), Mit Hochleistungskultur und Kundennutzen an die Weltspitze, Stuttgart.
Rothe, J. T. (1970), The Product Elimination Decision, in: MSU Business Topics, Herbst, S. 45–52.
Rüggeberg, H. (1997), Strategisches Markteintrittsverhalten junger Technologieunternehmen. Erfolgsfaktoren der Vermarktung von Produktinnovationen, Wiesbaden.
Rüter, H. (1993), Eine sehr solide Technik. Scannerkassen im Warenhaus, in: Dynamik im Handel, Heft 7, S. 10–14.
Sanchez, R. (1996), Strategic Product Creation: Managing New Interactions of Technology, Markets and Organizations, in: European Management Journal, Vol. 14, No. 2, April, S. 121–138.
Sands, S. (1983), Problems of Organising for Effective New Product Development, in: European Journal of Marketing, Vol. 17, No. 4, S. 18–33.
Scheuch, F., Holzmüller, H. (1983), Innovation und Preispolitik, in: Wirtschaftswissenschatliches Studium, Nr. 5, S. 225–230.
Schmidt, R. (1996), Marktorientierte Konzeptfindung für langlebige Gebrauchsgüter, in: Meffert, H, Steffenhagen, H., Freter, H. (Hrsg.), Schriftenreihe „Unternehmensführung und Marketing", Wiesbaden.
Schmitt-Grohé, J. (1972), Produktinnovation – Verfahren und Organisation der Neuproduktplanung, in: Meffert, H. (Hrsg.), Schriftenreihe „Unternehmensführung und Marketing", Wiesbaden.
Schnedlitz, P. (1985), Ein ganzheitlicher Ansatz zur Selektion von Produktinnovationen, in: Jahrbuch der Absatz- und Verbrauchsforschung, 31. Jg., S. 138–166.
Schott, G. (1988), Kennzahlen, Instrument der Unternehmensführung, 5. Aufl., Stuttgart.
Schreyögg, G. (1984), Unternehmensstrategie, Berlin u. a.
Schulz, W. (1975), Die Nutzung der Verkaufsfläche im Lebensmittel-Einzelhandel. Analyse, Methodik, Anwendungsschwerpunkte, Basel.
Schumpeter, J. (1912), Theorie der wirtschaftlichen Entwicklung, Leipzig.
Schürmann, U. (1993), Erfolgsfaktoren der Werbung im Produktlebenszyklus. Ein Beitrag zur Werbewirkungsforschung, in: Meffert, H. (Hrsg.), Schriften zum Marketing, Bd. 19, Frankfurt am Main.
Schweiger, G., Schrattenecker, G. (1995), Werbung, 4. Aufl., Stuttgart.
Servatius, H. G. (1988), New Venture Management, Wiesbaden.

Shocker, A. D., Srivastava, V. (1973), A Consumer-Based Methodology for the Identification of New Product Ideas, Working Paper No. 43, March, Graduate School of Business, University of Pittsburgh.
Sikora, J. (1976), Handbuch der Kreativ-Methoden, Heidelberg.
Simon, H. (1985), Goodwill und Markenstrategie, Wiesbaden.
Spiller, A. (1996), Ökologieorientierte Produktpolitik, Marburg.
Stahl, P. (1977), Verbundwirkungen im Sortiment. Ein Beitrag zur Erfassung und Messung von Verbundwirkungen im Sortiment von Handelsbetrieben, Münster.
Statistisches Bundesamt (1995), Statistisches Jahrbuch 1995 für die Bundesrepublik Deutschland, Statistisches Bundesamt (Hrsg.), Stuttgart.
Staudt, E., Bock, J., Mühlemeyer, P., Kriegesmann, B. (1990), Anreizsysteme als Instrument des betrieblichen Innovationsmanagements, in: Zeitschrift für Betriebswirtschaft, Nr. 11, S. 1183–1204.
Stauss, B., Seidel, W. (1998), Beschwerdemanagement, 2. Aufl., München u. a.
Steffenhagen, H. (1975), Konflikt und Kooperation in Absatzkanälen. Ein Beitrag zur verhaltensorientierten Marketingtheorie, in: Meffert, H. (Hrsg.), Schriftenreihe Unternehmensführung und Marketing, Wiesbaden.
Stoffels, J. (1989), Der Einsatz von elektronischen Minimarkttests in der Bundesrepublik Deutschland, in: Jahrbuch der Absatz- und Verbrauchsforschung, Nr. 3, S. 245–276.
Storey, C. D., Easingwood, C. J. (1996), Determinants of new product performance, in: International Journal of Service Industry Management, Vol. 7, No. 1, S. 32–55.
Sultan, F., Farley, J. U., Lehmann, D. R. (1990), A Meta-Analysis of Applications of Diffusion Models, Journal of Marketing Research, Vol. 27, February, S. 70–77.
Sultan, F., Farley, J. U., Lehmann, D. R. (1996), Reflections on „A Meta-Analysis of Applications of Diffusion Models", in: Journal of Marketing Research, Vol. 33, May, S. 247–249.
Tennhagen, U. (1993), Produktrelaunch in der Konsumgüterindustrie, Wiesbaden.
Thalmann, W. R. (1983), Was ist ein Öko-Ausweis für Verpackungen, in: Verkauf und Marketing, Nr. 2, S. 9–15.
Thomé, G. (1981), Produktgestaltung und Ökologie, in: Aschoff, C., Müller-Bader, P. (Hrsg.), Schriftenreihe Wirtschaftswissenschaftliche Forschung und Entwicklung, München.
Tomczak, T., Rudolph, T., Roosdorp, A. (Hrsg.) (1996), Positionierung: Kernentscheidung des Marketing, St. Gallen.
Trinkfass, G. (1997), The Innovation Spiral. Launching New Products in Shorter Time Intervals, Wiesbaden.
Trommsdorff, V. (1991), Innovationsmarketing. Querfunktion der Unternehmensführung, in: Marketing. Zeitschrift für Forschung und Praxis, 13. Jg., Nr. 3, S. 178–185.
Trommsdorff, V. (Hrsg.) (1995), Fallstudien zum Innovationsmarketing, München.
Trommsdorff, V., Binsack, M. (1999), Informationsgrundlagen für das Innovationsmarketing, in: Tintelnot, C., Meißner, W., Steinmeier, I., Innovationsmanagement, Berlin u. a., S. 109–121.
Urban, G. L. (1967), Sprinter: A tool for new product decision makers, in: The Industrial Management Review, Spring, S. 43 ff.
Urban, G. L., Hauser, J. R. (1993), Design and Marketing of new Products, 2. Aufl., Englewood Cliffs/N. J.
Utterback, J. M. (1994), Mastering the Dynamics of Innovation, Boston.
Vershofen, W. (1940), Handbuch der Verbrauchsforschung, Berlin.
Vershofen, W. (1950), Wirtschaft als Schicksal und Aufgabe, Wiesbaden.
Volkswagen AG (Hrsg.) (1996), Vorschlagswesen Jahresbericht 1995, Wolfsburg.
Voss, H. (1984), Nutzungsmöglichkeiten von Btx an wissenschaftlichen Hochschulen – dargestellt am Beispiel der Universität zu Köln, Bergisch-Gladbach.
Vossebein, U. (1993), Einsatzmöglichkeiten von Scannerdaten, in: Jahrbuch der Absatz- und Verbrauchsforschung, Nr. 1, S. 23–28.
Wansink, B. (1996), Can Package Size Accelerate Usage Volume?, in: Journal of Marketing, Vol. 60, July, S. 1–14.

Watson, G. H. (1993), Benchmarking: Vom Besten lernen, Landsberg am Lech.
Weiber, R. (1993), Chaos: Das Ende der klassischen Diffusionsmodellierung?, in: Marketing. Zeitschrift für Forschung und Praxis, Nr. 1, S. 35–46.
Wind, Y. J. (1982), Product Policy: Concepts, Methods and Strategy, Reading, Massachusetts.
Wind, Y. J., Robertson, T. S. (1983), Marketing Strategy, New Direction for Theory and Research, in: Journal of Marketing, Vol. 47, No. 1, S. 12–25.
Wind, Y. J., Mahajan, V. (1991), New product Models: Practice, Shortcomings, and Desired Improvements, Working Paper, Marketing Science Institute (Hrsg.), Report Nr. 91–125, Boston.
Winkelgrund, R. (1984), Produktdifferenzierung durch Werbung, Frankfurt am Main u. a.
Witt, J. (1996), Produktinnovation: Entwicklung und Vermarktung neuer Produkte, 8. Aufl., München.
Witte, E. (1973), Organisation für Innovationsentscheidungen, das Promotoren-Modell, Göttingen.
Wittink, D. R., Cattin, P. (1989), Commercial use of conjoint-analysis: An update, in: Journal of Marketing, Vol. 53, Nr. 3, S. 91–96.
Wittink, D. R., Vriens, M., Burhenne, W. (1994), Commercial Use of Conjoint-Analysis in Europe: Results and Critical Reflections, in: International Journal of Research in Marketing, Vol. 11, S. 41–52.
Wolfrum, B. (1994), Strategisches Technologiemanagement, 2. Aufl., Wiesbaden.
Zentes, J. (1987), Neuere Entwicklungen in der Marktforschung: Datengewinnung, in: Marketing, Nr. 1, S. 37–42.
Zwicky, E. (1966), Entdecken, Erfinden, Forschen im morphologischen Weltbild, München.

3. Kontrahierungspolitische Entscheidungen

Das Kontrahierungs-Mix umfaßt alle vertraglich fixierten Vereinbarungen über das Entgelt des Leistungsangebots, über mögliche Rabatte und darüber hinausgehende Lieferungs-, Zahlungs- und Kreditierungsbedingungen. Diese Instrumente des Preis- und Konditionen-Mix sind im Hinblick auf die Marketingziele zu formulieren beziehungsweise auszugestalten.

Charakteristisch für die Ausgestaltung der Kontrahierungspolitik ist dabei ihre **Flexibilität, ihr Wirkungsausmaß und ihre Wirkungsgeschwindigkeit**. Da die kontrahierungspolitischen Entscheidungen unmittelbar mit den jeweiligen Kaufakten zusammenhängen, sind sie im Gegensatz zu den Instrumenten des Produkt- und Distributionsmix relativ **kurzfristig variierbar**. Dies gilt insbesondere für die Preis- und Rabattpolitik. Dabei ist zu beachten, daß die Instrumente des Preis- und Konditionen-Mix eine erhebliche akquisitorische Wirkung ausüben und trotz ihrer kurzfristigen Variabilität auch langfristige Wirkungen zeitigen.

Die **Wirkungsstärke** der Kontrahierungspolitik resultiert aus der Tatsache, daß alle übrigen Marketinginstrumente letztlich auf die Wahrnehmung und Beurteilung des Produktes beziehungsweise der Leistung als „positive" Komponente eines Kaufaktes einwirken, wohingegen die Kontrahierungspolitik die „negative" Komponente beziehungsweise das vom Käufer zu erbringende „Opfer" zur Erlangung der erwünschten Leistung determiniert. In empirischen Studien konnte nachgewiesen werden (Lambin 1969; Tellis 1988; Simon 1992), daß Preisänderungen eine bis zu 20mal höhere Verhaltenswirkung bei den Konsumenten auslösen, als zum Beispiel Veränderungen des Werbebudgets.

In engem Zusammenhang mit der Wirkungsstärke steht die **Wirkungsgeschwindigkeit** kontrahierungspolitischer Maßnahmen. Sowohl Konsumenten als auch Wettbewerber reagieren oftmals unverzüglich auf Preisänderungen. Dies trifft insbesondere auf solche Güter zu, die in kurzem Kaufrhythmus beschafft werden. Die schnelle Reaktion der Wettbewerber auf kontrahierungspolitische Maßnahmen (**Reaktionsverbundenheit**) kann in Deutschland exemplarisch an den fast zeitgleichen Benzinpreisveränderungen der großen Mineralölkonzerne oder den jährlichen Preiserhöhungsrunden in der Automobilindustrie beobachtet werden. Demgegenüber ist bei Maßnahmen der Produkt-, Distributions- und Kommunikationspolitik in der Regel mit verzögerten Verhaltensreaktionen von Kunden und Wettbewerbern zu rechnen.

Das Ausmaß von Konsumenten- und Wettbewerbsreaktionen auf Preisänderungen läßt sich anschaulich am Beispiel der Zigarettenmarke WEST verdeutlichen. Im Januar 1983 wurde der Preis der Zigarettenmarke WEST um 13 Prozent von 3,80 DM auf 3,30 DM gesenkt. In den darauffolgenden 4 Monaten stieg der Absatz der WEST von 60 Millionen auf 1.000 Millionen Zigaretten pro Monat an. Dieser schnelle Erfolg hatte jedoch zur Folge, daß die Wettbewerber nach nur 5 Monaten mit massiven Preissenkungen nachzogen. Der dadurch ausgelöste Preiskampf zerstörte die seit Jahrzehnten stabile Preisstruktur auf dem deutschen Zigarettenmarkt (Simon 1998, S. 7).

3.1 Preispolitik

3.11 Bedeutung der Preispolitik

Die **Bedeutung des Preises** als eine Determinante des Absatzerfolgs von Unternehmungen war in den letzten 150 Jahren **einem stetigen Wandel unterworfen**. Zur Zeit der Begründung der heutigen Wirtschaftstheorie konnte sich ein Produkt gegenüber Konkurrenzerzeugnissen allein über den Preis profilieren. Dies war einerseits eine Folge des geringen Einkommens der Nachfrager und andererseits auf fehlende Differenzierungsmöglichkeiten mittels Werbung, Distribution, Verpackung oder Markenbildung zurückzuführen. Mit zunehmender Industrialisierung, steigendem Pro-Kopf-Einkommen, höherem Lebensstandard und der Verbesserung der Profilierungsmöglichkeiten durch die anderen Marketingaktivitäten änderte sich die Bedeutung der Preispolitik. Aufgrund des Rückgangs der Sensitivität der Nachfrager auf Preisänderungen (Preiselastizität) und der dadurch geringeren Wirksamkeit preispolitischer Aktivitäten mußte der Preis in seiner Bedeutung häufig hinter derjenigen anderer Instrumente, insbesondere der Produktpolitik zurückstehen (Leitherer 1962, S. 82 ff.).

In den letzten Jahren ist demgegenüber zu beobachten, daß die **Bedeutung der Preispolitik wiederum zugenommen hat** (Dolan 1995, S. 174; Simon 1998, S. 2 f.). Dieser Bedeutungsanstieg ist auf unterschiedliche Entwicklungen zurückzuführen:

- Insbesondere durch den Markteintritt einer zunehmenden Zahl von Herstellern aus sogenannten „Billiglohnländern" und die Globalisierung des Wettbewerbs werden etablierte Hersteller in Preiskämpfe hineingezogen, weil neue Wettbewerber bei vergleichbarer Produktqualität oftmals über deutlich niedrigere Preise die Märkte zu erobern versuchen.

- Der wachsende Verdrängungswettbewerb aufgrund massiver Überkapazitäten und eines stagnierenden Marktvolumens in vielen Branchen wird häufig ausschließlich über den Preis geführt.

- Bedingt durch einen immer geringer werdenden Produktdifferenzierungsspielraum kommt es zu einer qualitativen Angleichung der Produkte. Dieser Mangel an Profilierungsmöglichkeiten mittels der Produktpolitik führt zu einer Rückbesinnung auf preisliche Profilierungsalternativen.

- Auch auf der Absatzmittlerebene kommt es aufgrund des Wegfalls der vertikalen Preisbindung immer häufiger zu einem intensiven Preiswettbewerb.
- Der wichtigste Grund für die gestiegene Bedeutung der Preispolitik ist allerdings darin zu sehen, daß sich auf Konsumentenebene ein verstärktes Preisbewußtsein herausgebildet hat. Dies ist insbesondere ein Resultat der in den letzten Jahren stagnierenden beziehungsweise sinkenden Realeinkommen.

Preispolitische Entscheidungen sind vor allem auch deshalb bedeutsam, weil sie **sowohl auf die Mengen- als auch auf die Wertkomponente des Umsatzes** einwirken und damit einen zweifachen Einfluß auf die Erfüllung der obersten Marketing- und Unternehmensziele haben (Hill 1971, S. 89).

Vor diesem Hintergrund **beinhaltet die Preispolitik die Definition und den Vergleich von alternativen Preisforderungen gegenüber potentiellen Abnehmern und deren Durchsetzung unter Ausschöpfung des durch unternehmensinterne und -externe Faktoren beschränkten Entscheidungsspielraums**. Dem Preis kommt im Rahmen der kontrahierungspolitischen Entscheidungen somit eine zentrale Bedeutung zu.

Der Preis beeinflußt einerseits die Entscheidung, überhaupt einen Kauf in einer bestimmten Warengruppe zu tätigen. Andererseits determiniert der Preis aber auch die Auswahl eines bestimmten Produktes im Umfeld der Konkurrenzangebote innerhalb einer Warengruppe sowie teilweise auch die Verwendungsintensität eines Produktes.

Im ersteren Falle erfolgt ein Kauf grundsätzlich nur dann, wenn der dem Produkt vom potentiellen Käufer zugeschriebene subjektive Nutzen größer ist, als der für die Realisierung dieses Produkt- oder Dienstleistungsnutzens zu entrichtende Preis. Mit anderen Worten, der **Nettonutzen** des Produktes, das heißt, die Differenz aus Produktnutzen (Bruttonutzen) und Produktpreis, muß positiv sein (Simon 1998, S. 5). Darüber hinaus sollte der Nettonutzen größer sein als bei den Konkurrenzangeboten.

Zusammenfassend kann festgehalten werden, daß Fehlentscheidungen bei der Festlegung des Preises zu erheblich gravierenderen Gewinneinbußen führen können als beispielsweise die nicht optimale Festlegung des Werbebudgets.

3.12 Ziele und Anlässe preispolitischer Entscheidungen

Um eine operationale Preispolitik gewährleisten zu können, müssen die preispolitischen Entscheidungen an einem Maßstab, den preispolitischen Zielen, gemessen werden. In der Preistheorie wird in der Mehrzahl aller Fälle die **Gewinnmaximierung** als oberstes Ziel der Preispolitik unterstellt. Aber auch in der Praxis nimmt das Ziel der langfristigen Gewinnmaximierung eine überragende Stellung ein (Hilke 1978, S. 16 ff.; Simon 1992, S. 11 ff.). Gleichwohl besteht heute Einigkeit darüber, daß die Gewinnmaximierung nicht die alleinige und schlechthin geltende Maxime der Preispolitik ist. Ausgehend von den Gewinnzielen kann die positive Gewinnkomponente, der Umsatz, oder die negative Gewinnkomponente, die Kosten, stärker betont werden. Die preispolitischen Ziele können somit mehr markt- oder mehr betriebsgerichtet sein.

Satellitentelefonbetreiber kämpft um tragfähigen Kundenstamm

Iridium geht mit drastischen Preissenkungen in die Offensive

HANDELSBLATT, Montag, 21.6.99 uso DÜSSELDORF. Mit einer Kurswende in seiner Marketingstrategie versucht der Satellitentelefonbetreiber **Iridium LLC** sein Überleben zu sichern. Gestern kündigte das Unternehmen drastische Preissenkungen bei den Gesprächsgebühren um bis zu 65 % an, die ab dem 1. Juli in Kraft treten sollen. Iridium betreibt ein Satellitennetz, über das Abonnenten mit einem speziellen Mobiltelefon von jedem Punkt der Erde aus telefonieren können.

„Die Resonanz zeigt uns, daß Iridium sich mit niedrigeren Preisen auf die Kunden konzentrieren muß, die den Dienst am dringendsten brauchen", begründete Iridium-Chef John Richardson den neuen Kurs. Außerdem sei das Tarifkonzept vereinfacht worden, so daß es nun ein einheitlichen Minutenpreis für Auslandsgespräche gebe. Iridium kündigte an, daß auch die Hersteller der Satelliten-Handys, Motorola und Kyocera, die Preise ihrer Produkte senken wollten. Aus Branchenkreisen verlautete, daß diese Preissenkung in der gleichen Größenordnung liegen werde wie bei den Gesprächstarifen.

Damit begegnet Iridium einem der Kritikpunkte an seinem Service. Denn bis Mitte März hatten sich weltweit erst rund 11 000 Kunden entschlossen, zum Preis von 3 000 $ ein ziegelsteinartiges Satellitentelefon zu erwerben, mit dem ein Gespräch bis zu 8 $ pro Minute kostete. Als neue Zielgruppe hat das Unternehmen nun neben reisenden Führungskräften vor allem Regierungsstellen sowie die Öl- und Schiffahrtsindustrie im Auge, die häufig in abgelegenen Weltgegenden arbeiten.

Das Unternehmen trat Spekulationen entgegen, wonach Motorola den Ausstieg aus dem Konsortium erwäge (Handelsblatt vom 17.6.). Iridium arbeite weiter mit allen Geldgebern zusammen, um seine Finanzierung neu zu strukturieren, hieß es. Den Einfluß der nun angekündigten Preissenkungen auf die Geschäftsentwicklung bezeichnete Richardson als „kurzfristigen Effekt". Der erwartete Zuwachs bei den Kundenzahlen werde langfristig jedoch dazu beitragen, den finanziellen Erfolg des Unternehmens sicherzustellen.

Im ersten Quartal 1999 hatte Iridium bei einem Umsatz von 1,45 Mrd. $ einen Verlust von 505 Mill. $ verbucht. Motorola hält einen Anteil von 18 % an Iridium und hat insgesamt 1,6 Mrd. $ in das Satellitenprojekt gesteckt. In Deutschland sind Veba und RWE mit 8,8 % beteiligt. Motorola tritt zudem als haftender Anteilseigner für einen Großteil der 800 Mill. $ hohen Schulden ein.

INSERT 3-23: Handelsblatt, 22.06.1999, S. 13

Marktgerichtete Ziele der Preispolitik sind beispielsweise die Gewinnung neuer oder die Bindung aktueller Kunden (vgl. Insert 3-23), die Gewinnung von Marktanteilen, der Aufbau eines bestimmten Preisimages (preiswertester Anbieter im Markt, exklusives Produkt etc.), die Ausschaltung der Konkurrenz oder die Maximierung des Absatzes. **Betriebsgerichtete Ziele** sind zum Beispiel die Vollbeschäftigung und Arbeitsplatzsicherung oder die Verwirklichung einer optimalen Kostensituation.

Die **Komplexität preispolitischer Entscheidungen** erwächst jedoch nicht allein aus der Vielzahl empirisch nachweisbarer Zielsetzungen, sondern ist auch auf das **Fehlen eindeutiger Ziel-Mittel-Relationen und auf die unterschiedlichen Zielbeziehungen** zurückzuführen.

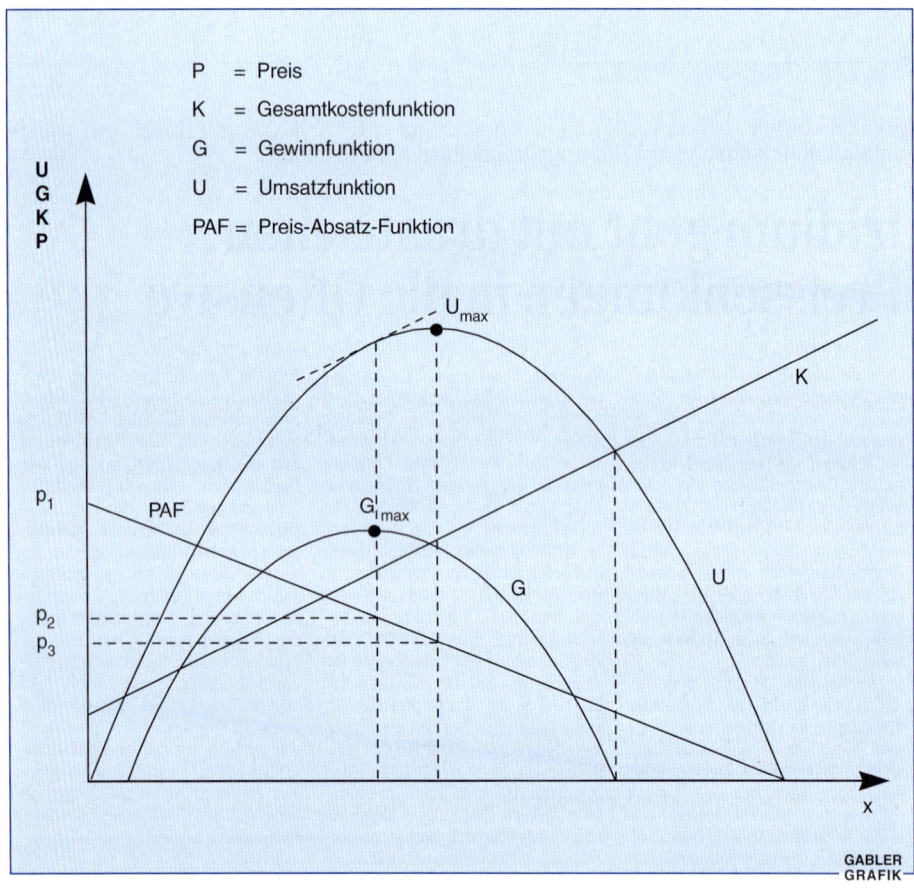

Abbildung 3-86: Zielbeziehung zwischen Umsatz- und Gewinnerhöhung in Abhängigkeit von der Preishöhe

Wie Abbildung 3-86 verdeutlicht, kann eine Preissenkung im Bereich zwischen den Preisen p_1 und p_2 bewirken, daß die angestrebten Ziele der Umsatz- und Gewinnsteigerung gleichermaßen verwirklicht werden. Diese komplementäre Zielbeziehung kann jedoch bei einer weiteren Preissenkung im Bereich zwischen p_2 und p_3 in eine konfliktäre Zielbeziehung übergehen.

Von besonderer Bedeutung bei der Formulierung preispolitischer Ziele ist weiterhin ihr **zeitlicher Bezug**. Bei kurzfristigen Zielsetzungen bieten sich eventuell Handlungsalternativen an, die langfristig die Zielsetzungen der Unternehmung negativ beeinflussen. Nutzen die Anbieter beispielsweise bestehende Versorgungsengpässe der Nachfrager aus (zum Beispiel Knappheit von Ventilatoren und Mineralwasser in langen, heißen Sommern) und fordern einen erhöhten Preis, so müssen sie damit rechnen, daß sich die betroffenen Abnehmer nach der Überwindung des Engpasses aus Vergeltung der Konkurrenz zuwenden. Die preispolitischen Zielsetzungen sind deshalb immer auch unter Berücksichtigung der strategischen Unternehmens- und Marketingziele zu formulieren.

Unabhängig von den im Einzelfall verfolgten Zielen beziehen sich Preisentscheidungen grundsätzlich auf zwei verschiedene Tatbestände: Auf die **erstmalige Festlegung eines Preises** oder auf **Preisänderungen**. Im Konsumgütersektor sind Entscheidungen über den Preis vor allem bei folgenden **Anlässen** zu treffen:

- **Produktinnovationen, -variationen und -differenzierungen:** Erstmalige Festlegung eines Preises bei Neuprodukten oder neuen Produktvarianten. Festlegung der Preisänderung bei Produktmodifikationen.

- **Markterschließung:** Eintritt in neue Märkte mit vorhandenen Produkten. Zum Beispiel Einführung der neuen koreanischen Automobilmarken Ssangyong und Kia in den deutschen Markt.

- **Kostenveränderungen:** Durch Rationalisierungsmaßnahmen, Economies of Scale oder Erfahrungskurveneffekte verbessert sich die innerbetriebliche Kostenstruktur, so daß Preisreduktionen durchgeführt werden können.

- **Programmänderungen:** Ermittlung des optimalen Preisverhältnisses von Produkten innerhalb einer Produktlinie, der Produktlinien zueinander sowie gegebenenfalls unterschiedlicher Marken im Produktprogramm. Diese Preisentscheidung war zum Beispiel bei der Einführung des Audi A3 durch den Volkswagen-Konzern zu treffen. Hier mußte vom Unternehmen unter anderem eine Entscheidung über den Preisabstand zwischen dem Audi A3 und dem VW Golf als direktem Wettbewerber getroffen werden.

- **Konkurrenzreaktionen:** Anpassung der Preise aufgrund neuer Konkurrenzprodukte oder Preisänderungen der Wettbewerber. Volkswagen beispielsweise führte 1996 aufgrund des wachsenden Wettbewerbsdrucks im Segment der unteren Mittelklasse eine indirekte Preissenkung beim VW Golf mittels einer deutlichen Verbesserung des Ausstattungsumfangs durch.

- **Veränderung des Absatzvolumens:** Preisänderungen aufgrund steigender oder zurückgehender Nachfrage nach den eigenen Produkten. Zum Beispiel Preisreduktionen zum Ende des Produktlebenszyklus oder Preiserhöhungen bei Vollauslastung der Produktionskapazitäten.

- **Veränderungen des Marktvolumens:** Veränderung der Preise aufgrund zurückgehender oder stark wachsender Gesamtnachfrage in einem Markt. Zum Beispiel Preisreduktion für Notebook-PCs mit Schwarzweißbildschirmen oder vorübergehende Preiserhöhungen für Benzin zu Beginn der Sommerurlaubsperiode.

3.13 Bestimmungsfaktoren bei der Wahl der Preisstrategie

Die Entscheidung über die Wahl einer den preispolitischen Zielsetzungen entsprechenden Preisstrategie ist von **exogenen** und **endogenen Bestimmungsfaktoren** abhängig. Während die exogenen Bestimmungsfaktoren von der Unternehmung nicht unmittelbar kontrolliert werden können und durch die Konkurrenzsituation oder das Käuferverhalten determiniert sind, lassen sich die endogenen Bestimmungsfaktoren von der Unternehmung beeinflussen.

3.131 Klassische Bestimmungsfaktoren

Anhand der drei wesentlichen Merkmale eines Wettbewerbsvorteils (Simon 1992, S. 60; Backhaus 1999, S. 34 ff.) können grundlegende Bestimmungsfaktoren der Preispolitik verdeutlicht werden. Ein Wettbewerbsvorteil muß sich zunächst auf ein für den Kunden wichtiges Merkmal beziehen. Da die Höhe des Preises direkt den Nettonutzen eines Produktes bestimmt, ist **der Preis ein für viele Konsumenten wichtiges Produktmerkmal**. Eine herausragende Produkteigenschaft muß des weiteren von der Zielgruppe wahrgenommen werden, um von einem Wettbewerbsvorteil sprechen zu können. Die Art der **Wahrnehmung von Preisen** hat einen hohen Einfluß auf die Wirkung von Preisen auf das Konsumentenverhalten. So wird die Wahrnehmung und Verhaltenswirkung von Preisen beispielsweise durch das Wissen der Konsumenten über alternative Preise desselben Produktes in anderen Geschäften oder zu anderen Zeiten ebenso beeinflußt wie durch das Wissen über die Preise direkter Konkurrenzprodukte.

Drittes Merkmal von Wettbewerbsvorteilen ist deren **Dauerhaftigkeit**. Erst die langfristige Verteidigungsfähigkeit eines bestimmten Leistungsmerkmals gegenüber den Konkurrenten führt zu einem Wettbewerbsvorteil. Ein besonders niedriger Preis kann somit nur dann zu einem echten Wettbewerbsvorteil werden, wenn er auf einer günstigen, **wettbewerbsüberlegenen Kostensituation** des Unternehmens beruht, die es ermöglicht, niedrige Preise auf Dauer durchzuhalten. Beispielsweise kann ein Unternehmen durch Rationalisierungen und Reorganisationsmaßnahmen hocheffiziente Produktionsprozesse schaffen, die von der Konkurrenz nicht kurzfristig kopiert werden können. Dieser Zusammenhang verdeutlicht die hohe Relevanz der Kosten für Entscheidungen im Rahmen der Preispolitik.

Neben der Kostensituation stellt die **Sensitivität beziehungsweise Reagibilität der Konsumenten auf Preisänderungen** (Preiselastizität der Nachfrage) eine grundlegende Bestimmungsgröße der Preispolitik dar (vgl. Abbildung 3-87).

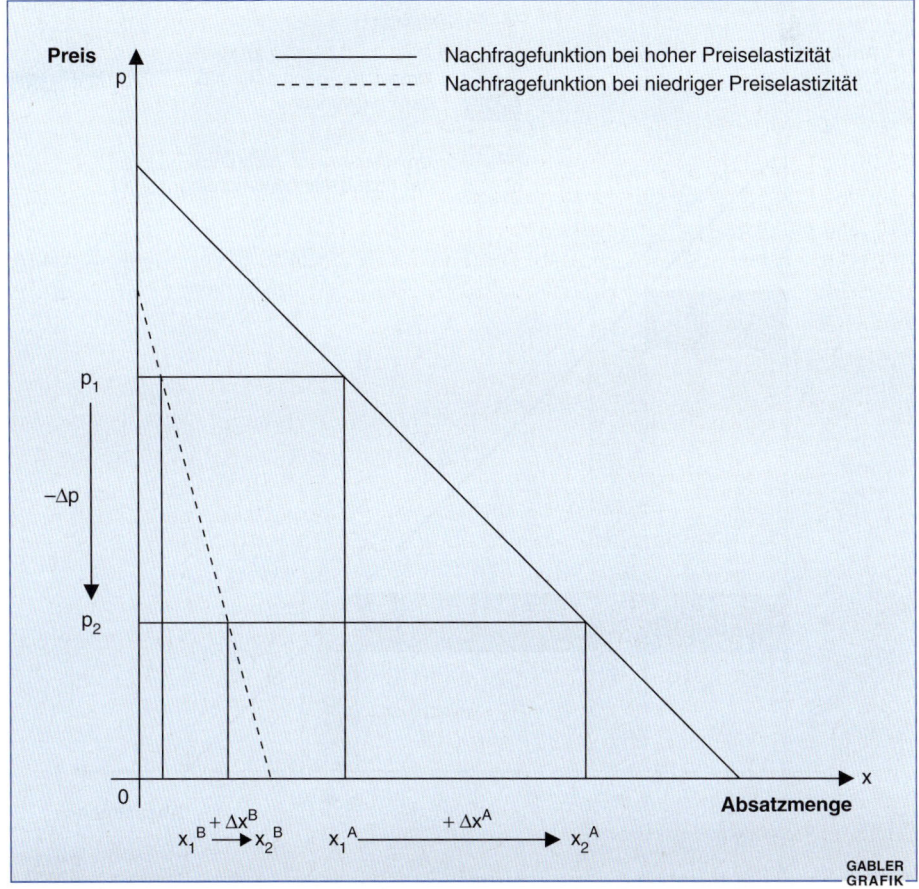

Abbildung 3-87: Nachfragefunktionen bei unterschiedlicher Preiselastizität der Nachfrage

Dabei ist die Preiselastizität der Nachfrage definiert als

$$\text{Preiselastizität Gut } i = \frac{\text{prozent. Absatzveränderung}}{\text{prozent. Preisänderung}} = \eta_{x_i p_i} = \frac{dx_i}{x_i} : \frac{dp_i}{p_i} = \frac{dx_i}{dp_i} \cdot \frac{p_i}{x_i}$$

x_i = Absatzmenge Gut i
p_i = Preis Gut i
dx_i = Absolute Änderung der Nachfragemenge ($x_2 - x_1$)
dp_i = Absolute Preisänderung ($p_2 - p_1$)

Sie kennzeichnet das Verhältnis der relativen Änderung der Nachfrage nach dem Gut i zu der sie auslösenden relativen Änderung des Preises für dieses Gut. Die Preiselastizität nimmt stets negative Werte an, weil Preiserhöhungen (+ dp_i) mit zurückgehenden Absatzmengen (– dx_i) korrespondieren und vice versa.

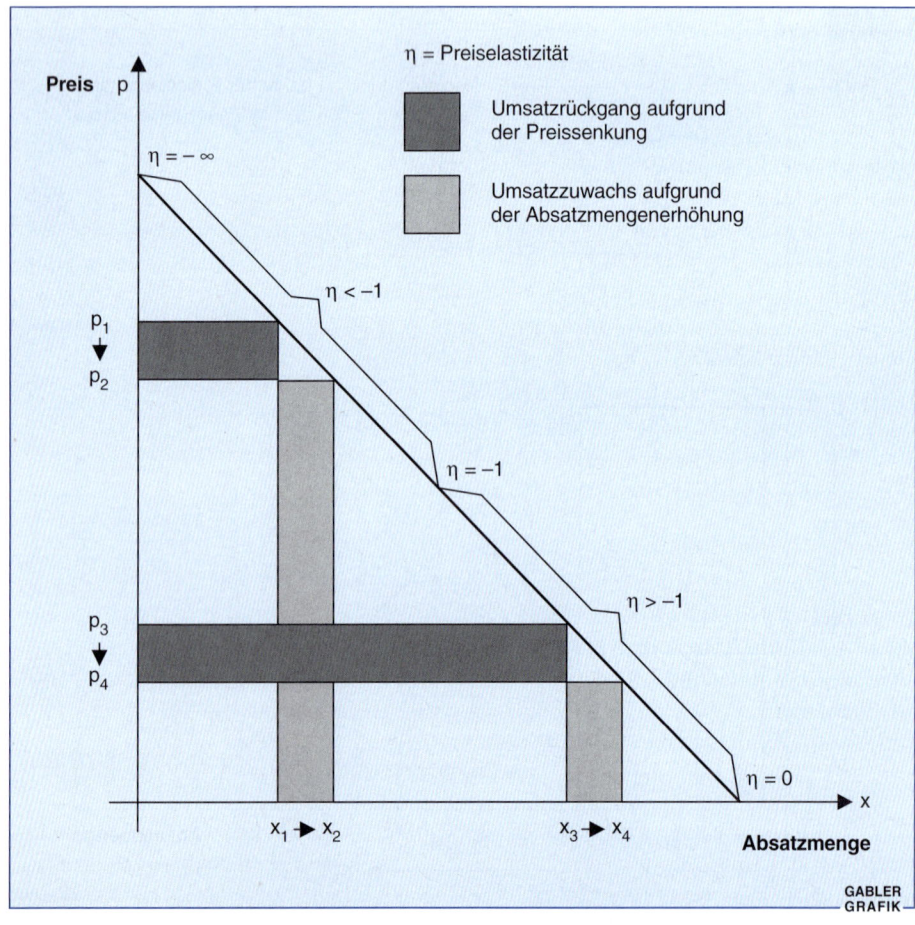

Abbildung 3-88: Preiselastizität der Nachfrage und Umsatz

Abbildung 3-88, in der die Umsätze und Umsatzveränderungen durch Rechtecke wiedergegeben werden, verdeutlicht, daß die Umsatzänderung bei einer Preisvariation wesentlich von der Elastizität der Nachfrage beim Ausgangspreis abhängt. Wird der Preis um einen bestimmten Betrag gesenkt (zum Beispiel von p_1 auf p_2), so nimmt die Nachfrage entsprechend zu (von x_1 auf x_2). Der Umsatz des Anbieters steigt um den durch die Absatzmengenerhöhung verursachten Anteil (helle Schraffierung) und sinkt um den durch die Preissenkung verursachten Anteil (dunkle Schraffierung). Ist der relative Umsatzzuwachs aufgrund der Absatzmengenerhöhung größer (kleiner) als die relative Umsatzabnahme als Folge der Preissenkung, so nimmt der Umsatz zu (ab). Die Preiselastizität ist dann kleiner (größer) als -1. Ist der durch die Absatzmengenerhöhung induzierte relative Umsatzzuwachs gleich der relativen Umsatzabnahme aufgrund der Preissenkung, so bleibt der Umsatz des Anbieters unverändert ($\eta = -1$).

Dieser Sachverhalt läßt sich mit Hilfe der Preiselastizität und des Grenzumsatzes präzisieren, wobei sich die Beziehungen zwischen diesen beiden Größen anhand einer von **Amoroso und Robinson** nachgewiesenen und nach ihnen benannten Relation darstellen lassen. Ausgangspunkt ist die Erlösgleichung:

(1) $\quad U(x) = p \cdot x$

Wird die Nachfragefunktion nicht in der sonst üblichen Form geschrieben, sondern als Umkehrfunktion

(2) $\quad p = f(x),$

so lautet die Erlösfunktion:

(3) $\quad U(x) = f(x) \cdot x$

Durch Differenzierung nach x ergibt sich die Grenzerlösfunktion:

(4) $\quad U'(x) = \dfrac{dU(x)}{dx} = f(x) + f'(x) \cdot x$

(5) $\quad U'(x) = p + \dfrac{dp}{dx} x = p + \dfrac{dp \cdot x \cdot p}{dx \cdot p} = p \left(1 + \dfrac{dp \cdot x}{dx \cdot p}\right)$

(6) $\quad U'(x) = p \left(1 + \dfrac{1}{\frac{dx \cdot p}{dp \cdot x}}\right) = p \left(1 + \dfrac{1}{\eta}\right)$

Der letzte Ausdruck stellt die **Amoroso-Robinson-Relation** dar.

Für $\eta = -1$ nimmt U' den Wert Null an (= Umsatzmaximum), das heißt, eine infinitesimale Preisänderung läßt den Umsatz unverändert. Ist die Preiselastizität der Nachfrage kleiner als -1, so führt eine infinitesimale Preissenkung(-erhöhung) und die damit verbundene Ausweitung (Senkung) des Absatzes zu einer Erhöhung (Senkung) des

Gesamterlöses; U' ist positiv. Hat die Preiselastizität der Nachfrage einen Wert, der größer als –1 ist, so würde eine infinitesimale Preissenkung(-erhöhung) und die damit verbundene Absatzsteigerung(-senkung) zu einem Rückgang (Zuwachs) der Gesamterlöse führen; U' ist dann negativ (vgl. Abbildung 3-89).

Preis- änderung \ Elastizität	$\eta > -1$	$\eta = -1$	$\eta < -1$
Preiserhöhung	Umsatzsteigerung	Umsatz konstant	Umsatzsenkung
Preissenkung	Umsatzsenkung	Umsatz konstant	Umsatzsteigerung

Abbildung 3-89: Elastizität und Preisänderung

Bei einer Preiselastizität größer als –1 bewegen sich somit Preisänderung und Umsatzänderung in gleicher Richtung. Für eine Preiselastizität, die kleiner als –1 ist, verlaufen Preisänderung und Umsatzänderung entgegengesetzt.

Über diese formalen Zusammenhänge hinaus interessieren im Rahmen einer praktischen Preispolitik die Bestimmungsfaktoren der Preiselastizität der Nachfrage. Aufgrund genereller Bestimmungsfaktoren lassen sich jedoch nur grobe Tendenzaussagen über die Höhe der Elastizität ableiten. Folgende **Elastizitätsdeterminanten** verdienen dabei Beachtung (Lynn 1967, S. 10 ff.):

- Die **Verfügbarkeit von Substitutionsgütern** nimmt auf die Preiselastizität Einfluß. Kann ein Produkt nicht durch ein anderes ersetzt werden, so läßt dies auf eine relativ unelastische Nachfrage schließen. Als Beispiel sei auf die Nachfrage nach Heizöl hingewiesen.

- Ein zweiter Faktor, der die Preiselastizität bestimmt, ist die **„Leichtigkeit" der Nachfragebefriedigung**. Kann ein Bedürfnis leicht befriedigt werden, so ist die Nachfrage nach ihm preisunelastisch. Salz ist ein oft zitiertes Beispiel. Es ist unwahrscheinlich, daß selbst eine hohe Preisherabsetzung den Absatz stark erhöht. Der Wunsch nach einem qualitativ anspruchsvollen Fernsehgerät ist demgegenüber ein weniger „leicht" zu befriedigendes Bedürfnis, die Preiselastizität ist demnach höher.

- Ein dritter Faktor ist die **Dauerhaftigkeit des Gutes**. Der Kauf der meisten dauerhaften Güter kann aufgeschoben und vorgezogen werden, wenn die Preise steigen beziehungsweise sinken. Die Dauerhaftigkeit wird deshalb oft als ein Faktor betrachtet, der die Nachfrage preiselastisch macht (zum Beispiel Automobilkauf).

- Viertens ist die **Dringlichkeit der Bedürfnisse** anzuführen. Hohe Dringlichkeit ist ein Faktor, der die Nachfrage weitgehend preisunelastisch macht (zum Beispiel Medikamente).

- Schließlich kann der **Preis eines Produktes** selbst die Preiselastizität bestimmen. So wird ein sehr teures Konsumgut nur einen geringen Kundenkreis ansprechen. Eine merkliche Preissenkung eröffnet neue Märkte (zum Beispiel bei Videokameras) und ist somit mit einer hohen Preiselastizität verbunden. Andererseits versprechen Preissenkungen bei Gütern mit relativ niedrigen absoluten Preisen (zum Beispiel Tafelschokolade) nicht immer neue Absatzchancen.

3.132 Verhaltenstheoretische Bestimmungsfaktoren

Die Reaktion der Konsumenten auf alternative Preisstrategien wird in nicht unerheblichem Maße von **psychologischen und sozialen Faktoren** beeinflußt. Diese Erkenntnis wird von einer Vielzahl von Untersuchungen gestützt, die mit der klassischen Preistheorie nicht zu vereinbarende Preisreaktionen der Verbraucher aufdeckten und deshalb zu einer stärker verhaltenstheoretisch orientierten Hypothesenbildung führten (unter anderem Tull/Boring/Gonsior 1964; Gabor/Granger 1966; Gutjahr 1972; Zeithaml 1984, 1988; Diller 1988, 1991, 1995; Herrmann/Bauer 1996).

Trotz der unbestrittenen Bedeutung psychologischer und sozialer Bestimmungsfaktoren für Preisstrategieentscheidungen und der diversen Studien zum Einfluß ausgewählter Verhaltenskonstrukte existiert bisher kein geschlossenes Modell über ihren Zusammenhang und Erklärungsbeitrag. Nicht zuletzt die häufig isolierte Betrachtung einzelner, nicht immer überschneidungsfreier Konstrukte durch die verhaltenstheoretische Preisforschung erschweren eine notwendige Gesamtsicht.

Besonderen Stellenwert nehmen die Konstrukte Preisinteresse, Preiskenntnis und Preisbewußtsein, der Prozeß der Preisbeurteilung und die Analyse sogenannter „psychologischer Preise" ein. Das **Preisinteresse** bezieht sich vornehmlich auf die motivationalen Aspekte des Preisverhaltens und wird als Bedürfnis der Verbraucher verstanden, nach Preisinformationen zu suchen und diese bei ihren Kaufentscheidungen zu berücksichtigen (Diller 1982, S. 315 ff.; Diller 1991, S. 86 ff.). Bei der Analyse des Preisinteresses können drei Dimensionen unterschieden werden:

- die Intensität und Stärke des Preisinteresses,
- der Gegenstand des Preisinteresses und
- die beobachtbaren Konsequenzen des Preisinteresses.

Neben der Beachtung der unterschiedlichen motivationalen Grundlagen des Preisinteresses (Konsumbedürfnis, soziales Bedürfnis, Leistungsmotivation und Entlastungsstreben) stellt insbesondere die **Intensität und Stärke des Preisinteresses** einen wichtigen

Indikator für Hersteller und Einzelhandel dar, um preispolitisch frühzeitig auf Entwicklungstrends (wachsende oder nachlassende Preisempfindlichkeit der Verbraucher) reagieren zu können.

Gegenstand des Preisinteresses ist nicht allein die Markenwahlentscheidung, sondern oftmals auch die Wahl der Einkaufsstätte, des Einkaufszeitpunktes oder die Packungsgrößenwahl. Die Einkaufsstättenwahl (vgl. Abbildung 3-90) als Gegenstand des Preisinteresses ist oftmals sogar bedeutender als die Markenwahl (Diller 1982, S. 324 ff.). Die **Verhaltenskonsequenzen des Preisinteresses** sind oftmals geprägt durch ein Entlastungsstreben des Konsumenten, der mit einer seinem Preisinteresse entsprechenden umfassenden Analyse aller Preise in den ihn interessierenden Warengruppen überfordert wäre. Als Ergebnis seiner Untersuchungen zum Preisinteresse formuliert Diller daher vier sogenannte **Vereinfachungsstrategien** des Preisverhaltens insbesondere bei Gütern des kurzfristigen Bedarfs (Diller 1991, S. 94 ff.):

Wie wichtig ist es, auf die unterschiedlichen Preise zu achten ...	Bei der Wahl des Geschäfts	Bei der Markenwahl	Bei der Wahl der Packungsgröße	Bei der Wahl des Einkaufszeitpunkts
Sehr wichtig	42,2 %	31,2 %	37,3 %	16,9 %
Wichtig	38,6 %	39,8 %	33,7 %	34,9 %
Nur manchmal wichtig	14,5 %	24,1 %	10,8 %	16,9 %
Weniger wichtig	3,6 %	4,8 %	12,0 %	9,6 %
Ganz unwichtig	1,2 %	0,0 %	6,0 %	21,7 %

Abbildung 3-90: Subjektiv empfundene Wichtigkeit des Preises bei verschiedenen Einkaufsentscheidungen
(Quelle: Diller 1982, S. 326)

- Die Verbraucher tendieren zur zeitlichen Verlagerung der Informationsaktivitäten von der Kaufvorbereitungs- in die Kaufdurchführungsphase.

- Damit einher geht die Verlagerung von der aktiven zur passiven Aufnahme von Preisinformationen. Es wird auf Preisinformationen zurückgegriffen, die beim Kauf ohne Mühe verfügbar sind.

- Da sich nunmehr der Bedarf unter anderem an den gebotenen Preisinformationen ausrichtet, wird gekauft, was vom Handel als besonders preisgünstig dargestellt wird.

■ Zusätzlich erfolgt eine Vereinfachung des Verhaltens durch die Nutzung generalisierender Einkaufsregeln (zum Beispiel größere Packungen sind preiswerter als kleine Packungen, die Qualität von Markenartikeln ist besser als diejenige unmarkierter Waren, deshalb ist ein höherer Preis gerechtfertigt).

Während das Preisinteresse mehr den motivationalen Aspekt des Preisverhaltens untersucht, gibt die Preiskenntnis Aufschluß über kognitive Prozesse. Dabei werden unter der **Preiskenntnis jegliche Informationen aus dem Langzeitgedächtnis der Konsumenten verstanden, die für die Beurteilung der preisbezogenen Vorteilhaftigkeit beliebiger Produkte oder Dienstleistungen subjektiv relevant sind** (Diller 1988, S. 18). Die Preiskenntnis, häufig auch als Preiswissen bezeichnet, läßt sich anhand der in Abbildung 3-91 dargestellten Dimensionen näher beschreiben. Der Schwerpunkt der bisherigen Preiskenntnisforschung lag auf der Genauigkeit und dem Umfang des Preiswissens, das heißt wie präzise Konsumenten von welchen Produkten die Preise erinnern konnten. Weitere Aspekte der Preiskenntnis sind sowohl die subjektive Sicherheit, mit der Preise erinnert werden, als auch die auf die Verarbeitung von Preisinformationen ausgerichtete Verfügbarkeit von Preiskenntnissen.

Unter dem **Inhalt von Preiskenntnissen** versteht man den Gegenstand und die Qualität von gespeicherten Preisinformationen. Dabei ist ebenfalls die Form von Preiskenntnissen

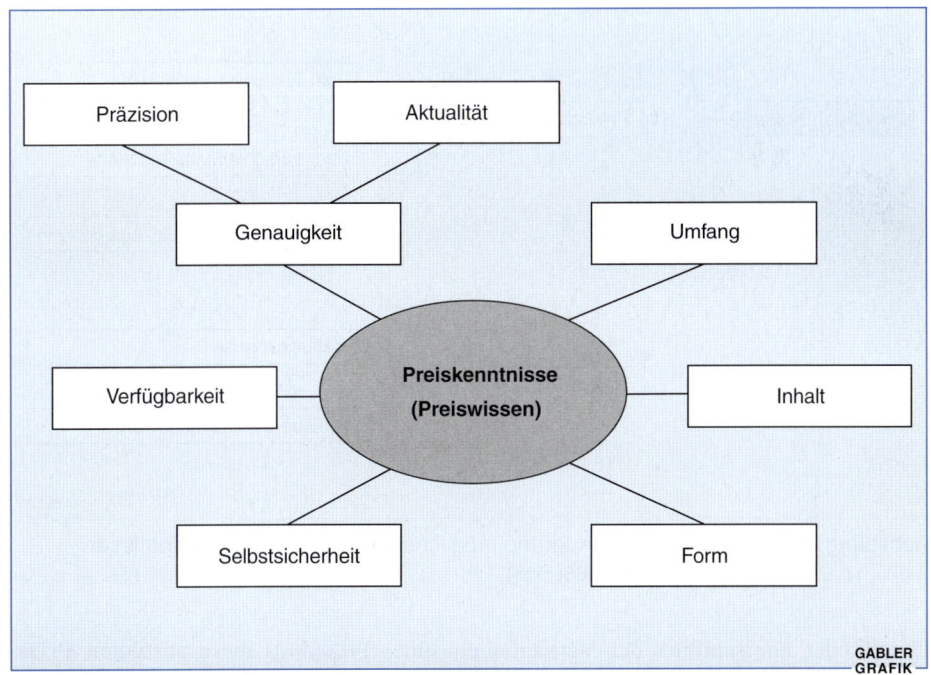

Abbildung 3-91: Charakteristika von Preiskenntnissen
(Quelle: Diller 1988, S. 17)

von Bedeutung. So kann zum Beispiel nicht davon ausgegangen werden, daß Preise auf einem metrischen Skalenniveau kodiert und verarbeitet werden. Häufig werden Preise nur als Rangfolge erinnert. Einen ersten Versuch, den Inhalt von Preiswissen zu strukturieren, unternimmt Diller im Rahmen einer Verbraucherbefragung über zehn Produktkategorien. Danach lassen sich die potentiellen Inhalte von Preiswissen als verfügbare Informationen über Einzelpreise, Preisverteilungen und Preisurteilsanker kennzeichnen (vgl. Abbildung 3-92). Letztere ergeben sich aus der Verknüpfung der Kenntnis von Einzelpreisen und Preisverteilungen mit den individuellen Reaktionsbereitschaften. Bei den Preisurteilsankern kann es sich zum einen um Referenzpreise (zum Beispiel ein als durchschnittlich empfundener Preis in einer Produktkategorie) und zum anderen um Preisbereitschaftsschwellen handeln (Diller 1988, S. 19 f.).

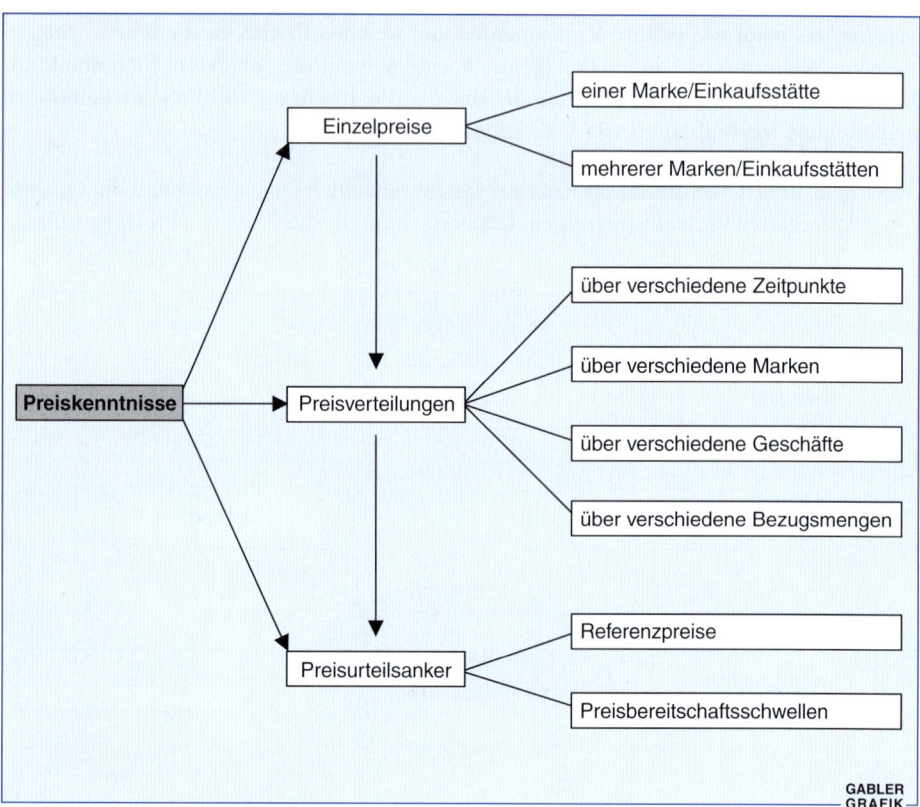

Abbildung 3-92: Formale Aufgliederung möglicher Inhalte von Preiskenntnissen
(Quelle: Diller 1988, S. 5)

Unter- oder überschreitet der Verkaufspreis eines Produktes diese absoluten **Preisschwellen** und damit den Preisnormenbereich, so sinkt der Käuferanteil mehr oder weniger stark ab. Preise unterhalb der unteren Preisschwelle führen in der Regel zu

Zweifeln an der Qualität der Produkte, Preise oberhalb der oberen Preisschwelle werden zum Beispiel aufgrund fehlender Kaufkraft nicht akzeptiert. Die absolute Höhe der Preisschwelle ist dabei insbesondere vom verfügbaren Einkommen und dem Anspruchsniveau der Konsumenten abhängig (Müller 1981, S. 44 f.). Bei laufend steigenden oder fallenden Preisen paßt sich der Preisnormenbereich mit zeitlicher Verzögerung den aktuellen Preisen an (Gutjahr 1981, S. 82 f.). Auch im Rahmen des vom Konsumenten akzeptierten Preisbereiches, das heißt zwischen der oberen und der unteren absoluten Preisschwelle, ist häufig eine sprunghaft verlaufende Preisbeurteilung zu verzeichnen. Der Konsument ordnet die von ihm wahrgenommenen Preise innerhalb einer Warengruppe in bestimmte Kategorien ein, die unterschiedlich groß ausfallen (vgl. Abbildung 3-93). Die Grenzen dieser Kategorien bezeichnet man als relative Preisschwellen.

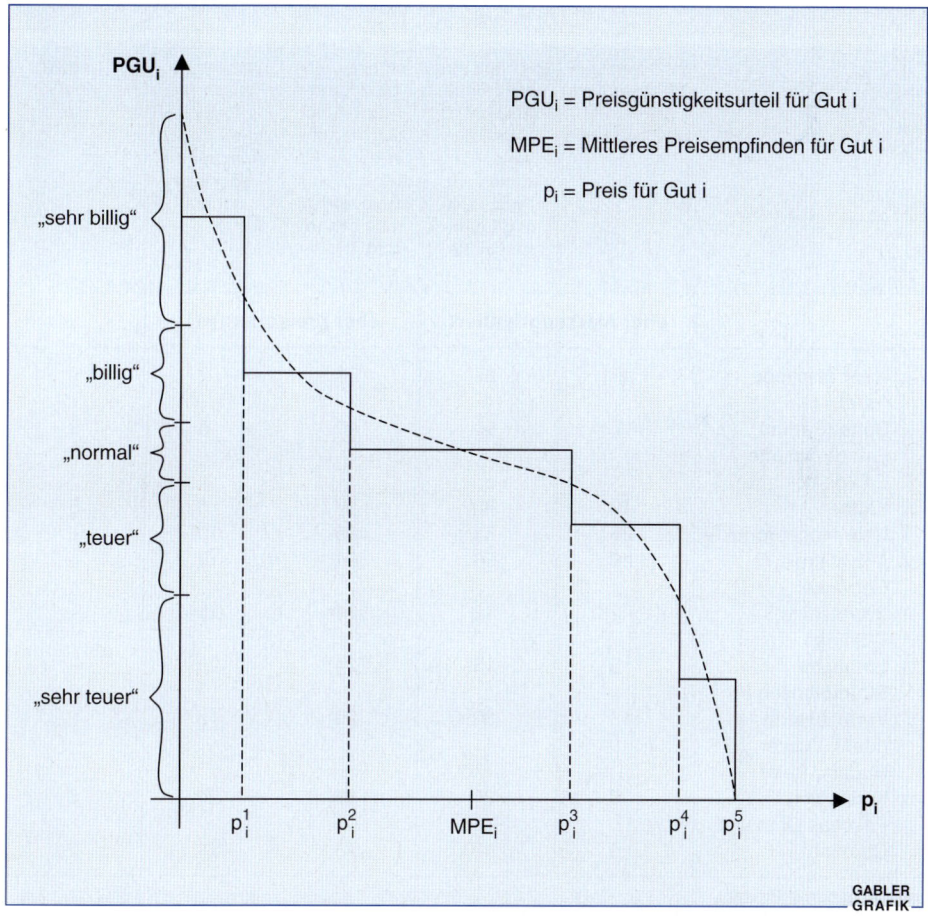

Abbildung 3-93: Relative Preisschwellen und Kategorisierung des Preisurteils
(Quelle: Diller 1991, S. 107)

Die besondere **Bedeutung der Preiskenntnis** für die preispolitischen Entscheidungen von Hersteller und Handel ergibt sich aus einer verbesserten Einschätzung der Erfolgsaussichten einer preisorientierten Marketingstrategie. Neben Hinweisen über die richtige Zusammensetzung preispolitischer Instrumente bieten sich ferner die Unterschiede in den Preiskenntnissen verschiedener Konsumentengruppen als zusätzliches Kriterium einer fundierten Marktsegmentierung an.

Das Preisinteresse, die Preiskenntnis und der Prozeß der Preisbeurteilung sind wichtige Teilaspekte des **Preisbewußtseins**. Dabei werden unter dem Preisbewußtsein Einstellungen und Erwartungen gegenüber dem Verkaufspreis einer bestimmten Produktgruppe oder eines Produktes verstanden (Gutjahr 1971, S. 119 ff.; Diller 1991, S. 53 ff.). Insbesondere aufgrund der Einstellungsdimension kommt dem Preisbewußtsein eine hohe Bedeutung hinsichtlich der Erklärung des Käuferverhaltens zu.

	Ich kaufe aus Überzeugung immer die gleiche Marke	Ich habe eine bestimmte Auswahl an Marken, zwischen denen ich nach Lust und Laune auswähle	Ich habe eine bestimmte Auswahl an Marken, unter denen ich diejenige auswähle, die gerade besonders preisgünstig ist	Ich nehme immer das Preisgünstigste, ohne auf die Marke zu achten	Kaufe ich nie
	eher markenorientiert		eher preisorientiert		
Gesichtspflegemittel	39	27	21	6	7
Düfte (Parfum, Eau de Toilette, Eau de cologne)	17	50	19	5	8
Kaffee	40	30	19	6	5
Haarpflegeprodukte	26	34	29	10	–
Alkoholfreie Getränke	26	36	24	10	–
Sweatshirts, T-Shirts	2	12	21	25	–
Strümpfe/Strumpfhosen	5	15	24	29	–
Vorratswaren (Mehl, Zucker, Nudeln, Reis)	18	33	29	19	2
Konserven	8	30	35	20	6
Frisches Obst und Gemüse	9	40	28	21	2

Alle Angaben in Prozent.
Basis: Deutschsprachige Frauen in Westdeutschland.

GABLER GRAFIK

Abbildung 3-94: Preis- und Markenbewußtsein in verschiedenen Produktgruppen
(Quelle: Gruner & Jahr 1996)

Im Rahmen empirischer Untersuchungen konnte festgestellt werden, daß der Zusammenhang zwischen dem Preisbewußtsein und der Kaufentscheidung stark von der nachgefragten Produktgruppe abhängig ist (vgl. Abbildung 3-94). Deshalb können produktgruppenspezifische Preisbewußtseinsanalysen wichtige Hinweise für die Preispolitik als auch insbesondere für die Markenpolitik liefern.

Ein weiterer Aspekt des Preisbewußtseins betrifft die **Preisbeurteilung** und damit den kognitiven Prozeß der Wahrnehmung und Verarbeitung von Preisinformationen (Hay 1987). Für den Kaufentscheid der Konsumenten ist nicht der objektive Preis eines Produktes, sondern die subjektive Bewertung des wahrgenommenen Preises entscheidend. In diesem Zusammenhang wird zwischen Preisgünstigkeitsurteilen und Preiswürdigkeitsurteilen differenziert.

Im Rahmen von **Preisgünstigkeitsurteilen** bewerten die Konsumenten ausschließlich den Preis und berücksichtigen nicht die Qualität beziehungsweise den Leistungsumfang des jeweiligen Gutes. Ein solches Verhalten kann bei der Preisbeurteilung solcher Produkte beobachtet werden, die vom Konsumenten als austauschbar wahrgenommen, gleichwohl aber in verschiedenen Einkaufsstätten zu unterschiedlichen Preisen angeboten werden. Das Preisgünstigkeitsurteil hat auch für die Beurteilung von Einkaufsstätten und damit der Imagepolitik von Handelsbetrieben erhebliche Bedeutung.

Preiswürdigkeitsurteile betreffen das Preis-Leistungs-Verhältnis eines Güter- beziehungsweise Dienstleistungsangebotes. Die Preiswürdigkeit kennzeichnet das wahrgenommene Verhältnis zwischen Produktnutzen und zu zahlendem Preis, somit also den Nettonutzen des Produktes. Insoweit wird die Preiswürdigkeit von Art und Ausmaß des subjektiv empfundenen Produktnutzens beeinflußt. Bei Preiswürdigkeitsurteilen handelt es sich zumeist um mehrdimensionale Bewertungsprozesse, in die auch vom Konsumenten wahrgenommene Teilnutzen der Produkte miteinfließen. Für die Anbieter sind insbesondere die zugrundeliegenden Urteilstechniken (zum Beispiel kompensatorisch versus nicht kompensatorisch) von Bedeutung, da sie Hinweise geben, inwiefern eine isolierte Variation des Preises oder eine gemeinsame Veränderung von Preis und einzelnen oder allen Leistungseigenschaften zum gewünschten Erfolg führt (Diller 1991, S. 110 ff.).

Eine Analyse des Preisbewußtseins und der Art der Preisbeurteilung ermöglicht es Herstellern und Händlern, gezielt preispolitische Maßnahmen zu ergreifen. Insbesondere im Einzelhandel ist es üblich, Produkte mit gebrochenen Preisen, die dicht unter einem glatten Preis liegen, anzubieten (Kaas/Hay 1984; Müller/Bruns 1984; Diller/Brielmaier 1996). Diese weitverbreitete Art der Preisstellung wird in der wirtschaftswissenschaftlichen Literatur auch unter dem Stichwort „**Psychologische Preise**" diskutiert. Die Definition gebrochener, runder und glatter Preise ist dabei von der Art der betrachteten Produktgruppe abhängig. Im Lebensmitteleinzelhandel werden beispielsweise alle Preise, die mit der Ziffer 1 bis 9 enden als **gebrochene Preise** bezeichnet (1,99 DM), wohingegen Preise, die auf volle 10 Pfennig lauten als **runde Preise** zu verstehen sind (3,40 DM). **Glatte Preise** sind solche Preise, die auf volle DM-Beträge (10 DM) enden (Diller/Brielmaier 1996, S. 695).

Im Rahmen empirischer Untersuchungen konnte festgestellt werden, daß bis zu 91,7 Prozent der Waren im Einzelhandel mit einem Preis versehen sind, der mit der Ziffer 9 endet (Müller et al. 1982; Diller/Brielmaier 1996). Darüber hinaus konnte auch die Existenz von Glattpreisschwellen empirisch nachgewiesen werden (Müller/Bruns 1982, 1984; Kaas/Hay 1984). Das Überschreiten von Glattpreisschwellen führt teilweise zu erheblichen Absatzeinbußen. Demgegenüber zeigen neuere Untersuchungen im Einzelhandel, daß eine Aufrundung gebrochener Preise nicht zu Absatzeinbußen führt. Stattdessen werden runde Preise als „ehrlicher" wahrgenommen. Auf diese Weise können runde Preise das Preisimage verbessern und die für eine Geschäftsstätte empfundene Sympathie erhöhen (Diller/Brielmaier 1996, S. 708 f.).

3.133 Produktbezogene Bestimmungsfaktoren

Produktbezogene Bestimmungsfaktoren beeinflussen die Reaktion der Konsumenten auf alternative Preisstrategien. Als zentrale Bestimmungsfaktoren sind in diesem Zusammenhang insbesondere die **preisabhängige Qualitätsbeurteilung** und die **Einflüsse des Produktlebenszyklus** zu nennen (Diller 1977, 1988; Simon 1981; Curry/Riesz 1988). Da Konsumenten aufgrund der Vielfalt und Komplexität des Güterangebotes oftmals nicht in der Lage sind, ein objektives Urteil über die Qualität der einzelnen Produktalternativen zu treffen, stufen sie ein Produkt qualitativ vielfach um so besser ein, je höher der Preis des Produktes ist (Shapiro 1968, S. 24; Simon 1977, S. 86 f.). Dieses Verhalten kann auf unterschiedliche Gründe zurückgeführt werden:

- Da der Preis eine eindimensionale Größe ist, können alternative Produktangebote hinsichtlich dieser Größe erheblich einfacher verglichen werden als mittels der vielschichtigen, komplexen Produktqualität (Emery 1969, S. 102).

- Der Konsument hält die Produktionskosten für den Haupteinflußfaktor des Produktpreises. Mit steigendem Produktpreis schließt er deshalb auf einen höheren Produktionsaufwand und damit auf höhere Qualität.

- Der Preis wird auch deshalb als Maßstab zur Qualitätsbeurteilung herangezogen, weil die Konsumenten oftmals die Erfahrung gemacht haben, daß hohe Preise tatsächlich mit guten Produktqualitäten korrelieren (Monroe 1971, S. 519 ff.).

- Am häufigsten wird das vom Konsumenten beim Kauf empfundene Risiko als Bestimmungsgrund für die preisabhängige Qualitätsbeurteilung herangezogen (Lambert 1972, S. 35 ff.; Diller 1977, S. 220 ff.). Die Konsumenten versuchen bei Auftreten eines subjektiv empfundenen Kaufrisikos durch eine preisabhängige Qualitätsbeurteilung das vor dem Kauf empfundene Risiko zu vermindern. Die Höhe des Risikos und damit die Intensität der preisabhängigen Qualitätsbeurteilung wird dabei von einer Vielzahl motivationaler, kognitiver und situativer Faktoren bestimmt (vgl. Abbildung 3-95).

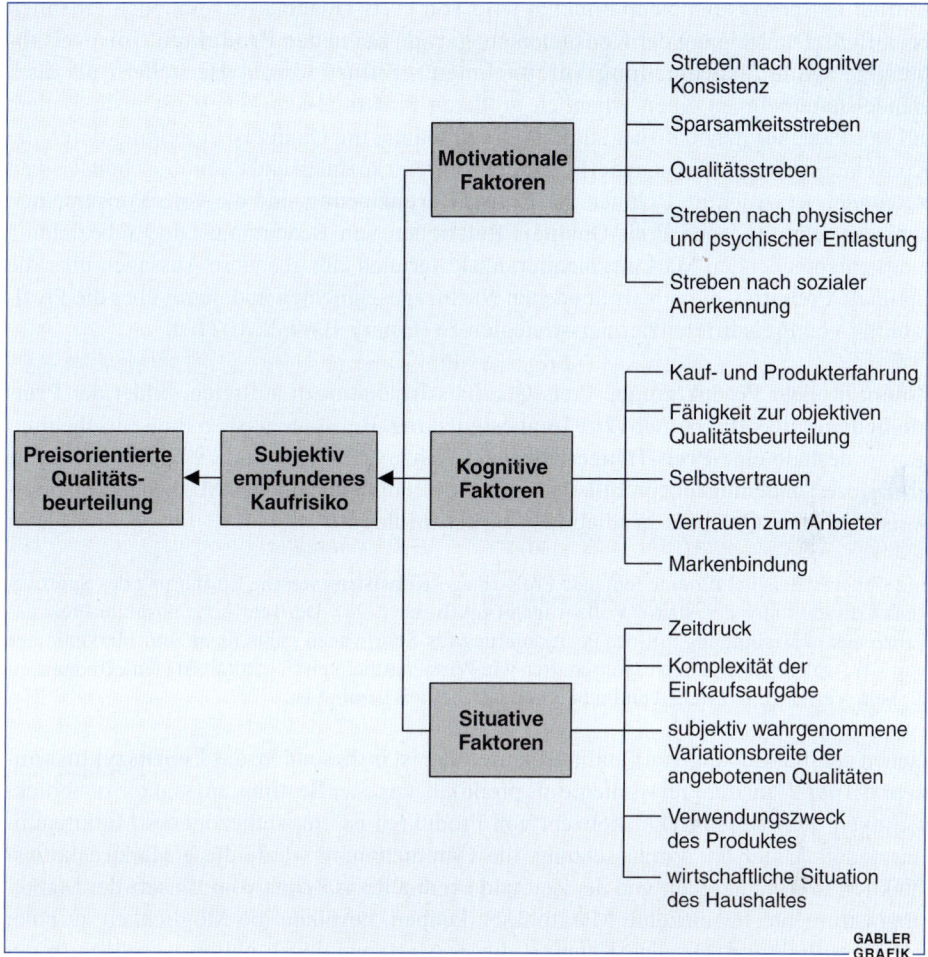

Abbildung 3-95: Einflußfaktoren des subjektiv empfundenen Kaufrisikos
(Quelle: Diller 1977, S. 221)

Zahlreiche, voneinander unabhängige empirische Untersuchungen kamen zu dem weitgehend konsistenten Ergebnis, daß in vielen Produktbereichen Preis-Qualitäts-Irradiationen (Ausstrahlungseffekte) auftreten (Tull et al. 1964, S. 286; McConnell 1968, S. 300). Dabei konnten die Bestimmungsfaktoren der preisbedingten Qualitätsbeurteilung, insbesondere die wahrgenommenen Qualitätsunterschiede einer Produktkategorie, die Verfügbarkeit anderer Qualitätsindikatoren (zum Beispiel Marke) und die Produkt- beziehungsweise Qualitätserfahrungen der Konsumenten empirisch verifiziert werden (Gerstner 1985, S. 214; Curry/Riesz 1988, S. 38; Zeithaml 1988, S. 12; Diller 1991, S. 119).

Ungeachtet dieser Ergebnisse hat die Kenntnis preisabhängiger Qualitätsbeurteilung unterschiedliche Einflüsse auf die Wahl der Preisstrategie. Die Wahl des optimalen

Einführungspreises bei Neuprodukten wird von Preis-Qualitäts-Irradiationen erheblich beeinflußt. Die Neigung der Konsumenten, **gerade bei neuen Produkten eine preisabhängige Qualitätsbeurteilung vorzunehmen**, eröffnet sowohl Herstellern als auch Handelsunternehmen einen erheblich größeren Preisspielraum. Dies gilt insbesondere auf Märkten, auf denen bisher starke Marken fehlen, die Qualitätsbeurteilung durch die Konsumenten besonders schwierig und der Kauf mit sozialen und ökonomischen Risiken verbunden ist. Auch im Rahmen der **Preisdifferenzierung** sind die vom Konsumenten subjektiv empfundenen Preis-Qualitäts-Relationen von Bedeutung. Die Einbeziehung eines entsprechenden Marktsegmentierungskriteriums läßt genauere Aussagen über die optimale Preisstrategie in verschiedenen Nachfragesegmenten und damit über die Profitabilität von Preisdifferenzierungsstrategien zu (Emery 1969, S. 102 ff.).

Sofern in einer Produktgruppe Preis-Qualitäts-Irradiationen auftreten, bildet der **Preis ein bedeutendes Instrument zur Imagesteuerung**. Bei strategischen Preisentscheidungen ist deshalb eine **Preis-Image-Konsistenz** anzustreben (Simon 1992, S. 615 f.). Die erfolglose Sonderangebotspolitik im Einzelhandel mit unbekannten Marken ist beispielsweise auf Preis-Qualitäts-Irradiationen zurückzuführen.

Ein weiteres Beispiel für eine fehlende Preis-Image-Konsistenz war die Einführung des Sportwagens Corrado unter der Marke Volkswagen (vgl. Insert 3-24). Der sehr hohe absolute Preis des Fahrzeugs in Verbindung mit der Positionierung als Sportwagen paßte nicht zum Markenimage von VW, welches eher durch Eigenschaften wie Wirtschaftlichkeit (Unterhaltskosten), Bodenständigkeit, Vernunft, Umweltfreundlichkeit und Sicherheit geprägt ist.

Neben der preisabhängigen Qualitätsbeurteilung ist insbesondere das **Lebenszykluskonzept** bei der Wahl der Preisstrategie als produktbezogener Bestimmungsfaktor zu berücksichtigen. Das Lebenszykluskonzept von Produkten ist ein zeitbezogenes Marktreaktionsmodell. Unter der Voraussetzung, die Unternehmung würde diese Marktreaktionsfunktion in Abhängigkeit von der Zeit und eventuell zusätzlich vom Einsatz der Marketinginstrumente für einzelne Marktphasen kennen, bestünde die Möglichkeit zu einer gezielten Preisstrategie. Die Kenntnis dieser Marktreaktionsfunktion ist jedoch in der Regel nicht gegeben. Ferner läßt sich die Position, die ein Produkt innerhalb seines Lebenszyklus erreicht hat beziehungsweise erreichen wird, nur dann unmittelbar erkennen und Rückschlüsse auf die Preisentscheidung zu, wenn als alleinige Zielsetzung der Preispolitik Umsatzziele verfolgt werden. Sofern Gewinnziele bei der Wahl der Preisstrategie Berücksichtigung finden, muß zusätzlich die zeitliche Grenzkostenentwicklung bekannt sein.

In einer Untersuchung über die Preisentwicklung und den Preis-Qualitäts-Zusammenhang im Lebenszyklus langlebiger Gebrauchsgüter konnte nachgewiesen werden, daß die Preise der ausgewählten Warengruppen im Zeitablauf sinken und gleichzeitig der Preisabstand zwischen den Produkten einer Warengruppe deutlich geringer wird. Zusätzlich wurde festgestellt, daß das Ausmaß der Preis-Qualitäts-Vermutung im Zeitablauf abnimmt (Curry/Riesz 1988, S. 40 ff.). Dies kann auf die wachsende Produkterfahrung der Konsumenten zurückgeführt werden.

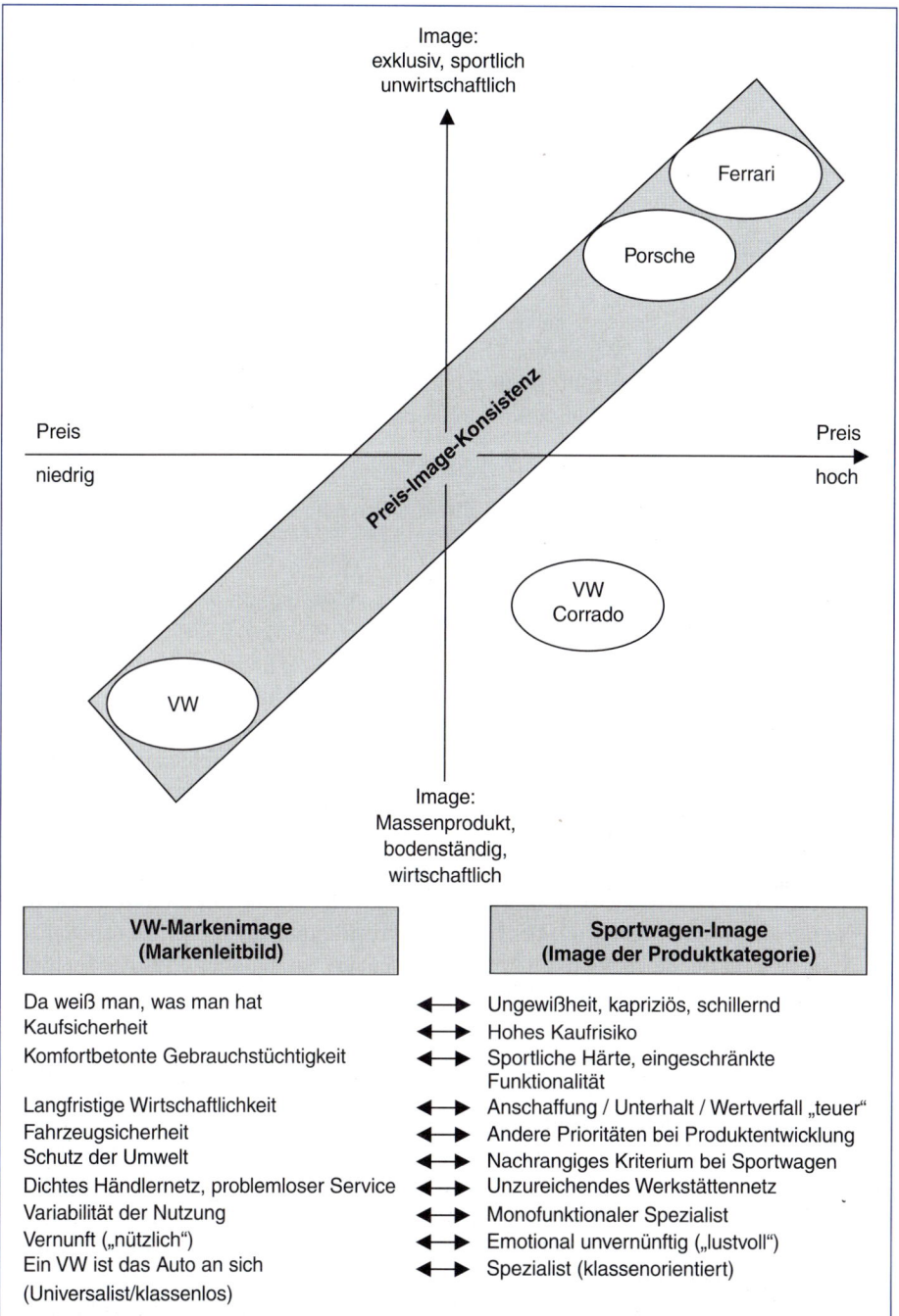

INSERT 3-24: Volkswagen AG, in Anlehnung an Simon 1992, S. 615

Zusammenfassend kann somit festgestellt werden, daß das Produktlebenszykluskonzept lediglich ein hochaggregierter Bestimmungsfaktor der Preispolitik sein kann. Aus diesem Grunde muß generellen Aussagen, die im Verlauf des Produktlebenszyklus unterschiedliche Preisstrategien empfehlen, die Allgemeingültigkeit abgesprochen werden (Simon 1981, S. 81 f.).

3.134 Marktformenspezifische Bestimmungsfaktoren

Bei der Wahl der Preisstrategie müssen auch die marktformspezifischen Determinanten Berücksichtigung finden. Aus diesem Grunde muß jede Unternehmung, bevor sie preispolitische Überlegungen anstellt, ihren relevanten Markt identifizieren und abgrenzen. Zur Klassifikation von Märkten lassen sich theoretische und praxisorientierte Abgrenzungskriterien heranziehen.

In der **klassischen Preistheorie** werden im wesentlichen die folgenden **Marktformenabgrenzungskriterien** eingesetzt:

1. Nach dem **Vollkommenheitsgrad** des Marktes kann zwischen vollkommenen und unvollkommenen Märkten unterschieden werden. Ein Markt wird als vollkommen bezeichnet, wenn alle Marktteilnehmer nach dem Maximumprinzip handeln, also Nutzen- und Gewinnmaximierung anstreben, keine zeitlichen Verzögerungen bei Preisanpassungen auftreten, sowohl auf der Angebots- als auch auf der Nachfragerseite örtliche, persönliche, sachliche und zeitliche Präferenzen fehlen und schließlich vollkommene Markttransparenz herrscht. Ein Markt ist unvollkommen, falls eines dieser Kriterien nicht erfüllt ist (Gutenberg 1984, S. 185).

   Dem vollkommenen Markt kann nur ein **hypothetischer Charakter** zugesprochen werden, da als Ergebnis von Marketingaktivitäten beinahe alle Märkte mehr oder weniger unvollkommen sind. Der Grad der Unvollkommenheit und insbesondere die Kriterien, in denen sich Unvollkommenheit äußert, lassen allerdings Rückschlüsse auf die Erfolgswahrscheinlichkeit unterschiedlicher Preisstrategien zu.

2. Nach der **Anzahl und Größe der Marktteilnehmer** kann zwischen vielen kleinen, wenigen mittelgroßen und einem großen Anbieter beziehungsweise Nachfrager differenziert werden. Verknüpft man diese drei Strukturausprägungen der Anbieter- und Nachfragerseite miteinander, so ergibt sich ein alle Kombinationsmöglichkeiten umfassendes **morphologisches Marktformenschema** (vgl. Abbildung 3-96). Da auf der Mehrzahl der Märkte, insbesondere auf Konsumgütermärkten, eine hohe Anzahl von Nachfragern unterstellt werden kann, **kommt der Marktform des Polypols eine besondere Bedeutung zu**. Auch bei diesem Marktabgrenzungskriterium sind die Auswirkungen auf die Wahl der Preisstrategie direkt ersichtlich. So schließen sich beispielsweise Preisverhandlungsstrategien auf Märkten mit vielen Anbietern und Nachfragern aus.

3. Von besonderer Bedeutung bei der Wahl der Preisstrategie ist die **Intensität der Konkurrenzbeziehungen**. Die Konkurrenzintensität läßt sich mittels des sogenannten **Triffinschen Koeffizienten**, der auch als **Kreuzpreiselastizität** oder Substitutionselastizität gekennzeichnet wird, numerisch bestimmen (Triffin 1971, S. 97 ff.). Dabei wird die relative Preisänderung des Anbieters A und die daraus resultierende Absatzänderung des Anbieters B zueinander in Beziehung gesetzt:

$$T = \frac{dx_B}{x_B} : \frac{dp_A}{p_A}$$

Nachfrage \ Angebot		Viele Kleine	Wenige Mittelgroße	Ein Großer
Viele Kleine	a)	Atomistische Konkurrenz	Angebots-Oligopol	Angebots-Monopol
	b)	Polypolistische Konkurrenz	Angebots-Oligopoloid	Angebots-Monopoloid
Wenige Mittelgroße	a)	Nachfrage-Oligopol	Bilaterales Oligopol	Beschränktes Angebotsmonopol
	b)	Nachfrage-Oligopoloid	Bilaterales Oligopoloid	Beschränktes Angebotsmonopoloid
Ein Großer	a)	Nachfrage-Monopol	Beschränktes Nachfrage-Monopol	Bilaterales Monopol
	b)	Nachfrage-Monopoloid	Beschränktes Nachfrage-Monopoloid	Bilaterales Monopoloid

a) = vollkommener Markt
b) = unvollkommener Markt

Abbildung 3-96: Morphologische Einteilung der Märkte

4. Nach dem **Verhalten der Marktteilnehmer** kann schließlich zwischen den drei Marktformen Monopol, Oligopol und Polypol unterschieden werden (Schneider 1972; Krelle 1976):
   – Der Hersteller hat im Rahmen seiner Preisbildung ausschließlich die Reaktion der Konsumenten zu berücksichtigen, da keine Konkurrenten vorhanden sind oder deren Einfluß nicht zu spüren ist (Monopol).

- Der Hersteller muß im Rahmen seiner Preisbildung neben der Reaktion der Konsumenten zusätzlich das Verhalten seiner Konkurrenten berücksichtigen (Oligopol).
- Der Hersteller hat keinen Spielraum bei der Preisbildung, da er dem Druck vieler Konkurrenten ausgesetzt ist. In einem solchen Fall übernimmt er den bestehenden Marktpreis und verzichtet auf eine eigene Preispolitik (Polypol).

Diesem Kriterium liegen im Unterschied zum zweiten Kriterium keine objektiven Marktgegebenheiten zugrunde, sondern die **Erwartung des Anbieters** bezüglich der Reaktion anderer Marktteilnehmer auf seine preispolitischen Aktivitäten. Letztlich führt dieses Marktabgrenzungskriterium jedoch zu derselben Marktformensystematik wie das zweite Kriterium.

Die in der Preistheorie entwickelten Kriterien zur Abgrenzung verschiedener Marktformen **müssen für praktische Zwecke weiter ergänzt werden**, um die Auswirkungen der Marktform auf die Wahl der Preisstrategie detaillierter analysieren zu können. In diesem Zusammenhang sind insbesondere die Bestimmungsfaktoren Kaufobjekte, Kaufmotive, Träger der Kaufentscheidung, Art des Kaufentscheidungsprozesses, Kaufhäufigkeit und Kaufmenge von besonderer Bedeutung. Je nach Ausprägung dieser Merkmale kann in Verbindung mit den preistheoretischen Abgrenzungskriterien die Marktformentypologisierung stärker detailliert werden. Darüber hinaus sollte bei der Wahl der Preisstrategie auf die bereits im Rahmen der Entwicklung von Marketingstrategien vorgenommene Markt- und Geschäftsfeldabgrenzung zurückgegriffen werden.

3.14 Preispolitische Strategien

3.141 Prinzipien der Preisbestimmung

Preispolitische Aktivitäten hängen in der Praxis sehr stark von der **Risikobereitschaft der Entscheidungsträger** ab. Dies führt zu Preisbildungsstrategien, die in der Tendenz eher zu risikominimierenden als zu gewinnmaximierenden Verhaltensweisen führen (Weinberg et al. 1974, S. 52). Je nach Unternehmenssituation und Umweltlage können dabei **kosten-, nachfrage-, konkurrenz- oder nutzenorientierte Preisbestimmungsprinzipien** zur Anwendung kommen.

3.1411 Kostenorientierte Preisbestimmung

Jede Leistungserstellung und -verwertung bedingt den Einsatz und Verzehr von Produktionsfaktoren, welche die Entstehung von Kosten verursachen. Entscheidungen über den

Faktoreinsatz finden ihren Niederschlag in der Produktions- und in der Kostenfunktion. Die **Produktionsfunktion** gibt an, von welchen Bestimmungsfaktoren der Verzehr der Produktionsfaktoren abhängt (Gutenberg 1968, S. 290f., 1983; Adam 1998, S. 282ff.). Die Multiplikation dieses Mengengerüsts mit den Preisen der Produktionsfaktoren ergibt die Kosten. Aus der Produktionsfunktion wird somit die **Kostenfunktion** abgeleitet.

Die Kosten hängen von mehreren **Kosteneinflußgrößen** ab. Im einzelnen sind dies:

- Ausstattung (Betriebsgröße, Kapazität),
- Fertigungsprogramm (artmäßige, mengenmäßige Zusammensetzung des Programms, zeitliche Verteilung der Fertigstellungstermine),
- Fertigungsprozeß (Arbeitsverteilung, Maschinenbelegung, Lagerhaltung, Auflagengröße, Intensitäten),
- Faktorpreise beziehungsweise Kostenwerte.

Die **Kostentheorie** liefert Erklärungsmodelle über Kostenfunktionen. Bei analytischer Betrachtung beschränken sich die Aussagen meistens auf den Beschäftigungs- beziehungsweise Kapazitätsnutzungsgrad, wobei dieser in Produkteinheiten (x) gemessen wird:

(1) $K = f(x)$

Der funktionale Zusammenhang zwischen Kosten und Beschäftigungsgrad kann lineare und nichtlineare Verläufe aufweisen (vgl. Abbildung 3-97). Es gilt als hinreichend gesichert, daß vor allem in solchen Betrieben, die eine zeitliche Anpassung betreiben, im wesentlichen lineare Kostenfunktionen gelten. S-förmige oder anders gekrümmte Kostenverläufe sind dann zu erwarten, wenn die Intensität der Anlagennutzung variiert, wenn also intensitätsmäßige Anpassung im Produktionsbereich betrieben wird (Adam 1998, S. 341 ff.).

Wichtig für preispolitische Entscheidungen ist die **Trennung zwischen variablen und fixen Kosten**. Variable Kosten sind solche Kosten, die von der Ausbringungsmenge abhängig sind. Fixe Kosten sind solche, die zumindest innerhalb bestimmter Intervalle von der Ausbringung unabhängig sind. Es handelt sich dabei um kurzfristige Kostenfunktionen bei gegebener Betriebsgröße.

Zwischen Kosten und Absatzpreis besteht unter marktwirtschaftlichen Bedingungen kein direkter Zusammenhang, wenn man von der kostenbezogenen Preisbildung bei öffentlichen Aufträgen absieht. Trotzdem gehen zahlreiche Unternehmen bei der Preisbestimmung ausschließlich oder nahezu ausschließlich vom Datenmaterial der Kostenrechnung aus, indem sie die Verkaufspreise mittels der sogenannten **Kosten-plus-Preisbildung** durch einen Aufschlag auf die vorkalkulierten Stückkosten bestimmen.

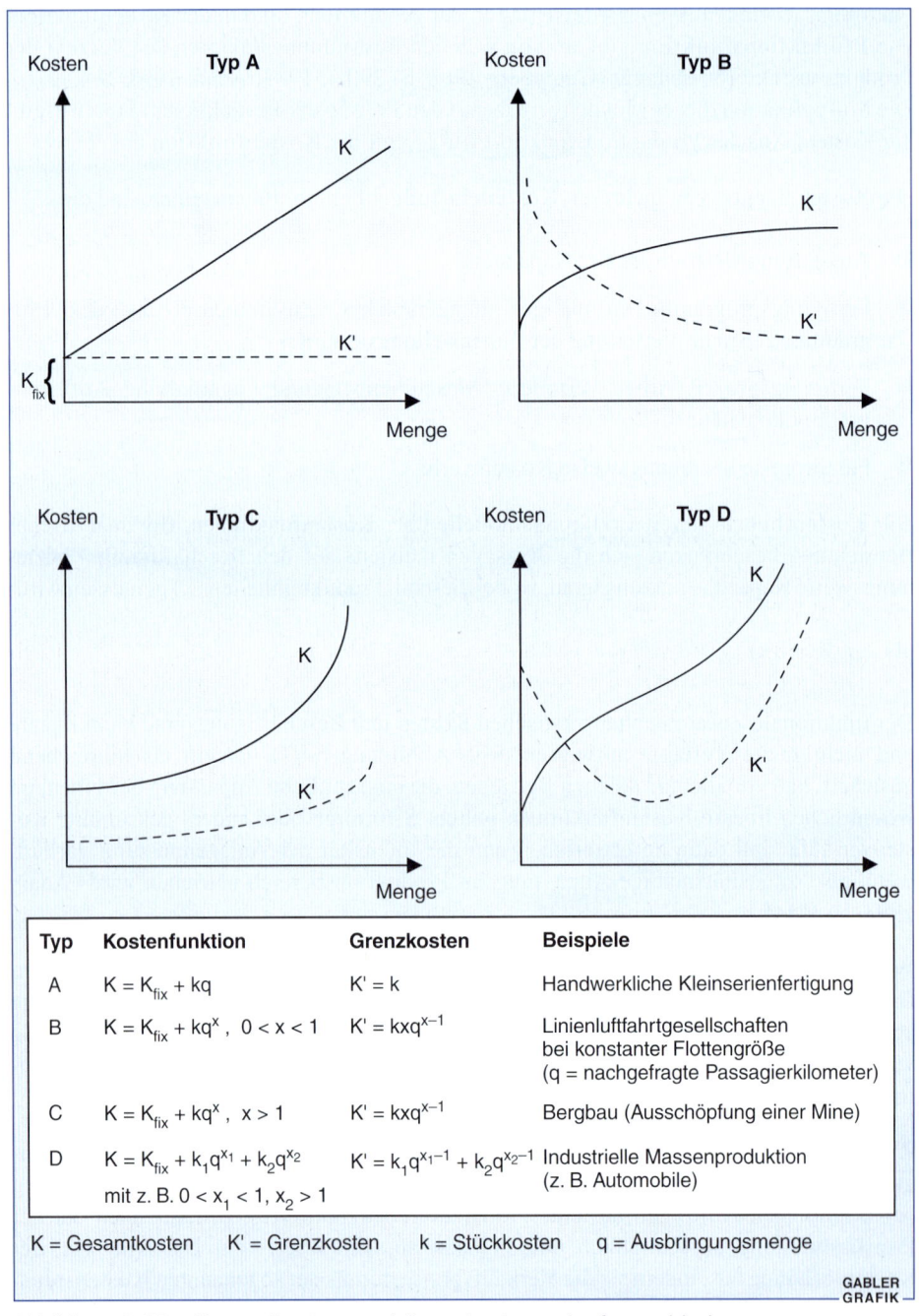

Abbildung 3-97: Gesamtkosten- und Grenzkostenverlauf verschiedener Kostenfunktionen
(in Anlehnung an Simon 1998, S. 14 f.)

(2)   p = vorkalkulierte Stückkosten · (1 + Gewinnzuschlag)

Dabei dienen entweder die gesamten oder nur die variablen Stückkosten als Aufschlagsbasis. Werden die Absatzpreise anhand vorkalkulierter Vollkosten festgelegt, so sind damit erhebliche Probleme verbunden (Kilger 1993):

- Da die in der Vollkostenbasis enthaltenen Fixkosten nicht nach dem Verursachungsprinzip, sondern mittels eines mehr oder weniger **willkürlichen Verteilungsschlüssels** auf die Kostenträger verteilt werden, ist die Aufschlagsbasis durch subjektive Kostenverteilungen beeinflußbar. Die Vollkosten werden um so mehr zu einer problematischen Grundlage der Preisbestimmung, wenn in die Fixkostenschlüsselung Kostentragfähigkeitsüberlegungen eingehen.

- Die Kosten-plus-Preisbildung führt zu einem **prozyklischen Verhalten** der Anbieter im Konjunkturverlauf, da sich die Fixkostenbelastung der Erzeugnisse bei rückläufiger Beschäftigungslage erhöht. Dadurch werden in der Rezession zu hohe und im Boom zu niedrige Absatzpreise festgelegt. Die prozyklische Wirkung der Vollkostenkalkulation kann durch die Kostenschlüsselung auf der Basis der Normalbeschäftigung vermieden werden. Ein antizyklisches Verhalten ist jedoch durch die kostenorientierte Preisbestimmung nicht realisierbar.

- Oftmals sind Unternehmungen mit ihrem Absatzprogramm sowohl in Märkten mit günstigen als auch mit ungünstigen Wettbewerbsbedingungen tätig. Werden in einer derartigen Unternehmenssituation die Absatzpreise rein schematisch aus den vorkalkulierten Vollkosten abgeleitet, so **geht die Möglichkeit des kalkulatorischen Ausgleichs verloren**. In Märkten mit günstigen Wettbewerbsbedingungen wird auf realisierbare Gewinnchancen verzichtet, während sich die Unternehmung in Märkten mit ungünstigen Wettbewerbsbedingungen oftmals völlig aus dem Markt kalkuliert (Männel 1967, S. 769).

- Um einen an den Vollkosten orientierten Absatzpreis festlegen zu können, müssen die für die Bestimmung der stückbezogenen Fixkostenbelastung notwendigen Absatzmengen prognostiziert werden. Da andererseits die realisierte Absatzmenge letztlich auch vom Absatzpreis abhängig ist, können die prognostizierte und die realisierte Absatzmenge erheblich voneinander abweichen (**Zirkelschluß**).

Die Problematik der Preiskalkulation auf Vollkostenbasis soll durch ein vom schwedischen Nationalökonom Cassel entwickeltes Beispiel verdeutlicht werden:

Ein Reisebüro bestellt für mehrere aufeinanderfolgende Wochenenden Sonderzüge mit jeweils 400 Plätzen – alle 2. Klasse – bei der Bahn und verpflichtet sich, für jeden Zug 2.500 DM zu zahlen. Für den ersten Sonntag setzt das Reisebüro den Fahrpreis auf 20 DM fest und es kommen 125 Teilnehmer. Die Erlöse sind mit 2.500 DM ebenso hoch wie die Kosten. Da das Reisebüro aber an diesem Projekt etwas verdienen will, erhöhen seine Disponenten den Preis auf 30 DM.

Am nächsten Sonntag nehmen 50 Personen an der Sonderfahrt teil. Das Ergebnis ist somit eine Einnahme von 1.500 DM und damit ein Verlust von 1.000 DM. Daraufhin stellen die Disponenten des Reisebüros fest, daß die Durchschnittskosten 50 DM pro Person (2.500 : 50) betragen, ihr Unternehmen die Reisenden jedoch für nur 30 DM beförderte. Um endlich einen Gewinn zu erzielen, erhöhen sie abermals den Preis auf 60 DM mit dem Ergebnis, daß der Zug am folgenden Sonntag nur sechs Reisende befördert. Der Verlust steigt jetzt auf 2.140 DM (2.500 – 60 · 6).

Nach diesem Debakel treten die Disponenten erneut zusammen und verwerfen ihr Selbstkostenkonzept. Sie setzen den Preis auf 10 DM herab. Der Erfolg war überraschend. Die Zahl der Reisenden betrug bei der nächsten Sonderfahrt 400. Es entstand also ein Überschuß von genau 1.500 DM. Das Erstaunlichste dieser Preisentscheidung waren aber die auf 6,25 DM pro Person gesunkenen Selbstkosten.

Das Beispiel zeigt, **daß die Preiskalkulation auf Vollkostenbasis nicht als geeignete Grundlage preispolitischer Entscheidungen dienen kann**. Als Alternative bietet sich die Kalkulation auf der Basis von Grenzkosten oder relativen Einzelkosten an (Kilger 1993; Riebel 1994).

(3)   p = vorkalkulierte variable Kosten · (1 + DB-Zuschlag)

Gegenüber der Kalkulation auf Vollkostenbasis haben die variablen Kosten als Basis der Verkaufspreisbestimmung einige Vorteile. Zum einen lassen sie sich nach dem Verursachungsprinzip ohne willkürliche Kostenschlüsselung ermitteln. Darüber hinaus sind sie von Konjunktureinflüssen und anderen Beschäftigungsschwankungen unabhängig. Letztlich bleibt die Flexibilität des kalkulatorischen Ausgleichs und damit eine bewegliche Preispolitik erhalten.

Gleichzeitig ist mit der Anwendung der Preiskalkulation auf Grenzkostenbasis jedoch die Gefahr verbunden, daß die Notwendigkeit der Fixkostenabdeckung in nicht ausreichendem Maße beachtet wird und deshalb ruinöse Preissenkungen ausgelöst werden (Schmalenbach 1934, S. 175). Diese Gefahr läßt sich dadurch vermeiden, daß den Produkten und Produktgruppen neben den proportionalen Selbstkosten **Solldeckungsbeiträge** zugeordnet werden, die auf den Deckungsbedarf abgestimmt sind und der Marktstellung der Produkte entsprechen. Die Solldeckungsbeiträge werden damit zum Bindeglied zwischen kosten- und nachfrageorientierter Preisbestimmung.

Besondere Bedeutung im Rahmen der kostenorientierten Preisbestimmung hat die Ermittlung von **Preisuntergrenzen** erlangt (Diller 1991, S. 163 ff.). Die Festlegung von Preisuntergrenzen hängt dabei ausschließlich von der Kostenstruktur und/oder von den Nachfragestrukturen ab und wird in der Praxis nur durch gegebenenfalls vorhandene Sortimentsbindungen modifiziert (sogenannter preispolitischer Ausgleich). Nach Kilger (1993, S. 673 ff.) ist die Preisuntergrenze definiert als „Preis pro Produkteinheit, bei dessen Unterschreiten unter Berücksichtigung einer bestimmten Zielsetzung eine in Erwägung gezogene Maßnahme gerade noch durchgeführt beziehungsweise unterlassen wird", wobei es im folgenden um die Fortführung oder Stillegung der Produktion eines Produktes geht. Für die Ermittlung von Preisuntergrenzen wird auf Ergebnisse der Kostenrechnung und der Investitionsrechnung zurückgegriffen. Je nach Betrachtungszeitraum kann zwischen langfristigen und kurzfristigen Preisuntergrenzen unterschieden werden.

Da langfristige Entscheidungen nicht auf der Basis der Kosten-, sondern der Investitionsrechnung zu treffen sind, müssen die Preise, die als **langfristige Preisuntergrenze** ermittelt werden, dazu führen, daß der Kapitalwert der für das Produkt relevanten Ein- und Auszahlungen gleich Null ist. In marktwirtschaftlichen Systemen hat ein Unternehmen auf Dauer nur dann eine Existenzberechtigung, wenn die am Markt erzielbaren Preise die Produktions- und Verkaufskosten decken. Wird eine Vollkostendeckung nicht bei jedem Umsatzakt erzielt, so müssen in Kauf genommene Teilkostendeckungen auf lange Sicht durch anderweitige oder zu anderer Zeit erzielte Gewinne ausgeglichen werden. Bei dem hier unterstellten Einproduktunternehmen ist nur ein Zeitausgleich möglich. Um einen exakten Ausgleich im Zeitablauf sicherzustellen, ist der Zeitpunkt des Anfalls von Ein- und Auszahlungen, das heißt Zinseffekte, zu berücksichtigen.

Bei der **kurzfristigen Preisuntergrenze** wird davon ausgegangen, daß es für eine Unternehmung bei gegebener Kapazität in absatzpolitisch schwierigen Situationen **zweckmäßig sein kann, nicht an den vollen Stückkosten festzuhalten** (Teilkostendeckung). Dies ist vor allem dann vorteilhaft, wenn eine hohe Preiselastizität der Nachfrage vorliegt.

Eine Teilkostendeckung erscheint betriebswirtschaftlich gerechtfertigt, wenn der erzielbare Preis kurzfristig wenigstens die Kosten, die durch eine Stillegung der Produktion vermieden werden können – also die variablen Kosten –, deckt. Die Begründung dafür resultiert aus folgender Überlegung: Die fixen Kosten belasten das Betriebsergebnis in jedem Fall, gleichgültig, ob produziert wird oder nicht. Deshalb wird in der Regel die Produktion so lange aufrechterhalten, wie der Umsatz mindestens die variablen Kosten deckt. Die Produktion ist somit „relativ" gewinnbringend, weil sie bei $p > k_v$ zur Deckung der fixen Kosten beiträgt. Die kurzfristige Preisuntergrenze wird somit vom kostenorientierten Standpunkt aus durch die variablen (= vermeidbaren) Kosten bestimmt.

Den hier getroffenen Aussagen zur Preisuntergrenzenbestimmung liegen folgende **vereinfachende Annahmen** zugrunde:

- Der Einsatz des **präferenzpolitischen Instrumentariums** auf Preisuntergrenzen wird nicht berücksichtigt.

- Die Preisuntergrenze als Mindestpreis bezieht sich nur auf **noch nicht produzierte Produkte**. Bereits vorhandene, lagernde Produkte werden bei den Überlegungen zur Preisuntergrenze nicht berücksichtigt.

- Die **finanzielle Situation** der Unternehmung (zum Beispiel bei Liquiditätsengpässen) bleibt unbeachtet.

- Es bleiben solche Kosten unberücksichtigt, die eventuell mit der **Stillegung oder dem Wiederanlaufen** der Produktion entstehen (zum Beispiel Sozialplankosten).

Kontrahierungspolitische Entscheidungen

- Es handelt sich um ein **Einproduktunternehmen**:

  Nur unter dieser Voraussetzung sind die Gesamtkosten einem Produkt eindeutig zurechenbar. Bei Mehrproduktunternehmen sind die totalen Stückkosten eines Produktes aufgrund von in der Regel vorhandenen Kostenträger-Gemeinkosten nicht eindeutig bestimmbar.

  Der absatzpolitisch bedeutsame **kalkulatorische Ausgleich** zwischen mehreren Produkten wird damit ausgeklammert. So kann es bei Mehrproduktunternehmen durchaus sinnvoll sein, daß bei einem Produkt langfristig nur ein teilkostendeckender Preis gefordert wird, um den Absatz eines anderen, besser kalkulierten Produktes zu fördern. Beispielsweise nehmen viele Mobilfunkhändler beim Verkauf von Handys bewußt eine Teilkostendeckung in Kauf (zum Teil werden Handys sogar umsonst abgegeben), um Kunden langfristig an ein bestimmtes Mobilfunknetz zu binden. Dieses Verhalten ist oftmals betriebswirtschaftlich sinnvoll, weil die Kalkulation für den Verkauf eines Mobilfunkvertrages wesentlich besser ist, als für den Verkauf des Handys (vgl. Insert 3-25).

Die Bestimmung kurzfristiger Preisuntergrenzen ist insbesondere in Unternehmen mit einem standardisierten Produktprogramm von Bedeutung. Während für die laufenden Aufträge die variablen Kosten als kurzfristige Preisuntergrenze dienen, müssen bei Zusatzaufträgen spezielle Preisuntergrenzen errechnet werden. Dabei sind variable und fixe Mehrkosten des Zusatzauftrages zu berücksichtigen. Darüber hinaus ist zu analysieren, ob zwischen den laufenden Aufträgen und dem Zusatzauftrag marktgerichtete Interdependenzen auftreten (Kilger 1980, S. 304). Schmälert der Zusatzauftrag die Absatzchancen des laufenden Produktprogramms, so sind die zu erwartenden Gewinneinbußen in die Preisuntergrenzenbestimmung einzubeziehen.

3.1412 Nachfrageorientierte Preisbestimmung

Die auf einem bestimmten Produktmarkt wirksame Nachfrage spiegelt sich letztlich in den Absatzmengen wider, die von einem Produkt zu einem bestimmten Preis verkauft werden. Die Multiplikation der im Absatzmarkt abgesetzten Produktmengen (x) mit den dabei erzielten Preisen (p) ergibt die **Umsatzfunktion**. Eine allein nachfrageorientierte Preisbestimmung herrscht dabei in den Marktformen des Monopols und bei atomistischer Konkurrenz vor.

Geht man davon aus, daß sich eine Unternehmung absatzpolitisch relativ autonom verhalten kann, dann hat die Umsatzfunktion (= Erlösfunktion) in einfachster Form folgendes Aussehen:

INSERT 3-25: VIAG Interkom, Februar 2000

(1)   U = f(p, q, v, w)

U symbolisiert dabei den Umsatz, p die Preisforderung, q die Qualität des Produktes, v die Vertriebsmethoden und w die Werbung. Im Rahmen der folgenden isolierten Modellbetrachtungen zur Preisbestimmung wird dabei stets unterstellt, daß über den Einsatz der übrigen Marketinginstrumente bereits entschieden ist, obwohl strenggenommen alle Instrumente simultan festgelegt werden müßten. Dementsprechend wird bei allen Überlegungen zur Preisfestsetzung von einem unveränderlichen Einsatzniveau aller anderen Marketinginstrumente ausgegangen (**Ceteris-paribus-Prämisse**).

Unter dieser Voraussetzung ist bei Preisvariationen mit einer Änderung der von den Marktpartnern nachgefragten Mengen zu rechnen. Die mengenmäßigen Konsequenzen alternativer Preisstellungen finden in der **Preis-Absatz-Funktion** ihren Niederschlag. Sie zeigt an, welche Mengen des betrachteten Erzeugnisses in der untersuchten Periode bei jeweils verschieden hohen Preisforderungen absetzbar sind:

(2)   x = f(p)

Häufig betrachtet die Unternehmung nicht den Angebotspreis (p), sondern die Absatzmenge (x) als Aktionsparameter. Die Preis-Absatz-Funktion

(3)   p = g(x)

gibt dann an, zu welchem Preis die Nachfrager bereit sind, die von der Unternehmung angebotenen Mengen abzunehmen. Geht man vom Preis als Aktionsparameter aus, so wird die Preis-Absatz-Funktion in der Form

(4)   p = a − bx

verlaufen. Ausgehend von einem Höchstpreis a (**Prohibitivpreis**), bei dem keine Nachfrage nach diesem Gut besteht, verläuft sie mehr oder weniger steil fallend zur Abszisse und endet in dem Punkt der Abszisse, wo der Preis p = 0 beziehungsweise die **Sättigungsmenge** erreicht wird. Dabei stellt b einen Proportionalitätsfaktor dar, der angibt, wie stark der Preis sinkt, wenn der Absatz um eine Mengeneinheit ausgedehnt wird (vgl. Abbildung 3-98).

3.14121   Preisbestimmung im Monopol

Für das Vorliegen einer monopolistischen Angebotsstruktur lassen sich vor allem zwei Gruppen von Entstehungsgründen anführen. Einmal sind es die sogenannten natürlichen, zum anderen die künstlich geschaffenen Monopole. Das **natürliche Monopol** ist dadurch gekennzeichnet, daß ein Anbieter exklusiv über einen bestimmten Rohstoff verfügt. Als Beispiel sind bestimmte Weinlagen oder Mineralwasserbrunnen zu nennen. Zu den **künstlich geschaffenen Monopolen** zählen erstens Monopole, die auf juristischen

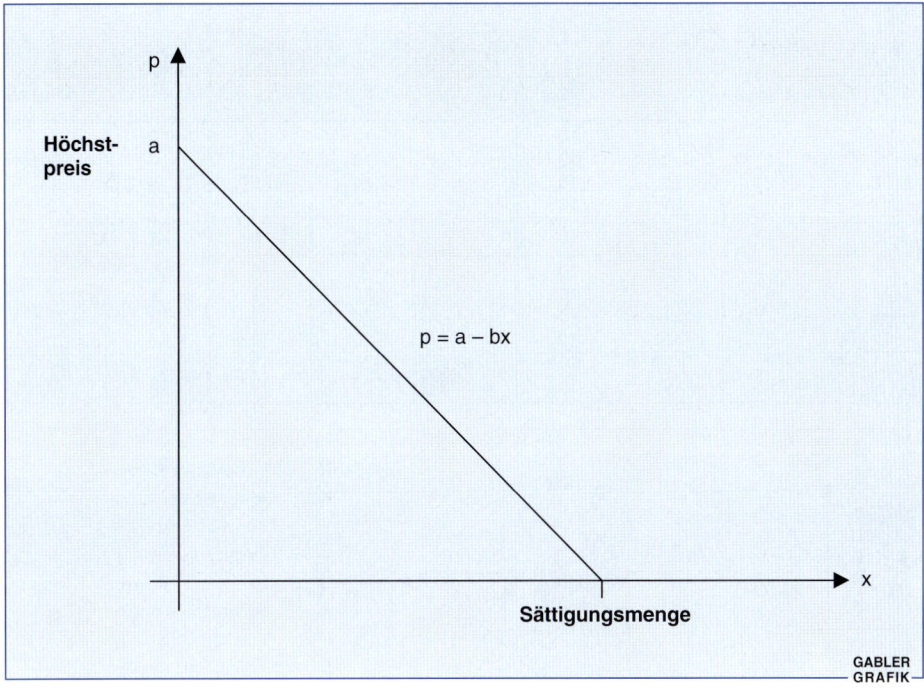

Abbildung 3-98: Nachfragefunktion (Normalfall)

Bestimmungen und Institutionen beruhen (zum Beispiel Patente, Konzessionen, Urheberrechte). Auch Staatsbetriebe wie Post, Elektrizitäts- oder Wasserversorgung gehören hierzu. Ein zweiter Typ künstlich geschaffener Monopole sind die sogenannten Kollektivmonopole. Hierzu zählen vor allem Kartelle, die aufgrund vertraglicher Vereinbarungen (Preisabsprachen) den Wettbewerb beschränken beziehungsweise ausschalten.

Die gewinnmaximale Preisforderung im Monopol wurde bereits von **Cournot** (1838) abgeleitet. Das klassische Modell geht davon aus, daß Nachfrage- und Kostenfunktion bekannt sind und **das Unternehmen die Zielsetzung der Gewinnmaximierung verfolgt**. Es liegen keine finanziellen oder Kapazitätsbeschränkungen vor. Die gewinnmaximale Preisforderung läßt sich graphisch und algebraisch ableiten. Die **graphische Ermittlung** der gewinnmaximalen Preisforderung ist in Abbildung 3-99 wiedergegeben.

Ausgangspunkt ist die linear fallende Preis-Absatz-Funktion N. Aus dieser wird durch Multiplikation der möglichen Preisforderungen mit den zugehörigen absetzbaren Mengeneinheiten die Umsatzfunktion U abgeleitet. Der Gewinn ist definiert als Differenz zwischen Gesamtumsatz und Gesamtkosten. Er verändert sich mit der in der betrachteten Periode absetzbaren Menge des Erzeugnisses, die ihrerseits wiederum vom geforderten Preis abhängt. Bei einem Preis von p_o wird weder ein Gewinn noch ein Verlust erzielt. Man bezeichnet diesen Punkt als Gewinnschwelle. Bei Preisforderungen, die zwischen

Kontrahierungspolitische Entscheidungen

1	2	3	4			5	6	7
Preis p	Nach-gefragte Menge x	Umsatz U (x)	Kosten			Gewinn (3–4C)	Grenz-umsatz U' (x)	Grenz-kosten K' (x)
			K_C (x) 4A	K_V (x) 4B	K (x) 4C			
10	0	0	10	0	10	− 10	10	2
9	1	9	10	2	12	− 3	8	2
8	2	16	10	4	14	+ 2	6	2
7	3	21	10	6	16	+ 5	4	2
6	4	24	10	8	18	+ 6	2	2
5	5	25	10	10	20	+ 5	0	2
4	6	24	10	12	22	+ 2	− 2	2
3	7	21	10	14	24	− 3	− 4	2
2	8	16	10	16	26	− 10	− 6	2
1	9	9	10	18	28	− 19	− 8	2
0	10	0	10	20	30	− 30	− 10	2

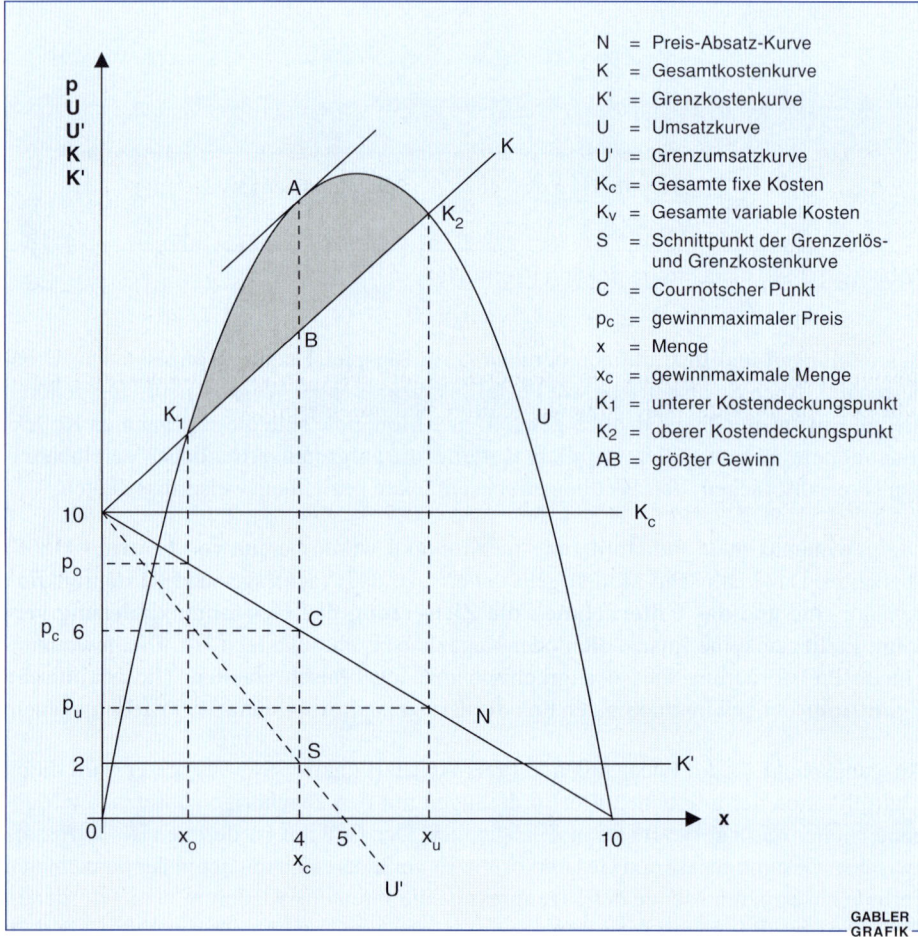

Abbildung 3-99: Gewinnmaximaler Preis bei monopolistischer Angebotsstruktur

p_o und p_u liegen, wird ein mehr oder weniger großer Gewinn erzielt (schraffierte Fläche). Das Gewinnmaximum wird dort erreicht, wo der senkrechte Abstand zwischen Umsatz- und Kostenfunktion am größten ist. Dieselbe Lösung ergibt sich, wenn man vom Schnittpunkt S der Grenzkostenkurve K' mit der Grenzumsatzkurve U' das Lot auf die Preis-Absatz-Funktion fällt (Cournotscher Punkt C).

Bei der **algebraischen Ableitung** der gewinnmaximalen Preisforderung ist die Differenz zwischen Umsätzen beziehungsweise Erlösen und Kosten zu maximieren:

(5) $G(x) = U(x) - K(x) \rightarrow$ max.!

Diese Funktion hat dort ihr Maximum, wo die erste Ableitung nach x gleich Null ist und die zweite Ableitung an dieser Stelle einen negativen Wert annimmt.

(6) $U'(x) - K'(x) = 0$ und $U''(x) - K''(x) < 0$

(7) $U'(x) = K'(x)$

Die optimale Preisforderung liegt also dort, wo die Grenzkosten gleich dem Grenzumsatz beziehungsweise den Grenzerlösen sind, das heißt die Steigungen der Umsatzkurve und der Gesamtkostenkurve einander gleich sind. Das Cournot-Modell liefert trotz aller Vereinfachungen und Realitätsferne eine sehr wesentliche Erkenntnis. Die Analyse weist nämlich nach, daß lediglich die Kenntnis von Grenzkosten, nicht jedoch die absolute Höhe der Gesamtkosten zur Bestimmung eines gewinnmaximalen Preises erforderlich ist. Mit wachsenden oder fallenden Fixkosten verändert sich zwar die absolute Höhe des Gewinns, nicht jedoch die Lage des Cournotschen Punktes. Hieraus läßt sich eine fundamentale, allgemeingültige Schlußfolgerung ziehen:

Die fixen Kosten sind für die Preispolitik, speziell für die Bestimmung des gewinnmaximalen Preises, nicht von Bedeutung. Diese Aussage gilt nicht nur für die Preispolitik im Monopol, sondern auch für alle anderen Marktformen. Deshalb kann die Kostenrechnung auf die Zurechnung der fixen Kosten auf die Erzeugnisse verzichten, ohne ihre Bedeutung einzubüßen (Meffert 1968, S. 142 ff.).

Wird im Monopolmodell nicht die Gewinn-, sondern die **Rentabilitätsmaximierung als Zielsetzung** unterstellt, so ist der Gewinn auf das eingesetzte Kapital C zu beziehen.

Die Rentabilität ist definiert als

(8) $r = \dfrac{G}{C}$

Anstelle einer Differenz zwischen Umsatz und Kosten ist ein Quotient zu maximieren. In der Realität ist vor allem das Streben nach Maximierung der Eigenkapitalrentabilität von Bedeutung (Pack 1962, S. 85 ff.; Kirsch 1968, S. 22 ff.). Der Gewinn ist dann ins

Kontrahierungspolitische Entscheidungen

Verhältnis zum Eigenkapital zu setzen. Interessant ist die Frage, ob die Rentabilitätsmaximierung im Gegensatz zur Gewinnmaximierung im Monopol zu einer gleichen oder anderen Preisforderung führt. Das Ergebnis soll vorweggenommen werden:

- Die Rentabilitätsmaximierung führt nur dann zum gleichen Ergebnis, wenn das eingesetzte Kapital von dem jeweils variierten Aktionsparameter (Preis) unabhängig ist, das heißt, wenn das eingesetzte Kapital konstant bleibt.

- Variiert das eingesetzte Kapital in Abhängigkeit von der Ausbringungsmenge, dann ergibt sich eine andere Lösung als bei der Gewinnmaximierung. Das Streben nach maximaler Kapitalrentabilität führt im Monopol zu einer **kleineren Ausbringungsmenge** und zu einem **höheren Preis** als die Gewinnmaximierung.

In der Realität ist die Annahme eines konstanten Kapitaleinsatzes bei veränderter Ausbringungsmenge kaum haltbar (zum Beispiel Kapitalbindung im Lager). Hängt der Kapitalbedarf von der Ausbringungsmenge ab, also $C = f(x)$, so ergibt sich die maximale Rentabilität durch Nullsetzen der 1. Ableitung der Rentabilitätsgleichung nach der Menge:

(9) $\quad r = \dfrac{G}{C} \quad \rightarrow \quad$ max.!

(10) $\quad \dfrac{dr}{dx} = \dfrac{C \cdot G' - G \cdot C'}{C^2} = 0$

(11) $\quad C \cdot G' = G \cdot C' \quad$ bzw. $\quad \dfrac{G'}{G} = \dfrac{C'}{C}$

Die Kapitalrentabilität wird maximal, wenn die Quotienten aus Grenzgewinn und Gewinn sowie Grenzkapitalbedarf und Kapitalbedarf einander gleich sind (Pack 1962, S. 88). Erweitert man die letzte Gleichung mit x, so erhält man:

(12) $\quad \dfrac{\frac{dG}{dx}}{G} \cdot x = \dfrac{\frac{dC}{dx}}{C} \cdot x$

$\quad \eta_G = \eta_C$

Verbal besagt Gleichung (12): Die Elastizität des Gewinns (η_G) in bezug auf die Menge (x) ist im Optimum gleich der Elastizität des Kapitalbedarfs (η_C) in bezug auf die Menge (x). Über die **Optimumbedingung der Gleichheit von Gewinn- und Kapitalbedarfselastizität** ($\eta_G = \eta_C$) läßt sich das Optimum auch graphisch ableiten.

In Abbildung 3-100 ist die Gewinnfunktion G(x) eingetragen und zusätzlich eine Kapitalbedarfsfunktion C(x). Diese Funktion gibt den Zusammenhang zwischen dem Kapitalbedarf und der Ausbringungsmenge wieder. Der Einfachheit halber wurde angenommen, daß die Kapitalbedarfsfunktion sich aus einem fixen und einem proportionalen Bestandteil zusammensetzt. Die Verlängerung der Kapitalbedarfsfunktion nach links schneidet die Abszisse im Punkt A. Der Fahrstrahl von A an die Gewinnfunktion wird in G* zur Tangente. Der zu G* gehörende Abszissenwert bestimmt die renditemaximale Absatzmenge. Der dieser Menge zugehörige Ordinatenwert der Kapitalbedarfsfunktion ergibt den rentabilitätsmaximalen Kapitalbedarf. Auf die Nachfragefunktion projiziert ergibt sich die zugehörige Preisforderung $p_{r(max)}$.

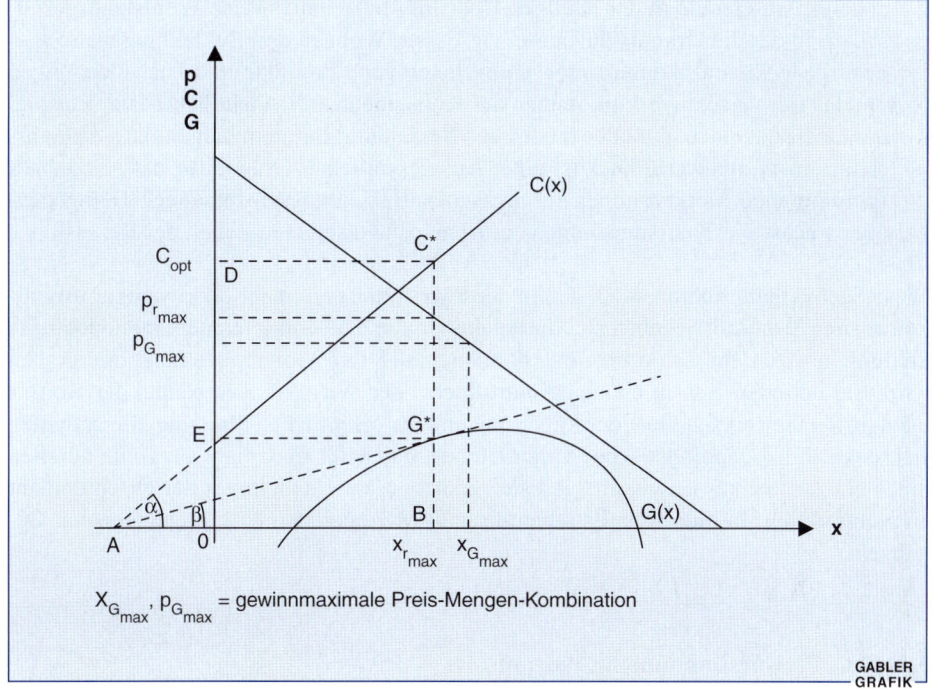

Abbildung 3-100: Ableitung des renditemaximalen Preises im Monopol mit Hilfe von Elastizitäten

Interessant am Rentabilitätskalkül ist der andersartige Informationsbedarf. Im Gegensatz zur gewinnmaximalen Preisforderung determiniert nicht nur die Höhe der Grenzkosten, sondern auch die absolute Höhe der Kosten das Optimum.

Daraus folgt für praktische Entscheidungszwecke, daß Grenzkosteninformationen im Falle der Rentabilitätsmaximierung zwar eine notwendige, aber keine hinreichende Bedingung für die Bestimmung der günstigsten Situation darstellen. Vielmehr sind auch Informationen über die Höhe der Vollkosten und damit über die fixen Kosten erforderlich.

Das bislang betrachtete reine Angebotsmonopol bildet einen Grenzfall mit eher hypothetischem Charakter, weil die Produkte aller Unternehmen in irgendeiner Weise miteinander konkurrieren:

- Einmal konkurrieren Güter miteinander, die zwar nicht gleichartig sind, die aber in etwa den gleichen Zwecken dienen. So gab es zum Beispiel ein Zündholzmonopol, doch die Streichhölzer standen in einer Konkurrenzbeziehung zu Feuerzeugen.

- Darüber hinaus stehen alle Unternehmungen untereinander in einer sogenannten „totalen Konkurrenz". Produkte bestimmter Art konkurrieren mit Gütern völlig anderer Art. Gerade in der heutigen Überfluß- beziehungsweise Wohlstandsgesellschaft, in der die Grundbedürfnisse wie Essen, Wohnen und Bekleidung weitestgehend gedeckt sind, konkurrieren völlig heterogene Produkte und Dienstleistungen um das frei verfügbare Einkommen der Konsumenten. So steht heute zum Beispiel das Bedürfnis nach aktueller modischer Bekleidung mit demjenigen nach Urlaubsreisen im Wettbewerb. Dies ist einer der wesentlichen Gründe für das seit Jahren schrumpfende Marktvolumen im deutschen Bekleidungseinzelhandel. Demgegenüber wächst die Tourismusbranche in Deutschland selbst in Zeiten der Rezession.

Diese Sachverhalte führen dazu, daß in der Praxis meist ein mehr oder weniger **unvollkommenes Monopol** gegeben ist. Unternehmen, die eine dominierende, monopolartige Stellung besitzen, müssen immer damit rechnen, daß ihre Monopolstellung untergraben wird. Sie befinden sich in einem „Kontrollnetz" der Wirtschaftsverbände, der Konsumenten, der Gewerkschaften, der Regierung und der öffentlichen Meinung. Sie verhalten sich deshalb als „apologetische" Unternehmer, das heißt maximale Gewinne bereiten ihnen ein „schlechtes Gewissen" und sie versuchen, ihr Handeln vor der Öffentlichkeit zu rechtfertigen. In aller Regel streben deshalb Monopolisten nach angemessenen Gewinnen.

3.14122 Preisbestimmung im Polypol

Bei **atomistischer Konkurrenz** im Polypol existiert im Gegensatz zum Monopol gemäß den Bedingungen des vollkommenen Marktes ein bestimmter Gleichgewichtspreis $\bar{p}$, der sich aus der Übereinstimmung von Gesamtnachfrage und Gesamtangebot ergibt (vgl. Bartmann et al. 1999). Die Preis-Absatz-Funktion verläuft wegen des für den einzelnen Anbieter unbeeinflußbaren Preises parallel zur Abszisse in Höhe dieses Preises, das heißt sie ist unendlich elastisch (vgl. Abbildung 3-101).

Der Umsatz beziehungsweise Erlös einer Unternehmung nimmt graphisch die Form einer vom Nullpunkt aufsteigenden Umsatzgeraden an. Das bedeutet, der Umsatz ist bei atomistischer Konkurrenz den Absatzmengen proportional und der Grenzumsatz beziehungsweise Grenzerlös ist identisch mit dem Preis.

Drittes Kapitel — Aktionsgrundlagen der Marketingentscheidung

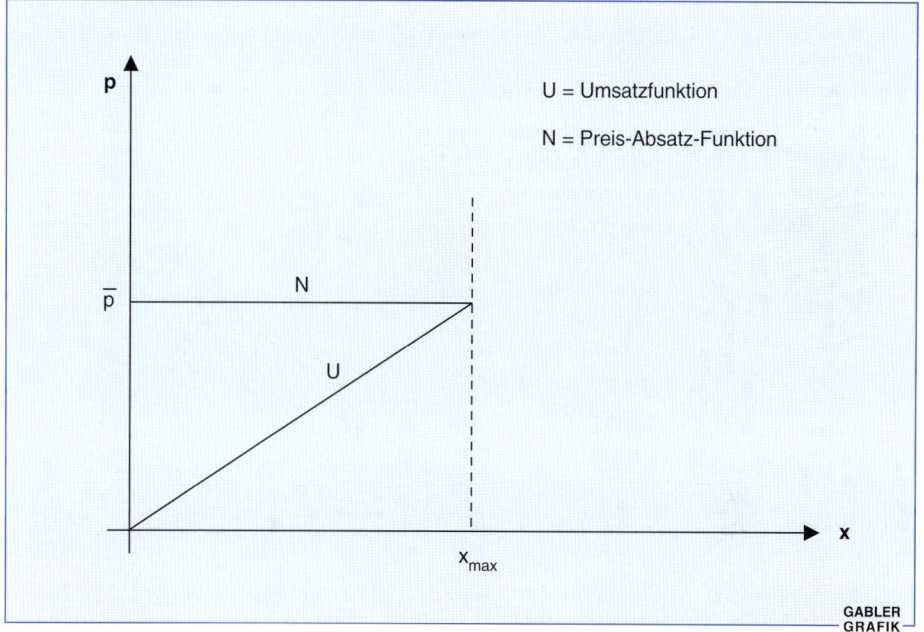

Abbildung 3-101:   Preis-Absatz-Funktion im Polypol auf vollkommenem Markt

(13) $U = \bar{p} \cdot x$

(14) $U' = \dfrac{dU}{dx} = \bar{p}$

Zwei Fälle dieser sogenannten **Preis-Kosten-Kontrolle** (Mengenanpassung) sind nun von Interesse:

1. Mengenanpassung bei nicht-linearen Kostenverläufen

Ausgehend von einem S-förmigen Kostenverlauf wird das gewinnmaximierende Unternehmen diejenige Menge (x_{opt}) anbieten, bei der die Grenzkosten gleich dem Grenzumsatz sind, das heißt in diesem Fall wo $K'(x) = p$ ist. Graphisch läßt sich dieser Sachverhalt wie folgt darstellen (vgl. Abbildung 3-102): Ein Steigen (Fallen) des Marktpreises würde in der geschilderten Situation den Anbieter veranlassen, eine größere (kleinere) Menge auf dem Markt anzubieten. Ähnlich wirkt sich ein Sinken oder Steigen der Kosten aus. Wie beim Monopol läßt aber eine Ermäßigung der Fixkosten die gewinnmaximale Ausbringung unberührt.

Interessant sind mögliche Preisuntergrenzen: Langfristig wird das Unternehmen nur dann am Markt bleiben, wenn die vollen Stückkosten $k(x)$ gedeckt sind. Kurzfristig kann

Kontrahierungspolitische Entscheidungen

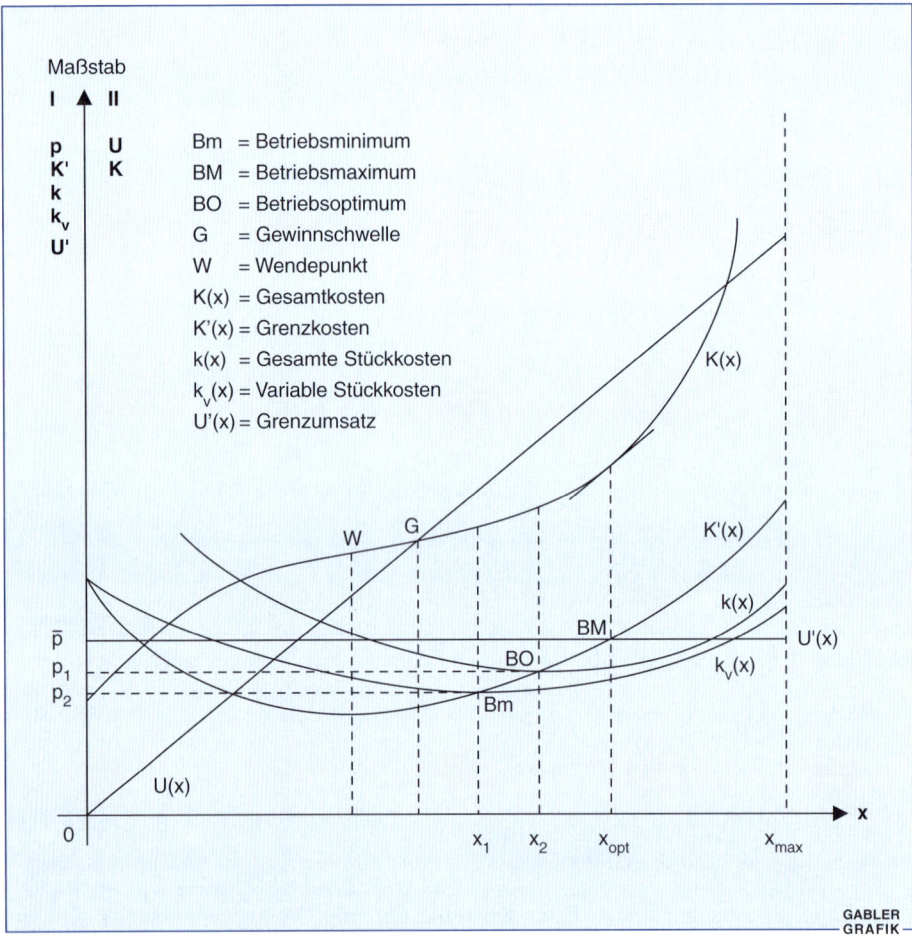

Abbildung 3-102: Gewinnmaximaler Preis im Polypol auf vollkommenem Markt (S-förmiger Kostenverlauf)

jedoch das Unternehmen Preise akzeptieren, die zwischen p_1 und p_2 liegen. Preise, die über p_2 liegen, ermöglichen außer einer vollen Deckung der variablen Kosten auch noch eine Teildeckung der fixen Kosten.

2. Mengenanpassung bei linearen Kostenverläufen

Bei linearem Kostenverlauf produziert jedes gewinnmaximierende Unternehmen an seiner Kapazitätsgrenze. Abbildung 3-103 zeigt, daß es bei gegebenen technischen und organisatorischen Einrichtungen im Fall atomistischer Konkurrenz und bei linearem Kostenverlauf unbedeutend ist, ob die Zielsetzung Gewinnmaximierung oder Umsatzmaximierung angestrebt wird. Denn bei allen Zielsetzungen liegt hier die **optimale Situation immer an der Kapazitätsgrenze**.

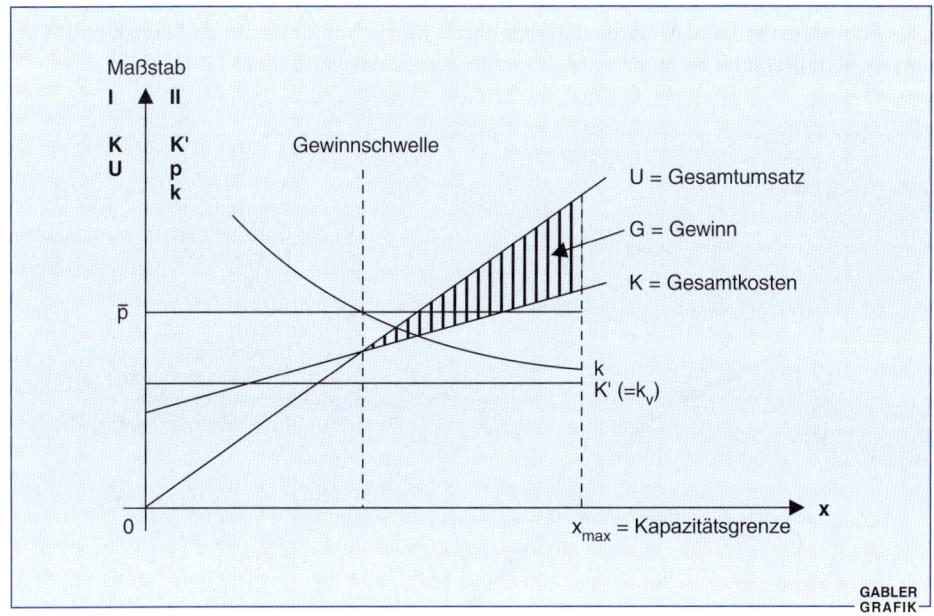

Abbildung 3-103: Mengenanpassung im Polypol auf vollkommenem Markt (linearer Kostenverlauf)

Im Gegensatz zur atomistischen ist die **polypolistische Konkurrenz auf einem unvollkommenen Markt in der Praxis sehr häufig anzutreffen**. Sie tritt vor allem im Einzelhandel auf, insbesondere in Geschäftsvierteln von Großstädten, wo viele ähnliche Geschäfte dicht beieinander liegen und die verschiedenartigsten Erzeugnisse wie Nahrungsmittel, Kosmetika, Möbel und Textilien, Elektrogeräte, Lederwaren usw. anbieten.

Charakteristisch für solche Unternehmen ist, daß sie bestrebt sind, sich einen Firmenmarkt zu schaffen. Dabei wird mit Hilfe des systematischen Einsatzes des Marketinginstrumentariums versucht, Kunden zu werben und auf Dauer für die Unternehmung zu gewinnen, das heißt sich eine Marktgeltung beziehungsweise ein „**akquisitorisches Potential**" (Gutenberg 1984, S. 243 ff.) aufzubauen, welches in Präferenzen der Konsumenten für die Unternehmung zum Ausdruck kommt. Je größer diese Präferenzen sind, um so größer ist auch der preispolitische Spielraum, innerhalb dessen eine Unternehmung operieren kann, ohne Gefahr zu laufen, ihre Kunden zu verlieren. Dies hat zur Folge, daß Unternehmen in einem gewissen Preisintervall über die Möglichkeit verfügen, die Preise zu erhöhen oder zu senken, ohne daß es Käufer an seine Konkurrenten abgeben müßte oder von diesen abzieht.

Dieses Preisintervall, welches durch einen oberen und unteren Grenzpreis bestimmt wird, ist der monopolistische Abschnitt der polypolistischen Preis-Absatz-Funktion (vgl. Abbildung 3-104). Nur in diesem Bereich kann sich die Unternehmung preispolitisch tatsächlich ähnlich wie ein Monopolist verhalten. Dies resultiert aus der Unvollkommenheit des Marktes und den durch Marketingmaßnahmen bewirkten Präferenzen, die ihrerseits zu einer wahrgenommenen Heterogenität der Güter führen.

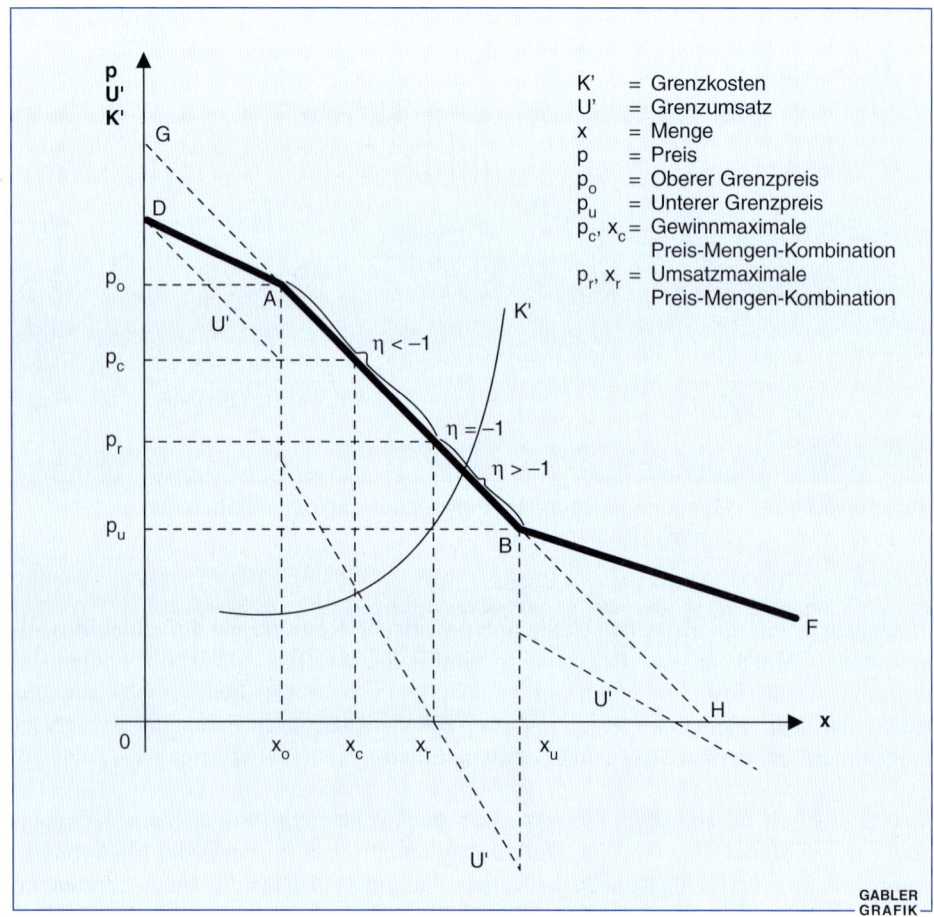

Abbildung 3-104: Preis-Absatz-Funktion im Polypol auf unvollkommenem Markt

Die Situation, in die ein Unternehmen gerät, wenn es seinen Preis über den oberen Grenzpreis erhöht, ist derjenigen bei atomistischer Konkurrenz vergleichbar, da es bei diesem Preis seine Kunden an die Konkurrenz verliert (atomistischer Kurvenabschnitt). Der Unterschied besteht nur darin, daß sich dieser Verlust bei polypolistischer Konkurrenz langsamer vollzieht, während er auf dem vollkommenen Markt wegen der totalen

Marktübersicht und der unendlich schnellen Reaktionsgeschwindigkeit abrupt und sofort vonstatten geht. Die Zu- und Abwanderung der Käufer vollzieht sich ohne preispolitische Reaktionen der Konkurrenzunternehmen. Eine Ab- beziehungsweise Zuwanderung verteilt sich hier auf so viele Unternehmen (atomistische Angebotsstruktur), daß sie bei diesen nicht spürbar wird.

Aus Gründen der Vereinfachung soll angenommen werden, daß die einzelnen Kurvenabschnitte linear verlaufen. Die Übergänge vom monopolistischen zum atomistischen Abschnitt vollziehen sich also abrupt, das heißt die Kurve weist an diesen Stellen **Knicke oder Sprungstellen** auf. Die Übergangsstellen können jedoch auch kontinuierlich verlaufen. Dadurch wird das Ergebnis der Untersuchung kaum beeinflußt.

Die Preis-Absatz-Funktion bei polypolistischer Konkurrenz auf einem unvollkommenen Markt hat das in Abbildung 3-104 gezeigte Aussehen. Im Kurvenabschnitt AB besitzt die Unternehmung die Stellung eines Monopolisten. Hier kann sie die Verkaufspreise herauf- oder herabsetzen, ohne Kunden an die Konkurrenzunternehmen zu verlieren oder von ihnen zu gewinnen (vgl. Insert 3-26). Würde diese Tatsache für den gesamten preispolitischen Bereich des Unternehmens zutreffen, so hätte die Unternehmung die Stellung eines Monopolisten für den ganzen Kurvenabschnitt. Es gilt dann die Gerade GH. Die Kurvenabschnitte DA und BF sind die atomistischen Bereiche der Absatzfunktion.

Die folgenden allgemeinen Aussagen über den Abstand der Grenzpreise und den Verlauf der Kurve sind nun möglich (Gutenberg 1984, S. 246 ff.):

- Der Abstand der Grenzpreise ist um so größer, je stärker die Bindung der Käufer an das Unternehmen ist; denn je größer die Präferenzen sind, um so freier kann die Unternehmung preispolitisch operieren. Wären die Präferenzen für alle Anbieter gleich stark, so ergäbe sich wieder eine Preis-Absatz-Funktion wie bei atomistischer Angebotsstruktur auf vollkommenem Markt, also eine Parallele zur x-Achse.

- Der monopolistische Bereich wird um so größer, je kleiner die Substituierbarkeit der konkurrierenden Erzeugnisse ist (und umgekehrt). Im Grenzfall ergibt sich also ein isolierter Alleinanbieter, ein Monopolist.

- Sind die akquisitorischen Potentiale aller Anbieter relativ schwach (stark), so wird die Preis-Absatz-Funktion, abgesehen von einem relativ kleinen Mittelstück, sehr flach (steil) verlaufen. Hingegen wird die Preis-Absatz-Funktion eines Unternehmens, das selbst über ein relativ starkes akquisitorisches Potential verfügt und dem darüber hinaus die Möglichkeit gegeben ist, infolge der schwachen akquisitorischen Potentiale der Konkurrenz in deren Markt einzubrechen, den Verlauf GABF annehmen. Im umgekehrten Fall, das heißt bei geringer eigener, aber hoher Anziehungskraft der Konkurrenten, gilt der Verlauf DABH.

- Die Kurvenäste verlaufen um so flacher, je größer die durchschnittliche Reaktionsgeschwindigkeit der Käufer auf eine Preisänderung ist.

Brau und Brunnen steht mit seinen Bierpreiserhöhungen allein

Wettbewerber loben Mut / Sie sehen aber keine Erfolgschance / Kein anderer Brauer hat eigene Erhöhungspläne

Kno. DÜSSELDORF, 19. November. Dem Dortmunder Brau-und-Brunnen-Konzern werden in der Branche keine Chancen eingeräumt, die von ihm angekündigte Erhöhung der Bierpreise auch durchsetzen zu können. Zwar bezeichnen fast alle befragten Brauereien das Ansinnen des Brau-und-Brunnen-Vorstandsvorsitzenden Rainer Verstynen als mutig, folgen will dem Beispiel der Dortmunder aber offenbar niemand. So wird beim Wettbewerber Krombacher zwar betont, daß der Vorstoß grundsätzlich begrüßenswert und der Bierpreis angesichts der gestiegenen Kosten korrekturbedürftig sei. Doch heißt es dort auch, eine Preiserhöhung sei am Markt nicht durchsetzbar. Man habe deshalb keine eigenen Pläne in dieser Richtung. Verstynen hatte in der vergangenen Woche angekündigt, im Geschäft mit der Gastronomie die Preise vom 15. Januar an um 25 DM je Hektoliter und damit zwischen 8 und 10 Prozent erhöhen zu wollen (F.A.Z. vom 14. November).

Die Preiserhöhung gegenüber den Bierverlegern soll halb so hoch ausfallen. Der Bierkasten soll beim Verbraucher um 1 DM teurer werden. Lediglich die Preise für Dosenbier will Verstynen wegen seiner geringen Marktmacht in diesem Bereich unverändert lassen. Von den Marktführern Warsteiner und Krombacher ist nun allerdings zu hören, daß die Marktmacht von Brau und Brunnen mit seinen beiden A-Marken Jever und Brinkhoff's No. 1 wohl auch nicht groß genug ist, um die Preiserhöhung in den anderen Bereichen durchsetzen zu können. Eine Preiserhöhung sei nur dann machbar, wenn die meisten der zehn größten Biermarken Deutschlands an einem Strang ziehen würden. Dies sei angesichts des katastrophalen Sommers und der extrem schwierigen Marktsituation jedoch noch unwahrscheinlicher als in der Vergangenheit.

Tatsächlich gehe die Preistendenz zur Zeit eher in die Gegenrichtung, heißt es bei Krombacher. So sei die 0,5-Liter-Dose Warsteiner jüngst auch schon für 0,99 DM angeboten worden. Warsteiner will zwar die Preise ebenfalls nicht erhöhen, dementiert aber auch, die Preise senken zu wollen.

„Wir sind weiterhin die Preisführer der Branche", ist dort selbstbewußt zu hören. Die 0,99-DM-Aktion wird als Alleingang der Metro bezeichnet, die so nicht abgesprochen gewesen sei. Eine Erhöhung der Preise sei angesichts der 3 bis 4 Millionen Hektoliter Bier, die auf dem deutschen Markt in diesem Jahr weniger abgesetzt werden würden, illusorisch. Auch die Altbierbrauerei Diebels zeigt sich von den Plänen von Brau und Brunnen überrascht und hat keine Pläne nachzuziehen. „Natürlich wären höhere Preise wegen der von uns nicht weitergegebenen Mehrwertsteuererhöhung und den gestiegenen Rohstoffkosten schön", heißt es zwar auch dort.

Hintergrund

An die Durchsetzbarkeit der Preiserhöhungspläne glaubt aber bei Diebels ebenfalls niemand. Von der König-Brauerei ist lediglich zu hören, man habe die Preise für die Handelsware erst im vergangenen Frühjahr erhöht und nun nicht die Absicht, noch einmal nachzulegen. Kritik muß Brau und Brunnen auch vom Hotel und Gaststättenverband einstecken. Dort sieht man keine Chance, daß die Wirte der Preiserhöhung an die Kunden weitergeben können. Lediglich der Dortmunder Wettbewerber Dortmunder Actien Brauerei, der zum Binding-Konzern gehört, räumt ein, über Preiserhöhungen nachzudenken.

INSERT 3-26: Frankfurter Allgemeine Zeitung, 20.11.1998, S. 21

Die optimale Preisforderung läßt sich in der gleichen Weise ableiten und bestimmen wie im Falle des Monopols: Wird im Schnittpunkt der Grenzumsatz- und der Grenzkostenkurve eine Senkrechte errichtet, so geben die Koordinaten ihres Schnittpunktes mit der Preis-Absatz-Kurve den gewinnmaximalen Preis p_c und die zugehörige Menge x_c an. In Abbildung 3-104 ergibt sich auf diese Weise eine gewinnmaximale Preisforderung, die niedriger als der obere Grenzpreis p_o ist.

Auch hier beeinflussen Änderungen im Bereich der fixen Kosten die Höhe des gewinnoptimalen Preises nicht. Er bestimmt sich ausschließlich nach dem Verlauf der variablen Kosten (Grenzkosten) und der Grenzumsätze.

3.14123 Preisbestimmung mit Deckungsbeitragsanalysen

Die preispolitischen Modelle reichen aufgrund der genannten Prämissen zur Prognose der Konsequenzen preispolitischer Entscheidungen nicht aus. Sollen die Wirkungen unterschiedlicher Preisalternativen auf den Absatz prognostiziert werden, so müssen Einzelfallanalysen durchgeführt werden. Dabei geht es beispielsweise um folgende Fragestellungen:

- Wie schätzt der Verbraucher das Produkt ein?
- Welches Image besitzt der Anbieter, Hersteller oder Händler?
- Wie hoch ist sein akquisitorisches Potential?
- Welchen Preis ist der Nachfrager bereit zu zahlen? Wie hoch sind die relevanten Preisschwellen?
- Welche Spannen fordern Groß- und Einzelhandel, damit sie das Erzeugnis in ihre Sortimente aufnehmen und sich für den Absatz einsetzen?
- Besteht ein autonomer oder reaktionsfreier preispolitischer Bereich?
- Empfiehlt es sich, gebrochene oder runde Preise zu wählen?
- Empfiehlt es sich, eine neue Preislage zu schaffen, die über, unter oder zwischen den bisherigen liegt, wobei Qualität und Image des Produktes eine wichtige Rolle spielen?

Diese und im Einzelfall darüber hinausgehende Fragestellungen determinieren die Nutzenvorstellungen der Konsumenten und Absatzmittler und damit deren Preisbereitschaft. Sind die Nutzenerwartungen hoch, so wird auch ein hoher Preis verlangt und vice versa. Erst nach Festlegung der auf den Nutzenvorstellungen von Konsumenten und Absatzmittlern basierenden Handelsabgabe- und Endverbraucherpreise wird unter Kostengesichtspunkten überprüft, ob die Preisuntergrenze eingehalten werden kann. Dieses Vorgehen wird auch als **marktorientiertes Zielkostenmanagement** oder **target pricing** (vgl. viertes Kapitel, Abschnitt 6) bezeichnet. Dabei müssen je nach Unternehmenssituation und Zielsetzung lang- oder kurzfristige Preisuntergrenzen herangezogen werden. **Die Preisbestimmung ist somit sowohl nach dem Kosten- als auch nach dem Nutzenprinzip zu gestalten.**

Ein in der Praxis häufig verwendetes Instrument zur Darstellung der Zusammenhänge zwischen Kosten, Absatz und Gewinn ist die **Deckungsbeitragsanalyse**. Sie ermöglicht Erfolgsprognosen potentieller Preis-Mengen-Kombinationen. Dies soll an einem Beispiel verdeutlicht werden, in dem die Auswirkungen alternativer Preisangebote untersucht werden. Die dafür notwendigen Informationen sind in Abbildung 3-105 dargestellt.

Ausgangspunkt der Betrachtung bildet eine Planbeschäftigung (= geplanter Absatz) von 10.000 ME à 8 DM (80.000 DM). Die mengenproportionalen, das heißt variablen Kosten (zum Beispiel Materialkosten) betragen 4,20 DM (42.000 DM). Daraus errechnet sich ein Deckungsbeitrag I zur Deckung der fixen Kosten in Höhe von 38.000 DM. Werden vom Deckungsbeitrag I die vom Umsatzwert und der Umsatzmenge unabhängigen Kosten des Produktes, das heißt die Erzeugnisfixkosten (zum Beispiel Bereitschaftskosten für Spezialmaschinen, die für die Produktion dieses Erzeugnisses notwendig sind) abgezogen (im Beispiel 10.000 DM), so verbleibt ein geplanter Bruttogewinn in Höhe von 28.000 DM. Dieser produktbezogene Bruttogewinn (Deckungsbeitrag II) kann auch in Prozent der Erlöse ausgedrückt werden. Er gibt dann an, wieviel Prozent der Erlöse des Produktes bei Einhaltung der Plandaten zur Deckung der nichtproduktbezogenen Fixkosten und zur Gewinnerzielung verfügbar sind.

Der Deckungsbeitrag II kann nun weiterverrechnet werden (im Beispiel wird davon abgesehen): Wird die Summe der Deckungsbeiträge II für verschiedene Erzeugnisse einer Produktgruppe gebildet und werden von dieser Summe die nur dieser Gruppe zurechenbaren Kosten, das heißt die Erzeugnisgruppenfixkosten, abgezogen (zum Beispiel Kosten für eine speziell für diese Erzeugnisgruppe zuständige Verkaufsabteilung), so ergibt sich der Deckungsbeitrag III. Dieser Betrag steht zur Deckung der Fixkosten eines Sortiments oder Unternehmensbereichs, der allgemeinen Unternehmensfixkosten sowie zur Gewinnerzielung bereit (vgl. zum Beispiel Agthe 1959; Kilger 1993; Riebel 1994). Die geschilderte Vorgehensweise entspricht dem **Prinzip der stufenweisen Fixkostendeckung**.

Die eigentliche Bedeutung der Deckungsbeitragsanalyse kann nur verdeutlicht werden, wenn die Konsequenzen alternativer Preisentscheidungen für den Bruttogewinn des betrachteten Produktes aufgezeigt werden. Es sollen in dem angeführten Beispiel die folgenden vier Preisalternativen im Vergleich zum Ausgangsplan betrachtet werden:

1. Die Preise werden um 15 Prozent angehoben. Eine Änderung der Beschäftigung beziehungsweise des Absatzes wird daraufhin nicht erwartet.

2. Die Preise werden um 20 Prozent gesenkt. Auch in diesem Fall soll eine Beschäftigungs- beziehungsweise Absatzänderung nicht eintreten.

Drittes Kapitel — Aktionsgrundlagen der Marketingentscheidung

	1	2		3	4	5	6	7	8	9		10	11
	Preis	Absatz (Beschäftigung)								Break-Even-Punkt			
	Änderung gegenüber Planpreis von 8,–DM in %	Betrag in DM	Mengeneinheiten (ME)	Änderung gegenüber Planmenge von 10.000 in %	Umsatz in DM	Variable Kosten K_v in DM	DB I	Erzeugnis-Fixkosten K_c in DM	DB II bzw. Bruttogewinn über die $K_v + K_c$ hinaus in DM	DB II in % der Erlöse	Absatzmenge in ME	Umsatz in DM	Abweichung des DB II vom gepl. DB II von 28.000 in %	Preiselastizität $\eta_{xp} = \frac{DX}{DP} \cdot \frac{p}{x}$ $= \frac{x_2 - x_1}{p_2 - p_1} \cdot \frac{p_1}{x_1}$
Ausgangsplan		8,–	10.000		80.000	42.000	38.000	10.000	28.000	35	2.631	21.000		
Alternative A)	+ 15	9,20	10.000	± 0	92.000	42.000	50.000	10.000	40.000	43,5	2.000	18.400	+ 42,9	0
Alternative B)	– 20	6,40	10.000	± 0	64.000	42.000	22.000	10.000	12.000	18,8	4.545	29.100	– 57,1	0
Alternative C)	– 25	6,00	12.000	+ 20	72.000	50.400	21.600	10.000	11.600	16,1	5.555	33.300	– 58,6	– 0,80
Alternative D)	+ 15	9,20	9.000	– 10	82.800	37.800	45.000	10.000	35.000	42,3	2.000	18.400	+ 25,0	– 0,67

Abbildung 3-105: Deckungsbeitragsanalyse für bestimmte Preis-Absatz-Alternativen

3. Die Preise werden um 25 Prozent herabgesetzt. Daraufhin reagieren die Käufer und es wird eine Zunahme der Absatzmenge um 20 Prozent erwartet.
4. Die Preise werden um 15 Prozent angehoben. Daraufhin wird eine Abnahme der Produktions- beziehungsweise Absatzmenge um 10 Prozent erwartet.

Die Auswirkungen dieser Alternativen auf den Bruttogewinn lassen sich unmittelbar aus Abbildung 3-105 entnehmen (Zeilen 2–5). Am günstigsten wirkt sich Alternative (A) aus. Da eine Mengenwirkung nicht erwartet wird, kommt die Preissteigerung in vollem Umfang einer Verbesserung des Gesamtergebnisses zugute. Der Bruttogewinn steigt von 28.000 DM auf 40.000 DM. Selbst wenn aufgrund der Preissteigerung mit einem Rückgang der Beschäftigung um 10 Prozent gerechnet wird (Alternative (D)), ist der Bruttogewinn noch um 25 Prozent höher als bei der Ausgangssituation.

Sehr ungünstig ist die Alternative (C). Der Bruttogewinn geht von 28.000 DM auf 11.600 DM (58,6 Prozent) zurück. Nur noch mit 16,1 Prozent der Erlöse könnte dieses Erzeugnis zur Deckung der nichtproduktbezogenen Fixkosten beitragen. Zu einer solchen Maßnahme wird sich daher ein Unternehmen nur im Falle eines scharfen Preiskampfes entschließen. Ganz ähnlich ist die Alternative (B) zu beurteilen. Sie wäre denkbar, wenn aufgrund der Wettbewerbssituation eine Preissenkung vorgenommen werden muß, damit der bisherige Absatz gehalten werden kann. Der Bruttogewinn beträgt 12.000 DM und ist damit kaum höher als bei Alternative C.

Dieses Beispiel zeigt, daß **mit der Deckungsbeitragsrechnung zwar nicht die optimale Preisalternative gefunden werden kann**, jedoch wesentliche Konsequenzen in bezug auf die Gewinnsituation der Unternehmung abschätzbar sind.

3.1413 Konkurrenzorientierte Preisbestimmung

3.14131 Preisbestimmung im Oligopol

Konkurrenzeinflüsse bei der Preisbestimmung werden in der klassischen Preistheorie im Rahmen der Oligopolmodelle berücksichtigt. Ein Angebotsoligopol liegt vor, wenn wenige mittelgroße Anbieter vielen kleinen Nachfragern gegenüberstehen. Diese Marktform gehört neben derjenigen der polypolistischen Konkurrenz zu den in der Realität am häufigsten vorkommenden Marktformen (vgl. Abbildung 3-106). So halten zum Beispiel am Zigarettenmarkt in der Bundesrepublik fünf große Unternehmen einen Marktanteil von circa 90 Prozent.

Produktgattung	Land	Jahr	Kumulierter Marktanteil (in %)	Zahl der Wettbewerber insgesamt
PKW	D	1990	62	> 50
	F	1990	83	> 50
	I	1990	83	> 50
	GB	1990	70	> 50
Fluggesellschaft	USA	1990	> 80	> 100
Personal Computer	Welt	1989	47	> 500
	Japan	1990	85	> 10
Elektrorasierer	D	1990	> 90	> 10
Motorsägen	D	1993	> 90	> 10
Omnibusse	D	1993	> 95	> 30
Autovermietung	D	1994	> 50	> 1.000
Generika-Hersteller	D	1994	> 75	> 15

Abbildung 3-106: Kumulierte Marktanteile der fünf größten Anbieter in ausgewählten Märkten
(Quelle: Simon 1995, S. 10)

Die Preisbestimmung ist bei dieser Marktform dadurch gekennzeichnet, daß ein Oligopolist nicht nur die Reaktionen der Nachfrager berücksichtigen muß (nachfrageorientierte Preisbestimmung), sondern auch diejenigen seiner Konkurrenten. Im Gegensatz zum Polypol ist der Marktanteil eines Unternehmens hier so groß, daß Veränderungen der Angebotsmengen eines Unternehmens im Absatzbereich der Konkurrenten spürbar werden. Man spricht deshalb von „konkurrenzgebundener" Preispolitik und entsprechenden Reaktionserwartungen des Oligopolisten. Das zentrale Problem jeder preispolitischen Analyse im Oligopol besteht mithin in der Analyse der Reaktionsverbundenheit verschiedener Anbieter, die sich in einer Kette von Wirkungen und Rückwirkungen äußert. Sie findet ihren Niederschlag in einer spezifischen Form der Preis-Absatz- beziehungsweise Nachfragefunktion:

(15) $x_1 = f[p_1, p_2(p_1), ..., p_n(p_1)]$

x_1 stellt den voraussichtlich erzielbaren Absatz und p_1 die Preisforderung des betrachteten Unternehmens dar. p_2 bis p_n sind die Preisforderungen der Konkurrenten in einer Periode. Dabei sind die Größen p_2 bis p_n in bestimmter Weise von der eigenen Preisforderung p_1 abhängig.

Die klassische Preistheorie beschränkt ihre Oligopolanalysen zumeist auf zwei Unternehmungen. Man spricht dann vom **Dyopol**. Die Preis-Absatz-Funktion für das Unternehmen A lautet in diesem Fall:

(16) $x_A = f[p_A, p_B(p_A)]$

Bei jeder Preisstellung muß sich also der Oligopolist bestimmte Erwartungen in bezug auf die Konkurrenzaktionen bilden. Diese Verhaltensannahmen sind Daten in seinen preispolitischen Überlegungen. Der Oligopolist kontrolliert somit nicht alle Bestimmungsgrößen oder Variablen seiner preispolitischen Planung. Es lassen sich grundsätzlich die folgenden **drei typischen preispolitischen Verhaltensmöglichkeiten in einem Oligopol** unterscheiden (Gutenberg 1984, S. 266 f.):

1. **Wirtschaftsfriedliches Verhalten:** Die Oligopolisten treffen ihre preispolitischen Entscheidungen nach den Regeln des geordneten Preiswettbewerbs, wobei ihre absatz- und preispolitischen Maßnahmen nicht darauf gerichtet sind, den Konkurrenten zu schaden, sondern allein darauf, die wichtigsten eigenen Ziele zu realisieren.

2. **Kampfverhalten:** Hier versuchen die Unternehmen, ihre Konkurrenten mit allen zur Verfügung stehenden Mitteln aus dem Markt zu verdrängen, das heißt die preis- und absatzpolitischen Maßnahmen sind darauf gerichtet, die zur Oligopolgruppe gehörenden Unternehmen zu schädigen, sie zu bestimmten Zugeständnissen zu veranlassen oder gänzlich aus der Konkurrenz auszuschalten ("cut-throat-competition"). Zu **Preiskämpfen** kann es kommen, wenn der Markt für die konkurrierenden Unternehmen zu eng ist und finanzielle Stärke sowie Kosten- und Nachfragestruktur der Unternehmen erheblich voneinander abweichen.

3. **Koalitionsverhalten:** Die Unternehmungen einer Oligopolgruppe kommen stillschweigend, durch Abreden oder durch Vertrag überein, preispolitisch nicht miteinander zu konkurrieren. Die Preispolitik beruht in diesem Fall auf Verständigung (kollektive Preispolitik) (vgl. Insert 3-27).

Auch beim Oligopol kann sich die **Analyse gewinnoptimaler Preise** auf vollkommene und unvollkommene Märkte beziehen. Dabei sind in der Literatur eine Fülle von Lösungen (Bowley 1924; Zwei-Drittel-Lösung von Cournot 1924; Edgeworth 1925; Asymmetrielösung von von Stackelberg 1951; Gleichgewichtsgebiet-Lösung von Krelle 1961) entwickelt worden. Jedoch sind diese unterschiedlichen Lösungen von der preispolitischen Wirklichkeit mehr oder weniger stark entfernt, weil sie einen vollkommenen Markt, insbesondere optimale Informationen über die Nachfragesituation und Kostenlage der Konkurrenz, sowie „heroische" Verhaltensannahmen der Oligopolisten unterstellen (Albach 1972, S. 11). Im folgenden werden zunächst zwei in der Praxis beobachtbare, **also auf unvollkommene Märkte sich beziehende Lösungen bei wirtschaftsfriedlichem Verhalten** aufgezeigt.

In der Praxis kann vielfach beobachtet werden, daß die Konkurrenz bei einer Preissenkung relativ schnell nachzieht, während sie sich an eine Preiserhöhung nur zögernd oder überhaupt nicht anpaßt. Zur Erklärung dieses Phänomens hat **Sweezy** (1939, S. 320 ff.) die **Theorie der geknickten Nachfragekurve** entwickelt. Ausgehend von dem Grundgedanken, daß bei einer Preiserhöhung die Kunden zur Konkurrenz wechseln beziehungsweise bei einer Preissenkung die Konkurrenz Kunden verliert, leitet Sweezy zwei Reaktionsweisen ab:

Aggressives Marketing kann dem Unternehmen schaden

„Defense Marketing" als Ausweg aus der Preisspirale / Strategie der Zurückhaltung kann sehr erfolgreich sein

jcw. FRANKFURT, 21. März. Viele Industriezweige klagen über einen ruinösen Preiswettbewerb in ihrer Branche. Dabei verkennen die Unternehmen oft, daß sie selber in vielen Fällen für die Erosion der Preise verantwortlich sind und auch nur durch Änderung des eigenen Verhaltens und der eigenen Marketingstrategie dem Preisverfall entgegenwirken können. Diese Analyse liefern Georg Tacke und Frank Bilstein von der Unternehmensberatung Simon, Kucher und Partners aus Bonn.

Die Antwort auf diese Prozesse liegt nach Ansicht der Berater in einer Strategie, die von ihnen als „Defense Marketing" bezeichnet wird. Nach dem Motto „Weniger ist mehr" gehen Tacke und Bilstein davon aus, daß es in manchen Situationen für Unternehmen durchaus sinnvoll sein kann, die Marketinganstrengungen zurückzufahren, um den Preisverfall in der entsprechenden Branche nicht zu verstärken und damit die eigenen Margen zu sichern.

Zur Verdeutlichung dieser These greifen die Berater auf ein Modell zurück, das in der Spieltheorie als Gefangenendilemma bezeichnet wird. In der dort angenommenen Grundsituation werden zwei Gefangene getrennt voneinander eingesperrt. Jeder von beiden kann bei einem Geständnis auf Strafminderung hoffen, während der andere in diesem Fall eine deutlich längere Zeit im Gefängnis verbringen müßte. Für beide lautet die dominante Strategie also zu gestehen. Sind aber beide Gefangenen geständig, müssen sie beide eine lange Strafe absolvieren. Sie reiten sich also genau mit dieser Strategie tiefer in das Übel hinein, dem sie eigentlich zu entfliehen versuchen.

Übertragen auf das Wirtschaftsgeschehen, bedeutet dies, daß zwei Unternehmen glauben, durch einseitige aggressive Marketinganstrengungen und vor allem durch Preissenkungen einen Vorteil gegenüber dem Wettbewerber zu erlangen. Die Konsequenz: Beide geraten in eine preisliche Abwärtsspirale. Tatsächlich aber sitzen beide Unternehmen nach Ansicht der Berater einer Fehleinschätzung auf, da die Wettbewerber natürlich sofort auf die jeweiligen Preissenkungen der Konkurrenz reagieren. Hierdurch erhalten die Kunden auch in Märkten mit einer hohen Preiselastizität keinen Anlaß, den Lieferanten zu wechseln. Die Preiselastizität tendiert nach Meinung der Berater nach der jeweiligen Wettbewerbsreaktion gegen Null. Unter diesen Voraussetzungen aber sei das Gefangenendilemma nicht mehr gegeben, und für das Unternehmen werde es zur dominanten Strategie, auf das aggressive Marketing zu verzichten.

Die Unternehmen sollten sich in diesem Moment dem „Defense Marketing" zuwenden und zunächst die Gründe für den Preisverfall in ihrem Marktsegment genau analysieren. Die Autoren räumen ein, daß dies eigentlich eine Selbstverständlichkeit sei. Dennoch hätten sie die Erfahrung gemacht, daß es viele Unternehmen versäumten, sich mit diesen Gründen intensiv auseinanderzusetzen, und die Analyse zu oberflächlich angegangen werde.

Eine Kundenbefragung in einem Markt für Standard-Industrieprodukte, der seit einiger Zeit mit einem extremen Preisdruck zu kämpfen hatte, habe beispielsweise ergeben, daß die Kunden überhaupt nicht mit weiteren Preissenkungen rechneten. In den Margen der Unternehmen hingegen steckte nach Angaben von Bilstein und Tacke „noch viel Luft". Das betreffende Produkt hatte nur einen geringen Anteil an den Kosten des Endproduktes. Die Befragung ergab eindeutig, daß der Kunde nicht als Auslöser für den Preiskampf identifiziert werden konnte. Im Gegenteil: Er war mit dem erreichten Preisniveau zufrieden und drängte nicht aktiv auf eine weitere Preissenkung.

In einer solchen Situation gilt es nach Ansicht der Berater, zunächst die Hauptgründe für Kundenverluste – meist Auslöser für einen Preiskampf - zu identifizieren. Wenn diese im Produkt-, Service- oder Qualitätsbereich zu finden seien, sei der Preisdruck nur eine indirekte Auswirkung. Wenn dies festgestellt werde, gelte es zunächst, diese Kernprobleme zu beheben. Als zweiter Schritt sollte die Situation der Wettbewerber genau analysiert werden und nach Gründen für zu beobachtende Preissenkungen gesucht werden. Auch diese intensive Auseinandersetzung mit den Konkurrenten wird von den Unternehmen nach Angaben der Berater häufig vernachlässigt. Erst vor dem dann zu erkennenden Hintergrund aber lasse sich die Strategie für das eigene Unternehmen konsequent gestalten.

Kernelement einer solchen Strategie sei es, die eigenen Ziele genau zu definieren. Sei die Steigerung der Profitabilität oder die Vermeidung von Preiskämpfen das Hauptziel, gelte es, dies entsprechend zu dokumentieren und auch nach außen zu kommunizieren, um dem Wettbewerbern die entsprechenden Signale zu geben. Wenn der Fokus hingegen auf einem Zugewinn von Marktanteilen liege, müsse man sich darüber im klaren sein, daß dies zu einer Preiserosion führe, wenn es nicht mit Innovation und Nutzensteigerung für den Kunden verbunden werde. Die Verantwortung für eine konsequente Festlegung und Kommunikation auf eine dieser Varianten sehen die Berater allein bei der Unternehmensleitung. Hier sei Kontinuität gefordert, da ein permanenter Wechsel zwischen den Varianten sehr schädlich für das Unternehmen sein könne. Bei einer konsequenten Umsetzung der Strategie gehen die Berater jedoch davon aus, daß ein Verfall der Gewinne auch in einem stagnierenden Kerngeschäft gestoppt werden könne und eine Konzentration auf strategische Innovationen wieder möglich werde.

INSERT 3-27: Frankfurter Allgemeine Zeitung, 22.03.1999, S. 32

Kontrahierungspolitische Entscheidungen

- Bei einer Kundenzunahme erfolgt keine Reaktion.
- Bei einem Kundenverlust werden hingegen Maßnahmen zur Kompensation dieses Verlustes ergriffen, das heißt die Preise werden gesenkt.

Für den einzelnen Oligopolisten bedeutet dies: Bei einer Aufwärtsbewegung seines Preises ist seine Preis-Absatz-Funktion elastisch, weil er Kunden an die Konkurrenz verliert, bei einer Abwärtsbewegung hingegen unelastisch, weil er aufgrund der kompensierenden Reaktion der Konkurrenz keine Kunden von ihr hinzugewinnt. Folglich sieht sich dieser Oligopolist einer geknickten Preis-Absatz-Funktion der Form APB (vgl. Abbildung 3-107) gegenüber, wobei die Knickstelle P den augenblicklichen Preis p_0 angibt, von dem abzuweichen sich also nicht lohnt.

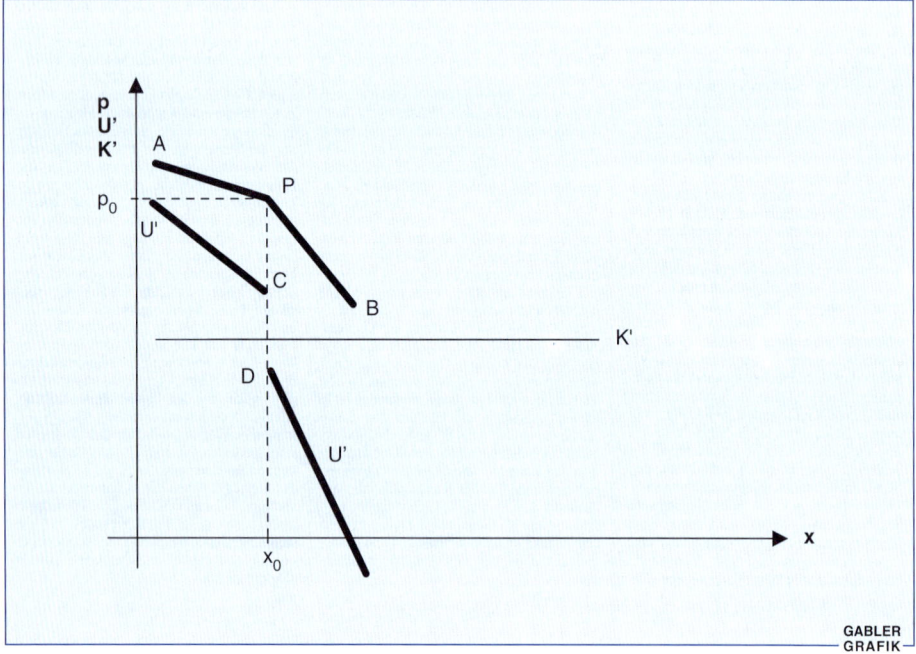

Abbildung 3-107: Geknickte Nachfragekurve
(Quelle: Sweezy 1939, S. 568 ff.)

Die Grenzerlöskurve $U'(x)$ weist an der Knickstelle der Nachfragefunktion eine Sprungstelle auf, wobei die Entfernung zwischen den Punkten C und D proportional der Differenz zwischen den Steigungen des oberen und unteren Abschnitts der Nachfragefunktion ist. Die Sprunghöhe und damit die Neigung der Abschnitte der Preis-Absatz-Funktion hängt dabei von der Zahl und Stärke der Konkurrenten, der Heterogenität der Güter und dem Ausmaß eventueller Absprachen ab (Stigler 1968, S. 329 ff.).

Drittes Kapitel Aktionsgrundlagen der Marketingentscheidung

Wird unterstellt, daß die Grenzkostenkurve K' durch die Sprungstelle der Grenzerlöskurve verläuft, so ist die kurzfristige Gleichgewichtsbedingung „Grenzerlös = Grenzkosten" nicht mehr anwendbar. Im Gegenteil: Der Oligopolist wird auch dann an seiner Preis-Mengen-Kombination p_o/x_o festhalten, wenn die Kosten innerhalb des Sprungbereichs variieren.

Eine **allgemeine Nachfrageerhöhung** bewirkt durch eine höhere Kapazitätsausnutzung und eventuell längere Lieferfristen eine für Preiserhöhungen tendenziell weniger elastische Preis-Absatz-Funktion, während sie für Preissenkungen weniger unelastisch wird, da Marktanteilsverluste wegen des allgemein höheren Marktvolumens leichter zu tragen sind. Dies hat in bezug auf die Grenzerlöskurve eine kleinere Sprunghöhe zur Folge. Steigen aufgrund der erhöhten Nachfrage zudem auch noch die Kosten, das heißt verschiebt sich die Grenzkostenkurve nach oben, so führt die Erhöhung der Nachfrage letztendlich zu einer **allgemeinen Preissteigerung**.

Ein **allgemeiner Nachfragerückgang** hat hingegen einen starken Widerstand gegen eine allgemeine Senkung der Oligopolpreise, das heißt eine **Preisstarrheit,** zur Folge, da die Preis-Absatz-Funktion für Preissteigerungen(-senkungen) tendenziell (un-)elastischer ist und die Grenzerlöskurve eine größere Sprunghöhe aufweist.

Auch **Gutenberg** (1984, S. 282 ff.) hat sich mit dem Phänomen der Preiserstarrung auf Oligopolmärkten befaßt. Seine Erklärung, die an die Überlegungen bei polypolistischer Konkurrenz anknüpft, unterscheidet sich dabei in zwei wesentlichen Punkten von der Sweezys:

1. Im Gegensatz zu Sweezy, der von einem gegebenen „optimalen" Preis ausgeht, wird dieser erst festgelegt.
2. Darüber hinaus wird explizit die Wirkung des präferenzpolitischen Instrumentariums berücksichtigt.

Mit Hilfe der Präferenzpolitik kann sich jeder Oligopolist eine bestimmte Präferenzstellung bei den Konsumenten und eine eigene Absatzkurve mit einem spezifischen, nach oben und unten begrenzten preispolitischen Spielraum schaffen. Innerhalb dieser reaktionsfreien oder monopolistischen Zone kann er Preispolitik betreiben, ohne einen Verlust an Kunden und/oder preispolitische Konkurrenzreaktionen befürchten zu müssen. Das bedeutet also: Bei unvollkommenem Markt erlaubt die Präferenzpolitik eine partielle Isolierung der einzelnen Oligopolisten, so daß für jeden Anbieter eine bestimmte Preisklasse beziehungsweise ein bestimmtes Preisintervall gilt, in dem er seine gewinnoptimale Preisforderung nach der üblichen Gleichgewichtsbedingung $U' = K'$ bestimmen kann. Dieser reaktionsfreie Bereich eines Oligopolisten ist dabei um so größer,

- je geringer die Substituierbarkeit seines Produktes ist,
- je undurchschaubarer der Markt ist und
- je höher die Intensität der Präferenz bei seinen Kunden ist.

Kontrahierungspolitische Entscheidungen

Die sich an diese reaktionsfreie Zone nach oben und unten anschließenden Abschnitte der Preis-Absatz-Kurve sind wiederum von Konkurrenzgebundenheit charakterisiert: das heißt operiert ein Oligopolist in ihnen, so werden Konkurrenz- und Konsumentenreaktionen ausgelöst, was zur Folge hat, daß sich für alle Anbieter des Oligopols neue Nachfragekurven ergeben.

Dies sei am Dyopol-Fall kurz skizziert: Die beiden Oligopolisten A und B bieten ihr Produkt zum jeweiligen gewinnoptimalen Preis p_{A_1} beziehungsweise p_{B_1} an, der in ihrer jeweiligen reaktionsfreien Zone a_1 beziehungsweise b_1 (vgl. Abbildung 3-108) liegt. Nimmt zum Beispiel Oligopolist B eine Preissenkung unter den Grenzpreis der Zone b_1 auf p_{B_2} vor, so gewinnt er Käufer von A. Denn diese Preissenkung übt eine neutralisierende Wirkung auf die Präferenzbindung der Käufer des A aus, weil diese

- bei Zugehörigkeit zur gleichen Preisklasse ein qualitätsmäßig etwa gleiches Produkt nun erheblich preiswerter beziehen können;
- bei Zugehörigkeit zur nach unten anschließenden Preisklasse ein qualitätsmäßig besseres Produkt nun zum gleichen Preis beziehen können.

Die Gewinne aus dieser Aktion werden in der Regel nur kurzfristiger Natur sein, denn der Oligopolist A wird bestrebt sein, diesen Verlust an Käufern wieder zu kompensieren, indem er ebenfalls seinen Preis senkt. Bei Konstanz der Präferenzstruktur, das heißt des nicht-preislichen Marketinginstrumentariums, und dem unterstellten wirtschaftsfriedlichen Verhalten wird die Preissenkung gerade so groß sein, daß das alte Preis- beziehungsweise Marktanteilsverhältnis und damit das Preisklassengleichgewicht wieder hergestellt ist.

Der Unterschied zur Ausgangssituation besteht nur darin, daß **am Ende dieses Anpassungsprozesses die einzelnen Oligopolpreise** (p_{A_2} beziehungsweise p_{B_2}) **ein niedrigeres Niveau aufweisen**, das heißt für A und B gilt nun jeweils eine neue Preis-Absatz-Funktion (zum Beispiel A_2 beziehungsweise B_2). Die bei beiden Oligopolisten zu verzeichnende Absatzsteigerung ist auf mobilisierte, bis dahin latente Nachfrage zurückzuführen.

Diese Absatzsteigerung ist – wie bei polypolistischer Konkurrenz – jedoch nur lohnend, wenn der durch sie verursachte Umsatzzuwachs die Erlösabnahme durch die Preissenkung überkompensiert. Dies ist bei unvollkommener Information in der Realität nicht garantiert. Darüber hinaus führen Preissenkungen innerhalb des reaktionsfreien Bereichs zu keiner Gewinnerhöhung beziehungsweise wesentlichen Marktanteilssteigerung und isolierte Preiserhöhungen haben starke Absatz- und Gewinneinbußen des Oligopolisten zur Folge. Aus diesen Gründen wirkt der monopolistische Bereich der oligopolistischen Preis-Absatz-Funktion als eine preispolitische Barriere, die zu überspringen in der Regel nicht lohnt.

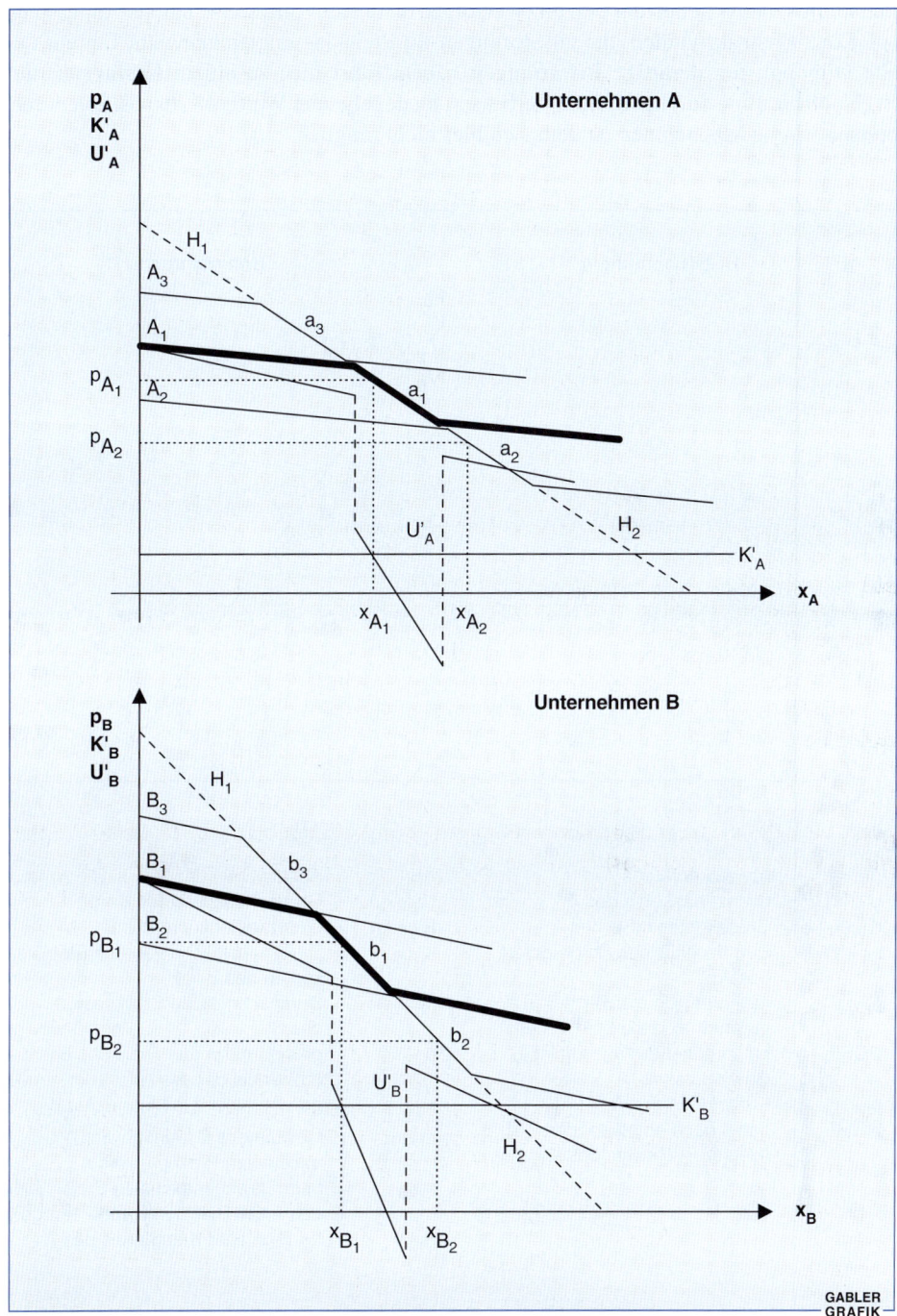

Abbildung 3-108: Monopolistische Bereiche im Angebotsoligopol bei Unternehmen A und B

Kontrahierungspolitische Entscheidungen

Preispolitische Aktionen des einzelnen erfolgen dann sinnvollerweise nur als Anpassung auf Konkurrenzaktivitäten, die zu Störungen im Preisklassengleichgewicht führen. Da alle Oligopolisten derartige Erwartungen haben, führt dies zu einem **Erstarren der Preispolitik**. Eine durchgreifende Verbesserung der eigenen Wettbewerbsposition durch preispolitische Maßnahmen ist demnach hier nicht möglich.

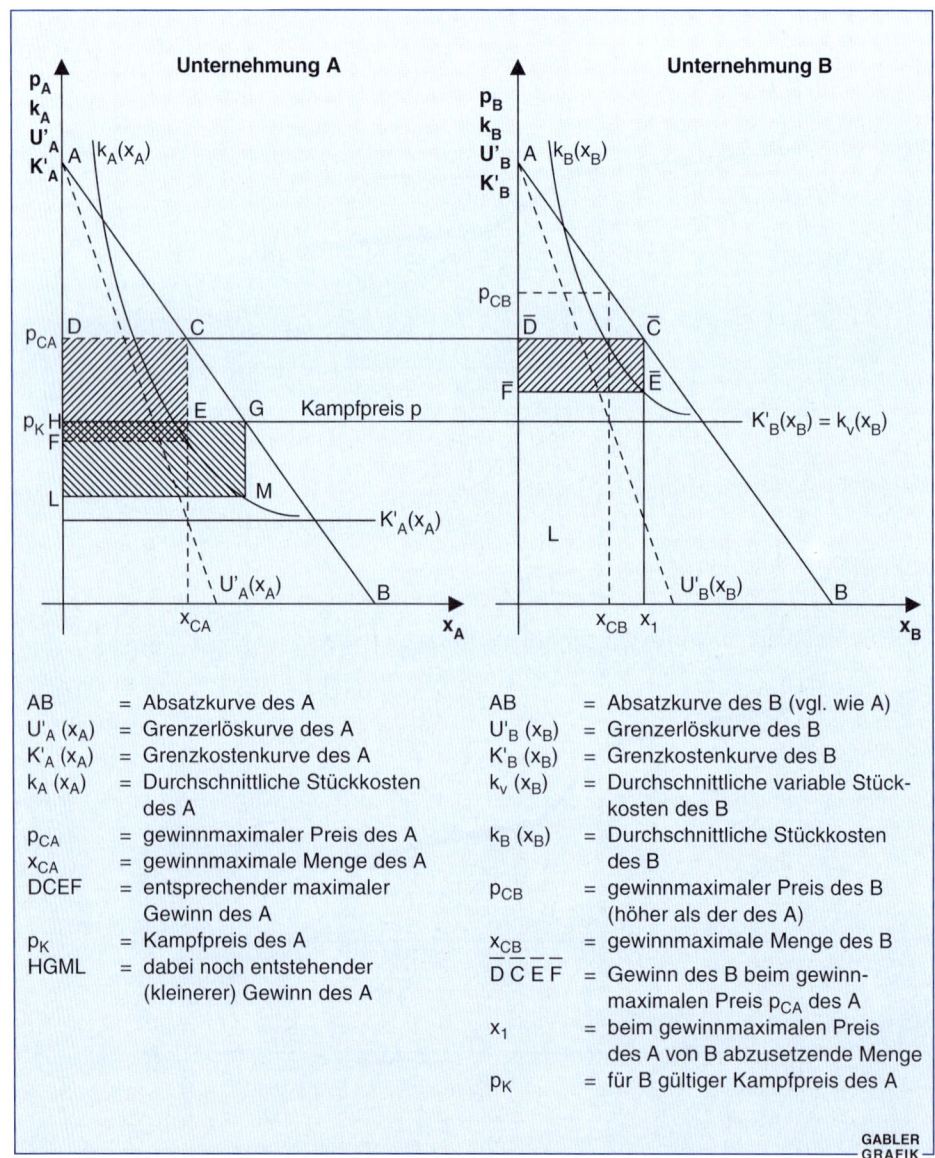

Abbildung 3-109: Preisforderung bei Kampfstrategie im Oligopol

Ist es demgegenüber das Ziel eines Oligopolisten, die eigene Wettbewerbsposition zu Lasten der übrigen Anbieter auszubauen, stellt sich die Frage, **unter welchen Bedingungen ein Oligopolist A seinen Konkurrenten B mit Hilfe preispolitischer Maßnahmen aus dem Markt ausschalten kann** (vgl. Abbildung 3-109). Dabei soll davon ausgegangen werden, daß beide Unternehmen A und B eine gleiche Nachfragestruktur aufweisen und auf einem **vollkommenen Markt** agieren; senkt also der Anbieter A den Preis, ohne daß B diesem Schritt folgt, so verliert B sämtliche Nachfrager.

Die Kostenstruktur der beiden Unternehmen sei unterschiedlich. Das kommt bei linearen Kostenfunktionen darin zum Ausdruck, daß die Grenzkostenkurve K'_A des A niedriger liegt als die des B. Die Verläufe der gesamten Stückkosten werden durch die Kurven k_A und k_B wiedergegeben. Den gewinnoptimalen Preis p_{CA} des A erhält man auf die bekannte Weise. Der Gewinn bei diesem Preis beträgt in der Gleichgewichtssituation DCEF. Setzt die Unternehmung A diesen Preis, der unter dem gewinnoptimalen Preis des B liegt, so ist eine Verdrängung des B nicht möglich, denn dieser Preis liegt, obwohl sich B nicht in seinem Gleichgewicht befindet, noch über den Durchschnittskosten des B. Die Unternehmung B erzielt bei diesem Preis sogar noch einen Gewinn ($\overline{D}\,\overline{C}\,\overline{E}\,\overline{F}$).

Die Unternehmung A muß, um B zu verdrängen, einen Preis setzen, der langfristig unter den Stückkosten des B liegt. Um ganz sicher zu gehen, kann A so weit gehen, daß er einen Preis setzt, der mit den durchschnittlichen variablen Kosten des B zusammenfällt. Das wäre in Abbildung 3-110 der Preis p_K. Diesen Preis kann B nur kurzfristig durchhalten, denn ein Unternehmen kann nur kurzfristig auf die volle Deckung der Fixkosten verzichten. Damit die Unternehmung A den Kampf gewinnen und B mit Erfolg verdrängen kann, müssen gewisse Bedingungen erfüllt sein:

- Die **Kostenstruktur des A muß wesentlich günstiger** sein als die des B.

- Die **Kostenstruktur des B muß dem A bekannt sein**. Nur dann kann A genau ermessen, wie stark er gegenüber B ist und ob er einen Verdrängungswettbewerb wagen kann.

- Es muß unterstellt werden, daß bei dem Verdrängungspreis p_K die **Kapazität von A ausreicht**, die Gesamtnachfrage, die ihm dann zuwächst, zu befriedigen. Ist dies nicht der Fall, dann ist die Unternehmung B zur Deckung der Nachfrage erforderlich. Sie wird dann auch zu einem Preis verkaufen können, der über p_K liegt, denn in diesem Fall ist genug kaufkräftige Nachfrage übriggeblieben, die einen höheren Preis zahlen würde.

Diese Bedingungen machen die **Problematik der Kampf- und Verdrängungspolitik** deutlich: Alle Überlegungen zur Kampf- und Verdrängungspolitik lassen sich nicht allein mit einem statischen, periodenbezogenen Modell der Preispolitik erläutern. Es müßten dynamische, investitionstheoretische Überlegungen in das Kalkül eingehen. Hierzu fehlen in der Realität meistens die Informationen. Dieser Sachverhalt und das Streben nach Sicherheit erklären unter anderem, weshalb Kampfstrategien auf dem Gebiet der

Preispolitik äußerst selten sind. Der Wettbewerb wird meistens mit den übrigen absatzpolitischen Instrumenten ausgetragen.

Ebenso wie im Falle des Monopols und Polypols **basieren die Aussagen der klassischen Preistheorie auch im Oligopol auf realitätsfremden Prämissen**, so daß sie die Preisentscheidungen in der Praxis kaum erklären können. Im einzelnen richtet sich die Kritik gegen folgende Annahmen:

- Es wird eine **kurzfristig-statische Betrachtung** unterstellt (Einperiodenanalyse), da Kosten und Nachfrage im Betrachtungszeitraum als konstant gelten. Nachdem einmal über die Preishöhe entschieden wurde, werden auch die Preise als konstant unterstellt. Die Praxis zeigt jedoch, daß sich diese Größen häufig ändern und somit die sich über mehrere Perioden ergebenden Wirkungen absatzpolitischer Entscheidungen (sogenannte „carry-over-Effekte") berücksichtigt werden müssen.

- Es wird primär das **Ziel der kurzfristigen Gewinnmaximierung** verfolgt. Die in der Praxis verfolgten Ziele zeigen jedoch, daß nicht nur der Gewinn Zielinhalt sein kann, sondern zum Beispiel auch der Marktanteil, der Umsatz, die Marktdurchdringung oder auch Kombinationen dieser Größen und daß überwiegend nicht maximale, sondern befriedigende Zielniveaus angestrebt werden. Dabei sind von Produkt zu Produkt und von Marktsegment zu Marktsegment unterschiedliche Zielsetzungen möglich. Darüber hinaus kann sich ein preispolitisches Ziel im Laufe des Lebenszyklus eines Produktes ändern.

- Die **Modelle sind deterministisch**. Das setzt voraus, daß dem Entscheidungsträger alle Umweltbedingungen bekannt (= vollkommene Information) und eindeutig gegeben sind, das heißt nur in einer einzigen Konstellation in sein Kalkül eingehen. Nur dann kann er nämlich seine Nachfrage- und Kostenfunktion exakt bestimmen und mögliche Konkurrenzreaktionen im voraus kennen. In der Realität müssen hingegen Entscheidungsträger ihre **Entscheidungen unter Unsicherheit beziehungsweise Risiko fällen**, da sie keinen optimalen Informationsstand besitzen sowie die Strategien der Umwelt nicht kontrollieren und darum auch nicht eindeutig abschätzen können.

- Die preistheoretischen Modelle beziehen sich nur auf eine **Ein-Produkt-Unternehmung**. Dies hat zur Folge, daß preispolitische Überlegungen innerhalb eines Sortiments unbeachtet bleiben (zum Beispiel der preispolitische Ausgleich).

- Es erfolgt eine **einstufige Marktbetrachtung**, das heißt es existiert kein Handel und damit zum Beispiel auch nicht das Problem einer optimal gestalteten Handelsspannenpolitik.

- Es werden **unendlich schnelle Informations- und Reaktionsgeschwindigkeiten** unterstellt und folglich keine Anpassungswiderstände und -verzögerungen (= Timelags) beachtet.

- Es wird **Rationalverhalten** der Konsumenten (= Nutzenmaximierung) angenommen. Folglich werden Käufe beispielsweise aufgrund von Markentreue oder sonstigen psychologischen beziehungsweise soziologischen Kaufdeterminanten explizit ausgeklammert.

- Es gehen **keine anderen Marketinginstrumente** explizit in die Modelle ein. Sie werden als im voraus für die Planperiode festgelegt unterstellt, das heißt es wird vom Problem des Wirkungsverbundes der Instrumente abstrahiert.

- Es wird eine **freie Preisbildung** unterstellt, das heißt staatliche Preisvorschriften als Determinanten der Preispolitik in der Praxis bleiben unbeachtet.

- Bei der optimalen Preisfindung wird eine **Individualentscheidung** unter Rationalverhalten unterstellt. In der Praxis sind hingegen sehr oft mehrere Entscheidungsträger (Buying- beziehungsweise Selling-Center) an der Preisentscheidung beteiligt, wobei in diese Entscheidung durchaus unterschiedliche Interessenlagen der einzelnen Entscheidungsträger einfließen.

3.14132 Preisbestimmung mit Leitpreisen

In der Unternehmenspraxis orientieren sich einige, insbesondere mittelständische Unternehmen im Rahmen der Preisbestimmung an ihren Konkurrenten. Dabei wird als **Leitpreis** entweder der Preis des Marktführers oder der durchschnittliche Marktpreis angenommen. Der festzulegende Preis kann diesem Leitpreis gleichen, aber auch über oder unter diesem liegen.

Typisch für dieses Prinzip der Preisbestimmung ist es, daß bei konstantem Leitpreis und veränderter Kostensituation der einmal festgelegte Preis beibehalten wird, während er bei Variationen des Leitpreises mitzieht, auch wenn sich die Kosten- oder die Nachfragesituation nicht geändert hat. Die Merkmale dieses Prinzips der Preisbestimmung sind:

- Es besteht keine feste Relation zwischen Preis einerseits und Kosten beziehungsweise Nachfrage andererseits.

- Bei der Verfolgung dieses Prinzips wird weitgehend **auf eine aktive Preispolitik zugunsten einer Risikominderung verzichtet.** Ein Durchschnittspreis der Branche sichert in der Regel eine Mindestverzinsung des eingesetzten Kapitals, weil in ihn die Erfahrung aller Anbieter einfließt. Damit löst er zumeist keinen Preiskampf aus. Diese Vorteile kommen insbesondere dann zum Tragen, wenn eine hinreichend genaue Bestimmung der Kosten des Produktes oder der Reaktion der Umwelt auf differenzierte Preise nur schwer möglich ist, wenn es sich um einen Markt für homogene Güter handelt oder wenn auf dem Markt eine sehr hohe Konkurrenzintensität herrscht.

Der in zahlreichen Branchen **wachsende Konzentrationsgrad** hat zur Folge, daß sich viele Märkte in Richtung auf oligopolistische Marktstrukturen entwickeln. In Verbindung mit der hohen Erfolgsrelevanz des Marktanteils als zentrale wettbewerbsstrategische Zielgröße resultiert hieraus eine ausgeprägte Konkurrenzorientierung bei der Preisbestimmung in der Praxis. Die **Ausrichtung an der Preispolitik der Hauptwettbewerber ist neben der Nutzen- und Kostenorientierung zur wichtigsten Determinante der Preispolitik geworden.** Ausgehend von der im Einzelfall vorliegenden Wettbewerbssituation und dem von potentiellen Kunden wahrgenommenen Produktnutzen wird retrograd die zur Erzielung eines angemessenen Gewinns gerade noch zulässige Kostensituation abgeleitet (vgl. fünftes Kapitel, Abschnitt 6.41).

3.1414 Nutzenorientierte Preisbestimmung

Vor diesem Hintergrund liegt eine zentrale Aufgabe der Preispolitik in der Ermittlung des vom Konsumenten mit einem bestimmten Produkt oder einer Dienstleistung assoziierten Nutzens. Auf dieser Basis muß die Festlegung des Preises dergestalt erfolgen, daß das Produkt in der Wahrnehmung der Zielgruppe ein besseres Preis-Leistungs-Verhältnis (höheren Nettonutzen beziehungsweise product value) aufweist als die Konkurrenzprodukte.

Die nutzenorientierte Preisbestimmung versucht dementsprechend, die **reale Kaufentscheidung** nachzubilden, wohingegen die bisher dargestellten Prinzipien der Preisbestimmung lediglich einzelne Aspekte der komplexen Preisentscheidung (zum Beispiel Herstellungskosten, Konkurrenzreaktionen) herausgreifen und damit oft zu realitätsfremden Ergebnissen führen (Bauer/Herrmann 1993; Woratschek 1998). Ausgangspunkt der nutzenorientierten Preisbestimmung ist die Überlegung, daß der Konsument bei jedem Kauf eine mehr oder weniger umfassende **Abwägung (trade-off)** zwischen dem zu zahlenden Preis (negative Komponente eines Kaufaktes) und seinem individuellen Nutzen aus der Inanspruchnahme der zu erwerbenden Leistung (positive Komponente des Kaufaktes) vornimmt. Die Leistung wird dabei jedoch vom Kunden nicht als homogenes Ganzes erfaßt, sondern als **Bündel mehrerer Eigenschaften**, die jeweils einen bestimmten Teilnutzen stiften.

So läßt sich zum Beispiel ein Personenkraftwagen anhand einer begrenzten Anzahl von Leistungskomponenten charakterisieren. Bei fabrikneuen Fahrzeugen wären dies zum Beispiel der Kraftstoffverbrauch, die Größe des Fahrzeugs, das Styling, die Motorstärke und eine Reihe von Zusatzausstattungselementen. Geht man ferner davon aus, daß zwischen den Marktpreisen der Produkte und den Produkteigenschaften ein funktionaler, empirisch bestimmbarer Zusammenhang besteht, kann daraus das monetäre Gewicht jeder Eigenschaft abgeleitet werden. Diese sogenannten **hedonischen Preise** (Sander 1994) **geben Aufschluß über die individuelle Preisbereitschaft für einzelne Komponenten** oder Eigenschaften des Gesamtproduktes. Beispielsweise kann beim Automobil auf diese Weise der vom Konsumenten akzeptierte Preisaufschlag für eine höhere Endgeschwindigkeit, eine verlängerte Garantie oder einen geringeren Kraftstoffverbrauch ermittelt werden.

Für die Anbieter ergeben sich hieraus wichtige Erkenntnisse für die zielgruppenspezifische Preisbestimmung, aber auch für produktpolitische Maßnahmen. Ist die Wertschätzung des potentiellen Kunden für bestimmte Zusatzleistungen oder technische Eigenschaften bekannt, so kann durch gezielte Produktmodifikationen oder preispolitische Maßnahmen der Nutzen des eigenen Produktes gesteigert und damit der Absatz positiv beeinflußt werden. In diesem Zusammenhang sind zwei Aspekte zu berücksichtigen:

1. Der Nutzen eines Produktes oder einer Dienstleistung unterliegt der subjektiven Wahrnehmung der Abnehmer.
2. Die zum Gesamtnutzen des Produktes beitragenden Eigenschaften umfassen sowohl physikalisch-faßbare (tangible) Merkmale als auch Dienstleistungen und Produkt-, Marken- oder Firmenimages (Simon/Kucher 1987, S. 29).

Nimmt der Hersteller Änderungen an einzelnen technisch-objektiven Eigenschaften eines Produktes vor, so ist eine Verhaltenswirkung auf seiten der Konsumenten erst dann zu erwarten, wenn die sogenannte **Wahrnehmungsschwelle** überschritten wird. Diese auf dem Weber-Fechnerschen Gesetz (Schmalen 1995, S. 12 f.) basierende Erkenntnis besagt, daß **Reize** (visuelle, akustische, haptische, olfaktorische, und/oder gustatorische Reize) **vom Menschen erst dann wahrgenommen werden, wenn sie eine bestimmte Reizstärke überschreiten**. Diese absolute Reizstärke muß dabei umso größer sein, je stärker der Ursprungsreiz beziehungsweise die Umgebungsreize sind. Eine Preisänderung um 100 DM wird demnach in Abhängigkeit vom Ursprungspreis (500 DM versus 5.000 DM) unterschiedlich wahrgenommen.

Auf die Preisbestimmung bezogen bedeutet dies, daß eine Preisänderung nur dann zu einer Wahrnehmungsveränderung des Konsumenten als Voraussetzung einer Verhaltenswirkung führt, wenn sie eine bestimmte Höhe überschreitet. Empirische Studien haben gezeigt, daß bei dauerhaften Konsumgütern eine Preisänderung von circa 10 bis 15 Prozent notwendig ist, damit der Konsument den Preis als verändert wahrnimmt (Loudon/Della Bitta 1993). In diesem Zusammenhang konnte auch gezeigt werden, daß die Wahrnehmungsschwellen bei Preiserhöhungen tendenziell niedriger und bei Preissenkungen tendenziell höher ausfallen (Pessemier 1960).

Darüber hinaus treten bei der nutzenorientierten Preisbestimmung oftmals **Probleme aufgrund von Wahrnehmungsverzerrungen** auf, wenn bestimmte Produkteigenschaften von den Konsumenten anders wahrgenommen werden als es den objektiven Gegebenheiten entspricht (zum Beispiel Zuverlässigkeit und Wirtschaftlichkeit eines PKW). Für eine Preisentscheidung ist es deshalb sehr wichtig, die in unterschiedlichen Zielgruppen **subjektiv wahrgenommene Produktleistung** zu messen (vgl. Schneider 1999).

Ferner ist zu berücksichtigen, daß zwischen der Wahrnehmung einer bestimmten Produkteigenschaft und dem sich daraus ergebenden subjektiven Nutzen unterschiedliche funktionale Präferenzbeziehungen bestehen. Dabei werden zumeist **drei Präferenzmo-**

delle (vgl. Abbildung 3-110), das Idealvektor-, das Idealpunkt- und das Teilnutzenmodell unterschieden (Green/Srinivasan 1978, S. 105; Carroll/Green 1995, S. 385 f.). Für jede aus Kundensicht wichtige Leistungseigenschaft ist separat das geeignete Präferenzmodell zu bestimmen, bevor der jeweilige Teilnutzen beim Konsumenten erhoben werden kann.

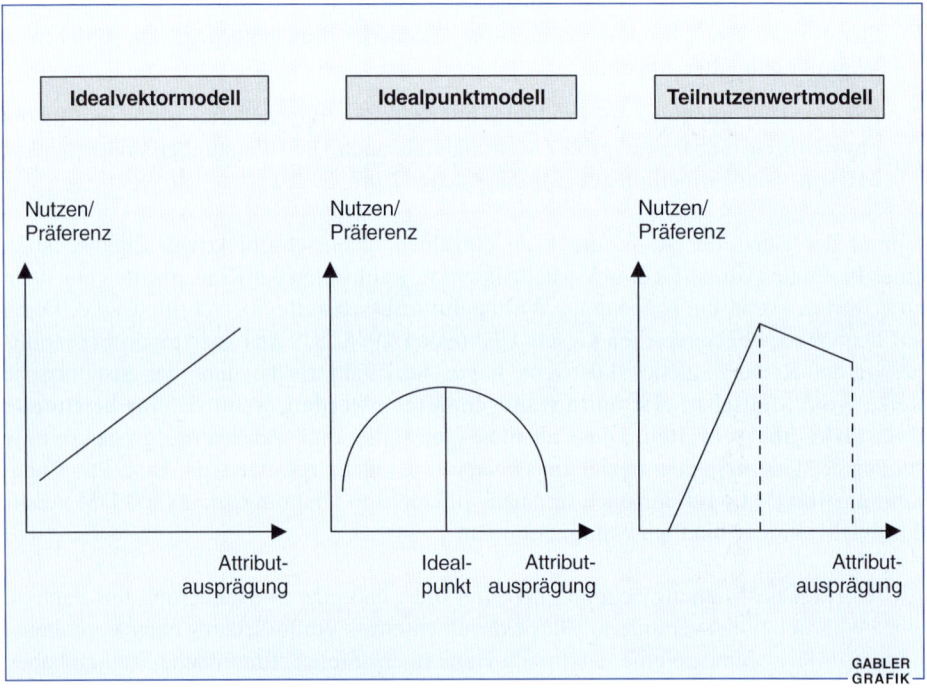

Abbildung 3-110: Alternative Nutzen/Präferenz-Modelle
(Quelle: Laakmann 1995, S: 192)

Unabhängig von der Auswahl eines Präferenzmodells ist vor der Nutzenmessung festzulegen, **welche Produkteigenschaften und Eigenschaftsausprägungen** hinsichtlich ihres konkreten Nutzenbeitrag erfaßt werden sollen. Die Auswahl der die reale Kaufsituation am besten wiedergebenden Präferenzmodelle, Produkteigenschaften und Eigenschaftsausprägungen hat einen erheblichen Einfluß auf die Validität der gewonnenen Ergebnisse und damit die Effektivität einer nutzenorientierten Preispolitik (Balderjahn 1994; Perrey 1998).

Für die Nutzenbestimmung einzelner Produkteigenschaften beziehungsweise die Präferenzmessung im allgemeinen hat sich sowohl in der Marketingforschung als auch in der Praxis die **Conjoint-Analyse** als die am häufigsten verwendete Methode durchgesetzt (Green/Srinivasan 1978, 1990; Weisenfeld 1989; Wittink/Cattin 1989; Balderjahn 1993, 1994; Wittink et al. 1994; Carroll/Green 1995). Die Anwendung der Conjoint-Analyse

Drittes Kapitel　　　　　　　　　　　Aktionsgrundlagen der Marketingentscheidung

zur zielgruppenspezifischen Bestimmung von Preisbereitschaften und zur Ableitung empirischer Preis-Absatz-Funktionen soll im folgenden an einem Beispiel aus dem Flugdienstleistungsbereich erläutert werden (Laakmann 1995, S. 211 ff.).

Im Jahr 1994 wurden insgesamt 1 270 Reisende an Bord innerdeutscher Linienflüge befragt (vgl. Abbildung 3-111). Aufgrund von ex ante durchgeführten Expertengesprächen und der spezifischen Zielsetzung der Untersuchung wurden die in Abbildung 3-112 dargestellten Leistungseigenschaften in die Conjoint-Analyse aufgenommen. Auf Basis der empirisch ermittelten Teilnutzenwerte der Befragten für jede der fünf Leistungseigenschaften wurde eine **Nutzensegmentierung (benefit segmentation)** durchgeführt. Abbildung 3-113 zeigt beispielhaft die Segmentierung im Bereich der Geschäftsreisenden. Es wird deutlich, daß die drei Segmente den Nutzen der verschiedenen Leistungseigenschaften sehr heterogen wahrnehmen. Während im dritten Segment der Umbuchungsflexibilität die höchste Bedeutung zukommt, ist im ersten Segment der Preis das für die Präferenzbildung wichtigste Merkmal. Darüber hinaus wird ersichtlich, daß mit steigendem Teilnutzen auch die Preisbereitschaft der Passagiere steigt.

	Business Class	Economy Class	Summe inkl. missing values
Geschäftsreisende	574	462	1 046
Privatreisende	30	184	218
Summe inkl. missing values	604	649	1 270

Abbildung 3-111:　Stichprobenzusammensetzung der Befragung
　　　　　　　　　im Flugdienstleistungsbereich
　　　　　　　　　(Quelle: Laakmann 1995, S. 224)

■ Anbieter:	A/B
■ Preis:	200,– / 250,– / 300,– / 350,–
■ Sitze:	normal/extra breit
■ Gatebuffet:	mit/ohne Gatebuffet
■ Flexibilität:	keine Umbuchung möglich/ jederzeitige Umbuchung möglich

Abbildung 3-112:　Eigenschaften und Ausprägungen
　　　　　　　　　des untersuchten Linienfluges
　　　　　　　　　(Quelle: Laakmann 1995, S. 213)

Kontrahierungspolitische Entscheidungen

	Geschäftsreisende			
	Gesamt	Preissensible „Commodity-Flieger" (n = 429; 41 %)	Leistungs- und Komfort-orientierte (n = 444; 42 %)	Flexibilitäts-orientierte (n = 173; 17 %)
Wichtigkeit (in %) – Anbieter* – Preis – Sitze – Gatebuffet – Flexibilität	4,63 44,95 10,93 6,90 32,59	0,76 71,72 7,36 5,62 14,54	9,97 28,15 18,16 10,30 33,42	0,22 24,86 1,11 1,40 72,41
Preisbereitschaft (in DM) – Anbieter A gegenüber Anbieter B* – breite Sitze – Gatebuffet – Flexibilität/Umbuchung	15,44 36,49 23,02 108,77	1,58 15,38 11,76 30,41	53,10 96,79 54,87 178,10	1,34 6,72 8,44 436,92
Anteil Business-Class-Flieger (in %)	54,90	45,20	62,30	63,00

* Überkompensationen der Urteile wegen unterschiedlicher Präferenzrichtungen.

GABLER GRAFIK

Abbildung 3-113: Benefitsegmente im Bereich Geschäftsreisende
(Quelle: Laakmann 1995, S. 226)

Im zweiten Schritt wurde für den Anbieter A die Preis-Absatz-Funktion ermittelt. Hierbei ist zu berücksichtigen, daß zum Zeitpunkt der Untersuchung auf der betrachteten Strecke (Oneway-Flug Düsseldorf-München) im wesentlichen nur zwei Anbieter tätig waren. Es liegt demnach eine oligopolistische Marktstruktur vor. In Abbildung 3-114 b) ist die Preis-Absatz-Funktion des Anbieters A wiedergegeben. Hinsichtlich des Leistungsangebots von Anbieter B wurde die in Abbildung 3-114 a) dargestellte Ausgangssituation unterstellt. Es zeigt sich, daß insbesondere für den Fall, in dem Anbieter A seinen Preis auf das Niveau von Anbieter B absenkt (180 DM), sich eine erhebliche Absatz- und Marktanteilssteigerung für A einstellt. Ebenso wird deutlich, daß sowohl im Preisbereich von 100 bis 140 DM als auch zwischen 240 und 300 DM die Nachfrage bezüglich A sehr unelastisch auf Preisänderungen reagiert, wohingegen im übrigen Preisbereich, das heißt in der Nähe des Preises des einzig relevanten Wettbewerbers, eine extrem hohe Preiselastizität vorherrscht. Diese Form der Preis-Absatz-Funktion deutet darauf hin, daß die von A und B angebotenen Leistungen (innerdeutscher Flug von Düsseldorf nach München beziehungsweise vice versa) von den Befragten als weitgehend austauschbar empfunden werden.

a) Ausgangssituation des Interbrand-Wettbewerbs im Flugdienstleistungsbereich

		Stimuli	
		Anbieter B Economy	Anbieter A Economy
Eigenschaften	Preis	180,– DM	200,– DM
	Sitze	normal	normal
	Gatebuffet	ohne	ohne
	Flexibilität	Umbuchung jederzeit möglich	Umbuchung jederzeit möglich

b) Preis-Absatz-Funktion für den Interbrand-Wettbewerb im Flugdienstleistungsbereich

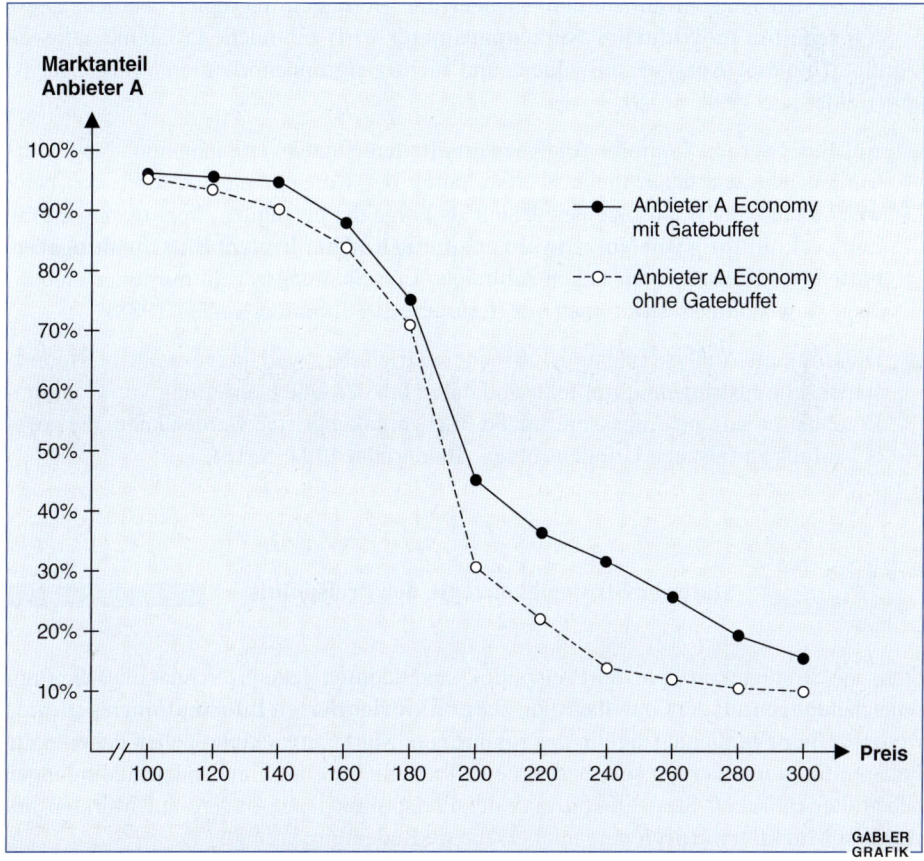

Abbildung 3-114: Interbrand-Wettbewerb im Flugdienstleistungsbereich
(Quelle: Laakmann 1995, S. 236 ff.)

Die nutzenorientierte Preisbestimmung bietet trotz der recht aufwendigen empirischen Verankerung **die Möglichkeit, sich in der Praxis dem optimalen Preis zu nähern**. Darüber hinaus werden wertvolle Informationen für produktpolitische Maßnahmen geliefert, und es bieten sich kommunikationspolitische Ansatzpunkte für die Verbesserung der Kundenwahrnehmung einzelner Produkteigenschaften (Hujer et al. 1996). Allerdings sind mit einer nutzenorientierten Preispolitik auf Basis von Conjoint-Analysen auch eine Reihe von **Problemen** verbunden:

- Die Zahl der vom Konsumenten bei der Conjoint Analyse zu bewertenden Produkteigenschaften und Eigenschaftsausprägungen führt schnell zu einem **„information overload"** und damit zu Bewertungsartefakten. Darüber hinaus ist die Auswahl der geeigneten Produkteigenschaften und Eigenschaftsausprägungen mit Problemen behaftet (Wittink et al. 1982; Weisenfeld 1989; Perrey 1996).

- Zur Ableitung empirischer Preis-Absatz-Funktionen müssen die für jeden Befragten ermittelten Nutzenwahrnehmungen über alle Befragten aggregiert werden. Diese **Aggregation individueller Nutzenparameter** wirft zahlreiche Probleme auf, weil die „Conjoint-Analyse individuen- und nicht zielgruppenorientiert" aufgebaut ist (Balderjahn 1994, S. 18).

- Auf Basis der mit Conjoint-Analysen ermittelten Nutzenwerte kann nicht abgeleitet werden, wie das tatsächliche Kaufverhalten der Konsumenten ausfällt, das heißt welche konkrete Nachfragemenge sich als Folge der gewählten Preissetzung ergibt. Zur **Verknüpfung von Nutzenwahrnehmung und konkretem Entscheidungsverhalten** der Konsumenten liegen zahlreiche Entscheidungsregeln mit unterschiedlichen Anwendungsrestriktionen vor (Louviere 1988; Simon/Kucher 1988).

- Die Conjoint-Analyse ist empirisch nicht falsifizierbar, weil das gesamte interferenzstatistische Instrumentarium fehlt und daher bei der Gütebeurteilung von Conjoint-Ergebnissen nur auf Anpassungsmaße (Fit) zurückgegriffen werden kann, die gegebenenfalls zu falschen Urteilen führen (Balderjahn 1994, S. 18).

3.142 Statische Strategiekonzepte der Preispolitik

Statische Strategiekonzepte der Preispolitik sind dadurch gekennzeichnet, daß die Preisentscheidungen auf der Grundlage von **zeitpunktorientierten Informationen** getroffen werden. Überlegungen bezüglich der zukünftigen Marktentwicklung gehen dabei in die Preispolitik nicht oder nur sehr bedingt ein. Trotz dieser einschränkenden Bedingungen haben die statischen Strategiekonzepte der Preispolitik insbesondere auf Märkten mit **stabilen Marktstrukturen** eine unübersehbare Bedeutung erlangt.

3.1421 Prämien- und Promotionspreispolitik

Bei der Festlegung des Preisniveaus für Neuprodukte können als extreme Preisstrategien zum einen Prämien-, zum anderen Promotionspreise gewählt werden. **Prämienpreise sind eine Form der Hochpreispolitik**. Unternehmen, die Prämienpreisstrategien verfolgen, müssen in der Lage sein, auch längerfristig einen im Vergleich zur Konkurrenz spürbar höheren Preis zu verteidigen. Diese Art der Preispolitik kann zu außergewöhnlich hohen Gewinnen führen, sofern der Mehrumsatz aufgrund von Prämienpreisen nicht durch ein im Wettbewerbsvergleich überdurchschnittlich hohes Kostenniveau aufgezehrt wird. Ein im Vergleich zum Wettbewerb höheres Kostenniveau kann zum Beispiel auf eine **hohe Produktqualität** zurückzuführen sein, die gegebenenfalls sogar weit über die Anforderungen beziehungsweise Erwartungen der Zielgruppe hinausgeht. Die hohe Produktqualität läßt sich das Unternehmen dann im Rahmen einer Prämienpreispolitik vom Kunden bezahlen.

Beispielhaft kann in diesem Zusammenhang auf Mercedes-Benz und Volkswagen verwiesen werden. Aufgrund des ausgeprägten Qualitätsimages der Marke Mercedes-Benz und der diesbezüglich hohen Preisbereitschaft der Kunden sind mit der Prämienpreispolitik bei Mercedes-Benz hohe Gewinne verbunden. Anders verhält sich die Situation für die Marke Volkswagen. Auch diese Marke hat im Vergleich zu ihren direkten Wettbewerbern lange Zeit eine Prämienpreispolitik verfolgt. Ebenso wie bei Mercedes-Benz wurde dies gegenüber den Kunden mit einem relativen Qualitätsvorsprung der Fahrzeuge begründet. Bei der Durchsetzung der Prämienpreise im Markt profitierte Volkswagen ebenfalls von seinem langfristig aufgebauten Qualitätsimage. Als Folge des hohen Kostenniveaus führten die Prämienpreise bei VW jedoch nicht zu hohen Gewinnen.

An diesem Beispiel wird die zentrale Voraussetzung für den Erfolg einer Prämienpreisstrategie besonders deutlich: Ein **überragendes Qualitätsimage**, das in erster Linie von einer hohen Produktqualität bestimmt wird. Die hohe Produktqualität sollte allerdings durch eine entsprechende Gestaltung der übrigen Marketinginstrumente flankiert werden (zum Beispiel kommunikative Maßnahmen, Auswahl geeigneter Vertriebskanäle). Wie zahlreiche Beispiele belegen, können mittels der Prämienpreispolitik nicht nur kleinere Marktnischen, sondern auch größere Marktsegmente sehr profitabel erobert werden. Unternehmen wie zum Beispiel der Autohersteller Rolls-Royce, der HiFi-Produzent Bang und Olufsen, der Computerhersteller IBM, der französische Accessoire-Hersteller Hermès oder die Unternehmensberatung McKinsey liefern hierfür anschauliche Belege.

Im Gegensatz zur Prämienpreispolitik ist **die Promotionspreispolitik durch relativ niedrige Preise gekennzeichnet**. Dem Kunden soll das Image eines Niedrigpreisproduktes vermittelt werden. Da das Schwergewicht der Marketingaktivitäten, insbesondere der Kommunikationspolitik, auf der Betonung der Preiswürdigkeit des Produktes als dem größten Kaufanreiz liegt, besteht bei dieser Preispolitik immer die Gefahr, daß **Preis-Qualitäts-Irradiationen** auftreten (Harper 1966, S. 284). Deshalb sollte diese Preisstrategie vor allem bei Produkten, deren Qualität vom Konsumenten direkt überprüft werden kann, zum Einsatz kommen. Ansonsten muß die Preiswürdigkeit im Rahmen der Kommunikationsstrategie hinter die Betonung der Produktqualität zurücktreten. Beispielhaft für die erfolgreiche Umsetzung einer Promotionspreispolitik kann auf ALDI, die Direkt Anlage Bank, IKEA, die Hannoversche Lebensversicherung, Media-Markt, VOBIS und die Luftfahrtgesellschaften Virgin Atlantic (GB) und Southwest Airlines (USA) verwiesen werden.

Eine besondere Ausprägung der Promotionspreispolitik findet sich in der **Sonderpreispolitik** von Herstellern und Händlern. Es handelt sich dabei um eine zeitlich begrenzte Preissenkung, die wettbewerbsorientiert ausgerichtet ist und auf Marktanteilsgewinne zielt (Glinz 1978; Schmalen/Pechtl 1994). Daneben werden Sonderangebote zur Überbrückung von Absatzflauten und bei absehbarer Marktstagnation eingesetzt. Um negative Auswirkungen auf das Qualitätsimage der Produkte zu vermeiden, sollte von einem zu häufigen Einsatz von Sonderpreisaktionen abgesehen werden. Neben einem Image- und Sympathieverfall (Diller 1994) besteht hier vor allem die Gefahr, daß sich die Kunden an die häufigen Sonderangebote gewöhnen und bei der Wiedereinführung des Normalpreises ihre Käufe bis zur nächsten Sonderpreisaktion zurückstellen.

3.1422 Strategien der Preisdifferenzierung

3.14221 Theoretische Ansätze der Preisdifferenzierung

Im Rahmen von Preisdifferenzierungsstrategien werden für identische Produkte von den Kunden unterschiedlich hohe Preise gefordert (von Stackelberg 1968). Es handelt sich somit um ein typisches **Instrument der differenzierten Marktbearbeitung**, dessen Einsatz auf den Ergebnissen der Marktsegmentierung aufbaut. In der Praxis läßt sich die Preisdifferenzierung in der theoretischen Reinform, das heißt bei in jeder Hinsicht identischen Produkten, nur selten durchsetzen. **Zentrales Ziel der Preisdifferenzierung ist eine Gewinnsteigerung durch Abschöpfung der Konsumentenrente.**

Eine Gewinnsteigerung wird möglich, indem ausgehend von den beim Einheitspreis kaufenden Nachfragern **zwei zusätzliche Käufergruppen besser erschlossen werden**. Der ersten Gruppe gehören solche Nachfrager an, die bereit wären, einen höheren als den Einheitspreis für ein bestimmtes Produkt zu bezahlen. In der zweiten Gruppe befinden sich Konsumenten, die beim Einheitspreis nicht kaufen würden, weil ihre Preisbereitschaft unterhalb des Einheitspreises, aber noch oberhalb der Grenzkosten des jeweiligen Anbieters liegt. Durch ein individuelles Aushandeln der Preise (orientalischer Basar) als theoretischem Idealfall der Preisdifferenzierung können beide Konsumentengruppen bedient und damit der Gewinn des Anbieters vergrößert werden. Dieses Vorgehen entspräche einer vollständigen Abschöpfung der Konsumentenrente.

Die Wirkung der Preisdifferenzierung auf den Unternehmensgewinn läßt sich am Beispiel einer linear fallenden Preis-Absatz-Funktion darstellen (vgl. Simon 1992, S. 387 ff.). In Abbildung 3-115 seien eine Preis-Absatz-Funktion von

(17) $x = 100 - 10p$

und konstante Grenzkosten von $K' = 4$ unterstellt. Ohne Preisdifferenzierung errechnet sich eine gewinnmaximale Preis-Mengenkombination von $p^* = 7$ GE und $x^* = 30$ ME. Unter Vernachlässigung von Fixkosten errechnet sich ein Maximalgewinn von $3 \cdot 30 = 90$ GE. Der Maximalgewinn ist graphisch im linken Teil der Abbildung 3-115 durch die schraffierte Fläche kenntlich gemacht.

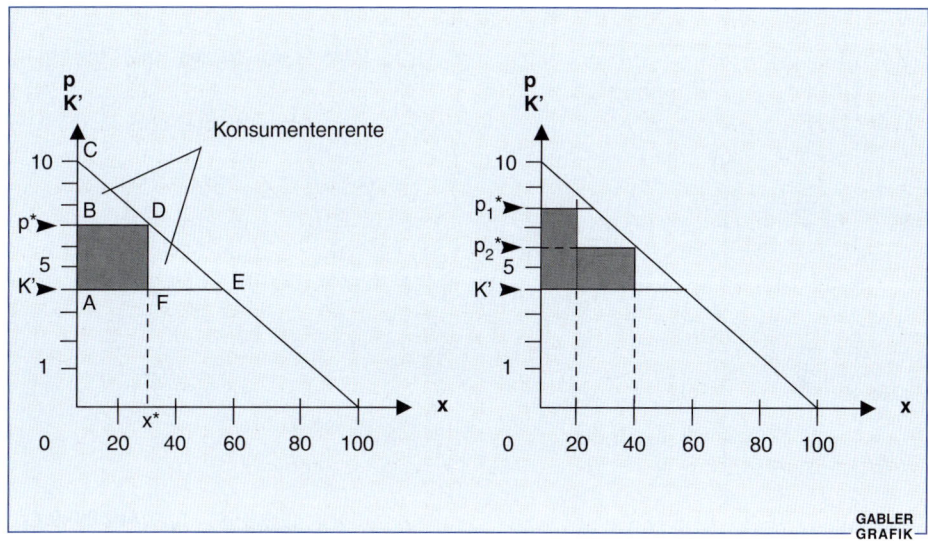

Abbildung 3-115: Klassisches Modell der Preisdifferenzierung
(in Anlehnung an Simon 1992, S. 387)

Im rechten Teil von Abbildung 3-115 ist die Aufteilung des Gesamtmarktes in zwei Segmente dargestellt. Für Segment 1 ergibt sich ein optimaler Preis von $p_1^* = 8$ GE bei einer Absatzmenge von 20 ME, für Segment 2 ergibt sich ein optimaler Preis von $p_2^* = 6$ GE bei einer Absatzmenge von ebenfalls 20 ME. Der Gesamtgewinn läßt sich damit auf 120 GE steigern. Bei unendlicher Preisdifferenzierung beziehungsweise personenindividueller Marktsegmentierung („segment of one") läßt sich der Gesamtgewinn, wie das Dreieck ABCDEF in Abbildung 3-115 verdeutlicht, auf 180 GE steigern. In diesem Fall wäre die gesamte Konsumentenrente (Dreiecke BCD und DEF) abgeschöpft.

Bei der Anwendung der Preisdifferenzierung sind jedoch stets **neben den Nutzen- (Gewinn) auch die Kostenwirkungen zu berücksichtigen** (vgl. Abbildung 3-116). Ausgehend von einem undifferenziert bearbeiteten Markt (Segmentzahl 1) sinkt in der Regel mit jeder weiteren Preisdifferenzierung, das heißt mit jedem zusätzlich bearbeiteten Segment, der erzielbare Zusatzumsatz, wohingegen die Kosten der Preisdifferenzierung (zum Beispiel Kosten der Verpackungsdifferenzierung, Kommunikationskosten) ansteigen. Die individuelle Aushandlung von Preisen dürfte somit nur in Ausnahmefällen eine unter ökonomischen Aspekten optimale Preisdifferenzierungsstrategie sein.

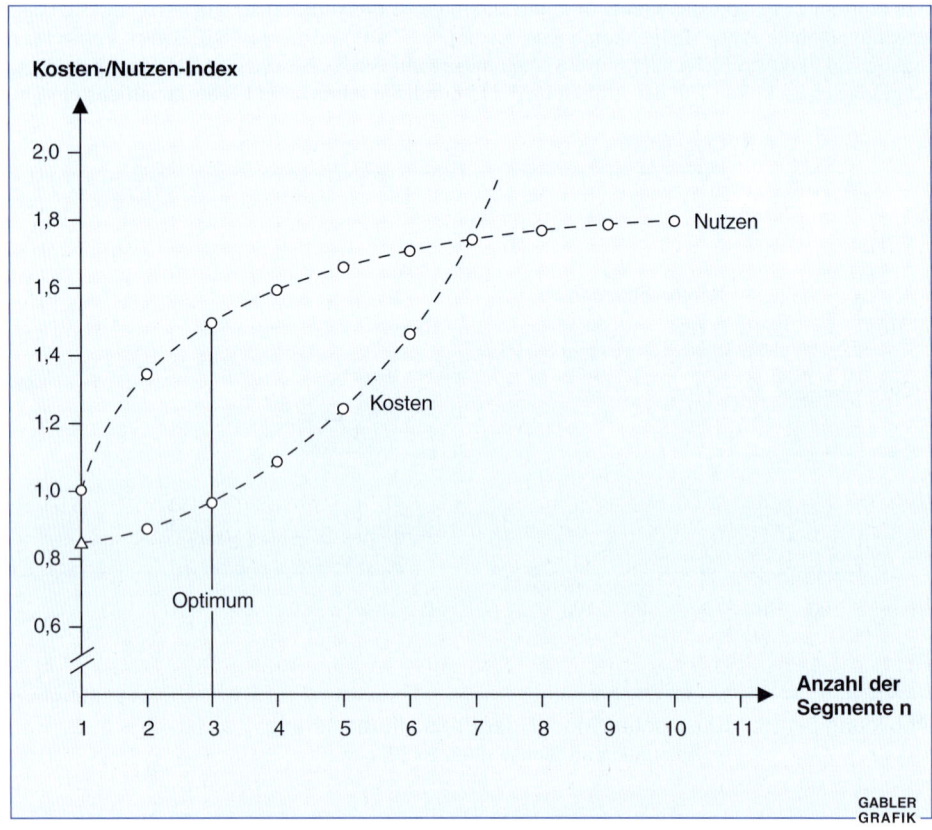

Abbildung 3-116: Kosten-Nutzen-Analyse der Preisdifferenzierung
(in Anlehnung an Simon 1992, S. 389)

Die Preisdifferenzierung wird in der Regel mit Differenzierungsmaßnahmen bei den anderen Marketinginstrumenten kombiniert. Beispielsweise werden oftmals Produktvarianten, die sich nur marginal vom Basisprodukt unterscheiden und zu identischen oder nur geringfügig höheren Kosten hergestellt werden können, zu sehr unterschiedlichen Preisen angeboten. Dies trifft beispielsweise auf die Preise für ein Flugticket in der ersten beziehungsweise zweiten Klasse (Business-Class) zu, die trotz nur geringfügiger Kostenunterschiede oft über 100 Prozent auseinanderliegen. Ebenso führt die Kombination von Preis- und Vertriebskanaldifferenzierung häufig zu enormen Preisunterschieden für identische oder sehr ähnliche Produkte (vgl. Abbildung 3-117). Sofern mit der Preis- eine Produktdifferenzierung einhergeht, wird auch von **qualitativer oder leistungsbezogener Preisdifferenzierung** gesprochen (Ott 1997, S. 190; Faßnacht 1996, S. 67f.). Die Strategie der Preisdifferenzierung wird vor allem innerhalb von Produktlinien eingesetzt.

Verkaufspunkt	Preis (in DM)	Index
Getränkemarkt	0,64	100
Lebensmittelgeschäft	0,69	108
Bäckerei	0,80	125
Automat in der Universität	0,90	141
Tankstelle	1,20	188
Automat an der Straße	1,50	243
Straßenkiosk	1,60	250
Flughafenkiosk	2,00	313
Bahnhofskiosk	2,20	344

Abbildung 3-117: Preise einer 0,33 l-Dose Coca-Cola
(Quelle: Simon 1995, S. 119)

Im Rahmen der theoretischen Ansätze werden **zwei Formen der Preisdifferenzierung** unterschieden: Die Preisdifferenzierung bei gegebener und bei vom Unternehmen willkürlich vorgenommener Marktaufteilung (Pigou 1929, S. 277 ff.; von Stackelberg 1968, S. 379 ff.).

Bei **gegebener Marktaufteilung** sind die Marktsegmente Daten der Preispolitik. Dabei umfaßt jedes Marktsegment beziehungsweise jeder Teilmarkt Käufer aller oder mehrerer Preisschichten. Man spricht deshalb auch von **vertikaler Preisdifferenzierung**. Die Preise auf den Teilmärkten sollten so gesetzt werden, daß die Grenzerlöse der einzelnen Teilmärkte den Grenzkosten gleich sind. In Abbildung 3-118 wird dabei unterstellt, daß auf beiden Teilmärkten die gleichen Grenzkosten bestehen. Von großer Bedeutung ist die vertikale Preisdifferenzierung für **international tätige Unternehmen**, da durch bestehende Landesgrenzen und den damit häufig verbundenen Zollschranken die unterschiedlichen Märkte relativ gut voneinander abgegrenzt sind.

In diesem Zusammenhang darf jedoch nicht übersehen werden, daß in bedeutenden Wirtschaftsblöcken wie zum Beispiel innerhalb der Europäischen Union oder der nordamerikanischen Freihandelszone NAFTA diese „gegebene" Art der Marktabgrenzung schrittweise abgeschafft wird (Liberalisierung der Märkte) und dadurch für Hersteller, die zum Beispiel innerhalb der Europäischen Union bislang eine ausgeprägte Preisdifferenzierung verfolgten, erhebliche Schwierigkeiten durch sogenannte **„Graue Märkte"** entstehen (Backhaus et al. 2000, S. 258). Diese vom Hersteller nicht autorisierten Warenströme zwischen Ländern mit unterschiedlichen Preisen für (weitgehend) identische Produkte führen zu einem Verfall des Preisniveaus in denjenigen Ländermärkten, in denen vom Hersteller bislang ein relativ hohes Preisniveau durchgesetzt werden konnte.

Der Erfolg einer vertikalen Preisdifferenzierung zwischen verschiedenen Ländermärkten hängt somit vor allem von der **Verhinderung „Grauer Märkte"** ab. Absatzmittler oder auch Endabnehmer in Ländern mit niedrigem Produktpreis sollten daran gehindert werden, Exporte in Länder mit höheren Produktpreisen durchzuführen und so in Konkurrenz zu den dort tätigen offiziellen Vertriebsorganisationen der Hersteller zu treten.

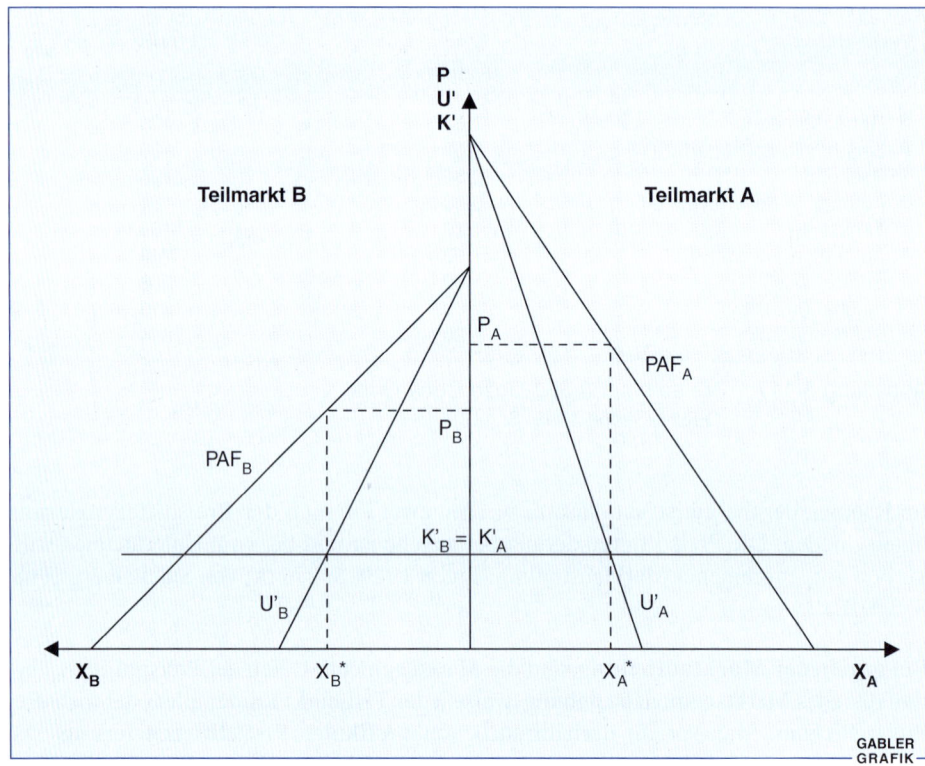

Abbildung 3-118: Preisbestimmung bei vertikaler Preisdifferenzierung

Die Gefahr durch „Graue Märkte" ist besonders groß, wenn zwischen zwei Ländern mit differenzierten Preisen **enge Kommunikationsbeziehungen** bestehen (hohe Markttransparenz) und die gesamten **Transaktionskosten** (zum Beispiel Informations-, Verhandlungs- oder Absicherungskosten) **deutlich niedriger sind als die Preisdifferenz zwischen den beiden Ländern**. Dies ist zum Beispiel zwischen den Ländern der EU in der Regel gegeben, wo insbesondere auf dem Foto-, Pharma- und Automobilmarkt in den letzten Jahren immer wieder in großem Umfang „Graue Märkte" entstanden sind. Internationale Preisdifferenzierungsstrategien müssen darüber hinaus oftmals mit Produktdifferenzierungen einhergehen, um den länderspezifischen Besonderheiten Rechnung zu tragen.

Das Wesen der **Preisdifferenzierung bei willkürlicher Marktaufteilung**, auch **horizontale Preisdifferenzierung** genannt (vgl. Abbildung 3-115), besteht darin, daß Käufer mit gleicher oder ähnlicher Preisbereitschaft zu einem Marktsegment zusammengefaßt und von den auf diese Weise gebildeten Marktsegmenten unterschiedliche Preise verlangt werden (Monroe 1979, S. 153 ff.). Da in aller Regel nicht verhindert werden kann, daß die diskriminierten Segmente davon Kenntnis erhalten, daß andere Käufer für dasselbe

Produkt einen niedrigeren Preis zahlen, wird die horizontale Preisdifferenzierung ebenfalls häufig von Produktdifferenzierungsmaßnahmen oder der Differenzierung des Markennamens (insbesondere durch Markenzusätze), der Vertriebswege oder der Kommunikationspolitik flankiert. Um Preisdifferenzierungsstrategien erfolgreich anwenden zu können, müssen bestimmte **Voraussetzungen** erfüllt sein:

- Die Nachfrager müssen **unterschiedliche Preisbereitschaften** aufweisen, das heißt es müssen unterschiedliche Maximalpreise und Preiselastizitäten vorliegen.

- Die Nachfrager mit unterschiedlichen Preisbereitschaften müssen voneinander getrennt werden können. Die verschiedenen **Preissegmente müssen somit identifiziert und gezielt bearbeitet werden können**.

- **Arbitrageprozesse** zwischen den Preissegmenten sollten **nur in begrenztem Maße möglich** sein (Backhaus et al. 2000, S. 113 f.). Die Verluste aus den Arbitrageprozessen (geringerer Absatz in Segmenten mit hohem Preisniveau als Folge „Grauer Märkte") sollten damit den Zusatzgewinn aus der Preisdifferenzierung nicht vollständig kompensieren. Arbitrageprozesse können zum Beispiel verhindert werden durch Ländergrenzen mit hohen Zollschranken, durch Transport- und/oder Umrüstungskosten, die höher sind als die Preisunterschiede, oder durch fehlende Markttransparenz der Abnehmer.

  Zum Beispiel erzielen die Automobilhersteller mit Hilfe der Preisdifferenzierung in Deutschland hohe Zusatzerlöse, weil sich hier gegenüber anderen europäischen Ländern ein wesentlich höheres Preisniveau für weitestgehend identische Produkte durchsetzen läßt. Gleichzeitig setzen jedoch Arbitrageprozesse ein. So werden beispielsweise Autos aus Italien nach Deutschland gebracht und mit Preisnachlässen von zum Teil deutlich über 20 Prozent in Deutschland, am offiziellen Autohandel vorbei, verkauft. Hierdurch verringert sich der Gewinn der Hersteller im deutschen Markt. Die Preisdifferenzierung ist unter diesen Bedingungen für die Hersteller dennoch vorteilhaft, weil die Zusatzgewinne aus der Preisdifferenzierung durch die Arbitrageprozesse nicht aufgezehrt werden.

- Das Unternehmen, das die Preisdifferenzierung einsetzt, muß über einen gewissen **monopolistischen Spielraum** beziehungsweise ein **akquisitorischen Potential** verfügen (Gutenberg 1984, S. 243 ff.; Faßnacht 1996, S. 30). Werden die Preise in einem bestimmten Segment erhöht, muß davon ausgegangen werden, daß die betreffenden Nachfrager nicht vollständig zur Konkurrenz abwandern. Ebenso sollte eine Preissenkung in anderen Segmenten nicht durch absatzpolitische Maßnahmen der Konkurrenz vollständig kompensiert werden.

- Ist den Nachfragern die Preisdifferenzierung bekannt (vor allem bei horizontaler Preisdifferenzierung oft gegeben), so sollten die unterschiedlichen Preise in der Wahrnehmung der Nachfrager gerechtfertigt erscheinen und diese nicht das Gefühl haben, **übervorteilt worden** zu sein.

- Schließlich setzt das klassische Modell der Preisdifferenzierung (von Stackelberg 1939) voraus, daß **jeder einzelne Käufer stets eine Mengeneinheit erwirbt** und nicht bei niedrigerem Preis mehr kauft (Simon 1992, S. 387).

3.14222 Preisdifferenzierung in der Praxis

Ausgehend von einer bereits 1929 entwickelten Klassifikation verschiedener Preisdifferenzierungsformen (Pigou 1929) sind in der Praxis heute vor allem die folgenden Preisdifferenzierungsformen zu finden (Ott 1997, S. 190; Simon 1998, S. 107):

- zeitliche Preisdifferenzierung,
- räumliche Preisdifferenzierung,
- personelle Preisdifferenzierung,
- quantitative Preisdifferenzierung,
- Preisbündelung.

Maßgebend für die Kennzeichnung dieser fünf Erscheinungsformen sind die Kriterien, anhand derer unterschiedliche Preishöhen festgelegt werden. Bei der **zeitlichen Preisdifferenzierung** werden unterschiedliche Preise in Abhängigkeit vom Kaufzeitpunkt gefordert. Dabei können die Preise nach unterschiedlichen Tageszeiten (Telefongebühren, Strom, Autowaschanlagen), nach Wochentagen (Flugtarife, Autovermietung, Kino, Hotels), nach Saisonverläufen (frisches Obst und Gemüse, Pauschalreisen, Skiausrüstung, Badebekleidung, modische Artikel) oder sogar nach Jahren (Sonderpreise bei der Markteinführung neuer Produkte) differenziert werden.

Diese Form der Preisdifferenzierung kann auf **zeitabhängige Kostenunterschiede** (Überstundenzuschläge, Transport- und Beschaffungskosten für saisonabhängige Lebensmittel), aber auch ausschließlich auf **zeitbedingte Präferenzunterschiede** der Abnehmer (Spätvorstellung im Kino, Telefonieren während der Nacht, Kauf von Skiausrüstung im Sommer) und darauf basierende nicht ausgelastete Kapazitäten zurückzuführen sein.

Die **räumliche Preisdifferenzierung** geht auf die Überlegungen zur vertikalen Preisdifferenzierung zurück. Differenzierungskriterium sind hier geographisch abgegrenzte Teilmärkte in Form von Ländermärkten, Regionen, Städten, Stadtteilen etc. Beispiele für eine räumliche Preisdifferenzierung finden sich zum Beispiel bei Bier, Baustoffen oder Wintersportausrüstung. Auch in diesem Fall können Kostenunterschiede (zum Beispiel Transportkosten bei Bier, Zement, Kalksandsteinen) oder Präferenzunterschiede (regionenspezifische Geschmackspräferenzen bei Lebensmitteln) Auslöser der Preisdifferenzierung sein.

Die **personelle Preisdifferenzierung** basiert auf spezifischen Merkmalen der Käufer. Als Differenzierungskriterien kommen zum Beispiel das Alter (Sonderpreise für Kinder), das Geschlecht (Preisermäßigung für Frauen in Discotheken), das Einkommen (Preisreduktion für Schüler, Studenten und Rentner) oder auch der Beruf (spezielle Versicherungstarife für Beamte) in Betracht. Die personelle Preisdifferenzierung auf Basis des Alters oder des Einkommens wird vor allem bei solchen Dienstleistungen und Produkten eingesetzt, bei denen der Anbieter eine langfristige Kundenbindung anstrebt, weil er im

Zeitablauf mit einer deutlich wachsenden Kaufkraft und Preisbereitschaft der Käufer rechnet. Dies läßt ihn gegebenenfalls nicht kostendeckende Preise im Frühstadium der Kundenbeziehung in Kauf nehmen. Grundlage der Preiskalkulation ist in diesem Falle der **langfristige Kundenwert** (customer value beziehungsweise Lebensertragswert). Auf dieser Überlegung basieren zum Beispiel die kostenfreien Girokonten einiger Banken für Schüler und Studenten.

Bei der **quantitativen Preisdifferenzierung** verändert sich der durchschnittliche Stückpreis in Abhängigkeit von der abgenommenen Menge. Dies ist bei verschiedenen Pakkungsgrößen (zum Beispiel im Lebensmitteleinzelhandel) oder bei der Gewährung von Mengenrabatten der Fall (zum Beispiel Vielfliegerpogramme der Fluggesellschaften). Die quantitative Preisdifferenzierung wird auch als **nicht-lineare Preispolitik** bezeichnet, weil sich der Gesamtkaufpreis nicht proportional, das heißt nicht-linear, zur erworbenen Menge verhält.

Die **Preisbündelung** stellt eine Sonderform der Preisdifferenzierung dar (Herrmann/Bauer 1996; Wübker 1998). Während die bisherigen Ausführungen implizit von einem Einproduktunternehmen ausgingen, wird nun ein Mehrproduktunternehmen unterstellt. In diesem Fall stellt sich die Frage, ob die Produkte einzeln oder im Bündel angeboten und dementsprechend Einzelpreise oder ein Paketpreis gefordert werden soll (vgl. Meffert 1999) (vgl. Insert 3-28). Ziel der Preisbündelung ist es, die unterschiedliche Preisbereitschaft der Nachfrager besser auszunutzen als mit Hilfe von Einzelpreisen, das heißt die Konsumentenrente besser abzuschöpfen. Dies soll an einem Beispiel verdeutlicht werden (Simon 1998, S. 132f.).

Ein Supermarkt bietet Wein und Käse an und hat für fünf Nachfrager die maximale Preisbereitschaft ermittelt (vgl. Abbildung 3-119). Die Maximalpreise spiegeln den Nutzen der beiden Produkte für die Nachfrager wider. Die Maximalpreise ergeben sich aus der Addition der Einzelpreise, das heißt es liegt keine Komplementarität der Güter vor. Variable Stückkosten werden nicht berücksichtigt. Das in diesem Fall identische Umsatz- und Gewinnmaximum stellt sich bei den Einzelpreisen p_K (Käse) = 5 GE und p_W (Wein) = 4 GE ein. Bei diesen Einzelpreisen kauft zum Beispiel Nachfrager 3 beide Produkte, wohingegen die Nachfrager 4 und 5 keines der Produkte kaufen.

Bietet der Supermakt Wein und Käse nur im Bündel an, ergibt sich das Umsatz- und Gewinnmaximum bei p_{K+W} = 5,5 GE. Beim ausschließlichen Angebot dieses Bündelpreises kaufen alle außer Nachfrager 5. Durch eine Kombination von Bündelpreisen und Einzelpreisen kann der Umsatz und Gewinn für den Supermarkt weiter gesteigert werden, denn bei Einzelpreisen von p_K = 2,4 GE und p_W = 4 GE (die Einzelpreise müssen zusammengenommen über dem Bündelpreis liegen, sonst ist dessen Angebot nicht zweckmäßig) wird auch Nachfrager 5 zum Käufer von Käse, so daß der Gesamtgewinn von 22 auf 24,4 Geldeinheiten steigt. Auf der Grundlage einer Studie im deutschen Automobilmarkt konnte die fallweise Vorteilhaftigkeit der reinen beziehungsweise gemischten Preisbündelung auch in der Praxis belegt werden (Laakmann 1995, S. 273ff.).

Kontrahierungspolitische Entscheidungen

INSERT 3-28: Werbewurfsendung Saturn, Februar 2000

Drittes Kapitel — Aktionsgrundlagen der Marketingentscheidung

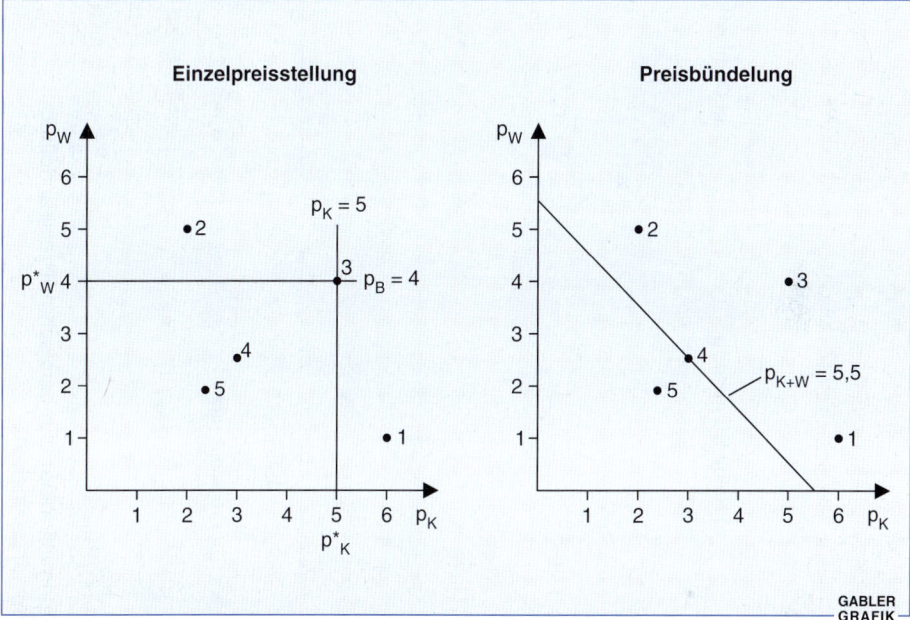

	Maximalpreise		
Nachfrager	Käse	Wein	Bündel (Wein und Käse)
1	6	1	7
2	2	5	7
3	5	4	9
4	3	2,5	5,5
5	2,4	1,8	4,2

Abbildung 3-119: Einzelpreisstellung versus Preisbündelung
(Quelle: Simon 1995, S. 132 f.)

Die Vorteilhaftigkeit einer Einzelpreisstellung gegenüber einer reinen Preisbündelung oder einer gemischten Preisbündelung kann jedoch nicht generell bestimmt werden (Adams/Yellen 1976; Telser 1979; Schmalensee 1984). Allerdings lassen sich auf Basis des in Abbildung 3-120 dargestellten, von Simon übernommenen Beispiels, folgende Tendenzaussagen ableiten:

- Eine **Einzelpreisstellung** ist tendenziell vorteilhaft, wenn der Nutzen der Produkte aus Sicht der Nachfrager sehr unterschiedlich ist (Abbildungsteil a).

- Die **reine Preisbündelung** ist demgegenüber tendenziell vorzuziehen, wenn den Produkten von jedem Nachfrager ein sehr ähnlicher Nutzen beigemessen wird (Abbildungsteil b).

- Eine **gemischte Preisbündelung** ist schließlich dann vorteilhaft, wenn Fall a und b gemeinsam auftreten (Abbildungsteil c).

Kontrahierungspolitische Entscheidungen

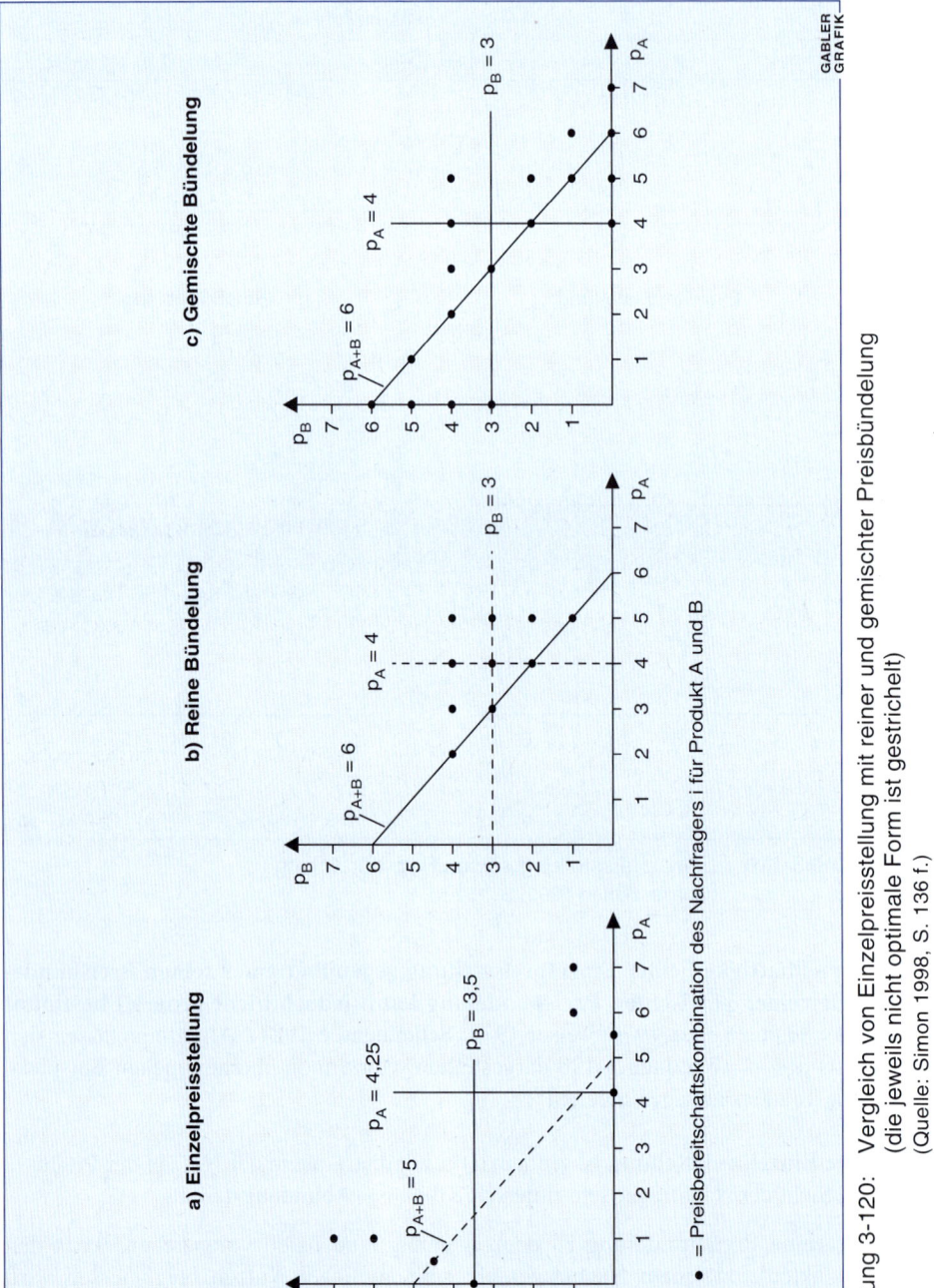

Abbildung 3-120: Vergleich von Einzelpreisstellung mit reiner und gemischter Preisbündelung (die jeweils nicht optimale Form ist gestrichelt)
(Quelle: Simon 1998, S. 136 f.)

Darüber hinaus kann die Kombination von Einzelpreisen und Preisbündeln zu einer nachlassenden Wettbewerbsintensität als Folge einer **Verringerung der Markttransparenz** führen. Ferner kann sich die Wettbewerbsfähigkeit des Anbieters aufgrund einer **höheren Individualisierung** seines Leistungsangebotes erhöhen (Diller 1993, S. 274f.).

Obwohl die Strategie der Preisdifferenzierung im Rahmen eines marktwirtschaftlichen Wirtschaftssystems grundsätzlich legitim ist, sind marktbeherrschende beziehungsweise relativ marktmächtige Unternehmen in der Anwendung der Preisdifferenzierung aufgrund des **Gesetzes gegen Wettbewerbsbeschränkungen** (GWB) in Deutschland beschränkt (Ahlert/Schröder 1996).

3.1423 Preispolitischer Ausgleich

Die Strategie des preispolitischen Ausgleichs basiert auf der engen Beziehung zwischen Preispolitik und herstellerbezogener Programm- beziehungsweise handelsbezogener Sortimentspolitik. Dabei wird die Zielsetzung verfolgt, die **Komplementaritätsbeziehungen zwischen den Produkten zu nutzen**. Die Preispolitik für das Produktprogramm wird so gestaltet, daß Verluste bei einigen Artikeln in Kauf genommen werden, um dadurch den Absatz anderer, besser kalkulierter Erzeugnisse zu verbessern und per saldo höhere Gewinne zu erzielen (Diller 1985, S. 206ff.).

Somit ist der preispolitische Ausgleich eine auf die Erzielung eines bestimmten Mindestgewinns gerichtete **Kompensation von ausgleichsgebenden und ausgleichsnehmenden Produkten**. Die Deckungsbeiträge der ausgleichsgebenden Artikel müssen mindestens so groß sein, daß mit dem gesamten Produktprogramm beziehungsweise Sortiment der Mindestgewinn realisiert wird.

Für den preispolitischen Ausgleich ist insbesondere der **Kaufverbund** zwischen unterschiedlichen Leistungen relevant, wie er beispielsweise beim Automobilkauf zwischen dem Kauf des Grundmodells und den Sonderausstattungen oder bei Skiausrüstungen zwischen dem Kauf der Skier und der Bindung beziehungsweise den Skischuhen und Stöcken auftritt (vgl. drittes Kapitel, Abschnitt 2.93). Der Kaufverbund ist entweder auf einen bewußten **Nachfrageverbund** des Konsumenten, auf Maßnahmen am Point of Sale (PoS) oder auf Zufallseinflüsse zurückzuführen. Der Kaufverbund ist durch die Auswertung der Kaufvorgänge und insbesondere der Scannerkassenabrechnungen direkt meßbar. Der Kaufverbund kann nach unterschiedlichen Kriterien systematisiert werden:

- Das erste Kriterium ist der **Zeitfaktor**. Der Kaufverbund kann entweder zeitlich nebeneinander oder zeitlich hintereinander auftreten. Ein Beispiel für den simultanen Kaufverbund liegt beim Autokauf zwischen dem Kauf des Grundmodells und einer Sonderlackierung vor, während ein sukzessiver Kaufverbund bei der zusätzlichen Inanspruchnahme von Reparatur- und Wartungsleistungen auftritt.

- Das zweite Systematisierungskriterium bezieht sich auf die **Art der** im Kaufverbund stehenden **Produkte**. Der Kaufverbund kann zwischen den Produkten einer Produktgruppe oder zwischen unterschiedlichen Produktgruppen auftreten. Der letztere Fall ist im Handel insbesondere auf das sogenannte „one-stop-shopping" zur Erhöhung der Einkaufsbequemlichkeit zurückzuführen.

Im Handel ist die wichtigste Form des preispolitischen Ausgleichs der **Artikelausgleich**. Ausgleichsnehmer sind hier Aktionsartikel, die mit dem Ziel einer hohen werblichen Wirkung preisreduziert verkauft werden (Glinz 1978). Von besonderer Bedeutung sind in diesem Zusammenhang die auch **als Lockvogelangebote bezeichneten Verkäufe unter Einstandspreis** (Andersen 1978, S. 96 ff.).

Klassische Beispiele für Lockvogelangebote sind zueinander komplementäre Güter wie Naßrasierer und Rasierklingen, Handys und Serviceprovider oder Computerdrucker und Druckerpatronen. Dabei wird das Basisprodukt, hier zum Beispiel der Naßrasierer, zum Einstandspreis beziehungsweise zu einem noch günstigeren Preis verkauft. Die für den Naßrasierer passenden Rasierklingen werden hingegen mit einem hohen Gewinnaufschlag angeboten, der die entstandenen Verluste überkompensieren soll. Der Gewinn wird somit häufig mit den für die Nutzung des Produktes notwendigen Verbrauchsmaterialien erwirtschaftet.

Die beiden wichtigsten **Zielsetzungen derartiger Untereinstandspreisverkäufe** sind (Diller 1981, S. 409; Müller-Hagedorn 1993, S. 203):

- die Erzielung eines bestimmten Brutto- oder Nettogewinns durch Anlocken von Kunden, die neben den Aktionsartikeln auch andere Waren kaufen (Kaufverbund), deren Spannen die Verluste bei den Sonderangeboten ausgleichen oder überkompensieren;
- die Erhaltung oder Bildung eines günstigen Preisimages zur Steigerung der Kundenzahl und der Kundenbindung.

Für **Sonderangebote**, die eine typische taktische preispolitische Maßnahme des Handels darstellen, sind die folgenden Überlegungen zu berücksichtigen (Schmalen/Pechtl 1994):

- Je öfter Sonderangebote durchgeführt werden, um so geringer wird ihr Grenznutzen, da die Kunden preisbewußter werden und auf neue Sonderangebote „spekulieren" (Preisverfallshypothese) (Diller 1979, S. 9).
- Sonderangebote eignen sich insbesondere für die Einführung neuer Produkte, weil auf diese Weise die Kluft zwischen dem Produktinteresse und dem ersten Versuchskauf (hohes wahrgenommenes Kaufrisiko) im Kaufentscheidungsprozeß potentieller Konsumenten leichter überbrückt werden kann.
- Absatzstarke, bekannte Marken erzielen den höchsten Sonderangebotsabsatz. Sollen schwächere Marken gleiche oder ähnlich gute Ergebnisse erzielen, so kann dies nur durch größere Preiszugeständnisse erreicht werden.

- Sonderangebote bedürfen, damit sie die Zielsetzung des preispolitischen Ausgleichs realisieren, stets des Einsatzes flankierender Maßnahmen wie der Verkaufsförderung oder Werbung.

- Sonderangebote sollten mengenmäßig begrenzt sein, damit die Konsequenzen kontrollierbar bleiben.

- Verkäufe unter Einstandspreis sind nur dann sinnvoll, wenn durch „Carry-over-Effekte" langfristige Gewinnsteigerungen möglich erscheinen (Oehme 1992, S. 232 f.).

Die **Grenzen der Strategie des preispolitischen Ausgleichs** resultieren zum einen aus den Marktverhältnissen, zum anderen aber auch aus der betriebsinternen Situation. Jedes Unternehmen hat seinen individuellen Ausgleichsspielraum. Dieser Spielraum ist um so kleiner, je weniger eine betriebsindividuelle Preis- und Sortimentspolitik zu verwirklichen ist. Ebenso besteht die Gefahr, daß die deckungsbeitragsstarken, ausgleichsgebenden Produkte beziehungsweise Produktgruppen von Konkurrenten ins Leistungsangebot aufgenommen werden.

Je kurzfristiger preispolitische Entscheidungen getroffen und beibehalten werden, desto geringer ist das Risiko, daß Konkurrenzunternehmen auf niedrige Preise eines Sonderangebotes reagieren können. Gleichzeitig sinkt jedoch auch die Wahrscheinlichkeit, daß die Konsumenten das Sonderangebot wahrnehmen. Leicht verderbliche Ware, Gelegenheitskäufe und Saisonartikel sind für einen kurzfristigen preispolitischen Ausgleich besonders gut geeignet. Im Handel ist der Anlockeffekt von Sonderangeboten jedoch häufig relativ gering (Schmalen 1995, S. 160 f.). Die Verbraucher haben sich aufgrund der unüberschaubaren Flut an Sonderangeboten so sehr an die Sonderangebotspolitik des Handels gewöhnt, **daß die Strategie des preispolitischen Ausgleichs mit seinen attraktiven Preisangeboten kurzfristig nur geringe Käuferwanderungen auslöst** (Diller 1981, 1994) **und langfristig sogar kontraproduktive Wirkungen zeigt**.

Empirische Studien zeigen aber auch, daß in Warengruppen oder Betriebstypen, in denen Sonderangebote relativ selten eingesetzt werden, die Strategie des preispolitischen Ausgleichs durchaus ihre Berechtigung hat. So stellten beispielsweise Mulhern und Padgett bei ihrer Untersuchung im Heimwerker-Einzelhandel der USA fest, daß immerhin 13,6 Prozent aller Kunden während einer Sonderangebotsphase nur aufgrund des Sonderangebots den Heimwerkermarkt aufgesucht hatten. Darüber hinaus gaben alle Käufer des Sonderangebots für jeden Dollar bei Aktionsartikeln im Durchschnitt weitere 1,63 Dollar für normal kalkulierte Artikel aus (Mulhern/Padgett 1995).

Wird die Strategie des preispolitischen Ausgleichs zu häufig und insbesondere in sehr extremen Formen wie bei Verkäufen unter Einstandspreis eingesetzt, so führt dies mittel- bis langfristig zu einem **Preisverfall**, da sich die Preiserwartungen und die Preisbereitschaft der Konsumenten nach unten verlagern. Tritt eine derartige Entwicklung ein, so werden die Spielräume des preispolitischen Ausgleichs stark eingeschränkt. Im Handel können deshalb einzelne Artikelgruppen, beispielsweise Kaffee, Schokolade oder Waschmittel kaum noch als Ausgleichsgeber fungieren.

Kontrahierungspolitische Entscheidungen

Neben den auf den Nachfrageverhältnissen beruhenden Grenzen des preispolitischen Ausgleichs müssen auch die **internen Situationsfaktoren** berücksichtigt werden. Im Mittelpunkt der internen Probleme stehen die **Schwierigkeiten der Preisuntergrenzenbestimmung bei verbundener Nachfrage**. Wie bereits verdeutlicht wurde, bleibt ein Erzeugnis, das auf Dauer über seinen Preis keine Vollkostendeckung erzielt, nur dann im Sortiment, wenn zu anderen Erzeugnissen komplementäre Nachfragebeziehungen (Verbundeffekte) bestehen. Die Höhe der Deckungsspanne des ausgleichsgebenden Erzeugnisses und die Intensität der Verbundbeziehung determinieren somit die Höhe der Preisuntergrenze im Sortiment. Da innerhalb eines Sortiments jedoch Verbundbeziehungen zwischen sehr vielen Produkten auftreten, ist die explizite Bestimmung der Preisuntergrenze kaum möglich. Dies trifft in verschärfter Form für die großflächigen Betriebsformen im Handel mit häufig weit mehr als 100.000 verschiedenen Artikeln zu.

3.143 Dynamische Strategiekonzepte der Preispolitik

Während bei den bislang vorgestellten Preisstrategien implizit von einer einperiodigen Betrachtung ausgegangen wurde, berücksichtigen die dynamischen Strategiekonzepte der Preispolitik die Zeitdimension explizit, das heißt es erfolgt eine **mehrperiodige Betrachtung**. Die Dynamisierung berührt dabei alle Determinanten der Preisbildung

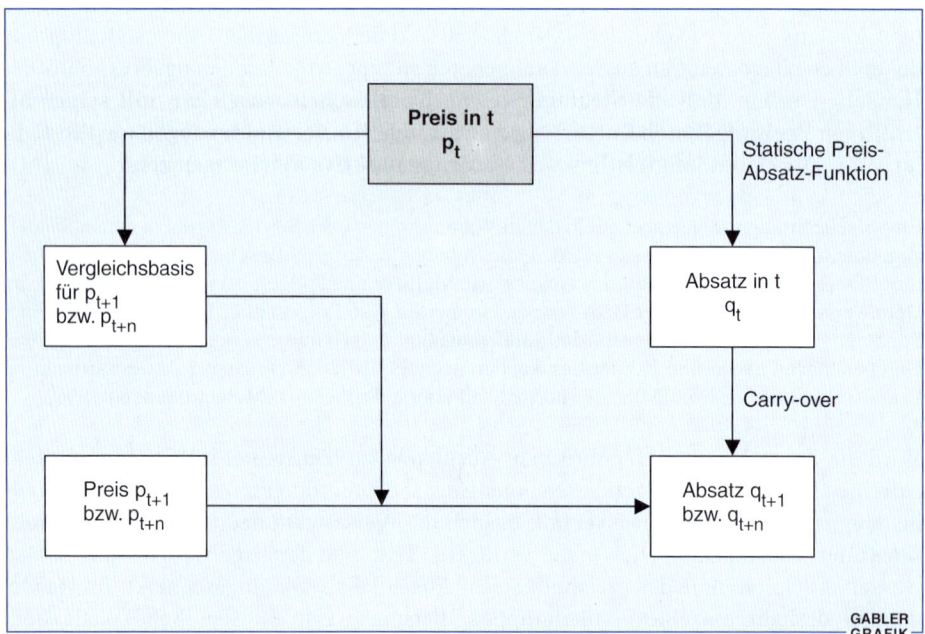

Abbildung 3-121: Dynamische Preiswirkungen im Systemzusammenhang
(Quelle: Simon 1998, S. 84)

(Zielfunktion, Wettbewerbssituation, Nachfragerverhalten und Kostensituation). Abbildung 3-121 verdeutlicht die Zusammenhänge im Rahmen der dynamischen Preispolitik.

3.1431 Penetrations- und Skimmingpreispolitik

Einer der wichtigsten, aber auch schwierigsten Problembereiche der dynamischen Preispolitik ist die Preisbildung bei neuen Produkten. In diesem Zusammenhang werden sowohl in der Wissenschaft als auch in der Praxis insbesondere Penetrations- und Skimmingstrategien diskutiert (Dean 1951; Freudenmann 1965, S. 192f.; Diller 1991, S. 191ff.).

Bei der **Penetrationsstrategie** sollen mit relativ niedrigen Preisen schnell Massenmärkte erschlossen werden (Dean 1969, S. 536; Magyar 1991). Ziel ist eine **schnelle Diffusion des Neuproduktes**. Wird als Richtgröße der gewinnmaximale Preis herangezogen, so wird dieser durch den Penetrationspreis in der Einführungsperiode erheblich unterschritten. Über die zeitliche Entwicklung des Preisniveaus enthalten die geläufigen Definitionen der Penetrationsstrategie in der Literatur keine eindeutige Aussage. In den der Einführungsphase folgenden Perioden bestehen vielmehr die Optionen einer Preiserhöhung, einer Preissenkung (in der Regel geringes Preissenkungspotential) oder eines unveränderten Preises.

Die Penetrationsstrategie empfiehlt sich immer dann, wenn die folgenden **Bedingungen** gegeben sind:

- **Preisvorteile** werden aufgrund einer hohen Preiselastizität der Nachfrage von den Konsumenten leicht erkannt und **führen zu erheblichen Marktanteilsgewinnen**, da aufgrund des niedrigen Preises die Markentreue zu Konkurrenzprodukten gebrochen wird (James 1969, S. 529; Tellis 1986, S. 152). Die Penetrationsstrategie ist insbesondere dann vorteilhaft, wenn auf dem Markt bereits funktional gleiche oder ähnliche Produkte zu höheren Preisen angeboten werden. In diesem Fall können die Konsumenten vor dem Hintergrund ihrer bisherigen Kauferfahrung in dieser Warengruppe die Qualität des Neuproduktes leichter bewerten und empfinden ein geringeres Kaufrisiko. Diese Zusammenhänge erklären den anfänglichen Erfolg der Penetrationspreisstrategie der Zigarettenmarke WEST.

- Auf dem Markt werden bisher keine funktional ähnlichen Produkte angeboten, jedoch ist die Gefahr der Nachahmung durch Konkurrenzprodukte sehr groß. In einem solchen Fall sollen durch die Penetrationsstrategie **Markteintrittsbarrieren aufgebaut werden**. Es besteht jedoch die Gefahr, daß der Konkurrenz durch verbesserte Produktionstechnologien der Markteintritt bei noch geringerem Preisniveau gelingt. Das hat zur Folge, daß der Preis des eigenen Produktes gesenkt werden muß, bevor die Amortisationsphase abgeschlossen ist.

Beispielsweise plant IBM als bislang preislich an der Spitze des Marktes agierender Computerhersteller die Einführung sogenannter Netzwerk-PCs. Diese sollen durch neuartige Produkt- und Prozeßtechnologien zu einem Preis von maximal 500 US-Dollar dem Endverbraucher angeboten werden. Damit würde IBM die heute im Markt tätigen Niedrigpreishersteller, die Nachbauten erfolgreicher PC-Modelle (Imitationen) zu Penetrationspreisen offerieren, preislich deutlich unterbieten.

- Der Erfolg der Penetrationsstrategie ist davon abhängig, ob **ausreichend große Märkte** existieren. Nur dann ist gewährleistet, daß durch schnelles Absatzwachstum Economies of Scale genutzt und die geplanten Gewinne realisiert werden können.

- Es dürfen keine Konflikte zwischen der Penetrationsstrategie und dem angestrebten **Produktimage** entstehen. Die Konsumenten dürfen keinesfalls vom relativ niedrigen Preis auf eine minderwertige Produktqualität schließen. Dieses Risiko kann zum Beispiel durch eine imagebildende Kommunikationsstrategie vermindert werden.

Die **Gefahren der Penetrationsstrategie** liegen in der langen Amortisationsdauer der Neuproduktinvestitionen, und, sofern bei der Markterschließung Widerstände auftreten, in dem relativ geringen preispolitischen Spielraum nach unten. Weiterhin lassen sich die für Folgeperioden eventuell geplanten Preiserhöhungen zumeist nur schlecht bei den Konsumenten durchsetzen.

Im Gegensatz zur Penetrationsstrategie wird bei der **Skimmingstrategie** in der Einführungsphase des Neuproduktes ein relativ hoher Preis bei niedrigen Absatzmengen und relativ hohen Stückkosten gefordert, der dann mit zunehmender Erschließung des Marktes und aufkommendem Konkurrenzdruck sukzessive gesenkt wird. **Ziel dieser Strategie** ist es, die hohen Neuproduktinvestitionen möglichst schnell zu amortisieren, indem von den Konsumenten mit überdurchschnittlicher Bedarfsdringlichkeit die Konsumentenrente beziehungsweise deren hohe Preisbereitschaft abgeschöpft wird. Somit handelt es sich um eine besondere Form der Preisdifferenzierung, die auch als zeitliche oder dynamische Preisdifferenzierung bezeichnet werden kann. Der Einsatz dieser Strategie empfiehlt sich immer dann, wenn die folgenden **Bedingungen** erfüllt sind:

- Die Nachfrage auf dem **Markt der elitären Innovatoren ist ausreichend groß**. Die Konsumenten auf diesem Elitemarkt reagieren relativ preisunempfindlich, während es zukünftige Preissenkungen ermöglichen, in breite und preiselastischer reagierende Konsumentenschichten einzudringen (Erschließung des Massenmarktes).

- Für das Produkt besteht eine **rasche Veralterungsgefahr**. Die Amortisation der Investitionen ist bei solchen Produkten ausschließlich durch die Skimmingstrategie gewährleistet. Beispiele hierfür sind insbesondere auf dem Bekleidungsmarkt, in High-Tech Märkten und auf dem Markt für Freizeitartikel zu finden (Snowboards, In-Line-Skates).

- Die **Substituierbarkeit** durch andere Produkte ist **gering**. Nur dann ist gewährleistet, daß für die Konsumenten kein Vergleichsmaßstab für den Wert und Nutzen, der aus dem Produkt gezogen werden kann, existiert. Durch diese Situation war lange Zeit der Markt für Sofortbildkameras gekennzeichnet.

- Durch den hohen Einführungspreis können **hohe Deckungsbeiträge** realisiert werden, welche zur Finanzierung der Einführungsanstrengungen und eventuell auch zur Finanzierung der späteren Erschließung des Massenmarktes dienen.

- Die **Produktions- und Vertriebskapazitäten sind beschränkt** und können nur relativ langsam aufgebaut werden. Dies ist vor allem dann der Fall, wenn in der Produktion und im Vertrieb eines innovativen, komplexen Produktes zunächst Erfahrungen über effiziente Leistungserstellungsprozesse und Vertriebsmethoden (Schulung von Außendienst und Absatzmittlern, Aufbau eines Kundendienstnetzes) gesammelt werden müssen. Diese Situation lag zum Beispiel bei der Einführung von Mobiltelefonen auf dem deutschen Markt vor.

Die Skimmingstrategie wurde erfolgreich bei Fernsehern, Nylonstrümpfen, Personal-Computern und Videokameras angewandt. Die **Gefahren dieser Strategie** liegen vor allem darin begründet, daß durch hohe Preise und der damit verbundenen guten Gewinnchancen Konkurrenten angelockt werden. Am Konkurrenzeintritt und der daraus resultierenden hohen Konkurrenzintensität scheiterte beispielsweise die Durchsetzung der Skimmingstrategie für Videorecorder. Um den Konkurrenzeintritt zu verhindern beziehungsweise zu erschweren, werden **Markteintrittsbarrieren** aufgebaut. Bei diesen Barrieren kann es sich zum Beispiel um Patente, spezifisches Know-how, Kontrolle über Beschaffungsmärkte oder Absatzkanäle (zum Beispiel Exklusivvertrieb) beziehungsweise einen hohen Kapitalbedarf für die Produktion und/oder die Vermarktung der Produkte handeln.

Bei der Entscheidung zwischen den beiden Strategiealternativen muß das Management **zwischen kurzfristigen und damit relativ sicheren Erträgen und langfristigen Ertragschancen abwägen** (vgl. Abbildung 3-122). Einfluß auf diese Entscheidung haben insbesondere die Erwartungen über die zukünftige Kosten- und Wettbewerbssituation, die technologischen Risiken und die zeitlichen Präferenzen beziehungsweise die **Risikoneigung** des Managements.

Die Skimmingstrategie ist unter kurzfristigen Gesichtspunkten vorteilhaft. Sie sollte deshalb insbesondere dann zum Einsatz kommen, wenn mit einem langfristigen Markterfolg nicht gerechnet werden kann oder die langfristigen Erträge nicht hoch bewertet werden. Die Penetrationsstrategie resultiert eher aus einer langfristigen Orientierung und setzt dabei eine längerfristig ausgerichtete Planung, eventuell die Bereitschaft, während der Einführungsphase Verluste zu akzeptieren und eine höhere Risikoneigung voraus.

Bei der Diskussion dynamischer Strategiekonzepte der Preispolitik ist weiterhin zu berücksichtigen, daß sowohl die Skimming- als auch die Penetrationsstrategie Extremstrategien auf einem Kontinuum alternativer Strategien darstellen.

Kontrahierungspolitische Entscheidungen

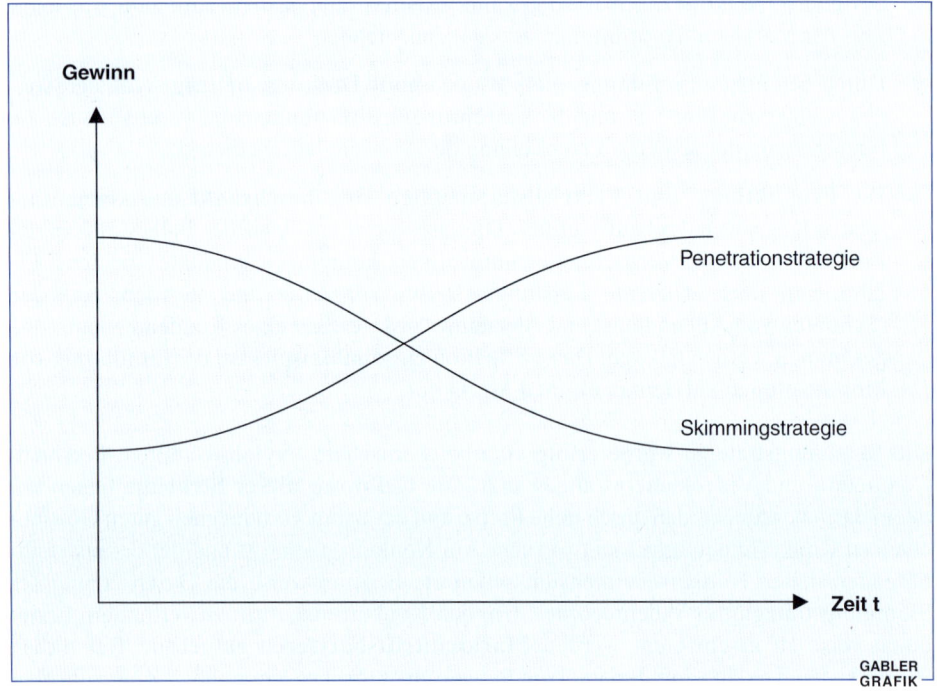

Abbildung 3-122: Gewinnwirkungen von Skimming- und Penetrationsstrategie
(Quelle: Simon 1998, S. 89)

3.1432 Lebenszyklusabhängige Preispolitik

Dynamische Strategiekonzepte sind, da sie die zeitlichen Bestimmungsfaktoren der Preispolitik berücksichtigen, relativ langfristig ausgerichtet und müssen deshalb den Produkt- und Marktlebenszyklus berücksichtigen. Marktneuheiten sind während der Einführungs- und teilweise noch während der Wachstumsphase keinen Konkurrenzaktivitäten ausgesetzt. Dadurch **besitzt der Innovator einen relativ großen preispolitischen Spielraum**. Die Preisbestimmung wird in einer solchen Situation von Carry-over-Effekten, von der Erfahrungskurve und von Preisänderungswirkungen determiniert.

Je stärker **Carry-over-Effekte** sind, desto wichtiger ist es, bereits in der Einführungsphase eine breite Diffusion zu erreichen. Deshalb muß in einem solchen Fall der strategisch optimale Preis erheblich unter dem kurzfristig gewinnmaximalen Preis liegen. Carry-over-Effekte kennzeichnen in diesem Zusammenhang **alle vom Absatz in der Periode t ausgehenden Wirkungen auf den Absatz in den Folgeperioden t + n** (Simon 1998, S. 86). Hier ist beispielsweise an positive Mund-zu-Mund-Propaganda, zeitversetzte Verbundeffekte oder, vor allem bei Verbrauchsgütern, an Wiederkäufe zu denken.

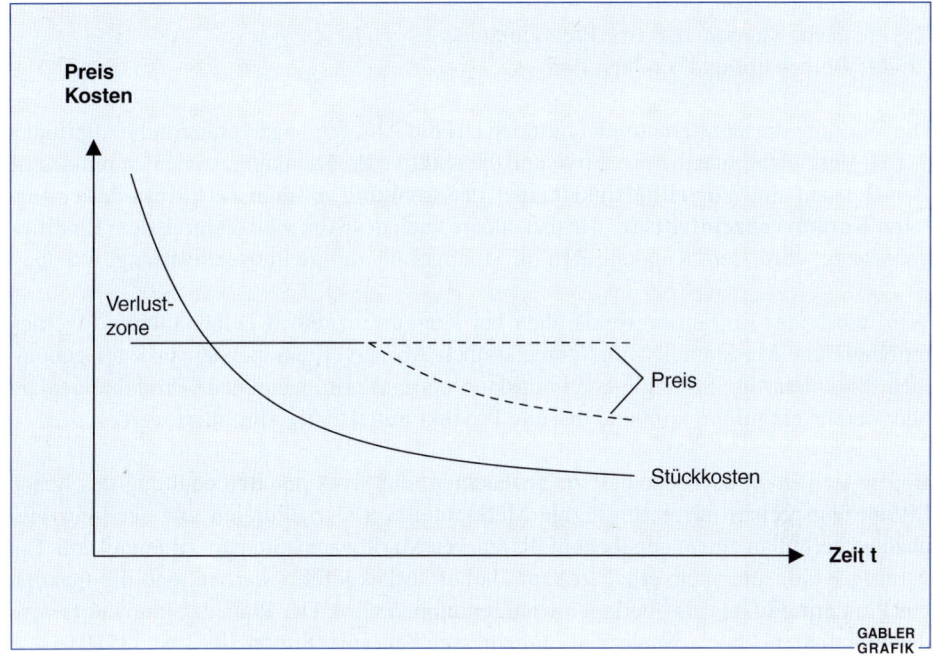

Abbildung 3-123: Penetrationspreisstrategie bei starken Erfahrungskurveneffekten
(Quelle: Simon 1998, S. 91)

Je größer der **Erfahrungskurveneffekt** ist, desto schneller müssen Massenmärkte erschlossen werden. Von besonderer Bedeutung sind in diesem Zusammenhang potentielle Konkurrenten. Sofern ein Anbieter wesentliche Vorsprünge auf der Erfahrungskurve hat, kann er von der Konkurrenz nur noch schwer preislich unterboten werden. Erfahrungskurveneffekte üben somit einen starken Druck auf den Einführungspreis aus. Abbildung 3-123 beschreibt die Preispolitik bei starken Erfahrungskurveneffekten.

Überproportionale **Preisänderungswirkungen** (sehr hohe Preiselastizität) begünstigen demgegenüber hohe Einführungspreise, die im weiteren Verlauf des Lebenszyklus einen Preissenkungsspielraum schaffen. Die hohen Einführungspreise verleihen der Innovation darüber hinaus einen **hohen Prestigewert**, der oftmals auch noch nach dem Verfall des hohen Ausgangspreisniveaus erhalten bleibt. Hierbei ist jedoch zu beachten, daß durch eine relativ schnelle Preissenkung bei den Erstkäufern gegebenenfalls eine hohe Unzufriedenheit in Verbindung mit einem negativen Empfehlungsverhalten auftreten kann.

Neben dem optimalen Einführungspreis bei Marktneuheiten ist im Lebenszyklus die **Preisstrategie bei drohendem Konkurrenzeintritt** von besonderer Bedeutung. Hat der Innovator keine Möglichkeiten, sich durch den Aufbau von Markteintrittsbarrieren dem Konkurrenzdruck zu entziehen, so hat er drei strategische Optionen (Simon 1998, S. 95 f.):

- die vorgezogene, proaktive Preissenkung,
- die nachgelagerte, reaktive Preissenkung,
- die Beibehaltung des hohen Preises.

Die Wirkung dieser alternativen Optionen auf die Absatzmenge verdeutlicht Abbildung 3-124. Vergleicht man die proaktive und die reaktive Preissenkung, so deuten praktische Beispiele auf eine **Vorteilhaftigkeit einer Preissenkung vor dem Zeitpunkt des erwarteten Konkurrenzeintritts** (t*), insbesondere auch deshalb, weil dadurch dem Eindruck vorgebeugt wird, dem Kunden seien im Monopol überhöhte Preise abverlangt worden.

Wird ein hoher Einführungspreis auch bei Konkurrenzeintritt beibehalten, so werden umfangreiche Marktanteils- und zumeist auch Absatzverluste bewußt in Kauf genommen. Eine derartige Strategie kann nur dann optimal sein, wenn neue Produkte geplant oder bereits eingeführt sind und das alte Produkt mittelfristig eliminiert werden soll.

Häufig ist jedoch auch der Fall zu beobachten, daß trotz der Beibehaltung des hohen Einführungspreises nur geringfügige Marktanteilsverluste eintreten und der Innovator auch weiterhin an einem gegebenenfalls starken Marktwachstum partizipieren kann. Ein derartiges Konsumentenverhalten kann darauf zurückgeführt werden, daß die Qualität des Pionierproduktes als überlegen wahrgenommen wird. Der Preis des Innovators wird dadurch nicht als hoch, sondern als angemessen beurteilt (Simon 1992, S. 335 ff.).

Unabhängig davon, ob Markt- oder Betriebsneuheiten vorliegen, ist die Preispolitik im Lebenszyklus insbesondere von der **Entwicklung der Grenzkosten** abhängig (vgl. Abbildung 3-125). Da sich die optimalen Preise jedoch nicht allein aus der Grenzkostenentwicklung ableiten lassen, sondern zusätzlich im Einzelfall sehr unterschiedliche Nachfrageentwicklungen, aber auch Konkurrenzeinflüsse berücksichtigt werden müssen, **verbieten sich generelle Aussagen zur Entwicklung der absoluten Preise auf Basis der Kostenentwicklung**.

3.1433 Yield Management

Das für Dienstleistungen konzipierte Yield Management basiert auf den Grundüberlegungen der **Preisdifferenzierung** (vgl. Desijaru/Shugan 1999). Es wird unterstellt, daß eine Dienstleistung zu unterschiedlichen Zeiten verschiedenen Nachfragern unterschiedlich viel wert ist (Enzweiler 1990, S. 248). Im Vergleich zu den statischen Preisdifferenzierungsstrategien bestehen zwei grundlegende Unterschiede: Erstens ist das Yield Management nicht nur ein Instrument der Preispolitik, sondern dient darüber hinaus der **Kapazitätssteuerung**, das heißt der Produktpolitik. Zweitens ist das Yield Management dem Bereich der dynamischen Preispolitik zuzuordnen. Dynamisch deshalb, **weil es beim**

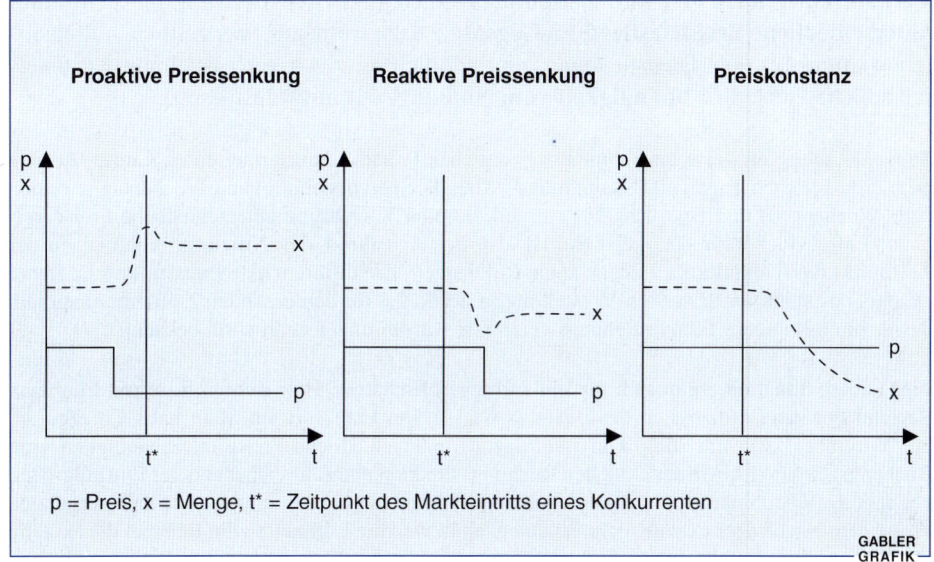

Abbildung 3-124: Alternative strategische Optionen bei Konkurrenzeintritt
(in Anlehnung an Simon 1998, S. 95)

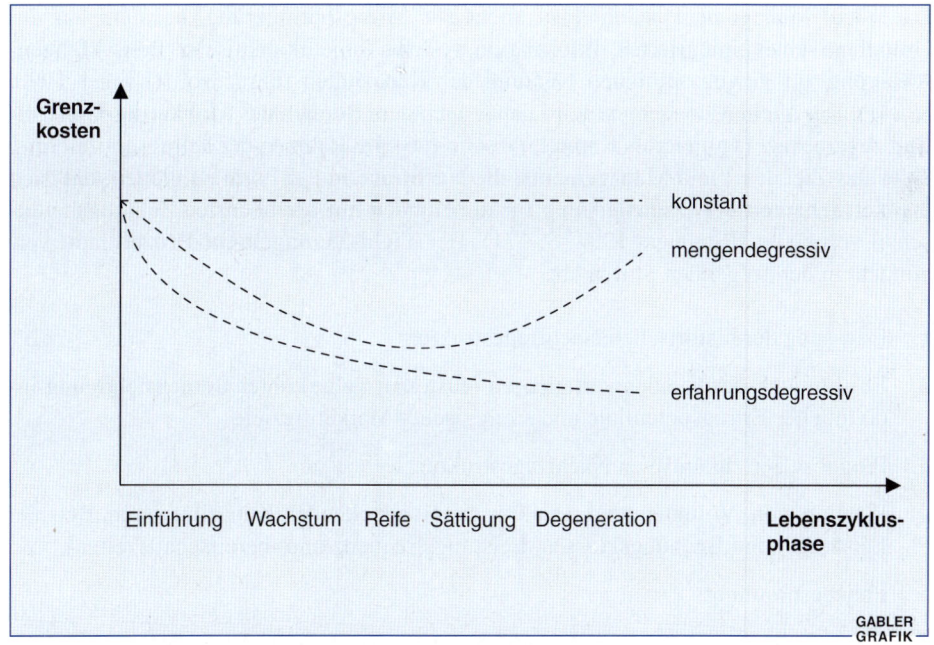

Abbildung 3-125: Idealtypische Grenzkostenverläufe im Produktlebenszyklus
(in Anlehnung an Simon 1981, S. 80)

Verkauf einer nach Art und Zeitpunkt festgelegten Dienstleistung im Zeitablauf unterschiedliche Preise festlegt. Im Gegensatz dazu werden bei der zeitlichen Preisdifferenzierung für eine Dienstleistung, die lediglich ihrer Art nach bestimmt ist, unterschiedliche Preise **in Abhängigkeit vom Nutzungszeitpunkt** festgesetzt.

So werden beispielsweise im Rahmen der zeitlichen Preisdifferenzierung eines Kinos, Theaters oder Zirkus je nach Tageszeit (Nachmittags-, Abend-, Spätvorstellung) und Wochentag (Arbeitstage, Wochenend- und Feiertage) für ein und dieselbe Vorführung unterschiedliche Preise verlangt. Entscheidend für die Preishöhe ist also der **Zeitpunkt der Nutzung**, wohingegen der **Zeitpunkt des Ticketkaufs** zumeist keine Rolle spielt. Die differenzierte Preisstruktur ist ferner ex ante, das heißt vor der ersten Vorstellung in der Regel für den gesamten Zeitraum, innerhalb dessen ein bestimmter Film beziehungsweise eine Aufführung gezeigt wird, bekannt.

Eine andere Situation ergibt sich für Linienfluggesellschaften. Hier werden für einen Flug zum Beispiel mit der Lufthansa in der Business-Klasse von Frankfurt am Main nach Chicago am 26. November 1996 um 20.30 Uhr (Abflugzeit) unterschiedliche Preise in Abhängigkeit vom Buchungszeitpunkt sowie der aktuellen Buchungssituation und zahlreicher anderer Einflußgrößen verlangt. Darüber hinaus sind die im Zeitablauf bis zum Start der Maschine tatsächlich verlangten Preise dem Nachfrager ex ante nicht genau bekannt, weil die Lufthansa zum Beispiel die aktuelle Buchungssituation nicht mit Sicherheit prognostizieren kann und daher ihre Preisforderungen mehrfach ändert. Der Linienflugkunde, der das genannte Ticket ein halbes Jahr vor dem Abflug kaufen möchte, weiß daher nicht, wie hoch der Preis für dasselbe Ticket drei Monate beziehungsweise drei Tage vor dem Abflug sein wird. Diese **Unsicherheit** hat der Kinobesucher nicht.

Das Yield Management ist ein Instrument zur Ertragsoptimierung, bei dem auf der Grundlage eines integrierten Informationssystems eine dynamische Preis-Mengen-Steuerung zur gewinnoptimalen Nutzung der Kapazitäten führen soll (Krüger 1990, S. 241). Das Yield Management wird daher auch dem Bereich des **Marketing-Controlling** zugerechnet (vgl. viertes Kapitel, Abschnitt 6). Im Rahmen der Ertragsoptimierung ist es das Ziel des Yield Managements, die Nachfrage in der Form zu glätten, daß sich die Verfügbarkeit der Dienstleistung für die Kunden mit der höchsten Zahlungsbereitschaft verbessert (Remmers 1994, S. 171). Der **Yield-Management-Prozeß** läuft vereinfacht in den folgenden Stufen ab:

1. Erfassung der historischen Nachfragestruktur,

2. Bestimmung der Kundenwertigkeiten (customer value) unter Berücksichtigung individueller Ertragspotentiale und strategischer Marketingziele,

3. Prognose der zukünftigen Nachfragestruktur,

4. Planung von Volumen und Struktur bereitzustellender Kapazität (zum Beispiel Leistungs- und Buchungsklassen, Leistungsfrequenz und -bereitschaftszeiten),

5. Preisbestimmung,

6. dynamische Anpassung der Preis- und Kapazitätsstruktur auf Basis der tatsächlichen Nachfrage- beziehungsweise Buchungsentwicklung.

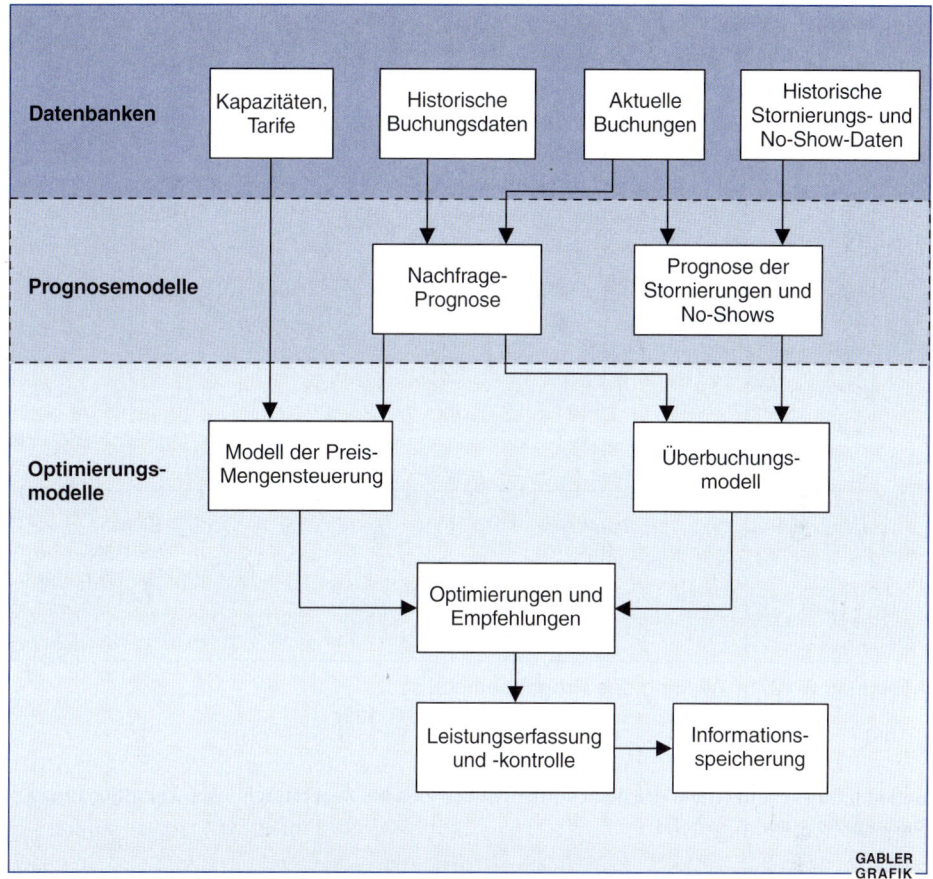

Abbildung 3-126: Integriertes Yield-Management-System
einer Luftverkehrsgesellschaft
(Quelle: Daudel/Vialle 1994)

Ein **integriertes Yield-Management-System** zur Unterstützung dieses Prozesses besteht im allgemeinen aus drei Bausteinen: einer Datenbank, einem Prognosemodell und einem Optimierungsmodell. Letzteres läßt sich wiederum in ein Überbuchungsmodul und ein Preis-Mengensteuerungs-Modul zerlegen. Abbildung 3-126 zeigt beispielhaft das integrierte Yield-Management-System einer Luftverkehrsgesellschaft.

Das **Prognosemodul** schätzt durch einen Vergleich der historischen Nachfrageentwicklung mit dem aktuellen Nachfrageverlauf die insgesamt zu erwartende Nachfragemenge (vgl. Abbildung 3-127). Gleichzeitig wird versucht, den durchschnittlichen Anteil von Stornierungen und der ohne Vorankündigung nicht erscheinenden Kunden („no shows") zu schätzen, um im Rahmen des **Überbuchungsmoduls** die Anzahl derjenigen Buchungen bestimmen zu können, die über die vorhandene Kapazität hinausgehend akzeptiert werden. Dabei reduziert sich die Zahl der akzep-

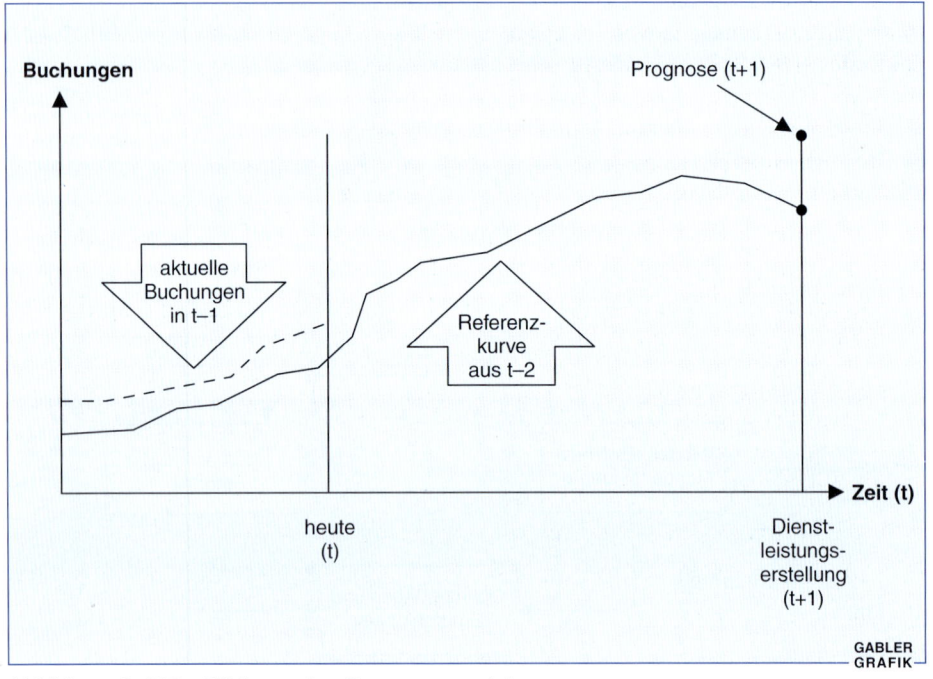

Abbildung 3-127: Wirkung des Prognosemoduls
(in Anlehnung an Remmers 1994, S. 185)

tierten Überbuchungen mit der noch verbleibenden Zeit bis zum tatsächlichen Dienstleistungserstellungszeitpunkt.

Im Rahmen der **Preis-Mengen-Steuerung** wird auf Basis der Erfahrungen in der Vergangenheit und der erwarteten Preiselastizität die Preishöhe und die Kapazität in verschiedenen Leistungs- und Buchungsklassen optimiert. Bei Luftfahrtgesellschaften werden im Rahmen der Preis-Mengen-Steuerung zum Beispiel die Preise und Kapazitäten der First-, Business- und Economy-Klasse sowie innerhalb dieser drei Leistungsklassen die Preise und Kontingente für einzelne Buchungsklassen (zum Beispiel Normaltarif und „Flieg & Spar-Tarif", „Apex-Tarif", „Last-Minute-Tarif") festgelegt.

Das **Optimierungsproblem** besteht hierbei darin, die Flüge beziehungsweise die Dienstleistung so auszulasten, daß mit Priorität diejenige Nachfrage mit der höchsten Zahlungsbereitschaft befriedigt wird. Im Rahmen dieser Optimierung muß das Risiko der **Umsatzverdrängung** und **Umsatzverluste** minimiert werden (Daudel/Vialle 1994). Letzteres bedeutet, daß Kapazität leer bleibt, weil eine Buchung in einer billigen Buchungsklasse abgelehnt wird, da die Kapazität für zahlungskräftigere Kunden freigehalten werden soll, die letztlich aber nicht zu finden sind. Zu einer Umsatzverdrängung kommt es, wenn die Buchung eines billigen Tarifes zugelassen wird, aber in letzter Minute noch ein Hochpreiskunde buchen möchte, der wegen fehlender Kapazität jedoch abgelehnt werden muß.

Um das Yield Management in Dienstleistungsunternehmen sinnvoll einsetzen zu können, sollten die folgenden **Anwendungsvoraussetzungen** erfüllt sein (Vogel 1989, S. 72; Enzweiler 1990, S. 248; Meffert/Bruhn 1997, S. 314):

- Die Kapazität eines Unternehmens ist zumindest kurzfristig nicht flexibel (zum Beispiel Hotelkapazität, Transportkapazität im Luft-, See-, Schienen- und Straßenverkehr).

- Hoher Fixkostenanteil bei der Dienstleistungserstellung und damit geringe Grenzkosten für den Verkauf einer zusätzlichen Leistungseinheit (zum Beispiel niedrige variable Kosten für den Verkauf eines ansonsten freien Sitzplatzes im Flugzeug oder der Bahn).

- Die Nachfrage kann in Segmente mit unterschiedlichen Preisbereitschaften unterteilt werden. Die Segmente lassen sich untereinander abschotten, das heißt eine Arbitrage ist nicht möglich. Letzteres kann zum Beispiel durch Buchungsrestriktionen sichergestellt werden.

- Eine Nachfragestimulation durch Preissenkungen ist möglich.

- Die Dienstleistung wird bereits vor der tatsächlichen Nutzung zur Buchung angeboten.

- Bei Nichtabnahme einer Leistungseinheit verfällt deren Wert auf Null.

Darüber hinaus ist die Leistungsfähigkeit eines Yield-Management-Systems stark von der Verfügbarkeit eines Computer-Reservierungs-Systems (CRS) abhängig.

3.1434 Dynamische, nicht-lineare Preispolitik

Als nicht-lineare Preise werden alle Formen der Preisgestaltung bezeichnet, bei denen der durchschnittliche Stückpreis mit zunehmender Abnahmemenge pro Periode sinkt (Simon 1992, S. 14). Damit sind nicht-lineare Preise ein Instrument der **quantitativen Preisdifferenzierung**, die ihrerseits auch als **Mengenrabatt** bezeichnet wird.

Dynamische, nicht-lineare Preise basieren auf einem zweiteiligen Preissystem, welches sich aus einer nutzungsunabhängigen und einer nutzungsabhängigen Preiskomponente zusammensetzt (zweiteiliger Tarif). Besteht für den Nachfrager die Wahl zwischen verschiedenen zweiteiligen Tarifen, so spricht man von einem Blocktarif (Simon 1998, S. 123 f.).

Wesensmerkmal dynamischer, nicht-linearer Preise ist die Tatsache, daß die Entscheidung des Nachfragers, eine bestimmte Leistung zu nutzen, zunächst die Zahlung einer periodenfixen Grundgebühr erfordert (sogenannter Netz-, System- oder Tarifzugang).

Dieser Entscheidung **zeitlich nachgelagert** ist die von der Höhe der Grundgebühr unabhängige Entscheidung über die tatsächliche Nutzung der Leistung, das heißt es besteht auch nach der Zahlung der Grundgebühr für den Anbieter eine **hohe Unsicherheit über das tatsächliche Nutzungsverhalten der Nachfrager**. Beispielhaft für diese Situation ist in Deutschland die Preisstruktur bei der Nutzung von Mobiltelefonen oder beim Erwerb der Bahncard (einmalige Grundgebühr für die Bahncard zuzüglich 50 Prozent des regulären Preises bei jeder Nutzung der Bahn).

Demgegenüber fällt bei **statischen, nicht-linearen Preisen** die Entscheidung über den Systemzugang mit der Entscheidung über die Nutzungsintensität zusammen. In diesem Fall besteht für den Anbieter keine Unsicherheit über die Nutzungsintensität oder die zu verkaufenden Mengeneinheiten. Dies ist zum Beispiel im Lebensmitteleinzelhandel bei der Gewährung eines Mengenrabattes gegenüber Endverbrauchern beim Großeinkauf der Fall.

Für die Relevanz der Unterscheidung zwischen statischen und dynamischen nicht-linearen Preisen müssen zwei Bedingungen erfüllt sein. Erstens die **Nicht-Revidierbarkeit** a priori getroffener Tarifwahlentscheidungen beziehungsweise eine Revidierbarkeit muß für den Nachfrager zu **bedeutsamen wirtschaftlichen Konsequenzen** führen. Als zweite Relevanzbedingung muß a priori für den Nachfrager eine **Auswahlmöglichkeit** zwischen mehreren Tarifen gegeben sein (Blocktarif). In Abhängigkeit von der Anzahl der zur Verfügung stehenden Tarife, der Risikoneigung der Nachfrager, der Art der Konkurrenzreaktionen und dem Ausmaß der Nachfrageunsicherheit lassen sich mit Blick auf die gewinnmaximale Preispolitik Tendenzaussagen hinsichtlich der optimalen Kombination aus periodenfixer Grundgebühr und marginalem Preis ableiten (Späth 1994, S. 177 ff.; Simon 1998, S. 126 f.).

3.15 Prozeß der Preisentscheidung

Die Prinzipien der Preisbestimmung und die preispolitischen Strategien sind Grundlagen der Preisentscheidung. Sie gehen als generelle Determinanten in den Preisentscheidungsprozeß ein und legen dabei das Preisniveau, die zeitliche Entwicklung des Preises und die Preisbestimmungsgrundlagen fest.

Neben den Prinzipien der Preisbestimmung und den preispolitischen Strategien haben Absatzmengen und Umsätze, nicht-preisliche Marketingaktivitäten, Kosten und letztendlich der Gewinn Einfluß auf die Preisentscheidung. Für den rationalen Verlauf des Preisentscheidungsprozesses ist deshalb die Kenntnis der **Systemzusammenhänge** eine Grundvoraussetzung (vgl. Abbildung 3-128).

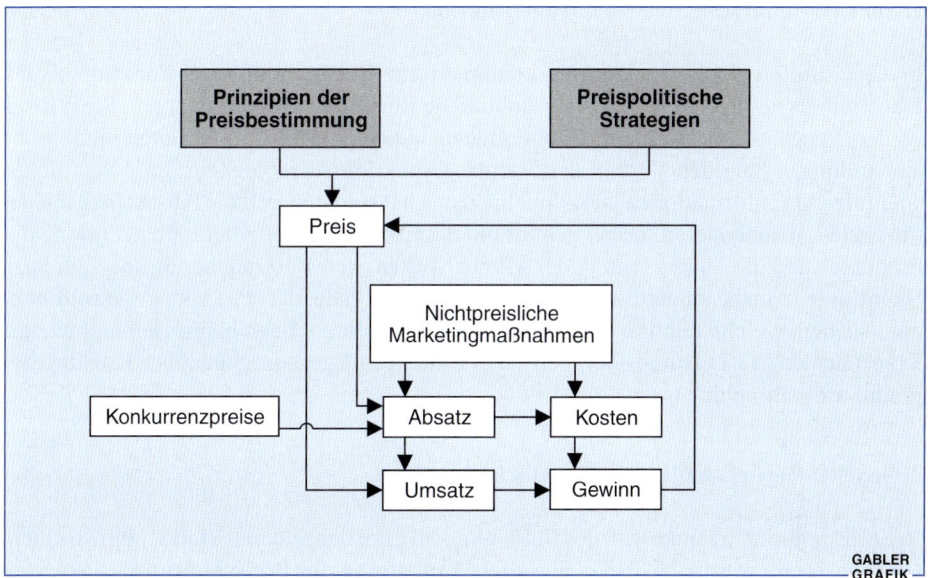

Abbildung 3-128: Die Preisentscheidung im Systemzusammenhang
(Quelle: Simon 1983, S. 56)

Die **Ungewißheit über die Marktreaktion** bei alternativen Preissetzungen und das damit verbundene Risiko, durch eine falsche Preisentscheidung den Markterfolg eines Produktes nachhaltig zu gefährden, erfordern eine intensive Analyse der aufgezeigten Preisbestimmungsfaktoren im Rahmen des Preisfindungsprozesses. In der Literatur sind verschiedene Vorschläge zur Gestaltung des Preisentscheidungsprozesses insbesondere für neue Produkte entwickelt worden (zum Beispiel Dean 1951, S. 413 ff., 1969; Welsh 1968; Clark/Dolan 1984; Dolan 1995; Simon 1998, S. 82 f.). Alle Vorschläge laufen darauf hinaus, die Vielzahl möglicher Preisalternativen durch eine **sukzessive Analyse der Determinanten** einzuengen und aus dem verbleibenden Entscheidungsspielraum mehr oder weniger intuitiv einen Preis zu wählen.

Drei Kernfragen determinieren dabei die Phasen des Prozesses:

1. Welche funktionale Beziehung besteht zwischen Absatzmenge und Preis (**Nachfrageschätzung**)?
2. Wie verläuft die Kostenfunktion bei alternativer Ausbringung (**Kostenschätzung**)?
3. Welches Konkurrenzverhalten ist zu antizipieren (**Konkurrenzanalyse**)?

Zur Beantwortung dieser Fragestellungen empfiehlt Welsh (1968, S. 68 ff.) in seinem Modell zur Preisentscheidung bei neuen Produkten einen Entscheidungsprozeß, der in **sieben Teilschritte** untergliedert ist.

1. Schritt: Schätzung der Nachfragefunktion

In dieser Stufe geht es weniger um die numerische Bestimmung einer Funktion als um Plausibilitätsaussagen über die wahrscheinliche Reaktion der Konsumenten. Sie reichen in der Regel aus, um eine Preisobergrenze näherungsweise zu fixieren und grobe Vorstellungen über den Verlauf der Nachfragefunktion zu entwickeln. Im wesentlichen sind folgende Informationen zu sammeln: Zunächst sind generell die Absatzchancen des Produktes zu analysieren. Dabei geht es um die Erkundung der potentiellen Vorteile des Produktes und die Untersuchung der Möglichkeiten, den Verbraucher diesbezüglich zu beeinflussen. Insbesondere sind die Leistungsmerkmale des Produktes daraufhin zu untersuchen, welche relative Bedeutung die Konsumenten ihnen beimessen und wie die Konsumenten die Leistungsfähigkeit des Produktes insgesamt gegenüber Konkurrenzprodukten wahrnehmen.

2. Schritt: Berücksichtigung der Marketingpläne

Die Preispolitik muß innerhalb des Marketing-Mix mit den anderen Marketinginstrumenten abgestimmt werden, wobei eine weitere **Einengung des Preisspielraums**, insbesondere durch die Werbestrategie und die Wahl der Distributionskanäle, erfolgt.

Die Werbeausgaben stellen eine Investition in das Produkt dar, die sich erst dann amortisiert, wenn ein bestimmter Marktanteil erreicht ist. Die Einführungswerbung hat die Aufgaben, einen Markt zu schaffen, das heißt den Verbraucher dahingehend zu beeinflussen, daß er das Produkt kennenlernt und verwendet. Das grundlegende Problem besteht hier darin, **das richtige Verhältnis von Preis und Werbung zu finden**, um langfristig den Gewinn zu maximieren und nicht zum „Wohltäter" für die später in den Markt eintretenden Konkurrenten zu werden.

Die Schätzung der Kosten, die für den Einsatz der übrigen Marketinginstrumente anfallen, muß ebenfalls in den Prozeß der Preisfestlegung einbezogen werden. Eine besondere Bedeutung kommt dabei den Vertriebskosten zu. In diesem Zusammenhang stellen die Handelsspannen teils reine Werbekosten, teils Kosten für die physische Distribution und andere Handelsfunktionen (zum Beispiel Regalpflege) dar. Sie müssen zumindest die Kosten des Händlers für Lagerung, innerbetriebliches Warenhandling sowie Entgegennahme und Ausführung der Bestellung decken (Handelsspannenuntergrenze).

3. Schritt: Bestimmung der Wachstumskurven bei alternativen Preisen

Die in den Schritten 1 und 2 gewonnenen Informationen erlauben eine grobe Projektion der Absatzentwicklung des neuen Produktes in der Einführungsphase. Die Absatzprognosen basieren auf den in Stufe 2 skizzierten Marketingplänen (insbesondere alternativen Preisen) und angenommenen Konkurrenzaktivitäten.

4. Schritt: Kostenschätzung

Eine Kostenschätzung spielt in der Phase der Preisfixierung eine eher untergeordnete Rolle, da die bereits durchgeführte Wirtschaftlichkeitsanalyse einen gewinnbringenden Absatz ergeben muß. Interessant ist hier lediglich die **Relation der langfristigen Preisuntergrenze zum Einführungspreis**, weil aus ihr der Spielraum für die zukünftigen preispolitische Aktivitäten erkennbar wird. Diese langfristige Preisuntergrenze wird nach dem Vollkostenprinzip bestimmt, weil die Einführung von Neuprodukten unter dem Aspekt des Wachstums- und Sicherheitszieles nicht zur kurzfristigen Beschäftigungsstabilisierung, sondern vielmehr zur langfristigen Kapazitätsausnutzung beitragen soll.

5. Schritt: Abschätzung des Konkurrenzverhaltens

Eine weitere wichtige Determinante der Preisentscheidung bilden die erwarteten Verhaltensweisen der Konkurrenten. Die entscheidenden Fragen sind:

- Was werden die Konkurrenten tun (**Reaktionsart**), und wie lange brauchen sie, um zu Gegenmaßnahmen zu greifen (**Reaktionszeit**)?
- Wie groß ist die **Reaktionswirksamkeit**, und mit welchen Kosten sind Gegenmaßnahmen verbunden?

Beim Zeitbedarf der Neuproduktentwicklung ist insbesondere zu berücksichtigen, daß die Konkurrenz unter Umständen auf umfangreiche Produkt- und Markttests verzichten kann und somit der Vorsprung der eigenen Unternehmung geringer wird.

6. Schritt: Schätzung der Kosten der Konkurrenz

Eine Schätzung der Stückkosten der Konkurrenz dürfte in der Regel aufgrund lückenhafter Informationen nur eingeschränkt möglich sein, so daß allenfalls plausible Vermutungen darüber angestellt werden können, ob die Konkurrenten Kostenvorteile haben könnten. Kostenvorteile können sich zum Beispiel aufgrund einer günstigeren Betriebsgröße, der Tatsache, daß sie ein Produkt fast ohne eigene F&E-Ausgaben nachahmen können oder als Folge einer besseren Marketingorganisation (insbesondere im Außendienst) ergeben. Daraus können Anhaltspunkte abgeleitet werden, wie hoch ein Penetrationspreis der Konkurrenz sein könnte und welche Konsequenzen eine eventuell erforderliche Senkung des Einführungspreises für das eigene Unternehmen hat.

7. Schritt: Preisentscheidung

Nach den umfangreichen Informationssammlungs- und -vorbereitungsprozessen der vorangegangenen Stufen läßt sich die Entscheidung über einen marktgerechten Einführungspreis fällen. Innerhalb der vom Markt bestimmten Preisobergrenze und der aus der

Kostenrechnung abgeleiteten Preisuntergrenze ergeben sich unter Berücksichtigung der Marktfaktoren mehrere Preisalternativen, unter denen mehr oder weniger intuitiv der optimale Preis ausgewählt wird.

Dieser Entscheidungsprozeß der Preisfindung ist nicht an Neuprodukte gebunden. Er ist zwar speziell für die besondere Ausgangslage von Einführungspreisen entwickelt worden, aber auch Preisanpassungsentscheidungen für vorhandene Produkte können mit Hilfe dieses Sieben-Phasen-Schemas gefällt werden. Der Unterschied liegt dabei einerseits in der mit Daten besser strukturierten Entscheidungssituation, was unter Umständen ein schnelleres Durchlaufen des Prozesses und bessere Prognosen zuläßt, andererseits in der Tatsache, daß Umweltreaktionen bei Preisänderungen vom Vorpreis abhängig sind (Lange 1972, S. 174).

Die vor allem intuitive Bestimmung des optimalen Preises im Modell von Welsh ist relativ unbefriedigend. Deshalb sind Methoden und Verfahren entwickelt worden, die eine stärker rationale Preisentscheidung bewirken. Wichtigste Voraussetzung für die Bestimmung des optimalen Preises ist die Kenntnis der Preis-Absatz-Beziehung, für deren Ermittlung die direkte und indirekte Befragung von aktuellen und potentiellen Kunden, Expertenbefragungen insbesondere bei Marketingmanagern, Außendienstmitarbeitern und Absatzmittlern, Preisexperimente im Labor und Marktbeobachtungen (Felddaten) eingesetzt werden. **Neue Technologien, insbesondere Scannerkassen, werden in Zukunft zu einer erheblichen Verbesserung des Preisentscheidungsprozesses beitragen.**

Durch Scannerkassen können für den Prozeß der Preisentscheidung wichtige Informationen gesammelt werden. Über einen Informationsträger (Barcode) auf den Produktverpackungen können unter anderem folgende Daten erhoben werden:

- Einkaufsmenge pro Woche, Tag, Stunde,
- Verkaufspreis,
- Absatz pro Woche, Tag, Stunde,
- Umsatz pro Woche, Tag, Stunde,
- Bruttoertrag pro Woche, Tag, Stunde.

Anhand dieser Daten ist eine detaillierte, artikelbezogene Erfolgskontrolle möglich. Darüber hinaus ist es beispielsweise möglich, näherungsweise die **Interdependenzen zwischen unterschiedlichen Preisen und der Art beziehungsweise Einsatzintensität verschiedener Kommunikationsinstrumente** des Handels abzuschätzen (vgl. Abbildung 3-129).

Aktion \ Preis	Preisveränderung				
	0 %	−5 %	−10 %	−15 %	−20 %
Keine Promotion	100	128	167	222	299
Anzeige in Tageszeitungen	130	168	219	290	390
Sonderplazierungen	163	209	273	362	488
Handzettel	259	333	434	575	774
Tageszeitung und Sonderplazierung	213	274	357	437	637
Tageszeitung und Handzettel	338	435	567	751	1.011
Sonderplazierung und Handzettel	422	543	709	938	1.264
Tageszeitung, Sonderplazierung und Handzettel	552	710	926	1 226	1.651

Abbildung 3-129: Wochenabsatz (Indexentwicklung) in Abhängigkeit vom Aktionsniveau (Quelle: Graumann 1990, S. 119)

3.2 Konditionenpolitik

Die Konditionenpolitik stellt den zweiten Teilaspekt der Frage dar, zu welchen Bedingungen Produkte und Dienstleistungen am Markt angeboten werden sollen. Hierzu zählen diejenigen kontrahierungspolitischen Instrumente, die außer dem Preis Gegenstand vertraglicher Vereinbarungen über das Leistungsentgelt sein können. Im einzelnen umfaßt die Konditionenpolitik Entscheidungen über **Rabatte, Absatzkredite sowie Lieferungs- und Zahlungsbedingungen**. Insbesondere beim indirekten Vertrieb über den Einzelhandel kommt der Konditionenpolitik eine erhebliche Bedeutung zu, weil die Konditionenpolitik ebenso wie die Preispolitik einen direkten Einfluß auf die Erfolgssituation von Handel und Hersteller hat. Abbildung 3-130 zeigt diesbezüglich den Zusammenhang zwischen dem Erfolgsrechnungsschema des Herstellers und des Handels.

3.21 Rabattpolitik

3.211 Ziele der Rabattpolitik

Rabatte sind Vergütungen, die ein Lieferant seinen Abnehmern zumeist bei Erfüllung bestimmter, mit dem Produkt zusammenhängender Leistungsanforderungen einräumt (Fiuczynski 1961, S. 715f.; Wardenberg 1974, Sp. 1817). Im Handel wird statt von

Kontrahierungspolitische Entscheidungen

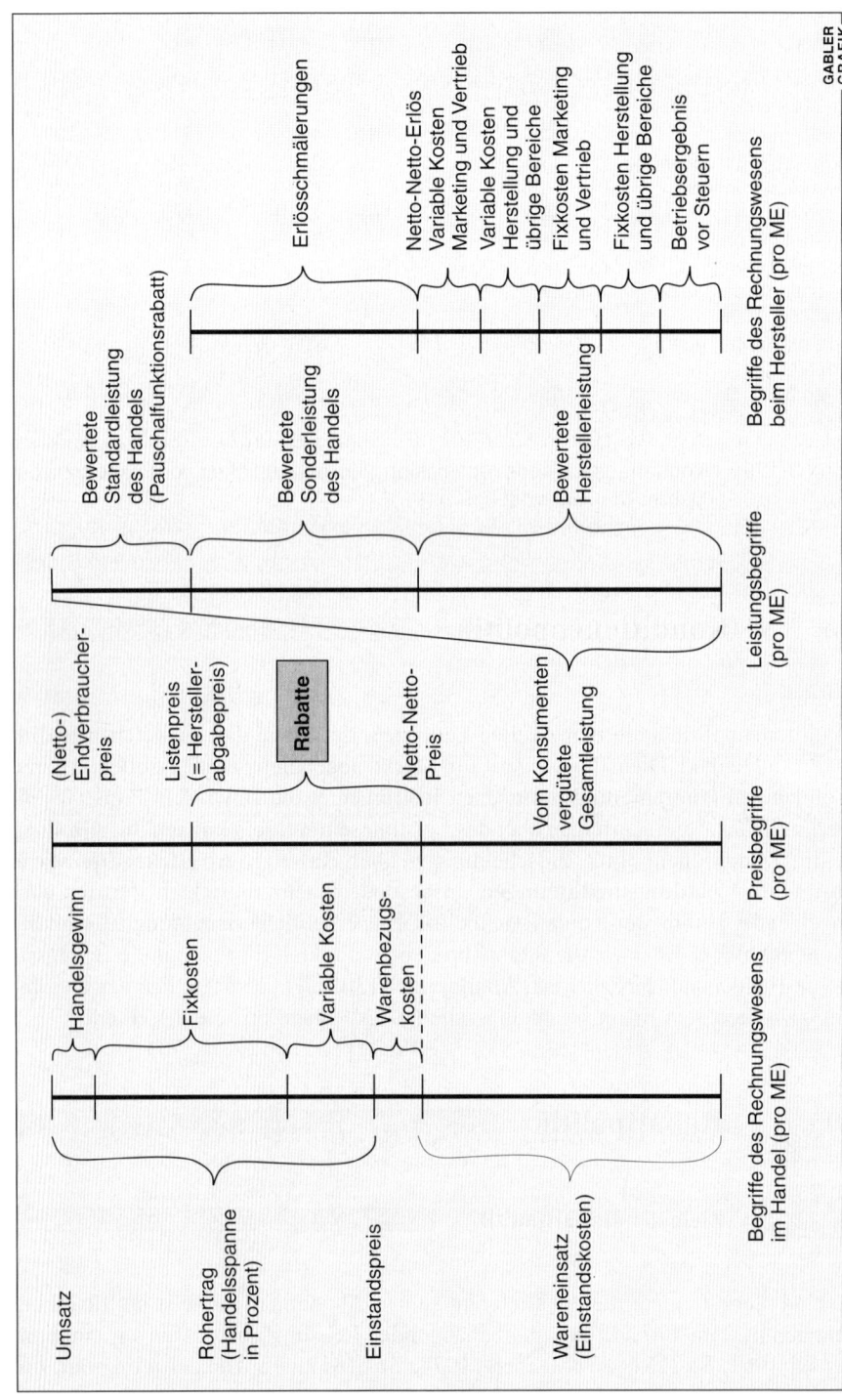

Abbildung 3-130: Erfolgsrechnungen von Handel und Hersteller (ohne Umsatzsteuer) (in Anlehnung an Steffenhagen 1995, S. 70 ff.)

Rabattpolitik oft synonym von Konditionenpolitik gesprochen. Diesem synonymen Begriffsverständnis wird hier nicht gefolgt, weil die Konditionenpolitik in dem hier verwendeten Zusammenhang über die Rabattpolitik hinausgeht. Die Gewährung von Rabatten verändert den Preis, den der Kunde tatsächlich für ein Produkt zu entrichten hat.

Rabatte werden als prozentualer oder absoluter Abschlag auf den **Endverbraucherpreis** oder den Herstellerabgabepreis einer Ware gewährt. Bei der Rabattgewährung gegenüber Konsumenten bildet der Brutto- (inklusive Mehrwertsteuer) beziehungsweise Netto-Endverbraucherpreis (ohne Mehrwertsteuer) die Ausgangsbasis, bei Wiederverkäufern zumeist der **Herstellerabgabepreis**.

Im Einzelhandel werden Rabatte in sogenannten **Jahresgesprächen** (Irrgang 1989, S. 125 f.) zwischen einzelnen Herstellern und Handelsunternehmen ausgehandelt und stellen eine **Vergütung für Sonderleistungen** des Handels dar, die über die **Standardleistungen** hinausgehen. Demgegenüber stellt die Differenz zwischen dem herstellerseitig empfohlenen Endverbraucherpreis und dem Herstellerabgabepreis das Entgelt für die klassischen Standardleistungen des Handels dar. Diese Differenz beziehungsweise Marge wird auch als Pauschalfunktionsrabatt bezeichnet. Die Abgrenzung zwischen Sonderleistungen und klassischen Handelsfunktionen wie zum Beispiel die Sortiments-, Raumüberbrückungs-, Angebots- und Nachfragelenkungs- oder Finanzierungsfunktion (Hansen 1990, S. 15) wirft im Einzelfall erhebliche Schwierigkeiten auf. Dies wird anhand der beiden Praxisbeispiele in Abbildung 3-131 besonders deutlich. Die Gewährung von Rabatten ist daher in der Handelspraxis oftmals nicht an die Erfüllung bestimmter Leistungsanforderungen gebunden, sondern lediglich ein Ausdruck der zwischen beiden Seiten bestehenden **Machtasymmetrie** (Steffenhagen 1995, S. 72). **Mit zunehmender Einkaufsmacht des Handels wächst somit die Höhe der vom Hersteller zwangsläufig einzuräumenden Rabatte.**

Im allgemeinen werden mit der Rabattpolitik die folgenden **Ziele** verfolgt:

- Umsatz- und Absatzausweitung durch Verbesserung des Preis-Leistungs-Verhältnisses für den Abnehmer,
- Erhöhung der Kundenbindung durch monetäre Anreize,
- Rationalisierung der Auftragsabwicklung,
- Steuerung der zeitlichen Verteilung des Auftragseingangs,
- Image eines hochpreisigen Gutes sichern und trotzdem preiswert anbieten.

Darüber hinaus werden bei Rabatten **gegenüber Wiederverkäufern weitergehende Ziele** verfolgt:

- Verhinderung der Auslistung existierender Produkte,
- Sicherstellung der Listung für neue Produkte,

Kontrahierungspolitische Entscheidungen

Konditionsforderung Handelsfirma A	

1. Umsatzerhaltungsbonus
2. Grundbonus
3. Umsatzbezogene Bonusstaffel
4. Steigerungsbonus
5. Zielprämie
6. Sortimentsbonus
7. Stammplatzsicherungsvergütung
8. Distributionsbonus
9. Konzentrationsbonus
10. Verkaufsförderungszuschuß
11. Kostenausgleich für Verwaltungsaufwand
12. Frachtvergütung
13. Zentrallagervergütung
14. Dispositionsvergütung
15. Retourenvergütung
16. Zweitplazierungsrabatt
17. Insertionszuschuß
18. PoS Vergütung
19. Skonto
	20. Skontoausgleich
	21. Delkredere
	22. Valuta
	23. Lagerservice
	24. Kostenbeteiligung für Auszeichnungsgeräte
	25. Rabatte
	    – Grundkonditionen
	    – Sonderkonditionen
	26. Einführungsrabatt
	27. Vergütung für Anbringen von Regalstoppern
	28. Druckkostenbeteiligung
	29. Ordersatzdruckkostenbeteiligung
	30. Neueröffnungsrabatt je Filiale
	31. Listungszuschuß
	32. Kostenübernahme Regalschienensystem
	33. Kostenanteil Produktinformation in Hauszeitschrift

Konditionsforderung Handelsfirma B	
1. Sofortkondition 2. Bezugsmengenrabatt 3. Sofortabzugsrabatt 4. Boni für Direktbezug 5. Artikelgruppenrabatt 6. Boni für Lagerbezug 7. Steigerungsvergütung auf Gesamtumsatz 8. Zentralvergütung 9. Leistungsvergütung 10. Sortiments-Koordinations-Vergütung 11. Jahresbonus 12. Kleinstreklamationsvergütung 13. Delkredere-Ausgleich 14. Skonto 15. Verlängertes Zahlungsziel 16. Muster kostenlos 17. Preiserhöhung Mindestvorlauf 12 Wochen	18. Aktionskonditionen (Laufzeit 6 Wochen) 19. Paletten Werbekostenzuschuß (WKZ) 20. Bei Weitergabe von Informationen an Dritte Schadenersatzanspruch von 1 Prozent auf Jahresbrutto Umsatz 21. Eröffnungskondition je Größe des Marktes in DM absolut 22. Wiedereröffnungskondition 23. Valuta 24. Vergütung für produktbegleitenden Service 25. Vergütung für Preisauszeichnung-Regalpflege 26. Werbevergütung – ohne Insertion – mit Insertion 27. Distributionsrabatt 28. Listungsrabatt/Werbekostenzuschuß 29. Artikelsofortrabatt

Abbildung 3-131: Konditionenforderung in der Praxis
(Quelle: Steffenhagen 1995, S. 39 f.)

- Aufbau von Markteintrittsbarrieren (Regalplatzsicherung) gegenüber neu eintretenden Wettbewerbern,
- Verbesserung der Präsenz am Point of Sale,
- Intensivierung der Marktbearbeitung durch den Einzelhändler.

Zur Erreichung dieser Ziele sind **zwei Entscheidungsprobleme** zu lösen:

1. die Wahl der richtigen **Rabattform** und
2. die Bestimmung der optimalen **Rabatthöhe**.

3.212 Formen der Rabattpolitik

Die zahlreichen in der Praxis anzutreffenden Rabattarten (vgl. Abbildung 3-132) lassen sich zum einen dadurch strukturieren, ob Wiederverkäufer oder Verbraucher die Rabattempfänger sind. Des weiteren kann die mit dem Rabatt vergütete Leistungsart zur Strukturierung herangezogen werden (Diller 1991, S. 226 ff.; Steffenhagen 1995, S. 50). Die unüberschaubare Vielzahl an Rabatten insbesondere im Einzelhandel ist eine Folge der **Irreversibilität einmal gewährter Rabatte**. Die Einkaufsmacht großer Handelskonzerne verhindert die Veränderung beziehungsweise Verschlechterung einmal festgelegter Rabattformen und Rabatthöhen (vgl. Insert 3-29).

Die Übernahme von Leistungen, die der Hersteller an den Handel delegiert hat (zum Beispiel Lagerhaltung, Übernahme des Verkaufs- und Preisrisikos, Warenpräsentation, Beratung), wird von den Herstellern durch **Funktionsrabatte** abgegolten. Funktionsrabatte beziehen sich sowohl auf Standard- als auch auf Sonderleistungen des Handels. Welche Kostenvorteile oder Zusatzumsätze ein Hersteller durch die Übertragung spezifischer Funktionen auf den Handel realisieren kann, läßt sich meist nicht exakt quantifizieren. Die Höhe von Funktionsrabatten bemißt sich daher meist pauschal nach branchen- oder handelsüblichen Gepflogenheiten.

Ein **Barzahlungsrabatt** (Skonto) stellt einen Preisnachlaß dar, der Abnehmern für die unverzügliche Zahlung des Rechnungsbetrages eingeräumt wird. Die Gewährung eines solchen Rabattes basiert auf finanzwirtschaftlichen Überlegungen. Der Skonto hat die Funktion eines Entgeltes, das für die Nichtinanspruchnahme eines Lieferantenkredites gewährt wird. Somit verkörpert er aus der Sicht des Abnehmers einen eingesparten Zins. Mit dem **Delkredere- und Inkassorabatt** wird die Übernahme des Ausfallrisikos und die Übernahme der Zentralregulierung bei filialisierten Einzelhandelsunternehmen abgegolten. Für den Hersteller ergeben sich aus der Zentralregulierung Einsparungen bei der Zahlungsverkehrsabwicklung.

Kontrahierungspolitische Entscheidungen

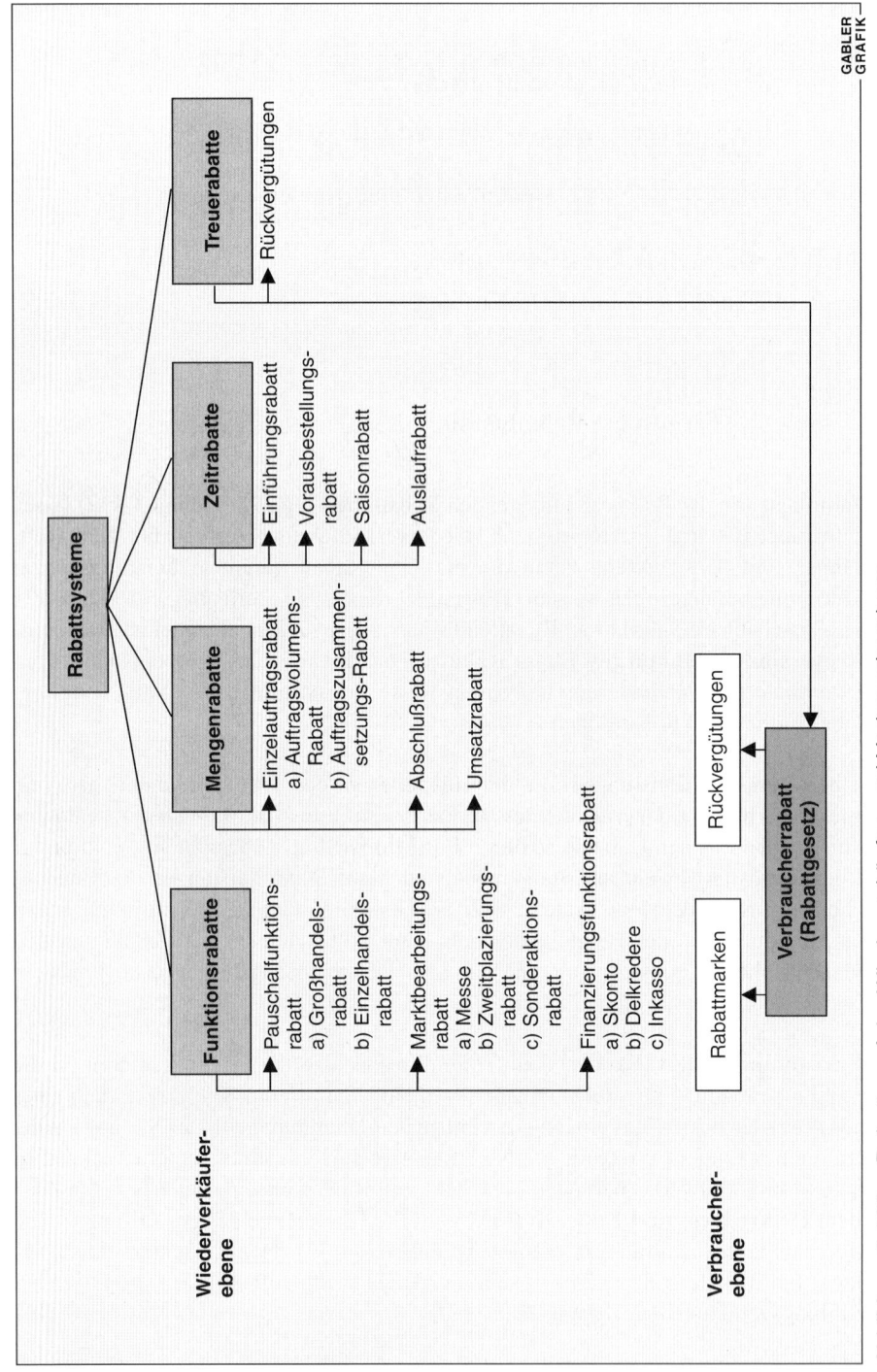

Abbildung 3-132: Rabatte auf der Wiederverkäufer- und Verbraucherebene

Ausgequetscht

Was ein Markenartikelhersteller
nach Abzug aller Rabatte erlöst (ein Beispiel)

Listenpreis des Herstellers	**100,00 DM**
Rechnungsabzüge des Herstellers:	
Mengenrabatt	-2,50%
Umsatzvergütung	-3,50%
Rabatt für nationale Distribution	-6,00%
Einführungs- bzw. Aktionsrabatt	-3,00%
Verkaufsförderungsrabatt	-2,50%
Nach Abzug bleibt ein Nettopreis* von	**82,50 DM**
Abzüge des Handels (bezogen auf den Listenpreis):	
Europa-Bonus (für Auslandsexpansion)	-1,00%
ECR-Vergütung**	-1,00%
Sonstige Holdingvergütungen	-3,00%
Skonto, Delkredere, Inkasso	-3,80%
Nach Abzug bleiben	**73,70 DM**
An Festbeträgen fordert der Handel (umgerechnet in Prozent des Listenpreises):	
Für Beteiligung an Hausmessen	-0,50%
Für Beteiligung an Jubiläumsverkäufen	-1,00%
Werbekostenzuschüsse	-5,00%
Nach Abzug bleiben	**67,20 DM**
Versteckte Konditionen***	-0,50%
Tatsächlich erhält der Hersteller nach Abzug aller Konditionen	**66,70 DM**

*Einstandspreis des Handels, mit dem der Endverkaufspreis kalkuliert wird. Die hier abgezogenen Rabatte kommen also auch dem Verbraucher zugute.
**Dieser Rabatt wird mit tatsächlichen oder vorgeblichen Logistikleistungen im Sinne des Efficient Consumer Response (ECR) begründet.
***Etwa durch Änderung der Bezugsgröße: Rabatt bezieht sich auf den Umsatz inklusive Mehrwertsteuer anstatt wie zuvor auf den Nettoumsatz.

INSERT 3-29: Manager Magazin, Oktober 1997, S. 65

Grundlage für die Gewährung eines **Mengenrabattes** ist der Bezug einer bestimmten Abnahmemenge. Durch höhere Bestellquantitäten kann der Hersteller Kosteneinsparungen im Bereich der Produktion, des Vertriebs und der Auftragsabwicklung realisieren, während der Abnehmer insbesondere die Lagerhaltung und das Preisrisiko übernimmt. Im Rahmen der Ausgestaltung der Rabattkonditionen können sowohl ein fester Betrag als auch ein proportionaler Mengenrabatt, bei dem die Rabatthöhe mit zunehmender Absatzmenge steigt, zum Zuge kommen. Ein besonders großer Anreiz geht von progressiv strukturierten Staffelrabatten aus, die den Bezug größerer Mengen überproportional honorieren (Simon 1998, S. 121 f.).

Neben dem einzelnen Auftrag kann sich der Mengenrabatt auch auf den innerhalb einer Periode getätigten Umsatz des Kunden beziehen. Diese Form des Mengenrabattes wird als **Bonus** bezeichnet (Männel 1974, S. 14 ff.; Simon 1992, S. 402). Als nachträgliche Vergütung, die in der Regel nach Abschluß des Geschäftsjahres erfolgt, richtet sich die Höhe des Bonus nach dem Wert, dem Umfang sowie der Zusammensetzung der abgeschlossenen Lieferung. Der Bonus zielt auf eine Stabilisierung des Verhältnisses von Lieferant und Kunde.

In enger Beziehung zum Bonus steht der **Treuerabatt**, der einem Abnehmer den Anreiz dafür bietet, die Waren ausschließlich oder zumindest überwiegend von einem Lieferanten zu beziehen. Aus einer derartigen Bezugstreue resultiert im Laufe der Zeit ein gewisses Umsatzvolumen zwischen Lieferant und Abnehmer. Der Treuerabatt unterscheidet sich vom Bonus trotz inhaltlicher Parallelen in dem Punkt, daß seine Gewährung nicht unmittelbar mit der Umsatzhöhe verknüpft ist. Während ein Kleinabnehmer bei ausschließlichem Bezug auch bei geringerem Umsatz in den Genuß eines Treuerabattes gelangen kann, bleibt einem Großkunden, der bei gelegentlicher Auftragserteilung ein größeres Umsatzvolumen realisiert, diese Treuevergütung oftmals verwehrt (Wardenberg 1974). Demzufolge zielt der Treuerabatt mehr auf langfristig kontinuierliche als auf möglichst hohe Auftragseingänge und auf eine Festigung der Geschäftsbeziehungen zwischen Hersteller und Händler.

Der **Verbraucherrabatt** ist eine besondere Form des Treuerabattes auf der Verbraucherebene. Er wird den Endverbrauchern bei Barzahlung vom Handel eingeräumt. Die gesetzlichen Vorschriften des Rabattgesetzes begrenzen die Höhe des Preisnachlasses auf maximal 3 Prozent (§ 2 RabattG). In der Vergangenheit wurde der Verbraucherrabatt oftmals in Form von Rabattmarken gewährt, die aufgrund des damit verbundenen organisatorischen Aufwandes in Deutschland jedoch stark an Bedeutung verloren haben. Die intensive Diskussion von Maßnahmen zur Kundenbindung im Einzelhandel hat in Großbritannien und vor allem in den USA in den letzten Jahren allerdings wieder zu einer Renaissance von Rabattmarken und ähnlichen Systemen geführt.

Zeitrabatte beziehen sich auf Leistungen des Abnehmers zum Zeitpunkt der Bestellung oder der Abnahme von Produkten und werden häufig als Vorausbestellungs-, Saison-, Einführungs- und Auslaufrabatte gewährt. Vorausbestellungsrabatte kommen zum Tragen, wenn der Abnehmer vor seinem Bedarfszeitpunkt die Ware bestellt oder bezieht (forward buying). Werden Produkte am Ende oder nach Abschluß einer Saison geordert, so findet der Saisonrabatt Anwendung. Diese Rabattarten dienen der besseren Disposition beziehungsweise Lagerräumung des Herstellers. Einführungs- oder Aktionsrabatte zielen darauf ab, in der Einführungsphase neuer Produkte oder für die Dauer von Aktionen einen gewissen Vorratsdruck beim Handel zu erzeugen und diesen zu besonderen Verkaufsanstrengungen zu veranlassen. Auslaufrabatte bezwecken hingegen die Lagerräumung von veralteten Produkten beim Hersteller.

Die skizzierten **Rabattarten finden in der Praxis meistens in kombinierter Form (Rabattsystem) Anwendung**. Allerdings sollte ein Rabattsystem nicht zu umfangreich und komplex ausgestaltet sein, obwohl die Irreversibilität von Rabatten, wettbewerbspolitische Überlegungen und das Bestreben nach einer differenzierten Leistungsvergütung seitens des Herstellers eine Rabattvielfalt tendenziell fördern. Es sind Fälle aufgetreten, in denen bis zu 68 verschiedene Rabattarten zur Anwendung kamen (Sandler 1981, S. 464).

Die **Bestimmung der optimalen Rabatthöhe** ist beispielsweise beim Mengenrabatt dadurch gekennzeichnet, daß der Gewinn des Lieferanten als Differenz aus den durch die verminderte Zahl der Kleinaufträge eingesparten Kosten einerseits und den Erlöseinbussen in Form der gewährten Rabatte andererseits maximiert wird. Um die Höhe der Erlöseinbußen bestimmen zu können, ist eine Analyse des Bestellverhaltens der Kunden erforderlich. Daraus ergeben sich drei Vorgehensschritte zur Bestimmung der optimalen Rabatthöhe: die Analyse des Bestellverhaltens des Kunden, die Untersuchung der Kosteneinsparungen und die Untersuchung der Erlöseinbußen. In der Literatur wurden auf der Grundlage derartiger Informationen analytische Modelle zur Bestimmung des optimalen Rabattsatzes entwickelt. Häufig ist jedoch bei heterogenem Abnehmerkreis und komplexem Sortiment eine analytische Bestimmung der optimalen Rabatthöhe nicht möglich. In diesem Fall ist für die Festlegung des Rabattsystems auf Simulationsmodelle zurückzugreifen (Meffert/Breitung 1976).

3.22 Absatzkreditpolitik

Die Absatzkreditpolitik umfaßt alle Maßnahmen einer Unternehmung, **potentielle Kunden mittels der Gewährung beziehungsweise der Vermittlung von Krediten oder Leasingangeboten zum Kauf zu veranlassen** (Ahlert 1972; Hagenmüller 1999; Tacke 1999).

Ziel der Absatzkreditpolitik ist die Erhöhung des Absatzvolumens durch die Gewinnung neuer Kunden und durch die Erhöhung der Kaufintensität bisheriger Kunden.

Darüber hinaus werden eine Beeinflussung der zeitlichen und produktspezifischen Struktur des Absatzprogramms sowie die Sicherung eines bestimmten Absatzes für die Zukunft angestrebt. Die Absatzkreditpolitik richtet sich insbesondere an die Kunden, die zwar kaufwillig sind, aber zum gegenwärtigen Zeitpunkt mangelnde Kaufkraft aufweisen. Ziele der Absatzkreditpolitik gegenüber den Absatzmittlern sind beispielsweise die Verbesserung der Lieferbereitschaft im Handel, der Abbau hoher Fertigproduktläger beim Hersteller oder die Durchführung verdeckter Preissenkungen. Übernimmt der Hersteller zum Beispiel die Finanzierungskosten des Lagerbestandes im Handel, so kann der Einzelhändler eine aggressivere Preispolitik gegenüber dem Endverbraucher verfolgen. Absatzkredite sind dadurch charakterisiert, daß sie von Unternehmungen an die Kunden oder Absatzmittler im Zusammenhang mit dem Güterabsatz gewährt oder vermittelt werden. Die zahlreichen Formen der in der Praxis vorkommenden Absatzkredite lassen sich gemäß der Form der bereitgestellten Kreditmittel in Absatzgeldkredite und Absatzgüterkredite differenzieren (Ahlert 1972, S. 76 ff.).

Ein **Absatzgeldkredit ist dadurch gekennzeichnet, daß seine Vergabe nicht an den Bezug von Gütern des Kreditgebers geknüpft ist**. Der Kreditnehmer kann über den bereitgestellten Geldbetrag relativ frei disponieren. Der Überbrückungskredit wird Kunden zur Überbrückung ihrer finanziellen Engpässe eingeräumt und ist somit völlig frei verwendbar. Die intendierte Zielsetzung des kreditgewährenden Unternehmens erstreckt sich auf die Stabilisierung des Absatzpotentials und auf die verstärkte Einflußnahme auf die Beschaffungspolitik des Abnehmers. Der Einrichtungskredit ist an die Beschaffung solcher Einrichtungs- und Ausstattungsgegenstände gebunden, die zur Verwendung beziehungsweise zum Verkauf der Absatzgüter des kreditgewährenden Unternehmens erforderlich sind. So stellen Brauereien den Gaststätten oftmals Kredite zur Verfügung, die zur Finanzierung der Gaststätteneinrichtungen herangezogen werden. Darüber hinaus stellen auch die meisten **Kreditkarten** eine Form des Absatzgeldkredites dar. Dies gilt jedoch nicht für den Fall, indem Kreditinstitute als Emittenten fungieren (Ausnahme: herstellereigene Kreditinstitute wie beispielsweise die Volkswagen Bank).

Im Rahmen von Absatzgüterkrediten wird der Kaufpreis der erworbenen Güter kreditiert. Daher ist die Vergabe von Absatzgüterkrediten im Gegensatz zu Absatzgeldkrediten direkt an den Absatz von Gütern gebunden. Beim **Leasing** tritt an die Stelle der vollen Kaufpreiszahlung eine Kaufpreisanzahlung (teilweise oder vollständig mit der Inzahlungnahme gebrauchter Produkte verrechnet), an die sich eine laufende monatliche Zahlung über einen Zeitraum von zumeist mehreren Jahren anschließt. Am Ende der Leasingdauer besteht seitens des Kunden die Möglichkeit zur kostenfreien Rückgabe oder zum Kauf des Produktes. Während die erstgenannte Option einem klassischen Vermietungsgeschäft sehr nahe kommt und damit kein Instrument der Absatzkreditpolitik ist, stellt die zweite Option eine Form des Absatzgüterkredites dar.

Im Bereich der **internationalen Geschäftstätigkeit**, und hier insbesondere in der Investitionsgüterindustrie, verkörpert die **Kreditgewährung an ausländische Abnehmer eine bedeutsame absatzpolitische Maßnahme** (Uekermann 1993). Internationale Großprojekte (Schiffsbau, Anlagenindustrie), deren Abwicklung 10 Jahre und länger dauern und ein Finanzierungsvolumen von mehreren 100 Millionen DM erfordern kann, stellen ausländische Abnehmer oft vor enorme Probleme. Häufig kommen solche Projekte nur dann zustande, wenn die anbietende Unternehmung ihren Kunden langfristige Kredite mit geringen Zins- und Tilgungsraten einräumt. Dieses trifft vor allem für devisenschwache Ostblock- und Entwicklungsländer zu (Engelhardt/Hammann 1983, S. 22 ff.). Andererseits sind selbst große Unternehmungen häufig nicht in der Lage, diesen Finanzierungsbedarf aus eigenen Kapitalmitteln abzudecken und daher auf externe Finanzierungsquellen, insbesondere die Kreditanstalt für Wiederaufbau oder die Ausfuhrkredit GmbH angewiesen.

3.23 Lieferungs- und Zahlungsbedingungen

Lieferungs- und Zahlungsbedingungen (Geschäftsbedingungen) stellen im Rahmen eines Kaufvertrages einen Katalog von Bestimmungen und Regelungen dar, welche Inhalt und Ausmaß der angebotenen beziehungsweise erbrachten Leistungen spezifizieren. In einigen Branchen sind diese Bestimmungen als **allgemeine Geschäftsbedingungen** für alle Unternehmungen einheitlich festgelegt (zum Beispiel Touristikbranche, Banken). In diesem Fall kann sich die einzelne Unternehmung über die Lieferungs- und Zahlungsbedingungen nicht gegenüber den Konkurrenten profilieren. Besteht dagegen die Möglichkeit zur individuellen Ausgestaltung dieser Regelungen, kann von ihnen eine ähnliche akquisitorische Wirkung ausgehen wie von der Preis-, Rabatt- und Absatzkreditpolitik.

Lieferungsbedingungen legen den Umfang der Lieferungsverpflichtung des Lieferanten (Hersteller, Handel) und deren Erfüllung durch den Lieferanten fest. Bei der Überbrückung der räumlichen Distanz zwischen dem Standort des Herstellers und des Abnehmers sind Ort und Zeitpunkt des Gefahren- und Kostenüberganges (zum Beispiel Fracht- und Versicherungskosten, Porti) genau zu regeln. Zwischen den beiden extremen Möglichkeiten, daß jeweils der Käufer oder Verkäufer den gesamten Warentransport auf eigene Kosten und Risiken übernimmt, existieren zahlreiche Zwischenlösungen. Gerade im **internationalen Geschäftsverkehr**, wo die Logistikkosten zwischen 10 Prozent im Binnenhandel und 30 Prozent bei überseeischem Transport vom Abgabepreis eines Produktes ausmachen, kommt diesen Regelungen eine sehr große Bedeutung zu (Slater 1980, S. 167 f.). Um die Vielzahl der Regelungen zu strukturieren, sind von der internationalen Handelskammer Lieferklauseln des internationalen Warenverkehrs **(Incoterms)** herausgegeben worden, die alle Pflichten des Verkäufers und Käufers exakt definieren (vgl. Abbildung 3-133).

Mit der vertraglichen Vereinbarung von **Konventionalstrafen** bei verspäteter Lieferung wird die Zeitspanne zwischen Auftragserteilung und Wareneingang beim Kunden geregelt. Damit verweist dieser Aspekt auf die engen Interdependenzen zwischen Lieferungs-

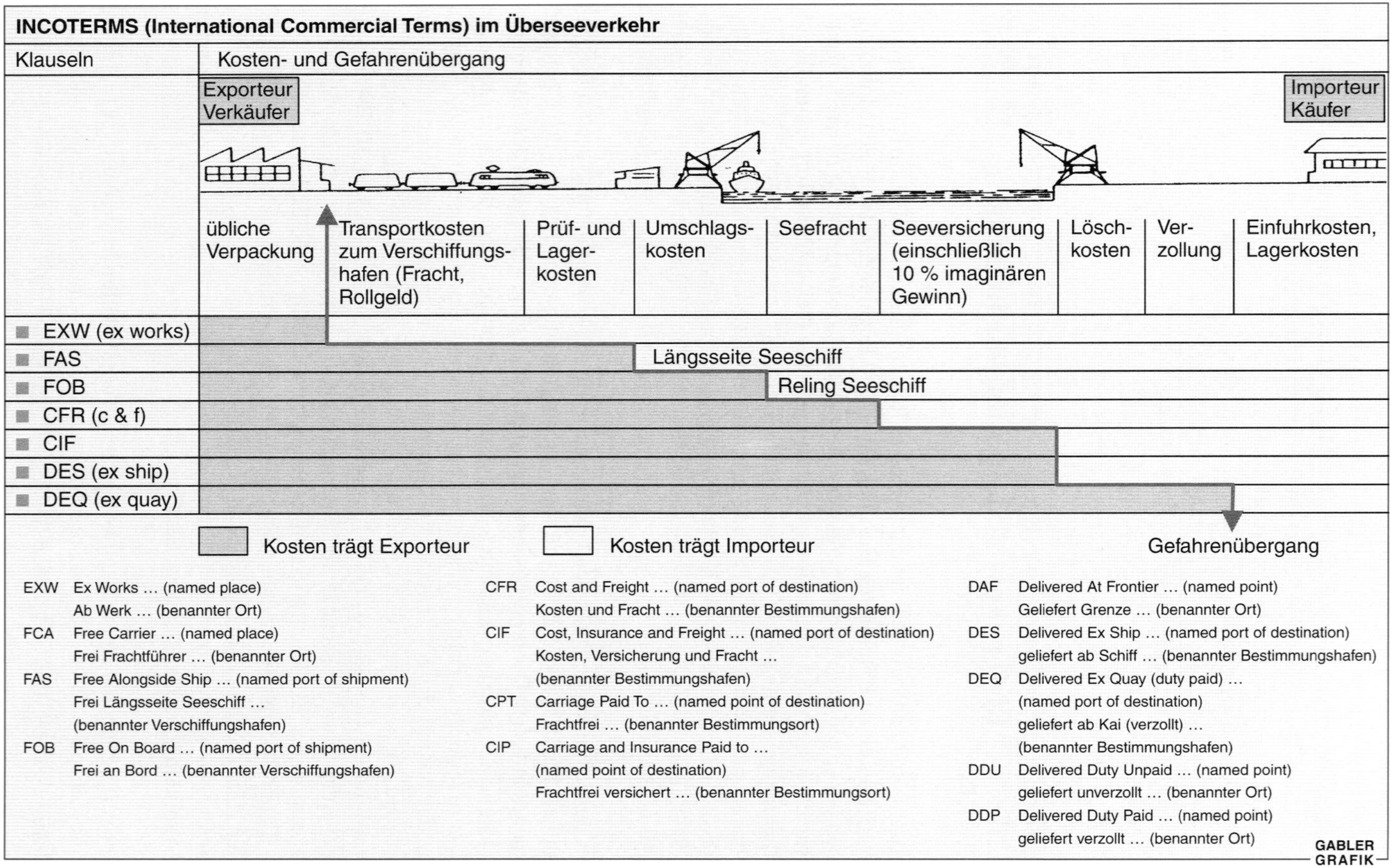

INCOTERMS (International Commercial Terms) im Überseeverkehr

Klauseln	Kosten- und Gefahrenübergang

Exporteur/Verkäufer — übliche Verpackung — Transportkosten zum Verschiffungshafen (Fracht, Rollgeld) — Prüf- und Lagerkosten — Umschlagskosten — Seefracht — Seeversicherung (einschließlich 10 % imaginären Gewinn) — Löschkosten — Verzollung — Einfuhrkosten, Lagerkosten — Importeur/Käufer

- EXW (ex works)
- FAS — Längsseite Seeschiff
- FOB — Reling Seeschiff
- CFR (c & f)
- CIF
- DES (ex ship)
- DEQ (ex quay)

Kosten trägt Exporteur / Kosten trägt Importeur

Gefahrenübergang

EXW Ex Works ... (named place) / Ab Werk ... (benannter Ort)
FCA Free Carrier ... (named place) / Frei Frachtführer ... (benannter Ort)
FAS Free Alongside Ship ... (named port of shipment) / Frei Längsseite Seeschiff ... (benannter Verschiffungshafen)
FOB Free On Board ... (named port of shipment) / Frei an Bord ... (benannter Verschiffungshafen)
CFR Cost and Freight ... (named port of destination) / Kosten und Fracht ... (benannter Bestimmungshafen)
CIF Cost, Insurance and Freight ... (named port of destination) / Kosten, Versicherung und Fracht ... (benannter Bestimmungshafen)
CPT Carriage Paid To ... (named point of destination) / Frachtfrei ... (benannter Bestimmungsort)
CIP Carriage and Insurance Paid to ... (named point of destination) / Frachtfrei versichert ... (benannter Bestimmungsort)
DAF Delivered At Frontier ... (named point) / Geliefert Grenze ... (benannter Ort)
DES Delivered Ex Ship ... (named port of destination) / geliefert ab Schiff ... (benannter Bestimmungshafen)
DEQ Delivered Ex Quay (duty paid) ... (named port of destination) / geliefert ab Kai (verzollt) ... (benannter Bestimmungshafen)
DDU Delivered Duty Unpaid ... (named point) / geliefert unverzollt ... (benannter Ort)
DDP Delivered Duty Paid ... (named point) / geliefert verzollt ... (benannter Ort)

Abbildung 3-133: Lieferungs- und Zahlungsbedingungen im internationalen Warenverkehr (in Anlehnung an Grill/Perczynski 1991, S. 549 f.)

bedingungen als Instrument der Konditionenpolitik und der Marketing-Logistik, da die Lieferzeit ein zentrales Element des Lieferservices ist. Schließlich können die Lieferungsbedingungen Regelungen über das **Umtauschrecht und Garantieregelungen** von Waren sowie über Mindestmengen und Mindermengenzuschläge umfassen. Die Einführung von Mindestabnahmemengen kann zu einer Senkung der Distributionskosten beitragen, weil durch die damit einhergehende Auftrags- und Kundenselektion die Zahl unwirtschaftlicher Kleinaufträge reduziert wird.

Zahlungsbedingungen beinhalten die wesentlichen Bestimmungen hinsichtlich der Zahlungsverpflichtungen des Käufers und deren Erfüllung durch den Käufer. Vereinbarungen über die Zahlungsweise legen die Zahlungsmittel (Bargeld, Scheck, Überweisung in inländischer oder ausländischer Währung) fest und regeln die Frage nach Gesamt- oder Teilzahlung. Die technische Abwicklung der Zahlung berührt den Aspekt des Zahlungsrisikos, das heißt die Gefahr, daß eine Unternehmung für die Lieferung kein Geld vom Kunden erhält. Dieses Risiko betrifft in vielfacher Form besonders international tätige Unternehmungen, die durch eine entsprechende Ausgestaltung der Zahlungsbedingungen diesen Risiken entgegenwirken können. Bei der Vorauszahlung wird die Ware erst nach Eingang der Zahlung durch das Unternehmen ausgeliefert. Obgleich diese „harte" Zahlungsbedingung dem Exporteur große Sicherheit bietet, ist sie angesichts der internationalen Wettbewerbssituation oft kaum realisierbar. Beim Dokumenten-Inkasso erhält der ausländische Kunde Fracht- und Zolldokumente, die für den Empfang der Ware unbedingte Voraussetzung sind, erst dann, wenn er die Zahlung geleistet hat. Beim Dokumenten-Akkreditiv wird zudem eine Bank hinzugezogen. Das Akkreditiv ist eine Anweisung des ausländischen Käufers an eine Bank, gegen Aushändigung der Fracht- und Zolldokumente durch den Lieferanten an die Bank die Verbindlichkeit gegenüber dem liefernden Unternehmen zu erfüllen. Akzeptiert eine Bank dieses Akkreditiv, so ist die exportierende Unternehmung nicht mehr von der Zahlungsfähigkeit und -willigkeit des Käufers abhängig (Meffert/Bolz 1994, S. 231 f.).

Eine besondere Form der Zahlungsweisen im internationalen Bereich stellen die **Kompensations- und Gegengeschäfte** (Bartergeschäfte) dar. Länder, die aufgrund defizitärer Leistungsbilanzen oder ständiger Devisenknappheit nicht in der Lage sind, bezogene Waren mit Geld zu bezahlen, begleichen diese Importe ihrerseits durch Lieferungen von Rohstoffen, Agrarprodukten oder auch Investitionsgütern (Moser 1981; Meffert/Bolz 1994, S. 227 f.; Backhaus 1999, S. 545 f.). Schließlich können im Rahmen der Zahlungsbedingungen die Inzahlungnahme gebrauchter Güter vereinbart und die Länge der Zahlungsfristen festgelegt werden.

Literaturhinweise

Adam, D. (1998), Produktions-Management, 9. Aufl., Wiesbaden.
Adams, W. J., Yellen, J. L. (1976), Commodity Bundling and the Burden of Monopoly, in: Quarterly Journal of Economics, Vol. 40, S. 475–488.
Agthe, K. (1959), Stufenweise Fixkostendeckung im System des Direct Costing, in: Zeitschrift für Betriebswirtschaft, 29. Jg., S. 404–418.
Ahlert, D. (1972), Absatzförderung durch Absatzkredite an Abnehmer. Theorie und Praxis der Absatzpolitik, Wiesbaden.
Ahlert, D. (1996), Distributionspolitik, 3. Aufl., Stuttgart u. a.
Ahlert, D., Schröder, H. (1996), Rechtliche Grundlagen des Marketing, 2. Aufl., Stuttgart u. a.
Albach, H. (1973), Das Gutenberg-Oligopol, in: Koch, H. (Hrsg.), Zur Theorie des Absatzes, Erich Gutenberg zum 75. Geburtstag, Wiesbaden, S. 10–13.
Andersen, E. (1978), Lockvogelangebote für Markenspirituosen, in: Marktforschung, 22. Jg., Nr. 4, S. 96–102.
Backhaus, K. (1999), Industriegütermarketing, 6. Aufl., München.
Backhaus, K., Büschken, J., Voeth, M. (2000), Internationales Marketing, 3. Aufl., Stuttgart.
Balderjahn, I. (1993), Marktreaktionen von Konsumenten. Ein theoretisch-methodisches Konzept zur Analyse der Wirkung marketingpolitischer Instrumente, Berlin.
Balderjahn, I. (1994), Der Einsatz der Conjoint-Analyse zur empirischen Bestimmung von Preisresponsfunktionen, in: Marketing, Zeitschrift für Forschung und Praxis, 16. Jg., Nr. 1, 1994, S. 12–20.
Bartmann, H., Busch, A., Schwaab, J. (1999), Preis- und Wettbewerbstheorie, 6. Aufl., St. Gallen.
Bauer, H. H., Herrmann, A. (1993), Preisfindung durch „Nutzenkalkulation" am Beispiel einer PKW-Kalkulation, in: Controlling, 5. Jg., Nr. 5, S. 236–240.
Böcker, F. (1978), Die Bestimmung der Kaufverbundenheit von Produkten, Berlin.
Bowley, A. L. (1924), Mathematical Groundwork of Economics, Oxford.
Carroll, J. D., Green, P. E. (1995), Psychometric Methods in Marketing Research: Part I, Conjoint Analysis, in: Journal of Marketing Research, Vol. 32, No. 4, S. 385–391.
Clark, D. G., Dolan, R. J. (1984), A Simulation Analysis of Alternative Pricing Strategies for Dynamic Environments, in: Journal of Business, Vol. 57, January 1984, S. 345–357.
Cournot, A. (1924), Recherches sur les Principes Mathématiques de la Théorie des Richesses, Paris 1838; deutsche Übersetzung: Untersuchung über die mathematischen Grundlagen der Theorie des Reichtums, in: Waentig, H. (Hrsg.), Sammlung sozialwissenschaftlicher Meister, Jena.
Curry, D. J., Riesz, P. C. (1988), Prices and Price/Quality Relationship: A Longitudinal Analysis, in: Journal of Marketing, Vol. 52, January 1988, S. 36–51.
Daudel, S., Vialle, G. (1994), Yield management, applications to air transport and other service industries, Paris.
Dean, J. (1951), Managerial Economics, New York.
Dean, J. (1969), Pricing a New Product, in: Taylor, B., Wilis, G. (Hrsg.), Pricing Strategy, London, S. 534–540.
Desijaru, R., Shugan, S. (1999), Strategic Service Pricing and Yield Management, in: Journal of Marketing, Vol. 63, No. 1, S. 44–56.
Diller, H. (1977), Der Preis als Qualitätsindikator, in: Die Betriebswirtschaft, 37. Jg., Nr. 2, S. 219–234.
Diller, H. (1979), Verkäufe unter Einstandspreis, in: Marketing, Zeitschrift für Forschung und Praxis, 1. Jg., 1979, S. 7–12.
Diller, H. (1981), Die Wirkung von Verkäufen unter Einstandspreis im Lebensmitteleinzelhandel, in: Die Betriebswirtschaft, 41. Jg., S. 409–418.

Diller, H. (1982), Das Preisinteresse von Konsumenten, in: Zeitschrift für betriebswirtschaftliche Forschung, 34. Jg., Nr. 4, S. 315–334.
Diller, H. (1988), Das Preiswissen von Konsumenten – Neue Ansatzpunkte und empirische Ergebnisse, in: Marketing, Zeitschrift für Forschung und Praxis, 10. Jg., S. 17–24.
Diller, H. (1991), Preispolitik, 2. Aufl., Stuttgart u. a.
Diller, H. (1993), Preisbaukästen als preispolitische Option, in: Wirtschaftsstudium, 22. Jg., Nr. 6, S. 270–275.
Diller, H. (1994), Sympathie schlägt Preisaktion, in: Absatzwirtschaft, 42. Jg., Nr. 6, S. 80–88.
Diller, H. (1995), Tiefpreispolitik: Aktuelle Entwicklungen und Erfolgsaussichten, Arbeitspapier Nr. 38 des Lehrstuhls für Marketing der Universität Erlangen-Nürnberg, Nürnberg.
Diller, H., Brielmaier, A. (1996), Die Wirkungen gebrochener und runder Preise, Ergebnisse eines Feldexperimentes im Drogeriewarensektor, in: Zeitschrift für betriebswirtschaftliche Forschung, 48. Jg., Nr. 7/8, S. 695–710.
Dolan, R. J. (1995), How Do You Know When the Price is Right, in: Harvard Business Review, September/October 1995, S. 174–183.
Edgeworth, F. Y. (1925), La Theoria Pura del Monopolio, in: Giornale degli Economisti, Vol. 15, 1897, engl. Übersetzung in: Papers Relating to Political Economy, Vol. 1, London.
Emery, F. (1969), Some Psychological Aspects of Price, in: Taylor, B., Wills, G. (Hrsg.), Pricing Strategy, London.
Engelhardt, N. H., Hammann, P. (1983), Dienstleistungen im Anlagegeschäft, Arbeitspapiere zum Marketing, Nr. 12, Bochum.
Enzweiler, T. (1990), Wo die Preise Laufen lernen, in: Manager Magazin, 20. Jg., Nr. 3, S. 246–253.
Faßnacht, M. (1996), Preisdifferenzierung bei Dienstleistungen, Implementationsformen und Determinanten, Wiesbaden.
Fiuczynski, H. W. (1961), Zur Rabattpolitik der Markenartikelhersteller, in: Der Markenartikel, 23. Jg., S. 715–737.
Freudenmann, H. (1965), Planung neuer Produkte, Stuttgart.
Gabor, A., Granger, C. (1966), Prices as an Indicator of Quality, in: Economica 1966, S. 43–70.
Gerstner, E. (1985), Do higher Prices signal higher Quality?, in: Journal of Marketing Research, Vol. 22, May 1985, S. 209–215.
Glinz, M. (1978), Sonderpreisaktionen des Herstellers und des Handels unter besonderer Berücksichtigung empirisch ermittelter Marktreaktionen im Konsumgütermarkt, Wiesbaden.
Graumann, J. (1990), 55 Methoden und Fallbeispiele zur Durchsetzung höherer Verkaufspreise und niedrigerer Rabatte, München.
Green, P. E., Srinivasan, V. (1978), Conjoint Analysis in Consumer Research: Issues and Outlook, in: Journal of Consumer Research, Vol. 5, S. 103–123.
Green, P. E., Srinivasan, V. (1990), Conjoint Analysis in Marketing: New Developments with Implications for Research and Practice, in: Journal of Marketing, Vol. 54, S. 3–19.
Grill, W., Perczynski, H. (1991), Wirtschaftslehre des Kreditwesens, Landesausgabe NRW, 3. Aufl.
Gruner & Jahr (Hrsg.) (1996), Brigitte Kommunikationsanalyse '96, Hamburg.
Gutenberg, E. (1968), Grundlagen der Betriebswirtschaftslehre, Bd. 1: Die Produktion, 24. Aufl., Berlin u. a. 1983 (zitiert nach 14. Aufl.).
Gutenberg, E. (1984), Grundlagen der Betriebswirtschaftslehre, Bd. 2: Der Absatz, 17. Aufl., Berlin u. a.
Gutjahr, G. (1972), Markt- und Werbepsychologie, Teil 1: Verbraucher und Produkt, Heidelberg.
Gutjahr, G. (1981), Preispsychologie: Strategien an der Schwelle, in: Absatzwirtschaft, 29. Jg., Nr. 3, S. 82–89.
Hagenmüller, K. F. (Hrsg.) (1999), Leasing-Handbuch für die betriebliche Praxis, 7. Aufl., Frankfurt am Main.
Hansen, U. (1990), Absatz- und Beschaffungsmarketing des Einzelhandels: eine Aktionsanalyse, 2. Aufl., Göttingen.

Harper, D. V. (1966), Price Policy and Procedure, New York u. a.
Hay, C. (1987), Die Verarbeitung von Preisinformationen durch Konsumenten, Heidelberg.
Herrmann, A., Bauer, H. H. (1996), Ein Ansatz zur Preisbündelung auf Basis der „prospect"-Theorie, in: Zeitschrift für betriebswirtschaftliche Forschung, 48. Jg., Nr. 7/8, S. 675–694.
Hilke, W. O. H. (1978), Dynamische Preispolitik. Grundlagen – Problemstellungen – Lösungsansätze, Wiesbaden.
Hill, W. (1971), Marketing, Bd. 2, 5. Aufl., Bern u. a.
Hujer, R. et al. (1996), Preisfindung und optimale Marketingstrategien für neue pharmazeutische Produkte, in: Zeitschrift für betriebswirtschaftliche Forschung, 48. Jg., Nr. 3, S. 219–232.
Irrgang, W. (1989), Strategien im vertikalen Marketing: handelsorientierte Konzeptionen der Industrie, München.
Jacob, H. (1971), Preispolitik, 2. Aufl., Wiesbaden.
James, B. (1969), A Contemporary Approach to New Product Pricing, in: Taylor, B., Wills, G. (Hrsg.), Pricing Strategy, London, S. 521–533.
Kaas, K. P., Hay, C. (1984), Preisschwellen bei Konsumgütern – eine theoretische und empirische Analyse, in: Zeitschrift für betriebswirtschaftliche Forschung, 36. Jg., S. 333–346.
Kilger, W. (1980), Soll- und Mindestdeckungsbeiträge als Steuerungselemente der betrieblichen Planung, in: Hahn, D. (Hrsg.), Führungsprobleme industrieller Unternehmen, Festschrift für F. Thomee, Berlin/New York.
Kilger, W. (1993), Flexible Plankostenrechnung und Deckungsbeitragsrechnung, 10. Aufl., Wiesbaden.
Kirsch, W. (1968), Gewinn und Rentabilitat. Ein Beitrag zur Theorie der Unternehmensziele, Wiesbaden.
Krelle, W. (1961), Preistheorie, Tübingen/Zürich.
Krelle, W. (1976), Preistheorie, 2. Aufl., Tübingen.
Krüger, L. (1990), Yield-Management, Dynamische Gewinnsteuerung im Rahmen integrierter Informationstechnologie, in: Controlling, 2. Jg., Nr. 5, S. 240–251.
Kürten, T. (1996), Stammkunden bevorzugt – US-Händler fahren eine neue Politik: Unterschiedliche Kundentypen kaufen dieselbe Ware zu verschiedenen Preisen, in: Der Handel, o. Jg., Nr. 7, S. 22–23.
Laakmann, K. (1995), Value-Added-Services als Profilierungsinstrument im Wettbewerb – Analyse, Generierung, Bewertung, Frankfurt am Main.
Lambert, Z. V. (1972), Price and Choice Behavior, in: Journal of Marketing Research, Vol. 9, S. 35–40.
Lambin, J. J. (1969), Measuring the Profitability of Advertising: An Empirical Study, in: Journal of Industrial Economics, Vol. 17, April 1969, S. 86–103.
Lange, M. (1972), Preisbildung bei neuen Produkten, Berlin.
Leitherer, E. (1962), Wandlungen in der Bedarfsstruktur und ihre Auswirkungen auf Werbe-, Waren- und Preispolitik, in: Zeitschrift für Betriebswirtschaft, 32. Jg., Nr. 1, S. 82–89.
Loudon, D., Della Bitta, A. J. (1993), Consumer Behavior: Concepts and Applications, 4th ed., New York u. a.
Louviere, J. J. (1988), Analyzing decision making: metric conjoint analysis, Newbury Park u. a.
Lynn, R. (1967), Price Policies and Marketing Management, Homewood/Illinois.
Magyar, K. M. (1991), Das Marketing Puzzle, 3. Aufl., Rorschach.
Männel, W. (1967), Kann die Vollkostenrechnung durch den Ausweis „gesonderter Fixkostenbeiträge" gerettet werden?, in: Zeitschrift für Betriebswirtschaft, 37. Jg., Nr. 12, S. 759–782.
Männel, W. (1974), Mengenrabatte in der entscheidungsorientierten Erlösrechnung, Opladen.
McConnell, J. D. (1968), The Price-Quality Relationship in an Experimental Setting, in: Journal of Marketing Research, Vol. 5, S. 300–303.
Meffert, H. (1968), Betriebswirtschaftliche Kosteninformationen. Ein Beitrag zur Theorie der Kostenrechnung, Wiesbaden.

Meffert, H., Backhaus, K., Becker, J. (Hrsg.) (1999), Selektives Preismanagement – Dokumentation des Workshops vom 21. Juni 1999 der wissenschaftlichen Gesellschaft für Marketing und Unternehmensführung, Münster.
Meffert, H., Bolz, J. (1997), Internationales Marketing-Management, 3. Aufl., Stuttgart.
Meffert, H., Breitung, A. (1976), Mengenrabattpolitik. Ein Ansatz zur quantitativen Analyse rabattpolitischer Verhandlungen, Arbeitspapier Nr. 10 des Instituts für Marketing, Meffert, H. (Hrsg.), Münster.
Meffert, H., Bruhn, M. (1997), Dienstleistungsmarketing, 2. Aufl., Wiesbaden.
Monroe, K. B. (1971), The Information Content of Prices: A Preliminary Model for Estimating Buyer Response, in: Management Science, Vol. 17, S. 519–532.
Monroe, K. B. (1979), Pricing – Making Profitable Decisions, New York u. a.
Moser, R. (1981), Preispolitik bei Gegengeschäften – Ein Beitrag zur Theoriebildung im internationalen Marketing, in: Zeitschrift für betriebswirtschaftliche Forschung, 32. Jg., S. 195–210.
Mulhern, F. J., Padgett, D. T. (1995), The relationship between retail price promotions and regular price purchases, in: Journal of Marketing, Vol. 59, No. 4, S. 83–90.
Müller, W., (1981), Zum Gerüst der Konkurrenzpolitik, in: Geist, M. N., Köhler, R. (Hrsg.), Die Führung des Betriebs, Festschrift für G. Sandig, Stuttgart, S. 293–309.
Müller, S., Brücken, M., Heuer-Potthast, I. (1982), Die Wirkung gebrochener Preise bei Entscheidungen mit geringem und hohem Risiko, in: Jahrbuch der Absatz- und Verbraucherforschung, 28. Jg., S. 360–385.
Müller, S., Bruns, H. (1982), Der Einfluß von Glattpreisen auf Kaufentscheidungen, Arbeitspapier des Instituts für Sozialpsychologie der Universität zu Köln, Köln.
Müller, S., Bruns, H. (1984), Der Einfluß von Glattpreisen auf Kaufentscheidungen, in: Der Markenartikel, 46. Jg., S. 175–180.
Müller-Hagedorn, L. (1993), Handelsmarketing, 3. Aufl., Stuttgart.
Oehme, W. (1992), Handelsmarketing. Entstehung, Aufgabe, Instrumente, 2. Aufl., München.
Ott, A. E. (1997), Grundzüge der Preistheorie, 3. Aufl., Göttingen.
Pack, L. (1962), Maximierung der Rentabilität als preispolitisches Ziel, in: Koch, H. (Hrsg.), Zur Theorie der Unternehmung, Festschrift zum 65. Geburtstag von E. Gutenberg, Wiesbaden, S. 73–135.
Perrey, J. (1996), Erhebungsdesign-Effekte bei der Conjoint-Analyse, in: Marketing, Zeitschrift für Forschung und Praxis, 18. Jg., Nr. 2, S. 105–116.
Pessemier, E. A. (1960), An Experimental Method for Estimating Demand, in: Journal of Business, Vol. 33, October 1960, S. 373–383.
Pigou, A. C. (1929), Economics of Welfare, 3. Aufl., London.
Poggenpohl, M. (1994), Verbundanalyse im Einzelhandel auf der Grundlage von Kundenkarteninformationen. Eine empirische Untersuchung von Verbundbeziehungen zwischen Abteilungen, Frankfurt am Main.
Remmers, J. (1994), Yield Management im Tourismus, in: Schertler, W. (Hrsg.), Tourismus als Informationsgeschäft, Wien, S. 171–204.
Riebel, P. (1994), Einzelkosten- und Deckungsbeitragsrechnung, Deckungsbeitragsrechnung und Unternehmensführung, 7. Aufl., Opladen.
Sander, M. (1994), Die Bewertung internationaler Marken auf Basis der hedonischen Theorie, in: Marketing, Zeitschrift für Forschung und Praxis, 16. Jg., Nr. 4, S. 234–245.
Sandler, G. (1981), Zum Verhältnis zwischen Industrie und Handel, in: Der Markenartikel, 43. Jg., Nr. 8, S. 463–464.
Schmalen, H. (1995), Preispolitik, 2. Aufl., Stuttgart u.a.
Schmalen, H., Pechtl, H. (1994), Die Absatzwirkung von Sonderangebotsaktionen im Lebensmitteleinzelhandel, Working Paper, Passau.
Schmalenbach, E. (1934), Selbstkostenrechnung und Preispolitik, 6. Aufl., Leipzig.
Schmalensee, R. (1984), Gaussian Demand and Commodity Bundling, Journal of Business, Vol. 57, January 1984, S. 211–230.

Schneider, E. (1972), Einführung in die Wirtschaftstheorie, II. Teil, 13. Aufl., Tübingen.
Schneider, H. (1999), Preisbeurteilung als Determinante der Verkehrsmittelwahl: ein Beitrag zum Preismanagement im Verkehrsdienstleistungsbereich, Wiesbaden.
Shapiro, B. P. (1968), The Psychology of Pricing, in: Harvard Business Review, Vol. 46, S. 14–25.
Simon, H. (1977), Preisabhängige Qualitätsbeurteilung – Grundlagen, Operationalisierung, Preispolitik, in: Jahrbuch der Absatz- und Verbrauchsforschung, 22. Jg., Januar 1977, S. 86–104.
Simon, H. (1981), Preisstrategie und Markenlebenszyklus, in: Jahrbuch der Absatz- und Verbrauchsforschung, 27. Jg., S. 64–88.
Simon, H. (1983), Preismanagement: Gewinnpotentiale ausschöpfen, in: Harvard Manager Magazin, Nr. 4, S. 55–65.
Simon, H. (1992), Preismanagement, 2. Aufl., Wiesbaden.
Simon, H. (1998), Preismanagement Kompakt, Wiesbaden.
Simon, H., Kucher, E. (1987), Conjoint Measurement – ein neuer Durchbruch bei der Preisentscheidung, in: Harvard Manager, No. 3, S. 20–37.
Simon, H., Kucher, E. (1988), Die Bestimmung empirischer Preisabsatzfunktionen – Methoden, Befunde, in: Zeitschrift für Betriebswirtschaft, Nr. 1, 58. Jg., S. 171–186.
Slater, A. (1980), International Marketing: The Role of Physical Distribution Management, in: International Journal of Physical Distribution, Vol. 10, No. 4, S. 160–184.
Späth, G.-M. (1994), Preisstrategien für innovative Telekommunikationsleistungen, Wiesbaden.
Stackelberg, H. von (1951), Grundlagen der theoretischen Volkswirtschaftslehre, 2. Aufl., Tübingen/Zürich.
Stackelberg, H. von (1968), Preisdiskrimination bei willkürlicher Teilung des Marktes, in: Archiv für mathematische Wirtschafts- und Sozialforschung, Bd. 5, 1939, S. 1–11; wieder abgedruckt in: Ott, A. E. (Hrsg.), Preistheorie, 3. Aufl., Köln/Berlin, S. 379–389.
Steffenhagen, H. (1995), Konditionengestaltung zwischen Industrie und Handel, Wien.
Stigler, G. J. (1968), The Kinky Oligopoly Demand Curve and Rigid Prices, in: The Journal of Political Economy, Bd. LV, 1947, S. 432–499; wieder abgedruckt in: Ott, A. E. (Hrsg.), Preistheorie, 3. Aufl., Köln/Berlin, S. 326–353.
Sweezy, P. M. (1939), Demand under Conditions of Oligopoly, in: The Journal of Political Economy, Bd. XLVII (1939), S. 568–573; wieder abgedruckt in: Ott, A. E. (Hrsg.), Preistheorie, 3. Aufl., Köln/Berlin, S. 320–325.
Tacke, H. R. (1999), Leasing, 3. Aufl., Stuttgart.
Tellis, G. J. (1986), Beyond the Many Faces of Price: An Integration of Pricing Strategies, in: Journal of Marketing, Vol. 50, October 1986, S. 146–160.
Tellis, G. J. (1988), The Price Elasticity of selective Demand: A Meta-Analysis of Econometric Models of Sales, in: Journal of Marketing Research, Vol. 25, November 1988, S. 331–341.
Telser, L. G. (1979), A Theory of Monopoly of Complementary Goods, in: Journal of Business, Vol. 52, April 1979, S. 211–230.
Triffin, R. (1971), Monopolistic Competition and General Equilibrium Theory, 8. Aufl., Cambridge/Mass.
Tull, D. S., Boring, R. A., Gonsior, M. H. (1964), A Note on the Relationship of Price and Imputed Quality, in: Journal of Business, Vol. 38, S. 13–31.
Uekermann, H. (1993), Risikopolitik bei Projektfinanzierungen: Maßnahmen und ihre Ausgestaltung, Wiesbaden.
Vogel, H. (1989), Yield-Management – Optimale Kapazität für jedes Marktsegment zum richtigen Preis, in: Fremdenverkehrswirtschaft (FVW) international, 22. Jg., Nr. 22, S. 70–74.
Wardenberg, J. (1974), Rabattpolitik, in: Handwörterbuch der Betriebswirtschaftslehre, Bd. IV, Stuttgart, Sp. 1817–1823.
Weinberg, P., Behrens, G., Kaas, K. P. (Hrsg.) (1974), Marketingentscheidungen, Köln.
Weisenfeld, U. (1989), Die Einflüsse von Verfahrensvariationen und der Art des Kaufentscheidungsprozesses auf die Reliabilität der Ergebnisse bei der Conjoint-Analyse, Berlin.

Welsh, S. J. (1968), A Planned Approach to New Product Pricing, in: Eastluck, J. O. (Hrsg.), New Product Development, New York, S. 67–81.
Wittink, D. R., Krishnamurthi, L., Nutter, J. B. (1982), Comparing Derived Importance Weights Across Attributes, in: Journal of Consumer Research, Vol. 8, No. 1, S. 471–474.
Wittink, D. R., Cattin, P. (1989), Commercial Use of Conjoint Analysis: An Update, in: Journal of Marketing, Vol. 53, No. 2, S. 91–96.
Wittink, D. R., Vriens, M., Burhenne, W. (1994), Commercial Use of Conjoint Analysis in Europe: Results and Critical Reflections, in: International Journal of Research in Marketing, Vol. 11, S. 41–52.
Woratschek, H. (1998), Preisbestimmung von Dienstleistungen – Markt und nutzenorientierte Ansätze im Vergleich, Frankfurt a. M.
Wübker, G. (1998), Preisbündelung. Formen, Theorie, Messung und Umsetzung, Wiesbaden.
Zeithaml, V. A. (1984), Issues in Conceptualizing and Measuring Consumer Response to Price, in: Kinnear, T. (Hrsg.), Advances in Consumer Research, Vol. 11, Ann Arbor, S. 612–616.
Zeithaml, V. A. (1988), Consumer Perceptions of Price, Quality and Value: A Means-End Model and Synthesis of Evidence, in: Journal of Marketing, Vol. 52, July 1988, S. 2–22.

4. Distributionspolitische Entscheidungen

Mit dem **System der Absatzkanäle** einerseits und dem **logistischen System** andererseits sind im Rahmen der Distributionspolitik zwei zentrale distributionspolitische Entscheidungstatbestände zu unterscheiden. Nachfolgend werden zunächst die Ziele und Entscheidungstatbestände der Distributionspolitik sowie das System der Absatzkanäle dargestellt.

4.1 Ziele und Entscheidungstatbestände der Distributionspolitik

Die Distributionspolitik bezieht sich auf die Gesamtheit aller Entscheidungen und Handlungen, welche die **Übermittlung von materiellen und/oder immateriellen Leistungen vom Hersteller zum Endkäufer** und damit von der Produktion zur Konsumtion beziehungsweise gewerblichen Verwendung betreffen (Steffenhagen 1975, S. 21; Ahlert 1991, S. 8 ff.; Specht 1998, S. 3; Meffert/Bruhn 1997, S. 319 ff.). Aus entscheidungsbeziehungsweise managementorientierter Sicht umfaßt die Distributionspolitik grundsätzlich die Formulierung von Distributionszielen, die Ableitung von Strategien im Absatzkanal und im logistischen System sowie die Planung, Durchführung und Kontrolle aller Maßnahmen zur zielkonformen Gestaltung der Distributionsprozesse (Specht 1998).

Die **Absatzkanäle beziehungsweise Absatzwege umfassen die rechtlichen, ökonomischen und kommunikativ-sozialen Beziehungen aller am Distributionsprozeß beteiligten Personen beziehungsweise Institutionen**. Dabei treten zwischen Hersteller und Endkäufer als den beiden natürlichen Endpunkten eines Absatzkanals in der Regel Absatzmittler beziehungsweise Absatzhelfer mit jeweils eigenständigen Distributionsfunktionen.

Absatzmittler sind rechtlich und wirtschaftlich selbständige Organe, die im Distributionsprozeß absatzpolitische Instrumente eigenständig einsetzen (zum Beispiel Großhändler, Einzelhändler). Demgegenüber handelt es sich bei **Absatzhelfern** (zum Beispiel Agenturen, Speditionen) zwar um rechtlich selbständige Organe, die jedoch eher unterstützende Funktionen erfüllen. Ein eigenständiger Einsatz absatzpolitischer Instrumente im Distributionsprozeß ist damit zumeist nicht verbunden. Absatzkanalbezogene Entscheidungen sind auf eine im Sinne der Unternehmensziele optimale Verknüpfung von unternehmenseigenen Organen (zum Beispiel Vertriebsmitarbeitern) einerseits und unternehmensfremden Absatzmittlern und -helfern andererseits ausgerichtet. Im Zentrum absatzkanalbezogener Entscheidungen steht die sogenannte **Transaktionsfunktion**, das heißt die wirtschaftlich-rechtliche (nicht aber physische) Übertragung von Verfügungsmacht über Leistungen an Endkäufer (Specht 1998).

Demgegenüber **umfaßt das logistische System alle Entscheidungen, welche die physische Übermittlung einer Leistung vom Hersteller zum Endkäufer sowie den damit zusammenhängenden Informationsfluß betreffen**. Im Mittelpunkt stehen hierbei die Raum- und Zeitüberbrückungsfunktion durch Transport und Lagerung, Auftragsabwicklung und Auslieferung. Beide Teilsysteme der Distributionspolitik stehen in einem engen Zusammenhang und müssen simultan berücksichtigt werden, um die Effizienz des Gesamtsystems zu maximieren (Specht 1998, S. 70 f.). Eine gewisse **Entscheidungsabfolge** ergibt sich jedoch, da zunächst eine Vorstellung über das Absatzkanalsystem und damit die Art der wirtschaftlich-rechtlichen Leistungsübertragung entwickelt werden muß, um auf dieser Basis den physischen Leistungstransfer im Sinne der logistischen Teilentscheidungen zu gestalten.

Eine zentrale Orientierungsfunktion innerhalb dieses komplexen Entscheidungsprozesses kommt den **distributionspolitischen Zielen** zu. Diese sind konsistent aus den übergeordneten Unternehmens- und Marketingzielen abzuleiten und möglichst operational zu formulieren, um deren Handlungsrelevanz sicherzustellen. Neben den übergeordneten Zielen, wie zum Beispiel Umsatz- und Marktanteilssteigerung, können distributionspolitischen Entscheidungen folgende spezifische Zielgrößen zugrunde gelegt werden (Rosenbloom 1978, S. 13; Ahlert 1981, S. 46 f.; Stern et al. 1989, S. 241 ff.; Specht 1998, S. 163 ff.; Barth 1999):

- **Vertriebskosten/Handelsspanne**
  Zum Beispiel Reduzierung der Vertriebskosten durch Akquisition kostengünstiger Absatzkanäle, die aufgrund großer Absatzvolumen und effizienten Kostenmanagements nur eine geringe Handelsspanne veranschlagen (zum Beispiel Fachmärkte oder Discounter).

- **Distributionsgrad**
  Zum Beispiel Erhöhung des ungewichteten Distributionsgrades der Marke X in Verbrauchermärkten um y Prozent innerhalb der nächsten z Monate. Dabei bezieht sich der Distributionsgrad auf den Anteil von Absatzmittlern, die ein Produkt beziehungsweise eine Marke während eines bestimmten Zeitraums oder zu einem definierten Zeitpunkt in ihrem Sortiment führen (Stampfer 1983), in Relation zur Gesamtzahl der Absatzmittler, die die entsprechende Warengruppe im Sortiment gelistet haben.

- **Image des Absatzkanals**
  Zum Beispiel Errichtung eines exklusiven Vertriebsweges für eine Premium-Marke zur Unterstützung der angestrebten Produktpositionierung.

■ **Kooperationsbereitschaft (Konfliktvermeidung)**
Zum Beispiel Akquisition solcher Absatzmittler, die bereit sind, kooperativ bei der Realisation der herstellerseitig geplanten Marketingaktivitäten mitzuwirken.

■ **Aufbaudauer und Flexibilität**
Zum Beispiel Auswahl von Absatzwegen nach dem Zeitbedarf bis zur Erreichung eines bestimmten Soll-Distributionsgrades.

■ **Beeinflußbarkeit und Kontrollierbarkeit des Absatzkanals**
Zum Beispiel Auswahl solcher Absatzkanäle, die durch den Hersteller kontrollierbar und beeinflußbar sind, etwa weil der Hersteller gegenüber den Absatzmittlern ein Machtübergewicht besitzt oder ihm von den Absatzmittlern eine bestimmte Kompetenz (zum Beispiel Beratung der Absatzmittler hinsichtlich der Präsentation der Ware) zugebilligt wird.

Bei der Präzisierung der einzelnen Zielgrößen ist jeweils dafür Sorge zu tragen, daß diese im Sinne von Suboptimierungskriterien in einem Mittel-Zweck-Verhältnis zu dem übergeordneten Gewinnziel der Unternehmung stehen. Dies ist um so wichtiger, als es sich bei der Gestaltung des Distributionssystems um eine der komplexesten Fragestellungen im Marketing handelt, so daß sich eine zieladäquate Ausrichtung des Gesamtsystems als besonders schwierig erweist.

Betrachtet man das Distributionssystem aus entscheidungsorientierter Perspektive, dann lassen sich verschiedene **Entscheidungtatbestände** kennzeichnen, die in Abbildung 3-134 als Managementprozeß dargestellt sind (Rosenbloom 1978, S. 108 ff.; Stern et al. 1989, S. 239). Diese sind im Einzelfall je nach spezifischer Unternehmenssituation (zum Beispiel Neuerrichtung oder Veränderung eines Absatzweges) in unterschiedlichem Maße relevant. Sie sollten jedoch nach Möglichkeit in einem expliziten Prozeß der Willensbildung und -durchsetzung durchlaufen werden.

Die erste Phase umfaßt die **Situationsanalyse**, die auf die für den weiteren Entscheidungsprozeß originäre **Problemerkennung** gerichtet ist. Voraussetzung dafür ist die Kenntnis aller relevanten Einfluß- beziehungsweise Begrenzungsfaktoren distributionspolitischer Entscheidungen. Diese können zum Teil unmittelbar von den Entscheidungsträgern beurteilt werden (zum Beispiel Lagerfähigkeit der Produkte, Unternehmensgröße und Finanzkraft, rechtlicher Schutz von Vertriebsbindungen), während andere Faktoren erst im Rahmen von Marktforschungsaktivitäten oder Wettbewerbsanalysen erhoben werden müssen (zum Beispiel Bedarfshäufigkeit, Anteile verschiedener Betriebsformen an der Gesamtdistribution, Anzahl der Konkurrenten). Die Problemerkennungsphase kann durch verschiedene Anlässe eingeleitet werden. Beispielhaft seien genannt:

■ Erschließung neuer Märkte durch die Unternehmung (zum Beispiel Internationalisierung); Konsequenz: Ausbau der bestehenden Absatzkanäle, Erweiterung des logistischen Systems.

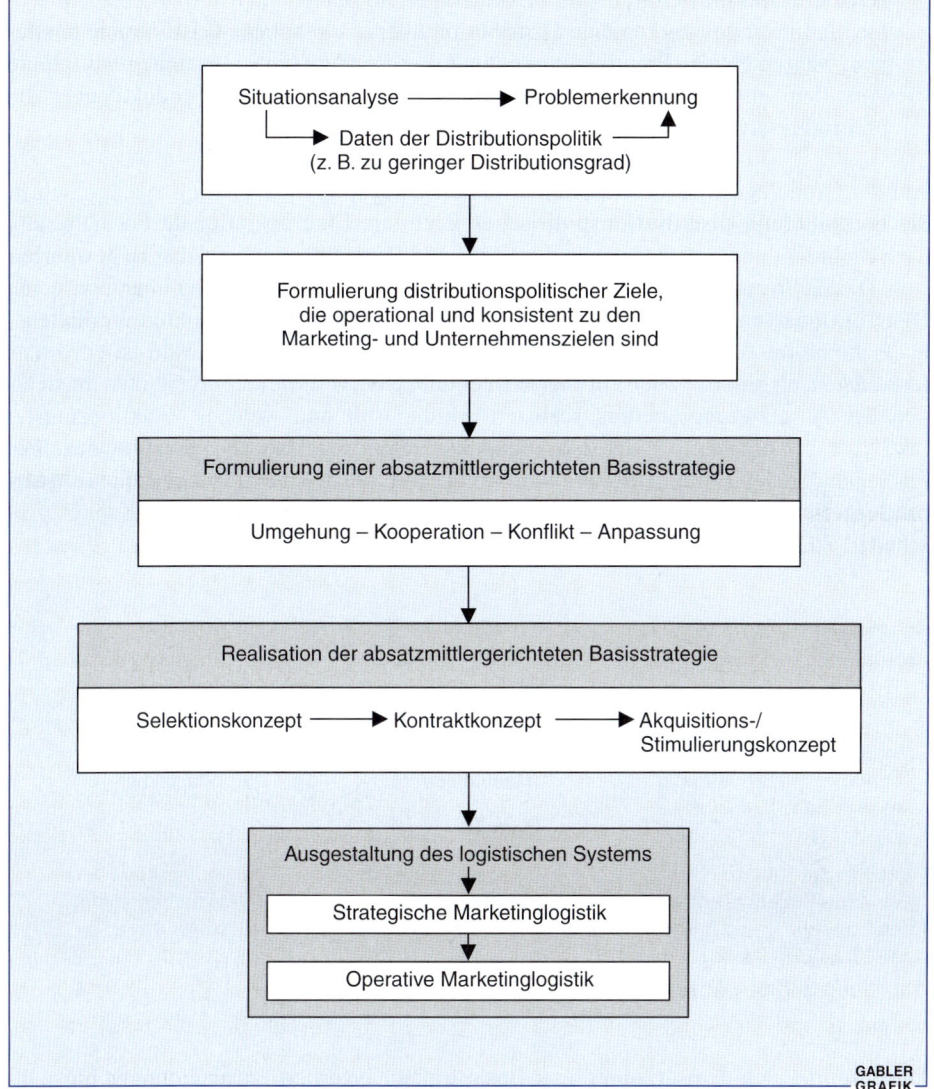

Abbildung 3-134: Managementprozeß der Distributionspolitik

- Abnahme der eigenen Einflußmöglichkeiten im Absatzkanal (zum Beispiel durch Unternehmenszusammenschlüsse oder -kooperationen, wachsende Konflikte mit den Absatzmittlern im Absatzkanal); Konsequenz: Überprüfung des bestehenden Absatzkanalsystems.
- Änderungen in der eigenen Marketingpolitik (zum Beispiel Umpositionierung einer Marke in Richtung einer Premium-Marke); Konsequenz: Analyse des bestehenden

Händlernetzes hinsichtlich seiner Exklusivität. So ist etwa im Biermarkt zu beobachten, daß Premiummarken eine Distribution über die gehobene Gastronomie anstreben, während Nicht-Premiummarken und insbesondere die sogenannten Billigbiere vor allem einen hohen Distributionsgrad anstreben und ihre Produkte über die preisaggressiven Discounter vertreiben.

Auf der Grundlage einer detaillierten Situationsanalyse schließt sich im zweiten Schritt die Formulierung **distributionspolitischer Ziele** an. Eine operationale Formulierung nach Zielinhalt und -ausmaß sowie dem Zeit- und Segmentbezug ist dabei zu gewährleisten. Die Zielformulierung ist wiederum Grundlage für die Ableitung der übergeordneten **Distributionsstrategie**, die den zentralen Orientierungsrahmen für konkrete Verhaltensmaßnahmen im Absatzkanalsystem bildet. Im Rahmen der Strategiewahl ist einerseits festzulegen, ob grundsätzlich ein eher aktives oder passives Marketingverhalten hinsichtlich der Absatzwegegestaltung realisiert werden soll und welches Reaktionsmuster (aktiv/passiv) hinsichtlich der Marketingaktivitäten des Handels gewählt wird. Die Festlegung beider Teildimensionen führt im Ergebnis zu den bereits dargestellten **absatzmittlergerichteten Basisstrategien** (vgl. Abbildung 3-135 sowie drittes Kapitel, Abschnitt 1.24).

Marketing des Herstellers	Passiv in der Gestaltung der Absatzwege	Aktiv in der Gestaltung der Absatzwege
Passiv in der Reaktion auf Marketingaktivitäten des Handels	Anpassung (Machtduldung)	Konflikt (Machtkampf)
Aktiv in der Reaktion auf Marketingaktivitäten des Handels	Kooperation (Machterwerb)	Umgehung/Ausweichen (Machtumgehung)

Abbildung 3-135: Absatzmittlergerichtete Basisstrategien

Die anschließende **Umsetzung** dieser Basisstrategie erfordert Entscheidungen hinsichtlich **dreier Teilbereiche** (Irrgang 1989, S. 64 ff.; Meffert 1994, S. 171 ff.):

- Im Rahmen des **Selektionskonzeptes** ist zunächst die vertikale und horizontale Absatzkanalstruktur festzulegen und diese im Rahmen der Absatzmittlerbewertung und -auswahl zu konkretisieren.

- Daran schließt sich unmittelbar die innerhalb des **Kontraktkonzeptes** zu bestimmende (vertragliche) Beziehungsstruktur zwischen dem Hersteller und den zuvor selektierten Absatzmittlern an.

■ Die dritte Umsetzungsstufe umfaßt schließlich mit dem **Akquisitions- und Stimulierungskonzept** zum einen die grundsätzliche Gewinnung der zuvor selektierten Absatzmittler und zum anderen die konkrete und dauerhafte Führung des Vertriebssystems, um die Absatzmittler zu einem den Herstellerzielen entsprechenden Verhalten zu veranlassen. Dabei ist zunächst eine grundlegende Entscheidung zwischen einer **Push- oder Pull-Strategie** zu treffen. Damit wird der Maßnahmenschwerpunkt aller akquisitorischen Maßnahmen im Absatzkanal entweder auf die Absatzmittler (Push-Strategie) oder auf die Endverbraucher (Pull-Strategie) gelegt.

Im Mittelpunkt der **Entscheidungen im logistischen System** steht die im Rahmen der strategischen Marketinglogistikplanung erforderliche Fixierung des angestrebten Lieferserviceniveaus und deren Konkretisierung in operativen Logistikmaßnahmen im Bereich der Lagerhaltung und des Transports. Die Einordnung dieser Entscheidungstatbestände in Abbildung 3-135 unterhalb der absatzmittlergerichteten Basisstrategien bringt zum Ausdruck, daß die strategische Warenverteilungsplanung notwendigerweise die Kenntnis der Distributionsstrategie sowie grundlegende Entscheidungen im Bereich des Absatzkanalmanagement voraussetzt (zum Beispiel hinsichtlich der vertikalen und horizontalen Absatzkanalstruktur).

4.2 Absatzmittlergerichtete Strategien als Basisentscheidungen im vertikalen Marketing

Von der absatzmittlergerichteten Strategie als längerfristigem, bedingten Verhaltensplan geht eine wichtige Leit- und Orientierungsfunktion für die Ausgestaltung praktischer Maßnahmen im System der Absatzkanäle aus. Wie bereits zuvor angedeutet und im dritten Kapitel, Abschnitt 1.24 ausführlich dargestellt, sind auf der Strategieebene zunächst Grundsatzentscheidungen über das unternehmenseigene Aktivitätsniveau bei der Gestaltung der Absatzwege sowie über das Reaktionsmuster in bezug auf Marketingaktivitäten des Handels zu treffen. Bei der Strategiewahl sind externe Einflußfaktoren (zum Beispiel Wettbewerbsverhalten, Entwicklung der Handelsstruktur) ebenso zu berücksichtigen wie unternehmensinterne Faktoren (zum Beispiel die Verfügbarkeit von Ressourcen für den eventuellen Aufbau eigener Absatzwege oder der Umfang des eigenen Vertriebs-Know-hows).

Bei der **Anpassungsstrategie** (vgl. Abbildung 3-135) werden zumeist branchenübliche oder allgemein bewährte Absatzwege beim Vertrieb der eigenen Erzeugnisse gewählt. Viele kleinere Hersteller können angesichts der fortschreitenden Konzentration im Handel nur eine Anpassungsstrategie verfolgen, da ihnen die Ressourcen für den Aufbau eines eigenen Absatzkanals fehlen und das relative Machtungleichgewicht zugunsten des Handels ein offensives Reagieren auf die Marketingaktivitäten des Handels verhindert. Dieser Strategietyp geht daher mit einer Machtduldung im Absatzkanal einher.

Eine aktive Gestaltung der Absatzwege führt dagegen für den Hersteller zu einer **Konfliktstrategie**, sofern er die Marketingaktivitäten des Handels dabei bewußt ignoriert. Die Verfügbarkeit hinreichender finanzieller und personeller Ressourcen stellt dabei eine Grundvoraussetzung dar, so daß Konfliktstrategien eher großen Unternehmen offenstehen. Dieser Strategietyp ist häufig mit einem **Machtkampf zwischen Hersteller und Handel** verbunden. Da ein konfliktärer Zustand für beide Parteien dauerhaft nicht erstrebenswert ist, wird diese Strategie mittelfristig entweder zu einer Duldung der Handelsmacht durch den Hersteller und damit zu einer Anpassungsstrategie führen oder aber ein höheres Aktivitätsniveau des Herstellers induzieren. In diesem Fall wird der Konflikt in einer Kooperations- oder Umgehungsstrategie resultieren. Beide Strategietypen drücken in wesentlich stärkerem Maße eine konsequent marktorientierte Führung eines Unternehmens aus, da eine proaktive Rolle in der Absatzkanalgestaltung eingenommen wird.

Die **Kooperationsstrategie** geht mit einer Intensivierung der Hersteller-Handels-Beziehung einher und erfordert somit auf Herstellerseite ausgeprägte Kompetenzen im Bereich des **absatzmittlergerichteten Beziehungsmarketing**. Die Herstelleraktivitäten sind dabei letztlich auf eine über alle Distributionsstufen hinweg koordinierte Steuerung und Regelung aller marktgerichteten Unternehmensaktivitäten im Sinne eines **vertikalen Marketing** gerichtet (Meffert 1975; Florenz 1991, S. 21 ff.; Wöllenstein 1996, S. 9 f.).

Zielsetzung dieser wechselseitigen Koordination der marktgerichteten Aktivitäten ist es, **durch eine gemeinsame Marktbearbeitung den Erfolg des gesamten Absatzkanals zu erhöhen**. Dabei können ökonomische Zielsetzungen (zum Beispiel Reduzierung der gesamten Vertriebskosten, Risikoreduzierung) ebenso wie psychographische Teilziele (zum Beispiel Sicherung eines exklusiven Produktimage) verfolgt werden (Steffenhagen 1974; Kunkel 1977, S. 20 ff.). Als **generelle Aufgaben des vertikalen Marketing** gelten:

- die Effektivitäts- und Effizienzsteigerung der eingesetzten Marketinginstrumente (zum Beispiel durch die Nutzung von Synergien im hersteller- und handelsseitigen Instrumenteeinsatz) sowie

- die Sicherstellung einer rationalen Aufgabenverteilung zwischen den Marktpartnern (Irrgang 1989, S. 16 ff.), wobei dieses
    - die Präzisierung der Aufgaben mit einer beiderseitigen entsprechenden Spezialisierung,
    - das Vermeiden von Duplizierungen und insbesondere
    - die Vermeidung von Neutralisierungen durch entgegengerichtete Marketingaktivitäten betrifft.

Die Koordination zwischen einem Hersteller und den Absatzmittlern kann dabei das gesamte Spektrum marktgerichteter Aktivitäten umfassen. **Die Aufgabenstellung des vertikalen Marketing** bleibt damit nicht allein auf den engeren Bereich der Distribution beschränkt, sondern **richtet sich grundsätzlich auf alle Marketinginstrumente** (Steffenhagen 1974; Thies 1976, S. 61 ff.). Welche Instrumentebereiche Gegenstand einer konkreten Koordination werden, hängt dabei vom Einzelfall ab.

In der **Produktpolitik** bieten sich etwa gemeinsame Innovationsprozesse, Marktanalysen und technische Produktentwicklungen an. Auch sind im Bereich der Verpackungsgestaltung koordinierte Normierungen beziehungsweise Standardisierungen, insbesondere hinsichtlich der Entsorgung (Retrodistribution) denkbar. Bezüglich der **Preis- und Kontrahierungspolitik** sind vertikale Preisempfehlungen und übersichtliche Preisauszeichnungen weit verbreitet. Weitere Ansatzpunkte dürften Nichtdiskriminierungsregeln, gemeinsam erarbeitete Liefer- und Zahlungsbedingungen sowie die gemeinsame Nutzung von konsumentenbezogenen Informationen darstellen, die vom Absatzmittler am Point of Sale mit Hilfe von Scannerkassen erhoben werden (zum Beispiel bezüglich Verbundkäufen oder Kauffrequenzen).

Hinsichtlich der **Distributionspolitik** ist zum Beispiel eine für beide Seiten abgestimmte Automatisierung von Verkaufsabläufen sowie des Transport- und Lagerwesens denkbar. Darüber hinaus dürfte eine Vereinheitlichung der Artikelnumerierungen, der Rechnungsformulare sowie der Datenübertragungs- und Informationssysteme im Sinne eines **Electronic Data Interchange** (EDI) sinnvoll sein. Die für EDI verwandten Standards für Transaktionen zwischen Unternehmen sind auf Initiative der Vereinten Nationen durch die International Standard Organization (ISO) entwickelt worden. Mit EDIFACT existiert ein branchenunabhängiges und international gültiges Format für den papierlosen Informationsaustausch von Bestellungen, Rechnungen, Abverkaufsdaten etc., was als Basis einer intensiveren Kommunikation und Kooperation im Absatzkanal angesehen werden kann (Laurent 1996, S. 31).

Schließlich ist in der **Kommunikationspolitik** die Gemeinschaftswerbung ein geeigneter Ansatzpunkt für vertikale Kooperationen. Auch dürften sich gemeinsame Verkaufsschulungen sowie Verkaufsförderungsaktivitäten auf Handels- und Verbraucherebene für eine Kooperation anbieten.

Die **Durchsetzbarkeit strategischer Konzeptionen** im vertikalen Marketing hängt maßgeblich vom Aktivitätsniveau der Marktpartner und insbesondere von den spezifischen Machtverhältnissen zwischen Hersteller- und Handelsunternehmen ab. Dabei sind beide Marktseiten daran interessiert, entsprechend ihrer jeweiligen Möglichkeiten eigene Zielvorstellungen und Maßnahmen zu realisieren und auf die andere Marktseite einzuwirken, um letztlich die Marketingführerschaft im Absatzkanal übernehmen zu können.

Dabei kennzeichnet der Begriff der **Marketingführerschaft** die Möglichkeit eines Marktpartners zur Steuerung des Marketing-Mix für ein bestimmtes Leistungsangebot (Kümpers 1976, S. 19 f.). Diese Beeinflussungsmöglichkeiten erstrecken sich auf den gesamten Absatzweg eines Produktes von der Herstellung bis hin zum Endverbraucher. Wesentliche Merkmale der Marketingführerschaft sind somit

Distributionspolitische Entscheidungen

- die umfassende Gestaltung des Marketing-Mix für ein Produkt und
- die Fähigkeit, bei den übrigen Marktpartnern eine Anpassung ihrer Aktivitäten an dieses Mix zu bewirken.

In den gegenwärtig häufig anzutreffenden mehrstufigen Distributionssystemen sind oftmals auch **partielle Marketingführerschaften** anzutreffen. Diese können zum Beispiel darin bestehen, daß ein Herstellerunternehmen

- nur für die erste Stufe im Absatzkanalsystem, das heißt bis zum Großhandel, als Marketingführer auftritt oder
- nur für einen selektierten Kreis von Absatzmittlern die Marketingführerschaft übernimmt (zum Beispiel gegenüber dem Fachhandel, während eine Marketingführerschaft gegenüber anderen Betriebsformen nicht ausgeübt wird beziehungsweise werden kann).

Grundsätzlich kann auch bei solchen partiellen Formen die Marketingführerschaft sowohl auf der Hersteller- als auch auf der Handelsebene liegen. **Eine generelle Aussage darüber, ob Hersteller oder Handel die Marketingführerschaft in einem Absatzkanal übernehmen, läßt sich nicht treffen.** Je nach den Aktivitäten der Marktpartner und den Marktgegebenheiten ist ein Hersteller oder ein Absatzmittler als Marketingführer denkbar.

Die Rolle des **Marketingführers übernimmt der Hersteller** überwiegend in solchen Märkten, in denen das technische Know-how der Produktentwicklung und -gestaltung den wesentlichen Faktor für den gesamten Markterfolg bildet und (oder) nur relativ wenige Hersteller einen bestimmten Markt bedienen (Kümpers 1976, S. 58 ff.). Aus einer vorhandenen Stärke des Produktkonzeptes kann sich in Verbindung mit einem entsprechend qualifizierten Marketing-Mix eine relative Machtposition für den Hersteller ergeben. Derartige Konstellationen zeichnen sich meist durch einen selektiven Vertrieb aus, bei dem die Absatzmittler gewisse Zusatzleistungen übernehmen müssen (zum Beispiel Serviceleistungen in der Automobilbranche).

Demgegenüber ist eine **Marketingführerschaft des Handels** bei eher problemlosen Produkten (zum Beispiel Lebensmittel) anzutreffen. Dies resultiert aus dem engeren Kontakt zum Konsumenten und dem damit verbundenen besseren, weil unmittelbaren Einblick in Bedarfsentwicklungen und Konsumentenwünsche (Kümpers 1976, S. 60 f.). Erst die Kombination vieler unterschiedlicher Herstellerangebote führt hier zu einem bedarfsgerechten Sortiment. Gerade in diesen Bereichen werden neben den Herstellermarken häufig handelseigene Marken (Handelsmarken) oder markenlose Waren (No Names oder Gattungsmarken) in das Sortiment eines Handelsbetriebes aufgenommen (vgl. Bruhn 1999). Kommt der **Sortimentsbildung** eine hohe Bedeutung zu, können der Großhandel oder die Einkaufsverbände die Führungsposition im Distributionssystem übernehmen. Durch die Einführung neuer Technologien – insbesondere der Scannerkassen – hat der Handel inzwischen in vielen Feldern einen deutlichen Informationsvorsprung gegenüber den Herstellern gewonnen, wodurch er in zahlreichen Branchen die Marketingführerschaft übernehmen konnte.

Bei der **Umgehungsstrategie** als viertem absatzmittlergerichteten Strategietyp wird bewußt auf jegliche Form der Verhaltensabstimmung verzichtet. Dieser Strategietyp beinhaltet den eigenständigen Aufbau eines Absatzkanals durch den Hersteller. Dem Vorteil einer uneingeschränkten Steuerbarkeit und Kontrollierbarkeit aller Marketingaktivitäten über den gesamten Absatzweg stehen entsprechende Kosten und Risiken gegenüber. Hier ist beispielsweise an höhere finanzielle und personelle Aufwendungen aufgrund der Übernahme von Aufgaben, die andernfalls der Handel übernimmt oder an den Verlust von Sortiments- und Verbundeffekten zu denken.

Hinsichtlich der alternativen absatzmittlergerichteten Strategietypen kann eine generelle Empfehlung nicht gegeben werden. Zu vielfältig sind die möglichen Ausgestaltungsformen der skizzierten Basisstrategien und vor allem die situativen Gegebenheiten. Es bedarf zudem keiner näheren Begründung, daß die Auswahl und Durchsetzung strategischer Verhaltensweisen im vertikalen Marketing einer sorgfältigen Überprüfung der möglichen Alternativen bedarf. Als **Beurteilungskriterien** zur Strategieauswahl im vertikalen Marketing lassen sich insbesondere die folgenden Merkmale verwenden:

- **Erreichbarkeit der Marketingziele**
  In welcher Beziehung (komplementär, konfliktär, indifferent) steht die Distributionsstrategie zu den vorab definierten Marketingzielen?

- **Kosten, Finanzbedarf**
  Welche Kosten und welcher Finanzbedarf entsteht in Abhängigkeit von der Strategiewahl?

- **Koordinationsaufwand**
  Welcher Abstimmungsbedarf wird unternehmensintern und gegenüber den Absatzmittlern verursacht?

- **Beeinflußbarkeit absatzpolitischer Instrumente nachgelagerter Absatzstufen**
  Welche Einflußmöglichkeiten hat der Hersteller zum Beispiel auf die Warenpräsentation am Point of Sale?

- **Stabilität/Überlebensfähigkeit des Vertriebssystems**
  Inwieweit wird die Stabilität der Beziehungen zu den Absatzmittlern durch Konfliktpotentiale beeinträchtigt? Kann mittel- und langfristig ein Anreiz-Beitrags-Gleichgewicht aufrecht erhalten werden?

- **Wachstumspotential**
  Kann mit der gewählten Strategie ein langfristiges Unternehmenswachstum realisiert werden, oder gibt es Wachstumsbarrieren?

- **Anpassungsfähigkeit/Flexibilität**
  Welche Anpassungsfähigkeit besitzt die Strategie hinsichtlich neuer Verbrauchertrends, Wettbewerbsaktivitäten und sonstiger Einflußgrößen?

Die aufgeführten Kriterien können im Entscheidungsprozeß zum Beispiel im Sinne einer **Checkliste** abgearbeitet werden oder alternativ in ein **Scoring-Modell** eingehen, um eine Kriteriengewichtung und eine entsprechend differenziertere Alternativenbewertung zu gewährleisten. Grundsätzlich kann allerdings mittels der Kriterien nur eine Vorauswahl auf der Strategieebene geleistet werden, nicht aber die konkrete Auswahl eines Absatzkanalsystems. Dazu müssen die Kriterien weiter differenziert werden (vgl. drittes Kapitel, Abschnitt 4.322).

Mit der Festlegung der absatzmittlergerichteten Strategie hat ein Herstellerunternehmen den Orientierungsrahmen für die konkrete Ausgestaltung des Absatzkanalsystems aufgespannt. Das **Absatzkanalmanagement** ist auf die Realisierung der absatzmittlergerichteten Strategie gerichtet.

4.3 Absatzkanalmanagement zur Realisierung der absatzmittlergerichteten Strategien

Das Absatzkanalmanagement umfaßt grundsätzlich die systematische **Planung, Koordination, Durchsetzung und Kontrolle sämtlicher auf das Absatzkanalsystem gerichteten Maßnahmen**. Mit dem Selektionskonzept, dem Kontraktkonzept sowie dem Akquisitions- und Stimulierungskonzept lassen sich die vielfältigen Entscheidungstatbestände des Absatzkanalmanagement in drei Maßnahmenklassen einteilen. Wesentliche Grundvoraussetzung für ein erfolgreiches Absatzkanalmanagement ist jedoch die Kenntnis der vielfältigen **Verhaltensbeziehungen** in Distributionssystemen.

4.31 Verhaltensbeziehungen in Distributionssystemen als Grundlage des Absatzkanalmanagement

Die Analyse von Verhaltensbeziehungen in Distributionssystemen erfolgt in der Regel aus dem Blickwinkel potentieller **Konflikte** zwischen Hersteller- und Handelsunternehmen. Die Ursache für diese spezifische Betrachtungsperspektive besteht in der zentralen Bedeutung von Konflikten für den Erfolg des vertikalen Marketing. Als Konflikt wird dabei grundsätzlich eine Situation bezeichnet, in der sich zwei oder mehr Verhaltenstendenzen in einem Spannungsfeld gegenüberstehen, so daß eine gemeinsame Entscheidungsfindung beziehungsweise Verhaltensabstimmung auf Widerstand trifft (Rosenberg/Stern 1970; Cohen 1971).

Die zentralen **Konfliktursachen** in Vertriebssystemen sind Divergenzen in den

- Zielbeziehungen,
- Rollenbeziehungen,
- Machtbeziehungen sowie
- Kommunikationsbeziehungen

zwischen den Mitgliedern eines Absatzkanals.

Auf unterschiedliche **Zielbeziehungen** zurückzuführende Konflikte liegen in divergierenden Auffassungen von Hersteller und Handel über den Einsatz einzelner Marketinginstrumente begründet (Meffert 1981; Ahlert 1996, S. 89 ff.). Abbildung 3-136 stellt beispielhaft die denkbaren Zieldivergenzen zusammen, die sich im Bereich der Marketinginstrumente auch in grundlegenden empirischen Untersuchungen als bedeutsame Streitpunkte herausgestellt haben (Meffert/Steffenhagen 1976, S. 40).

Rollenbeziehungen als Konfliktursache in Distributionssystemen resultieren aus den wechselseitigen Verhaltenserwartungen der Marktpartner hinsichtlich der Übernahme bestimmter Marketingfunktionen. Ausgehend vom eigenen Rollenbewußtsein stellen die Marktpartner bestimmte Anforderungen (Rollenerwartungen) an die jeweils andere Marktseite (Steffenhagen 1974; Meffert 1981; Ahlert 1996, S. 93 ff.). So kann beispielsweise die Sortimentsbildung im Handel mit bestimmten Vorstellungen bezüglich der unterstützenden Herstelleraktivitäten (Regalpflege, sortimentsorientierte Werbung) verbunden sein. Sind die wechselseitigen Erwartungen nicht klar abgesteckt, ist die Gefahr von Konflikten aufgrund eines Rollendissens evident.

Ob und in welcher Weise Konflikte zwischen den Marktpartnern ausgetragen werden, hängt in erheblichem Maße von den **Machtbeziehungen** im Absatzkanal ab. Je nach Machtbesitz können unterschiedliche Machtmittel (zum Beispiel Versprechungen, Auslistungsdrohungen) eingesetzt werden. Unter Anwendung von Macht im Distributionssystem kann ein Unternehmen – auf Hersteller- oder Handelsseite – die Führung im gesamten Absatzkanal im Sinne der **Marketingführerschaft** übernehmen. Vor allem die zunehmende Konzentration auf der Handelsebene hat in Verbindung mit einer fortschreitenden Austauschbarkeit von Produkten unterschiedlicher Hersteller und einem damit einhergehenden **Regalplatzwettbewerb** zu einer deutlich gestiegenen Nachfragemacht des Handels in vielen Produktgruppen geführt (vgl. Abbildung 3-137).

Die unterschiedlichen Positionen von Hersteller und Handel führen weiterhin zu unterschiedlichen **Kommunikationsbeziehungen** der Marktpartner (Meffert 1981). So kann ein Hersteller beispielsweise aufgrund seiner Marktforschung zu anderen Resultaten über die Präferenzen der Konsumenten gelangen als der Handel, der durch den Einsatz von

Ziele	Hersteller	Handel
Produktpolitische Ziele	■ Produkt- und Markenimage ■ Hohe Innovationsrate, auch durch Produkte mit geringem Innovationsgrad ■ Förderung der Herstellermarke	■ Sortimentsimage ■ Gemäßigte Innovationsrate, Konzentration auf Markenneuheiten ■ Förderung von Eigenmarken
Distributionspolitische Ziele	■ Große Bestellmengen ■ Hohe Distributionsdichte ■ Günstige Plazierung der eigenen Marke ■ Präsenz des gesamten Herstellersortiments	■ Schnelle Lieferung auch kleiner Mengen ■ Selektive oder exklusive Distribution ■ Gleichmäßige Plazierung aller Produkte ■ Präsenz ausgewählter Marken
Kommunikationspolitische Ziele	■ Erhöhung oder Stabilisierung der Markentreue ■ Überregionale Markenbekanntheit ■ Schaffung von Markenpräferenzen ■ Profilierung der Markenpersönlichkeit (positive Einstellungen)	■ Erhöhung oder Stabilisierung der Händlertreue ■ Regionale Markenförderung ■ Profilierung der Einkaufsstätte ■ Kommunikative Förderung komplementärer Produkte
Kontrahierungspolitische Ziele	■ Seriöse Preisaktivität ■ Einheitliche Endverbraucherpreise für eine Marke ■ Niedrige Handelsspanne	■ Aggressive Preispolitik (preispolitischer Ausgleich) ■ Standortspezifische Preisdifferenzierung ■ Hohe Handelsspanne

Abbildung 3-136: Mögliche Zieldivergenzen zwischen Hersteller- und Handelsunternehmen
(in Anlehnung an Steffenhagen 1975, S. 75)

Scanning immer öfter über einen Informationsvorsprung verfügt. Dieses Informationsgefälle kann zu unterschiedlichen Beurteilungen über den Einsatz einzelner Marketinginstrumente führen. Ursache dieses Informationsgefälles und der daraus resultierenden Konflikte ist zumeist ein unzureichender Informationsaustausch zwischen den Marktpartnern (Meffert/Steffenhagen 1976, S. 42; Meffert 1981). Dies gilt vor allem für Informationen über Marktentwicklungen, das Käuferverhalten und technische Aspekte.

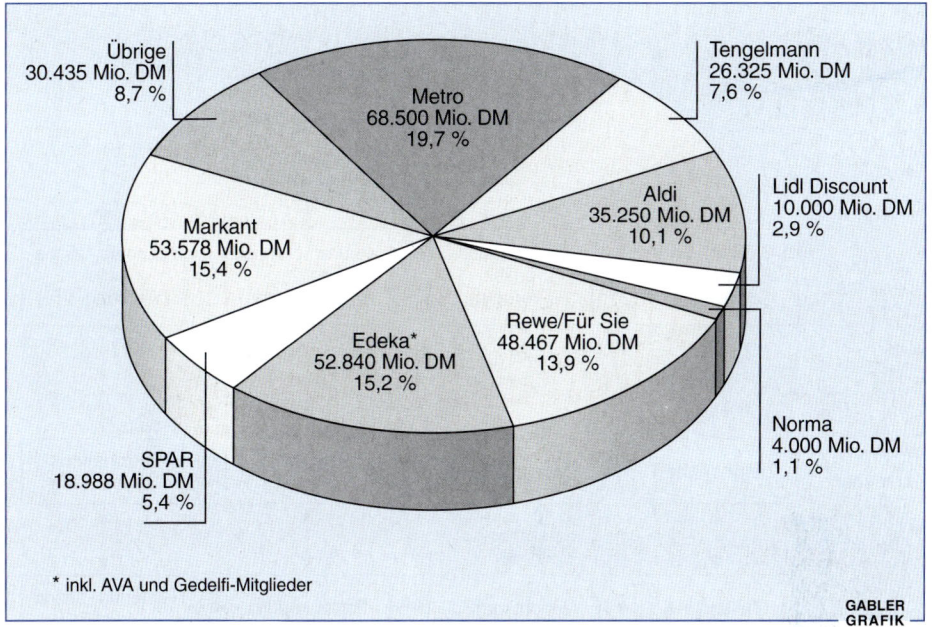

Abbildung 3-137:   Konzentration im Lebensmitteleinzelhandel im Jahr 1999
(Quelle: M + M Eurodata 1999)

Abbildung 3-138 gibt einen zusammenfassenden Überblick der möglichen Beziehungen zwischen den verschiedenen Konflikttypen, ihren Ursachen sowie den aufgabenbezogenen Konfliktfeldern. Zur Vermeidung derartiger Konflikte ist ein adäquates **Konfliktmanagement** unerläßlich. Dabei sind durch geeignete Maßnahmen vorhandene Konflikte abzubauen oder zumindest in handhabbarer Form transparent zu machen. Dies kann zum Beispiel durch eine Beseitigung der Konfliktursachen (zum Beispiel Abstimmung von konfliktären Zielvorstellungen), die Institutionalisierung eines Konfliktmanagements (zum Beispiel in Form einer Zusammenarbeit in Gremien und Arbeitskreisen) oder die präventive Vereinbarung einer Schlichtung durch Dritte im Konfliktfall (zum Beispiel Schiedsgerichte, Gutachter) geschehen.

Art und Ausmaß von Konflikten werden ganz wesentlich von der Maßnahmengestaltung im Rahmen des Absatzkanalmanagements bestimmt. Zum Beispiel kann durch die Selektion von Absatzmittlern oder deren vertragliche Bindung die **Konfliktanfälligkeit** des gesamten Absatzkanalsystems nachhaltig beeinflußt werden.

Distributionspolitische Entscheidungen

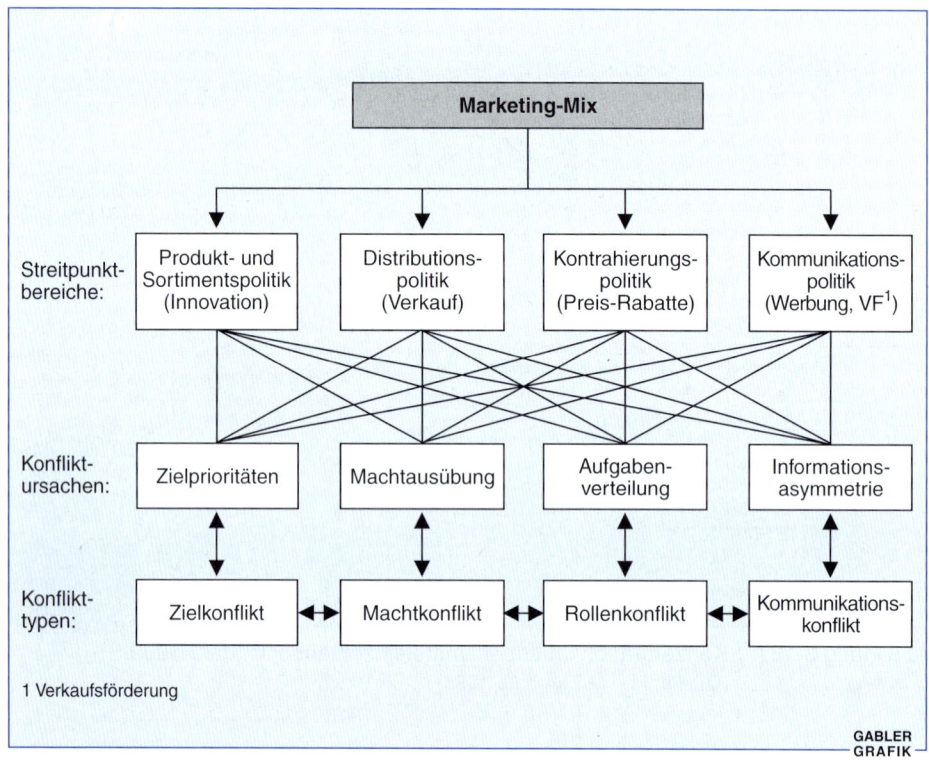

Abbildung 3-138: Konflikttypen, -ursachen und -felder im vertikalen Marketing

4.32 Selektionskonzept

4.321 Festlegung der vertikalen und horizontalen Absatzkanalstruktur

Mit dem Selektionskonzept wird – ausgehend von der zugrunde liegenden absatzmittlergerichteten Basisstrategie – der **Absatzweg der Unternehmung** festgelegt. Die Komplexität der hierbei relevanten Entscheidungstatbestände hat in der Literatur zu einer Vielzahl konkurrierender Systematisierungsvorschläge geführt (Gutenberg 1976, S. 105 ff.; Nieschlag et al. 1997, S. 466 ff.; Schögel 1997; Kotler 1998). Als grundlegendes Strukturierungsmerkmal von Absatzkanälen ist zweckmäßigerweise zwischen der vertikalen und der horizontalen Absatzkanalstruktur zu unterscheiden (Ahlert 1996, S. 153 ff.). Abbildung 3-139 zeigt zunächst die abzugrenzenden, alternativen Absatzwege und Vertriebsformen im Überblick.

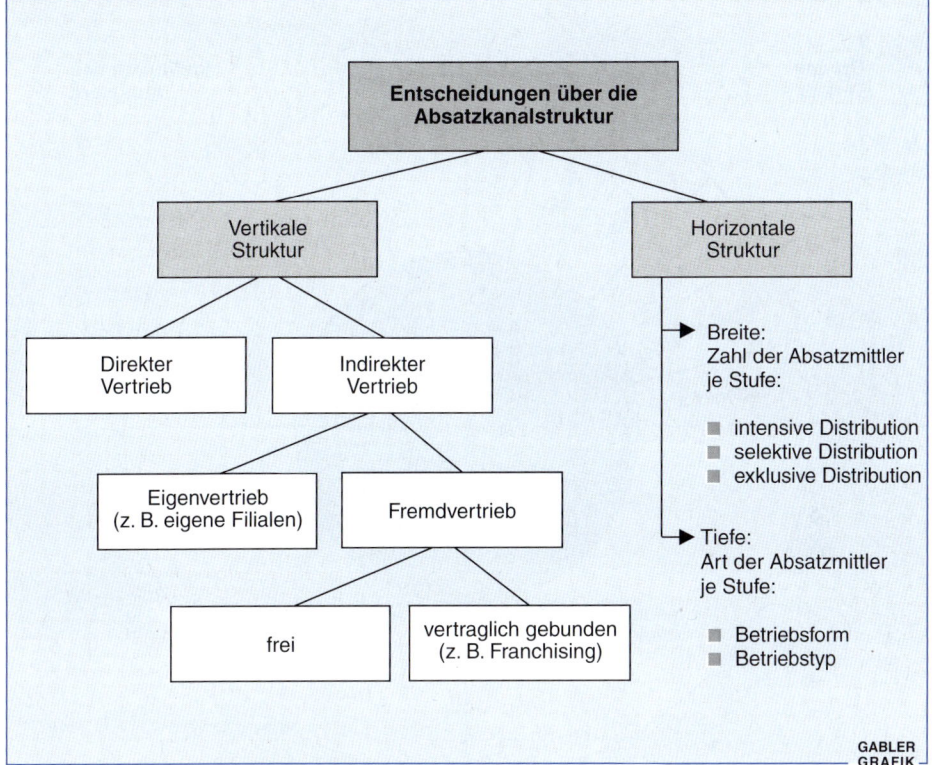

Abbildung 3-139: Entscheidungstatbestände bei der Festlegung der Absatzkanalstruktur

Bei der **Festlegung der vertikalen Absatzkanalstruktur** trifft der Hersteller eine Auswahl zwischen den Absatzstufen. Art und Zahl dieser Stufen bestimmen die **Länge des Absatzweges** zwischen Hersteller und Endabnehmer. Je größer die Zahl der zwischen Hersteller und Endverbraucher geschalteten Absatzmittler, desto länger ist der entsprechende Absatzkanal. Die Auswahl der Absatzstufen ist unmittelbar mit der Entscheidung verbunden, ob die Produkte direkt oder indirekt vertrieben werden sollen.

Indirekter Vertrieb liegt dann vor, wenn Einzel- und/oder Großhändler – also Absatzmittler – in den Absatzweg eingeschaltet sind. Dabei kann es sich entweder um eigene oder um fremde Verkaufsorgane handeln. Bei fremden, das heißt rechtlich selbständigen Absatzmittlern können die wechselseitigen Beziehungen entweder frei, das heißt ohne längerfristige gegenseitige Vereinbarungen ausgestaltet oder aber vertraglich geregelt sein. Letzteres impliziert insbesondere eine Begrenzung der Freiheitsgrade der Absatzmittler. Damit gewährleisten vertragliche Bindungen gleichzeitig eine bessere Durchsetzbarkeit der gesamten Marketingpolitik des Herstellers im Absatzkanal. Aus der

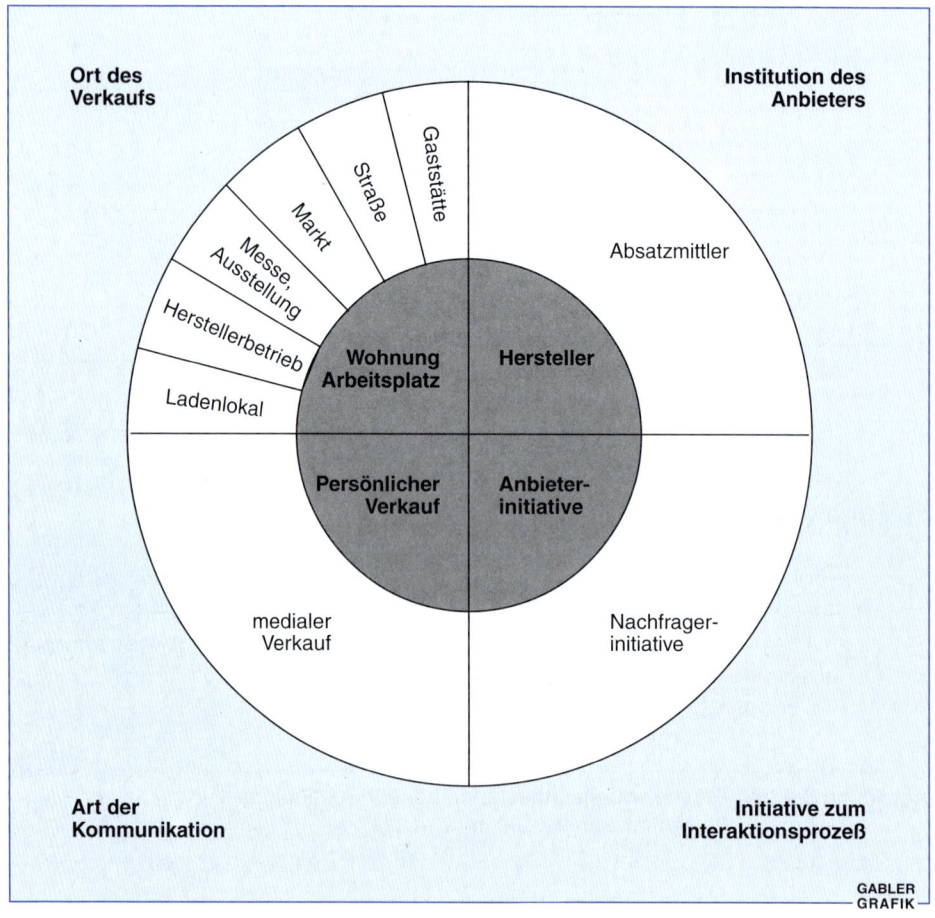

Abbildung 3-140: Kriterien zur Abgrenzung direkter und indirekter Vertriebsformen
(Quelle: Engelhardt/Witte 1990, S. 15)

Struktur und Intensität dieser vertraglichen Bindungen ergeben sich unterschiedliche **vertragliche Vertriebssysteme**, die eingehend bei der Ausgestaltung des Kontraktkonzeptes untersucht werden.

Beim **direkten Vertrieb** erfolgt dagegen ein unmittelbarer Kontakt zwischen dem Hersteller und dem Endverbraucher ohne Zwischenschaltung von Absatzmittlern. Typisches Beispiel ist hierbei der Hausverkauf durch Vertreter. Engelhardt und Witte (1990, S. 16) definieren den direkten Vertrieb daher auch als „persönlichen Verkauf von Konsumgütern und Dienstleistungen in der Wohnung sowie in wohnungsnaher oder -ähnlicher Umgebung" (zum Beispiel am Arbeitsplatz). Sie verdeutlichen gleichzeitig, daß eine eindeutige Unterscheidung zwischen direktem und indirektem Vertrieb angesichts der Komplexität realer Vertriebsformen nicht möglich ist, da das Kriterium der **Unmittelbarkeit des**

Kontaktes zwischen Hersteller und Endverbraucher Interpretationsspielräume beläßt. In Abbildung 3-140 sind daher verschiedene Kriterien zur Abgrenzung von direktem und indirektem Vertrieb zusammengestellt. Der innenliegende Kreis umfaßt Formen des direkten Vertriebs im engeren Sinne, das heißt Verkaufsorgane des Herstellers bieten in eigener Initiative und mittels Formen des persönlichen Verkaufs Leistungen in der Wohnung oder am Arbeitsplatz von Konsumenten an. Darüber hinaus werden aber auch bestimmte Vertriebsformen, die in das äußere Kreissegment fallen, nach herrschender Meinung dem Direktvertrieb zugerechnet (vgl. drittes Kapitel, Abschnitt 4.333).

Ist eine Entscheidung für die vertikale Absatzkanalstruktur getroffen, so schließt sich im zweiten Schritt die **Festlegung der horizontalen Struktur** an. Diese umfaßt die konkrete Auswahl der Absatzmittler innerhalb der einzuschaltenden Absatzstufe(n). Dabei werden mit der Breite und Tiefe des Absatzweges zwei Grunddimensionen festgelegt. Während sich die **Breite** auf die Anzahl der auf einer Absatzstufe eingeschalteten Mittler bezieht, stellt die **Tiefe** auf deren Art ab. Grundsätzlich nimmt mit steigender Heterogenität der selektierten Absatzmittler (zum Beispiel Vertrieb über den klassischen Fachhandel, Fachmärkte und Warenhäuser) die Tiefe des Absatzkanals zu.

Die Entscheidung über die Breite und Tiefe des Absatzkanals läßt naturgemäß eine Vielzahl unterschiedlicher horizontaler Absatzkanalstrukturen zu. Grundsätzlich lassen sich jedoch **nach dem Kriterium der angestrebten Distributionsintensität drei generische Ausgestaltungsformen unterscheiden** (Walters 1977, S. 185 f.; Bowersox et. al. 1980, S. 202 f.; Ahlert 1996, S. 157 ff.).

- Bei der **intensiven** Distribution wird ein hoher Distributionsgrad angestrebt (**Universalvertrieb**). Hier sollen die Produkte möglichst überall erhältlich sein (Ubiquität); eine quantitative oder qualitative Beschränkung auf seiten der Absatzmittler ist dabei nicht vorgesehen. Diese Art der Distribution kennzeichnet primär Güter des täglichen Bedarfs (zum Beispiel Brot).

- Demgegenüber werden bei der **selektiven** Distribution die Absatzmittler vornehmlich nach qualitativen Gesichtspunkten ausgewählt. Als Selektionskriterien werden dabei neben bestimmten Anforderungen an die Ausstattung der Absatzmittler (zum Beispiel Geschäftsgröße, Kundendiensteinrichtungen, Geschäftslage) vor allem Merkmale der Marketingaktivitäten als Maßstab für die Auswahl herangezogen (zum Beispiel Kooperationsbereitschaft, Preisaktivitäten). In der Praxis wird häufig nicht zuletzt auch die Abnahmemenge als Selektionskriterium herangezogen.

- Einen Sonderfall der selektiven Absatzmittlerauswahl bildet die **exklusive** Distribution. Hier werden die Absatzmittler zusätzlich hinsichtlich ihrer Quantität beschränkt. Dies führt im Extremfall zu gebietsbezogenen Exklusivverträgen (zum Beispiel bei Kosmetika, hochwertiger Bekleidung und Möbeln) mit einzelnen Absatzmittlern. Bei dieser Art der Distribution erwartet der Hersteller häufig aggressivere Verkaufsbemühungen sowie eine bessere Kontrollmöglichkeit über Preise und Serviceleistungen. Die Führung von Premium-Marken geht daher häufig mit einer exklusiven Distribution einher.

Distributionspolitische Entscheidungen

4.322   **Bewertung und Auswahl alternativer Absatzkanalstrukturen**

Die aufgezeigten Alternativen bei der Entscheidung über die vertikale und horizontale Absatzkanalstruktur führen im Ergebnis zu einem breiten Spektrum realisierbarer Ausgestaltungsformen der Absatzkanalstruktur. Dabei wird die Entscheidungskomplexität durch die Notwendigkeit erhöht, mit der **Längen-, Breiten-** und **Tiefendimension** insgesamt drei Grunddimensionen der Absatzkanalstruktur festzulegen.

Vor dem Hintergrund dieser drei Dimensionen sollen im folgenden **Grundtypen von Vertriebssystemen** systematisiert werden, um dann Entscheidungskriterien für die Identifikation der im Einzelfall am besten geeigneten Alternative bereitzustellen. Unter Einbeziehung der beiden klassischen Handelsstufen (Groß- und Einzelhandel) ergeben sich die in Abbildung 3-141 aufgezeigten Vertriebssystemalternativen. Die Ausschaltung beider Handelsstufen (Feld 1) führt zu **direkten Vertriebssystemen**, bei denen der Hersteller seine Erzeugnisse unmittelbar, also ohne Zwischenschaltung von Absatzmittlern, an den Endabnehmer absetzt. Beispiele derartiger Vertriebssysteme finden sich

Großhandelsstufe (GH) Einzelhandelsstufe (EH)	Ausschaltung des Großhandels	Universalvertrieb auf der GH-Stufe	Selektivvertrieb auf der GH-Stufe	Exklusivvertrieb auf der GH-Stufe
Ausschaltung des Einzelhandels	Direkter Absatz (1)	U_I (2)	S_I (3)	E_I (4)
Universalvertrieb auf der EH-Stufe	U_I (5)	U_{II} (6)	G_{II} (7)	G_{II} (8)
Selektivvertrieb auf der EH-Stufe	S_I (9)	G_{II} (10)	S_{II} (11)	G_{II} (12)
Exklusivvertrieb auf der EH-Stufe	E_I (13)	G_{II} (14)	G_{II} (15)	E_{II} (16)

U = Vertriebssysteme mit intensiver Distribution (Universalvertrieb)
S = Vertriebssysteme mit selektiver Distribution (Selektivvertrieb)
E = Vertriebssysteme mit exklusiver Distribution (Exklusivvertrieb)
G = Gemischte Vertriebssysteme
I = Einstufige Vertriebssysteme
II = Zweistufige Vertriebssysteme

GABLER GRAFIK

Abbildung 3-141:   Grundtypen von Vertriebssystemen
(in Anlehnung an Ahlert 1985, S. 159)

sowohl bei Konsumgütern (zum Beispiel Avon-Kosmetik, Tupper-Ware) als auch im industriellen Bereich (zum Beispiel bei Auftragsfertigung in der Werkzeugmaschinenbranche). Alle übrigen Felder dieser Übersicht kennzeichnen **indirekte Vertriebssysteme**, bei denen die Erzeugnisse über eingeschaltete Absatzmittler an die Endabnehmer gelangen.

Bei vollständiger Ausschaltung der Einzel- oder der Großhandelsstufe (Felder 2, 3, 4 beziehungsweise 5, 9, 13) entstehen **einstufige Vertriebssysteme**, bei denen auf der ausgewählten Handelsstufe je nach den distributionspolitischen Zielsetzungen der Unternehmung eine intensive, selektive oder exklusive Distribution angestrebt wird. Die Einbeziehung beider Handelsstufen führt bei Anwendung desselben Selektionskriteriums auf beiden Stufen zu den Basistypen mehrstufiger Distributionssysteme (Diagonalfelder 6, 11, 16). Diese Vertriebssysteme sind primär bei Konsumgütern anzutreffen, wobei je nach betrachteter Produktart der Universalvertrieb oder der Exklusivvertrieb vorherrschend ist.

Die verbleibenden gemischten Vertriebssysteme sind in ihrer Struktur grundsätzlich **zweistufig**. Soll beispielsweise primär die zweite Absatzstufe spezifische, vom Hersteller definierte Anforderungen erfüllen, so ergeben sich die Alternativen der Felder 10, 14 und 15, wo auf der ersten Absatzstufe eine vergleichsweise breite Distribution erfolgt, während auf der Einzelhandelsstufe ein zumindest selektiver, unter Umständen sogar exklusiver Vertrieb realisiert wird. Die Durchsetzbarkeit einer solchen Distributionsstrategie wird jedoch in entscheidendem Maße davon abhängen, inwieweit der Großhandel wirksam zu einer selektiven Belieferung der Einzelhändler auf der zweiten Absatzstufe verpflichtet werden kann. Aus Herstellersicht leichter zu implementieren sind dagegen grundsätzlich solche Vertriebssysteme, bei denen die Selektion bereits auf der ersten Stufe (Großhandel) erfolgt, während die Auswahl der zweiten Stufe (Einzelhandel) weniger rigide ausfällt (Felder 7, 8, 12).

Generelle Schwerpunkte gemischter Vertriebssysteme bei bestimmten Güterarten lassen sich kaum ableiten. Anzunehmen ist jedoch, daß die Selektion auf der ersten Stufe, das heißt beim Großhandel erfolgen wird, wenn hier umfangreichere **Zusatzleistungen** (zum Beispiel Reparatur- und Serviceleistungen) gefordert werden. Die Verlagerung der Auswahl von Absatzmittlern auf die zweite Stufe (Einzelhandel) wird dagegen eher bei einer entsprechenden **Produktpositionierung** auf der Endabnehmerebene vorgenommen (zum Beispiel Sicherung der Gebietsexklusivität für den Einzelhandel bei Luxusartikeln). Dabei werden selbst innerhalb einer Branche unterschiedliche Absatzkanalstrukturen gewählt, wie das nachfolgende Beispiel zweier Vertriebssysteme im Automobilsektor verdeutlicht (Heß/Meinig 1996, S. 284 ff.).

Einige Hersteller, wie zum Beispiel Jaguar, Lexus, Porsche, Seat und Honda, praktizieren ein **einstufiges Händlersystem**. Dabei erfolgt der Vertrieb ausschließlich über rechtlich selbständige, jedoch an eine Marke gebundene Einzelhändler im Rahmen von vertraglichen Vertriebssystemen (vgl. Abbildung 3-142).

Distributionspolitische Entscheidungen

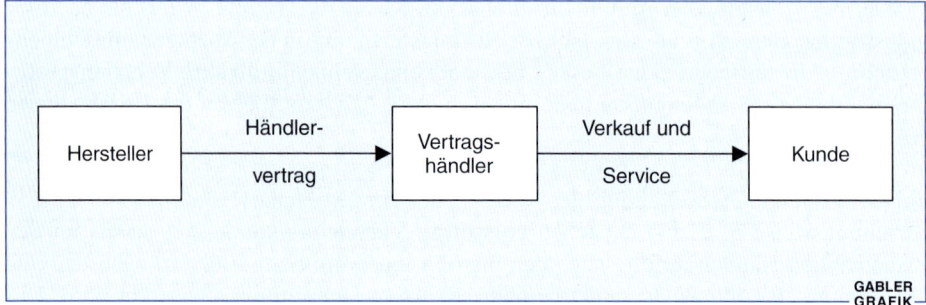

Abbildung 3-142: Einstufiger, indirekter Vertrieb in der Automobilbranche

Parallel dazu existieren **zweistufige Händlersysteme**, deren Entstehung mit der Notwendigkeit eines **flächendeckenden Kundendienstes** erklärt werden kann. Während die Nachfrage nach Kundendienstleistungen auch in der Fläche groß genug ist, um herstellergebundene Werkstätten anzubieten, reicht das Marktvolumen für das Neuwagengeschäft dort häufig nicht aus. So gibt es neben den Vertragshändlern, die sowohl im Neuwagengeschäft als auch im Kundendienst arbeiten, eine Vielzahl von Unterhändlern und Vertragswerkstätten, die eine ausreichende Präsenz des Kundendienstes sicherstellen sollen. Zusätzlich zur Servicefunktion übernehmen die Unterhändler beziehungsweise Vertragswerkstätten auch den Verkauf von Neuwagen, allerdings auf Rechnung des Haupthändlers. Im Gebrauchtwagen-, Zubehör- und Ersatzteilgeschäft handelt der Unterhändler auf eigene Rechnung und eigenen Namen (vgl. Abbildung 3-143).

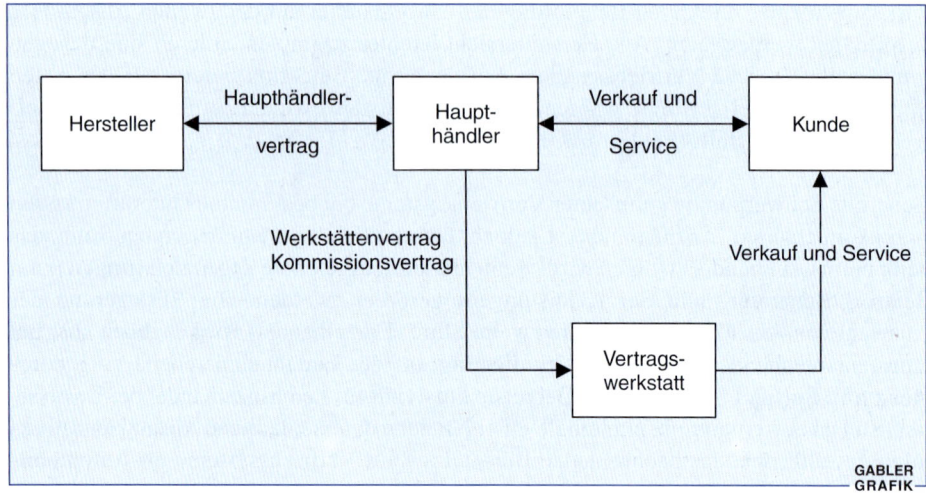

Abbildung 3-143: Zweistufiger, indirekter Vertrieb in der Automobilbranche

Für die Auswahl einer Absatzkanalstruktur aus dem Spektrum grundsätzlich verfügbarer Alternativen steht eine Vielzahl von **Entscheidungskriterien** zur Verfügung. Diese konkretisieren die bereits im Rahmen der Strategieauswahl dargestellten Kriterien und ermöglichen insofern in Verbindung mit ökonomischen Daten (zum Beispiel Kostengrößen) die schrittweise **Feinauswahl** eines konkreten Vertriebssystems.

Als klassisches Auswahlkriterium gelten die **Vertriebskosten**. Hierzu zählen neben den Transportkosten vor allem Kosten für den Vertriebsinnen- und -außendienst, für Vertragsabschlüsse mit den Absatzmittlern, für Verkaufsförderungsaktionen, für die Regalplatzpflege und weitere PoS-Maßnahmen. Die Handelsspanne ist dabei ein Bestandteil der Vertriebskosten, weil sie den für den Hersteller relevanten Endverbraucherpreis maßgeblich mitbestimmt.

Generell ist festzustellen, daß die **Kosten eines Vertriebsweges** aus Herstellerperspektive **um so höher sind, je direkter die Verbindung zwischen Hersteller und Endabnehmern und je breiter die Distribution ist**. Mit dem Übergang von einem indirekten zu einem direkten Vertriebssystem ist zumeist eine überproportionale Zunahme der Vertriebskosten verbunden. Aus reinen Kostengründen ist ein direkter Vertrieb dann vorteilhafter, wenn bei gleichen Endverkaufspreisen und -mengen die beim Hersteller verbleibende Handelsspanne größer ist als die erhöhten Kosten des Direktvertriebs. Von entscheidendem Einfluß auf die Kosten eines direkten Vertriebssystems ist dabei, ob der Hersteller eigene (angestellte) Reisende beschäftigt oder ob er Handelsvertreter einsetzt (vgl. hierzu drittes Kapitel, Abschnitt 4.323).

Die alleinige Berücksichtigung der Vertriebskosten kann jedoch unter **Marketinggesichtspunkten** zu falschen Entscheidungen führen. So gilt es insbesondere zu beachten, daß die Struktur des Vertriebssystems einen entscheidenden Einfluß auf das Erscheinungsbild des Produktes am Verkaufsort ausübt. Im allgemeinen hat ein Hersteller eine recht genaue Vorstellung davon, wie sein Produkt am Verkaufsort präsentiert werden soll; dies gilt insbesondere hinsichtlich der Preisgestaltung, der Plazierung im Sortimentsumfeld sowie der Unterstützung durch die Absatzmittler (zum Beispiel bei Beratung, Werbung, Verkaufsförderung). **Die Berücksichtigung derartiger Marketingkriterien ist daher bei der Auswahl eines Absatzweges unerläßlich**.

Als weitere wesentliche Kriterien sind Führungsaspekte und langfristige Perspektiven des auszuwählenden Vertriebsweges von Bedeutung. Die führungsbezogenen Aspekte betreffen die **Beeinflußbarkeit** beziehungsweise **Kontrolle** des Vertriebssystems sowie möglicherweise auftretende **Konflikte**. Je nach Zielsetzung des anbietenden Unternehmens wird die Wahl eines Absatzweges maßgeblich davon abhängen, in welchem Ausmaß die Marketingaktivitäten der Absatzmittler auf den einzelnen Stufen beeinflußt beziehungsweise kontrolliert werden können. Die Möglichkeiten der Einflußnahme sind dabei bei direkten Vertriebswegen aufgrund des kürzeren und ungestörten Informationsflusses grundsätzlich höher.

Langfristige Perspektiven beeinflussen die Wahl eines Vertriebsweges insofern, als hier vor allem die **Anpassungsfähigkeit** bei strukturellen Veränderungen auf seiten der Absatzmittler und auch beim Hersteller (Sortimentsverbreiterung, -vertiefung, Diversifikation) gewährleistet sein muß. Dieses Erfordernis steht in enger Verbindung mit dem

Bestreben, möglichst langfristige Beziehungen im Absatzkanal herzustellen, um so Transaktionskosten zu senken. Ist der Absatzkanal insgesamt in der Lage, flexibel auf veränderte Umweltbedingungen zu reagieren, müssen keine neuen Absatzmittler akquiriert werden.

Die für die Absatzkanalselektion zur Verfügung stehenden Kriterien sind zusammenfassend in Abbildung 3-144 dargestellt. Sie umfassen sowohl **unternehmensexterne** als auch **unternehmensinterne** Determinanten. Vereinfachend sind die Kriterien zu sechs Gruppen zusammengefaßt. Dabei handelt es sich bei den Kriteriengruppen 1 und 2 jeweils um solche mit unternehmensinternem, bei den restlichen Gruppen dagegen um Kriterien mit unternehmensexternem Bezug (Sims et al. 1977, S. 129 ff.; Rosenbloom 1978, S. 39 ff.; Ahlert 1980, S. 59 f.; Ahlert 1996, S. 178; Specht 1998, S. 173 f.).

Aufgrund der Vielzahl der zu beachtenden Faktoren und ihrer Ausprägungsmöglichkeiten können sich viele unterschiedliche Entscheidungssituationen ergeben. Abbildung 3-145 zeigt beispielhaft eine Entscheidungssituation, in welcher der direkte Vertrieb vorteilhaft erscheint. Mit Hilfe eines Scoring-Modells wurden die Ausprägungen ausgewählter Kriterien beurteilt und in einem Profil visualisiert. Hierbei kann es sich nur um eine Tendenzaussage handeln, da sich in Abhängigkeit vom situativen Kontext auch andere Profile ergeben können, die zu einer anderen Beurteilung der Vorteilhaftigkeit führen.

Des weiteren ist bei den genannten Beurteilungskriterien die Kombination der Kriterienausprägungen zu beachten. So bietet sich bei einer hohen Erklärungsbedürftigkeit der Produkte ein direkter Vertrieb an, bei gleichzeitiger hoher Bedarfshäufigkeit der Produkte sind die beiden Kriterien in ihrer Wichtigkeit gegeneinander abzuwägen. Bei einigen Kriterien handelt es sich zudem um Ausschlußkriterien, zum Beispiel determinieren bestehende Vertriebsvorbehalte bestimmter Geschäftsformen die Vertriebswahl (zum Beispiel rezeptpflichtige Medikamente), was im Rahmen des Scoring-Modells, zum Beispiel durch eine multiplikative Verknüpfung der Kriterien, berücksichtigt werden kann.

Insbesondere die produkt- und die endabnehmerbezogenen Kriterien sind als Restriktionen im Entscheidungsprozeß zu betrachten und eignen sich daher für eine **Vorauswahl**. Hierdurch wird eine deutliche Reduzierung der potentiell realisierbaren Absatzkanalsysteme ermöglicht. Trotzdem verbleiben im Einzelfall zumeist Wahlmöglichkeiten, aus denen schließlich unter Verwendung der übrigen Kriterien der tatsächlich zu realisierende Vertriebsweg im Hinblick auf die verfolgten **Unternehmenszielsetzungen** zu bestimmen ist.

Die vielfältigen und teilweise konfliktären Kriterien zur Bewertung von Vertriebssystemalternativen werfen allerdings die Frage nach geeigneten **Methoden** zur Fundierung und insbesondere zur Rationalisierung der anstehenden Entscheidung auf. Hierbei werden eine Reihe von Selektionsverfahren vorgeschlagen (Kotler 1971, S. 290 ff.; Walters 1977, S. 170 ff.; Rosenbloom 1978, S. 127 ff.; Stern/El-Ansary 1982, S. 350 ff.).

Produktbezogene Faktoren
– Erklärungsbedürftigkeit – Bedarfshäufigkeit/Kauffrequenz – Lagerfähigkeit – Transportfähigkeit (Größe, Gewicht, Empfindlichkeit)
Unternehmensbezogene Faktoren
– Unternehmensgröße – Finanzkraft – Produkt-/Leistungsprogramm – Vertriebskompetenz/Erfahrungen mit Vertriebswegen – gegenwärtige Marketingpolitik und deren langfristige Ausrichtung/Veränderung
Endabnehmerbezogene Faktoren
– Anzahl – geographische Verteilung/Streuung – Einkaufsgewohnheiten – Aufgeschlossenheit gegenüber Vertriebsmethoden
Konkurrenzbezogene Faktoren
– Anzahl der Konkurrenten – Art der Konkurrenzprodukte – Vertriebswege der Konkurrenten – Wettbewerbsdruck im bisherigen Vertriebsweg – Wettbewerbsdruck durch neue Vertriebswege
Absatzmittlerbezogene Faktoren
– Art und Anzahl der Absatzmittler – Standort und Verfügbarkeit der Handelsbetriebe – Art und Struktur vertraglicher Bindungen von Absatzmittlern – Art und Umfang des durch die Handelsbetriebe erreichten Marktes – Fähigkeit zur Übernahme der erforderlichen Handelsfunktionen – Beeinflußbarkeit und Kontrolle der Absatzmittler/Konfliktanfälligkeit – Vertriebskosten
Soziale und rechtliche Faktoren
– öffentliche Meinung, Wertvorstellungen beziehungsweise -änderungen – Mißbrauchsaufsicht über Vertriebsbindungen (GWB) – Vertriebsvorbehalte bestimmter Geschäftsformen (zum Beispiel Apotheken) – Sanktionspotentiale von Absatzmittlern (Macht- und Vergeltungspotentiale) – Konsequenzen bei Vertragskündigungen (zum Beispiel Ausgleichsanspruch der Handelsvertreter) – Diskriminierungs- beziehungsweise Boykottverbot

Abbildung 3-144: Kriterien der Absatzkanalselektion

Distributionspolitische Entscheidungen

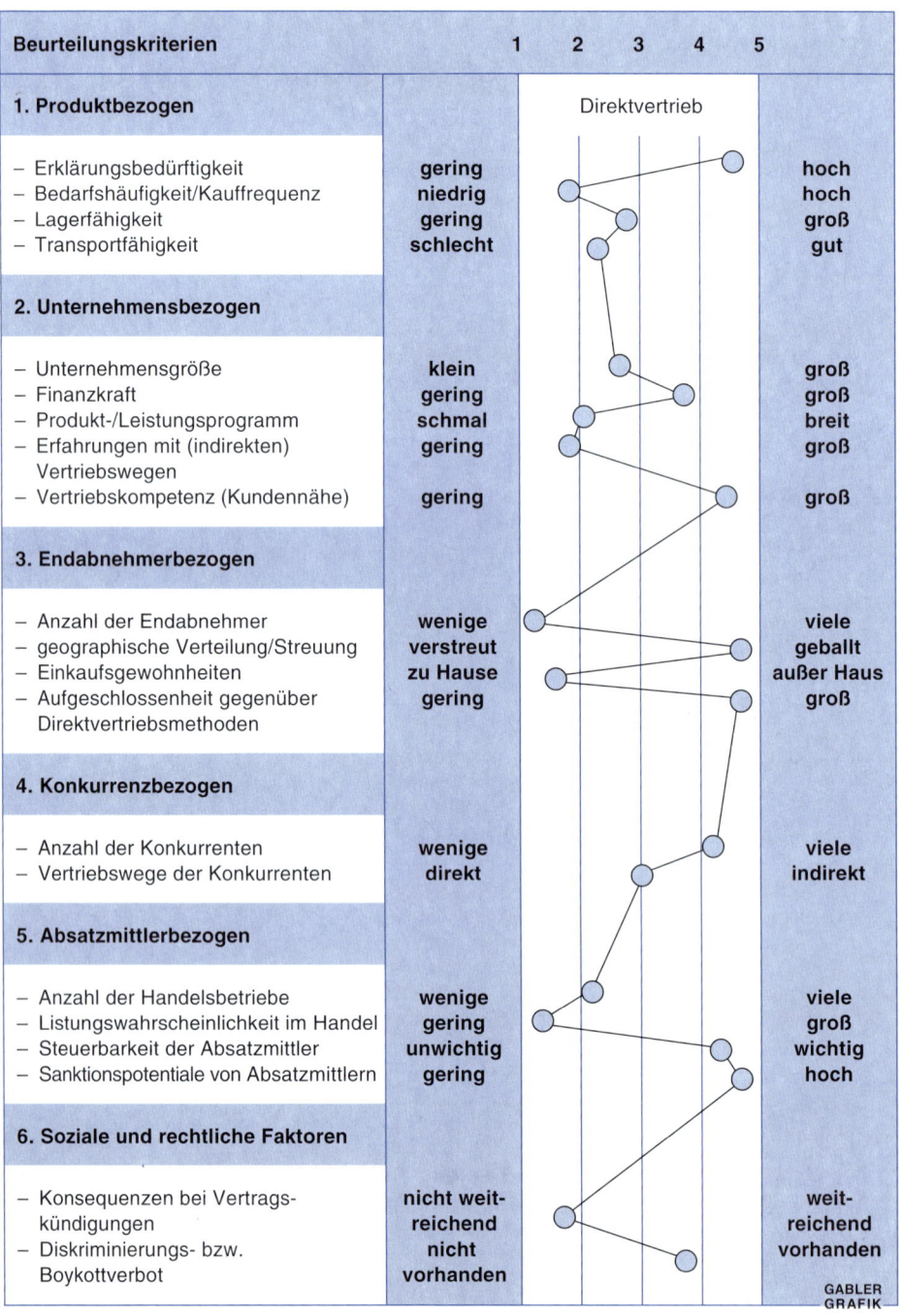

Abbildung 3-145: Eignungsprofil des Direktvertriebs anhand ausgewählter Kriterien

Die Unternehmenspraxis verwendet häufig **qualitative** Verfahren, bei denen die Vor- und Nachteile möglicher Absatzwege einander gegenübergestellt werden. Der Entscheidungsprozeß ist oft durch ein sukzessives Abarbeiten von Checklisten gekennzeichnet. Eine Gewichtung der in die Beurteilung einbezogenen Faktoren findet kaum oder allenfalls implizit statt. Bei dieser eher intuitiven Methode wird diejenige Alternative ausgewählt, die nach der subjektiven Einschätzung des Entscheidungsträgers beziehungsweise des Entscheidungsgremiums den unternehmensspezifischen Zielsetzungen am besten gerecht wird. In verfeinerter Form finden derartige qualitative Methoden als **Punktbewertungsverfahren** in Form von **Scoring-Modellen** (vgl. drittes Kapitel, Abschnitt 2.461) Anwendung.

Trotz der Anschaulichkeit von Scoring-Modellen und des Vorteils der intersubjektiven Vergleichbarkeit treten bei der Lösung des Entscheidungsproblems die gleichen **Schwierigkeiten** auf, wie sie bereits im Rahmen der Neuproduktplanung beschrieben wurden (Festlegung subjektiver Gewichtung, Bestimmung einer Ablehnungsgrenze für den Ausschluß einer Absatzwegealternative, kompensatorische Effekte usw.).

Betrachtet man die Errichtung beziehungsweise Veränderung des Vertriebssystems einer Unternehmung – nicht zuletzt aus Gründen der langfristigen Wirkungsausrichtung – als „Investition", so bieten sich die Verfahren der **statischen** und **dynamischen Investitionsrechnung** als Auswahlhilfen an. Geht man davon aus, daß die Wahl zwischen alternativen Absatzwegen erlösneutral ist (was in der Praxis eher die Ausnahme darstellt), dann können **kostenorientierte Verfahren** herangezogen werden, mittels derer die Auswahlentscheidung ausschließlich anhand eines **Kostenvergleichs** getroffen wird. Geht man von der Prämisse der Erlösneutralität ab, dann kommt es darauf an, neben den Auszahlungsreihen für das Unternehmen auch die Einzahlungen für alternative Absatzwege zu prognostizieren.

Dabei ist zu berücksichtigen, daß eine vorteilhafte Absatzkanalalternative nicht nur gegenüber den konkurrierenden Absatzwegen vorteilhaft sein muß, sondern auch im Vergleich zur alternativen Verwendungen des einzusetzenden Kapitals innerhalb und außerhalb der Unternehmung (zum Beispiel am Kapitalmarkt). Verlangt beispielsweise eine Verkürzung des Absatzweges (zum Beispiel Umstellung auf Direktvertrieb) die Bereitstellung zusätzlichen Kapitals, so konkurriert diese Investition mit anderen betrieblichen Investitionen (zum Beispiel in der Produktion). Das Ergebnis der Wirtschaftlichkeitsrechnung hat dann Einfluß darauf, ob die beschriebenen Aufgaben im Bereich der Distribution vom Unternehmen übernommen werden können oder ob sie Absatzmittlern zu übertragen sind (Make- or Buy-Kalkül).

Bei einer **Würdigung** der Verfahren der Investitionsrechnung ist positiv hervorzuheben, daß der Langfristcharakter distributionspolitischer Entscheidungen sowie der damit verbundene Mitteleinsatz explizit berücksichtigt werden. Demgegenüber gelten jedoch auch hier die bekannten Einwände gegen die Verfahren der Wirtschaftlichkeitsrechnung (zum Beispiel schwierige Informationsgewinnung).

In der Vergangenheit hat es vielfältige Versuche gegeben, die komplexen distributionspolitischen Entscheidungen durch Verfahren des **Operations Research** zu fundieren. In diesem Zusammenhang entwickelte Programmierungsansätze, die auf eine simultane Bestimmung von Produktions- und Absatzmengen, Absatzgebieten, Art und Zahl der Absatzmittler, Absatzwegen, Mindestauftragsgrößen, Reisendeneinsatz, Zahl der Reisenden und Besuchshäufigkeit gerichtet sind (Theisen 1977), haben sich jedoch nicht durchsetzen können. Dem Vorteil einer umfassenden Berücksichtigung relevanter Aspekte aus mehreren Funktionsbereichen einer Unternehmung (Kapazitäts-, Investitions- und Finanzierungsprobleme werden simultan erfaßt) steht als zentraler Nachteil der beträchtliche Informationsbedarf derartiger Modellansätze gegenüber. Dieser setzt der praktischen Umsetzbarkeit und der innerbetrieblichen Akzeptanz enge Grenzen.

4.323 Einsatz von Handelsvertretern oder Reisenden als Sonderproblem der Absatzmittlerselektion

4.3231 Zentrale Merkmale von Handelsvertretern und Reisenden

Das Auswahlproblem zwischen der Einschaltung selbständiger Handelsvertretungen und der Beschäftigung von angestellten Reisenden gehört zu den **klassischen** betriebswirtschaftlichen **Vorteilhaftigkeitskalkülen** im Bereich des Marketing. Der Unterschied zwischen Handelsvertretern und Reisenden begründet sich zunächst aus ihrer rechtlichen Position. Nach der **Legaldefinition** (§ 84 Abs. 1 HGB) ist Handelsvertreter, „wer als selbständiger Gewerbetreibender ständig damit betraut ist, für einen anderen Unternehmer [...] Geschäfte zu vermitteln oder in dessen Namen abzuschließen", wobei als Wesensmerkmal der Selbständigkeit die freie Gestaltung der Tätigkeit beziehungsweise Arbeitszeit angesehen wird. Je nach Umfang der eingeräumten Rechte, der Art der Ermächtigung zum Verkaufsabschluß sowie der Zahl der vertretenen Unternehmungen lassen sich unterschiedliche **Erscheinungsformen einer Handelsvertretung** unterscheiden (Gutenberg 1976, S. 11 ff.; Becker 1982, S. 7):

- Dem **Bezirksvertreter** stehen aus allen Geschäften, die in seinem vertraglich fixierten Vertretungsbezirk abgeschlossen werden, die entsprechenden Provisionen zu. Beim **Alleinvertreter** ist zusätzlich die Tätigkeit Dritter in seinem Bezirk ausgeschlossen. Der **Generalvertreter** schaltet zur Bearbeitung der ihm übertragenen Gebiete weitere Untervertreter ein (zum Beispiel bei Importvertretungen).

- Ein **Vermittlungsvertreter** führt die Kaufverhandlungen mit Handelsunternehmen oder sonstigen institutionellen Kunden durch und leitet den Kaufvertrag lediglich an das vertretene Unternehmen weiter, während der **Abschlußvertreter** darüber hinaus berechtigt ist, im Namen der Unternehmung den Kaufabschluß zu tätigen.

- **Mehrfirmenvertreter** arbeiten – im Gegensatz zum **Einfirmenvertreter** – für zwei oder mehrere Unternehmen. In der Praxis sind Mehrfirmenvertreter von weitaus größerer Bedeutung.

Im Gegensatz zum Handelsvertreter wird der **Reisende** im Gesetz nicht ausdrücklich definiert. Hinsichtlich einer Unterscheidung beider Absatzmittler wird lediglich auf die fehlende Selbständigkeit beim Reisenden abgestellt (analog zu § 84 Abs. 1 HGB; vgl. zur Abgrenzung auch Küstner/von Manteuffel 1995). Typisch für einen Reisenden ist demnach die direkte Abhängigkeit von der ihn anstellenden Herstellerunternehmung, die ihren Niederschlag in einer unmittelbaren, arbeitsvertraglichen Weisungsgebundenheit und dementsprechend umfangreichen Kontrollrechten findet. Trotz dieser grundlegenden Unterschiede im Hinblick auf die rechtliche Stellung von Handelsvertretern und Reisenden gegenüber dem zu vertretenden Unternehmen übernehmen beide Absatzmittler in ihrer Grundstruktur sehr ähnliche Aufgabenbereiche. Das Entscheidungsproblem zwischen Handelsvertretern und Reisenden konzentriert sich daher auf die Frage, welches der beiden Vertriebsorgane die anstehenden Aufgaben im Hinblick auf die Marketing- und Distributionsziele des Unternehmens effektiver und effizienter zu lösen vermag (Albers/Krafft 1996).

4.3232 Auswahlentscheidung zwischen Handelsvertretern und Reisenden

Für die Entscheidungsfindung empfiehlt sich ein **zweistufiges Vorgehen**. In einem ersten Schritt sind mittels quantitativer Verfahren ökonomische Wert- und Mengengrößen (insbesondere Kosten- und Umsatzgrößen) für beide Alternativen zu bestimmen, aufzubereiten und in ein Vorteilhaftigkeitskalkül einzubeziehen. Die Resultate dieser Prüfung werden in einem zweiten Schritt um eine Analyse qualitativer Faktoren (zum Beispiel Qualifikation, Steuerbarkeit, Persönlichkeit) ergänzt.

Im Rahmen der **quantitativen Analyse** werden insbesondere Verfahren der Kosten- sowie der Gewinnvergleichsrechnung eingesetzt (Gutenberg 1976, S. 132 ff.). Bei diesen Vorteilhaftigkeitsrechnungen wird durch eine Gegenüberstellung der erzielbaren Umsätze mit den entstehenden Kosten (zum Beispiel Gehalt, Provisionen) die jeweils gewinnoptimale Absatzmittleralternative ausgewählt beziehungsweise derjenige Break-Even-Umsatz ermittelt, bei dem Indifferenz zwischen den Alternativen besteht. Dabei sind **zwei Fälle** mit jeweils grundlegend verschiedenen Prämissen zu unterscheiden:

Fall 1: Die Auswahlentscheidung (Reisender versus Absatzmittler) hat keinen Einfluß auf das erreichbare Umsatzniveau des Herstellers

Können Vertreter und Reisende in einem bestimmten abgegrenzten Verkaufsgebiet gleich hohe Umsätze erzielen, dann genügt ein reiner Kostenvergleich (Gutenberg 1973, S. 146 ff.). Dabei stellt der Umsatz eine Erwartungsgröße dar.

Es gelten folgende Bedingungen:

(1) $K_R = f_R + q_R \cdot x \cdot p$ Dabei bedeutet:
(2) $K_V = f_V + q_V \cdot x \cdot p$
(3) $K_R = K_V \rightarrow U_k$
(4) $U_k = \dfrac{f_V - f_R}{q_R - q_V}$

K_R = Kosten für Reisende
K_V = Kosten für Vertreter
f_R = Fixum für Reisende
f_V = Fixum für Vertreter (meist Null)
U_k = kritischer Umsatz
q_R = umsatzabhängige Kosten und Provisionen (in % des Umsatzes)
q_V = Provision des Vertreters
x = erwarteter Absatz
p = Verkaufspreis des Produktes
k_V = variable Produktionskosten (ohne Vertriebskosten)

Die Struktur der Gleichungen zeigt, daß die Vorteilhaftigkeit vom Umsatz abhängt. Es ist also das „**kritische Umsatzniveau**" zu ermitteln, bei dem die Kosten beider Formen gleich sind. Graphisch ergeben sich die in Abbildung 3-146 dargestellten Zusammenhänge. Liegt der erwartete Umsatz unter dem kritischen Niveau U_k, so arbeitet der Vertreter günstiger; liegt er über dem kritischen Umsatz, so sind Reisende vorzuziehen.

Sollte dem Handelsvertreter ab einer bestimmten Umsatzhöhe eine höhere Provision zugestanden werden, so erhält die Kurve (V) eine Knickstelle, was dazu führt, daß der kritische Umsatz früher realisiert wird (U_k^*) als bei konstantem Provisionssatz. Der Vergleich läßt sich in ähnlicher Weise durchführen, wenn statt eines einzigen mehrere Produkte vertrieben werden sollen.

Fall 2: Das erreichbare Umsatzniveau des Herstellers wird durch die Auswahlentscheidung beeinflußt

Der reine Kostenvergleich führt zu falschen Ergebnissen, wenn die verschiedenen Formen von Außendienstmitarbeitern unterschiedlich hohe Umsätze realisieren. In diesem Fall ist eine **Gewinnvergleichsrechnung** erforderlich. Der Gewinn kann entweder als Deckungsbeitrag bei kurzfristiger Betrachtung oder aber als Differenz zwischen Verkaufspreis und Selbstkostenpreis bei langfristiger Planung definiert werden.

Es gelten folgende Bedingungen:

(5) $x_R > x_V$ Dabei bedeutet: x_R = Absatzmenge des Reisenden
x_V = Absatzmenge des Vertreters

(6) $x_R = x_V + \Delta x x_V$
(7) $x_R - \Delta x = x_V$

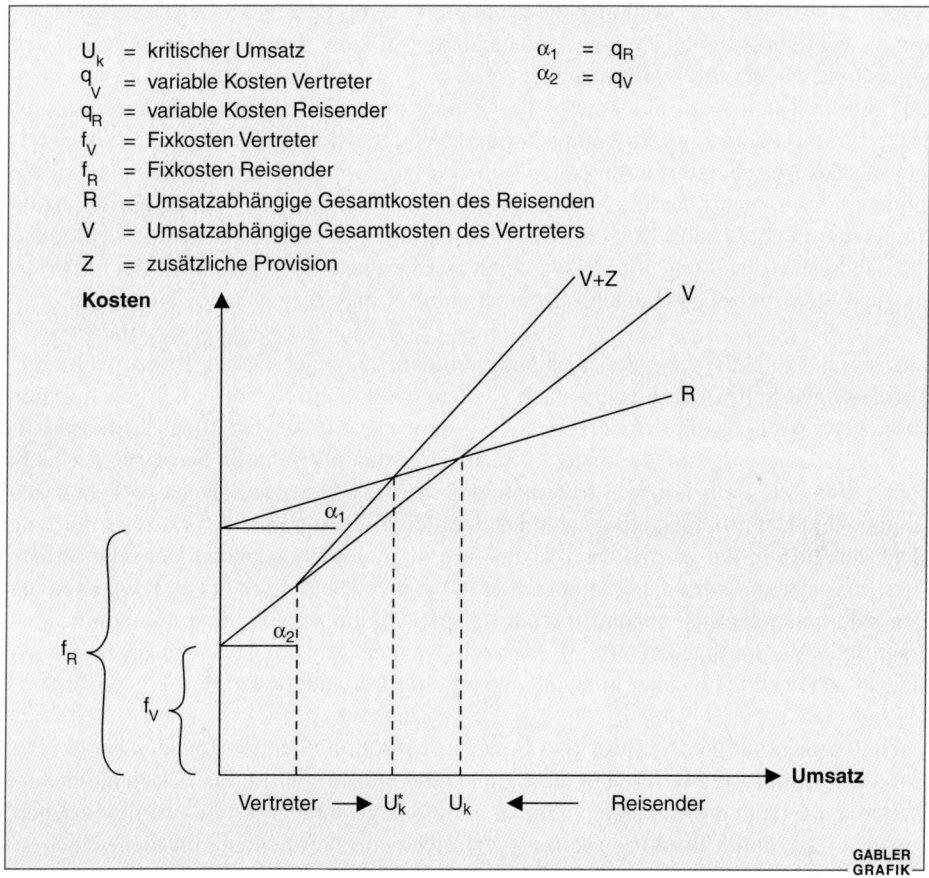

Abbildung 3-146: Kostenvergleich Reisender und Handelsvertreter

Jede zusätzlich verkaufte Einheit des Erzeugnisses erbringt dem Unternehmen einen zusätzlichen Deckungsbeitrag beziehungsweise Gewinn von g. Unter der Annahme, daß der Reisende in seinem Gebiet mehr als der Vertreter absetzt, lautet die Gewinnvergleichsformel:

(8) $\underbrace{f_R + q_R \cdot x_R \cdot p}_{\text{Kosten Reisender}} - \underbrace{\Delta x \cdot g}_{\substack{\text{Gewinnvorteil} \\ \text{Reisender}}} \lessgtr \underbrace{f_V + q_V \cdot x_V \cdot p}_{\text{Kosten Vertreter}}$

Die linke Seite der Formel stellt die Kosten der Reisenden abzüglich des Gewinnvorteils dar, den diese Absatzform infolge des höheren Umsatzniveaus im betrachteten Verkaufsgebiet erbringt. Die rechte Seite gibt die Kosten bei Inanspruchnahme von Vertretern wieder. Dem Einsatz von Reisenden ist der Vorzug zu geben, wenn die linke Seite des Ausdrucks kleiner ist als die rechte.

Beiden Vorteilhaftigkeitskalkülen liegt ein stark vereinfachtes Kostenverständnis zugrunde, bei dem lediglich ein umsatzunabhängiges Fixum (zumeist nur beim Reisenden gegeben) sowie ein direkt umsatzabhängiger, pauschaler Kostensatz betrachtet werden. Faktisch stellt sich die Struktur der in diese beiden aggregierten Kostengrößen eingehenden Vertriebskosten ungleich komplexer dar. Mit dem Ziel einer exakten Kostenermittlung für das Entscheidungsproblem zwischen Handelsvertretung und Reisendenorganisationen haben Dichtl, Raffée Niedetzky (1981, S. 70 ff.) ein detailliertes **Kostenerfassungsschema** entwickelt. Dessen Zweck besteht in einer systematischen und vor allem vollständigen Aufstellung aller relevanten Kostengrößen, die Relevanz für das Entscheidungsproblem zwischen Handelsvertretung und Reisendenorganisation aufweisen.

Umfang und Exaktheit des Schemas berühren dabei zugleich dessen **Hauptprobleme**. Auf der einen Seite sind die genannten Kostengrößen häufig nicht in der gewünschten Form zu erfassen, da die Kostenrechnungssysteme nur in seltenen Fällen vertriebsorientiert aufgebaut sind. Auf der anderen Seite ist es aus wirtschaftlichen Gründen nicht immer sinnvoll, die benötigten Informationen in dem durch das Schema vorgegebenen Umfang und Detaillierungsgrad zu erheben. So darf der Aufwand der Kostenermittlung nicht den Nutzen der zusätzlichen Kosteninformationen übersteigen. Der realisierbare Detaillierungsgrad wird dabei in hohem Maße von den spezifischen Gegebenheiten der Herstellerunternehmung abhängen (zum Beispiel Umfang des Produktprogramms, geographische Verbreitung, gemischte Vertriebssysteme, Anspruchsniveau der Entscheidungsträger) und kann daher nicht allgemeingültig festgelegt werden.

Nach der quantitativen Analyse sind in der zweiten Stufe des Entscheidungsprozesses zusätzlich **qualitative Größen** in die Betrachtung einzubeziehen. Da es sich hierbei um Faktoren handelt, die einander nicht unmittelbar gegenübergestellt werden können, versucht man, durch **Punktbewertungsverfahren** eine Verdichtung im Sinne einer gemeinsamen Vergleichsbasis zu erreichen. Als wichtigste qualitative Merkmale gelten dabei (Dichtl et al. 1981, S. 128):

- unternehmerisches Denken und Eigeninitiative,
- Flexibilität des Einsatzes (Austauschbarkeit) der Außendienstmitarbeiter,
- Qualität und Intensität der Kundenberatung,
- Umfang des betreuten Sortiments,
- Steuerbarkeit des Einsatzes (Weisungsgebundenheit, Kontrollierbarkeit),
- Informationsfluß (Berichterstattung),
- Marktkenntnis und Fachwissen,
- Qualität der Abnehmerbeziehungen (soziale Akzeptanz),
- Umfang des Absatzrisikos,
- Imagewirkungen,
- preispolitisches Verhalten,
- Reklamationsabwicklung,
- Übernahme von Zusatzaufgaben (Auslieferung, Verkaufsförderung, Regalpflege).

Neben den verfahrensimmanenten Schwächen von Scoring-Modellen ist vor allem zu beachten, daß eine derartige Analyse nur abgestimmt auf die spezifischen Gegebenheiten eines Unternehmens sinnvoll sein kann. Der entscheidende Vorteil des Verfahrens als Ergänzung rein quantitativ orientierter Entscheidungstechniken liegt jedoch in dem Versuch, alle für die Entscheidung relevanten Faktoren zu verdeutlichen und gemäß ihrer Bedeutung in die Entscheidung einzubeziehen.

In der jüngeren Diskussion um die Vorteilhaftigkeit der Absatzmittleralternativen hat das klassische Verständnis der Handelsvertretung insofern eine Erweiterung gefunden, als diese zunehmend als **Dienstleistungsunternehmen** betrachtet wird (Nerdinger et al. 1990, S. 2; Hanser 1994). Die duale Stellung von Handelsvertretungen zwischen dem Lieferantenmarkt auf der einen und dem originären Kundenmarkt auf der anderen Seite findet in zunehmendem Maße ihren Niederschlag in einer marketingorientierten Denkweise der Handelsvertreter. Den Chancen einer unternehmenseigenen Reisendenorganisation stehen somit immer umfassendere Möglichkeiten zur Nutzung des Dienstleistungsangebots von Handelsvertretungen gegenüber.

Auf die Kombination der Vorteile beider Alternativen ist ein innovatives Vertriebsmodell, das sogenannte **Außendienst-Leasing**, gerichtet. Dabei mieten Hersteller von spezialisierten Dienstleistungsunternehmen befristet Außendienstmannschaften an (Hanser 1994). Diese können ähnlich wie Reisende geführt werden, verursachen andererseits aber keine Fixkosten, so daß eine hohe Flexibilität der Herstellerunternehmung gewahrt bleibt. Teilweise kommt es dabei zur Bildung sogenannter **Cost-Sharing-Allianzen** verschiedener Herstellerunternehmen, die gemeinsam auf eine geleaste Außendienstmannschaft zurückgreifen. Sinnvoll erscheinen diese Kooperationen insbesondere bei komplementären Produkten, bei deren Vertrieb über eine gemeinsame Absatzmittlerorganisation **keine Kannibalisierungs-, sondern vielmehr Partizipationseffekte entstehen**.

So führte eine Frankfurter Promotion-Agentur zum Beispiel eine sogenannte „Joint-Venture-Promotion" für die beiden Markenartikler Beiersdorf und Kimberley-Clark durch. Gemeinsam unterstützt wurden die Produkte „Nivea-Visage" und „Kleenex-Ultra". „Dem Kunden", so die Geschäftsführerin der Agentur, „werden gleichzeitig zwei Produkte präsentiert, die sich in hervorragender Art und Weise ergänzen und so für den Verbraucher verständlich zu einer Produktidee werden" (Hanser 1994, S. 118). Außerdem kann der Kostenvorteil in eine Verlängerung der Promotion-Aktion umgesetzt werden.

4.33 Kontraktkonzept

Mit der Festlegung der horizontalen und vertikalen Struktur des Vertriebssystems, das heißt der Entscheidung über die Stufigkeit des Absatzweges und die Distributionsintensität auf den einzelnen Stufen, ist die grundlegende **Konfiguration** der Absatzkanalstruktur festgelegt. Im Rahmen des distributionspolitischen Managementprozesses stellt sich für die Entscheidungsträger weiterhin die Aufgabe, die ausgewählte Vertriebsstruktur in geeigneter Form zu implementieren, wobei zunächst das Kontraktkonzept, das heißt die Ausgestaltung der **vertraglichen Beziehungen** zu den Absatzmittlern, im Mittelpunkt steht.

4.331 Klassifizierung vertraglicher Beziehungsstrukturen zwischen Herstellern und Absatzmittlern

Die laufende Zusammenarbeit zwischen Herstellerunternehmen und ihren Absatzmittlern kann grundsätzlich mit oder ohne explizite vertragliche Vereinbarungen zwischen den Partnern erfolgen. Seit den siebziger Jahren läßt sich jedoch ein eindeutiger Trend zu einer **vertraglichen Regelung** der Beziehungen zwischen den Partnern in vertikalen Marketingsystemen feststellen.

Der Anstoß zu dieser auf eine enge Verhaltensabstimmung gerichteten Entwicklung geht zum überwiegenden Teil auf die Initiative der Hersteller zurück. Die angestrebte Rationalisierung beschränkt sich dabei jedoch nicht allein auf den originären Vertriebsbereich. **Gegenstand der Bindungen sind vielmehr sämtliche marktbezogenen Aktivitäten**. Durch eine Koordination des Einsatzes der Marketinginstrumente sollen die verfolgten strategischen Zielrichtungen des Herstellers durchgängig (das heißt bis zum Endabnehmer) umgesetzt werden.

Das Bestreben der Herstellerseite, eine umfassende Einflußnahme im Absatzkanal zu erlangen, hat zur Herausbildung zahlreicher Formen sogenannter **vertraglicher Vertriebssysteme** geführt. Vertragliche Vertriebssysteme stellen allgemein eine Form der „Zusammenarbeit beziehungsweise Verhaltensabstimmung [...] zwischen grundsätzlich selbständig bleibenden Industrie- und Handelsunternehmen" dar, die sich auf „planmäßige, auf Dauer angelegte und [...] individualvertragliche Vereinbarungen (Bindungen) im Zusammenhang mit Austauschverträgen" gründen (Ahlert 1981, S. 45). Vertragliche Vertriebssysteme stellen insofern immer **zwischenbetriebliche Kooperationen** dar.

Wie Abbildung 3-147 verdeutlicht, decken diese ein breites Spektrum alternativer Bindungsformen zwischen den Extrempunkten völlig freier (sogenannter anarchistischer) Beziehungen zwischen den Systempartnern einerseits und einer vollständigen Bindung, bei Anweisungsvertrieb über herstellereigene Verkaufsorgane, andererseits ab. Liegen bei freien Beziehungen zwischen den Partnern praktisch unbegrenzte **Gestaltungsfreiräume** der Absatzmittler vor, so nehmen diese im Verlauf immer weiter ab, je näher sich der Systemtyp an einen reinen Anweisungsvertrieb annähert. Analog dazu nehmen die **Steuerungsmöglichkeiten** des Herstellers zu.

Neben dem Grad der Verhaltensabstimmung können vertragliche Kooperationsformen weiterhin danach differenziert werden, ob sie eine Zusammenarbeit mit **Handelsvermittlern** (Kommissionären, Agenten, Handelsvertretern) oder sogenannte **Eigenhändlern**

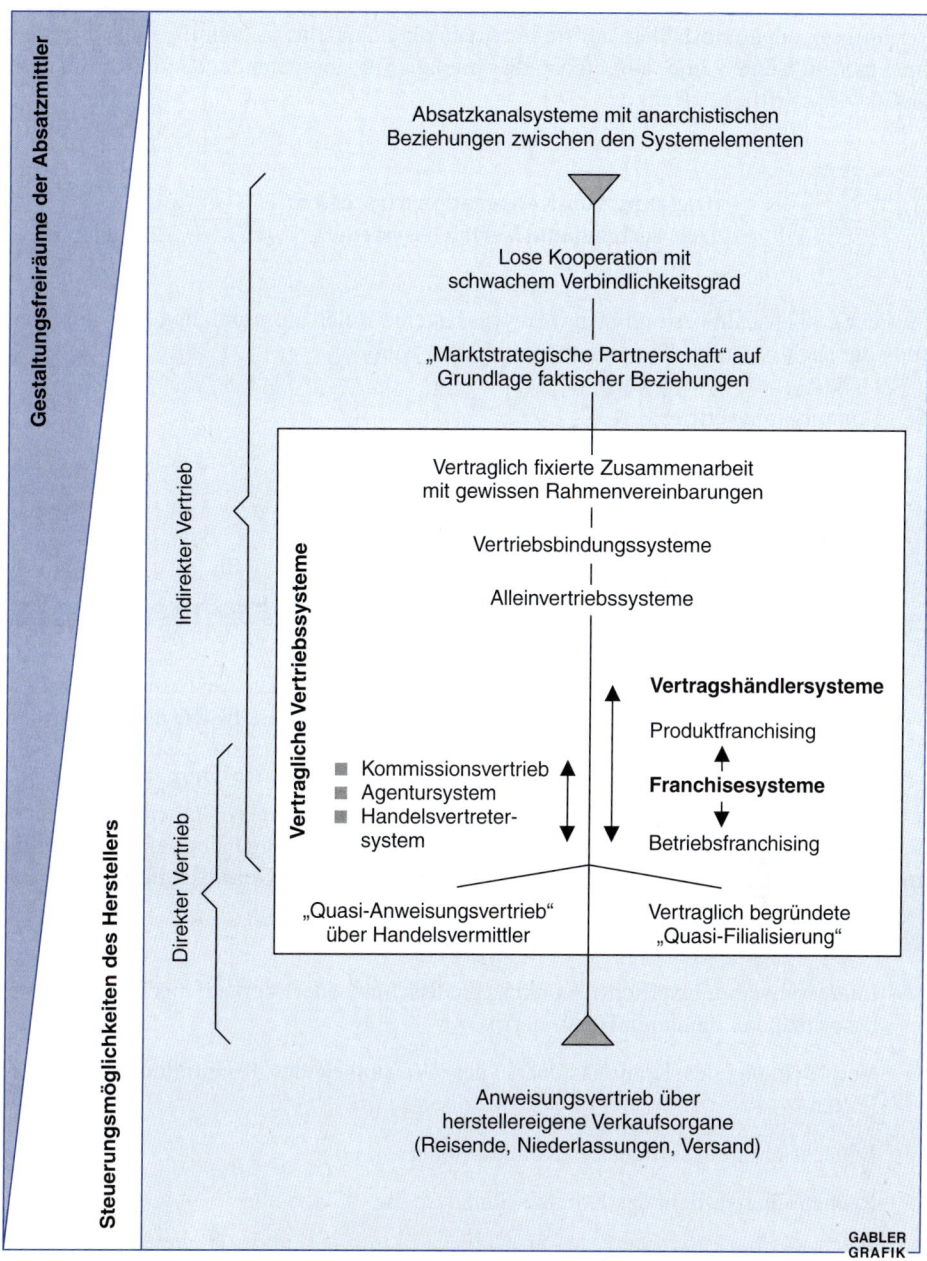

Abbildung 3-147: Formen der Verhaltensabstimmung zwischen Industrie und Handel in Absatzkanalsystemen
(in enger Anlehnung an Ahlert 1982, S. 76)

vorsehen (Specht 1998, S. 179; Wöllenstein 1996, S. 63 f.). Im Gegensatz zu Handelsvermittlern, die grundsätzlich auf fremde Rechnung handeln, agieren Eigenhändler stets im eigenen Namen und auf eigene Rechnung. Sie übernehmen damit ein höheres absatzwirtschaftliches Risiko.

4.332 Umsetzung von Kooperationsstrategien durch vertragliche Vertriebssysteme

Aus der großen Zahl vertraglicher Vertriebssysteme sollen aufgrund ihrer hohen Bedeutung die nachfolgenden **Typen** näher betrachtet werden:

- Kommissionsvertrieb,
- Vertriebsbindungs- und Alleinvertriebssysteme,
- Vertragshändler- und Franchisesysteme.

4.3321 Kommissionsvertrieb

Der Kommissionsvertrieb gehört zu den klassischen rechtlichen Ausgestaltungsformen von Kooperationsstrategien. Das Wesen des Kommissionsvertriebs wie auch die grundlegenden Rechte und Pflichten der Vertragsparteien sind umfassend gesetzlich geregelt (§§ 383–406 HGB). Demnach sind Kommissionäre nach § 383 HGB Kaufleute, die gewerbsmäßig Waren für Rechnung eines anderen im eigenen Namen kaufen oder verkaufen. Im einzelnen leiten sich aus dem Gesetzestext die folgenden zentralen **Rechte und Pflichten** des Herstellers (**Kommittent**) und Händlers (**Kommissionär**) ab:

- Ausführungs- und Sorgfaltspflicht des Kommissionärs,
- Interessenwahrungspflicht (Konkurrenzausschluß oder Verkauf nach dem Prioritätsprinzip bei mehreren Herstellern),
- Verpflichtung des Kommissionärs, den Weisungen des Kommittenten Folge zu leisten,
- Benachrichtigungspflicht des Kommissionärs,
- Rechenschaftspflicht des Kommissionärs sowie
- Verpflichtung, den Erlös aus dem Kommissionsgeschäft an den Kommittenten weiterzuleiten.

Das Weisungsrecht gegenüber dem Kommissionär begründet für den Hersteller das **zentrale Steuerungsinstrument** im Absatzkanal. Infolge der erheblichen Einflußmöglichkeiten (insbesondere auch in Form der Preisvorgabe) stellt das Weisungsrecht die umfassendste Schutzposition für die Durchsetzung der Herstellerinteressen dar, was gleichzeitig jedoch auch Grund zur Kritik aus **wettbewerbspolitischer** Perspektive ist.

4.3322 Vertriebsbindungs- und Alleinvertriebssysteme

Unter einer **Vertriebsbindung** versteht man allgemein die vertragliche Verpflichtung eines Absatzmittlers zur Einhaltung eines bestimmten, durch den Hersteller/Lieferanten definierten Absatzweges (Kapp 1984, S. 26 ff.; Florenz 1991, S. 51). Vertriebsbindungen existieren in mannigfaltigen Erscheinungsformen. Entsprechend ihrem materiellen Inhalt lassen sich **drei verschiedene Klassen von Vertriebsbindungen** unterscheiden, die in Abbildung 3-148 mit entsprechenden Beispielen dargestellt sind:

- Vertriebswegebindungen räumlicher Art,
- Vertriebswegebindungen personeller Art,
- zeitbezogene Vertriebsbindungen.

Durch Vertriebswegebindungen **räumlicher Art** soll das Aktivitätsfeld von Absatzmittlern auf ein geographisch begrenztes Absatzgebiet beschränkt werden (Florenz 1991, S. 52 f.). Das herstellerseitige Ziel derartiger Gebietsbindungen besteht in einer räumlichen Optimierung der Vertriebsnetzdichte bei gleichzeitiger Berücksichtigung betriebswirtschaftlicher (zum Beispiel Logistikkosten) und konkurrenzbezogener (zum Beispiel Dichte von Konkurrenz-Händlernetzen) Restriktionen.

Demgegenüber sind Vertriebswegebindungen **personeller Art** auf eine Begrenzung des Absatzes an bestimmte Abnehmerkreise gerichtet. Besondere Bedeutung besitzen derartige Bindungen bei mehrstufig-indirekten Vertriebswegen. Hier kann durch personelle Bindungen ein sogenanntes durchlaufendes Bindungssystem (Florenz 1991, S. 51) etabliert werden, bei dem der Hersteller auch auf der dritten oder vierten Absatzstufe eine Belieferung zuvor genau spezifizierter Abnehmergruppen durchzusetzen vermag.

Zeitliche Vertriebsbindungen schließlich betreffen prozessual-zeitliche Aspekte der Warenlieferung und -lagerung innerhalb des Absatzkanals. Typische Beispiele sind Terminklauseln beim Zeitschriftenvertrieb oder die Vorgabe maximaler Lagerzeiten bei verderblichen Waren.

Vertriebsbindungs- und Alleinvertriebssysteme als zwei in der Praxis besonders bedeutsame Formen vertraglicher Vertriebssysteme unterscheiden sich hinsichtlich der Art und Intensität vereinbarter Bindungen zwischen einem Hersteller und seinen Absatzmittlern. **Vertriebsbindungssysteme** sind auf eine **qualitative Selektion** der in den Vertriebsweg eingeschalteten Absatzmittler gerichtet und dienen insofern der Umsetzung von selektiven Vertriebskonzepten (Ahlert 1996, S. 197). Im Mittelpunkt steht hierbei eine dem

Distributionspolitische Entscheidungen

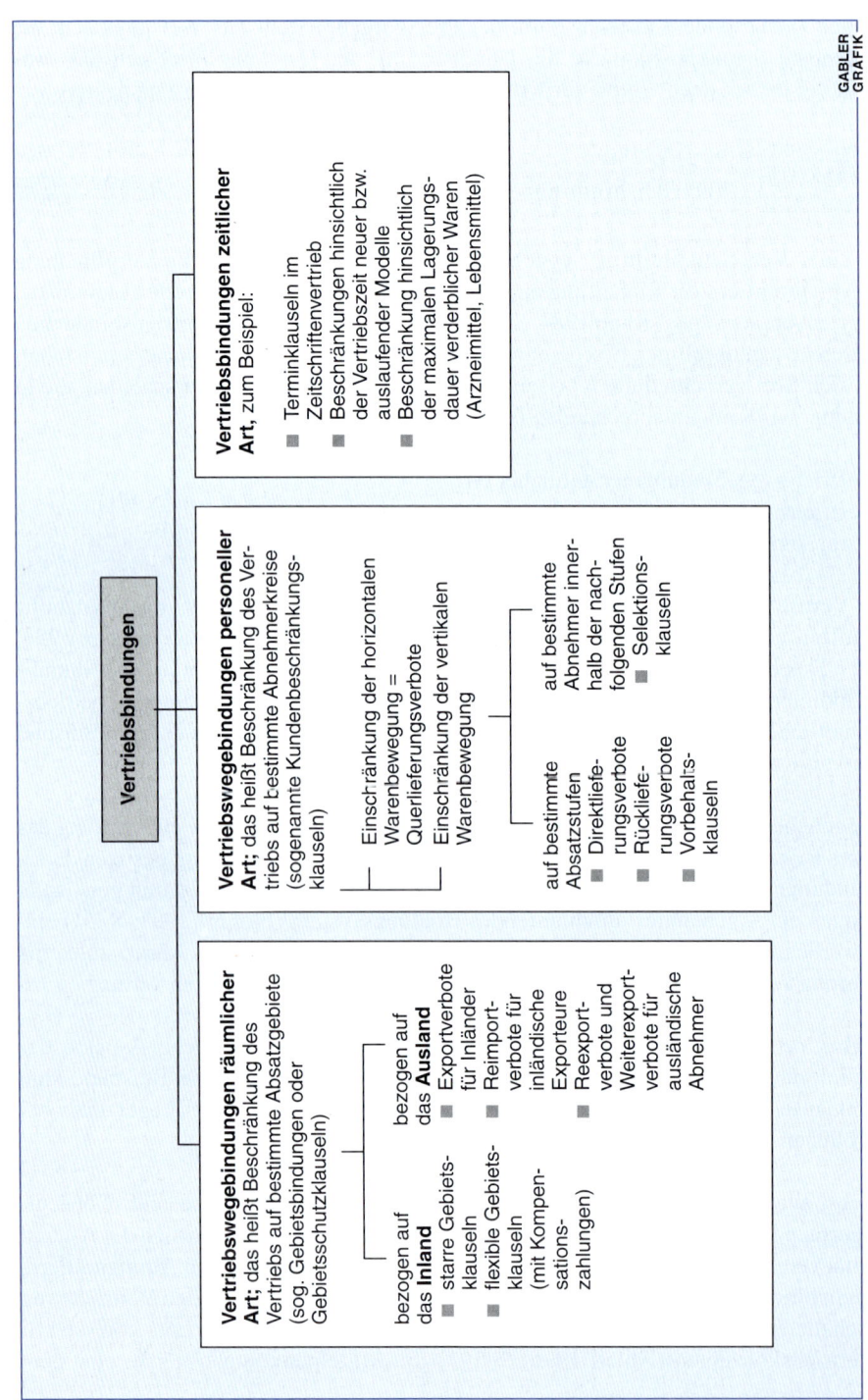

Abbildung 3-148: Systematisierung von Vertriebsbindungen
(Quelle: Ahlert 1996, S. 198)

Marketingkonzept des Herstellers adäquate Händlerauswahl. Diese basiert insbesondere auf personellen Vertriebswegebindungen in Gestalt von **Händlerselektionsklauseln** (Florenz 1991, S. 51 f.).

Typische **Selektionsklauseln** sind etwa personelle Händlermerkmale (zum Beispiel Händlerqualifikation, Qualifikation und Anzahl von Mitarbeitern), leistungsprogrammbezogene Merkmale (zum Beispiel Bereitsstellung geeigneter Verkaufs- und Lagerflächen, Existenz notwendiger Serviceeinrichtungen) sowie finanzielle Merkmale (insbesondere Bonität und Finanzkraft des Händlers).

Über die in Vertriebsbindungssystemen vorgenommene qualitative Absatzmittlerselektion hinaus **beinhalten Alleinvertriebssysteme zusätzlich eine quantitative Selektion** der in den Vertriebsweg eingeschalteten Händler. Alleinvertriebssysteme besitzen daher insbesondere bei Verfolgung von **exklusiven** Vertriebskonzepten große Bedeutung (Ahlert 1996, S. 197). Die quantitative Selektion erfolgt insbesondere anhand räumlicher Vertriebsbindungen, das heißt der Hersteller beschränkt den Aktionsradius eines Händlers auf ein genau definiertes Absatzgebiet (Bindung des Absatzmittlers) und sichert dem Händler gleichzeitig für das entsprechende Gebiet eine exklusive Belieferung zu (Eigenbindung des Herstellers). Diesem Vorteil aus Händlersicht stehen allerdings weitere Bindungen entgegen, durch welche die Autonomie des Absatzmittlers weiter eingeschränkt wird. Typisch sind hier vertragliche Verpflichtungen zu Werbung und Marktforschung, aber auch zur Übernahme von Reparatur-, Garantie- und Ersatzteildiensten. Zudem muß sich der Händler vielfach verpflichten, ausschließlich die Erzeugnisse des entsprechenden Herstellers zu vertreiben und auf das Angebot von Konkurrenzerzeugnissen vollständig zu verzichten (Bezugsbindung).

Als typische **Einsatzfelder von Alleinvertriebssystemen** sind zu nennen:

- Neueinführung risikobehafteter Produkte mit hohen Einführungsaufwendungen der Absatzmittler,

- Gewährleistung eines gewinnbringenden Absatzpotentials zur Amortisation der für eine dauerhafte, intensive Marktbearbeitung erforderlichen Investitionen auf Hersteller- und Handelsseite,

- Bessere Motivation der Absatzmittler durch Steigerung der anteiligen Umsatzquote, Incentive-Effekt zur Verstärkung der Verkaufsbemühungen,

- Erzielung von Effektivitäts- und Effizienzvorteilen durch Konzentration der Verkaufstätigkeit auf wenige dauerhafte und enge Geschäftsverbindungen,

- Marktabgrenzung bei regionaler Preisdifferenzierung und als Preisbindungsersatz.

Alleinvertriebssysteme waren früher vor allem in der **Automobilbranche** verbreitet, wobei die Gebietsschutzklauseln zu einer Verhinderung von „Intramarken-Wettbewerb" führten. Aus folgenden, die grundsätzlichen Probleme eines extensiven Gebietsschutzes verdeutlichenden Gründen wurde der Alleinvertrieb bei fast allen großen Automobilherstellern wieder aufgehoben:

- Der Erfolg des Herstellers ist direkt von der Leistungsfähigkeit des Händlers in einem bestimmten Vertragsgebiet abhängig.

- Wegen des Querlieferungsverbotes in ein anderes Gebiet war ein Kunde, der mit dem für seinen Wohnsitz zuständigen Händler unzufrieden war, auch für die Marke verloren.

- Die Ausweitung der Märkte konnte aus Kapitalmangel einzelner Händler oft nicht erfolgen (zum Beispiel mangelnde Erweiterungsinvestitionen im Reparaturbereich).

Heute findet sich der Alleinvertrieb insbesondere noch im Gaststättengewerbe (Alleinbelieferung einer Gaststätte innerhalb eines Bezirks mit einer bestimmten Biersorte) und im Zeitungs- und Zeitschriftengewerbe („Pressegrosso").

4.3323 Vertragshändler- und Franchisesysteme

Vertragshändler- und Franchisesysteme sehen im Vergleich zu den bislang beschriebenen Vertriebssystemen eine **noch stärkere Begrenzung der Gestaltungsfreiräume der Absatzmittler** vor. Das zentrale Motiv von Herstellern zur Einführung derartiger Vertriebssysteme liegt in der Möglichkeit, die spezifischen Vorteile von Filialsystemen (insbesondere eine vollständige und durchgängige Steuerbarkeit) zu realisieren, ohne aber deren Nachteile (zum Beispiel hoher Kapitalbedarf, Motivationsprobleme) in Kauf nehmen zu müssen. Im Zusammenhang mit Vertragshändler- und Franchisesystemen wird daher auch von Strategien der sogenannte **Quasi-Filialisierung** gesprochen.

Wie bei den beschriebenen Formen des Alleinvertriebs liegt auch beim **Vertragshändlersystem** ein auf Dauer gerichteter Vertrag vor. Dabei wird der Vertragshändler in der Weise für den Hersteller tätig, daß er den Kauf beziehungsweise Verkauf der Vertragsware im eigenen Namen und auf eigene Rechnung durchführt. Gleichzeitig ist er in der Regel verpflichtet, eine Mindestmenge an Vertragswaren auf Lager zu nehmen und jeden Monat einen Mindestbestand an Erzeugnissen abzunehmen. Ein weiterer – je nach Branche – wesentlicher Vertragsbestandteil ist der Kunden- beziehungsweise Reparaturdienst des Vertragshändlers (zum Beispiel bei technisch komplizierten und wartungsbedürftigen Produkten). In Verbindung damit wird auch eine Schulung der Mitarbeiter (technisches Personal und Verkäufer) vereinbart.

Der Vertragshändler ist zur **Absatzförderung** der Vertragswaren verpflichtet und unterwirft in Erfüllung dieser Verpflichtung die Ausgestaltung seiner absatzpolitischen Instrumente den Interessen des Herstellers (zum Beispiel Sortimentsgestaltung, Werbe- und Verkaufsförderungsaktionen, Rabatte). Durch die Verwendung des Herstellerzeichens im Geschäftsverkehr und durch sein systemkonformes Auftreten am Markt bringt der Vertragshändler seine Zugehörigkeit zum Vertriebsnetz des Herstellers zum Ausdruck, wobei jedoch ein völliger Verzicht auf die Darstellung der eigenen Firma im Geschäftsverkehr (wie bei Franchisesystemen) nicht erfolgt (Eggers 1990, S. 34). Weite Verbreitung finden Vertragshändlersysteme in der **Automobilindustrie**. Hier werden die Händlernetze verschiedener Hersteller (zum Beispiel Volkswagen-Gruppe, Opel) als Vertragshändlersysteme geführt.

Die im Spektrum vertraglicher Vertriebssysteme **engste Form vertraglicher Bindungen stellen schließlich Franchiseverträge** dar. Ein Franchisesystem zeichnet sich durch eine kooperative, vertraglich umfassend geregelte Beziehung zwischen einem Franchisegeber und einer Vielzahl von Franchisenehmern aus, wobei dem Franchisenehmer gegen Entgelt das Recht eingeräumt, gleichzeitig aber auch die Pflicht auferlegt wird, genau bestimmte Leistungen unter Verwendung von Namen, Warenzeichen und Ausstattung des Franchisegebers an Dritte abzusetzen. Das Entgelt des Franchisenehmers umfaßt dabei in der Regel eine fixe Eintrittsgebühr, die bei etablierten Systemen die Millionengrenze überschreiten kann. Daneben sind variable Zahlungen an die Systemzentrale zu entrichten, die normalerweise umsatzabhängig sind.

Eine **Definition** des Franchising wird durch den Umstand erschwert, daß der Franchisebegriff aufgrund seiner Komplexität nicht durch ein oder wenige Merkmale erfaßt werden kann. Von Franchising im engeren Sinne kann daher nur gesprochen werden, wenn alle in Abbildung 3-149 dargestellten Systemmerkmale gegeben sind. Daher sind nicht alle Systeme, die im Sprachgebrauch unter Franchising subsumiert werden, tatsächlich auch im Sinne der angeführten Definition als solche zu klassifizieren.

Franchiseverträge enthalten eine Vielzahl gegenseitiger Leistungen und Pflichten, die sowohl den **Marktauftritt** des Systems als auch das **Verhältnis** zwischen der Systemzentrale und den Franchisenehmern regeln. Diese sind in Abbildung 3-150 zusammenfassend dargestellt. Die Duldung von Ergebnis- und Verhaltenskontrollen des Franchisegebers beim Franchisenehmer, die Anerkennung eines Weisungsrechtes des Franchisegebers oder auch die Pflicht zur kontinuierlichen Weitergabe von Marktinformationen und Betriebsergebnissen des Franchisenehmers schränken dessen wirtschaftliche Selbständigkeit nachhaltig ein, während die rechtliche Selbständigkeit vollständig erhalten bleibt.

Die Existenz eines sämtliche Leistungsbereiche der Absatzmittler umfassenden **Vermarktungskonzeptes** in Verbindung mit einer detaillierten vertraglichen Regelung des **Innenverhältnisses** der Systempartner machen letztlich das Wesen des Franchisinges aus und offenbaren gleichzeitig die zentralen Unterschiede gegenüber den übrigen Formen vertraglicher Vertriebssysteme.

Durch das weitestgehend standardisierte Auftreten am Markt nimmt ein Franchisesystem aus Kundensicht die Züge eines herstellereigenen Filialsystems an. Die vielfach erforderliche Einbringung des notwendigen Betriebskapitals, bisweilen auch des

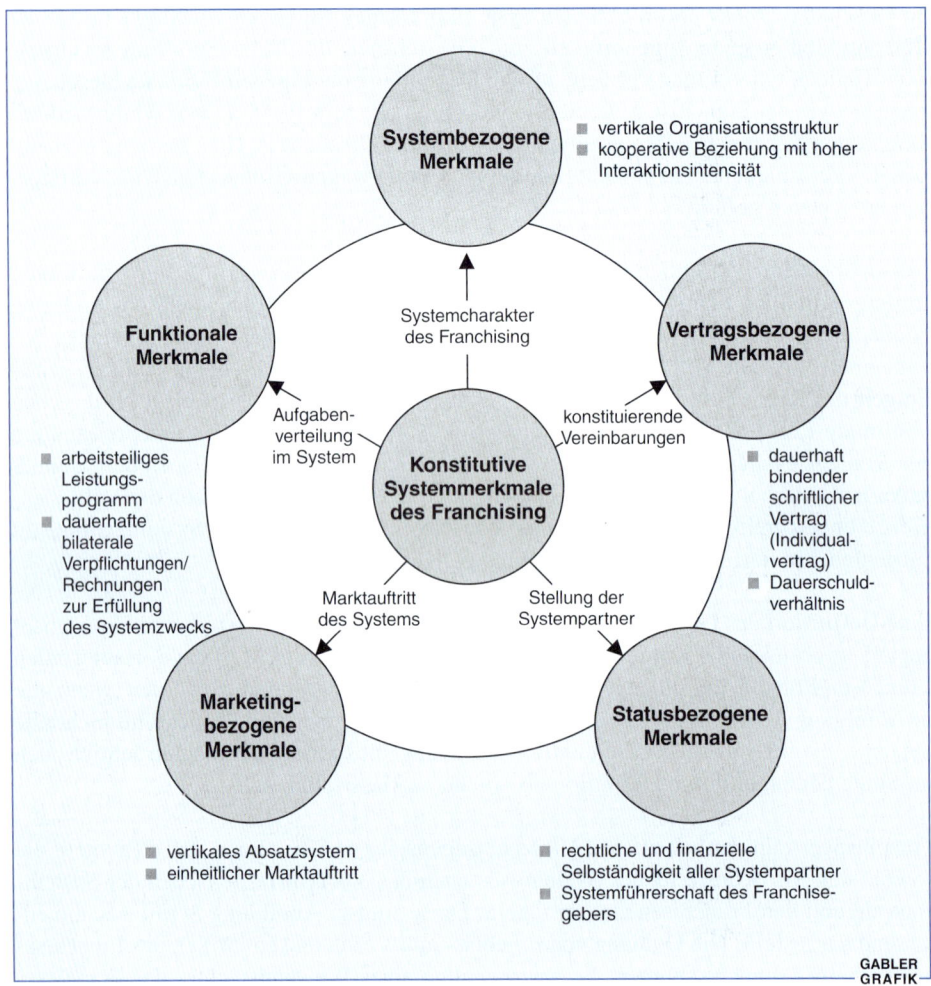

Abbildung 3-149: Konstitutive Systemmerkmale des Franchising
(Quelle: Meurer 1997, S. 9)

Ladenlokals durch den Franchisenehmer (in der Regel als Teil der fixen Eintrittsgebühr) entlastet zugleich den Franchisegeber nachhaltig. Das Systemwachstum erfordert daher aus Sicht der Systemzentrale ein geringeres Investitionsvolumen. Franchisesysteme vermögen daher im Vergleich zu herstellereigenen Filialsystemen ein **vielfach höheres Wachstums- beziehungsweise Expansionstempo** zu realisieren.

Gleichzeitig verbleibt dem Franchisenehmer trotz aller Weisungs- und Kontrollrechte der Systemzentrale die unternehmerische Selbständigkeit. Im Vergleich zu angestellten Filialleitern besitzen Franchisenehmer daher in der Regel eine höhere **Leistungsmotivation**, die sich positiv auf die Effizienz des Gesamtsystems auswirkt.

Leistungen/Pflichten des Franchisegebers	Leistungen/Pflichten des Franchisenehmers
■ Bereitstellung von Produkt, Firmen- und Markenzeichen ■ Überlassung des System-Know-hows ■ Gewährung von Nutzungsrechten am Systemimage ■ Hilfe beim Betriebsaufbau ■ Werbung, Verkaufsförderung, Aktionen, Sortimentsplanung ■ Laufende Beratung auf allen Unternehmensgebieten ■ Betriebswirtschaftliche Dienstleistungen, Organisationsmittel ■ Laufende Aus- und Weiterbildung der Franchisenehmer ■ Erfahrungsaustausch ■ Belieferung bzw. Nachweis von Einkaufsgelegenheiten zu festgelegten Konditionen ■ Erhaltung der Wettbewerbsfähigkeit des Systems ■ Gewährung von Gebietsschutzrechten	■ Führung des Geschäfts nach vorgegebenen Richtlinien ■ Verwendung von Marken und Zeichen des Franchisegebers ■ Vorbehaltloser Einsatz für das System ■ Wahrung der Betriebs- und Geschäftsgeheimnisse ■ Periodische Daten- und Ergebnismeldung ■ Ausschließlicher Bezug beim Franchisegeber oder bei vorgegebenen Quellen ■ Duldung von Kontrollen und Inspektionen ■ Anerkennung des Weisungsrechts des Franchisegebers ■ Sortimentsbildung und Einhaltung der Systemstandards ■ Inanspruchnahme der Dienstleistungen des Franchisegebers ■ Abführung einer Franchisegebühr (variabel/fix)

Abbildung 3-150: Gegenseitige Leistungen und Pflichten in Franchisesystemen

Das Franchising hat als engste vertriebliche Kooperationsform seit Mitte der achtziger Jahre national wie international ein **dynamisches Wachstum** erlebt. Betrug die Zahl der Systeme in Deutschland 1986 noch 140 mit insgesamt 7.700 Franchisenehmern, so hat sich der Systembestand bis 1996 mehr als verdreifacht. Einer Gesamtzahl von 530 Systemen waren insgesamt rund 22.000 Franchisenehmer angeschlossen. Abbildung 3-151 zeigt die 20 größten, in Deutschland tätigen Franchisesysteme im Überblick.

Der gesamte Inlandsumsatz der deutschen Franchisesysteme lag allerdings mit etwa 24 Milliarden DM nicht höher als der eines Großkonzerns, wovon ein wesentlicher Teil auf die wenigen großen Systeme (einschließlich Coca-Cola) entfällt. Dies verdeutlicht, daß 80 bis 90 Prozent der deutschen Franchisesysteme nach wie vor **mittelständisch** geprägt sind. Auch die **Branchenstruktur** der Systeme hat einen nachhaltigen Wandel durchlaufen: Nur noch 40 Prozent der inländischen Franchisesysteme stammen aus dem Handel, während 60 Prozent dem Dienstleistungssektor zuzurechnen sind.

Eine über das Franchising hinausgehende, weitere Erhöhung der Steuerungsmöglichkeiten des Herstellers und ein damit verbundener Rückgang der Gestaltungsmöglichkeiten des Absatzmittlers (beziehungsweise der in einem Anstellungsverhältnis befindlichen Verkaufsorgane) führen zum **Anweisungsvertrieb** über herstellereigene Verkaufsorgane. Dabei findet eine Umgehung des Handels statt, das heißt der Hersteller organisiert den Absatz seiner Leistungen eigenständig.

Distributionspolitische Entscheidungen

Deutscher Franchise-Verband e. V. Top 20			
Gesamtzahl der Franchisenehmer-Betriebe der DFV-Mitglieder in Deutschland (Stand 31.12.1995)			
System	Gesamt	System	Gesamt
Porst[1]	2.582	OBI	300
Eismann	1.344	Clean Park	285
Foto-Quelle[1]	1.267	Ayk Beauty Sun	283
Schülerhilfe	556	Wap WaschBär	250
Quick-Schuh	471	Yamaha Musikschule	240
Studienkreis	435	TUI UrlaubCenter	248
First Reisebüro	423	Portas	238
Musikschule Fröhlich	403	Getifix	228
McDonald's	400	GaSiTec	226
Sunpoint	341	Ihr platz	162

1 Einschließlich Film- und Bildstellen.

GABLER GRAFIK

Abbildung 3-151: Übersicht über die größten inländischen Franchisesysteme
(Quelle: Deutscher Franchise-Verband (Hrsg.), Franchise-Telex 1996, München 1996, S. 6)

4.333 Umsetzung von Umgehungsstrategien durch Direktvertriebs- und Filialkonzepte

Durch die Umgehung nachgeordneter Absatzstufen und die Übernahme der Vertriebs- und Verkaufsfunktionen in Eigenregie **gewinnt ein Hersteller die vollständige Kontrolle über den Absatzweg seiner Produkte**. Die herstellereigene Marketingkonzeption kann daher konsequent über alle Absatzstufen hinweg geplant und durchgesetzt werden. Friktionen durch notwendige Koordinationsaktivitäten mit Absatzmittlern können daher nicht mehr auftreten. Andererseits müssen in diesem Fall aber alle bei kooperativen Vertriebsformen von anderen Marktpartnern übernommenen Aufgaben und Risiken selbst getragen werden. Einer der bekanntesten Vertreter einer Direktmarketingstrategie ist der Staubsaugerhersteller Vorwerk. Schon in den dreißiger Jahren nutzte Vorwerk die Möglichkeiten des Direktvertriebs, da der Handel seinerzeit nicht bereit war, das Standardprodukt „Kobold" in das Sortiment aufzunehmen. Vorwerk machte insofern aus der Not eine Tugend, als daß der Ruf der Marke als Qualitätsprodukt heute nicht zuletzt mit dem damals gewählten Direktvertrieb zusammenhängt. Insbesondere die kundennahe Produktpräsentation in den Haushalten sowie die strenge Auswahl der Außendienstmitarbeiter hat wesentlich zum Imageaufbau der Marke Vorwerk beigetragen.

In Abbildung 3-152 werden nachfolgend die verschiedenen Ausgestaltungsformen direkter Vertriebssysteme systematisiert. Zu diesem Zweck werden die beiden Dimensionen **„Anbahnung des Kaufs"** und **„Art des Abschlusses"** herangezogen. Sowohl die Anbahnung des Verkaufs als auch die Art des Abschlusses können dabei persönlich, schriftlich, telefonisch oder mittels elektronischer Medien stattfinden. Die Darstellung zeigt anhand ausgewählter Beispiele die vielfältigen Erscheinungsformen des Direktvertriebs.

Abschluß \ Anbahnung	Persönlich		Schriftlich	Telefonisch	Elektronische Medien
	Aktiv	Passiv			
Persönlich	Haus-zu-Haus-Verkauf Partyverkauf Fahrverkauf	Verkaufsfilialen	Buchclubs Sammelbesteller	Telefonverkauf	Teleshopping Online Dienste Internet
Schriftlich	Haus-zu-Haus-Verkauf Partyverkauf Fahrverkauf	Verkaufsfilialen	Katalog Buchclubs		
Telefonisch	Gesetzliches Verbot der Neukundenakquisition durch Anruf				
Elektronische Medien	Haus-zu-Haus-Verkauf	Verkaufsfilialen	Katalog	Telefonverkauf	Teleshopping Online Dienste Internet
Sonstige (z. B. Schaufensterauslage)		Verkaufsfilialen	Katalog		

Abbildung 3-152: Formen des Direktvertriebs

Wesentliche Impulse erhält der Direktvertrieb derzeit durch die rasche Diffusion von **Multimedia-Anwendungen**. Die Bandbreite möglicher Anwendungen im Direktvertrieb reicht von der Implementierung von Informationssystemen für den Außendienst über die konsumentengerichtete Kommunikationspolitik bis hin zur direkten Bestellabwicklung durch den Konsumenten. So können Konsumenten bei Verfügbarkeit eines entsprechend ausgestatteten PC Transaktionen von der Wohnung beziehungsweise dem

Distributionspolitische Entscheidungen

Richtig in Wallung

Deutschlands Konzerne scheuen noch vor dem mutigen Auftritt im Internet zurück. Jungunternehmer sind cleverer.

Christbäume? Christbäume. Keine polymeren Immergrünimitate, sondern frisch geschlagene Nordmann- und Blautannen sollten die Verbraucher im Weihnachtsgeschäft 1999 zum Onlineshopping verführen. Exemplare im Bonsaiformat waren schon ab 55 Mark frei Haus zu haben. Unter den Anbietern: Karstadts Netzfiliale My World, wieder einmal auf der Suche nach einem Highlight.

Die Welt des Einzelhandels hat sich auch durch diese eigenwillige Marketingkampagne nicht verändert, bei den Baumverkäufern auf Deutschlands Supermarktparkplätzen brach keine Panik aus. Auch im vierten Jahr nach dem Going-Online ist nicht abzusehen, wann My World für die Karstadt Quelle AG profitabel werden könnte: Jene 65 Millionen Mark, die Konzernchef Walter Deuss anno 1996 seinem damaligen Multimediavordenker Klaus Eierhoff als Startkapital genehmigte, sind bis heute nicht einmal in Form von Umsätzen zurückgeflossen, geschweige denn durch Gewinne refinanziert.

Gefährlicher Kurs. Für den Karstadt-Chef ist My World nicht der Rede wert: Bei der Vorlage des letzten Geschäftsberichts erwähnte Deuss den Multimediaableger, der etwa ein Promille seines Warenhausumsatzes von 15 Milliarden Mark (knapp 7,7 Milliarden Euro) einfährt, mit keinem Wort. Angesichts der Fakten war Schweigen freilich Gold. Während My World anfangs 15 000 Besucher täglich zählte, sank deren Zahl auf zeitweise nur noch 5000.

Nach Ansicht von Berthold Heil steuert der Handelsriese – wie auch der Kaufhof – einen gefährlichen Kurs. „Das Internet wird behandelt wie etwas, das morgen wieder weg sein könnte", diagnostiziert der E-Commerce-Experte der Düsseldorfer Consultingfirma Pricewaterhousecoopers (PwC).

Unterschätzte Bedrohung. Bewaffnet mit einer aktuellen Studie sind Heil und seine Kollegen inzwischen auf Missionstour durch diverse Chefetagen, um die Manager von der Wichtigkeit von E-Commerce zu überzeugen. Europäische Unternehmen, stellen die PwC-Analysten darin fest, schätzen den elektronischen Handel fälschlicherweise „nicht als zentrale Bedrohung der eigenen Geschäftstätigkeit ein". Verglichen mit dem US-Markt sei ihre Bereitschaft, in den Ausbau des elektronischen Warenverkehrs zu investieren, gering. Es herrsche eine „defensive Strategie" vor.

Unterstützung für ihre Thesen bekommen die Berater von den Marktforschern. Die registrieren zunehmende Bereitschaft der Verbraucher zum Einkauf per PC. So klickten bei einer Umfrage des Hamburger Online-Marktforschungsinstituts Fittkau & Maaß 51 Prozent der Teilnehmer an, das Web eigne sich „sehr gut" oder „gut" zum Einkaufen; 87 Prozent gaben an, demnächst „bestimmt" oder „vielleicht" etwas bestellen zu wollen.

Theorie und Praxis: Warum bestellen drei von vier potentiell Kaufwilligen am Ende doch nicht? Harald Summa, Geschäftsführer des Electronic Commerce Forum, ist die bekannten Erklärungsversuche leid, den deutschen Verbrauchern sei das Internet zu unsicher und sie warteten auf neue Zahlungsmethoden. „Der durchschnittliche Shopbetreiber bietet einfach zu wenig Einkaufskomfort und nimmt den Verbraucherschutz nicht ernst genug", kritisiert der Kölner Branchenfunktionär.

Unprofessionell und unseriös. Dilettantisch gestaltete Läden sind in der Tat keine Seltenheit. So stellte die Stiftung Warentest vor einigen Monaten bei einer Untersuchung von 150 Onlinegeschäften eine lange Mängelliste zusammen: nicht ausgewiesene Lieferzeiten, überfrachtete Homepages, kundenunfreundliche Zahlungsmodalitäten und Bestellvorgänge, lange Wartezeiten beim Seitenaufbau oder Billigflüge, die überhaupt nicht existierten. So richtig in Wallung gerieten die Tester bei Anbietern, die nicht lieferten, das Geld aber dennoch abbuchten.

Die Empörung brachte nicht viel. Auch heute wimmelt es im Netz noch von unprofessionellen Auftritten und unseriösen Angeboten – etwa wenn ein Shopinhaber vergisst, seine reale Hausadresse anzugeben.

Lösung Gütesiegel? Längst nicht jeder Kritiker ist so milde wie Professor Bernd Skiera vom Lehrstuhl für E-Commerce an der Universität Frankfurt. Er attestiert der sehr jungen Branche „ganz normale Kinderkrankheiten". Eco-Funktionär Summa sorgt sich dagegen schon um den Ruf der

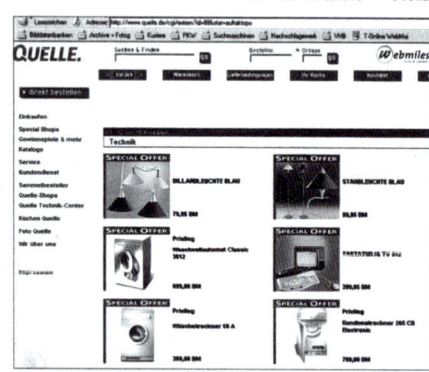

INTERNETAUFTRITT VON QUELLE UND KARSTADT:
Die Bereitschaft der Verbraucher zum Einkauf per PC steigt

INSERT 3-30: Wirtschaftswoche, 10.02.2000, S. 131–134

gesamten E-Commerce-Gemeinde. Ein Gütesiegel für Onlineshops müsse her, forderte er im vergangenen Herbst.

Sein Rufen war nicht umsonst. Inzwischen gibt es zwei. Für einen Mitgliedsbeitrag von jährlich bis zu 15 000 Mark vergibt der Gerling-Konzern das Abzeichen „Trusted Shop", während das Kölner Euro-Handelsinstitut (EHI) sein Siegel für 500 Mark per anno vertreibt.

Für Alexander Felsenberg vom Deutschen Multimedia Verband ist das allerdings nur Aktionismus: „Das EHI-Siegel wird bald hinfällig, denn im Juni tritt das Fernabsatzgesetz in Kraft." Nach diesem Regelwerk muss der Händler seine Anschrift komplett angeben, über die Preise und Lieferzeiten informieren und dem Verbraucher das Widerrufsrecht einräumen. **Bequem oder billig.** Dass nicht ängstliche Verbraucher das Problem darstellen, sondern unfähige oder unwillige Manager in den Anbieterunternehmen, davon ist PwC-Mann Heil überzeugt. Galeria von Kaufhof und My World von Karstadt erinnern den Berater noch viel zu sehr ans klassische Kaufhaus – mit dem entscheidenden Unterschied eines viel kleineren Sortiments. „Der Konsument", sagt Heil, „will etwas Spannendes finden, einen Bequemlichkeits- oder einen Preisvorteil." Internetläden müssten deshalb viel mehr Waren anbieten, als in die engen Regale einer Vorstadtfiliale passen.

Zwei Drittel der Surfer erwarten, wie eine Umfrage der Marktforschungsfirma Ears and Eyes Webresearch exklusiv für die *Wirtschaftswoche* ergab, von den Händlern nämlich nicht nur Sonderangebote, sondern die Möglichkeit, Produkte gezielt zu suchen. Das heißt aber nicht, dass diese Kunden nicht mehr ins reale Kaufhaus gehen wollen: 49 Prozent möchten sich im Internet informieren, welche Angebote es im Laden gibt, und ein Drittel beabsichtigt, den Einkaufsbummel durch Preisvergleiche online vorzubereiten. Doch darauf ist das derzeitige Informationsangebot nicht ausgelegt. Den Warenhausmanagern, stöhnt Heil, fehle es an der Bereitschaft, „die Prozesse im Unternehmen an die Erfordernisse des E-Commerce anzupassen".

Behält Manager Eierhoff Recht, könnte den Fortschrittsverweigerern bald ein großer Teil ihres Umsatzes wegbrechen. „Wir erwarten", verkündet der inzwischen als Multimediavorstand zu Bertelsmann gewechselte My-World-Gründer, „dass in drei bis fünf Jahren fünf bis zehn Prozent des gesamten Einzelhandelsvolumens von derzeit rund 800 Milliarden Mark online abgewickelt werden."

Clevere Gründer. Auf Stücke von diesem riesigen Kuchen lauern inzwischen auch in Deutschland immer mehr E-Commerce-Neugründungen. Ohne Rücksicht auf bestehende Läden nehmen zu müssen – im Jargon abschätzig brick & mortar, Stein & Mörtel genannt –, bauen die Newcomer schlanke Firmen mit geringen Kapital- und Fixkosten auf. Sie schmieden Allianzen mit jedem im Web, der ihnen Besucher, im Fachjargon Traffic, bringen kann. Sie machen mit bei neuen Handelsportalen, in denen der Websurfer diverse Fachgeschäfte unter einem virtuellen Dach findet.

Wie schnell in diesem Metier eine vermeintliche Klitsche zum ernst zu nehmenden Herausforderer werden kann, zeigt der Spielzeugladen Mytoys.de (www.mytoys.de) aus Lotte bei Osnabrück. Der Versender, erst seit dreieinhalb Monaten aktiv, schaffte in der Weihnachtssaison aus dem Stand drei Millionen Mark Umsatz – weit mehr, als die Gründer zu hoffen gewagt hatten. Mytoys hat sich damit erfolgreich in der Nische der Onlinespielwarenhändler etabliert.

Dabei kann das dreiköpfige Geschäftsführerteam, in dem Oliver Beste mit seinen 35 Jahren der Oldie ist, nicht einmal besondere Genialität für sich in Anspruch nehmen. Das Konzept ist nicht neu, nur clever abgekupfert. „Ich glaube, man sieht, dass eToys unser großes Vorbild war", gesteht der Unternehmer. Beste und seine Kollegen Florian Forstmann und Oliver Lederle wissen, dass sie künftig noch besser sein müssen – ihr Vorbild aus den USA streckt gerade seine Fühler nach Germany aus.

Der Expansionsdrang großer Dotcoms, so werden Internetfirmen wegen ihrer Schreibweise mit Punkt genannt, wird nicht nur Onlinemittelständlern gefährlich. Wenn Amazon.com eine Branche nach der anderen entert und eToys.com Europa zum Wachstumsmarkt erklärt, ist das vor allem eine Kampfansage an den stationären Handel. Mit einem Alibiauftritt im Web ist es dann nicht mehr getan. Beste von Mytoys.de stellt sich jedenfalls auf einen Wettbewerb ein, in dem das Verständnis für die Wünsche der Käufer überlebenswichtig sein wird: „Wer keinen exzellenten Kundenservice bieten kann, wird vom Markt verschwinden."

FRANZ XAVER FUCHS/ULF J. FROITZHEIM ∎

INSERT 3-30: Wirtschaftswoche, 10.02.2000, S. 131–134 (Fortsetzung)

Arbeitsplatz aus tätigen, womit **klassische Vertriebswege in immer stärkerem Maße umgangen werden können**. Dies wiederum kann nachhaltige Strukturveränderungen branchenspezifischer Distributionssysteme zur Folge haben, wie zum Beispiel Initiativen im Luftverkehrsbereich und im Handel (vgl. Insert 3-30) verdeutlichen (vgl. drittes Kapitel Abschnitt 6.27).

Distributionspolitische Entscheidungen

Verspielt und graphisch gelungen: So präsentiert sich Neckermann in My-World, dem Internet-Warenhaus der Karstadt AG. Der Versand ist online auch unter „www.Neckermann.de" und demnächst bei AOL vertreten. Dort öffnete im Frühjahr 1997 eine Shopping-Mall: die aktuelle Internet-Homepage von Metronet. Sie bietet surfenden Konsumenten bisher nur einige Sonderangebote von Kaufhof und Horten, Vobis, Debitel-Mobiltelefon, Hawesko-Wein sowie Informationen.

Seit Mitte des Jahres 1996 hat die Lufthansa rund 5.000 CD-ROMs an ausgewählte Kunden verteilt und ihnen so die Möglichkeit geboten, per PC und Modem zu buchen. Darüber hinaus plant die Lufthansa, die Online-Präsenz in den führenden Online-Diensten, wie dem Internet, T-Online, AOL und CompuServe auszubauen. Schritt für Schritt soll so das gesamte Angebot der Lufthansa online buchbar sein. Langfristiges Ziel ist dabei die Etablierung eines **virtuellen Reisekaufhauses**. Vorauszusehen ist, daß dieser Weg nicht ohne Konflikte mit den klassischen Absatzmittlern im Touristikbereich, den Reisebüros, beschritten werden kann (o. V. 1996, S. 85 f.).

In Abbildung 3-153 sind die verschiedenen Entscheidungsalternativen des Kontraktkonzeptes im Rahmen des Absatzkanalmanagements zusammenfassend einer vergleichenden Bewertung unterzogen.

4.34 Akquisitions- und Stimulierungskonzept

Mit der Festlegung der vertikalen und horizontalen Absatzkanalstruktur sowie der Entscheidung über das zu realisierende Kontraktkonzept sind zwei zentrale Teilaufgaben bei der Umsetzung der absatzmittlergerichteten Basisstrategie vollzogen. Während das Selektions- und das Kontraktkonzept eher konstitutive und nur selten anstehende (Führungs-)Entscheidungen umfassen, ist das Stimulierungskonzept auf das **laufende Beziehungsmanagement** im Absatzkanal gerichtet. Das Akquisitionskonzept, mit dem zuvor selektierte Absatzmittler zu einer erstmaligen Transaktion mit der Unternehmung bewogen werden sollen, unterscheidet sich vom Stimulierungskonzept in den Maßnahmen nur graduell. So kann ein händlerfreundliches Rabattsystem sowohl einen Anreiz zur Akquisition darstellen als auch zur Verhaltensbeeinflussung der akquirierten Absatzmittler eingesetzt werden. Hauptdifferenzierungskriterium zwischen Akquisitions- und Stimulierungskonzept ist vielmehr der **Zeitbezug der Maßnahmen**. Während Akquisitionsmaßnahmen regelmäßig auf den Beginn einer Kooperation zwischen Hersteller und Absatzmittler gerichtet und somit zeitpunktbezogen sind, weisen Stimulierungsmaßnahmen eher einen Zeitraumbezug auf. Die Absatzmittler sollen damit dauerhaft zu einem aus Herstellersicht zielkonformen Handeln bewegt werden.

Strategietyp Beurteilungskriterien	Kooperationsstrategien			Umgehungsstrategien
	Vertragshändlersystem	Kommissionsvertrieb	Franchisesystem	Direktvertrieb
■ Erreichung der Marketingziele (z. B. Produktpositionierung, Distributionsgrad)	gut	nur teilweise gut	sehr gut	sehr gut
■ Kosten/Finanzbedarf	eher gering	sehr hoch	mittel	sehr hoch
■ Koordinations- und Kontrollaufwand	mittel	eher hoch	hoch	sehr hoch
■ Beeinflußbarkeit absatzpolitischer Instrumente nachgelagerter Absatzstufen	mittel	teilweise sehr hoch	sehr hoch	unmittelbar gegeben
■ Stabilität des Vertriebssystems (Konfliktpotential, wechselseitige Ziel- und Interessenlage, Anreiz-Beitrags-Gleichgewicht)	stabil	eher weniger stabil	eher stabil	sehr stabil
■ Wachstumspotential/Überlebensfähigkeit auf längere Sicht	gegeben	gering	hoch	hoch
■ Anpassungsfähigkeit (z. B. gegenüber neuen Vertriebsformen durch elektronische Medien)	schwierig	schwierig	eher schwierig	sehr hoch
■ Durchsetzbarkeit strategischer Veränderungen gegenüber bisherigen Marktpartnern	mittel	eher leicht	schwierig	unmittelbar gegeben

Abbildung 3-153: Beurteilung von Kooperations- und Umgehungsstrategien
(Quelle: Meffert 1994, S. 184)

4.341 Push- und Pull-Ansatz als Basisoptionen der Absatzmittlerakquisition und -stimulierung

Die Wahl eines push- oder pull-orientierten Ansatzes bezieht sich auf den Fokus aller auf die Händlerakquisition und -stimulierung gerichteten Maßnahmen im Absatzkanal (vgl. Abbildung 3-154). Dieser Fokus kann grundsätzlich entweder auf die Absatzmittler (**Push-Strategie**) oder die Endverbraucher (**Pull-Strategie**) gelegt werden.

Beim **Push-Konzept** werden dem Handel vom Hersteller Anreize geboten, die diesen zu einer Listung und eigenständigen Förderung der entsprechenden Herstellermarken ver-

Distributionspolitische Entscheidungen

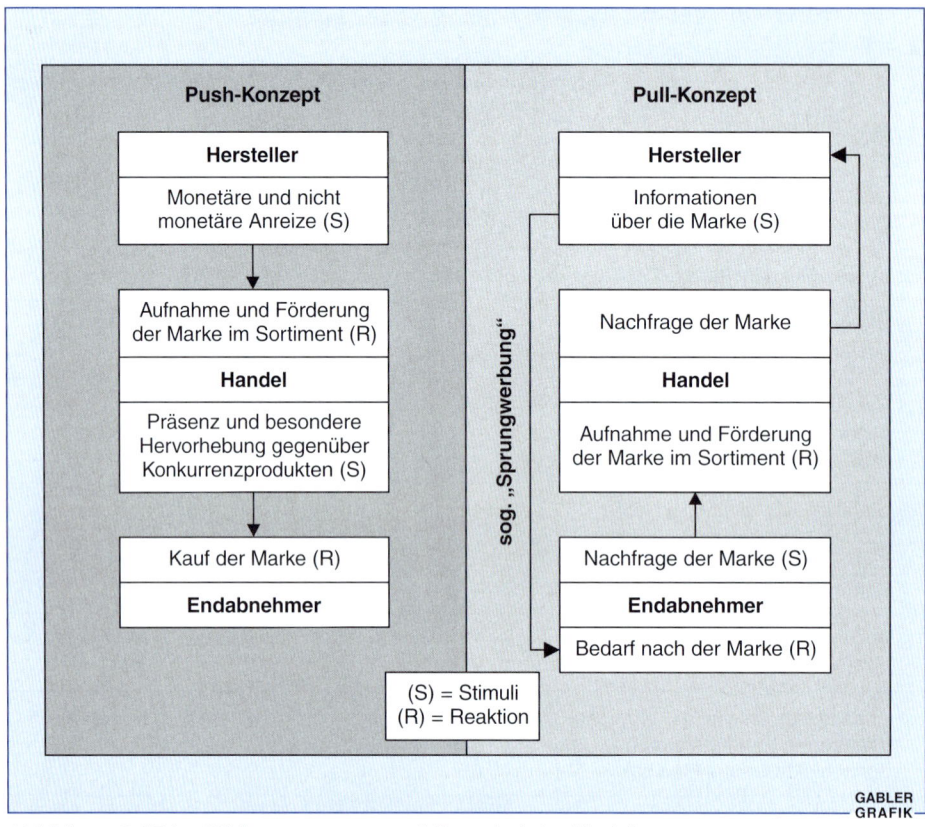

Abbildung 3-154: Wirkungszusammenhänge bei der Verfolgung von Push- und Pull-Strategien
(Quelle: Szeliga 1995, S. 16)

anlassen sollen. Es wird versucht, die Marke in die Regale des Handels **„hineinzudrükken"**. Durch die Präsenz der Marke im Handel und deren besondere, von Händlerseite forcierte Hervorhebung im Vergleich zu den relevanten Konkurrenzprodukten wird letztlich der entscheidende Anstoß für einen Kauf durch den Endabnehmer gegeben. Bei mehrstufigen Absatzkanälen stellt sich weiterhin die Frage, wie das zur Verfügung stehende Budget auf die einzelnen Handelsstufen verteilt werden soll. Grundsätzliche Alternativen bei einem zweistufigen Absatzkanal liegen in einer Mittelkonzentration auf der Großhandelsstufe oder alternativ einer Bündelung der Anreizgewährung auf der Einzelhandelsstufe (Ahlert 1996, S. 161).

Demgegenüber wird bei einer **Pull-Strategie** der Konsument direkt durch Kommunikationsmaßnahmen des Herstellers (sogenannte Sprungwerbung) angesprochen. Der hierdurch angeregte Bedarf führt zur aktiven Nachfrage der Konsumenten beim Handel im

Sinne eines **Nachfragesogs**. Dadurch wiederum sieht sich der Handel, im Idealfall ohne weitere Herstellerinitiative, veranlaßt, die Marke im Sortiment zu führen (Szeliga 1995, S. 18 f.). Abbildung 3-154 verdeutlicht in diesem Zusammenhang, daß sich die **Stimulus-Reaktions-Muster** beider Strategiealternativen grundlegend unterscheiden. Insbesondere die Absatzmittlerrolle differiert deutlich, wobei dem Handel bei Verfolgung von Push-Strategien eine wesentlich aktivere Rolle innerhalb des Absatzkanals zufällt.

In der Unternehmenspraxis stellen sich die Push- und Pull-Strategie indes nicht als alternative Strategietypen dar. Vielmehr sind in aller Regel **Kombinationen absatzmittler- und endverbrauchergerichteter Maßnahmen anzutreffen** (Gussek 1992, S. 305; Szeliga 1995, S. 22). Das Entscheidungsproblem bezieht sich somit auf eine optimale Allokation des Marketingbudgets auf Push- und Pull-Instrumente.

Zu Beginn der achtziger Jahre versuchte der Reifenhersteller Michelin, eine Innovation in den Markt einzuführen, bei der Reifen und Felge miteinander verbunden waren (TRX-Reifensystem). Da Untersuchungen belegten, daß die Endabnehmer Herstellerinformationen im Reifenmarkt nur eine geringe Bedeutung beimessen, konnte mit Hilfe von Pull-Maßnahmen zwar Interesse für die Innovation geweckt, jedoch kaum klare Präferenzen für das neue Produkt geschaffen werden. Der Einsatz des Push-Instrumentariums erlaubte es jedoch, schnell eine ausreichende Präsenz im Handel aufzubauen. Durch starke Anreize, wie zum Beispiel attraktive Preiskonditionen oder finanzielle Unterstützung bei der Beschaffung der neuen Montagewerkzeuge, konnten die Reifenhändler zur Aufnahme des neuen Produktes in das Sortiment bewogen werden. Im Reifenmarkt scheint somit aufgrund der spezifischen Gegebenheiten eine Neueinführung mit push-orientierten Strategien erfolgversprechender. Im Zeitablauf kann, nachdem eine ausreichende Angebotsstärke, etwa hinsichtlich des Distributionsgrades, erreicht ist, eine Schwerpunktverlagerung zu einer stärkeren Pull-Orientierung erfolgen (Szeliga 1995, S. 114 ff.).

4.342 Monetäre und nicht-monetäre Anreize als Schlüsselinstrumente zur Absatzmittlerakquisition und -stimulierung

Die zielgerichtete Beeinflussung von Absatzmittlern umfaßt zwei wesentliche **Teilaufgaben**: In einem ersten Schritt sind die Anforderungen der Absatzmittler an den Hersteller zu ermitteln, um daran anschließend Unterstützungsmaßnahmen in Form monetärer und nicht-monetärer Anreize gemäß dem ermittelten Anforderungsprofil zu konzipieren und danach fallweise oder fortlaufend zu gewähren (Specht 1998, S. 280 ff.). Zur Ermittlung des **Anforderungsprofils** bestehen verschiedene Ansatzpunkte (Specht 1998):

- die Durchführung von Marktforschungsstudien durch Drittinstitutionen (zum Beispiel durch unabhängige Marktforschungsinstitute, Verbände etc.),
- periodische Absatzkanal-Audits (zum Beispiel in Form regelmäßiger Innen- und Außendienstbefragungen im Vertriebsbereich) sowie
- die Einrichtung von Absatzmittlergremien.

Distributionspolitische Entscheidungen

Die Einrichtung von **Absatzmittlergremien** ist insbesondere in vertraglichen Vertriebssystemen häufig anzutreffen. So verfügen zahlreiche Vertragshändler- und Franchisesysteme über sogenannte Händler- oder Partnerbeiräte, in denen Vertreter des Herstellers regelmäßig mit ausgewählten, zumeist von Händlerseite bestimmten Absatzmittlern zusammentreffen. Diese Gremien sind für die vertikale Kommunikation von großer Bedeutung. Sie nehmen aus Herstellersicht eine wichtige Frühwarnfunktion ein. Anforderungen der Absatzmittlerseite können direkt artikuliert und von den Parteien diskutiert werden. Bei einer entsprechenden Ausgestaltung können derartige Gremien daher eine wichtige Funktion bei der **Stabilitätssicherung** des Gesamtsystems einnehmen.

Mit Blick auf die monetären Anreize kommt zunächst der **Handelsspanne** eine hohe Bedeutung zu. Diese umfaßt die Differenz zwischen dem vom Absatzmittler beim Abverkauf erhaltenen Endverbraucherpreis und dem vom Hersteller fixierten Handelsabgabepreis. Je nach eingeschalteten Absatzmittlern (Fachhandel, Fachmärkte, Discounter etc.) bestehen genaue Vorstellungen über die branchenübliche Handelsspanne. Stimulierend wirken Handelsspannen zumeist dann, wenn sie den branchenüblichen Wert übersteigen und damit zu überdurchschnittlichen Deckungsbeiträgen bei den Absatzmittlern führen.

Ein weiteres zentrales monetäres Anreizinstrument stellen **Rabatte** dar, die bereits im dritten Kapitel, Abschnitt 3.21 als Element der Konditionenpolitik ausführlich dargestellt wurden. Daher soll an dieser Stelle lediglich eine Systematisierung von Rabattarten nach ihren Funktionen im vertikalen Marketing vorgenommen werden (vgl. Abbildung 3-155). Im einzelnen sollen hier eine Steigerung des Hineinverkaufs (zum Beispiel durch Boni und Frühbestellungsrabatte), eine Optimierung des Bestellwesens (zum Beispiel durch verschiedene Zeitrabatte), eine Optimierung der Logistik (zum Beispiel durch Paletten- oder Lastzugrabatte) sowie eine Zahlungsabsicherung (zum Beispiel durch Delkredereprovisionen) erreicht werden. Rabatte zur Steigerung des Hinausverkaufs des Handels finden sich zum Beispiel in Form von Werbekostenzuschüssen und verschiedenen anderen Funktionsrabatten.

Eine weitere Form monetärer Anreize besteht schließlich in der Gewährung von **Finanzhilfen** an die Absatzmittler, die – im Gegensatz zu Rabatten und zur Handelsspanne – nicht unmittelbar auf Warenlieferungen gerichtet sind (Irrgang 1989, S. 93). Vielmehr sollen sie den Absatzmittler allgemein stärken beziehungsweise ihn bei Maßnahmen zur Verbesserung der eigenen Wettbewerbsposition unterstützen. Schließlich wird die Übernahme bestimmter Funktionen durch Gewährung von Finanzhilfen forciert (zum Beispiel Neu- oder Umbau eines Ladenlokals oder einer Werkstatt).

Finanzhilfen sind häufig in Franchisesystemen zu beobachten, wo nicht selten die Kapitalausstattung vor allem neuer Franchisenehmer ungenügend ist. Systemzentralen gehen daher dazu über, **Unterstützungsfonds** zu gründen, aus denen Franchisenehmern, die in wirtschaftliche Probleme geraten sind, schnell und unkompliziert Hilfe gewährt werden kann. Derartige Fonds sind zum einen Indikator einer durch die Systemzentrale verantwortungsvoll wahrgenommenen Führungsfunktion; sie dürften zum anderen aber

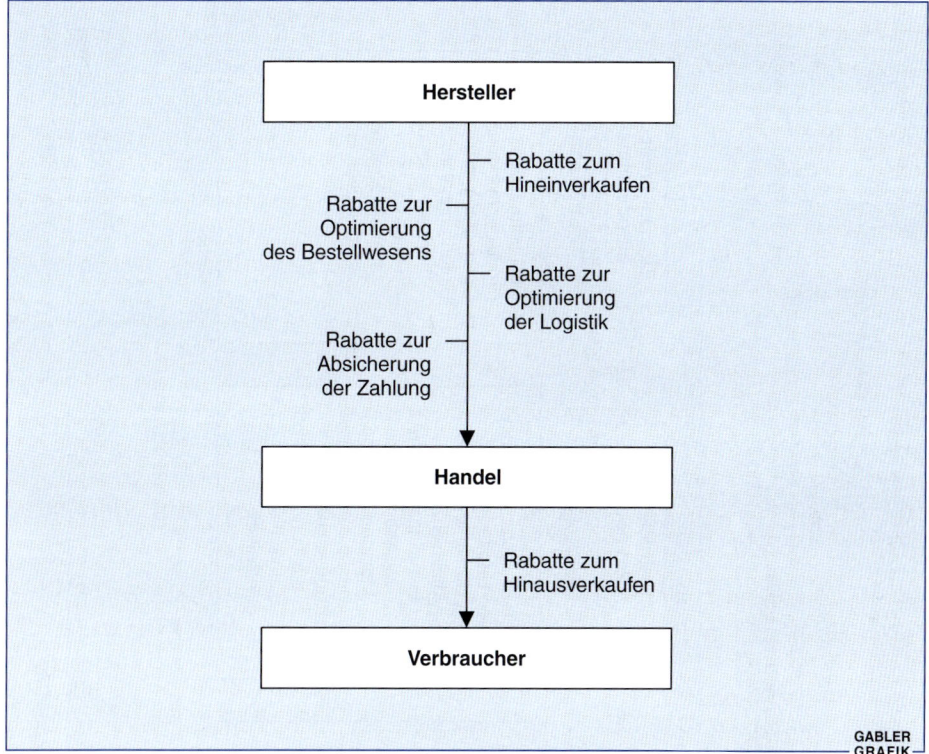

Abbildung 3-155: Systematisierung von Rabattarten nach ihrer Funktion im Absatzkanal
(Quelle: Irrgang 1989, S. 83)

auch motivierend für die übrigen Systemmitglieder wirken, da sie eine partnerschaftliche Systemführung erkennen lassen und die Furcht vor wirtschaftlichem Mißerfolg vor allem in der Startphase eindämmen.

Neben den monetären Stimuli kann ein Hersteller auf verschiedene **nicht-monetäre Anreize** zurückgreifen, um seine Absatzmittler zu einem zielführenden Verhalten zu veranlassen. Die Vergabe von exklusiven Distributionsrechten stellt hier einen ersten Ansatzpunkt dar, um die Leistungsbereitschaft des Absatzmittlers zu fördern.

Daneben gehen insbesondere von der Übernahme absatzmittlergerichteter **Serviceleistungen** durch den Hersteller wichtige Anreizwirkungen aus. Irrgang (1989, S. 101 f.) nennt hier einen vertikalen Know-how-Transfer, die Gewährung von Incentives (zum Beispiel Händlerwettbewerbe) sowie die Übernahme von Handelsfunktionen durch den Hersteller (zum Beispiel im Rahmen der Regalplatzpflege) als mögliche Ausgestaltungsformen. In diesem Zusammenhang kommt neueren Konzepten der Zusammenarbeit zwischen Hersteller- und Handelsunternehmen wie **ECR (Efficient Consumer Response)**

Distributionspolitische Entscheidungen

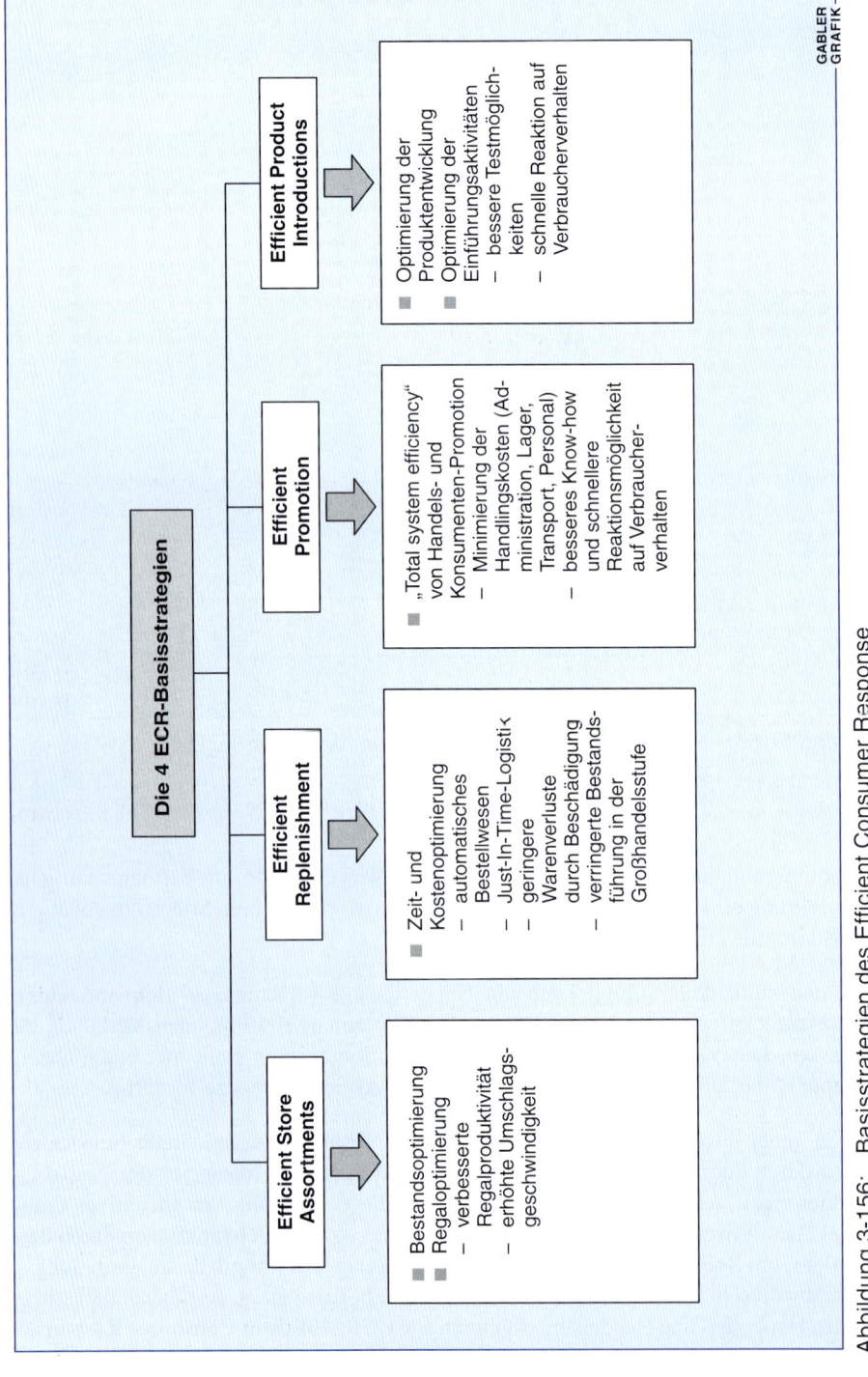

Abbildung 3-156: Basisstrategien des Efficient Consumer Response
(Quelle: Pretzel 1996, S. 22)

und dem **Category Management** eine besondere Bedeutung zu (vgl. fünftes Kapitel, Abschnitt 2.325). Erlangt ein Hersteller frühzeitig Kompetenzen bei der Einführung derartiger Konzepte, so können sich für den Handel beträchtliche Anreizwirkungen aus einer potentiellen Zusammenarbeit mit dem Hersteller ergeben, da mit der Kooperation ein entsprechender Know-how-Transfer verbunden sein kann:

ECR beinhaltet die intensive Zusammenarbeit aller Stufen der vertikalen Warenflußkette auf der Basis präziser Kenntnisse des Verbraucherverhaltens. Die ECR-Ziele bestehen zum einen in einer deutlichen Steigerung der **Kundenzufriedenheit** und zum anderen in der Minimierung der **Kosten** auf allen Stufen der Warenflußkette. ECR wird insofern als Möglichkeit einer neuartigen, partnerschaftlich-kooperativen Zusammenarbeit zwischen Industrie und Handel gesehen, bei der parallel Umsatzsteigerungen und Kostensenkungen und damit nachhaltige Ergebnisverbesserungen für Hersteller- und Handelsunternehmen angestrebt werden (Tietz 1995, S. 529).

Category Management (vgl. viertes Kapitel, Abschnitt 4.55) stellt eine wesentliche organisatorische Voraussetzung für die nachfolgend beschriebenen **vier Basisstrategien** des Efficient Consumer Response dar (vgl. Abbildung 3-156): Der Bereich des **Efficient Store Assortments** ist auf eine Warenbestands- und Regaloptimierung gerichtet. Zeit- und Kostenoptimierungen, zum Beispiel durch eine Automatisierung des Bestellwesens, sind Aufgabe des **Efficient Replenishment**. Daneben zielt das **Efficient Promotion Modul** auf die Optimierung der handels- und konsumentengerichteten Verkaufsförderungsaktivitäten. Die effizientere Ausgestaltung von Produktentwicklungs- und -einführungsprozessen ist schließlich Aufgabe der **Efficient Product Introductions** als vierter Teilstrategie im Rahmen des ECR (Rominski 1994; Pretzel 1996).

Ein wesentlicher Bestandteil von ECR-Konzepten ist ein effizienter Warenfluß zwischen Hersteller und Absatzmittler (Tietz 1995, S. 529). Dieser Themenkreis der Marketinglogistik wird nachfolgend erörtert.

4.4 Marketinglogistik

Der **Logistikbegriff** hat in der jüngeren Entwicklung eine deutliche Erweiterung erfahren. Während dem logistischen System ursprünglich lediglich die Aufgabe der physischen Bewegung der Produkte zwischen Hersteller und Endkäufer zukam, wird dieses warenbezogene Begriffsverständnis in der neueren Literatur um den Informationsaspekt erweitert. Demnach **umfaßt die Logistik den Transport und die Lagerung von Rohstoffen, Halb- und Fertigfabrikaten sowie der damit zusammenhängenden Informationen vom Liefer- zum Empfangspunkt** entsprechend den Anforderungen des Kunden (Pfohl 1994, S. 4). Einhergehend mit dem Bedeutungswandel der Logistik haben sich auch die Ziele und Aufgaben verändert.

4.41 Ziele und Aufgaben der Marketinglogistik

Die Ziele der Marketinglogistik leiten sich aus den Marketingzielen ab. Die Logistik kann dabei vor dem Hintergrund einer zunehmenden Austauschbarkeit der Produkte im Hinblick auf ihre physikalisch-technischen Eigenschaften einen wesentlichen Beitrag zur Erzielung von **Wettbewerbsvorteilen** leisten (vgl. Insert 3-31). Aufgabe der Marketinglogistik ist es, dem Nachfrager das gewünschte Produkt in richtiger Menge und Sorte, im richtigen Zustand, zur richtigen Zeit am richtigen Ort und zu den dafür minimalen Kosten bereitzustellen. **Der Output des logistischen Systems wird als Lieferservice bezeichnet** (vgl. Abbildung 3-161). Im einzelnen beinhaltet der Lieferservice folgende Komponenten (Toporowski 1996, S. 41 f.)

- **Lieferzeit:** Zeitspanne von der Auftragserteilung bis zur Entgegennahme der Ware durch den Kunden. Dabei kann zwischen der distributionsabhängigen Lieferzeit, die von der Logistik beeinflußt werden kann und somit von ihr zu verantworten ist, und der distributionsunabhängigen Lieferzeit unterschieden werden.

- **Lieferzuverlässigkeit:** Einhaltung des vereinbarten Liefertermins. Die Lieferzuverlässigkeit hängt von der Lieferbereitschaft und der Zuverlässigkeit der logistischen Arbeitsabläufe ab.

- **Lieferungsbeschaffenheit:** Lieferung der Ware im gewünschten Zustand nach Art und Menge. Die Liefergenauigkeit beschreibt in diesem Zusammenhang die Übereinstimmung der Lieferung mit der Bestellung nach Art und Menge, während mit dem Zustand der Lieferung auf mögliche Beschädigungen der Ware abgestellt wird.

- **Lieferflexibilität:** Fähigkeit des logistischen Systems, Sonderwünsche des Kunden zu berücksichtigen. Im einzelnen können sich solche Sonderwünsche auf die Modalitäten der Auftragserteilung (zum Beispiel Mindestabnahmemengen, Zeitpunkt der Auftragserteilung und Art der Auftragsübermittlung), die Liefermodalitäten (zum Beispiel Art der Verpackung, Möglichkeit zur Lieferung auf Abruf, Transportvarianten) und die Information des Kunden (zum Beispiel Information über den Stand des Kundenauftrags) erstrecken.

Die relative Bedeutung einzelner **Lieferservicekomponenten** für ein Unternehmen ergibt sich vor allem aus seiner jeweiligen Marktsituation sowie weiteren produkt- und unternehmensbezogenen Einflußgrößen (Bauer et al. 1995). Hier sind vor allem zu nennen:

- Grad der Substituierbarkeit der Produkte (Gefahr des Lieferantenwechsels),
- Physische Produkteigenschaften (zum Beispiel Verderblichkeit),
- Lieferserviceniveau der Konkurrenz (dieses determiniert wesentlich die Erwartungshaltung des Kunden),

Die Logistik entwickelt sich zum strategischen Erfolgsfaktor
Informationstechnik gewinnt entscheidende Bedeutung / Zögerliche Anwendung in europäischen Unternehmen

ht. FRANKFURT, 5. Dezember. Ein gutes Informationsmanagement wird in Zeiten wachsender Güter- und Dienstleistungsströme zu einem strategischen Erfolgsfaktor für Unternehmen. Denn mit der wachsenden internationalen Arbeitsteilung und dem zunehmenden technischen Fortschritt wandelt sich die Bedeutung der Logistik in den Unternehmen zurzeit dramatisch: Aus der traditionellen Logistik-Aufgabe, Güter zu transportieren und Lager zu verwalten, entwickelt sich das Management der gesamten Lieferkette (Supply Chain Management). Diese komplexe Aufgabe kann jedoch nur mit dem konsequenten Einsatz moderner Informationstechnologie gelingen. Neben der Vernetzung der einzelnen Produktionsstufen stellt die Verlängerung der Informationskanäle über das Internet bis zum privaten Endkunden die wichtigste qualitative Änderung gegenüber der traditionellen Logistik dar.

Im Einsatz moderner Informationstechnik zeigt sich jedoch eine eindeutige Führungsposition der amerikanischen gegenüber europäischen Unternehmen. Niedrige Telekommunikationskosten, eine weite Verbreitung des Internet und eine entsprechende Unterstützung durch die Politik haben Helmut Baumgarten von der Technischen Universität Berlin und Stefan Wolff vom Zentrum für Logistik und Unternehmensplanung in einer Untersuchung als Ursachen für diesen Vorsprung identifiziert. Dieser könnte in Zukunft sogar noch größer werden. Zwar planten viele europäische Unternehmen, das Internet für naheliegende Anwendungen wie den Zugang zu Lieferantendaten und für die Kommunikation zu nutzen. Allerdings zeige sich bei neuartigen Einsatzfeldern wie der Sendungsverfolgung, dem elektronischen Bestellgang oder der „collaborativen Planung" eine wachsende Dominanz der amerikanischen Unternehmen gegenüber den Europäern, haben die Forscher herausgefunden.

Besonders deutsche Logistik-Dienstleister scheinen den neuen Informationstechniken wenig aufgeschlossen gegenüberzustehen. In einer Umfrage hat die auf Logistik spezialisierte Karlsruher Unternehmensberatung Logo Team herausgefunden, dass die meisten deutschen Logistik-Dienstleister das Internet vorwiegend für Marketing und Kommunikation einsetzen. 17 Prozent der befragten Dienstleister nutzen weder das Internet noch den elektronischen Austausch strukturierter Daten (EDI). Vor allem die als zu gering empfundene Sicherheit in der Datenübertragung und mangelnde gesetzliche Rahmenbedingungen seien für den zögerlichen Einsatz des Internet verantwortlich, haben die Berater herausgefunden. Dabei bestehen allerdings Unterschiede zwischen den verschiedenen Logistik-Dienstleistern: Kurier- und Expressdienste (KEP) bewerten den Nutzen kommerzieller Internet-Anwendungen in ihrem Unternehmen deutlich höher als die Transporteure in der Konsumgüterindustrie oder die Dienstleister im allgemeinen Stückgutverkehr. Einig seien sich rund 90 Prozent der befragten Unternehmen, dass kommerzielle Internet-Anwendungen in Zukunft eine wachsende oder sogar stark wachsende Bedeutung erlangen werden.

Das Internet lässt sich besonders einfach in der Beschaffung und in der Distribution

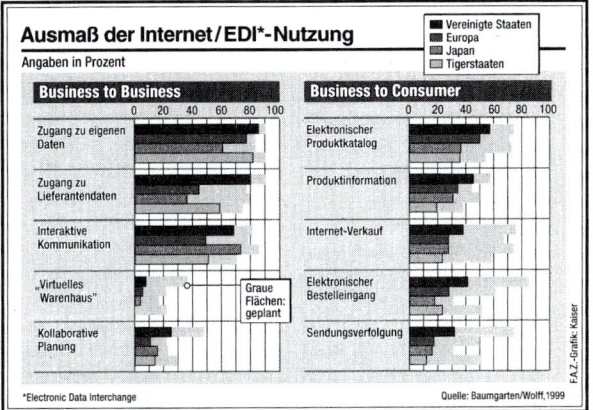

einsetzen. In beiden Bereichen stehen den Unternehmen gravierende Änderungen im Wettbewerbsumfeld bevor. In der Beschaffung zeigt sich nach den Ergebnissen von Baumgarten und Wolff, dass viele Unternehmen – vor allem in Europa – die Zahl ihrer Zulieferer zugunsten weniger Systemlieferanten weiter senken wollen. Rund drei Viertel aller befragten europäischen Großunternehmen und 45 Prozent der amerikanischen Unternehmen bekundeten die Absicht, mit weniger Lieferanten zusammenarbeiten zu wollen. Nur jedes fünfte Unternehmen aus Europa, den Vereinigten Staaten und Japan dagegen, die Zahl der Lieferanten zu steigern. Mit den Plänen, in Zukunft enger mit Systemlieferanten zusammenzuarbeiten, geht bei 40 Prozent der europäischen und 35 Prozent der amerikanischen Unternehmen auch die Absicht einher, die Wertschöpfung des eigenen Unternehmens zu senken.

Im Zusammenhang mit der Globalisierung geht auch die Verlagerung der Produktionsstätten ins Ausland weiter, haben die beiden Wissenschaftler herausgefunden. Europäische Unternehmen wollten sieben Prozent ihres Produktportfolios ins Ausland verlagern. Vier Prozent davon sollen in Osteuropa angesiedelt werden, zwei Prozent in Asien und ein Prozent in der nordamerikanischen Freihandelszone (Nafta). Produktionsverlagerungen in die Europäische Union planten lediglich die Amerikaner (2,5 von 5,5 Prozent des ins Ausland transferierten Produktportfolios), während die asiatischen Unternehmen sogar Teile ihrer Produktionskapazitäten aus Europa zurück nach Asien verlagern wollen.

In der Distribution liege die wichtigste Änderung in einer Verkürzung der Lieferzyklen, vor allem bei grenzüberschreitenden Lieferungen. Damit einher gehe die Absicht, die Logistik-Kosten deutlich zu senken, haben Baumgarten und Wolff analysiert. Diese Kosten haben in den befragten Großunternehmen einen Anteil von 4 bis 13 Prozent an den Gesamtkosten. Die europäischen Unternehmen weisen in den Branchen Chemie/Pharma und Konsumgüter sehr hohe Logistik-Kosten auf, während die Autobauer und Elektronik-Unternehmen eher unterdurchschnittlich hohe Logistik-Kosten haben. Die meisten der befragten Unternehmen wollten diesen Kostenblock in absehbarer Zeit um 20 bis 25 Prozent senken. Dabei soll vor allem die Auslagerung der Lagerhaltung und des Transports helfen.

INSERT 3-31: Frankfurter Allgemeine Zeitung, 06.12.1999, S. 31

Distributionspolitische Entscheidungen

- Standort des Kunden (zum Beispiel höhere Erwartungen in der Nähe von Ballungszentren),
- Abhängigkeit der Kunden (zum Beispiel bei nur geringer Lagerhaltung des Kunden),
- Andere unternehmenspolitische Zielvorstellungen (zum Beispiel Imageaspekte).

Der mit diesen Aufgaben der Logistik umrissene **Lieferservice der Unternehmung** wirkt sich unmittelbar auf den Absatz der Produkte aus. Er schafft bei richtiger Ausgestaltung Präferenzen beim Kunden und **profiliert durch Schnelligkeit und Zuverlässigkeit das Unternehmen gegenüber seinen Wettbewerbern**. Entspricht der Lieferservice auf der anderen Seite nicht den Anforderungen des Nachfragers, so kann sich dies negativ auf die Nachfrage auswirken. Die Funktion der Logistik als präferenzbildendes Instrument rechtfertigt den Begriff der **Marketinglogistik** (Köckmann 1982, S. 45; Berekoven 1989, S. 107).

Die **Bedeutung des Lieferservices** als Instrument der Marketingpolitik hat in den vergangenen Jahren mit branchenspezifischen Unterschieden deutlich zugenommen (vgl. Abbildung 3-157).

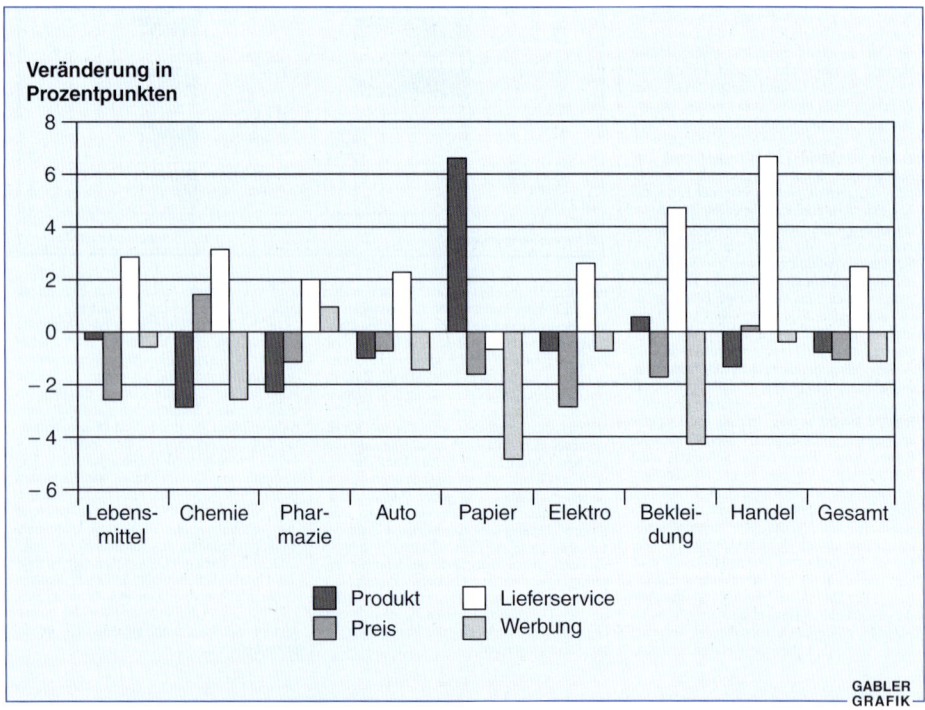

Abbildung 3-157: Veränderte Bedeutung des Lieferservices im Marketing-Mix nach Branchen differenziert – von 1987 bis 1990
(Quelle: Pfohl 1994, S. 10)

Der Stellenwert des Lieferservices im Marketing-Mix ist dabei unter anderem von der Art des Produktes abhängig (vgl. Abbildung 3-158). So führt zum Beispiel ein Fehlbestand bei Gütern des täglichen Bedarfs in der Regel zu einer Substitution durch ähnliche Produkte. Daher kommt dem Lieferservice bei **Convenience goods** aus Herstellersicht ein großes Gewicht zu; für den Handel ist der Lieferservice bei ausreichender Verfügbarkeit von Substitutionsprodukten weniger wichtig. Bei sogenannten **Shopping goods** durchläuft der Konsument einen extensiveren Kaufprozeß und vergleicht alternative Angebote. Beschränkt sich der Vergleich auf das Sortiment einer Einkaufsstätte, spielt der Lieferservice aus Handelsperspektive im Gegensatz zur Herstellerperspektive eine untergeordnete Rolle. Genau umgekehrt verhält sich dies, wenn der Kunde sein Suchverhalten auf mehrere Einkaufsstätten ausdehnt. Dann ist die Präsenz des Produktes für das einzelne Handelsunternehmen wichtig; für den Hersteller ist sie nur insofern relevant, als daß er in einem der aufgesuchten Geschäfte mit der Ware präsent sein muß. Der Lieferservice hat für **Speciality goods** nur einen untergeordneten Stellenwert, da eine etwaige Nichtpräsenz des Produktes aufgrund seiner besonderen Bedeutung in der Regel zu einer zeitlichen Kaufverschiebung beim Konsumenten führt. Bei **Impulskäufen** schließlich hat der Lieferservice eine außerordentlich hohe Relevanz, da die physische Präsenz des Produktes erst die Kaufentscheidung auslöst.

	Bedeutung des Lieferservices	
	Hersteller	Handel
Impulse goods	sehr hoch	sehr hoch
Convenience goods	sehr hoch	hoch
Shopping goods – Inter-Einkaufsstätten-Vergleich – Intra-Einkaufsstätten-Vergleich	niedrig hoch	hoch niedrig
Speciality goods	niedrig	niedrig

Abbildung 3-158: Die Bedeutung des Lieferservices nach Güterkategorien für Hersteller und Handel
(Quelle: Pfohl 1994, S. 120)

Nicht nur der Lieferservice insgesamt, sondern auch einzelne Komponenten wie Lieferzeit oder Lieferzuverlässigkeit sind von bestimmten Produktcharakteristika abhängig. Güter mit mangelnder Haltbarkeit oder einem raschen Verlust an Aktualität bedingen zum Beispiel eine kurze Lieferzeit. Komponenten, die im **Just-in-Time-Verfahren** geliefert werden, erfordern eine hohe Lieferzuverlässigkeit.

Der empirisch feststellbare Bedeutungszuwachs des Lieferservices für das Marketing ist auf eine Reihe von Ursachen zurückzuführen. Viele Unternehmen haben ihre Fertigungs-

Distributionspolitische Entscheidungen

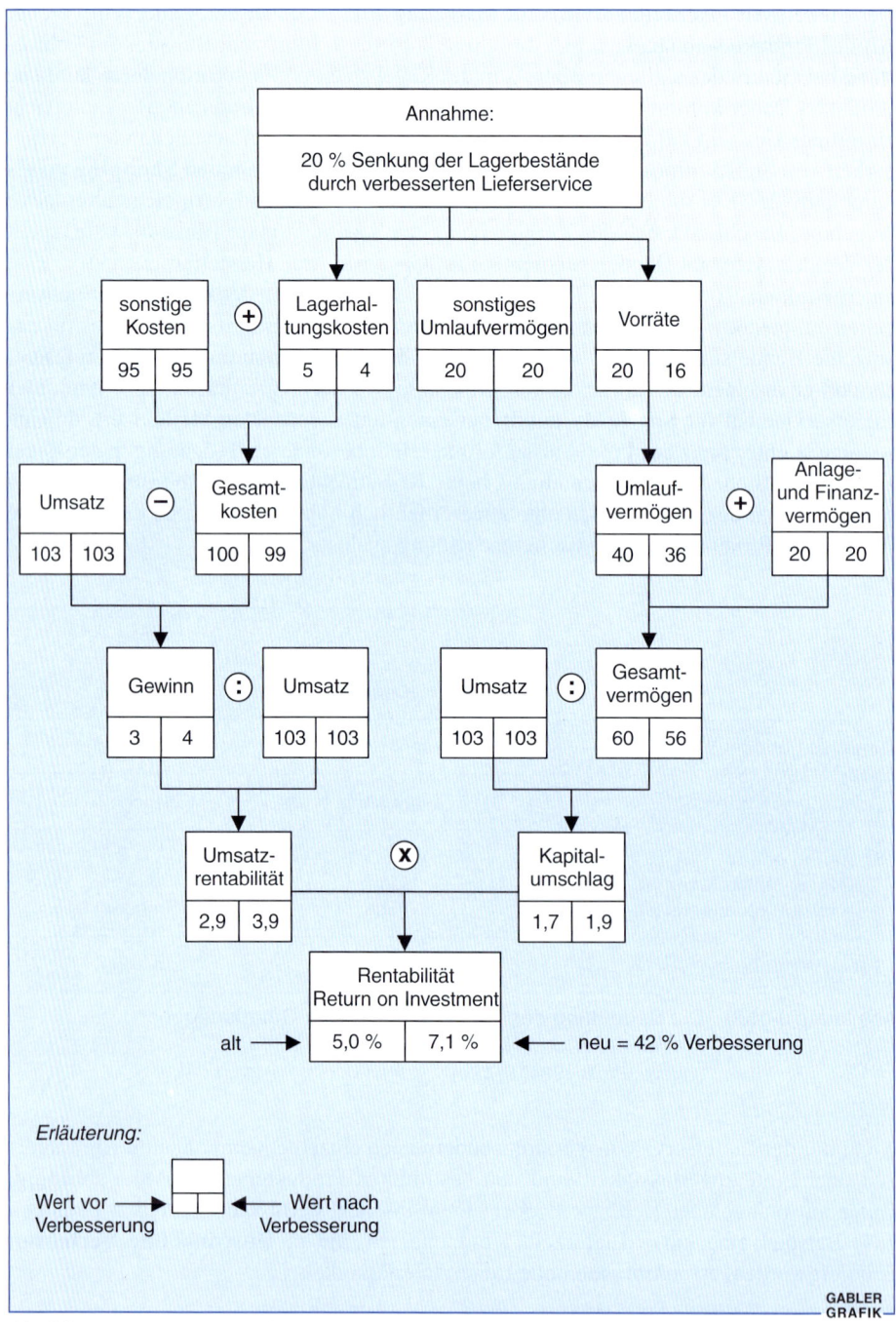

Abbildung 3-159: Auswirkungen einer Lagerbestandsreduzierung auf den RoI
(Quelle: Pfohl 1994, S. 49)

tiefe durch Auslagerung eigener Aktivitäten auf Kooperationspartner (**Outsourcing**) reduziert. Dadurch sind sowohl der Transport- als auch der Informations- und Koordinationsbedarf zwischen den Unternehmen und damit auch der Stellenwert der Logistik gestiegen. Darüber hinaus sind die Unternehmen bestrebt, ihre **Lagerbestände** zu minimieren, um die Kapitalbindung zu senken und so positive Wirkungen auf die Rentabilität zu erzielen (vgl. Abbildung 3-159). Niedrige Lagerbestände erhöhen die Anforderungen an den Lieferservice.

Die in der Abbildung aufgezeigten Zusammenhänge haben dazu geführt, daß viele Nachfrager eine **Just-in-Time(JiT)-Lieferung**, das heißt eine Lieferung der Ware genau zu dem Zeitpunkt, zu dem sie der Nachfrager benötigt, anstreben.

Die Wichtigkeit einer derartigen verbrauchssynchronen Belieferung wird zukünftig noch steigen. Gleichwohl sind nicht alle Produkte gleichermaßen für JiT-Logistikkonzepte geeignet. In Abhängigkeit vom Produktwert und der Vorhersagbarkeit der Verbrauchsmengen sind in erster Linie Güter mit einem hohen und regelmäßigen Verbrauch für JiT-Konzepte geeignet (vgl. Abbildung 3-160).

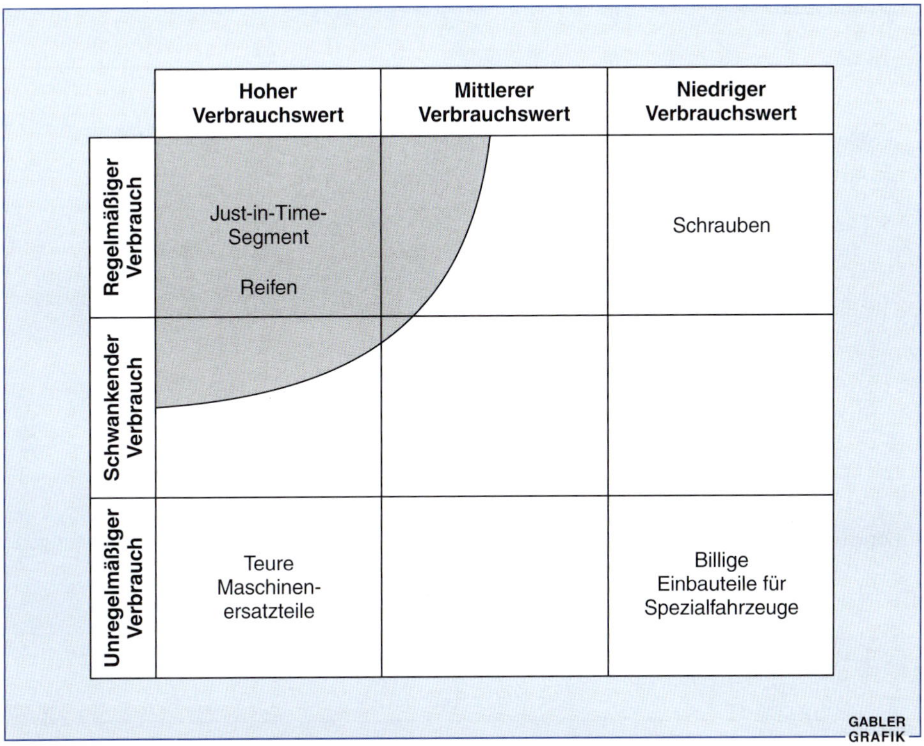

	Hoher Verbrauchswert	Mittlerer Verbrauchswert	Niedriger Verbrauchswert
Regelmäßiger Verbrauch	Just-in-Time-Segment Reifen		Schrauben
Schwankender Verbrauch			
Unregelmäßiger Verbrauch	Teure Maschinenersatzteile		Billige Einbauteile für Spezialfahrzeuge

Abbildung 3-160: JiT-Fähigkeit von Produkten
(Quelle: Wildemann 1988, S. 30)

Distributionspolitische Entscheidungen

Ziel von JiT-Strategien ist es, die Lagerbestände beim zu beliefernden Unternehmen zu reduzieren, um dadurch **Kostenvorteile** zu realisieren. Darüber hinaus sollen Ineffizienzen im Produktionsprozeß über die Lieferung der richtigen Produktionsfaktoren zur richtigen Zeit an den richtigen Ort beseitigt werden.

Aufgrund kleiner Lagersicherheitsbestände im Rahmen von JiT-Logistikkonzepten führen falsche Lieferungen relativ schnell zu Umsatzeinbußen beim Nachfrager der Logistikleistung, was wesentlich zum Bedeutungsanstieg der Logistik beigetragen hat. Hinzu kommt, daß die Logistikkosten, u. a. als Folge umfangreicher Outsourcing-Aktivitäten, einen nicht unerheblichen Anteil an den Gesamtkosten vieler Unternehmen ausmachen. So entsprechen die **Logistikkosten** in der Konsumgüterindustrie durchschnittlich 5,3 Prozent vom Umsatz (Eberhart 1996). Die Tatsache, daß die besten Unternehmen einer Brache im Durchschnitt lediglich 3 Prozent vom Umsatz für Logistikleistungen aufwenden, offenbart die großen Rationalisierungspotentiale in diesem Bereich (Weber/ Kummer 1994, S. 2 ff.).

Ökologische Aspekte haben die Anforderungen an die Logistik insofern erhöht, als daß das Logistikproblem um Fragestellungen einer geeigneten **Retrodistribution** erweitert wurde (Zentes 1991).

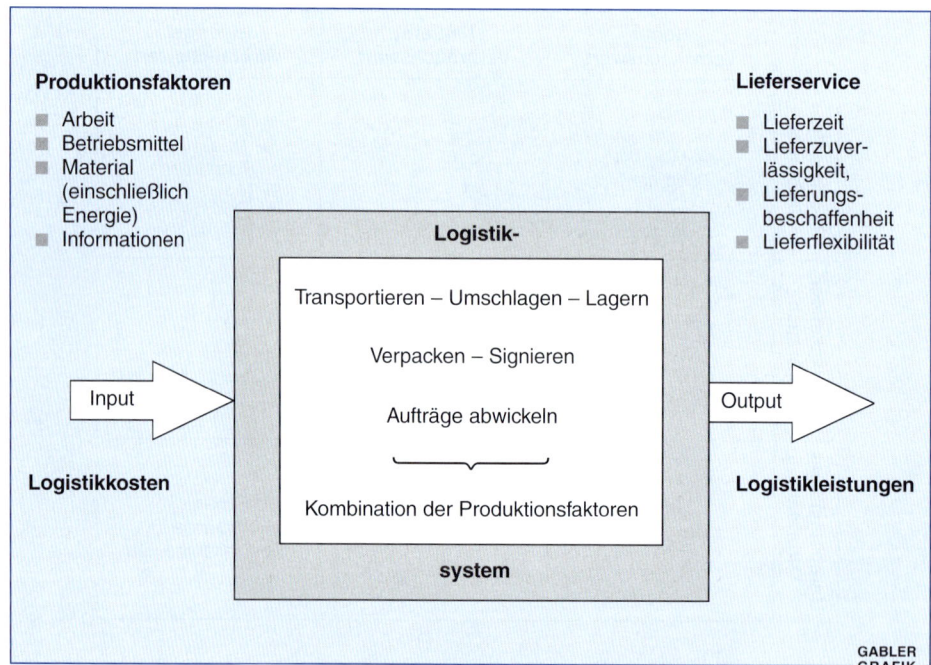

Abbildung 3-161: Der Lieferservice als Output der Marketinglogistik
(Quelle: Pfohl 1994, S. 26)

Genau wie bei jeder anderen unternehmerischen Leistung sind auch für Logistikentscheidungen **Kosten-Nutzen-Kalküle** anzustellen (vgl. Abbildung 3-161), denn in der Regel wird eine Verbesserung des Lieferservices mit einer Erhöhung der Logistikkosten einhergehen. Ziel der Marketinglogistik sollte es daher nicht sein, einen per se hohen Lieferservice sicherzustellen, sondern vielmehr das Verhältnis von Lieferservice zu Lieferkosten aus Kundenperspektive zu optimieren (Stern/El-Ansary 1982, S. 174). Das Unternehmen kann somit zur Erzielung von Wettbewerbsvorteilen das gleiche Lieferserviceniveau wie die Wettbewerber zu niedrigeren Kosten oder ein höheres Lieferserviceniveau zu gleichen Kosten anbieten. Im Einzelfall können, im Sinne eines Outpacing-Ansatzes, sowohl das Lieferserviceniveau gesteigert als auch die Lieferkosten gesenkt werden.

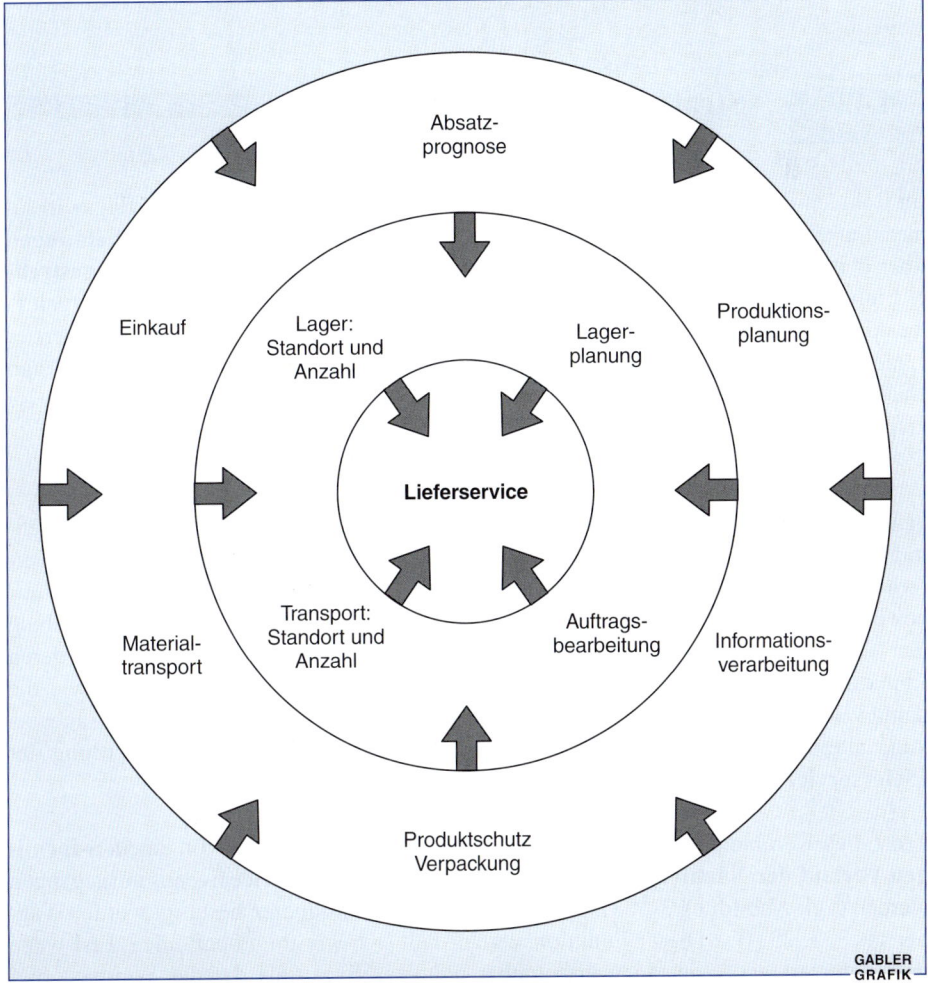

Abbildung 3-162: Bestimmungsfaktoren der Logistik
(Quelle: Stern/El-Ansary 1982, S. 159)

Distributionspolitische Entscheidungen

Im Hinblick auf das Optimierungsproblem ergeben sich im Rahmen logistischer Entscheidungen dabei aufgrund der **engen Verzahnung der Marketinglogistik mit den übrigen betrieblichen Teilbereichen** besondere Probleme (vgl. Abbildung 3-162).

Weiterhin zeichnen sich gerade logistische Entscheidungen durch ein besonders hohes Maß an wechselseitigen Abhängigkeiten (zum Beispiel Lieferschnelligkeit und Zahl der Außenläger) sowie vor allem durch die **Langfristigkeit** der Entscheidungswirksamkeit aus. Zur Strukturierung logistischer Entscheidungsprobleme bietet es sich daher an, in Abhängigkeit von der Fristigkeit der Planung und der Veränderbarkeit getroffener Entscheidungen zwischen strategischen und taktischen Entscheidungen der Marketinglogistik zu unterscheiden (Shapiro/Heskett 1985, S. 20).

4.42 Strategische Marketinglogistik

Im Rahmen der strategischen Marketinglogistik werden alle langfristig erfolgswirksamen Entscheidungen getroffen. Es handelt sich dabei um **Grundsatzentscheidungen über den physischen Absatzweg der Unternehmenserzeugnisse sowie das angestrebte Lieferserviceniveau** (Winkler 1977, S. 47 f.). Ausgehend von einer bereits festgelegten Absatzkanalstruktur geht es im Rahmen der strategischen Logistik-Planung in erster Linie um die Fixierung des Lieferserviceniveaus. Dazu ist es erforderlich, Kosten- und Nachfragewirkungen variierender Lieferserviceniveaus zu analysieren beziehungsweise zu prognostizieren.

Welche **akquisitorische Wirkung** der Lieferservice entfaltet, läßt sich nur schwer generalisieren. Die wahrgenommene Qualität der Logistikleistung ist von der Wahrnehmung des Leistungsempfängers und einer Reihe situativer Komponenten, wie der Entfernung des Kunden zum Lieferanten, der Art der Auftragsübermittlung oder der Wettbewerbssituation des Logistikdienstleisters, geprägt (Pfohl 1994, S. 121). Die Ermittlung der Nachfragewirkung einzelner Lieferservicekomponenten wird zudem durch deren Einbindung in den gesamten Lieferservice und das Gesamtmarketing-Mix sowie die damit verbundene Zurechnungsproblematik erschwert. Die Schätzung der Nachfragewirkung alternativer Lieferservicegrade beinhaltet strenggenommen eine Ermittlung der **Lieferservice-Elastizität** der Nachfrage.

Trotz dieser Probleme kann anhand von Plausibilitätsüberlegungen von einem **S-förmigen Verlauf der Nachfragewirkung** eines erhöhten Lieferserviceniveaus ausgegangen werden (vgl. Abbildung 3-163), der auch in empirischen Studien bestätigt wurde (Wagner 1978, S. 253 ff.). Dieser Funktionsverlauf läßt sich wie folgt begründen: Erst wenn das Lieferserviceniveau ein wahrnehmbar höheres Niveau als das der Wettbewerber erreicht hat, kann von einem deutlichen Nachfragezuwachs ausgegangen werden (Wahr-

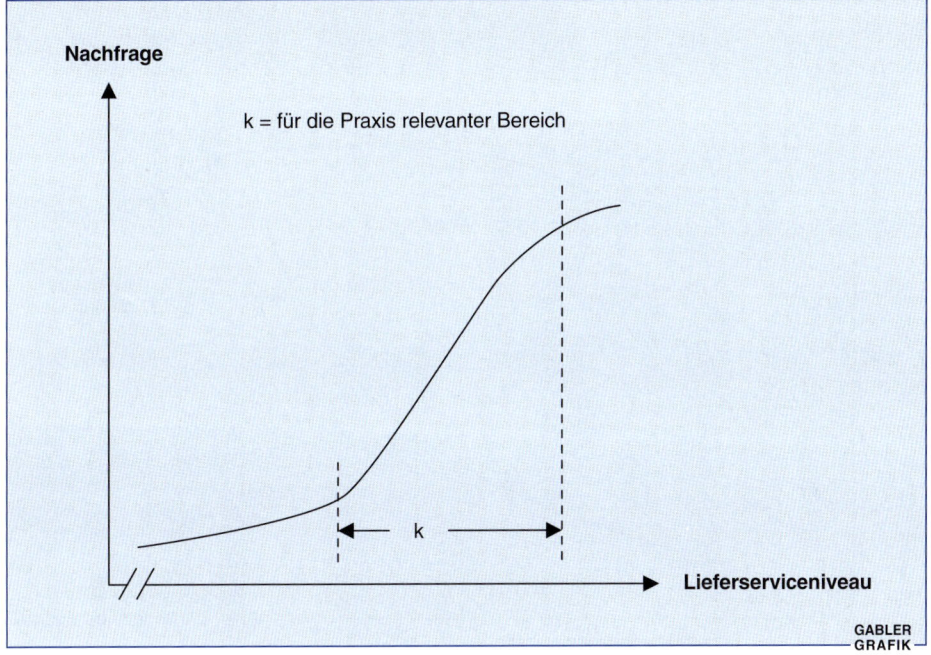

Abbildung 3-163: Nachfrage in Abhängigkeit vom Lieferservicegrad
(Quelle: Pfohl 1977, S. 250)

nehmungsschwelle). Ist das Lieferserviceniveau bereits signifikant besser als jenes der Konkurrenten, wird eine weitere Verbesserung des Lieferservices keine nennenswerte Erhöhung der Nachfrage nach sich ziehen.

Ein sehr schlechter Lieferservice wird in der Realität nur selten anzutreffen sein, da ein Mindestmaß an Lieferservice eine Art „Hygienefaktor" für alle anderen absatzpolitischen Instrumente darstellt. Von praktischer Bedeutung ist demzufolge vor allem der mittlere Kurvenbereich. Der obere Bereich, wo die Lieferservicebedürfnisse schon fast völlig gesättigt sind, ist weniger relevant, weil die Verbesserung eines ohnehin sehr hohen Lieferserviceniveaus ökonomisch aufgrund eines nur geringen Nachfragezuwaches bei gleichzeitig starker Kostensteigerung nicht sinnvoll ist.

Das strategische Optimierungsproblem läßt sich unter gleichzeitiger Berücksichtigung der Erlös- und Kostenwirkungen weiter konkretisieren (vgl. Abbildung 3-164).

Der Schnittpunkt zwischen Kosten- und Erlöskurve wird auch als **„ökonomisches Lieferserviceniveau-Maximum"** bezeichnet. Weitere Verbesserungen des Lieferservices sind wegen der damit verbundenen Verluste nicht sinnvoll. Auf der anderen Seite wird der Mindest-Lieferservice durch eine Untergrenze determiniert, die sich – situations- und produktabhängig – aus dem Verhalten der Konsumenten beziehungsweise

Distributionspolitische Entscheidungen

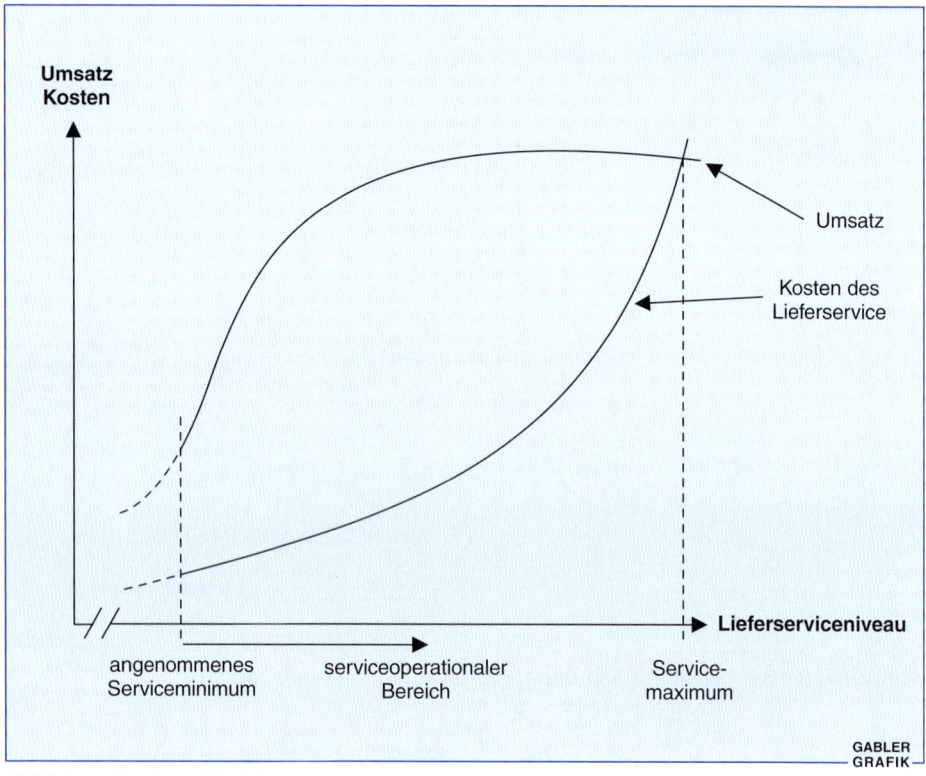

Abbildung 3-164: Nachfrage- und Kostenwirkung des Lieferservices
(Quelle: Pfohl 1977, S. 254)

Abnehmer ergibt. Eine Verschlechterung des Lieferservices unter **dieses marktbedingte Lieferservice-Minimum** ist ebenfalls nicht sinnvoll, da jenseits dieses Minimums erhebliche Nachfrageverluste eintreten.

Zwischen diesen Grenzlinien gibt es einen Bereich, innerhalb dessen unter Ausklammerung weiterer Marketingüberlegungen das anzustrebende Lieferserviceniveau des Unternehmens festzulegen ist.

Die Schwierigkeit besteht für das einzelne Unternehmen darin, das optimale Lieferserviceniveau, das sich abstrakt noch vergleichsweise einfach ermitteln läßt (maximaler Abstand zwischen Erlös- und Kostenkurve), in eine konkrete Lieferservicepolitik umzusetzen. **Das Hauptproblem liegt dabei in der Datenbeschaffung.** Die Bestimmung des optimalen Lieferservices stellt ein derart komplexes Entscheidungsproblem dar, daß die für eine Optimierung erforderlichen Informationen kaum beschaffbar sind. Mit der Formulierung einer **Lieferservicepolitik** wird das Lieferserviceniveau in seinen einzelnen Komponenten festgelegt. Beispielhaft könnte eine Lieferservicepolitik wie folgt aussehen (Specht 1998, S. 77 ff.):

- **Lieferzeit:** Die Auslieferung der Ware erfolgt spätestens vier Tage nach Auftragseingang.

- **Lieferzuverlässigkeit:** Mindestens 95 Prozent aller Aufträge müssen innerhalb der vereinbarten Lieferzeit beim Kunden sein.

- **Lieferungsbeschaffenheit:** Die gelieferte Ware soll nach Art und Menge zu 100 Prozent den Wünschen des Kunden entsprechen. Zudem soll die Ware zu wenigstens 98 Prozent unbeschädigt sein.

- **Lieferflexibilität:** Zumindest 80 Prozent der vom Kunden gewünschten Sonderbedingungen können ohne nennenswerte Kostensteigerungen erfüllt werden.

Die Lieferservicepolitik wird dabei sowohl von rechtlichen als auch von technischen **Rahmenbedingungen** begrenzt (Pfohl 1994, S. 117ff.). Wichtige **rechtliche** Rahmenbedingungen ergeben sich dabei beispielsweise aus den Liefer- und Ladefristen gemäß der Kraftverkehrsordnung oder den Anforderungen an die Lieferbereitschaft bei werblich angekündigten Waren nach dem Gesetz gegen unlauteren Wettbewerb (die Rechtsprechung fordert eine Bevorratung für circa zwei bis drei Tage, was bei besonders günstigen Angeboten mit entsprechend hoher Nachfrage eine effiziente Logistik erfordert, um die Produkte am PoS entsprechend vorrätig zu haben). Die **technischen** Rahmenbedingungen resultieren insbesondere aus den Eigenschaften der zu transportierenden Güter, wie zum Beispiel Haltbarkeit, Sperrigkeit, Gewicht etc. Das im Rahmen der strategischen Marketinglogistik für das Unternehmen festgelegte Lieferserviceniveau bildet das relevante Oberziel für die operative Planung der Marketinglogistik.

4.43 Operative Marketinglogistik

Ausgehend von den beschriebenen strategischen Entscheidungen über Absatzwege und das anzustrebende Lieferserviceniveau sind im Rahmen der operativen Logistikplanung **räumliche und zeitliche Strukturen der Warenverteilung** festzulegen. Damit wird an dieser Stelle indirekt der Grad der Zuverlässigkeit für die Einhaltung der im Rahmen der strategischen Planung formulierten Ziele beeinflußt (Winkler 1977, S. 49 f.). Gegenstand der operativen Marketinglogistik sind demnach alle Entscheidungen über Lager- und Transportvorgänge. Es ist dabei kein Widerspruch, daß im Rahmen der Lagerhaltung auch Entscheidungen mit langfristigem Charakter, zum Beispiel die Errichtung von neuen Kühllägern, getroffen werden. Überwiegend handelt es sich bei der Planung der räumlichen und zeitlichen Struktur der Warenverteilung jedoch um ein operatives Planungsproblem (vgl. Klaus 1998).

4.431 Entscheidungen über die Lagerhaltung

Betrachtet man den Entscheidungskomplex im Zusammenhang mit der Festlegung der Lagerhaltung, sind im Planungsprozeß Entscheidungen über die Stufigkeit des Warenverteilungssystems, über die Lagereinrichtung, über die Eigen- oder Fremdlagerung sowie über die Lagerbestände zu treffen:

- **Festlegung der Anzahl der Stufen des Warenverteilungssystems**
  In Anlehnung an die Entscheidung über den Absatzweg muß unter Berücksichtigung der Kunden- und Produktcharakteristika sowie weiterer relevanter Faktoren (zum Beispiel gesetzliche Bestimmungen) entschieden werden, wie viele **Zwischenlagerstufen** der Absatzweg enthalten soll, um das angestrebte Lieferserviceniveau zu verwirklichen. Hinsichtlich der **Kundencharakteristika** geht es dabei um die Anzahl, die Größe und die geographische Verteilung der Kunden. Bezüglich der **Produktcharakteristika** sind die Art des Produktes (zum Beispiel verderbliche oder nicht verderbliche Ware), dessen physische Beschaffenheit und der Grad der Standardisierung des Produktes von Bedeutung.

- **Entscheidungen über Lagereinrichtungen**
  Auf der Basis der festgelegten Stufen für die Warenverteilung sind eine Reihe weiterer Entscheidungen zu treffen. Dabei geht es um die Anzahl, Größe, Standorte und Einzugsgebiete der auszuwählenden Läger. Auch diese Entscheidungen sind eng miteinander verzahnt: So ist die **Standortwahl** unter anderem davon abhängig, auf wie vielen Stufen Läger zu errichten sind; andererseits determiniert die Zahl der Läger pro Stufe ihr jeweiliges Einzugsgebiet. Zu diesen Problemen liegen in der Literatur eine Reihe von Lösungsansätzen vor (Winkler 1977, S. 88 ff.; Tempelmeier 1983).

- **Entscheidung über die Errichtung eigener oder fremder Läger**
  Die Entscheidung darüber, ob betriebseigene Läger errichtet oder betriebsfremde Einrichtungen (Lagerhäuser, Speditionen) benutzt werden sollen, wird vor allem durch Kostenaspekte, Flexibilitätsüberlegungen und die verfügbaren finanziellen Mittel bestimmt (Winkler 1977, S. 138 ff.; Stern/El-Ansary 1982, S. 175 ff.). Von besonderer Bedeutung ist dabei vor allem die Flexibilität beziehungsweise Veränderbarkeit einmal getroffener Entscheidungen über Standorte, Lagerzahl und -größe. Der Nachfrageverlauf der Produkte (zum Beispiel Auftreten von Diskontinuitäten, saisonale Schwankungen) sowie die Verfügbarkeit externer Lagerkapazitäten bilden weitere Entscheidungsparameter.

- **Entscheidungen über die Lagerbestände**
  Bei der Festlegung der Lagerbestände ist zunächst zu bestimmen, ob alle Produkte in allen Lägern bevorratet (**vollständige Lagerhaltung**) oder bestimmte Produkte nur in ausgewählten Lägern bereitgehalten werden sollen (**selektive Lagerhaltung**) (Pfohl 1972, S. 107 ff.; Winkler 1977, S. 40 ff.). Zur Fundierung dieser Entscheidung

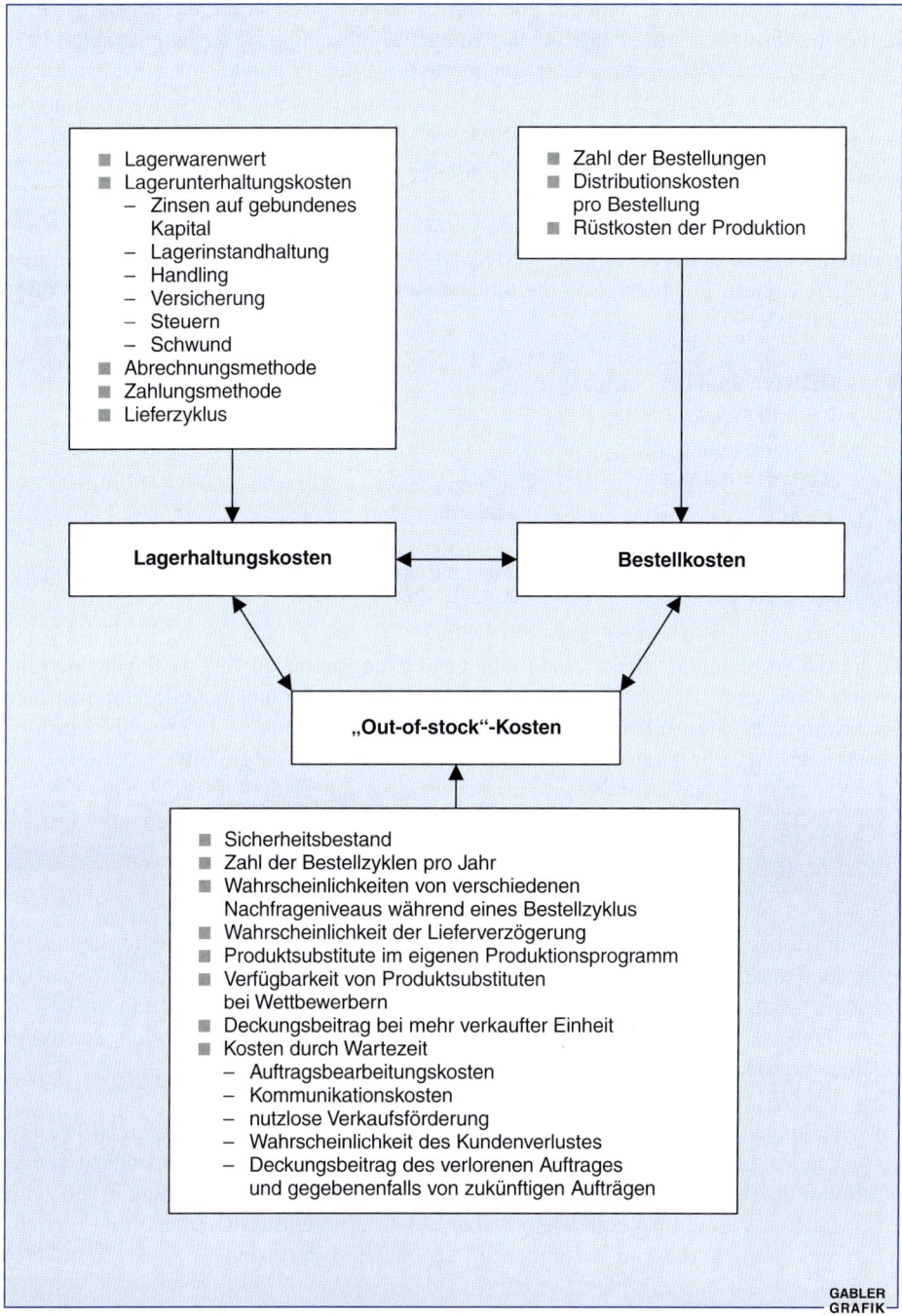

Abbildung 3-165: Entscheidungsfaktoren des Lagerbestandsmanagements
(in enger Anlehnung an Stern/Al-Ansary 1982, S. 175)

ist eine Kenntnis der mengen- und wertmäßigen Umsatzstruktur beziehungsweise des Nachfrageverlaufs unabdingbar. Unter Berücksichtigung der angestrebten Lieferbereitschaft kann dann über die Verteilung der Produkte auf einzelne Läger entschieden werden. So könnte es zum Beispiel für eine Sortimentsbrauerei sinnvoll sein, die Lagerung einzelner Biersorten, wie Pils oder Alt, an regionale Verbrauchsgewohnheiten anzupassen und zum Beispiel Altbier nur in Lägern am Niederrhein zu bevorraten.

In einem zweiten Schritt erfolgt anschließend die Festlegung der Lagerbestände in den einzelnen Lägern. Für diese Entscheidungen werden folgende Informationen benötigt (Pfohl 1972, S. 96):

- Bestellverhalten der Nachfrager:
  - Bestellzyklus,
  - Bestellmengen,
  - Bestellzeitpunkte,

- Sicherheits-(Mindest-)bestand,

- Wiederbeschaffungszeit (Zeitbedarf zur Beschaffung der nicht am Lager befindlichen Teile).

Zu diesem Problemfeld werden eine Reihe von Lösungsansätzen vorgeschlagen. Verfahren des Operations Research sowie stochastische Lagerhaltungsmodelle kommen hier zur Anwendung (Stern/El-Ansary 1982, S. 152 ff.). In Abbildung 3-165 sind die Einflußfaktoren des Lagerbestandsmanagements zusammenfassend dargestellt.

4.432 Entscheidungen über Transportmittel und -wege

In noch stärkerem Maße als die Entscheidungen über die Lagerhaltung wird die Festlegung der Transportmittel und -wege durch produktspezifische Besonderheiten (Sperrigkeit, Wert, Empfindlichkeit) sowie Charakteristika des Herstellers beeinflußt (insbesondere Finanzkraft, Sortiment). Die jeweiligen Gegebenheiten werden dabei in der Regel zu einer **Vorselektion** möglicher Transportalternativen führen.

Entscheidungen über den Einsatz von Transportmitteln lassen sich meist mit Hilfe eines einfachen **Verfahrensvergleichs** lösen. Dabei sind die Kosten der verschiedenen Transportmittel in Abhängigkeit von der Versandmenge darzustellen. Abbildung 3-166 zeigt einen solchen Verfahrensvergleich, bei dem Luft-, Lkw- und Bahntransport der Errichtung eines Zweigwerkes am Verbrauchsort gegenübergestellt sind.

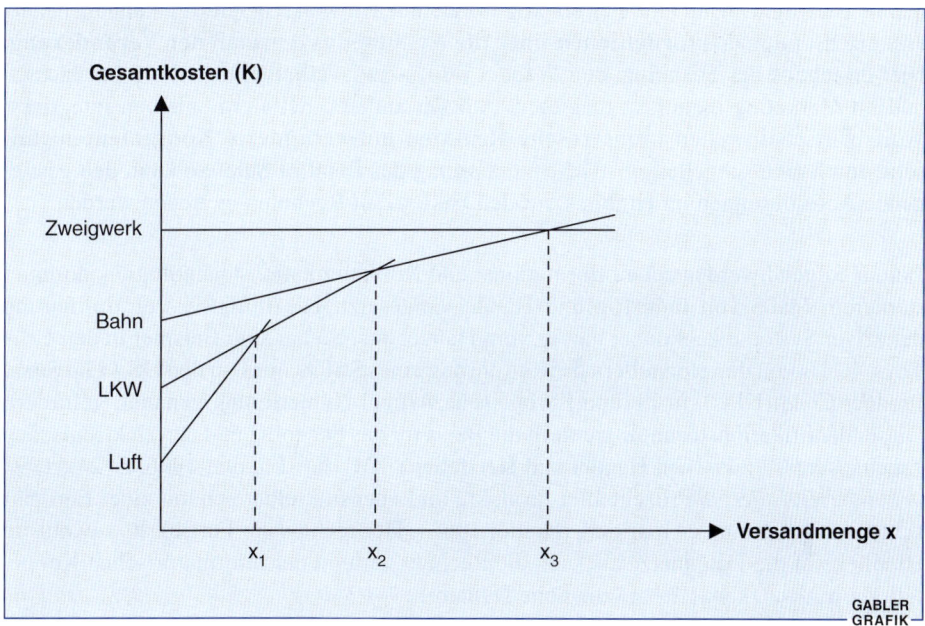

Abbildung 3-166: Verfahrensvergleich zwischen alternativen Transportmitteln

Das kostengünstigste Transportmittel ist das Flugzeug, wenn weniger als x_1 Einheiten zu befördern sind. Die Mengen x_2 und x_3 sind die „kritischen" Mengen für den Übergang auf das jeweils fixkostenintensivere Verfahren. Grundsätzlich ist zu überlegen, ob die Alternativen aufgrund der oben genannten Begrenzungsfaktoren überhaupt sinnvoll sind. Nach der Festlegung der Art der Transportmittel sind in einem weiteren Schritt die **Transportläger** festzulegen. Hier geht es darum, ob der Hersteller die ausgewählten Transportmittel selbst bereitstellen will und kann oder betriebsfremde Transportmittel (Spediteure) eingeschaltet werden sollen. Auch diese Entscheidung ist vornehmlich unter Kostengesichtspunkten zu treffen, bedarf gleichwohl aber der Ergänzung um qualitative Kriterien, wie zum Beispiel der Zuverlässigkeit des gewählten Transportmittels beziehungsweise -lagers.

4.44 Scanning und integrierte Warenwirtschaftssysteme als Erfolgsfaktoren der Marketinglogistik

Die wachsenden Diskontinuitäten verleihen dem Faktor Information zunehmend den Charakter eines strategischen Wettbewerbsvorteils. Scanning und integrierte Warenwirtschaftssysteme haben dabei in doppelter Hinsicht eine hohe Bedeutung für den Unternehmenserfolg. Um auf eine sich ständig wandelnde Umwelt reagieren zu können, bedarf es zunächst einmal **Informationen über die Art und das Ausmaß der Veränderung**. Hier erlaubt es das Scanning, den Wandel im Einkaufsverhalten täglich zu beobachten und im Marketing darauf zu reagieren. Auf der anderen Seite ermöglichen integrierte Warenwirtschaftssysteme eine **rasche Reaktion auf veränderte Konsumentenwünsche** durch eine schnelle logistische Versorgung des Point of Sale. So kann den gestiegenen Anforderungen im Hinblick auf den Faktor Zeit Rechnung getragen werden.

Daraus folgend werden neue Informations- und Kommunikationstechnologien in immer stärkerem Maße von Industrie und Handel eingesetzt. Die Initiative zur Einführung derartiger Systeme geht dabei häufig vom Handel aus. So hat zum Beispiel in den USA Toys 'R' Us von den Herstellern die Einführung eines Strichcodes, in den USA Universal Product Code (UPC), in Europa Europäische Artikel Numerierung genannt, gefordert. Diese Identifikationstechnologie stellt die Basis für das Scanning und den elektronischen Datenaustausch zwischen Handel und Hersteller (EDI) dar (Laurent 1996, S. 24). 1993 waren bereits über 95 Prozent aller Produkte im Lebensmittelbereich mit einer Europäischen Artikel Nummer markiert (Heidel 1993). Der technische Fortschritt sowohl im Hinblick auf die Datennetze als auch die Rechner verleiht der informatorischen Kooperation im Absatzkanal dabei eine hohe Dynamik.

Bei der **Scanning-Technologie** werden alle mit dem Verkauf eines Artikels im Zusammenhang stehende Daten wie Preis, Verkaufsort und -zeitpunkt elektronisch mit Hilfe eines Scanners am Kassenterminal erfaßt. Mit Hilfe der erfaßten Artikelnummer sind die Produkte eindeutig identifizierbar. Dabei muß bei Nutzung moderner Informations- und Kommunikationstechnologien nicht zwingend die Scanner-Technologie eingesetzt werden. Es finden sich zum Beispiel auch Kassensysteme, bei denen eine Artikelnummer manuell eingegeben wird. Insofern ist Scanning nur eine von mehreren denkbaren Registrierverfahren zur Nutzung der Vorteile moderner Informationstechnologien (Ahlert 1994). Die Scannerdaten sind nicht zuletzt auch Grundlage für efficient replenishment Strategien in vertikalen Kooperationen (vgl. drittes Kapitel, Abschnitt 4.342).

Die Scanning-Technologie verbreitet sich mit hohem Wachstum. Während noch 1980 in Deutschland lediglich 19 Scannermärkte existierten, waren es 1994 bereits rund 15.000 (Laurent 1996, S. 26). Im europäischen Vergleich ist die Verbreitung von Scannerkassen in Deutschland noch eher rückständig. So werden in Schweden als dem europäischen Vorreiter beim Scanning 81 Prozent aller Umsätze im Lebensmitteleinzelhandel über Scannerkassen abgewickelt, während es in Deutschland lediglich 39 Prozent sind (Zahlen für 1995, o. V. 1995, S. 121).

Gleichzeitig ist die Scanning-Technologie ein elementarer Baustein **computergestützter Warenwirtschaftssysteme (WWS)**. Ziel von Warenwirtschaftssystemen ist es, den Warenfluß mengen- und wertmäßig artikelgenau und lückenlos zu erfassen (Nagler 1991). Aus diesen Zielen ergeben sich die wesentlichen Aufgaben von WWS (Zentes 1991):

- die Disposition,
- das Bestellwesen,
- die Wareneingangserfassung,
- die Rechnungskontrolle,
- die Warenausgangserfassung,
- die Kassenabwicklung,
- die Inventur und
- die warenbezogene Auswertung.

Ein Warenwirtschaftssystem umfaßt somit die Module Wareneingang, Warenausgang, Disposition und Bestellwesen sowie ein Marketing-Management-Modul.

Die **Informationsvernetzung** hat dabei ausgehend von Handelsunternehmen zwei Grundrichtungen. Auf der einen Seite steht die verbesserte Informationsbasis innerhalb von Handelssystemen (interne Integration). Auf der anderen Seite besteht die Möglichkeit zur externen Vernetzung, zum Beispiel mit Banken, Lieferanten, Kunden oder

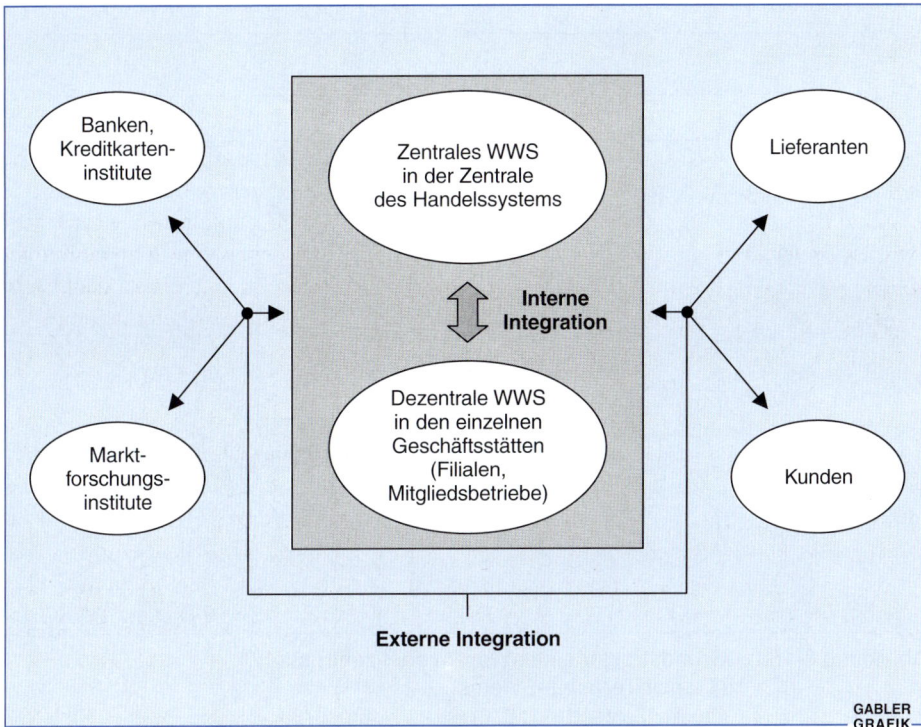

Abbildung 3-167: Interne und externe Integration computergestützter Warenwirtschaftssysteme
(Quelle: Olbrich 1994, S. 122)

Marktforschungsinstituten. Diese Art der informatorischen Eingliederung wird als externe Integration gekennzeichnet (Olbrich 1994, S. 121) (vgl. Abbildung 3-167).

Durch die **interne Integration** entsteht eine stufenübergreifende informatorische Verbindung von räumlich getrennten Organisationseinheiten. Die verbesserte Informationsbasis sowohl für einzelne Geschäftsstätten als auch für die Systemzentrale eines Handelsunternehmens hat Auswirkungen auf die Arbeitsteilung und den Grad der Zentralisierung in Handelsunternehmen, wobei eindeutige Aussagen über die Richtung der Entwicklung, zum Beispiel stärkere Zentralisierung oder Dezentralisierung von Handelsunternehmen, nicht möglich sind (Olbrich 1994, S. 127 ff.).

Die **externe Integration** umfaßt die unternehmensübergreifende informatorische Vernetzung. Neben der Kooperation mit Marktforschungs- (zum Beispiel Scanning-Handelspanels) und Kreditinstituten (zum Beispiel Austausch von Daten für den bargeldlosen Zahlungsverkehr, EC-Cash) sowie der informatorischen Integration der Kunden über Kundenkarten ist vor allem die Zusammenarbeit zwischen Handel und Lieferanten sowie Logistik-Dienstleistern von Bedeutung.

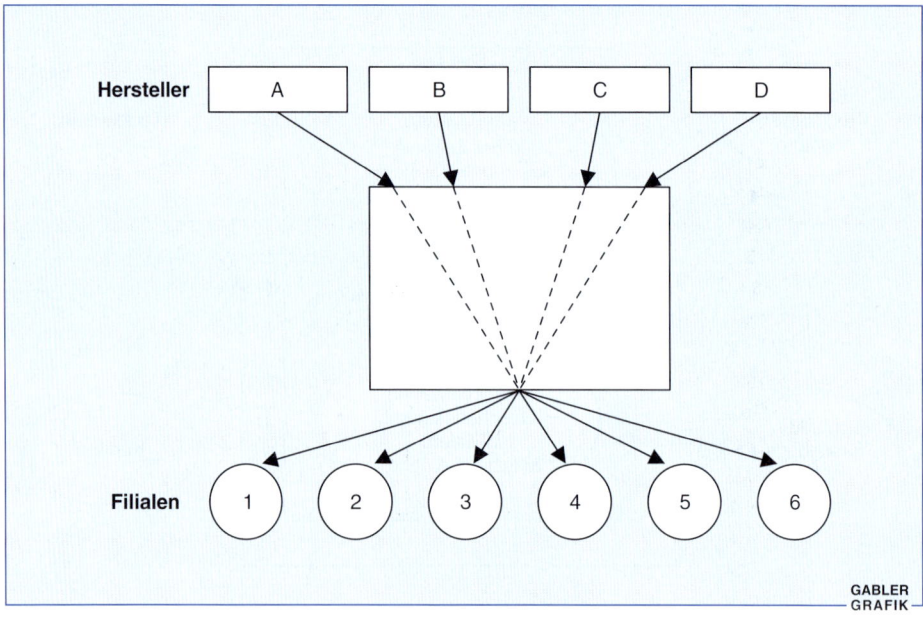

Abbildung 3-168: Grundstruktur eines Warenverteilzentrums
(Transit-Terminal-Sytems)
(Quelle: Zentes 1991, S. 6)

Drittes Kapitel
Aktionsgrundlagen der Marketingentscheidung

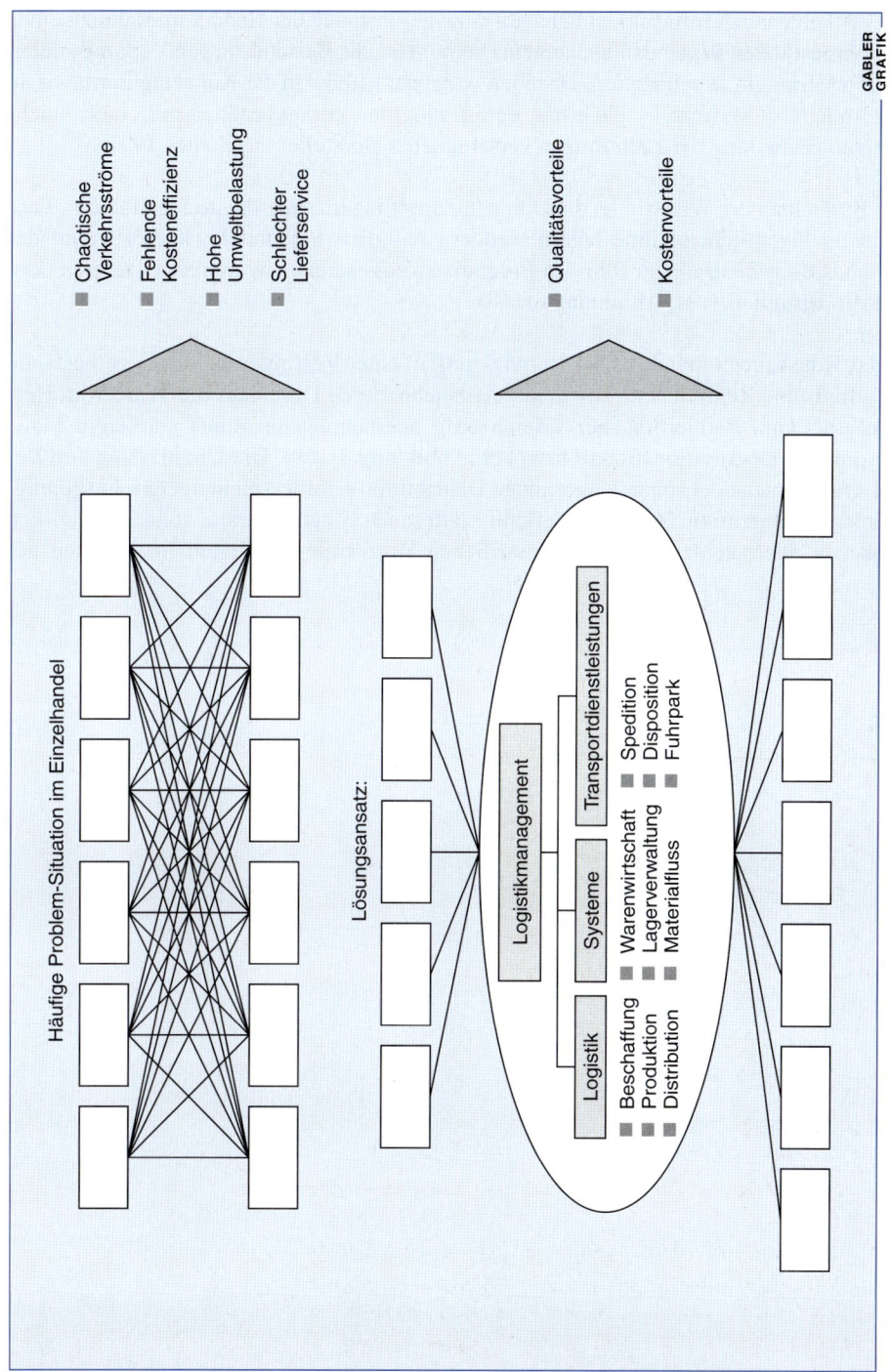

Abbildung 3-169: Beispielhafte Problemlösung durch Systemdienstleistungen

Die artikelgenauen Informationen haben dazu geführt, daß der Handel im Rahmen eines rechnergestützten Bestandsmanagements bemüht ist, die Bestände in den Verkaufsstätten auf ein Minimum zu reduzieren. Daneben strebt der Handel in der Konsumgüterindustrie eine möglichst verbrauchssynchrone Belieferung der Verkaufsstätten mit einer gleichzeitigen Bündelung der Lieferungen verschiedener Hersteller an (Zentes 1991).

Die Bündelung der Ware findet dabei in den Zentrallägern statt, die im Idealfall die Ware nicht im eigentlichen Sinne lagern, sondern lediglich umbündeln. Dieser Trend der bestandslosen Zentrallager führt im Ergebnis zu sogenannten Warenverteilzentren oder Transit-Terminals (vgl. Abbildung 3-168).

In der Konsequenz mündet diese Entwicklung in einer Verringerung der Lagerbestände auf Filial- und Zentralebene sowie in einem schnelleren Durchlauf der Ware vom Hersteller bis zum Endverbraucher. Gleichzeitig übernehmen in immer stärkerem Maße Spezialisten Distributionsfunktionen (vgl. Abbildung 3-169). Die Übertragung von Logistikfunktionen oder sogar der gesamten Distribution erfordert nicht nur eine ausgeprägte interne Integration zwischen Verkaufsstätte und Systemzentrale, sondern auch den Einbezug aller an den warenwirtschaftlichen Prozessen Beteiligten im Rahmen der externen Integration auf Basis von EDI.

Literaturhinweise

Ahlert, D. (1980), Betriebswirtschaftslehre für Ingenieure, Gründzüge des Marketing, 2. Aufl., Düsseldorf.
Ahlert, D. (1981), Vertragliche Vertriebssysteme zwischen Industrie und Handel, Wiesbaden.
Ahlert, D. (1982), Vertikale Kooperationsstrategien im Vertrieb, in: Zeitschrift für Betriebswirtschaft, 42. Jg., Nr. 1, S. 62–93.
Ahlert, D. (1985), Distributionspolitik. Das Management des Absatzkanals, Stuttgart.
Ahlert, D. (1991), Distributionspolitik. Das Management des Absatzkanals, 2. Aufl., Stuttgart.
Ahlert, D. (1994), Warenwirtschaftsmanagement und Controlling in der Konsumgüterdistribution – Betriebswirtschaftliche Grundlegung und praktische Herausforderung aus der Perspektive von Handel und Industrie, in: Ahlert, D., Olbrich, R. (Hrsg.), Integrierte Warenwirtschaftssysteme und Handelscontrolling. Konzeptionelle Grundlagen und Umsetzung in der Handelspraxis, Stuttgart, S. 3–114.
Ahlert, D. (1996), Distributionspolitik. Das Management des Absatzkanals, 3. Aufl., Stuttgart.
Albers, S., Krafft, M. (1996), Ansätze der Neuen Institutionenlehre für die Absatzformwahl sowie die Entlohnung, in: Zeitschrift für Betriebswirtschaft, 56. Jg., Nr. 11, S. 1383–1408.
Barth, K. (1999), Betriebswirtschaftslehre des Handels, 4. Aufl., Wiesbaden.
Bauer, H. H., Herrmann, A., Graf, G. (1995), Die nutzenorientierte Gestaltung der Distribution für ein Produkt, in: Jahrbuch der Absatz- und Verbrauchsforschung, 41. Jg., Nr. 1, S. 4–15.
Becker, R. (1982), Die Beurteilung von Handelsvertretern und Reisenden durch Hersteller und Kunden, Frankfurt am Main/Bern.
Berekoven, L. (1989), Grundlagen der Absatzwirtschaft, 4. Aufl., Herne.
Bowersox, D. J. et al. (1980), Management in Marketing Channels, Auckland u. a.
Bruhn, M. (1999), Handelsmarken als strategische Option im Wettbewerb, in: Beisheim, O. (Hrsg.), Distribution im Aufbruch, Bestandsaufnahme und Perspektiven, München, S. 787–802.
Cohen, J. S. (1971), Conflict and its Resolution in an Franchise System, in: Thompson, D. N. (Hrsg.), Contractual Marketing Systems, Lexington, Mass., S. 175–183.
Deutscher Franchiseverband (Hrsg.) (1996), Franchise-Telex 1996, München.
Dichtl, E., Raffee, H., Niedetzky, H.-M. (1981), Reisende oder Handelsvertreter, München.
Eberhard, C. (1996), Logistik im Wandel, in: Logistik heute, 18. Jg., Nr. 1–2, S. 64–66.
Eggers, C. (1990), Vertikale vertragliche Vertriebssysteme für Markenartikel, Konstanz.
Engelhardt, W. H., Witte, P. (1990), Direktvertrieb im Konsumgüter- und Dienstleistungsbereich. Abgrenzung und Umfang, Stuttgart.
Florenz, P. J. (1991), Konzept des vertikalen Marketing. Entwicklung und Darstellung am Beispiel der deutschen Automobilwirtschaft, Bergisch Gladbach u. a.
Geist, M. (1974), Selektive Absatzpolitik, 2. Aufl., Stuttgart.
Gussek, F. (1992), Erfolg in der strategischen Markenführung, Wiesbaden.
Gutenberg, E. (1973), Grundlagen der Betriebswirtschaftslehre, Bd. 2: Der Absatz, 14. Aufl., Berlin u. a.
Gutenberg, E. (1976), Grundlagen der Betriebswirtschaftslehre, Bd. 2: Der Absatz, 15. Aufl., Berlin u. a.
Hanser, P. (1994), Neue Vertriebsmodelle. Halbe Kosten – doppelter Erfolg, in: Absatzwirtschaft, 37. Jg., Nr. 11, S. 118.
Heidel, B. (1993), Scannerdaten im Einzelhandelsmarketing, in: Irrgang, W. (Hrsg.), Vertikales Marketing im Wandel, München, S. 146–172.
Heß, A., Meinig, W. (1996), Absatzkanalsysteme der Automobilwirtschaft – eine deskriptive Analyse, in: Zeitschrift für betriebswirtschaftliche Forschung, 48. Jg., Nr. 3, S. 280–299.
Irrgang, W. (1989), Strategien im vertikalen Marketing. Handelsorientierte Konzeption der Industrie, München.

Kapp, Th. (1984), Wettbewerbsbeschränkungen durch vertikale Vertriebsbindungen? Eine Studie zum § 18 GWB unter Berücksichtigung der neueren Entwicklung im US-Antitrustrecht, Baden-Baden.
Klaus, P. (1998), Gabler-Lexikon Logistik – Management logistischer Netzwerke und Flüsse, Wiesbaden.
Köckmann, P. (1982), Logistik kontra Lager – doch für zufriedene Kunden. Rezepte für verkaufsunterstützende Betriebsorganisation, Bad Wörishofen.
Kotler, P. (1971), Marketing Decision Making. A Model Building Approach, New York u. a.
Kotler, P. (1998), Principles of Marketing, Englewood Cliffs, 8th ed., New Jersey.
Kucher, E. (1985), Scannerdaten und Preisintensivität bei Konsumgütern, Wiesbaden.
Kümpers, U. A. (1976), Marketingführerschaft. Eine verhaltenswissenschaftliche Analyse des vertikalen Marketing, Münster.
Kunkel, R. (1977), Vertikales Marketing im Herstellerbereich. Bestimmungsfaktoren und Gestaltungselemente stufenübergreifender Marketing-Konzeptionen, München.
Küstner, W., von Manteuffel, K. (1995), Verträge mit Handelsvertretern, 9. Aufl., Heidelberg.
Laurent, M. (1996), Vertikale Kooperationen zwischen Industrie und Handel. Neue Typen und Strategien zur Effizienzsteigerung im Absatzkanal, Frankfurt am Main.
Meffert, H. (1975), Vertikales Marketing und Marketingtheorie, in: Steffenhagen, H., Konflikt und Kooperation in Absatzkanälen. Ein Beitrag zur verhaltensorientierten Marketingtheorie, Wiesbaden, S. 15–20.
Meffert, H. (1981), Verhaltenswissenschaftliche Aspekte vertraglicher Vertriebssysteme, in: Ahlert, D. (Hrsg.), Vertragliche Vertriebssysteme zwischen Industrie und Handel, Wiesbaden, S. 99–123.
Meffert, H. (1994), Marketing-Management: Analyse – Strategie – Implementierung, Wiesbaden.
Meffert, H., Bruhn, M. (1997), Dienstleistungsmarketing. Grundlagen – Konzepte – Methoden, 2. Aufl., Wiesbaden.
Meffert, H., Steffenhagen, H. (1976), Konflikte zwischen Industrie und Handel. Empirische Untersuchungen im Lebensmittelsektor der BRD, Wiesbaden.
Meurer, J. (1997), Führung von Franchisesystemen – Führungstypen – Einflußfaktoren – Verhaltens- und Erfolgswirkungen, Wiesbaden.
M + M Eurodata (1999), M + M Top-Firmen, Strukturen, Umsätze und Vertriebslinien des Lebensmittelhandels Food/Nonfood in Deutschland, Frankfurt am Main.
Nagler, R. (1991), Elektronischer Bestell- und Lieferdatenaustausch: Das Beispiel ECODEX, in: Zentes, J. (Hrsg.), Moderne Distributionskonzepte in der Konsumgüterwirtschaft, Stuttgart, S. 215–224.
Nerdinger, F. W., von Rosenstiel, L., Sigl, E., Spieß, E. (1990), Handelsvertreter und Verkaufsleiter. Konflikt und Konfliktbewältigung in einer Dienstleistungsbeziehung, Stuttgart.
Nieschlag, R., Dichtl, E., Hörschgen, H. (1997), Marketing, 18. Aufl., Berlin.
o. V. (1995), Vertrauen ist gut – Kontrolle ist besser, in: Absatzwirtschaft, 37. Jg., Nr. 5, S. 121.
o. V. (1996), Take-off auf dem Infoflyway, in: Werben & Verkaufen, 34. Jg., Nr. 11, S. 85–86.
Olbrich, R. (1994), Stand und Entwicklungsperspektiven integrierter Warenwirtschaftssystem, in: Ahlert, D., Olbrich, R. (Hrsg.), Integrierte Warenwirtschaftssysteme und Handelscontrolling. Konzeptionelle Grundlagen und Umsetzung in der Handelspraxis, S. 117–156.
Pfohl, H.-Ch. (1972), Marketing-Logistik, Gestaltung, Steuerung und Kontrolle des Warenflusses im modernen Markt, Mainz.
Pfohl, H.-Ch. (1977), Zur Formulierung einer Lieferservicepolitik: Theoretische Aussagen zum Angebot von Sekundärdienstleistungen als absatzpolitisches Instrument, in: Zeitschrift für betriebswirtschaftliche Forschung, 29. Jg., S. 239–255.
Pfohl, H.-Ch. (1994), Logistikmanagement. Funktionen und Instrumente. Implementierung der Logistikkonzeption in und zwischen Unternehmen, Heidelberg.
Pretzel, J. (1996), Gestaltung der Hersteller – Handel – Beziehung durch Category Management, in: Markenartikel, 58. Jg., Nr. 1, S. 21–25.

Rominski, D. (1994), Fachhandelskooperationen. Der lange Weg in die Internationalität, in: Absatzwirtschaft, 37. Jg., Nr. 11, S. 104–116.
Rosenberg, L. J., Stern, L. W. (1970), Toward the Analysis of Conflict in Distribution Channels: A descriptive Model, in: Journal of Marketing, Vol. 34, No. 4, S. 41–46.
Rosenbloom, B. (1978), Marketing Channels. A Management View, Hinsdale, Illinois.
Schögel, M. (1997), Mehrkanalsysteme in der Distribution, Wiesbaden.
Shapiro, R. D., Heskett, J. L. (1985), Logistics Strategy. Cases and Concepts, St. Paul u. a.
Sims, J. T., Foster, J. R., Woodside, A. G. (1977), Marketing Channels, Systems and Strategies, New York u. a.
Specht, G. (1998), Distributionsmanagement, 3. Aufl., Stuttgart.
Stampfer, A. (1993), Distribution, in: Lück, W. (Hrsg.), Lexikon der Betriebswirtschaft, 5. Aufl., S. 270–271, Landsberg am Lech, S. 264 ff.
Steffenhagen, H. (1974), Vertikales Marketing, in: Marketing Enzyklopädie, Bd. 2, München, S. 675–690.
Steffenhagen, H. (1975), Konflikt und Kooperation in Absatzkanälen. Ein Beitrag zur verhaltensorientierten Marketingtheorie, Wiesbaden.
Stern, L. W., El-Ansary, A. I., Brown. J. R. (1989), Management in Marketing Channels, Englewood Cliffs, New Jersey.
Stern, L. W., El-Ansary, A. I. (1982), Marketing Channels, 2. Aufl., Englewood Cliffs, New Jersey.
Szeliga, M. (1995), Push and Pull in der Markenpolitik. Ein Beitrag zur modellgestützten Marketingplanung am Beispiel des Reifenmarktes, Frankfurt am Main.
Tempelmeier, H. (1983), Quantitative Marketing-Logistik, Berlin u. a.
Tietz, B. (1995), Efficient Consumer Response (ECR), in: Wirtschaftswissenschaftliches Studium, 24. Jg., Nr. 10, S. 529–530.
Theisen, D. (1977), Optimierungsmodelle der Distributionspolitik, in: Zeitschrift für Betriebswirtschaft, 47. Jg., Nr. 2, S. 65–88.
Thies, D. (1976), Distributionsfunktionen und betriebliche Absatzpolitik, Göttingen 1978.
Toporowski, W. (1996), Logistik im Handel. Optimale Lagerstruktur und Bestellpolitik einer Filialunternehmung, Heidelberg.
Wagner, G. R. (1978), Die Lieferzeitpolitik der Unternehmen, 2. Aufl., Wiesbaden.
Walters, G. C. (1977), Marketing Channels, Santa Monica, California.
Weber, J., Kummer, S. (1994), Logistikmanagement, Stuttgart.
Wildemann, H. (1988), Produktionssynchrone Beschaffung, München.
Winkler, H. (1977), Warenverteilungsplanung. Beitrag zur Theorie der industriebetrieblichen Warenverteilung, Münster.
Wöllenstein, S. (1996), Betriebstypenprofilierung in vertraglichen Vertriebssystemen. Eine Analyse von Einflußfaktoren und Erfolgswirkungen auf der Grundlage eines Vertragshändlersystems im Automobilhandel, Frankfurt am Main.
Zentes, J. (1991), Computer Integrates Merchandising – Neurorientierung der Distributionskonzepte im Handel und in der Konsumgüterindustrie, in: Zentes, J. (Hrsg.), Moderne Distributionskonzepte in der Konsumgüterwirtschaft, Stuttgart, S. 3–32.

5. Kommunikationspolitische Entscheidungen

5.1 Ziele und Entscheidungstatbestände der Kommunikationspolitik

Die Kommunikationspolitik von Unternehmen hat sich in den letzten Jahren in bezug auf die **Auswahl und Gestaltung der Instrumente erheblich gewandelt**. Neuere Instrumente wie das Sponsoring oder das Event-Marketing haben sich inzwischen in der Kommunikationsarbeit der meisten Unternehmen fest etabliert. Darüber hinaus eröffnen die aktuellen Entwicklungen der modernen Kommunikationstechnologien (zum Beispiel Multimedia-Kommunikation) zusätzliche Möglichkeiten der Konsumentenansprache. Aber auch die seit langem praktizierten Kommunikationsformen wie die klassische Werbung und die Öffentlichkeitsarbeit zeigen eine deutliche Tendenz zu einer stärkeren Spezialisierung, die nicht zuletzt durch das starke Wachstum der Medienangebote in Deutschland verursacht worden ist.

Die Analyse der **Marketing- und Kommunikationssituation** bildet den Ausgangspunkt aller im Rahmen der Kommunikationsplanung anstehenden Entscheidungen.

Bei den unternehmensinternen Situationsfaktoren sind zum Beispiel die Art und Funktion der angebotenen Marktleistungen, die verfügbaren finanziellen Ressourcen und die unternehmensinternen Möglichkeiten für eine eigene Durchführung der Kommunikationsmaßnahmen bedeutsam. Darüber hinaus fließen marktbezogene Faktoren wie zum Beispiel die Entwicklung des Gesamtmarktes, das Konkurrenzverhalten und das Verbraucherverhalten (Einstellungen, Informationsverhalten, Mediennutzung etc.) in die Situationsanalyse ein. Schließlich können sonstige umweltbezogene Faktoren wie beispielsweise Rechtsnormen, soziale Normen sowie die technologische Entwicklung für einzelne Phasen des Kommunikationsplanungsprozesses von Bedeutung sein.

5.11 Kommunikationsziele als Steuerungskriterien

Die Festlegung der Kommunikationsziele ist von großer Bedeutung, weil Ziele die zentralen Funktionen der Koordination, Steuerung, Kontrolle und Motivation zu erfüllen haben. Die Lösung von Planungs- und Entscheidungsproblemen in der Kommunikationspolitik setzt die Formulierung spezifischer Kommunikationsziele voraus (Unger 1989, S. 10 ff.). **Die Kommunikationsziele leiten sich aus den übergeordneten Marketingzielen ab.** Die Konsistenz des Zielsystems wird damit zur notwendigen Bedingung

Drittes Kapitel — Aktionsgrundlagen der Marketingentscheidung

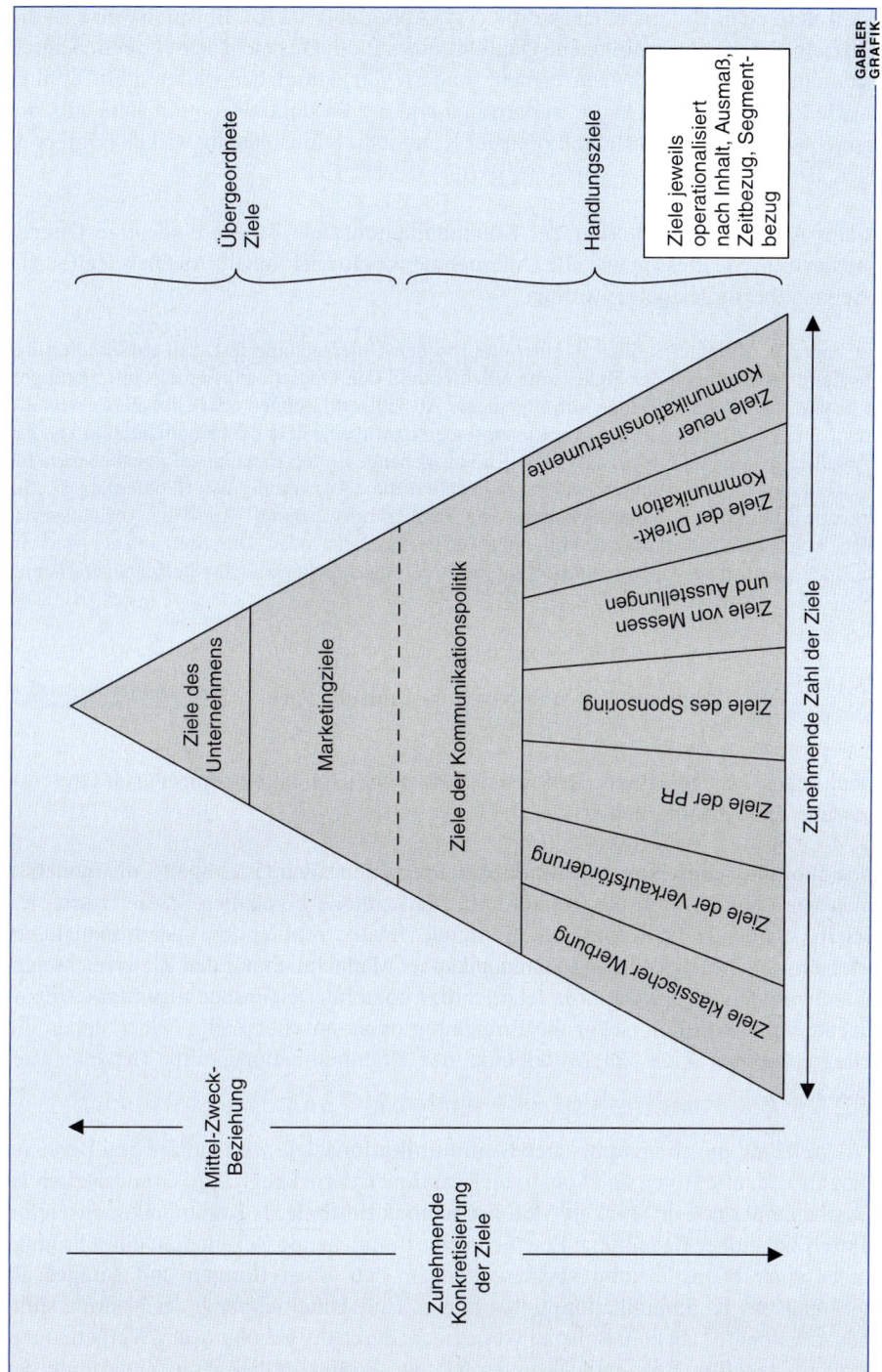

Abbildung 3-170: Hierarchie der Zielebenen der Kommunikationspolitik

einer erfolgreichen Unternehmenspolitik (vgl. Abbildung 3-170). Beispielsweise ist die Zielsetzung „hohe wahrgenommene Qualität" eines Produktes nicht ausschließlich durch die Kommunikationspolitik zu erreichen, sondern von zahlreichen weiteren Einflußfaktoren wie Produktdesign, Qualitätskontrollen und der Produktkonzeption abhängig, die ihrerseits wiederum als Einflußfaktoren der Kommunikationsplanung wirken (Ogilvy & Mather, 1988).

Zentrales Anforderungskriterium für Kommunikationsziele ist ihre eindeutige **Operationalisierung**. Sie müssen wie alle Unternehmensziele nach Inhalt, Ausmaß, Zeitbezug und Segmentbezug festgelegt werden.

Steffenhagen und Siemer stellten in einer empirischen Untersuchung fest, daß ein Großteil der Werbezielformulierungen der Praxis untauglich ist und den Operationalisierungsanforderungen nicht genügt. Sehr häufig werden nur allgemeine Absichtserklärungen oder Globalziele verfaßt, während eine Spezifizierung ebenso selten zu finden ist wie eine über die Dokumentation von Art und Anlaß der kommunikativen Maßnahmen hinausgehende Zielbeschreibung. Praxisbeispiele für nicht operationale Zielsetzungen sind unter anderem die „Ausweitung des Händlernetzes", die „Markenprofilierung" oder die „Schaltung von Erinnerungswerbung". Auch die Absichtserklärungen „Abgrenzung gegenüber den Eigenmarken des Handels" oder „Durchsetzung der Markenartikel-Idee" können den Operationalisierungsanforderungen nicht genügen (Steffenhagen/Siemer 1995).

5.111 Ökonomische und psychographische Ziele

In inhaltlicher Hinsicht ist eine Differenzierung von Zielen in ökonomische und psychographische Ziele erforderlich.

Zu den **ökonomischen Kommunikationszielen** zählen solche Zielinhalte, die monetäre Größen wie Gewinn, Umsatz, Kosten und Marktanteile beinhalten. Zwar lassen sich einerseits ökonomische Kommunikationsziele relativ problemlos operationalisieren, andererseits ist aber die Wirkung kommunikativer Maßnahmen auf den Zielerreichungsgrad nicht eindeutig zu klären, da letztlich der kombinierte Einsatz aller Marketinginstrumente verantwortlich ist für die Erreichung ökonomischer Ziele. Daher stehen die psychographischen Ziele im Mittelpunkt der Kommunikationspolitik (Kroeber-Riel 1993b, S. 31).

Zur Abgrenzung **psychographischer Kommunikationsziele** wird auf die drei Bereiche der kognitiven, affektiven und konativen Reaktionen zurückgegriffen. Grundsätzlich ist der Aufbau einer hohen **Marken- und Firmenbekanntheit** als Kommunikationsziel in der Praxis von hoher Bedeutung. Erst wenn eine hinreichende Bekanntheit eines Produktes oder einer Dienstleistung vorliegt, können sich **Einstellungen** und **Images** als Gegenstand von Kommunikationszielen bilden. Eine Unternehmung der Nahrungsmittelindustrie könnte sich zum Beispiel vornehmen, durch die Erhöhung des Werbebudgets eine zehnprozentige Bekanntheitssteigerung des Produktes bei ihrer Zielgruppe der

Besserverdienenden zu erreichen. Diese erhöhte Bekanntheit kann nachfolgend als Grundlage für die Positionierung des Produktes dienen.

Zur operationalen Formulierung von einstellungsorientierten Kommunikationszielen kann auf die mehrdimensionalen Einstellungsmodelle zurückgegriffen werden (Kroeber-Riel/Weinberg 1999, S. 196 ff.). Einstellungen wird in der Verhaltensforschung häufig eine verhaltensorientierte (konative) Komponente zugeordnet. Sie kennzeichnet eine mit der Einstellung verbundene Handlungstendenz und wird als Verhaltensabsicht oder auch Verhaltensbereitschaft interpretiert. Letztendlich muß die Aufgabe der Kommunikationspolitik vor allem darin bestehen, eine feste Handlungsabsicht im Sinne einer „Kauf-Prädisposition" zu bewirken. Als verhaltensorientierte Zielinhalte der Kommunikationspolitik können genannt werden:

- Intensivierung des Informationsverhaltens von Meinungsführern,
- Erhöhung der Wiederkaufrate beziehungsweise Markentreue,
- Ausbau und Verbesserung der Plazierung von Produkten am Point of Sale,
- Verstärkung der Kooperationsbereitschaft des Handels etc.

Insbesondere bei der Diskussion verhaltensorientierter Zielinhalte wie der **Kaufabsicht** werden schließlich die engen Interdependenzen von psychographischen und ökonomischen Kommunikationszielen deutlich.

In der aktuellen Diskussion psychographischer Ziele werden seit einiger Zeit Ansätze diskutiert, die auf die Orientierungs- und Identifikationsfunktion von Marken abstellen und sich unter kommunikationspolitischer Perspektive der Frage der **Positionierung** widmen (Ries/Trout 1986). Während generell Einigkeit über die große Bedeutung der kommunikativen Positionierung besteht, werden mit dem Terminus unterschiedliche Begriffsausprägungen verbunden (Waltermann 1989, S. 7).

Bei der **konsumentenorientierten** Betrachtung wird der Positionierung die Aufgabe zugeschrieben, ein klares (prägnantes) Vorstellungsbild von einer Marke zu schaffen, das möglichst exakt den Ansprüchen im Sinne der wichtigsten Kaufentscheidungskriterien der jeweiligen Zielgruppe entspricht. Im Rahmen einer eher **wettbewerbsorientierten** Betrachtung der Positionierung wird häufig die Funktion der kommunikativen Profilierung im Konkurrenzumfeld (wahrgenommene Alleinstellung) hervorgehoben. Bekanntheits- und Imageziele spielen bei beiden Sichtweisen der Positionierung eine wichtige Rolle. Angestrebt wird dabei die Verbesserung von Bekanntheit und Image sowohl gegenüber dem Endverbraucher als auch im Vergleich zur Konkurrenz.

Im Rahmen der konsumentenorientierten Betrachtungsweise werden insbesondere Aktualität, Emotion und Information als dominante kommunikative Positionierungsziele herausgearbeitet (Kroeber-Riel 1993b, S. 32 ff.):

Aktualisierung im Sinne der Wahrnehmung des Angebotes als beachtenswerte Alternative ist immer dann als Kommunikationsziel anzustreben, wenn das Bedürfnis und die

Information über das Produkt eher trivial sind. Dies ist beispielsweise in der Werbung für Kaugummi oder Kaffeefilter anzutreffen. Eine Werbung für derartige Produkte kann in der Regel darauf verzichten, Informationen zur Produktbeurteilung zu liefern oder besondere Erlebnisse zu vermitteln. Kaufentscheidend ist vielmehr eine hohe kommunikative Aktualität des Angebots.

Demgegenüber wird die Auslösung von **Emotionen** als Kommunikationsziel immer dann relevant sein, wenn Informationen zum Produkt austauschbar erscheinen. Dies ist insbesondere auf gesättigten Märkten mit ausgereiften Produkten der Fall. Die Profilierung einer Marke kann dann durch die Vermittlung solcher Konsumerlebnisse erfolgen, die durch andere Marken noch nicht belegt sind. Beispiele finden sich in der Automobil-, Bier- und Zigarettenwerbung sowie in der Werbung für Parfums.

Die Vermittlung von **Informationen** über das Angebot wird als Kommunikationsziel dominieren, wenn die Umworbenen aktuelle Bedürfnisse haben. In diesem Fall ist es – zum Beispiel bei Computern oder Versicherungen – oftmals hinreichend, über die zentralen Eigenschaften des Angebots zu informieren, die der Bedürfnisbefriedigung dienen (Kroeber-Riel 1993b, S. 37). Die Bestimmung der Menge und des Detaillierungsgrades der Informationen ist dabei vom Involvement der Angesprochenen und der Art des Produktes abhängig.

Im Rahmen der **wettbewerbsorientierten Betrachtungsweise** der Positionierung stehen insbesondere Image- und Präferenzziele sowie die Konkurrenzdifferenzierung durch Kommunikation im Vordergrund. **Image-** und **Präferenzziele** sind stets im Verhältnis zu den relevanten Wettbewerbern zu definieren und gelten als Schlüsseldeterminanten zur Erklärung und Prognose des Kaufverhaltens. Im Zeitalter zunehmend austauschbarer Produkte kommt darüber hinaus dem Ziel der **Differenzierung** durch Kommunikation eine herausgehobene Bedeutung zu. Dahinter steht die Aufgabe, durch Verwendung geeigneter Positionierungstechniken eine **Unique Advertising Proposition** (UAP) und einen eigenständigen Kommunikationsauftritt zu erlangen (Schürmann 1993, S. 60).

5.112 Bedeutung der Zielgruppenabgrenzung

Zentrales Merkmal von Marketing- und Kommunikationszielen ist ihr unabdingbarer Segmentbezug. Es muß demnach zwingend festgelegt werden, für welche Märkte, Teilmärkte und Zielgruppen die einzelnen Ziele gelten sollen. Grundsätzlich lassen sich die Zielgruppen für kommunikative Ziele und Maßnahmen nach

- der **vertikalen Zielung**   (z. B. Konsumenten, Einzelhandel, Großhandel),
- der **horizontalen Zielung**   (z. B. Käufer, Verwender, Meinungsführer) sowie
- der **personalen Zielung**   (z. B. Hausfrauen zwischen 20 und 40 Jahren, Personen, die die Einkaufsentscheidungen in Familien/Unternehmungen treffen)

differenzieren. Die Zielungskriterien bauen aufeinander auf und sind letztlich interdependent. Eine wirkungsvolle Ansprache derart abgegrenzter Zielgruppen erfordert zugleich detaillierte Zielgruppenbeschreibungen anhand geeigneter Merkmale. Zu diesen zählen zum Beispiel soziodemographische Merkmale (Alter, Geschlecht, Einkommen, Beruf etc.), geographische Merkmale (zum Beispiel Ortsgröße, Bundesland, Nielsen-Gebiet), Konsummerkmale (zum Beispiel Einkaufsstättenwahl), Merkmale der Kaufbeeinflussung Dritter (Meinungsführerschaft) und psychologische Merkmale (zum Beispiel Einstellungen, Motive, Werte).

Die Relevanz der Beschreibungsmerkmale ist zudem von Art und Ausmaß ihrer Beziehung zum Kauf- und Informationsverhalten abhängig. **Die Merkmale der unterschiedlichen Zielgruppen geben konkrete Hinweise für die weitere Planung der Kommunikationsaktivitäten** wie beispielsweise Botschaftsgestaltung und Mediaselektion. Sie bilden zugleich den Ausgangspunkt zur Formulierung von Kommunikationsstrategien.

5.12 Entscheidungstatbestände der Kommunikationspolitik

Vor dem Hintergrund der gestiegenen Vielfalt der Instrumente und deren Kombinationsmöglichkeiten wird die **Notwendigkeit einer verstärkten Koordination und Integration** (Abstimmung) **der Kommunikationsaktivitäten** deutlich. An theoretisch fundierten Ansätzen zur Entwicklung integrierter Kommunikationskonzepte fehlt es jedoch bislang weitgehend (Bruhn 1995, S. 20). Dies verwundert umso mehr, als daß die Marktkommunikation angesichts zunehmend diskontinuierlicher Marktentwicklungen vor besonderen Herausforderungen steht. Neben einer Verschärfung der Wettbewerbsbedingungen durch Sättigungserscheinungen, der Fragmentierung der Märkte und dem **Wandel vom technologiegeprägten Produkt- zum Kommunikationswettbewerb** muß die integrierte Unternehmenskommunikation diversen Änderungen der Kommunikationsbedingungen und des Konsumentenverhaltens gerecht werden. Dabei sind auf der einen Seite die Medienentwicklung, der Trend zur Bildkommunikation und die Erweiterung des Instrumentespektrums von Bedeutung, während auf Konsumentenseite das „hybride" Verhalten informationsüberlasteter Konsumenten besondere Anforderungen an die Integration der Unternehmenskommunikation stellt.

Trotz der Forderung zur Integration der Marktkommunikation wird der **Integrationsbegriff** häufig nicht eindeutig definiert. Auch in der Unternehmenspraxis besteht diesbezüglich ein weitgehend diffuses Verständnis. Folgende Definition soll den weiteren Ausführungen zur integrierten Unternehmenskommunikation zugrundegelegt werden:

Die integrierte Unternehmenskommunikation beschäftigt sich mit der bewußten und abgestimmten Gestaltung der auf die Unternehmensumwelt gerichteten Informationen einer Unternehmung zum Zweck der Meinungs- und Verhaltenssteuerung. Hierbei wird die integrierte Unternehmenskommunikation als Prozeß der Planung und Organisation verstanden, welcher darauf zielt, aus den unterschiedlichen Quellen der internen und externen Kommunikation von Unternehmen eine Einheit zu schaffen, um ein für die verschiedenen Zielgruppen konsistentes Erscheinungsbild zu vermitteln (Bruhn 1995, S. 13).

Folgende Aspekte sind bei dieser Sichtweise besonders bedeutsam (Bruhn 1993):

- Integrierte Unternehmenskommunikation beinhaltet sämtliche **internen und externen Kommunikationsinstrumente**, die auf die Beeinflussung von Meinungs- und Verhaltensprozessen abzielen.

- Integrierte Unternehmenskommunikation ist als **Managementprozeß** zu verstehen, der die Kommunikationsaktivitäten im Sinne des entscheidungsorientierten Ansatzes plant, durchführt und kontrolliert.

- Zielsetzung der integrierten Unternehmenskommunikation ist die Schaffung der **Einheit der Kommunikation** im Sinne eines Auftritts „aus einem Guß" gegenüber den relevanten Zielgruppen.

- Die **Wirksamkeit** der integrierten Unternehmenskommunikation ist an der Effektivität und Effizienz des Einsatzes des Kommunikationsbudgets zu messen.

Entsprechend dieser Abgrenzung der integrierten Kommunikation lassen sich die **Instrumente des Kommunikations-Mix** wie folgt beschreiben:

1. Die **„klassische" Werbung** stellt eine absichtliche und zwangfreie Form zielgerichteter Kommunikation unter Einsatz spezieller Massenkommunikationsmittel dar, mit denen beim Adressaten mehr oder minder überdauernde Verhaltensänderungen bewirkt werden sollen (Rogge 1996, S. 13 ff.).

2. Die **Verkaufsförderung** (sales promotion) beinhaltet jene primär kommunikativen Maßnahmen, die der Unterstützung der Schlagkraft der eigenen Absatzorgane, der Marketingtätigkeit der Absatzmittler und der Unterstützung der Verwender bei der Beschaffung und Benutzung der Produkte dienen (zum Beispiel Händlerschulungen, Warenpräsentation, Werbung am Verkaufsort) (Kellner 1982, S. 19 ff.).

3. Die **Public Relations** (Öffentlichkeitsarbeit) umfassen die planmäßig zu gestaltenden Beziehungen zwischen der Unternehmung und der nach Anspruchsgruppen gegliederten Öffentlichkeit (zum Beispiel Kunden, Geldgeber, Bürgerinitiativen, Staat) (Jefkins 1998, S. 1 f.). In ihrer akquisitorischen Wirkung auf die Gruppe der Kunden stellt die Öffentlichkeitsarbeit auch ein absatzpolitisch relevantes Instrument dar.

4. Die **Direkt-Kommunikation** umfaßt sämtliche interaktiven Kommunikationsmaßnahmen, die eine individuelle Ansprache der Konsumenten (zum Beispiel persönlicher Verkauf) vorsehen oder durch ein Responseangebot einen direkten persönlichen Kontakt mit dem Kunden (zum Beispiel Direct-Mailing, Teleshopping) herstellen können (Kirchner/Sobeck 1989, S. 142 ff.).

5. Das **Sponsoring** beinhaltet die systematische Förderung von Personen, Organisationen oder Veranstaltungen im sportlichen, kulturellen oder sozialen beziehungsweise ökologischen Bereich. Dabei können zur Erreichung der Marketing- und Kommunikationsziele von Unternehmen Geld-, Sach- oder Dienstleistungen eingesetzt werden (Bruhn 1998, S. 19 ff.).

6. Unter **Event-Marketing** wird die erlebnisorientierte Inszenierung von firmen- oder produktbezogenen Ereignissen sowie deren Planung, Organisation und Kontrolle im Rahmen der Unternehmenskommunikation verstanden (Auer/Diederichs 1993, S. 201 ff.).

7. Das Instrument der **Messen und Ausstellungen** umfaßt Veranstaltungen mit Marktcharakter, auf denen dem Messebesucher ein umfassendes Angebot eines oder mehrerer Wirtschaftszweige in zumeist regelmäßigem Turnus dargeboten wird. Neben rein wirtschaftlichen, technologischen und gesellschaftlichen Funktionen bietet die Messe gute Präsentationsmöglichkeiten für die Aussteller (Meffert 1993).

8. Die **Multimedia-Kommunikation** zeichnet sich durch den Einsatz verschiedener elektronischer Medien, die miteinander verknüpft werden, aus. Darüber hinaus müssen diese Medien rechnergesteuert und integriert eingesetzt werden sowie die Möglichkeit einer interaktiven Benutzung bieten (Steinmetz 1993, S. 9 ff.).

Der sich aus der aufgezeigten Vielfalt der Instrumente ergebende Entscheidungsbedarf bei der Planung der Unternehmenskommunikation läßt sich anhand des folgenden Denkschemas (Paradigma der Kommunikation) strukturieren:

- **Wer** (Unternehmung, Kommunikationstreibende)
- **sagt was** (Kommunikationsbotschaft)
- unter **welchen Bedingungen** (Umweltsituation)
- über **welche** Kanäle (Medien, Kommunikationsträger)
- zu **wem** (Zielperson, Empfänger, Zielgruppe)
- unter Anwendung **welcher** Abstimmungsmechanismen (Integrationsinstrumente)
- mit **welchen Wirkungen** (Kommunikationserfolg)?

Auf der Grundlage dieses Paradigmas lassen sich die relevanten Problemfelder bei der Gestaltung von Kommunikationsprozessen aufzeigen. Hierbei sind vor allem die verschiedenen **Funktionen der Unternehmenskommunikation** zu berücksichtigen. Aus psychologischer Sicht sind vor allem die informierende, beeinflussende und bestätigende Funktion der Kommunikation abzugrenzen (Mayer 1990, S. 18 ff.). Der Austausch von

Wissen über marktrelevante Daten (zum Beispiel bezüglich der Beschaffungs- und Absatzwege oder Preise eines Produktes) steht im Mittelpunkt der **Informationsfunktion**. Die **Beeinflussung** wird im Zuge der motivierenden Wirkung zur zentralen Funktion der Unternehmenskommunikation. Dabei richtet sich die Kommunikation primär auf die Bildung von Einstellungen, Präferenzen und Markenbewußtsein. Ihr kommt darüber hinaus eine **Bestätigungsfunktion** zu, indem sie **kognitive Dissonanzen** beim Konsumenten abbaut. Kognitive Dissonanzen lassen sich dabei als Ausdruck eines psychischen Ungleichgewichts kennzeichnen, welches bei Individuen im Anschluß an bereits vollzogene Entscheidungen (zum Beispiel Kauf eines Produktes) beobachtet wird.

Angesichts einer fehlenden „Theorie der Unternehmenskommunikation" ist es zweckmäßig, bei der Betrachtung kommunikationspolitischer Maßnahmen verschiedene **Grundformen der Unternehmenskommunikation** abzugrenzen. Hierbei sind als Strukturierungskriterien der Grad der Abhängigkeit des Kommunikators vom Unternehmen (abhängig beziehungsweise unabhängig), die Art der Kommunikationsbeziehung zwischen Unternehmen und Zielgruppen (persönlich beziehungsweise nicht persönlich) und die Art der Kommunikationszielung (an Einzelne oder die Masse gerichtet) relevant.

Generell läßt sich unterscheiden zwischen

- der **einstufigen, direkten Kommunikation** mit einer unmittelbaren Beziehung zwischen Sender und Empfänger und
- der **mehrstufigen, indirekten Kommunikation** mit zwischengeschalteten Elementen zwischen Unternehmung und Zielperson.

Bei der **einstufigen, direkten Kommunikation** liegt der Schwerpunkt auf der abhängigen unternehmensgesteuerten Kommunikation. Diese kann persönlich im Rahmen von zum Beispiel Verkaufsförderungsaktionen oder nicht persönlich durch die Medien wie Rundfunk und TV getätigt werden. Einstufig-direkte Kommunikation kann ferner massen- oder einzelgezielt sein. Im Gegensatz zur massengezielten richtet sich die einzelgezielte Kommunikation nicht auf größere Konsumentengruppen, sondern auf Individuen im Sinne eines „segment-of-one-marketing". In diesem Zusammenhang wird häufig von Direktkommunikation gesprochen, die über den persönlichen Kontakt (zum Beispiel in Beratungsgesprächen) oder aber im Rahmen einer nichtpersönlichen Beziehung (unter anderem durch Direct-Mail-Aktionen) auf Einzelpersonen abzielt.

Obwohl die **direkte Ansprache** aufgrund des zunehmend individualisierten Verhaltens der Konsumenten **immer wichtiger wird**, hat sich gezeigt, daß bislang viele Kommunikationsprozesse indirekt und mehrstufig ablaufen. Aus diesem Grund können Kommunikationsvorgänge durch mehrstufige Kommunikationsmodelle, die vielfältige Interaktionswirkungen mit einbeziehen, häufig realitätsnäher abgebildet werden.

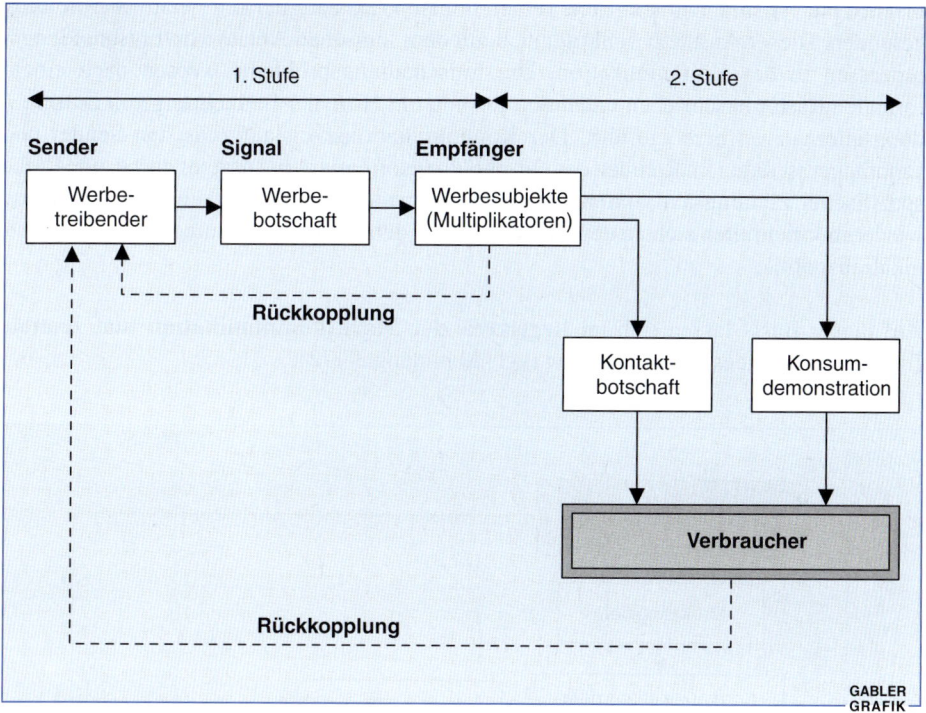

Abbildung 3-171: Zwei-Stufen-Modell der Kommunikation

Abbildung 3-171 stellt ein solches **Zwei-Stufen-Modell der Kommunikation** dar. Relevante Zielgruppen der vom Unternehmen gestalteten Botschaft sind hierbei zum einen die Verbraucher, aber auch sogenannte „Multiplikatoren". Diese werden durch ihr produktbereichsabhängiges Involvement beziehungsweise produktbereichsunabhängiges Bezugspersonen-Einflußpotential zu **Meinungsführern** (Brüne 1989). Sie leiten mittels Kontaktbotschaften oder durch Konsumdemonstration die Produktinformationen beziehungsweise -erfahrungen an andere Konsumenten weiter. In Abhängigkeit von ihren spezifischen Interessen, kommunikativen Fähigkeiten oder Kompetenzen können bei der Botschaftsweiterleitung Verständigungs-, Abschwächungs- und Verstärkungseffekte auftreten. Im Rahmen der Unternehmenskommunikation ist daher eine Identifikation und gezielte Aktivierung der durch ein spezifisches Persönlichkeitsprofil gekennzeichneten Zielgruppe der Meinungsführer von besonderer Wichtigkeit (Haseloff 1981).

Das Zwei-Stufen-Modell veranschaulicht ferner die Komplexität der ablaufenden Kommunikationsvorgänge. Zur systematischen Steuerung der komplexen Unternehmenskommunikation werden ausgewählte Ansätze der betriebswirtschaftlich oder psychologisch orientierten **Kommunikationsforschung** zugrunde gelegt. Diese leisten zwar keine grundlegende theoretische Fundierung der Entscheidungstatbestände, bieten aber Ansatzpunkte zur Problemerklärung (Meffert 1994a). Insbesondere der **entscheidungs-**

orientierte Ansatz hat aufgrund seiner hohen Praxistauglichkeit weite Verbreitung gefunden. Dieser Ansatz beschäftigt sich mit dem logischen Ablauf von Entscheidungsprozessen in der Kommunikation. Die Entscheidungsprobleme werden nach einem formalen Raster beschrieben und deren Lösung mit Hilfe der Betrachtung von Entscheidungsalternativen herbeigeführt. Der Kommunikationskreislauf zwischen Sender und Empfänger ist dabei im Rahmen des entscheidungsorientierten Ansatzes durch eine Reihe spezifischer Planungsaktivitäten auf der instrumentellen Ebene gekennzeichnet. Diese wiederum orientieren sich an der Situation sowie den Zielen und Strategien der Kommunikationspolitik.

Auf dieser Basis lassen sich im **Regelkreis der Marktkommunikation** fünf zentrale Entscheidungstatbestände abgrenzen (vgl. Abbildung 3-172):

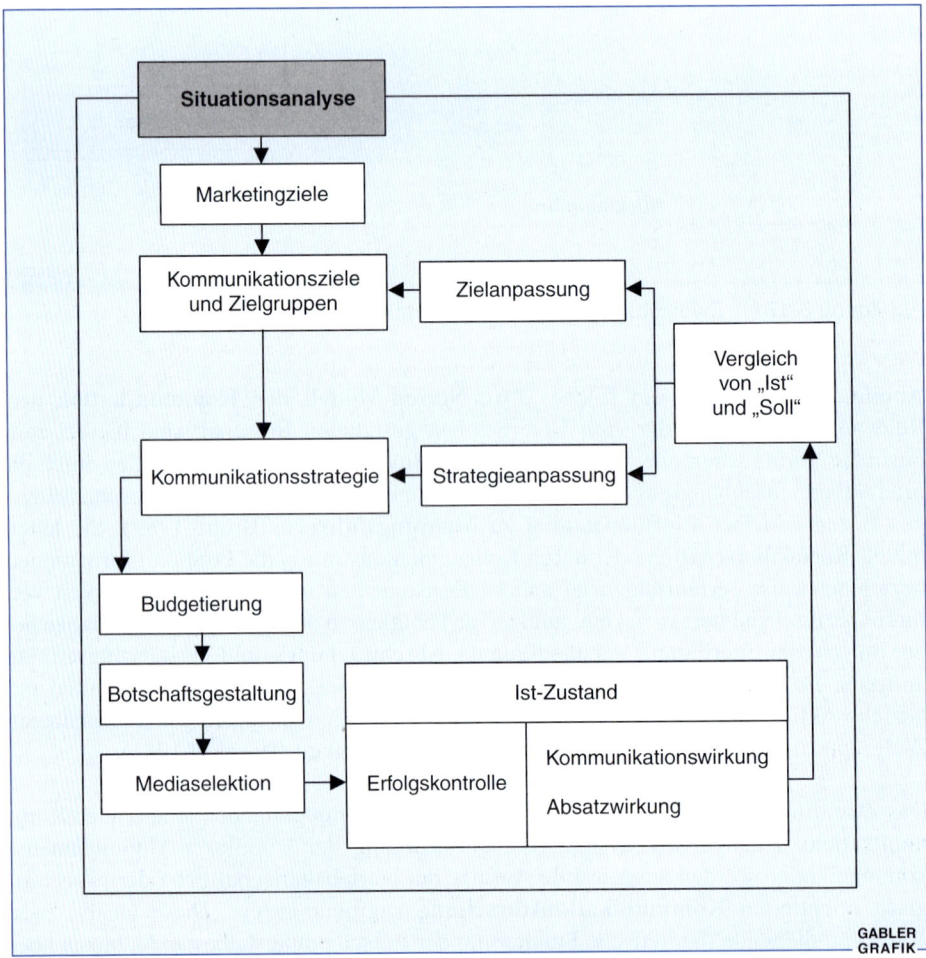

Abbildung 3-172: Entscheidungen im Regelkreis der Marktkommunikation

1. Der Kommunikationstreibende bestimmt auf Basis der Situationsanalyse und der Marketingziele die **Kommunikationsziele** und die anzusprechenden **Zielgruppen**, um darauf aufbauend die **Kommunikationsstrategie** abzuleiten.

2. Der zweite Entscheidungstatbestand betrifft die Bestimmung des **Kommunikationsbudgets**, dessen Höhe sich aus der Summe der Teilbudgets zusammensetzt.

3. Entsprechend der vorgegebenen Ziele und Strategien ist über die **Botschaftsgestaltung** zu entscheiden, die auf markt- und kommunikationspsychologischen Erkenntnissen aufbaut.

4. Im nächsten Schritt ist die Aufteilung des Budgets nach sachlichen und zeitlichen Kriterien zu beleuchten. Im Bereich der Kommunikationsplanung nimmt die **Mediaselektion** eine zentrale Stellung ein.

5. Abschließend ist über die Messung der **Kommunikationswirkung** zu entscheiden. Diese bildet die Basis für ein zielorientiertes Feedback.

Wegen der vielfältigen Abhängigkeiten zwischen den aufgezeigten Entscheidungstatbeständen der Kommunikation und den einzelnen kommunikativen Instrumenten kann von einer strengen Planungsreihenfolge allerdings nicht ausgegangen werden. Die vielgestaltigen Wechselwirkungen lassen die **Wichtigkeit eines simultanen und integrierten Vorgehens deutlich werden**.

In diesem Zusammenhang ist eine Unterscheidung zwischen inhaltlicher, formaler und zeitlicher Integration von Kommunikationsaktivitäten vorzunehmen (vgl. Bruhn 1999). Während die **formale Integration** die Abstimmung sämtlicher Kommunikationsmittel durch Verwendung einheitlicher Gestaltungsprinzipien umfaßt, wird bei der **zeitlichen Integration** auf den koordinierten Einsatz der Kommunikationsetats abgestellt (vgl. Abbildung 3-173). Der zentrale Schwerpunkt der integrierten Marktkommunikation liegt jedoch in der **inhaltlichen Integration**. Hierunter fallen sämtliche Maßnahmen, die die Kommunikationsmittel thematisch miteinander abstimmen. Hinsichtlich der inhaltlichen Integration lassen sich grundsätzlich die instrumentelle, horizontale, vertikale und funktionale Integration differenzieren.

Als **instrumentelle Integration** wird der Versuch verstanden, die verschiedenen Kommunikationsmaßnahmen und -instrumente miteinander zu verknüpfen. Die Perspektive der **horizontalen Integration** richtet sich demgegenüber auf die Abstimmung sämtlicher Maßnahmen in bezug auf eine bestimmte Marktstufe beziehungsweise Zielgruppe. Die Mehrstufigkeit von Märkten kommt in der **vertikalen Integration** zum Ausdruck, die das Ziel verfolgt, eine Durchgängigkeit der kommunikativen Ansprache auf den verschiedenen Ebenen des Marktes zu realisieren. Bei der **funktionalen Integration** wird schließlich betrachtet, wie gut die einzelnen Kommunikationsinstrumente bestimmte konsumenten- (zum Beispiel Zielgruppenerweiterung, Kundenbindung), handels- (zum Beispiel Hineinverkauf, Produkteinführung) beziehungsweise öffentlichkeitsbezogene (zum Beispiel Unternehmensdarstellung, Marktpflege) Funktionen erfüllen können. Wie erfolgreich eine Integration letztlich sein kann, zeigt beispielsweise die Kommunikationskampagne von Opel, in der die Sportlerin Steffi Graf in Werbung, Verkaufsförderung sowie bei Events dargestellt wurde. Durch dieses Vorgehen konnte eine klare Identifikation und Wiedererkennung beim Konsumenten erreicht werden.

Formen		Gegenstand	Ziele	Instrumente	Zeithorizont
Inhaltliche Integration	Funktional	Thematische Abstimmung durch Verbindungslinien	Konsistenz, Eigenständigkeit, Kongruenz	Einheitliche Slogans, Botschaften, Argumente, Bilder	Langfristig
	Instrumental				
	Horizontal				
	Vertikal				
Formale Integration		Einhaltung formaler Gestaltungsprinzipien	Präsenz, Prägnanz, Klarheit	Einheitliche Zeichen/Logos, Slogans nach Schrifttyp, Größe und Farbe	Mittel- bis langfristig
Zeitliche Integration		Abstimmung innerhalb und zwischen Planungsperioden	Konsistenz, Kontinuität	Ereignisplanung („Timing")	Kurz- bis mittelfristig

Abbildung 3-173: Formen der integrierten Kommunikation im Überblick
(Quelle: Bruhn/Dahlhoff 1993, S. 5)

Über diese grundlegenden Integrationsformen hinaus wird in der Literatur häufig die Forderung nach einer **organisations- und kulturorientierten Integration** erhoben. Im Rahmen der Produkt- oder Kundengruppen-Organisation werden zum Beispiel sämtliche zu einer konkreten Kommunikationsstrategie gehörenden Entscheidungen in letzter Instanz von einem Kommunikationsmanager in seinem Team koordiniert (Meffert 1990). Dadurch werden Reibungsverluste an den Schnittstellen minimiert und das einheitliche Kommunikationskonzept abgesichert.

In jüngerer Zeit wird darüber hinaus der kulturorientierten Integration verstärkt Beachtung geschenkt. Durch ein festgeschriebenes System von Wertvorstellungen und Verhaltensweisen soll ein einheitlichens Verhalten der Mitarbeiter im Innen- und Außenverhältnis durchgesetzt werden (Corporate Behavior) und durch eine einheitliche optische Gestaltung ein abgestimmter Designauftritt erreicht werden (Corporate Design). Der Corporate Communications kommt in diesem Zusammenhang die Aufgabe zu, die internen und externen Kommunikationsprozesse zu integrieren und das einheitliche Bild zu wahren. **Die integrierte Unternehmenskommunikation ist demnach gleichbedeutend mit dem Konzept der Corporate Communications als Bestandteil der Corporate Identity.** Beide Konzepte stellen den konsistenten kommunikativen Auftritt nach innen und außen sicher und gewährleisten damit die wichtige Kontinuität in der Unternehmenskommunikation.

5.2 Verhaltenswissenschaftliche Grundlagen der Unternehmenskommunikation

5.21 Teilprozesse der Kommunikationswirkung

Die Beeinflussung der Konsumenten im Sinne der Kommunikationsziele kann nur dann sinnvoll erfolgen, wenn die Reaktionsmuster und Verhaltensweisen der Konsumenten weitestgehend bekannt sind. Im Rahmen der SOR-Modelle (Stimulus-Organismus-Response-Modelle, vgl. zweites Kapitel, Abschnitt 2.23) werden die im Individuum ablaufenden Teilprozesse als Reaktion auf kommunikative Stimuli detailliert untersucht. Obwohl situationsspezifisch von sehr unterschiedlichen Wirkungsarten und -folgen der Kommunikation ausgegangen wird, lassen sich die Wirkungen in ein grobes, dreistufiges Prozeßmodell mit den Stufen **Wahrnehmung, Verarbeitung** und **Verhalten** integrieren (vgl. Abbildung 3-174).

5.211 Wahrnehmungswirkungen

Die **Wahrnehmung** ist eine äußerst wichtige Stufe im Kommunikationsprozeß, da ohne sie keine Kommunikationsbotschaft verarbeitet, gelernt und erinnert werden kann. Eine insbesondere in den sechziger Jahren diskutierte Form der Wahrnehmungswirkung ist die **Wirkung im Unterbewußtsein**. Dabei wird von der Grundvorstellung ausgegangen, daß eine Botschaft so kurz dargeboten wird, daß diese nicht „bewußt" wahrgenommen, aber unbewußt verarbeitet werden kann. Bis heute konnte jedoch nicht der Nachweis erbracht werden, inwieweit unterschwellige und nicht bewußte Werbung wirkt. Empirische Untersuchungen, bei denen zum Beispiel Popcorn-Werbung im Kino nur für einige Millisekunden eingeblendet wurde, führten zu verschiedenen Ergebnissen in bezug auf die Erhöhung der Umsätze (Mühlbacher 1982; Brand 1986).

Einen wesentlichen Bestandteil der Wahrnehmungswirkungen stellt die **Aufmerksamkeit** dar, die die Bereitschaft eines Individuums kennzeichnet, Reize aus seiner Umwelt

Kommunikationspolitische Entscheidungen

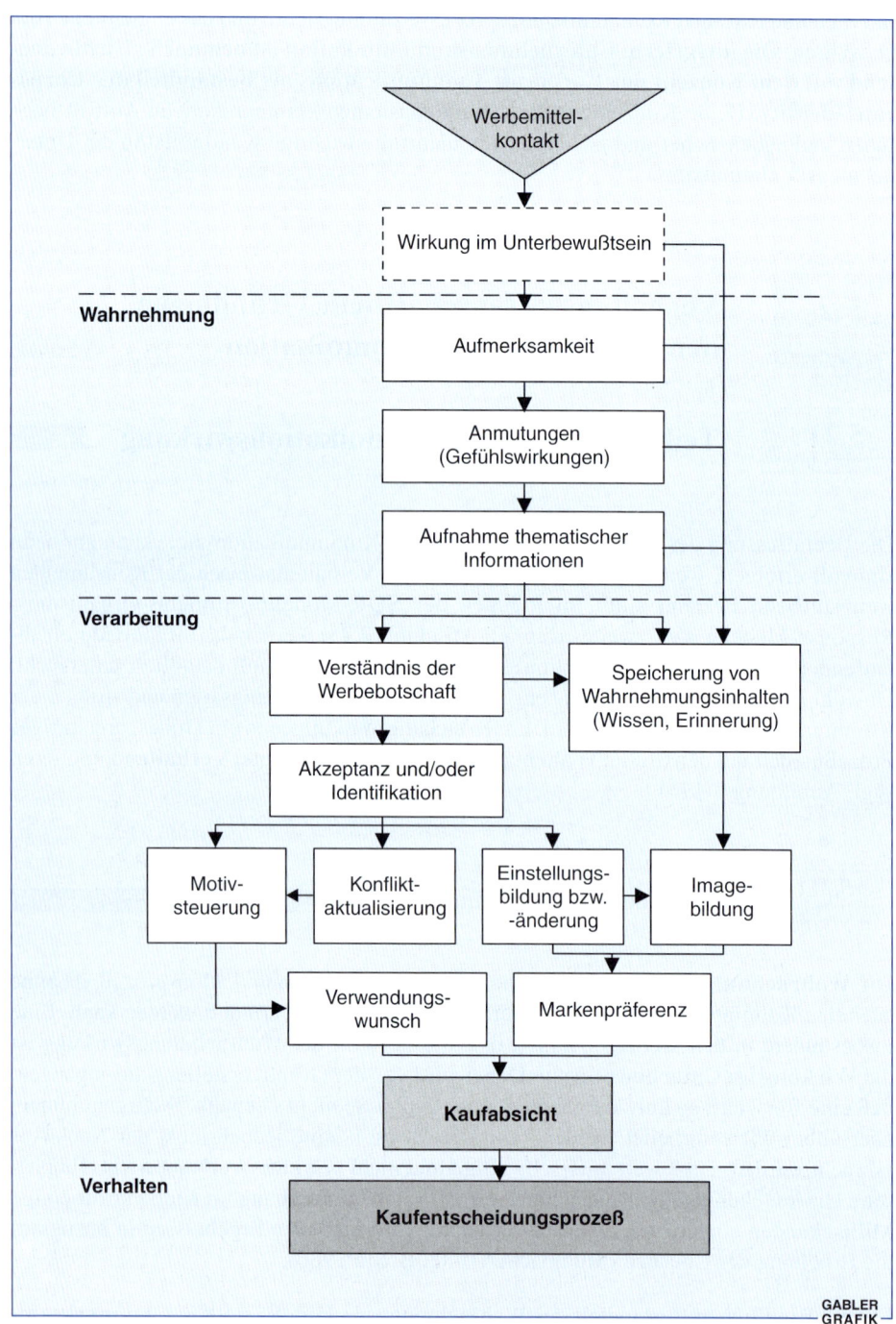

Abbildung 3-174: Teilprozesse der Kommunikationswirkung

aufzunehmen. Dabei wird von der Grundannahme ausgegangen, daß ein Empfänger beeinflußbar ist, wenn es einer Botschaft gelingt, seine Aufmerksamkeit zu erregen. Erst wenn zum Beispiel der Passant auf ein Plakat aufmerksam wird, kann die Beschäftigung mit dem beworbenen Produkt beginnen. Bei dieser vereinfachten Betrachtung werden jedoch entscheidende Einflußgrößen der Aufmerksamkeit vernachlässigt, wie beispielsweise die spezifische Wahrnehmungssituation, die aktuelle Bedürfnisstruktur und das Involvement (vgl. zweites Kapitel, Abschnitt 2.221).

Wahrnehmungsprozesse werden darüber hinaus stark von gefühlsbetonten Erlebnissen oder sonstigen Emotionen geprägt. Derartige Gefühlswirkungen werden oft als **Anmutungsqualitäten** bezeichnet. Anmutungen sind mehr oder weniger allgemeine – als unangenehm oder angenehm empfundene – Erregungszustände, die den Wahrnehmungs- und Verarbeitungsprozeß des Menschen beeinflussen.

5.212 Verarbeitungswirkungen

Bei einem großen Teil der kommunikativen Informationen wird das **Verstehen** auf seiten des Empfängers vorausgesetzt. Es handelt sich dabei um Informationen, die sich der Verbraucher bewußt vergegenwärtigen muß und verständig übernehmen soll. Zu den thematischen Informationen läßt sich neben dem reproduzierbaren Wissen (beispielsweise Preis- und Produktinformationen) auch der Markenname oder die Bezugsquelle (zum Beispiel bestimmte Vertriebsformen) zählen.

Das **Produktwissen** auf der einen und die langfristigere **emotionale Produktpositionierung** auf der anderen Seite stellen bereits zentrale Bestandteile der Erinnerungswirkung dar. Diese Wirkung kann sich auf unterschiedliche Erinnerungsinhalte beziehen. Oft zielt die beabsichtigte Erinnerungswirkung auf die beworbene Marke oder die Unternehmung ab. In diesem Fall spricht man auch von „Bekanntheit" als Wirkungsgröße der Marktkommunikation.

Die Werbewirkungsforschung hat sich immer auch mit motivationalen Komponenten der menschlichen Psyche auseinandergesetzt. **Motive** richten das menschliche Verhalten auf ein bestimmtes Ziel aus. Sie versorgen das menschliche Handeln „mit Energie". Die Tatsache, daß Motive situationsabhängig und hierarchisch im Verlauf eines Entscheidungsprozesses relevant werden, führt zur Frage nach den für das Kaufverhalten wichtigsten Motiven. Es ergibt sich für eine konkrete Kommunikationskampagne zum Beispiel Entscheidungsbedarf, ob in der Werbung mehr auf den Prestigeeffekt der Produkte oder auf die Funktionalität abgestellt werden soll.

Eine zentrale Stellung im Wirkungsmodell der Kommunikation nehmen die **Einstellungen** und **Images** ein. Einstellungen erlauben es dem Individuum, in ungewohnten Situationen rasch zu einer Beurteilung der Situation zu kommen. Dabei sind im Einstellungsbegriff affektive, kognitive und konative Elemente integriert (vgl. zweites Kapitel,

Abschnitt 2.225). Der Imagebegriff wird in der Literatur immer häufiger synonym zum Einstellungsbegriff verwendet beziehungsweise als mehrdimensionales Einstellungskonstrukt verstanden (Trommsdorff 1998). Dieses Verständnis von Einstellungen geht davon aus, daß der Verbraucher seine Kaufentscheidung gemäß der Einstellung, die er zu dem beworbenen Objekt hat, und den sich daraus ergebenden Markenpräferenzen trifft. Einer Kommunikationskampagne kommt eine wichtige einstellungs- und imagebildende Funktion zu, da die Werbung durch ihre ständige Präsenz und Wiederholung in nicht unerheblichem Maße an der Imagefestlegung für ein Produkt mitwirkt. Das Bild des Produktes aus der Werbung wird vom Konsumenten aufgenommen, verarbeitet und verfestigt sich anschließend aufgrund bestätigender Eindrücke bei der Nutzung des Produktes.

5.213 Verhaltenswirkungen

Im Mittelpunkt der verhaltensbezogenen Überlegungen steht die Frage, inwieweit kommunikative Appelle Kaufabsichten beziehungsweise Kaufentscheidungen beeinflussen.

Diese Frage kann nur unter Berücksichtigung aller relevanten Kaufentscheidungsdeterminanten beantwortet werden. Ebensowenig wie Kommunikationsbotschaften die alleinige Ursache für die hier behandelten Wirkungskriterien Aufmerksamkeit, Bekanntheit und Einstellungsbildung sein können, kann die Kommunikation als alleinige Ursache von Kaufhandlungen aufgefaßt werden. Zwischen werblichen Wirkungen und Kaufhandlungen liegen zu viele zusätzliche absatzpolitische Einflüsse wie zum Beispiel die Art der Distribution, das Händlerverhalten am Verkaufsort, die Preishöhe usw., um einen monokausalen Zusammenhang zu unterstellen. **Die Kommunikation ist lediglich in der Lage, Prädispositionen beziehungsweise Verhaltensabsichten zu schaffen.** Ob die Verhaltensabsicht schließlich tatsächlich zum Kauf führt, ist neben den eigenen absatzpolitischen Maßnahmen von zahlreichen situativen Einflüssen abhängig (zum Beispiel Wettbewerbsreaktionen, Produktverfügbarkeit, Zeitdruck etc.).

5.22 Einflußfaktoren der kommunikativen Wirkungen

Die drei Teilprozesse der Kommunikationswirkung sind nicht eindeutig abgrenzbar, da die Art der eintretenden Wirkung durch eine Reihe von Einflußfaktoren beeinflußt wird (vgl. Abbildung 3-175).

Es handelt sich bei den Einflußfaktoren zunächst um die **Personenqualität** des Empfängers, die seine Fähigkeit beschreibt, Kommunikationsbotschaften aufzunehmen und zu verarbeiten. Jeder Mensch ist aufgrund seiner physischen und psychischen Merkmale (zum Beispiel Prädisposition durch Erfahrungen, Erwartungen und Einstellungen) durch ein individuelles Wahrnehmungs- und Verarbeitungsverhalten bei der Botschaftsaufnahme gekennzeichnet. Darauf muß insbesondere bei der Bestimmung des Niveaus der Werbung Rücksicht genommen werden. Beispielsweise kann bei Werbung in Fachzeitschriften ein höherer Informationsgehalt vermittelt werden als in breiter gestreuten Publikumszeitschriften.

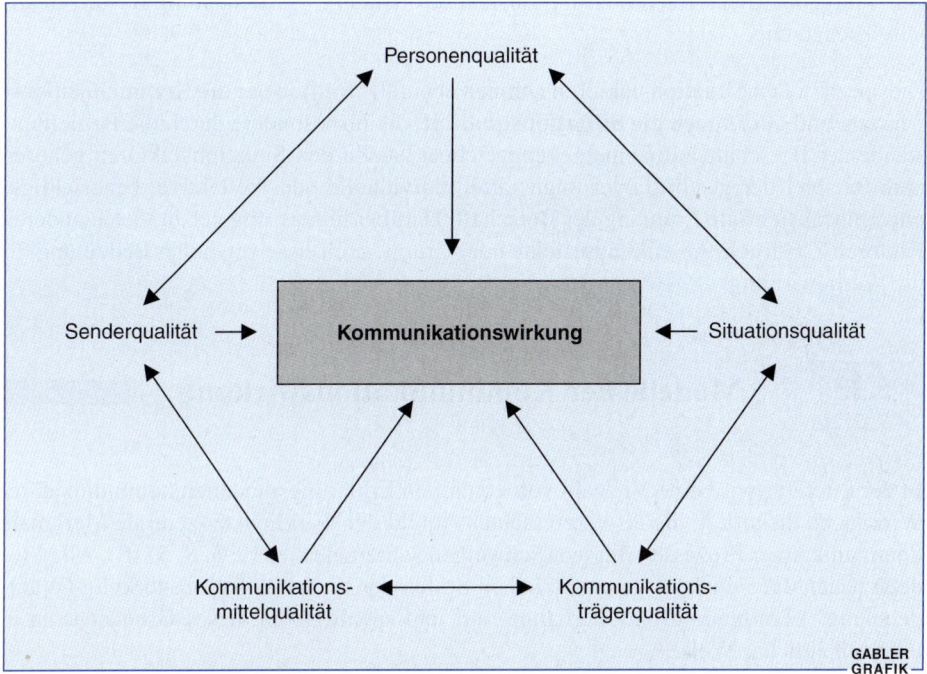

Abbildung 3-175: Einflußfaktoren der Kommunikationswirkung

Neben den spezifischen empfängerbedingten Faktoren ist die Kommunikationswirkung auch von der **Senderqualität** abhängig. Wesentliche Einflußgröße ist insbesondere die **Glaubwürdigkeit des Absenders**. Diese kann jedoch ihrerseits von der Gestaltung der Werbebotschaft und dem gewählten Medium beeinflußt werden. Die Kommunikation für „seriöse" Produkte des Gesundheitsbereiches sollte demnach in angemessener Weise gestaltet sein und einen eher ernsten Tenor aufweisen (Mayer et al. 1993, S. 87f.).

Ebenso bestimmt die **Kommunikationsträgerqualität** den Wirkungserfolg. Sie kennzeichnet die Eignung von Medien, Kommunikationsbotschaften zu transportieren. Unterschiede bestehen zum einen zwischen einzelnen Trägergruppen, zum Beispiel Zeitschriften und Funk (intermediale Unterschiede), zum anderen zwischen spezifischen Kommunikationsträgern, zum Beispiel zwei Publikumszeitschriften (intramediale Unterschiede). Zu den relevanten Unterscheidungsmerkmalen zählen unter anderem das Image des Kommunikationsträgers, der „psychologische Fit" von Leser und Medium, die Glaubwürdigkeit des Trägers sowie die Medienpräferenzen der Leser.

Die **Kommunikationsmittelqualität** stellt eine weitere wichtige Einflußgröße dar. Darunter wird die Summe der formalen und inhaltlichen Kriterien, welche die Gestaltung der Kommunikationsbotschaft ausmachen, verstanden. Es ist also für die werbende Unternehmung von großer Bedeutung, daß die Gestaltung der Botschaft professionell erfolgt. Dabei sind sowohl die Glaubwürdigkeit der Botschaft als auch die vom Empfänger wahrgenommene Beeinflussungsabsicht des Senders von Bedeutung für die Qualitätseinschätzung.

Die spezifischen Situationsfaktoren nehmen ebenfalls Einfluß auf die Kommunikationswirkung und bestimmen die **Situationsqualität**, die insbesondere durch die Begleitumstände der Botschaftsaufnahme gekennzeichnet ist. Zu den Situationsfaktoren gehören zum Beispiel der gestörte oder ungestörte, individuelle oder kollektive, beabsichtigte oder unbeabsichtigte Empfang der Botschaft. Darüber hinaus sind neben vielen anderen Faktoren Zeitdruck, Ablenkungseffekte oder Gruppeneinflüsse von hoher Bedeutung für die Werbewirkung.

5.23 Modelle der Kommunikationswirkung

In der Literatur wird eine Vielzahl von konkreten Erklärungsmodellen kommunikativer Wirkungen diskutiert, die als vereinfachtes Abbild der Wirklichkeit zentrale Merkmale kommunikativer Prozesse erfassen (Schweiger/Schrattenecker 1995, S. 57 ff.). Alle Modelle bauen dabei auf den grundsätzlichen Stufen der Kommunikationswirkung (Wahrnehmung, Verarbeitung und Verhalten) auf und spezifizieren dieses Grundschema in unterschiedlicher Weise.

Die Modelle müssen dabei bestimmten Anforderungen wie Realitätsbezug, Informationsgehalt sowie Wahrhaftigkeit und Widerspruchsfreiheit genügen. In diesem Zusammenhang sind zum einen traditionelle Ansätze zu erwähnen, die einen **hierarchischen Verlauf der Kommunikationswirkung im Sinne einer strikten Stufenfolge unterstellen** (Braunschweig/Koeppler 1984, S. 2 ff.). Zum anderen werden Ansätze diskutiert, die zum Teil als differenziertere Stufenmodelle zu interpretieren sind und den obigen Modellanforderungen in höherem Maße gerecht werden. Darüber hinaus existiert **eine Reihe von Konzepten, die den hierarchischen Stufenfolgecharakter zu überwinden suchen**.

5.231 Wirkungsstufenmodelle

Der Ursprung der traditionellen Konzepte ist in der sogenannten **AIDA-Formel** zu sehen. Danach durchläuft das Individuum die Stadien:

- Aufmerksamkeit (**A**ttention),
- Interesse (**I**nterest),
- Wunsch (**D**esire),
- Aktion (**A**ction).

Das ursprüngliche Anwendungsfeld dieser Formel war nicht in erster Linie die Werbung, sondern die Verkaufsförderung, so daß die Gültigkeit für die mediale Massenkommunikation in Frage gestellt wird.

Zwischenzeitlich hat das ursprüngliche Konzept eine Vielzahl von Differenzierungen erfahren, die sich in zahlreichen Modelltypen widerspiegeln (vgl. Abbildung 3-176).

Autoren	Psychologische Zielgrößen					Ökonomische Zielgröße
	Stufe I	Stufe II	Stufe III	Stufe IV	Stufe V	Stufe VI
Meyer	Bekanntmachung	Information	Hinstimmung			Handlungsanstoß
AIDA-Regel nach Lewis	Attention	Interest	Desire			Action
Lavidge-Steiner	Awareness	Knowledge	Liking	Preference	Conviction	Purchase
Colley	Awareness	Comprehension	Conviction			Action
Fischer-Koesen	Bekanntheit	Image	Nutzen (erwartet)	Präferenz		Handlung
Seyffert	Sinneswirkung	Aufmerksamkeitswirkung	Vorstellungswirkung	Gefühlswirkung	Gedächtniswirkung	Willenswirkung
Kroeber-Riel	Aufmerksamkeit	Affektive Haltung	Rationale Beurteilung	Kaufabsicht		Kauf
McGuire	Aufmerksamkeit	Kenntnis	Einverständnis mit der Schlußfolgerung	Behalten der neuen Einstellung		Verhalten auf der Basis der neuen Einstellung

Abbildung 3-176: Stufen der Kommunikationswirkung in der Literatur
(Quelle: Schweiger/Schrattenecker 1995, S. 59)

Vergleicht man die empirischen Untersuchungen zu den unterstellten Hierarchiehypothesen, so kann festgestellt werden, daß **eine allgemeingültige Wirkungshierarchie nicht existiert** (Steffenhagen 1984, S. 69; Schweiger/Schrattenecker 1995, S. 58 ff.). Die tatsächlichen Informationsverarbeitungsprozesse verlaufen keineswegs in klar hierarchisch abgestuften Formen. Als wichtige Rahmenbedingungen für den Ablauf der Kommunikationswirkungen können deshalb das Ausmaß des Produktinvolvement der Person, die Produkterfahrung sowie die Markendifferenzierung identifiziert werden.

Je nach Kombination dieser Bedingungen im Einzelfall kann der Wirkungsverlauf die Form einer Lern-Hierarchie, einer Dissonanz-Attributions-Hierarchie oder einer Low-Involvement-Hierarchie annehmen (Ray 1973; Steffenhagen 1984). Diese Modelltypen können als Weiterentwicklung traditioneller Stufenmodelle interpretiert werden und sind jeweils auf bestimmte Situationsbedingungen abgestellt.

Die **Lern-Hierarchie** unterstellt folgende Abfolge: Zunächst nimmt der Konsument eine Information zum Beispiel durch eine Anzeigenkampagne für ein neues Produkt wahr. Danach entwickelt er Interesse für dieses Produkt und erst im Anschluß bildet sich seine Einstellung. Schließlich wird das neue Produkt aufgrund der gewonnenen Informationen bewertet und eine Kaufentscheidung gefällt. Der mentale Verarbeitungsprozeß verläuft in einem solchen Fall kognitiv, was zu einer intensiven Auseinandersetzung mit dem Produkt führt und mit der endgültigen Annahme oder Ablehnung des neuen Produktes endet (Petty et al. 1983, S. 135 ff.). Dieses Modell, das in seiner Struktur stark an die frühere AIDA-Regel erinnert, wird oft kritisiert, da auch hier ein sukzessives Durchlaufen der Stufen unterstellt wird und keine Rückkopplungseffekte berücksichtigt werden.

Dieser Kritik trägt der **Dissonanz-Attributions-Hierarchie**-Typ Rechnung, nach dessen Auffassung sich die Entwicklung **genau entgegengesetzt zur Lern-Hierarchie** darstellt (Kroeber-Riel 1971, S. 395 ff.). Danach entsteht zunächst Markenbekanntheit, während sich die Einstellung erst nach dem Verhalten bilden kann. Gemäß der Selbstbildtheorie versucht das Individuum, damit vom eigenen Verhalten auf seine Einstellungen zu schließen und diese in Übereinstimmung zu bringen. Bestätigende empirische Befunde fehlen jedoch auch hier.

Alle hierarchischen Stufenmodelle sind nur unter spezifischen Bedingungen geeignet, Wirkungsprozesse der Kommunikation realitätsnah abzubilden und werden deshalb häufig kritisiert. Nichtsdestotrotz bieten sie die Möglichkeit, die Komponenten potentieller Wirkungsverläufe der Kommunikation in sehr detaillierter Form zu analysieren. Eine **differenziertere Betrachtungsweise der Kommunikationswirkung** soll am Beispiel des Modells der Wirkungspfade, des Involvement-Modells und des neo-behavioristischen S-O-R-Modells erfolgen.

5.232 Modell der Wirkungspfade

Das **Modell der Wirkungspfade** (Kroeber-Riel/Weinberg 1999, S. 587 ff.) geht von unterschiedlichen Wirkungsmustern der Kommunikation aus, je nachdem, wie die Art der Werbung (informativ oder emotional) und das Involvement des Konsumenten (gering oder hoch) ausfällt. Diese Ausprägungen bilden in ihrer Kombination die „Wirkungspfade" (vgl. Abbildung 3-177).

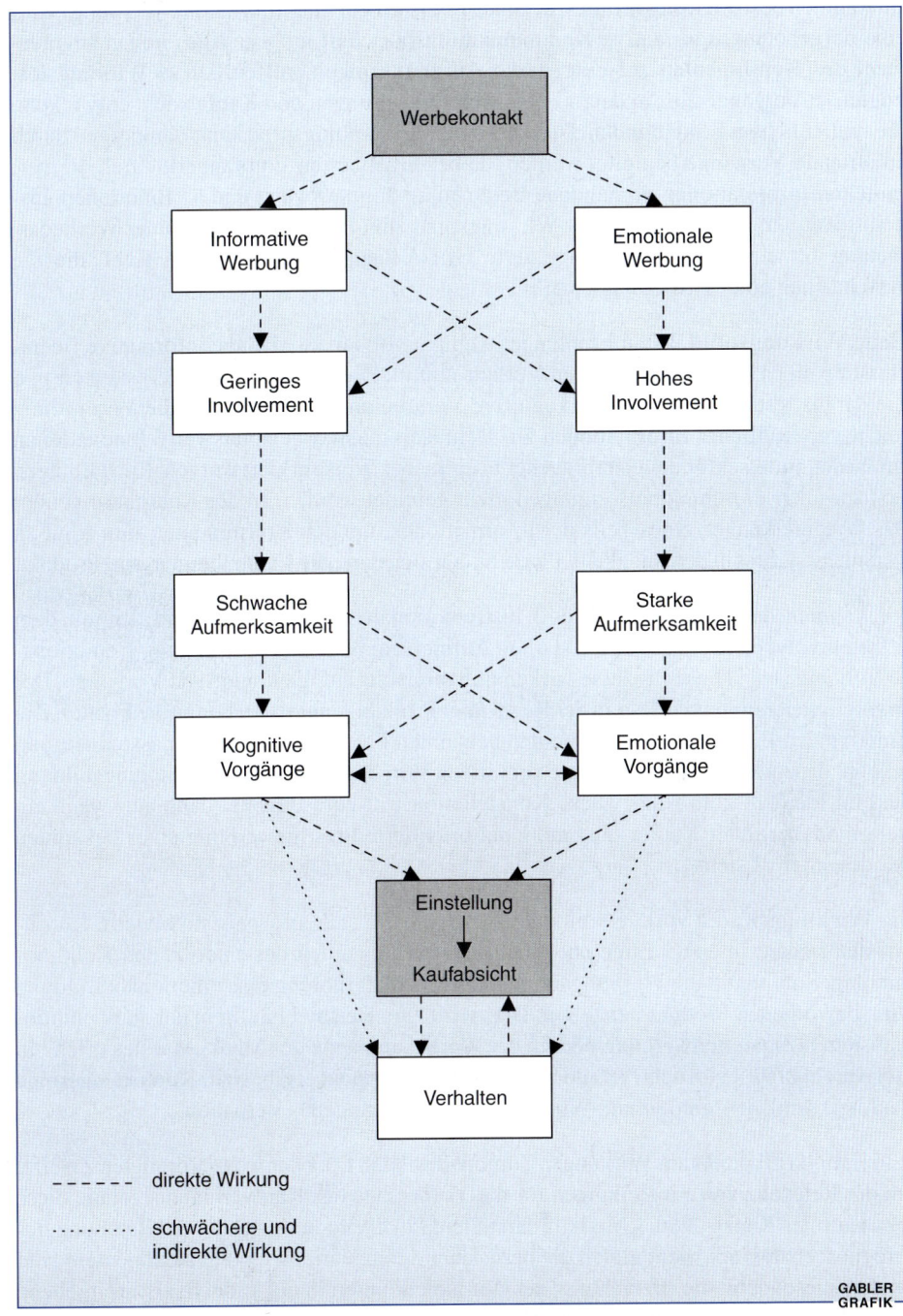

Abbildung 3-177: Wirkungspfadmodell der Werbung (Grundmodell)
(in Anlehnung an Kroeber-Riel 1992, S. 620)

Im Rahmen des **Wirkungspfades 1** (hohes Involvement und informative Werbung) wird eine dargebotene informative Kommunikationsbotschaft aufgrund des hohen Involvement des Konsumenten auf eine starke Aufmerksamkeit treffen. Diese Wirkung löst kognitive Vorgänge aus, in deren Folge sich Einstellungen und Kaufabsicht entwickeln, die schließlich im Kauf münden. Dieser dominante Wirkungspfad kann flankierend durch emotionale Vorgänge begleitet werden, da bei involvierten Empfängern durch die vermittelten Informationen vorhandene Bedürfnisse angesprochen und so Emotionen ausgelöst werden. Relevant ist dieser Wirkungspfad zum Beispiel im Falle einer Werbedarbietung für eine technisch komplizierte Hifi-Anlage, die eine Person sieht, die die Anschaffung einer Hifi-Anlage plant.

Beim **Wirkungspfad 2** sind Empfänger wenig involviert, so daß die informative Beeinflussung einen vollständig anderen Verlauf nimmt. Die schwache Aufmerksamkeit und die daraus resultierende geringe kognitive Verarbeitungstiefe läßt nur die Vermittlung leicht verständlicher Informationen zu. Demnach müssen beispielsweise Innovationen im Waschmittelsektor dem Verbraucher in einfacher Weise erklärt werden. Einstellungen können unter diesen Voraussetzungen nicht gebildet werden. In der Kaufphase genügt das Wiedererkennen eines Teils der Informationen, um den Konsumenten zum Kauf zu veranlassen. Erst in der Nachkauf-Phase bilden sich dann die Einstellungen zum Produkt.

Im Rahmen des **Wirkungspfades 3** löst emotionale Werbung aufgrund der mit dem hohen Involvement verbundenen starken Aufmerksamkeit zunächst vorrangig emotionale Vorgänge aus. Diese Prozesse wirken nun ihrerseits auf die kognitiven Vorgänge. Der involvierte Rezipient verfügt in der Regel über Produktkenntnisse (kognitive Ebene). Die emotionalen Eindrücke werden mit den bekannten Produkteigenschaften assoziiert, und sowohl die emotionalen als auch die kognitiven Vorgänge führen zur Einstellungsbildung und im Idealfall zum Kauf. Diese Konstellation tritt zum Beispiel dann auf, wenn ein sehr modebewußter Käufer die emotional orientierte Prestigewerbung eines bekannten Modeschöpfers sieht.

Im **Wirkungspfad 4** wirkt emotionale Werbung, die sich an wenig involvierte Konsumenten richtet, in erster Linie nach den Gesetzmäßigkeiten der emotionalen Konditionierung. Somit muß die Werbung durch häufige Wiederholung eine emotionale Bindung zum beworbenen Produkt herstellen. Dies wird zum Beispiel häufig in der stark emotionalisierten Zigarettenwerbung oder in der Werbekampagne des Media Marktes („Ich bin doch nicht blöd") versucht. Als dominanter Wirkungspfad ergibt sich: Kontakt – geringe Aufmerksamkeit – emotionale Wirkungen – Einstellungen – Verhalten.

Ein Hauptkritikpunkt am Wirkungspfadmodell ist, daß trotz der weitverbreiteten Zweifel an der Relevanz von Einstellungen für die Vorhersage des Kaufverhaltens gerade diese ein zentrales Konstrukt des Modells darstellen. Positiv zu bewerten ist die Betonung des Prognosecharakters, wenngleich die berücksichtigten Variablen noch zu allgemein sind und insbesondere die Beziehung der Variablen untereinander noch als weitgehend ungeklärt gelten muß (Mayer 1990, S. 63).

5.233 Involvement-Modell

Eine differenziertere Betrachtung der kommunikativen Kontaktbedingungen nimmt das Involvement-Konzept von Mühlbacher vor (Mühlbacher 1988). In einer Vielzahl von Publikationen wird übereinstimmend behauptet, daß die Höhe des Involvements einer Kontaktperson sowohl das Aktivitätsniveau bei der Informationssuche und -verarbeitung als auch die Stärke der Reaktion beeinflußt. Mühlbacher legt hierzu den bislang differenziertesten Ansatz vor und unterscheidet drei Arten von Determinanten, die auf das Involvement der Umworbenen einwirken:

- Stimuli der Situation (zum Beispiel physisches und soziales Umfeld, Zeitpunkt etc.);
- Stimuli des Objekts (zum Beispiel Produktart, Medium, Gestaltung);
- persönliche Prädisposition (zum Beispiel wahrgenommene Wichtigkeit der Produktart, Markenbindung etc.).

Geht man von der Existenz der aufgeführten Determinanten aus, stellt sich die Frage nach dem Einfluß auf das Involvement. Man erkennt unmittelbar, daß es sich beim Involvement notwendigerweise um ein mehrdimensionales Konstrukt handeln muß. Abbildung 3-178 stellt die unterschiedlichen Involvementarten dar.

Je nach dem spezifischen Zusammenwirken von persönlichen Prädispositionen, situativen und Objektstimuli wird nicht nur das Gesamtinvolvement, sondern auch dessen einzelne Bestandteile unterschiedlich ausgeprägt sein. Beispielsweise kann eine generell sehr produktinteressierte Person während einer Werbedarbietung so abgelenkt sein, daß sie die Werbebotschaft in dieser Situation kaum beachtet. Zur Erklärung des Informations- und Kaufverhaltens ist daher die Trennung der Komponenten von zentraler Bedeutung. Der wesentliche Vorteil dieses Modells liegt in seiner Präzision und den vielfältigen Möglichkeiten der Hypothesenentwicklung. Eine abschließende Beurteilung dieses Modellansatzes ist zum gegenwärtigen Zeitpunkt nicht möglich, da unter anderem umfangreiche empirische Überprüfungen noch ausstehen.

5.234 Neo-behavioristisches Verhaltensmodell

Im neo-behavioristischen S-O-R-Modell (Steffenhagen 1984, S. 81 ff.) werden **dauerhafte Gedächtnisreaktionen** in den Vordergrund gestellt, die ihrerseits sowohl die momentanen Reaktionen als auch die finalen Verhaltensreaktionen beeinflussen können (vgl. Abbildung 3-179). Im Grunde wird eine mehrfache Wechselwirkung zwischen den verschiedenen Wirkungskategorien unterstellt.

Dauerhafte Gedächtnisreaktionen beziehen sich auf die Formierung, Veränderung oder Stabilisierung von Inhalten des **Langzeitgedächtnisses**. Es handelt sich bei dieser

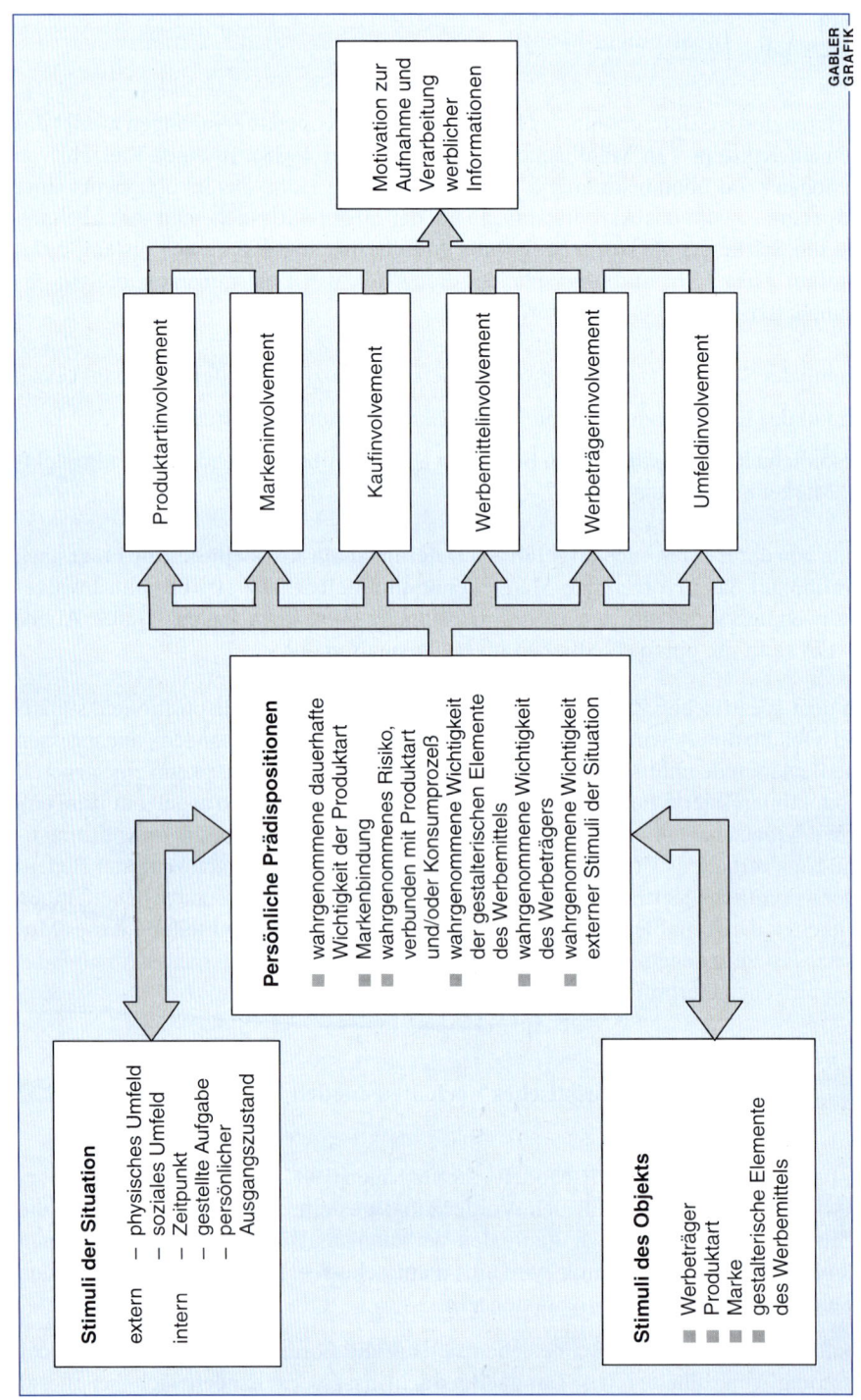

Abbildung 3-178: Das Involvement-Modell von Mühlbacher (Quelle: Mühlbacher 1988, S. 87)

Drittes Kapitel Aktionsgrundlagen der Marketingentscheidung

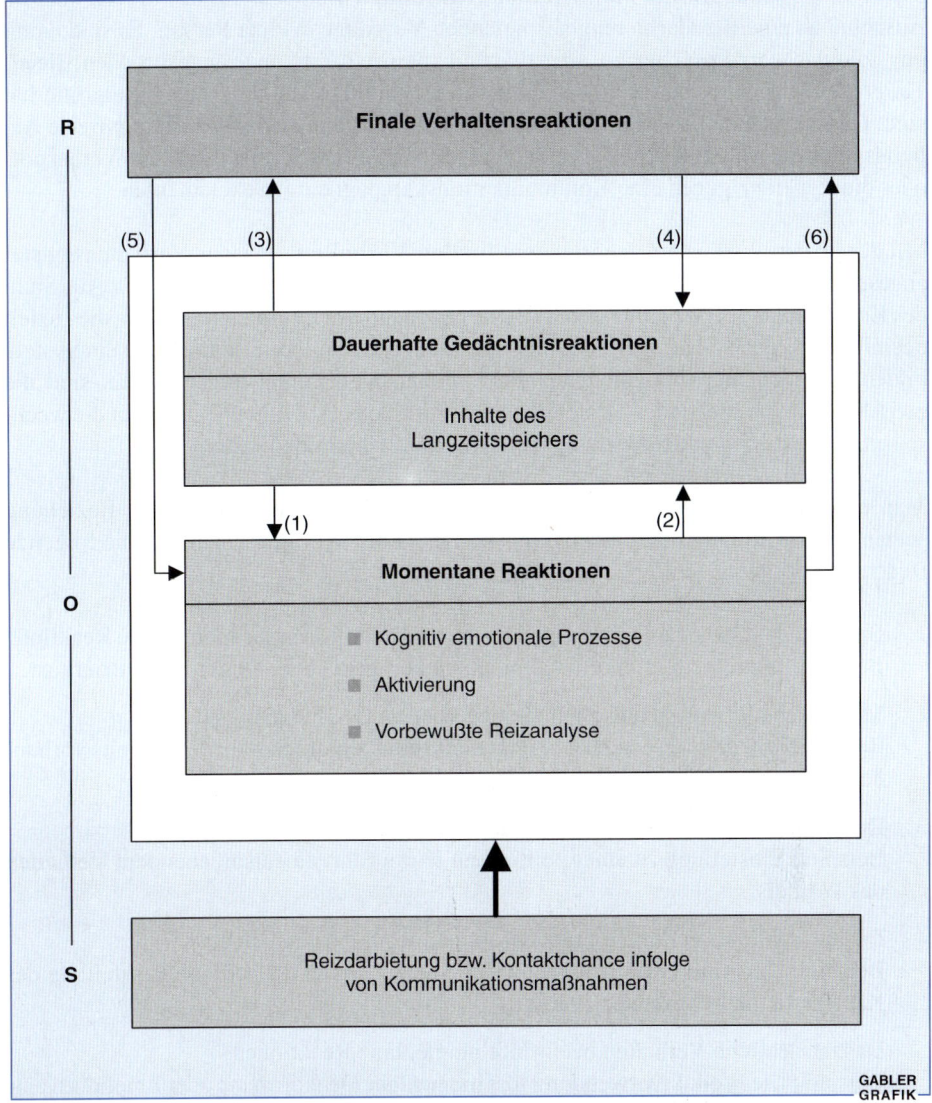

Abbildung 3-179: Beziehungen zwischen kommunikativen Reizen und unterschiedlichen Reaktionen der Adressaten gemäß dem neobehavioristischen S-O-R-Schema
(Quelle: Steffenhagen 1984, S. 17)

Wirkungskategorie um jene gespeicherten Bestandsgrößen in der Psyche eines Menschen, die als zeitlich überdauernde, allerdings nicht unveränderliche Größen für spezielle Verhaltensweisen maßgebend sind: Produktwissen, Erwartungen, Bedürfnisse, Einstellungen und Absichten sind hier exemplarische Inhalte.

Die Wirkungskategorie der **momentanen Reaktionen** umfaßt alle sich während oder im Anschluß an eine Reizdarbietung abspielenden Vorgänge in einer Person. Es sind damit physiologische und psychische, affektive und kognitive Vorgänge angesprochen, die als Teilprozesse der Aufnahme und Verarbeitung kommunikativer Reize interpretierbar sind. Diese Prozesse betreffen Vorgänge im **Kurzzeitgedächtnis beziehungsweise Arbeitsspeicher**, zum Beispiel das spontane Lachen während eines lustigen Werbespots oder die Reaktanz gegen eine Kommunikationskampagne mit Sexelementen.

Mit der dritten Wirkungskategorie, dem **finalen Verhalten**, ist jenes Verhaltensmuster angesprochen, das abschließendes, einem Zweck dienendes Verhalten umfaßt. Aus Sicht des Kommunikators beinhaltet es nur solche beobachtbaren Verhaltensweisen, die gezielt beeinflußt werden sollen. Wenn die hier umrissenen drei Wirkungskategorien ein System bilden und nicht nur den Charakter einer bloßen Aufzählung tragen sollen, sind die zwischen ihnen bestehenden Beziehungen aufzudecken. Abbildung 3-179 gibt die wechselseitige Vernetztheit der Wirkungskategorien im Überblick wieder.

Man erkennt, daß praktisch alle drei Wirkungskategorien miteinander in Beziehung stehen. Dies wird durch die Verbindungspfeile (1) bis (6) veranschaulicht, die folgende Bedeutung besitzen (Steffenhagen 1984, S. 16):

1. Bestehende Inhalte des Langzeitgedächtnisses beeinflussen die momentane Reaktion.
   Beispiel: Interessengesteuerte Aufmerksamkeit gegenüber eingehender Briefpost.
2. Momentane Reaktionen formen die dauerhaften Gedächtnisinhalte.
   Beispiel: Ein am Messestand gewonnener Produkteindruck wird dem bereits vorhandenen Produktwissen hinzugefügt.
3. Dauerhafte Gedächtnisinhalte beeinflussen das finale Verhalten.
   Beispiel: Einstellung zu einer politischen Partei führt zu entsprechendem Verhalten des Wählers.
4. Das tatsächliche Verhalten prägt den Inhalt des Langzeitspeichers.
   Beispiel: Der Kauf eines Autos bewirkt eine zunehmend positivere Einstellung des Käufers zu der erworbenen Marke.
5. Das tatsächliche Verhalten beeinflußt momentane Reaktionen.
   Beispiel: Die Produktverwendung löst momentane Denkprozesse oder Emotionen aus.
6. Momentane Reaktionen beeinflussen ohne Zwischenschaltung des Langzeitspeichers finales Verhalten.
   Beispiel: Impulskauf eines neuen Produkts im Kassenbereich am PoS.

Dieses **Wechselspiel zwischen verschiedenen Wirkungskategorien der Kommunikation** ist zum gegenwärtigen Zeitpunkt zwar prinzipiell erkannt, über die Gesetzmäßigkeiten dieser Vorgänge in unterschiedlichen Verhaltensfeldern des Menschen (politisches und karitatives Verhalten, Bildungsverhalten, Kauf- und Verwendungsverhalten,

Medienverhalten, Sozialverhalten und andere mehr) und den entsprechenden Feldern der Kommunikationsarbeit herrscht noch Unklarheit. Insbesondere die Verhaltensrelevanz dauerhafter Gedächtnisinhalte (Pfeil (3)) ist ein differenziert zu behandelnder Aspekt (Steffenhagen 1984, S. 16).

Anhand der hier exemplarisch skizzierten Modellansätze läßt sich die **Entwicklung in der Werbepsychologie** nachvollziehen. Zunächst ist festzuhalten, daß eine Abkehr von den hierarchisch strukturierten Modellen stattgefunden hat und die Konzeptionen in psychologischer Sicht differenzierter geworden sind. Dennoch kann nicht übersehen werden, daß die Auswahl der in den verschiedenen Modellkonstruktionen berücksichtigten Variablen eine eher willkürliche Selektion darstellt. Zum gegenwärtigen Zeitpunkt kann kein Modell allen Ansprüchen gerecht werden, wobei jedoch insbesondere dem Involvement-Modell viel Beachtung zuteil wird. Es sollte allerdings auch nicht übersehen werden, daß die hierarchischen Stufenmodelle erheblich zur detaillierten Erklärung der verschiedenen Module des Werbewirkungsprozesses beigetragen haben.

5.3 Festlegung der Kommunikationsstrategien

Auf der Ebene der strategischen Entscheidungen der Kommunikationspolitik eines Unternehmens ist zunächst die Festlegung der Corporate Identity von zentraler Bedeutung. Anschließend müssen konkrete Entscheidungen hinsichtlich der verschiedenen Dimensionen der strategischen Kommunikationsplanung getroffen werden.

5.31 Corporate Identity als Orientierungsrahmen der Kommunikationsstrategie

Im Mittelpunkt der integrierten Kommunikationspolitik steht die Corporate Identity (CI). Insbesondere seit Beginn der achtziger Jahre findet das Konzept der Unternehmensidentität starkes Interesse in Wissenschaft und Praxis. Vor allem die Homogenisierung der Produkte und die Informationsüberlastung der Konsumenten haben zu diesem Bedeutungszuwachs der Corporate Identity geführt. Aufgabe der CI ist dabei vor allem die **Koordination aller Kommunikationsziele und -aktivitäten eines Unternehmens**. Mit der Corporate Identity werden in der Literatur jedoch häufig unterschiedliche Begriffsinhalte verbunden (Meffert 1991):

Vertreter des **designorientierten Ansatzes** stellen die formalen Erscheinungsformen der CI in den Vordergrund. Hierzu zählen die Gestaltung von Firmenname, Logo, Produkt- und Verpackungs-Design, Firmenarchitektur, Personalkleidung und Anzeigen sowie Firmenbroschüren.

Mit dem **führungsorientierten Ansatz** der CI wird die identitätsorientierte Leitung des gesamten Unternehmens verbunden. CI wird als Instrument zur Steuerung sämtlicher Prozesse der Willensbildung und -durchsetzung verstanden, um ein zielkonformes Verhalten der Unternehmensmitarbeiter zu gewährleisten. Im Rahmen der Willensbildung kommt der CI eine konsensbildende Aufgabe zu. Bei der Willensdurchsetzung wird durch eine einheitliche Bewußtseinsbildung und Identifikation der Mitarbeiter mit dem Unternehmen die Integration gestärkt.

Beim **strategieorientierten Ansatz** wird CI im engeren Sinne als Basisstrategie der Kommunikationspolitik oder umfassend als Basisstrategie der gesamten Unternehmenspolitik aufgefaßt. Im Sinne einer zentralen Kommunikationsstrategie dient sie ausschließlich der einheitlichen Abstimmung sämtlicher kommunikativer Einzelmaßnahmen. Auf der strategischen Unternehmensebene angesiedelt bildet CI die Richtschnur für sämtliche Unternehmensaktivitäten.

Die umfassendste Interpretation des CI-Begriffs liegt dem **planungsorientierten Ansatz** zugrunde. CI wird dabei als strategisch geplanter und operativ gesteuerter, iterativer Planungsprozeß verstanden, der das Erscheinungsbild, die Verhaltensweisen und die kommunikativen Aktivitäten des Unternehmens im Innen- und Außenverhältnis unter einer einheitlichen Konzeption koordiniert. Dies beinhaltet die Analyse der Ist-Identität, den Entwurf der Soll-Identität, die Festlegung und Realisation der CI-Strategie beziehungsweise -Maßnahmen sowie der CI-Kontrolle und -Anpassung.

Die verschiedenen Ansätze verdeutlichen, daß Corporate Identity sowohl als Ziel (zum Beispiel Übereinstimmung von Fremd- und Eigenimage) als auch als Planungskonzept (Prozeß zur Zielerreichung) oder strategisches Führungsinstrument (Abstimmung aller Kommunikationsmaßnahmen) interpretiert werden kann (Achterholt 1988, S. 29 ff.).

In Anlehnung an die vorgestellten Begriffsinhalte wird **Corporate Identity** im folgenden als **ganzheitliches Strategiekonzept** verstanden, **das alle nach innen beziehungsweise außen gerichteten Interaktionsprozesse steuert und sämtliche Kommunikationsziele, -strategien und -aktionen einer Unternehmung unter einem einheitlichen Dach integriert**. Der Begriff der Corporate Identity ist dynamisch zu interpretieren und stellt im Sinne der Unternehmenspersönlichkeit einen langfristig beizubehaltenden Set typischer Merkmale des Verhaltens, der Kommunikation und des Erscheinungsbildes eines Unternehmens dar (Birkigt et al. 1995; Meffert/Burmann 1996, S. 23 ff.).

Eine erfolgreiche Corporate Identity-Konzeption verfolgt insbesondere den Zweck der Verbesserung des gesamten Unternehmensimages sowie der Darstellung eines einheitlichen Erscheinungsbildes nach außen. Dadurch kann in bezug auf die externen Zielgruppen eine Erhöhung der Wiedererkennung des Unternehmens erfolgen und intern eine Verbesserung der Mitarbeiter-Identifikation und -Motivation erreicht werden. Es wird angestrebt, die Divergenz zwischen der Unternehmenswirklichkeit und dem Bild der Unternehmung bei den verschiedenen Teilöffentlichkeiten abzubauen. Damit soll **das**

Vertrauen der Teilöffentlichkeiten (Arbeitnehmer, Gewerkschaften, Anteilseigner, Kapitalgeber, gesellschaftliche Gruppierungen etc.) in die Unternehmung gesteigert werden. Wie dies gelingen kann, zeigen beispielsweise Unternehmen wie McDonald's, McKinsey oder Microsoft, bei denen eine starke Unternehmensidentität einen erheblichen Beitrag zum Erfolg des Unternehmens geleistet hat. Problematisch wird die Frage der einheitlichen Identität bei Unternehmen mit mehreren Produktfeldern, die, wie beispielsweise bei Procter & Gamble (mit Marken wie Pampers, Dittmeyers Valensina und Ariel etc.), parallel mehrere heterogene Markenidentitäten aufgebaut haben (Wiedmann 1994; Meffert/Burmann 1996, S. 48 ff.).

Insgesamt muß im Rahmen der Bestimmung einer Corporate Identity die Unternehmung ihre charakteristischen Eigenschaften anhand eines übergeordneten Leitbildes definieren. Damit wird die **Corporate Identity zu einem zentralen Instrument der strategischen Kommunikationsplanung** (Birkigt et al. 1995).

Die Corporate Identity eines Unternehmens manifestiert sich im Corporate Design, dem Corporate Behavior, in der Corporate Communication sowie in der Unternehmenskultur (Corporate Culture) (vgl. Abbildung 3-180). Die zur Entwicklung der Unternehmensidentität notwendigen Interaktionen finden dabei mit den Zielgruppen und der Umwelt statt. Als Zielgruppen gelten sowohl unternehmensinterne Personenkreise als auch externe Gruppen wie Konsumenten, Lieferanten und Handelspartner. Die weitere Aufgabenumwelt umfaßt unter anderem politische, rechtliche, ökologische und soziale Interessenvereinigungen.

Das **Corporate Design** stellt die optische Umsetzung der CI dar. Es beinhaltet die ästhetische und symbolische Identitätsvermittlung im Wege eines systematisch aufeinander abgestimmten Einsatzes der visuellen Elemente der Unternehmenserscheinung. So finden zum Beispiel wichtige visuelle Gestaltungselemente wie Zeichen, Farbe, Schrift, Typographie und Raster vor allem in den Designbereichen Marke (Logo, Signet), Verpackung (Produkt, Transportumhüllungen), Graphik (Drucksachen, Büromaterial, Kleidung), Bau (Außen-, Innenarchitektur), Fuhrpark (Vertreter, Lieferfahrzeuge) und in den Instrumenten der Kommunikation Anwendung (Schmitt/Pan 1995).

Die **Corporate Communication** hat die Aufgabe, die angestrebte Unternehmensidentität mit den entsprechenden Kommunikationsmitteln zu unterstützen. Unter Corporate Communication wird somit der abgestimmte Einsatz sämtlicher innen- und außengerichteter Kommunikationsinstrumente verstanden, die den Absatz- und Beschaffungsmarkt sowie die Öffentlichkeit betreffen. Hierzu gehören insbesondere die Werbung, die Direktkommunikation, die Verkaufsförderung, das Sponsoring und die Public Relations. Durch die Ausgestaltung der Corporate Communication wird eine Absatzförderung angestrebt. Ferner sollen sämtliche Kommunikationsinstrumente aufeinander abgestimmt und auf die Soll-Corporate Identity des Unternehmens ausgerichtet werden.

Kommunikationspolitische Entscheidungen

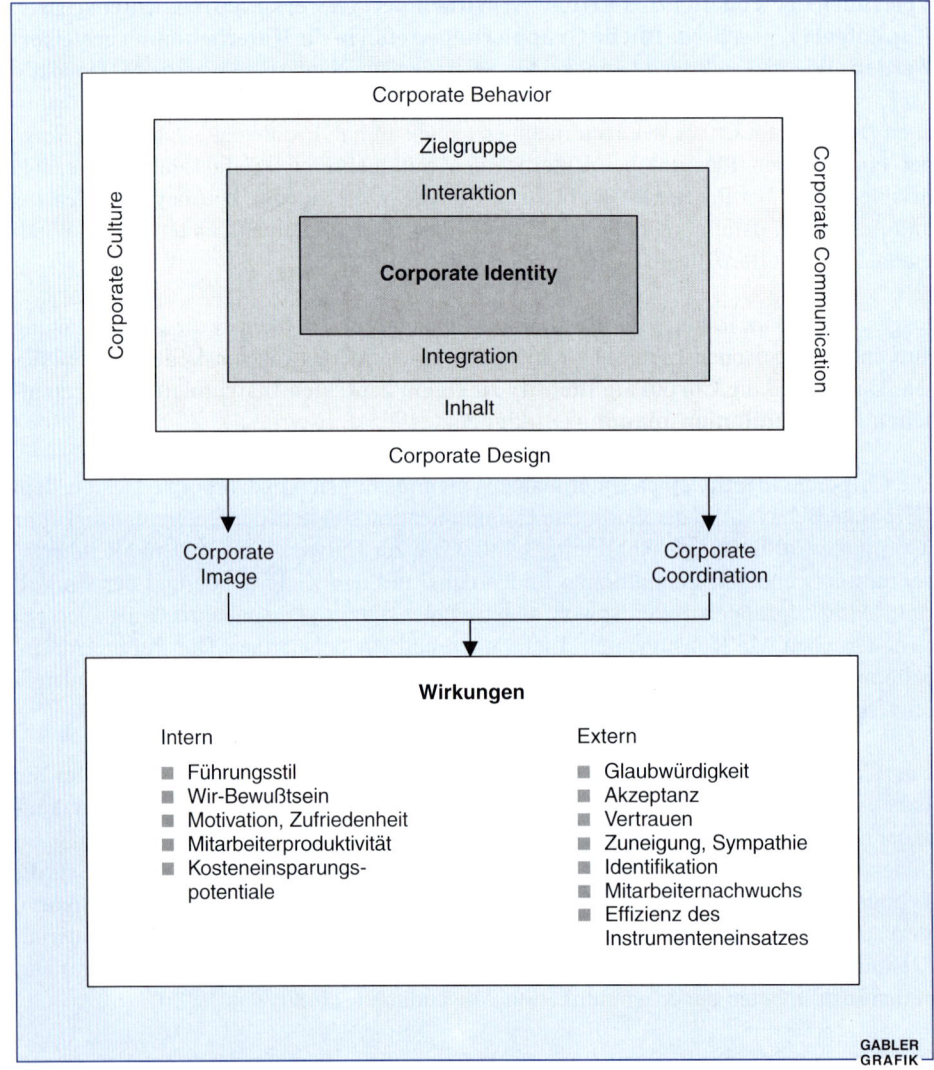

Abbildung 3-180: Corporate Identity als ganzheitliches Strategiekonzept der Unternehmenskommunikation

Corporate Behavior bildet die in sich schlüssige und widerspruchsfreie Ausrichtung aller Verhaltensweisen der Unternehmensmitarbeiter im Innen- und Außenverhältnis. Hierbei soll das Verhalten der Mitarbeiter in allen Abteilungen insbesondere in speziellen Geschäftssituationen, beispielsweise bei Kundenbeschwerden und Lieferantenmahnungen, geregelt werden.

Vor diesem Hintergrund ist Corporate Identity als die **strategische Klammer** aufzufassen, die sämtliche Unternehmensaktivitäten bündelt, um einen optimalen Gesamteffekt zu erreichen.

So ist beispielsweise bei der Marke Nivea ein konsequenter Gestaltungsstil aller kommunikativen Maßnahmen in der sogenannten „Brand Philosophy" festgelegt. Die Werbung in Print und TV hat durchgehend denselben Stil und benutzt dieselbe Typographie sowie dieselbe einheitliche Farbe, die seit langem charakteristisch für die Nivea-Verpackung ist. Die gesamte Produktlinie, die in den letzten Jahren eine starke Verbreiterung erfahren hat, erscheint in diesem Blau. Auch die inzwischen zur Nivea-Produktfamilie gehörenden Produktgruppen „für Kinder" oder „empfindliche Haut" lehnen sich in bezug auf Farbe und Form an das Originalprodukt an. Über diese formale Dimension hinaus werden bei der Beiersdorf AG zahlreiche Maßnahmen initiiert, die eine einheitliche Philosophie, Kultur und ein konsistentes „Verhalten" von Marke und Unternehmen im Sinne der Identität sichern (vgl. o. V. 1996f).

 5.32 Dimensionen der kommunikativen Strategieplanung

Kommunikationsstrategien stellen im Rahmen des übergeordneten CI-Konzeptes **langfristige, bedingte Verhaltenspläne** dar. Zum einen determinieren dabei die angestrebten Kommunikationsziele die Ausrichtung der Kommunikationsstrategie, zum anderen müssen Kommunikationsstrategien in die gesamte Marketingstrategie eingebunden werden.

Integrierte Kommunikationsstrategien (vgl. Abbildung 3-181) beinhalten Entscheidungen bezüglich der

- Objektdimension (Produkt- versus Unternehmenskommunikation),
- Zieldimension (personell, zeitlich, räumlich etc.),
- Instrumentedimension (Werbung, Verkaufsförderung, PR etc.),
- Mediadimension (elektronische versus Printmedien) und
- Gestaltungsdimension (Stil, Farbe, Musik, Eigenständigkeit etc.).

Zunächst sind die Kommunikationsobjekte festzulegen. Je nach Marketingstrategie bilden einzelne Produkte, Marken, Produktgruppen, Markenfamilien, Dienstleistungsprogramme oder die Gesamtunternehmung die relevanten Bezugsobjekte. Auf Grundlage der Marktsegmentierung müssen Kommunikationsstrategien nach Zielgruppen differenziert werden. Weiterhin sind die Schwerpunkte im Einsatz der Kommunikationsinstrumente, die Medienauswahl sowie die konkreten Gestaltungsstrategien festzulegen.

Die konzeptionellen Überlegungen zur **Gestaltungsstrategie (Copy-Strategie)** setzen sich damit auseinander, „was" der Zielgruppe „wie" in den Werbemitteln gesagt werden soll. Unter einem **Werbemittel** wird die konkrete Anzeige oder der Spot verstanden, der

Kommunikationspolitische Entscheidungen

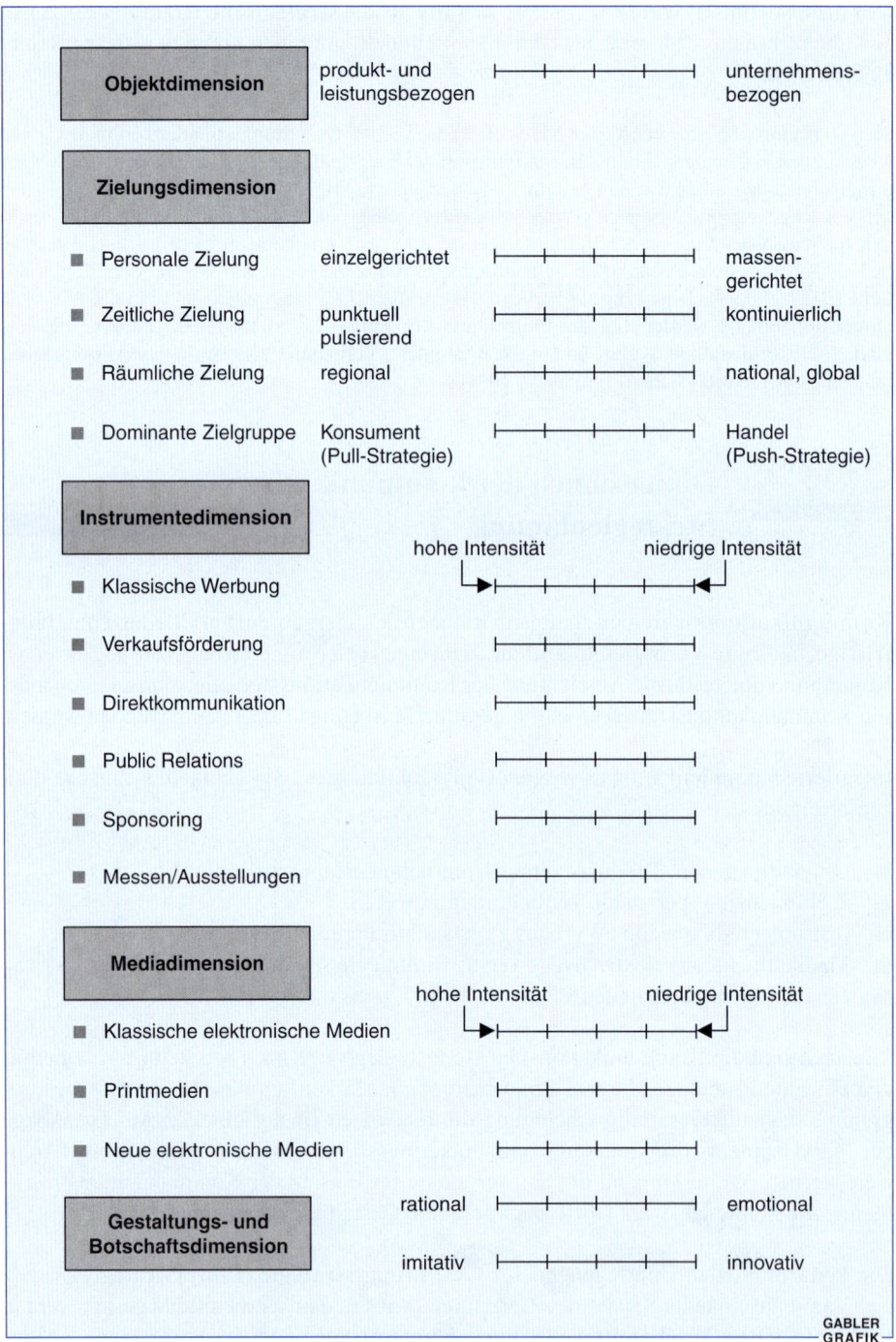

Abbildung 3-181: Dimensionen integrierter Kommunikationsstrategien

in verschiedenen **Werbeträgern** (Zeitung, Zeitschrift oder TV etc.) geschaltet wird. Dieser Teil der Konzeption stellt die gedankliche Vorstufe zur Verbalisierung und Visualisierung der kommunikativen Botschaft dar. Grundsätzlich setzt sich die **Copy-Strategie** aus den Komponenten des kommunikativen Versprechens, der Begründung dieses Versprechens und den kommunikativen Gestaltungsrichtlinien zusammen.

Bei der **Entwicklung des kommunikativen Versprechens** steht die Konzipierung einer spezifischen **Unique Selling Proposition** (USP) im Vordergrund (Sutherland/Morris 1988). Dabei geht es vor allem darum, den Zielgruppen einen einfachen, klaren und gegenüber den Wettbewerbern dominanten **Nutzen** zu versprechen. Die kreative Aufgabe besteht darin, eine Positionierung des Produkts vorzunehmen, die eine möglichst große Annäherung an das jeweilige vom Konsumenten gewünschte Idealprodukt gewährleistet. Außerdem soll eine klare Abgrenzung gegenüber den Konkurrenzprodukten erfolgen. Aus den relevanten Eigenschaftsdimensionen und der Position des Produktes im Markt läßt sich das kommunikative Versprechen ableiten.

Im Rahmen der Argumentation muß eine **Begründung des Versprechens (Reason Why)** entwickelt werden, die im Idealfall den Beweis führt, daß die Zielgruppe mit dem Kauf des Produktes auch tatsächlich den versprochenen Nutzen realisieren kann. Hier bietet es sich beispielsweise an, in der Werbung auf die besonderen Problemlösungseigenschaften neuer Inhaltsstoffe oder Systeme hinzuweisen, wie dies in der Waschmittelwerbung häufig geschieht (zum Beispiel Waschmittel mit „TAED-System").

Der **Gestaltung einer Botschaft** kommt ebenso große Bedeutung für die Kommunikationswirkung zu wie dem Inhalt. Mit der Gestaltungslinie sind bestimmte Anforderungen an den Stil und Charakter der Werbemittel verbunden. So muß zum Beispiel die Bedeutung der rationalen und emotionalen Komponenten, das Text-Bild-Verhältnis, das Ansprachenniveau sowie ein konstantes Signet und ein Slogan festgelegt werden. Darüber hinaus stellen auch der Aufbau und die Anordnung der Gestaltungselemente (Layout) neben der Gestaltung der Atmosphäre (Tonality) wichtige Entscheidungstatbestände dar. Betrachtet man beispielsweise die Zigarettenwerbung der Marke Marlboro, so ist diese seit Jahrzehnten von der emotionalen Komponente „Abenteuerlust" und von typischen Bildern geprägt. Darüber hinaus sind die Werbe- und Verpackungsfarbe mit dem leuchtend roten Dreieck eindeutig festgelegt. Schließlich bewegt sich auch die Atmosphäre aller Kommunikationsmaßnahmen auf einem nahezu gleichen Niveau mit nur geringen Variationen.

Letztlich ist durch die **Gestaltungslinie** eine kommunikationsmittelspezifische **Unique Advertising Proposition** (UAP) anzustreben. Die Einzigartigkeit der Kommunikationsstrategie (UAP) sollte im Idealfall den ebenso einmaligen Produktnutzen im Sinne der Unique Selling Proposition (USP) zum Konsumenten „transportieren".

5.4 Einsatz der Kommunikationsinstrumente

Die Auswahl der Kommunikationsinstrumente erfolgt auf Basis der Kommunikationsstrategie. Der verschärfte Kommunikationswettbewerb hat in den vergangenen Jahren zu einer Erweiterung des klassischen Instrumentespektrums geführt. Neben der Werbung, der Verkaufsförderung, der Öffentlichkeitsarbeit, den Messen beziehungsweise Ausstellungen und der Außenwerbung haben neuere Kommmunikationsformen, wie beispielsweise das Sponsoring und das Event-Marketing, an Bedeutung gewonnen. Die Individualisierung der Konsumentenbedürfnisse führt darüber hinaus zu einem starken Bedeutungszuwachs der Direktkommunikation. Nicht zuletzt beeinflußt auch der technische Fortschritt die Gestaltung des Instrumente-Mix in der Kommunikationspolitik (Multimedia).

5.41 Klassische Werbung

Von allen Kommunikationsinstrumenten hat die **klassische Werbung** in Wissenschaft und Praxis die stärkste Beachtung gefunden. Werbung kann verstanden werden als **ein kommunikativer Beeinflussungsprozeß mit Hilfe von (Massen-)Kommunikationsmitteln in verschiedenen Medien, der das Ziel hat, beim Adressaten marktrelevante Einstellungen und Verhaltensweisen im Sinne der Unternehmensziele zu verändern** (Schweiger/Schrattenecker 1995, S. 9).

Grundsätzlichen Aufschluß über die Bedeutung der Werbung für die werbetreibende Wirtschaft sowie das Gewicht einzelner Medien vermittelt die Betrachtung der Werbeinvestitionen, die sich aus der Werbemittelproduktion, Werbeverwaltung und Werbeträgerbelegung ergeben. Diese belaufen sich in der Bundesrepublik Deutschland auf nahezu 60 Milliarden DM und weisen einen durchschnittlichen jährlichen Zuwachs der Aufwendungen (bezogen auf die letzten 5 Jahre) von 3 bis 4 Prozent auf (ZAW 1999). Etwa zwei Drittel der Werbeinvestitionen entfallen dabei auf die Kosten für die Belegung der Werbeträger. Interessant ist darüber hinaus der Anteil einzelner Medien am Werbeaufkommen. So konnten sich beispielsweise Zeitungen und Zeitschriften in den letzten Jahren trotz der verstärkten Konkurrenz durch das Fernsehen mit einem Werbeanteil von circa 50 Prozent behaupten (vgl. Abbildung 3-182).

Dennoch ist festzustellen, daß das Medium TV seit Jahren die stärkste Wachstumsdynamik der Werbeeinnahmen aufweist. Die Tendenz zu mehr Fernsehwerbung ist durch ein verändertes Mediennutzungsverhalten der Konsumenten bedingt. 1995 bekundeten über

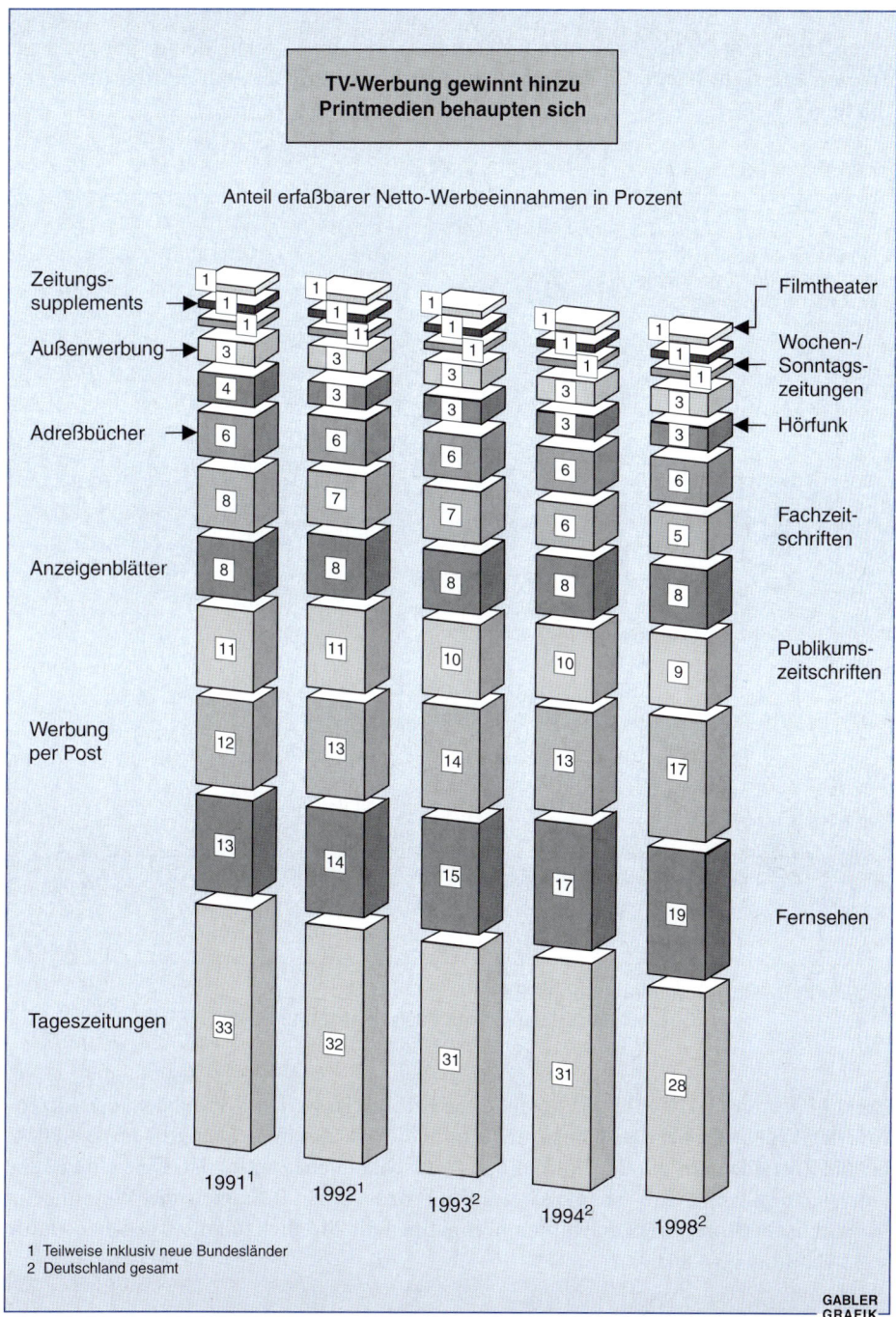

Abbildung 3-182: Entwicklung der Netto-Werbeeinnahmen klassischer Medien ab 1991 (Quelle: ZAW 1999)

93 Prozent aller Bundesbürger, mehrmals in der Woche das Medium Fernsehen zu nutzen. Dies stellt die höchste Nutzungshäufigkeit aller abgefragten Medien dar und zeigt insbesondere signifikante Unterschiede zur Nutzungshäufigkeit von Zeitschriften (vgl. Abbildung 3-183).

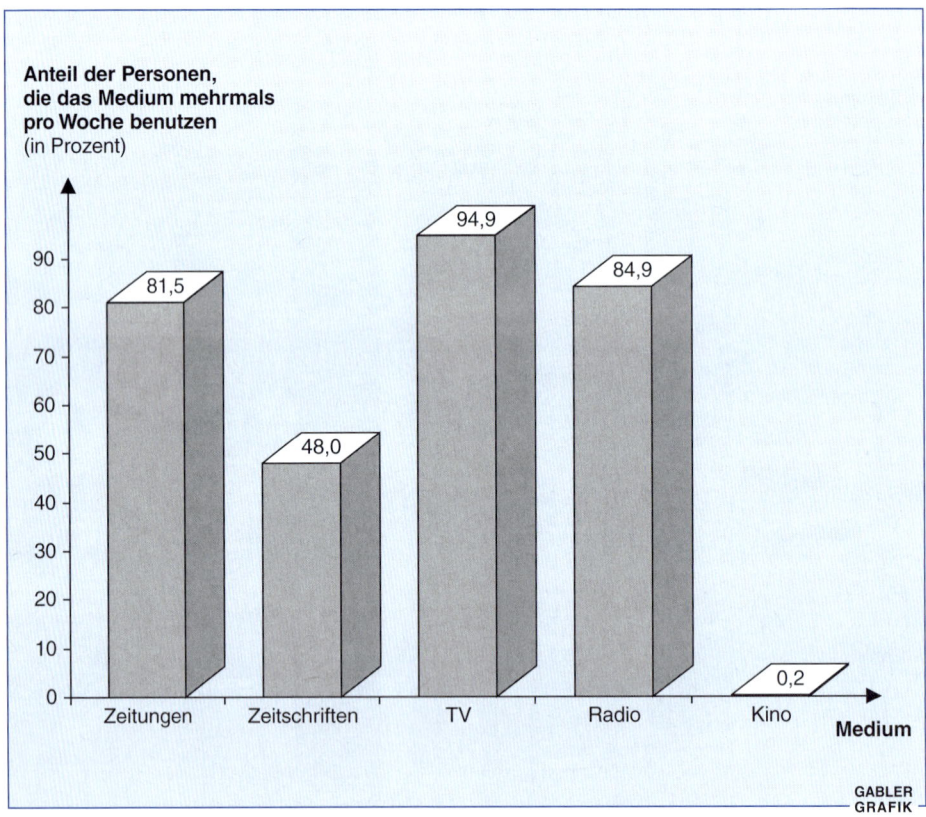

Abbildung 3-183: Mediennutzung 1999
(Quelle: Media Perspektiven Basisdaten 1999, S. 69)

Wichtige Voraussetzung für den potentiellen Erfolg klassischer Werbung ist die **Akzeptanz der Werbung bei den Konsumenten**. In diesem Zusammenhang ist festzustellen, daß die Zufriedenheit mit der Werbung in Deutschland eher gering ist. Eine empirische Untersuchung zeigt, daß beispielsweise 53 Prozent aller Befragten die Werbung im Privatfernsehen einschränken würden, wenn ihnen die Möglichkeit dazu gegeben würde (vgl. Abbildung 3-184).

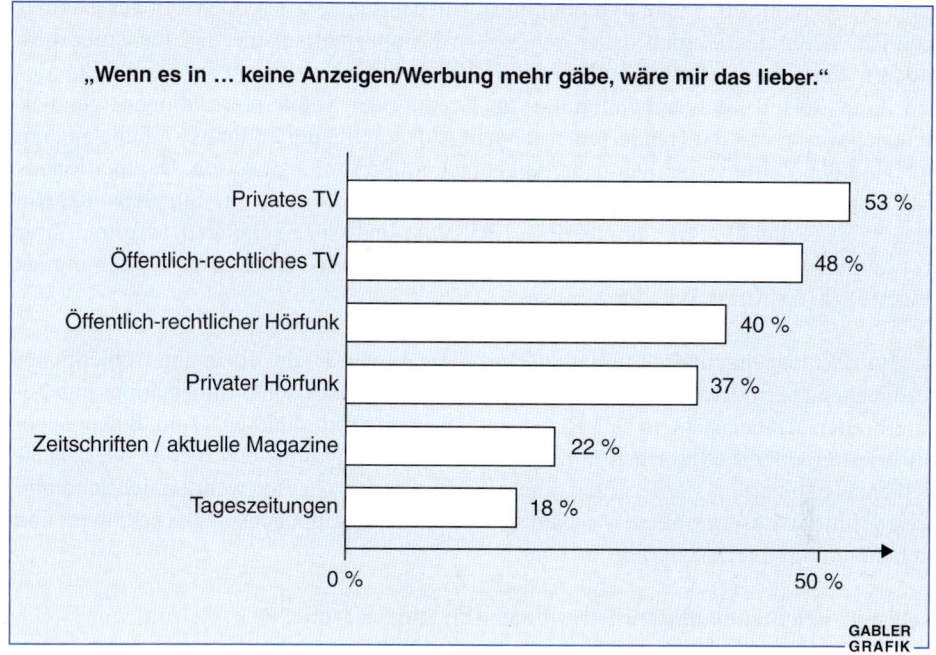

Abbildung 3-184: Ablehnung von Werbung in verschiedenen Medien. „Wenn es in ... keine Anzeigen/Werbung mehr gäbe, wäre mir das lieber."
(Quelle: W&V Compact, Nr. 3, 1999, S. 6)

5.411 Werbung in Insertionsmedien

Der Einsatz von **Insertionsmedien** (Zeitungen, Publikums- und Fachzeitschriften sowie Außenwerbung) als klassische Form der Zielgruppenansprache bietet je nach Medium unterschiedliche Möglichkeiten der kommunikativen Ansprache.

Zeitungen als einer der ältesten Werbeträger lassen sich nach der Erscheinungshäufigkeit (Tages- oder Wochenzeitungen) und nach ihrem regionalen Bezug (regional oder überregional) sowie ihrer Vertriebsart (Abonnement oder Kauf von Einzelexemplaren) differenzieren. Bei Zeitungen steht primär die **Aktualität der Information** im Vordergrund, so daß sich in diesem Medium eine informierende und argumentierende Werbung anbietet. Zentrale Vorteile der Zeitung liegen in ihrer kurzfristigen Disponierbarkeit und der Möglichkeit eines exakten „timing", wohingegen die begrenzten gestalterischen Möglichkeiten (Farbdruck nur bedingt möglich) und die eingeschränkte Selektion von Zielgruppen als Nachteile zu nennen sind. Für einige Zeitungstitel lassen sich zwar grundsätzliche Lesertypen herauskristallisieren, eine genaue Zielgruppenansprache anhand demographischer und psychographischer Merkmale ist jedoch oft nur bedingt möglich. Zeitungen werden daher bei großen Kampagnen seltener als **Basismedium**, sondern vielmehr als **Zusatzmedium** im Rahmen von kurzfristigen Schwerpunktaktionen (zum Beispiel der Ankündigung von Events oder Sonderpreisaktionen) genutzt. Beispielsweise setzt das Handelsunternehmen Aldi regelmäßig Zeitungswerbung ein, um in regionalen Zeitungen auf aktuelle Angebote und Preise hinzuweisen. Darüber hinaus haben in den letzten Jahren zahlreiche Zeitungsbeilagen (sogenannte Supplements, wie zum Beispiel die TV-Programmbeilage PRISMA) und Anzeigenblätter aufgrund ihrer im Vergleich zu Zeitungen erhöhten Reichweite und ihrer verbesserten Gestaltung als Werbeträger an Attraktivität gewonnen.

Die **Publikumszeitschriften** umfassen eine Vielzahl von Titeln, die in unterschiedlicher Aufmachung periodisch erscheinen und den Lesern ein spezifisches Informationsangebot unterbreiten. Dabei steht in der Regel entweder die Unterhaltung (zum Beispiel bei Illustrierten) oder die Information (zum Beispiel bei Programmzeitschriften oder Nachrichtenmagazinen) im Vordergrund. Viele Publikumszeitschriften wenden sich an relativ breit definierte Lesergruppen, was eine spezifische Zielgruppenansprache erschwert und zu höheren Streuverlusten führt.

Neben den Publikumszeitschriften wurden seit einigen Jahren eine Vielzahl von Titeln, die für sehr eng abgegrenzte Leserschaften konzipiert sind, in den Markt eingeführt. Diese sogenannte **Special-Interest-Zeitschriften** konzentrieren sich inhaltlich auf bestimmte Themenbereiche wie zum Beispiel Mode, Sport und Essen. Inseriert ein Segelboothersteller in einer Special-Interest-Zeitschrift für Wassersportler, spricht er damit seine spezielle Zielgruppe präziser an und reduziert die Höhe der Streuverluste erheblich.

Die Vielzahl der Zeitschriftentitel, die im Vergleich zu Zeitungen eine geringere Erscheinungshäufigkeit und umfassendere Gestaltungsmöglichkeiten aufweisen, **erfordern eine langfristige Planung von Zeitschriftenkampagnen**. Schwerpunktmäßig werden Zeitschriftenanzeigen aufgrund ihrer Gestaltungsvielfalt zur Vermittlung eher emotionaler Botschaften eingesetzt. Dabei können oft positive Wirkungszusammenhänge von Anzeigen und Anzeigenumfeld genutzt werden. Die wesentlichen Vorteile von Publikumszeitschriften liegen in der Chance von Mehrfachkontakten mit Anzeigen (zum Beispiel wurde 1993 eine Ausgabe des SPIEGEL durchschnittlich 3,5mal von seinen Lesern zur Hand genommen), der hohen Reichweite vieler Werbeträger dieses Segmentes, der relativ niedrigen Kosten und der umfassenden Marktforschungsinformationen über die Leserschaft, die dem Werbetreibenden von den Verlagen zumeist kostenfrei zur Verfügung gestellt werden.

Die Gruppe der **Fachzeitschriften** umfaßt zahlreiche periodisch erscheinende Zeitschriften, die sich an einen begrenzten und produktgruppenspezifisch qualifizierten Leserkreis wenden. Hauptanliegen der Fachzeitschriften ist der fachlich ausgerichtete Informationstransfer (Wissensvermittlung, berufliche Aus- und Weiterbildung) und weniger die Unterhaltung der Leser (Wehrle 1990). Dabei kann auch hier das redaktionelle Umfeld einen positiven Einfluß auf themenbezogene Anzeigen ausüben. Generell ist das Involvement der Leser als hoch anzusehen, welches sich positiv auf die Wahrnehmungsintensität und -häufigkeit von Werbeanzeigen auswirkt.

Das Medium der **Außenwerbung** hat in der letzten Zeit eine nicht zu übersehende Renaissance erlebt. Die Außenwerbung umfaßt die Werbung, die im öffentlichen Raum und aus dem öffentlichen Raum heraus auf „Jedermann" einwirkt (Korff 1988, S. 14). Hinsichtlich des unterschiedlichen Mobilitätsgrades der Außenwerbeträger bietet sich generell eine Unterscheidung zwischen stationärer und mobiler Außenwerbung an: Während die stationäre Außenwerbung neben dem klassischen Plakatanschlag die Lichtwerbung an Gebäuden sowie Telefonzellen beinhaltet, zählen zur mobilen Außenwerbung vor allem die Aufschriften an Fahrzeugen (öffentliche Verkehrsmittel etc.).

Generell wird der Außenwerbung eine gute Eignung zur Steigerung der Markenbekanntheit, zur schnellen Bekanntmachung neuer Produkte und zur Aktualisierung bereits vorhandener Werbeinhalte (Erinnerungswirkung) zugeschrieben. Die Gründe für die positive Entwicklung der Außenwerbung liegen unter anderem in der Vielfalt kreativer Gestaltungsmöglichkeiten, der Einsatzflexibilität, der relativ geringen Kosten und der vielfältigen Möglichkeiten der Produktpräsentation. Beipielsweise können mit einem Plakat dreidimensionale Werbeelemente eingesetzt werden, die die Aufmerksamkeit des Konsumenten erregen (zum Beispiel Integration von Aufklebern oder Proben auf der Plakatwand). Dagegen ist die Außenwerbung für die Darstellung detaillierter Produkteigenschaften und komplexer Images nicht geeignet, da Plakatwerbung häufig nur sehr kurz und flüchtig wahrgenommen wird. Aus diesem Grunde muß das Plakat so gestaltet sein, daß aufmerksamkeitsfördernde Elemente wie Größe oder schrille Farben und Bilder im Vordergrund stehen (vgl. Insert 3-32). Darüber hinaus wird dieses Medium von denjenigen Branchen intensiv verwendet, die in bezug auf andere Werbeträger Restriktionen unterworfen sind (zum Beispiel die Zigarettenindustrie). Fehlende Reichweitendaten sowie Probleme bei der Wirkungsmessung der Außenwerbung führen dazu, daß Entscheidungen über ihren Einsatz häufig ohne eine hinreichende Informationsgrundlage getroffen werden müssen (Meffert 1984).

5.412 Werbung in elektronischen Medien

Die Gruppe der elektronischen Medien, zu denen Fernsehen, Kino und Hörfunk zählen, hat gegenüber den Insertionsmedien den Vorteil, daß sie durch die Kombination mehrerer Sinneswahrnehmungen (Ausnahme: Radio) eine größere Realitätsnähe schaffen (multisensorische Eindrucksvermittlung) und damit zumeist eine stärkere Aktivierung der Konsumenten bewirken.

Das **Fernsehen** ist in erster Linie ein Unterhaltungs- und Informationsmedium. Die multisensorische Ansprache mit einer Kombination von Text, Bild und Ton ermöglicht

Außenwerbung

▶ Welche Standorte gewinnen Marktanteile?
▶ Was bringen Megaposter?

Christo läßt grüßen

Außenwerbung prägt das Stadtbild, seit ein paar Jahren erfreuen sich insbesondere die Large-Formate wegen ihres besonderen Aufmerksamkeitswerts großer Beliebtheit: Kirchen, Museen, Rohbauten, Verkehrsknotenpunkte und Türme jeder Art werden zu Riesenplakaten. Etwa 400 Standorte werden derzeit angeboten. Spezialanbieter wie die Firmen BlowUp, DSR Mega Poster, Plakativ oder auch die Deutsche Eisenbahn-Reklame bieten Komplettpakete vom Spezialdruck bis zum Standortservice. Montage, Demontage und Transport sind im Preis inbegriffen, denn meistens rotieren die teuren Megastars im Vier-Wochen-Turnus von Stadt zu Stadt.

Neben den Riesenpostern mit mehreren hundert Quadratmeter großen Planen an Baugerüsten und Fassaden rückt mehr und mehr der Eventcharakter des Mediums in den Vordergrund. Der Henninger Turm als Riesenbierglas, die Bayer-Zentrale als größte Pillendose der Welt, das Rathaus in Hamburg-Altona als Geburtstagsgeschenk der Holsten Brauerei. Die BlowUp Außenwerbung in Düsseldorf, mit rund 120 Standorten Marktführer im Segment der Riesenposter, bietet seinen Kunden in diesem Jahr eine neue Werbefläche an: Auf den Docks im Hamburger Hafen stehen zweimal tausend Quadratmeter zur Verfügung.

Mittlerweile haben sich die führenden Anbieter von Standorten auf gemeinsame Produktionsstandards geeinigt: Reißfestigkeit des Materials, Hochfrequenz-Schweißverfahren für die Netzvinyl-Planen, doppelter Saum und feste Ösen. Zum entscheidenden Faktor beim Megaposter gehört die Qualität von Druck und Verarbeitung. Die DSR Mega Poster bietet ein innovatives Printverfahren mit einem 5300-Inkjet-Printer an. Dadurch sind digitale Ausdrucke bis 300dpi möglich, die Texte sind so klar gedruckt, daß sie aus jeder Betrachtungsweite scharf wirken. Um eine gleichbleibende Qualität im Druck zu bieten, haben sich die drei großen Megaposter-Anbieter geeinigt, nur noch Riesenplakate aufzuhängen, die von bestimmten Druckereien mit Spezialtinte verarbeitet wurden. Kleinere, regionale Druckereien haben derzeit keine Möglichkeit bei BlowUp, DSR Mega Poster oder Plakativ ins Geschäft zu kommen. Leistungsdaten für die Riesenplakate sind zur Zeit noch umstritten. Am besten erfaßt das »Oscar-Modell« mit gewichteten Tages-Kontakt-Chancen die Frequenzzahlen. Alle Standorte werden außerdem nach Sichtwinkel, Sichtweite, Pkw-Passanten-Zählung geprüft.

Alles wird verpackt und erzielt einen hohen Aufmerksamkeitswert: DSR Mega Poster wirbt an der Markuskirche in Hamburg.

Neue attraktive Standorte: Ab Herbst ist auch dieser Gasometer im Ruhrgebiet buchbar, denn jede Form von Industrie- und Städtebaudenkmal kann mit den neuen Riesenpostern dekoriert werden.

INSERT 3-32: absatzwirtschaft 7/1999, S. 96

intensiv wirkende und vielfältige Gestaltungsvariationen. Im Vergleich zu anderen Medien ist der Fernsehspot deshalb geeignet, neben argumentierender Werbung vor allem emotionale Aspekte der Zuschaueransprache umzusetzen. Zudem eignet sich das Medium bevorzugt zur Demonstration erklärungsbedürftiger Produkte, da die reale Handhabung des beworbenen Produktes vorgeführt werden kann. Darüber hinaus ermöglicht das Fernsehen eine schnelle Bekanntmachung des Angebotes in kürzester Zeit. Das Fernsehen übernimmt daher häufig die **Funktion eines Basismediums**, welches durch zielgruppenspezifische Printmedien ergänzt wird.

Dem Vorteil des gestalterischen Spielraums stehen jedoch einige **Restriktionen** gegenüber. Diese beziehen sich beispielsweise auf die Plazierung innerhalb der Werbeblöcke, die Zeitrestriktionen pro Spot und die Beschränkung der Gesamtwerbezeit pro Tag und Kanal. In den letzten Jahren hat jedoch durch die privaten Fernsehsender eine erhebliche Ausweitung des Programm- und Werbeangebotes stattgefunden. Als Folge des technischen Fortschritts, der mit einer erheblichen Erhöhung der Reichweiten privater Kanäle einhergeht, ergeben sich interessante Einsatzmöglichkeiten für Werbung im Kabel- und Satellitenfernsehen (Meffert/Hensmann 1993, S. 15; Fischer/Jubin 1996). Dabei sollte bei Werbedarbietungen immer darauf geachtet werden, daß Werbung und Programmumfeld miteinander harmonieren. Innerhalb eines Spielfilmes beispielsweise bieten sich Werbedarbietungen vor allem dann an, wenn die Produkte eine Beziehung zur Thematik des Filmes aufweisen.

Die **Optionen der Fernsehwerbung** lassen sich durch die gestiegene Anzahl an Fernsehsendern geographisch und zeitlich immer flexibler nutzen. Dabei bieten sich im Rahmen der Fernsehwerbung zahlreiche unterschiedliche Möglichkeiten sowohl für regional als auch für international orientierte Unternehmen. Regionenspezifische Werbung kann in den sogenannten Regionalfenstern der Sender oder in bestimmten affinen Programmumfeldern ausgestrahlt werden. Beispielsweise bietet eine bayrische Heimatserie ein ideales Programmumfeld für Werbung dort hergestellter Produkte. Internationale Spielfilme dagegen bieten ein gelungenes Umfeld für global angebotene Produkte (zum Beispiel Coca-Cola etc.). Darüber hinaus lassen sich im Rahmen ausgedehnter Werbezeiten zahlreiche werbepolitische Variationen wie zum Beispiel Sponsorsendungen mit produkt- und unternehmensbezogenen Informationen oder sogenannte „anmoderierte" Spots durchführen. Insgesamt hat in den letzten Jahren eine Entwicklung zu einer variantenreicheren Fernsehwerbung stattgefunden.

Bei der **Würdigung der Fernsehwerbung** ist zu beachten, daß sich hinsichtlich der Qualität des Fernsehkontaktes differenzierte Befunde ergeben, die darauf hindeuten, daß die Aufmerksamkeit während des Fernsehkonsums häufig eher gering ist. Eine empirische Untersuchung mit circa 2.500 Befragten hat ergeben, daß beinahe 40 Prozent der Zuschauer während des Fernsehens einer Nebenbeschäftigung nachgehen. Dabei verrichten 13 Prozent der Zuschauer nebenbei Hausarbeit und circa 10 Prozent der Befragten gaben an, nebenbei zu essen (Dahms 1983).

Ein weiteres Problem ist das sogenannte „Zapping". Darunter wird das Umschalten auf ein anderes Programm verstanden, sobald Werbespots gesendet werden. Eine Analyse verschiedener empirischer Studien zeigt, daß nur circa 20 Prozent der Fernsehzuschauer tatsächlich von einem bestimmten Werbespot erreicht werden, weil der überwiegende Teil entweder vorher umschaltet (30 Prozent) oder physisch (15 Prozent) beziehungsweise geistig (35 Prozent) abwesend ist (Bente 1990, S. 132). Diese Zahlen deuten darauf hin, daß die Wirkung von Fernsehwerbung kritisch zu beurteilen ist. Zur Steigerung der Attraktivität und Aufmerksamkeit ist eine stärker aktivierende Ausrichtung der Werbung notwendig.

Gegenüber dem Fernsehen bietet das **Kino** den Vorteil eines wesentlich größeren Spielraums in der Wahl der Spotlänge. Insbesondere die Aufnahme der Werbung als Gruppenerlebnis in einem abgedunkelten Raum läßt Kinos nicht nur als **Medium von hoher Kontaktwahrscheinlichkeit**, sondern auch von **hoher Kontaktintensität** erscheinen (Götz 1982). Der Nachteil des Kinos liegt in den möglichen negativen Wirkungen des Programmumfeldes und seiner relativ geringen Reichweite. Auch die „erzwungene" Situation der Aufnahme der Botschaft vor einem Film kann zu Reaktanzen bei den Zuschauern führen und die Werbewirkung schmälern.

Funkwerbung ist dadurch charakterisiert, daß sie mit ungerichteter Aufmerksamkeit – sozusagen nebenbei – wahrgenommen wird. Rundfunkwerbung ist in der Regel in Unterhaltungsmusik eingebettet und leistet somit einer eher unterbewußten Wahrnehmung Vorschub. Vorteile des Mediums liegen insbesondere in seiner Preisgünstigkeit, seiner rasch kumulierten Reichweite und der Einsatzmöglichkeit vor allem bei regionalen Kampagnen oder auch Testmärkten. Nachteile sind die Flüchtigkeit des Kontaktes und die relativ schlechten Zielgruppeninformationen. Im Rahmen des gesamten Media-Mix kommt dem Funk primär die Aufgabe einer raschen Bekanntmachung von Produkt und Botschaft zu. Gleichzeitig ermöglicht dieses Medium die Aktualisierung von Botschaften (Clef 1995).

Durch die starke Verbreitung von regionalen Rundfunksendern innerhalb der letzten Jahre hat eine Bedeutungszunahme dieses Mediums als Werbeträger stattgefunden. Auch und insbesondere für mittelständische Unternehmen ist es seither möglich, mit einem überschaubaren Finanzaufwand Werbung im Rundfunk zu schalten und dadurch regionale Zielgruppen anzusprechen.

5.42 Verkaufsförderung

Die häufig in Frage gestellte Wirksamkeit massengezielter Werbung hat in der heutigen Situation der Informationsüberflutung zu einer Bedeutungszunahme der Verkaufsförderung geführt. Darüber hinaus verstärken die Verschärfung der Wettbewerbssituation in vielen Branchen und die Verschiebung der Machtverhältnisse zwischen Hersteller und Handel den Trend zu Verkaufsförderungsmaßnahmen.

Es handelt sich bei der **Verkaufsförderung (VKF)** um **primär kommunikative Maßnahmen, die der Unterstützung und Erhöhung der Effizienz der eigenen Absatzorgane (verkaufspersonalorientierte Verkaufsförderung), der Marketingaktivitäten der Absatzmittler (handelsorientierte Verkaufsförderung) und der Beeinflussung der Verwender bei der Beschaffung und Benutzung der Produkte (konsumentenorientierte Verkaufsförderung) dienen**. Sie sollen unterstützende, motivierende und letztlich absatzfördernde Wirkung erzielen (Bänsch 1993).

Die einzelnen Verkaufsförderungsmaßnahmen werden jedoch nicht isoliert durchgeführt, sondern unter Berücksichtigung der Interdependenzen sowohl sachlich als auch zeitlich koordiniert. So führt die Abstimmung von verkaufsfördernden Maßnahmen mit werblicher Unterstützung und Preiszugeständnissen zu einer deutlich höheren Absatzwirkung als der isolierte Einsatz einzelner Instrumente (Nielsen 1989). Der seit längerer Zeit auch in der Praxis zu beobachtende Trend, das Verkaufsförderungsbudget zu Lasten des Werbeetats auszubauen, birgt jedoch die Gefahr in sich, mittel- und langfristige Werbewirkungen zu vernachlässigen. Abbildung 3-185 zeigt die Ergebnisse einer empirischen Untersuchung, die sich mit der Verknüpfung der VKF mit weiteren Kommunikationsinstrumenten beschäftigt.

Die einzelnen Formen der Verkaufsförderung verfolgen unterschiedliche Ziele: Sie lassen sich in **verkaufspersonal-, handels- und konsumentengerichtete Verkaufsförderungsziele** einteilen. Bei den verkaufspersonalorientierten Zielsetzungen stehen Maßnahmen zur Verbesserung der Verkaufsqualität und zur Erhöhung der Mitarbeitermotivation im Vordergrund. Im Rahmen der handelsgerichteten Ziele nimmt die Festigung der Beziehungen zum Handel, das heißt die Motivation und Information der Absatzmittler, eine wichtige Stellung ein. Letztlich sind die Absicherung und der Ausbau der Warenpräsenz (Listung) beim Handel die zentralen Ziele der handelsorientierten VKF. Neben der Weckung von Aufmerksamkeit sind die kurzfristige Initiierung von Käufen und die Erhöhung der Kauffrequenz die zentralen Zielsetzungen, die mit der konsumentenorientierten VKF verfolgt werden (Pflaum/Eisenmann 1993, S. 10ff.).

Vor- und Nachteile der Kombination verschiedener Kommunikations-Instrumente

„Welche Vor- und Nachteile sehen Sie im gemeinsamen Einsatz der Verkaufsförderung mit anderen Kommunikations-Instrumenten?"

Vorteile	in %	Nachteile	in %
Synergie-Effekte/Kommunikationsvorteile/Verstärkung der kommunikativen Wirkung/integrierte Kommunikation	72	Mangelnde Flexibilität, z. B. Planungsaufwand/-zeiten/ Abstimmungsaufwand	41
VKF = direkter Kontakt mit dem Produkt, klassische Werbung zur Markenvertiefung	9	Hohe Kosten	39
Verstärkte Markenpräsenz auf breiter Ebene	8	Nicht alle Aktivitäten lassen sich vernetzen	15
Stärkung des Markenbewußtseins	8	Sonstige Nachteile	11
Eindeutig durchgängige Wiedererkennbarkeit, Stärkung der Aufmerksamkeit	7	Streuverluste	9
Weniger Kosten, bessere Effizienz	7		

Mehrfachnennungen möglich.
Schriftliche Befragung von Marketing-, Werbe- und VKF-Leitern; branchenübergreifend N = 100.

Art der mit Verkaufsförderung kombinierten Kommunikationsinstrumente

„Falls Sie Verkaufsförderung im Zusammenspiel mit anderen Instrumenten einsetzen, welche sind das?"

	Gesamt	Konsumgüter	Investitionsgüter	Handel/ Dienstleistung
Print	73 %	71 %	72 %	79 %
PR	45 %	56 %	56 %	11 %
TV-Werbung	44 %	51 %	33 %	36 %
Direktmarketing	34 %	24 %	39 %	53 %
Funk	29 %	36 %	28 %	16 %
Sponsoring	23 %	22 %	17 %	32 %
Sonstige	7 %	7 %	12 %	5 %

Mehrfachnennungen möglich.

GABLER GRAFIK

Abbildung 3-185: Gemeinsamer Einsatz von VKF und anderen Kommunikationsinstrumenten
(Quelle: Frey/Beaumont-Bennett 1995, S. 49–51)

Aus den einzelnen Verkaufsförderungszielen kann eine Vielzahl von **Maßnahmen** abgeleitet werden. Die konsumentenorientierten Verkaufsförderungsmaßnahmen lassen sich dabei generell in preisorientierte („price deals") und nicht-preisorientierte Promotions („non-price deals") einteilen, die beide den kurzfristigen Abverkauf der Produkte forcieren sollen (Neslin 1990). Inwieweit durch zeitlich befristete Preisreduktionen eines Produktes allerdings ein dauerhaft positiver Effekt wie beispielsweise auf den Marktanteil eines Produktes erzielbar ist, ohne dabei Imageschäden an der Marke hervorzurufen, ist umstritten. Die nicht-preisorientierten Maßnahmen finden zumeist in der Geschäftsstätte in Form von Probeverkostungen oder Aktionsständen statt, die möglichst viel Aufmerksamkeit beim Kunden erzeugen sollen. Insbesondere im Lebensmittelbereich nutzen viele Unternehmen diese Kommunikationsmöglichkeit.

Funktion / Zielgruppe	Informations-funktion	Motivations-funktion	Schulungs-/ Trainings-funktion	Verkaufs-funktion
Verkaufs-organisation	▪ Verkäuferbriefe ▪ Verkäufer-informationen ▪ Verkäufer-zeitungen	▪ Entlohnung- und Prämien-systeme	▪ Tonbildschauen ▪ Filme/Video-bänder ▪ Ausbildung zum Verkaufs-berater	▪ Sales Folder ▪ Argumenta-tionshilfen ▪ Testergebnisse ▪ Hostessen/ Dekorateure ▪ Verkaufs-handbücher
Absatzmittler	▪ Verkaufsbriefe ▪ Anzeigen/ Beilagen ▪ Handels-messen/ Fachaus-stellungen ▪ Info-Zentrale	▪ Wettbewerbe/ Preisaus-schreiben ▪ Gadgets (Beigaben) ▪ Sonder-konditionen ▪ Partner-aktionen	▪ Handels-seminare	▪ Sonder-/Zweit-plazierungen ▪ Displays ▪ Sonder-aktionen
Konsumenten	▪ Handzettel ▪ Prospekte ▪ Verbraucher-zeitung ▪ Bedienungs-anleitung ▪ Werksbesichti-gungen ▪ Verbraucher-ausstellung	▪ Preisaus-schreiben ▪ Gewinnspiel ▪ Sonderaktionen (Shows) ▪ Muster/ Warenproben	▪ Lehrveran-staltung	▪ Rabatte/ Sonder-konditionen ▪ Zugaben/ Gutscheine ▪ Self-Liquida-ting-Offers ▪ Produkte mit Zusatznutzen

Abbildung 3-186: Maßnahmen der Verkaufsförderung nach relevanten Funktionen

Die Firma Henkel erhielt beispielsweise im Jahr 1996 den deutschen Verkaufsförderungspreis für ihre VKF-Kampagne für Fa-Pflegeprodukte, die sie in Zusammenarbeit mit dem Handelsunternehmen Müller durchführte. Im Rahmen dieser Kampagne wurde eine sehr enge Zusammenarbeit zwischen Hersteller und Händler praktiziert. Diese bezog sich auf alle Bestandteile der Verkaufsförderungsaktion, die durchgehend unter dem gemeinsamen Logo beider Partner durchgeführt wurde. Sämtliches Werbematerial, Flyer, alle Dekorationselemente sowie die durchgeführten Gewinnspiele firmierten unter diesem gemeinsamen Logo (o. V. 1996e).

Die systematische Unterstützung des Außendienstes stellt einen weiteren Schwerpunkt der Verkaufsförderungsaktivitäten dar. Sie zielt insbesondere auf eine Steigerung von Leistungswillen und -fähigkeit der Verkäufer ab und ist deshalb auf deren individuelle Fähigkeiten und Bedürfnisse abzustimmen. Einen Überblick über die wesentlichen Verkaufsförderungsmaßnahmen für die jeweilige Zielgruppe gibt Abbildung 3-186.

5.43 Public Relations

In Praxis und Wissenschaft erfolgt die Begriffsauslegung der **Öffentlichkeitsarbeit** sehr heterogen und reicht von „Schleichwerbung" bis zur ernsthaften „Wahrnehmung gesellschaftspolitischer Verantwortung" (Naundorf 1993). Im folgenden kennzeichnet der Begriff **Öffentlichkeitsarbeit** beziehungsweise **Public Relations (PR) die planmäßig zu gestaltende Beziehung zwischen der Unternehmung und den verschiedenen Teilöffentlichkeiten (zum Beispiel Kunden, Aktionäre, Lieferanten, Arbeitnehmer, Institutionen, Staat) mit dem Ziel, bei diesen Teilöffentlichkeiten Vertrauen und Verständnis zu gewinnen beziehungsweise auszubauen** (Jefkins 1998).

Eine im Sinne der Gesellschaftsorientierung (Haedrich 1987) verstandene PR ist nicht durch ein reaktives Verhalten auf Veränderungen in der Unternehmensumwelt gekennzeichnet, sondern beinhaltet die aktive Gestaltung der Kommunikationsbeziehungen zwischen Unternehmen und gesellschaftlicher Umwelt. So hat sich das Leitmotiv der PR von dem Motto „Tue Gutes und rede darüber" zu einer aktiven Kommunikations- und Informationspolitik nach dem Motto „Rede über das, was du tust" gewandelt. Die Geschäftsberichte vieler Unternehmen beinhalten inzwischen Erklärungen zur Verantwortung der Unternehmung im Verhältnis zu den Anspruchsgruppen (vgl. zum Beispiel Melitta-Geschäftsbericht 1994).

Die PR übernimmt folgende wichtige **Funktionen** (Zanke 1975, S. 33 ff.; Naundorf 1993):

- **Informationsfunktion:** Vermittlung von Informationen nach innen und außen (Öffentlichkeit)
- **Kontaktfunktion:** Aufbau und Aufrechterhaltung von Verbindungen zu allen für das Unternehmen relevanten Gruppen

Drittes Kapitel   Aktionsgrundlagen der Marketingentscheidung

Anzeige

- **Imagefunktion:** Aufbau, Änderung und Pflege des Vorstellungsbildes vom Unternehmen
- **Harmonisierungsfunktion:** Abgleich der wirtschaftlichen und gesellschaftlichen sowie der innerbetrieblichen Verhältnisse, Verbesserung der Human Relations
- **Absatzförderungsfunktion:** Anerkennung und Vertrauen in der Öffentlichkeit för dert den Verkauf
- **Stabilisierungsfunktion:** Erhöhung der Standfestigkeit des Unternehmens in kritischen Situationen aufgrund der stabilen Beziehungen zu den Teilöffentlichkeiten
- **Kontinuitätsfunktion:** Bewahrung eines einheitlichen Stils des Unternehmensverhaltens nach innen und außen
- **Sozialfunktion:** Aufzeigen der gesellschafts- und sozialbezogenen Unternehmensleistungen
- **Balancefunktion:** Auspendeln des Anreiz-Beitrags-Gleichgewichts der verschiedenen unternehmensrelevanten Bezugsgruppen

Ein gutes Beispiel für den Versuch, viele dieser Funktionen zu erfüllen, stellt die PR-Arbeit des Verbandes der chemischen Industrie dar. Dieser schaltet zum Beispiel vertrauensfördernde Fernsehspots, um das Image der gesamten Branche zu verbessern. Neben der Informationsfunktion wird hier versucht, eine Harmonisierung und Stabilisierung zu erwirken. Ob dieser Versuch glaubwürdig wirkt und Erfolg zeigt, ist derzeit noch nicht zu beurteilen. Auch die Lufthansa schaltete 1996 eine interne und externe Imagekampagne unter dem Titel „Initiative Balance" (vgl. Insert 3-33), bei der 20 gesellschaftlich relevante Themen im Vordergrund stehen, mit denen die Lufthansa ihr gesellschaftlich verantwortliches Handeln dokumentieren will (o. V. 1996c).

Zur näheren Spezifizierung der PR ist eine **Abgrenzung zur klassischen Werbung** vorzunehmen. Während die Öffentlichkeitsarbeit „Werbung für das Unternehmen als Ganzes" betreibt, konzentriert sich die klassische Werbung in der Regel auf bestimmte Produkte und Leistungen (Naundorf 1993). Darüber hinaus ergeben sich Unterschiede hinsichtlich der Zielgruppen. Während Werbemaßnahmen hauptsächlich absatzmarktorientiert ausgerichtet sind, stehen bei der Public Relations alle Anspruchsgruppen im Mittelpunkt.

Die **Bedeutung der Public Relations** für den Organisationsfortbestand wurde besonders anhand zahlreicher Krisensituationen der letzten Jahre, wie zum Beispiel dem Unglück beim schweizerischen Chemieriesen Sandoz oder dem Skandal um die Öllagerplattform Brent Spar von Shell, deutlich. Durch gezielte Kommunikationsarbeit wurde dabei versucht, diese zeitlich begrenzten Krisen durch Interaktionen mit Meinungsbildnern (zum Beispiel Journalisten, Politiker, Verbraucherorganisationen, Bürgerinitiativen, Umweltschutzorganisationen) mit geringstmöglichem Glaubwürdigkeitsverlust in der Öffentlichkeit zu korrigieren. Gerade im Fall der Öllagerplattform Brent Spar wird jedoch deutlich, wie schwer sich Unternehmen bei der Erfüllung dieser Aufgabe tun und welche nachhaltigen Imageschäden eine schlechte PR hervorrufen kann (vgl. Insert 3-34).

INSERT 3-33: Lufthansa AG

Shell und der verlorene Kampf um die Brent Spar

Wie ein Unternehmen gegen Emotionen und Hysterie kämpft / Bettina Schulz berichtet

LONDON, 26. April. Die Öl-Plattform Brent Spar liegt im Erfjord bei Stavanger vor Anker. Ein Jahr ist es her, daß die Umweltgruppe Greenpeace die Brent Spar besetzte und ein Sturm der öffentlichen Empörung die von Shell geplante Versenkung der Plattform im Atlantik verhinderte. Die über den Boykott von Shell-Tankstellen bis zu Bombendrohungen und Brandstiftung reichende Aversion und Aggression der deutschen Öffentlichkeit gegenüber Shell machte der gesamten Industrie klar, welche verheerenden Auswirkungen Unternehmensentscheidungen haben können. Zugleich zeigte sich, wie verloren ein Unternehmen in dem Kampf um die Sympathie der Öffentlichkeit ist, wenn es mit sachlichen Argumenten gegen Emotionen und Ängste in der Bevölkerung ankämpfen muß, die von anderer Seite mit viel Polemik geschürt werden. Weder die Konzernstruktur von Shell noch die Pressearbeit des Konzerns in Großbritannien und Deutschland war auf diesen Fall vorbereitet. Nicht nur Shell, sondern viele Unternehmen haben daraus gelernt.

Shell wird stärker noch als andere internationale Konzerne dezentral geführt. Die Versenkung der Brent Spar war die Aufgabe der Shell U.K. und der Shell Expro in Aberdeen und damit zunächst eine rein britische Angelegenheit. Der Plan zur Versenkung entsprach dem britischen und internationalen Recht, die ausländischen Regierungen hatten keine Einwände erhoben und die britische Regierung segnete den Plan zur Versenkung ab. Da die britische Öffentlichkeit gelassener auf Umweltfragen reagiert als die deutsche Bevölkerung, kam in London und Aberdeen niemand auf die Idee, daß die Versenkung die Öffentlichkeit beunruhigen könnte.

Shell räumt heute in einer Analyse des Desasters um die Brent Spar ein, daß es keine schnelle, übergreifende Kommunikation in dem Konzern gegeben habe. Die europäischen Auswirkungen des Entsor-

Still ruht die See: Ein Jahr ist vergangen, seit die Diskussion um die Entsorgung der „Brent Spar" die Öffentlichkeit erhitzt hat. Shell hat nun mehr als 400 Vorschläge gesammelt, wie die Plattform entsorgt werden kann. Zum Jahreswechsel will das Unternehmen der britischen Regierung einen neuen Entsorgungsvorschlag mit sechs Varianten unterbreiten.

gungsplanes seien bei Shell übersehen worden, auf die unterschiedlichen Mentalitäten in den einzelnen Ländern sei nicht ausreichend eingegangen worden. Zudem war die Deutsche Shell in die Konzernlinie eingebunden, konnte daher nicht unabhängig reagieren und erschien daher als uneinsichtig und starrköpfig.

Zunächst glaubte die Shell in Hamburg, es sei eine vorübergehende Krise, die mit konventionellen Methoden der Pressearbeit bekämpft werden könnte. Und als Shell in Deutschland und Skandinavien auf den Druck der Öffentlichkeit reagieren und einlenken wollte, konnte die britische Regierung den Sinneswandel der Shell nicht nachvollziehen. Der Fall zeigt, daß Unternehmen trotz dezentraler Organisation ihre Unternehmensentscheidungen auf grenzüberschreitende, sensible Umweltthemen abklopfen und vorbeugend reagieren müssen.

Shell glaubt, daß die Ereignisse um die Brent Spar beispielhaft für künftige Reaktionen der Öffentlichkeit sein können und warnt, daß vor allem der Boykott von Produkten immer öfter praktiziert werden wird. Die deutsche und skandinavische Bevölkerung reagiert dabei anders als zum Beispiel die englische Bevölkerung. Das Mißtrauen der Bevölkerung in die Kompetenz und Verantwortung von Politikern und vor allem von Unternehmen ist in Deutschland besonders groß, und Bürgerinitiativen und Umweltgruppen genießen ein größeres Vertrauen als die Industrie. Die Deutsche Shell sagt, daß selbst ein hochrangiger Politiker öffentlich einen Boykott der Shell-Tankstellen gefordert und sich erst anschließend von seinen Mit-

arbeitern über den Sachverhalt informiert hatte.

Shell mußte erkennen, daß der Konzern mit einer sachlichen Informationspolitik kaum noch die öffentliche Meinung beeinflussen konnte. Greenpeace bestimmte mit teilweise so drastischen Falschmeldungen und Zahlen die öffentliche Diskussion, daß sich die Organisation nach dem Skandal bei Shell entschuldigen mußte. Während der Kampagne verlagerte Greenpeace zudem die Zielrichtung seiner Kampagne, was Shell konstant in die Defensive trieb: erst ging es um die Entlarvung eines Giftskandals in der Nordsee, dann um die Verhinderung eines Präzedenzfalles einer Plattform-Versenkung, dann um die grundsätzliche Entsorung von Ölplattformen und schließlich um die allgemeine Verschmutzung der Meere. Shell klapperte daher ständig in der Diskussion hinterher. Shell räumt heute ein, daß seine Argumentation gegenüber der zum globalen Umweltschutzthema aufgebauschten Diskussion von Greenpeace oft kleinkariert und egoistisch gewirkt habe. Zudem stellte sich Shell nicht schnell genug auf die unterschiedlichen Bedürfnisse der Medien ein und erkannte zu spät, daß Fernsehen, Hörfunk und Boulevardblätter und überregionale Zeitungen unterschiedlich, vorausschauender und schneller bedient werden müssen. Nicht nur Shell hat zu spüren bekommen, wie schnell ein Unternehmen seinen Ruf schädigen und sogar sein Geschäft und seine Mitarbeiter gefährden kann, wenn eine sachlich und wissenschaftlich fundierte Unternehmensentscheidung der Bevölkerung nicht richtig erklärt und verkauft wird.

Bettina Schulz

INSERT 3-34: Frankfurter Allgemeine Zeitung, 27.04.1996, S. 14

Die Öffentlichkeitsarbeit wendet sich an eine unternehmensinterne und eine externe Öffentlichkeit. Zur **internen Zielgruppe** der PR gehören zum Beispiel Mitarbeiter, Aktionäre, Betriebsrat und der Außendienst (vgl. Insert 3-35). Als **externe Zielgruppe** lassen sich neben der Gesamtbevölkerung zum Beispiel Handel, Wettbewerber und potentielle Kunden sowie Presse, Behörden und die Fachwelt kennzeichnen. Bezüglich der Gesamtbevölkerung wurden die **gesellschaftlichen Anspruchsgruppen** wie Verbraucherorganisationen, Bürgerinitiativen und Umweltorganisationen (Greenpeace, World Wide Fund for Nature – WWF) als besonders wichtige Zielgruppe der Öffentlichkeitsarbeit erkannt (Dyllick 1990, S. 53 ff.). Gerade das Beispiel von Brent Spar zeigt, welchen intensiven Einfluß Umweltschutzorganisationen auf das Meinungsbild in der Bevölkerung nehmen können.

Angesichts der **Vielgestaltigkeit der PR-Aufgaben** erscheint eine **Systematisierung** unabdingbar. Einen Ansatz dazu liefert die Differenzierung einzelner Maßnahmen nach ihrer Zielgruppenorientierung (intern versus extern). Trägt man zudem der Art der Kommunikationsbeziehung (persönlich versus nicht persönlich) Rechnung, dann lassen sich anhand dieser Kriterien die zentralen Aktionsbereiche der Public Relations unterscheiden. Als persönliche Instrumente der internen PR sind demnach alle internen Informationen, Beratungen beziehungsweise Betriebs- und Hauptversammlungen anzusehen, die Mitarbeitern oder Aktionären dargeboten werden. Die nicht persönlichen PR-Maßnahmen bestehen aus Informationen in Mitarbeiterzeitungen oder Aktivitäten sonstiger Bildungs- und Sporteinrichtungen. Hinsichtlich der externen Zielgruppen werden im persönlichen Bereich ebenfalls Veranstaltungen und Aktionen, wie ein Tag der offenen Tür, durchgeführt. Darüber hinaus wird die Öffentlichkeit durch Pressekonferenzen oder Werksführungen über die Tätigkeiten des Unternehmens in Kenntnis gesetzt. Publikationen, Bilanzen, Geschäftsberichte und Pressenotizen stellen die wichtigsten Instrumente der nicht persönlichen, externen Kommunikation dar (Kunczik 1996).

Die **besondere Stellung der Public Relations im Kommunikations-Mix** zeigt sich darin, daß seit geraumer Zeit die unternehmenspolitische Bedeutung der Public Relations immer stärker hervorgehoben wird. Dies führt in der Praxis (zum Beispiel beim Volkswagenkonzern) häufig zu einer von der Marketing-Abteilung getrennten Ansiedlung der PR auf Geschäftsführungs- beziehungsweise Vorstandsebene. Dies geschieht nicht zuletzt mit dem Ziel, den Gedanken des „Öffentlichkeitsbezugs" sowie der „sozialen Verantwortlichkeit" in den Führungsgremien der Unternehmung zu implementieren.

5.44 Sponsoring

Das Sponsoring hat sich laut Nielsen S+P Kommunikationsforschung in Deutschland mit einem Ausgabevolumen von über 2,5 Milliarden DM einen festen Platz im Kommunikations-Mix der Unternehmen gesichert und übt hier eine wichtige Unterstützungs-

Daimler-HV muß Beherrschungsvertrag billigen
Smart kostet bisher zwei Milliarden

Für den Smart wird 1999 zum Schicksalsjahr. Wenn das Stadtmobil nicht endlich Erfolge vorweist, droht das Aus. Für Diskussionsstoff auf der Hauptversammlung von Daimler-Chrysler, die über einen Beherrschungsvertrag entscheiden muß, ist gesorgt.

Handelsblatt: Bensch

HANDELSBLATT, Donnerstag, 6.5.99
ajo STUTTGART. Ende April, bei der Analystenkonferenz nach dem Daimler-Chrysler-Quartalsbericht, fand Konzern-Co-Chairman Jürgen Schrempp deutliche Worte: Wenn der Smart nicht in den nächsten drei bis sechs Monaten Erfolge vorweise, dann werde man „drastische Maßnahmen" ergreifen.

Die Verantwortlichen bei Smart sind sich dieses Erfolgsdrucks bewußt. Doch momentan hat sich die Spannung etwas gelockert. Nach einem sehr schlechten Start ins Jahr 1999, als die Bilder eines umgekippten Smarts Schlagzeilen machten, ziehen die Auftragseingänge seit Frühlingsbeginn an. Etwa 2 500 bis 3 000 Aufträge gehen pro Woche ein, heißt es. Im ersten Quartal wurden dagegen nur insgesamt 10 000 Fahrzeuge verkauft. So hofft der Smart-Hersteller MCC, doch noch 80 000 Fahrzeuge in diesem Jahr absetzen zu können.

Um den Smart auf die Erfolgsstraße zu bringen, greift die Konzernmutter **Daimler-Chrysler** zudem tief in die Tasche. Rund 100 Mill. DM sollen nochmals in Marketingmaßnahmen investiert werden, um potentielle Käufer von dem Stadtmobil zu überzeugen.

Bislang hat Daimler-Chrysler in den Aufbau der neuen Marke bereits gut 2 Mrd. DM gesteckt. Diese Zahl ergibt sich aus dem Jahresabschluß der **MCC Smart GmbH**, Renningen, der jetzt von den Daimler-Chrysler-Aktionären angefordert werden kann. Denn sie müssen auf der Hauptversammlung am 18. Mai über einen Ergebnisabführungsvertrag entscheiden.

Ihnen steht beim Lesen der Bilanz von MCC Smart keine leichte Kost bevor. Der Grund: Das frühere Joint Venture MCC AG, Biel, bei dem Smart-Ideengeber Nicolas Hayek über die Swatch-Group bis zum Herbst noch 19 % der Anteile hielt, ist zum Jahresende 1998 auf die bisherige Tochter, die Entwicklungsgesellschaft im baden-württembergischen Renningen, überführt worden. Sie fungiert jetzt als Dachgesellschaft. Der Jahresabschluß des Renninger Unternehmens wird ganz wesentlich von dieser Transaktion geprägt.

Aus der Konsolidierungsrechnung ergibt sich eine Investition in den Smart von gut 1,9 Mrd. DM per Jahresende 1998. So hoch sind jedenfalls die Verbindlichkeiten der MCC Smart GmbH nach der Übernahme der MCC AG gegenüber der Konzernmutter Daimler-Chrysler. Inzwischen sind weitere Mittel geflossen. Im Januar wurde das Eigenkapital von mageren 2,4 Mill. DM auf rund 150 Mill. DM aufgestockt, was die bisherige Investition in den Smart auf über 2 Mrd. DM erhöht.

Auch die 100 Mill. DM für die angelaufene Promotion-Kampagne wird die Mutter finanzieren müssen. Denn selbst nach der Kapitalaufstockung beträgt die Eigenkapitalquote, bezogen auf die Bilanzsumme vom 31.12.1998, nur rund 6 %.

Die bisherige Entwicklungsgesellschaft in Renningen hatte selbst nur ein gezeichnetes Kapital von 1 Mill. DM plus eines Bilanzgewinns von 1,4 Mill. DM. Bei der Schweizer MCC AG haben die Verluste insbesondere der vergangenen beiden Jahre das Eigenkapital von rund umgerechnet 600 Mill. DM auf einen kleinen Rest aufgezehrt. Übertragen wurde deshalb ein Eigenkapital nahe Null. Finanzgeschäftsführer Peter Zattler betont allerdings, daß der jetzt auf der Hauptversammlung zu beschließende Ergebnisabführungsvertrag eine höhere Eigenkapitalausstattung auch nicht notwendig mache.

Der Blick auf die Aktivseite ist ebenfalls interessant. Hier zeigt sich, wofür das Geld ausgegeben wurde. Hauptposition: Immaterielle Vermögensgegenstände im Wert on rund 1,9 Mrd. DM. Bis zum 31.12.1998 hat die frühere MCC AG 680 Mill. DM Entwicklungskosten, 526 Mill. DM Organisationskosten und 109 Mill. DM Produktionsanlaufkosten aktiviert. Hinzu kommt ein Geschäftswert von 611 Mill. DM. Dieser resultiert laut Zattler aus nicht aktivierungsfähigen Aufwendungen der MCC AG wie in den Vertrieb.

Zattler macht darauf aufmerksam, daß zu diesen Aufwendungen von 1,9 Mrd. DM allerdings nicht noch das fast aufgezehrte Eigenkapital der MCC AG von rund 600 Mill. DM gerechnet werden dürfe. Das wäre eine Doppelbuchung. Denn der gekaufte Geschäftswert fließt in die Schweiz zurück, so daß sich Daimler-Chrysler das ursprünglich zur Verfügung gestellte Eigenkapital wieder abholen kann.

„Das ist Investment", sagt Zattler in bezug auf die insgesamt rund 2 Mrd. DM, die Daimler-Chrysler bisher in das Projekt Smart gesteckt hat. Was der Aktionär mit dem Jahresabschluß 1998 vor sich liegen habe, sei im Prinzip der Stand zum Ende der Entwicklungszeit. Ob und wieviel davon endgültig abgeschrieben werden müsse, werde erst die Zukunft zeigen. „Wenn es gut geht, bekommen wir das wieder", hofft er. Doch selbst wenn der Smart jetzt noch auf die Erfolgsstraße einbiegt, erwartet die Konzernspitze in Stuttgart-Möhringen nicht, daß alle Investitionen im ersten Produktzyklus hereingespielt werden.

Wie teuer die Rechnung für die Konzernmutter Daimler-Chrysler wäre, wenn doch noch das Aus für den Smart käme, ist im Moment schwierig abzuschätzen. Dies hängt auch davon ab, inwiefern die extra errichtete Fabrik im französischen Hambach anderweitig genutzt werden könnte.

INSERT 3-35: Handelsblatt, 07./08.05.1999, S. 14

funktion aus. Eine vermehrte Freizeitorientierung auf der einen Seite sowie erhöhte Kosten, Werbebeschränkungen und Reaktanzen gegenüber klassischen Werbeformen auf der anderen Seite haben zu dieser Bedeutungserhöhung des erlebnisorientierten Sponsoring beigetragen.

Das kommerzielle Sponsoring beinhaltet die systematische Förderung von Personen, Organisationen oder Veranstaltungen im sportlichen, kulturellen oder sozialen beziehungsweise ökologischen Bereich durch Geld-, Sach- oder Dienstleistungen zur Erreichung von Marketing- und Kommunikationszielen (Drees 1992, S. 13 ff.). Die Sympathie und das Interesse, das dem Gesponsorten entgegengebracht wird, sollen auf den Sponsor übertragen werden. Mit dieser Gegenleistungsvereinbarung unterscheidet sich das Sponsoring vom Mäzenatentum, bei dem die Unternehmung ihre Unterstützung ohne ökonomische Nutzenerwartungen leistet.

Bei der Betrachtung der möglichen **Ziele des kommerziellen Sponsoring** heben zahlreiche Untersuchungen die Dominanz psychographischer Zielsetzungen hervor. Hierzu zählen neben der Festigung beziehungsweise Verbesserung des Firmenimages und der Erhöhung des Bekanntheitsgrades vor allem die Kontaktpflege mit unternehmensrelevanten Gruppen sowie die Verbesserung der Mitarbeitermotivation (Hermanns et al. 1986; Bruhn/Wieland 1988, S. 20).

Jahr	Sport-Sponsoring (ca. in Millionen DM)	Kultur-Sponsoring (ca. in Millionen DM)	Umwelt-/Sozio-Sponsoring (ca. in Millionen DM)
1986	400	30	20
1988	800	150	50
1995	1.800	400	300

Abbildung 3-187: Ausgabenentwicklung der Sponsoringarten in Deutschland
(Quelle: Bruhn; eigene Untersuchung)

In der Praxis ist eine Vielzahl unterschiedlicher **Erscheinungsformen des Sponsoring** anzutreffen. Eine Strukturierung läßt sich über die Dimensionen Sponsoring-Bereiche, -Formen und -Arten vornehmen. Dabei können als Bereiche das Sportsponsoring, das Kultur- und das Sozio- beziehungsweise Umweltsponsoring unterschieden werden (vgl. Abbildung 3-187). Innerhalb dieser Bereiche können Einzelpersonen, Gruppen, Veranstaltungen oder gesamte Organisationen gefördert werden (Sponsoringform).

Seit 1994 gewinnt die neue Form des **Programmsponsoring im Fernsehen** immer mehr an Bedeutung. Darunter ist das Sponsoring von Fernsehübertragungen oder einzelner Sendungen und Serien zu verstehen, deren Ausstrahlung von Unternehmen mitfinanziert wird. Als Gegenleistung wird vor und nach dem Programm das Logo und der Name des Sponsors für maximal 5 Sekunden eingeblendet. Nach empirischen Untersuchungen ist die Zahl der Programmsponsoring-Auftritte in Deutschland im Zeitraum 1993 bis 1995 von circa 1.300 auf jährlich über 5.000 gestiegen. 39 Prozent aller Programmsponsorenhinweise entfielen dabei 1995 auf Brauereien (o. V. 1996b). Zielsetzung des Programmsponsoring ist die Erhöhung der Bekanntheit und eine Aktualisierung des Images.

Die **Zielprioritäten** sind je nach Sponsoringform unterschiedlich ausgeprägt. So hat im Sportbereich neben Imagezielen die Steigerung des Bekanntheitsgrades große Bedeutung. Im Kulturbereich steht die Kontaktpflege mit unternehmensrelevanten Gruppen und die Mitarbeitermotivation im Mittelpunkt, während bei sozialen und ökologischen Engagements die Darstellung der gesellschaftlichen Verantwortung des Unternehmens im Vordergrund steht (Auer/Diederichs 1993, S. 79 ff.). Allen Bereichen gemeinsam ist jedoch, daß **das Sponsoring nicht isoliert eingesetzt werden sollte**. Nur durch eine Einbettung in andere kommunikationspolitische Aktivitäten kann die volle Wirkung von Sponsoring-Maßnahmen ausgeschöpft werden.

Die Entscheidung für den **Einsatz** des Sponsoring hat generell strategischen Charakter. Deshalb ist eine sorgfältige Analyse und Planung des Sponsoring notwendig. Abbildung 3-188 gibt den Bezugsrahmen zur Planung des Sponsoring wieder.

Nicht jede Sponsoring-Maßnahme eignet sich für unterschiedliche Unternehmen in gleichem Ausmaß. Auf Grundlage der Ziele ist im Rahmen der **Grobauswahl** zunächst über die grundsätzliche **Eignung** der verschiedenen Sponsoring-Erscheinungsformen für das Unternehmen zu entscheiden. Hierbei sind mögliche Verbindungen zwischen dem Unternehmen und den Sponsoring-Formen und -Ebenen zu untersuchen. Damit ist das Vorhandensein eines Unternehmens- oder Produktbezuges zum Gesponsorten oder ein zueinander passendes Image beider Partner angesprochen. Gegeben ist diese Verbindung beispielsweise bei der Deutschen Bank, wenn diese eine Wertpapierausstellung unterstützt.

Nach Bewertung des groben Fits erfolgt innerhalb der Feinauswahl die Entscheidung zugunsten konkreter Sponsorships. Zur **Beurteilung** spezieller Sponsoring-Aktivitäten können als Kriterien beispielsweise der Erfolg und die Akzeptanz des Gesponsorten sowie die potentiell mit ihm verbundenen Risiken herangezogen werden (Hanrieder 1986, S. 122 ff.). Außerdem sollte geprüft werden, ob eine **Imageaffinität** zwischen dem geldgebenden Unternehmen und dem Gesponsorten besteht und inwieweit es sich um eine dauerhaft verläßliche Beziehung handelt. Häufige Mißerfolge von Sportlern beispielsweise können auf Dauer zu einem negativen Imagetransfer für die sponsernde Unternehmung führen und den eigentlichen Zweck des positiven Imagetransfers konterkarieren. Darüber hinaus ist eine generell abnehmende Wirkung des Sponsoring dadurch zu befürchten, daß das Sponsoringaufkommen in Deutschland seit Jahren steigt und bei vielen Veranstaltungen, insbesondere im Sportbereich, mittlerweile ein „Sponsoring-Overkill" festzustellen ist. Schließlich bestehen bei einigen Konsumenten Reaktanzen gegenüber Unternehmen als Sponsoren.

Drittes Kapitel · Aktionsgrundlagen der Marketingentscheidung

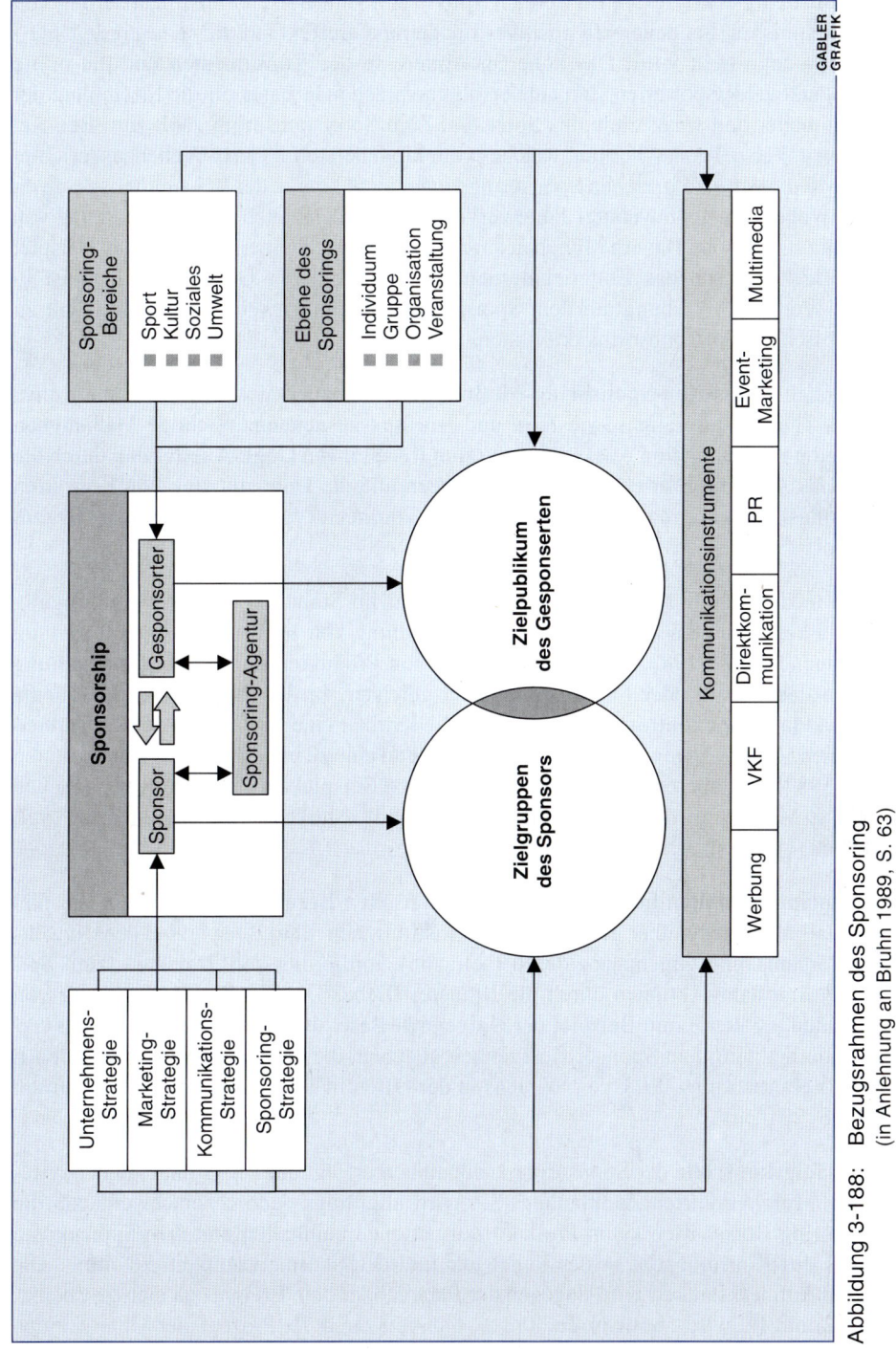

Abbildung 3-188: Bezugsrahmen des Sponsoring (in Anlehnung an Bruhn 1989, S. 63)

Zu **Sponsoring-Aktivitäten** im Bereich **Sport** zählt zum Beispiel die Finanzierung von Sportereignissen, bei denen ein positiver Imagetransfereffekt auf die sponsernde Unternehmung angestrebt wird. Das hohe Sportinteresse der Konsumenten und die breite Akzeptanz vieler Sportarten sind eine erfolgversprechende Basis für die Erreichung der Bekanntheits- und Imageziele des Sponsors. Zum Sportsponsoring zählt zum Beispiel das Gerry Weber Tennis-Turnier, welches vom Modehersteller Gerry Weber ausgerichtet wird. Mit diesem erfolgreichen Sponsoringengagement konnte der Bekanntheitsgrad von Gerry Weber innerhalb weniger Jahre vervierfacht werden. Auch die Unterstützung von Teams (zum Beispiel Bayern München durch Opel) oder einzelner Sportler (zum Beispiel Boris Becker durch das Lotterieunternehmen Faber), deren Gegenleistung meist in Trikot-Werbung, Werbung auf dem Sportgerät oder Bandenwerbung besteht, zählt zu den typischen Sportsponsoringaktivitäten.

Im Bereich der **Kultur-Sponsoring-Maßnahmen** sind als Objekte die bildende Kunst, Musik, Theater, Literatur sowie Film und Hörfunk zu nennen. Wichtige Maßnahmen stellen die Förderung von Ausstellungen (zum Beispiel van Gogh-Ausstellung durch die Ruhr-Gas AG), die Einrichtung eigener Museen und die Unterstützung von Konzerten (Krönungskonzert durch Jacobs Suchard) und Tourneen (vgl. Insert 3-36) dar (Bruhn/ Dahlhoff 1989, S. 49 ff.).

In den letzten Jahren hat das **Product Placement** im Sinne der gezielten Einbringung von Markenprodukten als Requisite in die Handlung von Filmen größere Verbreitung gefunden (Kalweit 1988). Für die Plazierung von Produkten in der Spielfilmhandlung werden dabei Geld oder Sachzuwendungen geleistet. In der Praxis wird das Thema Product Placement kontrovers diskutiert, da die Kritiker eine Irreführung der Konsumenten, einen Verstoß gegen die Wettbewerbssitten und eine zu hohe Abhängigkeit vermuten (Sack 1987). Dennoch erregten 1996 und 1999 zum Beispiel die Vorführungen der neuen BMW Z-Modelle in der Film-Reihe „James Bond" starkes Publikumsinteresse (vgl. Insert 3-37).

Sponsoring-Aktionen im sozialen und ökologischen Bereich umfassen zum Beispiel Hilfestellungen gegenüber gemeinnützigen Institutionen (zum Beispiel bei der Umweltschutzorganisation Greenpeace durch Fielmann), Initiierung von Projekten (zum Beispiel Baumpflanz-Aktionen durch die Brauerei Diebels) sowie die Unterstützung von Ausbildungsstätten (zum Beispiel der Universität Basel durch den Schweizer Bankverein). Hierbei wird dem Sponsor Gelegenheit gegeben, die gesellschafts- und sozialpolitische Verantwortung des Unternehmens in der Öffentlichkeit zu demonstrieren (Bruhn 1990, S. 20 ff.).

Die **Erfolgskontrolle** der Sponsoring-Maßnahmen erfolgt auf der Grundlage der systematisch durchgeführten Zielplanung. Sie wird allerdings dadurch erschwert, daß die Sponsoring-Botschaften kaum Produktinformationen beinhalten und dem Sponsorship seitens des Konsumenten in der Regel nur indirekte Aufmerksamkeit zukommt. Die direkte Aufmerksamkeit wird dagegen der Person oder dem Ereignis an sich geschenkt. Eine Kontrolle wird somit in der Praxis nur von circa 70 Prozent der Unternehmen

> **Rock und Pop laufen dem Sport im Sponsoring den Rang ab**
>
> **Sponsoring-Award geht an VW Sound Foundation / Stadionwerbung ausverkauft / Industrie weicht aus**
>
> HAMBURG, 26. Oktober (dpa). Ohne zusätzliche Geldquelle geht im Konzertbereich heute nichts mehr: Schon bei der Planung von Tourneen haben die Veranstalter Sponsoren im Auge, wie Jens Michow, Chef des Bundesverbands der Veranstaltungswirtschaft, sagt. „Große Stars sind ohne Sponsoring nicht mehr möglich." Zu 20 bis 30 Prozent laufe die Finanzierung solcher Großereignisse über Sponsoring. Und da hat die Szene kaum Probleme, Ansprechpartner in der Industrie zu finden.
>
> Die Rolling Stones werben für ein Bier aus Dresden. Maffay singt unter dem Logo einer nordischen Brauerei. Pur lässt sich von einer Bausparkasse sponsern. Ohne diese Werbung könnten die Eintrittspreise auch nicht so konstant bleiben, meint Michow.
>
> Dabei läuft die Rock/Pop-Szene dem Sport sogar langsam den Rang in der Werbung ab. „Die Bandenwerbungen in den Stadien sind ausverkauft. Deshalb weicht die Industrie aus." Zwar treffe man bei Konzerten weniger Leute als im Sport, aber es entstehe ein wesentlich direkterer Draht, fand das Möllner Marktforschungsinstitut Inra heraus. „Es wird ein extrem hoher Bekanntheitsgrad erreicht, und die Akzeptanz im Publikum für den Sponsor ist groß", analysiert Folkert Lammers, Leiter der Sponsoringforschung bei Inra. „Schließlich sorgt der Sponsor dafür, dass der Künstler auf der Bühne steht." Eine „Vorreiter-Rolle" im erfolgreichen Sponsoring, so Michow, hat Volkswagen. Für sein „erfolgreiches und beispielhaft vernetztes Rock/Pop-Sponsoring" wird die VW Sound Foundation am morgigen Donnerstag sogar mit dem Internationalen Sponsoring Award 99 in München ausgezeichnet. Inra stellte bei einer Umfrage fest, dass das Unternehmen in der Bevölkerung mittlerweile der bekannteste Unterstützer von Rock- und Pop-Konzerten in Deutschland ist. „VW hat sich mit Langfristigkeit und Kontinuität das Image aufgebaut", meint Lammers. „Das bleibt in den Köpfen hängen." VW suchte 1992 mit dem Rock-Projekt Genesis neue Wege im Sponsoring. „Im Sport gibt es einfach sehr viele Konkurrenten", meint Markus Dück von VW Sound Foundation. Im Rock-Bereich habe man dagegen Aufmerksamkeit auch in Medien gefunden, die sich sonst nicht für VW interessieren. Natürlich habe es Identifikationsschwierigkeiten der Stars mit der „bösen Wirtschaft" gegeben, räumt Dück ein. Und natürlich liege VW daran, sein Image mit Hilfe der Künstler zu verjüngen.
>
> „Aber wir wollen die Bands nicht okkupieren. Die Bühne ist Hoheitsgebiet der Stars." Selbst Eric Clapton, sehr kritisch gegenüber kommerzieller Werbung, schwenkte 1998 auf die VW Sound Foundation ein. „Wir setzen uns für junge Bands ein. Da wurde Clapton interessiert", sagt Dück.
>
> Von Superstar Madonna weiß er, dass sie alles mache. „Man muss es nur bezahlen." Für die Rolling Stones musste der Autohersteller einen zweistelligen Millionenbetrag hinlegen. Doch künftig wolle sich VW mit der Sound Foundation mehr für junge Bands als für Topstars engagieren.
>
> Wichtig sei immer, dass Künstler und Produkt zusammenpassen, betont Lammers von Inra. Rockstar Joe Cocker etwa bezeichnete für seine „Sail Away"-Tour 1997 eine Brauerei als „angemessenen Sponsor". „Ich trinke gern. Außerdem soll sich in Deutschland keiner beschweren. Da gehört Bier doch zu den Grundnahrungsmitteln", sagte er. Im Umgang miteinander seien Künstler und Industrie in den letzten zehn Jahren immer professioneller geworden, stellte Jens Michow fest. „Allerdings darf man nicht vergessen, dass die Sponsoren Kaufleute sind. Es handelt sich nicht um Mäzenatentum."

INSERT 3-36: Frankfurter Allgemeine Zeitung, 27.10.1999, S. 20

durchgeführt, von denen sich die meisten hauptsächlich auf die Erfassung der Medienresonanz (Clippings) konzentrieren (Bruhn 1990, S. 89 f.; Hermanns/Püttmann 1990, S. 83 f.). Weiterführende Meßansätze beziehen sich zumeist auf einzelne Sponsoring-Ereignisse, deren Wirkung ex post durch Befragungen geprüft wird. Dabei stehen die Wirkung auf die Bekanntheit, die Wahrnehmbarkeit der Sponsoring-Botschaft und Erkenntnisse zum Imagetransfer im Vordergrund (Meier et al. 1994, S. 107 ff.). Das auf den Sponsoringbereich zu übertragende methodische Instrumentarium der Werbewirkungsmessung (vgl. Abschnitt 5.8) wird bislang erst vereinzelt eingesetzt.

Für die **künftige Stellung des Sponsoring** im Kommunikationsmix wird es von grundlegender Bedeutung sein, inwieweit es gelingt, die Wirkungen des Sponsoring trotz aller Wirkungsinterdependenzen und schlecht kontrollierbarer Imagetransfereffekte durch geeignete Meßkonzepte zu operationalisieren und die teilweise negative Einstellung der Konsumenten zum Sponsoring zu überwinden (Wirz 1988).

Lizenz zum Verdienen

Markenbewusst: Die Omega-Uhr hat Agent 007 immer im Anschlag. Unterwegs nutzt er den BMW.

Der neue 007-Streifen „The world is not enough" gilt als sicherer Kassenknüller. Durch Product-Placement und Lizenzgeschäfte wollen Markenartikler kräftig mitverdienen.

Wenn Pierce Brosnan als „Geheimagent 007" in die Rolle seines Lebens schlüpft, handelt er nur vordergründig im Auftrag Ihrer Majestät. Tatsächlich hat Bond die Lizenz zum Werben – Product-Placement spielt in den Bond-Filmen seit langem eine wichtige Rolle. Darsteller und Streifen sind so populär, dass sich die anfragenden Unternehmen die Klinke in die Hand geben.

„Wir haben erstmals 1983 im Streifen *Octopussy* Fahrzeuge gestellt", erinnert sich BMW-Sprecher Johannes Schultz. Damals sollte James Bond in einer Szene von der deutschen Polizei (zwei 5er-BMW, ein Motorrad) verfolgt werden. Danach war Stillstand. Begründung: Ein deutsches Auto für den britischen Helden – das passt nicht. Spätestens nach *Licence to kill* (1989) wurde den Produzenten aber klar, dass sich der rein britische Ansatz abgenutzt hatte. Story und Ausstattung mussten internationaler werden.

So wurde der unsterbliche Superheld in *Golden Eye* (1995) mit Pierce Brosnan nicht nur von einem Schauspieler mit unbritischer Ausstrahlung verkörpert, sondern er fuhr mit dem BMW Z3 erstmals ein deutsches Auto. Seither gehören die Münchner quasi zum Bond-Inventar. Nicht Auto, sondern Motorrad (Cruiser R 1200 C) war Bond-Gefährt in *Tomorrow never dies* (1997). Für BMW lohnt sich das Engagement: Der Cruiser hatte sich im Folgejahr zum bestverkauften BMW-Motorrad entwickelt.

Die Cross-Promotion vom neuen Bond-Film und Z8 (Agentur: Jung von Matt, Hamburg) soll nun dafür sorgen, dass der 400-PS-Bolide abgeht wie eine Rakete. Trotzdem ist das Ganze für BMW eine Image-Kampagne und weniger eine Käuferwerbung. Denn die BMW-Kunden sind in der Regel älter als 40 Jahre, das Kinopublikum dagegen meist unter 30.

Auch der Schweizer Uhrenhersteller Omega blickt auf einen 007-Hattrick zurück. „James Bond ist trotz der langen Laufzeit ein dynamisches Produkt", erklärt Division Manager Peter Justenhoven. Dieses Image greife das Modell „Seamaster Professional" als „sportliche Taucheruhr mit gewisser Eleganz" auf. Erst 1995 hatte Omega den langjährigen Bond-Partner Rolex ausgestochen. Der Deal lohnt sich: „Wir verkaufen dreimal so viele Uhren wie sonst", sagt Justenhoven. Gestützt durch eine im Oktober gestartete Kampagne (Media: More Media, Düsseldorf) werden Film und Uhr bis ins Weihnachtsgeschäft gemeinsam vermarktet.

Doch Bond wäre nicht Bond, käme er nicht schmuck von Kopf bis Fuß. Die lässige Sonnenbrille stiftete das Unternehmen Calvin Klein Eyewear, das erstmals mit Englands Geheimwaffe zusammenarbeitet. Zu den Ausstattern des 19. Agenten-Epos zählt der italienische Textilhersteller Brioni (*w&v* 47/99) ebenso wie Adidas. Der Sportartikler hat aber seinen Auftritt mit dem Modell „Equipment Training" nicht an die Figur 007 oder den Schauspieler Pierce Brosnan gebunden. „Das Product-Placement soll unsere aktuelle Image-Kampagne stützen", so Heidi Graf, Leiterin Non-athletic Promotion. Es gehe um die Marke Adidas, der spezielle Schuh sei nur während der Laufzeit des Films im Handel.

Noch länger als die Liste der Product-Placement-Partner ist die Reihe derer, die die Lizenz zum Geldverdienen haben. Ein alter Bekannter ist Wilkinson Sword, zum dritten Mal in Folge dabei. Nach dem vergoldeten Nassrasierer „Golden Eye" und dem mit 007-Gravur versehenen „Der Morgen stirbt nie" steht diesmal ein Rasierer im Silber-Look und in an das Filmplakat angelehnter Verpackung im Regal. Die Verkaufszahlen zeigen, dass die emotionale Auflandung mit Bond funktioniert: Der Absatz stieg nach dem letzten 007-Abenteuer um 30 Prozent.

Auch der Club Méditerranée ist in der Riege der 18 Lizenznehmer vertreten. In Clubdörfern, die nahe den bisherigen Drehorten der Bond-Filme liegen, gibt es Shows unter dem Bond-Motto „For your eyes only". *Bijan Peymani*

Partner von James Bond

Folgende Firmen sind mit Product-Placement dabei

Unternehmen	Produktbereiche
Adidas, Herzogenaurach	Schuhe
BMW, München	Fahrzeuge
Bollinger (F)	Champagner
Calvin Klein Eyewear, Karlsfeld	Sonnenbrillen
Caterpillar, Genf (CH); Ismaning	Maschinen, Kleidung, Merch.
Fujitsu, Bad Homburg	Computer/Hardware
Omega, Eschborn	Uhren
Rover Deutschland, München	Fahrzeug
Visa, Düsseldorf	Kreditkarte

Quelle: Ellipse Licence Germany; eig. Recherche.   w·v

Rechte, Pflichten, Kosten

Das Geschäft mit Lizenzen und Product-Placement wird nicht immer mit barer Münze abgewickelt.

Die Verträge für eine Produktplatzierung in einem TV- oder Kinofilm werden vor dem Dreh direkt mit Filmstudios und -produktionsgesellschaften geschlossen. Offiziell unterliegt diese Art der Werbung der Auflage, dass der Einsatz eines Produkts – insbesondere im TV-Film – „dramaturgisch notwendig" ist. Sonst handelt es sich um verbotene Schleichwerbung. Außerdem darf dafür kein Geld fließen, das Kompensationsgeschäft blüht. Ist das Produkt Bestandteil der Ausstattung, und wird „besonders gut inszeniert", so könne laut Vermarkterin Karin Böll von Böll Concept, München, schon die eine oder andere Mark über den Tisch wandern. Das hänge aber mit der erwarteten Zuschauerzahl und der Expositionszeit zusammen. Dabei sei es schon passiert, dass ein Produkt durch den Schnitt ganz herausfiel. „Letzten Endes ist das die Freiheit der Kreativen", sagt Böll. Statt auf Product-Placement zu setzen, entdecken immer mehr Firmen die Lizenznahme für sich. Gegen eine Gebühr erwerben Firmen die Vermarktungsrechte für Film, Logo, Darsteller oder Requisiten. Vertragspartner bei James Bond ist Ellipse Licence Germany, München, eine Tochter von Canal Plus. Bis 1998 war Michael Loo aus Hamburg 15 Jahre lang Bond-Agent.

INSERT 3-37: werben und verkaufen, Nr. 49/1999, S. 108

5.45 Event-Marketing

Das **Event-Marketing** ist ein neues Instrument der Unternehmenskommunikation, welches dem informationsüberlasteten Konsumenten in seiner selektiven Wahrnehmung etwas „Interessantes" bieten will. Ein „Event" – ein besonderes Ereignis – soll dabei als Plattform zur erlebnisorientierten Kommunikation und Präsentation eines Produktes, einer Dienstleistung oder eines Unternehmens dienen.

Vor diesem Hintergrund wird unter **Event-Marketing** die **Inszenierung von Ereignissen mit deren Planung, Organisation und Kontrolle im Rahmen der Unternehmenskommunikation** verstanden. **Durch erlebnisorientierte firmen- oder produktbezogene Veranstaltungen werden emotionale und physische Reize sowie starke Aktivierungsprozesse ausgelöst** (Auer/Diederichs 1993, S. 201 ff.).

Wesentliches Merkmal des Event-Marketing ist dabei seine hohe „Dialogfähigkeit". Events ermöglichen unmittelbare Kontakte zu den anwesenden Konsumenten, die ihrerseits in einer für sie angenehmen, zwangfreien Situation angetroffen werden. Im Gegensatz zum Sponsoring können beim Event-Marketing zielgruppengerechte Veranstaltungen eigens arrangiert werden, in deren Mittelpunkt neben dem eigentlichen Event das Unternehmen mit seinen Produkten steht. Prinzipiell kann jede Promotion, jedes Sponsoring oder jede Produktneueinführung durch den Einsatz des Event Marketing zu einem unvergeßlichen Erlebnis mit Produkt und/oder Firmenbezug gemacht werden (Auer/Diederichs 1993, S. 202). Damit wird deutlich, wie fließend die Grenze zwischen dem Sponsoring und dem Event-Marketing ist. Sobald die Unternehmung demnach Veranstaltungssponsoring betreibt und dabei eine Verbindung zu den eigenen Produkten schafft, kann dies als Event-Marketing bezeichnet werden. Der Sportartikelhersteller Adidas beispielsweise organisiert regelmäßig Streetballturniere für seine Kernzielgruppe jugendlicher Sportinteressierter, auf denen eine Vielzahl von Aktionen und Vorführungen für die Zielgruppe geboten wird.

Event-Marketing kann somit die „klassischen", zumeist unpersönlichen Kommunikationsinstrumente Werbung, Verkaufsförderung und Public Relations unterstützen und ergänzen. Neben der Definition der Eventziele, der Zielgruppe und der wesentlichen Inhalte eines Events ist unter anderem die **Vernetzung des geplanten Events mit anderen kommunikationspolitischen Instrumenten** sicherzustellen.

Als kommunikative **Ziele**, die sich durch das Event-Marketing erreichen lassen, sind die Schaffung und Erhöhung der Bekanntheit, Imageziele sowie die Darstellung der Dialogorientierung zu nennen. Zentrale Zielsetzung ist allerdings die Präsentation der Unternehmung in erlebnisorientierter Form (vgl. Insert 3-38). Dabei ist eine aktive Ansprache des Zielpublikums beabsichtigt, mit der eine positive Beeinflussung des Images erreicht werden soll (Auer/Diederichs 1993, S. 203).

Eventmarketing

Nicht nur Action & Fun

Informations-Overkill und Werbemüdigkeit – die Werbebranche steckt im Dilemma. Neue Hüte sollen helfen: Eventmarketing heißt der Star am Werbehimmel.

Die Werbebranche steckt in der Zwickmühle: Immer öfter scheitert die klassische Werbung am Informations-Overkill der Verbraucher. Auf der Suche nach unverbrauchten Ideen hat die Branche ein neues Instrument entdeckt. Eventmarketing heißt der Shooting-Star am Kommunikationshimmel. Wenn Kinder in der BMW-Niederlassung im Overall einen Mini-3er bauen und bei der Mercedes V-Klasse Europareise spielen, ausgewachsene Männer im Getränkemarkt um den Brinkhoff's Tipp-Kick Pokal fiebern oder sich die ganze Familie bei Rewe Happy-Family mit Abertausenden anderen Besuchern vergnügt – dann ist das Eventmarketing.

Ob es sich bei dem Kommunikationsinstrument tatsächlich um eine Neuheit handelt oder ob hier alter Wein in neuen Schläuchen gehandelt wird, schätzen Szenekenner unterschiedlich ein. Vor allem Warenhäuser wie Kaufhof oder Karstadt betonen, daß für sie Jubiläen, Umbauten oder Neueröffnungen seit jeher Anlaß für außergewöhnliche Feiern waren. Unter der Überschrift Event sammelt sich heute ein ganzer Pool von Veranstaltungen. Sie verbindet ein hoher Anspruch: alle wollen außergewöhnliches, einmaliges Erlebnis sein und die Beteiligten interaktiv und emotional ansprechen. Chapeau Claque, Event-Agentur in Mönchengladbach und einer der großen Player in der Branche formuliert es so: „Erlebnisse für die Seele, Argumente für den Verstand."

Die große Zeit der klassischen Werbung ist nach Meinung der Event-Veranstalter vorbei. Angesagt sind heute integrierte Kommunikationskonzepte, die klassische Werbung, verkaufsfördernde Maßnahmen und Marketingevents verknüpfen. Ziel von Eventmarketing ist eine neue Form der Kundenkommunikation: statt einseitiger Berieselung intensiver Dialog.

Euphorie. Die helle Begeisterung über das innovative Marketinginstrument schränkt Event-Marketer und Chapeau-Claque-Chef Wolfgang Stricker selbst ein: „Below-the-line-Aktivitäten wie Eventmarketing können nie die klassische Werbung ersetzen." Eventmarketing wolle vielmehr „auf sympathische Weise den Verbraucher erreichen" und dort ansetzen, wo die klassische Werbung versagt.

Die Kunden der Marketing-Agenturen sehen ihre Events auch weniger als Werbung, sondern als Imagemaßnahme. Johanna Maier, Pressesprecherin vom Centro Oberhausen: „Erlebniskauf gehört die Zukunft – für unsere Kunden sind wir viel mehr als nur ein Einkaufszentrum". Auf dem Centro-Terminkalender drängen sich die Veranstaltungstermine. Die Palette reicht von kulinarischen Aktionen über Live Musik bis zur Power-Dance-Party. Bei dem Einkaufsriesen ist man überzeugt, daß die Kunden das zusätzliche Programm zum Shoppen schätzen. Im Centro ziehen beim Eventmarketing alle an einem Strang: „Unser erklärtes Ziel, regelmäßige Events anzubieten, können wir nur durch das Engagement und enge Absprachen mit unseren Mietern erreichen", erklärt Pressesprecherin Maier.

Co-Veranstalter. Veranstalter-Teams und Sponsoring sind besonders bei Sport & Action Events gang und gäbe. Egal ob Langnese Beach Soccer Cup, C & A fun & games oder der Marktkauf-Cup Human Table Soccer: die Beiträge der Co-Veranstalter machen aus dem Sport-Event erst eine Megaparty.

Zur Volksfeststimmung des Riesen-Events Rewe Happy-Family tragen nicht nur die Vollsortimenter der Rewe-Gruppe, sondern auch die Markenartikler mit ihren Promotion-Aktionen und Probierständen bei. Anders wären die Veranstaltungen mit bis zu 170.000 Besuchern am Tag wohl kaum zu bewältigen.

Für die Agenturen wird es immer schwerer, bei der Konzeption die händeringend gesuchten Alleinstellungsmerkmale von Event und Marke zu verquicken. Gerade die Trend-Sportarten sind oft schon von bekannten Marken belegt. Mit Streetball und Beachvolleyball zum Beispiel ist seit den großen Veranstaltungen von Adidas und Lipton kein Stich mehr zu machen.

Auf den ersten Blick scheint die Szene von lautstarken Action & Fun-Events dominiert. Manche Agenturen verzichten allerdings immer öfter auf spektakuläre Bilder.

Originell. Das spiel und sport Team München setzt schon länger auf leise Töne. Geschäftsführer Wolfgang Berchtold: „Allein durch die demoskopische Entwicklung in Deutschland wird der Thrill-Boom bald seinen Zenit überschreiten." Mit einem Team aus Pädagogen, Betriebswirten, Soziologen und Sportlehrern basteln die Münchener an den Event-Konzepten von morgen. Agentur-Chef Berchtold: „In Zukunft wird es zwei große Zielgruppen für unser Business geben: Kinder und Senioren."

Wie originell leise Events sein können, zeigt die Einweihung des Görtz Flagship-Stores am Berliner Ku' damm: Das Schuhhaus verteilte rund

INSERT 3-38: aus dem im Deutschen Fachverlag GmbH, Frankfurt am Main, erscheinenden Wirtschaftsmagazin Der Handel, 8/1998, S. 50–53

10.000 Einzelschuhe zufällig an Passanten. Die Schuh-Singles mussten dann in vier Wochen ihren rechten oder linken Partner finden. Mit Hilfe der Berliner Medien sowie schwarzen Brettern in allen Görtz-Filialen wurden viele Schuhdetektive fündig. Unter den Besitzern der wiedervereinigten Schuhpaare wurden fünf lebenslange Schuhabos zu jährlich 250 DM verlost.

Risiko. Im Konkurrenzkampf um Aufträge bleibt die solide Kalkulation von Veranstaltungen oft auf der Strecke. Bei großen Veranstaltungen kann da das einzigartige Erlebnis für die Kunden schnell in einem finanziellen Desaster enden. Nicht zuletzt deswegen zögern besonders kleinere Unternehmen, auf den Event-Zug aufzuspringen.

Für diesen Kreis hat sich die Essener Event-Agentur tas etwas einfallen lassen: Unter dem beziehungsreichen Namen Brot + Spiele bietet die Agentur ihren Kunden über 80 standardisierte Mitmachaktionen und Shows an. Im Brot + Spiele-Katalog landen nur Events, die sich schon früher bewährt haben. Neben dem Equipment stellt die Agentur ihr gesamtes Know-how zur Verfügung – trotz Standardisierung wird jeder Event möglichst an die Vorgaben der Kunden angepaßt.

Kultur. Wer sich für Action & Fun gar nicht erwärmen kann, findet bei den meisten Agenturen auch Kunst und Kultur im Angebot. Die Agentur-Angebote Bodypainting oder Graffiti sind eher auf ein junges Publikum zugeschnitten. Das Hammer Allee-Center kommt bei seinen Kultur-Events den älteren Semestern entgegen. „Wir setzen vor allem auf kulturelle oder informative Veranstaltungen", erläutert der zukünftige Center-Manager Lutz Heinicke die Event-Politik. Eine Colani-Design-Schau mit Objekten vom Schreibtisch bis zum Rennwagen lockte im Frühjahr auch außerhalb der Geschäftszeiten Scharen potentieller Kunden ins Haus. Zusammen mit der Stadt kümmert sich das Hammer Einkaufscenter regelmäßig um regionale Themen.

Überhaupt bieten ortsbezogene Themen prima Aufhänger für kleinere Events. So entstehen Projekte wie beispielsweise eine gemeinsame Ausstellung von Kaufhof und dem Puppenmuseum in Duisburg. Oder eben eine Schau rund um den Kohlebergbau in Hamm, mit einem nachempfundenen Bergwerksstollen auf dem Gehweg vorm Einkaufszentrum. Eventmarketing boomt und die Marketing-Profis sind sich einig, daß der Trend zum Event noch lange nicht vorbei ist. Alle nötigen Zutaten für einen spannenden Event kann heute jedes Unternehmen bei einer Agentur kaufen. Die Voraussetzung für eine gelungene Veranstaltung gilt es jedoch, im eigenen Haus zu finden. Denn Eventmarketing verlangt eine Menge Mut: Mut, die ausgetretenen Werbepfade zu verlassen und sich in die Unwägbarkeiten eines Event-Abenteuers zu stürzen.

ULRIKE FELGER

C&A fun&games:
Das Highlight
für die Youngster

INSERT 3-38: aus dem im Deutschen Fachverlag GmbH, Frankfurt am Main, erscheinenden Wirtschaftsmagazin Der Handel, 8/1998, S. 50–53 (Fortsetzung)

Event-Marketing kann grundsätzlich zur Kommunikation mit **unternehmensinternen** (Mitarbeiter) sowie mit **unternehmensexternen Zielgruppen** eingesetzt werden. Somit sind firmeninterne und firmenexterne Events oder Aktionen in Handelsunternehmen unter dem Begriff des Event-Marketing zu subsumieren (vgl. Abbildung 3-189).

Kommunikationspolitische Entscheidungen

Art der Events	Zielgruppe	Veranstaltungen
Firmeninterne Events	Führungskräfte, Mitarbeiter aller Hierarchieebenen	■ Außendienstkonferenzen ■ Händlerpräsentationen ■ Aktionärsversammlungen ■ Festakte/Jubiläen

Firmenexterne Events	Konsumenten, Schlüsselkunden	■ Pressekonferenzen
		■ Messen
		■ Kongresse
		■ Sponsoring Events:
		  – Sportveranstaltungen (z. B. Adidas Streetball-Turniere, Swatch-Snowboarder-Meetings)
		  – Musikveranstaltungen
		  – kulturelle Veranstaltungen

Events im Handel	Konsumenten	■ Bühnenauftritte bekannter Stars/Imitatoren ■ Talkshows mit Prominenten ■ Kleinkunst regionaler Künstler ■ Gewinnspiele ■ Kinderbelustigung (z. B. Autoscooter, Wildwasserbahn) ■ Mitmachaktionen (z. B. sportliche Wettläufe, Rodeo) ■ Multimedia-Produktpräsentation

Abbildung 3-189: Formen des Event-Marketing

Zur kreativen Ausgestaltung des Events steht ein **vielfältiges Instrumentarium** zur Verfügung. Das Spektrum reicht dabei von Multimedia-Präsentationen, Videospots, Showparts und Talkshows bis hin zu messeähnlichen Informationsbasaren im Rahmen des Events (Kinnebrock 1993, S. 116ff.). Neben der horizontalen Vernetzung des Event-Marketing mit anderen Kommunikationsinstrumenten ist in diesem Zusammenhang vor allem die **zeitliche Abstimmung ihres Einsatzes** von entscheidender Bedeutung. Zu unterscheiden sind dabei Maßnahmen, die das Event vorbereiten, begleiten oder nachbereiten. Werbemaßnahmen und Öffentlichkeitsarbeit eignen sich in der vorbereitenden Phase vor allem dazu, Interesse an der Veranstaltung zu wecken und in der Zielgruppe das Bedürfnis, „dabei zu sein", zu erzeugen. Die Medien sind in ihrer Funktion als Multiplikator frühzeitig über das „Besondere" des Events zu informieren (vgl. Opaschowski 2000). Veranstaltungsbegleitend sind vor allem Maßnahmen der interaktiven und Direktkommunikation durchzuführen. Verschiedene Aspekte des Event können anschließend im werblichen Auftritt des Unternehmens als Identifikationsanker aufgegriffen und weiterentwickelt werden.

Event-Veranstaltungen brauchen neben einer tragfähigen Idee, die gewissermaßen als konzeptionelle Klammer alle Aktivitäten umfaßt, ein **professionelles Management**. Die professionelle Organisation eines Events ist dabei als notwendige Voraussetzung für den Erfolg anzusehen. In diesem Zusammenhang kann heute auf ein breites Angebot von Spezial-Agenturen zurückgegriffen werden, die mit ihrer personellen und technischen Ausstattung zum Beispiel Multimedia- und Laser-Shows sowie produktspezifische Bühnenchoreographien inszenieren. Zur **Messung des kommunikativen Erfolges** eines Events können dieselben Verfahren wie beim Sponsoring eingesetzt werden.

5.46 Messen und Ausstellungen

Neben den bereits skizzierten klassischen Kommunikationsinstrumenten gewinnen auch Spezialinstrumente, insbesondere Messen und Ausstellungen, an Bedeutung, da sie eine **direkte Kundenansprache** ermöglichen. So ist beispielsweise die Anzahl der Aussteller in Deutschland von 86.611 (1984) um 63 Prozent auf über 142.000 im Jahre 1995 angestiegen. Auch die Zahl der Messebesucher ist in diesem Zeitraum kontinuierlich von circa 7 auf rund 10 Millionen gewachsen (AUMA 1996a). Dieser stetige Zuwachs an Messebesuchern und Ausstellern hat in den letzten Jahren dazu geführt, daß insbesondere für die Investitionsgüterindustrie der prozentuale Anteil der Ausgaben für Messebeteiligungen am Werbeetat deutlich zugenommen hat.

Unter **Messen** versteht man grundsätzlich **zeitlich und örtlich festgelegte Veranstaltungen mit Marktcharakter, die ein umfassendes Angebot eines oder mehrerer Wirtschaftszweige bieten und normalerweise in regelmäßigem Turnus stattfinden** (Haseloff 1981). Wenn auch immer wieder Bemühungen unternommen wurden, Ausstellungen, die sich eher an die breite Öffentlichkeit richten, definitorisch von den Messen abzugrenzen, so sind dennoch beide Begriffe nicht klar voneinander zu trennen.

Mit dem Bedeutungszuwachs von Messen und Ausstellungen ist in Deutschland eine konsequente Differenzierung des Messeangebotes einhergegangen. Zur **Typologisierung der Erscheinungsformen von Messeveranstaltungen** lassen sich die folgenden Kriterien heranziehen (Meffert 1993):

- Breite des Angebots (zum Beispiel Universalmessen, Spezialmessen, Branchenmessen, Solo- und Monomessen sowie Fach- und Verbundmessen),

- Angebotsschwerpunkt (Konsum- und Investitionsgütermessen),

- Funktion einer Messe (Informations- und Ordermessen),

- Aussteller- und Besucherreichweite (regionale, überregionale, nationale und internationale Messen),

- Zielgruppe (Fachbesucher-, Händler- und Konsumentenmesse) sowie

- Hauptrichtung des Absatzes (Export- und Importmesse).

Als **Ziele** einer Messebeteiligung sind die Vorbereitung beziehungsweise Durchführung von Geschäftsabschlüssen, die Anbahnung und Pflege von Geschäftsbeziehungen sowie die Festlegung der eigenen Position im Wettbewerbsumfeld zu nennen. Darüber hinaus sollen Trendinformationen bezüglich technischer Marktneuerungen und veränderter Konsumentenbedürfnisse eingeholt werden. Auch die Gewinnung potentieller Nachwuchskräfte stellt neben der Darstellung der Unternehmenskompetenz ein wichtiges Ziel einer Messebeteiligung dar (Meffert/Gass 1985, S. 19 f.).

Im Rahmen der **konzeptionellen Planung** von Messen und Ausstellungen wird das langfristige Messekonzept der Unternehmung festgelegt. Demgegenüber werden innerhalb der Maßnahmenplanung Entscheidungen über die Ausgestaltung der einzelnen Messebeteiligung getroffen. Das **Messebeteiligungs-Mix** besteht dabei aus den Komponenten (Meffert 1993):

- Konzeption des Messestandes,
- Auswahl der Exponate,
- Auswahl und Einsatz des Personals sowie
- Auswahl kommunikativer Maßnahmen.

Maßnahmen im kommunikativen Bereich der Messebeteiligung beinhalten je nach Art, Zielsetzung und Zielgruppe einer Messe häufig den integrierten Einsatz von Standwerbung, Direktkommunikation, klassischer Werbung sowie Öffentlichkeitsarbeit, deren Ausgestaltungsmöglichkeiten im folgenden exemplarisch aufgezeigt werden.

Die Standwerbung umfaßt die kommunikativen Aktivitäten mit hoher Streuwirkung direkt am Messestand. Dazu gehören zum Beispiel die Beschriftungen des Messestandes, die Plakatausstattung, Demonstrationsveranstaltungen und Preisausschreiben (Becker 1986). Im Rahmen der Direktkommunikation wird während der Messe der unmittelbare Kontakt zwischen Aussteller und Messebesucher durch Informationsgespräche und Beratungen gepflegt. Zur Vor- und Nachbereitung von Messebeteiligungen spielt dagegen die Direktwerbung eine entscheidende Rolle, zum Beispiel in Form von Einladungsschreiben, Werbebriefen und Zusendung von Informationsmaterialien (Spryß 1985). Klassische Werbung und Öffentlichkeitsarbeit hingegen werden meist flankierend im Rahmen der gesamten Messebeteiligung eingesetzt. Sie umfassen beispielsweise Werbung in den Insertionsmedien mit Hinweisen auf einzelne Messeaktivitäten, Anzeigen im Messekatalog und Pressekonferenzen während der Messe (Roloff 1992, S. 219 ff.).

Mit Hilfe von Messen kann innerhalb weniger Tage eine hohe Konzentration von Angebot und Nachfrage und damit eine Kommunikationsdichte und Informationsqualität, wie sie anderen Instrumenten des Kommunikations-Mixes kaum zu eigen ist, erzielt werden. Wichtige Merkmale dabei sind der **persönliche Kontakt** zwischen Unternehmensrepräsentanten und Kunden sowie die Tatsache, daß Ausstellern und Messebesuchern der **direkte Wettbewerbsvergleich** ermöglicht wird. Als Basis für die hohe Kommunikationsqualität von Messen dient ihr **Ereigniascharakter**. Dem wachsenden

Informationsbedürfnis der Fachbesucher auf Messen kommen viele Unternehmen heute durch zusätzliche Veranstaltungen auf dem Messegelände in Form von Fachsymposien und Kongressen nach (Selinski/Sperling 1995, S. 15 ff.). Insoweit ist eine Kombination von Messen und Ausstellungen mit dem Event-Marketing festzustellen.

Im Anschluß an eine Messebeteiligung erfolgt ihre Bewertung im Rahmen einer systematischen **Messeerfolgskontrolle**. Diese beinhaltet dabei vor allem die Ermittlung aller Teilnahmekosten, die Auswertung der Abschlüsse und Kontakte, die Erhebung der Besucherstruktur sowie die Bewertung des eigenen Messeauftritts. Die im Vorfeld geleistete Pressearbeit sowie die Presseresonanz im Anschluß an die Messe sind ebenfalls einer kritischen Analyse zu unterziehen (AUMA 1995; AUMA 1996b). Grundlage der Messeerfolgskontrolle bilden die vor der Messebeteiligung formulierten Messeziele. Es gilt daher, Messeerfolgskriterien aufzustellen, die zur Überprüfung der Messezielerreichung beitragen. Hierbei sind jedoch nicht nur quantitative Kontrollgrößen, wie die Anzahl der verteilten Informationsbroschüren, geführte Beratungsgespräche oder abgegebene Angebote von Interesse, sondern auch qualitative Aspekte, wie zum Beispiel Veränderungen des Images und der Bekanntheit des Unternehmens und seiner Produkte in der Zielgruppe.

Bei der Beurteilung einer Messe müssen daher die wesentlichen **Vor- und Nachteile einer Messebeteiligung** in den unternehmensspezifischen Planungsprozeß einbezogen werden. Als zentrale Vorteile einer Messebeteiligung sind neben den Möglichkeiten zur direkten Kontaktaufnahme mit den Zielgruppen sowie der Besichtigung der Ausstellungsobjekte auch ihr hoher Ereignischarakter und die Aufmerksamkeitswirkung in der Öffentlichkeit zu sehen. Nachteilig sind sowohl die hohen Kosten und der enorme Organisationsaufwand als auch die geringe Disponibilität von Messebeteiligungen.

5.47 Direktkommunikation

Unter **Direktkommunikation** werden **alle Kommunikationsaktivitäten** verstanden, **bei denen die beabsichtigte Beeinflussungswirkung in direktem Kontakt zum Konsumenten erfolgt und ein Dialog beziehungsweise eine Interaktion zwischen den Marktpartnern – Anbieter und Endverbraucher – ermöglicht wird** (Hilke 1993). Diese Interaktion muß nicht zeitgleich erfolgen. Vielmehr kann auch ein zeitversetzter Dialog Inhalt der Direktkommunikation sein. Das konstitutive Merkmal des direkten Kontaktes bezieht sich demnach auf die individualisierte Ansprache des Konsumenten und nicht zwingend auf eine zeitgleiche physische Präsenz der Marktpartner.

Zu den wichtigsten **Zielen**, die mit den Instrumenten der Direktkommunikation verfolgt werden, gehört neben der Gewinnung von Neukunden die intensivere Betreuung der aktuellen Kunden. Dabei wird die Verbesserung der **Kundennähe** und die Erhöhung der

Kundenbindung angestrebt, wodurch letztlich die Effizienz der Kundenansprache verbessert werden soll (Dallmer 1989). Darüber hinaus wird eine Imageverbesserung durch die direkten Kommunikationsmaßnahmen angestrebt.

Die verschiedenen **Formen** der direkten Kommunikation lassen sich anhand der klassischen Aufteilung der Kommunikationspolitik systematisieren: Neben der direkten Verkaufsförderung und den direkten Public Relations stehen vor allem die verschiedenen Ausprägungsformen der Direktwerbung im Mittelpunkt. Im Rahmen der **Direktwerbung** ist grundsätzlich zwischen der Werbung mit „direkten Medien" (schriftliche Werbesendung, Telefonmarketing und Direktwerbung mit neuen Medien) und der Direktwerbung in Massenkommunikationsmitteln mit **Rückantwortmöglichkeit** (**Direct-Response-Werbung**: Couponanzeigen und Beilagen, Direct-Response-Funk/TV, Werbung in Online-Netzen) zu unterscheiden (Hilke 1993).

Die schriftlichen Werbesendungen stellen die etablierteste Form der Direktwerbung dar und kommen zumeist als adressiertes **Direct Mailing** vor. Dabei werden Direct Mailings inzwischen von vielen Unternehmen benutzt, da man sich in bezug auf die Aufmerksamkeitswirkung beim Konsumenten gute Ergebnisse verspricht (Holland 1992, S. 17) (vgl. Insert 3-39).

Viele Medien bieten die Möglichkeit der individuellen und interaktiven Kundenansprache (Direktwerbung per Fax etc.) und eignen sich aus diesem Grunde besonders für den Einsatz in der Direktwerbung (vgl. drittes Kapitel, Abschnitt 6.2).

Im Printbereich hat die Direktwerbung mit Couponanzeigen beziehungsweise Beilagen mit Rückantwortmöglichkeit (zum Beispiel in Form einer Postkarte oder Telefonnummer) in den letzten Jahren erheblich an Bedeutung gewonnen, weil mit dieser Anspracheform die Vorteile der Massenkommunikation mit den Vorteilen einer direkten Konsumentenansprache verbunden werden können. Auch die Anwendung von **Direct-Response-Werbung** in Funk und Fernsehen hat aus diesem Grund erheblich zugenommen. Zum Bereich des Direct-Response-TV zählen Werbespots mit der Einblendung einer Telefonnummer oder Adresse und Werbesonderformen (Teleshopping, Werbeshows etc.).

Die **direkte Verkaufsförderung** beinhaltet alle direkten kommunikativen Maßnahmen einer Unternehmung, die der kurzfristigen Unterstützung der Abverkäufe dienen. Die direkte VKF unterscheidet sich von der klassischen VKF dadurch, daß die Instrumente direkt und individualisiert angewendet werden (Schulte-Remmerbach 1991). So ist zum Beispiel die klassische Verkaufsförderungsmaßnahme des Aufstellens von zusätzlichen Warenpräsentationsständen (Zweitplazierung) im Einzelhandel aufgrund der fehlenden individuellen Kundenansprache und der nicht vorgesehenen Interaktionsmöglichkeit nicht als Maßnahme der direkten VKF zu bezeichnen. Die zunehmende Individualisierung der Kommunikation betrifft auch den Bereich der **Public Relations**. Auch hier wird

Für gute Adressen wird viel gezahlt
Fast 300 Millionen DM jährlich für Anschriften der Verbraucher

FRANKFURT, 28. Dezember (dpa). „Gute Adressen sind Gold wert", meint Produktmanagerin Gabrielle Clauter-Schmidt. „Wie erfolgreich ein Werbebrief ist, hängt entscheidend von der Qualität der Anschriften ab." Für „gute Adressen" legen Unternehmen bis zu 8 DM auf den Tisch, schließlich wollen sie ihre Produkt-Information möglichst zielgenau unter die Leute bringen. Eine Durchschnittsadresse kostet hingegen nach Angaben von Branchenkennern lediglich 25 Pfennig.

Was eine Anschrift zur Top-Adresse macht, sind Details: Alter, geschätztes Einkommen, Beruf, Hobbys und Interessen. „Je mehr solcher Faktoren bekannt sind, desto höher ist der Preis", erklärt Klaus Arnold, Vorsitzender des List-Broker-Council im Deutschen Direktmarketing-Verband (DDV) in Wiesbaden. List-Broker sind Adresshändler. Sie bilden die Schnittstelle zwischen Unternehmen, die Adresskarteien führen, und Betrieben, die Adressen für Werbezwecke suchen.

„Wir selbst haben überhaupt keine Adressen", räumt Arnold mit einem verbreiteten Vorurteil auf, die Broker hätten den Keller voller Karteileichen. „Wir wissen nur, wo man sie bekommt." Die Kunden von Arnolds Stuttgarter Unternehmen sind die Werbungtreibenden in Deutschland. Für sie ermittelt er zunächst die Zielgruppe für das zu bewerbende Produkt. Dann sucht er in seiner Datenbank nach den passenden Adressquellen.

Die Kundenkartei eines Blumenzwiebel-Großhandels passt etwa für den Verleger, der ein Gartenbuch auf den Markt bringen will. Wer in Feinkostläden einkauft, hat vielleicht Interesse an guten Weinen. „Produktaffinität" heißt das Zauberwort. Doch nicht für alle Produkte gibt es Adressen von der Stange. Die Kunst erfolgreicher List-Broker ist es, allgemeine Adresslisten so zu bearbeiten, dass am Ende die Zielgruppe möglichst genau getroffen wird.

Meist hilft die Statistik weiter. „Kevin ist jünger als Wilhelm", heißt eine der Regeln der Branche. Sollen nur jüngere oder ältere Kunden angeschrieben werden, füttern die List-Broker ihre Computer mit statistischen Angaben und den jährlichen Namens-Hitlisten der Standesämter. Der Rechner wirft dann eine nach Jahrgängen selektierte Liste aus. Rückschlüsse auf die Kaufkraft erlaubt oft die Anschrift. Dividiert man die Zahl der Einwohner einer Straße durch die Zahl der Hausnummern, weiß man, ob es sich um eine Trabantensiedlung oder um Einfamilienhäuser handelt.

„80 Prozent von knapp 38 Millionen Haushalten in Deutschland sind in irgendeiner Adressdatei gespeichert – und wenn es das Telefonbuch ist", sagt Arnold. Das Datenschutzgesetz erlaubt die Weitergabe von Adressen zu Werbezwecken unter bestimmten Bedingungen. Frei zur Weitergabe sind Name, Adresse, Beruf, akademischer Grad, Geburtsjahr und eine weitere Angabe. Nicht erlaubt sind „sensible" Daten wie Vorstrafen, religiöse oder gesundheitliche Informationen.

Gut 30 Unternehmen in Deutschland lassen sich nach Angaben des Deutschen Direktmarketing-Verbands ihre Kompetenz rund um die Adresse als Dienstleistung bezahlen. Arnold schätzt ihren Gesamtumsatz auf 200 bis 300 Millionen DM jährlich – genaue Zahlen aber gibt es nicht. 28 Betriebe halten sich als Mitglied im DDV an einen strengen Ehrencodex. „Adressen kann man kaufen oder mieten", erklärt Knut Gölz, Leiter der Öffentlichkeitsarbeit des DDV. „Wer zum Beispiel eine Adresse mietet, darf sie nur einmal verwenden." Ob ihre Kunden diese und andere Regeln einhalten, testen die List-Broker, indem sie zum Beispiel falsch geschriebene Adressen untermischen, die auffallen, wenn sie ein zweites Mal angeschrieben werden. Sie verpflichten sich auch, vor der Versendung ihre Anschriften mit der so genannten Robinson-Liste abzugleichen. In dieses Verzeichnis können sich Verbraucher eintragen lassen, die keinerlei Werbepost bekommen wollen. „Wer sich nicht an die Regeln hält, fliegt aus dem Verband", heißt die klare Devise von Knut Gölz.

„Direct-Mailing hilft doch beiden Seiten", rechtfertigt Gölz die oft als lästig angesehenen Briefe: „Für die Unternehmen halten sich die Werbekosten in Grenzen, und der Kunde wird nur über das informiert, was ihn – zumindest potentiell – interessiert." Nicht zuletzt deshalb ist Direkt-Mailing ein florierendes Geschäft. Für persönlich adressierte Werbebriefe gaben Unternehmen nach einer Studie der Deutschen Post AG im vergangenen Jahr rund 12 Milliarden DM aus.

Der persönlich adressierte Werbebrief steht ganz oben auf der Hitliste der Direkt-Werbemaßnahmen, zu denen alle Methoden gehören, die „ein Response-Element" enthalten, wie Gölz erklärt, also die Möglichkeit für den Verbraucher, zu antworten. Die zweitwichtigste Methode der Direkt-Werber ist die Zeitungs- oder Zeitschriftenanzeige mit Antwortkarte, gefolgt von Telefonmarketing, Postwurfsendungen und der Werbung im Internet.

INSERT 3-39: Frankfurter Allgemeine Zeitung, 29.12.1999, S. 23

es zunehmend wichtiger, die relevanten internen und externen Zielgruppen mit individueller Ansprache zielgerecht zu informieren (Harnischfeger 1981).

Zur erfolgreichen Anwendung der Direktkommmunikation ist ein funktionierendes Informations- und Marktbearbeitungssystem im Rahmen des **Database-Marketing** erforderlich. In dieser Datenbank müssen alle erforderlichen Daten gespeichert, aktualisiert und jederzeit für die direkte Kundenansprache bereitgestellt werden können (Dallmer 1989).

Darüber hinaus ist es von besonderer Wichtigkeit, daß eine Abstimmung der klassischen Kommunikationsmittel mit den Direktwerbemitteln erfolgt. Die Direktkommunikation wird zukünftig nicht – wie es die Aussage „all marketing will be direct marketing" suggeriert – die klassische (indirekte) Kommunikation völlig verdrängen, sondern es wird sich eher eine Akzentverschiebung zugunsten direkter Kommunikationsmittel ergeben. Damit einhergehend wird sich das kurzfristig-technokratische Beeinflussungsmarketing zu einem langfristig orientierten Beziehungsmarketing entwickeln (Meffert 1996). Wichtige Impulse für die Direktkommunikation werden vom **Einsatz der Multimedia-Techniken** ausgehen (vgl. Meffert 1998).

5.48 Multimedia-Kommunikation

5.481 Grundlagen der Multimedia-Kommunikation

Spätestens seit dem Jahr 1995, in dem „Multimedia" zum Wort des Jahres in Deutschland gewählt wurde, ist dieser Begriff zu einem Schlagwort in sehr unterschiedlichen Bereichen geworden (Fink/Wamser 1996, S. 194). Beispielsweise wird im Bereich der Aus- und Weiterbildung dem „multimedialen Lernen" eine besondere Bedeutung beigemessen, im Bereich der Unterhaltung werden multimediale Elemente bereits seit vielen Jahren integriert (zum Beispiel in Computerspielen), und auch im Rahmen des Marketing beziehungsweise der Kommunikationspolitik werden vielfältige Einsatzmöglichkeiten mit neuen Herausforderungen diskutiert.

Als zentrale **Auslöser für die Entstehung von Multimedia** können die technologischen Fortschritte in den Bereichen der Prozessortechnologie, Datenkompression, Speichertechnik und Datenübertragung sowie die damit einhergehende Leistungssteigerung der Personal Computer, die Verfügbarkeit leistungsfähiger Datennetze und die zunehmende Digitalisierung von Informationen genannt werden (vgl. Abbildung 3-190). Die technischen Innovationen haben das Zusammenwachsen der sogenannten TIME-Industrien (Telekommunikation, Informationstechnologie, Medien und Elektronik) und die Auflösung der zwischen den Unterhaltungs-, Ausbildungs- und Informationsmärkten bestehenden Grenzen vorangetrieben. An den Berührungspunkten dieser bislang isolierten Industriezweige und Märkte setzen Synergiepotentiale an, die zu der Vielzahl multimedialer Produkte und Dienstleistungen geführt haben.

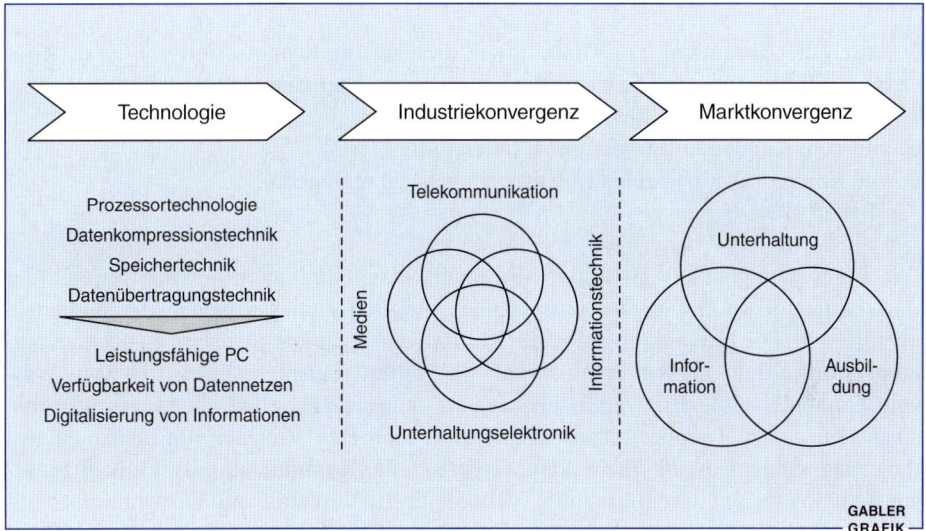

Abbildung 3-190: Auswirkungen der neuen Technologien auf Konvergenz und Strukturwandel von Industrien und Märkten
(in Anlehnung an Roland Berger & Partner 1996)

Die Verwendung des Begriffs **Multimedia-Kommunikation** erfolgt in unterschiedlichen Zusammenhängen (Meffert/Hensmann/Wagner 1996, S. 2). Im wesentlichen können dabei eine weitere und eine engere Auslegung unterschieden werden. Bei der **weiteren Auslegung des Begriffs** wird Multimedia-Kommunikation – in Anlehnung an die allgemeine Definition von Kommunikation – als der rechnergestützte Austausch von Informationen zwischen einem Sender und einem Empfänger unter Rückgriff auf verschiedene zeitunabhängige (zum Beispiel Text, Bild) und zeitabhängige Medien (zum Beispiel Ton, Animation) verstanden (Gerpott 1996, S. 15). Bei dieser Interpretation wird Multimedia-Kommunikation als technische Plattform beziehungsweise technisches Potential angesehen. Zur Multimedia-Kommunikation zählen damit auch das Versenden von Emails oder die Durchführung von Videokonferenzen über das Internet. Im unternehmerischen Sinne wird Multimedia-Kommunikation infolgedessen als die Nutzung dieser technischen Potentiale zur Erreichung der Unternehmensziele verstanden.

Kommunikationspolitische Entscheidungen

Bei der **engeren Begriffsauslegung** erfolgt eine Eingrenzung des Begriffs der Multimedia-Kommunikation auf den Marketingmixbereich der Marktkommunikation: Unter den Bereich der Multimedia-Kommunikation sind bei dieser Interpretation die Planung, Organisation, Durchführung und Kontrolle sämtlicher Maßnahmen zu fassen, die dazu dienen

- durch die Absendung von Botschaften, die über die Kombination von Text-, Graphik-, Bild-, Ton- und Bewegtbildelementen gestaltet sind (Multimediamittel),
- mittels elektronischer Medien (Multimediaträger),
- mit dem Kunden in Interaktion zu treten und
- die Kommunikationsziele des Unternehmens zu realisieren.
(Bruhn 1996, S. 8)

Eine Eingrenzung des Begriffs der Multimedia-Kommunikation auf den Bereich der Marktkommunikation wird den umfassenden Möglichkeiten der neuen Medien jedoch nicht gerecht. Die Entwicklungen in der Multimedia-Technologie haben zu neuen Kommunikationsmitteln im Kommunikationsmix geführt (beispielsweise CD-Rom Werbung, Computerspiele, Bildschirmschoner), die ohne die technologischen Fortschritte nie entstanden wären. Darüber hinaus existieren jedoch eine Vielzahl von multimedialen Marketingmaßnahmen, die nicht dem Mixbereich der Kommunikationspolitik zuzuordnen sind. So erbringt die Multimedia-Technologie als Verkaufs- und Distributionsmedium neue Impulse für den effizienten Absatz von Gütern (zum Beispiel Verkauf und Lieferung von Software über das Internet). Multimedia wird zum Leistungsbestandteil von Produkten (zum Beispiel multimediale Bedienungsanleitungen auf CD-Rom), und die multimediale Plattform bildet die Basis für die Durchführung von Transaktionen mit innovativen Formen der Preisgestaltung im Rahmen der Kontrahierungspolitik (zum Beispiel Auktionen, Sammelkauf).

Insgesamt gesehen besitzen die Entwicklungen im Bereich der Multimedia-Technologie damit zwei zentrale **Auswirkungen auf das Marketing**: Zum einen hat die Multimedia-Technologie substantiell neue Möglichkeiten in Form neuer Kommunikationsmittel hervorgebracht, die vor allem der Kommunikationspolitik zuzurechnen sind. Zum anderen hat Multimedia – rein technisch gesehen – als innovative Plattform Einsatzmöglichkeiten und damit Auswirkungen in vielen Bereichen des Marketing, wie zum Beispiel in der Marktforschung, Produkt-, Preis-, Distributions- und Kommunikationspolitik.

Den weiteren Ausführungen soll vor diesem Hintergrund die technische Sichtweise von Multimedia-Kommunikation zugrunde gelegt werden, da diese dem umfassenden Möglichkeitenspektrum von Multimedia eher gerecht wird als eine Eingrenzung auf die Marktkommunikation. Allerdings beziehen sich die Ausführungen in diesem Kapitel lediglich auf den Einsatz von Multimedia-Technologie als Instrument der Marktkommunikation. Die Einsatzmöglichkeiten der Multimedia-Technologie als Verkaufs- und Distributionsinstrument werden im Rahmen des Kapitels Verkaufsmanagement diskutiert (vgl. drittes Kapitel, Abschnitt 6.27).

Die **Erscheinungsformen der Multimedia-Kommunikation** sind vielfältig (vgl. Abbildung 3-191) und lassen sich anhand der folgenden Ausprägungspaare klassifizieren:

- Online-/Offline-Kommunikation: Im Gegensatz zur Offline-Kommunikation besteht bei der Online-Kommunikation über Datennetze eine direkte Verbindung zwischen Sender und Rezipient.

- Domizile/Nicht-domizile Kommunikation: Bei der domizilen Kommunikation kann der Rezipient die Botschaft zu Hause empfangen, während dies bei der nicht-domizilen Kommunikation an einem dritten Ort geschieht.

Typische domizile Online-Anwendungen sind u. a. die Informationsbereitstellung, Werbung oder der Verkauf über das Internet (zum Beispiel Home-Banking). Ein Beispiel einer nicht-domizilen Online-Anwendung ist ein Informationsterminal mit integriertem Datenanschluß zu Dienstleistern, Händlern und Produzenten in einem Kaufhaus (Möglichkeit der Bestandsprüfung, Bestellmöglichkeit). Beispiele für domizile Offline-Anwendungen sind elektronische Produktkataloge oder Computerspiele auf CD-Rom, während Informationsterminals ohne direkte Anbindung zu einem Anbieter von Produkten und Leistungen ein Beispiel für eine nicht-domizile Offline-Anwendung darstellt.

	Domizile Anwendungen	Nicht-domizile Anwendungen
Offline-Anwendungen	z. B. CD-Rom mit Produktionformationen	z. B. POS/POI-Terminals in Kaufhäusern ohne Anbindung an ein Netzwerk
Online-Anwendungen	z. B. Werbung, Vertrieb oder Service über Angebote im Internet	z. B. POS/POI-Terminals in Kaufhäusern mit Anbindung an ein Netzwerk (Möglichkeit der Bestandsprüfung, Bestellmöglichkeit)

Abbildung 3-191: Erscheinungsformen der Multimedia-Kommunikation
(Quelle: Fink 1997, S. 23)

5.482 Offline-Kommunikation

Zu den Offline-Anwendungen der Multimedia-Kommunikation zählen transportable Datenträger (Diskette und CD-Rom), Kioskterminals, portable Rechner und Werbe-Computerspiele (Heimbach 1997, S. 25).

Die transportablen Datenträger **Diskette und CD-Rom** werden insbesondere zu Zwecken der Leistungspräsentation und Unternehmenswerbung (Public Relations) eingesetzt und an aktuelle und potentielle Kunden per Direct-Mailing verschickt oder vom Verkaufspersonal im Einzelhandel sowie auf Messen und Ausstellungen gezielt verteilt. In der Regel enthalten diese Werbeträger Informationen über Produkte, Dienstleistungen und das anbietende Unternehmen. Allerdings sind der intellektuelle und künstlerische Anspruch der Verbraucher an eine CD-Rom ungleich höher als bei allen anderen Werbemedien, da es sich bei diesen multimedialen Werbeträgern um sogenannte „Pull-Medien" handelt, die nicht wie „Push-Medien" passiv rezipiert werden (wie etwa Fernseh- oder Plakatwerbung), sondern nach aktiver Entscheidung und bewußter Teilnahme des Betrachters verlangen. Die Initiative für den Abruf von Informationen von der CD-Rom geht allein vom Nutzer aus, weshalb im Zusammenhang mit „Pull-Medien" auch von „Advertising on demand" gesprochen wird. Werbung wird hier zu einer angeforderten statt zu einer gesendeten Botschaft. Damit ist die zentrale Herausforderung verbunden, den Nutzer zu einem Umgang mit diesem Werbemittel zu bewegen.

Der **Mehrwert einer CD-Rom** für den Rezipienten liegt häufig im Visualisierungs- und Simulationspotential. Beispielsweise demonstriert der Logistikdienstleister DHL nicht nur sein breites und relativ schwer zu vermittelndes Leistungsangebot auf einer CD-Rom, sondern stellt auf dieser dem Nutzer auch ein Modul zur individuellen Simulation von Kosten bei der Inanspruchnahme der Serviceleistungen von DHL zur Verfügung. Allerdings erweist es sich aus Anbietersicht als problematisch, daß die Werbe-CD-Roms mit kommerziellen Produktionen aus dem Unterhaltungsbereich um die Zeit und das Interesse der Konsumenten konkurrieren. Kommerzielle Computerspiele mit mehrstündiger durchgehender Video-Animation, Sound in CD-Qualität und aufwendiger Programmiertechnik erweitern ständig die Grenzen des „Machbaren" und „Üblichen". Konsumenten dieser Spiele lassen sich von Produkt- und Unternehmenspräsentationen auf CD-Rom mit „veralteter" Technik jeweils kaum noch beeindrucken. Um diesen Wettbewerb zu umgehen, enthalten jüngste CD-Rom-Produktionen neben den werblichen Botschaften auch zusätzliche Mehrwerte in Form von Katalogen, Nachschlagewerken, Datenbanken, Ratgebern, Planungshelfern usw., so daß die Aktualität der CD-Rom für eine längere Zeit garantiert ist und deren Nutzung auch langfristig für den Konsumenten einen Mehrwert bedeutet.

Der **Einsatz von Kioskterminals** dient ebenfalls in erster Linie der Kundenkommunikation über Leistungen und Unternehmen. Die Einsatzfelder reichen von der Präsentation auf Messen und Ausstellungen über unternehmensinterne Standorte (Eingangshalle, Werkhallen, Hausmessen) bis hin zu öffentlichen Standorten (zum Beispiel in Einkaufszentren).

Das bekannteste Beispiel war der sogenannte „Karstadt Music Master", an dem sich Karstadt-Kunden über die bei Karstadt erhältlichen CDs, Musikkassetten und Videos informieren konnten. Es bestand an diesem Kioskterminal die Möglichkeit zur Titelsuche und -demonstration. Durch die Anbindung der Terminals an das Warenwirtschaftssystem von Karstadt konnte die Verfügbarkeit der recherchierten Produkte überprüft und ggf. der nicht verfügbare Artikel direkt am Terminal bestellt werden. Das Ziel einer Umsatzsteigerung ohne zusätzliches Personal wurde kurzfristig erreicht, langfristig gesehen war der Karstadt Music Master allerdings kein Erfolg, so daß dessen Betrieb bereits nach zwei Jahren eingestellt wurde (Müller 1994, S. 80).

Der **Einsatz von portablen Rechnern** (Laptops) erlangt vor allem zu Zwecken der Verkaufsunterstützung an Bedeutung (insbesondere im Außendienst). Zur aktiven Verkaufsunterstützung kann der portable Rechner überall dort hilfreich eingesetzt werden, wo beim Verkaufsgespräch das Vorstellungsvermögen des Kunden stark gefordert ist (zum Beispiel bei Finanzdienstleistungen oder komplexen Maschinen). Im einzelnen liegen die Vorteile des Einsatzes von portablen Rechnern zur mutimedialen Verkaufsunterstützung in den folgenden Punkten (Bless/Matzen 1995, S. 301):

- Durch den vorstrukturierten Ablauf des Gespräches durch das Programm erfolgt ein systematisches Verkaufsgespräch. Die Software läßt jedoch in der Regel auch Sprünge zu vertiefenden Ausführungen zu.

- Der Verkäufer ist nicht nur auf die verbale Darstellung von Sachverhalten angewiesen, sondern wird durch multimediale Elemente unterstützt. Durch die Integration von verschiedenen Medien können komplexe Zusammenhänge verständlicher dargestellt werden.

- Der Kunde wird in den Gesprächsverlauf aktiv integriert, indem er aus den angebotenen Möglichkeiten und Variationen selbst auswählen kann.

- Der Verkäufer macht durch die Computerunterstützung weniger Fehler und kann durch Rückgriff auf umfangreiche Datenbanken seine Leistungskompetenz unter Beweis stellen. Kunden fühlen sich „von einem Experten beraten".

- Der Einsatz der multimedialen Verkaufsunterstützung wird von Kunden nach wie vor als innovativ bewertet und dient damit dem Aufbau eines innovativen Unternehmensimages.

Der **Einsatz von Werbe-Computerspielen** ist schließlich ebenfalls zu den multimedialen Offline-Anwendungen zu zählen, wenn diese Spiele ohne Netzwerkanbindung vom Endverbraucher auf dem heimischen PC gespielt werden können. Diese Spiele werden zum Bereich des sogenannten **Advertainment** gezählt, einem Begriff aus dem Amerikanischen, der sich aus dem Wortstamm *Adver*tising und der Endung Enter*tainment* zusammensetzt. Damit soll zum Ausdruck kommen, daß kommerzielle Interessen und Unterhaltung miteinander verbunden werden.

Eines der verbreitetsten und in den Medien am häufigsten diskutierten Werbe-Computerspiele ist die „**Moorhuhnjagd**" des Getränkeherstellers Johnnie Walker (vgl. Abbildung 3-192). Bei diesem Spiel muß der Spieler innerhalb von 90 Sekunden möglichst viele „über den Bildschirm fliegende Moorhühner" abschießen. Der Schriftzug „Johnnie Walker" wird dabei während des Spiels auf verschiedenen Elementen (auf vorbeifliegenden Flugzeugen und Heißluftballons, auf Baumstämmen sowie Straßenschildern) eingeblendet, was den Spielfluß jedoch nicht einschränkt. Das Spiel wurde von Johnnie Walker auf der Internetseite kostenlos zur Verfügung gestellt, und hat binnen kürzester Zeit eine so große Verbreitung gefunden, daß beispielsweise die Bild-Zeitung das „Moorhuhnfieber in Deutschland" zum Anlaß nahm, auf der Titelseite von diesem Werbe-Computerspiel zu berichten. Selbst die Nachrichtenmagazine „Der Spiegel" und der „Focus" sowie zahlreiche Fernsehsendungen berichteten von dieser gelungenen Verknüpfung von Spielspaß und kommerziellem Interesse. Dem Getränkehersteller ist es mit dem Computerspiel, dessen Herstellkosten unter 50.000 DM lagen, gelungen,

- zahlreiche Kontakte mit aktuellen und potentiellen Konsumenten zu generieren,
- eine „Fangemeinde" im Internet aufzubauen, die ihre Erfahrungen mit dem Spiel auf der Internetseite von Johnnie Walker austauschen,
- zahlreiche Internetnutzer auf die Internetseite zu locken und damit Cross-Selling Potentiale zum integrierten Internetshop zu schaffen,
- eine positive Resonanz in der Presse zu bewirken und
- das Image eines innovativen sympathischen und humorvollen Unternehmens aufzubauen.

Abbildung 3-192: Screenshot des Werbe-Computerspiels „Moorhuhnjagd" des Getränkeherstellers Johnnie Walker
(Quelle: http://www.moorhuhnjagd.de vom 10.04.2000)

5.483 Online-Kommunikation (Internet)

5.4831 Entwicklung und Bedeutung des Internet

Das Internet ist das bekannteste und meist genutzte weltweite Onlinemedium, das derzeit zur Verfügung steht. Die Entstehung reicht bis in das Jahr 1969 zurück. Zu diesem Zeitpunkt beschloß eine Abteilung des US-Verteidigungsministeriums (Departement Advanced Research Project Agency) den experimentellen Aufbau einer Datenverbindung zwischen vier Computern unter der Prämisse zu verwirklichen, daß auch bei einem teilweisen Ausfall von Teilen des Netzwerkes, zum Beispiel im Kriegsfall, der Datentransfer gewährleistet bleibt. Das unter diesen Vorgaben entwickelte Netz des „Departement **A**dvanced **R**esearch **P**roject **A**gency" wurde ARPAnet genannt und besaß einen dezentralen Aufbau der Rechnerarchitektur und ein einheitliches Datenprotokoll (TCP/IP – Transmission Control Protocol/Internet Protocol), das unterschiedlichen Computersystemen den Austausch von Daten erlaubte. Um auch Akademikern den Austausch wissenschaftlicher Inhalte zu ermöglichen, wurden im Jahr 1986 in den USA fünf Universitäten miteinander auf der Basis des TCP/IP-Protokolls miteinander verbunden. Das so entstandene Netzwerk namens NSF-Net (National Science Foundation Net) bildet seitdem das sogennante Rückgrat („Backbone") des Internet in den USA. Zugleich wurde auch in Europa eine Netzinfrastruktur auf der Basis des TCP/IP-Protokolls entwickelt. Während der Deutsche-Forschungsnetz-Verein sehr bald die Aktivitäten in Deutschland koordinierte und den Aufbau des deutschen Wissenschaftsnetzes WiN forcierte, wurde im Jahre 1992 mit dem „E-bone" die europäische Internetbasis aufgebaut.

Technisch gesehen ist das Internet damit nichts anderes als die Summe aller der Netzwerkbetreiber, die über die einheitliche Sprache des TCP/IP-Protokolls miteinander verbunden sind. Damit erklärt sich auch die Tatsache, daß das Internet keinen Besitzer hat, sondern als ein freiwilliger weltweiter Zusammenschluß von Computern bezeichnet werden kann. Es gibt zwar Einrichtungen wie die Internet Society und das World Wide Web Consortium, die regulierend auf die Teilnehmer des Internet einwirken, um ein gewisses Maß an Übereinstimmung zu gewährleisten, allerdings besitzen diese keine Weisungsbefugnisse. Einzig die weltweit agierenden Network Information Center (NIC) koordinieren das Internet, indem sie die „Telefonnummern" (sogennante IP-Adressen) der angeschlossenen Computer (auch Hosts genannt) verwalten. Die Vergabe von IP-Adressen an die angeschlossenen Rechner ist notwendig, da Daten im Internet vor dem Verschicken in kleine standardisierte Datenpakete zerlegt werden, die – bestehend aus einer Zieladresse, dem eigentlichen Dateninhalt sowie einiger weiterer Steuerzeichen – beim Empfänger dann später wieder zu einer Einheit gebündelt werden.

Im wesentlichen sind sechs Dienste zu unterscheiden, die das Internet ermöglicht (Grubb et al. 1995, S. 50 ff.; Oenicke 1996, S. 30 f.; Alpar 1998, S. 49 ff.):

- Durch **Email** (elektronische Post) ist der elektronische Austausch von Daten jeder Art möglich. Die einfache Handhabung, die Kostengünstigkeit und Schnelligkeit sind die wesentlichen Gründe, welche die elektronische Post populär gemacht haben.

- **Newsgroups** sind öffentliche Sammelbriefkästen für Emails zu verschiedenen Themenkreisen und dienen als „schwarze Bretter des Internet". Derzeit existieren auf einigen Rechnern bis zu 20.000 verschiedene Rubriken.

- Das **World Wide Web** (WWW) gestattet es, multimediale Inhalte in beliebiger Kombination zu übertragen. Das Konzept ist im sogennanten Hyperlinkformat aufgebaut, das heißt durch das Auswählen von herausgehobenen Dokumententeilen kann zwischen verschiedenen WWW-Seiten eine Verbindung hergestellt werden, so daß ein nicht-lineares Lesen ermöglicht wird. Zur Darstellung der multimedialen WWW-Dokumente ist eine spezielle Software (Browser) notwendig.

- Der Internetdienst **Gopher** erlaubt die systematische Auflistung von großen Datenmengen. Die Informationen werden allerdings im Unterschied zum WWW in Form von Listen im Textformat und nicht als multimediale Hyperlink-Dokumente angeboten. Wegen der besseren grafischen Darstellungsmöglichkeiten des WWW besitzt der Internetdienst Gopher nahezu keine Bedeutung.

- Durch das **File Transfer Protocol** (FTP) ist es möglich, Dateien von fremden Computern (sogennante FTP-Server) zu beziehen beziehungsweise an diese zu verschicken. In der Regel geschieht die Anmeldung bei einem FTP-Server durch die Angabe eines Benutzernamens sowie eines Paßwortes. Bei einigen FTP-Servern besteht zudem die Möglichkeit, durch anonymen Zugang Zugriff auf Daten zu erhalten. Zum Auffinden von Informationen, die durch einen anonymen Zugang erhältlich sind, dient der Internetdienst Archie.

- Mit Hilfe des Internetdienstes **Telnet** können fremde Rechner quasi wie mit einer Fernbedienung bedient werden. So wird der Zugriff auf die Programme und Daten fremder Rechner ermöglicht.

Die einfachen und grafisch wenig anspruchsvollen Dienste File Transfer Protocol, Gopher, Telnet und Newsgroups dominierten bis zum Jahr 1993, verloren aufgrund der Einführung des World Wide Web jedoch an Bedeutung. Aufgrund der vielfältigen multimedialen Fähigkeiten hat sich das **World Wide Web** neben der Emailfunktion als zentraler Dienst des Internet etabliert. Der Großteil der kommerziellen Aktivitäten im Internet findet im World Wide Web statt (Zerdick et al. 1999, S. 142).

Um **Zugang zum Internet** zu bekommen, bieten sich grundsätzlich zwei Möglichkeiten an. Zum einen kann ein eigener Datenserver mittels Standleitung an das Internet angeschlossen werden, was allerdings mit beträchtlichen Kosten für die Installation und die permanente Anbindung verbunden ist. Diese Möglichkeit der Internetanbindung wird vor allem von Unternehmen genutzt. Zum anderen gibt es eine Vielzahl von sogenannten Providern, die ihren (vornehmlich privaten) Kunden Zugang zum Internet über ihre

Datenserver per Einwählverbindung verschaffen. Über den einfachen Internetzugang hinaus bieten diese Provider ihren Kunden eine eigene Emailadresse und die Möglichkeit, einen eigenen Internetauftritt zu realisieren. Grundsätzlich sind dabei **drei Providertypen** zu unterscheiden.

- **Onlinedienste** wie T-Online oder AOL bieten ihren Kunden nicht nur Zugang zum Internet und Email, sondern auch ein umfangreiches Angebot an exklusiven Inhalten, Spielen, Downloadmöglichkeiten etc. an. Die Kunden zahlen neben einer monatlichen Grundgebühr variable Nutzungsentgelte an den Provider (i. d. R. Telefongebühren und teilweise auch zusätzliches Entgelt pro Einwahl).

- **Internet Service Provider (ISP)** unterscheiden sich von den Onlinediensten dadurch, daß sie ihren Kunden lediglich Zugang zum Internet und Email, aber keine exklusiven Inhalte anbieten. Die Kosten für den Kunden setzen sich ebenfalls aus einer monatlichen Grundgebühr und nutzungsabhängigen Gebühren zusammen. Viele Internet Service Provider sind lokal oder regional tätig, aber auch große Telekommunikationsgesellschaften wie Mannesmann Arcor, o.tel.o oder Talkline treten als Internet Service Provider auf.

- Beim **Internet by Call** werden nur nutzungsabhängige Entgelte an den Anbieter entrichtet. Eine monatliche Grundgebühr entfällt. Die meisten Telekommunikationsgesellschaften besitzen inzwischen ein solches Internet by Call Angebot.

Die **Zahl der Internetnutzer** ist seit der Einführung des World Wide Web im Jahr 1993 rapide gestiegen. Die exakte Nutzerzahl des Internet kann jedoch durch eine Analyse der registrierten Internetcomputer (Hosts) nicht direkt festgestellt werden, da hinter jedem Host eine beliebig hohe Anzahl weiterer Computer stehen und des weiteren jeder Computer von mehreren Personen benutzt werden kann. Die Zahl der Internetnutzer kann folglich auf Basis der registrierten Internetcomputer nur durch Multiplikation der Anzahl registrierter Internetcomputer mit der durchschnittlichen Anzahl von Nutzern pro Host ermittelt werden. Die durchschnittliche Anzahl der Teilnehmer pro Host bewegt sich – je nach Schätzung – zwischen vier und zehn Teilnehmern (Alpar 1998, S. 21). Folglich kann durch eine Analyse der Registrierungszahlen nicht mit hinreichender Sicherheit auf die exakte Anzahl der Internetnutzer geschlossen werden. Genauere Ergebnisse liefern hingegen telefonische Befragungen, bei denen per Zufallsstichprobe eine große Anzahl Internetnutzer und Nicht-Internetnutzer angerufen werden. Von dem in der repräsentativen Stichprobe festgestellten Anteil an Internetnutzern kann dann auf die Gesamtbevölkerung geschlossen werden. In Deutschland wurden im April 2000 circa 17 Millionen Internetnutzer ermittelt (vgl. w&v 2000). Weltweit ist die Zahl der Internetnutzer seit 1993 auf derzeit über 300 Millionen gestiegen (Stand: April 2000). Das Internet ist damit das am schnellsten gewachsene Medium, das es je gab. Nach nur fünf Jahren hatte sich das Internet bereits bei mehr als 50 Millionen Nutzern etabliert. Beim Radio dauerte es 38 Jahre und beim Fernsehen 13 Jahre (Kabelfernsehen 10 Jahre), bis 50 Millionen Nutzer erreicht wurden (Zerdick et al., S. 143).

Wenngleich ein zunehmender Anteil der Bevölkerung das Internet nutzt, hat sich dieses Medium bislang noch nicht als Massenmedium etabliert, da es sich bei den Internetnutzern noch immer um eine **relativ spezifische Zielgruppe** handelt. So ist dem GfK-Online-Monitor (1999) zu entnehmen, daß rund 60 Prozent der Internetnutzer männlichen Geschlechts (40 Prozent weiblichen Geschlechts) sind. Und auch hinsichtlich des Alters unterscheidet sich die Gruppe der Internetnutzer von der Gesamtbevölkerung (vgl. Abbildung 3-193). Insbesondere Personen im Alter zwischen 14 und 29 Jahren sind überproportional häufig im Internet vertreten. Darüber hinaus zeichnet sich der typische Internetnutzer durch eine überdurchschnittliche Schulbildung und ein im Vergleich zum Bevölkerungsdurchschnitt überproportionales Haushaltsnettoeinkommen aus. Vergleicht man die vorliegenden Studien über die Soziodemographie der Internetnutzer jedoch im Zeitablauf, ist eine Annäherung an den Gesamtbevölkerungsdurchschnitt festzustellen. Beispielsweise waren im Jahr 1995 noch 79 Prozent der Internetnutzer männlichen Geschlechts (Target Group 1995). Das Internet befindet sich damit im Übergang zu einem Massenmedium.

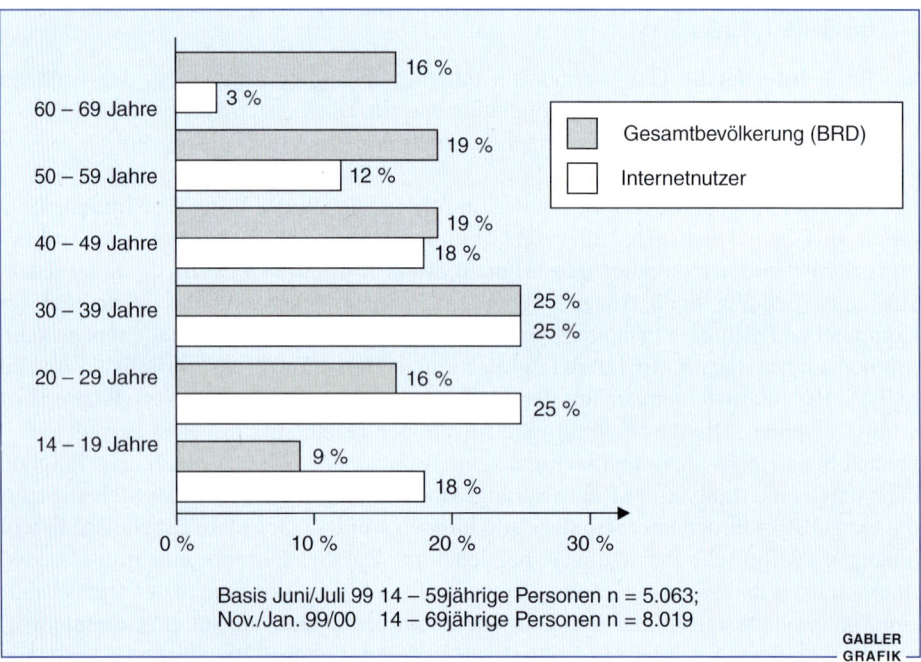

Abbildung 3-193: Alter der Internetnutzer im Vergleich zum Bevölkerungsdurchschnitt
(Quelle: GfK Online Monitor 1999)

Die kommerzielle Bedeutung des Internet beziehungsweise die Bedeutung des Internet für das Marketing wird aus einer Studie ersichtlich, bei der Werbeleiter in Deutschland bezüglich Ihrer Einschätzung der **Bedeutung des Internet als Marketinginstrument** befragt wurden. Dieser Umfrage können vier zentrale Auswirkungen entnommen werden (vgl. Abbildung 3-194). Zum einen wird das Internet nach Ansicht der befragten Werbeleiter aus deutschen Unternehmen zu einem festen Bestandteil im Marketingmix werden. Zum anderen führen die Entwicklungen im Bereich des Internet zu einer gestiegenen Markttransparenz und damit zu einer verschärften Wettbewerbssituation in vielen Branchen. Allerdings geht mit der Marktdynamik die Schwierigkeit für viele Unternehmen einher, die Entwicklungen in diesem Sektor zu prognostizieren. Darüber hinaus ist durch das Internet eine Veränderung der Wertschöpfung bei vielen Unternehmen zu erwarten. So verändern sich nicht nur Prozesse innerhalb der Unternehmen, sondern es sind auch Veränderungen in klassischen Distributionsketten zu erwarten. Schließlich ist auch von Veränderungen bei den Verbrauchern durch das Internet auszugehen. Diese liegen sowohl in ihrem Medienkonsum als auch in ihrem Informations- und Einkaufsverhalten.

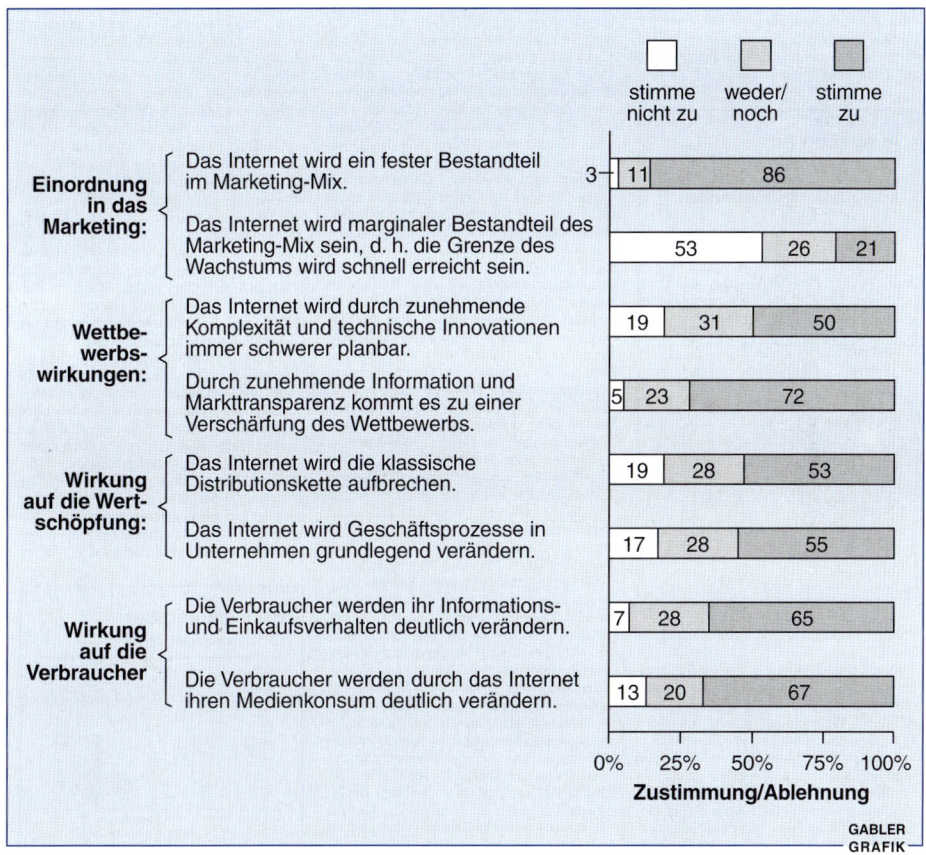

Abbildung 3-194: Bedeutung des Internet als Marketing-Instrument
(Quelle: GfK-WirtschaftsWoche-Werbeklima I/2000)

Markt für Online-Werbung wächst auf 300 Millionen DM

Zielgruppen lassen sich recht genau erreichen / Sponsoring statt Banner / Werbeplätze günstig ersteigern

ht. FRANKFURT, 15. Dezember. Mit der wachsenden Nutzerzahl gewinnt das Internet als Werbemedium schnell an Attraktivität. Allein in Deutschland werden in diesem Jahr mehr als 100 Millionen DM für Online-Werbung ausgegeben. Im kommenden Jahr werden die Ausgaben für Werbung im Netz auf mindestens 300 Millionen DM wachsen, schätzen Branchenkenner. Dabei stellt Deutschland bisher nur einen Splitter des globalen Online-Werbemarkts dar. Auf rund 3,2 Milliarden Dollar schätzt das Marktforschungsunternehmen Jupiter Communications die weltweiten Ausgaben für Online-Werbung in diesem Jahr, fast 90 Prozent davon allein in den Vereinigten Staaten. Bis zum Jahr 2003 wird ein Anstieg der gesamten Werbeausgaben in der Welt auf 11,5 Milliarden Dollar erwartet. Parallel dazu könnte der Anteil der Online-Werbeausgaben am gesamten Werbemarkt von rund zwei Prozent auf mehr als fünf Prozent klettern, schätzt Jupiter-Analystin Michele Slack.

Der schnelle Anstieg der Online-Werbung lässt sich zu einem Teil mit der wachsenden Popularität des Internet erklären. Allein in Deutschland ist die Zahl der Menschen, die das neue Medium nutzen, auf mehr als zehn Millionen in diesem Jahr angewachsen und wächst jedes Jahr um mehr als 30 Prozent. Parallel erhöht sich auch die Intensität und Dauer der Nutzung: Während Neueinsteiger das Netz zuerst für Information und Kommunikation nutzen, steigt der Anteil der erfahrenen Nutzer rasch an, die im Internet ihr Bankkonto führen, Aktien handeln oder Produkte bestellen. Wenn im kommenden Jahr die ersten Pauschaltarife für den Internet-Zugang angeboten werden, dürfte die Nutzungsintensität und damit die Attraktivität als Werbemedium noch einmal kräftig nach oben schnellen. Zusätzlich wird moderne Breitbandtechnik in wenigen Jahren die Möglichkeit schaffen, auch aufwendige Werbespots in hoher Qualität zum einzelnen Nutzer zu transportieren.

Neben den schnell steigenden Nutzerzahlen weist das Netz für die Werbung treibende Wirtschaft zusätzlich einen Qualitätsfortschritt auf: Werbung kann fast ohne Streuverluste platziert und direkt mit Bestell- oder Informationsmöglichkeiten verknüpft werden. „Schon heute weiß jeder Betreiber einer Internet-Seite genau, in welcher Stadt der Internet-Nutzer wohnt, der seine Seite gerade anschaut. Entsprechend kann er diesem Nutzer ein Werbebanner mit lokalem Charakter einblenden, zum Beispiel das Banner seiner Stadtsparkasse", sagt Michael Gebert, Geschäftsführer des Münchner Internet-Werbevermarkters Admaster. Das gelte allerdings nicht, wenn sich der Nutzer über einen Online-Dienst wie AOL ins Netz eingewählt habe.

Über den normalen Datenaustausch beim Aufruf einer Seite erfahre der Betreiber auch, in welchem Themenumfeld sich der Besucher gerade aufhalte. „Schaut sich der Nutzer auf der Seite Aktienkurse an, kann man ihm das Banner eines Online-Aktienhändlers auf den Bildschirm senden", sagt Gebert. Mehr als den Aufenthaltsort, das Themenumfeld und das verwendete Computersystem wisse der Seitenbetreiber über seine Nutzer aber gewöhnlich nicht. Lediglich in Online-Gemeinschaften, in denen die Nutzer ihre Interessen freiwillig preisgeben, wisse der Betreiber oft mehr, sagt Gebert.

Zwar machen die klassischen Werbebanner immer noch den größten Teil der Online-Werbung aus, aber ihre Bedeutung lässt nach. Die Klickrate, also der Anteil der Nutzer, die in Werbebanner sehen und anschließend darauf klicken, ist inzwischen auf durchschnittlich 0,5 Prozent gefallen. „Der Trend geht eindeutig in Richtung Sponsoring. Da es sich dabei um langfristige Verträge handelt, fließt auch mehr Geld in die Online-Werbung", hofft Gebert. Beim Sponsoring sei der Werbungtreibende auf thematisch abgegrenzten Seiten, zum Beispiel den Auto-Seiten eines Portalbetreibers, über einen längeren Zeitraum mit seinem Logo präsent. Denkbar sei auch ein Wertschöpfungsketten-Sponsoring: Eine Autoversicherung könne permanent auf Auto-Seiten der Portalbetreiber präsent sein. Darin erschöpft sich für Gebert die Online-Werbung aber noch lange nicht. Vorstellbar seien auch animierte Cursor, die sich bei vorher definierten Bewegungen in Werbebanner umwandeln.

Der Markt für Online-Werbung steckt nach Ansicht von Gebert noch in den Anfängen und sei auch noch lange nicht verteilt. Rund 80 Prozent der Online-Werbung werde von den Betreibern der Seite direkt an die Werbewirtschaft verkauft. Mit 20 Prozent entfalle erst ein geringer Teil auf Werbevermarkter, sagt Gebert. Gemeinsam mit dem amerikanischen Weltmarktführer Doubleklick, dem Nürnberger Unternehmen Adpepper und dem zu 1&1 gehörenden Vermarkter Adlink aus Montabaur zähle Admaster zu den vier Marktführern in Deutschland. In diesem Jahr werde sein Unternehmen einen Umsatz von rund vier Millionen DM erzielen. Bereits für das kommende Jahr erwartet Gebert einen Umsatzanstieg auf 12 bis 15 Millionen DM.

Zu diesem Umsatzanstieg sollen auch neue Formen der Werbevermarktung beitragen, zum Beispiel Versteigerungen. „Viele Online-Werbeflächen in Deutschland werden nicht verkauft. Deshalb haben wir damit begonnen, freie Plätze zu günstigen Preisen zu versteigern. Da die Werbung für den Betreiber der Seiten kaum Kosten verursacht, ist es für sie allemal sinnvoll, freie Flächen kurzfristig auch mal unter dem Marktpreis zu vergeben." Da die Versteigerungen mit 7 DM für 1000 Blickkontakte begönnen, sei die Resonanz sehr gut. Im Durchschnitt werde zurzeit ein Tausender-Kontakt-Preis (TKP) von 80 DM erzielt. Allerdings werde der Wettbewerb in der Online-Werbebranche härter. „Die guten inhaltlichen Angebote und damit die Zahl der attraktiven Werbeplätze wächst schneller als die Zahl der Nutzer", sagt Gebert.

Zu den eifrigsten Online-Werbern zählen in den kommenden Jahren Finanzdienstleister, Medienunternehmen und die Automobilindustrie. Nach Schätzungen der Jupiter-Analysten werden diese drei Branchen im Jahr 2003 jeweils zwischen 1,2 und 1,5 Milliarden Dollar für Werbung im Internet ausgeben. Geringere Summen, aber mit 18 Prozent den höchsten Anteilen an den gesamten Werbeausgaben, setzen nach dieser Prognose die Computerunternehmen für Online-Werbung ein. Je stärker sich die demografische Struktur der Internet-Nutzer aber der Gesamtbevölkerung annähert, desto mehr werden die traditionellen Werbebranchen an Bedeutung gewinnen.

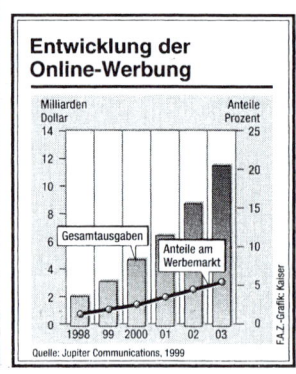

Insert 3-40: Frankfurter Allgemeine Zeitung, 16.12.1999, S. 28

Die **Bedeutung des Internet als Kommunikationsinstrument** wird aus einer Studie des Marktforschungsunternehmens Jupiter Communications aus dem Jahr 1999 ersichtlich (vgl. Insert 3-40). Die Marktforscher haben herausgefunden, daß im Jahr 1999 ca. 100 Millionen DM in Deutschland für Werbung im Internet ausgegeben wurde, und für das Jahr 2000 ist von einem Betrag in Höhe von ca. 300 Millionen DM auszugehen. Der Anteil der Ausgaben für Internet-Kommunikation ist zwar derzeit in vielen Branchen noch vergleichsweise gering, es sind allerdings erhebliche Steigerungsraten zu erwarten. Beispielsweise wird der Anteil an den gesamten Werbeaufwendungen im Jahr 2003 in der Hardware- und Softwarebranche ca. 18 Prozent, in der Medienbranche ca. 16 Prozent und bei Finanzdienstleistungen und im Touristikbereich jeweils 13 Prozent betragen.

5.4832 Besonderheiten der Kommunikation im Internet

Die Kommunikation über das Internet weist einige Besonderheiten auf, die diese von anderen Formen der Kommunikation wesentlich unterscheidet. Um die zentralen Unterschiede zwischen der „traditionellen" Kommunikation (beispielsweise im TV oder in Printmedien) und der Kommunikation im Internet deutlich zu machen, kann auf sogennante **Kommunikationsmodelle** zurückgegriffen werden. Es können drei grundlegende Modelle der Kommunikation unterschieden werden (vgl. Abbildung 3-195). Zum einen kann Kommunikation als Massenkommunikation erfolgen, indem ein Unternehmen (Sender) sich mittels Werbespots/Anzeigen über ein Massenmedium (zum Beispiel TV) an eine anonyme Masse (Empfänger) richtet. Zum anderen ist Kommunikation durch Indiviualkommunikation in den Ausprägungen „direkt" (im Gespräch) und „indirekt" (per Brief, Fax etc.) möglich. Diese Kommunikationsmodelle besitzen die Gemeinsamkeit, daß die Kommunikation in der Regel auf Initiative des Unternehmens (Sender) erfolgt, und daß mit Ausnahme der direkten persönlichen Kommunikation der Kommunikationsfluß nicht vom Empfänger beeinflußt werden kann. Rückkopplungen kommen lediglich in indirekter Form zustande.

Kommunikation im Internet integriert in vielfacher Hinsicht die drei aufgeführten klassischen Kommunikationsmodelle, da jede Form grundsätzlich möglich ist. Allerdings zeichnet sich die Kommunikation im Internet darüber hinaus durch **Interaktivität** aus. Interaktivität bedeutet, daß der Konsument selbst aktiv wird und selbst auswählen kann, welche Informationen er zu welchem Zeitpunkt und mit welcher Intensität abrufen möchte. Im Gegensatz zur klassischen Kommunikation (TV, Hörfunk etc.) wird der Rezipient selbst aktiv und navigiert durch die angebotenen, ihn jeweils interessierenden Informationen, die in sogennanter hypermedialer Form vorliegen. **Hypermedialität** bezeichnet das Prinzip der nicht-linearen beziehungsweise modulhaften Anordnung von Kommunikationsinhalten verschiedenster Mediengattungen, die durch Querverweise miteinander verbunden sind. Durch das Anwählen besonders gekennzeichneter Inhalte durch den Nutzer werden neue Informationen geladen und angezeigt. Demgegenüber zeichnet sich beispielsweise Werbung im Fernsehen durch eine lineare Darbietung der Botschaften aus.

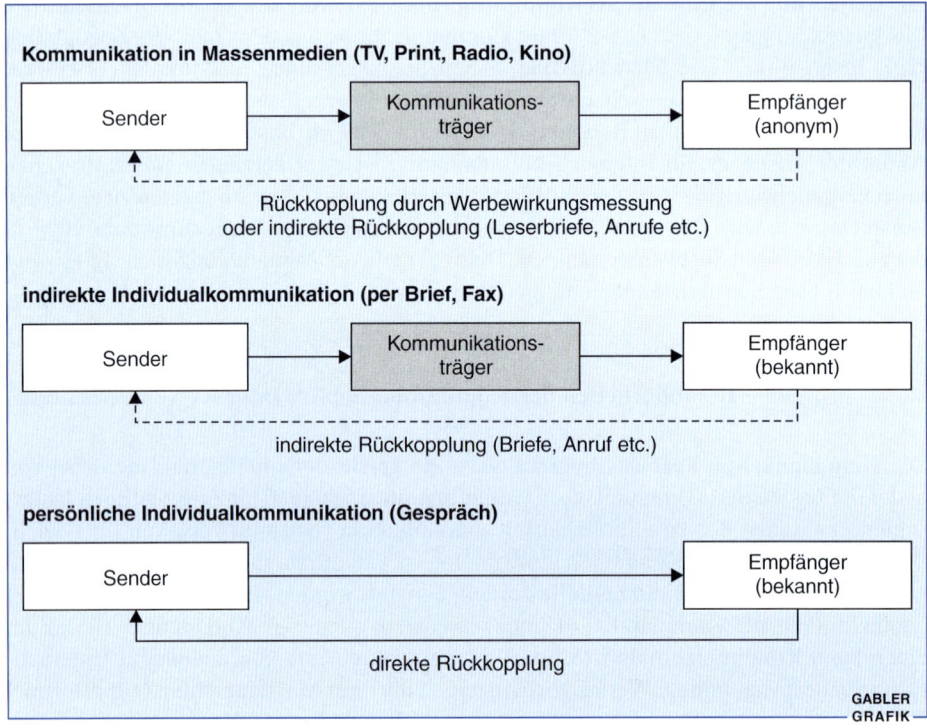

Abbildung 3-195: Klassische Kommunikationsmodelle

Aufgrund der Interaktivität kann nicht – wie bei klassischen Medien – eine eindeutige Trennung zwischen Sender und Empfänger vorgenommen werden, da jeder Teilnehmer (Unternehmen, Konsument) sowohl als Botschaftssender als auch als Botschaftsempfänger auftreten kann und sich Kommunikation im Internet in Form eines (interaktiven) Dialogs vollzieht. Darüber hinaus ist im Internet nicht nur die Ansprache eines anonymen Publikums, sondern auch von ausgewählten Teilmengen der anvisierten Zielgruppen möglich (vgl. Abbildung 3-196). Aufgrund der vielfältigen Kommunikationsmöglichkeiten wird dem Internet das Charakteristikum zugesprochen, ein multifunktionales Medium zu sein. Die **Multifunktionalität** besitzt folgende drei Ausprägungen:

- Bei der **One-to-Many-Kommunikation** fungiert das Internet als Informationsspeicher. Unternehmen können Informationen für ein anonymes Publikum im World Wide Web bereit stellen, und interessierte Konsumenten können auf dieses Angebot zugreifen und die sie interessierenden Informationen abrufen. Die Initiative der Kommunikation geht bei der One-to-Many-Kommunikation folglich auf den einzelnen Konsumenten zurück. Werbung wird zu einer aufgeforderten statt zu einer gesendeten Botschaft.

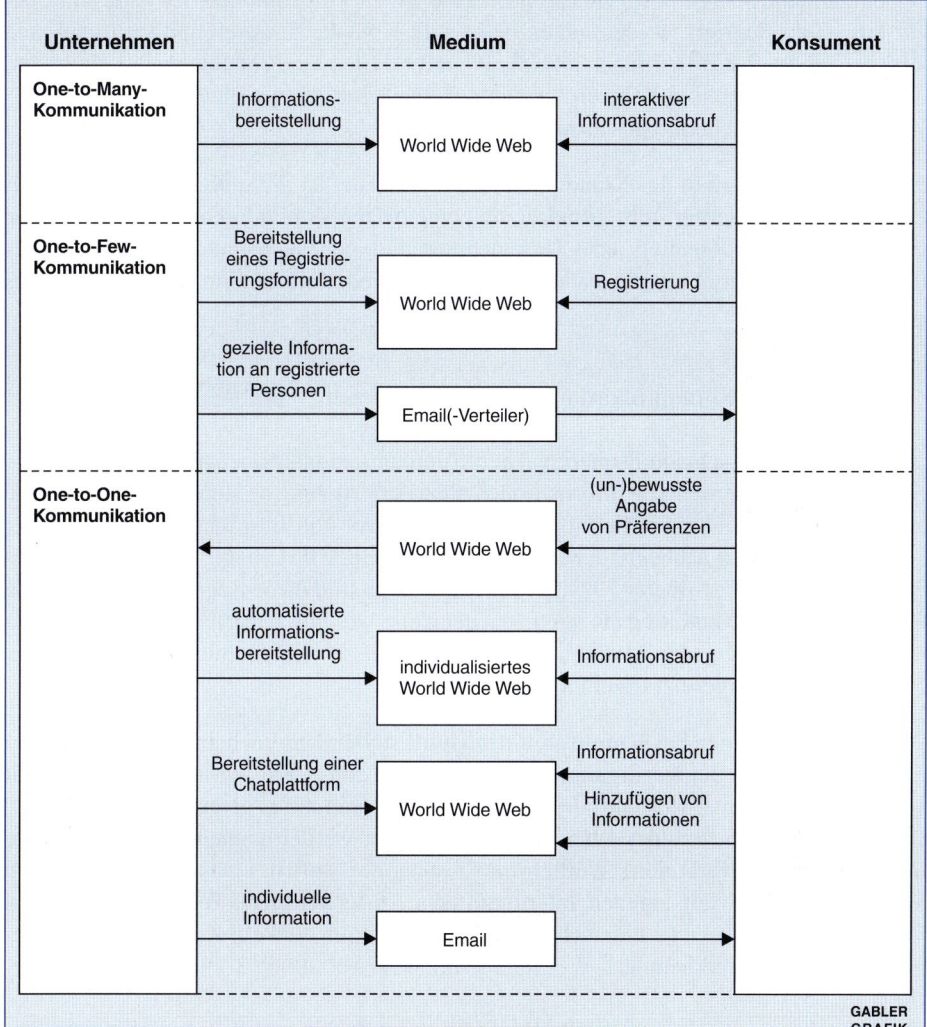

Abbildung 3-196: Multifunktionales Kommunikationsmodell des Internet

- Da sich Konsumenten bei vielen Unternehmen mit ihrer Emailadresse registrieren lassen können, wird aus Unternehmenssicht auch die **One-to-Few-Kommunikation** möglich. Unternehmen können den registrierten Konsumenten gezielt Emails zukommen lassen.
- Mit der **One-to-One-Kommunikation** wird die Möglichkeit angesprochen, daß Unternehmen ihnen bekannten Konsumenten individuell gestaltete Emails schicken, oder auf die Präferenzen des einzelnen Konsumenten hin zugeschnittene Internetseiten veröffentlichen können. Darüber hinaus kann den Konsumenten die Möglichkeit

eingeräumt werden in sogennanten Chatrooms, die von Unternehmen in das Internetangebot integriert werden, untereinander in Kontakt zu treten und Informationen (beispielsweise Erfahrungen im Umgang mit bestimmten Produkten) auszutauschen. Dies kann sowohl in Echtzeit („Chat") als auch zeitlich versetzt (in „Newsgroups" oder „Gästebüchern") geschehen.

Als letzte Besonderheit der Kommunikation im Internet ist die **globale Verfügbarkeit** zu nennen. Das Internet stellt grundsätzlich eine offene Kommunikationsplattform dar, über die weltweit potentiell jedes Unternehmen und jeder Konsument mit der entsprechenden Technik kommunizieren kann. Folglich ist jede Information von jedem Ort aus abrufbar.

5.4833 Kommunikationsformen im Internet

Als zentrales Unterscheidungsmerkmal der Kommunikationsformen im Internet dient die Frage, ob vom Unternehmen Informationen ohne Anforderung des Internetnutzers online verschickt werden oder ob die Initiative für den Abruf von Informationen vom Nutzer selbst ausgeht. Als Fachbegriffe haben sich hier die Begriffe **„Push"** und **„Pull"** durchgesetzt (Riedl 1997; Silberer 1997, S. 10). Allerdings sind diese Begriffe vom Push und Pull im vertikalen Marketing abzugrenzen, denn hier wird als zentrales Unterscheidungskriterium der Bezug der Marketingmaßnahmen auf den Absatzmittler oder auf den Endverbraucher angesetzt (Szeliga 1996).

Bei den Werbeformen des **Kommunikationspull** stellen Unternehmen werbliche Informationen lediglich zur Verfügung. Die Initiative für den Abruf von Informationen geht von den Nutzern aus, weshalb diese Werbeformen auch als „Advertising on demand" (Meffert/Hensmann/Wagner 1996, S. 33) bezeichnet werden können. Die bekannteste und am weitesten verbreitete Werbeform ist dabei der Auftritt eines Unternehmens im World Wide Web mit eigenen Internetseiten („**Unternehmens-Webseite**"). Es sind verschiedene Ursachen zu unterscheiden, die dazu führen, daß ein Konsument Informationen auf einer Unternehmens-Webseite sucht (vgl. Abbildung 3-197):

- Entsteht beim Konsumenten das **Bedürfnis nach Information** (beispielsweise über ein bestimmtes Produkt) oder nach **Entertainment**, so wird er diejenigen Internetseiten im Internet aufsuchen, bei denen er eine Deckung seines Bedarfs am meisten erwartet.

- In der **klassischen Werbung** kann explizit auf die Unternehmens-Webseite und besonders interessante Inhalte (zum Beispiel ein Gewinnspiel, Möglichkeit der Anforderung von Informationsmaterial) hingewiesen werden, so daß Konsumenten die Unternehmens-Webseite des werbenden Unternehmens gezielt aufsuchen.

- Möglich ist auch die direkte Ansprache der Kunden mittels **Email**. In Emails könnte beispielsweise auf neue Inhalte im Internetangebot eines Unternehmens hingewiesen werden.

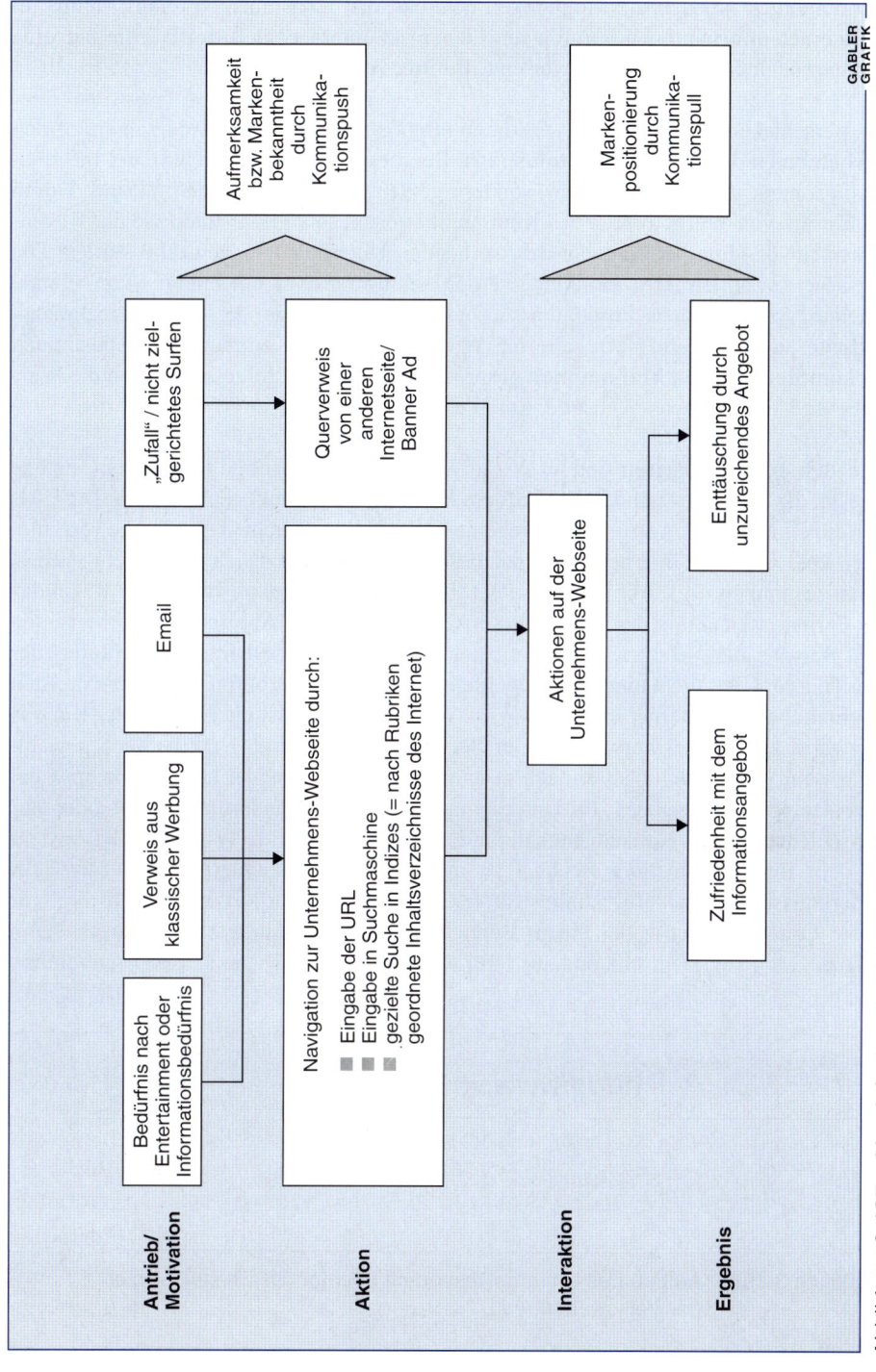

Abbildung 3-197: Vereinfachte Darstellung der Navigationsprozesse im Internet

Kommunikationspolitische Entscheidungen

- Schließlich ist auch die Möglichkeit denkbar, daß Konsumenten relativ ziellos im Internet Informationen abrufen und dabei auf Internetseiten treffen, die auf eine Unternehmens-Webseite verweisen (**„Banner Ads"**).

Das Verschicken von Emails sowie die Werbung mittels Banner Ads zählen zu den **Werbeformen des Kommunikationspush**. Bei diesen Werbeformen wird der Informationsfluß nicht vom Konsumenten, sondern gezielt vom Unternehmen initiiert. Durch den Einsatz von Werbeformen des Kommunikationspush soll das Interesse der Konsumenten für das Internet-Angebot des werbenden Unternehmens geweckt werden. Die Konsumenten sollen dazu motiviert werden, sich intensiver mit einem Unternehmen beziehungsweise seinen Produkten zu befassen, indem sie dessen Unternehmens-Webseite aufsuchen. Insofern kann bei Werbeformen des Kommunikationspush auch von **komplementären Maßnahmen** gesprochen werden. Im folgenden sollen die Werbeformen Unternehmens-Webseite, Email und Banner Ad näher erläutert werden.

Unternehmens-Webseiten sind im World Wide Web abrufbar und besitzen eine eigene Adresse, die in Fachkreisen **URL (Uniform Ressource Locator)** genannt wird. Die URL stellt ein einheitliches Adressierungsschema in Form einer Zeichenkette für die verschiedenen Ressourcen im Internet dar (Alpar 1998, S. 102) und setzt sich vereinfacht aus drei Teilen zusammen (vgl. Abbildung 3-198). Das Transferprotokoll ist in aller Regel das http-Format, weshalb in den gängigen Softwarepaketen zum Abrufen der Internetseiten (zum Beispiel der Netscape Communicator oder der Microsoft Internet Explorer) der erste Teil der URL nicht eingegeben werden muß. Gleichfalls befinden sich die meisten Informationen des Internet im World Wide Web. Allerdings ist die Eingabe des Kürzels „www" in aller Regel notwendig. Der Servername kann vom Unternehmen gewählt werden und sollte möglichst einfach gestaltet sein (zum Beispiel http://www.bmw.de; http://www.volkswagen.de), da Unternehmens-Webseiten andernfalls nicht oder nur sehr schlecht von den Konsumenten gefunden werden. Der dritte Teil einer URL besteht aus dem Bereichstyp (zum Beispiel „com" für Wirtschaftsunternehmen, „gov" für Regierungsstellen, „net" für administrative Organisationen für Netzwerke und „org" für andere Organisationen) oder einem Bereichsfeld, das auf einen Staat verweist (zum Beispiel „de" für Deutschland, „uk" für Großbritanien). Da jede URL nur einmal

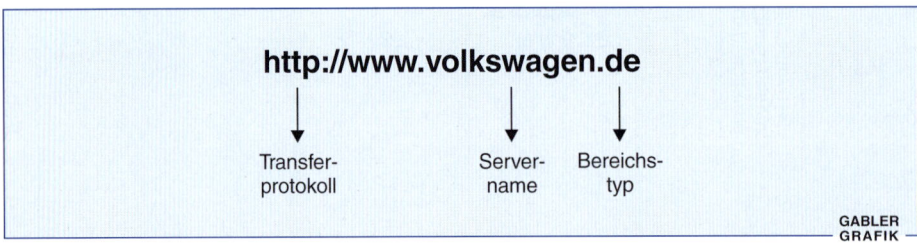

Abbildung 3-198: Aufbau des Uniform Ressource Locator (URL) am Beispiel der Volkswagen AG

vergeben wird, stellt die frühzeitige Registrierung verschiedener sinnvoller URL-Adressen eine zentrale Erfolgsbedingung für Unternehmen dar. Der größte kommerzielle Anbieter von URL-Adressen in Deutschland ist der Internetprovider Strato (http://www.strato.de). Auf der Internetseite von Strato befindet sich u. a. ein hilfreiches Abfragetool für bisher vergebene URL-Adressen.

Da die Initiative beim Abruf von Unternehmens-Webseiten auf den einzelnen Nutzer zurückgeht, ist es von zentraler Bedeutung, daß sich für diesen ein subjektiver Nutzen aus dem Abruf einer Unternehmens-Webseite ergibt (Mevenkamp/Kerner 1999, S. 242). Dieser Nutzen muß sich sowohl auf die Inhalte als auch auf die optische Gestaltung und den Aufbau beziehungsweise die Strukturierung einer Unternehmens-Webseite beziehen. Als ein wesentlicher Vorteil bei der Nutzung des World Wide Web erweist sich die Tatsache, daß es durch den hypermedialen Aufbau des Mediums nicht mehr von Bedeutung ist, lediglich wenige zentrale Vorteilsargumente zu nennen, wie es in klassischen Medien aufgrund begrenzter Informationsverarbeitungskapazitäten der Rezipienten der Fall ist. An die Stelle von wenigen zentralen Informationen tritt im Internet statt dessen das **Angebot aller relevanten Informationen**, da sich die Internetnutzer aus dem umfassenden Angebot die sie jeweils interessierenden Informationen interaktiv heraussuchen kann. Eine Konzentration des Angebotes auf einige Teilbereiche ist daher gleichbedeutend mit der Vernachlässigung möglicher Kommunikationspartner. Die Inhalte müssen eine Betrachtung aus verschiedenen Perspektiven erlauben. Beispielsweise muß eine Unternehmens-Webseite sowohl Inhalte für unerfahrene Konsumenten als auch für erfahrene Internetnutzer aus anderen Unternehmen (zum Beispiel Mitglieder aus Buying Centern) enthalten. Mögliche Inhalte eine Unternehmens-Webseite sind beispielsweise:

- Begrüßungsseite mit Auswahl der gewünschten Landessprache beziehungsweise Verweis auf die Internetseiten von Ländergesellschaften,
- Produktinformationen wie Gebrauchsanweisungen, Produktvarianten, technischen Informationen,
- Serviceinformationen (Garantiezeit, Reparaturen etc.)
- Vertriebsinformationen (zum Beispiel eine „Händlersuchmaschine", mit deren Hilfe interessierte Personen Vertriebspartner in ihrer unmittelbaren Nähe finden können)
- Services, die nicht unmittelbar mit dem Unternehmen beziehungsweise dessen Angebot in Verbindung stehen (zum Beispiel Autoroutenplaner, SMS-Service, Telefonnummernsuche),
- Fotogallerien,
- Werbespiele oder sonstiges Entertainment,
- Kommunikationsplattformen (Chatbereich),
- Unternehmensinformationen (Organisation, Geschäftsbericht),
- aktuelle Nachrichten aus dem Unternehmen (zum Beispiel Pressemitteilungen),
- Bewerberinformationen,
- Downloadmöglichkeiten (zum Beispiel Vorträge von Vorstandsmitgliedern; Bildschirmschoner, aktuelle Werbekampagnen),

- Linksammlungen (Verweis auf Warentests, Vertriebspartner, Unternehmen mit komplementären Gütern),
- Navigationshilfen (Sitemap, Suchmaschine),
- Kontaktmöglichkeiten (Ansprechpartner, Emailformular),
- Anlegerinformationen.

Ein zentraler Erfolgsfaktor bei der Gestaltung einer Unternehmens-Webseite ist die **Übersichtlichkeit**. Neben einer übersichtlichen Homepage, bei der auf den ersten Blick erkennbar sein muß, auf welchen Internetseiten des Unternehmens sich welche Informationen für welche Zielgruppe verbergen, ist auch die Unterstützung des Kommunikationsprozesses durch Navigationshilfen in Form von Inhaltsverzeichnissen, Indizes, Navigationsdiagrammen und Suchsystemen von Bedeutung (Riedl/Busch 1997, S. 8 f.). Darüber hinaus ist zu beachten, daß eine der Massenkommunikation in den klassischen Medien angeglichene Gestaltung der werblichen Botschaften im Konflikt zu den Erwartungen der Onlinenutzer steht (vgl. Riedl/Busch 1997, S. 15). Die Forderung nach einer **mediengerechten Ausgestaltung der Kommunikation** gilt daher für das Internet im besonderen Maße (Bruhn 1992, S. 122 f., Bruhn 1996, S. 93 ff.). Eine gelungene Symbiose aus Übersichtlichkeit, Informationsvielfalt und Navigationshilfen stellt beispielsweise die Internetseite der Volkswagen AG (Stand April 2000) dar (vgl. Abbildung 3-199).

Aufgrund des Pull-Charakters und der exponentiell steigenden Größe abrufbarer Informationen im Internet stellt es eine zunehmend schwierige Aufgabe dar, Konsumenten erstmals zum Besuch der eigenen Internetseiten zu bewegen. Insofern existiert im Internet eine neue Dimension der **klassischen Aktivierungsproblematik**. Von zentraler Wichtigkeit ist deshalb die Abstimmung aller Kommunikationsmaßnahmen im Sinne einer integrierten Kommunikation. Die Angabe der Internetadresse in allen Medien und bei jeder Gelegenheit, der Verweis auf bestimmte Events im Internet usw. sollte Ausdruck dieses Prinzips sein. Darüber hinaus stellt der Eintrag einer Unternehmens-Webseite in nationale und internationale Suchmaschinen (zum Beispiel Lycos, Yahoo), oder thematisch spezialisierten Meta-/Linklisten einen wichtigen Schritt bei der Bekanntmachung einer Unternehmens-Webseite dar.

Eine besondere **Herausforderung in der Internet-Kommunikation** besteht darin, dem Nutzer auf Dauer interessante Inhalte zur Verfügung zu stellen, um ihn zum wiederholten Besuch einer Internetseite zu bewegen. Die Generierung innovativer Inhalte stellt sich jedoch für eine Vielzahl von Unternehmen als durchaus schwierig dar. Darüber hinaus stoßen „Innovationen" wie Werbespiele oder Downloadmöglichkeiten von Bildschirmschonern auf ein abnehmendes Interesse seitens der Internetnutzer. Vor diesem Hintergrund tendieren einige Unternehmen mittlerweile dazu, nicht unter dem Markennamen Inhalte im Internet zu publizieren, sondern ein bestimmtes Thema in den Mittelpunkt der Internet-Werbung zu stellen. Im Konsumgüterbereich gibt es zu dieser Form der Internet-Werbung bereits einige interessante Beispiele. So sind auf der Seite http://www.katzen-online.de viele Informationen rund um das Thema „Katze und Katzenhaltung" zu

Drittes Kapitel					Aktionsgrundlagen der Marketingentscheidung

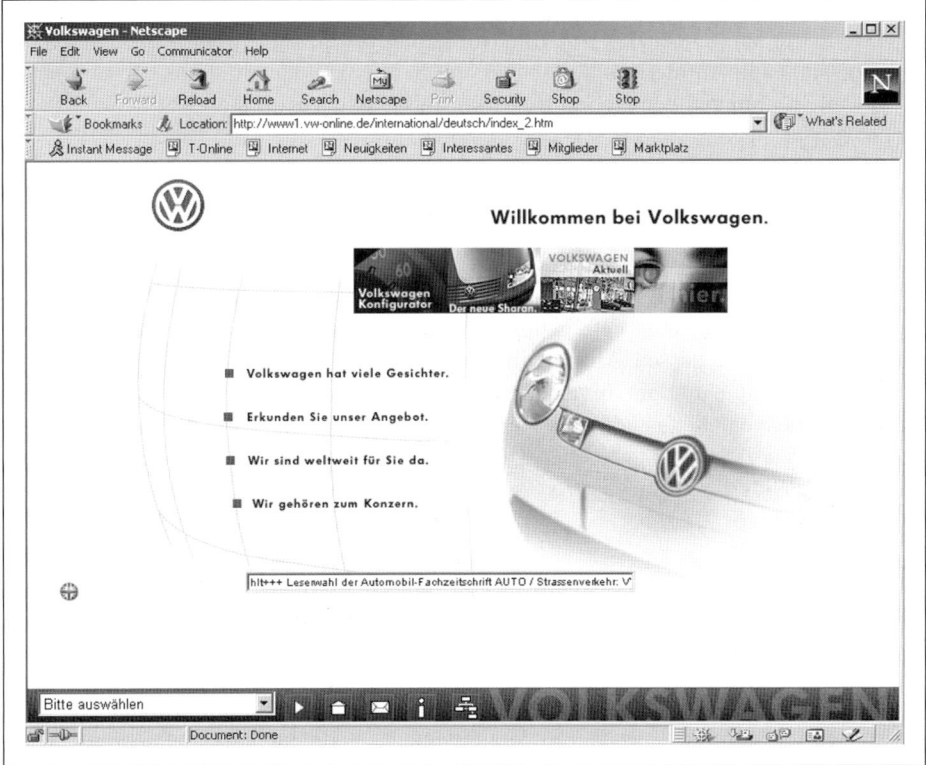

Abbildung 3-199:   Beispiel einer Unternehmens-Webseite
(Quelle: http://www.volkswagen.de)

finden. Die Seite wurde von der Effem GmbH (Hersteller von der Katzennahrung whiskas, Sheba etc.) entwickelt. Werbung für die Produkte erfolgt hier lediglich auf indirektem Wege.

Um die Leistungsfähigkeit von Unternehmens-Webseiten zu würdigen, ist es zweckmäßig, deren **Werbewirkung im Vergleich zu klassischen Werbeträgern** (TV, Print, Hörfunk etc.) anhand der Konstrukte Aufmerksamkeit, Involvement, kognitive Verarbeitung und Einstellung zu analysieren.

Da die Initiative zum Aufrufen der Internetseite vom Nutzer ausgeht, ist zu vermuten, daß die werblichen Botschaften auf Rezipienten treffen, die bei der Wahrnehmung eine **höhere Aufmerksamkeit** aufweisen als Adressaten in traditionellen Medien (Meffert/ Hensmann/Wagner 1996, S. 4, Riedl/Busch 1997, S. 13). Damit die erhöhte Aufmerksamkeit einen längeren Zeitraum überdauert, müssen die einführenden Seiten eines Internetauftritts allerdings so gestaltet sein, daß der Nutzer weder über- noch unterfordert wird. So ist beispielsweise zu vermuten, daß Internetseiten, bei denen zunächst eine Reihe von Eingangsseiten „durchlaufen" werden müssen, bis die gewünschten Informationen dargestellt werden, tendenziell zur Unterforderung bei einzelnen Nutzern führen kann und eine sinkende Aufmerksamkeit bewirken. Schließlich kann die Unterforderung zu Langeweile führen und den Abbruch der Informationssuche auf diesen Seiten zur Folge haben.

Einen wesentlichen Einfluß auf die Aufmerksamkeit des Internetnutzers hat sein **Involvement**. Es kann davon ausgegangen werden, daß beim Abrufen von Onlineseiten aufgrund des interaktiven Charakters und der damit einhergehenden Eigeninitiative immer ein Mindestmaß an Involvement vorliegt (Silberer 1997, S. 10). Allerdings muß der Besonderheit Rechnung getragen werden, daß das Involvement ein mehrdimensionales Konstrukt ist, dessen Ausprägungen (Produkt-, Marken-, Kauf-, Werbemittel-, Werbeträger- und Umfeldinvolvement) beim Internetnutzer jeweils auf einem unterschiedlichen Niveau liegen können (Mühlbacher 1988, S. 87). Festzuhalten ist auf jeden Fall, daß im Vergleich zu klassischen Medien aufgrund der personalen Interaktionsmöglichkeiten des Internet zumindest von einem hohen Werbeträgerinvolvement auszugehen ist (Riedl/Busch, S. 7).

Zu den Informationen, die über Internetseiten verbreitet werden, zählen thematische und unthematische Informationen. **Unthematische Informationen** (Anmutungen) haben im Prozeß der Wahrnehmung beim Nutzer Gefühlswirkungen zur Folge, das heißt er reagiert auf empfundene Stimmungen, gefühlshafte Eindrücke, Erlebniszusammenhänge und/oder Assoziationen. Die Aufnahme von **thematischen Informationen** hingegen knüpft zumeist an Informationen über Produkteigenschaften oder dem Unternehmen an. Ob ein Unternehmen thematische oder unthematische Informationen in das Internet einstellen sollte, hängt im wesentlichen von der Art des Produktes ab. Es bietet sich dabei die Trennung in High- und Low-Involvementprodukte an, denn mit der Art des **Produktinvolvement** sind sehr unterschiedliche Wirkungen der Online-Werbung verbunden. So kann davon ausgegangen werden, daß das Informationsbedürfnis bei schwer erklärbaren beziehungsweise technisch aufwendigen Produkten (**tendenziell hohes Produktinvolvement**) beim Konsumenten zu einer höheren Bereitschaft zur Suche nach Informationen führt (Lachmann 1993, Fantapié Altobelli/Hoffmann 1995, S. 46 ff.). Entsprechend sollten Informationsangebote in Online-Medien bei langlebigen Gebrauchsgütern und Investitionsgütern der sachlichen Vermittlung detaillierter Produkt- und Unternehmensinformationen dienen, um dem Informationsbedürfnis des Nutzers zu entsprechen (Trommsdorff 1993, S. 50).

Demgegenüber ist davon auszugehen, daß bei klassischen Konsumgütern Produktinformationen für den Nutzer eine eher untergeordnete Rolle spielen (**tendenziell niedriges Produktinvolvement**). Diese Güter werden durch die klassischen Medien schon so stark beworben, daß der potentielle Kunde in der Regel über genügend Produktinformationen verfügt (Fantapié Altobelli/Hoffmann 1995, S. 51). Somit werden Internetnutzer nur dann bereit sein, die Internetseiten eines Konsumgüterherstellers aufzurufen, wenn der Aufwand durch die Vermittlung von Zusatznutzen beispielsweise durch Unterhaltung und Gewinnspiele entlohnt wird. Die Inhalte müssen so attraktiv sein, daß der Konsument nicht nur bereit ist, die Werbung passiv zu ertragen, sondern sie aktiv wünscht (Gräf/ Tomczak 1997, S. 30).

Auf der Stufe der (kognitiven) **Verarbeitung der werblichen Botschaften** werden die wahrgenommenen Informationen im Gedächtnis gespeichert. Unternehmens-Webseiten bieten dabei gegenüber klassischen Medien den Vorteil, daß aufgrund der Multimedialität der Darstellung und der Interaktivität hohe Erinnerungsquoten erreicht werden. So haben Untersuchungen gezeigt, daß Informationen, die per audio übermittelt, zu 20 Prozent, Informationen, die visuell transportiert werden, zu 30 Prozent, und Informationen, die audiovisuell übertragen werden, zu 50 Prozent erinnert werden können. Kommt zum Hören und Sehen noch der interaktive Umgang mit den Informationen hinzu, können Erinnerungsquoten von bis zu 90 Prozent erreicht werden (vgl. Förster/Zwernemann 1993, S. 10). Informationen werden folglich im Internet aufgrund der Multimedialität des Mediums schneller aufgenommen und besser behalten als Informationen in klassischen Medien. Somit können auch komplexe Sachverhalte im Internet beschrieben werden. Insbesondere die Interaktivität des Mediums erlaubt dem Informationsnachfrager eine seinen Fähigkeiten entsprechende Geschwindigkeit bei der Informationsdarbietung. Unternehmens-Webseiten stellen damit eine geeignete Möglichkeit dar, die **wahrgenommene Unsicherheit** seitens der Konsumenten zu reduzieren. Über das Internet können wesentlich detailliertere Informationen über Leistungen als in klassischen Medien wie dem Fernsehen oder Rundfunk transportiert werden, so daß auch für hoch erklärungsbedürftige Leistungen mit der notwendigen Informationsbreite und -tiefe kommunikative Botschaften an den Konsumenten herangetragen werden können.

Darüber hinaus bewirkt die Interaktivität die vom Internetnutzer **subjektiv wahrgenommene Verhaltenskontrolle** (Hofman/Novak 1996). Der Nutzer befindet sich – nach seiner Einschätzung – in einer Situation, in der er seine Umgebung (den Informationsfluß im Internet) vollkommen beherrscht. Aufdringliche Werbung existiert nach Meinung des Konsumenten auf Unternehmens-Webseiten damit nahezu nicht. Schließlich sind Personen, die Informationen im Internet abrufen, generell Neuem gegenüber besonders aufgeschlossen. Es bietet sich damit aus Anbietersicht im besonderen Maße die Chance, auf ihren Unternehmens-Webseiten auf Innovationen oder Weiterentwicklungen von Produkten hinzuweisen.

Bei der Analyse der Werbewirkung von Unternehmens-Webseiten auf die **Einstellung** eines Internetnutzers sind die drei Komponenten gefühlsmäßige Einschätzung (affektive Komponente), subjektives Wissen (kognitive Komponente) und die Handlungstendenz (konative Komponente) zu unterscheiden. In der Vergangenheit wurde insbesondere von Unternehmensvertretern betont, daß durch den Auftritt im Internet Marken ein innovatives Image verliehen werden kann. Aufgrund der Vielzahl von Unternehmen, die im Internet mittlerweile vertreten sind, ist dieser Effekt jedoch erheblich zurückgegangen. Eine emotionale Beeinflussung kann deshalb nur durch eine gelungene Botschaftsgestaltung erreicht werden. Allerdings sind der **affektiven Einstellungsbildung** per Internet durch die noch immer geringen Übertragungskapazitäten Grenzen gesetzt (Werner/Stephan 1997, S. 104). Weder Grafik noch Ton können mit der notwendigen Geschwindigkeit übertragen werden, um eine emotionale Beeinflussung (wie in TV-Spots) zu bewirken. Werden allerdings Informationen angeboten, die den Nutzer interessieren und zur Deckung seines Informationsbedarfs beitragen, kann dies zur Förderung einer positiven Einstellung gegenüber dem Anbieter beziehungsweise der beworbenen Produkte führen.

Größere Potentiale besitzt das Internet hingegen zur **kognitiven Einstellungsbildung** durch die Vermittlung von Wissen im Sinne einer „Content-orientierten Profilierung" (Gräf/Tomczak 1997, S. 25). Wenn es gelingt, durch sachliche Information die Einstellung eines Nutzers so zu beeinflussen, daß das beworbene Produkt (beziehungsweise die Marke) so positioniert wird, daß es (sie) der subjektiven Idealpositionierung nahe kommt, kann eine Markenpräferenz aufgebaut werden.

Mögliche Verhaltensweisen (**konative Komponente**) als Reaktion auf die Unternehmens-Webseiten sind zum Beispiel weitere Kommunikationsaktivitäten oder Handlungen außerhalb des Mediums (das Bestellen von Prospekten, Informationssuche bei einem Händler oder ähnliches), die Kontaktaufnahme mit dem Unternehmen über das Internet oder der Kauf (Hünerberg 1996, S. 115).

Bei einer **umfassenden Würdigung der Leistungsfähigkeit von Unternehmens-Webseiten** ist zunächst festzuhalten, daß Unternehmens-Webseiten im Vergleich zu klassischen Medien (TV, Print) aufgrund der noch relativ geringen Verbreitung des Internet und vor allem aufgrund des Pullcharakters der Kommunikation eine verhältnismäßig geringe Reichweite besitzen. Folglich können Unternehmens-Webseiten nur einen geringen Beitrag zur Erhöhung der Markenbekanntheit oder der Markenaktualität beitragen. Des weiteren besitzen Unternehmens-Webseiten gegenüber den klassischen Medien Nachteile in bezug auf die Möglichkeiten bei der Botschaftsgestaltung, da im Internet Videos oder Animationen aufgrund der geringen Bandbreite der Kommunikation in der Regel nicht oder unter zu großem Aufwand für den Internetnutzer darstellbar sind. Schließlich sind als Nachteil von Unternehmens-Webseiten gegenüber klassischen Medien die relativ hohen Kontaktkosten zu nennen. Die Programmierung und laufende Aktualisierung von Unternehmens-Webseiten verursachen erhebliche fixe Kosten, so daß für die meisten Unternehmen von einem höheren Tausenderkontaktpreis im Vergleich zu den Kontaktkosten in traditionellen Medien auszugehen ist. Besuchen jedoch sehr viele Internetnutzer die Internetseite eines Unternehmens können sich jedoch auch niedrigere Tausenderkontaktpreise ergeben. Unternehmens-Webseiten zeichnen sich demgegenüber durch die (additive) Erreichbarkeit spezieller Zielgruppen (Special-Interest-Groups, Meinungsführer) mit hohem Produktinteresse und -involvement bei jederzeitiger Verfügbarkeit und hohem Dialogpotential aus (größere Tiefenwirkung). Unternehmens-Webseiten können deshalb zur **Stärkung der Markenpersönlichkeit** beitragen.

Das **Electronic Mailing (Email)** ist neben dem World Wide Web weltweit der bekannteste und am meisten verbreitete Internetdienst. Per Email können Nachrichten an einzelne Personen oder an eine Personengruppe in reiner Textform oder ergänzt um digitale Inhalte (Grafiken, Bilder, Musik etc.) verschickt werden. Gegenüber dem Brief hat das Versenden von Emails folgende Vorteile (Berres 1997, S. 22):

- Die **Standards** für das Versenden von Emails haben weltweit Gültigkeit.
- Innerhalb weniger Minuten (teilweise Sekunden) können Emails **weltweit** verschickt werden.
- Das Versenden von Emails verursacht **geringe variable Kosten für den Transport (Porto etc.)**.
- Die Zustellung von Emails ist **jederzeit** und von jedem Ort aus möglich.
- Da die Informationen in einer Email digital vorliegen, entstehen **keine Medienbrüche**. Informationen können direkt weiterbearbeitet werden, ohne daß eine Neuerfassung oder ein Kopieren der Inhalte notwendig ist. Beispielsweise kann eine Email direkt per Hyperlink auf aktuelle Inhalte auf der Unternehmens-Webseite verweisen. Der Empfänger einer Email muß sich entsprechend die URL der Unternehmens-Webseite nicht merken beziehungsweise muß diese nicht selbständig eingeben, um weitere Informationen zu erlangen.

Allerdings ist beim Versenden von Emails Vorsicht geboten, da den Beworbenen durch den Erhalt der nicht angeforderten Werbung Kosten durch die Telefonverbindung zum Provider entstehen können. Werden Nachrichten unaufgefordert an Internetnutzer versendet, ist deshalb in der Regel mit erheblichen Reaktanzen seitens der Adressaten zu rechnen. Folglich verschicken die meisten Unternehmen Emails lediglich an Personen, die hierzu zuvor ihre Einwilligung gegeben haben beziehungsweise bei denen von einem großen Interesse an Informationen per Email auszugehen ist. Darüber hinaus besitzen viele Unternehmen sogenannte **Email-Verteilerlisten**. Interessierte Konsumenten können sich auf den Unternehmens-Webseiten in diesen Verteilerlisten registrieren und geben somit ihre Einwilligung, Emails mit werblichen Inhalten zu erhalten. Häufig besteht dabei für die Konsumenten die Möglichkeit, die gewünschten Informationsbereiche einzuschränken. Bei der Registrierung können dann auf der Internetseite in einem Registrierungsformular die jeweils interessierenden Interessensgebiete angegeben werden (vgl. Abbildung 3-200).

Häufig werden jedoch auch Konsumenten aktiv und treten an Unternehmen mit einer konkreten Anfrage beispielsweise zu Anwendungsmöglichkeiten bestimmter Produkte per Email heran. Durch die gegenüber anderen Kommunikationsformen (Brief, Fax, Telefon etc.) niedrigeren kostenbedingten und psychologischen Schwellen (Hünerberg/Heise/Mann 1997, S. 19) schaffen die neuen Kommunikationsmöglichkeiten im Internet und speziell die Emailfunktionalität Informationsströme, die zuvor nicht vorhanden waren. Welche Ausmaße diese neuen Informationsströme annehmen können, zeigte die

Kommunikationspolitische Entscheidungen

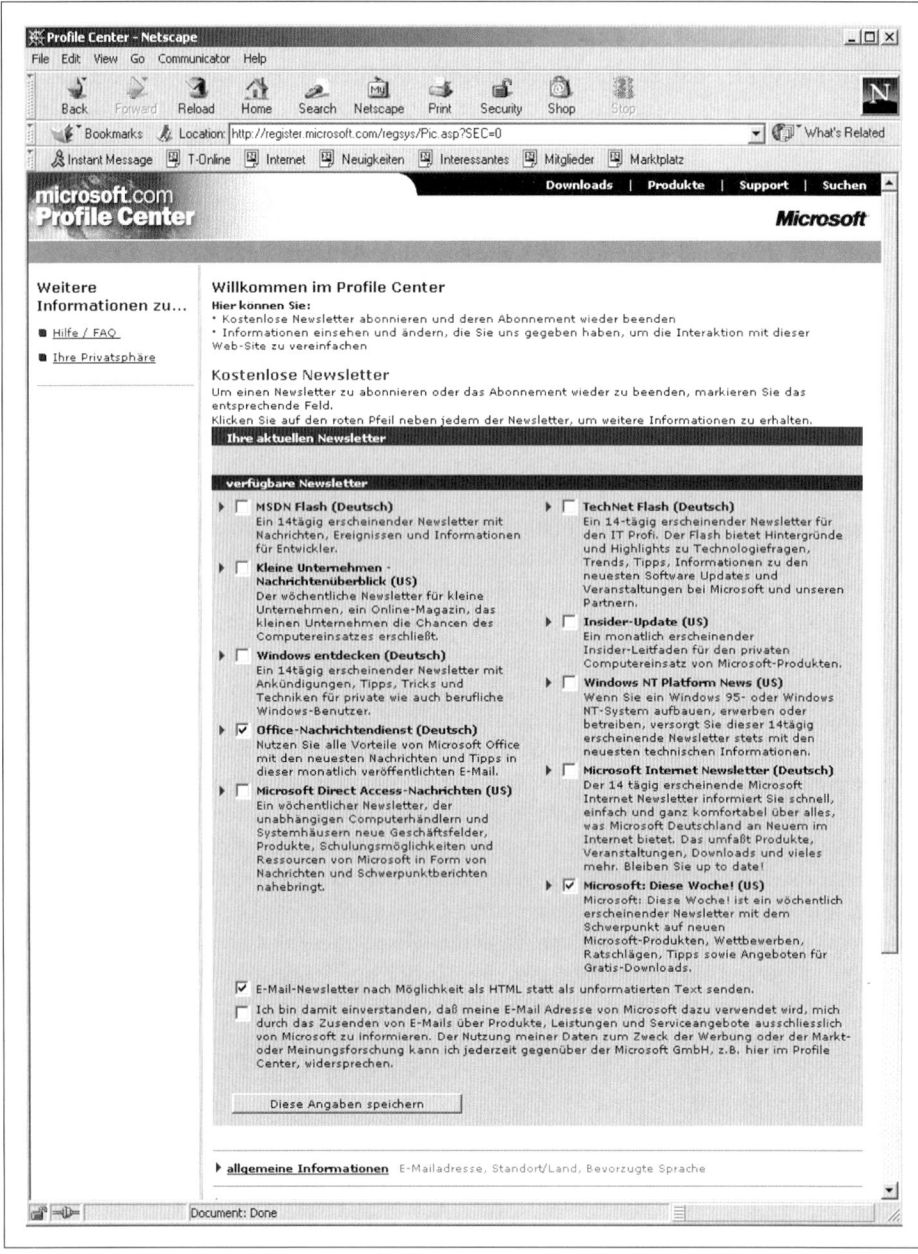

Abbildung 3-200: Registrierungsformular für den Newsletter von Microsoft Deutschland
(Quelle: http://www.microsoft.de)

Situation des Unternehmens IBM in den USA Anfang 1996: Täglich erreichten zwischen 2.500 und 17.000 **Anfragen per Email** das Unternehmen, so daß 30 Mitarbeiter damit beschäftigt werden mußten, die Anfragen individuell oder mittels vorgefaßter Textbausteine zu beantworten (Neidhart 1996, S. 11). Um dieser Informationsflut zu entgehen, bietet sich die Einrichtung eines Informationsangebotes mit Antworten auf die am häufigsten gestellten Fragen („**Frequently Asked Questions**" = FAQ) auf der Unternehmens-Webseite an.

Bei einer abschließenden Würdigung der Werbeform Email ist festzuhalten, daß sich das Verschicken von Emails insbesondere zu Zwecken der Kundenbindung eignet. Individuell verfaßte Emails verursachen jedoch in der Regel zu hohe Kosten der Erstellung, so daß sich – wie bei Direct-Mailings in der Offline-Werbung – standardisierte Schreiben langfristig durchsetzen werden.

Eine weitere Werbeform, die in einem komplementären Verhältnis zur Werbeform der Unternehmens-Webseite steht, ist der **Banner Ad**. Als Banner Ad wird eine Form der Internet-Werbung verstanden, bei der Marken- oder Firmenlogos auf oft besuchten Internetseiten (zum Beispiel in Suchmaschinen) plaziert werden. Sie sind mit Anzeigen in Printmedien zu vergleichen, werden nicht vom Nutzer angefordert und stellen damit grundsätzlich eine Werbeform des **Kommunikationspush** dar. Hinter den meisten Banner Ads verbirgt sich ein Hyperlink zu der Unternehmens-Webseite des werbenden Unternehmens (ein sogenanntes „click through"). Damit stellen Banner Ads eine Einladung zum Abrufen von Informationen von der Unternehmens-Webseite dar. Die Initiative, auf die beworbenen Internetseiten zu wechseln, muß dabei aber vom Nutzer selbst ausgehen (Kommunikationspull).

Die **Ziele**, die werbetreibende Unternehmen mit der Schaltung von Banner Ads verfolgen, sind aus zwei empirischen Untersuchungen aus dem Jahr 1998 zu entnehmen. In einer Umfrage des Forsa-Institutes bei den 500 größten werbetreibenden Unternehmen wurden die **Gründe für die Schaltung von Online-Werbung** ermittelt (Gruner + Jahr 1998, S. 32). Dabei gaben 93 Prozent der befragten Unternehmen an, mit Online-Werbung auf die eigene Unternehmens-Webseite aufmerksam machen zu wollen (vgl. Abbildung 3-201). Die Erhöhung der Markenbekanntheit erachteten 81 Prozent der befragten Unternehmen als zentralen Grund für die Banner-Werbung.

Der **Größe eines Banner Ad** (gemessen in der Anzahl der Bildpunkte = „Pixel") sind technisch keine Grenzen gesetzt. Um die Planbarkeit und Vergleichbarkeit zwischen den Werbeträgern zu erhöhen, werden jedoch Standardformate eingesetzt, die vom Bundesverband Deutscher Zeitungsverleger (BDZV) und vom Verband Deutscher Zeitschriften Verleger (VDZ) festgelegt wurden (BDZV 1999). Darüber hinaus sind verschiedene Grundformen von Banner Ads mit jeweils unterschiedlichen Funktionalitäten zu unterscheiden.

Kommunikationspolitische Entscheidungen

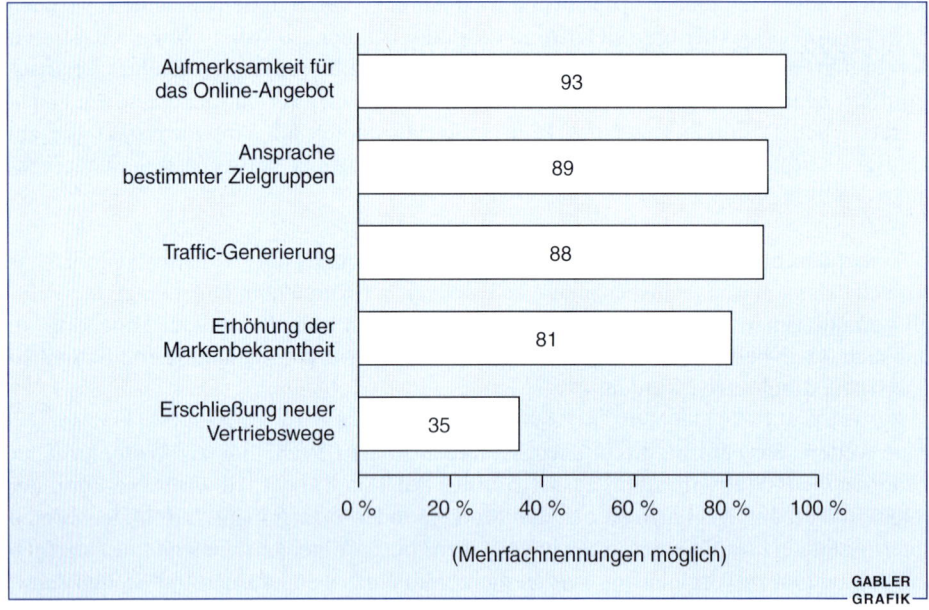

Abbildung 3-201: Gründe für Online-Werbung
(Quelle: Gruner + Jahr 1998, S. 32)

■ **Statische Banner Ads** besitzen keine Animationen, so daß eine Aufmerksamkeitswirkung lediglich durch die (möglichst auffällige) grafische Gestaltung erzielt werden kann (vgl. Abbildung 3-202). Eine Möglichkeit, die Aufmerksamkeit eines Internetnutzers auf einen Banner zu ziehen, ohne Animationen zu verwenden, ist die Gestaltung von sogenannten **getarnten Banner Ads** (vgl. Abbildung 3-203). Diese täuschen bekannte Funktionalitäten des Windows-Betriebssystem grafisch vor (zum Beispiel eine Scrollbar, ein Windows-Systemmeldungsfehler), um Neugier zu wekken beziehungsweise den Internetnutzer zu einem „Klick" auf den Banner Ad zu veranlassen. Statische Banner besitzen gegenüber anderen Grundformen den Vorteil, daß sie durch die geringe Dateigröße vom Internetnutzer relativ schnell geladen werden können und sich der Bildaufbau nicht verzögert.

Abbildung 3-202: Beispiel eines statischen Banner Ads
(Quelle: http://www.werbeformen.de vom 12. April 2000)

Drittes Kapitel   Aktionsgrundlagen der Marketingentscheidung

Abbildung 3-203:   Beispiels eines getarnten Banner Ads
(Quelle: http://www.werbeformen.de vom 12. April 2000)

- **Animierte Banner Ads** bieten die Möglichkeit, daß jeweils Sequenzen „hintereinander liegender statischer Banner Ads/Einzelbilder" gezeigt werden können und für den Betrachter so eine Animation entsteht (vgl. Abbildung 3-204). Aufgrund der Bewegungen erzielen animierte Banner Ads eine hohe Aufmerksamkeitswirkung. Animierte Banner Ads werden um bis zu 25 Prozent häufiger angeklickt als statische Banner (DoubleClick 1999). Nachteilig wirkt sich jedoch die Dateigröße von animierten Banner Ads aus, die in der Regel zu einem verzögerten Bildaufbau und damit zu Reaktanz der Internetnutzer gegenüber der Werbung führt. Darüber hinaus kann für den Internetnutzer durch zu viele animierte Banner Ads auf einer Internetseite eine Informationsüberlastung entstehen, was ebenfalls zu Reaktanz bei den Beworbenen führen kann. Die Studie von Bachofer (1998) im Auftrag von Gruner + Jahr EMS bestätigt diese Vermutungen. Animierte Banner Ads besitzen nach dieser Studie hinsichtlich der Meßkategorien Einstiegshäufigkeit, Betrachtungsdauer, Recall und Recognition keine signifikanten Vorteile gegenüber ihren statischen Pendants. Als Begründung für dieses Ergebnis wird angeführt, die Probanden hätten sich durch die „aufdringliche Web-Werbung" gestört gefühlt.

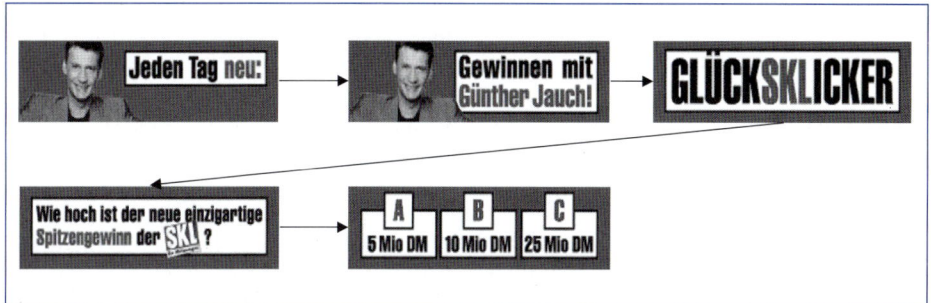

Abbildung 3-204:   Beispiel einer Animationsreihenfolge bei einem animierten Banner Ad
(Quelle: http://www.stern.de vom 12. April 2000)

- **HTML-Banner Ads** sind im Gegensatz zu den statischen und animierten Banner Ads nicht in einem Grafikformat, sondern in der Programmiersprache HTML (Hyper Text Markup Language) programmiert. Durch das HTML-Format können diese Banner Ads erweiterte Funktionalitäten insbesondere in Form einer erhöhten Interaktivität erlangen (vgl. Abbildung 3-205). So ermöglichen HTML-Banner Ads die Darstellung von interaktiven Elementen wie Pull-Down-Menüs und Auswahlboxen (DMMV 1999). Der Internetnutzer kann innerhalb des Banner Ads auswählen, welche Themengebiete ihn jeweils interessieren. HTML-Banner fungieren damit als „Verteilerzentrale" für Informationen. Wird vom Internetnutzer eine bestimmte Information über den Banner Ad angefordert, ist dieser Kontakt als qualitativ höher zu bewerten als bei einem statischen oder einem animierten Banner Ad, bei denen einen Kanalisation des Informationsflusses nicht möglich ist. Als zentraler Nachteil ist jedoch der hohe Programmieraufwand der HTML-Banner Ads zu nennen. Auf HTML-Banner Ads kann nicht – wie auf einen statischen oder animierten Banner – durch einen Querverweis im Programmiertext einer Internetseite verwiesen werden, sondern es ist notwendig, die HTML-Befehle in den Programmtext der Werbeträgerseite zu integrieren. Dies stößt bei den Betreibern der Werbeträger häufig auf Akzeptanzprobleme, da sich schon ein einziger Programmierfehler im HTML-Banner Ad auf die Programmierung der ganzen Internetseite auswirken kann. Darüber hinaus ist die Aktualisierung eines HTML-Banner Ads umständlich, da gegebenenfalls eine Programmierung der gesamten Internetseite notwendig wird.

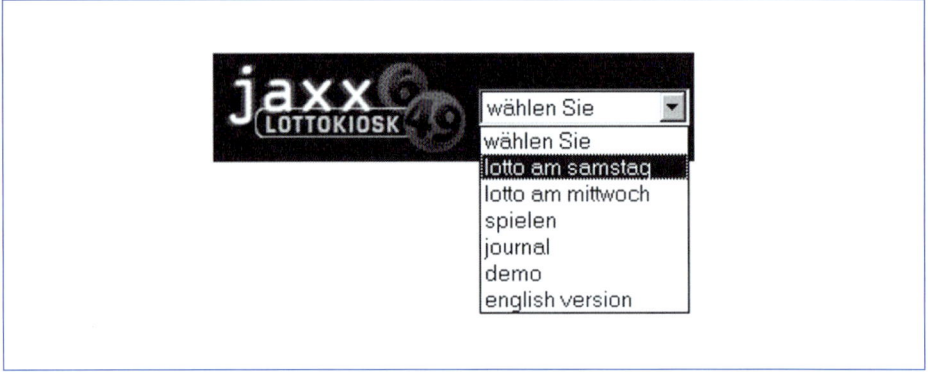

Abbildung 3-205:   Beispiel eines HTML-Banner Ads
(Quelle: http://www.mgm.de vom 12. April 2000)

- Für **Java-Script-Banner Ads** gelten die gleichen Aussagen wie für HTML-Banner Ads. Unterschiede bestehen lediglich in der verwendeten Programmiersprache und der erweiterten Funktionalität. Durch die Programmierung in Java-Script ist die Integration zusätzlicher interaktiver Elemente (zum Beispiel kleine einfache Brettspiele, Rechenprogramme, Formularüberprüfungen, Lauftexte) möglich (vgl. Abbildung 3-206). Allerdings stellen Java-Script-Banner Ads große Anforderungen an die verwendete Hardware und Software des Konsumenten und verursachen einen langsamen Bildaufbau aufgrund der Dateigröße.

Drittes Kapitel — Aktionsgrundlagen der Marketingentscheidung

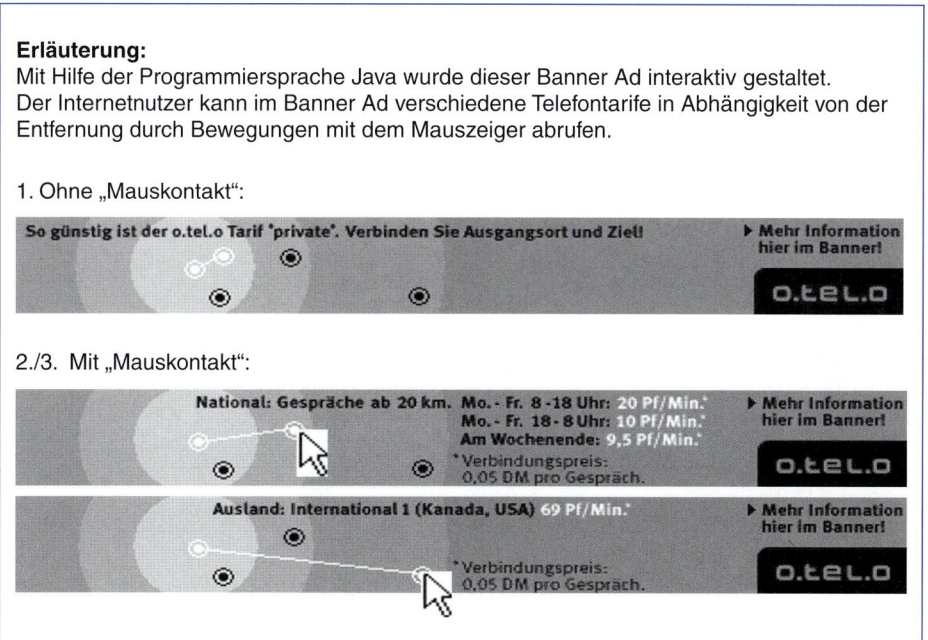

Abbildung 3-206: Beispiel eines Java-Script-Banner Ads
(Quelle: http://www.werbeformen.de vom 12. April 2000)

- Die komplexeste Grundform der Banner Ads ist der **Nanosite-Banner Ad**. In der Größe eines herkömmlichen Banner Ads wird dem Betrachter eine komplett funktionsfähige Webseite eingeblendet, weshalb diese Grundform häufig auch als „Mini-Webseite" bezeichnet werden. Nanosite Banner Ads können folglich die gleiche Funktionalität wie Unternehmenwebseiten beinhalten (vgl. Abbildung 3-207). Ein großer Vorteil sowohl aus Sicht des Werbeträgers als auch aus Sicht des Konsumenten ist, daß der Betrachter die Internetseite des Werbeträgers (zum Beispiel eine Suchmaschine) nicht mehr verlassen muß, wenn er mit dem Banner kommuniziert. Eine spezielle Ausprägung des Nanosite-Banner Ad ist der **„Homepage-Flash"**. Bei einem Hompage-Flash wird Werbung in Form eines eigenen Fensters eingeblendet (vgl. Abbildung 3-208).

Als **Werbeträger von Banner Ads** kommen verschiedene Internetseiten in Frage. Grundsätzlich zeichnen sich die Werbeträger aber durch eine relativ große Reichweite und Bekanntheit aus. Typische Werbeträger sind Internet-Magazine (zum Beispiel Sport1), Internetseiten von Zeitschriften (zum Beispiel Stern Online), Suchmaschinen (zum Beispiel Lycos) oder Shopping Malls (zum Beispiel Shopping24 oder die Linksammlung mit Internetshops im Lycos Shopping Guide). Bei diesen Werbeträgern stehen in der Regel verschiedene **Buchungsmöglichkeiten** zur Verfügung. Zum einen ist eine Buchung für einen bestimmten Zeitraum zu einem vorher festgelegten Pauschalpreis

Kommunikationspolitische Entscheidungen

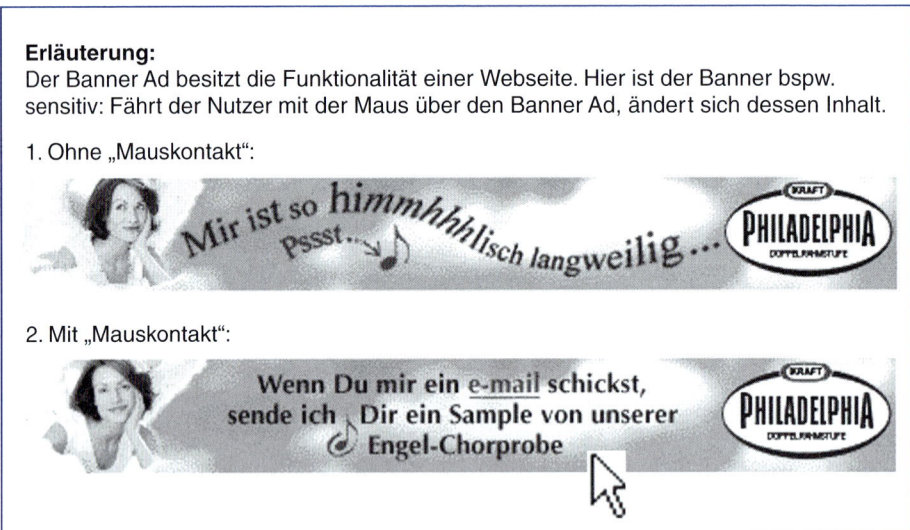

Abbildung 3-207: Beispiel eines Nano-Site-Banner Ads
(Quelle: http://www.werbeformen.de vom 12. April 2000)

Abbildung 3-208: Beispiel eines Home-Page-Flash
(Quelle: http://www.werbeformen.de vom 12. April 2000)

möglich. Zum anderen besteht bei vielen Anbietern die Möglichkeit, eine bestimmte Anzahl von Kontakten zu buchen.

Einen großen Vorteil von Banner Ads liegt in der Möglichkeit der **Zielgruppenspezialisierung**. So bietet beispielsweise der Betreiber der Suchmaschine Fireball für einen Tausenderkontaktpreis von 25 DM die Platzierung eines Banner Ad auf der Eingangsseite von Fireball an (vgl. Abbildung 3-209). Die Plazierung eines Banner Ads auf dieser Seite führt zu relativ hohen Streuverlusten, da sie sich grundsätzlich an die Gesamtheit der deutschen Internetnutzer richtet. Demgegenüber kostet die Plazierung eines Banner Ad in einem spezifischen Teil der Suchmaschine Fireball (zum Beispiel im Wirtschafts-Guide) 70 DM für 1.000 abgerufene Seiten („Page Impressions"). Die Einblendung eines Banner Ads, wenn ein Kunde nach einem sehr spezifischen Bereich sucht (zum Beispiel bei der Eingabe des Wortes „Auto" oder „Börse" in die Suchmaschine), kostet aufgrund der hohen Zielgruppenspezialisierung und der Wertigkeit des Kundenkontaktes 125 DM für 1.000 Seitenabrufe. In Zukunft ist darüber hinaus davon auszugehen, daß auch die Schaltung von personalisierten Banner Ads möglich wird. In diesen Banner Ads wäre beispielsweise eine persönliche Ansprache der einzelnen Internetkunden möglich. Allerdings setzt die persönliche Ansprache die Registrierung der Internetkunden voraus.

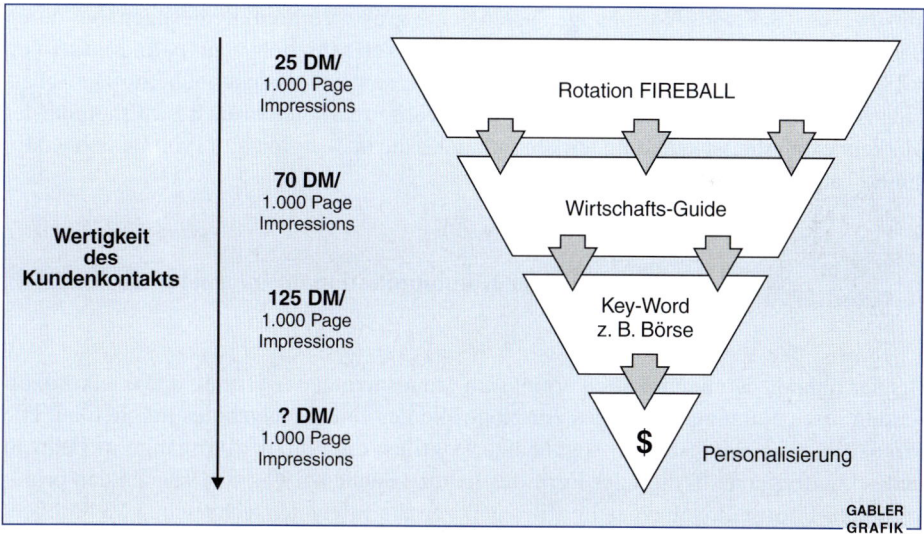

Abbildung 3-209: Abhängigkeit der Tausenderkontaktpreise von der Wertigkeit des Kundenkontaktes
(Quelle: Wickmann 1999)

Ein weiterer Vorteil der Werbeform Banner Ad ist in der Möglichkeit zu sehen, sog. **AdServer** einzusetzen (o. V. 2000). Mit Hilfe eines AdServers läßt sich die Verwaltung der Banner Ads von der Buchung über die Schaltung bis hin zur Auswertung der Kontakte steuern. Diese AdServer können von den Betreibern von Internetseiten selbständig aufgebaut werden oder es kann eine Kooperation mit AdServer-Dienstleistern eingegangen werden (zu den bekanntesten Dienstleistern zählen DoubleClick unter der Adresse http://www.doubleclick.com und Real Media unter der Adresse http://www.realmedia.com). Durch den Einsatz von Adservern ist es möglich, Werbung zielgruppen- und nutzerorientiert zu steuern. Beispielsweise können Nutzer eines bestimmten Browsers gezielt angesprochen werden, indem die gebuchte Werbung zum Beispiel ausschließlich Netscape-Usern präsentiert wird. Weitere Kriterien, nach denen Betreiber von AdServern Banner Ads zielgenau einsetzen können, sind:

- Browser, Browserversion, Betriebssystem
- Per Cookie: Alter, Geschlecht, Einkommen, PLZ, Job, Herkunftsland, Hobbys etc. ...
- Per IP-Datenbank und Analysesoftware (ohne den Einsatz von Cookies): Land (auch .com, .net, .org), Gebiet (Nielsen, Bundesland, Vorwahl), Branche
- Per Internetzugang: top-level-domain, Land (außer .com, .net, .org), Provider
- Per Content: Suchwort, Frequenz, Inhalt, Thema, WebSite, Directory, Sektion, Seite, Seitenposition
(Quelle: o.V. 2000)

Bei einer zusammenfassenden Beurteilung der Werbeform Banner Ad ist zunächst darauf hinzuweisen, daß viele Werbeträger bereits eine große Verbreitung besitzen und durch Banner Ads folglich eine große Nutzerschaft zum Teil sehr zielgenau (beim Einsatz von AdServern) erreicht werden kann. Banner Ads eignen sich deshalb nicht nur zur Schaffung von Aufmerksamkeit für Unternehmens-Webseiten, sondern auch zur Erhöhung der Markenbekanntheit. Nachteilig wirken sich indes die im Vergleich zu Printmedien relativ hohen Tausenderkontaktpreise aus.

5.4834 Erfolgskontrolle der Kommunikation im Internet

Bei der Internet-Kommunikation ergibt sich grundsätzlich der Vorteil, daß die Protokollierung jedes Nutzungsvorganges zur Kontrolle des Internetangebotes möglich ist. Die Protokollierung erfolgt durch sogenannte Logfiles, die Nutzungsvorgänge in Echtzeit und sekundengenau in digitaler Form festhalten (Bachem 1997, S. 191). Zu den protokollierten Informationen eines Logfiles gehören die folgenden technischen Meßgrößen:

- der Zeitpunkt einer Abfrage,
- die Adresse des Onlineangebotes, das vom Nutzer abgefragt wird,
- die IP-Adresse, auf die eine Datenabfrage zurückgeht,
- die Größe der transportierten Datenmenge,
- den Namen der herunter geladenen Datei,
- (je nach Einstellung) die Version der Navigationssoftware, die beim Nutzer installiert ist,

- die Kerndaten des Betriebssystems des Nutzers und
- die Webseite, die ein Nutzer vor der eigenen Webseite besucht hat („Referrer URL").

Als Problem bei der Messung der Internetnutzung erweist sich, daß Interner-Provider, Onlinedienste, Universitäten und große Unternehmen zusätzliche Computer besitzen, welche häufig genutzte Internetseiten zwischenspeichern. Auf diese Weise wird die Geschwindigkeit der Informationsbereitstellung beschleunigt. Allerdings werden dadurch bei den Informationsanbietern nur dann Zugriffe registriert, wenn diese Zwischenspeicher ihre Inhalte aktualisieren (sogenannte **Proxy-Problematik**). Folglich stellt die gemessene Nutzung von Internetseiten immer eine Untergrenze der tatsächlichen Nutzung dar (Fantapié Altobelli/Hoffmann 1995, S. 130, Bachem 1997, S. 193).

Zur Ermittlung des **kommunikativen Erfolges** können die aufgezeigten technischen Meßgrößen zwar in eine Reihe von Größen der Nutzungs- und Werbeerfolgsmessung überführt werden, allerdings sind diese mit nicht unerheblichen Problemen behaftet. Folgende Größen sind unmittelbar gegeben oder lassen sich errechnen:

- Ein **Hit** bezeichnet die Anfrage an eine Ressource eines Internetangebotes (beispielsweise das Laden einer Grafik oder eines Textes). Da jedoch eine Internetseite aus beliebig vielen Ressourcen entstehen kann, ist es nicht sinnvoll, mit der Anzahl der Hits auf Kontaktdauern oder Nutzerzahlen schließen zu wollen. Bachem (1997, S. 193) bezeichnet dieses Kriterium entsprechend als „genauso sinnvoll, wie durch das Zählen der Fingerabdrücke auf einer Zeitung auf die Zahl der Leser zu schließen".

- Als **Page-Impressions** wird die Zahl der Sichtkontakte mit einer Internetseite bezeichnet (Leest 1996, S. 24). Es spielt dabei keine Rolle, welche und wie viele Inhalte auf der Seite abgebildet werden. Die Summe aller Page Impressions gibt Aufschluß darüber, wie attraktiv das Internetangebot eines Unternehmens ist. Die genaue Messung von Page Impressions ermöglicht den werbefinanzierten Internetanbietern (Werbeträger für Banner Ads) die exakte reichweitenabhängige Abrechnung ihrer Leistungen.

- Mit Hilfe von **Visits** und **Visit Length** kann die Nutzungsintensität und Nutzungsdauer eines Werbekontaktes ermittelt werden. Als ein Visit wird ein zusammenhängender Nutzungsvorgang eines WWW-Angebotes von einer Person bezeichnet (Bachem 1997, S. 94). Indem das Zeitintervall zwischen dem Laden der ersten und der letzten Datei während eines Visits ermittelt wird, kann auf die Nutzungsdauer geschlossen werden. Die Anzahl der Visits und die durchschnittliche Visit Length stellen damit Kriterien zur Ermittlung der Attraktivität der Internet-Kommunikation dar. Einschränkend sei jedoch darauf hingewiesen, daß die letzte geladene Datei noch länger auf dem Bildschirm präsent sein und der Werbemittelkontakt damit entsprechend länger dauern kann. Auch ist nicht überprüfbar, ob der Nutzer sich während der erfaßten Zugriffsdauer überhaupt mit der Internetseite auseinandergesetzt hat.

- Das Kriterium **User** gibt die Anzahl der Personen an, die sich ein Internetangebot angesehen haben. Zur Berechnung wird die Anzahl der Visits um die Anzahl der Mehrfachbesuche einer Person bereinigt. Da die technisch ermittelbare IP-Adresse eines Nutzers jedoch nicht eindeutig auf eine bestimmte Person schließen läßt, sind auch hier Verzerrungen möglich.

- Dadurch, daß die **Namen der ausgewählten Dateien** protokolliert werden, wird eine Analyse der Präferenzen der Internetnutzer möglich. Es können individuelle Profile einzelner Internetnutzer erstellt werden, was Aufschluß über individuelle Präferenzen und Nutzungsgewohnheiten geben kann (Verweildauern auf der Homepage, Prozeßmerkmale der Navigation usw.).

- Durch die Protokollierung der **unmittelbar zuvor besuchten Webseite** kann ein Unternehmen erfahren, wie Nutzer auf die eigene Homepage gelangen. Hier zeigen sich Ansatzpunkte, auf welchen Internetseiten für die eigenen Präsenz geworben werden sollte.

- Über die **Protokollierung der IP-Adresse** des jeweiligen Internetnutzers kann festgestellt werden, aus welchem Land eine Anfrage kommt, beziehungsweise ob es sich um ein Unternehmen, einen Netzbetreiber oder eine andere Institution handelt (vgl. Fantapié Altobelli/Hoffmann 1995, S. 138).

- Schließlich lassen auch die Zahl der Antworten, Anfragen, Kritikäußerungen etc. über **Email** Rückschlüsse auf die Akzeptanz der Inhalte auf den Internetseiten zu.

Die aufgeführten Beurteilungskriterien geben einen ersten Aufschluß sowohl über den **quantitativen Erfolg einer Webseite** als auch über die Notwendigkeit von Anpassungen der Inhalte an die Wünsche der Internetnutzer. Für die effiziente Auswertung der Protokollierungsdaten stehen mittlerweile einige Softwarelösungen zur Verfügung, welche die Analyse der Logfiles übernehmen.

Aus Marketingsicht ist nicht nur der quantitative Erfolg der Internetseiten von Bedeutung, sondern auch deren **qualitative Wirkungen** auf den Internetnutzer. Daher müssen Einstellungsänderungen und der Aufbau von Markenpräferenz oder Markenbekanntheit durch das Internet erfaßt werden, um Aussagen über den kommunikativen Erfolg des Internetengagements machen zu können. Zur Ermittlung der Wirkungen der Internetwerbung (qualitative Erfolgsmessung) müssen deshalb auch traditionelle Verfahren der Werbewirkungskontrolle eingesetzt werden, bei denen eine Messung anhand der Informationsverarbeitung, der Produktbeurteilung und des Kaufverhaltens erfolgen kann.

Die skizzierten quantitativen Kennzahlen zur Kontrolle der Internet-Kommunikation können grundsätzlich von den einzelnen Unternehmen selbständig erhoben werden. Im Gegensatz zu Reichweitenmessungen im Bereich der Fernsehwerbung sind diese Zahlen jedoch nicht objektiv nachvollziehbar. Aus diesem Grund beteiligen sich einige Unternehmen an einem standardisierten **Meßverfahren durch den IVW**, der die Messung der Kontaktzahlen übernimmt und dieses regelmäßig veröffentlicht. Ein weiteres Unterneh-

Die „Stickiness" entscheidet über den Erfolg im Internet
Moderne Formen der Kundenbindung / Comdirect und Consors liegen im Finanzsektor vorn

ht. FRANKFURT, 29. März. Erfolg im Internet hat einen Namen: Stickiness (Klebrigkeit). Hinter diesem Begriff verbirgt sich die Loyalität der Nutzer, einen Internet-Auftritt möglichst oft und lange zu besuchen und dabei möglichst viele verschiedene Seiten zu besuchen. Je höher diese Werte, desto mehr Geld können die Unternehmen mit Internet-Werbung und E-Commerce verdienen. Pioniere wie AOL oder Yahoo haben aus diesem Grund in den vergangenen Jahren mit ständig neuen Funktionen wie Auktionen, Shopping-Angeboten oder freien Homepages versucht, die Nutzer möglichst lange auf ihren Seiten zu halten und ihnen keinen Anlass zu geben, eine andere Internet-Seite aufzusuchen. Ergebnis: AOL-Kunden in den Vereinigten Staaten nutzen den Dienst im Durchschnitt mehr als 30 Minuten am Tag, der mit Abstand größte „Stickiness-Wert". Danach folgen das Auktionshaus Ebay, während Yahoo unter den Portalen die Nutzer am längsten an sich binden kann. Einen sinkenden Stickiness-Wert in Form einer kürzeren Dauer des Besuchs haben Forscher für Transaktionsseiten wie Amazon.com ermittelt. Der Grund liegt in der wachsenden Übung der Nutzer, ein Produkt bei Amazon mit wenigen Mausklicks immer schneller kaufen zu können. In diesem Jahr werden nach Ansicht von Branchenkennern vor allem Online-Spiele einen hohen Stellenwert für die Erhöhung der Stickiness erreichen. Im Gegensatz dazu haben Online-Gemeinschaften wie Geocities, Tripod oder Fortunecity einen eher geringen Stickiness-Wert.

Stickiness-Daten sind in Deutschland erst seit wenigen Monaten verfügbar. Seit Ende vergangenen Jahres misst Media Metrix, der amerikanische Weltmarktführer, die Online-Nutzung auch in Deutschland, Frankreich und Großbritannien. Die begehrten Daten zeigen für die Finanzseiten im Internet einen klaren Sieger: die Comdirect-Bank, die Tochtergesellschaft der Commerzbank. Im Februar besuchten 707 000 Menschen die Comdirect-Seiten, also rund 8,4 Prozent der inzwischen 8,44 Millionen privaten Internet-Nutzer in Deutschland. Diese Nutzer besuchten die Seite im Schnitt durchschnittlich 5,9 Tagen im Februar, haben im Schnitt 23,4 verschiedene Seiten des Auftritts aufgerufen und 72,3 Minuten in diesem Monat auf den Comdirect-Seiten zugebracht. Das Unternehmen hat sich damit eine gute Ausgangsposition für den bevorstehenden Börsengang erarbeitet.

An die zweite Stelle unter den deutschen Finanzseiten hat sich im Februar der Online-Broker Consors geschoben, der noch im Januar hinter der Deutschen Bank 24 an dritter Stelle gelegen hat. 515 000 Consors-Besucher hat Media Metrix im Februar gemessen, rund 6,1 Prozent aller deutschen privaten Internet-Nutzer. Im Januar hatte die Reichweite von Consors noch bei 3,7 Prozent gelegen. Allerdings blieben die Nutzer im Durchschnitt nur 40,9 Minuten auf den Consors-Seiten, deutlich weniger als beim Konkurrenten Comdirect.

Vom Börsenboom im Februar konnte die Deutsche Bank 24 im Internet kaum profitieren. Die Reichweite ist lediglich von 3,7 Prozent im Januar auf 3,8 Prozent im Februar gewachsen. Auch die durchschnittliche Aufenthaltsdauer, die in diesem Zeitraum von 17 auf 20,2 Minuten gestiegen ist, deutet darauf hin, dass sich die 320 000 Nutzer bei der Deutschen Bank 24 eher informieren als Transaktionen ausführen. Auf Rang 4 folgt die Direktanlagebank (Diraba) mit 297 000 Nutzern. Die Tochtergesellschaft der Hypo-Vereinsbank hat ihre Reichweite unter den Internet-Nutzern von 2,7 Prozent im Januar auf 3,5 Prozent im Februar steigern können. Rang 5 belegt im Februar die Internet-Seite des Magazins DM mit 169 000 Besuchern und einer Reichweite von 2,0 Prozent. Im Januar hatte noch die Postbank mit einer Reichweite von 2,3 Prozent auf dem fünften Platz gelegen.

Im internationalen Vergleich liegt Comdirect mit einer Reichweite von 3,4 Prozent unter den 20,7 Millionen privaten Internet-Nutzern in Deutschland, Großbritannien und Frankreich an der Spitze in Europa, gefolgt von Egg.com, dem Spitzenreiter in England. Rund 683 000 Menschen haben diesen Auftritt im Februar genutzt, was einer Reichweite von 3,3 Prozent entspricht. An dritter Stelle in der europäischen Rangliste folgt Consors mit einer Reichweite von 2,5 Prozent. Noch im Januar hatte Aufsteiger Consors keinen Platz unter den beliebtesten fünf Auftritten in Europa belegen können.

Die beliebteste Internet-Seite der Deutschen ist weiterhin die Startseite von T-Online. 4,4 Millionen Internet-Nutzer haben die Seite im Februar aufgerufen, also rund 52,3 Prozent der Privatnutzer in Deutschland. Danach folgen die deutsche Seite des Portal-Betreibers Yahoo (2,53 Millionen Nutzer), die amerikanische Microsoft-Homepage (1,91 Millionen), Lycos-Europe (1,9 Millionen), AOL (1,39 Millionen) und die amerikanische YahooHomepage (1,16 Millionen).

Unter den Medien-Seiten, also den Online-Angeboten der traditionellen Medien, liegt die Fernsehzeitschrift TV Today an erster Stelle mit 497 000 Nutzern im Februar an erster Stelle. Das entspricht einer Reichweite von 5,9 Prozent unter den deutschen Internet-Nutzern. Der Online-Auftritt des Magazins Focus, das sich in der IVW-Statistik unangefochten an erster Stelle liegt, rangiert in dieser Liste mit 495 000 Besuchern nur an zweiter Stelle.

Auf den Rängen drei bis fünf folgen die Fernsehsender RTL, ProSieben und der WDR. Noch im Januar hatte ProSieben mit einer Reichweite von 6,3 Prozent der Rangliste der Medienunternehmen im Internet angeführt. RTL hat gegen seine Reichweite von 3,6 Prozent auf 5,7 Prozent innerhalb von vier Wochen erhöht. Die Internet-Auftritte der „Berliner Morgenpost" und der „Bild"-Zeitung sind nicht mehr unter den ersten fünf vertreten.

Medien-Seiten im Internet
Nutzung in Deutschland im Februar 2000[1]

Anbieter	Reichweite[2] in Prozent	Besucherzahl[3] in Tausend
1. TvToday.de	5,9	497
2. Focus.de	5,9	495
3. RTL.de	5,7	484
4. ProSieben.de	5,6	472
5. WDR.de	5,2	437

1) Abgrenzung „Medien": eigendefiniert. 2) Reichweite: Anteil der Besucher des Internets, die ein Angebot mindestens einmal besucht haben. Mehrmalige Besuche werden nur einfach gezählt. 3) Besucherzahl: Hochgerechnete Zahl derjenigen, die ein Angebot mindestens einmal besucht haben. Quelle: MMXI Europe, Web Report, Key Services

F.A.Z.-Grafik Heumann

INSERT 3-41: Frankfurter Allgemeine Zeitung, 30.03.2000, S. 29

Kommunikationspolitische Entscheidungen

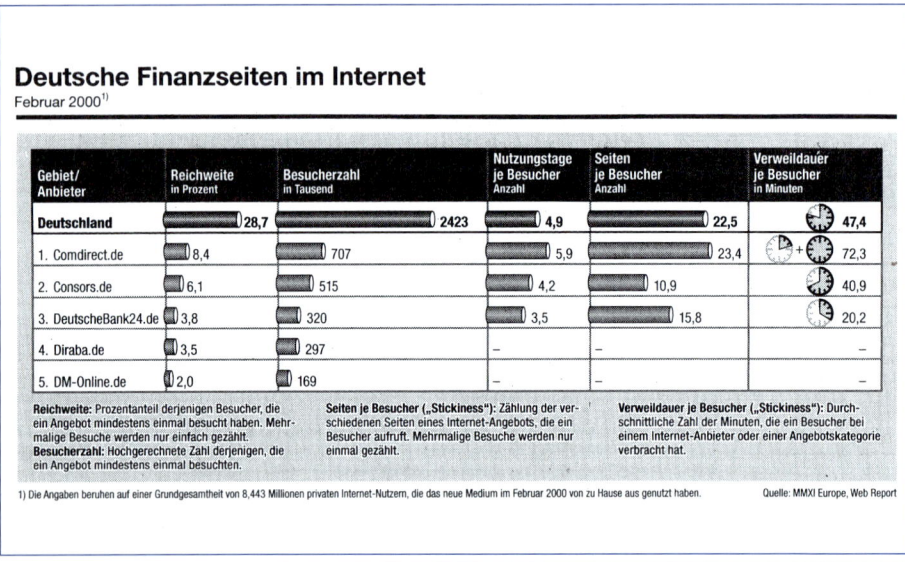

INSERT 3-41: Frankfurter Allgemeine Zeitung, 30.03.2000, S. 29 (Fortsetzung)

men, das eine objektive Beurteilung von Reichweiten und Kontaktqualitäten von Internetseiten in Deutschland vornimmt, ist Media Metrix (amerikanischer Weltmarktführer in diesem Bereich). Der kommunikative Erfolg von Internetseiten wird von **Media Metrix** anhand der Kennzahl „Stickiness" („Klebrigkeit") beurteilt (vgl. Insert 3-41). Hinter dieser Kennzahl verbirgt sich die Loyalität der Internetnutzer, eine Internetseite mehrfach beziehungsweise für einen längeren Zeitraum zu besuchen. Im wesentlichen ist diese Kennzahl mit der durch den Betreiber einer Unternehmens-Webseite eigenständig ermittelbaren Kennzahl „Visit Length" vergleichbar. Der Unterschied besteht lediglich in der „objektiven" Erhebung durch eine unabhängige Institution.

5.5 Budgetierung des Kommunikations-Mix

5.51 Prozeß der Budgetierung

Die Budgetierung stellt neben der Auswahl der Instrumente ein zentrales Entscheidungsproblem im Rahmen der Kommunikationsplanung dar. Die Budgetierung des Kommunikations-Mix umfaßt dabei alle mit dem Einsatz der Instrumente verbundenen Aufwendungen einer Planperiode.

Bei der Budgetierung sind grundsätzlich die zwei Teilprobleme der **Bestimmung der Budgethöhe** und der **Aufteilung des Budgets in sachlicher und zeitlicher Hinsicht** zu lösen. Diese Einzelprobleme sind simultan oder sukzessiv lösbar, wobei als theoretisch fundiert nur eine gleichzeitige Festlegung aller Variablen gelten kann. Bisher waren jedoch weder Wissenschaft noch Praxis in der Lage, geeignete Algorithmen zur simultanen Lösung dieses Entscheidungsproblems zu liefern.

Ausgehend von den verschiedenen Kommunikationszielen, -maßnahmen und -wirkungen werden die Budgets für das Produktprogramm festgelegt. Wenn die Höhe des Gesamtbudgets feststeht, wird im Rahmen der **Streuplanung** das Budget sachlich und zeitlich auf die Produkte, die Werbeträger und -mittel sowie auf die Regionen verteilt, wobei die Probleme der **Mediaselektion** (vgl. drittes Kapitel, Abschnitt 5.7) im Mittelpunkt der Betrachtung stehen.

5.52 Methoden zur Festlegung des Kommunikationsbudgets

In Theorie und Praxis werden eine Vielzahl von Kriterien und Budgetierungsmethoden vorgeschlagen, die sich mit der Bestimmung des Werbebudgets auseinandersetzen. Die Methoden können anhand der Kriterien Art der Ermittlung des Wirkungszusammenhanges sowie Anzahl der Einflußfaktoren systematisiert werden (vgl. Abbildung 3-210).

Nach der **Art der Ermittlung des Wirkungszusammenhanges** läßt sich eine Unterscheidung in wirkungsgestützte und nicht-wirkungsgestützte Methoden vornehmen. Während wirkungsgestützte Verfahren eine Messung und Prognose der Werbewirkung erfordern und den Zusammenhang von Budgethöhe und Zielerreichung beziehungsweise Marktreaktion formal in einer Responsefunktion abbilden, stellen nicht-wirkungsgestützte Verfahren im wesentlichen auf Erfahrungswerte der Vergangenheit ab und führen letztlich zu Entscheidungsprinzipien im Sinne eines Trial-and-Error-Verfahrens.

Nach der **Anzahl der Einflußfaktoren** lassen sich monovariable und polyvariable Ansätze unterscheiden, bei denen die Höhe des Kommunikationsbudgets entweder mit Hilfe eines einzigen Einflußfaktors oder unter Einbeziehung mehrerer Einflußfaktoren ermittelt wird (Landwehr 1988, S. 142 ff.).

Art der Ermittlung \ Anzahl der Faktoren	Monovariabel	Polyvariabel
Nicht wirkungsgestützt	▪ Planungskennziffern ▪ Ziel- und Aufgabenmethode ▪ Konkurrenzbezogener Ansatz (Weinberg)	▪ Erfahrungsregeln ▪ Decision-Calculus-Ansätze ▪ Synthetische Ansätze
Wirkungsgestützt	▪ Planungskennwerte	▪ Dynamisches Modell (Vidale/Wolfe) ▪ Marginalanalytische Optimierungsansätze

Abbildung 3-210: Methoden der Budgetierung
(Quelle: Landwehr 1988, S. 142 ff.)

5.521 Monovariable, nicht-wirkungsgestützte Methoden

Planungskennziffern ermitteln das Werbebudget aufgrund eines vorab festgelegten fixen oder variablen Prozentsatzes einer bestimmten Bezugsgröße (Zentes 1982, S. 2 208 ff.; Kotler 1988, S. 604 f.; Schweiger/Schrattenecker 1995, S. 68 ff.; Rogge 1996, S. 140 ff.). Als die bekanntesten Planungskennziffernmethoden gelten die:

▪ **Ausrichtung am wert- oder mengenmäßigen Umsatz**
(percentage-of-sales-method)
Der Etat wird als fester Prozentsatz des vergangenen, derzeitigen oder künftig erwarteten Umsatzes bestimmt. Die Höhe des Prozentsatzes kann dabei nach den Erfahrungen des Unternehmens in der Vergangenheit, den Werten ähnlich strukturierter Unternehmungen oder der Konkurrenz erfolgen. Darüber hinaus kann im Zeitablauf ein fixer beziehungsweise variabler Prozentsatz berücksichtigt werden. Bei Methoden mit variablem Verhältnis orientieren sich Prozentsätze zum Beispiel an der Position innerhalb des Produktlebenszyklus oder an der aktuellen Situation im Absatzkanal.

▪ **Ausrichtung am Gewinn**
(percentage-of-profit-method)
Hierbei wird das Budget als bestimmter Prozentsatz vom Gewinn festgelegt. In der Literatur wird der Gewinn als finanzieller Fonds auch zur Finanzierung der kommunikativen Aktivitäten verstanden. Der häufig nicht näher definierte Gewinn ist dabei nicht unbedingt gleichbedeutend mit einem finanziellen Überschuß.

- **Ausrichtung an den verfügbaren finanziellen Mitteln**
  (all-you-can-afford-method)
  Die Bestimmung des Etats erfolgt auf Basis der verfügbaren finanziellen Mittel, die über einen geforderten Mindestgewinn hinausgehen.

- **Ausrichtung an den Werbeaufwendungen der Konkurrenz**
  (competitive-parity-method)
  Für die Ermittlung des Budgets werden entweder die Ausgaben eines vergleichbaren Konkurrenzunternehmens oder durchschnittliche, branchenübliche Vergangenheitswerte berücksichtigt. Dieses Vorgehen läßt sich mit der Annahme begründen, daß ein Unternehmen mindestens so viel Werbung betreiben muß wie die Konkurrenz, um den Marktanteil zu halten.

Die Vorteile aller Planungskennziffernmethoden liegen in dem relativ geringen Datenaufwand, der Einfachheit der Modelle und der raschen Gewinnung der Ergebnisse. Problematisch ist die fehlende methodische Orientierung bei der Parameterbestimmung, zum Beispiel der Prozentsätze oder der Bezugsgrößen (Umsatz, Gewinn, finanzielle Mittel). Insbesondere die in der Praxis am weitesten verbreitete Methode der Orientierung am Umsatz birgt die **Gefahr einer prozyklisch orientierten Kommunikationspolitik** in sich. Außerdem basiert dieses Verfahren auf einem **Zirkelschluß**, denn der Umsatz stellt eine unter anderem von den Werbeausgaben abhängige Größe dar und nicht vice versa.

Bei der Ausrichtung am Gewinn beziehungsweise an den vorhandenen finanziellen Mitteln ist neben dem Problem eines prozyklischen Verhaltens vor allem der **fehlende sachlogische Zusammenhang** anzumerken. Während der Gewinn unter anderem auch von außerordentlichen Erträgen und Aufwendungen beeinflußt wird und eher ein Ergebnis der Werbeaufwendungen darstellt, besteht beim zweiten Verfahren keine logisch zu rechtfertigende Beziehung zwischen Werbeaufwendungen und den vorhandenen finanziellen Mitteln. Alles in allem beinhalten diese Verfahren die **Gefahr der Fehlallokation** und führen nicht zur Optimierung des Werbebudgets (Zentes 1982; Rahders 1989, S. 15 ff.). Dagegen liefert die Ausrichtung an den Ausgaben der Konkurrenz zwar wichtige Hinweise auf die Einschätzung der eigenen Lage, stellt jedoch aufgrund der Verschiedenartigkeit der Situationsbedingungen kein eindeutiges Kriterium zur Festlegung des eigenen Kommunikationsbudgets dar.

Im Gegensatz zu den Planungskennziffern resultiert ein nach der **Ziel- und Aufgabenmethode** geplantes Budget nicht aus einer autonom gefällten Entscheidung, sondern erfolgt retrograd aus der kostenmäßigen Bewertung der geplanten kommunikativen Aktivitäten, die zur Zielerreichung notwendig scheinen (Hammann 1980). Der Planungsprozeß beginnt mit der operationalen Zielformulierung, führt zur Entwicklung der zielorientierten Kommunikationsmaßnahmen und schließlich zur Schätzung der hierfür notwendigen Kosten. Die Summe der einzelnen Budgets bestimmt dann die Höhe des Gesamtbudgets. Bei Überschreiten der Budgethöchstgrenze wird eine Zielanpassung im Zuge eines Feedback-Prozesses erforderlich.

Die Ziel- und Aufgabenmethoden zeichnen sich durch ihre Einfachheit und hohe Benutzerakzeptanz aus. Im Gegensatz zu den Plankennziffern-Methoden stehen Zielgrößen und Kommunikationsmaßnahmen in logischer Beziehung zueinander, da eine qualitative und quantitative Ausrichtung des Kommunikationseinsatzes auf die zu erreichende Zielsetzung erfolgt. Darüber hinaus lassen sich eine Vielzahl unternehmensinterner (zum Beispiel finanzielle Mittel) und externer (zum Beispiel Konkurrenzverhalten) Einflußfaktoren im Planungsprozeß berücksichtigen. Diesen Vorteilen steht jedoch ein **erheblicher Planungsaufwand** gegenüber. Darüber hinaus unternimmt die Ziel- und Aufgaben-Methode **keine Prüfung des Kosten-/Nutzen-Verhältnisses** von Zielerreichungsgraden. Somit wird nicht betrachtet, ob einer Erhöhung des Budgets eine angemessene Gewinnerhöhung gegenübersteht (Rogge 1996, S. 148 ff.).

Der **konkurrenzbezogene Ansatz zur Werbebudgetierung von Weinberg** beinhaltet sowohl Gesichtspunkte der Aufgaben- als auch der Kennziffern-Methoden. Das Modell von Weinberg geht von der Annahme aus, daß eine Steigerung des Marktanteils von den eigenen Werbeanstrengungen und denjenigen der Konkurrenz abhängt (Weinberg 1960; Meffert/Freter 1974). Die beiden Einflußfaktoren fließen in die sogenannte Konkurrenzänderungsrate (e) ein. Diese drückt das Verhältnis der eigenen Werbeausgaben (W_u) zum eigenen Umsatz (U_u) in Relation zu den Werbeausgaben der Konkurrenz (W_k) bezogen auf deren Umsatz (U_k) aus:

(1) $\quad e = \dfrac{W_u}{U_u} : \dfrac{W_k}{U_k}$

Bei Betrachtung der Konkurrenzänderungsrate ist festzustellen, daß bei e < 1 der Anteil der Werbeaufwendungen des eigenen Unternehmens geringer ist als bei der Konkurrenz. Unter Annahme gleicher Werbeproduktivitäten sinkt der Marktanteil der Unternehmung bei e < 1, bei e > 1 steigt er.

Empirische Untersuchungen ergaben folgende funktionale Abhängigkeit der Marktanteilsänderung (M_u) vom Logarithmus der Konkurrenzänderungsrate:

(2) $\quad M_u = a \cdot \log e - b$

Hierbei stellen a und b Konstanten dar, die mit Hilfe der Regressionsanalyse zu bestimmen sind. Gelingt es, den eigenen Umsatz, den Branchenumsatz und die Werbeausgaben der Konkurrenten für die Zukunft zu schätzen und kann die Gültigkeit der empirisch ermittelten Relation e unterstellt werden, dann kann das Werbebudget errechnet werden, welches benötigt wird, um eine konkrete Marktanteilssteigerung in der folgenden Periode zu erzielen:

(3) $\quad W_u = e \cdot U_u \dfrac{W_k}{U_k}$

Die Einbeziehung von Konkurrenzaktivitäten, die realistische Zielsetzung sowie die erfüllbaren Informationsanforderungen bilden die wesentlichen Vorteile des Modells. Dagegen ist die Marktanteilssteigerung nicht als zu verallgemeinernde Zielsetzung für die Budgetfestlegung anzusehen, da sie keine eindeutige Beziehung zur Gewinnmaximierung enthält. Ebenfalls kritisch zu betrachten ist die fehlende Berücksichtigung von langfristigen Kommunikationswirkungen (Carry-over-Effekte), die Annahme gleicher Werbeproduktivität und die Vernachlässigung der Wirkungen der restlichen Marketinginstrumente.

5.522 Monovariable, wirkungsgestützte Methoden

Planungskennwerte sind empirisch ermittelte Kennwerte, die den Ursache-Wirkungs-Zusammenhang zwischen der Werbung und den Absatzmengen quantifizieren. Dabei wird das Budget auf Basis von **Werbewirkungsfunktionen** nach den angestrebten Absatz- und Marktanteilszielen festgelegt (Landwehr 1988, S. 153). Zu den bewährten Kennwerten gehören zum Beispiel Mediaausgaben je Marktanteilspunkt oder der erreichte Marktanteil je Werbekostenanteilspunkt (point share of advertising). Bei der **Werbeanteil-Marktanteil-Methode** werden die eigenen Mediaausgaben in Relation zu den gesamten Mediaausgaben einer Branche gesetzt (share of voice) und mit dem eigenen Marktanteil verglichen. Wird eine Absatzsteigerung angestrebt, so sollte der „share of voice" größer sein als der Marktanteil.

Kennzeichnet man mit y_t den zu prognostizierenden Absatz und mit w_t die Werbung, so stellt

(4) $\quad y_t = f(w_t, u_t)$

die **allgemeine Form von monovariablen Ansätzen** dar. Die in der Periode t gültigen Umwelteinflüsse u_t werden üblicherweise konstant gesetzt und nicht näher betrachtet. Dieses Vorgehen liefert nur unter relativ stabilen Bedingungen geeignete Hinweise für die Festlegung des Budgets.

Den genannten Kennwerten liegt die Erkenntnis zugrunde, daß in vielen Produktmärkten eine signifikante, positive Beziehung zwischen dem Markt- und Werbeanteil identifiziert werden kann. Hierbei lassen sich drei grundlegende Regressionsfunktionen beschreiben (Landwehr 1988, S. 153 ff.):

(5) $\quad MA = a + b \cdot W$

Hinter diesem Ansatz steht die Überlegung eines direkten positiven Wirkungszusammenhanges von Werbeaufwendungen (W) und Marktanteil (MA) einer Unternehmung. Hierbei sind a und b Konstanten der Regressionsanalyse.

(6) $\quad \Delta MA_t = a + b \cdot \Delta W_{t-1}$

Bei dieser Betrachtung wird eine direkte Beziehung zwischen der Veränderung der Werbeaufwendungen in der Periode t–1 und dem Marktanteil in der Periode t vermutet.

(7) $\quad \Delta MA_t = a + b \cdot \Delta(W_t - MA_{t-1})$

Diese Gleichung impliziert, daß die Differenz zwischen dem Werbeanteil in t abzüglich des Marktanteils der Vorperiode letztlich eine Operationalisierung des Werbedrucks darstellt, den ein Anbieter relativ zur Konkurrenz ausübt.

Die unterschiedlichen linearen Funktionen konnten jedoch bisher nicht eindeutig bestätigt werden. Dies liegt insbesondere an der fehlenden Einbeziehung von weiteren Erklärungsvariablen (zum Beispiel Preis- und Distributionspolitik).

5.523 Polyvariable, wirkungsgestützte Methoden

Eine Weiterentwicklung der Methode der Planungskennwerte stellen **multiple Regressionsansätze** dar, die weitere Nachfragedeterminanten in die Betrachtung einbeziehen und den Wirkungszusammenhängen bei einem kombinierten Einsatz der Marketinginstrumente Rechnung tragen (Wagner 1980; Landwehr 1988, S. 164 ff.; Schmalen 1992, S. 48 f.). Darüber hinaus wurden **dynamische Responsefunktionen** entwickelt, die die Zeitdimension integrieren und somit eine Verzögerung der Werbewirkung (Time-lag-Effekte) beziehungsweise Carry-over-Effekte berücksichtigen (Hammann 1980, S. 141).

Beim **dynamischen Modell von Vidale/Wolfe** wird der Einfluß des Werbebudgets auf die Umsatzentwicklung im Zeitablauf durch folgende drei Parameter erfaßt (Vidale/Wolfe 1957; Schmalen 1992, S. 89 ff.; Schweiger/Schrattenecker 1995, S. 71 ff.):

1. die Umsatzabnahmerate λ (sales decay constant),

2. das Sättigungsniveau M (saturation level) sowie

3. die Wirkungskonstante r (response constant).

Die **Umsatzabnahmerate** λ charakterisiert den Umsatzrückgang in einem bestimmten Zeitraum bei Verzicht auf Werbung. Hierbei hängt die Erlösabnahme von den jeweiligen Marktbedingungen ab (Konkurrenzverhalten, Phase des Markt- beziehungsweise Produktlebenszyklus, Markentreue der Konsumenten etc.). Bei konstanten Marktbedingungen geht zum Beispiel jedes Jahr ein gleichbleibender Prozentsatz vom Umsatz in der Basisperiode (U_0) verloren. Dieser Zusammenhang läßt sich in Form einer Exponentialfunktion beschreiben:

(8) $\quad U_t = U_0 \cdot e^{-\lambda \cdot t}$

Das **Sättigungsniveau M** beschreibt das Absatzpotential des Produktes (Zahl der gewinnbaren Käufer), das durch einen bestimmten Werbeeinsatz maximal realisiert werden kann. Die **Wirkungskonstante r** drückt schließlich diejenige Umsatzzunahme aus, die – ausgehend von einem Umsatz von Null – durch zusätzliche Werbeausgaben erzielt werden kann.

Bei einem Umsatz in t_0 von Null und in t_1 von 10.000 DM beträgt die Wirkungskonstante bei einem Werbeaufwand (B) von 5.000 DM:

(9) $\quad r = \dfrac{10\,000}{5\,000} = 2$

Da sich die Zahl der potentiellen Kunden, die durch den Werbeeinsatz zusätzlich angesprochen werden kann, bei einer Annäherung des Umsatzes an das Sättigungsniveau immer mehr verringert, sinkt auch der zusätzliche Umsatz pro Werbe-DM, und zwar gemäß dem Ausdruck:

(10) $\quad \Delta U = r \cdot \dfrac{M - U_t}{M}$

Bei einer Wirkungskonstanten von r = 2 und einem Sättigungsniveau vom M = 100 ergeben sich mit wachsender Annäherung an das Sättigungsniveau (das heißt mit steigendem U_t) zum Beispiel folgende Werte für die Umsatzwirkung einer zusätzlich in der Werbung investierten DM:

Realisierte Umsätze U_t	50	60	70	80	90
Umsatzwirkung pro Werbe-DM	1	0,8	0,6	0,4	0,2

Die Wirkung in bezug auf die Nichtkunden ist konstant. Aber es bleiben immer weniger Kunden übrig, die durch die Werbung gewonnen werden können.

Die durch den Einsatz eines Werbebudgets (B) induzierten Umsatzänderungen ($\dfrac{dU}{dt}$) lassen sich durch folgende Gleichung wiedergeben:

(11) $\quad \dfrac{dU}{dt} = r \cdot B_t \cdot \dfrac{(M - U_t)}{M} - \lambda \cdot U_t$

Es wirken somit stets zwei Faktoren: Einmal werden durch den Einsatz der Werbung in einer Periode bisherige Nichtkunden Käufer des beworbenen Produktes. Der mit diesen Neukunden getätigte Umsatz hängt ab von der Wirkungskonstanten, dem Werbebudget und dem erreichten Anteil am Sättigungsniveau. Zum anderen geht in jeder Periode ein konstanter Anteil bisheriger Kunden verloren.

Auf der Grundlage dieses Prognosemodells kann man nun die Höhe des Werbebudgets ableiten, welche den Umsatz auf der erreichten Höhe hält ($\frac{dU}{dt} = 0$), das heißt so viel Neukunden anspricht, wie durch Markenwechsel usw. verlorengehen. Dazu wird das obige Prognosemodell umformuliert. Es ergibt sich:

(12) $\quad B_t = \dfrac{\lambda \cdot U_t \cdot M}{r \cdot (M - U_t)}$

Daraus können folgende Schlußfolgerungen gezogen werden:

- Je näher die Umsätze am Sättigungsniveau liegen und je größer das Verhältnis der Umsatzabnahmerate zur Wirkungskonstanten ist, desto höher muß das Werbebudget sein, um den Umsatz auf einer erreichten Höhe zu halten.
- Die Veränderung des Umsatzes ist um so größer, je höher die Wirkungskonstante, das ungenutzte Umsatzpotential, die Werbeausgaben und je niedriger die Umsatzabnahmerate ist.

Die **Vorteile des Modells von Vidale/Wolfe** liegen in der dynamischen Ausrichtung, bei der die im Zeitablauf nachlassende Werbewirkung eingeht. Die drei Parameter, auf denen das Modell aufbaut, sind prinzipiell geeignet, die Wirkungsmöglichkeiten der Werbung anschaulich darzustellen. Die Aussagefähigkeit für die Werbebudgetierung liegt in der spezifischen Zielsetzung der Aufrechterhaltung des erreichten Umsatzniveaus. Dadurch lassen sich einerseits zwar wichtige Schlußfolgerungen ableiten, jedoch kann andererseits die Erhaltung des erreichten Umsatzes nicht als eine allgemeingültige beziehungsweise sinnvolle unternehmerische Zielsetzung aufgefaßt werden.

Ein weiterer gewichtiger **Nachteil** bezieht sich auf die alleinige Ansprache der potentiellen Kunden ($M - U_t$) und die Vernachlässigung der aktuellen Kunden im Modellansatz. So bleibt beispielsweise die Erhöhung der Kauffrequenz durch die aktuellen Kunden als Folge der Werbung unberücksichtigt. Das Modell geht damit von der gleichen Bedeutung aller Käufer aus. Die unterstellten direkten Beziehungen zwischen Werbeaufwand und erzielten Umsätzen lassen sich darüber hinaus in der Realität kaum nachweisen, da Verkaufserfolge von dem gemeinsamen Einsatz aller Marketinginstrumente abhängen. Neben der fehlenden Einbeziehung weiterer Marketinginstrumente werden in diesem Modell keinerlei Bezüge zur Konkurrenz hergestellt. Schließlich bereitet die empirische Bestimmung der Modellparameter erhebliche Schwierigkeiten.

Insbesondere der hohe Datenbedarf und die schwierige Datenbeschaffung haben eine nur geringe Akzeptanz dieser Verfahren beim Management zur Folge. Den Kritikpunkt, daß mit dem Modell von Vidale/Wolfe lediglich eine annähernd gute, aber keine optimale Lösung ermittelt wird, greifen die **marginalanalytischen Optimierungsansätze** (Meffert/Freter 1974, S. 216 ff.) auf.

Auf der Grundlage von Grenzerlösen und Grenzkosten wird hier eine Optimierung des Werbebudgets angestrebt. Im folgenden wird die Ermittlung des optimalen **Werbeetats bei gegebenem Preis (Polypol)** und der Zielsetzung der Gewinnmaximierung verdeutlicht. Der Gewinn des Unternehmens ist die Differenz von Umsatz (U) und Kosten (K):

(13) $G = U - K \to \max.$

Unter der Annahme, daß die Werbeaktivitäten keinen Einfluß auf die Preis-Absatz-Funktion haben, setzt sich der Umsatz aus dem konstanten Preis ($\bar{p}$) und der Absatzmenge (x) zusammen.

Die Werbekosten werden auf Basis der Werbewirkungsfunktion $x = x(W)$ ermittelt als

(14) $W = W(x)$

Durch Einbeziehung der Produktionskosten $K_p(x)$ ergibt sich die Gesamtkostenfunktion

(15) $K = K_p(x) + W(x)$

Werden die Umsatz- und Kostenfunktionen in die Zielgleichung (1) eingesetzt und das Gewinnmaximum bestimmt, läßt sich folgende Gleichung ableiten:

(16) $G(x) = \bar{p} \cdot x - K_p(x) - W'(x) \to \max.$

(17) $G'(x) = \bar{p} - K'_p(x) - W'(x) = 0$

(18) $\bar{p} - K'_p(x) + W'(x)$

Das **gewinnmaximale Werbebudget** liegt dann vor, **wenn die kombinierten Grenzkosten, das heißt Grenzproduktionskosten und Grenzwerbekosten, gleich dem Preis sind**. Die Abbildung 3-211 gibt diesen Sachverhalt graphisch wieder.

Rechnerisch ergibt sich das optimale Werbebudget durch Einsetzen der optimalen Absatzmenge (x_{opt}) in Gleichung (14).

Die im folgenden vorgenommene Bestimmung des optimalen **Werbebudgets bei variablem Preis (Monopol)** stellt eine Erweiterung des einfachen Polypol-Modells um den Preis als zusätzliches Marketinginstrument dar: Die Zusammenhänge werden dabei graphisch in Abbildung 3-212 (vgl. dazu auch die Ableitung des Dorfman-Steiner-Theorems) dargestellt.

Der Einsatz der Werbung führt dazu, daß sich sowohl die Form als auch die Lage der Preis-Absatz-Funktion verändern. Aus Gründen der Vereinfachung wird angenommen, daß bloße Lageveränderungen, das heißt Parallelverschiebungen der Preis-Absatz-Funktion, durch die Werbung erfolgen.

Kommunikationspolitische Entscheidungen

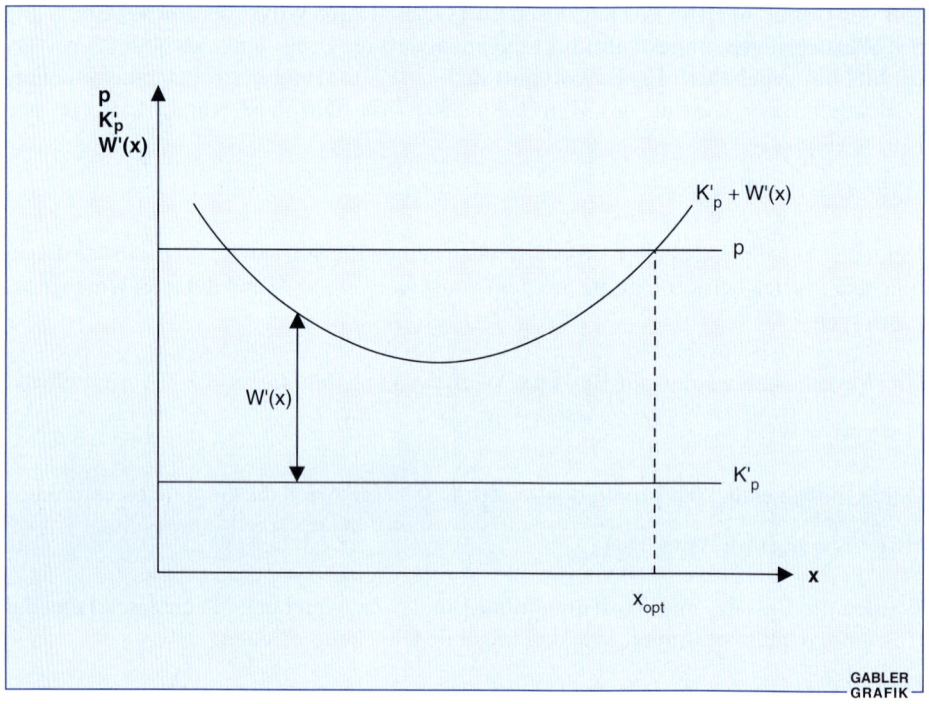

Abbildung 3-211: Optimales Werbebudget im Polypol

Gefragt wird nach jener Preis-Absatz-Funktion, bei der unter Berücksichtigung der Werbekosten der Gesamtgewinn maximiert wird, oder – anders ausgedrückt – nach derjenigen Werbeetat-Höhe, bei der die gewinnmaximale Preis-Mengen-Kombination erreicht wird.

Basis der Ableitung ist die Preis-Absatz-Funktion A_0A_0, welche die Ausgangslage ohne Werbeaktivität darstellt. Ihr entsprechen die Umsatzkurven U_0, die Produktionskostenkurve $K_p = K_0$ und die zum Cournotschen Punkt C_0 gehörende Preis-Mengen-Kombination (p_0, x_0) mit dem Maximalgewinn G_0. Es werden nun hypothetisch alternative Werbeetat-Höhen eingesetzt. Durch den Einsatz des (geringsten) Etats K_{w1} wird die Preis-Absatz-Funktion nach A_1A_1, die Umsatzkurve nach U_1 und die Kostenkurve nach $K_1 = K_p + K_{w1}$ verschoben.

Im Cournotschen Punkt C_1 wird die Preis-Mengen-Kombination (p_1, x_1) verwirklicht. Der Gesamtgewinn ist G_1. Soll die Preis-Absatz-Funktion A_2A_2 mit der Umsatzkurve U_2 erreicht werden, so ist dafür das Werbebudget K_{w2} erforderlich usw.

Bei jedem Übergang zu einer höher liegenden Preis-Absatz-Funktion erhöhen sich Preis und Menge jeweils simultan um den gleichen Betrag. Die dafür vorzunehmenden Wer-

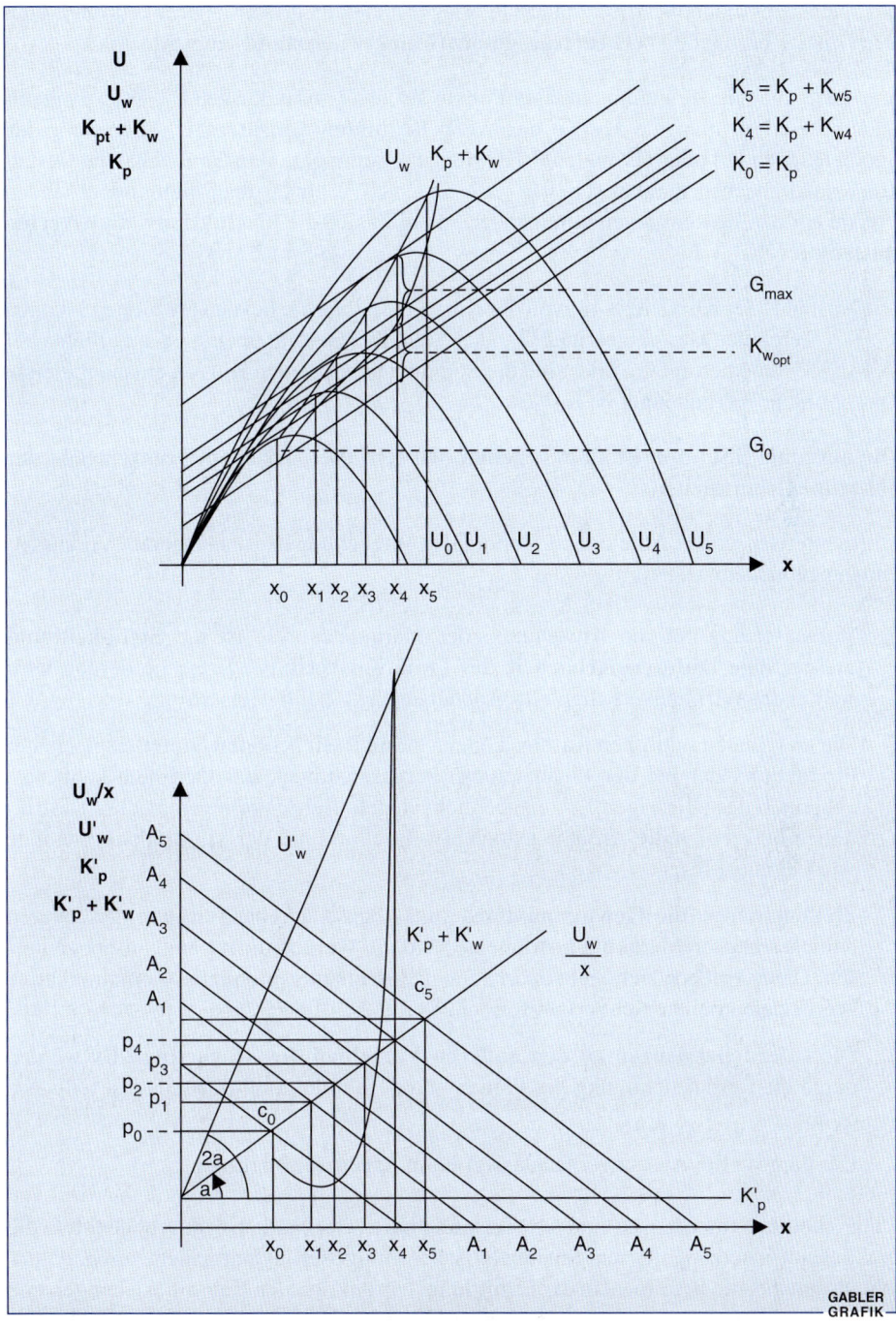

Abbildung 3-212: Werbebudgetierung im Monopol

bekostensteigerungen werden zunächst geringer und dann größer. Hierin kommt das auf den Umsatz bezogene **Werbeertragsgesetz (Marktwiderstand)** zum Ausdruck.

Verbindet man die gewinnmaximalen Punkte auf den Umsatzkurven U_0, U_1, ... miteinander, so erhält man die **Kurve des werbebedingten Umsatzes U_w**. Sie stellt den geometrischen Ort aller optimalen Preis-Mengen-Kombinationen dar und hat die Gestalt einer quadratischen Parabel ($U_w = a \cdot x^2 + b \cdot x$). Verbindet man die entsprechenden Punkte auf den Kostenkurven miteinander, so ergibt sich die **Produktions- und Werbekostenkurve $K_p + K_w$**.

Die Abstände der Kurve $K_p + K_w$ von der Kurve U_w geben die bei den jeweiligen Mengen x_1, x_2, ... erzielten Gesamtgewinne G_1, G_2, ... an. Der Gesamtgewinn ist am größten bei (x_4, U_4, K_4) und beträgt G_4. Hier sind die Steigungen bei beiden Kurven einander gleich. Das optimale Werbebudget ist $K_{w\,opt}$.

Die optimale Situation ist dort gegeben, wo sich die partiellen Grenzerträge der Instrumente ausgleichen.

Die theoretisch exakte Ableitung des optimalen Werbebudgets ist an mehrere Voraussetzungen gebunden.

1. Voraussetzung für die Anwendung der Marginalanalyse ist die **Stetigkeit und mehrmalige Differenzierbarkeit des Funktionsverlaufs**. Diese Forderung wird sich in der Wirklichkeit allenfalls grob angenähert erfüllen lassen.

2. Die marginalanalytischen Ansätze können **keine Restriktionen** (zum Beispiel in der Produktion oder bei der Finanzierung) berücksichtigen; das Optimum kann also außerhalb des zulässigen Lösungsbereichs liegen. Beim Vorliegen solcher Restriktionen ließen sich die Ansätze jedoch erweitern und mit der Multiplikatormethode von Lagrange lösen.

3. Zielfunktion ist die **Gewinnmaximierung**. Ebenso wie die Wirkung der anderen berücksichtigten Marketinginstrumente wird die Werbewirkung am Umsatz gemessen. Dabei ergeben sich nicht unerhebliche Zurechnungsprobleme. Kommunikative Werbeziele können nicht erfaßt werden.

4. Die **Interdependenzen zu den anderen Variablen des Marketing-Mix** werden durch die Berücksichtigung des Preises und der Produktpolitik zumindest teilweise erfaßt.

5. Der dargestellte Ansatz vernachlässigt **Konkurrenzmaßnahmen**.

Unbeschadet der theoretisch eindeutig formulierbaren Optimalitätsbedingungen stößt die praktische Umsetzung der marginalanalytischen Budgetierung auf nahezu unüberwindbare Probleme, die besonders in der Ermittlung der funktionalen Kausalbeziehungen und dem damit verbundenen Informationsbedarf liegen.

5.524 Polyvariable, nicht-wirkungsgestützte Methoden

Der Akzeptanzproblematik der wirkungsgestützten Methoden Rechnung tragend, haben Erfahrungen in einzelnen Teilmärkten zur Entwicklung von Erfahrungsregeln der Werbebudgetierung geführt. Ohne explizit auf einzelne Einflußfaktoren einzugehen und in ihrer Wirkung abzusichern, fließt in die **Erfahrungsregeln (Heuristiken)** eine Vielzahl von Faktoren mit ein (Berens 1992). Einige bewährte Erfahrungsregeln sind zum Beispiel:

„Nicht Lieblingskinder, sondern ertragreiche Renner sollen beworben werden" und „Die Konkurrenz setzt wichtige Orientierungsstandards" oder „Die Höhe des Werbebudgets beeinflußt die Erreichung der Marktanteilsziele maßgeblich".

Bei der Budgetplanung wird die Höhe des Werbeetats jedoch erheblich von der jeweiligen Entscheidungssituation beeinflußt. Dabei besteht ein positiver Zusammenhang zwischen der absoluten Höhe des Werbebudgets und der Höhe des Marktanteils, der Intensität des Konkurrenzdrucks, der Produktqualität und dem Neuigkeitsgrad des Produktes. Eine niedrige Produktbekanntheit sowie eine geringe Kooperationsintensität zwischen Hersteller und Händler implizieren in der Regel ebenfalls einen hohen Werbeetat (Rogge 1996, S. 136 ff.).

Mit den **Decision-Calculus-Ansätzen** ist ein Weg beschritten worden, die auf subjektiven Gestaltungs- und Lösungsprinzipien basierenden benutzerorientierten Modelle weiterzuentwickeln. Ein exponierter Vertreter der Decision-Calculus-Ansätze ist das ADBUDG-Modell (Little 1970; Zentes 1982; Lilien/Kotler 1983, S. 129 ff.). Bei dem computergestützten Prognosemodell ADBUDG können Marktanteilsveränderungen in Abhängigkeit vom Werbeaufwand simuliert werden, wobei eine s-förmige Wirkungsfunktion unterstellt wird. In seiner Grundform benötigt ADBUDG vier Informationen, die durch das Marketing-Management zu schätzen sind:

1. Marktanteil, wenn der Werbeaufwand in der Periode den Wert Null annimmt (MA_{min}),
2. Marktanteil, der die Sättigungsmenge darstellt und der bei extrem hohem Werbeaufwand erreicht wird (MA_{max}),
3. Werbeaufwand, der zur Erhaltung des bisherigen Marktanteils (MA_{Erh}) notwendig ist,
4. Marktanteil ($MA_{+50\%}$), der durch eine 50-Prozent-Erhöhung des Erhaltungsaufwandes erreicht wird.

Den Zusammenhang von Werbeaufwendungen und Marktanteilsveränderungen zeigt Abbildung 3-213.

Kommunikationspolitische Entscheidungen

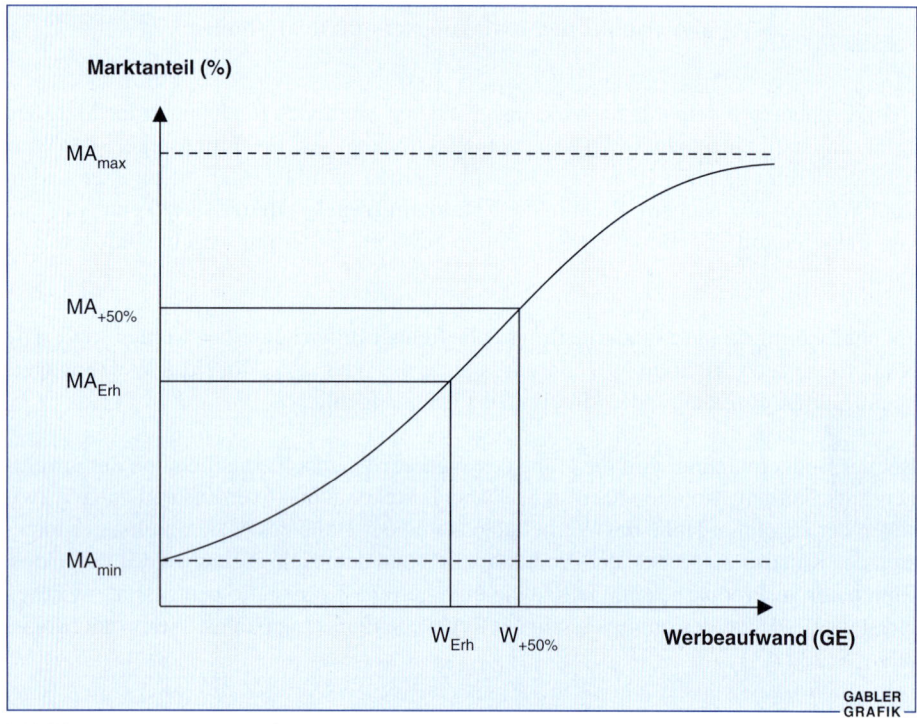

Abbildung 3-213: Verlauf der Werbewirkungsfunktion des ADBUDG-Modells
(Quelle: Zentes 1982)

Durch Interpretation der vier vorhandenen Daten wird

(16) $\quad MA = MA_{min} + (MA_{max} - MA_{min}) \cdot \dfrac{W^\mu}{\sigma + W^\mu}$

als Werbewirkungsfunktion errechnet.

Während MA_{min} den Minimal-Marktanteil beschreibt, der ohne jegliche Werbung realisiert wird, umfaßt der zweite Ausdruck den direkten Werbeeffekt. Die Konstanten σ und μ werden aus subjektiven Erfahrungswerten abgeleitet. Ein hohes σ führt zu einer geringen Elastizität des Werbeeffektes und umgekehrt. Durch μ wird die Steigung der Funktion beeinflußt. Bei $\mu > 1$ ergibt sich ein S-förmiger und bei $0 < \mu < 1$ ein degressiver Verlauf der Werbewirkungsfunktion.

Das klar strukturierte Modell und die Lösung des Datenbeschaffungsproblems durch subjektive Schätzung der Daten führen zu einer hohen Akzeptanz in der Praxis. Darüber hinaus sind die Decision-Calculus-Ansätze flexibel gegenüber Erweiterungsmöglichkeiten wie beispielsweise eine Dynamisierung zur Integration von Carry-over-Effekten (Krautter 1973). Die Werbewirkungsfunktion verändert sich dann folgendermaßen:

(17) $\quad MA_t = MA_{min} + \alpha \cdot (MA_{t-1} - MA_{min}) + (MA_{max} - MA_{min}) \cdot \frac{W^\mu}{\sigma + W^\mu}$

Die Variable α gibt den Restwerbewirkungsfaktor der Vorperiode wieder. Außerdem lassen sich noch weitere Aspekte, zum Beispiel die Werbeträgerqualität, die Werbebotschaftsqualität und andere Marketinginstrumente einbeziehen (Krautter 1973). Dennoch muß als ein zentraler Kritikpunkt festgehalten werden, daß aufgrund der rein subjektiven Datenschätzung ein Spielraum für Manipulation besteht, der eine anzustrebende Objektivierung erschwert. Eine weitere Schwäche liegt in der einseitigen Ausrichtung auf die Zielgröße Marktanteil.

Ausgehend vom Kritikpunkt der mangelnden Objektivität der Decision-Calculus-Modelle beziehen **synthetische Ansätze** historische Datenanalysen mit in die Betrachtung ein. Als synthetische Budgetierungsansätze sind solche Verfahren zu verstehen, die einen auf subjektiven Gestaltungsprinzipien beruhenden Budgetierungsprozeß durch historische Datenanalyse ergänzen und realitätsbezogen absichern, ohne dabei explizit auf Wirkungszusammenhänge zwischen Zielgrößen und den zur Planung des Budgets verwendeten Maßgrößen zurückzugreifen (Landwehr 1988, S. 177 ff.).

Zusammenfassend stellt der synthetische Ansatz eine Integration verschiedener Budgetierungsmethoden dar und entspricht einer zielorientierten Werbebudgetierung. Mit Hilfe des Ansatzes können die der Markt- und Wettbewerbsposition angemessenen Budgets ermittelt werden. Die Validierung der Grundannahmen anhand von Vergangenheitsdaten leistet darüber hinaus einen Beitrag zur Objektivierung der Werbebudgetierung. Der synthetische Ansatz macht insgesamt Etatansätze nachvollziehbar und überprüfbar und stellt damit eine geeignete Entscheidungshilfe für das Management bei der Planung von Werbebudgets dar.

5.6 Gestaltung der kommunikativen Botschaft

Die Gestaltung der Botschaft nimmt beim kommunikativen Planungsprozeß im Zusammenspiel mit der Festlegung der Budgethöhe und -allokation eine zentrale Stellung ein. Grundsätzlich besteht die Aufgabe der Kommunikationsbotschaft darin, die intendierten Botschaftsinhalte des Anbieters mit der von ihm gewünschten Wirkung an den Empfänger heranzutragen. Um dieser Aufgabe nachkommen zu können, müssen zahlreiche Anforderungen an die Botschaftsgestaltung erfüllt sein (Kroeber-Riel/Meyer-Hentschel 1982, S. 54 ff.; Kroeber-Riel 1993b, S. 118 ff.): Zunächst muß die Botschaft **glaubwürdig** und **aktuell** sein, beim Empfänger durch eine attraktive Gestaltung **Aufmerksamkeit erzeugen** und die **relevanten Informationen übersichtlich** vermitteln. Darüber hinaus ist eine harmonische Abstimmung zwischen den verschiedenen Elementen der Botschaft notwendig (**Kongruenz**).

5.61 Gestaltung der Botschaftsform

Den Ausgangspunkt formaler Überlegungen der Botschaftsgestaltung stellt die Verwendung und Kombination optischer und/oder akustischer Zeichen dar. Die Wirkung von kommunikativen Botschaften hängt unmittelbar von den Ausprägungen dieser formalen Elemente ab, wobei die Verwendung von Bildern, die Typographie, die Sprache und die Verwendung von Farben zentrale Gestaltungsmerkmale darstellen. Darüber hinaus ist die Größe beziehungsweise Länge sowie die Plazierung und Wiederholung des Werbemittels von besonderer Bedeutung.

Der **Verwendung von Bildern** wird vor dem Hintergrund selektiver Informationsaufnahmeprozesse der Konsumenten in der Wissenschaft seit längerer Zeit besondere Aufmerksamkeit gewidmet (Kroeber-Riel 1993a, S. 4; Kroeber-Riel 1993b, S. 16ff; Mayer/Illmann 2000). Im Rahmen der **Imageryforschung**, die sich mit den Wirkungen von informativen und emotionalen Bildern auf das Verhalten der Konsumenten beschäftigt, ist die **hohe Erfolgswirkung von Bildern in der Werbung** wiederholt bestätigt worden (Kroeber-Riel 1993a, S. 245). Diese Erkenntnisse versucht sich die Praxis zunutze zu machen: In der Automobilwerbung wird zumeist das Fahrzeug an sich in Szene gesetzt, ohne große textliche Anmerkungen. Auch viele andere Branchen (zum Beispiel die Kosmetikbranche) setzen bei ihren Kampagnen verstärkt Bilder ein. Häufig werden **schematische Signalreize** wie Augen, Kindergesichter oder leichtbekleidete Frauen dazu benutzt, die Aufmerksamkeit der Empfänger durch Bilder zu erregen. Allerdings kann es dabei zu Ablenkungseffekten in bezug auf das eigentliche Produkt kommen.

Untersuchungen, die sich im wesentlichen auf Zeitungen und Zeitschriften beziehen, gelangen zu dem Ergebnis, daß **Bildinformationen den Textinformationen weit überlegen** sind (Kirchler/Michalicka 1987; Kroeber Riel 1993b, S. 16ff.). Bei Werbeanzeigen werden Bilder aufgrund ihres höheren Informationsgehaltes in der Regel zuerst betrachtet und aufgenommen (Reihenfolgeeffekt), womit ihnen eine tendenziell höhere Werbewirkung attestiert werden kann. Darüber hinaus ist der Anteil nicht beachteter Informationen geringer, wenn die Informationen in Form von Bildern dargeboten werden. Der mögliche Abbruch eines Werbemittelkontaktes trifft besonders die nachfolgenden Textinformationen, während Bilder aufgrund ihrer Blickfangwirkung noch wahrgenommen werden.

Weiterhin **verfügen Bilder im allgemeinen über ein höheres Aktivierungspotential** als Texte, das heißt Bilder können bei Personen zu einem größeren Maß an innerer Erregung führen, was positive Auswirkungen auf die Wahrnehmungswahrscheinlichkeit und die Verarbeitung von Informationen hat. Bilder werden oft als interessanter angesehen und die Verarbeitung im Gehirn erfolgt mit geringeren gedanklichen Anstrengungen weitgehend automatisch. Auch die Erinnerung an Bilder ist stärker als diejenige an Wörter (Leven 1983). Der Grund hierfür wird in der doppelten Codierung von Bildern gesehen, da eine bildhafte Information sowohl eine bildliche Vorstellung als auch eine sprachliche Assoziation auslöst. So kann beispielsweise ein Bild von mittlerer Komplexität in circa 1,5 bis 2,5 Sekunden so aufgenommen werden, daß es später wiedererkannt wird. In der gleichen Zeit können jedoch nur circa zehn Wörter aufgenommen werden, die im allgemeinen wesentlich weniger Informationen über einen Sachverhalt vermitteln und ausdrucksschwächer sind als ein Bild (Kroeber-Riel 1993b, S. 16f.). All diese Gründe sprechen dafür, daß die Verwendung von Bildern in der Werbung in den nächsten Jahren weiter an Bedeutung gewinnen wird. Diese Erkenntnis setzt sich auch in der Praxis der Werbung immer mehr durch, wie man beispielsweise an der Werbung für Körperpflegeprodukte oder der Werbung für Alkoholika sieht (vgl. Insert 3-42).

Im Mittelpunkt der **typographischen Aspekte** steht unter dem Gesichtspunkt der Erkennbarkeit, der Lesbarkeit und der Vermittlung spezifischer Stimmungen zum einen die Wahl geeigneter Schrifttypen und zum anderen die räumliche Gestaltung und Gliederung von Texten. Bei der **sprachlichen Gestaltung** von Botschaften geht es um die Verständlichkeit von Aussagen. In diesem Sinne hängt die Verständlichkeit von Texten von empfängerspezifischen Faktoren (zum Beispiel soziale Schicht, Bildungsniveau, Interesse etc.) und textspezifischen Faktoren (zum Beispiel semantische Aspekte wie Fremdwörter, Übergänge) ab (Schreiber/Schrattenecker 1995, S. 194ff.). Empirische Untersuchungen zeigen, daß zum Beispiel die Verwendung einfacher Slogans und kurzer Sätze in bezug auf die sprachliche Gestaltung zu empfehlen ist.

Gerade in der **Außenwerbung** ist die Verwendung von wenig Text aufgrund der geringen potentiellen Wahrnehmungszeit sinnvoll. Dabei ist eine prägnante, relativ große Gestaltung der Werbeaufschrift anzustreben. Empirische Ergebnisse zur Wahrnehmung von Bandenwerbung in Sportstadien und zu Aufschriften auf Rennfahrzeugen belegen den positiven Zusammenhang von prägnanten, kurzen Botschaften und Wahrnehmungswahrscheinlichkeit (Nebenzahl/Hornik 1985; Hermanns et al. 1986). Daß diese Gestaltungsregel häufig eingehalten wird, zeigen die preisgekrönten Plakatwerbungen, die einen hohen Bildanteil und sehr wenig Text enthalten.

Neben der Typographie beziehungsweise der Sprache spielt die **Farbe** in der Gestaltung der kommunikativen Botschaft eine zentrale Rolle. Dabei werden im Bereich der klassischen Medienwerbung der Farbe die Funktionen der **Aufmerksamkeitsweckung**, der realitätsnahen Darstellung, der Identifizierunghilfe sowie der Prägung eines Bildeindrucks (beispielsweise „Grün für Hoffnung") zugesprochen. In welchem Ausmaß Farben die Effektivität von Botschaften verbessern, kann nicht allgemeingültig beurteilt werden, da Untersuchungen in diesem Bereich widersprüchliche Ergebnisse zeigen. Daß ein Einfluß auf den Werbeerfolg durch die Farbwahl besteht, scheint unbestritten (Küthe/Venn 1996, S. 7). Allgemein scheint festzustehen, daß farbige Werbemittel positiv auf die Aufmerksamkeit wirken, mehr Nutzer ansprechen und nachhaltigere Gedächtnisleistungen auslösen. Die Werbeanzeigen des Autovermieters Sixt AG beispielsweise stechen durch die auffällige Farbwahl und die „frechen Sprüche" ins Auge (vgl. Insert 3-43). Auch die Farbe Lila kann in der Werbung für Milka-Schokolade diese Aufmerksamkeits-

Kommunikationspolitische Entscheidungen

INSERT 3-42: Beiersdorf AG; Moët Hennessy, Deutschland

INSERT 3-43: Sixt AG, München

INSERT 3-43: Sixt AG, München (Fortsetzung)

wirkung sicherlich erreichen. Vorsicht ist allerdings geboten, wenn viele Unternehmen derselben Branche eine nahezu identische Farbpalette in der Werbung einsetzen. Beispielsweise sind Werbeanzeigen der Kosmetikbranche häufig in gelb und grau gehalten, Autos sind häufig blau dargestellt und Pflegeprodukte oft in grün gestaltet.

Positive Wirkungen können auch von der Fähigkeit von Farben ausgehen, bestimmte **Assoziationen beim Betrachter hervorzurufen**. Diese Farbassoziationen tragen in entscheidendem Maße zum Bildeindruck bei und verändern die gesamte Wahrnehmung und Informationswirkung von Anzeigen. Da farbliche Assoziationen einem sehr schematischen Verhaltensmuster unterliegen, ist allerdings bei der farblichen Gestaltung von Anzeigen darauf zu achten, die „richtigen" Farben für den jeweiligen Kontext zu verwenden. Ansonsten können Fehlassoziationen mit negativer Wirkung auf das Verständnis nicht ausgeschlossen werden (Kroeber-Riel 1993b, S. 144 ff.).

Nach Schätzungen erfolgt eine **Verwendung von Musik** zur gestalterischen Umsetzung der Botschaft in 70 bis 80 Prozent aller im Hörfunk und Fernsehen ausgestrahlten Werbespots. Die Landesbausparkasse (LBS) zum Beispiel nutzt ihren Slogan „Wir geben ihrer Zukunft ein Zuhause" nicht nur in textlicher Hinsicht, sondern setzt diesen auch akustisch um. Die Melodie („Jingle") der LBS erreichte in den letzten Jahren einen hohen Bekanntheits- und Wiedererkennungsgrad. Sie wird kontinuierlich mit gewissen Variationen eingesetzt. Dabei ist es erforderlich, einen zielgerichteten Einsatz der Musik in Abstimmung mit den inhaltlichen Aussagen der Werbebotschaft zu gewährleisten (Krommes 1996). Eine Musik, die nicht zur Unterstreichung der Botschaft dient, sondern lediglich als Hintergrundmusik hinzugefügt wird, kann sich demgegenüber eher ablenkend auswirken (Haley et al. 1984). In diesem Zusammenhang liefert das Involvement-Konzept weitere Erklärungsbeiträge: Insbesondere unter Low-Involvement-Bedingungen kann Musik Einstellungsänderungen bewirken (Park/Young 1986). Unter High-Involvement-Bedingungen, die eine kognitive Auseinandersetzung mit der Botschaft erfordern, wirkt Musik dagegen oft eher störend. Über die Abstimmung mit den inhaltlichen Aussagen hinaus ist auch der Geschmack der anzusprechenden Zielgruppe zu berücksichtigen (Gorn 1982). Dasselbe gilt auch im Rahmen der Gestaltung von Einkaufsstätten, in denen Musik häufig zur atmosphärischen Unterstützung des Kaufprozesses genutzt wird. Dort haben empirische Untersuchungen gezeigt, daß der Konsument die Verweilzeit immer dann kürzer einschätzt, wenn in der Einkaufsstätte eine musikalische Untermalung dargeboten wird. Derselbe positive Effekt zeigt sich – nach den Ergebnissen einer amerikanischen Studie aus dem Jahr 1996 – auch für die Verwendung von angenehmen **Gerüchen** in der Einkaufsstätte (Spangenberg et al. 1996).

Eine weitere Gestaltungsvariable, die **Größe von Anzeigen**, ist bereits sehr früh untersucht worden (Scott 1908; Jacobi 1963, S. 108 ff.). Über ihre Wirkung besteht in der Literatur weitgehend Einigkeit. So kann man generell davon ausgehen, daß die Anzeigengröße auf alle psychologischen Wirkungsstufen wie zum Beispiel Aufmerksamkeit, Erinnerung und Produktkenntnis positiv einwirkt. Empirische Untersuchungen zeigen, daß sowohl die Erinnerungs- als auch die Wiedererkennungsleistung mit zunehmender Anzeigengröße steigt.

Eine 2/1-Anzeigenseite wird nach Untersuchungen von Kroeber-Riel durchschnittlich 2,8 Sekunden betrachtet, 3/4- bis 1/1-Seiten jeweils 1,9 Sekunden lang und Anzeigen mit einer Größe von 1/2-Seite nur 0,6 Sekunden (Kroeber-Riel 1993b, S. 143). Neben dieser absoluten Bewertung der Anzeigengröße sollte bei der Mediaplanung allerdings auch die Kostendimension mit einbezogen werden. So ist zu ermitteln, wie sich das Verhältnis der Preise verschiedener Anzeigengrößen zu deren Aufmerksamkeits- und Erinnerungswert verhält: Während beispielsweise eine 2/1-Seite im Stern zwar das circa 2,8fache einer 1/2-Seite (Preisliste Gruner + Jahr 1996) kostet, wird die größere Anzeige mit durchschnittlich 2,8 Sekunden Verweildauer circa 4,5fach länger wahrgenommen als die kleinere Anzeige.

Ähnliche Zusammenhänge sind für die **Länge von Rundfunk- und TV-Spots** untersucht worden. Danach kann durch die zeitliche Kürzung von TV-Spots das Interesse und die Erinnerungsleistung der Zuschauer sogar intensiviert werden (Mac Lachlan/Siegel 1980). Eine Verallgemeinerung der Erkenntnisse erscheint jedoch problematisch, zumal Erinnerungswerte nur ein Kriterium der Kommunikationswirkung darstellen. Darüber hinaus ergeben sich in Abhängigkeit von der Anzahl der Botschaftskontakte differenzierende Befunde (Rethaus et al. 1986).

Neben den diskutierten formalen Komponenten sind insbesondere die inhaltlichen Aspekte der Botschaftsgestaltung von zentraler Bedeutung.

5.62 Gestaltung des Botschaftsinhalts

Im Mittelpunkt der **inhaltlichen Gestaltung von Werbebotschaften** stehen die unmittelbaren Aussagen zum Werbeobjekt (Mayer et al. 1993, S. 134; Belz 1999, S. 7 ff.). Üblicherweise können inhaltliche Gestaltungsmerkmale sowohl thematische als auch unthematische Informationen vermitteln. Während thematische Informationen Sachinformationen beinhalten, lösen unthematische Informationen Gefühle und Stimmungen beim Empfänger aus.

Zu den inhaltlichen Gestaltungsmöglichkeiten zählen die argumentative, rhetorische, informative und psychologische Botschaftsgestaltung: Im Rahmen der **argumentativen Gestaltung** werden nachprüfbare Beweise erbracht, die zumeist wiederholt und hervorgehoben präsentiert werden. Bei der **informativen Ausgestaltung** der Werbemittel stehen Berichte, Mitteilungen und Beschreibungen im Vordergrund, die objektive Tatbestände und Produktvorteile mitteilen. Diese Werbeformen kommen primär in Branchen zur Anwendung, die komplizierte Leistungen vertreiben oder einen an sich rationalen Hintergrund haben. Die **rhetorische Gestaltung** arbeitet primär mit subtileren Mechanismen, die symbolträchtig sind und zumeist Überraschungen und Gegensätze beinhalten.

Zu den Botschaftsstrategien im Rahmen der **psychologischen Gestaltung** von Kommunikationsmitteln gehören insbesondere die Darstellung von Personen mit hohem Identifikationspotential, die Verwendung von Sex-, Humor- und Furchtelementen sowie die Vermittlung emotionaler Erlebniswerte. Seit einigen Jahren ist der Umweltschutzgedanke als relevanter Themeninhalt dazugekommen.

In der Botschaftsgestaltung wird die Erkenntnis berücksichtigt, daß viele in Kommunikationsmitteln dargestellte Verhaltensweisen durch **Nachahmung von anderen Personen** gelernt werden (Imitation). Aus diesem Grunde werden sogenannte **Testimonials** (Werbung mit „berühmten" Persönlichkeiten) eingesetzt. Bei den Zielpersonen der Kommunikation sollen so Prozesse ausgelöst werden, die eine Identifikation mit den handelnden Personen und deren Aussagen zu dem beworbenen Produkt ermöglichen. Bei den in der Werbung dargestellten Personen wird insbesondere zwischen Stars, Experten und typischen Konsumenten unterschieden (Mayer 1985; Mayer/Frey 1988). Während durch **Stars** vor allem die Möglichkeit eines Bekanntheits- und Imagetransfers auf das Produkt genutzt werden soll, sind **Experten** durch ihre hohe wahrgenommene Objektivität geeignet, die Glaubwürdigkeit der Botschaft zu unterstreichen. Ähnliche Wirkungen verspricht man sich von der **Darstellung typischer Konsumenten**, die zur Zielgruppe gehören. In die Kategorie der Testimonial-Werbung gehören zum Beispiel die Werbekampagne des Nudelherstellers Barilla, der die Tennisspielerin Steffi Graf einsetzt, oder der Auftritt der Fernsehmoderatorin Ilona Christen in der Waschmittelwerbung.

Der **Sex** wird als Mittel der Botschaftsgestaltung immer wieder intensiv diskutiert. Dies ist unter anderem darauf zurückzuführen, daß mit ihm ein gewisses Maß an Frauenfeindlichkeit verbunden wird. Aber auch in der praktischen Wirkungsforschung ist diese Gestaltungsstrategie umstritten. Grundsätzlich kann Sex als gestalterisches Mittel unterschiedliche Ausprägungen annehmen. So unterscheidet man zwischen Werbung mit Nacktheit, erotischen Szenen und Sex in romantischer Form. **Untersuchungen konnten den Kommunikationserfolg erotischer Gestaltungselemente nur bedingt bestätigen.** Insgesamt scheinen sie positiv auf die Aufmerksamkeit von Rezipienten zu wirken und das Image der beworbenen Produkte zu beeinflussen (Keitz 1983, S. 104 f.). Allerdings können erotische Reize von der eigentlichen Kommunikationsbotschaft ablenken (Mayer et al. 1993, S. 151 f.). Viele Werbekampagnen für sehr unterschiedliche Produkte bedienen sich des Gestaltungselementes Sex. Während man bei Körperpflegeprodukten noch eine gewisse Affinität zu dieser Art der Werbung unterstellen kann, wird das Aufzeigen eines Zusammenhangs bei der Werbung für Milchprodukte sehr schwierig (o. V. 1996d).

Humor in der Werbung wird oft mit Witz, Wortspiel, Ironie, Übertreibung, Überraschung etc. assoziiert (vgl. Insert 3-44). Der Bereich des Humors umfaßt dabei zum einen das psychische Merkmal Humor, das dem Menschen die Fähigkeit gibt, etwas als komisch zu empfinden. Zum anderen ist Humor als Stilelement in der Werbung angesprochen. Aus dem Wechselspiel dieser beiden Elemente kann schließlich eine humorige

Im neuen Land des Lächelns

Werbung mit Humor wird zum Trend. So lautet eines der Ergebnisse des aktuellen GfK-WirtschaftsWoche-Werbeklima I/2000. Die Medien können sich jetzt schon freuen: Die Werbebudgets steigen um vier bis sechs Prozent.

Emotionsforscher schätzen den Anteil emotionaler Entscheidungen im Leben eines Menschen auf über 90 Prozent. Trotzdem werde gerade in der Werbewelt der Einfluss von Emotionen auf das menschliche Verhalten erheblich zu gering eingeschätzt. Das hat der Unternehmensberater Gundolf Meyer-Hentschel bereits vor über zehn Jahren in seinem durchaus analytischen Werk *Erfolgreiche Anzeigen* kritisiert.

Seit 1989 ist die Bedeutung von emotionaler Werbung in Deutschland von 75 auf heute 81 Prozent gestiegen. Das geht aus dem Werbeklima I/2000 hervor, das die Nürnberger Marktforscher der GfK für die *Wirtschaftswoche* erstellt haben. Jedes halbe Jahr werden rund 150 Werbeleiter und 30 Agenturchefs zu geplanten Werbeinvestitionen und zu ihrer persönlichen Einschätzung der Werbe-Entwicklung befragt (s. Kästen S. 114). Nach der aktuellen Klima-Studie wird die Werbewirkung von süßen Babys, lustigen Tierchen und nackten Tatsachen nun auch in der deutschen Werbewelt von den Machern verstärkt erkannt. Eine Erkenntnis, die der Vater der Werbung, David Ogilvy, im Jahre 1964 in seinen *Geständnissen eines Werbemannes* publiziert hat.

Aus der GfK-Studie geht hervor, dass auf Agenturseite das Thema Emotionalität in fast jedem Jahr für wesentlich wichtiger gehalten wurde als bei den Werbeleitern. Während die Emotional-Quote im Vorjahr bei den Agenturen noch bei 97 Prozent lag, sank sie auf heute 83 Prozent.

Eher rational als emotional reagieren die Werbeleiter, wenn sie über ihre aktuelle Ertragsentwicklung für 1999 befragt werden. Dabei kommen die größten Pessimisten aus der Konsumgüterindustrie. Nur 53 Prozent der Werbeleiter dieses Industriezweigs rechnen mit sehr guten oder guten Erträgen. Die Quote war zuletzt 1994 mit 50 Prozent schlechter. In der Investitionsgüterindustrie rechnen 59 Prozent mit guten bis sehr guten Erträgen, bei den Dienstleistern sind es 67 Prozent. Sämtliche Werte waren hier seit langem nicht mehr so schlecht wie in diesem Jahr.

Für die Werbebranche ist dieser Pessimismus aber kein Grund zur Beunruhigung. Im Gegenteil: Die Investitionsfreude steigt nach Einschätzung der Unternehmens-Werbeleiter ebenso wie nach Meinung der Agenturchefs. Laut Werbeklima sagen 77 Prozent der Unternehmenswerber, dass sie im Jahr 2000 mehr in die Werbung investieren wollen (79 Prozent der Agenturchefs). Vor einem halben Jahr waren es lediglich 66 Prozent (bei Agenturen 71 Prozent).

Insgesamt werden die Werbebudgets für klassische Werbung 2000 um vier (Schätzung der Agenturchefs) bis sechs Prozent (Werbeleiter) gegenüber dem Vorjahr steigen (s. Tabelle oben). Die durch die GfK-Studie erhobene Einschätzung lag bislang immer unter den tatsächlichen Netto-Entwicklungen der Werbeinvestitionen, die der Zentralverband der Deutschen Werbewirtschaft (ZAW) ermittelt. So dürften die Budgets für klassische Medien bereits in diesem Jahr die Hürde von 30 Milliarden Mark nehmen. 1998 summierten sich laut ZAW die Etats auf 28,6 Milliarden Mark in Deutschland.

Hauptgründe für das positive Werbeverhalten sind die eigene wirtschaftliche Lage – das sagen 87 Prozent der Werbeleiter –, die Branchenkonjunktur (68 Prozent) und die gesamtwirtschaftliche Situation (64 Prozent).

Die europäische Integration beeinflusst nur 37 Prozent der Werbeleiter in

Werbeprognosen 2000
Erwartete nominale Steigerungsrate in Prozent

Werbeart	Werbeleiter	Agenturleiter
Klassische Werbung	6	4
Nicht-klassische Werbung	3	9
Verkaufsförderung	5	4

Quelle: GfK-WirtschaftsWoche-Werbeklima I/2000.

Bedeutung von Werbestilen
Nennung von wichtigsten Themen in Prozent

Werbeinstrument	I/1990	I/1995	I/2000
Emotionalität	75	79	81
Humor	40	54	60
Information	52	54	45
Musik	46	60	37
Presenter	27	27	31
Prominente	13	19	25

Basis: 150 Werbeleiter; Vorgaben; Mehrfachnennungen.
Quelle: GfK-WirtschaftsWoche-Werbeklima I/2000.

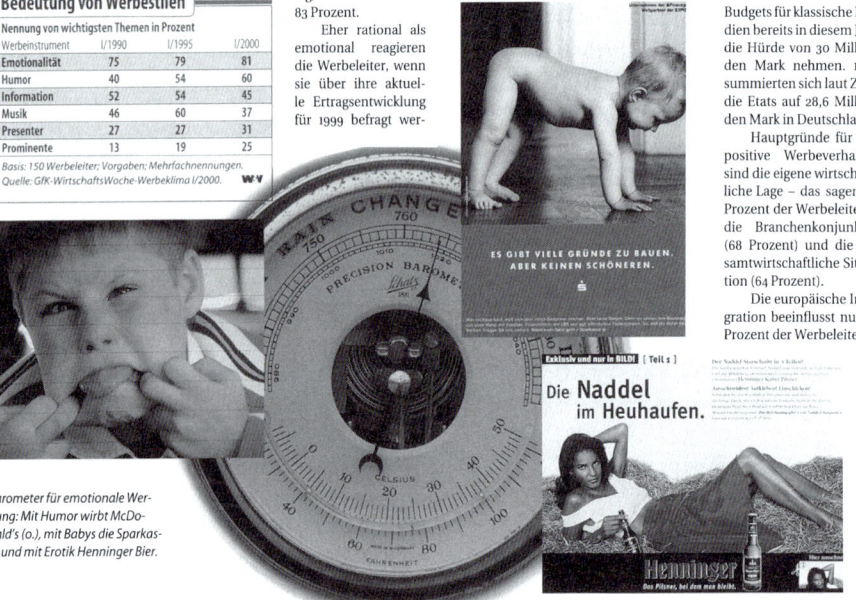

Barometer für emotionale Werbung: Mit Humor wirbt McDonald's (o.), mit Babys die Sparkasse und mit Erotik Henninger Bier.

INSERT 3-44: werben und verkaufen, Nr 43/1999, S. 112

der Etat-Planung, die Liberalisierung der Märkte 36 Prozent.

Den Jahrtausendwechsel nennen immerhin elf Prozent der Werbechefs in Unternehmen und 17 Prozent der Agenturleiter als Einflussfaktor für ihre Werbeaktivitäten. Jedes siebte Unternehmen gibt an, zum Millenium gesondert zu werben, doch nur fünf Prozent der Firmen haben dafür zusätzliches Budget bereitgestellt.

Von den Steigerungsraten der Werbeinvestitionen im Jahr 2000 profitieren am meisten Online-Werbeträger (plus 15 Prozent) und Direktwerbung (plus 14 Prozent). Product-Placement wird nach Einschätzung der Werbeleiter um elf Prozent zunehmen. Sponsoring dürfte in den nächsten Jahr lediglich kleine Budgeterhöhungen erleben. Kultur und Soziales wird um fünf Prozent wachsen, Programmsponsoring um drei und Sport um ein Prozent. Die Etats für Messen bleiben laut Werbeklima in etwa auf dem Vorjahresniveau.

Der Revival der Publikumszeitschrift als Werbeträger hält auch im Jahr 2000 an. Um kräftige neun Prozent wollen Werbeleiter ihre Geldsummen zugunsten der Zeitschriften erhöhen – das ist die mit Abstand großzügigste Absichtserklärung, die Werbeleiter bei der GfK-Umfrage für Zeitschriften geäußert haben, seit die GfK-Zahlen vorliegen, also seit 1989.

Zeitungen verbuchen höchsten Zuwachs
Diese Prognose ist auch erstmals höher als bei allen anderen Medien. Außenwerbung folgt mit neun Prozent, was ebenfalls die in diesem Segment bislang beste Einschätzung ist. Für Privatfernsehen sollen die Etats um sechs Prozent nach oben gehen – ein Level, das sich seit 1994 eingependelt hat. Zeitungen dürfen immerhin mit einem Plus von fünf Prozent rechnen, was der bei Zeitungen bisher höchsten Quote entspricht.

Beim Privatfernsehen müssten völlig überhöhte Preise bezahlt werden. Darin sind sich 89 Prozent aller Befragten einig. Nie zuvor war die Rate der Empörung höher – weder auf Unternehmens- noch auf Agenturseite.

Bei den Werbeinhalten werden im kommenden Jahr weiterhin Emotionalität und Humor die größte Bedeutung haben. 60 Prozent der Werbeleiter halten Humor in der Werbung für wichtig – das ist die bisher höchste Quote auf Unternehmensseite. Bei den Agenturen kommt Humor nur für 50 Prozent der Befragten an. Der Humorfaktor schwankte bei Agenturen zwischen 31 Prozent (1997) und 71 Prozent (1990). In diesem Jahr ist den Kreativ-Bossen die Information in der Werbung wichtiger – zumindest für 53 Prozent (Werbeleiter: 45 Prozent).

Rapide gesunken ist in der gesamten Werbeszene das Interesse, Musik dominant in Spots einzusetzen. Dafür können sich unter den Werbeleitern bei Unternehmen im Jahr 2000 lediglich 37 Prozent erwärmen. Das ist Tiefstand. Auf Agenturseite erzielte Musik mit 53 Prozent ihr bislang zweitschlechtestes Ergebnis.

Werber setzen auf Presenter und Stars
Ein Werbestil macht in Deutschland weiterhin Karriere: Werbung mit Testimonials. Im Werbeklima wird zwischen Presenter-Auftritten und Werbung mit Stars unterschieden. Beide Werbeformen erfreuen sich auf Agentur- und Unternehmensseite wachsender Beliebtheit. Die GfK spricht in ihrer Studie von einem Bedeutungszuwachs dieses Werbestils. Die Quote stieg allein bei Werbung mit prominenten Testimonials von sieben Prozent (1989) auf heute 53 Prozent – nach Einschätzung von Agenturbossen. Die Bedeutung von Presenter-Auftritten ist ihrer Meinung nach in den vergangenen zehn Jahren von 17 auf heute 37 Prozent gewachsen.

Und doch steckt Werbung mit Testimonials in Deutschland noch in den Kinderschuhen. Der Anteil von werbenden Stars liegt in Deutschland bei rund sechs Prozent. Vor sechs Jahren waren es noch drei Prozent. „In Amerika wirbt bereits jeder zehnte TV-Spot mit Prominenten", sagt Achim von Kirchhofer, Geschäftsführer des Münchner Marktforschungsinstituts Imas International. Zu Primetime-Zeiten liege der Anteil sogar bei 20 Prozent.

Werbeleiter wie Agenturbosse wünschen sich für die Zukunft eine engere Zusammenarbeit mit den Medien. Gerade die redaktionelle Beachtung von Prominenten könnte einen Werbeschub für den Auftraggeber eines Stars auslösen. So erwarten 83 Prozent der Werbeleiter eine redaktionelle Zusammenarbeit mit den Medien. 74 Prozent setzen auf die Marktforschung von Medienkonzernen und 71 Prozent wollen die Möglichkeit von Sonderwerbeformen nutzen.

Bleibt zu hoffen, dass bei einer redaktionellen Zusammenarbeit auch bei Werbern der Wunsch nach einer strikten Trennung zwischen Redaktion und Werbung besteht. Sonst bleibt Glaubhaftigkeit auf der Strecke. Das schadet den Medien wie der Werbewelt.

INSERT 3-44: werben und verkaufen, Nr 43/1999, S. 112 (Fortsetzung)

Reaktion (Heiterkeit, Lachen) entstehen, falls ein humoriger Reiz auch als lustig empfunden wird (Spieker 1987, S. 85).

Der Einfluß des Humors auf die Kommunikationswirkung ist Gegenstand zahlreicher empirischer Untersuchungen (Moser 1994; Weinberger et al. 1996). Die Erregung von Aufmerksamkeit ist für jede Werbung die erste zu überwindende Barriere, um überhaupt die Chance einer nachfolgenden Verarbeitung der Kommunikationsbotschaft beim Konsumenten zu erhalten. Es wird kaum bestritten, daß Humor bevorzugt wahrgenommen wird und leicht das Interesse der Menschen erregen kann (Madden/Weinberger 1982). Demgegenüber werden die **Effekte des Humors auf die Seriösität und Glaubwürdigkeit des Senders** von Experten oft negativ eingeschätzt. Hinsichtlich der Lern- und Gedächtniswirkung sowie der Einstellungswirkung des Humors ist ein abschließendes Urteil bisher nicht möglich. Die Resultate deuten jedoch darauf hin, daß Humor offenbar zu einer positiven gefühlsmäßigen Einstellung gegenüber der Kommunikationsbotschaft beiträgt, die wiederum die Verarbeitung des Botschaftsinhaltes günstig beeinflussen kann. Jedoch kann die Verwendung humoristischer Elemente auch ablenkend wirken.

Insgesamt stellt der Humor ein erfolgversprechendes, aber sensibel einzusetzendes Instrument dar, das einen relativ hohen kreativen Aufwand erfordert und in besonderer Weise an die Bedingungen der Zielgruppe und das Produkt angepaßt werden muß. Um der relativ schnellen Abnutzung des Humormotivs zu begegnen, erscheint es zweckmäßig, verschiedene Fassungen der Botschaft zu entwickeln und im Extremfall eine **Unikatkampagne** (laufend wechselnde Bildmotive bei gleicher Botschaftsgestaltung) durchzuführen (wie beispielsweise bei der Kommunikationskampagne von Jägermeister).

Eine weitere kritisch zu beurteilende Gestaltungsstrategie stellen **Furchtappelle** in der Werbung dar. Das ist unter anderem darauf zurückzuführen, daß je nach Intensität der furchtauslösenden Drohung **wirkungshemmende Effekte auftreten und eine Ablehnungshaltung der Empfänger zu verzeichnen ist**. Seit einigen Jahren deutet sich ein neuer Trend der „**Schock-Werbung**" an (LaTour et al. 1996). Ein vieldiskutiertes Beispiel aus dem Textilbereich ist die Kommunikationkampagne von Benetton, die mit der Darstellung blutiger Kleidung von Kriegsopfern, Embryos und Aids-Kranker für viel Aufsehen, Kritik und stellenweise Anerkennung gesorgt hat.

Zunehmend werden **emotionale Erlebniswerte** als Form der kommunikativen Ansprache diskutiert (Weinberg 1988). Dabei versteht man unter einem emotionalen Erlebniswert den subjektiv erlebten, durch das Produkt vermittelten Beitrag zur Lebensqualität des Konsumenten. Zu möglichen inhaltlichen Erlebniswerten von Botschaften können Liebe, Glück, Geborgenheit, Frische, Natur, Entspannung und andere gezählt werden. So verfolgt diese Konzeption letztlich den **Aufbau eines unverwechselbaren „Erlebnisprofils"** durch die Vermittlung typischer, produktbezogener Erlebnisse (Konert 1986, S. 6 ff.). Die Zigarettenindustrie beispielsweise setzt seit vielen Jahren auf emotionale Erlebniswerte zur Profilierung ihrer Marken.

Der Umweltschutz und die Rückbesinnung auf natürliche Lebensformen sind seit Mitte der achtziger Jahre zu zentralen Themen der Marktkommunikation geworden. **Umweltschutzargumente** werden vordringlich genutzt, um Glaubwürdigkeit und Sympathie auszustrahlen. Allerdings sind der Werbung mit dem Öko-Argument enge rechtliche und Wettbewerbsgrenzen gesetzt, wenn der kommunizierte Anspruch und die Wirklichkeit nicht übereinstimmen. Darüber hinaus ist die Werbung mit ökologiebezogenen Aspekten nicht geeignet für Unternehmen, deren Produkte gemeinhin als wenig umweltverträglich gelten (zum Beispiel chemische Produkte, Kühlschränke mit FCKW etc.). Generell wird – nach einer Phase der Euphorie zu Beginn dieses Jahrzehnts – davon ausgegangen, daß die Betonung der Umweltfreundlichkeit in der Kommunikation zur Profilierung eines Produktes in der Regel nicht ausreicht. Nur für besonders umweltverträgliche Produkte wie beispielsweise die Frosch-Reinigungsmittel bietet sich eine dominante Ökologieargumentation in der Werbung an (Meffert/Kirchgeorg 1998, S. 601 f.). Generell muß der Umweltschutzaspekt mit klar formulierten Produktvorteilen kombiniert werden, um einen wirksamen Wettbewerbsvorteil zu kommunizieren.

5.7 Budgetallokation und Mediaselektion

5.71 Ziele und Formen der Mediaselektion

Der Erfolg einer Kommunikationskampagne hängt nicht nur von der gestalterischen Umsetzung der Botschaft, sondern entscheidend auch von deren Verbreitung ab. Damit sind Fragen der Mediaplanung und -selektion angesprochen. Hierbei ist das Kommunikationsbudget nach sachlichen und zeitlichen Kriterien so zu verteilen, daß eine Wirkungsmaximierung des vorgegebenen Budgets im Hinblick auf die angestrebten Ziele erreicht wird. Die Umsetzung der Kommunikations- und Werbeziele in konkrete Mediaziele (zum Beispiel Erzielung einer bestimmten Reichweite bei der Zielgruppe) ist dabei Ausgangspunkt der Mediaselektion (Wolf 1983, S. 102).

Die Optimierung der Mediaselektion im Sinne des ökonomischen Prinzips kann entweder darin bestehen, bei einer Zielgruppe eine bestimmte Werbewirkung mit minimalen Kosten zu erzielen oder – in der Praxis der häufigere Fall – mit einem gegebenen Budget eine maximale Wirkung erzielen zu wollen. Zur Realisation einer optimalen Mediaselektion sind die Analyse der Marktgegebenheiten und der Konkurrenzaktivitäten, die Allokation des Budgets auf die Werbeobjekte und die Abgrenzung der werblichen Zielgruppen zentrale Voraussetzungen. Nach der strategischen Zielfestlegung erfolgt die Selektion der Werbeträger, die in zwei Stufen geschieht. Während die **Intermediaselektion** der Auswahl bestimmter Werbeträgergruppen dient (zum Beispiel Print versus TV), ist die **Intramediaselektion** der Auswahl des einzelnen Werbeträgers, also zum Beispiel einer bestimmten Zeitschrift unter allen Zeitschriften, gewidmet (Schmalen 1992, S. 125 ff.).

5.72 Sachliche Aufteilung des Kommunikationsbudgets

5.721 Intermediaselektion

Die Intermediaselektion befaßt sich mit der Auswahl von Werbeträgergruppen wie zum Beispiel Publikumszeitschriften, Tageszeitungen, Fernsehen, Funk und Film (Althaus 1993). Anhand spezieller Kriterien wird jede Mediagattung dahingehend beurteilt, inwieweit sie zur Erreichung der gesetzten Kommunikationsziele beitragen kann. Je nach relativer Bedeutung, welche einem Medium im Rahmen der Mediastrategie zukommt, wird von einem **Basismedium** oder einem **flankierenden Medium** gesprochen.

Kommunikationspolitische Entscheidungen

Bewertungs-kriterien	Publikums-zeitschriften	Tageszeitungen	Fernsehen	Hörfunk	Kino	Plakat
Funktion für die Nutzer	Unterhaltung, (Hintergrund-)Information, Ratgeber, vielseitiges Themenangebot sowohl für speziell interessiertes Publikum („General-Interest" und „Special-Interest"-Titel)	Aktuelle Information aus allen Bereichen sowie Detailinfos aus der Region und der lokalen Umwelt	Unterhaltung und Information für breiteste Schichten und Zielgruppen, hohe Aktualität	Unterhaltung, Musik, aktuelle Information, auch als Magazinangebot, zum Teil Bildungs-/Wissensvermittlung, begleitendes Medium im Tagesablauf	Unterhaltung, Erholung, Identifikationsmöglichkeiten, „Escape"-Funktion	Kurzinformation, z. B. auch für lokale und regionale kulturelle Angebote, als Werbeträger nur mit kurzen/knappen Werbeaussagen
Nutzungssituation	Aktive Nutzung in häuslicher Atmosphäre oder unterwegs, nachmittags und abends. Keine Nebenbeschäftigung. Wiederholte Kontaktchance	Aktive Nutzung, abhängig von Inhalt und Vertriebsform. Unterschiedlich im Tagesablauf zu Hause, im Verkehrsmittel, am Arbeitsplatz. Keine Nebenbeschäftigung. Wiederholte Kontaktchance möglich, aber nicht wahrscheinlich	Passive Nutzung, häusliche Atmosphäre, hohe Tendenz zu Nebenbeschäftigungen, „Zapping" und „Grazing" über die Situationen. Einmalige Kontaktchance	Passive Nutzung, Begleitmedium bei der Arbeit, der Freizeit, im Auto. Nur einmalige Kontaktchance	„Aktiv passive" Nutzung im Filmtheater, bewußte zielgerichtete Tätigkeit. Einmalige Kontaktchance	Passive Nutzung „erzwungen" durch zufälliges Vorkommen. Flüchtige Betrachtung. Nutzungschance hängt von Mobilität und Gewohnheiten der Zielgruppen ab
Erscheinungsweise	Wöchentlich/14tägig/monatlich	Täglich	Täglich (öff.-rechtl. Sender mit Werbung bis 20 Uhr)	Täglich	Täglich (Belegung mind. eine Woche)	Täglich (Mindestbelegung 10 Tage = eine Dekade)
Verfügbarkeit	Keine Beschränkungen, beliebig zu allen Erscheinungsterminen, Plazierung teilweise nach themenbezogenen Parzellen möglich	Keine Beschränkungen, Plazierung themen- bzw. rubrikenbezogen möglich	Begrenzung durch maximale Werbezeit pro Tag und Block. Früher „Zuteilung" wegen Überbuchung. Durch gewachsenes Angebot bessere und individuellere Steuerung von Termin, Zeit und Anzahl der Schaltungen möglich	Begrenzung durch maximale Werbezeit pro Tag und Block. Bei einzelnen Sendern (öff.-rechtl.) unterschiedlich. Im vorgegebenen Rahmen steuerbar	Keine Beschränkungen. Bei „drohender Blocküberlänge" noch andere Strukturmischungen Programm/Werbeblock denkbar	Aufgrund hoher Nachfrage zu bestimmten Zeiten und in bestimmten Regionen (insb.) Ballungsgebiete) Angebot beschränkt. Neue Angebotsformen (z. B. City Light Poster) können solche Engpässe nicht ausschließen

Abbildung 3-214: Kriterien zum Intermediavergleich

Bewertungs-kriterien	Publikums-zeitschriften	Tageszeitungen	Fernsehen	Hörfunk	Kino	Plakat
Reichweiten-schwerpunkte	Eher gehobene Schulbildung, Mehr-Personen-Haushalte, hohe Nettoeinkommen, sehr mobil, aktives, innovatives Konsumverhalten, Selektion nach Zielgruppen und Regionen (Teilbelegung) möglich	30 Jahre + Mehr-Personen-Haushalte, hohe Konsumintensität, alle Einkommensklassen. Selektion nach regionalen Märkten und nach sozialen Schichten (Anzeigenblätter) möglich	Hohe Reichweiten bei älteren, einkommensschwachen Zielgruppen. ARD-Sender regional belegbar	20–60 Jahre mit Schwerpunkt in jüngeren Segmenten, hohe Mobilität, aktives Konsumverhalten. Selektion nach Hörertypen und nach regionalen Kriterien möglich	Sehr junge (14–29 Jahre) und mobile, aktive und innovative Zielgruppen, großstädtisch. Selektion lokal und regional möglich	Berufstätig, mobil, aktives Konsumverhalten. Lokale und regionale Selektion möglich
Stellung im Media-Mix, Marketing- und Werbeziele	Basismedium; Aufbau und Festigung von Bekanntheit und Image	Basismedium in lokalen und regionalen Räumen; aktuelle Kaufmotivation und direkter Kaufanstoß	Basismedium bei hohen Investitionen (Schaffung von Kontaktdichte), Demonstration von Produktnutzen und Produktanwendung	Ergänzungsmedium zu Publikumszeitschriften und Tageszeitungen. Aktuelle Kaufanstöße für Produkte mit hohem Bekanntheitsgrad. Erinnerungswirkung	Ergänzungsmedium zur Durchsetzung von Marke und Produkt, imagebildend, emotional	Ergänzungsmedium, Aktualisierung von Markenbild und Image, Unterstützung bei Einführung und Bekanntheitsgradsteigerung eines Produkts
Zeitlicher Einsatz	Durch wöchentliche und monatliche Erscheinungsweise sowohl in aktuellen als auch langfristigen Kampagnen einsetzbar. Hohe Kontaktdichte durch regelmäßige Leser, externe Überschneidungen und Mehrfachnutzung	Aktuelle Information durch tägliche Erscheinungsweise. Durch regelmäßige Nutzung hohe Kontaktdichte in kurzer Zeit	Relativ aktuelle Information möglich. Durch unregelmäßige Nutzung bei gleichzeitig großem Sender- und Programmangebot kurzfristig keine wirksame Kontaktdichte erreichbar	Relativ aktuelle Information möglich. Durch unregelmäßige Nutzung bei gleichzeitig hoher Sendedichte kurzfristig keine wirksame Kontaktdichte erreichbar	Durch sporadische Kontaktmöglichkeiten nur Ergänzungsmedium, insbesondere zur emotionalen Aufladung von Botschaften	Aktualität von der Dekadenfolge abhängig, diesbezüglich aber schwer steuerbar. Ergänzungsmedium zur Aktualisierung von Produktname und -image
Datenquellen	IVW-Auflagenmeldung, MA/Media-Analyse, AWA/Allensbacher Werbeträgeranalyse, viele Verlagsuntersuchungen	IVW-Auflagenmeldung, MA/Media-Analyse, AWA/Allensbacher Werbeträgeranalyse (teilweise)	GfK-Fernsehforschung, MA/Media-Analyse, VA/Verbraucher-Analyse, AWA/Allensbacher Werbeträgeranalyse	E.M.A. Elektronische Medien-Analyse, MA/Media-Analyse, VA/Verbraucher-Analyse, AWA/Allensbacher Werbeträgeranalyse (nur als Gesamt)	IVW-Besucher-Frequenz-Erhebung, MA/Media-Analyse, AWA/Allensbacher Werbeträgeranalyse	PA/Plakatanschlagstellen-Analyse

Abbildung 3-214: Kriterien zum Intermediavergleich (Fortsetzung)

Kommunikationspolitische Entscheidungen

Bewertungskriterien	Publikums-zeitschriften	Tageszeitungen	Fernsehen	Hörfunk	Kino	Plakat
Marktleistung	Verk. Auflage 122 Mio. Exemplare je Ausgabe gesamt. Nettoreichweite aller 127 Zeitschriften in der MA 91 95 %. Hohe Reichweite in den Hauptzielgruppen der Titel	Verk. Auflage 29 Mio. Exemplare je Ausgabe gesamt. Nettoreichweite aller MA-erhobenen Zeitungen gemäß MA 91 82 %	100 % aller Haushalte haben mindestens ein Fernsehgerät; 95,3 % davon in Farbe. Täglich erreicht das Werbefernsehen 79,2 % aller Bundesbürger	100 % Geräteabdeckung der Haushalte. Täglich erreicht der Werbefunk 75,2 % der erwachsenen Bundesbürger	1991 gab es 3.240 Filmtheater und 103 Mio. Besucher. Basis-Reichweite pro Woche 4,6 %, nach 12 Wochen 17,3 %	161.500 Großflächen, 9.950 Ganzstellen und 45.400 Allgemeinstellen
Wirtschaftlichkeit	Abhängig von Reichweite und Auflagenhöhe. Relativ niedrige Tausender-Kontaktpreise sowohl in Massenmärkten als auch in speziellen Zielgruppen. Bei zusätzlicher Bewertung von Leser-Blatt-Bindung und Nutzungssituation sehr wirtschaftlich	Hohe absolute Insertionskosten bei hoher regionaler Abdeckung. Hohe Tausender-Kontaktpreise. Kosten sind nur durch die Tagesaktualität und die Brückenfunktion zum Handel (Monopolstellung der Zeitung) vertretbar	Hohe Tausender-Kontaktpreise, insbesondere wegen geringer Kontaktdichte	Niedrige Tausender-Kontaktpreise. In Relation zur flüchtigen Beachtung und zur erforderlichen Kontaktdichte eher teuer	Sehr hohe Tausender-Kontaktpreise. Relativierung durch spezielle Nutzungssituation und präzise Zielgruppenselektion	Niedrige Tausender-Kontaktpreise. Flüchtige Betrachtung, hohe Kontaktdichte bzw. Chance auf Wahrnehmung des Basismediums wichtig
Produktionskosten des Werbemittels	Gering bei „klassischen" Formen. Höher Aufwand bei Sonderinsertionen (Beilagen, Beikleber, Beihefter)	Gering. Höherer Aufwand für Beilagen	Je nach Konzeption, aber in der Regel sehr hoch	Eher günstig	Je nach Konzeption, aber in der Regel sehr hoch	Hoch
Erfolgskontrolle	Coupon, Panel, Befragung	Coupon, Panel, Befragung	Panel, Befragung, zum Teil auch mit Response-Element (Tel.-Nr. etc.)	„Akustischer Coupon" (Tel.-Nr. etc.), Panel, Befragung	Panel, Befragung	Befragung

Abbildung 3-214: Kriterien zum Intermediavergleich (Fortsetzung)
(Quelle: Althans 1993, S. 414 ff.)

Um bei der Auswahl und Gewichtung den vielfältigen Unterschieden zwischen den Werbeträgergruppen gerecht zu werden, ist die Beurteilung anhand mehrerer Kriterien wie zum Beispiel Funktion, Konzeption, Wiederholbarkeit der Kontakte sowie Kosten und Reichweite unabdingbar (vgl. Abbildung 3-214).

Die grundsätzliche Eignung der Werbeträgergattung für das Erreichen der Werbeziele kann in einer **ersten Auswahlphase** unter anderem anhand der Kriterien Ausdrucksmöglichkeiten, Funktionsschwerpunkte, Selektionsfähigkeit in bezug auf die Zielgruppe und die Planbarkeit des Mediums ermittelt werden. In einer **zweiten Stufe** wird dann die Wirtschaftlichkeit der Werbeträgergruppe anhand der Kommunikationsleistung und der Kosten analysiert.

Auf dieser quantitativen Ebene sind noch keine Aussagen über den tatsächlichen Kontakt mit dem in einer Werbeträgergruppe geschalteten Werbemittel möglich. Daher gilt es in einer weiteren Stufe, die **Kontaktqualität** einer Werbeträgergattung zu ermitteln. Hierzu werden die folgenden Kriterien herangezogen:

- **Mediennutzerqualität**
  (demographische und psychographische Merkmale der Nutzer bestimmter Werbeträgergattungen),

- **Werbeträgergattungsqualität**
  (zum Beispiel werbeträgerbedingtes werbliches und redaktionelles Umfeld) und

- **Faktoren, die sich aus Mediennutzer- und Werbeträgergattungsqualität** gemeinsam ergeben (zum Beispiel Zuwendung zu bestimmten Mediengruppen, Situation der Kontaktaufnahme).

Generell ist anzunehmen, daß zum Beispiel der anspruchsvolle Autokäufer von Oberklasselimousinen aufgrund seines in der Regel höheren Bildungsniveaus eine besondere Affinität zu Printmedien hat. Darüber hinaus eignet sich beispielsweise eine Zeitschrift wie der Spiegel, die einen Leserkreis mit höherem Bildungs- und Einkommensniveau anspricht und ein hohes gestalterisches Niveau erreicht, besonders gut für einen Automobilhersteller mit Fahrzeugen der gehobenen Klasse.

5.722 Intramediaselektion

Innerhalb einer Werbeträgergruppe besteht die Wahl zwischen einzelnen Werbeträgern. Zu den Haupteinflußgrößen dieser **Intramediaselektion** gehören (Freter 1974, S. 77 ff.):

- Attraktivität des Mediums,
- zeitliche Verfügbarkeit des Mediums,
- redaktionelles und werbliches Umfeld,

- Image des Mediums,
- Nutzungspreis,
- quantitative (globale) Reichweite sowie
- qualitative (zielgruppenspezifische) Reichweite.

Im Gegensatz zur Intermediaselektion sind diese Kriterien jeweils werbeträgerspezifisch, das heißt beispielsweise bezogen auf eine einzelne Zeitschrift oder einen einzelnen Fernsehsender, zu bewerten.

Bevor die Entscheidung für einen bestimmten Werbeträger getroffen wird, ist zunächst dessen **generelle Attraktivität** einzuschätzen. Dabei kann eine Vielzahl von Einzelkriterien zum Nachweis der Kommunikationsleistung eines Werbeträgers herangezogen werden. Die zwei zentralen Dimensionen der Werbewirkungsvoraussetzungen sind grundsätzlich die **Handhabungsdimension** und die **Qualitätsdimension**. Unter Handhabung ist die quantitative Verwendung und Nutzung des Werbeträgers zu verstehen, die zunächst zum Werbeträgerkontakt (zum Beispiel Kontakt mit dem Stern) und anschließend zum Werbemittelkontakt (zum Beispiel Kontakt mit einer Anzeige im Stern) führt. Die Medienleistung wird hier als **Werbeträgerkontaktchance** beziehungsweise als **Werbemittelkontaktchance** definiert. Die qualitative Komponente umfaßt den Beitrag des Werbeträgers zur Wirkung des Werbemittels. Diese Medienleistung kann als Werbeträgerkontaktqualität bezeichnet werden.

Darüber hinaus ist zu prüfen, wie lange der Werbeträger **zeitlich verfügbar** ist. Dabei ist im Falle der Printmedien entscheidungsrelevant, wie lange der Leser eine Zeitschrift nutzen kann, bevor die nächste Ausgabe erscheint. Somit kann es für einen Werbetreibenden sinnvoll sein, für eine Anzeige in einer 14tägig erscheinenden Zeitschrift einen höheren Preis zu bezahlen als für eine Anzeige in einer Wochenzeitschrift. Von besonderer Bedeutung für die Auswahlentscheidung ist weiterhin das **redaktionelle und werbliche Umfeld** der eigenen Werbedarbietung. Hierbei ist eine möglichst hohe Affinität von Werbeobjekt und Inhalt des redaktionellen Teils anzustreben, um eine positive Transferwirkung zu erzeugen. Bestehen offensichtliche Diskrepanzen zwischen der Thematik der Werbung und der redaktioneller Beiträge, können ein negativer Imagetransfer und Reaktanzen beim Konsumenten auftreten. Neben dieser relativ objektiv zu überprüfenden Stimmigkeit von Werbeobjekt und -träger spielen subjektive Eindrücke bei der Auswahlentscheidung eine große Rolle. So ist das von der werbenden Unternehmung wahrgenommene **Image** des Werbeträgers beim Konsumenten ein sehr wichtiger Faktor bei der Intramediaselektion.

Auch die absolute Höhe des **Nutzungspreises** ist unter Beachtung des Gesamtwerbebudgets einer Unternehmung von entscheidender Bedeutung für die Auswahl eines konkreten Werbeträgers. Darüber hinaus ist die relative Bewertung der Preise verschiedener Werbeträger zu beachten. Es ist für eine Unternehmung zum Beispiel abzuwägen, ob eher eine teure Anzeige in einer bekannten überregionalen Tageszeitung geschaltet werden soll oder mehrere Anzeigen in preisgünstigeren Regionalzeitungen.

Zu den einfachen und am weitesten verbreiteten **Preis-Bewertungsverfahren** gehört die Beurteilung der Medienwirkung nach dem **Tausenderpreis** (Rogge 1996, S. 245 ff.). Er ergibt sich aus dem Quotienten von Belegungskosten und erreichbaren Lesern multipliziert mit 1.000 und gibt die Kosten für 1.000 Werbeträgerkontakte an.

$$\text{Tausenderpreis} = \frac{\text{Kosten einer Einschaltung} \cdot 1.000}{\text{Werbeträgerkontakt (Leser)}}$$

Dieser Preis gibt einen groben Anhaltspunkt über die Kosten eines Mediums, ist jedoch in der Regel wenig geeignet, um eine Mediaselektion durchzuführen, denn in den seltensten Fällen stimmt die Zielgruppe der Werbung mit der erreichten Leserschaft überein. Um dieser Tatsache Rechnung zu tragen, wird entsprechend des Zielgruppenanteils an der Leserschaft eine Zielgruppengewichtung des Tausenderpreises durchgeführt.

$$\text{Tausenderpreis (gewichtet)} = \frac{\text{Kosten einer Einschaltung} \cdot 1.000}{\text{Leser} \cdot \text{Anteil der Zielgruppe}}$$

Sowohl der ungewichtete als auch der gewichtete Tausenderpreis vernachlässigen die Werbemittelkontaktchance und lassen Unterschiede in der Kontaktqualität außer acht.

Weiterhin ist es von großer Wichtigkeit im Rahmen der Intramediaselektion, die **Anzahl der Kontakte** zwischen Werbeträgern und deren Nutzern zu prüfen. Als **Kontaktmaßzahlen** werden in der Praxis hauptsächlich die folgenden verwandt:

- die **Reichweite**, das heißt die Anzahl der Personen, die durch die Werbeträger erreicht werden sollen,

- die **Kontaktsumme**, das heißt die Zahl der insgesamt hergestellten Kontakte, sowie

- die **Kontakthäufigkeit** und **Kontaktverteilung** (Freter 1980; Schmalen 1992, S. 126 ff.).

Die **Reichweite** stellt dabei die in der Praxis gebräuchlichste Kontaktmaßzahl dar. Allerdings werden in diesem Zusammenhang **unterschiedliche Reichweitenmaße** verwandt (vgl. Abbildung 1-215):

Zahl der Medien \ Zahl der Einschaltungen	Einmalige Einschaltung (= Einheitsfrequenz)	Wiederholte Einschaltung
Ein Medium	▪ Leser pro Ausgabe (LpA) bei Insertionsmedien ▪ Besucher pro Woche beim Kino ▪ Passanten an der Anschlagstelle beim Plakat ▪ Brutto-Reichweite	▪ Kumulierte Reichweite, bereinigt um interne Überschneidungen
Mehrere Medien	▪ Netto-Reichweite, bereinigt um externe Überschneidungen	▪ Kombinierte Reichweite, bereinigt um externe und interne Überschneidungen

Abbildung 5-215: Klassifizierung von Reichweitenmaßen der Mediaplanung

Bei der Berechnung der **Nettoreichweite** wird die Zahl der Konsumenten, die mehrere Medien gleichzeitig nutzen, von der addierten Bruttoreichweite der einzelnen Medien abgezogen. Die Überlappung der Leser-, Seher- beziehungsweise Hörerschaft verschiedener Werbeträger wird als **externe Überschneidung** bezeichnet.

Die **kumulierte Reichweite** gibt die Gesamtzahl aller Nutzer eines Werbeträgers an, die bei mehrmaliger Belegung desselben erreicht werden. Dabei wird die Bruttoreichweite des Werbeträgers mit der Anzahl der Belegungen multipliziert und um diejenigen Nutzer des Werbeträgers bereinigt, die wiederholt erreicht wurden (**interne Überschneidung**).

Die **kombinierte Reichweite** als häufigstes Kontaktmaß beschreibt dagegen alle Personen, die bei mehreren Einschaltungen in verschiedenen Medien erreicht werden. Die kombinierte Reichweite stellt eine zusammenfassende Größe aus den beiden vorigen Maßzahlen dar und berücksichtigt sowohl interne als auch externe Überschneidungen (Schmalen 1992, S. 127 ff.).

Über diese Maßzahlen hinaus wird in der Hörer- und Zuschauerforschung die **Bruttoreichweite** (GRP; Gross Rating Points) intensiv diskutiert. Die GRP stellt die Summe aller Kontakte ohne die Berücksichtigung von Überschneidungen dar. Damit ist die Aussagefähigkeit eingeschränkt, da die Maßzahl keine Informationen darüber vermittelt, wieviele Personen wie oft erreicht wurden.

Den Zusammenhang zwischen den Überschneidungen beschreibt die folgende Abbildung 3-216. Bei einmaliger Belegung in den genannten Wohnzeitschriften wird eine Nettoreichweite von insgesamt 2,64 Millionen Lesern erzielt. Die Schnittflächen der Kreise stellen dabei die externen Überschneidungen mit den anderen Werbeträgern dar. Beispielsweise werden 0,08 Millionen Leser durch alle drei Zeitschriften gleichzeitig erreicht.

Bei einer sechsmaligen Belegung erhöht sich die kombinierte Reichweite auf 5,22 Millionen Leser. Dabei ist berücksichtigt, daß viele Leser durch einen Werbeträger mehrfach (interne Überschneidung) und durch andere Wohnzeitschriften (externe Überschneidung) angesprochen werden.

Die Tatsache jedoch, daß „Kontakt nicht gleich Kontakt" ist, das heißt unterschiedliche Kontaktqualitäten zugrunde liegen, wird in dieser Modellberechnung nicht berücksichtigt. Dies erfordert die Einführung von Gewichtungsfaktoren, zum Beispiel für **Medien und Zielpersonen** (Freter 1974, S. 100). Insgesamt rückt die Frage der qualitativen Wirkungsaspekte der Medialeistung immer mehr in den Vordergrund der Diskussion. Welchen Einfluß die Kontaktqualität auf beispielsweise das Image von Marken hat, kann jedoch nicht exakt ermittelt werden. Die Interdependenz einzelner Qualitätsmerkmale, die schwierige intermediale Vergleichbarkeit, die Nichtlinearität der Wirkungszusammenhänge sowie die Abhängigkeit der Wirkungen innerhalb des Media-Mix erschweren die Wirkungszurechnung erheblich.

Interessante Ansatzpunkte hinsichtlich der qualitativen Wirkungsaspekte bieten die Kommunikationspotentiale der Zielgruppen. Hierbei ist vor allem an die interpersonelle Kommunikation und deren meinungsbildende und meinungsverstärkende Wirkung zu denken. Medien, die Meinungsführer (Opinion Leader) gezielt ansprechen, besitzen deshalb besondere Wirkungspotentiale.

5.73 Zeitliche und geographische Aufteilung des Kommunikationsbudgets

Ist die Entscheidung für die Auswahl eines bestimmten Mediums gefallen, sind der zeitliche und geographische Einsatz der Medien sowie der Einsatz der Werbemittel in diesen Medien zu planen. Im Rahmen der **zeitlichen Streuung** steht die Frage im Mittelpunkt, welche Werbewirkung bei einer Zielperson in Abhängigkeit von der Anzahl und der zeitlichen Verteilung der erlebten Kontakte eintritt (Hempelmann 1993).

Dieser Zusammenhang von Kontakthäufigkeiten und jeweiliger Werbewirkung läßt sich mit Hilfe von **Wirkungskurven** („response functions") (vgl. Abbildung 3-217) abbilden, die sich aus der Kombination von Lern- und Vergessenskurven ergeben. Sie basieren

Kommunikationspolitische Entscheidungen

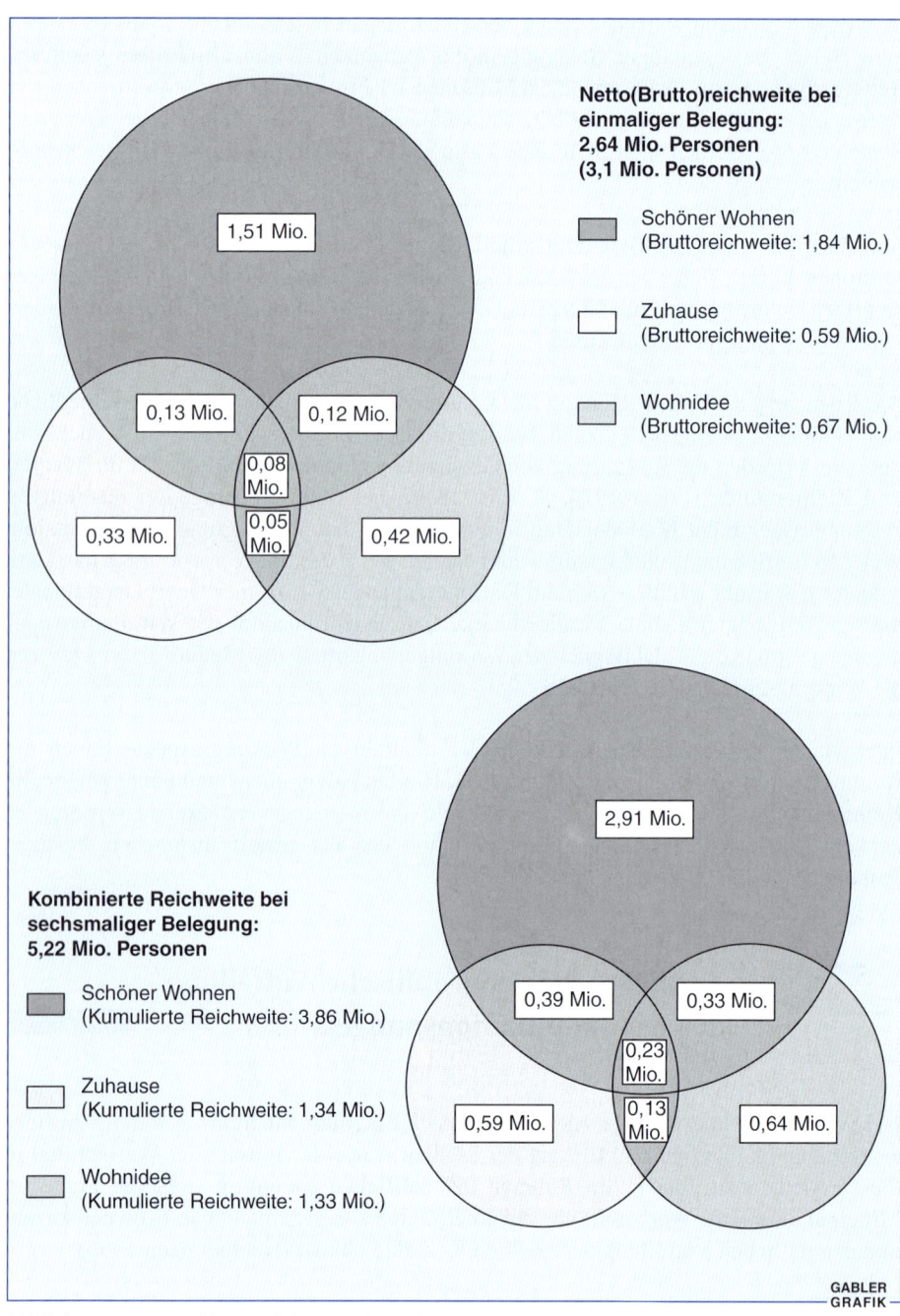

Abbildung 3-216: Nettoreichweite bei einmaliger Belegung von drei Werbeträgern (oben). Kombinierte Reichweite der drei Werbeträger bei sechsmaliger Belegung (unten)
(Quelle: Mediaanalyse)

Drittes Kapitel   Aktionsgrundlagen der Marketingentscheidung

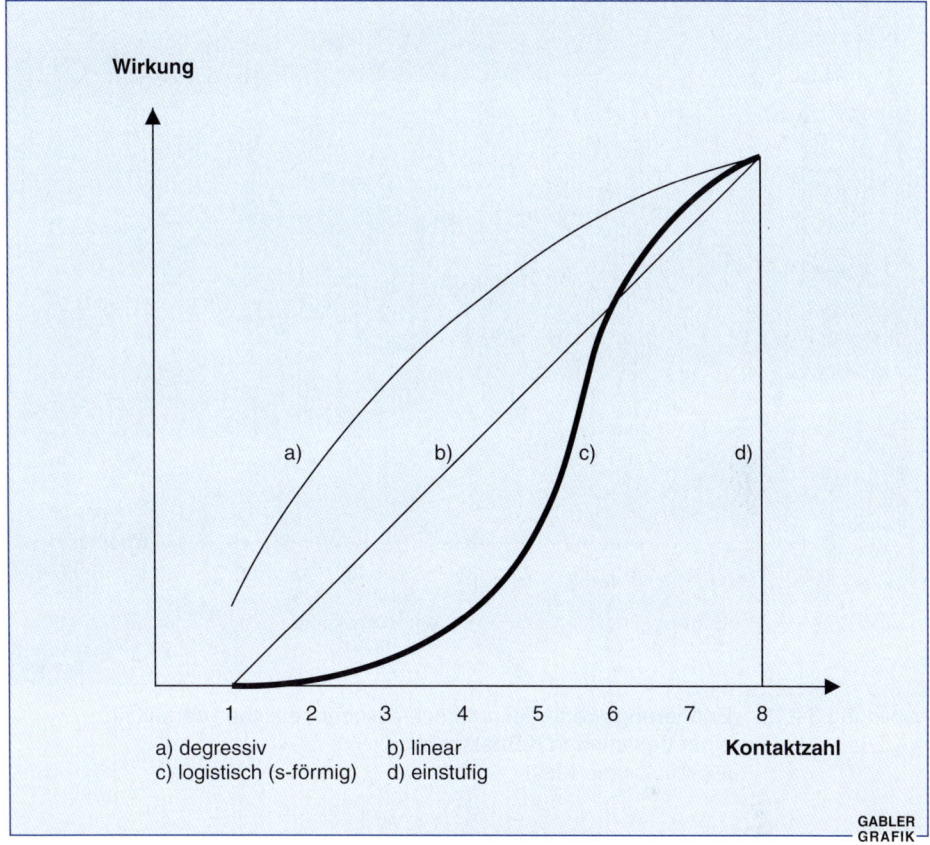

Abbildung 3-217:   Wirkungskurven („Response Functions")

auf unterschiedlichen Prämissen. Die lineare Wirkungsfunktion zum Beispiel nimmt an, daß mit jedem zusätzlichen Kontakt dieselbe zusätzliche Wirkung erzielt wird. Diese Annahme erscheint jedoch aufgrund verhaltenswissenschaftlicher Erkenntnisse wenig realistisch. Daher wird meistens von degressiv steigenden Wirkungskurven ausgegangen, die eine abnehmende Wirkung von Werbekontakten unterstellen (Schweiger 1975, S. 152 ff.; Bender 1976, S. 117 ff.; Schmalen 1992, S. 152).

In diesem Zusammenhang wird insbesondere die Häufigkeit von **Wiederholungen** und deren zeitliche Verteilung diskutiert. Die wohl bekannteste Untersuchung unternahm Zielske, der der 13maligen wöchentlichen Schaltung von Anzeigen eine auf das ganze Jahr verteilte Kampagne in vierwöchentlichem Abstand gegenüberstellte (Zielske 1959). Die Ergebnisse der Untersuchung auf der Basis eines gestützten Erinnerungswertes gibt Abbildung 3-218 wieder.

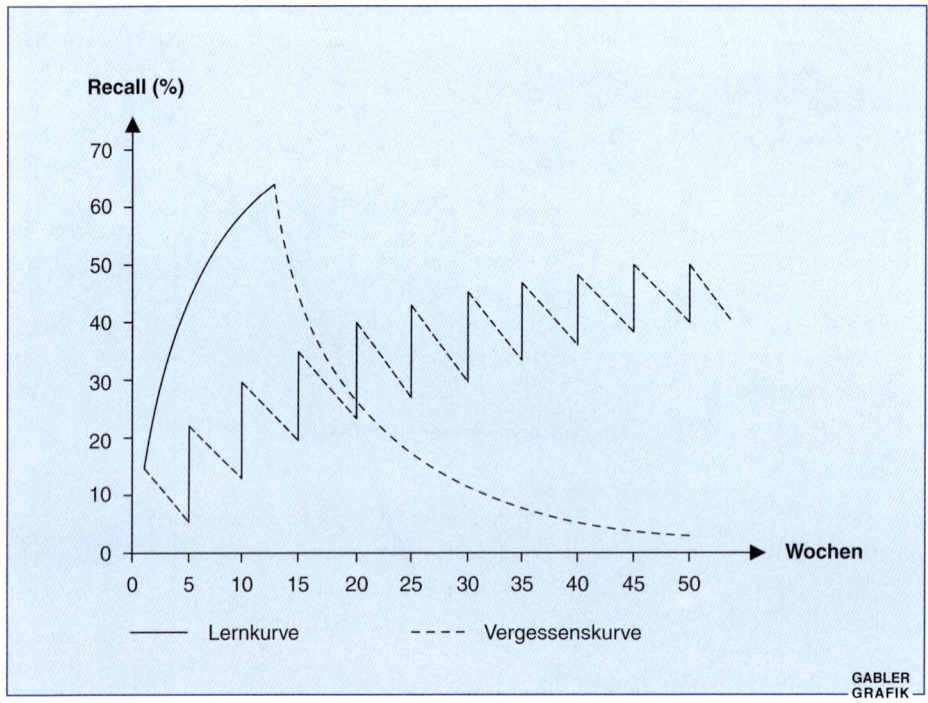

Abbildung 3-218: Erinnerungswerte bei unterschiedlicher zeitlicher Verteilung einer bestimmten Kontaktzahl
(Quelle: Zielske 1959)

Die Ergebnisse machen deutlich, daß mit zunehmender Kontakthäufigkeit die Erinnerungswerte verbessert werden. Mit zunehmender Kontakthäufigkeit nimmt der Lernerfolg (Erinnerungszuwachs) allerdings ab. Mit anderen Worten: dem Lernvorgang wirkt ein Vergessensvorgang entgegen. Für die Kommunikationspraxis ist diese Untersuchung jedoch nur bedingt relevant, da die Ergebnisse je nach den spezifischen Gegebenheiten anders ausfallen können. Zudem kommt es auf die jeweils verfolgten Kommunikationsziele und Strategien an, ob das eine oder andere Vorgehen (**pulsierende versus kontinuierliche Werbung**) sinnvoll ist.

Vielfach sind mit zunehmender Wiederholung auch negative Effekte auf die Werbewirkung zu beobachten. So können beim Rezipienten unter Umständen Abwehrreaktionen oder Ermüdungserscheinungen auftreten. Letztere werden in der Literatur unter dem Begriff **Wear-out-Effekte** diskutiert (Mayer 1990, S. 152; Mayer 1993). Solche negativen Wirkungen können sich in verminderten Aufmerksamkeits- und Erinnerungsleistungen bemerkbar machen. Bisher konnten jedoch solche Wear-out-Effekte nicht zweifelsfrei nachgewiesen werden. Die bisherigen Überlegungen in dieser Richtung haben aber zumindest bewirkt, daß Unternehmen in ihrem werblichen Auftritt bei aller Kontinuität bei zentralen Gestaltungselementen gewisse Komponenten variieren. Beipielsweise werben die Volks- und Raiffeisenbanken kontinuierlich mit verschiedenen Bildern eines „offenen Weges", wobei immer neue Variationen desselben Grundbildes verwendet werden. Im Rahmen der „Wir-machen-den-Weg-frei"-Kampagne werden Naturszenen dargestellt, die mit verschiedenen Naturelementen (Wasser, Erde) Wege aufzeigen sollen (Kroeber-Riel 1993b, S. 71).

Von besonderer Bedeutung bei der zeitlichen Planung der Werbung sind auch die **Vergessenseffekte**, die ohne die Darbietung neuer Werbeimpulse auftreten. Ein gewisser Teil des Werbeaufwandes wird bereits zur Kompensation von Gegenkräften (zum Beispiel Konkurrenzwerbung oder Vergessenseffekt) notwendig. Dieser Teil wird auch als **Erhaltungswerbung** bezeichnet. Darüber hinaus beeinflußt die Zahl der erforderlichen Werbeanstöße die zeitliche Verteilung von Werbeschaltungen, da häufig ein einmaliger Anstoß die Wahrnehmungsschwelle der Konsumenten nicht überschreitet (vgl. Wirkungskurve (c) in Abbildung 3-217).

Von großem Interesse ist ferner die **saisonale Aufteilung** der Werbeschaltungen. So ist zur Weihnachtszeit in der Regel ein deutlicher Anstieg des Werbeaufkommens zu beobachten, während in den Sommermonaten der Urlaubssaison eher verhalten geworben wird. In diesem Zusammenhang kann es sinnvoll sein, gegen die saisonalen Werbegewohnheiten einer Branche bewußt zu verstoßen, um besondere Aufmerksamkeitseffekte zu erzielen. Allerdings sind dabei das spezifische Kauf- und Nutzungsverhalten der Kunden sowie besondere Produktmerkmale zu berücksichtigen.

Die **geographische Streuung** behandelt die Aufteilung des Mediabudgets auf verschiedene Kundensegmente nach geographischen Gesichtspunkten. Dabei kommt es darauf an, geographische Märkte mit einem hohen Anteil der Zielpopulation zu identifizieren.

Zahlreiche Untersuchungen haben sich darüber hinaus mit dem Problem der **räumlichen und zeitlichen Plazierung** von Kommunikationsmitteln innerhalb eines Werbeträgers auseinandergesetzt. Bei der räumlichen Plazierung steht zum einen die Anordnung von Anzeigen auf einer Seite, zum anderen die Plazierung einer Anzeige innerhalb eines Werbeträgers im Vordergrund. Die Ergebnisse empirischer Studien lassen keine eindeutigen Empfehlungen für die Plazierungsentscheidung zu (Meier 1982; Mayer et al. 1993, S. 120; Rogge 1996, S. 283 ff.). Eine breit angelegte Stern-Anzeigenstudie beispielsweise gibt keinen Aufschluß über die Vorteilhaftigkeit bestimmter Positionen auf einer Seite, da eine Plazierung auf der rechten Seite keine Verbesserungen in der Wirkung bei den Testpersonen im Vergleich zur linken Seite erbrachte (Kroeber-Riel 1993b, S. 143). Eindeutiger scheinen die Ergebnisse bezüglich der Plazierung innerhalb eines Werbeträgers zu sein. Eine Untersuchung von Koeppler (Koeppler et al. 1980, S. 116) bestätigt den „Primacy-recency-Effekt", der besagt, daß die Anzeigen zu Beginn und zum Ende eines Werbeträgers die höchsten Erinnerungswerte aufweisen. Wegen des spezifischen Untersuchungsdesigns muß jedoch die Übertragbarkeit der Ergebnisse kritisch gesehen werden, auch wenn der Stern-Anzeigentest diesen Effekt in der Tendenz bestätigt. Die Gültigkeit des Primacy-recency-Effekts konnte auch bei der zeitlichen Plazierung von Spots innerhalb eines Werbeblocks nachgewiesen werden (Mayer/Schumann 1981).

5.74 Aufbau von Mediaselektionsmodellen

In Theorie und Praxis findet sich zur Lösung des Mediaselektionsproblems eine Vielzahl von Modelltypen, die in einem Überblick in Abbildung 3-219 dargestellt sind.

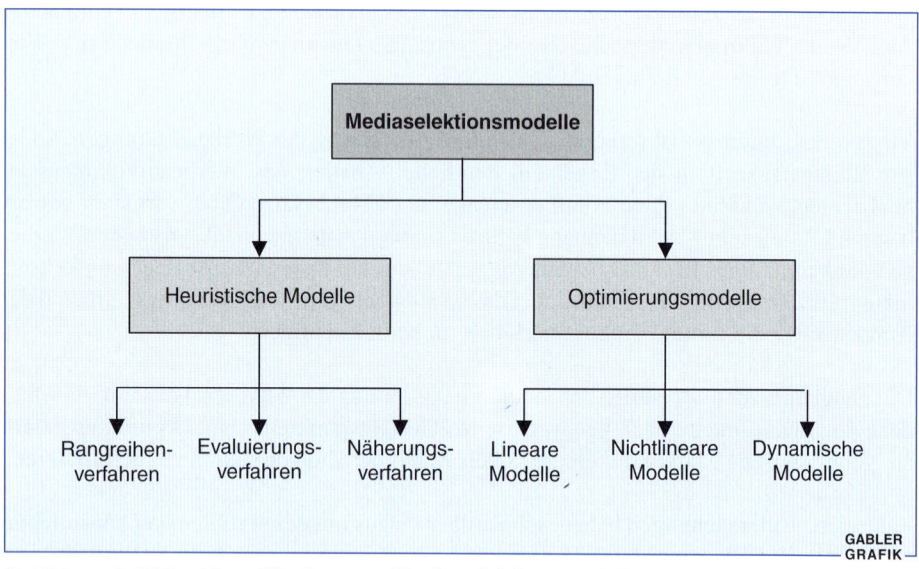

Abbildung 3-219: Klassifikation von Mediaselektionsmodellen

Hierbei sind zunächst **heuristische Modelle** zu nennen, welche auf breite Akzeptanz in der Praxis stoßen. Heuristiken sind dabei als plausible Faustregeln zu definieren, die aus einer Problemsituation abgeleitet werden. Diese Methodik zur Auswahl befriedigender Lösungen (Rangreihung) verkürzt das Entscheidungsproblem der Mediaselektion (Meffert 1975, S. 269; Schweiger/Schrattenecker 1995, S. 247 ff.).

Nach Maßgabe des Tausenderpreises wird zum Beispiel in einfacheren Bewertungsmodellen, sogenannte **Rangreihenverfahren**, unter Einbeziehung von Personen- und Mediengewichten eine Rangfolge der Medien gebildet. Problematisch sind diese einfachen Verfahren jedoch insbesondere deshalb, weil sie oft keine Mehrfachkontakte bei gleichzeitiger Belegung mehrerer Werbeträger berücksichtigen.

Komplexere Bewertungsmodelle, zum Beispiel die **Evaluierungsverfahren**, konzentrieren sich auf die Bestimmung der individuellen Kontakte – ebenfalls unter Berücksichtigung von Personen- und Werbeträgergewichten. Der besondere Vorteil dieses Verfahrens liegt darin, daß individuelle Kontaktwahrscheinlichkeiten berücksichtigt werden können. Neben diesen Modellen stehen mit den **Näherungsverfahren** weitere heuristische Verfahren der Mediaselektion zur Verfügung. Im Rahmen iterativer Prozesse ermitteln sie zwar keine optimalen, jedoch gute Lösungen in der Nähe des Optimums.

Neben den heuristischen Ansätzen stehen **Optimierungsverfahren** der linearen, nichtlinearen und dynamischen Programmierung für die Streuplanung zur Verfügung (Ellinger 1998).

Mit Hilfe der **linearen Programmierung** (Adam 1997, S. 460ff.) wird jene Medien-Kombination gesucht, die die Summe der gewichteten Kontakte unter Einhaltung verschiedener Nebenbedingungen maximiert. Die Kontaktsumme wird dabei nach Zielgruppen und Medien gewichtet.

Bei der Werbeträgerauswahl geht man im allgemeinen von der Zielsetzung aus, die Werbewirkung eines gegebenen Werbebudgets zu maximieren. Mit Hilfe der linearen Programmierung ist es möglich, ein begrenztes Werbebudget (B) dergestalt auf die zur Verfügung stehenden Werbeträger zu verteilen, daß eine Zielfunktion unter Berücksichtigung von Nebenbedingungen maximiert oder minimiert wird. Entscheidungsvariable ist die Anzahl der Schaltungen x_i für jeden Werbeträger i ($0 \leq i \leq$ maximale Belegungsfrequenz des Werbeträgers i in der Planperiode). Dabei besteht das Problem, unterschiedliche Werbemittelausstattungen (wie Spotlänge, Farbe, Anzeigengröße) zu berücksichtigen, die einen Einfluß auf die Kommunikationswirkung und die Kosten ausüben. Hier sei unterstellt, daß die Entscheidung über Werbemittelgestaltung und -ausstattung bereits gefallen ist und nur über die Werbeträger (Art und Einsatzhäufigkeit) zu befinden ist.

Unter der Annahme der Konstanz der Wirkung w_i jeden Werbeträgers (das heißt auch bei wiederholter Einschaltung des gleichen Werbeträgers) ist dabei die folgende Zielfunktion zu maximieren:

(19) $\quad \sum_{i=1}^{n} x_i \cdot w_i \rightarrow \max.$

Bei dem gegebenen Budget B und den gegebenen Einschaltpreisen b_i für jeweils eine Belegung des Werbeträgers i ist folgende Budgetrestriktion zu beachten:

(20) $\quad \sum_{i=1}^{n} b_i \cdot x_i \leq B$

Da einerseits die Zahl möglicher Belegungen beziehungsweise Schaltungen in einer Periode nach oben beschränkt ist (zum Beispiel bei monatlicher Erscheinungsweise von

Zeitschriften auf zwölf im Jahr) und andererseits gewisse Untergrenzen eingehalten werden sollen, lassen sich für die einzelnen Belegungen x_i gewisse Bereiche definieren, die nicht zu unter- oder überschreiten sind:

(21) $\underline{x_i} \leq x_i \leq \overline{x_i}$

wobei $\underline{x_i} \geq 0$ (Nichtnegativitätsbedingung) gilt.

Nach dieser formalen Darstellung erscheint es erforderlich, näher auf die Parameter der Zielfunktion einzugehen. Es bieten sich mehrere Möglichkeiten an, den **Werbewirkungskoeffizienten** w_i einer Belegung zu bestimmen. Man kann darunter die durch jede Belegung zusätzlich erzielten Verkäufe des beworbenen Produktes verstehen. Diese Vorgehensweise ist jedoch problematisch. Der Werbung kann im allgemeinen kein direkter ökonomischer Verkaufserfolg zugerechnet werden. Dies trifft insbesondere für eine einzelne Werbemitteleinschaltung zu.

Betrachtet man demnach ausschließlich die psychographische Kommunikationswirkung, so lautet die Frage, wieviele Personen der Zielgruppe wirksam mit einem Medium zu erreichen sind. Dabei ist zunächst an die durch den betreffenden Werbeträger erreichten Personen zu denken, also zum Beispiel die Leserschaft l_i einer bestimmten Zeitschrift.

Da „Leser nicht gleich Leser" ist, kann man die jeweilige Leserschaft aufgrund von sozio-ökonomischen Eigenschaften, psychologischen Merkmalen sowie von Besitz- und Verbrauchsdaten gewichten (Gewicht e_i).

Die Qualität q_i des Werbeträgers ist zu berücksichtigen, wenn sich seine Glaubwürdigkeit und sein Image auf die Beurteilung des eingeschalteten Werbemittels übertragen. Ebenso unterscheiden sich die Werbeträger in bezug auf die Wahrscheinlichkeit, daß aus einem reinen **Werbeträgerkontakt** auch ein **Werbemittelkontakt** wird.

Unter Berücksichtigung dieser Faktoren ergibt sich der Wirkungskoeffizient w_i durch Multiplikation als:

(22) $w_i = l_i \cdot e_i \cdot q_i$

Die Zielfunktion lautet in erweiterter Form:

(23) $\sum_{i=1}^{n} x_i \cdot (l_i \cdot e_i \cdot q_i) \rightarrow \max.$

Bei diesem Lösungsansatz stellt die Linearitätsbedingung der Zielfunktion ein schwerwiegendes Problem dar. Die Wirkungskoeffizienten w_i pro Einschaltung sollen konstant sein. Die Zielfunktion geht damit von Bruttokontakten aus. Es spielt keine Rolle, ob man eine Person zehnmal oder zehn Personen einmal anspricht. Es wird eine lineare Kontaktbewertungskurve unterstellt, obwohl diese Annahme nicht realistisch ist. Vielmehr ist mit steigender Kontaktzahl von fallenden Wirkungszuwächsen auszugehen.

Es sind Ansätze entwickelt worden, die das Modell erweitern und die Verwendung nichtlinearer Wirkungskurven gestatten. Dabei wird zumeist eine degressiv steigende Wirkung bei wachsender Kontaktzahl unterstellt. Die dadurch auftretenden mathematischen Probleme lassen sich verringern, indem man den degressiv steigenden Verlauf der Wirkungskurve durch lineare Teilstücke approximiert. Bei der Bildung von zum Beispiel drei Kontaktklassen erhält man für jedes x_i drei Bereiche:

(24) $\quad x_i = x_{i1} + x_{i2} + x_{i3}$

Den fallenden Wirkungsbeitrag des zweiten und dritten Bereiches berücksichtigt man durch zusätzliche Koeffizienten in der Zielfunktion, zum Beispiel:

(25) $\quad \sum_{i=1}^{n} w_i \cdot (x_{i1} + 0{,}8 \cdot x_{i2} + 0{,}5 \cdot x_{i3}) \to \max.$

Das heißt die Kontakte in der zweiten (beziehungsweise dritten) Gruppe haben nur eine Wirkung von 80 Prozent (beziehungsweise 50 Prozent) der Wirkung im ersten Bereich. Diese Erweiterung ist auch in den Nebenbedingungen zu berücksichtigen.

Ebenso wie die anderen Verfahren zur Mediaselektion zwingt die mathematische Programmierung zur Quantifizierung qualitativer Daten (zum Beispiel bei der Bestimmung der Wirkungskoeffizienten oder bei der Zielgruppengewichtung). Das Verfahren bietet die Möglichkeit, weitere zusätzliche Nebenbedingungen, zum Beispiel Pflichtbelegungen zu berücksichtigen.

Auf der anderen Seite haben die Verfahren der linearen Programmierung **Grenzen**. Es müssen vereinfachende Annahmen gesetzt werden. Die in der Budgetrestriktion angenommene Konstanz der Einschaltungskosten ist in der Realität nicht erfüllt, wenn bei Mehrfachbelegungen Rabatte gewährt werden. Man kann aber von vornherein die höchsten Rabattsätze, das heißt die niedrigsten b_i, ansetzen. Ergeben sich dann Belegungen, die nicht zu den angenommenen Rabatten führen, muß ein neuer Durchlauf mit korrigierten b_i vorgenommen werden. Das oben formulierte Programm liefert ferner keine ganzzahligen Lösungen, das heißt das Ergebnis kann zum Beispiel $x_i = 6{,}4$ Belegungen in Zeitschrift A aufweisen. Durch die Linearitätsannahme in der Zielfunktion lassen sich externe Überschneidungen nicht berücksichtigen.

Alle Optimierungsmodelle haben den schwerwiegenden Nachteil, daß sie von dem **Wirkungsmaß der Kontaktsumme** ausgehen. Dieses Maß sagt jedoch wenig über die tatsächliche Reichweite, die Kontakthäufigkeit und die Kontaktverteilung aus, so daß die Kontaktsumme als Zielkriterium der Mediaselektion nicht besonders geeignet ist. In der Praxis sind Optimierungsmodelle deshalb kaum von Bedeutung.

5.8 Optimierung des Kommunikationsmix

Die Auswahl von kommunikationspolitischen Instrumenten und ihre Zusammenfügung zu einem „Mix" stellt ein klassisches **Optimierungsproblem** dar. Das Optimum ist dann erreicht, wenn der Zielerreichungsgrad durch eine Umgestaltung des Einsatzes der Kommunikationsinstrumente nicht mehr verbessert werden kann.

Letzteres verdeutlicht die Notwendigkeit einer simultanen Bestimmung des optimalen Kommunikationsmix (Kall 1996, S. 10 ff.). Dies umfaßt die folgenden Entscheidungstatbestände:

1. Bestimmung des optimalen Kommunikationsbudgets,
2. Bestimmung der einzusetzenden Kommunikationsinstrumente (artmäßige Zusammensetzung des Kommunikationsmix),
3. Allokation des Kommunikationsbudgets auf
   – die einzusetzenden Kommunikationsinstrumente,
   – die Produkte, für die Marktkommunikation betrieben werden soll,
   – die anzusprechenden Zielgruppen und
   – die einzelnen Abschnitte der Planungsperioden (Timing).

Die optimale Kombination der Kommunikationsinstrumente stellt ein **äußerst komplexes Planungsproblem** dar: Wird versucht, alle möglichen Ausprägungen der Einzelmaßnahmen und Instrumente zu erfassen, ergibt sich eine nicht mehr faßbare Zahl an Mixkombinationen. Des weiteren können verschiedene Mixkombinationen die gleiche Wirkung erzielen, weil **zwischen den Kommunikationsinstrumenten partielle Substituierbarkeit vorliegt** (zum Beispiel Werbung versus Verkaufsförderung). Es bestehen vielschichtige sachliche und zeitliche Interdependenzen zwischen dem Einsatz und der Wirkung kommunikativer Aktivitäten. Schließlich sind einer simultanen, integrierten Beurteilung aller Elemente des Kommunikationsmix aus Gründen der Informationsbeschaffung Grenzen gesetzt.

Mit den **analytischen und heuristischen Verfahren** stehen prinzipiell zwei Vorgehensweisen zur Lösung des Optimierungsproblems zur Verfügung (Lilien et al. 1992, S. 5 ff.; Kall 1996, S. 54 ff.). **Analytische Verfahren** sind durch eindeutige Lösungen gekennzeichnet. Sie wenden entweder die Grundgedanken der **Marginalanalyse** oder der **numerischen Annäherungsmethoden** (mathematische Programmierung) an, um auf formalem Weg das optimale oder wenigstens ein befriedigendes Kommunikationsmix zu bestimmen. Marginalanalytische Ansätze verfolgen in der Regel das Ziel der Gewinnmaximierung und unterstellen die Gültigkeit restriktiver Prämissen (zum Beispiel Einproduktunternehmung, Nichtexistenz von Konkurrenz, keine sachlichen und zeitlichen

Ausstrahlungseffekte). Das Optimum liegt dann vor, wenn sich die partiellen Ableitungen der Gewinnfunktion nach allen Kommunikationsinstrumenten ausgleichen (**Gesetz vom Ausgleich der Grenzerträge**) (Steffenhagen 1994, S. 248 ff.). Mathematische Programmierungsansätze zur Bestimmung des optimalen Kommunikationsmix versuchen ebenfalls, eine Zielfunktion zu optimieren. Allerdings kann hier mehr als eine Nebenbedingung berücksichtigt werden (zum Beispiel Mindestbelegung von Zeitschriftentiteln, Obergrenzen für das Kommunikationsbudget, maximale Produktions- und Vertriebskapazitäten). Die mangelnde Realitätsnähe der zugrunde gelegten Annahmen und die beschränkten Lösungsmöglichkeiten lassen diese Ansätze jedoch wenig operational erscheinen.

Dies hat zur Entwicklung operationaler Lösungsansätze wie NEWS und BRANDAID geführt. NEWS, ein Frühwarnsystem, baut auf dem Gedanken des DEMON-Planungssystems auf. Es ermöglicht auf der Basis von Testmarktergebnissen beziehungsweise Abverkäufen im Einführungszeitraum eine Voraussage der Erfolgswahrscheinlichkeit einer Neuprodukteinführung und gibt Empfehlungen unter anderem für den optimalen Einsatz kommunikativer Instrumente im weiteren Verlauf des Produktlebenszyklus (Pringle et al. 1982). BRANDAID basiert auf den Prinzipien des Decision-Calculus. Dementsprechend ist BRANDAID ein flexibles, modulares Online-Modell, das auf der Basis von Marktreaktionsfunktionen die Auswirkungen bestimmter Mixaktivitäten auf den Umsatz, Marktanteil und den Distributionsgrad zeigt. Es können kommunikative Maßnahmen ebenso im Modell integriert werden wie andere Marketinginstrumente (Lilien et al. 1992, S. 528 ff.).

Angesichts der Anwendungsprobleme analytischer Verfahren versuchen **heuristische Verfahren**, durch bewußte Reduktion der Problemkomplexität zu einer Lösung zu gelangen. Sie führen jedoch durch sukzessive Elimination potentieller Lösungen zu einer Verkürzung des Problemlösungsweges. Heuristiken garantieren zwar keine optimale Lösung, aber die Vielzahl der im Kommunikationsmix enthaltenen Entscheidungsvariablen wird auf ein handhabbares Maß reduziert.

5.9 Wirkungskontrolle des Kommunikationsmix

5.91 Entscheidungstatbestände der Wirkungskontrolle

Alle Entscheidungen im Rahmen der Kommunikationspolitik setzen ein klares Verständnis von den Wirkungen kommunikativer Aktivitäten voraus. Einen wesentlichen Beitrag zur Fundierung dieses Verständnisses leisten die Ergebnisse der Werbewirkungsforschung. Letztlich kann nur durch eine systematische Wirkungskontrolle die Effektivität und Effizienz der Kommunikationspolitik gewährleistet werden.

Erste Anhaltspunkte für eine sinnvolle **Systematisierung** wirkungsanalytischer Fragestellungen bieten folgende Aspekte (Steffenhagen 1984):

- Welche Art von kommunikativer Handlung löst
- bei welchen Personen
- in welcher Situation
- welche Art von Wirkung aus?

Von besonderem Interesse ist dabei die Frage, bei **welchen Personen** Unterschiede hinsichtlich der Kommunikationswirkung bestehen. Demographische Merkmale wie zum Beispiel Geschlecht, Einkommen und Bildung nehmen bei der Beantwortung dieser Frage eine eher untergeordnete Bedeutung ein. Demgegenüber wird psychographischen Merkmalen wie Produktinvolvement, Einstellungen und Informationsverhalten eine größere Relevanz zugesprochen. Auch die **Situation des Kontaktes** mit der Kommunikationsbotschaft ist in bezug auf Wirkungsunterschiede zu untersuchen, da durch den Ort des Medienkonsums oder durch Art und Umfang von Paralleltätigkeiten Wirkungsunterschiede ausgelöst werden (Müller/Khazaka 1995).

Mit den **Arten von Wirkungen** sind die Reaktionen der Zielpersonen auf die kommunikativen Maßnahmen angesprochen. Greift man auf die beiden Hauptkategorien von Kommunikationszielen zurück, so lassen sich Kommunikationswirkungen anhand der ökonomischen und der psychographischen Zielerreichung überprüfen (Mayer 1990, S. 22 ff.). Bei der Betrachtung ökonomischer Zielwirkungen werden den Kosten einer Kommunikationsmaßnahme die Absatz- und Umsatzveränderungen als Kommunikationswirkung gegenübergestellt. Demgegenüber bezieht eine Analyse psychographischer Zielwirkungen auch die „innerhalb" einer Person ablaufenden psychischen Prozesse mit ein. Zu diesen psychischen Prozessen zählen etwa die Frage der Aufmerksamkeitswirkung, der Speicherung von Wahrnehmungsinhalten oder der Markenpräferenz (Mayer 1990, S. 40 ff.).

Neben diesen inhaltlichen Aspekten sind konzeptionelle Fragen der Wirkungsforschung zu klären, die sich mit den unterschiedlichen Meßmethoden, den Trägern der Wirkungsforschung (unternehmensintern oder -extern) sowie deren Zwecksetzung (Wirkungsprognose versus Wirkungskontrolle) befassen.

5.92 Ansätze der Wirkungsforschung

Im Zeitablauf lassen sich zwei zentrale Forschungs- und Entwicklungslinien der Wirkungsforschung ausmachen. Die sechziger und siebziger Jahre waren vor allem geprägt durch **evaluative Verfahren**, die insbesondere auf globale Erfolgsindikatoren wie Bekanntheit, Marktanteil oder Umsatz abzielen. Allerdings sind diese den Werbeerfolg bewertenden Verfahren nicht in der Lage, die Ursachen und das Zustandekommen der Kommunikationswirkungen zu erklären (Kroeber-Riel 1993b, S. 196; Pepels 1995, S. 133 ff.).

Dieses Defizit wurde Anfang der achtziger Jahre – angeregt vor allem durch die Konsumentenverhaltensforschung von Kroeber-Riel – mit den diagnostischen Ansätzen teilweise behoben. Die **diagnostischen Verfahren** dienen in erster Linie der Analyse von Wirkungsvoraussetzungen und geben Aufschluß über die Entstehung von Kommunikationswirkungen (Kroeber-Riel 1993b, S. 197 f.). Dabei nutzen diese Ansätze die Erkenntnisse über die menschliche Informationsaufnahme, die sich aus der Aktivierungsforschung, der Hemisphärenforschung und der Konditionierungsforschung ergeben (Kroeber-Riel/Weinberg 1999).

Beide Arten von Analyseverfahren, diagnostische und evaluative, haben sich im Rahmen der Wirkungsforschung bewährt und ergänzen sich in ihrem Untersuchungszweck. In der aktuellen Diskussion sind Weiterentwicklungen in beiden Forschungsrichtungen zu beobachten, wobei im wesentlichen auf die Erkenntnisse der klassischen Erfolgsfaktorenforschung, der Scanner- und Markttestforschung, der computergestützten Wirkungsforschung und auf Expertenbefragungen zurückgegriffen wird.

Im Rahmen der **Ansätze zur Erfolgsfaktorenforschung** werden globale oder situationsspezifische Einflußgrößen ermittelt, die den Erfolg einer konkreten Maßnahme der Marktkommunikation entscheidend mitbestimmen (Schürmann 1993, S. 9 ff.). Bedeutende Impulse erhielt die Erfolgsfaktorenforschung aus der PIMS-Datenbank, auf deren Basis unter anderem der positive Zusammenhang zwischen der Höhe des Werbebudgets und dem Marktanteil empirisch bestätigt werden konnte.

Im Bereich der **Scanner- und Markttestforschung** haben sich verschiedene Forschungsdesigns durchgesetzt. Bei den gängigen Verfahren GfK-Behavior-Scan und Telerim von A. C. Nielsen (vgl. zweites Kapitel, Abschnitt 4.73) werden zur schrittweisen Ermittlung der Kommunikationsleistung zunächst bestimmte Kommunikationsmittel eingesetzt, deren Wirkung auf das Kaufverhalten der Testpersonen anschließend differenziert untersucht wird (Rehorn 1988, S. 36 ff.).

Einen relativ neuen Bereich der Wirkungsforschung stellen die **wissensbasierten Computersysteme** dar, die auch als **Expertensysteme** bezeichnet werden. Expertensysteme sind Computerprogramme, die in Datenbankform Experten- und Erfahrungswissen für einen bestimmten Problembereich – zum Beispiel für den Bereich der Wirkungsmessung von Kommunikationsaktivitäten – speichern. Dieses Wissen kann in Form konkreter Urteile über die voraussichtliche Wirkung des Kommunikationsmittels abgerufen werden. Expertensysteme in der Kommunikation werden vor allem zur Entscheidungsunterstützung im Rahmen der Botschaftsgestaltung eingesetzt (Esch/Kroeber-Riel 1994).

5.93 Testmethoden in der Wirkungsforschung

Die Durchführung von Tests in der Wirkungsforschung basiert auf den oben genannten Ansätzen. Die Testmethoden können in zwei Gruppen aufgeteilt werden. Einerseits gibt es Tests, die vor dem Einsatz des Kommunikationsmittels im Markt verwendet werden und der Wirkungsprognose dienen (Pre-Tests) und andererseits Tests, die erst nach dem Werbemitteleinsatz im Markt angewendet werden und der Wirkungskontrolle beziehungsweise -diagnose dienen (Post-Tests).

5.931 Pre-Tests

Pre-Tests befassen sich mit der Frage, welche von mehreren Gestaltungsvarianten eines Werbemittels (zum Beispiel Anzeige, TV-Spot, Funk-Spot) die beste Wirkung erzielt (Rehorn 1988, S. 3). Die Pre-Testverfahren dienen dabei in erster Linie dazu, die durch die Kommunikation bei den Rezipienten ausgelösten psychischen Prozesse wie zum Beispiel Aktivierung, Wahrnehmung, Erinnerung usw. vor der tatsächlichen Schaltung im Markt zu messen.

Unabhängig vom Werbeträger wird bei Pre-Tests eine Vielzahl von Testinstrumenten eingesetzt, von denen ausgewählte kurz skizziert werden sollen. Dabei sind **apparative Verfahren** und **Befragungstechniken** zu unterscheiden. Die zentralen apparativen Verfahren sind (Schub von Bossiazky 1992, S. 40 ff.):

- Tachistoskop (von einer Anzeige wird ein Dia angefertigt und kurzfristig eingeblendet, um die Wahrnehmungsfähigkeit durch den Betrachter sowie dessen spontane Verhaltensreaktionen zu testen),

- Pupillometer und Augenkamera (die Pupillenbewegungen einer Testperson während einer Anzeigenpräsentation werden aufgezeichnet. Dies geschieht mit Hilfe einer Kamera, die in eine „Spezialbrille" integriert ist) (Leven 1983),

- Psychogalvanometer (mittels Elektroden werden die psychogalvanischen Reaktionen des Nervensystems auf der Haut (elektrischer Hautwiderstand) während eines Anzeigenkontaktes gemessen, um damit die Aktivierungsstärke zu überprüfen),

- Elektroenzephalogramm (mittels Elektroden, die am Kopf einer Testperson befestigt werden, wird eine Hirnstrommessung vorgenommen; das EEG soll Hinweise auf die Intensität der Verarbeitung kommunikativer Reize liefern).

- Herz-, Atem-, Puls-, Stimmfrequenz- und Blutdruckmessung (diese Verfahren werden primär zur Erfassung des Aktivierungsniveaus und zur Ermittlung von Gefühlswirkungen eingesetzt).

Neben diesen auf Beobachtung beruhenden Verfahren, die wegen der künstlichen Testsituation zum Teil umstritten sind, greifen andere Pre-Tests auf **Befragungstechniken** (zum Beispiel qualitative Einzel- und Gruppeninterviews) zurück (Schub von Bossiazky 1992, S. 70ff.).

In der Praxis finden die Pre-Testverfahren in den Bereichen Anzeigentests, Plakattests, TV-Spottests, Kinofilmtests sowie Hörfunk-Spottests Anwendung. Im Rahmen von **Anzeigentests** kommen als methodische Ansätze unter anderem **Kurzzeittests, Foldertests, Lesebeobachtungen sowie verkürzte Simulationsverfahren** in Betracht (Rehorn 1988, S. 25ff.).

Bei sogenannten **Kurzzeittests** wird den Personen für einen Zeitraum von circa 2 bis 3 Sekunden eine Anzeige vorgelegt. Anschließend wird die Person nach den Botschaftsinhalten der Anzeigenvorlage befragt, womit das normale Leseverhalten möglichst realitätsnah nachempfunden werden soll. Die Erinnerungsleistung der Testperson gibt Hinweise auf die Aufmerksamkeitswirkung und Prägnanz von Anzeigen.

Beim **Foldertest** geht eine Testperson eine Mappe durch, die neben redaktionellen Beiträgen einige Anzeigenbeispiele enthält. Nach der Durchsicht wird die Testperson dann ungestützt und gestützt befragt, an welche Anzeigen sie sich erinnert. Der Foldertest ist das am häufigsten eingesetzte Standardverfahren, um Aufmerksamkeitswirkungen von Anzeigen zu erfassen. Im Rahmen des **Print-DAR-Tests** wird keine Mappe wie beim Foldertest zusammengestellt, sondern der Testperson ein Originalheft mit einer eingefügten Testanzeige für mehrere Tage zur Verfügung gestellt. Zweck dieser Befragungsmethode ist, daß zwischen Anzeigenkontakt und Befragung mindestens ein Tag (**Day-After-Recall**) liegen soll, so daß mit diesem Test Erinnerungswirkungen realitätsnäher erhoben werden können.

Mit der **Kamera-Lesebeobachtung** ist ein Pre-Testverfahren angesprochen, bei dem eine Testperson in ein Studio mit „Wohnzimmeratmosphäre" gebeten wird. Auf einem Tisch liegen Illustrierte bereit, die durch die Testperson in der Wartesituation in der Regel gelesen werden. Dabei erfolgt unbemerkt die Aufzeichnung des Leseverhaltens durch eine versteckte Kamera.

Ziel der **verkürzten Simulationsverfahren** ist es, das Erstkaufverhalten als Resultante des Werbeeinflusses zu ermitteln (Rehorn 1988, S. 55 ff.). Bei diesen, auch als **Werbekauftests** bezeichneten Pre-Tests werden eine mündliche Einzelbefragung und eine indirekte Beobachtung durchgeführt. Zunächst werden den Testpersonen verschiedene, mit montierten Testanzeigen versehene Illustrierte vorgelegt und anschließend erhält jede Testperson Einkaufsgutscheine. Die Anzahl der später tatsächlich getätigten Käufe der beworbenen Marke wird als Indikator für den Grad der Kaufverhaltensbeeinflussung durch die Anzeige gewertet.

Auch bei den **Plakattests** lassen sich generell der **Tachistoskoptest** und das **Befragungsverfahren** unterscheiden. Der Tachistoskoptest stellt ein Verfahren dar, um die Aufmerksamkeitswirkung und Kommunikationsleistung von Plakaten zu prüfen. Dabei wird eine Plakatvorlage so auf einen Bildschirm projiziert, daß das Plakat in Originalgröße in standardisierten Vorgabezeiten von $1/1000$ Sekunden ansteigend bis zu 10 Sekunden erscheint. Der kommunikationstheoretische Hintergrund dieses Verfahrens ist die Annahme einer Wahrnehmungsgenese. Von einem ersten undifferenzierten Eindruck über das vage Erkennen einzelner Botschaftsinhalte bis zum differenzierten Verständnis der Botschaft soll der Wirkungsprozeß schrittweise erfaßt werden. Im wesentlichen erschöpft sich der Tachistoskoptest allerdings im Ermitteln der Aufmerksamkeitswirkung, wobei aber Hinweise zum Aktivierungspotential einzelner Motive gewonnen werden können. Im Rahmen von Fußgänger- oder Autofahrer-Befragungen werden in einiger Entfernung von der Plakatstelle Interviewer eingesetzt, welche Passanten nach ihrer Wahrnehmung oder Erinnerung an die Plakatwerbung befragen.

TV-Tests können als Studiotests durchgeführt werden oder im Rahmen von „On air"-Tests beziehungsweise des Storyboardtesting. Der TV-Studio-Test stellt eine Testanordnung dar, bei der die Versuchspersonen in einem Testraum mit Studiocharakter mit Werbefilmen konfrontiert werden, die in der Regel in ein Unterhaltungsprogramm eingebettet sind. Auf dieser Basis wird vor allem die Erinnerungswert des TV-Spots ermittelt. Der „On air"-Test versucht, die Nachteile der künstlichen Atmosphäre des Studiotests und die dadurch unrealistisch hohen Aufmerksamkeitswerte zu überwinden. 24 Stunden nachdem ein bestimmter Spot vom Sender ausgestrahlt wurde, wird per Telefon ermittelt, wieviele Personen sich an welche Botschaftsinhalte des Testspots erinnern (Rehorn 1988, S. 68 ff.).

Da die Produktion von TV-Spots erhebliche finanzielle Mittel erfordert, wird bereits vor Fertigstellung – also im Entwicklungsstadium – versucht, im Rahmen von sogenannten Storyboard-Tests wesentliche Szenen des Spots zu testen. Nach Präsentation dieser gezeichneten Ausschnitte werden Personen nach ihren Anmutungen, Assoziationen etc. befragt. Im Rahmen von **Kinospottests** werden weitgehend dieselben Verfahren wie bei TV-Tests eingesetzt.

Trotz weiter Verbreitung des Hörfunks werden **Funkspottests** bislang nur selten durchgeführt. Dies ist insbesondere darauf zurückzuführen, daß es zu vieler Kontaktinterviews bedarf, um die Werbeblockhörer eines bestimmten Senders zu identifizieren und eine aussagefähige Stichprobengröße zu erhalten. Zumeist findet deshalb der Studio-Test Anwendung, bei dem Testhörern ein Originalmitschnitt einer Hörfunksequenz vorgespielt und anschließend Recallwerte ermittelt werden.

5.932 Post-Tests

Von den Pre-Test-Verfahren unterscheiden sich die **Post-Test-Verfahren** weniger durch das zum Einsatz gelangende methodische Instrumentarium als durch den Zeitpunkt der Wirkungskontrolle. Post-Tests befassen sich vor allem mit der detaillierten Analyse der durch die Kommunikationsaktivitäten bei den Zielpersonen ausgelösten kognitiven, affektiven und konativen Wirkungen (Rehorn 1988, S. 215 ff.; Schmalen 1992, S. 185 ff.).

Die **kognitiven Wirkungen** umfassen vor allem die Konstrukte Aufmerksamkeit, Wahrnehmung, Verstehen, Wissen und Erinnerung. Zur Messung der Aufmerksamkeits- und Wahrnehmungswirkungen, zum Beispiel von Anzeigen in Zeitschriften, werden vor allem Kameras sowie Tachistoskope oder Blickaufzeichnungsgeräte verwendet. Die Textverständlichkeit wird zumeist durch direkte und standardisierte Befragungen abgeprüft. Die Fragestellungen beziehen sich dabei insbesondere auf die Glaubwürdigkeit der Argumentation.

Die Wissens- und Erinnerungswirkung kommunikativer Aktivitäten wird durch **Recall- und Recognition-Tests** erhoben. Beim Recall-Test wird die ungestützte Erinnerung getestet, indem Versuchspersonen zum Beispiel darum gebeten werden, ihnen bekannte Anzeigen zu nennen und zu beschreiben. Beim Recognition-Test dagegen werden den Versuchspersonen zum Beispiel Anzeigen vorgelegt. Die Versuchspersonen müssen angeben, ob sie die Anzeigen schon einmal gesehen haben, womit der Wiedererkennungswert ermittelt wird.

Die im Post-Test untersuchten **affektiven Wirkungen** beziehen sich insbesondere auf Emotionen und Einstellungen. Emotionen werden auch als Gefühle oder Anmutungen bezeichnet. Zur Erfassung von Emotionen haben sich insbesondere die technisch-apparativen Verfahren bewährt. Diese Verfahren ermöglichen die Ermittlung der Intensität von Emotionen (positiv oder negativ), nicht aber ihre Richtung. Diese Richtung beziehungsweise Qualität der Emotionen muß aus direkten oder indirekten Befragungen abgeleitet werden.

Die **konativen Wirkungen** beinhalten die Verhaltensabsicht von Zielpersonen. Die Kaufbereitschaft beziehungsweise Kaufwahrscheinlichkeit kann durch Befragung mit Hilfe einer mehrstufigen verbalen Intensitätsskala ermittelt werden. Abbildung 3-220 vermittelt abschließend einen Überblick der im Rahmen der Wirkungsforschung vorrangig verwendeten Meßmethoden.

Ausgewählte Meßmethoden / Kriterien der Kommunikationswirkung	Beobachtung	Befragung
Kognitiv	■ Aktivierungsmessung ■ Blickaufzeichnung ■ Beobachtung des Aufnahmeverhaltens	■ Wahrnehmungs- und Verständnismessungen ■ Recall- und Recognition-Tests ■ Irritations- und Akzeptanzprofile
Affektiv	■ Aktivierungsmessung ■ Blickaufzeichnung ■ Andere apparative Verfahren	■ Verbale und nonverbale Erlebnismessungen ■ Einstellungs- und Imageskalen ■ Multiattributmodelle ■ Bilderskalen
Konativ	■ Verhaltensregistrierung ■ Beobachtung des simulierten Wahlverhaltens, Testmärkte	■ Befragung nach erinnertem Verhalten ■ Flächenskalen ■ Befragung nach Produktpräferenz und Verhaltensabsicht ■ Panel

Abbildung 3-220: Kriterien und Meßmethoden der Kommunikationswirkung
(in Anlehnung an Kroeber-Riel 1993, S. 97)

5.94 Wirkungsinterdependenzen

Das Hauptproblem bei der Erfassung der Kommunikationswirkung besteht in der Isolierbarkeit und Zurechenbarkeit der einzelnen Wirkungen. So existieren **sachliche Interdependenzen** nicht nur zu anderen Marketinginstrumenten, sondern auch hinsichtlich der Zurechenbarkeit des Erfolges auf die verschiedenen Kommunikationsinstrumente. Es ist oft nicht möglich, die Wirkung eines Fernsehspots von jener einer Anzeigenwerbung oder der von PR-Maßnahmen zu isolieren.

Weitere Faktoren, die die Kontrolle der Kommunikationswirkung erschweren, sind **zeitliche Interdependenzen**. Alle kommunikativen Maßnahmen haben zeitliche Ausstrahlungseffekte, das heißt Wirkungen, die oft erst mit einer bestimmten zeitlichen Verzögerung (Time-lag) einsetzen. So läßt sich mit dem Einsatz der Kommunikationsinstrumente zum Beispiel ein Goodwill bei der Zielgruppe aufbauen, der möglicherweise auch dann fortbesteht, wenn die Aktivitäten eingestellt werden. Bei einem erneuten Einsetzen von kommunikativen Impulsen sind die aktuellen Maßnahmen dann nicht mehr allein den aktuellen Wirkungen zurechenbar, sondern auch ein Resultat von Kommunikationsmaßnahmen in der Vergangenheit.

Hinzu kommen **Störeinflüsse**, die von der Unternehmung nicht ausgeschaltet werden können. Insbesondere durch Maßnahmen der Konkurrenz kann es zu Verzerrungen in der Wirkung von kommunikativen Maßnahmen kommen. Die erheblichen Schwierigkeiten bei der Erfolgskontrolle einzelner Kommunikationsinstrumente verstärken sich unter Berücksichtigung der Interdependenzen im Kommunikationsmix. Um sich aber dennoch einer Erfolgskontrolle der integrierten Marktkommunikation zu nähern, werden Prozeßanalysen, Wirkungsanalysen und Effizienzanalysen eingesetzt (Bruhn 1995, S. 240ff.).

Als Methoden der **Prozeßanalyse**, die sich mit der Kontrolle der organisatorischen und personellen Ablaufprozesse der integrierten Marktkommunikation beschäftigt, bieten sich Techniken aus der Projektorganisation an. Hier ist vor allem das Erstellen von Checklisten und die Nutzung der Netzplantechnik zu nennen, um die Aktivitäten in ihrer zeitlichen und funktionalen Abhängigkeit zu untersuchen. Im Rahmen der **Wirkungsanalyse**, die sich auf die Kontrolle ausgewählter kommunikativer Reaktionen der Zielgruppen bezieht, stehen die bereits beschriebenen Methoden der Wirkungsmessung zur Verfügung. Allerdings liegt hier der Schwerpunkt auf der Analyse der Kommunikationswirkungen im Zeitablauf. Durch Längsschnittanalysen läßt sich die Dauerhaftigkeit der Kommunikationswirkungen untersuchen und feststellen, ob sich die Effektivität bestimmter Kommunikationsmaßnahmen im Zeitablauf abschwächt oder verstärkt. Die **Effizienzanalyse** nimmt einen Kosten-Nutzen-Vergleich der integrierten Kommunikationsaktivitäten vor. Primäres Ziel ist es dabei, Hinweise auf die Wertigkeit einzelner Instrumente zu erhalten. Aus den Ergebnissen der Effizienzanalyse lassen sich dann Folgerungen für die Verteilung des Kommunikationsbudgets ziehen.

Die dargestellten Methoden der Erfolgskontrolle im Rahmen der integrierten Marktkommunikation beziehen sich auf die Kontrolle im Sinne eines **Soll-Ist-Vergleichs**, bei dem die Zielgröße – „das Soll" – nicht in Frage gestellt wird. Vor diesem Hintergrund kann nur ein **ganzheitliches Kommunikationscontrolling**, das auch den Aspekt der Ziel- und Strategieanpassung berücksichtigt, den Anforderungen der integrierten Marktkommunikation gerecht werden.

Literaturhinweise

Achterholt, G. (1988), Corporate Identity: In zehn Arbeitsschritten die eigene Identität finden und umsetzen, Wiesbaden.
Adam, D. (1997), Planung und Entscheidung, Modelle – Ziele – Methoden, 4. Aufl., Wiesbaden.
Alpar, R. (1998), Kommerzielle Nutzung des Internet: Unterstützung von Marketing, Produktion, Logistik und Querschnittsfunktionen durch das Internet und kommerzielle Online-Dienste, 2. Aufl., Berlin u. a.
Althans, J. (1993), Klassische Werbeträger, in: Berndt, R., Hermanns, A. (Hrsg.), Handbuch Marketing-Kommunikation – Strategien, Instrumente, Perspektiven, Wiesbaden, S. 393–418.
Auer, M., Diederichs, F. A. (1993), Werbung below the line: Product Placement, TV-Sponsoring, Licensing ... , Landsberg am Lech.
AUMA (Hrsg.) (1995), Erfolgreiche Messebeteiligung Made in Germany, Köln.
AUMA (Hrsg.) (1996a), Jahresbericht 1995/1996, Köln.
AUMA (Hrsg.) (1996b), Ziele und Nutzen von Messebeteiligungen, Zusammenfassung einer empirisch gestützten Untersuchung auf der Grundlage einer Befragung deutscher Aussteller.
Bachem, C. (1997), Webtracking – Werbeerfolgskontrolle im Netz, in: Wamser, C., Fink, D. H. (1997), Marketing-Management mit Multimedia: Neue Medien, neue Märkte, neue Chancen, Wiesbaden, S. 189-198.
Bachofer, M. (1998), Wie wirkt Werbung im Netz?, Stern Bibliothek (Hrsg.), Hamburg.
Bänsch, A. (1993), Charakterisierung und Arten von Sales Promotions, in Berndt, R., Hermanns, A. (Hrsg.), Handbuch Marketing Kommunikation, S. 565–575.
BDZV (1999), Format, www.bdzv.de, Abruf vom 10. Februar 1999.
Becker, H. R. (1986), So machen Sie auf sich aufmerksam, in: Impulse, 7. Jg., Nr. 5, S. 45–51.
Belz, C. (1999), Trends in Kommunikation und Marktbearbeitung, Thexis – Fachbericht für Markteing 99/3, St. Gallen.
Bender, M. (1976), Die Messung des Werbeerfolges in der Werbeträgerforschung, Würzburg u. a.
Bente, K. (1990), Product placement: entscheidungsorientierte Aspekte in der Werbepolitik, Wiesbaden.
Berens, W. (1992), Beurteilung von Heuristiken: Neuorientierung und Vertiefung am Beispiel logistischer Probleme, Wiesbaden.
Berres, A. (1997), Marketing und Vertrieb mit dem Internet: Ein Leitfaden für mittelständische Unternehmen, Berlin, Heidelberg.
Birkigt, K., Stadler, M.-M., Funck, H. J., (1995), Corporate Identity: Grundlagen, Funktionen, Fallbeispiele, 8. Aufl., Landsberg am Lech.
Bless, H.J., Matzen, T. (1995), Optimierung von Verkaufsgesprächen und individuelle Produktpräsentation mittels PC, in: Hünerberg, R., Heise, G. (Hrsg.), Multi-Media und Marketing: Grundlagen und Anwendungen, Wiesbaden, S. 297–310.
Brand, H. W. (1986), „Unterschwellige" Werbung: Nicht sehen und doch glauben?, in: Jahrbuch der Absatz- und Verbrauchsforschung, 32. Jg., S. 369–396.
Braunschweig, E., Koeppler, K. (1984), Stufen der Werbewirkung. 1, 2, 3, 4, 5, in: Vierteljahreshefte der Mediaplanung, Nr. 1, 2, 3/1984, Nr. 3, 4/1985.
Bruhn, M. (1989), Kulturförderung und Kultursponsoring – neue Instrumente der Unternehmenskommunikation, in: Bruhn, M., Dahlhoff, H. D. (Hrsg.), Kulturförderung, Kultursponsoring, S. 37–84.
Bruhn, M. (1990), Sozio- und Umweltsponsoring: Engagements von Unternehmen für soziale und ökologische Aufgaben, München.
Bruhn, M. (1992), Integrierte Marktkommunikation, Stuttgart.
Bruhn, M. (1993), Integrierte Kommunikation als Unternehmensaufgabe und Gestaltungsprozeß, in: Bruhn, M., Dahlhoff, H. D. (Hrsg.), Effizientes Kommunikations-Management, Stuttgart, S. 1–33.

Bruhn, M. (1995), Integrierte Unternehmenskommunikation, Ansatzpunkte für eine strategische und operative Umsetzung integrierter Kommunikationsarbeit, 2. Aufl., Stuttgart.
Bruhn, M. (1997), Multimedia-Kommunikation, München.
Bruhn, M. (1998), Sponsoring, 3. Aufl., Frankfurt am Main u. a.
Bruhn, M., Boenigk, M. (1999), Integrierte Unternehmenskommunikation: Entwicklungsstand in Unternehmen, Wiesbaden.
Bruhn, M., Dahlhoff, H. D. (1989), Kulturförderung, Kultursponsoring, Frankfurt am Main.
Bruhn, M., Wieland, T. (1988), Sponsoring in der Bundesrepublik, Arbeitspapier Nr. 10 des Instituts für Marketing an der European Business School, Schloß Reichartshausen.
Brüne, G. (1989), Meinungsführerschaft im Konsumgütermarketing: theoretischer Erklärungsansatz und empirische Überprüfung, Heidelberg.
Bullinger, H. J., Fröschle, H. P., Hofmann, J. (1992), Multimedia – Von der Medienintegration über die Prozeßintegration zur Teamintegration, in: Office Management, 11. Jg., Nr. 6, S. 6–13.
Clef, U. (Hrsg.) (1995), Handbuch Radio Marketing, München.
Dahms, H. (1983), Wie Zuschauer Fernsehen – zur Qualität des Fernsehkontaktes, in: Media Perspektiven, 21. Jg., Nr. 4, S. 279–286.
Dallmer, H. (1989), Direct-Marketing, in: Bruhn, M. (Hrsg.), Handbuch des Marketing: Anforderungen an Marketingkonzeptionen aus Wissenschaft und Praxis, München, S. 535–562.
DMMV (1999), Werbeformen, www.werbeformen.de/banner4.html, Abruf vom 15. Januar 1999.
DoubleClick (1999), Study, www.doubleclick.net/nf/general/10tip.htm, Abruf vom 15. Januar 1999.
Drees, N. (1992), Sportsponsoring, 3. Aufl., Wiesbaden.
Dyllick, T. (1990), Ökologisch bewußtes Management, Bern.
Ellinger, T. (1998), Operations Research: eine Einführung, 4. Aufl., Berlin u. a.
Esch, F. R, Kroeber-Riel, W. (Hrsg.) (1994), Expertensysteme für die Werbung, München.
Fantapié Altobelli, C., Hoffmann, S. (1995), Werbung im Internet, Kommunikations-Kompendium Band 6 der MGM MediaGruppe München.
Fink, D. (1997), Einführung in das Electronic Marketing – von der Technik zum Nutzen, in: Wamser, C., Fink, D. (Hrsg.), Marketing-Management mit Multimedia: neue Medien, neue Märkte, neue Chancen, Wiesbaden, S. 13–28.
Fink, D., Wamser, C. (1996), Die klassischen 4 P's mit Multimedia reicher machen, in: Marketing Journal, Nr. 3, S. 194–196.
Fischer, H.-D., Jubin, O. (Hrsg.) (1996), Privatfernsehen in Deutschland, Konzepte, Konkurrenten, Kontroversen, Schriftenreihe Kommunikation und Medien des Instituts für Medienentwicklung und Kommunikation GmbH, Frankfurt am Main.
Förster, H.-P., Zwernemann, M. (1993), Multimedia – Die Evolution der Sinne, Neuwied u. a.
Freter, H. (1974), Mediaselektion, Wiebaden.
Freter, H. (1980), Quantitative Methoden der Streuplanung, in: Diller, H. (Hrsg.) Marketingplanung, München, S. 215–231.
Frey Beaumont-Bennett (Hrsg.) (1995), VKF Trends Deutschland 1996, Meinungen Statistiken, Prognosen, Düsseldorf.
Gerpott, T. (1996), Multimedia: Geschäftssegmente und betriebswirtschaftliche Implikationen, in: WiSt, Nr. 1, S. 15–20.
GfK Online Monitor 1999, www.wuv.de, Abruf vom 7. März 2000.
GfK-WirtschaftsWoche-Werbeklima I/2000, www.wuv.de, Abruf vom 7. März 2000.
Gorn, G. J. (1982), The Effects of Music in Advertising on Choice Behavior: A Classical Conditioning Approach, in: Journal of Marketing, Vol. 46, No. 1, S. 94–101.
Götz F. W. (1982), Kinowerbung weiter im Aufwind, in: Media Spectrum, 3. Jg., Nr. 7, S. 28–34.
Gräf, H., Tomzcak, T. (1997), Online Marketing, Chancen und Risiken der Nutzung elektronischer Märkte für Kunden und Unternehmungen am Beispiel der Electronic Mall Bodensee, Thexis, Belz, C., Tomczak, T. (Hrsg.), Heft 2 der Fachberichte für Marketing des Forschungsinstituts für Absatz und Handel an der Universität St. Gallen.
Grubb, A, Kanellakis, A., Lübbeke, M. (1995), Profit im Internet, München.

Gruner & Jahr EMS (1998) (Hrsg.), Forsa-Umfrage 1998, Hamburg.
Haedrich, G. (1987), Zum Verhältnis von Marketing und Public Relations, in: Marketing Zeitschrift für Forschung und Praxis, 9. Jg., Nr. 1, S. 25–31.
Haley, R. I., Richardson, J., Baldwin, B. M. (1984), The Effects of Nonverbal Communications in Television Advertising, in: Journal of Advertising Research, Vol. 25, No. 4, S. 11–18.
Hammann, P. (1980), Werbebudgetplanung, in: Kaiser, A. (Hrsg.), Werbung. Theorie und Praxis werblicher Beeinflussung, München, S. 137–155.
Hanrieder, M. (1986), Die Planungssystematik der Sportwerbung, in: Roth, P. (Hrsg.), Sportwerbung, Landsberg am Lech, S. 97–144.
Harnischfeger, M. (1981), Public Relations, in: Dallmer, H., Thedens, R. (Hrsg.), Handbuch Direct-Marketing, 5. Aufl., Wiesbaden, S. 475–481.
Haseloff, O. W. (1981), Werbung als instrumentelle Kommunikation, in: Die Werbung – Handbuch der Kommunikations- und Werbewirtschaft, Bd. 1, Landsberg am Lech, S. 63–151.
Heimbach, P. (1997), Marktkommunikation mit digitalen Offline-Medien, in: Silberer, G. (Hrsg.), Interaktive Werbung, Stuttgart 1997, S. 23–70.
Hempelmann, B. (1993), Zeitliche Einsatzplanung der Werbung, in: Berndt, R., Hermanns, A. (Hrsg.), Handbuch Marketing-Kommunikation, Wiesbaden, S. 477–494.
Hensmann, J., Meffert, H., Wagner, P.-O. (1996), Marketing mit multimedialen Kommunikationstechnologien – Einsatzfelder und Entwicklungsperspektiven, Arbeitspapier Nr. 101 der Wissenschaftlichen Gesellschaft für Marketing und Unternehmensführung e. V., Münster.
Hermanns, A., Drees, N., Püttmann, M. (1986), Siegen mit Siegern?, Sportwerbung '86: Untersuchungsergebnisse, in: Absatzwirtschaft, Sonderausgabe, 44. Jg., Nr. 10, S. 226–233.
Hermanns, A., Drees, N., Wangen, E. (1986), Zur Wahrnehmung von Werbebotschaften auf Rennfahrzeugen, in: Marketing Zeitschrift für Forschung und Praxis, 8. Jg., Nr. 2, S. 123–129.
Hermanns, A., Püttmann, M. (1990), Sponsoring-Barometer, in: Absatzwirtschaft, 48. Jg., Nr. 9, S. 80–86.
Hilke, W. (1993), Kennzeichnung und Instrumente des Direkt-Marketing, in: Hilke, W. (Hrsg.), Direkt-Marketing, Wiesbaden, S. 5–30.
Hoffman, D. L., Novak, T. P. (1996), Marketing in Mypermedia Copmuter-Mediated Enviroments: Conceptual Foundations, in: Journal of Marketing, Nr. 7, S. 50–68.
Holland, H. (1992), Direktmarketing, München.
Horizont (Hrsg.) (1996), Studie zur Werbeakzeptanz, in: Horizont, 14. Jg., Nr. 42, S. 18.
Hünerberg, R., Heise, G. (1995), Multimedia und Marketing, Grundlagen und Anwendungen, Wiesbaden.
Hünerberg, R., (1996), Online-Kommunikation, in: Hünerberg, R., Heise, G., Mann, A. (Hrsg.), Handbuch Online-M@rketing: Wettbewerbsvorteile durch weltweite Datennetze, Landsberg am Lech, S. 107–130.
Hünerberg, R., Heise, G., Mann, A. (1997), Was Online-Kommunikation für das Marketing bedeutet, in: Thexis, Nr. 1, S. 16–21.
Jacobi, H. (1963), Werbepsychologie, Wiesbaden.
Jefkins, F. (1998), Public Relations, 5th ed., Suffolk.
Kall, D. (1996), Werbeetat- und Werbemix-Planung im Handel, Wiesbaden.
Kalweit, U. (1988), Product Placement – Die Bedeutung des Product Placement in TV- und Kinofilmen aus der Sicht des Konsumgüterherstellers, in: Marketing Zeitschrift für Forschung und Praxis, 10. Jg., Nr. 2, S. 111–115.
Kawohl, A. (1998), Banner – Auswertung der Online-Umfrage zur „Zukunft der Bannerwerbung in interaktiven Medien", zitiert bei: www.gwdu19.gwdg.de/~twilhel/ergebnisse.html, Abruf vom 15. Januar 1999.
Keitz, B. von (1983), Der Saarbrücker Aktivierungs-Test (SAT) – Ein Verfahren zur objektiven Beurteilung von Konsumgüteranzeigen, Köln.
Kellner, J. (1982), Promotions, Landsberg am Lech.
Kinnebrock, W. (1993), Integriertes Eventmarketing: vom Marketing-Erleben zum Erlebnismarketing, Wiesbaden.

Kirchler, E., Michalicka, D. (1987), Ein Bild sagt mehr als tausend Worte – Ein Beitrag zur differentiellen Medienwirkung, in: Jahrbuch der Absatz- und Verbrauchsforschung, 33. Jg., Nr. 1, S. 67–77.
Kirchner, G., Sobeck, S. (1989), Lexikon des Direktmarketing, Landsberg am Lech.
Koeppler, K., Gundermann, K., Erbslöh, E. (1980), Effekte von Anzeigenhäufungen, Morsum.
Konert, F. J. (1986), Vermittlung emotionaler Erlebniswerte, eine Marketingstrategie für gesättigte Märkte, Heidelberg.
Korff, G. (1987), Marketing für Außenwerbeträger, Frankfurt am Main u. a.
Krautter, J. (1973), Marketing-Entscheidungsmodelle, Wiesbaden.
Kroeber-Riel, W. (1971), Konsumentenverhalten und kognitives Gleichgewicht, in: Zeitschrift für betriebswirtschaftliche Forschung, 33. Jg., S. 395–418.
Kroeber-Riel, W. (1992), Konsumentenverhalten, 5. Aufl., München.
Kroeber-Riel, W. (1993a), Bildkommunikation: Imagerystrategien für die Werbung, München.
Kroeber-Riel, W. (1993b), Strategie und Technik der Werbung, 4. Aufl., Stuttgart.
Kroeber-Riel, W., Meyer-Hentschel, G. (1982), Werbung. Steuerung des Konsumentenverhaltens, Würzburg.
Kroeber-Riel, W., Weinberg, P. (1999), Konsumentenverhalten, 7. Aufl., München.
Krommer, R. (1996), Musik in der Fernseh- und Rundfunkwerbung, in: Jahrbuch der Absatz- und Verbrauchsforschung, 42. Jg., Nr. 4, S. 406–434.
Küthe, E., Venn, A. (1996), Marketing mit Farben, Köln.
Kunczik, M. (1996), Public Relations: Konzepte und Theorien, 3. Aufl., Köln.
Lachmann, U. (1993), Kommunikationspolitik bei langlebigen Konsumgütern, in: Berndt, R., Hermanns, A. (Hrsg.), Handbuch Marketing-Kommunikation, Wiesbaden, S. 832–856.
Landwehr, R. (1988), Standardisierung der internationalen Werbeplanung – Eine Untersuchung der Prozeßstandardisierung am Beispiel der Werbebudgetierung im Automobilmarkt, Frankfurt am Main u. a.
LaTour, M. S., Snipes, R. L., Bliss, S. J. (1996), Don't be afraid to use fear appeals: an experimental study, in: Journal of Advertising Research, Vol. 37, No. 2, S. 59–68.
Leest, U. (1996), Werbewahrnehmung und Werbeakzeptanz im Internet, in: planung & analyse, Nr. 6, S. 25.
Leven, W. (1983), Der Zusammenhang zwischen Informationsaufnahme und Informationsspeicherung beim Betrachten von Werbeanzeigen, in: Marketing Zeitschrift für Forschung und Praxis, 5. Jg., Nr. 1, S. 13–28.
Lilien, G. L., Kotler, P. (1983), Marketing Decision Making, A model-building approach, New York.
Lilien, G. L., Kotler, P., Moorthy, K. S. (1992), Marketing Models, Englewood Cliffs.
Little, J. D. C. (1970), Models and Managers: The Concept of a Decision Calculus, in: Management Science, Vol. 17, No. 16, S. 466–485.
MacLachlan, J., Siegel, M. H. (1980), Reducing the costs of TV commercials by use of time compressions, in: Journal of Marketing Research, Vol. 17, No. 2, S. 52–61.
Madden, T. J., Weinberger, M. G. (1982), The effects of humor on attention in magazine advertising, in: Journal of Advertising Research, Vol. 23, No. 3, S. 8–14.
Mayer, H. (1985), Werbepsychologische Aspekte der Auswahl von Fotomodellen, in: Jahrbuch der Absatz- und Verbrauchsforschung, 31. Jg., Nr. 4, S. 312–321.
Mayer, H. (1990), Werbewirkung und Kaufverhalten, Stuttgart.
Mayer, H. (1993), Differentielle Effekte der Wiederholung von Werbemaßnahmen, in: Jahrbuch der Absatz- und Verbrauchsforschung, 39. Jg., Nr. 4, S. 338–348.
Mayer, H., Däumer, U., Rühle, H. (1993), Werbepsychologie, 2. Aufl., Stuttgart.
Mayer, H., Frey, C. (1988), Untersuchungen zur Wirksamkeit verschiedener Varianten weiblicher Modelle in der Bierwerbung, in: Jahrbuch der Absatz- und Verbrauchsforschung, 34. Jg., Nr. 1, S. 95–115.
Mayer H., Illmann, T. (2000), Markt-und Werbepsychologie, 3. Aufl., Stuttgart.
Mayer, H., Schumann, G. (1981), Positionseffekte bei TV-Spots, in: Jahrbuch der Absatz- und Verbrauchsforschung, S. 291–304.

Media Perspektiven Basisdaten (1995), Daten zur Mediensituation in Deutschland 1995, Frankfurt am Main.
Meffert, H. (1975), Zum Problem des Marketing-Mix – Eine heuristische Vorauswahl absatzpolitischer Instrumente, in: Meffert, H. (Hrsg.), Marketing heute und morgen – Entwicklungstendenzen in Theorie und Praxis, Wiesbaden, S. 257–275.
Meffert, H. (1984), Außenwerbung im Mediamix – Entwicklungstendenzen und Forschungsansätze, in: Media Spectrum, Nr. 1, S. 23–28 und Nr. 2, S. 22–27.
Meffert, H. (1990), Klassische Funktionenlehre und marktorientierte Führung – Integrationsaspekte aus der Sicht des Marketing, in: Adam, D., Backhaus, K., Meffert, H., Wagner, H. (Hrsg.), Integration und Flexibilität, Wiesbaden, S. 373–408.
Meffert, H. (1991), Corporate Identity, in: Die Betriebswirtschaft, Nr. 6, S. 817–819.
Meffert, H. (1993), Messen und Ausstellungen als Marketinginstrument, in: Goehrmann, K. E. (Hrsg.), Politmarketing auf Messen, Düsseldorf, S. 74–96.
Meffert, H. (1994a), Marktorientierte Unternehmensführung im Umbruch – Entwicklungsperspektiven des Marketing in Wissenschaft und Praxis, in: Bruhn, M., Meffert, H., Wehrle, F. (Hrsg.), Marktorientierte Unternehmensführung im Umbruch, Stuttgart, S. 3–39.
Meffert, H. (1994b), Marketing-Management – Analyse, Strategie, Implementierung, Wiesbaden.
Meffert, H. (1996), „Vom Beeinflussungsmarketing zum Direktmarketing?", Kurzinterview von Schleuning, H., in: Direkt Marketing, Nr. 4, S. 65.
Meffert, H. (1998), Auswirkungen der Multimedia Kommunikation auf das Marketing, in Spoun, S., Müller-Möhl, E., Jann, R. (Hrsg.): Universität und Praxis, Zürich, S. 469–495.
Meffert, H., Hensmann, J., Wagner, P.-O. (1996), Marketing mit multimedialen Kommunikationstechnologien – Einsatzfelder und Entwicklungsperspektiven, Arbeitspapier Nr. 101 der Wissenschaftlichen Gesellschaft für Marketing und Unternehmensführung e. V., Münster.
Meffert, H., Burmann, C. (1996), Identitätsorientierte Markenführung – Grundlagen für das Management von Markenportfolios, Arbeitspapier Nr. 100 der Wissenschaftlichen Gesellschaft für Marketing und Unternehmensführung e. V., Münster.
Meffert, H., Freter, H. (1974), Entscheidungsmodelle der Werbebudgetierung (I), in: WISU, Nr. 5, S. 52–70.
Meffert, H., Gass, C. (1985), Messen und Ausstellungen im System des Kommunikationsmix – ein entscheidungsorientierter Ansatz, Arbeitspapier des Instituts für Marketing, Nr. 33, Münster.
Meffert, H., Hensmann, J. (1993), Die Entwicklungsdynamik des europäischen Fernsehmarktes in den neunziger Jahren, Schriftenreihe zur Unternehmensführung, Bd. 7, Wien.
Meffert, H., Kirchgeorg, M. (1998), Marktorientiertes Umweltmanagement, 3. Aufl., Stuttgart.
Meffert, H., Schürmann, U. (1992), Erfolgsfaktoren der integrierten Marktkommunikation – neuere Erkenntnisse der Werbewirkungsforschung, in: Thexis, Nr. 6, S. 2–8.
Meier, H.-J. (1982), Einflußgrößen der Anzeigenbeachtung, in: Media-Spectrum, Nr. 4, S. 12–19 und Nr. 5, S. 25–33.
Meier, H.-J. u. a. (1994), Sportsponsoring, Wirkungsforschung – Status und Perspektiven, Studie der UFA Film- und Fernseh-GmbH, Hamburg.
Mevenkamp, A., Kerner, M. (1999), Akzeptanzorientierte Gestaltung von WWW-Informationsangeboten), in: Fritz, W. (Hrsg.), Internet-Marketing: Perspektiven und Erfahrungen aus Deutschland uns den USA, Stuttgart, S. 217–257.
Moser, K. (1994), Die Wirkung unterschiedlicher Arten humoriger Werbung, in: Jahrbuch der Absatz- und Verbrauchsforschung, 40. Jg., Nr. 2, S. 199–209.
Mühlbacher, H. (1982), Die Werbewirkung bei verschiedenen Bewußtseinsgraden der Wahrnehmung, in: Jahrbuch der Absatz- und Verbrauchsforschung, 28. Jg., Nr. 2, S. 198–206.
Mühlbacher, H. (1988), Ein situatives Modell der Motivation zur Informationsaufnahme und -verarbeitung bei Werbekontakten, in: Marketing Zeitschrift für Forschung und Praxis, 10. Jg., Nr. 2, S. 85–94.
Müller, W. (1994), Animierter Vorgeschmack, in: screen Multimedia, Nr. 1, S. 74–81.
Müller, H., Khazaka, D. (1995), Stimmungseinflüsse auf die Wirkung informativer und emotionaler Werbung, in: Jahrbuch der Absatz und Verbrauchsforschung, 41. Jg., Nr. 3, S. 186–194.

Naundorf, S. (1993), Charakterisierung und Arten von Public Relations, in: Berndt, R., Hermanns, A. (Hrsg.), Handbuch Marketing-Kommunikation, S. 595–616.
Nebenzahl, I., Hornik, J. (1985), An Experimental Study of the Effectiveness of Commercial Billboards in Televised Sports Arenas, in: International Journal of Advertising, Nr. 4, S. 27–36.
Neidhart, T. (1996), Kommunikation im Datennetz verlangt intensives Werben, in: Blick durch die Wirtschaft, Nr. 26, 39. Jg., S. 11.
Neslin, S. A., (1990), An market response model for coupon promotions, in: Marketing Science, Nr. 2, S. 125–145.
Nielsen (1989), Ideen die durchkommen. Verkaufsförderung im Boom, in: Absatzwirtschaft, 47. Jg., Nr. 6, S. 44–55.
Oenicke, J. (1996), Online Marketing: Kommerzielle Kommunikation im interaktiven Zeitalter, Stuttgart 1996.
o. V. (1989), Direktmarketing-Methoden: erlaubt oder verboten, in: Direkt Marketing, 20. Jg., Nr. 12, S. 470–475.
o. V. (1996a), Sponsoren für den Boarder, in: Werben und Verkaufen, 34. Jg., Nr. 7, S. 24.
o. V. (1996b), Programmsponsoring: Kein Ersatz für Werbung, in: Lebensmittelzeitung, Nr. 5 vom 2.2.1996, S. 34.
o. V. (1996c), Krisen-PR üben, in: Werben und Verkaufen, 34. Jg., Nr. 18, S. 22.
o. V. (1996d), Nackte Tatsachen, in: Horizont, 14 Jg., Nr. 18, S. 1.
o. V. (1996e), Spitzen-Promotion für Top-Marken, in: Pro – below the line, Zeitschrift für integriertes Marketing, Nr. 5, S. 20–28.
o. V. (1996f), Das blaue Wunder, in: Manager Magazin, 26. Jg., Nr. 2, S. 64–73.
o. V. (2000), AdServer, www.werbeformen.de, Abruf vom 12. April 2000.
Ogilvy & Mather (Hrsg.) (1988), Über den Einfluß von Werbeausgaben auf den Geschäftserfolg im Konsumgüterbereich, Frankfurt am Main.
Opaschowski, H. (2000), Jugend im Zeitalter der Eventkultur, in Aus Politik und Zeitgeschichte, Beilage zur Wochenzeitung Das Parlament, 17.03.2000, S. 17–23.
Park, C. W., Young, S. M. (1986), Consumer Response to Television Commercials: The Impact of Involvement and Background Music on Brand Attitude Formation, in: Journal of Marketing Research, Vol. 50, No. 2, S. 11–24.
Pepels, W. (1996), Werbeeffizienzmessung, Stuttgart.
Pepels, W. (1999), Kommunikationsmanagement: Marketing-Kommuniaktion vom Briefing bis zur Realisation, 3. Aufl., Stuttgart.
Petty, R. E., Cacioppo, J. T., Schumann, D. (1983), Central and Periphal Routes to Advertising Effectiveness: The Moderating Role of Involvement, in: Journal of Consumer Research, Vol. 10, No. 9, S. 135–146.
Pflaum, D., Eisenmann, H. (1993), Verkaufsförderung, Landsberg am Lech.
Picot, A., Reichwald, R., Wigand, R. T. (2000), Die grenzenlose Unternehmung: Information, Organisation und Management, 4. Aufl., Wiesbaden.
Pringle, L. G., Wilson, R. D., Brody, I. (1982), NEWS: A decision-oriented model for new produkt analysis and forecasting, New York.
Raffée, H., Wiedmann, K.-P. (1985), Die Selbstzerstörung unserer Welt durch unternehmerische Marktpolitik?, in: Marketing Zeitschrift für Forschung und Praxis, 7. Jg., Heft 4, S. 220–240.
Rahders, R. (1989), Verfahren und Probleme der Bestimmung des optimalen Werbebudgets, Idstein.
Ray, M. L. et al. (1973), Marketing Communication and the Hierarchy of Effects, in: Clarke, P. (Hrsg.), New Models of Mass Communication Research, Vol. II, Beverly Hills, S. 147–176.
Reeves, R. (1968), Reality in Advertising, New York.
Rethaus, A. J., Swassy, J. L., Marks, L. J. (1986), Effects of Television Commercials Repetition, Receiver Knowledge and Commercial Length: A Test of the Two-Factor Model, in: Journal of Marketing Research, Vol. 23, No. 2, S. 50–61.
Rehorn, J. (1988), Werbetests, Neuwied.
Riedl, J. (1997), „Push- und Pullmarketing" in Online-Medien, Böhler, H. (Hrsg.), Arbeitspapier Nr. 2/97 des Lehrstuhls für Betriebswirtschaftslehre III (Marketing) der Universität Bayreuth.

Riedl, J., Busch, M. (1997), Marketing-Kommunikation in Online-Medien: Anwendungsbedingungen, Vorteile und Restriktionen, Böhler, H. (Hrsg.), Arbeitspapier Nr. 1/97 des Lehrstuhls für Betriebswirtschaftslehre III (Marketing) der Universität Bayreuth.
Ries, A., Trout, J. (1986), Positioning: die neue Werbestrategie, Hamburg.
Rogge, H.-J. (1996), Werbung, 4. Aufl., Ludwigshafen.
Roland Berger & Partner (1996), 5 x 3 Thesen zur Zukunft von Multimedia, Vortrag anlässlich der Jahrespressekonferenz von Roland Berger & Partner am 24. Januar 1996.
Roloff, E. (1992), Messen und Medien: Ein sozialpsychologischer Ansatz zur Öffentlichkeitsarbeit, Wiesbaden.
Sack, R. (1987), Product Placement im Fernsehen. Medien-, urheber- und wettbewerbsrechtliche Grenzen, in: Marketing Zeitschrift für Forschung und Praxis, 9. Jg., Nr. 3, S. 196–200.
Schmalen, H. (1992), Kommunikationspolitik, Werbeplanung, in: Köhler, R., Meffert, H. (Hrsg.), Kohlhammer Edition Marketing, 2. Aufl., Stuttgart.
Schmitt, B. H., Pan, Y. (1995), Managing Corporate and Brand Identities in the Asia-Pacific Region, in: California Management Review, Vol. 38, No. 4, S. 15–31.
Schub von Bossiazky, G. (1992), Psychologische Marketingforschung: qualitative Methoden und ihre Anwendung in der Markt-, Produkt- und Kommunikationsforschung, München.
Schürmann, U. (1993), Erfolgsfaktoren der Werbung im Produktlebenszyklus: ein Beitrag zur Werbewirkungsforschung, Frankfurt am Main.
Schulte-Remmerbach, P.-M. (1991), Verkaufsförderung durch Direct Marketing – Ziele, Instrumente und Einsatzmöglichkeiten, in: Dallmer, H. (Hrsg.), Handbuch Direct Marketing, 6. Aufl., Wiesbaden, S. 237–246.
Schweiger, G. (1975), Media Selektion – Daten und Modelle in: Behrens, K. C., Bidlingmaier, J. (Hrsg.), Studienreihe Betrieb und Markt, Bd. XVII, Wiesbaden.
Schweiger, G., Schrattenecker, G. (1995), Werbung – Eine Einführung, 4. Aufl., Stuttgart.
Scott, W. D. (1908), The psychology of advertising, Boston.
Selinski, H., Sperling U. A. (1995), Marketinginstrument Messe – Arbeitsbuch für Studium und Praxis, Köln.
Silberer, G. (1997), Interaktive Werbung auf dem Weg ins digitale Zeitalter, in: Silberer, G. (Hrsg.), Interaktive Werbung: Marketingkommunikation auf dem Weg ins interaktive Zeitalter, Stuttgart, S. 3–22.
Spangenberg, E. R., Crowley, A. E., Henderson, P. W. (1996), Improving the store environment: Do olfactory cues affect evaluations and behaviors?, in: Journal of Marketing, Vol. 60, No. 2, S. 67–80.
Spieker, H. (1987), Die Wirksamkeit humoriger Werbung, in: Marketing Zeitschrift für Forschung und Praxis, 9. Jg., Nr. 2, S. 85–92.
Spryß, W. M. (1985), Jeder Aussteller muß seine eigenen Besucher einwerben, in: Marketing Journal, 18. Jg., Nr. 5, S. 14–17.
Steffenhagen, H. (1984), Kommunikationswirkung – Kriterien und Zusammenhänge, Heinrich Bauer Stiftung (Hrsg.), Hamburg.
Steffenhagen, H. (1994), Marketing – eine Einführung, 3. Aufl., Stuttgart u. a.
Steffenhagen, H., Siemer S. (1995), Untaugliche Werbezielformulierungen der Praxis: Empirische Bestandsaufnahme und Versuch einer Erklärung, Arbeitsbericht Nr. 95/01 des Instituts für Wirtschaftswissenschaften an der Rheinisch-Westfälischen technischen Hochschule Aachen, Aachen.
Steinmetz, R. (1993), Multimedia-Technologie – Einführung und Grundlagen, Heidelberg.
Sutherland, J., Morris, J. (1988), Product Benefit: A Conceptual Definition, in: J. D. Leckenby (ed.), The Proceedings of the 1988 Conference of the American Academy of Advertising, Austin, S. 43–61.
Szeliga, M. (1996), Push und Pull in der Markenpolitik. Ein Beitrag zur modellgestützten Marketingplanung am Beispiel des Reifenmarktes, Frankfurt u. a.
Target Group (1995), MC-Online-Monitor, Ausgabe Oktober 1995.
Trommsdorff, V. (1998), Konsumentenverhalten, 3. Aufl., Stuttgart.

Unger, F. (1989), Werbemanagement, Heidelberg.
Vidale, M. L., Wolfe, H. B. (1957), An Operations-Research Study of Sales Response to Advertising, in: Operations Research, Vol. 2, S. 370–381.
Wagner, U. (1980), Reaktionsfunktionen mit zeitvariablen Koeffizienten und dynamischer Interaktionsmessung zwischen absatzpolitischen Instrumenten, in: Zeitschrift für Betriebswirtschaft, 50. Jg., Nr. 4, S. 416–425.
Waltermann, B. (1989), Internationale Markenpolitik und Produktpositionierung: markenpolitische Entscheidungen im europäischen Automobilmarkt, Wien.
Wehrle, F. (1990), Chancen und Risiken für Fachzeitschriften im europäischen Binnenmarkt, in: Bruhn, M., Wehrle, F. (Hrsg.), Europa 1992 – Chancen und Risiken für das Marketing, 2. Aufl., Münster, S. 217–226.
Weinberg, R. S. (1960), An Analytical Approach to Advertising Expenditure Strategy, New York.
Weinberg, P. (1988), Erlebnisorientierte visuelle Kommunikation, in: Werbeforschung & Praxis, 4. Jg., Heft 3, S. 82–84.
Weinberger, M. G., Spotts, H. E., Campbell, L., Parsons, A. L. (1996), The use and effect of humor in different advertising media, in: Journal of Advertising Research, Vol. 37, No. 3, S. 44–58.
Werner, A., Stephan, R. (1997), Marketing-Instrument Internet, Heidelberg.
Wickmann, K. (1999), Interaktive elektronische Medien: Erfahrungsbericht und Perspektiven aus der Sicht der Verlagsbranche, Vortrag anlässlich des 36. Münsteraner Führungsgespräches der Wissenschaftlichen Gesellschaft für Marketing und Unternehmensführung e. V. am 26. Februar 1999 in Hamburg.
Wiedmann, K. P. (1994), Markenpolitik und Corporate Identity, in: Bruhn, M. (Hrsg.), Handbuch Markenartikel, Bd. 2, Stuttgart, S. 1033–1054.
Wirz, J. (1988), Sponsoring – Eine skeptische Einstellung kann durchaus hilfreich sein, in: Marketing Journal, 21. Jg., Nr. 4, S. 390–395.
Wolf, M. (1983), Verlagsmarketing: Marketing-Konzeption im Zeitschriftenverlag, Zürich.
W&V (1999), http://www.wuv.de/studien/overview.html, Abruf vom 13. April 2000.
Zerdick, A. et al. (1999), Die Internet-Ökonomie: Strategien für die digitale Wirtschaft, Berlin u. a.
Zanke, H. L. (1975), Public Relations. Leitfaden für die Unternehmens-, Verbands- und Verwaltungspraxis, Wiesbaden.
ZAW (1995), Werbung in Deutschland 1995, Bonn.
Zentes, J. (1982), Die Werbeentscheidungen und die Werbeoptimierungsmodelle, in: Tietz, B. (Hrsg.), Die Werbung – Handbuch der Kommunikations- und Werbewirtschaft, Bd. 3, Landsberg am Lech, S. 2199–2264.
Zielske, H. A. (1959), The Remembering and Forgetting of Advertising, in: Journal of Marketing Research, Vol. 11, No. 1, S. 239–243.

6. Mixübergreifende Entscheidungen

6.1 Markenpolitische Entscheidungen

6.11 Historie und Wesen der Marke

Der Marke kommt seit jeher eine hohe Bedeutung zu. Beispielsweise lag der Anteil markierter Artikel im Körperpflege- und Waschmittelmarkt 1990 bei circa 84 Prozent und im Bereich der Lebensmittel bei durchschnittlich 70 Prozent (o. V. 1991). Durch die dynamische Entwicklung der Märkte hat sich in den letzten Jahren allerdings das Verständnis der klassischen Marke beziehungsweise des Markenartikels erheblich gewandelt. In den Anfängen des Markenwesens stand die Kennzeichnung von Objekten im Sinne einer Markierung von Waren im Vordergrund, die als Eigentumszeichen beziehungsweise als Herkunftsnachweis für die Produkte diente. Seitdem hat sich allerdings sowohl der Charakter von Marken als auch deren Geltungsbereich grundlegend erweitert.

Nach der frühen Auffassung von Domizlaff (1939) – der als einer der Väter der professionellen Markenpolitik gelten kann – sind ausschließlich Fertigwaren als markierungsfähige Güter anzusehen, die dem Konsumenten mit konstantem Auftritt und Preis in einem größeren Verbreitungsraum dargeboten werden. An der unverwechselbaren Markierung, das heißt an der äußeren physischen Kennzeichnung mit beispielsweise einem Logo oder bestimmten Farben, sind diese Waren eindeutig als Markenartikel erkennbar. Ähnlich definiert auch Mellerowicz (1963) diejenigen Waren als **Marken**, die bestimmten konstitutiven Anforderungen entsprechen. Dazu gehören

- das Vorliegen einer Fertigware,
- mit einer Markierung als physische Kennzeichnung der Ware,
- in gleichbleibender oder verbesserter Qualität,
- in gleichbleibender Menge,
- in gleichbleibender Aufmachung,
- in einem größeren Absatzraum (Überallerhältlichkeit beziehungsweise Ubiquität),
- mit kommunikativer Unterstützung beim Verbraucher und
- Anerkennung im Markt.

Fehlt eine dieser Eigenschaften, zählt das Objekt strenggenommen nicht mehr als Marke. Diese statische Sichtweise, die die Existenz einer Marke ausschließlich von der Erfüllung der obengenannten Kriterien abhängig macht, ist allerdings den Gegebenheiten der heutigen Zeit nicht mehr angemessen. Da nur Fertigwaren unter diesem Begriff subsumiert werden, könnten beispielsweise Investitionsgüter, Vorprodukte und Dienstleistungen gemäß der traditionellen Definition nicht als Marke bezeichnet werden. Diese Einschränkung ist aber spätestens seit dem Auftreten von Dienstleistungsmarken, wie sie zum Beispiel durch die Unternehmen Lufthansa oder Avis verkörpert werden, nicht mehr praxisadäquat. Genauso verbreitet ist inzwischen auch das Ingredient Branding, die Markierung von Vorprodukten. Ein prominentes Beispiel sind die Intel-Prozessoren in Computern („Intel inside"-Kampagne).

Aufgrund dieser Schwächen wurden im Laufe der Zeit zahlreiche weiterführende Definitionsansätze der Marke entwickelt, die eine erweiterte Sichtweise anstreben (Meffert/Burmann 1996a). Im Rahmen des absatzsystembezogenen Ansatzes wird dabei die Marke nicht länger als Merkmalsbündel verstanden, sondern als spezifische Vermarktungsform interpretiert. Dabei werden Marken vor allem durch ihre Produktions- und Vertriebsmethode charakterisiert, die zur Erlangung eines spezifischen Images und zur Erhöhung der Bekanntheit führen (Alewell 1974). Die Marke strebt dabei einen unmittelbaren Kontakt zum Verbraucher und eine größtmögliche Kundennähe an.

Spätere Definitionen von Vertretern des wirkungsbezogenen Ansatzes rücken völlig von einer herstellerbezogenen Sichtweise der Marke ab und charakterisieren all diejenigen Dienstleistungen beziehungsweise Waren als Marke, die vom Konsumenten als solche wahrgenommen werden (Berekoven 1978, Meffert 1979). Daraus ergibt sich die für den Hersteller wichtige Frage, wie ein Produkt beschaffen sein muß, um diese Wahrnehmung in der Verbrauchersicht zu erreichen. Eine allgemeingültige Anwort auf diese Frage kann es jedoch nicht geben, da die Wahrnehmung und Interpretation der Marke immer auch von situativen Bedingungen abhängig sind.

Im folgenden soll eine **Marke** zweckmäßiger Weise als **ein in der Psyche des Konsumenten verankertes, unverwechselbares Vorstellungsbild von einem Produkt oder einer Dienstleistung** beschrieben werden. **Die zugrunde liegende markierte Leistung wird dabei einem möglichst großen Absatzraum über einen längeren Zeitraum in gleichartigem Auftritt und in gleichbleibender oder verbesserter Qualität angeboten** (vgl. Meffert/Burmann 2000).

Die Markierung von Produkten und Dienstleistungen erfüllt in diesem Zusammenhang in einer Zeit zunehmender Informationsüberflutung wichtige **Funktionen** für den Konsumenten:

- Zunächst soll die Marke für den Konsumenten die **Identifikation** erleichtern. Erst die Bekanntheit einer Marke ermöglicht die Identifikation **mit** derselben und erzeugt Erinnerung (Identifikation **von** markierten Leistungen).

- Von einer Marke erwarten die Konsumenten eine **Orientierungshilfe** bei der Auswahl von Leistungen.

- Einer Marke wird aufgrund ihrer Bekanntheit und Reputation **Vertrauen** entgegengebracht.

- Eine Marke sollte für den Konsumenten den **Beweis von Kompetenz** beziehungsweise **Sicherheit** während der Gebrauchs-, Verbrauchs- und Entsorgungsphase erbringen. Diese Sicherheit ergibt sich aus der **Qualitätsvermutung** von Markenartikeln.

- Darüber hinaus soll die Marke für den Konsumenten eine **Image- beziehungsweise Prestigefunktion** in seinem sozialen Umfeld erfüllen.

6.12 Ziele und Entscheidungstatbestände der Markenpolitik

Für die Unternehmung ergeben sich aus diesen Markenfunktionen zahlreiche Chancen für die Gestaltung ihrer Markenpolitik. Im Rahmen der **Markenpolitik** werden alle mit der Markierung von Produkten oder Dienstleistungen zusammenhängenden Entscheidungen und Maßnahmen einer Unternehmung getroffen. Zu diesem Zweck ist es zwingend notwendig, die **Ziele der Markenpolitik** zu definieren. Als wesentliche Ziele lassen sich die folgenden identifizieren (Meffert/Bruhn 1987):

- Generell soll die Marke für die Unternehmung eine **absatzfördernde Wirkung** erzeugen.

- Die Marke soll einerseits der **Präferenzbildung** bei den Konsumenten (Profilierung) dienen und andererseits zur **Differenzierung** gegenüber der Konkurrenz beitragen.

- Bekannte Marken können als Grundlage eines **positiven Firmenimages** fungieren. Eine Marke soll und kann für die Unternehmung ein geeignetes Kommunikationsmittel sein, das aufgrund des hohen Bekanntheitsgrades positive Wirkungen auf die Corporate Identity ausübt.

- Durch die Markenpolitik soll die Planungssicherheit erhöht werden. Im Laufe der Zeit sollen immer mehr Kunden die Marke aufgrund ihrer Zufriedenheit wiederkaufen. Diese Kunden bieten der Unternehmung ein hohes Stammkundenpotential. In der **Markentreue** kommt die Verbundenheit der Stammkunden mit einer Marke zum Ausdruck.

- Ebenso wird durch die Markenpolitik eine **differenzierte Marktbearbeitung** ermöglicht. Einzelne Marktsegmente werden dabei mit verschiedenen zielgruppenspezifischen Marken optimal bedient.

- Der Markenartikel soll dem Unternehmen einen **preispolitischen Spielraum** verschaffen. Je besser es gelingt, eine Marke im Vergleich zu konkurrierenden Angeboten als „etwas Einzigartiges" darzustellen, desto größer ist dieser Spielraum.

Drittes Kapitel — Aktionsgrundlagen der Marketingentscheidung

- Die Markierung von Leistungen soll insgesamt zu einer **Wertsteigerung des Unternehmens** führen. Die Marke wird dabei als ein Wert an sich begriffen, der wichtiges Kapital des Unternehmens darstellt. Aus dieser Erkenntnis erklärt sich beispielsweise die Tatsache, daß bekannte Markenartikelunternehmen zu einem Vielfachen ihres bilanziellen Buchwertes verkauft werden könnten.

Eine Untersuchung aus dem Jahre 1999 belegt, daß der Markenwert bei einem Großteil der untersuchten Unternehmen über 50 % der Marktkapitalisierung ausmacht (vgl. Abbildung 3-221).

Rang	Marke	Markenwert in Mrd. USD	Marktkapitalisierung in USD	Markenwert in % der Marktkapitalisierung
1	Coca-Cola	83,8	142,2	59 %
2	Microsoft	56,7	271,9	21 %
3	IBM	43,8	158,4	28 %
4	GE	33,5	328,0	10 %
5	Ford	32,2	57,4	58 %
6	Disney	32,3	52,6	58 %
7	Intel	30,0	144,1	21 %
8	McDonald's	26,2	40,9	64 %
9	AT&T	24,2	102,5	24 %
10	Marlboro	21,0	112,4	19 %
11	Nokia	20,7	46,9	44 %
12	Mercedes	17,8	48,3	37 %
13	Nescafé	17,6	77,5	23 %
14	Hewlett-Packard	17,1	54,9	31 %
15	Gillette	15,9	42,9	37 %
16	Kodak	14,8	24,8	60 %
22	BMW	11,3	16,7	77 %
28	Nike	8,2	10,6	77 %
36	Apple	4,3	5,6	77 %
43	IKEA	3,5	4,7	75 %
54	Ralph Lauren	1,6	2,5	66 %

Abbildung 3-221: Markenwerte globaler Unternehmen
(in Anlehnung an Aaker, D. A., Joachimsthaler, E., 2000, S. 19)

Zur Erreichung dieser Zielsetzungen muß die Unternehmung eine aktive Markenpolitik betreiben, da die dynamische Entwicklung des Umfeldes große Herausforderungen an die Marke stellt. Sowohl im horizontalen als auch im vertikalen und internationalen Wettbewerb haben sich die Bedingungen für die erfolgreiche Führung von Markenartikeln in den letzten Jahren erheblich verschärft.

Im **horizontalen Wettbewerb** der Markenartikelhersteller untereinander haben der generelle Wertewandel und das veränderte Konsumentenverhalten maßgeblichen Einfluß auf das Verhältnis der Verbraucher zur Marke. Einerseits steigen die Anforderungen an die Qualität von Marken, und andererseits bildet sich ein erhöhtes Preisbewußtsein der Konsumenten heraus. Der Qualitätsanspruch bezieht sich dabei auf mehrere Dimensionen. Neben der rein funktionalen Qualität sind unter anderem auch Erwartungen an den ökologischen und den Erlebnisnutzen der Leistung mit diesem Qualitätsanspruch verbunden.

Die zunehmende Preisorientierung der Verbraucher bei der Markenwahl führt zu einer stärkeren Markenpolarisierung. Dabei hat sich die Bandbreite der Markenartikel in den letzten Jahren erweitert. Heutzutage wird unter dem Begriff der Marke eine Vielzahl von Erscheinungsformen von der niedrigpreisigen Gattungsmarke bis zur hochpreisigen Exklusivmarke subsumiert. In vielen Warengruppen läßt sich darüber hinaus die Tendenz zu einem „hybriden" Konsumentenverhalten feststellen. Dabei kauft ein und derselbe Konsument seine Lebensmittelmarken in einem Discounter, während er seine Bekleidungsmarken in einer hochpreisigen Boutique erwirbt.

Die zunehmende Verbreitung von Handelsmarken **im vertikalen Wettbewerb** stellt eine weitere große Herausforderung für den klassischen Herstellermarkenartikel dar. Während Handelsmarken zu Beginn ihrer Entwicklung ausschließlich im niedrigpreisigen Segment angesiedelt waren, dringen sie heute vermehrt in mittel- und hochpreisige Segmente vor und zeigen dort oftmals ein dem Herstellermarkenartikel gleichwertiges Profil. Darüber hinaus ist eine Professionalisierung im Marketing und der Markenführung von Handelsunternehmen festzustellen, die ebenfalls eine Annäherung an den klassischen (vom Hersteller geführten) Markenartikel induziert.

Der Eintritt einer Vielzahl neuer internationaler Konkurrenten in den nationalen Markt, große Wachstumspotentiale für heimische Hersteller auf den Weltmärkten und das Entstehen von „Cross-Culture-Groups" (länderübergreifend homogene Zielgruppen) kennzeichnen den **internationalen Wettbewerb der Marken**. Durch die Erhöhung der F & E-Kosten und die Verkürzung der Lebenszyklen vieler Produkte sehen sich zahlreiche Markenartikelunternehmen dazu veranlaßt, ihre nationalen Markenkonzepte auf internationale Märkte zu übertragen.

Vor diesem Hintergrund ist die Konzentration auf die zentralen markenstrategischen Aufgaben der Präferenzbildung bei den Konsumenten und der Markendifferenzierung gegenüber den Wettbewerbern zur zentralen Erfolgsvoraussetzung der Markenpolitik geworden. In diesem Rahmen sind Überlegungen zur Markenpositionierung von zentraler Bedeutung (Freter 1977, S. 53 ff.; Mayer 1984, S. 251 ff.).

6.13 Prozeß der Markenpositionierung und Markenprofilierung

Das Ziel der **Positionierung von Marken** besteht darin, mit bestimmten Produkteigenschaften sowohl eine dominierende Stellung in der Psyche der Konsumenten als auch eine hinreichende Differenzierung gegenüber Konkurrenzprodukten zu erreichen (Bekker 1998, S. 188 ff.). Die erfolgreiche Markenpositionierung ist somit der strategische Kern zur **Profilierung** und Differenzierung der Marken. Markenpositionierung und -profilierung lassen sich in diesem Zusammenhang als Planungsprozeß kennzeichnen (vgl. Abbildung 3-222).

Im ersten Schritt werden die Konsumenten im Rahmen der Marktsegmentierung zu möglichst homogenen Zielgruppen zusammengefaßt (vgl. zweites Kapitel, Abschnitt 4). Die Analyse der jeweiligen Bedürfnisstruktur der Zielgruppe und deren Einstellungen erlaubt den Unternehmen anschließend die Identifikation konkreter Problemlösungsalternativen. Für jede Zielgruppe, die ein ausreichendes Potential bietet, kann somit eine eigene Marke kreiert werden. Es kann zum Beispiel dem Wunsch nach gesunder Ernährung durch innovative Marken entsprochen werden, bei denen die Eigenschaft „Zuckerfreiheit" oder „Naturbelassenheit" der Rohstoffe im Vordergrund steht.

Im nächsten Planungsschritt ist zu prüfen, inwieweit die Kerneigenschaften der Marke den produktbezogenen **Idealanforderungen der Zielgruppe** entsprechen (Markendominanz). Darüber hinaus muß ein hohes Maß an **Differenzierungsfähigkeit gegenüber den Konkurrenzprodukten** sichergestellt werden (Markendifferenzierung). Es gilt, einen strategischen Wettbewerbsvorteil für die Marke zu schaffen und abzusichern. Dabei ist auf Leistungsmerkmale Bezug zu nehmen, die für den Kunden wichtig und wahrnehmbar sind und von den Konkurrenten nicht schnell eingeholt werden können. Seit einigen Jahren ist eine Profilierung allein durch objektiv-technische Markeneigenschaften in vielen Produktfeldern kaum noch möglich. Die schnelle Diffusion (Verbreitung) von Forschungs-, Produkt- und Produktions-Know-how sowie ausgereizte Innovationsspielräume erschweren den Aufbau echter Leistungsvorteile. Darüber hinaus läßt auch die fortschreitende Annäherung vieler konkurrierender Produkte an das zielgruppenspezifische Idealbild einer Marke eine klare Wettbewerbsdifferenzierung häufig zu reinem Wunschdenken werden. Abbildung 3-223 zeigt in diesem Zusammenhang, daß sich die von den Konsumenten wahrgenommene **Austauschbarkeit von Marken in den letzten Jahren deutlich erhöht hat**.

Als Folge der wachsenden Austauschbarkeit von Marken ist auch die **Loyalität gegenüber Marken** in vielen Branchen rückläufig (Dekimpe et al. 1996). Abbildung 3-224 zeigt, daß selbst Automobil-Marken, gegenüber denen zumeist ein auf die Loyalität positiv wirkendes hohes Produktinvolvement besteht, von der Erosion der Markenloyalität nicht verschont geblieben sind. Verantwortlich hierfür ist auch das sogenannte **Variety-Seeking-Behavior**. Es beschreibt den Wunsch der Konsumenten nach Ab-

Mixübergreifende Entscheidungen

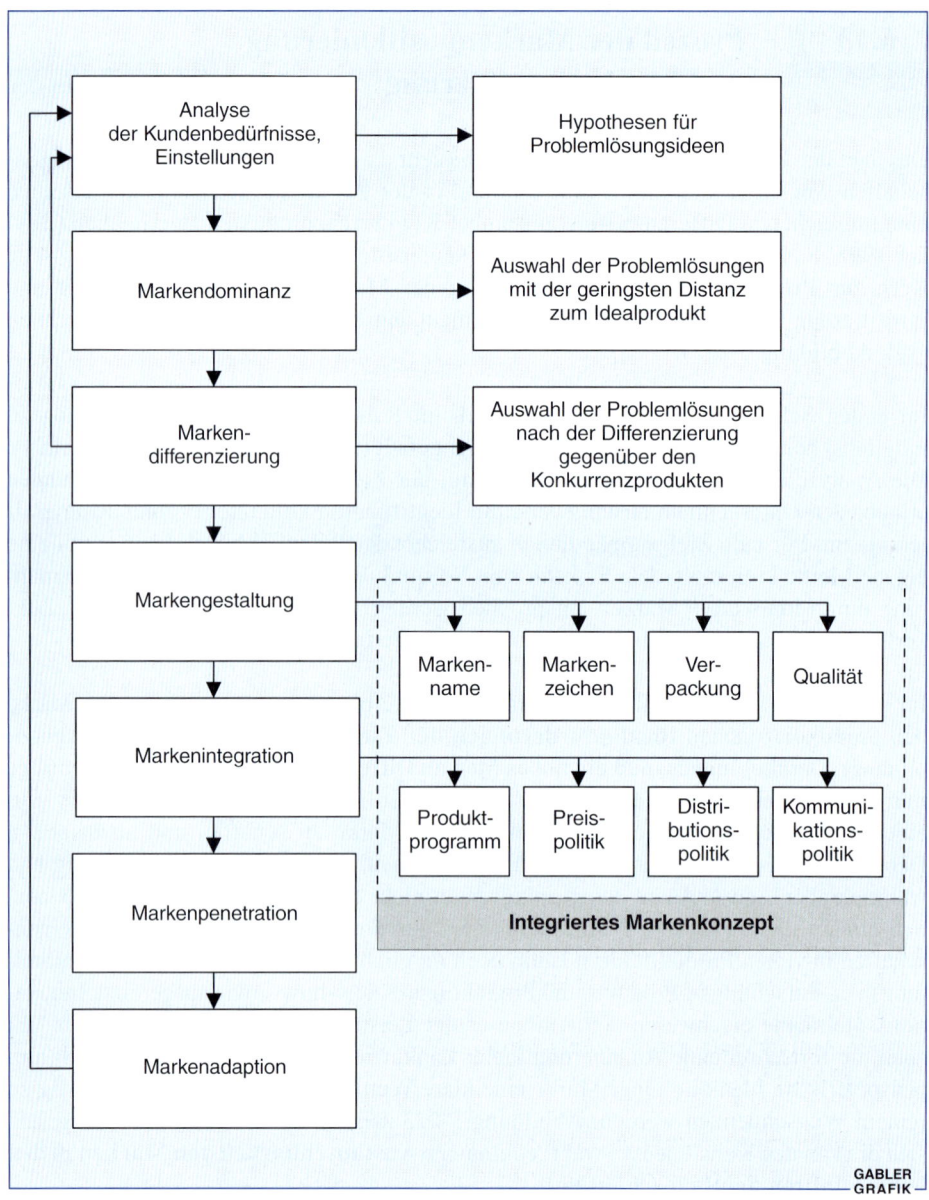

Abbildung 3-222: Prozeß der Markenpositionierung und Markenprofilierung
(Quelle: Meffert 1992, S. 132)

wechslung, auch wenn durchaus eine hohe Zufriedenheit mit den bislang verwendeten Produkten und Marken besteht (Haseborg/Mäßen 1997). Aufgrund der verbesserten Einkommens- und Vermögenssituation in Verbindung mit veränderten Präferenzen hat

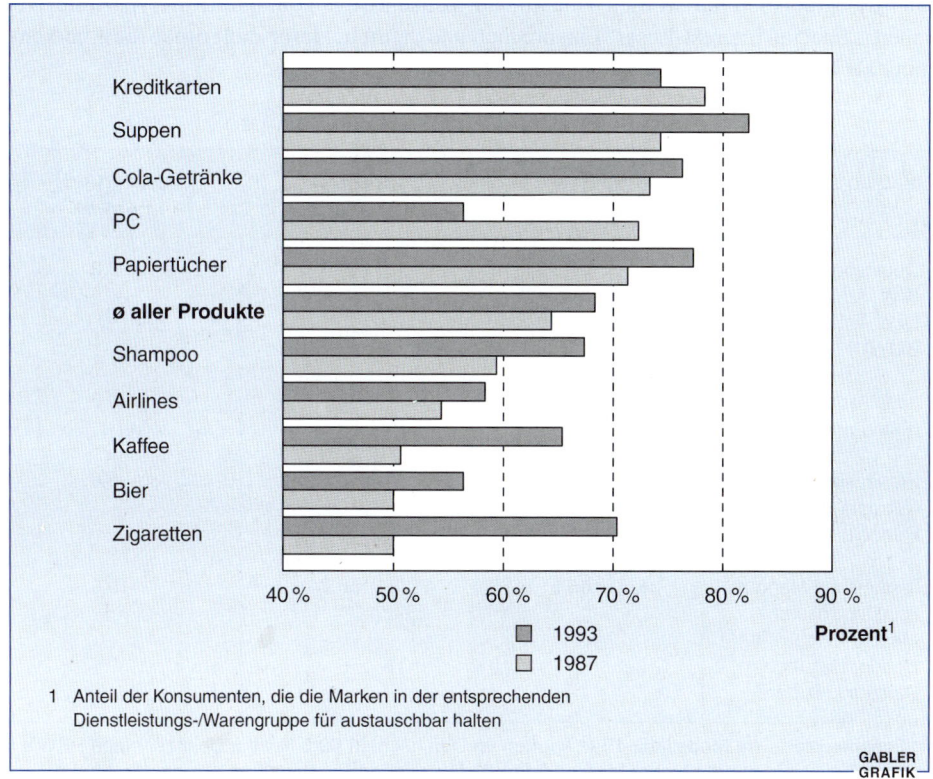

Abbildung 3-223: Wahrgenommene Markengleichheit in Deutschland
(Quelle: BBDO 1987 und 1993)

das **Variety-Seeking-Behavior** in vielen Warenbereichen zugenommen und zu einem Rückgang der Markenloyalität geführt.

Für den Aufbau einer neuen, wettbewerbsfähigen Markenposition bieten sich folgende Möglichkeiten an:

- Besetzen einer strategischen Nische,
- Einbeziehung einer neuen Eigenschaftsdimension sowie
- Schaffung eines psychologischen Zusatznutzens.

Im ersten Fall ist zu prüfen, ob mit der vorhandenen Markenkompetenz **strategische Nischen besetzt werden** können, die von Konkurrenten bisher nicht oder nur ungenügend bearbeitet wurden. Beispielsweise gelang es Kraft Jacobs Suchard, mit der Marke Milka-Diät erfolgreich in das Spezialsegment der Diätprodukte einzudringen, da gegenüber den Konkurrenzprodukten ein deutlicher Geschmacksvorteil besteht. Auch im

Dienstleistungsbereich werden zunehmend Zeitschriften konzipiert, die spezielle Nischen („Special-Interest-Leser") ansprechen und damit bei ihrer Zielgruppe die Anerkennung als Markenartikel erlangt haben.

Marken	1992 (%)	1997 (%)	Veränderung in Prozent
Deutsche Marken (VW, Audi, Ford, Opel, Daimler-Benz, BMW)	65,9	62,5*	– 5,2
Italienische Marken (Fiat, Lancia, Alfa)	53,2	47,7	– 10,3
Französische Marken (Citroen, Peugeot, Renault)	62,9	58,6	– 6,8
Japanische Marken (Toyota, Nissan, Mazda, Mitsubishi, Honda, Suzuki, Daihatsu, Subaru)	66,5	56,2	– 15,5

* Lesebeispiel: Im Modelljahr 1997 kauften im Durchschnitt 62,5 % aller Besitzer eines PKW's mit deutscher Marke, die sich einen neuen PKW kauften, wieder die Marke ihres bisherigen Fahrzeugs.

GABLER GRAFIK

Abbildung 3-224: Loyalität gegenüber Automobil-Marken
(Quelle: Meffert/Burmann 1999, S. 258)

Darüber hinaus besteht die Chance, neue und für das Kaufverhalten relevante Eigenschaftsmerkmale im Sinne einer **Unique Selling Proposition** (USP) zu suchen und in die Markenpositionierung zu integrieren. Das wachsende ökologische Bewußtsein der Verbraucher hat beispielsweise die zusätzliche Positionierungsdimension Umweltschutz geschaffen. Durch Herausstellung von Umweltvorteilen als zentrale Produkteigenschaft war zum Beispiel das Unternehmen Werner & Mertz in der Lage, seine Erzeugnisse unter der Marke Frosch im gesättigten Markt der Reinigungsmittel mit Erfolg zu etablieren (Meffert/Kirchgeorg 1998, S. 591 ff.).

Schließlich ergeben sich auch Profilierungsmöglichkeiten, indem mit der Marke ein **psychologischer Zusatznutzen** geboten wird (Nommensen 1990, S. 13 ff.). Dieser kann in der Vermittlung eines besonderen Prestiges (Cartier), eines bestimmten Lebensstils (American Way of Life bei Coca-Cola oder Harley Davidson; vgl. Insert 3-45) oder von

Die Seele von Harley Davidson und Persil

Kult und Konsum sind nicht voneinander zu trennen. Aber sie gehen auch nicht immer parallele Wege. So fand im Frühjahr die Gesellschaft für Konsumforschung (GFK) heraus, dass Maggi die beliebteste Marke bei den deutschen Verbrauchern ist. Um sie wird in manchen Bevölkerungskreisen auch ein Kult getrieben Aber eine Kultmarke muss denn doch mehr Ansehen vermitteln. Welche Marken das tun, wollte die amerikanische Zigarettenmarke Lucky Strike wissen. Sie ließ über ihre Agentur für Öffentlichkeitsarbeit Kothes & Klewes die Meinungsforscher von Emnid bei 1348 Personen nachfragen, was sie unter Kultmarken verstehen und welche das sind. Kultmarken, so die Verbraucher, haben einen unverwechselbaren Charakter, sind im Gespräch, werben auf originelle Art und Weise, vermitteln ein bestimmtes Lebensgefühl, fallen durch originäres Produktdesign auf und unterliegen nicht der Mode. Kultmarken wird von Trendforschern eine Seele und ein Mythenkern zugesprochen. Wer Kultmarken kauft, wolle die Zugehörigkeit zu einer bestimmten Grupe und zu einem bestimmten Lebensstil demonstrieren, er wolle einem bestimmten Lebensgefühl Ausdruck verleihen.

Und womit könnte man das besser als mit einer Harley Davidson? Sie ist nach Ansicht der Befragten daher auch die Kultmarke Nummer eins. In Verkaufszahlen schlägt sich dieser Ruf allerdings kaum nieder: Dieses teure und nach Ansicht von Experten technisch veraltete Motorrad hat in Deutschland einen Marktanteil von knapp 3 Prozent und rangiert damit, gemessen am Verkaufserfolg, weit hinter den japanischen Motorrädern und jenen von BMW. Die Wettbewerbsmodelle aus Bayern kommen in der Reihenfolge der Kultmarken aber mit dem vierten Platz wenigstens an den Kultrenner Harley Davidson heran. Auch die zweite- und drittwichtigste Kultmarke in den Augen deutscher Verbraucher sind amerikanische Produkte, Coca-Cola und Levis. Für den Aufbau eines Kultes um die Produkte braucht es offenbar auch eine gewisse Beständigkeit, denn auf den Plätzen folgen dann Persil, Tempo, Milka, Heinz Ketchup und – auf Rang neun – Lucky Strike, die amerikanische Zigarettenmarke. geg.

INSERT 3-45: Frankfurter Allgemeine Zeitung, 24.08.1999, S. 20

außergewöhnlichen Erlebnisdimensionen (Freiheit und Abenteuer bei Marlboro) liegen. Verbunden mit einer einzigartigen Gestaltung der werblichen Botschaft wird die Alleinstellung der Marke im Sinne einer **Unique Advertising Proposition** (UAP) angestrebt (vgl. drittes Kapitel, Abschnitt 5.322).

Nach der Identifikation der dominierenden und differenzierenden Produkteigenschaften und der Festlegung des strategischen Markenkerns (zentrales Nutzenversprechen) werden im Rahmen der **Markengestaltung** ein äußeres Leistungsprofil und Erscheinungsbild der Marke aufgebaut. Die Auswahl eines einprägsamen und zugleich schutzfähigen Markennamens und -zeichens sowie eines individuellen Designs (zum Beispiel Braun-Haushaltsgeräte, Bang & Olufsen-TV- und HiFi-Geräte) soll dabei die Wiedererkennung der Marke gewährleisten.

Im Rahmen der **Markenintegration** werden alle weiteren Marketing-Mix-Instrumente auf den strategischen Markenkern abgestimmt. So gehören beispielsweise der hohe Preis der Davidoff-Zigarette, der Niedrigpreis der Swatch-Uhr oder der direkte Distributionsweg der Avon-Kosmetikprodukte zum unabdingbaren Bestandteil der Marke. Eine hinreichende **Kontinuität** des kommunikativen Auftritts sowie eine langfristig stabile Markenführung sind die zentralen Erfolgsvoraussetzungen zur Schaffung einer Markenpersönlichkeit.

Zum Abschluß des Prozesses sind die Durchsetzung der Marke am Markt (**Markenpenetration**) sowie die Anpassung an Veränderungen im Konsumenten- und Wettbewerbsverhalten von großer Bedeutung. Letzteres geschieht im Rahmen der **Markenadaption**, wobei die grundlegenden Merkmale des Markenartikels im Sinne der Kontinuität des Markenauftritts bewahrt werden müssen.

6.14 Strategische Optionen der Markenpolitik

Auf der Grundlage der Markenpositionierung erfolgt die weitere Profilierung und Differenzierung von Marken durch die Wahl einer geeigneten **Markenstrategie** im horizontalen, vertikalen und internationalen Wettbewerb (vgl. Abbildung 3-225).

6.141 Markenstrategien im horizontalen Wettbewerb

Im folgenden werden die Einzelmarken-, Mehrmarken-, Markenfamilien-, Dachmarken- und Markentransferstrategie als **Strategien im horizontalen Wettbewerb** näher erläutert. Sie bieten innerhalb der markenstrategischen Optionen die größten Profilierungsmöglichkeiten (Meffert/Bruhn 1984, S. 16f.; Meffert 1988a).

6.1411 Einzelmarkenstrategie

Bei der **Einzelmarkenstrategie** wird jedes Produkt eines Unternehmens unter einer eigenen Marke angeboten. **Jedes Marktsegment wird dabei von nur einer Marke bearbeitet.** Im Konsumgüterbereich verfolgen die Unternehmen Ferrero und Procter & Gamble überwiegend diese Konzeption, indem sie ihre Unternehmensidentität hinter Markennamen wie Nutella, Duplo, Giotto und Raffaelo (Ferrero) oder Ariel, Meister Proper und Pampers (Procter & Gamble) verbergen. Aber auch bei Dienstleistungsunternehmen, wie beispielsweise dem Verlagshaus Gruner+Jahr mit den Zeitschriften Impulse, Capital, Geo, Stern und Schöner Wohnen, sind vorwiegend Einzelmarken anzutreffen.

Ein wesentlicher **Vorteil** dieser Strategie besteht in der Möglichkeit, für jede Marke eine unverwechselbare Markenpersönlichkeit mit einer spezifischen Kompetenz aufbauen zu können. Das Bedürfnisprofil der Konsumenten und das Problemlösungsprofil der Marke können optimal aufeinander abgestimmt werden. So sind bei der BMW AG die Marken im Automobilbereich auf spezifische Segmente ausgerichtet: Während BMW als sportliche Marke für nahezu alle Fahrzeuggrößenklassen positioniert ist, deckt die Marke Range Rover den Bereich der komfortabel-hochpreisigen Geländewagen und MG das

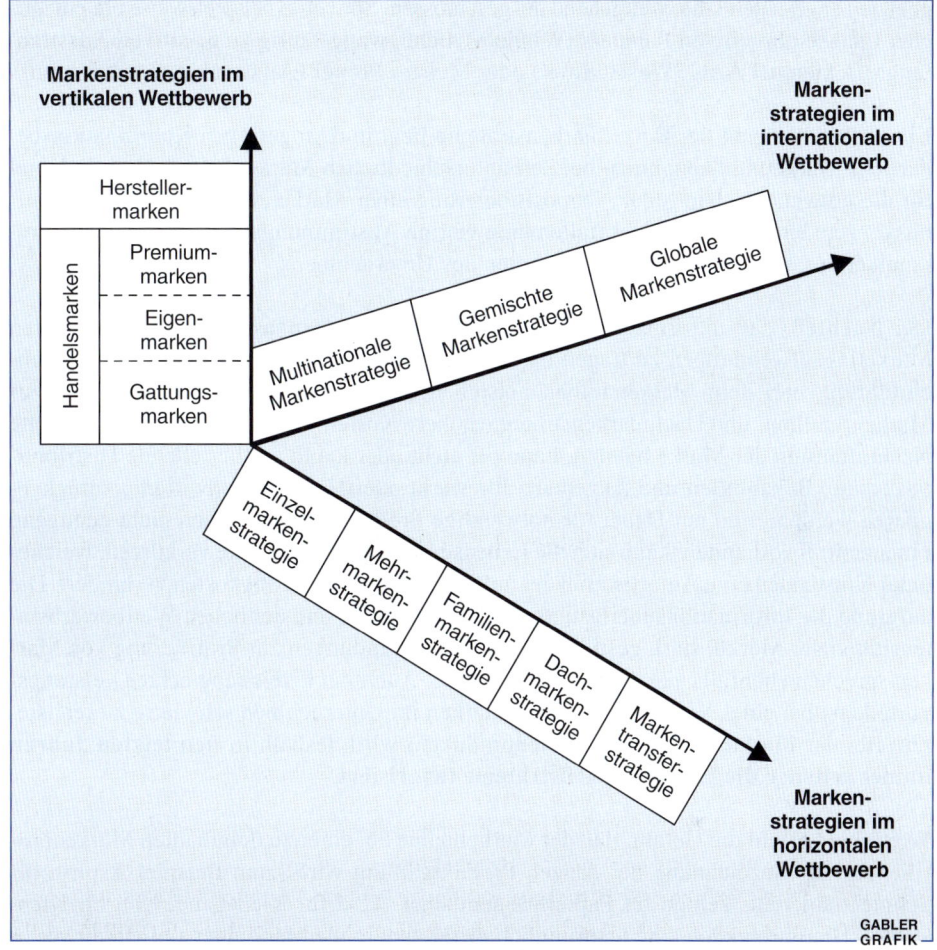

Abbildung 3-225: Abgrenzung von Markenstrategien im Wettbewerb
(in Anlehnung an Meffert 1994b)

Roadstersegment ab. Hat sich die Einzelmarke erfolgreich durchgesetzt und ist das bearbeitete Marktsegment groß genug, können im Vergleich zu einer Mehrmarkenstrategie Kostendegressionseffekte, wie beispielsweise in Beschaffung und Produktion, realisiert werden.

Mit dem Aufbau einer individuellen Markenpersönlichkeit ist die Bildung eines eigenständigen Markenimages verbunden, das zu anderen Produkten des Unternehmens keine beziehungsweise nur geringe Überschneidungen aufweisen sollte. Hierdurch werden negative Ausstrahlungseffekte zwischen den Marken, die in unterschiedlichen Anwendungsgebieten angesiedelt sind, weitgehend ausgeschlossen. So würde beispielsweise ein potentieller Imageeinbruch von Pampers (Windeln) nicht zwangsläufig zu negativen Ausstrahlungseffekten bei Ariel (Waschmittel) oder Meister Proper (Allzweckreiniger) führen.

Ein weiterer Vorteil der Einzelmarkenstrategie liegt in dem geringen Koordinationsbedarf der Marketingmaßnahmen bei den unterschiedlichen Marken. Wenn zum Beispiel für die notwendige Um- oder Neupositionierung einer Marke ein neues Kommunikationskonzept entwickelt wird, entfallen langwierige Abstimmungsprozesse mit den Kommunikationsstrategien der übrigen Marken des Unternehmens.

Der **Nachteil**, daß die Einzelmarke in allen Lebenszyklusphasen allein die gesamten Marketingaufwendungen zu tragen hat, spricht gegen diese Strategie. Bei der Markeneinführung und dem Markenaufbau entstehen dem Unternehmen im Gegensatz zur Markenfamilien- und Dachmarkenstrategie höhere Kosten. Da es sich um eine komplette Neueinführung der Marke handelt, kann oft nicht oder kaum auf bestehende Distributionskanäle, Bekanntheit und Akzeptanz im Markt oder Händlergoodwill etc. zurückgegriffen werden. Sind auf Dauer für notwendige Produktmodifikationen nicht genügend Finanzmittel vorhanden, kann sich die Lebensdauer der Einzelmarke verkürzen, welches unter Umständen eine Amortisation der aufgewendeten Marketingkosten verhindert. Die aufgrund der Informationsüberlastung der Konsumenten und der hohen Wettbewerbsintensität vieler Märkte stark gestiegenen Mediaaufwendungen zur Profilierung von Marken sprechen ebenfalls gegen eine Einzelmarke. Auch die Erreichung echter Leistungsvorteile ist bei einer Vielzahl von Einzelmarken im Unternehmen schwierig zu realisieren. Bei der Markteinführung von Neuprodukten wird deshalb **in den letzten Jahren immer seltener die Einzelmarkenstrategie favorisiert**.

Weiterhin besteht die Gefahr, daß der Markenname bei einer zu dominanten Markenprofilierung zur Bezeichnung der ganzen Produktgattung wird (zum Beispiel Aspirin für Schmerztabletten, Tempo für Papiertaschentücher, Tesa für Klebeband, Uhu für Klebstoffe). Hierdurch kann eine ursprünglich differenzierende Markenpersönlichkeit verlorengehen und negativen Imagewirkungen ausgesetzt sein.

6.1412 Mehrmarkenstrategie

Im Gegensatz zur Einzelmarkenstrategie werden bei der **Mehrmarkenstrategie** von einem Unternehmen mindestens zwei Marken in demselben Produktbereich parallel geführt. Diese sprechen jeweils nicht ein spezielles Segment an, sondern sind zumeist auf den Gesamtmarkt ausgerichtet. Die einzelnen Marken unterscheiden sich dabei in den Produkteigenschaften, im Preis oder kommunikativen Auftritt. Eckes beispielsweise vertreibt mehrere Weinbrandmarken wie Attaché, Chantré und Mariacron, Philip Morris bietet für denselben Bedarf diverse Zigarettenmarken wie Marlboro, Merit oder Benson & Hedges an, und der Volkswagen-Konzern offeriert in der Kompaktwagenklasse die

Marken Seat, Skoda und VW. Im Dienstleistungsbereich kann zum Beispiel die Metro AG angeführt werden. Dieses Handelsunternehmen führt im Warenhausbereich die Marken Kaufhof und Horten, im Möbelfachmarktbereich die Marken Möbel Unger und Roller und bei SB-Warenhäusern die Marken Realkauf, Continent und Massa. Insgesamt sind jedoch bei Dienstleistern seltener Mehrmarkenstrategien anzutreffen.

Die Absicherung der Wettbewerbsposition durch „Konkurrenz im eigenen Hause" bildet eine zentrale Zielsetzung dieser Strategie. Insbesondere in Märkten mit niedriger Markentreue sollen die Markenwechsler zu Marken im eigenen Sortiment überwechseln, anstatt eine Marke der Konkurrenz zu kaufen. Durch die Entwicklung neuer Marken und den daraus resultierenden Wettbewerb untereinander sollen die Markenmanager und ihre Mitarbeiter in ihrer Leistungsmotivation und Effizienz gefördert werden. Aus diesen Gründen führte Procter & Gamble sukzessive zehn Marken in den amerikanischen Waschmittelmarkt ein. Obwohl jedes hinzugekommene Produkt Umsatzeinbußen bei den etablierten Marken verursachte, stieg der Gesamtumsatz durch Hinzugewinnung von neu angesprochenen Konsumenten sowie durch Halten von Markenwechslern innerhalb des eigenen Sortiments an (Kotler 1988, S. 469). Neben dieser Bewältigung des Markenwechselphänomens bietet eine Mehrmarkenstrategie die **Chance**, durch Einführung einer „Kampfmarke" die übrigen Marken des Unternehmens aus einem Preiskampf herauszuhalten. Dies ist eine Zielsetzung, die Reemtsma als Anbieter von Stuyvesant, R 6, R 1 und John Player Special ursprünglich mit der preisaggressiven Marke West verfolgte. Ein weiterer Vorteil besteht darin, daß jede im Markt neu plazierte Marke dem Unternehmen im Handel mehr Regalfläche sichern kann und eine zusätzliche Markteintrittsbarriere für potentielle Konkurrenzmarken darstellt. Die Marken Rama, Flora Soft, SB, Sanella, Bonella, Du Darfst, Becel und Lätta von Unilever decken auf diese Weise das Margarine-Sortiment weitgehend ab.

Eine **Gefahr** bei der Verfolgung der Mehrmarkenstrategie ist darin zu sehen, daß durch die Einführung neuer Marken trotz großer Investitionen immer nur kleine Umsatzzuwächse erwirtschaftet werden (vgl. Meffert 1999). Als Folge einer Vielzahl von Marken innerhalb eines Unternehmens kommt es ferner häufig zu einem deutlichen Anstieg der Komplexitätskosten (vgl. viertes Kapitel, Abschnitt 3.11), so daß sich die Rentabilität bei Mehrmarkenstrategien trotz eines Umsatzanstiegs oft verschlechtert (Quelch/Kenny 1995). Darüber hinaus werden die finanziellen und personellen Unternehmensressourcen zersplittert und zu wenig auf bisher starke Marken konzentriert. Ein weiteres großes Problem stellt die „Kannibalisierung" der Marken dar. So nehmen sich die Produkte eines Unternehmens gegenseitig Marktanteile weg, wenn die charakteristischen Unterschiede zwischen den Marken von den Verbrauchern nicht mehr wahrgenommen werden. Zudem ist die Gefahr der Übersegmentierung gegeben, das heißt die Teilung des Gesamtmarktes in zu viele Teilmärkte, obwohl die Bedarfsstruktur hierfür keinen Anlaß gibt. In Abbildung 3-226 sind die zentralen Chancen und Risiken der Einzel- und Mehrmarkenstrategie zusammengefaßt.

Mixübergreifende Entscheidungen

Strategietyp Aspekt	Einzelmarke	Mehrmarke
Merkmal	■ Führung eines jeden Produktes unter einer Marke	■ In jedem Produktbereich parallele Führung von mindestens zwei auf den Gesamtmarkt ausgerichteten Marken
Chancen	■ Gezielte Ansprache einzelner Kundensegmente ■ Spezifische Markendifferenzierung durch optimale Abstimmung von Bedürfnisprofilen und Problemlösungsprofilen ■ Aufbau eines unverwechselbaren Produktimages ■ Kaum Gefahr negativer Ausstrahlungseffekte auf andere Marken ■ Geringerer Koordinationsbedarf bei den unterschiedlichen Marken ■ Realisation von Marktanteils- und Kostendegressionseffekten	■ Bessere Marktausschöpfung ■ Halten von potentiellen Markenwechslern durch Produktdifferenzierung ■ Erhöhte Markteintrittsbarrieren für Konkurrenzmarken dank breiterer Regalflächenabdeckung ■ Schutz der übrigen Produkte vor Preiskampf durch Einführung von „Kampfmarken"
Risiken	■ Zurechnung der Markenkosten allein auf ein Produkt ■ Ungenügende Amortisation der aufgewendeten Kosten bei kurzer Lebensdauer der Einzelmarke ■ Trend des Markennamens zur Bezeichnung der Produktgattung und Verlust der differenzierenden Markenpersönlichkeit ■ Fehlende Stützung der Produktmarke durch angrenzende Marken	■ Suboptimale Verwendung der finanziellen und personellen Unternehmensressourcen ■ Gefahr der Übersegmentierung ■ Kannibalisierung der eigenen Monomarke durch gegenseitige Substitution der Marktanteile
Zentrale Anforderungen	■ Möglichkeit des Aufbaus einer eigenständigen Markenpersönlichkeit	■ Existenz von Finanzkraft und Management-Know-how in ausreichendem Maße. Glaubwürdige Markendifferenzierung

Abbildung 3-226: Vergleich der Einzel- und Mehrmarkenstrategie

6.1413 Markenfamilienstrategie

Bei der **Markenfamilienstrategie** werden mehrere verwandte Produkte unter einer Marke geführt, ohne auf den Unternehmensnamen direkt Bezug zu nehmen. Hinter der Marke Nivea von Beiersdorf beispielsweise stehen diverse Körperpflegeprodukte wie Allzweckcreme, Körpermilch, Sonnencreme, Haarshampoo oder Duschgel. Im Verlagsbereich verfolgt zum Beispiel der Axel Springer-Konzern mit den Marken Bild, Bild am Sonntag, Bild der Frau, Sport Bild und Auto Bild eine erfolgreiche Markenfamilienstrategie.

Bei der Markenfamilienstrategie besteht der Unterschied zur Dachmarke darin, daß im Rahmen dieser Strategie innerhalb eines Unternehmens mehrere Familien nebeneinander existieren. Diese können sowohl im selben Produktfeld als auch in unterschiedlichen Feldern angesiedelt sein. So bietet Kraft Jacobs Suchard im Schokoladenbereich die Markenfamilien Milka, Suchard und Côte d'Or an, während Unilever bei Salatdressings mit der Markenfamilie Livio, bei Suppen mit Unox und im Segment der gesunden Ernährung mit Du Darfst vertreten ist. Eine solche Markenstrategie setzt voraus, daß für die Produkte einer Markenfamilie ähnliche Marketing-Mix-Strategien und ein gleichwertiges Qualitätsniveau vorliegen. Deshalb wurden für die unter der Markenfamilie Nivea zusammengefaßten Produkte konkrete Grundsätze für die Markenführung festgelegt. So sollen in den jeweiligen Teilmärkten eine Qualitätsführerschaft angestrebt und die Produkte bei breiter Distribution unter Gewährleistung eines guten Preis-Leistungs-Verhältnisses verkauft werden. Die Erzeugnisse dürfen dabei in den einzelnen Teilmärkten zwar eine eigene Markenpersönlichkeit widerspiegeln, müssen jedoch alle das gleiche Nutzenversprechen der Pflege und Milde erfüllen (Prick 1988; o. V. 1996).

Weitere Vorteile der Markenfamilienstrategie liegen in der Verringerung des Floprisikos bei Neuprodukten und der schnelleren Akzeptanz im Handel beziehungsweise bei den Konsumenten (Schröder 1994). Der Goodwill, der durch den bisherigen Einsatz der Marketinginstrumente und die Erfahrungen der Konsumenten und des Handels mit den bestehenden Produkten der Markenfamilie aufgebaut wurde, kann von der Stamm-Marke auf die Folgeprodukte übertragen werden. Durch die Nutzung von Synergien lassen sich deshalb die Kosten der Markenbildung wesentlich verringern. Wenn die Konsumenten aufgrund des kontinuierlichen und breiten Kontaktes mit den einzelnen Produkten der Markenfamilie eine starke Markenbindung aufbauen, kann dies dem Unternehmen einen preispolitischen Spielraum verschaffen.

Ein **Nachteil** der Markenfamilienstrategie im Gegensatz zur Einzel- und Mehrmarkenstrategie liegt in der Gefahr von negativen Ausstrahlungseffekten bei den Produkten der Markenfamilie. Die Möglichkeit eines Badwill-Transfers erscheint besonders dann gegeben, wenn die Produkte von ihrer strategischen Ausrichtung her nicht zueinander passen. Dies ist der Fall, wenn das Unternehmen einige Produkte der Markenfamilie in Marktsegmenten mit einer geringen und andere in Segmenten mit einer hohen Qualitäts- und Preiswahrnehmung plaziert. Negative Ausstrahlungseffekte können jedoch auch durch unterschiedliche Images der Einzelprodukte entstehen. So kann zum Beispiel das positive Image einer Marke mit umweltschonender Verpackung durch ein negatives Bild von anderen Produkten der Markenfamilie mit umweltschädlichen Verpakkungsmaterialien rasch Schaden nehmen.

Ein weiteres Problem bildet der höhere Abstimmungsbedarf im Marketing-Mix der einzelnen Marken der Markenfamilie. So wird zum Beispiel die Veränderung des Markenauftritts eines Produktes von Nivea Anpassungsmaßnahmen bei anderen Nivea-Produkten zur Folge haben. Bei der Führung von mehreren Markenfamilien in einer Warengruppe können zwischen den Markenfamilien überdies Substitutionsbeziehungen einsetzen. Als Beispiel dient das Unternehmen Schwarzkopf, das im Bereich des Haarstyling mit den beiden Markenfamilien Taft und News über gleiche Produktvarianten (Styling-Schaum, Styling-Creme und Wet-Gel) verfügt.

6.1414 Dachmarkenstrategie

Die **Dachmarkenstrategie** faßt im Gegensatz zur Markenfamilienstrategie sämtliche Produkte eines Unternehmens unter einer Marke zusammen. Vor allem bei Investitions-, langlebigen Gebrauchsgütern und Gütern des täglichen Bedarfs ist diese Strategie häufig zu finden (Müller 1994). Neben Porsche, Renault und Volvo im Automobilbereich sowie Apple, IBM und Microsoft im Computerbereich bilden Kodak (Photo), Pelikan (Schreibgeräte) und Pfanni (Nahrungsmittel) Dachmarken, bei denen der Firmenname zur Marke geworden ist. Daneben kann sich auch der Name des Firmeninhabers zur Dachmarke entwickeln, wie dies zum Beispiel bei Rodenstock (Brillen) oder Hennessey (Cognac) der Fall ist. Die Tatsache, daß nahezu 80 Prozent der angemeldeten Dienstleistungsmarken Dachmarken darstellen, verdeutlicht die **Bedeutung dieser Strategie für den Dienstleistungsmarkt**. Marken wie Allianz (Versicherung), American Express (Kreditkarten), Deutsche Bank (Finanzdienstleistungen) und McKinsey (Beratung) stellen nur einige Beispiele dar. Der **Erfolg** von Dachmarkenstrategien wird durch eine Untersuchung gestützt, die zeigt, daß Unternehmen vor allem mit dieser Strategie hohe Umsatz- und Renditezuwächse erreichen (Burkhardt 1991).

Mit der Verfolgung einer Dachmarkenstrategie werden das Floprisiko der Neuprodukteinführung gesenkt und die Akzeptanz beim Handel und Konsumenten schneller erreicht. Durch die enge Beziehung zwischen Marke und Hersteller bietet die Dachmarkenstrategie im Gegensatz zur Markenfamilienstrategie die Möglichkeit, eine unverwechselbare Unternehmens- und Markenidentität aufzubauen. So versucht beispielsweise der Henkel-Konzern durch eine breit angelegte Image-Kampagne die Unternehmensidentität zu stärken (vgl. Insert 3-46). Beide Identitäten können sich dabei gegenseitig stärken. Ein weiterer Vorteil der Dachmarkenstrategie ist darin zu sehen, daß alle Produkte zur Profilierung und Stützung der Dachmarke beitragen können.

Der unbekannte Riese

Weltweite Marken-Power: Henkel ist mit 10 000 Produkten auf mehr als 70 Märkten vertreten.

Der Düsseldorfer Henkel-Konzern will sich international als Dachmarke positionieren. Die TV-lastige Produktkommunikation soll in Deutschland künftig stärker auf Print und Funk verlagert werden.

Was macht ein internationales, von Vielfalt geprägtes Unternehmen, das mit zahlreichen Produkten weltweit eine führende Stellung einnimmt, selbst aber wenig bekannt ist? Der Waschmittel-Multi Henkel mit rund 340 Gesellschaften in über 70 Ländern rund um den Globus aktiv, glaubt eine Antwort gefunden zu haben: Eine mehrere Millionen Mark teure Image-Kampagne soll das eigene Profil in den wichtigen Auslandsmärkten schärfen und Henkel als Absendermarke stärken.

Seit geraumer Zeit missfiel der Konzernleitung die Tatsache, dass der Name des 1876 gegründeten Unternehmens trotz zahlreicher Innovationen (1907: „Persil", erstes selbsttätiges Waschmittel, 1969: „Pritt"-Stift) und hervorragender Absatzzahlen bei den Produkten international keine Assoziationen weckt. Das soll der neue Image-Auftritt (Claim: „Science + Soul", Agentur: DDB Worldwide) ändern.

Bis Jahresende sind zunächst sieben Motive für den ausschließlichen Einsatz in Printtiteln in Frankreich, Italien, Spanien, Belgien, Österreich, Ungarn und Polen sowie Brasilien und den Vereinigten Staaten geplant. In Deutschland kommen die Motive unter anderem in Blättern wie *Focus* und *Spiegel* zum Einsatz. Wie Hans-Dietrich Winkhaus, Vorsitzender der Geschäftsführung der Henkel KGaA, erklärt, soll die Kampagne im kommenden Jahr fortgesetzt werden. Dann sei auch die Ausweitung auf andere Medien denkbar.

Ähnliches gilt auf anderer Ebene, offenbar auch für die bisherige Werbestrategie: Der Konzern denkt – wie viele große Markenartikler – darüber nach, seine starke TV-Lastigkeit in der Produktkommunikation zurückzufahren und mehr in Print und Funk zu investieren. Dabei steht aber auch Henkel vor dem Problem, dass sich über Hörfunk nur schwer Bilder transportieren lassen und der Printbereich unter dem Mangel bewegter Bilder leidet, schränkt Mediachef Helmut Grosscurth ein. „Im Moment ist der TV-Schwerpunkt für uns die richtige Strategie. Das bedeutet nicht, dass das immer so bleiben muss." TV werde jedoch für die kommenden Jahre das Hauptmedium für die Massenmärkte bleiben.

Mediaeinkauf bleibt inhouse

Möglicherweise wird Henkel jedoch die Mediaanteile bei einzelnen Marken verschieben. „Ich glaube nicht, dass es weiterhin richtig ist, alle unsere Marken zu 90 Prozent über TV zu bewerben", so der Medialeiter. Vor allem die überzogene Preispolitik der Sender könnte den internen Entscheidungsprozess laut Grosscurth beschleunigen.

Immerhin hat sich Henkel Anfang September nach mehreren Anläufen dazu durchgerungen, Teilaufgaben des deutschen Mediageschäfts auszulagern *(w&v 36/99)*. Zuletzt hatte der Konzern den heute auf 400 Millionen Mark bezifferten Etat im Frühjahr 1997 ausgeschrieben, sich dann jedoch für die Beibehaltung der hausinternen Abteilung entschieden. Künftig soll die TV-Optimierung für die jährlich gut 50 000 Spots in Deutschland zu gleichen Teilen von den Mediaagenturen Carat (Hamburg) sowie OMD und CIA (beide Düsseldorf) verantwortet werden.

„Dieser Bereich, der bei Henkel 90 Prozent des Mediaetats ausmacht, wurde immer daten- und damit personalaufwendiger, hat aber im eigentlichen Sinne nichts mit unserem firmeninternen Know-how zu tun", begründet Grosscurth den in der Branche als überfällig bewerteten Schritt.

Während sich OMD und CIA in erster Linie der Waschmittelmarken annehmen werden, soll sich Carat um die Kosmetiksparte des Konzerns kümmern. Die „sensiblen Bereiche" Strategie, Einkauf und Konditionenpolitik sollen dagegen unverändert inhouse betreut werden. So erteilt Grosscurth Spekulationen eine Absage, Henkel könnte sich von weiteren Mediaaufgaben oder gar Teilen des Gesamtetats trennen. In vollem Gang ist die Bereinigung des Henkel-Portfolios, die auf die Stärkung der sechs Kerngeschäftsfelder abzielt. Zu diesen rechnet Winkhaus die Sparten Chemie (1998 mit einem Umsatz von 4,9 Milliarden Mark), Oberflächentechnik (1,7 Milliarden), Klebstoffe (4,6 Milliarden), Kosmetik/Körperpflege (3,3 Milliarden), Hygiene (1,6 Milliarden) sowie Wasch- und Reinigungsmittel (4,9 Milliarden Mark). „Wir haben die italienische Chemplast und Objekte unserer Wohnungsbaugesellschaft verkauft", unterstreicht der Henkel-Chef die Strategie. Außerdem wurde das amerikanische Automotive-Aftermarket-Geschäft für 123 Millionen US-Dollar abgestoßen, „weil es nicht mehr zu unseren Kernaktivitäten passte".

Auch in anderen Bereichen will Henkel sein Portfolio straffen. „Gegenwärtig sind wir dabei, unsere Unternehmenskomplexität weiter zu verringern, indem wir beispielsweise Zweitmarken aus der Kosmetik veräußern", hatte Winkhaus bereits anlässlich der

---

INSERT 3-46: werben und verkaufen, Nr. 39/1999, S. 94/95

Mixübergreifende Entscheidungen

Hauptversammlung Anfang Mai verkündet. Welche Produkte betroffen sind, will er noch nicht verraten.

Aufgrund des verschärften Wettbewerbsdrucks wurde am 1. August die Chemiesparte in einer Tochter, der Cognis Deutschland GmbH mit einem Umsatzvolumen von 1,8 Milliarden Mark, ausgegliedert. Alle Auslandsgesellschaften der ehemaligen Henkel-Chemie sollen von der Cognis-Holding mit Sitz in den Niederlanden geführt werden. „Das ist nicht der Einstieg in den Ausstieg", betont Winkhaus. Cognis solle auf Dauer ein integraler Bestandteil der Henkel-Gruppe bleiben.

Für die Zukunft zeigt sich der Konzern gut gerüstet. Der Gruppenumsatz stieg im vergangenen Geschäftsjahr um sechs Prozent auf 21,3 Milliarden Mark. Das Deutschland-Geschäft steuerte rund sechs Milliarden Mark (28 Prozent) bei. 1999 will Henkel mehr als 22 Milliarden Mark umsetzen. Helfen soll dabei die gute Marktstellung in den Hauptgeschäftsfeldern.

Henkel spielt mit allen Sparten vorne mit

So ist Henkel bei Klebstoffen, in der Oberflächentechnik, in der Spezialchemie sowie im Bereich Hygiene (im Joint Venture mit Ecolab, St. Pauls/USA) schon heute nach eigenen Angaben Weltmarktführer. In der Körperpflege liegt der Konzern europaweit auf Rang drei, in der Haarpflege (hinter L'Oréal) sowie im Bereich Wasch- und Reinigungsmittel (nach Procter & Gamble) auf dem zweiten Platz.

Gerade bei Kosmetik und Haarpflege entwickelten sich die Umsätze im Markenartikelgeschäft nach Unternehmensangaben im ersten Halbjahr 1999 „besonders erfreulich". Das gelte neben Deutschland für Skandinavien, die Benelux-Staaten, Frankreich, Israel sowie Nordamerika, wo die Körperpflegeserie Fa erfolgreich eingeführt worden sei.

Auch im Wasch- und Reinigungsmittelmarkt konnte Henkel den Umsatz aller großen Waschmittelmarken zwischen Januar und Juni 1999 weiter steigern. Mit „Somat 2 in 1", Geschirrspültabs mit eingebautem Klarspüler, unterstrich Henkel zudem seine Innovationskraft im Reinigungsgeschäft.

Je erfolgreicher der Konzern operiert, desto schwieriger wird es für ihn, sein internationales Netz von Allianzen und Beteiligungen auszubauen. So hat das Bundeskartellamt Ende September die Gründung eines Gemeinschaftsunternehmens mit der Wuppertaler Luhns GmbH untersagt. In dem Joint Venture wollten Henkel und Luhns ihre Handelsmarken zusammenlegen.

Zur Begründung der noch nicht rechtskräftigen Entscheidung heißt es, mit dem Zusammenschluss würde die überragende Marktstellung von Henkel bei Universalwaschmitteln verstärkt. Die mache den Konzern mit Marken wie Persil, Weißer Riese und Spee (kumulierter Marktanteil von gut über 40 Prozent) unverzichtbar für den Handel und sichere Henkel damit einen besonderen Zugang zu den Absatzmärkten. Das stelle für die Wettbewerber – namentlich Procter & Gamble (Ariel, Dash, Vizir) und Lever (Sunil, Omo, Skip) – zudem eine erhebliche Marktzutrittsschranke dar.

Der Henkel-Konzern prüft zur Zeit, ob er Rechtsmittel gegen die Entscheidung der Wettbewerbshüter einlegt.

Bijan Peymani

Corporate-Image-Kampagne des Hauses Henkel: Der Waschmittel-Multi will aus dem Schatten seiner starken Marken treten.

INSERT 3-46: werben und verkaufen, Nr. 39/1999, S. 94/95 (Fortsetzung)

Demgegenüber besteht die **Gefahr** der Markenerosion, wenn die Konsumenten den Kompetenzanspruch des Unternehmens nicht mehr für alle Produkte akzeptieren. Dies geschieht insbesondere dann, wenn die unter der Dachmarke vertriebenen Produkte in sehr unterschiedlichen Segmenten angesiedelt sind. Mit dieser Problematik war das Unternehmen Melitta konfrontiert, als es unter dem Dach der Traditionsmarke neben Produkten zur Kaffeezubereitung wie Kaffee, Kaffeemaschinen und Filtern im Laufe der Jahre auch Lebensmittelfolien, Müll- und Staubsaugerbeutel sowie Luftreiniger auf den Markt brachte. Untersuchungen zeigten, daß die Verbraucher den Kompetenzanspruch des Unternehmens nur noch in Teilbereichen akzeptierten, wodurch das Markenprofil immer diffuser wurde. Deshalb entschloß sich Melitta zum Aufbau einzelner Geschäftsfelder mit eigenständigen Markennamen. Die Marke Melitta bleibt nun den Produkten zur Kaffeezubereitung, die Marke Toppits den Lebensmittelfolien, Swirl den Staubsaugerbeuteln, Aclimat den Luftreinigern und Cilia den Teefiltern vorbehalten (Körfer-Schün 1990).

Das Auftreten von Substitutionsbeziehungen zwischen den verschiedenen Produkten einer Dachmarke und ein hoher Koordinationsaufwand stellen weitere Nachteile dieser Strategie dar. Negative Ausstrahlungseffekte, zum Beispiel verursacht durch Produkte unterschiedlicher Qualität, bilden bei der Dachmarkenstrategie ein noch größeres Gefahrenpotential als bei der Markenfamilienstrategie. Abbildung 3-227 zeigt in einer Gegenüberstellung die Chancen und Risiken von Markenfamilien- und Dachmarkenstrategie.

Um einerseits die Kompetenz der Dachmarke zu nutzen und andererseits das Risiko eines direkten Badwill-Transfers zu verringern, kombinieren immer mehr Unternehmen die Dachmarken- mit einer Markenfamilien- oder Einzelmarkenstrategie. Das Nahrungsmittelunternehmen Oetker führt zum Beispiel unter seiner (Firmen-)Dachmarke die Markenfamilien Gutes Backen, Feine Desserts, Junge Küche, Moderne Kost, Perfektes Einmachen und Köstliches Eis.

6.1415 Markentransferstrategie

Stagnierende Märkte und das hohe Investitionsrisiko bei der Suche nach neuen Wachstumsmöglichkeiten veranlassen eine Vielzahl von Unternehmen, das Erfolgspotential bereits im Markt etablierter Marken durch eine **Markentransferstrategie** zu nutzen. Der Markentransfer ist hierbei primär als eine Unternehmensaktivität zu verstehen, bei der unter Zuhilfenahme eines gemeinsamen Markennamens positive Imagekomponenten von einer Hauptmarke eines bestehenden Produktbereiches auf ein Transferprodukt einer neuen Warengruppe übertragen werden (Aaker 1990; Meffert/Heinemann 1990). Auf diese Weise dehnte Camel seine Produktpalette, ausgehend vom klassischen Bereich der Tabakmarke, erfolgreich aus. Heute werden unter der Marke Camel zum Beispiel auch Herrenbekleidung und Uhren angeboten, die mittlerweile einen erheblichen Teil des Gesamtumsatzes ausmachen.

Im Dienstleistungsbereich hat beispielsweise das Reiseunternehmen Club Mediterranée einen Markentransfer auf Konsumgüter wie Freizeit- und Kosmetikartikel sowie Uhren, Brillen und Fahrräder vorgenommen (Hätty 1989, S. 247).

Strategietyp Aspekt	Markenfamilie	Dachmarke
Merkmal	■ Führung mehrerer Produkte unter einer Marke, unter Umständen mehrerer Markenfamilien parallel untereinander	■ Führung aller Produkte des Unternehmens unter einer Marke
Chancen	■ Ansprache neuer Zielgruppen durch Markterweiterung ■ Verringerung des Floprisikos ■ Schnellere Akzeptanz im Handel und bei den Konsumenten ■ Übertragung des „Goodwill" auf Folgeprodukte ■ Verjüngung des Images der Muttermarke ■ Gegenseitige Stärkung der Marken und bessere Positionsabsicherung ■ Relativ geringe Kosten der Markenbildung bei Nutzung von Synergien	■ Ansprache neuer Zielgruppen durch Marktausweitung ■ Verringerung des Floprisikos ■ Schnellere Akzeptanz im Handel und bei den Konsumenten ■ Aktualisierung des Firmenimage ■ Gemeinsame Übernahme des Profilierungsaufwands
Risiken	■ Negative Ausstrahlungseffekte unter den Produkten der Markenfamilie bei unterschiedlichen Marketing-Mix-Strategien, Qualitätsniveaus, Images und fehlender Affinität ■ Höherer Abstimmungsbedarf zwischen den Einzelmarken der Markenfamilie ■ Gefahr von Substitutionsbeziehungen	■ Deprofilierung der Dachmarke durch ungenügende Markenkompetenz ■ Negative Ausstrahlungseffekte unter den Produkten der Dachmarke bei unterschiedlichen Marketing-Mix-Strategien, Qualitätsniveaus, Images und fehlender Affinität ■ Höherer Koordinationsbedarf innerhalb der Dachmarke ■ Gefahr von Substitutionsbeziehungen
Zentrale Anforderungen	■ Sicherstellung von ähnlichen Marketing-Mix-Strategien, konstanter Qualität und Affinität der Produkte	■ Einhaltung des Kompetenzanspruches für alle Produkte der Dachmarke

Abbildung 3-227: Vergleich der Markenfamilien- und Dachmarkenstrategie

Eine entscheidende Voraussetzung für den Erfolg des Markentransfers bildet die **imagemäßige Ähnlichkeit zwischen Haupt- und Transfermarke**. Sie kann durch eine hohe Übereinstimmung von sachbezogenen (Denotationen) und emotionalen beziehungsweise anmutungsbezogenen Assoziationen (Konnotationen) bei bestimmten Produkteigenschaften gegeben sein (Hätty 1989, S. 82; Meffert/Heinemann 1990). So lassen sich mit einem Sportwagen zum Beispiel denotative Assoziationen wie Schnelligkeit, Verarbeitungsqualität und Preis verbinden, während Luxus, Exklusivität und Erotik mögliche Konnotationen darstellen. Bei dem Automobilhersteller Jaguar, der ausgehend vom Stammsegment PKW unter anderem Bekleidung, Brillen, Reisegepäck und Schreibgeräte entwickelte, bilden eher emotionale Assoziationen wie Exklusivität und Prestige eine gemeinsame „Imageklammer" zwischen Haupt- und Transferprodukt. Eine weitere Ausgestaltungsform der Strategie liegt in dem gemeinsamen Markenauftritt von Haupt- und Transfermarke. Dies ist einerseits durch die gleichzeitige Präsentation mehrerer Produkte im Rahmen von kommunikativen Maßnahmen möglich. Beispielsweise präsentiert Benetton Modeartikel, Brillen und Uhren innerhalb einer Anzeige. Andererseits erscheint eine gemeinsame Plazierung am Point of Sale denkbar, zum Beispiel bei Camel mit dem umfangreichen Schuh- und Bekleidungssortiment in den Camel-Shops.

Die Herausstellung eines übereinstimmenden Verwendungsumfeldes oder gemeinsamer Erlebniswelten und Lebensstile kann ebenfalls Grundlage eines erfolgreichen Markentransfers sein (vgl. Insert 3-47). Michelin-Autoreifen und der Guide-Michelin mit dem gleichen Verwendungsumfeld des Autofahrens, Marlboro-Zigaretten und Marlboro-Freizeitkleidung mit der gemeinsamen Erlebniswelt Freiheit beziehungsweise Abenteuer sowie der mit Swatch-Uhr und dem Swatch-Auto (von Mercedes-Benz) in Verbindung gebrachte unkonventionelle, freizeit- und trendorientierte Lebensstil können hier als Beispiele genannt werden (Mayer/Mayer 1987, S. 109 ff.).

Mit der Nutzung eines vorhandenen Marken-Goodwill im Rahmen der Markentransferstrategie sind eine Reihe von **Chancen** verbunden. Geringere Markteintrittsbarrieren reduzieren das Floprisiko und erleichtern den Eintritt in völlig neue Produktbereiche. Dies erlaubte beispielsweise dem Unternehmen Mars (klassisch Schokoladenriegel und neuerdings auch Eisriegel) wiederum die Gewinnung zusätzlicher Käufergruppen und das frühzeitige Besetzen eines neuen strategischen Geschäftsfeldes. Durch die Übertragung positiver Konsumerfahrungen vom Haupt- auf das Transferprodukt werden die Verbraucher beim Markenwahlprozeß kognitiv entlastet.

In umgekehrter Richtung kann allerdings auch ein Image-Rücktransfer auf die Stamm-Marke erfolgen, der das Assoziationsfeld der Stamm-Marke erweitert und sie stärkt. So konnte die Mövenpick Holding durch den Erfolg der Transfermarken im Eiscreme-, Kaffee- und Saucenbereich nicht nur diese Felder erfolgreich ausbauen, sondern auch das traditionelle Restaurant- und Hotelgeschäft stärken. Weitere Vorteile der Markentransferstrategie sind die Verringerung der Kosten für die Markenbildung sowie die Abschwächung beziehungsweise Umgehung von Werbebeschränkungen beispielsweise im Bereich alkoholischer Getränke und Tabakwaren.

Diesen Chancen stehen aber auch erhebliche **Risiken** des Markentransfers gegenüber. Es ist mit einem Verlust der Markenidentität zu rechnen, wenn Stamm- und Transferprodukte unterschiedliche Zielgruppen ansprechen. Weitere Gefahren sind in der Erosion und einem Glaubwürdigkeitsverlust der Marke zu sehen, die durch zu viele oder zu

Zum Sicherheitstraining mit dem Mountainbike an den Gardasee

Automobilproduzenten bieten verstärkt teure Luxusfahrräder als Accessoires an / Imagetransfer beabsichtigt

jfl. FRANKFURT, 28. Dezember. Ohne Parkplatzsorgen durch die Innenstadt fahren und dennoch nicht auf die bevorzugte Automarke verzichten müssen - diesen Wunsch erfüllen Automobilhersteller wie Porsche, BMW, Audi oder Mercedes-Benz ihren Kunden. Allerdings darf der Käufer nicht unbedingt Wert auf motorisierte Fortbewegungsmittel legen. Denn bei dem Zusatzangebot handelt es sich um Fahrräder.

Wer aber die vom Automobil gewohnte Typenvielfalt auch bei Zweirädern erwartet, wird enttäuscht. Nur einige wenige Räder stehen in den Schaufenstern der Autohändler. Dafür wird aber viel Wert auf edles Design und Extravaganzen gelegt. Mercedes-Benz lockt unter anderem mit einem Hybridrad: ein Elektromotor unterstützt den Fahrer. BMW hat sich einen Namen mit faltbaren Rädern gemacht und bringt nun seine Q-Reihe auf den Markt. Porsche setzt auf prestigeträchtiges Design und hochwertige Ausstattung für seine Luxusräder. Aber auch konventionelle City-, Touring- und Mountainbikes finden sich im Angebot, unter anderem bei Fiat.

Die Preise der Fahrräder bewegen sich durchweg auf hohem Niveau. Für einen Porsche mit zwei Rädern muss der Kunde bis zu 10 000 DM bezahlen. Andere Zweiräder mit aufgedruckter Automarke sind zwar für weniger Geld zu haben. Jedoch sind sie in der Regel wesentlich teurer als das durchschnittliche Fahrrad, das in den vergangenen Jahren jeweils um die 600 DM kostete. BMWs gibt es beispielsweise zwischen 2000 und 7000 DM, Mercedes-Benz-Fahrräder zu ähnlichen Preisen. Fiat, das seine „La Bicicletta" - Räder schon ab 660 DM anbietet, ist eher die Ausnahme. Allerdings ist auch bei dem italienischen Hersteller eine Tendenz hin zu hochpreisigen Rädern zu beobachten.

Am deutschen Fahrradmarkt ist die Bedeutung dieser Anbieter eher gering. Im Jahr 1998 haben die Automobilhändler nach Schätzungen des Verbandes der Fahrrad- und Motorradindustrie (VFM) rund 39 000 Räder verkauft. Bei 4,5 Millionen abgesetzten Fahrrädern im Jahr 1998 entspricht dies nicht einmal einem Prozent des Mengenvolumens des Marktes. Die Absatzzahlen der einzelnen Autofirmen nehmen sich im Vergleich zu etablierten Fahrradherstellern ebenfalls eher bescheiden aus. BMW verkauft durchschnittlich 6 000 Räder im Jahr, Porsche 2000. Noch weniger sind es bei Fiat: 1998 waren es 415, ein Jahr später 250.

Allerdings weisen die Autoproduzenten darauf hin, dass der Erfolg ihrer Fahrradlinien nicht an den Stückzahlen zu messen sei. Denn die Firmen beabsichtigen in der Regel nicht, sich mit Fahrrädern ein zusätzliches Standbein im Wettbewerb zu schaffen. „Entscheidend ist, dass diese Produkte Gewinne bringen und den ihnen zugedachten Zweck als Accessoires erfüllen", sagt BMW-Sprecher Klaus Zwingenberger. Geringe, teilweise sinkende Stückzahlen werden dabei bewusst in Kauf genommen.

Die Autohersteller haben zu Beginn der neunziger Jahre die Tendenz zum sportlichen Fahrrad aufgegriffen und ihr Accessoiresangebot um dieses Produkt erweitert. Konsequenterweise finden sich die Zweiräder beim Händler zwischen „autofremdem" Zubehör aller Art - vom Tennisschläger über die Reisetasche bis hin zur Krawatte. Eine reine Zugabe zum Autokauf ähnlich einem Satz Fußmatten sind die Fahrräder aber dennoch nicht. Die Automobilbauer messen diesen Produkten durchaus strategische Bedeutung bei. Insbesondere soll das Image der Marke geschärft werden: Die Unternehmen wollen ihre Kompetenz für Mobilität zeigen, Sportlichkeit, ökologisches Denken und Jugendlichkeit betonen. Vor allem den Luxusmarken ist es gelungen, für ihre Zielgruppe ein attraktives Zusatzangebot zu kreieren. BMW-, Porsche- oder Mercedesfahrer stellen sich gerne auch ein Fahrrad der jeweiligen Marke in die Garage. Das Image von Auto und Fahrrad müssen aber zueinander passen. Ein Einstieg ins Massengeschäft wäre für diese Hersteller daher eher hinderlich, zumal sich in der Marktnische hochwertiger Räder gute Erträge erzielen lassen.

Gleichzeitig wird die Kundenbindung verbessert. Dem Autofahrer wird die Gelegenheit gegeben, auch dann zum Händler zu gehen, wenn weder Reparatur noch Autokauf anstehen. Auch Neukunden sollen für die Marke interessiert werden. So will Fiat mit seinen Rädern insbesondere Jugendliche und Heranwachsende ansprechen, um auf diese Weise frühzeitig eine Markenbindung aufzubauen. Bei den Luxusmarken ist man in dieser Hinsicht eher skeptisch. Es lasse sich kaum ein Zusammenhang zwischen Interesse am Fahrrad und einem Autoneukauf herstellen. „Die Gewinnung neuer Autokunden durch Fahrräder hat daher nicht erste Priorität", sagt Porsche-Sprecher Jürgen Pippig.

Eine Sonderstellung nehmen die Räder der Marke Peugeot ein, die seit mehr als 100 Jahren gebaut werden. Mittlerweile sind die Peugeot-Zweiräder fast völlig unabhängig von den Autos. Denn für Entwicklung und Fertigung ist seit sechs Jahren die Cycle Europe Zweirad + Sport GmbH, Overath, zuständig, die in Deutschland zirka 100 000 Räder im Jahr verkauft. Das Unternehmen hat sich vom Peugeot-Citroën-Konzern abgespalten, um sich auf seine Kernkompetenzen zu konzentrieren. „Wechselseitige Werbeeffekte sind dennoch beabsichtigt", sagt Geschäftsführer Frank Quabach. Im vergangenen Jahr Peugeot-Fahrräder zusammen mit Peugeot-Autos im Paket verkauft worden. Beim Peugeot-Händler sind diese Räder aber nicht zu bekommen; sie werden ausschließlich über den Fachhandel vertrieben.

Wer eine andere Automarke auf seinem Fahrrad wünscht, wird hingegen beim Fachhandel nicht fündig, sondern muss sich direkt an die Autoverkäufer wenden. Lediglich BMW denkt darüber nach, seine Edelräder auch über den Fachhandel zu vertreiben. Denn die Münchner Unternehmen hat ein Eigeninteresse an einem Fahrrädern festgestellt, das vom reinen Accessoiresverkauf unabhängig ist - vor allem aufgrund der Faltbarkeit der Räder. Ein flächendeckendes Angebot ist aber nicht geplant.

Unterschiedliche Wege gehen die Hersteller bei der Entwicklung. Vor allem die Luxusmarken setzen auf Eigenkreationen. BMW überträgt beispielsweise technisches Wissen aus seiner Motorradproduktion auf die Fahrräder. Andere Produzenten begnügen sich oft damit, bereits vorhandene Fahrräder mit ihrem Markennamen zu versehen. Produziert werden die Fahrräder in der Regel nicht von den Automobilfirmen selbst. Sie greifen vielmehr auf die Kapazitäten von etablierten Fahrradherstellern zurück. Porsche lässt beispielsweise bei Votec, Steinenbronn, und BMW bei Schauff, Remagen, fertigen.

Die meisten Autofirmen beschränken ihr Angebot nicht auf reine Fahrrad: Viele haben mittlerweile auch Radlerzubehör von der Bekleidung bis hin zu Trinkflaschen ins Programm genommen. BMW geht noch weiter: Genauso wie der Hersteller Sicherheitstraining für Auto- und Motorradfahrer anbietet, können auch Mountainbiker ihre Fähigkeiten schulen - in angenehmer Atmosphäre am nördlichen Gardasee.

INSERT 3-47: Frankfurter Allgemeine Zeitung, 29.12.1999, S. 21

schnell aufeinanderfolgende Markentransfers verursacht werden können. Ein typisches Beispiel hierfür stellte in der Vergangenheit die Firma Gucci mit circa 14.000 verschiedenen Produkten dar. Die Diversifikation in neue Produktbereiche, vor allem über Lizenzvergabe, führte hier zu einem hohen Koordinationsbedarf der markenpolitischen Maßnahmen von Hauptmarke und Transferprodukten. Eine ungenügende Koordination führte schließlich zu sehr unterschiedlichen Qualitätsniveaus und Marketingkonzepten für die Gucci-Produkte und in der Folge zu einem massiven Glaubwürdigkeits- und Kompetenzverlust der Marke. Letztlich sind negative Ausstrahlungseffekte immer dann zu befürchten, wenn sich Haupt- und Transferprodukt imagemäßig stark unterscheiden.

Die aufgezeigten Risiken machen deutlich, daß zum Erfolg einer Markentransferstrategie eine **Analyse des Transferpotentials von Marken** und eine **imagebezogene Ähnlichkeitsmessung** von Stamm- und Transferprodukt unerläßlich sind (Mayer/Mayer 1987, S. 82 ff.; Hätty 1989, S. 139 ff.; Meffert/Heinemann 1990).

6.142 Markenstrategien im vertikalen Wettbewerb

Im **vertikalen Wettbewerb** hat sich in den letzten Jahren neben den klassischen Herstellermarken eine Vielzahl von Handelsmarkenformen entwickelt und etabliert. Als wichtigste Formen sind die niedrigpreisige Gattungsmarke, die klassische mittelpreisige Eigenmarke und die hochpreisige Premiummarke des Handels zu nennen.

Dabei vollzog sich die Entwicklung der Handelsmarken grundsätzlich in vier Phasen, die jeweils wichtige Veränderungen der Handelsmarken mit sich brachten. Sowohl der Charakter der Handelsmarke als auch das Qualitäts- und technologische Niveau sowie das schwerpunktmäßig betroffene Produktfeld haben sich im Zeitverlauf verändert. Darüber hinaus haben sich auch wichtige Änderungen in bezug auf die Kaufmotive der Konsumenten und die Herstellerstruktur der Handelsmarken ergeben (vgl. Abbildung 3-228).

Der klassische Herstellermarkenartikel zeichnet sich generell durch ein eher hohes Preis- und Qualitätsniveau sowie eine hohe Bekanntheit beim Verbraucher aus. Dabei ist es häufig so, daß der Herstellermarkenartikel sich nicht zwingend in bezug auf objektive Eigenschaften von anderen Produkten unterscheidet. Oft wird er aufgrund der starken werblichen Unterstützung in der Wahrnehmung der Verbraucher als qualitativ höherwertig wahrgenommen. Aufgrund der Markeninflation der letzten Jahre gibt es jedoch immer mehr Herstellermarken, die nur wenige Verbraucher kennen und deren vermeintliche Vorzüge vom Konsumenten nicht mehr nachvollzogen werden können. Stattdessen werden in bestimmten Segmenten vermehrt **Handelsmarken**, vor allem wegen ihres günstigen Preis-Leistungs-Verhältnisses, gekauft.

Merkmal \ Generation	Erste Generation	Zweite Generation	Dritte Generation	Vierte Generation
Marke	No Name	„Quasi-Marken"	Dachmarke des Handels	Segmentierte Handelsmarken, „Gestalt-Marken"
Produkte	Basislebensmittel	Großvolumige Einzelartikel	Große Kategorien	Imagebildende Produkte
Technologie	Basistechnologie mit niedrigen Barrieren	Eine Generation im Rückstand gegenüber Markenführer	Näher an Marktführer	Innovativ
Qualität/Image	Geringer als beim Herstellermarkenprodukt	Mittel, aber als geringer wahrgenommen	Wie führende Marken, Qualitätsgarantie des Handels	Besser oder genauso gut wie führende Marke, Imageaura des Handels
Kaufmotivation	Preis	Preis	Produktqualität/ Preis	Besseres Produkt
Hersteller	National, meist nicht spezialisiert	National, zum Teil Handelsmarkenspezialist	National, meist Handelsmarkenspezialist	International, meist Handelsmarkenspezialist

Abbildung 3-228: Phasen der Handelsmarkenentwicklung
(Quelle: Busch 1995, S. 9)

Handelsmarken sind Waren- oder Firmenkennzeichen, mit denen ein Handelsbetrieb oder eine Handelsorganisation Waren markiert. Mit dieser Definition ist jedoch keine explizite Beschreibung der Marken verbunden, sondern lediglich der Handel als Träger der Marke festgelegt (Schenk 1994, S. 59 f.). Lange Zeit herrschte Uneinigkeit darüber, ob es sich bei Handelsmarken überhaupt um echte Marken handelt. Wendet man die konstitutiven Merkmale der Marke nach Mellerowicz an, ist leicht ersichtlich, daß die Handelsmarke zum Beispiel das Kriterium der Ubiquität nicht erfüllen kann, da die Marke zumeist nur in den Geschäftsstätten **eines** Handelsunternehmens erhältlich ist.

Heutzutage ist es allerdings nahezu unumstritten, daß alle Formen der Handelsmarke als Markenartikel gelten können. Sie sind in der Wahrnehmung der Verbraucher als solche anerkannt und entsprechen den Kriterien der eingangs genannten Markendefinition. Nach einer aktuellen Erhebung haben circa 88 Prozent aller westdeutschen und sogar 97 Prozent aller ostdeutschen Bundesbürger mindestens einmal eine Handelsmarke (ohne Aldi) gekauft (GfK 1996, S. 11). Viele Handelsmarken werden sogar von Herstellern bekannter Markenartikel für den Handel produziert.

Drittes Kapitel Aktionsgrundlagen der Marketingentscheidung

Generell ist in den letzten Jahren eine Zunahme der Handelsmarken zu verzeichnen, wobei die Entwicklung nicht immer kontinuierlich verlief. Als gegen Ende der siebziger beziehungsweise Anfang der achtziger Jahre viele deutsche Handelsketten (wie Tengelmann, Rewe, Schaper) Handelsmarken einführten, kam es zunächst zu erheblichen Marktanteilsgewinnen der Handelsmarken. Dieser Anstieg schwächte sich jedoch in den folgenden Jahren wieder etwas ab. In den Phasen wirtschaftlicher Rezession dagegen fällt der Anstieg immer besonders hoch aus (vgl. Abbildung 3-229).

Je nach Produktsegment ist die Situation heute differenziert zu beurteilen. Nach der Erhebung der GfK Panel Services GmbH gab es beispielsweise im Segment der Heißgetränke von 1994 bis 1995 einen Rückgang der Handelsmarken um circa 1,5 Marktanteilspunkte, während bei Tiernahrung in diesem Zeitraum ein Zuwachs um circa 1,9 Marktanteilspunkte zu verzeichnen war. Der Marktanteil der Handelsmarken ist ferner von der Betriebsform abhängig. In den Discountern hat die Handelsmarke tendenziell Marktanteilsgewinne zu verzeichnen, während in den anderen Betriebsformen (zum Beispiel Verbrauchermärkte, klassischer Lebensmitteleinzelhandel) eine Stagnation beziehungsweise ein Rückgang der Marktanteile zu verzeichnen ist (GfK 1996, S. 15).

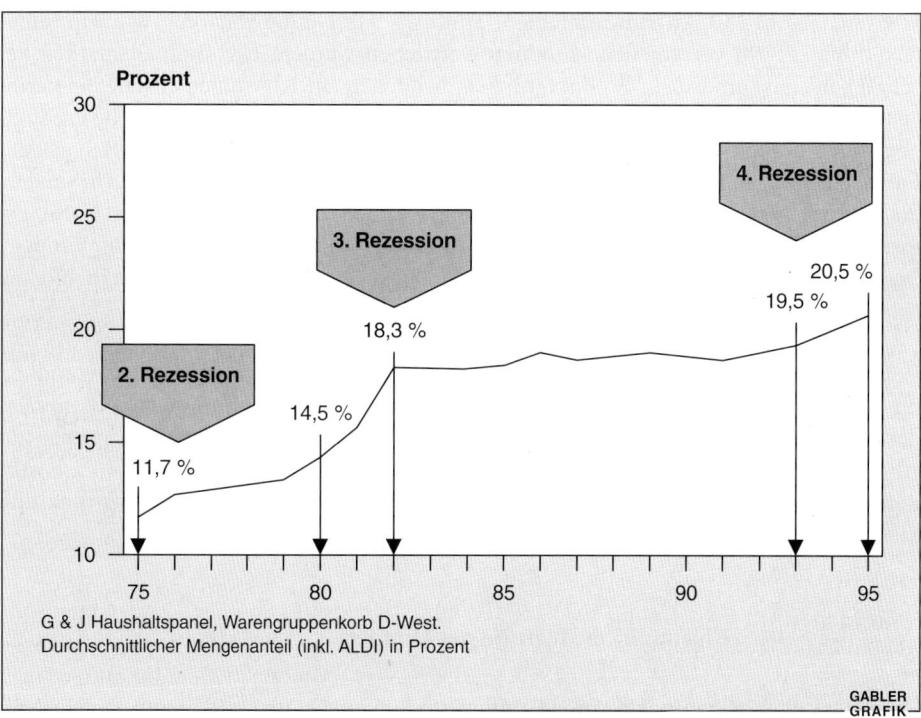

Abbildung 3-229: Marktanteilsentwicklung von Handelsmarken in Westdeutschland (1975–1995)
(Quelle: GfK 1996, S. 4)

6.1421 Gattungsmarkenstrategie

Die **Gattungsmarken** erfüllen in ihrer Produktkategorie jeweils nur die qualitativen Mindestanforderungen und besetzen das Preiseinstiegssegment. Dabei liegen sie nicht selten circa 40 Prozent unter dem Preisniveau der Herstellermarkenartikel (Kornobis 1993). Da sie oft nur in weiß mit einem unauffälligen Markierungsnachweis anzutreffen sind und nur die Gattungsbezeichnung (zum Beispiel Mehl, Zucker etc.) auf der Verpakkung führen, werden sie häufig als **no names, generics oder weiße Ware** bezeichnet. Dabei ist es keineswegs so, daß die Gattungsmarken unmarkiert sind. In ihrer gewollten Schlichtheit besitzen sie vielmehr eine sortimentseinheitliche Gestaltung mit einem eindeutigen Wiedererkennungssymbol und Markennamen (Moeller, von 1982). Slogans wie „gut und billig" oder „attraktiv und preiswert" dienen darüber hinaus der Orientierung der Kunden. Das Handelsunternehmen selbst tritt im Markennamen selten in Erscheinung, um einen negativen Imagetransfer zu vermeiden. Die Marken Tip von Asko, Ja und Die Weißen von Rewe, A & P von Tengelmann und Die Sparsamen von Spar sind einige der bekanntesten Gattungsmarken in der deutschen Handelslandschaft.

Während die Gattungsmarken in den Anfängen ihrer Entwicklung zumeist ein Sortiment von circa 10 bis 30 Artikeln umfaßten, gibt es heute Gattungsmarken wie Tip, unter denen bis zu 700 verschiedene Produkte vertrieben werden. Die Gattungsmarken beschränken sich zumeist auf Produktgruppen, bei denen auf Konsumentenseite ein geringes Einkaufsrisiko wahrgenommen wird und auf Produzentenseite eine einfache Produktgestaltung vorherrscht. Dies ist häufig bei Verbrauchsgütern des täglichen Bedarfs der Fall. Dementsprechend ist in diesen Segmenten der Anteil der Gattungsmarken besonders hoch. In der Warengruppe „Tissue Toilettenpapiere" beispielsweise erreichten Gattungsmarken im Jahr 1994 einen Anteil von fast 40 Prozent mit weiterhin steigender Tendenz (o. V. 1995). Innovationsträchtige Produktgruppen eignen sich aufgrund des erheblichen finanziellen Investitionsbedarfs nicht für Gattungsmarken.

Bei der Einführung der Gattungsmarken in den sechziger Jahren hatten diese vor allem die Aufgabe, die klassischen Handelsunternehmen im Preiskampf mit den aufkommenden Discounthandelsformen zu stärken. Heute dienen die Gattungsmarken primär zur Abrundung des Sortiments der Handelsunternehmung und als Signal für die Preiswürdigkeit der Einkaufsstätte im Wettbewerb (Becker 1994). Eine direkte Konkurrenz zum klassischen Herstellermarkenartikel wird nicht angestrebt.

6.1422 Eigenmarkenstrategie des Handels

Die **klassischen Eigenmarken des Handels** streben ein Qualitätsniveau an, welches mit den klassischen Herstellermarken vergleichbar ist („Äquivalenzmarken"). Allerdings zeichnen sie sich bei ähnlichen Ausstattungs- und Qualitätsmerkmalen durch einen deutlichen Preisvorteil gegenüber den Herstellermarkenartikeln aus (Stickel 1994). Beispiele aus der Praxis sind die Marke Erlenhof für Milchprodukte der Rewe, die Master-Product-Range von Tengelmann oder die Gartenmeister-Produkte der Garant-Handelsgruppe. Diese Eigenmarken sind primär in Produktkategorien mit geringem Innovationsgrad zu finden. Häufig stellen sie Nachbildungen von Herstellermarkenartikeln dar und treten als Folger in bereits erschlossene Märkte ein.

Ihre Qualität muß denen der Herstellermarken möglichst ebenbürtig sein, damit der Verbraucher den niedrigen Preis im Sinne eines guten Preis-Leistungs-Verhältnisses wahrnimmt und eine Präferenz für diese Marke aufbaut. Die Verpackungsgestaltung nimmt für diese Marken eine wichtige Stellung ein, da durch sie am Point of Sale (PoS) die im Vergleich zu Herstellermarken geringere Endverbraucherwerbung kompensiert werden muß. Oft wird die Verpackung einer bekannten Marke als Vorbild für die Gestaltung der Eigenmarke verwendet, um an deren Imagebonus teilhaben zu können. Dementsprechend hat beispielsweise die englische Handelskette Sainsbury ihr Cola-Getränk entsprechend dem Design des bekannten Marktführers Coca-Cola gestaltet.

Um erfolgreich am Markt agieren zu können, ist für diese Form der Handelsmarken ein professionelles Marketing und ein kontinuierliches Handelsmarkenmanagement unerläßlich. Die relativ hohe und beständige Qualität, die möglichst hohe Bekanntheit und Verbreitung sowie die werbliche Unterstützung sind ebenfalls von großer Bedeutung für den Erfolg der Eigenmarken (Kornobis 1994). Auf der finanziellen Seite sollen die Eigenmarken durch günstige Bezugsbedingungen und niedrigere Vertriebskosten bessere Spannen für den Handel erwirtschaften als die Herstellermarkenartikel. Der Beitrag der Handelsmarken zur Profilierung des Handels ist bisher nicht eindeutig erforscht. Nach einer Studie der Lebensmittelzeitung (1993) sind allerdings 65 Prozent aller befragten Lebensmitteleinzelhändler der Auffassung, daß das Angebot von Eigenmarken zu einer Profilierung der Handelsstätten beiträgt. Dabei wird argumentiert, daß das Differenzierungs- und Profilierungspotential der exklusiv vertriebenen Handelsmarken größer sei als das der in jeder Einkaufsstätte erhältlichen Herstellermarkenartikel.

In letzter Zeit haben sich auch in Deutschland immer mehr Handelsunternehmen der verschiedensten Branchen etabliert, die in ihren Einkaufsstätten zu 100 Prozent Handelsmarken anbieten. Sie stellen eine besonders intensive Ausprägungsform der Eigenmarkenstrategie dar. Das Qualitätsniveau dieser voll vertikalisierten Einkaufsstätten liegt häufig in einem ähnlichen Bereich wie die Qualität von Herstellermarkenartikeln. Oft unterscheidet der Verbraucher bei diesen Produkten überhaupt nicht mehr danach, ob der Handel oder ein Hersteller Träger der Marke ist, sondern trifft seine Entscheidung anhand des Preis-Leistungs-Verhältnisses. Bekannte Beispiele für diese Handelsmarkenstrategie stellen die Bekleidungshäuser Benetton und Hennes & Mauritz sowie das Kosmetikhandelsunternehmen Body Shop dar. Diesen Unternehmen ist es durch eine professionelle Markenführung gelungen, ein hohes Maß an Eigenständigkeit und Institutionenvertrauen aufzubauen und ihren Firmennamen als Dachmarke zu profilieren (Meffert/Burmann 1997).

6.1423 Premiummarkenstrategie des Handels

Die **Premium-Handelsmarken** streben eine im Vergleich zu den klassischen Herstellermarken überlegene Qualität an. Sie stellen somit nicht wie die anderen Handelsmarkentypen „Me-too"-Produkte dar. Durch die Zurverfügungstellung eines Zusatznutzens wollen sie eine höhere Kundenzufriedenheit und damit eine höhere Kundenbindung erreichen. Die erhöhte Qualität soll dabei den Preis als Entscheidungskriterium in den Hintergrund treten lassen und dem Handel einen preispolitischen Spielraum verschaffen. Das englische Unternehmen Marks & Spencer beispielsweise vertreibt unter seinem Handelsmarkenlabel St. Michael ein Nahrungsmittelsortiment, welches die qualitativen Ansprüche vieler Herstellermarken übertrifft und damit eine erhöhte Preisbereitschaft beim Konsumenten erzeugt. Eine ähnliche Preisprämie erreicht die Marke Naturkind von Tengelmann, die dem Kunden durch die Herausstellung des Produktvorteils „Natürlichkeit" einen Zusatznutzen kommuniziert. Die Premium-Handelsmarken zeichnen sich generell durch eine eigenständige und individuelle Produktgestaltung aus und sind zumeist in Segmenten mit hoher Innovationsrate angesiedelt (Pretzel 1996). Für den Erfolg der Premium-Handelsmarken sind die gleichbleibend hohe Qualität, zusätzliche Serviceleistungen und der Einsatz kommunikationspolitischer Maßnahmen unabdingbar.

Abbildung 3-230 zeigt eine zusammenfassende Gegenüberstellung der verschiedenen Markentypen im vertikalen Wettbewerb anhand ausgewählter Merkmale.

6.143 Markenstrategien im internationalen Wettbewerb

Werden die nationalen Markenkonzepte auf internationale Märkte ausgedehnt, bieten sich als Optionen die multinationale oder globale Markenstrategie sowie Mischformen zur Profilierung im Wettbewerb an (Meffert 1988b; Waltermann 1989; Meffert/Burmann 1996b).

6.1431 Multinationale Markenstrategie

Bei der **multinationalen Markenstrategie** sind die Unternehmen mit individuellen Markenkonzepten in den einzelnen Auslandsmärkten vertreten. Es werden sogenannte **„local brands"** angeboten, die eine optimale Anpassung an die länderspezifischen Bedürfnisse der Verbraucher und eine bessere Berücksichtigung nationaler Besonderheiten in den Kommunikations-, Preis- und Distributionsgegebenheiten sowie bei gesetzlichen Bestimmungen erlauben. Nestlé beispielsweise verfolgt mit den Markenfamilien Sarotti, Alete und Thomy diese Strategie erfolgreich, indem sie diese als lokale, im Hinblick auf die einzelnen Länder konzipierte Marken führt.

	Hersteller-Markenartikel	Klassische Handelsmarke	Gattungsmarke (No Names)
Markierung	Vom Hersteller	Vom Handel	Vom Handel
Qualitätsniveau	In der jeweiligen Preiskategorie optimale Qualität	Mittleres Anspruchsniveau	Bewußt reduziertes Anspruchsniveau
Produktnutzen	Grund- und Zusatznutzen	Grundnutzen und eingeschränkter Zusatznutzen	Nur Grundnutzen
Qualitätsgarantie für den Endverbraucher	Vom Hersteller	Vom Handel	Vom Handel
Preis	Der Leistung angemessen, zumeist höher	Mittel	Niedrig
Werbung	Produktwerbung	Preiswerbung	Preiswerbung
Marktfunktion	Innovation und Bedarfsweckung, Aufbau von Märkten, Abdeckung differenzierter Verbraucherwünsche	Me-too ohne Investition in Forschung und Marktaufbau, begrenztes Produktangebot	Me-too, stark eingeschränktes Produktangebot, Low-Interest-Produkte, reife Märkte
Distribution	Breit distribuiert	Nur in einzelnen Handelsunternehmen/-gruppen	Nur in einzelnen Handelsunternehmen/-gruppen
Verkehrsgeltung/ Durchsetzung im Markt	Breit	Begrenzt	Stark begrenzt (austauschbar)

Abbildung 3-230: Vergleich der Markentypen im vertikalen Wettbewerb

Ein länderspezifisch differenziertes markenstrategisches Vorgehen erscheint sinnvoll, wenn Unternehmen Marken erwerben, die sich in bestimmten Auslandsmärkten durchgesetzt haben und gut positioniert sind. Die Feldmühle AG bietet deshalb in Deutschland Toiletten- und Küchenpapier unter der Marke Servus an, während die infolge der Akquisition der holländischen Papierfabrik Gennep übernommenen Marken Page in Frankreich und Popla in Holland beziehungsweise Belgien weitergeführt werden. Die mangelnde Nutzung von Synergien im Marketing und fehlende Degressionseffekte in der

Produktion stellen zentrale Nachteile der multinationalen Markenpolitik dar. Ferner wird das Goodwill-Potential einer erfolgreichen Marke auf neuen internationalen Märkten nicht beziehungsweise nur unzureichend genutzt.

6.1432 Globale Markenstrategie

Im Rahmen der **globalen Markenstrategie** versuchen Unternehmen, ein einheitliches Markenkonzept ohne Rücksicht auf nationale Unterschiede international durchzusetzen. Im Idealfall wird die Marke weltweit mit identischer Markierung, Qualität, Positionierung, Verpackung sowie übereinstimmender Kommunikations-, Preis- und Distributionspolitik vertrieben.

Als wesentlicher **Vorteil** der globalen Markenstrategie wird häufig die konsequente Ausschöpfung von Kostensenkungspotentialen vor allem im Produktions- und Kommunikationsbereich genannt. So hat Coca-Cola allein durch die Standardisierung der Werbemittelproduktion innerhalb von 20 Jahren 90 Millionen Dollar eingespart. Die Einführung von Diät-Coke erfolgte deshalb weltweit mit gleicher Konzentratformel, Positionierung und werblicher Argumentation (Quelch/Hoff 1986).

Weiterhin lassen sich Lern- und Know-how-Effekte der einzelnen Niederlassungen nutzen, wodurch F & E- und Markteinführungserfahrungen schneller übertragen werden können. Eine weitere Chance von globalen Markenkonzepten ist im Aufbau einer über alle Länder hinweg einheitlichen Markenidentität zu sehen. Aus diesem Grund achtete das Unternehmen Melitta bei der Neuordnung seiner Markenstrategie darauf, daß die neu entwickelten Markennamen Toppits, Swirl und Aclimat in über 100 Ländern geschützt werden können und keine sprachlichen Schwierigkeiten oder negative Assoziationen auftreten.

Die **Nachteile** einer globalen Markenstrategie liegen vor allem in der Vernachlässigung lukrativer Nischen und länderspezifischer Bedürfnisse sowie in der wenig der jeweiligen Kultur angepaßten Konsumentenansprache. Darüber hinaus ergibt sich die Gefahr des Entstehens von Konflikten zwischen Mutter- und Tochtergesellschaften durch eine zentral gesteuerte Markenpolitik. Aufgrund der immer noch existierenden Unterschiede in der Bedarfsstruktur der Konsumenten und den wettbewerbsbezogenen Rahmenbedingungen bleibt das globale Markenkonzept eher standardisierbaren Dienstleistungen (McDonald's, Ikea), High-Tech-Produkten (IBM, Sony, Kodak), Prestigeartikeln (Perrier, Chanel, Bogner) und nicht kulturgebundenen Gütern (Coca-Cola, Levi's, Isostar) vorbehalten (vgl. fünftes Kapitel, Abschnitt 5). Dennoch lassen sich selbst bei solchen Marken länderspezifische Anpassungen im Markenauftritt nicht völlig verhindern. Coca-Cola muß zum Beispiel bei der Marke Fanta durch lebensmittelrechtliche Besonderheiten in Deutschland, Spanien und Italien Unterschiede im geschmacklichen und farblichen Erscheinungsbild in Kauf nehmen (Kreutzer 1989).

6.1433 Gemischte Markenstrategie

Die Mehrzahl der Unternehmen verfolgt deshalb auf internationalen Märkten eine **gemischte Markenstrategie** nach dem Grundsatz: soviel Standardisierung wie möglich, soviel Differenzierung wie nötig. Hierbei wird versucht, unter weitgehender Beibehaltung eines einheitlichen Markenprofils sowohl Kosten- als auch Nutzenvorteile durch Anpassung des Markenkonzeptes an die individuellen Ländergegebenheiten auszuschöpfen. Zentrales Problem der gemischten Markenstrategie ist der Variationsgrad der Marke in den unterschiedlichen Ländern. Dabei muß beachtet werden, inwieweit etwa Anpassungen der Qualität oder des Preises in den verschiedenen Ländern vorgenommen werden können, ohne daß das Markenartikelkonzept gefährdet wird oder bei international mobilen Konsumenten Irritationen auftreten (Meffert/Bolz 1997).

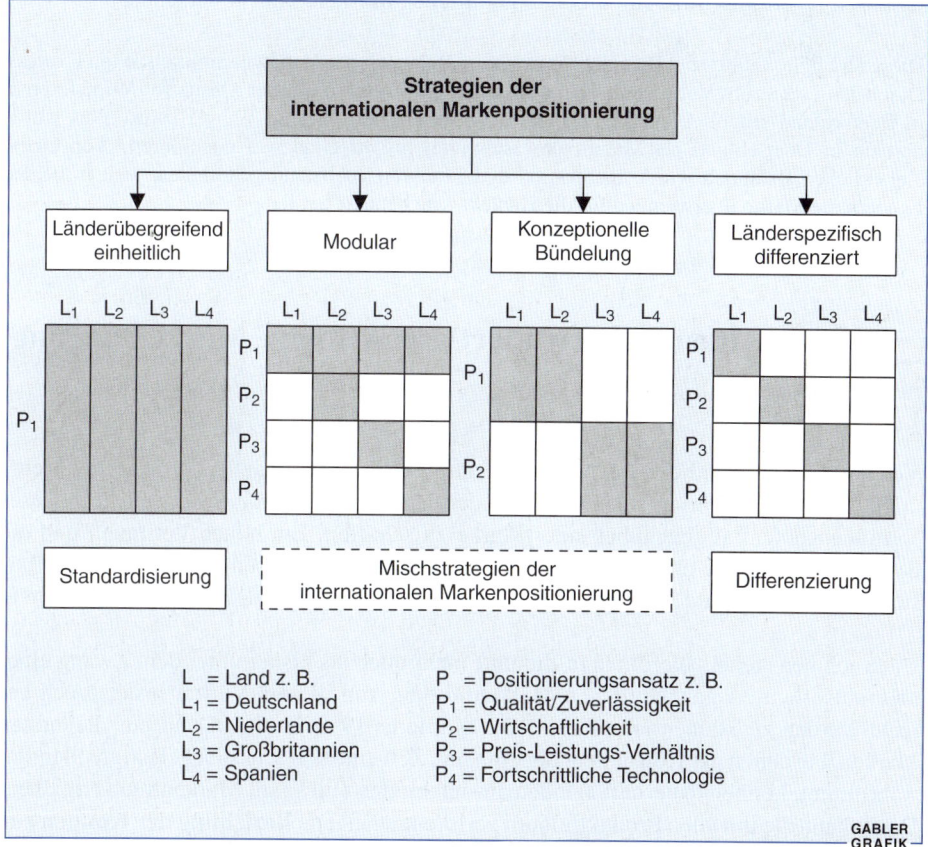

Abbildung 3-231: Idealtypische Strategien der internationalen Markenpositionierung
(Quelle: Waltermann 1989, S. 75)

Innerhalb der Mischstrategien lassen sich vor allem eine modulare und eine konzeptionell gebündelte Markenstrategie unterscheiden (Waltermann 1989, S. 73 ff.) (vgl. Abbildung 3-231). Bei geringen Länderunterschieden wird im Rahmen der modularen Markenstrategie der länderübergreifend tragfähige Kernnutzen einer Marke in den einzelnen Auslandsmärkten um länderspezifische Zusatznutzenelemente ergänzt und das Markenkonzept nur leicht modifiziert. Die Auswahl der Kernnutzenelemente erfolgt dabei über eine Analyse der Präferenzwirkung konkreter Produkteigenschaften bei der Markenwahl. Diese dienen dann als Ausgangspunkt für eine universell gültige Basispositionierung.

Demgegenüber erweist sich die **konzeptionell gebündelte Markenstrategie** als sinnvoll, wenn in den internationalen Märkten zwar deutliche Einstellungs- und Verhaltensunterschiede bestehen, sich aber bestimmte Märkte zu homogenen Ländergruppen zusammenfassen lassen. Die Marken werden hierbei in den einzelnen Ländergruppen identisch positioniert und mit einem einheitlichen Markenkonzept versehen.

Diese Strategie wählte zum Beispiel Henkel beim Relaunch des Handwaschmittels Wipp Express. Durch den Trend zum Vollwaschen bei niedrigen Temperaturen war der Absatz von Wipp Express in Deutschland erheblich zurückgegangen. Die modifizierte Marke Wipp Express Plus wurde deshalb in Deutschland als Maschinenwaschmittel bis 40 Grad neu positioniert. Von einem einheitlichen Relaunch wurde in Spanien und Frankreich Abstand genommen, weil in beiden Ländern die Marke überwiegend für die Handwäsche benutzt wird.

6.15 Identitätsorientiert-ganzheitliche Markenführung

Vor dem Hintergrund der wachsenden Komplexität und Dynamik der Märkte ist eine „richtige" Markenführung mehr denn je in der Lage, bei den Verbrauchern ein besonderes Vertrauenspotential gegenüber einer Marke zu schaffen. Ein hohes Vertrauen und die damit einhergehende Entlastungs- und Orientierungsfunktion ist notwendig, um die Existenzberechtigung und Wettbewerbsfähigkeit des Markenartikels auf Dauer zu erhalten.

Unternehmen stehen allerdings in Zukunft mehr noch als bisher unter dem Zwang einer identitätsorientiert-ganzheitlichen Markenführung, um diesem Vertrauensanspruch gerecht werden zu können (Kapferer 1992, Kapferer 1999, S. 46). Denn nur diejenigen Marken, bei denen der Konsument über längere Zeit eine klare, in sich gefestigte Identität wahrnimmt, können dauerhaft Kunden an sich binden und somit Markentreue erreichen. Damit kann die in vielen Produktfeldern verlorengegangene **Beziehung der Kunden zur Marke** wieder gefestigt werden. Unter Markenidentität soll in diesem Zusammenhang die in sich widerspruchsfreie Summe aller Merkmale einer Marke verstanden werden, die diesen Markenartikel von anderen dauerhaft unterscheidet und damit seine Markenpersönlichkeit ausmacht. Die Markenidentität entsteht erst durch die wechselseitige Beziehung zwischen internen und externen Zielgruppen der Marke (Meffert/Burmann 1996a, S. 31).

Nicht nur die Merkmale Markenhistorie, Markenname und -symbole, sondern alle Komponenten des Marketing-Mix üben einen großen Einfluß auf die Markenidentität aus. Die Preisstellung, das Markendesign, das Qualitätsniveau, die typischen Verwender, die Endverbraucherwerbung, das Mitarbeiterverhalten und die Markenpräsentation am PoS sollen hier nur exemplarisch als Einflußfaktoren der „Gestalt" der Markenidentität genannt werden. Nicht zu unterschätzen ist darüber hinaus die Bedeutung der Unternehmenskultur für die Markenidentität, da diese das Verständnis der Marke im Unternehmen (Selbstbild) entscheidend prägt. In Abbildung 3-232 sind die Komponenten der Markenidentität im Überblick dargestellt (Meffert/Burmann 1997). Die in der Abbildung aufgeführten Beispiele sind Marken, deren Identität in besonderer Weise durch die entsprechende Komponente geprägt wird.

Die Identität einer Marke kann in diesem Zusammenhang anhand der vier Dimensionen

- Marke als Produkt,
- Marke als Person,
- Marke als Organisation,
- Marke als Symbol

beschrieben werden (Aaker 1996).

Die Identität kann jedoch nicht isoliert aus der Unternehmensperspektive betrachtet werden, sondern steht im Spannungsfeld zwischen dem Unternehmen und seiner Umwelt. Deshalb muß zwischen dem Selbstbild und dem Fremdbild der Identität unterschieden werden. Während auf der einen Seite das Selbstbild der Identität im Unternehmen entsteht und von den Managern direkt beeinflußt werden kann, formt sich auf der anderen Seite ein Fremdbild der Markenidentität bei den verschiedenen Anspruchsgruppen. Dieses Fremdbild spiegelt sich letztlich im **Image der Marke** wider. Die Stärke und Prägnanz der Markenidentität sind dabei vor allem von dem Grad der Übereinstimmung zwischen Fremd- und Selbstbild abhängig. Nur wenn eine weitgehende Übereinstimmung (Kongruenz) vorliegt, kann eine Marke erfolgreich auf Basis ihrer Identität geführt werden und eine starke Position im Wettbewerb erreichen (Meffert/Burmann 1996a).

Die Markenidentität stellt somit die Grundlage für den Erfolg der strategischen Markenführung dar. Eine starke Markenidentität ist letztlich nur über einen längeren Zeitraum durch eine Vielzahl einzelner identitätsprägender Eindrücke und Erlebnisse zu erreichen. Demnach muß jede Aktivität der Unternehmung unter dem Primat dieser Identität erfolgen.

Mixübergreifende Entscheidungen

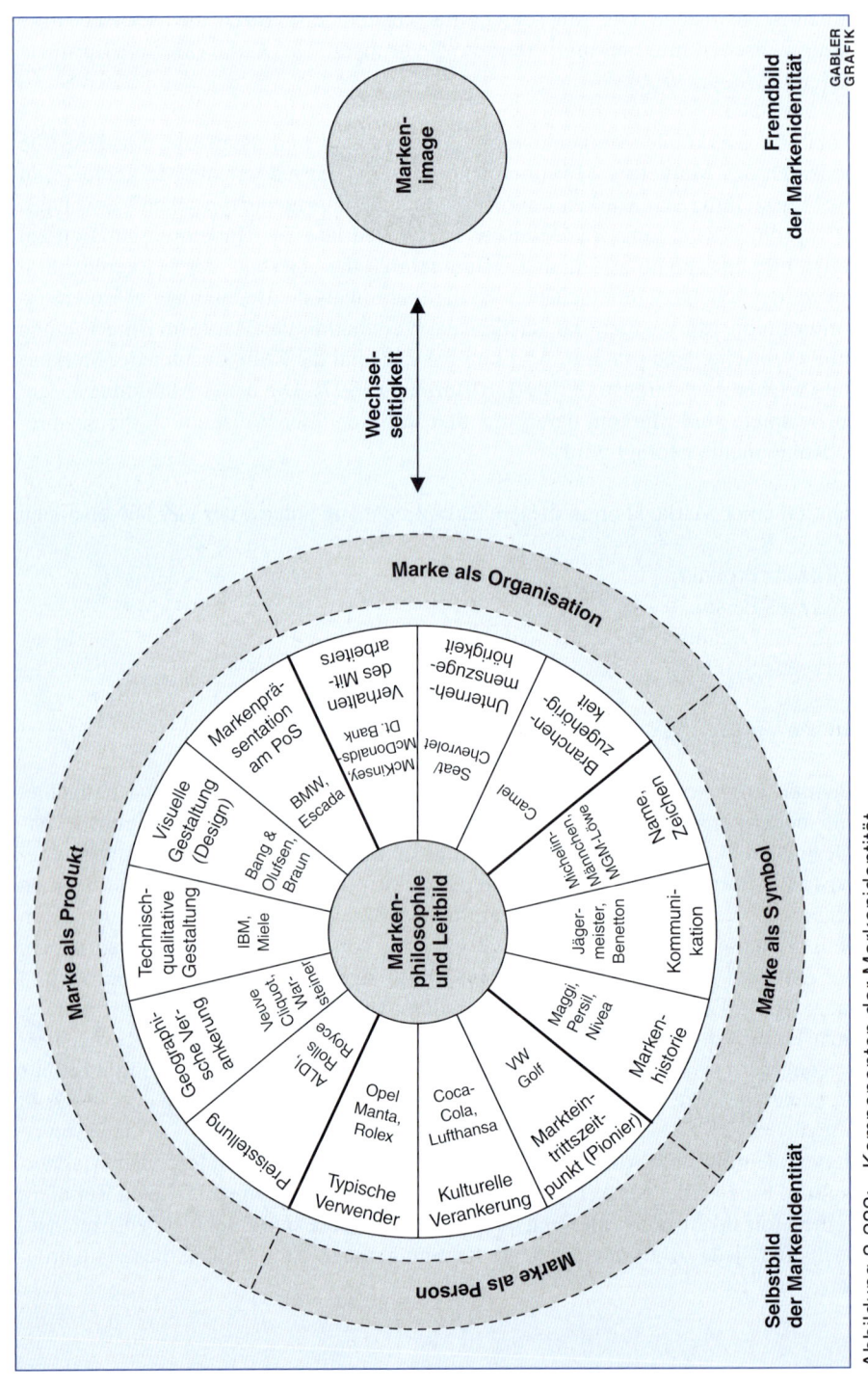

Abbildung 3-232: Komponenten der Markenidentität
(Quelle: Meffert/Burmann 1997, S. 60)

Bei der identitätsorientierten Auswahl und Umsetzung der markenstrategischen Optionen im horizontalen, vertikalen und internationalen Wettbewerb ist die konsequente Anwendung der folgenden Erfolgsprinzipien der Markenführung von besonderer Bedeutung (**6-C-Konzept der Markenführung**) (Meffert 1994a):

1. **Competence:** Je höher die Qualitätsanforderungen an den funktionalen, ökologischen und erlebnisbezogenen Markennutzen sind, desto wichtiger erscheinen Markenkonzepte, die in der Gebrauchs-, Verbrauchs- und Entsorgungsphase echte Problemlösungskompetenz beweisen.

2. **Credibility:** Je kritischer Konsumenten und Öffentlichkeit gegenüber Marktleistungen von Unternehmen werden, um so wichtiger ist die Glaubwürdigkeit des Unternehmensverhaltens, getragen durch eine identitätsorientiert-ganzheitliche Markenpolitik.

3. **Concentration:** Je intensiver der Wettbewerb und je größer der Kostendruck, um so wichtiger ist die Konzentration der Unternehmensressourcen auf wenige starke Marken.

4. **Continuity:** Je größer die Umweltdynamik und Komplexität auf den Märkten, um so wichtiger ist die Kontinuität des Markenauftritts als Orientierungshilfe bei der Markenwahl der Konsumenten.

5. **Commitment:** Je größer die Gefahr der Markenimitation und die mangels echter Leistungsvorteile bestehende Markenähnlichkeit, desto wichtiger erweist sich ein konsequentes Innovationsstreben, das in der Unternehmenskultur verankert ist.

6. **Cooperation:** Je heterogener die Wertvorstellungen, Denk- und Verhaltensweisen der Konsumenten werden, um so wichtiger ist eine partnerschaftliche Zusammenarbeit von Hersteller und Handel zur frühzeitigen Anpassung an Marktveränderungen.

Eine leistungsfähige Organisationsstruktur, Informations- und Steuerungssysteme sowie eine sensible, auf die Marken bezogene Unternehmenskultur tragen in diesem Rahmen dazu bei, eine profilschaffende Identität mit der notwendigen Flexibilität der Markenführung zu verbinden.

Ein erfolgreiches Beispiel zur Kontinuität in der Markenführung stellt die Dr. Rolf Hein KG dar (vgl. Insert 3-48).

Fix und fertig zum Pusten
Seit fünfzig Jahren produziert die Dr. Rolf Hein KG Seifenblasen

soj. TÜBINGEN, 20. Oktober. Wer hierzulande an Seifenblasen denkt, hat ein bestimmtes Bild vor Augen: ein blaues Röhrchen und darauf ein gelber Bär mit Halsschleife, der Blasen fabriziert. Diese Verpackung kennen Großmütter ebenso wie ihre Enkel. Seit 50 Jahren hat sich das Aussehen der Röhrchen nämlich nur unwesentlich verändert. Früher war es allerdings ein Aluminiumröhrchen mit Naturkorkverschluß und einer Federdrahtspirale als Blasring. Heute sind die Röhrchen komplett aus Kunststoff gefertigt. Und auch der Inhalt ist nicht mehr der gleiche wie vor fünfzig Jahren.

Damals, nach dem Ende des Zweiten Weltkriegs, als Geld und Waren knapp waren, mischte der Chemiker Rolf Hein Waschmittel zusammen und tauschte es bei den Bauern der Umgebung gegen Lebensmittel ein. Doch mit der Währungsreform endete die Hochphase des Tauschhandels, und Rolf Hein mußte umdisponieren. Bei seinen Experimenten mit den Waschmitteln war er auf eine Flüssigkeit gestoßen, die eine hohe Oberflächenspannung aufwies und sich daher sehr gut für Seifenblasen eignete. 1948 erfand er die Marke Pustefix: Seifenblasen – fix und fertig zum Pusten. Heute ist sie der einzige Hersteller von Seifenblasen in Deutschland und macht einen Umsatz von 5 Millionen DM mit steigender Tendenz. Vor 25 Jahren waren es weniger als 2 Millionen DM.

28 Mitarbeiter sind in dem Unternehmen in Tübingen-Kilchberg angestellt. Dort wird die Flüssigkeit produziert. Über die genauen Ingredienzen ist auch heute noch nichts zu erfahren. In dem Raum mit dem übergroßen Bottich, auch er blau und mit Bär und Halsschleife, riecht es jedenfalls stark nach Ammoniak. Im Jahr werden 500 000 Liter der Flüssigkeit hergestellt. Das ergibt 50 000 Röhrchen an einem Arbeitstag. Zwei Drittel der Produktion werden in Deutschland verkauft, ein Drittel ist für den Export. In 50 Länder exportiert die Dr. Rolf Hein KG ihre Produkte mittlerweile. Außer den europäischen Ländern sind die Vereinigten Staaten und Japan die Hauptabnehmer. Auch in Indien, Rußland und Nordafrika müssen die Kinder nicht mehr mit Seifenlauge und Strohhalm hantieren, um Seifenblasen steigen zu lassen. Das südliche Afrika, Australien und Südamerika sind indes noch weitgehend Pustefix-frei.

Waren es zu Beginn nur zwei Produkte, die Rolf Hein anbot, hat sein Sohn und heutiger Seniorchef, Gerold Hein, eine Palette von 15 Produkten. Außer den Klassikern, den Seifenblasenröhrchen mit 42 oder 78 Millimeter Inhalt, gibt es Pustepfeifen, Pusteschlangen und Pustebären – alles in knalligen Farben und aus Kunststoff. Die blauen Röhrchen wurden erst in den fünfziger Jahren aus Kunststoff hergestellt. Die früher verwendeten Aluminiumröhrchen mit Federdrahtspirale hatten den Nachteil, daß die Flüssigkeit nicht lange hielt. Außerdem erwies sich der Korkverschluß als porös und das Röhrchen somit als undicht. Dadurch konnten die Seifenblasen nicht gelagert und für den Export bereitgehalten werden.

Heute ist die Lagerhalle gut bestückt. Da das Seifenblasengeschäft ein Saisongeschäft ist – denn wer bläst schon im Schnee Seifenblasen –, wird für das Lager produziert. Auf dem 2000 Quadratmeter großen Firmengelände wird die Flüssigkeit hergestellt, maschinell in die Röhrchen gefüllt und verpackt. „Die Flüssigkeit ist im Prinzip noch die gleiche wie früher", berichtet Gerold Hein. Aber verändern habe man sie in den 50 Jahren schon müssen. Allein durch die Umweltauflagen seien neue Experimente nötig gewesen. Heute sind die Seifenblasen vollständig biologisch abbaubar. Außer dem Lager und der Verwaltung befindet sich auch noch eine Reparaturwerkstatt auf dem Gelände. Dort werden die Werbebären der Firma überarbeitet. Die elektrisch betriebenen Bären, die echte Seifenblasen blasen, werden an Spielzeugläden vermietet. Abgeschaltet und zum Teil stark beschädigt überwintert die Bärenflotte in der Firma. Etwa 350 von ihnen werben allein in Deutschland für Pustefix.

Ansonsten ist Pustefix nicht auf aktive Werbung angewiesen. „Seifenblasen sind ein Spontankauf", sagt Gerold Hein. Aber von indirekter Werbung profitiere seine Firma schon. Oftmals verwenden nämlich andere Firmen das Motiv der Seifenblasen, um für ihre eigenen Produkte zu werben. So schaltete etwa Siemens eine Anzeige, die ein Mädchen mit Seifenblase zeigt, um auf die Überzeugungskraft einfacher Ideen zu verweisen. Auch Clowns und Zirkusleute, die die schillernden Blasen in ihr Programm aufnehmen, werben indirekt für Pustefix. Oder auch Spielfilme wie Doris Dörries „Bin ich schön?". Dort gehört zum Handtascheninventar der Hauptdarstellerin auch das blaue Röhrchen aus Tübingen.

Stoff, aus dem Träume sind: Seifenblasen — Foto Axel Nordmeier

INSERT 3-48: Frankfurter Allgemeine Zeitung, 21.10.1998, S. 30

Literaturhinweise

Aaker, D. A. (1990), Brand Extensions: The Good, the Bad, and the Ugly, in: Sloan Management Review, Summer 1990, S. 47–56.
Aaker, D. A. (1996), Building Strong Brands, New York u. a.
Aaker, D. A., Joachimsthaler, E. (2000), Brand leadership, New York u. a.
Alewell, K. (1974), Markenartikel, in: Tietz, B. (Hrsg.), Handwörterbuch der Absatzwirtschaft, Wiesbaden, Sp. 1217–1227.
BBDO (Hrsg.) (o. J.), A World of Brand Parity, unveröffentlichte Studie.
Becker, J. (1994), Typen von Markenstrategien, in: Bruhn, M. (Hrsg.), Handbuch Markenartikel, Anforderungen an die Markenpolitik aus Sicht von Wissenschaft und Praxis, Bd. 1, Stuttgart, S. 463–498.
Becker, J. (1998), Marketing-Konzeption, 7. Aufl., München.
Berekoven, L. (1978), Zum Verständnis und Selbstverständnis des Markenwesens, in: Markenartikel heute, Marke, Markt und Marketing, Schriftenreihe Markt und Marketing des Gabler-Verlags, Wiesbaden, S. 35–48.
Burkhardt, R. (1991), Marken für den Markt von Morgen, in: Industriemagazin, Nr. 6, S. 22–30.
Busch, S., (1995), Qualitätsmanagement und Markenartikel, in: Melitta Unternehmensgruppe – Geschäftsbericht 1995, Minden, S. 6–11.
Chernatony, L. de, McDonald, M. (1998), Creating powerful brands in consumer, service and industrial markets, 2nd ed., Oxford.
Dekimpe, M. G., Mellens, M., Steenkamp, J. B. E. M., Vanden Abeele, P. (1996), Erosion and Variability in Brand Loyalty, Working Paper No. 96–114, Marketing Science Institute (Hrsg.), Boston.
Domizlaff, H. (1939), Die Gewinnung des öffentlichen Vertrauens: ein Lehrbuch der Markentechnik, Hamburg (zitiert nach 2. Aufl., 1951).
Fazio Maruca, R. (1999), How Do You Grow a Premium Brand, in: Harvard business review on brand management, S. 51–78, Boston.
Freter, H. (1977), Markenpositionierung: Ein Beitrag zur Fundierung markenpolitischer Entscheidungen auf der Grundlage psychologischer und ökonomischer Modelle, Münster.
GfK Panel Services GmbH (Hrsg.) (1996), Markenartikel und Handelsmarken im Wettbewerb, Gutachten erstellt für die Gesellschaft zur Erforschung des Markenwesens e. V. (GEM) Wiesbaden/Nürnberg.
Haseborg, F. ter, Mäßen, A. (1997), Das Phänomen Variety-Seeking-Behavior: Modellierung, empirische Befunde und marketingpolitische Implikationen, in: Jahrbuch der Absatz- und Verbrauchsforschung, Nr. 2, S. 164–168.
Hätty, H. (1989), Der Markentransfer, Heidelberg.
Kapferer, J.-N. (1992), Die Marke – Kapital des Unternehmens, Landsberg/Lech.
Kapferer, J.-N. (1999), Strategic Brand Management: Creating and Sustaining Brand Equity Long Term, 2nd ed., London.
Keller, K. L. (1998), Strategic brand management – building, measuring, and managing brand equity, New Jersey.
Körfer-Schün, P. (1990), Von der Produktvielfalt zur Markenkompetenz: Konzeptmarken für den Weltmarkt entwickeln, in: Schöttle, K. (Hrsg.), Jahrbuch des Marketing, Wiesbaden, S. 88–96.
Kornobis, K.-J. (1993), Von der weißen Front zum Markenartikel, in: Markenartikel, Nr. 11, S. 526–531.
Kornobis, K.-J. (1994), Renaissance der Handelsmarke, Eine Entwicklung in vier Phasen, in: LZ-Journal, Nr. 16 vom 22.04.1994, S. J 16–J 18.
Kotler, P. (1988), Marketing-Management, 6th ed., Englewood Cliffs.
Kreutzer, R. (1989), Markenstrategien im länderübergreifenden Marketing, Markenartikel, Nr. 11, S. 569–572.

Lebensmittelzeitung (Hrsg.) (1993), Duell der Marken, Untersuchung der Lebensmittelzeitung zum Comeback der Handelsmarken, Frankfurt am Main.
Mayer, A., Mayer, R. (1987), Imagetransfer, Hamburg.
Mayer, U. (1984), Produktpositionierung, Köln.
Meffert, H. (1979), Der Markenartikel und seine Bedeutung für den Verbraucher, Gruner+Jahr AG & Co. (Hrsg.), Hamburg.
Meffert, H. (1988a), Markenstrategien als Waffe im Wettbewerb, in: Henzler, H. (Hrsg.), Handbuch Strategische Führung, Wiesbaden, S. 581–610.
Meffert, H. (1988b), Strategische Unternehmensführung und Marketing, Wiesbaden.
Meffert, H. (1990), Euromarketing im Spannungsfeld zwischen nationalen Bedürfnissen und globalem Wettbewerb, in: Meffert, H., Kirchgeorg, M. (Hrsg.), Marktorientierte Unternehmensführung im europäischen Binnenmarkt, Stuttgart, S. 21–37.
Meffert, H. (1992), Strategien zur Profilierung von Marken, in: Marke und Markenartikel, Dichtl, E., Eggers, W. (Hrsg.), München, S. 129–156.
Meffert, H. (1994a), Markenführung in der Bewährungsprobe, in: Markenartikel, Nr. 10, S. 478–481.
Meffert, H. (1994b), Entscheidungsorientierter Ansatz der Markenpolitik, in: Bruhn, M. (Hrsg.), Handbuch Markenartikel, Anforderungen an die Markenpolitik aus Sicht von Wissenschaft und Praxis, Bd. 1, Stuttgart, S. 173–197.
Meffert, H. (1999), Mehrmarkenstrategien – immer die beste Option?, in: Absatzwirtschaft, Sondernummer Oktober 1999, S. 82–87.
Meffert, H., Bolz, J. (1997), Internationales Marketing-Management, 3. Aufl., Stuttgart u. a.
Meffert, H., Bruhn, M. (1984), Markenstrategien im Wettbewerb, Wiesbaden.
Meffert, H., Bruhn, M. (1987), Markenpolitik als Erfolgsfaktor im Handel, in: Bruhn, M. (Hrsg.), Marketing-Erfolgsfaktoren im Handel, Frankfurt am Main/New York, S. 101–131.
Meffert, H., Burmann, C. (1996a), Identitätsorientierte Markenführung – Grundlagen für das Management von Markenportfolios, Arbeitspapier Nr. 100 der Wissenschaftlichen Gesellschaft für Marketing und Unternehmensführung e. V., Meffert, H., Wagner, H., Backhaus, K. (Hrsg.), Münster.
Meffert, H., Burmann, C. (1996b), Identitätsorientierte Markenführung, in: International Brand Management, Arbeitspapier Nr. 103 der Wissenschaftlichen Gesellschaft für Marketing und Unternehmensführung e. V., Meffert, H., Wagner, H., Backhaus, K. (Hrsg.), Münster, S. 21–44.
Meffert, H., Burmann, C. (1997), Identitätsorientierte Markenführung – Konsequenzen für die Handelsmarke, in: Bruhn, M. (Hrsg.), Handelsmarken im Wettbewerb – Entwicklungstendenzen und Zukunftsperspektiven der Handelsmarkenpolitik, 2. Aufl., Wiesbaden 1997, S. 49–69.
Meffert, H., Burmann, C. (1999), Abnutzbarkeit und Nutzungsdauer von Marken, in: Jahrbuch der Absatz- und Verbrauchsforschung 45. Jg., Heft 3, S. 244–263.
Meffert, H., Burmann, C. (2000), Markenbildung und Markenstrategien, in: Handbuch Produktmanagement, Albers, S., Herrmann, A. (Hrsg.), Wiesbaden 2000 (im Druck).
Meffert, H., Heinemann, G. (1990), Operationalisierung des Imagetransfers, in: Marketing, Zeitschrift für Forschung und Praxis, Nr. 1, S. 5–10.
Meffert, H., Kirchgeorg, M. (1998), Marktorientiertes Umweltmanagement, 3. Aufl., Stuttgart.
Mellerowicz, K. (1963), Markenartikel, Die ökonomischen Gesetze ihrer Preisbildung und Preisbindung, 2. Aufl., München/Berlin.
Moeller, B., von (1982), „Namenlose" Handelsmarken, in: Markenartikel, Nr. 1, S. 16–20.
Müller, G.-M. (1994), Dachmarkenstrategien, in: Bruhn, M. (Hrsg.), Handbuch Markenartikel, Anforderungen an die Markenpolitik aus Sicht von Wissenschaft und Praxis, Bd. 2, Stuttgart, S. 499–511.
Nommensen, J. (1990), Die Prägnanz von Markenbildern, Heidelberg.
o. V. (1991), Markenartikel weiter im Aufwind, in: Markenartikel, Nr. 6, S. 262–263.
o. V. (1995), Handelsmarken sind die Gewinner, in: Lebensmittelzeitung, Nr. 18 vom 08.05.1995, S. 47–48.

o. V. (1996), Das blaue Wunder, in: Manager Magazin, Nr. 2, S. 64–73.

Porter, M. (1988), Wettbewerbsstrategie, Frankfurt am Main.

Pretzel, J. (1996), Die Entwicklung von Handelsmarken – Untersuchungen und Zukunftsperspektiven im Verbrauchsgüterbereich, in: Bruhn, M. (Hrsg.), Handelsmarken im Wettbewerb, Entwicklungstendenzen und Zukunftsperspektiven der Handelsmarkenpolitik, Stuttgart, S. 121–148.

Prick, H.-J. (1988), Warum Line Extension für Nivea?, in: Gotta, M. et al. (Hrsg.), Brand News, Wie Namen zu Markennamen werden, Hamburg, S. 89–96.

Quelch, J. A. (1996), Markenwertentwicklung in internationalen Märkten, in: International Brand Management, Arbeitspapier Nr. 103 der Wissenschaftlichen Gesellschaft für Marketing und Unternehmensführung e. V., Meffert, H., Wagner, H., Backhaus, K. (Hrsg.), Münster, S. 4–20.

Quelch, J. A., Hoff, E. (1986), Globales Marketing – nach Maß, in: Harvardmanager, No. 4, S. 107–110.

Quelch, J. A., Kenny, D. (1995), Markenpolitik I: Lieber den Gewinn steigern als die Zahl der Varianten, in: Harvard Business Manager, No. 1, S. 94–101.

Schenk, H.-O. (1994), Handels- und Gattungsmarken, in: Bruhn, M. (Hrsg.), Handbuch Markenartikel, Anforderungen an die Markenpolitik aus Sicht von Wissenschaft und Praxis, Bd. 1, Stuttgart, S. 57–78.

Schröder, E. F. (1994), Familienmarkenstrategien, in: Bruhn, M. (Hrsg.), Handbuch Markenartikel, Anforderungen an die Markenpolitik aus Sicht von Wissenschaft und Praxis, Bd. 2, Stuttgart, S. 513–526.

Stickel, A. (1994), Entwicklungstendenzen des Markenartikels aus Handelsperspektive, in: Bruhn, M. (Hrsg.), Handbuch Markenartikel, Anforderungen an die Markenpolitik aus Sicht von Wissenschaft und Praxis, Bd. 3, Stuttgart, S. 2023–2047.

Waltermann, B. (1989), Internationale Markenpolitik und Produktpositionierung: Markenpolitische Entscheidungen im europäischen Automobilmarkt, Wien.

6.2 Verkaufsmanagement

6.21 Gegenstand des Verkaufsmanagement

Im Rahmen des Marketing-Mix zahlreicher Unternehmen nimmt der Verkauf eine zentrale Stellung ein. Der **Verkauf** läßt sich dabei als **Kulminationspunkt einer Reihe von Unternehmensaktivitäten** charakterisieren. Mitunter wird der Verkauf auch als „Speerspitze des Marketing" bezeichnet (Witt 1996, S. 1). Sofern der Verkauf einer Marktleistung nicht gelingt, sind alle von der Unternehmung zuvor durchgeführten Handlungen – ob strategischer oder nicht-strategischer Art – wertlos für die Unternehmung (Goehrmann 1984, S. 84).

Der Begriff des Verkaufens wird auf sehr unterschiedliche Weise interpretiert, wobei sich die Begriffsauslegungen auf die austauschbezogene und die persuasive Interpretation des Verkaufs zurückführen lassen (Kramer 1993, S. 200 ff.). Aus **austauschbezogener Sichtweise** kann der Verkauf als Tausch von Leistungen bezeichnet werden, wobei Gegenstand dieses Tausches sowohl materielle als auch immaterielle Leistungen sowie Geld sein können. Bei der mehrheitlich verwendeten **persuasiven Interpretation** werden dagegen unter Verkauf sämtliche Bemühungen, zu einem Verkaufsabschluß zu gelangen, subsumiert. Die wissenschaftliche Forschung zum Verkauf beschränkte sich in der Vergangenheit zumeist auf die Analyse des persönlichen Kontakts zwischen Käufer und Verkäufer, dem sogenannten persönlichen Verkauf („personal selling"). **Ziel des persönlichen Verkaufs ist es, durch die mündliche Präsentation von Argumenten in einem Gespräch mit einem oder mehreren potentiellen Käufern einen Verkaufsabschluß zu bewirken** (Verkauf im engeren Sinne).

Obgleich der persönliche Verkauf auch in der Zukunft eine nach wie vor hohe Bedeutung einnehmen wird, ist spätestens mit dem Einzug und der Verbreitung der neuen Informations- und Kommunikationstechnologien auch den Formen des unpersönlichen Verkaufs (zum Beispiel multimedialer Verkauf) eine verstärkte Aufmerksamkeit zu widmen. Verkauf läßt sich damit in einem weiteren Sinne definieren als ein **Interaktionsvorgang zwischen mindestens zwei Personen, der durch Medien (zum Beispiel Computer) unterstützt werden kann und das Ziel verfolgt, einen Verkaufsabschluß zu bewirken**.

Die Aufgaben des Verkaufsmanagement umfassen dabei sowohl konzeptionell-strategische als auch operative Gesichtspunkte (Goehrmann 1984, S. 18 f.). In konzeptioneller Hinsicht besteht die Aufgabe des Verkaufsmanagement insbesondere in der Planung des an den Unternehmens- und Marketingzielen angepaßten **Zielsystems des Verkaufs** sowie der daraus resultierenden Festlegung der Verkaufsformen und -arten. Unter operativen Gesichtspunkten sind demgegenüber schwerpunktmäßig die Selektion und Akquisition geeigneter Verkaufsinstrumente und des Verkaufspersonals sowie die Schulung, Überwachung, Steuerung und Motivation dieses Personals zu planen und umzusetzen. **Das Verkaufsmanagement umfaßt damit die Planung, Steuerung und Kontrolle des Verkaufs unter konzeptionellen und operativen Gesichtspunkten** (Goehrmann 1984, S. 19).

Eine eindeutige Zuordnung des Verkaufsinstrumentariums zu den vier Marketing-Mix-Bereichen ist kaum möglich. Da der persönliche Verkauf vorwiegend eine Kommunikationsaufgabe in Form der gezielten Vermittlung von Informationen in Verbindung mit einer Überzeugung zum Kauf darstellt, läßt sich streng genommen eine Einordnung in den Kommunikationsmix rechtfertigen.

Häufig werden allerdings auch die Aufgaben des persönlichen Verkaufs umfassender definiert. So liegen die Aufgaben eines typischen Außendienst- oder Verkaufsmitarbeiters sowohl in der oben beschriebenen Überzeugungsleistung als auch in der physischen Distribution der angebotenen Produkte. Damit ist auch eine überschneidungsfreie Zuordnung des persönlichen Verkaufs zum Kommunikationsmix nicht mehr möglich, so daß der persönliche Verkauf zuweilen als Bindeglied zwischen Kommunikations- und Distributionsmix bezeichnet wird (Albers 1989, S. 22).

Aufgrund des Wandels im Aufgabenspektrum des Verkäufers (vgl. Abschnitt 6.23) und der neueren Verkaufsformen bietet sich eine Betrachtung des Verkaufsinstrumentariums als **mixübergreifender Entscheidungstatbestand** an. Dabei ist das Verkaufsinstrumentarium in synergetischer Weise mit den Instrumenten der Produkt-, Kontrahierungs-, Distributions- und Kommunikationspolitik auszurichten, wobei diese Instrumente wiederum selbst vom Verkaufsmanagement in geeigneter Weise einzusetzen sind.

6.22 Formen und Arten des Verkaufs

Eine Gliederung der verschiedenen Formen und Arten des Verkaufs kann nach unterschiedlichen Kriterien vorgenommen werden (Meffert 1994, S. 183; Holz 1995; Weis 1995, S. 27 ff.; Holz 1996; Witt 1996, S. 23 ff.). Nach dem **Verkaufsort** kann beispielsweise zwischen dem Verkauf im stationären Handel sowie dem Außendienstverkauf unterschieden werden (Belz 1999). Eine Differenzierung nach den **Verkaufsobjekten** führt hingegen zum Konsumgüter-, Gebrauchsgüter-, Investitionsgüter-, und Dienstleistungsverkauf (Weis 1995, S. 27).

Eine übergreifende Systematisierung läßt sich mit Hilfe **des Medieneinsatzes im Verkaufsprozeß** beziehungsweise der **Art des Angebots im Verkaufsprozeß** vornehmen. Erfolgt dieses Angebot im persönlichen Gespräch, also im Interaktionsprozeß zwischen Verkäufer und Käufer, wird vom persönlichen Verkauf gesprochen. Zentrales Kennzeichen des persönlichen Verkaufs ist also der persönliche Kontakt, der im Rahmen eines Dialogs ein direktes Feedback zwischen Käufer und Verkäufer ermöglicht. Ist dieser

Gesprächskontakt von Käufer und Verkäufer durch eine unmittelbare physische Präsenz beider Gesprächspartner an einem Ort gekennzeichnet, kann vom **klassischen persönlichen Verkauf** gesprochen werden. Wird das Verkaufsgespräch dagegen ohne direktes Gegenübertreten von Verkäufer und Käufer vorgenommen, so ist diese Situation als **semipersönlicher Verkauf** zu bezeichnen (zum Beispiel Telefonverkauf). Erfolgt das Angebot zum Kauf schließlich nicht im Rahmen eines persönlichen Verkaufsgesprächs sondern über ein Medium, kann vom **unpersönlichen oder medialen Verkauf** gesprochen werden (zum Beispiel Verkauf über Computer oder Automatenverkauf).

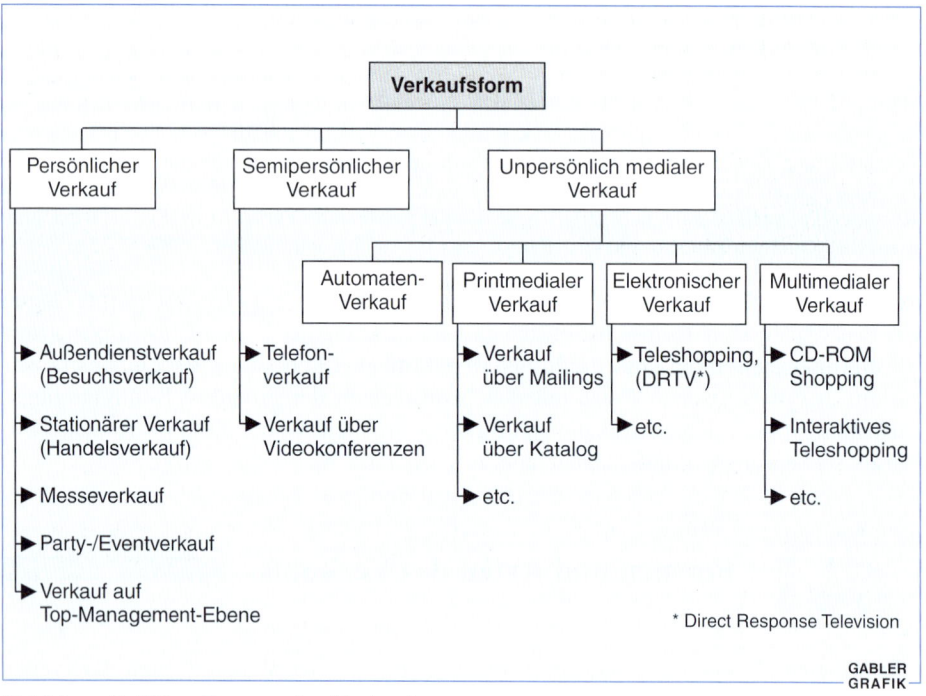

Abbildung 3-233: Formen des Verkaufs

Obgleich auch beim persönlichen Verkauf im heutigen Technologiezeitalter nur noch selten ein Verkaufsgespräch ohne jegliche Verwendung technischer Hilfsmittel durchgeführt wird, nimmt das Medium in diesem Fall lediglich eine verkaufsunterstützende Funktion ein (**mittelbarer Medieneinsatz**, zum Beispiel mediale Präsentation des Verkaufsgegenstandes), so daß der persönliche Verkauf auch als mediengestützter Verkauf bezeichnet werden kann. Beim semipersönlichen Verkauf kommt dem Medium dagegen neben dieser möglichen Verkaufsunterstützung vor allem eine **Kontaktanbahnungsfunktion** zu, da ein Verkaufsgespräch letztlich erst mit Hilfe dieses Mediums (zum Beispiel Telefon) zustande kommt. Schließlich besitzt das Medium beim unpersönlich medialen Verkauf eine unmittelbare Verkaufsfunktion (**unmittelbarer Medieneinsatz**). Mit Hilfe dieser Systematisierung lassen sich die verschiedenen Verkaufsarten und deren Ausprägungen, wie in Abbildung 3-233 dargestellt, zusammenfassen.

6.221 Persönlicher Verkauf

Die Bedeutung des persönlichen Verkaufs ist von zahlreichen Faktoren abhängig und ist daher für die jeweilige Unternehmung unterschiedlich zu beurteilen. So ist der Stellenwert des persönlichen Verkaufs um so höher, je erklärungsbedürftiger, neuartiger und hochwertiger die angebotenen Güter und Dienstleistungen sind (Weis 1995, S. 21). Darüber hinaus beeinflußt die **Art der Kaufentscheidung** die Bedeutung des persönlichen Verkaufs in hohem Maße. Ein besonderes Gewicht kommt dem persönlichen Verkauf im Falle einer extensiven Kaufentscheidung zu (Bänsch 1998). Hier liegt ein hohes Involvement der Konsumenten vor. Häufig handelt es sich bei den angebotenen Gütern um Produkte von hoher sozialer Relevanz (zum Beispiel Automobile). Im Hinblick auf die **sektoralen Bereiche** des Marketing ist dem persönlichen Verkauf besonders im Investitionsgütermarketing ein hoher Stellenwert beizumessen, während im Konsumgüter- und Dienstleistungsmarketing in Abhängigkeit von der Art der angebotenen Leistungen zuweilen auch die Formen des unpersönlichen Verkaufs (zum Beispiel Versandverkauf etc.) von hoher Bedeutung sind. Abbildung 3-234 beschreibt den Stellenwert des persönlichen Verkaufs am Beispiel des Automobilverkaufs.

Der persönliche Verkauf tritt in vielerlei Formen auf. Beim **Außendienstverkauf** (Besuchsverkauf) erfolgt der Verkauf über Besuche von Handelsvertretern oder Reisenden beim Kunden (vgl. drittes Kapitel, Abschnitt 4.323). Da sich viele Entscheidungstatbestände des Verkaufsmanagement auf die Problemstellungen des persönlichen Verkaufs im Außendienst zurückführen lassen, wird der Außendienstverkauf vielfach als **Synonym für den persönlichen Verkauf** betrachtet (Montgomery/Urban 1969, S. 245f.; Goehrmann 1984, S. 18ff.; Albers 1989, S. 20). Dabei wird eine derartige Eingrenzung vorwiegend in solchen Veröffentlichungen vorgenommen, in denen einzelne dieser Tatbestände zumeist quantitativ diskutiert werden (zum Beispiel Verkaufsgebiets-, Routen- oder Tourenplanung). Eine solche Begriffseinengung bietet sich allerdings vornehmlich für Bereiche besonders **erklärungsbedürftiger Produkte** wie dem Investitionsgüterverkauf an, da hier der Verkauf nahezu ausschließlich über den Außendienst vorgenommen wird.

Ein Großteil der Aufgaben des Verkäufers beim Außendienstverkauf läßt sich ebenso wie die grundsätzlichen Charakteristika der Verkaufsgesprächsführung auf den **stationären Verkauf** übertragen. Diese Form des persönlichen Verkaufs tritt vorwiegend im Bereich langlebiger Konsumgüter auf und wird auch als **Handels- oder Wiederverkäufer-Verkauf** bezeichnet (zum Beispiel Verkauf von Automobilen oder Kleidung).

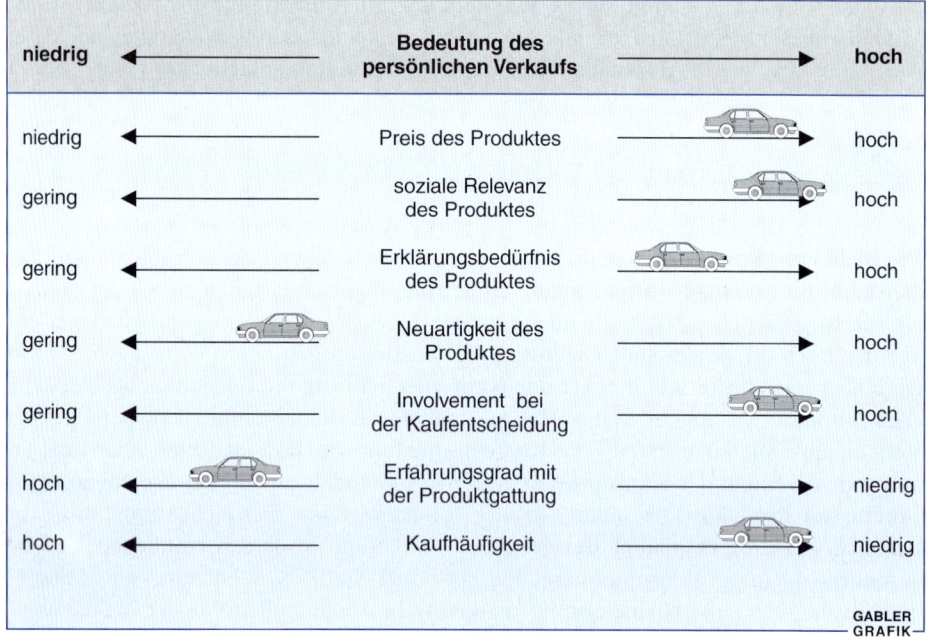

Abbildung 3-234: Stellenwert des persönlichen Verkaufs dargestellt am Beispiel der Automobilindustrie

Grundsätzlich kann dieser Verkaufsform auch der Verkauf von kurzlebigen Konsumgütern zugeordnet werden (Verkauf im Supermarkt), wenngleich dem Verkaufspersonal in diesem Fall zumeist lediglich eine Informationsfunktion zukommt. Demzufolge wird hier auch vom **Selbstbedienungskauf** gesprochen.

Eine weitere Form des persönlichen Verkaufs stellt der Verkauf auf organisierten Einladungen wie der **Messeverkauf** oder der **Event- beziehungsweise Partyverkauf** dar. Dem Messeverkauf ist insbesondere im Business to Business Bereich eine hohe Bedeutung beizumessen, auch wenn der Messebeteiligung heute vorwiegend eine **Kontaktanbahnungsfunktion** zukommt. Der Event- oder Partyverkauf ist dagegen von geringerer Bedeutung. Hier führt der Verkäufer zumeist eine Verkaufspräsentation vor mehreren potentiellen Käufern durch, wie etwa bei einer „Tupper-Party" oder bei einer sogenannten „Kaffee-Fahrt" (Bus- oder Schiffsreise mit Verkaufsveranstaltung).

Eine Sonderstellung nimmt schließlich auch der **Verkauf auf der Top-Management-Ebene** ein. Ein solcher Verkauf ist zumeist von hoher strategischer Bedeutung für die verhandelnden Parteien, so daß dieser ausschließlich von der Unternehmensführung durchgeführt wird (zum Beispiel Verkauf von Investitionsgütern/Unternehmen beziehungsweise Verkauf von Lizenzen).

6.222 Semipersönlicher Verkauf

Im Gegensatz zum klassischen persönlichen Verkauf erfolgt beim semipersönlichen Verkauf das Verkaufsgespräch via Medium und damit ohne unmittelbare Anwesenheit von Verkäufer und Käufer. Dieser Sonderform des persönlichen Verkaufs kann der Telefonverkauf zugeordnet werden. **Der Telefonverkauf läßt sich kennzeichnen als telefonische Präsentation von Argumenten in einem Verkaufsgespräch mit dem Ziel, einen Verkaufsabschluß zu bewirken.** Grundsätzlich kann zwischen aktivem und passivem Telefonverkauf unterschieden werden (Weis 1995, S. 203). Während beim **aktiven** Telefonverkauf der Kontakt vom Verkäufer ausgeht, übernimmt der Kunde beim **passiven** Telefonverkauf die Kontaktinitiative. Somit läßt sich die Situation des passiven Telefonverkaufs nur bedingt dem persönlichen Verkauf zuordnen, da sich das Verkaufsgespräch zumeist lediglich auf die Aufnahme und Abwicklung von Kundenbestellungen beschränkt (wie zum Beispiel beim Teleshopping oder Versandverkauf). Dagegen lassen sich die grundsätzlichen Charakteristika der Gesprächsführung im persönlichen Verkauf weitestgehend auf den aktiven telefonischen Verkauf übertragen. Der Telefonverkauf unterliegt in Deutschland engen rechtlichen Grenzen (Ahlert/Schröder 1996, S. 338 f.). Die Zulässigkeit eines Verkaufs über Telefon ist somit jeweils im Einzelfall zu überprüfen.

Insgesamt läßt sich der Telefonverkauf nur schwer von anderen Formen des Verkaufs abgrenzen. Schätzungen zufolge wird heute jede vierte Umsatzmark über einen Verkaufsabschluß am Telefon generiert (Bernskötter 1991, S. 224). Ein Großteil dieser Umsätze ist allerdings auf den passiven Telefonverkauf zurückzuführen oder aber die Folge eines ausführlichen persönlichen Verkaufsgespräches vor dem telefonischen Verkaufsabschluß (Kaufbestätigung). Der Begriff „Telefonverkauf" ist häufig eng verknüpft mit Formen des Teleshopping oder des Versandverkaufs, wobei in diesen Fällen nicht vom persönlichen Verkauf gesprochen werden kann, da dem Verkaufspersonal hier lediglich die Aufgabe der Aufnahme einer Bestellung zukommt und somit die grundsätzlichen Merkmale eines persönlichen Verkaufsgespräches nicht relevant sind. Eine hohe Bedeutung kommt dem Telefonverkauf besonders in solchen Bereichen zu, in denen der Faktor Zeit eine wichtige Rolle spielt, wie etwa im Ersatzteilgeschäft oder im Werkstattbereich. Hier benötigen die Kunden die Ware oftmals unmittelbar, so daß der Telefonverkauf vielfach mit einem Sofortauslieferungsservice verbunden ist. Darüber hinaus besitzt der telefonische Verkauf auch im Dienstleistungssektor oft eine hohe Relevanz. Als Beispiel sei in diesem Zusammenhang der telefonische Ticketverkauf bei Fluglinien oder Konzerten genannt.

Als technische Erweiterung des Telefonverkaufs läßt sich der **Verkauf über Videokonferenzen** bezeichnen. Obwohl das Medium Videokonferenz bereits im Frühjahr 1985 von der damaligen Bundespost als geschäftliche Anwendung vorgestellt wurde und sich die technischen Möglichkeiten seither erheblich verbessert haben (digitale Netze etc.), ist dessen Verbreitung bislang sehr gering (Huly/Raake 1995, S. 79; BBE 1996, S. 238). Der Verkauf über Videokonferenzen ist daher derzeit noch als **bedeutungslos** zu bezeichnen, wenngleich die zukünftige Entwicklung durchaus unterschiedlich beurteilt wird. So können mit Hilfe der Videokonferenz viele Vorteile des klassischen persönlichen Verkaufs genutzt werden. Insbesondere die **wichtigen Elemente nonverbaler Kommuni-**

kation wie Blickkontakt, Mimik oder Körperhaltung lassen sich dabei ohne direkte Anwesenheit der Gesprächs- oder Verhandlungspartner nutzen, so daß der Verkauf über Videokonferenzen eine hohe Ähnlichkeit zum klassischen persönlichen Verkauf aufweist. Inwieweit sich indes in der Zukunft durch die Nutzung von Videokonferenzen eine Reduktion der Verkaufskosten erzielen läßt, hängt maßgeblich von der Entwicklung der Anschaffungs- und Nutzungskosten sowie der Akzeptanz dieser Kommunikationsform ab.

6.223 Unpersönlich-medialer Verkauf

Obgleich sich die Aufgaben des Verkaufsmanagement derzeit noch weitestgehend auf den persönlichen Verkauf konzentrieren, erfolgen dennoch in zunehmendem Maße Verkaufsabschlüsse ohne persönlichen Kontakt zwischen Käufer und Verkäufer. **Der unpersönliche Verkauf wird jeweils mit Hilfe eines Mediums vorgenommen, dem dabei sowohl eine Angebots- als auch eine Abschlußfunktion und somit eine unmittelbare Verkaufsfunktion zukommt.** Dem unpersönlichen Verkauf wird besonders in jüngerer Zeit eine verstärkte Aufmerksamkeit gewidmet. Die Ursache für diese gestiegene Bedeutung ist in der verstärkten Verbreitung neuer Informations- und Kommunikationstechnologien zu sehen. Mit Ausnahme des ebenfalls dem unpersönlichen Verkauf zuzuordnenden Automatenverkaufs können die zahlreichen Formen des unpersönlich-medialen Verkaufs mit Hilfe einer Differenzierung nach dem jeweiligen Medium, über welches das Verkaufsangebot erfolgt, in folgende Bereiche aufgeteilt werden:

- printmedialer Verkauf,
- elektronischer Verkauf sowie
- multimedialer Verkauf.

Beim **printmedialen Verkauf** erfolgt das Verkaufsangebot schriftlich, wobei dazu zumeist **Mailings oder Kataloge** eingesetzt werden. Neben den direkt an einzelne Konsumenten gerichteten Angeboten (zum Beispiel über ein persönliches Anschreiben) kann das Verkaufsangebot auch in **Insertionsmedien** – auf eine anonyme Zielgruppe gerichtet – vorgenommen werden.

Über den printmedialen Verkauf hinaus läßt sich auch der elektronische sowie der multimediale Verkauf dem unpersönlich-medialen Verkauf zuordnen, wobei die Übergänge zwischen diesen Formen fließend sind. Die populärste Anwendungsform des **elektronischen Verkaufs** stellt das Teleshopping (**D**irect **R**esponse **T**ele**v**ision, DRTV) dar. **Beim Teleshopping werden im Rahmen von Werbe- oder Verkaufssendungen Produkte angeboten, die unmittelbar während oder im Anschluß an die Sendung vom Konsumenten bestellt werden können.** Das klassische Teleshopping arbeitet vor allem in Verbindung mit dem passiven Telefonverkauf. Unter einer angegebenen Rufnummer können die Kunden dabei die zuvor vom Anbieter präsentierte Leistung bestellen.

In den USA hat sich das Teleshopping zu einer etablierten Verkaufsform entwickelt. Dennoch wurden hier 1993 mit Hilfe dieser Verkaufsform lediglich 2,5 Prozent des gesamten Einzelhandelsumsatzes erwirtschaftet (BBE 1996, S. 267). In Deutschland hat das Direct Response Television eine deutlich geringere Bedeutung, was nicht zuletzt auf rechtliche Barrieren zurückgeführt wird. So stellt das Teleshopping zwar grundsätzlich eine zulässige Sendeform dar, ist aber rechtlich wie Werbung zu behandeln und darf folglich auch für Privatsender lediglich 20 Prozent der täglichen Sendezeit umfassen (Huly/Raabe 1995, S. 193). Im Gegensatz zu den USA sind somit reine Shopping-Kanäle in Deutschland noch nicht umzusetzen. Da darüber hinaus im Rundfunkstaatsvertrag (RFSTV) das Limit für Werbesendungen auf 60 Minuten beschränkt ist, gehen Experten davon aus, daß der 1994 circa 350 Millionen DM umfassende Umsatz mit Teleshopping ohne diese rechtlichen Einschränkungen hätte verdoppelt werden können (Müller/Geppert 1996, S. 88).

Im Zuge der Verbreitung multimedialer Informations- und Kommunikationstechnologien erweitert sich auch das Anwendungsfeld des elektronischen Verkaufs, wobei in diesem Zusammenhang häufig vom interaktiven elektronischen oder multimedialen Verkauf gesprochen wird. Als **entscheidendes Differenzierungsmerkmal des multimedialen Verkaufs läßt sich die interaktive Nutzung verschiedener Medien im Verkauf charakterisieren.** Das Anwendungsspektrum des multimedialen Verkaufs ist relativ breit. Neben dem **interaktiven Teleshopping**, wo der Konsument in Zukunft direkt per Knopfdruck den gerade am Bildschirm angebotenen Artikel bestellen kann, werden in diesem Zusammenhang unter anderem das CD-ROM-Shopping sowie weitere Formen des Online-Verkaufs genannt (zum Beispiel Direktverkauf vom Hersteller an den Kunden über das Internet etc.). Insgesamt deuten Prognosen für das Jahr 2005/2010 auf beachtliche Gesamtmarktanteile von 4,0 bis 7,5 Prozent durch „Electronic Shopping" hin (BBE, 1996; Zentes 1996).

Die vielfältigen Ausprägungen des unpersönlich-medialen Verkaufs werden am Beispiel des Versandverkaufs besonders deutlich. **Beim Versandverkauf werden dem Abnehmer nach Eingang einer schriftlichen, fernmündlichen oder elektronischen Bestellung Produkte mit zeitlicher Verzögerung zugestellt. Dabei ersetzt das über ein Medium (Brief, Katalog, Fernsehen, Internet etc.) präsentierte Angebot die mündliche Angebotsschilderung** (Meinig 1992).

Schätzungen zur wirtschaftlichen Bedeutung des Versandverkaufs beziehen sich gängigerweise auf den „klassischen Versandhandel". Das Umsatzpotential des Versandhandels wurde im Jahre 1989 auf circa 3,7 Prozent des Gesamteinzelhandelsumsatzes geschätzt, wobei Prognosen für das Jahr 2000 von einer Steigerung bis auf 6,2 Prozent ausgehen (BBE 1996, S. 381). Solche Zahlen lassen sich jedoch aufgrund der problematischen Begriffsabgrenzung nur eingeschränkt interpretieren. So werden vom Statistischen Bundesamt nur diejenigen Unternehmen unter der Rubrik Versandhandel geführt, die mehr als 50 Prozent ihres Gesamtumsatzes im Versandgeschäft erzielen. Darüber hinaus erfolgt auch die Behandlung des Direktvertriebs nicht einheitlich. Während dieser vom Statistischen Bundesamt in die Rubrik „Handelsmittlung" eingeordnet wird, wird der Direktvertrieb vom Bundesverband des Versandhandels (BVH) dem Versandhandel zugerechnet (Meinig 1992).

Aus Konsumentensicht lagen die Vorteile des Versandkaufs zunächst primär im deutlich niedrigeren Preis im Vergleich zum Kauf im stationären Handel. In der Zwischenzeit ist dieser Preisvorteil allerdings nicht zuletzt aufgrund der zahlreichen preisaggressiven Betriebsformen und -typen des stationären Handels etwas verwaschen, so daß ein grundsätzliches **„Trading Up"** des Versandhandels festzustellen ist. Waren in der Vergangenheit vorwiegend wenig erklärungsbedürftige Gebrauchsgüter wie Kleidung Gegenstand des Versandverkaufs, so werden mittlerweile – nicht zuletzt aufgrund der durch die neuen Kommunikationstechnologien verbesserten Möglichkeiten der Angebotsdarstellung – auch vermehrt technische Güter (Videokamera etc.) über diese Verkaufsform abgesetzt.

Eine Sonderform des unpersönlich-medialen Verkaufs ist schließlich der **Verkauf über Automaten**. Der Automatenverkauf bietet sich insbesondere bei sogenannten „Convenience goods" des täglichen Bedarfs an und kann eine sinnvolle **Ergänzung** zu anderen Verkaufsformen sein. Ein Kauf über Automaten stellt für den Konsumenten häufig eine habitualisierte Kaufentscheidung dar, da beim Kauf derartiger Produkte die Auswahlentscheidung zumeist bereits im Vorfeld getroffen worden ist und das wahrgenommene Kaufrisiko bei solchen Käufen gering ist (zum Beispiel der Kauf einer Zeitung vor der Arbeit bei einem am Betrieb postierten Automaten). Aus Sicht der Anbieter wird der Automatenverkauf bei vielen Gütern zur Schaffung einer **Ubiquität** (Überallerhältlichkeit, zum Beispiel bei Zigaretten) sowie zur Ausweitung der **zeitlichen Produktverfügbarkeit** eingesetzt. Der Automatenverkauf stellt somit auch eine legalisierte Umgehung des Ladenschlußgesetzes dar.

Der Verkauf von Blumen über den Automaten kann als Beispiel für die Umgehung des Ladenschlußgesetzes angesehen werden. Interessanterweise werden solche Blumenautomaten indes nicht ausschließlich vor Blumengeschäften aufgestellt, sondern sind etwa am Wochenende auch an Tankstellen etc. postiert. Obgleich Tankstellen von den grundsätzlichen Restriktionen des Ladenschlußgesetzes befreit sind, dürfen auch dort außerhalb der gesetzlichen Ladenöffnungszeiten nur ausgewählte Produkte verkauft werden. Da Tankstellen auch am Wochenende häufig angefahren werden, der Blumenverkauf allerdings zu dieser Zeit nicht gestattet ist, bietet sich mit dem Verkauf über Automaten eine attraktive Umgehung dieses Verbots für die kooperierenden Tankstellen und Blumengeschäfte.

Aufrund der dynamischen Entwicklung des technischen Fortschritts fällt eine Klassifizierung der zahlreichen Varianten des unpersönlich-medialen Verkaufs zunehmend schwerer. Während in der Vergangenheit neben dem printmedialen Verkauf allenfalls dem „klassischen Teleshopping" Aufmerksamkeit zuteil wurde, läßt sich heute eine eindeutige Zuordnung einzelner Verkaufsvarianten kaum mehr vornehmen. So kann beispielsweise der Verkauf über Terminals in Reisebüros, Bahn- oder Flughäfen sowohl dem Automatenverkauf als auch dem elektronischen oder multimedialen Verkauf zugeordnet werden.

6.23 Aufgaben des Verkaufs

Das Aufgabenspektum des Verkaufs hat sich in der Vergangenheit stark gewandelt. Der Verkauf wurde in den sechziger und siebziger Jahren vorwiegend als Verteilungsfunktion angesehen. In der anschließenden Phase konzentrierten sich die Verkaufsaufgaben primär auf das reine **„Hard Selling"**. Demgegenüber konnte in der jüngsten Vergangenheit zunehmend eine Restrukturierung des Verkaufsinstrumentariums vieler Unternehmungen, verbunden mit einer Neudefinition des Aufgabenspektrums, beobachtet werden (Belz 1999). Anstelle einer Beschränkung auf die eigentliche Kaufphase nimmt der Verkauf dabei mehr und mehr die Funktion einer **ganzheitlichen Kundenbetreuung** ein („Customer-Life-Cycle"-Ansatz), wobei die Aufgaben des Verkäuferstabes weit über die eigentliche Verhandlungsführung in der Kaufphase hinausgehen (vgl. Abbildung 3-235).

Neben der primären Funktion, einen Verkaufsabschluß zu erzielen, kommen dem Verkauf damit zahlreiche weitere Aufgaben während des gesamten Kundenlebenszyklus zu.

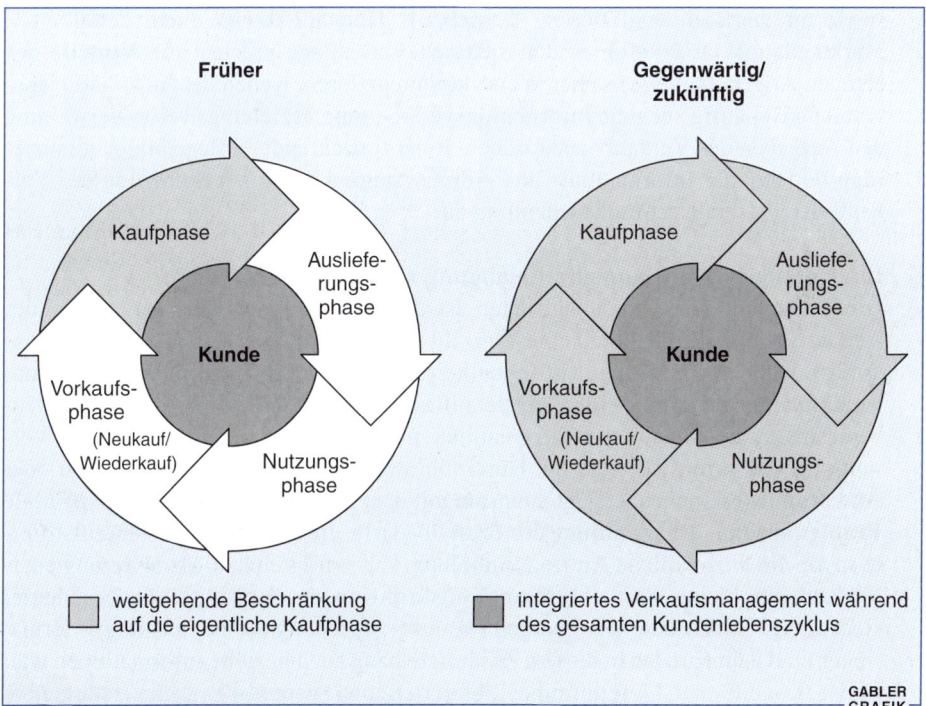

Abbildung 3-235: Wandel im Anspruchsspektrum des Verkaufs

Das umfangreiche Anforderungsspektrum, welches sich weitestgehend auf den persönlichen Verkauf bezieht, wird in starkem Maße von der Zielgruppe, der angebotenen Marktleistung und der konkreten Verkaufssituation bestimmt. Grundsätzlich lassen sich dem (persönlichen) Verkauf folgende **Aufgabengruppen** zuordnen (Goehrmann 1984, S. 21 f.; Hill/Rieser 1990, S. 421; Loss/Belz 1994; Meffert 1995; Althaide et al. 1996):

- **Gewinnung und Verwaltung von Informationen:**
  Durch den unmittelbaren Kontakt zum Kunden ist der Verkauf wie kein anderes Marketinginstrument in der Lage, Marktinformationen zu beschaffen. Im Rahmen der **Auffindung potentieller Kunden** sind dabei über die reine Adressenbeschaffung hinaus häufig auch Informationen über kaufentscheidende und kaufbeeinflussende Personen (zum Beispiel im Rahmen organisationaler Beschaffungsprozesse) sowie über Strukturdaten der potentiellen Abnehmer (wie Unternehmensgröße etc.) zu gewinnen. Von hoher Bedeutung ist zudem die **Analyse des Kundenbedarfs**. Solche Informationen können oft sinnvolle Anregungen zur Produktverbesserung oder für Innovationen liefern; zuweilen bietet sich auch eine Einbeziehung der Nachfrager in den Produktentwicklungsprozeß an („Customer as Co-Producer", Althaide et al. 1996, S. 410). Darüber hinaus zählt vielfach auch die fortlaufende Analyse des Wettbewerbs zu den Aufgaben des Verkaufs (insbesondere in kleineren sowie in stark diversifizierten Betrieben). Nur auf Basis einer detaillierten Marktkenntnis lassen sich in den späteren Verkaufsgesprächen die Vorteile des eigenen Angebots in wirksamer Weise kommunizieren. Neben der Informationsgewinnung ist häufig auch die Informationsverarbeitung beziehungsweise -verwaltung den Aufgaben des Verkaufs zuzuordnen. Einer fortlaufenden Pflege und Aktualisierung bestehender Informations- und Adreßsysteme kommt zur Sicherung der Verkaufseffizienz eine zentrale Bedeutung zu.

- **Informationsvermittlung und Erlangung von Kundenaufträgen:**
  Die Erlangung von Kundenaufträgen ist die Hauptaufgabe des Verkaufs. Vom Verkaufspersonal sind hierzu eine Vielzahl von Teilaufgaben zu beherrschen. Diese umfassen die Vorbereitung des Verkaufsgespräches, die Besuchsplanung, die Kontaktaufnahme mit dem Kunden, die detaillierte Ermittlung der spezifischen Kundenbedürfnisse, die Abgabe von Informations- und Prospektmaterial, die gezielte Vermittlung von Informationen, die Durchführung von Produktdemonstrationen oder Anwendungsversuchen, eine gemeinsam mit dem Kunden zu erarbeitende **optimale Problemlösung**, die Ermittlung des Bestellbedarfs, die Abgabe einer Verkaufsofferte sowie die letztendliche Auftragseinholung. Zur erfolgreichen Absolvierung eines Verkaufsgespräches ist die **Informationsfunktion** des Verkaufs von besonderer Bedeutung. Neben den notwendigen Produkt- beziehungsweise Leistungsinformationen sind dem Kunden in diesem Zusammenhang auch gezielte Informationen über Preise, Konditionen, Liefertermine, Lieferarten sowie neuerdings auch verstärkt über zusätzliche Dienstleistungen zu vermitteln.

▪ **Verkaufsunterstützung:**
Abhängig von der jeweiligen Problemstellung sind im Rahmen der Verkaufsunterstützung unterschiedliche Aufgaben vom Verkaufspersonal zu verrichten, wobei hierzu insbesondere die Präsentation des Angebots, die Gestaltung der Verkaufsräume, die Mitwirkung an Verkaufs- und Demonstrationsveranstaltungen und die **Beratung beziehungsweise Instruktion** künftiger Verwender sowie des Kundendienst- oder Servicepersonals zählen.

▪ **Kundenbindung und Nachkaufaktivitäten:**
Zu einer fortlaufenden Aufrechterhaltung des Kundenkontakts sind vom Verkaufspersonal in zunehmender Weise die **Instrumente der Kundenbindung** einzusetzen und zu beherrschen (zum Beispiel Kundenclub, Kundenzeitschrift, Beschwerdemanagement etc.). Einen hohen Stellenwert nimmt überdies die Ausgestaltung der **Schnittstelle zwischen Verkauf und Kundendienst** ein. Eine enge Zusammenarbeit im Sinne eines kontinuierlichen Informationsaustausches beider Teilbereiche trägt letztlich maßgeblich zur Erhöhung der Wiederkaufwahrscheinlichkeit bei.

▪ **Einstellungs- und Imagebildung:**
Da der Verkauf oftmals den einzigen Unternehmensbereich darstellt, der mit dem Kunden in Kontakt tritt („Speerspitze"), trägt das Verkaufsverhalten in entscheidender Weise zur Einstellungs- und Imagebildung der Kunden bei. Neben dem **Kontakt- und Verhandlungsstil** kann dabei auch das **Informationsverhalten** des Verkaufspersonals zu einer Einstellungsbildung im Sinne der Unternehmung führen.

▪ **Logistische Funktionen:**
Aus Kostengesichtspunkten umfaßt der Aufgabenbereich des Verkaufs im Konsumgüterbereich zudem häufig auch logistische Funktionen, die vorwiegend in einer Auslieferung der Ware sowie Aufgaben der Regal- und Lagerpflege liegen. **Solche Aufgaben schränken die Verkaufseffektivität und -effizienz jedoch in starkem Maße ein**, da diese von den „eigentlichen" Verkaufsaufgaben ablenken.

Der Blick auf die zahlreichen Aufgabenbereiche des Verkaufs verdeutlicht, daß sich die Rolle des Verkäufers in der Vergangenheit vom reinen „Verkaufsspezialisten" zum „Marketinguniversalisten" entwickelt hat. Aufgrund der anhaltenden Differenzierung der Konsumentenbedürfnisse sowie der zunehmenden Leistungsvielfalt und Sortimentskomplexität wird zuweilen gar von einer Anspruchsinflation an den Verkäufer gesprochen (Loss/Belz 1994, S. 5).

Das veränderte Aufgabenspektrum des Verkaufs konnte auch in einer 1995 vom Institut für Marketing durchgeführten Untersuchung zum persönlichen Verkauf identifiziert werden (Meffert 1995). Am Beispiel der Automobilindustrie wurde im Rahmen einer herstellerübergreifenden Händlerbefragung die Bedeutung und Erfüllung spezifischer Verkaufsaufgaben analysiert (vgl. Abbildung 3-236). Die hohe zukünftige Bedeutung **aller** Verkaufsaufgaben verdeutlicht die grundlegende Erweiterung des Anspruchsspektrums an den Verkauf. Ein Blick auf die Erfüllung der Verkäuferanforderungen zeigt dagegen die derzeitigen Schwächen des Verkaufs. Sie unter-

Mixübergreifende Entscheidungen

streichen zudem den Nachholbedarf in einigen Dimensionen wie beispielsweise der fortlaufenden Pflege der Kundenbeziehungen oder der Vermittlung verschiedener Finanzierungsalternativen. In diesem Zusammenhang muß darauf hingewiesen werden, daß die befragten Automobilhändler vielfach zu einer Überbewertung ihres eigenen Verkaufs neigten, was den überraschend hohen Erfüllungsgrad einiger Aufgabenbereiche relativiert.

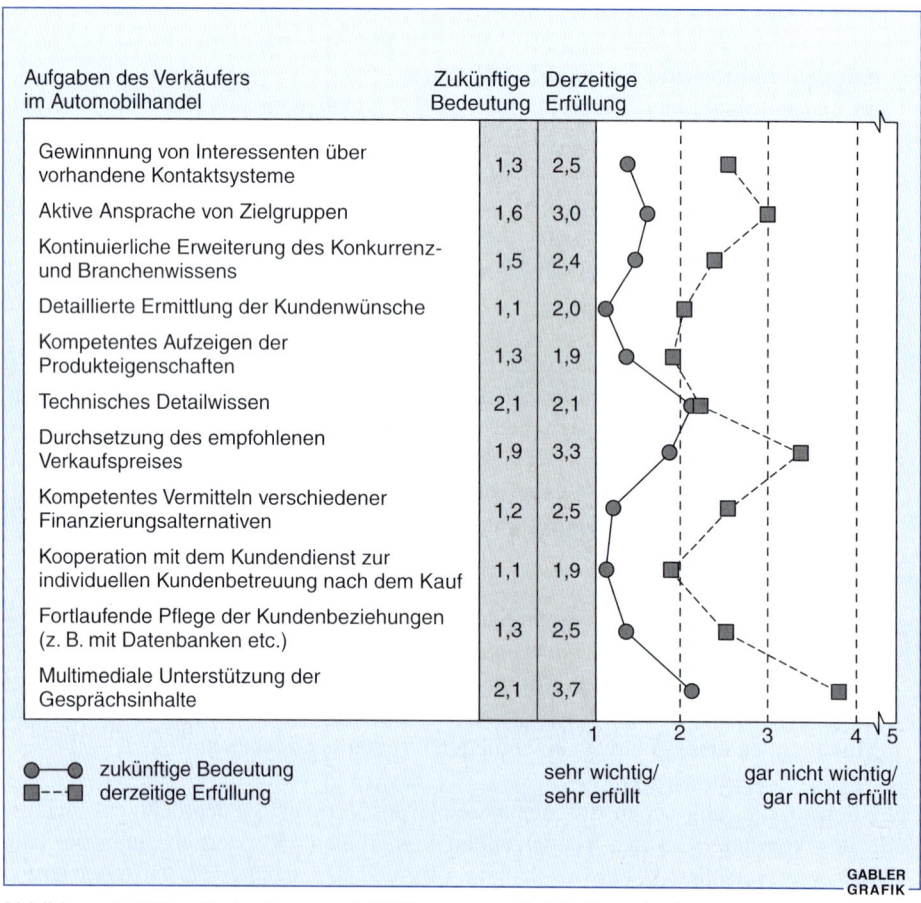

Abbildung 3-236: Bedeutung und Erfüllung von Verkäuferaufgaben
(Quelle: Meffert 1995)

6.24 Entscheidungstatbestände des Verkaufsmanagement

6.241 Konzeptionelle Verkaufsplanung

Zur Gewährleistung einer effizienten Verrichtung der Verkaufsaufgaben einer Unternehmung fallen zahlreiche Entscheidungstatbestände an. Im Rahmen einer konzeptionellen Planung des Verkaufsmanagement müssen dabei zunächst Entscheidungen über das **Zielsystem des Verkaufs** sowie die grundsätzliche **Planung der Verkaufsstruktur** getroffen werden (Goehrmann 1984, S. 33 ff.).

Ausgehend von den Unternehmens- und Marketingzielen werden die Verkaufsziele einer Unternehmung auf Basis einer Mittel-Zweck-Beziehung abgeleitet. Im Gegensatz zum übergeordneten Unternehmens-Zielprogramm sind die Verkaufsziele dabei wesentlich enger definiert und stellen zumeist operationale Größen dar. Darüber hinaus besitzen die Ziele des Verkaufs einen eher kurzfristigen Charakter während die Unternehmens- und Marketingziele einen lang- beziehungsweise mittelfristigen Zeithorizont aufweisen. Zur Vermeidung von konfliktären oder inkonsistenten Zielvereinbarungen ist der Zielbildungsprozeß im Verkaufsmanagement durch eine fortlaufende **Rückkopplung** mit den Unternehmens- und Marketingzielen sowie den Zielen der weiteren Mix-Bereiche der Unternehmung gekennzeichnet.

Neben der Ableitung geeigneter Zielvereinbarungen sind im Rahmen der konzeptionellen Planung des Verkaufsmanagement Entscheidungen über die grundsätzliche Verkaufsstruktur zu treffen. Vor dem Hintergrund einer **Kosten-Nutzen-Betrachtung** und jeweils in Abhängigkeit von der angebotenen Produktkategorie sowie der spezifischen Verkaufssituation hat dabei zunächst eine **Wahl der Formen und Arten des Verkaufs** zu erfolgen. Trotz des breiten Spektrums an unpersönlichen Verkaufsformen ist auf einen Einsatz des persönlichen Verkaufs nur in seltenen Fällen zu verzichten. Der persönliche Verkauf ist allerdings mit den höchsten Kosten aller Verkaufsformen verbunden, so daß im Einzelfall über einen Einsatz neuer Verkaufsformen nachzudenken ist, um auf diese Weise Kostensenkungen zu realisieren.

Die hohen Kosten des persönlichen Verkaufs lassen sich anhand einer 1986 durchgeführten Schätzung der durchschnittlichen Kosten eines Vertreterbesuches verdeutlichen. Die für unterschiedliche Branchen vorgenommene Analyse führte zu folgenden Ergebnissen: Investitionsgüterbranche 207 DM/je Besuch, Verbrauchsgüterindustrie 106 DM/je Besuch, Gebrauchsgüterindustrie 123 DM/je Besuch, Dienstleistungssektor 132 DM/je Besuch sowie Handel 123 DM/je Besuch (Kotler/Bliemel 1995, S. 1085).

Über die Wahl der Verkaufsformen hinaus ist im Rahmen der Konzeption der Verkaufsstruktur noch die **hierarchische Anordnung des Verkaufs innerhalb der Gesamtor-**

ganisation festzulegen (Goehrmann 1984, S. 42). Während der Verkauf in kleineren und mittelständischen Unternehmen (zum Beispiel Handwerksbetriebe) häufig von der Unternehmensleitung selbst durchgeführt wird, muß in größeren und diversifizierten Unternehmen zumeist eine Verkäufergruppe eingesetzt werden. In diesem Zusammenhang ist schließlich die Frage nach dem Einsatz eigener oder unternehmensfremder Verkaufsorgane zu beantworten (Handelsvertreter versus Reisender).

6.242 Operative Verkaufsplanung

Um die in der konzeptionellen Verkaufsplanung festgelegten Ziele zu erreichen, sind zahlreiche operative Entscheidungen vom Verkaufsmanagement zu treffen:

- die Festlegung des Verkaufsbudgets,
- die Bestimmung der erforderlichen Anzahl von Verkaufsmitarbeitern,
- die Auswahl und Schulung der Verkaufsmitarbeiter,
- die Bildung von Verkaufsbezirken,
- die Allokation des Verkaufsbudgets auf die Verkaufsbezirke sowie
- die Festlegung der Besuchspolitik.

Diese Entscheidungsprobleme sind in hohem Maße interdependent und sollten daher weitestgehend simultan gelöst werden.

Die vielfältigen Beziehungen zwischen diesen Entscheidungstatbeständen lassen sich am Beispiel der Abbildung 3-237 aufzeigen. Verkaufsbudgets und Potentiale der Verkaufsgebiete stehen in engem Zusammenhang mit Vergütungssystemen für die Verkaufsmitarbeiter, mit den Besuchsnormen (Besuchshäufigkeit beziehungsweise -intensität) und der Selektion der Verkaufsaußendienstmitarbeiter. Richtet sich zum Beispiel das Verkaufsbudget nach dem geplanten Umsatz in einem Gebiet, so ist hierfür nicht nur das Potential des Verkaufsgebietes, sondern darüber hinaus auch die Größe des Gebietes von Bedeutung. Verkaufsgebiete mit geringen Potentialen geben zum Beispiel wenig Anreiz für progressiv gestaffelte Umsatzprovisionen. Die Größe des Verkaufsgebietes beeinflußt ihrerseits die Reiserouten und möglicherweise die Wahl der Verkehrsmittel der Außendienstmitarbeiter. Weiterhin stehen die Besuchsnormen und die Zahl der in einem Gebiet tätigen Mitarbeiter in enger Wechselwirkung zueinander. Schließlich darf die Zahl der Verkaufsmitarbeiter nicht losgelöst von ihrer Qualität gesehen werden.

Zu den einzelnen Problemkreisen sind in der Literatur zahlreiche Entscheidungsmodelle entwickelt worden (Meffert und Mitarbeiter 1971, S. 26; Steffenhagen 1974; Goehrmann 1984, S. 53 ff.; Albers 1989, S. 49 f.; Hill/Rieser 1990, S. 432 ff.; Weis 1995, S. 43). In der Regel handelt es sich dabei um **Partialmodelle**; nur wenige Ansätze berücksichtigen mehrere Problemkreise gleichzeitig. Die spezifischen Entscheidungstatbestände sowie ausgewählte Lösungsansätze zur operativen Verkaufsplanung sollen im folgenden kurz vorgestellt werden.

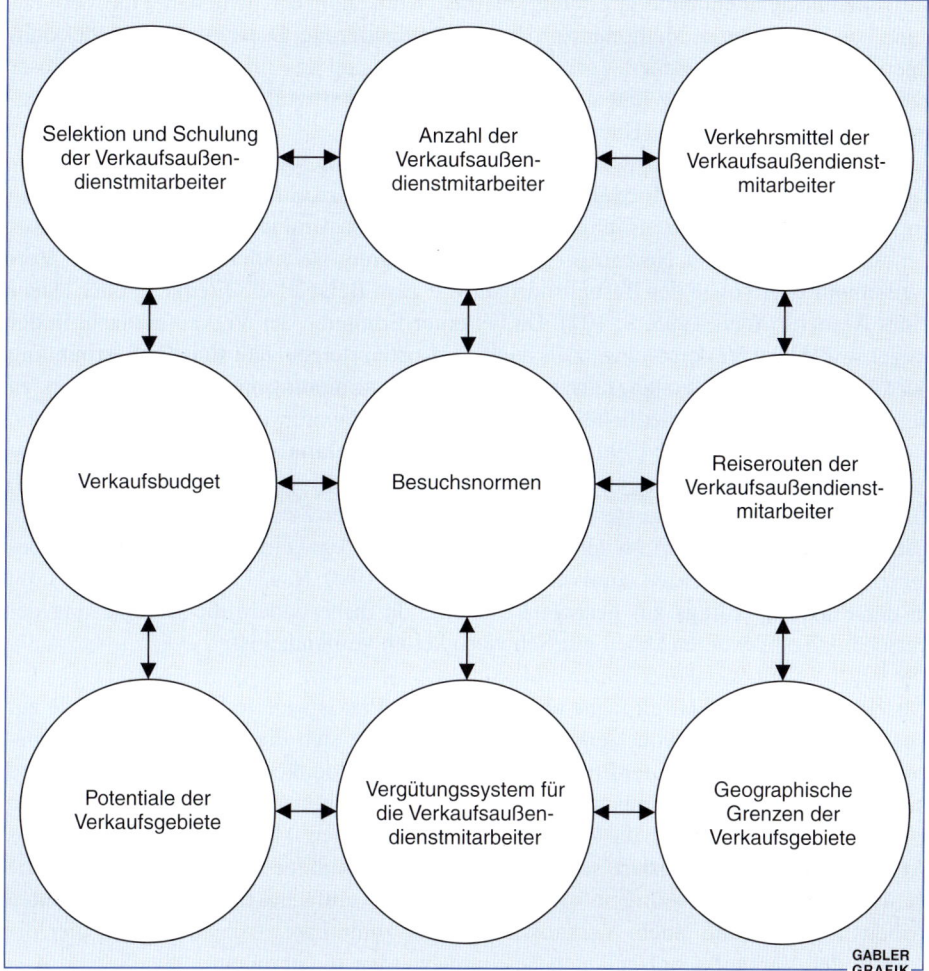

Abbildung 3-237: Operative Entscheidungstatbestände des Verkaufsmanagement am Beispiel der Außendienstpolitik

Im Rahmen der **Verkaufsbudgetierung** sind die monetären Sollgrößen für das Verkaufsinstrumentarium festzulegen. Dazu werden in einer mengen- und wertmäßigen Zusammenstellung auf Basis der erwarteten Verkaufsaktivitäten die diesen Tätigkeiten zurechenbaren Kosten und Erlöse erfaßt. Auf diese Weise soll die Wirtschaftlichkeit des Verkaufs sichergestellt werden, so daß der Budgetierung eine wichtige **Steuerungs- und Kontrollfunktion** im Verkaufsmanagement zukommt (Goehrmann 1984, S. 53). Eine einfache Ermittlung des Verkaufsbudgets kann auf der Grundlage von Vergangenheitswerten (Umsätze, Kosten des Verkaufs etc.) oder mit Hilfe einer Orientierung am Niveau des Wettbewerbsbudgets erfolgen, wobei jedoch die spezifischen Zielsetzungen des

Verkaufsmanagement unberücksichtigt bleiben. Notwendig erscheint daher die Verwendung von komplexeren Methoden zur Verkaufsbudgetierung. Diese Ansätze berücksichtigen neben den spezifischen Verkaufszielsetzungen und den für die Erreichung dieser Ziele erforderlichen Aktivitäten weitere Planungsgrößen wie beispielsweise den **Segmentbezug des Verkaufs** (Hagemann 1992).

Die **Bestimmung der erforderlichen Anzahl von Verkaufsmitarbeitern** erfolgt in enger Abstimmung mit dem inhaltlichen und zeitlichen Umfang der Verkaufsaufgabe, der Anzahl potentieller Nachfrager, der zur Verfügung stehenden Arbeitstage je Verkaufsmitarbeiter sowie der Besuchsnormen wie zum Beispiel die Frequenz oder Dauer eines Besuchs (Weis 1995, S. 107). Da bei einer Erhöhung der Verkäuferanzahl in der Regel sowohl der Verkaufsumsatz als auch die Kosten steigen, läßt sich die Bestimmung der Größe des Verkäuferstabes als ein klassisches Optimierungsproblem bezeichnen, zu dessen Lösung unterschiedliche Verfahren vorgeschlagen worden sind (Goehrmann 1984, S. 59 ff.; Hill/Rieser 1990, S. 432 f.). Die **Marginalanalyse** führt dabei konzeptionell zu den besten Ergebnissen. Das Modell erreicht das Optimum an der Stelle, wo sich Grenzumsätze und Grenzkosten in Abhängigkeit von der Zahl der Verkäufer gleichen. Die Marginalanalyse führt zu dem Ergebnis, daß eine Ausweitung des Verkäuferstabes nur in bestimmten Grenzen sinnvoll ist (Hill/Rieser 1990, S. 432). Das Verfahren stößt in der Praxis allerdings auf geringe Resonanz, da insbesondere die Beschaffung der entscheidungsrelevanten Daten mit Schwierigkeiten verbunden ist.

Als eine vergleichsweise einfache und daher in der Praxis weit verbreitete Methode zur Festlegung der Anzahl von Verkaufsmitarbeitern läßt sich die **Potentialmethode** bezeichnen. Ausgehend von der Prämisse einer gleichen Produktivität aller Verkäufer wird hier durch den Quotient aus prognostiziertem Gesamtumsatz durch den erwarteten Umsatz jedes Verkäufers die Anzahl der erforderlichen Mitarbeiter bestimmt. Das **Arbeitslastverfahren** basiert schließlich auf der Grundidee, daß alle Verkäufer die gleiche Arbeitslast bewältigen sollten. Durch eine einfache Division der gesamten Arbeitslast durch die einem Verkaufsmitarbeiter zumutbare Arbeitslast kann hier die Anzahl der Verkaufsrepräsentanten bestimmt werden (Goehrmann 1984, S. 61). Alle skizzierten Modelle können in der Praxis jedoch allenfalls Anhaltspunkte für die tatsächliche Ermittlung der Größe des Verkäuferstabes bilden. Im Einzelfall sind in eine solche Schätzung zahlreiche weitere, insbesondere qualitative Größen zu integrieren.

Zur **Auswahl von Verkaufsmitarbeitern** sind in der Literatur zahlreiche Eigenschaftsprofile „guter" Verkäufer entwickelt worden. Hierzu wurden Merkmale wie persönliche Ausstrahlung, Überzeugungskraft, Intelligenz, Ehrgeiz oder auch optische Faktoren (Aussehen etc.) berücksichtigt. Letztlich sind solche Versuche nicht erfolgversprechend, da es den „optimalen" Verkäufer nicht gibt. Die Auswahl des Verkaufspersonals ist stets von der konkreten Aufgabenstellung abhängig zu machen. Durch gezielte Schulungen sind darüber hinaus unternehmensspezifische Kenntnisse, Fähigkeiten und Verhaltensweisen zu vermitteln (Hill/Rieser 1990, S. 438, Meyer-Maletz 2000). Besonders in größeren Unternehmen wird in Zukunft bei der Bildung eines Verkaufsteams ein verstärktes Augenmerk auf den **zielgruppenspezifischen Verkäufereinsatz** zu richten sein. Den zunehmend differenzierteren Konsumentenwünschen sowie dem veränderten Einkaufs- und Rollenverhalten der Verbraucher kann zum Beispiel durch ein aus unterschiedlichen Charakteren bestehendes Verkaufsteam (Geschlecht, Alter, Temperament etc.) Rechnung getragen werden.

Im Rahmen der **Schulung des Verkaufspersonals** ist zwischen einer Neueinschulung sowie einer Schulung zum Zwecke der Weiterbildung zu unterscheiden (Witt 1996, S. 274). Schulungen bei neuen Mitarbeitern dienen dazu, das Verkaufspersonal auf den Aufgabenbereich vorzubereiten und die Grundqualifikationen sicherzustellen beziehungsweise zu verbessern. Weiterbildende Schulungsprojekte verfolgen dagegen den Zweck, den Verkaufsmitarbeitern aktuelle Projekte oder spezifische Themenbereiche zu vermitteln (zum Beispiel Einführung eines neuen Modells im Automobilbereich). Die Schulungsinhalte lassen sich in **kognitive, affektive und psychomotorische Inhalte** untergliedern (Weis 1995, S. 133). Die kognitive Ausbildung umfaßt den Bereich der Wissensvermittlung (Produktkenntnis, Marktkenntnis etc.), im Rahmen der affektiven Schulung wird eine grundsätzliche Prägung von Einstellungen und Werten angestrebt (Verhandlungstaktik etc.), psychomotorische Lerninhalte dienen schließlich zur Vermittlung manueller oder motorischer Fähigkeiten (Körperhaltung, Demonstrationen etc.).

Die **Bildung von Verkaufsbezirken** ist eng verzahnt mit der Bestimmung der Anzahl von Verkaufsmitarbeitern und der Festlegung von Besuchsnormen. Ist die Anzahl der Verkaufsmitarbeiter bereits festgelegt worden, so stellt die Bildung von Verkaufsbezirken das nachgelagerte Entscheidungsproblem dar. Zur Lösung wird dieses Problem **zumeist hierarchisch dekomponiert**. Ausgehend von einer zuvor vorgenommenen Verkaufsbezirksaufteilung wird in einem nächsten Schritt das Verkaufspersonal diesen Gebieten zugeordnet. Gängigerweise wird unter einem Verkaufsbezirk ein geographisch abgegrenztes Gebiet verstanden, obwohl darunter zuweilen auch die Aufteilung des Verkäuferstabes auf Produkt- oder Kundengruppen subsumiert wird (Albers 1989, S. 412; Hill/Rieser 1990, S. 435). Die Einteilung des Gesamtmarktes in geographische Verkaufsgebiete führt in den meisten Fällen zu einer **erheblichen Effizienzsteigerung der Verkaufsaktivitäten**. So kann auf Basis einer geeigneten Verkaufsbezirkseinteilung eine sinnvolle Besuchspolitik für die einzelnen Verkaufsmitarbeiter abgeleitet werden. Zudem können auf diese Weise unnötige Besuche vermieden sowie die Reisekosten gesenkt werden. Darüber hinaus kann ein klar abgegrenztes Verkaufsgebiet für den einzelnen Mitarbeiter zu einer Motivationssteigerung durch die damit verbundene Ergebnisverantwortlichkeit führen. Letztlich läßt sich auch die Steuerung und Kontrolle des Verkaufs (Verkaufscontrolling) auf Basis einer Bezirkseinteilung verbessern. Der Prozeß der Verkaufsbezirksbildung kann auf unterschiedliche Weise strukturiert werden. In der Regel wird die Bildung von Bezirken mit **ähnlichen Anforderungen an die Arbeitsleistungen der Verkäufer** angestrebt (Goehrmann 1984, S. 57). Ausgehend von einer groben Bezirkseinteilung kann in einem iterativen Prozeß auf Basis einer Analyse der Arbeitslast des Verkaufspersonals eine Umstrukturierung der zuvor gebildeten Bezirke bis hin zu einer endgültigen Bezirksbildung erfolgen (Churchill et al. 1985, S. 168 ff.).

Mixübergreifende Entscheidungen

Über diesen vergleichsweise einfachen Vorschlag hinaus sind in der Vergangenheit zahlreiche **modellgestützte Ansätze** zur Bestimmung der Verkaufsbezirke entwickelt worden. Solche auf unterschiedlichen Optimalitätskriterien (zum Beispiel kurzfristige Gewinnerzielung) beruhende Verfahren lassen sich in drei Gruppen unterteilen (Albers 1989, S. 428):

- Modelle zur Bestimmung gleichartiger Verkaufsbezirke,
- Modelle zur Maximierung gebietsbezogener Marktreaktionsfunktionen sowie
- Modelle zur simultanen Verkaufsgebietseinteilung und Besuchszeitenallokation.

Aufgrund der zahlreichen, diesen Modellen zugrundeliegenden Prämissen können solche Ansätze in praktischen Problemstellungen allenfalls zur **Entscheidungsunterstützung** eingesetzt werden.

Die Bedeutung einzelner Verkaufsbezirke läßt sich idealerweise am Umsatzpotential quantifizieren. Auf dieser Basis läßt sich zumeist eine sinnvolle **Aufteilung des Verkaufsbudgets auf die einzelnen Planungsbezirke** durchführen. Da die Ermittlung der entscheidungsrelevanten Daten mit erheblichen Problemen verbunden ist, bilden in der Praxis zumeist Vergangenheitswerte – ähnlich wie bei der Verkaufsbudgetierung – die Grundlage zur Aufteilung des Verkaufsbudgets auf die jeweiligen Planungsbezirke.

Die **Planung von Besuchsnormen** beinhaltet schließlich die Festlegung von Besuchshäufigkeiten bei einzelnen Kunden in einer Planperiode. In diesem Zusammenhang ist ferner die Kundenzahl je Verkäufer festzulegen sowie über Reiserouten und die Art der zu benutzenden Verkehrsmittel zu entscheiden. Kundenbesuche können unterschiedliche Funktionen erfüllen (zum Beispiel Verkaufsgespräch zur Sicherung vorhandener Kunden, Besprechung mit Interessenten, Suche nach neuen Kunden). Die Betriebsgröße des Kunden und das Auftragsvergabeverhalten sind dabei wichtige Einflußgrößen des Besuchserfolges. Eine Änderung der Besuchspolitik setzt daher stets ein schrittweises Vorgehen voraus:

1. Zunächst sind Informationen über die Auftragsvolumina der Kunden zu gewinnen. Es ist mit Hilfe primär- oder sekundärstatistischer Materialien festzustellen, wieviel Prozent der Kunden welchen Anteil vom Gesamtumsatz ausmachen (ABC-Analyse, Lorenzkurve).

2. Neben der Zahl und dem Auftragsvolumen der Kunden ist in einem zweiten Schritt das Auftragsvergabeverhalten zu prüfen. Häufig verteilt der Kunde sein Auftragsvolumen auf wenige Anbieter; dabei wird nicht selten ein ganz bestimmter Anbieter wegen der Qualität und Preisstellung seines Angebots oder auch infolge regelmäßiger Besuchstätigkeit besonders begünstigt.

3. In einem dritten Schritt sind für bestimmte Kundengruppen die Konsequenzen zu prognostizieren, die sich aus einer Umstellung der bisherigen Besuchspolitik ergeben. Es sind die Reaktionen des Kunden auf mehr oder weniger intensive Besuchskontakte zu ermitteln.
4. Erst im Anschluß daran können die Fragen nach der „optimalen" Besuchspolitik beantwortet werden.

Ein einfaches **Beispiel** möge das Problem der optimalen Besuchsplanung bei Kunden mit unterschiedlichen Reaktionsfunktionen verdeutlichen. Eine Unternehmung A hat in einem Experiment ermittelt, daß die Stammkunden (S) und die potentiellen Neukunden (N) auf eine Verringerung beziehungsweise Erhöhung der Besuchspolitik, wie in Abbildung 3-238 dargestellt, reagieren. Die Funktion $N(x)$ gibt die Wahrscheinlichkeit an, mit der ein potentieller Neukunde, wenn er monatlich x Stunden von dem Reisenden der Unternehmung A besucht wird, zu A überwechselt und zum treuen Kunden mit überwiegender Auftragsvergabe wird. Die Reaktionsfunktion $S(x)$ zeigt dagegen die Wahrscheinlichkeit an, mit der die einmal gewonnenen Stammkunden auch weiterhin ihre Aufträge bei der Unternehmung A abgeben. Bei der Besuchsintensität $x = 2$ Std./Monat bleiben somit zum Beispiel 95 Prozent der Stammkunden treu, während 5 Prozent der Stammkäufer verloren gehen.

Die Frage, wieviel Stunden Besuchszeit monatlich auf beide Besuchsgruppen entfallen sollen, läßt sich unmittelbar aus den Reaktionsfunktionen beantworten. Die durchschnittliche Effizienz einer Besuchsstunde ist dort maximal, wo der Fahrstrahl die Kurve $N(x)$ tangiert ($x = 10$). Dieselbe Vorgehensweise wird auch bei den Stammkunden ($S(x)$) angewendet. Für die Kontaktpflege bei Stammkunden muß eine Besuchszeit von zwei Stunden je Monat angesetzt werden. Bei diesen Besuchsfrequenzen werden im Durchschnitt 20 Prozent Neukunden gewonnen, und 5 Prozent der Stammkunden gehen verloren.

Monatlich steht je Verkäufer eine maximale Besuchszeit von 110 Stunden zur Verfügung. Es gilt daher die Bedingung

$$10 N + 2 S = 110$$

Pro Monat gehen bei dieser Aufteilung der Besuchszeit allerdings im Durchschnitt 5 Prozent der Stammkunden verloren, die durch einen entsprechenden Neukundenzugang zumindest ausgeglichen werden müssen. Es gilt also

$$0{,}2 N = 0{,}05 S$$

Die Lösung dieses einfachen Gleichungssystems ergibt abgerundet:

$S = 25$
$N = 6$

Ein Verkäufer kann demnach maximal 31 Kunden beziehungsweise potentielle Kunden betreuen.

Das Kernproblem aller besuchspolitischen Entscheidungsmodelle ist die **Ermittlung von Besuchsreaktionsfunktionen**. Vielfach können die Parameter solcher Funktionen nur sehr grob durch die Außendienstmitarbeiter subjektiv geschätzt werden. In praktischen Anwendungsfällen hat sich indes gezeigt, daß ein solches subjektives Vorgehen zu brauchbaren Ergebnissen führt.

Mixübergreifende Entscheidungen

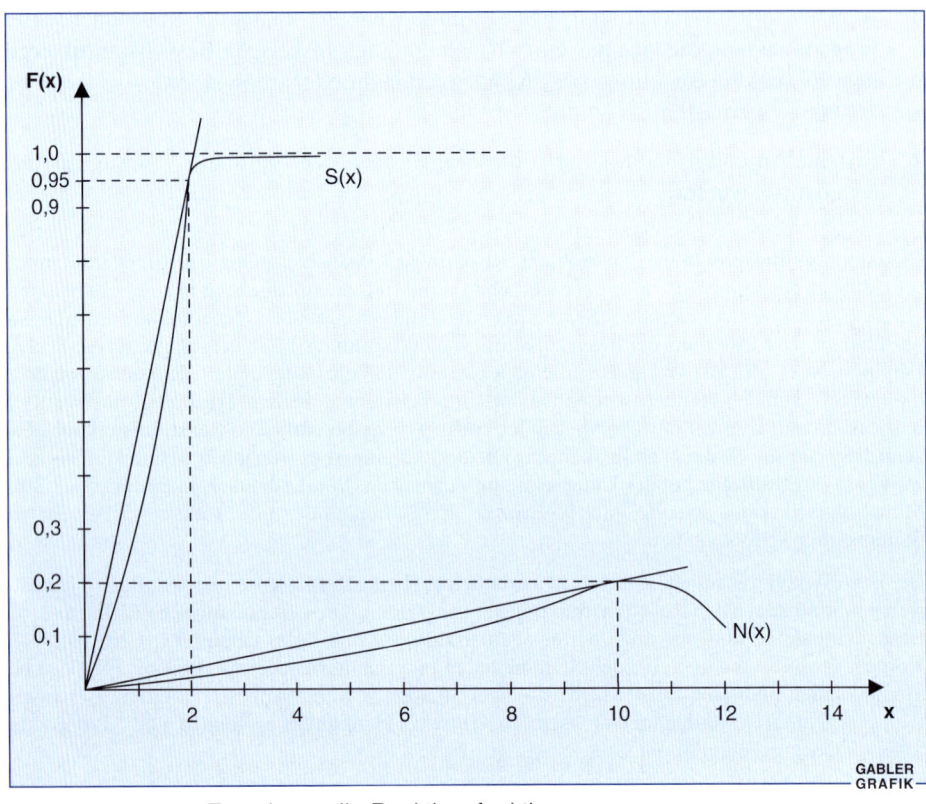

Abbildung 3-238: Experimentelle Reaktionsfunktion zur Besuchszeitenbestimmung

6.25 Erfolgreiche Verkaufsprozesse

Der Verkaufsvorgang kann aus verschiedenen Perspektiven analysiert und erklärt werden (Schoch 1969; Weitz 1981; Wotruba 1981; Churchill et al. 1985; Kramer 1993). Im Mittelpunkt steht bei diesen Erklärungsansätzen die Frage nach den Bestimmungsfaktoren eines erfolgreichen Verkaufsvorgangs. In diesem Zusammenhang sind vier methodische Grundrichtungen zu unterscheiden. Die erste Richtung versucht, den Verkaufserfolg über Persönlichkeitsmerkmale des Verkäufers zu erklären (**verkäuferorientierte Ansätze**). Der zweite Ansatz geht von den Aktivitäten des Verkäufers aus (**Verhaltensansätze**), während der dritte Ansatz den Käufer in den Mittelpunkt der Betrachtung rückt (**käuferorientierte Ansätze**). Eine erweiterte Sichtweise stellt schließlich die Betrachtung des Verkaufsvorgangs als sozialen Interaktionsprozeß dar (**Interaktionsansatz**).

Der älteste Versuch zur Erklärung erfolgreicher Verkaufsvorgänge geht von der **Person des Verkäufers** aus. Demnach sind Eigenschaften wie zum Beispiel die Überzeugungskraft, die Flexibilität und die Kommunikationsfähigkeit kennzeichnend für die „ideale Verkäuferpersönlichkeit" und damit ausschlaggebend für den Verkaufserfolg.

Die verhaltensorientierten Ansätze nehmen weniger auf die Eigenschaften als auf die **Aktionen und Handlungen des Verkäufers** Bezug. Es wird angenommen, daß sie den Verlauf des Verkaufsprozesses bestimmen (Weis 1995, S. 166 ff.; Witt 1996, S. 54 ff.). So wird zum Beispiel auf die AIDA-Formel verwiesen (vgl. drittes Kapitel, Abschnitt 5.231). Demgemäß sei es Aufgabe des Verkäufers, den Kaufinteressenten im Verkaufsgespräch durch die einzelnen Phasen (von der ersten Aufmerksamkeit bis zur Aktion im Sinne des Verkaufsabschlusses) und damit zum Kaufabschluß zu führen. Eine andere verhaltenswissenschaftliche Variante, die sogenannte **„Reiz-Reaktions-Theorie"**, geht davon aus, daß der Verkäufer durch Präsentation vorteilhafter „Reize" beim Käufer die gewollte Reaktion hervorrufen könne. Dieser Erklärungsversuch impliziert, daß der Verkäufer zum richtigen Zeitpunkt die richtigen Argumente oder Bilder präsentieren kann, um die beabsichtigten Reaktionen des Käufers auszulösen.

Ein in der Literatur vielfach zitierter Ansatz verhaltenswissenschaftlichen Ursprungs stellt das von Blake und Mouton entwickelte **Grid-Konzept des Verkaufs** dar (Blake/Mouton 1979). In einer zweidimensionalen Darstellung wurde dabei von den beiden Autoren auf Basis verhaltenswissenschaftlicher Studien ein Verhaltensgitter erarbeitet, welches dem Verkäufer ermöglicht, seinen persönlichen Verkaufsstil zu erkennen und daraus verschiedene „Verkaufsstrategien" abzuleiten (vgl. Abbildung 3-239). Das auf der Einstellung des Verkäufers zum Kunden sowie zum Verkaufsabschluß beruhende Verkaufsgitter führt zu fünf typischen Verkaufsstilen (Witt 1996, S. 61): Beim passiven Verkaufsstil (1/1) hängt die Kaufentscheidung ausschließlich vom Angebot ab; aktive Verkäuferbemühungen treten hier nicht auf. Der kundenorientierte Verkaufsstil (1/9) ist weniger durch die Erzielung eines Verkaufsabschlusses als vielmehr durch die Herstellung einer guten Beziehung zum Kunden gekennzeichnet. Verkäufe kommen hier praktisch als Nebeneffekt einer freundschaftlichen Beziehung zustande. Beim umsatzorientierten Verkaufsstil (9/1) wird primär die kurzfristige Erzielung eines Auftrages angestrebt, während langfristige Kundenbeziehungen weniger von Interesse sind. Bei der verkaufstechnisch orientierten Strategie (5/5) ist dagegen der Einsatz adäquater Verkaufstechniken nach den Bedingungen des Einzelfalls zu entscheiden. Der problemorientierte Verkaufsstil (9/9) soll schließlich zur Erzielung der höchsten Kundenzufriedenheit durch Erarbeitung einer optimalen Problemlösung führen.

Der dritte, **käuferorientierte Ansatz** wurde von der Motivforschung vorgelegt. Nach der „Bedürfnis-Befriedigungs-Theorie" sind die Wünsche und Bedürfnisse des Käufers die ausschlaggebenden Bestimmungsfaktoren der Kaufreaktion. Um die erwünschte Reaktion zu erreichen, muß der Verkäufer diese Bedürfnisse zunächst feststellen, dem Kunden bewußtmachen und ihm zeigen, wie sein Produkt die Bedürfnisse besonders gut befriedigen kann.

Jeder dieser drei Erklärungsansätze besitzt Elemente, die für eine partielle Erklärung des Verkaufsprozesses von Bedeutung sein können. Der entscheidende Einwand gegenüber diesen Konzeptionen richtete sich jedoch gegen **die einseitige Betrachtungsweise**, denn

Mixübergreifende Entscheidungen

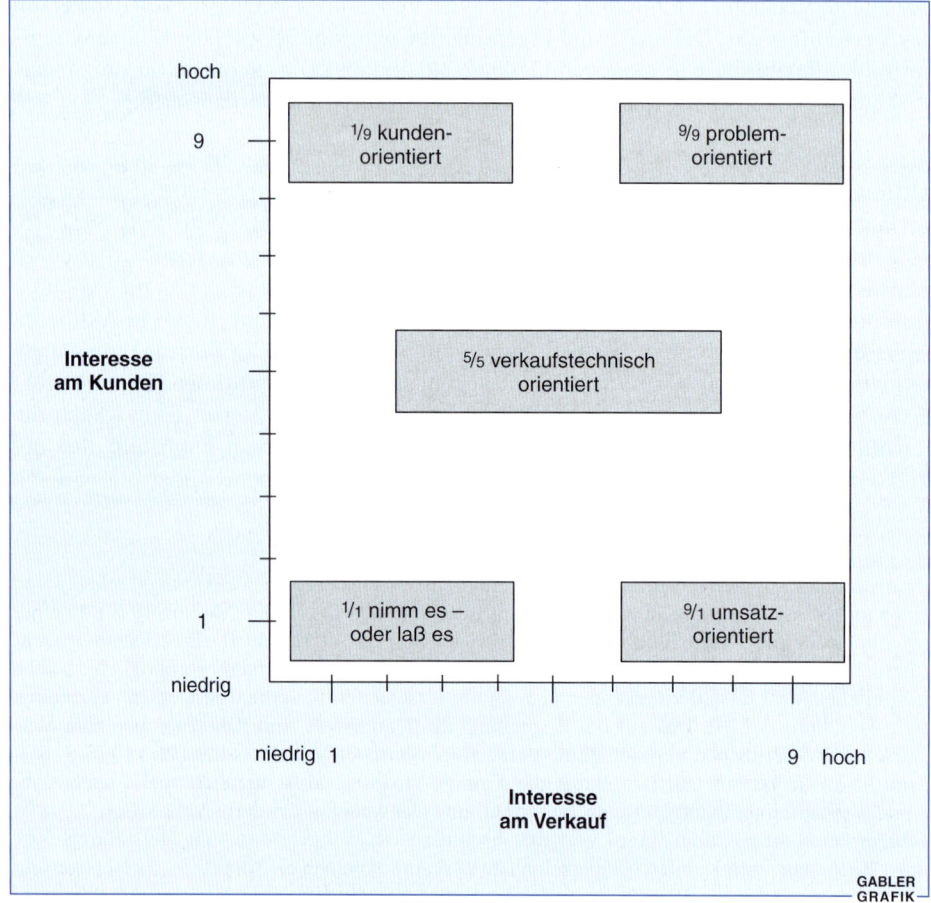

Abbildung 3-239: Das Verhaltensgitter nach Blake und Mouton
(Quelle: Blake/Mouton 1979)

in allen Fällen wird ausschließlich vom Standpunkt des Verkäufers oder des Käufers ausgegangen. Diese verengte Betrachtungsweise wurde durch die Interpretation des Verkaufsvorgangs als sozialem **Interaktionsprozeß** überwunden. Der Verkaufsprozeß wird in diesem Fall als **eine Folge von aufeinander bezogenen und aneinander orientierten, sich gegenseitig beeinflussenden Handlungen** aufgefaßt. Das bedeutet, daß die Teilnehmer am Verkaufsvorgang nicht einzeln, als isolierte Individuen, betrachtet werden dürfen. Um den Verkaufsprozeß verstehen und erklären zu können, ist es vielmehr notwendig, Käufer und Verkäufer zusammen als Mitglieder einer Gruppe zu betrachten. Im einfachsten Fall, in dem einem Verkäufer ein potentieller Käufer gegenüber steht, läßt sich damit der Verkaufsprozeß als eine Zwei-Personen-Gruppe (Dyade) analysieren.

In umfangreichen empirischen Untersuchungen (Evans 1967; Schoch 1969) wurde festgestellt, daß der erfolgreiche Ausgang von Verkaufsprozessen in bestimmten Situationen aufgrund der Persönlichkeitsmerkmale oder Handlungen einzelner Käufer oder Verkäufer – jeweils isoliert betrachtet – kaum vorhergesagt werden kann. Anders liegen die Verhältnisse, wenn beide gleichzeitig – Verkäufer und Käufer – in einer Zwei-Personen-Gruppe untersucht werden. Es treten dann signifikante Unterschiede in den Aussagen der Käufer und Nichtkäufer über die wahrgenommenen Eigenschaften (zum Beispiel Vertrauenswürdigkeit, Zuverlässigkeit, Überzeugungskraft) sowie über das tatsächliche und das erwartete Verhalten der Verkäufer auf. Bemerkenswert ist ferner, daß die überzeugten Kunden eine geringere soziale Distanz zwischen sich selbst und dem Verkäufer sehen. Sie vermuten in bezug auf allgemeine Wertvorstellungen mehr Gemeinsamkeiten mit dem Verkäufer als die Nichtkäufer.

Zusätzlich zu den genannten Erklärungsansätzen des erfolgreichen Verkaufsvorgangs rücken in jüngerer Vergangenheit einige Ansätze mit stärkerer Fokussierung auf die **situative Komponente** des Verkaufs in den Mittelpunkt der Betrachtung (Weitz 1981, Kramer 1993). Eine solche kontextabhängige Betrachtung des Verkaufsprozesses verfolgt drei Zielsetzungen (Kramer 1993, S. 41):

- die Klassifikation alternativen Verkäuferverhaltens,
- die Klassifikation der Kontextfaktoren, die Einfluß auf ein erfolgreiches Verkäuferverhalten nehmen sowie
- der Versuch, beide Klassifikationen in eine Beziehung zueinander zu setzen.

Die Gegenüberstellung von Verkäuferverhalten und Kontextvariablen verfolgt das Ziel, sinnvolle Empfehlungen für die Verkaufsgesprächsführung unter unterschiedlichen situativen Rahmenbedingungen abzuleiten.

Diese Darstellungen legen es nahe, den Verkaufsvorgang **als einen in den situativen Kontext eingebundenen, sozialen Interaktionsprozeß** zu interpretieren. Neben der spezifischen Verkaufssituation, die sich beispielsweise durch den Verkaufsgegenstand charakterisieren läßt, ist für die Erklärung erfolgreicher Verkaufsprozesse auch das Organisationsumfeld des Verkäufers sowie das soziale und kulturelle Umfeld des Käufers von Bedeutung (vgl. Abbildung 3-240).

Das Ergebnis von Verkaufsprozessen wird durch alle Elemente eines Kommunikationsvorgangs bestimmt: Eigenschaften der Organisation als „Sender", Eigenschaften und Verhalten des Verkäufers als „Medium", Merkmale des Käufers als „Empfänger" und schließlich die Qualität der Verkaufsargumente als „Botschaft".

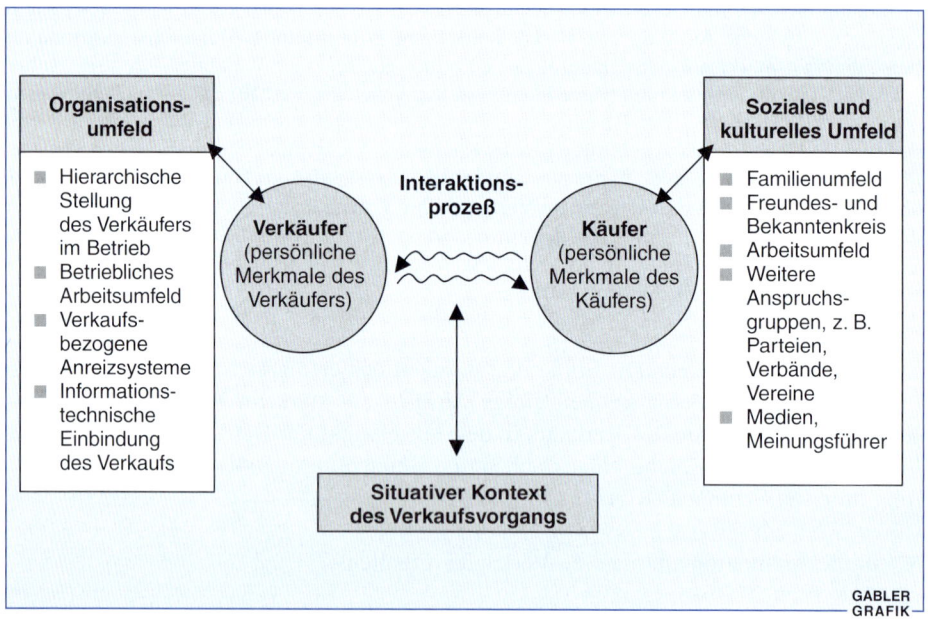

Abbildung 3-240: Bezugsrahmen „erfolgreicher" Verkaufsprozesse

In Abhängigkeit von den Rahmenbedingungen des Verkaufsvorgangs ist die Wahrscheinlichkeit, daß ein solcher Vorgang zu einem positiven Ergebnis führt, um so größer (Levitt 1965),

- je mehr sich die Persönlichkeitsmerkmale von Verkäufer und Käufer entsprechen (**Entsprechungs-Effekt**),

- je besser das Image, das Prestige und die Glaubwürdigkeit des Senders sind (**Sender-Effekt**). Dieser Effekt kommt vornehmlich bekannten Unternehmungen zugute. Allerdings schwächt er sich mit der Zeit ab. Der vorteilhaftere Name verliert sich im Zeitablauf, sofern nicht wiederholte Verkaufsanstrengungen oder Werbeimpulse das Unternehmensimage laufend aktualisieren (**Sleeper-Effekt**), und

- je mehr es dem Verkäufer gelingt, dem Käufer Freiräume zu einer positiven Selbstdarstellung einzuräumen. Die Stärke der unter 1 und 2 genannten Effekte variiert mit gewissen Eigenschaften der Informationsempfänger. Dies gilt vor allem hinsichtlich technischer Fachkenntnisse und der Gewandtheit beim Einkaufen (**Empfänger-Effekt**).

Schließlich treten zu den skizzierten Effekten noch die vorteilhafte Warenpräsentation (**Präsentations-Effekt**), die Qualität der Botschaft und die Art der Darbietung durch den Verkäufer (**Kommunikator-Effekt**), die den Sender-Effekt verstärken beziehungsweise abschwächen können.

6.26 Organisation des Verkaufsmanagement

Zur effizienten Verrichtung der Verkaufsaufgaben ist die Schaffung von organisationalen Voraussetzungen von entscheidender Bedeutung (Donaldson 1998). Neben der Entwicklung eines Führungs- und Vergütungssystems ist in diesem Zusammenhang eine geeignete Strukturierung der Verkaufsorganisation zu entwickeln.

6.261 Führungs- und Vergütungssysteme im Verkauf

Ein System zur Führung und Vergütung im Verkauf ist unter der Prämisse zu gestalten, daß einerseits die im Verkauf notwendigen standardisierten Verhaltensweisen (Auftritt des Außendienstes, Preisverhalten etc.) sichergestellt werden und andererseits das persönliche Engagement, die Kreativität und die individuelle Leistungsbereitschaft des Verkaufspersonals gefördert wird (Goehrmann 1984, S. 98). Ein solches System setzt sich in der Regel aus einer **Kombination von Anweisungen** (Regelungen, Richtlinien etc.) **und motivierenden Leistungsanreizen** zusammen. Die oftmals als motivationshemmend bezeichneten vertraglichen Regelungen oder Richtlinien stellen in modernen Verkaufsorganisationen lediglich die notwendigen Voraussetzungen einer effizienten Verkäufertätigkeit dar und beinhalten zumeist eine grobe Beschreibung der grundsätzlichen Rechte und Pflichten sowie des Betätigungsbereiches einzelner Verkaufsmitarbeiter.

In der Vergangenheit sind zahlreiche **Anreizsysteme** entwickelt worden, die jeweils in unterschiedlicher Weise leistungsbezogen sind (Höhn 1990). Die Gestaltung eines solchen Systems ist abhängig von zahlreichen **Einflußgrößen**. Hierzu zählen unter anderem die Art und der Umfang des Angebotsprogramms, die Größe der Unternehmung und die organisationale Einbettung der Verkaufsorganisation in die Gesamtunternehmung (Witt 1996, S. 223).

Leistungsorientierte Anreiz- und Vergütungssysteme weisen **finanzielle** beziehungsweise **materielle** und **immaterielle** Elemente auf (vgl. Abbildung 3-241). Von diesen Elementen sind im Verkaufsmanagement insbesondere die Anreizinstrumente Provision, Prämie und Verkaufswettbewerb von Bedeutung (Höhn 1990, S. 21 ff.; Weis 1995, S. 269 ff.; Witt 1996, S. 231 ff.).

Die **Provision** ist ein variables Anreizinstrument, welches sich aus einer prozentualen Relation zur jeweiligen Bezugsgröße (zum Beispiel Umsatz oder Deckungsbeitrag) ergibt. Die Provision kann ausschließlich oder – wie im Verkaufsmanagement üblich – in Verbindung mit einem Fixum gezahlt werden. Im Verhältnis zur Bezugsgröße kann die Provision in linearer, degressiver oder progressiver Form eingesetzt werden. Aufgrund der **unmittelbar ergebnisorientierten Vergütung** stellt die Provision eine hohe Anreizwirkung dar und weist zudem einen **geeigneten Steuerungscharakter** auf.

Charakter der Anreizelemente		
Materiell/finanziell	**Gemischt**	**Immateriell**
■ Fixgehalt ■ Provision ■ Geldprämie ■ Sachprämie	■ Verkaufswettbewerbe ■ Beförderung/Karriereplan ■ Dienstwagen	■ Statusmotive ■ Soziale Anerkennung ■ etc.

Abbildung 3-241: Elemente leistungsorientierter Anreizsysteme
(in Anlehnung an Höhn 1990, S. 21)

Nachteilig wirkt sich dagegen die oftmals **am kurzfristigen Umsatz orientierte** Verkäufertätigkeit aus. Kunden, die möglicherweise von strategischer Bedeutung für die Unternehmung sind, kurzfristig allerdings keine hohen Umsätze oder Erträge beisteuern, werden somit häufig nur unzureichend bedient. Zudem birgt das Provisionssystem die **Gefahr eines aggressiven Verkäuferverhaltens**, das zu Imageschäden bei der Unternehmung führen kann.

Im Gegensatz zu Provisionen orientieren sich **Verkaufsprämien** an der Erreichung fest vorgegebener Leistungsniveaus. Neben Umsatz- oder Deckungsbeitragszielen kann das Prämiensystem auch auf andere Leistungsvorgaben, wie beispielsweise die Erreichung einer festgelegten Kundenkontaktzahl oder die Gewinnung einer bestimmten Anzahl von Neukunden, ausgerichtet sein. Zentraler Vorteil des Prämiensystems ist dessen **flexible Einsatzmöglichkeit**. In Abhängigkeit von der aktuellen Unternehmens- und Marktsituation können somit Anreize für die Erreichung spezifischer Verkaufsziele geschaffen werden. Nachteilig wirkt sich dagegen der oftmals komplizierte Aufbau des Prämiensystems aus. Darüber hinaus besteht die Gefahr einer Vernachlässigung der laufenden Aufgaben durch das Verkaufspersonal. Zudem wird bei häufig wechselnden Prämiensystemen die systematische Verkaufstätigkeit untergraben und damit einem „Aktionismus" Vorschub geleistet.

Zuweilen werden Prämien auch in einer Kombination mit **Verkaufswettbewerben** eingesetzt. Im Gegensatz zum Prämiensystem dienen bei Verkaufswettbewerben nicht die absoluten Leistungsergebnisse, sondern die **Resultate im Vergleich** zu anderen Mitarbeitern als Bezugsgröße. Grundsätzlich weisen Verkaufswettbewerbe ähnliche Vor- und Nachteile wie das Prämiensystem auf. Im Hinblick auf die Erfolgswirksamkeit ist der **Aggregationsgrad** eines solchen Wettbewerbs von Bedeutung. Auf hohem Aggregationsgrad durchgeführte Wettbewerbe (zum Beispiel händlerübergreifende Verkaufswettbewerbe in der Automobilindustrie) führen oftmals nicht zu der eigentlich intendierten Leistungshonorierung einzelner Mitarbeiter. Stattdessen wird die Leistung des Gesamtsystems honoriert (zum Beispiel ein ganzer Automobilhandelsbetrieb). Bei Verkaufspersonal, welches aufgrund seiner Beschäftigung in strukturell benachteiligten

Systemen (zum Beispiel kleiner Handelsbetrieb oder Handelsbetrieb in nachfrageschwacher Region) bereits a-priori mit geringeren Chancen antritt, kann ein solches Anreizinstrument gegenteilige Leistungsreaktionen auslösen.

Der Einsatz von Anreizinstrumenten erfolgt in der Praxis sehr unterschiedlich. Eine 1995 durchgeführte Befragung deutscher Unternehmen führte zu dem Ergebnis, daß 22 Prozent der befragten Unternehmungen mit Verkaufsaußendienst lediglich ein Fixgehalt als Vergütungssystem einsetzten. Die Kombination aus Fixum und Provision trat mit 29 Prozent am häufigsten auf. Das Anreizsystem bestehend aus Fixum, Provision und Wettbewerb fand bei 23 Prozent der in der Stichprobe enthaltenen Unternehmen Verwendung, während die Kombination aus Fixum und Prämie noch von 17 Prozent der betrachteten Organisationen eingesetzt wurde. Einen nennenswerten Anteil wies schließlich auch die gemeinsame Verwendung aller Einzelelemente (Fixum, Provision, Prämie, Wettbewerb) mit einem Anteil von 6 Prozent auf (Witt 1996, S. 240).

Unabhängig von der Ausgestaltung des Anreiz- und Vergütungssystems ist das System im Einzelfall derart zu gestalten, daß es (Witt 1996, S. 224; Belz 1999)

- als **Steuerungsinstrument** in möglichst einfacher Weise die Aktivitäten der Mitarbeiter auf die übergeordneten Verkaufsziele ausrichtet,
- als **Motivationsinstrument** die Leistungsbereitschaft der Mitarbeiter fördert sowie
- als **Kontrollinstrument** für ein geeignetes Verhältnis von Kosten und Nutzen der Verkaufstätigkeit sorgt.

Letztlich muß die Förderung der Leistungsbereitschaft des Verkaufspersonals immer bei den Vorgesetzten selbst beginnen. Einem qualifizierten und hinsichtlich seiner Persönlichkeitsmerkmale vorbildlichen Verhalten der Führungskräfte im Verkauf kommt eine zentrale Bedeutung zu. In jüngster Vergangenheit wird in diesem Zusammenhang häufig von einer sogenannten **„Führungslücke"** gesprochen, die mit Techniken wie dem **„Management by Objectives"** geschlossen werden soll (Belz 1999). Ausgehend von Zielvereinbarungen zwischen Verkaufspersonal und Vorgesetztem ist dabei in einem zweiten Schritt eine gemeinsame Planung der Zielerreichung vorzunehmen. In regelmäßigen Abständen sind daran anschließend Leistungskontrollen sowie gegebenenfalls eine Anpassung der Ziele vorzunehmen. In idealtypischer Weise trägt eine solche ergebnisorientierte Führung der Verkaufsmitarbeiter zu einer erheblichen **Motivationssteigerung** des Verkaufspersonals bei.

6.262 Strukturierung der Verkaufsorganisation

Die effiziente Verrichtung der Verkaufsaufgaben setzt eine adäquate organisationale Ausgestaltung des Verkaufsmanagement voraus. Von besonderer Bedeutung ist in diesem Zusammenhang die geeignete Ausgestaltung der zahlreichen **Schnittstellen** innerhalb des Verkaufsmanagement (**Intra-Koordination**, zum Beispiel zentrale Verkaufsfunktionen, Außendienst, Innendienst etc.) sowie zwischen Verkauf und anderen betrieblichen Funktionen (**Inter-Koordination**).

Die Koordination des Verkaufs mit anderen betrieblichen Funktionen bezieht sich sowohl auf die Ausgestaltung von Schnittstellen zwischen Verkauf und den übrigen Bereichen des Marketing als auch zwischen dem Verkauf und anderen Unternehmensaufgaben (F&E, Produktion, Personal etc.). Gerade die Koordination zwischen Verkauf und Marketing ist in der Praxis oftmals mit großen Schwierigkeiten verbunden. Statt der Eingliederung des Verkaufsmanagement in das Marketing erfolgt häufig eine strikte Trennung beider Teilbereiche. Dabei nimmt das Marketing zumeist lediglich einen untergeordneten Stellenwert ein, während dem Verkauf eine hohe strategische Bedeutung zugewiesen wird. Eine solche organisationale Abgrenzung führt vielfach zu erheblichen **Koordinationsproblemen** und daraus resultierenden Kosten sowie letztlich auch zu innerbetrieblicher Unzufriedenheit (Belz 1999).

Über eine adäquate Schnittstellengestaltung hinaus sind zur Konzeption einer **leistungsfähigen Verkaufsorganisation** folgende Kriterien zu berücksichtigen (Goehrmann 1984, S. 152; Weis 1995, S. 292; Witt 1996, S. 125):

- die Konzeption der Verkaufsorganisation hat unter dem Primat der Kundenorientierung zu erfolgen,
- eine optimale Ausschöpfung der Kundenpotentiale ist sicherzustellen,
- Effizienz- und Produktivitätsgesichtspunkte (Kosten/Nutzen) sind zu berücksichtigen,
- im Hinblick auf die Dynamik der Märkte muß die Verkaufsorganisation eine hohe Flexibilität und Innovationsfähigkeit aufweisen,
- eine leistungsgerechte Steuerung und Kontrolle ist sicherzustellen und
- eine Struktur zur Förderung der Mitarbeitermotivation ist anzustreben.

Eine Strukturierung der Verkaufsorganisation kann auf verschiedene Weise angestrebt werden. Dabei läßt sich eine Unterscheidung in **funktions-, gebiets-, produktgruppen-, kundengruppen- oder matrixorientierte Organisationen** vornehmen (Weis 1995, S. 292ff.; Witt 1996, S. 126ff.; Belz 1999).

Bei **funktionsorientierten Verkaufsorganisationen** erfolgt die Strukturierung nach unterschiedlichen Verkaufsfunktionen (zum Beispiel Verkaufsplanung, Verkaufsabwicklung, Außendienst, Training und Ausbildung, Verkaufscontrolling). Funktionsorientierte Verkaufsorganisationen können durch einen hohen Spezialisierungsgrad die Fähigkeiten und Leistungspotentiale der Verkaufsmitarbeiter gut ausschöpfen. Ein Vorteil der funktionsorientierten Organisationsform ist deren Einfachheit.

Eine in der Praxis häufig anzutreffende Strukturierungsform ist die **gebietsorientierte Verkaufsorganisation**. Diese Organisationsform ist durch eine Aufteilung des gesamten Absatzgebiets in einzelne Verkaufsbezirke gekennzeichnet. Vorteile dieser Organisationsform sind:

- die intensive und überschneidungsfreie Bearbeitung des Marktes,
- der aus der einfachen Organisationsstruktur resultierende geringe Koordinationsaufwand,
- die Minimierung von Reisekosten und Reisezeiten aufgrund klar abgegrenzter Gebiete,
- die Möglichkeiten eines engen Beziehungsaufbaus zwischen Verkäufer und Kunden sowie
- die auf die regionalen Besonderheiten ausgerichtete Marktbearbeitung und die damit einhergehende bessere Trainingsmöglichkeit der Verkäufer.

Die Nachteile der gebietsorientierten Verkaufsorganisation liegen demgegenüber in einer oftmals **fehlenden Spezialisierung der Verkäufer** auf einzelne Verkaufsaufgaben und Kundengruppen. Darüber hinaus führt diese Organisationsform vielfach zu Koordinationsproblemen zwischen dem Verkaufspersonal und den übergeordneten, zentralen Verkaufsfunktionen. Auch die Allokation des Verkaufsbudgets auf Produkte, Kundengruppen und Verkaufsfunktionen ist hier vielfach mit Problemen verbunden. Letztlich birgt die gebietsorientierte Verkaufsorganisation auch die Gefahr einer **uneinheitlichen Verkaufspolitik** (zum Beispiel in der Preisverhandlung etc.), was neben internen Konflikten nicht zuletzt zu Imageschäden der Unternehmung führen kann. In der Praxis wird die gebietsorientierte Verkaufsorganisation ebenfalls nur in kleinen und mittelgroßen Unternehmungen sowie bei einem kleinen Produktprogramm eingesetzt. In größeren oder expandierenden Unternehmungen findet die rein gebietsorientierte Strukturierung dagegen nur selten Anwendung, da hier sowohl das Produktprogramm als auch der breite Kundenkreis den Einsatz eines **Verkäuferstabes mit spezifischer Fachkompetenz** erfordert (Witt 1996, S. 131). Eine gebietsorientierte Verkaufsorganisation wird daher in solchen Fällen lediglich in Kombination mit anderen Organisationsformen eingesetzt.

Die **produktgruppenorientierte Verkaufsorganisation** ist durch die Zuordnung des Außendienstes zu einzelnen Produkten oder Produktgruppen gekennzeichnet. Diese Organisationsform bietet sich an, wenn die Unternehmung sehr unterschiedliche Leistungen am Markt offeriert. Zumeist weist die Gesamtunternehmung in diesem Fall eine Spartenorganisation auf. Vorteile dieser Organisationsform sind:

- die aufgrund der höheren Spezialisierung steigende Effizienz des Verkaufspersonals,
- die Möglichkeit des Einsatzes spezifischer Verkaufsmethoden und -techniken,

- die guten Informations- und Kommunikationsmöglichkeiten zwischen Verkauf, Produktion und anderen Unternehmensfunktionen innerhalb der entsprechenden Sparte,
- verbesserte Kontrollmöglichkeiten im Hinblick auf die Allokation der Verkaufsaktivitäten auf die einzelnen Produktgruppen sowie
- eine oftmals höhere Verkäufermotivation.

Demgegenüber führt die produktgruppenorientierte Verkaufsorganisation häufig zu einer erheblichen **Komplexitätssteigerung**. Zur effizienten Bearbeitung des Gesamtmarktes besteht in dieser Strukturierungsform ein großer Bedarf an qualifizierten Mitarbeitern. Überdies ist zur Führung dieser Mitarbeiter sowie zur produktgruppenübergreifenden Nutzung der zentralen Verkaufsaufgaben ein **erheblicher Koordinationsaufwand** erforderlich. Die produktgruppenorientierte Verkaufsorganisation wird in der Praxis insbesondere von Unternehmen mit umfangreichem und diversifiziertem Produktprogramm eingesetzt. Darüber hinaus bietet sich diese Organisationsform aufgrund ihrer aus der Spezialisierung resultierenden Vorteile für Unternehmen mit stark **erklärungsbedürftigen Produkten** an.

Die **kundengruppenorientierte Verkaufsorganisation** läßt sich schließlich durch eine Strukturierung der Verkaufsorganisation nach unterschiedlichen Kundengruppen charakterisieren. Diese Verkaufsorganisation weist folgende Vorteile auf:

- eine gezielte und bedarfsgerechte Bearbeitung der Kundensegmente,
- eine geeignete Berücksichtigung spezifischer Motive und Bedürfnisse der Nachfrager,
- eine kundenspezifische Ausgestaltung des Verkaufsinstrumentariums und des Marketing-Mix sowie
- die schnelle und flexible Reaktion auf neue Nachfragetrends.

Aufgrund einer **parallelen Bearbeitung** einzelner geographischer Verkaufsgebiete ist dagegen auch diese Strukturierungsform mit einem großen Koordinationsaufwand sowie hohen Verkäufer- und Reisekosten verbunden. Zudem setzt die kundengruppenorientierte Organisationsform eine tragfähige **Marktsegmentierung** voraus. Aufgrund der sehr hohen Kosten wird die kundengruppenorientierte Verkaufsorganisation in der Praxis zumeist lediglich bei einzelnen Schlüsselkunden (**Key Accounts**) eingesetzt (vgl. viertes Kapitel, Abschnitt 4.442).

Die **matrixorientierte Verkaufsorganisation** versucht schließlich, verschiedene Organisationsformen miteinander zu kombinieren. Damit sollen die Stärken der oben angeführten Konzepte simultan genutzt werden. In der Praxis wird die matrixorientierte Verkaufsorganisation aufgrund ihrer Probleme allenfalls bei großen Unternehmen eingesetzt. Die Hauptkritikpunkte dieser Strukturierungsform liegen in einem fortwährenden **Zuständigkeitskonflikt** und einem damit verbundenen hohen Koordinationsaufwand sowie einer geringen Mitarbeiterzufriedenheit (Sohi et al. 1996, S. 198).

6.27 Verkauf über das Internet (E-Commerce)

6.271 Begriff und Bedeutung des E-Commerce

In jüngster Zeit hat kaum ein Begriff sowohl die wirtschaftswissenschaftliche Forschung als auch die Unternehmenspraxis dermaßen beschäftigt wie der des E-Commerce (Electronic-Commerce). Dabei unterliegt der Begriff einer **Vielzahl unterschiedlicher Betrachtungsweisen** und Definitionen. Während einige Autoren E-Commerce mit Internet-Marketing gleichsetzen und damit ein sehr breites Begriffsverständnis besitzen, nehmen andere eine engere Begriffsauslegung vor. Als geeignete Kriterien zur Systematisierung und Abgrenzung der verschiedenen Begriffsauffassungen bieten sich die „**verwendete Technologie**" und die „**Art der Aktion zwischen den Wirtschaftsobjekten**" an (vgl. Abbildung 3-242).

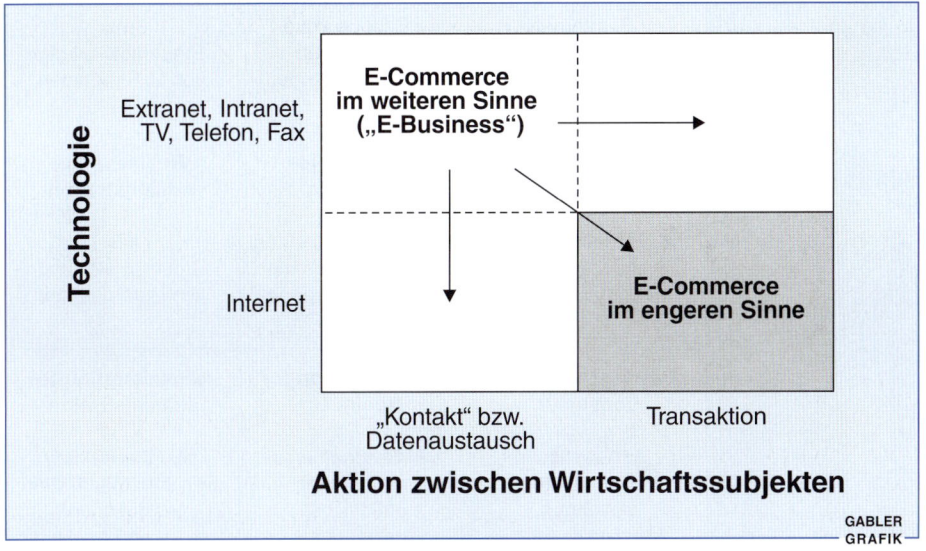

Abbildung 3-242: Systematisierung und Abgrenzung unterschiedlicher E-Commerce-Definitionen

Vertreter einer **weiten Begriffsauslegung** sehen den E-Commerce als „jede Art wirtschaftlicher Tätigkeit auf der Basis elektronischer Verbindungen" an (Picot/Reichwald/Wigand 1996, S. 331). Dabei wird unter E-Commerce nicht nur die Durchführung einer Transaktion (zum Beispiel Verkauf oder Vermietung eines Wirtschaftsgutes) verstanden, sondern auch der Kontakt oder Datenaustausch (zum Beispiel zu Werbezwecken) über ein elektronisches Medium. Als Medien kommen dabei neben dem

Internet auch das Faxgerät, das Telefon, das Fernsehen etc. in Frage. E-Commerce ist bei dieser Begriffsauslegung mit dem Begriff des „E-Business" (**Electronic-Business**) oder Online-Business gleichzusetzen (Felsenberg 1999, S. 7).

Bei einer **engen Auslegung des Begriffs E-Commerce** erfolgt eine Einschränkung auf die Technologie des Internets. Darüber hinaus wird nur dann von E-Commerce gesprochen, wenn Transaktionen über das Internet durchgeführt werden sollen. Folglich ist unter E-Commerce die „digitale Anbahnung, Aushandlung und/oder Abwicklung von Transaktionen zwischen Wirtschaftsobjekten" zu verstehen (Clement/Peters/Preiß 1998, S. 50). Den weiteren Ausführungen liegt diese engere Begriffsauslegung zu Grunde.

		Nachfrager der Leistung		
		Consumer	Business	Administration
Anbieter der Leistung	Consumer	**Consumer-to-Consumer** z.B. Internet-Kleinanzeigenmarkt	**Consumer-to-Business** z.B. Jobbörsen mit Anzeigen von Jobsuchenden	**Consumer-to-Administration** z.B. Steuerabwicklung von Unternehmen
	Business	**Business-to-Consumer** z.B. Bestellung eines Kunden in einer Internet Shopping Mall	**Business-to-Business** z.B. Bestellung eines Unternehmens bei einem Zulieferer per EDI	**Business-to-Administration** z.B. Steuerabwicklung von Unternehmen
	Administration	**Administration-to-Consumer** z.B. Abwicklung von Unterstützungsleistungen (Sozialhilfe etc.)	**Administration-to-Business** z.B. Beschaffungsmaßnahmen öffentlicher Institutionen	**Administration-to-Administration** z.B. Transaktion zwischen öffentlichen Institutionen im In- und Ausland

Abbildung 3-243: Markt- und Transaktionsbereiche des E-Commerce
(Quelle: Hermanns/Sauter 1999, S. 23)

Wirtschaftssubjekte im E-Commerce können private Personen (consumer), Unternehmen (business) und der Staat (administration) sein. Diese können jeweils als Nachfrager und Anbieter von Leistungen im Internet in Erscheinung treten (vgl. Abbildung 3-243). Obwohl die bekanntesten Erfolgsbeispiele aus dem Bereich des Business-to-Consumer stammen (zum Beispiel Amazon, CDnow, Shopping 24), ist es vor allem der **Business-to-Business-Bereich**, der das prognostizierte Potential des E-Commerce in Zukunft ausmachen wird (vgl. Abbildung 3-244). Der E-Commerce zwischen Zulieferern, Herstellern, Dienstleistern und Handel umfaßt dabei alle Wertschöpfungsstufen, zum Beispiel die Beschaffung, Forschung und Entwicklung, Produktion oder Marketing/Vertrieb. Die Anbieter im Business-to-Business Bereich erwarten vom E-Commerce insbesondere Effizienzsteigerungen durch eine schnellere Abwicklung von Prozessen und eine signifikante Kostensenkung durch die automatisierte Abwicklung von Transaktionen auf elektronischem Wege. Aus Marketingsicht ist indes der E-Commerce zwischen Unternehmen und Endkunden (**Business-to-Consumer**) das interessantere Aktionsfeld. Der integrierte Einsatz der Marketinginstrumente leistet hier einen höheren Beitrag zum Erfolg als im Bereich des Business-to-Business E-Commerce, bei dem sich die Marktpartner in der Regel kennen und das Internet lediglich als gemeinsame technische Plattform zur effizienten Abwicklung von Transaktionen genutzt wird.

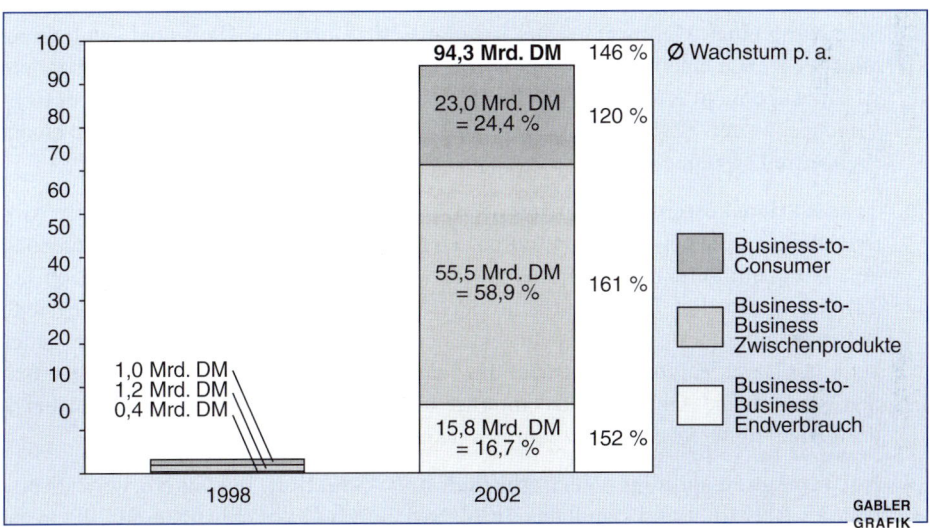

Abbildung 3-244: Prognose der E-Commerce-Umsätze für den deutschen Markt
(Quelle: IDC/BA+H Analyse 2000)

Im Business-to-Consumer-Bereich zählen derzeit zu den **meistgekauften Gütern** Finanzdienstleistungen, Bücher, Hardware, Software, Reisen, Eintrittskarten für Veranstaltungen, Tonträger (insbesondere CDs) und diverse Versandhausartikel wie Bekleidung und Schuhe (Focus 1999, S. 77 f.). Diese Güter weisen ein Reihe von Merkmalen auf, die sie als besonders geeignet für den E-Commerce erscheinen lassen (Albers et al. 1997, S. 268 f.; Bliemel/Theobald 1997; Berryman et al. 1998, S. 156). Dabei sind folgende, zum Teil nicht überschneidungsfreie Kriterien hervorzuheben, bei deren (komplementären) Vorliegen sich Güter besonders für den E-Commerce eignen:

- **Digitalisierbarkeit**: Ein digitalisierbares Gut liegt vor, wenn sich dessen zentrale Leistungsmerkmale in eine digitale Binärfolge transformieren und sich nach der elektronischen Übertragung (über das Internet) wieder in seinen Ursprung zurückwandeln läßt (zum Beispiel Musik, Software, Informationen, Finanzdienstleistungen, Anrechte).

- **Geringe Komplexität**: Unter der Komplexität ist in diesem Zusammenhang vereinfacht die Anzahl der Merkmale zu verstehen, die für den Käufer bei der Kaufentscheidung relevant sind. Ist ein Gut sehr komplex, ist die Vergleichbarkeit zu Gütern von anderen Anbietern eingeschränkt (zum Beispiel individuelle Maßanfertigung).

- **Geringer Beratungsbedarf** (hohe Autonomie des Käufers): Der Kunde muß in der Lage sein, die Eigenschaften von Gütern eigenständig zu beurteilen und Alternativen vergleichen zu können. Bei Vorliegen von Selbstbedienungseigenschaften eines Gutes und bei hoher Autonomie des Käufers ist dessen wahrgenommene Unsicherheit, einen Fehlkauf zu tätigen, sehr gering (zum Beispiel Kauf eines Bestsellers).

- **Schaffung eines Mehrwertes aus Kundensicht**: Durch den Kauf über das Internet muß der Kunde einen Mehrwert erhalten, den er beim Kauf eines Gutes über andere Absatzwege nicht erhält. Ein solcher Mehrwert kann beispielsweise in einem Convenience-Vorteil (24 Stunden Bestellung, bequeme Anlieferung etc.) oder einem Preisvorteil liegen.

- **Transaktionskostensenkungspotential**: Die Senkung von Transaktionskosten wird aus Anbietersicht beispielsweise durch den Direktvertrieb von Gütern bei Umgehung von Absatzmittlern möglich. Aus Nachfragersicht kann sich eine Reduktion der Transaktionskosten unter anderem durch in E-Commerce-Angebote integrierte Preisagenten, umfangreiche Suchfunktionen oder ein sehr breites Sortiment („alles aus einer Hand") ergeben. Je größer das Transaktionskostensenkungspotential durch den Verkauf eines Gutes über das Internet aus Anbieter und/oder Nachfragersicht ist, desto eher eignet sich ein Gut zum E-Commerce.

- **Notwendigkeit ständiger Verfügbarkeit und Aktualität**: Bei Gütern, deren Werte von der Aktualität und ständigen Verfügbarkeit des Gutes abhängen und die meist durch einen großen Informationscharakter gekennzeichnet sind, bietet sich das Internet als ständig verfügbares Medium an (zum Beispiel bei Börsennachrichten oder Aktienkursen).

Geringer emotionaler Charakter: Güter, bei denen die Kaufentscheidung nicht von rationalen Faktoren bestimmt wird, sondern Emotionen beziehungsweise ein hohes Involvement die Kaufentscheidung wesentlich beeinflussen (zum Beispiel bei Impulskäufen), eignen sich weniger zum E-Commerce.

6.272 Veränderungen in der Wertschöpfungskette durch den E-Commerce

In Absatzkanälen als rechtliche, ökonomische und kommunikativ-soziale Beziehungen zwischen den am Distributionsprozeß beteiligten Personen beziehungsweise Institutionen (vgl. drittes Kapitel, Abschnitt 4.1) wirken unterschiedliche Marktteilnehmer arbeitsteilig an der Gestaltung der Wertkette eines Absatzkanals mit. Neben Herstellern und Verbrauchern treten Absatzmittler und Absatzhelfer (sogenannte Intermediäre) als Marktteilnehmer in Erscheinung. Die Existenzberechtigung von Intermediären kann mit Hilfe der **Transaktionskostentheorie** begründet werden (Williamson 1981). Basisannahme dieser Theorie ist, daß jede wertschöpfende Aktivität Kosten verursacht. Aus der Sicht eines Herstellers entstehen Produktions- und Transaktionskosten, aus der Sicht eines Intermediärs Wareneinstands-, Produktions- und Transaktionskosten und aus der Sicht eines Abnehmers Kosten in Höhe des Preises für ein Gut zuzüglich seiner Transaktionskosten. **Transaktionskosten** bestehen dabei aus den Kosten für die Anbahnung, Vereinbarung, Abwicklung, Kontrolle und Anpassung eines Leistungsaustausches (Picot 1986, S. 3). Immer dann, wenn die Summe der Transaktionskosten durch die Einschaltung eines weiteren Akteurs in den Absatzkanal niedriger sind, erlangen Intermediäre eine Existenzberichtigung und können als Vermittler auftreten. Sie können in bestimmten Situationen den Austausch zwischen den Akteuren im Wirtschaftsgeschehen effizienter gestalten, indem sie Angebot und Nachfrage bündeln und dabei Größenvorteile realisieren (Gerth 1999, S. 203). Aus Unternehmenssicht ist es folglich in vielen Fällen aufgrund der hohen Transaktionskosten nicht sinnvoll, direkte Beziehungen zu Endkunden aufzubauen. Würde beispielsweise ein Hersteller von Joghurt seine Waren einzeln im Telefonverkauf an Endkonsumenten verkaufen, wären die Transaktionskosten (insbesondere die Personalkosten für den direkten Kundenkontakt, die zu den Vereinbarungskosten zählen) höher als der Preis des Produkts und der direkte Absatz damit höchst ineffizient. Durch die Einschaltung eines Intermediärs (zum Beispiel eines Lebensmittelhändlers) wird jedoch auch der Verkauf eines einzelnen Stücks (des Joghurts) effizient.

Zur Illustration der Rolle von Intermediären als „Transaktionskosten-Ökonomisierer" ist in Abbildung 3-245 eine Situation dargestellt, in der fünf Kunden jeweils sechs unterschiedliche Produkte von unterschiedlichen Unternehmen beziehen wollen. Beziehen die Kunden die Güter direkt bei den Unternehmen ohne Einschaltung eines Intermediärs entstehen theoretisch Transaktionskosten durch insgesamt 36 (6 x 5) Kontakte. Werden die Güter indes von einem die Nachfrage und das Angebot bündelnden Intermediär bezogen, reduziert sich die Anzahl der Kontakte auf 11 (6 + 5) Kontakte. Abstrahiert man von weiteren Kosten und zieht allein die Kontaktkosten zur Berechnung der Transaktionskosten heran, ist eine Einschaltung eines Intermediärs im Beispiel sinnvoll, da durch diesen die Transaktionskosten gesenkt werden.

Mixübergreifende Entscheidungen

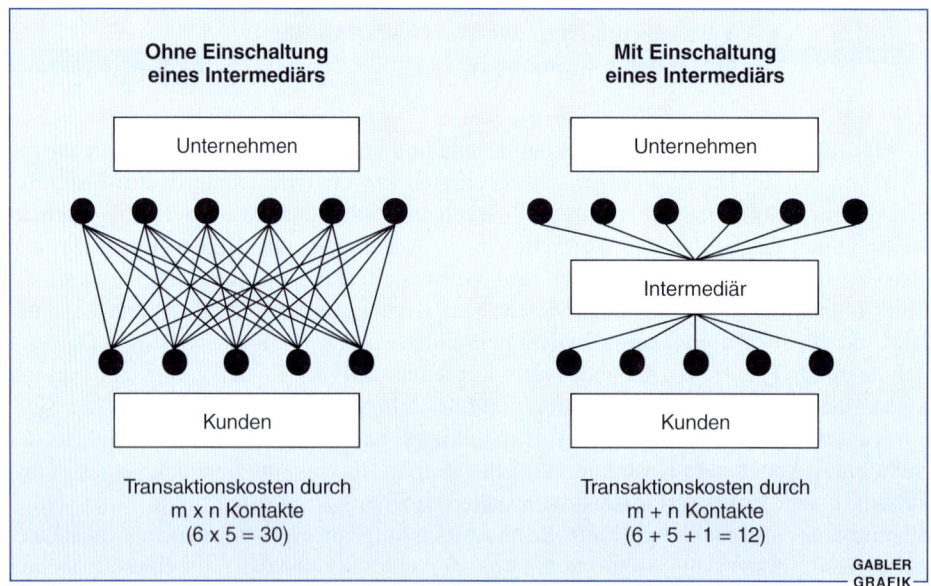

Abbildung 3-245: Beispielhafte Konstellation von Transaktionskosten ohne und mit der Einschaltung von Intermediären (Quelle: Gerth 1999, S. 204)

Aufgrund der Eigenschaften des Internets, eine multifunktionale Kommunikation zu ermöglichen (vgl. drittes Kapitel, Abschnitt 5.48), kann das Internet als **virtueller Marktplatz** genutzt werden. Auf diesem virtuellen Marktplatz, der auch als elektronischer Markt oder Marketspace bezeichnet wird (Rayport/Sviokla 1994), treffen sich – wie auf realen Marktplätzen – Angebot und Nachfrage. Zentraler Unterschied zu realen Tauschvorgängen ist jedoch, daß ein Teil oder die gesamte Transaktion mit Hilfe von Informations- und Kommunikationstechnologien elektronisch abgewickelt wird. Der Kunde muß nicht – wie in realen Märkten – eine Verkaufsstelle aufsuchen oder mit einem Anbieter in persönlichen Kontakt treten, sondern kann seine Aktivitäten vor, während und/oder nach einem Kauf (Information, Vergleich, Bestellung, Zahlungsabwicklung etc.) über das Internet durchführen. Das **Internet** kann entsprechend **als Quasi-Intermediär** angesehen werden. Es kann verschiedene Funktionen in der Wertkette eines Absatzkanals übernehmen (vgl. Abbildung 3-246). Im Internet kann sich der Kunde über Produkte und Dienstleistungen von verschiedenen Anbietern informieren und eventuell einen rechtsverbindlichen Kaufabschluß tätigen (Sortiments-, Informations- und Beratungsfunktion), digitalisierbare Güter wie Software und Musik können über das Internet elektronisch übertragen werden (Funktion der physischen Distribution), die Bezahlung ist über das Internet ebenfalls möglich (finanzielle Transaktionsfunktion), und auch der After Sales Service (Organisation von Verbunddienstleistungen) kann durch das Internet unterstützt werden (zum Beispiel Umtausch, Bestellung des Kundendienstes etc.). Folglich zeichnet sich der E-Commerce gegenüber dem traditionellem Verkauf durch eine Automatisierung von Prozessen und den Selbstbedienungscharakter aus.

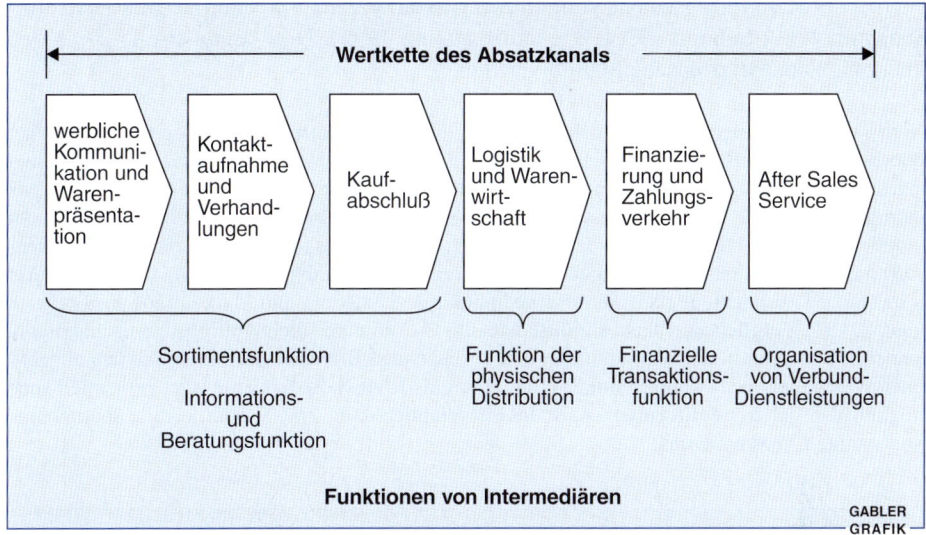

Abbildung 3-246: Funktionen von Intermediären in der Wertkette des Absatzkanals

Die Folge einer Abwicklung von Transaktionen über elektronische Märkte ist eine **Veränderung der Transaktionskosten** gegenüber der traditionellen Abwicklung in der realen Welt (Meffert 1999a, S. 8). So zeichnet sich beispielsweise die Verbreitung von Inhalten im Internet durch eine Dominanz der fixen gegenüber den variablen Kosten aus: Während bei der Verbreitung von Medieninhalten über das Internet in der Regel Fixkosten von mehr als 90 Prozent der Gesamtkosten anfallen, sind in der Zeitschriftenbranche ca. 65 Prozent der Gesamtkosten Fixkosten (first-copy-costs) und nur 35 Prozent auf variable Kosten für die Vervielfältigung und Distribution. Bei der Abwicklung von Banktransaktionen über das Internet ist eine Einsparung der variablen Kosten um 89 Prozent und bei der Softwaredistribution sogar um 97 bis 98 Prozent möglich. Eine Studie von Frost und Sullivan aus dem Jahr 1998 deutet in diesem Zusammenhang an, daß die gesamtwirtschaftlichen Kosten des Güterhandels als Folge des E-Commerce um rund 5 Prozent sinken können.

Durch die Vernetzung von Anbietern und Nachfragern über das Internet und die sinkenden Transaktionskosten ist es grundsätzlich denkbar, daß eine effiziente Abwicklung direkt zwischen Herstellern und Endkunden möglich wird und eine Ausschaltung/Umgehung von Handelsstufen erfolgt. Hersteller können in Eigenregie virtuelle Marktplätze gründen und die notwendigen Funktionen „rückintegrieren", die auf realen Märkten traditionell vom Handel übernommen werden. Dieser Effekt wird auch als „**These der Disintermediation" oder „Electronic Market Hypothesis"** bezeichnet (Zerdick et al. 1999, S. 149 f., Daniel/Klimis 1999). Vertreter dieser These gehen davon aus, daß der Einsatz des Internets im Distributionssystem zu derart geringen Transaktionskosten führt, daß die Einschaltung von Intermediären als ineffizient zu betrachten und dem

Internet der Status eines nahezu vollkommenen Marktes zuzusprechen ist (Malone/Yates/ Benjamin 1989; Schmid 1993; Wigand/Benjamin 1995). Dies begünstigt letztlich den Übergang zum elektronischen Direktvertrieb.

Einige Voraussetzungen für das Vorliegen eines vollkommenen Marktes treffen für das Internet jedoch nicht zu. Beispielsweise werden im Internet nicht nur homogene Güter angeboten, und angesichts der Informationsflut im Internet ist nicht von einer vollständigen Markttransparenz auszugehen, da der einzelne Konsument die Vielzahl der angebotenen Informationen nicht verarbeiten könnte. Darüber hinaus kann auch nicht vom Bild des rational handelnden Konsumenten (homo oeconomicus) ausgegangen werden. Internetkäufer zeichnen sich trotz möglicherweise bestehender Preisnachteile meist durch eine hohe Einkaufsstätten- und Markentreue aus (Zerdick et al., S. 153). Folglich sind Transaktionskosten im E-Commerce nicht völlig zu vernachlässigen, sondern sie werden in Abhängigkeit von den vorliegenden Branchenstrukturen und den angebotenen Waren mehr oder weniger sinken (Daniel/Klimis 1999, S. 324). Damit ist es prinzipiell auch möglich, daß sich **neue Intermediäre** im Internet etablieren, die eine Vermittlerrolle übernehmen (sogenannte Cybermediaries).

		"Marketplace" Transaktionen in traditionellen Märkten	
		Direktvertrieb $T1 < T2 + H + T3$	Vertrieb über Intermediär $T1 > T2 + H + T3$
"Marketspace" Transaktionskosten in der Internet-Ökonomie	Direktvertrieb $T1 < T2 + H + T3$	1) Selbstkannibalisierung: Internet als zusätzlicher Vertriebsweg von Herstellern (z. B. Deutsche Bank)	2) Disintermediation: Internet-Direktvertrieb verdrängt den klassischen Handel (z. B. Lufthansa InfoFlyWay)
	Vertrieb über Intermediär $T1 > T2 + H + T3$	3) neue/alte Intermediäre: verdrängen den Direktvertrieb von Herstellern (z. B. Finanz-Transaktions-Broker)	4) neue/alte Intermediäre: Handel wird (auch) im Internet aktiv (z. B. Barnesandnoble.com und amazon.com)

T1 = Transaktionskosten bei Umgehung eines Intermediärs
T2 = Transaktionskosten für den Güteraustausch zwischen Hersteller und Intermediär
T3 = Transaktionskosten für den Güteraustausch zwischen Intermediär und Kunde
H = Handelsspanne des Intermediärs

Abbildung 3-247: Veränderung von Transaktionskosten in der Internet-Ökonomie: Systematisierung von Geschäftsmodellen
(in Anlehnung an Sarkar/Butler/Steinfield 1995)

Eine umfassende Bestandsaufnahme der möglichen **Wirkungen des E-Commerce auf die Transaktionskosten** und damit auf die Gestaltung der Wertkette im Absatzkanal wurde erstmals durch die Autoren Sarkar/Butler/Steinfield (1995) vorgenommen. Sie unterscheiden sowohl für traditionelle Märkte als auch für den Internetmarkt zwei Fälle: Zum einen können die Transaktionskosten ohne die Einschaltung eines Intermediärs geringer sein als mit Einschaltung eines Intermediärs, so daß der Direktvertrieb durch den Hersteller effizienter ist als der indirekte Vertrieb über einen Intermediär. Zum anderen ist eine Situation denkbar, in der es effizienter ist, Waren durch indirekten Vertrieb unter Einschaltung eines Intermediärs dem Kunden anzubieten. Kombiniert man diese zwei Fälle für traditionelle Märkte und den Internetmarkt, lassen sich insgesamt vier Anpassungsformen beziehungsweise Geschäftsmodelle unterscheiden, die auf eine Veränderung der Transaktionskosten durch den E-Commerce zurückzuführen sind (vgl. Abbildung 3-247).

Fall 1: Selbstkannibalisierung

Sind die Transaktionskosten für den Verkauf von Gütern in traditionellen Märkten beim Direktvertrieb durch den Hersteller geringer als bei der Einschaltung eines Intermediärs, wird der Hersteller entweder im Distanzgeschäft (Telefonverkauf, Katalogverkauf etc.) seine Waren den Endkunden anbieten oder eine eigene Vertriebsorganisation aufbauen. Sind auch im Internet die Transaktionskosten durch den Verkauf der Güter über die eigene Unternehmenswebseite geringer als bei Einschaltung eines Intermediärs, kann das Internet vom Hersteller als ein zusätzlicher Vertriebsweg genutzt werden. Über das Internet können einerseits die bestehenden Kunden ihre Waren bequem vom PC aus direkt beim Hersteller bestellen. Andererseits können Hersteller über das Internet neue Zielgruppen (auch in anderen Ländermärkten) erreichen und so ihren Umsatz ausweiten. Von besonderer Bedeutung sind dabei die geringen Transaktionskosten bei der Abwicklung von Geschäften über das Internet, die dem Hersteller eine effizientere Abwicklung seiner Geschäfte ermöglichen und aufgrund der besseren Kostensituation seine Wettbewerbsfähigkeit steigern.

Die **Deutsche Bank** hat beispielsweise schon zu einem sehr frühen Zeitpunkt mit dem Angebot der „Bank 24" den Markteintritt in den E-Commerce gewagt und im Laufe der Zeit Erfahrungen sammeln können. Durch die Integration der Bank 24 in die Deutsche Bank 24 wurde dann später die Stärkung des E-Commerce auch konsequent nach außen kommuniziert. Es ist das Ziel der Deutschen Bank 24, die Anzahl der (kostenintensiven) Filialen mittel- bis langfristig zu reduzieren, und den E-Commerce zu einer wesentlichen strategischen Geschäftseinheit des Unternehmens auszubauen. Insofern gilt für die Deutsche Bank 24 die Maßgabe: „Kannibalisiere Dich selbst, bevor es ein anderer tut." (Zerdick et al., S. 178)

Fall 2: Disintermediation

Für einige Unternehmen, die in ihren traditionellen Märkten über Intermediäre ihre Güter am Markt anbieten, lassen sich durch den Internetvertrieb die Transaktionskosten so sehr senken, daß der Aufbau eines eigenen Distributionsweges wirtschaftlich betrieben werden kann. Durch den Direktvertrieb können Intermediäre umgangen und die Einsparungen durch die geringeren Transaktionskosten in Form von niedrigeren Preisen an den Kunden weitergegeben werden. Allerdings setzt die Disintermediation seitens des Herstellers das Know-how für eine Ausweitung der vertikalen Integration voraus. Darüber hinaus dürfen die (vorprogrammierten) Konflikte mit den bestehenden Intermediären in den traditionellen Märkten nicht zu einer Auslistung bei diesen führen. Der Umsatzrückgang in den traditionellen Märkten muß dann durch die E-Commerce-Umsätze langfristig kompensiert werden.

Ein Anbieter von Verkehrsdienstleistungen, der bestehende Intermediäre in den traditionellen Märkten durch den E-Commerce zunehmend ausschaltet, ist die **Deutsche Lufthansa AG**. In ihrem Infoflyway bietet die Fluggesellschaft ihren Kunden nicht nur die Möglichkeit zur umfassenden Information über die angebotenen Dienstleistungen, sondern auch die Möglichkeit zur Buchung. Das wohl bekannteste Beispiel gelungener Disintermediation ist der Computer-Hardwareverkäufer **Dell Computer**. Dell bietet in Deutschland seine Computer ausschließlich über das Internet zum Verkauf an, wobei alle Stufen der distributiven Wertkette selbst kontrolliert und koordiniert werden (Schögel/Birkhofer/Tomczak 1999, S. 296).

Fall 3: Neue/alte Intermediäre verdrängen den Direktvertrieb von Herstellern

Grundsätzlich ist auch eine Situation denkbar, in der in traditionellen Märkten Hersteller im Rahmen des Direktvertriebs ihre Güter den Kunden anbieten und eine Einschaltung von Intermediären nicht effizient ist. In einigen Branchen können die geringeren Transaktionskosten beim Verkauf der Güter über das Internet jedoch dazu führen, daß sich neue und/oder alte Intermediäre im Internet als Zwischenhändler etablieren. Neue Intermediäre sind Anbieter, die in traditionellen Märkten nicht in der distributiven Wertschöpfungskette einer Branche vertreten waren und im Internet als neue Wettbewerber in den Markt eintreten (Tomczak/Schögel/Birkhofer 1999, S. 111). Beispielsweise könnte ein neuer Intermediär, der seine Leistungen ausschließlich im Internet anbietet, Produkte von einem etablierten Hersteller in sein Angebot aufnehmen, oder ein etablierter Händler nimmt in sein Internetangebot die Produkte des Herstellers auf. In vielen Branchen treten vor allem neue Intermediäre auf, die als Dienstleister Teilfunktionen in der Wertkette des Absatzkanals übernehmen. Zu diesen gehören beispielsweise Preisagenturen, die für den Kunden für verschiedene Produkte den günstigsten Anbieter im Internet suchen. Einige Preisagenturen haben neben der Such- auch eine direkte Bestellfunktion in die Internetseite integriert und partizipieren so direkt an den Umsätzen.

In besonderer Weise ist eine Verdrängung traditioneller Anbieter im Bereich der **Musikindustrie** zu erwarten. In dieser Branche findet nicht nur eine Substitution des stationären Einzelhandels oder des Direktgeschäftes von Musiklabels durch den Verkauf von CDs über das Internet statt.

Durch den digitalen Vertrieb von einzelnen Musiktiteln über das Internet im sogenannte MP3-Format entwickelt sich derzeit ein neuer Markt, in dem aktuelle Key Player der Musikindustrie mehr und mehr eine untergeordnete Rolle spielen, da sowohl Interpreten ihre Stücke im Internet selbst anbieten oder neue Intermediäre den Verkauf der Titel im MP3-Format vornehmen. MP3 (MPEG Layer 3) steht für den derzeit besten und akzeptiertesten Komprimierungsalgorithmus von Tondaten, der am deutschen Fraunhofer-Institut entwickelt wurde. Mit dieser Methode lassen sich Sampledaten um den Faktor 12 komprimieren, ohne daß ein störender Qualitätsverlust auftritt. Ein fünf Minuten langes Lied, das auf einer CD unkomprimiert 50 Megabyte Speicher einnimmt, kann so auf 4,2 Megabyte komprimiert werden.

Bei der Diffusion erweist sich allerdings der Schutz der Urheberrechte als größte Barriere: Die meisten Internetseiten, auf denen Musik im MP3-Format angeboten wird, sind illegal beziehungsweise verweisen auf illegale Server (vgl. Insert 3-49).

MP3: Der Hör-Genuss aus dem Web kann teuer werden

cid **Berlin**
Die neuesten Hits kaufen viele Menschen nicht mehr im Musik-Laden um die Ecke, sie laden die Klänge einfach per MP3-Datei aus dem Internet. Zur Vorsicht mahnt jetzt jedoch die Stiftung Warentest. Die Songs aus dem Web sind nicht nur vielfach illegal, sie können auch ins Geld gehen.

Schuld sind die langen Download-Zeiten. Sie entstehen, weil die beliebten Dateien ein großes Datenvolumen besitzen, das über das Web zum Computer des Anwenders wandern muss. Rechnet man zu den dadurch anfallenden Telefon- und Provider-Gebühren noch die Kosten für einen CD-Rohling, kommt schnell ein Betrag um die zehn DM zusammen. Für diesen Preis gibt es besonders ältere Musiktitel häufig schon im Laden. Neuere Hits sind zwar ein wenig teurer, ihre Aufnahmequalität überflügelt die beliebten Files aus dem Web jedoch um Längen.

Teuer kann nach Ansicht der Experten auch die Anschaffung eines MP3-Players werden, mit dem sich die Web-Musik auch unterwegs abspielen lässt. Zu den Anschaffungskosten, die in der Regel zwischen 350 und 600 DM liegen, gesellen sich meist noch die Kosten für ein Speichermedium, die so genannte Flash-Card. Grund: Die Hits im MP3-Player kommen nicht von einer Diskette, sie sind auf einem Chip gespeichert. Ist der voll, müssen die Daten gelöscht werden. Entgehen können Anwender dieser leidigen Prozedur nur durch den Kauf eines Speichermediums, der Flash-Card. Und die schlägt immerhin mit rund 300 DM zu Buche.

© 1999 ZVW-Online

INSERT 3-49: „MP3 kann teuer werden" (http://www.zvw.de/aktuell/comp/1999/43/comp04.htm; Abruf vom 2. Mai 2000)

927

Fall 4: Neue/alte Intermediäre werden (auch) im Internet aktiv

Sind die Transaktionskosten sowohl in traditionellen Märkten als auch im Internetmarkt durch den Direktvertrieb eines Herstellers größer als beim indirekten Vertrieb über Intermediäre, so werden in beiden Märkten Intermediäre den Verkauf von Güter übernehmen und als „Transaktionskosten-Ökonomisierer" auftreten. Dabei können sowohl alte Intermediäre ihre in den traditionellen Märkten aufgebauten Kompetenzen bei der Distribution von Gütern nutzen als auch neue Anbieter in den Markt als Intermediär eintreten.

Im **Buchmarkt** besitzt beispielsweise der Direktvertrieb von Verlagen eine untergeordnete Bedeutung, da insbesondere ein breites und tiefes Sortiment für die Kunden von Interesse ist. Einzelne Verlage können ein solches Sortiment in der Regel jedoch nicht anbieten, so daß in traditionellen Märkten etablierte Intermediäre die Funktionen der Distribution übernehmen. Im Internet sind hingegen sowohl alte als auch neue Intermediäre mit einem Angebot vertreten. Beispielsweise bietet der etablierte Bertelsmann Buchclub seine Bücher unter der Internetadresse http://www.der-club.de an. Ebenso sind branchenfremde Anbieter im Internet mit einem Buchsortiment vertreten. So verbirgt sich hinter der Internetadresse http://www.buch.conrad.de Europas größtes Versandhandelsunternehmen im Bereich Elektronik und Technik Conrad Elektronik. Der bekannteste Onlinebuchhändler ist das Startup-Unternehmen Amazon.de, das ausschließlich im Internet Bücher anbietet und international seit einigen Jahren Marktführer in dieser Branche ist.

6.273 Ziele und strategische Besonderheiten des E-Commerce

Die Ziele beim Einsatz des E-Commerce sind vielfältig und lassen sich in ökonomische und psychographische Ziele unterscheiden. Bei der Analyse der **ökonomische Ziele des E-Commerce** ist zunächst darauf zu verweisen, daß die meisten Anbieter anstreben, mit ihrem E-Commerce Angebot neue Zielgruppen anzusprechen, die sie über andere Absatzkanäle nicht oder nur in unzureichendem Maße erreichen. Durch die Ansprache dieser Zielgruppen sollen **zusätzliche Umsätze** generiert werden. Darüber hinaus sollen durch den E-Commerce bereits bestehende Kunden die Möglichkeit erhalten, über einen zusätzlichen Vertriebsweg Produkte zu kaufen. Da Kunden zu jeder Zeit (24 Stunden am Tag und 365 Tage im Jahr) Produkte im Internet bestellen können (kontinuierliche Marktpräsenz) kann das Absatzpotential gesteigert werden. Die Globalität des Mediums ermöglicht dabei eine weltweite Markterschließung zu vergleichsweise geringen Kosten. Auch kleinere und mittlere Unternehmen können über das Internet weltweit agieren und zu großen international tätigen Konzernen in Konkurrenz treten (Sauter 1999, S. 105).

Als ein weiteres ökonomisches Ziel des E-Commerce ist die **effiziente Abwicklung von Transaktionen** zu nennen. Wie bereits erwähnt, ist die Abwicklung von Transaktionen über das Internet in der Regel mit geringeren Kosten verbunden als die Abwicklung über andere Absatzkanäle. Folglich streben viele Unternehmen an, die kostenintensiven stationären Absatzkanäle durch den E-Commerce zumindest partiell zu substituieren und so die **Kosten** zu **senken**. Durch die digitale Anbahnung und Abwicklung von Transaktionen im Internet werden die Mitarbeiter von Routineaufgaben der Kundenbetreuung und -beratung entlastet und damit insbesondere die Personalkosten gesenkt.

Als eine geeignete Kennziffer zur Illustration der Vorteile des E-Commerce gegenüber dem stationären Handel hinsichtlich der Personalkosten ist der **Umsatz pro Mitarbeiter** anzusehen. In den USA betrug beim stationären Buchhändler Borders im Jahr 1998 der Umsatz pro Mitarbeiter 93.000 US-Dollar, während der Internetbuchhändler Amazon pro Mitarbeiter 393.000 US-Dollar verzeichnen konnte (Eierhoff 1999, S. 41).

Die Erwirtschaftung einer angemessenen **Rendite** oder von **Gewinn** steht bei vielen E-Commerce-Anbietern (noch) nicht im Vordergrund. Da sich die meisten Anbieter in der Phase des Aufbaus der E-Commerce-Plattform beziehungsweise der Markterschließung befinden oder nach einem erfolgreichen nationalen Einstieg in den E-Commerce ihre Aktivitäten international ausweiten, sind vielmehr Wachstumsziele von herausragender Bedeutung. So verwundert es nicht, daß in den Jahren 1995 bis 1999 lediglich 5 Prozent der E-Commerce-Anbieter einen Gewinn erwirtschaften konnten (Meffert 1999a, S. 19).

In nahezu allen Studien wird dem E-Commerce ein enormes Umsatzpotential prognostiziert. Entsprechend wird Unternehmen, die bereits erste Erfolge beim Verkauf von Gütern über das Internet erzielen konnten und an der Börse notiert sind, vom Kapitalmarkt ein großes Vertrauen entgegengebracht, in Zukunft an den prognostizierten Potentialen partizipieren zu können. Das Vertrauen äußert sich in einer **Marktkapitalisierung** (börsennotierter Unternehmenswert) von E-Commerce-Unternehmen, die bei einer realistischen Einschätzung der Umsatz- und Gewinnerwartungen kaum zu rechtfertigen ist. Aufgrund der enormen Marktkapitalisierung streben insbesondere E-Commerce-Startup-Unternehmen neben Wachstumszielen auch einen erfolgreichen Börsengang und damit die **Steigerung des Unternehmenswertes** an.

Ein bemerkenswertes Beispiel für die enorme Marktkapitalisierung von E-Commerce-Unternehmen ist der Vergleich von ökonomischen Kennzahlen zwischen den Buchhändlern **Barnes&Noble Inc. und Amazon** für das Jahr 1998: Obwohl Barnes&Noble Inc. mit 4,67 Milliarden DM das 4,5fache des Jahresumsatzes von Amazon (1,02 Milliarden DM) erwirtschaften konnte, betrug der Marktwert von Amazon mit 28,7 Milliarden DM im Februar 1999 ungefähr das Siebenfache des Marktwertes von Barnes&Noble Inc. (4,2 Milliarden DM). Ein Unternehmen, das „nur" über das Internet Bücher verkauft (Amazon), hätte folglich den größten Buchhändler der Welt (bezogen auf den Umsatz) Anfang 1999 kaufen können (Middelhoff 1999, S. 30 f.).

Insbesondere in den Jahren 1996 bis 1998 standen beim E-Commerce ökonomische Ziele eher im Hintergrund, während psychographische Ziele dominierten. Das Engagement in den neuen Medien sollte vielen Unternehmen dazu dienen, sich als ein besonders **innovatives Unternehmen** zu positionieren (Fritz 1999, S. 131). Aufgrund der Vielzahl im Internet mit einem E-Commerce-Angebot vertretenen Unternehmen hat dieses Ziel jedoch an Bedeutung verloren. Größere Bedeutung erlangt im E-Commerce indes die

Steigerung von **Kundenzufriedenheit und Kundenbindung**, indem Unternehmen individuelle Kundenbeziehungen aufbauen, direkt mit den Kunden kommunizieren und aufwendige Serviceleistungen anbieten (Kulanz beim Umtausch, Garantien etc.).

Im Markt des E-Commerce gelten einige **strategische Besonderheiten** im Vergleich zu traditionellen Märkten, die das Marktgeschehen wesentlich prägen und deren Beachtung einen großen Einfluß auf Erfolg oder Mißerfolg von E-Commerce-Unternehmen haben kann.

- Als erste Besonderheit im E-Commerce ist die besondere **Rolle der Faktoren Zeit und Marktanteil** zu nennen. Treten Unternehmen als Pionier mit Innovationen in den Internetmarkt ein, können diese in kurzer Zeit eine hohe Bekanntheit und einen hohen Marktanteil erreichen (bekannte Beispiele sind die Bank 24 und der Buchhändler Amazon.com). Folgern bleibt in der Regel ein breiter Markterfolg nicht zuletzt deshalb verwehrt, weil Pioniere aus der Vielzahl der Kontakte mit Nutzern gelernt haben, ein bedarfsgerechtes Angebot mit relevanten Value Added Services bereitzuhalten und damit die Kundenbindung zu stärken. Pionierunternehmen können infolgedessen binnen weniger Monate nahezu uneinholbare Zeitvorsprünge realisieren und Markteintrittsbarrieren durch ein qualitativ hochwertiges Angebot, das auf Erfahrungsvorsprüngen basiert, aufbauen. Jeder Zugriff von Kunden kann damit letztlich als Chance interpretiert werden, Bedürfnisse von Konsumenten zu erkennen und vom Kunden zu lernen. Die gute Marktkenntnis kann die Basis zur langfristigen Differenzierung von Konkurrenten durch Qualitätsvorsprünge darstellen. Die besondere Relevanz eines frühen Markteintritts zeigt sich in diesem Zusammenhang auch durch die vielzitierte Besonderheit der sogenannte Internet-Zeitrechnung, nach der ein Internetjahr drei Monate darstellt (Meffert 1999b, S. 2).

- Darüber hinaus können durch den Markteintritt als Pionier sogenannte **Lock-in-Situationen** entstehen (Clement/Litfin/Peters 1998, S. 82). Die Kosten für den Wechsel zu einem anderen Anbieter werden bei Lock-in-Situationen aus Nutzersicht höher als der daraus resultierende Nutzen empfunden. Beispielsweise führt die Nutzung eines neuen Shop-Angebotes durch einen Internetnutzer zu Kosten in Form von zusätzlicher Einarbeitungszeit in die Bedienung. Versteht es ein Anbieter, Lock-in-Situationen aufzubauen, kann er eine hohe Kundenbindung erzielen, selbst wenn Wettbewerber über bessere Angebote verfügen.

- Hat ein Anbieter einen großen Marktanteil erreicht, treten darüber hinaus sogenannte **positive Feedbacks** ein. In der traditionellen ökonomischen Sichtweise führt die zunehmende Verbreitung eines Gutes zu einem sinkenden Wert des einzelnen Gutes (negative Feedbacks). In der Internet-Ökonomie gilt dieser Zusammenhang jedoch nicht. Hier gilt die Regel, daß der Wert eines Gutes (beziehungsweise eines Internet-Angebots) mit zunehmender Verbreitung steigt (positive Feedbacks). Übertragen auf das E-Commerce Angebot von Unternehmen bedeutet dies, daß mit zunehmender Akzeptanz eines Angebots neue Nutzer veranlaßt werden, dieses Angebot zu nutzen, was wiederum den Wert des Angebots steigert (Zerdick et al. 1999, S. 157).

Eindrucksvoll läßt sich dieser Effekt anhand des **Buchmarktes** aufzeigen: Auf der Internetseite von Amazon können Leser ihre Eindrücke zu den von ihnen gelesenen Titeln mitteilen. Die Leserrezensionen stehen dann allen Nutzern des Angebots von Amazon zur Verfügung. Je mehr Rezensionen vorhanden sind, desto größer ist der Wert des Angebots, was wiederum neue Nutzer anzieht, die ebenfalls Leserrezensionen bei Amazon einreichen usw.

- Eine weitere Besonderheit des Internets-Marketing ist in der Möglichkeit zur „**Mass Customization**" zu sehen (Fink 1998, S. 137 ff.). In „klassischen" Märkten sieht sich ein an individuellen Bedürfnissen ausgerichtetes Marketing grundsätzlich dem Spannungsfeld zwischen höherem Umsatz einerseits und steigenden Kosten (insbesondere Komplexitätskosten) andererseits ausgesetzt. Aufgrund der hohen Kosten ist ein am einzelnen Kunden orientiertes One-to-one-Marketing in der Regel kaum realisierbar. Insbesondere die Erfassung individueller Bedürfnisse und die Entwicklung maßgeschneiderter Problemlösungen gehen häufig mit einem kaum vertretbaren Aufwand einher. Im Internet können hingegen sowohl die Erfassung individueller Bedürfnisse durch Protokollierungstechniken als auch die Zusammenstellung maßgeschneiderter Problemlösungen automatisiert erfolgen und Kosten gesenkt werden. Damit besteht in diesem Medium die Möglichkeit, durch „Massenindividualisierung" des Leistungsangebotes die Kundenloyalität und die Kundenwerte durch die Abschöpfung von Zahlungsbereitschaften zu erhöhen beziehungsweise zusätzliche Umsätze zu generieren. Beispielsweise bieten einige Suchmaschinen im Internet den Nutzern die Möglichkeit einer individuellen Gestaltung der Einstiegsseite (sogenannte Portalseite) an. Der Nutzer gibt seine Präferenzen per Internetfragebogen bekannt und erhält anschließend bei jedem Aufruf der Internetseite die auf seine individuellen Präferenzen zugeschnittenen aktuellen Informationen (Nachrichten aus bestimmten Kategorien, Buchtips etc.). Buchhändler im Internet bieten ihren Kunden ebenfalls einen auf die individuellen Präferenzen zugeschnittenen Service an: Interessiert sich ein Besucher der Webseite für ein bestimmtes Buch, werden ihm automatisch weitere Bücher angeboten, die von anderen Kunden mit gleichen Interessen bereits bestellt wurden (vgl. Abbildung 3-248).

- Eine weitere Besonderheit im E-Commerce besteht in der Notwendigkeit, Kooperationen einzugehen. Attraktive Systemangebote und ein konkurrenzfähiges Preis-Leistungs-Verhältnis sind im Internet in der Regel nur durch die Bildung von Wertschöpfungspartnerschaften in strategischen Allianzen (sogenannte Business Webs) zu erreichen (Zerdick et al. 1999, S. 179 ff.). Durch die Konzentration auf die eigenen Kernkompetenzen können die notwendigen Skalenerträge zur Erreichung einer hohen Effizienz erzielt werden. Dies ist insbesondere vor dem Hintergrund der Kostenstruktur (Dominanz der fixen gegenüber den variablen Kosten) in der Internet-Ökonomie von besonderer Bedeutung.

Mixübergreifende Entscheidungen

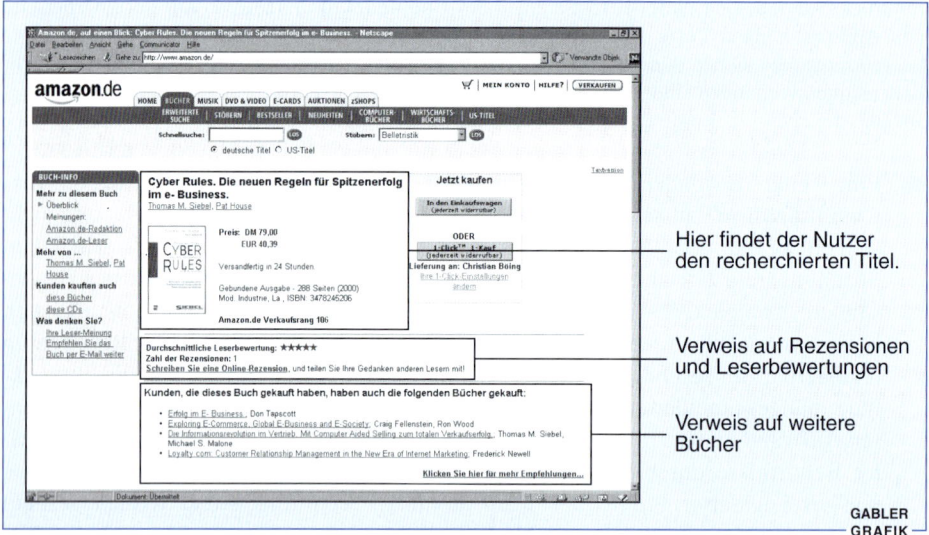

Abbildung 3-248: Buchrecherche bei Amazon.de mit „Querempfehlungen"
(http://www.amazon.de; Abruf vom 17. Mai 2000)

| 6.274 | **Ausgestaltung des E-Commerce** |

In Anlehnung an die Systematisierung des operativen Marketing in die vier Marketing-Mix-Bereiche Produkt, Preis, Kommunikation und Distribution kann zur Beschreibung der operativen Ausgestaltung von E-Commerce-Aktivitäten auch auf diese Systematisierung zurückgegriffen werden. Abweichend vom „klassischen Marketing-Mix" können unter den Bereich der Distribution im E-Commerce keine Inhalte subsumiert werden, da die Wahl des Absatzweges im E-Commerce unveränderbar vorliegt.

Produktpolitik im E-Commerce

Im Rahmen der Produktpolitik im E-Commerce steht vor allem die Frage im Vordergrund, welche **Zusatzleistungen** ein E-Commerce-Angebot enthalten soll. Über den Verkauf eines Produkts hinausgehende Zusatzleistungen sind vor allem deshalb von besonderer Bedeutung im E-Commerce, da aus Konsumentensicht der Kauf über das Internet nur dann eine geeignete Einkaufsalternative darstellt, wenn der Konsument durch das Internet gegenüber traditionellen Einkaufsstätten einen Mehrwert erfährt (Eierhoff 1999, S. 42). Mehrwerte im Bereich der Produktpolitik können dabei in den Bereichen Sortiment, Zusatzinformationen und Abwicklung bestehen.

- Im stationären Einzelhandel ist das **Sortiment** sowohl hinsichtlich der Breite als auch der Tiefe aufgrund von Lagerhaltungskosten und der begrenzten Verkaufsfläche in aller Regel beschränkt. Im Internet ist es Anbietern hingegen möglich, ein sehr breites und tiefes Sortiment anzubieten, da die Waren in Zentrallägern aufbewahrt und unter Einschaltung von Logistikunternehmen direkt von diesen an den Kunden geliefert werden können. Der Internet-Buchhändler Barnesandnoble.com bietet seinen Kunden beispielsweise über 4 Millionen unterschiedliche Titel im Internet an, während stationäre Einzelhändler in der Regel weniger als eine Millionen Titel in ihrem Sortiment haben (Eierhoff 1999).

- Ein weiterer Mehrwert liegt in der Möglichkeit, eine Vielzahl von **Zusatzinformationen** in das E-Commerce-Angebot integrieren zu können. Bei einem großen Sortiment kann der Nutzer beispielsweise über Suchfunktionen eigenständig im Sortiment Angebote suchen und sich über diese im Detail informieren. In der Regel stellen die Anbieter Informationen zum Gebrauch, zu technischen Details, über Lieferzeiten und -modalitäten sowie über die Abwicklung von Garantiefällen im Internet zur Verfügung. Auch werden häufig Rubriken mit Sonderangeboten, „Hitlisten" mit den am häufigsten bestellten Produkten und Informationen über Neuigkeiten in das E-Commerce-Angebot integriert.

- Im Rahmen der **Abwicklung** stehen den Kunden in der Regel aufgrund der automatisierten Protokollierung aller Transaktionen und Prozesse eine Vielzahl von Informationen zur Verfügung, deren Beschaffung in stationären Einzelhandel mit nicht vertretbaren Kosten einhergingen. Durch die Integration einer Warenkorbfunktion in das E-Commerce-Angebot besitzt der Nutzer beispielsweise jederzeit einen Überblick über die von ihm vorgemerkten Bestellpositionen. Darüber hinaus kann er auf Daten von in der Vergangenheit durchgeführten Bestellungen zurückgreifen sowie den Lieferstatus aktueller Bestellungen abfragen. Schließlich betreiben die meisten E-Commerce-Anbieter ein Call Center, an das sich Kunden bei Fragen telefonisch wenden können.

Preispolitik im E-Commerce

Bei der Preisfindung für im Internet angebotene Produkte und Dienstleistungen muß die Erkenntnis berücksichtigt werden, daß sich Internetnutzer in der Regel durch eine geringe Zahlungsbereitschaft für den Kauf von Gütern im Internet auszeichnen. Entsprechend ist eine Abschöpfungspreisstrategie mit hohen Preisen beim Markteintritt in der Regel wenig erfolgversprechend. Statt dessen finden sich viele Beispiele von Anbietern im Internet, die durch wirksame **Preisstrategien der Marktpenetration** schnell einen großen Marktanteil erreichen konnten. Insbesondere die Strategie des „Follow-the-free" – die kostenlose Produktabgabe, die als Extremform der Penetrationsstrategie interpretiert werden kann – stimuliert die Nachfrage in einzigartiger Weise (Zerdick et al 1999, S. 190–193).

Beispielsweise vertrieb das Unternehmen Network Associates seine Antivirensoftware McAfee zunächst kostenlos und erreichte einen Marktanteil von 66 Prozent. Durch kostenpflichtige Upgrades konnten später erhebliche Umsätze generiert werden. Ein zusätzlicher Effekt der kostenlosen Produktabgabe war die Beteiligung der Konsumenten an der Weiterentwicklung des Produkts. Aufgrund des großen Kundenstamms und der hohen Kundenbindung wurden dem Anbieter eine Vielzahl unterschiedlichster Viren bekannt, die dann in den Upgrades berücksichtigt wurden. Entsprechend gilt die Software hinsichtlich der Qualität als Marktführer. Darüber hinaus wird von den Nutzern der Software aufgrund der Qualität ein Anbieterwechsel in der Regel nicht in Erwägung gezogen. Sie befinden sich in einer Lock-in-Situation.

Das **Preisniveau** für die im Internet zum Verkauf angebotenen Produkte befindet sich bei den meisten Anbietern unterhalb des Preisniveaus anderer Vertriebskanäle. Die Internetkäufer erhalten durch die Preisabschläge einen echten Mehrwert gegenüber alternativen Vertriebskanälen. Aus Anbietersicht wird das Angebot geringerer Preise möglich, da sie die Einsparungen aus der Senkung der Transaktionskosten in Form eines Preisabschlages an die Endkunden weitergeben können.

Die Preispolitik im Zeitalter des Internets wird darüber hinaus zunehmend von spezialisierten **Preisagenturen** beeinflußt, die Konsumenten zu mittlerweile allen Bereichen detaillierte Informationen über Preishöhe, Zahlungsbedingungen, Lieferzeiten, Service usw. liefern (bekanntester Anbieter im US-Markt ist www.priceline.com). Aufgrund der daraus resultierenden **erhöhten Markt- beziehungsweise Preistransparenz** für den Endkonsumenten ist tendenziell nur noch eine geringere Abschöpfung der Konsumentenrente seitens der Anbieter möglich (Zerdick et al. 1999, S. 152 f.). Um dennoch Preisbereitschaften von Internetnutzern abschöpfen zu können, setzen viele Anbieter im E-Commerce verstärkt innovative Konzepte der Preisgestaltung ein, die der Markttransparenz entgegenwirken sollen. Zu diesen Konzepten gehören die Preisdifferenzierung, Auktionen und der Sammelkauf.

- Eine erste Möglichkeit, trotz der erhöhten Preistransparenz eine Abschöpfung der Konsumentenrente zu erzielen, stellt das **Angebot differenzierter Preise** beziehungsweise Leistungen dar. In Abhängigkeit von der bestellten Menge oder der Höhe des Umsatzes kann beispielsweise eine Versandkostenpauschale entfallen oder erhoben werden. Die Preise für Informationen (zum Beispiel Finanzinformationen) können nach Kunden (gewerbliche versus private Kunden) oder nach der Aktualität der Informationen (Echtzeitlieferung versus verspätete Lieferung der Informationen) variieren.

- Eine weitere Möglichkeit für Unternehmen zur Umgehung der erhöhten Preistransparenz stellt das **Angebot von Auktionen** dar (Skiera 1999). Beispielsweise versteigert die Deutsche Lufthansa AG Flugangebote im Internet und kann so individuelle Preisbereitschaften abschöpfen beziehungsweise den Auslastungsgrad ihrer Flugzeuge kurzfristig erhöhen. Im E-Commerce sind dabei grundsätzlich alle Arten von Auktionen realisierbar. Die bekannteste Form ist die Englische Auktion, bei der sukzessiv höhere Gebote in offener Form (das heißt für alle Bieter ersichtlich) so

Drittes Kapitel — Aktionsgrundlagen der Marketingentscheidung

lange genannt werden, bis nur noch ein Bieter verbleibt, der dann den Zuschlag erhält. Bei der Holländischen Auktion werden vom Anbieter die Preise so lange sukzessiv gesenkt, bis ein Bieter den aktuellen Preis akzeptiert. Bei der Höchstpreisauktion geben die Bieter ihr Gebote verdeckt ab, und der Bieter mit dem höchsten Gebot erhält den Zuschlag.

■ Ein besonders innovative Form der Preisgestaltung ist der **Sammelkauf**. Bei diesem wird der Preis eines Produktes von der Anzahl kooperierender Käufer determiniert. Je mehr Käufer ein Produkt kaufen möchten, desto günstiger wird der Kaufpreis. Beispielsweise hat das Unternehmen Primus Power GmbH im Mai 2000 eine Waschmaschine zum Preis von DM 1.449,– angeboten. Falls jedoch drei Personen das Produkt kaufen, sinkt der Preis auf DM 1.149,–, bei fünf Personen auf DM 899,–. Interessierte Kunden können dabei die von ihnen gerade noch akzeptierte Preisstufe angeben.

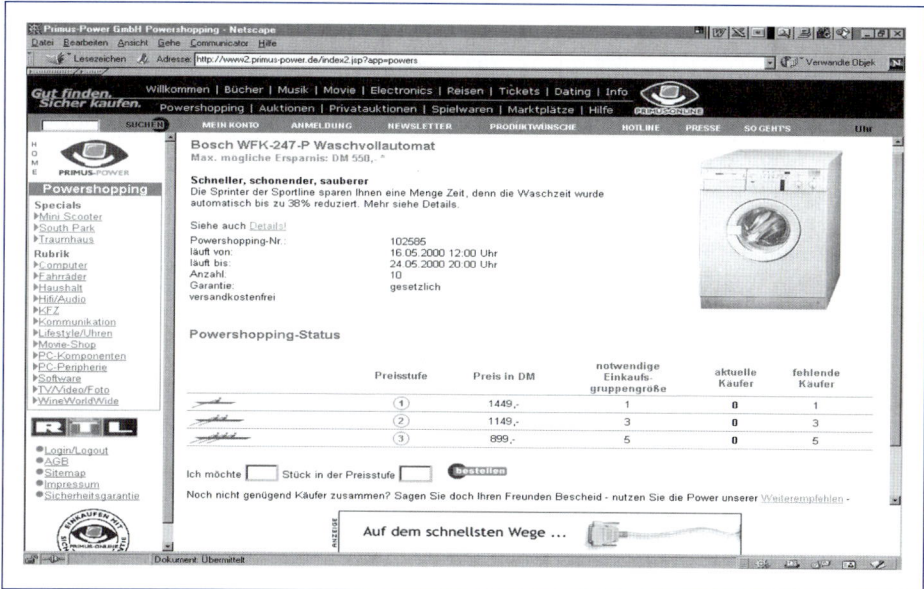

Abbildung 3-249: Sammelkauf-Angebot des Unternehmens Primus Power GmbH
(Quelle: http://www.primus-power.de; Abruf vom 17. Mai 2000)

Kommunikationspolitik im E-Commerce

Im Rahmen der Kommunikationspolitik von E-Commerce-Unternehmen ist die zentrale Bedeutung der **Kooperationswerbung** im Internet hervorzuheben, die in der Kommunikationspolitik von Unternehmen in klassischen Märkten eine eher untergeordnete Bedeutung besitzt. Grundsätzlich stellt es für viele E-Commerce-Anbieter eine zentrale Herausforderung dar, potentielle Käufer auf die Unternehmenswebseite zu „locken" und sich mit den angebotenen Produkten zu beschäftigen. Folglich ist eine breite Präsenz in den Massenmedien und auf vielen Internetseiten zur Bekanntmachung einer Internetseite notwendig. Aus diesem Grund bieten viele E-Commerce-Anbieter sogenannte Partnerprogramme an. Partnerunternehmen, die auf ihren Internetseiten für das E-Commerce-Angebot eines anderen Unternehmens werben, werden an den Umsätzen beteiligt. Möglich wird dies, da im Rahmen der Protokollierung der Kontakte von Nutzern durch den Anbieter eines E-Commerce-Angebots genau festgehalten wird, auf welcher Seite sich ein Internetnutzer zuvor befand beziehungsweise durch welchen Link er auf die Seite des E-Commerce-Angebots geleitet wurde.

Der Buchhändler Amazon.com hat beispielsweise über 400 000 Partnerunternehmen gewinnen können (Amazon 2000) und unterscheidet verschiedene Stufen der Partnerschaft. Die einfachste Form besteht in der Präsentation des Amazon-Logos als Banner Ad auf der Internetseite des Partnerunternehmens. Darüber hinaus kann ein Partnerunternehmen von der eigenen Unternehmenswebseite direkt auf ein einzelnes bestimmtes Produkt mit einem Einzeltitel-Link verweisen oder eine Vielzahl der Produkte von Amazon direkt mit vielen Einzeltitel-Links präsentieren. Auf jedes durch die Präsentation eines Partnerunternehmens und dessen Link auf die Internetseite von Amazon verkaufte Produkt werden von Amazon bis zu 15 Prozent Werbekosten erstattet.

Insgesamt gesehen führen die neuen Informations- und Kommunikationstechnologien infolge der damit verbundenen Senkung von Transaktionskosten zur Begünstigung des elektronischen Direktvertriebs. Die Diffusion des E-Commerce ist vor allem in Abhängigkeit vom Geschäftsmodell und der Branche zu sehen. Als zentrale übergreifende Erfolgsfaktoren des E-Commerce haben sich ein früher Markteintritt, ein rascher Markenaufbau, ein spezifisches Know-how und leistungsfähige Informationssysteme erwiesen.

Literaturhinweise

Ahlert, D., Schröder, H. (1996), Rechtliche Grundlagen des Marketing, 2. Aufl., Stuttgart u. a.
Albers, S. (1989), Entscheidungshilfen für den persönlichen Verkauf, Berlin.
Albers, S., Bachem, C., Clement, M., Peters, K. (1998), Produkte und Inhalte, in: Albers, S., Clement, M., Peters, K. (Hrsg.) Marketing mit Interaktiven Medien,: Strategien zum Markterfolg, Frankfurt a. M., S. 267–282.
Althaide, G. A., Meyers, P. W., Wilemon, D. L. (1996), Seller-Buyer Interactions During the Commercialisation of Technological Process Innovations, in: Journal of Product Innovation Management, No. 13, S. 406–421.
Amazon (2000), Link to Amazon.com and Earn Referral Fees Today!, http://www.amazon.com/exec/obidos/subst/associates/join/associates.html, Abruf vom 16. Mai 2000.
Bänsch, A. (1998), Verkaufspsychologie und Verkaufstechnik, 7. Aufl., München u. a.
Belz, C. (1999), Verkaufskompetenz, Thexis Fachbuch für Marketing, 2. Aufl., St. Gallen.
Bernskötter, H. (1991), Schlüsselstrategien für erfolgreiches Verkaufsmanagement, Landsberg am Lech.
Berryman, K. et al. (1998), Electronic commerce: three emerging strategies, in: McKinsey Quarterly, Heft 1/1998, S. 152–159.
Blake, R. R., Mouton, J. S. (1979), Besser Verkaufen durch Grid, Düsseldorf/Wien.
Bliemel, F., Theobald, A. (1997), Determinanten der Produkteignung zum Internetvertrieb – eine empirische Studie, Heft 3, Kaiserslauterner Schriftenreihe Marketing, Kaiserslautern.
Churchill, G. A., Ford, N. M., Walker, O. C. (1985), Sales Force Management: Planning, Implemantation, Controll, Homewood, I11., Georgetown/Ont.
Clement, M., Litfin, T., Peters, K. (1998), Netzeffekte und Kritische Masse, in: Albers, S., Clement, M., Peters, K. (Hrsg.), Marketing mit interaktiven Medien: Strategien zum Markterfolg, Frankfurt a. M., S. 81–94.
Clement, M., Peters, K., Preiß, F. J. (1998), Electronic Commerce, in: Albers, S., Clement, M., Peters, K. (Hrsg.) Marketing mit Interaktiven Medien,: Strategien zum Markterfolg, Frankfurt a. M., S. 49–64.
Daniel, E., Klimis, G.M. (1999), The Impact of Electronic Commerce on Market Structure: An Evaluation of the Electronic Market Hypothesis, in: European Management Journal , Jg. 17, Heft 3, S. 318–325.
Donaldson, B. (1998), Sales Management – Theory And Practice, 2nd ed., London, u. a.
Eierhoff, K. (1999), Electronic Commerce – Status und Perspektiven, in: Meffert, H., Backhaus, K., Becker, J. (Hrsg.), Interaktive elektronische Medien – neue Wege für das Marketing, Dokumentation des 36. Münsteraner Führungsgesprächs vom 25./26. Februar 1999, Dokumentationspapier Nr. 131, Münster, S. 39–47.
Evans, F. B. (1967), Selling as a Dyadic Relationship, A new Approach, in: Bearden, J. H. (Hrsg.), Personal Selling. Behavioral Science Readings and Cases, New York.
Felsenberg, A. (1999), Definition Electronic Commerce & Online Business, in: dmmv spezial E-Commerce Know-how, Teil 1: Grundlagen, S. 7.
Fink , D. H. (1998), Mass Customization, in: Albers, S., Clement, M., Peters, K. (Hrsg.), Marketing mit interaktiven Medien: Strategien zum Markterfolg, Frankfurt a. M., S. 137–150.
Focus 1999 (Hrsg.), Communications Network 3.0, München.
Fritz, W. (1999), Electronic Commerce im Internet – eine Bedrohung für den traditionellen Konsumgüterhandel?, in: Fritz, W. (Hrsg.), Internet-Marketing – Perspektiven und Erfahrungen aus Deutschland und den USA, Stuttgart, S. 107–145.
Gerth, N. (1999), Online Absatz: Eine Analyse des Einsatzes von Online-Medien als Absatzkanal, Ettlingen.
Goehrmann, K. (1984), Verkaufsmanagement, Stuttgart u. a.

Literaturhinweise

Hagemann, R. (1992), Die marketingorientierte Verkaufsbudgetierung in der PKW-Industrie, Bergisch-Gladbach/Köln.
Hermanns, A., Sauter, M. (1999), Electronic Commerce – Grundlagen, Potentiale, Marktteilnehmer und Transaktionen, in: Hermanns, A., Sauter, M. (Hrsg.), Management-Handbuch Electronic Commerce, München, S. 13–30.
Hill, W., Rieser, I. (1990), Marketing-Management, Bern u. a.
Höhn, P. (1990), Grundlagen, Elemente und Aufbau von Vergütungssystemen für den Verkaufsaußendienst, Sonderheft 38 des Instituts für Handelsforschung an der Universität zu Köln, Sundhoff, E., Klein-Blenkers, F. (Hrsg.), Köln.
Holz, M. (1995), Alternative Vertriebsformen (1). Das Angebot ist groß, in: Marketing Journal, Heft 6, S. 458–461.
Holz, M. (1996), Alternative Vertriebsformen (2). Aus Sicht schweizer Konsumenten, in: Marketing Journal, Nr. 1, S. 28–32.
IDC/BA+H Analyse (2000). zitiert bei: Der Markt der Online-Kommunikation: Fakten 2000, www.focus.de/medialine, Abruf vom 20. April 2000.
Kirchner, G. (1974), Versandhandel, Stuttgart/Wiesbaden.
Kotler, P., Bliemel, F. (1999), Marketing-Management, 9. Aufl., Stuttgart (zitiert nach 8. Aufl.).
Kramer, J. (1993), Philosophie des Verkaufens: ein situativer Ansatz, Wiesbaden.
Levitt, T. (1965), Industrial Purchasing Behaviour. A Study of Communication Effects, Boston/Mass.
Loss, C., Belz, C. (1994), Reserven im Verkauf und situatives Verkaufsmanagement, Thexis Fachbericht für Marketing, Nr. 1, St. Gallen.
Malone, T., Yates, J., Benjamin, R. (1989), Electronic markets and electronic hierarchy, in: Harvard Business Review, Heft 5/6, S. 166–170.
Meffert, H. (1994), Marketing-Management, Analyse – Strategie – Implementierung, Wiesbaden.
Meffert, H. (1995), Persönlicher Verkauf im Automobilbereich – Vom „Hard Selling" zur integrierten Kundenbetreuung, Internes Vortragsskript, Münster.
Meffert, H. (1999a), Neue Herausforderungen an das Marketing durch interaktive elektronische Medien – auf dem Weg zur Internet-Ökonomie, in: Meffert, H., Backhaus, K., Becker, J. (Hrsg.), Interaktive elektronische Medien – neue Wege für das Marketing, Dokumentation des 36. Münsteraner Führungsgesprächs vom 25./26. Februar 1999, Dokumentationspapier Nr. 131, Münster, S. 5–25.
Meffert, H. (1999b), Einführung in die Problemstellung, in: Meffert, H., Backhaus, K., Becker, J. (Hrsg.), Interaktive elektronische Medien – neue Wege für das Marketing, Dokumentation des 36. Münsteraner Führungsgesprächs vom 25./26. Februar 1999, Dokumentationspapier Nr. 131, Münster, S. 1–4.
Meffert, H., und Mitarbeiter (1971), Die Anwendung mathematischer Modelle im Marketing, Schriften zur Unternehmensführung, Jacob, H. (Hrsg.), Wiesbaden, Bd. 14, S. 93–117 und Bd. 15, S. 23–54.
Meinig, W. (1992), Versandhandel, in: Diller, H. (Hrsg.), Vahlens Großes Marketing Lexikon, München, S. 1237–1240.
Meyer-Maletz, M. (2000), Eine rechenbare Investition, in: die absatzwirtschaft, Nr. 4, S. 108–109.
Middelhoff, T. (1999), Multimedia – eine erste Bilanz, in: Meffert, H., Backhaus, K., Becker, J. (Hrsg.), Interaktive elektronische Medien – neue Wege für das Marketing, Dokumentation des 36. Münsteraner Führungsgesprächs vom 25./26. Februar 1999, Dokumentationspapier Nr. 131, Münster, S. 26–38.
Montgomery, D. B., Urban, G. L. (1969), Management Science in Marketing, Englewood Cliffs/N. J.
Müller, S., Geppert, D. (1996), Teleshopping. Mangelnde Begeisterung, in: Absatzwirtschaft, Nr. 2, S. 88–92.
Picot, A. (1986), Transaktionskosten im Handel, in: BetriebsBerater, Beilage 13/1986.
Picot, A., Reichwald, R., Wigand, R. T. (1996), Die grenzenlose Unternehmung, 2. Aufl., Wiesbaden.

Rayport, J.E., Sviokla, J.J. (1994), Managing the Marketspace, in: Harvard Business Review, Heft 11/12, S. 141–150.
Sarkar, M.B., Butler, B., Steinfield, C. (1995), Intermediaries and Cybermediaries: A Continuing Role for Mediating Players in the Electronic Marketplace, http://www.ascusc.org/jcmc/vol1/issue3/sarkar.html, Abruf vom 27. April 2000.
Sauter, M. (1999), Chancen, Risiken und strategische Herausforderungen des Electronic Commerce, in: Hermanns, A., Sauter, M. (Hrsg.), Management-Handbuch Electronic Commerce, München, S. 101–117.
Schmid, B. (1993), Elektronische Märkte, in: Wirtschaftsinformatik, S. 464–480.
Schoch, R. (1969), Der Verkaufsvorgang als sozialer Interaktionsprozess, Winterthur.
Schögel, M., Birkhofer, B., Tomczak, T. (1999), Einsatzmöglichkeiten der Electronic Commerce in der Distribution, in: Tomczak, T., Belz, C., Schögel, M., Birkhofer, B. (Hrsg.), Alternative Vertriebswege, St. Gallen.
Skiera, B. (1998), Auktionen, in: Albers, S., Clement, M., Peters, K. (Hrsg.), Marketing mit interaktiven Medien: Strategien zum Markterfolg, Frankfurt a. M., S. 297–310.
Sohi, R. S., Smith, D. C., Ford, N. M. (1996), How Does Sharing a Sales Force Between Multiple Divisions Affect Salespeople, in: Journal of the Academy of Marketing Science, Vol. 24, No. 3, S. 195–207.
Steffenhagen, H. (1974), Modelle zur Außendienstpolitik, in: Hansen, H. R. (Hrsg.), Computergestützte Marketingplanung, München, S. 295–321.
Weis, H. C. (1995), Verkauf, 4. Aufl., Ludwigshafen.
Weitz, B. A. (1981), Effectiveness in Sales Interactions: A Contingency Framework, in: Journal of Marketing Research, Winter 1981, S. 85–103.
Wigand, R.T., Benjamin, R.I. (1995), Electronic Commerce: Effects on Electronic Markets, http://www.ascusc.org/jcmc/vol1/issue3/wigand.html, Abruf vom 27. April 2000.
Williamson, O. (1981), The modern corporation: Origin, evolution attributes, in: Journal of Economic Literature, Jg. 19, S. 1537–1568.
Witt, J. (1996), Prozeßorientiertes Verkaufsmanagement: Grundlagen, Konzepte und Organisation, Wiesbaden.
Wotruba, T. R. (1981), Sales Management, Santa Monica.
Zentes, J. (1996), Multimedia – Virtuelles Marketing und Management, in: Marketing- und Management-Transfer, Institut für Handel und Internationales Marketing an der Universität des Saarlandes (Hrsg.), Oktober 1996, S. 3–4.
Zerdick, A. et al. (1999), Die Internet-Ökonomie. Strategien für die digitale Wirtschaft, Berlin, Heidelberg.

6.3 Kundendienstmanagement

6.31 Gegenstand des Kundendienstmanagement

Das Kundendienstmanagement hat als präferenzbildendes Instrumentarium in den letzten Jahren an Bedeutung gewonnen. Die Gründe dieser Entwicklung liegen vor allem **im wachsenden Wettbewerbsdruck** in Märkten mit Sättigungserscheinungen, einer **zunehmenden Technisierung** der Lebenswelt des Konsumenten, der **wachsenden Komplexität** vieler Produkte und Leistungen und nicht zuletzt in der **steigenden Serviceorientierung** der Nachfrager bei gleichzeitig stark wachsenden Servicekosten (Bazzi/Pelz 1986; Meffert 1987; Weber 1989; Schlesinger/Heskett 1991). Eine zunehmende Homogenität der Produkte hinsichtlich Leistung, Qualität, Design und Lebensdauer hat in vielen Bereichen dazu geführt, daß aus Kundenperspektive der **Kundendienst häufig das einzig sichtbare Differenzierungskriterium** darstellt und den Kauf- und Wiederkaufentscheid maßgeblich beeinflußt (Stauss 1991; Reichheld/Sasser 1991).

Die hohe Korrelation zwischen der Servicezufriedenheit und der Wiederkaufabsicht ist für das Beispiel der Automobilbranche in Abbildung 3-250 wiedergegeben. Die Zufriedenheit mit dem Kundendienst stellt nach dem Ablauf der zumeist mehrjährigen Nutzung eines PKWs die wichtigste Determinante der Händlerloyalität, das heißt dem Wiederkauf des nächsten PKW bei demselben Händler, dar. Die in Abbildung 3-250 ermittelte Gesamtzufriedenheit mit dem Händler wird insoweit im wesentlichen von der Kundendienstzufriedenheit geprägt (Burmann 1991).

Umfassende und zuverlässige Serviceleistungen, die Berücksichtigung spezieller Kundenwünsche sowie die Erhöhung des Ver- beziehungsweise Gebrauchsnutzens der Produkte dienen der **Profilierung und Schaffung von Wettbewerbsvorteilen**. Ein leistungsfähiger Kundendienst kann dazu beitragen, den durch den Wettbewerbsdruck stark eingeschränkten preispolitischen Spielraum bei Produkten zu erhöhen.

Ein Beispiel aus Japan zeigt deutlich, wie sehr ein unzureichender Kundendienst in Kombination mit den Informationsmöglichkeiten des Internet zum Wettbewerbsnachteil werden kann (vgl. Insert 3-50).

Der Bedeutungswandel des Kundendienstmanagement spiegelt sich auch in der inhaltlichen Kennzeichnung des Kundendienstes wider. Ausgehend von der **klassischen Definition** als Nebenleistung, deren Zweck in der Förderung der Hauptleistung liegt, entwickelte sich der Kundendienst später zu einer Zusatzleistung, die häufig als Kuppelprodukt durch den Absatz der Hauptleistung entsteht. Heute ist der Kundendienst demgegenüber eine aktiv und eigenständig zu vermarktende Absatzleistung. Im Jahr 1995 wurden in Asien, Europa und den USA in der Informations-, Medizin- und Industrietechnik rund

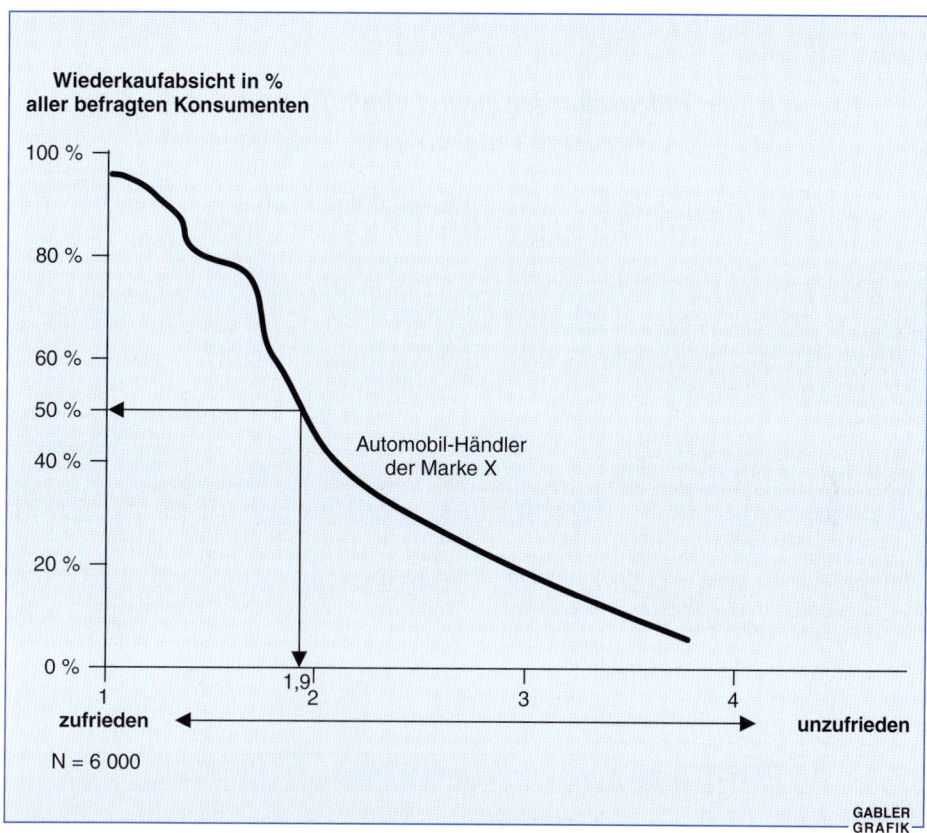

Abbildung 3-250: Zufriedenheit und Wiederkaufabsicht im Automobilbereich
(Quelle: Burmann 1991, S. 256)

160 Milliarden Dollar für Kundendienstleistungen aufgewendet (Fuchs 1995). Die ehedem „klassischen" Prinzipien des Kundendienstes (zum Beispiel Unentgeltlichkeit oder Zusatzcharakter) wurden zugunsten eines auf Umsatz- und **Gewinnerzielung**, zumindest jedoch auf Kostendeckung ausgerichteten Kundendienstmanagement aufgegeben. Der Kundendienst hat sich zu einer weitgehend selbständigen Komponente im Marketing-Mix mit allen Risiken und Chancen einer differenzierten Marktleistungspolitik (Meffert 1982) entwickelt.

Das Kundendienstmanagement umfaßt somit die gegenwärtige und zukünftige **Gestaltung von Serviceleistungen** und deren Zusammensetzung zu einem **attraktiven und umfassenden Dienstleistungsprogramm**, welches das Problemlösungspotential der Hauptleistung herstellen, auf Dauer erhalten und möglichst steigern soll (Gerstung 1978; Lo 1979; Zerr/Jugel 1989; Harms 1999).

> ## *Ein defekter Videorekorder zwingt einen Konzern in die Knie*
>
> Japan realisiert eine neue Dimension im Verhältnis zwischen Unternehmen und Kunde
>
> Odr. YOKOHAMA, 17. August. Einer der größten japanischen Elektrokonzerne hat in jüngster Zeit eine Lektion erhalten, von welcher elementarer Bedeutung Kundendienst für ein Unternehmen sein kann. Vorangegangen war folgendes: Ein Kunde in der westjapanischen Stadt Fukuoka hatte sich einen Toshiba-Videorekorder gekauft. Als das Gerät nicht ordnungsgemäß funktionierte, reklamierte der Käufer die Mängel. Bei deren Abstellung gab es anschließend allem Anschein nach verschiedene Pannen. Als der Käufer schließlich bei Toshiba anrief, um sich über den gesamten Vorgang zu beschweren, verhielt sich ein Angestellter des Elektrokonzerns gänzlich unjapanisch und ging den Kunden am Telefon breitseits an – in einer Weise, die vom Konzern nachträglich als „Missbrauch des Kunden" bezeichnet worden ist.
>
> Der Kunde allerdings hatte dieses Gespräch auf Band aufgenommen. Und nach der erlittenen harten Abfuhr rächte er sich auf seine eigene Weise. Als erfahrener Internet-Nutzer richtete er kurzerhand eine Website allein für den Zweck ein, aller Welt zu zeigen, wie Toshiba mit ihm verfahren war. Innerhalb von nur einem Monat wurde diese Internet-Seite mehr als sechs Millionen Mal aufgerufen. Der Elektrokonzern betrachtete das als besonders unfreundlich und beantragte vor dem Bezirksgericht Fukuoka eine einstweilige Verfügung, die untersagen sollte, einen Großteil des erwähnten Telefongesprächs über die Website zu veröffentlichen. Auch dieser Schritt ging allerdings daneben.
>
> Kaum war nämlich die einstweilige Verfügung beantragt, sah sich Toshiba derartig vielen Beschwerden, die die Konzern-Website registrierte, ausgesetzt, dass der Toshiba-Führung nichts anderes übrig blieb, als einen Rückzieher zu unternehmen. Offiziell erklärte die Aktiengesellschaft, dass der Kundendienstsachbearbeiter „in ungeeigneter Weise" reagiert habe. Zugleich wurde eine formale Entschuldigung dem Käufer offeriert. Schließlich bot Toshiba noch die „Bestrafung" des Mitarbeiters und dessen Vorgesetzten an. All das erklärte der Toshiba-Vorstand auf einer speziell angesetzten Pressekonferenz vor den Journalisten. Zugleich wurden alle Erklärungen von Toshiba auch auf der Internet-Seite des Konzerns veröffentlicht.
>
> Bei der gleichen Gelegenheit wurde bestätigt, dass die einstweilige Verfügung nicht weiter verfolgt würde. Dem war entgegengekommen, dass der Käufer des Videorekorders inzwischen erklärt hatte, sein Zorn richte sich alleine gegen die Behandlung durch den Sachbearbeiter im Hause Toshiba, nicht aber gegen den Konzern insgesamt. Mit all diesen Erklärungen war zunächst nach außen der Friede wiederhergestellt.
>
> Dennoch hat der geschilderte Fall in Japan die größeren Unternehmen beträchtlich aufgeschreckt. Keine Unternehmensführung hatte zuvor das Internet als derartig wirksame Waffe eingeschätzt, wie sie sich in dem geschilderten Fall tatsächlich erwiesen hatte. Inzwischen wird auch von japanischen Medienfachleuten davon gesprochen, dass der „Fall Toshiba" eine „neue Dimension" im Verhältnis zwischen Unternehmen und ihren Kunden geschaffen habe.
>
> Dabei wird vielfach die Sorge laut, was wohl aus einem solchen Falle würde, wenn Recht und Unrecht keineswegs so eindeutig verteilt wären, wie das in Sachen Toshiba-Videorekorder in Fukuoka tatsächlich zutraf.

INSERT 3-50: Frankfurter Allgemeine Zeitung, 17.08.1999, S. 27

Der Kundendienst muß damit drei Funktionen (Meffert 1987) erfüllen:

- akquisitorische Funktion,
- unterstützende Funktion,
- informatorische Funktion.

Die **akquisitorische** Funktion liegt vor allem in der Schaffung und Erhaltung von Präferenzen bei aktuellen und potentiellen Kunden. Durch die Sicherung des Gebrauchsnutzens von Produkten soll ein langfristiges Vertrauensverhältnis zwischen Unternehmen und Kunden geschaffen werden. Der Nutzen eines Produktes kann dabei sowohl durch technische Serviceleistungen (**Hardware-Kundendienst**) (Rau 1975) als auch durch die Bereitstellung kaufmännischer Dienstleistungen (**Software-Kundendienst**) erhöht werden. In letzter Zeit gewinnt ein weiterer Leistungsaspekt zunehmende Beachtung. Neben dem Grundnutzen eines Produktes sollen kundenorientierte Dienstleistungen Zusatznutzen schaffen und so das Lösungspotential der Hauptleistung steigern

(**Solutionware-Kundendienst**) (Töpfer 1991). Das Kundendienstprogramm dient damit letztlich der Sicherung der Produkt- und Firmentreue und trägt zu einer langfristigen Kundenbindung bei.

Der Kundendienst hat darüber hinaus eine **unterstützende Funktion** in bezug auf andere Instrumente des Marketing-Mix. Er muß unter Ausnutzung positiver Verbundeffekte in das Marketing-Mix des Unternehmens integriert werden und soll den Wirkungsgrad der anderen Instrumente fördern (Bennewitz 1968). So kann zum Beispiel der Kundendienst durch rasche und zuverlässige Fehlerbehebung das über die Markenpolitik aufgebaute Image eines Produktes im Hinblick auf Qualität oder Zuverlässigkeit unterstützen beziehungsweise aufrechterhalten.

Weiterhin übernimmt der Kundendienst eine **Informationsfunktion**. Das Servicepersonal und die internen Kundendienstabteilungen sind in der Lage, wichtige Informationen über den Servicebedarf zu sammeln. Dieser bezieht sich zum einen auf die Produkte selbst, zum Beispiel auf die besondere Störanfälligkeit einzelner Produkte. Hier kann der Kundendienst wichtige Ansatzpunkte zur Produktverbesserung und -variation sowie zur Neuproduktentwicklung liefern. Zum anderen können durch die große Anzahl von direkten Technikerkontakten zum Kunden wichtige Informationen über kundenbezogene Anforderungen, Bedürfnisse und Schwierigkeiten mit den Produkten und Dienstleistungen des Unternehmens gewonnen werden. Die systematische Sammlung und Auswertung der Kundendienstinformationen ist deshalb von besonderem Interesse. Die drei Kundendienstfunktionen werden wesentlich durch die Art des Produktes beeinflußt, für das der Kundendienst geleistet werden soll. So kann sich je nach Branche die relative Bedeutung der einzelnen Funktionen erheblich verschieben.

Die Kundendienstfunktionen werden durch eine Vielzahl unterschiedlicher Kundendienstleistungen erfüllt (vgl. Pepels 1999). Unterscheidet man zum einen die Leistungsart und zum anderen den Zeitpunkt der Leistungserbringung, so ergibt sich die in Abbildung 3-251 dargestellte Matrix der Kundendienstleistungen.

Die Felder 1, 3 und 5 umfassen Vorleistungen, die dem Kunden vor dem Kauf angeboten werden, während Zusatz-, Folge- und Nebenleistungen nach dem Kauf den Feldern 2, 4 und 6 zuzuordnen sind. Sowohl in der Wissenschaft als auch in der Praxis hat sich die Auffassung durchgesetzt, **Kundendienst im engeren Sinne** nur als Zusatz-, Folge- und Nebenleistung **nach dem Kauf** zu definieren (After Sales Service). Der Kundendienst im engeren Sinne soll einen störungsfreien Einsatz der Problemlösung beim Kunden gewährleisten, das heißt den Gebrauchsnutzen der Marktleistung sicherstellen und durch Zusatzleistungen erhöhen.

Mixübergreifende Entscheidungen

Art \ Zeitpunkt	Vor dem Kauf	Nach dem Kauf, Kundendienst im engeren Sinne
Technisch (Hardware)	① ■ Technische Beratung ■ Projektausarbeitung ■ Lieferung zur Probe	② ■ Montage ■ Ersatzteilversorgung ■ Wartung ■ Reparaturdienst
Kaufmännisch (Software)	③ ■ Kinderhort ■ Bestelldienst ■ Beratung und Information	④ ■ Umtauschrecht ■ Lieferung ■ Installation ■ Schulungskurse
Problemlösungsbezogen (Solutionware)	⑤ ■ Problemdefinition ■ Problemanalyse ■ Problemausschreibung	⑥ ■ Anlagenverwaltung (z. B. Gebäudemanagement durch eine Baufirma) ■ Kundenunterstützung

Abbildung 3-251: Formen des Kundendienstes

Aufgabe eines marktorientierten Kundendienstmanagement ist es, die vielfältigen Planungs-, Kontroll- und Durchsetzungsprobleme des Kundendienstes im Rahmen eines systematischen Entscheidungsprozesses zu bewältigen (Meffert 1987). Den Ausgangspunkt zielgerichteter Kundendienstentscheidungen bildet eine umfassende **Situationsanalyse** (vgl. Abbildung 3-252).

Im Rahmen einer sich anschließenden konzeptionellen Planung sind die **Kundendienstziele** und die **Kundendienststrategien** festzulegen. Eine Kundendienststrategie beinhaltet Akzentsetzungen in den kundendienstpolitischen Instrumentarien und dient als Richtschnur zur Festlegung eines wirksamen **Kundendienst-Mix**. Den Abschluß des Entscheidungsprozesses bildet die Budgetierung, Implementierung und Kontrolle der Kundendienstaktivitäten.

Drittes Kapitel   Aktionsgrundlagen der Marketingentscheidung

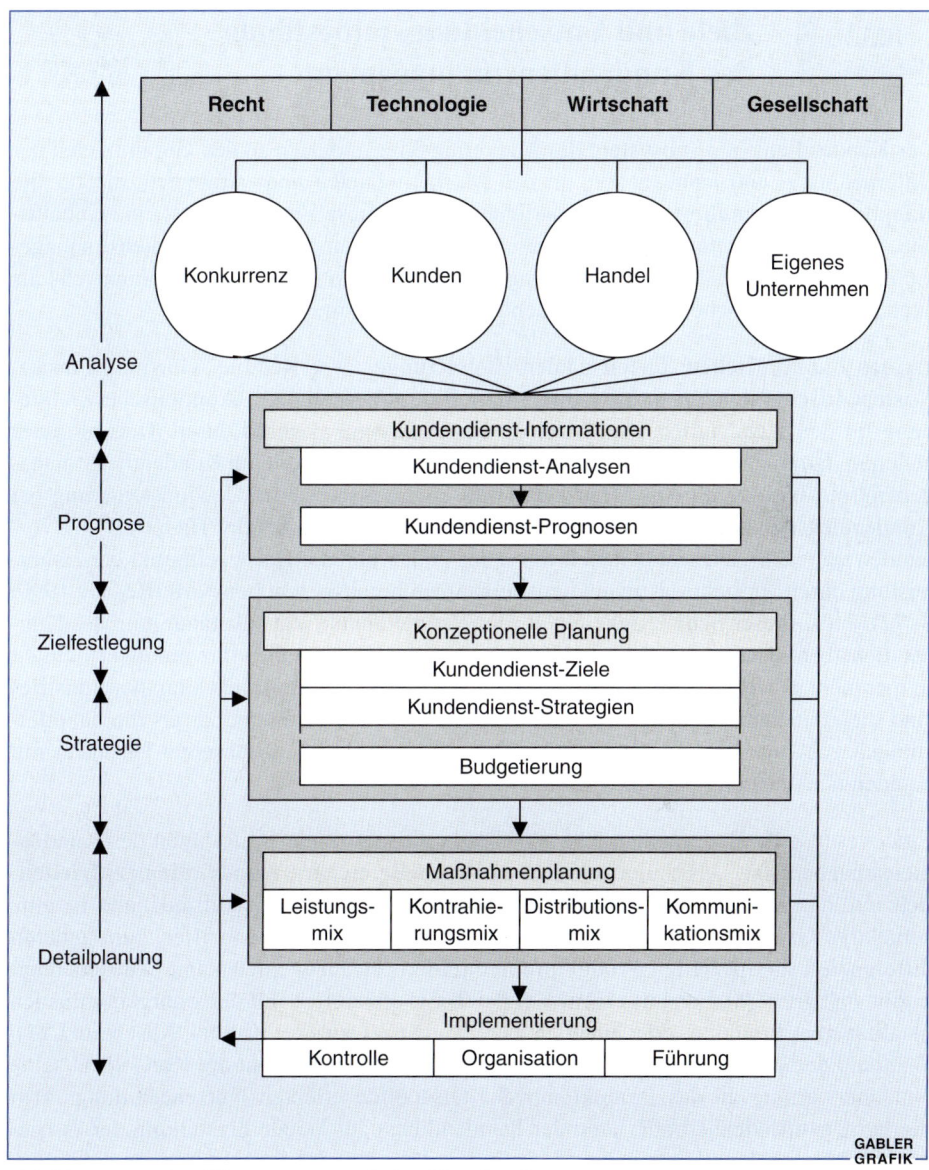

Abbildung 3-252:   Planungsprozeß des Kundendienstmanagement

6.32 Ziele und Entscheidungstatbestände des Kundendienstmanagement

Der Kundendienst als Subsystem des Marketing-Mix muß sich an den Gesamtzielen der Unternehmung und insbesondere an den Marketingzielen und -strategien, die für die Hauptleistung formuliert werden, ausrichten. Durch diese Vernetzung ist eine einheitliche, auf das Gesamtunternehmen gerichtete Orientierung des Kundendienstmanagements gewährleistet. Aus den Marketingoberzielen leiten sich sowohl ökonomische als auch psychographische Subziele für den Kundendienst ab.

Zu den **ökonomischen Zielen** zählen Zielsetzungen wie Rendite, Gewinn, Umsatz, Kostenwirtschaftlichkeit und Produktivität. Eine eigenständige ökonomische Zielplanung für den Kundendienst setzt sich in der Praxis nur zögernd durch. Dies ist unter anderem darauf zurückzuführen, daß Gewinn- oder Umsatzziele im Kundendienstmanagement nur beschränkt einsetzbar sind, weil eine Umsatz- oder Gewinnsteigerung bei Kundendienstleistungen mit Umsatz- oder Gewinneinbußen bei der Hauptleistung verbunden sein kann. Dies ist beispielsweise der Fall, wenn der Ersatzzeitpunkt der Hauptleistung durch vermehrte Kundendienstleistungen hinausgeschoben wird (Rosada 1990, S. 72). Trotz dieser Schwierigkeiten wird die zunehmende Verselbständigung des Kundendienstbereiches und damit seine Kosten- beziehungsweise Gewinnverantwortlichkeit immer mehr akzeptiert. In einigen Wirtschaftszweigen (zum Beispiel Computerindustrie) sind die kundendienstbezogenen Umsätze und Gewinne bereits höher als die hauptleistungsbezogenen. IBM erwirtschaftet zum Beispiel rund ein Drittel seines Umsatzes mit Kundendienstleistungen (Fuchs 1995).

Eine wesentliche Bedeutung haben **psychographische Ziele** im Rahmen des Kundendienstmanagement. Als Hauptziele sind in diesem Bereich die **Kundendienstzufriedenheit** und das **Kundendienstimage** zu nennen. Die Kundendienstzufriedenheit ist eine subjektive Größe, die zum einen als generelle Zufriedenheitskennziffer, zum anderen differenziert an speziellen Produktproblemfeldern erfaßt werden kann. Zufriedenheit ergibt sich grundsätzlich aus einem Vergleich der erwarteten mit der wahrgenommenen Qualität eines Produktes oder einer Dienstleistung (vgl. zweites Kapitel, Abschnitt 2.23). Während der Verwendungsphase von Gebrauchsgütern vergleicht der Konsument seine Nutzenerwartung an das Produkt mit der tatsächlich erlebten Nutzenerfüllung. Tritt hierbei Unzufriedenheit auf, kann der Kundendienst zur Wiederherstellung der Zufriedenheit mit der Hauptleistung beitragen, indem über Kundendienstleistungen die erwartete Qualität der Hauptleistung wiederhergerichtet oder sogar gesteigert wird. Voraussetzung dafür ist allerdings, daß der Kunde mit der Kundendienstleistung selbst zufrieden ist. Diese originäre Kundendienstzufriedenheit wird wesentlich durch nachfolgende Faktoren beeinflußt (Muser 1988, S. 99):

- Akzeptanz des Preis-Leistungs-Verhältnisses der Kundendienstleistung,
- Harmonie von Kundendienstversprechen und -erfüllung.

Eine weitere wesentliche Determinante der Kundendienstzufriedenheit ist die Beschwerdezufriedenheit der Konsumenten. Bezieht sich eine Beschwerde auf die Hauptleistung, so kann der Kundendienst direkt über die Beseitigung des beschwerdeauslösenden Mangels zur Beschwerde- und damit auch Kundendienstzufriedenheit beitragen. Ist die Kundendienstleistung selbst Gegenstand einer Beschwerde, so wird die Beschwerde- beziehungsweise Kundendienstzufriedenheit maßgeblich durch die Erwartungen des Beschwerdeführers determiniert. Beschwert sich beispielsweise ein Kunde über die Unpünktlichkeit eines Kundendienstmechanikers, so kann eine Entschuldigung in Verbindung mit einem Preisnachlaß und der Versicherung zukünftig pünktlicher Leistungserbringung den Beschwerdeführer eventuell zufriedenstellen und so einen Beitrag zur Wiederherstellung der Kundendienstzufriedenheit leisten.

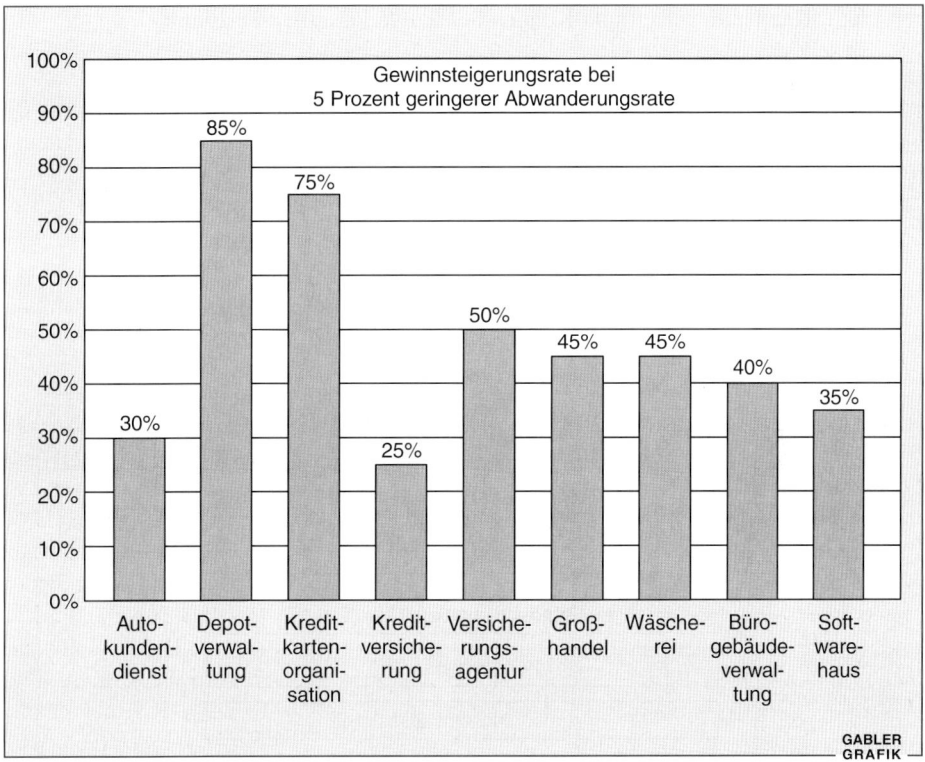

Abbildung 3-253: Gewinnsteigerung bei verbesserter Kundenbindung
(Quelle: Reichheld/Sasser 1991, S. 113)

Die Gesamtzufriedenheit des Kunden, die durch den Kundendienst beeinflußt wird, ist ein zentraler Einflußfaktor für den Wiederkauf und die Kundentreue. Der durch die Kundenzufriedenheit ausgelöste Wiederkauf ist Ausdruck einer **Kundenbindung**, die als zentrales psychographisches Marketingziel angesehen werden kann, da von ihr vielfältige, positive Einflüsse auf ökonomische Zielgrößen ausgehen (vgl. Abbildung 3-253). In empirischen Untersuchungen wurden diese Zusammenhänge über das Konstrukt des **Kundenwertes** näher beleuchtet. Der Kundenwert ist dabei der diskontierte Einzahlungsüberschuß, den ein Kunde im gesamten Verlauf seiner Kundenbeziehung für das Unternehmen erzeugt.

Neben der Kundendienstzufriedenheit ist das **Kundendienstimage** ein zweites wesentliches psychographisches Ziel des Kundendienstmanagement. Das Kundendienstimage gibt die Vorstellungen der Konsumenten über das reale beziehungsweise ideale Leistungsvermögen des Kundendienstes wieder (Ist-/Soll-Image). Es wird wesentlich durch Eigenschaften wie Schnelligkeit, Flexibilität und Preiswürdigkeit des Kundendienstes sowie durch den Kontaktstil des Kundendienstpersonals beeinflußt. Sowohl das Kundendienstimage als auch die Kundendienstzufriedenheit werden durch die Kundendienstbereitschaft, Kundendienstzeit und Kundendienstzuverlässigkeit bestimmt.

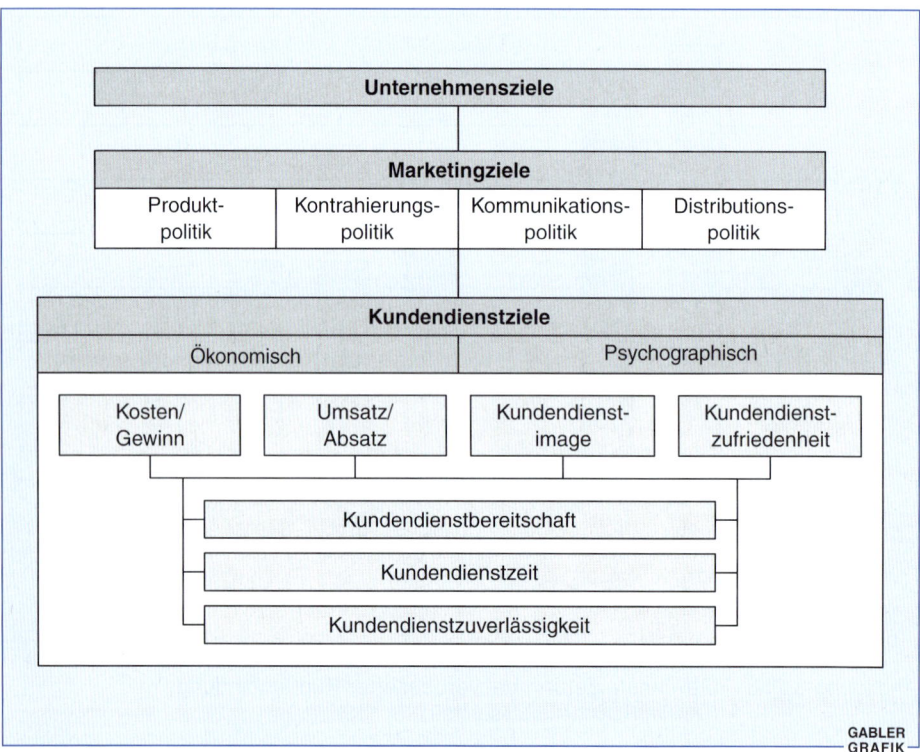

Abbildung 3-254: Zielsystem im Kundendienst

Die **Kundendienstbereitschaft** ist der Anteil der pro Zeiteinheit, zum Beispiel ein Tag, erledigten Kundendienstaufträge an der Gesamtzahl der eingegangenen Aufträge. Als **Kundendienstzeit** bezeichnet man die Zeitspanne zwischen Eingang und Erledigung eines Kundendienstauftrages. Die **Kundendienstzuverlässigkeit** kommt zum Beispiel in der Termineinhaltung bei Ersatzteillieferungen oder in der technisch zuverlässigen Reparaturleistung zum Ausdruck.

Die **Kundendienstziele** stehen untereinander und zu den Marketing- und Unternehmenszielen in enger Beziehung (Rau 1975). Abbildung 3-254 verdeutlicht diesen Zusammenhang. Innerhalb dieses Zielsystems existieren komplementäre Zielbeziehungen, wie zum Beispiel zwischen Kundendienst-, Produkt- und Unternehmensimage, sowie konfliktäre Abhängigkeiten, wie zum Beispiel zwischen einer hohen Kundendienstbereitschaft und geringen Kundendienstkosten. Daher ist zur Steuerung des Kundendienstmanagement ein multidimensionales, widerspruchsfreies und kontrollierbares Zielsystem aus ökonomischen und psychographischen Zielen erforderlich, das einer integrierten Planung durch den jeweiligen Anbieter bedarf (Rosada 1990, S. 76).

Zentrale Aufgabe des Kundendienstmanagement ist es, im magischen Dreieck „Zuverlässigkeit – Schnelligkeit – Kosten/Gewinn" richtige Prioritäten zu setzen.

6.33 Informationsgrundlagen des Kundendienstmanagement

Basis zielgerichteter Kundendienstentscheidungen ist eine umfassende **Situationsanalyse**. Es sind Informationen über die rechtlichen, wirtschaftlichen und technischen Rahmenbedingungen des Kundendienstmanagement zu gewinnen und die Stärken und Schwächen des Services in der unmittelbaren Aufgabenumwelt zu kennzeichnen.

Im Mittelpunkt der Analysen stehen dabei spezifische Informationen über **Kundendiensterwartungen, -image und -zufriedenheit**. Aus Gründen der gezielten Erfolgskontrolle und eines effizienten Einsatzes der Marketinginstrumente im Kundendienst sollten Informationen über das Kundendienstimage nicht als „Randprodukt" einer Analyse des Firmen- oder Produktimages gewonnen, sondern explizit durch regelmäßig durchzuführende Kundendienstimageanalysen erfaßt werden.

Mit Hilfe von Imageprofilen kann das ermittelte Ist-Image dem Soll-Image oder dem Image des Kundendienstes der Konkurrenz gegenübergestellt werden, um Ansatzpunkte zur Verbesserung des Kundendienstmanagement zu erhalten. Zur Ermittlung der **Kundendienstzufriedenheit** sind die Kriterien Reaktionszeit, Termineinhaltung, Qualifikation des Kundendienstpersonals, Auftreten und Informationsverhalten von Technikern, die Qualität der Ersatzteilbeschaffung sowie das Preis-Leistungs-Verhältnis des Kundendienstes als wesentliche Dimensionen einzubeziehen (Meffert 1987; Burmann 1991).

Unterschiedliche Ergebnisse im Hinblick auf die Kundendienstzufriedenheit oder das Kundendienstimage führen zu der Fragestellung, nach welchen **Konzepten und Kriterien Kundendienstmärkte zu segmentieren** sind, um eine zielgruppenspezifische Ausrichtung des kundendienstpolitischen Instrumentariums vornehmen zu können. Die Forderung nach einem differenzierten Kundendienstmanagement steht dem vielfach praktizierten direkten Transfer bestehender Segmentierungskonzepte der Primärleistung auf die Sekundärleistung entgegen (Potts 1989). Gerade bei Investitionsgütern treten immer wieder Situationen auf, wo Kunden trotz Einsatzes der gleichen Primärleistungen gänzlich verschiedene Dienstleistungs- und Servicebedürfnisse haben. Für das Kundendienstmanagement stellt sich deshalb die Aufgabe, Informationen über spezifische Kundendienstzielgruppen zu gewinnen um dadurch die Kundendienstleistungen auf die Wünsche und Erwartungen der einzelnen, Servicesegmente abstimmen zu können (Davidow/Uttal 1990; Bauche 1994).

Für die Abgrenzung einzelner Kundendienstsegmente sind in der Regel **Kriterienkombinationen** heranzuziehen, die den allgemeinen Anforderungen an Segmentierungskriterien im Hinblick auf Kaufverhaltensrelevanz, Meßbarkeit, Zeitstabilität, Erreichbarkeit und Wirtschaftlichkeit genügen müssen (vgl. zweites Kapitel, Abschnitt 4). Zur optimalen Fixierung von Standorten für Kundendienststützpunkte (große Kundennähe, geringe Fahrtzeiten- und Fahrtkosten des Kundendienstpersonals) sind Kundendienstmärkte zunächst nach geographischen Merkmalen (zum Beispiel Größe der Städte, räumliche Verteilung aktueller und potentieller Kundendienstnachfrager) zu erfassen. Neben demographischen Kriterien der Kundendienstnachfrager (zum Beispiel Einkommen, Alter) sind insbesondere psychographische Segmentierungskriterien zur Identifikation von Kundendienstsegmenten von Bedeutung. Hierzu zählen Persönlichkeitsmerkmale, Nutzenerwartungen und Einstellungen gegenüber dem Kundendienst einer Unternehmung (zufriedene und unzufriedene Kundendienstnachfrager) sowie beobachtbare Verhaltensmerkmale wie zum Beispiel das Nutzungsverhalten (Wenig- und Intensivnutzer) oder das Nachfrageverhalten in zeitlicher, qualitativer und mengenmäßiger Hinsicht. Rosada (1990) segmentiert den Markt für Kundendienstleistungen im Automobilmarkt in einem dreistufigen Prozeß. In der ersten Stufe trifft er eine Unterscheidung nach Kriterien des beobachtbaren Verhaltens (Käufer von Kundendienstleistungen versus „Do-it-your-Selfer"), an zweiter Stelle differenziert er nach dem Nutzen der Kundendienstleistung (zum Beispiel Preis- versus Qualitätsorientierung) und schließt den Segmentierungsprozeß mit einer Beschreibung der herausgearbeiteten Segmente anhand demographischer Kriterien ab.

Eine Kundendienstsegmentierung kann nicht nur bei einer differenzierten Bearbeitung des Kundendienstmarktes hilfreich sein, sondern erleichtert darüber hinaus aufgrund der internen Homogenität der einzelnen Segmente die Prognose über den segmentsspezifischen Kundendienstbedarf. Dennoch sind **Prognosen** über das Nachfrageverhalten der Kunden hinsichtlich der Inanspruchnahme von Kundendienstleistungen in mengenmäßiger, qualitativer und zeitlicher Hinsicht in der Regel mit hoher Unsicherheit behaftet.

Für die Prognose sind die Einflußfaktoren der Inanspruchnahme (Störanfälligkeit eines Modells), die Entwicklung des Absatzes der Hauptleistung und die Wirkungen zu analysieren, die der Einsatz kundendienstpolitischer Instrumente hervorruft (Lo 1979; Potts 1989).

Angesprochen sind hier vor allem die sich aus der **Verbundsituation** zwischen Hauptleistung und Kundendienst ergebenden Konsequenzen. Aus kundendienstpolitischer Sicht zeigt sich dieser Verbund vor allem durch Ausstattungs- und Leistungsmerkmale der Hauptleistung sowie deren kundenspezifisches Verwendungsverhalten. Ferner sind Zeitpunkt und Umfang der Bedürfnisentstehung zu berücksichtigen. Das **Verhalten der Kundendienstnachfrager** hinsichtlich der Intensität und Art der Inanspruchnahme von Kundendienstleistungen bei Gebrauchsgütern, wie zum Beispiel Kraftfahrzeugen oder Computern, **ändert sich im Lebenszyklus der Produkte**. Während Lieferungs- und Installationsleistungen vielfach schon beim Produktkauf vereinbart werden, entsteht die Nachfrage nach anderen Serviceleistungen, wie zum Beispiel Fahrertrainings von Automobilherstellern oder Anwenderworkshops für Computernutzer, erst zu einem wesentlich späteren Zeitpunkt der Hauptproduktnutzung. So entsteht ein Servicelebenszyklus, der in Abhängigkeit von den Spezifika des Produktes mehr oder weniger stark vom Produktlebenszyklus abweicht. So kann zum Beispiel ein Servicezyklus für einen Computer 15 Jahre dauern, während der Lebenszyklus schon nach 2 bis 3 Jahren seinen Höhepunkt erreicht hat. Bei Fahrstühlen beläuft sich der Produktlebenszyklus auf circa 10 Jahre, während Servicedienstleistungen für rund 100 Jahre erbracht werden müssen (Potts 1989).

Der variierende Kundendienstbedarf während des Servicezyklus macht es für den Anbieter erforderlich und zugleich schwierig, die Nachfrage nach Kundendienstleistungen über Entwicklungs- und Wirkungsprognosen zumindest annähernd zu eruieren. Bei **Entwicklungsprognosen** wird die Kundendienstinanspruchnahme in Abhängigkeit von nicht kontrollierten Variablen (zum Beispiel Zeit) des Kundendienstes prognostiziert. Entwicklungsprognosen sind zeitraumbezogen und unterstellen ein konstantes Aktivitätsniveau der Kundendienstinstrumente. Bei **Wirkungsprognosen** wird hingegen die Prognosegröße unter expliziter Berücksichtigung von kontrollierbaren Instrumentevariablen bestimmt. Weiterhin lassen sich je nach dem Prognosezeitraum Langfrist- und Kurzfristprognosen unterscheiden (vgl. zweites Kapitel, Abschnitt 3.4).

Abbildung 3-255 gibt einen Überblick über die Arten und Anwendungsbereiche von Kundendienstprognosen.

Prognosetyp \ Planungszeitraum	Langfristprognosen	Kurzfristprognosen
Entwicklungsprognosen	Beispiel: Festlegung der personellen und sachlichen Kapazität im Kundendienst bei Einführung eines neuen, zusätzlichen Modells in der Automobilbranche	Beispiel: Schätzung der benötigten Ersatzteilmenge eines Verschleißteils am Auto für die nächsten 4 Wochen
Wirkungsprognosen	Beispiel: Wirkung der Dichte des Kundendienstnetzes auf die Rentabilität des Kundendienstes	Beispiel: Schätzung der Verminderung von Produktstörungen durch präventive Wartungsarbeiten

Abbildung 3-255: Typen von Kundendienstprognosen
(in enger Anlehnung an Lo 1979, S. 47)

6.34 Strategien im Kundendienstmanagement

Die strategische Marketingplanung umfaßt grundsätzlich vier Dimensionen:

- abnehmergerichtete Strategien,
- konkurrenzgerichtete Strategien,
- absatzmittlergerichtete Strategien,
- anspruchsgruppengerichtete Strategien.

Darüber hinaus ist marktteilnehmerübergreifend zu entscheiden, ob der Markt differenziert oder undifferenziert bearbeitet werden soll. All diese Aspekte sind auch für das strategische Kundendienstmanagement von Bedeutung.

Am Anfang der strategischen Planung steht im Kundendienst die Frage nach der Zielgruppenausrichtung der Strategie. In diesem Zusammenhang ist zu entscheiden, ob und gegebenenfalls wie unterschiedliche Kundendienstzielgruppen mit einem differenzierten Kundendienstmanagement bearbeitet werden sollen.

Im Zuge der **abnehmergerichteten Kundendienststrategie** ist dann zu entscheiden, wie der Markt für Kundendienstleistungen stimuliert werden soll. Prinzipiell bieten sich im Kundendienst dabei die Präferenz- oder die Preis-Mengen-Strategie als abnehmergerichtete Basisoptionen an. Eine Präferenzstrategie im Kundendienst könnte zum Beispiel darauf ausgerichtet sein, einen möglichst schnellen Kundendienst anzubieten, bei dem der Preis als Kaufkriterium eher nachrangig ist. Im Rahmen einer Preis-Mengen-Strategie im Kundendienst versucht ein Anbieter, durch besonders preisgünstige Angebote den Markt zu stimulieren. In aller Regel setzt eine Preis-Mengen-Strategie große Absatzmengen voraus, um Kostendegressionseffekte zu realisieren und trotz eines geringen Stückgewinns einen insgesamt angemessenen Gewinn zu erwirtschaften. Im Kundendienst sind solche Strategien insofern nur bedingt einsetzbar, als sie ein Mindestmaß an Standardisierung der Kundendienstleistung erfordern, was in der Praxis eher die Ausnahme darstellt. Gleichwohl lassen sich zum Beispiel im Automobilbereich Beispiele finden, wo ausgewählte Kundendienstleistungen (zum Beispiel nur Stoßdämpfer- oder Bremsenreparaturen) in standardisierter Form zu günstigen Preisen angeboten werden. Zur Erhöhung der Absatzmengen werden diese Kundendienstleistungen oft von markenübergreifenden Dienstleistern für alle Fahrzeugtypen angeboten.

Im Hinblick auf die **Wettbewerber** muß ein Anbieter von Kundendienstleistungen grundsätzlich entscheiden, ob er innovativ oder imitativ beziehungsweise wettbewerbsvermeidend oder wettbewerbsstellend im Markt agieren will. Einer Innovationsorientierung sind durch die prinzipiell einfache Imitierbarkeit von Kundendienstleistungen enge Grenzen gesetzt. Die Entscheidung zwischen wettbewerbsvermeidendem und wettbewerbsstellendem Verhalten ist wenig kundendienstspezifisch. Sie hängt davon ab, ob sich ein Unternehmen eher aktiv oder passiv im Hinblick auf die Aktivitäten der Konkurrenz verhält.

Die Basisoptionen **absatzmittlergerichteter Strategien** sind für das Kundendienstmanagement insofern relevant, als Absatzmittler oftmals erste Kontaktstelle für den Kunden bei Problemen mit der Hauptleistung sind. Darüber hinaus bieten Absatzmittler, zum Beispiel als Vertragshändler in der Automobilbranche, oftmals selbst Kundendienstleistungen an. Für den Hersteller der Hauptleistung ist es daher von entscheidender Bedeutung, daß der Kundendienst durch den Händler nach seinen Vorstellungen erfolgt. Durch Selektion und Akquistion kundendienstgeeigneter Absatzmittler kann der Hersteller der Hauptleistung dieses Ziel erreichen. Auswahlkriterien können zum Beispiel qualifizierte Mitarbeiter, technische Ausstattung der Werkstatt etc. sein.

Kundendienstleistungen stehen häufig im Blickpunkt einer kritischen Öffentlichkeit, insbesondere im Zusammenhang mit Garantie- und Kulanzfragen sowie überhöhten Kundendienstpreisen oder mangelhaften Kundendienstleistungen. Im Rahmen einer **anspruchsgruppengerichteten Kundendienststrategie** kann das Unternehmen durch eine proaktive Haltung, zum Beispiel gegenüber Verbraucherverbänden, den Gefahren eines Imagedefizites in der Öffentlichkeit begegnen.

Die Kundendienststrategie gibt nicht nur die Stoßrichtung für das Anbieterverhalten vor, sondern ist gleichzeitig Orientierungsrahmen für die Ausgestaltung der Maßnahmen im Kundendienst-Mix.

6.35 Gestaltung des Kundendienst-Mix

Ausgangspunkt zur Abgrenzung des kundendienstpolitischen Instrumentariums bildet das Marketing-Mix einer Unternehmung. Eine Abgrenzung und Systematisierung des kundendienstpolitischen Instrumentariums hat möglichst vollständig und überschneidungsfrei die marktgerichteten Aktionsparameter des Kundendienstes zu erfassen. Die Ausprägungen der Aktionsparameter in quantitativer, qualitativer und zeitlicher Hinsicht kennzeichnen das **Aktivitätsniveau** des Kundendienstmanagement (Meffert 1987). Es liegt nahe, analog zum Marketing-Mix der Hauptleistung, die Aktionsparameter des Kundendienstes nach Leistungs-, Distributions-, Kontrahierungs- und Kommunikations-Mix abzugrenzen (Lo 1979; Meffert 1981). Das Kundendienst-Mix kann somit als **Subsystem** des Marketing-Mix interpretiert werden (vgl. Abbildung 3-256).

Im Dienstleistungsmarketing wird eine Erweiterung des traditionellen Marketing-Mix um die Elemente Personal-, Ausstattungs- und Prozeßpolitik diskutiert. Ungeachtet der Wichtigkeit dieser Aspekte sollen diese im folgenden als integrativer Bestandteil der traditonellen Mix-Elemente verstanden werden. So sind zum Beispiel sowohl eine kundenorientierte Prozeßgestaltung als auch freundliche Mitarbeiter essentielle Bestandteile des Leistungs-Mix im Kundendienstmanagement (vgl. fünftes Kapitel, Abschnitt 1).

Das **Leistungs-Mix** ist als Kernstück des Kundendienst-Mix zu betrachten. Die anderen Instrumente lassen sich nur in Abhängigkeit von den angebotenen Kundendienstprodukten gestalten. Das Leistungs-Mix beinhaltet alle Kundendienstleistungen, die einen störungsfreien Einsatz der Hauptleistung beim Kunden gewährleisten. Es ist in diesem Zusammenhang zweckmäßig, zwischen Leistungen, die zwangsläufig anfallen (zum Beispiel Installation), und Leistungen, deren Nachfrage in stärkerem Maße durch den Anbieter beeinflußt werden kann (zum Beispiel Schulungsprogramme), zu unterscheiden. Vor diesem Hintergrund können drei Kategorien von Kundendienstleistungen unterschieden werden (Lo 1979; Meffert 1981):

Drittes Kapitel — Aktionsgrundlagen der Marketingentscheidung

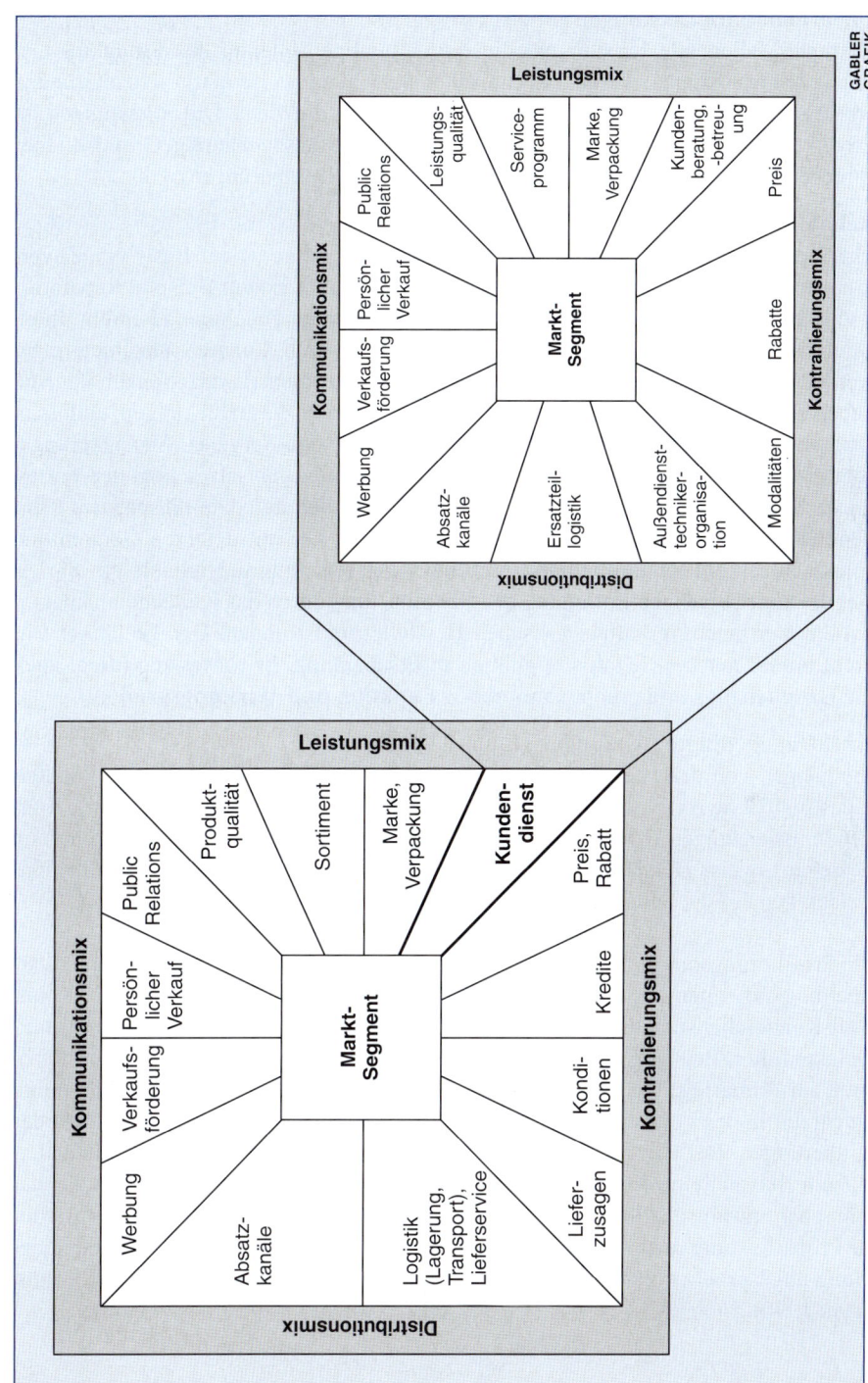

Abbildung 3-256: Der Kundendienst als Submix des Marketing-Mix

- **Unvermeidbare Leistungen** (Muß-Leistungen)
  Hierunter fallen alle Leistungen, die die erstmalige Nutzung des Produktes erst ermöglichen sowie aus verkaufstechnischen beziehungsweise marktlichen Gründen erbracht werden müssen. Vielfach erwarten Käufer, daß diese Dienstleistungen im Produktpreis enthalten sind. Man kann deshalb auch von sogenannten Grundservices sprechen (Lieferung, Installation, Gewährleistungsvereinbarungen).

- **Reliability Leistungen** (Soll-Leistungen)
  Sie fallen mit Sicherheit an, der Zeitpunkt der Nachfrage ist auf Basis von Zuverlässigkeitsschätzungen aber nur bedingt vorhersehbar, wie zum Beispiel Reparatur- und Wartungsdienste. Seit geraumer Zeit sind Hersteller zunehmend bemüht, ihren Käufern diese Service-Soll-Leistungen in attraktiveren **Formen** anzubieten. So werden in der Computerindustrie zum Beispiel Kundendienstverträge angeboten, die neben den originären Soll-Leistungen eine Fülle von Zusatzleistungen umfassen (zum Beispiel garantierte Reaktionszeiten, 24-Stunden-Services, Versicherungsschutz und andere). Gegenüber herkömmlichen Reparatureinsätzen liegt der Vorteil dieser Kundendienstverträge vor allem darin begründet, daß eine Präsenz des Kundendienstes beim Kunden nicht mehr zwangsläufig nur mit defekten Geräten und somit schlechter Produktqualität in Verbindung gebracht wird. Vielmehr gewährleistet die kontinuierliche Betreuung der Hauptleistung durch das Kundendienstpersonal ein Vertrauensverhältnis zwischen Hersteller und Kunden. Der Techniker tritt nicht immer nur bei Negativereignissen in Erscheinung. Er wartet und pflegt auch die Hauptleistung und erhöht somit deren **Funktion und Wirkungsgrad**.

- **Nachfragebedingte Leistungen** (Kann-Leistungen)
  Sie hängen von den spezifischen Kundenbedürfnissen ab, die auch durch kundendienstpolitische Aktivitäten geweckt werden können. Während die klassischen Kundendienstleistungen (Muß- und Soll-Leistungen) in erster Linie auf die Sicherung beziehungsweise Herstellung der Funktion der Hauptleistung abstellen, sind Kann-Leistungen auf die Schaffung von Zusatznutzen beim Anwender ausgerichtet.

Für die Profilierungsmöglichkeiten durch Kundendienstleistungen ist neben der Erwartungshaltung auf seiten des Kunden, die sich in der Differenzierung nach Muß-, Kann- und Soll-Kundendienstleistungen niederschlägt, der Grad der Affinität zwischen Primär- und Sekundärdienstleistung entscheidend. Bei Kundendienstleistungen mit einer hohen Affinität zur Primärleistung wird der Kunde seine Zufriedenheit, zum Beispiel mit einer Autoreparatur in der Vertragswerkstatt, in der Regel auf die Primärleistung, also auf das Auto, übertragen. Bei nur geringer Affinität zwischen Primär- und Sekundärdienstleistung, zum Beispiel eine Kinderbetreuung während einer Autoreparatur, ist ein solcher Transfer eher unwahrscheinlich. Hinzu kommt die Gefahr, daß mit abnehmender Affinität zur Primärleistung dem Anbieter die Kompetenz für die entsprechende Kundendienstleistung abgesprochen wird und diese demzufolge nur gering genutzt wird (Meffert/Burmann 1996).

Abbildung 3-257 zeigt eine Typologie von Kundendienstleistungen am Beispiel der Computerbranche.

Erwartungshaltung auf Kundenseite / Grad der Affinität von Primärleistungen und Sekundärleistungen			Hohe Affinität	Mittlere Affinität	Geringe Affinität
Muß-leistung	**Funktionalität schaffen**	**Klassische Kundendienstleistungen**	Installation von Hardware, Betriebssystemen und Anwendungssoftware	Aufbau und Installation von Computern	Lieferung von Computern
Soll-leistung	**Funktionalität erhalten**	**Klassische Kundendienstleistungen**	Reparatur, Wartung	Pflege, Bereitstellung von Ersatzrechnern bei Reparaturen	Erstellen von Dokumentationen
Kann-leistung	**Nutzen festigen und ausbauen**	**Additive Kundendienstleistungen**	Anwenderschulungen, Hot-Line-Service	Netzwerkmanagement, Hardwareentsorgung	Sicherheitsberatung (Datenschutz) in Netzwerken

GABLER GRAFIK

Abbildung 3-257: Typologie von Kundendienstleistungen (in Anlehnung an Bauche 1994, S. 12)

Insbesondere eine attraktive Gestaltung von Kann-Leistungen (zum Beispiel Abholleistungen einer Reparaturwerkstatt) trägt zur **Profilierung** gegenüber Wettbewerbern bei. Das Leistungs-Mix muß sich nicht nur an Produkterfordernissen, sondern auch an differenzierten Kundenbedürfnissen beziehungsweise an einzelnen Kundensegmenten orientieren (Wiersema 1999). Dabei kann durch das kombinierte Angebot von Standard-Kundendienstleistungen und individuellen Diensten oder Baukasten-Leistungssystemen eine zielgruppenspezifische Ausrichtung des Kundendienstangebotes unter Ausnutzung von Standardisierungsvorteilen (Qualitätskonstanz, Kostenvorteile etc.) erreicht werden (Schubert 1984; Belz 1986).

Eine wesentliche Komponente in diesem Zusammenhang ist die wahrgenommene **Leistungsqualität**. Diese wird vor allem durch die Zuverlässigkeit, Schnelligkeit, die Kompetenz der Kundendienstmitarbeiter und die Leistungsbereitschaft bestimmt (Büker 1991, S. 75 ff.). Ein Grundproblem der Erhaltung der Leistungsbereitschaft des Kundendienstes besteht darin, daß die Kundendienstleistungen, wie jede Dienstleistung, nicht im voraus produziert werden können und die Inanspruchnahme bestimmter Kundendienstleistungen großen Nachfrageschwankungen unterliegt. Es ist zu entscheiden, ob sich die zu errichtende Kundendienstkapazität an den Spitzenbelastungen oder an Durchschnittsbelastungen orientieren soll. Aus kostenwirtschaftlichen Gründen und zur Vermeidung von Wartezeiten sind Maßnahmen zu entwickeln, um die Kundendienstkapazität flexibel an Nachfrageschwankungen anzupassen.

Durch eine Zusammenstellung verschiedener Kundendienstleistungen, insbesondere durch eine Kombination der drei angesprochenen Leistungskategorien, ergibt sich das Serviceprogramm. Je nach Ausgestaltung des Serviceprogramms mit den drei Leistungsarten kann von einer **„Low-Service"**- oder **„Full-Service"-Strategie** gesprochen werden.

Der marktgerichtete Einsatz der **Marken- und Verpackungspolitik** im Kundendienst findet insbesondere im Bereich der Ersatzteillieferung oder der standardisierten Kundendienstleistungspakete seinen Niederschlag. Hierbei ist eine Anlehnung der Markierung und Verpackungsgestaltung an die Hauptleistung oder eine Verbindung mit der Dachmarke des Unternehmens zu empfehlen, da eine eigenständige **Kundendienstmarke** zu Irritationen beim Kunden und zu einer hohen Kostenbelastung führen kann (Schönrock 1982). Die **Kundenbetreuung** umfaßt in der Regel kaufmännische Leistungen wie Reklamationsbearbeitung, Angebotsformulierung, Abrechnung etc. und ist somit von den technischen Leistungen wie Reparatur usw. zu unterscheiden.

Das **Kontrahierungs-Mix** im Kundendienst beinhaltet die Preis- und Rabattfestlegung sowie die Ausgestaltung von Vertragsmodalitäten für Kundendienstverträge. Die Gestaltung dieser Variablen hängt insbesondere von der monetären Zielsetzung ab, das heißt ob für den Kundendienst lediglich eine Kostendeckung angestrebt oder eine Gewinnerzielung gefordert wird. Zu berücksichtigen ist darüber hinaus, ob einzelne Kundendienstleistungen bereits bei der Kalkulation des Produktpreises berücksichtigt werden. Weiterhin unterscheidet man bei der Festsetzung der Preise Pauschalpreise für einzelne Kundendienstleistungen und eine individuelle Preisfestlegung bei größeren Kundendienstaufträgen. Rabatte können für Großkunden gewährt werden, die zum Beispiel mehrere Geräte besitzen, oder für die Übernahme von Kundendienstleistungen durch Kunden oder Händler (Gerätereinigung bei bestehenden Wartungsverträgen).

Damit ist ein weiteres wesentliches Element der Kontrahierungspolitik angesprochen: die **Ausgestaltung von Kundendienstverträgen**. Man unterscheidet zum Beispiel bei technischen Anlagen zwischen einem Full-Service-Vertrag, der alle Standardleistungen umfaßt, einem Basis-Vertrag und der Einzelberechnung. Ein Beispiel einer solchen Abstufung zeigt Abbildung 3-258.

Im Rahmen des **Distributions-Mix** wird über den Weg der Kundendienstleistung zu den Kunden entschieden.

Technische Kundendienstleistung	Einzelberechnung	Basis-Dienstleistungs-vertrag	Full-Service-Vertrag, Mietvertrag
Möglichkeit der Leistungserweiterung			
Anfahrt			
Verschleißteile			
Modulreparatur			
Arbeitszeit			
Instandhaltung			
Technische Änderungen (Up-Date)			
Bereitstellung ■ Material ■ Techniker ■ Know-how			

Abbildung 3-258: Differenzierte Leistungsangebote des technischen Kundendienstes
(in Anlehnung an Wegwart 1982, S. 121)

Es muß zum Beispiel festgelegt werden, ob unternehmenseigene oder -fremde Kundendienstträger in den Distributionsprozeß eingeschaltet werden sollen. Die Gestaltung der vertraglichen und kommunikativen Beziehungen zwischen allen Teilnehmern im Kundendienstkanal ist ein weiterer wichtiger Entscheidungstatbestand. Werden Händler oder selbständige Serviceanbieter in das Kundendienstnetz eingeschaltet, ergeben sich besondere Koordinations- und Kontrollerfordernisse, um das angestrebte Kundendienstniveau sicherzustellen.

Die Fortentwicklung der Telekommunikation bietet dem Kundendienst die Möglichkeit, zusätzliche, innovative Distributionskanäle zu erschließen. Neben einer telefonischen Anwenderunterstützung bieten zum Beispiel viele Computerhersteller ihren Kunden bereits heute Teleserviceleistungen über öffentliche Netze an (Systemdiagnosen, Software-Update, Entstörungsdienste und andere). Eine Vielzahl von EDV-Störungen kann durch diese Bildschirm-zu-Bildschirm-Dienste sehr schnell (hohe Kundenzufriedenheit) und ohne Technikereinsatz vor Ort (erhebliche Kostenreduktion) beseitigt werden. Die

Nutzung und Weiterentwicklung derartiger Distributionsinstrumente eröffnet neue Möglichkeiten zur Generierung von Wettbewerbsvorteilen.

Für die Kundendienstleistung sind Sachmittel wie Ersatzteile, Werkzeuge oder Serviceunterlagen erforderlich. Die Hauptaufgabe der **Kundendienstlogistik** besteht in einer wirtschaftlichen Bereitstellung dieser Sachmittel in der benötigten Art und in der gewünschten Zeit am gewünschten Ort. Weitere Entscheidungen im Distributions-Mix sind die optimale Tourenplanung und die Organisation des Kundendiensttechnikerstabes. Dabei sind insbesondere Anforderungen an die Schnelligkeit des Kundendienstes zu berücksichtigen. So hängt die Beurteilung der Leistungsfähigkeit bei Bau- und Landmaschinen aufgrund der hohen Bedeutung geringer Ausfallzeiten weniger von der technischen Qualität der Maschine als vielmehr vom Servicekonzept des Anbieters ab. Der amerikanische Hersteller Case Poclain garantiert seinen Kunden, daß jedes Ersatzteil, auch wenn es nur in den USA verfügbar ist, innerhalb von 24 Stunden beim Kunden ist. Um dieses Leistungsversprechen einhalten zu können, bedient sich Case Poclain eines modernen, weltweiten Kommunikationsnetzes (Backhaus 1999, S. 373).

Das **Kommunikations-Mix** wird eingesetzt, um die Bekanntheit des Kundendienstes zu fördern, sein Image zu pflegen beziehungsweise zu verbessern sowie die Nachfrage nach den Kann-Leistungen des Kundendienstes zu steigern. Zu den Instrumenten zählen Kundendienstwerbung, Public Relations, der persönliche Verkauf sowie die Verkaufsförderung.

Als Maßnahmen der Werbung und der Public Relations bieten sich Direct-Mail-Aktionen und Anzeigen in Fach- und Kundenzeitschriften an. Eine große Bedeutung im Rahmen des Kundendienstmanagement kommt dem persönlichen Verkauf zu. Das Auftreten, das Know-how und das Informationsverhalten der Mitarbeiter des Kundendienstes im Innen- und Außendienst prägen insbesondere das Kundendienstimage beim Kunden. Im Rahmen der Verkaufsförderung werden zum einen Maßnahmen der Aktionsplanung und Serviceaufnahme neuer Produkte, zum anderen Informationen und Serviceprogrammschulungen eigener und unternehmensfremder Kundendienstmitarbeiter (zum Beispiel Handelsunternehmen) eingesetzt, um den Absatz der Kundendienstleistungen am PoS zu steigern.

Die einzelnen Instrumente des Kundendienstes müssen aufeinander abgestimmt und zu einem integrierten **Kundendienst-Mix** untereinander verknüpft werden. Die Gestaltung und insbesondere die Optimierung des Kundendienst-Mix ist aufgrund des komplexen Beziehungsgeflechts der einzelnen Instrumente ein besonderes Problem. Marginalanalytisch ergibt sich das **optimale Kundendienst-Mix** dort, wo sich der Grenznutzen aller Instrumente ausgleicht (vgl. viertes Kapitel, Abschnitt 2). Die Abbildung 3-259 zeigt die graphische Optimallösung am Beispiel aller aggregierten Kundendienstvariablen. Die Festlegung des Serviceniveaus auf x^+ führt zur Gleichheit von Grenzkosten und Grenzgewinn und somit zum gewinnmaximalen Serviceniveau. Allerdings dürfte sich dieser Ansatz trotz seiner hohen Allgemeingültigkeit für die betriebliche Planung nur sehr begrenzt eignen.

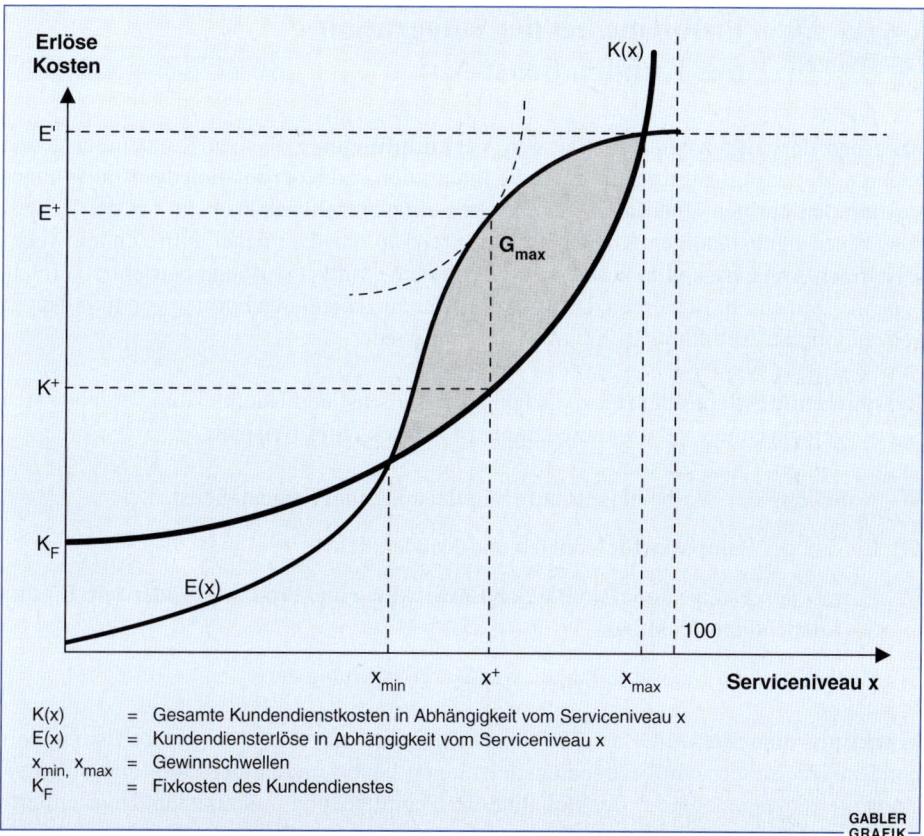

Abbildung 3-259: Marginalanalytische Optimierung des Kundendienst-Mix
(Quelle: Hammann 1982, S. 166)

Unabhängig von der marginalanalytischen Optimalität des Kundendienst-Mix hängt seine Effizienz ganz wesentlich von der Qualität der **Interaktion zwischen Kunde und Servicemitarbeiter** ab. Dies macht den integrierten Einsatz des Kundendienstmarketing-Mix und des internen Marketing erforderlich. Im Zuge des **internen Marketing** werden Mitarbeiter wie Kunden behandelt, um so die Mitarbeiterzufriedenheit und über diesen Weg auch die Kundenzufriedenheit zu steigern.

Servicerelevante Maßnahmen im Rahmen des internen Marketing umfassen beispielsweise Instrumente zur direkten Beeinflussung des Personals. Dazu zählen die Aus- und Weiterbildung des Kundendienstpersonals sowohl im technischen Sinne als auch hinsichtlich des Verhaltens gegenüber Kunden. Weiterhin muß durch eine gezielte Personalauswahl mit entsprechenden Einstellungskriterien ein den Kundendienstzielen entsprechender Personalbestand aufgebaut werden. Die erforderliche Mitarbeitermotivation kann dabei sowohl über attraktive Prämien- und Entlohnungssysteme als auch Incentives und eine vorbildliche Personalführung gewährleistet werden (Meffert/Bruhn 1997, S. 444 ff.).

6.36 Probleme bei der Integration des Kundendienst-Mix

Aufgrund der aufgezeigten vielfältigen **Verknüpfungen** zwischen Kundendienst und anderen Marketinginstrumenten stellt die Integration und Koordination des Kundendienstes mit den übrigen Unternehmensbereichen ein wesentliches Problem bei der Umsetzung einer eigenständigen Kundendienstkonzeption dar. Die dabei auftretenden wechselseitigen Abhängigkeiten können in Ressourcen-, Markt- und innerbetriebliche Interdependenzen unterteilt werden. Die Intensität der verschiedenen Formen von Interdependenzen gibt die Abbildung 3-260 im Überblick wieder.

Ressourceninterdependenzen zwischen Kundendienst und Hauptleistung ergeben sich bei der gemeinsamen Verwendung knapper Faktoren, zum Beispiel:

- Aufteilung der Werbebudgets auf Hauptleistung und Kundendienst,
- Einsatz des Fuhrparks für Vertrieb und Kundendienst,
- Einsatz von Fachpersonal im Bereich Entwicklung und Produktion oder dem Einsatz als Kundendiensttechniker,
- Auslastung von Stabsabteilungen wie Marktforschung etc.

Marktinterdependenzen entstehen durch eine mit dem Absatz der Hauptleistung verbundene Nachfrage von Kundendienstleistungen (insbesondere bei Muß- und Soll-Leistungen), die angebotene Produktqualität der Hauptleistung und eine kundenorientierte Ausgestaltung von Garantieversprechen. Andererseits beeinflußt der Kundendienst die Wiederkaufrate und die Markentreue in bezug auf die Hauptleistung.

Die **innerbetrieblichen Interdependenzen** beruhen auf einer Veränderung der Ausgangslage für kundendienstpolitische Entscheidungen durch Entscheidungen in anderen Unternehmensbereichen. Durch eine Verlängerung der Garantiezeit steigt beispielsweise die Kostenbelastung des Kundendienstes, was sich wiederum auf die Preisgestaltung desselben auswirkt.

Ein wesentlicher Ausgangspunkt für die Integration des Kundendienstes ist seine **organisatorische Eingliederung** in das Unternehmen. In Mehrproduktbetrieben mit einer Spartenorganisation bieten sich dafür zwei Lösungen an (Bender 1976). Der Kundendienst wird in mehrere Teilbereiche unterteilt und den verschiedenen Divisionen (Kunden- oder Produktgruppen) als **Linienabteilungen** unterstellt. Dieses Organisationskonzept stellt auf eine enge Beziehung zwischen Hauptleistung und Kundendienst ab. Eine gewisse Eigenständigkeit und Profilierung des Kundendienstes in Form unterschiedlicher, segmentbezogener Kundendienststrategien wird allerdings vernachlässigt. Weiterhin werden mögliche Synergien zwischen den Kundendienstabteilungen nicht berück-

	Hauptleistungs-Mix			
	Produkt-qualität, Sortiment	Distribution	Preis	Kommuni-kation
Kundendienst-Mix – Leistungsqualität	++ / +	+ / −	++ / +	+ / −
Distribution	++ / −	++ / +	− / +	− / −
Preis	++ / −	+ / +	++ / ++	+ / −
Kommunikation	+ / +	− / −	− / +	+ / +

Abbildung 3-260: Intensität der Interdependenzen zwischen den Instrumenten des Kundendienstes und der Hauptleistung
(Quelle: Meffert 1981, S. 24)

sichtigt. Um die Einheitlichkeit des Kundendienstes über alle Divisionen zu gewährleisten, erfordert dieses Konzept die Einrichtung einer zentralen Koordinationsstelle in Form einer Stabsstelle der Marketingleitung.

Eine stärkere Berücksichtigung der Kundendienstsynergien bietet dagegen die Eingliederung des Kundendienstes als zentrale Dienststelle oder als **Servicecenter**. Diese Abteilung tritt neben die bestehenden Divisionen und faßt alle Kundendienstbereiche zentral zusammen. Die Vereinheitlichung und größere Selbständigkeit des Kundendienstes sind die wesentlichen Vorteile dieses Konzeptes. Es besteht auf der anderen Seite allerdings die Gefahr, daß die notwendige Abstimmung von Hauptleistung und Kundendienst durch eine zu starke organisatorische Trennung beeinträchtigt wird. In einzelnen Fällen kann es somit zu Konkurrenzbeziehungen zwischen Kundendienst und Division kommen (Neugeschäft versus Reparaturleistung).

Damit wird die Problematik kundendienstpolitischer Entscheidungen nochmals deutlich. Zum einen soll ein an der Hauptleistung orientiertes Kundendienstmanagement betrieben werden, zum anderen sollen Synergieeffekte genutzt und eine gewisse Eigenständigkeit des Kundendienstes erreicht werden.

Literaturhinweise

Backhaus, K. (1999), Industriegütermarketing, 6. Aufl., München.
Bauche, K. (1994), Segmentierung von Kundendienstleistungen auf investiven Märkten. Dargestellt am Beispiel von Personal Computern, Frankfurt am Main u. a.
Bazzi, R., Pelz, N. (1986), Investitionsgüterservice – Direkt am Puls des Marketing, in: THEXIS, 3. Jg., Nr. 1, S. 15–18.
Belz, C. (1986), Kundendienst als Marketing-Instrument, in: THEXIS, 3. Jg., Nr. 1, S. 2–6.
Bender, P. S. (1976), Design and Operation of Customer Service Systems, New York.
Bennewitz, H. I. (1968), Die Eigenständigkeit des absatzpolitischen Instrumentes Kundendienst und seine Bedeutung im modernen Marketingdenken, München.
Bruhn, M. (1982), Konsumentenzufriedenheit und Beschwerden, Frankfurt am Main/Bern.
Büker, B. (1991), Qualitätsbeurteilung investiver Dienstleistungen, Frankfurt am Main u. a.
Burmann, C. (1991), Konsumentenzufriedenheit als Determinante der Marken- und Händlerloyalität, in: Marketing, Zeitschrift für Forschung und Praxis, 12. Jg., Nr. 4, S. 249–258.
Davidow, W. H., Uttal, B. (1990), So wird ihr Kundendienst unschlagbar, in: Harvard Manager, 12. Jg., Nr. 2, S. 14–21.
Fuchs, H. J. (1995), Den Kundendienst zur Marke machen, in: Blick durch die Wirtschaft vom 18.08.1995, S. 7.
Gerstung, F. (1978), Die Servicepolitik als Instrument des Handelsmarketing, Göttingen.
Hammann, P. (1982), Das Optimierungsproblem im Kundendienst – Aussagewert und Stand der Diskussion, in: Meffert, H. (Hrsg.), Kundendienst-Management, Frankfurt am Main/Bern, S. 145–170.
Harms, V. (1999), Kundendienstmanagement – Dienstleistung Kundendienst, Servicestrukturen und Serviceprodukte, Aufgabenbereiche und Organisation des Kundendienstes, Herne.
Lo, L. (1979), Prognoseinformationen für kundendienstpolitische Entscheidungen – dargestellt am Beispiel des Fotomarktes, Münster.
Meffert, H. (1981), Zum Problem der Koordination kundendienstpolitischer Entscheidungen, Arbeitspapier Nr. 26 des Instituts für Marketing der Universität Münster, Meffert, H. (Hrsg.), Münster.
Meffert, H. (1982), Der Kundendienst als Marketinginstrument – Einführung in die Problemkreise des Kundendienst-Managements, in: Meffert, H. (Hrsg.), Kundendienst-Management, Frankfurt am Main/Bern, S. 1–30.
Meffert, H. (1987), Kundendienstpolitik, in: Marketing, Zeitschrift für Forschung und Praxis, 9. Jg., Nr. 2, S. 93–102.
Meffert, H., Bruhn, M. (1997), Dienstleistungsmarketing, 2. Aufl., Wiesbaden.
Meffert, H., Burmann, C. (1996), Value-Added-Services im Bankbereich, in: Bank und Markt, Nr. 4, S. 26–29.
Muser, V. (1988), Der integrative Kundendienst. Grundlagen für ein marketingorientiertes Kundendienstmanagement, Augsburg.
Pepels, W. (HJrsg.) (1999), Kundendienstpolitik – die Instrumente des After-sales-Marketing, München.
Potts, G. W. (1989), Im Servicezyklus steckt Profit, in: Harvard Manager, 11. Jg., Nr. 2, S. 100–104.
Rau, B. (1975), Der technische Kundendienst als absatzwirtschaftliches Entscheidungsproblem – eine theoretische und empirische Untersuchung, Berlin.
Reichheld, F. F., Sasser, W. E. (1991), Zero-Migration: Dienstleister im Sog der Qualitätsrevolution, in: Harvard Manager, 13. Jg., Nr. 4, S. 108–116.
Rosada, M. (1990), Kundendienststrategien im Automobilsektor. Theoretische Fundierung und Umsetzung eines Konzeptes zur differenzierten Vermarktung von Sekundärdienstleistungen, Berlin.

Schlesinger, L. A., Heskett, J. L. (1991), The Service-Driven Service Company, in: Harvard Business Review, No. 10/11, S. 71–81.
Schönrock, A. (1982), Die Gestaltung des Leistungsmix im marktorientierten Kundendienst, in: Meffert, H. (Hrsg.), Kundendienst-Management, Frankfurt am Main/Bern, S. 81–112.
Schubert, W. (1984), Servicestrategien im weltweiten Kundendienst der Robert Bosch GmbH, in: Wieselhuber, N., Töpfer, A. (Hrsg.), Handbuch des Strategischen Marketing, Landsberg am Lech, S. 286–307.
Stauss, B. (1991), Kundendienstqualität als Erfolgsfaktor im Wettbewerb, in: THEXIS, 8. Jg., Nr. 2, S. 47–51.
Töpfer, A. (1991), Marketing für Start-up-Geschäfte mit Technologieprodukten, in: Töpfer, A., Sommerlatte, T. (Hrsg.), Technologie-Marketing, Landsberg am Lech, S. 163–200.
Weber, M. R. (1989), Erfolgreiches Service-Management: Gewinnbringende Vermarktung von Dienstleistungen, Landsberg am Lech.
Wegwart, J. (1982), Preis- und Kontrahierungspolitik im Kundendienst unter besonderer Berücksichtigung von Wartungs- oder Call-Service, in: Meffert, H. (Hrsg.), Kundendienst-Management, Frankfurt am Main/Bern, S. 113–123.
Wiersema, F. (Hrsg.) (1999), Nur der Service zählt – wie die besten US Unternehmen ihre Kunden begeistern, Landsberg/Lech.
Zerr, K., Jugel, S. (1989), Dienstleistung als strategisches Element eines Technologie-Marketing. Arbeitspapier Nr. 68 des Instituts für Marketing der Universität Mannheim, Mannheim.

Kapitelübersicht

Viertes Kapitel

Marketingkoordination

1. Grundlagen der Marketingkoordination	969
2. Integrierte Planung des Marketing-Mix als funktionsspezifische Koordination	969
2.1 Entscheidungstatbestände bei der Gestaltung des Marketing-Mix	969
2.2 Situative Gestaltung des Marketing-Mix	977
2.3 Integrierte Planung des Marketing-Mix	982
2.4 Nachfragewirkung von Marketinginstrumenten	997
3. Funktionsübergreifende Koordination des Marketing	1006
3.1 Stellenwert der funktionsübergreifenden Koordination des Marketing	1006
3.2 Systematisierung von Koordinationsformen	1013
3.3 Auswahl geeigneter Koordinationsformen	1029
3.4 Komplexität als zentrales funktionsübergreifendes Koordinationsproblem	1033
3.5 Reduktion des Koordinationsbedarfs durch Komplexitätsabbau	1049
4. Marketingorganisation	1064
4.1 Aufgaben und zentrale Entscheidungstatbestände der Marketingorganisation	1064
4.2 Integration des Marketing in die Unternehmensorganisation	1066
4.3 Grundlegende Strukturtypen der Unternehmens- und Marketingorganisation	1069
4.4 Aufgabengliederung innerhalb der Marketingorganisation	1071
4.5 Neue Formen der Marketingorganisation	1086

Erstes Kapitel
Konzeptionelle G

1. Marketing als N
2. Ansätze der Ma
3. Die Arena des N
4. Marketingentsc

Zweites Kapitel
Verhaltens- und I

1. Marketing- und
2. Verhalten von N
3. Grundlagen der
4. Marktsegmentie

Drittes Kapitel
Gegenstand und I

1. Planung von Ur
2. Produkt- und pr
3. Kontrahierungs
4. Distributionspo
5. Kommunikatio
6. Mixübergreifen

Viertes Kapitel
Koordination ur

5. Marketingimplementierung		1101
5.1	Grundlagen und Begriff der Marketingimplementierung	1101
5.2	Bezugsobjekte und Zielsetzungen der Marketingimplementierung	1103
5.3	Durchsetzung und Umsetzung der Marketingimplementierung	1105
5.4	Erfolgsvoraussetzungen der Marketingimplementierung	1114
5.5	Internes Marketing zur Unterstützung der Marketingimplementierung	1118
5.6	Implementierungsprinzipien des Total Quality Management	1120
6. Marketing-Controlling		1123
6.1	Gegenstand, Ziele und Aufgaben des Controlling	1123
6.2	Besonderheiten des Marketing-Controlling	1129
6.3	Funktionen des Marketing-Controlling	1131
6.4	Formen des Marketing-Controlling	1134
6.5	Kontrollgrößen und Instrumente des Marketing-Controlling	1141
6.6	Implementierung und Organisation des Marketing-Controlling	1150

1. Grundlagen der
2. Integrierte Planung des Marketing-Mix als funktionsspezifische Koordination
3. Funktionsübergreifende Koordination des Marketing
4. Marketingorganisation
5. Marketingimplementierung
6. Marketing-Controlling

Fünftes Kapitel
Institutionelle Bereiche des Marketing

1. Gegenstand und Besonderheiten des Dienstleistungsmarketing
2. Gegenstand und Besonderheiten des Handelsmarketing
3. Gegenstand und Besonderheiten des Investitionsgütermarketing
4. Gegenstand und Besonderheiten des internationalen Marketing
5. Gegenstand und Besonderheiten des Marketing für öffentliche Betriebe
6. Gegenstand und Besonderheiten des Social Marketing

1. Grundlagen der Marketingkoordination

In den bisherigen Kapiteln erfolgte zunächst eine weitgehend getrennte Darstellung des Einsatzes der Marketinginstrumente. Bei den Ausführungen zum Marken-, Verkaufs- und Kundendienstmanagement ist jedoch bereits deutlich geworden, daß bestimmte Marketingproblemstellungen nur durch eine mixübergreifende Koordination gelöst werden können. Dieser **Koordinationsaspekt** wird im folgenden näher betrachtet.

Das Koordinationserfordernis im Marketing bezieht sich dabei auf zwei Teilbereiche, die **Abstimmung aller Aktivitäten innerhalb des Marketing** (Abschnitt 2) und die **Koordination des Marketing mit den anderen betrieblichen Funktionsbereichen** (Abschnitt 3).

Eine wirkungsvolle Koordination erfordert zunächst eine Analyse der Interdependenzen (Wechselwirkungen) innerhalb und zwischen den Marketinginstrumentalbereichen (intra- und interinstrumentelle Koordination) sowie eine Entscheidung über die organisatorische Verankerung des Marketing und des Schnittstellenmanagement (Abschnitt 4). Im nächsten Schritt müssen die aufeinander abgestimmten Marketingentscheidungen implementiert, das heißt weiter konkretisiert (Umsetzung) und in der Organisation durchgesetzt werden (Abschnitt 5). Abschließend sind die bei der Implementierung auftretenden Probleme sowie die Wirkungen der absatzpolitischen Aktivitäten im Rahmen eines laufenden Prozesses zu überwachen (Marketing-Controlling) (Abschnitt 6).

2. Integrierte Planung des Marketing-Mix als funktionsspezifische Koordination

2.1 Entscheidungstatbestände bei der Gestaltung des Marketing-Mix

Bei der Planung des Marketing-Mix geht es um die Frage, welche Marketinginstrumente wie auszugestalten und mit welcher Intensität einzusetzen sind, um die Marketingziele zu erreichen (Bidlingmaier 1973; Meffert 1973). Es ist offensichtlich, daß die einzelnen Marketinginstrumente nicht losgelöst voneinander eingesetzt werden können. So stehen für den Einsatz der einzelnen Instrumente in der Regel Budgets zur Verfügung, die Teile eines Gesamtbudgets für das Marketing-Mix sind. Ferner **bestehen zwischen den Instrumenten vielfältige Wirkungsbeziehungen**. Ein bestimmter Kommunikations-Mix hat beispielsweise Auswirkungen auf die mögliche Höhe des Absatzpreises für ein zu vermarktendes Produkt. Ebenso sollten Penetrationspreise für Verbrauchsgüter des täglichen Bedarfs mit einem hohen Distributionsgrad verknüpft werden, um das für den Erfolg einer Penetrationspreisstrategie wichtige hohe Absatzvolumen zu erreichen.

Insgesamt erlaubt daher nur die optimale Kombination der absatzpolitischen Instrumente eine effektive und effiziente Mittelverwendung (Gatignon/van den Abeele 1995). Verschiedene Theoriekonzeptionen haben sich mit der Problematik eines „optimalen" Marketing-Mix auseinandergesetzt. Stark vereinfacht lassen sich drei Entwicklungslinien unterscheiden (Meffert 1971, 1975; Gutenberg 1984; Kotler 2000; Sheth et al. 1991; Engel et al. 1995).

1. Die zweifellos bedeutsamsten Ansatzpunkte finden sich in der **Theorie der Unternehmung**. Unter dem Einfluß der mikroökonomischen Preistheorie wurden – auf hohem Abstraktionsniveau – zunächst lediglich Preise beziehungsweise Mengen als absatzpolitische Variablen modellmäßig untersucht. Später wurden weitere Aktionsparameter wie „Produktqualität" und „Verkaufskosten" in die theoretische Analyse einbezogen. Gleichzeitig waren damit die Voraussetzungen für den Aufbau einer betriebswirtschaftlichen Theorie absatzpolitischer Instrumente geschaffen.

2. Eine zweite Wurzel für die Analyse des Kombinationsproblems absatzpolitischer Instrumente ist in der **Theorie des Verbraucherverhaltens** zu sehen. Ausgehend von bestimmten Produktklassen wird hier eine Typenbildung des Käuferverhaltens und eine Prozeßanalyse des Kaufes durchgeführt. Es werden neue Perspektiven für den gezielten Einsatz der absatzpolitischen Instrumente aufgezeigt (Roehler/Decker 1995). Eine wesentliche Rolle spielt dabei das Konzept der Marktsegmentierung (vgl. zweites Kapitel, Abschnitt 4).

3. Eine weiterführende Synthese ökonomischer und verhaltenswissenschaftlicher Aussagen strebt die **Marketingtheorie** an. Sie stellt bei der Analyse des Marketing-Mix das bewußt marktorientierte Entscheidungsverhalten aller Organisationsmitglieder in den Mittelpunkt wissenschaftlichen Bemühens. Es interessiert die Frage, wie durch Planung, Koordination und Kontrolle aller marktgerichteten Aktivitäten eine dauerhafte Befriedigung der Käuferbedürfnisse einerseits und die langfristige Sicherung der Unternehmensziele andererseits erreicht werden kann.

Die Bezeichnung **Marketing-Mix** wurde bereits 1948 in die Marketingtheorie eingeführt (Culliton 1948). Der Marketingmanager wird treffend als „Mixer of Ingredients" bezeichnet (Bordon 1964). Damit wird zum Ausdruck gebracht, daß mit dem **Marketing-Mix** spezifische **kreative Fähigkeiten**, das heißt die schöpferische Note, bei der Entwicklung von Marketingkonzeptionen angesprochen sind. Seit geraumer Zeit gewinnen darüber hinaus **Planungsmethoden**, die den Entscheidungsprozeß bei der Gestaltung des **Marketing-Mix** strukturieren und erleichtern sollen, immer mehr an Bedeutung. Mit zunehmender Komplexität der Marketingentscheidungen ist die Notwendigkeit eines strukturierten Entscheidungsprozesses immer dringlicher geworden.

Zahlreiche **Anforderungen** werden dabei von seiten der Praxis an die Methoden zur Bestimmung des **Marketing-Mix** gestellt. Zu nennen sind dabei insbesondere:

- Einfachheit und Verständlichkeit,
- realitätsnahe Modellvoraussetzungen,
- Berücksichtigung der Interdependenzen zwischen den Instrumenten,
- hohe Benutzersicherheit,
- Ermöglichung eindeutiger Lösungen,
- vollständige Berücksichtigung vorhandener Informationen,
- Anpassungsfähigkeit an veränderte Anforderungen sowie
- kostengünstige Implementierung.

Bevor die Verfahren im einzelnen diskutiert werden, wird aufgezeigt, an welchen Stellen des Marketingplanungsprozesses sie in der Regel ihre Anwendung finden.

2.11 Ablauf des Marketing-Mix-Planungsprozesses

Ziel der **Planung des Marketing-Mix** ist es, alle absatzpolitischen Instrumente so aufeinander abzustimmen, daß sich eine **optimale Kombination im Hinblick auf die Erreichung der Unternehmens- und Marketingziele** ergibt. **Ausgangspunkt** des Planungsprozesses bilden die aus den Unternehmenszielen abgeleiteten Marketingziele (vgl. Abbildung 4-1). Im **langfristigen Marketingplan** werden dann die auf den Markt bezogenen strategischen Maßnahmen festgelegt. Dem hohen Komplexitätsgrad dieser Aufgabenstellung wird durch die Einfügung **marktteilnehmerbezogener Strategien** in den Marketingplanungsprozeß entsprochen (vgl. drittes Kapitel, Abschnitt 1.2). Mittels dieser Strategien werden die zur Verfügung stehenden Wahlmöglichkeiten bei der Gestaltung des **Marketing-Mix** eingegrenzt und der Rahmen für das Verhalten gegenüber Konkurrenten, Absatzmittlern und Endabnehmern abgesteckt.

Eine derartige **Vorauswahl** erweist sich insofern als zweckmäßig, als die Komplexität der Entscheidungen exponentiell mit der Zahl der eingesetzten Instrumente beziehungsweise deren Ausprägungen anwächst. Beispielsweise ergeben sich bei 16 Instrumenten und 5 Ausprägungen 5^{16}, das heißt rund 153 Milliarden mögliche Kombinationen. Mit der Festlegung der strategischen Maßnahmen erfolgt gleichzeitig die Bestimmung des Aktivitätsniveaus. Das Aktivitätsniveau entspricht dem Marketingbudget bei all jenen Maßnahmen, denen unmittelbar Aufwendungen beziehungsweise Kosten zugeordnet werden können (zum Beispiel Werbung, Kundendienst). Die Zuordnung der jeweiligen finanziellen Mittel auf die Marketingaktivitäten erfolgt im **Prozeß der Ressourcenallokation beziehungsweise Budgetierung** (Barzen 1990).

Der Ausdruck „**Marketing-Mix**" bezeichnet dann die für eine bestimmte Periode getroffene Auswahl von Marketingaktivitäten auf ihrem qualitativen und quantitativen Niveau.

Integrierte Planung des Marketing-Mix als funktionsspezifische Koordination

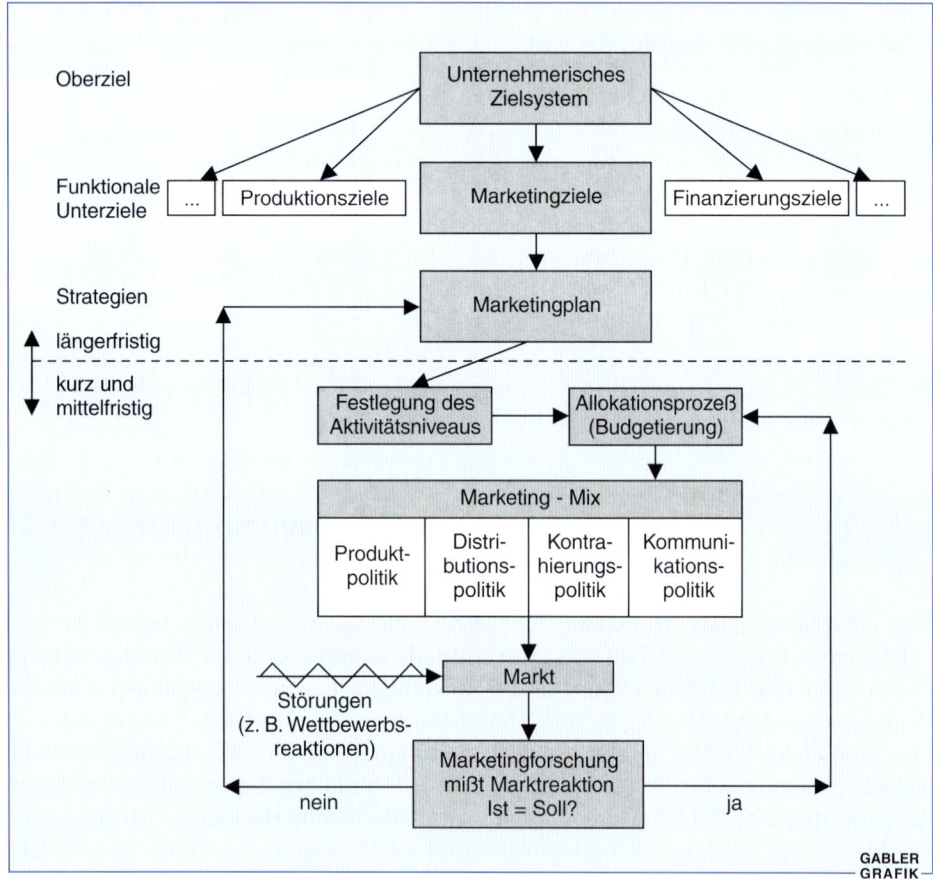

Abbildung 4-1: Elemente des Marketing-Mix

Homogene Teilgruppen von Marketingaktivitäten werden als Produkt-, Distributions-, Kontrahierungs- und Kommunikations-Mix bezeichnet. Die Planung des Marketing-Mix kann entweder auf der Ebene dieser Submixe oder auf der Ebene der Produkte ansetzen.

Bei der **instrumentebezogenen Mix-Planung** werden die absatzpolitischen Instrumente in der Regel als gleichrangig betrachtet. Unterschiedliche Produkte oder Produktqualitäten werden als mit allen anderen Variablen des Marketing-Mix kombinierbar aufgefaßt. Die instrumentebezogene Mix-Planung erscheint sinnvoll, wenn es sich um Unternehmen mit einem relativ homogenen Produktprogramm handelt und das Aktivitätsniveau zunächst global bestimmt und dann die Marketinganstrengungen auf die einzelnen Produkte verteilt werden sollen. Für arbeitsteilige Mehrproduktunternehmungen empfiehlt sich jedoch, von den einzelnen Produkten auszugehen und die Ausprägungen der übrigen Aktionsparameter (zum Beispiel Werbung, Absatzkanäle und Preis) für diese Leistungen zu bestimmen. Dieser Ansatz wird als **produktbezogene Mix-Planung** bezeichnet.

2.12 Interdependenzen als zentrales Problem der Marketing-Mix-Gestaltung

Zwischen den einzelnen Instrumenten des Marketing-Mix bestehen zahlreiche gegenseitige Abhängigkeiten. Die Berücksichtigung derartiger Interdependenzen ist bei der Festlegung des Marketing-Mix von zentraler Bedeutung, da von diesen ein erheblicher Einfluß auf die Effizienz und Effektivität des gesamten Marketing-Mix ausgeht. Zur Strukturierung von Interdependenzen kann zwischen funktionalen, zeitlichen und hierarchischen Beziehungen unterschieden werden (Haedrich et al. 1990; Becker 1998, S. 649):

- Als **funktionale Abhängigkeiten** (Interaktionseffekte) werden sachliche beziehungsweise inhaltliche Wirkungszusammenhänge bezeichnet. Sie liegen vor, wenn der Einsatz eines Instruments vom Einsatz anderer Instrumente abhängt oder diese in ihrer Wirkung beeinflußt (Simon 1992). Zwischen den einzelnen Instrumenten können dabei substitutionale, komplementäre oder konkurrierende Interdependenzen bestehen (Haedrich et al. 1990). Während bei **substitutionalen Beziehungen** der Mehreinsatz eines Instruments den Mindereinsatz eines anderen ermöglicht (zum Beispiel Intensivierung der klassischen Werbung bei gleichzeitiger Reduktion der Verkaufsförderungsaktivitäten oder vice versa), kann bei **komplementären Beziehungen** nur gemeinsam die angestrebte Wirkung erzielt werden. Ein überdurchschnittliches Preisniveau läßt sich zum Beispiel auf Dauer nur bei einer ebenfalls überdurchschnittlich hohen Produktqualität im Markt durchsetzen. **Konkurrierende Wirkungszusammenhänge** liegen dagegen vor, wenn sich die Wirkungen zweier Instrumente gegenseitig beeinträchtigen. Dies ist etwa bei der Wahl eines preisaggressiven Absatzkanals (zum Beispiel Discounter) im Rahmen einer Hochpreispolitik für ein qualitativ anspruchsvolles Produkt der Fall.

- **Zeitliche Abhängigkeiten** liegen vor, wenn die Wirkung eines Instrumentes in zeitlich nachgelagerte Perioden hineinreicht oder, ebenso wie die Reaktion von Konkurrenten, erst mit einem **Time-lag** eintritt (zeitlicher Ausstrahlungseffekt). So bleibt zum Beispiel eine durch die Werbung erreichte Markenbekanntheit auch bei einer Streichung aller Werbemaßnahmen über mehrere Perioden bestehen und wird durch den Vergessenseffekt nur langsam abgebaut. Deshalb müssen Marketing-Mix-Modelle eine Mehrperiodenbetrachtung beinhalten, das heißt dynamisch sein (Szeliga 1996, S. 22 ff.).

- **Hierarchische Interdependenzen** kennzeichnen die Existenz bestimmter Rangordnungen zwischen den Instrumenten. Hier steht die Frage im Mittelpunkt, ob gewisse Instrumente eine höhere Priorität innerhalb des Marketing-Mix genießen als andere. Eine eindeutige Antwort auf diese Frage existiert in der Literatur nicht. Während ein Teil der Autoren (zum Beispiel Linssen 1975) die Auffassung vertritt, es bestehe tatsächlich eine derartige allgemeingültige Rangfolge der Instrumente (instrumentalorientierte Ansätze), betonen andere Verfasser die Bedeutung der situativen Faktoren für die Bestimmung der jeweils schwerpunktmäßig einzusetzenden Instrumente

(Situativ-orientierte Ansätze). Dementsprechend wird beispielsweise versucht, für einzelne Branchen die Wichtigkeit der Marketinginstrumente zu bestimmen (Berger 1974; Böcker/Thomas 1997).

2.13 Bestimmung des Informationsbedarfs

Die Konsequenzen der Marketingentscheidung sind mit relativ großer **Ungewißheit** belastet. Die Wirkung hängt von den Aktionen und Reaktionen der Umwelt ab (Weber 1992). Es sind daher stochastische, das heißt Wahrscheinlichkeiten berücksichtigende Entscheidungsmodelle zu formulieren. Allerdings können aufgrund der Einmaligkeit vieler Entscheidungsvorgänge (zum Beispiel Neuprodukteinführung) oft lediglich subjektive Wahrscheinlichkeiten angegeben werden. Diese Ungewißheit, die vor allem auch die zuvor geschilderten Interdependenzen beim Instrumenteeinsatz betrifft, verdeutlicht, wie problematisch die **Informationsgewinnung** als Grundlage von Marketing-Mix-Entscheidungen ist.

Die Gesetzmäßigkeiten des Zusammenwirkens der verschiedenen Elemente des Marketing-Mix sind nicht genügend bekannt, um theoriegestützte Wirkungsprognosen zu ermöglichen (Balderjahn 1993). Darüber hinaus ist der optimale Marketing-Mix stark produkt- und situationsabhängig. Der Marketingmanager ist daher häufig gezwungen, die für sein Entscheidungsproblem optimale Instrumentekombination auf der Basis spezifischer empirischer Untersuchungen zu ermitteln. Hier gewinnt jedoch der **Kostenaspekt** besondere Bedeutung, denn die Gewinnung solch komplexer Informationen ist in der Regel sehr teuer.

Zudem sind derartige **Informationen häufig unvollkommen** und nach wie vor mit gewissen Unsicherheiten behaftet. Auch lassen sich für viele Instrumente keine stetigen Funktionsverläufe finden, da es sich um Variablen mit diskreten Ausprägungen handelt. Dies ist beispielsweise bei der Bestimmung der Anzahl der Schaltungen von Fernsehspots der Fall oder aber bei der Entscheidung, ob Reisende oder Handelsvertreter für ein bestimmtes Produkt eingesetzt werden sollen. Bei einer simultanen Beurteilung aller Instrumente des Marketing-Mix müßten theoretisch eine große Zahl alternativer Mixkombinationen untersucht werden. Da die Kosten hierbei sehr bald größer als die durch die gewonnenen Informationen ermöglichten zusätzlichen Deckungsbeiträge sind, lohnt sich eine derart vollständige Erfassung der Informationen in der Praxis selten.

Theoretisch sollten die Grenzkosten der zusätzlichen Information beim optimalen Informationsstand gleich dem Grenzertrag dieser Information sein. Da in der Praxis in der Regel zwar die Grenzkosten der Informationsgewinnung bestimmbar sind, der Grenzertrag ex ante jedoch kaum zu ermitteln ist, wird deutlich, daß die Bestimmung des optimalen Informationsbedarfs ein besonderes Problem im Bereich der Marketing-Mix-Entscheidungen darstellt.

2.14 Festlegung des globalen Aktivitätsniveaus und Budgetallokation

Ein weiterer Entscheidungstatbestand ist die Frage nach der optimalen Höhe der Gesamtausgaben für das Marketing. Die Lösung des optimalen Marketingbudgets kann in Form von Grenzwertüberlegungen angegangen werden. Der Nettogewinn ist dann maximal, wenn die Grenzkosten der Marketinganstrengungen gerade so hoch sind wie der aus der Grenzzunahme des Umsatzes resultierende Bruttogewinn. Hierzu das folgende Beispiel (Kotler/Bliemel 1999, S. 269 ff.):

Es wird unterstellt, daß die Beziehung zwischen der Höhe des Marketingbudgets und dem Umsatz in Form einer Umsatzreaktionsfunktion bekannt ist. Die Umsatzreaktionsfunktion (U) gibt an, welche Stückzahl eines Produktes bei alternativen Aktivitätsniveaus und Kombinationen der Marketingausgaben vom Markt aufgenommen werden. In der Abbildung 4-2 wird ein ertragsgesetzlicher Kurvenverlauf unterstellt. Geht man von der Gewinnmaximierung als Zielsetzung aus, dann müssen Zusammenhänge zu den Kosten hergestellt werden. Zunächst sind alle Nicht-Marketingkosten (zum Beispiel Produktionskosten, Verwaltungskosten) von der Umsatzfunktion abzuziehen. Dadurch erhält man eine marktbezogene Bruttogewinnfunktion. Von der Bruttogewinnkurve müssen wiederum die Marketingkosten abgezogen werden. Letztere werden – wenn die Skalierung der Achsen in identischen DM-Beträgen erfolgt – durch eine Gerade in einem Winkel von 45° wiedergegeben. Die Nettogewinnkurve erreicht ihr Maximum dann bei M_c. Zwischen M_u und M_o liegen alle Marketingbudgets mit positiven Nettogewinnen.

Bei der Ermittlung des optimalen Marketingbudgets ist jedoch nicht nur die Höhe, sondern vor allem auch die **Aufteilung auf die einzelnen Instrumente von Bedeutung**. Zur Ermittlung einer optimalen Kombination des Marketinginstrumentariums müssen weitere Bedingungen erfüllt sein.

Im folgenden wird angenommen, daß die abgesetzte Menge x eine Funktion des kombinierten Einsatzes aller n Marketinginstrumente I_j (j = 1, …, n) ist, die dem Unternehmen zur Verfügung stehen. Es gilt also

(1) $x = f(I_1, I_2, …, I_n)$.

Da sich der Umsatz eines Produktes aus verkaufter Menge (x) und Preis (p) ergibt, kann die Gewinnfunktion wie folgt geschrieben werden:

(2) $G = x \cdot p - K$.

Gilt die Zielfunktion $G \to \text{max.!}$, so ist eine Funktion mit mehreren Variablen zu optimieren. Bezeichnet I_1 den Preis, so repräsentieren die übrigen Marketinginstrumente jene Aktionsparameter, welche insgesamt das Aktivitätsniveau des Marketingbudgets M bestimmen. Grundsätzlich gilt für den Einsatz aller kostenverursachenden Instrumente:

(3) $\dfrac{\delta \cdot x}{\delta \cdot I_j} > 0 \quad j = 2, ..., n$

Integrierte Planung des Marketing-Mix als funktionsspezifische Koordination

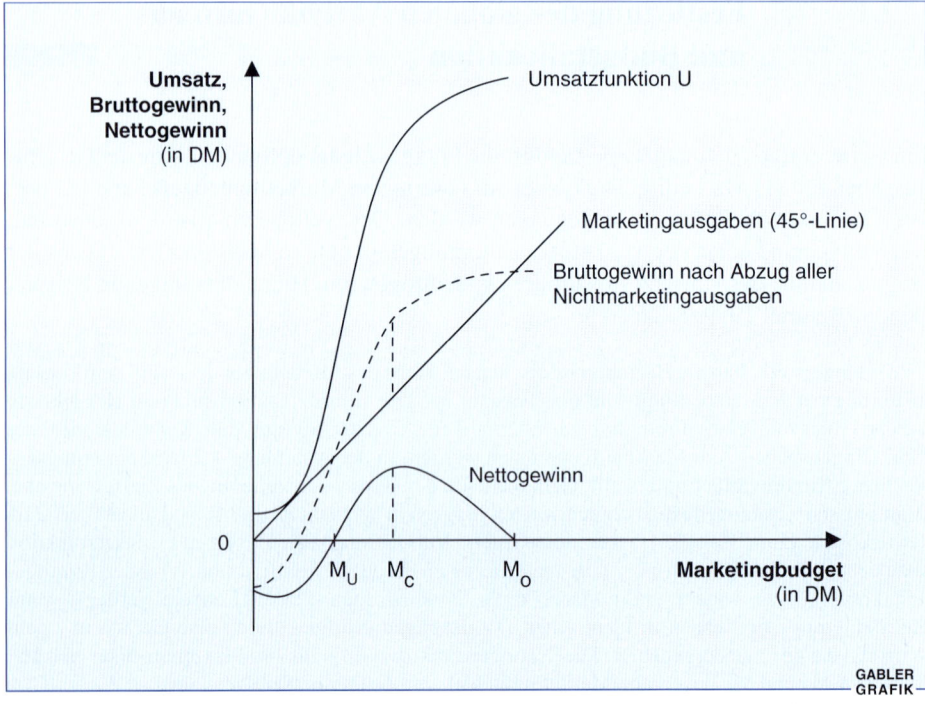

Abbildung 4-2: Beziehungen zwischen Umsatz, Marketingausgaben und Gewinn

das heißt je größer der Aufwand für ein bestimmtes Instrument ist, desto größer ist auch die erzielbare Absatzmenge. Für den Preis als Aktionsparameter gilt dagegen in der Regel:

(4) $\quad \dfrac{\delta \cdot x}{\delta \cdot p} < 0$

das heißt je höher der Preis, desto kleiner ist die abgesetzte Menge. Es gelte die folgende Kostenfunktion:

(5) $\quad K = K_{fix} + k \cdot x + M$

K_{fix} = fixe Nicht-Marketingkosten
k = variable Nicht-Marketingkosten je Stück (zum Beispiel Materialkosten)
M = direkte Marketingkosten

Setzt man (1) und (5) in (2) ein, so ergibt sich

(6) $\quad G = p \cdot f(p, I_2, ..., I_n) - K_{fix} - k \cdot f(p, I_2, ..., I_n) - M$

Diese Funktion ist dann maximiert, das heißt die optimale Kombination der absatzpolitischen Instrumente ist erreicht, wenn

(7) $\quad \dfrac{\delta G}{\delta p} = \dfrac{\delta G}{\delta I_1} = \dfrac{\delta G}{\delta I_2} = \ldots = \dfrac{\delta G}{\delta I_n} = 0$

gilt.

Dies bedeutet, daß die **Grenzgewinne der einzelnen Instrumente einander entsprechen und gleich Null sind**. Durch die Veränderung eines oder mehrerer Instrumente ist ein zusätzlicher Gewinn nicht mehr zu erzielen.

2.2 Situative Gestaltung des Marketing-Mix

Die Zusammensetzung des optimalen Mix hängt sehr stark von Einflußfaktoren wie der Art des Produktes, des Marktsegments, der Phase des Lebenszyklusses und der Konjunkturphase ab (Ritzerfeld 1993, S. 82 ff.). Zwei dieser situativen Faktoren sollen nachfolgend beispielhaft in ihren Auswirkungen auf den Marketing-Mix dargestellt werden.

2.21 Produktbezogene und sektorale Besonderheiten

Produktmerkmale sind für die Gestaltung des Marketing-Mix von besonderer Bedeutung. So wird man bei gleichartigen Produkten häufig gewisse Ähnlichkeiten in der Zusammensetzung des Mix feststellen können. Zieht man eine grob vereinfachende Klassifikation möglicher Produkte zur Beurteilung heran, so wird zwar keine detaillierte Beschreibung der einzelnen Mix-Kombinationen, aber zumindest eine Charakterisierung im Hinblick auf die jeweils dominanten absatzpolitischen Instrumente möglich. In diesem Zusammenhang ist jedoch zu beachten, daß in der Praxis häufig gerade die bewußte Abweichung von einem branchenüblichen Marketing-Mix zu besonderen Erfolgen führt.

So ist beispielsweise der Erfolg des Sportartikelherstellers Adidas in den letzten Jahren auf eine völlig neuartige Form der Zielgruppenansprache zurückzuführen (vgl. Insert 4-1). Mit dieser Marktbearbeitung rückte Adidas von den bis dato gültigen Gepflogenheiten der Branche ab. Auch der überdurchschnittliche Erfolg des Hausgeräteherstellers Elektrolux ist ganz wesentlich darauf zurückzuführen, daß dieses Unternehmen vor allem bei der Distributionspolitik (Direktvertrieb) aber auch der Produktpolitik (sehr hohe Produktqualität) andere Wege als die übrigen Anbieter der Branche geht.

Abbildung 4-3 macht Schwerpunkte der absatzpolitischen Anstrengungen bei typischen Unternehmen aus den verschiedenen Wirtschaftsbereichen deutlich. Darüber hinaus werden Angaben über das Ausmaß der Anstrengungen, das heißt über das absatzpolitische

Integrierte Planung des Marketing-Mix als funktionsspezifische Koordination

Sportartikelhersteller üben sich in Straßenkultur
Ballspiel mit dem Pop-Business verzahnt / Die Marke Streetball steht für die Gattung

mr. BERLIN, 19. Mai. Sportartikelhersteller haben ein neues Kriterium zu erfüllen: street credibility. Damit ist nicht die Haltbarkeit von Schuhen beim Straßenlauf gemeint oder die Kreditwürdigkeit, die man mit dem richtigen Trainingsanzug am Körper steigern könnte. Street credibility ist die Glaubwürdigkeit beim – nein, nicht beim Mann auf der Straße, sondern bei den Kids.

Ohne Anglizismen geht es nicht im Kampf um den Markt für Sportartikel, der in Deutschland bei rund 12 Milliarden DM stagniert. Der schlagendste Anglizismus ist Streetball. Er steht für Basketball unter freiem Himmel, gespielt auf nur einen einzigen Korb, und er steht für einen Boom. Während Straßenkinder früher mit Blechdose oder aus der Form geratenem Lederball in der Gosse kickten, werfen sie heute den Basketball in Reifen, die an Brandmauern hängen oder an Gittern eingezäunter Spielplätze. Den Stars der National Basketball League (NBA) in den Vereinigten Staaten schauen sie ihre Tricks, ihre Sprüche und ihre Mode ab. An die 100 000 Kinder haben im vergangenen Jahr in Deutschland bei verschiedenen Straßenturnieren versucht, es ihnen gleichzutun.

Streetball ist auch deshalb das prägende Schlagwort, weil es der deutsche Marktführer Adidas weltweit markenrechtlich hat schützen lassen. Streetball steht nicht nur für Bälle, Kleidung und Schuhe. Es steht, zumindest in Europa, für die gesamte Sportart und ihr Umfeld, zu dem auch Compact-Discs, Bücher und Illustrierte gehören, vor allem aber Turniere. Wenn die Konkurrenten Nike (in Deutschland 270 Millionen DM Umsatz), Reebok (255) und Neuling Converse zum Spiel rufen, müssen sie es deshalb „Hoop", „Blacktop" oder „Three on Three" nennen. Adidas verweigert zwar, seine Aufwendungen und seinen Ertrag im Zusammenhang mit Streetball zu nennen. Doch es ist unstreitig, daß der Erfolg auf der Straße entscheidend zum Comeback des Sportartikelherstellers aus Herzogenaurach beigetragen hat. Der Umsatz in Europa ist um 14,5 Prozent auf 1,48 Milliarden DM gestiegen. In Deutschland soll er in diesem Jahr etwa 650 Millionen DM erreichen.

Converse, nach eigenen Angaben der größte Sportschuhhersteller der Vereinigten Staaten und erst seit dem vergangenen Jahr mit eigenem Vertrieb in Deutschland aktiv, will seine Partnerschaft mit der NBA nutzen. An diesem Wochenende beginnt seine Turnierserie in Berlin. 750 Teams werden erwartet, den Sommer über geht es in Köln, Stuttgart, Hamburg und München weiter. Wie sehr Adidas seine Marke als Gattungsbegriff etabliert hat, zeigen die in Berlin geschalteten Zeitungsanzeigen für die Converse-Veranstaltung. Sie werben für „das internationale Streetball-Turnier".

„Urban culture" heißt die Devise für Turniere, mit denen Adidas seine Zielgruppe anspricht. Weil Zeitungsanzeigen, Werbespots und Plakate nach der Überzeugung der Marketingstrategen nicht die notwendige Aura von Authentizität schaffen, verpflichten sie eine in jedem Jahr wachsende Karawane von als Trendsetter ausgewiesenen Künstlern und Animateuren: Discjockeys, Musiker und Rapper, Breakdancer und Artisten auf Rollbrettern und chromblitzenden BMX-Fahrrädchen. Die Straßenkultur des Basketball mit der des Pop-Business verzahnt. Basketball-Star Shaqil O'Neal aus Orlando etwa bringt mit seiner Rap-Band Platten heraus, und was ein überzeugender Hip-Hop-Musiker sein will, der muß auch den Korb treffen können. Davon profitieren nicht nur Unternehmen, die neue Märkte erschließen, sondern auch der Deutsche Basketball-Bund mit kräftigem Mitgliederzuwachs und Sozialarbeiter vieler deutscher Großstädte, die bei Straßen-Basketball kräftigen Zulauf haben.

Adidas brachte im vergangenen Jahr zu seinem Europafinale bei ständiger Musikbeschallung fast 900 Mannschaften zu je vier Spielern auf dem Parkplatz vor dem Olympiastadion zusammen. In diesem Jahr wird das Unternehmen zum Ende seiner Deutschland-Tour zwar ebenfalls ein großes Fest vorm Olympiastadion veranstalten, mit dem Europafinale der besten Spieler aus 48 Ländern in Barcelona ist aber schon der nächste Schritt zur weltweiten Vermarktung getan.

Bei aller Spontanität und street credibility: Die besten Spieler verlangen als Gegenleistung für einen Schriftzug auf ihren Trikots Freiflüge zu den Turnieren sowie Hotelzimmer und üppige Ausrüstung. Den Marketingkämpfern an der Basis bereiten sie dafür schon mal das Vergnügen, in der Kleidung des einen Herstellers das Turnier des anderen zu gewinnen.

Michael Reinsch

Beim Streetball geht es nicht nur um Spaß und Punkte. Sportartikelhersteller kämpfen hier um Markennamen und Marktanteile. Foto Wolfgang Eilmes

INSERT 4-1: Frankfurter Allgemeine Zeitung, 20.05.1995, S. 16

Aktivitätsniveau, gemacht. Die Darstellung, die sich an den in der Realität vorzufindenden Verhältnissen orientiert, zeigt insbesondere das hohe absatzpolitische Aktivitätsniveau bei Markenartikelherstellern (Sood 1995). Neben der Art des Produktes beziehungsweise der angebotenen Dienstleistung ist für Marketing-Mix-Entscheidungen von Bedeutung, in welchem Stadium des Produktlebenszyklus sich die angebotene Leistung befindet.

Absatzpolitische Instrumente	Investitionsgüter		Konsumgüter		Dienstleistungen	
	Rohstoffgewinnende Unternehmen	Produktionsunternehmen von Fertigerzeugnissen	Markenartikelhersteller	Hersteller von Handelsmarken	Handel	Sonstige
Produktqualität Angebotsprogramm Garantien Kundendienst	●	● ● ● ●	● ● ● ●		● ●	● ● ●
Preis Rabatte Zahlungsbedingungen	●		● ●	● ●	● ●	
Standort der Letztverkaufsstellen Absatzkanal Lieferbereitschaft, physische Distribution	●	●	● ● ●	●	● ●	● ●
„Klassische Werbung" Verkaufsförderung Public Relations Direktwerbung	● ●	 ●	● ● ●		● ●	● ● ●
Absatzpolitisches Aktivitätsniveau	sehr klein	klein	sehr groß	sehr klein	sehr groß	groß

● Dominantes absatzpolitisches Instrument.

Abbildung 4-3: Charakterisierung des Marketing-Mix ausgewählter Wirtschaftsbereiche
(Quelle: Böcker/Thomas 1984, S. 284)

2.22 Lebenszyklusphase als Bestimmungsfaktor der Marketing-Mix-Gestaltung

Die Bedeutung des Produktlebenszykluskonzeptes für die Zusammensetzung des „optimalen" Marketing-Mix (Hofstätter 1977, S. 26) ergibt sich aus der Tatsache, daß die Lebenszyklusphase eines Produktes gut zur Charakterisierung der Marktsituation herangezogen werden kann (vgl. drittes Kapitel, Abschnitt 2.311). So beeinflussen Veränderungen im Lebenszyklus die Strukturmerkmale von Märkten und Branchen und sind deshalb sowohl für strategische als auch operative Entscheidungen relevant. Bezogen auf den Bereich der Konsumgüter lassen sich für die einzelnen Phasen des Lebenszyklus folgende Schwerpunkte in den einzelnen Mix-Bereichen feststellen (vgl. Abbildung 4-4).

	Phase des Lebenszyklus			
	Einführung	Wachstum	Reife	Sättigung bzw. Degeneration
I. Marktsituation				
– Käufer	Innovatoren	Frühadopter	Frühe bzw. späte Mehrheit	Nachzügler
– Konkurrenz	Kaum Wettbewerb	Wenig Wettbewerb	Starker Wettbewerb	Verdrängungswettbewerb
– Gewinnsituation	Verluste	Hohe, steigende Gewinne	Hohe, sinkende Gewinne	Geringe Gewinne
II. Ziel bzw. Strategie	Erzwingung des Marktzugangs	Marktdurchdringung, Marktausweitungsstrategie	Durchsetzen gegen den Wettbewerb, Marktanteilsstrategie	Produktelimination vorbereiten, „Ausmelken" des Produkts
III. Instrumenteeinsatz				
– Preis	Zum Teil hohe Preise, um Konsumentenrente abzuschöpfen; zum Teil niedrige „Probierpreise"	Hohe Preise, da ausreichend Nachfrage vorhanden	Häufig wettbewerbsbestimmte niedrige Preise	Niedrige Preise
– Distribution	Noch selektiv, da Kapazitäten und Kanäle im Aufbau	Distribution ausweiten	Hohe Zugeständnisse an Absatzmittler, da Hersteller auf einen bestimmten Distributionsgrad angewiesen	Niedrige Distribution, da Interesse des Handels gering
– Werbung	Auf Innovatoren und Handel gerichtete Werbung	Hohe Werbeanstrengungen: „Push" und „pull"-Strategie	Starke, gegen den Wettbewerb gerichtete Werbung	Zur Rationalisierung Reduzierung der Werbung
– Persönlicher Verkauf und Verkaufsförderung	Wichtigstes Instrument; soll zum Erstkauf veranlassen	Häufige, die Werbung unterstützende Maßnahmen, um Markenbewußtsein aufzubauen	Häufige Aktionen, um Kunden der Konkurrenz zu gewinnen	Kaum Aktivitäten
Absatzpolitische Aktivitäten	hoch	mittel	sehr hoch	niedrig

Abbildung 4-4: Marketing-Mix und Lebenszyklus
(Quelle: Dhalla/Yuspeh 1976, S. 104; Taylor/Summay 1980, S. 125 f.)

In der **Einführungsphase** des Lebenszyklus sind Direktmarketing und Verkaufsförderung von besonderer Bedeutung. Man will den Konsumenten zum „Erstkauf" veranlassen. Unterstützt werden diese Aktivitäten durch umfangreiche, auf Innovatoren und Handel ausgerichtete Werbung zur Schaffung eines Markenbewußtseins. Die Preispolitik lockt in dieser Phase oft mit Probierpreisen, das heißt mit einem niedrigen Preisniveau. Häufig wird jedoch auch eine umgekehrte Strategie gefahren: Durch hohe Preise soll die Konsumentenrente abgeschöpft werden beziehungsweise die hohen Preise sollen dazu beitragen, daß die Einführungskosten möglichst bald abgedeckt sind. Der Distributionsgrad ist in dieser Phase meist noch nicht besonders hoch, da die Kapazitäten sich häufig noch im Aufbau befinden und auch die Absatzkanäle noch erschlossen werden müssen.

In der **Wachstumsphase** ist in der Regel sowohl die Nachfrage bei den Konsumenten als auch beim Handel recht hoch, so daß überdurchschnittliche Preise erzielt werden können. Die Distribution kann ausgeweitet werden. Stimuliert werden kann die Nachfrage weiterhin durch hohe Werbeanstrengungen und Verkaufsförderungsaktionen. Beides soll dazu beitragen, das Markenbewußtsein weiter aufzubauen.

In der **Reifephase** ist eine Marktausweitung kaum noch möglich. Zusätzliche Absatzmengen können nur noch auf Kosten der Konkurrenz erzielt werden. Durch die hohe Wettbewerbsintensität verfällt das Preisniveau. Die Preiselastizität der Nachfrage ist hoch, das heißt schon geringe Schwankungen des Preises können die Absatzmenge stark beeinflussen. Der Handel wird von den konkurrierenden Herstellern umworben. Um den erzielten hohen Distributionsgrad zu halten, müssen gegenüber den Absatzmittlern oftmals Zugeständnisse gemacht werden. Werbung und Verkaufsförderung sind aggressiver und stärker gegen die Konkurrenz gerichtet. Insgesamt erreichen die absatzpolitischen Aktivitäten hier ihren Höhepunkt.

In den Phasen der **Sättigung und Degeneration** gilt es, noch positive Deckungsbeiträge zu realisieren beziehungsweise die Produktelimination vorzubereiten. Der preispolitische Spielraum ist sehr gering. Der Einsatz der Kommunikationsinstrumente wird in der Sättigungsphase durch Kostenrestriktionen eingeschränkt. In der Degenerationsphase wird auf Werbung und Verkaufsförderung weitgehend verzichtet. Es werden kaum noch Marketinganstrengungen unternommen. Zur Rationalisierung kann es sinnvoll sein, die Betreuung der Absatzmittler von unternehmenseigenen Reisenden auf selbständige Handelsvertreter zu übertragen (Wesner 1972).

2.3 Integrierte Planung des Marketing-Mix

In der Literatur lassen sich zwei grundsätzliche Gruppen von Lösungsvorschlägen zur Bewältigung der Marketing-Mix-Entscheidungsprobleme aufzeigen (Thummel 1972; Kühn 1984, 1989).

1. **Analytische Verfahren**
   Analytische Marketing-Mix-Modelle sind durch eindeutige Lösungsvorschriften gekennzeichnet (Optimierungsalgorithmen). Aufgabenstellungen und Ziele müssen in diesem Fall mittels numerischer Ausdrücke erfaßbar sein. Analytische Modellansätze versuchen, auf formalem Weg den „optimalen" Marketing-Mix zu berechnen oder zumindest eine Instrumentekombination zu finden, die allen Nebenbedingungen gerecht wird. Dabei finden sowohl Methoden der **Marginalanalyse** (Differentialrechnung) als auch Verfahren der **mathematischen Programmierung** Verwendung (Meffert 1973).

2. **Heuristische Verfahren**
   Heuristische Entscheidungsmethoden zerlegen das Problem in eine Reihe von Teilproblemen, die schrittweise unter Benutzung systematischer, problemvereinfachender Prinzipien gelöst werden können. Hierdurch wird eine **Reduktion der Problemkomplexität** erzielt. Es sind jedoch suboptimale Problemlösungen in Kauf zu nehmen.

2.31 Analytische Verfahren

2.311 Marginalanalyse

Marginalanalytische Verfahren bauen auf der mikroökonomischen Theorie der Unternehmung auf. Die Problemstruktur der Kombination der Marketinginstrumente soll durch stetige und differenzierbare Funktionen abgebildet werden. Ausgangspunkt bildet in der Regel die Zielsetzung der Gewinnmaximierung. Generell werden folgende Prämissen gesetzt:

- Alle Größen sind quantifizierbar,

- die Absatz- beziehungsweise Umsatzfunktion ist stetig und differenzierbar, und

- der Einsatz der Marketinginstrumente kann infinitesimal, das heißt in kleinsten Schritten, verändert werden.

Als erste Autoren haben **Dorfman und Steiner** den Versuch unternommen, das Problem des kurzfristig optimalen Marketing-Mix mittels marginalanalytischer Kalküle zu lösen (Dorfman/Steiner 1954). Der Lösungsweg ist mathematisch recht umständlich. Deshalb soll hier dem Ansatz Paldas (Palda 1969, S. 9 ff.) gefolgt werden, der sich durch einen zielstrebigen Aufbau und eine „elegantere" Ableitung des Dorfman-Steiner-Theorems auszeichnet (Meffert/Freter 1974, S. 218 ff.).

Der Aussagewert des Modells hängt maßgeblich von den zugrundeliegenden Annahmen ab:

- Es liegt eine **Ein-Produkt-Unternehmung** vor.
- Die Unternehmung verfolgt das **Ziel der Gewinnmaximierung**.
- Ihr stehen dazu **drei Marketinginstrumente** – der Preis, die Produktqualität und die Werbung – zur Verfügung, die quantifiziert und stetig variiert werden können. Es wird dabei angenommen, daß auch die Produktqualität meßbar ist und daß sie durch eine Indexzahl, die zwischen Null und Eins liegt, angegeben werden kann.
- Es bestehen **keine zeitlichen und sachlichen Ausstrahlungseffekte**, das heißt die Marketinginstrumente wirken unabhängig voneinander in der Planperiode.
- Das **Informationsbeschaffungsproblem** gilt als gelöst, das heißt die relevanten Erlös- und Kostenfunktionen sind bekannt.

Das Dorfman-Steiner-Theorem formuliert die Optimalitätsbedingung für einen **instrumentebezogenen Mix**. Für die Aktionsparameter Produktpreis (p), die Werbeaufwendungen pro Periode (s) und die Produktqualität (q) sind Werte zu finden, bei denen der Gewinn maximal ist.

Für die Absatzmenge x gilt die folgende Marketing-Mix-Reaktionsfunktion:

(8) $x = x(p, s, q)$.

Die durchschnittlichen Produktionskosten c hängen von der Absatzmenge und dem Qualitätsindex ab:

(9) $c = c(x, q)$.

Nachfrage- und Durchschnittsproduktionskostenfunktion gestatten nun die Definition der Gewinnfunktion

(10) $G = p \cdot x(p, s, q) - [x \cdot c(x, q) + s]$,

in der $p \cdot x(p, s, q)$ die Erlöse und $x \cdot c(x, q) + s$ die Gesamtkosten bedeuten. Unter Berücksichtigung von (8) und (9) läßt sich die Gewinnfunktion in

(11) $G = p \cdot x(p, s, q) - x(p, s, q) \cdot c[x(p, s, q), q] - s$

umformen.

Für die Existenz eines gewinnmaximalen Marketing-Mix ergibt sich als notwendige Bedingung, daß die partiellen Ableitungen der Gewinnfunktion (11) nach den drei Variablen p, s und q gleich Null sind. Als hinreichende Bedingung für das Vorliegen eines Gewinnmaximums muß des weiteren nachgewiesen werden, daß die zugehörige Hesse-Matrix der zweiten partiellen Ableitungen negativ definit ist.

Es ergeben sich die folgenden ersten Ableitungen der Gewinnfunktion:

(12) $\quad \dfrac{\delta G}{\delta p} = p \dfrac{\delta x}{\delta p} + x - c \dfrac{\delta x}{\delta p} - x \dfrac{\delta c}{\delta x} \cdot \dfrac{\delta x}{\delta p} = 0$

(13) $\quad \dfrac{\delta G}{\delta s} = p \dfrac{\delta x}{\delta s} - c \dfrac{\delta x}{\delta s} - x \dfrac{\delta c}{\delta x} \cdot \dfrac{\delta x}{\delta s} - 1 = 0$

(14) $\quad \dfrac{\delta G}{\delta q} = p \dfrac{\delta x}{\delta q} - c \dfrac{\delta x}{\delta q} - x \dfrac{\delta c}{\delta x} \cdot \dfrac{\delta x}{\delta q} - x \dfrac{\delta c}{\delta q} = 0$

Die Aussagen der Gleichungen (12) bis (14) sind in der vorliegenden Form nicht offensichtlich. Deshalb werden (12), (13) und (14) durch jeweils

$$\dfrac{\delta x}{\delta p}, \dfrac{\delta x}{\delta s}, \dfrac{\delta x}{\delta q}$$

unter der Voraussetzung, daß sie ungleich Null sind, dividiert und nach p aufgelöst; es ergibt sich

(15) $\quad p = -x \dfrac{\delta p}{\delta x} + (c + x \dfrac{\delta c}{\delta x})$

(16) $\quad p = (c + x \dfrac{\delta c}{\delta x}) + \dfrac{\delta s}{\delta x}$

(17) $\quad p = (c + x \dfrac{\delta c}{\delta x}) + x \dfrac{\delta c}{\delta q} \cdot \dfrac{\delta q}{\delta x}$

Werden (15), (16) und (17) gleichgesetzt, ergibt sich die Gleichgewichtsbedingung für die Existenz eines Gewinnmaximums:

(18) $\quad -x \dfrac{\delta p}{\delta x} = \dfrac{\delta s}{\delta x} = x \dfrac{\delta c}{\delta q} \cdot \dfrac{\delta q}{\delta x}$

Die Bedingung (18) besagt, daß ein **Gewinnmaximum erreicht ist, wenn es zu einem Ausgleich obiger Grenzgrößen kommt**. Die Gleichgewichtsbedingung (18) kann unter Berücksichtigung der Preiselastizität der Nachfrage, der Nachfrageelastizität in bezug auf Qualitätsänderungen und des Grenzertrages der Werbung in eine aussagefähigere Form überführt werden.

Aus der Definition der Preiselastizität der Nachfrage

(19) $\quad \eta_{xp} = -\dfrac{\delta x}{\delta p} \cdot \dfrac{p}{x} \quad$ oder $\quad \dfrac{p}{\eta_{xp}} = -x \cdot \dfrac{\delta p}{\delta x}$

ergibt sich, daß der erste Term in (18) durch $\dfrac{p}{\eta_{xp}}$ ersetzt werden kann.

Aus der Definition der Nachfrageelastizität in bezug auf Kostenänderungen

(20) $\quad \eta_{xc} = \dfrac{\dfrac{\delta x}{\delta q}}{\dfrac{\delta c}{\delta q}} \cdot \dfrac{c}{x} = \dfrac{\delta x}{\delta q} \cdot \dfrac{\delta q}{\delta c} \cdot \dfrac{c}{x}$

ist ersichtlich, daß der dritte Term in (18) durch den Ausdruck $\dfrac{c}{\eta_{xc}}$ ersetzt werden kann.

Unter Berücksichtigung des Grenzertrags der Werbung

(21) $\quad \mu = \dfrac{\delta x}{\delta s} \cdot p$

läßt sich der zweite Term in (18) durch $\dfrac{p}{\mu}$ substituieren.

Die mittels der Definition gewonnenen Umformungen gestatten es nun, die Gleichgewichtsbedingung (18) in der Form

(22) $\quad \dfrac{p}{\eta_{xp}} = \dfrac{p}{\mu} = \dfrac{c}{\eta_{xc}}$

zu formulieren. Dieses Ergebnis läßt sich zu

(23) $\quad \eta_{xp} = \mu = \dfrac{p}{c} \eta_{xc}$

vereinfachen.

Die Gleichung (23) stellt das **Dorfman-Steiner-Theorem** dar. Sie besagt, **daß der optimale Marketing-Mix** einer Unternehmung (die das Werbebudget, die Preispolitik und die Qualitätspolitik als Aktionsparameter benutzt) **dann erreicht ist, wenn die**

Integrierte Planung des Marketing-Mix als funktionsspezifische Koordination

Preiselastizität der Nachfrage, der Grenzertrag der Werbung und die mit dem Quotienten aus Preis und Durchschnittskosten multiplizierte Nachfrageelastizität in bezug auf Qualitätsänderungen einander gleich sind.

Bis heute wurden eine **große Zahl von Verfahrensvarianten** der marginalanalytischen Marketing-Mix-Optimierungsregeln entwickelt. Einige dieser Weiterentwicklungen erlauben es, zum Beispiel sachliche beziehungsweise zeitliche Wirkungsinterdependenzen zu berücksichtigen oder aber Konkurrenzaktivitäten in die Kalkülisierung mit einzubeziehen, so daß selbst für den Fall des dynamischen Mehrprodukt-Oligopols entsprechende Marketing-Mix-Optimierungsregeln vorhanden sind (Topritzhofer 1977). Topritzhofer ist daher der Ansicht, daß marginalanalytische Marketing-Mix-Modelle dem Entscheider sowohl bei der Beurteilung eines gegebenen Mix als auch bei Entscheidungen über eine Reallokation der Mittel innerhalb des Mix eine Hilfe bieten können. Unabdingbare Voraussetzung dafür ist jedoch, daß zuverlässige ökonometrisch geschätzte Marketing-Mix-Reaktionsfunktionen vorliegen (Topritzhofer 1977). Genau diese **lückenlose Kenntnis der Wirkungsweise** der absatzpolitischen Instrumente – insbesondere unter Berücksichtigung der Interdependenzen – ist in der Praxis **selten vorhanden**.

Die **Komplexität von Marketing-Mix-Entscheidungen** ist ein weiterer Faktor, der die Anwendungsmöglichkeiten von marginalanalytischen Ansätzen in der Realität weiter einschränkt. Dies gilt vor allem hinsichtlich der Zahl der zu berücksichtigenden Instrumente beziehungsweise Subinstrumente. Diesen letzten Kritikpunkt können mathematische Planungsmodelle teilweise aufheben, denn sie erlauben es, eine theoretisch unbegrenzte Zahl von Teilmix-Entscheidungen (zum Beispiel als Nebenbedingungen) zu berücksichtigen.

2.312 Mathematische Programmierung

Innerhalb der **mathematischen Programmierung** hat die **lineare Programmierung** einen besonderen Stellenwert. Für ihren Einsatz – auch im Bereich der Bestimmung des Marketing-Mix – spricht eine Reihe von Gründen: Es ist das einfachste Verfahren der mathematischen Programmierung und es existieren zahlreiche ausgereifte Lösungsalgorithmen, die eine schnelle, EDV-gestützte Optimumbestimmung gestatten. Ähnlich wie bei der Marginalanalyse gilt es, eine **Zielfunktion zu optimieren**. Allerdings kann hierbei eine Vielzahl möglicher **Nebenbedingungen** (in Form von Ungleichungen) berücksichtigt werden. Beispiele für solche Nebenbedingungen wären etwa nicht zu überschreitende Budgets oder die vertraglich fixierte maximale Arbeitszeit eines Reisenden.

Folgende **Prämissen** gelten für den Einsatz der Linearen Programmierung (LP):

- Den Variablen der Zielfunktion, hier den Ausprägungen der Marketinginstrumente, müssen sich spezifische Wirkungsbeiträge zurechnen lassen, das heißt es muß für jedes Marketinginstrument die entsprechende Marktreaktionsfunktion bekannt sein.

- Die Wirkungsbeiträge müssen additiv verknüpft, das heißt voneinander unabhängig sein. Wirkungsinterdependenzen sind somit ausgeschlossen.

- Die zugrundeliegenden Zusammenhänge müssen sich mittels linearer Funktionen abbilden lassen. Diese Prämisse gilt sowohl für die Zielfunktion als auch für die Nebenbedingungen.

Als **Kritik an den Modellen der linearen Programmierung** ist anzuführen, daß die Linearitätsannahmen der zugrunde gelegten Funktionen unrealistisch sind, da konstante Wirkungen der Instrumente in der Realität fast nie gegeben sind (Burmann 1995, S. 74 ff.). Darüber hinaus geht es bei diesem Modell nur noch um die optimale Aufteilung der einzusetzenden Instrumente, während die Entscheidung darüber, welche Instrumente eingesetzt werden sollen, bereits vorher gefällt werden muß.

Einige der vorgenannten einschränkenden Bedingungen lassen sich durch weiterentwickelte Formen der linearen Programmierung aufheben (Farris et al. 1989; Vossebein/Wildner 1992; Börtzler/Höger 1994; Szeliga 1996). Beispielsweise erlaubt die **geometrische Programmierung** die Berücksichtigung sachlicher Wirkungsinterdependenzen und die Verwendung nichtlinearer Funktionen (Balachandran/Gensch 1977). Bei der **ganzzahligen Programmierung** lassen sich diskrete Ausprägungen der Marketinginstrumente einbeziehen. Eine andere, ebenfalls nichtlineare Weiterentwicklung ist die **parametrische Programmierung**. Die Bestimmung des Optimums ist hierbei auch dann möglich, wenn einzelne Koeffizienten in der Zielfunktion beziehungsweise in den Nebenbedingungen Variablen sind, die ihrerseits von bestimmten Parametern abhängig sind. Beispielsweise können ein oder mehrere Koeffizienten von der Zeit oder anderen Einflußgrößen abhängen.

Bei den für die Mehrzahl der Entscheidungssituationen im Marketing typischen **nichtlinearen Wirkungsbeziehungen** ergibt sich jedoch für alle Programmierungsansätze das Problem, daß bislang keine befriedigenden Lösungsalgorithmen zur Verfügung stehen (Weiber 1992; Becker 1998, S.800 ff.; Mohrdieck 1993; einen alternativen, spieltheoretischen Ansatz zeigt Meyer 1999). Darüber hinaus verdeutlichen die Prämissen der analytischen Verfahren, daß eine sinnvolle Anwendung dieser Methoden an den Aufbau eines **Marketing-Informationssystems** auf der Grundlage umfassender Datenbanken gebunden ist (Becker 1998; Meffert 1994, S. 381 ff.).

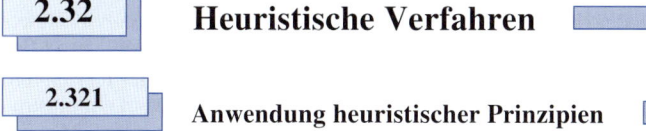

2.32 Heuristische Verfahren

2.321 Anwendung heuristischer Prinzipien

Lösungsansätze zur Überwindung der Schwächen analytischer Modelle finden sich im Bereich **heuristischer Entscheidungsmethoden** (Berens 1992). Darunter sind systematische Problemlösungsverfahren zu verstehen, die mit Hilfe **heuristischer Regeln** bestimmte Probleme zu lösen versuchen (Meffert 1973, 1975). Solche heuristischen Regeln beziehungsweise Prinzipien können verstanden werden als (Müller-Merbach 1976; Imboden et al. 1978):

- selektiv wirkende methodische Handlungsregeln,
- die zur bewußten Reduzierung der Problemkomplexität führen,
- die jedoch in der Regel nur suboptimale Lösungen ermöglichen und
- die keine Lösungsgarantie bieten.

Durch die **Zerlegung** des **Gesamtproblems** der Bestimmung des Marketing-Mix in **sukzessiv bewältigbare Teilprobleme** wird erreicht, daß dieses Problem auf einen der menschlichen Denkfähigkeit entsprechenden Komplexitätsgrad zurückgeführt wird.

In diesem Sinne verfügt jeder Marketingmanager über einen Erfahrungsschatz allgemeiner und spezieller Heuristiken, die er bei der Planung des Marketing-Mix kombiniert einsetzt. Eine **allgemeine Heuristik** ist zum Beispiel „Versuche, analoge Problemlösungen in der Natur zu finden!". Eine **spezielle Heuristik** kommt in dem Erfahrungssatz: „Stimme die Marketingaktivitäten auf psychologische Merkmale des Marktsegmentes ab!", zum Ausdruck. Das Vorgehen bei der Anwendung von Heuristiken ist mit dem eines Schachspielers vergleichbar, der nur wenige Zug-Gegenzug-Kombinationen vorausdenken kann, der aber Prinzipien oder Faustregeln beherrscht, die für den jeweils zu wählenden Zug eine „gute" Position beschreiben. Entscheidend ist, daß durch eine „Politik der kleinen Schritte" eine Menge erfolgversprechender Lösungen generiert wird, die langfristig in das gewünschte Zielgebiet führt.

In der Literatur wurden **eine Reihe von Methodenvorschlägen** entwickelt, die als „heuristisch" bezeichnet werden können (Berens 1992). Die Mehrzahl dieser Verfahren nutzt als zentrale heuristische Prinzipien (Kühn 1989):

- Die **Heuristik der Problemfaktorisation**, das heißt das ursprüngliche Problem wird in ein System von Unter- beziehungsweise Teilproblemen zerlegt. Die Problemfaktorisation wird auch als die heuristische Regel schlechthin bezeichnet, da sie der Unfähigkeit des Menschen, ein komplexes Problem mit einer Vielzahl von Variablen simultan zu lösen, entgegenwirkt (Imboden et al. 1978).

- Die **Heuristik der Sukzessivität** wird oft kombiniert mit der Problemfaktorisation eingesetzt. Sie besagt, daß die Teilprobleme nicht simultan, sondern nacheinander zu lösen sind. Der Anwendungsbereich dieser beiden heuristischen Regeln liegt besonders bei den Problemen, die durch eine große Zahl von Handlungsalternativen und starken Interdependenzen charakterisiert sind. Gerade diese Problemstruktur findet sich bei der Gestaltung des Marketing-Mix: Die Lösung eines Teilbereichs (Sub-Mix) dient als Prämisse für die nachfolgenden Probleme und führt gleichzeitig zu einer erheblichen Reduktion der Komplexität der Marketinginstrumente.

- Die **Heuristik der Modellbildung**, das heißt zur Abbildung einer Problemsituation wird eine Problemumschreibung mit bekannter Grundstruktur herangezogen. Dabei wird als erstes ein einfacheres analoges Problem gelöst. Dieser Lösungsweg wird dann als Plan für die Lösung des eigentlichen Problems herangezogen (Klein 1971, S. 111 f.).

■ Die **Heuristik der beschränkten Rationalität**, das heißt man substituiert ein extremal formuliertes Ziel durch ein Begrenzungsziel (Klein 1971, S. 66 ff.). Es wird bewußt auf eine Optimallösung verzichtet, da durch das reduzierte, „begrenzte" Anspruchsniveau lediglich „befriedigende" Lösungen gefordert werden.

Die Anwendung heuristischer Verfahren für die Planung des Marketing-Mix stößt in der Praxis noch immer auf Schwierigkeiten. Begründet liegt diese Tatsache unter anderem in der Bestimmung des zweckmäßigen Anwendungsbereiches. Im allgemeinen läßt sich zwischen der Breite des Anwendungsbereiches und der Lösungstauglichkeit von Entscheidungsmethoden eine inverse Beziehung feststellen (Schlicksupp 1977, S. 28). Das bedeutet, daß eine Problemlösungsmethode mit breitem Anwendungsbereich – beispielsweise einfache Auswahlheuristiken – häufig zu nicht befriedigenden Lösungen führt. Andererseits sind komplexe heuristische Entscheidungsmodelle oft nur auf ein kleines Anwendungsgebiet beschränkt.

Vor dem Hintergrund dieser Überlegungen sollen im folgenden einige Planungsmodelle skizziert werden, die sowohl in bezug auf ihre Lösungstauglichkeit als auch auf ihre Anwendungsbreite vielversprechende Ansätze darstellen (Funke 1976; Lewandowski 1980).

2.322 Warenspezifische Analogiemethode als produktbezogenes Verfahren

2.3221 Bestimmung des Marketing-Mix

Ein sehr allgemeines Verfahren stellt dabei die warenspezifische Analogiemethode dar. Diese Methode basiert auf dem **klassischen warenanalytischen Ansatz** der Absatzpolitik (Copeland 1924; Schäfer 1950; Aspinwall 1962; Knoblich 1969; Koppelmann 1969). Dieser Ansatz, der stark von der damaligen Verkäufermarktsituation in den meisten Branchen geprägt ist, stellt das (gegebene) Produkt und weniger die zu erfüllenden Verbraucherbedürfnisse in den Mittelpunkt der Überlegungen zur Mix-Gestaltung.

Diese produktorientierte Vorgehensweise macht sich die Tatsache zunutze, daß die Vorauswahl eines Marketing-Mix für ein bestimmtes Problem häufig zu einem großen Teil durch produktspezifische Merkmale bestimmt wird. Man geht davon aus, daß die Produktmerkmale Ausdruck einer Wechselbeziehung zwischen Zielgruppe und Ware sind (Miracle 1965). Produkteigenschaften sind deshalb für eine erste grobe Beschreibung der Beziehungen zwischen den Marketingaktivitäten geeignet. Für die Vorauswahl des Marketing-Mix sind **drei Schritte** zu vollziehen (Lipson et al. 1970):

1. die Beschreibung der Produktmerkmale,
2. die Bewertung beziehungsweise Einordnung eines Produktes auf der Grundlage dieser Merkmale und
3. die vorläufige Ermittlung des Marketing-Mix.

Grundlage der Bestimmung des Marketing-Mix ist die Beurteilung eines Produktes in bezug auf seine typischen Merkmale (Aspinwall 1962). Miracle entwickelte auf dieser Basis das in Abbildung 4-5 dargestellte **Produktklassenkonzept**. Anhand des Merkmalkatalogs wird eine Bewertung der Eigenschaften eines konkreten Produktes vorgenommen. Die Bewertung der Eigenschaften eines Produktes hängt unter anderem von der Struktur der Zielgruppe, der Stellung im Lebenszyklus und von Konkurrenzangeboten ab. Denkbar wäre eine Bewertung auf einer Skala von 0 bis 100, wobei die auf dem Kontinuum erreichte Gesamtpunktzahl wiederum den Produktklassen in 20-Punkte-Abstufungen entsprechen (Lipson et al. 1970).

Produktcharakteristika	Zigaretten, Rasierklingen, Seife	Kurzwaren, kleine Markenartikel, kleine Haushaltswaren, Modeschmuck, kleinere Kleidungsstücke	Radio- und Fernsehgeräte, größere Haushaltswaren, Damenoberbekleidung, Reifen, größere Sport- und Campingausrüstung	Hochwertige Kameras, Autos, Qualitätsmöbel, teurer Schmuck, Medikamente	Häuser, antike Möbel, Kunstwerke, Maßkleidung
	Klasse I	Klasse II	Klasse III	Klasse IV	Klasse V
1. Bedeutung	sehr gering	gering	mittel	hoch	sehr hoch
2. Zeit und Mühe	sehr gering	gering	mittel	hoch	sehr hoch
3. Technische Änderungen	sehr gering	gering	mittel	hoch	sehr hoch
4. Technische Kompliziertheit	sehr gering	gering	mittel	hoch	sehr hoch
5. Service-Notwendigkeit	sehr gering	gering	mittel	hoch	sehr hoch
6. Kaufhäufigkeit	sehr hoch	mittel	gering	gering	sehr gering
7. Verbreitung	sehr hoch	hoch	mittel	gering	sehr gering

Abbildung 4-5: Relatives Gewicht der Produktcharakteristika in den verschiedenen Produktklassen
(Quelle: Miracle 1965, S. 20)

Der Bewertung eines Produktes folgt die vorläufige **Ermittlung des Norm-Marketing-Mix**. Die Vorgehensweise der warenspezifischen Analogiemethode soll anhand des Produktes Fertighaus in Abbildung 4-6 verdeutlicht werden:

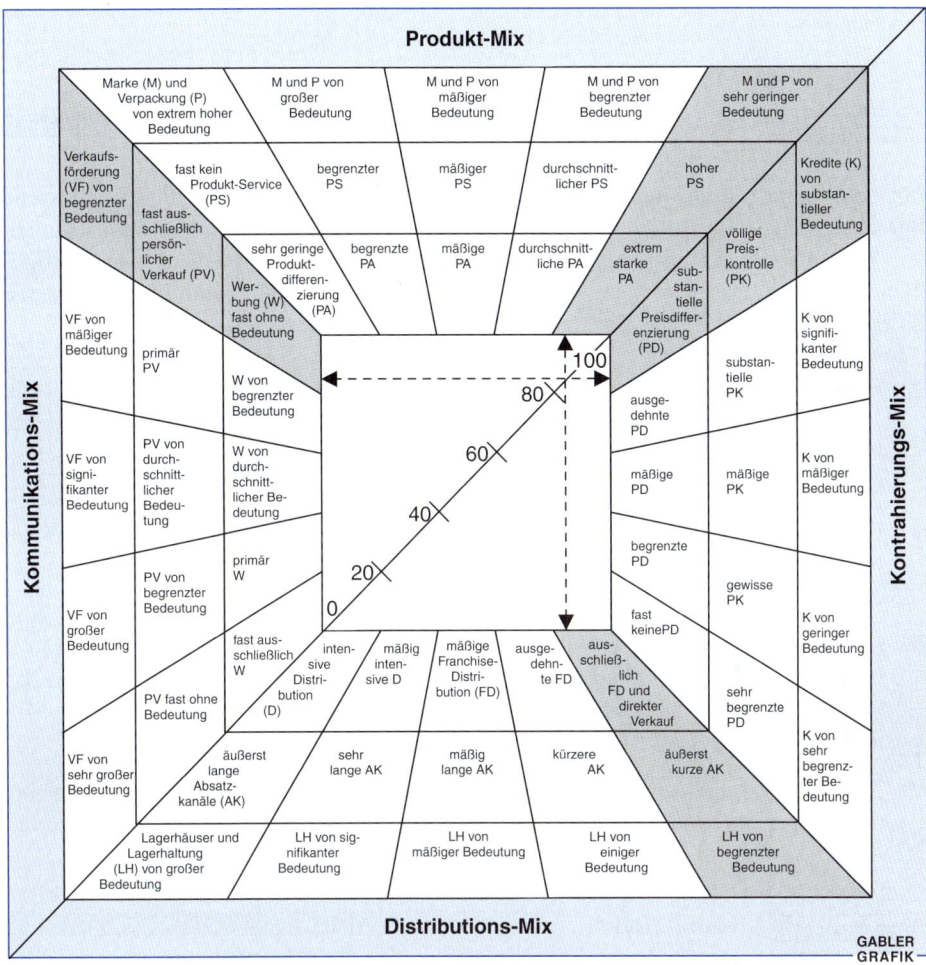

Abbildung 4-6: Vorauswahl des Marketing-Mix mit Hilfe der warenspezifischen Analogiemethode

Für ein Fertighaus ergeben sich auf dem Produktkontinuum etwa 90 Punkte. Dies folgt aus der Bewertung von Fertighäusern anhand der Kriterien aus Abbildung 4-5. Dabei wird jeder Ausprägung der Produktcharakteristika ein bestimmter Punktwert zugewiesen. Der Gesamtpunktwert eines Produktes wird dann auf die Diagonale der Abbildung 4-6 übertragen. Von der entsprechenden Position auf der Diagonale läßt sich durch Projektion auf die vier Mixbereiche der Norm-Mix bestimmen (vgl. gestrichelte Linien). Für das Fertighaus ergeben sich eine überdurchschnittliche

Produktdifferenzierung und qualifizierte Serviceleistungen als Mix-Schwerpunkte. Marke und Verpackung sind von geringer Bedeutung. Im Kommunikationsmix liegt besonderes Gewicht auf dem persönlichen Verkauf, nicht dagegen in der Werbung oder in speziellen Verkaufsförderungsaktionen. Besondere Bedeutung im Mix haben auch die Kreditbedingungen und das Instrument der Preisdifferenzierung. Im Vertrieb sind ein direkter Verkauf oder exklusives Franchising und kurze Absatzkanäle geeignet. Lagerhäuser und damit das Problem der Logistik sind demgegenüber bedeutungslos.

2.3222 Aussagewert produktbezogener Auswahlheuristiken

Ein besonderer Vorteil der warenspezifischen Analogiemethode ist die geschlossene Berücksichtigung der Interdependenzen zwischen den einzelnen Marketinginstrumenten. Es wird von Anfang an versucht, das Marketing-Mix-Problem als mehrstufiges Planungsproblem zu entwickeln. Freilich sind dem Vorgehen zahlreiche Grenzen gesetzt. Im einzelnen sind folgende Gesichtspunkte kritisch anzumerken:

- Es erscheint fraglich, ob der Merkmalskatalog für alle Absatzleistungen (Rohstoffe, Investitionsgüter, Dienstleistungen) Anwendung finden kann. Häufig werden in der Literatur statt eines einheitlichen Merkmalkatalogs spezielle Kataloge für verschiedene Instrumente aufgestellt.

- Einzelne Bewertungen (Norm-Mixe) scheinen den Erfahrungen in der Praxis zu widersprechen (zum Beispiel Bedeutung der Werbung und Markenbildung bei Automobilen).

- Es ist fraglich, ob bereits zu Beginn des Planungsprozesses die verschiedenen Einflußfaktoren so erfaßbar sind, daß die genaue Einordnung des Produktes in das Produktkontinuum und eine erfolgversprechende Vorauswahl des Marketing-Mix möglich sind.

- Auffallend ist die Vernachlässigung der Interdependenzen innerhalb des Sortiments und des gesamten Absatzprogramms einer Unternehmung.

2.323 Kühn-Modell

Einige dieser Kritikpunkte können durch einen heuristischen Ansatz, der sowohl dem Gesichtspunkt der Lösungstauglichkeit als auch dem einer breiten Anwendbarkeit weitgehend gerecht wird, überwunden werden (Kühn 1984, 1989).

Kühn benutzt als ersten Ansatzpunkt zur Strukturierung des Marketing-Mix-Problems die Unterscheidung zwischen **strategischen Problemen und Entscheidungen** (langfristig wirksam) einerseits und **operativen beziehungsweise taktischen Problemen und Entscheidungen** (kurz- bis mittelfristig wirksam) andererseits (Waterschoot/Bulte

Viertes Kapitel — Marketingkoordination

1. Markt- und Marktsegmentstrategie

1.1 Marktwahlentscheid: Entscheid, ob ein bestimmter Markt überhaupt bearbeitet werden soll; Bestimmung der relativen Bedeutung des Marktes

1.2 Wahl zwischen den Alternativen „Undifferenzierte Gesamtmarktbearbeitung" und „Schwerpunktbildung"

1.3 Bei Schwerpunktbildung: Bestimmung der ausschließlich oder mit Priorität zu bearbeitenden Marktsegmente oder Teilmärkte; Entscheid über die Zahl der durch separate Marketing-Mixe zu bearbeitenden Marketing-Zielbereiche

2. Einsatzrichtung des Marketing-Mix

2.1 Entscheid über die Alternativen „Marktentwicklungsstrategie", „Teilmarktentwicklungsstrategie" und „Konkurrenzstrategie"

2.2 Bei Konkurrenzstrategie: Wahl zwischen „aggressiver Preisstrategie", „Me-too-Strategie" oder „Profilierungsstrategie"

2.3 Bei Teilmarktentwicklungsstrategie: Wahl zwischen den Alternativen „Profilierungsstrategie" und „Preisstrategie"

2.4 Bei Marktentwicklungsstrategie: Wahl zwischen den Alternativen „Nachfrageausweitungsstrategie" und „Nachfrageintensivierungsstrategie"

In allen Fällen sind als Alternativen auch gemischte Strategien denkbar.

3. Positionierung des Angebots

3.1 Bei Konkurrenz- und Teilmarktentwicklungsstrategien: Bestimmung der Feinpositionierung gegenüber der Konkurrenz durch
– Festlegung der primär anzugreifenden Konkurrenzpositionen und
– Konkretisierung der Positionierungsziele im Sinne der anzustrebenden Leistungs-, Identitäts- oder Preisdifferenzen

3.2 Bei Marktentwicklungsstrategien: Bestimmung der psychologischen Feinpositionierung bei den Produktverwendern durch Festlegung anzustrebender Einstellungsänderungen, Soll-Image-Dimensionen etc.

3.3 Bestimmung der wirtschaftlichen Grobziele

4. Bestimmung der Marktbearbeitungsstrategie

4.1 Bestimmung des Absatzweges bzw. des Absatzkanals oder der Absatzkanäle

Falls Händler eingeschaltet werden:

4.2 Bestimmung der (zusätzlichen) Wirkungsziele gegenüber dem Handel

4.3 Bestimmung der Zielgruppen im Bereich der externen Beeinflusser

Falls externe Beeinflusser massiv bearbeitet werden sollen:

4.4 Bestimmung der (zusätzlichen) Wirkungsziele gegenüber den externen Beeinflussern

4.5 Bestimmung der Bearbeitungsschwerpunkte (Produktverwender, Handel, externe Beeinflusser) und Grobverteilung der zur Marktbearbeitung einzusetzenden Mittel; damit: Bestimmung der Pull-Push-Relation

5. Bestimmung der Maßnahmenschwerpunkte des Marketing-Mix

5.1 Bestimmung des „Teilmix Produktverwender"
a) Bestimmung der relativen Bedeutung der Instrumente bzw. Maßnahmenkategorien
b) Bestimmung der Gestaltungsideen und Einsatzintensität für die dominierenden und komplementären Instrumente
c) Bestimmung der Gestaltungsanforderungen an die Standardinstrumente

Falls Händler eingeschaltet werden:

5.2 Bestimmung des „Teilmix Handel" (Teilschritte analog 5.1)

Falls externe Beeinflusser massiv bearbeitet werden:

5.3 Bestimmung des „Teilmix externe Beeinflusser" (Teilschritte analog 5.1)

6. Bestimmung nötiger Änderungen und Anpassungen der Marketing-Infrastruktur

6.1 Bestimmung von Änderungen des einzusetzenden Potentials

6.2 Bestimmung von Änderungen im Führungs- und Informationssystem

7. Bestimmung des Marketing-Grobbudgets

Abbildung 4-7: Entscheidungssequenz zur Bestimmung des Marketing-Mix
(Quelle: Kühn 1989, S. 19 f.)

1992). Strategische Marketing-Mix-Entscheide (**Instrumentestrategien**) lassen sich danach als Rahmenentscheide kennzeichnen, die Ziele, Verhaltensgrundsätze, umfassende Gestaltungsrichtlinien und Budgetvorgaben für das Marketing-Mix als Ganzes festlegen (Meffert 1994, S. 123 f.). Dagegen betreffen operative Marketing-Mix-Entscheide die konkrete Ausgestaltung der einzelnen Instrumente und Submixbereiche.

Die Gesamtheit der Ergebnisse der strategischen Marketing-Mix-Entscheide stellt einen groben „Bauplan" für das Marketing-Mix dar, der als generelle Vorgabe sicherstellen soll, daß bei der Erarbeitung der im Mix zusammengefaßten Einzelmaßnahmen die sachlichen und zeitlichen Wirkungsinterdependenzen berücksichtigt werden. Wenn das Marketing-Mix-Konzept diese Aufgabe erfüllt, läßt es sich als genereller Auftrag („briefing") für die mit Problemen der Gestaltung einzelner Instrumente beschäftigten „Spezialisten" nutzen. Die Struktur des Kühn-Modells wird in Abbildung 4-7 verdeutlicht.

Bei der Anwendung derartiger Strukturierungsvorschläge ist zu berücksichtigen, daß die vorgeschlagenen Hierarchien von Teilproblemen nicht als absolut geltende Vorschriften gedacht sind. Dies gilt sowohl für die Aufgliederung des Gesamtproblems als auch für die durch die Hierarchie angedeutete Reihenfolge der Teilproblembehandlung. Vom Marketingmanager wird stets erwartet, daß er **die spezifischen Merkmale der von ihm zu bewältigenden Problemsituation berücksichtigt**. Er muß unter Umständen bereit sein, im Laufe des Problemlösungsprozesses auf zuvor erarbeitete Lösungen von Teilproblemen zurückzukommen. Die Ergebnisse der zuerst bearbeiteten Teilprobleme sind – wegen der fehlenden Lösungsgarantie heuristischer Entscheidungsverfahren – solange als provisorisch zu betrachten, bis mit der Lösung des abschließenden Teilproblems alle Freiheitsgrade eliminiert sind. Dabei hat der Marketingmanager zu prüfen, ob eine zielgerechte Gesamtproblemlösung vorliegt.

Das von Kühn vorgeschlagene heuristische Verfahren ist sicherlich nicht der ideale Weg zur Lösung des Marketing-Mix-Problems. Dennoch ist die Vorgehensweise, das Gesamtproblem in eine Sequenz von insgesamt 21 Teilentscheidungen zu zerlegen, gegebenenfalls ein sinnvoller Weg, um zu einer situationsgerechten Vorauswahl des Marketing-Mix zu gelangen. Durch **sukzessives Einengen des Alternativenraumes** kann sowohl die **Gesamtheit der im Marketing-Mix enthaltenen Entscheidungsvariablen** berücksichtigt als auch der **begrenzten Problemlösungsfähigkeit des Marketingmanagers** Rechnung getragen werden. Ähnliche Heuristiken zur schrittweisen Eingrenzung möglicher Handlungsalternativen bei der Marketing-Mix-Gestaltung finden sich bei Becker (1998, S. 804) und Meffert (1994, S. 123).

2.33 Aussagewert und Anwendbarkeit von Marketing-Mix-Planungsmodellen für Problemstellungen der Praxis

Bei der Darstellung der unterschiedlichen Verfahren zur Planung des Marketing-Mix wurden bereits die theoretischen Schwachpunkte diskutiert und einige Anwendungsgrenzen für die Praxis aufgezeigt. Abschließend sollen die dargestellten Verfahren anhand der wesentlichen Anforderungen der Praxis an derartige Verfahren einer vergleichenden Analyse unterzogen werden. Die Eignungsprofile in Abbildung 4-8 bieten einen skizzenhaften Überblick über die relevanten Kriterien und die drei diskutierten Verfahrenstypen.

Die besonderen Vorteile der **marginalanalytischen Verfahren** sind deren geringe Implementierungskosten und das Vorhandensein eines eindeutigen Optimalitätskriteriums. Ihre Eignungsfähigkeit für die Praxis wird begrenzt durch eine mangelnde Benutzungssicherheit, die ungenügende Informationsverarbeitung, die geringe Anpassungsfähigkeit, die realitätsfernen Modellvoraussetzungen sowie die mangelnde Prognosefähigkeit der Verfahren.

Die Methoden der **mathematischen Programmierung** sind ebenfalls durch ein eindeutiges Optimalitätskriterium und relativ geringe Implementierungskosten gekennzeichnet. Außerdem haben sie einen hohen Grad an Benutzungssicherheit. Negativ anzumerken sind die mangelnde Einfachheit beziehungsweise Verständlichkeit, die zu geringe Anpassungsfähigkeit und die unvollständige Informationsverarbeitung.

Wesentlicher Nachteil der **heuristischen Modelle** ist die Tatsache, daß kein eindeutiges Optimalitätskriterium vorhanden ist. Dies kann zu suboptimalen Lösungen führen. Die Vorteile sind unter anderem die Einfachheit und Verständlichkeit der Verfahren, ihre Benutzungssicherheit, die realitätsnahen Modellvoraussetzungen und die Möglichkeit, alle vorhandenen Informationen aus den Erfahrungen der Vergangenheit – zum Beispiel über spezifische Wirkungsinterdependenzen bei den Instrumenten – in den Modellen berücksichtigen zu können. Deshalb wird man wohl diesen Verfahren die größten Zukunftschancen bei der praktischen Anwendung einräumen müssen.

Integrierte Planung des Marketing-Mix als funktionsspezifische Koordination

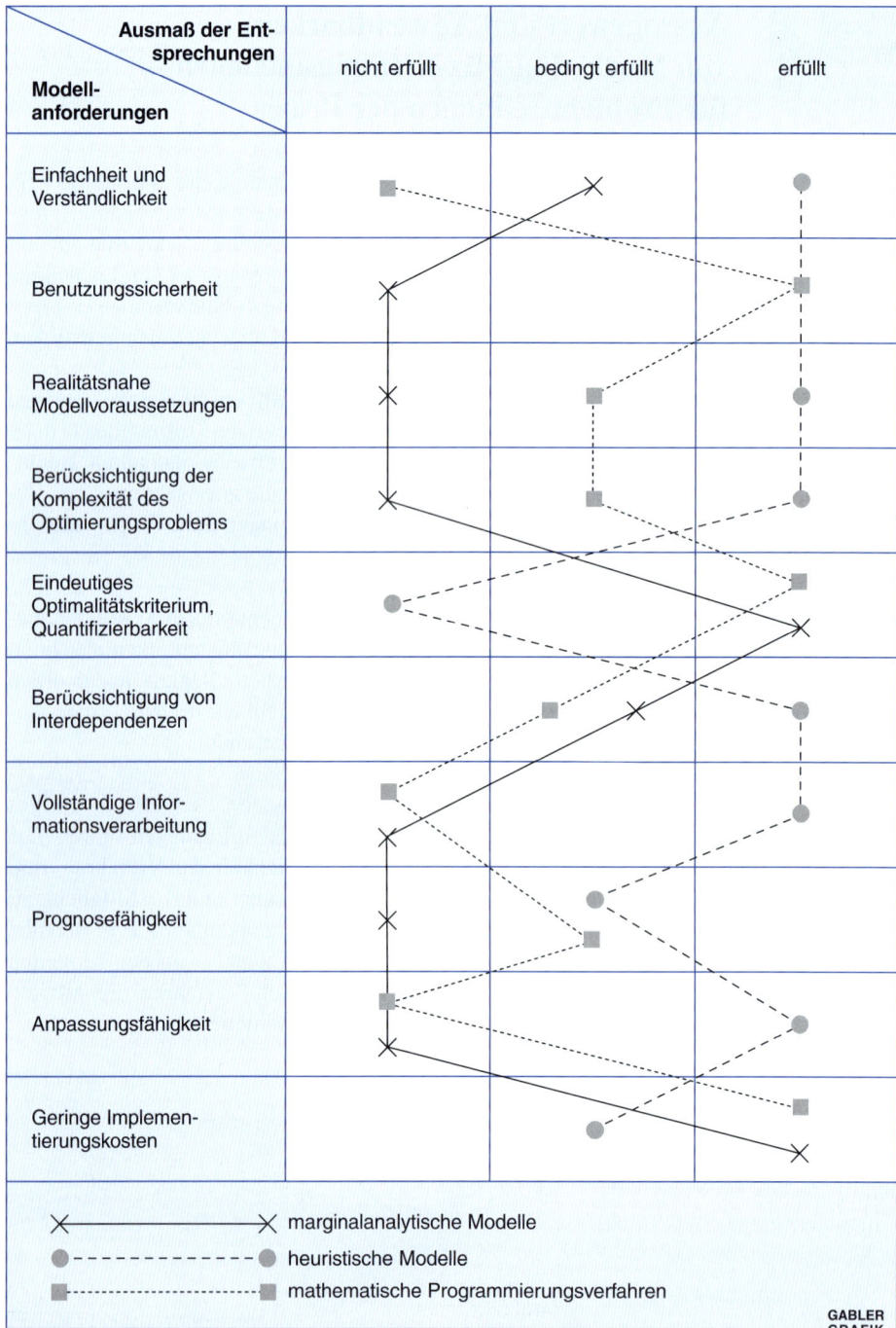

Abbildung 4-8: Eignungsprofil alternativer Modellansätze zur Bestimmung des Marketing-Mix

2.4 Nachfragewirkung von Marketinginstrumenten

2.41 Univariate Effekte und Interaktionswirkungen

In einer 1995 von Mauerer durchgeführten Metaanalyse wurden die Ergebnisse von insgesamt 266 seit Mitte der sechziger Jahre weltweit durchgeführten empirischen Studien zur Wirkung absatzpolitischer Instrumente im Rahmen des Marketing-Mix zusammengefaßt (vgl. zu den Studien im einzelnen Assmuss et al. 1984; Tellis 1988; Mauerer 1995). Die Nachfragewirkung wurde in diesen Studien in der Regel über eine Veränderung der Absatzmenge, des Umsatzes oder des Marktanteils operationalisiert. Zur Sicherstellung der Vergleichbarkeit der zumeist auf absoluten Wirkungsänderungen beruhenden Studien wurde die **Nachfrageelastizität** (relative Nachfrageveränderung zu relativer Veränderung des Einsatzniveaus eines Marketinginstrumentes) **als abgeleitetes Wirkungsmaß** verwendet. Aufgrund teilweise fehlender Angaben zur Untersuchungsmethodik beziehungsweise zu den genauen Untersuchungsergebnissen wurden schließlich 142 Studien in der Metaanalyse berücksichtigt. In diesen Studien wurden insgesamt 2 033 Einzelschätzungen über die Wirkung von Marketinginstrumenten durchgeführt.

Bei der Verwendung von Elastizitätskoeffizienten als Indikatoren der Nachfragewirkung ist zu beachten, daß Elastizitätskoeffizienten grundsätzlich keine Aussage über das Ausmaß der absoluten Veränderung der abhängigen Größe erlauben und Elastizitätskoeffizienten an jedem Punkt einer Marktreaktionsfunktion einen anderen Wert annehmen. In der Untersuchung von Mauerer wurden deshalb die Elastizitäten auf unterschiedlichem Einsatzniveau der jeweiligen Marketinginstrumente erfaßt. Des weiteren wurden kurzfristige und langfristige Elastizitätskoeffizienten berechnet. Die kurzfristige Elastizität mißt die Nachfragereaktion in der ersten Periode nach der Veränderung des Aktionsparameters, die langfristige Elastizität erfaßt darüber hinaus auch die Nachfragewirkungen in den weiteren Folgeperioden.

Abbildung 4-9 zeigt die ermittelten Elastizitätskoeffizienten der vier klassischen Marketinginstrumente. Es wird deutlich, daß der Preispolitik und der klassischen Werbung in den wissenschaftlichen Untersuchungen bislang der mit Abstand breiteste Raum gewidmet wurde. Zu allen anderen Marketinginstrumenten liegen bislang nur vereinzelt Wirkungsstudien vor.

Betrachtet man mit Blick auf die Fallzahlen nur die als valide und reliabel zu betrachtenden Ergebnisse, kann festgehalten werden, daß **der Preispolitik die größte Absatzwirkung zuzuschreiben ist**. Ein Vergleich der kurz- und langfristigen Preiselastizität (−1,88 zu −2,57) weist darauf hin, daß ein hoher Anteil dieser Absatzwirkung bereits unmittelbar nach Durchführung einer Preisänderung eintritt. Vertiefende Analysen zeigen ferner, daß die erhobenen Preiselastizitäten unabhängig vom absoluten und relativen Preisniveau der untersuchten Produkte sind. Das relative Preisniveau kennzeichnet dabei die Preisstellung im Vergleich zu den direkten Wettbewerbern innerhalb eines Marktsegmentes.

Integrierte Planung des Marketing-Mix als funktionsspezifische Koordination

Absatzpolitisches Instrument	Kurzfristige Elastizität	Standard-abweichung	Studien-zahl	Langfristige Elastizität	Standard-abweichung	Studien-zahl
Preispolitik						
Preis	−1,88	2,11	1 173	−2,57	3,50	1.173
Kommunikationspolitik						
Werbung (gesamt)	0,21	0,40	776	0,79	2,52	824
Fernsehwerbung	0,05	0,13	380	0,13	0,28	398
Radiowerbung	0,00	0,00	7	0,00	0,00	7
Pressewerbung	0,23	0,32	157	0,35	0,51	157
Werbung in Zeitschriften	0,50	0,33	60	0,68	0,45	60
Werbung in Tageszeitungen	0,03	0,01	3	0,00	0,02	3
Verkaufsförderung	0,14	0,06	3	0,14	0,06	3
Persönlicher Verkauf	0,10	0,01	54	0,13	0,01	54
Mailings	0,02	0,01	57	0,03	0,01	58
Seminare	4,12	3,39	2	6,12	0,56	2
Messen	2,24	1,30	2	2,90	0,36	2
Verteilung kostenloser Proben	0,01	0,00	5	0,09	0,02	5
Telefonverkauf	−0,15	0,00	1	−0,53	0,00	1
Qualität der Werbung (gesamt)	0,54	0,48	4	2,52	3,77	4
Qualität der Pressewerbung	0,10	0,02	5	0,12	0,05	5
Distributionspolitik						
Distributionsdichte	0,70	0,81	275	1,15	1,40	275
Regalplatzgröße im Supermarkt	0,23	0,15	543	0,23	0,15	543
Produkt- und Sortimentspolitik						
Produktqualität	0,31	0,50	35	0,94	1,75	35
Sortimentstiefe	1,27	0,44	3	1,27	0,44	3

GABLER GRAFIK

Abbildung 4-9: Übersicht über die Elastizitäten der Marketinginstrumente
(Quelle: Mauerer 1995, S. 86)

Bei der **klassischen Werbung** zeigt sich bei einem Vergleich der kurz- und langfristigen Werbeelastizitäten (0,21 zu 0,79) ein gegenteiliges Bild. Hier treten **nahezu 75 Prozent der beobachtbaren Absatzwirkung offenbar erst mit erheblicher zeitlicher Verzögerung nach der Durchführung kommunikativer Aktivitäten ein.** Die hohe Standardabweichung bei der Werbeelastizität deutet jedoch an, daß die einzelnen Studien im Bereich der Kommunikationspolitik zu sehr unterschiedlichen Ergebnissen gelangen.

In seiner zusammenfassenden Untersuchung der vorliegenden Studien zu **Interaktionswirkungen** der Marketinginstrumente konzentriert sich Mauerer auf die Preis- und Kommunikationspolitik, da nur für diese Instrumentalbereiche eine hinreichende Anzahl empirischer Studien vorliegt (vgl. Abbildung 4-9). Obwohl in zahlreichen Untersuchungen eine **starke Interaktionswirkung zwischen den Werbeaufwendungen und der Preiselastizität** nachgewiesen werden kann, lassen sich keine systematischen Abhängigkeiten im Sinne von Handlungsempfehlungen ermitteln. Auch **zwischen der absoluten Preishöhe und der Nachfragewirkung der übrigen Marketinginstrumente können starke Interaktionswirkungen identifiziert werden**. In Verbindung mit den Ergebnissen einer produktgruppenspezifischen Analyse der Nachfrageelastizität (Mauerer 1995, S. 115 f.) bedeutet dies, daß Art und Intensität der Nachfragewirkung der Marketinginstrumente offenbar in starkem Maße von der Produktgattung abhängig sind. Dieses empirische Ergebnis unterstreicht die Eignung der warenspezifischen Analogiemethode für eine erste Grobauswahl des Marketing-Mix.

Die Heterogenität der Studienergebnisse und die Schwierigkeiten bei der Ableitung systematischer Handlungsempfehlungen könnten auf den Einfluß sogenannter Drittvariablen außerhalb der Preis- und Kommunikationspolitik zurückzuführen sein. Insbesondere Merkmale der Unternehmenssituation werden dabei im Rahmen der kontingenztheoretischen Marketingforschung (Meffert 1986; Kieser/Kubicek 1992) zur Erklärung unternehmensspezifischer Marktreaktionen herangezogen.

2.42 Empirische Einflußfaktoren der Nachfragewirkung

Bei der Überprüfung des Einflusses von Drittvariablen auf die Nachfrageelastizität muß eine Beschränkung auf diejenigen Determinanten erfolgen, die im Rahmen der bis heute vorliegenden Wirkungsstudien mehrfach untersucht wurden. Auf Basis der Metaanalyse von Mauerer sind dies die **Produktart, der Marktanteil, die Produktlebenszyklusphase, die Stufe im Absatzkanal, das Herkunftsland und der Zeitpunkt (Jahr) der Untersuchung** (vgl. Abbildung 4-10). Nachdem auf die Relevanz der Produktart in Verbindung mit dem absoluten Preis eines Produktes bereits eingegangen wurde, soll im folgenden auf die Bedeutung des Herkunftslandes und des Untersuchungszeitpunktes näher eingegangen werden.

Potentielle Einflußfaktoren	Univariate Varianzerklärung für langfristige					
	Preis- elastizität	Werbe- elastizität	Fernseh- elastizität	Presse- elastizität	Distributions- elastizität	Qualitäts- elastizität
Werbeanteil	22,4 % 38*	3,1 % 98				
Relative Werbeanstrengung	27,0 % 38	2,9 % 98				
Werbe-Umsatz-Verhältnis der Branche	56,5 % 68	1,1 % 296				
Werbe-Umsatz-Verhältnis des Produktes		5,2 % 80				
Absoluter Produktpreis	0,9 % 643	1,5 % 671	18,2 % 126	14,6 % 153	27,5 % 252	17,4 % 35
Relativer Produktpreis	4,5 % 185	1,8 % 83				
Produktart	3,2 % 1.173	2,1 % 824	17,6 % 398	12,3 % 157	26,9 % 275	14,5 % 35
Marktanteil	7,6 % 328	3,9 % 151	2,7 % 36		5,1 % 36	
Produktlebenszyklus	1,8 % 240	3,2 % 188		0,6 % 157	5,7 % 183	8,3 % 35
Stufe im Absatzweg	0,3 % 1.092	0,1 % 742				
Land	5,6 % 1.173	1,5 % 824	1,8 % 398	8,5 % 157	49,7 % 275	20,1 % 35
Veröffentlichungsjahr	5,8 % 1.173	2,8 % 824	6,5 % 398	3,3 % 157	14,2 % 275	

* Anzahl der Studien. Nur Ergebnisse auf der Basis von mehr als 30 Studien.

Abbildung 4-10: Bedeutung (Varianzerklärungsanteil) potentieller Einflußfaktoren der Nachfrageelastizität (Interaktionseffekte)
(Quelle: Mauerer 1995, S. 160)

Viertes Kapitel   Marketingkoordination

(a) Abhängigkeit der Elastizitäten vom Land

Land	Langfristige Preis-elastizität		Langfristige Werbe-elastizität		Langfristige Fernseh-elastizität		Langfristige Presse-elastizität		Langfristige Distributions-elastizität		Langfristige Qualitäts-elastizität	
BRD	−2,74 (2,91)	213	0,20 (0,38)	72			1,17 (0,06)	2	0,81 (1,15)	24	1,89 (2,41)	14
Frankreich	−5,96 (3,65)	57	0,55 (0,72)	49								
Benelux	−1,68 (2,38)	108	0,17 (0,21)	52			0,25 (0,51)	101	0,88 (0,74)	99	0,34 (0,25)	14
Sonstiges Europa	−1,23 (1,02)	21	0,34 (0,57)	47	0,05 (0,02)	10	0,50 (0,45)	54	0,66 (0,81)	116	0,25 (1,10)	7
Summe Europa	−2,83 (3,14)	399	0,30 (0,51)	220	0,05 (0,02)	10	0,35 (0,51)	157	0,77 (0,83)	239	0,94 (1,75)	35
USA	−2,42 (3,70)	737	0,96 (2,92)	595	0,14 (0,30)	352						
Sonstige	−2,73 (2,90)	37	1,71 (1,21)	9	0,02 (0,02)	36			3,68 (1,79)	36		
Mittelwert (Standardabweichung) und Anzahl der jeweils geschätzten Elastizitäten												
Varianzanalyse	eta^2	5,6 % 1 173	eta^2	1,5 % 824	eta^2	1,8 % 398	eta^2	8,5 % 157	eta^2	49,7 % 275	eta2	20,1% 35

(b) Abhängigkeit der Elastizitäten vom Veröffentlichungsjahr der Studie

Veröffentlichungsjahr	Langfristige Preis-elastizität		Langfristige Werbe-elastizität		Langfristige Fernseh-elastizität		Langfristige Presse-elastizität		Langfristige Distributions-elastizität		Langfristige Qualitäts-elastizität	
vor 1970	−3,16 (4,90)	125	1,55 (6,17)	116	0,33 (0,70)	26						
1970 – 1974	−2,13 (2,44)	36	0,75 (0,58)	258	−0,02 (0,21)	5						
1975 – 1979	−2,13 (4,29)	414	0,42 (0,49)	189	0,22 (0,46)	70	0,34 (0,50)	155	0,83 (0,86)	201	0,94 (1,75)	35
1980 – 1984	−2,08 (1,64)	381	1,26 (2,15)	112	0,09 (0,10)	297			2,02 (2,07)	74		
1985 – 1989	−3,30 (2,64)	128	0,12 (0,25)	19			1,17 (0,06)	2				
1990 und später	−5,03 (3,10)	89	0,20 (0,00)	1								
Mittelwert (Standardabweichung) und Anzahl der jeweils geschätzten Elastizitäten												
Varianzanalyse	eta^2	5,8 % 1 173	eta^2	2,8 % 824	eta^2	6,5 % 398	eta^2	3,3 % 157	eta^2	14,2 % 275	nicht sinnvoll	

Abbildung 4-11: Abhängigkeit der Elastizitäten vom Land beziehungsweise vom Veröffentlichungsjahr
(Quelle: Mauerer 1995, S. 125, 128)

Abbildung 4-11 (a) offenbart zunächst **erhebliche Unterschiede** in der Wirkung der Marketinginstrumente **in den verschiedenen Ländern**. Auffallend ist vor allem die hohe Preiselastizität in Frankreich und die im Vergleich zu Europa hohe Werbeelastizität in den USA. Letzteres dürfte neben kulturellen Unterschieden unter anderem auf die Zulässigkeit vergleichender Werbung in den USA zurückzuführen sein. Auffällig ist ferner die hohe Produktqualitätselastizität in Deutschland.

Dies bedeutet, daß Deutsche bei Veränderungen der Produktqualität in stärkerem Maße ihr Kaufverhalten ändern als beispielsweise die Bewohner der Benelux-Länder. Trotz der insgesamt geringen Fallzahl unterstreicht dieses Ergebnis die **Notwendigkeit zur Anpassung des Marketing-Mix an die länderspezifischen Besonderheiten eines Marktes**. Nur in wenigen Fällen dürfte die vollständige Standardisierung des Marketing-Mix über Ländergrenzen hinweg den erfolgversprechendsten Weg bei der Gestaltung der Marketinginstrumente darstellen (Meffert/Bolz 1994).

Abbildung 4-11 (b) zeigt die Entwicklung der Nachfrageelastizitäten im Zeitablauf. Seit den sechziger Jahren hat sich danach die **Preiselastizität nahezu verdoppelt**. Das heute in vielen Branchen zu beobachtende hohe Preisbewußtsein der Verbraucher dürfte vor allem eine Folge der zunehmenden Austauschbarkeit vieler Produkte, des Vordringens preisaggressiver Betriebsformen im Handel, des in vielen Ländern stagnierenden Realeinkommens der Verbraucher sowie grundlegender Veränderungen des Konsumentenverhaltens sein. Demgegenüber ist **hinsichtlich der Werbeelastizität ein drastischer Rückgang zu verzeichnen**. Die Verbraucher reagieren heute tendenziell in weitaus geringerem Maße auf die kommunikativen Anstrengungen der Unternehmen als noch in den sechziger Jahren. Hierfür dürfte vor allem der vom Verbraucher zunehmend als Informationsstreß empfundene „information overload", das heißt ein Überangebot an werblichen und anderen Informationen, verantwortlich sein (Kroeber-Riel 1987).

Zusammenfassend kann festgehalten werden, daß die bislang vorliegenden wissenschaftlichen Studien zahlreiche Hinweise für die Gestaltung des Marketing-Mix geben. Die hier nur in Auszügen vorgestellten Ergebnisse sind im Sinne einer Heuristik zu verstehen und stets durch den unternehmensindividuellen Kontext zu relativieren.

Literaturhinweise

Assmus, G., Farley, J. U., Lehmann, D. R. (1984), How Advertising Affects Sales: Meta-Analysis of Econometric Results, in: Journal of Marketing Research, Vol. 21, February 1984, S. 65–74.
Aspinwall, L. V. (1962), The Characteristics of Goods Theory, in: Managerial Marketing. Perspectives and Viewpoints, Hrsg.: Lazer, W., Kelley, E. J., Homewood, Ill. 1962, S. 633–643.
Balachandran, K., Gensch, D. H. (1977), Lösung des Marketing-Mix-Problems mit Hilfe der geometrischen Programmierung, in: Köhler, R., Zimmermann, H.-J. (Hrsg.), Entscheidungshilfen im Marketing, Stuttgart, S. 430–447.
Balderjahn, I. (1993), Die Marktreaktionen von Konsumenten: eine theoretisch-methodisches Konzept zur Analyse der Wirkung marketingpolitischer Instrumente, Berlin.
Barzen, D. (1990), Marketing-Budgetierung, Frankfurt am Main u. a.
Becker, J. (1998), Marketing-Konzeption: Grundlagen des strategischen Marketing-Managements, 6. Aufl., München.
Berens, W. (1992), Beurteilung von Heuristiken: Neuorientierung und Vertiefung am Beispiel logistischer Probleme, Wiesbaden.
Berger, R. (1974), Marketing-Mix, in: Marketing-Enzyklopädie, Bd. II, München, S. 595–614.
Bidlingmaier, J. (1973), Marketing, Bd. 1 und 2, Opladen.
Böcker, F., (1996), Marketing, 6. Aufl., Stuttgart.
Böcker, F., Thomas, L., Gierl, H. (1984), Marketing, 4. Aufl., Stuttgart.
Börtzler, K.-L., Höger, A. (1994), Marketing-Mix. Ein Optimierungsmodell unter Nutzung von Datenbanken, in: Planung und Analyse, 21. Jg., Nr. 5, S. 12–16.
Bordon, N. H. (1964), The Concept of the Marketing-Mix, in: Journal of Advertising Research, Vol. 4, No. 2, June.
Burmann, Chr. (1995), Fläche und Personalintensität als Erfolgsfaktoren im Einzelhandel, Wiesbaden.
Copeland, T. (1924), Principles of Merchandising, Chicago u. a.
Culliton, J. W. (1948), The Management of Marketing Costs, Harvard University, Boston/Mass.
Dhalla, N., Yuspeh, S. (1976), Forget the Product Life Cycle Concept, in: Harvard Business Review, January/February, S. 102–111.
Dorfman, R., Steiner, P. O. (1954), Optimal Advertising and Optimal Quality, in: American Economic Review, Vol. 44, No. 5, December, S. 826–836.
Engel, J. F., Blackwell, R. D., Miniard, P. (1995), Consumer Behavior, 8th ed., New York.
Farris, P., Olver, J., De Kluyver, C. (1989), The Relationship between Distribution and Market Share, in: Marketing Science, Vol. 8, No. 2; Spring, S. 107–128.
Funke, U. H. (1976), Mathematical Models in Marketing. A Collection of Abstracts, Berlin u. a.
Gatignon, H. A., Van Den Abeele, P. M. (1995), To standardize or not to standardize: marketing-mix effectiveness in Europe, Marketing Science Institute (Hrsg.), Cambridge/Mass.
Gutenberg, E. (1984), Grundlagen der Betriebswirtschaftslehre, 2. Bd.: Der Absatz, 17. Aufl., Berlin.
Haedrich, G., Gussek, F., Tomczak, T. (1990), Instrumentelle Strategiemodelle als Komponenten im Marketingplanungsprozeß, in: Die Betriebswirtschaft, 50. Jg., Nr. 2, S. 205–222.
Hofstätter, H. (1977), Erfassung der langfristigen Absatzmöglichkeiten mit Hilfe des Lebenszyklus eines Produktes, in: Gerth, E. (Hrsg.), Modernes Marketing, Würzburg u. a.
Imboden, C., Leibundgut, A., Siegenthaler, P. (1978), Klassifikation heuristischer Prinzipien, in: Die Unternehmung, 32. Jg., S. 295–330.
Kieser, A., Kubicek, H. (1992), Organisation, 3. Aufl., Berlin u. a. (1. Aufl. 1976).
Klein, H. (1971), Heuristische Entscheidungsmodelle, Neue Techniken des Programmierens und Entscheidens für das Management, Wiesbaden.
Knoblich, H. (1969), Betriebswirtschaftliche Warentypologie. Grundlagen und Anwendungen, Köln u. a.
Koch, H. (Hrsg.) (1962), Zur Theorie der Unternehmung, Wiesbaden.

Koppelmann, U. (1969), Die Ware in Wirtschaft und Technik, Festschrift für A. Kutzelnig, Herne u. a.
Kotler, P. (2000), Marketing Management. Analysis, Planning and Control, 8th ed., New York.
Kotler, P., Bliemel, F. (1999), Marketing-Management. Analyse, Planung und Kontrolle, 9. Aufl., Stuttgart (zitiert nach 8. Aufl.).
Kroeber-Riel, W. (1987), Informationsüberlastung durch Massenmedien und Werbung in Deutschland, in: Die Betriebswirtschaft, 47. Jg., Nr. 3, S. 257–264.
Kühn, R. (1984), Heuristische Methoden zur Bestimmung des Marketing-Mix, in: Marktorientierte Unternehmensführung, Scheuch, F., Mazanec, J. (Hrsg.), Wien, S. 185–202.
Kühn, R. (1989), Marketing-Mix, in: Poth, L. G. (Hrsg.), Marketing-Handbuch, Neuwied, S. 1–40.
Lewandowski, R. (1980), Prognose- und Informationssysteme und ihre Anwendung, Berlin u. a.
Linssen, H. (1975), Interdependenzen im absatzpolitischen Instrumentarium der Unternehmung, Berlin.
Lipson, H. A., Darling, J. R., Reynolds, F. R. (1970), A Two Phase Interaction Process for Marketing Model Constructions, in: MSU Business Topics, Autumn, S. 34–44.
Mauerer, N. (1995), Die Wirkung absatzpolitischer Instrumente, Metaanalyse empirischer Forschungsarbeiten, Wiesbaden.
Meffert, H. (1971), Die Leistungsfähigkeit der entscheidungs- und systemorientierten Marketing-Theorie, in: Kortzfleisch, G. von (Hrsg.), Wissenschaftsprogramm und Ausbildungsziele der Betriebswirtschaftslehre, Tagungsberichte des Verbandes der Hochschullehrer für Betriebswirtschaftslehre e. V., Berlin, S. 167–187.
Meffert, H. (1973), Marketing-Mix, Marketingmodelle und Kommunikationsstrategien, in: Bund Deutscher Werbeberater (Hrsg.), Kommunikation und Wissenschaft, eine Dokumentation, Karlsruhe, S. 55–74.
Meffert, H. (1975), Zum Problem des Marketing-Mix. Eine heuristische Methode zur Vorauswahl absatzpolitischer Instrumente, in: Meffert, H. (Hrsg.), Marketing heute und morgen, Wiesbaden, S. 257–275.
Meffert, H. (1986), Marketing und strategische Unternehmensführung – ein wettbewerbsorientierter Kontingenzansatz, in: Hahn, D., Taylor, B. (Hrsg.), Strategische Unternehmensplanung, 4. Aufl., Heidelberg u. a., S. 660–684.
Meffert, H. (1994), Marketing-Management: Analyse, Strategie, Implementierung, Wiesbaden.
Meffert, H. (1997), Marketing-Arbeitsbuch: Aufgaben, Fallstudien, Lösungen, 6. Aufl., Wiesbaden.
Meffert, H., Freter, H. (1974), Entscheidungsmodelle der Werbebudgetierung, in: Das Wirtschaftsstudium, 3. Jg., Nr. 5, S. 216–222 (Teil I) und Nr. 6, S. 264–268 (Teil II).
Meffert, H., Bolz, J. (1994), Erfolgswirkungen der internationalen Marketingstandardisierung, Meffert, H., Wagner, H., Backhaus, K. (Hrsg.), Arbeitspapier Nr. 85 der Wissenschaftlichen Gesellschaft für Marketing und Unternehmensführung e. V. Münster, Münster.
Meyer, J. A. (1999), Marketing-Mix-Analyse – Ein spieltheoretisches Modell, in: der markt, Nr. 2, 38. Jg., S. 110–125.
Miracle, G. E. (1965), Product Characteristics and Marketing Strategy, in: Journal of Marketing, Vol. 29, January, S. 18–24.
Mohrdieck, C. (1993), Kreativität aus dem Chaos, in: Marketing Zeitschrift für Forschung und Praxis, Nr. 1, S. 47–54.
Müller-Merbach, E. (1976), Morphologie heuristischer Verfahren, in: Zeitschrift für Operations Research, 20. Jg., S. 69–87.
o. V. (1995), Sportartikelhersteller üben sich in Straßenkultur, in: Frankfurter Allgemeine Zeitung vom 20. Mai 1995, Nr. 117, S. 16.
Palda, K. S. (1969), Economic Analysis for Marketing Decisions, Englewood Cliffs/N. J.
Ritzerfeld, U. (1993), Marketing-Mix-Strategien in Investitionsgütermärkten, Entwicklung und Simulation marktstrukturspezifischer Strategien, Wiesbaden.

Roehler, M., Decker, R. (1995), Marketing mix optimization with different models of consumer behavior, in: Operations research proceedings 1994, Berlin, S. 535–540.

Schäfer, E. (1950), Aufgabe der Absatzwirtschaft, 2. Aufl., Köln u. a.

Schlicksupp, H. (1977), Kreative Ideenfindung in der Unternehmung. Methoden und Modelle, Berlin u. a.

Sheth, J. N., Newman, B. I., Gross, B. L.(1991), „Consumption Valves and Market Choices – Theory and Applications", Cincinnati/Ohio.

Simon, H. (1992), Marketing-Mix-Interaktion. Theorie, empirische Befunde, strategische Implikationen, in: Zeitschrift für betriebswirtschaftliche Forschung, 45. Jg., Nr. 2, S. 87–110.

Sood, S. (1995), Brand equity and the marketing-mix: creating customer value, Marketing Science Institute (Hrsg.), Cambridge/Mass.

Szeliga, M. (1996), Push und Pull in der Markenpolitik, Ein Beitrag zur modellgestützten Marketingplanung am Beispiel des Reifenmarktes, Frankfurt am Main.

Tellis, G. J. (1988), The Price Elasticity of Selective Demand: A Meta-Analysis of Econometric Models of Sales, in: Journal of Marketing research, Vol. 25, November, S. 331–341.

Taylor, R. D., Summay, J. H. (1980), The Promotional Mix and the Product Life Cycle: A Review of their Interaction, in: Lamb, Ch. W. jr., Dume, P. M., Theoretical Developments in Marketing, AMA, Chicago, S. 125–128.

Thummel, D. (1972), Entwicklung einer Konzeption zur Bestimmung des langfristig-strategischen Marketing-Mix, Bern u. a.

Topritzhofer, E. (1977), Zur pragmatischen Brauchbarkeit marginalanalytischer Marketing-Mix-Modelle, in: Köhler, R., Zimmermann, H. J. (Hrsg.), Entscheidungshilfen im Marketing, Stuttgart, S. 395–413.

Vossebein, U., Wildner, R. (1992), Komplexe Problemstellungen erfordern komplexe Lösungsansätze, in: Planung und Analyse, 20. Jg., Nr. 4, S. 56–61.

Waterschoot, W. von, Bulte, C. von der (1992), The 4P Classification of the Marketing Mix Revisited, in: Journal of Marketing, Vol. 56, No. 4, S. 83–93.

Weber, A. (1992), Ein Zwei-Stufen-Modell der Marktreaktion: ein Instrument zur Analyse und Planung des Marketing-Mix-Einsatzes im wettbewerblichen Umfeld, Frankfurt am Main.

Weiber, R. (1992), Chaos: Das Ende der klassischen Diffusionsmodellierung?, in: Marketing Zeitschrift für Forschung und Praxis, 14. Jg., Nr. 1, S. 35–46.

Wesner, E. (1972), Die Planung von Marketingstrategien auf der Grundlage des Modelles des Produktlebenszyklus, Berlin.

3. Funktionsübergreifende Koordination des Marketing

3.1 Stellenwert der funktionsübergreifenden Koordination des Marketing

Die Notwendigkeit zur Koordination wirtschaftlicher Tätigkeiten entsteht durch Arbeitsteilung. In einem Einpersonenbetrieb wird die Koordination und Ausrichtung aller Tätigkeiten auf das Unternehmensziel gleichsam automatisch vom Unternehmer ausgeführt, der seine auf verschiedene Aktivitäten aufgeteilte Arbeitskraft selbst koordiniert. Wird demgegenüber die Gesamtaufgabe einer Unternehmung von mehreren Personen bearbeitet, so läßt sich die Produktivität durch Arbeitsteilung im Sinne einer funktionalen Spezialisierung erhöhen. Durch die Spezialisierung entsteht die Notwendigkeit zur Koordination in bezug auf die übergeordneten Unternehmensziele. Trotz des bereits seit Adam Smith (1776) bekannten Zusammenhangs zwischen Spezialisierung (Arbeitsteilung) und Produktivität wurde dem sich daraus ergebenden Problem der Koordination lange Zeit keine besondere Aufmerksamkeit gewidmet. Die Koordination kennzeichnet „die Regelung von Interaktionen und Informationen zur zielgerichteten Erfüllung der Gesamtaufgabe bei Arbeitsteilung" (Brockhoff 1994, S. 5). Die Koordinationsaufgabe wird traditionellerweise über den **Markt** (das Preissystem koordiniert die Aktivitäten von Nachfragern und Anbietern) oder über die **Hierarchie**, das heißt innerhalb einer Unternehmung, erfüllt.

3.11 Veränderungen in der Markt- und Umweltsituation

Die Koordination betrieblicher Funktionsbereiche ist grundsätzlich ein altbekanntes Problem (Matschoss 1912). Im Zuge veränderter Markt- und Umweltbedingungen hat sich in den vergangenen Jahren jedoch der **Stellenwert der funktionsübergreifenden Koordination beträchtlich erhöht**. Wesentliche Veränderungen der Rahmenbedingungen lassen sich hinsichtlich des Konsumentenverhaltens, der Wettbewerbsstrukturen und der Technologieentwicklung ausmachen.

Das **Konsumentenverhalten** auf zahlreichen Märkten ist durch eine wachsende Individualisierung gekennzeichnet. Statt wenige, standardisierte Massenprodukte für relativ homogene Bedürfnisse anbieten zu können, sehen sich Unternehmen zunehmend einer **Fragmentierung der Märkte** in immer kleinere Zielgruppen mit sich schnell verändernden Bedürfnissen ausgesetzt.

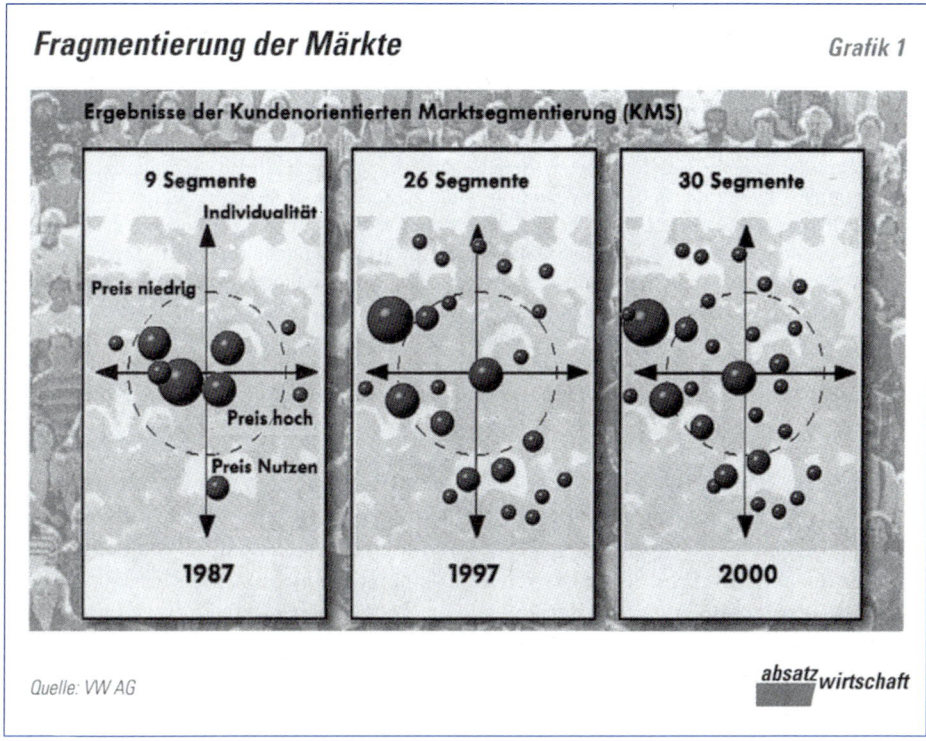

INSERT 4-2: Sondernummer Absatzwirtschaft, Oktober 1997, S. 76

Insert 4-2 zeigt die Segmentstruktur des deutschen Automobilmarktes im Zeitraum von 1987 bis 2000. Es wird deutlich, daß sich die Anzahl der identifizierten Segmente bis heute verdreifacht hat. Gleichzeitig ist eine rückläufige Segmentgröße sowie eine wachsende Distanz zwischen den Segmenten festzustellen. Letzteres ist eine Folge des Angebots neuartiger Automobilkonzeptionen (zum Beispiel Roadster, Mehrzweckfahrzeuge, Stadtautos), die aus Sicht der Konsumenten offenbar der Erfüllung höchst unterschiedlicher Bedürfnisse dienen.

Diese auch in anderen Branchen zu beobachtende Entwicklung hat bei vielen Unternehmen zu einer **Ausweitung der Produktprogramme** geführt. In dem Bemühen, möglichst vielen heterogenen Verbraucherwünschen gerecht zu werden und für alle Veränderungen der Konsumentenbedürfnisse gewappnet zu sein, werden bestehende Produkte um zusätzliche Varianten ergänzt und neue Produkte zusätzlich ins Programm aufgenommen. Die **Komplexität der Angebots- und Nachfragebedingungen** im Sinne einer wachsenden Vielfalt und Veränderlichkeit führt zu einer drastischen Erhöhung der Koordinationsaufgaben innerhalb des Unternehmens. Dies wird exemplarisch am Problem der Variantenvielfalt deutlich (Coenenberg/Prillmann 1995).

Die **Globalisierung des Wettbewerbs** und die Notwendigkeit zum Aufbau mehrdimensionaler Wettbewerbsvorteile führen ebenfalls zu wachsenden Anforderungen an die funktionsübergreifende Koordination (Backhaus et al. 2000, S. 56).

Die im Zuge von Liberalisierungstendenzen durchlässiger werdenden Länder- und Marktgrenzen ermöglichen zahlreichen neuen Anbietern den Eintritt in bislang weitgehend abgeschottete Märkte. Darüber hinaus haben die neuen Informations- und Kommunikationstechnologien ebenfalls zu einer Auflösung von Länder- und Marktgrenzen geführt (zum Beispiel weltweite Verfügbarkeit von Software oder Musikvideos via Internet). In diesem Zusammenhang verschaffen elektronische Netzwerke auch kleinen, hoch spezialisierten Unternehmen die Chance zu einer nahezu weltweiten Marktpräsenz. Die problemlose Nutzbarkeit elektronischer Netzwerke zur Kommunikation und Distribution neuer Produkte und Dienstleistungen erhöht die Veränderlichkeit der Wettbewerbssituation. Gleichzeitig erzwingen die wachsenden Investitionen in Forschung und Entwicklung in Verbindung mit verkürzten Produktlebenszyklen immer häufiger eine globale Vermarktung neuer Produkte.

Diese Entwicklungen führen zu einer deutlichen Erhöhung der Wettbewerbsintensität und -dynamik. Eine Differenzierung im Konkurrenzumfeld wird für die Unternehmen zunehmend schwieriger. Vor diesem Hintergrund führt in vielen Fällen erst der **Aufbau mehrdimensionaler Wettbewerbsvorteile**, das heißt die gleichzeitige Realisation von Qualitäts-, Kosten- und Zeitvorteilen gegenüber den Wettbewerbern zu einer dauerhaften Absicherung der Unternehmensexistenz. Die **Komplexität der Wettbewerbssituation** im Sinne eines „Mehrfrontenkampfes" macht eine effektive, effiziente und funktionsübergreifende Koordination mehr denn je erforderlich.

Darüber hinaus ist in vielen Märkten eine **hohe Dynamik in der Technologieentwicklung** zu beobachten. Die Unsicherheit über die weitere technische Entwicklung (zum Beispiel welche Standards setzen sich bei Online-Netzen oder dem interaktiven Fernsehen durch) in Verbindung mit dem Zusammenwachsen bislang getrennter Technologien (zum Beispiel Multimedia-Anwendungen) führt zu einer hohen **technologischen Komplexität**. Diese Komplexität erfordert eine reibungslose Koordination insbesondere zwischen den Funktionsbereichen Forschung und Entwicklung, Marketing und Produktion.

Zusammenfassend kann festgehalten werden, daß die wachsende Nachfrage-, Wettbewerbs- und Technologiekomplexität die erforderliche Reaktionszeit der Unternehmen zur Anpassung an neue Situationen deutlich erhöht. Gleichzeitig verringert die zunehmende Veränderlichkeit beziehungsweise Dynamik der Markt- und Umweltbedingungen die zur Verfügung stehende Reaktionszeit (vgl. Abbildung 4-12). Dieses **Anpassungsdilemma** kann insbesondere durch eine effektive und effiziente Koordination aller Tätigkeiten innerhalb eines Unternehmens überwunden werden.

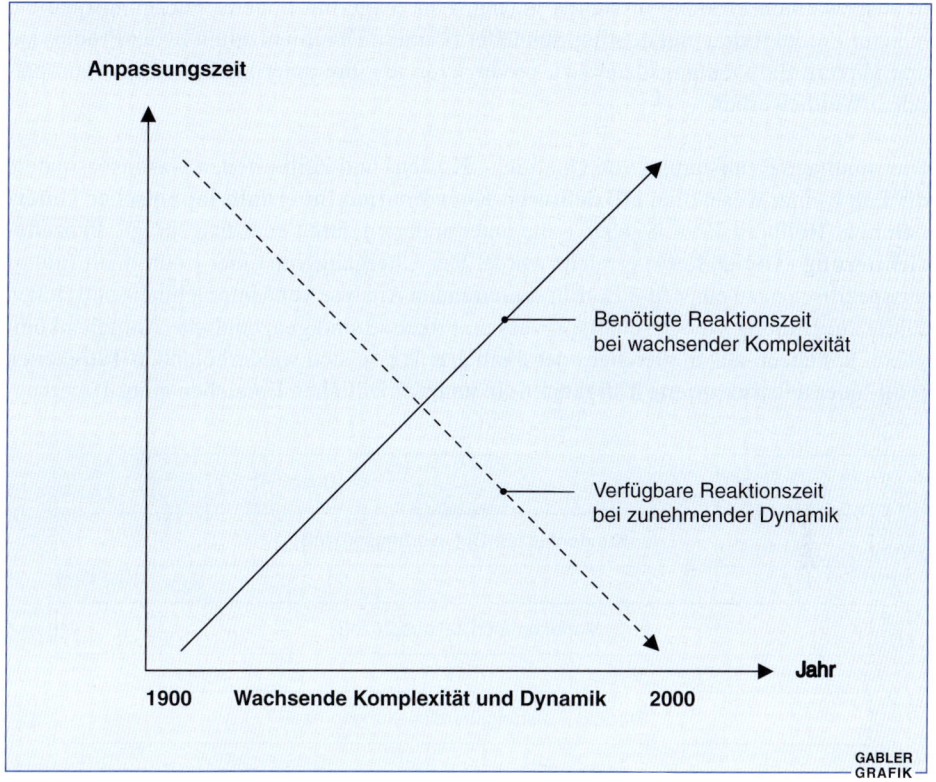

Abbildung 4-12: Anpassungsdilemma
(Quelle: Bleicher 1996a, S. 347)

3.12 Koordinationsaufgaben im Rahmen des Lean Management, Total Quality Management und Reengineering

Der deutlich gewachsene Stellenwert der funktionsübergreifenden Koordination des Marketing wird durch die drei in den neunziger Jahren intensiv diskutierten Managementkonzepte, das Lean Management, das Business Process Reengineering (BPR) und das Total Quality Management (TQM), untermauert.

Das Konzept des **Lean Management** (Krafczik 1988; Womack et al. 1990; Bösenberg/ Metzen 1995) geht auf eine im Produktionsbereich der Automobilindustrie der USA, Europas und Japans durchgeführte Studie zurück. Ausgangspunkt des Konzeptes einer „schlanken" Unternehmensführung war die Beobachtung, daß es japanischen Herstellern

Funktionsübergreifende Koordination des Marketing

in ausgewählten Produktionsstätten gelang, Fahrzeuge mit höherer Fertigungsqualität, höherer Produktivität und deutlich schneller (kürzere Durchlaufzeiten in der Produktion und kürzere Entwicklungsdauer) zu produzieren als ihre amerikanischen und europäischen Wettbewerber.

Die simultane Realisierung von Qualitäts-, Kosten- und Zeitvorteilen war insbesondere die Folge einer wesentlich **effizienteren Koordination innerhalb japanischer Unternehmen** (Rollberg 1996, S. 69 ff.), die unter anderem durch eine ausgeprägte **Prozeßorientierung** (Töpfer 1994) erreicht wurde. Der Übergang von einer traditionell funktionsspezifischen zu einer funktionsübergreifenden Analyse von Unternehmensaktivitäten führte zur Bildung von Geschäftsprozessen. Prozesse sind ganzheitliche Aufgabenkomplexe, bestehend aus in gleicher oder ähnlicher Weise sich wiederholenden Tätigkeiten (voll- oder teilstrukturierte Tätigkeiten) in unterschiedlichen Bereichen eines Unterneh-

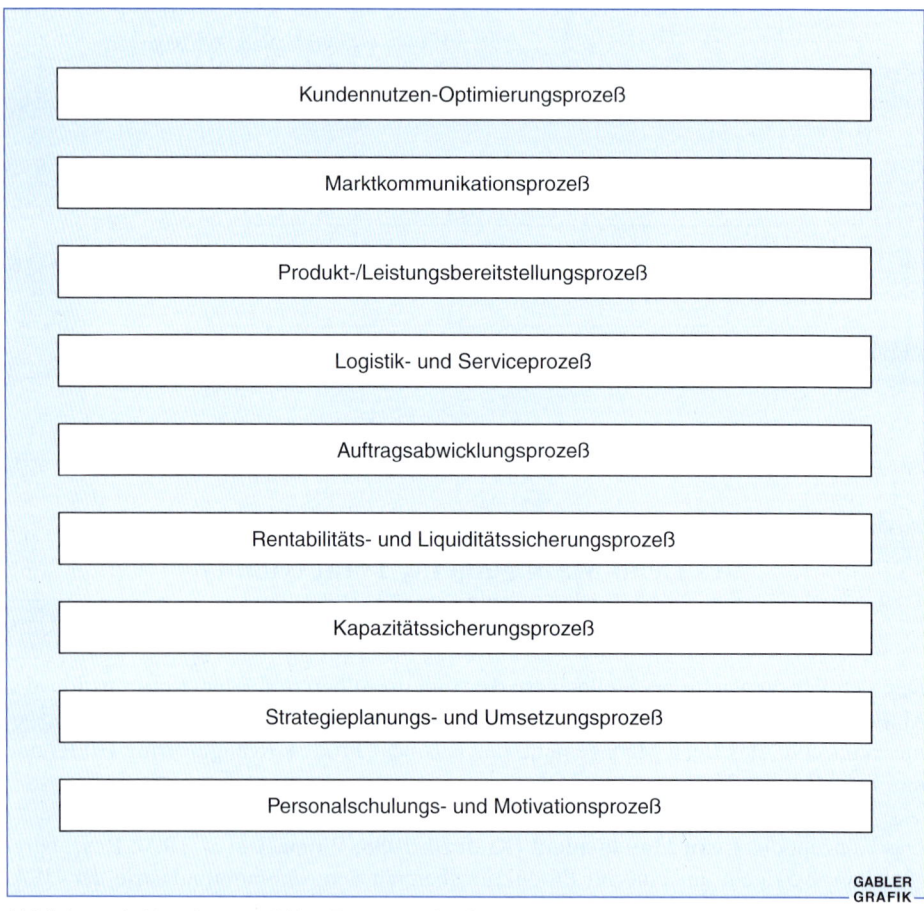

Abbildung 4-13: Ausgewählte Prozesse im Unternehmen
(Quelle: Sommerlatte/Wedekind 1991, S. 30)

mens mit meßbarem Input, meßbarer Wertschöpfung (Kundennutzenorientierung) und meßbarem Output (Striening 1988; Fischer 1993). Abbildung 4-13 zeigt beispielhaft ausgewählte Prozesse eines Unternehmens.

Beim **Business Process Reengineering** (Davenport/Short 1990; Hammer 1990; Kaplan/ Murdock 1991; Hammer/Champy 1996; Hammer 1996) steht ebenfalls der Gedanke der Prozeßorientierung im Mittelpunkt. Darüber hinaus wird auch beim BPR das Ziel einer drastischen Verbesserung der Wettbewerbsfaktoren Qualität, Kosten und Zeit verfolgt. Inwieweit solche von den BPR-Vertretern oft als „Quantensprünge" bezeichneten Verbesserungen tatsächlich realisierbar sind, ist jedoch umstritten (Kieser 1996). Im Gegensatz zu den Lean Management Konzepten beschäftigen sich die Arbeiten zum Reengineering sehr differenziert mit der Abgrenzung und Definition von Prozessen in allen Unternehmensbereichen (Hammer 1996). Sie plädieren ähnlich wie die Lean Konzepte für eine **Reintegration von Arbeitsinhalten** und damit für eine Umkehr der Funktionsspezialisierung. Die Reengineering-Vertreter fordern außerdem dramatische Veränderungen bei der Umgestaltung von Unternehmen in Richtung auf eine stärkere Prozeßorientierung (Change Management). Die Reengineering-Konzepte können zusammenfassend durch **vier zentrale Merkmale** beschrieben werden (Wirtz 1996):

- prozeßorientierte Analyse der Unternehmensaktivitäten,
- funktionsübergreifende Koordination und Neuausrichtung (Change) aller betrieblichen Tätigkeiten,
- kontinuierliche Verbesserung der Prozesse und
- Fokussierung aller Prozesse auf die kundenorientierte Wertschöpfung (vgl. Abbildung 4-14).

Das letztgenannte Merkmal baut auf den Überlegungen des **Total Quality Management** auf (Dale et al. 1990). Das TQM-Konzept stellt die Kundenzufriedenheit in den Mittelpunkt und fordert eine konsequente, an den Kundenbedürfnissen ausgerichtete Qualitätsorientierung aller Mitarbeiter im gesamten Wertschöpfungsprozeß (Meffert/Bruhn 1997, S. 248ff.). Dies bezieht sich auch auf alle unternehmensinternen Austauschprozesse (Koordinationsaufgaben), die als Kunden-Lieferanten-Beziehung definiert werden.

Im Zuge der TQM-, Lean Management- und Reengineering-Diskussion wird somit der Managementfunktion der Koordination eine hohe Bedeutung zugemessen. Die funktionsübergreifende Koordination des Marketing, vor allem mit der Produktion und der Forschung und Entwicklung, steht dabei im Mittelpunkt des Interesses.

Funktionsübergreifende Koordination des Marketing

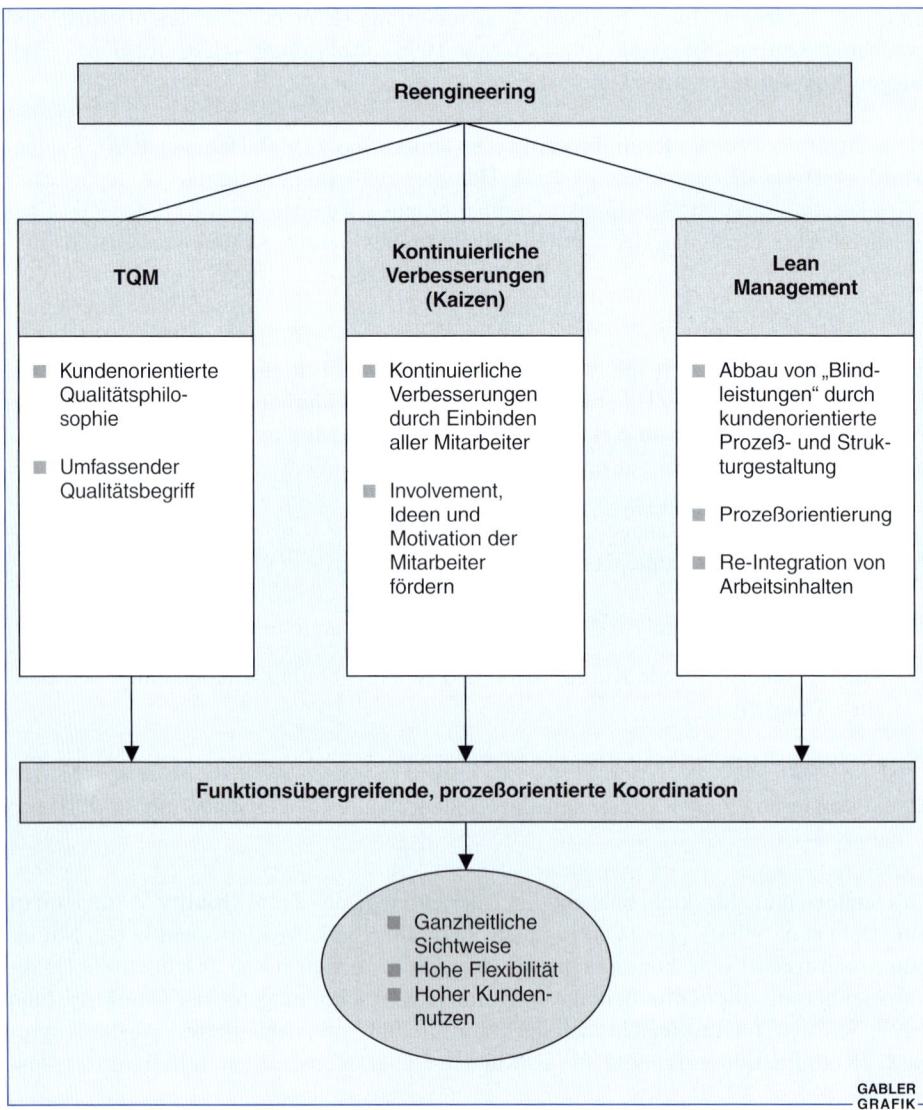

Abbildung 4-14: Die Komponenten der Reengineering Konzeption
(in Anlehnung an Adam 1995)

3.2 Systematisierung von Koordinationsformen

Es gibt bisher keine geschlossene Theorie der Koordination (Brockhoff/Hauschildt 1993). Insoweit ist die Beschreibung und Systematisierung von Koordinationsformen mit Problemen behaftet. Gleichzeitig ist jedoch die Effektivität (Wirksamkeit im Sinne der Zielerreichung) und Effizienz (Wirtschaftlichkeit im Sinne eines Input-Output-Verhältnisses) einer Organisation direkt von der Art der Koordination arbeitsteiliger Tätigkeiten abhängig (St. John/Hall 1991; Griffin/Hauser 1996), so daß eine Systematisierung und vertiefende Analyse von Koordinationsformen notwendig ist.

Grundsätzlich sind **zwei Fragestellungen** bei der Beschäftigung mit Koordinationsproblemen zwischen betrieblichen Funktionsbereichen zu unterscheiden:

- Wie kann die Notwendigkeit zur Koordination vermindert werden. Mit anderen Worten, welche Möglichkeiten zur Reduktion des Koordinationsbedarfs stehen zur Verfügung?

- Wie kann ein als „unvermeidbar" angesehener Koordinationsbedarf gedeckt werden?

3.21 Reduktion des Koordinationsbedarfs

Der sich aus der Arbeitsteilung ergebende Koordinationsbedarf ist eine Folge der zwischen den verschiedenen Tätigkeiten innerhalb eines Unternehmens bestehenden **Interdependenzen** (Adam 1997, S. 168 ff.; Backhaus et al. 1997).

Beispielsweise ist die Erschließung eines neuen Auslandsmarktes oder die Durchführung einer umfassenden Werbekampagne nur dann sinnvoll, wenn das Unternehmen über freie Produktionskapazitäten zur Befriedigung der zu erwartenden zusätzlichen Nachfrage verfügt. Vice versa müssen bei einer Vergrößerung der Produktionskapazitäten entsprechende Kommunikations- und Markterschließungsaktivitäten eingeleitet werden. In diesen Fällen besteht zwischen dem für die Markterschließung und die Werbemaßnahmen verantwortlichen Marketingbereich und der Produktion eine Interdependenz im Sinne einer gegenseitigen Abhängigkeit.

In ähnlicher Form bestehen auch zwischen dem Marketing und anderen Funktionsbereichen, etwa dem Personal- oder Finanzbereich, Interdependenzen. Soll beispielsweise zur Verbesserung der Kundennähe die Absatzkanalstruktur von einem indirekten auf einen direkten Vertrieb umgestellt werden, so müssen hierfür umfassende Finanzierungsmittel zur Verfügung stehen und zahlreiche neue Vertriebsmitarbeiter von der Personalabteilung angeworben und ausgewählt werden.

Funktionsübergreifende Koordination des Marketing

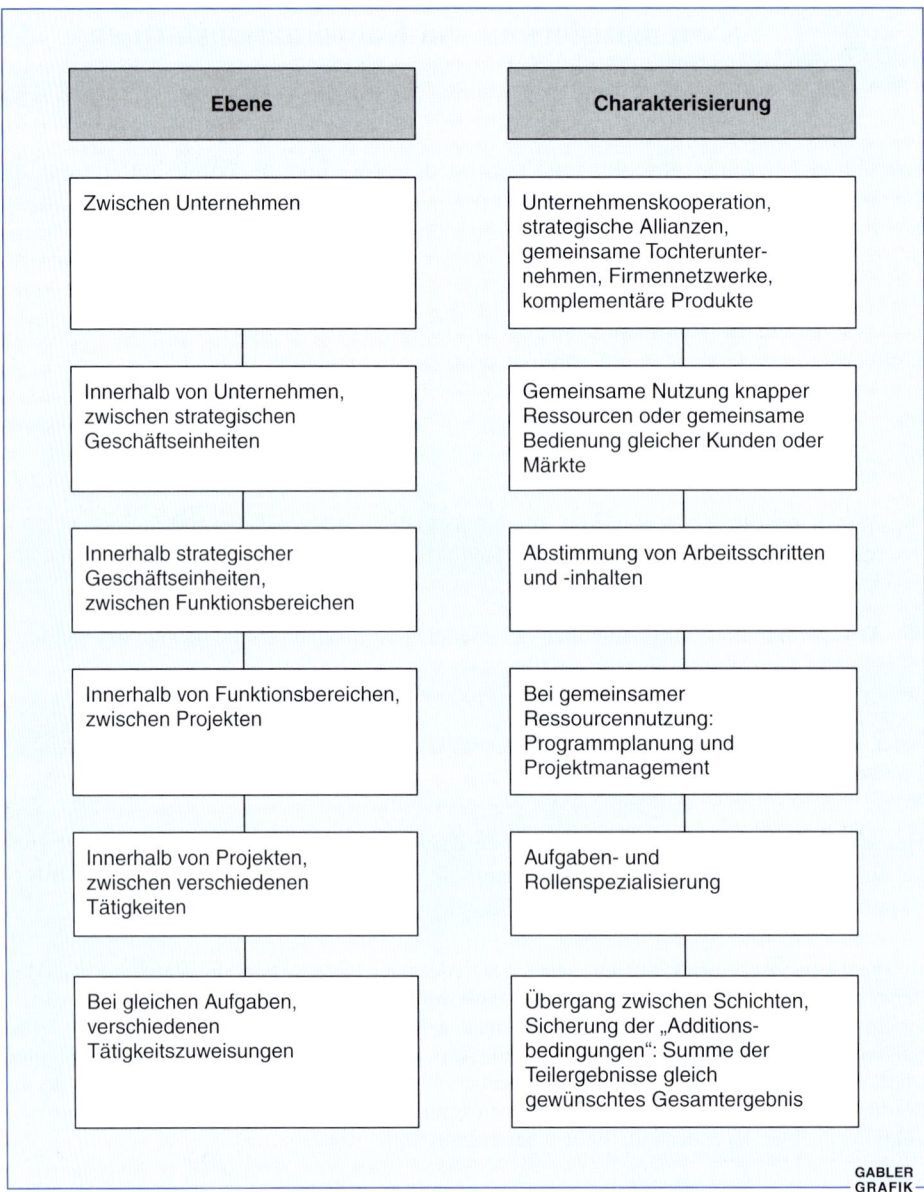

Abbildung 4-15: Ebenen zur Betrachtung von Schnittstellenproblemen
(Quelle: Brockhoff 1994, S. 10)

Der Koordinationsbedarf entsteht demnach durch **die Zerschneidung von Interdependenzen**. Diese Zerschneidung erfolgt durch die arbeitsteilige Zuordnung einer zusammengehörigen Aufgabe auf mehrere spezialisierte Aufgabenträger oder organisatorische

Teileinheiten (Köhler/Görgen 1991). Durch die Zerschneidung entstehen organisatorische **Schnittstellen** (interfaces). Diese Schnittstellen können grundsätzlich auf verschiedenen Ebenen der Unternehmung auftreten (vgl. Abbildung 4-15).

Das **Schnittstellenmanagement** befaßt sich dementsprechend mit der systematischen Steuerung der Zusammenarbeit unterschiedlicher organisatorischer Teileinheiten (Specht et al. 1989). Der Begriff des Schnittstellenmanagements ist in dem hier interessierenden Zusammenhang jedoch in zweifacher Hinsicht nur bedingt zweckmäßig. Einerseits ist er bezüglich der organisatorischen Ebenen, auf denen das Schnittstellenmanagement ansetzen soll, **zu breit angelegt**, weil er über die Ebene der Funktionsbereichskoordination hinausgeht (vgl. Abbildung 4-15). Andererseits ist er hinsichtlich des Spektrums einsetzbarer Koordinationsinstrumente **zu eng angelegt**, weil er sich ausschließlich auf nicht-hierarchische Koordinationsformen bezieht (Brockhoff/Hauschildt 1993; Brockhoff 1994).

Vor diesem Hintergrund wird zur Ermittlung von Ansätzen zur Reduktion des Koordinationsbedarfs zwischen den Funktionsbereichen auf die organisationstheoretische Literatur zurückgegriffen (vgl. Kieser/Kubicek 1992; Bühner 1999). Die folgenden Maßnahmen sind dabei zur Reduktion des Koordinationsbedarfs zwischen dem Marketing und anderen Funktionsbereichen geeignet:

- Prozeßorientierte Entkopplung,
- Fokussierung (Outsourcing),
- Überschußressourcen,
- Flexibilisierung von Ressourcen,
- Verringerung der Koordinationsparameter,
- Standards (Bandbreiten),
- Verringerung des Anspruchsniveaus.

3.211 Prozeßorientierte Entkopplung

Bei der Entkopplung wird durch die Bildung von organisatorischen Teileinheiten (zum Beispiel Abteilungen) der Abstimmungsbedarf reduziert. Durch die Bildung von Abteilungen brauchen sich die Abteilungsmitarbeiter bei ihren Tätigkeiten nicht mit den Mitarbeitern aus anderen Unternehmensbereichen zu koordinieren. Statt dessen bündelt der Abteilungsleiter alle Abstimmungstätigkeiten in seiner Person. Dadurch werden die Mitarbeiter innerhalb von denjenigen außerhalb der Abteilung entkoppelt (Kieser/Kubicek 1992, S. 102). Traditionellerweise erfolgt die Entkopplung durch Funktionsspezialisierung, das heißt funktional zusammengehörige Tätigkeiten werden in Abteilungen oder größeren Bereichen zusammengefaßt. Werden darüber hinaus **Puffer** (Zwischenläger, Zeitpuffer) zwischen den einzelnen Abteilungen eingeführt, reduziert sich der Koordinationsbedarf weiter.

Funktionsübergreifende Koordination des Marketing

Diese Form der **gepufferten, funktionalen Entkopplung** hat jedoch zu erheblichen Problemen hinsichtlich der Reaktionszeit und der Produktqualität geführt. Dementsprechend werden im Rahmen von Lean Management und Reengineering-Konzepten Puffer konsequent abgebaut und eine **prozeßorientierte Entkopplung** angestrebt. Beispielsweise wird die Auftragsbearbeitung nicht mehr von verschiedenen funktional gegliederten Abteilungen (Vertrieb, Einkauf, Rechnungswesen etc.) durchgeführt, zwischen denen ein hoher Koordinationsbedarf besteht, sondern zusammengefaßt.

MONTAGE-ANWEISUNG		Modell 3152	AGG V4	Farbe P1P1DU	Land BE	ML/STR 2	Lfd. Nr. A140	Woche 31	Tag 4	Kenn-Nr. 32 4 0950	ML 2	Lfd. Nr. M 1 140	Station MM1	
	0	K8D	L0L	B0C	9AA	M2G	G0B	A8C	F0A	X2A	T2E	E0A	MJ 92	**0**
		S2C								FG-Nr.	WVWZZZ31ZNE024189			
		A	**B**	**C**	**D**	**E**	**F**	**G**	**H**	**I**	**K**	**L**	**M**	**N**
Hauptkabel Motorraum-Leitung Armaturen-Leitung	**1**	S412	=G02	=---	X---	XZ01	XL07	XR33	=A01	XT02	=F01	X01	AG--	0614	**1**
Diverse Leitungen	**2**	=N-L	4A0	8RL	8Y0	8C0	8K0	8T0	9A0	9J0	8X0	9D0	8M1	9T0	**2**
Radio Batterie	**3**	=CL	88AH	8AV	8L1	8RL	J0X	1BA	8RL	8L1			8A0	9BA	**3**
Scheinwerfer Sonderleuchten	**4**	=CW-	8Q0	8F2	8WA	8BB	8TC	9C3						3CA	**4**
Heckleuchte Schaltafel	**5**	=N-L	8R0	4R0	6U0	3QC	4Z4	4F0	6V1	9V0	9FA		8QA	9V0	**5**
Armaturentafel	**6**	33DH	L--C	=4FB	8RL	9J0	8X0	8U0	8CA	8A0	9Q0	U0B	2V0	8KA	**6**
Steuerung Klimaanlage	**7**	M2G	=---	X---	XL07	XR33	8X0	9A0	1X0	8T0	3QC	9V0	9T0	0Y1	**7**
Stoßstange Chromteile Dachensatz	**8**	--CL	V-CL	1LPV	2LKV	=---	1D0	3FA	8X0	3AD	3BC	2JB	6NA		**8**
Verglasung Innenausstattung	**9**	F-G-	HVG-	SVG-	4R0	8M1	3V0	4GF	4KC	3LA	3P0	3Y0	8L1	3YH	**9**
Innenausstattung	**10**		=SW	=AWX	=RS-	=4FB	4W0	3V0	4SA	4TB	8S0	9J0	9F0	3MB	**10**
Scheibenwaschanlage Karosse	**11**			4F0	8E2	4R0	8X0	5C0	5J0	2D1	2J1	8N1	6SC	4YA	**11**
Lenkstockschalter Lenkung	**12**	=SCH	=33K	LSV0	=DIE	1N1	1ME	2C0							**12**
Dara-Schild-Anw Fußhebelwerk Bowdenzüge	**13**	D --	LKVP	573-	8U0	8CA	M2G	1K2	1AB	1X0	8T0	6EB			**13**
Vorderachse Hinterachse	**14**	1X0	2503	2931	2052	=GR	1B1W	1SA	1BA						**14**
Regeleinheiten	**15**	G000	4F0	4R0	1LPV	2LKV	8L1	8RL	9V0	9P0	3QC	9D0	8GC		**15**
Motor Getriebe	**16**	1264	D65A	=G02	3664	3A00	1E0	1C1	8T0	8U0	1K2	2B1	0DB		**16**
Räder Kraftstoffanlage	**17**	5S6-	CHR	R65	--	=67	=K08	=H--	=T21	H3VI	1V0	1E0	1TE	2G0	**17**
Sitze Sicherheitsgurte	**18**	= 4	DU	KH--	3C1	3L0	3NN	3QC	3V0	3ZB	4A0			4Q0	**18**
Typschild Embleme	**19**	1531	LSV0	VG--	=CL	1EJ	0KA	6V1	0MA	0ND	0FA			4S0	**19**
Zertifikate	**20**	0000	=LL	X---	1C1	1D0	1E0	1X0	9AA	0KA	8AV	T2E			**20**
Bremsanlage	**21**	9V0	1KC	1LB	1AB	8F2	8L1	3S2	8T0	3QC	9V0	AG--	M2G	8KA	**21**
Kühler Lüfter	**22**	K13	H15	L25	T02	X03	0Y1							*AKH	**22**
Sonstiges	**23**	4W0	F0A	9D0	9A0	8K0	4A0	M2G	G0B	1BA	9HA	8KA	8T0	9P0	**23**
	24	V0A	C0P	H1L	1C2	1Z0	3Q0	3S2	5K1	9HA	9P0	8RL	8L1	1LPV	**24**
	25	3GK	3H0	3YH	4YA	6Q1	6PA								**25**
	26	D01	F03	=KA1	2232	1101	=S02	F-G-						=-	**26**
	27														**27**

Abbildung 4-16a: Montageanweisung eines Automobilherstellers vor einer Segmentierung der Fertigung

Viertes Kapitel   Marketingkoordination

Modell	AGG	Farbe	ML	Kenn Nr	Station	FG Nr
3A53	R5	R8R8EB	2	45 2 7828	MM1	WVWZZZ3AZRE057985

Innenausstattung	Innenfarbe	Modul Elektrik	Modul Motor
Sport	**2c0**	**Elek**	**M01**
Modul Design	Modul Winter	Modul Räder	Modul Radio
Desi	**Wint**	**LMR**	**Radio**
Modul Klima	Modul SAD	Modul Fensterheber	Modul AHK
Kl 1	**SAD**	**Fen**	**AHK**
Modul GRA	Modul Res. Rad	Ländermodul	Markt
GRA	**RRF**	**GB**	**LL**
frei	frei	frei	frei

GABLER GRAFIK

Abbildung 4-16b: Montageanweisung eines Automobilherstellers nach einer teilweisen Segmentierung der Fertigung

Die Abgrenzung der Prozesse orientiert sich dabei an den Kundenbedürfnissen, das heißt die in Abbildung 4-13 dargestellten Prozesse werden auf die unterschiedlichen, im Rahmen der **Marktsegmentierung** gebildeten Teilmärkte ausgerichtet. Dies führt zum Beispiel in der Produktion zu einer kundengruppenorientierten Prozeßgestaltung im Rahmen einer **Fertigungssegmentierung** (Wildemann 1995a). Dabei wird die Produktion in Fertigungslinien für Standard- und Spezialprodukte („Exoten") aufgespalten. Die Fertigung der Standardprodukte kann weitgehend automatisiert und auf die Erzielung von Kostenvorteilen ausgerichtet werden. Demgegenüber werden die Exotenlinien auf eine möglichst präzise Erfüllung individueller Kundenbedürfnisse ausgelegt. Die Produktionsplanung und -steuerung vereinfacht sich im Vergleich zu einer nicht segmentierten Fertigung, bei der umfassende Abstimmungstätigkeiten zur Koordination von Spezial- und Standardprodukten auf einer Fertigungslinie anfallen.

Abbildung 4-16 zeigt in diesem Zusammenhang die drastische Vereinfachung der Montageanweisung eines Automobilproduzenten vor (Abbildung 4-16a) und nach (Abbildung 4-16b) einer teilweisen Fertigungssegmentierung. Der Aufbau und Umfang der Montageanweisung ist dabei ein Indikator für den Koordinationsbedarf im Rahmen der Produktionsplanung und -steuerung.

In ähnlicher Form können die Ergebnisse der Marktsegmentierung auch bei der prozeßorientierten Entkopplung der übrigen Unternehmensbereiche genutzt werden.

Auch nach einer prozeßorientierten Entkopplung besteht jedoch die Notwendigkeit zur Koordination der verschiedenen Prozesse. Darüber hinaus gehen funktionale Synergien teilweise verloren. Die prozeßorientierte Entkopplung führt insoweit nur in begrenztem Maße zu einer Reduktion des Koordinationsbedarfs.

3.212 Fokussierung (Outsourcing)

Der zweite Ansatz zur Reduktion des Koordinationsbedarfs ist die bewußte Fokussierung durch ein gezieltes Outsourcing (Auslagerung) von Unternehmenstätigkeiten (Ries 1996). Wird dabei ausschließlich der Produktionsbereich betrachtet, spricht man von einer Fertigungstiefenreduktion (Picot 1991). Der Koordinationsbedarf läßt sich durch ein Outsourcing jedoch nur dann senken, wenn ganze Baugruppen ausgelagert werden und die zugekauften Teile im Unternehmen nicht weitgehend dieselben Arbeitsschritte durchlaufen wie selbsterstellte Teile (Blaxill/Hout 1992). Werden beispielsweise die ausgelagerten Teile der Wertschöpfungskette nach der Anlieferung einer umfassenden Qualitätsinspektion unterzogen, kann der Koordinationsbedarf nur bedingt reduziert werden. Ferner ist mit dem Outsourcing oftmals eine deutliche Komplexitätserhöhung der Beschaffungslogistik verbunden, was einer Fokussierung auf die Kernkompetenzen im Wege steht. Zudem wird bei umfangreicheren Outsourcingmaßnahmen häufig vergessen, die Prozesse für die verbleibenden (fragmentarischen) Eigenfertigungsaktivitäten neu zu strukturieren.

Neben der Auslagerung auf Lieferanten kann der Koordinationsbedarf auch durch die Verlagerung von Tätigkeiten zum Handel oder zum Kunden reduziert werden.

Beim Computerhersteller Vobis übernehmen die Einzelhändler einen Teil der kundenspezifischen Ausrüstung der Produkte. Der Hersteller kann auf diese Weise seine Produktion in höherem Maße standardisieren und reduziert damit seinen Koordinationsbedarf. Beim Möbelunternehmen IKEA ist der Montageprozeß weitgehend auf die Kunden ausgelagert. Auch durch dieses Outsourcing reduziert sich für das Unternehmen der Koordinationsbedarf.

Die prozeßorientierte Entkopplung erleichtert in diesem Zusammenhang die **Fokussierung auf wenige Kernprozesse**, die das Unternehmen besser beherrscht als die Konkurrenz. Im Rahmen symbiotischer Organisationsformen (Joint-Ventures, strategische Allianzen etc.), deren Anwendungsspektrum sich durch neue Informations- und Kommunikationstechnologien ausweitet (Picot et al. 2000), kann beispielsweise ein breites Produktspektrum erstellt werden und gleichzeitig eine Fokussierung der beteiligten Unternehmen auf wenige Kernprozesse erfolgen. Dem Aufbau einer spezifischen **Prozeßkompetenz** kommt insoweit künftig, neben der **Produktkompetenz**, eine hohe Bedeutung zu.

Viertes Kapitel Marketingkoordination

An dieser Stelle wird der **Zusammenhang zwischen Koordinationsbedarfsreduktion und Marketingstrategie** deutlich. Die strategischen Entscheidungen über den Differenzierungsgrad der Marktbearbeitung und den Marktabdeckungsgrad haben unmittelbare Konsequenzen für den Koordinationsbedarf: Mit wachsendem Differenzierungs- und Marktabdeckungsgrad lassen sich zwar zusätzliche Erlöse realisieren, gleichzeitig erhöht sich jedoch der Koordinationsbedarf und damit die Koordinationskosten und Reaktionszeiten (Lieferzeiten) des Unternehmens.

Insert 4-3 illustriert am Beispiel der Automobilindustrie die Lieferzeitprobleme, die sich aus einem hohen Differenzierungs- und Marktabdeckungsgrad (hohe Komplexität) ergeben. Die Automobilindustrie ist insoweit ein gutes Beispiel, weil fast alle Hersteller mit einem hohen und in den letzten Jahren weiter angewachsenen Differenzierungs- und Marktabdeckungsgrad operieren. Exemplarisch kann hier auf die Ausweitung des Produktprogramms bei Mercedes-Benz (A-Klasse, V-Klasse, M-Klasse, Roadster, Smart) verwiesen werden. Vor allem die als Folge des hohen Differenzierungs- und Marktabdeckungsgrades ungenauen Absatzprognosen verursachen hohe Koordinationskosten und lange Reaktionszeiten.

„In sechs Wochen ist das neue Auto da"

Ärgernis Lieferzeiten / Das genannte Datum ist oft ein leeres Versprechen / Dreißig Tage als Ziel

hap. FRANKFURT, 31. Oktober. Der neue Roadster SLK von Mercedes-Benz ist in vielerlei Hinsicht ein außergewöhnliches Auto. Das gilt auch für die Lieferzeit. Wer heute einen SLK bestellt, findet unter der Rubrik unverbindlicher Liefertermin den Eintrag „erstes Quartal 1999". Ähnliches schafft nur noch Ferrari, deren Modell 456 der Käufer frühestens in etwa zwei Jahren entgegennehmen kann. Der Spekulation öffnet das lange Warten auf den automobilen Traum Tür und Tor. Unter Zuzahlung von mindestens 10 000 DM auf den Listenpreis von rund 60 000 DM werden sofort erhältliche SLK angeboten. Bis BMW gibt es diese Spekulation mittlerweile nicht mehr, auf den Roadster Z 3 muß man aber immer noch bis zum dritten Quartal 1997 warten.

Solche Fristen scheinen dennoch nicht abzuschrecken. Mercedes-Benz kann sich kaum vor Aufträgen für den SLK retten. Der Käufer nimmt Wartezeiten hin, zumindest bei den sogenannten Nischenmodellen. Bei dem Alltagsauto sieht die Akzeptanz hingegen anders aus. Das wissen die Hersteller und haben allesamt die Losung ausgegeben, die Zeit zwischen Eingang der Bestellung und Auslieferung des Fahrzeugs müßte drastisch verringert werden. Einige ganz Mutige geben vier Wochen als Ziel vor, sechs Wochen gelten aber auch schon als erstrebenswert. Kürzere Durchlaufzeiten seien wegen der zeitnahen Lieferung an die Montagebänder nicht machbar. Allein die Zulieferer brauchten einen Vorlauf von vier Wochen, heißt es in der Branche.

Die Realität sieht heute jedenfalls noch ganz anders aus. Die Standardantwort vieler Verkäufer, das Auto sei in etwa sechs Wochen verfügbar, stellt sich oft als nicht haltbare Ankündigung heraus. So darf ein Interessent für den neuen 5er-BMW sich mindestens vier Monate lang in Vorfreude üben. Weil die Fertigung wegen des vor kurzem erfolgten Modellwechsels aber noch nicht in vollem Umfang läuft, dauert es zur Zeit noch ein bißchen länger. Bei Audi nimmt man sich bei der neuen kleinen Klasse A3 acht Wochen Zeit, das Mittelklassemodell A 4 braucht bis zu zwölf Wochen. „Wir bauen jedes Auto auf Bestellung und bieten im Vergleich zu den Massenherstellern mehr individuelle Ausstattungsdetails an", heißt es bei den bayerischen Herstellern zur Begründung.

Der Vergleich geht allerdings ins Leere. Wer bei Opel, Volkswagen, Fiat oder Renault bei der Neuwagenbestellung nicht auf vorhandene Kontingente des Händlers Rücksicht nehmen will, löst ebenfalls eine Neuproduktion aus. Und die dauert. Volkswagen gönnt sich dafür acht Wochen bei Golf und Polo, der neue Passat läßt eher noch länger auf sich warten. Immerhin schafft es Volkswagen, manchen Golf, der mit oft nachgefragten Sonderausstattungen bestellt wird, binnen sechs Wochen bereitzustellen. Bei Opel liegen zwischen Bestellung und Auslieferung eines Astra mindestens acht Wochen.

Renault braucht in der Regel rund zehn Wochen, bis der neue Mégane abgeholt werden kann. Kürzer geht es nur, wenn ein Modell gewählt wird, das der Händler bei seiner alle drei Monate durchzuführenden Bestellung ohnehin in Auftrag gegeben hat. Bis zwei Wochen vor Produktionsbeginn ist noch die Farbe wählbar, danach geht nichts mehr. Kommt der Kunde ausgerechnet kurz nach einem Bestellzyklus und will eine selten gefragte Ausstattung, kann die Wartezeit deutlich länger werden. Auch die Liebe zu italienischen Autos verlangt viel Geduld. Zwar hat sich Fiat ein ausgeklügeltes System ausgedacht, mit dem unter allen angeschlossenen Händlern Fahrzeugbestellungen hin und her getauscht werden können, um auf die Aufträge der Kunden schneller reagieren zu können. Bereits kleinere Sonderwünsche überfordern Fiat aber offensichtlich. Nach der Unterschrift unter den Kaufvertrag eines Bravo oder Punto kann man getrost in einen ausgedehnten Urlaub fahren. Erst nach zehn bis zwölf Wochen steht der Neue vor der Tür.

Frank-Holger Appel

INSERT 4-3: Frankfurter Allgemeine Zeitung, 01.11.1996, S. 20

Dieses **Dilemma zwischen den Vorteilen eines hohen Differenzierungs- und Marktabdeckungsgrades und den damit verbundenen Nachteilen eines hohen Koordinationsbedarfs** läßt sich durch eine prozeßorientierte Entkopplung und eine konsequente Fokussierung auf Kernprozesse teilweise überwinden.

3.213 Überschußressourcen

Eine weitere Maßnahme zur Reduktion des Koordinationsbedarfs ist die Bereitstellung von Überschuß- beziehungsweise Reserveressourcen (Kieser/Kubicek 1992, S. 102). Die Verfügbarkeit freier Kapazität verringert den Planungsaufwand zur Abstimmung unterschiedlicher Tätigkeiten. Dabei bezieht sich die unausgelastete Kapazität nicht nur auf den Produktionsbereich, sondern ebenso auf die Bearbeitungs- und Entscheidungskapazität in anderen Unternehmensbereichen.

Im folgenden soll von der in den meisten Fällen realistischen Annahme ausgegangen werden, daß die zu bearbeitenden Aufträge und damit die Arbeitsbelastung in den verschiedenen Unternehmensbereichen nicht gleichmäßig anfällt, sondern Schwankungen unterliegt. Hauptursache für diese **Variabilität der Arbeitsbelastung** ist die Unsicherheit über die zukünftige Nachfrageentwicklung. Bei Schwankungen der Arbeitsbelastung kann durch freie Kapazitäten die Durchlaufzeit in der Produktion (Zeitspanne zwischen Auftragseingang in der Produktion und abgeschlossener Leistungserstellung) beziehungsweise allgemein der Zeitraum zur Aufgabenerfüllung reduziert werden. **Überschußressourcen erhöhen somit die Reaktionsgeschwindigkeit des Unternehmens** (Adler et al. 1995).

Reserveressourcen vorzuhalten ist jedoch mit zusätzlichen Kosten verbunden. Demzufolge müssen im Einzelfall die Kosteneinsparungen aus dem verringerten Koordinationsbedarf und die aufgrund einer höheren Reaktionsgeschwindigkeit möglicherweise erzielbaren Zusatzerlöse gegenüber den Zusatzkosten der Überschußressourcen abgewogen werden.

Der Zusammenhang zwischen Überschußressourcen beziehungsweise Kapazitätsauslastung und Durchlaufzeit bei Variabilität der zu bearbeitenden Auftragsmenge wird insbesondere in der Produktionswissenschaft untersucht (Adam 1998, S. 568 ff.). Die Durchlaufzeiten in der Produktion steigen bei Variabilität der Nachfrage insbesondere dann überproportional an, wenn sich die Kapazitätsauslastung der 100-Prozent-Grenze nähert (Harrison/Loch 1995).

3.214 Flexibilisierung von Ressourcen

Neben Überschußressourcen trägt auch die Erhöhung der Flexibilität von Ressourcen zur Reduzierung des Koordinationsbedarfs bei. Flexibel einsetzbare Universalmaschinen in der Produktion reduzieren den Abstimmungsbedarf zwischen einzelnen Fertigungsstufen ebenso wie breit qualifizierte Mitarbeiter.

Stellt beispielsweise ein Außendienstmitarbeiter fest, daß seine Kunden für ein bestimmtes Problem eine Lösung suchen, so kann er umfassend qualifizierte, flexible F & E-Mitarbeiter zum nächsten Kundenbesuch mitnehmen und die F & E-Kollegen in der Folgezeit weitgehend selbständig eine neue Problemlösung entwickeln lassen. Anders verhält es sich bei hoch spezialisierten, auf enge technische Problemstellungen ausgerichteten F & E-Mitarbeitern. Hier muß der Außendienst beziehungsweise der Marketingbereich der Forschung und Entwicklung differenzierte Vorgaben machen, laufend für Rückfragen zur Verfügung stehen und den Projektfortschritt häufig überprüfen. Im letzteren Falle erhöht sich der Koordinationsbedarf zwischen Marketing und Forschung und Entwicklung, weil den F & E-Mitarbeitern das Know-how im Umgang mit Kunden fehlt (geringere Flexibilität).

Die Ressourcenflexibilität reduziert zwar den Koordinationsbedarf und damit die Koordinationskosten, gleichzeitig führt sie jedoch auch zu Kostensteigerungen. Breiter qualifizierte Mitarbeiter können beispielsweise höhere Löhne fordern. Ebenso sind flexible Mehrzweckmaschinen in der Regel teurer als simple Einzweckmaschinen. Insoweit ist auch bei dieser Maßnahme zur Koordinationsbedarfsreduktion eine Einzelfallabwägung vorzunehmen.

3.215 Verringerung der Koordinationsparameter

Schließlich kann zur Reduktion des Koordinationsbedarfs die Zahl der zu koordinierenden Größen verringert werden. Können die Kunden bei einem sehr schmalen Produktprogramm nur zwischen wenigen standardisierten Basisprodukten ohne Sonderausstattungen wählen, ist der Koordinationsbedarf zwischen den einzelnen Funktionsbereichen des Unternehmens relativ gering. Haben die Kunden hingegen die Möglichkeit zur Auswahl aus einem breiten Produktprogramm mit zahlreichen Sonderausstattungen, erhöht sich der funktionsübergreifende Abstimmungsbedarf erheblich. Auch in diesem Fall wird wiederum der enge Zusammenhang zwischen der Marketingstrategie (Breite und Tiefe des Produktprogramms) und dem sich ergebenden Koordinationsbedarf deutlich.

Wird ein PKW beispielsweise in nur einer Karosserieform, mit einem Motor, mit einem Sitzbezugsstoff in Einheitsfarbe und mit einer standardisierten Reifen-Felgenkombination angeboten, so würde sich der Koordinationsbedarf zwischen dem Marketing und der Produktion bereits deutlich reduzieren. In der Realität besteht demgegenüber zumeist eine Wahlmöglichkeit zwischen den Karosserieformen Schrägheck, Stufenheck, Kombi, Coupé oder Cabriolet, fünf bis zehn verschiedenen Motoren, unterschiedlich gemusterten Stoff-, Kunstleder- und Echtledersitzbezügen in mehreren Farben sowie jeweils vier bis sechs verschiedenen Reifengrößen und Felgen. Der Kunde kann daher beim Kauf des von ihm präferierten Automodells, den Gesetzen der Kombinatorik folgend, meist zwischen mehreren Millionen Produktvarianten auswählen. Der Koordinationsbedarf insbesondere zwischen den Funktionen Marketing, Produktion und Forschung und Entwicklung steigt damit dramatisch an.

3.216 Standards (Bandbreiten)

Eine weitere Maßnahme zur Reduktion des Koordinationsbedarfs liegt in der Festlegung von Standards oder Bandbreiten (Kieser/Kubicek 1992, S. 103). Diese koordinationsbedarfsreduzierende Maßnahme wird auch als „Management by Exception" bezeichnet (Frese 1969). Eine funktionsübergreifende Abstimmung erfolgt hier nur, wenn die zwischen den Funktionsbereichen ausgetauschten Waren, Dienstleistungen oder Informationen von einem vorgegebenen Standard um mehr als die zulässige Toleranz abweichen. Diese koordinationsbedarfsreduzierende Maßnahme ist jedoch nur bei einem sehr häufig in gleicher Weise auftretenden Koordinationsbedarf einsetzbar. Damit scheidet diese Maßnahme beispielsweise zur Koordination zwischen dem Marketing und der Forschung und Entwicklung aus.

3.217 Verringerung des Anspruchsniveaus

Abschließend kann der Koordinationsbedarf auch durch die Absenkung des Anspruchs- beziehungsweise Zielniveaus reduziert werden. Wird beispielsweise das Niveau der gewünschten Umsatzrendite von 10 Prozent auf 5 Prozent abgesenkt oder statt einem Anteil zufriedener Kunden von 95 Prozent nur ein solcher von 80 Prozent angestrebt, dann können sich die Abstimmungstätigkeiten im Unternehmen auf die wichtigsten Interdependenzen beschränken. Ein gewisser Grad an Nachlässigkeit (slack) in der Koordination mit anderen Funktionsbereichen ist unter diesen Umständen zulässig.

3.22 Deckung des Koordinationsbedarfs

Nachdem Entscheidungen zur Reduktion des Koordinationsbedarfs getroffen worden sind, muß der verbleibende Koordinationsbedarf mit geeigneten Koordinationsinstrumenten gedeckt werden. Der Einsatz jedes Koordinationsinstrumentes verursacht Koordinationskosten.

3.221 Abgrenzung von Koordinationskosten

Dem Koordinationskostenbegriff kommt insbesondere im Rahmen der **Transaktionskostentheorie** ein besonderer Stellenwert zu. Ausgangspunkt der Transaktionskostentheorie ist die Frage, warum Unternehmungen existieren. Coase (1937) stellte in diesem Zusammenhang fest, daß ökonomische Tätigkeiten nicht nur über den Markt, sondern teilweise innerhalb von Organisationen abgewickelt werden. Coase erklärt dies damit, daß bestimmte Tauschaktivitäten, also Transaktionen, innerhalb der Organisationen kostengünstiger durchgeführt werden können als über den Markt. Die bei Transaktionen über den Preis der auszutauschenden Leistung hinaus anfallenden Kosten entstehen durch Informations- und Kommunikationsaktivitäten und damit letztlich durch Koordinationstätigkeiten (Brockhoff 1994, S. 5). Aus diesem Grunde werden die Begriffe Transaktions- und Koordinationskosten häufig synonym verwendet (Picot 1982; Michaelis 1985).

Die **Koordinationskosten** umfassen demnach die Kosten der

- Anbahnung (zum Beispiel Such-, Reise-, Kommunikations-, Beratungskosten),
- Vereinbarung (zum Beispiel Verhandlungskosten, Rechtsabteilung, Abstimmung von Marketing, Forschung und Entwicklung und Einkauf),
- Abwicklung des Austausches (zum Beispiel Prozeßsteuerung),
- Kontrolle (zum Beispiel Ausführungs- und Terminüberwachung, Wareneingangskontrolle),
- Anpassung (zum Beispiel Zusatzkosten aufgrund nachträglicher qualitativer, mengenmäßiger, preislicher oder terminlicher Änderungen)

bei arbeitsteiliger Leistungserstellung (Picot 1991). Diese Kostenarten fallen sowohl bei einer Koordination innerhalb als auch außerhalb des Unternehmens an. „Es handelt sich also im weiten Sinne um Kosten, die durch Organisation und Abwicklung arbeitsteiliger Aufgabenerfüllung anfallen" (Picot 1991, S. 344).

3.222 Markt und Hierarchie als klassische Koordinationsformen

Zu Beginn dieses Kapitels wurde bereits zwischen den beiden grundlegenden Koordinationsformen des Marktes und der Hierarchie unterschieden. Diese beiden Koordinationsformen können als Endpunkte eines Kontinuums verstanden werden (vgl. Abbildung 4-17). Auf Märkten erfolgt die Koordination von Angebot und Nachfrage über den Preismechanismus. Die Koordination über Märkte erfolgt bei weitestgehend standardisierten Leistungen. Anbieter und Nachfrager verfolgen zumeist konträre Ziele und sind einander gleichgeordnet, das heißt es besteht kein Unterordnungsverhältnis. Demgegenüber werden alle Koordinationsmechanismen innerhalb einer Organisation vereinfachend als hierarchische Koordination bezeichnet.

Veränderte Markt- und Umweltbedingungen haben dazu geführt, daß sich zur Koordination arbeitsteiliger Aufgaben **symbiotische beziehungsweise hybride Organisationsformen** zwischen Markt und Hierarchie oftmals als vorteilhaft herausstellen. Symbiotische Organisationen sind durch eine intensive Zusammenarbeit rechtlich und wirtschaft-

Funktionsübergreifende Koordination des Marketing

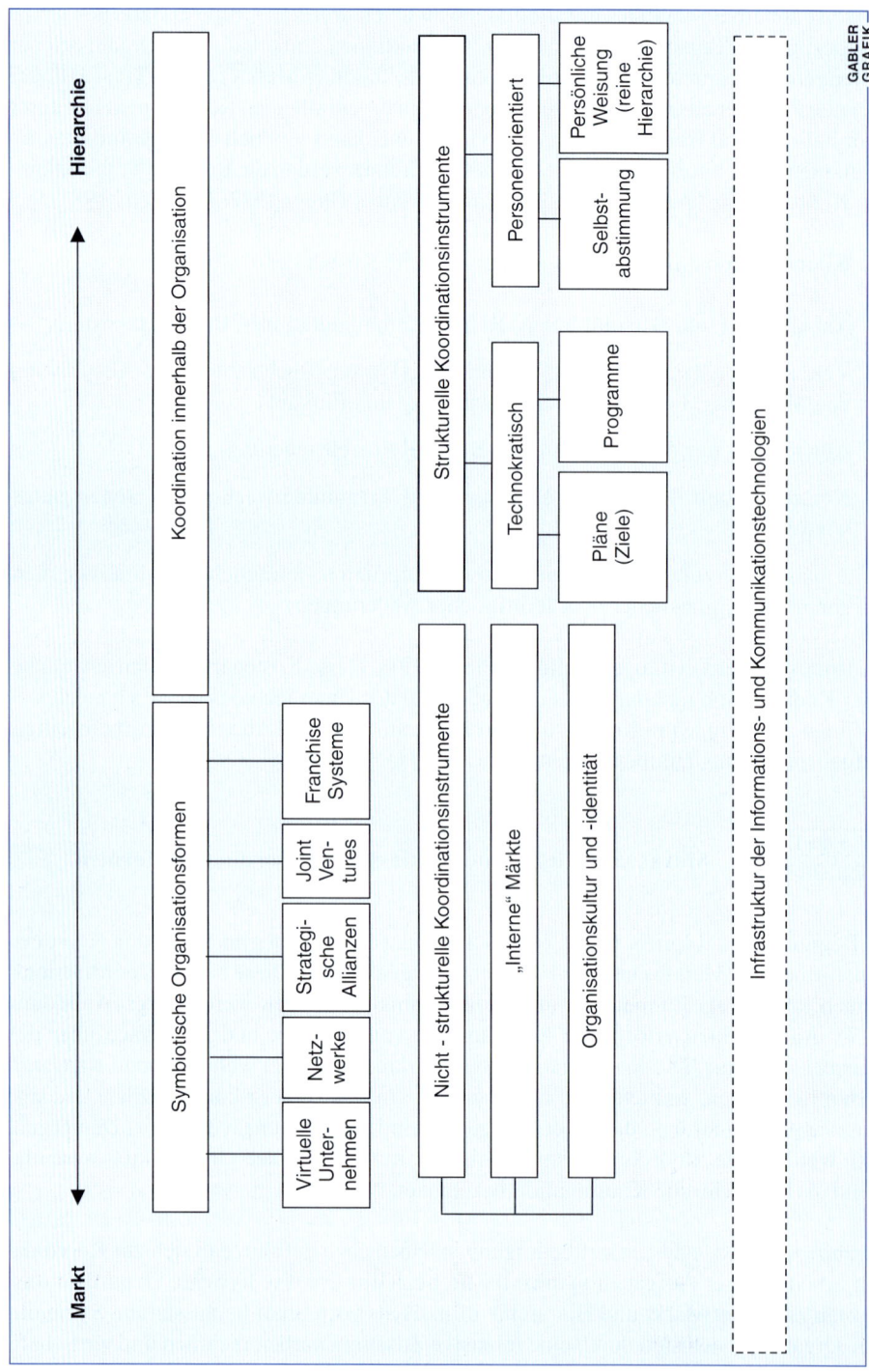

Abbildung 4-17: Systematisierung von Koordinationsinstrumenten

lich selbständiger Unternehmen gekennzeichnet. Durch diese unternehmensübergreifende Koordination arbeitsteilig zu erfüllender Aufgaben lassen sich negative (gegenseitige Abhängigkeit) als auch positive Wirkungen (Synergien) erzielen (Picot et al. 2000). Die Koordination in symbiotischen Organisationsformen ist vor allem dann vorteilhaft, wenn zur Reduktion des Koordinationsbedarfs eine Fokussierung der Unternehmensaktivitäten auf ausgewählte Kernkompetenzen stattgefunden hat.

Beispielsweise hat sich der Sportartikelhersteller PUMA auf seine Kernkompetenzen Marketing (inklusive Qualitätskontrolle) und Produktentwicklung konzentriert, während Produktion und Logistik von 14 Partnerunternehmen in Asien, Osteuropa und Großbritannien übernommen werden. Trotz eines Jahresumsatzes von über 1,2 Milliarden DM kommt das Unternehmen auf diese Weise mit einem Mitarbeiterstamm von lediglich 320 Personen aus (Hirn 1996). Diese Organisationsstruktur ist eine Ausprägungsform **virtueller Unternehmen** (Davidow/Malone 1993; Bleicher 1996b; Meffert 1997). Als Koordinationsinstrumente sind hier neben einer entsprechenden technischen Infrastruktur (Informations- und Kommunikationstechnologien) und der vertraglichen Gestaltung der Zusammenarbeit der Aufbau einer starken **Organisationskultur und -identität** von besonderer Bedeutung (vgl. Abbildung 4-17). Die Verankerung gemeinsamer Werte und Normen und ein hohes Vertrauen durch die intensive Pflege sozialer Beziehungen macht eine effiziente Koordination innerhalb symbiotischer Organisationsformen und vor allem bei virtuellen Unternehmen in vielen Fällen erst möglich.

3.223 Personenorientierte Koordinationsformen

Die Koordination innerhalb einer Unternehmung kann sich verschiedener Instrumente bedienen (vgl. Abbildung 4-17). Die **strukturellen Koordinationsinstrumente** basieren auf expliziten organisatorischen Regelungen und sind Bestandteil der formalen Organisationsstruktur. Die nicht-strukturellen Koordinationsformen sind demgegenüber nicht Teil der formalen Organisationsstruktur (Kieser/Kubicek 1992, S. 117). Die strukturellen Koordinationsinstrumente können nach der Art des Koordinationsmediums, persönliche versus unpersönliche Kommunikation, in personenorientierte und technokratische Koordinationsformen unterteilt werden.

Lediglich das Instrument der **persönlichen Weisung** stellt dabei strenggenommen eine hierarchische Koordination dar. Hier erfolgt die Koordination über einen direkten Vorgesetzten (Personenhierarchie). Es liegt ein vertikaler Informations- und Kommunikationsfluß vor. Der Vorgesetzte entscheidet Konfliktsituationen und koordiniert durch das Setzen von Prioritäten. Allen anderen Koordinationsformen fehlt dieses **direkte Unterordnungsverhältnis** im Sinne des klassischen Bürokratieverständnisses. Die zu koordinierenden Organisationsmitglieder oder Bereiche „haben allenfalls Vorgesetzte über sich, die durch mehrere hierarchische Stufen von ihnen rangmäßig getrennt sind" (Brockhoff/Hauschildt 1993, S. 400).

Der Abbau von Hierarchieebenen im Zuge des Lean Management und Reengineering hat in den letzten Jahren dazu geführt, daß eine Lösung von Koordinationsproblemen immer seltener über gemeinsame Vorgesetzte erfolgt. Die **Komplexität der heute anzutreffenden Koordinationssituationen** läßt eine Koordination über Vorgesetzte beziehungsweise die Über- oder Unterordnung immer öfter unzweckmäßig erscheinen. Hier setzen nicht-hierarchische Koordinationsformen an. Diese Entwicklung kommt den im Zuge des Wertewandels veränderten Anforderungen der Mitarbeiter hinsichtlich einer größeren Selbstverwirklichung entgegen.

Bei einer **Koordination über Selbstabstimmung** erfolgt die Abstimmung durch offizielle Gruppenentscheidungen. In der Literatur wird die Selbstkoordination auch als Schaffung teamorientierter Strukturen bezeichnet (Wermeyer 1994, S. 220). Eine individuelle Selbstkoordination jedes einzelnen Mitarbeiters ist aufgrund von Zeit- und Qualifikationsrestriktionen demgegenüber nicht zweckmäßig. Die Bildung der Gruppen (zum Beispiel Komitees, Ausschüsse, Konferenzen, Besprechungen) kann durch die Vorgabe von Kommunikationskanälen, die Ausstattung der Gruppen mit spezifischen Entscheidungskompetenzen und die Vorgabe von Abstimmungsanlässen durch die Unternehmensleitung unterstützt werden (Kieser/Kubicek 1992, S. 107). Den Vorteilen einer höheren Motivation der Gruppenmitglieder, der verbesserten Entscheidungsqualität und der Entlastung von Führungskräften höherer Ebenen stehen bei der Selbstabstimmung die Nachteile des hohen Zeitbedarfs und der Qualifikationsbarrieren bei bestimmten Mitarbeitern entgegen. Dementsprechend eignet sich der Einsatz der Selbstabstimmung nicht in allen Bereichen des Unternehmens gleichermaßen.

Eine Selbstabstimmung zwischen Marketing, Produktion, Finanzwirtschaft, Organisation sowie Forschung und Entwicklung erfolgt beispielsweise bei der Volkswagen AG im Rahmen eines sogenannten Produkt-Strategie-Komitees. Die circa 15 Stammitglieder des Komitees treten etwa zehnmal jährlich zusammen, um über Fragen des Produktprogramms und der konkreten Produktgestaltung für einen Zeitraum von bis zu zehn Jahren zu diskutieren und konkrete Entscheidungen herbeizuführen.

3.224 Technokratische Koordinationsformen

Die **Koordination mit Programmen** basiert auf Lernprozessen des Unternehmens. Die durch mehrmalige Wiederholung gewonnenen Erfahrungs- und Trainingseffekte werden in Verfahrensrichtlinien beziehungsweise Handbüchern zusammengefaßt. Der Inhalt von Programmen kann sich sowohl „auf die Aufgabenerfüllung einer einzelnen Stelle als auch auf die Koordination zwischen organisatorischen Einheiten beziehen" (Kieser/Kubicek 1992, S. 111). Programme können je nach Komplexität der zu koordinierenden Bereiche einen unterschiedlichen Detaillierungsgrad aufweisen und sind insbesondere bei standardisierten Koordinationsaufgaben einsetzbar. Dementsprechend liegt die größte Gefahr in der Anwendung von Programmen in Koordinationssituationen, in denen innovative Problemlösungen gebraucht werden (Kieser/Kubicek 1992, S. 113). Programme erfordern grundsätzlich ein hohes Maß an Unveränderlichkeit der Unternehmensumwelt und dürften aufgrund der tendenziell komplexeren und dynamischeren Markt- und Umweltentwicklungen zukünftig in geringerem Maße zum Einsatz gelangen. Die Vorteile von Programmen liegen in der Entlastung höherstehender Führungsebenen und in der Reduktion der Unsicherheit durch eine verläßliche, weil standardisierte Koordination.

Die Koordination zwischen dem Marketing und der Forschung und Entwicklung bei der Ideenfindung im Rahmen der Neuproduktentwicklung sollte beispielsweise nicht über Programme erfolgen. Selbst wenn bestimmte Prozeduren und Techniken einmal zu erfolgreichen Neuprodukten geführt haben, sollte der Ideenfindungsprozeß grundsätzlich durch ein hohes Maß an Kreativität und möglichst wenige Verfahrensrichtlinien geprägt sein.

Bei der **Koordination über Pläne** erhalten die ausführenden Stellen beziehungsweise Mitarbeiter in regelmäßigen Abständen Vorgaben, die ihre Tätigkeiten koordinieren. „Diese Vorgaben sind weder persönliche Weisungen noch das Ergebnis einer Selbstabstimmung. Sie resultieren auch nicht aus der Anwendung von Programmen durch die Ausführenden. Diese Vorgaben werden vielmehr in der Regel nach festgelegtem Verfahren im Rahmen eines institutionalisierten Planungsprozesses erarbeitet" (Kieser/Kubicek 1992, S. 114).

Im Unterschied zu Programmen beziehen sich Pläne stets auf eine bestimmte Periode, während Programme zumeist auf Dauer angelegt sind. Darüber hinaus bezieht sich der Inhalt von Programmen auf Koordinationsverfahren, wohingegen Pläne immer auch konkrete **Ziele** enthalten. **Die Koordination über Pläne ist dementsprechend wesentlich flexibler als über Programme.** Die Vorteile der Planung liegen ferner in der Möglichkeit zur Delegation an (Planungs-)Spezialisten. Das Know-how der auf Planungsaufgaben spezialisierten Mitarbeiter ist insbesondere bei der funktionsübergreifenden Koordination im Rahmen integrierter Pläne (zum Beispiel Absatz-, Produktions- und Investitionsplanung) notwendig. In diesem Zusammenhang ist jedoch zu beachten, daß mit wachsender Komplexität der Planungsaufgabe (Anstieg der zu planenden Variablen und deren Beziehungen untereinander) der Zeitbedarf der Planung drastisch zunimmt und gleichzeitig die Anfälligkeit des Unternehmens für Planungsfehler steigt. Voraussetzung für die Anwendung von Plänen ist dementsprechend die möglichst **präzise Prognose der zukünftigen Markt- und Umweltentwicklung** (geringe Veränderlichkeit).

Zur Koordination des Marketing mit den anderen Funktionsbereichen des Unternehmens setzt die Volkswagen AG neben dem Produkt-Strategie-Komitee auch die **Absatzplanung** ein. Der Absatzplan wird für einen Zeitraum von zehn, fünf und zwei Jahren in unterschiedlichem Detaillierungsgrad aufgestellt. Die zweijährige Absatzplanung wird in der Form einer sogenannten Budgetsteuerung (Adam 1997, S. 359 ff.) durchgeführt. Die verantwortlichen Leiter der verschiedenen Marketing- und Vertriebsbereiche der Volkswagen AG verpflichten sich zur Erfüllung der vereinbarten Planzahlen (Budgetvorgabe) für das erste Jahr der Planung und werden anhand des Zielerreichungsgrades nach einem Jahr beurteilt.

Die Absatzplanung basiert auf den Rahmenvorgaben des Produkt-Strategie-Komitees und wird später zur Gesamtunternehmensplanung, die sich auf alle Bereiche des Konzerns bezieht, erweitert. Die in den Absatzplan einfließenden Marktinformationen (Marktanteile, Wettbewerbsaktivitäten, Preisentwicklung, Fahrzeugimages, Preiselastizitätsschätzungen etc.) werden vom Marketing beigesteuert. Als verbindliche Richtwerte für die Preisbestimmung werden vom Finanzbereich die Soll-Deckungsbeiträge bereitgestellt. Die Produktionsplanung ist für die Kapazitätsinformationen zuständig, auf deren Grundlage die maximal möglichen Absatzmengen für einzelne Modelle und Ausstattungen (zum Beispiel Verfügbarkeit von TDI-Motoren, Klimaanlagen, Airbags, Automatikgetrieben, Sondermodellen) geplant werden können. Die von der Qualitätssicherung in Abstimmung mit der Produktion und dem Marketing geplanten Qualitäts- beziehungsweise Produktverbesserungsmaßnahmen gehen ebenfalls in die Planung der Absatzmengen und -preise ein.

Im letzten Schritt werden schließlich die während des Absatzplanungsprozesses offenkundig gewordenen Minder- und Überschußmengen einzelner Fahrzeugtypen auf die verschiedenen Absatzregionen verteilt. Dabei werden neben den länderspezifischen Deckungsbeiträgen auch Kriterien der Wettbewerbsposition in den einzelnen Märkten und Aspekte der Arbeitsorganisation berücksichtigt. Der gesamte, hier nur in Auszügen wiedergegebene Prozeß der Absatzplanung koordiniert vor allem die Tätigkeiten im Marketing, in der Produktion und im Finanzbereich.

3.225 Nicht-strukturelle Koordinationsformen

Die **Koordination über interne Märkte** bietet sich insbesondere zur Abstimmung des Leistungsaustausches zwischen weitgehend autonomen Unternehmensbereichen an. Der Leistungsaustausch erfolgt dabei über **Verrechnungspreise** (Bühner 1999, S. 194 ff.). **Voraussetzungen** einer Koordination über interne Märkte ist die Gewinnverantwortlichkeit der austauschenden Unternehmensbereiche (Profit Center) und deren Entscheidungsautonomie bezüglich der Auswahl von Lieferanten und Abnehmern (Kieser/Kubicek 1992, S. 118). Letzteres macht es wiederum erforderlich, daß die von den Unternehmensbereichen ausgetauschten Leistungen auch von Unternehmen außerhalb der Unternehmung bezogen und an diese abgesetzt werden könnten. Diese drei Voraussetzungen sind insbesondere bei symbiotischen Organisationsformen erfüllt, weshalb das Koordinationsinstrument interner Märkte hier häufig zur Anwendung gelangt.

Bei einer **Koordination durch die Unternehmenskultur und -identität** erfolgt die Abstimmung ebenfalls ohne explizite organisatorische Regelungen. Gemeinsame Werte und Normen, ein hohes Maß an gegenseitigem Vertrauen und die Identifikation mit einer als eigenständige „Persönlichkeit" wahrgenommenen Organisation führen, in begrenztem Maße, zu einer informellen Abstimmung aller Unternehmensaktivitäten (Heinen 1987; Böhm 1989; Schein 1992; Birkigt et al. 1995; Meffert/Burmann 1996). Entscheidend für die Koordinationswirkung ist dabei, daß möglichst viele Organisationsmitglieder über dieselben Überzeugungen verfügen und diese möglichst stark ausgeprägt sind. Die Kultur und Identität einer Organisation kann in unterschiedlichen Formen in Erscheinung treten und für die Mitarbeiter erlebbar werden (vgl. drittes Kapitel, Abschnitt 6.15). Insbesondere die schriftliche Fixierung und die Pflege von Ritualen, Symbolen, Mythen und Visionen kann dabei zur Stärkung der Verhaltensrelevanz und damit der Koordinationswirkung der Organisationskultur beitragen (Deal/Kennedy 1982; Kieser/Kubicek 1992, S. 118 ff.).

Der Organisationskultur und -identität kommt als Koordinationsform vor allem bei hoher Unsicherheit und Komplexität der Markt- und Umweltsituation eine große Bedeutung zu (Wilkins/Ouchi 1983, S. 477). **Insoweit entspricht diese Koordinationsform dem heute für viele Unternehmen typischen Situationskontext.** Dies erklärt die in den letzten Jahren zunehmende Beschäftigung mit Fragen der Organisationskultur und -identität in Wissenschaft und Praxis. Darüber hinaus eignet sich die Organisationskultur und -identität immer dann in besonderer Weise, wenn eine Vielzahl von Organisationsmitgliedern zu koordinieren ist.

Aus den aufgezeigten Gründen wird deutlich, warum die **Kultur und Identität in symbiotischen Organisationsformen von zentraler Bedeutung** ist (Picot et al. 2000). Nachteilig kann sich eine starke Organisationskultur und -identität auswirken, wenn sie die Anpassungsfähigkeit des Unternehmens verringert. Dies ist vor allem dann der Fall, wenn die Kultur durch ein geringes Maß an Offenheit gegenüber organisatorischen Neuerungen geprägt ist.

Alle Koordinationsmechanismen im Kontinuum zwischen Markt und reiner Hierarchie können in ihrer Wirksamkeit durch die modernen Informations- und Kommunikationstechnologien (IuK) unterstützt werden. Vor allem die nicht-strukturellen Koordinationsinstrumente und die Selbstabstimmung sind von einer leistungsfähigen IuK-Infrastruktur abhängig.

3.3 Auswahl geeigneter Koordinationsformen

Die Auswahl einer Koordinationsform ist eine **ökonomische Entscheidung**: Es ist diejenige Koordinationsform zu wählen, die bei gleicher Sicherheit zur Erzielung eines erwünschten Outputs zu den geringsten Koordinationskosten führt (Brockhoff/Hauschildt 1993). Ebenso können die mit einer verbesserten Koordination zu erzielenden Zusatzumsätze oder eingesparten Kosten den damit verbundenen Koordinationskosten gegenübergestellt werden (Albach 1967).

Zusatzumsätze sind in diesem Zusammenhang beispielsweise durch kürzere Lieferzeiten als Folge einer verbesserten Koordination zwischen Vertrieb und Produktion zu erzielen. Ebenso sind unter Umständen Zusatzumsätze durch eine genauere Umsetzung der von der Marktforschung ermittelten Kundenbedürfnisse in neue Produkte (bessere Koordination zwischen Marktforschung und Forschung und Entwicklung) realisierbar. Kosteneinsparungen können zum Beispiel bei den Lagerhaltungskosten durch den Abbau von Zwischen- und Fertigwarenlägern erreicht werden (verbesserte Abstimmung zwischen Marketing und Produktion).

Funktionsübergreifende Koordination des Marketing

Die Zusatzerlöse beziehungsweise Kosteneinsparungen gehen bei mangelhafter Koordination im Sinne einer hohen Autonomie der organisatorischen Teilbereiche verloren („jeder macht, was er will"). Aus diesem Grund werden sie auch als **Autonomiekosten** bezeichnet. Dementsprechend ergibt sich der in Abbildung 4-18 dargestellte Zusammenhang der entscheidungsorientierten Koordinationstheorie (Frese 1998, S. 262 ff.).

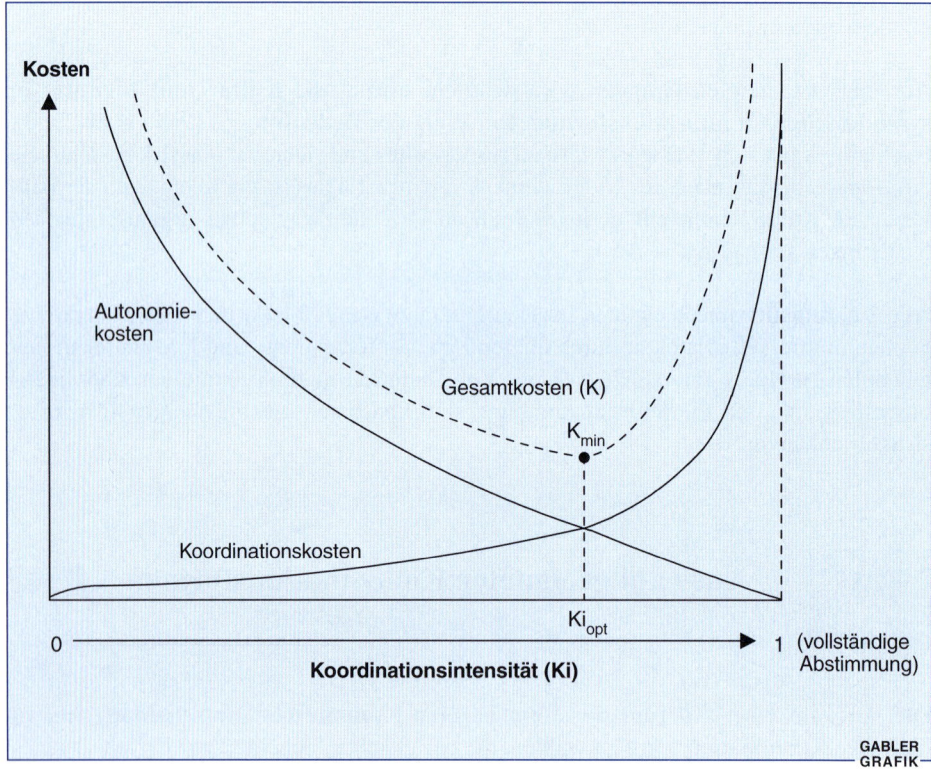

Abbildung 4-18: Bestimmung der optimalen Koordinationsintensität
(in enger Anlehnung an Benkenstein 1986, S. 19)

Es stellt sich dabei jedoch das **Problem der Erfassung der Koordinations- und Autonomiekosten**. Während bereits bei marktlicher Koordination die Ermittlung der Anbahnungs-, Vereinbarungs-, Abwicklungs-, Kontroll- und Anpassungskosten Schwierigkeiten aufwirft, ist die Zurechnung der aus dem traditionellen Rechnungswesen zur Verfügung gestellten Kostendaten auf die im Unternehmen angefallenen Koordinationstätigkeiten nicht möglich (Albach 1988). Auch die umfassende Literatur zur Transaktionskostentheorie konnte das Problem der Quantifizierung der Transaktions- beziehungsweise Koordinationskosten bislang nicht zufriedenstellend lösen.

| Viertes Kapitel | Marketingkoordination |

Darüber hinaus ist der **Zeitaspekt** bei der Auswahl der Koordinationsformen zu berücksichtigen, weil die koordinationsbedarfsreduzierenden und -deckenden Maßnahmen sich ebenso hinsichtlich ihrer kurz-, mittel- und langfristigen Wirksamkeit unterscheiden wie die durch ihren Einsatz zu lösenden Koordinationsprobleme. Während beispielsweise persönliche Weisungen zur Erzielung kurzfristiger Koordinationswirkungen eingesetzt werden, stellt sich der Koordinationseffekt der Organisationskultur erst langfristig ein.

Koordinationsformen \\ Merkmale der Koordinationssituation	Persönliche Weisung	Selbstabstimmung	Programme	Pläne	Kultur	Interne Märkte	Externe Märkte
Marktsituation:							
Hohe Veränderlichkeit der Nachfrage	−	++	− −	− −	++	−	−
Fragmentierung der Nachfrage (Spezifität)	o	++	− −	− −	++	−	−
Produkt-/Prozeßtechnologie:							
Hohe Veränderlichkeit	−	+	− −	− −	+	−	−
Hoher Innovationsgrad	o	+	− −	− −	++	o	−
Art der Koordinationsentscheidung:							
Hohe Häufigkeit/ Regelmäßigkeit	o	o	++	+	o	+	+
Isolierbarkeit	o	o	o	o	o	++	+
Marktgängigkeit des Koordinationsobjektes	o	o	o	o	o	+	++
Hohe Komplexität	−	+	−	−	+	o	o
Ergebnis der Koordinationsentscheidung:							
Zeitbedarf der Abstimmung	+	−	++	+	−	+	o
Qualität der Koordinationsentscheidung	− −	++	o	o	++	+	+
Motivation der Koordinationsbetroffenen	− −	++	−	o	++	o	o
Koordinationskosten	++[1]	−	−	+	o	o	o

++ Gute Eignung   + Tendenziell gute Eignung   o Keine eindeutige Beziehung
− Tendenziell schlechte Eignung   − − Schlechte Eignung   1 Niedrige Kosten

GABLER GRAFIK

Abbildung 4-19: Situationsspezifische Eignung von Koordinationsformen zur funktionsübergreifenden Abstimmung des Marketing

Vor diesem Hintergrund sind in der Literatur zahlreiche Kriterien zur Auswahl geeigneter Koordinationsformen bei der funktionsübergreifenden Abstimmung des Marketing entwickelt worden. Die Kriterien orientieren sich insbesondere an der **Art und dem**

Ergebnis der Koordinationsentscheidung und dem Markt- und Technologiekontext (Gmünden 1983, S. 33 ff.; Benkenstein 1986, S. 32 ff.; Wermeyer 1994, S. 135). Anhand dieser Entscheidungskriterien werden die verschiedenen Koordinationsformen in Abbildung 4-19 einer groben Eignungsbeurteilung unterzogen. Obwohl eine endgültige Aussage grundsätzlich nur in Abhängigkeit vom jeweiligen Einzelfall getroffen werden kann, lassen sich bestimmte Tendenzaussagen ableiten:

- Angesichts der heute in vielen Märkten zu beobachtenden Veränderlichkeit und Komplexität der Markt- und Technologiesituation sind persönliche Weisungen, Programme und Pläne als Instrumente zur funktionsübergreifenden Koordination des Marketing weniger geeignet.

- Die Kundennähe ist heute wichtiger denn je. Der Forderung nach Kundennähe ist vor allem durch die Einbeziehung aller Mitarbeiter Rechnung zu tragen (höhere Qualität der Koordinationsentscheidung). In diesem Sinne sind Betroffene zu (Koordinationsentscheidungs-) Beteiligten zu machen. Gleichzeitig sind neue Anforderungen der Mitarbeiter (Wertewandel, Selbstverwirklichung) zu erfüllen. Demzufolge haben sich die Selbstabstimmung und die Koordination über Kultur und Identität der Organisation heute zu wichtigen Koordinationsformen entwickelt.

- Je standardisierter, häufiger und regelmäßiger ein bestimmter Koordinationsbedarf anfällt, desto eher sind Programme und Pläne einsetzbar. Durch diese Instrumente lassen sich insbesondere der Zeitbedarf und die Koordinationskosten reduzieren.

- Ist der Koordinationsgegenstand gut isolierbar, weitgehend standardisiert und auch von Anbietern außerhalb der Unternehmung zu beziehen, eignen sich interne und externe Märkte als Koordinationsinstrumente.

Vor diesem Hintergrund bleibt festzuhalten, daß „jede einseitige Bevorzugung einer einzigen (Koordinationsform) die Gefahr der Ineffizienz in sich birgt. Jedermann kennt Beispiele für das stark ausufernde Kommissionswesen. Allzu stark wuchernde Stabsarbeit trifft der Vorwurf der bürokratischen Wasserköpfe oder des Wirkens grauer Eminenzen (...). Jeder Controller kennt die Auseinandersetzungen mit den Abteilungsleitern über die Planabweichungen und Defekte von Verrechnungspreisen" (Brockhoff/Hauschildt 1993, S. 403). Auch in empirischen Studien konnte dementsprechend nachgewiesen werden, daß bei der funktionsübergreifenden Koordination sich vor allem die **richtige Dosierung und Mischung der Koordinationsinstrumente** positiv auf den Unternehmenserfolg auswirkt (St. John/Hall 1991).

3.4 Komplexität als zentrales funktionsübergreifendes Koordinationsproblem

3.41 Externe und interne Komplexität

Die wachsende Komplexität der Nachfrage-, Technologie- und Wettbewerbsbedingungen auf vielen Märkten (**unternehmensexterne Komplexität**) hat in der Folge zu einem Anstieg der **unternehmensinternen beziehungsweise innerbetrieblichen Komplexität** geführt (vgl. Bliss 2000). Dies schlägt sich in komplexen Produkten und Produktprogrammen sowie in komplexen Prozessen nieder. Insert 4-4 zeigt in diesem Zusammenhang, an welchen Indikatoren eine hohe interne Komplexität erkannt werden kann.

Die für den **Marketingbereich** eines Unternehmens typischen Ziele, Werte und Einstellungen (vgl. Abbildung 4-20) führen dazu, daß das Marketing traditionellerweise, mehr oder weniger bewußt, auf die **Erhöhung der internen Komplexität** hinarbeitet. Durch eine ausgeprägte Produkt- und Variantenvielfalt möchte das Marketing möglichst viele Kundenbedürfnisse erfüllen. Es möchte schnell auf Verbraucher-, Wettbewerbs- und Handelsaktivitäten reagieren, sich auf der Basis mehrerer Wettbewerbsvorteile wirkungsvoll von den Wettbewerbern differenzieren und zur Profilierung gegenüber den Kunden neueste Technologien einsetzen. Zentrale ökonomische Zielgröße des Marketing ist dabei in der Regel der **Umsatz** (Umsatzwachstum) beziehungsweise der Marktanteil.

Demgegenüber versteht es der **Produktionsbereich** als eine seiner ureigensten Aufgaben, die **interne Komplexität abzubauen**, um dadurch ein möglichst niedriges Kostenniveau zu gewährleisten. Die Produktion ist dabei vor allem an standardisierten Produkten, einfach zu beherrschenden Technologien, wenigen Umrüstvorgängen und hoher Planungssicherheit (lange Vorlauf- und Reaktionszeiten) interessiert. Zentrale ökonomische Zielgröße der Produktion sind traditionellerweise die **Stückkosten** (Karmarkar 1996).

Dieser klassische **Interessengegensatz** zwischen der Markt- und Umsatzorientierung des Marketing und der Kostenorientierung der Produktion (und des Controlling) wird vor dem Hintergrund fragmentierter Märkte zumeist dadurch entschieden, daß nur diejenigen neuen Produkte und Varianten zusätzlich in das Produktionsprogramm aufgenommen werden, bei denen das Marketing (Marktforschung) nachweisen kann, daß die erwartete Stückkostenerhöhung durch einen entsprechenden Preisaufschlag überkompensiert wird.

Symptoms of complexity

HOW DO YOU know that your company has a complexity problem? What are the symptoms of unnecessary complexity? They're not hard to spot, and they come in two types: physical and organizational.

Physical symptoms

These include:

A large and increasing number of products or customers per sales dollar. Many companies, especially makers of consumer packaged goods, evolve to a point where only 20 percent of their products generate 80 percent of their sales. This is usually caused by endless line extensions to meet ever smaller market niches. Innovative companies try to control product-line proliferation. Minnesota Mining and Manufacturing (3M), for example, has a corporate rule that 50 percent of any division's sales must come from products launched within the last five years. This ensures that numerous, unnecessary, and unprofitable line extensions do not creep into the organization. By examining product-sales ratios, managers can quickly spot this condition.

A large and increasing number of unique inputs and suppliers. We encountered one company where 73 percent of raw materials and 85 percent of packaging materials were unique to one product and were sourced by numerous suppliers. The firm had recently acquired a new company, and no one had made an effort to standardize ingredients. The research technicians and marketing personnel, seeking "uniqueness," often selected new ingredients that were quite similar to those already in use. At the same time, market testing often confirmed that customers did not perceive added value in the product variations.

High labor content. High labor content often suggests a factory geared to job shop operations, rather than continuous batch processing. Many operations can be situated somewhere in between. Managers encountering high labor content should immediately look for opportunities to standardize processes and thereby increase continuity throughout operations.

Multiple production and distribution points. Multiple production facilities, each manufacturing a full range of products, can often be the source of substantial savings. A smaller number of factories, each specializing in fewer products but producing larger batch sizes, can have a big impact: the number of changeovers drops, inventory diminishes, and labor and transportation costs decrease.

Large inventory pools throughout the system. Large inventory pools are often caused by an excessive number of production subprocesses. The challenge is to find opportunities for standardizing or eliminating subprocesses and thus to make production more continuous and eliminate the pools. Of course, there may also be other causes for the problem. Poor forecasting at one consumer packaged goods manufacturer led to storage of raw materials at an off-site warehouse and a constantly changing

INSERT 4-4: McKinsey Quarterly 1991, No. 4, S. 60–61

production schedule. These problems produced enormous amounts of process inventory, as the raw materials were often not in the right place at the right time.

Slow product development. This problem demands an examination of the company's track record in product development. A leading US deodorant manufacturer took two years longer than planned to launch an identical product in another country. The primary culprits in such cases are usually bureaucratic decision-making systems and cumbersome, if not entirely useless, information systems.

Organizational symptoms

These include:

Decision making by isolated, functional groups. Atomized decision making is one of the most obvious causes of unnecessary complexity in an organization. One of the fundamental competitive strengths of Japanese car manufacturers is their cross-functional decision-making teams. At Honda Motors, for example, one group is entirely responsible for research and development, one for manufacturing, and another for sales.

Excessive quality inspection. Overuse of quality inspectors is another source of complexity. If the company gives workers responsibility for their own product quality and enforces quality levels at suppliers, it can eliminate most additional quality control. In one company, the inspection and quality standards of its pharmaceutical and health care divisions had spread into the consumer packaged goods division. A factory that made only toiletries had 10 percent of its workforce involved directly or indirectly in quality control.

Multiple independent information systems. Often information systems evolve over time. Different managers require information in different formats, and they create new systems. These subsystems tend to take on lives of their own. As a result, managers expend considerable resources seeking information that already exists somewhere in the company. Another common source of complexity is the use of various external services (e.g., Nielsen and IRI). But most managers suffer from data overload and thus spend too little time analyzing the data. Their departments produce and distribute numerous reports that result in little action.

Overhead and indirect costs allocated across products and groups. This is probably the biggest source of poor decision making in most companies. Most traditional accounting systems that allocate direct costs across product groups, as a function of sales or some other parameter, invariably do not show true product profitability. This is because the high-volume products tend to absorb costs of the less profitable or unprofitable ones. Hence, most decisions related to the economics of product accounts are based on unrepresentative numbers.

More than five levels from divisional CEO to shop floor. This symptom is quickly and easily spotted.

Peter Cummings

INSERT 4-4: McKinsey Quarterly 1991, No. 4, S. 60–61 (Fortsetzung)

Funktionsübergreifende Koordination des Marketing

Koordinationskonflikt	Typischer Kommentar der Marketingseite	Typischer Kommentar der Produktionsseite
1. Kapazitätsplanung und langfristige Umsatzprognose	„Warum reicht unsere Kapazität nicht aus?"	„Warum wurden uns keine genauen Umsatzvorhersagen vorgegeben?"
2. Produktionsplan und kurzfristige Umsatzprognose	„Wir müssen schneller reagieren können. Unsere Zeitvorgaben sind lächerlich."	„Wir brauchen realistische Lieferzusagen und Umsatzprognosen, die sich nicht so schnell ändern wie das Wetter."
3. Auslieferung und Vertrieb	„Warum haben wir niemals die Ware auf Lager, die wir brauchen?"	„Wir können nicht alles im Lager haben."
4. Qualitätskontrolle	„Warum können wir keine vernünftige Qualität zu vernünftigen Kosten produzieren?"	„Warum müssen wir ständig Sonderanfertigungen anbieten, die schwer herzustellen sind und dem Kunden kaum irgendeinen Nutzen bieten?"
5. Angebotsbreite	„Unsere Kunden verlangen Vielseitigkeit."	„Unsere Produktreihe hat zu viele Varianten. Wir kriegen nichts als kurze, unwirtschaftliche Bauserien."
6. Kostenkontrolle	„Unsere Kosten sind derart hoch, daß wir draußen am Markt nicht konkurrieren können."	„Sofortige Lieferung, breitestes Typenprogramm innerhalb einer Produktreihe, schnellste Reaktion auf Änderungswünsche und hohe Qualität zu niedrigen Kosten – was da von uns verlangt wird, ist ein Ding der Unmöglichkeit."
7. Einführung neuer Produkte	„Neue Produkte sind unser Lebenselexier."	„Überflüssige Programmerweiterungen verursachen unnötige Kosten."

GABLER GRAFIK

Abbildung 4-20: Typische Koordinationskonflikte zwischen Marketing und Produktion
(in enger Anlehnung an Shapiro 1979, S. 8)

3.42 Erlös- und Kostenwirkungen der Komplexität

Die bei den klassischen Kalkulationsverfahren zugrundegelegten Kosteninformationen aus dem traditionellen Rechnungswesen erfassen die aus der internen Komplexität entstehenden Kostenwirkungen nur sehr unzureichend (Eversheim/Kümper 1993; Horvath et al. 1993). Neben der Ermittlung der innerbetrieblichen Komplexitätskosten stellt insbesondere deren konkrete Zurechnung auf einzelne Produkte und Prozesse ein bislang weitgehend ungelöstes Problem dar (Kaiser 1995; Adam/Rollberg 1996).

Die sich aus dem **Zurechnungsproblem** der Komplexitätskosten ergebenden Probleme sind in Abbildung 4-21 dargestellt. Während sich der Absatz in der Vergangenheit oft auf wenige Standardprodukte konzentrierte, führt die Ausweitung der Produktprogramme heute zu einer Verflachung der Häufigkeitsverteilung. Bei der Preispolitik für Nischenmärkte wird traditionellerweise zwar berücksichtigt, daß selten produzierte Exotenprodukte im Vergleich zu Standardprodukten zu höheren Stückkosten (zum Beispiel durch höherwertige Materialien und Zusatzausstattungen) führen (vgl. Punkt 1 versus Punkt A in Abbildung 4-21), die durch das Angebot von Exotenprodukten verursachten Kosten komplexer innerbetrieblicher Koordinationsprozesse werden jedoch nicht korrekt den Standard- und Exotenprodukten zugerechnet. Dies liegt insbesondere daran, daß in geringen Stückzahlen hergestellte Produkte viele Unternehmensprozesse in stärkerem Maße in Anspruch nehmen als die in großen Volumina produzierten Standardprodukte.

Diese **Ausbringungsmengeninvarianz der Kosten vieler betrieblicher Prozesse** ist den Unternehmen nicht hinreichend bewußt. Als Folge der falschen Zurechnung von Komplexitätskosten werden Standardprodukte zu teuer und Exoten zu billig angeboten. Der „Kostennachteil" des Standardproduktes durch falsche Kostenzurechnung ist in Abbildung 4-21 durch die Strecke AB wiedergegeben. Sofern sich Wettbewerber auf die Fertigung dieses Standardproduktes konzentrieren, können sie es oft erheblich preisgünstiger anbieten, weil bei ihnen wesentlich geringere Komplexitätskosten anfallen.

Als Ergebnis der klassischen Entscheidungsfindung ist häufig eine Situation zu beobachten, wie sie exemplarisch in Abbildung 4-22 für ein Chemieunternehmen dargestellt ist. Dem Marketing ist es durch eine differenzierte Marktbearbeitung in Form vieler zusätzlicher Produkte und Varianten gelungen, neue Kundensegmente zu erschließen. Zwei typische Effekte sind dabei eingetreten:

- Der Absatz wächst im Vergleich zur Zahl neuer Kunden nur unterproportional. Dies ist einerseits auf das **geringe Marktvolumen der neu erschlossenen Segmente** (Nischenmärkte) und andererseits auf Substitutionseffekte (Kannibalisierung innerhalb des eigenen Produktprogramms) zurückzuführen.

Funktionsübergreifende Koordination des Marketing

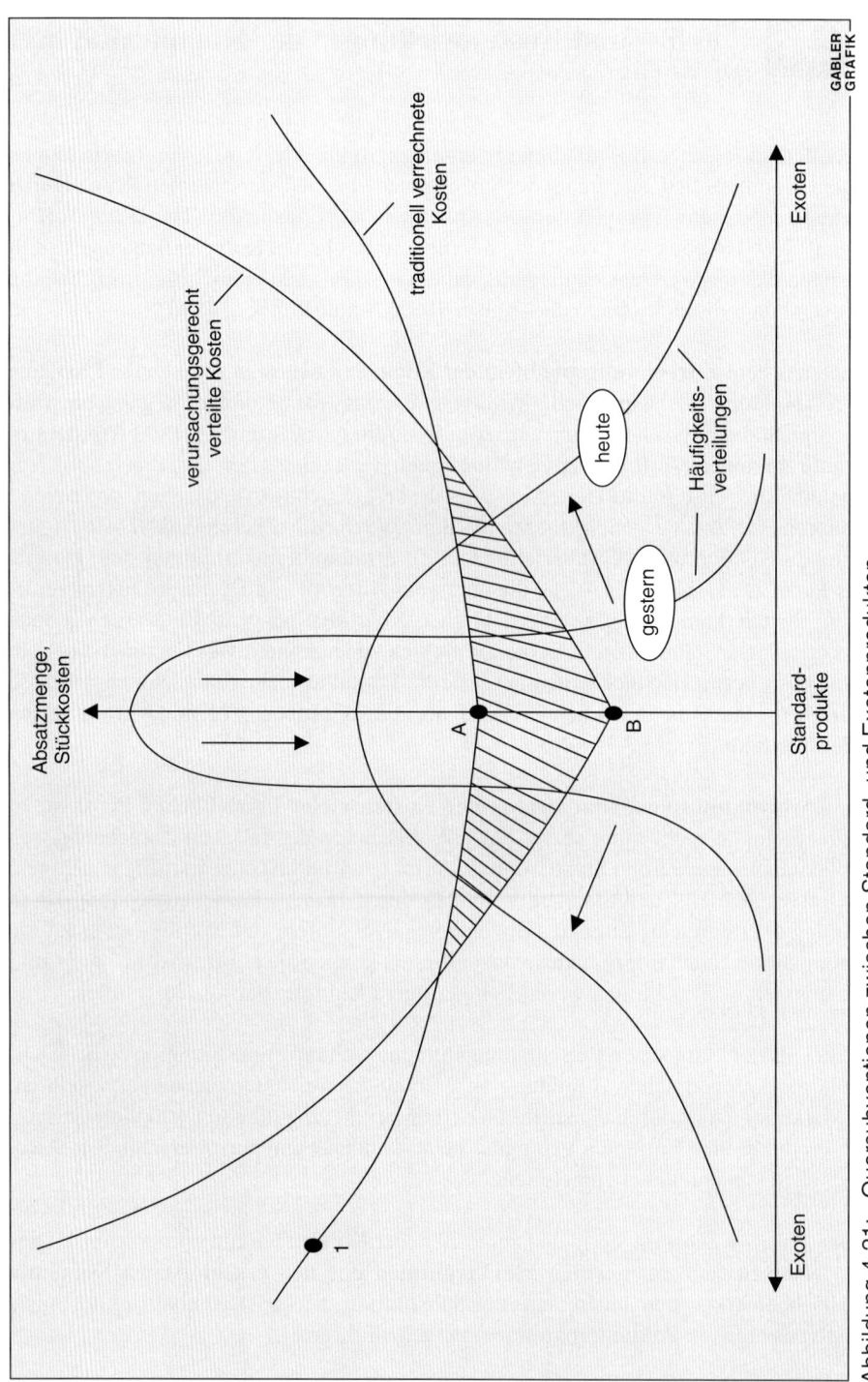

Abbildung 4-21: Quersubventionen zwischen Standard- und Exotenprodukten aufgrund falscher Zurechnung von Komplexitätskosten (Quelle: Schuh 1993, S. 62)

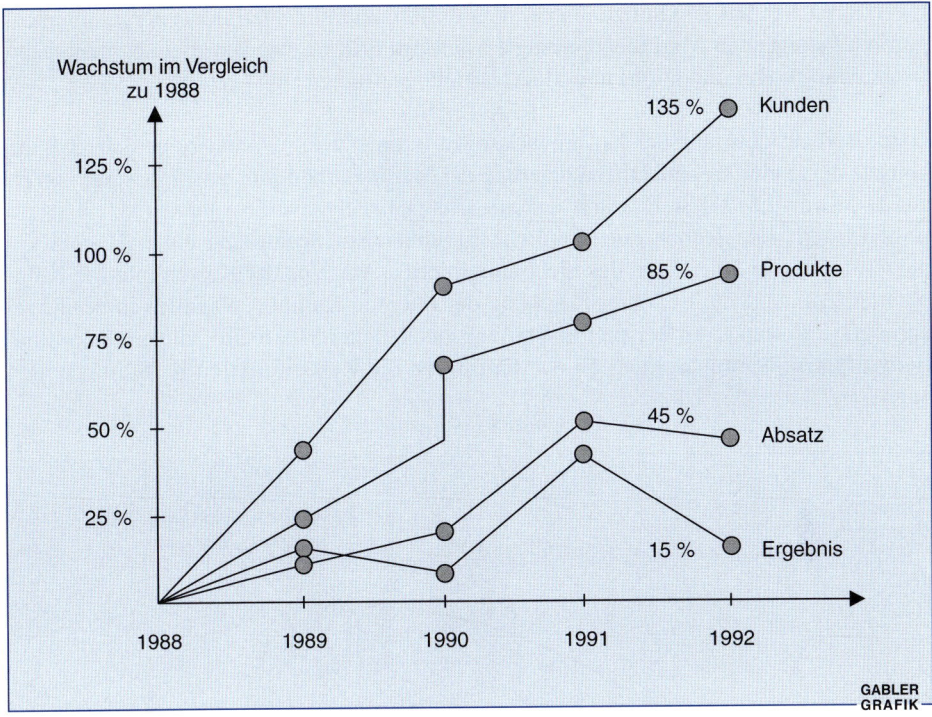

Abbildung 4-22: Beispiel zur Komplexitätsanalyse in einem Unternehmen der chemischen Industrie
(Quelle: Schimank 1993, S. 187)

- Trotz einer 135prozentigen Steigerung der Kundenzahl verbessert sich das Ergebnis lediglich um 15 Prozent. Dies ist das Ergebnis eines durch den Anstieg der internen Komplexität verursachten, **nicht vorhergesehenen Kostenanstiegs im indirekten Bereich**. Hiermit sind vor allem die Gemeinkosten im Fertigungsbereich aber auch in anderen Funktionsbereichen gemeint, das heißt alle Kosten, die nicht direkt auf die Ausbringungsmenge (Stücke) als Einzelkosten zurechenbar sind.

Diese Problematik eines **überproportionalen Anstiegs der Komplexitätskosten bei einer Erhöhung des Differenzierungsgrades der Marktbearbeitung** ist in Abbildung 4-23 in idealtypischer Form wiedergegeben. Mit zunehmend differenzierter Marktbearbeitung steigt die Zahl der angesprochenen Marktsegmente und die Produkt- und Variantenvielfalt wächst.

Die Grundstruktur der Abbildung mit einer degressiv verlaufenden Umsatzfunktion (U), einer progressiv verlaufenden Kostenfunktion (K_1) und die Bestimmung des optimalen Differenzierungsgrades ist bereits durch die Ausführungen zur optimalen Marktsegmentierung bekannt (vgl. zweites Kapitel, Abschnitt 4.4). Die jeweiligen Kurvenverläufe (K_1,

U) erklären sich aus den mit zunehmendem Differenzierungsgrad in der Regel überproportional steigenden Marktbearbeitungskosten pro Stück (zum Beispiel segmentspezifische Marktkommunikation) und Marktsättigungseffekten.

Unter Berücksichtigung der Kostenwirkungen interner Komplexität zeigt sich, daß der Umsatz durch eine weitere Differenzierung der Marktbearbeitung, beispielsweise von D_1 auf D_2, zwar um ΔU steigt, statt der erwarteten Ergebnisverbesserung ($\Delta U - \Delta K_1 =$ positiv) stellt sich jedoch eine deutliche Ergebnisverschlechterung ein ($\Delta U - \Delta K_2 =$ negativ). Dies ist eine Folge des nicht antizipierten Anstiegs der Kosten interner Komplexität ($\Delta K_2 - \Delta K_1$). Bei einer Erhöhung der internen Komplexität fallen in der Regel sprungfixe Kosten (zum Beispiel Einstellung zusätzlicher Mitarbeiter, die mit Koordinationsaufgaben betraut werden) an. Deshalb weist die Kostenfunktion K_2 Sprungstellen auf.

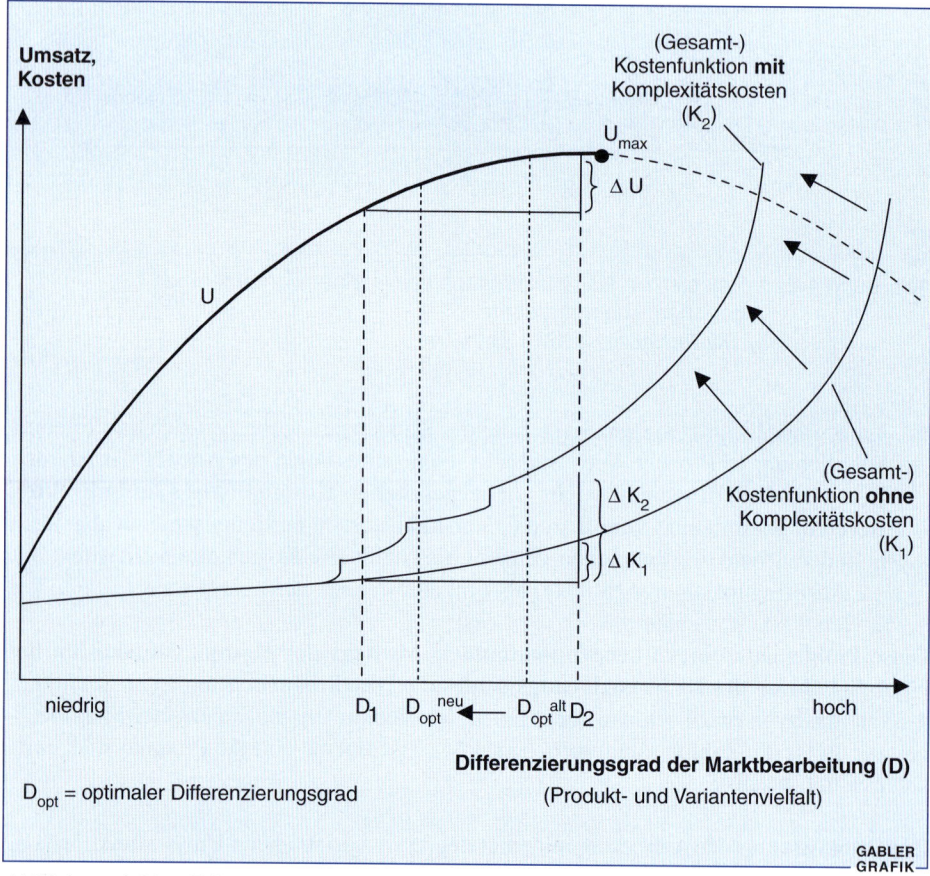

Abbildung 4-23: Erlös- und Kostenwirkungen interner Komplexität

Im Zusammenhang mit diesen Kostenwirkungen der innerbetrieblichen Komplexität wird auch von einem **„umgekehrten Erfahrungskurveneffekt"** gesprochen (vgl. Abbildung 4-24). Dieser besagt, daß sich in Fabriken mit herkömmlichen Fertigungstechnologien mit jeder Verdopplung der Variantenzahl die Stückkosten um circa 20 bis 30 Prozent erhöhen.

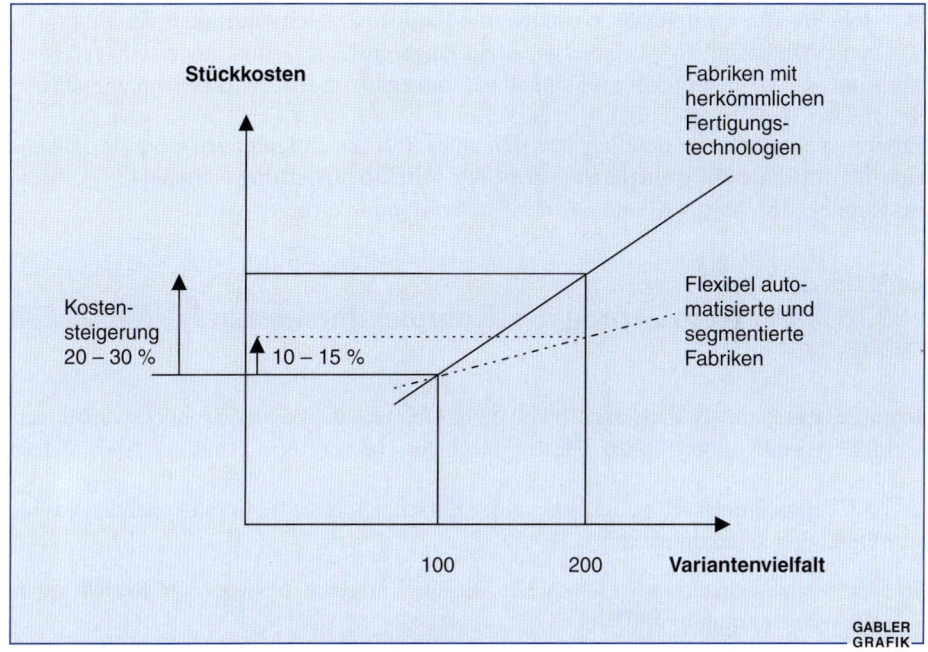

Abbildung 4-24: Umgekehrte Erfahrungskurve bei Variantenverdopplung
(Quelle: Wildemann 1990, S. 37)

Neben den Kostenwirkungen der differenzierten Marktbearbeitung zeigt Abbildung 4-23 auch die **Erlöswirkungen interner Komplexität**. Mit der im Zuge einer Erschließung neuer Kundengruppen wachsenden Produkt- und Variantenvielfalt lassen sich zunächst (bis U_{max}) zusätzliche Erlöse erzielen. Insbesondere bei einer ausufernden Varianten- und Produktvielfalt stellen sich jedoch oft **vier negative Effekte** ein:

- Zusätzliche Produkte und Varianten führen ausschließlich zu **Substitutionseffekten**. Das heißt es werden weder bisherige Nichtkäufer noch Kunden der Konkurrenz gewonnen. Die Kunden wechseln lediglich von einer Variante zu einer anderen. Der Gesamtumsatz stagniert.

- Eine hohe Produkt- und Variantenvielfalt kann dazu führen, daß die **Kunden von der Komplexität des Produktprogramms verwirrt werden** und sich klarer posi-

1041

tionierten Wettbewerbern zuwenden (Child et al. 1991). Tritt ein solcher absoluter Umsatzrückgang ein, ist die Erlöswirkung der internen Komplexität negativ.

- Negative Erlöswirkungen sind langfristig auch dann zu erwarten, wenn der mit wachsender Produkt- und Variantenvielfalt überproportionale Kostenanstieg (Kostenfunktion K_2) teilweise oder vollständig über die Preise weitergegeben wird und **preissensible Kunden** dadurch dem Unternehmen **verlorengehen**.

- Hohe interne Komplexität **reduziert die Reaktionsgeschwindigkeit** des Unternehmens. Dies kann sich beispielsweise in längeren Lieferzeiten niederschlagen (vgl. Insert 4-3). Auch in diesem Fall kann es zu negativen Erlöswirkungen kommen.

Zusammenfassend wird deutlich, daß sich unter Berücksichtigung von Komplexitätskosten der **optimale Differenzierungsgrad der Marktbearbeitung reduziert** (vgl. zweites Kapitel, Abschnitt 4.4) und c.p. der Kundenstamm verringert wird.

3.43 Abgrenzung der Komplexitätskosten

Komplexität kann als Vielschichtigkeit eines Objektes oder eines Zustandes verstanden werden (Adam/Rollberg 1996). Diese Vielschichtigkeit ergibt sich aus drei Merkmalen:

- der Vielzahl unterschiedlicher bei einer Entscheidung zu berücksichtigender **Variablen** (Elementekomplexität),

- der Vielzahl heterogener, zwischen diesen Variablen bestehenden **Beziehungen** (Relationenkomplexität) und

- der **Veränderlichkeit** der zu berücksichtigenden Variablen und Beziehungen (Reiß 1993, S. 55; Frese 1998, S. 7) (Dynamische Komplexität).

Gegenüber einer rein statischen Betrachtung der Komplexität umfaßt diese **dynamische Sichtweise** auch die Veränderlichkeit als Komplexitätsmerkmal. Komplexität liegt somit vor, wenn in einer Entscheidungssituation zahlreiche verschiedenartige Variablen und Variablenbeziehungen zu berücksichtigen sind. Andererseits kann auch dann von Komplexität gesprochen werden, wenn in einer Entscheidungssituation zwar lediglich eine überschaubare Zahl von Variablen und Beziehungen vorliegt, diese jedoch häufig starken Veränderungen unterworfen sind.

Beispielsweise lag bei der Volkswagen AG 1993 und 1994 hinsichtlich des Fahrzeugmodells Passat eine sehr komplexe Koordinationssituation vor. Im Modelljahr 1994 konnte der Kunde beim Passat auf der Grundlage der angebotenen Karosserievarianten, Ausstattungsstufen, Motor- und Getriebepaarungen sowie Sonderausstattungen zwischen 23 022 158 092 verschiedenen Baukombinationen wählen (Volkswagen AG 1994). Vor diesem Hintergrund gestaltete sich die Koordination des Marketing mit der Produktion hinsichtlich der vorzuhaltenden Produktionskapazität für einzelne Teile und Baugruppen und der gewünschten Lieferzeiten außerordentlich problematisch.

Vor diesem Hintergrund gehen **Komplexitätskosten** auf Faktorverbräuche zurück, die in der Vielschichtigkeit des Produktkonzeptes, des Produktprogramms, des Produktionsprogramms sowie der Produktions- und anderer Geschäftsprozesse begründet sind (Adam/Rollberg 1996). Komplexe **Produkte** zeichnen sich durch eine hohe Teile- und Komponentenzahl sowie den Rückgriff auf neuartige, schwierig beherrschbare Technologien aus. Sehr breite und tiefe **Produktprogramme** mit zahlreichen Produktvarianten erfüllen ebenfalls das Merkmal der Komplexität. Breite Produktprogramme müssen nicht zwangsläufig zu komplexen Produktionsprogrammen führen. Durch ein geschicktes Outsourcing kann vielmehr erreicht werden, daß trotz eines sehr breiten und tiefen Angebotsprogramms das eigene Produktionsprogramm nicht komplex ist.

Demgegenüber kann bei einer großen Zahl selbsterstellter Teile und Varianten und einer im Verlaufe des Produktionsprozesses sehr frühen Kundenspezifikation der Produkte von einem komplexen **Produktionsprogramm** gesprochen werden. „Mit steigender Komplexität der Produkte und Programme nimmt der Umfang der zu steuernden und zu koordinierenden logistischen (Bereitstellung) und fertigungstechnischen (Fertigungssteuerung) Abläufe zu, was letztlich in ineffizienten, instabilen und unbeherrschten **Produktionsprozessen** gipfelt" (Adam/Rollberg 1996, S. 667). Ein komplexer Produktionsprozeß liegt auch dann vor, wenn zahlreiche hochintegrierte, flexible Fertigungsmaschinen zum Einsatz kommen. Die Komplexität anderer als produktionsspezifischer **Geschäftsprozesse** kann anhand des genannten Beispiels der Baukombinationen des VW-Passats unmittelbar nachvollzogen werden (zum Beispiel Komplexität der Beschaffung und Distributionslogistik).

Zusammenfassend wird deutlich, daß letztlich **alle Kosten der innerbetrieblichen Komplexität im wesentlichen auf die Produkt- und Variantenvielfalt zurückzuführen** sind. Obwohl im Einzelfall komplexe organisatorische Prozesse auch ohne Produkt- und Variantenvielfalt vorstellbar sind (zum Beispiel umständlicher Auftragsbearbeitungsprozeß in einem Unternehmen mit engem, standardisierten Produktprogramm), so dürfte eine solche Situation nicht zuletzt als Folge der Lean Management- und Reengineering-Diskussion eher temporären Charakter haben.

Da die Produkt- und Variantenvielfalt zumeist mit wachsender Unternehmensgröße zunimmt, wird in Verbindung mit Komplexitätskosten auch von **„diseconomies of scale"** gesprochen. Gefährlich für die Unternehmensexistenz sind die Komplexitätskosten immer dann, wenn ihnen weder ausreichende Erlöswirkungen noch entsprechende **„economies of scope"** gegenüberstehen (Panzar/Willig 1977).

Economies of scope können als synergiebedingte Kostensenkungen definiert werden. Kann zum Beispiel bei einer Erweiterung des Angebotsprogramms durch zusätzliche Produkte auf zahlreiche bereits im Unternehmen vorhandene Teile und Baugruppen zurückgegriffen werden, lassen sich bei der Produktion synergiebedingte Kostenvorteile durch die Verwendung von nunmehr in größeren Stückzahlen hergestellter Gleichteile erzielen. Ebenso führt eine bereits vorhandene, flexible Fertigungsmaschine, auf der auch

Funktionsübergreifende Koordination des Marketing

das neue Produkt ohne beziehungsweise mit geringen Umrüstkosten bearbeitet werden kann, zu economies of scope (Prabhaker et al. 1994). Unter den heutigen Wettbewerbsbedingungen (Individualisierung der Nachfrage, Produkt- und Variantenvielfalt) kommt der **Erzielung von economies of scope im Vergleich zu economies of scale eine zunehmend wichtigere Rolle zu**. Allerdings ist zu beachten, daß economies of scope und economies of scale in gewissem Grade in einem konfliktären Verhältnis zueinander stehen (Kieser 1996).

3.44 Produkt- und Variantenvielfalt als Determinante der Komplexitätskosten

Die Produkt- und Variantenvielfalt und die daraus resultierenden Koordinationsprobleme wurden aufgrund der bereits dargestellten Erfassungs- und Zurechnungsprobleme lange Zeit nicht als Kostentreiber erkannt. Dies änderte sich mit der Veröffentlichung zahlreicher empirischer Studien (Rommel et al. 1993; Kluge et al. 1994), die bei erfolgreichen

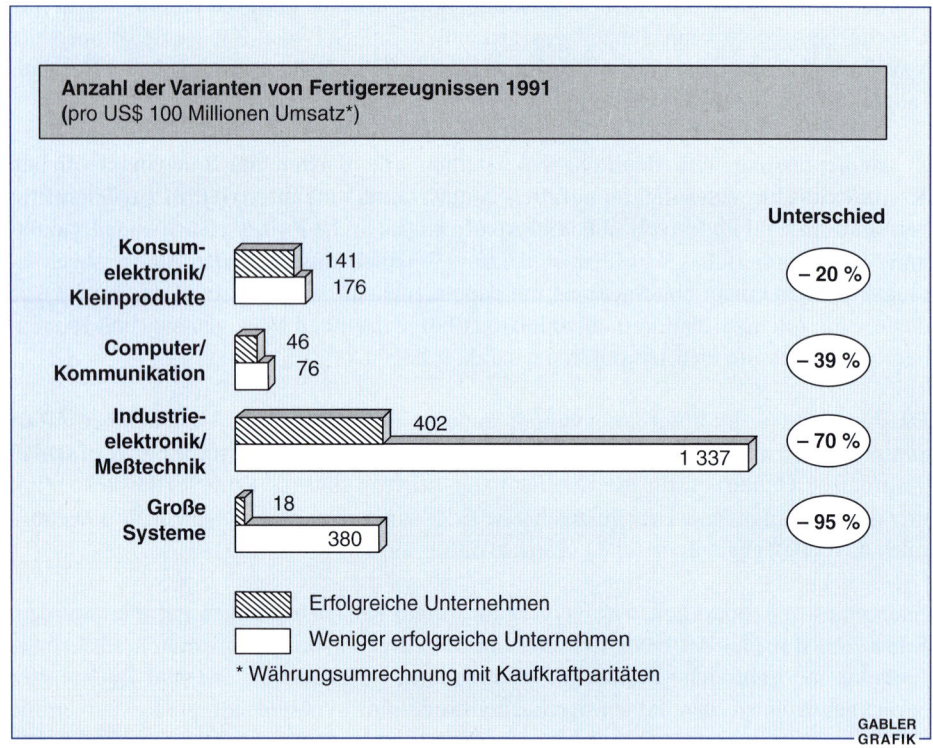

Abbildung 4-25: Variantenvielfalt und Unternehmenserfolg
(Quelle: Kluge et al. 1994, S. 41)

1044

Unternehmen eine wesentlich geringere Variantenzahl feststellten als bei weniger erfolgreichen. Dieser in Abbildung 4-25 für 98 Unternehmen aus der Elektronikindustrie dargestellte Zusammenhang läßt sich in ähnlicher Form auch für den Maschinenbau und zahlreiche andere Branchen nachweisen (Rommel et al. 1993).

Darüber hinaus hat sich jedoch auch bei als erfolgreich geltenden Unternehmen die Variantenzahl drastisch erhöht. So stieg beispielsweise bei der BMW AG im Zeitraum von 1980 bis 1990 die Zahl der angebotenen Fahrzeugvarianten um circa 460 Prozent (Ungeheuer 1990). Diese Erhöhung der Variantenzahl führt auch auf der Ebene der Baugruppen und Teile zu einem enormen Anstieg der Ausführungen. 1994 wurden zum Beispiel beim Audi A8 über 150 verschiedene Ausführungen der Türverkleidung verwendet, beim Porsche 928 waren es im selben Jahr sogar 696 (Kaiser 1995, S. 22).

In diesem Zusammenhang deckt ein Vergleich europäischer, amerikanischer und asiatischer Unternehmen auf, daß europäische Hersteller in der Regel über eine wesentlich höhere Variantenvielfalt verfügen als ihre asiatischen Wettbewerber (vgl. Abbildung 4-26). Die deutlich geringere Variantenvielfalt im Zusammenspiel mit effizienten Koordinationsformen hat es japanischen Unternehmen in vielen Branchen ermöglicht, mehrdimensionale Wettbewerbsvorteile aufzubauen (Gilbert/Strebel 1987), das heißt qualitativ hochwertige Produkte zu niedrigeren Kosten und in kürzerer Zeit herzustellen als ihre europäischen und amerikanischen Wettbewerber (Womack et al. 1990, S. 41 ff.).

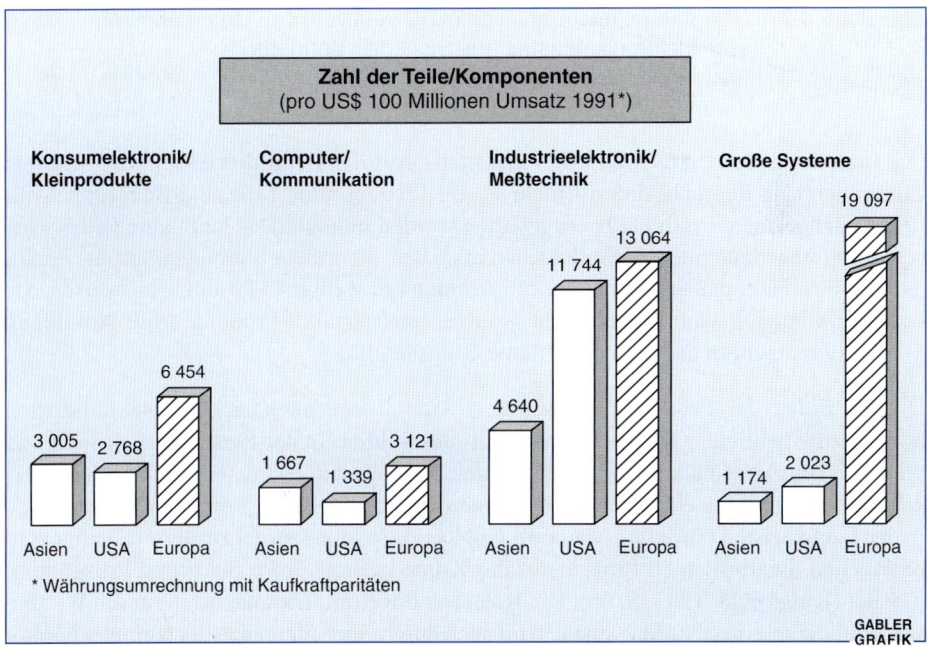

Abbildung 4-26: Variantenvielfalt amerikanischer, asiatischer und europäischer Unternehmen
(Quelle: Kluge et al. 1994, S. 45)

Funktionsübergreifende Koordination des Marketing

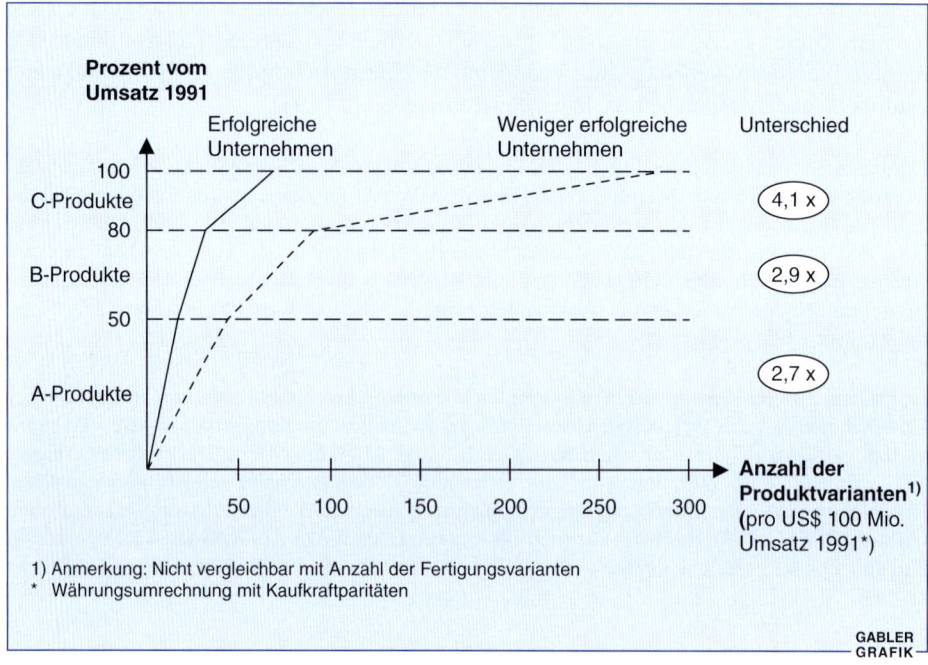

Abbildung 4-27: Programmstrukturanalyse (ABC-Analyse) von Unternehmen der Elektronikindustrie aus Sicht des Vertriebs
(Quelle: Kluge et al. 1994, S. 48)

Die **Interdependenz zwischen der Varianten- und der Produktvielfalt** wird aus dem Zusammenhang deutlich, daß oft mehr als 50 Prozent aller Teile und Baugruppen für selten nachgefragte Produkte bereitgehalten werden müssen. Das heißt gerade die wirtschaftlich unbedeutenden C-Produkte verursachen die größte Variantenvielfalt. Ferner ist zu beobachten, daß erfolgreiche Unternehmen nur wenige C-Produkte aufweisen. Sie konzentrieren sich vielmehr auf sehr wenige, umsatzstarke Produkte (vgl. Abbildung 4-27) und reduzieren dadurch ihre interne Komplexität.

Die als Folge der Produkt- und Variantenvielfalt entstehenden Komplexitätskosten können zu erheblichen **Wettbewerbsnachteilen** führen. In der Elektronikindustrie sind die bei einem Vergleich der weltweit tätigen Anbieter aufgedeckten Stückkostenunterschiede zwischen den einzelnen Unternehmen nur zu gut einem Fünftel auf Unterschiede in den Faktorkosten (Arbeits-, Material- und Kapitalkosten) zurückzuführen. Demgegenüber gehen die übrigen 80 Prozent auf das Konto geringerer Produkt- und Prozeßkomplexität (Kluge et al. 1994, S. 65). Die Relevanz der Komplexitätskosten für die Wettbewerbsfähigkeit eines Unternehmens wird auch durch einen Vergleich der Komplexitätskosten zu den Gesamtkosten eines Unternehmens untermauert. So sind beispielsweise in der Automobilindustrie die Komplexitätskosten für bis zu 20 Prozent der Gesamtkosten verantwortlich (vgl. Abbildung 4-28).

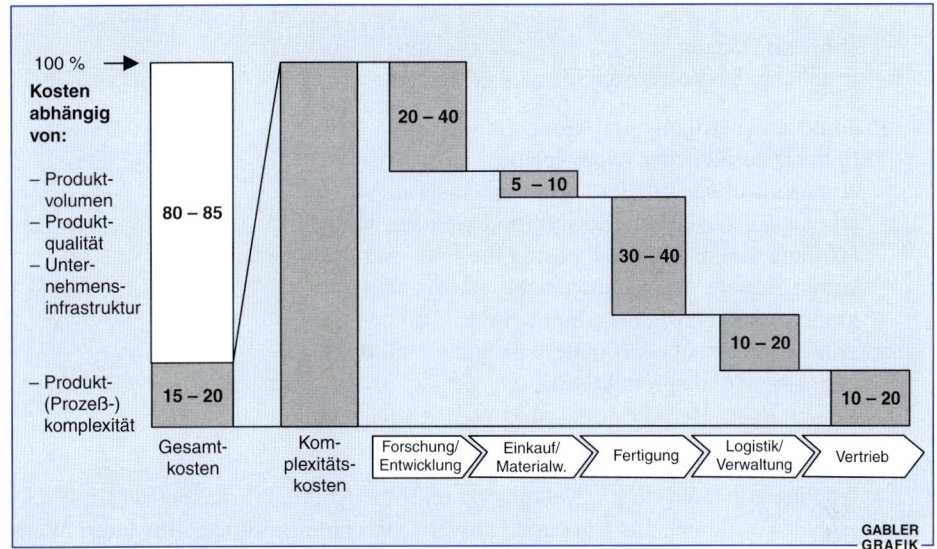

Abbildung 4-28: Kostenstruktur eines Automobilherstellers
(Quelle: Rommel et al. 1993, S. 24)

Abbildung 4-28 zeigt darüber hinaus, daß sich die **innerbetriebliche Komplexität** aufgrund der Produkt- und Variantenvielfalt **nicht auf einen Funktionsbereich beschränkt, sondern grundsätzlich in allen Unternehmensbereichen auftritt**. Dieser Zusammenhang verdeutlicht die Interdependenz zwischen den Kundenbedürfnissen beziehungsweise dem Marketing als „Verursacher" der Produkt- und Variantenvielfalt und allen anderen Unternehmensbereichen. Die sich aus einer Erhöhung der Produkt- und Variantenvielfalt ergebende zusätzliche Komplexität kann an **vielfaltsspezifischen Tätigkeiten** in den einzelnen Funktionsbereichen belegt werden (Schulte 1989, S. 61; Rathnow 1994, S. 24):

■ **Forschung und Entwicklung**
 - Konstruktion neuer Teile,
 - neue Versuchsreihen für veränderte Produkte und Teile,
 - Erstellung zusätzlicher Stücklisten,
 - Pflege von Stammdaten,
 - Anpassung der Varianten an technische und sonstige Änderungen im Lebenszyklus,
 - zusätzliche Datenbereinigung in der Entsorgungsphase.

■ **Einkauf/Materialwirtschaft**
 - zusätzliche Suche, Verhandlungen und Auswahl von Lieferanten,
 - erhöhter Aufwand der Materialbedarfsermittlung durch mehr Teilepositionen,
 - mehr Bestell-, Liefer- und Wareneingangskontrollvorgänge,
 - erhöhter Aufwand beim innerbetrieblichen Materialtransport,

- höhere Einstandspreise für bezogene Leistungen wegen kleinerer Stückzahlen,
- höhere Bestände,
- Erhöhung der Vorräte an Spezialwerkzeugen.

■ **Produktion** (Fertigung und Montage)
- Entwurf zusätzlicher Arbeitspläne,
- erhöhter Aufwand in der Fertigungssteuerung,
- erhöhte Rüstkostenanteile aufgrund kleinerer Lose,
- Häufung von unterschiedlichsten Produkt- und Variantenanläufen,
- kompliziertere Austaktung des Montagebandes,
- größere Verwechslungsgefahr beim Einbau der Teile,
- größerer Flächenbedarf in der Fertigung und Montage,
- geringere Arbeitsproduktivität,
- aufwendigere Betriebsmittel- und Werkzeugentsorgung.

■ **Verwaltung/Controlling**
- erhöhter Aufwand für die Kalkulation und Wirtschaftlichkeitskontrolle,
- erhöhtes Volumen für Einkaufsrichtwerte, Rechnungsprüfung, Inventur, Wertanalysen etc.

■ **Marketing**
- aufwendigere Preisermittlung,
- zusätzliche Schulungen (zum Beispiel Verkaufsaußendienst, Kundendiensttechniker, Absatzmittler),
- Entwurf und Druck zusätzlicher Kundendienstunterlagen, neue Kundendienstgeräte,
- Bestandsaufbau zur Aufrechterhaltung der Lieferbereitschaft bei allen Varianten,
- Entwurf und laufende Anpassung von Verkaufsprospekten,
- Konzeption und Schaltung von Anzeigen zur Bekanntmachung neuer Varianten,
- häufigere Reklamationen durch falsch verbaute Teile,
- höherer Aufwand in der Ersatzteilbevorratung bis zu zehn Jahre nach dem Produktionsauslauf,
- umfangreichere Warendistribution zu den Verkaufsstellen,
- Akquisition zusätzlicher Absatzmittler für den Vertrieb neuer Varianten,
- aufwendigere Planung der Wiederverwertungsmöglichkeiten von Altprodukten,
- zusätzlicher Aufwand in der Marktforschung.

Auf der Basis dieser Analyse wird unmittelbar ersichtlich, daß die heute vielfach vorherrschende **Verkürzung der Lebenszyklen** vieler Produkte zu einem weiteren Anstieg der innerbetrieblichen Komplexität führt, weil sich die **vielfaltsspezifischen Tätigkeiten multiplizieren**.

Die exemplarische Auflistung vielfaltsinduzierter Aktivitäten verdeutlicht den durch die Produkt- und Variantenvielfalt ansteigenden funktionsbereichsspezifischen und funktionsübergreifenden Koordinationsbedarf. In Unternehmen mit umfassendem, variantenreichen Produktprogramm sind die Kosten für die Koordination des Wertschöpfungsprozesses demzufolge oft sehr hoch. Die Koordinationsprobleme erhöhen die Lieferzeiten, verringern die Termintreue und verschlechtern die Produktqualität (König 1994).

3.5 Reduktion des Koordinationsbedarfs durch Komplexitätsabbau

Das Komplexitätsmanagement erstreckt sich auf die beiden Bereiche der **Komplexitätsbeherrschung** und der **Komplexitätsreduktion**. Der Schwerpunkt liegt dabei heute im letztgenannten Bereich (Wildemann 1995b). Eine Reduktion der Komplexität führt automatisch zu einer Reduktion des innerbetrieblichen Koordinationsbedarfs. Eine Komplexitätsbeherrschung durch den massiven Einsatz von CIM-Technologien hat sich demgegenüber vor allem dann als Irrweg erwiesen, wenn dieser Technikeinsatz nicht mit komplexitätsreduzierenden Maßnahmen kombiniert wurde (Adam/Rollberg 1996, S. 670).

Bei einem Vergleich überdurchschnittlich wachstums- und renditestarker mit weniger erfolgreichen Unternehmen in der Elektronikindustrie zeigte sich, daß erfolgreiche Firmen in wesentlich geringerem Maße in CIM-Technologien investieren (vgl. Abbildung 4-29). Sie haben sich vielmehr auf wenige Produkte mit vergleichsweise homogenen Fertigungs- und Montageanforderun-

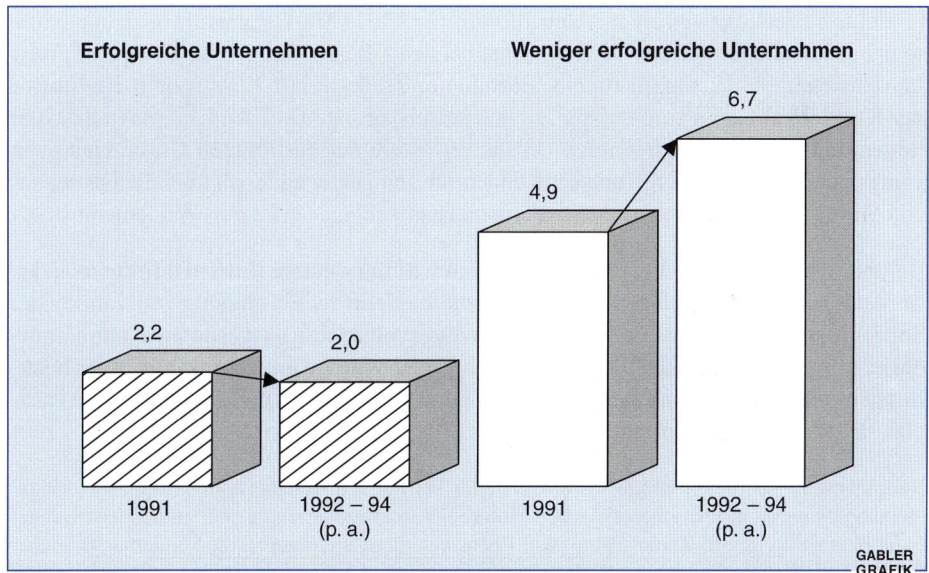

Abbildung 4-29: Ausgaben für Automatisierungstechnologien in der Elektronikindustrie (in Prozent der Wertschöpfung) (Quelle: Kluge et al. 1994, S. 58)

gen konzentriert und können dementsprechend einfache, relativ preiswerte Maschinen verwenden (Kluge et al. 1994, S. 55 f.).

Darüber hinaus führen zahlreiche in der Literatur genannte Ansätze zur Komplexitätsbeherrschung beziehungsweise zur Beherrschung der Produkt- und Variantenvielfalt nicht zu einer Beherrschung, sondern zu einer Reduktion der innerbetrieblichen Komplexität (Schulte 1989).

Interne Komplexität und Komplexitätskosten sind im wesentlichen eine Folge der Produkt- und Variantenvielfalt eines Unternehmens. Demnach müssen die Maßnahmen zur Reduktion der Komplexität und des Koordinationsbedarfs zunächst auch hier ansetzen.

3.51 Komplexitätsabbau auf der Produktprogrammebene

Im Rahmen einer Programmstrukturanalyse sind im ersten Schritt solche Produkte und Varianten zu eliminieren (**Programmbereinigung**), die unter Berücksichtigung von Komplexitätskosten negative Deckungsbeiträge aufweisen und keine besondere strategische Relevanz besitzen (Schmidt 1990; Goetze 1992). Dies sind insbesondere Produkte, bei denen die Kunden die zahlreichen Ausstattungsmerkmale nicht durch eine entsprechend höhere Zahlungsbereitschaft honorieren.

Produkte beziehungsweise Varianten, die auf sehr kleine Marktsegmente beziehungsweise unbedeutende Kunden ausgerichtet sind, bei deren Bearbeitung hohe Komplexitätskosten entstehen, sind ebenfalls für eine Elimination prädestiniert. Eine gezielte **Reduktion der Kundenzahl** kann zum Beispiel zu hohen Einsparungen bei den Komplexitätskosten führen und damit die eintretenden Umsatzverluste unter bestimmten Umständen überkompensieren. Die Verringerung der Kundenzahl kann unter anderem über die Festlegung von Mindestauftragsmengen und Mindermengenaufschlägen erfolgen (Wildemann 1990).

Darüber hinaus kann die Variantenvielfalt durch **höherwertige Basisprodukte** reduziert werden. Statt spartanisch ausgestattete Grundmodelle in Verbindung mit zahlreichen Sonderausstattungen anzubieten, werden wenige, vollständig ausgestattete Komplettprodukte offeriert (Packaging). Auch die Einführung von **Zwangskombinationen beziehungsweise Paketbildungen bestimmter Ausstattungsmerkmale** verringert die Komplexität des Produktprogramms.

Beispielsweise schreiben einige PKW-Hersteller bei der Fahrzeugbestellung dem Kunden bestimmte Zwangskombinationen zwischen Motoren, Karosserievarianten und Sonderausstattungen (zum Beispiel Reifengröße und Felge) vor. Ebenso werden zum Beispiel die Sonderausstattungen Sitzheizung, Nebelscheinwerfer, beheizbare Scheibenwaschdüsen, heizbare Außenspiegel und Scheinwerferwaschanlage zu einem sogenannten Winterpaket zusammengefaßt und können nicht einzeln bestellt werden.

3.52 Komplexitätsabbau auf der Produktebene

Bei einer Programmbereinigung, höherwertigen Basisprodukten und Zwangskombinationen wird die dem Kunden angebotene **Produkt- und Variantenvielfalt reduziert**. Dies ist aus wettbewerbsstrategischen Überlegungen nicht immer möglich. Die Reduktion der Produkt- und Variantenvielfalt ist mit der Gefahr verbunden, durch den geringeren Differenzierungsgrad des Produktprogramms an Wettbewerbsfähigkeit zu verlieren. Entspricht die Breite und Tiefe des Produktprogramms nicht mehr den Individualisierungswünschen des Konsumenten, erhöht sich die Austauschbarkeit der Produkte und der Preiswettbewerb verschärft sich.

Ist die am Markt angebotene Produkt- und Variantenvielfalt nicht zu reduzieren, kann auf eine **Vereinfachung von Produktkonzepten** zurückgegriffen werden. Dies kann unter anderem durch eine möglichst weitgehende Verwendung von Gleichteilen erreicht werden (Dudenhöffer 1997). So reduziert beispielsweise der Volkswagen-Konzern die für seine vier Marken (VW, Audi, Seat, Skoda) verwendeten Bodengruppen zur Zeit von ehedem 16 auf nur noch vier, die dann markenübergreifend verwendet werden sollen. Darüber hinaus kann bei der Entwicklung von Neuprodukten verstärkt auf eine fertigungs- und montagegerechte Konstruktion geachtet werden (Schulte 1989). Produktkonzepte können ferner durch eine Modulbauweise vereinfacht werden (vgl. drittes Kapitel, Abschnitt 2.6 und Sanchez 1996).

Der letzte Ansatz zur Produktvereinfachung schlägt bereits die Brücke zur Komplexitätsreduktion bei internen Prozessen: Produktkonzepte sollten so konstruiert werden, daß eine **kundenspezifische Variantenbildung erst sehr spät**, in den letzten Stufen des Wertschöpfungsprozesses, erfolgt (vgl. Abbildung 4-30). Auf diese Weise können auf den ersten Stufen größere Produktionsmengen standardisierter Teile und Komponenten gefertigt werden (Adam/Rollberg 1996, S. 670).

3.53 Komplexitätsabbau auf der Prozeßebene

3.531 Unternehmenssegmentierung

In der Produktion kann die Prozeßkomplexität durch eine **Fertigungssegmentierung** reduziert werden (Reiß/Höge 1993; Wildemann 1995a). Sind bei der Marktsegmentierung zum Beispiel zwei wesentliche Segmente identifiziert worden (preissensible Massenkunden versus Nischensegment mit speziellen Bedürfnissen und hoher Preisbereitschaft) können durch die Trennung von Standard- und Exotenlinie „volumenstarke Massenprodukte ungestört in stabilen, einfachen und effizienten Prozessen gefertigt werden, ohne auf die Produktion selten nachgefragter Spezialprodukte in getrennten

Funktionsübergreifende Koordination des Marketing

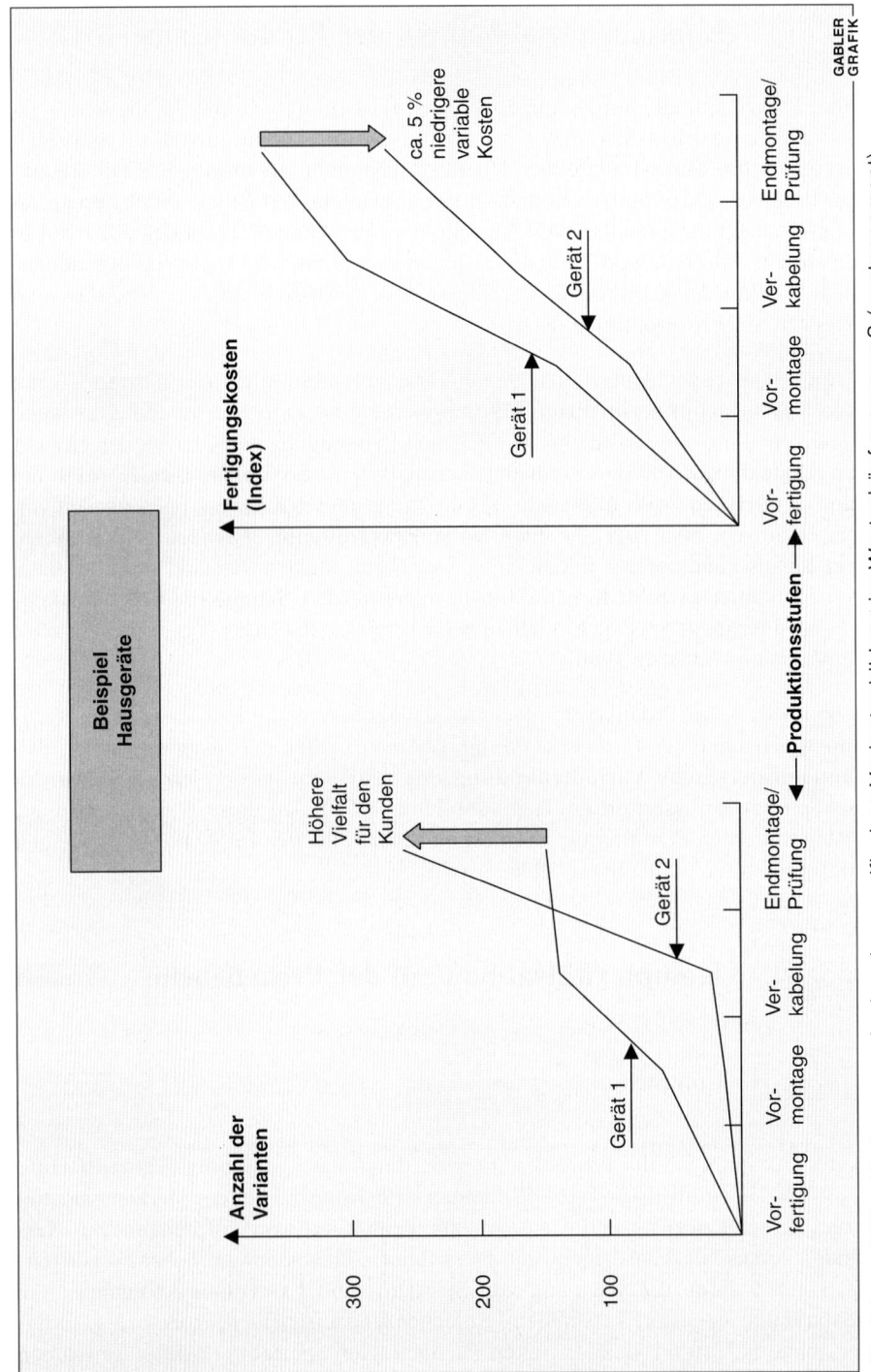

Abbildung 4-30: Verlagerung der kundenspezifischen Variantenbildung im Wertschöpfungsprozeß (postponement)
(Quelle: Rommel et al. 1993, S. 38)

Prozessen verzichten zu müssen" (Adam/Rollberg 1996, S. 667). In der Produktion entfällt damit der Koordinationsbedarf zwischen Standard- und Spezialprodukten (Varianten) weitgehend. Die Fertigungssegmentierung kann insoweit als Koordinationsbedarfsreduktion durch prozeßorientierte Entkopplung bezeichnet werden.

Diese erste Erscheinungsform der **prozeßorientierten Entkopplung** kann auch in anderen Unternehmensbereichen eingesetzt werden (Reiß/Beck 1995). Ausgangspunkt sind dabei wiederum die im Rahmen der **Marktsegmentierung** gebildeten Teilmärkte. Für jedes bedeutende Marktsegment werden die funktionsübergreifend gebildeten Prozesse weiter differenziert. Zum Beispiel können der Auftragsbearbeitungs- oder der Marktkommunikationsprozeß entsprechend der Fertigungssegmentierung in jeweils zwei Teilprozesse für Standard- und Spezialprodukte aufgespalten werden. Auf diese Weise verringert sich der Koordinationsbedarf innerhalb eines Prozesses. Werden dann aufgrund von Markterfordernissen zusätzliche Varianten in das Produktprogramm aufgenommen, können die auf Standardprodukte ausgerichteten Prozesse unverändert beibehalten werden (kein Koordinationsbedarf). Darüber hinaus verringert sich durch die Prozeßbildung der funktionsübergreifende Abstimmungsbedarf, weil in den einzelnen Prozessen Mitarbeiter aus verschiedenen Funktionsbereichen zusammenarbeiten.

Diese Form der Segmentierung von Geschäftsprozessen weist eine gewisse Ähnlichkeit mit der kundenorientierten Marketingorganisation auf (vgl. viertes Kapitel, Abschnitt 4.422). Der zentrale Unterschied liegt jedoch darin, daß kundenorientierte Marketingorganisationen innerhalb der Kundenbereiche zumeist funktionale statt prozeßorientierte Strukturen aufweisen.

3.532 Reintegration von Arbeitsinhalten und Empowerment

Die zweite Erscheinungsform der prozeßorientierten Entkopplung ist die **Reintegration von Arbeitsinhalten** zu ganzheitlich, zusammenhängenden Aufgabenkomplexen. Hierdurch kann die Ablaufkomplexität reduziert werden (Adam/Rollberg 1996). Diese Maßnahme steht im Mittelpunkt der Lean Management- und Reengineeringliteratur. Durch die Reintegration wird die funktionale Spezialisierung der Mitarbeiter verringert und Entscheidungskompetenzen auf untere, in der Regel kundennähere Hierarchieebenen verlagert. Dabei werden das Erfahrungswissen und die Marktinformationen der Mitarbeiter genutzt und der verbleibende Koordinationsbedarf weitgehend durch Selbstabstimmung gedeckt. Die Erweiterung der Entscheidungsbefugnis der Mitarbeiter wird auch mit dem Begriff **„empowerment"** belegt.

In der Folge ergibt sich dadurch die Möglichkeit zum Abbau von Hierarchieebenen im Mittelmanagement. Die traditionellerweise vom Mittelmanagement wahrgenommenen Koordinationsaufgaben zur Abstimmung funktional hochspezialisierter Mitarbeiter auf die übergeordneten Abteilungs-, Bereichs- und Unternehmensziele verringern sich deutlich. Die breit statt tief qualifizierten und entscheidungsbefugten Mitarbeiter können

Funktionsübergreifende Koordination des Marketing

viele Anfragen selbst entscheiden und erledigen. Dadurch verringert sich der Koordinationsbedarf zwischen den Mitarbeitern. Zudem wird das ganzheitliche Denken und die Motivation der Mitarbeiter sowie deren Bereitschaft zur flexiblen Behebung von Störungen im Arbeitsablauf verbessert (Adam/Rollberg 1996). Diesen Wirkungen kommt insbesondere bei hoher interner Komplexität eine große Bedeutung zu, weil sie die **Reaktionsgeschwindigkeit des Unternehmens** beträchtlich erhöhen.

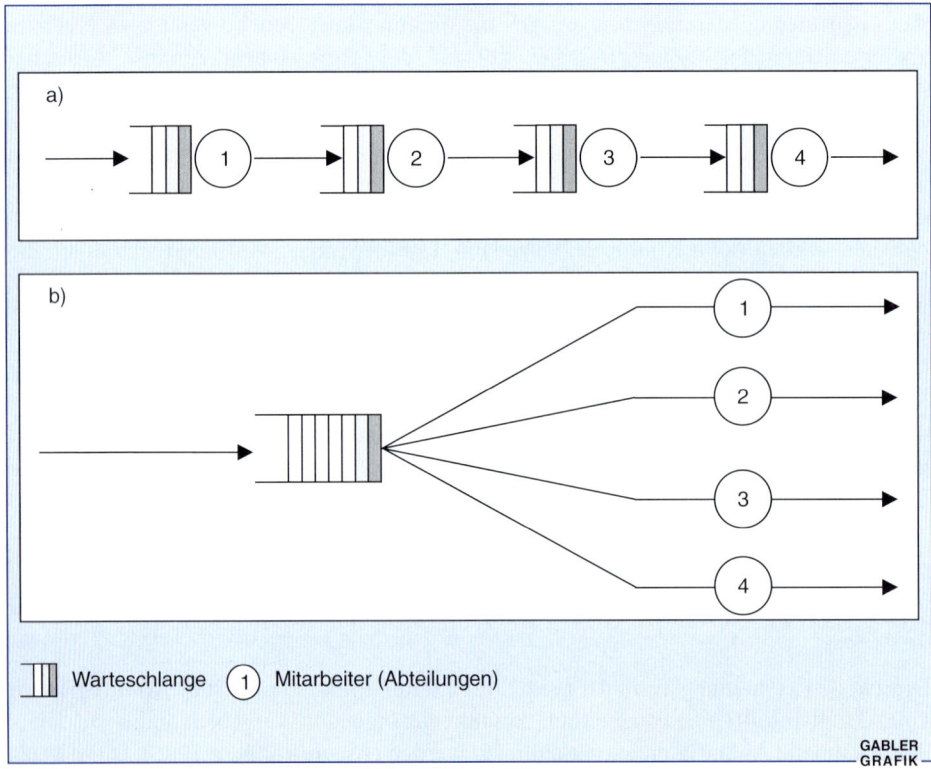

Abbildung 4-31: Sukzessive, hoch spezialisierte versus parallele Auftragsbearbeitung bei Reintegration von Arbeitsinhalten

Zur Dokumentation der Wirkungen von Reintegration und Empowerment auf die Reaktionsgeschwindigkeit des Unternehmens haben Harrison und Loch (1995) eine Computersimulation durchgeführt. Ausgangspunkt ist die bei Hammer und Champy (1993, S. 53 ff.) dargestellte Restrukturierung der Bearbeitung von Finanzierungswünschen bei der IBM Credit Corporation, die den Kauf von Computern, Software und Serviceleistungen bei IBM finanziert.

Ursprünglich wurden die eingehenden Finanzierungswünsche der IBM-Kunden in mehreren sequentiell zu durchlaufenden Stufen von hochspezialisierten Mitarbeitern bearbeitet (vgl. Abbildung 4-31a). Ein Mitarbeiter prüfte zum Beispiel die Bonität des Kunden, ein anderer arbeitete die Kreditverträge aus, ein Dritter legte die konkreten Kreditkonditionen fest, der vierte Mitarbeiter kümmerte sich um die Auszahlung des Kredits. Vor jeder Bearbeitungsstufe bildete sich eine Warteschlange, weil die einzelnen Kreditwünsche sehr heterogen waren und das Arbeitstempo der Mitarbeiter ungleich verteilt war. Die Folge waren unter anderem außerordentlich lange Bearbeitungszeiten und eine niedrige Kundenzufriedenheit.

Im Zuge der Reintegration und des Empowerments wurde jedem Mitarbeiter eine umfassende Entscheidungskompetenz zur Komplettbearbeitung von Finanzierungsanfragen übertragen (vgl. Abbildung 4-31b). Unterstützt wurden die Mitarbeiter dabei neben Weiterbildungsmaßnahmen durch ein vernetztes, leistungsfähiges Informations- und Kommunikationssystem (IuK) mit allen relevanten Kunden- und Kreditinformationen. Dies erforderte hohe Investitionen in die IuK-Infrastruktur. Statt nacheinander konnten die Kundenanfragen nun parallel von den untereinander austauschbaren Mitarbeitern bearbeitet werden. Als Folge des gesunkenen Koordinationsbedarfs beschleunigte sich die Bearbeitungszeit erheblich.

Auf Basis dieser Erfahrungen wurde eine Computersimulation durchgeführt. Verglichen wurden zwei Situationen. In Situation A wird eine Kundenanfrage von vier Funktionsspezialisten nacheinander bearbeitet. In Situation B wird jede Anfrage von einem der vier Mitarbeiter komplett bearbeitet. Spezielle, aus dem normalen Rahmen herausfallende Finanzierungswünsche werden hier nicht näher betrachtet. Sie werden aus dem Standard-Kreditbearbeitungsprozeß ausgegliedert (Prozeßsegmentierung).

Bei den Zeitabständen zwischen den eingehenden Finanzierungsanfragen und der Bearbeitungszeit jeder Anfrage wurde jeweils eine Zufallsverteilung unterstellt (hohe Variabilität). Angenommen wurde ferner, daß die Gesamtbearbeitungsdauer einer Kundenanfrage bei sukzessiver und bei kompletter Bearbeitung identisch ist und die durchschnittliche Kapazitätsauslastung jedes Mitarbeiters 90 Prozent beträgt. Vor diesem Hintergrund wurde die Bearbeitung von 5.000 Kreditanfragen simuliert (vgl. Abbildung 4-32). Es zeigt sich, daß die Durchlaufzeit der Kreditanfragen durch Reintegration und dadurch mögliche Parallelbearbeitung von durchschnittlich 38,33 auf 8,59 Stunden sinkt.

Von den über 38 Stunden bei hoher Spezialisierung der Mitarbeiter entfallen lediglich circa vier Stunden auf die reine Bearbeitungszeit, circa 34 Stunden dagegen auf Wartezeiten vor den vier Bearbeitungsstufen. In der Situation mit hoher Funktionsspezialisierung beträgt die Reaktionszeit des Unternehmens bei 25 Prozent aller Anfragen mehr als 50 Stunden. Die Durchlaufzeit bei einzelnen Anfragen steigt auf bis zu 100 Stunden.

Bei einer zweiten Simulation wurde unterstellt, daß die Auftragsbearbeitungszeit mitarbeiterunabhängig bei jeder Kreditanfrage exakt eine Stunde beträgt. Die Zufallsverteilung der Zeit zwischen dem Eintreffen der Kundenanfragen wurde beibehalten. Die Unterschiedlichkeit der Finanzierungswünsche im Sinne der Nachfragevariabilität wurde auf diese Weise künstlich beseitigt. Diese völlige Homogenität der Kundenbedürfnisse (Standardisierung) ist mit dem Wunsch des Produktionsbereichs nach möglichst wenigen Varianten vergleichbar. In diesem Fall konnte die Durchlaufzeit durch die Reintegration der Arbeitsinhalte nur in geringem Maße reduziert werden (vgl. Abbildung 4-32).

Dieses Beispiel zeigt, daß **bei einer stabilen Markt- und Wettbewerbssituation mit geringer Veränderlichkeit und relativ homogenen Kundenbedürfnissen die traditionelle Form der Arbeitsteilung (hohe Funktionsspezialisierung) durchaus angemessen ist.** Mit wachsender Veränderlichkeit der Umwelt wird Reintegration und Em-

Funktionsübergreifende Koordination des Marketing

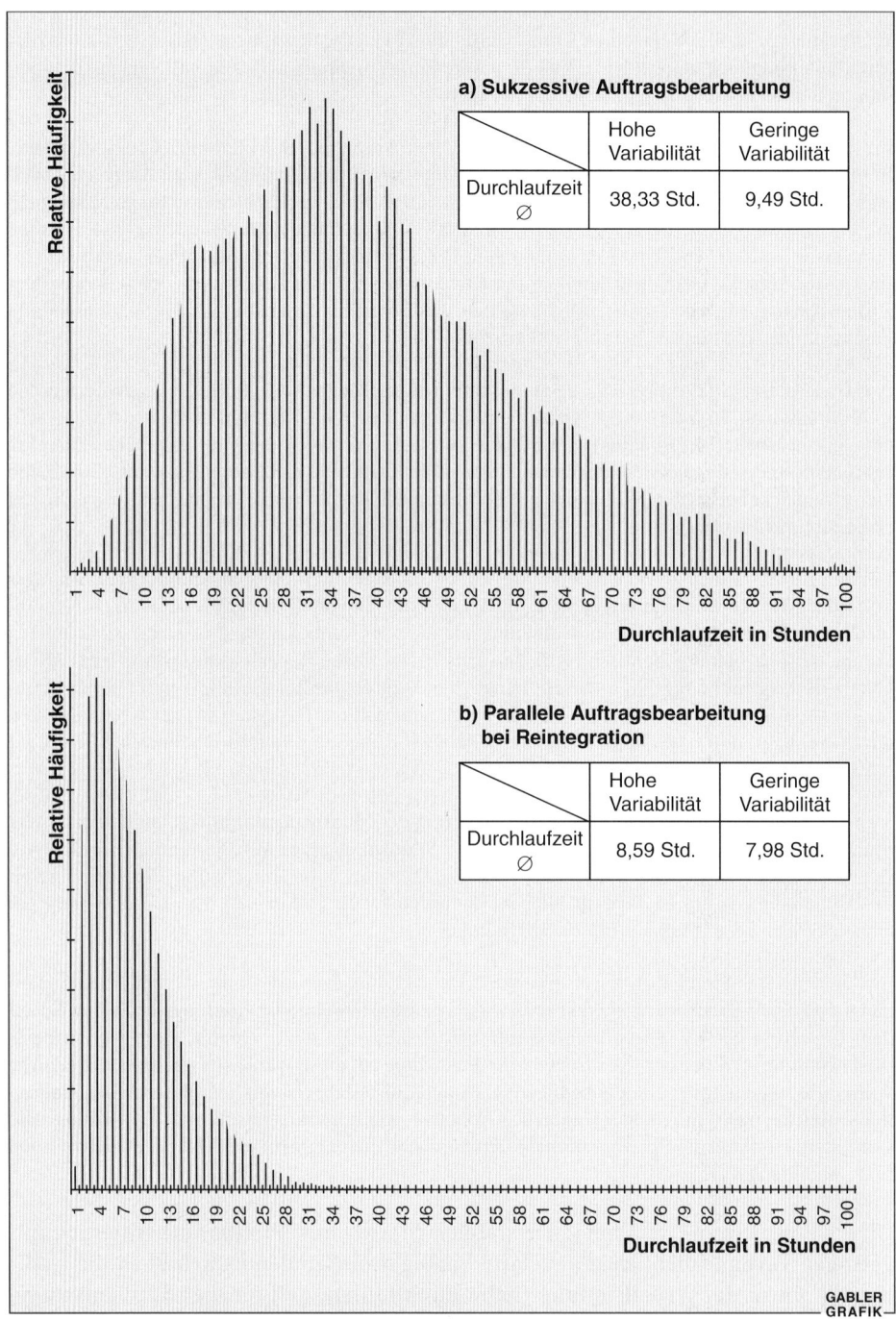

Abbildung 4-32: Durchlaufzeitverringerung durch Reintegration von Arbeitsinhalten
(Quelle: Harrison/Loch 1995)

powerment jedoch zunehmend vorteilhafter. Das Beispiel der Kreditbearbeitung bei IBM unterstreicht ferner, daß die Wirksamkeit der Reintegration von Arbeitsinhalten durch Maßnahmen zur Segmentierung der Organisation (Trennung der Kreditbearbeitung von Massen- und Spezialkunden) erhöht werden kann.

Die Reintegration von Arbeitsinhalten in Verbindung mit dem Empowerment der Mitarbeiter unterer Ebenen ist mit einer starken **Dezentralisation** des Unternehmens verbunden (Child et al. 1991). Grundsätzlich sind dabei die Vorteile der Dezentralisation gegenüber denjenigen der Zentralisation abzuwägen und der unternehmensspezifische Dezentralisationsgrad festzulegen (Drumm 1996). Als Ergebnis dieser Abwägung wurde in der Vergangenheit häufig ein hohes Maß an Zentralisation gewählt. **Heute ist demgegenüber ein sehr viel höheres Maß an Dezentralisation nötig und möglich** (Picot et al. 2000).

Nötig deshalb, weil die Sicherung der Erfolgsposition eines Unternehmens die volle Ausschöpfung der Ressource Personal (Kreativität, Erfahrungswissen etc.) notwendig

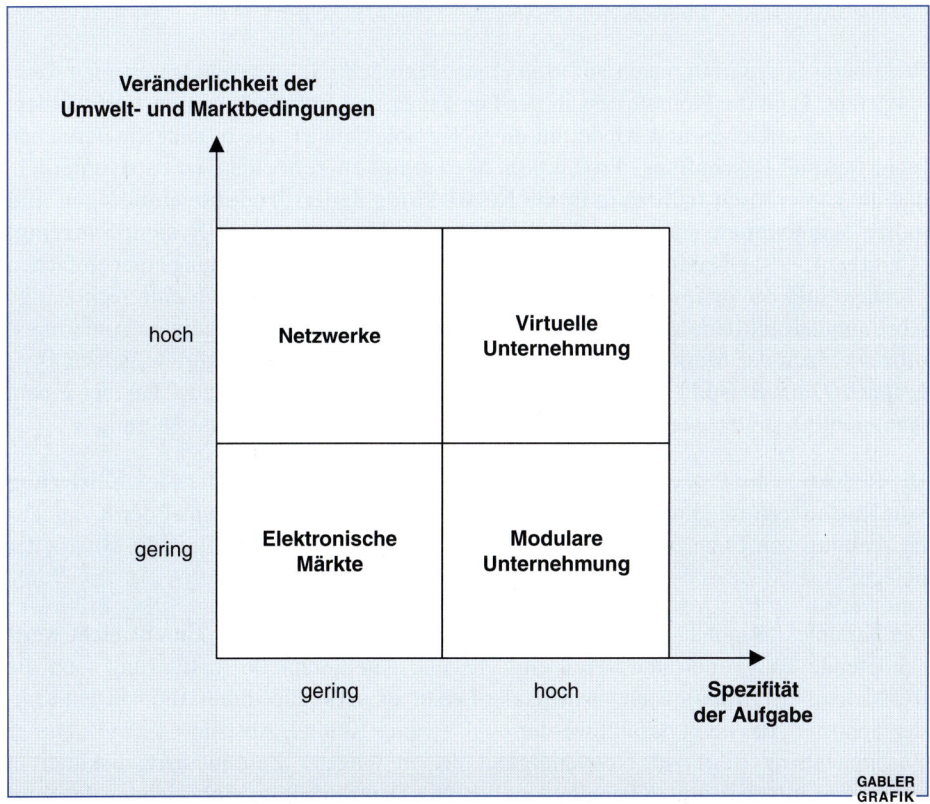

Abbildung 4-33: Koordinationsform und Aufgabenstruktur
(Quelle: Picot/Reichwald/Wigand 1996, S. 14)

macht und Mitarbeiter heute größere Freiräume und Entscheidungsbeteiligung einfordern. Möglich wird eine stärkere Dezentralisation insbesondere durch die neuen Informations- und Kommunikationstechnologien und den sich daraus ergebenden neuen Koordinationsformen (vgl. Abbildung 4-33).

3.533 Fokussierung und Customer Integration

Ein weiterer **Ansatz zur Reduktion der Prozeßkomplexität ist die Fokussierung** (Outsourcing). Bei einer Konzentration auf wenige Kernprozesse durch Verringerung der Fertigungstiefe (Eigenfertigungsanteil) reduziert sich zum Beispiel die Komplexität der Fertigungssteuerung. Dabei ist jedoch zu beachten, daß hierdurch die Komplexität bei anderen Prozessen, zum Beispiel beim Beschaffungsprozeß, nicht ansteigt.

Zur Reduktion ihrer Prozeßkomplexität arbeiten beispielsweise die ertrags- und wachstumsstarken Unternehmen in der Maschinenbaubranche mit wesentlich weniger Lieferanten zusammen als ihre weniger erfolgreichen Wettbewerber (Rommel et al. 1993, S. 57 ff.).

Wird beim Outsourcing auch auf eine eigene Entwicklung der fremdgefertigten Teile verzichtet, kann die Komplexität in der Forschung und Entwicklung reduziert werden. Um dies zu erreichen und wiederum einen Komplexitätsanstieg in anderen Bereichen (zum Beispiel Beschaffung, Produktion, Marketing) zu vermeiden, ist es erforderlich, daß die **Lieferanten frühzeitig in die Entwicklung neuer Produkte einbezogen und ganze Baugruppen statt einzelner Teile ausgelagert werden (System-Sourcing)** (Child et al. 1991). Die frühzeitige Einbeziehung dient der Sicherstellung einer einfachen Montage und der optimalen Erfüllung der Kundenbedürfnisse durch eine rechtzeitige Abstimmung mit dem Marketing. Damit können wesentlich aufwendigere Änderungsprozesse nach der Markteinführung vermieden werden. Die Auslagerung ganzer Baugruppen (zum Beispiel gesamtes Armaturenbrett oder die komplette Tür bei einem Automobilhersteller) vereinfacht die Beschaffung und die Fertigungssteuerung.

Die Reduktion der Prozeßkomplexität ist grundsätzlich auch durch die **Flexibilisierung von Ressourcen** möglich. Dies wurde bereits exemplarisch am Beispiel der Komplettbearbeitung von Finanzierungswünschen bei IBM durch aufgabenflexible Mitarbeiter belegt.

Der Komplexitätsabbau bei Prozessen, das heißt der bewußte Verzicht auf nicht wertschöpfende Tätigkeiten und deren einfache und damit schnelle Ausführung setzt die treffsichere Identifikation nutzenstiftender Leistungsmerkmale voraus, die von den Kunden honoriert, das heißt bezahlt werden (vgl. zweites Kapitel, Abschnitt 4.2243). Dieser Zusammenhang führt zur Notwendigkeit der in jüngster Zeit intensiv diskutierten „**customer integration**" (Kleinaltenkamp 1996). Die frühzeitige Einbeziehung der Kunden in den Entwicklungs- und Vermarktungsprozeß neuer Produkte ist die Basis für die

Gestaltung einfacher Prozesse. Nur dann, wenn das Unternehmen eine klare Vorstellung davon besitzt, welche Aktivitäten bei welcher Kundengruppe zu einer Erhöhung des Produkt- und Dienstleistungsnutzens führen, kann es gezielte Entscheidungen über die Prozeßgestaltung treffen.

In diesem Zusammenhang wird auch die Bedeutung der **Unternehmens- und Marketingstrategie** für den Komplexitätsabbau ebenso wie für den funktionsübergreifenden Koordinationsbedarf deutlich. Entscheidungen hinsichtlich der Geschäftsfeldwahl, der Marktabdeckungsstrategie oder des Differenzierungsgrades der Marktbearbeitung haben unmittelbare Konsequenzen für die innerbetriebliche Komplexität. **Die Gestaltung organisatorischer Strukturen und Abläufe wird dabei von dem aus den marktgerichteten Strategien erwachsenden Koordinationsbedarf determiniert.**

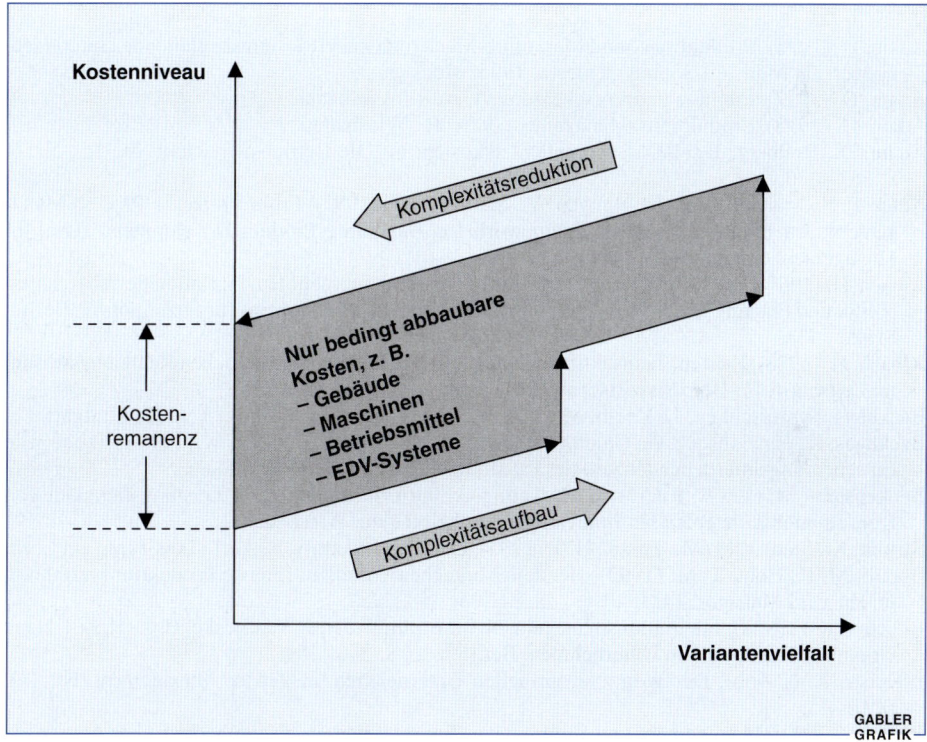

Abbildung 4-34: Kostenremanenzproblem beim Komplexitätsabbau
(Quelle: Kaiser 1995, S. 31)

Eine besondere strategische Bedeutung kommt in diesem Zusammenhang der **Implementierung** des „Einfach-Management" zu. In der Umstellungsphase von komplexen zu einfachen Strukturen sieht sich das Management häufig einem Grundsatzproblem des Komplexitätsabbaus, der sogenannten **Kostenremanenz**, ausgesetzt (Kaiser 1995,

S. 30 f.). Oftmals sind zur Bewältigung der Produkt- und Variantenvielfalt hohe Investitionen in CIM-Technologien getätigt, zusätzliche, mit Koordinationsaufgaben befaßte Mitarbeiter eingestellt und Gebäudeerweiterungen zur Abdeckung des hohen Flächenbedarfs komplexer Fertigungssysteme durchgeführt worden. Viele dieser komplexitätsbedingten Fixkosten sind beim Komplexitätsabbau gar nicht oder nur sehr langfristig abbaubar (vgl. Abbildung 4-34). In dieser Situation kommt dem Management eines drastischen Wandels der Unternehmensstrukturen eine hohe Bedeutung zu (Change Management).

Literaturhinweise

Adam, D. (1995), Produktions- und Marketing-Management, Vorlesungsbegleitende Unterlagen, Universität Münster, Sommersemester 1995, Münster.
Adam, D. (1997), Planung und Entscheidung, 4. Aufl., Wiesbaden.
Adam, D. (1998), Produktions-Management, 9. Aufl., Wiesbaden.
Adam, D., Rollberg, R. (1996), Komplexitätskosten, in: Die Betriebswirtschaft, 56. Jg., Nr. 5, S. 667–670.
Adler, P. S., Mandelbaum, A., Nguyen, V., Schwerer, E. (1995), From Project to Process Management: An Empirically Based Framework for Analyzing Product Development Time, in: Management Science, 41. Jg., No. 3, S. 458–484.
Albach, H. (1967), Die Koordination der Planung im Großunternehmen, in: Rationale Wirtschaftspolitik und Planung in der Wirtschaft von heute, Schriften des Vereins für Sozialpolitik, Berlin, S. 332–438.
Albach, H. (1988), Kosten, Transaktionen und externe Effekte im betrieblichen Rechnungswesen, in: Zeitschrift für Betriebswirtschaft, 58. Jg., Nr. 11, S. 1143–1170.
Backhaus, K., Büschken, J., Voeth, M. (2000), Internationales Marketing, 3. Aufl., Stuttgart.
Backhaus, K., Hawixbrock, G., Gaida, S., Lamers, S., Schlüter, S., Welker, M. (1997), Betriebliche Entscheidungsinterdependenzen: die Fallstudie Peter Pollmann, Berlin u. a.
Benkenstein, M. (1987), F & E und Marketing – Eine Untersuchung zur Leistungsfähigkeit von Koordinationskonzepten bei Innovationsentscheidungen, Wiesbaden.
Birkigt, K., Stadler, M. M., Funck, H. J. (1995), Corporate Identity, 8. Aufl., Landsberg am Lech.
Blaxill, M. F., Hout, T. M. (1992), Hersteller brauchen vor allem robuste Produktionsverfahren, in: Harvard Manager, 14. Jg., Nr. 1, S. 84–93.
Bleicher, K. (1996a), Integrationsmanagement, in: Bullinger, H. J., Warnecke, H. J. (Hrsg.), Neue Organisationsformen im Unternehmen, Berlin u. a., S. 346–359.
Bleicher, K. (1996b), Der Weg zum virtuellen Unternehmen, in: Office Management, Nr. 1/2, S. 10–15.
Bliss, C. (2000), Management von Komplexität, Ein integrierter, systemtheoretischer Ansatz zur Komplexitätsreduktion, Wiesbaden.
Böhm, B. (1989), Identität und Identifikation. Zur Persistenz physikalischer Gegenstände, Frankfurt am Main.
Bösenberg, D., Metzen, H. (1995), Lean-Management, 5. Aufl., Landsberg am Lech.
Brockhoff, K. (1994), Management organisatorischer Schnittstellen – unter besonderer Berücksichtigung der Koordination von Marketingbereichen mit der Forschung und Entwicklung, Joachim-Jungius Gesellschaft der Wissenschaften e. V. Hamburg (Hrsg.), Göttingen.
Brockhoff, K., Hauschildt, J. (1993), Schnittstellen-Management – Koordination ohne Hierarchie, in: Zeitschrift für Organisation, Nr. 6, S. 396–403.

Bühner, R. (1999), Betriebswirtschafliche Organisationslehre, 9. Aufl., München u. a.
Coase, R. (1937), The Nature of the Firm, in: Economica, New Series, 4. Jg., S. 386–405.
Coenenberg, A., Prillmann, M. (1995), Erfolgswirkungen der Variantenvielfalt und Variantenmanagement, in: Zeitschrift für Betriebswirtschaft, 65. Jg., Nr. 11, S. 1231–1253.
Child, P., Diederichs, R., Hayo-Sanders, F., Wisniowski, S. (1991), The management of complexity, in: McKinsey Quarterly, 28. Jg., No. 4, S. 52–68.
Cummings, P, (1991), Symptoms of complexity, in: McKinsey Quaterly, Vol. 28, No. 4, S. 60–61.
Dale, B. G., Lascelles, D. M., Plunkett, J. J. (1990), The Process of Total Quality Management, in: Dale, B. G., Plunkett, J. J. (Hrsg.), Managing Quality, New York u. a., S. 3–18.
Davenport, T. H., Short, J. E. (1990), The New Industrial Engineering: Information Technology and Business Process Redesign, in: Sloan Management Review, Vol. 31, No. 4, S. 11–28.
Davidow, W. H., Malone, M. S. (1993), Das virtuelle Unternehmen: Der Kunde als Co-Produzent, Frankfurt am Main u. a.
Deal, T., Kennedy, A. (1982), Corporate Cultures – the Rites and Rituals of Corporate Life, Reading/Mass. u. a. (deutsch: Unternehmenserfolg und Unternehmenskultur, Bonn 1987).
Drumm, H. J. (1996), Das Paradigma der Neuen Dezentralisation, in: Die Betriebswirtschaft, 56. Jg., Nr. 1, S. 7–20.
Dudenhöffer, F. (1997), Plattformen und Nischenmarketing, in: Blick durch die Wirtschaft, 6.3.1997, S. 9.
Eversheim, W., Kümper, R. (1993), Variantenmanagement durch ressourcen-orientierte Produktbewertung, in: Kostenrechnungspraxis, Nr. 4, S. 233–238.
Fischer, T. M. (1993), Sicherung unternehmerischer Wettbewerbsvorteile durch Prozeß- und Schnittstellenmanagement, in: Zeitschrift für Organisation, Nr. 5, S. 312–318.
Frese, E. (1969), Management by Exception, in: Handwörterbuch der Organisation, 1. Aufl., Stuttgart, Sp. 956–959.
Frese, E. (1998), Grundlagen der Organisation, 7. Aufl., Wiesbaden.
Gilbert, X., Strebel, P. (1987), Strategies to Outpace the Competition, in: Journal of Business Strategy, No. 1, S. 28–36.
Gmünden, H. G. (1983), Führungsentscheidungen, eine Realtypologie, in: Hauschildt, J. (Hrsg.), Entscheidungen der Geschäftsführung, Tübingen, S. 24–143.
Goetze, S. von (1992), Optimierung der Variantenvielfalt, Analyse und Bewertung der Variantenvielfalt unter der Perspektive der Systemwirtschaftlichkeit, Thun u. a.
Griffin, A., Hauser, J. R. (1996), Integrating R & D and Marketing: A Review and Analysis of the Literature, in: Journal of Product Innovation Management, Vol. 13, No. 3, S. 191–215.
Hammer, M. (1990), Re-Engineering Work – Don't Automate Obliterate, in: Harvard Business Review, Vol. 68, July/August, S. 104–113.
Hammer, M. (1996), Beyond Reengineering. How the Process-Centered Organization is Changing Our Work and Our Lives, New York.
Hammer, M., Champy, J. (1996), Reengineering the Corporation, 6th ed., New York.
Harrison, M. J., Loch, C. H. (1995), Operations Management and Reengineering, unveröffentlichtes Manuskript, Graduate School of Business, Stanford University, Dezember.
Heinen, E. (1987), Unternehmenskultur, München.
Hirn, W. (1996), Der große Sprung, in: Manager Magazin, 26. Jg., Nr. 2, S. 78–83.
Horvath, P., Gleich, R., Lamla, J. (1993), Kostenrechnung in flexiblen Montagesystemen bei hoher Variantenvielfalt, in: Wirtschaftswissenschaftliches Studium, 22. Jg., Nr. 3, S. 206–215.
Kaiser, A. (1995), Integriertes Variantenmanagement mit Hilfe der Prozeßkostenrechnung, Hallstadt.
Kaplan, R. B., Murdock, L. (1991), Core Process Redesign, in: McKinsey Quarterly, 28. Jg., No. 2, S. 27–41.
Karmarkar, U. S. (1996), Integrative Research in Marketing and Operations Management, in: Journal of Marketing Research, Vol. 33, S. 125–133.
Kleinaltenkamp, M. (Hrsg.) (1996), Customer-Integration: Von der Kundenorientierung zur Kundenintegration, Wiesbaden.

Kluge, J., Stein, L., Krubasik, E., Beyer, I., Düsedau, D., Huhn, W., Schmidt, E., Deger, R. (1994), Wachstum durch Verzicht. Schneller Wandel zur Weltklasse: Vorbild Elektronikindustrie, Stuttgart.

Kieser, A. (1996), Business Process Reengineering – neue Kleider für den Kaiser?, in: Zeitschrift für Organisation, Nr. 3, S. 179–185.

Kieser, A., Kubicek, H. (1992), Organisation, 3. Aufl., Berlin u. a.

Köhler, R., Görgen, W. (1991), Schnittstellenmanagement, in: Die Betriebswirtschaft, 51. Jg., Nr. 4, S. 527–529.

König, S. (1994), Strukturierung von Organisation und Produktion bei Typen- und Variantenvielfalt, in: IO Management Zeitschrift, 63. Jg., Nr. 3, S. 64–68.

Krafcik, J. F. (1988), Triumph of the Lean Production System, in: Sloan Management Review, Vol. 30, No. 1, S. 41–52.

Lingnau, V. (1994), Variantenmanagement. Produktionsplanung im Rahmen einer Produktdifferenzierungsstrategie, Berlin.

Matschoss, C. (1912), Die Maschinenfabrik R. Wolf Magdeburg-Buckau 1862–1912. Die Lebensgeschichte des Begründers, die Entwicklung der Werke und ihr heutiger Stand, Magdeburg (zitiert nach Brockhoff, Hauschildt 1993).

Meffert, H. (1997), Die virtuelle Unternehmung: Perspektiven aus der Sicht des Marketing, in: Festschrift zum 65. Geburtstag von Werner Engelhardt, Backhaus, K. (Hrsg.), Stuttgart (im Druck).

Meffert, H., Bruhn, M. (1997), Dienstleistungsmarketing. Grundlagen – Konzepte – Methoden, 2. Aufl., Wiesbaden.

Meffert, H., Burmann, C. (1996), Identitätsorientierte Markenführung – Grundlagen für das Management von Markenportfolios, Meffert, H., Wagner, H., Backhaus, K. (Hrsg.), Arbeitspapier Nr. 100 der Wissenschaftlichen Gesellschaft für Marketing und Unternehmensführung e. V., Münster.

Michaelis, E. (1985), Organisation unternehmerischer Aufgaben – Transaktionskosten als Beurteilungskriterium, Frankfurt am Main u. a.

o. V. (1996), „In sechs Wochen ist das neue Auto da", in: FAZ, Nr. 225, 01.11.1996, S. 20.

Panzar, J. C., Willig, R. D. (1977), Economies of Scope, in: American Economic Review, Vol. 71, No. 2, S. 268–272.

Picot, A. (1982), Transaktionskostenansatz in der Organisationstheorie: Stand der Diskussion und Aussagewert, in: Die Betriebswirtschaft, 42. Jg., Nr. 2, S. 267–284.

Picot, A. (1991), Ein neuer Ansatz zur Gestaltung der Leistungstiefe, in: Zeitschrift für betriebswirtschaftliche Forschung, 43. Jg., Nr. 4, S. 336–357.

Picot, A., Reichwald, R., Wigand, R. T. (2000), Die grenzenlose Unternehmung, 4. Aufl., Wiesbaden.

Prabhaker, P. R., Goldhar, J. D., Lei, D. (1994), Marketing Implications of Flexible Manufacturing Systems, in: Marketing Theory and Application, Vol. 5, Berichtsband der Winter Marketing Educators' Conference in St. Petersburg/Florida, American Marketing Association (Hrsg.), Chicago, S. 216–222.

Rathnow, P. J. (1994), Integriertes Variantenmanagement. Bestimmung, Realisierung und Sicherung der optimalen Produktvielfalt, Göttingen.

Reiß, M. (1993), Komplexitätsmanagement I, in: Wirtschaftswissenschaftliches Studium, 22. Jg., Nr. 1, S. 54–59.

Reiß, M., Beck, T. C. (1995), Mass Customization-Geschäfte: Kostengünstige Kundennähe durch zweigleisige Geschäftssegmentierung, in: Thexis, 12. Jg., Nr. 3, S. 30–34.

Reiß, M., Höge, R. (1993), Kosten und Nutzen der Segmentierung, in: Kostenrechnungspraxis, Nr. 4, S. 215–221.

Ries, A. (1996), Focus – The Future Of Your Company Depends On It, New York.

Rollberg, R. (1996), Lean Management und CIM aus Sicht der strategischen Unternehmensführung, Wiesbaden.

Rommel, G., Brück, F., Diederichs, R., Kempis, R. D., Kluge, J. (1993), Einfach überlegen. Das Unternehmenskonzept, das die Schlanken schlank macht und die Schnellen schnell macht, Stuttgart.
Sanchez, R. (1996), Strategic Product Creation: Managing New Interactions of Technology, Markets and Organizations, in: European Management Journal, Vol. 14, No. 2, April, S. 121–138.
Schein, E. H. (1992), Organizational Culture and Leadership, 2. Aufl., San Francisco.
Schimank, C. (1993), Komplexitätsreduktion und Prozeßoptimierung, in: Horvath, P. (Hrsg.), Marktnähe und Kosteneffizienz, Stuttgart, S. 185–206.
Schmidt, T. B. (1990), Die Bestimmung der optimalen Sortimentstiefe für einen Konsumgüterhersteller, Köln.
Schuh, G. (1993), Wettbewerbsvorteile durch Prozeßkostensenkung, in: 28. Konferenz Normenpraxis, DIN-Jahrestagung, Tagungsband, Stuttgart, S. 62–68 (zitiert nach Kaiser 1995).
Schulte, C. (1989), Produzieren Sie zu viele Varianten?, in: Harvard Manager, 11. Jg., Nr. 2, S. 60–66.
Shapiro, B. P. (1979), Partner oder Gegner, in: Harvard Manager, 1. Jg., Nr. 2, S. 7–17.
Smith, A. (1776), An Inquiry into the Nature and Causes of the Wealth of Nations, London (zitiert nach Brockhoff 1994).
Sommerlatte, T., Wedekind, E. (1991), Leistungsprozesse und Organisationsstruktur, in: Arthur D. Little (Hrsg.), Management der Hochleistungsorganisation, 2. Aufl., Wiesbaden, S. 24–41.
Specht, G., Silberer, G., Engelhardt, W. H. (Hrsg.) (1989), Marketing-Schnittstellen. Herausforderungen für das Management, Festschrift zum 60. Geburtstag von Hans Raffée, Stuttgart.
St. John, C. H., Hall, E. H. (1991), The Interdependency Between Marketing and Manufacturing, in: Industrial Marketing Management, Vol. 20, S. 223–229.
Striening, H. D. (1988), Prozeß-Management – Versuch eines integrierten Konzeptes zur situationsadäquaten Gestaltung von Verwaltungsprozessen, Frankfurt am Main u. a.
Töpfer, A. (1994), Ein Paradigmenwechsel in der marktorientierten Unternehmensführung?, in: Blum, U., Greipl, E., Hereth, H., Müller, S. (Hrsg.), Wettbewerb und Unternehmensführung, Stuttgart.
Ungeheuer, U. (1990), Integrierte Produktionslogistik: Ein entscheidender Baustein in der PKW-Endmontage, in: Produktionslogistik: Konzepte, Beispiele, Erfahrungen, VDI (Hrsg.), VDI-Bericht Nr. 826, Düsseldorf, S. 33–65.
Wermeyer, F. (1994), Marketing und Produktion – Schnittstellenmanagement aus unternehmensstrategischer Sicht, Wiesbaden.
Wildemann, H. (1990), Kostengünstiges Variantenmanagement, in: IO Management Zeitschrift, 59. Jg., Nr. 11, S. 37–41.
Wildemann, H. (1995a), Transaktionskostenreduzierung durch Fertigungssegmentierung, in: Die Betriebswirtschaft, 55. Jg., Nr. 6, S. 783–795.
Wildemann, H. (1995b), Komplexität verringern statt beherrschen, in: Blick durch die Wirtschaft, Nr. 28, 08.02.1995, S. 7.
Wilkins, L., Ouchi, K. H. (1983), Efficient Cultures: Exploring the Relationship Between Culture and Organizational Performance, in: Administrative Science Quarterly, Vol. 28, S. 468–481.
Wirtz, B. W. (1996), Business Process Reengineering – Erfolgsdeterminanten, Probleme und Auswirkungen eines neuen Reorganisationsansatzes, in: Zeitschrift für betriebswirtschaftliche Forschung, 48. Jg., Nr. 11, S. 1023–1036.
Wolterek, S. (1994), Zuviel der Vielfalt, in: Mercedes-Benz intern, Mercedes-Benz AG (Hrsg.), Nr. 6, Nr. 159, S. 14–15 (zitiert nach Kaiser 1995).
Womack, J. P., Jones, D. T., Roos, D. (1990), The Maschine That Changed the World, New York (Seitenangaben nach deutscher Übersetzung „Die zweite Revolution in der Autoindustrie", Frankfurt am Main 1991).

4. Marketingorganisation

4.1 Aufgaben und zentrale Entscheidungstatbestände der Marketingorganisation

Aus der Notwendigkeit zur Durchsetzung der Marketingkonzeption im Unternehmen ergibt sich das zentrale Problem der Institutionalisierung des Marketing in der Unternehmensorganisation. In den Unternehmungen müssen somit die organisatorischen und personellen Voraussetzungen geschaffen werden, um die **Marktorientierung aller Unternehmensbereiche** zu gewährleisten. Der Ausdruck „Marketingorganisation" wird dabei in unterschiedlich weiter Begriffsfassung verwendet: Im engeren Sinne versteht man darunter ausschließlich die organisatorische Regelung der absatzspezifischen Aufgaben. Im weiteren Sinne werden – entsprechend der Auffassung des Marketing als marktorientierte Führungskonzeption – auch Strukturierungsprobleme der Gesamtunternehmung unter dem Begriff subsumiert. Diese erweiterte Begriffsfassung soll hier zugrunde gelegt werden, da bei dieser Begriffsdefinition die Berücksichtigung von Schnittstellenproblemen zu anderen Funktionsbereichen gewährleistet ist. Damit wird dem modernen Verständnis des „Marketing als Maxime" Rechnung getragen.

Aufgabe der Marketingorganisation ist es, das Marketingsystem so zu strukturieren, daß eine „optimale" marktorientierte Entscheidungsfindung möglich ist. Um dies zu realisieren, müssen die folgenden **vier Grundfragen** geklärt werden (Bidlingmaier 1973, S. 139 ff.):

1. Welche Priorität soll dem **Marketing innerhalb einer Unternehmung** eingeräumt werden, und welche Stellung in der Unternehmensorganisation soll dem Marketingbereich somit zukommen?

2. Wie soll die **interne Gliederungsstruktur des Marketingbereiches** aussehen, das heißt welcher Aspekt – Funktionen, Produkte oder Kunden – soll organisatorisch im Vordergrund stehen?

3. In welcher Weise sollen die **einzelnen Funktionsbereiche des Marketing** – wie zum Beispiel Marktforschung oder Kommunikation – strukturiert werden?

4. Durch welche organisatorischen Regelungen sollen einmalige oder sporadisch wiederkehrende Marketingaufgaben unterstützt werden?

Bei der Gestaltung der Marketingorganisation sind Kriterien heranzuziehen, welche die besondere Erfolgsrelevanz der Marketingorganisation zum Ausdruck bringen. Neben den für alle Unternehmungsbereiche geltenden Kriterien (zum Beispiel Kosten, Zeit, Entlastung oberer Führungsebenen, Motivation) verlangt die Gestaltung der Marketingorganisation insbesondere die Berücksichtigung der folgenden **Grundsätze** (Meffert 1971; Wagner 1975):

- Die Aufbauorganisation muß **ein integriertes Marketing ermöglichen**, das heißt es muß sowohl eine effiziente Koordination aller Marketingaktivitäten als auch eine ebensolche Abstimmung mit den anderen Funktionsbereichen der Unternehmung (Beschaffung, Produktion, Finanzierung etc.) erfolgen.

- Die Marketingorganisation muß **hohen Flexibilitätsanforderungen genügen**, das heißt sie muß trotz häufiger Änderungen in den Umweltbedingungen (Marktdynamik) ihre Leistungswirksamkeit bewahren. Dabei muß sie sowohl auf die Veränderung der Marktbedingungen an sich (zum Beispiel allgemeine Wirtschaftslage etc.) als auch auf konkrete Anforderungen wie beispielsweise den Eintritt eines neuen Wettbewerbers flexibel reagieren können.

- Es ist solchen Organisationsformen der Vorzug zu geben, welche die **Kreativität und Innovationsbereitschaft aller Mitarbeiter erhöhen**. Dies bedeutet, daß ein Mindestmaß an „produktiven" Konflikten zwischen den Systemelementen bestehen muß, um zu integrierten und von allen Beteiligten mitgetragenen Lösungen zu kommen.

- Die Organisationsstruktur sollte so aufgebaut sein, daß eine **sinnvolle Spezialisierung** der Organisationsteilnehmer nach Funktionen, Produktgruppen, Abnehmergruppen oder Absatzgebieten gewährleistet ist.

Bei der Entwicklung der Organisationsstruktur für den Marketingbereich ist darüber hinaus die **spezifische Situation der Unternehmung** zu berücksichtigen.

Im Hinblick auf die Institutionalisierung des Marketing gibt es verschiedene Strukturierungsansätze, wobei primär die Frage der aufbauorganisatorischen Strukturierung im Vordergrund steht. Je nach der Art des Strukturierungskriteriums ergeben sich somit verschiedene **Grundformen der Marketingorganisation** (Kieser/Kubicek 1992; Hill et al. 1994; Bühner 1996):

- **Aufbau- und Ablauforganisation** des Marketing: Die Aufbauorganisation beschäftigt sich in erster Linie mit Problemen der Gliederung der Unternehmung in funktionsfähige Teileinheiten und deren Koordination (zum Beispiel Gliederung nach Funktionen, Produkten oder Absatzregionen). Die Ablauforganisation untersucht die organisatorische Gestaltung einzelner Arbeitsprozesse (zum Beispiel Absatzplanung).

- **Interne und externe** Marketingorganisation: Die interne Marketingorganisation beschäftigt sich mit der Strukturierung der Absatzaufgaben innerhalb der Unternehmung. Im Gegensatz hierzu befaßt sich die externe Marketingorganisation mit der Strukturierung interorganisationaler Verhaltenszusammenhänge (zum Beispiel Ausgliederung von Absatzaufgaben). Die Gestaltung der externen Marketingorganisation ist insbesondere dann wichtig, wenn die Unternehmung im Rahmen strategischer Allianzen und sogenannter „virtueller" Organisationsformen mit externen Partnern kooperiert (Meffert 1997).

- **Zentrale und dezentrale** Marketingorganisation: Bei der zentralen Organisation wird die Entscheidungsbefugnis auf einen oder wenige Entscheidungsträger (Stelle, Ort, Person usw.) konzentriert, während bei der dezentralen Organisation eine weitgehende Delegation von Entscheidungskompetenz und -verantwortung auf untere, marktnähere Hierarchieebenen erfolgt. Oft treten in der Praxis Mischformen aus zentralen und dezentralen Regelungen auf.

- **Ein- und mehrdimensionale** Marketingorganisation: Eindimensionale Organisationsformen sind dadurch gekennzeichnet, daß auf der Ebene der Geschäftsleitung eine Zusammenfassung von Marketingaufgaben nach einem einzigen Gliederungskriterium erfolgt. Dies ist bei allen funktional- und objektorientierten Organisationsformen der Fall. Erfolgt die Strukturierung der Unternehmung nach mehr als einem Kriterium, liegt eine Matrix- oder Tensororganisation vor. Dabei wird beispielsweise sowohl nach dem Kriterium Produkt als auch anhand der Unternehmensfunktionen gegliedert.

- **Temporäre und dauerhafte** Organisationsformen: Ausschlaggebend ist in diesem Zusammenhang die zeitliche Dauer der organisatorischen Regelung. Dabei ist zum Beispiel zu entscheiden, ob eine bestimmte Aufgabe – wie die Erforschung einer neuen Technologie – innerhalb der dauerhaft eingerichteten Forschungsabteilung oder im Rahmen eines temporären F&E-Projektteams durchgeführt werden soll.

Die Grundformen der Marketingorganisation treten in der Praxis meist in kombinierter Form auf. Die Komplexität und Vielfalt der im Marketing zu lösenden Aufgaben führen oft bereits in mittelgroßen Unternehmungen zu dezentralisierten Formen der Marketingorganisation. Sie ermöglichen eine Entlastung der Marketingleitung und begünstigen die Marktorientierung. Darüber hinaus erhöhen sie die Flexibilität des Gesamtsystems.

4.2 Integration des Marketing in die Unternehmensorganisation

Im Zeitablauf haben sich verschiedene Integrationsformen des Marketing in der Unternehmensorganisation entwickelt: Neben der produkt- und verkaufsorientierten Ausrichtung der Organisation, bei der das Marketing nur eine untergeordnete Rolle spielt, sind die Formen der teil- beziehungsweise vollintegrierten Marketingorganisation zu unterscheiden (Dichtl/Kress 1971).

Sowohl bei der **produktionsorientierten** als auch der **verkaufsorientierten Unternehmensorganisation** werden Marketingaufgaben als Randtätigkeiten von anderen betrieblichen Funktionsbereichen miterledigt. Produktions- und verkaufsorientierte Organisationsformen sind typisch für frühe Stadien der Organisationsentwicklung, in denen häufig noch der technische Aspekt der Leistungserstellung dominiert. Die Absatzaufgabe beschränkt sich zumeist auf die Lösung eines relativ einfachen Distributionsproblems. Eine Verankerung des Marketing als marktorientierte Unternehmensführung findet nicht statt.

Im Zuge einer steigenden Wettbewerbsintensität ergibt sich in vielen Unternehmen eine stärkere **Betonung der Verkaufsfunktion.** Kennzeichnend hierfür ist die Zusammenfassung wichtiger absatzbezogener Aktivitäten, die bislang anderen Funktionsbereichen zugeordnet waren, im Gesamtbereich Verkauf. So übernimmt der Verkaufsleiter bereits wesentliche Marketingfunktionen, wenngleich der Verkaufsaspekt noch im Vordergrund steht.

Demgegenüber bekennen sich Unternehmen mit **teilintegrierter Marketingorganisation** bereits explizit zu den wesentlichen Forderungen des modernen Marketingkonzepts. Bei der teilintegrierten Marketingorganisation tritt die Unternehmung mit der Einrichtung einer eigenständigen Marketingabteilung in die Phase der Marketingakzeptanz beziehungsweise -orientierung ein. Am Beginn dieser Phase steht häufig die Einrichtung einer der Unternehmensleitung zugeordneten „Stabsstelle Marketing", die den Markterfordernissen im Rahmen der betrieblichen Aktivitäten Geltung zu verschaffen hat und insbesondere für die Marketingforschung, die Marketingplanung sowie die Gestaltung der Marktkommunikation verantwortlich ist. Mit zunehmender Bedeutung werden dieser Abteilung Linienkompetenzen eingeräumt, die zu einer Entflechtung und Erweiterung der bislang vom Verkauf wahrgenommenen Funktionen führen. Dabei übernimmt die Marketingabteilung die konzeptionellen Marketingfunktionen, während der Verkauf für die akquisitorischen und logistischen Funktionen zuständig ist. Diese Aufgabenteilung und die hierarchische Gleichstellung der beiden Abteilungen hat zur Folge, daß Marketing und Verkauf mehr oder weniger isoliert und ohne ausreichende gegenseitige Abstimmung auf den Kunden einwirken. Eine optimale und schlagkräftige Kombination der Marketingaktivitäten wird nicht erreicht, da jede Abteilung eigene Ziele verfolgt, die dem Konzept eines integrierten Marketing widersprechen.

Alle Lösungsversuche, die das Marketing der Verkaufsabteilung unterordnen, gleichstellen oder als Stabsstelle der Unternehmensleitung angliedern, führen nicht zu einer echten organisatorischen Institutionalisierung des Marketinggedankens. Davon kann vielmehr erst dann gesprochen werden, wenn alle Marketingaktivitäten – einschließlich denen des Verkaufs – der Marketingabteilung direkt unterstellt sind und dieser ein dementsprechendes Mitspracherecht bei allen wichtigen Unternehmensentscheidungen eingeräumt wird.

Eine vollständige Institutionalisierung des Marketing als marktorientierte Führungskonzeption erfolgt dann, wenn das Marketing im Sinne des Gutenbergschen Engpaßdenkens nicht mehr als eine, sondern als **die** Engpaßfunktion im Unternehmen betrachtet wird. Dabei ist es nach dem modernen Marketingverständnis zwingend notwendig, Marketing nicht nur im Sinne einer eigenen Marketingabteilung zu institutionalisieren, sondern darüber hinaus eine Verankerung des Marketing als Leitkonzept (Philosophie) der Gesamtunternehmung zu erreichen (Meffert 1995). Erst im Rahmen einer solchermaßen **vollintegrierten Marketingorganisation** ist gewährleistet, daß alle Entscheidungen in der Unternehmung unter Marketinggesichtspunkten getroffen werden.

Bei der organisatorischen Eingliederung des Marketing in die Gesamtunternehmung stehen häufig die **Koordinationserfordernisse** zwischen den funktionalen Subsystemen (zum Beispiel mit der Produktion, der Forschung und Entwicklung etc.) im Vordergrund. Die Marketingleitung sollte aus diesem Grund zwingend Mitglied der obersten Führungsspitze der Unternehmung sein. Nur unter dieser Voraussetzung ist sichergestellt, daß die Marketingaktivitäten gezielt eingesetzt werden und gleichzeitig die Koordination mit den übrigen Funktionen gelingt. Die in einigen Unternehmungen (wie zum Beispiel der BMW AG) in den letzten Jahren angestellten Überlegungen beziehungsweise Restrukturierungen, das Marketing als integrativen Bestandteil aller Unternehmenstätigkeiten zu behandeln und deshalb auf einen Marketingvorstand zu verzichten, kann deshalb nicht überzeugen. Die Wahrnehmung der Marketingfunktionen durch den Gesamtvorstand und jeden einzelnen Mitarbeiter scheitert oftmals an den Problemen der praktischen Handhabbarkeit und kann zu einer Vernachlässigung der Marketingorientierung in der gesamten Unternehmung führen.

Die Deutsche Bank AG beispielsweise hat aus diesen Gründen die Marketingfunktion im Geschäftsbereich Privat- und Geschäftskunden 1997 deutlich gestärkt. Sie ist damit die erste deutsche Großbank, die für das Marketing ein eigenes Ressort mit einem Bereichsvorstand eingerichtet hat. Nach eigenem Bekunden taten sich die Banken bisher mit dem „offensiven Verkaufen" relativ schwer. Die Einrichtung des Marketingvorstandes bei der Deutschen Bank ist insoweit als erster Schritt in Richtung einer konsequenteren Markt- und Verkaufsorientierung zu werten (o. V. 1997, S. 12).

Über die Infragestellung des Marketingvorstandes hinaus wird auch die Notwendigkeit einer institutionalisierten Marketingabteilung in der Praxis immer noch kontrovers diskutiert.

Beispiele wie die CC-Bank, bei der es im gesamten Organigramm keine Marketingabteilung gibt, sind allerdings nur bedingt geeignet, die Redundanz einer Marketingabteilung zu belegen. Trotz des Wegfalles der Marketingabteilung besteht bei der CC-Bank nur deswegen eine ausreichende Marketingorientierung, weil vier Abteilungen zur sogenannten „Geschäftsförderung" eingesetzt wurden. Diese betreuen mit der Produktgestaltung, der Preisgestaltung und der Vertriebssteuerung drei wesentliche Bereiche des „ehemaligen" Marketing. Somit handelt es sich genau genommen nicht um eine Abschaffung der Marketingabteilung, sondern um eine Aufgabenumverteilung. Ähnliches gilt auch für die Wilo GmbH, in der ebenfalls eine „Abschaffung" der Marketingabteilung stattfand, statt dessen allerdings sogenannte KIM(„**K**unde **i**m **M**ittelpunkt")-Manager eingesetzt wurden, die die Marktorientierung absichern sollen (Rominski 1994).

In diesem Zusammenhang kann der These Hammanns „Die Denkhaltung im Unternehmen, die wir als Marketing bezeichnen, ist nicht das Spezifikum eines Funktionsbereiches" (Hammann 1993) voll zugestimmt werden. Damit wird allerdings nicht die Abschaffung der Marketingabteilung propagiert, sondern die besondere Notwendigkeit einer Verankerung des Marketing in der Unternehmensführung und -kultur unterstrichen. Basierend auf dieser Verankerung soll die konsequente Marktorientierung zum Grundgedanken aller Funktionsbereiche der Unternehmung – und nicht nur einer spezifischen Marketingabteilung – werden.

4.3 Grundlegende Strukturtypen der Unternehmens- und Marketingorganisation

In der Organisationstheorie werden typischerweise **eindimensionale und mehrdimensionale Strukturtypen** unterschieden (Hill et al. 1994; Frese 1998, S. 372 ff.). Die eindimensionale Linienorganisation kann dabei nach unterschiedlichen Dimensionen strukturiert werden. Neben der Gliederung anhand von Unternehmensfunktionen, die lange Zeit vorherrschend war, setzt sich immer mehr eine an den Objekten der Unternehmung orientierte Gliederung der Aufbauorganisation durch. Einen Überblick über die Grundmodelle der Marketingorganisation gibt Abbildung 4-35.

Eindimensionale Gliederung der Organisation				Mehrdimensionale Gliederung der Organisation		
Linienorganisation				Stab-Linien-Organisation	Matrixorganisation	
Funktions-orientierung	Objektorientierung			Ergänzung des Liniensystems durch Stabsstellen	Reine Matrix-organisation (gegliedert nach zwei Dimensionen)	Tensor-organisation (gegliedert nach drei Dimensionen)
	Produkt-/Produkt-gruppen-orientierung	Kunden-/Kunden-gruppen-orientierung	Regionen-orientierung			

Abbildung 4-35: Grundmodelle der Marketingorganisation

Die **Linienorganisation** basiert auf dem Grundsatz der Einheit von Leitung und Auftragsempfang. Die „Linie" fungiert als Dienstweg, über den der Entscheidungs- und Informationsfluß zu erfolgen hat (Hill et al. 1994, S. 191 ff.). Dabei ist es wichtig, daß trotz der Delegation von Entscheidungskompetenzen sowie der Aufgabenteilung die Einheitlichkeit des Marketingkonzeptes gewährleistet wird. Nachteilig ist, daß die straffe

Einbindung nahezu sämtlicher Kommunikationsbeziehungen in vertikale Dienstwege zu einem hohen Informationsaufwand führt. Darüber hinaus ist das geringe Flexibilitätspotential dieser Organisationsform negativ zu bewerten. Dies gilt gleichermaßen für alle Arten der eindimensionalen Organisation, unabhängig davon, nach welchem Ordnungskriterium – Funktion, Produkt, Kunde oder Region – die aufbauorganisatorische Gliederung erfolgt.

Die **Stab-Linien-Organisation** versucht, die Nachteile einer reinen Linienorganisation zu vermeiden. Dabei sollen vor allem die mangelnde Spezialisierung und die Überlastung der leitenden Instanzen, die häufig bei der Linienorganisation vorzufinden sind, überwunden werden. Hierzu werden Stabsstellen den leitenden Funktionen in der Organisation zur Seite gestellt und mit Aufgaben der Entscheidungsvorbereitung, der Kontrolle und der allgemeinen fachlichen Beratung betraut (Kieser/Kubicek 1992, S. 135 ff.; Hill et al. 1994, S. 196 ff.). In der Marketingpraxis übernehmen Stabsstellen beispielsweise Aufgaben wie Marktforschung, Produktmanagement oder Marketingplanung. Dabei sind diese Stellen durch qualifizierte Spezialisten besetzt, die zum Teil ein hohes Maß an Verantwortung übernehmen, ohne jedoch selbst ein formales Weisungsrecht zu besitzen. Diese Position birgt für den Stabsstelleninhaber oftmals zahlreiche Schwierigkeiten, da die praktische Erfüllung seiner Aufgaben in der Marketingorganisation weitgehend von seiner Fähigkeit abhängt, mangelnden formalen Einfluß durch fachliche Autorität zu ersetzen.

Die **Matrixorganisation** verwirklicht die bereits mit der Stab-Linien-Organisation angestrebte mehrdimensionale Entscheidungsfindung im Marketing. Im Rahmen der Matrixorganisation ist eine Stelle mehreren spezialisierten Leitungsfunktionen untergeordnet. Damit treten an die Stelle des Grundsatzes der „Einheit der Leitung und des Auftragsempfangs" die Prinzipien der Spezialisierung, des direkten Weges und der Mehrfachunterstellung (Hill et al. 1994, S. 193 ff.). Vorteilhaft ist diese Organisationsform im Marketing dann, wenn die Bedingungen des Marktes ein umfassendes Wissen in bezug auf mehrere Dimensionen (wie zum Beispiel Funktionen, Produkte, Regionen oder Kundengruppen) als sinnvoll erscheinen lassen. Grundsätzlich können zwei Dimensionen im Rahmen der Matrix berücksichtigt werden, bei der Tensororganisation werden sogar drei Dimensionen integriert. Allerdings sind in mehrdimensionalen Organisationsstrukturen durch die Mehrfachunterstellung Konflikte nahezu vorprogrammiert. Die Konflikt- beziehungsweise Abstimmungsintensität der mehrdimensionalen Organisationsstrukturen verzögert darüber hinaus die Entscheidungsfindung.

Die Daimler-Benz AG war nach zahlreichen Unternehmenszukäufen Mitte der achtziger Jahre zu einer grundlegenden Umorganisation der gesamten Konzernstruktur und des Marketing gezwungen. Ergebnis der Umstrukturierung war eine **matrixähnliche Struktur** mit Geschäftsbereichen und Zentralressorts. Diese erwies sich jedoch nach weniger als einem Jahr als völlig unpraktikabel, weil häufig Kompetenzstreitigkeiten zwischen den Geschäftsbereichsleitern und den Leitern der Zentralbereiche auftraten. Darüber hinaus konnte oftmals keine schnelle und effiziente Verteilung operativer und strategischer Tätigkeiten auf die Geschäftsbereiche und Zentralressorts erreicht werden (Bühner 1996, S. 165).

Die konkrete Entscheidung für einen der dargestellten Strukturtypen kann dabei immer nur im Einzelfall unter Berücksichtigung der situativen Einflußfaktoren der Organisationsgestaltung erfolgen.

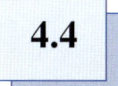

4.4 Aufgabengliederung innerhalb der Marketingorganisation

Auf Basis der Grundmodelle der Organisation erfolgt die Aufgabengliederung innerhalb der Marketingorganisation zumeist anhand der folgenden Dimensionen:

- Funktionen,
- Produkte beziehungsweise Sparten,
- Kunden, Kundengruppen beziehungsweise Großkunden (Key Accounts) sowie
- Regionen.

Seit einigen Jahren werden auch bestimmte im Unternehmen anfallende Prozesse beziehungsweise Projekte als Gliederungskriterium verwendet (Elsik 1996) oder im Rahmen des Category Management Produktkategorien (Warengruppen) zur Abgrenzung organisatorischer Einheiten herangezogen.

Neben der Gliederung anhand eines der obengenannten Kriterien besteht die Möglichkeit, verschiedene Kriterien in Kombination auf unterschiedlichen hierarchischen Ebenen anzuwenden (mehrdimensionale Marketingorganisation). Eine parallele, gleichberechtigte Verantwortung anhand zweier Dimensionen ergibt sich im Rahmen der Matrixorganisation.

4.41 Funktionale Marketingorganisation

Bei der **funktionalen Organisationsstruktur** wird das Marketing nach Zweckbereichen beziehungsweise Verrichtungen gleicher Art gegliedert. Abbildung 4-36 zeigt eine funktionsorientierte Marketingorganisation, die schematisch in die Bereiche der Marketinginformationen und Marketingoperationen unterteilt ist. Als Verrichtungen kommen dabei die Marketingforschung und -planung, die Kommunikation, der Verkauf oder die physische Distribution in Betracht.

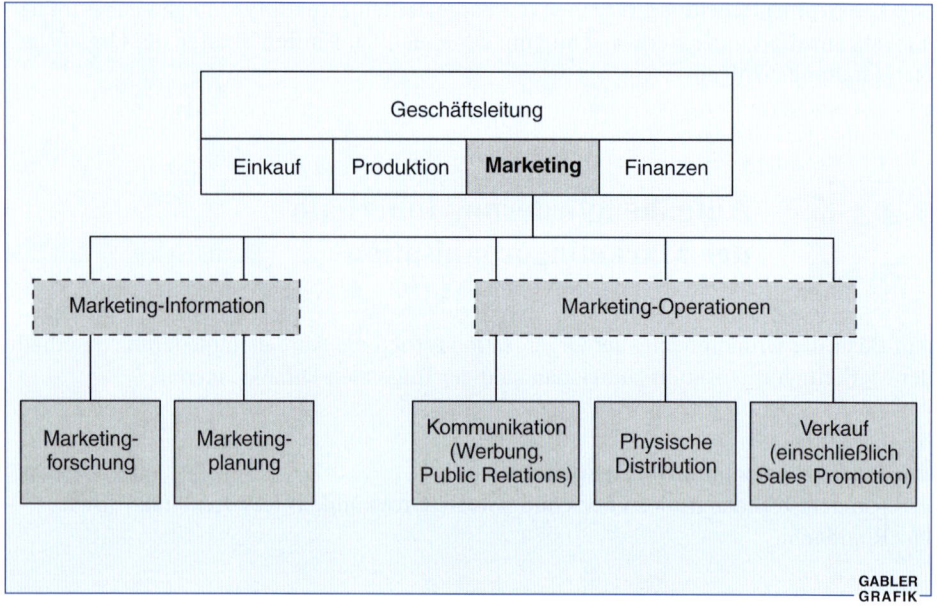

Abbildung 4-36:   Grundmodell der funktionalen Marketingorganisation

Die **Vorteile** dieser Organisationsform liegen zum einen in der Spezialisierung der Organisationsmitglieder, deren Fähigkeiten durch die Ähnlichkeit der Verrichtungen in besonderem Maße genutzt werden können. Eine Aufgabe – zum Beispiel die Marktforschung – wird dabei unternehmensweit für alle Produkte von einem erfahrenen Spezialistenteam durchgeführt. Zum anderen erleichtert eine funktionale Organisation der Unternehmensleitung zentrale Entscheidungen in bezug auf Funktionszusammenhänge und die Verteilung vorhandener Engpaßressourcen auf die Verrichtungen. Darüber hinaus kann durch die standardisierten und funktional orientierten Abläufe und Strukturen ein einheitlicher Auftritt der Unternehmung am Markt gewährleistet werden.

Die funktionale Marketingorganisation hat allerdings den **Nachteil**, relativ unflexibel zu sein und somit nur bedingt den Anforderungen dynamischer Märkte zu entsprechen. Außerdem eignet sie sich nur sehr eingeschränkt für Unternehmen mit einer breiten Produktpalette. In diesem Fall sind die einzelnen Spezialabteilungen – wie beispielsweise der Kundendienst – oftmals überfordert, ihre Funktion in gleicher Qualität für sehr unterschiedliche Produkte zu erbringen. Im Rahmen der verrichtungsorientierten Struktur erfolgt die Koordination der Aktivitäten primär nach unternehmensinternen Gesichtspunkten (zum Beispiel Kosten, Produktivität etc.). Die Orientierung am Markt, an unterschiedlichen Kundengruppen oder regionalen Unterschieden hat dagegen eher eine untergeordnete Bedeutung. Die Überlastung der Unternehmensleitung als Träger der Koordination sowie die häufig schwerfälligen Instanzenwege beeinträchtigen zusätzlich die Flexibilität des Unternehmens. Zudem werden Kreativität und Innovationsbereitschaft der Organisationsmitglieder kaum gefördert.

Aus diesen Gründen entschloß sich beispielsweise die Daimler-Benz AG 1986 zur Abschaffung der Funktionalorganisation. Nach zahlreichen Unternehmenszukäufen (zum Beispiel AEG, Dornier etc.) war die Angebotspalette so breit geworden, daß die nunmehr sehr heterogenen Marketingaufgaben in einer Funktionalorganisation nicht mehr optimal gelöst werden konnten (Bühner 1996, S. 167).

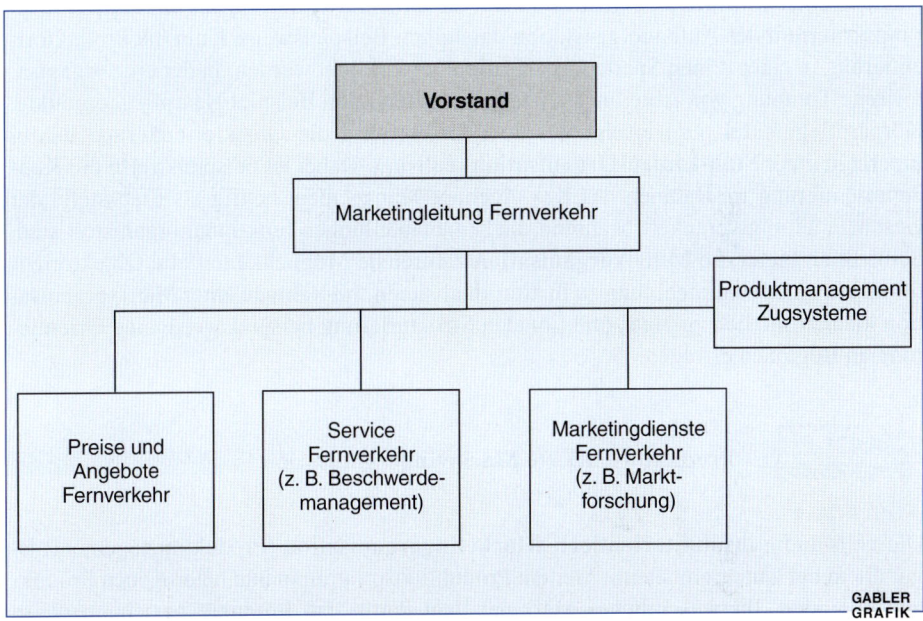

Abbildung 4-37: Funktional orientierte Marketingorganisation der Deutschen Bahn AG
(Organigramm der Deutschen Bahn AG, Stand September 1996)

Die funktionsorientierte Marketingorganisation ist daher nur dann als Alternative zu wählen, wenn die mit ihr verbundenen Vorteile der Spezialisierung auf bestimmte Marketingaktivitäten die Nachteile mangelnder Koordination für die einzelnen Produkte, Kunden oder Regionen überkompensieren. Dies ist heutzutage häufig nur noch bei Unternehmen mit einem engen, fokussierten Produktprogramm der Fall. Trotz dieses eigentlich beschränkten Einsatzfeldes zählt die funktionale Organisationsstruktur immer noch zu den weitverbreitetsten Organisationsformen in der Praxis (Frese 1998, S. 333). Beispielsweise ist die Marketingabteilung Fernverkehr der Deutschen Bahn AG nach Funktionen gegliedert, wobei diese funktionale Organisationsstruktur allerdings durch ein Produktmanagement ergänzt wird (Bleicher 1991, S. 391 ff.) (vgl. Abbildung 4-37).

4.42 Objektorientierte Marketingorganisation

Zu den **objektorientierten Marketingorganisationsformen** zählen das Produktmanagement, das Key Account Management und die regionenorientierte Marketingorganisation. Die aufbauorganisatorische Gliederung der Unternehmung erfolgt dabei jeweils nach dem spezifischen Produkt beziehungsweise der Produktgruppe, der Kundengruppe oder der zu bearbeitenden Region. In diesem Zusammenhang kann die Objektorientierung in unterschiedlicher Weise in der Unternehmung **institutionalisiert** werden: Im Rahmen einer **Einlinienorganisation** kann die Objektorientierung das alleinige Gliederungskriterium der Aufbauorganisation darstellen. Beispielsweise kann die Produktorientierung in einer reinen Spartenorganisation verwirklicht werden, in der eine organisatorische Trennung von Abteilungen nach Produkten (zum Beispiel Haarpflegeprodukte, Körperpflegemittel etc.) erfolgt. Darüber hinaus wird die Objektorientierung häufig innerhalb einer **Stab-Linien-Organisation** realisiert. Dabei ist beispielsweise die Kundenorientierung im Rahmen des Key Account Management häufig als Stabsstelle der Geschäftsleitung verankert, während die Linienabteilungen funktional organisiert sind. Schließlich bietet die **Matrixorganisation** zahlreiche Möglichkeiten, die Objektorientierung in einer Unternehmung zu institutionalisieren. Im Rahmen einer Matrixorganisation kann zusätzlich zu einer funktionalen Strukturierung beispielsweise eine Orientierung an Regionen erfolgen.

4.421 Produktorientierte Marketingorganisation

Die vollständig **produktorientierte Marketingorganisation** (Produktmanagement) ist vor allem bei Unternehmen mit breitem Produktionsprogramm und heterogenen Produkten zu finden. Ihr wesentliches Merkmal liegt darin, daß Produkte beziehungsweise Produktgruppen das primäre Gliederungskriterium zur Zusammenfassung von Aufgaben in der Linienorganisation darstellen. Die vollständige Organisationsgliederung nach Produktgruppen (zum Beispiel Waschmittel, Kosmetika, Getränke) wird in diesem Zusammenhang häufig als Sparten- oder Divisionalorganisation bezeichnet (Frese 1998, S. 334). Die Marketingleitung für ein Produkt beziehungsweise eine Produktsparte übernimmt dabei klassischerweise ein sogenannter **Produktmanager**. Erst auf einer unteren Stufe der Unternehmenshierarchie kommen anschließend zum Beispiel Funktionsaspekte zur Anwendung (vgl. Abbildung 4-38).

Zweck dieses Organisationskonzeptes ist es, die im Rahmen der Funktionalorganisation vernachlässigte **produktbezogene Querschnittskoordination sicherzustellen**. Der Produktmanager übernimmt daher die Abstimmung aller für sein Produkt notwendigen Aktivitäten in den Bereichen der Beschaffung, der Produktion und des Absatzes. Neben den hierbei anfallenden Kernfunktionen Planung, Koordination und Kontrolle werden dem Produktmanagement meist als ergänzende Aufgaben die Information und Beratung

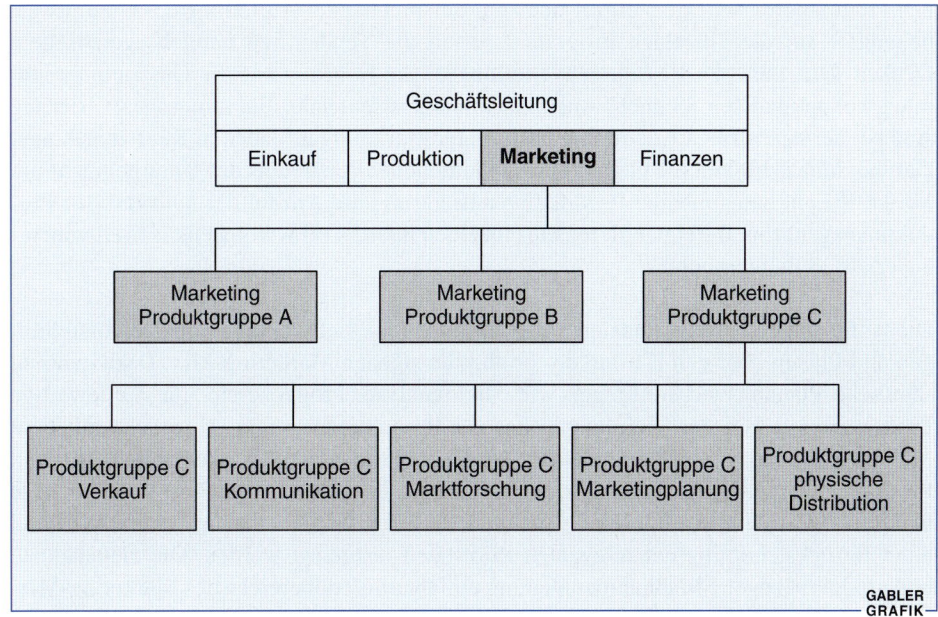

Abbildung 4-38: Grundmodell der produktorientierten Marketingorganisation

sowie Initiativ-, Anregungs- und Motivationsfunktion für das jeweilige Produkt übertragen. Darüber hinaus hat der Produktmanager auch die Warn- und Durchsetzungsfunktion sowie die Innovationsfunktion wahrzunehmen (Meffert 1987; Bliemel/Fassott 1995).

Die produktorientierte Marketingorganisation kommt in besonderer Weise den Zielsetzungen des Marketing entgegen, da in erster Linie das Produkt beziehungsweise die Produktgruppe und damit die gesamte Marktleistung in den Vordergrund der Überlegungen gestellt wird. Die **Vorteile** liegen in einer einfacheren Kompetenzabgrenzung je Produktfeld und in der größeren Flexibilität, auf Änderungen im spezifischen Produktmarkt zu reagieren. Des weiteren ergibt sich bei den Mitarbeitern ein gesteigertes Interesse an langfristigen Planungen, da sie für „ihr" Produkt ergebnisverantwortlich sind. Diese erhöhte Motivation führt tendenziell auch zu einer höheren Innovationsbereitschaft und Kreativität aller Beteiligten. Schließlich ist die Position des Produktmanagers oftmals Sprungbrett für einen Aufstieg in höhere Führungspositionen (Frese 1998, S. 354 ff.).

Nachteile können sich demgegenüber aus Parallelarbeiten in den einzelnen Produktsparten ergeben. Besteht beispielsweise eine klare Trennung der Marktforschungsabteilungen je Produktbereich, so werden häufig Anstrengungen in der Marktforschung doppelt unternommen, obwohl bestimmte Ergebnisse auch produktübergreifend von Interesse sind. Problematisch ist bei einer rein produktorientierten Marketingorganisation darüber hinaus die Aufteilung der knappen Kapazitäten der Gesamtunternehmung auf die einzelnen Produktbereiche. Dabei ergibt sich zum Beispiel bei der Aufteilung des Gesamtwerbebudgets auf die einzelnen Programmsparten die Tendenz zu bereichsegoistischem Denken. Dies führt zu Ressourcenverteilungen, die in bezug auf die Gesamtunternehmung suboptimal sein können. Auch Nachteile aus fehlender Funktionsspezialisierung sind bei der dezentralen Erledigung bestimmter Marketingaufgaben in Kauf zu nehmen. Darüber hinaus besteht die Gefahr eines inhomogenen Auftretens des Unternehmens am Markt. Da mit zunehmender Produktdiversifizierung die Anzahl der notwendigen Produktmanager schnell steigt, agieren die einzelnen Sparten oft weitgehend isoliert voneinander als „Subunternehmen".

Die Aufgaben des Produktmanagements umfassen die Entwicklung von Zielvorstellungen und Plänen über den Einsatz des produktbezogenen Marketing-Mix. Dazu gehören sämtliche Planungsvorbereitungen wie Marktanalyse, Prognose etc. für die jeweilige Produktgruppe. Bei der Zielplanung hat der Produktmanager in Absprache mit dem Marketing-Manager die ökonomischen und kommunikativen Marketingziele für sein Produkt zu formulieren. Auf Basis einer umfassenden Situationsanalyse und Prognose müssen die Ziele dabei nach Inhalt, Ausmaß, Zeit- und Segmentbezug konkretisiert und unter Berücksichtigung der relevanten Prioritäten festgelegt werden. Die zieladäquate und produktbezogene Maßnahmenplanung umfaßt alle Teilbereiche des Marketing-Mix. Ein erfolgversprechender Einsatz aller absatzpolitischen Aktivitäten macht es erforderlich, die instrumentespezifischen Detailpläne nicht isoliert, sondern in sachlicher und zeitlicher Abstimmmung zu einem produktbezogenen Gesamtplan zu integrieren.

Die Effizienz und Effektivität der Aufgabenerfüllung durch den Produktmanager hängt dabei wesentlich von seiner **organisatorischen Einbindung** ab. Aus der Vielzahl möglicher Gestaltungsformen (Bliemel/Fassott 1995) werden im folgenden als typische Beispiele die reine Linienstruktur, die Eingliederung als Stab in eine funktionsorientierte Linienorganisation und die Matrixorganisation herausgegriffen.

Das **Stab-Linien-System** gilt als traditioneller Strukturtyp für die schnittstellenübergreifende Produktorientierung. Die Marketingfunktionen (zum Beispiel Werbung, Verkauf, Kundenservice, Marketingforschung und -planung) sind dabei als Linieninstanzen der Marketingleitung untergeordnet. Daneben werden als Leitungshilfsstellen zusätzlich Stäbe gebildet, die nicht mit formalen Weisungsbefugnissen ausgestattet sind, die jedoch Dienstleistungsfunktionen für die Marketingleitung beziehungsweise die einzelnen Linien übernehmen können. Als eine solche Stabsabteilung läßt sich das Produktmanagement in die funktionale Organisationsstruktur integrieren (vgl. Abbildung 4-39). Damit wird zwar die Produktorientierung institutionalisiert, es besteht für den Produktmanager jedoch nur die Möglichkeit der Vorbereitung produktbezogener Marketingstrategien. Die endgültige Koordinationsentscheidung wird von der Marketingleitung getroffen.

Das Hauptproblem dieser organisatorischen Gestaltungsform ergibt sich insbesondere daraus, daß auf der einen Seite dem Produktmanager zwar oft Ergebnisverantwortung auferlegt wird, er auf der anderen Seite aber keinerlei Weisungsbefugnis gegenüber anderen Stellen ausüben kann. Die Einflußmöglichkeiten des Produktmanagers sind demnach stark von seiner persönlichen Überzeugungsfähigkeit und der jeweiligen Ausgestaltung seiner Stelle (Hüttel 1989) abhängig.

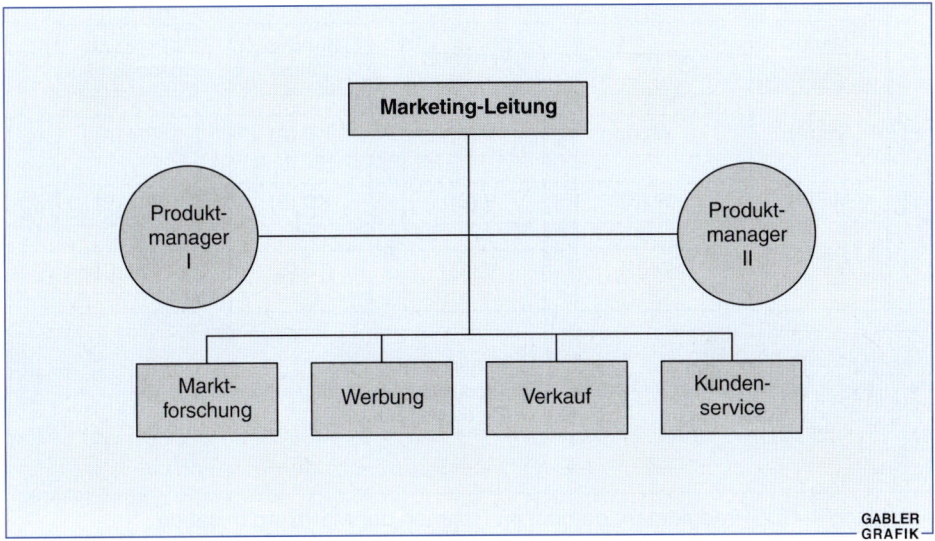

Abbildung 4-39: Produktmanagement in der Stab-Linien-Organisation

Soll neben der Produktorientierung zum Beispiel die Funktionsorientierung aufbauorganisatorisch berücksichtigt werden, führt dies zur Konzeption einer Produkt-Funktionen-**Matrixorganisation**. Charakteristisch für diese Struktur ist, daß die Träger produkt- und funktionsbezogener Entscheidungen einander gleichrangig gegenüberstehen. Aufgrund institutionalisierter Weisungsbefugnisse legen die Produktmanager fest, welche Aktivitäten zu welcher Zeit in bezug auf ihre Produkte notwendig sind. Die Funktionsmanager bestimmen hingegen, wie diese Aktivitäten konkret zu gestalten sind und wer sie durchführt (vgl. Abbildung 4-40).

Der entscheidende **Vorteil** dieser Organisationsstruktur liegt in der Kombination aus produktbezogener Koordination und funktionaler Spezialisierung. Die Belange der Produktbereiche werden von den Produktmanagern vertreten, die dabei auf die spezialisierte Erfahrung der Funktionsbereichsleiter zurückgreifen können. Schließlich fördert der notwendige Koordinationsprozeß das Verständnis der Produkt- und Funktionsmanager für die Problemstellung der jeweils anderen Seite.

Kritisch zu beurteilen ist allerdings die Konfliktträchtigkeit der Matrixstruktur. Dabei treten Konflikte zwischen Funktions- und Produktmanagern ebenso häufig auf wie Konflikte zwischen den Produktmanagern, die auf die knappen Resourcen der Funkti-

Marketingorganisation

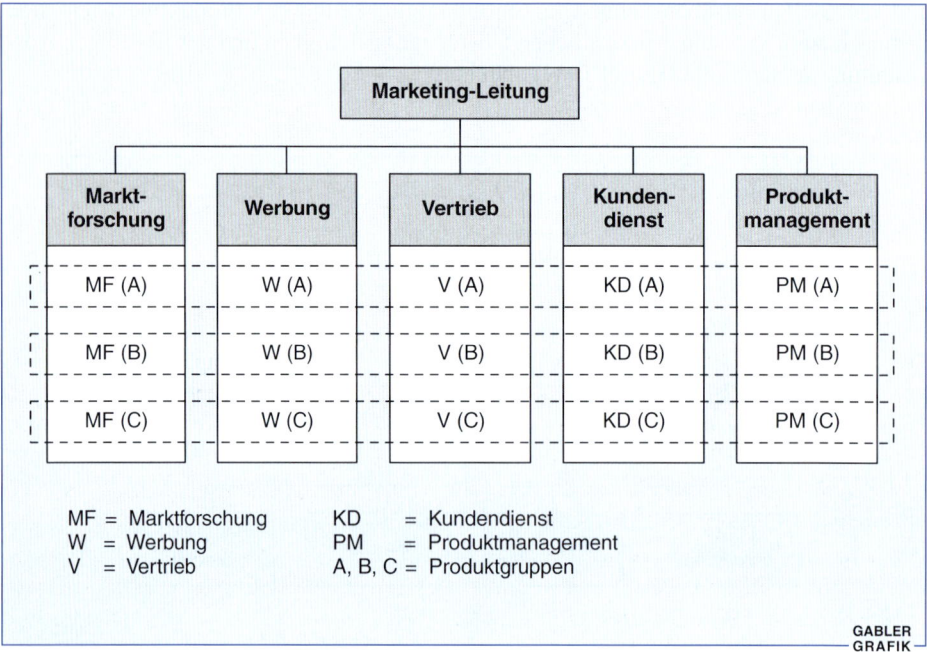

Abbildung 4-40: Produktmanagement im Rahmen der Matrixorganisation

onsabteilungen zugreifen. Darüber hinaus darf als Nachteil die Störanfälligkeit und Labilität eines solchen Systems bei unzureichender Kompetenz- und Verantwortungsabgrenzung nicht übersehen werden. Wenn diese Organisationsform wirksam operieren soll, müssen die Aufgaben des Produktmanagers und der funktionalen Bereiche eindeutig definiert sein. Weitere Nachteile des Produktmanagements im Rahmen der Matrixorganisation sind die niedrige Entscheidungsgeschwindigkeit und die geringe Flexibilität des Systems.

Insgesamt hat das Produktmanagement in den letzten Jahren in Deutschland weite Verbreitung und Akzeptanz gefunden. Viele bekannte Unternehmen wie Coca-Cola, Bayer, Henkel oder Krupp sowie viele mittelständische Unternehmen aus allen Branchen haben inzwischen ein Produktmanagement institutionalisiert. Eine empirische Untersuchung aus dem Jahre 1989 zeigt beispielsweise, daß circa 90 Prozent der befragten 320 Unternehmen, die in ihrer Organisation ein Produktmanagement eingerichtet haben, die Eignung des Produktmanagement generell für gut beziehungsweise hervorragend halten (Hüttel 1989).

4.422 Kundenorientierte Marketingorganisation

Die Einführung einer **kunden- beziehungsweise abnehmerorientierten Marketingorganisation** ermöglicht eine gezielte Ausrichtung der Marketinginstrumente auf die spezifischen Abnehmerwünsche einzelner Kundengruppen. Das Key Account Management beruht dabei auf einer detaillierten Gliederung aller Abnehmer in spezifische, in sich homogene, zumeist überschaubare Gruppen beziehungsweise Großkunden, die seitens des Herstellers einer speziellen Marktbearbeitung bedürfen (Meffert 1992).

Die besondere Kundenorientierung des Marketing wird im Rahmen des Key Account Management dadurch institutionalisiert, daß ein Key Account Manager eingesetzt wird, der die individuelle Betreuung einzelner, besonders wichtiger Abnehmer durchführt. Dabei stellt beispielsweise ein Nahrungsmittelhersteller seinen bedeutenden Handelskunden Rewe oder Metro einen individuellen Ansprechpartner zur Verfügung, der für die Berücksichtigung aller Wünsche dieser Handelsorganisationen im Rahmen der Marketingplanung verantwortlich ist. Insofern kommt dem Key Account Manager eine besondere Rolle im Management zu, da er bei der Entwicklung spezifischer Marketingprogramme für seine Kunden koordinierend Einfluß auf andere Organisationsmitglieder nimmt. In diesem Zusammenhang gilt es, folgende Ziele zu verwirklichen (Diller 1993; Senn/Belz 1994, S. 45):

- Gewährleistung einer rationelleren Aufgabenverteilung zwischen den Marktpartnern zur Senkung der Vertriebskosten,

- Stabilisierung der Geschäftsbeziehungen und Optimierung der Marktstellung des Unternehmens bei den einzelnen Kundengruppen,

- Sicherstellung der Koordination aller kundenspezifischen Marketingmaßnahmen auf der Basis zielgruppenspezifischer Marketingkonzepte,

- Erhöhung des Verhandlungsgewichts gegenüber dem Kunden,

- Erleichterung von Neuprodukteinführungen.

Die abnehmer- beziehungsweise handelsorientierten **Marketingaufgaben des Kundenmanagement** gehen weit über diejenigen des klassischen Produktmanagement hinaus. Der Produktmanager ist einerseits bereits durch seine produktspezifischen Informations-, Planungs- und Kontrollfunktionen stark belastet und andererseits in der formalen Unternehmensorganisation oft nur schwach verankert. Aus diesem Grunde hat das Kundenmanagement vor allem in der Konsumgüterindustrie als Ergänzung zum klassischen Produktmanagement starke Verbreitung gefunden. Dem Kundenmanager werden dabei die Informations-, Planungs-, Koordinations- und Kontrollfunktionen speziell in bezug auf die ihm zugeordneten Kundengruppen übertragen.

Dieses breite Aufgaben- und Kompetenzfeld des Key Account Managers findet sich in zahlreichen Unternehmen wie beispielsweise dem Nestlé Konzern sowie dem schweizerischen Telekommunikationsanbieter Ascom (Focking 1993; Gerber 1993).

Die vielfältigen Aufgaben des Kundenmanagers einerseits sowie seine enge Verzahnung mit dem Produkt- und Vertriebsmanagement andererseits weisen auf die Wichtigkeit seiner Position innerhalb der Marketingorganisation hin. Während das Key Account Management in früheren Jahren zumeist nur eine Stabsstelle des Verkaufs oder des Marketing darstellte, wurde es später als Linienposition innerhalb des Verkaufs etabliert. Die Verknüpfung des Kundenmanagements mit weiteren Dimensionen im Rahmen einer Matrixorganisation wird erst seit einigen Jahren praktiziert (Zentes 1986). Die Bedeutung der **organisatorischen Eingliederung** für die Aufgabenerfüllung des Kundenmanagers soll hier exemplarisch anhand einer Stab-Linien- sowie einer Matrixorganisation erläutert werden (Meffert 1992):

Im Rahmen einer **Stab-Linien-Organisation** werden die **Kundengruppenmanager** der Marketing- oder Verkaufsleitung als Stab zugeteilt (vgl. Abbildung 4-41). Die Gliederung der Marketingorganisation bleibt bei der Ergänzung durch ein Kundenmanagement ansonsten in ihrer ursprünglichen Form erhalten. Zusätzlich zu den Produktmanagern werden jedoch eine beziehungsweise mehrere Stellen für Kundenmanager eingerichtet.

Durch das mangelnde formale Weisungsrecht der Stabsfunktion beschränkt sich die Arbeit des Kundenmanagers im wesentlichen auf Informations- und Planungsaufgaben, deren Ergebnisse der Marketingleitung zur Entscheidung und Realisierung vorgelegt werden (Gaitanides et al. 1991). Der wesentliche Vorteil dieser Strukturierungsalterna-

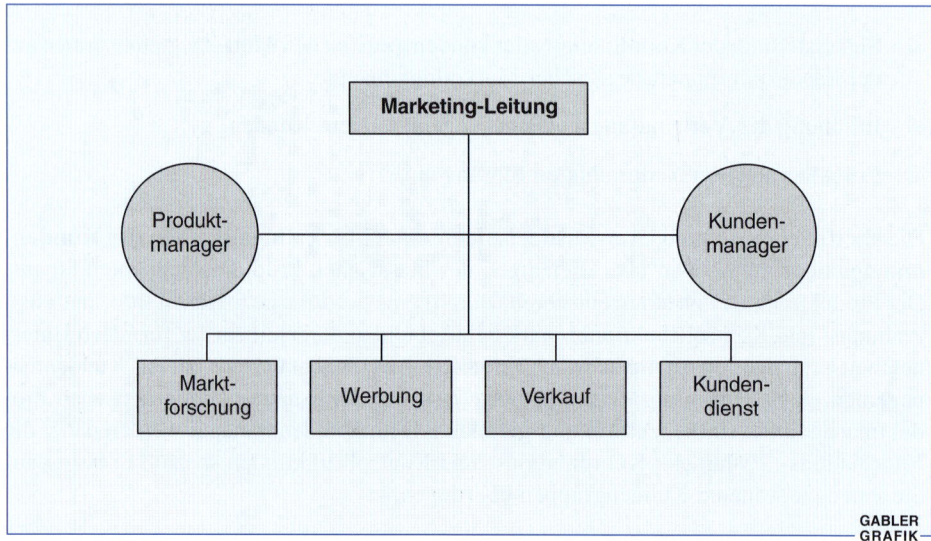

Abbildung 4-41: Stab-Linien-Organisation mit Kundenmanagement als Stab

MARKETING: *Großkundenmanager im Abseits*

Der Preisdruck bleibt

Key-Account-Management, als Waffe gegen das Preisdiktat des Handels gepriesen, erweist sich als wenig wirksam.

Es war so schön geplant. In der Zentrale angesiedelte Manager der August Storck KG in Halle/Westfalen sollten sich nur um die Bedürfnisse einzelner Großkunden kümmern, frei von jeder zeitraubenden Außendienstbelastung. Otto Pahnke, ehemaliger Storck-Generalbevollmächtigter, hatte klare Vorstellungen, wie das neue Konzept mit Namen Key-Account-Management aussehen sollte:

Dem preisdiktierenden Einkaufsmanager bei Handelsriesen wie Aldi oder Metro wollten die Westfalen einen Berater gegenüberstellen, der über die Vorzüge des eigenen Produktes hinaus Tips zur optimalen Verkaufsflächennutzung oder zur Diversifizierung des Produktsortimentes geben kann. Weg also vom reinen Konditionenhandel hin zu gemeinsamen Marketingkonzepten.

Nach zehn Jahren waren die Westfalen diesem Ziel jedoch keinen Schritt näher gekommen, und Pahnke war zur Veränderung des Konzeptes gezwungen. Statt des Erfolges gab es nur Ärger mit den eigenen Reihen. Die Regionalmanager fühlten sich von der neugeschaffenen Position im Vorstand in ihren Befugnissen gemaßregelt. „Perfekter Zentralismus ist eben Untergang", weiß Pahnke inzwischen, der heute in Eigenregie Produkte zu Marken veredelt.

Dabei hat sich KAM als Organisationsform des Vertriebs bereits seit langer Zeit in der Investitionsgüterbranche, wo die Individualität der Problemlösungen für bestimmte Großkunden einen besonders engen Kontakt zwischen Zulieferer und Großabnehmer erfordern, bestens bewährt. Kein Wunder, daß sich viele Lebensmittelhersteller angesichts der zunehmenden Einkaufsmacht weniger Handelsunternehmen Wunderdinge vom KAM-Konzept versprachen. Konzipiert für Großkunden wie die Marktführer Aldi, Tengelmann oder Metro, sollte es das Preis- und Konditionendiktat der marktbeherrschenden Einzelhändler durch Entgegenkommen auf anderen Gebieten brechen.

Die hochgesteckten Erwartungen an das neue Großkundenmarketing wurden jedoch nicht nur bei der Storck KG enttäuscht. Das belegt eine Untersuchung bei über 50 Markenartikelunternehmen der Lebensmittel- und Nonfood-Branche sowie 16 der 20 größten Handelsunternehmen unter Leitung von Michael Gaitanides, Professor für Organisationstheorie an der Universität der Bundeswehr Hamburg. Darin nimmt sich die Erfolgsbilanz für 50 Prozent der Unternehmen, die Key-Account-Management etabliert haben, bescheiden aus.

Unternehmen mit KAM verringern weder den Preis- und Konditionendruck von seiten des Handels, noch erwirtschaften sie eine höhere Umsatzrendite. Unter den Firmen, die in den letzten drei Jahren zwischen zwei und vier Umsatzpunkte zulegten, befanden sich 30 Prozent der KAM-Firmen, aber 37 Prozent der Unternehmen mit herkömmlichen Vertriebsformen. Und auf die Frage nach Konditionszugeständnissen mußten alle Unternehmen zugeben, daß ohne nichts läuft.

In Verhandlungen mit dem Handel hat sich der Preisdruck, so ein wichtiges Fazit der Studie, für die Unternehmen mit KAM nicht geändert. Selbst dort, wo die Unternehmen den eigentlichen Vorteil eines Einsatzes von KAM definieren, ist keine Verbesserung festzustellen. Die Akzeptanz neuer Produkte durch intensive persönliche Kontakte zu verbessern und gemeinsame Verkaufsförderungsaktionen mit dem Handel zu stimulieren, schaffen Unternehmen ohne KA-Manager mindestens genauso gut.

Aus diesen Ergebnissen schließt Jörg Westphal, Mitarbeiter im Forschungsprojekt: „Die Umarmungsstrategie wird einfach noch nicht beherrscht. Die Umsetzung des Key-Account-Managements bleibt oft auf die organisatorische Veränderung beschränkt."

Verhalten äußert sich auch der Handel. Nur 31 Prozent der Handelsfirmen halten Großkundenbetreuer aus der Industrie für kompetentere Verhandlungspartner

INSERT 4-5: Wirtschaftswoche, Nr. 38, 1989, S. 80–83

> mit individuellen Problemlösungsvorschlägen. „Alter Wein in neuen Schläuchen", glaubt deshalb auch der Produktmanager eines norddeutschen Händlerhauses. „Erfahrung ist doch, daß uns Verkäufer gegenüberstehen."
>
> Die Hamburger Wissenschaftler stellten fest, daß Key-Account-Managern nur ein beschränkter Handlungsspielraum zur Verfügung steht. „Sie können KAM nicht mal eben auf die Schnelle machen und dafür einen abgehalfterten Verkaufsdirektor einsetzen", meint Harald Kemna, der seinen Job als ehemaliger Verkaufsleiter nationaler Großkunden gegen den des Unternehmensberaters vertauscht hat.
>
> Für Kemna sind es vor allem zwei typische Fehler, die Unternehmen in der Praxis häufig nicht beachten:
> - Die Stellung des Großkundenmanagers in der Organisation ist unklar und unbedeutend. Wesentliche Entscheidungen werden weiterhin von der alten Verkaufsorganisation getroffen.
> - Von KAM sind keine kurzfristigen Erfolge zu erwarten. Die Pflege von Kunden, der Aufbau einer Beraterfunktion und die Entwicklung gemeinsamer Projekte mit dem Handel sind eine Frage von Jahren. Um die gängigen Fehler zu vermeiden, empfiehlt Kemna, möglichst das ganze Unternehmen samt seiner Produktpolitik bei der Einführung von KAM einzubeziehen.
>
> In der Praxis scheitert das allerdings meist schon am Mangel an geeigneten Führungskräften. Denn diejenigen, die sowohl eine Marketingdenke beherrschen als auch praktische Erfahrungen im Vertrieb gesammelt haben, gehören zu einer raren Spezies. Ganz gut funktioniert dies zum Beispiel bei der Kraft GmbH. In die engere Zusammenarbeit mit dem Handel wird dort selbst die Produktentwicklung mit eingebunden. Bereits vor einer neuen Kraft-Produktidee setzt man sich mit dem Händler an einen Tisch.
>
> „KAM ist nicht a priori erfolgsgarantierend. Es kommt auf den Einzelfall an", meint Michael Gaitanides. Ohne Wissen um strategische und strukturelle Voraussetzungen kann es jedenfalls nicht funktionieren. Auch nicht ohne das Funktionieren aller übrigen Unternehmensbereiche. Deshalb warnt auch Otto Pahnke: „KAM ist kein Allheilmittel, sondern nur ein Werkzeug."
>
> BIANKA LICHTENBERGER

INSERT 4-5: Wirtschaftswoche, Nr. 38, 1989, S. 80–83 (Fortsetzung)

tive ist die in aufbauorganisatorischer Hinsicht gewährleistete Zusammenarbeit zwischen Kunden- und Produktmanagement, die einer kundenbezogenen Marketingkonzeption Rechnung trägt. Demgegenüber stellen die fehlenden Entscheidungsbefugnisse des Kundenmanagers in zweierlei Hinsicht einen entscheidenden Nachteil dar: Zum einen kann der nur indirekte Einfluß der Stabsaktivitäten auf Entscheidungen zu einem Motivationsverlust bei den Key Account Managern führen. Zum anderen besteht bei Gesprächen mit Kunden die Gefahr, daß der Kundenmanager aufgrund fehlender Entscheidungsbefugnisse nicht als vollwertiger Verhandlungspartner akzeptiert wird (vgl. Insert 4-5). Die Stab-Linien-Organisation erscheint weiterhin hinsichtlich des Koordinationsaspektes problematisch, da aufgrund langer Weisungs- und Kontrollspannen die Integration der Kunden-, Produkt- und Vertriebspläne zusätzlich erschwert wird.

Das Kundenmanagement läßt sich in dreierlei Weise in einer **Matrixorganisation** verwirklichen, und zwar als

- Kunden-Funktions-Matrix,
- Kunden-Produkt-Matrix,
- Kunden-Produkt-Funktionen-Matrix.

Die **Kunden-Funktions-Matrix** beinhaltet zwar die enge Verflechtung zwischen Kunden- und Funktionsmanagement, läßt jedoch weitestgehend das Produktmarketing außer acht. Demgegenüber beinhaltet die **Kunden-Produkt-Matrix** eine Gleichstellung von Produkt- und Konsumenteninteressen. Dabei steht einer ausgewogenen Koordination von Produkt- und Kundenplänen der Nachteil einer fehlenden funktionalen Spezialisierung gegenüber. Faktisch sind jedoch Entscheidungsinterdependenzen (Ressourcen- und Marktinterdependenzen, innerbetriebliche Leistungsverflechtungen) zwischen den organisatorischen Teileinheiten gegeben und führen zu einer Vielzahl funktionsbezogener Abstimmungsbedarfe.

In der **Kunden-Produkt-Funktionen-Matrix** verfolgen Kunden- und Produktmanager ihre kunden- und produktbezogenen Belange, während der Funktionsmanager letztlich über das „Wie" der Ausführung entscheidet (vgl. Abbildung 4-42). Auch diese dreidimensionale Matrixorganisation (**Tensororganisation**) ist mit Problemen behaftet. Den Vorteilen eines integrierten Marketing sowie der Förderung von Innovationsbereitschaft und Kreativität der Organisationsmitglieder stehen eine Reihe von Nachteilen gegenüber. So wird der Konflikt zwischen Kunden-, Produkt- und Funktionsmanagement institutionalisiert. Bei mangelnder Kooperationsbereitschaft einzelner Organisationsmitglieder sind langwierige Kompetenzstreitigkeiten zu erwarten. Auch besteht die Gefahr, Flexibilität und Kreativität durch eine Tendenz zu permanenter Improvisation zu erkaufen.

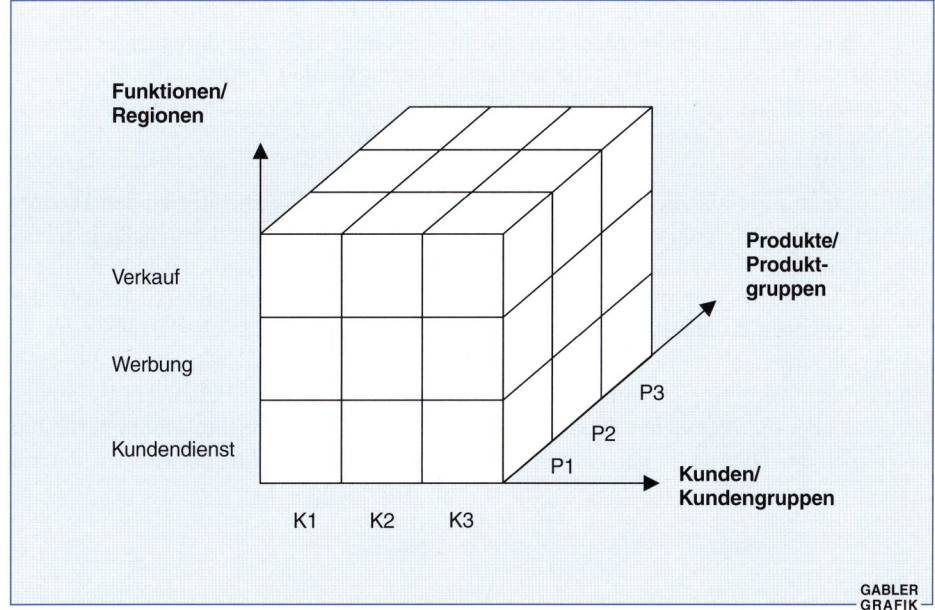

Abbildung 4-42: Kunden-Produkt-Funktionen-Matrix (Tensororganisation)

Da der Erfolg der alternativen Strukturvarianten des Kundenmanagement erheblich durch die Anzahl der Entscheidungsträger und den daraus resultierenden Koordinationsumfang bestimmt wird, kann sich die Einrichtung koordinierender Instanzen wie Kollegien, Kontaktstellen und Teams als äußerst sinnvoll erweisen.

4.423 Regionenorientierte Marketingorganisation

Im Rahmen der gebietsorientierten Marketingorganisation stellen **geographische Gesichtspunkte** das primäre Gliederungskriterium des Marketingbereichs dar. Das gesamte Absatzgebiet wird in räumliche Teileinheiten aufgespalten, die jeweils einem verantwortlichen Regionalmanager unterstellt werden. Diese Organisationform empfiehlt sich vor allem bei jenen Unternehmen, die auf heterogenen Märkten mit großer räumlicher Distanz (zum Beispiel international tätige Unternehmen) agieren. In multinationalen Unternehmen mit gebietsorientierter Marketingorganisation werden Länder, Ländergruppen oder Kontinente als Strukturierungskriterien herangezogen, wobei die Bildung von Teilmärkten nach sprachlichen, absatztechnischen oder politischen Gemeinsamkeiten erfolgt (vgl. Abbildung 4-43).

Die gebietsorientierte Marketingorganisation bietet den **Vorteil**, daß auf die speziellen Bedürfnisse unterschiedlicher Regionen oder Länder bestmöglich eingegangen werden kann (Keegan 1980, S. 507 ff.; Mason et al. 1981, S. 355; Meffert/Bolz 1997, S. 245). Alle Marketingaufgaben werden von einem Regional- oder Ländermanager zentral gesteuert und überwacht. Durch die regionale Spezialisierung verfügen die Mitarbeiter über bestmögliche Kenntnisse bezüglich Kunden, Wettbewerbssituation und politisch-rechtlicher Gegebenheiten der regionalen Teilmärkte.

Die Konzentration auf die geographischen Spezifika führt gleichzeitig zu den **Hauptnachteilen** dieser Organisationsstruktur. Diese bestehen einerseits darin, daß die Übertragung von neuen Ideen auf andere Absatzgebiete erschwert wird, da der Informationsfluß zwischen den Regionen oft sehr schleppend verläuft. Zum anderen besteht die Gefahr, daß die individuelle Förderung der Produkte vernachlässigt wird beziehungsweise „Parallelarbeiten" für das gleiche Produkt in unterschiedlichen Teilmärkten durchgeführt werden. Die gebietsorientierte Organisationsform ist daher vor allem bei Unternehmen, die über ein begrenztes Produkt- beziehungsweise Leistungsprogramm verfügen, zu empfehlen. Dies trifft beispielsweise auf die Deutsche Lufthansa AG zu, die im Marketing regionenorientiert gegliedert ist (vgl. Abbildung 4-44).

Viertes Kapitel — Marketingkoordination

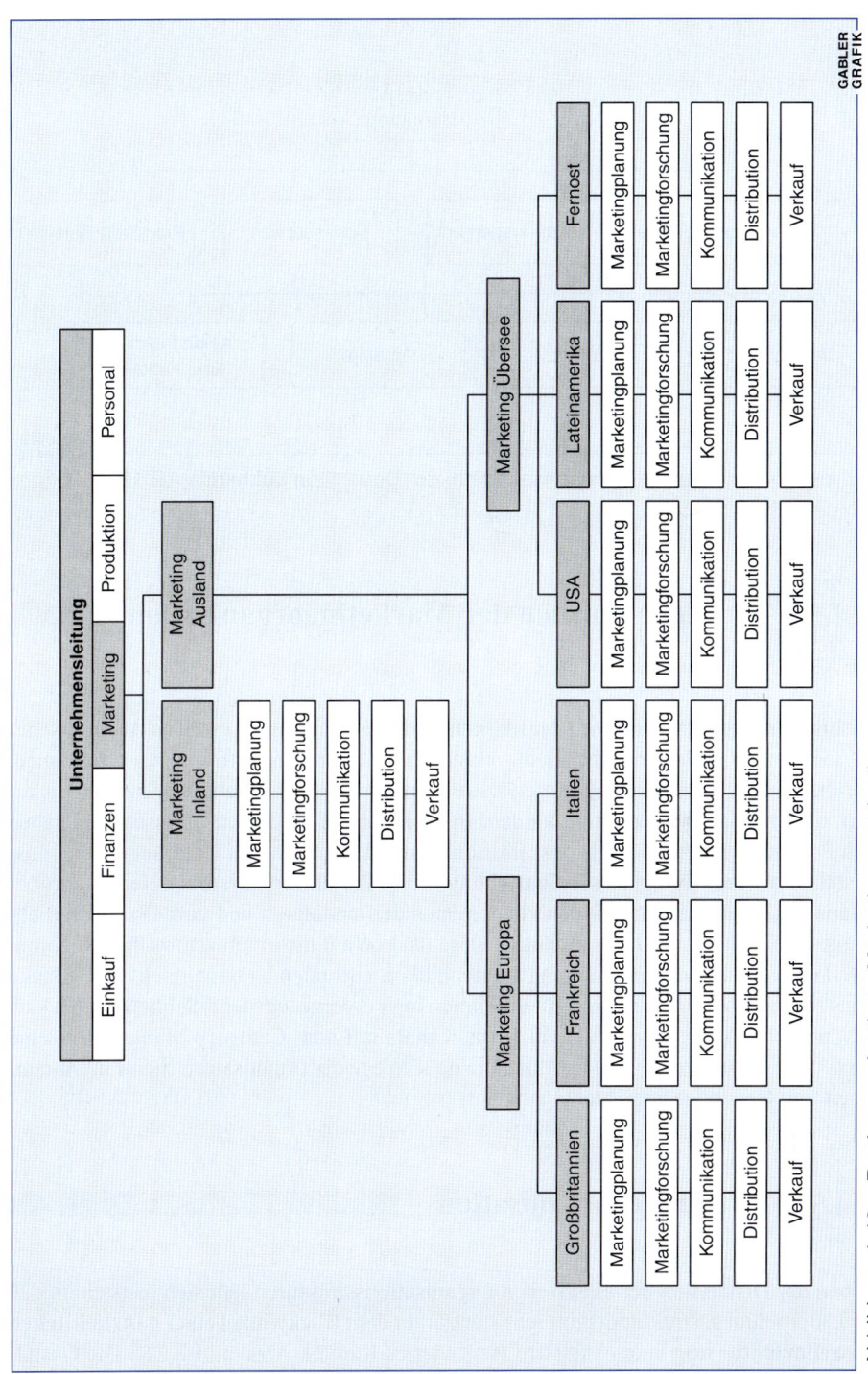

Abbildung 4-43: Regionenorientierte Marketingorganisation

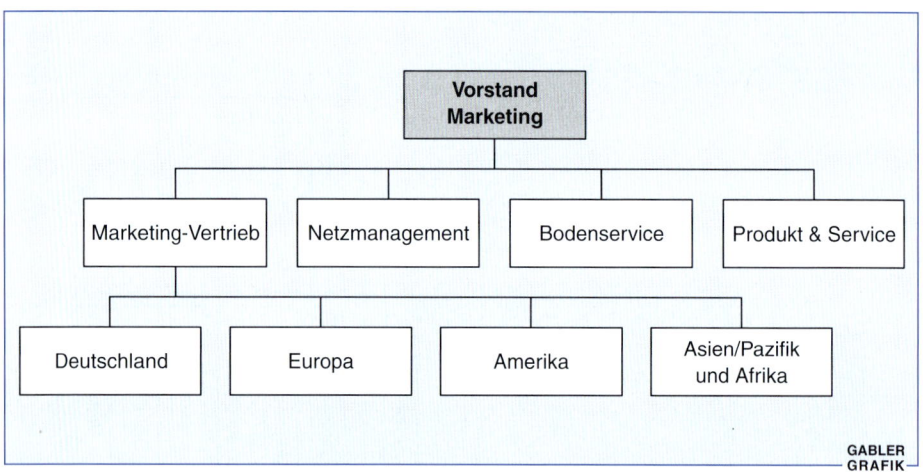

Abbildung 4-44: Marketingorganisation bei der Deutschen Lufthansa AG 1996

4.5 Neue Formen der Marketingorganisation

Die bisher dargestellten Formen der Marketingorganisation sind sowohl aus theoretischer als auch aus praktischer Sicht als die klassischen Organisationsformen zu bezeichnen. Darüber hinaus werden in den letzten Jahren einige neue Organisationsprinzipien diskutiert, die im folgenden erläutert werden. Im Rahmen dieser Organisationsformen haben sich Prozesse und Projekte als organisationsbildende Kriterien im Unternehmen herauskristallisiert (Prozeßorganisation beziehungsweise Projektorganisation). Neu ist darüber hinaus die Beschäftigung mit den Phänomenen der modularen und virtuellen Unternehmung. Dabei bezieht sich die modulare Organisation auf die organisatorischen Regelungen innerhalb einer Unternehmung, während beim virtuellen Unternehmen der Gedanke eines Netzwerkes aus mehreren Unternehmen im Vordergrund steht. Schließlich hat sich bei der Betrachtung des vertikalen Absatzkanals mit dem Category Management eine Form der Kooperation herausgebildet, die neue Wege der organisatorischen Zusammenarbeit von Hersteller und Handel aufzeigt.

4.51 Prozeßorganisation

Neben der Diskussion der klassischen Organisationsstrukturen läßt sich feststellen, daß die Unternehmensstruktur derzeit sehr stark unter dem Blickwinkel einer **ganzheitlichen Prozeßorientierung** betrachtet wird (vgl. viertes Kapitel, Abschnitt 3.21). Die Gestaltung der Organisation erfolgt dabei unter der Zielsetzung, eine möglichst effiziente Zusammenarbeit der einzelnen Teileinheiten zu erreichen und insbesondere die klassischen Schnittstellenprobleme zu umgehen. Dabei werden – soweit möglich – funktionale Abgrenzungen, Formalismen und Mehrfachkontrollen innerhalb eines Prozesses vermieden.

Die Prozeßorganisation kann in diesem Zusammenhang als ein Gestaltungskonzept beschrieben werden, bei dem

- als Erfolgsvoraussetzung die detaillierte Analyse und das Verständnis einzelner Geschäftsprozesse im Vordergrund steht,
- traditionelle, linienorientierte und hierarchische Steuerungsmechanismen durch gruppenbezogene Verantwortlichkeiten (Teamstrukturen) abgelöst werden und
- eine optimale Nutzung der modernen Kommunikations- und Informationstechnologien angestrebt wird, um eine bessere Koordination und Beschleunigung der Geschäftsprozesse zu ermöglichen (Chrobok 1996).

Um den Erfolg der prozeßorientierten Organisation sicherzustellen, sind generell folgende **Regeln** zu beachten (Sommerlatte/Wedekind 1990):

- Für jeden strategisch bedeutenden Leistungsprozeß existiert ein auf höherer Ebene angesiedelter Prozeßverantwortlicher, der funktions- und abteilungsübergreifend den Prozeß steuert und überwacht.
- Für Teilprozesse, an denen mehrere Funktionsbereiche beteiligt sind, wird die Form der Projektorganisation gewählt. Die Projektteams umfassen dabei jeweils ein Mitglied aus allen Funktionsbereichen des Unternehmens.
- Die Zahl der Schnittstellen zwischen den Funktionsbereichen ist so gering wie möglich zu halten. Unvermeidliche Schnittstellen werden durch eindeutige Beschreibungen des Koordinationsvorganges und der Verantwortlichkeiten gekennzeichnet.

Zusammenfassend kann festgehalten werden, daß die Prozeßorganisation nicht dazu geeignet ist, sämtliche Ineffizienzen bestehender Organisationsformen zu vermeiden, denn auch im Rahmen der Prozeßorientierung kommt es zu Schnittstellen zwischen den Prozessen. Ferner kann auf eine funktionale Arbeitsteilung auch bei der Prozeßorientierung nicht völlig verzichtet werden. Darüber hinaus besteht die Gefahr, daß durch die Konzentration auf einzelne Prozesse eine zu starke Zersplitterung der Unternehmens- und Marketingaktivitäten erfolgt. Diese verstellt den Blick für den Gesamterfolg, schöpft funktionale Synergien nicht aus und vernachlässigt wichtige Frühwarnfunktionen (Chrobok 1996).

4.52 Projektorganisation

Unternehmen haben durch die zunehmende Markt- und Umweltkomplexität (vgl. viertes Kapitel, Abschnitt 3.1) immer häufiger Aufgaben zu erfüllen, die im Rahmen der vorhandenen Organisationsstruktur nur bedingt zu bewältigen sind. So ist es insbesondere in der Investitionsgüterindustrie häufig erforderlich, aus der bestehenden Organisation heraus Gruppen zu bilden, die ein bestimmtes Projekt verantwortlich durchführen. Aber auch im Bereich des Konsumgütermarketing kann sich die Notwendigkeit ergeben, eine von der bestehenden Organisationsstruktur abweichende, **aufgabenspezifische Organisationsform** über einen bestimmten Zeitraum hinweg einzurichten (vgl. Picot et al. 1999). So erfordert beispielsweise die Erfüllung spezifischer Aufgaben im Rahmen des Innovationsmanagement in der Regel das ungeteilte Einsatzpotential einer eigenständigen **Projektgruppe**. In dieser sollten – zeitlich begrenzt – sowohl die erforderlichen Mitarbeiter als auch die Sachmittel zur Koordination, Planung und Abwicklung des anstehenden Projekts organisatorisch zusammengefaßt sein (Reschke et al. 1989).

Als organisatorische Formen zur Unterstützung und Durchführung komplexer Projekte werden in der Literatur mehrere Alternativen diskutiert (Neuberger 1994, S. 227; Frese 1998, S. 483 f.):

Zum einen kann die Projektarbeit als **stabsartige Stelle** organisiert sein, wobei alle Mitglieder des Projektteams in ihren bisherigen Funktionen und Tätigkeitsfeldern weiterhin beschäftigt sind. Dies führt oft zu Überbelastungen und konkurrierendem Ressourcenzugriff. Alternativ besteht die Möglichkeit, für einen begrenzten Zeitraum ein spezielles **Team** zusammenzustellen, welches zur Erfüllung der Projektaufgabe von sämtlichen sonstigen Tätigkeiten freigestellt wird. Dieses widmet sich in der Phase der Projektarbeit ausschließlich den Projektangelegenheiten und wird nach Beendigung des Projektes wieder aufgelöst. Schließlich können im Rahmen einer **Matrixorganisation** den Leitern eines Projektes zeitweise Entscheidungs- und Weisungsbefugnisse gegenüber Mitarbeitern mehrerer Abteilungen übertragen werden. Diese berechtigen den Projektleiter für eine bestimmte Zeit, auch die Arbeitsleistung von Mitarbeitern fremder Funktionsbereiche einzufordern.

Die Einführung eines Projektmanagement bietet sich nicht für jedes Projekt im Unternehmen an, sondern erweist sich insbesondere bei Vorliegen der folgenden Kriterien als sinnvoll:

- das Ziel des Projektes ist im voraus festgelegt,
- die Frist für die Zielerreichung ist bestimmt,
- die Zielerreichung ist mit Unsicherheit und Risiko verbunden,
- mehrere verschiedenartige Stellen aus unterschiedlichen Funktionsbereichen sind daran beteiligt und
- das Vorhaben besitzt eine gewisse Einmaligkeit.

Die Durchführung des Projektmanagement kann hierbei auf drei unterschiedliche Arten erfolgen: Beim **externen Projektmanagement** sind ausschließlich Betriebsfremde, in der Regel Unternehmensberater, mit der Planung, Kontrolle und Implementierung der Projektaufgabe beschäftigt. Demgegenüber werden im Rahmen des **internen Projektmanagement** nur unternehmenseigene Mitarbeiter für die Erledigung der Projektaufgabe eingesetzt. Die Projektbearbeitung beim **gemischten Projektmanagement** liegt hingegen in den Händen eines Teams aus externen Beratern und unternehmensinternen Mitarbeitern. Entscheidend für die Festlegung der konkret anzuwendenden Projektmanagementform ist neben situativen Faktoren, wie zum Beispiel Kosten- und Zeitdruck, insbesondere auch die Personalverfügbarkeit und -qualifikation in der Unternehmung.

4.53 Modulare Marketingorganisation

Der Begriff der **modularen Organisation** beschreibt die räumlich und zeitlich entkoppelte Durchführung arbeitsteiliger Prozesse innerhalb eines Unternehmens (prozeßorientierte Entkopplung) (Klein 1994). Durch den gestiegenen Einfluß der modernen Informations- und Kommunikationstechnologien ist eine Auflösung bestehender Hierarchien möglich geworden: Traditionelle, streng hierarchisch organisierte Unternehmens- und Marketingstrukturen werden im Rahmen der modularen Organisation durch relativ **selbständige und prozeßorientierte Einheiten** ersetzt. Die einzelnen Module stehen dabei untereinander in einer nur lockeren Koordinationsbeziehung (Davidow/Malone 1997; Picot et al. 2000).

Die modulare Organisation ist – im Gegensatz zur virtuellen Organisation – ausschließlich als **innerorganisatorische Gestaltungsoption** aufzufassen. Dabei soll die Modularisierung dazu führen, daß einerseits die Komplexität der Leistungserstellung in der Unternehmung reduziert (vgl. viertes Kapitel, Abschnitt 3.53) und andererseits die Kundennähe erhöht wird. Dafür müssen als Voraussetzung alle notwendigen Informationen zum Beispiel über Produkte, Preise oder Kunden unabhängig voneinander abgerufen und verarbeitet werden können. Erst durch den Einsatz der modernen Informationstechnologien wird somit die zeitlich und räumlich unabhängige Bearbeitung von arbeitsteiligen Prozessen möglich. Es ist beispielsweise notwendig, daß Informationen über die Kommunikationsstrategie in einer zentralen Unternehmensdatenbank jederzeit abrufbar sind, damit die beteiligten Mitarbeiter (wie Graphiker oder Texter) nicht zwingend in direkten persönlichen Kontakt treten müssen. Auch die räumliche Trennung zweier Mitarbeiter kann in diesem Zusammenhang durch moderne Kommunikationsmittel (wie zum Beispiel E-Mail) überbrückt werden, so daß teilweise ein physisches Zusammentreffen der Mitarbeiter des Marketing überflüssig wird. Darüber hinaus können in der modularen Organisation beispielsweise Außendienstmitarbeiter mit tragbaren Rechnern ausgestattet werden, die dem Verkäufer jederzeit aktuelle Kunden- und Kapazitätsinformationen zur Verfügung stellen und eine selbständige Abwicklung von Bestellungen ermöglichen (Klein 1994).

Bei der Modularisierung der Unternehmung ist letztlich allerdings immer zu beachten, daß ein Mindestmaß an übergreifender Koordination in der Unternehmung gewährleistet bleiben muß. Insbesondere bei Aktivitäten, die sich nur schwer standardisieren lassen und einen hohen Grad an Einmaligkeit aufweisen, ist eine Modularisierung durch die mangelnde Abstimmung der einzelnen Arbeitsschritte und die geringe persönliche Kontaktintensität häufig mit Schwierigkeiten verbunden.

4.54 Virtuelle Marketingorganisation

Die Weiterentwicklung der Informations- und Kommunikationstechnologien hat auch für die Organisation kooperativer Unternehmensaktivitäten zahlreiche neue Möglichkeiten eröffnet, den Anforderungen des globalen Wettbewerbs und der gestiegenen Marktdynamik Rechnung zu tragen. Im Rahmen sogenannter **virtueller Organisationsformen** ist es dabei möglich, auch bei der Zusammenarbeit mehrerer Unternehmen zeitlich und räumlich flexibel zu operieren (Meffert 1997).

Das Attribut „virtuell", das „scheinbar" oder „der Kraft oder Möglichkeit nach vorhanden" bedeutet, wird mittlerweile nahezu inflationär verwendet. So findet man etwa die Bezeichnungen virtuelle Bank, virtuelles Warenhaus oder virtuelle Universität. Diesen virtuellen Objekten liegt jeweils das gleiche **Virtualitätsverständnis** zugrunde. Ihnen fehlen bestimmte physikalische Attribute des ursprünglichen, nicht-virtuellen Objektes. Dennoch sind die ursprünglich vorhandenen und zu virtualisierenden Merkmale im Wahrnehmungsraum des Kunden präsent (Scholz 1996). Beispielsweise muß eine virtuelle Bank, die ihre Leistungen über das Internet anbietet und damit die wesentlichen Funktionen einer Bank erfüllt, nicht physisch in Form von Gebäuden, Kundenschaltern, Personal etc. vorhanden sein. Ein Bankkunde kann seine Bank über seinen PC „betreten" und Transaktionen auslösen, für die er bisher ein Bankgebäude aufsuchen mußte. Insofern kann von sogenannten **„Als-ob-Strukturen"** gesprochen werden: Virtuelle Objekte täuschen ein Vorhandensein vor und erfüllen wesentliche Funktionen, ohne aber tatsächlich physikalisch als Einheit präsent zu sein (Hofmann et al. 1995). In dieser Interpretationsform (Typ A) werden virtuelle Unternehmungen häufig mit Anbietern **„virtueller Produkte"** gleichgesetzt. Dabei wird auch die Integration des Kunden in den Leistungserstellungsprozeß (zum Beispiel bei der Produktentwicklung) besonders hervorgehoben (Davidow/Malone 1997). Diese Vernetzung mit dem Kunden ist jedoch keine Besonderheit der virtuellen Leistungserstellung. Vielmehr ist die Verlagerung wichtiger Unternehmensfunktionen in den virtuellen Raum wesentliches Abgrenzungsmerkmal.

Demgegenüber wird in einer zweiten Interpretation (Typ B) unter virtuellen Unternehmungen eine **Organisationsform** verstanden, in der selbständige Organisationseinheiten zur Erfüllung einer betrieblichen oder marktlichen Aufgabe flexibel zusammenarbeiten

(Scholz 1996). Dementsprechend sind innerbetriebliche und zwischenbetriebliche virtuelle Organisationsformen zu unterscheiden. Bei der **innerbetrieblichen** virtuellen Organisation werden traditionelle hierarchische Strukturen zugunsten von relativ selbständigen und prozeßorientierten Einheiten überwunden. Picot, Reichwald und Wigand (2000) sprechen in diesem Zusammenhang von der modularen Unternehmung (vgl. viertes Kapitel, Abschnitt 4.53).

Mit der **zwischenbetrieblichen** virtuellen Organisation, die im folgenden den Gegenstand der Betrachtung bildet, wird eine Kooperation zwischen mehreren Unternehmungen beschrieben, die gemeinsam ein **Unternehmensnetzwerk** bilden (virtuelle Unternehmung im engeren Sinne).

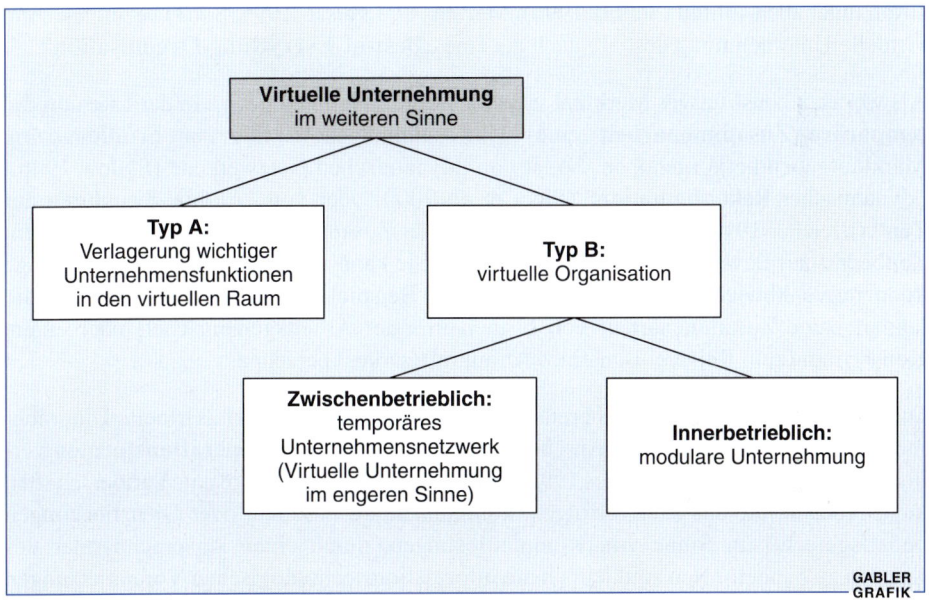

Abbildung 4-45: Abgrenzung virtueller Unternehmungen
(Quelle: Meffert 1997)

Beide Ausprägungen virtueller Unternehmungen weisen – auch wenn sie in der Praxis kombiniert auftreten – unterschiedliche Konsequenzen für die marktorientierte Unternehmensführung auf (vgl. Meffert 1999). Während mit dem Typ A vornehmlich die mehrfach beschriebenen Chancen und Risiken multimedialer Kommunikationstechnologien im Marketing verbunden werden, kommt im Typ B das kooperative Potential der Befriedigung von Kundenbedürfnissen zum Ausdruck. Für den Kunden erscheinen die von der virtuellen Unternehmung im engeren Sinne erbrachten Leistungen wie aus einer Hand, obwohl sie das Ergebnis eines auf viele unabhängige Leistungsträger verteilten Prozesses sind (Meffert 1997).

In der Literatur besteht Einigkeit darüber, daß ein zentrales **Merkmal** einer virtuellen Unternehmung (im engeren Sinne) ein **Unternehmensnetzwerk** ist. Unternehmensnetzwerke zielen auf die Realisierung von Wettbewerbsvorteilen ab, die sich durch eine Mischung kooperativer und kompetitiver Beziehungen zwischen rechtlich selbständigen, wirtschaftlich verbundenen Unternehmungen auszeichnen (Sydow 1999, S. 33; Picot et al. 2000). Die Zusammenarbeit kann durch eine vertikale und/oder horizontale Integration der Stufen der Wertkette erfolgen.

Die einzelnen Einheiten des Unternehmungsnetzwerkes bringen ihre **Kernkompetenzen**, das heißt ihre wettbewerbsüberlegenen Ressourcen und Fähigkeiten beziehungsweise spezifischen Alleinstellungsmerkmale (Rasche 1994), in die Kooperation ein. Die Wertschöpfung einer virtuellen Unternehmung resultiert dabei im Idealfall aus der Verknüpfung von Teilleistungen der Netzwerkpartner, bei denen diese eine Spitzenposition innehaben sollten (Scholz 1996). Mertens und Faisst (1995, S. 63) bezeichnen die virtuelle Unternehmung deshalb auch als eine **„Best-of-Everything-Organisation"**.

Als weiteres konstitutives Merkmal virtueller Unternehmungen wird in der Literatur die **temporäre Zusammenarbeit** eines Unternehmungskollektivs zur Erfüllung von Marktaufgaben hervorgehoben. So ist von „dynamischen Netzwerken" (Sydow 1996), „dynamischer Rekonfiguration" (Picot et al. 2000) oder von „Ad-hoc-Strukturen auf Zeit" (Bleicher 1996) die Rede. Der Zeitraum der Zusammenarbeit ergibt sich aus dem Zeitbedarf zur Bewältigung der Marktaufgabe. Sie kann sich ebenso auf die kurzfristige kooperative Abwicklung eines Auftrages (zum Beispiel Streckengeschäft) wie auf die längerfristige Zusammenarbeit von Firmen in einer Arbeitsgemeinschaft oder einem Konsortium (zum Beispiel Bau eines Atomkraftwerkes) beziehen.

Diese Beispiele verdeutlichen bereits, daß sich hinter dem Begriff „virtuelle Unternehmung" zum Teil **altbekannte Erscheinungen marktlicher Kooperationsformen** verbergen (Staudt et al. 1992, Zentes 1992). Dabei werden insbesondere jene Partnerschaften angesprochen, die das Ziel verfolgen, komplementäre Produkte oder Dienstleistungen bedarfsgerecht, im Sinne von Komplettlösungen, durch einen Ansprechpartner des Kunden zu bündeln. Neu sind jedoch die informationstechnologischen Voraussetzungen für eine effiziente und flexible Realisierung der virtuellen Erstellung und Vermarktung der Leistungen. Insofern wird die besonders ausgeprägte **Nutzung unternehmensübergreifender Informations- und Kommmunikations-Technologien**, das heißt die „informatorische Vernetzung" beziehungsweise „gemeinsame Informationsinfrastruktur" als weiteres Merkmal für virtuelle Unternehmungen herausgestellt (Mertens/Faisst 1995).

Unter Berücksichtigung der skizzierten Merkmale sind **virtuelle Unternehmungen im engeren Sinne als temporäres Unternehmungsnetzwerk zu kennzeichnen, in das selbständige, kooperierende Partner zur Erfüllung einer Marktaufgabe ihre Kernkompetenzen einbringen**. Unter weitgehendem Verzicht auf eine Institutionalisierung und vertragliche Regelungen werden bei der virtualisierten Leistungserstellung in der Regel unternehmensübergreifende Informations- und Kommunikationstechnologien eingesetzt, um Wettbewerbsvorteile zu erzielen.

Mit dieser Abgrenzung wird einerseits die strategische Bedeutung dieses Unternehmenstyps hervorgehoben, andererseits auf die temporäre Ausnutzung von Marktchancen durch flexible Formen der Zusammenarbeit verwiesen. Die Abgrenzung zu strategischen Allianzen, Joint-Ventures, Konsortien und Kartellen läßt sich insbesondere durch die Merkmale der geringeren Institutionalisierung, des weitgehenden Verzichts auf vertragliche Regelungen, der besonderen Betonung von Kernkompetenzen und der zeitlich befristeten Zusammenarbeit bei virtuellen Unternehmungen begründen (Arnold et al. 1995).

Die **Vorteile** der virtuellen Organisation liegen vor allem in ihrer hohen Flexibilität. Erfordert der Markt eine dynamische Anpassung des Unternehmens, kann diese aufgrund des Fehlens starr institutionalisierter Strukturen schneller umgesetzt werden als in jeder herkömmlichen Organisation. Als Folge dessen zeichnet sich die virtuelle Organisation häufig durch eine hohe Prozeßgeschwindigkeit aus. Letztlich wird damit eine Erhöhung der Kundenbindung und Kundenzufriedenheit erreicht. Weiterhin wird im Rahmen einer virtuellen Organisation auch kleineren Unternehmen die Möglichkeit eingeräumt, mit ihrer Kernkompetenz auf größeren nationalen oder internationalen Märkten tätig zu werden. Das dazu notwendige Investitionsvolumen sowie die Personalressourcen könnte ein einzelnes kleines Unternehmen nicht ohne die Kooperation mit anderen freisetzen (Hoffmann/Hanebeck 1995).

Neben zahlreichen Vorteilen lassen sich allerdings auch **Kritikpunkte** an der virtuellen Organisation aufzeigen, die eine Entscheidung für diese Organisationsform fraglich erscheinen lassen. Es bestehen große Unsicherheiten bezüglich der aufeinander abzustimmenden Unternehmenskulturen: Die Art der Zusammenarbeit im virtuellen Unternehmen setzt ein sehr hohes Maß an Vertrauen gegenüber dem Partner voraus. Doch gerade dieses Vertrauen kann sich am besten aus einem gemeinsamen Kulturverständnis der Partner ergeben, welches aufgrund der Kurzfristigkeit der Zusammenarbeit nur schwer entstehen kann.

Ebenso von Unsicherheit geprägt ist die rechtliche Seite der virtuellen Unternehmung, da es ihrem grundsätzlich kurzfristigen Charakter widerspricht, enge rechtliche Regelungen zu vereinbaren. Aus dem Fehlen institutionalisierter Strukturen kann darüber hinaus ein Motivationsproblem bei den Mitarbeitern entstehen, welches aus dem offensichtlichen Mißverhältnis von Qualifikationsanspruch einerseits und nur kurzfristiger Sicherheit ihres Arbeitsplatzes (zumindest im Hinblick auf die begrenzte Aufgabe des virtuellen Unternehmens) andererseits herrührt (Hoffmann/Hanebeck 1995).

Bezüglich des Koordinationsaufwandes zwischen den rechtlich selbständigen Partnern des Netzwerkes ist die Vorteilhaftigkeit der virtuellen Unternehmung im Vergleich zu anderen Formen der Koordination nicht eindeutig zu klären und hängt stark von situativen Bedingungen ab. Letztlich bleibt abzuwarten, ob und inwieweit sich die virtuelle Organisation als Marketingorganisation durchsetzen kann.

Die Gestaltung von Schnittstellen zu Wettbewerbern findet dabei noch wenig Beachtung. Dies gilt umso mehr, als viele Anzeichen dafür sprechen, daß virtuelle Unternehmungen in dynamischen Marktsituationen in hohem Maße instabil sind. Sie bieten einzelnen Unternehmungen zwar die Chance, die Spielregeln durch die informationstechnologische Vernetzung aktiv zu verändern (Rulemakers) oder sich bei veränderten Spielregeln über neue Informationsnetze im Markt anzupassen (Ruletakers). Virtuelle Unternehmungen stellen aber keinen Königsweg zur Sicherung dauerhafter Wettbewerbsvorteile am Markt dar.

Somit ist davon auszugehen, daß innovative Unternehmungen auch in Zukunft die wesentlichen Prozesse der Wertschöpfungskette und Kernkompetenzen in das eigene Unternehmen integrieren und nicht dauerhaft zu einem „gläsernen" Teil eines symbiotisch agierenden virtuellen Unternehmens werden (Meffert 1997).

4.55 Category Management

Die zunehmende Wettbewerbsintensität und das sich verändernde Machtverhältnis zwischen Hersteller und Handel zwingt die Herstellerunternehmen, in organisatorischer Hinsicht Anpassungen vorzunehmen, um ihre Wettbewerbsfähigkeit zu erhalten (Milde 1994b). Eine neue Organisationsform, die dieses veränderte Verhältnis zwischen Hersteller und Handel zum Ausdruck bringt, ist das Konzept des **Category Management**. Dabei wird eine für beide Seiten vorteilhafte Kooperation angestrebt, welche die im Zielsystem der beiden Partner bestehenden Gegensätze entschärfen soll (Nielsen 1994).

Category Management kann in diesem Zusammenhang als **eine Form des Prozeßmanagement** verstanden werden, bei dem Warengruppen (zum Beispiel Tierfutter oder Tiefkühlkost) durchgängig als selbständige und gewinnverantwortliche Geschäftseinheiten (Profit Center) geführt werden. Durch diese Erfolgsorientierung soll eine Leistungssteigerung erreicht werden, die auf der Ebene der einzelnen Geschäftsstätten eine hohe Befriedigung der Konsumentenbedürfnisse sicherstellt. Die kundenorientierte Strukturierung und Dimensionierung von Warengruppen steht dabei im Vordergrund der gemeinsamen Bemühungen von Hersteller und Handel (Behrends 1994).

Zentrale **Merkmale** des Category Management sind (Milde 1994a):

- Ein **kooperatives Zusammenwirken** von Herstellern und Händlern bei der Optimierung der Warenwirtschaft und des Sortiments,
- wobei eine **konsequente Marktorientierung** des Sortiments zur Profilierung und Erhöhung der Kundenbindung angestrebt wird,
- und zwar mit einer differenzierten und **zielgruppengerechten Gliederung, Dimensionierung und Präsentation der Sortimente** in der Einkaufsstätte;

- dabei soll eine Optimierung des betrieblichen Wertschöpfungsprozesses durch ein **funktionenübergreifendes Prozeßmanagement** (zum Beispiel durch die Verknüpfung von Einkaufs- und Verkaufsfunktion im Handel) erfolgen,

- um durch ein betriebs- und wirtschaftsstufenübergreifendes Prozeßmanagement eine **hohe Gesamtsystemeffizienz** („Total System Efficiency") zu erreichen;

- alle Warengruppen sollen dabei mit dem Ziel einer **Steigerung von Umsatz, Marktanteil und Deckungsbeitrag** geführt werden.

Der Gesamtprozeß zur Implementierung des Category Management läßt sich in diesem Zusammenhang in fünf Phasen einteilen (Nielsen 1994, S. 12 ff.):

1. **Festlegung und Analyse der Category**
   In diesem ersten Schritt geht es um die genaue Bestimmung der einzelnen Warengruppen, die nach Maßgabe der Kundenbedürfnisse festgelegt werden. Dabei sind die Verwendungszusammenhänge beim Konsumenten entscheidend. Darüber hinaus muß eine Analyse von Nachfragetrends für die jeweilige Warengruppe vorgenommen werden, die zum Beispiel die Frage nach dem zu erwartenden Marktanteil oder dem Entwicklungspotential einzelner Produkte innerhalb der Category beinhaltet.

2. **Analyse des Kundenpotentials**
   Nach der Festlegung der Category sind die Zielkunden zu bestimmen, die mit der Warengruppe angesprochen werden sollen. Bei der Analyse des Kundenpotentials und der Erfassung der Kundenstruktur sollten die Kunden zunächst anhand soziodemographischer Merkmale (zum Beispiel Alter und Geschlecht) unterschieden werden. Darüber hinaus sind möglichst viele Informationen bezüglich des Lebensstils und des Kaufverhaltens der Zielgruppe zu sammeln, um die Marketingstrategie darauf abstellen zu können. Abschließend liefert die Messung von Marktanteilen beziehungsweise Volumina der Handelspartner wertvolle Hinweise bezüglich des Ausschöpfungsgrades der regionalen Kundenpotentiale durch den Handel.

3. **Planung der Strategie**
   Ist das Kundenpotential der Category ausreichend groß, gilt es, ein Set erfolgversprechender Marketing- und Finanzstrategien für die Warengruppe zu entwerfen (Burmann 1995). Diese Strategiealternativen müssen anschließend auf ihre Erfolgswahrscheinlichkeit getestet werden.

4. **Einsatz der Strategie**
   Während die ersten drei Schritte der Implementierung am „Tisch des Planers" vollzogen werden, stellt der vierte Schritt die Phase der Realisation im Markt dar.

5. **Ergebniskontrolle**
   In diesem letzten Schritt geht es um die kritische Bewertung der erzielten Ergebnisse. Die Erfolgsbetrachtung wird nicht nur anhand quantitativ-meßbarer Größen vorgenommen, sondern erfolgt auch unter qualitativen Gesichtspunkten. Dabei wird

beispielsweise eine partnerschaftliche Führung der Category durch die Hersteller- und Handelsseite als positiv bewertet (Kooperationserfolg).

Das Aufgabengebiet und die Verantwortlichkeiten eines Category Managers sind in allen Phasen sehr vielfältig und stellen hohe Anforderungen an seine Person. Aufgabengebiete wie die Sortimentsplanung, der Einkauf, die Preispolitik sowie die Zuständigkeit für den Deckungsbeitrag der Category fallen in den Zuständigkeitsbereich des Category Managers. Er trägt die Gesamtverantwortung für die Warengruppe und ist für die Schnittstellenkoordination zuständig. Die Notwendigkeit einer Verbindung von Einkaufs- und Verkaufs-Know-how in der Person des Category Managers wird dabei deutlich, wenn die historische Entwicklung betrachtet wird: Diese führte vom herstellerseitigen Verkaufsdenken (organisatorisch verankert im Produkt- und Key Account Management) auf der einen Seite und händlerseitigem Einkaufsdenken (organisatorisch verankert im Zentraleinkäufer) auf der anderen Seite zu einem integrierten Category Management.

Bei Betrachtung der **Herstellerperspektive des Category Management** zeigt sich, daß mit Hilfe des Category Management eine Aufrechterhaltung der Markenidentität starker Herstellermarken unterstützt werden kann und eine Reduktion des Konfliktpotentials im vertikalen Absatzkanal stattfindet. Positive Auswirkungen auf Umsatz und Gewinn ergeben sich auch dadurch, daß **das hohe Marketing-Know-how der Hersteller durch kundennahe Handelsinformationen auf lokaler Einkaufsstättenebene sinnvoll ergänzt werden kann**. In diesem Zusammenhang gewinnt die Teamorientierung innerhalb der Herstellerunternehmung erheblich an Gewicht: Während in Unternehmen häufig eine organisatorische Trennung der Funktionen Marketing und Vertrieb zu finden ist, plädiert das Category Management für die enge Verknüpfung dieser Funktionen.

Auch für den **Handel** bietet das Category Management zahlreiche Ansatzpunkte zu einer verbesserten Marktbearbeitung. Im Mittelpunkt der Bestrebungen steht dabei eine starke und individualisierte Kundenorientierung, die eine gute Kundenkenntnis voraussetzt. Auf Grundlage der Informationen aus Scannerkassen gelingt es den Handelsorganisationen immer besser, Marketingprogramme für einzelne Categories zu erstellen, die präzise auf die Bedürfnisse der lokalen Zielgruppen abgestimmt sind. Die Vorteile des Category Management im Handel liegen neben der Mikro-Kundenorientierung und der verbesserten Sortimentspolitik insbesondere in der Ausnutzung interner Synergien: Die Koordination von Einkaufs- und Verkaufsfunktionen durch die Person des Category Managers führt nicht nur zu einer erhöhten Motivation, sondern auch zu einer besseren Abstimmung vieler interner Arbeitsvorgänge und besseren Kontakten zu den Herstellern. Dabei sollte im Rahmen des Category Management nicht mehr nur der Preis hauptsächlicher Verhandlungsgegenstand zwischen Hersteller und Handel sein. Vielmehr ist die marketingstrategische Ausrichtung des Herstellers eng mit der Handelsstrategie abzustimmen.

Bei der Realisierung des Category Management auf Handels- und Herstellerebene können sich jedoch auf beiden Seiten zahlreiche Interessenkonflikte ergeben. Diese rühren aus dem Erfolgs- und Unabhängigkeitsstreben beider Parteien. Insbesondere die

Hersteller stehen vor der Schwierigkeit, ihr traditionell produktfokussiertes Denken zugunsten eines Denkens in Warengruppen aufgeben zu müssen. Auch wenn im Rahmen der Category Management-Diskussion oftmals der Eindruck der Zielharmonie erweckt wird, lösen sich die zwischen Hersteller- und Handelszielen bestehenden Gegensätze nicht automatisch durch eine Umorganisation des Marketing auf (Feld 1996).

Aufgrund des integrierenden Charakters des Category Management ergeben sich weitere **Probleme:** Vor allem die Definition der Warengruppen, die Abstimmung der Warengruppenstrategie mit der gesamten Unternehmensstrategie, die Organisation des Informationsaustausches von Hersteller und Handel sowie die Implementierung des Category Management stellen sehr hohe Anforderungen an alle Beteiligten.

Trotz dieser Schwierigkeiten bleibt das gemeinsame Ziel des Category Management, „Win-win"-Kooperationen zum Vorteil beider Seiten aufzubauen und eine optimale Kundennähe zu erreichen, erhalten. Der Category Management-Ansatz unterscheidet sich dabei von herkömmlichen Organisationskonzepten vor allem durch seine **ganzheitliche Sichtweise**: Nicht die einzelnen Teilaspekte des Category Management sind neu, sondern insbesondere die **prozeßbezogene Gesamtbetrachtung** aller Elemente (Milde 1994a).

Zum Bereich der Marketingorganisation ist abschließend anzumerken, daß es die Betrachtungsweise des Marketing als Maxime der Unternehmensführung zunehmend schwieriger macht, eine scharfe Trennungslinie zwischen der hier beschriebenen Marketingorganisation und der Marketingimplementierung zu ziehen. Die **Gestaltung** der Organisationsstruktur ist dabei vornehmlich Gegenstand der Marketingorganisation, während die **Anpassung** der Struktur an die Marketingstrategie bereits als Hauptaufgabe der Implementierung anzusehen ist (vgl. viertes Kapitel, Abschnitt 5). Dabei liegt der Schwerpunkt der Ausführungen zur Marketingorganisation auf konkreten **aufbauorganisatorischen Alternativen**, bei der Marketingimplementierung stehen dagegen die Ablauforganisation sowie die Erfolgsfaktoren des **Implementierungsprozesses** im Vordergrund.

Literaturhinweise

Arnold, O., Faisst, W., Härtling, M., Sieber, P. (1995), Virtuelle Unternehmen als Unternehmenstyp der Zukunft?, in: HMD: Theorie und Praxis der Wirtschaftsinformatik, Nr. 185, S. 309.
Behme, W. (1996), Virtuelle Unternehmen, in: WISU, 25. Jg., Nr. 7, S. 627.
Behrends, C. (1994), Von der Vision zur Praxis, Die Steuerung von Sortiment und Warenwirtschaft im Handel, in: Lebensmittelzeitung Nr. 22 vom 03.06.1994, S. 58–60.
Bidlingmaier, J. (1973), Marketingorganisation, in: Die Unternehmung, 27. Jg., Nr. 3, S. 133–154.
Bleicher, K. (1991), Organisation, Strategien – Strukturen – Kulturen, 2. Aufl., Wiesbaden.
Bleicher, K. (1996), Der Weg zum virtuellen Unternehmen, in: Office Management, 44. Jg., Nr. 1–2, S. 10–15.
Bliemel, F. W., Fassott, G. (1995), Produktmanagement, in: Tietz, B., Köhler, R. (Hrsg.), Handwörterbuch des Marketing, 2. Aufl., Stuttgart, Sp. 2120–2136.
Brecht, L., Hess, T., Österle, H. (1995), Business Reengineering: Von einer Mode zur Methode, in: Harvard Business Manager, 17. Jg., Nr. 4, S. 118–123.
Bühner, R. (1996), Betriebswirtschaftliche Organisationslehre, 8. Aufl., München u. a.
Burmann, C. (1995), Erfolgsfaktoren des Warenhaus- und Warengruppenmanagements, in: Handelsforschung 1995/96, Informationsmanagement im Handel, Jahrbuch der Forschungsstelle für den Handel Berlin (FfH) e. V., Trommsdorff, V. (Hrsg.), Wiesbaden, S. 263–285.
Chrobok, R. (1996), ZfO-Stichwort (Geschäfts-)Prozeßorganisation, in: Zeitschrift Führung + Organisation ZfO, 65. Jg., Nr. 3, S. 190–191.
Davidow, W. H., Malone, M. S. (1997), Das virtuelle Unternehmen, 2. Aufl., Frankfurt.
Dichtl, E., Kress, S. (1971), Die Marketingfunktionen im Unternehmen, Möglichkeiten einer institutionellen Verankerung, in: Der Markenartikel, 33. Jg., Nr. 5, S. 171–180.
Diller, H. (1991), Entwicklungstrends und Forschungsfelder der Marketingorganisation, in: Marketing, Zeitschrift für Forschung und Praxis, 13. Jg., Nr. 3, S. 156–163.
Diller, H. (1993), Key Account Management: Alter Wein in neuen Schläuchen?, in: Thexis, 10. Jg., Nr. 3, S. 6–16.
Elsik, W. (1996), Prozeßorganisation im Marketing, in: Marktforschung + Management, 40. Jg., Nr. 1, S. 22–29.
Faisst, W. (1995), Welche IV-Systeme sollte ein Virtuelles Unternehmen haben?, Arbeitspapier Nr. 1 der Reihe „Informations- und Kommunikationssysteme als Gestaltungselement Virtueller Unternehmen", Ehrenberg, D., Griese, J., Mertens, P. (Hrsg.), Bern u. a.
Feld, C. (1996), Category Management im Handel, Arbeitspapier Nr. 8 des Seminars für allgemeine Betriebswirtschaftslehre, Handel und Distribution an der Universität zu Köln, Köln.
Frese, E. (1998), Grundlagen der Organisation, Konzept – Prinzipien – Strukturen, 7. Aufl., Wiesbaden.
Focking, D. (1993), Erfolgsfaktoren im Key Account Management für Konsumgüter, Interview von Senn, C., in: Thexis, Fachzeitschrift für Marketing, 10. Jg., Nr. 3, S. 28–32.
Gaitanides, M., Westphal, J., Wiegels, I. (1991), Zum Erfolg von Strategie und Struktur des Kundenmanagements, Organisatorische Gestaltung – Grundtypen – Strategie – Effizienz, in: Zeitschrift Führung + Organisation ZfO, 60. Jg., Nr. 1, S. 15–21.
Gerber, U. (1993), Einführung des Key Account Management bei Ascom, ein Erfahrungsbericht, in: Thexis, Fachzeitschrift für Marketing, 10. Jg., Heft 3, S. 18–22.
Hammann, P. (1993), Manuskript einer Rede anläßlich Nr. 25jährigen Bestehens des Marketing-Club Ulm/Neu-Ulm, Ulm, o. S.
Hammer, M., Champy, J. (1996), Business Reengineering, Die Radikalkur für das Unternehmen, 6. Aufl., Frankfurt am Main u. a.
Hill, W., Fehlbaum, R., Ulrich, P. (1994), Organisationslehre: Ziele, Instrumente und Bedingungen der Organisation sozialer Systeme, 5. Aufl., Bern.

Hoffmann, W., Hanebeck, C. (1995), Unternehmenskooperation, Das virtuelle Unternehmen, in: M & C – Management & Computer, Nr. 1, S. 69–71.
Hofmann, J., Kläger, W., Michelsen, U. (1995), Kommunikations- und Multimediawirtschaft: Virtuelle Unternehmensstrukturen, in: Office Management, 43. Jg., Nr. 12, S. 24–29.
Hüttel, K. (1989), Rosige Zeiten für Produktmanager, in: Harvard Manager, 11. Jg., Nr. 1, S. 48–55.
Keegan, W. J. (1980), Multinational marketing management, 2nd ed., Englewood Cliffs.
Kieser, A., Kubicek, H. (1992), Organisation, 3. Aufl., Berlin u. a.
Klein, S. (1994), Virtuelle Organisation, in: Wirtschaftswissenschaftliches Studium WiSt, 23. Jg., Nr. 6, S. 309–311.
Koerber, E. von (1993), Geschäftssegmentierung und Matrixstruktur im internationalen Großunternehmen – Das Beispiel ABB, in: Zeitschrift für betriebswirtschaftliche Forschung, 45. Jg., Nr. 12, S. 1060–1067.
Kotter, J. P. (1998), Leading Change, 2nd ed., Boston.
Kreikebaum, H. (1983), Zur Akzeptanz strategischer Planungssysteme, in: Marketing, Zeitschrift für Forschung und Praxis, 4. Jg., Nr. 2, S. 103–107.
Mason, R. H., Miller, R. R., Weigel, D. R. (1981), International Business, 2nd ed., New York u. a.
Meffert, H. (1971), Marketing, in: Marketing Enzyklopädie, München, S. 383–413.
Meffert, H. (1987), Produktmanagement und Führung, in: Kieser, A., Reber, G., Wunderer, R. (Hrsg.), Handwörterbuch der Führung, Stuttgart, Sp. 1731–1738.
Meffert, H. (1992), Organisation des Kundenmanagements, in: Frese, E. (Hrsg.), Handwörterbuch der Organisation, Stuttgart, Sp. 1215–1228.
Meffert, H. (1994a), Marketing-Management, Analyse – Strategie – Implementierung, Wiesbaden.
Meffert, H. (1994b), Marktorientierte Unternehmensführung im Umbruch – Entwicklungsperspektiven des Marketing in Wissenschaft und Praxis, in: Bruhn, M., Meffert, H., Wehrle, F. (Hrsg.), Marktorientierte Unternehmensführung im Umbruch, Stuttgart, S. 3–39.
Meffert, H. (1995), Marketing, in: Handwörterbuch des Marketing (HBM), Köhler, R., Tietz, B., Zentes, J. (Hrsg.), 2. Aufl., Stuttgart, Sp. 1472–1490.
Meffert, H. (1997), Die virtuelle Unternehmung, Perspektiven aus der Sicht des Marketing, in: Festschrift zum 65. Geburtstag von Prof. W. H. Engelhardt, Wiesbaden, S. 115–141.
Meffert, H. (Hrsg.) (1999), Marktorientierte Unternehmensführung im Wandel: Retrospektive und Perspektiven des Marketing, Wiesbaden.
Meffert, H., Bolz, J. (1997), Internationales Marketing-Management, 3. Aufl., Stuttgart.
Mertens, P., Faisst, W. (1995), Virtuelle Unternehmen – eine Organisationsstruktur für die Zukunft?, in: Technologie & Management, 44. Jg., Nr. 2, S. 61–68.
Mertens, P., Faisst, W. (1996), Virtuelle Unternehmen, Eine Organisationsstruktur für die Zukunft?, in: Wirtschaftswissenschaftliches Studium WiSt, 25. Jg., Nr. 6, S. 280–285.
Milde, H. (1994a), Im Zeitalter der Fragmentierung, Technische Revolution im Handel und Beziehung zum Hersteller, in: Lebensmittelzeitung Nr. 22 vom 03.06.1994, S. 61–63.
Milde, H. (1994b), Category Management – die stille Revolution, in: Markenartikel, 56. Jg., Nr. 7, S. 343–346.
Neuberger, O. (1994), Personalentwicklung, 2. Aufl., Stuttgart.
Nielsen Marketing Research (Hrsg.) (1994), Category Management – Positioning your organisation to win, Lincolnwood (Chicago)/Illinois.
o. V. (1997), Neue Strukturen für mehr Nachfrage und höhere Marktanteile, in: FAZ vom 09.01.1997, Nr. 7, S. 12.
Picot, A., Dichtl, H., Frank, E. (1999), Organisation: eine ökonomische Perspektive, 2. Aufl., Stuttgart.
Picot, A., Reichwald, R., Wigand, R. T. (2000), Die grenzenlose Unternehmung, Information, Organisation und Management, 4. Aufl., Wiesbaden.
Rasche, C. (1994), Wettbewerbsvorteile durch Kernkompetenzen: ein ressourcenorientierter Ansatz, Wiesbaden.

Rominski, D. (1994), Marketingorganisation, In Bestbesetzung?, in: Absatzwirtschaft, 37. Jg., Nr. 3, S. 34–41.
Reschke, H. (Hrsg.) (1989), Handbuch Projektmanagement, Köln.
Scholz, C. (1996), Virtuelle Organisation: Konzeption und Realisation, in: Zeitschrift Führung+Organisation, 65. Jg., Nr. 4, S. 204–210.
Senn, C., Belz, C. (1994), Key Account Management – Bestandsaufnahme und Trends, Thexis – Fachbericht für Marketing, Nr. 2, St. Gallen.
Sommerlatte, T., Wedekind, E. (1990), Leistungsprozesse und Organisationsstruktur, in: Arthur D. Little (Hrsg.), Management der Hochleistungsorganisation, Wiesbaden, S. 25–41.
Staudt, E. (1992), Kooperationshandbuch: ein Leitfaden für die Unternehmenspraxis, Düsseldorf.
Stauss, B., Schulze, H. (1990), Internes Marketing, in: Marketing, Zeitschrift für Forschung und Praxis, 12. Jg., Nr. 3, S. 149–158.
Sydow, J. (1996), Virtuelle Unternehmung, Erfolg als Vertrauensorganisation?, in: Office Management, 44. Jg., Nr. 7–8, S. 10–13.
Sydow, J. (1999), Strategische Netzwerke: Evolution und Organisation, Wiesbaden.
Wagner, H. (1975), Gestaltungsmöglichkeiten einer marketingorientierten Strukturorganisation, in: Meffert, H. (Hrsg.), Marketing heute und morgen. Entwicklungstendenzen in Theorie und Praxis, Wiesbaden, S. 279–293.
Zentes, J. (1986), Verkaufsmanagement in der Konsumgüterindustrie, in: Die Betriebswirtschaft, 46. Jg., Nr. 1, S. 21–28.
Zentes, J. (Hrsg.) (1992), Strategische Partnerschaften im Handel, Stuttgart.

5. Marketingimplementierung

5.1 Grundlagen und Begriff der Marketingimplementierung

5.11 „Implementierungslücke" als strategisches Dilemma

Trotz ausgefeilter Analysemethoden und gut geplanter Marketingstrategien stellt sich der gewünschte Markterfolg von Marketingkonzepten in der Unternehmenspraxis häufig nicht ein. Oftmals werden Marketingstrategien im Unternehmen nicht oder nur unzureichend umgesetzt und die Konzepte „versanden in der Schublade des Planers". In diesem Fall spricht man von einer „Implementierungslücke". Im Extremfall erzielen die neuen Strategien im Unternehmen sogar eine kontraproduktive Wirkung durch aktive und passive Widerstandsreaktionen bei den betroffenen Unternehmensmitgliedern (vgl. Shapiro 1999).

Aufgrund dieser Probleme wird stellenweise bereits eine Abkehr vom strategisch-planenden Denken und Handeln gefordert. Demgegenüber verweisen viele namhafte Autoren und Praktiker darauf, daß das Scheitern von Marketingstrategien nicht unbedingt an der unzureichenden Qualität der Strategie selbst liegt, sondern vielschichtige Ursachen haben kann (vgl. Abbildung 4-46). So kann auch ein fehlendes Zusammenpassen (Fit) von Strategie und Unternehmen oder aber ein unerwarteter Wechsel der Rahmenbedingungen Planungskonzepte vorzeitig zum Scheitern bringen.

Dabei ist die mangelnde Umsetzung einer ungeeigneten Strategie im Sinne einer „verhinderten Gefahr" dahingehend vorteilhaft für die Unternehmung, daß eine Verschlechterung der gegebenen Situation („Mißerfolg") vermieden wird. Kritisch zu beurteilen ist dagegen derjenige Fall, daß eine gute Strategie nicht zum Erfolg führt, weil die Implementierung nicht gelingt (Bonoma 1985). Hier handelt es sich um eine „verspielte Erfolgschance".

Aus dem nicht eintretenden Erfolg einer Marketingstrategie werden in der Unternehmung häufig falsche Schlüsse gezogen: Statt die Instrumente der Implementierung zu verbessern, wird oftmals das an sich gute Konzept verändert und erleidet im nächsten Schritt wiederum einen Mißerfolg, da dieselben Implementierungsfehler – diesmal bei einer eventuell schlechteren Konzeption – wiederholt werden (Hilker 1993, S. 11).

Als größtes Praxisproblem hat sich das Fehlen eines geschlossenen, integrierten Ansatzes zur Implementierung der entwickelten Marketingkonzepte in der Unternehmung erwiesen (Kolks 1990, S. 2). In diesem Zusammenhang wird insbesondere gegen Unternehmensberater häufig der Vorwurf erhoben, sich in der Phase der Durch- und Umsetzung im Unternehmen aus der Verantwortung zu ziehen und die Unternehmen in dieser wichtigen Phase allein zu lassen. Obwohl die Implementierung seit inzwischen fast 30 Jahren von verschiedenen Autoren diskutiert wird, hat auch die wissenschaftliche Forschung noch keinen endgültig befriedigenden Ansatz zur Lösung dieser Problematik gefunden (Hilker 1993, S. 2).

Marketingimplementierung \ Marketingstrategie	Schlecht	Gut
Schlecht	„Verhinderte Gefahr"	„Verspielte Chance"
Gut	Mißerfolg	Erfolg

Abbildung 4-46: Ursachen für das Scheitern von Marketingstrategien
(in enger Anlehnung an Meffert 1994, S. 362)

5.12 Begriff und Inhalt der Marketingimplementierung

Der Begriff der Implementierung läßt sich vom lateinischen Wort „implementum" herleiten, welches soviel bedeutet wie „Erfüllung". Die Marketingimplementierung beschäftigt sich also mit der „Erfüllung", das heißt der Realisation des Marketinggedankens in der Unternehmung. In der angloamerikanischen Managementliteratur wird dabei die Anpassung von Unternehmensstrategie und -struktur als die Hauptaufgabe der Implementierung betrachtet.

Unter Implementierung soll hier der **Prozeß** verstanden werden, durch den **„Marketingpläne in aktionsfähige Aufgaben umgewandelt werden und durch den sichergestellt wird, daß diese Aufgaben so durchgeführt werden, daß sie die Ziele des Planes erfüllen"** (Kotler/Bliemel 1999, S. 1176).

Die Aufgabe des **„make the marketing-strategy work"** kann inhaltlich in zwei wesentliche Teilaufgaben untergliedert werden (Kolks 1990, S. 78 f.):

- **Durchsetzung** der Marketingkonzepte,
  das heißt insbesondere die Schaffung von Akzeptanz für die Strategie bei den betroffenen Unternehmensmitgliedern;

- **Umsetzung** der Marketingkonzepte,
  das heißt die Spezifizierung (Konkretisierung) der globalen Strategievorhaben sowie die Anpassung der Unternehmenspotentiale (Unternehmensstruktur, -kultur und -systeme).

In diesem Zusammenhang ist es für die Implementierung von großer Bedeutung, daß die Unternehmensleitung beide Bestandteile der Implementierung in gleicher Weise verfolgt. Einerseits ist ohne eine Konkretisierung strategischer Planungen und eine Anpassung der Unternehmensorganisation eine Implementierung nicht möglich, andererseits ist der Implementierungserfolg akut gefährdet, wenn die Mitarbeiter der Unternehmung die Implementierung nicht unterstützen oder sogar blockieren.

5.2 Bezugsobjekte und Zielsetzungen der Marketingimplementierung

Die **Bezugsobjekte** der Implementierung sind generell diejenigen „konzeptionellen Ideen", deren konkrete Durchsetzung und Umsetzung im Rahmen der Implementierung angestrebt wird (Hilker 1993, S. 11). Auf der höchsten Aggregationsebene stellt das **Marketing an sich** das Implementierungsobjekt dar. Aus den verschiedenen Interpretationen des Marketing als Maxime, Methode oder Mittel (vgl. erstes Kapitel, Abschnitt 1) ergeben sich allerdings erhebliche Probleme, den Implementierungsgegenstand exakt zu definieren. Am leichtesten fällt dies auf der Aggregationsebene des Marketingkonzeptes, wo die „konzeptionelle Idee" im Sinne einer **Marketingstrategie** (als langfristiger, bedingter Verhaltensplan) konkret abgrenzbar ist.

Neben der Festlegung des Bezugsobjektes ist es bei strategischen Unternehmensentscheidungen ratsam, den Prozeß der Implementierung an speziellen **Implementierungszielen** festzumachen (vgl. Abbildung 4-47). Die generellen Unternehmensziele wie Umsatz, Gewinn oder Marktanteil sind in diesem Zusammenhang nicht ausreichend konkret und müssen weiter detailliert werden.

Als **Oberziel** des Implementierungsprozesses kann die „erfolgreiche Implementierung der entwickelten Marketingstrategie" formuliert werden. Dieses läßt sich wiederum in Systemziele der Durchsetzung und Umsetzung sowie in Durchführungsziele unterteilen (Krüger 1983, S. 40).

Marketingimplementierung

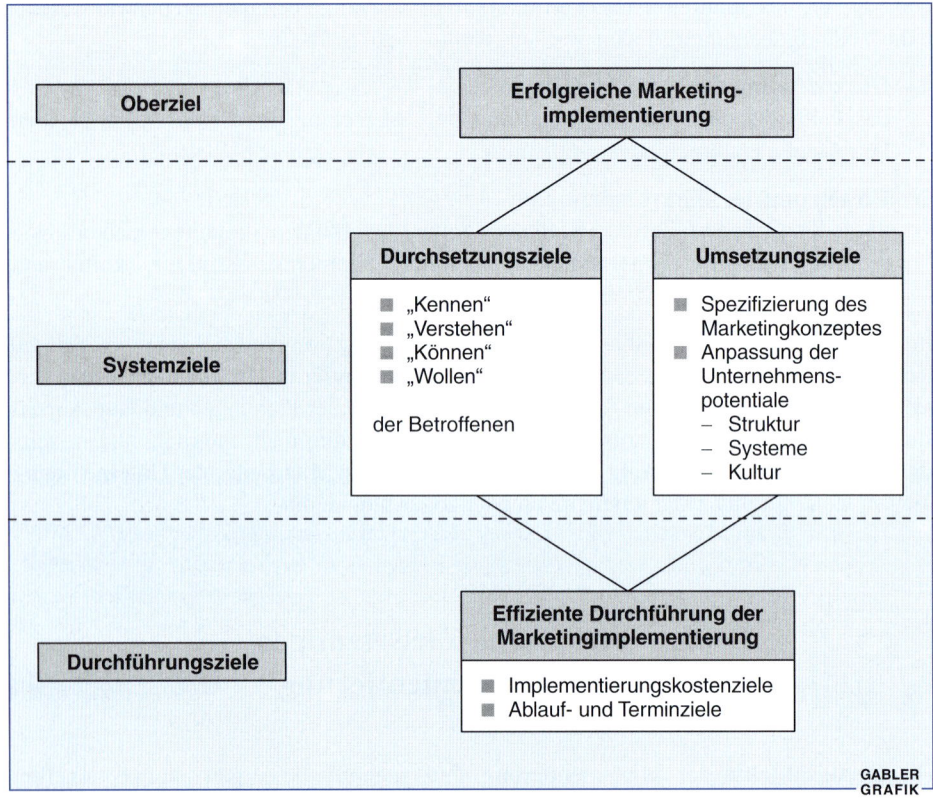

Abbildung 4-47: Ziele der Marketingimplementierung
(in enger Anlehnung an Meffert 1994, S. 364)

Im Hinblick auf das **Durchsetzungsziel** der Implementierung lassen sich aus den verhaltenswissenschaftlichen Erkenntnissen der Motivationspsychologie diverse Unterziele ableiten. Demzufolge sind zur Erreichung einer positiven Einstellung und Akzeptanz der strategischen Stoßrichtung bei den Mitarbeitern

- die Kenntnis (**„Kennen"**) und
- das **„Verstehen"** der Marketinginhalte zu gewährleisten,
- die Betroffenen mit der entsprechenden Kompetenz (**„Können"** der Marketingstrategie) auszustatten und
- mit der Akzeptanz (**„Wollen"**) der Marketingstrategie die Voraussetzungen für die Leistungs- und Einsatzbereitschaft zu erreichen (Gebert 1976, S. 19 ff.; Kolks 1990, S. 110 ff.).

Die vier Zielbestandteile des „Kennens", „Verstehens", „Könnens" und „Wollens" stehen dabei in einem mehr oder weniger strengen hierarchischen Verhältnis. Ihre gemeinsame Erfüllung stellt eine wichtige Erfolgsvoraussetzung für die Durchsetzung der Marketingstrategie dar.

Im Rahmen der **Umsetzungsziele** ist festzulegen, in welchem Ausmaß die zunächst relativ global formulierten Vorgaben im Verlauf der Implementierung zu spezifizieren sind. Darüber hinaus ist zu entscheiden, ob und in welchem Umfang Anpassungen bei den Unternehmenspotentialen vorzunehmen sind. Dabei sind sowohl Änderungen in bezug auf die übergeordnete Unternehmenskultur als auch die Form der Unternehmensorganisation sowie die Gestalt der Informationssysteme einzubeziehen.

Neben diesen Systemzielen beschreiben die **Durchführungsziele** die Anforderungen an eine „effiziente Durchführung der Marketingimplementierung". Im wesentlichen sind damit Kostenziele gemeint, die mit bestimmten Ablaufzielen – wie Termingerechtigkeit und bestmöglicher Erfüllung der Implementierungsaufgabe – in Einklang zu bringen sind (vgl. Grimmeisen 1998).

Generell werden bei einer prozessualen Betrachtung der Implementierung seit Lewin (1963) drei Phasen der Implementierung, das „unfreezing", das „moving" und das „freezing" unterschieden: Die erste Phase beschreibt dabei die Tatsache, daß am Beginn der Implementierung Veränderungen durchgesetzt und bestehende Verhaltensmuster „aufgebrochen" werden müssen (unfreezing). Erst dann ist es möglich, die angestrebten Veränderungen wirklich zu initiieren (moving), um diese anschließend als generelle Muster verfestigen zu lassen (freezing). Allerdings sind die drei Phasen in der Praxis nicht unabhängig voneinander und laufen nicht linear-sukzessiv ab (Hilker 1993, S. 222). Darüber hinaus ist die Bedeutung der dritten Phase (freezing) heute in Anbetracht dynamischer Veränderungen im Unternehmensumfeld und dem sich daraus ergebenden Flexibilitätserfordernis zu relativieren.

5.3 Durchsetzung und Umsetzung der Marketingimplementierung

5.31 Durchsetzung der Marketingimplementierung

Als Voraussetzung für eine erfolgreiche Durchsetzung von Strategien und Konzepten geht es in einem ersten Implementierungsschritt darum, den Betroffenen in der Unternehmung die **Strategieinhalte zu vermitteln ("Kennen"** des Konzeptes). Dabei sind vor allem zwei Adressatengruppen zu unterscheiden: Eine erste Gruppe stellt die obere und mittlere Führungsschicht in Gestalt der Geschäftsbereichsleiter und der funktional verantwortlichen Führungskräfte dar. Diese sind über die Gründe des strategischen Wandels, die Inhalte, die Erfolgserwartungen und die zu erwartenden unmittelbaren Auswirkungen des Konzeptes zu informieren, um das Verständnis für die Marketingstrategie zu erhöhen („**Verstehen**").

Daran anschließend sind auch die übrigen Mitarbeiter in einer zweiten, eher formal gehaltenen Kommunikationsrunde (Personalversammlung, Verkäufertagungen etc.) über die zentralen Marketinginhalte zu informieren. Die Mitarbeiter müssen dabei über die konkreten Auswirkungen des Strategiewechsels in ihren Bereichen informiert werden, wodurch etwaige Verständnisbarrieren beseitigt werden. Der Umfang der vermittelten Marketinginhalte reduziert sich in diesem Zusammenhang nicht zuletzt aus Geheimhaltungsgründen und einem begrenzten strategischen Problemverständnis der Mitarbeiter – auf die wesentlichen Punkte.

Um die Fähigkeit der Führungskräfte und Mitarbeiter zur Strategieimplementierung zu stärken („**Können**" der Marketingstrategie), ist die Durchführung eines strategiebezogenen **Schulungs- und Einweisungskonzeptes** von großer Bedeutung. Dadurch sollen die Mitarbeiter Kompetenzen erlangen, die sie befähigen, das Marketingkonzept umzusetzen. Hier gilt es, die betroffenen Führungskräfte und Mitarbeiter durch Schulungsmaßnahmen und Trainingskurse in einen strategiebezogenen Lernprozeß zu integrieren. Dazu bieten sich Seminare, Workshops oder die regelmäßige Arbeit in Projektgruppen oder Gremien an.

Idealerweise sollten diejenigen Personen, die später für den Implementierungserfolg verantwortlich sind, bereits in der Frühphase in den Strategieentwicklungsprozeß soweit wie möglich eingebunden werden. Ist dies nur begrenzt realisierbar, hat sich die informelle Kommunikation (im Sinne von „Vier-Augen-Gesprächen") als gute Möglichkeit erwiesen, Durchsetzungsbarrieren rechtzeitig zu identifizieren. Auch „Widerständler" in leitender Position, die anschließend den Implementierungsprozeß in den unteren Unternehmensebenen vorantreiben sollen, können dabei erkannt werden (Allaire/Firsirotu 1985). Allerdings gelingt es nicht immer, die vorhandenen Widerstände (das fehlende „**Wollen**") nur mit dem Instrument der Einzelgespräche zu klären und zu beseitigen.

Meistens werden spätestens in der Phase der Kommunikationsrunden Spannungen zwischen den Strategieentscheidern und den betroffenen Unternehmensbereichen in Form vertikaler wie auch horizontaler **Konflikte** deutlich. Dabei kommt es zu Verstimmungen zwischen Vorgesetzten und Mitarbeitern, die sich zunächst nicht mit der strategischen Neuausrichtung identifizieren können und diese als „aufgezwungen" empfinden. Darüber hinaus fühlen sich die Mitarbeiter teilweise schlecht informiert, so daß sich ihr Engagement für die Implementierung der Marketingstrategie in engen Grenzen hält. Über die Art und Weise des Implementierungsprozesses oder die Qualität der neuen strategischen Ausrichtung kann es zudem auch zu Unstimmigkeiten innerhalb einer hierarchischen Ebene kommen. In diesem Fall hat der Implementierungsverantwortliche die Aufgabe, die Akzeptanz gegenüber der Marketingstrategie mit großer Überzeugungsarbeit zu verbessern.

Während Zielkonflikte zumeist bereits in der Phase der Entwicklung der Marketingstrategie gelöst werden, können als **typische Arten von Implementierungskonflikten** die folgenden Spannungstypen unterschieden werden (Kolks 1990, S. 120 f.):

- **Erwartungsdivergenzen** umschreiben die Tatsache, daß die Führungskräfte untereinander und im Vergleich zu ihren Mitarbeitern verschiedene Ansichten darüber vertreten, wie das zu realisierende Marketingkonzept einzuschätzen ist. Dabei besteht vor allem Uneinigkeit über die Wahrscheinlichkeit und Höhe des Erfolges des Konzeptes. Es ist zu vermuten, daß eine Führungskraft, die die Erfolgswahrscheinlichkeit des Marketingkonzeptes gering einschätzt, entsprechend weniger Engagement für die Realisierung des Konzeptes zeigt als ein überzeugter Mitarbeiter.

- Ferner können **Durchsetzungskonflikte** zwischen mehreren Unternehmensbereichen dadurch auftreten, daß verschiedene Persönlichkeiten mit unterschiedlichen Einstellungen und Qualifikationsniveaus bei der Implementierung ein und derselben Aufgabe aufeinandertreffen. Dies führt zwangsläufig zu Konflikten über die genaue Ausgestaltung des Implementierungsprozesses.

- Schließlich kristallisieren sich im Rahmen des Durchsetzungsprozesses häufig **Kulturkonflikte** heraus, die zuvor nur unterschwellig bekannt waren. Beispielsweise kann dies auftreten, wenn technisch orientierte Verfahrensspezialisten auf der einen und Marketingfachleute auf der anderen Seite gemeinsam an der Realisierung einer neuen Verpackungslinie arbeiten sollen. Dabei kann die kundenorientierte Denkweise der Marketingvertreter bei den produktionsorientierten Technikern auf wenig Verständnis treffen.

Neben der Möglichkeit, die Konflikträchtigkeit der Implementierungsphase durch eine intensive Kommunikation im Vorfeld (Strategieentwicklungsphase) zu entschärfen, bieten sich als Lösungsalternativen generell **vier Formen der Konflikthandhabung** an. Sie zielen insbesondere darauf ab, das „Wollen" des strategischen Marketingkonzeptes bei den Verantwortlichen und den weiteren Mitarbeitern zu fördern (Kolks 1990, S. 126 f.):

- Im günstigsten Fall kann ein Konflikt durch die **Überzeugung** einer der Parteien beigelegt werden. Dies ist dann realisierbar, wenn schon im Vorhinein ein Interessensausgleich aller beteiligten Seiten möglich erscheint und bei keiner Konfliktpartei eine grundlegende Veränderung der Einstellungen erforderlich ist. So wäre beispielsweise denkbar, daß der Produktmanager eines Markenartikelunternehmens durch „reine Überzeugungsarbeit" dazu bewegt wird, die geplante Erweiterung einer Produktlinie aufgrund von Engpässen im Vertriebsnetz zeitlich zu verschieben.

- Sind alle Betroffenen bereit, zur Lösung eines Konfliktes Zugeständnisse in bezug auf ihre Idealvorstellungen zu machen, stellt der **Kompromiß** die geeignete Konflikthandhabungsform dar. Bei dieser Form der Konfliktlösung werden – ebenso wie bei der Überzeugung – hohe Anforderungen an die Kommunikationsfähigkeit aller Beteiligten gestellt. Regelmäßige Quartalsgespräche mit Beteiligten aus mehreren Abteilungen können beispielsweise ein Forum für diese Kompromißfindung bilden.

- Die **Vermittlung und Schlichtung** durch Dritte wird erforderlich, wenn aufgrund der hohen Konfliktintensität ein „freiwilliger" Interessenausgleich zwischen den Betroffenen nicht mehr möglich ist. Als Vermittler können hierarchisch Vorgesetzte aus dem eigenen Unternehmen oder aber externe Unternehmensberater eingesetzt werden.

- Kommt es bei einem unmöglich erscheinenden Interessenausgleich zu einer Konfliktausweitung, entscheidet letztlich der **Kampf** oder der **Rückzug** einer der Implementierungsparteien darüber, welche Strategievariante letztendlich implementiert wird (Rückkopplung). Insbesondere bei der Realisierung von Strategien, die die Rechte und Möglichkeiten von Führungskräften und Mitarbeitern beschneiden, kann diese Situation eintreten. Bei Kostensenkungsstrategien beispielsweise sind die Spielräume eines gegenseitigen Interessenausgleichs oftmals begrenzt. Dadurch wird die Zusammenarbeit zwischen den Betroffenen unter Umständen derart erschwert, daß ein Ausscheiden von Führungskräften und anderen Mitarbeitern als letzte Konsequenz erforderlich wird.

Nur wenn die bestehenden Konflikte gelöst werden können, ist die Basis für eine erfolgreiche Umsetzung im Rahmen der Implementierung vorhanden.

5.32 Umsetzung der Marketingimplementierung

Die Umsetzung von Marketingkonzepten läßt sich grob in zwei unterschiedliche Aufgabenbereiche unterteilen: Zum einen ist eine Spezifizierung der Inhalte erforderlich, um konkrete Maßnahmen der Implementierung ergreifen zu können. Zum anderen ist eine Anpassung der Unternehmenspotentiale notwendig.

5.321 Spezifizierung von Marketingstrategien

Im Rahmen der Spezifizierung des Marketingkonzeptes gilt es, die zu Beginn des Entwicklungsprozesses zwangsläufig global gehaltenen „Verhaltenskorridore" sukzessive durch geeignete operative Maßnahmen zu konkretisieren. Dieser Detaillierungsprozeß kann nur dann erfolgreich verlaufen, wenn er den Mitarbeitern nicht von der obersten Führungsebene aufgezwungen wird, sondern unter Einschluß des mittleren Management erarbeitet wird.

Die **Spezifizierung** des Marketingkonzeptes erfolgt in zweierlei Hinsicht. Einerseits soll eine Konkretisierung des organisatorischen Geltungsbereiches des Konzeptes erfolgen und andererseits muß das strategische Leitkonzept in bezug auf die verschiedenen

Funktionen im Unternehmen detailliert werden. Somit ist zunächst festzulegen, in welchen Bereichen des Unternehmens – also zum Beispiel in welchem Geschäftsfeld oder für welche spezifischen Länder – das Marketingkonzept von Beginn an Anwendung findet oder ob der Implementierungsprozeß zeitlich abgestuft erfolgen soll. Bei Unternehmen, die auf sehr unterschiedlichen Märkten tätig sind, kann es beispielsweise vorteilhaft sein, das Marketingkonzept zunächst schrittweise zu implementieren. Dadurch hat die Unternehmung die Möglichkeit, potentielle Schwächen der Marketingstrategie bereits während des Implementierungsprozesses zu beseitigen.

Darüber hinaus ist im Rahmen der Spezifizierung die detaillierte Ausarbeitung von Aktivitäten in den einzelnen Funktionsbereichen (zum Beispiel F&E, Beschaffung, Produktion) notwendig (vgl. Reuter 1998). Ein Marketingkonzept kann im Funktionsbereich Beschaffung zum Beispiel durch konkrete Maßnahmen wie die Entwicklung von Lieferantenbewertungsmodellen oder die Ausgestaltung von Lieferverträgen spezifiziert werden. Im Kundendienst kann durch Maßnahmen zur Steigerung der Servicequalität – wie beispielsweise die Verringerung der durchschnittlichen Reparaturzeiten bei Automobilen – eine Spezifizierung erfolgen. Ähnliche Maßnahmen lassen sich auch für die Bereiche Finanzierung und Personal konkretisieren, indem zum Beispiel konkrete Vorgaben für die Finanzmittelaufteilung auf bestimmte Projekte oder Richtlinien für die Auswahl und Entwicklung von Führungskräften erlassen werden (Hinterhuber 1997).

Aufgrund der zentralen Bedeutung eines **integrierten Marketing-Mix** für den Implementierungserfolg kommt der abgestimmten Ausgestaltung der einzelnen Marketinginstrumente in der Spezifizierungsphase ein besonderer Stellenwert zu. Die strategischen und operativen Marketingpläne sind hierbei derart miteinander zu verknüpfen, daß ein adäquat auf die Unternehmensphilosophie und -strategie ausgerichteter Einsatz der Marketing-Mix-Instrumente erreicht wird (Köhler 1993, S. 102).

5.322 Anpassung der Unternehmenspotentiale

Neben der Konkretisierung der strategischen Marketingkonzepte ist das Zusammenpassen der **Unternehmenspotentiale** (Unternehmenskultur, -struktur sowie Kommunikations- und Informationssysteme) mit der Marketingstrategie von entscheidender Bedeutung für den Erfolg der Implementierung. Dabei wird spätestens im Rahmen der Spezifizierung deutlich, ob die gegebenen Kultur-, System- und Strukturpotentiale für die Strategierealisation ausreichen oder ob im Rahmen der Implementierung Anpassungen vorzunehmen sind.

5.3221 Anpassung der Unternehmenskultur

Die **Unternehmenskultur** ist neben der Struktur und den Systemen ein ausschlaggebender Potentialfaktor für die erfolgreiche Implementierung von Marketingstrategien. Folgt man der Definition von Heinen und Dill, so läßt sich in diesem Zusammenhang Kultur als **Grundgesamtheit aller Werte- und Normenvorstellungen sowie Denk- und Verhaltensmuster** beschreiben, die Entscheidungen, Handlungen und Aktivitäten der Organisationsmitglieder prägen (Heinen/Dill 1990, S. 17).

Dieses Begriffsverständnis verdeutlicht den engen **Zusammenhang zwischen Unternehmenskultur und Marketingstrategie**. Die Kultur beeinflußt das Verhalten der Mitarbeiter und damit letztendlich sowohl den Ablauf interner Prozesse als auch die Darstellung des Unternehmens nach außen. Somit werden bei einer fehlenden Übereinstimmung von strategischer und kultureller Ausrichtung die Marketingpläne weder durch das Verhalten der Mitarbeiter innerhalb des Unternehmens umgesetzt, noch durch die erbrachte Leistung nach außen kommuniziert. Beispielsweise ist eine Strategie, die Innovationsaspekte sehr stark betont, nicht ohne eine ausgeprägte Innovationskultur der Unternehmung zu realisieren. Diese Innvovationskultur kann sich dabei dadurch auszeichnen, daß der „Pioniergeist" der Mitarbeiter gefördert und zum Beispiel durch ein ausgeprägtes Vorschlagswesen und eine hohe Toleranz gegenüber fehlgeschlagenen Innovationsprojekten unterstützt wird.

Im Vergleich zur Anpassung von Strukturen und Systemen gestaltet sich der Wandel der Unternehmenskultur als sehr langfristiger und schwieriger Prozeß. Zum einen stehen die Mitarbeiter häufig solchen Veränderungen sehr ablehnend gegenüber, da sie an bestehenden und bewährten Schemata im Unternehmen festhalten möchten. Neuerungen stehen dabei in Widerspruch zu dem über Jahre gewachsenen und fest verankerten Werte- und Normengefüge. Zum anderen ist es – im Gegensatz zur Neustrukturierung von Organisationen oder der Einführung von Systemen – nicht beziehungsweise nur sehr eingeschränkt möglich, Kulturveränderungen durch formale Anordnungen durchzusetzen. Das „Commitment" aller Mitarbeiter ist für die Veränderung der Unternehmenskultur ebenso notwendig wie für die erfolgreiche Implementierung insgesamt.

Die Unternehmenskultur ist eng mit der **Unternehmensphilosophie**, die das oberste Leitbild einer Unternehmung darstellt, verbunden (Hahn 1990; Hungenberg 1995, S. 173 ff.). In Form klar formulierter Unternehmensgrundsätze wird den Mitarbeitern eine gemeinsame Zielausrichtung vermittelt, an der sich deren grundsätzliches Verhalten orientieren soll. Wesentlich für die Verhaltensrelevanz der Unternehmensphilosophie ist die Vorbildfunktion der Unternehmensführung. Nur wenn sich das Top-Management ebenfalls an den aufgestellten Unternehmensgrundsätzen orientiert und dies in seinem Verhalten dokumentiert, wird die Unternehmensphilosophie auch von den Mitarbeitern aufgenommen.

5.3222 Anpassung der Unternehmenssysteme

Die Neuausrichtung von Marketingstrategien erfordert häufig eine **Anpassung der Unternehmenssysteme**. Ein besonderer Stellenwert kommt in diesem Zusammenhang den modernen **Informations- und Kommunikationstechnologien** zu. Während der Einsatz der Computertechnik in der Vergangenheit überwiegend unter operativen Aspekten betrachtet wurde, werden Informations- und Kommunikationstechnologien heute zunehmend im Zusammenhang mit der Schaffung von Wettbewerbsvorteilen diskutiert (Picot et al. 2000). Durch den sinnvollen Einsatz der Technologien können unternehmensinterne Ressourcen besser organisiert werden, wodurch das Unternehmen schneller und flexibler auf die Erfordernisse des Marktes reagieren kann.

In diesem Zusammenhang können nicht nur quantitative Ziele wie Kostensenkung oder Umsatz- und Marktanteilssteigerungen, sondern ebenso qualitative Wirkungen wie eine Differenzierung gegenüber der Konkurrenz oder eine verbesserte Kundenberatung durch moderne Informations- und Kommunikationstechnologien erreicht werden.

Die strategische Bedeutung neuer Technologien, verbunden mit neuen, flexiblen Organisationsstrukturen und einer wesentlich intensiveren Nutzung der Informations- und Kommunikationssysteme erfordert eine **Neugestaltung der Verantwortlichkeiten**. Wurden bislang Strategien und Informationssysteme getrennt voneinander betrachtet, stellt sich heute die Forderung einer Integration der Entwicklung von Strategien, Organisationsstrukturen und Informationsprozessen (Brandes et al. 1990).

Unangemessene oder falsch strukturierte Informations- und Kommunikationssysteme können die erfolgreiche Implementierung von Strategien demnach erheblich behindern. So setzt beispielsweise eine Qualitätsorientierung bei einer Spedition voraus, daß deren Abnehmer jederzeit über Standort und Status des Transportgutes informiert sind. Nur wenn diese stetige Kontrollmöglichkeit sichergestellt ist, kann das Qualitätsniveau der Speditionsdienstleistung auf Dauer gehalten werden. Ohne die informationstechnische Unterstützung wäre die Verwirklichung der Qualitätsstrategie in diesem Falle nicht realisierbar.

Bei der **Implementierung der Systeme** ist darauf zu achten, daß diese sich an den strategisch relevanten Wettbewerbsfaktoren orientieren. Ist zum Beispiel die Schnelligkeit einer Information für den Kunden wichtiger als deren absolute Exaktheit, müssen die Systeme an diese Anforderungen angepaßt werden. Der Versuch, komplexe Gesamtsysteme zu entwickeln, die möglichst alle Aspekte und Systemzusammenhänge gleichzeitig berücksichtigen, hat sich in der Praxis vielfach als Fehlschlag erwiesen. Die aus Kunden- oder Nutzersicht zentralen Anforderungen werden im Rahmen dieser Systeme oftmals nicht erfüllt, während Nebenaspekte perfektioniert werden. Übertriebene Informationsanforderungen der Anwender und zu technisch orientierte Systemverantwortliche führen häufig zu Systemen, die zwar theoretisch perfekt und allumfassend sind, sich aber als inflexibel erweisen.

5.3223 Anpassung der Unternehmensstruktur

Die Anpassung der Unternehmensstruktur stellt eine weitere wichtige Voraussetzung für den Erfolg der Implementierung dar. Spätestens seit der 1962 von Chandler aufgestellten These **„structure follows strategy"** wird die Forderung, daß sich die Organisationsstruktur einer Unternehmung an eine neu formulierte Marketingstrategie anpassen müsse, in der Literatur intensiv diskutiert. Dabei wurde dieser Erfolgszusammenhang erst kürzlich in einer empirischen Untersuchung von Jennings und Seaman bestätigt (Jennings/Seaman 1994). Darüber hinaus gibt es allerdings (zum Beispiel im Rahmen des ressourcenorientierten Ansatzes) Stimmen, die die Auffassung vertreten, daß sich die Marketingstrategie weitgehend aus der bestehenden Struktur ableiten sollte (Lehner 1996, S. 24).

Aufgrund der aus beiden Perspektiven hohen Bedeutung der Unternehmensstruktur steht in einer Vielzahl von Beiträgen zur Implementierung die Frage der Vorteilhaftigkeit verschiedener Strukturierungen im Vordergrund. Dabei werden schwerpunktmäßig die Funktionalorganisation, die objektorientierten (produkt-, abnehmer-, gebietsorientierten) Organisationsformen sowie die Matrixorganisation betrachtet (vgl. viertes Kapitel, Abschnitt 4). Die Wahl der geeigneten Organisationsstruktur ist dabei abhängig von einer Vielzahl situativer Faktoren. Zur Bewertung unterschiedlicher Strukturen werden vor allem folgende Kriterien herangezogen (Kieser/Kubicek 1992, S. 73 ff.):

- **Spezialisierung**
  Hier wird die Frage diskutiert, ob der im Rahmen der Strategieplanung geforderte Spezialisierungsgrad der einzelnen Linien- oder Stabsfunktionen mit der realen Aufbauorganisation übereinstimmt. Somit wird überprüft, ob die bestehende Struktur den neuen Anforderungen gewachsen ist. Es ist beispielsweise zu klären, ob bei einer Internationalisierungsstrategie die Schaffung von spezialisierten Länderreferaten notwendig ist oder ob die Länderbetreuung weiterhin von der zentralen Marketingabteilung vorgenommen werden kann.

- **Koordination**
  Es ist zu klären, ob die innerhalb des Unternehmens vorhandenen Koordinationsmechanismen für die Umsetzung der neuen Strategie ausreichen oder ob neue Koordinationsmechanismen notwendig werden. Will eine Unternehmung beispielsweise seine Schlüsselkunden durch die Einrichtung eines Key Account Management individuell betreuen, ist damit eine umfassende Neustrukturierung und Veränderung der Koordinationsmechanismen verbunden. Diese Umstellung stellt bereits in der Planungs-, insbesondere aber in der Implementierungsphase, hohe Anforderungen an alle Beteiligten.

- **Leitungssystem der Entscheidungsdelegation**
  Es gilt zu ermitteln, inwieweit die Struktur der Weisungsbefugnisse sowie die vertikale Delegation von Aufgaben und Kompetenzen auf die neue Marketingstrategie ausgerichtet sind. Werden beispielsweise strategische Geschäftsfelder neu defi-

niert, ist damit häufig auch eine Umverteilung bestimmter Kompetenzen verbunden. Dadurch kann bei der Zusammenlegung von Geschäftsfeldern der Fall eintreten, daß zuvor hierarchisch gleichgestellte Führungskräfte (die jeweiligen Leiter der Geschäftsfelder) nach der Umstrukturierung in einem Unterordnungsverhältnis zueinander stehen. Auch diese Veränderung hat großen Einfluß auf die Durchsetzung neuer Marketingkonzepte während der Implementierungsphase.

Berücksichtigt man die gegenwärtige Entwicklung, lassen sich für die Zukunft folgende Tendenzen für die Gestaltung von **implementierungsfreundlichen Organisationsstrukturen** erkennen (Bleicher 1996, S. 273): Zunächst wird eine **Entbürokratisierung** der Unternehmen stattfinden. An die Stelle formaler organisatorischer Regelungen mit einem Übermaß an Präzision treten informale Beziehungen. Parallel hierzu wird die Kompetenz der Mitarbeiter zur selbständigen Regelung ihrer Angelegenheiten und Probleme erhöht. Diese Maßnahmen werden begleitet von einer stärkeren **Personalorientierung** der Führungskräfte, die sich unter anderem darin zeigt, daß die Organisation weniger durch ihre festgefahrenen Strukturen als vielmehr von ihren Führungspersönlichkeiten positiv geprägt wird. Konkret führt das häufig dazu, daß durch eine offene Informationspolitik, zum Beispiel im Rahmen regelmäßig stattfindender Mitarbeitergespräche, die Durchsetzung neuer Marketingstrategien erleichtert wird.

Die **Schaffung kleiner, flexibler Geschäftseinheiten** stellt eine weitere Maßnahme zur Erhöhung der Geschwindigkeit und Anpassungsfähigkeit von Unternehmensstrukturen dar. Große, zentral gesteuerte Unternehmen haben sich insbesondere bei der Implementierung häufig als zu unbeweglich erwiesen. Angestrebt werden Organisationsformen, die das Kreativitäts- und Innovationsklima fördern und Mitarbeiter zum unternehmerischen Handeln bewegen. Denkbar ist in diesem Zusammenhang eine Mischung aus dezentralen, temporären Einheiten und dauerhaft existierenden Kernbereichen des Unternehmens, die funktional strukturiert sind (Hungenberg 1996, S. 229 ff.). Die kleinen Projekteinheiten werden bei Bedarf gebildet, um Marktchancen frühzeitig zu erkennen, zu nutzen und die neue Marketingstrategie zu implementieren. Dem Unternehmenskernbereich kommen dabei weiterhin die zentralen Aufgaben wie Ressourcenbereitstellung, Produktion und Logistik zu. In einem traditionellen Verlagshaus könnte beispielsweise eine Geschäftseinheit gegründet werden, die sich mit der Implementierung einer Marketingstrategie im neuen Feld des „electronic publishing" beschäftigt. Die Abwicklung des Einkaufs, die Konzeption und Produktion der Zeitschriften sowie deren Vertrieb bleiben weiterhin in der Verantwortung der erfahrenen Unternehmenskernbereiche.

5.4 Erfolgsvoraussetzungen der Marketingimplementierung

Soll im Unternehmen ein tiefgreifender Wandel vollzogen werden, hat es sich als sinnvoll erwiesen, die **Implementierung als eigenständiges Projekt** innerhalb des Unternehmens zu definieren. Als **Erfolgsvoraussetzungen** haben sich bei Implementierungsprojekten – neben dem Vorhandensein der unternehmenspotentialbezogenen Voraussetzungen – vor allem die folgenden Aspekte erwiesen (Kolks 1990, S. 206):

- Die Strategieentscheider müssen die relevanten **Implementierungsträger** innerhalb des Unternehmens identifizieren.

- Zur Umsetzung und Durchsetzung von Strategien sollten sich die Führungskräfte eines adäquaten **Implementierungsstiles** bedienen.

5.41 Identifikation der Implementierungsträger

Implementierungsträger sind diejenigen Fach- und Führungskräfte in der Unternehmung, die zur Erfüllung der zahlreichen Durchsetzungs- und Umsetzungsaufgaben maßgeblich beitragen sollen. Sie haben somit wesentlichen Anteil an der Qualität der Strategieverwirklichung. Es gibt in diesem Zusammenhang zwei wesentliche Grundsätze, die bei der Identifikation relevanter Implementierungsträger zu berücksichtigen sind: Zum einen sollten diejenigen Personen, die an der Entwicklung des Marketingkonzeptes mitgewirkt haben, aktiv in den Implementierungsprozeß einbezogen werden. Zum anderen sind unbedingt alle Schlüsselmanager in den Prozeß zu integrieren. Als solche können Macht- und Fachpromotoren eingestuft werden (Hauschildt/Schmidt-Tiedemann 1993).

Machtpromotoren sind Personengruppen, die sich auf ihre formale hierarchische Position innerhalb der Organisation stützen. Sie sind insbesondere für die durchsetzungsbezogenen Aufgaben, wie zum Beispiel das Konfliktmanagement, von entscheidender Bedeutung. In diesem Zusammenhang kann beispielsweise eine neue divisionale Marketingstrategie nicht ohne die aktive und zustimmende Rolle des Geschäftsbereichsleiters erfolgreich implementiert werden.

Zu den **Fachpromotoren** sind solche Schlüsselpersonen zu zählen, die aufgrund ihres implementierungsspezifischen Fachwissens besonders geeignet sind, den Umsetzungserfolg zu gewährleisten. So wird beispielsweise ein Markenartikelhersteller beim Übergang von einer Einzelmarken- zu einer Dachmarkenstrategie sowohl die bisherigen Produktmanager als auch die für die gesamte Unternehmenskommunikation verantwortlichen Manager sinnvollerweise in den Umsetzungsprozeß der neuen Markenstrategie einbinden.

Implementierungs-aufgaben	Implementierungs-träger	Fachpromotoren		Machtpromotoren
		Planer	Berater	Entscheider
Durchsetzung				
■ Vermittlung		xx	xx	xxx
■ Schulung		xxx	xxx	x
■ Konflikthandhabung		x	x	xxx
Umsetzung				
■ Maßnahmen-Mix		xxx	x	xx
■ Potentialanpassung		xx	xx	xxx

Abbildung 4-48: Rollenverteilung im Implementierungsprozeß
(Quelle: Meffert 1994, S. 375)

Eine andere Einteilung der Implementierungsträger kann nach den Gruppen „Strategieentwickler", „Entscheider" und „Strategieberater" erfolgen, wobei die Entscheider wiederum in verschiedene Hierarchiestufen eingeteilt werden können. Dabei zeigt sich, daß diesen drei „Funktionen" im Rahmen des Implementierungsprozesses unterschiedliche Rollen zukommen sollten (vgl. Abbildung 4-48).

5.42 Anwendung adäquater Führungsstile

Neben der Identifikation der Implementierungsträger ist die **Festlegung des Implementierungsstiles** von entscheidender Bedeutung für den Implementierungserfolg. Ausgangspunkt zur Ableitung adäquater Führungsstile ist der Planungsprozeß des zu implementierenden Marketingkonzeptes. Dabei ist zunächst zwischen einem Top-down-Vorgehen und einer Vorgehensweise nach dem Bottom-up-Ansatz zu differenzieren. Kennzeichen der **Top-down-Planung** ist die Formulierung der Strategie auf der höchsten Führungsebene, die dann der nächsten Stufe quasi als Vorgabe „von oben nach unten" diktiert wird. Demgegenüber sieht der **Bottom-up-Ansatz** vor, daß die Strategieentwicklung in „Anwendungsnähe" durchgeführt und von der jeweils höheren Ebene genehmigt beziehungsweise modifiziert wird. Als Kompromiß zur Vermeidung der Nachteile des jeweiligen Ansatzes findet das **Down-up- oder Gegenstrom-Prinzip** breite Anwendung. Dieses versucht, den Nachteil zu erwartender Implementierungswiderstände beim Top-down-Vorgehen ebenso zu vermeiden wie das Problem zu enger Vorschläge der unteren Ebene im Rahmen des Bottom-up-Prinzips.

Mit diesen Planungsverfahren korrespondieren auch spezifische Führungsstile, die durch den Grad der Partizipation der nächsten Führungsebene abgegrenzt werden. Hier ist zunächst offensichtlich, daß der **partizipative Implementierungsstil**, der bei der Entscheidung die Ideen, Sachkenntnisse und Erfahrungen der nächsten Ebene sowie der Betroffenen weitgehend einzubeziehen versucht, den Implementierungsprozeß optimal begleiten kann. Allerdings kann es sich insbesondere bei Durchsetzungskonflikten als sinnvoll erweisen, den Partizipationsgrad zurückzunehmen. Darüber hinaus werden bei bestimmten Strategievarianten, zum Beispiel bei Kostensenkungsprogrammen, autoritärere Implementierungsstile vorteilhaft sein.

Die Führungsstile stehen in engem Zusammenhang mit den individuellen Fähigkeiten der mit der Implementierung befaßten Manager. Häufig sind es gerade einzelne Führungskräfte, die mit ihrer Qualifikation und ihrer Persönlichkeit zum Gelingen des Implementierungsprozesses beitragen (vgl. Insert 4-6).

Bonoma identifiziert in empirisch gestützten Untersuchungen die folgenden, für die Implementierung von Strategien besonders wichtigen Fähigkeiten eines Managers (Bonoma 1986; Bonoma/Crittenden 1988):

- **Interaktionsfähigkeit**
  Die Interaktionsfähigkeit bezieht sich sowohl auf das eigene Verhalten des Managers als auch auf dessen Geschick, andere Personen zu beeinflussen beziehungsweise zu steuern. Dieser Fähigkeit kommt besonders in den Fällen ein hoher Stellenwert zu, in denen keine formalen Weisungsbefugnisse bestehen.

- **Allokationsfähigkeit**
  Die Verteilung der eigenen Zeit, der Zeit anderer sowie die Allokation der finanziellen Mittel zählt zu den wesentlichen Managementaufgaben. Für die Implementierung von Strategien ist es entscheidend, die zur Verfügung stehenden Ressourcen nicht gleichmäßig über alle Funktionen und Bereiche zu verteilen, sondern sie dort einzusetzen, wo die größte Wirkung erzielt werden kann.

- **Überwachungsfähigkeit**
  Die Fähigkeit zur Überwachung bezieht sich auf das Wissen um Beziehungen und Ereignisse hinsichtlich der im Verantwortungsbereich des Managers auftretenden Aufgaben und Probleme. Bonoma erklärt die Bedeutung dieser Managementfähigkeit aus der Unzulänglichkeit bestehender Überwachungs- und Kontrollsysteme des Unternehmens.

- **Organisatorische Fähigkeiten**
  Erfolgreiche Manager verfügen über ein ausgeprägtes organisatorisches Talent, Netzwerke in Form von persönlichen Beziehungen zu knüpfen und hiermit ihre individuellen, jeweils den Problemen angepaßten, informellen Organisationsstrukturen zu bilden.

PROFILE

Blitzstart

Mit 38 Jahren schon Vorstand – und das beim Münchner Traditionskonzern Siemens.

Aus der Sicht seiner Kollegen hatte Ulrich Schumacher die dümmste Entscheidung seines Lebens getroffen. Ausgerechnet das Marketing für Speicherchips hatte er sich 1991 anhängen lassen, wo doch der Siemens-Zentralvorstand gerade beschlossen hatte, in absehbarer Zeit aus dem hochdefizitären Geschäft auszusteigen. Das Urteil eines Kollegen damals: „Du spinnst."

Heute gehören die Speicherchips zu den einträglichsten Produkten des Elektronikmultis. Und der Mann, der seit Oktober als Bereichsvorstand die Speicher verantwortet, heißt Ulrich Schumacher: Mit 38 Jahren der jüngste Vorstand in der Siemens-Geschichte.

Schumacher glaubte vor fünf Jahren fest daran, daß es falsch gewesen wäre, die Speicher sterben zu lassen. Er hat den Job angenommen, weil er „daran mitarbeiten wollte, den Beschluß des Zentralvorstands umzudrehen".

Technologisch stand es nicht schlecht um die Chips, da hatte Siemens tüchtig aufgeholt. Es gab allerdings, so Schumacher, „Menschen, denen es nicht unrecht war, die blöden Speicher wegzukriegen, weil die viel zu wettbewerbsintensiv waren".

Solche Leute saßen unter anderem in den für den Vertrieb zuständigen Landesgesellschaften. Die schafften es, die Vertriebskosten auf 15 Prozent vom Umsatz hochzuschrauben; es hätten nur 4 oder 5 Prozent sein dürfen.

Schumacher machte mit dem „Raubrittertum und den Wegelagererprämien" kurzen Prozeß: Wer mit den Kosten nicht herunterging, hörte bei jeder Bestellung, „daß dummerweise die Läger gerade leer" seien.

Ebenso unnachgiebig drückte der Marketingchef auch die Preise herunter. Als er seinen Bereich übernahm, „saßen da Mitarbeiter, die sonst keiner haben wollte". Die machten die Preise für Südostasien am Telephon, schimpft Schumacher, „hatten ihren Hintern aber nie in Asien. Die Folge war, daß wir die Ware verschenkten".

Nach 15 Monaten lagen die Preise 10 Prozent höher und die Vertriebskosten 10 Prozent niedriger. Das brachte 160 Millionen Mark in die Kasse, reichte aber noch lange nicht. Um die Wende zu schaffen, hätte der Marketingmann auch die Entwickler dirigieren müssen. Die bastelten an Speichertypen, die kein Kunde wollte, und ließen wichtige Abnehmer unbeachtet. Schumacher beklagte sich beim Halbleitervorstand Jürgen Knorr und bekam, was er wollte: 1992 wurde er Leiter des Geschäftsgebiets Standard-Bauelemente.

Mit der Unterstützung seines Mentors Knorr drehte Schumacher den gesamten Bereich um. Mitarbeiter wurden ausgetauscht, neue Strukturen eingezogen, die Hierarchie von sieben auf drei Ebenen gekappt.

Innerhalb von drei Jahren stieg die Produktivität fast um den Faktor drei. Und dann kam das Glück hinzu: Der Chipmarkt boomte, die Gewinne prasselten nur so auf Siemens herunter.

Als sich Jürgen Knorr in diesem Herbst in den Ruhestand verabschiedete, konnte die Wahl für seine Nachfolge eigentlich nur auf den durchsetzungsfähigen Schumacher fallen. Trotzdem sperrten sich im Zentralvorstand einige Herren gegen den fröhlichen Rheinländer, der sich mit seiner flapsigen und direkten Art nicht nur Freunde gemacht hat.

Schließlich aber stach nicht einmal mehr das Argument, daß Schumacher erst 1986, kurz nach der Promotion in Elektrotechnik, nach München gekommen war. Es zählte nur noch der Erfolg. „Daß so einer wie ich Vorstand werden kann", sagt Schumacher mit bubenhaftem Grinsen, „spricht auch für das Haus Siemens." *Ursula Schwarzer*

INSERT 4-6: Manager Magazin, Nr. 12, 1996, S. 145

Über diese individuellen Fähigkeiten der Implementierungsträger hinaus erleichtert eine unternehmensweite Mitarbeiterorientierung die Durchsetzung und Umsetzung von neuen strategischen Marketingkonzepten.

5.5 Internes Marketing zur Unterstützung der Marketingimplementierung

Im Rahmen des internen Marketing wird neben der Kundenorientierung eine starke **Mitarbeiterorientierung** propagiert. Generell bedeutet **internes Marketing** die „**systematische Optimierung unternehmensinterner Prozesse mit Instrumenten des Marketing- und des Personalmanagement, um durch eine konsequente Kunden- und Mitarbeiterorientierung das Marketing als interne Denkhaltung durchzusetzen, damit die marktgerichteten Unternehmensziele effizienter erreicht werden**" (Bruhn 1995, S. 22). Die Mitarbeiter und Führungskräfte sollen dabei als „**interne Kunden**" behandelt werden, deren Vorstellungen und Wünsche in die Unternehmenspolitik integriert werden, um somit die innerbetriebliche Zufriedenheit zu steigern. Diese Sicherung beziehungsweise der Ausbau der Zufriedenheit haben positive Wirkungen auf die Produktivität der Mitarbeiter und erschweren deren Abwanderung aus der Unternehmung. Die Zufriedenheit soll darüber hinaus die Durchsetzbarkeit der Unternehmens- und Marketingstrategie erleichtern und deren Akzeptanz im Unternehmen nachhaltig stärken, womit ein wesentlicher Grundstein für den Implementierungserfolg gelegt ist. Nur wenn die Mitarbeiter von den angestrebten Konzepten überzeugt sind, werden sie diese für sich akzeptieren und ihr Bestes tun, sie in die Tat umzusetzen (Stauss/Schulze 1990).

Geschieht dies, ist damit zumeist eine verbesserte Erfüllung der Kundenwünsche verbunden, die ihrerseits zu einer Erhöhung der Kundenzufriedenheit und zu einer Verbesserung des ökonomischen Erfolgs der Unternehmung führt. Somit ist ein **positiver Zusammenhang zwischen der langfristigen Mitarbeiterbindung und der langfristigen Kundenbindung** als gegeben anzunehmen (Meffert/Bruhn 1997, S. 444).

Je nach Betrachtungsweise bewegt sich das interne Marketing an der Schnittstelle zwischen personalorientiertem Marketing und marketingorientiertem Personalmanagement. Einerseits werden somit ähnliche Verhaltensleitlinien, Methoden und Instrumente zugrundegelegt wie beim extern ausgerichteten Marketing. Andererseits werden im Rahmen eines Personalmanagement, welches sich am Marketinggedanken ausrichtet, sämtliche personalpolitischen Aktivitäten – wie zum Beispiel die Personalakquisition – unter dem Primat der Markt- und Kundenorientierung durchgeführt. Alle Maßnahmen tragen somit letztlich dazu bei, die Qualität und Motivation der Führungskräfte und Mitarbeiter zu steigern und die Implementierung strategischer Konzepte zu erleichtern (Bruhn 1995, S. 43 ff.).

Die folgenden Instrumente sind im Rahmen des internen Marketing von besonderer Bedeutung (Stauss/Schulze 1990):

- **Internes Training**
  Schulungsmaßnahmen werden sowohl für neue als auch für bereits vorhandene Mitarbeiter permanent eingesetzt, um einen hohen Kenntnisstand bezüglich der Unternehmenskultur, -philosophie und -aktivitäten zu gewährleisten.

- **Interne, interaktive Kommunikation**
  In Dialogform soll hier der enge Kontakt zwischen Führungsspitze und dem Kundenkontaktpersonal auf unteren Ebenen gepflegt werden.

- **Interne Massenkommunikation**
  Eine regelmäßige Berichterstattung, zum Beispiel in Form von Rundschreiben oder einer Mitarbeiterzeitung, soll das Informationsbedürfnis der Mitarbeiter befriedigen und die zentralen Unternehmensaktivitäten bekanntmachen.

- **Personalmanagement**
  Sämtliche Maßnahmen der Personalpolitik sollen sich an den Grundsätzen der Mitarbeiter- und Kundenzufriedenheit ausrichten.

- **Externe Massenkommunikation**
  Die Mitarbeiter sind ebenso wie Unternehmensexterne Empfänger der Werbebotschaften der Unternehmung. Somit wird das Bild der Unternehmung bei den Mitarbeitern auch durch dieses Instrument beeinflußt, obwohl sie nicht die direkte Zielgruppe der Werbung darstellen.

- **Interne Marktforschung**
  In Form persönlicher Interviews und Befragungen werden die Wünsche und Vorstellungen der Mitarbeiter regelmäßig abgefragt, um Verbesserungsvorschläge anschließend umsetzen zu können.

- **Interne Marktsegmentierung**
  Durch die Segmentierung aktueller (und auch potentieller) Mitarbeiter innerhalb der Unternehmung soll eine für die jeweilige Mitarbeiterzielgruppe spezifische Ansprache gewährleistet werden. Dies soll langfristig dazu führen, gute neue Mitarbeiter zu gewinnen und bewährte im Unternehmen zu halten.

Mit dem Einsatz dieser Maßnahmen ist eine starke Mitarbeiterorientierung als Unternehmensphilosophie verbunden. Es wäre allerdings ein Mißverständnis, das interne Marketing als Marketingmethode aufzufassen, die sich ausschließlich um das Wohl der Mitarbeiter sorgt. Richtig verstandenes internes Marketing setzt personalwirtschaftliche Instrumente nicht als Selbstzweck ein, sondern als Mittel zur Erhöhung der Absatzmarktorientierung. Hauptziel des internen Marketing im Sinne einer konsequenten Absicherung, Fortsetzung und Erfüllung der absatzmarktgerichteten Orientierung ist der „Verkauf der Konzepte nach innen".

Somit lassen sich hinsichtlich des Grundverständnisses des internen Marketing drei zentrale Ansatzpunkte herausfiltern:

- Internes Marketing als **Maxime**
  Dieser Sichtweise liegt die Annahme zugrunde, daß nur zufriedene Mitarbeiter Kunden zufriedenstellen können. Damit rücken die Mitarbeiterbedürfnisse in den Vordergrund.

- Internes Marketing als **Methode**
  Hier geht es um die Anwendung des externen Marketing-Mix auf den internen Kunden – den Mitarbeiter.

- Internes Marketing als **Gestaltung von Austauschbeziehungen**
  Bei dieser Betrachtungsweise wird aufgrund der Interdependenz von Kunden- und Mitarbeiterzufriedenheit ein Gleichgewicht aus Kunden- und Mitarbeiterorientierung angestrebt.

5.6 Implementierungsprinzipien des Total Quality Management

Das Konzept des **Total Quality Management (TQM)** wird ebenso wie das interne Marketing in jüngster Zeit verstärkt in der Literatur diskutiert (vgl. viertes Kapitel, Abschnitt 3.12). Im Kern handelt es sich hierbei um eine Unternehmensführungsphilosophie, die ausgehend von den Kundenbedürfnissen ein von allen Mitarbeitern akzeptiertes und umgesetztes Qualitätsdenken ermöglicht (Hilker 1993, S. 180; Klinkenberg 1993).

Der **Qualitätsbegriff** erfährt im TQM-Ansatz eine wesentlich breitere Bedeutung als in der klassischen Qualitätsliteratur. Zum einen bezieht sich die Qualität auf unterschiedliche Gegenstandsbereiche wie Qualität der Produkte, Qualität der Prozesse und Qualität der Außenbeziehungen. Zum anderen wird ein Qualitätsdenken nicht nur externen Abnehmern entgegengebracht, sondern es werden auch interne Beziehungen als Kunden-Lieferanten-Verhältnisse betrachtet. Qualität wird somit als unternehmensweite Aufgabe verstanden und nicht als Funktion einer Abteilung wie zum Beispiel der Qualitätskontrolle. Jeder Mitarbeiter ist gegenüber seinem internen oder externen Abnehmer für die Qualität seiner Leistung verantwortlich (Schildknecht 1992, S. 199 ff.).

Das Konzept des TQM zeigt mit seinen **grundlegenden Gestaltungsprinzipien** wichtige Ansatzpunkte für eine erfolgreiche Implementierung auf (Schildknecht 1992, S. 124 ff.; Hilker 1993, S. 184 ff.):

- **Prinzip der Eindeutigkeit und Einfachheit**
  Eines der Grundprinzipien des TQM zielt darauf ab, die Mitarbeiter möglichst schnell und genau über ihre Aufgaben und die an sie gestellten Anforderungen zu informieren. Dazu wird die zu implementierende Strategie in möglichst kleine, klar beschriebene Teilprozesse untergliedert und den Verantwortlichen zugeordnet. Im Ergebnis wird hierdurch die Implementierungszielsetzung des Kennens und Verstehens der Strategie erfüllt.

- **Prinzip der Prozeßorientierung**
  Die Idee des Mitarbeiters als internen Kunden gilt als Grundpfeiler zur Umsetzung der Kundenorientierung im gesamten Prozeß der innerbetrieblichen Leistungserstellung. Jede Prozeßstufe hat dabei das Recht, von der jeweils vorgelagerten Stufe die angeforderte Leistung in fehlerfreier Form zu erhalten. Für die Implementierung ergibt sich hieraus der wesentliche Vorteil, daß die Kundenorientierung während des gesamten Leistungsprozesses nicht verlorengeht. So wird sichergestellt, daß die vom Kunden geforderte und vom Marketing spezifizierte Produktleistung durch F&E- und Produktionsaktivitäten zunächst in eine entsprechende produktmerkmalsbezogene Qualität und anschließend in eine fertigungsprozeßbezogene Qualität umgesetzt wird.

- **Prinzip der Mitarbeiterorientierung**
  Eine explizite Berücksichtigung des Verhaltens und der Problemlösungsfähigkeiten der Mitarbeiter zählt ebenfalls zu den Grundprinzipien des TQM-Ansatzes. Dem einzelnen Mitarbeiter wird möglichst viel Verantwortung übertragen (Reintegration von Arbeitsinhalten) (vgl. viertes Kapitel, Abschnitt 3.532), während der Vorgesetzte eher unterstützende und moderierende Funktionen übernimmt. Dabei wird die Akzeptanz der Mitarbeiter in bezug auf die Implementierung durch ihre Behandlung als interne Kunden wesentlich erhöht.

Grundsätzlich können durch das TQM die innerbetrieblichen Leistungsprozesse besser, schneller und kostengünstiger durchgeführt werden. Somit eignen sich die Prinzipien des TQM auch für die Implementierung von Marketingstrategien. Nach der Durchführung der Implementierung muß im nächsten Schritt die Frage beantwortet werden, ob das Marketingkonzept auch hinreichend angewandt wird. Dies stellt bereits ein Teilproblem des strategischen Controlling (vgl. viertes Kapitel, Abschnitt 6) dar.

Literaturhinweise

Allaire, Y., Firsirotu, M. (1985), How to Implement Radical Strategies in Large Organizations, in: Sloan Management Review, Vol. 26, No. 1, S. 19–34.
Bleicher, K. (1996), Das Konzept Integriertes Management, 4. Aufl., Frankfurt am Main u. a.
Bonoma, T. V. (1985), Wie man Marketingstrategien in die Praxis umsetzt, in: Harvard Manager, 7. Jg., Nr. 2, S. 72–79.
Bonoma, T. V. (1986), Der Marketing Vorsprung, Landsberg am Lech.

Literaturhinweise

Bonoma, T. V., Crittenden, V. L. (1988), Managing Marketing Implementation, in: Sloan Management Review, Vol. 29, No. 2, S. 7–14.

Brandes, W., Sommerlatte, T., Stringer, D., Zillessen, W. (1990), Leistungsprozesse und Organisationsstruktur, in: Arthur D. Little (Hrsg.), Management der Hochleistungsorganisation, Wiesbaden, S. 45–60.

Bruhn, M. (Hrsg.) (1995), Internes Marketing, Integration der Kunden- und Mitarbeiterorientierung, Grundlagen – Implementierung – Praxisbeispiele, Wiesbaden.

Chandler, A. D. (1962), Strategy and Structure, Cambridge/Mass.

Gebert, D. (1976), Zur Erarbeitung und Einführung einer neuen Führungskonzeption, Berlin.

Grimmeisen, M. (1998), Implementierungscontrolling: Wirtschaftliche Umsetzung von Changeprogrammen, Wiesbaden.

Hahn, D. (1990), Strategische Unternehmensführung – Grundkonzept, in: Hahn, D., Taylor, B. (Hrsg.), Strategische Unternehmensplanung – Strategische Unternehmensführung, 5. Aufl., Heidelberg.

Hauschild, J., Schmidt-Tiedemann, J. (1993), Neue Produkte erfordern neue Strukturen, in: Harvard Business Manager, 15. Jg., Nr. 4, S. 13–22.

Heinen, E., Dill, H. (1990), Unternehmenskultur aus betriebswirtschaftlicher Sicht, in: Simon, H. (Hrsg.), Herausforderung Unternehmenskultur, Stuttgart, S. 12–24.

Hinterhuber, H. H. (1997), Strategische Unternehmensführung II, Strategisch Handeln, 6. Aufl., Berlin u. a.

Hilker, J. (1993), Marketingimplementierung, Grundlagen und Umsetzung am Beispiel ostdeutscher Unternehmen, Wiesbaden.

Hungenberg, H. (1995), Zentralisation und Dezentralisation, Strategische Entscheidungsverteilung in Konzernen, Wiesbaden.

Jennings, D. F., Seaman, S. L. (1994), High and low levels of organisational adaptation: an empirical analysis of strategy, structure, and performance, in: Strategic Management Journal, Vol. 15, No. 6, S. 459–489.

Kieser, A., Kubicek, H. (1992), Organisation, 3. Aufl., Berlin u. a.

Klinkenberg, U. (1993), Organisatorische Implikationen des Total Quality Management, in: Die Betriebswirtschaft, 55. Jg., Nr. 5, S. 599–614.

Köhler, R. (1993), Beiträge zum Marketing-Management, 3. Aufl., Stuttgart.

Kolks, V. (1990), Strategieimplementierung: Ein anwenderorientiertes Konzept, Wiesbaden.

Kotler, P., Bliemel, W. (1999), Marketing-Management, Analyse, Planung, Umsetzung und Steuerung, 9. Aufl., Stuttgart.

Krüger, W. (1983), Grundlagen der Organisationsplanung, Gießen.

Lehner, J. M. (1996), Implementierung von Strategien, Konzeption unter Berücksichtigung von Unsicherheit und Mehrdeutigkeit, Wiesbaden.

Lensker, P. (1996), Planung und Implementierung standardisierter versus differenzierter Sortimentsstrategien in Filialbetrieben des Einzelhandels, Frankfurt am Main.

Lewin, K. (1963), Feldtheorie in den Sozialwissenschaften, Bern u. a.

Meffert, H. (1994), Marketing-Management. Analyse – Strategie – Implementierung, Wiesbaden.

Meffert, H., Bruhn, M. (1997), Dienstleistungsmarketing, Grundlagen – Konzepte – Methoden, mit Fallbeispielen, 2. Aufl., Wiesbaden.

Picot, A., Reichwald, R., Wigand, R. T. (2000), Die grenzenlose Unternehmung, Information, Organisation und Management, 4. Aufl., Wiesbaden.

Reuter, J. (1998), Komplexität und Dynamik der Implementierung von Wettbewerbsstrategien, Wiesbaden.

Schildknecht, R. (1992), Total quality management, Frankfurt am Main u. a.

Schwarzer, U. (1996), Implementierungserfolg durch persönlichen Einsatz bei Siemens, in: Manager Magazin, 26. Jg., Nr. 12, S. 145.

Shapiro, E. C. (1999), Die Strategie-Falle, Frankfurt.

Stauss, B., Schulze, H. S. (1990), Internes Marketing, in: Marketing, Zeitschrift für Forschung und Praxis, 12. Jg., Nr. 3, S. 149–158.

6. Marketing-Controlling

6.1 Gegenstand, Ziele und Aufgaben des Controlling

Komplexe Unternehmensentscheidungen machen den Einsatz leistungsfähiger Führungskonzeptionen notwendig, die die Unternehmensleitung wirksam unterstützen. Diskontinuitäten, zunehmende Dynamik und Komplexität der Marketingumwelt, wachsende Unternehmensgrößen und steigende Differenzierung der Marketingfunktionen erfordern hierbei gerade vom Marketing-Management eine hohe Flexibilität. Sie kennzeichnen aber auch die besondere Bedeutung einer effektiven Koordination innerhalb des Marketing sowie zwischen dem Marketing und den übrigen Funktionsbereichen der Unternehmung. In diesem Zusammenhang hat sich zunehmend die Erkenntnis durchgesetzt, daß das **Marketing als „Führungskonzeption vom Markt her"** der Unterstützung durch das **Controlling als „Führungskonzeption vom Ergebnis her"** bedarf. Dies vor allem deshalb, weil im Spannungsfeld zwischen Umsatz- und Kostenorientierung in der Vergangenheit zu häufig Umsatz- beziehungsweise Marktanteilsaspekte Gewinn- und Rentabilitätsaspekte dominierten (Kotler 1979; Claasen/Hilbert 1995). Nicht zuletzt die Lebenszykluskontraktion in vielen Branchen erfordert eine straffe kosten- und ergebnisorientierte Steuerung der Produktentwicklungs- und Vermarktungsaktivitäten (Zimmermann 1996), um die wachsenden Entwicklungsaufwendungen auch innerhalb verkürzter Vermarktungszyklen wieder verdienen zu können.

Das Controllingkonzept hat seit Ende der fünfziger Jahre in Deutschland eine mittlerweile starke Verbreitung gefunden und im Zeitablauf eine enorme Aufgabenausweitung erfahren (Peemöller 1997; Risak/Deyhle 1992; Spremann/Zur 1992; Mayer 1999; Weber 1999; Küpper 1997; Reichmann 1997; Hahn 1996; Horvath 1998). Während noch in den fünfziger und sechziger Jahren das Controlling als eine erweiterte Form des Management Accounting angesehen wurde, verliert diese relativ enge Sichtweise zunehmend an Bedeutung. Das Controlling entwickelt sich immer mehr von der buchhaltungsorientierten ex-post Kontrolle zum zukunfts- und aktionsorientierten Controlling, das heute mit **Informationsversorgungs-, Budgetierungs-, Planungs- und Koordinationsaufgaben** befaßt ist (Jaworski 1988) und primär als **Führungsunterstützungsfunktion** in eine ganzheitliche Unternehmensführung eingebunden ist (Strüby 1990; Hahn 1996, S. 175).

Durch eine entsprechende Aufbereitung von Führungsinformationen soll das Controlling das „Entscheiden und Handeln in der Unternehmung ... ergebnisorientiert ausrichten" (Hahn 1996, S. 175). Controlling wird dementsprechend als ein **Konzept zur informationellen Sicherung der ergebnisorientierten Unternehmensführung** verstanden, in

Marketing-Controlling

dem Aufgaben der Informationsversorgung, Planung, Koordination und Kontrolle auf unterschiedlichen Ebenen (vgl. Abbildung 4-49) miteinander verknüpft werden (Weber 1999, S. 30; Reichmann 1997, S. 3 ff.; Hahn 1996, S. 187; Horvath 1998, S. 142 ff.).

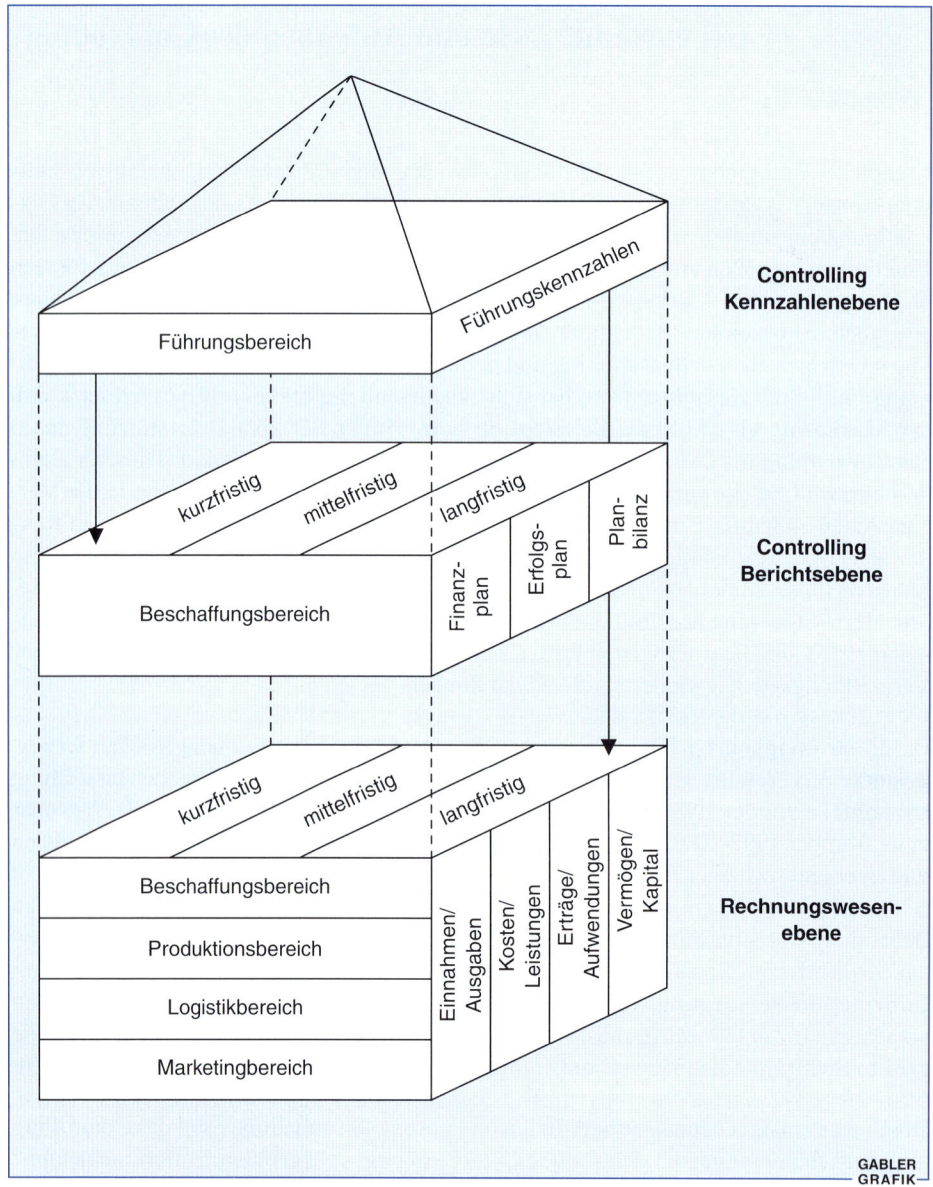

Abbildung 4-49: Bezugsebenen der Controllingkonzeption
(Quelle: Reichmann 1997, S. 6)

Die **Ziele des Controlling** sind aus den Unternehmenszielen abzuleiten. Das Controlling ist dabei auf die Erreichung der **Wertziele des Unternehmens** ausgerichtet, wohingegen das Marketing primär Sachziele verfolgt (vgl. Abbildung 4-50). Das Controlling strebt eine Ergebnisoptimierung unter jederzeitiger Sicherstellung der Liquidität an (Hahn 1996, S. 182). Die Ergebnisoptimierung kann sich auf unterschiedliche Größen wie zum Beispiel den Gewinn, den Kapitalwert oder den Shareholder Value beziehen. Grundlage des Controlling sind die Zahlen aus dem Rechnungs- und Finanzwesen in Verbindung mit Daten-, Modell- und Wissensbanken (Henneböle 1995).

Die ergebnis- und liquiditätsorientierte Planung, Koordination und Kontrolle ist ein zentraler **Bestandteil der Unternehmensführung**. In diesem Zusammenhang hat das Controlling zwei allgemeine Aufgaben zu übernehmen: Zunächst kommt dem Controlling die Aufgabe zu, das Planungs- und Kontrollsystem der Unternehmung zu gestalten (Hahn 1996, S. 188; Horvath 1998, S. 142 ff.). Neben dieser **Gestaltungsaufgabe** hat das Controlling auch eine **Nutzungsaufgabe** zu erfüllen. Sie umfaßt die Berechnung und Erstellung von Kennzahlen, Managementberichten, Plänen und Kontrollrechnungen auf der Basis des zuvor konzipierten Planungs- und Kontrollsystems. Das heißt das Controlling verwendet die Informationen aus dem Planungs- und Kontrollsystem der Unternehmung, um sie durch eine entsprechende Bearbeitung für die ergebnisorientierte Unternehmensführung nutzbar zu machen. Auf der Grundlage dieser allgemeinen Aufgaben lassen sich verschiedene spezielle Aufgaben des Controlling definieren (vgl. Abbildung 4-50).

Die dargelegte zentrale Rolle, die dem Controlling im Rahmen der Unternehmensführung zukommt, macht eine **Aufgabenabgrenzung** zwischen dem Controlling und anderen Unternehmensbereichen erforderlich. Diese Abgrenzung gestaltet sich insoweit als problematisch, weil die zahlreichen in der Literatur vorgeschlagenen Controllingkonzeptionen den Aufgabenbereich sehr unterschiedlich definieren (Ahlert/Olbrich 1992; Küpper 1997, S. 5 ff.; Horvath 1998, S. 146 ff.). Zur Verdeutlichung der funktionsübergreifenden Führungsunterstützungsfunktion des Controlling soll hier auf eine Abgrenzung von Hahn (1996, S. 190 ff.) zurückgegriffen werden, die in Abbildung 4-51 wiedergegeben ist.

Im Gegensatz zum amerikanischen Controllingkonzept wird das externe **Rechnungswesen** in Deutschland nicht dem Controlling zugerechnet. Im Mittelpunkt der Controllingaufgaben stehen vielmehr zahlreiche Funktionen des internen Rechnungswesens (Hahn 1986). Auch die Aufgaben der **Revision** sind nicht mit denen des Controlling gleichzusetzen. Einerseits gehen die Aufgaben der Revision insoweit über das Controlling hinaus, als daß die Tätigkeiten im Controlling von der Revision zu überprüfen sind. Andererseits sind die Controllingaufgaben breiter angelegt als diejenigen der Revision, denn letztere sind ausschließlich retrospektiv ausgerichtet.

Die Abgrenzung zur strategischen und operativen Unternehmensplanung (Koch 1982) erfolgt in erster Linie anhand des Inhaltes der Planungs-, Koordinations- und Kontroll-

Marketing-Controlling

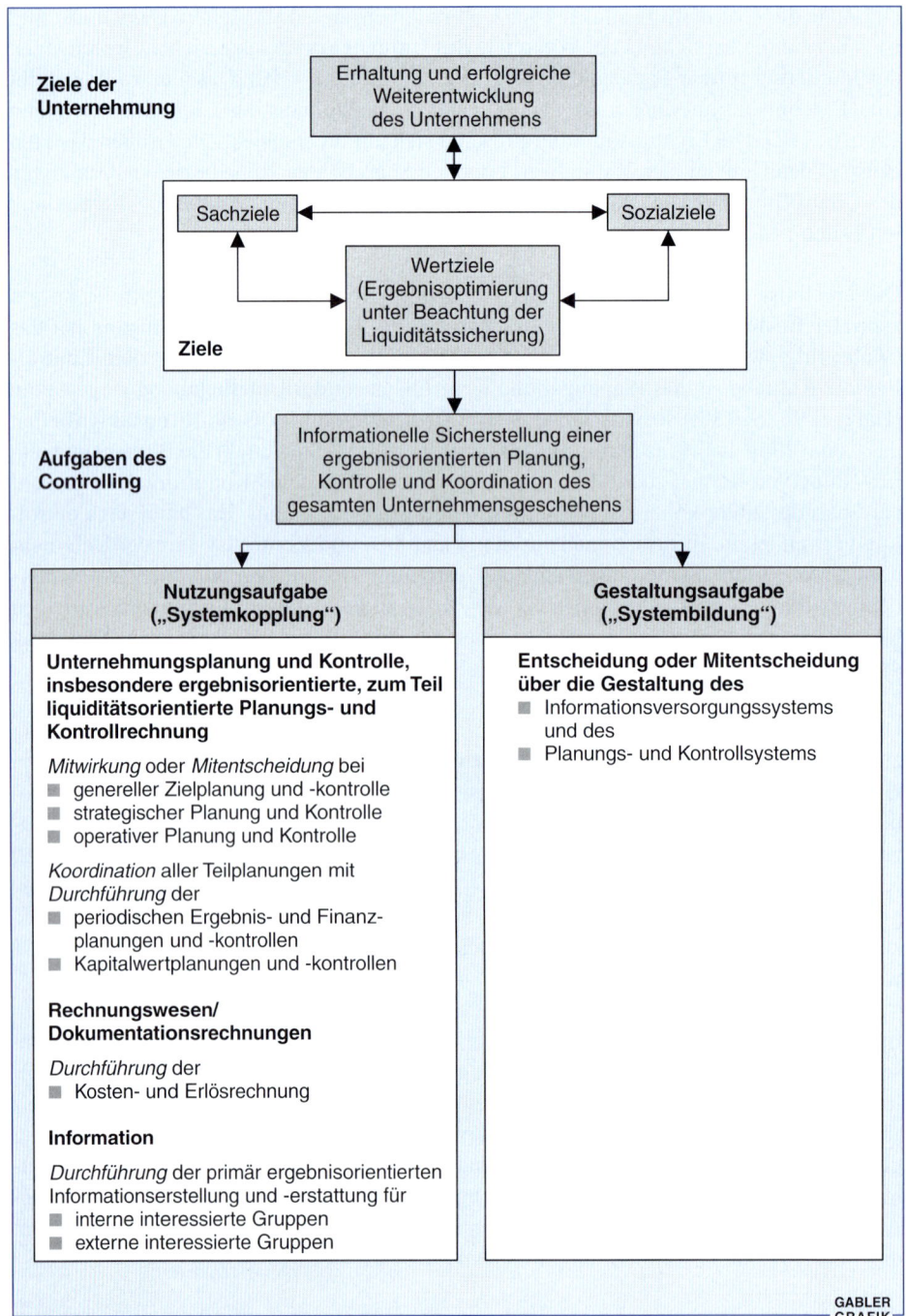

Abbildung 4-50: Ziele und Aufgaben des Controlling
(in Anlehnung an Hahn 1996, S. 183, 189)

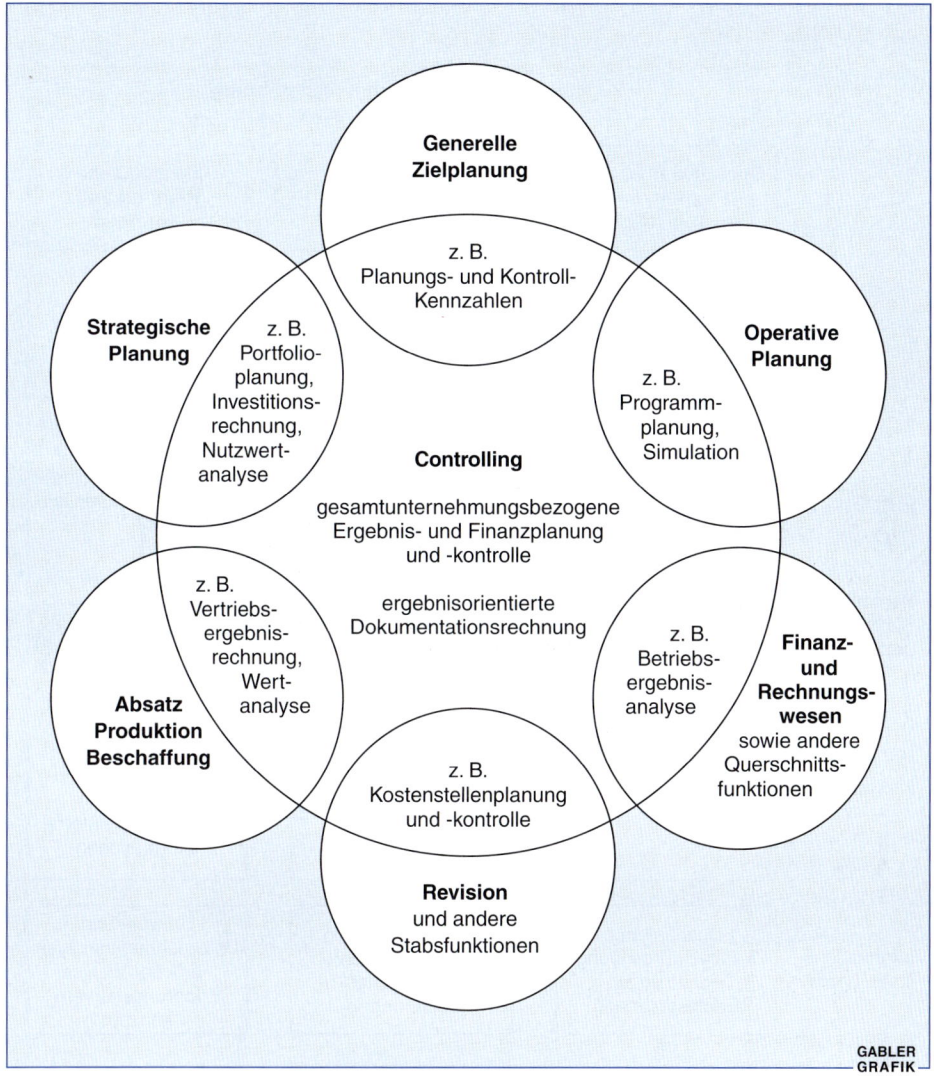

Abbildung 4-51: Abgrenzung der Controllingaufgaben
(Quelle: Hahn 1996, S. 191)

tätigkeiten. Während das Controlling primär mit monetären, quantitativen Größen arbeitet (zum Beispiel Deckungsbeitrag, Gewinn, Umsatz, Ein- und Auszahlungen), beschäftigt sich die **strategische Unternehmensplanung** auch und insbesondere mit qualitativen Größen wie zum Beispiel Kompetenzen beziehungsweise besonderen Fähigkeiten (Prahalad/Hamel 1990; Stalk et al. 1992), Wettbewerbsvorteilen, Käuferpräferenzen oder der langfristigen Personalentwicklung (vgl. Abbildung 4-52).

Marketing-Controlling

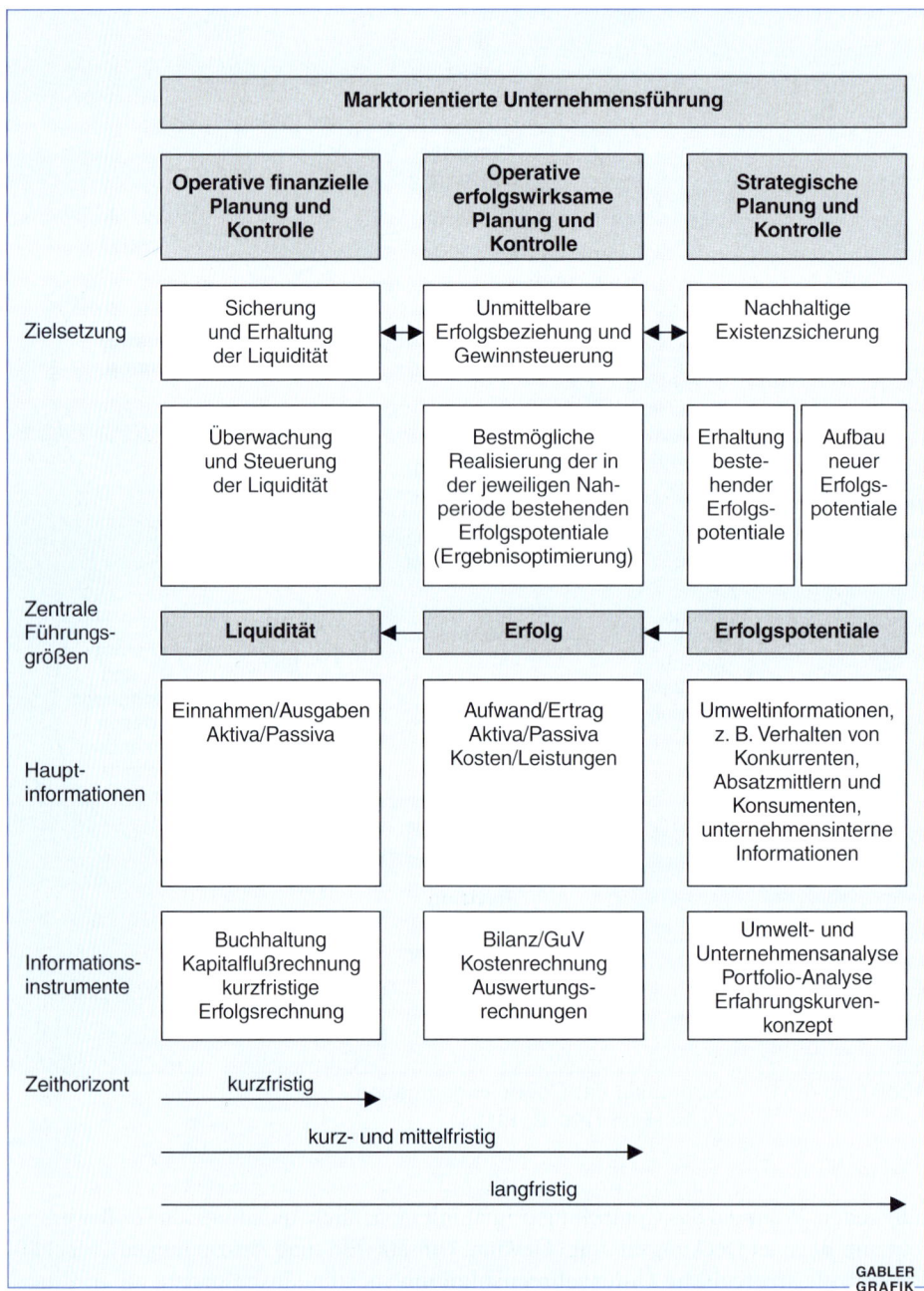

Abbildung 4-52: Abgrenzung von operativer finanzieller, operativer erfolgswirksamer und strategischer Planung und Kontrolle
(in Anlehnung an Reichmann 1997, S. 408)

Je langfristiger dabei der Zeithorizont in der strategischen Unternehmensplanung wird, desto weniger lassen sich die Gegenstände der Planung und Kontrolle in quantitativen Größen abbilden. So ist beispielsweise die Analyse langfristiger Verhaltenstrends der Konsumenten oder der rechtlichen und gesellschaftlichen Rahmenbedingungen nur sehr begrenzt in Zahlen zu fassen.

Vor diesem Hintergrund wird deutlich, daß die Schnittmenge zwischen den Aufgaben des Controlling und der strategischen Unternehmensplanung wesentlich kleiner ist als bei der **operativen Unternehmensplanung**, die schon allein aufgrund ihres wesentlich kürzeren Zeithorizonts stärker mit quantitativen Größen arbeitet. Auch hier kann zur Abgrenzung wieder auf den Inhalt der Planungs- und Kontrolltätigkeiten zurückgegriffen werden. So fällt zum Beispiel die Festlegung von Art und Inhalt kurzfristiger Verkaufsförderungsmaßnahmen in den Bereich der operativen Planung und ist nicht zu den Aufgaben des Controlling zu rechnen. Allerdings kann es durchaus Aufgabe des Controlling sein, die Einhaltung der Verkaufsförderungsbudgets in einem bestimmten zeitlichen Turnus zu überwachen. An diesem Beispiel wird die enge Verzahnung zwischen dem Controlling und der operativen Unternehmensplanung deutlich.

Zur Erfüllung der genannten Aufgaben stehen dem Controlling eine Fülle von Instrumenten zur Verfügung (Hahn 1996; Horvath 1998). Aufgrund der veränderten Markt- und Wettbewerbsbedingungen werden dabei heute zunehmend einfache und flexible **Controllinginstrumente** (vgl. Abbildung 4-53) eingesetzt.

6.2 Besonderheiten des Marketing-Controlling

Dem Marketing-Controlling kommt innerhalb dieses umfassenden Aufgabenspektrums des Controlling ein besonderer Stellenwert zu. Die **Besonderheiten des Marketing-Controlling** bestehen zum einen in der Notwendigkeit zur Kombination von Daten des internen Rechnungswesens mit externen Marktforschungsinformationen und der umfassenden Berücksichtigung nicht-monetärer Zielgrößen. Zum anderen werden an der Schnittstelle zwischen Unternehmung und Markt häufig Planrevisionen erforderlich, so daß gerade hier laufenden Soll-Ist-Vergleichen, Abweichungsanalysen sowie der Anregung von Anpassungsmaßnahmen im Rahmen des Marketing-Controlling eine entscheidende Bedeutung zukommt (Köhler 1976; Liebl 1989; Ehrmann 1999; Palloks 1991; Zahn 1991; Köhler 1993; Auerbach 1994; Preißner 1999; Steinle/Bruch 1999).

Vor dem Hintergrund des Gegenstandes, der Ziele und der Aufgaben des Controlling wird deutlich, daß das Marketing-Controlling nicht mit bloßer Kontrolle gleichzusetzen ist (Böcker 1988, Krulis-Randa 1990). Vielmehr umfaßt auch das Marketing-Controlling

Mitwirkungsaufgaben: Generelle Zielplanung, strategische und operative Planung	
Aufgaben	Instrumente
■ Analysen, Prognosen	■ Standortanalysen ■ Benchmarking ■ Frühwarnsysteme, Szenariotechnik
■ Projektplanung, Produktplanung	■ Innovationscontrolling ■ Netzplantechnik (NPT) ■ Wertanalyse ■ Nutzwertanalyse, AHP ■ Projekt- und Produktkalkulation, auch Target-Costing ■ Wirtschaftlichkeitsrechnungen/ Investitionsrechnungen
■ Funktionsbereichsplanung	■ Prozeßkostenrechnung ■ Gemeinkostenwertanalyse (GWA) ■ Zero-Base Budgeting (ZBB) ■ Nutzwertanalyse, AHP ■ Kalkulation ■ Kostenstellenrechnung ■ Wirtschaftlichkeitsrechnungen/ Investitionsrechnungen
■ Programmplanung – mit Kapazitätsplanung (strategisch) – mit Kapazitätsbelegungsplanung (operativ)	■ Portfolioanalyse ■ Break-Even-Analyse ■ Nutzwertanalyse, AHP ■ Wirtschaftlichkeitsrechnungen/ Investitionsrechnungen ■ Stufenweise Deckungsbeitragsrechnungen ■ Modelle mit Simulation, Linearer Programmierung (LP)

Eigenaufgaben: Ergebnis- und Finanzplanung (gesamtunternehmungsbezogen)	
Aufgaben	Instrumente
■ Deckungsbeitragsplanung ■ Betriebsergebnisplanung ■ Unternehmungsergebnisplanung ■ Kapitalwertplanung ■ Finanzplanung	■ PuK-Grundkonzept ■ PuK-Kennzahlensystem ■ integriertes, internes und externes Rechnungswesen und Finanzwesen
= Koordinierung Gesamtunternehmungsplanung/Divisionsplanung	= Gesamtunternehmungsmodelle mit Simulation, gemischt-ganzzahlige Programmierung

Technisch-betriebswirtschaftliche Daten-, Modell- und Wissensbank, Grundrechnungen

Abbildung 4-53: Ausgewählte Instrumente des Controlling
(in Anlehnung an Hahn 1996, S. 193)

Aufgaben der Information, Planung, Koordination **und** Kontrolle. Aufgrund der für das Marketing typischen hohen Zahl an Planrevisionen ist die laufende und vor allem schnelle Information des Marketing-Management über aufgetretene Soll-Ist-Abweichungen eine wichtige Funktion des Marketing-Controlling. Neben der Rückkopplung (**Feedback-Prinzip**) ist das Marketing-Controlling durch seine zukunftsorientierte Steuerungsfunktion (**Feed-forward-Prinzip**) gekennzeichnet. Bei der Steuerung soll versucht werden, Soll-Ist-Abweichungen zu antizipieren und damit ihr Eintreten zu verhindern, indem Informationen über mögliche Einflüsse, die voraussichtlich zu Planänderungen führen, frühzeitig erfaßt werden (Buchner 1981, S. 66; Fischer/Kriese 1990). Durch die konsequente Umsetzung des Feed-forward-Denkens kommt dem Marketing-Controlling die Funktion eines **„Frühwarnsystems"** für den Marketingbereich zu, das es ermöglicht, Fehler und Schwächen zu erkennen, bevor größere Schäden entstehen (Reis 1973; Kiener 1978, S. 69).

Bei der Gestaltung des Marketing-Controlling sind die **funktionale und die institutionale Entscheidungsebene** zu unterscheiden (Franz 1989). Funktional gesehen stellt Marketing-Controlling eine Phase im Marketingentscheidungsprozeß dar. Die Planungs- und Kontrolltätigkeiten im Rahmen des Marketing-Controlling werden als Aufgaben im Verantwortungsbereich des Marketing-Management betrachtet. Marketing-Controlling im institutionalen Sinne ist demgegenüber die organisatorische Verselbständigung der Controllingtätigkeiten in der Person eines Marketing-Controllers. Mit der Schaffung einer solchen Position ist zugleich die Problematik einer sinnvollen Aufgabenverteilung zwischen Marketing-Managern und Marketing-Controllern verbunden (Weber 1988). Letztlich kann dabei nur eine **kooperative Führung** durch Marketing-Management und -Controlling mit gemeinsamer Zielvereinbarung und Problemanalyse die Erreichung der Marketingziele gewährleisten.

Im folgenden soll zunächst auf die funktionale Entscheidungsebene des Marketing-Controlling näher eingegangen werden.

6.3 Funktionen des Marketing-Controlling

Die funktionale Ausgestaltung des Marketing-Controlling ist an den situativen Bedingungen des Marketing auszurichten: Die branchenspezifische Marktdynamik, die jeweilige Unternehmenskomplexität, der Differenzierungsgrad der Marktbearbeitung oder die Art des Absatzprogrammes führen zu unternehmensspezifischen Schwerpunktsetzungen bei der Ausgestaltung des Marketing-Controlling. Über die konkreten Funktionen des Marketing-Controlling bestehen aufgrund der skizzierten situativen Bedingtheit unterschiedliche Auffassungen.

Grundsätzlich kann jedoch unterschieden werden zwischen:

- der **Art der Marketing-Controlling-Funktionen** (systemgestaltende oder systemnutzende Funktionen) und

- dem **Gegenstand dieser Funktionen** (Informationsversorgung, Planung, Kontrolle und Koordination).

Die **systemgestaltende beziehungsweise -bildende Funktion** des Marketing-Controlling (Gestaltungsaufgabe) beinhaltet im wesentlichen die Sicherstellung einer „Ex-ante"-Koordination (Kiener 1980, S. 19) von Marketingentscheidungen und -maßnahmen. Dies geschieht im einzelnen durch die Entwicklung und Implementierung von EDV-gestützten **Marketinginformationssystemen** (Rockart/DeLong 1988; Spang 1992; Moormann 1994; Henneböle 1995), organisatorischen Richtlinien und **Marketingplanungs- und Kontrollinstrumenten**.

Die laufende Abstimmung von Planung, Kontrolle und Informationsversorgung ist demgegenüber Gegenstand der **systemnutzenden Funktionen** des Marketing-Controlling. Im Hinblick auf die Abstimmung von Planungs- und Kontrolltätigkeiten mit den hierfür erforderlichen Informationen im Sinne einer „Kopplung" der Bereiche wird auch von systemkoppelnden Funktionen gesprochen (Horvath 1998, S. 144).

Im Rahmen seiner **Informationsversorgungsfunktionen** ist das Marketing-Controlling unmittelbar für die Erfassung und Lieferung aller planungs-, entscheidungs- und kontrollrelevanten Informationen zuständig. Zur Gewinnung und Aufbereitung der notwendigen Marktinformationen greift das Controlling dabei auf die Marktforschung zurück. In diesem Zusammenhang wird die Koordinationsfunktion des Marketing-Controlling ebenso deutlich wie die Notwendigkeit einer kooperativen Zusammenarbeit des Marketing-Controlling mit den übrigen Bereichen des Marketing-Management. Darüber hinaus bezieht sich die Informationsversorgungsfunktion vor allem auf die Weiterentwicklung eines für die ergebnisorientierte Führung zweckmäßigen und aussagefähigen Systems der Absatzsegmentrechnung (Köhler 1993, S. 383).

Die **Planungsfunktionen** des Marketing-Controlling liegen in der Managementunterstützung auf allen Ebenen des Planungsprozesses. Dabei ist beispielsweise an eine quartalsweise Ergebnisplanung für einzelne Produktlinien oder strategische Geschäftseinheiten zu denken.

Die **Kontrollfunktionen** des Marketing-Controlling (vgl. Abbildung 4-54) umfassen die systematische und objektive Überprüfung der Produkt-Markt-Beziehungen, der Marketingorganisationseinheiten und der Marketingaktivitäten (Köhler 1993, S. 393 ff.). Bezugsgrößen der Kontrolle sind dabei häufig Kosten, Erlöse, Deckungsbeiträge, Kapitaleinsätze, Umsatz- und Kapitalrenditen sowie Absatzmengen und Lagerbestände. Als Kernbaustein des Marketing-Controlling umfaßt die Marketingkontrolle sowohl die

Ergebnis- (Erfolgs- und Effizienzkontrolle) als auch die **Ausführungskontrolle** (Kontrolle der gewählten Vorgehensweise und der Termineinhaltung). Der Kontrollprozeß ist dabei als **kontinuierlicher Vorgang** anzusehen, denn es besteht nur bei fortgesetzter Kontrolle der Marketingaktivitäten die Möglichkeit, Abweichungen rechtzeitig zu erkennen und in Plan- beziehungsweise Maßnahmenkorrekturen umzusetzen.

Marketing-Kontrollen (Soll-Ist-Vergleiche und Abweichungsanalysen)		
Kontrolle der Produkt-Markt-Beziehungen (Absatzsegmente)	**Kontrolle der Marketing-organisationseinheiten**	**Kontrolle der Marketingmaßnahmen**
Zum Beispiel in bezug auf: ■ Produkte oder Produktgruppen ■ Kunden oder Kundengruppen ■ Verkaufsgebiete ■ Absatzwege ■ Auftragsarten oder Auftragsgrößen	Zum Beispiel in bezug auf: ■ Produktmanagement ■ Key Account Management ■ Verkaufsbüros ■ Außendienststellen ■ Kundendienstabteilung	Zum Beispiel in bezug auf: ■ Werbe- oder andere Kommunikationsmaßnahmen ■ Preisforderungen ■ Physische Distribution (etwa Strecken- oder Lagergeschäft) ■ Akquisitorische Distribution (etwa Besuchstouren) ■ Änderungen der Produktgestaltung

Abbildung 4-54: Kontrolldimensionen im Marketing
(Quelle: Köhler 1993, S. 394)

Die **Koordinationsfunktion** des Marketing-Controlling resultiert vor allem aus der zunehmenden Dezentralisierung und Modularisierung der Unternehmens- und Marketingorganisation (Picot et al. 2000). Diese Entwicklung erzeugt einen wachsenden Abstimmungsbedarf zwischen den Einzelaktivitäten der organisatorischen Subeinheiten und dem unternehmerischen Gesamtziel (Berens et al. 1995). Ferner entsteht ein Koordinationsbedarf beispielsweise aus der Abstimmung der Informationsversorgung mit der Marktforschung. Darüber hinaus ist es Aufgabe des Marketing-Controlling, die Planungs- und Kontrollsysteme mit den zentralen Service-Abteilungen (zum Beispiel EDV, externes Rechnungswesen) zu koordinieren.

6.4 Formen des Marketing-Controlling

Die beiden wesentlichen Erscheinungsformen sind das strategische und das operative Marketing-Controlling. Abbildung 4-55 zeigt, daß sich beide Formen vor allem durch die zu steuernden Zielgrößen, die Variablen der Planung und den Zeithorizont unterscheiden (Reichmann 1997, S. 408; Weber 1999, S. 342).

Ausprägung des Controlling / Abgrenzungsmerkmale	Strategisches Marketing-Controlling	Operatives Marketing-Controlling
Führungsziel der Unternehmung	Langfristige Existenzsicherung der Unternehmung	Erfolgserzielung, Rentabilitätsstreben, Liquiditätssicherung, Marketing-Produktivität
Controlling-Zielsetzung	Systematische Schaffung und Erhaltung zukünftiger Erfolgspotentiale	Sicherstellung der Wirtschaftlichkeit der Marketingprozesse
Zentrale Steuerungsgrößen	Erfolgspotential (zum Beispiel Marktanteil)	Erfolg, Liquidität
Ausrichtung	Unternehmung und Umwelt (Aufbau neuer Produkt-Markt-Beziehungen)	Unternehmung (unter Berücksichtigung bestehender Umweltbeziehungen)
Dimensionen	Stärken/Schwächen, Chancen/Risiken	Kosten/Leistungen, Aufwand/Ertrag, Aus-/Einzahlungen, Aktiva/Passiva
Informationsquellen	Primär externe Informationsquellen	Primär internes Rechnungswesen

Abbildung 4-55: Abgrenzung von strategischem und operativem Marketing-Controlling
(in Anlehnung an Reichmann 1997, S. 410)

6.41 Strategisches Marketing-Controlling

In den achtziger Jahren wurde verstärkt die Forderung erhoben, zur Sicherung einer hohen Anpassungsfähigkeit von Unternehmen an sich immer schneller verändernde Markt- und Wettbewerbsbedingungen die strategische Unternehmensplanung um Elemente der Steuerung, Kontrolle und Frühaufklärung zu ergänzen (Coenenberg/Baum 1987, S. 21 f.; Coenenberg/Günther 1990, S. 2 f.; Horvath 1990; Link et al. 2000). Wenngleich die damit einhergehende Ausweitung des Controlling-Begriffes in die Richtung der strategischen Unternehmensführung zum Teil in der Literatur kontrovers diskutiert wird (Pfohl/Zettelmeyer 1987), so hat das strategische Controlling doch inzwischen eine weite Verbreitung in der Unternehmenspraxis gefunden und wird in empirischen Untersuchungen (Coenenberg/Günther 1991) als Erfolgsfaktor der Unternehmensführung diskutiert. Abbildung 4-56 stellt den **Prozeß des strategischen und operativen Controlling** dar.

Hinsichtlich des **Aufgabenspektrums des strategischen Marketing-Controlling** werden unterschiedliche Abgrenzungen vorgenommen. Grenzt man die strategischen Aufgaben anhand der generellen Funktionen des Marketing-Controlling ab, so kann auch hier zwischen systemgestaltenden Funktionen einerseits und systemnutzenden beziehungsweise -koppelnden Funktionen andererseits differenziert werden.

Im Rahmen der **systemgestaltenden Funktionen** kommt dem strategischen Marketing-Controlling insbesondere die Aufgabe zu, ein strategisches Marketinginformationssystem zu entwickeln. Damit eng verbunden ist die Schaffung der informationellen Basis zur Anwendung strategischer Planungs- und Kontrollinstrumente wie zum Beispiel die SWOT-Analyse (**S**trengthes, **W**eaknesses, **O**pportunities and **T**hreats), die Erfahrungskurvenanalyse, das Portfoliomanagement, die Lebenszyklusanalyse oder die Lückenplanung. Darüber hinaus sollte das strategische Marketing-Controlling das aufbau- und ablauforganisatorische Konzept für die strategische Planung und Kontrolle gestalten, beispielsweise das System der Budgetierung (Barzen 1990).

Im Rahmen der **systemnutzenden Funktionen** sind insbesondere die Informationsversorgungs-, Kontroll- und Koordinationsaufgaben des strategischen Marketing-Controlling von Bedeutung.

Die **Informationsversorgungsfunktion** wird als wichtigste Aufgabe des strategischen Marketing-Controlling angesehen. Sie erstreckt sich auf die Steuerung der Informationsbeschaffung, auf die Interpretation und Bewertung der Informationen für die strategische Marketingplanung sowie auf die Durchführung von Spezialanalysen, die durch das bestehende Marketinginformationssystem nicht unmittelbar bereitgestellt werden können (Kiener 1980).

In diesem Zusammenhang kommt dem Marketing-Controlling auch eine **Frühwarnfunktion** zu. Sie bezieht sich auf das möglichst frühzeitige Erkennen strategisch bedeut-

Marketing-Controlling

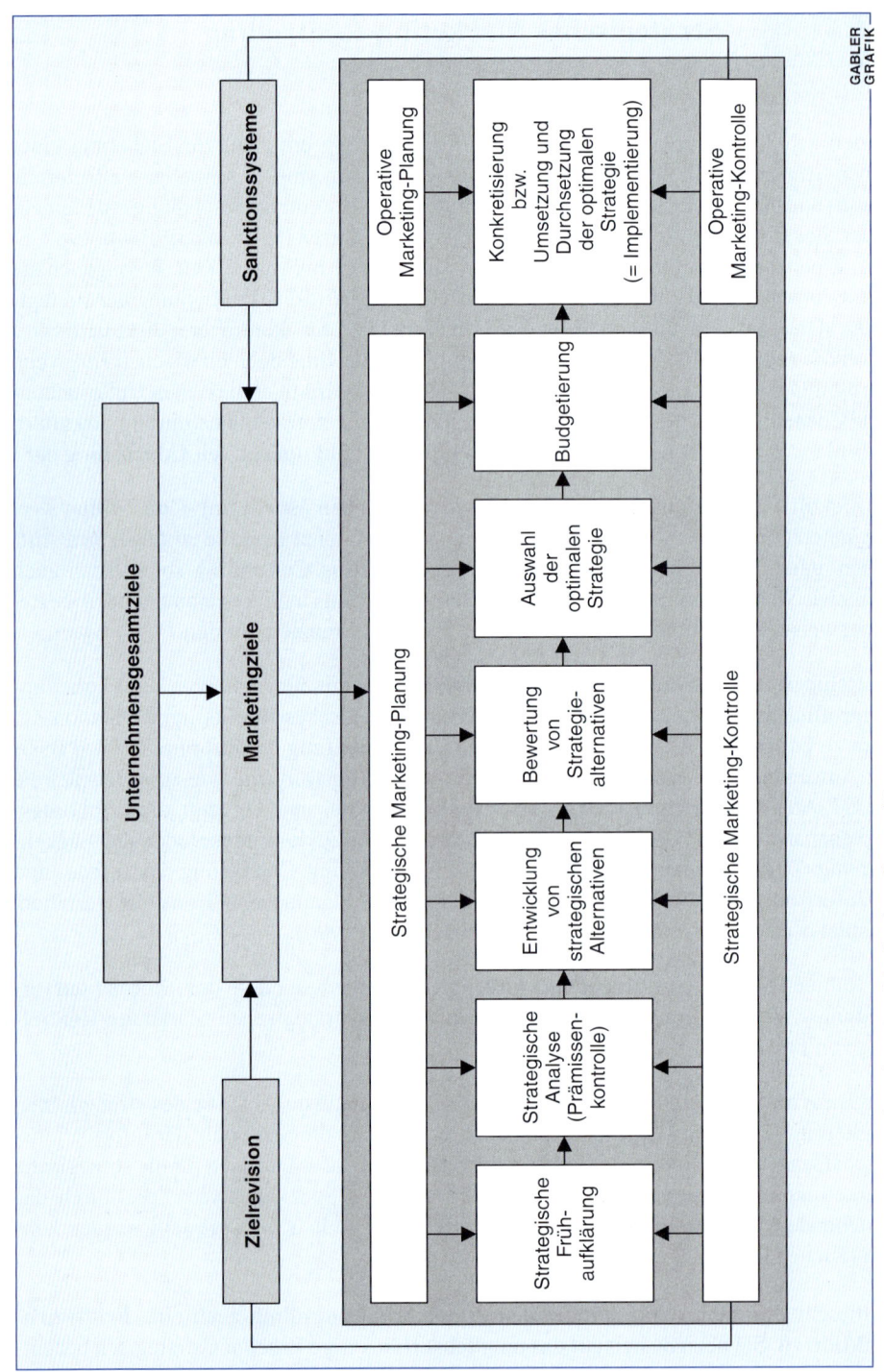

Abbildung 4-56: Prozeßstufen des Marketing-Controlling

samer Veränderungen und Diskontinuitäten im marketingrelevanten Unternehmensumfeld. Dabei interessieren vor allem Sättigungserscheinungen auf den verschiedenen für die Unternehmung relevanten Teilmärkten und Verhaltensänderungen (Diskontinuitäten) bei Kunden, Handel und Wettbewerbern. Des weiteren müssen auch die Umwälzungen in der generellen Umwelt des Marketing wie technologische und ökologische Veränderungen oder die Anpassung der Rechtsnormen vom strategischen Marketing-Controlling erfaßt werden.

Die **Kontrollfunktion** des strategischen Marketing-Controlling baut unmittelbar auf der Informationsfunktion auf. Im Rahmen der **Kontrollfunktion** sollen Fehlentwicklungen innerhalb der Marketingplanungs- und Realisationsprozesse und hinsichtlich des gesamten Marketingsystems aufgedeckt werden. Als Kontrollgrößen dienen hier zunächst die **strategischen Marketingziele**. Darüber hinaus besteht die Notwendigkeit einer **Kontrolle der Prämissen**, die in den strategischen Marketingplänen unterstellt wurden (Hasselberg 1989). Die Prämissenkontrolle erfolgt durch einen Vergleich mit den bei der Frühaufklärung festgestellten Veränderungen im Unternehmensumfeld. Erweisen sich dabei die ursprünglich getroffenen Annahmen (Prämissen) als überholt, muß das gesamte Marketingsystem einer umfassenden Kontrolle unterzogen werden. Diese Überprüfung des gesamten Marketingsystems wird auch als **Marketing-Audit** bezeichnet (Köhler 1993, S. 397 ff.) und dient der rechtzeitigen Anpassung der Ziele, Strategien, organisatorischen Strukturen und Verfahren im Marketing an veränderte Rahmenbedingungen.

Die **Koordinationsaufgaben** des strategischen Marketing-Controlling beziehen sich zum einen auf die formale und inhaltliche Koordination der verschiedenen Teilpläne innerhalb des strategischen Marketing. Beispielsweise muß die Neuproduktplanung (unter anderem Markteinführungszeitpunkt und -strategie) mit der Kommunikationspolitik und der Absatzplanung in den einzelnen Ländermärkten koordiniert werden. Andererseits muß eine Koordination mit den übrigen betrieblichen Funktionsbereichen erfolgen.

Im Mittelpunkt der **formalen Planungskoordination** steht die organisatorische und prozessuale Abstimmung der Marketingpläne. Dies umfaßt die Initiierung der Planungsprozesse, die permanente Überwachung des Planungsfortschrittes sowie die laufende Terminabstimmung der einzelnen Planungsgremien und die Abstimmung mit den operativen Plänen. Zum anderen ist das strategische Marketing-Controlling an der **inhaltlichen Koordination** der unterschiedlichen Marketingteilpläne beteiligt, indem es durch ergebnisorientierte Informationen die Prioritäten in der Marktbearbeitung steuert.

Eine wichtige **funktionsbereichsübergreifende Koordinationsaufgabe** des strategischen Marketing-Controlling liegt im marktorientierten Zielkostenmanagement, dem sogenannten **Target Costing** (Horvath 1993; Seidenschwarz 1993). Die Zielsetzung des Target Costing liegt in erster Linie darin, aus der Preisbereitschaft potentieller Kunden für neue Produkte beziehungsweise Dienstleistungen maximal zulässige **Zielkosten** abzuleiten und diese als zentrale Steuerungsgröße für die Produktpolitik und die Gestaltung der gesamten Unternehmensorganisation zu verwenden. Der Ablauf des Target Costing ist in Abbildung 4-57 skizziert.

Die Preisbereitschaft ist dabei eine Folge der Erfüllung individueller **Nutzenerwartungen** durch die Kombination bestimmter Produktmerkmale. Dementsprechend wird beim Target Costing versucht, die Preisbereitschaft für das Gesamtprodukt einzelnen Produktmerkmalen zuzuordnen. Der Wert einer bestimmten Produktkomponente entspricht dem vom Kunden mit der Komponente assoziierten Nutzen. Der vom Kunden wahrgenommene Wert einer Produkteigenschaft führt unter Abzug der angestrebten Gewinnspanne zu den Zielkosten für die entsprechende Produktkomponente. Bei der auf diese Weise vorgenommenen Aufspaltung der maximal „vom Markt erlaubten" Produktgesamtkosten auf die verschiedenen Unternehmensfunktionen, Produktkomponenten und Einzelteile (**Zielkostenspaltung**) sind die Marketingkosten (zum Beispiel Kommunikations- und Vertriebskosten) zu berücksichtigen (Seidenschwarz 2000).

Zusammenfassend kann das Target Costing beschrieben werden als „ein umfassendes Bündel von Kostenplanungs-, Kostenkontroll- und Kostenmanagementinstrumenten, die schon in den frühen Phasen der Produkt- und Prozeßgestaltung (zum Beispiel Produktionsprozesse, A. d. V.) zum Einsatz kommen, um die Kostenstrukturen frühzeitig im Hinblick auf die Marktanforderungen gestalten zu können" (Horvath et al. 1993, S. 4). Die Aufgabe des strategischen Marketing-Controlling im Rahmen des Target Costing liegt dabei in der vom Markt gesteuerten, kostenorientierten Koordination aller am Produktentstehungs- und Vermarktungsprozeß beteiligten Bereiche.

6.42 Operatives Marketing-Controlling

Auch im Rahmen des operativen Marketing-Management-Prozesses hat das Controlling eine Informations-, Koordinations- und Kontrollfunktion zu erfüllen. Die **Informationsfunktion** ist jedoch von untergeordneter Bedeutung, sofern ein umfassend aufgebautes Marketinginformationssystem (Ehrmann 1999, S. 79 ff.) besteht. Ähnliches gilt für die Koordinationsfunktion. Die Koordination der laufenden Marketingaktivitäten ist nur in Ausnahmefällen als Aufgabe des Marketing-Controlling anzusehen. Sie muß sich vielmehr innerhalb des Marketing-Management vollziehen.

Damit wird deutlich, daß die Hauptaufgabe des operativen Marketing-Controlling in der Kontrolle der Marketingaktivitäten, in der Analyse von Abweichungsursachen und in der Initiierung von Anpassungsmaßnahmen liegt. Im Rahmen der Marketingkontrolle sollen dabei sowohl das gesamte Marketing-Mix als auch die einzelnen Marketinginstrumente einer eingehenden Überprüfung unterzogen werden (vgl. Reinecke/Tomczak/Dittrich 1998).

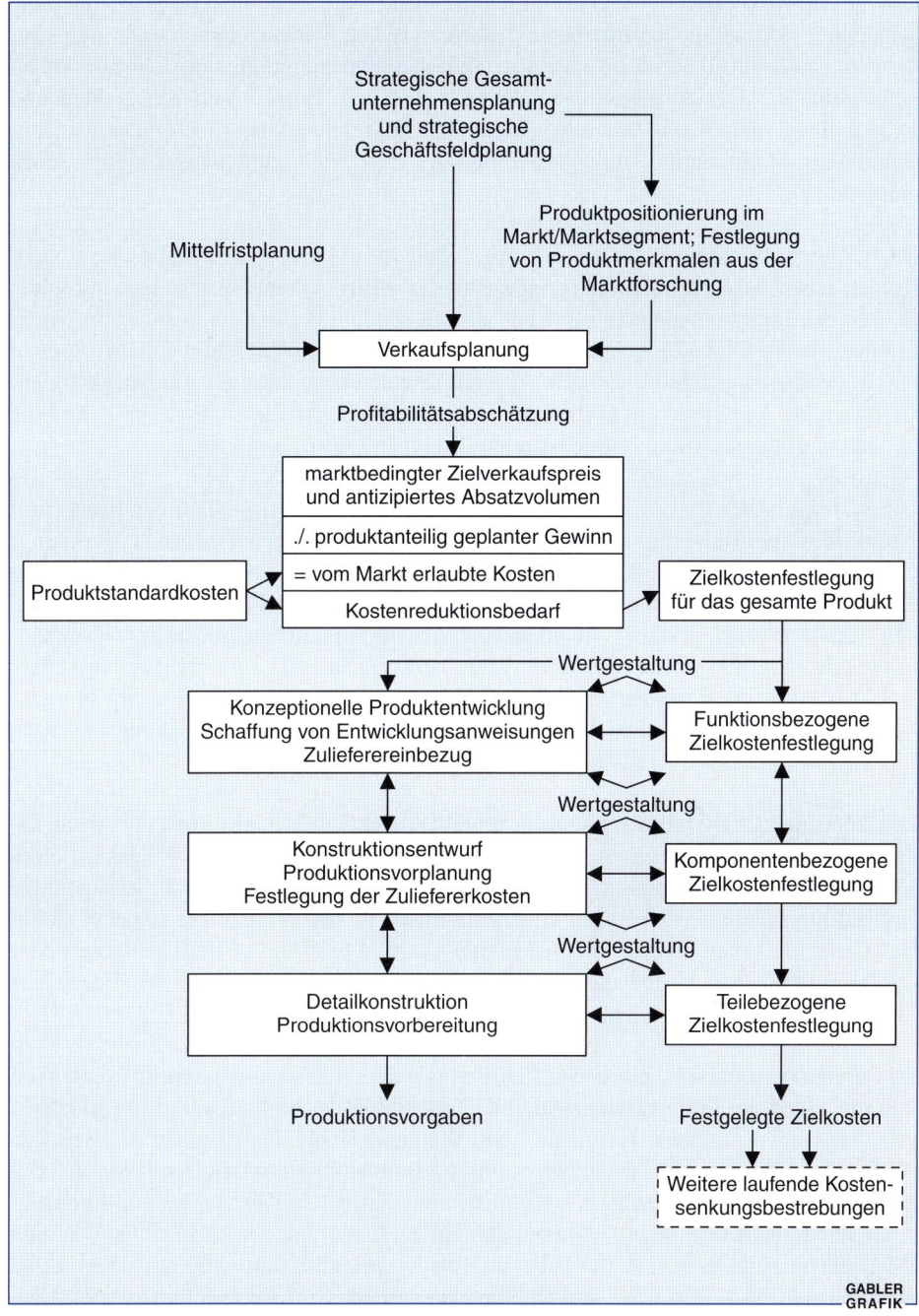

Abbildung 4-57: Ablauf des Target Costing bei der Produktplanung und -entwicklung
(in enger Anlehnung an Götze 1993, S. 386)

Das **gesamtmixbezogene Marketing-Controlling** vermeidet den Nachteil der Zerschneidung von sachlichen Interdependenzen zwischen den einzelnen Marketinginstrumenten. Die Kontrolle muß allerdings anhand relativ hochaggregierter Zielgrößen erfolgen, wobei der Deckungsbeitragsrechnung sowie dem Einsatz von Kennzahlen und Kennzahlensystemen eine besondere Bedeutung zukommt (Albers 1992). Darüber hinaus liefern Marktanteils- und Einstellungsanalysen wichtige Kontrollinformationen (Meffert 1981).

Da die Gesamtmixkontrolle in erster Linie globale Informationen liefert, die eine eindeutige Ursachenanalyse häufig nicht ermöglichen, können bei Planabweichungen nur selten gezielte Korrekturmaßnahmen ergriffen werden. Zudem besteht die Gefahr von Nivellierungen in den Globalinformationen. Schwächen in einzelnen Submixbereichen können durch den überdurchschnittlichen Erfolgsbeitrag anderer Marketinginstrumente kompensiert werden. Die **instrumentebezogene Marketingkontrolle** muß daher neben die Globalkontrolle des Marketing-Mix treten (Preißner 1999).

Die systematische Analyse und Überprüfung der Ergebniswirksamkeit der **Preis- und Konditionenpolitik** stellt eine zentrale Aufgabe des instrumentebezogenen Marketing-Controlling dar (Kiener 1980, S. 236; Neisen 1989). Da preis- und konditionenpolitische Entscheidungen im Konsumgüterbereich häufig durch eine geringe zeitliche Beständigkeit gekennzeichnet sind und zudem sowohl kosten-, konkurrenz- als auch nach- frageorientierte Preisbestimmungsfaktoren zu berücksichtigen sind (Hruschka 1996, S. 125 ff.), ist eine starre Preisvorgabe und Überwachung in der Regel wenig sinnvoll. Einen Ausweg bietet hier die Überwachung der Einhaltung von Soll-Deckungsbeiträgen für die jeweiligen Produkte beziehungsweise Produktgruppen (Deyhle 1980, S. 116 ff.).

Die Kontrolle der **Distributionspolitik** umfaßt sowohl eine Überprüfung der Absatzkanäle als auch des logistischen Systems (Zahn 1991; Stockmann 1995). Dabei liefern Kosten-, Deckungsbeitrags- und Investitionsrechnungen nur begrenzt aussagefähige Kontrollinformationen. Hier sind ergänzend eine Vielzahl qualitativer Aspekte zu berücksichtigen, beispielsweise die Wachstumschancen bestimmter Betriebsformen oder die Bereitschaft von Handelskonzernen, das gesamte Absatzprogramm des Herstellers anzubieten.

Im Bereich der **Logistik** (physische Distribution) muß regelmäßig überprüft werden, ob und inwieweit die Lieferserviceziele unter Einhaltung der budgetierten Logistikkosten erreicht wurden (Küpper/Hoffmann 1988; Wehberg 1994). Dies bezieht die Beschaffungs-, Produktions- und Absatzlogistik in die Betrachtung ein (Hlubek 1988, S. 242). In diesem Bereich kommen als Kontrollinstrument vor allem Kennzahlen und Kennzahlensysteme zur Anwendung. Während anhand hoch aggregierter Kennzahlen wie zum Beispiel Umschlaghäufigkeit des Fertigwarenlagers, durchschnittlicher Auslastungsgrad der vorhandenen Lagerfläche, Reklamationsquoten oder durchschnittliche Lieferzeiten aufgetretene Soll-Ist-Abweichungen identifiziert werden können, erleichtern logistische Kennzahlensysteme vor allem eine differenzierte Ursachenanalyse. Derartige Kennzahlensysteme liegen heute für nahezu alle wesentlichen Logistikaufgaben vor (Bentz 1982, S. 192 ff.; Küpper/Hoffmann 1988; Friedl 1990).

Während Kosten- und Terminkontrollen bei der Durchführung kommunikationspolitischer Aktivitäten als unproblematisch anzusehen sind, stellt die Überprüfung der Wirkungen der **Kommunikationspolitik** eines der Zentralprobleme der instrumentebezogenen Kontrolle dar. Zeitliche und sachliche Interdependenzen verhindern in vielen Fällen die Zurechenbarkeit des Erfolges auf die Kommunikationspolitik beziehungsweise auf einzelne Kommunikationsinstrumente (vgl. drittes Kapitel, Abschnitt 5.9).

Vor allem im Bereich der **klassischen Werbung** wird die Unsicherheit über die Wirksamkeit und Effizienz von Werbekampagnen als besonders stark empfunden. So ist es meist problematisch, die ökonomischen Zielwirkungen der Werbung messen zu wollen, indem den Kosten einer Kommunikationsmaßnahme die Absatz- und Umsatzveränderungen gegenübergestellt werden. Diese Form der Werbeeffizienzmessung ermöglicht zudem keine eindeutige Aussage darüber, ob der Werbeerfolg tatsächlich auf die durchgeführte Werbekampagne oder auf andere Faktoren (zum Beispiel Preisänderungen, Konkurrenzmaßnahmen, konjunkturelle und saisonale Einflüsse) zurückzuführen ist. Es bestehen jedoch erste Ansätze im Sinne eines ganzheitlichen Werbe-Controlling (Böcker 1990; Raithel 1990), die zum Beispiel durch Einbeziehung von Testmarktdaten die Zurechnungsprobleme zu überwinden suchen.

Im Rahmen der Kontrolle der **Produktpolitik** werden gegenwärtig insbesondere Aspekte der Produktqualität erörtert. Dabei wird die auf die Einhaltung technischer Spezifikationen (zum Beispiel Fertigungstoleranzen) ausgerichtete Qualitätssicherung durch den Blickwinkel der Wirtschaftlichkeit und Marktorientierung (Target Costing) erweitert. Hierbei wird das Produkt-Controlling nicht allein auf die Phase der Marktpräsenz begrenzt. Durch zielgerichtetes F&E-Controlling (Gaiser 1989; Servatius 1989; Sommerlatte 1989; Fürstenwerth 1995) wird der Entstehungszyklus (Entwicklungsphase) ebenso einbezogen wie der Nachsorgezyklus. Letzteres geschieht durch eine differenzierte Kontrolle der Garantie-, Wartungs- und Entsorgungskosten (Back-Hock 1988; Kirchgeorg 1995).

6.5 Kontrollgrößen und Instrumente des Marketing-Controlling

Die Auswahl geeigneter Kontrollgrößen stellt eines der Zentralprobleme des Marketing-Controlling dar. Grundsätzlich können sämtliche Marketingziele der Unternehmung als Kontrollgrößen herangezogen werden. Neben den in vielen Marketingorganisationen dominierenden ökonomischen (quantitativen) Kontrollgrößen Umsatz, Absatz, Marktanteil und Deckungsbeiträge spielen unter dem Aspekt der Frühwarnung und Ursachenanalyse insbesondere psychographische (qualitative) Kontrollgrößen eine wichtige Rolle.

6.51 Ökonomische Kontrollgrößen

Eine der am häufigsten verwendeten Kontrollgrößen stellt der **Umsatz** dar. Die im Verhältnis zu anderen Kontrollvariablen relativ einfache Prognostizierbarkeit von Soll-Umsätzen sowie die problemlose Erhebung der Ist-Umsätze aus dem internen Rechnungswesen sind als die wesentlichen Gründe hierfür anzusehen. Darüber hinaus liefern Umsatzzahlen erste Anhaltspunkte über den Marketingerfolg. Allerdings kann die isolierte Betrachtung der Umsatzentwicklung zum Beispiel ohne Berücksichtigung der Konkurrenzumsätze oder der Marketingkosten zu erheblichen Fehlinterpretationen führen.

Der **Marktanteil** liefert Hinweise darauf, wie erfolgreich ein Unternehmen im Vergleich zur Konkurrenz arbeitet und gibt damit erste Hinweise für die Gestaltung des Marketing-Mix. Der Informationsgehalt von Marktanteilszahlen läßt sich weiter erhöhen, wenn eine **Disaggregation** nach verschiedenen Dimensionen vorgenommen wird. Zur Analyse von Abweichungsursachen wäre zum Beispiel die Ermittlung von Marktanteilen je Kundengruppe, Absatzkanal oder Absatzgebiet (Region) ein geeigneter Ansatzpunkt, um eine Nichterreichung des Marktanteilszieles zu erklären.

Umsatz- und marktanteilsbezogene Marketingkontrollen sagen jedoch noch nichts über die Gewinnwirkungen der Marketingaktivitäten aus, da die Marketingkosten bei dieser Vorgehensweise vernachlässigt werden. Die **Marketingkosten** stellen daher eine wichtige Kontrollgröße dar. Im Mittelpunkt jeder gewinnorientierten Unternehmung steht letztlich die Überwachung des mit Hilfe der Marketingmaßnahmen erzielten **Deckungsbeitrages beziehungsweise Bruttoerfolges**. Hierbei können mit Hilfe der **Absatzsegmentrechnung** Gewinn- und Verlustquellen in sehr differenzierter Form aufgedeckt werden (Köhler 1993, S. 383 ff.).

6.52 Psychographische Kontrollgrößen

Die alleinige Kontrolle der Marketingaktivitäten anhand ökonomischer, quantitativer Kriterien ist nicht ausreichend, da diese nicht in der Lage sind, qualitative Marktentwicklungen zu erfassen. Daher ist im Marketing-Controlling auch den qualitativen, psychographischen Kontrollgrößen besondere Beachtung zu schenken.

Die **Einstellungen und das Image** der Konsumenten, des Handels sowie anderer Marktteilnehmer stellen wichtige Frühwarnindikatoren dar, denn Einstellungs- und Imageänderungen gehen vielfach Änderungen im Kaufverhalten voraus. Des weiteren sind vor allem **Indikatoren der Konsumentenzufriedenheit** wichtige psychographische Kontrollgrößen. Die regelmäßige und systematische Erfassung der Konsumentenzufriedenheit sowohl mit dem Produkt als auch den Absatzmittlern, liefert eine Fülle detaillierter Informationen über Defizite in der Marketing-Mix-Gestaltung (Burmann 1991; Korte

1995). Beispielhaft sind die Anzahl der pro Periode eingehenden Beschwerden, die wahrgenommene Produktqualität, die Markentreue und die Wiederkaufraten zu nennen (Stauss/Seidel 1998; Simon/Homburg 1998).

Die aufgeführten ökonomischen und psychographischen Kontrollgrößen bilden die Grundlage für umfassende Kennzahlensysteme.

6.53 Kennzahlen und Kennzahlensysteme

Kennzahlen sind entweder Verhältniszahlen oder absolute Zahlen, die in konzentrierter Form einen Überblick über die Leistung des gesamten Unternehmens oder einzelner Teilbereiche geben (Staehle 1969, S. 59; Reichmann 1997). Darüber hinaus dienen Kennzahlen als Grundlage für umfassendere Informations- und Managementsysteme, wie etwa die Balanced Scorecard (vgl. Weber/Schäffer 1999) sowie für die Effizienzkontrolle. Durch die Verwendung von Kennzahlen sollen die oft unüberschaubaren Datenmengen, die im Rahmen des Rechnungswesens sowie bei der Erhebung von Marktforschungsinformationen anfallen, zu wenigen zentralen Größen verdichtet werden. Dabei hat die Auswahl der zu überwachenden Kennzahlen in der Weise zu erfolgen, daß diese den Charakter von Indikatoren für die Entwicklung der kritischen Erfolgsgrößen des Marketingbereichs besitzen.

Als Beispiele für derartige Kennzahlen als Verhältnisgrößen lassen sich anführen:

- Deckungsbeitrag/Umsatz eines Produktes,
- Gesamtumsatz/Kapitaleinsatz (Fremd- und Eigenkapital),
- Deckungsbeitrag/Kapitaleinsatz,
- Marktanteil/Marketingbudget,
- Neukunden/Gesamtkunden.

Der Wirkungszusammenhang zwischen Kennzahlen wird in Kennzahlensystemen abgebildet (Lachnit 1976; Wolf 1977, S. 36 ff.; Reichmann 1997, S. 22 ff.). Ein **Kennzahlensystem** ist eine strukturierte Gesamtheit interdependenter Kennzahlen, die sich gegenseitig ergänzen und in ihrem Zusammenhang dem Zweck dienen, einen bestimmten Sachverhalt für Planungs- und Kontrollzwecke vollständig und übersichtlich abzubilden.

Ein weit verbreitetes gesamtunternehmensbezogenes **Kennzahlensystem** ist das ROI-Kennzahlensystem von Du Pont (vgl. Abbildung 4-58). Neben der Umsatzrentabilität als Maßstab für die Gewinnträchtigkeit des Umsatzes und der Umschlaghäufigkeit des Kapitals, die angibt, wie oft der eingesetzte Kapitalbetrag im Umsatz enthalten ist, verwendet das System nur absolute Kennzahlen. Wesentlich differenziertere, anschaulich aufbereitete Kennzahlensysteme finden sich unter anderem bei Reichmann (1997, S. 22 ff.) und Hahn (1996, S. 156 ff.).

Marketing-Controlling

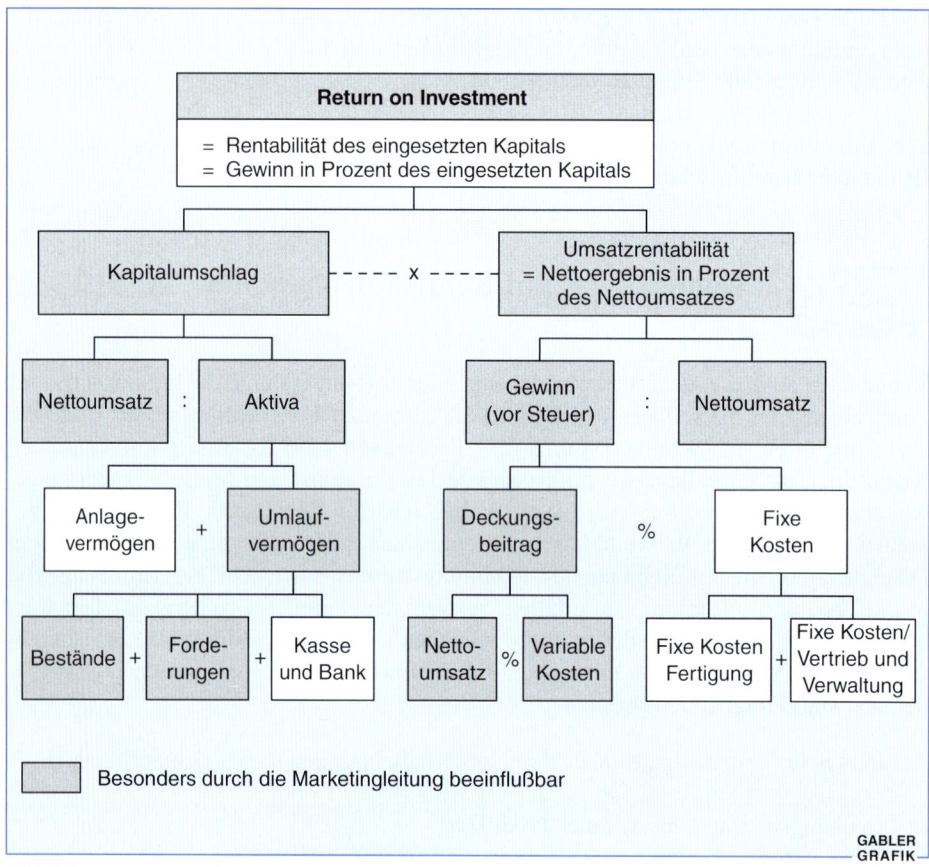

Abbildung 4-58: ROI-Kennzahlensystem („Du Pont System of Financial Ratios")
(Quelle: Meffert 1994, S. 416)

Jedoch darf nicht übersehen werden, daß das Marketing die Entwicklung solcher globalen Kennzahlen zwar mehr oder weniger stark beeinflußt, jedoch nicht in vollem Umfang für die realisierten Istwerte verantwortlich gemacht werden kann. Um ein verursachungsgerechtes und verantwortungskonformes Marketing-Controlling sicherzustellen, sind diese globalen Systeme durch **bereichsspezifische Kennzahlensysteme** zu ergänzen (Kiener 1980, S. 167 ff.; Liebl 1989, S. 40; Palloks 1991, S. 253). Ein wesentliches Instrument zur Durchführung bereichsspezifischer Analysen und Kontrollen stellt die Absatzsegmentrechnung dar.

6.54 Absatzsegmentrechnung

Die Absatzsegmentrechnung – teilweise auch als Vertriebserfolgs- oder -ergebnisrechnung bezeichnet – kann neben ihren Funktionen als Planungs- und Entscheidungshilfe auch als ein wesentliches Instrument zur Kontrolle des Marketingerfolgs eingesetzt werden (Köhler 1993, S. 383 ff. und die dort umfassend zitierte Literatur). Sie läßt im einzelnen erkennen, wo Abweichungen vom Marketingplan entstanden sind und wo sich demnach zukünftige Erfolgssteigerungschancen oder Risiken anbahnen. Zudem gibt sie wertvolle Hinweise im Rahmen der Ursachenanalyse und Festlegung von Anpassungsmaßnahmen.

„Als Absatzsegmente werden gedanklich unterscheidbare Teilbereiche der betrieblichen Marktbeziehungen und Absatztätigkeit bezeichnet, denen sich Kosten und Erlöse gesondert zurechnen lassen." (Köhler 1993, S. 383). Üblicherweise werden die folgenden Absatzsegmente einer Erfolgskontrolle unterzogen, wobei tiefergehende Untergliederungen jederzeit möglich sind:

- Abnehmer,
- Einzelaufträge,
- Produkte,
- Absatzgebiete sowie
- Absatzkanäle.

Diese Absatzsegmente können auch als unterschiedliche Bezugsgrößen der Absatzsegmentrechnung verstanden werden. Im Handel werden in jüngster Zeit vor allem einzelne Artikel als Bezugsgrößen verwendet. Eine um einzelne Elemente der Prozeßkostenrechnung erweiterte Absatzsegmentrechnung für die Bezugsgröße des Artikels stellt das Konzept der **Direkten Produkt-Rentabilität** beziehungsweise -Profitabilität (DPR/DPP) dar (Küpper 1997, S. 383 ff.; Preißner 1996, S. 268 ff.).

Um Soll-Ist-Abweichungen auf ihre Ursachen hin überprüfen zu können, muß ein Kostenrechnungssystem vorhanden sein, welches das **Verursachungsprinzip** in den Vordergrund stellt. Die Vollkostenrechnung erfüllt diese Anforderung nicht, da die Schlüsselung von Gemeinkosten nicht willkürfrei erfolgen kann. Demzufolge wird ein Absatzsegment aufgrund der gewählten Zuschlagsbasis mit zu viel, ein anderes hingegen mit zu wenig Vertriebsgemeinkosten belastet.

Unter der Zielsetzung einer verursachungsgerechten Kosten- und Erlöszurechnung sollte vielmehr vom Konzept der **relativen Einzelkostenrechnung** (Riebel 1994) ausgegangen werden. Die Kosten und Erlöse werden dabei in einer **Bezugsgrößenhierarchie** (vgl. Abbildung 4-59) nur jenen Absatzsegmenten zugerechnet, denen sie sich direkt aufgrund eindeutiger Sachzusammenhänge zuordnen lassen. Bestimmte Kosten und Erlöse lassen sich ohne Schlüsselung erst auf einer höheren Bezugsebene wie Produktgruppe (zum

Marketing-Controlling

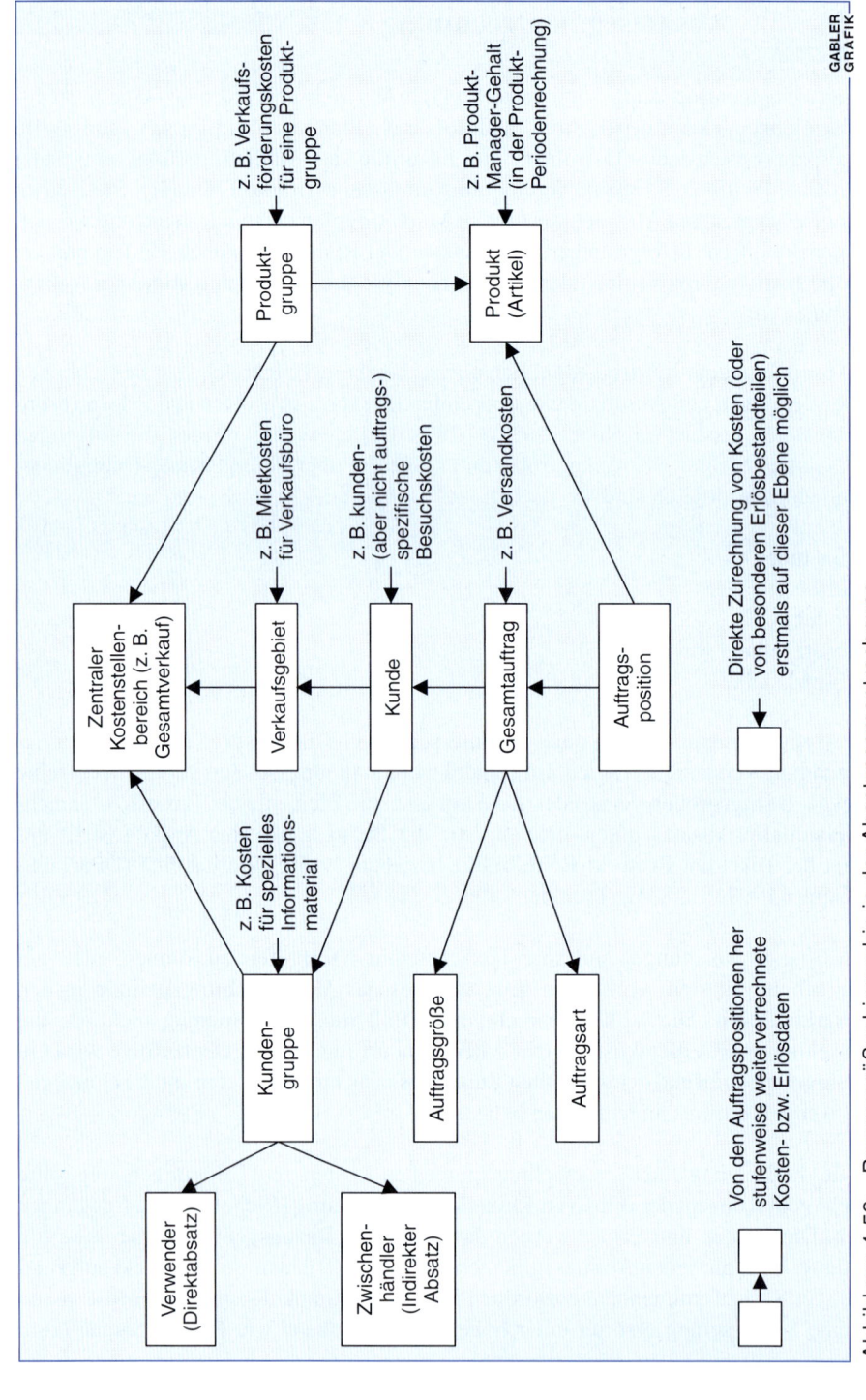

Abbildung 4-59: Bezugsgrößenhierarchie in der Absatzsegmentrechnung
(Quelle: Köhler 1993, S. 385)

Beispiel Gehalt eines Produktgruppenmanagers) oder Kundengruppe (zum Beispiel Kosten für spezielles werbliches Informationsmaterial) zurechnen. Damit wird die **Relativität der Einzelkosten** deutlich. Kosten, die einem Verkaufsgebiet direkt zugeordnet werden können (zum Beispiel Mietkosten für ein Verkaufsbüro), stellen in bezug auf das Verkaufsgebiet zwar Einzelkosten, in bezug auf das Absatzsegment Produkt oder Kunde jedoch Gemeinkosten dar.

Auf jeder Zurechnungsstufe stellt der **Deckungsbeitrag** eine zentrale Kontrollinformation zur Beurteilung der Erfolgsstruktur dar. Als Deckungsbeitrag wird die Differenz zwischen den eindeutig zurechenbaren Erlösen des betrachteten Segmentes und den diesem eindeutig und zwingend zurechenbaren Kosten bezeichnet (Riebel 1994). Dieser Betrag steht zur Verfügung, um die dem betreffenden Absatzsegment noch nicht eindeutig zurechenbaren (da erst auf einer übergeordneten Bezugsebene direkt entstandenen) Kosten abzudecken und zur Gewinnerzielung beizutragen.

In Abbildung 4-60 ist beispielhaft die Absatzsegmentrechnung einer deutschen Flußkreuzfahrt-Reederei bezogen auf unterschiedliche Absatzkanäle wiedergegeben. Die Reederei plant die Routen, Abfahrtszeiten und Anlegehäfen jeweils zwölf Monate vor Beginn der Saison nach einem festen Fahrplan und versucht dann, die Flußkreuzfahrten über sechs Absatzkanäle zu verkaufen. Unabhängig von der sich tatsächlich einstellenden Buchungssituation werden alle Kreuzfahrten nach dem festgelegten Fahrplan durchgeführt.

Im **Direktvertrieb** erfolgt dabei der Absatz von Reisen über eine unternehmenseigene Telefonzentrale. Dort rufen potentielle Kunden (Endverbraucher) an, um sich entweder einen Kreuzfahrtkatalog zusenden zu lassen oder direkt ihre Buchung vorzunehmen. Ferner beschäftigt das Unternehmen zwölf selbständige **Handelsvertreter**, die in ihren Vertriebsregionen Firmenkunden und Reisegruppen für Flußkreuzfahrten akquirieren. Darüber hinaus werden die Reisen mittels eines eigenen Katalogs über circa 5.000 **Reisebüros** vertrieben. Als vierter Absatzkanal werden **Reiseveranstalter** (Seetours, DERTOUR etc.) eingeschaltet. Diese nehmen einzelne Schiffe der Reederei zusätzlich in ihre eigenen Kataloge auf und distribuieren diese dann ebenfalls über Reisebüros. Sofern die Schiffe zu bestimmten Zeiten nicht durch die Reederei selbst eingesetzt werden, können Privatpersonen oder Firmen ganze Schiffe für eigene Reisen und Routen chartern (**Sonder-Charter**). Als sechster Absatzkanal wird auf selbständige **Agenten** (Verkaufsbüros) in den wichtigsten europäischen Ländern und den USA zurückgegriffen.

Während für die Verkäufe der Handelsvertreter, Reisebüros, Reiseveranstalter und Auslandsagenten umsatzabhängige Provisionen in unterschiedlicher Höhe gezahlt werden müssen, fallen diese beim Direktvertrieb nicht an. Die Auftragsbearbeitungskosten können den Absatzkanälen differenziert zugerechnet werden, weil für jeden Kanal eine eigene Abteilung zur Auftragsbearbeitung existiert. Auch die Kosten für Verkaufsförderungsmaßnahmen und Werbekostenzuschüsse können exakt den Vertriebskanälen zugeordnet werden. Die Druck- und Versandkosten für den eigenen Kreuzfahrtkatalog werden auf der Basis der erfaßten Versandadressen den Kanälen zugerechnet.

Marketing-Controlling

(Alle Angaben in Tausend DM)	Direktvertrieb an Endverbraucher	Regionale Handelsvertreter	Reisebüros	Reiseveranstalter (Direktgeschäft)	Sonder-Charter	Auslandsagenten
(Netto-Umsatz ohne MWSt.)	20.000	30.000	50.000	45.000	10.000	25.000
./. Erlösschmälerung	100	900	1.600	2.500	300	–
./. Provisionen	–	3.000	6.000	13.500	500	3.750
Brutto-Segmentbeitrag	19.900	26.100	42.400	29.000	9.200	21.250
./. Auftragsannahme/ -bearbeitung	1.000	800	3.000	500	100	1.000
./. Kosten der Verkaufsförderung und Werbekostenzuschüsse	–	300	4.000	5.500	–	2.500
./. Versand und Druck von Katalogen	2.000	1.500	7.000	–	–	–
./. Marktforschungskosten	400	–	200	–	–	200
DB I (Netto-Segmentbeitrag)	16.500	23.500	28.200	23.000	9.100	17.550
in % vom Netto-Umsatz	82,5	78,3	56,4	51,1	91,0	70,2
./. Klassische Werbung in Deutschland		13.000				–
./. Sonstige Personalkosten in der Vertriebs-/Marketingabteilung im In-/Ausland		12.500				1.500
DB II		74.800				16.050
./. Betriebskosten des Schiffsverkehrs		81.200				
DB III		9.650				

Abbildung 4-60: Absatzsegmentrechnung für Absatzkanäle einer Flußkreuzfahrt-Reederei

Auch die drei im vergangenen Jahr an externe Institute vergebenen Marktforschungsstudien sind genau zuzuordnen. Die Kosten des Schiffsbetriebs (zum Beispiel für Schiffspersonal, Wareneinsatz, Abschreibungen, Instandhaltung, Anlegegebühren, Verzinsung des in den Schiffen gebundenen Kapitals, Versicherungen) werden bei dieser Absatzsegmentrechnung erst auf der letzten Stufe berücksichtigt, weil sie den Absatzkanälen nicht direkt zugerechnet werden können. Die Betriebskosten werden durch den vom Kunden gewählten Absatzkanal nicht beeinflußt. Der Deckungsbeitrag III dient zur Abdeckung aller Gemeinkosten der Unternehmenszentrale.

Abbildung 4-60 verdeutlicht, daß auf Basis des Deckungsbeitrags I der Absatz über Reiseveranstalter der teuerste Vertriebskanal ist. Demgegenüber stellt die Sonder-Charter den preiswertesten Absatzkanal dar. Zur Beurteilung dieses Ergebnisses müssen jedoch weitere Informationen über die Kanäle, zum Beispiel hinsichtlich des Wachstumspotentials oder der Wettbewerbsaktivitäten, eingeholt werden. So ist beispielsweise zu beachten, daß der Vertriebsweg Sonder-Charter lediglich eine „Restposten-Vermarktung" während der klimatisch ungünstigen Jahreszeiten darstellt, dessen Wachstumspotential sehr begrenzt ist. Andererseits können neue Informations- und Kommunikationstechnologien (zum Beispiel Internet) in Verbindung mit einem zukünftig veränderten Buchungsverhalten der Konsumenten zu einem Wachstumsschub für den Direktvertrieb führen.

Ausgangspunkt einer segmentspezifischen Deckungsbeitragsrechnung sind die Bruttoumsätze. Von ihnen werden stufenweise die dem Segment direkt zurechenbaren Kosten abgezogen. Der Erfolg eines Absatzsegmentes, im folgenden zum Beispiel ein Verkaufsgebiet, läßt sich grundsätzlich wie folgt ermitteln:

    Brutto-Umsatz
./. Mehrwertsteuer

= **Netto-Umsatz**
./. Erlösschmälerungen (Rabatte, Skonti)
./. Herstellkosten (sofern direkt zurechenbar)

= **Brutto-Segmentbeitrag**
./. umsatzvariable Marketingkosten
    zum Beispiel: Vertreterprovisionen,
                     Versandkosten,
                     Auftragsbearbeitungskosten

= **umsatzvariabler Segmentbeitrag**
./. nicht umsatzvariable, direkt zurechenbare
    Marketingkosten
    zum Beispiel: Werbekosten,
                     Vertriebskosten (Gehälter),
                     Kundendienstkosten,
                     Marktforschungskosten

= **kontrollierter Segmentbeitrag**
./. langfristige Kosten
    zum Beispiel: tatsächliche Abschreibungen auf Fuhrpark
                     oder Verkaufsbüros

= **Netto-Segmentbeitrag**

Die für Kontrollzwecke **aussagefähigste Größe** stellt der **kontrollierte Segmentbeitrag** dar, da die in diesen Deckungsbeitrag eingehenden Kosten und Erlöse kurz- bis mittelfristig beeinflußt werden können, während die langfristigen Kosten durch die segmentspezifischen Umsätze zwar gedeckt werden müssen, ohne jedoch selbst kurzfristig disponibel zu sein.

Der Einsatz der Absatzsegmentrechnung auf Basis von Deckungsbeiträgen vermag vielfältige und interessante Anhaltspunkte zur Erfolgssteigerung im Marketingbereich zu liefern. **Die Deckungsbeitragsrechnung kann jedoch nicht die alleinige Grundlage für Anpassungsmaßnahmen bilden.** Als vergangenheitsorientierte Analyse kann sie zum Beispiel keinen Aufschluß über die Entwicklungsfähigkeit eines Absatzsegmentes für die Zukunft geben. Ein niedriger oder negativer Deckungsbeitrag weist insoweit lediglich auf die Notwendigkeit hin, die zukünftigen Entwicklungschancen des betreffenden Absatzsegmentes genau zu untersuchen und die segmentspezifischen Marketingaktivitäten auf Verbesserungsmöglichkeiten zu überprüfen, bevor eine Entscheidung über die Beendigung der Segmentbearbeitung erfolgen kann.

6.6 Implementierung und Organisation des Marketing-Controlling

6.61 Träger des Marketing-Controlling

Die **Institutionalisierung** des Marketing-Controlling im Unternehmen kann analog zur Bestimmung des Aufgabenumfangs nur situationsspezifisch vorgenommen werden. Grundsätzlich ist festzustellen, daß die Erfüllung der Controllingaufgaben nicht notwendigerweise die Person und Position eines Controllers voraussetzt.

Sieht man von der Übernahme systemgestaltender Funktionen (zum Beispiel Aufbau von Marketinginformationssystemen) durch bestimmte Aufgabenträger ab, stellen insbesondere Planung und Kontrolle (einschließlich des Soll-Ist-Vergleichs sowie der Abweichungsanalyse) wichtige Aufgaben von Marketing-Managern dar und sind im Sinne einer Steuerung nach dem Prinzip „Management by Objectives" (MBO) vom Marketing-Management eigenverantwortlich zu übernehmen (Frese 1968, S. 111 ff.; Krüger 1979).

Da jedoch die Erfahrungen in der Unternehmenspraxis zeigen, daß die Controllingfunktionen vom Marketing-Management wegen Überlastung durch das Tagesgeschäft vielfach nicht adäquat ausgeübt werden, wird in vielen Unternehmen das Marketing-Management von bestimmten Planungs- und Kontrollfunktionen, insbesondere aber von Koordinations- und Informationsversorgungsfunktionen entlastet. In diesem Zusammenhang wird unter anderem vorgeschlagen,

- externe Berater mit Controllingaufgaben zu versehen,
- das Zentral-Controlling beziehungsweise Sparten-Controlling (in divisionalen Unternehmen) für diese Aufgaben einzusetzen sowie
- die Position eines speziellen dezentralen Marketing-Controllers (beziehungsweise einer Marketing-Controlling-Abteilung) zu schaffen.

Die Übertragung von Controllingaufgaben an **externe Berater** stellt insbesondere für kleine und mittlere Unternehmen eine geeignete Gestaltungsmöglichkeit – zumindest in der Aufbauphase des Marketing-Controlling – dar (Reis 1973; Ehlke 1978). Neben der größeren Kostenflexibilität stehen die Vorteile einer größeren Objektivität und Unabhängigkeit sowie des breiten Erfahrungswissens im Vordergrund. Diese Vorteile müssen jedoch gegenüber dem Nachteil mangelnder Detailkenntnisse des Beraters über das Unternehmen sorgfältig abgewogen werden.

Bei Übertragung von Marketing-Controllingaufgaben auf Mitarbeiter der **zentralen Controlling-Abteilung** wird zwar die Koordination im Hinblick auf die Zielsetzungen der Gesamtunternehmung erleichtert, jedoch besteht die Gefahr einer zu großen Distanz zwischen Marketing-Manager und Controller. Eine effiziente Aufgabenerfüllung setzt detaillierte Kenntnisse über die spezifischen Marketingprobleme und -instrumentarien voraus, die leichter durch eine „organisatorische Nähe" des Controllers zum Marketing sichergestellt werden kann.

Aus diesem Grunde gehen Unternehmen zunehmend dazu über, **spezielle Marketing-Controllerpositionen innerhalb des Marketingbereichs** einzurichten. Vor allem in großen Unternehmen mit sehr komplex strukturiertem Marketing und hohem Budgetanteil (gemessen am Gesamtbudget der Unternehmung) scheint dies eine geeignete Zuordnung von Controllingaufgaben zu sein.

6.62 Organisatorische Einbindung des Marketing-Controlling

Sofern eine Übernahme von Controllingaufgaben durch einen zentralen oder dezentralen Marketing-Controller als notwendig erachtet wird, ist eine **intensive Zusammenarbeit zwischen Marketing-Managern und Controllern erforderlich**. Die Qualität dieser Zusammenarbeit ist insbesondere von der organisatorischen Eingliederung des Controllers, das heißt von den ihm zugewiesenen Kompetenzen und seiner formalen Stellung im Rahmen der Unternehmens- und Marketingorganisation, abhängig.

Die Aufteilung von Controllingaufgaben zwischen Controller und Marketing-Manager ist umstritten. Ohne hierauf im einzelnen einzugehen (Kiener 1980, S. 298 ff.; Liebl 1989, S. 48 ff.; Preißner 1999), sollte der Controller als kritisch-konstruktiver Gesprächspartner des Marketing-Management fungieren, der dazu beiträgt, dem Unternehmen bei seinen Marketingaktivitäten mehr Sicherheit, Flexibilität und Effektivität zu bringen (Ehlke 1978). Damit sind dem Controller eher die entscheidungsvor- und -nachbereitenden Aufgaben zu übertragen, wobei die Entscheidungskompetenz des Marketing-Management möglichst wenig eingeschränkt werden sollte.

Die Aufgaben des Marketing-Controllers als „Service-Center" für das Marketing-Management lassen sich nur bedingt durch die Schaffung einer reinen **Stabsstelle** bewältigen, da diese Vorgehensweise mit der Gefahr der Wirkungslosigkeit und Isoliertheit des Controllers behaftet ist (Preißner 1999). Einen höheren Grad an Aufgabenerfüllung gewährleistet insbesondere in Großunternehmen eine zweiseitige Verbindung des Marketing-Controllers sowohl mit der Linienfunktion Marketing als auch mit der zentralen Controlling-(beziehungsweise Spartencontrolling-)Abteilung. Auf diese Weise wird sowohl den Informations- und Koordinationsbedürfnissen als auch den Besonderheiten des Marketing Rechnung getragen.

Des weiteren stellen **Teamstrukturen** aus Marketing-Managern der verschiedenen Aufgabenbereiche (Werbung, Produktplanung, Marktforschung usw.) und Controllern (Zentral-Controller, Sparten-Controller, Marketing-Controller) eine geeignete Organisationsform dar, um den Marketingbereich in Richtung höherer Effektivität und Effizienz zu lenken (Maune 1980, S. 103 f.).

Zusammenfassend kann festgestellt werden, daß das Marketing-Controlling sich in vielen Bereichen noch weitgehend in einer konzeptionellen Anfangsphase befindet. Aus diesem Grunde ist der Weiterentwicklung strategischer Kontrollsysteme besondere Aufmerksamkeit zu schenken (Schützdeller 1991). Zukünftig ist mit einer erheblichen **Aufgabenausweitung des Marketing-Controlling** zu rechnen: Ansätze, die ein Marketing-Controlling-Konzept zur Überprüfung und Gestaltung der **Kundenzufriedenheit und -orientierung** im Unternehmen entwickeln, zeigen hier interessante Perspektiven auf. Darüber hinaus dürfte der Abbau von Hierarchiestufen und die größere Autonomie auf der Ausführungsebene im Zuge der Restrukturierung von Unternehmen („Lean Management") zu einem wachsenden Bedarf an ergebnisorientierten Führungsinformationen führen. Nicht zuletzt die mit der Entwicklung zu „virtuellen Unternehmen" (Davidow/Malone 1997; Picot et al. 2000; Schräder 1996) weiter forcierte **Dezentralisierung von Marketingaktivitäten** wird einen ansteigenden Koordinationsbedarf im Marketing nach sich ziehen. In diesem Zusammenhang kommt insbesondere Konzepten des **„Self-Controlling"** für die Mitarbeiter auf der Ausführungsebene zukünftig eine sehr hohe Bedeutung zu (Reichmann 1997).

Literaturhinweise

Ahlert, D., Olbrich, A. (1992), Controlling und Informationsmanagement im Prozeß des strategischen Managements. Ein Diskussionsbeitrag zur Abgrenzung der Zuständigkeiten, Arbeitspapier Nr. 16 des Lehrstuhls für Betriebswirtschaftslehre insbesondere Distribution und Handel, Münster.

Albers, S. (1992), Ursachenanalyse von marketingbedingten IST-SOLL-Deckungsbeitragsabweichungen, in: Zeitschrift für Betriebswirtschaft, 62. Jg., Nr. 2, S. 199–223.

Auerbach, H. (1994), Internationales Marketing-Controlling. Eine systemorientierte Betrachtung unter besonderer Berücksichtigung strategischer Entscheidungsprobleme, Stuttgart.

Back-Hock, H. (1988), Lebenszyklusorientiertes Produktcontrolling, Berlin.

Barzen, D. (1990), Marketing-Budgetierung, Frankfurt am Main u. a.

Bentz, S. (1983), Kennzahlensysteme zur Erfolgskontrolle des Verkaufs und der Marketinglogistik, Frankfurt u. a.

Berens, W., Hoffjan, A., Saam, M. (1995), Marketing-Controlling als Koordinationsinstrument in Unternehmen des öffentlichen Personennahverkehrs, in: Kostenrechnungspraxis, 39. Jg., Nr. 2, S. 93–98.

Böcker, F. (1988), Marketing-Kontrolle, Stuttgart u. a.

Böcker, F. (1990), Ganzheitliches Werbecontrolling, in: Planung und Analyse, 17. Jg., Nr. 1, S. 21–26.

Buchner, M. (1981), Controlling – ein Schlagwort? Eine kritische Analyse der betriebswirtschaftlichen Diskussion um die Controlling-Konzeption, Frankfurt am Main.

Burmann, C. (1991), Konsumentenzufriedenheit als Determinante der Marken- und Händlerloyalität, in: Marketing, Zeitschrift für Forschung und Praxis, 13. Jg., Nr. 4, S. 249–258.

Claasen, U., Hilbert, H. (1995), Controlling, Vom Rechnungswesen zum Potentialmanagement, in: Steinle, C., Eggers, B., Lawa, D. (Hrsg.), Zukunftsgerichtetes Controlling. Unterstützungs- und Steuerungssystem für das Management, Wiesbaden, S. 341–357.

Coenenberg, A. G., Baum, H. G. (1987), Strategisches Controlling. Grundfragen der strategischen Planung und Kontrolle, Stuttgart.

Coenenberg, A. G., Günther, T. (1990), Der Stand des strategischen Controlling in deutschen Unternehmen, USW-Working Paper, Nr. 1/90.

Coenenberg, A. G., Günther, T. (1991), Erfolg durch strategisches Controlling, USW-Working Paper, Nr. 1/91.

Davidow, W. H., Malone, M. S. (1993), Das virtuelle Unternehmen. Der Kunde als Co-Produzent, Frankfurt am Main u. a.

Deyhle, A. (1980), Controller Handbuch, Band II, 2. Aufl., Gauting bei München.

Ehlke, M. (1978), Das Marketing-Controlling: Organisatorische Zuordnung, Aufgaben, Entwicklungstendenzen, in: Koinecke, J. (Hrsg.), Handbuch Marketing, Gernsbach, S. 335–344.

Ehrmann, H. (1999), Marketing-Controlling, 3. Aufl., Ludwigshafen.

Fischer, H., Kriese, R. (1990), Controlling und Chancenmanagement: Jenseits der Illusion von Kontrolle und Absicherung, in: Siegwart, H., Mahari, J., Caytas, I., Sander, S. (Hrsg.), Management Controlling, Stuttgart, S. 81–93.

Franz, S. (1989), Controlling und effiziente Unternehmensführung, Wiesbaden.

Frese, E. (1968), Kontrolle und Unternehmensführung, Wiesbaden.

Friedl, B. (1990), Grundlagen des Beschaffungs-Controlling, Berlin.

Fürstenwerth, H. (1995), Vom F & E Controlling zum Innovationscontrolling, in: Steinle, C., Eggers, B., Lawa, D. (Hrsg.), Zukunftsgerichtetes Controlling. Unterstützungs- und Steuerungssystem für das Management, Wiesbaden, S. 137–157.

Gaiser, B., Horvath, P., Mattern, K., Servatius, H. G. (1989), Wirkungsvolles F & E-Controlling stärkt die Innovationskraft, in: Harvard Manager, 11. Jg., Nr. 3, S. 32–40.

Literaturhinweise

Götze, U. (1993), ZP-Stichwort: Target Costing, in: Zeitschrift für Planung, 4. Jg., Nr. 4, S. 381–389.

Hahn, D. (1986), Stand und Entwicklungstendenzen des Controlling in der Industrie, in: Gaugler, E., Meissner, H. G., Thom, N. (Hrsg.), Zukunftsaspekte der anwendungsorientierten Betriebswirtschaftslehre, Festschrift zum 65. Geburtstag von Erwin Grochla, Stuttgart, S. 267–287.

Hahn, D. (1996), PuK. Planung und Kontrolle. Planungs- und Kontrollsysteme. Planungs- und Kontrollrechnung. Controllingkonzepte, 5. Aufl., Wiesbaden.

Hasselberg, F. (1989), Strategische Kontrolle im Rahmen der strategischen Unternehmensführung, Frankfurt am Main u. a.

Henneböle, J. (1995), Executive Information Systems für Unternehmensführung und Controlling. Strategie – Konzeption – Realisierung, Wiesbaden.

Hlubek, I. (1988), Beschaffungslogistik – eine neue Aufgabe für das Controlling, in: Reichmann, T. (Hrsg.), Controlling-Praxis. Erfolgsorientierte Unternehmenssteuerung, München.

Horvath, P. (Hrsg.) (1990), Strategieunterstützung durch das Controlling; Revolution im Rechnungswesen, Stuttgart.

Horvath, P. (Hrsg.) (1993), Target Costing. Marktorientierte Zielkosten in der deutschen Praxis, Stuttgart.

Horvath, P. (1998), Controlling, 7. Aufl., München.

Horvath, P., Niemand, S., Wolbold, M. (1993), Target Cosing – State of the Art, in: Horvath, P. (Hrsg.), Target Costing. Marktorientierte Zielkosten in der deutschen Praxis, Stuttgart, S. 1–28.

Hruschka, H. (1996), Marketing-Entscheidungen, München.

Jaworski, B. J. (1988), Toward a Theory of Marketing Control: Environmental Context, Control Types and Consequences, in: Journal of Marketing, Vol. 52, No. 3, S. 23–39.

Kiener, J. (1978), Marketing-Audit, in: Absatzwirtschaft, 21. Jg., Nr. 4, S. 68–73.

Kiener, J. (1980), Marketing-Controlling, Darmstadt.

Kirchgeorg, M. (1995), Kreislaufwirtschaft – neue Herausforderung an das Marketing, Meffert, H., Wagner, H., Backhaus, K. (Hrsg.), Arbeitspapier Nr. 92 der Wissenschaftlichen Gesellschaft für Marketing und Unternehmensführung e. V.,Münster.

Koch, H. (1982), Integrierte Unternehmensplanung, Wiesbaden.

Köhler, R. (1976), Die Kontrolle strategischer Pläne als betriebswirtschaftliches Problem, in: Zeitschrift für Betriebswirtschaft, 46. Jg., Nr. 4/5, S. 301–318.

Köhler, R. (1993), Beiträge zum Marketing-Management, 3. Aufl., Stuttgart.

Korte, C. (1995), Customer Satisfaction Measurement. Kundenzufriedenheitsmessung als Informationsgrundlage des Hersteller- und Handelsmarketing am Beispiel der Automobilwirtschaft, Frankfurt am Main.

Kotler, P. (1979), Von fanatischem Umsatzstreben zu wirkungsvollem Marketing, in: Harvard Manager, 1. Jg., No. 1, S. 7–16.

Krüger, W. (1979), Controlling: Gegenstandsbereich, Wirkungsweise und Funktionen im Rahmen der Unternehmenspolitik, in: Betriebswirtschaftliche Forschung und Praxis, 31. Jg., Nr. 2, S. 158–169.

Krulis-Randa, J. S. (1990), Theorie und Praxis des Marketing-Controlling, in: Siegwart, H., Mahari, J., Caytas, I., Sander, S. (Hrsg.), Management Controlling, Stuttgart, S. 257–272.

Küpper, H. U. (1997), Controlling: Konzeption, Aufgaben und Instrumente, 2. Aufl., Stuttgart.

Küpper, H. U., Hoffmann, H. (1988), Ansätze und Entwicklungstendenzen des Logistik-Controlling in Unternehmen der Bundesrepublik Deutschland, in: Die Betriebswirtschaft, 48. Jg., Nr. 5, S. 587–601.

Lachnit, L. (1976), Zur Weiterentwicklung betriebswirtschaftlicher Kennzahlensysteme, in: Zeitschrift für betriebswirtschaftliche Forschung, 28. Jg., Nr. 4, S. 216–230.

Liebl, W. F. (1989), Marketing-Controlling: Theorie, Praxis, Möglichkeiten, Wiesbaden.

Link, J., Gerth, N., Voßbeck, E. (2000), Marketing-Controlling: Systeme und Methoden für mehr Markt- und Unternehmenserfolg. München.

Maune, R. (1980), Planungskontrolle. Die Kontrolle des Planungssystems der Unternehmung, Reihe Wirtschaftswissenschaften, Frankfurt am Main.
Mayer, E. (1999), Controlling-Konzepte, 4. Aufl., Wiesbaden.
Mayer, H. (1990), Werbewirkung und Kaufverhalten, Stuttgart.
Meffert, H. (1981), Absatzplanungsrechnung, in: Kosiol, E., Chmielewicz, K., Schweitzer, M. (Hrsg.), Handwörterbuch des Rechnungswesens, 2. Aufl., Stuttgart, Sp. 12–19.
Meffert, H. (1994), Marketing-Management – Analyse, Strategie, Implementierung, Wiesbaden.
Moormann, J. (1994), Managementunterstützungssysteme für das strategische Controlling, in: Office Management, 42. Jg., Nr. 1/2, S. 14–19.
Neisen, G. (1989), Marketing-Controlling in einem multinationalen Unternehmen, in: Horvath, P. (Hrsg.), Internationalisierung des Controlling, Stuttgart, S. 253–275.
Palloks, M. (1991), Marketing-Controlling. Konzeption zur entscheidungsbezogenen Informationsversorgung des operativen und strategischen Marketing-Management, Frankfurt am Main.
Peemöller, V. H. (1997), Controlling. Grundlagen und Einsatzgebiete, 3. Aufl., Herne.
Pfohl, H.-C., Zettelmeyer, B. (1987), Strategisches Controlling?, in: Zeitschrift für Betriebswirtschaft, 57. Jg., Nr. 2, S. 145–175.
Picot, A., Reichwald, R., Wigand, R. T. (2000), Die grenzenlose Unternehmung: Information, Organisation und Management, 4. Aufl., Wiesbaden.
Prahalad, C. K., Hamel, G. (1990), The Core Competence of the Corporation, in: Harvard Business Review, No. 3, May/June, S. 79–91.
Preißner, A. (1999), Marketing-Controlling, 2. Aufl., München.
Raithel, H. (1990), Werbung – Dicke Luft in der Medienszene, in: Manager Magazin, 20. Jg., Nr. 3, S. 130–138.
Reichmann, T. (1996), Management und Controlling. Gleiche Ziele – unterschiedliche Wege und Instrumente, in: Zeitschrift für Betriebswirtschaft, 66. Jg., Nr. 5, S. 559–585.
Reichmann, T. (1997), Controlling mit Kennzahlen und Managementberichten, 5. Aufl., München.
Reinecke, S., Tomczak, T., Dittrich, S. (Hrsg.) (1998), Marketingcontrolling, St. Gallen.
Reis, A. (1973), Controller – ein Frühwarnsystem, in: Marketing Journal, 6. Jg., Nr. 3, S. 219–223.
Riebel, P. (1994), Einzelkosten- und Deckungsbeitragsrechnung. Grundfragen einer markt- und entscheidungsorientierten Unternehmensrechnung, 7. Aufl., Wiesbaden.
Risak, J., Deyhle, A. (1992), Controlling. State of the Art und Entwicklungstendenzen, 2. Aufl., Wiesbaden.
Rockart, J. F., De Long, D. W. (1988), Executive Support Systems. The Emergence of Top Management Computer Use, New York.
Schräder, A. (1996), Management virtueller Unternehmungen, Organisatorische Konzeption und informationstechnische Unterstützung flexibler Allianzen, Frankfurt am Main u. a.
Schützdeller, K. (1991), Neue Aufgaben für das Controlling, in: Harvard Manager, 13. Jg., Nr. 3, S. 116–123.
Seidenschwarz, W. (2000), Target Costing. Marktorientiertes Zielkostenmanagement, 2. Aufl., München.
Servatius, H. G. (1989), Beschleunigung der Neuproduktentwicklung durch international orientiertes Innovations-Controlling, in: Horvath, P. (Hrsg.), Internationalisierung des Controlling, Stuttgart.
Simon, H., Homburg, C. (Hrsg.) (1998), Kundenzufriedenheit. Konzepte – Methoden – Erfahrungen, 3. Aufl., Wiesbaden.
Sommerlatte, T. (1989), Entwicklungs-Controlling in einem Unternehmen mit internationalen F & E Standorten, in: Horvath, P. (Hrsg.), Internationalisierung des Controlling, Stuttgart, S. 239–252.
Spang, S. (1992), Informationsmodellierung im Marketing. Ein methodischer Ansatz für die Gestaltung von Informationssystemen in schlecht strukturierten Anwendungsbereichen, Wiesbaden.

Spremann, K., Zur, E. (1992), Controlling. Grundlagen – Informationssysteme – Anwendungen, Wiesbaden.
Staehle, W. H. (1969), Kennzahlen und Kennzahlensysteme als Mittel der Organisation und Führung von Unternehmen, Wiesbaden.
Stalk, G., Evans, P. H., Shulman, L. E. (1992), Competing on Capabilities: The New Rules of Corporate Strategy, in: Harvard Business Review, March/April, S. 57–69.
Stauss, B., Seidel, W. (1998), Beschwerdemanagement. Fehler vermeiden – Leistung verbessern – Kunden binden, 2. Aufl., München.
Steinle, C., Bruch, H. (1999), Controlling, Kompendium für Controller-innen und ihre Ausbildung, 2. Aufl., Stuttgart.
Stockmann, J. (1995), Vertriebs-Controlling unter besonderer Berücksichtigung der Zusammenarbeit zwischen Vertrieb und Logistik, in: Steinle, C., Eggers, B., Lawa, D. (Hrsg.), Zukunftsgerichtetes Controlling. Unterstützungs- und Steuerungssystem für das Management, Wiesbaden, S. 137–157.
Strüby, R. (1990), Management-Controlling als Grundlage ganzheitlicher Unternehmensführung, in: Siegwart, H., Mahari, J., Caytas, I., Sander, S. (Hrsg.), Management Controlling, Stuttgart, S. 29–51.
Weber, J. (1988), Controlling – Möglichkeiten und Grenzen der Übertragbarkeit eines erwerbswirtschaftlichen Führungsinstruments auf öffentliche Institutionen, in: Die Betriebswirtschaft, 48. Jg., Nr. 2, S. 171–194.
Weber, J. (1999), Einführung in das Controlling, 8. Aufl., Stuttgart.
Weber, J., Schäffer, U. (1999), Balanced Scorecard & Controlling, Wiesbaden.
Wehberg, G. (1994), Logistik-Controlling – Kern des evolutionären Logistikmanagement, in: Jöstingmeier, B. et al. (Hrsg.), Controlling-Konzepte im Wandel, Göttingen, S. 73–134.
Wolf, J. (1977), Kennzahlensysteme als betriebliche Führungsinstrumente, München.
Zahn, E. (Hrsg.) (1991), Marketing- und Vertriebscontrolling, 3. Aufl., Landsberg am Lech.
Zimmermann, A. (1996), Planung und Kontrolle im Führungssystem des Hauses Siemens, in: Hahn, D. (Hrsg.), PuK. Planung und Kontrolle. Planungs- und Kontrollsysteme. Planungs- und Kontrollrechnung. Controllingkonzepte, 5. Aufl., Wiesbaden, S. 993–1109.

Kapitelübersicht

Zweites Kapitel
Verhaltens- und I...
1. Marketing- und ...
2. Verhalten von ...
3. Grundlagen der ...
4. Marktsegmenti...

Drittes Kapitel
Aktionsgrundlage...
1. Planung von U...
2. Produkt- und p...
3. Kontrahierungs...
4. Distributionspo...
5. Kommunikation...
6. Mixübergreifen...

Viertes Kapitel
Koordination und ...
1. Grundlagen der ...
2. Integrierte Plan...
3. Funktionsüberg...
4. Marketingorgan...
5. Marketingimple...
6. Marketing-Con...

Fünftes Kapitel
Institutionelle B...

1. Gegenstand un...
2. Gegenstand un...
3. Gegenstand un...
4. Gegenstand un...
5. Gegenstand un...
6. Gegenstand un...
7. Gegenstand un...

Fallstudie VW G...

Fünftes Kapitel

Institutionelle Bereiche des Marketing

1. Gegenstand und Besonderheiten
   des Dienstleistungsmarketing 1159
   - 1.1 Gegenstand des Dienstleistungsmarketing 1159
   - 1.2 Merkmale von Dienstleistungen 1160
   - 1.3 Käuferverhalten und Marktforschung
     im Dienstleistungsbereich 1163
   - 1.4 Strategische Entscheidungstatbestände
     des Dienstleistungsmarketing 1164
   - 1.5 Operative Entscheidungstatbestände
     des Dienstleistungsmarketing 1167
   - 1.6 Implementierung des Dienstleistungsmarketing 1174
   - 1.7 Zukünftige Entwicklung
     des Dienstleistungsmarketing 1175

2. Gegenstand und Besonderheiten des Handelsmarketing 1178
   - 2.1 Abgrenzung und Besonderheiten
     des Handelsmarketing 1178
   - 2.2 Entwicklung des Handelsmarketing 1179
   - 2.3 Strategische Rahmenentscheidungen im Handel 1182
   - 2.4 Integriertes Marketing-Mix im Handel 1195

3. Gegenstand und Besonderheiten
   des Investitionsgütermarketing 1203
   - 3.1 Definition und Abgrenzung
     des Investitionsgütermarketing 1203
   - 3.2 Ansätze und Informationsgrundlagen
     des Investitionsgütermarketing 1204
   - 3.3 Strategische Besonderheiten
     des Investitionsgütermarketing 1217
   - 3.4 Besonderheiten des Marketing-Mix
     in Investitionsgütermärkten 1221
   - 3.5 Ausblick 1226

4. Gegenstand und Besonderheiten
   des internationalen Marketing ... 1230
   4.1 Herausforderungen und Grundorientierungen
       im internationalen Marketing ... 1230
   4.2 Informationsgrundlagen
       im internationalen Marketing ... 1233
   4.3 Ziele und Strategien im internationalen
       Marketing ... 1236
   4.4 Maßnahmenplanung im internationalen
       Marketing ... 1244
   4.5 Implementierung des internationalen Marketing ... 1258
5. Gegenstand und Besonderheiten des Marketing
   für öffentliche Betriebe ... 1265
   5.1 Definition und Abgrenzung öffentlicher Betriebe ... 1265
   5.2 Güter- und anbieterspezifische Besonderheiten
       öffentlicher Betriebe ... 1267
   5.3 Notwendigkeit einer Marketingorientierung ... 1269
   5.4 Marketingziele öffentlicher Betriebe ... 1270
   5.5 Strategisches Marketing für öffentliche Betriebe ... 1271
   5.6 Besonderheiten des Marketing-Mix
       öffentlicher Betriebe ... 1272
6. Gegenstand und Besonderheiten des Social Marketing ... 1276
   6.1 Entwicklung und Abgrenzung des Social Marketing ... 1276
   6.2 Situationsanalyse im Social Marketing ... 1282
   6.3 Ziele und Strategien im Social Marketing ... 1283
   6.4 Besonderheiten des Social Marketing-Mix ... 1284
   6.5 Implementierung des Social Marketing ... 1289
   6.6 Entwicklungstendenzen und Zukunfts-
       perspektiven des Social Marketing ... 1290
7. Gegenstand und Besonderheiten des Öko-Marketing ... 1293
   7.1 Ökologische Problemstellungen
       als Herausforderung an das Marketing ... 1293
   7.2 Gegenstand und Abgrenzung
       des ökologieorientierten Marketing ... 1296
   7.3 Informationsgrundlagen des Öko-Marketing ... 1300
   7.4 Strategische Ausrichtung des Öko-Marketing ... 1304
   7.5 Operative Ausrichtung des Öko-Marketing ... 1305
   7.6 Implementierung des Öko-Marketing ... 1311
   7.7 Zusammenfassung und Ausblick ... 1312

1. Gegenstand und Besonderheiten des Dienstleistungsmarketing

1.1 Gegenstand des Dienstleistungsmarketing

Dienstleistungen sind selbständige oder produktbegleitende Leistungen, die mit der Bereitstellung und/oder dem Einsatz von Potentialfaktoren verbunden sind. Unternehmensinterne und -externe Faktoren werden im Rahmen des Dienstleistungserstellungsprozesses kombiniert, um an den externen Faktoren, an Konsumenten oder deren Objekten, nutzenstiftende Wirkungen zu erzielen.

Als Gegenstand von Markttransaktionen können Dienstleistungen nach einer marktgerichteten und einer unternehmensgerichteten Dimension klassifiziert werden. Im Rahmen der **marktgerichteten Dimension** wird unterschieden, ob Dienstleistungen an Endverbraucher veräußert werden (konsumtive Dienstleistungen) oder aber als Wiedereinsatzfaktoren in Produktionsprozesse eingehen (investive Dienstleistungen). Die **unternehmensgerichtete Dimension** gibt Auskunft darüber, ob die betrachtete Dienstleistung eine Kernleistung des Unternehmens oder lediglich eine Zusatzleistung beziehungsweise einen Value-Added-Service darstellt. Im ersten Fall wird die Leistung zwingend durch einen institutionellen Dienstleister (zum Beispiel Autovermieter) erbracht, während es sich im zweiten Fall sowohl um einen institutionellen Dienstleister (zum Beispiel Autovermieter, der zusätzlich Versicherungen anbietet) als auch um ein warenproduzierendes Unternehmen (zum Beispiel Autohersteller, der Versicherungen anbietet) handeln kann.

Diese Ausprägungsformen des Erkenntnisobjektes Dienstleistung weisen Schnittmengen zu den angrenzenden Disziplinen des Konsumgütermarketing und des Investitionsgütermarketing auf, da vor allem im Investitionsgüterbereich, aber auch bei Konsumgütern, vielfach das Produkt in Verbindung mit einer Dienstleistung angeboten wird. Aus diesen Disziplinen sowie aus dem Bereich der Zufriedenheitsforschung entwickelte sich ein eigenständiges, institutionelles Dienstleistungs- beziehungsweise Servicemarketing (Scheuch 1982; Kotler/Bloom 1984; Heskett 1988; Hilke 1989; Grönroos 1990; Lovelock 1991; Meyer 1994; Meffert/Bruhn 1997; Bieberstein 1998; Kurz/Clow 1998). Die verstärkte Auseinandersetzung der betriebswirtschaftlichen Forschung mit dem Dienstleistungsmarketing in jüngerer Zeit erklärt sich vor allem aus der wachsenden Bedeutung des tertiären Sektors in hochentwickelten Volkswirtschaften.

1.2 Merkmale von Dienstleistungen

Dienstleistungen sind ein ihrer Art nach heterogenes Erkenntnisobjekt. Ausgehend von einer phasenbezogenen Betrachtung kann die Dienstleistungserstellung als eine **Kombination von drei Leistungsdimensionen – der Potential-, der Prozeß- und der Ergebnisdimension –** beschrieben werden. Aus diesen Leistungsdimensionen lassen sich die Besonderheiten von Dienstleistungen ableiten, zu denen insbesondere die folgenden gehören (Hilke 1989; Meyer 1994; Meffert/Bruhn 1997):

- die **Immaterialität** der Dienstleistung,
- die **Bereitstellung von Leistungsfähigkeiten** in Form personeller, sachlicher oder immaterieller Ressourcen sowie
- die **Integration eines externen Faktors**; das heißt bei der Erbringung der Dienstleistung wird zwangsläufig ein externer Faktor, der in Form von Objekten oder Subjekten (häufig der Konsument der Dienstleistung selbst) auftritt, in den Dienstleistungserstellungsprozeß eingebunden.

Zwar erweist sich von diesen Merkmalen nur die Integration eines externen Faktors in den Leistungserstellungsprozeß als unabhängige und **allen** Dienstleistungen gemeinsame Eigenschaft, dennoch sind auch die beiden erstgenannten Besonderheiten bei der überwiegenden Mehrzahl von Dienstleistungen vorzufinden.

1.21 Immaterialität von Dienstleistungen

Sowohl die in die Dienstleistungserstellung eingehenden Vorleistungen (der Input) als auch ihr Ergebnis (der Output) können materiell oder immateriell sein. Wesentlich aber ist, daß die **Dienstleistung als noch nicht realisierte menschliche beziehungsweise automatisierte Leistungsfähigkeit** gilt. Somit ist die Immaterialität als wesentliches Merkmal der Dienstleistung zu bewerten. Fähigkeiten, verstanden als Leistungspotentiale, sind, solange sie nicht realisiert werden, immer unkörperlich und sinnlich nicht wahrnehmbar, verfügen also über einen immateriellen Status. Beispielhaft sei ein Schneider angeführt, dessen Fähigkeiten zur Herstellung eines Maßanzuges immateriell sind, wohingegen der Input (Stoffe) und der Output (Maßanzug) durchaus materieller Natur sind.

Aus der Immaterialität der Dienstleistung resultieren die Merkmale der Nichtlagerfähigkeit und der Nichttransportfähigkeit von Dienstleistungen. Zwar ist das **Dienstleistungs-**

ergebnis mitunter lagerfähig, die **Nichtlagerfähigkeit** der Dienstleistung aber impliziert, daß der Konsument die Dienstleistung nur in dem Moment in Anspruch nehmen kann, in dem sie produziert wird. Ein Friseur hat beispielsweise die Fähigkeit, Haarschnitte zu erstellen. Dieses Potential steht aber nur zu einem bestimmten Zeitpunkt zur Verfügung und verfällt, wenn es nicht genutzt wird. Aus der fehlenden Lagerfähigkeit resultiert, daß eine intensive Koordination zwischen Produktion und Nachfrage erfolgen muß. So bedarf es einerseits flexibel gestaltbarer Kapazitäten (zum Beispiel durch einen hohen Anteil von Teilzeitkräften), andererseits sollte eine kurzfristige Steuerungen der Nachfrage erfolgen (zum Beispiel durch Preissenkungen in nachfrageschwachen Zeiten).

Die **Nichttransportfähigkeit** der Dienstleistung ergibt sich aus der Überlegung, daß fast keine Dienstleistung an einem anderen Ort konsumiert werden kann als an dem ihrer Erstellung. Produktion und Konsumtion der Dienstleistung erfolgen simultan (Uno-actu-Prinzip), wie dies der Haarschnitt oder die medizinische Untersuchung exemplarisch aufzeigen, die nicht erstellt und dann räumlich transferiert werden können. Hieraus folgt, daß bei Dienstleistungen des täglichen Bedarfs eine hohe Distributionsdichte etwa durch Filialisierung sichergestellt werden muß, da die schnelle Erreichbarkeit ein zentrales Auswahlkriterium der Nachfrager darstellt.

1.22 Leistungsfähigkeit des Dienstleistungsanbieters

Keine Dienstleistung kann ohne spezifische Leistungsfähigkeiten (Know-how, körperliche Fähigkeiten etc.) erstellt werden. Dabei ist es unwesentlich, ob es sich bei den Potentialen des Dienstleistungsanbieters um einen Menschen oder einen Automaten handelt.

In Kombination mit der Immaterialität der Dienstleistung ergeben sich aus der Notwendigkeit der Leistungsfähigkeit des Dienstleistungserstellers Implikationen für das Dienstleistungsmarketing. So sind spezifische **Dienstleistungskompetenzen** und besondere Fähigkeiten, wie sie bei Softwareanbietern oder Unternehmensberatungen vielfach anzutreffen sind, zum Beispiel im Rahmen der Kommunikationspolitik **zu dokumentieren**. Bei potentialintensiven Dienstleistungen gilt es darüber hinaus in besonderer Weise, über die **Materialisierung** dieser Potentiale eine Wettbewerbsprofilierung anzustreben. Dies gilt insbesondere, wenn es sich um Humanpotentiale handelt.

1.23 Integration des externen Faktors in den Dienstleistungserstellungsprozeß

Aus der Definition von Dienstleistungen wurde bereits deutlich, daß das Objekt oder der Konsument, an dem sich die Leistungsfähigkeiten konkretisieren, stets ein externer, also außerhalb des Verfügungsbereichs der leistungsanbietenden Dienstleistungsunternehmung befindlicher Faktor ist. **Jeder Prozeß der Erstellung einer Dienstleistung wird damit durch die Einwirkung eines Fremdfaktors mitbestimmt.** So hängt auch gleichzeitig jedes Ergebnis eines solchen Prozesses von dem betreffenden Fremdfaktor ab.

Der externe Faktor grenzt sich von den anderen Faktoren im Erstellungsprozeß dadurch ab, daß er für den Dienstleistungsersteller nicht frei am Markt disponierbar ist. Weiterhin bleibt er vor, während und nach dem Erstellungsprozeß zum Teil in der Verfügungsgewalt des Abnehmers der Dienstleistung. Schließlich gilt, daß auf diesen externen Faktor während der Leistungserstellung eingewirkt wird. Da aber in umgekehrter Richtung auch der Abnehmer von Dienstleistungen während der Leistungserstellung (oder bei objektgerichteten Dienstleistungen zumindest bei der Abgabe seiner Objekte zur Leistungserstellung) auf den Prozeß der Erstellung der Dienstleistung einwirkt, kann von einer zweiseitigen (gegenseitigen) Einwirkung beziehungsweise Beeinflussung von Anbieter und Abnehmer der Dienstleistung gesprochen werden (vgl. Benkenstein/Weichelt 2000).

Ein Problem, das aus der Einbeziehung des externen Faktors erwächst, ist dessen Transport und eventuelle Unterbringung bis zum Zeitpunkt der Leistungserstellung. Diese Problematik ist kennzeichnend für zahlreiche Dienstleistungen und muß im Rahmen des Marketing hinreichende Berücksichtigung finden (zum Beispiel Abholdienst für Reparaturobjekte wie Autos oder Fernsehgeräte; ansprechende Gestaltung von Warteräumen oder Einführung von Reservierungssystemen). Ferner resultiert aus der Integration des externen Faktors in die Dienstleistungserstellung der **individualistische, personalintensive, schwer standardisierbare Charakter vieler Dienstleistungen**.

Da der Dienstleistungsnachfrager, sofern er selbst als externer Faktor auftritt, während des Erstellungsprozesses präsent ist, bedarf es vor allem **einer marketingorientierten Ausrichtung des Dienstleistungsprozesses**. Neben einer den Kundenwünschen angepaßten Gestaltung des Dienstleistungsumfelds erlangt die sorgfältige Ausführung der Dienstleistungserstellung bei direktem Kontakt mit dem Nachfrager besondere Bedeutung. Hieraus resultiert, daß dem Personal- und Qualitätsmanagement im Rahmen des Dienstleistungsmarketing eine besondere Bedeutung beigemessen wird.

Die Integration des externen Faktors bewirkt ferner, daß der Dienstleistungserstellungsprozeß oft unter Anwesenheit weiterer Dienstleistungsnachfrager erfolgt (zum Beispiel Kneipenbesuch, Urlaub, Sprachkurs). Die Wahrnehmung der Dienstleistungsqualität durch den Kunden wird in diesem Fall auch entscheidend durch die Eigenschaften und das Verhalten der anderen Dienstleistungsnachfrager beeinflußt. Entsprechend muß der

Dienstleistungsanbieter durch ein sogenanntes **De-Marketing** dafür sorgen, daß nicht der Zielgruppe angehörende Nachfrager von der Inanspruchnahme der Dienstleistung abgehalten werden.

1.3 Käuferverhalten und Marktforschung im Dienstleistungsbereich

Ausgangspunkt des Dienstleistungsmarketing bildet die Bereitstellung adäquater Informationsgrundlagen. Insbesondere zur Steuerung vorhandener Dienstleistungskapazitäten müssen Informationen über das Käuferverhalten zur Verfügung stehen. Aus den oben dargestellten Besonderheiten von Dienstleistungen leiten sich einige spezifische Fragestellungen ab, die mit Hilfe der Marktforschung beantwortet werden müssen. Gleichzeitig muß die Marktforschung die Besonderheiten von Dienstleistungen berücksichtigen, um adäquate Informationen für den strategischen Planungsprozeß liefern zu können (Meffert/Bruhn 1997, S. 90 ff.).

Die fehlende Möglichkeit einer Qualitätsprüfung durch den Kunden vor dem Kauf und die Notwendigkeit der Integration des externen Faktors sind Gründe für das hohe subjektiv empfundene **Kaufrisiko** bei Dienstleistungen. Aufgrund der durch die Einbindung des externen Faktors in die Dienstleistungsproduktion begrenzten Standardisierbarkeit vieler Dienstleistungen sucht der Kunde nach Möglichkeiten zur Risikoeingrenzung (Suche nach Kompetenz- beziehungsweise Vertrauenssignalen). **Markentreue** und ein spezifisches **Informationsverhalten** (zum Beispiel Orientierung an neutralen Stellen) sind häufig zu beobachtende Verhaltensstrategien der Konsumenten. Aufgabe der Marktforschung ist es, die Ausprägung dieser Größen zu ermitteln sowie deren Einflußgrößen zu identifizieren.

Aus den Besonderheiten von Dienstleistungen resultiert ferner die große Bedeutung der **Standortforschung** und der **Zufriedenheitsforschung**. Im Rahmen der Standortforschung wird beispielsweise untersucht, in welcher geographischen Gegend sich aufgrund der Kundenstruktur das Errichten einer Niederlassung anbietet. Demgegenüber untersucht die Zufriedenheitsforschung, welche Leistungskomponenten für den Kunden von besonderer Bedeutung sind und inwieweit sich das Erfüllen oder Nichterfüllen der Kundenerwartungen auf die Kundenzufriedenheit auswirkt. Darüber hinaus sind Analysen über das Integrationsverhalten der Kunden sowie über die Nachfrageverteilung hinsichtlich Nachfrageniveau und -schwankungen im Rahmen der Marktforschung von Dienstleistungsunternehmen von besonderer Relevanz. Vor allem der Einsatz von Informationssystemen, zum Beispiel in Form eines integrierten **Database-Marketing**, bietet sich in diesem Zusammenhang an. So gehen zum Beispiel Versandhäuser dazu über, Daten über das individuelle Bestellverhalten jedes einzelnen Kunden zu sammeln. Auf dieser Datenbasis aufbauend kann dann eine (verhaltensorientierte) Marktsegmentierung vorgenommen werden, um eine differenzierte Marktbearbeitung zu ermöglichen (zum Beispiel Versendung von Spezialkatalogen mit Sportartikeln an Kunden, die in der Vergangenheit überwiegend Sportartikel nachgefragt haben).

1.4 Strategische Entscheidungstatbestände des Dienstleistungsmarketing

Die marktorientierte Ausrichtung und Führung eines Unternehmens erfordert auch im Dienstleistungsbereich die Erarbeitung einer Marketingkonzeption auf den drei Ebenen Ziele, Strategien und Maßnahmen beziehungsweise Instrumente.

1.41 Ziele im Dienstleistungsmarketing

Zunächst gilt es, aufbauend auf einer differenzierten Situationsanalyse und den Oberzielen der Unternehmung, Marktstellungsziele, Rentabilitätsziele, finanzielle Ziele, soziale Ziele und Prestigeziele explizit zu formulieren. Bei der Formulierung **ökonomischer Marketingziele** gilt es für Dienstleistungsunternehmen in besonderem Maße zu klären, durch welche Größen „Absatzmengen" ausgedrückt werden können. Vielfach werden als Mengensubstitute Maßzahlen wie Sitzladefaktoren oder Auslastungsquoten verwendet. Auch die Ermittlung von Deckungsbeiträgen stellt Dienstleister aufgrund des hohen Individualisierungsgrades von Dienstleistungen vor erhebliche Probleme.

Bei den **psychographischen Zielen** nehmen aufgrund der Besonderheiten von Dienstleistungen Image-, Zufriedenheits- und Kundenbindungsziele eine zentrale Stellung ein.

Aus der Immaterialität der Dienstleistung und der Simultanität von Dienstleistungserstellung und -verwendung resultiert, daß Dienstleistungen im Gegensatz zu Sachgütern nicht vor dem Kauf einer objektiven Prüfung durch den Kunden unterzogen werden können. Diese Problematik wird noch durch die Integration des Konsumenten in den Erstellungsprozeß bei vielen Dienstleistungen verstärkt, da dieser Eigenanteil a priori schlecht eingeschätzt werden kann. Das sich daraus ableitende erhöhte Risikoempfinden des Nachfragers sowie der **Vertrauensgutcharakter von Dienstleistungen** wirken sich auf die Priorität einzelner Ziele im Rahmen des Zielsystems aus. So erklärt sich die besondere Bedeutung von Zielgrößen wie **Kompetenz und Image** im Dienstleistungsmarketing. Ein positives Image einer Dienstleistungsunternehmung stellt beispielsweise einen wesentlichen Indikator für die Qualitätsbeurteilung einer Dienstleistung dar und trägt zur Reduktion des empfundenen Kaufrisikos bei.

Für den Wiederkauf und für die im Dienstleistungsmarketing besonders bedeutsame persönliche Kommunikation beziehungsweise „Mund-zu-Mund-Kommunikation" (Zeithaml 1981) stellt die **Erreichung eines hohen Zufriedenheitsgrades**, das heißt eine hohe Übereinstimmung der tatsächlich erbrachten Leistung eines Dienstleisters mit der Kundenerwartung, ein wichtiges psychographisches Marketingziel dar.

Eine weitere Besonderheit im Zielsystem erfolgreicher Dienstleistungsunternehmen besteht in der ungleich **höheren Bedeutung mitarbeitergerichteter Marketingziele** wie zum Beispiel der Mitarbeiterzufriedenheit (Stauss/Schulze 1990). Diese vergleichsweise hohe Bedeutung resultiert aus der Interaktivität von Kunde und Dienstleister sowie dem daraus folgenden Zusammenhang zwischen Personalmotivation, Leistungsqualität, Kundenzufriedenheit, Kundenbindung und ökonomischem Erfolg (Heskett 1986, S. 117 ff.; Heskett et al. 1994; Baron/Harris 1995, S. 126 ff.).

1.42 Strategische Planungskonzepte im Dienstleistungsmarketing

Für die Erreichung der festgelegten Ziele sind geeignete Strategien zu formulieren. Dabei gilt es zunächst, strategische Planungskonzepte, die insbesondere in der Konsumgüterindustrie mit Erfolg eingesetzt werden, in adäquater Form auf den Dienstleistungsbereich zu übertragen. Geeignet erscheinen hier unter anderem SWOT-Analysen. Aufgrund der problematischen Erfaßbarkeit und Zurechnung von Kosten bereiten Lern- und Erfahrungskurvenkonzepte und darauf aufbauende Portfoliokonzepte im Dienstleistungsmarketing dagegen häufig Schwierigkeiten. Demgegenüber gewinnen Wertkettenanalysen aufgrund ihrer ganzheitlichen, prozeßorientierten Betrachtung an Bedeutung, um im Dienstleistungserstellungsprozeß Rationalisierungs- sowie Differenzierungs- und Profilierungspotentiale zu identifizieren.

1.43 Festlegung von Strategien im Dienstleistungsmarketing

Bei der Entwicklung von Dienstleistungsstrategien (strategisches Marketing) muß festgelegt werden, welche marktfeldstrategische Option (Intensivierung, Produkt-/Marktentwicklung, Rückzug, Diversifikation) in einem wie definierten Markt wahrgenommen werden soll. Zudem muß der Grad der angestrebten Marktabdeckung bestimmt werden.

Grundsätzlich ist in diesem Zusammenhang die Wahl zwischen einer differenzierten und einer undifferenzierten Marktbearbeitung zu treffen. Durch die Einbindung des externen

Gegenstand und Besonderheiten des Dienstleistungsmarketing

Faktors in den Produktionsprozeß ist bei Dienstleistungsunternehmen im Gegensatz zu Investitionsgüter- und Konsumgüterherstellern in der Regel allerdings bereits ein Mindestmaß an Differenzierung und Individualisierung des Dienstleistungsangebots vorgegeben. Bei der Festlegung von Wettbewerbsvorteilen erscheint die Gegenüberstellung von Qualitätsführer- und Kostenführerstrategie wenig zweckmäßig. Die Dienstleistungsqualität ist ein unentbehrliches Kaufentscheidungskriterium bei fast allen Nachfragern. Reine Kostenstrategien sind ohne die Festlegung von Qualitätsstandards meist nur von begrenztem Erfolg. Darüber hinaus existieren aufgrund der im Dienstleistungsbereich beschränkten Standardisierungspotentiale meist nur begrenzte Möglichkeiten der Kostensenkung. Deshalb **müssen im Dienstleistungsmarketing Kosten- und Qualitätsaspekte vielfach integrativ betrachtet werden**. So wird die Qualitätswahrnehmung einer anwaltlichen Beratung durch die Mandanten vielfach mit zunehmender Zeitdauer steigen, zugleich entstehen dem Anwalt allerdings Opportunitätskosten in Form nicht wahrgenommener Beratungsleistungen für weitere Mandanten. Insofern geht die zunehmende Qualität der Leistung in diesem Falle mit steigenden Kosten einher, die bei der Preispolitik zu berücksichtigen sind.

Vor diesem Hintergrund erlangt die Qualitätsforschung einen besonderen Stellenwert im Dienstleistungsmarketing (Bruhn/Stauss 1995). Hier stehen die Definition und die darauf aufbauende Messung der Dienstleistungsqualität im Mittelpunkt des Interesses. Besonders hervorzuheben sind in diesem Zusammenhang die Untersuchungen von Parasuraman, Zeithaml und Berry (1988). Diese erklären Dienstleistungsqualität als Differenz zwischen der erwarteten und der tatsächlich erlebten Ausprägung der Dienstleistung, was zugleich auf die enge Verwandtschaft des Qualitätskonstrukts mit dem der Zufriedenheit hinweist. Die **Einflußgrößen auf die vom Kunden wahrgenommene Dienstleistungsqualität** werden dabei zu fünf zentralen Faktoren zusammengefaßt:

- Annehmlichkeit des tangiblen Umfeldes,
- Zuverlässigkeit,
- Reaktionsfähigkeit sowie
- Leistungskompetenz und
- Einfühlungsvermögen des Dienstleistungsanbieters.

Gegenüber den Konkurrenten stehen im Rahmen der Marktteilnehmerstrategien die Strategieoptionen der Kooperation, der Anpassung, des Konflikts sowie der Umgehung beziehungsweise des Ausweichens zur Verfügung (vgl. drittes Kapitel, Abschnitt 1.23). Aufgrund der Integration des externen Faktors in die Dienstleistungserstellung engt sich der Spielraum zum Einsatz von Absatzmittlern und damit die Zahl der zur Verfügung stehenden strategischen Optionen ein.

1.5 Operative Entscheidungstatbestände des Dienstleistungsmarketing

1.51 Marketing-Mix im Servicebereich

Neben den vier aus dem Konsumgütermarketing bekannten Mix-Bereichen

- Produkt- beziehungsweise Leistungspolitik,
- Kommunikationspolitik,
- Distributionspolitik und
- Kontrahierungspolitik

wird im Dienstleistungsmarketing ein um die Bereiche

- Personalpolitik,
- Ausstattungspolitik und
- Prozeßpolitik

erweiterter Marketing-Mix diskutiert (Magrath 1986).

Die im Rahmen dieser sieben Mix-Bereiche verwendeten Instrumente sollen im folgenden aber als integrativer Bestandteil des traditionellen Marketing-Mix verstanden werden. Denn im Kern findet bei einer derartigen Erweiterung der Instrumentestrategien lediglich eine Unterordnung von primären und unterstützenden Aktivitäten innerhalb der Wertkette von Dienstleistungsunternehmen unter die Marketingfunktion statt. Allerdings verdeutlicht dies zugleich die Notwendigkeit einer funktionsübergreifenden Integration von Wertaktivitäten in Dienstleistungsunternehmen (vgl. Abbildung 5-1).

1.52 Leistungspolitik

Im Rahmen der Leistungspolitik ergeben sich aufgrund der Besonderheiten von Dienstleistungen spezifische Problemstellungen für Dienstleistungsunternehmen. Die Immaterialität von Dienstleistungen bedingt, daß bei der Planung der Leistungspolitik an der Potential-, Prozeß- und/oder Ergebnisdimension angesetzt werden sollte. Vor allem durch die gezielte Berücksichtigung der Dienstleistungspotentiale, das heißt der materiellen und personellen Ausstattung, der Verrichtungsprogramme sowie der raum- und zeitbezogenen Dienstleistungskapazitäten, kann sichergestellt werden, daß der Dienstleister in der Lage ist, die geplante Leistung auf dem gewünschten Qualitätsniveau zu

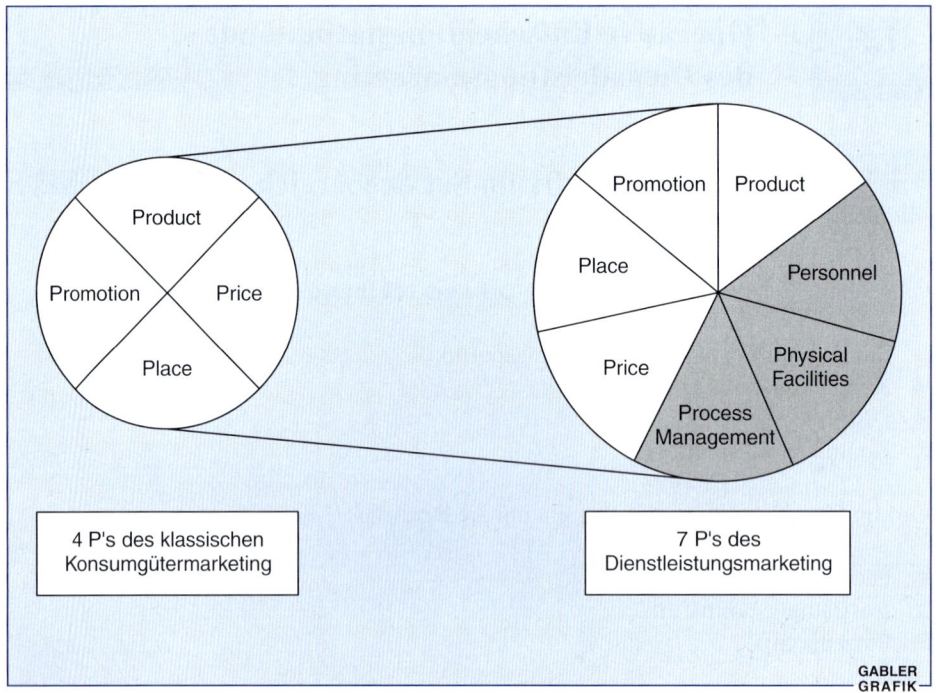

Abbildung 5-1: Erweitertes Marketing-Mix im Dienstleistungsbereich
(Quelle: Magrath 1986)

erstellen. So sollte die Anzahl der Mitarbeiter in einer Bankfiliale oder der im Einsatz befindliche Fuhrpark eines Taxiunternehmens parallel zu den Nachfrageschwankungen des Marktes gestaltet werden, um einerseits die Kundenbedürfnisse zu befriedigen und andererseits die durch Leerkapazitäten entstehenden Kosten zu minimieren.

Aber auch die besondere Bedeutung von Qualitätsaspekten im Dienstleistungsbereich hat Auswirkung auf den Einsatz der leistungspolitischen Instrumente. Zum einen kann über eine **Standardisierung** der Dienstleistung ein Abbau des von den Konsumenten wahrgenommenen Risikos erreicht werden. Diese Standardisierung kann sich auf die vom Dienstleister zu disponierenden beziehungsweise beeinflußbaren Potentiale (zum Beispiel einheitliche Gebäude, Einrichtungsgegenstände), Prozesse (zum Beispiel Festlegung einheitlicher Mitarbeiterrichtlinien für die Kundenbehandlung) und Ergebnisse (zum Beispiel einheitliche „Produkte" in der Systemgastronomie) beziehen. Derartige Standardisierungsbestrebungen sind auch hilfreich beim Einsatz der **Markenpolitik**. Die Markenpolitik hat hier insbesondere die Aufgabe, die Qualitätsunsicherheit und das Risikoempfinden der Konsumenten abzuschwächen (Graumann 1983). Dabei bewirkt die Immaterialität ferner, daß die Verpackungspolitik im Dienstleistungsbereich in den Hintergrund tritt und die physische Markierung von Dienstleistungen mit Problemen behaftet ist. Es bietet sich eine Markierung interner Kontaktsubjekte (zum Beispiel einheitlicher Anzug mit Markenaufdruck des Kundendienstpersonals in einem Autohaus), interner Kontaktobjekte (zum Beispiel Corporate-Identity-gerechte Gestaltung der Gebäude und Räumlichkeiten) sowie externer Kontaktobjekte (zum Beispiel Markierung durch Aufkleber am eingebrachten externen Faktor Auto) und Kontaktsubjekte (zum Beispiel T-Shirt mit Marke des Dienstleistungsanbieters für Kunden) an.

Aufgrund der Integration des externen Faktors in den Leistungserstellungsprozeß ist insbesondere im Rahmen der **Leistungsdifferenzierung** häufig auch die Übertragung von Teilen des Leistungserstellungsprozesses auf den Kunden (Externalisierung von Teilleistungen) oder die Übernahme bisher vom Kunden selbst erbrachter Leistungskomponenten (Internalisierung) zu beobachten. Da die Anwesenheit des Kunden bei der Leistungserstellung vielfach notwendig ist, kann darüber hinaus auch eine zeitabhängige Variation von Leistungen in Betracht kommen. Maßnahmen zur Leistungsdifferenzierung sind bei vielen Dienstleistungen im Gegensatz zu Sachgütern mit vergleichsweise geringen zusätzlichen Kosten verbunden. Insbesondere bei fixkostenintensiven Dienstleistungen fallen die mit der Leistungsdifferenzierung anfallenden Zusatzkosten im Vergleich zu den Fixkosten der Leistungspotentiale oft kaum ins Gewicht (zum Beispiel Leistungsdifferenzierung bei Fluggesellschaften, Autowaschanlagen oder Konzerten).

Gleichzeitig lassen sich durch Leistungsdifferenzierungen bei Dienstleistungen in vielen Fällen höhere relative Umsatzzuwächse realisieren als bei Konsumgütern. Dies ist auf die fehlende Möglichkeit zur Qualitätsbeurteilung vor dem Kauf, das hohe Risikoempfinden und den bei vielen Dienstleistungen als Folge des öffentlichen Konsums stärker ausgeprägten Prestigeeffekt zurückzuführen. Diese Gründe haben zur Folge, daß bei Dienstleistungen der **Preis-Qualitäts-Vermutung eine größere Verhaltensrelevanz zukommt als bei Konsumgütern**. Somit führt allein eine Preisdifferenzierung häufig bereits zu einer differenzierten Leistungswahrnehmung der Konsumenten. Vor diesem Hintergrund ergibt sich bei Dienstleistungen häufig ein höherer Grad der optimalen Leistungsdifferenzierung als bei Sachgütern (vgl. Abbildung 5-2).

Weiterhin führt die Berücksichtigung des externen Faktors als Element der Dienstleistungsproduktion dazu, daß in bezug auf die Durchführung von **Produkttests** beziehungsweise Dienstleistungstests im Rahmen der Neuproduktplanung bestimmte Grenzen beim Einsatz möglicher Testmethoden (Markttests) gegeben sind. Eine Beschreibung der Dienstleistungsmerkmale kann nur über Potentiale und Verrichtungen anschaulich gemacht werden. Zudem bereitet die Simulation von Produkttests Schwierigkeiten, da die Testsituation Einfluß auf die erwartete Dienstleistungsqualität und damit auf die Beurteilung der Dienstleistung durch den Konsumenten haben kann.

Gegenstand und Besonderheiten des Dienstleistungsmarketing

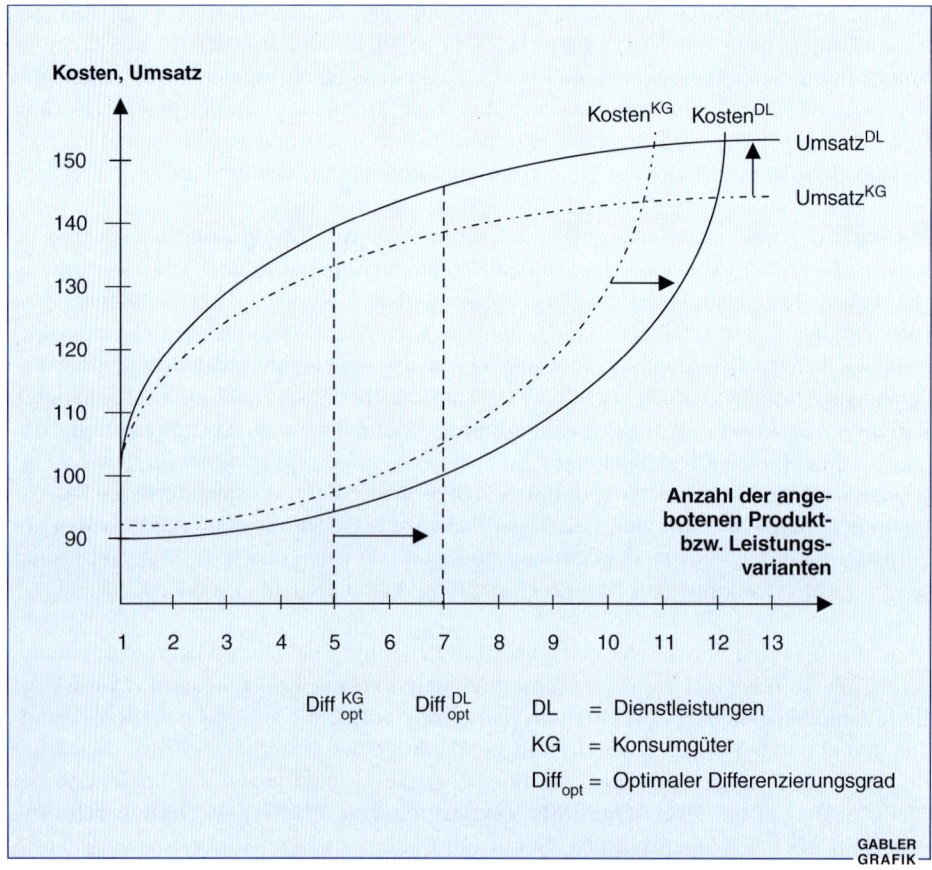

Abbildung 5-2: Optimale Leistungsdifferenzierung bei Dienstleistungen und Konsumgütern (idealtypische Darstellung)

1.53 Kommunikationspolitik

Durch die Wichtigkeit des persönlichen Kontaktes bei der Erbringung einer Vielzahl von Dienstleistungen ist eine Trennung zwischen der Kommunikationspolitik in Form des persönlichen Verkaufs und der reinen Dienstleistungserbringung mitunter schwierig. Die sonstigen Instrumente lassen sich wie im Konsumgütermarketing von der Leistungserstellung isolieren. Hier sind die Kommunikationsinstrumente der klassischen Werbung, der Verkaufsförderung, des Sponsoring und der Öffentlichkeitsarbeit zu nennen.

Aus den Besonderheiten beim Absatz von Dienstleistungen ergeben sich auch Implikationen für die Kommunikationspolitik von Dienstleistern. So können Dienstleistungen nicht in ihrer Gesamtheit dem Kunden präsentiert oder dargestellt werden. Aufgabe der Kommunikationspolitik ist es daher, eine **Materialisierung der Dienstleistung** zu ermöglichen. Dies kann durch eine Visualisierung tangibler Leistungselemente, wie zum Beispiel der Mitarbeiter oder anderer Potentialfaktoren in der Werbung geschehen. Aufgrund der Immaterialität spielen das Unternehmens- und Leistungsimage eine herausgehobene Rolle bei der Leistungsbeurteilung durch den Kunden, weshalb der Übermittlung von Kompetenzsignalen eine besondere Bedeutung zukommt (Schulz 1993). Gerade die „Mund-zu-Mund-Kommunikation" wird von einer Vielzahl der Konsumenten als glaubwürdiger im Vergleich zu direkt von Unternehmen vorgenommenen Werbeaussagen eingeschätzt. Damit ist diese Form der Kommunikation in hohem Maße geeignet, die Unsicherheit der Konsumenten vor Inanspruchnahme der Dienstleistung abzubauen. Hier gilt es, Meinungsführer zu ermitteln und durch Kompetenz- und Qualitätsbeweise im Sinne der Unternehmensziele zu beeinflussen. Darüber hinaus muß ein weiterer Bereich der indirekten Kommunikation beachtet werden: Im Falle der Unzufriedenheit mit der erbrachten Dienstleistung besteht die Gefahr der Abwanderung von Konsumenten sowie der Kommunikation von negativen Erfahrungen in ihrem sozialen Umfeld. Hier bietet es sich an, durch Implementierung eines geeigneten Beschwerdemanagements unmittelbare Verbesserungen der Kundenzufriedenheit herbeizuführen und negative „Mund-zu-Mund-Kommunikation" möglichst zu verhindern.

1.54 Preispolitik

Gegenstand der Preispolitik ist die Festlegung aller Vereinbarungen zwischen Dienstleistungsnachfrager und -anbieter über das Entgelt des Leistungsangebotes, über Rabatte sowie Lieferungs- und Zahlungsbedingungen.

Die Art der Festlegung von Preisen für Dienstleistungen hängt weitestgehend davon ab, inwieweit die zu bepreisenden Dienstleistungen standardisierbar sind. Sofern der Leistungsumfang a priori einzuschätzen und bei allen Leistungsnehmern gleich ist (zum Beispiel Kinokarte), erfolgt eine Preisfestsetzung wie im Konsumgüterbereich. Im anderen Extremfall, wenn der Leistungsumfang für alle Dienstleistungsnehmer aufgrund der Integration des Kunden und dessen fachlich und persönlich heterogener Qualifikation unterschiedlich ausfällt und a priori nicht einzuschätzen ist (zum Beispiel Fahrschule), kann der Preis erst nach Erbringung der Dienstleistung festgelegt werden. In solchen Fällen werden in der Regel Verträge geschlossen, bei denen Entgelte für die zeitliche Inanspruchnahme der Dienstleistungskapazitäten und die Art der Kundenbeteiligung beim Erstellungsprozeß vereinbart werden. Da der Konsument ex ante aber selten zu beurteilen vermag, wieviel Zeit für die Erstellung der Dienstleistung benötigt wird und wie gut er sich im Rahmen der Dienstleistungserstellung mit seinen Fähigkeiten einbringen kann, erhöht dies seine dienstleistungsspezifische Unsicherheit. Unabhängig davon, ob der endgültige Gesamtpreis für die Dienstleistung vor deren Bezug feststeht oder nicht, bedingt die Immaterialität, daß der Kunde die Qualität der erbrachten Leistung vielfach nicht im vorhinein beurteilen kann. Mehr als im Sachgüterbereich dient dem Kunden daher das **Preisniveau als Ersatzkriterium zur Qualitätsbeurteilung**.

Mit der Preispolitik wird gleichzeitig versucht, die sich aus den Dienstleistungsbesonderheiten ergebenden Herausforderungen an die Unternehmensführung zu überwinden. So wird in vielen Fällen versucht, durch **Preisdifferenzierung** (vgl. drittes Kapitel, Abschnitt 3.1422) eine zeitliche Anpassung der schwankenden Dienstleistungsnachfrage an die starre Dienstleistungskapazität zu erreichen. Aufgrund der bei den meisten Dienstleistungen fehlenden Lagermöglichkeit der zur Produktion bereitstehenden Potentiale wird durch eine Preisdifferenzierung in erster Linie eine optimale Potentialauslastung beziehungsweise die Vermeidung von Leerkosten angestrebt. Durch eine zeitliche Preisdifferenzierung können in nachfrageschwachen Zeiten (zum Beispiel Nebensaison oder Wochenende im Hotelgewerbe) günstigere Tarife angeboten werden. Zudem kann auch die dem Dienstleistungsunternehmen zur Verfügung stehende zeitliche Dispositionsfreiheit (vgl. Abbildung 5-3) über eine Preisreduzierung entlohnt werden (zum Beispiel Konzert: Vorverkauf versus Abendkasse). Als weitere Formen der Preisdifferenzierung sind die räumliche (zum Beispiel unterschiedliche Bepreisung einzelner Flughäfen für Urlaubsreisen), die abnehmerorientierte (zum Beispiel nach Alter) und die quantitative (zum Beispiel Mehrfachkarten für den Personennahverkehr) Preisdifferenzierung zu nennen. Die Preisdifferenzierungsformen werden häufig miteinander verknüpft und in Kombination mit einer Leistungsdifferenzierung eingesetzt. Im letzteren Fall wird auch von leistungsbezogener Preisdifferenzierung (Faßnacht 1996, S. 67 f.) gesprochen.

Preisdifferenzierungskombinationen finden auch bei einer **ertragsorientierten Preis-Mengen-Steuerung (Yield Management**, vgl. drittes Kapitel, Abschnitt 3.1433) in Dienstleistungsbetrieben mit unflexiblen Kapazitäten und hohen Fixkosten Anwendung (zum Beispiel Fluglinien, Transport- und Reiseunternehmen). Die zeitliche Preisdifferenzierung in Verbindung mit Yield-Management-Systemen führt aufgrund der spezifischen Merkmale von Dienstleistungen (zum Beispiel Verfall ungenutzter Kapazitäten als Folge der Nichtlagerfähigkeit) oft zu der in Abbildung 5-3 dargestellten Preisentwicklung.

Eine weitere preispolitische Option ist das sogenannte **Pricebundling** (Simon 1992; Diller 1993), also das Bündeln von einerseits reinen Servicepaketen (zum Beispiel Skiurlaub mit Skipass und Skikurs) und andererseits von Paketen aus Sachleistungen und Dienstleistungen (zum Beispiel Autokauf mit umfangreichen Garantie- und Versicherungsleistungen). Mittels dieser Vorgehensweise sollen, wie bei der Preisdifferenzierung, Dienstleistungspotentiale ausgelastet werden. Weiterhin soll beim Kunden durch Programmpakete aus einer Hand eine Reduktion des empfundenen Risikos und eine Verringerung der Markttransparenz erzielt werden.

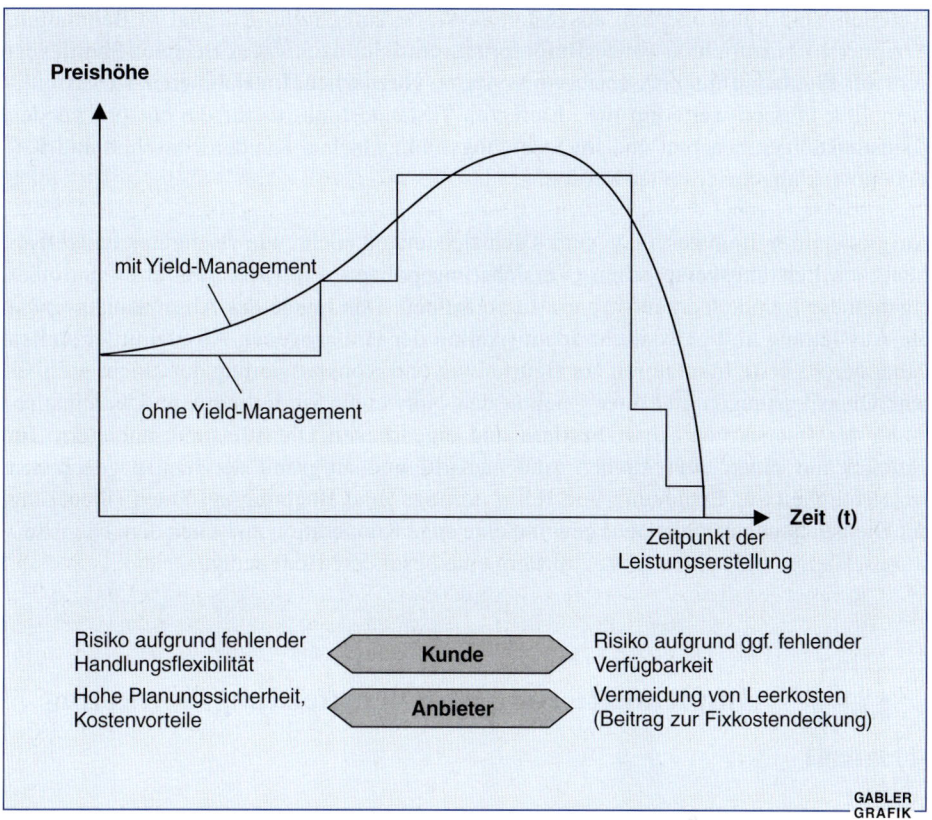

Abbildung 5-3: Zeitliche Preisdifferenzierung bei Dienstleistungen

1.55 Distributionspolitik

Im Rahmen der Distributionspolitik sind Entscheidungen über Art und Ausgestaltung der Absatzwege sowie bezüglich der Zahl der einzuschaltenden dienstleistungsvermittelnden und -produzierenden lokalen Markteinheiten zu treffen. Die Entscheidung hängt dabei von der Art der Dienstleistung, von konsumentenbezogenen Faktoren und von den Kosten der einzelnen Vertriebs- und „Produktions"-Alternativen ab.

Dabei werden folgende Ziele angestrebt: Zum einen soll ein der Bedarfsperiodizität entsprechender Distributionsgrad der Dienstleistung Präsenz und Erreichbarkeit sicherstellen. Neben diesem quantitativen Aspekt muß bei den meisten Dienstleistungen noch der qualitative Aspekt der Integration des externen Faktors berücksichtigt werden: Um die problemadäquate Integration des externen Faktors in den Produktionsprozeß sicherzustellen, sind kundengerecht ausgestattete Warteräume (zum Beispiel in Bahnhöfen, Arztpraxen) einzurichten sowie Beförderungseinrichtungen (zum Beispiel Shuttleverkehr auf Flughäfen) und Reservierungssysteme vorzusehen. Im Rahmen der Distributionspolitik müssen weiterhin die „Lieferzeit" (Standortpolitik) für die entsprechenden Dienstleistungen beachtet und im Spannungsfeld zwischen Kundenwünschen und Kostenentwicklung ausgestaltet werden.

Aufgrund ihrer Immaterialität sind Dienstleistungen nicht wie Sachgüter handelbar. Lediglich Leistungsversprechen (Versicherungspolicen, Eintrittskarten etc.) sind über eigene oder fremde Verkaufsorgane zu vertreiben. Das Image des Absatzkanals sowie die Ausstattung und persönliche Identifikation der einbezogenen Absatzmittler stellen daher bereits erste Indikatoren zur Beurteilung und Konkretisierung der „nicht greifbaren" Dienstleistungen und ihrer Qualität dar. Notwendig ist deshalb eine Übereinstimmung des Images von Absatzmittlern und eigentlichen Dienstleistungsanbietern. Im Hinblick auf einen einheitlichen Außenauftritt und aufgrund der häufig gegebenen Notwendigkeit zur Errichtung von Reservierungs- und Buchungssystemen (Steuerung der Dienstleistungskapazitäten) gewinnt eine enge Kooperation zwischen dem Dienstleistungsersteller und seinen Absatzmittlern eine besondere Bedeutung.

1.6 Implementierung des Dienstleistungsmarketing

Der Erfolg von Dienstleistungsunternehmen hängt in wesentlichem Maße von der Implementierung der Marketingkonzeption ab. Die Implementierung umfaßt dabei zum einen die Umsetzung in Form von Spezifizierungsvorgängen sowie die Durchsetzung im Sinne von Akzeptanzförderungsmaßnahmen.

Im Rahmen der Umsetzung stellt sich das Problem der Spezifizierung von Potentialen, Prozessen und Ergebnissen. Während die Potentiale, ähnlich wie im Konsumgüterbereich, in der Regel hinreichend genau definiert werden können, ist die Spezifizierung auf der Prozeß- und Ergebnisebene wegen der – mitunter beabsichtigten – Heterogenität dieser Ebenen oft mit erheblichen Schwierigkeiten verbunden.

Die Durchsetzung von Marketingkonzeptionen gestaltet sich im Diensleistungsbereich wiederum schwieriger als im Konsumgüterbereich, da bei Dienstleistern die in der Unternehmenshierarchie am weitesten unten angesiedelten Mitarbeiter den meisten Kundenkontakt haben und in sehr starkem Maße die Qualität der Dienstleistung bestimmen. Deren persönliche Fähigkeiten entscheiden im Erstellungsprozeß der Leistung über den Erfolg der Dienstleistungsstrategie. Daher gilt es im Rahmen des **internen Marketing** sicherzustellen, daß die Ressource Humankapital den Unternehmenszielen entsprechend informiert, instruiert und motiviert wird. Hiermit soll letztlich eine spezifische Dienstleistungskultur (Servicementalität) und **hohe Zufriedenheit auf seiten der Mitarbeiter** geschaffen werden, die sich durch den engen Kontakt mit den Kunden auf diese übertragen soll (vgl. Meffert 1998).

Zur Implementierung stehen mit planungstechnokratischen, strukturorientierten und kulturorientierten Ansätzen drei verschiedene, einander ergänzende Konzepte zur Verfügung. Der Einsatz dieser Konzepte ist in hohem Maße von der Art des Dienstleistungsanbieters beziehungsweise von der Ausprägung der von ihm angebotenen Leistungen abhängig. Die Eignung der Ansätze wird dabei wesentlich durch den Interaktions- und Individualisierungsgrad der Leistung bestimmt. Empfehlungen zu Strukturen, Kulturen und Systemen können daher immer nur für einen bestimmten Dienstleistungstyp ausgesprochen werden (Meffert/Bruhn 1997, S. 487 ff.).

Planungstechnokratische Ansätze, die eine Abstimmung durch Plan- und Sollvorgaben anstreben und Systeme in den Vordergrund stellen, bieten sich bei niedrigen Individualisierungsgraden der Dienstleistung und damit hohen Standardisierungspotentialen an, wie dies zum Beispiel beim Gütertransport oder im Bereich der Systemgastronomie der Fall ist.

Kulturorientierte Konzepte basieren auf der integrierenden Wirkung gemeinsamer Werte, Verhaltensnormen sowie Denk- und Handlungsweisen der Mitarbeiter. Sie eignen sich insbesondere für stark interaktive und individualisierte Dienstleistungen wie zum Beispiel die Leistungen von Unternehmensberatungsgesellschaften und Anwaltssozietäten.

Strukturorientierte Koordinationskonzepte streben eine Abstimmung der Unternehmensaktivitäten durch ein direktes Zusammenwirken von Entscheidungsinstanzen an. Die Implementierung wird bei diesem Ansatz durch eine entsprechende Ausgestaltung von Aufbau- und Ablaufstrukturen (Organisationsstruktur) unterstützt. Dieses Konzept ist vergleichsweise umfassend in seiner Eignung zur Erfüllung von Implementierungsaufgaben.

1.7 Zukünftige Entwicklung des Dienstleistungsmarketing

Nach der Phase der Herausbildung eines institutionellen Dienstleistungsmarketing ist künftig wiederum ein stärkeres Zusammenwachsen dieses sektoralen Ansatzes mit dem Konsumgüter- und Investitionsgütermarketing zu erwarten, da der Anteil von Value-Added-Services in Sachleistungsangeboten zunimmt.

Die Marketingaktivitäten im Dienstleistungsbereich sind den Veränderungen im Konsumentenverhalten (zum Beispiel Individualisierung, Wertewandel) anzupassen (vgl. zweites Kapitel, Abschnitt 2.21). Den gestiegenen Ansprüchen der Konsumenten an die Dienstleistungsqualität ist durch ein umfassendes Qualitätsmanagement zu begegnen. Bei der Angebotsgestaltung im Freizeitbereich sind der Convenience-Gedanke und die aktive Gestaltung der Freizeit des Konsumenten (Freizeitmarketing) besonders zu berücksichtigen. Weiterhin ist ein Trend zur Internationalisierung von Dienstleistungen zum Beispiel im Finanzdienstleistungsbereich aber auch bei Unternehmensberatungen und im Gastronomiegewerbe zu erkennen, dem Unternehmen teilweise durch franchiseorientierte Multiplikation erfolgreicher Dienstleistungskonzepte Rechnung tragen. Gleichzeitig ist ein Zusammenwachsen verschiedener Dienstleistungsmärkte zu verzeichnen, wodurch kooperative Problemlösungen als wettbewerbsstrategische Optionen an Bedeutung gewinnen, wie dies zahlreiche Beispiele vor allem bei Finanzdienstleistungen eindrucksvoll belegen.

Das Zusammenwachsen der Märkte begünstigt in Verbindung mit computergestützten Informationssystemen auch die Zunahme von Dienstleistungsverbünden (Strategische Allianzen), die im Rahmen der Leistungspolitik angeboten werden, wie zum Beispiel der Leistungsverbund von Fluggesellschaften und Autovermietungen. Der Trend zur Elektronisierung von Dienstleistungen zum Beispiel im Bereich des Electronic-Banking unterstützt zudem die von Unternehmen angestrebte Customization (Individualisierung) von Leistungen und eröffnet zugleich Rationalisierungspotentiale. Die Customization erfolgt häufig durch die kundenindividuelle Verknüpfung standardisierter Leistungsmodule. Die verstärkte Einbeziehung des Konsumenten in den Dienstleistungserstellungsprozeß („Customer as co-producer") stellt einen weiteren Weg dar, den Individualisierungsansprüchen der Konsumenten mit innovativen Dienstleistungskonzepten Rechnung zu tragen.

Literaturhinweise

Baron, S., Harris, K. (1995), Services Marketing. Text and Cases, Houndsmill u. a.
Benkenstein, M., Weichelt, K. (2000), Divergenzen in der Qualitätswahrnehmung zwischen Kunden und Mitarbeitern – Ansätze zur Gestaltung kundenwertgerechter Dienstleistungen in: Bruhn, M., Stauss, B., Dienstleistungsmanagement 2000 – Kundenbeziehungen im Diensteleistungsbereich, Wiesbaden, S. 47–72.
Bieberstein, I. (1998), Dienstleistungsmarketing, 2. Aufl., Ludwigshafen.
Bruhn, M., Stauss, B. (Hrsg.) (1995), Dienstleistungsqualität, 2. Aufl., Wiesbaden.
Diller, H. (1993), Preisbaukästen als preispolitische Option, in: Wirtschaftswissenschaftliches Studium, 22. Jg., Nr. 6, S. 270–275.
Faßnacht, M. (1996), Preisdifferenzierung bei Dienstleistungen: Implementationsformen und Determinanten, Wiesbaden.
Graumann, J. (1983), Die Dienstleistungsmarke, München u. a.
Grönroos, C. (1990), Service Management and Marketing, Lexington.
Heskett, J. L. (1986), Managing in the Service Economy, Boston.
Heskett, J. L (1988), Management von Dienstleistungsunternehmen, Wiesbaden.
Heskett, J. L. (1994), Putting the service-Profit chain to Work, in: Harvard Business Review, No. 2, S. 164–174.
Hilke, W. (1989), Grundprobleme und Entwicklungstendenzen des Dienstleistungs-Marketing, in: Hilke, W. (Hrsg.), Dienstleistungsmarketing, Wiesbaden, S. 5–44.
Kotler, P., Bloom, P. N. (1984), Marketing Professional Services, Englewood Cliffs/N. J.
Kurtz, D. L., Clow, K. E. (1998), Services Marketing, New York u. a.
Lovelock, C. H. (Hrsg.) (1991), Services Marketing, 2. Aufl., Englewood Cliffs/N. J.
Magrath, A. J. (1986), When Marketing Services 4 Ps Are Not Enough, in: Business Horizons, May/June, 29. Jg., S. 44–50.
Meffert, H. (1994), Dienstleistungsmarketing, in: Tietz, B., Köhler, R., Zentes, J. (Hrsg.), Handwörterbuch des Marketing, 2. Aufl., Stuttgart, S. 454–469.
Meffert, H. (1998), Dienstleistungsphilosophie und Kultur, in: Meyer, A. (Hrsg.), Handbuch Dienstleistungsmanagement – Band 1, Stuttgart, S. 121–138.
Meffert, H., Bruhn, M. (1997), Dienstleistungsmarketing, 2. Aufl., Wiesbaden.
Meyer, A. (1994), Dienstleistungsmarketing, 6. Aufl., Augsburg.
Parasuraman, A., Zeithaml, V. A., Berry, L. L. (1988), SERVQUAL: A Multiple-Item Scale for Measuring Consumer Perceptions of Service Quality, in: Journal of Retailing, Vol. 64, No. 1, S. 12–40.
Scheuch, F. (1982), Dienstleistungsmarketing, München.
Schulz, H. S. (1993), Dienstleistungswerbung – Ursachen, Anforderungen und Lösungsansätze der externen Massenkommunikation von Dienstleistungsunternehmen am Beispiel ausgewählter Print-Kampagnen, in: Jahrbuch der Absatz- und Verbrauchsforschung, S. 139–164.
Simon, H. (1992), Preismanagement: Analyse, Strategie, Umsetzung, 2. Aufl., Wiesbaden.
Stauss, B., Schulze, H. S. (1990), Internes Marketing, in: Marketing, Zeitschrift für Forschung und Praxis, 12. Jg., Nr. 3, S. 149–158.
Zeithaml, V. A. (1981), How Consumer Evaluation Processes Differ between Goods and Services, in: Donelly, J. H., George, W. R. (Hrsg.), Marketing of Services, Chicago, S. 186–190.

2. Gegenstand und Besonderheiten des Handelsmarketing

2.1 Abgrenzung und Besonderheiten des Handelsmarketing

Die Abgrenzung eines Handelsbetriebes als Objekt des Handelsmarketing ist nicht unproblematisch. In der amtlichen Statistik, der ökonomischen und der juristischen Literatur finden sich unterschiedliche Definitionen. Dabei steht einerseits das Herbeiführen eines Güteraustausches im Mittelpunkt (Handel im funktionalen Sinne), andererseits werden stärker die Betriebe, die sich mit diesem Austausch beschäftigen, analysiert (Handel im institutionellen Sinne). Vor diesem Hintergrund soll hier der institutionellen Definition von Müller-Hagedorn gefolgt werden, **der vier zentrale Merkmale eines Handelsbetriebs** herausarbeitet:

- „Wesentlich für einen Handelsbetrieb ist **das Herbeiführen von Austauschprozessen**. Dies setzt keine Verkaufsstellen im traditionellen Sinne voraus. Handel kann auch über Automaten, über das Telefon oder im Tür-zu-Tür-Verkauf realisiert werden.

- Die Leistung, die Handelsbetriebe für ihre Abnehmer erbringen, besteht nicht nur in der Übergabe von **Sachgütern**, sondern erstreckt sich in mehr oder minder großem Maße auf **Dienstleistungen** (zum Beispiel Reifenmontage, Änderungen von Textilien, Pläne für die Gartengestaltung). Die Dienstleistungen sollen entweder den Verkauf der Sachgüter unterstützen oder gelten als eigenständige Umsatzträger (zum Beispiel Vermittlung von Reisen). Viele Handelsbetriebe haben erfolgreich auf bestimmte Dienstleistungen verzichtet (zum Beispiel Abholmärkte auf die Zustellung der Waren).

- Handelsbetriebe bieten ihre Leistungen nicht nur **privaten Haushaltungen** an, sondern auch **gewerblichen Nachfragern** (…).

- Handelsbetriebe **verändern die Güter im physischen Sinne nur in beschränktem Maße** (handelsübliche Manipulationen, wie zum Beispiel das Rösten von Kaffee, das Zerlegen und Verarbeiten von Fleisch). Werden die Güter gekauft, um sie in andere Produkte einzubauen, die dann weiter veräußert werden, wird man im Regelfall nicht mehr von einem Handelsbetrieb sprechen." (Müller-Hagedorn 1993, S. 19f.)

Anknüpfend an das dritte Merkmal kann weitergehend zwischen **Einzelhandels- und Großhandelsbetrieben** unterschieden werden. Letztere veräußern Leistungen ausschließlich an Wiederverkäufer, Wiederverarbeiter, gewerbliche Verwender oder Großverbraucher und werden im folgenden nicht näher betrachtet (Tietz 1993, S. 1404 ff.). Darüber hinaus kann die Vielzahl der Erscheinungsformen von Einzelhandelsbetrieben nach **Betriebsformen und -typen** systematisiert werden. Die Betriebsform (zum Beispiel Warenhaus, Fachhandel, Discounter) und der Betriebstyp (zum Beispiel versorgungsorientierte Vorstadt-Warenhausfiliale versus erlebnisorientiertes Weltstadt-Warenhaus) ist Ausdruck einer strategischen Grundsatzentscheidung des Handelsbetriebes über seinen gesamten Marktauftritt.

Hinsichtlich der zentralen Unterscheidungsmerkmale des Einzelhandels- gegenüber dem klassischen Konsumgütermarketing ist zunächst auf die besonderen **Merkmale von Dienstleistungen** zu verweisen (vgl. fünftes Kapitel, Abschnitt 1.2). Auf dieser Basis sind zwei Merkmale besonders hervorzuheben: die hohe **Bedeutung des Personals** und die **Standortgebundenheit**. Der direkte, unmittelbare Kontakt zum Kunden (Integration des externen Faktors) führt im Einzelhandel zu einer hohen Erfolgsrelevanz des Personals (Tietz 1983, S. 1142 ff.; Burmann 1995a, S. 156 ff.). Die Standortgebundenheit kennzeichnet das räumlich eng begrenzte Einzugsgebiet einer Geschäftsstätte im Handel. Demzufolge kommt der Standortwahl im Einzelhandelsmarketing eine besondere Rolle zu. Dies auch deshalb, weil der Standort in entscheidender Weise die zu erzielenden Umsätze sowie die Höhe und Struktur der Kosten bestimmt.

Neben diesen aus den allgemeinen Dienstleistungsmerkmalen abgeleiteten Besonderheiten ist als zentraler Unterschied zum Konsumgütermarketing auf die **Simultanität der Absatz- und Beschaffungsmarktorientierung** des Einzelhandelsmarketings hinzuweisen (Hansen 1990). Dieses Charakteristikum des Handelsmarketing ergibt sich aus dem konstitutiven Merkmal der Herbeiführung von Austauschprozessen.

2.2 Entwicklung des Handelsmarketing

In der Nachkriegszeit war die Einzelhandelslandschaft durch relativ wenige Betriebsformen und -typen (vgl. Abbildung 5-4) sowie eine Konzentration auf den Wettbewerbsvorteil der Qualität gekennzeichnet. Die klassischen Fachgeschäfte konzentrierten sich auf zumeist einzelne Warengruppen (geringe Marktabdeckung) und profilierten sich durch eine umfassende, fachkompetente Beratung und ein sehr tiefes, qualitativ anspruchsvolles Sortiment (Produktprogramm). Der zentrale Wettbewerbsvorteil der Warenhäuser lag demgegenüber in ihrer breiten Marktabdeckung. Sie boten „Alles unter einem Dach", das heißt ein sehr breites Sortiment mit zumeist über 30 verschiedenen Warengruppen. Der Versandhandel erfüllte im wesentlichen eine Versorgungsfunktion, indem er mit seinem ebenfalls breiten Sortiment diejenigen Kunden bediente, die entweder nicht im Einzugsgebiet einer größeren Stadt lebten oder die Produkte preiswerter erstehen wollten.

Gegenstand und Besonderheiten des Handelsmarketing

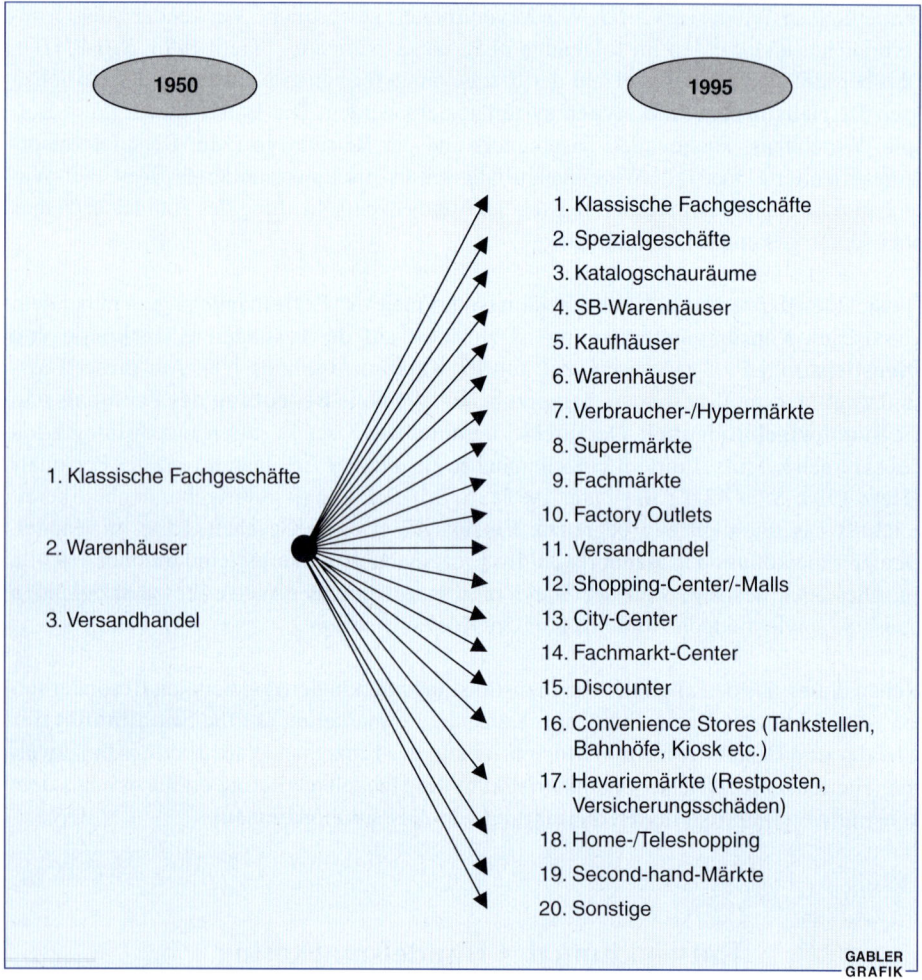

Abbildung 5-4: Betriebsformenentwicklung im deutschen Einzelhandel

Während zu Beginn der fünfziger Jahre vor allem die Warenversorgung im Mittelpunkt des Wettbewerbsgeschehens im Handel stand, änderte sich diese Situation mit der besseren Versorgungslage der Bevölkerung sehr schnell. In den Mittelpunkt des Wettbewerbs im Einzelhandel rückte der Preis. Die **Dominanz des Wettbewerbsparameters Preis** hat sich bis in die neunziger Jahre fortgesetzt. Vor dem Hintergrund dieses Preisdrucks setzte im Einzelhandel ein bis heute ungebremster **Konzentrationsprozeß** ein. Während 1961 ein Prozent der Einzelhandelsunternehmen lediglich 38 Prozent des Einzelhandelsumsatzes in Deutschland auf sich vereinten, lag dieser Anteil 1990 bereits bei 51 Prozent (Müller-Hagedorn 1993, S. 29). Ziel bei der Bildung größerer Unternehmenseinheiten ist dabei in erster Linie die Realisierung von Größenvorteilen in der Beschaffung. Die Dominanz des Wettbewerbsparameters Preis wird dadurch verstärkt, daß preisaggressive Betriebsformen wie zum Beispiel die Fachmärkte und Discounter in den letzten Jahren kontinuierliche Marktanteilsgewinne verzeichnen konnten (vgl. Abbildung 5-5).

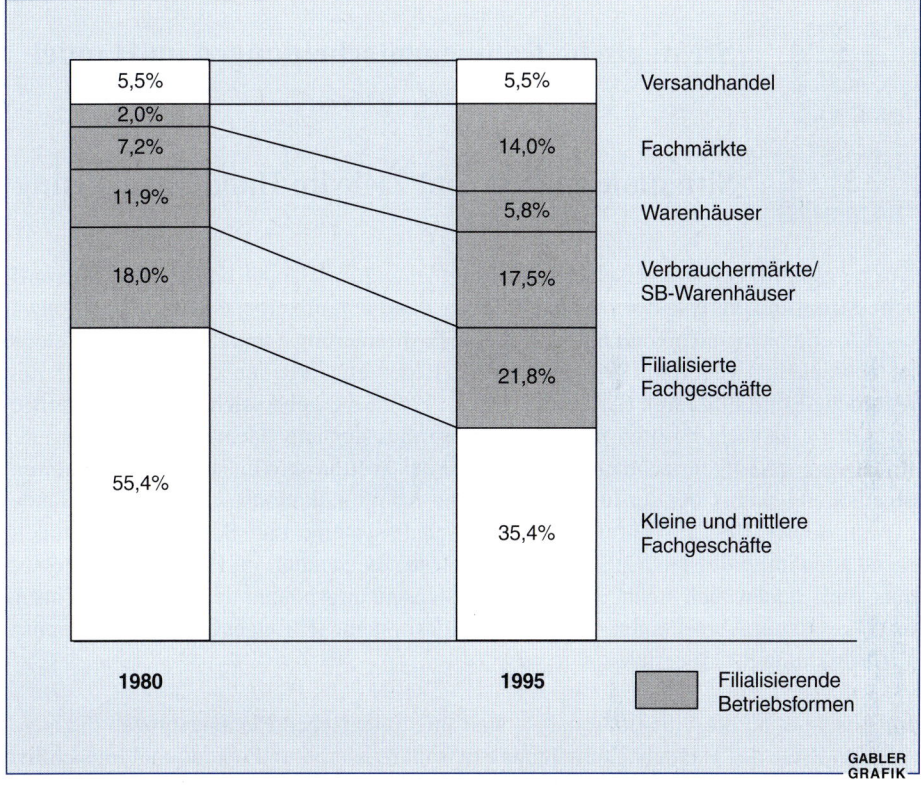

Abbildung 5-5: Entwicklung der Marktanteile der Betriebsformen im deutschen Einzelhandel (1980 bis 1995)
(Quelle: Ifo-Institut für Wirtschaftsforschung, München)

Neben der Fokussierung auf den Preis ist im Einzelhandel eine starke **Differenzierung der Betriebsformen** zu beobachten (vgl. Abbildung 5-4). Diese Entwicklung zu einer immer stärkeren Aufsplitterung der Erscheinungsformen beziehungsweise strategischen Ausrichtung von Einzelhandelsbetrieben entspricht der Fragmentierung vieler Konsumgütermärkte (vgl. viertes Kapitel, Abschnitt 3.1) und ist letztlich das Resultat eines zunehmend individualisierten Konsumentenverhaltens.

Die einseitige Preisorientierung, die wachsende Konzentration und die ausgeprägte Differenzierung der Betriebsformen stellen das Marketing im Einzelhandel vor besondere Herausforderungen. In diesem Zusammenhang war in der Vergangenheit im Handel oftmals ein **verkürztes Marketingverständnis** vorherrschend, denn strategische Entscheidungen wurden allzu oft zugunsten kurzfristiger Aktionen und Maßnahmen vernachlässigt.

2.3 Strategische Rahmenentscheidungen im Handel

2.31 Situationsanalyse und Ziele im Handelsmarketing

Ausgangspunkt der strategischen Marketingplanung im Handel bildet eine **systematische Situationsanalyse** externer und interner Faktoren, um eigene Stärken und Schwächen zu erkennen und hierauf aufbauend eine Positionierungs- und Profilierungsstrategie zu entwickeln (Rudolph 1993). Besondere Bedeutung erhalten dabei in letzter Zeit rechtliche Einflußfaktoren (Ahlert/Schröder 1996). So ergeben sich aus der Liberalisierung der Ladenschlußzeiten und insbesondere aus der angedachten Abschaffung des Rabattverbotes folgenreiche Implikationen für den Wettbewerb im Handel. Hinzu kommt eine hohe Dynamik bei der Informations- und Kommunikationstechnologie im Handel (Trommsdorff 1995). Während Warenwirtschaftssysteme und Scannerkassen zunehmend auch im mittelständischen Handel ein fester Bestandteil im Handelsalltag geworden sind, lassen sich noch erhebliche Kostensenkungspotentiale durch den Einsatz EDV-gestützter Abrechnungs- und Distributionssysteme (Efficient Consumer Response; vgl. Abschnitt 2.325) erzielen.

Im Anschluß an die Situationsanalyse sind im strategischen Planungsprozeß die angestrebten **Ziele** des Handelsunternehmens zu konkretisieren und operational hinsichtlich Inhalt, Ausmaß, Zeit- und Segmentbezug festzulegen. Neben Marktstellungszielen (zum Beispiel lokaler Marktanteil) kommt im Einzelhandel der **Flächenproduktivität** (Umsatz beziehungsweise Deckungsbeitrag pro Quadratmeter Verkaufsfläche) und der **Personalproduktivität** (Umsatz beziehungsweise Deckungsbeitrag je Mitarbeiter) als ökonomische Zielgrößen eine herausgehobene Bedeutung zu (Burmann 1995a). Dies ist einerseits auf den Engpaß hinsichtlich qualitativ hochwertiger Verkaufsflächen (Standortqualität) und andererseits auf die herausgehobene Bedeutung der Personalkosten in der Kostenstruktur des Handels zurückzuführen.

Neben Markt- und Rentabilitätszielen gewinnen im Handel auch zunehmend **psychographische Zielvorgaben** an Bedeutung. Hierbei soll über die Gestaltung eines unverwechselbaren **Einkaufsstättenimages** (Heinemann 1974; Heemeyer 1981; Theis 1992) und einer hohen **Kundenzufriedenheit** (Töpfer 1996) eine langfristige Einkaufsstättentreue erreicht werden.

In der Zusammenarbeit zwischen Herstellern und Einzelhandel ergeben sich dabei insoweit **Zielkonflikte**, als der Handel grundsätzlich bestrebt ist, seine Einkaufs- oder Geschäftsstätte zu profilieren, wohingegen der Hersteller primär an der Profilierung seiner Produkte beziehungsweise Marken interessiert ist. Weitere Zielkonflikte ergeben sich aus der Frage nach der Aufteilung der durch den Verkauf der Waren an den Endverbraucher erzielten Erlöse. Hersteller und Einzelhandel streben danach, einen möglichst großen Anteil dieser Erlöse für sich zu vereinnahmen.

2.32 Strategische Grundkonzeption im Handel

Aus den Unternehmenszielen wird die strategische Grundkonzeption abgeleitet. Die strategische Grundkonzeption im Handel umfaßt im wesentlichen die Basisstrategien der Marktabdeckung, die strategische Sortimentsplanung, die Standortstrategien, die Wettbewerbsstrategien, die vertikalen Strategien sowie die Betriebsformen und -typenstrategien.

2.321 Basisstrategien der Marktabdeckung

Bei der Bestimmung des Umfangs des Geschäftsfeldes lassen sich idealtypisch die folgenden **sechs Basisstrategien** zur Marktabdeckung unterscheiden:

- **Volle Sortiments- und Zielgruppenabdeckung**
  Alle Sortimentsbereiche werden über alle Zielgruppen angeboten (zum Beispiel traditionelles Warenhaus der siebziger Jahre).

- **Sortiments- und Zielgruppen-Konzentration**
  Es wird nur ein Sortimentsbereich für eine Zielgruppe angeboten (zum Beispiel spezialisiertes Krawattengeschäft für anspruchsvolle Geschäftsleute mit hohem Einkommen) oder ein Lebensmittelgeschäft, das sich auf Kunden mit knapper Zeit und ausgeprägtem Wunsch nach Bequemlichkeit (Convenience) konzentriert (vgl. Insert 5-1).

- **Sortiments-Spezialisierung**
  Es wird ein Sortimentsbereich über alle Zielgruppen angeboten (zum Beispiel Lebensmittel bei Rewe oder Edeka).

- **Zielgruppen-Spezialisierung**
  Es werden Sortimente aus mehreren Branchen für eine spezifische Zielgruppe angeboten (zum Beispiel Hennes+Mauritz).

Spars neue Tante Emma

In Hamburg testet die Spar einen Convenience-Shop / Von Ulrike Vongehr

Premiere: Rote Plakate machen auf den neuen Spar-Convenience-Shop aufmerksam, der Dienstag in Hamburg-Lurup eröffnete.
Fotos: Carsten Milbret

Den Einstieg in das boomende Convenience-Geschäft hatte die Spar Handels-AG schon lange vor. Nach dem Abschied von Sügro ging es plötzlich ganz schnell. Innerhalb von nur drei Monaten wurde das Konzept für die Vertriebsschiene „Spar express" entwickelt, deren Pilotbetrieb am vergangenen Dienstag in Hamburg-Lurup startete. Erst im Sommer hatte Lekkerland in Hamburg ebenfalls einen Convenience-Testmarkt eröffnet.

Wer von der Hamburger City in Richtung Schenefeld fährt, muß schon genauer hingucken, um die knallig roten, kleinformatigen Plakate an den Hauswänden zu entdecken. „Alles super, Preise normal", steht da zu lesen. Oder: „Näher, schneller, länger". Und, in kleinerer Schrift darunter: „Ab 1.10. wird Einkaufen einfacher. Spar express kommt." Mit klassischer Schweinebauch-Werbung hat das nichts zu tun; eher erinnern die ironischen Seitenhiebe auf die Tankstellen-Konkurrenz an den Wortwitz der Zigaretten-Werbung. Als Antwort auf die wachsenden Erfolge der Mineralölgesellschaften im Handelsgeschäft sei „Spar express" gleichwohl nicht gedacht, betonte Spar-Vorstandsvorsitzender Helmut Dotterweich bei der Eröffnung des Pilot-Marktes am vergangenen Dienstag. Und auch nicht als praktische Verwertungsmöglichkeit für problematische Supermarkt-Standorte, wie bereits mit einiger Häme kolportiert wurde. „Wir reagieren auf den veränderten urbanen Lebensstil der neunziger Jahre", so der Spar-Chef unter Verweis auf die innerhalb der internationalen Spar bereits existierenden Convenience Stores. „Wir sind kein Vergeblichkeitsladen, haben keine überhöhten Preise und beschränken unser Sortiment nicht nur auf Kioskbedarf wie Zeitschriften, Getränke und Süßwaren."

Der Erstling präsentiert sich als Vollsortimenter mit 1400 Artikeln auf seinen exakt 139 qm Verkaufsfläche (maximal sind 150 qm vorgesehen). Daß er sich vom gewohnten Lebensmittelmarkt unterscheidet, merkt man schon von außen: Große Fensterfronten über die ganze Breite des Geschäftes, gänzlich ohne Sonderangebots-Plakatierungen, rechts der Eingang, links am anderen Ende ein separater Ausgang. Auch im Geschäft wird man Sonderplazierungen, Display-Aufbauten, Fremdwerbung vergeblich suchen, „Spar express ist eine Marke, die an allen Standorten sofort wiedererkennbar sein soll", rangiert für Spar-Marketingdirektor Thomas Weiß, in dessen Abteilung das Konzept entwickelt wurde, die CI-Stringenz über allen Werbewünschen der Industrie.

Nicht technische oder logistische Bedürfnisse bestimmen die Laden-Einrichtung, so Dotterweich, sondern der Wunsch der Kunden nach schnellem, bequemem Einkauf. Zielgruppe sind Ein- und Zwei-Personen-Haushalte, vorwiegend jünger (20 bis 40 Jahre) und gut situiert. Aber auch ältere Handelskun-

Angebot für Eilige: Der neue Kleinflächentyp bietet ein stark gestrafftes Vollsortiment von 1400 Artikeln

Angebot an Spirituosen, (Dosen)Getränken und Wein in der Mitte der Verkaufsfläche runden das Angebot ab. Das Produkt-Facing fällt vor allem bei umschlagträchtigen Artikeln ausgesprochen breit aus; ein Tribut an die fehlenden Lager-Kapazitäten (und damit denn doch an die Logistik im Hintergrund).

Auf 30 bis 35 Prozent beziffert Peter De Cillia, Geschäftsführer der eigens gegründeten Tochter-Gesellschaft Flensumma Flensburger Supermarkt GmbH, den Anteil der Convenience-Artikel im engeren Sinne. Aber auch der hohe Anteil von Kleinpackungen sei ein Ausdruck von Kundenorientierung und damit convenience-like. Ermöglicht wird die ungewöhnliche Anordnung der Warengruppen durch den Einsatz freistehender Kühleinheiten, die erstmals Tief- und

den, die sich vom Massenangebot der SB-Warenhäuser überfordert fühlen, hat „Spar express" im Visier.

Deren Verwendungsanlässe bestimmen die Anordnung der Sortimente: So finden sich alle Artikel für den Frühstückstisch gleich am Eingang; Fertiggerichte, Gemüse und Obst in der Mitte des Kundenlaufes, gefolgt von Käse sowie – in der Nähe der Kasse – Wurst- und Fleisch-Waren. Heimtierbedarf, Haushalts- und Drogeriewaren, Süßigkeiten, Zeitschriften sowie ein umfangreiches

Pluskühlung in einem Gerät vereinen und nicht als Kühlblock im Markt stehen, sondern dem jeweiligen Produktumfeld zugeordnet werden können. Auffällig auch die halbrunden Regalflächen an den Köpfen der Gondeln zwecks Transparenz nur 1,40 Meter hohen Mittelgondeln: Sie sollen in Zukunft vorwiegend zur Plazierung der Posten-Artikel genutzt werden, die „Spar express" trotz der erklärten Absage an übertriebene Aktionitis führen will. Auch ein Niedrigpreis-Programm ist vorgesehen.

Die gesamte Ladeneinrichtung (Investitionssumme: rund 250 000 DM) ist in dezenten Weiß- und Anthrazittönen, abgesetzt in der CI Farbe Rot, ist Marke Eigenbau. Das gilt auch für den halbrunden Service-Counter am Ausgang, Herzstück des ganzen Geschäftes. Hier sind nicht nur die beiden Scanner-Kassen zu finden (inklusive Lesegerät für bargellose EC-Cash Zahlung), sondern auch diverse Gastronomie-Angebote vom belegten Brötchen, Salat, Dessert oder Sandwich auf einer Freikühlungsfläche über heiße Spaghetti und Mikrowellengerichte bis zu frischen Backwaren aus dem ebenfalls integrierten Ofen. Bedient wird die Kunde von zwei Vollzeit- und mehreren Teilzeitkräften (insgesamt 3,5 Vollzeit-Stellen) im Schichtdienst. Direkt daneben wurden die Dienstleistungsfunktionen gebündelt: Heißgetränke und Softdrink Automat, öffentliches Telefon inklusive Fax, Fotoservice und – je nach Standort – ein EC-Automat. Dienstleistung und der gastronomische Bereich sollen bis 22 Uhr geöffnet

Herzstück des Ladens: Am Service-Counter gibt es neben Süßwaren und Zigaretten diverse Verzehr-Angebote wie Sandwichs und belegte Brötchen, Spaghetti und Desserts

Frisches in neuen Kühltheken: Frische Milch, abgepackte Wurst- und Fleischwaren gehören ebenso wie Obst und Gemüse zum Sortiment

bleiben, während der übrige Laden wochentags von sieben bis 20 Uhr und samstags von sieben bis 16 Uhr offen hat.

Trotz des erhöhten Service-Anteils und des im Vergleich zum normalen LEH-Geschäft erhöhten Handlingsbedarfs – manche Frische-Produkte werden zweimal täglich geliefert – liegen die Preise auf LEH-Niveau. Dafür werden in puncto Disposition und Inventur Aufwand und damit Kosten gespart: Die Scanner-Kassen sind über ISDN direkt mit der Schenefelder Spar-Zentrale verbunden, von wo aus das vollelektronische Warenwirtschaftssystem Dewas den Wareneinsatz steuert. Ein Marktleiter-Büro im herkömmlichen Sinn gibt es in der Luruper Hauptstraße nicht.

Noch im Oktober soll diesem ersten Pilot-Geschäft an einer stark befahrenen Ausfallstraße ein zweiter Test-Markt folgen, bewußt unter ganz anderen Standort-Bedingungen, nämlich in frequenzstarker Lauflage im berüchtigten Hamburger Arbeiter-Stadtteil Schanzenviertel (Schulterblatt). In wenigen Monaten erhoffen sich die Spar-Manager genügend valides Datenmaterial aus beiden Betrieben, um in die geplante bundesweite Multiplikation einsteigen zu können. Ab Mitte 1997 will Spar-Holding nachdenken. Das Konzept ist ausdrücklich auf Großstädte zugeschnitten, kleine Gegenden kommen als Standorte nicht in Frage. Ideal seien vielmehr Bahnhöfe, Flughäfen, Hauptverkehrsstraßen.

„Jung, frisch, unkompliziert, freundlich", soll ein „Spar express" auf jeden Fall immer daherkommen. So ist denn auch die Kommunikation mit den Kunden ausdrücklich Bestandteil des Konzeptes. Für den Fall, daß einem dabei die Worte fehlen, hat die Zentrale nonverbale Ausdruckshilfen vorgesehen: Am Ausgang hat der Kunde, der seine Zufriedenheit signalisieren will, die Wahl zwischen einer Einkaufstüte mit lachendem „Smily" und einer, auf der das Grinsgesicht eine Träne verdrückt. Fragt sich, von welcher Variante die Spar wohl die höhere Auflage bestellt hat… □

INSERT 5-1: Lebensmittel Zeitung, 04.10.1996, S. 38

- **Selektive Spezialisierung**
  Es werden vereinzelte, unterschiedliche Sortimente für ausgewählte Zielgruppen angeboten (zum Beispiel Textilfilialisten Sinn Leffers, die verschiedene textile Sortimente für mehrere Herren-, Damen- und Jugendzielgruppen anbieten).

- **Multi-Spezialist**
  Diese Option wird vor allem von den Warenhauskonzernen in den neunziger Jahren angewandt. Im Gegensatz zum bisherigen Vollsortiment wird hier gezielt auf ertrags- und kompetenzschwache Warengruppen verzichtet. Statt dessen werden die verbliebenen Warengruppen erweitert und auf Fachgeschäftsniveau geführt (Burmann 1995b). Diese Strategie ermöglicht unterschiedliche Konzepte der Zielgruppenbildung und Ansprache innerhalb einer Geschäftsstätte (zum Beispiel Galeria-Konzept von Kaufhof und Horten).

2.322 Sortimentsstrategien

Die strategische Sortimentsplanung im Handel legt die langfristige Ausrichtung des Sortiments nach qualitativen Aspekten, Konkurrenzaspekten und Lieferantenaspekten fest (Rusche 1991). **Qualitative Aspekte** betreffen im wesentlichen die Preisniveauabstufung, die Bedarfsart, das Verwendungsumfeld und den Erlebnisbereich des Sortiments (Ahlert/Schröder 1990). Der **Konkurrenzaspekt** bezieht sich auf die Frage, ob mit dem Sortiment eine Wettbewerbsvermeidung, eine Anpassungspolitik oder eine Abhebungspolitik verfolgt werden soll. Nach **Lieferantenaspekten** wird ein Sortiment im Hinblick auf die Herkunftsorientierung (zum Beispiel Materialien), die Sortimentspolitik eines Lieferanten oder die konsumentengerichtete Werbung eines Lieferanten (zum Beispiel Anpassung an eine Pull-Strategie) ausgerichtet.

Sofern die Handelsunternehmung über mehrere Filialen verfügt, ist auch eine Entscheidung über den filialübergreifenden **Standardisierungsgrad des Sortimentes** zu treffen (Boyens 1981; Overtheil 1983). Abbildung 5-6 zeigt in diesem Zusammenhang ausgewählte Einflußfaktoren der Standardisierungsentscheidung.

2.323 Standortstrategien

Die Standortstrategien im Handel beeinflussen in nicht unerheblichem Maße den Erfolg und das Image eines Handelsunternehmens (Müller-Hagedorn 1993, S. 110ff.). Als Ziel für die Standortwahl läßt sich die Realisierung einer möglichst hohen Frequenz und eine langfristige Sicherung der Geschäftsstätte formulieren. Dabei sind insbesondere die Bedingungen des jeweiligen Standortes in die Zielplanung einzubeziehen und daraus Standortstrategien für die Geschäftsstätte abzuleiten.

Gegenstand und Besonderheiten des Handelsmarketing

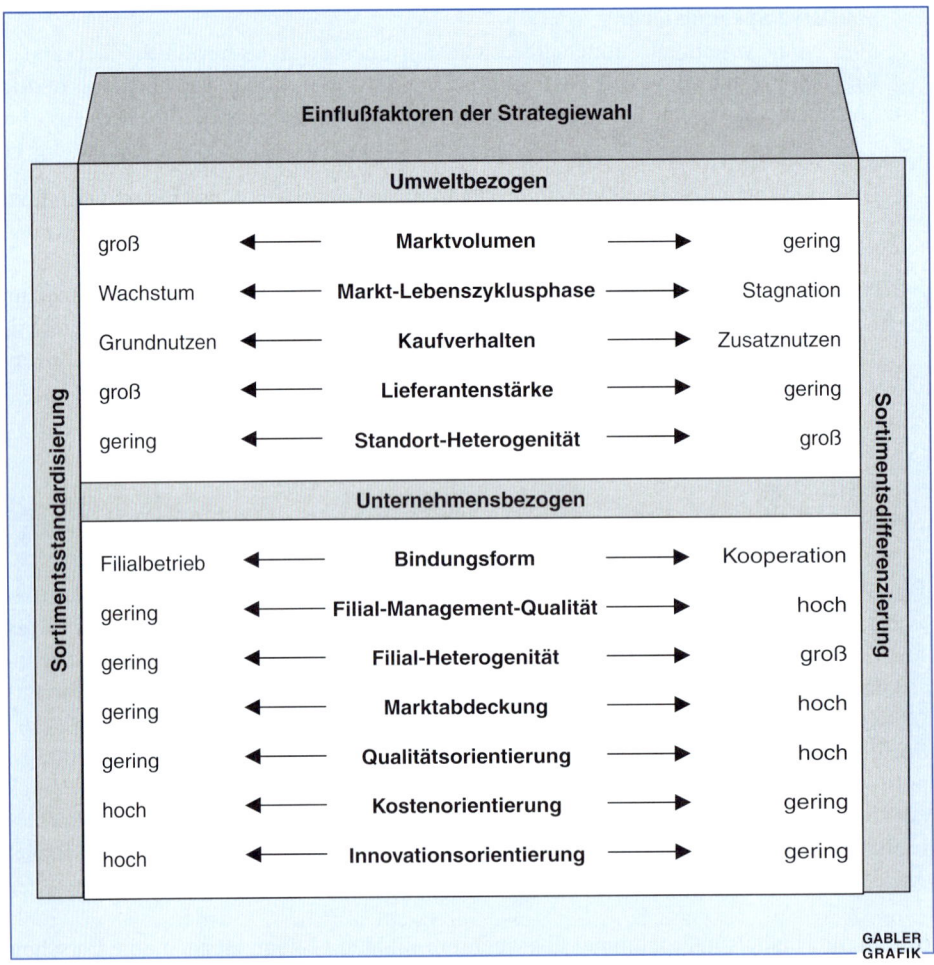

Abbildung 5-6: Zentrale Einflußfaktoren der Sortimentsstandardisierung
(Quelle: Lensker 1996, S. 62)

Die Standortstrategien lassen sich in zwei Hauptbereiche unterteilen, die Standortwahl und die Standortpolitik. Der Bereich der **Standortwahl** befaßt sich mit der Bestimmung neuer und der Beurteilung neuer und bestehender Standorte. Auf der Grundlage der bei einer Standortwahl besonders wichtigen Einflußfaktoren lassen sich unterschiedliche **Standorttypen** abgrenzen (vgl. Abbildung 5-7). Bei filialisierten Handelsunternehmen stellt dabei die Abstimmung der einzelnen Standorte ein zentrales Problem dar. Hier sind neben absatzmarktgerichteten Kriterien insbesondere logistische Aspekte zu berücksichtigen (Filialnetzsteuerung).

	Standorttyp	Häufig bevorzugt von	Bevorzugte Güterarten
Typ 1	In großer räumlicher Nähe zu den Wohnorten der Haushalte, die als Kunden gewonnen werden sollen	Nachbarschaftsgeschäften, Lebensmittelfilialbetrieben	Regelmäßig anfallender Bedarf, Geplante, routinierte Einkäufe, Einkäufe, die zu Fuß erledigt werden
Typ 2	In großer räumlicher Nähe zu Konkurrenzbetrieben	Fachgeschäften (zum Beispiel Möbelhandlungen, Autohäuser)	Güter, deren Beschaffung eine umfassende Informationssuche erfordert
Typ 3	In großer räumlicher Nähe zu Betrieben mit ergänzendem Sortiment	Fachgeschäften, Shopping-Centern	Keine spezifischen Schwerpunkte
Typ 4	In großer räumlicher Nähe zu Passantenströmen	Relativ kleinen Geschäften	Güter mit hohem Impulskaufanteil
Typ 5	Verkehrsgünstig gelegen	Geschäften mit großem Flächenbedarf	Güter mit hohem Flächenbedarf, Einkäufe, die mit dem Auto erledigt werden

Abbildung 5-7: Standorttypen im Einzelhandel
(in enger Anlehnung an Müller-Hagedorn 1993, S. 111)

Im Rahmen der **Standortpolitik** wird versucht, sich den geänderten Standortfaktoren (zum Beispiel Ansiedlung eines großen Shopping-Centers vor den Toren der Stadt, Einführung einer autofreien Innenstadt) anzupassen oder aber diese im eigenen Sinne positiv zu beeinflussen. Dabei muß aber darauf hingewiesen werden, daß eine wirksame Standortpolitik nur in begrenztem Umfang möglich ist.

2.324 Abnehmergerichtete Wettbewerbsstrategien

Unter Bezugnahme auf die zu Beginn des Kapitels dargestellten zentralen Wettbewerbsparameter im Einzelhandel erscheint die Übertragung einer von Porter (1980) entwickelten Systematik auf den Handel naheliegend (vgl. Abbildung 5-8). Einerseits besteht danach die Möglichkeit der Differenzierung vom Wettbewerb durch **Leistungs- (Qualitäts-) oder Kostenvorteile**. Andererseits ist eine Differenzierung durch die Art der Marktabdeckungsstrategie zu erreichen. Besonders problematisch ist dabei eine sogenannte „Stuck in the middle"-Position, in der das Handelsunternehmen über keine klaren

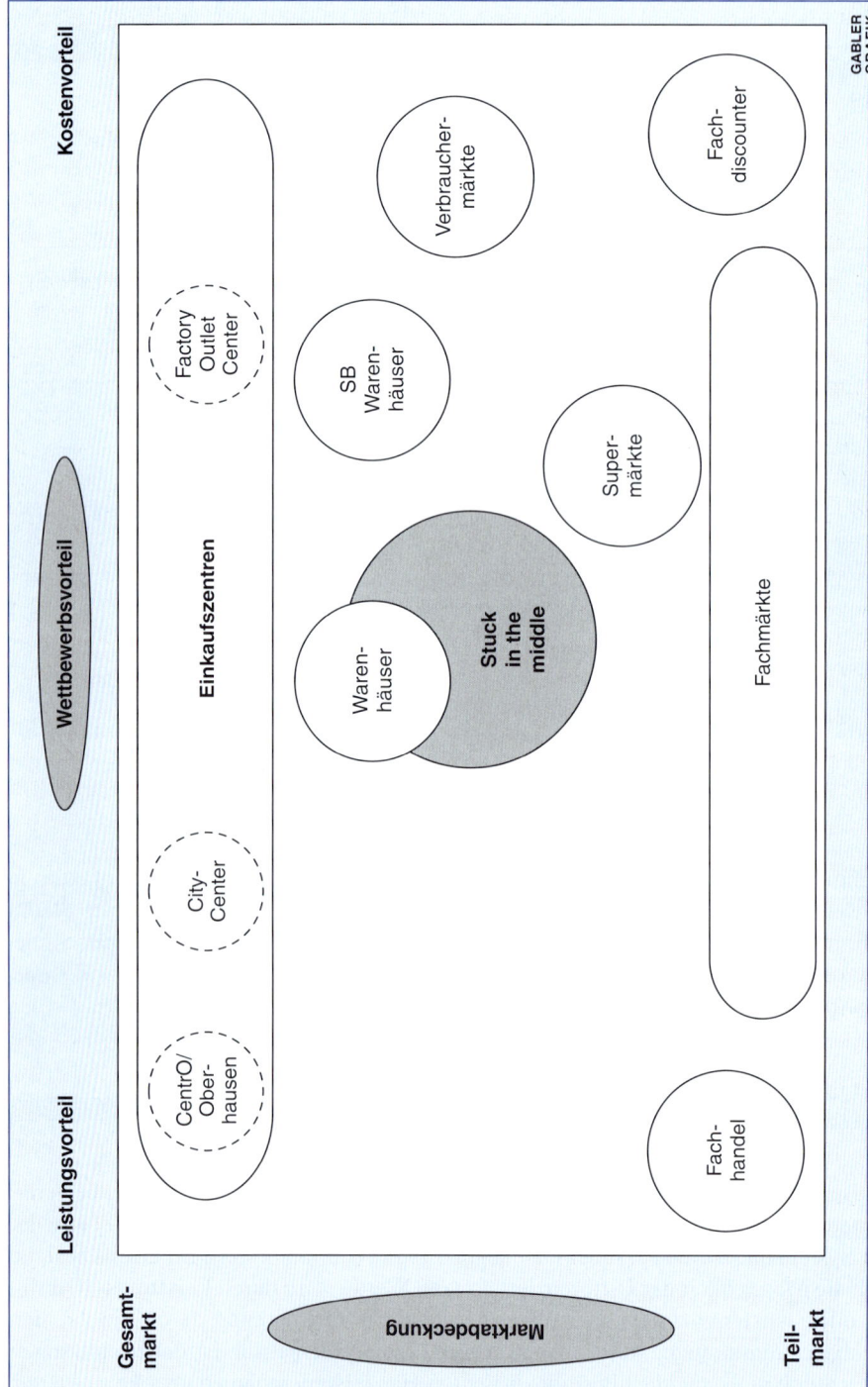

Abbildung 5-8: Wettbewerbsstrategische Positionierung der Betriebsformen im deutschen Einzelhandel (in Anlehnung an Meffert 1985)

Wettbewerbsvorteile verfügt. Der seit über 20 Jahren kontinuierlich rückläufige Marktanteil der Warenhäuser ist nicht zuletzt eine Folge der undifferenzierten Mittelposition dieser Betriebsform.

Ziel der **Kosten- beziehungsweise Preisführerschaft** im Handel ist es, durch Realisierung von Kostenvorteilen die Preise unter das Niveau der wichtigsten Wettbewerber zu senken und dadurch Wettbewerbserfolge zu erzielen. Die Preisführerschaft kann auf dem Gesamtmarkt oder auf einem Teilmarkt (ausgewählte Sortimente oder Zielgruppen) realisiert werden. Beispielhaft sind hier Aldi, Lidl & Schwarz und Schlecker (Fachdiscounter) oder Marktkauf, Real (Verbrauchermärkte) und Famila (SB-Warenhaus) zu nennen.

Die **Leistungsführerschaft** verfolgt demgegenüber das Ziel, durch Schaffung von Sortiments- und Leistungsvorteilen den Ansprüchen der Käufer besser gerecht zu werden. Auch die Qualitätsführerschaft kann auf dem Gesamt- oder Teilmarkt realisiert werden. Während beispielsweise das Shopping-Center CentrO in Oberhausen durch eine hohe Servicequalität und ein sehr breites und tiefes Sortiment die Leistungsführerschaft anstrebt, versucht der klassische Fachhandel dies durch eine fachkompetente und persönliche Beratungsqualität, das Angebot exklusiver Markenprodukte und ein sehr eng auf die Bedürfnisse einer bestimmten Zielgruppe zugeschnittenes Sortiment. Mit der Betriebsform des Fachmarktes wird versucht, in gewissem Maße Leistungs- und Kostenvorteile simultan zu realisieren.

Es wird deutlich, das alle bisher genannten Strategieoptionen (Marktabdeckung, Sortiment und Standort) in die Formulierung von Wettbewerbsstrategien einfließen, um letztlich die Unternehmung klar gegenüber den Wettbewerbern positionieren zu können.

2.325 Vertikale Strategien

Aufgrund der steigenden Wettbewerbsintensität wird den vertikalen Strategien im Handel eine zunehmende Bedeutung eingeräumt (Poirer/Reiter 1997). Damit sind in besonderem Maße die **Beschaffungsstrategien** des Handels angesprochen (Hansen 1990, S. 464 ff.). Die Beschaffungsstrategie des Handels trifft dabei auf das **vertikale Marketing des Herstellers** als eine „über alle Distributionsstufen hinweg koordinierte Steuerung und Regelung marktgerichteter Unternehmensaktivitäten" (Meffert 1975, S. 15). Die in der Regel machtasymmetrische Beziehung zwischen Hersteller und Handel führt hier oft zu zahlreichen **Konflikten**. Dabei kann im allgemeinen unterstellt werden, daß mit zunehmender Tiefe des Absatzkanals eines Herstellers die Zahl und Intensität der Konflikte mit dem Handel ansteigt. Gleiches gilt für sehr breit gegliederte Vertriebssysteme (Meffert et al. 1996).

Die Diskussion um die Nachfragemacht im Lebensmitteleinzelhandel verdeutlicht dabei die Möglichkeiten einer auf Seiten des Handels konsequent ausgerichteten Beschaffungs-

Gegenstand und Besonderheiten des Handelsmarketing

strategie. Dabei sind jedoch wegen der Heterogenität der Handelslandschaft und der enormen Unterschiede der Marktstrukturen verschiedener Branchen kaum konkrete, generalisierbare Aussagen möglich. Deutlich wird jedoch, daß zur Schaffung horizontaler Wettbewerbsvorteile (Leistung versus Kosten) eine entsprechend abgestimmte Beschaffungsstrategie unabdingbar ist.

Der Aufbau von Leistungsvorteilen erfordert zum Beispiel oftmals die Beschaffung bekannter Markenprodukte. Vice versa sind gerade die Hersteller bekannter Marken nur an der Belieferung ausgewählter, den Anforderungen ihrer Markenführung entsprechender Betriebsformen und Handelsunternehmen interessiert. Diesem Konfliktpotential muß im Rahmen der Beschaffungsstrategie Rechnung getragen werden.

Ebenso kann es zur Erzielung von Kostenvorteilen notwendig sein, einen Lieferanten in einem Land mit günstigen Produktionskosten über einen mehrjährigen Liefervertrag fest an das Handelsunternehmen zu binden. Hierdurch kann sich der Lieferant spezialisieren und seine Kostenvorteile weiter ausbauen. Es können umfassende Investitionen in die elektronische Vernetzung mit dem Handelsbetrieb durchgeführt (Kostenvorteil durch die Vermeidung von Zwischenlägern) und die Konkurrenz vom Bezug bei diesem Lieferanten ausgeschlossen werden.

Als Beschaffungsstrategien bezeichnet man demzufolge die bewußte Ausrichtung der Entscheidungen über den Einkauf und die Bereitstellung von Gütern und Dienstleistungen auf die Nutzung vorhandener Marktchancen und die Vermeidung von Marktrisiken. Zu diesem Zweck ist zunächst die Gesamtheit aller potentiellen Lieferanten festzulegen. Die Abgrenzung der Lieferanten erfolgt dabei in sachlicher, räumlicher und zeitlicher Hinsicht. Die anschließende **Lieferantenselektion** unterscheidet zwischen einer vertikalen und einer horizontalen Selektion. Bei der vertikalen Lieferantenselektion steht die Frage im Vordergrund, inwieweit die Ware direkt beim Hersteller oder über den Zwischenhandel zu beziehen ist. Im Rahmen der horizontalen Lieferantenselektion sind ansprechbare Lieferanten zum Beispiel in bezug auf Zuverlässigkeit, Bonität etc. zu bewerten und auszuwählen.

Die **Lieferantenakquisition** schließlich erfolgt in Abstimmung mit der Sortimentsstrategie, der Konditionen- und nicht zuletzt der Kommunikationspolitik des Handelsunternehmens. Den Ausgangspunkt stellt dabei das beschaffungsstrategische Hauptziel dar, die Ermittlung, Beschaffung und Bereitstellung der zur Bedarfsdeckung benötigten Marktleistungen (Güter und Dienste) zu möglichst niedrigen Preisen und günstigen Konditionen.

Zwei alternative Beschaffungsstrategien lassen sich vor diesem Hintergrund wie folgt charakterisieren:

- **Auftragskonzentration (single sourcing)**
  Dem Vorteil günstiger Konditionen steht der Nachteil der hohen Abhängigkeit vom Lieferanten gegenüber. Zudem kann unter einer einseitigen Ausrichtung des Sortiments auch die absatzpolitische Originalität des Warenangebotes leiden.

■ **Breite Lieferanteneinschaltung**
Höheren Einstandspreisen und geringerer Einflußmöglichkeit auf die Lieferanten stehen eine bessere Risikostreuung, stärkere Unabhängigkeit, umfangreicherer Marktzugang und größere Originalität des Sortiments gegenüber.

Zur **operativen Ausgestaltung** der Beschaffungsstrategie gilt es im Handelsunternehmen über ein umfangreiches Parametersystem zu entscheiden. Zentrale Größen sind dabei zum Beispiel Beschaffungsqualität, -menge, -preis, -zeit, -wege und -methode (Hurcks 1994). Diese Aspekte verdeutlichen den engen Zusammenhang zwischen Beschaffungsstrategie und logistischen Entscheidungen im Handel.

Strategische Entscheidungen der **Logistik im Handelsbetrieb** betreffen zum Beispiel die Frage nach Art, Größe und Standorten von Zentral- oder Einzellagern. Zunehmend baut die Logistik im Handel auf **integrierten Warenwirtschaftssystemen** auf, die in vielen Fällen einen zentralen Erfolgsfaktor im Einzelhandel darstellen (Ahlert 1994). Ausschlaggebend für alle logistischen Entscheidungen ist in jedem Fall ihre Ausrichtung an der strategischen Grundkonzeption.

Im Rahmen der Beschaffungsstrategien ist neben der Auswahl und Akquisition der liefernden Unternehmen, den logistischen Entscheidungen, der Festlegung der Kooperationsform und der Funktionsaufteilung zwischen Handelsbetrieb und Lieferant eine entsprechende Form der Absicherung der Beschaffungsentscheidung zum Beispiel durch eine Kontraktstrategie (Vertragsgestaltung) vorzunehmen (Tietz 1994).

Im Rahmen der vertikalen Beziehung zwischen Hersteller und Handel wurden gerade in letzter Zeit zahlreiche Hilfsmittel und neue Konzepte implementiert. Dazu zählen die „Direct Product Profitability" (DPP) Methode (Tröster 1989) und vor allem **Efficient Consumer Response (ECR)** Konzepte. Ziel der ECR-Konzepte ist eine Optimierung der gesamten Lieferkette zwischen Hersteller und Handel (Töpfer 1995). Die enge Kooperation zwischen Hersteller und Handel soll zu einer bedarfsgerechten (den Abverkäufen angepaßten) und kontinuierlichen Warenversorgung (weitgehender Verzicht auf Sonderpreisaktionen) des Handels führen.

Die **Voraussetzungen** zur erfolgreichen ECR-Umsetzung und damit einer schnellen Reaktion des Handels auf die Kundenwünsche ist eine elektronische Vernetzung mit den Lieferanten (Electronic Data Interchange, EDI), die Einrichtung von Warenwirtschaftssystemen mit Scanning-Kassen und ein Category Management (vgl. viertes Kapitel, Abschnitt 4.55). Auf der Grundlage der Erfahrungen im amerikanischen Lebensmitteleinzelhandel und erster europäischer Projekte zeigt sich, daß sich durch ECR hohe Einsparungen erzielen lassen (vgl. Abbildung 5-9). Diese sind im wesentlichen auf die umfassende Information der Hersteller mit aktuellen Abverkaufszahlen, den Abbau von Lägern, die Reduktion von Verkaufsförderungsmaßnahmen und die präzisere Abstimmung der Handelssortimente auf die lokalen Kundenbedürfnisse zurückzuführen.

Gegenstand und Besonderheiten des Handelsmarketing

USA		Deutschland	
ECR-Komponente	Einsparpotential (in % vom Umsatz)	ECR-Komponente	Einsparpotential (in % vom Umsatz)
Efficient Replenishment (EDI, automatisierte Disposition) → Effiziente Wiederbefüllung der Läger und Regale im Handel	4,1	Operative Kooperation (Warenfluß, Bestandsführung, Verwaltung)	2,5
Efficient Store Assortments (Category Management) → bessere Sortimentsstruktur **Efficient Promotion** → weniger und gezieltere Verkaufsförderungsmaßnahmen **Efficient Product Development** → kundenorientierte Neuproduktentwicklung	1,5 4,3 0,9	Marketing-Kooperation (Effiziente Sortimente, Verkaufsförderungsmaßnahmen und Produkteinführungen)	0,9
Gesamte Einsparung	10,8	**Gesamte Einsparung**	3,4

Abbildung 5-9: Einsparpotentiale durch Efficient Consumer Response
(Quelle: Biehl 1995)

2.326 Betriebsformen und -typenstrategien

Die Vielzahl der Erscheinungsformen von Handelsbetrieben hat zu zahlreichen Versuchen einer Klassifikation geführt. **Betriebsformen** sind Kategorien von Handelsunternehmen, die sich hinsichtlich weniger, konstitutiver Merkmale, zum Beispiel Größe der Verkaufsfläche, Sortimentsstruktur, Bedienungsform oder Preisniveau unterscheiden (Algermissen 1976, S. 30; Wöllenstein 1996, S. 15; Barth 1999). Die Handelsbetriebe einer bestimmten Betriebsform werden dabei aufgrund der Ähnlichkeit hinsichtlich der konstitutiven Merkmale von den Konsumenten als gleichartig wahrgenommen (Heinemann 1989, S. 13). Zumeist wird die Betriebsformenabgrenzung mit Bezug auf den Ausschuß für Begriffsdefinitionen aus der Handels- und Absatzwirtschaft (1995) vorgenommen, der unter anderem zwischen Warenhäusern, Fachgeschäften, Verbrauchermärkten und Supermärkten unterscheidet (vgl. Abbildung 5-10).

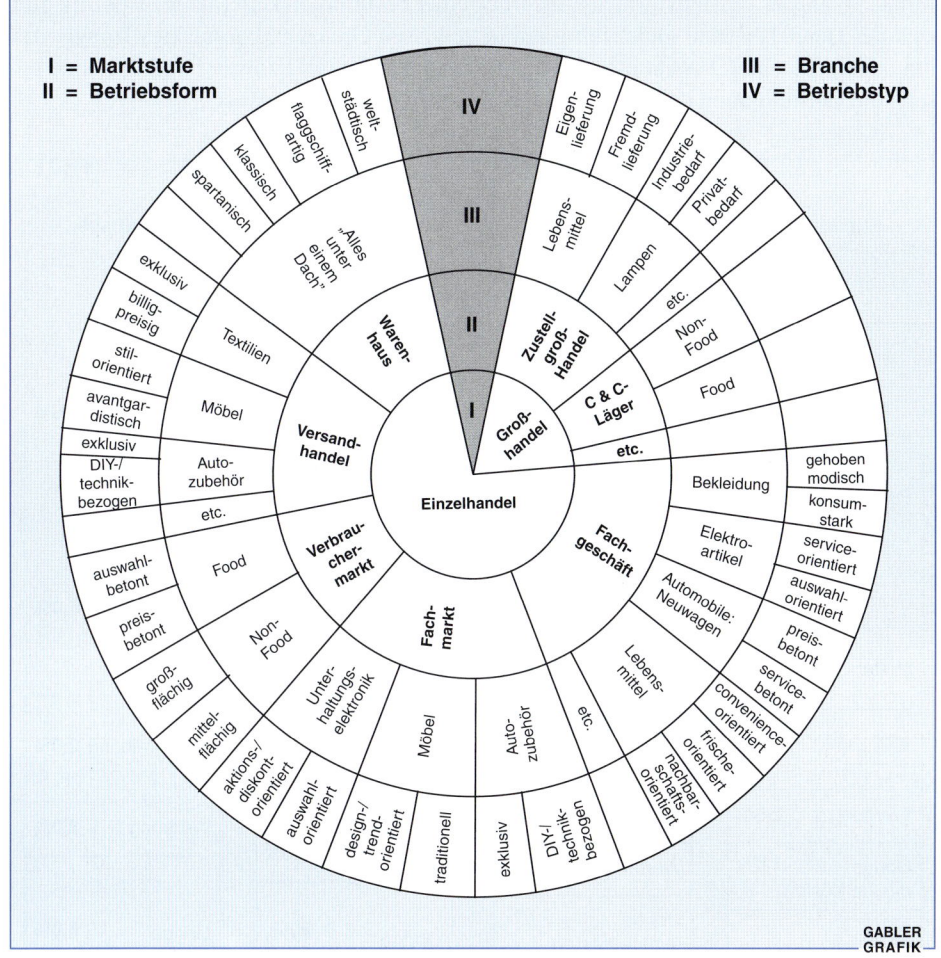

Abbildung 5-10: Zusammenhang zwischen Betriebsformen und Betriebstypen
(in enger Anlehnung an Heinemann 1989, S. 15)

Betriebstypen sind als Variationen von Betriebsformen aufzufassen, wobei Art und Ausmaß der Variation branchenabhängig ausfallen (Drexel 1981, S. 57; Heinemann 1989, S. 13 ff.; Wöllenstein 1996, S. 20). Betriebstypen sind gekennzeichnet durch „in bestimmten Bandbreiten variierende Grundmerkmale (= konstitutive Merkmale der Betriebsform) sowie durch tendenziell gleiche Intensitäten im Einsatz der Marketinginstrumente" (Mathieu 1980, S. 116).

Vor diesem Hintergrund stellt die Wahl der Betriebsform zum einen eine Umsetzung der strategischen Grundkonzeption dar und setzt zum anderen den Rahmen für die Gestaltung der Betriebstypenstrategie sowie der Marketinginstrumente.

Gegenstand und Besonderheiten des Handelsmarketing

Mit der Wahl der Betriebsform als Ausdruck einer bestimmten Unternehmenspolitik gibt sich der Handelsbetrieb gleichzeitig ein in gewissen Grenzen abgestecktes **Image**, das ihm einerseits einen bestimmten Platz im Konkurrenzumfeld zuweist und das andererseits die Einstellungen der Konsumenten zu der Einkaufsstätte prägt.

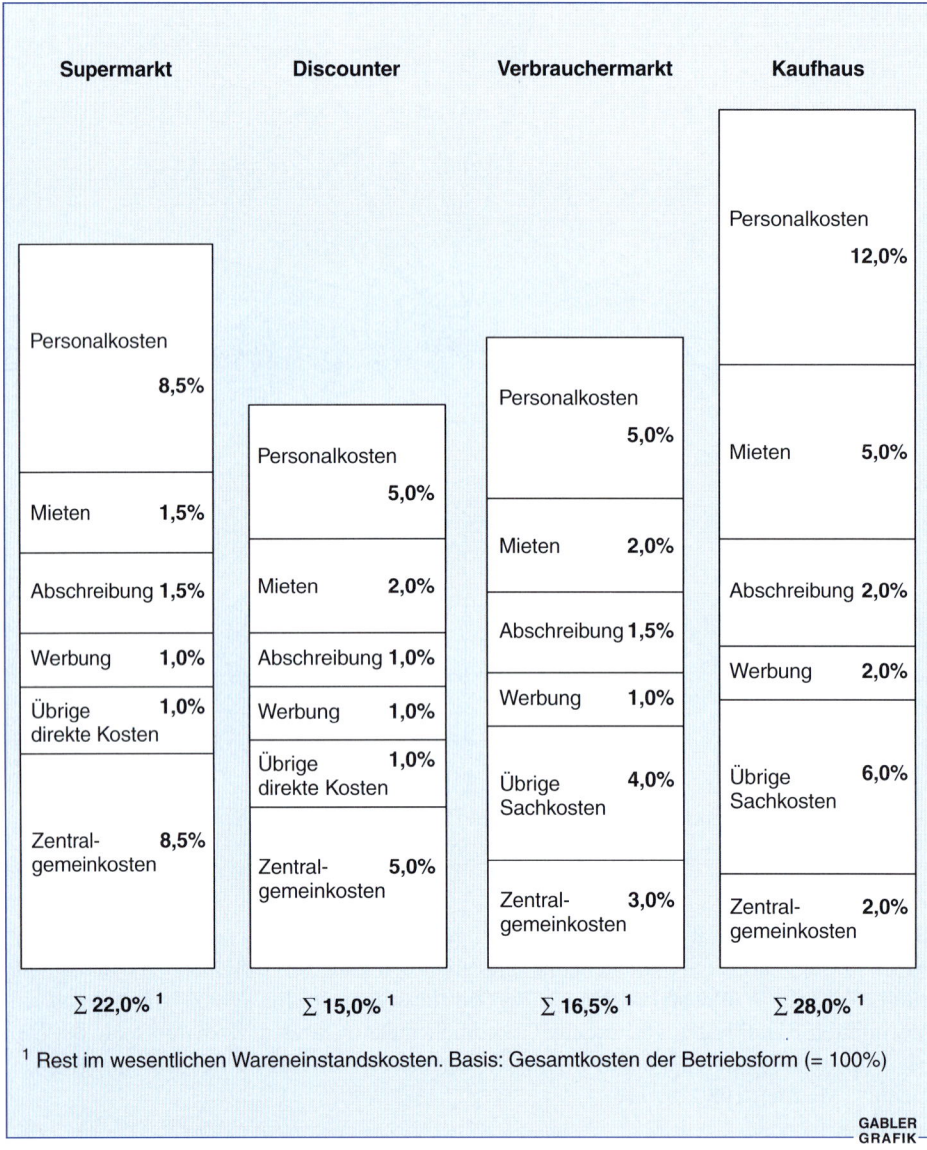

Abbildung 5-11: Kostenstrukturen verschiedener Betriebsformen innerhalb eines Einzelhandelskonzerns
(in enger Anlehnung an Müller-Hagedorn 1993, S. 86)

Unter dieser Perspektive ist die Wahl der Betriebsform eng verbunden mit der Zielgruppenentscheidung im Handel. Darüber hinaus wird mit der Betriebsformenentscheidung die grobe **Kostenstruktur** des Handelsbetriebs vorbestimmt (vgl. Abbildung 5-11).

Die Betriebsformen im Handel unterliegen einem ständigen Wandel, der sich deutlich an ihrer historischen Entwicklung nachvollziehen läßt (**„wheel of retailing"**). Dieser Wandel läßt sich als Wettbewerbsdynamik zwischen bestehenden sowie neu hinzukommenden Betriebsformen charakterisieren und führt regelmäßig zum Ausscheiden bestehender Betriebstypen aus dem Markt (Nieschlag 1954; Müller-Hagedorn 1993, S. 72 ff.). Ebenso konnte in zahlreichen empirischen Studien nachgewiesen werden, daß die Wahl des Betriebstyps, in Abhängigkeit von der Markt- und Umweltsituation, den Erfolg des Handelsbetriebs in signifikanter Weise bestimmt (Heinemann 1989; Wahle 1991; Burmann 1995a; Wöllenstein 1996).

2.4 Integriertes Marketing-Mix im Handel

Im Rahmen des Marketing-Mix im Handelsunternehmen sind alle absatzpolitischen Instrumente so aufeinander abzustimmen, daß sich innerhalb der durch die strategischen Rahmenentscheidungen gesetzten Orientierung eine optimale Kombination im Hinblick auf die Erreichung der Unternehmens- und Marketingziele ergibt. Dabei ist insbesondere eine geschlossene und **integrierte Marketingkonzeption** anzustreben.

Zur Systematisierung der Marketinginstrumente im Einzelhandel finden sich in der Literatur zahlreiche Vorschläge (vgl. Abbildung 5-12). Zwischen den einzelnen Systematisierungsansätzen treten zahlreiche Überschneidungen auf. Da der Handel dem Dienstleistungsbereich zuzurechnen ist, soll hier auf die Argumentation und Systematik des Abschnitts zum Dienstleistungsmarketing zurückgegriffen werden (vgl. fünftes Kapitel, Abschnitt 1.5). Die Gesamtheit der Marketinginstrumente des Handels läßt sich demnach in **vier Mixbereiche** zusammenfassen, die durch folgende Fragestellungen charakterisiert werden:

- Welche Waren beziehungsweise Leistungen sollen dem Kunden wie angeboten werden (Leistungs- beziehungsweise Sortimentspolitik)?
- An wen, wann, auf welche Weise und in welchen Verkaufsstätten sollen die Leistungen angeboten werden (Distributionspolitik)?
- Zu welchen Bedingungen sollen die Leistungen am Markt angeboten werden (Kontrahierungspolitik)?
- Welche Informations- und Beeinflussungsmaßnahmen sollen ergriffen werden, um die Leistungen abzusetzen (Kommunikationspolitik)?

Autor	Marketinginstrumente	
U. Hansen (1990)	1. Standortpolitik 2. Sortimentspolitik 3. Produktpolitik, insbesondere Eigenmarkenpolitik 4. Verkaufsgestaltung 5. Preispolitik 6. Absatzfinanzierung	7. Absatzwerbung 8. Kundenservice 9. Beschwerdepolitik
B. Tietz (1993)	1. Waren- und dienstleistungsbezogene Instrumente (Produktgestaltung, Sortimentsprogramm, Mengenpolitik) 2. Entgeltbezogene Instrumente (Preise, leistungsbezogene Konditionen, finanzielle Konditionen) 3. Nebenleistungsbezogene Instrumente (Kundendienst) 4. Informations- und kommunikationsbezogene Instrumente (Sachwerbung, persönliche Werbung, Public Relation, Kontaktintensität und Präsentation, zeitliche Kontaktbereitschaft)	5. Institutionenorientierte Instrumente (Handelswege) 6. Warenprozeßinstrumente: Waren- und dienstleistungsgebundene Instrumente der Zeitverfügbarkeit (Lagerhaltung) und der Raumverfügbarkeit (Transport), und zwar Liefertermin, Lieferhäufigkeit, Bestell- und Liefermenge, Leistungsbereitschaft und Leistungsservice
K. Barth (1996)	1. Leistungspolitik (Sortimentspolitik, Quantitätspolitik, Überbrückungspolitik, Sicherungspolitik, Umsatzdurchführungspolitik, Sachgüteraufbereitungs- bzw. Komplettierungspolitik)	2. Entgeltpolitik (Preispolitik, Rabattpolitik, Konditionenpolitik) 3. Beeinflussungspolitik (Präsentationspolitik, Werbepolitik, Öffentlichkeitspolitik)
L. Berekoven (1993)	1. Sortimentspolitik 2. Handelsmarkenpolitik 3. Qualitäts- und Qualitätssicherungspolitik 4. Servicepolitik 5. Preispolitik	6. Werbepolitik 7. Verkaufsförderungspolitik 8. Verkaufsraumgestaltung und Warenpräsentation 9. Verkaufspersonalpolitik 10. Standortpolitik
L. Müller-Hagedorn (1995)	1. Ware (Sortiment) (Sortimentsbreite und -tiefe, Anteil der markierten Ware, Verfügbarkeit) 2. Personal (Bedienungssystem, besondere Dienstleistungen, Beratung, Dienste nach dem Verkauf) 3. Standort (Art der Geschäftslage)	4. Werbung (Schaufenster, Prospekte, Anzeigen) 5. Verkaufsraum (Ladengestaltung, Größe der Verkaufsfläche) 6. Preise und Konditionen (Höhe der Kalkulation, Umtauschmöglichkeiten)

Abbildung 5-12: Die Systematik der Marketinginstrumente im Handel (in Anlehnung an Müller-Hagedorn 1993, S. 51)

Wenn von einem integrierten Marketing-Mix gesprochen wird, so bezieht sich der Integrationsgedanke auf mehrere Dimensionen. Zunächst einmal müssen sämtliche Aktionsparameter eines Mix-Bereiches (zum Beispiel der Kommunikationspolitik) aufeinander abgestimmt und damit integriert werden. Als nächstes müssen die vier Mix-Bereiche untereinander abgestimmt werden, damit sie sich nicht gegenseitig konterkarieren (vgl. viertes Kapitel, Abschnitt 2). Schließlich muß der gesamte Marketing-Mix mit den Unternehmens- und Marketingzielen in Einklang gebracht und mit den übrigen Funktionsbereichen abgestimmt werden (vgl. viertes Kapitel, Abschnitt 3).

2.41 Leistungspolitik (Sortimentspolitik)

Die Sortimentspolitik umfaßt alle Entscheidungen, welche sich auf die Gestaltung der Absatzleistungen beziehen. Dabei handelt es sich um die Gesamtheit der Waren und Dienstleistungen, die den Kunden angeboten werden. Damit erhält das Leistungs-Mix insofern eine Sonderstellung unter den Marketing-Mix-Bereichen des Handels, als alle übrigen Aktionsparameter grundsätzlich sortimentsbezogen sind. Im Rahmen der Sortimentspolitik sind konkrete Entscheidungen über die Art und mengenmäßige Zusammensetzung des Waren- und Dienstleistungsangebotes zu treffen.

Angesichts der Bedeutung der Selbstbedienung im Handel nimmt die **Markenpolitik** im Leistungs-Mix eine zentrale Bedeutung ein und prägt gleichzeitig die Kommunikationspolitik in entscheidendem Maße. Kann ein Handelsunternehmen für seine Sortimente renommierte oder exklusive Marken gewinnen, so gehen von diesen wesentliche Ausstrahlungseffekte auf das gesamte Sortiment und das Image der Geschäftsstätte aus, was nicht zuletzt die Einkaufsstättentreue fördern kann. Darüber hinaus sind im Rahmen der Markenpolitik alle Entscheidungen über den Einsatz von Handelsmarken beziehungsweise Gattungsmarken zu treffen, mit deren Hilfe sich das einzelne Geschäft eine „konkurrenzfreie Zone" zu schaffen versucht (Dumke 1996; Bruhn 1997).

Darüber hinaus haben das wachsende Umweltbewußtsein der Verbraucher sowie veränderte gesetzliche Rahmenbedingungen auch im Einzelhandel dazu geführt, daß **Umweltschutzaspekten** bei der Sortimentspolitik heute eine wachsende Bedeutung zukommt. Andererseits zeigen Untersuchungen, daß selbst eine konsequente Umweltorientierung von Handelsbetrieben nur als **flankierendes Profilierungsinstrument** zu betrachten ist und Schwächen bei den klassischen Wettbewerbsparametern im Handel nicht zu kompensieren vermag (Ceyp 1996).

Eine ständig steigende Bedeutung ist in Anbetracht des allgemeinen Profilierungsstrebens im Handel weiterhin der **Servicepolitik** beizumessen. Dies trifft gleichermaßen auf die Beratungs- und Serviceleistungen vor und beim Kauf wie auch auf Kundendienstleistungen nach dem Kauf zu. An dieser Stelle wird der mixübergreifende Charakter der **Personalpolitik** als unterstützendes Marketinginstrument deutlich. Das kompetente An-

Gegenstand und Besonderheiten des Handelsmarketing

gebot von Beratungs- und Serviceleistungen ist ohne entsprechende personalpolitische Maßnahmen nicht möglich.

Die Verfügbarkeit **qualifizierten Personals in ausreichender Menge** sowie die Mitarbeiterführung und -motivation stellen Schlüsselfaktoren des Erfolgs im Einzelhandel dar (Patt 1988, S. 221; Burmann 1995a). Die Umsetzung der Unternehmensziele und -strategien in effiziente Maßnahmen und Aktivitäten kann nur dann gelingen, wenn entsprechend qualifiziertes und motiviertes Personal vorhanden ist. Die Auswahl, Ausbildung und Führung des Personals ist daher als integrierter Bestandteil des Handelsmarketing anzusehen.

Um Risiken zu vermeiden, die mit einer Vernachlässigung des Personals verbunden sind, empfiehlt sich folgendes Vorgehen:

- Ableitung der aus der strategischen Grundkonzeption erwachsenden personalpolitischen Zielsetzung.

- Formulierung von personalpolitischen Richtlinien, die Aussagen für die folgenden Schritte beinhalten (Müller-Hagedorn 1993, S. 284 ff.):
    - Festlegung des Personalbedarfs und der Personalqualität,
    - Personalauswahl und Personalakquisition,
    - Personaleinsatzplanung,
    - Personalaus- beziehungsweise -weiterbildung,
    - Personalbeurteilung,
    - Personalentlohnung beziehungsweise -beförderung (-motivation).

Hinsichtlich der personalpolitischen Zielsetzungen kann zwischen qualitativen und quantitativen Zielen unterschieden werden. **Qualitative Ziele** können zum Beispiel das angestrebte Qualifikationsniveau der Mitarbeiter oder der erwünschte Grad der Mitarbeiterzufriedenheit sein. **Quantitative Ziele** sind Personalleistungskennziffern wie zum Beispiel Umsatz je Verkaufskraft, Umsatz je Kunde, Anteil der Personalkosten an den Gesamtkosten.

2.42 Distributionspolitik

Das Distributions-Mix umfaßt alle Entscheidungen, die in Zusammenhang mit dem Weg der Ware zum Endverbraucher stehen. Damit beinhaltet es einerseits die operative Ausgestaltung der Standortstrategie, zum anderen die Organisation eines reibungslosen Warenflusses innerhalb der Geschäftsstätten.

Spätestens seit der Diskussion um das Duale System gewinnen darüber hinaus Umweltschutzaspekte im Bereich der Distributionspolitik des Einzelhandels an Bedeutung. Dies gilt in besonderer Weise für die Rückführung von Altprodukten zum Zwecke einer anschließenden Verwertung sowie die Verpackungsentsorgung. In Zukunft ist einerseits mit einem weiteren Ansteigen der handelsrelevanten Umweltvorschriften, andererseits aber auch mit steigenden Umweltforderungen von Anspruchsgruppen gegenüber dem Handel zu rechnen.

2.43 Kontrahierungspolitik

Die Kontrahierungspolitik umfaßt alle Entscheidungen über die Preise und die Rabattpolitik, die Konditionen- sowie die Absatzkreditpolitik. Hier ist im Einzelhandel zu berücksichtigen, das es Artikel gibt, die nicht kostendeckend kalkuliert werden können, aber dennoch geführt werden müssen. Im Rahmen einer **Mischkalkulation** wird über das Angebot einiger weniger Artikel mit geringer oder gar negativer Deckungsspanne, aber hohem Aufmerksamkeitswert versucht, bei den Kunden ein **preisgünstiges Image** aufzubauen. Andere Artikel hingegen werden mit einer hohen Handelsspanne verkauft, so daß sich unter Ausnutzung von Verbundeffekten (vgl. drittes Kapitel, Abschnitt 2.93) ein verbessertes Ergebnis ergibt (kalkulatorischer Ausgleich). Insgesamt ist jedoch sicherzustellen, daß die Erlöse aller Artikel langfristig einen angemessenen Gewinn ermöglichen. Die im Rahmen der Preispolitik zu beachtenden Einflußgrößen sind daher kosten- und absatzorientiert.

Daneben muß die Preislagenabstufung in Abhängigkeit von der Art und Qualität der Waren beziehungsweise dem Sortimentsaufbau festgelegt werden. Weiterhin ist zu entscheiden, ob an unterschiedlichen Standorten verschiedene Verkaufspreise anzusetzen sind (räumliche Preisdifferenzierung). Im Zusammenhang mit zeitlichen Preisdifferenzierungen ist schließlich über Sonderpreisaktionen zu befinden. Rabattpolitische Entscheidungen betreffen das Rabattsystem beziehungsweise die Rabatthöhe und -staffelung.

Im Rahmen der Konditionenpolitik umfassen die Lieferungsbedingungen ein weiteres Bündel von Entscheidungstatbeständen. Lieferbereitschaft, Lieferzeit, Warenzustellung, Umtauschmöglichkeiten etc. sind zwar zum Teil in den allgemeinen Lieferbedingungen festgelegt, angesichts der Konkurrenzintensität können sie jedoch zu einem wesentlichen Wettbewerbsfaktor werden und damit kaufentscheidend sein.

Die Zahlungsbedingungen betreffen die Zahlungsweise (Barzahlung, Schecks, Kreditkarte, Electronic Cash etc.), die Zahlungssicherung, die Zahlungsabwicklung sowie die Zahlungsfristen und Skonti. Mit der Ausdehnung der Zahlungsfristen ergibt sich bereits der Übergang zum Aktionsparameter der Absatzkreditpolitik, die insbesondere beim Verkauf höherwertiger Gebrauchsgüter und bei Immobilien eine wesentliche Rolle spielt.

2.44 Kommunikationspolitik

Das Kommunikations-Mix beschäftigt sich mit der bewußten Gestaltung der auf die Kundengruppe gerichteten Informationen eines Handelsunternehmens zum Zwecke ihrer Verhaltenssteuerung beziehungsweise Meinungsbeeinflussung. Werbung, Verkaufsförderung, Ladengestaltung und Warenpräsentation, Bedienungsform und Public Relations dienen in diesem Rahmen der systematischen Käuferbeeinflussung im Handel.

Im Zusammenhang mit kommunikativen Aktivitäten des Handels wird in vielen Geschäften eine **erlebnisorientierte Gestaltung des Einkaufsprozesses** angestrebt (Gröppel 1991; Weinberg 1992). Die Kunden sollen dabei eine Steigerung ihrer wahrgenommenen Lebensqualität erfahren. Dies wird zum Beispiel über eine besondere Innen- und Außenarchitektur der Geschäftsstätte, umfangreiche Serviceangebote, eine attraktive und abwechslungsreiche Warenpräsentation und -dekoration mit Bezug zum Verwendungsumfeld der Waren, spezielle Licht-, Farb-, Musik- und Geruchseffekte sowie die Inszenierung von Veranstaltungen und besonderen Ereignissen in der Geschäftsstätte erreicht. Der Einzelhandel verspricht sich durch eine Erlebnisorientierung eine Abschwächung des als ruinös empfundenen Preiswettbewerbs und eine für das Kaufverhalten positive Stimulation des Kunden. In einigen Einzelhandelsbranchen ist die Erlebnisorientierung mittlerweile zu einem der wichtigsten Profilierungsmerkmale im Wettbewerb geworden.

Die Werbepolitik beinhaltet die Aufstellung des Werbebudgets und dessen zeitliche beziehungsweise sachliche Verteilung auf die Werbeobjekte, -mittel und -träger. Die Verkaufsförderung beinhaltet jene kommunikativen Maßnahmen, die der Unterstützung und Erhöhung des Abverkaufs der Waren im Geschäft dienen. Sie hat angesichts ihrer schnellen Wirksamkeit und der Verbreitung der Selbstbedienung besonderes Gewicht.

Die Bedienungsform kennzeichnet die **Kommunikationsmöglichkeiten durch den Verkaufsprozeß im Geschäft**. In diesem Zusammenhang wird auch vom Submixinstrument des persönlichen Verkaufs oder der Direktkommunikation gesprochen. Dabei ist zwischen Fremdbedienung, Fremdbedienung mit Vorwahl, Selbstbedienung, Versandverkauf und Automatenverkauf zu differenzieren (vgl. drittes Kapitel, Abschnitt 6.2).

An dieser Stelle wird erneut der **mixübergreifende Charakter der Personalpolitik** deutlich, denn die Nutzung der Kommunikationsmöglichkeiten im Verkaufsprozeß ist nur in enger Abstimmung mit der Personalpolitik des Handelsbetriebes möglich.

Die Ladengestaltung und Warenpräsentation umfaßt alle Entscheidungen, die mit der Anordnung der Waren in der Geschäftsstätte zusammenhängen. Neben der quantitativen und qualitativen Zuweisung von Regalplätzen sind hier alle Maßnahmen der Geschäftsdekoration zu subsumieren, die die Einkaufsatmosphäre im Laden prägen (zum Beispiel Beleuchtung, Farben, Warenträger) und dadurch auf das Konsumentenverhalten einwirken (Bost 1987).

Die Öffentlichkeitsarbeit umfaßt schließlich die Gestaltung der Beziehungen zwischen der Handelsunternehmung und der nach Gruppen gegliederten Öffentlichkeit (zum Beispiel Kunden, Geldgeber, Staat, Gewerkschaften) mit dem Ziel, öffentliches Vertrauen und Verständnis zu gewinnen.

Hinsichtlich der Implementierung und zukünftigen Entwicklung des Handelsmarketing sei auf Abschnitt 1.6 und 1.7 dieses Kapitels zum Dienstleistungsmarketing verwiesen.

Literaturhinweise

Ahlert, D. (Hrsg.) (1994), Integrierte Warenwirtschaftssysteme und Handelscontrolling: konzeptionelle Grundlagen und Umsetzung in der Handelspraxis, Stuttgart.
Ahlert, D., Schröder, H. (1990), „Erlebnisorientierung" im stationären Einzelhandel. Eine Aufgabe des evolutionären Handelsmanagements, in: Marketing ZFP, 12. Jg., Nr. 4, S. 221–229.
Ahlert, D., Schröder, H. (1996), Rechtliche Grundlagen des Marketing, 2. Aufl., Stuttgart u. a.
Algermissen, J. (1976), Der Handelsbetrieb. Eine typologische Studie aus absatzwirtschaftlicher Sicht, Zürich u. a.
Ausschuß für Begriffsdefinitionen aus der Handels- und Absatzwirtschaft (1995), Katalog E, Begriffsdefinitionen aus der Handels- und Absatzwirtschaft, 4. Aufl., Köln.
Barth, K. (1999), Betriebswirtschaftslehre des Handels, 4. Aufl., Wiesbaden.
Berekoven, L. (1995), Erfolgreiches Einzelhandelsmarketing, 2. Aufl., München.
Biehl, B. (1995), Leichter gesagt als getan, in: Lebensmittelzeitung vom 28.04.1995, S. 48–50.
Bost, E. (1987), Ladenatmosphäre und Konsumentenverhalten, Heidelberg.
Boyens, F. W. (1981), Standardisierung als Element der Marketingpolitik von Filialsystemen des Einzelhandels, Frankfurt am Main.
Bruhn, M. (Hrsg.) (1997), Handelsmarken im Wettbewerb, Entwicklungstendenzen und Zukunftsperspektiven der Handelsmarkenpolitik, 2. Aufl., Stuttgart.
Burmann, C. (1995a), Fläche und Personalintensität als Erfolgsfaktoren im Einzelhandel, Wiesbaden.
Burmann, C. (1995b), Erfolgsfaktoren des Warenhaus- und Warengruppenmanagements, in: Handelsforschung 1995/96, Informationsmanagement im Handel, Trommsdorff, V. (Hrsg.), Wiesbaden, S. 263–285.
Ceyp, M. (1996), Ökologieorientierte Profilierung im vertikalen Marketing, Frankfurt am Main.
Drexel, G. (1981), Strategische Unternehmensführung im Handel, Berlin u. a.
Dumke, S. (1996), Handelsmarkenmanagement, Hamburg.
Gröppel, A. (1991), Erlebnisstrategien im Einzelhandel, Heidelberg.
Hansen, U. (1990), Absatz- und Beschaffungsmarketing des Einzelhandels, 2. Aufl., Göttingen.
Heemeyer, H. (1981), Psychologische Marktforschung im Einzelhandel. Entwicklung und Test einer operationalen Befragungs- und Auswertungskonzeption, Wiesbaden.
Heinemann, G. (1989), Betriebstypenprofilierung und Erlebnishandel, Wiesbaden.
Heinemann, M. (1974), Einkaufsstättenwahl und Firmentreue des Konsumenten, Verhaltenswissenschaftliche Erklärungsmodelle und ihr Aussagewert für Handelsmarketing, Münster.
Hurcks, K. (1994), Internationale Beschaffungsstrategien in der Textil- und Bekleidungsindustrie: eine theoretische und empirische Untersuchung, Bergisch-Gladbach u. a.
Lensker, P. (1996), Planung und Implementierung standardisierter versus differenzierter Sortimentsstrategien in Filialbetrieben des Einzelhandels, Frankfurt am Main u. a.

Mathieu, G. (1980), Betriebstypenpolitik, Strategie, Entwicklung, Einführung, in: Absatzwirtschaft, 23. Jg., Nr. 10, S. 116–127.
Meffert, H. (1975), Vertikales Marketing und Marketingtheorie, in: Steffenhagen, H., Konflikt und Kooperation in Absatzkanälen: Ein Beitrag zur verhaltensorientierten Marketingtheorie, Wiesbaden, S. 15–20
Meffert, H. (1985), Marketingstrategien der Warenhäuser – Wege aus der Krise?, in: Harvard Manager, 7. Jg., Nr. 2, S. 20–28.
Meffert, H., Wöllenstein, S., Burmann, C. (1996), Erfolgswirkungen des Konflikt- und Kooperationsverhaltens in vertraglichen Vertriebssystemen des Automobilhandels, in: Marketing ZFP, 18. Jg., Nr. 4, S. 279–290.
Müller-Hagedorn, L. (1993), Handelsmarketing, 2. Aufl., Stuttgart u. a.
Nieschlag, R. (1954), Die Dynamik der Betriebsformen im Handel, Essen.
Overtheil, W. (1983), Standardisierung versus Differenzierung in Filialsystemen des Einzelhandels: theoretische Aspekte marktbezogener Steuerungsprobleme und Diskussion einschlägiger Handhabungspraktiken, Frankfurt am Main u. a.
Patt, P. J. (1988), Strategische Erfolgsfaktoren im Einzelhandel – Eine empirische Analyse am Beispiel des Bekleidungsfachhandels, Frankfurt am Main.
Poirer, C. C., Reiter, S. E. (1997), Die optimale Wertschöpfungskette: Wie Lieferanten, Produzenten und Handel bestens zusammenarbeiten, Frankfurt am Main u. a.
Porter, M. (1980), Competitive Strategy, Englewood Cliffs u. a.
Rudolph, T. C. (1993), Positionierungs- und Profilierungsstrategien im Europäischen Einzelhandel, St. Gallen.
Rusche, T. (1991), Strategisches Sortimentsmanagement im Einzelhandel, Münster.
Theis, H. J. (1992), Einkaufsstätten-Positionierung, Grundlage der strategischen Marketingplanung, Wiesbaden.
Tietz, B. (1983), Konsument und Einzelhandel, 3. Aufl., Frankfurt am Main.
Tietz, B. (1993), Der Handelsbetrieb, 2. Aufl., München.
Tietz, B. (1994), Kooperation statt Konfrontation – Kontraktmarketing zwischen Hersteller und Handel, in: Handelsforschung 1994/95. Kooperationen im Handel und mit dem Handel, Jahrbuch der Forschungsstelle für den Handel Berlin (FFH), Trommsdorff, V. (Hrsg.), Wiesbaden, S. 39–56.
Töpfer, A. (1995), Efficient Consumer Response – Bessere Zusammenarbeit zwischen Handel und Herstellern, in: Handelsforschung 1995/96, Jahrbuch der Forschungsstelle für den Handel Berlin (FFH), Trommsdorff, V. (Hrsg.), Wiesbaden, S. 187–200.
Töpfer, A. (1996), Kundenzufriedenheit durch klare Positionierung, in: Handelsforschung 1996/97, Jahrbuch der Forschungsstelle für den Handel Berlin (FFH), Trommsdorff, V. (Hrsg.), Wiesbaden, S. 49–66.
Tröster, N. (Hrsg.) (1989), DPP 1989: direct product profitability: an international approach, ISB, Köln.
Trommsdorff, V. (Hrsg.) (1995), Handelsforschung 1995/96. Informationsmanagement im Handel, Jahrbuch der Forschungsstelle für den Handel Berlin (FFH), Wiesbaden.
Wahle, P. (1991), Erfolgsdeterminanten im Einzelhandel, Frankfurt am Main.
Weinberg, P. (1992), Erlebnismarketing, München.
Wöllenstein, S. (1996), Betriebstypenprofilierung in vertraglichen Vertriebssystemen, Frankfurt am Main.

3. Gegenstand und Besonderheiten des Investitionsgütermarketing

3.1 Definition und Abgrenzung des Investitionsgütermarketing

Zur Definition des Begriffs Investitionsgütermarketing muß zunächst die Abgrenzung des Begriffs „Investitionsgut" vorgenommen werden. Grundsätzlich läßt sich der Investitionsgüterbegriff eng oder weit fassen. Eine enge Interpretation setzt Investitionsgüter mit Anlagegütern gleich. Im Sinne einer weiten Auffassung, die den folgenden Ausführungen zugrundegelegt werden soll, werden Investitionsgüter definiert als:

„Leistungen, die von Organisationen (Nicht-Konsumenten) beschafft werden, um mit ihrem Einsatz (Ge- oder Verbrauch) weitere Güter für die Fremdbedarfsdeckung zu erstellen oder um sie unverändert an andere Organisationen weiterzuveräußern, die diese Leistungserstellung vornehmen." (Engelhardt/Günter 1981, S. 24).

Der Hauptunterschied zwischen Investitions- und Konsumgütern besteht darin, daß als Nachfrager keine Letztkonsumenten, sondern Organisationen, wie zum Beispiel Industrieunternehmen, öffentliche Verwaltungen oder Außenhandelsorganisationen auftreten. Diese Tatsache stellt das zentrale Kriterium für die Abgrenzung des Investitionsgüterbegriffs dar. Zusätzlich läßt sich feststellen, daß die Komplexität der Leistung und der Kaufentscheidung sowie der Transaktionswert bei Investitionsgütern im allgemeinen höher als bei Konsumgütern sind.

Auf Basis der Definition des Begriffs „Investitionsgut" läßt sich der Gegenstand des **Investitionsgütermarketing** auf drei Ebenen definieren. Zunächst steht Investitionsgütermarketing für eine bestimmte Denkhaltung, die bei allen Analyse- und Entscheidungsprozessen von einer grundsätzlichen Marktorientierung ausgeht. Weiterhin stellt Investitionsgütermarketing eine Technik der Erforschung und Gestaltung von Investitionsgütermärkten dar und schließlich ist Investitionsgütermarketing eine Führungsfunktion, die alle betrieblichen Funktionsbereiche auf die Schaffung und Durchsetzung von Wettbewerbsvorteilen koordiniert (Plinke 1991, S. 172).

3.2 Ansätze und Informationsgrundlagen des Investitionsgütermarketing

3.21 Charakteristika von Investitionsgütermärkten

Investitions- und Konsumgütermärkte besitzen jeweils eigene Marktcharakteristika, die eine einfache Übertragung der Erkenntnisse aus dem Konsumgüter- auf das Investitionsgütermarketing nur sehr eingeschränkt beziehungsweise gar nicht erlauben. Die Besonderheiten betreffen die Nachfragerseite, die Anbieterseite und deren Marktbeziehungen (Engelhardt/Witte 1990; Plinke 1992; Backhaus 1999, S. 3 ff.).

Auf der **Nachfragerseite** lassen sich vor allem Besonderheiten ausmachen, die damit zusammenhängen, daß die Nachfrager keine Letztkonsumenten, sondern Organisationen sind:

- Ein zentrales Merkmal des Investitionsgütermarketing besteht darin, daß die Nachfrage nach Investitionsgütern keine originäre, sondern eine **abgeleitete Nachfrage** ist, die sich aus der Nachfrage nach Leistungen, die mit Hilfe der Investitionsgüter erstellt werden, ergibt. Kundenbedarfsanalysen sollten demnach unter Einbeziehung mehrerer Absatzstufen erfolgen.

- Die Zusammenfassung aller am Entscheidungsprozeß beteiligten Personen wird als **Buying Center** bezeichnet, welches sowohl aus professionellen Einkäufern als auch aus anderen Kaufbeteiligten bestehen kann. Die Kaufentscheidungen kommen somit unter Einschaltung mehrerer Personen (**Multipersonalität**) oder sogar mehrerer Organisationen (**Multiorganisationalität**) zustande.

- Organisationale Beschaffungsprozesse erstrecken sich oftmals über einen langen Zeitraum und besitzen einen **ausgeprägten Phasenbezug** (von der ersten Kenntniserlangung eines Bedarfs bis zum Kaufabschluß).

- **Kaufprozesse** im Investitionsgüterbereich können unterschiedlich **komplex** und intensiv sein. Während einerseits routinierte Kaufprozesse zu beobachten sind, exisitieren andererseits hochkomplexe Problemlösungen, bei denen in mehrjährigen Interaktionsprozessen alle Leistungs- und Gegenleistungsparameter ausgehandelt werden müssen. Die Multipersonalität beziehungsweise -organisationalität und die oftmals hohe Komplexität des gesamten Investitionsproblems erfordern einen **formalisierten Kaufentscheidungsprozeß**. Als Konsequenz daraus erfolgt die Auftragsvergabe oftmals auf dem Wege einer Ausschreibung. Häufig existieren auch Beschaffungsrichtlinien, die im einzelnen regeln, welche Abteilungen bei Investitionsprojekten einzuschalten sind, wem die letzte Entscheidung vorbehalten bleibt oder welche Beurteilungs- und Bewertungsmethoden heranzuziehen sind.

- In vielen Fällen besteht ein **umfangreicher Problemlösungsbedarf** der beschaffenden Organisation. Dieser kann weit über die eigentliche technische Problemlösung hinausgehen und sich zum Beispiel auf **Dienstleistungen** wie die Auftragsfinanzierung, die übergeordnete Projektabwicklung oder auf das dauerhafte Betreiben einer Anlage erstrecken.

Auch auf der **Anbieterseite** unterscheidet sich der Investitions- vom Konsumgütermarkt durch einige Besonderheiten:

- Ein entscheidendes Charakteristikum für die Anbieterseite besteht darin, daß sich das Angebot im Investitionsgüterbereich im Gegensatz zum Konsumgüterbereich **überwiegend nicht an den anonymen Markt** richtet, sondern daß oftmals die gesamten Marketinganstrengungen auf einen Kunden focussiert werden.

- Eine weitere Besonderheit des Anbieterverhaltens wird in der herausragenden **Bedeutung des persönlichen Verkaufs** gesehen. In Analogie zum Buying Center auf der Anbieterseite existiert im Verkaufsbereich der Anbieter oftmals ein **Selling Center**. Darin können mehrere Verkaufsrepräsentanten eines anbietenden Unternehmens zusammengefaßt werden, aber das Selling Center kann sich auch aus Vertretern unterschiedlicher Unternehmen zusammensetzen.

- Der Umfang und die Komplexität der einzelnen Projekte sowie das oft hochspezialisierte Know-how der Anbieter sind der Grund dafür, daß im Investitionsgütermarketing **Kooperationen** von Komplementäranbietern und zum Teil auch von Konkurrenten eine große Rolle spielen.

- Investitionsgüter sind oft durch einen **hohen Individualisierungsgrad** gekennzeichnet.

- Das geringe Nachfragevolumen und die entsprechend geringe Nachfragehäufigkeit erfordern im allgemeinen eine **Internationalisierung** des Angebotes, um die Auslastung wirtschaftlich konkurrenzfähiger Kapazitäten zu gewährleisten.

- Eine weitere Besonderheit des Investitionsgütermarketing liegt darin, daß ökonomische Entscheidungen zum Teil durch **staatliche Regelungen** (zum Beispiel Exportverbote oder Übernahme von Kreditrisiken) stark beeinflußt werden.

Neben der Nachfrager- und Anbieterseite weist auch die **Beziehung zwischen den Marktpartnern** eine Besonderheit auf:

- Problemlösungen werden im Investitionsgüterbereich häufig in einem **interaktiven Prozeß** zwischen Anbieter und Nachfrager entwickelt. Die enge Zusammenarbeit mit einem einzelnen Kunden und die daraus oftmals resultierende Lieferantentreue sind die Basis für den Aufbau einer **dauerhaften Geschäftsbeziehung**. Das Management solcher Beziehungen wird mittlerweile als Hauptaufgabe des Investitionsgütermarketings gesehen.

Gegenstand und Besonderheiten des Investitionsgütermarketing

Die hier aufgeführten Besonderheiten von Investitionsgütergeschäften verdeutlichen, daß sich das Kaufverhalten im Investitionsgütersektor erheblich vom Konsumgütersektor unterscheidet. Die Komplexität des organisationalen Beschaffungsverhaltens führte zu einer Vielzahl von Forschungsansätzen, die sich aus jeweils unterschiedlichen Perspektiven mit diesem Problem beschäftigen.

3.22 Forschungsansätze zum Verhalten auf Investitionsgütermärkten

Mit Hilfe theoretischer Erklärungsansätze wird versucht, die komplexen Entscheidungsabläufe bei der Beschaffung von Investitionsgütern zu strukturieren und dadurch besser zu verstehen. Auf Basis der so gewonnenen Erkenntnisse können dann gezielt Marketingkonzepte entwickelt werden, die die Besonderheiten des organisationalen Kaufverhaltens berücksichtigen und somit eine höhere Erfolgswahrscheinlichkeit besitzen. Die nachfolgende Abbildung 5-13 systematisiert die unterschiedlichen Ansätze (Kirsch et al. 1980, S. 37 ff.; Kern 1990, S. 16 ff.; Kliche 1991, S. 72 ff.; Büschken 1994, S. 47 ff.; Backhaus 1999, S. 55 ff.).

1. Monoorganisationale Ansätze

Im Rahmen monoorganisationaler Ansätze wird isoliert betrachtet, wodurch Beschaffungsentscheidungen beim Nachfrager nach Investitionsgütern beeinflußt werden. Empirische Untersuchungen haben gezeigt, daß das Kaufverhalten von Organisationen nicht nur von rationalen Motiven mit dem Ziel der Gewinnmaximierung bestimmt wird. Auch andere ökonomische und nicht-ökonomische Faktoren (zum Beispiel Kaufphasen, Merkmale des Buying Center, Kauftyp/Kaufsituation und andere) beeinflussen das Kaufverhalten einer Organisation. Die Kenntnis und die entsprechende Berücksichtigung der Einflußfaktoren kann für den Verkaufserfolg entscheidend sein.

Diejenigen Ansätze, die nur den Beitrag einzelner Faktoren (zum Beispiel den Einfluß der Merkmale des Buying Center) betrachten, werden unter der Bezeichnung **Partialansätze** zusammengefaßt. Demgegenüber versuchen **Totalmodelle** das Beziehungsgeflecht aller Einflußfaktoren gleichzeitig zu erfassen (Ritzerfeld 1993, S. 13; Backhaus 1999, S. 58 ff.).

Die mittlerweile große Zahl von **Partialansätzen** läßt sich nochmals in verschiedene Modelle unterteilen, von denen nachfolgend die wichtigsten vorgestellt werden:

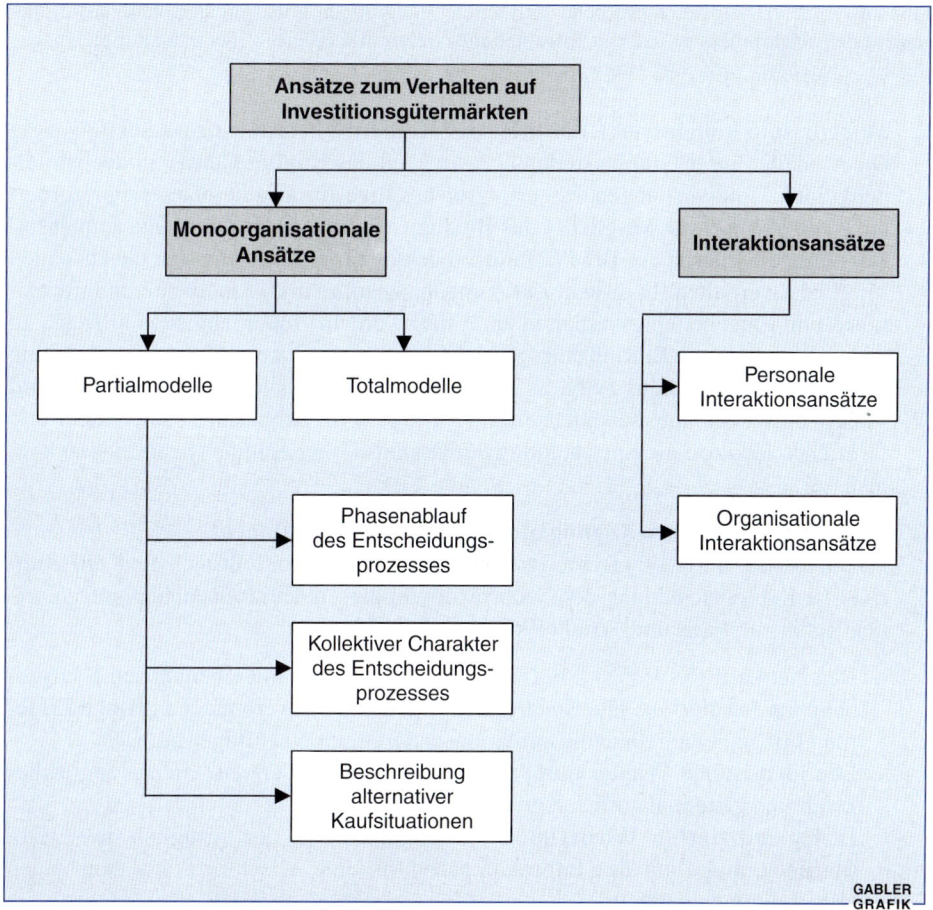

Abbildung 5-13: Forschungsansätze zum Verhalten auf Investitionsgütermärkten

- **Modelle zum Phasenablauf des Kaufentscheidungsprozesses (Prozeßmodelle):**
Das Ziel der in dieser Gruppe zusammengefaßten Prozeßmodelle besteht darin, **den industriellen Kauf- und Entscheidungsprozeß nach einzelnen Phasen zu strukturieren**, um dadurch zu einem besseren Verständnis des organisationalen Beschaffungsverhaltens zu kommen. Deutlicher als beim Kauf von Konsumgütern lassen sich typische Entscheidungsphasen abgrenzen, die sowohl durch jeweils unterschiedliches Involvement der beteiligten Personen als auch durch deren unterschiedliche Bedürfnisse und Verhaltensweisen gekennzeichnet sind.

So sollten die Marketingaktivitäten zum Beispiel eines Werkzeugmaschinenherstellers in der Vorentscheidungsphase eines Maschinenverkaufs primär auf Betriebsmeister oder technische Abteilungsleiter gerichtet sein. Diese haben maßgeblichen Einfluß auf die Bewertung der verschiedenen Alternativen und auf die zu treffende Vorauswahl, die dann dem Management des Unternehmens vorgelegt wird. Entsprechend sollte in der endgültigen Entscheidungsphase das Management des Nachfragers gezielt mit Informationen versorgt werden, wobei dann auf technische Details weitgehend verzichtet werden kann.

- **Modelle zum kollektiven Charakter des Kaufentscheidungsprozesses:**
  Die Modelle dieser Gruppe stellen überwiegend das **Buying Center** in den Mittelpunkt ihrer Untersuchungen. Ein erfolgreiches Investitionsgütermarketing erfordert die Kenntnis, wer die Mitglieder des Buying Center sind, ob dessen Zusammensetzung über die Phasen des Beschaffungsprozesses variiert und wie sich die einzelnen Mitglieder verhalten. In diesem Zusammenhang sollte insbesondere deren Informations- und Entscheidungsverhalten analysiert werden. Außerdem ist es hilfreich zu wissen, wie stark der Einfluß eines jeden Mitglieds auf die zu treffende Entscheidung ist (Kuß 1990; Backhaus 1999, S. 71 ff.). Dabei lassen sich vor allem **Macht- und Fachpromotoren** unterscheiden, die aufgrund ihrer hierarchischen beziehungsweise fachlichen Position die Entscheidung der Organisation besonders beeinflussen können.

- **Modelle zur Berücksichtigung alternativer Kaufsituationen:**
  Neben phasen- und buyingcenterbezogenen Faktoren beeinflußt auch die **Kaufsituation** die Kaufentscheidung des Nachfragers. In diesem Zusammenhang unterscheiden Robinson, Faris und Wind (1967) drei **Kaufklassen**:

  – Den **Neukauf** (New Task), bei dem das Unternehmen mit einem neuen Kaufproblem konfrontiert ist. Die Neuartigkeit und die damit verbundene geringe Erfahrung bringen einen hohen Informationsbedarf beim Nachfrager mit sich.
  – Den **identischen Wiederkauf** (Straight Rebuy), bei dem auf ein umfangreiches Erfahrungspotential zurückgegriffen werden kann.
  – Den **modifizierten Wiederkauf** (Modified Rebuy), der bezüglich des Erfahrungspotentials und des Informationsbedarfs eine Mischform aus den beiden oberen Formen darstellt.

  Die Betrachtung unterschiedlicher Kaufklassen trägt entscheidend zum besseren Verständnis des organisationalen Beschaffungsverhaltens bei. Allerdings zeigten empirische Studien, daß eine Vielzahl weiterer Faktoren die jeweilige Kaufsituation bestimmen.

Neben den beschriebenen Partialmodellen wurden auch **Totalmodelle** entwickelt. Sie besitzen den Anspruch, alle kaufentscheidungsrelevanten Faktoren simultan zu betrachten. Damit soll gegenüber der isolierten Betrachtung einzelner Faktoren den komplexen Entscheidungsvorgängen beim Investitionsgüterkauf besser entsprochen werden. Die Vollständigkeit der Totalmodelle ist bei näherer Betrachtung jedoch fraglich. Ferner steht der hohe methodische Anspruch dieser Modelle einer breiten Verwendung entgegen.

Die bislang vorgestellten Modelle besitzen das gemeinsame Merkmal, daß sie auf einer monoorganisationalen Ebene nur die Nachfragerseite betrachten und eine mögliche Beeinflussung des Kaufverhaltens durch die Anbieter nicht berücksichtigen. Die Besonderheiten des Investitionsgütermarktes verdeutlichen jedoch, daß der Beschaffungsprozeß bei komplexen Investitionsentscheidungen stark von wechselseitigen Beeinflussungen zwischen Nachfrager und Anbieter geprägt ist. Diese Erkenntnis führte zur Entwicklung der Interaktionsansätze.

2. Interaktionsansätze und Relationship Marketing

Der Interaktionsprozeß zwischen Anbieter und Nachfrager ist durch drei Merkmale charakterisiert (Kern 1990, S. 9):

- mindestens zwei Individuen treten miteinander in Kontakt,
- es ergibt sich eine zeitliche Abfolge von Aktionen und Reaktionen und
- die Handlungen der Partner sind interdependent und aneinander orientiert.

Interaktionsansätze analysieren demnach sich gegenseitig beeinflussende, interdependente Aktionen von Anbietern und Nachfragern. Die große Zahl der existierenden Interaktionsansätze kann in zwei Gruppen zusammengefaßt werden, die personalen und die organisationalen Ansätze. Die Besonderheiten der Investitionsgütermärkte werden insbesondere von den **organisationalen Ansätzen** berücksichtigt. Demgegenüber liefern die **personalen Ansätze**, die sich auf die Untersuchung des Verhältnisses zwischen Käufer und Verkäufer beschränken, nur einen geringen Erklärungsbeitrag für das Kaufverhalten in Investitionsgütermärkten (Engelhardt/Witte 1990; Kern 1990, S. 45 ff.; Backhaus 1999, S. 139 ff.). Einen umfassenden multiorganisationalen Interaktionsansatz im Sinne eines **Netzwerk-Konzeptes** hat die „International Marketing and Purchasing Group" (IMP) entwickelt. Darin sollen insbesondere Interaktionen zwischen anbietenden und nachfragenden Organisationen im Rahmen **dauerhafter Geschäftsbeziehungen** analysiert werden. Diesem Interaktionsmodell liegen vier Hauptelemente zugrunde (vgl. Abbildung 5-14):

- Der Interaktionsprozeß selbst, der im Zentrum der Analyse steht. In ihm lassen sich einzelne Episoden abgrenzen und isoliert betrachten. Innerhalb der Episoden werden Produkte, Informationen und Geld ausgetauscht, und es werden soziale Beziehungen gepflegt. Gleichzeitig können auch langfristige Geschäftsbeziehungen zwischen Unternehmen betrachtet werden, die sich aus der Abfolge einzelner Episoden im Zeitablauf entwickeln;
- die interagierenden Partner;
- die Interaktionsumgebung (Umwelt);
- die Atmosphäre, in der die Interaktion stattfindet. Sie ergibt sich aus der Verteilung der Machtabhängigkeitsbeziehungen zwischen den Parteien, der Qualität der Zusammenarbeit, aus der Nähe beziehungsweise Distanz zwischen den Geschäftspartnern und aus den gegenseitigen Erwartungen. Die Atmosphäre ist das Element, welches am besten durch bewußte Planung zu beeinflussen ist.

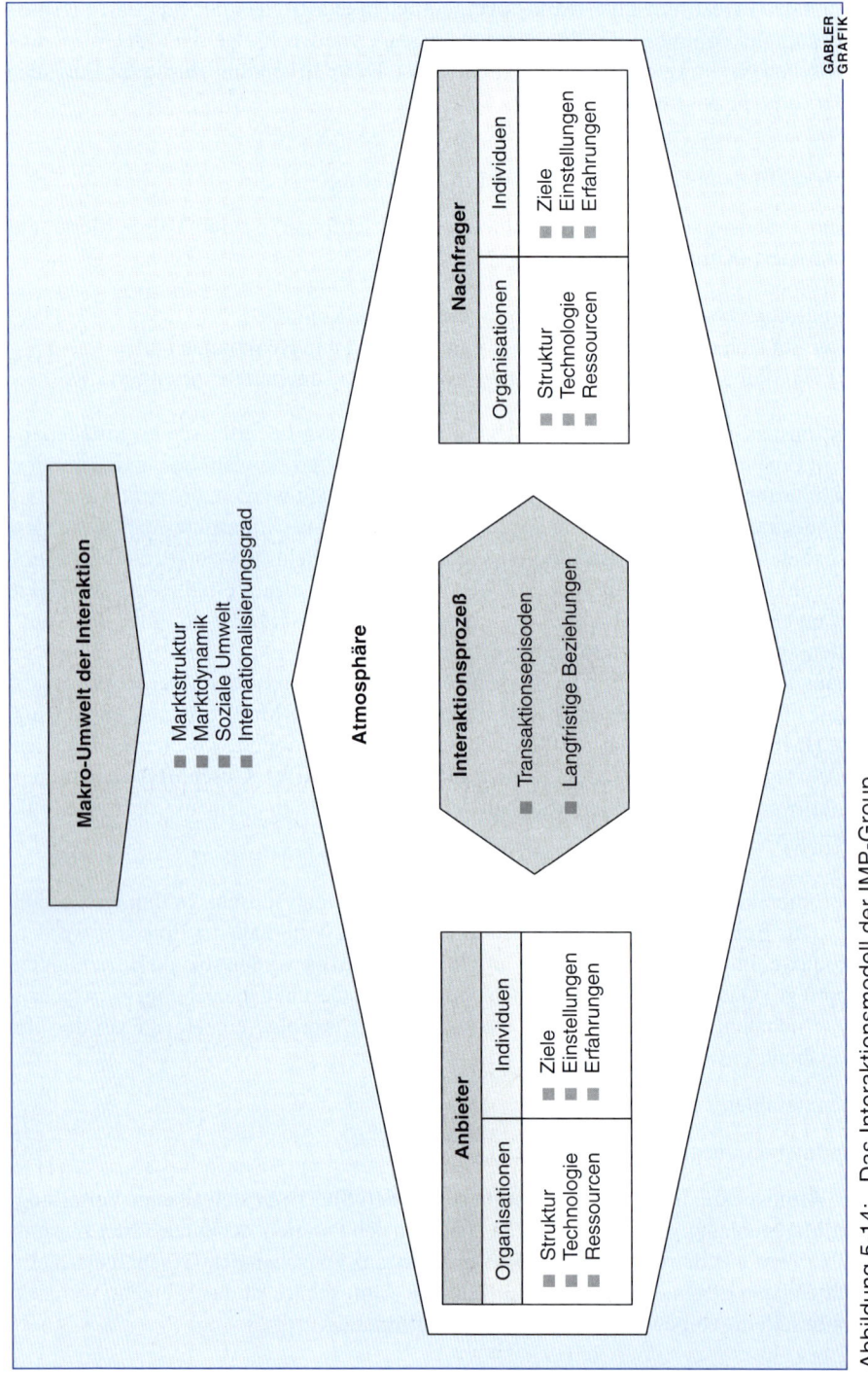

Abbildung 5-14: Das Interaktionsmodell der IMP-Group
(Quelle: Turnbull/Valla 1986, S. 5)

Die Interaktionsansätze haben mittlerweile eine herausragende Bedeutung für das Investitionsgütermarketing gewonnen. Vor allem weil sie sich besonders gut eignen, das Verhalten von Organisationen in den für das Investitionsgütergeschäft charakteristischen langfristigen Geschäftsbeziehungen zu erklären. Die wissenschaftliche Bewährung dieser Ansätze führte dazu, daß hierauf aufbauend umfassendere theoretische Marketingansätze entwickelt wurden. Ein in jüngster Zeit intensiv diskutierter Ansatz ist dabei das Relationship Marketing.

Obwohl das Konzept des **Relationship Marketing** nicht explizit für das Investitionsgütermarketing entwickelt wurde, liegen dessen Ursprünge unter anderem in den Interaktionsansätzen des Investitionsgütermarketing (Grönroos 1994, 1996; Morgan/Hunt 1994; Gummesson 1996). Gegenstand des Relationship Marketing ist das gewinnorientierte Herstellen, das Ausweiten und, falls nötig, das Beenden von Beziehungen zu Kunden und anderen Geschäftspartnern, so daß die Interessen aller beteiligten Parteien erfüllt werden. Dies wird durch das Austauschen und das Erfüllen gegenseitiger Zusagen beziehungsweise Versprechungen erreicht.

Die Hauptidee des Relationship Marketing liegt in der Betonung der **Zusammenarbeit** zwischen Anbietern und Kunden, die als Partner mit gemeinsamen Interessen verstanden werden (Gummesson 1996, S. 8 ff.). Das heißt die Orientierung am singulären Verkauf, wie sie im klassischen Marketing vorherrschte, wird durch eine Sichtweise ersetzt, die **das Management von Beziehungen in den Mittelpunkt stellt**. Der Aufbau und die Pflege langfristiger Beziehungen beschränkt sich nicht nur auf Kunden, auch die langfristige Bindung von Lieferanten und Mitarbeitern bilden ein zentrales Anliegen des Relationship Marketing. Das **Kundenvertrauen** wird dabei als Basis langfristiger Geschäftsbeziehungen besonders hervorgehoben (Morgan/Hunt 1994; Plötner 1995). Bei hohem Kundenvertrauen können die Kosten der Risikoabsicherung innerhalb einer Geschäftsbeziehung sowohl beim Hersteller als auch beim Kunden reduziert werden. Darunter sind vor allem Kosten der Information und Kommunikation für die Anbahnung, Vereinbarung, Abwicklung, Kontrolle und Anpassung eines Leistungsaustausches zu verstehen (Transaktionskosten). Die Höhe dieser Kosten hängt von bestimmten Eigenschaften der zu erbringenden Leistung (zum Beispiel Komplexität, Wert der Leistung), von Verhaltensmerkmalen der Akteure (zum Beispiel Risikowahrnehmung) und von der gewählten Einbindungs- beziehungsweise Organisationsform (zum Beispiel unternehmensübergreifende Teamstrukturen) ab (Picot et al. 2000).

Mit der Focussierung auf langfristige Beziehungen hebt das Relationship Marketing implizit die Bindung bestehender Kunden gegenüber der immer schwieriger werdenden Neukundenakquisition besonders hervor. Das **Kundenbindungspotential** einer Geschäftsbeziehung wird von bestimmten Determinanten beeinflußt. Die wichtigste Determinante besteht aus den **Wechselkosten**, das heißt aus der Gesamtheit der Kosten, die mit dem Wechsel eines Lieferanten verbunden sind (Jackson 1985). Je höher diese Kosten sind, desto größer ist das Bindungspotential und desto größer ist die Chance zur Etablierung einer langfristigen Geschäftsbeziehung.

So ist zum Beispiel für einen Automobilhersteller der Austausch eines Zulieferers, der die Amaturenmodule für ein spezielles Automodell herstellt, mit extrem hohen Wechselkosten verbunden. Dadurch wird die Bereitschaft zu einer langfristigen Zusammenarbeit mit dem Lieferanten positiv unterstützt.

Die in diesem Kapitel beschriebenen Forschungsansätze versuchen aus jeweils unterschiedlichen Perspektiven, das organisationale Kauf- und Entscheidungsverhalten zu erklären, um so den Einsatz des Marketing zu optimieren. Allerdings beziehen sich verhaltensorientierte Aspekte nur auf einen Teilbereich des Investitionsgütermarketing. Aufgrund der Vielzahl an Besonderheiten und vor allem wegen der extremen Heterogenität der Einzelprobleme im Investitionsgütermarketing haben einige Autoren versucht, das gesamte Problemspektrum zu typologisieren.

3.23 Typologien des Investitionsgütermarketing

Die Entwicklung von Typologien dient dazu, möglichst homogene Gruppen von Entscheidungstatbeständen und -aufgaben zu bilden, um anschließend zu entwickelnde Marketingkonzepte auf die spezifischen Besonderheiten der einzelnen Typen auszurichten. Aus dem breiten Spektrum der Ansätze sollen nachfolgend die zwei wichtigsten Typologien kurz erläutert werden:

1. Güterspezifischer Ansatz

Der güterspezifische Ansatz (Commodity Approach) versucht, in sich homogene und untereinander heterogene Produkttypen zu bilden und diesen Güterkategorien anschließend charakteristische Marketingaktivitäten zuzuordnen (Engelhardt/Günter 1981, S. 26 ff.; Engelhardt/Witte 1990; Kleinaltenkamp 1994). Der erste Schritt in diese Richtung besteht bereits in der Unterscheidung von Konsum- und Investitionsgütern. Eine der frühesten produktbezogenen Klassifikationen von Investitionsgütern lieferte Copeland bereits 1924.

Engelhardt und Günter (1981) haben diesen Ansatz aufgegriffen und unterscheiden Anlagen, Einzelaggregate, Teile, Roh- und Einsatzstoffe sowie Energieträger. Bei dieser Gütertypologie bleibt jedoch offen, ob sich daraus erfolgversprechende Marketingstrategien ableiten lassen. So besteht in bezug auf das Marketing durchaus ein Unterschied darin, ob zum Beispiel ein Computer als „Stand-alone"-Gerät verkauft wird oder ob der gleiche Computer in ein komplexes Datenverarbeitungssystem eines Großkonzerns integriert werden muß. Nach dem güterspezifischen Ansatz handelt es sich aber jeweils um ein Einzelaggregat, das mit der gleichen Marketingkonzeption verkauft werden müßte.

Derartige Unzulänglichkeiten führten zur Weiterentwicklung der güterspezifischen Ansätze. So wurden zur Bildung von Produktkategorien mehrere Kriterien herangezogen, wie zum Beispiel Wert der Produkteinheit, technische Komplexität, Grad des technologischen Wandels, für den Kauf aufzuwendende Zeit und Mühe, Kaufhäufigkeit und Servicebedürftigkeit. Dadurch wird die Abgrenzung zwar exakter aber gleichzeitig kaum noch operationalisierbar. Außerdem besteht die Gefahr der Zersplitterung, da immer wieder Besonderheiten für einzelne Güter auftreten.

Die Schwierigkeiten, die mit der güterspezifischen Sichtweise verbunden sind, führten zur Entwicklung des Geschäftstypenansatzes.

2. Geschäftstypenansatz

Ziel des von Backhaus entwickelten Geschäftstypenansatzes ist es, anhand spezifischer Merkmale des Interaktionsprozesses homogene Marktsegmente zu bilden (Backhaus 1993a, 1995, 1999). Aus seiner Perspektive wird der Investitionsgütermarkt maßgeblich von zwei Dimensionen bestimmt:

1. **Kaufverbund:** Der Kaufverbund beschreibt das Ausmaß der zeitlichen beziehungsweise technolgischen Verknüpfung von Teilkaufprozessen im Rahmen eines Interaktionsprozesses.

2. **Transaktionsform:** Die Transaktionsform beschreibt, inwiefern sich das Angebot auf einen Einzelkunden (Individual-Transaktion) oder auf den anonymen Markt (Routine-Transaktion) bezieht.

Innerhalb dieser beiden Dimensionen können vier Idealausprägungen von Geschäftstypen definiert werden (vgl. Abbildung 5-15):

- Im **Produktgeschäft** werden Leistungen am anonymen Markt angeboten, die die Abnehmer isoliert für die Lösung ihrer Probleme nutzen können. Dabei werden **Einzelaggregate** (zum Beispiel Hydraulikbagger oder Bürokopierer) und **Komponenten** (zum Beispiel Batterien für Automobile oder Spindeln für Werkzeugmaschinen) unterschieden. Das Marketing im Produktgeschäft weist die größten Parallelen zum Konsumgütergeschäft auf.

- Wird eine Leistung in großer Stückzahl identisch produziert, aber kundenindividuell für einen Key Account entwickelt und produziert, handelt es sich nicht um ein Produktgeschäft, sondern um ein **OEM-Geschäft** (Original-Equipment-Manufacturer). Die erstellten Leistungen werden zur Erstausrüstung von Aggregaten des OEM verwendet. Typisch für diesen Geschäftstyp sind Transaktionen von Spezialkomponenten, die speziell für einen Abnehmer entwickelt werden. Daraus resultiert eine technologisch bedingte enge und langfristige Geschäftsbeziehung zwischen dem Zulieferer und dem OEM. So hat die Firma Hella KG in Lippstadt speziell für den Audi 80 eine Hecklleuchte zusammen mit Audi entwickelt.

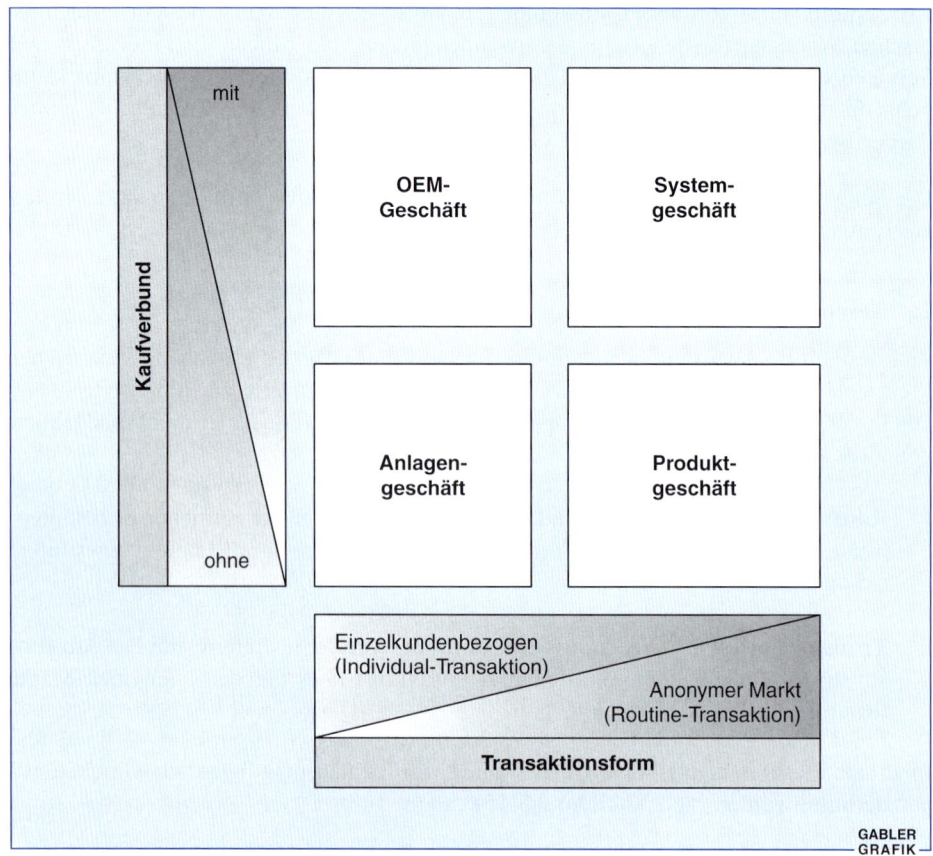

Abbildung 5-15: Geschäftstypen-Ansatz
(in enger Anlehnung an Backhaus 1999)

Als Spezialentwicklung kann sie nur mit großem finanziellen und organisatorischen Aufwand durch die Heckleuchte eines anderen Zulieferers ersetzt werden, die dann ebenfalls eine Spezialentwicklung sein müßte. Für die Produktlebenszeit des Modells besteht ein entsprechender technologischer Kaufverbund zwischen dem Zulieferer und dem OEM.

- Das besondere Kennzeichen des **Systemgeschäfts** liegt darin, daß die Leistung im Verbund mit anderen Technologien genutzt werden soll und daß sie überwiegend auf dem anonymen Markt angeboten wird, wie zum Beispiel CIM-Systeme (Computer Integrated Manufacturing) oder Bürokommunikationssysteme. Dabei wird die Leistung vom Nachfrager nicht als Komplettpaket angeschafft, sondern es werden Komponenten oder Teilsysteme in einer Abfolge von Teilbeschaffungsprozessen gekauft. Den Ausgangspunkt bildet die erste Teilkomponente des Systems, zum Beispiel könnte dies eine CAD-Anlage (Computer Aided Design) sein, die Teil eines

CIM-Systems ist. Mit einer solchen Anfangsinvestition wird oftmals eine bestimmte Systemarchitektur festgelegt, da die nachfolgenden Komponenten zur ersten Anlage kompatibel sein müssen. Dadurch ist der Nachfrager bei einer Folgekaufentscheidung nicht mehr frei in seiner Alternativenwahl (Lock-in-Effekt). Die Folgeinvestition im Rahmen eines CIM-Systems könnte zum Beispiel ein Produktionsplanungs- und -steuerungssystem (PPS-System) sein. Sukzessive werden schließlich weitere Komponenten angeschafft bis das Gesamtsystem vollständig ist. Die notwendige Verkettung und Integration der Systemelemente erfolgt auf der Basis von Integrationskonzepten. Aus der resultierenden **Schnittstellenproblematik** erwächst beim Nachfrager ein hohes wahrgenommenes Risiko (zum Beispiel Unsicherheit, ob ein in einigen Jahren zu kaufendes PPS-System noch zur bereits installierten CAD-Anlage passen wird).

- Im **Anlagengeschäft** werden Leistungen von einem oder mehreren Anbietern als geschlossenes Angebot vermarktet. Dabei handelt es sich um kundenindividuelle komplexe Hardware/Software-Bündel, die zur Fertigung weiterer Güter dienen. Die Elemente werden überwiegend beim Kunden zu funktionsfähigen Einheiten montiert. Die Vermarktung von Anlagen erfolgt in Form von Individualtransaktionen (zum Beispiel Raffinerien, Walzwerke, Anlagen zur Energieerzeugung). Die marketingrelevanten Besonderheiten des Anlagengeschäfts liegen in folgenden Charakteristika: Auftrags-(Einzel-)fertigung, Langfristcharakter, hohe Wertdimension des Einzelauftrags, hohes Risiko des Gesamtprojektes, notwendige Bildung von Anbieterkoalitionen zur Risikominderung und zur Erweiterung des Know-how-Spektrums, wachsende Bedeutung der Dienstleistungskomponente, Know-how-Gefälle zwischen Anbietern und Nachfragern, Variabilität des Lieferumfanges und Auftragsinhaltes, Internationalität, Auftragsfinanzierung zum Teil durch den Anbieter und Diskontinuität des Auftragseingangs.

    Ein Beispiel für eine innovative Form des Anlagengeschäftes ist das sog. BOT-Modell (Build-Operate-Transfer), bei dem das zu vermarktende Industriegut zunächst durch den oder die Anbieter betrieben wird (vgl. Insert 5-2).

Die geschäftstypenspezifische Gruppierung von Entscheidungstatbeständen im Investitionsgütermarketing liefert wichtige Hinweise für die Planung von Marketingprozessen. So kann ein PC als Einzelplatzrechner (Produktgeschäft) oder im zeitlichen beziehungsweise technologischem Verbund mit anderen Rechnern (Systemgeschäft) verkauft werden. Ebenso könnte eine Telefonanlage als Komplettpaket (Anlagengeschäft) oder durch sukzessive Erweiterung als System angeschafft werden. Die Gestaltung der jeweiligen Marketingprogramme sieht entsprechend unterschiedlich aus.

Der neue Athener Flughafen geht seiner Fertigstellung entgegen

Früher fertig und billiger als geplant

Von GER HÖHLER

In knapp zwei Jahren soll der neue Athener Flughafen in Betrieb gehen. Gebaut und betrieben wird er von einem deutschen Firmenkonsortium. Im Gegensatz zu fast allen anderen griechischen Infrastruktur-Großprojekten liegt der Neubau im Zeitplan und im Kostenrahmen.

HANDELSBLATT, Donnerstag, 13.5.99 ATHEN. In der Abflughalle glänzt schon der Granitfußboden, im Tower werden die elektrischen Leitungen verlegt, und draußen asphaltieren sie die Runways. Aber Jörg Schill ist gedanklich schon zwei Jahre weiter. „Für uns ist der Bau so gut wie gelaufen", sagt der Generaldirektor der Athens International Airport S.A. (AIA), „uns beschäftigen längst Flugbewegungen, Passagierströme und die Gepäckabfertigung." Der Rundgang führt uns durch einen etwas schmal scheinenden Gang im Ankunftsbereich. Auch hier liegen bereits die Fußböden.

„Unsere Computersimulation sagt: der Gang ist breit genug", referiert Jörg Schill. Aber das will er demnächst genau wissen. „Sobald die Handwerker fertig sind, schicke ich hier mal tausend Schulkinder mit tausend Stück Handgepäck durch", plant der promovierte Wirtschaftswissenschaftler Schill, den es von der Deutschen Bank über den Anlagenbauer Babcock nach Athen verschlug.

Daß ein Deutscher auf dem Chefsessel der neuen Athener Flughafengesellschaft sitzt, hängt mit dem Modell zusammen, nach dem der Flughafen finanziert, gebaut und betrieben wird. An der AIA sind der griechische Staat zu 55 Prozent und ein deutsches Firmenkonsortium unter Federführung der Essener Hochtief AG zu 45 Prozent beteiligt. Die Firmengruppe, der Hochtief, ABB, Krantz T.K.T. sowie als Berater die Flughafen Frankfurt/Main AG angehören, baut den Airport nicht nur, sie wird ihn auch auf zunächst 25 Jahre betreiben.

Hochtief ist damit in Athen in einer Doppelrolle: über die Beteiligung an der AIA als Bauherr und gleichzeitig als Auftragnehmer – ein Modell, das nach den Worten von Jörg Schill „großen Charme" besitzt. Es ermöglicht ein Höchstmaß an Koordination und Synergien, sagt der Flughafenchef: „Wo es gemeinsame Zielorientierung, Motivation und Problembewußtsein gibt, sind Konflikte viel leichter zu bewältigen." Und was in Athen vor Ort nicht zu lösen ist, kann notfalls in der Essener Konzernzentrale auf Vorstandsebene geklärt werden.

Vor allem dieser Konstellation ist es zu verdanken, daß der Athener Flughafenneubau im Zeitplan und überdies im Kostenrahmen liegt – ganz im Gegensatz zu fast allen anderen griechischen Infrastruktur-Großprojekten, wie beispielsweise der Athener U-Bahn, die nicht zuletzt wegen ständiger Streits zwischen Auftraggeber und Auftragnehmern über drei Jahre in Verzug ist.

Solche Sorgen hat Jörg Schill nicht. War bei der Auftragsvergabe im Juni 1996 zunächst eine Bauzeit von 60 Monaten veranschlagt, so wurde der Eröffnungstermin hernach um vier Monate auf den 1. 3. 2001 vorgezogen. Inzwischen geht Schill davon aus, daß der Bau schon Ende September 2000 fertig sein wird. Fast in allen Bereichen haben die deutschen Baufirmen und ihre 34 griechischen Subunternehmer bereits jetzt einen mehrmonatigen Vorsprung gegenüber der ursprünglichen Zeitplanung herausgearbeitet. Damit gewinnt die Flughafengesellschaft rund fünf Monate, während derer sie alle Systeme, von den Flugsicherungseinrichtungen bis zu den Gepäckbändern, ausgiebig durchtesten kann. „Wenn wir eröffnen, wird alles funktionieren", glaubt Schill. Das kann man, siehe Hongkong und Mailand, nicht von jedem neuen Flughafen sagen.

Erfreulich schon jetzt: auch die Kosten liegen bisher im Rahmen oder sogar unter den im Geschäftsplan an-

Die Eröffnung des neuen Athener Flughafens wurde um vier Monate auf den 1.3.2001 vorgezogen.   Foto: AIA

gesetzten Größen. Der sah für das Jahr 2011 die erste Dividendenzahlung vor. Nach neueren Berechnungen könnten die Aktionäre aber schon im Jahr 2005 bedient werden. Bei der jetzt laufenden Vergabe der Konzessionen für Einzelhandel, Catering, Gastronomie und dergleichen gelingen Jörg Schill und seinem Team Abschlüsse, die teils deutlich über den im Geschäftsplan angesetzten Erwartungen liegen.

Mindestens ebensoviel Freude wie den Anteilseignern wird der neue Airport den Athenern und Athen-Besuchern machen. Mit dem ewigen Provisorium Hellinikon, dem bisherigen Hauptstadtflughafen, wird es in zwei Jahren ein Ende haben. Der neue Airport in der Ebene von Mesogia, rund 30 km nördlich der Stadt, bietet im Gegensatz zu Hellinikon auf einer Fläche von rund 14 000 Hektar jede Menge Platz. Auf zwei 3 800 und 4 000 Meter langen Runways lassen sich pro Stunde bis zu 65 Flugbewegungen abwickeln, fast das Dreifache der Hellinikon-Kapazität. Der große Abstand der beiden Bahnen, knapp 1 600 Meter, erlaubt uneingeschränkten Parallelbetrieb. Ausgelegt ist der Flughafen in der ersten Phase für jährlich 16 Millionen Passagiere. Im Endausbau werden es bis zu 50 Millionen sein.

Das auf 2,1 Milliarden Euro veranschlagte Projekt geht mit Riesenschritten seiner Vollendung entgegen. Das knapp 800 Meter lange Hauptterminal mit seinen 14 Fluggastbrücken ist zu 70 Prozent fertig, das über einen Tunnel ans Hauptgebäude angebundene Satelliten-Terminal mit weiteren 10 Flugsteigen zu etwa 50 Prozent, der 68 Meter hohe Kontrollturm zu fast 90 Prozent.

Innerhalb des Bauzauns läuft auf Griechenlands größter Baustelle also alles nach Plan, außerhalb leider nicht. Ob der griechische Staat die Autobahnanbindungen des neuen Airports rechtzeitig fertigstellen wird, bleibt fraglich. Noch quält sich der Verkehr über schmale Nebenstraßen. Das Projekt der Ringautobahn um Athen, die auch den Flughafen anbinden soll, ist um Jahre in Verzug.

Jörg Schill ist derweil schon bei den Feineinstellungen des neuen Airports. In der Abflughalle hat er jetzt mal zwei der in Blau und Silber gehaltenen Check-in Schalter aufstellen lassen. Ein Probelauf, durchgespielt mit Passagier-Statisten, aber echtem Airline-Personal, legte eine Schwachstelle bloß: „Die Counter sind zu niedrig, die Fluggäste glotzen uns auf den Busen", klagten die Bodenstewardessen. Die Schalter werden jetzt um 5 Zentimeter erhöht.

INSERT 5-2: Handelsblatt 14./15.05.1999, S. 62

3.24 Marktsegmentierung im Investitionsgütersektor

Während sich die **Marktsegmentierung** auf Konsumgütermärkten insbesondere auf individuelle oder – zum Beispiel bei familiären Entscheidungen – auf kollektive Kaufdeterminanten beschränkt, muß die Segmentierung von Investitionsgütermärkten auf die besonderen Verhaltensweisen beim industriellen Einkauf und die ihnen jeweils zurechenbaren Einflußgrößen Bezug nehmen (Griffith/Pol 1994). Aufgrund der daraus resultierenden investitionsgüterspezifischen Vielschichtigkeit des Segmentierungsproblems haben sich hier **mehrstufige und mehrdimensionale** (parallele Verwendung mehrerer Kriterien) **Segmentierungsansätze** etabliert.

Bei den **mehrstufigen Segmentierungskonzepten** wird auf einer ersten Stufe eine sogenannte **Makrosegmentierung** durchgeführt. Reicht die zur Abgrenzung homogener Nachfragegruppen nicht aus, wird in weiteren Stufen eine **Mikrosegmentierung** vorgenommen. Beispielhaft soll im folgenden ein dreistufiger Ansatz, der organisations-, kollektiv- und individualorientierte Kriterien unterscheidet, dargestellt werden (Backhaus 1999, S. 213 ff.):

1. Ebene: **O-Segmentierung** (organisationsbezogene Kriterien)
   - Organisationsdemographische Merkmale (Standorte, Betriebsformen),
   - Institutionalisierung der Einkaufsfunktion (Zentralisation/Dezentralisation, Aufgabenbereiche etc.),
   - Organisatorische Beschaffungsregeln (Angebotsbewertung, EDV als Einkaufshilfsmittel etc.).

2. Ebene: **K-Segmentierung** (Merkmale des Entscheidungskollektivs)
   - Größe, Umfang des Buying Center,
   - Zusammensetzung des Buying Center etc.

3. Ebene: **I-Segmentierung** (Merkmale des entscheidungsbeteiligten Individuums)
   - Informationsverhalten,
   - Einstellungen,
   - Entscheidungsverhalten etc.

3.3 Strategische Besonderheiten des Investitionsgütermarketing

Unsicherheit ist eine wesensbestimmende Restriktion des Investitionsgütergeschäfts, denn die zu einem hohen wahrgenommenen Risiko führenden Merkmale einer Kaufentscheidung sind hier in besonderer Weise präsent. Dazu gehören vor allem die Komplexität der Leistung, der hohe Transaktionswert und die ex ante begrenzte Überprüfbarkeit der Qualität. Auf diese Charakteristika beziehen sich viele der strategischen Besonderheiten des Investitionsgütermarketing.

3.31 Abnehmergerichtete Strategien

Grundsätzlich kann im Rahmen der abnehmergerichteten Strategien eine Präferenz- oder eine Preis-Mengen-Orientierung verfolgt werden. In bezug auf die vom Nachfrager empfundene Unsicherheit aber auch mit Blick auf die für den Anbieter existierenden Risiken (steigender Wettbewerbsdruck, schneller technologischer Wandel) sollen nachfolgend in erster Linie präferenzorientierte Abnehmerstrategien behandelt werden.

Die **Präferenzstrategie** basiert auf dem Einsatz aller nichtpreislichen Aktionsparameter und soll zu einer mehrdimensionalen Präferenzbildung führen. Sie erstreckt sich über die strategischen Grunddimensionen der Innovations-, Qualitäts-, Markierungs- und Programmbreitenorientierung.

Im Rahmen der **Innovationsorientierung** gewinnt der zeitliche Aspekt wegen der starken Technologieorientierung des Investitionsgütergeschäfts zunehmend an Bedeutung. Der Faktor **Zeit** avanciert oft sogar zum zentralen strategischen Wettbewerbsfaktor (Gruner 1996). Der Grund dafür liegt vor allem darin, daß der beschleunigte technologische Wandel und der sich verschärfende globale Wettbewerb zu einer Situation führen, die als „Entwicklungsdilemma" bezeichnet werden kann: Während auf der einen Seite die Entwicklungskosten und -zeiten steigen, werden auf der anderen Seite die Produktlebenszyklen und damit auch die Zeiten, in denen das Produkt Gewinne erwirtschaften kann, immer kürzer (Große-Oetringhaus 1992, S. 39 f.).

Das wird besonders an der Entwicklung der Computertechnologie deutlich. Die Lebenszeit der jeweils neuesten Chipgeneration (zum Beispiel 286er, 386er, 486er, Pentium) wird ständig kürzer, während die Vorlaufinvestitionen und die aufzuwendenden Entwicklungszeiten steigen.

Dem Entwicklungsdilemma können die Hersteller mit einer Erhöhung des „Speed to Market", also mit einer Verkürzung der Zeit von der ersten Idee bis zur Markteinführung eines Produktes, begegnen. Ein solches Ziel läßt sich im Rahmen einer Simultaneous Engineering-Strategie verwirklichen (Bullinger/Wasserloos 1990). Diese erfordert eine Überlappung und Parallelisierung der einzelnen Entwicklungsphasen, die gleichzeitig durch eine ausgeprägte Marktorientierung gekennzeichnet sein müssen. Dieses Ziel kann nur durch eine enge, funktionsübergreifende Zusammenarbeit aller beteiligten Abteilungen (Marketing, Verkauf, Forschung und Entwicklung, Produktion etc.) erreicht werden.

Das Problem immer kürzer werdender Produktlebenszyklen äußert sich auch in der schnelleren Substitution ganzer Technologiegenerationen (Backhaus/Gruner 1997). Dieses Problem ist gerade im Investitionsgütersektor von besonderer Bedeutung, da Technologiesubstitutionen mit umfangreichen Kosten für die Nachfrager verbunden sind und deren Bereitschaft, diesen Wechsel nachzuvollziehen, entsprechend gering ist.

Die Erhöhung des Innovationstempos bietet zunächst zwar die Möglichkeit, gegenüber der Konkurrenz einen Differenzierungsvorteil zu erlangen. Ein zu hohes Innovationstempo kann aber auch zu Nachteilen führen, indem die Nachfrager überfordert werden und die entsprechend hohen Änderungsraten nicht mehr akzeptieren. Das kann sich in der Computerbranche zum Beispiel darin äußern, daß die Anwender eine komplette PC-Generation überspringen (sogenanntes Leapfrogging-Behavior) und solange die alte Rechnergeneration verwenden, bis die übernächste Entwicklung auf den Markt kommt (Weiber/Pohl 1996).

Besonders im Rahmen des OEM-, System-, und Anlagengeschäfts spielt die **Qualitätsorientierung** im Vergleich zur Konsumgüterindustrie eine sehr bedeutende Rolle. Dies läßt sich drastisch verdeutlichen, wenn man die Konsequenzen eines Materialfehlers in einem Atomreaktorblock mit den Folgen vergleicht, die durch eine schadhafte Lebensmittelverpackung hervorgerufen werden können.

Aber auch auf einer weniger extremen Ebene stellt die Qualitätsorientierung eines Herstellers im Investitionsgütermarketing einen überaus wichtigen Wettbewerbsvorteil dar. Dies gilt vor allem, weil die Überprüfung der Qualität von komplexen Investitionsgütern vor dem Kauf (search qualities) für den Nachfrager nur sehr schwer zu leisten ist. Die resultierende **Qualitätsunsicherheit** kann mehrere Dimensionen besitzen: Wenn ein Nachfrager erstmalig ein komplexes Investitionsgut wie zum Beispiel ein CIM-System anschaffen will, sucht er im Vorfeld Indikatoren für die Qualität dieser Leistung (Search Quality). Diesen Unsicherheiten kann der Anbieter mit Hilfe der **Kommunikationspolitik**, durch den Nachweis von anerkannten Qualitätszertifikaten (ISO 9000) oder durch den Hinweis auf bereits installierte **Referenzanlagen** begegnen. Die nächste Dimension besteht in der Erfahrungskomponente der Qualität (Experience Quality). Positive oder negative Erfahrungen mit der Qualität eines bereits installierten CIM-Systems haben einen entscheidenden Einfluß auf den Wiederkauf eines Systems des gleichen Herstellers. Die dritte Dimension betrifft die Glaubenskomponente (Credence Quality) der Leistung. Darunter sind die Merkmale eines Investitionsgutes zu verstehen, die sich der Beurteilung durch den Nachfrager ganz entziehen oder erst sehr lange nach dem Kauf erkennbar werden. Für das Beispiel einer CIM-Anlage könnten dies systemimmanente Vor- beziehungsweise Nachteile sein, die sich einer direkten Überprüfbarkeit entziehen. So kann zum Beispiel beim Kauf der ersten, die Systemarchitektur festlegenden Komponente nicht beurteilt werden, ob die Verarbeitungsgeschwindigkeit des Systems nach der vollständigen Installation aller CIM-Komponenten noch den Erwartungen entspricht. Ähnliches gilt für die Frage, ob ein völlig anders aufgebautes System eines anderen Herstellers nicht bezüglich der Geschwindigkeit und der zukünftigen Erweiterungsfähigkeit die bessere Alternative darstellt.

Aufgrund der veränderten Wettbewerbsbedingungen und vor allem wegen der Verhaltensrelevanz des wahrgenommenen Risikos der Nachfrager kommt der **Markierungsorientierung** im Investitionsgütermarketing eine wachsende Bedeutung zu. Die nachgewiesene Wichtigkeit des Markennamens für den Markterfolg von Investitionsgüterherstellern wird in Zukunft tendenziell weiter zunehmen (Shipley/Howard 1993; Pettis 1995). Dabei steht im Gegensatz zum Konsumgütermarketing häufig nicht die Produktmarke, sondern das Unternehmen selbst im Vordergrund (Unternehmensdachmarke). Dies ist beispielsweise bei Bosch (Automobilzulieferer), Schott (Gebrauchs- und Spezialglas), Intel (Computerchips), Continental (Reifen), ABB (Anlagenanbieter) oder Haniel (Brennstoffe, Baustoffe) der Fall. Es existieren aber auch Produktmarken wie zum Beispiel Inbus (Schrauben) oder Comprex (Druckwellenlader).

Das zentrale Ziel im Rahmen der Markierungsorientierung liegt im Aufbau von **Kundenvertrauen**. Die Marke stellt in diesem Zusammenhang praktisch eine Metainformation dar (Becker 1998, S. 185 f.), in der eine Vielzahl von vertrauensrelevanten Informationen gebündelt werden kann. Diese Informationsbündelung ist bei Investitionsgütern aufgrund der Komplexität der Produktbeurteilung besonders wichtig. Insbesondere für OEM-Geschäfte kommen noch vertrauensrelevante Übertragungseffekte hinzu, da die Qualität von Komponenten sehr stark auf die wahrgenommene Qualität des Fertigaggregats ausstrahlen kann, wie dies am Beispiel der Pentium-Prozessoren von Intel besonders deutlich wird.

3.32 Konkurrenz- und anspruchsgruppengerichtete Strategien

Eine Besonderheit des Investitionsgütermarketing liegt darin, daß im Rahmen **konkurrenzgerichteter Strategien** die **Kooperationsstrategien** zwischen Wettbewerbern eine besondere Relevanz besitzen. Ein einzelner Anbieter ist oft nicht in der Lage, die gesamte geforderte Leistung allein zu erstellen. Gründe dafür liegen in der notwendigen Einbeziehung des spezifischen Know-hows spezieller Anbieter, in der Risikominderung für den Einzelanbieter durch Risikoteilung, in der geforderten oder notwendigen Einbeziehung lokaler Anbieter oder in der Einbeziehung von Anbietern, deren besondere Dienstleistungkompetenz erforderlich ist (Finanzierungsleistung, Service, Wartung) (Engelhardt/Günter 1981, S. 101 ff.). So kann zum Beispiel ein Hochbauunternehmen mit dem Bau und dem Betrieb eines großen Verwaltungsgebäudes beauftragt werden. Neben der zu erbringenden Kernkompetenz (Hochbau) sind eine Vielzahl von anderen Kompetenzen (zum Beispiel Betrieb des Gebäudes, Vorfinanzierung etc.) gefordert, die oft durch Kooperationen abgedeckt werden. Ist der Auftraggeber eine staatliche Institution, kann zum Beispiel aus politischen Gründen die Einbeziehung lokaler Dienstleister und Produktionsunternehmen gefordert werden.

Anspruchsgruppengerichtete Strategien besitzen insofern für Hersteller von Investitionsgütern eine besondere Relevanz, als die Herstellung und der Einsatz von Investitionsgütern häufig nicht nur den Kunden, sondern auch die Öffentlichkeit insgesamt betreffen. Besonders Anlagen der Chemieindustrie und des Energiesektors werden von der Bevölkerung und speziell von gesellschaftlichen Anspruchsgruppen wie Bürgerinitiativen oder Umweltschutzorganisationen sehr kritisch beobachtet. Wegen des wachsenden Einflusses dieser Anspruchsgruppen sollten die sich aus einem Konflikt mit diesen Gruppen ergebenden negativen Wirkungen auf das Image und die Legitimität des Unternehmens nicht unterschätzt werden (zum Beispiel Kernenergie-Diskussion). Daher empfiehlt sich eine aktive Gestaltung der Beziehungen zu den gesellschaftlichen Anspruchsgruppen mit der Möglichkeit, negative Entwicklungen frühzeitig zu erkennen und potentiellen Problemen in einem frühen Stadium mit innovativen Lösungen zu begegnen.

3.4 Besonderheiten des Marketing-Mix in Investitionsgütermärkten

Auch im Investitionsgütermarketing werden die klassischen Marketinginstrumente eingesetzt. Die Gewichtung der einzelnen Instrumente unterscheidet sich jedoch von der Konsumgüterindustrie erheblich. Dies gilt besonders für die Anlagen-, System- und OEM-Geschäfte.

3.41 Produktpolitik

Ein zentraler Aspekt der Produktpolitik im Investitionsgüterbereich ist die **Kundenintegration** (Kleinaltenkamp 1996; Plötner/Jacob 1996). Wegen der in den meisten Geschäftstypen notwendigen intensiven Interaktion zwischen Anbieter und Nachfrager kommt einer effektiven und effizienten Kundenintegration (Customer Integration) eine sehr hohe Bedeutung zu. Oftmals können Problemlösungen sogar nur in Zusammenarbeit mit dem Kunden tatsächlich gestaltet werden (zum Beispiel bei der Entwicklung und beim Bau großer Anlagen). Kundenintegration beginnt schon in der Phase der Produktdefinition, wo in enger Abstimmung zwischen dem Kunden und dem Anbieter ein Ziel- und Anforderungskatalog für das geplante Produkt entsteht. Sie erstreckt sich anschließend in unterschiedlicher Intensität über den gesamten Produktentwicklungszyklus bis zur Fertigung. Die konsequente Umsetzung der Kundenintegration stellt die Basis für eine **kundennutzenorientierte Leistungsindividualisierung** dar.

Gegenstand und Besonderheiten des Investitionsgütermarketing

Als Beispiel läßt sich an dieser Stelle die Entwicklung der Boeing 777 anführen. Als die Boeing-Manager 1990 den Entschluß faßten, ein neues 350sitziges Flugzeug zu entwickeln, stand fest, daß die Kunden in das Projekt integriert werden sollten. Mit dem Anspruch, ein marktgerechtes, kundenindividuelles Produkt zu schaffen, und um teure Fehlentwicklungen zu vermeiden, wurden die Vetreter von acht großen Airlines beim Entwurf, bei der Entwicklung und bei der Fertigung des neuen Flugzeugs miteingebunden. Auf den expliziten Einfluß der Kunden gehen zum Beispiel die Cockpitgestaltung oder die zwischenzeitlich nicht mehr angebotene Option, die 777 mit klappbaren Tragflächen zu ordern, zurück. Aber auch bei vielen anderen Konstruktionsdetails wurden die Anregungen der Airlinevertreter berücksichtigt. So beeinflußten zum Beispiel Hinweise auf die in der Praxis auftretende Hektik beim Betanken und Beladen der Maschine die Entwicklung der entsprechenden Flugzeugdetails (o. V. 1996a).

Im Rahmen eines derartig vernetzten Entwicklungsprozesses müssen vor allem kurze und direkte Informationswege geschaffen werden, die ein zeitkritisches, iteratives Abstimmen und Verbessern der Produktentwicklung mit dem Kunden erst ermöglichen (Beitz 1996).

3.42 Kontrahierungspolitik

Der Preis stellt nach wie vor ein dominierendes Instrument bei der Vermarktung von Investitionsgütern dar. Nachfolgend sollen einige Besonderheiten der Preisfindung für das Produkt-, OEM- und für das Anlagengeschäft betrachtet werden (Plinke/Söllner 1995).

Das Leistungsangebot im **Produktgeschäft** ist ähnlich wie im Konsumgütergeschäft überwiegend standardisiert. Entsprechend stehen diesem Angebot ebenso **standardisierte Listenpreise** gegenüber. Neben der standardisierten Preispolitik existiert im Investitionsgüterbereich oftmals ein differenziertes **Rabattsystem**, welches die indirekte Variation des vorgegebenen Listenpreises erlaubt. In diesem Zusammenhang können zum Beispiel Handwerkerrabatte, Stützpunkthändlerrabatte, Erstverwenderrabatte etc. gewährt werden. Bei Produktgeschäften spielen zudem Mengenrabatte, die Großabnehmern zugestanden werden, eine sehr wichtige Rolle (zum Beispiel besondere Preisnachlässe bei LKWs oder Flugzeugen, wenn eine große Spedition oder Airline ihre Flotten nur mit Produkten eines bestimmten Hersteller bestückt). Ein weiterer wichtiger Aspekt der Preispolitik besteht im Verhältnis des Grundpreises zu den **Zusatzleistungspreisen** (Zusatzausstattungen oder additive Dienstleistungen), das den eigentlichen Listenpreis gegenüber Wettbewerbern relativiert (Laakmann 1995; Backhaus 1999, S. 348 ff.). So besteht ein großer Unterschied darin, ob der Preis einer Werkzeugmaschine umfangreiche Wartungs-, Service- und Garantieleistungen enthält oder ob diese Dienstleistungen bei einem günstigeren Produktpreis anschließend gesondert berechnet werden.

Eine Besonderheit des **OEM-Geschäfts** besteht darin, daß Zulieferer dem OEM-Kunden zum Teil ihre komplette Kalkulation offenlegen müssen und nur einen vertraglich vereinbarten Gewinn erzielen dürfen. Damit besteht bezüglich der Preispolitik praktisch kein Handlungsspielraum. Zudem müssen dem OEM-Kunden häufig umfangreiche Eingriffe in die eigene Organisation zugestanden werden. Dieser kann dann sogar direkt die Kostenstruktur des Zulieferers beeinflussen.

Im Gegensatz zu den standardisierten Listenpreisen im Produktgeschäft handelt es sich bei der Preisfestlegung im **Anlagengeschäft** im Prinzip um Einmalentscheidungen, die durch folgende Probleme gekennzeichnet sind (Backhaus 1999, S. 451 ff.):

- Im Angebotsstadium liegt wegen des Individualcharakters der Leistung kein Orientierungspreis vor.
- Die individuellen Preisvorstellungen müssen im Falle von Anbieterkoalitionen für die Ermittlung eines akzeptablen Gesamtpreises mit den Preisvorstellungen der Mitanbieter abgestimmt werden.
- Die mit der Langfristigkeit des Anlagengeschäfts verbundenen Preisrisiken (zum Beispiel Inflations-, Zins- oder Kursrisiken) müssen abgedeckt werden.
- Die aus dem Rechnungswesen abgeleitete Kostenstruktur muß mit den Marktgegebenheiten im Sinne von Kundenvorstellungen und Konkurrenzpreisen abgeglichen werden (target pricing).

Da zwischen der ersten Kontaktaufnahme und dem Abschluß des gesamten Geschäfts mehrere Jahre vergehen können, ist es nahezu unmöglich, zu Beginn eines Projektes den letztlich realisierten Erlös vorherzusagen. Darum ist es im Anlagengeschäft üblich, die Preisentscheidung in eine **phasenspezifische Erlösplanung** zu transformieren. Dabei ist der in der Anfragephase abgegebene Schätzwert nur als unverbindliche Orientierungsgröße zu verstehen. Der in der Angebotsphase abgegebene Angebotspreis darf in der Regel später nicht mehr überschritten werden und bildet die zentrale Richtgröße in der Verhandlungsphase. Bei einer Einigung wird schließlich der juristisch abgesicherte Vertragspreis festgelegt (Plinke/Söllner 1995).

3.43 Distributionspolitik

Für die Gestaltung der Distributionspolitik sind im wesentlichen Entscheidungen über den Absatzkanal und Entscheidungen zum logistischen System zu treffen (Kleinaltenkamp 1995).

Besonders im Anlagen- und OEM-Geschäft werden spezifische Leistungen für Einzelkunden entwickelt. Bei diesen Geschäftstypen steht der **direkte Vertrieb** im Sinne des Key Account Management im Mittelpunkt. Aber auch in vielen Bereichen des Systemgeschäfts (zum Beispiel CIM-Anlagen) und für bestimmte hochpreisige Güter des Produktgeschäfts (zum Beispiel Webmaschinen) hat der direkte Vertrieb wegen der Komplexität und Erklärungsbedürftigkeit der Güter im Gegensatz zum indirekten Vertrieb eine herausragende Bedeutung.

Häufig exisitiert im Investitionsgütersektor ein Know-how-Gefälle vom Anbieter zum Kunden, wodurch dem Hersteller zum Teil eine Beraterfunktion zukommt. Für den direkten Vertrieb ergibt sich daraus eine Besonderheit bezüglich des Verkaufspersonals. Dabei handelt es sich häufig um Verkaufs- beziehungsweise Vertriebsingenieure, die nicht nur Güter verkaufen, sondern auch in der Lage sind, für den Kunden Problemlösungen zu entwickeln und zum Teil konstruktive und planerische Aufgaben erfüllen. Wichtig ist in diesem Zusammenhang allerdings nicht nur deren fachliche, sondern auch deren soziale Kompetenz.

Den **Entscheidungen zum logistischen System** kommt im Investitionsgütermarketing eine sehr hohe Bedeutung zu. Insbesondere im **OEM-Geschäft** spielen Logistikkonzepte eine herausragende Rolle. Da viele Hersteller die Eigenfertigung von Teilen immer weiter einschränken (Outsourcing) und gleichzeitig die Zulieferer stärker in den Herstellungsprozeß einbinden, wird die Sicherung des Lieferservice für den reibungslosen Ablauf der Leistungserstellung beim Kunden immer wichtiger. Viele Unternehmen erwarten mittlerweile, daß die benötigten Güter produktionssynchron (Just-in-Time) angeliefert werden, um dadurch unter anderem Lagerhaltungskosten zu sparen (Backhaus 1999, S. 703 f.).

Eine Weiterentwicklung des Just-in-Time-Prinzips hat VW in seinem LKW-Werk in Resende, Brasilien, umgesetzt. Die LKW-Fabrik ist als modulares Konsortium bestehend aus acht Zulieferfirmen, die direkt vor Ort angesiedelt sind, konzipiert. Von den 1.500 Arbeitern in diesem Werk haben nur 200 einen Arbeitsvertrag mit VW. In dieser Fabrik sind die Zulieferer für die komplette Produktion der LKWs zuständig. Die VW-Belegschaft befaßt sich nur noch mit der Qualitätskontrolle, dem Marketing und dem Verkauf. Da es kein Materiallager gibt, dürfen die Teile erst wenige Stunden vor ihrem Einbau im Werk eintreffen. Die Logistik übernehmen die Zulieferer. Die einzelnen Firmen sind nicht mehr räumlich, sondern nur noch durch gelbe Streifen auf dem Boden der Produktionshalle voneinander getrennt. Ein 600 Seiten umfassender Vertrag regelt das Verhältnis zu den Zulieferern, die sich für mindestens fünf Jahre dem Projekt verpflichten müssen (o. V. 1996b).

3.44 Kommunikationspolitik

Im Vergleich zum Konsumgütermarketing ist die Kommunikationspolitik im Investitionsgütermarketing durch folgende Besonderheiten gekennzeichnet (Rost 1990):

- Aufgrund kollektiver Kaufentscheidungen müssen gleichzeitig mehrere Personen mit divergierenden Informationsbedürfnissen berücksichtigt werden.

- Die Informationsbedürfnisse ändern sich mit den Phasen des Entscheidungsprozesses ebenso wie die benutzten Informationsquellen.

- Neben der Media-Kommunikation besitzt die persönliche Kommunikation eine zentrale Bedeutung. Dies begründet unter anderem die wichtige Rolle von Messen.

- Im Investitionsgütergeschäft bilden die Nachfrager ihre Präferenzen primär in bezug auf den Hersteller im Gegensatz zum Konsumgüterbereich, wo Einzel- und Sortimentsmarken eine überragende Rolle spielen.

- Die Geschwindigkeit des technischen Fortschritts bietet häufig die Möglichkeit, über substantielle Neuerungen zu berichten. Somit ist die Kommunikationspolitik eher durch kognitive als durch emotionale Appelle an die Nachfrager geprägt.

- Da der Absatzmarkt von Investitionsgütern oft global ausgerichtet ist, muß die Internationalität des Investitionsgütergeschäfts von Anfang an in der Kommunikationsgestaltung berücksichtigt werden.

- Die Kommunikationsfachleute sollten über technische Kenntnisse verfügen, um komplexe technische Sachverhalte richtig und verständlich zu kommunizieren.

Entsprechend dieser Besonderheiten fällt die Gewichtung der einzelnen Kommunikationsinstrumente anders aus als in der Konsumgüterindustrie. Beispielhaft gibt die Abbildung 5-16 die Bedeutung einzelner Kommunikationsinstrumente in der Werkzeugmaschinenindustrie wieder.

Die Komplexität, der hohe Individualisierungsgrad und der Vertrauensgutcharakter der meisten Investitionsgüter bilden den Hintergrund für die herausragende Bedeutung der **persönlichen Kommunikation**. Ein ebenso wichtiges Instrument des Kommunikations-Mix stellen **Messen** dar (Bello/Lohtia 1993). Diese unterstützen insbesondere den Aufbau und die Pflege von persönlichen Kontakten.

In bezug auf die Kommunikationsinhalte sollte eine **Synthese aus kognitiven und emotionalen Inhalten** gefunden werden. Zwar gilt auch im Investitionsgüterbereich, daß zum Beispiel ein geringer Textumfang oder Symbole und Metaphern die Anzeigeneffektivität erhöhen, gleichzeitig darf aber die Notwendigkeit einer rationalen und informativen Gestaltung, insbesondere als Folge der zahlreichen technischen Innovationen bei Investitionsgütern, nicht übersehen werden (Lohtia et al. 1995).

Insgesamt liegt der Fokus der Kommunikationspolitik für den Anbieter von Investitionsgütern darin, die erfahrungs- und vertrauensrelevanten Eigenschaften einer Leistung hervorzuheben. Die Komplexität der Güter läßt wegen einer möglichen Informationsüberlastung der Adressaten aber oftmals eine vollständig kognitiv informierende Kommunikation nicht zu. Deshalb sollte der **Imageaufbau**, im Sinne eines vertrauenswürdigen, hochkompetenten Partners und Problemlösers, und die Schaffung einer positiven Beziehungsatmosphäre im Mittelpunkt der Kommunikationsaktivitäten stehen (Plötner 1988, S. 14f.; Bellizi et al. 1994; Greiner 1994).

Gegenstand und Besonderheiten des Investitionsgütermarketing

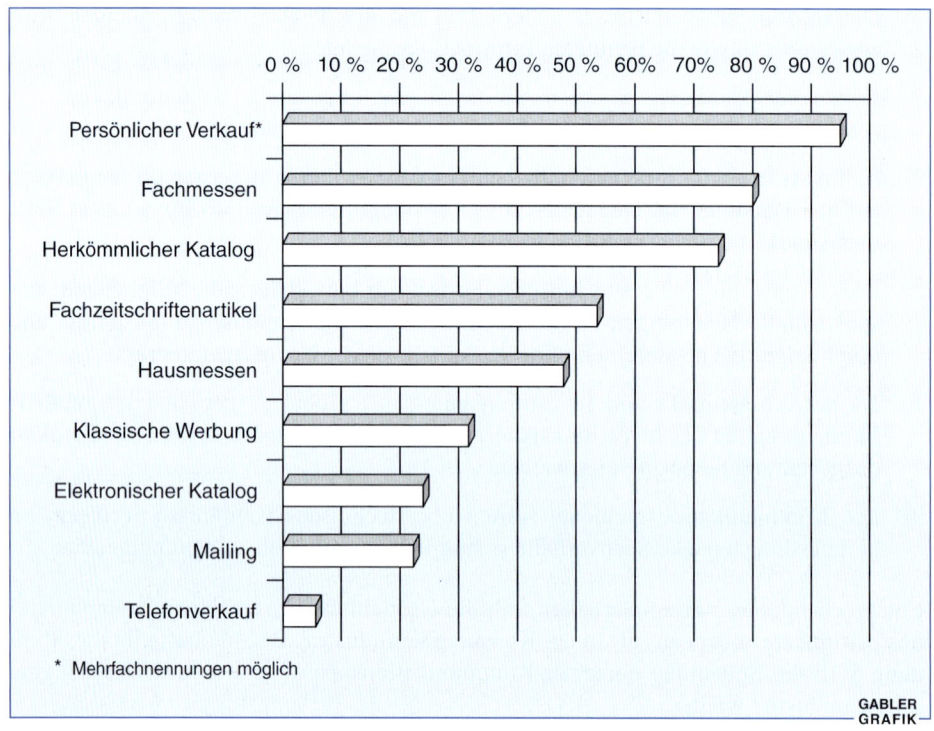

Abbildung 5-16: Bedeutung einzelner Kommunikationsinstrumente in der Werkzeugmaschinenindustrie
(Quelle: Belz et al. 1996, S. 79)

3.5 Ausblick

Aufgrund der wachsenden technisch-objektiven Ähnlichkeit der Produkte treten in vielen Investitionsgütermärkten die produktbezogenen Merkmale zugunsten von Qualitätsmerkmalen, die sich auf den Anbieter selbst beziehen, in den Hintergrund. Das zurückgehende technologische Differenzierungspotential bedeutet für viele Unternehmen, daß sie ihre **Angebotspalette verstärkt um Value-Added-Services ergänzen müssen**. Darüber hinaus müssen sie durch eine Focussierung der Unternehmensaktivitäten ihre Kernkompetenzen im Wahrnehmungsraum der Kunden klar verankern und eine solide Vertrauensbasis schaffen. Dieses Vertrauenskapital läßt sich nur langsam mit Hilfe einer entsprechenden Kommunikationspolitik und vor allem durch die intensive Pflege von Geschäftsbeziehungen aufbauen.

Der zunehmende internationale Wettbewerbsdruck erfordert auch von denjenigen Investitionsgüterherstellern, die bislang ausschließlich in nationalen Märkten tätig waren, eine Intensivierung ihrer Internationalisierungsbestrebungen (vgl. Belz/Reinhold 1999; Weiber/Adler 2000). Die schnellen Innovationszyklen verlangen zudem ein Höchstmaß an Flexibilität seitens der Anbieter. Diese kann nur erreicht werden, wenn die überwiegend funktional ausgerichtete Organisation vieler Hersteller radikal auf die Erfordernisse einer sich ständig verändernden Unternehmensumwelt ausgerichtet wird. Dazu müssen überkommene Aufbauorganisationsstrukturen zugunsten von innovativen prozeß- und marktorientierten Organisationskonzepten ersetzt werden (Backhaus 1993b; Haupt 1999; Picot et al. 2000).

Literaturhinweise

Backhaus, K. (1993a), Geschäftstypspezifisches Investitionsgütermarketing, in: Droege, W., Backhaus, K., Weiber, R. (Hrsg.), Strategien für Investitionsgütermärkte: Antworten auf neue Herausforderungen, Landsberg am Lech, S. 100–109.

Backhaus, K. (1993b), Antworten auf neue Marktanforderungen, in: Absatzwirtschaft, 36. Jg., Nr. 2, S. 80–85.

Backhaus, K. (1995), Investitionsgütermarketing, 4. Aufl., München.

Backhaus, K. (1999), Industriegütermarketing, 6. Aufl., München.

Backhaus, K., Gruner, K. (1997), Epidemie des Zeitwettbewerbs, in: Backhaus, K., Bonus, H. (Hrsg.), Die Beschleunigungsfalle oder der Triumph der Schildkröte, 2. erw. Aufl., Stuttgart, S. 19–46.

Becker, J. (1998), Marketingkonzeption: Grundlagen des strategischen Marketing-Managements, 6. Aufl., München.

Beitz, W. (1996), Customer Integration im Entwicklungs- und Konstruktionsprozeß, in: Kleinaltenkamp, M., Fließ, S., Jacob, F. (Hrsg.), Customer Integration: Von der Kundenorientierung zur Kundenintegration, Wiesbaden, S. 285–292.

Bellizzi, J. A., Minas, L., Norvell, W. (1994), Tangible Versus Intangible Copy in Industrial Print Advertising, in: Industrial Marketing Management, Vol. 23, S. 156–163.

Bello, D. C., Lohtia, R. (1993), Improving Trade Show Effectiveness by Analyzing Attendees, in: Industrial Marketing Management, Vol. 22, S. 311–318.

Belz, C., Müller, R., Walti, C. (1996), Marketing für Werkzeugmaschinen: Ergebnisse einer empirischen Untersuchung, Thexis Fachbericht für Marketing, 13. Jg., Nr. 4, St. Gallen.

Belz, C., Reinhold, M. (1999), Internationales Vertriebsmanagement für Industriegüter, St. Gallen.

Bullinger, H. J., Wasserloos, G. (1990), Reduzierung der Produktentwicklungszeiten durch Simultaneous Engineering, in: CIM Management, 6. Jg., Nr. 6, S. 4–12.

Büschken, J. (1994), Multipersonale Kaufentscheidungen: empirische Analyse zur Operationalisierung von Einflußbeziehungen im Buying Center, Wiesbaden.

Copeland, M. T. (1924), Principles of Merchandising, Chicago u. a.

Engelhardt, W. H., Günter, B. (1981), Investitionsgütermarketing: Anlagen, Einzelaggregate, Teile, Roh- und Einsatzstoffe, Energieträger, Stuttgart.

Engelhardt, W. H., Witte, P. (1990), Konzeption des Investitionsgütermarketing – eine kritische Bestandsaufnahme ausgewählter Ansätze, in: Kliche, M. (Hrsg.), Investitionsgütermarketing: Positionsbestimmung und Perspektiven, Wiesbaden, S. 3–18.

Greiner, P. (1994), Business-to-Business-Kommunikation: Die Sicht eines Anlagenanbieters, in: Werbeforschung und Praxis, 39. Jg., Nr. 4, S. 144–151.

Griffith, L. R., Pol, L. G. (1994), Segmenting Industrial Markets, in: Industrial Marketing Management, Vol. 23, No. 1, S. 39–46.

Grönroos, C. (1994), Quo Vadis Marketing? Toward a Relationship Marketing Paradigma, in: Journal of Marketing Management, Vol. 58, No. 10, S. 347–360.

Grönroos, C. (1996), Relationship Marketing: A Structural Revolution in the Corporation, in: Sheth, J. N., Söllner, A. (Hrsg.), International Conference on Relationship Marketing: Development, Management and Governance of Relationships, Berlin, S. 313–319.

Große-Oetringhaus, W. F. (1992), Internationale Marketingstrategien von Großunternehmen in den Investitionsgüter- und High-Tech-Märkten, in: Hofmaier, R. (Hrsg.), Investitiongüter- und High-Tech-Marketing (ITM): erprobte Instrumentarien, Erfolgsbeispiele, Problemlösungen, Landsberg am Lech, S. 23–44.

Gruner, K. (1996), Beschleunigung von Marktprozessen: modellgestützte Analyse von Einflußfaktoren und Auswirkungen, Wiesbaden.

Gummesson, E. (1996), Toward A Theoretical Framework of Relationship Marketing, in: Sheth, J. N., Söllner, A. (Hrsg.), International Conference on Relationship Marketing: Development, Management and Governance of Relationships, Berlin, S. 5–18.

Haupt, R. (1999), Industriebetriebslehre: Management im Zyklus industrieller Geschäftsfelder, Wiesbaden.

Jackson, B. B. (1985), Build Customer Relationships that last, in: Harvard Business Review, Vol. 63, No. 6, S. 120–128.

Kern, E. (1990), Der Interaktionsansatz im Investitionsgütermarketing: eine konfirmatorische Analyse, Berlin.

Kirsch, W., Kutschker, M., Lutschewitz, H. (1980), Ansätze und Entwicklungstendenzen im Investitionsgütermarketing: auf dem Wege zu einem Interaktionsansatz, Stuttgart.

Kleinaltenkamp, M. (1994), Typologien von Business-to-Business-Transaktionen/Kritische Würdigung und Weiterentwicklung, in: Marketing, Zeitschrift für Forschung und Praxis, 16. Jg., Nr. 2, S. 77–88.

Kleinaltenkamp, M. (1995), Gestaltung der Distributionsleistung, in: Kleinaltenkamp, M., Plinke, W. (Hrsg.), Technischer Vertrieb: Grundlagen, Berlin u. a., S. 745–784.

Kleinaltenkamp, M. (1996), Customer Integration – Kundenintegration als Leitbild für das Business-to-Business Marketing, in: Kleinaltenkamp, M., Fließ, S., Jacob, F. (Hrsg.), Customer Integration: Von der Kundenorientierung zur Kundenintegration, Wiesbaden, S. 13–24.

Kliche, M. (1990), Zum Interaktionsansatz im Investitionsgütermarketing, in: Kliche, M. (Hrsg.), Investitionsgütermarketing: Positionsbestimmung und Perspektiven, Wiesbaden, S. 53–76.

Kliche, M. (1991), Industrielles Innovationsmarketing: eine ganzheitliche Betrachtung, Wiesbaden.

Kuß, A. (1990), Entscheider-Typologien und das Buying-Center-Konzept, in: Kliche, M. (Hrsg.), Investitionsgütermarketing, Wiesbaden, S. 21–38.

Laakmann, K. (1995), Value-Added-services als Profilierungsinstrument im Wettbewerb. Analyse, Generierung und Bewertung, Frankfurt am Main u. a.

Lohtia, R., Wesley, J. J., Aab, L. (1995), Business-to-Business Advertising: What are the Dimensions of an effective Print Ad?, in: Industrial Marketing Management, Vol. 24, S. 369–378.

Morgan, R. M., Hunt, S. D. (1994), The Commitment-Trust Theory of Relationship Marketing, Journal of Marketing, Vol. 58, July, S. 20–38.

o. V. (1996a), Die Boeing-777-Story, in: Aero International, Nr. 11, S. 38–43.

o. V. (1996b), Volkswagen eröffnet Werk in Brasilien, in: Frankfurter Allgemeine Zeitung, 01.11.1996, S. 20.

Pettis, C. (1995), Techno Brands, New York.

Picot, A., Reichwald, R., Wigand, R. T. (2000), Die grenzenlose Unternehmung: Information, Organisation und Management, 4. Aufl., Wiesbaden.

Plinke, W. (1991), Investitionsgütermarketing, in: Marketing, Zeitschrift für Forschung und Praxis, 13. Jg., Nr. 3, S. 172–177.

Plinke, W. (1992), Ausprägungen der Marktorientierung im Investitionsgütermarketing, in: Zeitschrift für betriebswirtschaftliche Forschung, 44. Jg., Nr. 9, S. 830–846.

Plinke, W., Söllner, A. (1995), Gestaltung des Leistungsentgelts, in: Kleinaltenkamp, M., Plinke, W. (Hrsg.), Technischer Vertrieb: Grundlagen, Berlin u. a., S. 831–921.

Plötner, O. (1988), Investitionsgüteranzeigen in Fachzeitschriften, Würzburg.

Plötner, O. (1995), Das Vertrauen des Kunden: Relevanz, Aufbau und Steuerung auf industriellen Märkten, Wiesbaden.

Plötner, O., Jacob, F. (1996), Customer Integration und Kundenvertrauen, in: Kleinaltenkamp, M., Fließ, S., Jacob, F. (Hrsg.), Customer Integration: Von der Kundenorientierung zur Kundenintegration, Wiesbaden, S. 105–119.

Ritzerfeld, U. (1993), Marketing-Mix-Strategien in Investitionsgütermärkten: Entwicklung und Simulation marktstrukturspezifischer Strategien, Wiesbaden.

Robinson, P. J., Faris, C. W., Wind, Y. (1967), Industrial Buying and Creative Marketing, Boston.

Rost, D. (1990), Aspekte der Werbung für Investitionsgüter in der Praxis, in: Kliche, M. (Hrsg.), Investitionsgütermarketing, Wiesbaden, S. 153–167.

Shipley, D., Howard, P. (1993), Brand-Naming Industrial Products, in: Industrial Marketing Management, Vol. 22, S. 59–66.

Turnbull, P., Valla, J. (Hrsg.) (1986), Strategies for International Industrial Marketing Marketing, London u. a.

Weiber, R., Adler, J. (2000), Internationales Business-to-Business-Marketing, in: Kleinaltenkamp, M., Plinke, W. (Hrsg.), Strategisches Business-to-Business-Marketing, Berlin u. a.

Weiber, R., Pohl, A. (1996), Leapfrogging-Behavior – Ein adoptionstheoretischer Erklärungsansatz, in: Zeitschrift für Betriebswirtschaft, 66. Jg., Nr. 10, S. 1203–1222.

4. Gegenstand und Besonderheiten des internationalen Marketing

4.1 Herausforderungen und Grundorientierungen im internationalen Marketing

4.11 Internationalisierung als Herausforderung an das Marketing

Die Internationalisierung der Geschäftstätigkeit gehört für die überwiegende Mehrzahl der Großunternehmen in den führenden Industrienationen seit geraumer Zeit zu den Eckpunkten ihrer strategischen und operativen Unternehmensplanung. Die Vollendung des europäischen Binnenmarktes, die Bildung weiterer regionaler Wirtschaftszonen in fast allen Kontinenten, die Öffnung des osteuropäischen Wirtschaftsraumes und die Deregulierung von Branchen haben in den letzten Jahren auch eine zunehmende Anzahl mittelständischer Betriebe zu einer Internationalisierung ihrer Absatzaktivitäten bewegt.

Über diese, auf **politisch-rechtliche Entwicklungen** zurückzuführende Ursachen der Internationalisierung hinaus bedingt eine Reihe weiterer Faktoren die wachsende Bedeutung internationaler Wirtschafts- und Handelsbeziehungen. So bietet auf der **Konsumentenebene** die beständig voranschreitende Angleichung der Nachfragebedingungen die Chance und gleichzeitige Notwendigkeit der Internationalisierung von Geschäftsaktivitäten. Waren ausländische Wettbewerber bis in die siebziger Jahre hinein vielfach nur als Nischenanbieter präsent, ist die Internationalisierung des **Wettbewerbs** heute ein fester Bestandteil der Marktentwicklungen. Die insbesondere in Europa beobachtbare Internationalisierung des **Handels** sowie eine wachsende Anzahl weltweit agierender industrieller Nachfrager konfrontiert ferner eine Vielzahl von Zulieferern, Werbeagenturen und Beratungsunternehmen mit der Herausforderung, ihren Hauptabnehmern auf ausländische Märkte zu folgen.

Für das Marketing ergeben sich aus diesen Entwicklungen unterschiedliche Implikationen. Ein rein national tätiges Unternehmen beschränkt sein unternehmerisches Handeln auf **ein** Unternehmensumfeld, in dem in der Regel der Firmensitz liegt und das als Stamm- beziehungsweise Heimatmarkt mit einem bestehenden Leistungsprogramm bearbeitet wird. Mit der Entscheidung zum „going international" tritt dagegen ein **prinzipieller Situationswandel** für das Unternehmen ein. Die fremden Umweltstrukturen in einzelnen Zielländern stellen mit ihren Auswirkungen auf die Unternehmensführung das konstitutive Merkmal des internationalen Marketing dar. Die **Konfrontation mit heterogenen Umwelten** führt dabei

- zu einem höheren Maß an Ungewißheit,
- zu erhöhten und zusätzlichen Risiken,
- zu einem erweiterten Informationsbedarf und
- zu einem erhöhten Koordinationsbedarf

und läßt die Anforderungen an das internationale Marketing-Management sprunghaft ansteigen. Die Entscheidung zur Internationalisierung führt somit zu einer **Veränderung, Multiplizierung** und **Komplizierung** der Marketingaktivitäten.

Internationales Marketing soll daher verstanden werden als Analyse, Planung, Durchführung, Koordination und Kontrolle marktbezogener Unternehmensaktivitäten bei einer Geschäftstätigkeit in mehr als einem Land.

4.12 Grundorientierungen im internationalen Marketing

Die Ausgestaltung des internationalen Marketing kann vielfältige Formen annehmen. Sie hängt im wesentlichen von der vorherrschenden **Grundorientierung des Management** ab. Diese Grundorientierung bestimmt im wesentlichen die „Sichtweise" des Management bezüglich der bearbeiteten Ländermärkte. In Anlehnung an Perlmutter (1969) lassen sich drei Grundorientierungen unterscheiden, deren Vor- und Nachteile in Wissenschaft und Praxis intensiv diskutiert werden (vgl. Abbildung 5-17). Die Pfeile geben in diesem Zusammenhang Aufschluß über die Entwicklungspfade international tätiger Unternehmen.

Ziel des **internationalen Marketing** ist die Sicherung des inländischen Unternehmensbestandes durch Wahrnehmung lukrativer Auslandsgeschäfte. Typisch für diese Stufe ist die begrenzte Fähigkeit der Unternehmungen, sich auf länderspezifische Besonderheiten einzustellen. Als Hauptkonkurrent gilt der stärkste inländische Wettbewerber. Im **multinationalen Marketing** rückt das Ziel der Sicherung des internationalen Unternehmenserfolges bei einer Vielzahl nationaler Märkte in den Mittelpunkt strategischer Überlegungen. Tochtergesellschaften erhalten einen großen Entscheidungsspielraum, so daß sie ihre nationale Strategie primär an den Besonderheiten beziehungsweise an den Erfordernissen des jeweiligen Auslandsmarktes orientieren können. Sie treten als quasi autonomes nationales Unternehmen auf. Eine Profilierung gegenüber dem jeweils stärksten nationalen Wettbewerber wird vor allem durch eine differenzierte Bearbeitung der Auslandsmärkte angestrebt.

Der Übergang vom multinationalen zum **globalen Marketing** beruht auf einer Neuorientierung des Wettbewerbs. Ziel des globalen Marketing ist die Verbesserung der internationalen Wettbewerbsfähigkeit durch Integration aller Unternehmensaktivitäten

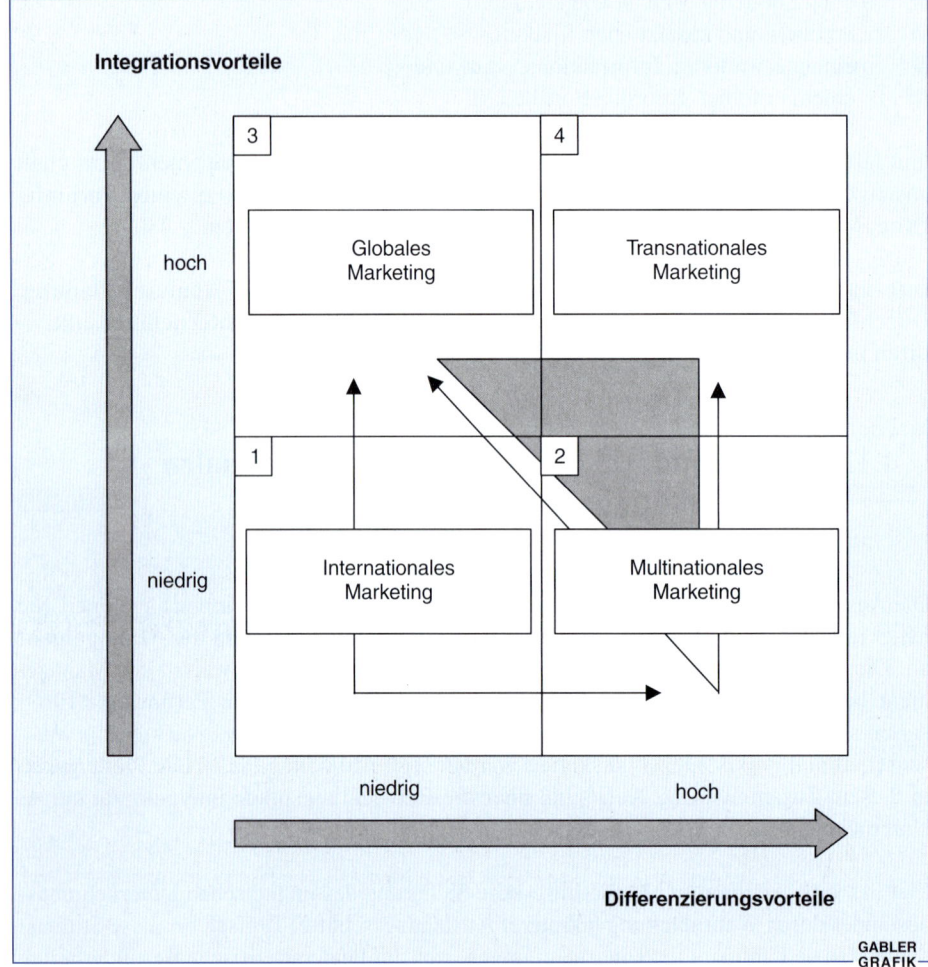

Abbildung 5-17: Systematisierung der Grundorientierungen im internationalen Marketing

in ein zusammenhängendes Gesamtsystem. Die Bearbeitung des Weltmarktes erfolgt grundsätzlich ohne besondere Berücksichtigung nationaler Wünsche und Bedürfnisse. Unter bewußter Inkaufnahme national suboptimaler Strategien wird eine weltweit optimale Strategie zu realisieren versucht.

Der Getränkehersteller Coca-Cola beispielsweise positioniert und profiliert sein Hauptprodukt in nahezu allen Ländern der Welt in weitgehend standardisierter Form. Die Herstellung des Getränkekonzentrats wird auf wenige Standorte beschränkt, während der Vertrieb in Form von standardisierten Franchisesystemen eine breite Ländermarktabdeckung anstrebt und zentral gesteuert wird. Dennoch werden nationale Geschmacksunterschiede durch geringfügige Änderungen der Rezeptur (Zuckergehalt) des Getränkes berücksichtigt.

Somit besteht die besondere Herausforderung an das Marketing-Management darin, die in Konflikt stehenden Interessen zwischen nationaler beziehungsweise regionaler Differenzierung und weltweiter Standardisierung in Form eines **„strategischen Korridors"** (schraffiertes Dreieck in Abbildung 5-17) auszubalancieren beziehungsweise miteinander zu verbinden. Diese Überlegungen schlagen sich in dem unter anderem von Bartlett und Ghoshal (1990a) geprägten Begriff des **transnationalen Marketing** nieder, das im Gegensatz zum globalen Marketing eine differenzierte Marktbearbeitung durch spezialisierte Unternehmenseinheiten vorsieht. Mittels weltweiter Vernetzung aller organisatorischen Einheiten sollen Informationen und Know-how ausgetauscht werden, um das Ziel einer globalen Lernfähigkeit zu erreichen.

Der Begriff des internationalen Marketing wird in den folgenden Ausführungen als Oberbegriff im Sinne einer Abgrenzung zum nationalen Marketing verwendet, sofern nicht explizit auf den Begriffsinhalt der oben genannten Grundorientierung Bezug genommen wird.

4.2 Informationsgrundlagen im internationalen Marketing

4.21 Umweltanalyse als zentrale Aufgabe internationaler Marktforschung

Die Unternehmensumwelt im internationalen Marketing kann in eine globale Umwelt und in eine unternehmensspezifische Aufgabenumwelt untergliedert werden (Raffée/Wiedmann 1987). Dabei stellt die länderindividuell sehr heterogene **globale Umwelt** einen zentralen Unterschied zum nationalen Marketing dar. Sie ist in die natürliche, politisch-rechtliche, sozio-kulturelle, technologische und ökonomische Umwelt zu unterteilen. Entwicklungen in den einzelnen Umweltbereichen können direkt Einfluß auf das Unternehmensverhalten ausüben beziehungsweise über Interaktionsprozesse durch verschiedene Anspruchsgruppen auf das Unternehmen einwirken.

Im Bereich der sozio-kulturellen Umwelt stellt beispielsweise die Sprache einen zentralen Bestimmungsfaktor bei der Gestaltung der internationalen Werbung dar. Phonetische Probleme können zum Beispiel auftreten, wenn der Markenname nicht ausgesprochen werden kann oder phonetisch eine andere Assoziation hervorruft (in einem Shanghaier Dialekt bedeutet der Softdrink-Markenname „7 Up" sinngemäß „tot durch Trinken") (Manager Magazin Spezial 1996, S. 8).

Die **Aufgabenumwelt** erfaßt demgegenüber Konsumenten, Handel und Wettbewerber im internationalen Zusammenhang. Eine der zentralen Kontroversen in der Literatur zum internationalen Marketing besteht in der Frage, ob bei **Konsumenten** aus verschiedenen Ländern eine einheitliche Marktbearbeitung aufgrund zunehmend ähnlicher Interessen und Reaktionsmuster möglich ist (Levitt 1983). Bartlett und Ghoshal (1990a, S. 46) vertreten indessen die These, daß das verstärkte Angebot standardisierter Produkte eine Ursache für die zunehmende Nachfragedifferenzierung sei. Hintergrund dieser Argumentation ist eine verstärkte Hinwendung der Verbraucher zu landesspezifisch traditionellen Werten und Normen.

Diese Aspekte werden im Rahmen sogenannter Konsumententypologien aufgegriffen. Ziel der von der GfK mitgetragenen Europanel-Studie war es beispielsweise, eine Segmentierung der europäischen Gesellschaft zur länderübergreifenden Bestimmung von Lebensstil-Typen durchzuführen. Diese Typen lassen sich durch ihre Weltanschauung, Werte, Einstellungen und Meinungen sowie ihr Freizeit- und Konsumverhalten definieren (GfK 1990). Als Ergebnis konnten 16 Lebensstil-Typen identifiziert werden, die sich anhand der Dimensionen Bewegung/Beharrung und Güter/Werte unterscheiden lassen.

Der Bereich des **Handels** ist durch internationale Kooperations- und Akquisitionsstrategien gekennzeichnet. Die Vorteile eines derartigen Vorgehens werden aus Handelssicht vor allem in der gebündelten Beschaffung, der Rationalisierung und in der Einrichtung leistungsfähiger grenzüberschreitender Informationssysteme gesehen. Dennoch dürfen weiter bestehende Länderunterschiede in den Handelsstrukturen insbesondere in Europa nicht übersehen werden.

Bei einer Betrachtung der Strukturdaten für den europäischen Lebensmitteleinzelhandel ergibt sich beispielsweise eine Einkaufsstättendichte von durchschnittlich 4,1 Geschäften pro 1.000 Einwohner in Portugal, während dieser Wert für Deutschland bei 1,1 und für Dänemark bei 0,9 liegt (Veitengruber 1992, S. 193 ff.).

Der internationale **Wettbewerb** schließlich wird häufig für die zunehmende Internationalisierung des Marketing verantwortlich gemacht. Unternehmen, die ihre Geschäftsaktivitäten auf länderübergreifender Ebene planen, nehmen vornehmlich eine Profilierung gegenüber anderen internationalen Wettbewerbern vor. Mitunter wird sogar von einem Zwang zur Bearbeitung der Heimatmärkte internationaler Wettbewerber ausgegangen („Global Chess"). Eine halbherzige Marktbearbeitung der Heimatmärkte starker internationaler Wettbewerber führt demgemäß dazu, daß diese aufgrund geringen Wettbewerbsdrucks und zunehmender Ertragskraft im Heimatmarkt früher oder später auch auf den internationalen Märkten unaufholbare Wettbewerbsvorteile besitzen (Hout et al. 1982).

4.22 Besonderheiten der internationalen Marktforschung

Die Besonderheiten der **internationalen Marktforschung** ergeben sich aus den folgenden Gründen (Bauer 1997; Jeannet/Hennessey 1998):

- Heterogenität der globalen Umwelt,
- fehlende beziehungsweise unzureichende sekundärstatistische Daten,
- hohe Kosten der Primärforschung,
- länderübergreifende Koordination von Forschungsaktivitäten sowie
- Probleme der Vergleichbarkeit und Äquivalenz der erhobenen Informationen.

So beeinflußt die **funktionale Äquivalenz** die Auswahl der in eine Marktforschungsstudie einzubringenden Konkurrenzprodukte bei einer vergleichenden Imageanalyse. Beispielsweise wird in Deutschland und Großbritannien Bier als alkoholisches Getränk angesehen, während es in südeuropäischen Ländern wie Italien eher den Softdrinks zugeordnet wird. Daher können in einer länderübergreifenden Studie die Vergleichsobjekte nicht standardisiert vorgegeben werden, sondern sind entsprechend anzupassen (zum Beispiel Wein und Spirituosen in Deutschland versus Softdrinks in Italien) (Bolz 1992, S. 74).

Zudem stellt die **Abstimmung des Erhebungsinstrumentariums** ein Problem dar. Denn im internationalen Marketing besteht die Gefahr, daß in unterschiedlichen sozialen Systemen die Bedeutung von und Reaktion auf Datenerhebungsmethoden unterschiedlich sein kann. Abbildung 5-18 verdeutlicht die unterschiedliche Einsatzhäufigkeit von Datenerhebungsmethoden in ausgewählten europäischen Ländern.

	F	NL	S	CH	U.K.
Schriftliche Befragung	4 %	33 %	23 %	8 %	9 %
Telefon-Interview	15 %	18 %	44 %	21 %	16 %
Persönliches Interview auf der Straße	52 %	37 %	–	–	–
Persönliches Interview zu Hause	–	–	8 %	44 %	54 %
Gruppeninterview	13 %	–	5 %	6 %	11 %
Tiefeninterview	12 %	12 %	2 %	8 %	–
Analyse von Sekundärdaten	4 %	–	4 %	8 %	–

Abbildung 5-18: Datenerhebungsformen in ausgewählten Ländern
(Quelle: Demby 1990, S. 24)

4.3 Ziele und Strategien im internationalen Marketing

4.31 Motive und Ziele als Ausgangspunkt der strategischen Planung im internationalen Marketing

Ganz allgemein lassen sich die Ziele des internationalen Marketing aus den **Motiven** einer Internationalisierung der Geschäftstätigkeit ableiten. Ein gewinnorientiertes Motiv ist beispielsweise die Abschöpfung von Konsumentenrenten in Ländern, in denen das angebotene Produkt eine Innovation darstellt. Als sicherheitsorientiertes Motiv ist der Risikoausgleich im Ländermarktportfolio durch eine Verteilung der Absatzaktivitäten auf Länder mit unterschiedlicher Marktattraktivität und Risikoerwartung zu nennen. Als bedeutendstes Motiv gilt schließlich die Teilnahme am Wachstum von Auslandsmärkten. Hier kann beispielhaft auf die Geschäftsaktivitäten deutscher Unternehmen in Südostasien hingewiesen werden.

Die Fülle möglicher Unternehmensziele kann hier analog zu den Zielen im nationalen Marketing systematisiert werden. Die Besonderheiten der internationalen Marketingziele ergeben sich zum einen aus ihrem erweiterten **räumlichen Geltungsbereich** (Ländersegmentbezug) und zum anderen aus dem Einfluß der Management-Grundorientierung. Bei einem globalen Marketing-Management werden beispielsweise vorrangig kosten- und marktstellungsorientierte Ziele verfolgt (Ghoshal 1987; Quelch/Bartlett 1999).

Abbildung 5-19 zeigt die Ergebnisse einer empirischen Studie über die Ziele europäischer Unternehmen, die nach ihrer Grundorientierung in „global orientiert" und „lokal orientiert" unterteilt wurden (Meffert/Bolz 1998). Dabei lassen sich deutliche Unterschiede vor allem hinsichtlich der Verfolgung von Effizienzzielen bei der Marktbearbeitung nachweisen. Global orientierte Unternehmen streben vor allem die Nutzung von Synergiepotentialen und eine Vereinfachung der Koordination der länderübergreifenden Marktbearbeitungsaktivitäten an. Die Profilierung im Wettbewerb ist demgegenüber ein gleichermaßen bedeutsames Ziel, das unabhängig von der jeweiligen Grundorientierung verfolgt wird.

4.32 Marktwahlstrategien im internationalen Marketing

Die Bildung strategischer Geschäftsfelder und in diesem Zusammenhang die Abgrenzung des relevanten Marktes stellen den Ausgangspunkt der Marktwahlstrategien dar. Die Abgrenzung der einzelnen Tätigkeitsbereiche innerhalb der Unternehmung erfolgt analog zum nationalen Marketing mit Hilfe des **Konzepts der Strategischen Geschäfts-**

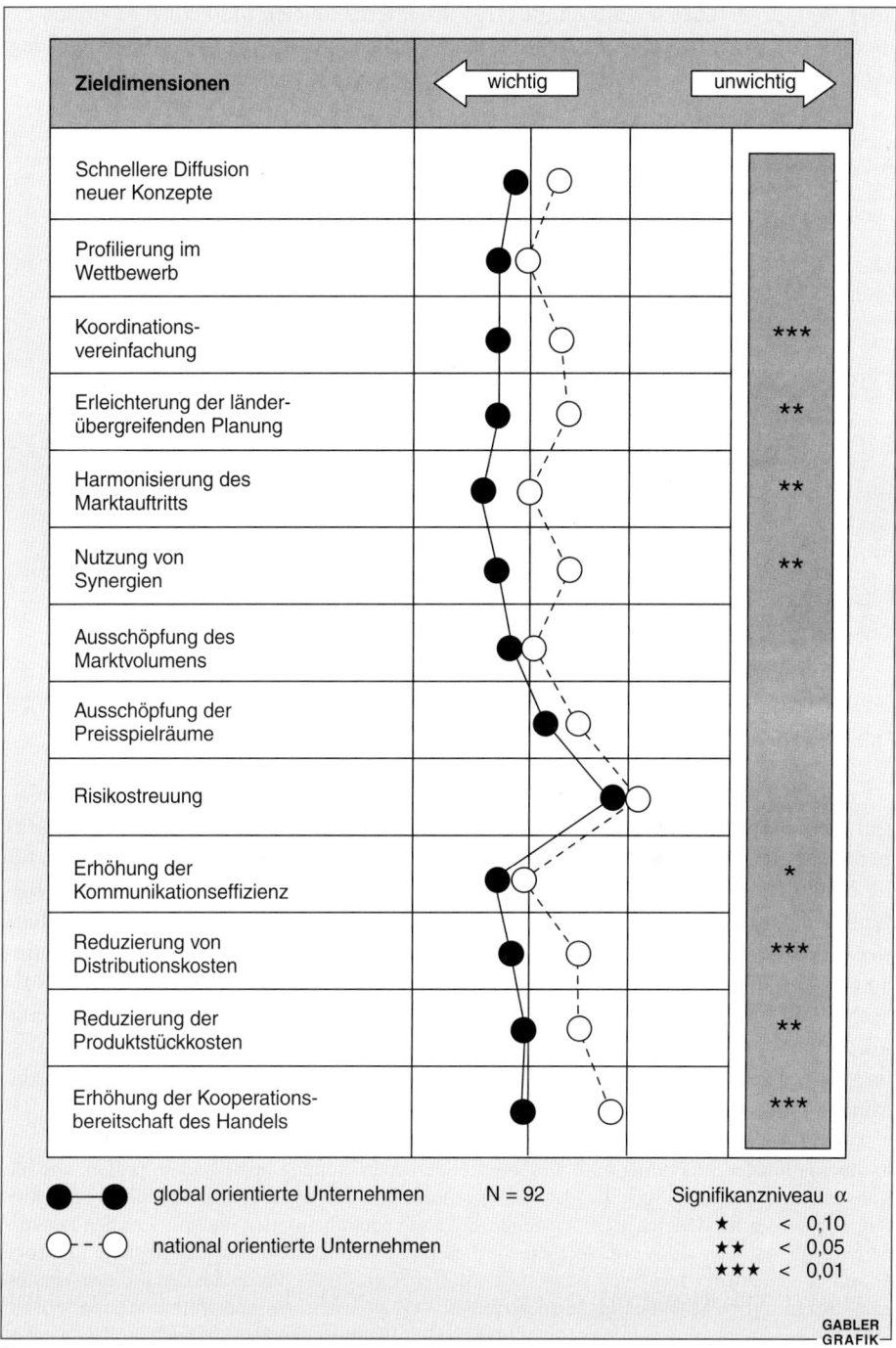

Abbildung 5-19: Ziele im internationalen Marketing europäischer Unternehmen
(Quelle: Meffert/Bolz 1998, S. 104)

elder (vgl. drittes Kapitel, Abschnitt 1.11). Im internationalen Marketing ist zusätzlich über die **Auswahl von Ländermärkten** zu entscheiden. Abbildung 5-20 verdeutlicht den engen Zusammenhang zwischen der strategischen und internationalen Marktwahl.

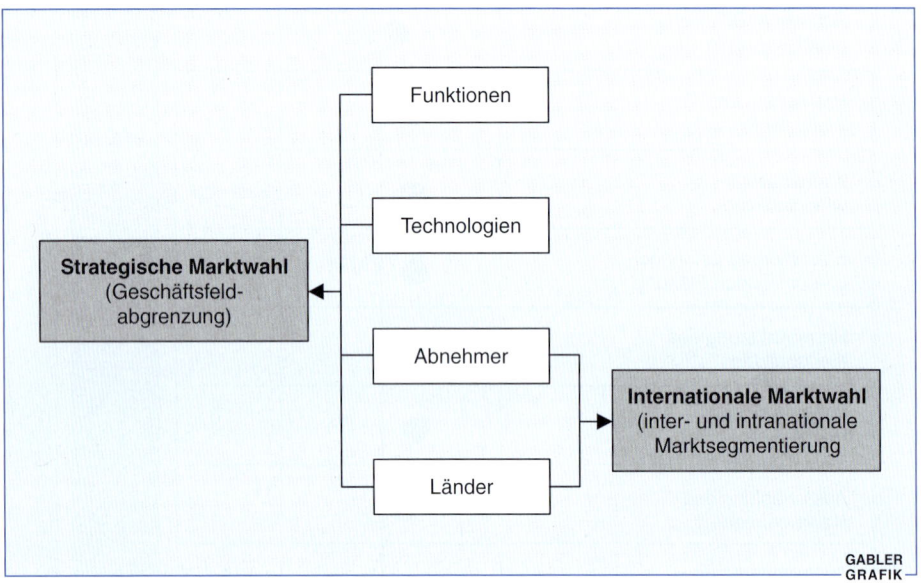

Abbildung 5-20: Strategische und internationale Marktwahl im Überblick

Ziel der internationalen Marktwahl ist es, anhand geeigneter Kriterien jene Marktsegmente (Länder und einzelne Abnehmergruppen) zu bestimmen, deren Bearbeitung für die Unternehmung erfolgversprechend erscheint. Die Komplexität der Erfassung, Bildung und Auswahl von Teilmärkten im internationalen Marketing empfiehlt ein **stufenweises Vorgehen** (Meffert 1977; Stahr 1985). In der ersten Stufe, der Ländersegmentierung beziehungsweise **internationalen Segmentierung**, erfolgt mit Hilfe länderspezifischer Merkmale (zum Beispiel Pro-Kopf-Einkommen und politisches Risiko) eine Aufteilung des Weltmarktes in Ländertypen. In der zweiten Stufe erfolgt dann analog zum nationalen Marketing die Aufteilung der Ländermärkte in möglichst homogene Abnehmergruppen.

Im internationalen Marketing muß die betreffende Unternehmung insbesondere prüfen, wie die Konsumenten des jeweiligen Landes die Eigenschaften des angebotenen Produktes subjektiv wahrnehmen, anhand welcher Dimensionen sie das Produkt beurteilen und mit welchen konkurrierenden Produkten sie es vergleichen. In diesem Zusammenhang sind die Begriffe **„culture bound"** und **„culture free"** von Bedeutung (Meffert/Bolz 1998): Produkte, deren Eigenschaften und Nutzen mit bestehenden länderspezifischen Verhaltensnormen und Verbrauchsmustern im Einklang stehen müssen, werden als „culture bound" (Kultur-gebunden) bezeichnet. Demgegenüber gelten Produkte, bei denen zwischen Produkt- und Zielgruppenmerkmalen keine Beziehung besteht beziehungsweise feststellbar ist, als „culture free" beziehungsweise Kultur-ungebunden. Tendenziell läßt sich sagen, daß Verbrauchsgüter eher kulturgebunden sind, während Gebrauchs- und Investitionsgüter eher kulturfrei sind.

Als Alternative zu einer zweistufigen Vorgehensweise ist der Versuch einer **integralen länderübergreifenden Segmentbildung** anzusehen (Meffert 1977; Kale/Sudharsan 1987; Kreutzer 1989, S. 112; Stegmüller 1995, S. 78 ff.). Unter Verzicht auf eine länderspezifische Segmentierung werden hier die Abnehmer weltweit zu homogenen Nachfragersegmenten zusammengefaßt (zum Beispiel Teenager mit gleichen Verhaltensweisen und Interessen). Ansätze in dieser Richtung finden sich zum Beispiel bei Zigaretten, Parfums, Unterhaltungselektronik und Erfrischungsgetränken sowie bei Flugreisen. Strenggenommen verzichten auch diese Ansätze nicht auf eine vorausgehende Länderauswahl. Sie unternehmen jedoch den Versuch, die Diskussion um eine weltweite Angleichung der Konsumgewohnheiten (**Konvergenzthese**) in die Markterfassung einzubeziehen (Levitt 1983).

Eng mit der Markterfassung verbunden ist die **Segmentbewertung**, die mit Hilfe heuristischer und analytischer Verfahren zur endgültigen Auswahl der Zielsegmente (Länder- und Abnehmersegmente) und damit zur Festlegung der **Marktabdeckung** (Gesamtmarkt- versus Nischenstrategien) führt.

4.33 Formen des Markteintritts in internationale Märkte

Nach Bestimmung der Zielmärkte gilt es, die Form des Markteintritts festzulegen. In der Literatur existieren zahlreiche Versuche, die verschiedenen Markteintrittsformen zu systematisieren. Im Vordergrund stehen vor allem folgende Abgrenzungskriterien (Walldorf 1992; Meissner 1995, S. 72 ff.; Dülfer 1999; Meffert/Wolter 2000):

- Kapitaleinsatz im Ausland,
- Kontrollmöglichkeiten der Auslandsaktivitäten,
- Ausmaß der Kooperation mit anderen Unternehmen sowie
- Institutionelle Ansiedlung der Aktivitäten.

Als Markteintrittsform **ohne beziehungsweise mit sehr geringem Kapitaleinsatz** im Ausland sind im wesentlichen Export, Lizenzvergabe, Franchising und Vertragsfertigung zu nennen (Walldorf 1992; Pues 1994, S. 75 ff.). Mit zunehmender Intensität der Auslandsmarktbearbeitung gewinnen Direktinvestitionen im Ausland an Bedeutung (Kutschker 1992). Diese Investitionen in Form eigener Vertriebsniederlassungen, Produktionsstätten im Ausland, Joint-Ventures und des Aufbaus eigener Tochtergesellschaften führen zu einem steigenden **Kapitaleinsatz** im Ausland.

In jüngerer Zeit werden kooperative Formen des Markteintritts beziehungsweise der Marktbearbeitung verstärkt unter dem Stichwort „strategische Allianzen" diskutiert (Gahl 1991; Lutz 1993; Dussauge/Garrette 1995). Strategische Allianzen sind Bündnisse zweier oder mehrerer wirtschaftlich und rechtlich unabhängiger Unternehmen, die durch Einsatz ihrer gemeinsamen Ressourcen eine Steigerung ihrer Wettbewerbsfähigkeit anstreben. Im internationalen Luftverkehr beispielsweise ist die Mehrzahl der Fluggesellschaften strategische Allianzen mit anderen Airlines eingegangen. Ziel ist zum einen, das eigene Streckennetz bei begrenztem Kapitaleinsatz auszudehnen und zu optimieren. Zum anderen sollen die Marktanteile auf bestimmten Flugstrecken mittels Erhöhung der Flughäufigkeit durch Gemeinschaftsflüge (Code-Sharing) gesteigert werden. Die Deutsche Lufthansa strebt zum Beispiel durch die Verknüpfung ihres Streckennetzes mit den Partnern United Airlines, Thai Airways, SAS, Air Canada und der brasilianischen Varig eine weltweite Marktpräsenz an. In der Folge konkurrieren nicht mehr einzelne Fluggesellschaften miteinander, vielmehr stehen sich nun Allianznetzwerke im globalen Wettbewerb gegenüber.

Neben der Höhe des Kapitaleinsatzes kommt der **Kontrolle der Auslandsaktivitäten** ein hoher Stellenwert zu. So ist der direkte Export mit Direktvertrieb aus Herstellersicht marktnäher und besser kontrollierbar als der indirekte Export oder etwa die Lizenzierung. Zum anderen bemißt sich die Möglichkeit zur Kontrolle im Rahmen kooperativer Markteintrittsformen nach dem **Ausmaß der Kooperation**. Der Erfolg strategischer Allianzen beispielsweise hängt von mehreren Unternehmen ab, so daß die Kontrollmöglichkeit aus Sicht des einzelnen Unternehmens relativ gering ist. Aus diesem Grund werden Markteintrittsstrategien in der Literatur auch nach der Kooperationsabhängigkeit klassifiziert (Kutschker 1992).

Die **institutionelle Ansiedlung** der Auslandsaktivitäten beschreibt schließlich, inwieweit die personellen oder sachlichen Ressourcen im Stammland verbleiben oder in den Auslandsmarkt transferiert werden. Im Fall des indirekten Exports sind alle Ressourcen auf das Stammland konzentriert, während der Aufbau einer ausländischen Tochtergesellschaft in der Regel einen umfangreichen Transfer von Sach- und Personalressourcen in das Gastland einschließt.

Bestimmungsfaktoren, die den Eintritt in Auslandsmärkte ausschließen oder begrenzen, werden in der Literatur unter dem Aspekt der **Markteintrittsbarrieren** im internationalen Marketing diskutiert (Meffert 1977; Simon 1989; Dahringer 1991). Beispielhaft zu nennen sind Zölle, Importquoten und Devisenbeschränkungen als institutionelle Markteintrittsbarrieren sowie Nachfrageverhalten und Sprache als mögliche verhaltensbedingte Markteintrittsbarrieren.

4.34 Timing des Markteintritts

Neben der Entscheidung über die Eintrittsform ist die Festlegung des Markteintrittszeitpunktes von Bedeutung. Die Fragestellung, ob im Rahmen des Internationalisierungsprozesses einer Unternehmung mehrere Länder gleichzeitig (simultan) oder nacheinander (sukzessiv) zu erschließen sind, wird vornehmlich unter dem Begriff der **länderübergreifenden** Timingstrategie diskutiert (Meffert/Pues 1997; Meffert/Bolz 1998, S. 138). Für diese dichotomen **Ausprägungsformen** finden sich in der Literatur folgende, weitgehend synonym verwendete Begriffe:

- Wasserfall- versus Sprinklerstrategien (Ohmae 1985, S. 44; Kreutzer 1990, S. 238),
- Diversifikations- versus Konzentrationsstrategie (Ayal/Zif 1979).

Ziel eines simultanen Eintritts in ausländische Märkte (Sprinklerstrategie) ist die Verteilung der **Markteintrittsrisiken** auf eine Vielzahl von Ländermärkten zur Vermeidung einer hohen Abhängigkeit von einem oder wenigen ausländischen Märkten (Kreutzer 1989, S. 239). Eine sukzessive Markteintrittsstrategie (Wasserfallstrategie) verfolgt demgegenüber das Ziel der Vermeidung eines „länderübergreifenden Flops", da Produkte erst nach erfolgreicher Einführung in einem Land potentiellen Abnehmern auf anderen Märkten angeboten werden. Die Einführung eines Produktes in weitere ausländische Märkte wird erst dann vorgenommen, wenn in den bereits erschlossenen Ländern entsprechende Zielvorgaben erfüllt sind und Erfahrungen gesammelt werden konnten.

Die rasche Folge von Markterschließungen im Rahmen der Sprinklerstrategie verlangt – zumindest in der Markteintrittsphase – eine weitgehend **standardisierte Marktbearbeitung**. Demgegenüber werden bei der Wasserfallstrategie neue Märkte langsamer und erst nach ausgiebiger Informationssuche mit differenzierter Marktbearbeitung erschlossen. Die Gefahr dieser Strategie liegt vor allem in der Vernachlässigung einzelner Märkte begründet, zu denen gegebenenfalls – durch zwischenzeitliche Markterschließungsaktivitäten der Konkurrenz – zu einem späteren Zeitpunkt nur noch schwer ein Zugang geschaffen werden kann. Abbildung 5-21 stellt die strategischen Optionen des länderübergreifenden Timing gegenüber.

Neben dem länderübergreifenden Timing wird in der Literatur der Aspekt des **länderspezifischen Timing** diskutiert. Die strategischen Optionen einer Pionier- versus Folgerstrategie richten sich an der Produktneueinführung aus. In Anlehnung an die Forschungsergebnisse zu Timingstrategien im nationalen Marktkontext ist für internationale Pionier- und Folgerstrategien festzuhalten, daß Pioniere tendenziell eher in der Lage sind, dauerhafte Wettbewerbsvorteile aufzubauen und langfristig erfolgreicher sind (Parry/Bass 1990). Dies wird unter anderem darauf zurückgeführt, daß Pionierunternehmen umfangreiche **Markteintrittsbarrieren** gegen frühe und späte Folger aufbauen können. In diesem Zusammenhang ist insbesondere an den frühzeitigen Aufbau von Abnehmerpräferenzen zu denken (Golder/Tellis 1993).

Gegenstand und Besonderheiten des internationalen Marketing

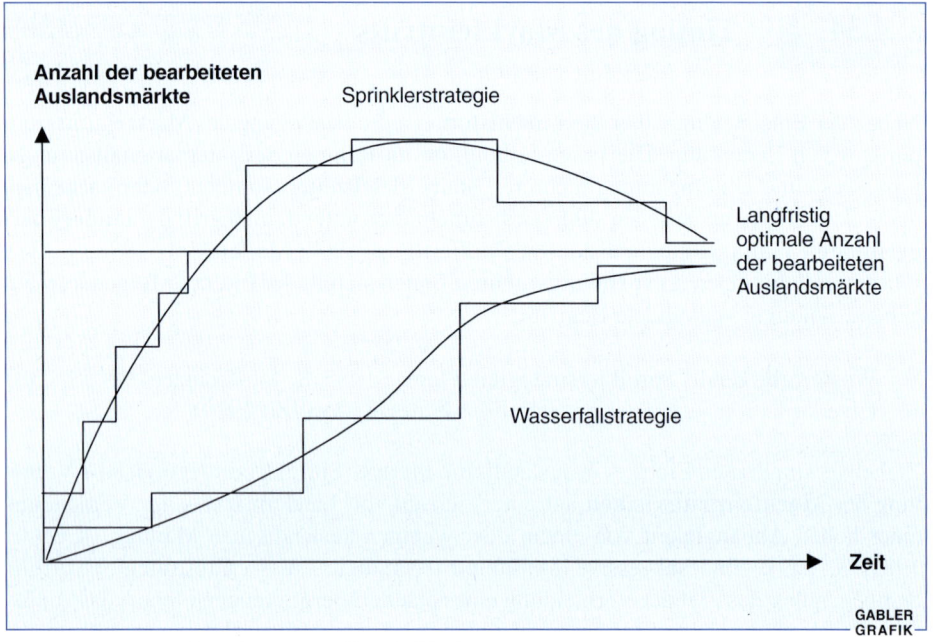

Abbildung 5-21: Länderübergreifende Timingstrategien
(Quelle: Ayal/Zif 1979, S. 86)

Die Erschließung eines ausländischen Marktes als Pionier beinhaltet jedoch auch eine Reihe von **Risiken**. So verweisen zum Beispiel Wensley (1982) sowie Aaker und Day (1986) darauf, daß Folgeunternehmen mit überlegenen Fähigkeiten beziehungsweise Ressourcen in der Lage sind, bestehende Pioniervorteile zu umgehen oder rasch einzuholen. Ferner können frühe und späte Folger bei veränderten **Abnehmerpräferenzen oder Technologiesprüngen** vergleichsweise schneller und kostengünstiger reagieren als der Pionier (Golder/Tellis 1993).

4.35 Abnehmergerichtete Wettbewerbsstrategien im internationalen Marketing

Eine internationale Marktbearbeitungsstrategie hat die Realisierung eines oder mehrerer strategischer Wettbewerbsvorteile auf internationalen Märkten zum Inhalt (Meffert 1994, S. 127; Mastering Global Business 1999). Folgende Dimensionen sind dabei von besonderem Interesse (Bolz 1992, S. 130 ff.):

- Innovationsorientierung,
- Qualitätsorientierung,
- Kostenorientierung.

Einer ausgeprägten Innovationsorientierung wird gerade im internationalen Wettbewerb seit einiger Zeit verstärkte Bedeutung beigemessen (Franko 1989; Bartlett/Ghoshal 1990b; Eglau et al. 2000). Grundlage dieser Einschätzung ist die Überzeugung, daß Unternehmen vielfach mit anderen weltweit tätigen Konkurrenten konfrontiert werden, die eine vergleichbare Größe und geographische Ausbreitung aufweisen. In solchen Fällen reicht es nicht, eine Wettbewerbsposition anzustreben, die auf globalen Economies-of-Scale, internationalem Ressourcenzugang und weltweiter Marktpräsenz aufbaut. Vielmehr kann erst durch eine konsequente Innovationsorientierung die internationale Wettbewerbsposition abgesichert werden. Steigende Kosten für Neuproduktentwicklungen lassen bei der Innovationsstrategie vor allem ein weltweit einheitliches Vorgehen geboten erscheinen (Meffert 1991, S. 409). So werden zahlreiche Produktinnovationen direkt für den weltweiten Einsatz geplant, um ein hohes Maß an Standardisierung zu ermöglichen (zum Beispiel Computerprozessoren von Intel und Spiegelreflexkameras von Canon).

Die wettbewerbsstrategische Dimension der **Qualitätsorientierung** ist demgegenüber durch die Schaffung von Leistungsvorteilen gekennzeichnet, die den differenzierten Ansprüchen der internationalen Konsumenten gerecht werden sollen. Wie im nationalen Marketing sind zunächst der anbieter- und der nachfragerbezogene Qualitätsbegriff zu unterscheiden. Mit Blick auf den anbieterbezogenen, objektivierten Qualitätsbegriff ist im Rahmen einer Qualitätsstrategie ein länderübergreifend hohes Qualitätsniveau sicherzustellen, wobei der Abstimmung zwischen Stammhaus und Landesgesellschaft eine besondere Bedeutung zukommt.

McDonald's beispielsweise hat standardisierte Vorgaben für die Speisenzubereitung sowie für die operative Führung der Restaurants entwickelt, die einen länderübergreifend einheitlichen Qualitätsstandard gewährleisten sollen (Douglas/Craig 1989). Der amerikanische Maschinenhersteller Caterpillar ist in der Lage, durch einen weltweiten 24-Stunden-Ersatzteilservice einen deutlichen Qualitätsvorteil gegenüber seinen Konkurrenten zu realisieren.

Der subjektive Qualitätsbegriff betrifft den länderspezifisch wahrgenommenen Gebrauchsnutzen, die Ästhetik oder das Qualitätsimage von Produkten. Wenngleich immer wieder die Notwendigkeit einer ländermäßig differenzierten Ausgestaltung dieser Qualitätsdimensionen gefordert wird, lassen sich in der Unternehmenspraxis zunehmend Bestrebungen in Form von länderübergreifend einheitlichen Qualitätsstrategien beobachten. Nike beispielsweise hat ein weltweites, progressiv-technologisches Qualitätsimage im Bereich von Sportschuhen etabliert, das sich nicht an länderspezifischen Besonderheiten orientiert (Keegan 1999).

Im Rahmen einer internationalen, **kostenorientierten** Marketingstrategie wird versucht, die Stückkosten durch Erreichung weltweit hoher Marktanteile unter das Niveau anderer international agierender Anbieter zu senken.

Konsequenterweise wird gerade in der Automobilindustrie versucht, zum Beispiel im Rahmen von Joint-Ventures oder Abkommen über den Tausch beziehungsweise die Verwendung identischer Bodengruppen bei unterschiedlichen Produkten und Marken die ansonsten nicht realisierbaren Größenvorteile zu erreichen.

Gegenstand und Besonderheiten des internationalen Marketing

Die globale Kostenführerschaft des Spielwarenhandelsunternehmens Toys 'R' Us beruht auf den drei Eckpfeilern Preis, Beschaffung und Lagerhaltung. Das Konzept sieht ein Sortiment von durchschnittlich 18 000 Artikeln vor, das in Großflächenmärkten angeboten wird. Durch niedrige Preise erreicht das Unternehmen eine hohe Umschlaghäufigkeit und profitiert von einem fragmentierten Wettbewerbsumfeld, in dem viele kleine und mittelgroße lokale Unternehmen tätig sind. Durch hohen Werbedruck wird eine Verstetigung der Nachfrage angestrebt, die in dieser Branche starken saisonalen Schwankungen unterliegt. Die weltweite Logistik wird durch ein Warenwirtschaftssystem zentral gesteuert (Baron 1995).

4.4 Maßnahmenplanung im internationalen Marketing

4.41 Standardisierung versus Differenzierung als zentrales Entscheidungsproblem

Die Notwendigkeit zur gleichzeitigen Bearbeitung mehrerer Märkte rückt das Entscheidungsproblem **„Standardisierung oder Differenzierung"** in den Mittelpunkt der Maßnahmenplanung im internationalen Marketing. Die Marketingstandardisierung umfaßt die Vereinheitlichung von **Marketinginhalten** und **-prozessen**. Dabei kennzeichnet die inhaltliche Standardisierung das Ausmaß, mit dem einzelne Marketing-Mix-Elemente oder Marketingstrategien für einen länderübergreifenden Einsatz vereinheitlicht werden können. Demgegenüber beinhaltet die Prozeßstandardisierung die einheitliche Strukturierung und ablauforganisatorische Vereinheitlichung von Marketingentscheidungen (vgl. Abbildung 5-22).

Zunächst ist zu entscheiden, **für welche Länder oder Regionen** Marketinginhalte und -prozesse vereinheitlicht werden sollen. Als **Zielgruppe** werden vor allem Endverbraucher und Absatzmittler genannt, von denen die letzteren angesichts der zunehmenden Internationalisierung ihres Beschaffungsverhaltens vielfach länderübergreifend einheitlich gestaltete Produkte und Programme verlangen. Mit Blick auf das **Objekt der Marketingstandardisierung** kann zwischen Marketinginhalten und -prozessen sowie der Strategie- und Instrumentedimension unterschieden werden. Die Frage nach der **Standardisierungsintensität** befaßt sich mit dem Ausmaß, mit dem Marketinginstrumente und -prozesse vereinheitlicht werden können. Ausgangspunkt der Auseinandersetzung mit den **Einflußfaktoren einer Marketingstandardisierung** bildet die Überlegung, daß der „richtige" Standardisierungsgrad von bestimmten situativen Gegebenheiten determiniert wird. Hinsichtlich der mit einer Marketingstandardisierung verfolgten **Ziele** kann zwischen Wirkungs- beziehungsweise Effektivitätszielen einerseits und Effizienzzielen andererseits unterschieden werden (Kux/Rall 1990).

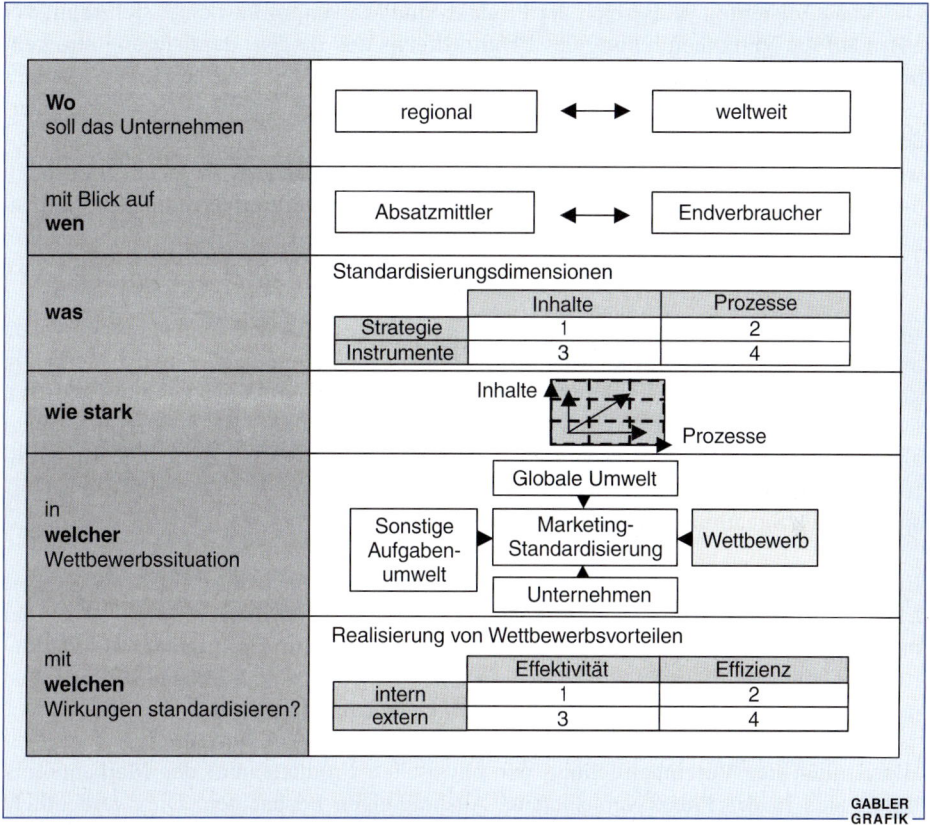

Abbildung 5-22: Paradigma der Marketingstandardisierung
(Quelle: Bolz 1992, S. 5)

4.42 Internationale Produkt- und Markenpolitik

Oftmals ist es nicht möglich, Produkte und Marken für den länderübergreifenden Einsatz vollständig zu standardisieren. Als Ursachen hierfür lassen sich vor allem unterschiedliche Ge- und Verbrauchsbedingungen, Ge- und Verbrauchsgewohnheiten sowie gesetzliche Einflüsse anführen.

Unterschiede im Umweltbewußtsein machen zum Beispiel die Verwendung von Einwegverpackungen in Frankreich und die Verwendung von Mehrwegverpackungen in Deutschland erforderlich (Ge- und Verbrauchsgewohnheiten), während ein tropisches Klima eine Differenzierung des angebotenen Lebensmittelsortiments aus Gründen der Haltbarkeit mit sich bringen kann (Ge- und Verbrauchsbedingungen). Gesetzliche Einflüsse schließlich können die Einführung bestimmter Lebensmittel gänzlich verhindern (zum Beispiel genmanipulierter Lebensmittel).

Die Standardisierung im Bereich der Produkt- und Markenpolitik richtet sich somit vor allem auf die Vereinheitlichung des **Produktkerns** und die Standardisierung **markenpolitischer Aktivitäten**. Mit Blick auf die physischen Eigenschaften eines Produktes kann zwischen uniformen, modifizierten und angepaßten Produkten unterschieden werden. Eine vollständige Standardisierung des physischen Produktes (uniform) kann sowohl durch die Ausweitung der nationalen Produktlinie auf andere Märkte als auch durch die Entwicklung eines Produktes erfolgen, das auf länderübergreifend ähnliche Nachfragersegmente zugeschnitten ist. Aktuelles Beispiel hierfür ist der Fiat Palio, der bis zum Jahr 2000 in 13 Ländern in nahezu identischer Form gebaut werden soll (vgl. Insert 5-3).

Eine **Produktmodifizierung** erfolgt hingegen zumeist über ein modulares Vorgehen innerhalb der Produktpolitik. Eine Reihe von Produktkomponenten wird hierbei in großen Stückzahlen produziert und in verschiedenen Konfigurationen zusammengesetzt. Durch diese Vorgehensweise können sowohl die Vorteile der Massenproduktion genutzt als auch länderspezifische Besonderheiten berücksichtigt werden. Bei einem **angepaßten Vorgehen** schließlich werden die Produkte weitestgehend auf die jeweiligen landesspezifischen Situationsfaktoren abgestimmt.

Ein **einheitlicher Markenname** und **identische Markenzeichen** bilden als zentrale Elemente einer internationalen Markenidentität (Meffert/Burmann 1996) den Kern der markenpolitischen Standardisierung. Als Voraussetzung für eine einheitliche Markierung sind die leichte Aussprechbarkeit eines kurzen, einfach zu erlernenden Markennamens sowie dessen internationale Schutzfähigkeit anzuführen.

Hinsichtlich der Vereinheitlichung der physischen Produkte und der Markenpolitik lassen sich in der Praxis verschiedene Ausprägungen beobachten. Dies verdeutlicht abschließend die Abbildung 5-23.

Produkt \ Markenname	Differenziert	Standardisiert
Differenziert	insbesondere Nahrungsmittel, etwa von Unilever	Coca-Cola; Pepsi-Cola; Camel; Produkte von Kraft-Jacobs-Suchard
Standardisiert	Snuggle/Mimosin/Kuschelweich (Weichspüler); Silkience/Soyance/Sientel (Shampoo)	Kodak-Filme; Rado-, Seiko-Uhren; Minolta-, Canon-Kameras

Abbildung 5-23: Vereinheitlichung von physischen Produkten und der Markenpolitik in der Praxis

Seinen Palio sieht Fiat als das erste richtige Weltauto an

Produktion in Brasilien angelaufen / Neuentwicklung nur für die Märkte in Südamerika, Osteuropa, Asien und Afrika

Fiat Auto SpA, Turin. Mit dem neuen Palio und der davon abgeleiteten Modellfamilie will Fiat in wenigen Jahren außerhalb Italiens mehr Autos herstellen als im Stammland. Dazu sollen der Palio und die dazugehörige Modellfamilie bis zum Jahr 2000 in 13 Ländern gebaut werden. Fiat hofft auf eine Jahresproduktion von fast einer Million Autos dieser Baureihe.

Der Ausbau der internationalen Aktivitäten im Autogeschäft ist das ehrgeizige Projekt des Turiner Fiat-Konzerns. Die Konzernspitze, nun mit Cesare Romiti als Präsident und Paolo Cantarella als Chief Executive, hat sich schon seit längerer Zeit von den früheren Plänen distanziert, die eine Diversifizierung der Gruppe in verschiedene Branchen vorgesehen hatten. Statt dessen will man sich nun auf Autos, Lastwagen und Traktoren konzentrieren, mit diesen Produkten aber dafür in weit mehr Ländern als bisher vertreten sein.

Für die internationale Präsenz und auch die entsprechende Mentalität im Unternehmen haben im Geschäft mit Lastwagen und Traktoren in den vergangenen Jahren viele Übernahmen gesorgt (Magirus-Deutz in Deutschland, Unic-Lastwagen in Frankreich, Ford-Nutzfahrzeuge in England, Pegaso-Lastwagen in Spanien, Ford-New-Holland Traktoren in den Vereinigten Staaten und England). Währenddessen war das Autogeschäft bisher auf Italien und Europa ausgerichtet. Zwar gibt es schon seit mehr als sechzig Jahren eine industrielle Zusammenarbeit mit Polen, und es wird seit zwanzig Jahren in Brasilien produziert. Dennoch hat bei Fiat Auto erst in den vergangenen Jahren unter der Führung von Paolo Cantarella der Stellenwert der Auslandsmärkte zugenommen.

Mit dem Palio, betont man im Unternehmen, habe Fiat erstmals ein wahres Weltauto konstruiert. Tatsächlich ist dieser Begriff in den vergangenen Jahren vielfach benutzt worden, wobei sich dann in den meisten Fällen herausstellte, daß das angebliche Weltmodell auf den verschiedenen Erdteilen und Ländern in ganz verschiedenen Formen und Versionen hergestellt wurde. Oder aber das Weltauto war etwa für den europäischen Markt konstruiert und wurde dann einfach auch in anderen Kontinenten verkauft.

Doch aus der Sicht der Ingenieure sind rein europäische oder amerikanische Modelle nicht für die erschwerten Bedingungen von Entwicklungsländern geeignet. Auch dem Vorgehen, die Produktionsanlagen von ausgelaufenen Modellen in andere Kontinente zu exportieren und dann dort weiterzuproduzieren, räumt man bei Fiat nicht mehr allzu viele Zukunftschancen ein. Zwar gibt es in Indien noch den Fiat 1100 aus dem Jahr 1957, der dort immer noch in Lizenz gebaut und in der Optik der neunziger Jahre vertrieben wird. Doch die Kunden auch in Entwicklungsländern ließen sich nicht mehr mit solchen Autos abspeisen, meinen nicht nur die Marketingspezialisten.

Der Kleinwagen Palio wird deshalb mit modernen Formen und aktueller Technik antreten. „Wir sind in vielen Ländern die ersten, die in dieser Klasse ein Auto mit Airbag anbieten", heißt es bei Fiat. Lieferbar sind ebenso Antiblockiersystem oder ein neuer Motor mit vier Ventilen je Zylinder. Im Gegensatz zum europäischen Kleinwagen Fiat Punto wurden das Fahrgestell und die Karosserie verstärkt. Für schlechte Straßen und Schlaglöcher sind die Federwege der Räder länger, die Radausschnitte größer, die Stoßdämpfer gegen Steinschlag und Schmutz geschützt. Gespart wird an Sitzpolsterung oder an der Aufhängung der hinteren Räder. Zudem wurde darauf geachtet, daß der Palio verhältnismäßig einfach herzustellen ist.

Im Gegensatz zu anderen Herstellern will Fiat in den verschiedenen Teilen der Welt den gleichen Palio bauen und keinerlei lokale Abweichungen erlauben, so daß die Teile in der ganzen Welt austauschbar bleiben. Ein Grund dafür, warum ein komplett neues Auto entwickelt wurde, liegt schließlich darin, daß der Palio als Kleinwagen mit Schrägheck und drei oder fünf Türen nur Bestandteil einer ganzen Modellfamilie sein soll. Werksintern mit dem Codenamen 178 benannt, umfaßt sie daneben noch eine Stufenheckversion, einen Kombi, einen Pick-up mit offener Ladefläche und einen Kastenwagen. Für alle Modelle sollen dabei 70 Prozent der Bauteile gleich bleiben. Nachdem von der gesamten Modellfamilie in einigen Jahren bis zu einer Million Exemplare hergestellt werden sollen, doppelt so viele wie vom Fiat Punto, rentiere sich aus der Sicht von Fiat auch eine Neuentwicklung.

Rund 2 Milliarden Dollar sind vorerst als Investitionssumme für das Projekt geplant. Die Hälfte davon ist dem Standort Brasilien zugeschrieben, umfaßt aber neben dem Ausbau und der Umrüstung des bestehenden Werks sowie einer neuen Motorenfabrik auch die Entwicklungskosten der Modellfamilie. Während in Brasilien seit April der Palio gebaut wird, soll in Argentinien die Produktion Ende des Jahres aufgenommen werden. Dort wurde in

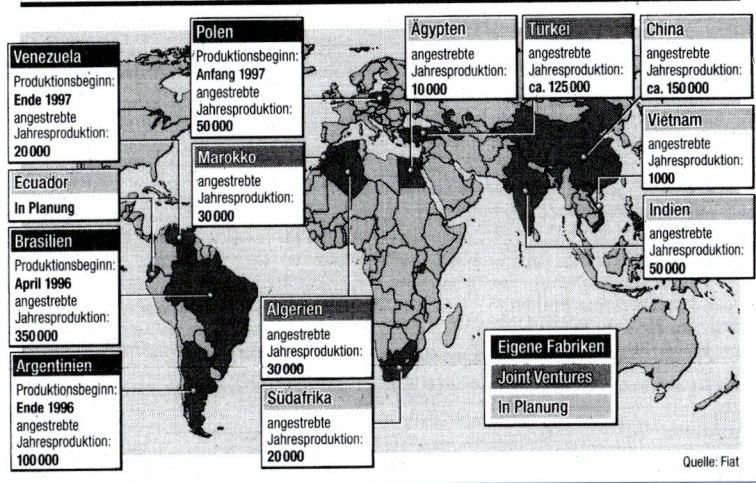

Die Werke für den neuen Fiat Palio
Länder, Produktionsbeginn und angestrebte Jahresproduktion

Venezuela — Produktionsbeginn: Ende 1997; angestrebte Jahresproduktion: 20 000
Ecuador — In Planung
Brasilien — Produktionsbeginn: April 1996; angestrebte Jahresproduktion: 350 000
Argentinien — Produktionsbeginn: Ende 1996; angestrebte Jahresproduktion: 100 000
Polen — Produktionsbeginn: Anfang 1997; angestrebte Jahresproduktion: 50 000
Marokko — angestrebte Jahresproduktion: 30 000
Algerien — angestrebte Jahresproduktion: 30 000
Südafrika — angestrebte Jahresproduktion: 20 000
Ägypten — angestrebte Jahresproduktion: 10 000
Türkei — angestrebte Jahresproduktion: ca. 125 000
China — angestrebte Jahresproduktion: ca. 150 000
Vietnam — angestrebte Jahresproduktion: 1000
Indien — angestrebte Jahresproduktion: 50 000

Eigene Fabriken / Joint Ventures / In Planung

Quelle: Fiat   Grafik: Felix Brocker

INSERT 5-3: Frankfurter Allgemeine Zeitung, 01.08.1996, S. 14

Fiat Auto außerhalb Italiens

Land	Gesellschaft	Fiat-Beteiligung in Prozent	Jahresproduktion 1995	Autoabsatz insgesamt 1995	Fiat-Anteil in Prozent 1995	Modelle
Tochtergesellschaften						
Brasilien	Fiat Automoveis S.A. (Fiasa), Betim – Minas Gerais	100	430 000	1 372 000	28,3	Uno, Fiorino, Tipo, Tempra, Palio, Innocenti, Elba, Mille
Polen	Fiat Auto Poland S.A., Bielsko Biala	78,45	274 000	264 000	51,2	126, Cinquecento, Uno
Venezuela	Fiat Automoveis Venezuela C.A., La Victoria	100	30 000	46 000	18,6	Uno, Premio, Tempra
Argentinien	Fiat Auto Argentina S.A., Buenos Aires	100	85 000	280 000	30,0	Palio (ab Ende 1996), Spazio, Vivace, Uno, Duna, Regata, Fiorino
Gemeinschaftsunternehmen						
Frankreich	Sevelnord S.A., Paris	50	60 000	1 922 000	6,5	Minivan Fiat Ulysse, Peugeot 806 etc.
Türkei	Tofas A.S., Levent-Istanbul	37,86	120 000	207 000	43,4	131, Uno, Tipo, Tempra
Marokko	Somaca S.A., Casablanca	20	6 000	9 000	36,7	Uno
Algerien	Fatia SpA, Algier	36,6	—	N.A.	N.A.	Palio (ab etwa 1998)
Uruguay	Sevel Uruguay S.A., Montevideo	15	8 000	25 000	10	Duna Station Wagon
Lizenznehmer						
Ecuador	Coenansa S.A., Manta	—	1 500	29 000	5	Uno, Duna, Premio, Fiorino
Ägypten	Nasco S.A., Kairo	—	3 000	23 000	13	131, Tempra
Südafrika	Automakers Ltd., Johannesburg	—	20 000	236 000	6,6	Uno
Indien	Premier Automobiles Ltd., Bombay	—	32 000	280 000	11,4	1100 (Mod. 1957), 124, Uno
Vietnam	Mekong Corporation, Ho-Chi-Minh-Stadt	—	1 000*)	5 000	N.A.	Tempra

*) ab 1996. Quelle: Fiat

Cordoba, 600 Kilometer nordwestlich von Buenos Aires, ein neues Werk gebaut, wo das Modell mit Stufenheck vom Band laufen soll. Zusätzlich entstand dort ein Motorenwerk, von dem aus auch andere Länder versorgt werden, weshalb sich für Argentinien die Investitionssumme auf insgesamt 600 Millionen Dollar beläuft.

Das Netz der Produktionsstandorte in Südamerika will Fiat nach und nach auf andere Kontinente ausdehnen. So soll Brasilien etwa die Motorhauben für alle anderen Länder herstellen, aber zusammen mit italienischen Werken auch die technisch anspruchsvollsten Teile. Andere Länder wie Polen oder die Türkei sollen auf ähnliche Weise bestimmte Modelle wie etwa den Kombi und den Kastenwagen und die Produktion einzelner Teile auch für andere Länder zugewiesen bekommen. Demgegenüber sollen an manchen Standorten nur die Teile zu kompletten Autos montiert werden. Fertigung und Logistik sollen dabei zentral von Turin aus kontrolliert werden, von wo ein Zentralcomputer über Satellit alle Materialbewegungen in den Montagewerken registriert. Wegen der hohen Ansprüche an Qualität und Pünktlichkeit der Lieferungen will Fiat die neue Baureihe nur in eigenen Werken und in Gemeinschaftsunternehmen bauen, aber nicht mehr wie bisher für einzelne Länder Lizenzen vergeben.

In Brasilien hat sich Fiat schon 1973 niedergelassen und sah sich dort 1995 als zweitgrößter Anbieter auf dem Markt. Bis zum September 1995, als ein Importzoll von 70 Prozent eingeführt wurde, ist der Fiat Tipo das meistverkaufte Importmodell gewesen. Auch nach der Einführung des Fiat Palio will man in Brasilien allerdings wie in anderen Ländern ältere Modelle beibehalten, alleine schon, weil der Palio mit 15 000 Dollar weit teurer ist als der von ihm ersetzte Fiat Uno mit einem Preis von 10 000 Dollar, der wiederum für die relativ gut bezahlten Fiat-Arbeiter unerschwinglich blieb. Nachdem Fiat bisher schon aus Brasilien in andere südamerikanische Länder, unter dem Markennamen Innocenti auch nach Italien exportiert hat, soll mit dem Palio die Ausfuhr um 40 Prozent gesteigert werden – wobei ein Verkauf in Westeuropa nicht geplant ist.

Polen, wo bereits das Kleinstauto Cinquecento für ganz Europa hergestellt wird, ist nach Brasilien und Argentinien das Land mit den größten Investitionen aus dem Projekt des neuen Weltautos. Fiat will dort 250 Millionen Dollar investieren und dann aus Polen die Länder der früheren Sowjetunion beliefern.

In der Türkei, bisher ein verhältnismäßig geschlossener Markt, arbeitet Fiat seit Jahren in einem Gemeinschaftsunternehmen mit der Industriellenfamilie Koç zusammen. Die Türkei ist mittlerweile das Produktionszentrum für die gerade in Italien auslaufende Mittelklasselimousine Fiat Tempra geworden. Innerhalb des Projekts des Weltautos sind nun für die Türkei 100 Millionen Dollar Investitionen vorgesehen, über Einzelheiten wird noch mit dem Kooperationspartner verhandelt.

In Marokko produziert Fiat schon in einem Gemeinschaftsunternehmen, in Algerien wird derzeit ein neues Werk gebaut. Unsicherer sind die Märkte in Ägypten, Südafrika, Indien und Vietnam, wo Fiat Lizenznehmer besitzt, für das Weltautoprojekt aber eine stabilere Basis sucht. Verhandelt wird auch mit den Regierungen einiger chinesischer Provinzen. Dort ist Iveco als der Lastwagenhersteller der Fiat-Gruppe vertreten; der Teilezulieferer der Gruppe Magneti Marelli hat zwei Gemeinschaftsunternehmen begonnen, der Traktorenhersteller New Holland ein weiteres.

Nicht mehr auf der Weltkarte für das Entwicklungsprojekt Nummer 178 befindet sich Mexiko, wo Fiat ursprünglich 100 000 Autos im Jahr bauen wollte, diese Pläne aber wegen der wirtschaftlichen Krise des Landes erst einmal aufgeschoben hat. Ausgespart blieb auch das Gebiet der ehemaligen Sowjetunion, wofür Fiat – eingeführt auch als Lizenzgeber für die Marke Lada – noch 1989 ein Gemeinschaftsunternehmen angekündigt hatte, dann aber damit an den politischen Wirren scheiterte. tp.

Tobias Piller

INSERT 5-3: Frankfurter Allgemeine Zeitung, 01.08.1996, S. 14 (Fortsetzung)

4.43 Kommunikationspolitik im internationalen Marketing

Standardisierungsüberlegungen in der **Kommunikationspolitik** beziehen sich auf die länderübergreifende Vereinheitlichung der Kommunikationsinstrumente. Im Bereich der **klassischen Werbung** kann durch die Ausstrahlung standardisierter TV-Spots in länderübergreifenden Medien wie zum Beispiel dem Satellitenfernsehen die Reichweite und damit die Zahl der Kontakte maximiert werden (Berndt et al. 1995). Auch der Aufbau eines länderübergreifend einheitlichen Images kann durch eine Standardisierung der Werbung unterstützt werden (vgl. Insert 5-4). Dadurch lassen sich beispielsweise Irritationen beim Verbraucher vermeiden, die durch unterschiedliche Erscheinungsbilder in den verschiedenen Ländern entstehen (Stelzer 1994, S. 26).

Die Werbestandardisierung wird jedoch häufig durch rechtliche Regelungen limitiert: Um die nationale Sprache frei von ausländischen Einflüssen zu halten, wird zum Beispiel in Frankreich die Verwendung ausländischer Sprachen in der Werbung beschränkt. Darüber hinaus finden sich Einschränkungen hinsichtlich des kreativen Gestaltungsspielraums. So ist die vergleichende Werbung in Deutschland verboten, und in einigen Ländern dürfen keine „... besser als ..."-Aussagen gemacht werden. Neben dem grundsätzlichen Werbeverbot für verschiedene Produktgruppen (zum Beispiel Zigaretten und Alkohol) haben einige Länder Werbemittel-Importverbote erlassen, so zum Beispiel Australien für im Ausland erstellte Werbekampagnen (Kreutzer 1989, S. 311).

Schließlich müssen die Verfügbarkeit und der Stellenwert einzelner Medien in den verschiedenen Ländern als äußerst unterschiedlich angesehen werden, wenngleich sich diese Situation durch die zunehmende Verbreitung des Satellitenfernsehens etwas entschärft hat. Die Anteile einzelner Medien am gesamten Werbebudget differieren jedoch noch immer relativ stark, wie Abbildung 5-24 für ausgewählte Ländermärkte belegt.

Neben marktbezogenen Wirkungszielen werden interne Effizienzziele mit einer Standardisierung der klassischen Werbung verfolgt. Bei der Erstellung eines international standardisierten TV-Spots der Marke Perwoll beispielsweise reduzierte sich der Aufwand bei Entwicklung und Produktion um 150.000 bis 170.000 DM pro Film, so daß circa 10 Prozent des Euro-Media-Etats eingespart werden konnten.

Die Besonderheit der **internationalen Verkaufsförderung** liegt in den länderspezifisch unterschiedlichen Möglichkeiten und Einstellungen des Handels zur kooperativen Förderung des Abverkaufs. Die Durchführbarkeit der einzelnen Maßnahmen wird dabei maßgeblich von den nationalen Handelsstrukturen sowie von wettbewerbsrechtlichen Bestimmungen in den Auslandsmärkten (zum Beispiel Verbot von Coupons in Deutschland) determiniert. Im Zusammenhang mit dem zumeist kurzfristigen Charakter der Verkaufsförderungsmaßnahmen ist eine Standardisierung nur in seltenen Fällen möglich und sinnvoll. Aufgrund der starken Abhängigkeit der Verkaufsförderung von der Art der Distributionskanäle erscheint eine Standardisierung am ehesten bei internationalen Unternehmen mit einem eigenen, vollständig kontrollierbaren Distributionssystem denkbar (zum Beispiel McDonald's).

Gegenstand und Besonderheiten des internationalen Marketing

Deutschland

Frau 1:
Was für'n Tag! Jetzt brauch' ich 'ne Auffrischung. Und mein Kostüm auch.

Sprecher:
Einfach Svit.

Frau 2:
Oh nein! Make up auf dem Cashmere-Schal. Wie krieg' ich das jetzt wieder 'raus?

Sprecher:
Einfach Svit.

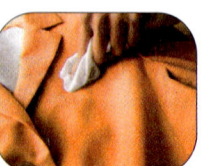

Sprecherin:
Jetzt wird alles einfacher. Mit dem neuen Svit. Frische-Reinigung mit Ihrem Trockner.

Sprecher:
Nur Svit hat das reinigende Komplett-Tuch. Damit kleine Flecken zuerst sanft entfernen. Dann Kleidungsstücke und Tuch in den Schutz-Beutel geben und ab in den Trockner. Auf 20 Minuten warm einstellen. Der aktivierte Dampf des Svit-Tuches frischt die Fasern auf und glättet Falten – fertig.

Sprecherin:
Einfach Svit!

Sprecher:
Das neue Svit. Frische-Reinigung mit Ihrem Trockner.

England

Frau:
Well I'm not going to buy something like this again. It's dry clean only.

Sprecher:
Just Svit!

Mann:
Oh no, a stain on my new suit. Dry cleaning just because of that?

Sprecher:
Just Svit!

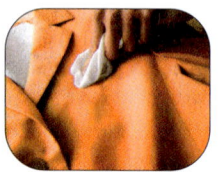

Sprecherin:
Now everything gets easier. With new Svit. Fresh dry cleaning with your dryer.

Sprecher:
Only Svit has the cleaning complete-cloth. With it first gently remove small stains. Then place garment and cloth in the safety bag and in the dryer it goes. Turn on 20 minutes warm. Activated vapour of the Svit cloth refreshes the fibres and smoothes the wrinkles – ready.

Sprecherin:
Just Svit!

Sprecher:
New Svit. Fresh dry cleaning with your dryer.

INSERT 5-4: Henkel, Internationale Einführungskampagne für das Produkt Svit, 2000

Frankreich

Frau 1:
J'hésite encore, il faut la nettoyer à sec!

Sprecher:
Vite, pensez Svit!

Frau 2:
Hum, c'est pas vraiment sale, mais plus très propre. Dois-je la laver à la main?

Sprecher:
Vite, pensez Svit!

Sprecherin:
Oui, aujourd'hui c'est vraiment plus simple avec le nouveau Svit La fraîcheur d'un nettoyage à sec avec votre sèche linge.

Sprecher:
Seul Svit vous offre Une lingette tout en 1. Utilisez là pour enlever complètement les petites tâches puis mettez là avec les vêtements dans le sac Svit. Placez le tout dans le sèche-linge pendant 20 minutes à température normale. Les vapeurs actives de Svit rafraîchissent et défroissent le textile. Et voilà!

Sprecherin:
Simplement svité!

Sprecher:
Nouveau Svit, la fraîcheur d'un nettoyage à sec avec votre sèche linge.

Finnland

Frau:
Taas pestävä käsin. Eikö ole mitään helpompaa tapaa?

Sprecher:
Just Svit.

Mann:
Lempivaatteeni ei enää ole ihan puhdas, mutta ei tarpeeksi likainen vietäväksi pesulaan.

Sprecher:
Just Svit.

Sprecherin:
Nyt kaikki on helpompaa. Uusi Svit on hellä ja raikastava kuivapesu kotikäyttöön kuivausrummussa.

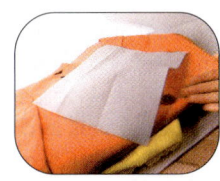

Sprecher:
Poista tahrat ensin kostealla Svit-liinalla. Laita sitten liina yhdessä vaatteen kanssa Svit-pussiin ja pussi kuivausrumpuun 20 minuutiksi normaalilämpötilaan. Svit-liinasta vapautuvat höyryt raikastavat kuidut ja oikaisevat ryppyjä. – Valmis!

Sprecherin:
Just Svit.

Sprecher:
Uusi Svit, hellä ja raikastava kuivapesu kotikäyttöön kuivausrummussa.

INSERT 5-4: Henkel, Internationale Einführungskampagne für das Produkt Svit, 2000 (Fortsetzung)

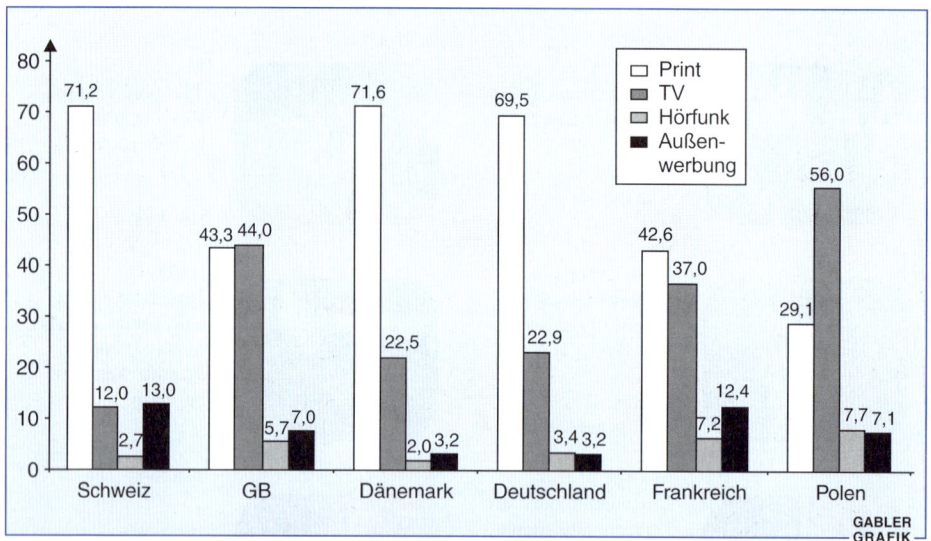

Abbildung 5-24: Anteile einzelner Medien am nationalen Werbeaufkommen 1999 (in Prozent)
(Quelle: Horizont, Nr. 4, 2000, S. 12)

Public Relations im internationalen Marketing dienen der Schaffung eines hohen Vertrauens in der Beziehung zu den Anspruchsgruppen in den jeweiligen Ländern. International tätige Unternehmen sehen sich aufgrund ihrer Größe und Einflußmöglichkeiten häufig in besonderem Maße einer kritischen Öffentlichkeit ausgesetzt, deren Einstellung über wirtschaftliche Belange hinaus auch von ethischen Aspekten bestimmt wird. Beispielhaft seien die Explosion einer Chemiefabrik im indischen Bhopal, die Verschmutzung des Rheins durch den Chemiehersteller Sandoz und die Versenkung der Öllagerplattform Brent Spar durch den Mineralölkonzern Shell genannt, deren Auswirkungen auf das Image und die wirtschaftliche Lage der verantwortlichen Unternehmen erheblich waren. Aufgrund der unterschiedlichen Ausprägungen sozio-kultureller, gesellschaftlicher und vor allem politischer Faktoren ist von einem hohen Maß an Heterogenität der unternehmensinternen und -externen Zielgruppen einer länderübergreifenden Öffentlichkeitsarbeit auszugehen, so daß die Standardisierungspotentiale hier als eher gering einzustufen sind (Jefkins 1992).

Im Rahmen eines **internationalen Sponsoring** werden internationale Ereignisse aus den Bereichen Sport, Kultur, Umweltschutz oder Soziales in Form von materiellen oder immateriellen Leistungen gefördert, um Marketing- und Kommunikationsziele zu erreichen. Das Sponsoring-Objekt dient dabei als Trägermedium der Botschaft, die zumeist über Massenmedien an die Zielgruppen herangetragen werden soll. Als Vorteile eines internationalen Sponsoring lassen sich vor allem die Erzielung hoher Reichweiten bei international übertragenen Veranstaltungen wie beispielsweise Olympia oder Formel-1-Rennen nennen. Zudem können nationale Werbeverbote – zum Beispiel für Tabak und

Alkoholika – umgangen werden. Zugleich ist jedoch zu beachten, daß das Image und die Beliebtheit von Sponsoringobjekten länderspezifisch stark divergieren kann. Fußball besitzt in den USA beispielsweise einen geringeren Stellenwert als in Deutschland oder Italien, während dasselbe in umgekehrter Form für Baseball oder American Football gilt.

Die Besonderheit des **persönlichen Verkaufs** im internationalen Marketing liegt in der Bedeutung kultureller Normen, Wertesysteme, Sitten und Gebräuche des jeweiligen Gastlandes begründet. In diesem Zusammenhang ist insbesondere die Kenntnis der sogenannten Silent Language zu nennen, die auf non-verbalen Kommunikationssignalen beruht. So gilt die Größe des Büros beispielsweise in vielen Ländern als Symbol der betrieblichen Hierarchieposition. Ebenso zählt die Nichteinhaltung von Gesprächsterminen in Lateinamerika zu den Geschäftsgepflogenheiten. Ein Verstoß gegen die Implikationen der Silent Language wird daher im Regelfall zu unbefriedigenden Gesprächs- und Verkaufsergebnissen führen.

4.44 Distributionspolitik im internationalen Marketing

Die **Standardisierung der Distributionspolitik** betrifft in erster Linie die einheitliche Wahl und Ausgestaltung der Absatzkanäle und der Logistik. Hinsichtlich der Absatzkanäle bestehen die größten Potentiale zur Umsetzung standardisierter Marketingkonzepte – wegen der Steuerungs- und Kontrollmöglichkeiten – im direkten Vertrieb beziehungsweise im indirekten Vertrieb mit eigenen Verkaufsorganen. Bei einem Vorliegen fremder Vertriebsorgane bieten sich für eine Durchsetzung standardisierter Konzepte vor allem **vertragliche Vertriebssysteme** an. Neben Vertragshändlersystemen (zum Beispiel in der Automobilbranche) spielt dabei das **Franchising** eine große Rolle, da es dem Hersteller eine risikoverminderte länderübergreifende Distribution ermöglicht. Durch Franchiseverträge kann ein länderübergreifend einheitliches Erscheinungsbild sowie eine (zumindest im Kern) standardisierte Produkt- und Preispolitik sichergestellt werden. Deshalb nehmen sie als Standardisierungsinstrument im internationalen Marketing einen hohen Stellenwert ein (Kriependorf 1989; Meffert/Meurer 1995).

So ist die Wahl eines einheitlichen Vertriebsweges für eine integrierte Markenpolitik bei Coca-Cola nicht mehr als notwendige Voraussetzung eines standardisierten Marketing zu sehen, da durch das Franchisesystem eine Rahmenstandardisierung gewährleistet ist (Quelch/Hoff 1986). Um die Einhaltung der Franchiseabsprachen zu überwachen, sichern sich Franchisegeber wie Coca-Cola und McDonald's in der Regel umfangreiche Kontrollrechte bei den ansonsten selbständigen Franchisenehmern.

Im Gegensatz zur vertikalen Struktur bieten sich bei Entscheidungen über die **horizontale Absatzkanalstruktur** weitergehende Standardisierungsmöglichkeiten. Dabei sind die Entscheidungen über die Tiefe und Breite der Absatzkanalstruktur auf das engste verknüpft. Insbesondere bei der Wahl der Einzelhandels-Betriebsformen können Vereinheitlichungsbemühungen eine Rolle spielen, um einen **standardisierten Marktauftritt** des Unternehmens im Rahmen seiner abgestimmten Marketingpolitik auch beim indirekten Vertrieb über selbständige Absatzmittler zu gewährleisten.

Bei der Festlegung der **vertikalen Absatzkanalstruktur** trifft der Hersteller eine Auswahl zwischen den Absatzstufen. Art und Zahl dieser Stufen bestimmen die Länge des Absatzweges zwischen Hersteller und Endabnehmer. Mit wachsender Länge der vertikalen Absatzkanalstruktur verringern sich die Chancen zur Durchsetzung eines international standardisierten Vorgehens. Die Entscheidung zwischen direktem und indirektem Vertrieb hängt im internationalen Marketing auch von der Markteintrittsform ab.

Die Ausgestaltung der internationalen **Logistik** hängt schließlich wesentlich von der Anzahl und den Orten der Leistungserstellung sowie der Anzahl und geographischen Lage der Absatzmärkte und den infrastrukturellen Gegebenheiten ab. Neben der Kenntnis unterschiedlicher Techniken und Tarife des grenzüberschreitenden Gütertransportes ist es notwendig, die Leistungsfähigkeit länderspezifischer Verkehrssysteme beziehungsweise Logistikbetriebe im Hinblick auf Lieferzeit, -zuverlässigkeit, Lieferungsbeschaffenheit und Lieferflexibilität beurteilen zu können (Schneider 1992, 1995).

4.45 Internationale Kontrahierungspolitik

Analog zum nationalen Marketing sind unter der internationalen Kontrahierungspolitik preis- und konditionenpolitische Entscheidungstatbestände zu berücksichtigen. Als Besonderheiten der internationalen Kontrahierungspolitik sind insbesondere die Auswahl geeigneter Absatzfinanzierungsinstrumente sowie die Bestimmung des preisstrategischen Standardisierungsgrads hervorzuheben.

Besonderheiten **internationaler Absatzfinanzierung** bestehen vor allem in langfristigen Exportkrediten sowie Kompensationsgeschäften. Die Gewährung von Exportkrediten umfaßt zum einen die Gewährung von Krediten an deutsche Exporteure und zum anderen die Kreditfinanzierung von Importen ausländischer Besteller (Jahrmann 1998). Bei Geschäftsbeziehungen zu Ländern, die Devisenknappheit oder Leistungsbilanzdefizite aufweisen, finden internationale Gegen- beziehungsweise Kompensationsgeschäfte Anwendung. Dabei handelt es sich um den Austausch von Sachleistungen zwischen Exporteuren und Importeuren (Schuster 1988, S. 31 ff.; Dülfer 1999).

Gegenstand der **preispolitischen Standardisierung** ist die länderübergreifende Vereinheitlichung preispolitischer Entscheidungen (vgl. Insert 5-5). Diese kann sinnvoll sein, wenn die Preisbereitschaft für ein bestimmtes Produkt unter Berücksichtigung der Kaufkraftparitäten länderübergreifend einheitlich ist. Sofern diese notwendige Bedingung nicht gegeben ist, impliziert eine Preisstandardisierung die suboptimale Ausschöpfung länderspezifischer Konsumentenrenten und ist mit Deckungsbeitragsverlusten ge-

Neue Preisstrategien für Hersteller von Markenartikeln
Der Euro und die Einkaufsmacht des Handels sorgen für ein Ende länderspezifischer Preise

mir. FRANKFURT, 7. Februar. Die alte Zeit war aus Sicht der Hersteller von Markenartikeln eine gute. Sie konnten ihre Produkte in verschiedenen Ländern zu unterschiedlichen Preisen verkaufen, die sich nach Kaufkraft, Verbraucherverhalten oder Wettbewerbssituation auf dem jeweiligen Ländermarkt bemaßen. Künftig müssen sich die Hersteller von Autos bis Zahnpasta von ihren liebgewonnenen Gewohnheiten verabschieden. Das legt eine Studie von Regine Kalka und Nikola Ziehe von der Unternehmensberatung Simon, Kucher & Partner nahe. Je weiter die Globalisierung und die Konzentration im Handel fortschreiten, desto stärker werden Handelsunternehmen ihre Waren international beschaffen und so Druck auf das Preisgefüge der Hersteller ausüben, sagen die Beraterinnen voraus.

Preisdifferenzen zwischen Ländern, in denen ein Händler vertreten ist, beziehungsweise zwischen verschiedenen Vertriebskanälen eines Unternehmens, wie beispielsweise Allkauf und Kaufhof im Metro-Konzern, seien dann nicht mehr aufrechtzuerhalten. Mächtige Händler mit enormen Einkaufsmengen, allen voran der amerikanische Einzelhandelskonzern Wal-Mart, drängten die Hersteller dazu, ihre Waren überall, nicht nur auf dem europäischen Markt, zum Preis des billigsten Landes anzubieten. Bleiben die Hersteller hart, besorgen sich die Händler die Ware aus Grauimporten oder drohten mit Auslistung.

Noch gelinge es Herstellern, Preisunterschiede in verschiedenen Ländern beizubehalten. Die beiden Beraterinnen nennen Beispiele: Mineralwasser von Perrier ist in Österreich dreimal so teuer wie in Frankreich. Nivea kostet in Frankreich nur halb soviel wie hierzulande. Durch die Einführung des Euro werde derzeit allerdings schlagartig Transparenz geschaffen. Handelsunternehmen könnte einfacher das international günstigste Angebot ermitteln.

Die Hersteller sind nach Ansicht von Kalka und Ziehe allerdings nicht wehrlos dem Handel ausgeliefert. Die beiden Consultants empfehlen eine neue Vorgehensweise. Die bisherigen Länderstrategien sollten durch Preisstrategien für die jeweiligen Schlüsselkunden („Key Account") ersetzt werden. Preissenkungen seien dabei die letztmögliche Maßnahme. Seien diese erst einmal durchgeführt, lassen sie sich nur langfristig korrigieren. Statt dessen sollten die Unternehmen zunächst die „Rabattschungel" lichten, die Konditionen und Bonussysteme sowie die Nettopreise für jedes Land, jeden Kunden und jedes Produkt herausfinden. Die Erfahrung der beiden Beraterinnen zeigt, daß sich diese Daten auf Knopfdruck nur bei den wenigsten Herstellern ermitteln lassen, nicht einmal in den Controllingabteilungen. Die Unabhängigkeit nationaler Vertriebsorganisationen erschwere die Informationsbeschaffung zusätzlich.

Nach der Erhebung der Daten gelte es, eine optimale Preisstrategie für jeden wichtigen Kunden zu definieren. Dazu seien drei Fragen zu beantworten. Wie reagiert der Kunde auf mögliche Preisänderungen bei einem Produkt? In welchem Ausmaß werden die Preisänderungen an die Endkunden weitergeleitet, und wie reagieren die Endkunden auf die Preisänderungen? Die jeweilige Preis-Absatz-Funktionen können durch ökonometrische Schätzungen, Experteninterviews oder Kundenbefragungen ermittelt werden.

Basierend auf diesen Ergebnissen lasse sich für jeden Kunden eine internationale Preisstrategie festlegen, in deren Mittelpunkt die Bestimmung der optimalen Werte eines Preiskorridors stehe.

Die größten deutschen Lebensmittelhändler

Unternehmen (Vertriebslinien)	Brutto-Umsatz in Mrd. DM[1]
1. Metro-Gruppe (Metro, Allkauf, Kaufhof, Praktiker, ohne Divag)	51
2. Rewe-Gruppe (Rewe, Penny, Minimal, HL, Toom, Fegro einschl. Stinnes-Baumärkte)	49
3. Edeka/AVA-Gruppe	44
4. Aldi-Gruppe	35[2]
5. Tengelmann-Gruppe (Tengelmann, Plus, Kaiser's)	26
6. Karstadt	25
7. Lidl & Schwarz	20[2]
8. Spar-Gruppe (Spar, Safeway, Kanne, ohne Interspar)	17
9. Divag (bisherige Metro-Marken, Reno, Adler, Tip, Sigma)	16
10. Schlecker-Gruppe	7[2]

[1] gemessen am Inlandsumsatz mit Geschäftsjahr 1997 einschließlich großer Zu- und Verkäufe im Jahr 1998
[2] geschätzt
Quelle: M+M Eurodata, Frankfurt

Bei der praktischen Umsetzung einer internationalen Preisstrategie komme es oft zu erheblichen Schwierigkeiten. Die Marktposition in einem Land müsse dabei nicht nur unter dem Aspekt der kurzfristigen Gewinnmaximierung, sondern auch unter strategischen Gesichtspunkten betrachtet werden. So könne etwa die Notwendigkeit, einen Wettbewerber in Schach zu halten, niedrigere Preise rechtfertigen. Die internationale Preisstrategie könne in Widerspruch zu den bisherigen Anreizsystemen stehen. In den meisten Unternehmen sind Ländermanager der Vertriebsorganisation für die Preissetzung in Märkten verantwortlich. Sie werden nach dem Gewinn ihrer teilweise unabhängigen Ländergesellschaft bezahlt. Jede Koordination auf europäischer Ebene schränke ihren Bewegungsspielraum ein. Konflikte zwischen Ländermanager und Zentrale sind unvermeidbar.

Es sollte nach Ansicht von Kalka und Ziehe jedoch auf jeden Fall vermieden werden, daß der niedrige Preis in einem kleinen Land das hohe Preisniveau in einem großen Land zerstört. Im Extremfall könne es sogar klüger sein, einen kleinen Markt oder einen nationalen Schlüsselkunden aufzugeben, als Preisrückgänge auf den Volumenmärkten oder bei den globalen Schlüsselkunden zu akzeptieren.

Bei den Herstellern sollte der Handel nur noch einen Ansprechpartner haben. Dieser müsse im Unternehmen für seinen Kunden und für die betroffenen Länder die Preishoheit innerhalb eines vorgegebenen Preiskorridors besitzen. Doch nur wenn die preisrelevanten Fakten in allen Ländern systematisch erfaßt und vergleichbar gemessen werden, ist eine koordinierte Preisstrategie möglich. Nach den Erfahrungen der Beraterinnen ist hier ein akzeptabler Standard in den wenigsten Unternehmen der Fall. Sie sollten ein Preis-Informations-System anstreben, das Informationen über Umsatzzahlen und Listenpreise in allen Ländern für die wichtigsten internationalen Produkte je Kunde und die Preise der Konkurrenz möglichst auf tagesaktueller Basis enthält.

Schließlich empfehlen Kalka und Ziehe für die Unternehmen die Installation eines europäischen Preiscontrolling, das die Preisentscheidungen zwar bei den verantwortlichen Managern beläßt, deren Entscheidungen aber unterstützt. So lassen sich mit Hilfe des Preiscontrolling Veränderungen auf dem Markt durch eine Art Frühwarnsystem identifizieren, und das Unternehmen kann rechtzeitig mit eigenen Preiskorrekturen reagieren.

INSERT 5-5: Frankfurter Allgemeine Zeitung, 08.02.1999, S. 27

Gegenstand und Besonderheiten des internationalen Marketing

genüber einer differenzierten Preissetzung verbunden. Darüber hinaus wird eine preispolitische Standardisierung vor allem unter dem Aspekt der sogenannten **grauen Märkte** diskutiert. Graue Märkte entstehen, wenn die ländermäßigen Preisunterschiede für ein bestimmtes Produkt so hoch sind, daß sie Arbitragegewinne zulassen. Begünstigt werden derartige, vom Hersteller in der Regel unerwünschte Warenströme durch verbesserte Transport- und Kommunikationsmöglichkeiten sowie die Liberalisierung des Handels beispielsweise in der EU.

In der Pharmabranche bestehen in Europa Preisunterschiede von bis zu 500 Prozent, in der Sportbekleidung sowie bei der Autovermietung 100 Prozent (Simon/Wiese 1992). Bekanntestes Beispiel ist jedoch der Automobilmarkt. Abbildung 5-25 zeigt die Preise verschiedener PKW-Marken. Die Preisunterschiede von bis zu 12.000 DM erklären sich zum einen aus einer bewußten Preisdifferenzierung der Hersteller und zum anderen aus unterschiedlichen Steuerbelastungen.

Land \ PKW	BMW 525i	VW Golf CL	Renault 19	Fiat Uno 45
D	58.257,–	23.575,–	21.789,–	17.140,–
F	60.653,–	22.997,–	21.890,–	14.159,–
I	63.342,–	22.126,–	22.940,–	13.613,–
B	61.629,–	24.417,–	25.097,–	14.491,–
E	64.263,–	23.970,–	18.690,–	12.851,–
DK	51.489,–	19.016,–	14.429,–	13.304,–

Abbildung 5-25: Verkaufspreise (inklusive 15 Prozent Mehrwertsteuer) verschiedener PKW-Marken in Europa
(Quelle: ADAC Motorwelt, Nr. 2, 1993, S. 96)

4.46 Auswirkungen des Euro auf das internationale Marketing

Die Bedeutung makroökonomischer Entwicklungen für die Ausgestaltung des Marketing-Mix im internationalen Marketing wird am Beispiel des „Euro" deutlich. Die zwischen den 15 Mitgliedsstaaten der Europäischen Union vereinbarte Währungsunion sieht vor, daß alle Länder, die die Aufnahmebedingungen (Konvergenzkriterien) erfüllen, ihre nationale Währung durch Euro und Cent ersetzen. Am 01.01.1999 wurden die Wechselkurse der beteiligten Währungen fixiert. Sie dienen als Basis für die Umrechnung von Preisen, Zahlungsströmen, Vermögens- und Schuldenpositionen. So entspricht ein Euro dem Wert von DM 1,95583. Ab dem 01.01.2002 kommen daraufhin die neuen Banknoten und Münzen in den Umlauf. Offen ist demgegenüber, ob es im ersten Halbjahr des Jahres 2002 eine Übergangszeit mit paralleler Gültigkeit der Landes- und Europawährung geben oder ob die Umstellung auf den Euro zum 01.01.2002 bindend sein wird (Düren/Jakobs 1996).

Die Einführung des Euro stellt eine reine **Währungsumrechnung** dar, deren Auswirkungen in der aktuellen Diskussion vor allem aus volkswirtschaftlicher Perspektive und aus Unternehmenssicht erörtert werden. Während sich erstere überwiegend mit dem gesamtwirtschaftlichen Nutzen einer gemeinsamen Währung auseinandersetzt, ergeben sich für Unternehmen sowohl Auswirkungen auf interne Systeme und Prozesse als auch auf das Marketing.

Im Bereich der Systeme und Prozesse ist eine Umstellung des **Zahlungsverkehrs** auf die Euro-Währung vorzunehmen. Umrechnung und Abwicklung werden durch die Geschäftsbanken der betreffenden Länder übernommen, deren Betroffenheitsgrad in diesem Bereich daher am höchsten ist. Langfristig ergeben sich aus der Umstellung auf eine einheitliche Währung jedoch gerade im Bereich des Zahlungsverkehrs erhebliche Rationalisierungspotentiale, da derzeit allein in Europa 60 Zahlungsverkehrssysteme in Gebrauch sind. Die Umstellung auf eine Einheitswährung erfordert darüber hinaus entsprechende **EDV-technische Anpassungen**, die sich funktionsübergreifend auf das gesamte Unternehmen erstrecken. Allein im Bankenbereich entfällt nach ersten Schätzungen mehr als die Hälfte aller Umstellungskosten auf die informationstechnische Anpassung, so daß mit einem Investitionsvolumen von circa 150 Millionen DM pro Großbank gerechnet wird (Bunk 1996). Im Bereich des **Controlling** sind schließlich sämtliche Bestands- und Stromgrößen, Aufträge, Projekte und Verrechnungspreise von der nationalen Währung auf den Euro umzustellen (Bundesverband der Deutschen Industrie e. V. 1996).

Die **Auswirkungen auf das Marketing** betreffen insbesondere die Kontrahierungs- und Distributionspolitik (vgl. Meffert/Backhaus 1998). Durch die Einführung des Euro wird ein größerer Währungsraum etabliert, innerhalb dessen die Preise unmittelbar vergleichbar werden. Die gestiegene **Preistransparenz** führt zu einem stärkeren Preiswettbewerb und abnehmenden Preisdifferenzierungsmöglichkeiten. Für den Handel erfordert die Währungsumstellung insbesondere in Sortimentsbereichen mit hohem Preisdruck eine Neufestlegung der sogenannten Schwellenpreise.

Neben der Behandlung derartiger Umrechnungsdifferenzen ergibt sich generell die Notwendigkeit zur Umstellung der **Preisauszeichnung**. In einer Übergangsphase führt dies bei Preisaktionen im Extremfall zu einer achtfachen Preisauszeichnung: Normalpreis in Euro und DM, Preisangabe je Maßeinheit in Euro und DM (gemäß Richtlinie über Einführung der Preisangabe je Maßeinheit) sowie jeweils die Aktionspreise in beiden Währungen für beide Bezugsobjekte (Bunk 1996).

Im Bereich der **Konditionenpolitik** ist die Modifikation von Verträgen erforderlich. Neben einer Umrechnung der Vertragssummen sind insbesondere Währungs- und Zinsklauseln von der Einheitswährung betroffen. In diesem Bereich errechnen sich allein für die deutsche Exportwirtschaft Einsparungen an Transaktions- und Kurssicherungskosten in Höhe von 8 Milliarden DM. Zugleich entfallen jedoch Möglichkeiten, an günstigen Kursentwicklungen zu partizipieren. Notwendig wird zudem eine Analyse und Neueinschätzung der Wechselkursentwicklung des Euro zu Drittwährungen (Bundesverband der Deutschen Industrie e. V. 1996).

Die Auswirkungen des Euro auf die **Distributionspolitik** leiten sich im wesentlichen aus der gestiegenen Preistransparenz innerhalb des Währungsraumes ab. Auf Handelsseite ist eine strategische Neuausrichtung des Beschaffungsverhaltens zu erwarten. Für Herstellerunternehmen ergibt sich die Frage einer Reorganisation ihrer Vertriebsgebiete, sofern sich diese bisher stark an nationalstaatlichen Grenzen orientierten.

Von der Umstellung auf Euro-Münzen ist in besonderem Maße die gesamte Distribution von Produkten über Automaten betroffen. Zur Verdeutlichung: In Deutschland stehen 1,7 Millionen Automaten mit einem Inlands-Jahresumsatz von circa 20 Milliarden DM, deren Umrüstung Kosten in Höhe von 600 Millionen DM verursachen wird (Bunk 1996).

Die in der aktuellen öffentlichen Diskussion bislang unterrepräsentierte Perspektive der deutschen **Verbraucher** offenbart vor allem **Informationsdefizite**. Befürchtungen der Konsumenten liegen in dem Kaufkraftverlust des Euro gegenüber der DM, einem Wertverlust von Anlagen und Versicherungen sowie in steigender Inflation und Arbeitslosigkeit begründet. Positiv wird demgegenüber die vereinfachte Zahlungsabwicklung bei Reisen hervorgehoben (Meffert/EMNID 1997). Eine besondere Rolle kommt in diesem Zusammenhang den Banken als kompetente und vertrauenswürdige Beratungsinstitution zu (Hagenah 1996; Dederichs et al. 1996).

4.5 Implementierung des internationalen Marketing

Die besondere Problematik der Implementierung internationaler Marketingentscheidungen besteht in der **Koordination und Integration der Marktbearbeitungsaktivitäten** (Backhaus et al. 2000). Im einzelnen sind Entscheidungen hinsichtlich der internationalen Organisation, der Prozesse und der Unternehmenskultur zu treffen. Eine stringente Implementierung der Marketingentscheidungen ist dabei als kritischer Faktor für einen internationalen Unternehmenserfolg zu sehen (vgl. Insert 5-6).

Marketing hat Nachholbedarf in den Vereinigten Staaten

„Elementare Marketing-Faktoren werden ignoriert" / Mehr nationale Kampagnen geplant

gl. MÜNCHEN, 10. August. Deutsche Unternehmen haben in den Vereinigten Staaten vor allem beim Marketing noch „enormen Nachholbedarf": Sie stehen sich im Hinblick auf die Marktbearbeitung dort häufig selbst im Weg. Zu dieser Auffassung gelangen die Verfasser einer „Benchmarking-Studie USA", eines Gemeinschaftsprojekts der Deutsch-Amerikanischen Handelskammer in Atlanta, der amerikanischen Partner der Beratungsgesellschaft Droege & Comp. AG in New York und der Westdeutschen Landesbank. „Elementare amerikanische Erfolgsfaktoren" sehen sie in den Zweigen Vereinigten Staaten auch für das amerikanische Geschäft zuständig – und räume diesem in den meisten Fällen keine besonderen Prioritäten ein. Deutsche und amerikanische Manager träfen sich im Durchschnitt weniger als viermal im Jahr.

Unzureichende Finanzausstattung hat nach der Untersuchung oft mangelnde Marktvorbereitung und Marketingunterstützung zur Folge. Diejenigen deutschen Unternehmen, die ihre Nischenmärkte international erfolgreich bearbeiteten, fielen in Amerika meist auch durch hohe Investitionen auf. Sie seien die Gewinner, aber auch die Ausnahme. Bereits beim Markteintritt in die Vereinigten Staaten zeige sich, wie konservativ deutsche Unternehmen dort vorgingen. So investierten 56 Prozent aller Unternehmen beim Markteinstieg weniger als eine Million Dollar.

Nur 20 Prozent der Befragten versuchten über Gemeinschaftsunternehmen, strategische Allianzen oder die Akquisition von Unternehmen einen beschleunigten Markteinstieg zu erreichen. Dagegen vertrauten 80 Prozent aller deutschen Unternehmen darauf, ihr Geschäft in Amerika aus eigener Kraft aufbauen zu können. Und 94 Prozent der deutschen Unternehmen böten in den Vereinigten Staaten dieselben oder nur geringfügig angepasste Erzeugnisse an.

Während 95 Prozent aller deutschen Unternehmen nach der Umfrage auch in Amerika in der Produktqualität ihre wichtigste Differenzierungschance gegenüber dem Wettbewerb sehen, betrachten amerikanische Unternehmen nach Darstellung der Autoren Service und Preisgestaltung als wesentlich – bei gegebener hoher Qualität. Die Deutschen sparten jedoch, wie die Umfrage belege, „am wichtigsten Verkaufsinstrument – dem Marketing". Im Durchschnitt wendeten sie 16 Prozent ihres gesamten Budgets fürs Marketing auf, nur die Hälfte dessen, was ihre amerikanischen Wettbewerber für den gleichen Zweck ausgäben. Auf diesen Umstand führen es die Verfasser der Studie auch zurück, dass die Umschlagshäufigkeit von Waren deutscher Unternehmen in Amerika bei weniger als fünfmal jährlich liege. Von den Befragten schrieben 35 Prozent mehr als fünf Prozent ihres Bestands wegen Unverkäuflichkeit ab.

Schließlich geht es nicht nur darum, finanzielle Mittel aufzuwenden, sondern auch darum, für die Einnahmen zu sorgen. Die Verfasser der Studie haben nämlich auch herausgefunden, dass deutsche Unternehmen ihre Forderungen in den Vereinigten Staaten bei weitem nicht so professionell eintreiben wie hierzulande: Die „Eintreibungszeiten" lägen mit rund 55 Tagen weit über dem amerikanischen Durchschnitt.

Vielfach werden die Schwierigkeiten offenbar erkannt. Entsprechende Hinweise glauben die Verfasser der Untersuchung bei ihrer Umfrage jedenfalls erhalten zu haben. So sähen 75 Prozent der befragten Tochtergesellschaften neue Produkte für Amerika vor. Immerhin 30 Prozent der Befragten planten nationale Marketingkampagnen, ebenso viele wollten ihre Organisationsstrukturen ändern oder suchten Kooperationspartner auf dem amerikanischen Markt. Allerdings fehle es bei den meisten Unternehmen an der Umsetzung der guten Vorsätze.

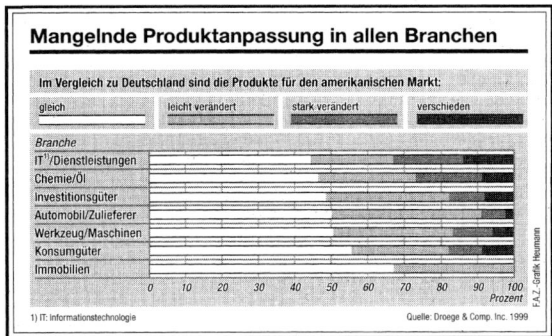

trieb, Geschäftsfeldstrategie, Beziehungsmanagement, Marketing und Service.

Die Marktchancen werden als „unermesslich" bezeichnet: Wer sich die für die Vereinigten Staaten kritischen Erfolgsfaktoren zu Eigen mache, der werde zu den Besten gehören. Doch viele deutsche Unternehmen ignorierten diese elementaren Faktoren, kritisiert Andreas Back, Partner von Droege in New York. Besonders gelte das für Service, Preisgestaltung und Marketing. So würden deutsche Produkte in Amerika „überqualifiziert und zu teuer" angeboten.

Deutsche Unternehmen verhielten sich in Amerika eher konservativ und zurückhaltend. Daher seien sie nicht in der Lage, erfolgreich zu konkurrieren. Das gilt nach Meinung der Verfasser ganz besonders für die in Deutschland und dem übrigen Europa erfolgreich agierenden, großen deutschen mittelständischen Unternehmen. Traditionelle Stärken zu verfolgen könne in Amerika ein erheblicher Wettbewerbsnachteil sein. Ausdrücklich genannt werden beispielhaft die Fertigung technischer Produkte mit hoher Qualität, kaufmännische Vorsicht bei Investitionsentscheidungen und hierarchische Strukturen in der Organisation. Starre Entscheidungsstrukturen und geringe Priorisierung verhinderten schnelle Reaktionen – und das auf einem Markt, in dem sich die Bedingungen täglich ändern könnten.

Das wirkt sich nach den Beobachtungen der Autoren auch in einer „stiefmütterlichen" Behandlung des amerikanischen Geschäfts durch die jeweiligen deutschen Muttergesellschaften aus. So sei die oberste deutsche Geschäftsführung bei 98 Prozent aller Tochterunternehmen in den

INSERT 5-6: Frankfurter Allgemeine Zeitung, 11.08.1999, S. 22

Die Besonderheit internationaler **Organisationsformen** ergibt sich aus dem Grad der Integration des Auslandsgeschäfts in die Gesamtorganisation des Unternehmens (Macharzina 1992). Differenzierte Strukturen beinhalten eine deutliche Trennung des Auslandsgeschäfts und finden sich insbesondere in der Form der „International Division" wieder. Integrierte Strukturen streben demgegenüber die Auflösung des Gegensatzes zwischen nationalem und internationalem Geschäft an und sind prinzipiell für alle Grundtypen der Organisation denkbar. Neben der Aufbauorganisation ist die Abstimmung zwischen Muttergesellschaft und Landesgesellschaften von zentraler Bedeutung. Die **Zentralisierung** beziehungsweise **Dezentralisierung** legt in diesem Zusammenhang fest, in welchem Ausmaß Planungs- und Entscheidungskompetenzen auf eine oder wenige Stellen im Unternehmen konzentriert werden.

Bartlett (1989) fordert im Hinblick auf eine zunehmende Integration der Weltwirtschaft die enge **Verflechtung internationaler Aktivitäten im Sinne globaler Netzwerke**, die auf gegenseitigen Abhängigkeiten beruhen und Vorteile der lokalen Marketingkompetenz mit globaler Koordination verbinden (Bartlett 1989, S. 442).

Zur organisatorischen Einbindung von Landesgesellschaften in die Ausgestaltung der internationalen Marktbearbeitung werden verschiedene strukturelle Koordinationsinstrumente diskutiert (Meffert 1989). Dabei handelt es sich vor allem um strategische Koordinationsgruppen, Entscheidungsgremien, das Lead-Country-Konzept und das Profit-Center-Konzept. Als erfolgreiches Beispiel für strategische Koordinationsgruppen, die sich aus Vertretern der Landesgesellschaften und der Zentrale zusammensetzen, gelten die „Eurobrand-Teams" von Procter & Gamble, die zur Entwicklung länderübergreifender Marktbearbeitungskonzepte eingerichtet wurden (Bartlett/ Ghoshal 1987, S. 54).

Neben strukturellen Koordinationsinstrumenten beziehen sich technokratische Koordinationsinstrumente zumeist auf die Planung und Formalisierung von internationalen Aktivitäten (Kreutzer 1989, S. 113; Welge 1989). Eine Standardisierung der **Informations-, Planungs-** und **Kontrollprozesse** dient in diesem Zusammenhang einer stärkeren Integration der internationalen Marktbearbeitung. Ergebnisse einer empirischen Untersuchung belegen, daß insbesondere die Produktplanung im Marketing am stärksten standardisiert wird, während das Marketing-Controlling eher differenziert erfolgt (Bolz 1992, S. 83).

Vor dem Hintergrund des Erfolges japanischer Unternehmungen auf Auslandsmärkten hat schließlich die Analyse der **Beziehung zwischen Unternehmenskultur und Strategie** eine besondere Bedeutung erlangt. Die unter Abschnitt 1.2 als Grundorientierung bezeichneten Konstrukte „international", „multinational" und „global" lassen sich auch als Ausprägungsformen von Unternehmenskulturen begreifen, welche die Summe von Wertvorstellungen, Denkweisen und Normen beinhalten, die das Erscheinungsbild der Unternehmung nach innen und außen beeinflussen (Meffert/Hafner 1988). Abbildung 5-26 enthält eine Zuordnung der Unternehmenskultur zu der internationalen Grundorientierung. Die Unternehmenskultur kann im Rahmen der internationalen Marketingimplementierung nur in engen Grenzen gestaltet werden. Daher wird dafür plädiert, im

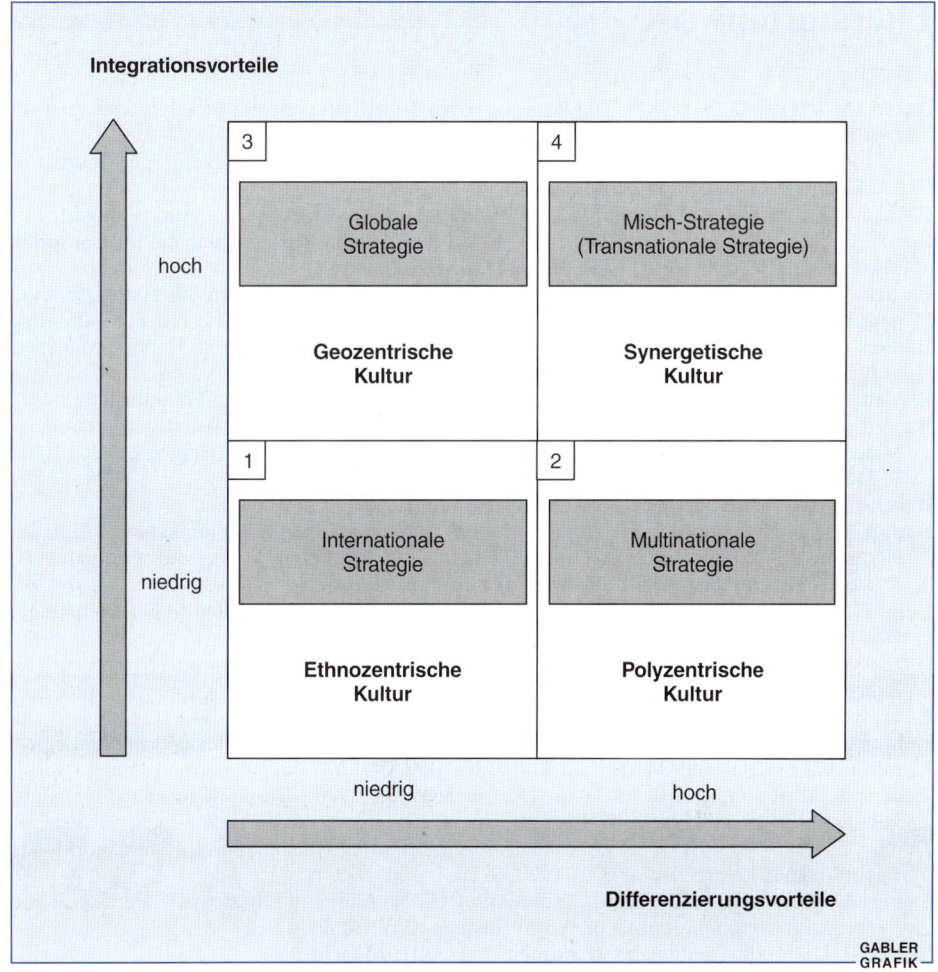

Abbildung 5-26: Unternehmenskultur und internationale Grundorientierung

Rahmen „synergistischer" Unternehmenskulturen kulturelle Unterschiede der Mitarbeiter bewußt als Ressource zu begreifen, um eine breitere Perspektive zu gewinnen und aufnahmebereiter für internationale Trends zu werden (Meffert 1989).

Dieser Gedanke kommt unter anderem in der Besetzung von Spitzenpositionen internationaler Großunternehmen zum Ausdruck. Dem deutschen Chemieunternehmen Schering steht der Italiener Giuseppe Vita vor, während die amerikanisch geprägte Unternehmensberatung McKinsey von dem Inder Rajat Gupta geführt wird. An der Spitze des französischen Kosmetikkonzerns L'Oréal steht der Waliser Lindsay Owen-Jones, und Vorstandsvorsitzender (CEO) des amerikanischen Autoherstellers Ford ist seit 1993 der Schotte Alex Trotman (Manager Magazin Spezial 1996).

Literaturhinweise

Aaker, D. A., Day, G. S. (1986), The Perils of High-Growth Markets, in: Strategic Management Journal, Vol. 7, No. 5, S. 409–421.
Ayal, I., Zif, J. (1979), Market Expansion Strategies in Multinational Marketing, in: Journal of Marketing, Vol. 43, Spring, S. 84–94.
Backhaus, K., Büschken, J., Voeth, M. (2000), Internationales Marketing, 3. Auf., Stuttgart.
Baron, D. P. (1995), Integrated Strategy: Market and Nonmarket Components, in: California Management Review, Vol. 37, Winter 1995, S. 47–65.
Bartlett, Ch. A. (1989), Aufbau und Management der transnationalen Organisationsstruktur: Eine neue Herausforderung, in: Porter, M. E. (Hrsg.), Globaler Wettbewerb, Wiesbaden, S. 425–464.
Bartlett, Ch. A., Ghoshal, S. (1987), Arbeitsteilung bei der Globalisierung, in: Harvard Manager, 9. Jg., Nr. 2, S. 49–59.
Bartlett, Ch. A., Ghoshal, S. (1990a), Internationale Unternehmensführung, Frankfurt u. a.
Bartlett, Ch. A., Ghoshal, S. (1990b), Managing Innovations in the Transnational Corporation, in: Managing the Global Firm, Ch. A. Bartlett, Y. Doz und G. Hedlund (Hrsg.), London u. a., S. 215–255.
Bauer, E. (1997), Internationale Marketingforschung, 2. Aufl., München u. a.
Berndt, R., Fantapié Altobelli, C., Sander, M. (1995), Internationale Kommunikationspolitik, in: Hermanns, A., Wißmeier, U. K. (Hrsg.), Internationales Marketing-Management: Grundlagen, Strategien, Instrumente, Kontrolle und Organisation, München, S. 176–224.
Bolz, J. (1992), Wettbewerbsorientierte Standardisierung der internationalen Marktbearbeitung, Darmstadt.
Bundesverband der Deutschen Industrie (Hrsg.) (1996), Der Euro – Chancen für die deutsche Industrie, o. O.
Bunk, B. (1996), Fit for Euro? in: Absatzwirtschaft, 39. Jg., Nr. 12, S. 28–34.
Dahringer, L. D. (1991), Marketing Services Internationally: Barriers and Management Strategies, in: Journal of Consumer Marketing, Vol. 5, No. 3, S. 5–17.
Dederichs, M. R., Tillack, H. M., Wolf-Doettinchem, L. (1996), Die D-Mark geht – der Euro kommt, in: Stern, Nr. 51, S. 34–44.
Demby, E. H. (1990), ESOMAR Urges Changes in Reporting Demographics, Issues Worldwide Report, in: Marketing News, 08.01.1990, S. 24.
Douglas, S. P., Craig, S. C. (1989), Evolution of Global Marketing Strategy: Scale, Scope and Synergy, in: Columbia Journal of World Business, Vol. 24, Fall, S. 47–59.
Dülfer, E. (1999), Internationales Management, 5. Aufl., München u. a.
Düren, H., Jakobs, G. (1996), Währungsunion: Abschied von der D-Mark rückt näher, in: Handelsblatt Special, 07.10.1996, S. 29.
Dussauge, P., Garrette, B. (1995), Determinants of success in international strategic alliances: evidence from the global aerospace industry, in: Journal of International Business Studies, Vol. 26, No. 3, S. 505–530.
Eglau, H. O., Kluge, J., Meffert, J., Stein, L. (2000), Durchstarten zur Spitze – McKinseys Strategien für mehr Innovationen, Frankfurt a. M.
Franko, L. G. (1989), Global Corporate Competition: Who's Winning, Who's Losing, and the R&D Factor as One Reason Why, in: Strategic Management Journal, Vol. 10, No. 5, S. 449–474.
Gahl, A. (1991), Die Konzeption strategischer Allianzen, Berlin.
GfK (Hrsg.) (1990), The Light Blue Book, Nürnberg.
Ghoshal, S. (1987), Global Strategy: An Organizing Framework, in: Strategic Management Journal, Vol. 8, No. 3, S. 425–440.
Golder, P. N., Tellis, G. J. (1993), Pioneer Advantage: Marketing Logic or Marketing Legend?, in: Journal of Marketing Research, Vol. 30, May, S. 158–170.

Hagenah, T. (1996), Information ist Mittel gegen Euroangst, in: Lebensmittelzeitung, Nr. 41, S. 67–74.

Hout, Th., Porter, M. E., Rudden, E. (1982), How Global Companies Win Out, in: Harvard Business Review, Vol. 60, No. 5, S. 98–108.

Jahrmann, F. U. (1998), Außenhandel, 9. Aufl., Ludwigshafen.

Jeannet, J.-P., Hennessey, H. D. (1998), Global Marketing Strategies, 4th ed., Boston u. a.

Jefkins, G. (1992), Public Relations, 4. Aufl., London.

Kale, S., Sudharsan, D. (1987), Strategic Approach to International Segmentation, in: International Marketing Review, Vol. 4, No. 2, Spring, S. 60–70.

Keegan, W. J. (1999), Global Marketing Management, 6th ed., Englewood Cliffs/N. J.

Kreutzer, R. (1989), Global Marketing. Konzeption eines länderübergreifenden Marketing, Wiesbaden.

Kriependorf, P. (1989), Internationales Franchising, in: Macharzina K., Welge, M. K. (Hrsg.), Handwörterbuch Export und Internationale Unternehmung, Stuttgart, Sp. 711–726.

Kutschker, M. (1992), Die Wahl der Eigentumsstrategie der Auslandsniederlassung in kleineren und mittleren Unternehmen, in: Kumar, B. N., Haussmann, H. (Hrsg.), Handbuch der internationalen Unternehmenstätigkeit, München, S. 497–530.

Kux, B., Rall, W. (1990), Marketing im globalen Wettbewerb, in: Welge, M. K. (Hrsg.), Globales Management, Stuttgart, S. 73–84.

Levitt, Th. (1983), The Globalization of Markets, in: Harvard Business Review, Vol. 61, No. 6, S. 92–102.

Lutz, V. (1993), Horizontale strategische Allianzen: Ansatzpunkte zu ihrer Institutionalisierung, Hamburg.

Macharzina, K. (1992), Internationalisierung und Organisation, in: Zeitschrift für Organisation, 61. Jg., Nr. 1, S. 4–11.

Manager Magazin Spezial (Hrsg.) (1996), Das Comeback der Multis: Die Wirtschaftsgiganten knüpfen ihr globales Netzwerk immer dichter, Sonderheft Nr. 1.

Mastering Global Business (1999), Das MBA Buch zum internationalen Marketing, Stuttgart.

Meffert, H., (1977), Marktsegmentierung und Marktwahl im internationalen Marketing, in: Die Betriebswirtschaft, 37. Jg., S. 433–446.

Meffert, H. (1989), Globalisierungsstrategien und ihre Umsetzung im internationalen Wettbewerb, in: Die Betriebswirtschaft, 49. Jg., Nr. 4, S. 445–463.

Meffert, H. (1991), Wettbewerbsstrategien auf globalen Märkten, in: Betriebswirtschaftliche Forschung und Praxis, 43. Jg., Nr. 5, S. 399–415.

Meffert, H. (1994), Marketing-Management: Analyse, Strategie, Implementierung, Wiesbaden.

Meffert, H., Backhaus, K. (Hrsg.) (1998), Auswirkungen des Euro auf das Marketing, Dokumentations des Workshops vom 15. Juni 1998, Arbeitspapier Nr. 128 der wissenschaftlichen Gesellschaft für Marketing und Unternehmensführung e. V., Meffert, H., Backhaus, K. (Hrsg.), Münster

Meffert, H., Bolz, J. (1992), Globalisierung des Marketing bei internationaler Unternehmenstätigkeit, in: Kumar, B. N., Haussmann, H. (Hrsg.), Handbuch der Internationalen Unternehmenstätigkeit, München, S. 657–683.

Meffert, H., Bolz, J. (1998), Internationales Marketing-Management, 3. Aufl., Stuttgart u. a.

Meffert, H., Burmann, C. (1996), Identitätsorientierte Markenführung, in: International Brand Management, Arbeitspapier Nr. 103 der Wissenschaftlichen Gesellschaft für Marketing und Unternehmensführung e. V., Meffert, H., Wagner, H., Backhaus, K. (Hrsg.), Münster, S. 21–44.

Meffert, H., Hafner, K. (1988), Unternehmenskultur und marktorientierte Unternehmensführung – Bestandsaufnahme und Wirkungsanalyse, Meffert, H. und Wagner, H. (Hrsg.), Arbeitspapier Nr. 35 der Wissenschaftlichen Gesellschaft für Marketing und Unternehmensführung e. V., Münster.

Meffert, H., Meurer, J. (1995), Marktorientierte Führung von Franchisesystemen – theoretische Grundlagen und empirische Befunde, Meffert, H., Backhaus, K., Wagner, H. (Hrsg.), Arbeitspapier Nr. 98 der Wissenschaftlichen Gesellschaft für Marketing und Unternehmensführung e. V., Münster.

Meffert, H., Pues, C. (1997), Timingstrategien des internationalen Markteintritts, in: Macharzina, K., Oesterle, M.-J. (Hrsg.), Handbuch Internationales Management: Grundlagen-Instrumente-Perspektiven, Wiesbaden, S. 253–266.

Meffert, H., EMNID (1997), EURO: Die Sicht des Verbrauchers, Berichtsband des EMNID-Instituts GmbH & Co., Bielefeld.

Meffert, H., Wolter, F. (2000), Internationalisierungskonzepte im Dienstleistungsbereich – Bestandsaufnahme und Perspektiven, Arbeitspapier Nr. 134 der wissenschaftlichen gesellschaft für Marketing und Unternehmensführung e. V., Meffert, H., Backhaus, K., Becker, J. (Hrsg.) Münster.

Meissner, H. G. (1995), Strategisches internationales Marketing, 2. Aufl., München u. a.

o. V. (1996), ADAC Motorwelt, Nr. 2, 1993, S. 96.

Parry, M., Bass, F. M. (1990), When to Lead or Follow? It Depends, in: Marketing Letters, Vol. 1, November, S. 187–198.

Perlmutter, H. V. (1969), The Tortuous Evolution of the Multinational Corporation, in: Columbia Journal of World Business, Vol. 5, No. 4, S. 9–18.

Pues, C. (1994), Markterschließungsstrategien bundesdeutscher Unternehmen in Osteuropa, Wien.

Quelch, J. A., Bartlett, C. (1999), Global marketing management, 4th ed., Addison-Wesley.

Quelch, J. A., Hoff, E. J. (1986), Globales Marketing – nach Maß, in: Harvard Manager, 8. Jg., Nr. 4, S. 107–117.

Raffée, H., Wiedmann, K.-P. (1987), Marketingumwelt 2000. Gesellschaftliche Mega-Trends als Basis einer Neuorientierung von Marketingpraxis und Marketingwissenschaft, in: Schwarz, C., (Hrsg.), Marketing 2000: Perspektive zwischen Theorie und Praxis, Wiesbaden, S. 185–209.

Schneider, D. J. G. (1992), Distributionspolitik und Vertriebswege bei internationaler Unternehmenstätigkeit, in: Kumar, B. N., Haussmann, H. (Hrsg.), Handbuch der internationalen Unternehmenstätigkeit, München, S. 736–755.

Schneider, D. J. G. (1995), Internationale Distributionspolitik, in: Hermanns, A., Wißmeier, U. K. (Hrsg.), Internationales Marketing-Management: Grundlagen, Strategien, Instrumente, Kontrolle und Organisation, München, S. 256–280.

Schuster, F. (1988), Countertrade professional, Wiesbaden.

Simon, H. (1989), Markteintrittsbarrieren, in: Macharzina, K., Welge, M. K. (Hrsg.), Handwörterbuch Export und Internationale Unternehmung, Stuttgart, Sp. 1441–1453.

Simon, H., Kucher, E. (1992), The European Pricing Time-Bomb: And How to Cope with it, in: European Management Journal, Vol. 10, No. 2, S. 136–145.

Simon, H., Wiese, C. (1992), Europäisches Preismanagement, in: Marketing, Zeitschrift für Forschung und Praxis, 14. Jg., Nr. 4, S. 246–256.

Stahr, G. (1985), Schrittweise zu erfolgreichen Segmenten, in: Absatzwirtschaft, 28. Jg., Nr. 4, S. 60–67.

Stegmüller, B. (1995), Internationale Marktsegmentierung als Grundlage für internationale Marketingkonzeptionen, Bergisch Gladbach u. a.

Stelzer, M. (1994), Internationale Werbung in supranationalen Fernsehprogrammen. Möglichkeiten und Grenzen aus der Sicht der Werbetreibenden in Europa, Wiesbaden.

Veitengruber, D. K. (1992), Trends im Handel auf dem Weg zum einheitlichen Europa, in: Marktforschung und Management, 36. Jg., Nr. 6, S. 193–197.

Walldorf, E. G. (1992), Die Wahl zwischen unterschiedlichen Formen der internationalen Unternehmer-Aktivität, in: Kumar, B. N., Haussmann, H. (Hrsg.), Handbuch der internationalen Unternehmenstätigkeit, München, S. 447–470.

Waltermann, B. (1989), Internationale Markenpolitik und Produktpositionierung, Wien.

Welge, M. K. (1989), Koordinations- und Steuerungsinstrumente, in: Macharzina, K., Welge, M. K. (Hrsg.), Handwörterbuch Export und Internationale Unternehmung, Stuttgart, Sp. 1182–1191.

Wensley, R. (1982), PIMS and BCG: New Horizons or False Dawn, in: Strategic Management Journal, Vol. 3, No. 2, S. 147–158.

5. Gegenstand und Besonderheiten des Marketing für öffentliche Betriebe

5.1 Definition und Abgrenzung öffentlicher Betriebe

Der Begriff öffentlicher Betrieb wird in der Literatur unterschiedlich abgegrenzt. Nach einer häufig verwendeten Definition stellen **öffentliche Betriebe** Wirtschaftssubjekte dar, „in denen Entscheidungen beziehungsweise Verfügungen über Güter (Rechts- und Sachgüter, Arbeits- und Dienstleistungen) gemäß öffentlicher Ziele auf der Grundlage öffentlichen oder privaten Eigentums getroffen werden" (Eichhorn 1989, Sp. 1063). Im Rahmen dieser Definition lassen sich zwei Gruppen von Institutionen unterscheiden: öffentliche Verwaltungen und öffentliche Unternehmen.

Öffentliche Verwaltungen „stellen Institutionen dar, die mit ihren Einnahmen und Ausgaben in den öffentlichen Haushalt einer Gebietskörperschaft vollständig eingebunden sind (,Bruttoetatisierung') und Allgemeinbedürfnisse decken" (Raffée et al. 1994, S. 19). Beispiele für öffentliche Verwaltungen sind: Bundesministerien, Bundeswehr, Staatskanzleien, Hochschulen sowie Stadt- und Kreisverwaltungen.

Öffentliche Unternehmen stellen selbständige Produktionsunternehmen dar, die Bedürfnisse Dritter gegen Entgelt decken. Ihr Eigenkapital liegt mehrheitlich in öffentlicher Hand. Aus dem Absatz der Leistungen entsteht wie bei privatwirtschaftlichen Unternehmen ein Absatzmarktrisiko (Chmielewicz 1989). Öffentliche Unternehmen sind im Gegensatz zu öffentlichen Verwaltungen nur über den abzuführenden Gewinn oder den zu deckenden Verlust in den Haushalt einer Gebietskörperschaft eingebunden („Nettoetatisierung"). Sie verfügen zudem über ein eigenes Vermögen, welches aus der Haushalts- und Rechnungsführung der Gebietskörperschaft ausgegliedert ist. Beispiele für öffentliche Unternehmen sind: Energie- und Wasserversorger, Landesbanken, Rundfunkanstalten oder Sparkassen.

In Abbildung 5-27 werden die Unterschiede zwischen öffentlichen Verwaltungen und Unternehmen synoptisch zusammengefaßt. Zwischen den beiden dargestellten Gruppen lassen sich noch **öffentliche Vereinigungen** abgrenzen. Darunter versteht man „Wirtschaftssubjekte in öffentlicher Rechtsform, die mittels Beiträgen und Umlagen ihrer Mitglieder primär deren Gruppenbedürfnisse befriedigen" (Eichhorn 1992, S. 49). Beispiele hierfür sind: Kassenärztliche Bundesvereinigung, Landesversicherungsanstalten oder Ortskrankenkassen.

Gegenstand und Besonderheiten des Marketing für öffentliche Betriebe

	Öffentliche Verwaltungen	Öffentliche Unternehmen
Angebotsverhalten	Bedarfswirtschaftlich	Erwerbs- und bedarfswirtschaftlich
Bedeutung der Gewinnerzielung	Keine Bedeutung	Dominierende bis sekundäre Bedeutung
Einnahmen	Steuern, Beiträge, Gebühren	Umsatzerlöse und Subventionen
Beteiligung einer Gebietskörperschaft	100 %	51 %–100 %
Etatisierung	Brutto	Netto
Abgabe der Güter	Unentgeltliche Abgabe von Kollektivgütern	Entgeltliche Abgabe von Individualgütern

Abbildung 5-27: Unterschiede zwischen öffentlichen Verwaltungen und Unternehmen
(in enger Anlehnung an Töpfer/Braun 1989, S. 15, Raffée et al. 1994, S. 21)

Marketing für öffentliche Betriebe wird in bezug auf die **Institutionen** definiert, auf die sich das Marketing bezieht: öffentliche Verwaltungen, Unternehmen und Vereinigungen. Demgegenüber wird der Begriff **Social Marketing** in bezug auf die **Inhalte** definiert, und zwar im weitesten Sinne als Marketing für soziale Ziele (Raffée/Wiedmann 1995). Das bedeutet, daß Social Marketing auch von öffentlichen Betrieben eingesetzt werden kann (zum Beispiel AIDS-Kampagne des Bundesgesundheitsministeriums) aber nicht auf diese beschränkt ist (zum Beispiel Marketing der Stiftung Deutsche Schlaganfall-Hilfe). Außerdem können öffentliche Betriebe auch kommerzielles Marketing betreiben (zum Beispiel gewinnorientiertes Marketing eines öffentlichen Abfallentsorgers).

Die **Abgrenzung** öffentlicher Betriebe gegenüber privaten erfolgt nicht primär über die Art des Eigentums (öffentlich versus privat), sondern über das Kriterium der **Verfolgung öffentlicher Ziele**. Diese werden aus öffentlichen Interessen abgeleitet. Aus den öffentlichen Zielen ergeben sich schließlich **öffentliche Aufgaben** (Eichhorn 1989).

5.2 Güter- und anbieterspezifische Besonderheiten öffentlicher Betriebe

Das Leistungsspektrum öffentlicher Betriebe umfaßt schwerpunktmäßig öffentliche Individual- und Kollektivgüter, zum Teil können aber auch private Individualgüter angeboten werden. Der wesentliche Unterschied zwischen öffentlichen und privaten Gütern liegt darin, daß über die Beschaffung und Finanzierung der erstgenannten auf politischer Ebene entschieden wird. Der zentrale Unterschied zwischen Individual- und Kollektivgütern besteht darin, daß an Individualgütern individuelle Eigentumsrechte bestehen können. Während **private Individualgüter** zu Marktpreisen angeboten werden, werden **öffentliche Individualgüter** häufig partiell subventioniert, das heißt sie werden zu einem nicht kostendeckenden Entgelt abgegeben. Die partielle Subventionierung dieser Güter läßt sich mit dem höheren öffentlichen Interesse begründen, das an diesen Gütern besteht. Private Individualgüter sind zum Beispiel Transportleistungen öffentlicher Luftverkehrsgesellschaften. Öffentliche Individualgüter (meritorische Güter) sind zum Beispiel Bildungsangebote der Volkshochschulen.

Kollektivgüter stellen immer öffentliche Güter dar, da über sie auf politischer Ebene entschieden wird. Sie zeichnen sich durch die Prinzipien des **Nicht-Ausschlusses** und der **Nicht-Rivalität** im Konsum aus. Das bedeutet, daß es technisch unmöglich beziehungsweise unzweckmäßig ist, bestimmte Bürger von dem Gut auszuschließen, und daß der Konsum des Gutes durch eine Person den Konsum durch eine andere Person nicht beeinträchtigt. Beipiele für Kollektivgüter sind die Landesverteidigung oder die Rechtssicherheit. Das Angebot von Kollektivgütern stellt besondere Anforderungen an das Marketing. So ist es zum Beispiel fraglich, ob bei reinen Kollektivgütern wie der Rechtssicherheit die Anwendung eines Marketingkonzeptes überhaupt möglich ist. Dies gilt besonders, weil aus der Nutzung solcher Güter und Leistungen keine wirtschaftlichen Erträge zu erzielen sind, da es sich nicht um knappe Güter handelt (Hirsch 1989). Die beschriebenen Güterarten werden in der Abbildung 5-28 systematisiert.

Eine weitere Besonderheit öffentlicher Güter besteht darin, daß es sich dabei überwiegend um Dienstleistungen handelt. Dazu gehören beispielsweise die Bereitstellung von Sachnutzungen (zum Beispiel Straßen, Kanäle, Museen), Gewährleistungen (zum Beispiel innere Sicherheit) oder persönliche Dienste (zum Beispiel Gesundheitswesen) (Bahrgehr 1991). Aus dem Dienstleistungscharakter resultiert unter anderem die oftmals nur **eingeschränkte Preis- und Qualitätstransparenz** von Gütern öffentlicher Unternehmen (zum Beispiel die Leistungen der Energieversorger). Insbesondere die Qualität der Leistungen öffentlicher Verwaltungen ist für den Bürger kaum zu messen beziehungsweise zu kontrollieren, weil größtenteils eine konkrete Vergleichsmöglichkeit fehlt. Die fehlende Vergleichsmöglichkeit ergibt sich aus der besonderen Stellung von Anbietern öffentlicher Güter.

Gegenstand und Besonderheiten des Marketing für öffentliche Betriebe

	Öffentliches Gut	Privates Gut
Keine individuellen Eigentumsrechte	**Kollektivgüter** ■ Nicht-Ausschluß ■ Nicht-Rivalität ■ unentgeltliche Abgabe Angebot durch öffentliche Verwaltungen (zum Beispiel Rechtssicherheit)	—
Individuelle Eigentumsrechte	**Öffentliche Individualgüter** (meritorische Güter) ■ Ausschlußprinzip ■ nicht kostendeckende, gegebenenfalls entgeltliche Abgabe Angebot durch öffentliche Unternehmen (zum Beispiel Bildungsangebote der Volkshochschulen)	**Private Individualgüter** ■ Ausschlußprinzip ■ entgeltliche Abgabe zu Marktpreisen Angebot durch öffentliche Unternehmen (zum Beispiel Transportleistungen, öffentlicher Luftverkehrsgesellschaften)

Abbildung 5-28: Systematisierung von Kollektiv- und Individualgütern

Öffentliche Betriebe besitzen überwiegend eine **monopolistische oder monopolähnliche Stellung**. Nicht nur öffentliche Verwaltungen, sondern auch eine Vielzahl öffentlicher Unternehmen sind praktisch keinem Wettbewerb ausgesetzt. Um die Gefahren eines Monopolmißbrauchs zu reduzieren, wurden diese Unternehmen speziellen Rechtsvorschriften unterworfen, das heißt es handelt sich um **regulierte Unternehmen**. Dazu gehören Tarif- und Gebührenordnungen (beziehungsweise Genehmigungspflicht durch Aufsichtsbehörden) ebenso wie die Verpflichtung, jeden Nachfrager zu bedienen (Kontrahierungszwang). So sind zum Beispiel Sparkassen verpflichtet, auch kleinste Beträge als Spareinlagen zu akzeptieren. Demgegenüber steht zum Teil eine Leistungsabnahmepflicht des Nachfragers, wie zum Beispiel der Anschlußzwang an das Kanalisationsnetz.

5.3 Notwendigkeit einer Marketingorientierung

Trotz der Besonderheiten öffentlicher Betriebe und vor allem öffentlicher Verwaltungen, die nur zum Teil marktwirtschaftlichen Kriterien entsprechen, wird eine marktbezogene Ausrichtung dieser Organisationen immer wichtiger. Derzeit werden öffentliche Betriebe mit mehreren Problemkreisen konfrontiert, die die Notwendigkeit einer Marketingorientierung unterstreichen (Bargehr 1991; Eiteneyer/Menze 1995).

- Die **Finanzkraft vieler Kommunen ist stark eingeschränkt**. Vor diesem Hintergrund müssen auch öffentliche Betriebe, die von den Städten und Gemeinden kontrolliert werden, verstärkt nach Kriterien wirtschaftlicher Effizienz geführt werden. Wirtschaftliche Effizienz beschränkt sich aber nicht auf ein gezieltes Kostenmanagement, sondern es müssen auch marktseitige Potentiale (im Sinne eines Output-Input-Verhältnisses) ausgeschöpft werden. Insbesondere im Rahmen der marktseitigen Effizienzverbesserung bietet sich ein breites Einsatzfeld für das Marketing. Allerdings muß dabei der Zielkonflikt zwischen rein absatzorientierten Zielen im Sinne einer unternehmerischen Gewinnmaximierung und den durch den öffentlichen Auftrag vorgegebenen gesamtwirtschaftlichen Zielen öffentlicher Betriebe berücksichtigt werden.

- Immer mehr Bürger verlangen eine transparente Darstellung der Aufgaben, die im öffentlichen Auftrag durchgeführt werden. Die daraus entstehende Notwendigkeit zum **Dialog mit den Abnehmern und der Öffentlichkeit** stellt mittlerweile eine zentrale Aufgabe öffentlicher Betriebe dar. Auch hier können die Instrumente des Marketing mit dem Ziel einer größtmöglichen Kundennähe erfolgreich eingesetzt werden.

- Öffentliche Unternehmen sehen sich zukünftig einem **verschärften Wettbewerb** gegenüber. Dieser hat seine Ursache unter anderem in der geplanten Privatisierung vieler Bereiche, die bislang ausschließlich öffentlichen Unternehmen vorbehalten waren (zum Beispiel Privatisierung des Telekommunikationsbereiches).

- Insbesondere gegenüber öffentlichen Verwaltungen besteht eine **Tendenz zum Loyalitätsabfall**. Aufgrund ihrer Monopolstellung müssen öffentliche Verwaltungen zwar nicht mit einem Kundenrückgang rechnen, allerdings besteht die Gefahr eines kostspieligen und politisch nicht wünschenswerten Widerstandes gegen Verwaltungsentscheidungen durch beispielsweise Bürgerinitiativen.

Diese Herausforderungen unterstreichen die Notwendigkeit einer Marketingorientierung öffentlicher Betriebe. Gleichzeitig stellen die bereits skizzierten güter- und anbieterspezifischen Besonderheiten ganz spezielle Anforderungen an das Marketing. Vor allem unterscheidet sich das Zielsystem öffentlicher Betriebe stark von den Zielen privatwirtschaftlicher Unternehmen.

5.4 Marketingziele öffentlicher Betriebe

Das Oberziel im Rahmen des Marketing für **öffentliche Unternehmen** bildet die **Erfüllung des öffentlichen Auftrages**, das heißt es wird im Gegensatz zu privatwirtschaftlichen Unternehmen nicht primär das wirtschaftliche Eigeninteresse des Betriebes verfolgt. Das bedeutet jedoch nicht, daß die Verfolgung wirtschaftlicher Ziele der Erfüllung öffentlicher Aufträge widerspricht, sie kann im Gegenteil sogar notwendig sein (Brede 1989; Eiteneyer/Menze 1995, S. 141).

So können zum Beispiel Schwimmbäder, die im Durchschnitt lediglich mit einer circa 15prozentigen Kostendeckung arbeiten, ihren öffentlichen Auftrag angesichts leerer Gemeindekassen nur noch erfüllen, wenn sie auch wirtschaftliche Ziele verfolgen. Bei einem weiteren Besucherrückgang würde eine kritische Größe erreicht, die den Betrieb eines öffentlichen Bades schließlich unmöglich macht. Der öffentliche Auftrag könnte dann nicht mehr erfüllt werden. Das wirtschaftlich geprägte Marketingziel, die Besucherzahlen durch kundenspezifische Attraktivitätssteigerung zu erhöhen, trägt also erheblich zur Erfüllung des öffentlichen Auftrages (Angebot einer Möglichkeit zur sportlichen Betätigung) bei.

Vor diesem Hintergrund läßt sich das Oberziel öffentlicher Unternehmen, die Erfüllung des öffentlichen Auftrages, marketingspezifisch konkretisieren als „Gewährleistung des öffentlichen Auftrages durch erfolgreiche, kundenorientierte Betriebsführung und die zukunftsgerichtete Sicherung von Absatzpotentialen" (Eiteneyer/Menze 1995, S. 141). Die Basis für die Entwicklung eines aus diesem Oberziel abgeleiteten konsistenten Zielsystems kann in Form von Leitlinien festgelegt werden, in denen sowohl wirtschaftliche als auch auf das Gemeinwohl bezogene Aspekte fixiert werden.

Die Stadtwerke Mannheim haben unter anderem folgende Punkte in ihre Leitlinien aufgenommen (Ausschnitt):

- zuverlässige und ausreichende Versorgung mit leitungsgebundenen Energien,
- Versorgung zu vergleichbaren und zu kostendeckenden Tarifen und Preisen,
- Erwirtschaftung eines angemessenen Ertrages für das eingesetzte Kapital, um Existenz und Leistungsvermögen des Versorgungsunternehmens langfristig zu sichern,
- Versorgung der Wirtschaft im Raum Mannheim zu günstigen, markt- und kostengerechten Preisen,
- Berücksichtigung energiepolitischer Ziele von Land und Bund: Reduzierung der Ölabhängigkeit, sparsame und rationale Energieverwendung (Raffée et al. 1994, S. 108).

Die Ziele **öffentlicher Verwaltungen** sind immer auf das **Gemeinwohl** ausgerichtet. Aus dem übergeordneten Primärziel „Steigerung des Gemeinwohls" müssen Unterziele abgeleitet werden. Dies kann zum Beispiel die Verbesserung der öffentlichen Sicherheit oder die Maximierung der Zufriedenheit der Bürger, die als Abnehmer von Verwaltungsleistungen auftreten, sein. Daraus lassen sich weitere Unterziele ableiten wie zum Beispiel die Optimierung der Effizienz von Verwaltungsleistungen, die Verbesserung des Images von Behörden, die innovative Leistungsgestaltung etc. Allerdings müssen die Ziele ein konsistentes System bilden und dürfen nicht nur punktuelle, voneinander isolierte Maßnahmen nach sich ziehen (Bargehr 1991).

Daraus ergibt sich die Forderung nach einem umfassenden strategischen Marketingansatz auf Grundlage der Ausführungen im dritten Kapitel, Abschnitt 1. Vor diesem Hintergrund wird im folgenden lediglich auf einige besondere Aspekte öffentlicher Betriebe hingewiesen.

5.5 Strategisches Marketing für öffentliche Betriebe

Vor dem Hintergrund verschärfter Wettbewerbsbedingungen und steigender Kundenanforderungen müssen langfristig die Kernleistungen öffentlicher Betriebe durch Zusatzleistungen (Value-Added-Services) zu komplexen Leistungsbündeln erweitert werden. Diese können den unterschiedlichen Zielgruppen dann als echte Problemlösungskonzepte angeboten werden. Die Entwicklung dorthin läßt sich in drei Phasen unterteilen (Eiteneyer/Menze 1995):

Phase 1:
Die Leistungserstellung der Organisationen orientiert sich primär an den eigenen Ablaufstrukturen und weniger an den Bedürfnissen der Bürger (Ausgangssituation: **klassische Bürokratie**).

Phase 2:
Die Institutionen suchen den Dialog mit der Öffentlichkeit und den Kunden. In dieser Phase werden häufig **Corporate-Identity-Konzepte** entwickelt. Vor allem durch die einheitliche Gestaltung aller Kommunikationsmittel (Corporate Design und Communication) sollen bei den Bürgern Aufmerksamkeit und Sympathie erzielt werden. Zudem wirkt die nach innen gerichtete Komponente einer Corporate-Identity-Strategie auf die Mitarbeiter identitäts- und motivationsfördernd.

So wurde zum Beispiel die Zusammenführung der Ost- und Westberliner Verkehrsbetriebe nach der Wiedervereinigung mit der Entwicklung eines Corporate-Identity-Konzeptes unterstützt. Dabei spielte besonders das einheitliche Design (Form- und Farbkonzept) aller Verkehrsmittel, Haltestellen, Fahrpläne, Broschüren etc. eine wichtige Rolle.

Neben der Corporate Identity werden in dieser Phase auch Verbraucherinformations- und Beratungsangebote entwickelt und eingesetzt, zum Beispiel in Form von Kundenzentren, Broschüren oder regelmäßiger Pressearbeit.

Phase 3:
Zusätzlich zu den Kommunikationsaktivitäten entwickeln sich die öffentlichen Betriebe aufgrund des steigenden Wettbewerbsdrucks (zum Beispiel durch private Anbieter) zu marktorientierten Problemlösern mit **hoher Dienstleistungskompetenz**. Die Leistungserstellung orientiert sich an den Bedürfnissen der Kunden und an konkurrierenden Angeboten. Zudem wird das gesamte Marketinginstrumentarium zur optimalen Gestaltung der Absatzprozesse genutzt. Den Bürgern/Kunden werden Leistungen nicht mehr „zugeteilt", sondern ihnen werden kundenorientierte Problemlösungspakete angeboten.

So könnte zum Beispiel im Bereich Abfallentsorgung von den öffentlichen Betrieben ein komplettes Entsorgungspaket für Industriekunden angeboten werden. Dies könnte im Vorfeld eine Entsorgungsberatung enthalten, die detailliert über neueste Vorschriften und kostengünstige Entsorgungsmöglichkeiten informiert ebenso wie über effiziente Abfallvermeidung. Außerdem könnte während der Geschäftsbeziehung ein ständiger Beratungsservice (zum Beispiel für Sonderabfallprobleme) eingerichtet werden. Derartige Dienstleistungen ergänzen die Kernleistung, also die preiswerte, zuverlässige und umweltverträgliche Entsorgung aller Abfälle.

Die Entwicklung öffentlicher Betriebe zu kommunikationsstarken, kundenorientierten Problemlösern mit hoher Dienstleistungskompetenz, die zudem noch wirtschaftlichen Effizienzkriterien genügen, erfordert den professionellen Einsatz des gesamten Marketinginstrumentariums. Die Besonderheiten, die dabei zu berücksichtigen sind, sollen nachfolgend jeweils für öffentliche Verwaltungen und für öffentliche Unternehmen kurz umrissen werden.

5.6 Besonderheiten des Marketing-Mix öffentlicher Betriebe

Die Spielräume **öffentlicher Verwaltungen** im Rahmen der Produktpolitik sind eingeschränkt, da das Leistungsangebot (überwiegend Kollektivgüter) mehr oder weniger politisch vorgeschrieben ist. Dennoch gibt es Ansatzpunkte für die Produktpolitik. Beispielsweise können durch ein professionelles Qualitätsmanagement Leistungsdefizite (lange Wartezeiten, unverständliche Formulare etc.) abgebaut und die Zufriedenheit der Bürger/Kunden erhöht werden.

Im Vergleich zu den Verwaltungen steht **öffentlichen Unternehmen** ein größerer Spielraum zur Verfügung. Als echte Produktinnovation im Rahmen der Produktpolitik von Energieversorgungsunternehmen kann zum Beispiel die Fernwärme angeführt werden. Außerdem läßt sich die Kernleistung durch spezifische Dienstleistungen erweitern. Im Bereich der Energieversorgung können zum Beispiel Energieberatungen, Wartungs- oder Finanzierungsleistungen zusätzlich angeboten werden. Insgesamt kommt der Produktpolitik jedoch aufgrund des öffentlichen Auftrags und der damit zusammenhängenden politischen Einflußnahme eine untergeordnete Bedeutung zu.

Die **Preispolitik** öffentlicher Betriebe weist die größten Unterschiede im Vergleich zu privaten Unternehmen auf. Für die meisten Leistungen **öffentlicher Verwaltungen** wird kein direktes oder nur ein geringes, nicht kostendeckendes Entgelt erhoben. Dies gilt besonders für Kollektivgüter wie die innere Sicherheit oder die Landesverteidigung. Die Finanzierung dieser Leistungen erfolgt über Steuern und Abgaben. Die Höhe dieser Abgaben wird wiederum nicht von der Exekutive (ausführendes Organ, zum Beispiel Stadtverwaltung) sondern von der Legislative (gesetzgebendes Organ, zum Beispiel Rat einer Stadt) festgelegt. Sie ist damit dem Einfluß der Verwaltung weitestgehend entzogen.

Die Preisbildung **öffentlicher Unternehmen** sollte sich an der Maximierung des gesamtgesellschaftlichen Nutzens orientieren (wohlfahrtsökonomisches Modell). Dabei können folgende kostenorientierte Preisbildungsansätze zugrundegelegt werden (Bätz 1989; Raffée et al. 1994, S. 213 f.):

1. Die **Grenzkostenpreisregel** besagt, daß die Preise für Leistungen eines öffentlichen Unternehmens den Grenzkosten der Leistungserstellung entsprechen sollen. Dieses Modell führt aber bei einer nicht optimalen Kapazitätsauslastung zu Defiziten. Das betrifft jedoch viele öffentliche Betriebe, die per Gesetz verpflichtet sind, die Kapazitäten so zu bemessen, daß auch Nachfragespitzen abgedeckt werden können. Dieses Problem läßt sich reduzieren, indem ein Grundpreis festgelegt wird, der die Fixkosten deckt, und ein Arbeitspreis festgelegt wird, der sich an den Grenzkosten orientiert (zum Beispiel Tarifspaltung in der Elektrizitätswirtschaft).

2. Das **Peak Load-Pricing** versucht Nachfrageschwankungen zu berücksichtigen. In Zeiten hoher Nachfrage wird die Leistung verteuert und in Zeiten geringer Nachfrage wird die Leistung entsprechend verbilligt (zum Beispiel Telefontarife der früher staatlichen Bundespost).

3. Die **Durchschnittskostenpreisregel** fordert, die Preise so zu gestalten, daß die gesamten Kosten gedeckt sind.

Allerdings verhindert der mit dem gemeinwirtschaftlichen Auftrag verbundene **politische Einfluß auf die Preisbildung** häufig eine konsequent kostenorientierte Preispolitik. Dies wird zum Beispiel im öffentlichen Nahverkehr deutlich. Hier stehen zum Beispiel Umweltschutzziele oder soziale Ziele einer kostendeckenden Preisgestaltung entgegen.

Ein wichtiges übergeordnetes Marketinginstrument sowohl für öffentliche Verwaltungen als auch Unternehmen stellt die **Kommunikationspolitik** dar (vgl. Balderjahn 2000, S. 139 ff.). Ihre Funktion ist vor allem vor dem Hintergrund der güter- und anbieterspezifischen Besonderheiten öffentlicher Betriebe zu sehen. So führt deren monopolähnliche Stellung ebenso wie die eingeschränkte Preis- und Qualitätstransparenz dazu, daß die Nutzenerwartungen der Zielgruppen oft nicht mit den Leistungen beziehungsweise

Gegenstand und Besonderheiten des Marketing für öffentliche Betriebe

Zielvorstellungen öffentlicher Betriebe übereinstimmen. An den Schnittstellen zwischen Betrieben und Zielgruppen sollte im Rahmen der Kommunikationspolitik ein echter Dialog geführt werden. Dieser sollte als Interaktionsprozeß weit über die klassische Werbung und Pressearbeit hinausgehen und schließlich zu einer verbesserten Kundenorientierung des Leistungsangebotes sowie zu einer transparenten Darstellung der erbrachten Leistungen führen.

Im Rahmen der **Kommunikationspolitik öffentlicher Verwaltungen** hat die Werbung überwiegend die Aufgabe, öffentliche Aktionsprogramme bekanntzumachen oder bestimmte Verhaltensänderungen beziehungsweise Nachfragesteuerungen bei den Bürgern zu bewirken (Bargehr 1991, S. 193). Beispiele dafür sind die Anti-Raucher-Kampagnen gesetzlicher Krankenkassen, Kampagnen gegen den Drogenmißbrauch, Werbung für sparsame Energieverwendung und AIDS-Aufklärungskampagnen. Das Ziel dieser Kampagnen besteht im Gegensatz zur privatwirtschaftlichen Werbung nur selten in einer Nachfragesteigerung, sondern vielmehr in einer Konsumreduktion.

Für **öffentliche Unternehmen** bildet die Kommunikationspolitik ebenfalls einen Kernbereich des Marketing, da viele öffentliche Unternehmen ihre Leistung in Bereichen erbringen, die von der Bevölkerung kritisch beobachtet werden. Darum besitzt eine professionelle Öffentlichkeitsarbeit eine hohe Bedeutung für die Akzeptanz solcher Unternehmen und das ihnen entgegengebrachte Vertrauen. Als Beispiel können an dieser Stelle die Energieversorgungsunternehmen im Zusammenhang mit der Diskussion um die Kernenergie angeführt werden. Im Rahmen der Werbung können Konflikte zwischen wirtschaftlichen Zielen und dem Gemeinwohl auftreten. So besteht das gewinnorientierte Ziel eines Energieversorgers beispielsweise in der Steigerung des Stromverbrauchs, die gleichzeitige Verpflichtung gegenüber dem Gemeinwohl erfordert aber eine Werbung für die Energieeinsparung. Mit Blick auf die oben beschriebenen Herausforderungen kann gerade die Kommunikationspolitik entscheidend dazu beitragen, der Forderung vieler Bürger nach mehr Transparenz öffentlicher Aufgaben nachzukommen.

Eine grundlegende Besonderheit für die **Distributionspolitik öffentlicher Betriebe** besteht im Dienstleistungscharakter ihrer Leistungen, auf die an dieser Stelle nicht näher eingegangen werden soll (vgl. fünftes Kapitel, Abschnitt 1). Eine weitere Besonderheit im Rahmen der Distributionspolitik öffentlicher Betriebe stellen Gebietsmonopole dar (zum Beispiel Wettbewerbsaufhebung durch das Recht zur alleinigen Energieversorgung in festgelegten Gebieten für Energieversorgungsunternehmen). Solche Gebietsmonopole entsprechen im Grunde dem aus dem Konsumgütermarketing bekannten Exklusivvertrieb (vgl. drittes Kapitel, Abschnitt 4). Eine Möglichkeit zur indirekten Erweiterung des Distributionsgebietes besteht für öffentliche Verwaltungen zum Beispiel in der Ausdehnung der Öffnungszeiten, womit gleichzeitig das Ziel einer besseren Kundenorientierung unterstützt wird.

So hat zum Beispiel die italienische Stadt Modena ein Projekt „Zeiten und Zeitplan einer Stadt" ins Leben gerufen. In dessen Rahmen werden die Öffnungszeiten kommunaler Einrichtungen stärker an den Bedürfnissen der Bürger ausgerichtet. Ein Ergebnis dieses Projektes ist, daß Kindergärten, Schulämter und Präfekturen auch nachmittags und am Abend geöffnet sind.

Literaturhinweise

Balderjahn, I. (2000), Standort-Marketing, Stuttgart.
Bargehr, B. (1991), Marketing in der öffentlichen Verwaltung – Ansatzpunkte und Entwicklungstendenzen, Stuttgart.
Bätz, K. (1989), Preisbildung öffentlicher Unternehmen, in: Chmielewicz, K., Eichhorn, P. (Hrsg.), Handwörterbuch der öffentlichen Betriebswirtschaft, Stuttgart, Sp. 1294–1301.
Brede, H. (1989), Ziele öffentlicher Verwaltungen, in: Chmielewicz, K., Eichhorn, P. (Hrsg.), Handwörterbuch der öffentlichen Betriebswirtschaft, Stuttgart, Sp. 1867–1877.
Chmielewicz, K. (1989), Öffentliche Unternehmen, in: Chmielewicz, K., Eichhorn, P. (Hrsg.), Handwörterbuch der öffentlichen Betriebswirtschaft, Stuttgart, Sp. 1093–1105.
Eichhorn, P. (1989), Öffentliche Betriebswirtschaft, in: Chmielewicz, K., Eichhorn, P. (Hrsg.), Handwörterbuch der öffentlichen Betriebswirtschaft, Stuttgart, Sp. 1063–1077.
Eichhorn, P. (1992), Öffentliche Betriebswirtschaftslehre, in: Wirtschaftswissenschaftliches Studium, 21. Jg., Nr. 1, S. 49–51.
Eiteneyer, H., Menze, Th. (1995), Marketing in öffentlichen Betrieben: Herausforderung durch Kunden- und Dienstleistungsorientierung, in: Marktforschung und Management, 39. Jg., Nr. 4, S. 140–146.
Hirsch, H. (1989), Öffentliche Güter, in: Chmielewicz, K., Eichhorn, P. (Hrsg.), Handwörterbuch der öffentlichen Betriebswirtschaft, Stuttgart, Sp. 1077–1084.
Raffée, H., Fritz, W., Wiedmann, K.-P. (1994), Marketing für öffentliche Betriebe, Stuttgart u. a..
Raffée, H., Wiedmann, K.-P. (1995), Konzeptionelle Grundlagen und Gestaltungsperspektiven des Social Marketing, in: Marktforschung und Management, 39. Jg., Nr. 1, S. 4–9.
Töpfer, A., Braun, G. E. (Hrsg.) (1989), Marketing im staatlichen Bereich, Stuttgart.

6. Gegenstand und Besonderheiten des Social Marketing

6.1 Entwicklung und Abgrenzung des Social Marketing

In der Vergangenheit haben veränderte umwelt- und gesellschaftsbezogene Rahmenbedingungen zu einer kritischen Überprüfung und Erweiterung des ursprünglich rein kommerziell ausgerichteten Marketingkonzeptes geführt (Lavidge 1970). Neben der Vermarktung von Produkten und Dienstleistungen von Unternehmen werden dabei auch Austauschprozesse zwischen Individuen, Gruppen und nichtkommerziellen Institutionen analysiert.

Der zunehmende Bewußtseinswandel der Bevölkerung gegenüber sozialen und gesellschaftlichen Problemen führte vor diesem Hintergrund Ende der sechziger Jahre zu einer Neuorientierung des kommerziellen Marketing, die auch als Deepening und Broadening des Marketing bezeichnet wird.

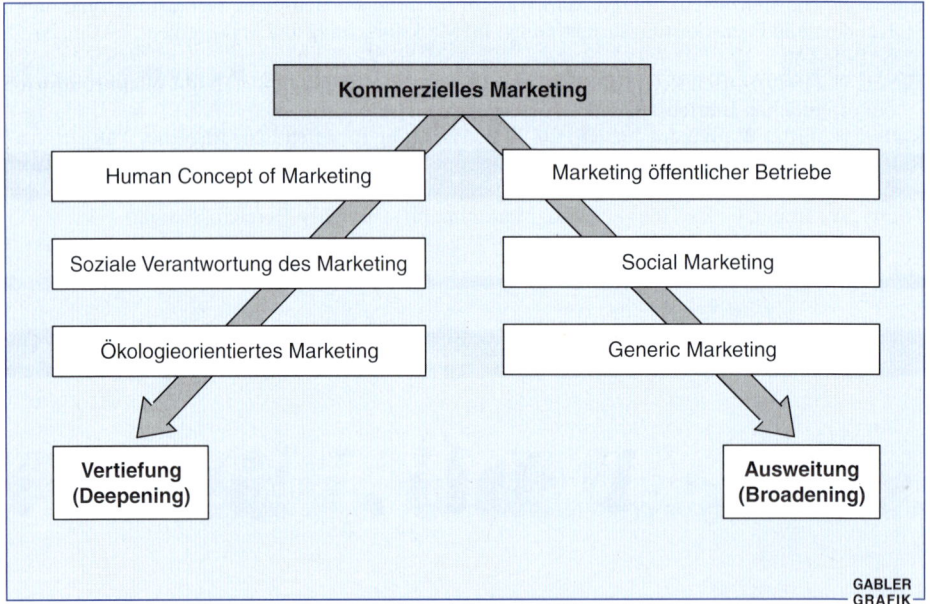

Abbildung 5-29: Deepening und Broadening des kommerziellen Marketing
(in Anlehnung an Wehrli 1981, S. 51)

Unter dem Begriff **Deepening** wird eine Vertiefung des kommerziellen Marketing verstanden. Im Rahmen der auf Gewinnerzielung ausgerichteten Unternehmenspolitik sollen dabei ökologische, humanistische und ethische Aspekte verstärkt Berücksichtigung finden (Dawson 1969; Enis 1973; Holscher/Meyer 1993).

Das **Broadening** dagegen kennzeichnet die Ausweitung des klassischen Marketinggedankens. Demnach lassen sich die Grundgedanken und Instrumente des Marketing nicht nur auf kommerzielle, sondern auch auf nichtkommerzielle Organisationen anwenden (Kotler/Levy 1969; Hasitschka 1980, S. 7).

Der Begriff und das Konzept des **Social Marketing** basieren auf den Arbeiten von Philip Kotler, der bereits in den siebziger Jahren die zentralen Begriffe der wissenschaftlichen Marketinglehre auf den Austausch von Ideen und sozialen Wertvorstellungen übertrug (Kotler 1972). Vor diesem Hintergrund wird Social Marketing im weitesten Sinne als Marketing für soziale Ziele und damit in bezug auf die Inhalte definiert (Wiedmann/Raffée 1995). In **Abgrenzung** dazu bezieht sich das **Marketing für öffentliche Betriebe** (vgl. fünftes Kapitel, Abschnitt 5) auf Institutionen (öffentliche Verwaltungen, Unternehmen und Vereinigungen).

Bei der **Abgrenzung** zwischen dem **Social Marketing** und dem **klassischen Marketing** lassen sich neben zwei grundsätzlichen **Gemeinsamkeiten**, dem

- **Gratifikationsprinzip**, das heißt, daß nur solche Marktprozesse stattfinden, die allen beteiligten Teilnehmern Nutzen versprechen, und dem
- **Knappheitsprinzip**, das heißt, daß beim Streben nach Austauschprozessen die Knappheit von Gütern beziehungsweise Dienstleistungen das Verhalten der „Marktparteien" bestimmt,

insbesondere drei **Besonderheiten** feststellen (Kotler 1978, S. 218):

- Social Marketingorganisationen sehen ihre **primäre Aufgabe** darin, die Interessen ihrer Zielmärkte oder der Gesellschaft allgemein zu fördern. Die bei Unternehmen im Vordergrund stehende Gewinnerzielungsabsicht stellt dagegen zumeist eine notwendige Nebenbedingung zur Verfolgung der primären Ziele dar. So sehen die SOS-Kinderdörfer beispielsweise ihre primäre Aufgabe darin, elternlosen und verlassenen Kindern ein Heim zu geben und sie durch eine Ausbildung in die Gesellschaft einzugliedern. Voraussetzung dafür ist die Entwicklung und Organisation von Dörfern, die es vorher zu finanzieren gilt.

Gegenstand und Besonderheiten des Social Marketing

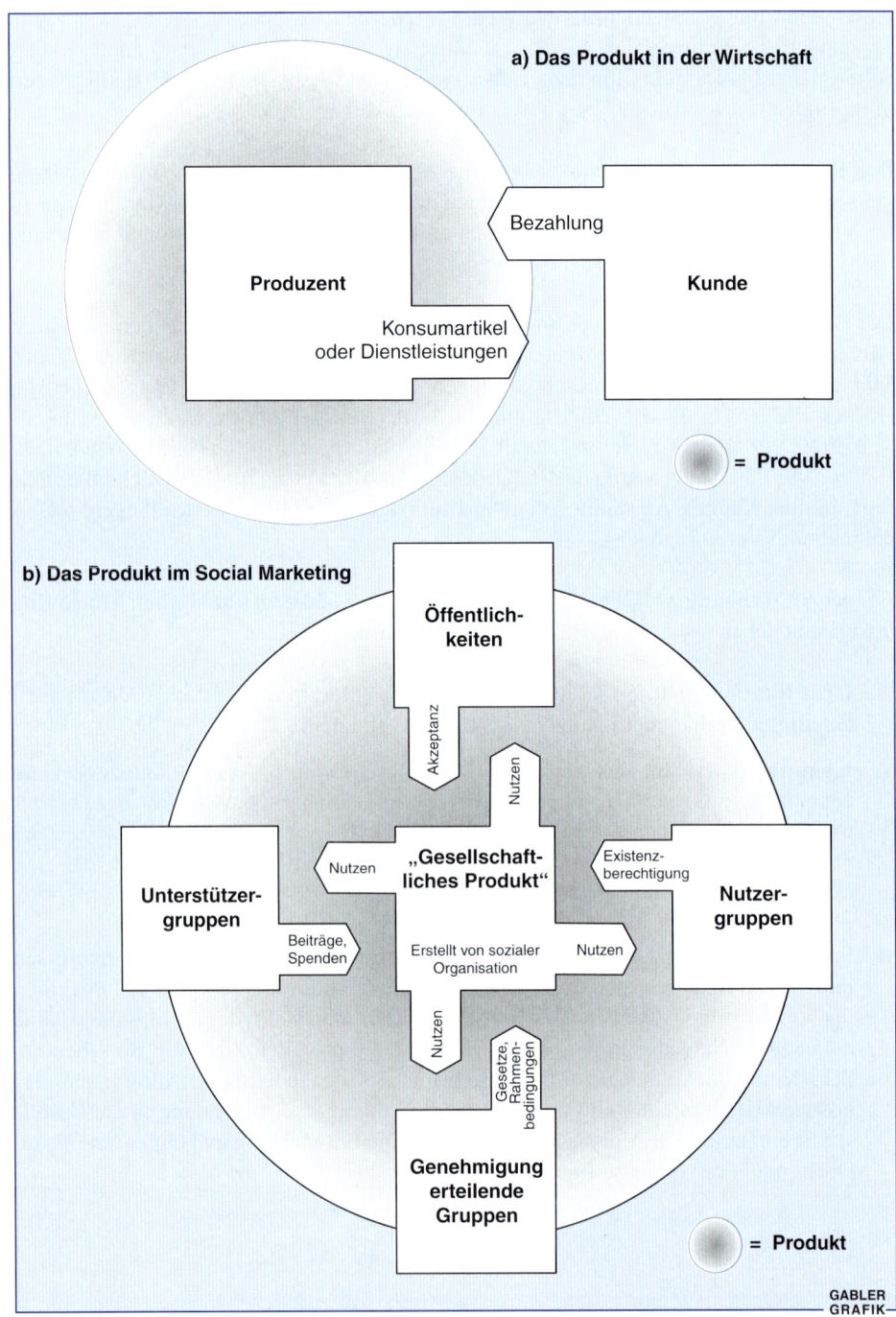

Abbildung 5-30: Das Produkt in der Wirtschaft und im Social Marketing
(Quelle: Beilmann 1995, S. 9 f.)

- Die **Produkte** von Social Marketing-Organisationen sind nicht immer mit denen kommerzieller Organisationen gleichzustellen. Neben den Produkt- und Dienstleistungskategorien aus dem erwerbswirtschaftlich orientierten Marketing werden von nichtkommerziellen Organisationen auch Ideen und andere immaterielle Güter als Produkte angeboten. Während es sich in der Wirtschaft um relativ einfache Tauschprozesse von Gütern gegen Geld (vgl. Abbildung 5-30a) handelt, sind beim Social Marketing eine Vielzahl von Zielgruppen und komplexe Austauschvorgänge (vgl. Abbildung 5-30b) zu beachten.

- Im Social Marketing wird nicht wie im kommerziellen Bereich zwingend das Ziel der Erhöhung der **Nachfrage** verfolgt.

Trotz dieser Besonderheiten erscheint es aufgrund der grundsätzlichen Gemeinsamkeiten gerechtfertigt, das klassische Marketing auf nichtkommerzielle Bereiche zu übertragen. **Social Marketing** kann somit definiert werden als die **Planung, Organisation, Durchführung und Kontrolle von Marketing-Strategien und -Aktivitäten nichtkommerzieller Organisationen, die direkt oder indirekt auf die Lösung sozialer Aufgaben gerichtet sind**.

Vor dem Hintergrund dieser Definition können drei **Merkmale** des Social Marketing hervorgehoben werden (Bruhn/Tilmes 1994, S. 19 ff.):

- Social Marketing ist ein **systematischer Planungs- und Entscheidungsprozeß**. Auf der Basis einer Zielformulierung werden die Social Marketing-Strategien geplant, durchgeführt sowie kontrolliert. Dabei gilt es, durch den Einsatz verschiedener Instrumente ein integriertes Marketing zu realisieren.

- Social Marketing ist auf die **Lösung sozialer Aufgaben** gerichtet. Dabei stehen gesellschaftlich akzeptierte und formulierte Ziele (zum Beispiel medizinische Versorgung, Umweltschutz) sowie gesellschaftliche Diskussionstatbestände im Vordergrund.

- Social Marketing bezieht sich auf **vielfältige Erscheinungsformen nichtkommerzieller Organisationen**, die beispielsweise nach den von ihnen zu erfüllenden Aufgaben unterteilt werden können (vgl. Abbildung 5-31).

Gegenstand und Besonderheiten des Social Marketing

Aufgabenbereiche nichtkommerzieller Organisationen	Nichtkommerzielle Organisationen
Gesundheitsvorsorge und Rehabilitation	Stiftungen, Wohlfahrtsorganisationen, Verbände, Kränkenhäuser und andere
Entwicklungshilfe und Nahrungsmittelplanung	Stiftungen, Wohlfahrtsorganisationen, Kirchen, Internationale Behörden und andere
Bildungswesen	Schulen, Universitäten, Stiftungen, Wohlfahrtsorganisationen und andere
Kultur	Stiftungen, Ministerien, Museen, Theater und andere
Freizeitgestaltung	Kindergärten, Kirchen, Wohlfahrtsorganisationen und andere
Umweltschutz und Landespflege	Behörden, Bürgerinitiativen, Ministerien und andere
Stadt-, Verkehrs- und Regionalplanung	Ministerien, Verbände, Behörden, Polizei und andere
Kriminalitätsbekämpfung	Ministerien, Behörden, Polizei und andere
Minderheitenschutz	Behörden, Bürgerinitiativen, Parteien und andere
„Humanisierung der Arbeitswelt"	Verbände, Gewerkschaften, Genossenschaften und andere

Abbildung 5-31: Systematisierung nichtkommerzieller Organisationen auf der Grundlage von Aufgabenbereichen

Ein **Planungsprozeß des Social Marketing** wird in Abbildung 5-32 dargestellt. Dabei werden die konzeptionellen Grundlagen auf Basis einer Situationsanalyse in der Social Marketing-Strategie festgelegt. Darauf aufbauend ist der Einsatz der Social Marketing-Instrumente zu planen. In einem letzten Schritt erfolgt die Umsetzung und Durchsetzung des Marketingkonzeptes in der Organisation und im Markt (Kotler/Roberto 1991, S. 51 ff.).

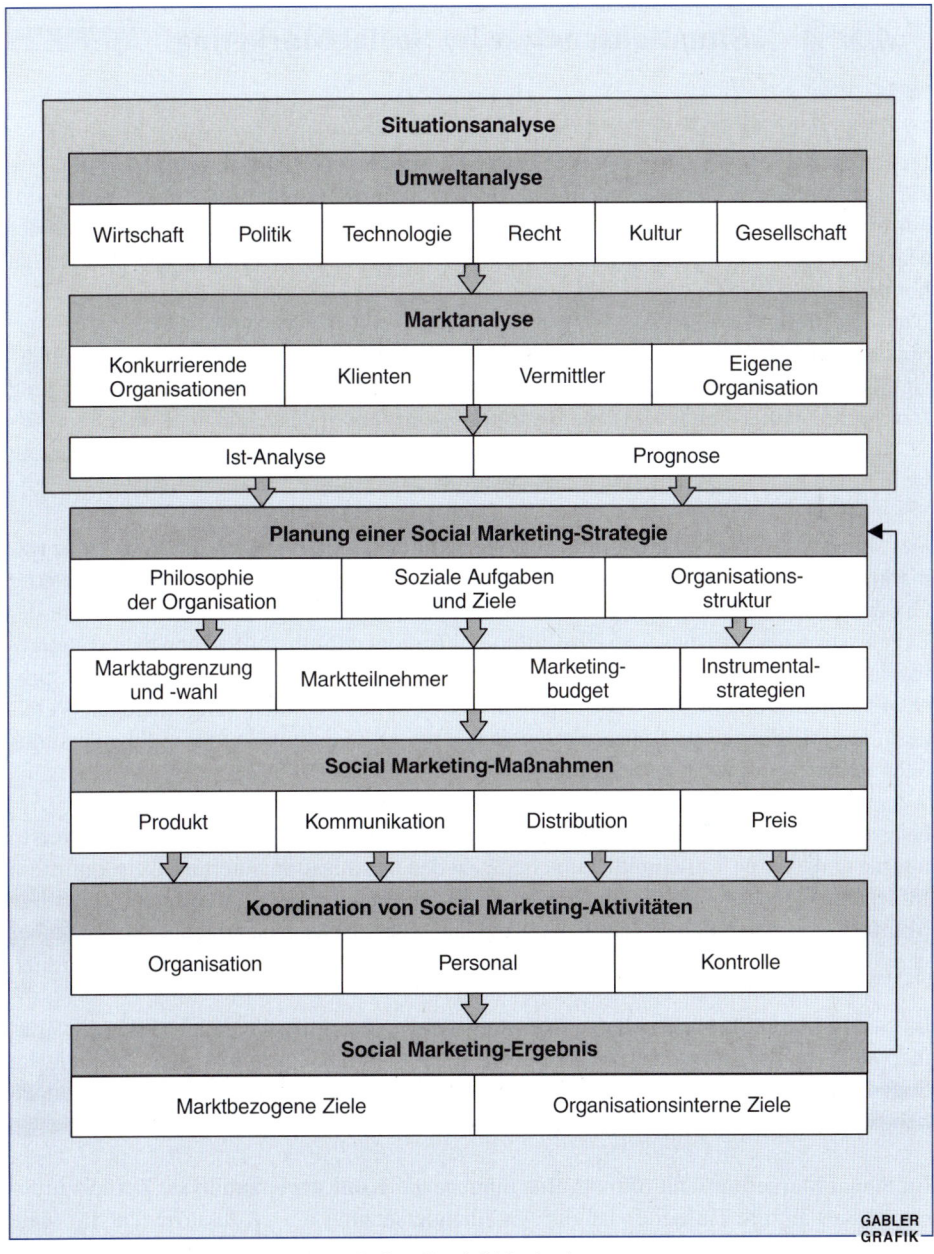

Abbildung 5-32: Planungsprozeß des Social Marketing

6.2 Situationsanalyse im Social Marketing

Im Rahmen der Situationsanalyse erfolgt eine umfassende Umwelt- und Marktanalyse zur Bestimmung der jetzigen und Prognose der zukünftigen Situation. Diese Informationen sollen die sozialen Organisationen in die Lage versetzen, Aussagen hinsichtlich der Marktsituation, der Verfügbarkeit von Ressourcen sowie ihres Auftrages treffen zu können.

Social Marketing-Organisationen haben lange Zeit die **Analyse der Umwelt** vernachlässigt. Die Komplexität und Dynamik von Umweltveränderungen (zum Beispiel Kürzung finanzieller Mittel, neue rechtliche Bestimmungen) führen dazu, daß die Umwelteinflüsse für die Verhaltensweisen nichtkommerzieller Organisationen zunehmend relevant werden.

Des weiteren sind die beteiligten **Marktteilnehmer** auf den Absatz- und Beschaffungsmärkten zu untersuchen. **Kunden** können auf verschiedene Art und Weise mit der Organisation verbunden sein (Raffée et al. 1983). So stellen sie zum einen die Träger der Organisation dar, wie dies für Selbsthilfeorganisationen (Selbsthilfegruppen und andere) typisch ist. Zum anderen können Kunden aber auch als potentielle Mitglieder angesprochen werden (zum Beispiel bei Parteien, Wirtschaftsverbänden, eingetragenen Vereinen). Die Mitglieder sind ihrerseits wieder getrennt unter Aspekten wie Spenderstatus oder aktiver Mitarbeiter zu behandeln.

Nach ihrer rechtlichen und wirtschaftlichen Selbständigkeit werden **Absatzmittler** in interne und externe Tauschmittler unterteilt. Zu den organisationsinternen Tauschmittlern zählen beispielsweise Politiker als Mitglieder und Vertreter ihrer Partei sowie freiwillige Mitarbeiter von sozialen, kulturellen und pädagogischen Organisationen. Demgegenüber werden zum Beispiel die Medien den organisationsexternen Absatzmittlern zugeordnet.

Im Social Marketing übernehmen **Meinungsführer** die Aufgabe, die von den Massenmedien nicht oder nur teilweise erreichten potentiellen Zielgruppen anzusprechen. Im Social Marketing werden Meinungsführer auch gezielt dazu eingesetzt, Hilfestellungen bei der Leistungsannahme zu geben und sozialen Druck auszuüben.

Im Social Marketing fehlt oftmals eine eingehende **Konkurrenzanalyse**. Zurückzuführen ist dies auf die Tatsache, daß die Auseinandersetzung mit „Konkurrenten" für viele nichtkommerzielle Organisationen befremdlich anmutet (zum Beispiel Rettungsorganisationen im „Konkurrenzkampf" um die Verletzten). Dennoch können zwischen konkurrierenden sozialen Organisationen Koordinations-, Kooperations- und Konfliktbeziehungen bestehen. Koordinationsbeziehungen bestehen zum Beispiel zwischen verschiedenen staatlichen und privaten Stellen, die bei der Hilfegewährung zusammenarbeiten (zum

Beispiel Koordination zwischen Selbsthilfegruppen und staatlichen Ämtern). Dagegen bestehen Kooperationsbeziehungen zum Beispiel zwischen verschiedenen staatlichen und privaten Stellen in der Form, daß die zuständigen Gemeinden die Träger des Social Marketing (zum Beispiel die Freie Wohlfahrtspflege) bei der Durchführung ihrer Arbeit unterstützen. Des weiteren können Konfliktbeziehungen zum Beispiel zwischen der Regierung und den tragenden Parteien auf der einen und den Oppositionsparteien auf der anderen Seite (zum Beispiel bei Erhebung von Tabak- und Alkoholsteuern) bestehen.

Die **Teilnehmer auf den Beschaffungsmärkten** stellen die notwendigen Güter (zum Beispiel Räumlichkeiten, menschliche Arbeitsleistungen, Geld) zur Verfügung. Auf der Basis einer funktionalen Klassifizierung lassen sich verschiedene Zielgruppen auf den Beschaffungsmärkten identifizieren. Dazu zählen sowohl kommerzielle als auch nichtkommerzielle Organisationen und Personen mit öffentlicher oder privater Trägerschaft.

Als Hauptquellen zur Finanzierung von nichtkommerziellen Organisationen lassen sich insbesondere die Einnahmen durch staatliche Zuschüsse, durch Steuererhebung, durch Spendenaktionen bei Privatpersonen und Unternehmen sowie durch Mäzene und Sponsoren anführen. Da viele Social Marketing-Organisationen ihre Leistungen ohne beziehungsweise ohne adäquates Entgelt bereitstellen, kommt der Beschaffung von finanziellen Ressourcen eine besondere Bedeutung zu.

6.3 Ziele und Strategien im Social Marketing

Social Marketing-Ziele lassen sich nach den Zielinhalten in Formal- und Sachziele unterteilen (Kosiol 1972, S. 54). **Formalziele** korrelieren eng mit den ökonomischen Zielen Gewinn, Rentabilität und Sicherheit. In einer nichtkommerziellen Organisation beziehen sie sich beispielsweise auf die Höhe der Spenden- und Mitgliedsbeiträge. **Sachziele** dagegen beziehen sich auf die Veränderung von Einstellungen und Handlungen der Zielgruppen. Dabei können zum Beispiel eine Verbesserung der Informationen über die Arbeit der Organisation und das Angebot von Hilfs- und Aufklärungsleistungen in Form von Güterzuwendungen und Beratungen im Vordergrund stehen (Raffée et al. 1983).

Während kommerziell ausgerichtete Unternehmen primär Formalziele verfolgen, dominieren innerhalb des Zielsystems nichtkommerzieller Organisationen Sachziele. Finanzielle und andere Ressourcen stellen dabei unabdingbare Voraussetzungen dar, um die Absatzleistungen vollständig und auf einem gewissen Niveau erbringen zu können (Raffée 1979). So ist beispielsweise das Ziel des Deutschen Kommitees Notärzte e. V., mittels medizinischer Versorgung hilfsbedürftige Personen (insbesondere Flüchtlinge) zu unterstützen, nur mit einer entsprechenden finanziellen und medizinischen Ausstattung zu realisieren. Um diese Voraussetzung zur Erreichung sozialer Ziele zu schaffen, ist eine strategische Orientierung der nichtkommerziellen Organisationen notwendig.

Betrachtet man im Rahmen des **strategischen Marketing** die Besonderheiten des Social Marketing, so sind die Eigenarten der sozialen Aufgaben zu berücksichtigen. Dies bezieht sich insbesondere auf die ideellen und symbolischen Güter (zum Beispiel Akzeptanz von Werten, Verwendung von Zeit), die mit den Leitideen kommerzieller Transaktionen (Preis als Steuerungsinstrument für Angebot und Nachfrage) nicht zu erfassen sind (Sheth/ Frazier 1982).

Werden die Grundüberlegungen des Strategischen Marketing (vgl. drittes Kapitel, Abschnitt 1.2) auf den nichtkommerziellen Bereich übertragen, so sind im Rahmen des Social Marketing die folgenden strategischen Entscheidungen zu treffen:

1. **Festlegung der zu bearbeitenden Märkte:** Welche sozialen Aufgaben sollen bei welchen „Kundengruppen" erfüllt werden?
2. **Festlegung der Form der Kundenbearbeitung:** Sollen die sozialen Aufgaben durch eine undifferenzierte oder differenzierte Bearbeitung der Zielgruppen erfüllt werden?
3. **Festlegung der Form der Konkurrenzbeziehung:** Sollen die sozialen Ziele in deutlicher Abgrenzung gegenüber ähnlichen Social Marketingorganisationen erreicht werden, oder werden die sozialen Aufgaben kooperativ beziehungsweise unabhängig von der Vorgehensweise „konkurrierender" Organisationen erfüllt?
4. **Festlegung der Form der Absatzmittlerorientierung:** Wie eng ist die Zusammenarbeit der Social Marketingorganisationen mit den Absatzmittlern (unabhängig, kooperativ)?
5. **Festlegung der Schwerpunkte im Einsatz der Marketinginstrumente:** Welche Marketinginstrumente haben bei der Realisierung der sozialen Ziele eine besondere Bedeutung?

Auf der Grundlage dieser strategischen Entscheidungen kann im Rahmen der operativen Planung der Einsatz der Marketinginstrumente festgelegt werden.

6.4 Besonderheiten des Social Marketing-Mix

Entscheidungen im Rahmen der **Produktpolitik** können sich im Social Marketing auf sämtliche materielle und immaterielle Leistungen beziehen, die zur Erfüllung sozialer Bedürfnisse geeignet sind. Dabei kann es sich sowohl um Sachgüter (Bücher, Schriften) als auch um Dienstleistungen (Krankenversorgung, Ausbildung), Ideen beziehungsweise geistige und ideelle Werte (Religion, Partei) handeln. So wird beispielsweise im Rahmen der von Entwicklungshilfe-Organisationen (zum Beispiel Brot für die Welt, Misereor, Caritas) durchgeführten Informations- und Bildungsarbeit ein Angebot bereitgestellt, das neben Zeitschriften, Büchern sowie Länder-Informationen auch Kalender, Spiele und Briefmarken enthält. Darüber hinaus stellen diese Organisationen Unterrichtsreihen für Schulen und Kindergärten zur Verfügung und verleihen Diaserien, Videokasetten und Filme.

Im Rahmen des Marketing-Mix nichtkommerzieller Organisationen kommt der **Kommunikationspolitik** eine zentrale Bedeutung zu (Beilmann 1995, S. 186ff.). Die kommunikationspolitischen Maßnahmen stellen die zentralen Instrumente zur Übermittlung von Ideen (zum Beispiel Glaube, Meinungen), Informationen und Bekanntmachungen dar. Zudem sind sie zur **Gewinnung und Erhaltung von Vertrauen** sowie zur Veränderung individueller mentaler Prozesse, die häufig Voraussetzung für die Erfüllung sozialer Aufgaben sind, unabdingbar. So basiert beispielsweise die Gewinnung von Spenden einer Entwicklungshilfe-Organisation insbesondere auf dem Vertrauen gegenüber dieser Organisation. Dabei bezieht sich das Vertrauen auf die Richtigkeit der Darstellung der Situation in den Entwicklungsländern und der daraus resultierenden Notwendigkeit der Entwicklungshilfe sowie auf den korrekten Umgang mit Spendengeldern.

Als Formen der Kommunikationspolitik im Social Marketing sind unter anderem die soziale Werbung, Public Relations, Soziosponsoring und Direct Marketing von besonderer Bedeutung.

Die soziale **Werbung** ist für nichtkommerzielle Organisationen ein wichtiges und effektives Instrument, um auf ihr Anliegen aufmerksam zu machen. So konnten beispielsweise durch die erfolgreiche Kampagne „Schluckimpfung ist süß – Kinderlähmung ist grausam" schon nach relativ kurzer Zeit bemerkenswerte Zuwachsraten bei der Beteiligung an den Vorbeugungs-Impfungen erzielt werden. Gleichzeitig stellt die Werbung jedoch ein sensibles kommunikationspolitisches Instrument im nichtkommerziellen Bereich dar. An die Gestaltung nichtkommerzieller Werbung werden beispielsweise höhere moralische Anforderungen gestellt als an die Gestaltung der Werbung im kommerziellen Bereich (Müller-Werthmann 1985, S. 22). Zudem weist ein bezahlter Werbeeinsatz von Social Marketingorganisationen teilweise Glaubwürdigkeitsprobleme auf. Deshalb ist es von besonderer Bedeutung, mit einfachen und kostengünstigen Mitteln eine dennoch effektive Werbung zu betreiben. Die Stiftung Deutsche Schlaganfall-Hilfe beispielsweise wirbt mit einfachen, aber dennoch sehr aussagekräftigen Plakaten (vgl. Insert 5-7).

Public Relations ist für Social Marketingorganisationen von besonderer Bedeutung, da zum einen mit relativ geringem Aufwand eine gute kommunikative Wirkung erreicht werden kann. Dies kommt dem in der Regel stark begrenzten Budget nichtkommerzieller Organisationen sehr entgegen. Zum anderen wird den neutral erscheinenden Presseartikeln ein höherer Wahrheitsgehalt als der klassischen Werbung zugestanden (Kotler 1978, S. 211f.; Leif 1993).

Gegenstand und Besonderheiten des Social Marketing

VORSORGE IST LÄSTIG. EIN SCHLAGANFALL ERST RECHT.

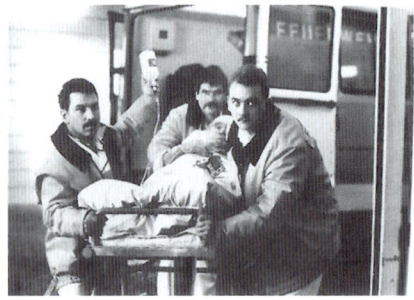

Ein Schlaganfall kann jeden treffen. Zu jeder Zeit. Aber wir können etwas dagegen tun. Mit Vorsorge bei Ihrem Arzt, mit Fürsorge und mit Geld. Informationen erhalten Sie bei der Stiftung Deutsche Schlaganfall-Hilfe, Gütersloh, unter 0 52 41 / 9 77 00. Spendenkonto: Deutsche Bank Gütersloh, BLZ 480 700 40, Konto-Nr. 50.

GEGEN DEN SCHLAGANFALL – FÜR DAS LEBEN.

STIFTUNG
DEUTSCHE SCHLAGANFALL HILFE

WARNZEICHEN FÜR EINEN DROHENDEN SCHLAGANFALL

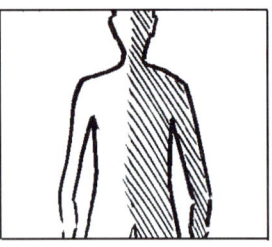

Lähmungs- und/oder Taubheitsgefühl einer Körperseite, besonders des Gesichtes oder des Armes.

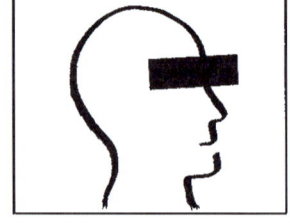

Plötzliche Sehstörungen, besonders auf einem Auge und/oder Doppelbilder.

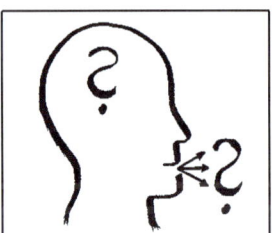

Plötzlicher Verlust der Sprechfähigkeit oder Schwierigkeiten, Gesprochenes zu verstehen

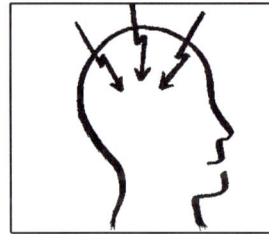

Plötzlich auftretende sehr starke Kopfschmerzen.

Plötzlich eintretender Drehschwindel und Gangunsicherheit.

INSERT 5-7: Plakat der Stiftung Deutsche Schlaganfall-Hilfe

Soziosponsoring bedeutet die Verbesserung der Aufgabenerfüllung im sozialen Bereich durch die Bereitstellung von Geld-/Sachmitteln oder Dienstleistungen durch Unternehmen, die damit direkte oder indirekte Wirkungen für ihre Unternehmenskultur und -kommunikation anstreben (Bruhn 1990, S. 6). So wird zum Beispiel bei Kampagnen der BundesArbeitsGemeinschaft Kinder- und Jugendtelefon im Deutschen Kinderschutzbund e. V. vermerkt, daß diese durch die Unterstützung der Deutschen Telekom AG ermöglicht wird (vgl. Insert 5-8). Auch werden beispielsweise Sozial- und Gesundheitsorganisationen wie das Deutsche Rote Kreuz, die Deutsche Krebshilfe, die AIDS-Hilfe und andere unterstützt, indem ihnen Geldmittel für ihre Aufgabenerfüllung zur Verfügung gestellt werden. Neben dem Fördermotiv verfolgen Unternehmen damit auch eigene Ziele, denn durch die Dokumentation gesellschaftlicher Verantwortung soll das Unternehmensprofil in der Öffentlichkeit, bei den Kunden und Geschäftspartnern positiv beeinflußt werden (Bruhn 1990, S. 10).

In jüngster Zeit setzen nichtkommerzielle Organisationen auch zunehmend **Direktmarketing** ein, um ihre Ideen gezielt zu verbreiten, Spenden einzuwerben oder eine gezielte Kommunikation mit ihren Zielgruppen zu betreiben (Dallmer 1989; Prochazka 1990,

INSERT 5-8: Kampagne der BundesArbeitsGemeinschaft Kinder- und Jugendtelefon im Deutschen Kinderschutzbund e. V.

S. 14). Für soziale Organisationen wird es zunehmend schwieriger, motivierte und geeignete Spendensammler zu finden, die bereit sind, eine Straßen- oder Haussammlung traditionellen Stils durchzuführen. Vor diesem Hintergrund stellen beispielsweise die Direct-Mail-Aktionen eine sinnvolle Ergänzung ihres kommunikationspolitischen Instrumentariums dar (Cooper 1994, S. 228 ff.).

Die **Preispolitik** von Social Marketingorganisationen wird oft auch als Gegenleistungspolitik bezeichnet (Raffée 1980; Hasitschka/Hruschka 1982, S. 109). Der Begriff der Gegenleistungspolitik scheint im nichtkommerziellen Bereich zutreffender, da monetäre und nichtmonetäre Entgelte im gleichem Maße als Gegenleistung für die angebotenen Leistungen berücksichtigt werden müssen. Bei den nichtmonetären Entgelten wird in der Literatur zwischen dem Zeitaufwand, Unannehmlichkeiten und psychischen Belastungen sowie zusätzlichem Aufwand in Form von Änderungen der Verhaltensweisen unterschieden (Fine 1981, S. 82 ff.; Kotler/Zaltmann 1983; Rothschild 1983).

Wenngleich im kommerziellen wie im nichtkommerziellen Bereich identische Kostengrößen zu berücksichtigen sind, bestehen zwischen beiden Bereichen grundsätzliche Unterschiede hinsichtlich der zu verfolgenden Zielsetzungen. Während kommerzielle Organisationen die Gewinnmaximierung in den Vordergrund stellen, werden im nichtkommerziellen Bereich vorwiegend Kostenbeteiligungen sowie Nachfragebelebung und -dämpfung als potentielle Ziele der Gegenleistungspolitik verfolgt (Bruhn/Tilmes 1994, S. 207 ff.). Typisches Beispiel für die Kostenbeteiligung ist die Erhebung von Gebühren durch Behörden. Als klassische Beispiele zur Nachfragebelebung kann der Verkauf von bleifreiem Benzin unter dem Preis von bleihaltigen Benzin und zur Nachfragedämpfung der hohe Steueranteil bei Alkohol, Zigaretten und Benzin angeführt werden. Aufgrund der Vielzahl von Preiskomponenten einerseits und des erweiterten Sets relevanter Variablen andererseits, gestaltet sich somit die Preispolitik (Gegenleistungspolitik) im nichtkommerziellen Bereich komplexer als im kommerziellen Bereich.

In der **Distributionspolitik** nichtkommerzieller Organisationen sind Entscheidungen zu treffen, die den Austauschprozeß zwischen der Organisation und ihren Abnehmern herbeiführen und unterstützen (Hasitschka/Hruschka 1982, S. 119). Dabei geht es insbesondere darum, die einzelnen Produkte und Dienstleistungen im richtigen Zustand, am richtigen Ort, in der richtigen Menge und zur richtigen Zeit bereitzustellen. So kann beispielsweise das Deutsche Komitee für UNICEF bei der Distribution seiner Produkte auf ein Netz von ehrenamtlich fungierenden Verteilerstellen zurückgreifen, das das gesamte Bundesgebiet abdeckt. Der Vertrieb der Produkte wird dabei entweder durch persönlichen Verkauf auf Bazaren beziehungsweise Märkten oder auf postalischem Weg abgewickelt.

6.5 Implementierung des Social Marketing

Zur Durchsetzung der entwickelten Social Marketingprogramme sind insbesondere die organisatorischen und personellen Anforderungen zu präzisieren sowie ein Kontrollsystem zu implementieren.

Die **Organisationsstruktur im Social Marketing** weist in der Regel vielfältige Probleme auf (Bloom/Novelli 1981; Fox/Kotler 1980). So werden beispielsweise Marketingkonzepte von nichtkommerziellen Organisationen nur langsam als wichtig anerkannt und übernommen. Infolgedessen findet keine oder eine nicht adäquate Eingliederung des Marketing statt.

Die nicht vorhandene oder schlechte Eingliederung des Marketing in die Organisationsstruktur ist vielfach auch durch die Strukturbesonderheiten von nichtkommerziellen Organisationen bedingt. So sind Social Marketingorganisationen beispielsweise durch fehlende schriftliche Regelungen, geringe Arbeitsteilung sowie einen hohen Anteil an ehrenamtlichen Mitarbeitern gekennzeichnet (Horch 1983, S. 61 ff.; 1985).

Die **Mitarbeiter** von Social Marketingorganisationen, die nebenamtlich Marketingfunktionen übernehmen, müssen eine vielseitige und umfassende Ausbildung sowie besondere Verhaltensweisen besitzen. Darüber hinaus sind angesichts der Vielzahl der zu übernehmenden Aufgaben auch besondere Charakterzüge wie Offenheit beziehungsweise Aufgeschlossenheit, offensives Angehen von Konflikten und Anpassungsfähigkeit notwendig. Im Rahmen der Arbeit des Deutschen Kinderschutzbundes müssen Mitarbeiter beispielsweise in der Lage sein, Kindern und Jugendlichen das Gefühl des Vertrauens zu vermitteln.

Ein formales **Kontrollsystem** im Social Marketing ist eine unabdingbare Voraussetzung, um die Wirksamkeit der Marketingmaßnahmen überprüfen zu können. Die Marketingkontrolle nimmt dabei eine systematische, kritische und unvoreingenommene Überprüfung der grundsätzlichen Social Marketingzielsetzungen, der Social Marketingpolitik, der Social Marketingorganisation, der Social Marketingmethoden und der Mitarbeiter vor, mit denen Entscheidungen durchgesetzt und Ziele erreicht werden sollen (Anthony 1980; Herzlinger/Shermann 1980; Horak 1999, S. 245 ff.).

Ein vollständiges Social Marketingplanungssystem hat sich nicht nur auf die marktmäßigen, in quantitativen Einheiten meßbaren Leistungen (zum Beispiel Höhe der Sozialhilfeabgaben, Anzahl der UNICEF-Fördermitglieder) zu stützen, sondern muß auch versuchen, die nicht über den Markt zustandekommenen Wirkungen zu erfassen. Diese entstehen beispielsweise aufgrund der Interdependenzen zwischen dem Faktoreinsatz (Mithilfe der freiwilligen Mitarbeiter, Höhe der verfügbaren Spendenmittel) und/oder den bereitgestellten Produkten (zum Beispiel ein Krankenhaus in der Dritten Welt) auf der einen und dem Nutzen der Organisationsmitglieder (zum Beispiel finanzielle Absicherung durch die Arbeit in diesem Krankenhaus, innere Befriedigung) oder fremder Dritter (Inanspruchnahme der Krankenhausleistungen und Genesung) auf der anderen Seite (Eichhorn 1976).

6.6 Entwicklungstendenzen und Zukunftsperspektiven des Social Marketing

In den siebziger Jahren hat sich die Marketingwissenschaft sehr intensiv mit der Übertragbarkeit des kommerziellen Marketing auf nichtkommerzielle Fragestellungen beschäftigt. Dagegen können die achtziger und neunziger Jahre eher als eine „Ruhephase der Weiterentwicklung des Social Marketing" bezeichnet werden (Bruhn/Tilmes 1994, S. 230).

Zukünftig ist zu erwarten, daß sich Wissenschaft und Praxis wieder verstärkt den Problemstellungen des Marketing für soziale Aufgaben und Institutionen widmen werden. Diese Entwicklung ist nicht nur auf den engeren finanziellen Spielraum von nichtkommerziellen Organisationen zurückzuführen. Vielmehr treten zunehmend auch diese Organisationen in einen Wettbewerb untereinander ein und müssen sich in diesem behaupten (vgl. Beilmann 1999). Dafür wird es notwendig sein, das eigene Vorgehen, die Philosophie sowie die Kultur der Organisation kritisch zu überprüfen und bei Bedarf Anpassungen vorzunehmen (Bruhn/Tilmes 1994, S. 232; Wiedmann/Raffée 1995).

Das Konzept des Social Marketing gewinnt aber nicht nur für nichtkommerzielle Organisationen, sondern auch für Wirtschaftsunternehmen an Bedeutung (Köhler 1989; Auer/Gerz 1992, S. 11 ff.). So wird die Sensibilisierung für gesellschaftliche Wertvorstellungen und die Bereitschaft zur Mitwirkung als Voraussetzung erfolgreicher Unternehmenskommunikation zunehmend erkannt. In den entwickelten Industriegesellschaften lassen sich bei vielen Produkten in den Dimensionen Qualität und Preis in der Regel nur noch kurzfristig Profilierungsvorteile gegenüber den Wettbewerbern realisieren. Bei der Profilierung von Marken oder dem öffentlichen Auftritt von Unternehmen spielt deshalb auch das Social Marketing eine immer wichtiger werdende Rolle (Krzeminski/Neck 1994; Krzeminski 1996).

Literaturhinweise

Anthony, R. N. (1980), Make Sense of Non Business Accounting, in: Harvard Business Review, Vol. 58, No. 3, S. 83–93.
Auer, M., Gerz, M. (1992), Social marketing als unternehmerisches Erfolgskonzept, Landsberg am Lech.
Beilmann, M. (1995), Sozialmarketing und Kommunikation, Kriftel u. a.
Beilmann, M. (1999), Modernes Sozialmarketing: so profilieren Sie sich als Marktführer, Regensburg.
Bloom, P. N., Novelli, W. D. (1981), Problems and Challenges in Social Marketing, in: Journal of Marketing, Vol. 45, No. 2, S. 79–85.
Bruhn, M. (1990), Sozio- und Umweltsponsoring, Wiesbaden.
Bruhn, M., Tilmes, J. (1994), Social Marketing: Einsatz des Marketing für nichtkommerzielle Organisationen, 2. Aufl., Stuttgart.
Cooper, K. (1994), Nonprofit-Marketing von Entwicklungshilfe-Organisationen: Grundlagen, Strategie, Maßnahmen, Wiesbaden.
Dawson, L. M. (1969), The Human Concept: New philosophy for business, in: Business Horizons, Vol. 12, No. 12, S. 29–38.
Dallmer, H. (1989), Direct Marketing, in: Bruhn, M. (Hrsg.), Handbuch des Marketing, München, S. 535–562.
Eichhorn, P. (1976), Gesellschaftsbezogene Unternehmensrechnung und betriebswirtschaftliche Sozialindikatoren, in: Zeitschrift für betriebswirtschaftliche Forschung, 28. Jg., Sonderheft 5, S. 159–168.
Enis, B. M. (1973), Deepening the concept of marketing, in: Journal of Marketing, Vol. 37, No. 4, S. 57–62.
Fine, S. H. (1981), The Marketing of Ideas and social Issues, New York.
Fox, K. F. A., Kotler, Ph. (1980), The Marketing of Social Causes: The First 10 Years, in: Journal of Marketing, Vol. 44, No. 4, S. 24–28.
Hasitschka, W. (1980), Organisationsspezifische Marketinginstrumentarien, Frankfurt am Main.
Hasitschka, W., Hruschka, H. (1982), Nonprofit-Marketing, München.
Herzlinger, R. E., Shermann, H. D. (1980), Advantages of Fund Accounting in „Nonprofits", in: Harvard Business Review, Vol. 58, No. 3, S. 94–105.
Holscher, C., Meyer, A. (1993), Sozio-Marketing, in: Meyer, P. W., Meyer, A. (Hrsg.), Marketing-Systeme: Grundlagen des institutionellen Marketing, 2. Aufl., Stuttgart u. a., S. 221–262.
Horak, Ch. (1999), Controlling in Nonprofit-Organisationen, 2. Aufl., Wien.
Horch, H.-D. (1983), Strukturbesonderheiten freiwilliger Vereinigungen, Frankfurt am Main.
Horch, H.-D. (1985), Personalisierung und Ambivalenz. Strukturbesonderheiten freiwilliger Vereinigungen, in: Kölner Zeitschrift für Soziologie und Sozialpsychologie, 37. Jg., S. 257–278.
Köhler, F. (1989), „Studio Pierer: Social & Commercial, Marketing für soziale Ideen – zugleich für das eigene Unternehmen, in: Marketing Journal, 22. Jg., Nr. 3, S. 246–249.
Kosiol, E. (1972), Die Unternehmung als wirtschaftliches Aktionszentrum, 2. Aufl., Hamburg.
Kotler, Ph. (1972), „A Generic Concept of Marketing", in: Journal of Marketing, Vol. 36, No. 2, S. 46–54.
Kotler, Ph. (1978), Marketing für Non-Profit-Organisationen, Stuttgart.
Kotler, Ph., Levy, S. J. (1969), Broadening the concept of marketing, in: Journal of Marketing, Vol. 33, No. 1, S. 10–15.
Kotler, Ph., Roberto, E. (1991), Social Marketing, Düsseldorf u. a.
Kotler, Ph., Zaltman, G. (1983), Social Marketing: An Approach to Planned Social Change, in: Kotler, Ph. et al. (Hrsg.), Cases and readings for marketing for nonprofit organisations, Englewood Cliffs, S. 325–335.

Krzeminski, M. (1996), Social Marketing – Innovation der Öffentlichkeitsarbeit?, in: Public Relations Forum für Wissenschaft und Praxis, 2. Jg., Nr. 4, S. 21–24.

Krzeminski, M., Neck, C. (1994), Social Marketing. Ein Konzept für die Kommunikation von Wirtschaftsunternehmen und Nonprofit Organisationen, in: Krzeminski, M., Neck, C. (Hrsg.), Praxis des Social Marketing, Frankfurt am Main, S. 11–35.

Lavidge, R. J. (1970), The Growing Responsibilities of Marketing, in: Journal of Marketing, Vol. 34, No. 1, S. 25–28.

Leif, Th. (1993), Grundlagen des Social Marketing. Leitsätze für eine erfolgreiche Presse- und Öffentlichkeitsarbeit, in: Social Sponsoring und Social Marketing, Köln, S. 201–208.

Müller-Werthmann, G. (1985), Markt der offenen Herzen: Spenden – ein kritischer Ratgeber, Hamburg.

Prochazka, K. (1990), Direkt zum Käufer – wie man Millionen per Post umsetzt, 2. Aufl., Freiburg.

Raffée, H. (1979), Bedarfslenkendes Marketing öffentlicher Unternehmungen, in: Zeitschrift für öffentliche und gemeinwirtschaftliche Unternehmen, Heft 2, S. 127–148.

Raffée, H. (1980), Nichtkommerzielles Marketing: Möglichkeiten, Chancen und Risiken, in: Sarges, W., Haeberlin, F. (Hrsg.), Marketing für die Erwachsenenbildung, Hannover u. a., S. 272–290.

Raffée, H., Abel, B., Wiedmann, K.-P. (1983), Sozio-Marketing, in: Irle, M. (Hrsg.), Handbuch der Psychologie, Göttingen u. a., S. 675–768.

Rothschild, M. L. (1983), Marketing Communications in Nonbusiness Situations or Why It's So Hard to Sell Brothershood like Soap, in: Kotler, Ph., Ferell, O. C., Lamb, Ch. (Hrsg.), Cases and readings for marketing for nonprofit organisations, Englewood Cliffs/N. J., S. 178–189.

Sheth, J. N., Frazier, G. L. (1982), A model of Strategy Mix. Choice for planned Social Change, in: Journal of Marketing, Vol. 46, No. 1, S. 15–26.

Wehrli, H. P. (1981), Marketing – Züricher Ansatz –, Bern u. a.

Wiedmann, K.-P., Raffée, H. (1995), Konzeptionelle Grundlagen und Gestaltungsperspektiven des Social Marketing, in: Marktforschung & Management, 39. Jg., Nr. 1, S. 4–9.

7. Gegenstand und Besonderheiten des Öko-Marketing

7.1 Ökologische Problemstellungen als Herausforderung an das Marketing

Unverkennbar haben in den letzten Jahren die ökologischen Herausforderungen zu einer Neuorientierung ganzer Branchen geführt. Das Spektrum der betroffenen Branchen reicht von der Reinigungsmittelindustrie über die Automobil- bis hin zur Haushaltsgeräteindustrie. Neben den sich immer deutlicher abzeichnenden ökologischen Problemen hat eine kontinuierliche Zunahme umweltpolitischer Restriktionen einerseits den Zwang zur „Ökologisierung" der Wirtschaft verstärkt und gewissermaßen einen „Ökologie-Push" bewirkt. Andererseits ist das Umweltbewußtsein und die Sensibilität der Konsumenten für Umweltprobleme gestiegen, so daß Umweltkriterien mehr und mehr in die Kaufentscheidung Eingang finden. Neben den umweltpolitischen Anpassungszwängen erkennen mehr und mehr Unternehmen den Stellenwert des Umweltschutzes als Markt- und Wettbewerbsfaktor. Diese Entwicklungstendenz wird durch Längsschnittanalysen von 1988 und 1994 bestätigt (vgl. Abbildung 5-33). Gegenüber 1988 gewinnt der Ökologie-Pull im Sinne eines verstärkten umweltorientierten Nachfrageverhaltens von Handel und Konsumenten einen zunehmenden Einfluß auf die ökologische Betroffenheit und das Anpassungsverhalten der Unternehmen.

In diesem Zusammenhang ist das Marketing als Schnittstelle zwischen Unternehmung und Markt in besonderer Weise betroffen. Einerseits wird das kommerziell ausgerichtete Marketing als Wegbereiter unserer Konsum- und Wegwerfgesellschaft in den Mittelpunkt der Kritik gestellt. Die Forderung einer Neuorientierung im Marketing wird als zentrale Voraussetzung für den Wandel der Konsumgesellschaft hin zu einer „sustainable society" gewertet. Andererseits werden in den Ansätzen des Marketing wertvolle Instrumente gesehen, um den notwendigen umweltorientierten Wandel in der Gesellschaft zu beschleunigen. Durch ein Öko-Marketing sollen innovative Lösungen für den Umweltschutz unter einer Kunden- und Wettbewerbsorientierung erfolgreich auf den Märkten durchgesetzt werden. Allerdings ist das Öko-Marketing nicht als „Einzelkämpferdisziplin" zu begreifen, sondern es muß in einem Gesamtkonzept eines integrierten Umweltmanagements fest verankert werden.

Das **Öko-Marketing** umfaßt die Planung, Koordination, Durchsetzung und Kontrolle aller absatzmarktgerichteten Aktivitäten nach dem Grundsatz „von der Wiege bis zur Wiege". Dies soll eine Vermeidung und Verringerung von Umweltbelastungen bewirken, um über eine

Gegenstand und Besonderheiten des Öko-Marketing

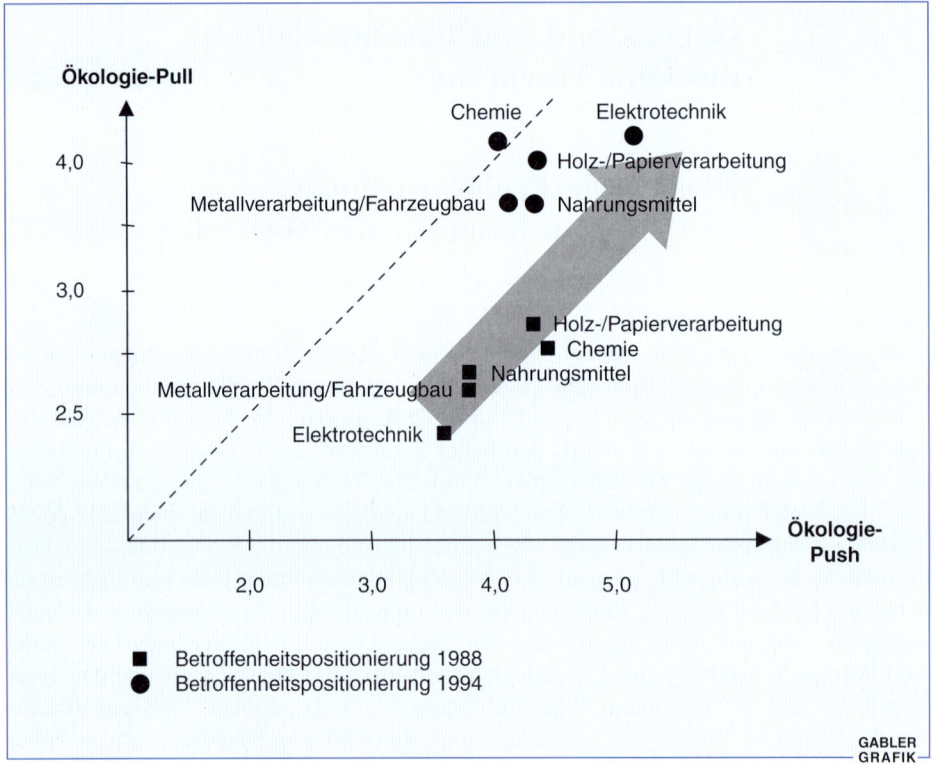

Abbildung 5-33: Betroffenheitspositionierung ausgewählter Branchen im Längsschnittvergleich*

- dauerhafte Befriedigung der Bedürfnisse aktueller und potentieller Kunden,
- unter Ausnutzung von Wettbewerbsvorteilen und
- bei Sicherung der gesellschaftlichen Legitimität

die angestrebten Unternehmensziele zu erreichen.

Zur Vermeidung von ökologisch sowie ökonomisch ineffizienten Insellösungen, die langfristig die Glaubwürdigkeit und Legitimität der Unternehmung im Markt und in der Gesellschaft gefährden, muß sich das Marketing-Management mit der gezielten Entwick-

---

* In einer Befragung wurden im Jahre 1988 in Deutschland 197 Unternehmen persönlich zur ökologischen Betroffenheit und zum Umweltschutzverhalten befragt (vgl. hierzu Kirchgeorg 1990). Im Herbst 1994 wurden bei 230 Unternehmen in Deutschland im Rahmen einer schriftlichen Befragung ausgewählte Fragestellungen repliziert. Bei der Betroffenheitspositionierung wurden die Ergebnisse zur Einschätzung der ökologischen Betroffenheitssituation der Unternehmen zugrunde gelegt. Die auf einer Ratingskala erhobenen Betroffenheitswerte (1 = gar nicht betroffen/6 = sehr betroffen) wurden zu einem Ökologie-Pull-Index (Betroffenheit durch ökologieorientierte Forderungen von Kunden und Handel) und einem Ökologie-Push-Index (Betroffenheit durch Umweltgesetze und kritische Medienberichterstattungen) verdichtet.

lung einer Öko-Marketingkonzeption auseinandersetzen. Dabei sind folgende Planungsschritte durchzuführen:

- Analyse relevanter Umweltprobleme, die das Unternehmen bei Betrachtung des gesamten Produktlebenszyklus derzeit oder in der Zukunft betreffen und Ableitung von Chancen und Risiken sowie Stärken und Schwächen für das Marketing (Informationsaspekt).

- Erweiterung der Unternehmensphilosophie und Marketingziele durch Formulierung von umweltschutzbezogenen Grundsätzen und Zielsetzungen (Philosophie- und Zielaspekt).

- Festlegung der strategischen Akzentsetzungen im Rahmen der Marktbearbeitung, um den ökologischen Problemstellungen bei einzelnen Zielgruppen Rechnung zu tragen (Strategie- und Zielgruppenaspekt).

- Modifikation und integrierter Einsatz der Marketinginstrumente zur Umsetzung des Öko-Marketing im horizontalen und vertikalen Wettbewerb (Aktions- und Koordinationsaspekt).

- Kontrolle und Steuerung der umweltorientierten Marketingaktivitäten im Rahmen eines Öko-Controlling (Steuerungs- und Kontrollaspekt).

Werden diese Planungsschritte nicht systematisch durchlaufen, besteht die Gefahr, daß der ganzheitlichen Ausrichtung eines Öko-Marketingkonzeptes nicht Rechnung getragen wird. Leichtfertig wird dann ein sogenanntes **Pseudo-Öko-Marketing** kreiert (Schoenheit 1990). Ein vordergründiges Aufgreifen ökologieorientierter Argumente in der Werbung wird als Instrument zur kurzfristigen Nachfragestimulierung im Kampf um Marktanteile eingesetzt, ohne daß entsprechende Problemlösungskompetenzen tatsächlich vorliegen und realisiert werden. Hier verliert Öko-Marketing seine Glaubwürdigkeit mit den Folgen einer nachhaltigen Beeinträchtigung der Wettbewerbsposition und Legitimität der gesamten Unternehmung.

Vielfach läßt sich in der Unternehmenspraxis auch ein **verkürztes Öko-Marketing** beobachten, bei dem Teillösungen im Umweltschutz bestehen, aber eine integrative Lösung im oben dargestellten Sinne noch nicht vorliegt (zum Beispiel Verringerung der Umweltbelastung lediglich in der Produktionsphase, aber nicht in den anderen Lebenszyklusphasen). Hierbei stellt sich die Frage, inwieweit Teilerfolge im Umweltschutz bereits zur Markt- und Wettbewerbsprofilierung eingesetzt werden können, ohne daß sie als halbherzige Umweltschutzaktivitäten der Kritik ausgesetzt sind. Generell ist in diesem Zusammenhang zu berücksichtigen, das jegliches wirtschaftliches Handeln im Sinne von Produktion und Konsum zu einer Beeinträchtigung der ökologischen Umwelt führt. Von daher können zum Beispiel ökologieorientierte Produktverbesserungen nur zu einer relativen Verbesserung der Ausgangssituation beitragen, aber nicht gänzlich Umwelteinwirkungen verhindern. Für das Öko-Marketing erwächst in diesem Zusammenhang ein schwieriges und gegebenenfalls langwieriges Bewertungs- und Objektivierungsproblem, um die ökologisch vorziehenswürdigen Alternativen zu identifizieren. Zumal auch der Konsument den ökologischen Nutzen von Produkten vielfach nicht direkt nachvollziehen und prüfen kann (zum Beispiel Katalysator, FCKW-freie Sprühdosen), ist Öko-Marketing in hohem Maße **Vertrauensmarketing**.

7.2 Gegenstand und Abgrenzung des ökologieorientierten Marketing

Dem **ökologieorientierten Marketing (Öko-Marketing)** kommt im Rahmen einer umweltbewußten Unternehmensführung die Aufgabe zu, bei der Planung, Koordination, Durchsetzung und Kontrolle aller marktgerichteten Transaktionen eine Vermeidung und Verringerung von Umweltbelastungen zu bewirken, um über eine dauerhafte Befriedigung der Bedürfnisse aktueller und potentieller Kunden unter Ausnutzung von Wettbewerbsvorteilen und bei Sicherung der gesellschaftlichen Legitimität die angestrebten Unternehmensziele zu erreichen (Meffert/Kirchgeorg 1998, S. 273). Damit kann Öko-Marketing als Vertiefung (Deepening) des kommerziellen Marketing angesehen werden, bei der neben der Abnehmer- und Wettbewerbsorientierung ökologische und ethische Entscheidungskriterien ergänzend Berücksichtigung finden.

Bei einer historischen Betrachtung des Öko-Marketing lassen sich drei Entwicklungsphasen identifizieren (Kirchgeorg 1995). Zunächst wurden Anfang der siebziger Jahre als Reaktion auf die Consumerismusbewegung erste **selektiv-instrumentelle Ansätze des Öko-Marketing** entwickelt (Fisk 1974; Henion/Kinnear 1976). Die weiter zunehmenden Umweltprobleme und verschärften Umweltgesetze führten Ende der siebziger Jahre zu einem stärkeren Umweltbewußtsein der Konsumenten. Daher wurde aus einer konzeptionellen Gesamtsicht heraus eine **stärkere Integration ökologischer Erfordernisse** diskutiert (Diller 1977; Ruppen 1978; Meffert et al. 1985; Brandt et al. 1988; Burghold 1988). Schließlich wird seit Ende der achtziger Jahre einem **proaktiven Öko-Marketing** als integralem Bestandteil eines ganzheitlich ausgerichteten Umweltmanagement zur Erzielung von Wettbewerbsvorteilen besondere Beachtung beigemessen (Meffert 1991; Meffert/Kirchgeorg 1998; Steger 1993; Hopfenbeck 1994; Hausmann 1998; Dyckhoff 2000).

Die einzelnen Entwicklungsphasen zeigen, daß sich das Marketing zunehmend auch gesellschafts- und umweltschutzbezogenen Fragestellungen öffnete. Die Abbildung 5-34 zeigt, daß im Rahmen eines marktorientierten Umweltmanagement die Kunden- und Wettbewerbsorientierung um die Perspektive der Ökologieorientierung erweitert wird. Die Dynamik des Wettbewerbs und eine entsprechende Wettbewerbsorientierung stellen ein wichtiges Element zur Beschleunigung der ökologischen Innovationskraft der Unternehmen dar, wenn es gelingt, den Umweltschutz als Wettbewerbsfaktor im Markt zu verankern. Unternehmen können dies dann erreichen, wenn sie durch innovative Entwicklungen hervorgebrachte Umweltvorteile (**Unique Environmental Proposition (UEP)**) auch als Wettbewerbsvorteile zu einer sogenannten **Unique Marketing (oder Selling) Proposition (UMP)** ausbauen.

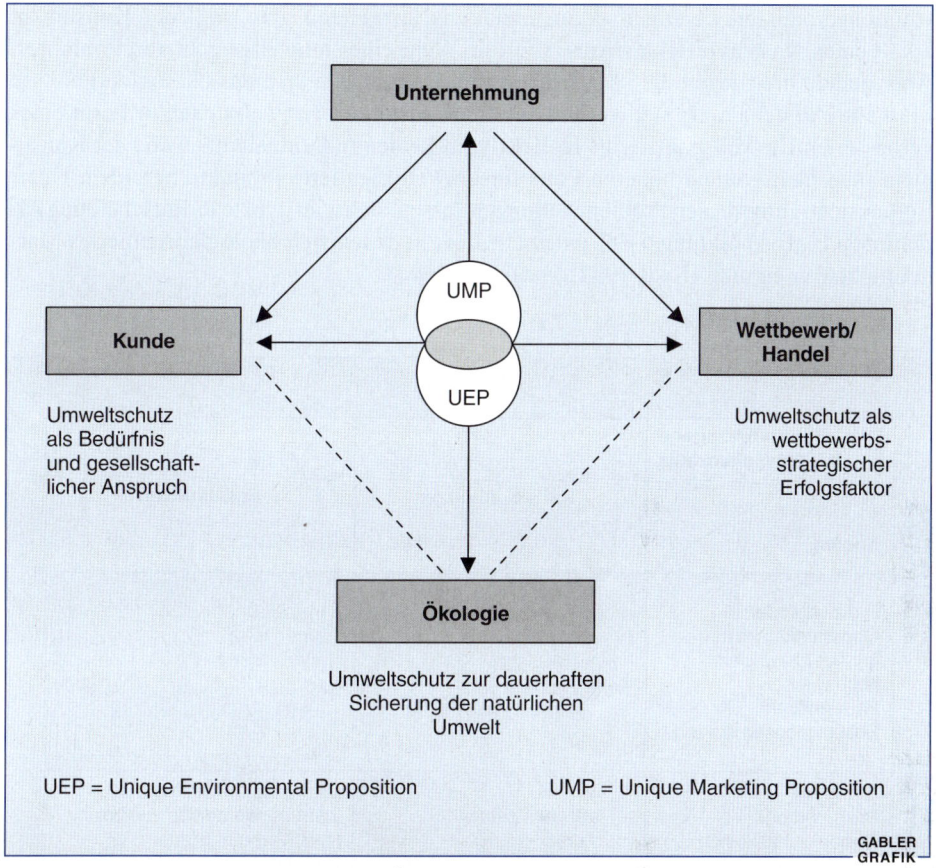

Abbildung 5-34: Spannungsfeld im Öko-Marketing
(Quelle: Meffert/Kirchgeorg 1998, S. 24)

Vielfach steht das Öko-Marketing hierbei vor erheblichen Problemen, weil Umweltvorteile teilweise nicht die notwendigen Anforderungen erfüllen, die die Erzielung von Wettbewerbsvorteilen begründen. Somit sind die Voraussetzungen zu prüfen, unter denen ökologieorientierte Marketingkonzepte im Rahmen eines marktorientierten Umweltmanagement erfolgversprechend eingesetzt werden können. Wie oben skizziert, besteht die zentrale Zielsetzung eines ökologieorientierten Marketing darin, Umweltvorteile in Form von umweltgerechteren Produkten und Dienstleistungen in Kunden- und Wettbewerbsvorteile zu überführen. Wettbewerbsvorteile entstehen dann, wenn aus der Sicht der Kunden wichtige, wahrnehmbare und dauerhafte Nutzenvorteile gegenüber einem Wettbewerber bestehen. Hierfür bieten sich grundsätzlich zwei Ansatzpunkte: Die Umweltvorteile eines Produktes werden von Konsumenten als zusätzlicher Nutzen wahrgenommen, den Konkurrenzprodukte nicht erbringen. Andererseits besteht die Möglichkeit, umweltgerechte Problemlösungen im Vergleich zu den traditionellen Substitutionsprodukten zu einem geringeren Preis anzubieten, das heißt der Konsument erhält einen Kostenvorteil als Anreiz für die Wahl eines umweltgerechteren Produktes. Aber gerade hier liegen die spezifischen Probleme, denen sich das ökologieorientierte Marketing in der Praxis stellen muß. Vielfach stiftet der Umweltnutzen in Form eines verbesserten Umweltschutzes als **Kollektivgut** keinen Individualnutzen und der Konsument muß häufig einen höheren Preis für umweltorientierte Produkte bezahlen. Unter Berücksichtigung dieser Problemstellungen lassen sich vier typische Entscheidungssituationen (vgl. Abbildung 5-35) unterscheiden, in denen sich ökologieorientiertes Marketing bewähren muß (Kaas 1992; Meffert 1993).

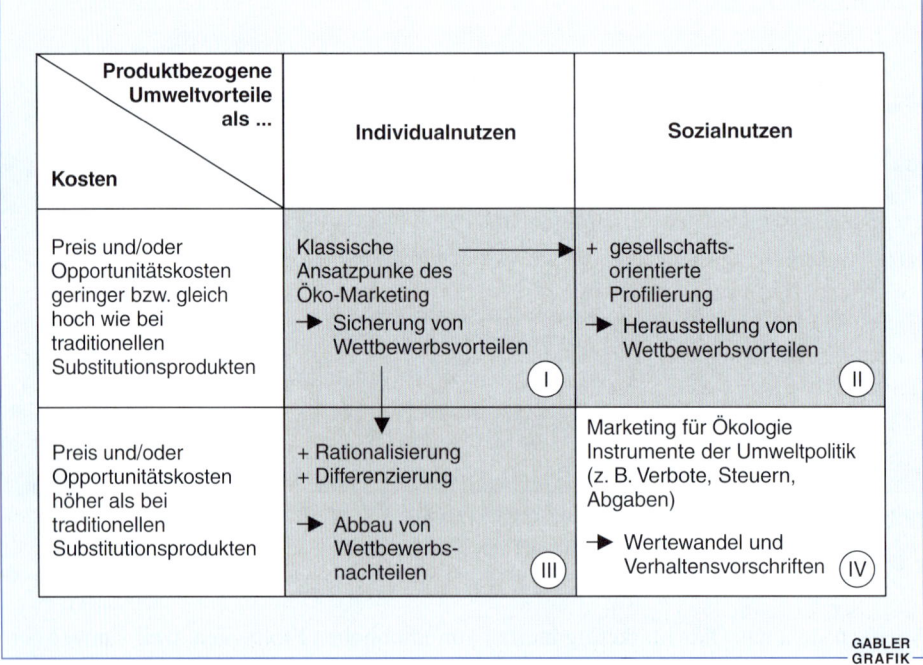

Abbildung 5-35: Erfolgsvoraussetzungen und Ansatzpunkte eines ökologieorientierten Marketing

Zum einen kann danach unterschieden werden, ob Umweltvorteile für den Kunden einen individuellen Nutzen stiften oder die Entscheidung für den Kauf eines umweltgerechten Produktes einen kollektiven Nutzen erbringt. Zum anderen kann danach differenziert werden, ob Umweltvorteile zu einem geringeren, gleichen oder zu einem höheren Preis beziehungsweise mit einem höheren Aufwand gegenüber traditionellen Produkten zu erwerben sind. Neben der Höhe des zu zahlenden Preises sind auch Opportunitätskosten, zum Beispiel in Form von erhöhtem Zeit- und Informationsaufwand, beim Kauf umweltorientierter Produkte zu berücksichtigen.

Sofern das Angebot umweltgerechter Produkte dem Konsumenten einen individuellen Nutzen stiftet und diese auch noch günstiger sind als die traditionellen Produktalternativen (Feld I), führen Umweltvorteile gleichermaßen zu Wettbewerbsvorteilen (zum Beispiel Angebot preisgünstiger, energiesparender Elektrogeräte). Die Hauptaufgabe des ökologieorientierten Marketing muß neben der Entwicklung solcher Problemlösungen auf die Absicherung der Wettbewerbsvorteile ausgerichtet sein. Sofern der Umweltnutzen nicht dem einzelnen Konsumenten zugute kommt, der Preis für entsprechende Produkte jedoch geringer ist als bei Substitutionsprodukten (Feld II), dürfte es für das ökologieorientierte Marketing nicht schwierig sein, über die Hervorhebung des ökonomischen Vorteils oder die Vermittlung von Sozialprestige den Konsumenten zum Kauf derartiger Problemlösungen zu bewegen. Als Beispiele seien hier FCKW-freie Sprühdosen oder Produkte aus preiswerten, aber qualitativ gleichwertigen Recyclingmaterialien angeführt.

In der Realität steht das ökologieorientierte Marketing häufig vor der Situation, daß umweltgerechte Produkte teurer sind und zusätzliche Opportunitätskosten beim Konsumenten verursachen (Feld III). Beispielhaft seien hier teureres Umweltpapier oder Nahrungsmittel aus kontrolliert ökologischem Anbau genannt. Sofern Kosumenten hierbei mit umweltgerechten Produkten einen Individualnutzen verbinden, sind preisbezogene Wettbewerbsnachteile – sofern sie nicht durch Rationalisierungen zu reduzieren sind – durch andere Instrumente des ökologieorientierten Marketing zu kompensieren. Durch die Hervorhebung des Umweltnutzens in der Kommunikationspolitik und eine differenzierte Marktbearbeitung von Konsumenten nach unterschiedlichen Zahlungsbereitschaften, lassen sich Ansatzpunkte einer erfolgreichen Marktbehauptung im ökologieorientierten Marketing finden.

Die Grenzen des ökologieorientierten Marketing werden im Feld IV aufgezeigt. Wenn umweltgerechte Produkte weder einen zusätzlichen Individualnutzen noch einen ökonomischen Anreiz bieten, dann stellt sich ein klassisches **Marktversagen** ein. Traditionelle Produkte werden gegenüber den umweltverträglicheren Alternativen bevorzugt. In dieser Situation kann durch staatliches Eingreifen und Umweltschutzgesetze ein umweltorientiertes Verhalten vorgeschrieben oder durch steuerliche Anreize begünstigt (zum Beispiel Abgaskatalysatoren) werden. Es ist auch möglich, durch Konzepte eines Marketing für Ökologie einen Bewußtseinswandel bei den Konsumenten herbeizuführen, um über Erkenntnis und Einsicht umweltorientiertes Verhalten zu fördern. Gegenüber dem ökologieorientierten Marketing, das sich auf unternehmensbezogene Austauschprozesse von umweltgerechten Produkten und Dienstleistungen bezieht, zielen Konzepte eines **Marketing für Ökologie** auf die Bewußtseinsschaffung für die Ökologie und den Umweltschutz ab. Als „Produkt" steht hier also der „Naturschutz" und „Umweltschutz" im Mittelpunkt der Marketingkonzeption. Umweltschutzinitiativen, Naturschutzverbände, aber auch staatliche Institutionen können als typische Vertreter von Konzepten eines Marketing für Ökologie genannt werden (Fässler 1989; Wiedmann 1989).

7.3 Informationsgrundlagen des Öko-Marketing

Ausgangspunkt der Gestaltung einer Öko-Marketingkonzeption bildet eine sowohl unternehmensexterne als auch unternehmensinterne Felder umfassende **Situationsanalyse**. Unterscheidet man die Wirkungen einzelner externer Einflußgrößen, so kann man jenen Faktoren, die auf Unternehmen einen Internalisierungsdruck von Umweltschutzkosten (zum Beispiel gesetzlich vorgeschriebene Umweltabgaben) oder einen Innovationszwang zur Implementierung umweltfreundlicher Produkt- und Prozeßtechnologien ausüben, eine Ökologie-Push-Wirkung zuordnen. Sofern eine frühzeitige Antizipation dieser Faktoren unterbleibt, führen zum Beispiel gesetzgeberische Aktivitäten oder Forderungen gesellschaftlicher Anspruchsgruppen zu einer Verengung des unternehmerischen Handlungsspielraumes (zum Beispiel Katalysatorpflicht, FCKW-Verbot). Andererseits wird durch eine verstärkte Forderung der Konsumenten und des Handels nach Belieferung mit umweltfreundlicheren Problemlösungen ein Bedürfnispotential deutlich, aus dem ein Nachfragesog beziehungsweise eine **Ökologie-Pull-Wirkung** entsteht. Beide Wirkungskomponenten können sich gegenseitig beeinflussen beziehungsweise verstärken und sind daher im Rahmen einer Situationsanalyse systematisch zu erfassen (Meffert/Kirchgeorg 1998, S. 150f.).

Im Mittelpunkt der Situationsanalyse steht das **Konsumentenverhalten**. Die Marktforschung muß zur Abschätzung des Markt- und Absatzpotentials umweltorientierter Produkte Informationen über das Umweltbewußtsein, die umweltorientierte Preisbereitschaft, die individuelle Betroffenheit der Kunden durch Umweltprobleme und die Ausprägung des umweltorientierten Kaufverhaltens bereitstellen. Insbesondere in den achtziger und neunziger Jahren wurde in empirischen Studien (Bruhn 1978; Balderjahn 1986; Wimmer 1993) eine erhebliche Divergenz zwischen Umweltbewußtsein und Umweltverhalten ermittelt. Gründe für diese Verhaltensdivergenz werden in einer begrenzten Preisbereitschaft beziehungsweise Kosten-, Wissens-, Qualitäts-, Gewohnheits-, Motivationsbarrieren, in der fehlenden Verfügbarkeit von Umweltprodukten sowie insgesamt einer erhöhten Unsicherheit bei der Kaufentscheidung für Umweltprodukte gesehen (Kaas 1992; Monhemius 1992; Hüser 1993). Die Planung des Öko-Marketing wird dadurch noch weiter erschwert, daß sich in empirischen Untersuchungen keine eindeutige soziodemographische Charakterisierung umweltorientierter Käufersegmente herauskristallisiert hat (Monhemius 1992; Herker 1993; Meffert/Bruhn 1996).

Ein besonderer Stellenwert ist der Analyse der **Wettbewerbssituation** beizumessen, um die Chancen und Risiken der Wettbewerbsprofilierung im Öko-Marketing zu bewerten. Im Mittelpunkt steht die Analyse der ökologieinduzierten Veränderung der Wettbewerbsintensität, zum Beispiel durch Markteintritt neuer Konkurrenten, Bedrohungen durch Ersatzprodukte oder Veränderungen der Verhandlungsstärke von Lieferanten und Abnehmern (Porter 1983; Meffert/Kirchgeorg 1998, S. 142 f.). Ein ökologieorientiertes

Benchmarking, zum Beispiel anhand ausgewählter Umweltkennzahlen gegenüber den Hauptwettbewerbern, bildet hierbei eine zentrale Informationsgrundlage.

So konnte das Unternehmen Werner & Mertz im hart umkämpften Waschmittelsektor im Jahr 1986 mit seinem Haushaltsreiniger „Frosch" die Rolle eines Umwelt-Pioniers einnehmen. Grundlage hierfür bildete die Marktnische umweltgerechter Wasch- und Reinigungsmittel, die mittels einer am bisherigen Marktführer orientierten Preispolitik, mit einem hohen Distributionsgrad und klarer Kommunikation erfolgreich besetzt werden konnte. Die Produktgruppe wurde in den Folgejahren konsequent weiter ausgedehnt, so daß heute unter dem Markendach „Frosch" auch umweltfreundliche WC-Reiniger, Hand- und Maschinengeschirrspülmittel, Scheuermittel, Flüssig-Waschmittel und Bleich-Soda angeboten werden.

Weiterhin sind Informationen über die **Umweltstrategien des Handels** zu erfassen. Gerade in den letzten Jahren konnten umweltaktive Handelsunternehmen durch spektakuläre Auslistungsaktionen, zum Beispiel bei Froschschenkeln oder Tropenholz, zunehmend eine aktive Rolle im Absatzkanal wahrnehmen. Mit seiner angestiegenen Einkaufsmacht kann der Handel als „ökologischer Gatekeeper" die Diffusion umweltorientierter Produkte beschleunigen oder verlangsamen (Hansen 1992). Durch eine Segmentierung der aktuellen und potentiellen Händler nach umweltorientierten Kriterien (zum Beispiel erwarteter Erfolg einer Umweltprofilierung, Sortimentsstruktur, Kooperationsbereitschaft im Umweltschutz, Kompetenz im Umweltschutz) können spezifische Typen von Handelsunternehmen identifiziert werden, die sich vorrangig für eine Zusammenarbeit im vertikalen Marketing eignen (Ceyp 1996).

Erfolgspositionen auf Märkten werden in zunehmendem Maße auch durch das Verhalten von **nichtmarktlichen Gruppen** beeinflußt (zum Beispiel Medien und Greenpeace), so daß die Perspektive der klassischen Marktforschung um diese Anspruchsgruppen zu erweitern ist (Dyllick 1989). So haben namhafte Umweltgruppen beispielsweise bei der Einführung des neuen Polos von Volkswagen und bei der Vorstellung der E-Klasse von Mercedes zu hohe Benzinverbräuche kritisiert und zum Teil auch zum medienwirksamen Boykott der entsprechenden Fahrzeuge aufgerufen.

Den umwelt- und marktbezogenen Chancen und Risiken sind die **unternehmensbezogenen Stärken und Schwächen** gegenüberzustellen. Beeinträchtigungen der Umweltmedien (Boden, Wasser, Luft) und der Ressourcenverbrauch sind in der gesamten Wertschöpfungskette eines Unternehmens und im gesamten Lebenszyklus (Beschaffung, Produktion, Absatz, Gebrauch, Entsorgung) der angebotenen Produkte und Dienstleistungen zu erfassen. Geeignete methodische Instrumente hierzu bilden unter anderem Öko-Bilanzen (vgl. Insert 5-9), Produktlinienanalysen oder auch sogenannte Öko-Portfolios (Freimann 1989; Braunschweig/Müller-Wenk 1993).

Konzernübersicht Öko-Bilanzen

INPUT

		Zugang 1993	Zugang 1994	Bestand 31.12.1993
B 1.	Boden[1) (m²)	9.281	12.931	649.143
1.1	Versiegelt	3.323	636	68.606
1.2	Grün	523	938	448.659
1.3	Überbaut	5.435	11.357	131.878
B 2.	Gebäude[1) (m²)	3.955	17.447	178.473
2.1	Produktion	0	1.210	73.709
2.2	Lager und Vertrieb	3.695	16.059	87.569
2.3	Verwaltung	260	178	17.205
B 3.	Anlagen (Stück)	1.321	1.436	16.542
3.1	Produktionsmaschinen	341	530	6.386
3.2	Büroausstattung	470	583	7.020
3.3	Büro- und Komm.-Masch.	421	277	2.806
3.4	Fuhrpark	42	25	164
3.5	Technische Anlagen	47	21	166

		INPUT 1991	INPUT 1992	INPUT 1993	INPUT 1994	Bestand 31.12.1994
I 1.	Umlaufgüter (kg)	15.771.320	12.006.223	12.421.796	11.055.912	–
1.1	Rohstoffe	5.311.896	4.243.238	3.821.006	3.558.124	697.183
1.2	Halb- und Fertigwaren	2.655.422	2.114.895	2.637.453	2.082.292	–
1.3	Hilfsstoffe	5.954.169	4.115.455	4.345.438	3.936.325	–
1.4	Betriebsstoffe	1.849.833	1.532.635	1.617.899	1.479.171	–
I 2.	Energie (kWh)	185.039.982	157.709.097	150.682.651	118.986.313	entfällt
2.1	Gas	15.749.655	20.536.032	19.892.297	16.570.184	entfällt
2.2	Strom	54.809.172	46.465.919	47.878.784	33.123.331	entfällt
2.3	Heizöl	97.754.180	71.677.150	59.416.240	47.262.590	497.616
2.4	Fernwärme	1.615.625	2.391.466	5.595.680	5.586.418	entfällt
2.5	Treibstoff	15.111.350	16.638.530	17.899.650	16.443.790	entfällt
I 3.	Wasser (m³)	672.110	530.541	495.043	428.770	entfällt
3.1	Stadtwasser	451.936	338.583	303.852	281.275	entfällt
3.2	Rohwasser	220.174	191.958	191.191	147.495	entfällt
I 4.	Luft (m³)	–	–	–	–	entfällt

1) Durch Verbesserungen der Datenerhebung in den KUNERT-Werken Tunesien und Marokko änderten sich die Bestandswerte der Konten Boden und Gebäude.

Kommentar

Der Vergleich der INPUT- und OUTPUT-Größen über mehrere Jahre zeigt deutlich die Erfolge des Umwelt-Controllings. Stoff- und Energie-INPUT sowie Abfall-, Abwasser- und Abluftmenge konnten über die Jahre hinweg nachhaltig reduziert werden. So ging der Energieverbrauch zwischen 1991 und 1994 um rund 36 %, der Wasser-INPUT um 36 % und der Rohstoffverbrauch um 33 % zurück. Dem starken Rückgang dieser INPUT-Werte steht eine geringere Abnahme

INSERT 5-9: Ökobericht der Kunert AG 1994/95, S. 14 f.

Konzernübersicht Öko-Bilanzen

Bestand 31.12.1994			Abgang 1993	Abgang 1994	OUTPUT		
646.960			105.414	9.602	B	1.	Boden[1) (m²)
65.750			13.435	2.692		1.1	Versiegelt
448.386			54.322	340		1.2	Grün
132.824			37.657	6.570		1.3	Überbaut
185.369			1.569	17.923	B	2.	Gebäude[1) (m²)
72.107			1.569	9.347		2.1	Produktion
96.667			0	7.566		2.2	Lager und Vertrieb
16.415			0	1.010		2.3	Verwaltung
16.715			1.037	1.263	B	3.	Anlagen (Stück)
5.943			554	973		3.1	Produktionsmaschinen
7.436			209	167		3.2	Büroausstattung
2.972			178	111		3.3	Büro- und Komm.-Masch.
182			56	7		3.4	Fuhrpark
182			40	5		3.5	Technische Anlagen
Bestand 31.12.1994	OUTPUT 1991	OUTPUT 1992	OUTPUT 1993	OUTPUT 1994			
–	9.280.253	7.997.075	8.935.247	8.492.704	0	1.	Produkte (kg)
2.786.664	5.786.896	5.153.663	5.116.411	5.199.188		1.1	Beinbekleidung
–	175.962	164.446	211.756	194.911		1.2	Oberbekleidung
–	0	0	989.275	897.598		1.3	Transportverpackung
–	3.007.958	2.561.693	2.617.805	2.201.007		1.4	Produktverpackung
36.398	3.124.629	3.069.063	2.519.252	2.357.988	0	2.	Abfälle (kg)
3.910	26.475	27.738	40.399	62.883		2.1	Sondermüll
25.236	1.963.477	2.260.672	1.920.624	1.816.553		2.2	Wertstoffe
6.052	843.697	577.803	485.429	349.652		2.3	Restmüll
1.200	290.980	202.850	72.800	128.920		2.4	Bauschutt
entfällt	185.039.982	157.709.097	150.682.651	118.986.313	0	3.	Energieabgabe (kWh)
entfällt	487.770	388.189	376.289	339.277	0	4.	Abwässer (m³)
					0	5.	Abluft
entfällt	163.521	133.058	138.828	100.548		5.2.1.	NO_3 (kg)
entfällt	200.632	167.702	207.872	170.132		5.2.2.	SO_2 (kg)
entfällt	59.356.556	49.605.355	48.080.685	36.109.594		5.2.3.	CO_2 (kg)
entfällt	–	–	121.614.000	96.895.400		5.2.4.	Wasserdampf (kg)

des OUTPUT Bein- und Oberbekleidung von knapp 10 % im Laufe der vier Jahre gegenüber. Im gleichen Zeitraum konnten die Abfälle um ein Viertel reduziert werden, wobei das Restmüllaufkommen um 59 % schrumpfte. Erfreulich auch die CO_2- und NO_3-Emissionen, die um jeweils 39 % zurückgingen. Wermutstropfen ist die Zunahme des Sondermülls. Sie ist zum Teil auf eine verbesserte Erfassung z. B. von Elektronikschrott zurückzuführen.

INSERT 5-9: ... der Kunert AG 1994/95, S. 14 f. (Fortsetzung)

7.4 Strategische Ausrichtung des Öko-Marketing

Auf Grundlage der Situationsanalyse sind die Marketingziele und -strategien zu modifizieren. Abgeleitet von umweltbezogenen Unternehmensleitbildern wie dem „Sustainable Development" (Meffert/Kirchgeorg 1993) sind differenziert nach einzelnen Umweltmedien (Luft, Wasser, Boden), Unternehmensfunktionen, Geschäftsbereichen, Produkten, Produktsubstanzen, regionalen Zielmärkten und Zielgruppen konkrete Umweltschutzziele für das Öko-Marketing nach Inhalt, Ausmaß, Zeit- und Segmentbezug zu präzisieren. Mögliche **Zielinhalte** können zum Beispiel darstellen:

- Verringerung des Ressourceneinsatzes pro produziertem Produkt,
- Verminderung des Energieverbrauchs von Produkten während der Nutzung,
- Erhöhung des Bekanntheitsgrades für Umweltschutzinnovationen,
- Aufbau eines flächendeckenden Recyclingsystems und
- Verbesserung des umweltbezogenen Wissenstandes der Konsumenten.

Die Einbeziehung von Umweltschutzzielen in das Zielsystem der Unternehmung bildet den Ausgangspunkt, um alle Wertschöpfungsaktivitäten aus einer konzeptionellen Gesamtsicht heraus ökologieorientiert auszugestalten (vgl. Meffert/Kirchgeorg 1999). Um die Ökologie als Leitlinie des Unternehmensverhaltens wirksam zu etablieren, muß der Umweltschutz als Zielsetzung bei allen Entscheidungen und schließlich im Verhalten eines jeden Mitarbeiters Berücksichtigung finden, das heißt als ein „shared value" der Unternehmung verstanden werden. Besondere Probleme treten auf, wenn sich konfliktäre Beziehungen zwischen den ökonomischen und ökologischen Marketingzielen ergeben. Letztendlich erfordert die Lösung dieser Zielkonflikte ein verantwortungsethisches Entscheidungsverhalten der Entscheidungsträger (vgl. Winter 1998).

Im Rahmen der Distributionspolitik treten beim Warentransport häufig Konflikte zwischen dem Ziel einer geringen Umweltbelastung und dem Ziel einer hohen Lieferbereitschaft und -flexibilität auf. Die Henkel KGaA konnte dieses Spannungsfeld maßgeblich entschärfen, indem bei der Waschmitteldistribution in Deutschland neun dezentrale Regionalläger einbezogen werden, die als zwischengeschaltete Auslieferungsläger ausschließlich mit der Bahn versorgt werden. Die anschließende Belieferung der regionalen Kunden vollzieht sich nach dem Konzept der City-Logistik. Mit der Verlagerung des Fernverkehrs von der Straße auf die Schiene werden jährlich circa 22.000 LKW-Bewegungen eingespart.

Innerhalb der strategischen Ausrichtung des Öko-Marketing sind ferner die umweltorientierten Basis- und Marktteilnehmerstrategien festzulegen. Grundsätzlich sind **reaktive und proaktive Basisstrategien** zu unterscheiden. Für Unternehmen mit reaktiven Basisstrategien ist charakteristisch, daß sie Umweltschutzziele erst aufgrund gesetzlicher Auflagen verfolgen. In diesem Fall erfüllt die Unternehmung zwar die ökologischen Minimalforderungen, vergibt aber langfristig die Möglichkeit, im Markt und in der

Gesellschaft ein deutliches Profil als umweltorientiertes Unternehmen aufzubauen. Erst wenn im Rahmen des Öko-Marketing proaktiv, das heißt frühzeitig und über gesetzliche Vorschriften hinaus, Umweltschutzmaßnahmen ergriffen werden, bieten sich Profilierungschancen. Bei den marktteilnehmergerichteten Strategien kann gegenüber den Konsumenten eine **differenzierte oder undifferenzierte Marktbearbeitung** vorgenommen werden. Aufgrund der Divergenzen zwischen Umweltbewußtsein und Umweltverhalten bieten sich vielfach differenzierte Marktbearbeitungsstrategien an, bei denen Segmente gezielt in Abhängigkeit vom Umweltbewußtsein, der individuellen ökologischen Betroffenheit und der Preisbereitschaft bearbeitet werden können.

Besonderen Stellenwert nimmt die **wettbewerbsorientierte Ausrichtung** der umweltorientierten Marketingstrategie ein, um einen Umweltnutzen zu einem Wettbewerbsvorteil im Markt auszubauen. Wettbewerbsbezogene Profilierungsstrategien können auch unter Einbeziehung von Umweltschutzerfordernissen grundsätzlich in einer Qualitätsführerschaft beziehungsweise Differenzierung, einer Kostenführerschaft sowie einer Nischenbeziehungsweise Teilmarktorientierung bestehen. Empirische Untersuchungen haben darüber hinaus bestätigt, daß Entscheidungen über den Markteintrittszeitpunkt (Timingstrategie) bei der Einführung von Umweltprodukten (Pionier- versus Folgerstrategien) zur Erzielung von Erfolgspositionen eine besondere Bedeutung erlangen (Kirchgeorg 1990; Ostmeier 1990; Meffert 1991; Steger 1993). Beispielsweise konnte Opel durch die frühzeitige und serienmäßige Ausstattung seiner PKW mit geregelten Katalysatoren eine spürbare Verbesserung des Unternehmensimage erreichen.

Bei der Festlegung der Marktteilnehmerstrategie sind weiterhin die **Verhaltensoptionen im vertikalen Marketing** (Umgehungs-, Substitutions-, Kooperationsstrategien) gegenüber dem Handel zu prüfen (Ceyp 1996). Inwieweit ein vertikal integriertes Vorgehen in Abstimmung und Kooperation mit dem Handel erfolgen kann, hängt von der ökologischen Grundhaltung, der Kompetenz und der Kooperationsbereitschaft des Handels ab (Meffert/Kirchgeorg 1998, S. 140 ff.). Als ein Beispiel für die Erreichbarkeit umweltorientierter Nachfragerpotentiale durch eine Zusammenarbeit im vertikalen Marketing ist der Otto Versand zu nennen, der mit umweltgerechten Textilien bereits mehr als 100 Millionen DM pro Jahr umsetzt.

7.5 Operative Ausrichtung des Öko-Marketing

Ausgehend von der Festlegung der strategischen Grundausrichtung ist der Einsatz der Marketinginstrumente zu planen. Bei der Gestaltung eines ökologieorientierten Marketing-Mix bildet die **Positionierungsentscheidung** für umweltgerechte Produktvariationen und -innovationen den zentralen Ausgangspunkt. Hierbei stellt sich die Frage, durch welche Eigenschaften umweltgerechte Produkte im Wahrnehmungsraum des Konsumenten verankert werden sollen, damit eine Differenzierung gegenüber der Konkurrenz und eine Präferenz bei den Konsumenten erreicht werden kann. Grundsätzlich sind eine **flankierende, eine gleichberechtigte oder eine dominante Einbeziehung der Umweltverträglichkeit als Produkteigenschaft in die Markenpositionierung denkbar.**

Bei der Entscheidung über die ökologieorientierte Produktpositionierung sind konsumenten-, wettbewerbs- und produktbezogene Bestimmungsfaktoren einzubeziehen. In Abbildung 5-36 sind die relevanten Ausprägungen von Bestimmungsfaktoren einer dominanten denjenigen einer flankierenden Produktpositionierung gegenübergestellt. Obwohl eine dominante Profilierung mit der Umweltverträglichkeit zur Erlangung von Wettbewerbsvorteilen vielfach angestrebt wird, erweist sich diese Option bei näherer Analyse nicht unbedingt für jeden Anbieter als vorteilhaft. Denkbare Gefahren sind die Vernachlässigung klassischer Produktnutzenkomponenten, die Diskriminierung bestehender, weniger umweltgerechter Marken im eigenen Sortiment sowie das Problem der Sicherung der Dauerhaftigkeit und Einzigartigkeit umweltorientierter Produkteigenschaften. **Ausgehend von der Positionierung ist der umweltorientierte Einsatz der Marketinginstrumente zu planen.**

Die **ökologieorientierte Produktpolitik** besitzt eine hohe Relevanz für die von den Produkten während der Produktion, der Nutzung und der Entsorgung ausgehenden Umweltwirkungen. Daher wird sie vielfach auch als Kern ökologieorientierter Profilierungskonzepte bezeichnet. Als produktpolitische Instrumente stehen Produktinnovationen, Produktvariationen und Produkteliminierungen zur Anpassung des Programms an ökologische Erfordernisse zur Verfügung (Thomé 1981; Ostmeier 1990; Türck 1991).

Bei der **Produktvariation** werden ökologieorientierte Anforderungen in bereits bestehende Produkte integriert, ohne daß sich dadurch die Gesamtzahl der angebotenen Produkte erhöht. Im Falle der Produktvariation können unterschiedliche Schwerpunktsetzungen angezeigt sein. In Abbildung 5-37 sind beispielhaft die Kumulationskurven für Emissionen dreier hypothetischer Produkte über ihren gesamten Lebenszyklus aufgezeigt. Produkt A verursacht den weitaus größten Teil seiner negativen Umweltwirkungen in der Entsorgungsphase, so daß ökologieorientierte Maßnahmen zunächst außerhalb der unmittelbaren Einflußsphäre des Unternehmens ansetzen sollten (zum Beispiel Rückführungs- und Recyclingkonzepte). Für Produkt B ergeben sich Umweltprobleme hauptsächlich bei der Rohstoffgewinnung und der Verwendung, was eine ökologieorientierte Einflußnahme auf die Vorlieferanten und Nutzer erfordert. Produkt C hingegen verursacht den weitaus größten Teil seiner Emissionen in der Herstellungsphase. Diese Feststellung zwingt zu einer ökologiegerechteren Gestaltung des Herstellungsprozesses.

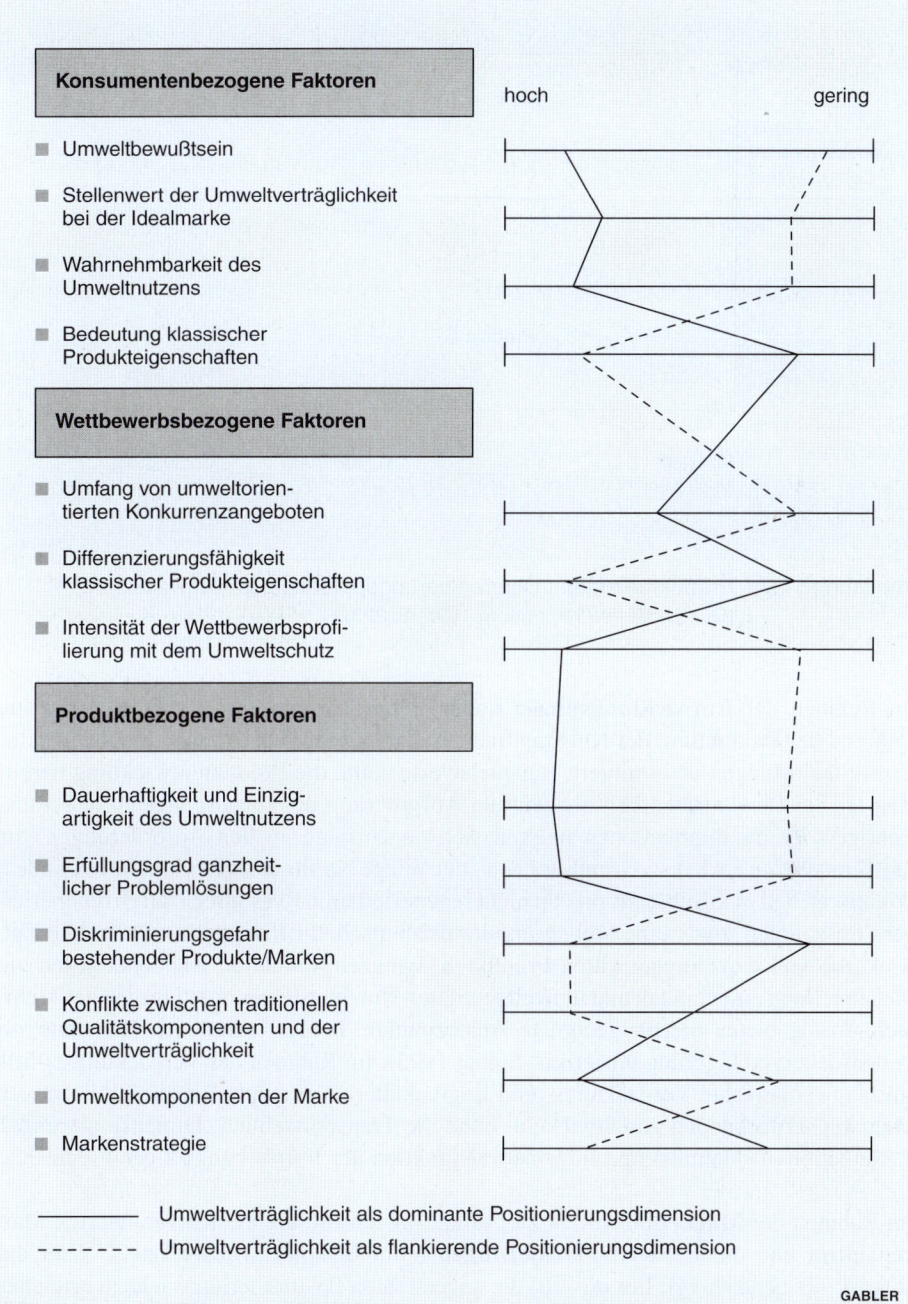

Abbildung 5-36: Bestimmungsfaktoren einer dominanten und flankierenden ökologieorientierten Positionierungsentscheidung
(Quelle: Meffert/Kirchgeorg 1998, S. 281)

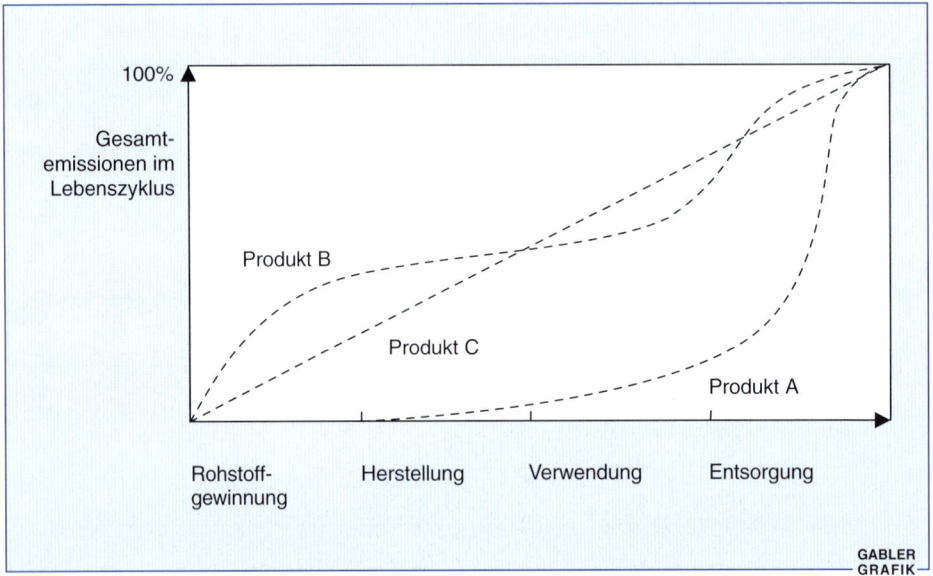

Abbildung 5-37: Produktbezogene Differenzierungspotentiale im Umweltschutz
(Quelle: Meffert/Kirchgeorg 1998, S. 223)

Im Rahmen der **Entwicklungsphase neuer Produkte** wird ein Großteil der später während der Produktion, der Nutzung und der Entsorgung von Produkten entstehenden Umweltbelastungen determiniert. Beispielsweise sollte die Produktentwicklung bereits eine leichte Demontierbarkeit als zentrale Anforderung der Entsorgungsphase berücksichtigen. Produktinnovationen müssen sich demzufolge an den Anforderungen von Stoffkreisläufen nach dem Grundsatz von „der Wiege bis zur Wiege" („cradle to cradle") orientieren und eine Substitution von nicht regenerierbaren Ressourcen durch regenerierbare Ressourcen sowie eine Steigerung der ökologischen Effizienz anstreben. Die Entwicklung von recyclinggerechten Produkten, Langzeitprodukten, Kundendiensten zur Sicherstellung einer langen und umweltgerechten Nutzungsdauer oder Formen der Mehrfachnutzung bieten hierfür geeignete Ansatzpunkte. Ferner lassen sich Konzepte zur Lebensdauerverlängerung umsetzen (Stahel 1993). Im Rahmen der Verpackungspolitik sind umweltgerechte Verpackungs- und Logistikalternativen zum Beispiel in Form von Mehrwegverpackungen zu entwickeln, ohne die Transportschutz-, Dimensionierungs-, Präsentations-, Qualitäts- und Informationsfunktion der Verpackung zu gefährden.

Im Rahmen der **Markenpolitik** ist zu prüfen, inwieweit durch einen veränderten Markenauftritt und durch **Zusatzmarkierungen** (zum Beispiel „Blauer Engel" oder das „Öko-Prüfzeichen", vgl. Insert 5-10) die angestrebten Positionierungsziele zu erreichen sind. Allerdings ist in den letzten Jahren eine große Zahl unternehmensspezifischer Umweltmarken auf den Markt gekommen, so daß die Gefahr besteht, daß der Verbraucher einerseits die Glaubwürdigkeit umweltorientierter Markierungen grundlegend in

Wo Öko draufsteht, ist auch Öko drin

Bioprüfsiegel. Endlich Klarheit für den Verbraucher: Bald tragen Produkte aus kontrolliert ökologischem Anbau ein einheitliches Prüfzeichen. Jan von Ledebur überwand Verbandsegoismen und widerstreitende Interessen.

Neun verschiedene Etiketten für seriös kontrollierte Bioprodukte, dazu etliche zweifelhafte Werbeaufkleber: Kein Wunder, wenn Verbraucher zweifeln, ob alle Waren mit Ökolabel den Preisaufschlag – im Schnitt 50 Prozent – wert sind.

Prüfsiegel. Seit Jahren kämpft Jan von Ledebur (69) für ein einheitliches Qualitätszeichen. Im vorigen Mai hat der Vorstandschef der Arbeitsgemeinschaft Ökologischer Landbau (Agöl) endlich die Centrale Marketing-Gesellschaft der deutschen Agrarwirtschaft (CMA) für seinen Plan gewonnen. Derzeit kommen die ersten Produkte mit dem neuen, einheitlichen Ökoprüfzeichen auf den Markt. Die CMA, an die zwangsweise alle Bauern einen Obulus entrichten, spendiert fünf Werbemillionen für das Gütezeichen. Es wird dem Ökolandbau, der die Artenvielfalt auf Äckern und Wiesen erhält, einen wichtigen Impuls geben. Für seine beharrliche Arbeit erhält Jan von Ledebur den Ökomanager-Sonderpreis.

Interessenkonflikt. Lange Zeit waren die Ökolandwirte für die CMA überhaupt kein adäquater Gesprächspartner. Denn die rund 7500 Biobauern – nur rund 1,4 Prozent aller Agrarbetriebe mit gut zwei Prozent der Fläche – sind auf neun Verbände verteilt. Jeder hat eigene Kontrollen und Gütesiegel etabliert. Obwohl im Grundsatz einig, gibt es zwischen ihnen erbitterte Diskussionen um Details. Das kannte von Ledebur aus langer Praxis. In Niedersachsen auf einem Bauernhof aufgewachsen, leitete er von 1955 bis 1969 selbst ein Biogut. Danach war der Diplom-Agraringenieur als Berater, seit 1983 als Verbandsmanager national und international tätig. Stets wollte er die Organisationen bündeln. 1988 hatte er das Ziel erreicht: Sie gründeten den Dachverband Agöl, dem er seitdem vorsteht.

Marktpotenzial. Mit vereinten Kräften können die Biobauern ihr Marktpotenzial besser ausschöpfen: Nur gut ein Prozent der deutschen Lebensmittel stammt aus kontrolliert ökologischem Landbau. Die Schweiz meldet immerhin fünf Prozent, ähnlich Österreich und Skandinavien. „Mittelfristig sind zehn Prozent erreichbar – auch hierzulande", berichtet von Ledebur aus Marktstudien. Besonders Supermarktketten hatten ein einheitliches Prüfsiegel gefordert. Sie sind auf klare, überzeugende Werbebotschaften angewiesen, da sie im Laden kaum beraten. Die Biobauern ihrerseits brauchen die Handelskonzerne, um aus der Ökonische herauszuwachsen. Vorteil für Verbraucher: Die Ketten arbeiten sehr kostengünstig, das ermöglicht niedrigere Preise für Bioware. An Nachschub mangelt es nicht: Pro Jahr wächst die Ökoagrarfläche um gut sieben Prozent, weil Bauern umstellen.

INSERT 5-10: Capital, Nr. 11/1999, S. 82

Zweifel zieht und andererseits keine Leistungsunterschiede zwischen den verschiedenen Umweltmarken wahrnimmt.

Generell bereitet die ökologieorientierte Qualitätseinschätzung von Produkten den Konsumenten erhebliche Schwierigkeiten. Zur Erklärung dieser Beurteilungsschwierigkeiten können informationsökonomische Ansätze herangezogen werden (Kaas 1993). Dabei werden Produktmerkmale nach den konsumentenseitigen Beurteilungsmöglichkeiten in die drei Klassen **Search-, Experience-** und **Credence-Qualities** eingeteilt (Darby/Karni 1973). Zuverlässig bereits vor einem Kauf zu beurteilende Produkteigenschaften, zum Beispiel das Vorhandensein einer wiederverwendbaren Mehrwegverpackung, werden als Search-Qualities bezeichnet, während Experience-Qualities erst nach dem Kauf und einer gewissen Nutzungserfahrung zutreffend beurteilt werden können (zum Beispiel eine hohe Lebensdauer oder eine lange Lieferbarkeit von Ersatzteilen). Credence-Qualities bieten keinerlei Möglichkeit zu einer verläßlichen Einschätzung durch den Konsumenten, da sie für ihn nicht beobachtbar sind (zum Beispiel Zuverlässigkeit vorgelegter Öko-Bilanzen). Ökologieorientierte Produkteigenschaften sind demnach häufig als Experience- oder Credence-Qualities anzusehen und können somit vom Konsumenten vor dem Kauf nicht überprüft und zuverlässig eingeschätzt werden. Diese Tatsache **steigert für die Konsumenten das wahrgenommene Kaufrisiko**.

Einer ökologieorientierten **Kommunikationspolitik** kommt die Aufgabe zu, vorhandene Umweltvorteile und die Umweltkompetenz des Unternehmens herauszustellen (Lambsdorff 1993). Neben den klassischen Kommunikationsinstrumenten werden neueren Instrumenten, wie zum Beispiel Risikodialogen, zum Aufbau von Kommunikationsbeziehungen zu kritischen Institutionen, Umweltverbänden und Medien eine besondere Bedeutung beigemessen (Jungermann et al. 1991). Ergänzend werden auch Formen des Umweltsponsoring in ein integriertes Konzept der Umweltkommunikation einbezogen (Bruhn 1990; Zillessen/Rahmel 1991), wobei insbesondere bekannte Umweltinstitutionen wie der BUND oder WWF als Sponsoring-Nehmer in Frage kommen.

Die Umsetzung des Kreislaufgedankens im Öko-Marketing stellt auch neue konzeptionelle Anforderungen an die **Distributionspolitik**. Das Aufgabenspektrum erweitert sich durch die vielfach bereits gesetzlich verankerten Rücknahmeverpflichtungen von Verpackungen und Produkten nach ihrem Gebrauch (Retrodistribution). Dabei sind mit der Bezeichnung „ökologieorientierte Retrodistribution" im wesentlichen zwei ökologieorientierte Entscheidungsfelder angesprochen: die Sammlung und Rückführung der Altprodukte sowie das hochwertige Recycling und die gefahrlose Deponierung verbleibender Reststoffe. Ähnlich wie bei der Entscheidung zwischen verschiedenen Absatzkanälen rückt daher die **Wahl eines geeigneten Rückführungskanals** immer mehr in den Mittelpunkt distributionspolitischer Entscheidungen (Stockinger 1991; Meffert/Kirchgeorg 1998, S. 210 ff.). Bei der Wahl von Transportmittelalternativen, zum Beispiel bei der Entscheidung Bahn- versus LKW-Transport, sind die klassischen Kostengrößen durch ressourcenbezogene (Energie) und umweltbezogene (Emissionen) Einflußfaktoren zu ergänzen.

Vor dem Hintergrund einer weiter **steigenden Handelsmacht** verdienen umweltinduzierte Konfliktpotentiale in der Distributionspolitik eine besondere Beachtung. Hierbei empfiehlt sich eine Übereinstimmung von handels- und herstellerseitiger Basisstrategie im Umweltschutz (Meffert/Burmann 1991). Unter ökologieorientierten Profilierungsgesichtspunkten ist zusätzlich eine Komplementarität in der vom Konsumenten wahrgenommenen Umweltkompetenz eines Herstellers und seiner Distributionspartner notwendig, um eine ganzheitliche Kompetenzwahrnehmung aufzubauen (Ceyp 1996). Infolgedessen ist im Rahmen der Distributionspolitik einer **umweltorientierten Absatzmittlerselektion** eine gesteigerte Aufmerksamkeit zu schenken. Diese Feststellung betrifft insbesondere solche Produkte, deren ökologieorientierten Produktmerkmale als Credence-Qualities einzuschätzen sind (zum Beispiel Lebensmittel aus kontrolliert ökologischen Anbau).

In der **Preispolitik** für umweltorientierte Produkte wird vielfach ein Haupthindernis für die Akzeptanz gesehen. Höhere Preise bei Umweltprodukten sind einerseits ein wesentlicher Grund für die Divergenz zwischen bekundetem Umweltbewußtsein der Konsumenten und ihrem tatsächlichen Umweltverhalten (Bänsch 1990) und andererseits steigenden Konfliktpotentialen mit dem Handel (Ceyp 1996). Zur Reduktion derartiger Widerstände sind Preisdifferenzierungsstrategien bezogen auf unterschiedliche umweltorientierte Preisbereitschaften der Konsumenten, Formen der dynamischen Preisgestaltung (Skimmingpreisstrategien) und Ansätze der Mischkalkulation bei der Einführung umweltorientierter Produkte zu prüfen. Weitere Ansatzpunkte können sich in der Konditionenpolitik, zum Beispiel über ausgewählte Finanzierungsformen (Leasing) für umweltgerechte Produktvarianten, ergeben.

7.6 Implementierung des Öko-Marketing

Damit die besonderen Spezifika des Öko-Marketing, insbesondere die hohe Glaubwürdigkeit und eine funktions- und unternehmensübergreifende Maßnahmenintegration, in den Unternehmen wirkungsvoll beachtet werden können, erscheint eine **organisatorische Verankerung** (Umweltschutzorganisation) unumgänglich. Die Gestaltungsalternativen reichen von der Ernennung eines Umweltschutzbeauftragten über die Verankerung in den Linienfunktionen bis hin zu einer funktionalen Eingliederung des Umweltschutzes. Bei der Implementierung des Öko-Marketing ist durch eine Verknüpfung des Top-down-Ansatzes mit einem Bottom-up-Ansatz eine große Akzeptanz und Breitenwirkung im gesamten Unternehmen und nicht nur in der spezialisierten Umweltschutzorganisation sicherzustellen.

Der Prozeß des geplanten Wandels sollte durch ein **innengerichtetes Marketing** zum Abbau möglicher Akzeptanz- und Verhaltensbarrieren begleitet werden. Aufgrund der

Komplexität und Interdisziplinarität umweltschutzbezogener Problemstellungen ist insbesondere das vielfach in den Unternehmen vorherrschende funktionsorientierte Denken durch eine ganzheitlichere oder vernetztere Sicht zu ergänzen. Dieser Prozeß des organisationalen Lernens im Umweltmanagement vollzieht sich dabei im wesentlichen auf den Ebenen des individuellen Könnens, des sozialen Dürfens und der institutionellen Bedingungen (Pfriem/Schwarzer 1996).

Im Hinblick auf die Koordination und Kontrolle der Umweltschutzmaßnahmen ist das klassische Controlling durch ein **ökologieorientiertes Controlling** zu ergänzen (Steger 1991; Wagner 1993). Mit Hilfe eines ökologieorientierten Controlling sind dem Entscheidungsträger Planungs-, Steuerungs- und Kontrollinstrumente zur Entwicklung und Implementierung einer Öko-Marketingkonzeption bereitzustellen.

7.7 Zusammenfassung und Ausblick

Zusammenfassend gesehen liegen die wesentlichen **Erfolgsfaktoren eines erfolgreichen Öko-Marketing** auf drei Feldern. Erstens erfordern ökologische Fragestellungen eine hohe Problemlösungskompetenz der Unternehmen. Diese bezieht sich sowohl auf technisch-funktionale Prozesse als auch auf kreative Managementlösungen. Zweitens wird von den Unternehmen verstärkt eine ganzheitliche Problemlösung gefordert. Lediglich durch eine integrative Sichtweise lassen sich ökologisch effiziente und damit glaubwürdige Wege zur Reduzierung von Umweltproblemen beschreiten. Drittens gewinnen im ökologieorientierten Marketing der Dialog und die Kooperation über die Firmengrenzen hinweg eine besondere Bedeutung.

Trotz zeitweiser Überlagerungstendenzen, zum Beispiel aufgrund konjunktureller Einflüsse, wird die Berücksichtigung ökologieorientierter Aspekte im Marketing weiter an Bedeutung zunehmen. Hierfür sprechen nicht nur die absehbaren Entwicklungen im Umweltrecht, sondern auch wettbewerbsbezogene Überlegungen und ein weiter verbessertes Umweltwissen der Konsumenten. Die aktuellen Bestrebungen eines zunehmenden ökologieorientierten Marketing in ausgewählten Dienstleistungsbranchen (zum Beispiel Tourismus- oder Finanzdienstleistungsbranche) unterstreichen diesen Trend. Im Konsumgüterbereich allerdings ist der Stellenwert der Umweltverträglichkeit in Abhängigkeit von der Produktkategorie zu differenzieren. Bei Convenience-Produkten wird die bisher als Zusatznutzen erlebte Umweltverträglichkeit langfristig zum Bestandteil des Grundnutzens. Im Bereich der hochwertigen Konsumgüter wächst demgegenüber die Bedeutung des Umweltarguments, insbesondere in den Bereichen, die zur Schaffung einer ökologieorientierten Lebensqualität einen spürbaren Beitrag leisten.

Literaturhinweise

Balderjahn, J. (1986), Das umweltbewußte Konsumentenverhalten, Berlin.
Bänsch, A. (1990), Marketingfolgerungen aus den Gründen für den Nichtkauf umweltfreundlicher Konsumgüter, in: Jahrbuch der Absatz- und Verbauchsforschung, Nr. 4, S. 360–379.
Brandt, A., Hansen, U., Schoenheit, I., Werner, K. (Hrsg.) (1988), Ökologisches Marketing, Frankfurt am Main u. a.
Braunschweig, A., Müller-Wenk, R. (1993), Ökobilanzen für Unternehmungen, Stuttgart.
Bruhn, M. (1978), Das soziale Bewußtsein von Konsumenten, Wiesbaden.
Bruhn, M. (1990), Sozio- und Umweltsponsoring, München.
Burghold, J. A. (1988), Ökologisch orientiertes Marketing, Augsburg.
Ceyp, M. (1996), Ökologieorientierte Profilierung im vertikalen Marketing – dargestellt am Beispiel der Elektrobranche, Frankfurt am Main u. a.
Darby, M. R., Karni, E. (1973), Free Competition and the Optimal Amount of Fraud, in: Journal of Law and Economics, Vol. 16, April 1973, S. 67–86.
Diller, H. (1977), Marketing und Umweltschutz, in: Heigl, A. (Hrsg.), Handbuch des Umweltschutzes, Teil M 6, München, S. 1–19.
Dyckhoff, H. (2000), Umweltmanagement: zehn Lektionen in umweltorientierter Unternehmensführung, Berlin u. a.
Dyllick, T. (1989), Management der Umweltbeziehungen, Wiesbaden.
Fässler, E. (1989), Gesellschaftsorientiertes Marketing, Bern u. a.
Fisk, G. (1974), Marketing and the Ecological Crisis, New York u. a.
Freimann, J. (1989), Instrumente sozial-ökologischer Folgenabschätzung im Betrieb, Wiesbaden.
Hansen, U. (1992), Umweltmanagement im Handel, in: Steger, U. (Hrsg.), Handbuch des Umweltschutzes, München, S. 733–756.
Hansmann, K. W. (Hrsg.) (1998), Umweltorientierte Betriebswirtschaftslehre: eine Einführung, Berlin.
Henion, K. E., Kinnear, T. C. (Hrsg.) (1976), Ecological Marketing, Austin u. a.
Herker, A. (1993), Eine Erklärung des umweltbewußten Konsumentenverhaltens – Eine internationale Studie, Frankfurt am Main.
Hopfenbeck, W. (1994), Umweltorientiertes Management und Marketing, 3. Aufl., Landsberg am Lech.
Hüser, A. (1993), Institutionelle Regelungen und Marketinginstrumente zur Überwindung von Kaufbarrieren auf ökologischen Märkten, in: Zeitschrift für Betriebswirtschaft, 63. Jg., Nr. 3, S. 267–287.
Jungermann, H., Rohrmann, B., Wiedemann, P. M. (Hrsg.) (1991), Risikokontroversen – Konzepte, Konflikte, Kommunikation, Berlin u. a.
Kaas, K. P. (1992), Marketing für umweltfreundliche Produkte, in: Die Betriebswirtschaft, 52. Jg., Nr. 4, S. 473–487.
Kaas, K. P. (1993), Informationsprobleme auf Märkten für umweltfreundliche Produkte, in: Wagner, G. R. (Hrsg.), Betriebswirtschaft und Umweltschutz, Stuttgart, S. 29–43.
Kirchgeorg, M. (1990), Ökologieorientiertes Unternehmensverhalten, Wiesbaden.
Kirchgeorg, M. (1995), Öko-Marketing, in Handwörterbuch des Marketing, 2. Aufl., Stuttgart, Sp. 1943–1954.
Kunert AG (Hrsg.) (1995), Ökobericht der Kunert AG 1994/95, Immenstadt.
Lambsdorff, H. G. (1993), Werbung und Umweltschutz, Stuttgart u. a.
Meffert, H. (1991) Strategisches Ökologiemanagement, in: Coenenberg, A. G., Weise, E., Eckrich, K. (Hrsg.), Ökologie als strategischer Wettbewerbsfaktor, Stuttgart, S. 7–32.
Meffert, H. (1993), Umweltbewußtes Konsumentenverhalten. Ökologieorientiertes Marketing im Spannungsfeld zwischen Individual- und Sozialnutzen, in: Marketing, Zeitschrift für Forschung und Praxis, 15. Jg., Nr. 1, S. 51–54.

Meffert, H., Bruhn, M. (1996), Das Umweltbewußtsein von Konsumenten – Ergebnisse einer empirischen Untersuchung in Deutschland im Längsschnittvergleich, Meffert, H., Wagner, H., Backhaus, K. (Hrsg.), Arbeitspapier Nr. 99 der Wissenschaftlichen Gesellschaft für Marketing und Unternehmensführung e. V., Münster.

Meffert, H., Bruhn, M., Schubert, F., Walter, Th. (1985), Marketing und Ökologie – eine Bestandsaufnahme, Meffert, H., Wagner, H., Backhaus, K. (Hrsg.), Arbeitspapier Nr. 25 der Wissenschaftlichen Gesellschaft für Marketing und Unternehmensführung e. V., Münster.

Meffert, H., Burmann, C. (1991), Umweltschutzstrategien im Spannungsfeld zwischen Hersteller und Handel – Ein Beitrag zum vertikalen Umweltmarketing, Meffert, H., Wagner, H., Backhaus, K. (Hrsg.), Arbeitspapier Nr. 66 der Wissenschaftlichen Gesellschaft für Marketing und Unternehmensführung e. V., Münster.

Meffert, H., Kirchgeorg, M. (1993), Sustainable Development als Leitbild der umweltorientierten Unternehmensführung, in: Harvard Business Manager, No. 2, S. 34–45.

Meffert, H., Kirchgeorg, M. (1998), Marktorientiertes Umweltmanagement, 3. Aufl., Stuttgart.

Meffert, H., Kirchgeorg, M. (1999), Ziele und Strategien des betrieblichen Umweltmanagements im Wandel, in: Wagner, G. R. (Hrsg.), Unternehmensführung, Ethik und Umwelt: Hartmut Kreikebaum zum 65. Geburtstag, Stuttgart, S. 491–508.

Monhemius, K.-C. (1993), Umweltbewußtes Kaufverhalten von Konsumenten, Frankfurt am Main u. a.

Ostmeier, H. (1990), Ökologieorientierte Produktinnovationen, Frankfurt am Main u. a.

Pfriem, R., Schwarzer, C. (1996), Ökologiebezogenes organisationales Lernen, in: Umweltwirtschaftsforum, 4. Jg., Nr. 3, S. 10–16.

Porter, M. (1983), Wettbewerbsstrategie, Frankfurt am Main.

Ruppen, L. (1978), Marketing und Umweltschutz, Fribourg.

Schoenheit, I. (1990), Öko-Marketing aus Verbrauchersicht, in: GDI (Hrsg.), Ökologie im vertikalen Marketing, Rüschlikon, S. 197–210.

Stahel, W. R. (1993), Langlebigkeit und Materialrecycling – Strategien zur Vermeidung von Abfällen im Bereich der Produkte, 2. Aufl., Essen.

Steger, U. (1991), Umwelt-Auditing, Frankfurt am Main.

Steger, U. (1993), Umweltmanagement, 2. Aufl., Wiesbaden.

Stockinger, W. (1991), Probleme einer ökologisch orientierten Redistribution – Eine transaktionskostentheoretische Analyse, Hannover.

Thomé, G. (1981), Produktgestaltung und Ökologie, München.

Türck, R. (1991), Das ökologische Produkt, 2. Aufl., Ludwigsburg.

Wagner, G. R. (1993), Das ökologische Controlling als Konzeption interner Unternehmungsrechnungen, in: Wagner, G. R. (Hrsg.), Betriebswirtschaft und Umweltschutz, Stuttgart, S. 207–222.

Wiedmann, K.-P. (1989), Gesellschaft oder Marketing – Neuorientierung der Marektingkonzeption im Zeichen des gesellschaftlichen Wandels, in: Specht, G., Silberer, G., Engelhardt, H., Marketingschnittstellen, Stuttgart, S. 227–246.

Wimmer, F. (1993), Empirische Einsichten in das Umweltbewußtsein und Umweltverhalten der Konsumenten, in: Wagner, G. R. (Hrsg.), Betriebswirtschaft und Umweltschutz, Stuttgart, S. 44–78.

Winter, C. (1998), Das umweltbewusste Unternehmen: die Zukunft beginnt heute, Stuttgart.

Zillessen, R., Rahmel, H. (Hrsg.) (1991), Umweltsponsoring, Frankfurt am Main.

Kapitelübersicht

Fallstudie VW Golf IV

	Seite
1. Bedeutung des Golf-Konzeptes für den Volkswagen-Konzern – Entwicklung, Einführung und Markterfolg der Modelle Golf I, II, III und IV	1317
2. Gesamtmarkt- und Unternehmenssituation bei der Einführung des Golf IV	1323
2.1 Gesamtmarktentwicklung für die nationalen und internationalen Automobilmärkte bei der Einführung des Golf IV	1323
2.2 Trends auf den Automobilmärkten bei der Einführung des Golf IV	1326
2.3 Unternehmenssituation des Volkswagen-Konzerns auf dem Weg ins neue Jahrtausend	1329
3. Entwicklung einer Marketing-Konzeption für den Golf IV	1339
3.1 Strategischer Planungsprozeß bei der Neuwagenentwicklung	1339
3.2 Key Issue Analyse für die Planungs- und Einführungsphase des Golf IV	1341
3.3 Festlegung der strategischen Ziele und Positionierung des Golf IV	1357
4. Produktpolitik für den Golf IV	1360
4.1 Bedeutung und Rahmenbedingungen der Produktpolitik	1360
4.2 Produktentstehungsprozeß bei Volkswagen	1360
4.3 Ziele und Entscheidungstatbestände der Produktpolitik für den Golf IV	1363
4.4 Angebots- und Modelldifferenzierung	1366
4.5 Sondermodellpolitik	1369

5. Preis- und kontrahierungspolitische Entscheidungen 1371
   5.1 Bedeutung der Preis- und Kontrahierungspolitik
       für das Marketing-Mix von Automobilherstellern 1371
   5.2 Determinanten und Instrumente
       der Preispositionierung für den Golf IV 1372
   5.3 Operative Ausgestaltung der Preispolitik
       für den Golf IV 1378
6. Kommunikationspolitik bei der Einführung
   des Golf IV 1380
   6.1 Bedeutung und Rahmenbedingungen
       der Kommunikationspolitik 1380
   6.2 Kommunikationsziele 1381
   6.3 Kommunikationsstrategie und Einzelmaßnahmen
       zur Einführung des Golf IV 1382
   6.4 Gestaltung der Werbebotschaft sowie Umsetzung
       der Erfolgsfaktoren des Golf-Konzeptes
       in der Kommunikationspolitik 1391
   6.5 Budgetierungsentscheidungen 1399
7. Distributionspolitische Entscheidungen
   bei der Einführung des Golf IV 1405
   7.1 Bedeutung und Rahmenbedingungen
       der Distributionspolitik 1405
   7.2 Die neue Vertriebsstrategie bei Volkswagen 1406
   7.3 Absatzkanal-Management und Durchsetzung der
       Golf IV-Konzeption in der Händlerorganisation 1408
8. Mixübergreifende Entscheidungen für den Golf IV 1411
   8.1 Service- und Kundendienstpolitik 1411
   8.2 Markenmanagement für den Golf IV 1414
9. Marketing-Koordination 1419
   9.1 Marketingcontrolling bei Volkswagen 1419
   9.2 Marketingorganisation bei Volkswagen
       sowie Projektorganisation für den Golf IV 1426
10. Erfolgsfaktoren des Golf-Konzeptes 1431
11. Fragen und Aufgabenstellungen zur Fallstudie 1437

1. Bedeutung des Golf-Konzeptes für den Volkswagen-Konzern – Entwicklung, Einführung und Markterfolg der Modelle Golf I, II, III und IV

Tradition verpflichtet – kaum ein Auto ist diesem Grundsatz mehr unterlegen als der Golf des Volkswagen-Konzerns. Der Golf, welcher der Kompaktklasse sogar den zusätzlichen Namen Golf-Klasse gab, steht seit jeher als Synonym für Qualität, Wertstabilität und Zuverlässigkeit, trotz oder gerade wegen seiner bereits über 25jährigen Geschichte.

Der ökonomische Erfolg des Volkswagen-Konzerns war bis in die siebziger Jahre hinein auf das engste mit dem des VW-Käfers verknüpft. Bis September 1974 hatten 18 Millionen Fahrzeuge dieses legendären Modells die Produktionsstätten des Konzerns verlassen. Ende der sechziger Jahre wurden jedoch zunehmend kritische Stimmen im Management von Volkswagen laut, die vor der Strukturschwäche infolge der programmpolitischen Fokussierung auf nur einen Umsatzträger warnten. 1970 erfolgte somit der Projektanstoß für die Entwicklung mehrerer neuer Modellreihen, zu denen neben den Modellen Passat und Scirocco als neuer Kompaktwagen der Golf gehörte.

Die in einem nicht mehr markt- und bedürfnisgerechten Modellprogramm begründeten Probleme des Volkswagen-Konzerns wurden zu Beginn der siebziger Jahre durch eine rapide Verschlechterung der sozio-ökonomischen Rahmenbedingungen verstärkt. So erwiesen sich die Jahre 1973 und 1974 für die deutsche Automobilindustrie als die schwierigsten der Nachkriegszeit. Eine restriktive Wirtschaftspolitik zur Bekämpfung der Inflation sowie vielfach stagnierende Realeinkommen im Inland sowie die erste Erdölkrise mit der Konsequenz deutlich steigender Energiepreise führten zu einem allgemeinen Nachfragerückgang. Dessen Konsequenzen waren für Volkswagen besonders deutlich. 1974 sank der Absatz um zehn Prozent auf 2,05 Millionen Fahrzeuge. Dies führte zu einem bilanziellen Verlust von 807 Millionen DM und einer negativen Umsatzrendite von – 4,7 Prozent. Angesichts dieser angespannten wirtschaftlichen Situation kam der erfolgreichen Einführung des Golf I im Spätsommer 1974 eine zentrale Bedeutung für die Unternehmenssicherung zu.

Mit dem Übergang vom Käfer zum Golf vollzog sich innerhalb des Volkswagen-Konzerns ein wesentlicher Wandel der Unternehmensphilosophie. Die bis Anfang der siebziger Jahre vorherrschende Produktionsorientierung wurde durch eine Marktorientierung abgelöst. Die veränderte Absatzmarktlage, der Übergang vom Verkäufer- zum Käufermarkt, hat wesentlich zu diesem Einstellungswandel beigetragen. Die Zeiten stetig hoher Wachstumsraten schienen auf vielen Automobilmärkten der Industrieländer vorüber zu sein. Bedingt durch die damit einhergehende Erhöhung der Wettbewerbsintensität gewann das Marketing im Rahmen der Unternehmenspolitik einen deutlich höheren Stellenwert.

Den Ausgangspunkt für den Übergang vom produktionsorientierten zum marktorientierten Verhalten setzte der Volkswagen-Konzern in der Produktpolitik. So wurde neben der Entwicklung mehrerer Modellreihen auch die Modellpalette des Golf I sukzessive durch neue Ausstattungsversionen und Motoren erweitert. Die Produktpolitik avancierte damit bei Volkswagen zum Kernstück einer neuen, kundenorientierten Unternehmensphilosophie. Diese führte letztlich zur Strategie des **differenzierten Marketing**, die Wettbewerbsvorteile durch die Befriedigung individueller Kundenbedürfnisse sichern sollte.

Im Unterschied zum Käfer bestanden die wesentlichen Merkmale des Golf I

- in seiner kompakten Bauweise,
- seiner soliden Verarbeitung mit neuer Raumökonomie und Variabilität
- sowie modernster Technik hinsichtlich Fahrwerk und Motor.

Sowohl die marktgerechte, weil treibstoffsparende Motorisierung als Frontantrieb wie auch das hohe Maß an Funktionalität des neuen Konzepts (umklappbare Rücksitzbank, große Heckklappe etc.) waren wesentliche Gründe für den großen Markterfolg des Golf I.

Schon zwei Monate nach der Markteinführung im September 1974 überstiegen die Absatzzahlen des Golf I die des Käfers. Nach nur 31 Monaten erreichten die Produktionszahlen die Marke von einer Million Einheiten. Die erfolgreiche Einführung des Golf I basierte dabei nicht zuletzt auf seiner pionierbedingten Produktüberlegenheit. Er etablierte das neue **PKW-Segment** der **Kompakt-** beziehungsweise **unteren Mittelklassewagen**, das die spezifischen Vorteile von Klein- und Mittelklassewagen miteinander verband. Dieses Produktkonzept erwies sich als richtungsweisend für die Automobilmärkte. Mit nahezu einem Drittel am Gesamtmarkt bildet die sogenannte Golf-Klasse in Europa mittlerweile konstant das größte PKW-Segment. Innerhalb dieser Klasse konnte Volkswagen seit der Einführung des Golf I bis heute seine Marktführerschaft behaupten. In den USA lief der Golf unter dem Namen Rabbit (Kaninchen) so erfolgreich, daß über eine eigene Produktion in den USA nachgedacht wurde. Dazu kam es zwar nicht, doch mit den übrigen internationalen Fertigungsstandorten leitete Volkswagen schon früh die Globalisierung ein.

Bereits 1977 nahmen die ersten Überlegungen hinsichtlich eines Nachfolgemodells für den Golf I ihren Anfang. Dabei standen zunächst zwei Konzeptalternativen zur Diskussion. Sowohl die Weiterentwicklung des bis dahin so erfolgreichen Golf I als auch eine komplette Neuentwicklung wurden erwogen. Die Entscheidung fiel letztendlich aus Gründen der **Kontinuität** und **Risikominderung** für die Fortschreibung des bewährten Golf-Konzeptes aus. Nachdem sich der Golf I mehr als neun Jahre erfolgreich im Markt behauptet hatte, wurde im August 1983 der **Golf II** eingeführt. Wie die Abbildung 1 zeigt, konnten die Anteile am gesamten Inlandsmarkt noch einmal deutlich gesteigert werden. Während der Golf I einen maximalen Marktanteil von 9,8 Prozent im Jahr 1979 erreichte, lagen die Marktanteile für den Golf II zwischen 1984 und 1990 stets über zehn Prozent. Zu diesem Markterfolg hatte der konsequente Ausbau der Angebotspalette über die gesamte Laufzeit wesentlich beigetragen.

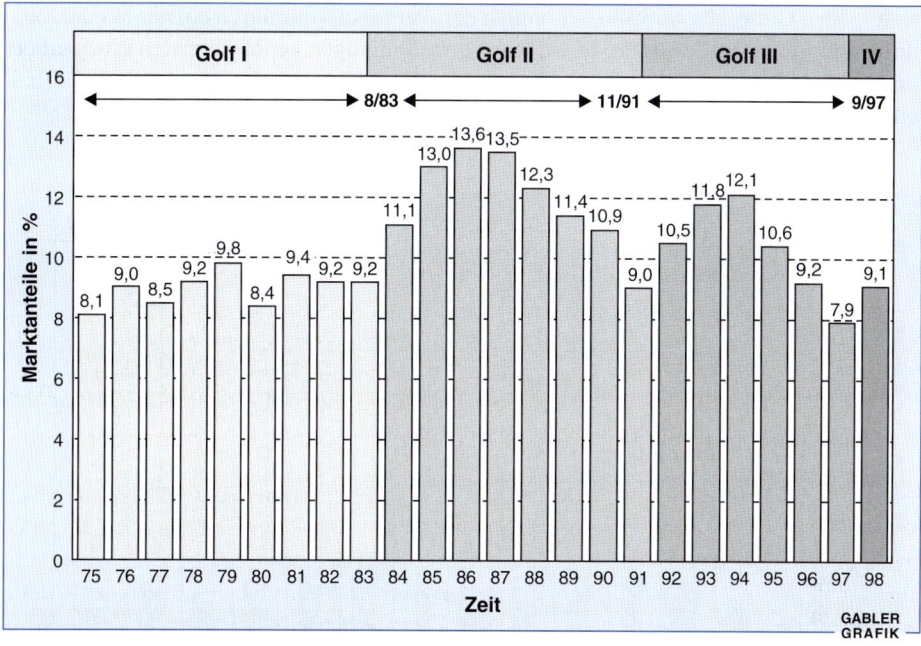

Abbildung 1: Entwicklung der Marktanteile Golf Carline I, II, III und IV in Deutschland
(Quelle: Volkswagen AG)

Mit der überaus erfolgreichen Entwicklung des Golf trat letztlich ein, was in der Nachfolge des Käfers eigentlich hatte vermieden werden sollen. Die erneute Dominanz eines Modelltyps und damit eine unzureichende **Risikostreuung** innerhalb der Modellpalette des Volkswagen-Konzerns. Vom Golf der ersten und zweiten Generation wurden weltweit insgesamt über dreizehn Millionen Fahrzeuge gefertigt. Damit lag der Produktionsanteil des Golf an der gesamten Konzernproduktion bis zum Jahr 1990 konstant bei Werten um 30 Prozent (vgl. Abbildung 2). Bezogen auf die Marke Volkswagen fällt die Vormachtstellung des Golf noch deutlicher aus. Einschließlich des Stufenheck-Derivats, dem Jetta beziehungsweise heutigem Bora, wurden Mitte der achtziger Jahre Produktionsanteile von über 60 Prozent erreicht.

Bedeutung des Golf-Konzeptes für den Volkswagen-Konzern

Zu Beginn der neunziger Jahre zeigte sich auf der einen Seite, daß nach acht Jahren Produktionszeit der zweiten Golf-Generation die Akzeptanz des Golf bei den Verbrauchern ungebrochen war. Mehr als sechs Millionen verkaufte Golf II schufen einen Kundenstamm, dessen hohe Loyalitätsraten zur Existenzsicherung für die Marke VW beitrugen und das Markenimage nachhaltig positiv beeinflußten. Auf der anderen Seite nahm jedoch die Produktüberlegenheit laufzeitbedingt ab, da der Wettbewerb sich im Rahmen von Konzept-Imitationen als Maßstab am Golf orientierte. Geänderte Umweltanforderungen – insbesondere die zunehmenden Sicherheitsanforderungen sowie ein gesteigertes Umweltbewußtsein – konnten darüber hinaus nur durch ein neues Fahrzeugmodell optimal erfüllt werden. Diese Rahmenbedingungen kennzeichneten einen erneuten Handlungsbedarf für Volkswagen und die Nachfolgeentscheidung für den Golf II wurde getroffen und umgesetzt.

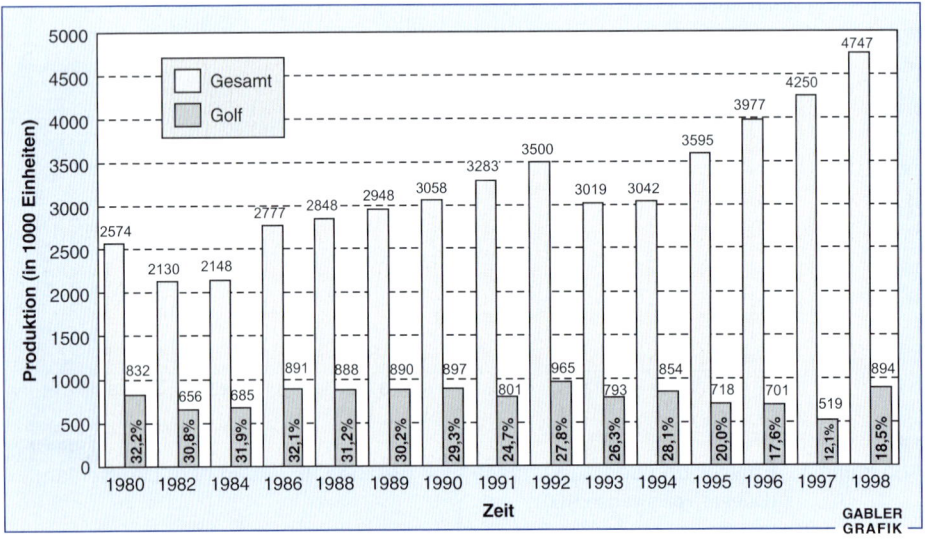

Abbildung 2: Golf-Produktionsanteil an der VW-Gesamtproduktion
(Quelle: Volkswagen AG)

Mit der **Einführung des Golf III** konnte der Erfolg der Vorgängermodelle fortgesetzt werden. Bereits im ersten Jahr nach der Einführung des Golf III stieg der Marktanteil wieder über die 1990 erstmals unterschrittene zehn Prozent Marke. Mit neuem Gesicht und ausgefeilter Technik setzte er Maßstäbe in punkto Umwelt und Sicherheit sowie Superlative in punkto Modellvielfalt. Allein bei der Einführung des Golf III gab es bereits dreizehn verschiedene Möglichkeiten, Motoren und Ausstattungen untereinander zu kombinieren. Mit der **Einführung des TDI** 1993 sicherte sich der Golf einmal mehr einen eklatanten Wettbewerbsvorsprung in seiner Klasse. Der TDI war der erste direkteinspritzende Turbo-Diesel-Motor in diesem Segment und ist mit seinen überragenden Fahrleistungen und den niedrigen Verbrauchswerten von unter fünf Litern dem Wettbewerb überlegen. Die in Abbildung 1 dargestellte Entwicklung der Marktanteile zeigt allerdings einen, im Vergleich zum Vorgängermodell, deutlich **kürzeren Produktlebenszyklus** des Golf III. Nach dem in 1994 mit einem Marktanteil von 12,1 Prozent erreichten Höchstwert, verzeichnete der Golf in den Folgejahren einen Rückgang bis auf 7,9 Prozent in 1997, dem **Einführungsjahr des Golf IV**. Der Tiefstand von 1997 erklärt sich dabei durch den Modellwechsel zum neuen Golf, zudem war der neue Golf IV Variant nicht unmittelbar im Angebot.

Auch mit der Einführung des Golf IV konnte die Position des Marktführers behauptet werden. Da die Zahl der Wettbewerbsmodelle jedoch laufend zugenommen hat, verringerte sich der relative Vorsprung. Heute steht der Golf IV einer bedeutend stärkeren Konkurrenz gegenüber als im Einführungsjahr 1974. Hatte der Golf damals acht nennenswerte Wettbewerber in Europa, so gibt es heute über 20 Wettbewerbsmodelle mit durchschnittlich drei Karosserievarianten in diesem Fahrzeugsegment.

Aufgrund des Zukaufs weiterer Marken durch den Volkswagen-Konzern, wie etwa Seat und Skoda, ist der Produktionsanteil des Golf an der Konzerngesamtproduktion in den letzten Jahren zwar gesunken. An der grundsätzlich hohen Relevanz des Golf innerhalb der Modellpalette des Volkswagen-Konzerns hat sich jedoch auch in den vergangenen Jahren nichts geändert, wie Abbildung 2 verdeutlicht.

Heute dauert der Erfolg des Golf mit vier Generationen bereits über 25 Jahre an, womit er eine herausragende Stellung auf dem Automobilmarkt einnimmt. Er ist Europas führende Produktmarke, von der bis heute über 19 Millionen Exemplare verkauft wurden. Ein Ende diese Erfolges ist nicht abzusehen. Nachfolgende Abbildung verdeutlicht nochmals im Überblick wichtige Eckpunkte der legendären Golfgeschichte.

Jahr	Chronologie des Golf: 1974 bis 1999
1974	**Verkaufsstart Golf I**
1976	Markteinführung GTI Produktionsrekord: 1 Million Golf
1978	Erste große Produktaufwertung (Facelift)
1979	Golf-Cabrio
1982	5. Millionen Golf
1983	**Golf II**
1987	Produktaufwertung
1988	10 Millionen Golf
1990	Geregelter Katalysator serienmäßig
1991	**Golf III**
1993	Nach 14 Jahren ein neues Cabrio Einführung des Golf III Variant
1994	15 Millionen Golf
1997	**Golf IV**
1998	Neues Cabrio mit Golf IV-Optik
1999	Golf IV Variant

GABLER GRAFIK

Abbildung 3: Eckpunkte der Golf-Geschichte
(Quelle: Volkswagen AG)

2. Gesamtmarkt- und Unternehmenssituation bei der Einführung des Golf IV

2.1 Gesamtmarktentwicklung für die nationalen und internationalen Automobilmärkte bei der Einführung des Golf IV

Im Jahr 1996 feierte die Automobilindustrie ihren 100. Geburtstag. In diesen hundert Jahren wuchs die jährliche Produktion von zunächst kutschenähnlichen Motorwagen von Carl Benz auf circa 50 Millionen hochtechnisierte Fahrzeuge verschiedenster Hersteller jährlich. Der Bestand an Kraftfahrzeugen stieg mitterweile weltweit auf etwa 470 Millionen Einheiten an.

Im Einführungsjahr des Golf IV kam es nach einem in den Mitte der neunziger Jahre insgesamt abgeschwächten Wachstum der Weltwirtschaft zu einer Konjunkturerholung. Die Wachstumsrate betrug in den Industrieländern 2,6 Prozent. Wie auch im Vorjahr, so stiegen 1997 die weltweiten Pkw-Neuzulassungen insgesamt um 2,3 Prozent auf 36,6 Millionen Fahrzeuge. Dabei hat sich mit einem weiteren Ausbau der internationalen Produktionskapazitäten der Wettbewerb intensiviert.

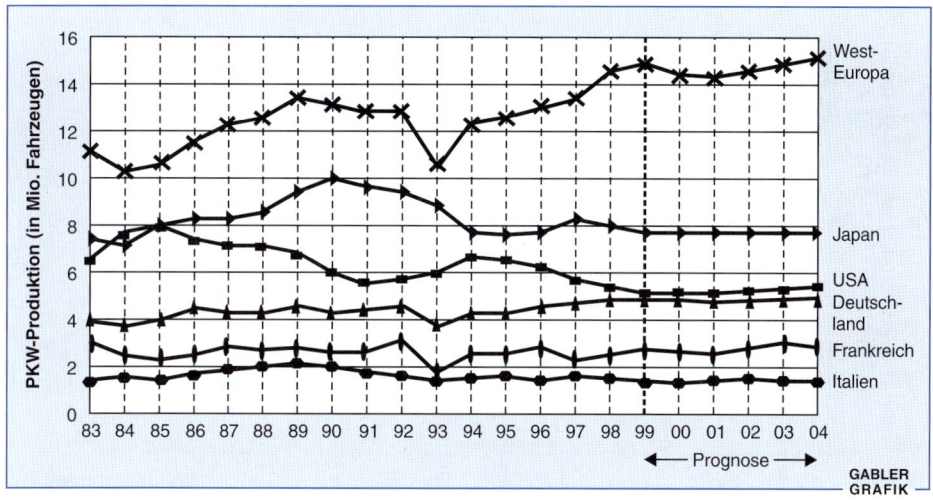

Abbildung 4: Entwicklung der internationalen Pkw-Produktion
(Quelle: Volkswagen AG)

Gesamtmarkt- und Unternehmenssituation bei der Einführung des Golf IV

Während die Automobilmärkte in Nordamerika und Japan rückläufig waren (vgl. Abbildung 4), verzeichneten die Märkte in Südamerika, Zentral- und Osteuropa eine lebhaftere Nachfrage. In der Region Asien-Pazifik kam es aufgrund von Währungsturbulenzen im ost- und südostasiatischen Raum sowie der anhaltenden Wirtschaftsprobleme in Japan in 1997 zu einer Währungsabschwächung. Der europäische Autoabsatz ist seit 1993 kräftig gestiegen. Nach einem sechsprozentigem Wachstum in 1996 stiegen die Autoverkäufe in 1997 in Westeuropa im Schnitt um 4,8 Prozent, wobei 13,4 Millionen Pkw europaweit zugelassen wurden.

Nach dem schwachen Wachstum Mitte der neunziger Jahre meldeten sich auch die deutschen Hersteller auf den Weltmärkten zurück. Das Wachstum der Pkw-Hersteller resultierte vor allem aus dem Export, der 1997 um 6,3 Prozent auf 2,8 Millionen Einheiten anzog. Der Exportanteil machte 60 Prozent der Mengenproduktion deutscher Autohersteller aus. Die Neuzulassungen in Deutschland lagen mit 3.792.100 Fahrzeugen in 1997 um 1,2 Prozent über dem Vorjahresniveau, womit Deutschland in Westeuropa mit Abstand der größte Absatzmarkt für Autos ist. Gut ein Viertel aller neu zugelassenen Pkw in Europa werden in Deutschland angemeldet.

Mit einem Weltmarktanteil von 73 Prozent sind die Triadestaaten die wichtigsten Absatzmärkte. Für das Jahr 2003 wird mit einem Weltmarktvolumen in Höhe von 41,3 Millionen Fahrzeugen gerechnet. Der Absatz in den Triadeländern wird auf 28,1 Millionen verkaufte Einheiten geschätzt. Dies entspricht einem Weltmarktanteil von 68 Prozent.

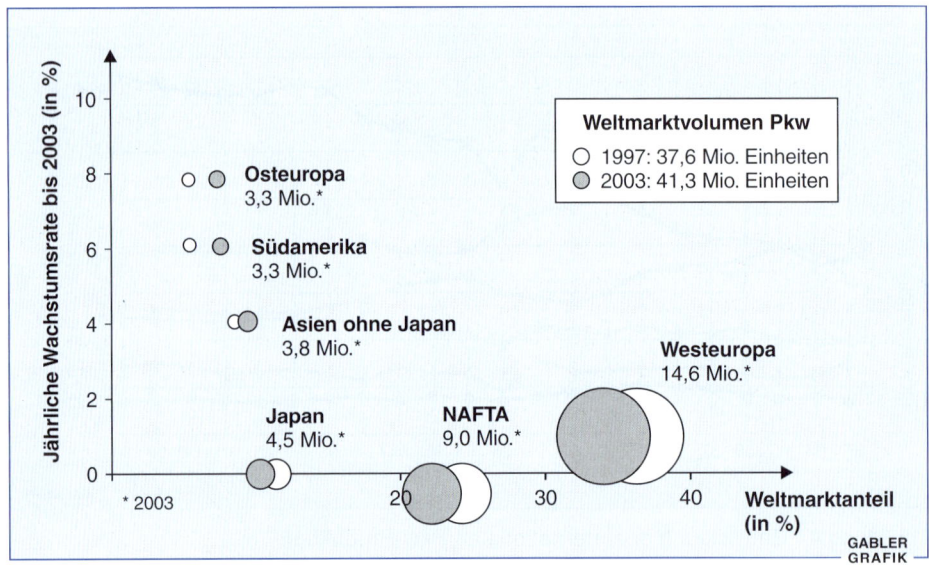

Abbildung 5: Absatzpotentiale nach Regionen
(Quelle: Wolters/ Hocke (1999), Auf dem Weg zur Globalisierung – Chancen und Risiken)

Damit werden die klassischen Automobilmärkte auch in Zukunft die wichtigsten Absatzmärkte bleiben. Allerdings wird kein signifikantes Wachstum in diesen Regionen erwartet, wohingegen für die Märkte Osteuropa, Südamerika und Asien mit einem jährlichen Wachstum von 7,8 beziehungsweise 6,2 und 4 Prozent zu rechnen ist (vgl. Abbildung 5). Somit gewinnen Produktionsstandorte in diesen Ländern zunehmend an Bedeutung. Die deutschen Auslandsinvestitionen erreichen vor diesem Hintergrund im Schnitt bereits ein Drittel des Inlandsvolumens.

Neben dem hohen Marktwachstum lassen aber auch niedrigere Lohnstückkosten eine Verlagerung von Produktionsstandorten ins Ausland attraktiv erscheinen. So hinkt die Produktivität der deutschen Autoindustrie selbst den Industriestaaten Japan und USA hinterher, wie Abbildung 6 verdeutlicht.

	Ø-Zeitaufwand für ein Auto in Std.	Index der Lohnstückkosten	Jahresproduktion 1996 in Mio. Einheiten
Japan	17	61,7	10,3
USA	25	62,1	11,8
Deutschland	36	100	4,8

Abbildung 6: Triadestaaten im Vergleich
(Quelle: Motor-Presse-Stuttgart 1999)

Auch zukünftig ist davon auszugehen, daß in den entwickelten Ländern der Erde das Automobil der Mobilitätsträger Nummer eins bleibt. Wegen erforderlicher notwendiger Investitionen kann es auf absehbarer Zeit zu keiner grundlegenden Verkehrsverlagerung vom individuellen Pkw auf die Schiene beziehungsweise den öffentlichen Personenverkehr kommen. Der Pkw bewältigt in Deutschland heute über 75 Prozent des Personenverkehrs (vgl. Abbildung 7). Die Industrieländer und hier insbesondere Deutschland können ihre Produktionsstandorte nur dann verteidigen, wenn es ihnen gelingt, durch Kostensenkung, innovative Produkte und höchste Qualitätsstandards konkurrenzfähig zu bleiben. Auch in Zukunft darf im Auf und Ab der Konjunkturzyklen ein Aufschwung nicht vom notwendigen Umstrukturierungsprozeß ablenken. Sonst wird die nächste Rezession umso schlimmere Folgen haben.

Gesamtmarkt- und Unternehmenssituation bei der Einführung des Golf IV

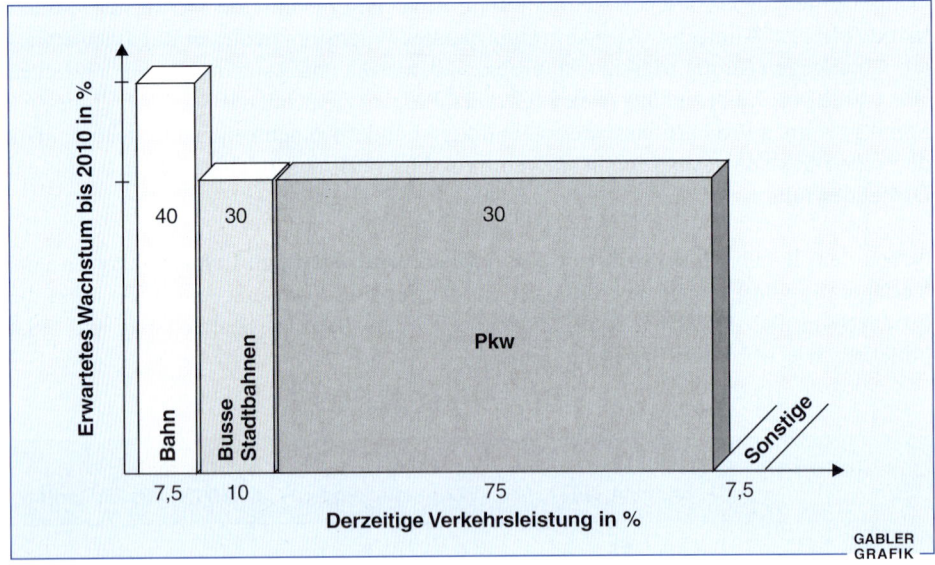

Abbildung 7: Personenverkehr: Verkehrsleistung 1988–2010
(Quelle: Volkswagen AG)

2.2 Trends auf den Automobilmärkten bei der Einführung des Golf IV

Um ihre globale Präsenz zu verstärken beziehungsweise zu festigen, streben sämtliche Autohersteller seit Mitte der neunziger Jahre weltweit neue Verflechtungen und Verbindungen an. So übernahm Ford Volvo, VW und BMW teilten sich nach einem „Akquisitionskampf" die Nobelmarken Rolls-Royce und Bentley. Die Volkswagentochter Audi übernahm den Sportwagenhersteller Lamborghini, Volkswagen selbst die Namensrechte an der Marke Bugatti, nachdem bereits zu Beginn der neunziger Jahre die Marken Seat und Skoda akquiriert wurden. Die Fusion von DaimlerChrysler zählt zu einer der größten Firmenzusammenschlüsse in der Industriegeschichte. Autohersteller, die beim beschleunigten Größenwachstum nicht Schritt halten können, laufen Gefahr, in Nischen abgedrängt oder aufgekauft zu werden. Experten gehen davon aus, daß Hersteller und Marken, die weniger als fünf Prozent in den nationalen Märkten haben, langfristig nicht überlebensfähig sind, da hohe Produktentwicklungs- und Marketingkosten, Kosten hochwertiger Händlernetze sowie breit angelegtes Markenmanagement nur bei ausreichendem Verkaufsvolumen darstellbar sind. Die Zahl der unabhängigen Automobilhersteller ist in den vergangen Jahren auf weltweit 13 geschrumpft. Dabei ist die Branche durch ein Geflecht von Minder- und Mehrheitsbeteiligungen miteinander verbunden. Hinzu kommen gemeinsame Projekte wie ein Motorenwerk von DaimlerChrysler und BMW in Brasilien oder der geplante Geländewagen von Porsche und VW.

Gleichzeitig hat sich die Vielzahl der Fahrzeugkonzepte innerhalb der Marken weiter gesteigert. Die zunehmende Fragmentierung des Automobilmarktes brachte zusätzliche Modelle mit speziellem Nutzungscharakter hervor (vgl. Abbildung 8). Wie in anderen Wirtschaftsbereichen, wie zum Beispiel dem Zeitschriftenmarkt, fächert sich der Automobilmarkt immer weiter auf, wobei früher häufig unbeachtete Marktnischen zunehmend an Bedeutung gewinnen werden. Analysen zeigen, daß die Kunden im Jahre 1987 neun unterschiedliche Fahrzeugsegmente gesehen haben. Innerhalb von zehn Jahren hat sich diese Zahl nahezu verdreifacht. 1997 wurden schon 26 unterschiedliche Fahrzeugsegmente wahrgenommen und der Trend zu Design-Modellen wird die Zahl der Segmente in Zukunft auf über 30 erhöhen.

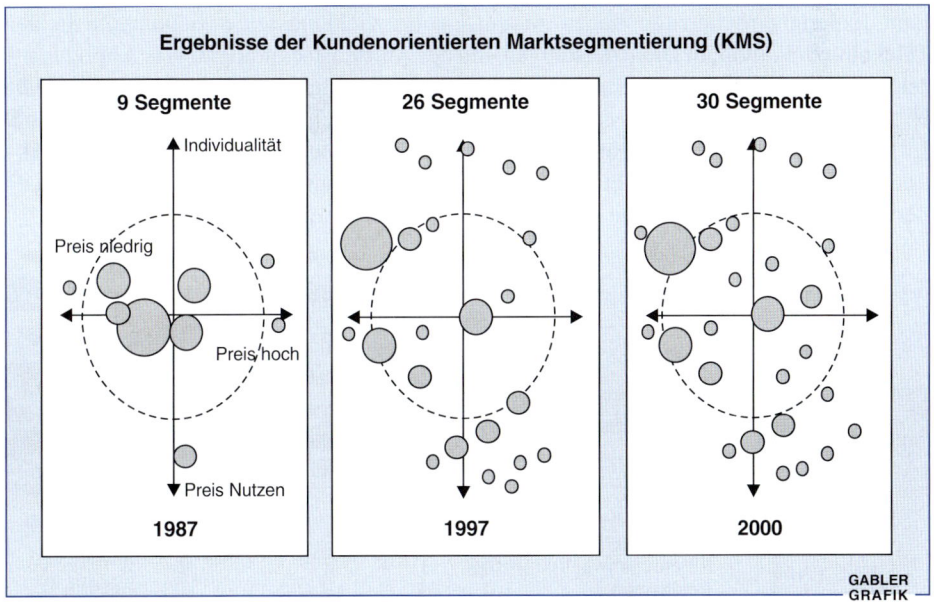

Abbildung 8: Zunehmende Fragmentierung des Automobilmarktes – Nischenbildung
(Quelle: Volkswagen AG)

In dem Fadenkreuz zwischen Hoch- und Niedrigpreis sowie den Universal- und Spezialfahrzeugen wird es künftig eine große Palette an Spezialitäten geben. Sichtbar wird vor allem, wie zwischen Hoch- und Niedrigpreis die individuellen Ansprüche des Autofahrers steigen werden. Hier sind sowohl Future-Nostalgie-Autos als auch preiswerte Einsteiger-Fahrzeuge zu nennen, die den Ansprüchen besonders der Jüngeren gerecht werden müssen. Roadster, Großraumlimousinen und Sport-Utility Fahrzeuge werden in

Gesamtmarkt- und Unternehmenssituation bei der Einführung des Golf IV

Zukunft in nahezu allen Größenklassen erhältlich sein. Diese Entwicklung führt zwangsläufig zu einer abnehmenden Markenbindung, da die Kunden durch immer neue Angebote zum Fahrzeug- und Markenwechsel animiert werden.

Des weiteren haben sich die Ansprüche der Autofahrer in Bezug auf Sicherheit und Ausstattungsniveau weiter gesteigert. Heute wird ein höheres Maß an Technik und spielerischen Elementen sowie Sicherheitstechnik selbst bei kleineren Automobilen erwartet. In steigendem Maße werden „Mimikry"-Tendenzen sichtbar (innen mehr als außen erkennbar), die Basisfunktion des Autos „Transport" ist nahezu zur Nischenfunktion geworden. Auch wird davon ausgegangen, daß NUR-Stadtfahrzeuge wie der Smart erste Erfolge verzeichnen werden. Aufgrund der längeren Aufenthaltsdauer im Fahrzeug in Folge einer steigenden Verkehrsdichte werden zusätzliche Dienstleistungen sowie ein höherer Komfort im Auto erwartet, um so aufgrund der subjektiv empfundenen Zeitknappheit die Zeit im Auto sinnvoll zu nutzen.

Laut Experteneinschätzung liegen zukünftige Entwicklungsfelder beim Auto in der Telekommunikation, in Dienstleistungen und der Antriebstechnologie. Wie Abbildung 9 zeigt, werden in 5-Jahres-Schritten drei große Entwicklungsrichtungen erwartet. Mit Hilfe moderner Informationstechnologien verwandelt sich das Automobil der Zukunft zum Multimediamobil. Herkömmliche Anzeigeinstrumente, die Beobachtung und Reaktion des Fahrers erfordern, werden schon bald überholt sein. In den Fahrzeugen installierte Navigationssysteme weisen schon heute frühzeitig auf Unfälle oder Staus hin.

Abbildung 9: Entwicklungstrends
(Quelle: Dudenhöffer, F. et al., Schlüssel-Trends im Automobilgeschäft, in: Internationales Verkehrswesen, Heft 10, 1998, S. 444)

Ausgelöst durch die heftigen Diskussionen um die Ökosteuer sind bei strengeren Umweltauflagen weitere Verbrauchssenkungen zu erwarten, der Recycling-Gedanke wird auch zukünftig eine große Rolle spielen, wobei Modellzyklen noch kürzer werden. Darüber hinaus muß sich die Automobilindustrie nach einer sich wandelnden Erlebnisorientierung des Autofahrers ausrichten. Hier ist davon auszugehen, daß das Automobil noch mehr als Teil des Lebens empfunden wird.

In den künftigen Auto-Märkten wird die Attraktivität und die Reputation der Marke als Vertrauensanker zum wichtigsten Erfolgsfaktor und **Marken-Management zu einer neuen Kernkompetenz**. Denn sowohl als Folge des Outsourcing, als auch aufgrund der wachsenden Verwendung von Gleichteilen sowie der zunehmenden Verbreitung des sogenannten „Badge-Engineering" (Vermarktung identischer Automobile unter verschiedenen Marken, zum Beispiel VW Sharan, Ford Galaxy, Seat Alhambra) gleichen sich die Automobile unter technisch-objektiven Gesichtspunkten zunehmend an. Die traditionelle wettbewerbsstrategische Differenzierung durch die spezifischen technischen Eigenschaften eines Automobils ist damit zusehends schwieriger geworden. Statt dessen bestimmen vermehrt Image-, Erlebnis- und Service-Komponenten die Kaufentscheidung der Nachfrager.

2.3 Unternehmenssituation des Volkswagen-Konzerns auf dem Weg ins neue Jahrtausend

2.31 Mehrmarken- und Plattformstrategie im Volkswagen-Konzern als Reaktion auf automobile Trends

Der Volkswagen-Konzern ist der viertgrößte Fahrzeug-Hersteller der Welt. Auf die strategischen Herausforderungen des Automobilmarktes antwortet der Konzern mit einer globalen Mehrmarkenstrategie, einer offensiven Modellpolitik und einer konsequenten Plattformstrategie, deren Anfänge bereits zu Beginn der neunziger Jahre in den Konzern Einzug hielten.

Mit der **Mehrmarkenstrategie** verfolgt der Volkswagen-Konzern das Ziel, künftig in allen relevanten Fahrzeugsegmenten präsent zu sein. Bei der Einführung des Golf IV verfügte der Konzern bereits über die Marken Volkswagen (incl. Nutzfahrzeuge), Audi, Seat und Skoda. In 1998 übernahm der Konzern zudem die Luxusmarken RollsRoyce, Bentley und Lamborghini und erwarb die Namensrechte an Bugatti. Der Volkswagen-Konzern ist infolge dessen in nahezu allen Klassen – vom Kleinwagen über die Luxus-

Gesamtmarkt- und Unternehmenssituation bei der Einführung des Golf IV

klasse bis zum 22-Tonnen-Lkw – vertreten. Das Konzernportfolio umfaßte somit zum Ende des Jahrtausend mehrere Dachmarken, die im Markt mit verschiedenen, auf die unterschiedlichen Bedürfnissegmente ausgerichteten Fahrzeugen operieren (vgl. Abbildung 10).

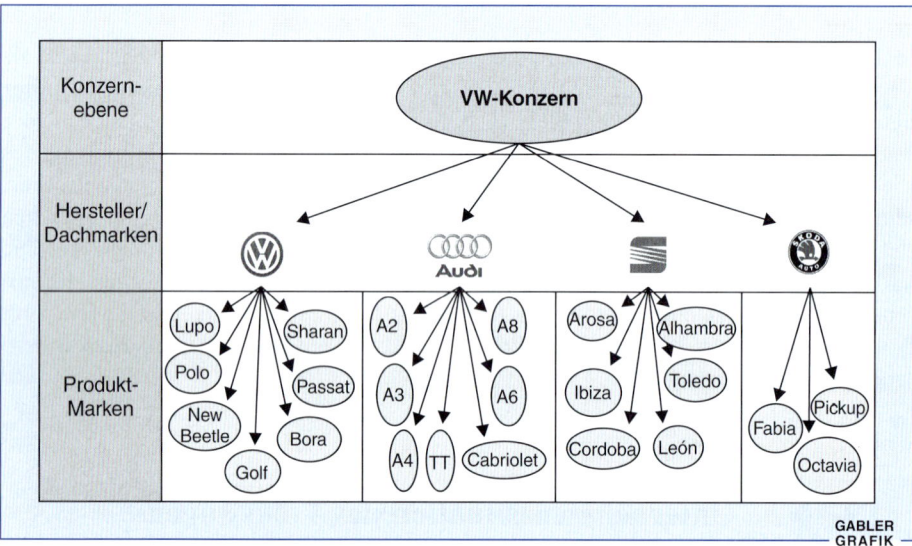

Abbildung 10: Markenstrategie des VW-Konzerns (ohne Luxusmarken Bentley, Rolls-Royce, Bugatti und Lamborghini sowie ohne VW-Nutzfahrzeuge)
(Quelle: Volkswagen AG)

Im Spannungsfeld von Grundnutzen/Emotion sowie Anspruchsniveau hat jede Konzernmarke eine eindeutige Positionierung. Hierauf basiert die Mehrmarkenstrategie des Volkswagen-Konzerns. Die breiteste Marktabdeckung erzielt der Konzern mit der Volumenmarke Volkswagen, welche sich dadurch auszeichnet, daß sie mit technologisch und qualitativ anspruchsvollen Produkten eine wegweisende Kompetenz besitzt und dem Kunden eine technische und emotionale Verlässlichkeit bietet. Audi folgt als Premiummarke konsequent den Weg des Technologiepioniers mit hohen Leistungsstandards und zukunftsweisender Technologie. Mit den Audi-Fahrzeugen sollen Käufergruppen angesprochen werden, die in ihrem Lebensstil unabhängig, aufgeschlossen und fortschrittlich sind. Seat bedient vor allem Kunden, die sich bei ihrer Automobilwahl durch Emotionalität und Expressivität leiten lassen. Hier bedarf es mithin, innovativ und experimentierfreudig in Design, Ausstattung und Service zu sein. Skoda hingegen befriedigt die Nachfrager, die einen Fokus auf Funktionalität und Robustheit setzen und sich stärker am Preis orientieren. Mit der Traditionsmarke RollsRoyce, der Hochleistungssportmarke

Bentley als auch Lamborghini sowie der „Legende" Bugatti ist es dem Volkswagen-Konzern schließlich gelungen, auch die bisherigen Grenzen des Konzerns im Bereich der Luxussegmente zu sprengen. Mit einem solchen Markenportfolio und entsprechender Positionierung soll es nun ermöglicht werden, eine noch stärker zielgruppenausgerichtete, effiziente Kundenansprache durchzuführen. Die Positionierung der Kernmarken Volkswagen, Seat, Audi und Skoda ist der nachfolgenden Abbildung zu entnehmen.

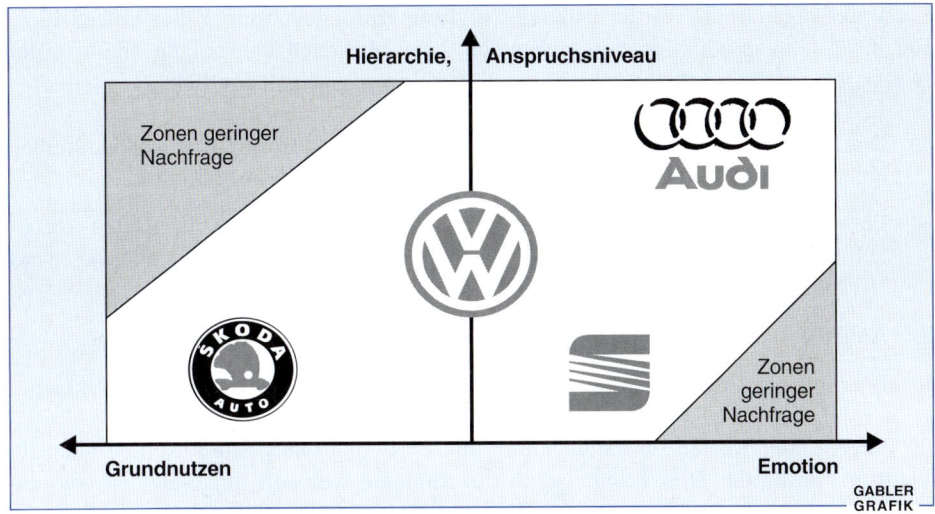

Abbildung 11: Positionierung der Marken Volkswagen, Seat, Audi und Skoda
(Quelle: Volkswagen AG)

Als „effizienter Schlüssel" einer solchen Gesamtmarktabdeckung gilt die neue **Plattformstrategie**, die eine große Produktpalette und Modellvielfalt bei reduzierten Kosten durch eine größtmögliche Synergienutzung ermöglicht. Zu einer Plattform gehören: Vorderachse, Lenkung und Motor, Längsträger, Boden, Hinterachse und der Tank. Karosserien werden sodann wie „Hüte" auf die Plattformen aufgesetzt, so daß diese letztlich keinen Einfluß auf das Erscheinungsbild haben.

Erstmals entstand in der B-Klasse der neue Passat nach diesem Konzept, mit dem Golf der vierten Generation folgte die A-Klasse. Insgesamt wird der Konzern in Zukunft im Personenwagenbereich mit vier Grundplattformen auskommen, vor einigen Jahren waren es noch siebzehn. Von der bei Volkswagen in Wolfsburg entwickelten Plattform für den neuen Golf IV profitieren innerhalb des Konzerns auch andere Modellreihen. Bei alledem, was Kunden nicht sehen, ist eine technische Verwandtschaft mit dem Audi A3, dem Audi TT, dem Skoda Octavia, dem New-Beetle sowie dem neuen Seat León und anderen

Gesamtmarkt- und Unternehmenssituation bei der Einführung des Golf IV

gegeben. Dennoch entstehen auf der gemeinsamen Bodengruppe völlig eigenständige Autos mit unverwechselbarer äußerer Linie und Ausstattung. Weichen beispielsweise Motoren- und Getriebekombinationen, Radgrößen und andere technische Details relativ wenig voneinander ab, sind Karosserien und Interieur durch die markentypischen „Hüte" unterschiedlich. Dabei wird die Plattformstrategie vom Volkswagen-Konzern nicht geheim gehalten, sondern es wird in offiziellen Verlautbarungen auf die Vorteile einer solchen Strategie verwiesen.

Für Volkswagen ist die Plattformstrategie logische Konsequenz aus großen Stückzahlen. Bei einer Jahresproduktion von zusammen zwei Millionen Fahrzeugen allein in der A-Klasse wird der wirtschaftliche Nutzen des Konzepts schnell deutlich:

- Der Entwicklungsaufwand beschränkt sich auf eine Plattform für alle Modellreihen eines Segments, teilt sich also durch die Zahl der Produktionsvolumina.
- Entwicklungszeiten für neue Fahrzeug sinken drastisch, da eine weitreichend erprobte Basis für alle Konzern-Unternehmen zur Verfügung steht, so daß Volkswagen auf Veränderungen am Markt schneller als vorher reagieren kann.
- Anlaufkosten einer Produktion sinken, die Qualität erreicht höheres Niveau.
- Beschaffung, Produktion und Teileversorgung für den Service werden vereinfacht.

60 Prozent aller Kosten für Entwicklung und Fertigung eines Autos werden über die Plattform bestimmt. Dies bringt, wenn die Strategie weltweit umgesetzt ist, enorme Kosteneinsparungen im Konzern. Das Einsparpotential für die Konzernmarken erreicht von daher bemerkenswerte Summen. Die Kosteneinsparungen wurden von Volkswagen auf „mehrere Milliarden Mark" jährlich beziffert.

Die Gefahr einer zu engen Anlehnung der Modelle im Volkswagen-Konzern zueinander birgt jedoch stets die Gefahr einer starken Eigenkannibalisierung in sich. Vor diesem Hintergrund bewegt sich das Volkswagenmanagement in Zukunft im Spannungsfeld zwischen einer differenzierten Positionierung der Konzern-Marken einerseits und einer größtmöglichen Synergienutzung andererseits.

Zur besseren Einordnung der Unternehmenssituation bei der Einführung des Golf IV gibt Abbildung 12 abschließend einen kurzen Überblick über die strategischen Meilensteine im Volkswagen-Konzern.

Jahr	Kurzchronik Volkswagen
1934	Der Traum von grenzenloser individueller Mobilität ist so alt wie die Menschheit selbst. Das T-Modell von Henry Ford war der erste große Schritt auf dem Wege zur Verwirklichung dieses Traumes. In Deutschland konstruiert Ferdinand Porsche den „Volkswagen". Der Konzeptions- und Entwicklungsprozeß dieses Fahrzeugs erstreckt sich über vier Jahre, von 1934–1938. **Die Vision: Jeder soll sich ein Auto leisten können**. Zuerst spöttelnd, bald liebevoll Käfer genannt, schreibt der Volkswagen Automobilgeschichte.
1945	Keimzelle der **Käferfertigung** ist das Volkswagenwerk in Wolfsburg. Im Jahre 1945 werden bereits 1875 VW-Käfer produziert. Der Käfer wird zum Symbol des deutschen Wirtschaftswunders und für die Motorisierung der modernen Welt überhaupt. 27 Jahre nach Kriegsende überholt er den Ford T als meistverkauftes Automobil der Geschichte.
1947	Der Niederländer Ben Pon, erster Generalimporteur Volkswagens, skizziert flüchtig das Modell eines Transport-Fahrzeugs. Die Skizze dient als Vorbild für die 1950 anlaufende Serienfertigung des sogenannten **Bulli**. Der Volkswagen-Transporter erweist sich über Jahrzehnte als Fahrzeug mit maximalem Gebrauchswert und wird in unzähligen Varianten auf den Markt gebracht, bald als Samba-Reisebus, bald als Rettungs- oder Feuerwehrwagen.
1950	Anfang der fünfziger Jahre beginnt die Globalisierung bei Volkswagen. In aller Welt werden Tochtergesellschaften gegründet. Ein internationales Vertriebsnetz wird aufgebaut. Schon 1955 läuft der **einmillionste Käfer** vom Band. Die Produktionsrekorde reihen sich jetzt immer schneller aneinander.
1960	In diesem Jahr erfolgt die Umwandlung der Volkswagen GmbH in eine **Aktiengesellschaft**. Die Bundesrepublik Deutschland und das Land Niedersachsen halten je 20 Prozent des Grundkapitals. Nachdem der Bund sein Aktienpaket im Jahr 1988 privatisiert hat, gibt es nur noch einen Großaktionär bei Volkswagen. Bis in die frühen siebziger Jahre profitiert das Unternehmen von einem ungebrochenen Wirtschaftsaufschwung.
1974	Volkswagen setzt mit dem neuen **Golf** einen weiteren Meilenstein der Automobilgeschichte. Frontantrieb, wassergekühlter Vierzylinder und selbsttragende Ganzstahlkarosserie charakterisieren die neue Fahrzeug-Generation. Dem Golf gelingt spontan der Markterfolg; er wird zum meistverkauften Modell nicht nur in Deutschland, sondern in Europa. Der Käfer-Nachfolger wird zum Inbegriff des klassenlosen, generationenübergreifenden Automobils.
1991	Die **Markenstrategie von Volkswagen** drückt sich in der Übernahme anderer Unternehmen der Branche aus. Audi, Seat und Skoda fahren mit im Konzern. Volkswagen trennt deshalb im Jahr 1991 das Konzernmanagement vom Management der vier Marken. Vier Jahre später wird aus dem Bereich Nutzfahrzeuge eine eigene Marke. Nach der Berufung von Dr. Ferdinand Piech zum Vorstandsvorsitzenden der AG und der Marke Volkswagen hält die **Plattformstrategie** Einzug. Sie hilft, Kosten zu senken und weiter hochwertige und zuverlässige Autos zu produzieren.
1998	Präsenz auf allen Märkten und in allen Klassen; mit dieser Strategie macht sich der Volkswagen-Konzern fit für den globalen Wettbewerb. Nach der Präsentation des neuen Passat, des Polo und des Golf IV setzt Volkswagen eine beispiellose Modelloffensive mit dem Kleinwagen Lupo, dem Bora und dem in Amerika begeistert aufgenommenen New Beetle fort. Im selben Jahr erwirbt das unternehmen die Marken Bugatti, Lamborghini, Bentley und Rolls-Royce und erobert damit auch die **automobile Luxusklasse**. Zum Volkswagen-Konzern gehören nun neun Marken.

Abbildung 12: Kurzchronik des Volkswagen-Konzerns
(Quelle: Volkswagen AG)

2.32 Ökonomische Schlüsselgrößen des Volkswagen-Konzerns

Seit Amtsantritt von Ferdinand Piech und mithin seit der konsequenten Umsetzung von Mehrmarken- und Plattformstrategie in 1993 stieg der Konzern-Umsatz – fast zum Trotz der Kritiker – von 76,6 Milliarden Mark auf über 130 Milliarden Mark in 1998 (vgl. Abbildung 14), wodurch der bisherige Erfolg der neuen Konzernstrategie prägnant verdeutlicht werden kann. Der Gewinn nach Steuern betrug 1998 knapp 2,5 Milliarden Mark. Der Konzern befindet sich als Nummer 4 unter den Automobilherstellern hinter GM, Ford und Toyota und fertigt seine Fahrzeuge global an 28 Standorten in der Welt. Im September 1997 beschäftigte der Konzern circa 294.000 Mitarbeiter.

Die Anfang der neunziger Jahre mit erheblichen Problemen verbundene Ertragsschwäche des Konzerns konnte insbesondere durch die konsequente Umsetzung der Plattformstrategie überwunden werden. Wie Abbildung 14 verdeutlicht, stieg die Umsatzrentabilität nach Steuern seit 1992 konsequent an. Das Jahresergebnis erhöhte sich vom Rekordverlust in Höhe von –1,94 Milliarden DM in 1993 auf ein Jahresergebnis von +1.361 Milliarden DM in 1997. Im Boomjahr 1998 konnte der Konzern sein Ergebnis gar auf 2.243 Milliarden DM und damit auf Rekordniveau erhöhen. Auch der Aktienkurs spiegelt die positive Entwicklung des Konzerns bis 1998 wieder, wie Abbildung 13 verdeutlicht.

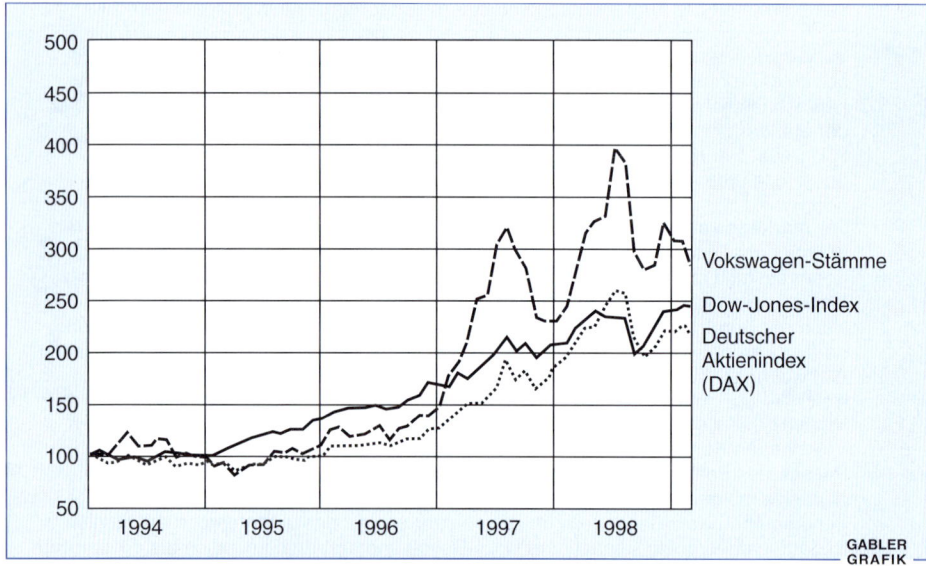

Abbildung 13: Aktienkursentwicklung (Monatsendkurse) 1994–1998
(Index-Stand 31.12.1993 = 100)
(Quelle: Geschäftsbericht 1998 der Volkswagen AG)

	1982	1984	1986	1988	1989	1990	1991	1992	1993	1994	1995	1996	1997	1998
Umsatz-erlöse (Mio. DM)	37.434	45.671	52.794	59.221	65.352	68.061	76.315	85.403	76.586	80.041	88.119	100.123	113.245	134.243
Absatz (Tsd. Automobile)	2.120	2.145	2.758	2.854	2.941	3.030	3.237	3.433	2.962	3.108	3.607	3.994	4.250	4.748
Produktion (Tsd. Automobile)	2.130	2.148	2.777	2.848	2.948	3.058	3.238	3.500	3.019	3.042	3.595	3.977	4.291	4.823
Belegschaft (Tsd. Mitarbeiter)	239	238	276	252	251	261	277	273	253	238	257	261	275	294
Investitionen (Mio. DM)	4.892	2.782	6.371	4.251	5.606	5.372	9.910	9.254	4.840	5.651	6.863	8.742	9.843	13.913
Cash-flow* (Mio. DM)					9.362	9.864	11.510	12.079	9.073	11.797	10.400	11.088	12.181	16.804
Jahres-ergebnis (Mio. DM)	−300	228	580	780	1.038	1.086	1.114	147	−1.940	150	336	678	1.361	2.243
Umsatzrenta-bilität (in % nach Steuern)	−0,8	0,50	1,10	1,32	1,6	1,6	1,46	0,17	−2,53	0,19	0,38	0,7	1,2	1,6

* Cash-flow-Berechnung hat zwischenzeitliche Veränderung erfahren, daher werden hier Werte aufgrund Vergleichbarkeit erst ab 1989 dargestellt.

Abbildung 14: Wirtschaftliche Entwicklung des VW-Konzerns
(Quelle: VW-Konzern-Geschäftsberichte, eigene Berechnungen)

Gesamtmarkt- und Unternehmenssituation bei der Einführung des Golf IV

Die Abbildung 15 zeigt die Hauptumsatzträger im Konzern. Hinsichtlich der Struktur des Konzernumsatzes kommt der Marke VW mit über 50 Prozent in 1998 noch immer die größte Umsatz-Bedeutung zu. Volkswagen ist nach wie vor die beliebteste Automarke in Deutschland. Mit rund 9,3 Millionen zugelassener Pkw und einem Anteil von 22,4 Prozent am Gesamtbestand in 1998 fährt VW mit großem Abstand an der Spitze. Auf den Plätzen folgen Opel (6,9 Millionen Einheiten) und Ford (1,3 Millionen Einheiten). Bei den Importmarken führt Renault mit einem Zulassungsanteil am Gesamtbestand von 4,3 Prozent, gefolgt von Fiat (3,3 Prozent) und Nissan (2,8 Prozent).

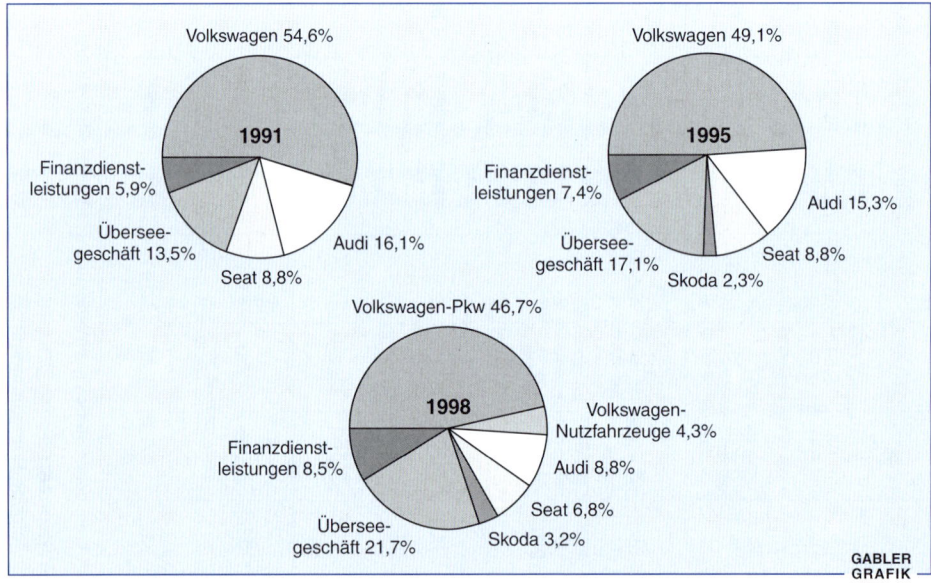

Abbildung 15: Struktur des Konzernumsatzes in den Jahren 1991, 1995 und 1998
(Quelle: Geschäftsberichte der Volkswagen AG)

Die Volkswagengruppe baute die Marktführerschaft auf dem europäischen Automarkt aus und erreichte 1998 zudem erstmals zehn Prozent Anteil am Pkw-Weltmarkt. In Westeuropa konnte der Konzern seinen Marktanteil von 1994 bis 1998 um 2,3 Prozentpunkte auf 18 Prozent steigern (vgl. Abbildung 16). Lag die Differenz zum stärksten Konkurrenten Fiat 1997 bei fünf Prozent, so konnte der Abstand in 1998 auf 6,5 Prozent ausgebaut werden. 1997 lieferte der Volkswagen-Konzern 4.257.365 (1996: 3.966 Millionen) Fahrzeuge aus, womit das Vorjahr um 7,3 Prozent übertroffen wurde. Zu dieser Entwicklung trugen alle Produktlinien bei, wobei auf Volkswagen 2.971.823 (+3,6 Prozent), auf Audi 546.436 (+11,1 Prozent), auf Seat 402.772 (+17,0 Prozent) und auf Skoda 336.334 (+28,8 Prozent) entfielen.

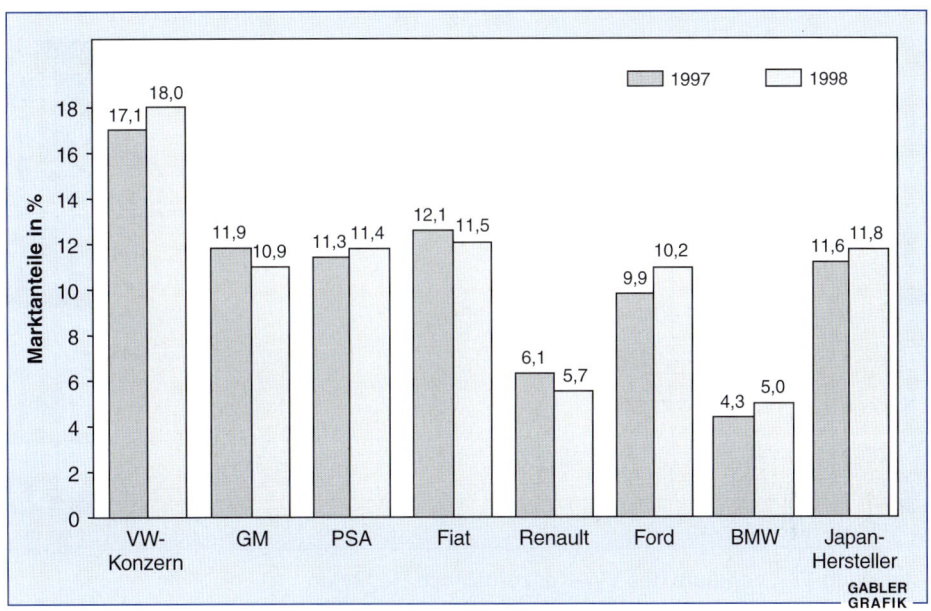

Abbildung 16: Pkw-Marktanteile in Westeuropa
(Quelle: Geschäftsberichte der Volkswagen AG)

Rund 65 Prozent des Umsatzes erzielt das Unternehmen inzwischen im Ausland. Abbildung 17 zeigt die Verkäufe des Konzern nach Regionen. Trotz der hohen Bedeutung Nord- und Südamerikas fällt hier insbesondere der sinkende Anteil an Verkäufen in diesen Märkten auf. 1998 tätigte der Konzern hier nur noch 21 Prozent seiner weltweiten Automobilverkäufe gegenüber 30 Prozent in 1985 und 44 Prozent in 1975. In Deutschland lagen die Auslieferungen in 1997 bei 1.006.675 Fahrzeuge; mit einem Pkw-Marktanteil von 27,5 (27,3) Prozent festigte der Volkswagen-Konzern seine Spitzenposition. Die Marktführerschaft in den neuen Bundesländern konnte mit 26,6 (25,5) Prozent leicht ausgebaut werden.

Insgesamt befand sich der Volkswagen-Konzern zum Zeitpunkt der Markteinführung des Golf IV in einer wesentlich besseren Lage als zur Einführung des Golf III. Die fundamentale Strukturschwäche und damit tiefe Krise des Konzerns galt zur Einführung des Golf IV als überwunden. 1997 lag der Konzern in einer Boom-Phase, die rückblickend auf die wirtschaftliche Entwicklung in 1998 auch in konkrete Ergebniszahlen ihren Niederschlag fand. Gilt das Markenmanagement als die zukünftige Kernkompetenz von Automobilherstellern, so lag die größte Herausforderung des Volkswagen-Management bei der Einführung des Golf IV darin, die Marke Volkswagen durch den neuen Golf IV weiter zu stärken. Denn nur durch eine konsequente Weiterentwicklung der Marke als stärksten Aktivposten des Unternehmens verspricht sich Volkswagen ein weiteres positives Wachstum für die Zukunft.

Gesamtmarkt- und Unternehmenssituation bei der Einführung des Golf IV

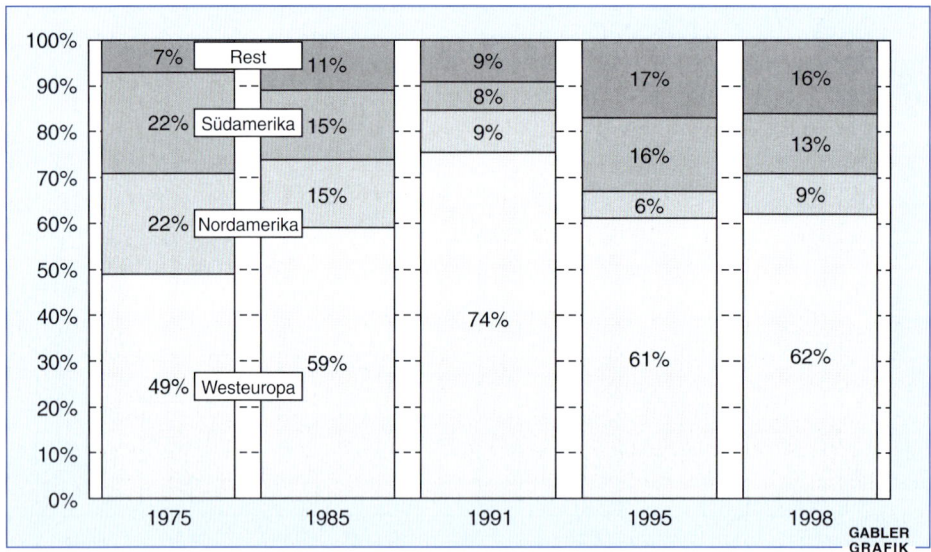

Abbildung 17: Verkäufe des VW-Konzerns nach Regionen
(Quelle: Geschäftsberichte der Volkswagen AG)

3. Entwicklung einer Marketing-Konzeption für den Golf IV

3.1 Strategischer Planungsprozeß bei der Neuwagenentwicklung

Der Planungshorizont von Automobilherstellern bei der Neufahrzeugentwicklung umfaßt den gesamten Zeitraum, in dem von einem zu entwickelnden oder bereits eingeführten Modell direkte Einflüsse auf die Unternehmenspolitik ausgehen. Dieser beläuft sich auf etwa 20 bis 25 Jahre. Eine derart lange Zeitspanne ergibt sich, weil bereits in der Planungsphase der gesamte **Modellebenszyklus** von der Markteinführung über die Phase des Gebrauchtwagenverkaufs bis hin zur Verschrottung antizipiert werden muß (vgl. beispielhaft Abbildung 18). Dabei gewann seit Ende der achtziger Jahre durch gesetzgeberische Initiativen – wie das in Kraft tretende Kreislaufwirtschaftsgesetz sowie die Altauto-Rücknahmeverordnung – vor allem die Entsorgungsproblematik von Automobilen an Aktualität.

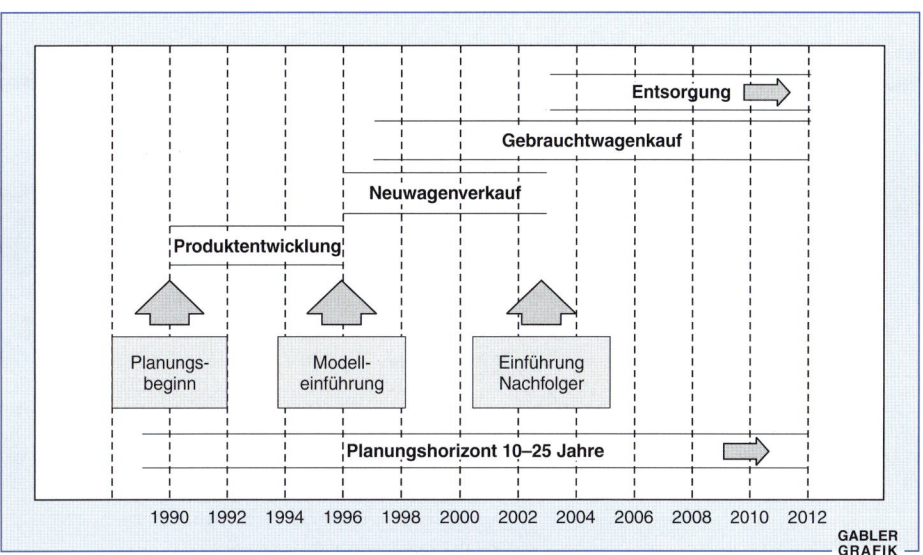

Abbildung 18: Planungshorizont in der Automobilindustrie
(Quelle: Schirner, A., Planung und Einführung eines neuen Produkts am Beispiel der Automobilindustrie, in: ZfBF, Nr. 10, 1990, S. 892 ff.)

Entwicklung einer Marketing-Konzeption für den Golf IV

Der **strategische Planungsprozeß** für den Golf IV begann im Jahr 1993 und mußte in die Gesamtstrategie des Konzerns sinnvoll integriert werden. Wie beim Golf III war der Prozeß auch hier in **unterschiedliche Phasen** gegliedert, nämlich die **Analysephase**, die **Phase der Ziel- und Strategiefindung** sowie die **Umsetzungsphase**, die zum Golf IV-Produktkonzept führte. Nach der Umsetzung des Konzepts folgte die **Kontrollphase**, in der die angestrebten Soll-Zustände mit den erreichten Ist-Zuständen verglichen wurden. Wie aus der Abbildung 19 ersichtlich, basierte die Analysephase auf zwei parallel zu durchlaufenden Teilbereichen: der Erfassung des Istzustandes sowie der Prognose zukünftiger Umweltzustände. Die Ist-Analyse umfaßt sowohl marktteilnehmerbezogene Aspekte – insbesondere das Verhalten und die Struktur der Konsumenten und Wettbewerber – als auch eine Untersuchung und kritische Beurteilung der Unternehmenssituation Volkswagens, wozu auf zahlreiche Primär- und Sekundärstudien zurückgegriffen wird. Als Analyseinstrumente verwendete die Hauptabteilung „Marketingstrategie" unter anderem die Stärken-Schwächen-Analyse sowie verschiedene Portfolio-Modelle. Die Prognose zukünftiger Umweltzustände beruhte demgegenüber auf einem speziellen Prognosemodell, der sogenannten Szenariotechnik. Diese steckt durch den Entwurf einiger, sich deutlich unterscheidender Zukunftsbilder den Möglichkeitsraum ab, in dem die tatsächliche Entwicklung mit großer Wahrscheinlichkeit erwartet werden kann.

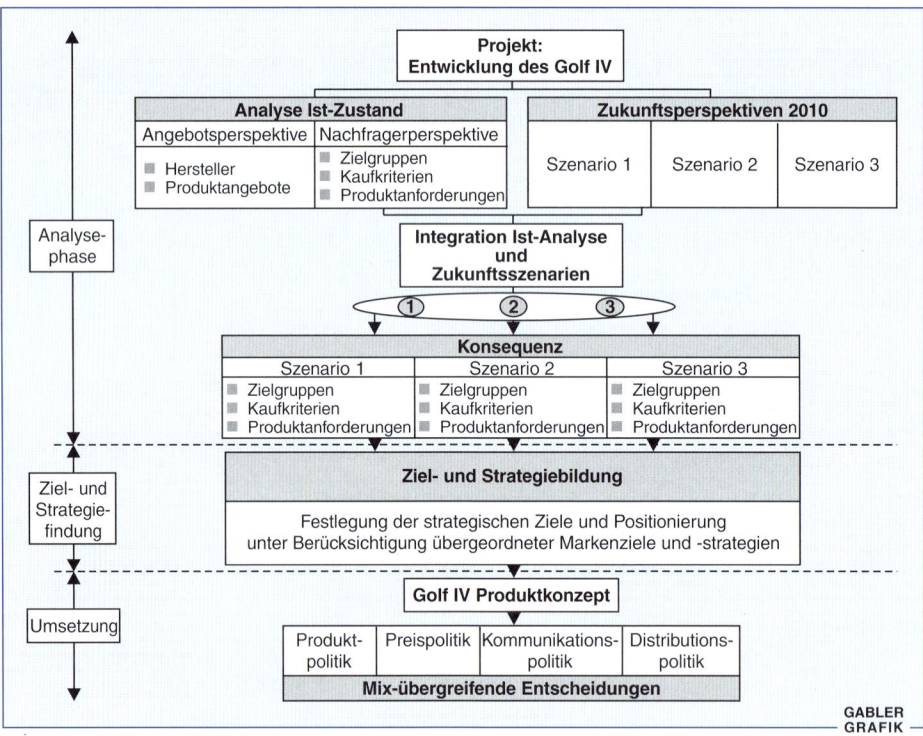

Abbildung 19: Strategischer Planungsprozeß für den Golf IV
(Quelle: Volkswagen AG)

Die Umsetzung dieser erwarteten Konstellation erfolgte in einem weiteren Schritt durch eine Integration mit den Ergebnissen der Ist-Analyse sowie den übergeordneten Zielen und Strategien des VW-Konzerns. Daran schloß sich die Definition von strategischen Zielen für den Golf IV und deren Konkretisierung in produktbezogene Basisstrategien an. In der dritten Phase des strategischen Planungsprozesses wurden schließlich im Golf IV-Produktkonzept die konkreten Anforderungen an das neue Fahrzeug festgeschrieben. Mit der Verabschiedung des Produktkonzepts trat der Golf in die Vorentwicklungsphase ein.

3.2 Key Issue Analyse für die Planungs- und Einführungsphase des Golf IV

3.21 Prognose zukünftiger Umweltzustände

Bei der Planung des Golf IV wurden drei verschiedene Szenarien zugrundegelegt, die durch die Oberbegriffe „Prosperität", „Pragmatismus" und „Dirigismus" charakterisiert werden können und mögliche Zukunftsperspektiven bis zum Jahr 2010 aufzeigen (vgl. Abbildung 20). Aus den drei zunächst gleichberechtigten Szenarien entwickelte das VW-Management kombinativ die zukünftige Konstellation der Makroumwelt, die subjektiv die höchste Wahrscheinlichkeit aufwies.

Dabei ging Volkswagen insgesamt von eher positiv-moderat ausgeprägten Bedingungen aus. Eine Verdichtung der Makroumwelt stellte insbesondere folgende prognostizierte Rahmenbedingungen heraus:

- Protektionismus der Regionen schwächt sich ab,
- keine Eskalation der Konfliktfelder,
- ökologisches Bewußtsein wird zu einer Selbstverständlichkeit,
  - Bemühungen um ökonomisch-ökologische Ausgewogenheit,
  - die Politik steuert hier mittels Mix aus Anreizen und Verboten,
- qualitatives und quantitatives Wirtschaftswachstum.

Entwicklungstendenzen in der konkreten Aufgabenumwelt umfaßten vor allem folgende Punkte:

- steigende Neuzulassungen,
- Erlebnisorientierung und Preis-Leistungsverhältnis,
- große Konzeptvielfalt, Specialities, Moden,

Entwicklung einer Marketing-Konzeption für den Golf IV

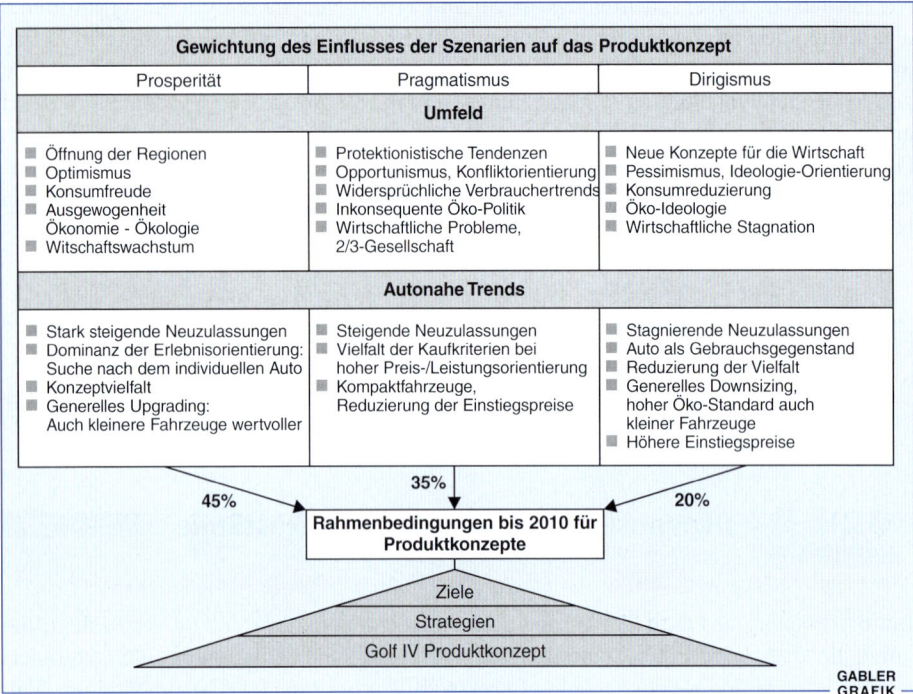

Abbildung 20: Ableitung von Rahmenbedingungen für die Golf IV-Entwicklung
(Quelle: Volkswagen AG)

- mehr Komfort, Ausstattung und Sicherheit,
- Verbrauchssenkung, Recycling, Emissionsreduzierung, strengere Umweltauflagen,
- Basis-Transportfunktion als Nische.

Neben der Prognose zukünftiger Umweltzustände galt es in einem ersten Schritt der Ist-Analyse, das Käuferverhalten näher zu umschreiben.

3.22 Analyse des Käuferverhaltens bei der Golf IV-Einführung

Berthold Krüger, Leiter Marketing Volkswagen AG:
„Der Golf ist die universelle Antwort auf die Bedürfnisse einer heterogenen Kundschaft."

Der Kauf eines Autos ist in der Regel Ergebnis eines komplexen Entscheidungsprozesses des Käufers. Besitzverhältnisse, Interessen, Nutzungsgewohnheiten, Einstellungen und Vorstellungen rund um das Thema Auto differieren daher in den einzelnen Altersgruppen und Bevölkerungsschichten erheblich. Den Autofahrer beziehungsweise den Autokäufer gibt es nicht. Aus diesem Grund ist eine differenzierte Betrachtung der Zielgruppen und Nutzersegmente bei der Neuproduktentwicklung unbedingt notwendig.

Nach dem Immobilienkauf zählt die Anschaffung eines neuen Autos zu den größten privaten Investitionen. So werden derzeit nach Berechnung der Deutschen Automobil Treuhand (DAT) für einen Neuwagen im Westen Deutschlands rund 37.600 DM und in den neuen Bundesländern 31.600 DM ausgegeben. Im Vergleich zu anderen langlebigen Konsumgütern nimmt das Auto also schon wegen der Höhe der Kaufsumme eine Sonderstellung für den Konsumenten ein.

Wie für alle Automobilhersteller besteht auch für Volkswagen die besondere Herausforderung der Käuferverhaltensforschung in dem mehrjährigen Planungs- und Entwicklungsprozeß bis zur Marktreife des neuen Modells. Dieser beläuft sich bei europäischen Herstellern zumeist noch auf mindestens fünf Jahre. Damit werden im Rahmen der Neuwagenentwicklung mittel- bis langfristige **Kaufverhaltensprognosen** erforderlich, die eine optimale Ausrichtung eines Fahrzeuges auf zum Einführungszeitpunkt aktuelle Einstellungen, Motive und Werte in den relevanten Zielgruppen gewährleisten sollen.

Um Entwicklungstendenzen des Käuferverhaltens genauer zu analysieren, werden unter anderem regelmäßig marken- und produktspezifische **Kaufgründe** sowohl für eigene als auch für Wettbewerbsmodelle erhoben, um die Bedeutung einzelner Kriterien zu analysieren und mögliche Veränderungen im Zeitablauf festzustellen. Abbildung 21 enthält die zentralen Ergebnisse einer solchen, bei bundesdeutschen Neuwagenkäufern durchgeführten Befragung, wobei Mehrfachnennungen möglich waren.

Die Kenntnis der Kaufgründe war bei der Entwicklung des Golf IV-Produktkonzeptes von hoher Bedeutung. Die modellspezifische Ausprägung der Kaufkriterien verdeutlicht die individuelle Produktpersönlichkeit, welche beim Golf IV unbedingt beibehalten werden sollte. Des weiteren lieferte die modellübergreifende Kriterienbeurteilung Informationen über die Stellung des Vorgängermodells zum Wettbewerb und damit wichtige Anhaltspunkte für die Positionierung des neuen Golf im Wettbewerbsumfeld.

Wesentliche Einzelkaufgründe 1997	Golf III
Gute Erfahrung mit Marke/ Modell	58%
Dichtes Händlernetz	31%
Guter Qualitätseindruck	28%
Gute Erfahrungen mit Händler/ Werkstatt	22%
Günstiger Kraftstoffverbrauch	21%
Hoher Wiederverkaufswert	20%
Zuverlässige Technik	19%
Styling	18%
Image der Marke	16%
Passive Sicherheit	15%

Abbildung 21: Wesentliche Kaufgründe für den Golf III (Nennung größer 15 Prozent, Mehrfachnennungen möglich)
(Quelle: Volkswagen AG)

Eine weitere zentrale Informationsgrundlage innerhalb des Planungs- und Entwicklungsprozesses des Golf IV war die soziodemographische und psychographische Struktur der Golf III-Besitzer. Die in Abbildung 22 dargestellte **soziodemographische Käuferstruktur** des Golf offenbart die breite demographische Streuung des Automobils, die nach soziodemographischen Kriterien nur schwer einzugrenzen war. Als zentrales Merkmal der Produktpersönlichkeit des Golf hatte sich seine Klassenlosigkeit und Statusneutralität herausgebildet, die eine Ansprache sehr heterogener Zielgruppen ermöglicht. Genau diese Eigenschaften wurden wie bei den Vorgängern auch mit Aufnahme der Planungsarbeiten für den Golf IV als zentrale Zielkriterien für die Produktentwicklung definiert und abermals im Golf IV-Produktkonzept umgesetzt. Betrachtet man die Entwicklung der Käuferstruktur nach Einführung des Golf IV für das Jahr 1998, so kann man feststellen, daß es Volkswagen erneut gelungen ist, eine **breite demographische Streuung** zu erreichen, die der Struktur des A-Segments beziehungsweise Gesamtmarkts ähnelt. Im Hinblick auf die Berufsstruktur und Schulbildung zeigt sich die weiterhin bestehende Klassenlosigkeit und Statusneutralität des Golf. Der im Vergleich zu den Vorjahren höhere Anteil an Rentnern, Auszubildenden und Hausfrauen unterstreicht überdies, daß der neue Golf unabhängig von jeder Altersstufe gefahren wird.

Kriterien	Golf III (1995)	Golf IV (1998)	A-Segment (1998)	Gesamtmarkt (1998)
Geschlecht				
Männlich	69	72	74	73
Weiblich	31	28	26	27
Schulbildung				
Volksschule	27	35	33	30
Mittel-/höhere Schule	37	35	27	38
Abitur	12	9	9	10
Universität	24	21	20	22
Berufsstruktur				
Freie Berufe	8	7	5	8
Selbständige	4	3	4	7
Leitende/höhere Angestellte	8	6	6	8
Angestellte	20	16	17	17
Beamte	20	22	20	17
Arbeiter	13	13	16	13
Rentner/in Ausb./Hausfrauen	27	33	29	25
Personen im Haushalt				
Bis 2	54	65	59	56
3 oder mehr	46	35	41	44
Durchschnittsalter (in Jahren)	45	48	47	47
Durchschnitts-HH-Nettoeinkommen (in DM)	5.641	5.366	4.868	5.910

Abbildung 22: Demographische Käuferstruktur des Golf im Zeitablauf
(Quelle: Volkswagen AG)

Um die Zielgruppen weiter einzugrenzen, waren soziodemographische Merkmale letztlich nicht ausreichend. Das gilt auch deshalb, weil soziodemographische Merkmale der Menschen heute weniger über das Kaufverhalten entscheiden als psychographische Merkmale. Hierzu zählt beispielsweise der Lebensstil, wozu bei Volkswagen gesonderte Lebensstilstudien in Anlehnung an den Milieu-Ansatz des SINUS-Instituts in Heidelberg erhoben werden (sogenannte Milieu-Segmentierung). Diese basieren auf Auskünfte der Befragten zu ihren Werten und Einstellungen. Während es bei den Werten um Grundorientierungen der Menschen wie Tradition, Besitzorientierung, Hedonismus oder Postmaterialismus geht, erstrecken sich Fragen zu Einstellungen auf Familie, Freizeit und Karriere etc. Auf Grundlage dieser Auskünfte werden Typologien gebildet, welche Gruppen identifizieren, die sich im Hinblick auf diese Merkmale ähneln. Volkswagen arbeitet in diesem Zusammenhang mit den in der Abbildung 23 dargestellten Typologien des Lebensstils.

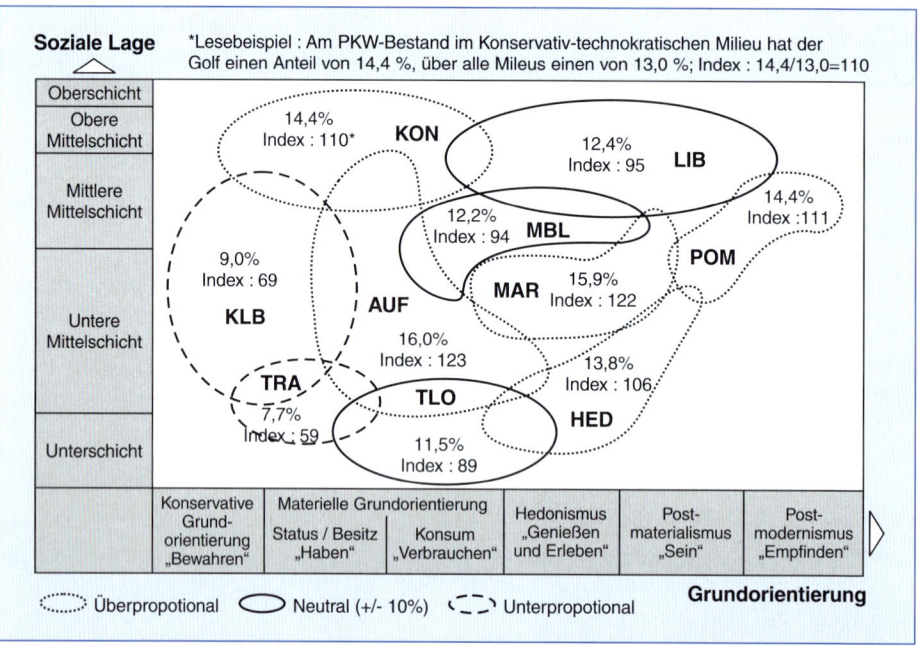

Abk.	Bezeichnung	Inhaltliche Konkretisierung
KON	Konservativ-technokratisches Milieu	Höchste Ansprüche, Sicherheit
KLB	Kleinbürgerliches Milieu	Wirtschaftlichkeit, Gebrauchsnutzen
TRA	Traditionelles Arbeitermilieu	Wirtschaftlichkeit, Bequemlichkeit
TLO	Traditionsloses Arbeitermilieu	Wirtschaftlichkeit
AUF	Aufstiegsorientiertes Milieu	Status, Styling, Prestige
MBL	Modernes Bürgerliches Milieu	Familienfreundlichkeit, Freizeitwert
MAR	Modernes Arbeitnehmer Milieu	Funktionalität
LIB	Liberal-intellektuelles Milieu	Durchdachtes Design, keine Übertreibung
POM	Postmodernes Milieu	Originalität, Authentizität, Expressivität
HED	Hedonisches Milieu	Fun, Escapismus, starke Reize

Abbildung 23: Der Golf-Bestand in den sozialen Milieus in Deutschland
(Quelle: Volkswagen AG, Burda TdW Intermedia 1999/2000)

Beispielsweise besteht das moderne Arbeitnehmermilieu vor allem aus Angestellten und Facharbeitern in „neuen" Branchen, die ein mittleres Einkommen haben und überdies spaß- und konsumorientiert sind. Charakterisiert man nun sämtliche Milieus nach dem Fahrzeugbesitz, so lassen sich die für den VW-Golf relevanten Milieus identifizieren.

Bei den genannten Zahlen ist jedoch zu beachten, daß es sich um eine Analyse des **Golf-Bestandes** auf dem deutschen Automobilmarkt handelt. Dementsprechend werden nicht ausschließlich Golf-Neuwagenkäufer betrachtet, sondern auch Gebrauchtwagenkäufer beziehungsweise Fahrzeughalter. Die Golf-Stärken liegen in den Mittelschicht-Milieus Moderne Arbeitnehmer (Index: 122), Aufsteiger (123) und Postmoderne (111). In den Oberschicht-Milieus Konservative (110) und Liberale (95) hat der Golf eine gute bis ordentliche Akzeptanz gefunden. Bei den Konservativen ist der Golf insbesondere als 2. Pkw im Haushalt vertreten, wobei es sich hier insbesondere um Neuwagenkäufer handelt. In den eher preissensiblen Milieus Kleinbürger (69), Traditionelle Arbeiter (59) und Traditionslose Arbeiter (89) liegt der Golf hingegen aufgrund der höheren Bedeutung des Gebrauchtwagenmarktes eher unter dem Durchschnitt. Letztlich ist der Golf aber – wie zu erwarten war – in allen Milieus vertreten, wodurch die Klassenlosigkeit des Golf abermals unterstrichen wird.

Die Analyse des Käuferverhaltens lieferte dem Volkswagen-Konzern erste Anhaltspunkte für die Golf IV-Produktkonzeption: Wie der Golf III von seiner Positionierung als klassenloses Auto sollte auch der Golf IV ein möglichst breites Zielgruppespektrum ansprechen. Gerade hier wurde das Spannungsfeld zwischen Kontinuität traditioneller Golfwerte und Innovation im Sinne der Aufnahme aktueller Entwicklungstendenzen des Konsumentenverhaltens deutlich. Zur Überbrückung dieses Spannungsfeldes hatte der Volkswagen-Konzern bei der Entwicklung des Golf IV folgendes zu berücksichtigen:

- Gewährleistung eines universellen Produktkonzepts mit breiter Positionierung, das gleichzeitig individuelle, milieu- und generationsübergreifende Lebensstilkomponenten berücksichtigt sowie

- Schaffen von Transparenz bezüglich Geld-, Produkt- und Dienstleistung, um einer gestiegenen Preissensibilität, Reklamations- und Markenwechselbereitschaft zu begegnen.

Neben der Analyse des Käuferverhaltens galt es überdies, die Wettbewerbsaktivität im Rahmen der Ist-Analyse zu erfassen.

3.23 Analyse der Wettbewerbsaktivitäten bei der Golf IV-Einführung

Waren die Entwicklungstendenzen in der Makro- und Aufgabenwelt des VW-Konzerns positiv-moderat ausgeprägt, so eröffnete auch die **Pkw-Segmententwicklung** in Europa weiterhin durchaus positive Bedingungen für den Golf IV. Wie Abbildung 24 veranschaulicht, bildete die A- beziehungsweise sogenannte Golf-Klasse das volumensmäßig größte Pkw-Segment in Europa, wobei auch langfristige Prognosen keine entscheidende

Entwicklung einer Marketing-Konzeption für den Golf IV

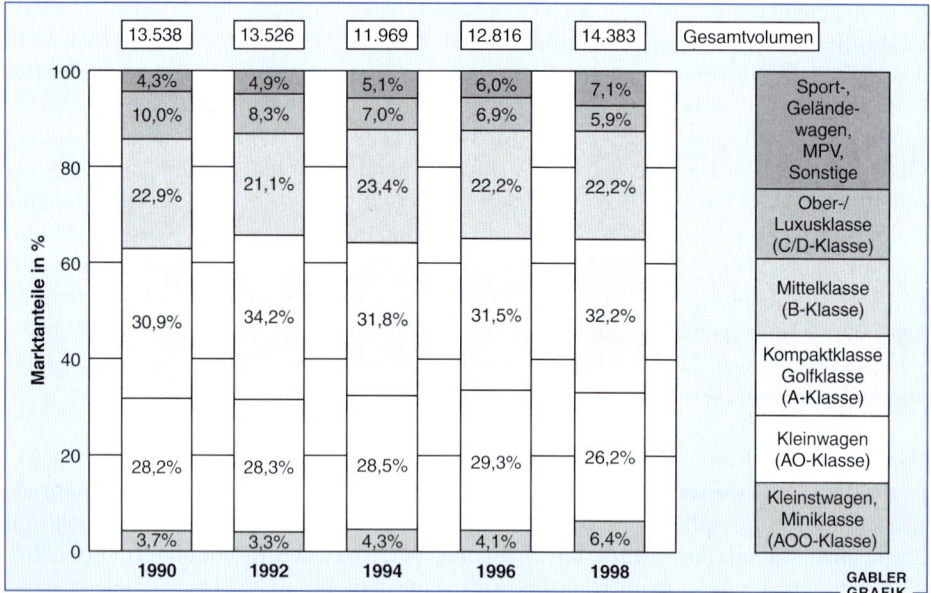

Abbildung 24: Pkw-Segmententwicklung in Westeuropa
(Quelle: Volkswagen AG)

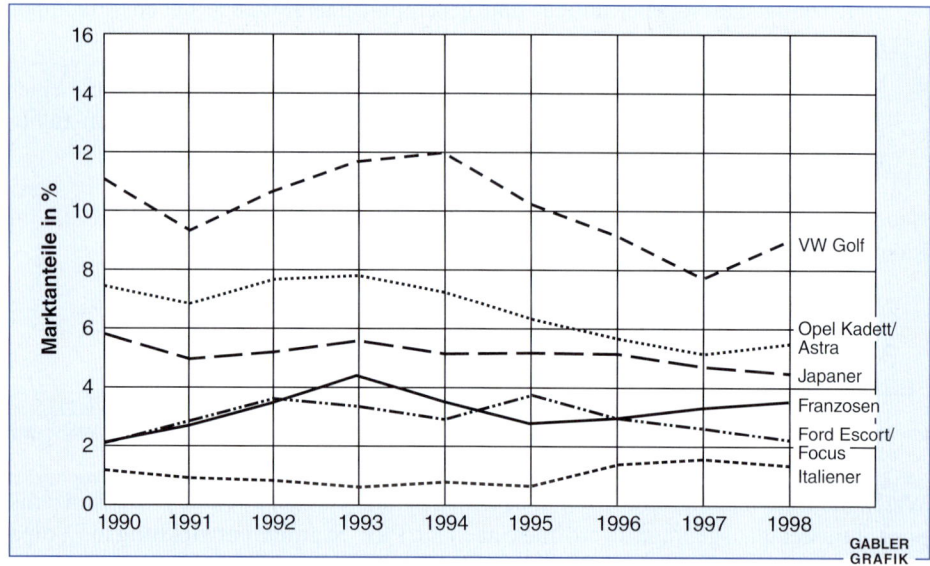

Abbildung 25: Entwicklung der Marktanteile des Golf im Wettbewerbsvergleich
für den inländischen Pkw-Markt
(Quelle: Volkswagen AG)

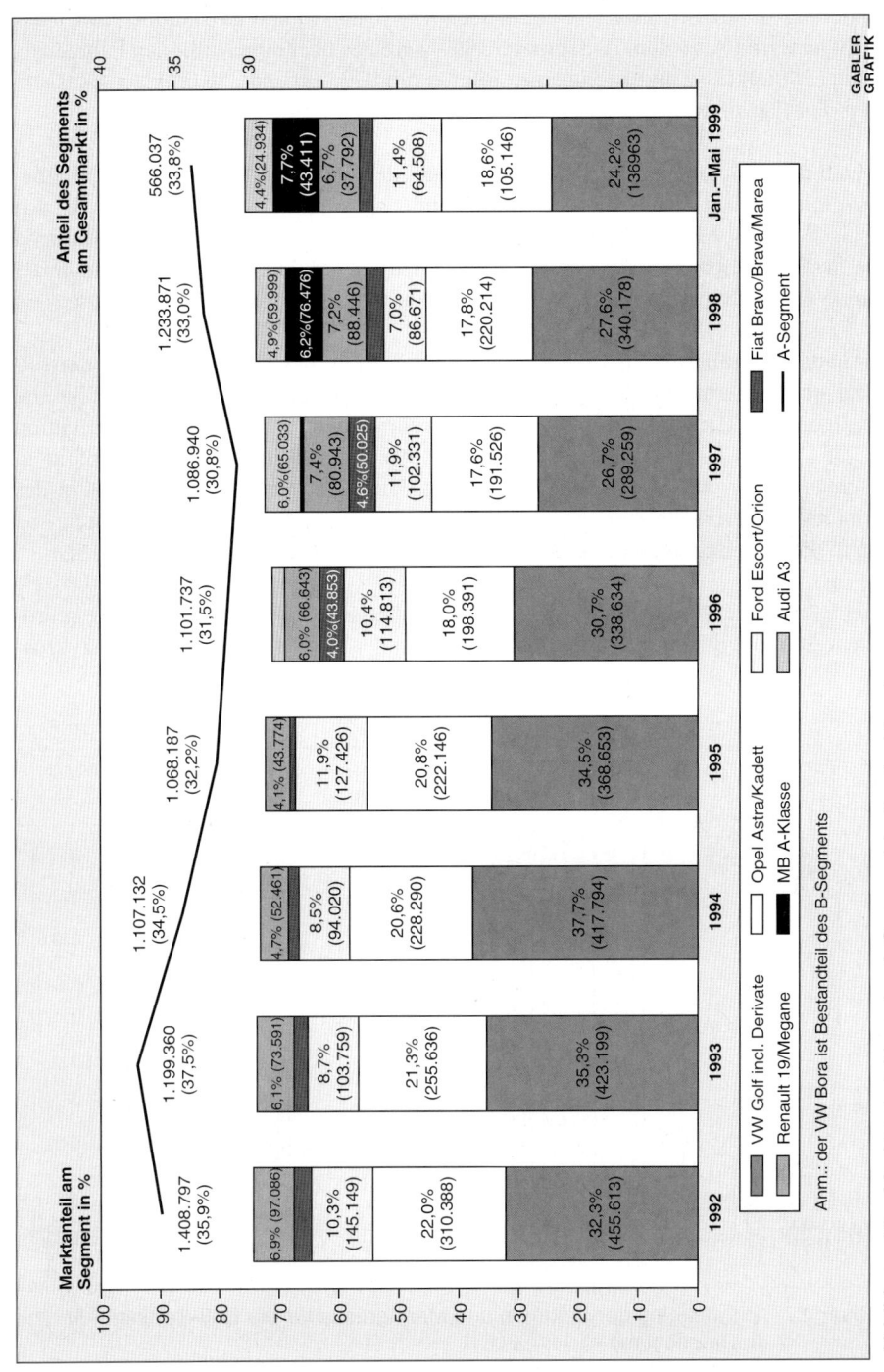

Abbildung 26: Marktentwicklung im A-Segment in Deutschland (Quelle: Volkswagen AG)

Veränderung dieser Situation erwarten ließen. In Deutschland entstammt etwa jedes dritte zugelassene Auto dem A-Segment. 1997 waren es über eine Millionen Fahrzeuge. Autos der Mittelklasse und Kleinwagen folgten mit 973.000 und 756.000 Neuzulassungen auf den Plätzen zwei und drei.

Innerhalb des A-Segments zeigt die Entwicklung der Markanteile des Golf im Wettbewerbsvergleich für den inländischen Markt seine dominante Position, die auch für den europäischen Pkw-Markt gilt. Wie der Golf I und II so hat auch der Golf III während seines gesamten Lebenszyklus souverän die Position des Marktführers innerhalb der A-Klasse wie auch im Gesamtmarkt halten können (vgl. Abbildung 25).

Somit hatte der Golf auch in 1997, dem Einführungsjahr des Golf IV, gute Voraussetzungen, sich weiterhin in seinem Marktsegment zu behaupten. Gleichzeitig stellte die Verteidigung der Marktführerschaft auch eine große Herausforderung an die Konzeption des Golf IV dar. Das A-Segment verbuchte 1997 am gesamten Automobilmarkt in Deutschland einen Anteil von rund 31 Prozent. Die marktbeherrschende Position des Golf inklusive Derivate dokumentiert sich im gleichen Zeitraum mit einem Anteil von knapp 27 Prozent innerhalb des stark umkämpften A-Segments (vgl. Abbildung 26).

Betrachtet man die Marktanteile sowohl auf dem deutschen als auch auf dem westeuropäischen Automobilmarkt, so läßt sich eine nahezu idealtypische **Produktlebenszyklus-**

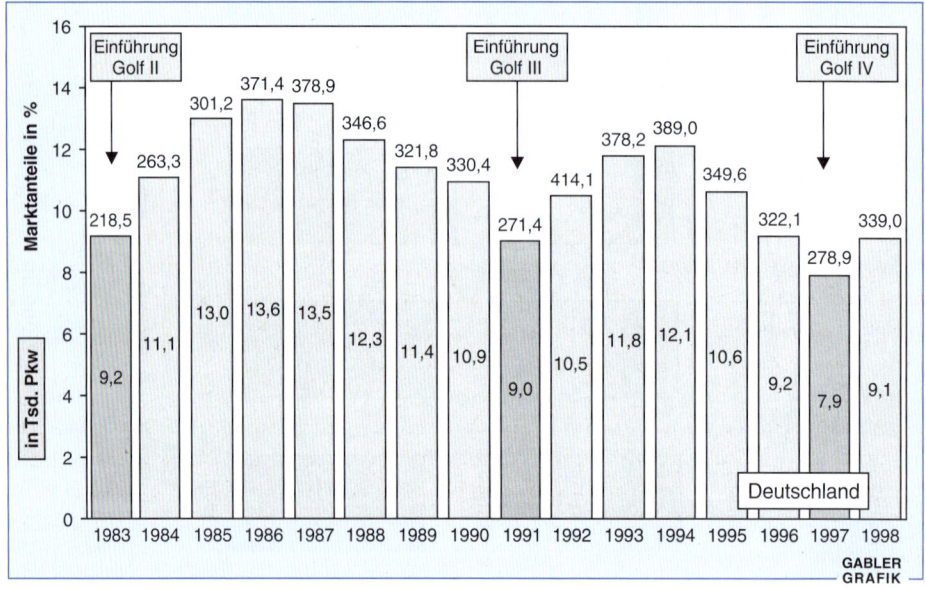

Abbildung 27: Entwicklung der Volumen und Marktanteile für die Golf-Carline II–IV in Deutschland
(Quelle: Volkswagen AG)

kurve für den Golf feststellen (Abbildung 27 und 28). Hatte der Golf I eine Lebenszyklusdauer von neun Jahren, so sank diese beim Golf II auf acht und reduzierte sich beim Golf III auf nur noch sechs Jahre.

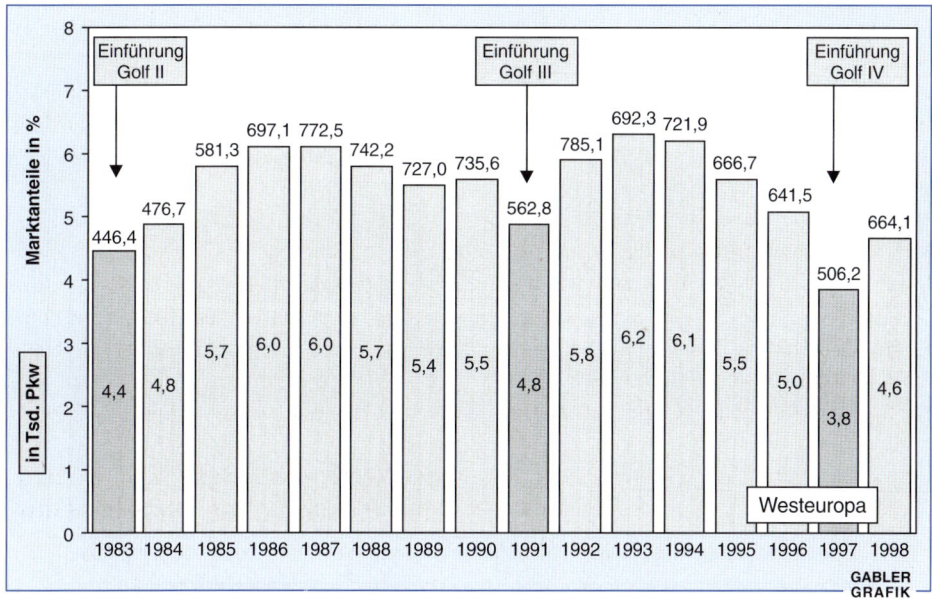

Abbildung 28: Entwicklung der Volumen und Marktanteile für die Golf-Carline II–IV in Westeuropa
(Quelle: Volkswagen AG)

Bei einer Analyse der Marktanteilsentwicklung des Golf ist jedoch die verstärkte Ausdifferenzierung des Automobilmarktes zu beachten. Betrachtet man die Produktpolitik der Hersteller, so ist in den neunziger Jahren eine produktpolitische Offensive deutlich erkennbar, die sich sowohl in der Einführung technischer Neuerungen in bestehenden Produktprogrammen, als auch besonders in der Erweiterung der Programme um neue Modelle und Varianten ausdrückt. Gab es 1990 beispielsweise neben der Golf Limousine (Schrägheck) noch ein Golf Cabrio, so existieren mittlerweile mit der Einführung des Golf Variant (Kombiversion) in 1993 schon drei Golf-Varianten, die den Marktanteil des Golf mitbegründen. Abbildung 29 zeigt, daß im Zuge der **verstärkten Karosseriedifferenzierung** im Markt die Einführung des Golf Variant dringend notwendig war. Mit einer einzigen Karosserievariante (nur Golf Schrägheck) hätte der Marktanteil aus den achtziger Jahren nicht auf so hohem Niveau gehalten werden können, wie die sinkenden Marktanteile des Golf Schrägheck prägnant verdeutlichen.

Auch der Bedeutungszugewinn der Kombiversionen im A-Segment von elf Prozent in 1991 auf 22 Prozent in 1997 belegt eindeutig die Notwendigkeit einer weiteren Ausdifferenzierung der Angebotspalette der Automobilhersteller. Im B-Segment ist im gleichen

Zeitraum sogar ein Bedeutungszugewinn der Kombis von 14 Prozentpunkten zu verzeichnen, von 23 Prozent in 1991 auf 37 Prozent in 1997. Zudem sind neue Produktkonzepte mit spezieller Raumökonomie und Innenraum-Variabilität (sogenannte Vans oder MPV's) seit wenigen Jahren auch im Klein- und unteren Mittelklassesegment präsent.

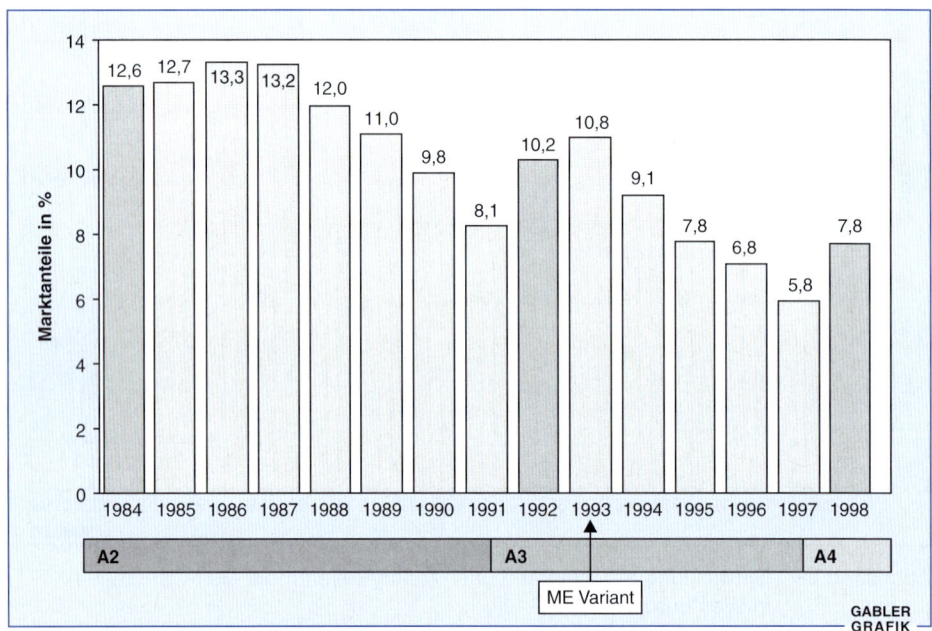

Abbildung 29: Golf Schrägheck Marktanteile 1984–1998 in Deutschland
(Quelle: Volkswagen AG)

Ein wichtiges Indiz bei der Beantwortung der Frage, an wen die Marktanteile innerhalb des A-Segments verloren gegangen sind, ergibt sich auch aus der Betrachtung der Wettbewerbsaktivitäten in der A-Klasse (vgl. Abbildung 30). Der Golf sah sich mit den Jahren aufgrund des großen Volumenpotentials des A-Segments einer immer stärkeren Konkurrenz gegenüber. Heute gibt es über 20 Wettbewerbsmodelle mit durchschnittlich drei Karosserievarianten in diesem Fahrzeugsegment. Durch Downsizing-Strategien erschließen auch Luxushersteller zunehmend das durch den Golf definierte A-Segment. Das prägnanteste Beispiel ist hier die Einführung der A-Klasse von Mercedes-Benz. Mittelfristig plant der DaimlerChrysler-Konzern ein weiteres Modell der Marke Chrysler in diesem Segment zu positionieren.

Selbst innerhalb des Volkswagen-Konzerns wird das A-Segment mittlerweile von allen Konzernmarken abgedeckt. Die Abbildung 31 zeigt die Segmentierung des PKW-Weltmarktes nach Größenklassen und Karosserietypen sowie jeweils beispielhaft die bishe-

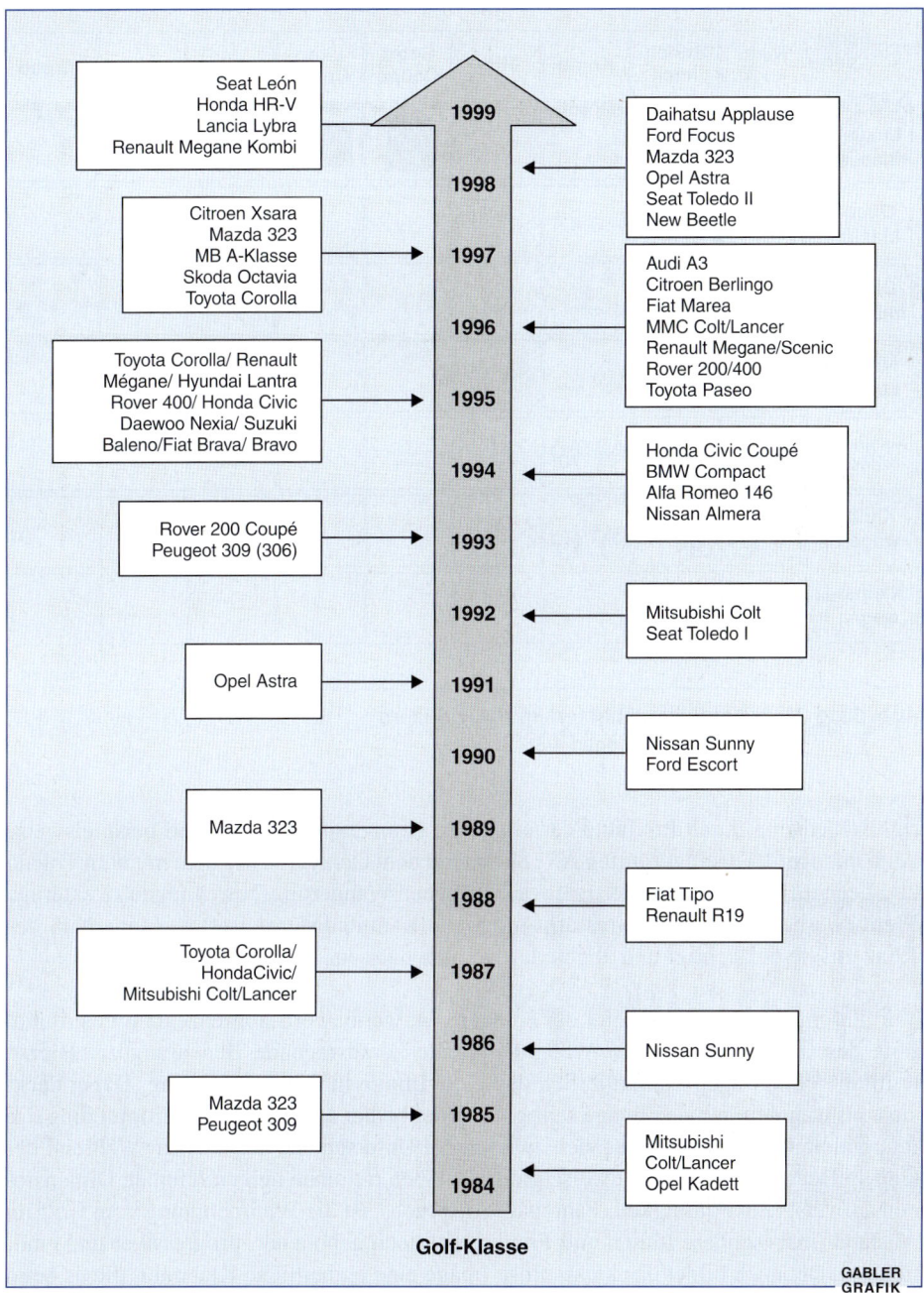

Abbildung 30: Wettbewerbsaktivitäten in der Golf-Klasse
(Quelle: Volkswagen AG)

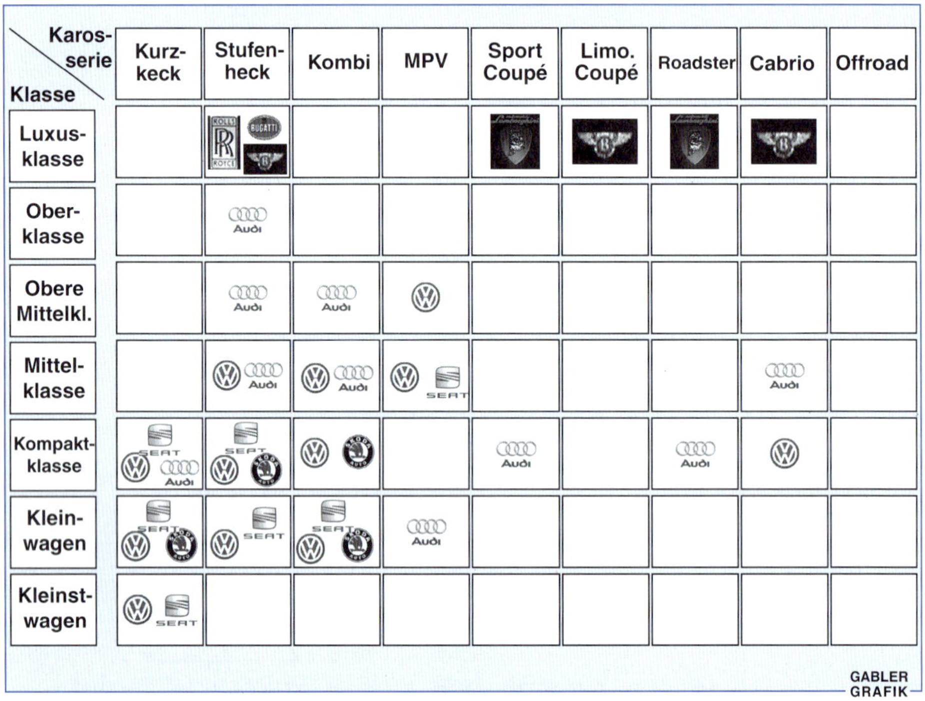

Karosserie \ Klasse	Kurzheck	Stufenheck	Kombi	MPV	Sport Coupé	Limo. Coupé	Roadster	Cabrio	Offroad
Luxusklasse		Rolls Royce, Bugatti			(Lamborghini)	(Bentley)		(Bentley)	
Oberklasse		Audi							
Obere Mittelkl.		Audi	Audi	VW					
Mittelklasse		VW, Audi	VW, Audi	VW, Seat				Audi	
Kompaktklasse	Seat, VW, Audi	Seat, Skoda	VW, Skoda		Audi		Audi	VW	
Kleinwagen	Seat, Skoda	Skoda, Seat	Seat, VW	Audi					
Kleinstwagen	VW, Seat								

Abbildung 31: Karosserievarianten im VW-Konzern
(Quelle: Volkswagen AG)

rige Abdeckung durch Produkte der einzelnen Konzernmarken. So sind beispielsweise Audi mit dem 1996 eingeführten A3, Skoda mit dem Octavia sowie Seat mit dem Toledo und León im Golf-Segment vertreten, so daß neben Wanderungsbewegungen zu externen Wettbewerbern in Zukunft verstärkt mögliche Kannibalisierungseffekte innerhalb des Konzerns berücksichtigt und abgefedert werden müssen.

Vor diesem Hintergrund kommt der eindeutigen, wettbewerbsabgrenzenden Positionierung des Golf innerhalb des A-Segments eine herausragende Bedeutung zu. Hierzu ermittelt Volkswagen kontinuierlich das **Golf-Image** in der Bevölkerung. Dabei deckt sich das wahrgenommene Image sehr gut mit der bisher angestrebten Positionierung. Im internationalen Kontext lassen sich zwar einige Unterschiede ausmachen: Während der Golf in Deutschland beispielsweise gleichermaßen rationale und emotionale Dimensionen aufweist (Zuverlässigkeit, Fahrspaß, Anspruch), ist die Wahrnehmung vom Golf im Ausland (insbesondere Italien und Frankreich) noch gehobener, progressiver und emotionaler. Dennoch bildet das klassenlose Image eine einheitliche Klammer, die es beim Golf IV zu wahren galt. Wie Abbildung 32 prägnant verdeutlicht, besitzt der Golf im Wettbewerbsumfeld eindeutig die Führungsrolle hinsichtlich der ungestützten Modellbekanntheit und des technischen Modellimages im A-Segment.

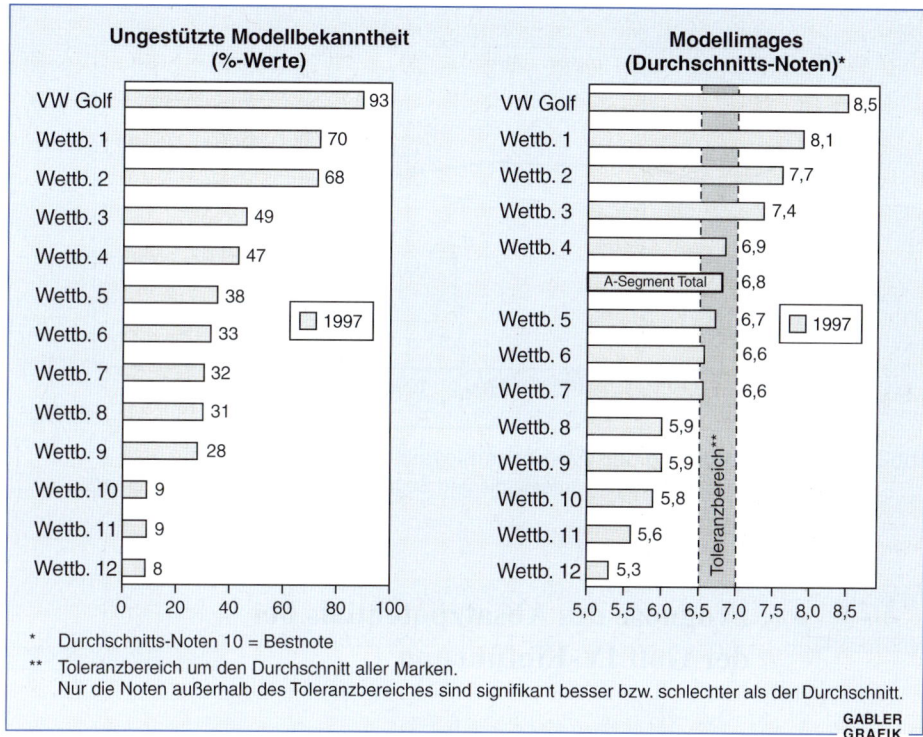

Abbildung 32: Ungestützte Modellbekanntheit und technische Modellimages im A-Segment im Einführungsjahr des Golf IV
(Quelle: Volkswagen AG)

Wichtige Indikatoren für die Position eines Modells im Wettbewerbsumfeld und deren Entwicklung sind darüber hinaus die Marken- und Modelloyalitätsrate sowie die Eroberungsrate. Während die beiden Loyalitätsraten angeben, wie viele Golf-Besitzer bei einem Folgekauf wieder einen Golf (Modelloyalität) beziehungsweise ein Modell der Marke Volkswagen (Markenloyalität) erwerben, zeigt die Eroberungsrate, wieviel Prozent der Käufer mit einem Wettbewerbsfahrzeug im Vorbesitz durch den Golf erobert werden konnten. Steigende Eroberungsraten deuten somit Partizipationseffekte im Wettbewerbsumfeld an. Wie beim Golf II konnten auch für den Golf III sowohl bei den Loyalitäts- als auch den Eroberungsraten entsprechend hohe Werte erzielt werden, wodurch abermals die hohe Wettbewerbsfähigkeit des Fahrzeugkonzepts unterstrichen wird. Abbildung 33 verdeutlicht demgegenüber prägnant die hohe Volkswagen-Konzernloyalitätsrate des VW-Golf im Zeitablauf, welche angibt, wie viele Golf-Besitzer bei einem Folgekauf auf ein Konzernmodell zurückgreifen. Im Zeitablauf erwerben gleichbleibend über 70 Prozent der Golf-Vorbesitzer trotz eines gewünschten Fahrzeugwechsels ein Modell des Konzerns und bleiben somit dem Konzern treu, wodurch die hohe Effektivität der verfolgten Mehrmarkenstrategie deutlich wird.

Entwicklung einer Marketing-Konzeption für den Golf IV

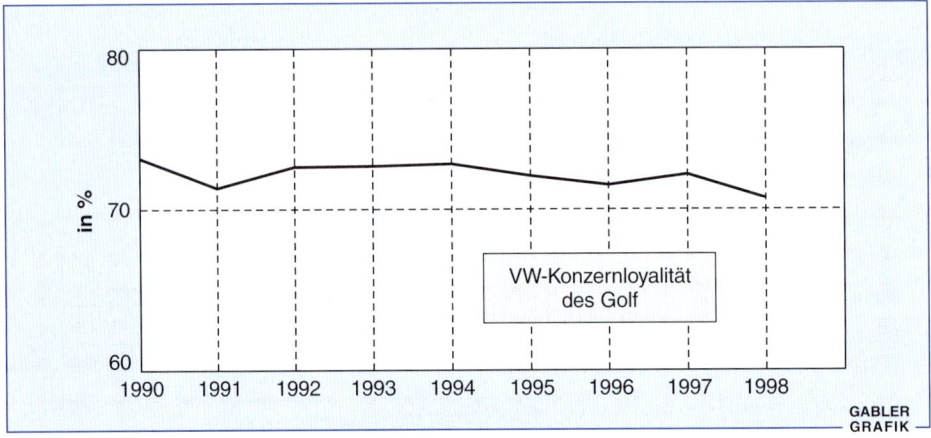

Abbildung 33: Entwicklung der VW-Konzernloyalitätsraten für den Golf
(Quelle: Neuwagenkäuferstudie und Segmentanalyse der Volkswagen AG)

3.24 Prognose des Absatzpotentials bei der Golf IV-Einführung

Auch bei der Bestimmung des Absatzpotentials eines in der Entwicklung befindlichen Fahrzeugs nehmen die Loyalitäts- und Eroberungsraten eine besondere Bedeutung ein. In Abbildung 34 wird anhand fiktiver Zahlen beispielhaft verdeutlicht, wie Volkswagen konzeptionell das Absatzpotential des Golf IV im deutschen Automobilmarkt für das Jahr 1997 prognostiziert hat.

Das Absatzpotential errechnet sich dabei als Summe aus

- **Erstkäufern:** Käufer, die bisher noch keinen Pkw besessen haben sowie
- **Zusatzkäufern**: Käufer, die schon einen Pkw egal welcher Marke besitzen und einen Golf als Zweitwagen anschaffen als auch
- **Ersatzkäufern**: sowohl Käufer, die zuvor schon einen Golf besessen haben und als Neuwagen wiederum einen Golf kaufen (Modell-Loyale) als auch Käufer, die von anderen Volkswagen-Modellen (Markenloyale: Auf- beziehungsweise Absteiger) oder Fremdmarken (Eroberungen) zum Golf wechseln.

Im vorliegenden Beispiel erwerben bei einem fiktiven Golf-Bestand von 3,4 Millionen Pkw und einer angenommenen Kaufrate von zehn Prozent 340.000 Personen einen neuen Pkw. Diese „Rückströmer in den Neuwagenmarkt" können entweder zu Fremdmarken beziehungsweise zu sonstigen Marken oder Modellen innerhalb des Konzerns abwandern

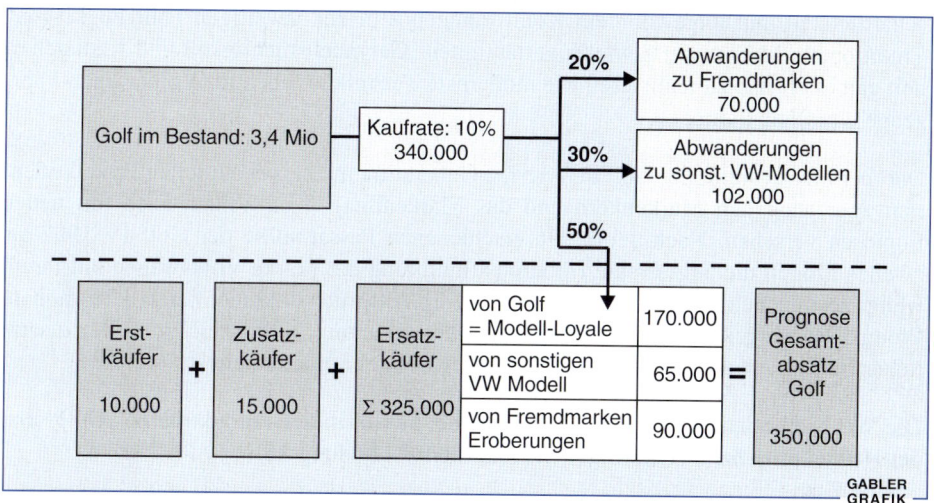

Abbildung 34: Fiktives Beispiel zur Bestimmung des Golf IV-Absatzpotentials
(Quelle: Volkswagen AG)

oder aber wiederum einen VW-Golf erwerben. Beträgt die Modell-Loyalitätsrate beispielsweise 50 Prozent, werden von den 340.000 Rückströmern 170.000 Personen abermals einen Golf erwerben. Werden zusätzlich Eroberungen von Fremdmarken in Höhe von 90.000 sowie Auf- und Absteiger sonstiger VW-Modelle in Höhe von 65.000 Pkw angenommen, so beläuft sich die Zahl der Ersatzkäufer auf 325.000. Unter Hinzuziehung der 10.000 Erstkäufer sowie 15.000 Zusatzkäufer ergäbe sich somit ein Gesamtpotential in Höhe von 350.000 Pkw.

3.3 Festlegung der strategischen Ziele und Positionierung des Golf IV

Um weiterhin die Marktposition des Golf als **bestes und erfolgreichstes Auto seiner Klasse** zu behaupten, wurden aufbauend auf den Ist-Analysen und Zukunftsprognosen bereits zu Beginn des Planungsprozesses entsprechende strategische Zielsetzungen für den Golf IV formuliert, die die Fortsetzung des Erfolgs sicherstellen sollten:

1) **Erfüllung der Forderungen des Volkswagen-Markenleitbildes**

Generell mußte der Golf als Hauptvolumenträger und dominierendes Produktsymbol der Marke Volkswagen die Philosophie der Herstellermarke verkörpern: „Entwickeln von qualitativ hochwertigen und überdurchschnittlich sicheren Autos mit hoher Gesamtwirtschaftlichkeit und ungewohntem Komfortangebot in der jeweiligen Fahrzeugklasse." Traditionelle Markenwerte wie Zuverlässigkeit, Gebrauchstüchtigkeit und Kaufsicherheit galt es ebenso zu realisieren wie modernste Technik und den für Volkswagen-Fahrzeuge typischen Fahrspaß.

Darüber hinaus sollte der Golf der vierten Generation mit seiner aktuellen Produktidentität aber auch den Markenkern und das Markenimage von Volkswagen mit neuen Impulsen versehen. Nach dem 1996 erschienenen Passat sollte der Golf IV 1997 als zweites Modell die angestrebte Höherpositionierung der Marke Volkswagen mit ihrem weiter gestiegenen technischen und qualitativen Anspruch dokumentieren. Über höhere Produkt-Wertigkeit, speziell eine hohe Qualitätsanmutung, sollte gleichzeitig ein zusätzlicher Beitrag zur emotionalen Aufladung der Herstellermarke geleistet werden.

Die Wechselbeziehung bei den Imagetransfers zwischen der Produktmarke „Golf" und der Herstellermarke „Volkswagen" verdeutlicht Abbildung 35.

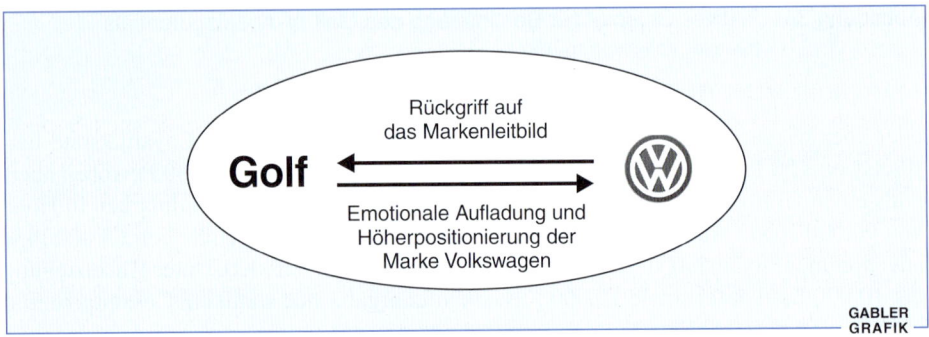

Abbildung 35: Wechselwirkung zwischen Produktmarke Golf und der Dachmarke Volkswagen

2) Verwirklichung einer Synthese aus Innovation und Kontinuität

Der neue Golf sollte in seiner technischen Auslegung modernste Automobiltechnik repräsentieren und innovative Akzente in seiner Fahrzeugklasse setzen, gleichzeitig aber die bewährte Funktionalität der Fahrzeugnutzung und -bedienung beibehalten.

Das neue, moderne Golf-Design galt es so zu gestalten, daß eine Wiedererkennbarkeit als Golf gewährleistet war. Auf kurzlebige, modische Designeffekte sollte zugunsten einer stärkeren Zeitlosigkeit und eines stabileren Wiederverkaufswerts verzichtet werden. Mit dieser strategischen Ausrichtung sollte das Vertrauen bisheriger Golf-Käufer bestätigt bzw. das Vertrauen potentiell neuer Golf-Käufer gewonnen werden. Ziel der Entwicklung war also eine intelligente Weiterentwicklung bzw. Evolution des Golf-Konzepts auf Basis der bekannten und bewährten Produkteigenschaften unter Berücksichtigung neuester technischer Erkenntnisse und der zwischenzeitlich weiter gewachsenen Kundenansprüche.

3) Beibehaltung der Philosophie des klassenlosen, statusneutralen Autos

Der Golf IV sollte auch weiterhin an die Tradition des Käfers und der früheren Golf Generationen anknüpfen und Demokratisierung von Mobilität symbolisieren. Unabhängig vom Alter, vom Familienstand, vom Beruf und der sozialen Schicht sollten sich möglichst viele Käufer mit dem Golf identifizieren können. Ziel war es, ein vielseitiges Auto für jedermann zu entwickeln, das keine Käufergruppe ausgrenzt und dessen zukünftige Käuferstruktur weitestgehend ein Abbild der fahrfähigen Bevölkerung darstellt.

4) Realisieren einer hohen Gesamtwirtschaftlichkeit über die Haltedauer

Beginnend mit einem guten Preis-Gegenwert-Verhältnis beim Kauf über günstig laufende Unterhaltskosten (Versicherungskosten, Kraftstoff, Wartung, Ersatzteile) bis hin zu einem guten, stabilen Wiederverkaufswert sollte der Golf für seinen Käufer in der Gesamtwirtschaftlichkeit über die gesamte Haltedauer gesehen wettbewerbsüberlegen sein.

5) Forcieren der Sicherheitsstrategie

Auf dem Gebiet der aktiven und passiven Sicherheit hatte der neue Golf in seinem Marktsegment die Maßstabsfunktion zu behaupten und durch Etablierung von entsprechenden Innovationen weiter auszubauen. Sicherheitsitems, die früher nur Oberklassefahrzeugen vorbehalten waren, sollten durch den Golf in der Kompaktklasse etabliert werden (Demokratisierung von Sicherheit). Bei diesem strategischen Ziel kommt die im Markenleitbild von Volkswagen manifestierte Verantwortung für Mensch, Gesundheit und Umwelt besonders deutlich zum Ausdruck.

6) Beibehaltung der Universalität und Multifunktionalität des Golf-Konzeptes

Die besondere Vielseitigkeit der Angebotspalette (Karosseriederivate, Aggregate- und Ausstattungsprogramm, optionale Sonderausstattungen etc.) ist ein wesentliches Ziel der Golf-Produktpolitik. Diese Breite des Angebotsspektrums dient nicht nur der Volumenssicherung bei Nachfrageverschiebungen, sondern unterstützt auch die Statusneutralität des Golf, indem sie unterschiedlichste Kundenbedürfnisse und Geschmacksrichtungen abdeckt. Diese Angebotsstrategie sollte auch bei der vierten Golf-Modellgeneration beibehalten werden. Um den Produktmarkenkern „Golf" herum sollten wiederum diverse Golf-Versionen für unterschiedlichste Nutzenbedürfnisse angeboten werden, um ein möglichst großes Käuferspektrum zu erreichen.

Vor dem dargestellten Hintergrund wurde die Positionierung des Golf IV zusammenfassend folgendermaßen formuliert:

Golf = „Das klassenlose, sympathische Auto für alle Käufergruppen."

---

4. Produktpolitik für den Golf IV

4.1 Bedeutung und Rahmenbedingungen der Produktpolitik

Die Produktpolitik kann als zentraler Parameter des Marketing interpretiert werden. Für Automobilkunden sind die Zuverlässigkeit und das Vertrauen in das technische Produkt nach wie vor zentrale Kaufentscheidungskriterien. So werden auch in nahezu sämtlichen Befragungen „Hohe Zuverlässigkeit" sowie „Außerordentliche Sicherheit" als zentrale Kaufentscheidungskriterien genannt. Eine hohe Produktqualität kann folglich als unabdingbare Voraussetzung für den Markterfolg gesehen werden.

Die beschriebene zunehmende internationale und intranationale Differenzierung der Konsumentenbedürfnisse stellt dabei erhöhte Anforderungen an die Produktpolitik. Da die Konsumentenbedürfnisse schon bei der Produktentwicklung zu berücksichtigen sind, erfordert dies eine präzise Analyse der Konsumentenwünsche. Insbesondere durch den Einsatz der Conjoint Analyse und des Quality Function Deployment (QFD) kann bereits in frühen Phasen des Innovationsprozesses eine konsequente Kundennutzenorientierung erreicht werden.

Die steigende Komplexität bei der Produktentwicklung und Vermarktung bedarf dabei einer systematischen Koordination, um den heute in der Automobilindustrie vielfach zu beobachtenden Anstieg der Komplexitätskosten zu verhindern. Die Modularisierung von Produktkonzepten stellt in dieser Situation ebenso einen Lösungsansatz dar wie eine prozeßorientierte Fertigungs- und Organisationssegmentierung.

4.2 Produktentstehungsprozeß bei Volkswagen

Der Produktentstehungsprozeß für die Entwicklung eines neuen Modells umfaßt bei Volkswagen verschiedene Teilphasen. Obwohl ein modernes Automobil aus umfangreicher Technik besteht, die längst nicht mehr aus der Hand weniger Entwickler kommen kann, hat ein relativ kleiner Kreis von Führungskräften den Entstehungsprozeß zu koordinieren. So waren auch beim Produktentstehungsprozeß (PEP) des Golf IV alle Geschäftsbereiche von Anfang an beteiligt: neben Design und Technischer Entwicklung (TE) auch Finanzen, Vertrieb, Produktion, Qualitätssicherung, Einkauf und Marketing.

Dieses Team wurde von einem Projektmanager geleitet. Der fachliche und zeitliche Ablauf der Produktentstehung wird nachfolgend kurz erläutert.

Der Anstoß zum Projekt Golf IV erfolgte im März 1993, knapp zwei Jahre nach der Einführung des Golf III. Hier trugen Experten nach dem Startzeichen des Vorstands für die **Strategische Projektvorbereitung (SP)** im „Projekt-Strategie-Input" alle wichtigen Eckdaten zusammen. Strategische Unternehmensziele hinsichtlich Qualität, Fertigungsstandards, Vermarktung und Umweltschutz wurden ebenso berücksichtigt wie die Integration bereits entwickelter technischer Innovationen. Alle Rahmenbedingungen wurden für das Projekt in einem Anforderungskatalog festgehalten. Nach dieser Vorarbeit gab der Vorstand den Projektanstoß für den Golf IV, volkswagenintern auch „PA" genannt. Hier erfolgte die **Konzeptentwicklung**, wobei die Ziele für den Neuwagen festgelegt wurden. Zu entwerfen war das grundlegende Fahrzeugkonzept. Alle Anforderungen der Fachbereiche wurden in einem sehr dicht gestalteten Arbeitspapier zusammengefaßt. In dieser Phase entstanden alle Eckdaten zur Positionierung im Markt, zur späteren Preisgestaltung und zum Raumanspruch für Insassen, Gepäck, Antrieb, Tank und Ersatzrad, also das sogenannte Package. Aus diesen Daten, insb. den inneren Maßen des Fahrzeugs, resultierten mehrere Styling-Entwürfe des Golf aus Plastilin. Hiervon überlebten am Ende nur zwei für die letztgültige Entscheidung. Weiterhin war die Technik zu verifizieren und ein Finanzplan zu erstellen. Auch wurden Ansprüche und Methoden der Produktions- und Ausrüstungsqualität festgelegt sowie Umweltschutzmaßnahmen integriert. Waren die ins Auge gefaßten Lösungskonzepte erstmals auf ihre Machbarkeit hin geprüft, stand der Erstpräsentation der Designmodelle sowie der Verabschiedung des Zielkatalogs (PR/ZK)/ Lastenheftes im Dezember 1993 nichts mehr im Wege.

In der sich anschließenden Phase der **Projektabsicherung** sorgten Designer noch für abschließende Korrekturen an den Entwürfen. Hiernach entstand ein Epowood-Abguß: aus dem Plastilin-Modell wurde ein Kunststoffauto. Nach dem Finish in diesem von außen täuschend echt wirkenden Golf-Muster folgten eine zweite Präsentation und die endgültige Styling-Entscheidung. Nun wurde das Epowood-Auto im nächsten Schritt zum Datenkontrollmodell (DKM), dem technischen „Ur-Meter" für die Serien-Entwicklung. Mit dem Einfrieren der elektronisch erfaßten Daten erhielten Konstruktion und Prototypenbau ihre letzte verbindliche Unterlage. Wurde im Rahmen der Konzeptabsicherung das Datenkontrollmodell vom Vorstand bestätigt und fiel dabei die allerletzte Machbarkeitsprüfung positiv aus, so erfolgten die wohl wichtigsten Entscheidungen zur Serienentwicklung und Serienvorbereitung. Insgesamt dauerte es rund zwei Jahre, um den Golf vom ersten Modell zur letzten Reife zu führen.

In der nun folgenden letzten Phase erhielt die Produktion ihre Planungs- und Beschaffungsfreigabe und es entstand die **Produktionsvorserie** (PVS) für weitere abschließende Versuche. Eine Reihe nützlicher Änderungsanregungen der Versuchsingenieure und Fertigungspraktiker sorgten schließlich für weitere Verbesserungen am neuen Fahrzeug. Als allerletzte wirkungsvolle Vorsichtsmaßnahme folgte schließlich eine Null-Serie, die härteste Versuchsfahrten zu bestehen hatte. Währenddessen entstanden die Betriebsmittel, aktivierte der Einkauf die Zulieferer und es erfolgte die Typprüfung für die Märkte in Europa und Übersee. Da für den Golf IV neue Fertigungstechnologien eingesetzt werden (Laserschweißen, Vollverzinkung), sind die Investitionssummen in die Betriebsmittel entsprechend hoch ausgefallen. Nach all diesen Schritten erteilte der Vorstand die endgültige Freigabe für den Serienlauf. Der Öffentlichkeit wurde der neue Golf dann im September 1997 vorgestellt, die Markteinführung erfolgte schließlich am 10. Oktober 1997.

Produktpolitik für den Golf IV

Vom Projektanstoß bis zur Markteinführung im Oktober 1997 vergingen damit knapp fünf Jahre (vgl. Abbildung 36). Mit der Einführung des Golf IV in den Markt war das Projekt Golf IV jedoch noch nicht abgeschlossen. Denn das Projektteam ist für den gesamten Lebenszyklus des Golf verantwortlich und somit auch für alle Derivate wie Cabrio, Stufenheck und Variant (Life-Cycle-Management). Sobald ein Modell auf den Markt kommt, werden überdies schon erste konzeptionelle Überlegungen für den Nachfolger vorgenommen. So haben die Vorbereitungen für den Golf V bereits 1998 begonnen, also kurz nach Einführung des Golf IV.

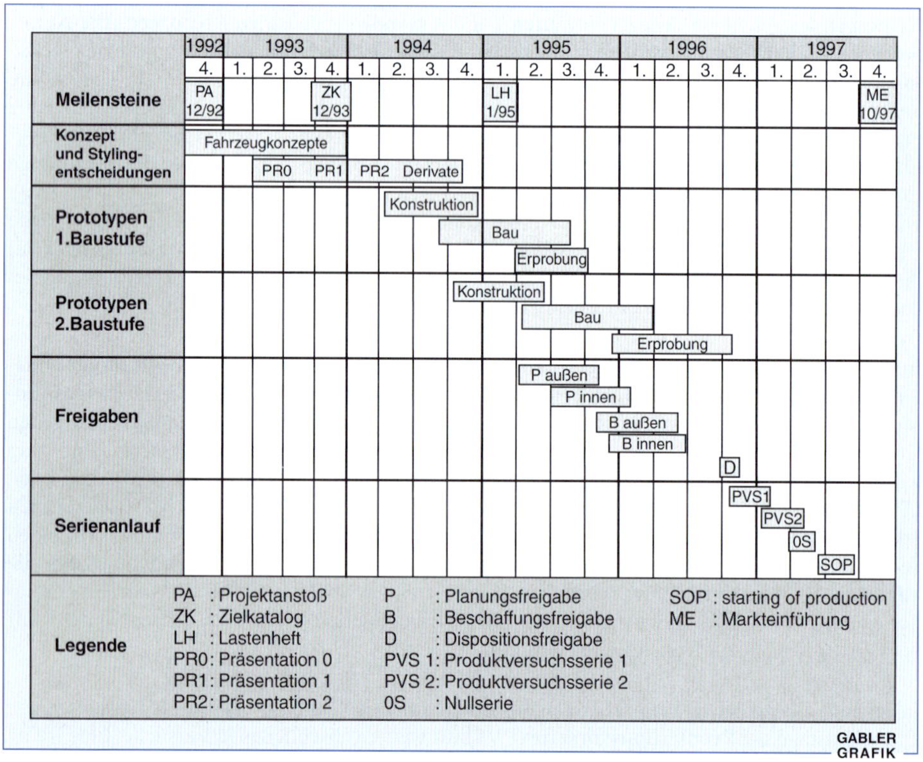

Abbildung 36: Entstehungsprozeß des Golf IV
(Quelle: Volkswagen AG)

4.3 Ziele und Entscheidungstatbestände der Produktpolitik für den Golf IV

> Hartmut Warkuß, Chefdesigner bei Volkswagen:
> „Jeder wird „seinen" Golf auf den ersten Blick wiedererkennen, obwohl kein Teil wie das alte ist. Dies ist seit mehr als zwanzig Jahren die Kunst und die Herausforderung, wenn man einen neuen Golf entwickelt. Denn egal aus welchem Blickwinkel man sich dem Golf IV nähert, überall entdeckt man Neues, noch nicht Gesehenes. Andererseits ist immer klar: Dies ist ein Golf, wie ein Golf nur sein kann. Von Beginn an wußten wir, daß der neue Golf keine revolutionäre, sondern eine konsequente evolutionäre Weiterentwicklung wird."

Entsprechend der im Golf IV-Produktkonzept definierten strategischen Ziele wurden die **technischen Entwicklungsziele** festgelegt, die unmittelbare produktpolitische Implikationen besaßen. „Ein Golf muß in jeder Hinsicht Maßstab sein für jene Klasse, die nach ihm benannt ist." so Dr. Martin Winterkorn, Vorstand Technische Entwicklung Volkswagen. Daß der Golf IV dabei vor allem von vorn betrachtet seinem Vorgänger sehr ähnlich ist, stellt ein kalkuliertes Risiko dar, das die Designer von Volkswagen entsprechend der strategischen Zielsetzungen des Produktkonzeptes bewußt zu realisieren hatten. Einen Markenartikel wie den Golf neu zu gestalten, ohne den Produktcharakter völlig zu verändern, stellte für das Projektteam des Golf IV eine der schwierigsten Aufgaben dar. Im einzelnen wurden folgende technische Entwicklungsziele beim Golf IV angestrebt:

- hohe Wiedererkennbarkeit des Golfs,
- hohe Wertanmutung durch ausgewählte Materialien und Detaillösungen,
- klassenüberlegene Qualitätsanmutung, zum Beispiel durch glatte Flächen, saubere Übergänge von Formen und ein klares logisches Fugenbild,
- Reduzierung der Spaltmaße, um so eine hohe Karosseriesteifheit zu ermöglichen,
- Langlebigkeit und Wertbeständigkeit durch Vollverzinkung,
- Neugestaltung des Interieurs mit außerordentlich hochwertigem Charakter,
- deutliche Verbesserung des serienmäßigen Ausstattungsumfangs,
- Reduzierung des Verbrauchs um mindestens zehn Prozent,
- Erfüllung der Abgasnormen der steuersparenden EU-III-Regelung,
- keine Zunahme des Basisgewichts,
- Verbesserung der Akustik,
- höchste Kundenzufriedenheit.

Bei der Einführung des Golf IV bestand eine zentrale Herausforderung in der Differenzierung des Golf zu den sonstigen Konzern-Modellen im gleichen Segment, um entsprechende Substitutionseffekte zu vermeiden. Eine solche Differenzierung sollte insbesondere durch verschiedene Differenzierungmerkmale im Hinblick auf die Zielgruppenansprache sowie die Positionierung im Wahrnehmungsraum der Konsumenten erfolgen. So ist der A3 aus dem Hause Audi als Premiummodell in der gleichen Klasse positioniert und richtet sich insbesondere an die kaufkräftige Oberschicht. Hier stehen Premiumwerte in Design, Qualität und Komfort im Vordergrund. Der Skoda Octavia spricht demgegenüber eine Kundenschicht an, die sich eher am Preis orientiert. Dem Leitbild „Spitzenqualität zu attraktiven Preisen" folgend zielt Skoda besonders auf Robustheit und Langlebigkeit ab. Seat richtet sich schließlich mit dem León primär an jüngere Leute. „Automobile Lebensfreude" und ein „happy way of life" prägen das Auftreten der Marke in der Öffentlichkeit.

Aufgrund seiner Statusneutralität zielt der Golf auf die Erreichung einer weitgefaßten, relativ unspezifischen Zielgruppe. Die Universalität des Golf-Konzeptes zeigt sich dabei in der weitaus weniger trennscharfen Ausprägung der Differenzierungsmerkmale. Demgemäß ist die Erfüllung vielseitiger Verwendungszwecke von großer Bedeutung. Sein Image sollte durch Eigenschaften wie Solidität, Stärke, technische Funktionalität und Kompaktheit geprägt sein.

Eine wesentliche Aufgabenstellung der Produktpolitik war es nun, die **Positionierung** des Golf innerhalb des Volkswagen-Modellangebots durch entsprechende **Produktmerkmale** zu unterstützen. Ansatzpunkte hierzu waren:

- die objektiven und subjektiven Größendimensionen innen und außen und die davon abhängigen technischen Merkmale,
- die Wertigkeit der Qualitätsanmutung,
- die Stylinganmutung und
- das Komfortniveau.

Speziell Styling- und Designentscheidungen beinhalten jedoch naturgemäß ein hohes Risiko, da die Marktakzeptanz in Befragungen ohne konkrete Produkterfahrung nur ungenügend getestet werden kann. Die Automobilindustrie hat zur frühzeitigen empirischen Überprüfung von Styling- und Designentscheidungen sogenannte **Car-Clinics** entwickelt, in deren Rahmen ein neues Modell potentiellen Käufern bereits weit vor der Markteinführung vorgestellt wird. Diese haben das neue Modell zumeist im Vergleich zu Wettbewerbsmodellen differenziert zu beurteilen, so daß sich dem Hersteller noch vor der eigentlichen Markteinführung die Möglichkeit bietet, gegebenenfalls Optimierungen vorzunehmen. Für den Golf IV fand 1996 eine differenzierte Car-Clinic statt, bei der Besitzer von neu gekauften Modellen der A- und B-Klasse mit Neuwagenkaufabsicht innerhalb der folgenden fünf Jahre befragt wurden. Die Befragung erfolgte in strukturierten Interviews sowie freien Gesprächen und bezog neben den Modellen Golf III und IV die wichtigsten Wettbewerbsmodelle ein. Dabei wurde deutlich, daß der Golf IV hinsichtlich aller abgefragten Styling- und Designkriterien außen sowie innen besser beurteilt wird als sein Vorgängermodell.

In seinen Außenmaßen hat sich der Golf IV im Vergleich zum Vorgängermodell merkbar vergrößert. Der neue Golf mißt in der Länge mit 4.149 Millimeter genau 131 Millimeter mehr als sein Vorgänger, in der Breite wuchs er um 30 Millimeter auf 1.735 Millimeter. Der Radstand vergrößerte sich um 39 Millimeter auf 2.511. Die Karosserie des Golf ist dabei dynamischer und markanter geformt als die seines Vorgängers. Die vergrößerte Außenlänge des Golf IV kommt letztlich auch den Insassen aufgrund eines größeren Platzangebots zugute. Der Innenraum selbst erfährt im Golf IV eine völlig neue optische Gestaltung mit einem außerordentlich hochwertigen Charakter schon in der Basisausstattung. Die in Slush-Technik gestaltete Armaturentafel und die kompakte, erstmals mit blauer Durchlicht-Technik ausgestattete Instrumenteneinheit setzen völlig neue Akzente. Die hochwertige Konzeption des Golf IV spiegelt sich letztlich in zahlreichen Details wieder, wie Abbildung 37 verdeutlicht.

Außen-Design	■ 14-Zoll-Räder ■ Doppelscheinwerfer mit integrierten Blinkern unter Klarglas-Abdeckung ■ Große Heckklappe, in die Stoßstange integriertes Kennzeichenfeld ■ Neue graphische Gestaltung der C-Säule ■ Leicht ausgestellte Kotflügel ■ In die Karosserie integrierte Stoßfänger
Innen-Design	■ Aufgeräumtes, klares Armaturenbrett ■ Neue Stoffe, neue Farben, neue Vielfalt ■ Schalttafel mit weicher Oberfläche ■ Blaues Durchlicht an den Armaturen mit roten Zeigern ■ Silikongebremst: Handschuhfach, Haltegriffe ■ Cupholder, Umluftschaltung, zusätzliche Leseleuchten
Sicherheit	■ Fullsize Airbags für Fahrer und Beifahrer ■ Seitenairbags in Serie ■ Antiblockiersystem mit elektronischer Bremskraftverteilung ■ Zusätzliche Karosserieversteifung ■ Crashsichere Position des Kraftstofftanks ■ Verstärkte Sitze mit höheren Lehnen ■ Isofix-Befestigung für Kindersitze an der Rückbank
Qualität	■ Enge Fugen ■ Vollverzinkung der Karosserie ■ 12 Jahre Garantie gegen Durchrostung ■ Gezielt eingesetzte Karosserieverstärkungen ■ Erhöhte Torsionssteifigkeit (40 Hz)

Abbildung 37: Produktmerkmale Golf IV
(Quelle: Volkswagen AG)

Den wohl wichtigsten Beitrag liefert die Qualität der vollverzinkten Karosserie, die den Standard der Oberklasse erreicht hat. Bei den Kunststoffmaterialien im Innenraum wurde Wert auf eine hochwertige Anmutung gelegt, um gerade dem „Plastikimage" vieler

Produktpolitik für den Golf IV

Automobile der unteren Segmente Paroli zu bieten. Eine hohe Steifheit und die damit einhergehenden geringen Karosseriegeräusche vermitteln dem Fahrer letztlich einen überzeugenden Qualitätseindruck.

4.4 Angebots- und Modelldifferenzierung

Wesentliches Kennzeichen der Marketingstrategie Volkswagens ist ein breit gefächertes Modellangebot, das individuelle Kundenwünsche zu befriedigen vermag. Die mit dem Wandel von der Produktions- zur Marktorientierung ergriffene Strategie des differenzierten Marketing äußert sich einerseits in der beschriebenen Mehrmarkenstrategie und damit dem Ansatz, nahezu alle Pkw-Segmente mit eigenen Konzernmarken abzudecken. Andererseits existieren von den einzelnen Modellen hinsichtlich Ausstattung und Motorleistung zahlreiche Varianten sowie als weitere Differenzierungsform die aus dem Grundmodell abgeleiteten Derivate (Cabrio, Stufenheck, Variant etc.).

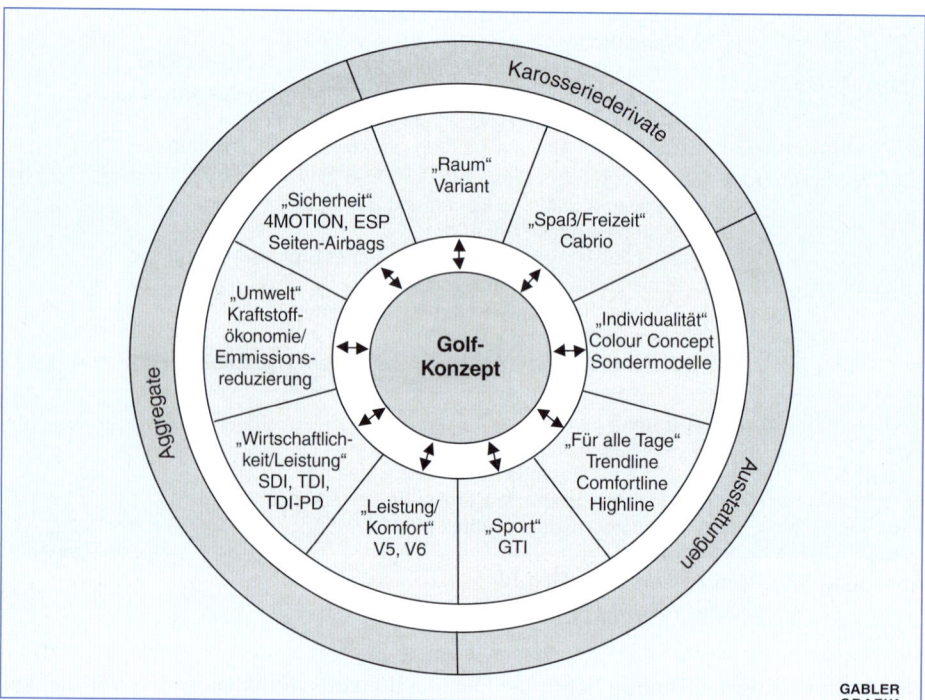

Abbildung 38: Universalität des Golf-Konzeptes mit Beispielen
(Quelle: Volkswagen AG)

Abbildung 38 zeigt die in den wesentlichen Modellversionen ausgedrückte Vielseitigkeit des Golf IV. Die Universalität des Golf-Konzeptes manifestiert sich letztlich in der Möglichkeit einer Gruppierung ausgesprochen heterogener Modellvarianten um den „Markenkern", ohne daß dessen Glaubwürdigkeit gefährdet wird. Andererseits ist es aber auch die Heterogenität dieser Varianten, die rückwirkend auf das Golf-Produktimage ausstrahlt und damit die Tragfähigkeit des „Markenkerns" weiter erhöht.

Hinsichtlich seiner **Ausstattung** weist der Golf IV grundsätzlich ein deutlich höheres Niveau als sein Vorgänger auf. Zusätzlich zur Basisversion sind folgende Ausstattungsversionen verfügbar:

Ausstattungslinie	Produktcharakter
Trendline	Jugendlich-sportiv
Comfortline	Komfortbetont-elegant
Highline	Hochwertig, Verbindung von besonders attraktiver Optik mit sportiven Items und umfangreichen funktionalen Komfortausstattungen
GTI	Sportlich-leistungsstark
V6 4MOTION	Absolutes Topmodell mit 204 PS, permanentem Allradantrieb und luxuriöser Ausstattung

Abbildung 39: Ausstattungslinien Golf IV
(Quelle: Volkswagen AG)

Darüber hinaus ermöglichen einzelne Sonderausstattungen wie etwa Navigationssystem, Klimaanlage, in der Windschutzscheibe integrierter Regensensor mit automatisch abblendendem Innenspiegel, Sound-System etc. den neuen Golf individuell auszustatten.

Bezüglich der **Aggregate** stand für den neuen Golf zum Zeitpunkt der Markteinführung 1997 eine breite und vielseitige Motorenpalette zur Verfügung, die sich aus sechs Benzinmotoren und drei Dieselmotoren zusammensetzt (Abb. 40). Das Leistungsspektrum reicht von 55 kW (75 PS) als Einstieg in das Benziner-Programm bis zum 150 kW (204 PS) V6-Motor. Eine 60 PS-Variante wie beim Vorgänger wird nicht angeboten, weil deren Verkaufsanteil beim Golf III nur noch gering war. Der Golf IV wird dabei grundsätzlich mit einem mechanischen Fünfgang-Schaltgetriebe ausgerüstet. Alternativ zum manuell betätigten Schaltgetriebe kann der neue Golf mit einer elektronisch geregelten Vierstufen-Automatik bestückt werden, welche ein intelligentes Schaltprogramm (DSP) mit Fuzzy-Logik besitzt, das sich auf das individuelle Fahrverhalten des Fahrers einstellt und die Schaltpunkte entsprechend positioniert. Auch sind im Antriebsbereich

1367

Innovationen zu verzeichnen: Zum erstem Mal kommen im Golf 5-Ventiler sowie 5-Zylinder zum Einsatz. Ein Durchbruch ist zudem mit Blick auf Emission und Abgasnorm gelungen, da der 60 kW TDI-Motor die EU-III-D-Norm erfüllt.

Mit entsprechenden **Karosseriederivaten** beabsichtigt Volkswagen, wesentliche Teilsegmente mit einem Golf zu bedienen. Die zentralen Derivate stellen der Golf Variant und das Golf Cabrio dar. Mit dem Cabrio hatte VW seit 1979 Maßstäbe gesetzt. Bis 1994 wurden mehr als 400.000 Fahrzeuge gebaut, womit es das erfolgreichste Cabrio der Automobilgeschichte wurde. Auch mit dem neuen Golf Cabrio hofft Volkswagen, den Erfolg der Vorgängermodelle nahtlos fortzuführen.

Ausstattungsversion	Motorisierung								
	Benziner						Diesel		
	1,4 L 55 kW (75 PS)	1,6 L 74 kW (100 PS)	1,8 L 92 kW (125 PS) 5V	1,8 L 110 kW (150 PS) 5V-Turbo	2,3 L 110 kW (150 PS) V5	2,8 L 150 kW (204 PS) V6*	1,9 L 50 kW (68 PS) SDI	1,9 L 66 kW (90 PS) TDI	1,9 L 81 kW (110 PS) TDI
Basisversion	●	●					●	●	●
Trendline	●	●					●	●	●
Comfortline	●	●		●			●	●	●
Highline		●	●		●			●	●
GTI				●	●				●
V6 4MOTION						●			

Abbildung 40: Ausstattungsversionen und Motorisierungsvarianten des Golf IV im Einführungsjahr (* der V6-Motor war schon im Einführungsjahr 1997 vorgesehen, kam jedoch erst später zum Einsatz)
(Quelle: Volkswagen AG)

Der Golf Variant schloß in 1993 eine wichtige Lücke im Golf-Angebot, denn in Deutschland entscheidet sich mittlerweile jeder siebte Automobilkäufer aufgrund der Multifunktionalität dieses Fahrzeug-Konzepts sowie der Optik für einen Kombi. Vor diesem Hintergrund präsentierte VW eineinhalb Jahre nach der Markteinführung des Golf III eine entsprechende Variantversion.

4.5 Sondermodellpolitik

Ein weiteres wichtiges Instrument zur Angebots- und Modelldifferenzierung während des Modellebenszyklus ist die **Sondermodellpolitik**, bei der speziell konzipierte Ausstattungsvarianten in limitierter Stückzahl und während eines begrenzten Zeitraums angeboten werden. Im Unterschied zu den Ausstattungsversionen des Serienprogramms Trendline, Comfortline und Highline besitzt die Sondermodellpolitik als produktpolitisches Instrument den Vorteil eines weitaus flexibleren Einsatzes. Dementsprechend breit ist das Zielspektrum der Sondermodellpolitik:

- Erfüllung individueller Bedarfswünsche (zum Beispiel spezielle Außenfarben beziehungsweise Ausstattungskonzepte),
- Verteidigung oder Ausbau von Marktanteilen,
- Schaffung von Aktualität (in Verbindung mit gezielter Werbung für Sondermodelle),
- Synchronisation von Produktion und Absatz,
- Gewährung indirekter, zeitlich limitierter Preisnachlässe über Paketabschläge auf die vorgegebene Ausstattungspaketierung,
- Erhöhung der Kundenfrequenz beim Händler sowie
- Steigerung der Händlerbereitschaft zur Erhöhung der Lagerbestände.

Obwohl von allen Automobilherstellern als wichtiges Marketinginstrument erkannt und eingesetzt, hat Volkswagen die Sondermodellpolitik doch insoweit perfektioniert, als für jedes Sondermodell ein eigenständiges Produktkonzept im Sinne einer eigenen Idee existiert. Ein solches eigenständiges Konzept manifestiert sich nicht nur in der geschickten Zusammenfassung von speziellen Ausstattungen bei einem gleichzeitig – relativ betrachtet – günstigen Preis, sondern umfaßt immer auch eine entsprechende Umsetzung in der Kommunikationspolitik. Insofern ist die Sondermodellpolitik von Volkswagen ein Beispiel für den integrierten Einsatz des Marketinginstrumentariums.

Bereits beim Auslauf des Golf I wurde die Sondermodellpolitik mit großem Erfolg eingesetzt. Beim Golf II plazierte VW zwischen 1985 und 1991 insgesamt 19 verschiedene Sondermodelle mit Volumina zwischen 8.000 und circa 80.000 Einheiten im Markt. Damit ergab sich ein jährlicher Anteil der Sondermodelle an der Gesamtproduktion von bis zu 30 Prozent. Der große Erfolg der Sondermodellpolitik für den Golf II führte dazu, daß das erfolgreiche Sondermodell „GT Special" aufgrund anhaltender Kundennachfrage in das permanente Verkaufsprogramm aufgenommen wurde und auch beim Golf III zum Einsatz kam.

Mit dem Golf II-Sondermodell „Fire and Ice", das sich in der Idee an den Ende der achtziger Jahre gedrehten gleichnamigen Kinofilm anlehnte, begann eine neue Entwicklung in der Sondermodellpolitik bei Volkswagen. Neben traditionellen Sondermodellen wie zum Beispiel „Golf New Orleans" und „Golf Savoy" beim Golf III entstanden immer mehr Sondermodelle in Anlehnung an bestimmte **Events,** die entweder externer Natur waren oder aber bewußt intern inszeniert wurden. Ein Beispiel für die Nutzung eines bestehenden externen Ereignisses war der „Golf Europe", das erste Sondermodell des Golf III, das zum Jahreswechsel 1992/1993 anläßlich des Inkrafttretens des Europäischen Binnenmarktes eingeführt wurde. Als Beispiel für die bewußte interne Inszenierung eines Ereignisses kann der in 1996 angebotene Golf GTI – „20 Jahre GTI" – angeführt werden. Anläßlich des 20jährigen Geburtstages des Golf GTI wurde hierzu ein Sondermodell mit attraktiver Ausstattung in drei Motorisierungsvarianten präsentiert. Darüber hinaus wird ein umfangreiches Kultursponsoring für Sondermodelle genutzt, wie beispielsweise bei den Modellen der „Golf Rolling Stones Collection" oder „Bon Jovi". Im Rahmen des Golf IV wurde erst ein Sondermodell eingeführt. Mit dem Sondermodell Golf „Generation" würdigte Volkswagen ein stolzes Jubiläum: 25 Jahre Golf. Die in technoblau-metallic lackierte Sonderausgabe verfügt über eine besonders hochwertige Ausstattung mit Sportsitzen vorn, Lederlenkrad sowie 16-Zoll-Leichtmetallfelgen, Klimaanlage u. v. m.

5. Preis- und kontrahierungspolitische Entscheidungen

5.1 Bedeutung der Preis- und Kontrahierungspolitik für das Marketing-Mix von Automobilherstellern

Im Vergleich zu Herstellern kurzlebiger Konsumgüter weist die Preispolitik von Automobilherstellern eher strategischen Charakter auf. Innerhalb des Planungs- und Entwicklungsprozesses eines Neuwagens bildet der Preis eine wesentliche Orientierungs- und Leitgröße. Demgemäß erfolgt die grundsätzliche **preisliche Positionierung** bereits innerhalb der ersten Modell-Definitionen und Zielkataloge.

Der bereits 1993 definierte Targetpreis für den Golf IV diente der Ableitung von Kostenvorgaben für die Produktentwicklung. Die Positionierung wird durch eine Reihe unternehmens-, konsumenten- und wettbewerbsbezogener Faktoren, wie zum Beispiel die wettbewerbsstrategische Ausrichtung des Herstellers beziehungsweise der Produktmarke, bestimmt. Der einmal fixierte Preis wird dann je nach Marktentwicklung und Änderungen am geplanten Produkt bis zur Markteinführung fortgeschrieben. Zur Markteinführung erfolgt schließlich die endgültige Preisfestsetzung.

Vor der Markteinführung eines neuen Modells kommt es unter Umständen zu Überschneidungen strategischer und operativer Entscheidungstatbestände der Preispolitik. Hier sind etwa kurzfristige Preisanpassungen möglich, um bestimmte Aussagen in der Kommunikationspolitik (zum Beispiel „gleicher Preis wie der Vorgänger bei deutlich verbesserter Ausstattung") treffen zu können. Insgesamt steht jedoch sowohl bei der Preisfindung für neue Modelle als auch bei preispolitischen Entscheidungen nach der Einführung die langfristige, strategische Orientierung eindeutig im Vordergrund.

Dabei hat die Kontrahierungspolitik einerseits der gestiegenen Preissensibilität der Konsumenten und andererseits den veränderten Spar- und Konsummotiven der Verbraucher Rechnung zu tragen. Die Konsumenten sind heute in stärkerem Maße als in der Vergangenheit bereit, die Anschaffung eines Automobils zu finanzieren. Darüber hinaus möchte der Konsument seine automobilen Wünsche möglichst umgehend realisieren und ist immer weniger bereit, über eine längere Ansparphase sich in Konsumabstinenz zu üben. Vor diesem Hintergrund kommt innovativen Finanzierungs- und Leasingkonzepten im Rahmen der Kontrahierungspolitik eine besondere Bedeutung zu. Der hohen Preissensibilität wird nicht zuletzt durch attraktive, herstellerseitig subventionierte Finanzierungskonditionen entsprochen. Dabei eröffnen Finanzdienstleistungen die Möglichkeit, die Markenattraktivität zu steigern, die Kundenloyalität zu erhöhen sowie eine nachhaltige Ergebnisverbesserung zu erreichen.

Volkswagen offeriert in diesem Zusammenhang Neuwagenkäufern durch die eigene Volkswagenbank Finanzierungs- und Leasing-Angebote. Bis heute hat die Volkswagenbank Millionen Kunden günstig zu ihrem neuen oder gebrauchten Fahrzeug verholfen. Seit 1990 verkauft Volkswagen über den Geschäftsbereich „Volkswagen Bank direct" zusätzliche Finanzdienstleistungen, die weit über die klassische Automobilfinanzierung hinausgehen. Gleichfalls bietet der Volkswagen Versicherungsdienst (VVD) Versicherungslösungen wie etwa Kfz-Haftpflichtversicherungen an.

5.2 Determinanten und Instrumente der Preispositionierung für den Golf IV

Die Preisfindung für Neuwagen stellt ein komplexes Entscheidungsproblem dar. Wie Abbildung 41 veranschaulicht, beeinflussen im Automobilmarketing verschiedene unternehmensexterne und -interne Einflußfaktoren die Preispositionierung. Diese unterstreichen noch einmal die langfristige, strategische Orientierung der Preispolitik.

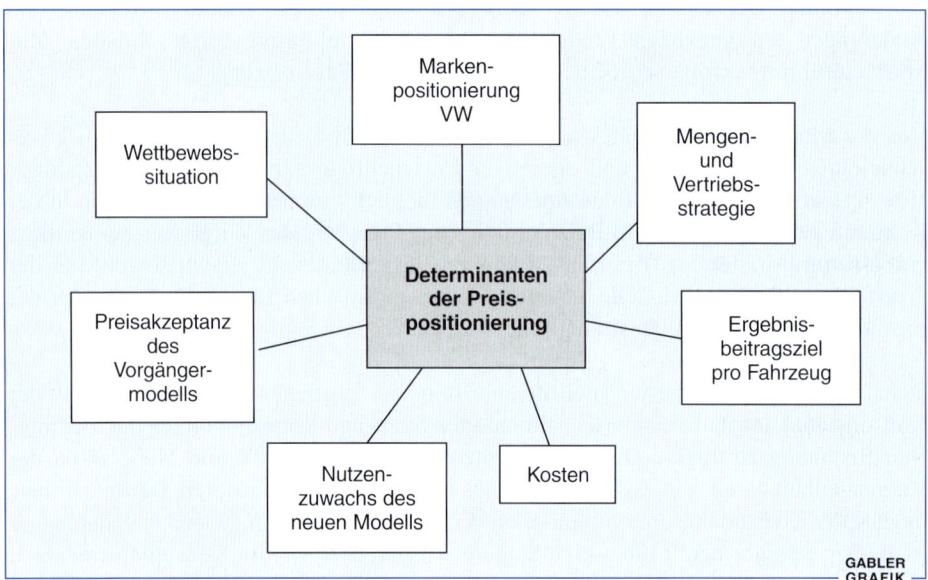

Abbildung 41: Determinanten der Preispositionierung von Neuwagen
(Quelle: Volkswagen AG)

Die **Positionierung der Marke** gibt den grundsätzlichen preispolitischen Korridor für die Preisfindung vor. So ist die Marke Volkswagen preislich innerhalb des Gesamtkonzerns oberhalb der Marken Skoda und Seat, allerdings unterhalb der Premiummarke Audi positioniert. Im Gegensatz zu diesem noch sehr groben Orientierungsrahmen erfolgt mit der **Positionierung des Modells** im relevanten Wettbewerbsumfeld bereits eine sehr viel präzisere Preisrahmeneingrenzung.

Als Instrument zur Beurteilung der relativen Preisposition eines Modells kann der sogenannte **Preisindex** herangezogen werden. Preisindices existieren in zwei verschiedenen Varianten: nicht ausstattungsbereinigt setzen sie die absoluten Marktpreise der zu vergleichenden Wettbewerbsmodelle zu dem jeweils zu beurteilenden VW-Modell ins Verhältnis. In der ausstattungsbereinigten Variante beinhalten sie dagegen eine Neutralisierung von Ausstattungsunterschieden. Hierbei werden die Einzelpreise von abweichenden Ausstattungsmerkmalen zum Modellpreis addiert beziehungsweise subtrahiert und so ein theoretischer ausstattungsbereinigter Preis gebildet. Voraussetzung hierfür ist allerdings, daß es Einzelpreise für die entsprechenden Ausstattungen am Markt gibt. Insofern kann eine Bereinigung nur für solche Ausstattungsmerkmale erfolgen, für die Marktpreise tatsächlich existieren. Die Abbildung 42 zeigt die bereinigte und unbereinigte Preisposition für den Golf IV (75 PS) innerhalb der A-Klasse im inländischen Markt für 1997. Es wird deutlich, daß der Golf ausstattungsbereinigt leicht über dem Kernwettbewerb positioniert wurde.

Modell	Nicht ausstattungsbereinigt		Ausstattungsbereinigt
	Preis (DM)	Preisindex (%)	Preisindex (%)
VW Golf, 1,4 l/55 kW/75 PS, 2 t.	25.700,–	100,0	100,0
Wettbewerber 1	24.170,–	94,0	99,2
Wettbewerber 2	24.200,–	94,2	98,6
Wettbewerber 3	25.250,–	98,2	96,0
Wettbewerber 4	25.140,–	97,8	95,4
Durchschnittspreis des Wettbewerbs	24.690,–	96,1	97,3

Abbildung 42: Preisindex zur Einpreisung des VW-Golf IV in Deutschland
(Stand: Oktober 1997)
(Quelle: Volkswagen AG)

Der Vergleich der Einstiegsmodellpreise zwischen Golf III und Golf IV zeigt, daß das Preis-/Leistungsverhältnis beim Übergang zum neuen Golf verbessert werden konnte (vgl. Abbildung 43). Der tatsächliche Einstiegspreis des Golf IV liegt zwar um 1.500 DM oberhalb des Golf III, jedoch ist zu berücksichtigen, daß beim Übergang zum neuen Golf keine 60 PS Motorisierung mehr angeboten wurde, so daß sich der Vergleich auf das 75 PS Angebot zu beziehen hat. Hier kann der Golf IV einen Vorteil in Höhe von 360 DM verzeichnen.

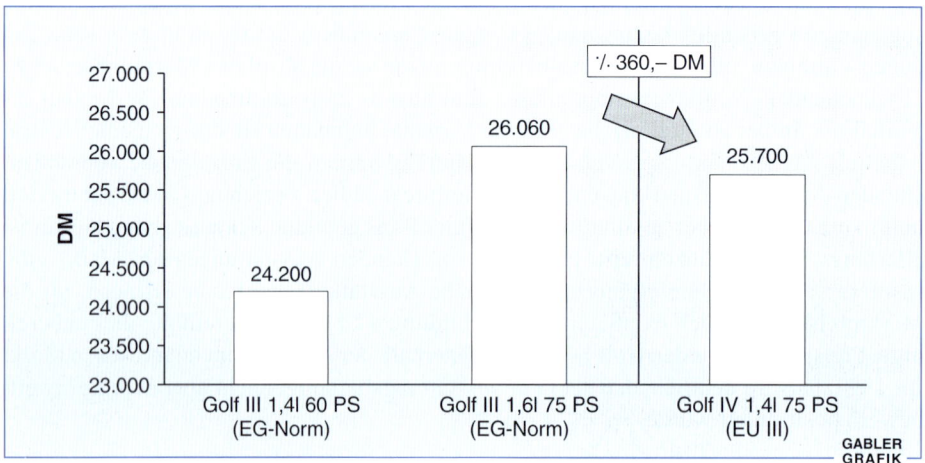

Abbildung 43: Einstiegsmodellpreise Golf III und Golf IV in Deutschland
(Quelle: Volkswagen AG)

Die **Preisakzeptanz** der Vorgängermodelle als dritte Determinante der Preisbestimmung war beim Übergang vom Golf II zum Golf III insgesamt verbessert worden. Die Steigerung des subjektiven, also aus Sicht aktueller wie potentieller Käufer gegebenen Preis-Gegenwert-Verhältnisses durch eine verbesserte Ausstattung, Qualität und Wertanmutung bei unverändertem beziehungsweise sogar günstigerem Preis wurde auch als zentrales Ziel der Preispositionierung angesehen. Dieses Ziel besaß weitreichende Implikationen im Hinblick auf den vierten Einflußfaktor der Preisfindung, den **Nutzenzuwachs** eines Neuwagens im Vergleich zum Vorgängermodell. Instrumentell beruht die Bestimmung von Nutzwerten auf der Kundenwertmethode. Mit dieser wird der Nutzenzuwachs im Vergleich zum Vorgängermodell bewertet, wobei generell unterschieden werden kann zwischen:

- vom Marktpreis abzuleitende Werte, zum Beispiel frühere Sonderausstattungen, die jetzt serienmäßig sind, so daß der Marktpreis bekannt ist, sowie

- Produktvorteile und Ausstattungsmerkmale, für die kein Marktpreis existiert, wie etwa ein vergrößertes Kofferraumvolumen (Conjoint-Analyse).

Mit der Kundenwertmethode versucht Volkswagen somit, den spezifischen Nachteil ausstattungsbereinigter Preisindices zu überwinden. Auch solche Produkteigenschaften sollen durch monetäre Größen ausgedrückt werden, für die keine Marktpreise bestehen oder abgeleitet werden können. Die Kundenwertmethode greift daher notwendigerweise auf Marktforschungsmethoden zurück, um Wertvorstellungen von Kunden für bestimmte Ausstattungsdetails zu ermitteln. Im Gegensatz zum Golf III erhält der Kunde beim Golf IV serienmäßig Mehrumfänge im Wert von insgesamt 2.995 DM (vgl. Abbildung 44). Berücksichtigt man in diesem Zusammenhang überdies den um 360 DM niedrigeren Einstiegspreis beim Golf IV, so verbessert sich das Preis-Leistungsverhältnis gar um 3.355 DM beim Übergang zum neuen Golf.

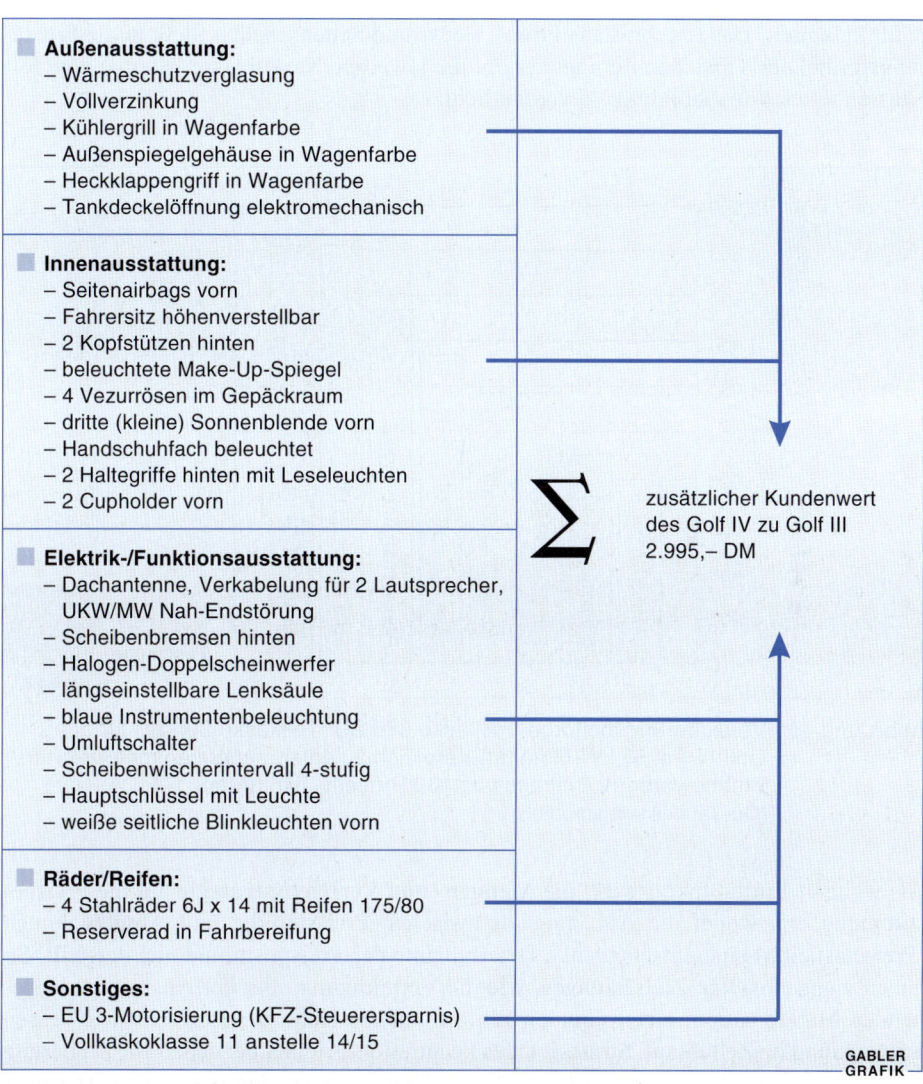

Abbildung 44: Zusätzlicher Kundenwert Golf IV zu Golf III
(Quelle: Volkswagen AG)

Preis- und kontrahierungspolitische Entscheidungen

Mit in den Vergleich einbezogen wurde auch eine Wirtschaftlichkeitsanalyse. Zu den typischen und anerkannten Stärken des Golf zählt seit Jahren seine hohe Wirtschaftlichkeit. Hierzu gehören der geringe Kraftstoffverbrauch, die niedrigen Reparatur- und Wartungskosten sowie Kfz-Versicherungen, die hohe Zuverlässigkeit des Golf sowie seine hohe Wertbeständigkeit. In der jüngsten Generation Golf wird gerade die Wertbeständigkeit durch die hohe Karosseriequalität massiv unterstrichen. Ein wesentlicher Faktor für die hohe Wirtschaftlichkeit sind die günstigen Vollkasko-Einstufungen für den Golf IV. Die Basis dafür ist der Typschaden-Reparaturtest, System Allianz Zentrum Technik (AZT). Hier werden typische Unfallschäden erzeugt und die Reparaturkosten dafür kalkuliert. Das Ergebnis aus Front-, Heck- und Seitenschaden fließt in die Einstufungsformel der Versicherer ein und ergibt die jeweilige Kaskoklasse. Hier ist der Golf Klassenbester, wie Abbildung 45 verdeutlicht.

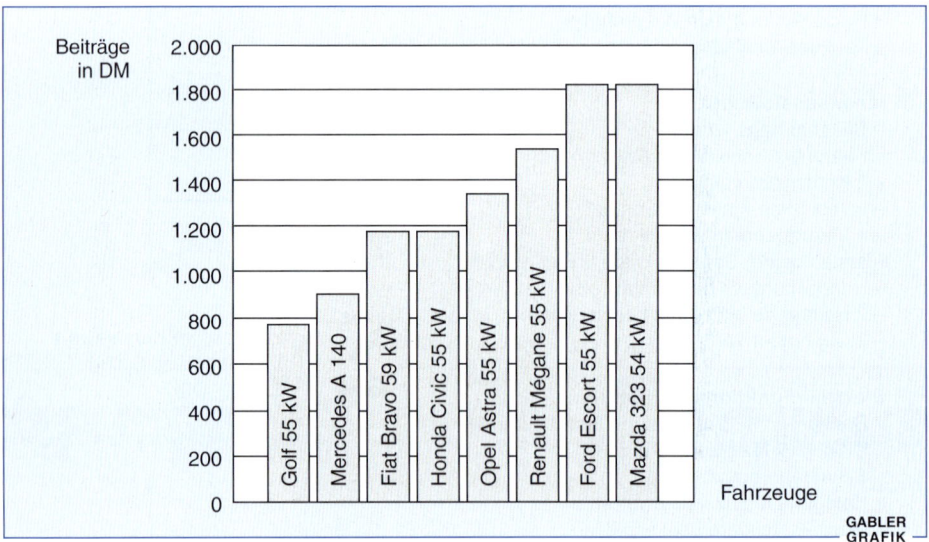

Abbildung 45: Versicherungsbeiträge Vollkasko 650 SB/ Teilkasko 300 SB für den Golf IV mit 55 kW-Motor im Vergleich zu entsprechenden motorisierten Wettbewerbern; Beitragssatz 100 Prozent, Tarifgruppe R4
(Quelle: Volkswagen AG)

Als weiterer Einflußfaktor wirkt die **Mengen-** und **Vertriebsstrategie** auf die Preisbestimmung ein, wobei die Abhängigkeit zwischen Preisstellung und Absatzvolumen (Preiselastizität) eine entscheidende Determinante der Preispositionierung darstellt. So haben mengenmäßige Zielsetzungen, wie die Verteidigung oder der Ausbau der bestehenden Marktposition, einen direkten Einfluß auf die Höhe des Preises sowie dessen Entwicklung im Zeitablauf. Strategien des Penetration-Pricing, bei denen zur Eroberung von Marktanteilen zunächst niedrige, im Zeitablauf dann steigende Preise gesetzt werden, wie sie die japanischen Automobilhersteller seiner Zeit mit Erfolg praktiziert haben, besitzen für die Marke Volkswagen keine Bedeutung. Von der Mengenstrategie gehen – durch eine entsprechende Gestaltung der Händlermargen – wiederum Ausstrahlungseffekte auf die Vertriebspolitik aus.

Als wesentliche unternehmensinterne Faktoren beeinflussen die **Kosten** sowie der **Ergebnisbeitrag** die Preisbestimmung. Obschon der Einfluß der Kosten nicht unterschätzt werden darf, wird ihre Bedeutung im Rahmen der Neuwagenentwicklung durch die spezifischen Wirkungsbeziehungen zwischen Kosten und Preis doch relativiert. Letztlich wird die Preisposition im wesentlichen durch die marktbezogenen Determinanten bestimmt. Der festgelegte Preis dient zur Ableitung von Kostenbudgets, welche wiederum wesentliche Zielgrößen für die Fahrzeugentwicklung darstellen.

Ein zentraler Bestimmungsfaktor für die Preisfindung ist der Ergebnisbeitrag eines Modells. Der Ergebnisbeitrag existiert in zwei Varianten und wird als gewichteter Durchschnittswert über alle Golf-Versionen ermittelt. Der absolute Ergebnisbeitrag errechnet sich als Differenz zwischen Erlös und gesamten Einzelkosten eines Fahrzeugs. Der Quotient aus absolutem Ergebnisbeitrag und Erlös führt zum relativen Ergebnisbeitrag. Dieser relative Ergebnisbeitrag besitzt besondere Bedeutung bei Volkswagen, da er als Zielgröße für den Planungs- und Entwicklungsprozeß vorgegeben wird.

Abbildung 46 verdeutlicht zusammenfassend, daß der Golf IV selbst ohne Top Version V6 4MOTION den höchsten Preis innerhalb der gesamten A-Klasse aufweist. Allerdings ermöglicht die Abbildung keine Aussage zur relativen Preisposition des Golf IV, da hierzu die Ausstattungsversionen des Golf mit den Konkurrenten zu vergleichen sind. Gerade hier erweist sich die Preispositionierung des Golf jedoch mehr als tragfähig, wie auch Berthold Krüger, Leiter Marketing Volkswagen AG, prägnant verdeutlicht:

> „Jetzt haben wir noch einmal alles besser gemacht: das faire Preis-Gegenwert-Gefüge beim Kauf, die nachhaltige Wirtschaftlichkeit im Betrieb, die verlängerte Lebensdauer und den damit einhergehenden hohen Wiederverkaufswert. Mehr Golf, mehr Wert. Die Ausstattung liegt schon an der Basis weit über dem Klassenniveau, ABS und vier Airbags sind beim neuen Golf Serie. So unterschiedlich und vielschichtig unser Käuferkreis auch ist, es gibt doch eine Gemeinsamkeit: höchste Ansprüche an das Auto und die Suche nach einem fairen Preis."

Vor diesem Hintergrund stellt die Abbildung 46 ein prägnantes Indiz für das differenziertere Ausstattungsangebot des Golf gegenüber den Wettbewerbern dar. Eine Gegenüberstellung des Golf IV zu seinem Vorgänger zeigt den höheren Einstiegspreis des neuen Golf, wobei allerdings die höhere Einstiegsmotorisierung zu berücksichtigen ist. Eine direkter Vergleich der Preisobergrenzen kann hier aufgrund des fehlenden Top-Modells beim Golf IV nicht vorgenommen werden.

Preis- und kontrahierungspolitische Entscheidungen

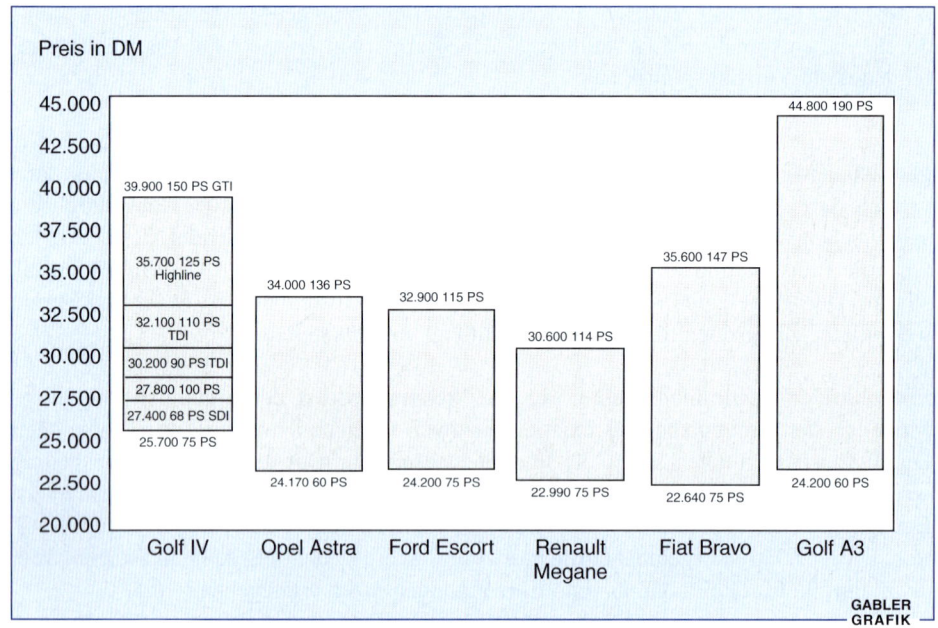

Abbildung 46: Preisleiter Golf IV ohne Top Version V6 4MOTION versus Wettbewerber in 1997
(Quelle: Volkswagen AG)

5.3 Operative Ausgestaltung der Preispolitik für den Golf IV

Der Wahrung der Preisdisziplin, das heißt der grundsätzlichen Beibehaltung der strategischen Preispositionierung im Zeitablauf, wird aus Sicht der Automobilhersteller eine große Bedeutung beigemessen. Um dennoch eine Anpassungsfähigkeit an sich verändernde Marktbedingungen zu gewährleisten, wurden Instrumente entwickelt, die eine kurzfristig-flexible Preisgestaltung ermöglichen, ohne die grundsätzliche Preispositionierung zu gefährden. So werden insbesondere folgende Instrumente eingesetzt:

- Aufwertung von Modellen mit Ausstattungsextras ohne Preisung,
- Einführung von Sondermodellen,
- Incentives an Handel und Kunden.

Die inflationsbedingten Preisrunden dienen als weiteres Instrument der Preisanpassung aufgrund gestiegener Kosten im Unternehmen.

Die Aufwertung von Modellen mit **Ausstattungsextras** ohne Preisung stellt ein wichtiges preispolitisches Instrument dar. Hier ist allerdings zu berücksichtigen, daß solche Ausstattungsmerkmale, die ehemals den Charakter von Extras besaßen, im Zeitablauf zu selbstverständlichen Standardausrüstungen werden. Dafür entstehen durch den technischen Fortschritt wiederum neue Sonderausstattungen wie derzeit Navigationssysteme, Soundsysteme, Regensensoren etc. beim Golf IV, die eine unbepreiste Aufwertung von Modellen ermöglichen. Bewegt sich in diesem Zusammenhang die Ausstattungspolitik immer weiter in Richtung eines Paketangebots, wobei ausgewählte Kombinationen von technischen (zum Beispiel Motor, Getriebe) und ausstattungsbezogenen Merkmalen entwickelt und unter anderem als teilstandardisierte und höherwertige Modellversionen angeboten werden, so wird ein Grenzbereich zwischen Ausstattungs- und Sondermodellpolitik beschritten.

Sondermodelle sind häufig nicht nur in ihrer Ausstattungskonzeption einmalig und mengenmäßig limitiert, vielmehr werden sie im Vergleich zu einem ähnlich ausgestatteten Serienmodell häufig auch mit einem Preisvorteil angeboten. Die Sondermodellpolitik bietet damit die Möglichkeit, bei temporären Nachfragerückgängen relativ preisgünstigere Modellangebote im Markt zu plazieren, ohne das Preisniveau der Serienmodelle zu senken. Gerade diesem Instrument wird bei Volkswagen eine hohe Bedeutung beigemessen. Ein Beispiel für dieses Vorgehen ist das erwähnte Sondermodell Golf „Generation", das ein preisattraktives Ausstattungsmodell darstellt.

Während der Einsatz der Ausstattungs- und Sondermodellpolitik stets auch produktpolitische Anpassungen erfordert, stellen **Incentives** ein weitaus weniger komplexes Instrument dar. Incentives sind finanzielle Mittel für die Verkaufsförderung, die entweder indirekt über die Händler oder direkt an die Kunden gegeben werden. Sie unterliegen bestimmten Regeln und Auflagen und sind zeitlich limitiert. In Europa werden mit wenigen Ausnahmen nur Händlerincentives genutzt.

Die sogenannten inflationsbedingten **Preisanpassungen** finden in der Regel einmal jährlich statt. Sie dienen der Anpassung der Preise an gestiegene Kosten insbesondere im Beschaffungs- und Produktionsbereich und werden von allen Automobilherstellern durchgeführt. Da in den Preisrunden jedoch nicht immer lineare Preiserhöhungen innerhalb des Modellsortiments vorgenommen werden, bietet auch dieses Instrument die Möglichkeit kurzfristiger und nachhaltiger Korrekturen preispolitischer Maßnahmen für einzelne Modelle.

6. Kommunikationspolitik bei der Einführung des Golf IV

6.1 Bedeutung und Rahmenbedingungen der Kommunikationspolitik

Das wachsende Angebot an Value-Added-Services, die Fragmentierung der Märkte und die Produktprogrammkomplexität bei vielen Automobilherstellern lassen der Kommunikationspolitik im Rahmen des Automobilmarketing eine immer höhere Bedeutung zukommen. Die steigende objektiv-technische Homogenität der Automobile hat zur Folge, daß konkurrierende Produktangebote verstärkt durch eine emotions- und erlebnisbetonte Kommunikationspolitik profiliert werden müssen. Hierzu setzt auch Volkswagen vermehrt neue Kommunikationsformen wie beispielsweise das Sponsoring, die Multimedia-Kommunikation und das Event-Management ein.

Mit dem Wechsel vom Golf III zum Golf IV trat Volkswagen in eine schwierige Phase. Der neue Golf sollte nahtlos an den Volumenerfolg des Vorgängers anknüpfen. Das Segment hatte sich jedoch durch neue Angebote entsprechend verändert: so erschwerten unter anderem der Audi A3, die Mercedes A-Klasse sowie der fast zeitgleiche neue Opel Astra die ohnehin schwierige Aufgabe der Golf IV-Einführung. Dabei ist der Stellenwert des Golf IV für die Marke Volkswagen immens wichtig, da die Marke Volkswagen und der Golf untrennbar miteinander verbunden sind: Das Fahrzeug steht für die Marke Volkswagen, die Marke für das Fahrzeug.

Die Ableitung der Kommunikationsstrategie für den Golf IV bestand grundsätzlich in der Definition

- der Zielgruppe,
- des Werbeziels sowie
- der Wege und Mittel, um das Werbeziel bei der Zielgruppe zu erreichen.

Welches Werbeziel sinnvoll ist, zum Beispiel die informative oder die emotionale Positionierung, hängt sowohl von der verfolgten Zielgruppe als auch von der Wettbewerbssituation, vor allem aber vom Produkt selbst ab.

6.2 Kommunikationsziele

Auf der Grundlage der Erkenntnisse der Milieusegmentierung entstand die Idee, den Golf-Fahrer als „Generation Golf" zu codieren, eine multikulturelle Gemeinschaft von Menschen, die sich durch gemeinsame Ansichten und Wertvorstellungen definiert, und diese Gruppe von Menschen in der Werbung selbst darzustellen. Dabei sind die Wertvorstellungen der Generation Golf geprägt durch

- Abkehr von traditionellem Statusdenken
- Toleranz
- Gemeinschaftsgeist
- Offenheit
- Positives Zukunftsdenken sowie
- Rücksichtsvollem Individualismus.

In der Generation Golf sieht Volkswagen letztlich eine Bewegung unterschiedlicher Menschen, die durch ein gemeinsames Wertverständnis in Sachen Auto eine Gemeinsamkeit haben: „ Mit dem neuen Golf kann sich jeder sehen lassen" beziehungsweise „Der neue Golf. Für Menschen, die zu dieser Welt gehören."

Entsprechend soll die Generation Golf unterschiedlichste Charaktere mit unterschiedlichen „Geschichten" und Lebensläufen repräsentieren, womit sie gleichzeitig auch für die Vielschichtigkeit und vielseitigen Stärken des Golf stehen. Die Werbung für den Golf ist somit auch „Werbung" für die Menschen, die ihn fahren. Deshalb werden die Golf-Fahrer in allen Werbeauftritten immer in den Vordergrund gestellt, auch visuell. Wesentlich war bei der Kampagne auch deren europaweite Ausrichtung im Sinne einer neuen Kommunikationsstrategie von VW.

Mit dem Golf IV setzte der Volkswagen-Konzern nach der Einführung des neuen Passat ein bedeutsames Zeichen für die Höherpositionierung der Marke Volkswagen: neue Wertigkeit sowie höchste Qualität und Komfort zu bezahlbaren Preisen. Genau diese Neuausrichtung findet sich auch in der Kommunikation wieder. Als Haupt-Kommunikationsziele des Golf IV lassen sich insbesondere anführen:

- Profilierung des Golf als „bestes Auto seiner Klasse", um so die Erfolgsstory als Leader im Segment nahtlos fortzusetzen.

- Vermittlung einer neuen Wertigkeit und einer neuen Perfektion der Marke Volkswagen, um so eine Höherpositionierung der Marke im Sinne einer „Demokratisierung von Luxus" zu erreichen.

- Unterstreichung der Klassenlosigkeit durch den neuen Slogan „Generation Golf".

Kommunikationspolitik bei der Einführung des Golf IV

- Emotionalisierung der einzigartigen Kontinuität des Erfolgsmodells. Gleichzeitig soll die A-Klasse von Mercedes-Benz ins psychologische Abseits gestellt werden.

- Die neue Benchmark für Excellence in der Automobilwerbung.

Mit der „evolutorischen" Weiterentwicklung des Golf sind auch die Ziele beziehungsweise Schwerpunkte der Golf-Kommunikation von Generation zu Generation „sanft" verändert worden, wie Abbildung 47 zusammenfassend verdeutlicht.

Golf I	Hier standen Information und Überzeugung des Kunden im Vordergrund der Kommunikationsaktivitäten. Der Golf war als Nachfolger des Käfer ein völlig neues Produkt, durch den Problemlosigkeit, Praktikabilität und Fahrvergnügen vermittelt werden sollten.
Golf II	Beim Übergang zum Golf II sollten Kontinuität und zahlreiche Produktverbesserungen demonstriert werden. Daher stellten viele Werbeauftritte den unmittelbaren Bezug zum Vorgängermodell her, um so die Vorteile gegenüber dem Golf I zu demonstrieren.
Golf III	Die Kommunikation für den Golf III war insbesondere durch die neu besetzte Position der Sicherheit und des Umweltschutzes geprägt, welche seit Ende der 80er Jahre stark an Bedeutung gewonnen hatte.

Abbildung 47: Kommunikationsziele Golf I–III

6.3 Kommunikationsstrategie und Einzelmaßnahmen zur Einführung des Golf IV

Durch das Vorgehen, die Zielgruppe in der Werbung selbst abzubilden, versprach sich Volkswagen mehrere Vorteile. Die Abbildung der Zielgruppe in der Werbung soll zum einen Ausdruck der **Vielseitigkeit** sein: ganz unterschiedliche Individuen fahren den Golf. Zugleich bedeutet dies, daß in unterschiedlichen „Geschichten" der Werbung die vielseitigen Stärken des Golf herausgestellt werden können. Zum anderen soll die Zielgruppendarstellung in der Werbung die **Verbundenheit** dieser Gruppe darstellen. Die Mitglieder der Zielgruppe sind durch die gleichen Autowerte emotional verbunden, wodurch auch das Urthema von Volkswagen zum Ausdruck kommt: Demokratisierung von Mobilität als „Volkswagen".

Die Werbestrategie basiert dabei auf einer gemischt informativ-emotionalen Positionierung des neuen Golf:

- In der Werbung für den neuen Golf erfolgt der Bedürfnisappell durch die Ansprache der Werte der Zielgruppe.
- Die rationale Begründung liefern die Informationen über den neuen Golf und seine Eigenschaften.

Mit Blick auf die Struktur des Kommunikationsprozesses ist grundsätzlich zwischen händler- und konsumentengerichteten Kommunikationsmaßnahmen zu differenzieren. Darüber hinaus spielt aber auch die interne Kommunikation eine immer stärkere Rolle. Sämtliche Mitarbeiter sind umfassend über das neue Fahrzeug zu informieren. „Unsere Leute müssen die besten Kunden sein", so Marketingvorstand Dr. Robert Büchelhofer. Abbildung 48 vermittelt einen Überblick über die Kommunikationsaktivitäten, die in den Wochen vor der Einführung des Golf IV am 10.10.1997 eingeleitet wurden. Angesichts deren Komplexität war zur Sicherstellung einer größtmöglichen Kommunikationswirkung ein integriertes, in allen händler- und konsumentengerichteten Aktionen abgestimmtes Kommunikationskonzept notwendig. Diese Abstimmung wurde vor allem durch eine Konzentration auf die durch die Kommunikationsstrategie festgelegten thematischen Schwerpunkte erreicht.

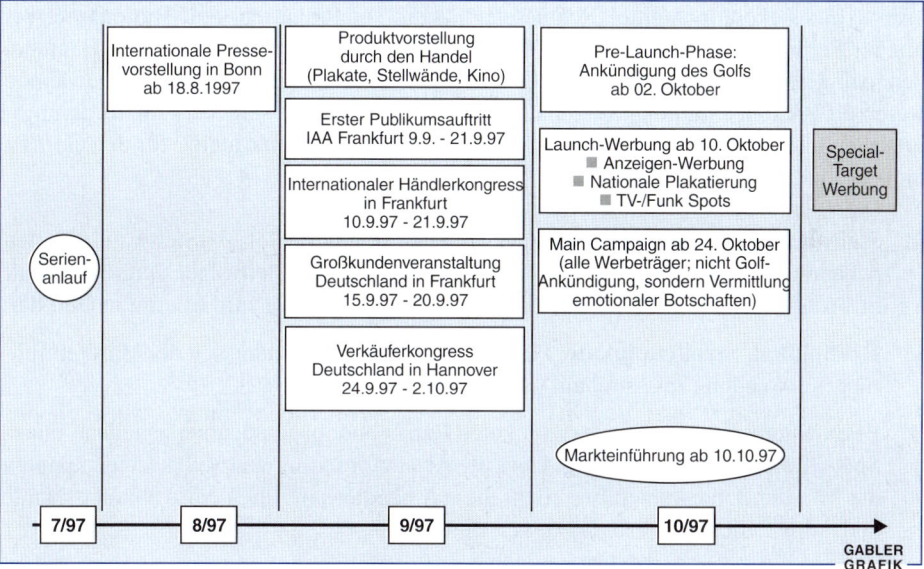

Abbildung 48: Konsumenten- und händlergerichtete Kommunikationsaktivitäten zur Golf IV-Einführung
(Quelle: Volkswagen AG)

6.31 Händlergerichtete Kommunikationsmaßnahmen

Bereits im August 1997 wurde der neue Golf im Rahmen einer großen Pressekonferenz in Bonn der Automobilpresse vorgestellt. Damit setzte ein umfangreiches Maßnahmenprogramm ein, dessen wesentliche Elemente die technische Händlerschulung sowie vielfältige Verkaufsförderungsaktivitäten am Point of Sale waren. Vom 10.09. – 21.09.1997 wurden in mehreren Intervallen Händler zum Internationalen Händlerkongress nach Frankfurt eingeladen, um den neuen Golf kennenzulernen.

Die Verkaufsförderungsaktivitäten sollten eine Unterstützung der Händler in allen Phasen der Markteinführung – von der Vorverkaufsphase über die Präsentationstage bis hin zur eigentlichen Verkaufsphase – gewährleisten. Es galt, ein breites Publikumsinteresse und eine hohe Frequentierung der Händler zu erreichen und bestimmte Zielgruppen wie Meinungsbildner und Fremdmarken-Besitzer direkt anzusprechen. Um eine möglichst hohe Effizienz der händlergerichteten Kommunikation sicherzustellen, wurde bei der Planung des Verkaufsförderungsprogramms ein Höchstmaß an zeitlicher und inhaltlicher Abstimmung aller Einzelmaßnahmen angestrebt. Daher erfolgte die Durchführung der Aktionen in Form eines Komplettservice für den Händler, der von der Lieferung der Werbe- und Dekorationsmittel (Schlüsselanhänger, Telefonkarten, Golf-Buttons etc.) bis hin zur Bereitstellung von Personal für die Präsentationstage reichte. Um den Händlern dennoch gewisse Freiräume bei der Gestaltung der Einführungsaktionen zu gewähren, waren die Aktionen modular aufgebaut. Jeder Händler konnte sein Verkaufsförderungsprogramm aus einem umfangreichen Werbemittel- und Aktionskatalog für den Golf IV individuell zusammenstellen:

- **Stellwände**: Zur Markteinführung wurden den Händlern Golf IV-Stellwände für den Schauraum zur Verfügung gestellt. Die Vorderseite der Stellwände zeigte den Golf in Großformat, die Rückseite stellte den Golf in Beziehung zur Generation Golf dar.

- **Großplakat/ Streifenplakate**: Plakate für den Golf IV fanden seit der Markteinführung Verwendung im Autohaus.

- **Funk-Spots**: Für den Einsatz in lokalen Radiosendern standen verschiedene Funk-Spots (20 Sek.) zur Verfügung. Über die Absatzförderung von Volkswagen konnten die Händler Sendekopien bestellen, die mit händlerindividuellem Abbinder (Name und Adresse des Autohauses) zu versehen waren.

- **Händlereigenwerbungs-Anzeigen:** Um den Werbedruck in der Region des Händlers noch zu verstärken und so eine größere Aufmerksamkeit für den Händlerbetrieb zu schaffen, konnten die Händler überdies eigene Anzeigen schalten. Hierzu erhielten die Händler eine CD-Rom, auf der sich 6 unterschiedliche Golf-Motive befanden, so daß der Händler die Möglichkeit hatte, Motive und Texte nach seinen Vorstellungen zu kombinieren.

- **Kinowerbung**: Insbesondere um jüngere Zielgruppen anzusprechen, wurde auch Kinowerbung eingesetzt. Händler hatten die Möglichkeit, im örtlichen Kino einen entsprechenden Einsatz zu planen, wobei das Material mit der eigenen Händleradresse vom Hersteller geliefert wurde.

Insbesondere an Meinungsbildner sowie an Stammkunden wurden durch die Händlerbetriebe Mailings gesandt, um diese Zielgruppen für sogenannte VIP-Parties und entsprechende Probefahrten zu gewinnen. Diese Veranstaltungen bezogen ihre Attraktivität aus der besonderen Terminierung, denn sie lagen wenige Tage vor der offiziellen Einführung des neuen Golf. Das Instrument der Verkaufsförderung beinhaltete aber nicht nur unmittelbar kundengerichtete Maßnahmen. Ein wesentliches Element im Vorfeld der Golf IV-Einführung waren zudem Maßnahmen zur **Verkaufsschulung**, die auf eine Verbesserung der Motivation, der Verkaufsargumentation sowie des Produktwissens innerhalb der Händlerorganisation gerichtet waren.

6.32 Konsumentengerichtete Kommunikationsmaßnahmen

Die auf der Kommunikationsstrategie basierende nationale Werbekampagne wurde in mehreren Schritten entwickelt. Der Entwicklungsprozeß erforderte dabei eine enge Zusammenarbeit von Werbeagenturen, Hersteller und Marktforschung. Die Entwicklung vollzog sich in grob drei Phasen.

Die erste Phase begann mit anfänglichen Vorschlägen der Agentur zur Umsetzung der vorgegebenen Positionierung des neuen Golf in der Werbung. Durch Marktforschungsuntersuchungen galt es dann, Informationen über die Stärken und Schwächen der Vorschläge zu gewinnen mit dem Ziel, die Werbewirkung der TV-Spots und Anzeigen insbesondere im Hinblick auf Aktivierung, Eigenständigkeit, Lebendigkeit und Akzeptanz zu optimieren. Dabei wurden die ermittelten Werte nicht nur für die eigenen Golf-Testanzeigen ermittelt, sondern auch für andere Anzeigen der Automobilbranche, um somit Referenzwerte zu erhalten, mit denen die Wirkung der Anzeigen verglichen werden konnten. Die letzte Phase stellte sodann die endgültige Umsetzung der Kampagne dar.

Die Umsetzung der Werbekampagne vollzog sich mit der Pre-Launch-Werbung, der Launch-Werbung, der Main-Campaign sowie der Special-Target-Werbung in aufeinander aufbauenden Kampagnenmodulen (vgl. Abbildung 49).

Kommunikationspolitik bei der Einführung des Golf IV

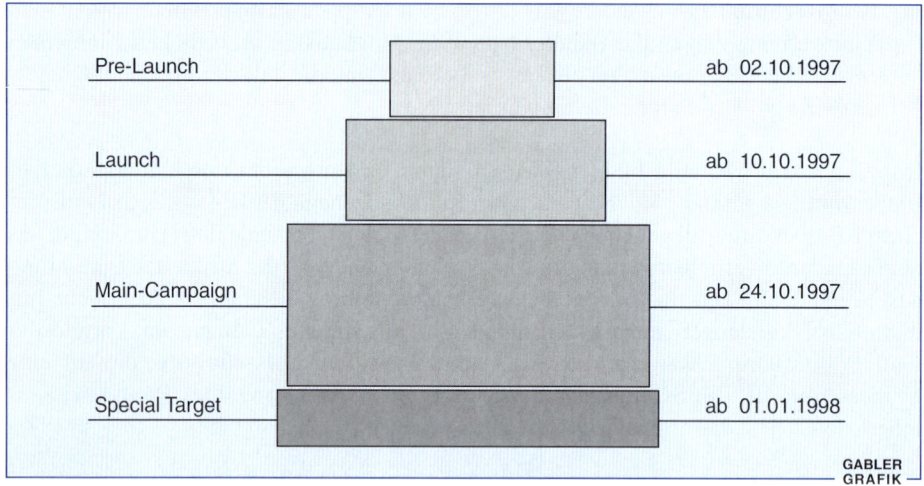

Abbildung 49: Generation Golf – die Kampagnen-Module
(Quelle: Volkswagen AG)

Die **Pre-Launch-Phase** begann einige Wochen vor der Markteinführung des Golf IV. Hier war es das Ziel, den neuen Golf anzukündigen. Dabei wollte Volkswagen schon vor der Markteinführung ein deutliches Zeichen für die neue Ära der Volkswagen-Werbung setzen. Anfang Oktober startete die **Launch-Werbung**, wozu Werbeträger wie Illustrierte, Tageszeitungen, Plakate und das Fernsehen eingesetzt wurden. Unter dem Motto „Generation Golf" wurden ab Anfang Oktober 1997 auf fast allen deutschen Fernsehsendern ein einmaliger dreiminütiger Werbespot ausgestrahlt, der den Auftakt der Einführungskampagne bildete.

Auf die Launch-Phase folgte die **Main-Campaign**, die am 24. Oktober 1997 begann. Anders als in der Launch-Phase stand hier nicht mehr die Ankündigung des neuen Golf im Vordergrund. Vielmehr bestand das Ziel darin, die Werte der Generation Golf, also emotionale Botschaften, zu vermitteln. Zugleich war es aber wichtig, Informationen über die Eigenschaften des Golf zu kommunizieren. Diese Doppelaufgabe wurde durch einen medienspezifische Aufgabenteilung gelöst. Dabei sollte die emotionale Kommunikation eher über TV-Spots, die informative Kommunikation eher über die Print-Medien erfolgen. Bei den stark emotionalen TV-Spots ging es darum, die Werte der Generation Golf zu vermitteln, in den Anzeigen sollten sich hingegen Menschen intelligent und humorvoll mit dem neuen Golf auseinandersetzen, um hierdurch die Produkteigenschaften des neuen Golf zu vermitteln. Die Abbildungen 50–52 zeigen den Streuplan für die Einführungskampagne. Dieser enthält die Schaltfrequenzen der verschiedenen Werbemittel (Anzeigen, Zeitschriften-Beihefter, Fernsehspots) differenziert nach Werbeträgern und Schaltzeitpunkten. Die Kampagne begann in der 40. Kalenderwoche, also kurz vor der offiziellen Einführung.

Auf die Main-Campaign folgte Anfang 1998 schließlich die **Special-Target-Werbung**. Hier sollten jene Gruppen angesprochen werden, die in der Main-Campaign nicht explizit berücksichtigt wurden, also bestimmte Berufsgruppen, Szene-Typen, Eltern etc.

Monat			Oktober					November				Dezember			
Woche			40	41	42	43	44	45	46	47	48	49	50	51	52	1
Wochenbeginn			29	6	13	20	27	3	10	17	24	1	8	15	22	29
Zeitraum			180"													
				45"												
						45"										
												30"				
	Total	(180/30/45 Sek.)	180"/45"					30"/45"				30"				
ARD MMG	6x	–/4/2			2							4				
ARD	31x	1/19/11	1		3		5	6/3				13				
ZDF	24x	1/10/13	1		3		5	4/5				6				
RTL	86x	1/40/45	1		15		14	20/15				20				
SAT1	84x	1/42/41	1		13		14	15/14				27				
PRO 7	138x	2/82/54	2		16		16	21/22				61				
RTL 2	57x	1/27/29	1		9		11	8/9				19				
Kabel1	138x	2/104/32	2		12		7	15/13				89				
VOX	58x	1/24/33	1		11		11	6/11				18				
N-TV	63x	5/–/58	5		5		24	–/29								
VIVA	62x	–/43/19			2		8	13/9				30				
MTV	55x	–/34/21			2		11	11/8				23				

Abbildung 50: TV-Terminplan für die Golf IV-Einführung
(Quelle: Volkswagen AG)

Kommunikationspolitik bei der Einführung des Golf IV

Monat			Oktober				November				Dezember			
Woche			41	42	43	44	45	46	47	48	49	50	51	52	1
Wochenbeginn			6	13	20	27	3	10	17	24	1	8	15	22	29
Aktuelle Zeitschriften + Magazine	Format/ Ausst.	Freq.													
Stern	2x1/1 4CA	2							18 J				18 K		
Stern	2/1 4CA	4			18 D			18 H			18 E				
Super Illu	2x1/1 4CA	2						18 L					18 L		
Super Illu	2/1 4CA	4			18 A				18 G		18 F				
Frauen-Zeitschriften															
Brigitte	2x1/1 4CA	3								18 J		18 L		18 J	
Brigitte	2/1 4CA	3				18 B		18 H							
Cosmopolitan	2x1/1 4 CA	1										18 L			
Cosmopolitan	2/1 4CA	3			18 C				18 H						
Medien															
Focus	2x1/1 4CA	3					18 J			18 J			18 K		
Focus	2/1 4CA	5			18 C			18 H			18 E				
Spiegel, DER	2x1/1 4CA	3					18 J					18 K		18 L	
Spiegel, DER	2/1 4CA	4			18 C	18 H					18 E				
Motorpresse															
ADAC Motorwelt	2x1/1 4CA	1												18 M	
ADAC Motorwelt	2/1 4CA	2								18 K					
Autor Motor + Sport	2x1/1 4CA	2								18 K					
Auto Motor + Sport	2/1 4CA	3			18 D		18 F								
Programm – Presse															
Prisma ost	2x1/1 4CA	3							18 L		18 I		18 L		
Prisma ost	2/1 4CA	2					18 G							18 E	
TV Spielfilm	2x1/1 4CA	3					18 I			18 J			18 L		
TV Spielfilm	2/1 4CA	4			18 D			18 E			18 G				

18 A	12 Jahre Garantie (2X2/1 4C)	18 I	12 Jahre Garantie (2X1/1 4C)
18 B	Regensenor (2X2/1 4C)	18 J	Regensenor (2X1/1 4C)
18 C	Navigationssystem (2X2/1 4C)	18 K	Navigationssystem (2X1/1 4C)
18 D	Bügeleisen (2X2/1 4C)	18 L	Bügeleisen (2X1/1 4C)
18 E	Alter Herr (2/1 4C)	18 M	200 000 Kilometer (1/1 4C)
18 F	Durchrostung (2/1 4C)	18 N	Willkommen Generation Golf (B)
18 G	200 000 Kilometer (2/1 4C)	18 P	Willkommen Generation Golf (TZ)
18 H	GURU (2/1 4C)	18 W	Alter Herr (1/1 4C)

GABLER GRAFIK

Abbildung 51: Streuplan für die Golf IV-Einführungskampagne
(Quelle: Volkswagen AG)

Fallstudie VW Golf IV

Monat			Oktober				November				Dezember			
Woche			41	42	43	44	45	46	47	48	49	50	51	52	1
Wochenbeginn			6	13	20	27	3	10	17	24	1	8	15	22	29
Zeitungen	Format/Ausst.	Freq.													
Aachener Zeitung/Nachrichten	06x234 sw	1	18 P												
Berliner Morgenpost	06x234 sw	1	18 P												
Berliner Zeitung	06x234 sw	1	18 P												
Frankf. Allg. Zeitung	2/1 sw	1	18 P												
Frankf. Allg. Zeitung	Beilage	1			18 N										
Frankf. Rundschau	2/1 sw	1	18 P												
Frankf. Rundschau	Beilage	1			18 N										
Handelsblatt	2/1 sw	1	18 P												
Handelsblatt	Beilage	1			18 N										
Sächsische Zeitung	06x234 sw	1	18 P												
Süddeutsche Zeitung	2/1 sw	1	18 P												
Süddeutsche Zeitung	Beilage	1			18 N										
Die Welt	2/1 sw	1	18 P												
Die Welt	Beilage	1			18 N										
Die Zeit	2/1 sw	1	18 P												
Die Zeit	Beilage	1			18 N										
Wirtschaft															
Capital	2x1/1 4CA	1							18 L						
Capital	2/1 4CA	3	18 C										18 E		
Guter Rat!	2x1/1 4CA	1							18 L						
Guter Rat!	2/1 4CA	3		18 A									18 G		
manager magazin	2x1/ 4CA	1							18 L						
manager magazin	2/1 4CA	3	18 C										18 E		

18 A 12 Jahre Garantie (2X2/1 4C)
18 B Regensenor (2X2/1 4C)
18 C Navigationssystem (2X2/1 4C)
18 D Bügeleisen (2X2/1 4C)
18 E Alter Herr (2/1 4C)
18 F Durchrostung (2/1 4C)
18 G 200 000 Kilometer (2/1 4C)
18 H GURU (2/1 4C)
18 I   12 Jahre Garantie (2X1/1 4C)
18 J   Regensensor (2X1/1 4C)
18 K Navigationssystem (2X1/1 4C)
18 L Bügeleisen (2X1/1 4C)
18 M 200 000 Kilometer (1/1 4C)
18 N Willkommen Generation Golf (B)
18 P Willkommen Generation Golf (TZ)
18 W Alter Herr (1/1)

GABLER GRAFIK

Abbildung 52: Streuplan für die Golf IV-Einführungskampagne (Fortsetzung)
(Quelle: Volkswagen AG)

In allen Medien wurden die gleichen Motive wiederholt eingesetzt, wodurch Volkswagen sein Verständnis einer integrierten Kommunikation verdeutlicht. Hierunter wird eine formale Vereinheitlichung, eine inhaltliche Abstimmung sowie eine zeitliche Kontinuität aller Kommunikationsmaßnahmen verstanden, also die Verzahnung von klassischer Kampagne, Internet, Dialogmarketing, Verkaufsliteratur etc. Die Notwendigkeit einer integrierten Kommunikation sieht Volkswagen vor allem in der seit Jahren stetig sinkenden Werbewirkung rein klassischer Maßnahmen. Angesichts der Informationsüberflutung der Konsumenten wird es für Automobilhersteller immer schwieriger, Gehör am Markt zu finden. Ein Indiz hierfür sind die jährlich steigenden Werbeausgaben der Hersteller. Das Verhältnis von Werbeerinnerung und Werbeausgaben wird von Jahr zu Jahr schlechter. Den Wirkungsverlust eines einzelnen Kontaktes versucht Volkswagen dadurch auszugleichen, daß alle Kommunikationsformen die gleichen Inhalte nutzen. Die Werbung soll letztlich immer den „gleichen Eindruck" vermitteln, gleichgültig, ob der Konsument sie in einer Zeitschrift, im Händlerbetrieb oder im Kino sieht. Selbst in der internen Kommunikation beispielsweise gegenüber den Händlern finden sich die gleichen Motive wieder. Auch in der Messearchitektur versucht Volkswagen, die Welt der Generation Golf zu verankern. Sponsoring-Aktivitäten und Events wie die Internationale Automobilausstellung bieten dabei die Möglichkeit, durch das Ineinandergreifen von Realität und Erlebniswelt verstärkt Eindrücke beim Konsumenten zu hinterlassen. In diesem Zusammenhang spricht Volkswagen von inszenierter Kommunikation. Durch Events wie die IAA bietet sich Volkswagen einerseits die Chance, Konsumenten wortwörtlich die „Erlebniswelt Generation-Golf" zu präsentieren, andererseits einen echten Dialog mit dem Konsumenten zu führen. Im Musiksponsoring waren Genesis, Pink Floyd, The Rolling Stones, Bon Jovi und zuletzt Eric Clapton erfolgreiche Partner zur Inszenierung der Marke Volkswagen. Darüber hinaus fördert die Volkswagen-Sound-Foundation aktiv Nachwuchsbands, im Bundesliga-Fußball wird der VfL Wolfsburg unterstützt, mit der Förderung der Dokumenta X in Kassel trat Volkswagen schließlich als Kunstförderer auf, um sich als Förderer neuer Kunstformen und zukunftsweisender Ideen zu erweisen. Diese scheinbaren Widersprüche führen letztlich alle zu dem gleichen Ziel: in die vielfältige, klassenlose Golf-Welt.

Daneben wird dem **Internet** ein hoher Stellenwert eingeräumt. In einem ersten Schritt hatte Volkswagen bei seinem Onlinauftritt die reine Informationsvermittlung in den Vordergrund gestellt. Die zweite Phase konzentrierte sich auf den interaktiven Dialog mit den Kunden. Das beinhaltete auch Communities und Chat-Foren für die Generation Golf. Neueste Dialogplattform ist beispielsweise die „Fan World", in der sich zahlreiche VW-Fan-Clubs weltweit untereinander austauschen können. Die dritte Internetphase steht schließlich im Zeichen des E-Commerce. In den USA wurden bereits eine Millionen Fahrzeuge über das Internet vermittelt. Für Europa wird geschätzt, daß sich in Zukunft bis zu einem Fünftel des Handels online abspielen kann. Ferner ist Volkswagen einer der ersten Hersteller, der einen sogenannten Car Configurator ins Internet gebracht hat, mit dessen Hilfe der Kunde sein Fahrzeug individuell am Bildschirm zusammenstellen kann (vgl. Abbildung 53). Der Fahrzeugwunsch wird dann dem vom Kunden ausgewählten Händler übermittelt. Dieser wird dem Kunden ein individuelles Angebot sowie Probefahrten anbieten, die auch in einer virtuellen Welt einen entscheidenden Stellenwert einnehmen.

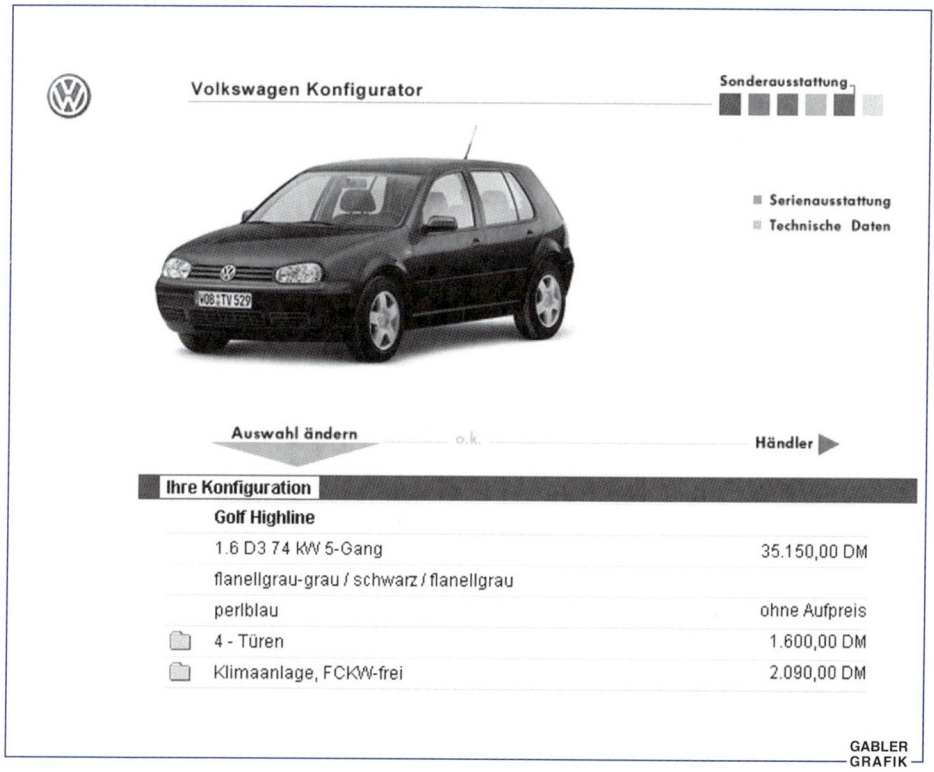

Abbildung 53: Car Configurator

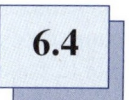

6.4 Gestaltung der Werbebotschaft sowie Umsetzung der Erfolgsfaktoren des Golf-Konzeptes in der Kommunikationspolitik

Der Kommunikationsstil für den Golf war bisher grundsätzlich über alle Generationen und Modelle hinweg mehr oder weniger gleich. So waren die Printmedien beispielsweise immer durch ein Bildelement mit einem Text und dem blau-weißen VW-Logo erkennbar. Auch wurde eine Art subtiler Humor in allen werblichen Auftritten für den VW Golf beibehalten.

Standen bei der Botschaftsgestaltung zur Einführung des Golf III jedoch eher sachliche und rationale Motive im Vordergrund, indem darauf verzichtet wurde, den Golf in realen Situationen abzubilden, ging Volkswagen bei der Botschaftsgestaltung für den Golf IV einen revolutionär anderen Weg: Zur Umsetzung der Kommunikationsstrategie für den Golf IV wurde der neue Golf in der Werbung immer dort gezeigt, wo er seine Hauptrolle spielt, laut Volkswagen „im Leben der Menschen, die ihn fahren". In der Golf-Kampagne werden daher häufig die jeweiligen Personen in den Bildvordergrund gestellt, während sie sowohl „über sich und ihre Beziehung zum Auto sprechen", als auch intelligent und humorvoll auf technische Features des neuen Golf reagieren. Bei der Gestaltung der Werbebotschaft wurde somit durchaus auf eine deutliche Hervorhebung der Produkteigenschaften Wert gelegt. Die Produkteigenschaften werden jedoch anders als bisher nicht durch reine Textelemente erklärt, sondern die typischen Golf-Nutzer nahezu sämtlicher Altersstufen und Milieus berichten humorig über die Vorzüge des neuen Golf mit Bezug auf ihre eigene Situation. Um eine inhaltliche Überfrachtung der Werbebotschaften zu vermeiden, wurde jeweils nur ein Themenschwerpunkt pro Anzeigenmotiv gewählt. Einheitlich wurde der Slogan „Generation Golf" verwendet.

Letztlich handelt es sich bei der neuen Golf-Werbung somit um eine Synthese aus deutlich emotionaler und produktbezogener Werbung. Die Kernelemente der Botschaftsgestaltung lassen sich wie folgt zusammenfassen:

Proposition:	Der neue Golf. Für Menschen, die zu dieser Welt gehören.
Reason Why:	Technische Perfektion bis ins Detail mit hohem Nutzenprestige, aber ohne aufgesetzten Protz (Das statusneutrale Auto).
Tone of Voice:	Stolz, aber nicht angeberisch. Einem europäischen (Welt) Ereignis angemessen, aber mit einem freundlichen, menschlichen Touch. Mit Humor und Emotion, nicht Arroganz. Young in Mind.

Abbildung 54: Kernelemente der Botschaftsgestaltung Golf IV
(Quelle: Volkswagen AG)

Das Anzeigenbeispiel 1 (Abbildung 55) stellt exemplarisch den Aufbau typischer Anzeigen dar: Hier wird das Navigationssystem des Golf als mögliches Produkt-Feature durch einen Guru auf der Suche nach dem richtigen Weg dargestellt. (Slogan: „Woher komme ich? Wohin gehe ich? Und warum weiß mein Golf die Antwort?"). Anzeigenbeispiel 2 verdeutlicht demgegenüber die Zwölfjahresgarantie mit einer jungen Frau (Slogan: „Zwölf Jahre Garantie gegen Durchrostung hätte ich auch gerne") und Anzeigenbeispiel 3 die hohe Qualität des Golf mit einem Rentner-Ehepaar (Slogan: „Nach 200.000 Kilometern ist mein Golf noch immer wie neu. Ganz im Gegenteil zu meinem Mann."). Im TV-Spot löste darüber hinaus ein auf die Frontscheibe spuckendes Mädchen den Regensensor für die Scheibenwischer aus.

Zur Betonung der Generation Golf als altersunabhängige Gruppe wurde darüber hinaus die generationenübergreifende Bedeutung des Golf angesprochen, womit gleichzeitig die Langlebigkeit des Golf hervorgehoben werden konnte (Anzeigenbeispiel 4: „Darüber wird sich aber mal jemand freuen." sowie Anzeigenbeispiel 5: „Ich hatte mir fest vorgenommen, alles anders zu machen als mein alter Herr. Und jetzt fahren wir das gleiche Auto."). Gleichfalls gelang es hiermit, die Statusneutralität als „golf-typische" Ausstrahlung weiter zu verstärken.

Während in der Einführungskampagne primär die neuen Produktmerkmale des Golf erläutert wurden, richtete sich die ab Januar 1998 einsetzende Special Target Werbung rein emotional ohne Hervorhebung besonderer physischer Produktmerkmale an spezielle Zielgruppen, die bisher weniger berücksichtigt wurden. Hier wurde größtenteils völlig auf eine Abbildung des Golfs in der Werbung verzichtet, hingegen bewußt die jeweilige Lebenswelt beziehungsweise der Lebensstil der entsprechenden Gruppe hervorgehoben. Anzeigenbeispiel 6 zeigt auf humorvolle Weise die Lebensfreude der Golf-Generation („Wo ist dein Autoschlüssel? In meiner Hose. Wo ist deine Hose? Im Badezimmer. Wo ist das Badezimmer?"). Von der Produktwerbung gelöst und als reine emotionale Werbung ist auch das Motiv 7 zu sehen, welches insbesondere in an Eltern gerichtete Zeitschriften geschaltet wurde. Durch eine Kinderzeichnung wurde hier versucht, auch Kinder als eine mit Volkswagen verbundene Gruppe zu sehen und somit der Golf Generation zuzuordnen.

In der Fortführungswerbung wurde ähnlich der Einführungswerbung die Werbebotschaft über unterschiedlichste Menschen der Golf Generation humorvoll kommuniziert, um hierdurch sowohl die Marke Volkswagen weiter aufzuladen als auch das Produkt Golf entsprechend zu erden. So verweisen die Anzeigenbeispiele 8 („Da braucht man alle 1.122 Kilometer mal eine Tankstelle – und dann ist keine da.") und Beispiel 9 („Opa, früher hast du mir immer was von der Tankstelle mitgebracht. Tja, früher hatte ich ja auch noch keinen TDI.") beide auf die Wirtschaftlichkeit des neuen Golf, wobei letzere ebenfalls altersübergreifend im Sinne der Generation Golf konzipiert wurde.

Abbildung 64 ist schließlich ein Anzeigenbeispiel für das Sondermodell Golf-Generation. Mit dem Slogan „Stell dir mal vor, den Golf gibt's jetzt schon seit 25 Jahren" – „Und was haben die Leute vorher gefahren?" wurde hier darauf hingewiesen, daß der Golf gerade für junge Menschen zum festen Bestandteil im Straßenbild zählt und für sie damit kaum wegzudenken ist.

Abbildung 55: Anzeigenbeispiel 1

Abbildung 56: Anzeigenbeispiel 2

Abbildung 57: Anzeigenbeispiel 3

Abbildung 58: Anzeigenbeispiel 4

Abbildung 59: Anzeigenbeispiel 5

Abbildung 60: Anzeigenbeispiel 6

Abbildung 61: Anzeigenbeispiel 7

Abbildung 62: Anzeigenbeispiel 8

Abbildung 63: Anzeigenbeispiel 9

Abbildung 64: Anzeigenbeispiel 10

6.5 Budgetierungsentscheidungen

Aufgrund des erhöhten Wettbewerbsdrucks und einer wachsenden Produktdifferenzierung mußten die Werbeaufwendungen zur Stabilisierung der Absatzentwicklung kontinuierlich erhöht werden. 1998 gaben die Automobilhersteller und -importeure in Deutschland rund drei Milliarden DM brutto für ihre Produktwerbung aus. 1988 waren es gerade einmal 1,2 Milliarden DM. Kein Wirtschaftszweig investiert mehr Geld in Werbung als die Autobranche. In diesem Zusammenhang ist die Bestimmung der optimalen Werbeetathöhe als maßgeblicher Erfolgsfaktor der angestrebten Profilierung einer Marke ein äußerst komplexes Problem.

Abbildung 65 zeigt die Entwicklung der Werbeaufwendungen für den Golf von 1985 bis 1998. Hier wird deutlich, daß die absoluten Ausgaben ab 1992 überproportional anstiegen.

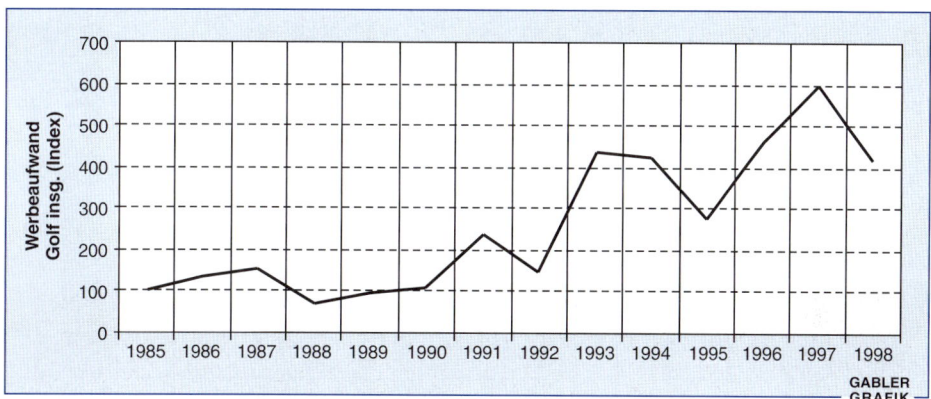

Abbildung 65: Entwicklung der Brutto-Werbeaufwendungen für den Golf im Inland (1985–1998)
(Quelle: Volkswagen AG)

Während 1992, also ein Jahr nach der Einführung des Golf III, zunächst eine deutliche Reduzierung der Werbeausgaben zu verzeichnen war, erfolgte in den beiden Folgejahren eine deutliche Werbeintensivierung. Dabei lagen die Werbeausgaben in 1993 fast 80 Prozent über dem Niveau des Einführungsjahres. Diese Steigerung ist insbesondere auf die zahlreichen Modellvarianten des Golf zurückzuführen. So wurden in 1994 mit dem Cabrio und dem Variant zwei bedeutende Modellvarianten eingeführt, die einen Großteil des Werbebudgets vereinnahmten. Darüber hinaus herrschte ein zunehmender Werbedruck im deutschen Automobilmarkt vor, der sich in einer 65prozentigen Steigerung der Gesamtwerbeausgaben von 1991 bis 1994 manifestierte. In 1995 sanken die Werbeausgaben nochmals, bevor sie in 1997 mit der Einführung des Golf IV einen Höhepunkt in der Golf-Geschichte erreichten. Dabei wurde mit einem Gesamtmedia-Budget zur Markteinführung zwischen September und Dezember 1997 in Höhe von 25 Millionen DM ein hoher Werbedruck erzielt. 1998 belief sich das Mediabudget des Golf IV auf rund 72 Millionen DM brutto.

Betrachtet man den Anteil der Werbeaufwendungen für den Golf an den gesamten Werbeaufwendungen für die Marke Volkswagen, so zeigt sich noch immer eine Dominanz des Golf innerhalb des Modellsortiments der Marke VW (vgl. Abbildung 66). Absolute Höhepunkte bilden die jeweiligen Einführungsjahre des Golf III und Golf IV mit einer Werbequote von 70,4 Prozent in 1991 und 51 Prozent in 1997. Die mit 20,4 Prozent und 27,2 Prozent vergleichsweise geringen Golf-Werbeanteile in 1995 und 1998 sind unter anderem auf die Einführung weiterer neuer Modelle zurückzuführen. So wurden in 1995 der Großraum-Pkw VW-Sharan und in 1998 der VW-Bora und Lupo eingeführt, die einen entsprechenden Anteil an den VW-Werbeaufwendungen für sich verbuchten.

Jahr Kennzahlen	'85	'86	'87	'88	'89	'90	'91	'92	'93	'94	'95	'96	'97	'98
Werbeauf- wand Golf gesamt (Index)	100	133	153	69	99	110	240	149	434	425	273	463	599	420
Marktanteil Golf gesamt (Inland)	12,8	13,6	13,5	12,3	11,4	10,9	9,0	10,5	11,8	12,1	10,4	9,2	7,9	9,1
Werbequote Marke VW	32,7	41,2	38,5	20,8	28,8	29,3	70,4	21,3	34,4	35,6	20,4	44,0	51,0	27,2
Werbequote Gesamt- markt	2,6	2,8	2,7	1,1	1,5	1,7	3,3	1,6	4,0	3,6	2,0	3,2	3,9	2,5

Abbildung 66: Ausgewählte Werbekennzahlen für den Golf
(Quelle: Volkswagen AG)

Ein Vergleich der Werbeaufwendungen mit denen der Konkurrenten verdeutlicht demgegenüber die vergleichsweise niedrigen Aufwendungen pro Auto von Volkswagen. Wie Abbildung 67 zeigt, lagen die Cost per Car der Marke Volkswagen in 1997 fast 60 Prozent unterhalb derer des Hauptkonkurrenten Opel. Betrugen die Cost per Car von Volkswagen in 1997 315 DM, so lag der Gesamtmarkt im Durchschnitt mehr als doppelt so hoch bei 745 DM pro Auto.

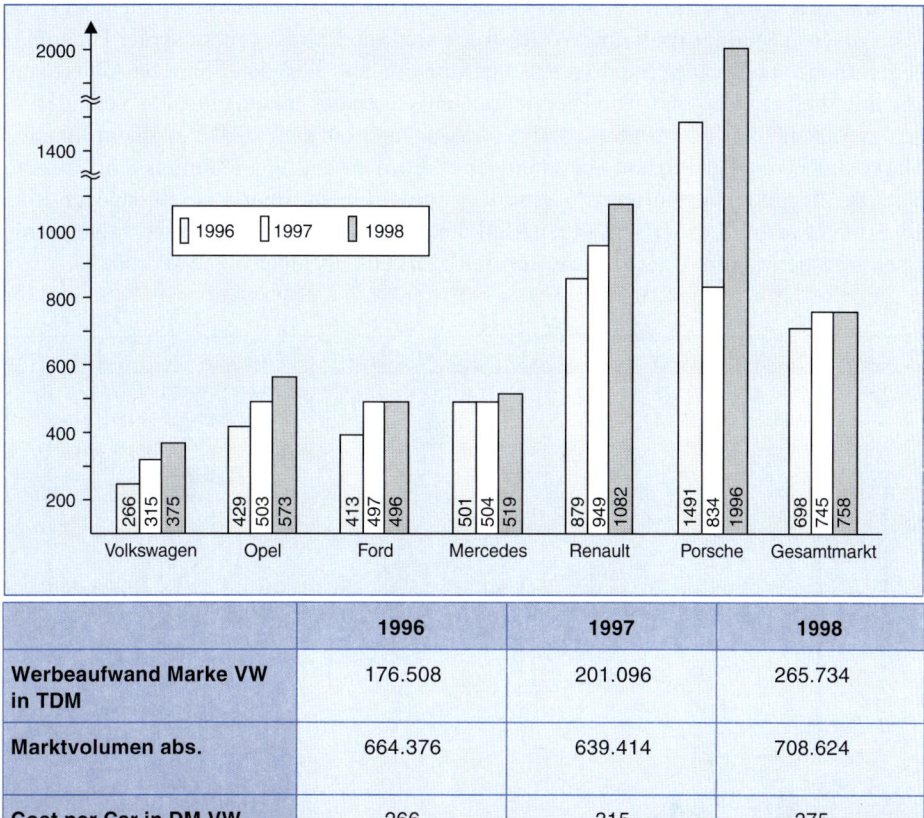

Abbildung 67: Werbekosten per Car in DM in Deutschland
(Quelle: Volkswagen AG)

Eine weitere wichtige Kennziffer bei der Beurteilung der Werbeaktivitäten von Volkswagen ist der Anteil der für den Golf getätigten Werbeaufwendungen an den gesamten Werbeaufwendungen im inländischen Automobilmarkt (vgl. Abbildung 66). Hier zeigt sich während des gesamten Golf-II und Golf-III-Modell-Lebenszyklus eine Abweichung zwischen dem Marktanteil des Golf und dem anteiligen Werbeaufwand, dem sogenannten **Share-of-Advertising** (also Anteil des Werbeaufwandes der Marke am Gesamtaufwand des Produktfeldes[1]). Während im Einführungsjahr des Golf III der Marktanteil den anteiligen Werbeaufwand noch um nahezu das Dreifache überstieg, verringerte sich der Abstand bei der Einführung des Golf IV. 1997 verzeichnete der Golf einen Marktanteil von 7,9 Prozent, während der anteilige Werbeaufwand bei 3,9 Prozent lag.

Die im Vergleich zum Marktanteil relativ niedrigen Werbeaufwendungen des Volkswagen-Konzerns kommen auch in Abbildung 68 eindrucksvoll zum Ausdruck. Hier werden die Marktanteile verschiedener Automobilhersteller für 1997 und 1998 ins Verhältnis

Kommunikationspolitik bei der Einführung des Golf IV

zum anteiligen Werbeaufwand gesetzt. Dabei gibt die Diagonale ausgeglichene Relationen zwischen Marktposition und Werbedruck an. Eine Position oberhalb der Diagonale verdeutlicht somit einen niedrigeren Marktanteil, als dies der Share-of-Advertising erwarten ließ et vice versa. Die Pfeilrichtungen zeigen die entsprechenden Veränderungen zwischen 1997 und 1998 an. Für Volkswagen ergab sich 1997 bei einem Inlands-Marktanteil von 18,1 Prozent ein anteiliger Werbeaufwand von lediglich acht Prozent. Opel als Hauptkonkurrent von Volkswagen auf dem Inlandsmarkt besaß dagegen trotz eines um etwa 1,5 Prozent geringeren Marktanteils einen höheren Share-of-Advertising. Opel investierte somit trotz eines geringeren Marktanteils mehr in die Werbung.

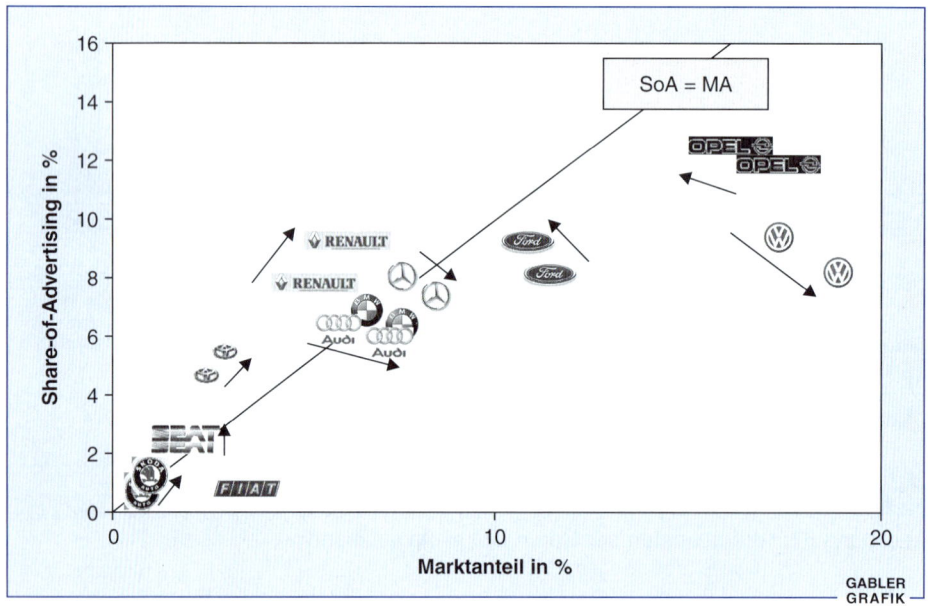

Abbildung 68: Share-of-Advertising/ Marktanteilsportfolio für 1997 und 1998 in Deutschland
(Quelle: Volkswagen AG)

Wurden die Werbeaufwendungen bislang nur gesamtheitlich untersucht, so ist darüber hinaus auch deren **Verteilung** auf die verschiedenen **Medien** von Interesse. Tageszeitungen, Fach- und Publikumstitel sowie Plakat und TV bedienen dabei unterschiedlichste Zielgruppen. Abbildung 69 stellt diese Anteile zunächst für die gesamten Werbeaufwendungen von Volkswagen dar. Hier zeigt sich ein eindeutiger Trend zu den elektronischen Medien, und zwar insbesondere zum Fernsehen. Dieser Wandel ist insbesondere auf die schnellere und emotionalere Wirkung von Fernsehwerbung bei Automobilkäufern zurückzuführen. Der höhere Stellenwert des Fernsehens als Werbeträger beinhaltet eine sinkende Bedeutung der Print-Medien. Lag hier der Werbeanteil Volkswagens in 1985 noch bei 98 Prozent, wurden 1995 nur noch 63 Prozent und 1998 57 Prozent der Schal-

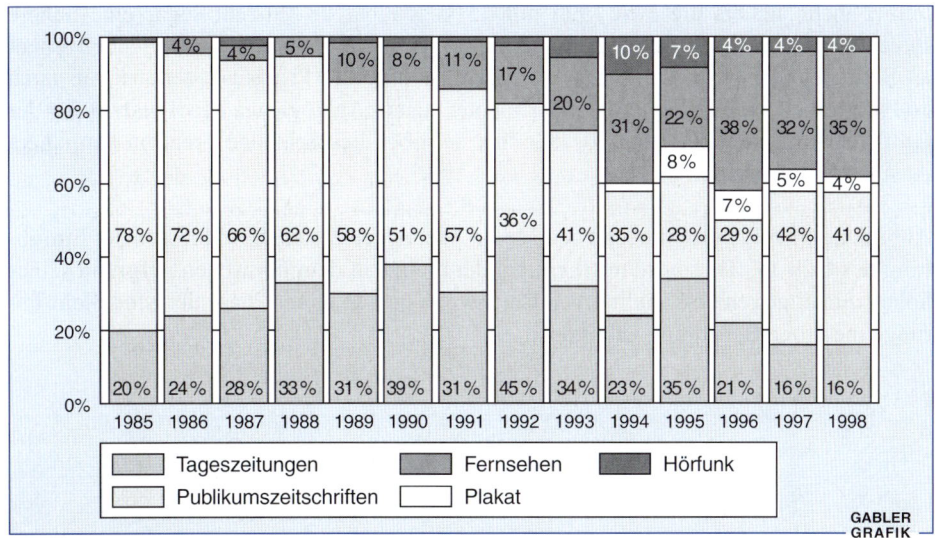

Abbildung 69: Medienstruktur der Volkswagen-Werbung im Zeitablauf
(Quelle: Volkswagen AG)

tungen in Tageszeitungen und Illustrierten vorgenommen. Innerhalb der Print-Medien lassen sich zudem Wellenbewegungen feststellen. Dominierten 1985 mit 78 Prozent deutlich die Illustrierten als Werbeträger, so näherte sich der Anteil der Tageszeitungen

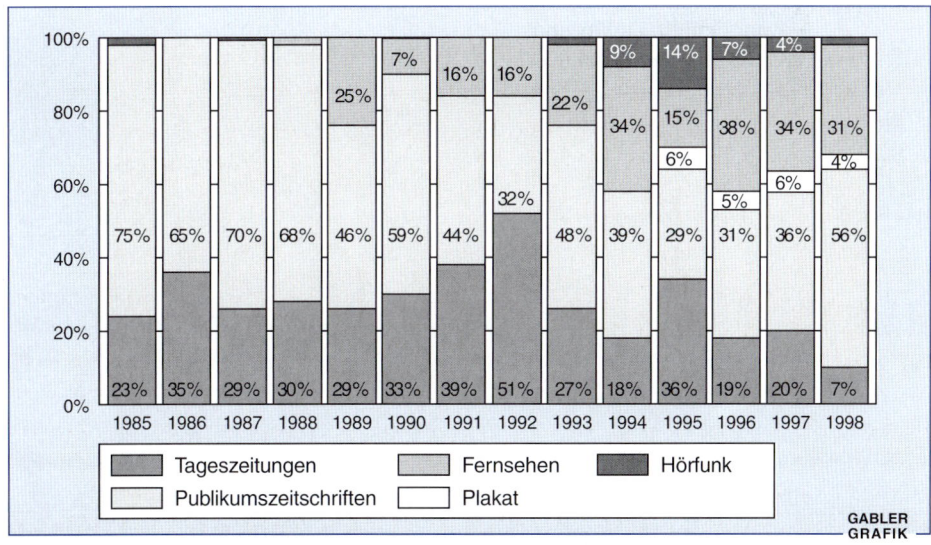

Abbildung 70: Medienstruktur der Golf-Werbung im Zeitablauf
(Quelle: Volkswagen AG)

Kommunikationspolitik bei der Einführung des Golf IV

immer mehr an, bis diese in 1995 mit 35 gegenüber 28 Prozent sogar eine höhere Bedeutung einnahmen. In den letzten Jahren haben Publikumszeitschriften jedoch erneut an Bedeutung gewonnen; ihr Anteil liegt in 1998 bei 41 Prozent gegenüber nur noch 16 Prozent bei den Tageszeitungen. Betrachtet man in Analogie die **Medienstruktur** der **Golf-Werbung** in Abbildung 70, läßt sich der oben beschriebene Trend in ähnlichem Ausmaß feststellen.

Abbildung 71 zeigt abschließend den Media-Mix in den ersten drei Monaten der Einführung des Golf IV. Hier wird noch einmal deutlich, daß dem Fernsehen aufgrund seiner hohen quantitativen und qualitativen Reichweite gerade in der Phase der Modelleinführung eine große Bedeutung zukommt.

Werbezeitraum (Oktober bis Dezember 1997)	
Eingesetzte Medien	Media-Mix in %
TV	53
Publikumszeitschriften	32
Tageszeitungen	7
Plakat	8

Abbildung 71: Medienstruktur in den ersten drei Monaten der Golf IV-Einführung
(Quelle: Volkswagen AG)

---

[1] Im Gegensatz zum Share of Advertising bezeichnet der Share of Voice den Anteil der Werbe-Kontakte der eigenen Marke an den Gesamtkontakten des Produktfeldes.

7. Distributionspolitische Entscheidungen bei der Einführung des Golf IV

7.1 Bedeutung und Rahmenbedingungen der Distributionspolitik

Die Gestaltung des Händlernetzes fällt in den Bereich der Distributionspolitik. Diese nimmt in der Automobilbranche einen besonderen Stellenwert ein, da es sich beim Automobil um ein komplexes Gebrauchsgut handelt, das sowohl einen intensiven persönlichen Verkauf erfordert als auch wartungs- und reparaturbedürftig ist, so daß neben dem Verkaufsaspekt auch dem Serviceaspekt eine hohe Relevanz beizumessen ist. Zudem kommt der Vertriebsorganisation von Automobilherstellern eine bedeutende präferenzbildende Funktion zu, da die Zufriedenheit mit der Verkaufs- und Kundendienstleistung eines Händlers als eine wesentliche Komponente in die Gesamtzufriedenheit eines Kunden während sowie nach dem Automobilkauf eingeht.

Grundsätzlich steht den Automobilherstellern ein breites Spektrum an Absatzkanälen zur Verfügung. So bietet der direkte Vertrieb über werkseigene Niederlassungen den Vorteil, ein homogenes Serviceniveau unter einheitlicher Markierung anzubieten, wodurch der Aufbau eines markenexklusiven Einkaufsstättenimages erleichtert wird. Allerdings ist eine solche flächendeckende Vertriebsform gleichzeitig mit hohen herstellerseitigen Investitionen verbunden, so daß Vertragshändler als selbständige, vom Hersteller autorisierte Handelsunternehmen eine große Bedeutung zukommt, welche in der Regel nur eine Marke führen und sich vor allem durch ihre höhere Flexibilität und Marktnähe auszeichnen. Überdies ist der Handel mit Neuwagen untrennbar mit der Bereitstellung umfassender Kundendienstleistungen verbunden, so daß die Verknüpfung von Neuwagen- und Kundendienstgeschäft bei den meisten Marken primär über vertragliche Vertriebssysteme organisiert ist.

In jüngster Zeit zeichnen sich neue Entwicklungslinien ab, welche insbesondere in einer Erhöhung des Autokaufs via Internet und mithin dem Entstehen zusätzlicher Vertriebskanäle (sog. Mehrkanalvertrieb) sowie der Vergrößerung der Betriebe und Marktverantwortungsgebiete zur Verbesserung der Renditesituation der Automobilhändler zu sehen sind.

7.2 Die neue Vertriebsstrategie bei Volkswagen

Ebenso wie zahlreiche andere Wettbewerber hatte Volkswagen in der ersten Hälfte der neunziger Jahre mit den sich verschlechternden Rahmenbedingungen für den Automobilhandel zu kämpfen. Insbesondere eine zunehmende Präsenz ausländischer Hersteller im Markt bildeten den Hintergrund für die Strukturschwäche der Branche. Aber auch volkswagenintern gab es Gründe für eine Vertriebsnetzoptimierung: Neben einer Verbesserung der Kundenorientierung und Renditesituation im Handel stand insbesondere eine optimierte Markenpolitik im Mittelpunkt der Betrachtung. Durch strikte räumliche Trennungen sollen „Markenwelten" geschaffen werden, mittels derer ein die Markenpositionierung förderndes Erscheinungsbild vor dem Kunden erzeugt werden kann.

Gerade für die Vielzahl der bevorstehenden Modelleinführungen und Produktereignisse war eine effiziente Vertriebsstruktur vonnöten. Auch aus den Anforderungen der neuen Gruppenfreistellungsverordnung (GVO) der EU ergab sich Anpassungsbedarf. Die in 1995 in Kraft getretene neue GVO ließ zwar das selektive Vertriebssystem in der Automobilbranche weiterhin zu, räumte den Handelsbetrieben jedoch den Vertrieb von mehreren Marken ein, sofern diese dem Kunden durch getrennte Schauräume oder Kundendienst-Annahme optisch getrennt präsentiert werden.

Vor diesem Hintergrund hatte sich das bereits seit 50 Jahren bestehende alte Vertriebssystem der V.A.G.-Partner, welches das größte derartige Netz in Deutschland ist, überlebt. Denn inzwischen zählt nicht mehr allein die Größe als Erfolgsfaktor, sondern vielmehr Kundenzufriedenheit, Markenloyalität, Eroberungsfähigkeit und Ertragskraft. Die Umsatzrentabilität der Audi/ VW-Händler lag 1993 nur noch bei durchschnittlich 0,9 Prozent. Circa ein Drittel der V.A.G.-Partner arbeitete im Verlustbereich. Zusätzlich zum starken Interbrand-Wettbewerb kam ein sich verschärfender Intrabrand-Wettbewerb, da das Vertriebsnetz zu dicht war. Mithin konnte nicht jedem der insgesamt rund 3.500 Betrieben ein wirtschaftliches Überleben zugesichert werden.

Auch in der neuen Vertriebsstrategie wird das System der Vertragshändler beibehalten. Alternative Vertriebsformen wie etwa Kommissionsagentursysteme, Direktvertrieb oder Franchising wurden zwar erwogen, jedoch wieder verworfen. Denn wie bisher bietet aus der Sicht Volkswagens das Prinzip des freien Unternehmertums auch für die Zukunft die erfolgversprechenste Form des Marktauftritts. Die Volkswagen-Händler operieren als selbständige Unternehmer, haben aber mit den Vertriebsgesellschaften beziehungsweise Importeuren des Volkswagen-Konzerns Händlerverträge geschlossen, die Rechte und Pflichten des Händlers und Herstellers fixieren. Im Händlervertrag werden gemäß den gemeinsam vereinbarten Verkaufs-Zielvorgaben bestimmte Mindestanforderungen etwa hinsichtlich der Größe des Verkaufs- und Schauraums oder der Zahl der Verkäufer festgelegt. Während der Händler-Status mit dem Kauf und Verkauf von Fahrzeugen auf eigene Rechnung verbunden ist, treten Werkstatt-Betriebe lediglich als Handelsvertreter für Händlerbetriebe auf. Die Werkstatt erhält für ihre Vermittlungstätigkeit eine Provision. Aus Kundensicht besteht jedoch zwischen beiden Betriebsformen zumeist kein sichtbarer Unterschied, denn auch Werkstattbetriebe verfügen meist über einen Verkaufs- und Schauraum.

Mit der Abtrennung des Vertriebs Audi-Pkw wurde vor allem die Neu- und Höherpositionierung der Marke Audi unterstützt. Dem Einheitshändler traditioneller Prägung, der sich allenfalls in der Größe unterscheidet, gibt es in der neuen Vertriebsorganisation nicht mehr. Wie Abbildung 72 offenbart, wurden im Zuge der Vertriebsnetzoptimierung vier neue Betriebstypen geschaffen:

VW / Audi-Vertriebsstruktur			
Zentrum	**M-Händler**	**U-Händler**	**K-Händler**
■ Einmarkenbetrieb in Ballungsräumen, der herausragende Leistungsstandards erfüllt	■ Spezialisierter Auftritt der Marken VW und Audi unter einem Dach zur Sicherung der Marktausschöpfung auf breiter Basis	■ Standardbetriebstyp zur nachhaltigen Marktabdeckung und -ausschöpfung ohne spezifische Trennung der Marken	■ Ausschließlich Vertriebsrechte für VW-Pkw; vermindertes Anforderungsprofil
■ 59 VW-Zentren ■ 62 Audi-Zentren	■ 490 VW-Betriebe ■ 479 Audi-Betriebe	■ 1.145 VW-Betriebe ■ 1.129 Audi-Betriebe	■ 376 Betriebe
811 VW und 1 040 Audi Werkstätten			
2 881 VW Betriebe		**2 700 Audi Betriebe**	

Abbildung 72: Neue Vertriebsstrategie Deutschland
(Quelle: Die neue Vertriebsstrategie Deutschland, in: Trainee Zeit, Nr. 1/1998.)

Die Werkstätten sollen ein flächendeckendes Service-Angebot sicherstellen und werden zukünftig als Vermittler für den Handel tätig. Gleichzeitig wurde das Margen- und Bonussystem reformiert, da die bisherige Form der ausschließlich wettbewerbsbezogenen Marge keinerlei Ansätze bot, die unterschiedlichen Vertriebsleistungen der Partner zu honorieren. Zur Anerkennung der unternehmerischen Einzelleistung wurde das alte System durch ein leistungsbezogenes System ersetzt. Wie bei allen wichtigen Wettbewerbern setzt sich der Vertrag nunmehr aus einer Grundmarge, Zusatzmarge und einem Leistungsbonus zusammen:

Distributionspolitische Entscheidungen bei der Einführung des Golf IV

- Die **Grundmarge** stellt das Äquivalent für die Erfüllung der grundlegenden Standards des Händlervertrages dar und ist einheitlich für alle Betriebstypen nach Modellen differenziert; von elf Prozent beim Lupo bis zu 14 Prozent beim Golf Cabrio.

- Die **Zusatzmarge** wird für die Erfüllung vertraglich vereinbarter Leistungsstandards gewährt. Da je nach Betriebstyp unterschiedliche Leistungsstandards gefordert werden, variiert die Zusatzmarge dementsprechend; von 0 Prozent bei K-Händlern bis zu 2,2 Prozent bei VW-Zentren. Basis für die Gewährung von Grund- und Zusatzmarge sind die Werksauslieferungen.

- Den **Leistungsbonus** erhält derjenige Händler, der das Fahrzeug an den Kunden -unabhängig von der Bezugsquelle- ausliefert. Der Leistungsbonus wird für besondere Vertriebsleistungen und Maßnahmen des Händlers gewährt. Er besteht aus drei Elementen, nämlich 1.) dem Bonus „Menge absolut", der die verkauften Stückzahlen berücksichtigt, 2.) dem Bonus „Menge relativ", der die Veränderung der Verkaufsleistung im Vergleich zum Vorjahr innerhalb einer Vergleichsgruppe berücksichtigt sowie 3.) dem Bonus „Kundenzufriedenheit", der sich auf die Ergebnisse von vier Schlüsselfragen aus der Händler-Image-Analyse in einer Vergleichsgruppe bezieht. Dabei beziehen sich diese vier Fragen sowohl auf den Verkaufs- als auch auf den Servicebereich des Händlers. Der durchschnittliche Leistungsbonus über alle VW-Händler beträgt 1,75 Prozent.

Die Neustrukturierung des Vertriebssystems bewirkte, daß 600 V.A.G-Partner ausscheiden mußten. Dabei wurde die Entscheidung für die Fortführung des Vertragsverhältnisses nach objektiv meßbaren Kriterien und im „viele Augen Prinzip" gefällt. So wurden beispielsweise auch rund 170 ehemalige Werkstätten zu Händlerbetrieben aufgewertet. Ziel der Vertriebsnetzoptimierung war es letztlich, in einem aggressiven Wettbewerbsumfeld eine für den Endverbraucher optimale Kundennähe zu bieten. Die neuen Strukturen und Anreizsysteme für die Händler bieten dafür eine entscheidende Grundlage.

7.3 Absatzkanal-Management und Durchsetzung der Golf IV-Konzeption in der Händlerorganisation

Das sogenannte Direkthändlersystem von Volkswagen in Deutschland wurde auch in der neuen Vertriebsstrategie beibehalten. Das System trennt als duales Vertriebssystem im Gegensatz zum damaligen Vertriebszentrensystem das Fahrzeuggeschäft vom Ersatzteilgeschäft sowie vom Bereich Kundendienst. Während Ersatzteil- und Kundendienstgeschäft über den klassischen indirekten Vertriebsweg unter Einschaltung der Vertriebszentren abgewickelt werden, besteht im Fahrzeuggeschäft eine direkte Kooperation zwischen Volkswagen und der Händlerorganisation (vgl. Abbildung 73). Fahrzeugbestellungen der Händler erfolgen durch einen Online-Anschluß direkt bei Volkswagen ohne Zwischenschaltung eines Vertriebszentrums.

Mit dem Direkthändlersystem bemüht sich Volkswagen insbesondere um eine Verringerung der Lieferzeiten für den Kunden, eine Steigerung der Lieferbereitschaft der Händlerbetriebe sowie eine Reduzierung der Lagerkosten und Gleichbehandlung der einzelnen Händlerbetriebe. Im Gegensatz zur früheren Quotensteuerung, bei der jeder Händler nach einem Mengenschlüssel, der auf einer Prognose der zukünftigen Verkäufe basierte, eine bestimmte Anzahl von Neuwagen erhielt, hat sich heute das First-in-first-out-Prinzip in der Hersteller-Händler-Beziehung etabliert.

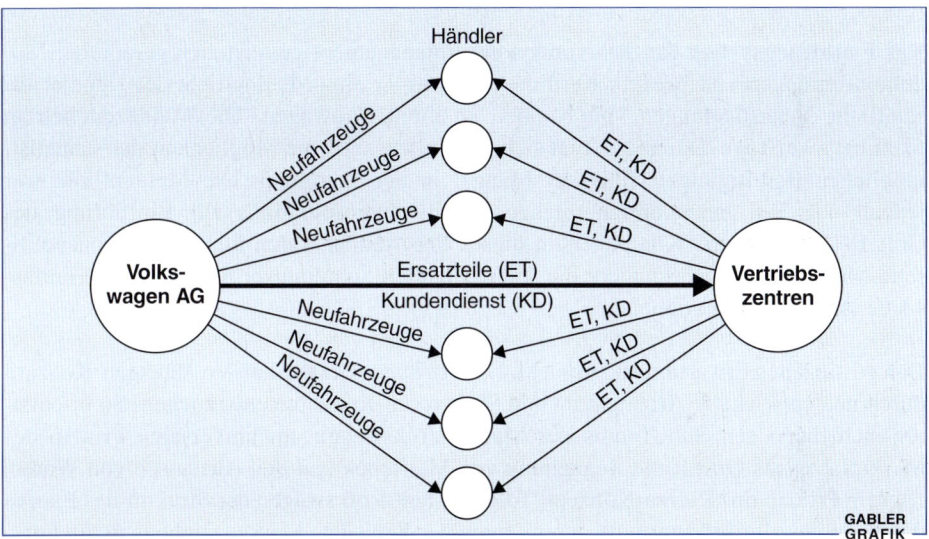

Abbildung 73: Struktur des Direkthändlersystems von Volkswagen
(Quelle: Volkswagen AG)

Moderne Informations- und Kommunikationstechnologien ermöglichen Online-Verbindungen zwischen Händlerbetrieben und Volkswagen-Werk. Die Belieferung erfolgt entsprechend der Reihenfolge der Bestelleingänge der Händler. Gegenüber der Quotensteuerung ist damit eine bedarfsgerechtere Steuerung der Produkte im Absatzkanal gewährleistet.

Distributionspolitische Entscheidungen bei der Einführung des Golf IV

Zudem ist im Absatzkanal ein differenziertes **Informations- und Berichtssystem** eingerichtet. Dieses System zeichnet sich durch zwei wesentliche Komponenten aus:

- die kurzfristige Erfolgsrechnung (KER) der Händlerbetriebe sowie
- ein Frühwarnsystem für das Kundendienstmanagement.

Für die **kurzfristige Erfolgsrechnung** geben die Händlerbetriebe regelmäßig Finanz- und Erfolgsdaten an den Volkswagen-Konzern weiter. Damit eröffnet sich für den Hersteller die Möglichkeit einer umfassenden händlerindividuellen Stärken-Schwächen-Analyse. Gleichzeitig werden aber auch den Händlern die Ergebnisse der KER als Durchschnittswerte mitgeteilt. Daraus begründet sich der Nutzen für die Händlerorganisation, die durch die Vergleichsdaten ihrerseits ein Planungs- und Steuerungsinstrument erhält.

Das **Frühwarnsystem** für das Kundendienstmanagement erweist sich gerade bei Modelleinführungen von Nutzen. Kern des Systems ist eine Meldepflicht der Händler für sämtliche Beanstandungen von Kunden an ihren Neuwagen. Die Meldezeit beträgt maximal zwei Tage. Damit eröffnet sich für Volkswagen die Möglichkeit der schnellstmöglichen Beseitigung technischer Mängel in der Fertigung. Die Meldepflicht war jedoch nur Teil eines umfangreichen Maßnahmenprogramms zur Einführung des Golf IV. Wesentliche Komponenten dieses Programms waren kommunikationspolitische Maßnahmen, insbesondere ein differenziertes Schulungsprogramm sowie umfassende Händlerinformationen.

Den gestiegenen Erwartungen an den Marktauftritt vor Ort wird im Volkswagen-Konzern durch neu entwickelte Architektur- und Showroom-Konzepte entsprochen. So orientieren sich die neuen Showrooms der Marke Volkswagen am universalen Prinzip des Marktplatzes als Ort für die Begegnung von Menschen und den Austausch von Waren. Diesem Prinzip im „Piazza-Konzept" folgend, legt Volkswagen der Struktur des Platzes die Form des Kreises zugrunde, womit auch der Kreis des Markenzeichens in die Form des Schauraums am Handelsplatz übergeht. Auf diese Weise entwickelt das Corporate Design von Volkswagen eine schlüssige und durchgängige Formensprache.

8. Mixübergreifende Entscheidungen für den Golf IV

8.1 Service- und Kundendienstpolitik

Unter Berücksichtigung der wachsenden Ausschöpfung technischer Differenzierungspotentiale kommt der Service- und Kundendienstpolitik des Herstellers, die vom Händler vor Ort konsequent umgesetzt werden muß, eine stark wachsende Bedeutung für die Zufriedenheit des Kunden zu. Die von den Automobilherstellern angestrebte Bindung des Kunden an das Unternehmen kommt in der Regel nicht durch den einmaligen Verkauf beziehungsweise Kauf eines Autos zustande, sondern erst durch den Aufbau einer langfristigen Beziehung zum Kunden (im Sinne eines Relationship-Marketing). Vor diesem Hintergrund werden Value-Added-Services zur Profilierung der Kern- beziehungsweise Primärleistungen eines Automobilherstellers immer wichtiger.

Derartige Value-Added-Services können jedoch nur teilweise von den Herstellern zentral, sondern zumeist nur dezentral von den marktnah agierenden Händlern erbracht werden. Nur derjenige Hersteller wird dauerhafte Wettbewerbsvorteile realisieren kön-

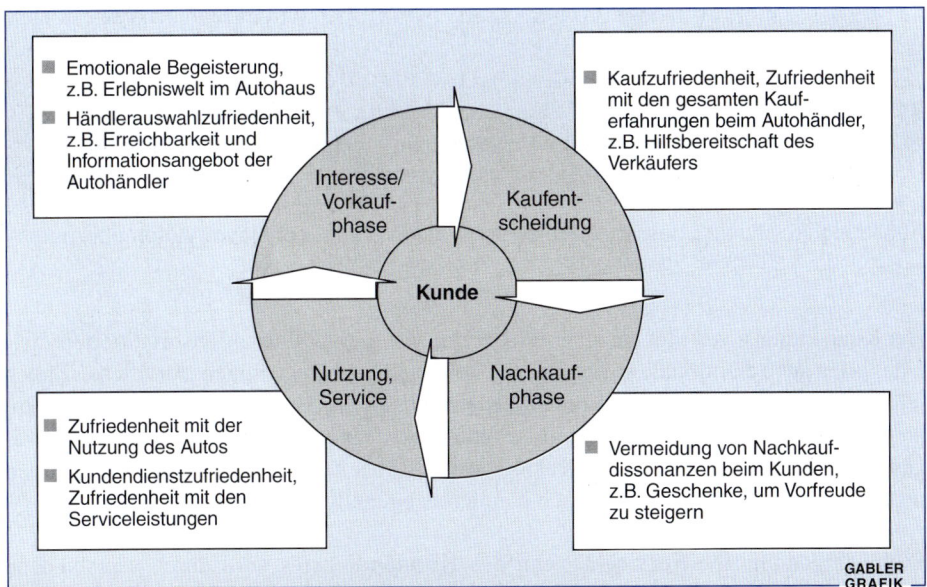

Abbildung 74: Kundenzufriedenheit in der gesamten Kundenkontaktkette
(Quelle: Volkswagen AG)

Mixübergreifende Entscheidungen für den Golf IV

nen, dem es gelingt, die gesamte Kundenkontaktkette von der Vorkaufphase bis hin zur Nachkaufphase mit positiven Erlebnissen anzureichern, um so eine umfassende Kundenzufriedenheit sicherzustellen (vgl. Abbildung 74).

In diesem Zusammenhang kommt dem Kundendienst aufgrund seiner überwiegend persönlichen, vielfach Face-to-Face-Kontaktform eine besondere Bedeutung zu. So hat eine Erhebung des Volkswagen-Konzerns ergeben, daß die Kundendienstqualität eindeutig die Händlerloyalität determiniert, die über die bestehenden Trade-offs mit den Produkt- und Unternehmensleistungen auch auf die Modell- und Markenloyalität wirkt (vgl. Abbildung 75).

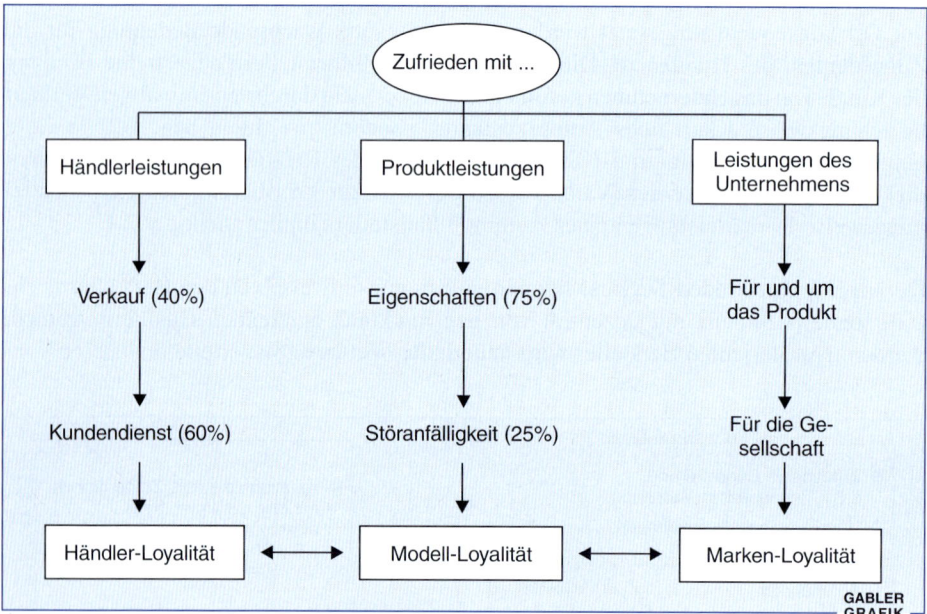

Abbildung 75: Einfluß des Kundendienstes auf die Zufriedenheit von Automobilkäufern
(Quelle: Volkswagen AG)

Der Kundendienst verfolgt neben produkttechnischen und informationsorientierten Zielkategorien auch emotionale sowie eigene ökonomische Zielsetzungen. Aus diesen Zielen leiten sich die Aufgaben des Kundendienstes ab. Deren konkrete Ausgestaltung wird jedoch zusätzlich durch die Vertriebsstruktur eines Herstellers bestimmt. Bei Volkswagen bestehen aufgrund des dezentralen Vertriebs über selbständige Händler neben den produkt- und kundenbezogenen auch händlerbezogene Kundendienstaufgaben.

Das wahrgenommene **Service-Niveau des Kundendienstes** wird durch verschiedene Teilqualitäten mit jeweils differenzierten Zufriedenheitsfaktoren bestimmt. Diese sind in Abbildung 76 zusammengefaßt. Aus den Teilqualitäten resp. Zufriedenheitsfaktoren leiten sich unmittelbar Maßnahmen zur Verbesserung der Kundendienstleistungen ab. Für den Volkswagen-Konzern ergibt sich ein zentrales Problem des Kundendienst-Managements aus der rechtlichen Selbständigkeit der Händler. Damit besteht gegenüber der Vertriebsorganisation als Träger der Kundendienstfunktionen kein direktes Weisungsrecht. Hier kann es zu Zielkonflikten zwischen dem auf die Profilierung des eigenen Autohauses achtenden Händler und dem auf die Markenprofilierung ausgerichteten Hersteller kommen. Die in vertraglichen Vertriebssystemen auftretenden Konflikte sind durch verstärkte Kooperationen der Systempartner unter Anwendung eines professionellen Konfliktmanagements zu lösen. Diese Konstellation verdeutlicht, wie wichtig auch der Einsatz kommunikativer und motivationaler Instrumente der Händlerbetreuung zur Erhöhung der Kundendienstqualität ist.

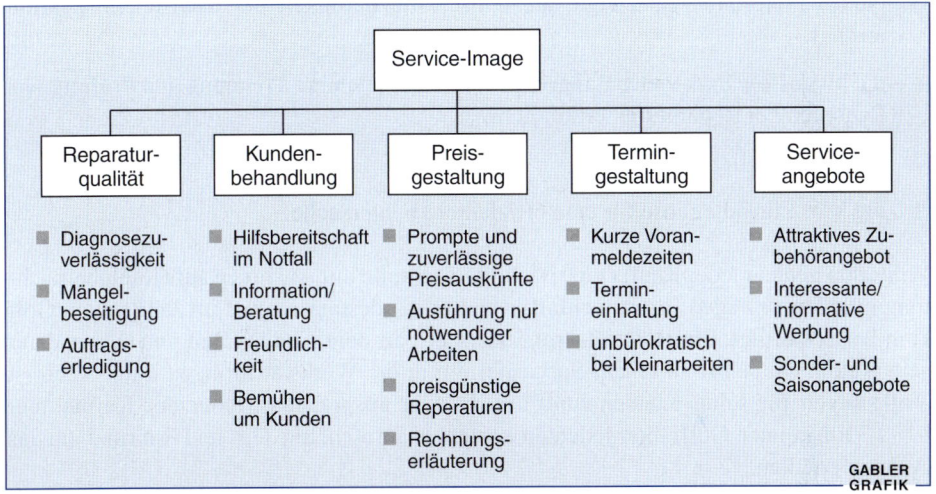

Abbildung 76: Komponenten des Kundendienst-Image
(Quelle: Volkswagen AG)

Volkswagen-Service ist ein eingetragenes Gütezeichen mit entsprechender Zertifizierung nach internationaler Qualitäsnorm ISO 9002, welche in regelmäßigen Abständen immer wieder neu erworben werden muß. Zudem testet Volkswagen die Servicequalität bei den verschiedenen Händlern und Werkstätten, indem sie ein mit Fehlern präpariertes Testauto reparieren lassen. Um eine möglichst gute Kundendienstqualität zu gewährleisten, verfügt der Volkswagen-Konzern zudem über ein eigenes Händlerbetreuungsprogramm, dargelegt in differenzierten Marketing-Plänen. Zielsetzung ist es, eine Service-Partnerschaft zwischen dem VW-Konzern und der Händlerorganisation zu etablieren. Die Zufriedenheit der Händler mit den sie betreffenden Herstellerleistungen wird in diesem Zusammenhang in regelmäßig durchgeführten Zufriedenheitsstudien erhoben, um so ein Stimmungsbild in den Händlerorganisationen zu erhalten.

Bei der Entwicklung des Golf IV wurde ein besonderer Wert auf eine servicefreundliche Konstruktion gelegt. Bereits im Vorfeld der Markteinführung sollten damit Notwendigkeit und Aufwand von Service- und Kundendienstleistungen möglichst weit reduziert werden. Wesentliche, auf die Erhöhung der Wartungs- und Servicefreundlichkeit gerichtete Konstruktionsmerkmale sind folgende Punkte:

- während die deutsche Altauto-Verordnung ein kostenloses Verschrotten nach zwölf Jahren ermöglicht, gibt Volkswagen für den neuen Golf bis zu diesem Zeitpunkt eine Garantie gegen Durchrostung,

- vereinfachtes Recycling aller Kunststoffteile durch eine spezielle Werkstoff-Kennzeichnung,

- eine Service-Intervallanzeige, die optisch die Fälligkeit der nächsten Inspektion anzeigt,

- die Modul-Technik vieler Baugruppen, die eine leichtere Trennung und Prüfung von Bauteilen bei Reparaturen ermöglicht,

- leicht zugängliche Kabel,

- die VW-Eigendiagnose für eine effizientere Fehlersuche.

Weiterhin genießt jeder Käufer eine Mobilitätsgarantie mit Anspruch auf Hotelübernachtung oder Ersatzwagen im Pannenfall, wenn er mindestens einmal im Jahr seinen Golf zum Service bringt. Ein Hol und Bring Service spart dem Kunden Zeit und Wege, da er sein Auto nicht selbst zu einem Servicetermin in die Werkstatt bringen muß. Auch ist Volkswagen für seine Kunden rund um die Uhr ansprechbar: unter der Rufnummer 0130-3102 können Golffahrer jederzeit kostenlos anrufen, um Tips und Rat rund um das Auto zu erhalten.

8.2 Markenmanagement für den Golf IV

Bei der Einführung des Golf IV waren mit Volkswagen, Audi, Seat und Skoda vier Marken des Volkswagen-Konzerns in der Golf-Klasse vertreten, womit der konzern- und markeninternen Abgrenzung der Modelle eine hohe Bedeutung zukommt. Dementsprechend hat das Markenmanagement bei Volkswagen sowohl auf Konzern- als auch auf Markenebene in den letzten Jahren eine weitere Aufwertung gefunden.

Aus der Sicht des Konzerns soll die Marke Volkswagen weiterhin das breite Marktsegment ansprechen, während die Modelle von Seat und Skoda flankierend in den unteren Preissegmenten agieren. Audi ist insbesondere als Konkurrenz zu den Premiummarken BMW und Mercedes zu sehen, welche durch „Downsizing" das A-Segment angreifen.

Obwohl alle Fahrzeuge der Marke Volkswagen selbst über spezifische Marktsegmente verfügen, stellt auch die markeninterne Produktabgrenzung des Golf zum Passat bzw. Polo insbesondere aufgrund der gestiegenen Produkthomogenisierung durch die Verwendung von Gleichteilen und der dadurch bedingten Gefahr einer starken Kannibalisierung der eigenen Produktpalette eine große Herausforderung dar. Während die Kombi-Version des Golf beispielsweise als markeninterne Konkurrenz zum erfolgreichen Passat Variant sowie zum Polo Variant betrachtet werden kann, nähert sich der mittlerweile auch als Topversion mit über 100 PS erhältliche Polo sowohl technisch als auch von der Breite des Angebotsspektrums stärker an die Golf Limousine an. Wenn auch als Nischenfahrzeug konzipiert, so stellt auch der New Beetle insbesondere als Zweitwagen einen hausinternen Wettbewerber des Golf dar. Um so mehr wird die Notwendigkeit einer eindeutigen Produktpositionierung deutlich. So ist der Polo im Hinblick auf seine Segmentzugehörigkeit und Preisstellung jugendlich positioniert, wohingegen sich der Passat auf eine Zielgruppe mit gehobenen Ansprüchen ausrichtet und eine Kombination aus Funktionalität, Raumangebot und Komfort anstrebt.

Der Golf verkörpert innerhalb des Produktportfolios der Marke Volkswagen nicht zuletzt aufgrund seiner enormen ökonomischen Bedeutung wie kein anderes Fahrzeug die wesentlichen identitätsprägenden Komponenten der Marke Volkswagen. Die zentrale Aufgabe des Markenmanagements von Volkswagen für den Golf IV besteht letztlich in einer mixübergreifenden Vernetzung aller mit der Markierung der Leistungen zusammenhängenden Entscheidungen zur fortlaufenden Sicherung und gewünschten Höherpositionierung der „starken Marke" Volkswagen. Ein integrierter Einsatz des Marketing-Mix nimmt daher zur Pflege und zum Ausbau der Markenpersönlichkeit Volkswagens eine zentrale Stellung ein.

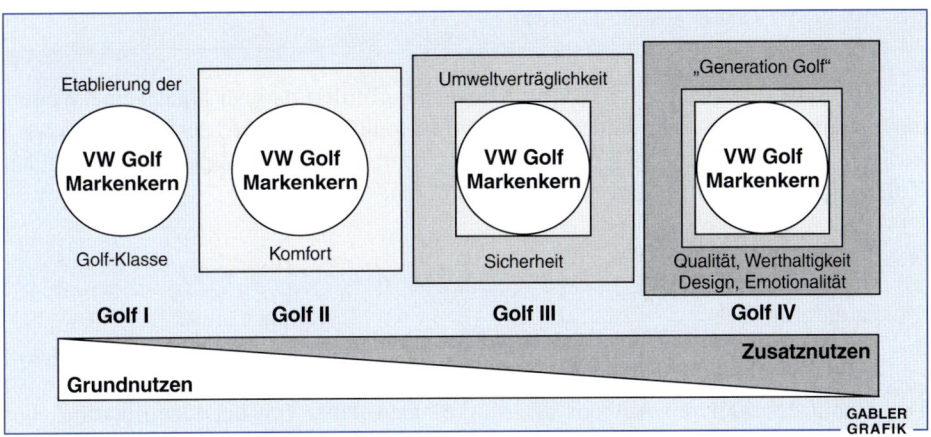

Abbildung 77: Markenführung beim Golf
(Quelle: in Anlehnung an Klumpp/ Roosdorp, Volkswagen: VW – Leistungspflege durch evolutionäre Markenführung, in: Best Practice in Marketing, Tomczak, Reinecke (Hrsg.), St. Gallen 1998, S. 253ff.)

Dabei ist der Golf seit jeher dem Spannungsfeld von Kontinuität und Innovation ausgesetzt. Da er seit seiner Einführung 1974 erfolgreich war, bestand letztlich nie Anlaß, wirklich große konzeptionelle Veränderungen vorzunehmen. Die Kernposition „Qualität, Kaufsicherheit, Wirtschaftlichkeit und Klassenlosigkeit" wurde daher kontinuierlich von Generation zu Generation in der Markenführung beibehalten. Die Identität des Produktes sollte dabei trotz Innovationen auch im Erscheinungsbild, im Unterschied bspw. zum Konkurrenten Opel Kadett/Astra, stets gewahrt bleiben. Sonstige Elemente wie zum Beispiel Sicherheit, Umweltverträglichkeit etc. wurden beim Modellwechsel zwar aufgenommen, letztlich unterstützten sie jedoch nur die Kernposition des Golf, wie Abbildung 77 verdeutlicht. Unterstrich der Golf III insbesondere Sicherheitsaspekte, so hebt der neue Golf den hohen Qualitätsanspruch durch die verwendeten Materialien im Innenraum sowie das Design hervor. Auch die Öffentlichkeit hat diesen grundsätzlichen Gedanken der Golf-Markenführung durchaus erkannt, wie nachfolgende Pressenotizen belegen.

Golf I	„Immer wieder forderten neue Lösungen unsere klassische Konzeption heraus, doch nervenstarke Modellkonstanz hat uns Erfolg gebracht." *(Pressetext 1974)*
Golf II	„Bei näherem Hinsehen ist nichts alt am neuen Golf" *(Pressetext 1983)*
Golf III	„Der neue Golf ist das sicherste Fahrzeug seiner Klasse" *(Pressetext 1991)*
Golf IV	„Die reduzierten Spaltmaße wurden erst durch die hohe Karosseriesteifigkeit möglich und machen den Fortschritt sichtbar und fühlbar." *(Pressetext 1997)*

Abbildung 78: Pressetexte Golf I–IV
(Quelle: Autobild Juni 1999)

Die Höherpositionierung der Marke Volkswagen erfordert darüber hinaus eine Weiterentwicklung des Markenleitbildes, in dem die „automobilen Werte" der Marke beschrieben sind und das Volkswagen gleichzeitig im Wettbewerbsumfeld positioniert. Zu den Volkswagen-Werten des Markenleitbildes gehören:

- faszinierende Perfektion,
- konsequent innovativ,
- Partner fürs Leben,
- Verantwortung für Mensch und Leben.

Der Erfolg des weiteren Aufbaus der Marke hängt dabei von der Identifikation aller Beteiligten der Volkswagen-Organisation mit der Marke ab. Sämtliche Mitarbeiter müssen sich der Marke gegenüber verpflichten, das heißt, die Marke muß von allen Mitarbeitern gepflegt und kommuniziert werden, intern innerhalb der Organisation und extern gegenüber dem Kunden durch Nutzung aller Marketing-Mix-Instrumente, deren

Maßstäbe an den Ansprüchen der Premiumklasse auszurichten sind. Eine glaubwürdige Inszenierung der Markenpersönlichkeiten beschränkt sich dabei nicht nur auf das Produkt, sondern auf die gesamte Vermarktungskette im Automobilhandel.

Hierzu zählt auch die Schaffung von Markenerlebniswelten. So gilt für alle Marken des Volkswagen-Konzerns, daß Verkaufsräume zukünftig neben ihrer originären Funktion auch als Inszenierungsstätte für die Marken dienen. Jeder Kundenkontaktpunkt mit der Marke muß so gestaltet werden, daß dem Kunden ein einheitliches, mit der Markenpersönlichkeit harmonisiertes Bild vermittelt wird. Abbildung 79 zeigt in diesem Zusammenhang ein derzeit typisches Volkswagen-Autohaus als Inszenierungsstätte der Marke Volkswagen.

Abbildung 79: VW-Autohaus
(Quelle: Volkswagen AG)

Um dem Autofahrer immer wieder das Gefühl zu geben, in einem Automobil der Marke Volkswagen zu sitzen, wurde mit Einführung des Golf IV das VW-Logo vergrößert. Sowohl auf Heckklappe und Kühlergrill, als auch auf den Rädern und dem Lenkrad ist überall das Logo der Marke Volkswagen sichtbar. In der vierten Generation des Golf mißt das VW-Emblem mittlerweile auf der Heckklappe 110 Millimeter – beim Vorgängermodell galt ein Durchmesser von 70 Millimetern noch als ausreichende Größe.

Ein Meilenstein in der Inszenierung aller Konzern-Marken ist die „Autostadt" in Wolfsburg. Jede Marke verfügt hier über einen eigenen Pavillon, in dem die Markenwelt inszeniert wird. Ab Jahresmitte 2001 können Kunden darüber hinaus an der Geburt ihres

Autos teilhaben: im Werk für das neue Luxusmodell der Marke Volkswagen, der sogenannten „Gläsernen Manufaktur" in Dresden, kann die Produktion des Autos direkt verfolgt werden.

Die Operationalisierung der Markenmissionen und Werte mit den unterschiedlichsten Marketinginstrumenten ist grundsätzlich Aufgabe des Marketings der einzelnen Konzernmarken. Die Effizienz und Effektivität der Maßnahmen wird jedoch zentral gemessen. Für die Steuerung der Markenführung der einzelnen Marken wurde hierfür ein Controlling-Konzept realisiert, worunter Volkswagen die Überprüfung aller inhaltlichen und organisatorischen Markenaktivitäten versteht, um Markenziele und -strategien rechtzeitig den sich verändernden Marktsituationen anzupassen.

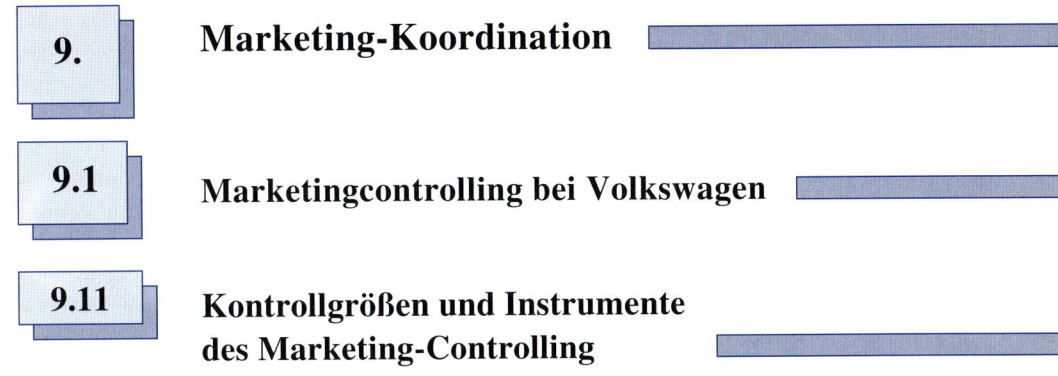

9. Marketing-Koordination

9.1 Marketingcontrolling bei Volkswagen

9.11 Kontrollgrößen und Instrumente des Marketing-Controlling

Die mit der Markteinführung des Golf IV eingeleiteten Maßnahmen im Bereich des Marketingcontrolling dienen der **Erfolgs-** und **Wirkungskontrolle** der vielfältigen Marketingentscheidungen, die mit dieser Modelleinführung verbunden waren. Über die Kontrollfunktion hinaus sollten die erhobenen und verdichteten Daten als Regelungs- und Steuerungsinformationen in notwendige Folgeentscheidungen für den Golf IV eingehen.

Dabei stützte sich die Informationserhebung auf zahlreiche ökonomische und psychographische Kontrollgrößen. Als eine wesentliche **ökonomische Kontrollgröße** dienen die Auftragseingänge für ein neues Modell. Diese Kennzahl reflektiert schnell die Marktresonanz und besitzt einen größeren Aussagewert als etwa Absatz- oder Umsatzzahlen, weil sie nicht durch eventuelle Kapazitätsbeschränkungen eines Herstellers verzerrt wird. Darüber hinaus ist die Entwicklung der Marktanteile ein wichtiger Indikator für den Markterfolg eines neu eingeführten Modells.

Neben ökonomischen Erfolgsgrößen kommt den **psychographischen Kontrollgrößen** eine hohe Bedeutung für das Marketingcontrolling zu. In diversen Studien wie der Early-Buyer-Studie oder der European Customer Satisfaction Study werden Käufer des eingeführten Modells nach ihrer Zufriedenheit sowie nach den spezifischen Vor- und Nachteilen des entsprechenden Fahrzeugs befragt. Image und Bekanntheitsstudien erheben die Marken- und Modellbekanntheit, die Markenvertrautheit und -sympathie sowie die Marken- und Modellimages. Letztere werden anhand von circa 30 Items gebildet, die von den Probanden auf einer zehnstufigen Rating-Skala bewertet werden. Ein wesentlicher Vorteil psychographischer Kontrollgrößen besteht darin, daß sie im Gegensatz zu ökonomischen Größen direkte Anhaltspunkte für Produktverbesserungen liefern.

Ein weiteres Ziel der Neuwagenkäufer-Studie NCBS besteht in der Analyse der Strukturverschiebungen im Neuwagenkäufermarkt sowie der Ermittlung der Ursachen hierfür. In dieser zentralen Studie werden die marktanteilsbestimmenden Faktoren wie Loyalität, Eroberungen und Abwanderungen dargestellt, aber auch Zufriedenheiten und Gründe für den Nichtkauf eines erwogenen Modells abgefragt. Gleichzeitig gibt die Studie Aufschluß über die soziodemographische Käuferstruktur. Die Erhebung erfolgt vier bis sechs Monate nach Erwerb des neuen Fahrzeugs, wobei allein in Deutschland pro Jahr circa 40.000 Neuwagenkäufer befragt werden.

Neben derartigen unmittelbar produktbezogenen Erhebungen werden umfangreiche Erfolgs- und Wirkungskontrollen für die kommunikationspolitischen Aktivitäten durchgeführt. Im Rahmen eines kontinuierlichen Werbemonitoring erhebt die Marktforschungsabteilung von Volkswagen unter Einschaltung von externen Mediaforschungsgesellschaften regelmäßig Kontrollgrößen für die Beurteilung der Werbeerinnerung. Darüber hinaus werden formale und inhaltliche Aspekte der Werbebotschaftsgestaltung untersucht.

Insbesondere Neuwagenkäufer-, Image- und Bekanntheitsstudien sowie Qualitätserhebungen und Kundenzufriedenheitsuntersuchungen werden heute von den europäischen Herstellern aufgrund der hohen Kosten teilweise gemeinsam geplant und in Auftrag gegeben. Sie dienen so dann als Basis für individuelle Studien, welche die zuvor genannten Untersuchungen ergänzen.

9.12 Zentrale Controllingergebnisse nach Markteinführung des Golf IV

Im Ergebnis wurde der neue Golf wieder zum vollen Erfolg. Mit dem markanten Design und seiner herausragenden Qualität in Verbindung mit dem ungewöhnlichen Kommunikationsauftritt gelang es Volkswagen mit dem Golf IV, die Position des Segmentführers zu behaupten und sogar noch weiter auszubauen. Während nahezu alle Pkws der unteren Mittelklasse im Zeitraum 1997/98 Verkaufsrückgänge hinnehmen mußten, stieg der VW Golf um 2,2 Prozent. Aufgrund eines größeren und differenzierteren Angebots der Wettbewerber erreichten die **Auftragseingänge** für den Golf IV zwar nicht die Werte des Golf III, gestalteten sich dennoch durchaus positiv. Bereits zum Zeitpunkt der Markteinführung lagen 78.200 Bestellungen vor (vgl. Abbildung 80). Die kumulierten Auftragseingänge stiegen sechs Monate nach Markteinführung auf 211.200 Einheiten an, die Vergleichswerte für den Golf III beziehungsweise Golf II liegen bei 331.000 beziehungsweise 190.000 Einheiten. Damit liegen die Werte für den Golf IV ein halbes Jahr nach Markteinführung unterhalb der Werte für den Golf III, jedoch oberhalb der Vergleichswerte für den Golf II. Allerdings hier ist zu berücksichtigen, daß der Golf IV Variant 1997 noch nicht im Angebot war, sondern erst Mitte 1999 zur Verfügung stand.

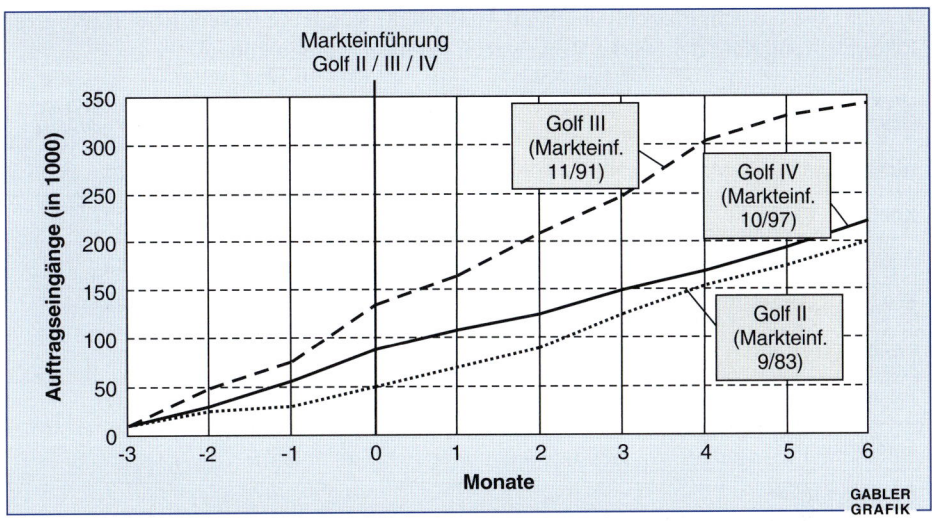

Abbildung 80: Kumulierte Auftragseingänge des Golf II, III und IV seit Bestellfreigabe
(Quelle: Volkswagen AG)

Der neue Golf ist innerhalb seiner Klasse hinsichtlich der **ungestützten Markenbekanntheit** seiner direkten Konkurrenz voraus. Auch konnten sämtliche **Imageparameter** gegenüber dem Vorgänger-Modell verbessert werden. Im Vergleich zum Gesamtmarkt hebt sich der Golf hinsichtlich des **technischen Produktimages** eindeutig hervor, wie Abbildung 81 verdeutlicht.

	Golf 1998	Ø-Markt 1998
Äußere Form	8,2	7,0
Gegenwert fürs Geld	7,9	6,9
Qualität/Zuverlässigkeit	8,5	7,3
Technisch fortschrittlich	8,4	7,4
Kraftstoffverbrauch	7,4	6,8
Motorleistung	8,1	7,2
Raumangebot	7,7	7,0
Komfort	7,8	7,2
Sicherheit	8,2	7,3

Abbildung 81: Technisches Produktimage des Golf im Vergleich zum Gesamtmarkt 1998 (10 = Bestnote)
(Quelle: Volkswagen AG)

Das **emotionale Image** des Golf ist in der Abbildung 82 dargestellt. Im Vergleich zum Hauptkonkurrenten weißt der Golf abermals eine Überlegenheit auf. Gaben 1997 noch 32 Prozent der Befragten an, der Golf vermittle Prestige in seiner Klasse, so stieg der

Marketing-Koordination

Wert in 1998 um acht Prozentpunkte auf 40 Prozent, womit ein wesentlicher Beitrag zur Höherpositionierung der Marke Volkswagen geleistet werden konnte.

Image-Items	Golf %	Wettbewerber %
Auto für Leute, die sich einiges leisten können	38	24
Kauf ohne Risiko	81	67
Auto, in dem man sich wohl fühlt	76	59
Für jüngere Leute	60	33
Für ältere Leute	32	32
Sportlich	55	37
Familienauto	45	50
Für aktive Leute	62	42
Funktionell/ praktisch	72	60
Für Frauen	33	22
Für Leute, die sich gern von anderen abheben	18	10
Für Leute mit hohen Ansprüchen	36	23
Macht Spaß zu fahren	75	53
Umfangreiche Serienausstattung	46	41
Reines Transportmittel	19	20
Liegt voll im Trend	72	48
Ist innovativ	57	38
Vermittelt Prestige	40	21
Hat Persönlichkeit	61	37

Abbildung 82: Emotionales Image des Golf im Vergleich zum Hauptkonkurrenten 1998
(Quelle: Volkswagen AG)

Die aus der NCBS-Studie ermittelbaren **Kaufgründe** heben neben der Markenloyalität insbesondere die Robustheit, Zuverlässigkeit und das Styling als zentrale Kaufgründe hervor. Die angestrebte Verbesserung des Stylings beim Golf IV schlägt sich hier prägnant in einer Steigerung um 4,1 Prozentpunkten von 14,2 auf 18,3 Prozent nieder (vgl. Abbildung 83).

Auch die **Zufriedenheitswerte** aus der NCBS-Studie zeigen rundum eine Verbesserung des Golf IV Produktkonzepts gegenüber seinem Vorgänger. Nahezu sämtliche Zufrie-

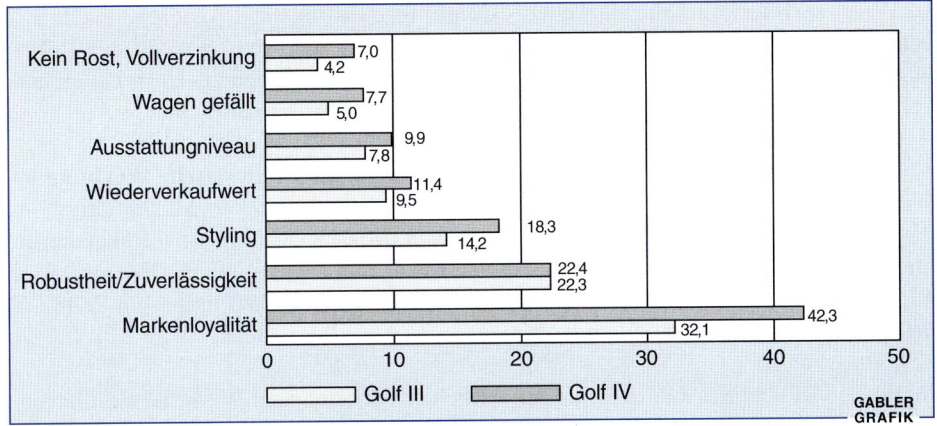

Abbildung 83: Kaufgründe Vergleich Golf III und IV in Deutschland 1998
(in Prozent der befragten Personen)
(Quelle: Volkswagen AG)

denheitsdimensionen werden beim Golf IV besser beurteilt, wobei insbesondere die Straßen- und Kurvenlage sowie die Gestaltung des Innenraums hervorgehoben werden (vgl. Abbildung 84). Vor diesem Hintergrund hat das Golf IV-Produktkonzept die im Rahmen der Zielformulierung gesetzten Ziele mehr als erreicht.

Wichtige Zufriedenheitsdimensionen	Golf III	Golf IV
Sicherheit	8,3	8,8
Lenkung	8,4	8,7
Bremsen	8,2	8,7
Zuverlässigkeit	8,4	8,5
Qualitätseindruck	8,3	8,4
Prestige, Ruf der Marke	8,2	8,3
Fahrkomfort	7,9	8,4
Straßen und Kurvenlage	7,8	8,4
Übersicht Instrumente	8,1	8,3
Gestaltung der äußeren Form	8,1	8,2
Gestaltung des Innenraums	7,8	8,3

Abbildung 84: Zufriedenheit Golf III und IV in Deutschland 1998
(10 überaus zufrieden, 1 unzufrieden)
(Quelle: Volkswagen AG)

Marketing-Koordination

Die **Werbeerfolgskontrolle** als weiteres Controlling-Instrument erfolgt regelmäßig anhand einer Stichprobe von inländischen Pkw-Besitzern, die – bezogen auf den Befragungszeitpunkt – innerhalb der letzten fünf Jahre einen Neuwagen gekauft hatten und bei denen eine Neuwagenkaufabsicht für die folgenden vier Jahre bestand.

Abbildung 85 stellt die Entwicklung der **Gesamtausgaben** für **klassische Werbung** im Wettbewerbsvergleich dar. Die mit Abstand höchsten Werbeaufwendungen tätigte im Zeitraum zwischen Mai 1997 und Juli 1998 Opel. Mit 337 Millionen DM überstiegen diese die Aufwendungen für die Marke Volkswagen (236 Millionen DM) um etwa 43 Prozentpunkte. Die vergleichsweise geringsten Aufwendungen in diesem Zeitraum lagen mit 209 Millionen DM bei der Marke Ford.

Interessant ist überdies eine Analyse der zeitlichen Verteilung der Werbeaufwendungen. Auffällig sind hier insbesondere der Höhepunkt von Volkswagen im Oktober 1997, dem Einführungsmonat des Golf IV, sowie die Spitze von Opel im Februar 1998 zur Markteinführung des überarbeiteten Opel Astra. Während die Werbeaktivitäten von Volkswagen in den Monaten vor der Markteinführung äußerst gering waren, schnellten die Werbeausgaben im Oktober 1997 mit der Markteinführung in die Höhe und erreichten mit über 30 Millionen DM den höchsten Wert aller Wettbewerber. In den Folgemonaten reduzierte Volkswagen die Werbeanstrengungen dann wieder deutlich. Gerade in den Einführungsmonaten läßt sich dabei ein gleichförmiger Wellenverlauf aller Hersteller ausmachen.

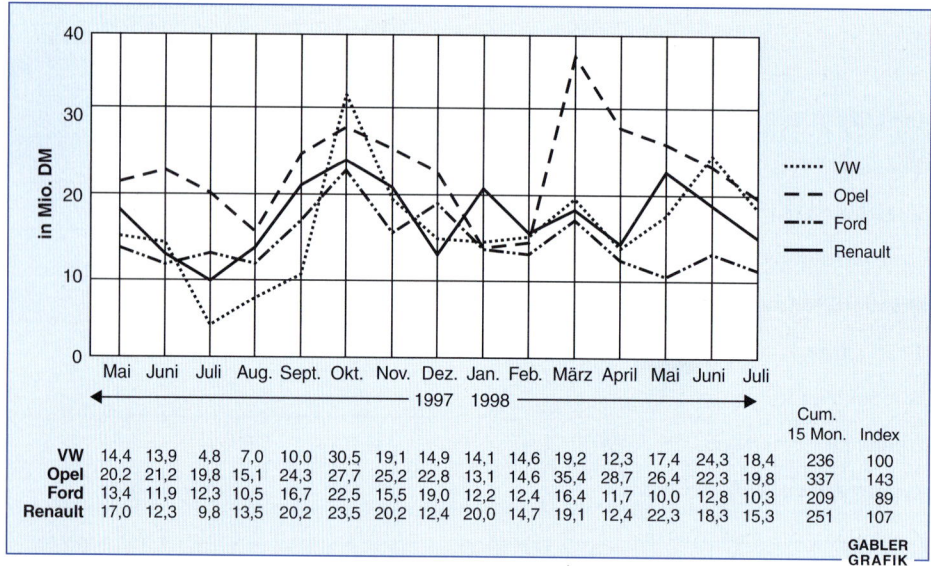

Abbildung 85: Gesamte Werbeausgaben der Volkswagen AG
im Wettbewerbsvergleich
(Quelle: Volkswagen AG)

Die Unterschiede im Werbeverhalten fanden ihren Niederschlag in der jeweiligen Werbeerinnerung. In der Abbildung 86 ist für den Betrachtungszeitraum Mai 1997 bis Juli 1998 die **ungestützte Erinnerung** (Unaided Recall) an Werbebotschaften der untersuchten Hersteller abgetragen. Für den Monat April 1998 wurden keine Werte erhoben. Mit einem durchschnittlichen Recall-Wert von 25 Prozent verzeichnete Ford die höchsten Erinnerungswirkungen, knapp gefolgt von Volkswagen mit 24 Prozent und Opel mit 22 Prozent. Ford erreichte somit die durchschnittlich höchsten Recall-Werte bei den gleichzeitig niedrigsten Werbeausgaben, wodurch die hohe Einprägsamkeit der Werbebotschaft Fords in diesem Zeitraum verdeutlicht werden kann. Die hohen Werbeinvestitionen Volkswagens im Monat der Einführung des Golf IV führten zwar im Wettbewerbsvergleich zum höchsten Recall-Wert im Oktober 1997, erreichten aber dennoch nur einen Wert von 24 Prozent. Den höchsten Recall-Wert erreichte Volkswagen im Juni 1997 mit 31 Prozent.

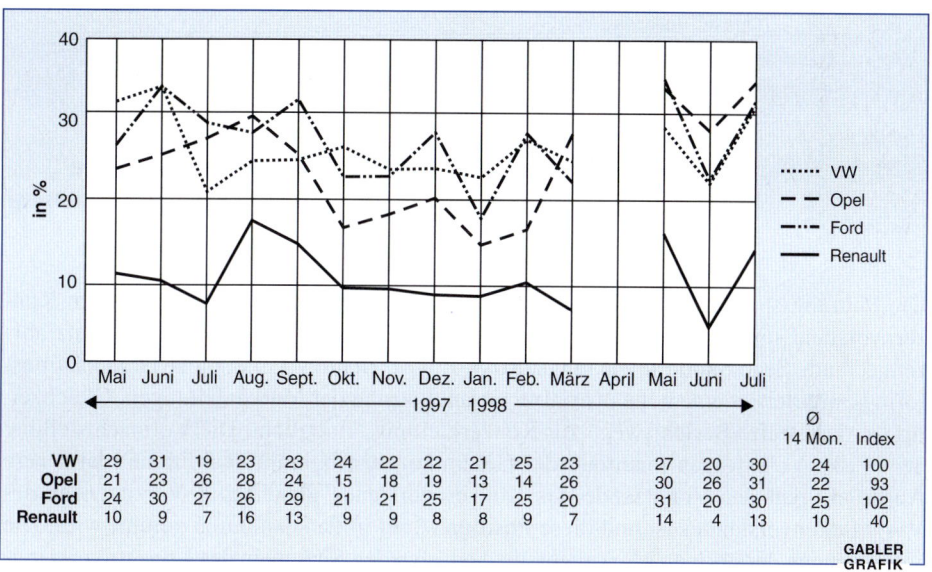

Abbildung 86: Ungestützte Werbeerinnerung der Volkswagenwerbung im Wettbewerbsvergleich
(Quelle: Volkswagen AG)

Während sich die bisherige Untersuchung auf die gesamte Herstellerwerbung bezog, umfaßt Abbildung 87 die Werbeausgaben und die Unaided Recall-Werte für den Golf und den Opel Astra im Zeitraum von September bis November 1997. Der Schwerpunkt der Werbeausgaben lag für den Golf eindeutig im Oktober 1997. Erzielte der Astra bei der ungestützten Erinnerung im September noch ein besseres Ergebnis, so resultierten im Oktober die hohen Werbeinvestitionen für den Golf in einer im Astra-Vergleich dreimal so hohen ungestützten Erinnerung. Im Durchschnitt erinnerten sich 14 Prozent

Marketing-Koordination

der Befragten an Werbung für den Golf; beim Astra lag der Unaided Recall in den gleichen Monaten mit neun Prozent deutlich niedriger.

Modell	Werbeausgaben (in Mio. DM)				Unaided Recall (in %)			
	9/97	10/97	11/97	Summe	9/97	10/97	11/97	Ø
Golf	0,8	25,0	16,4	42,2	9	18	14	14
Astra	7,2	4,2	5,1	16,5	12	6	8	9

Abbildung 87: Vergleich von Werbeausgaben und -erinnerung für den Golf IV und den Opel Astra bei der Markteinführung des Golf IV
(Quelle: Volkswagen AG)

9.2 Marketingorganisation bei Volkswagen sowie Projektorganisation für den Golf IV

Die Führungsspitze des Volkswagen-Konzerns besteht aus dem übergeordneten Konzernvorstand sowie den sechs Markenvorständen von Volkswagen Pkw und Nutzfahrzeuge, Audi, Seat, Skoda sowie jüngst Rolls-Royce/ Bentley. Eine solche Organisationsform gewährleistet eine hohe operative Verantwortung der Markenleitungen. Gleichzeitig werden straffe Berichtswege zur Konzernleitung ermöglicht. Die Vormachtstellung der Marke Volkswagen innerhalb des Gesamtkonzerns kommt noch immer darin zum Ausdruck, daß der Vorsitzende des Konzernvorstands gleichzeitig Vorsitzender des VW-Markenvorstandes ist und diese Position somit in Personalunion geführt wird. Die Vorsitzenden der übrigen Markenvorstände dürfen den Sitzungen des Konzernvorstands zwar beiwohnen, sind aber nicht stimmberechtigt.

Die formale Trennung zwischen Konzernvorstand und dem VW-Markenvorstand wird darüber hinaus durch zahlreiche weitere personelle Doppelbesetzungen relativiert. So gehören neben dem Vorsitzenden des VW-Markenvorstands drei weitere Markenvorstandsmitglieder gleichzeitig auch der Konzernleitung an. Abbildung 88 zeigt die Führungsstruktur des VW-Konzerns im Geschäftsjahr 1998.

Der 1995 geschaffene Vorstandsposten für Marketing und Vertrieb wurde in 1998 personell getrennt, um hierdurch eine höhere Marktnähe des Vertriebsressorts zu gewährleisten. Ferner ergaben sich einige weitere personenbedingte Neuzuordnung einzelner Aufgabenbereiche.

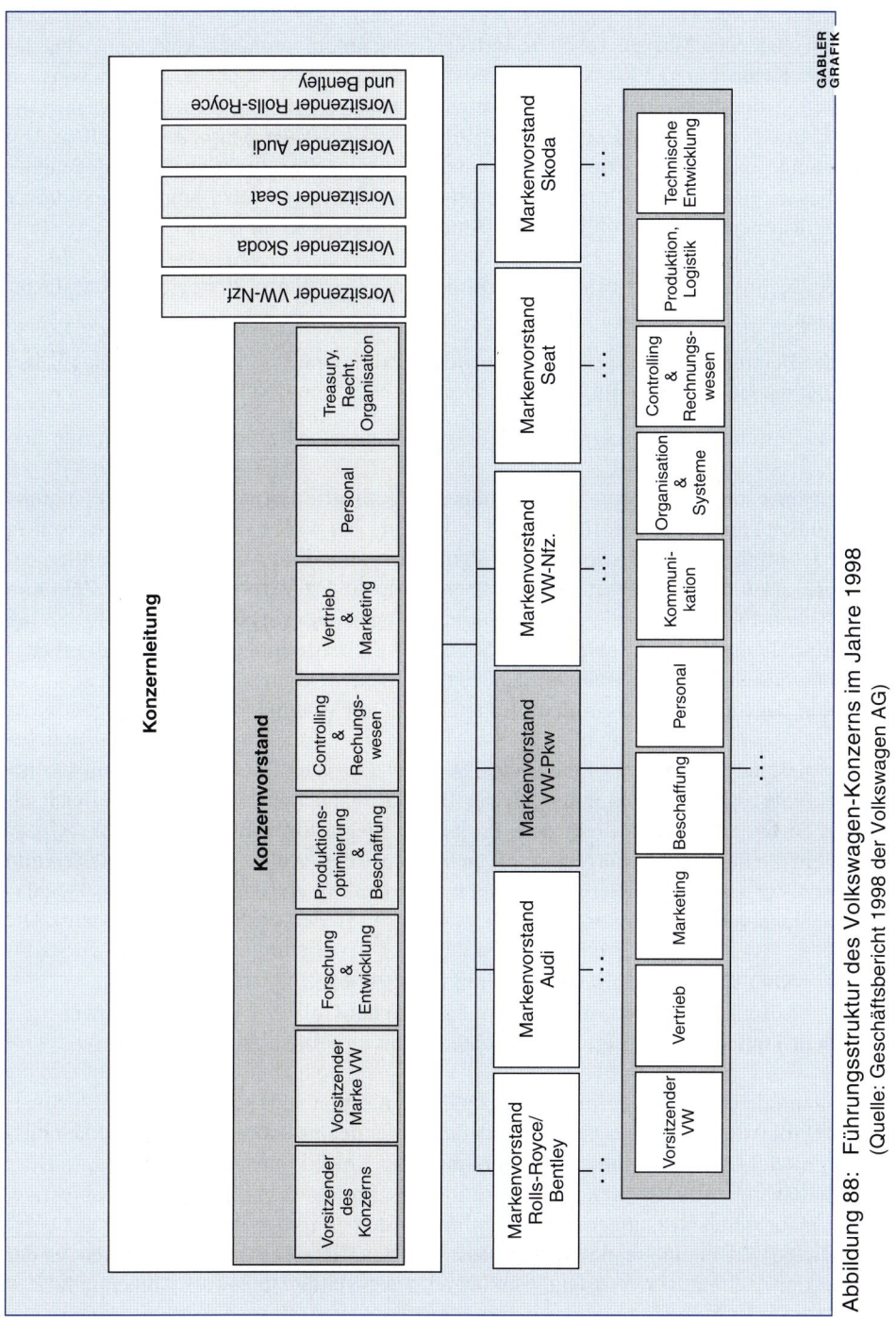

Abbildung 88: Führungsstruktur des Volkswagen-Konzerns im Jahre 1998
(Quelle: Geschäftsbericht 1998 der Volkswagen AG)

Marketing-Koordination

Durch die weitgehende Delegation markenbezogener Aufgabenbereiche an die Ressorts der verschiedenen Markenvorstände und die diesen untergeordneten Abteilungen hat der Bereich Konzernmarketing keine Linienverantwortlichkeiten. Diese werden von den Marketingabteilungen der vier Konzernmarken wahrgenommen, die neben der operativen Planung auch Aufgaben im Bereich des strategischen Marketing erfüllen. Die Abteilung Konzernmarketing besitzt nunmehr eine reine Stabsfunktion und ist gegenüber den Konzernmarken nicht mehr weisungsbefugt. Über die Erarbeitung übergeordneter Konzernstrategien hinaus obliegen der Abteilung Aufgaben im Bereich:

- der Koordination der von den Konzernmarken ergriffenen Strategien und Maßnahmen,
- der Beratung der Konzernmarken bei der Lösung von Problemen des strategischen und operativen Marketing sowie
- der Entscheidungsvorbereitung bei Fragestellungen im Bereich der Konzernführung.

Neben einer solchen permanenten, **primären Organisationsstruktur** sind die Planungs- und Entwicklungsprozesse für neue Pkw-Modelle bei Volkswagen organisatorisch in einer **sekundären modellspezifischen Projektorganisation** verankert. Als zeitlich begrenzte, sekundäre Organisationsform überlagerte die Projektorganisation im Zeitraum der Modell-Entwicklung die primäre Organisationsstruktur. Das zentrale Anliegen bei der Einrichtung dieses Organisationstyps ist die Sicherstellung bereichsübergreifender Verantwortlichkeiten im Rahmen der Neuwagenentwicklung. Abbildung 89 zeigt die Struktur der Projektorganisation im Rahmen der Golf IV-Entwicklung.

Diese bestand aus drei verschiedenen Gremien: Oberstes Entscheidungsgremium für projektbezogene Probleme innerhalb der Projektorganisation war das Projektmanagement. Dieses unterstand direkt dem Produkt-Strategie-Komitee, das im Volkswagen-Konzern die Beschlußfassungsbefugnis zu Vorhaben der Produktentwicklung besitzt und sich aus Vorstandsmitgliedern und Bereichsleitern rekrutiert. Die Aufgaben des Projektmanagement bestanden in:

- der Konfliktlösung zwischen den Funktionsbereichen,
- der Lösung von Grundsatzfragen im Rahmen der Golf IV-Entwicklung sowie
- dem Treffen von Managemententscheidungen im Projektverlauf.

Eine zentrale Position innerhalb der Projektorganisation nahm der hauptamtlich eingesetzte Projektleiter ein. Als Vorsitzender des Projektteams koordinierte er die Planungs- und Entwicklungstätigkeiten und übernahm das Konfliktmanagement. Aufgrund der geschäftsbereichsübergreifenden Neutralität des Projektleiters konnte eine objektive, nicht mehr durch Ressortegoismen dominierte Steuerung des Projektablaufs sichergestellt werden. Um eine schnelle Durchlässigkeit der Hierarchie zu gewährleisten, ist der Projektleiter direkt dem Vorstandsvorsitzenden der Marke Volkswagen unterstellt.

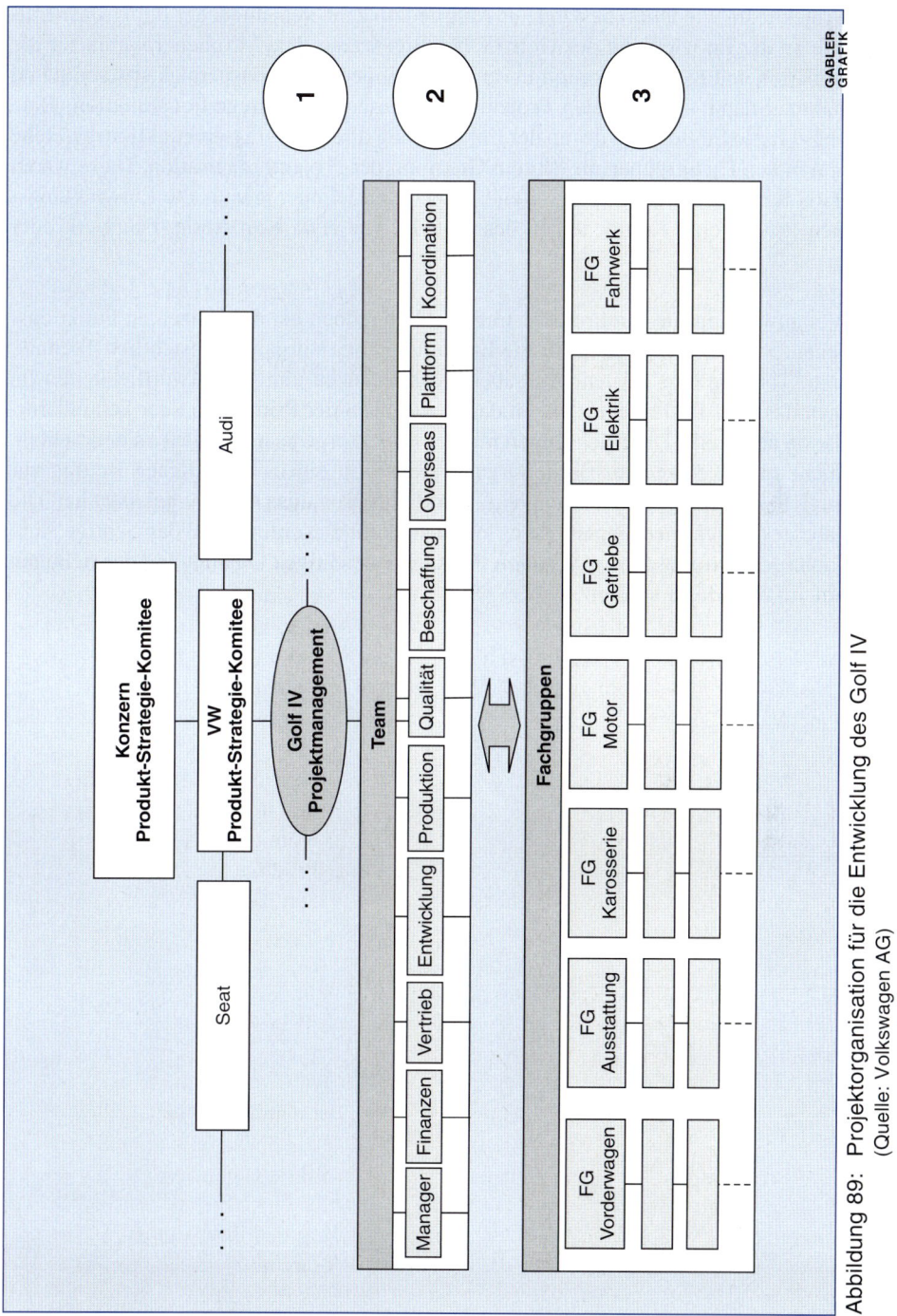

Abbildung 89: Projektorganisation für die Entwicklung des Golf IV
(Quelle: Volkswagen AG)

Das Projektteam wiederum bestand aus Mitgliedern zehn verschiedener Funktionsbereiche, die an der Entwicklung des Golf IV beteiligt waren. Die Mitglieder waren für die Koordination und Kommunikation in ihrem jeweiligen Funktionsbereich zuständig und übernahmen damit eine für den Projekterfolg wesentliche Integrationsfunktion. Eine möglichst frühe Einbindung der an der Entwicklung direkt beteiligten Funktionsbereiche erfolgte in den Fachgruppen als drittem Gremium der Projektorganisation. Diese waren ebenfalls funktionsbereichsübergreifend besetzt und leiteten jeweils die Entwicklungsarbeiten für einzelne Komponenten des Golf IV wie etwa Karosserie, Fahrwerk oder Motor.

Die Verantwortung für den Projekterfolg verblieb jedoch bei den einzelnen Funktionsbereichen. Sie waren zuständig für die Einhaltung aller Vorgaben hinsichtlich Technik, Qualität, Termine und Kosten. Aufgaben, Kompetenzen und Verantwortlichkeiten im Rahmen des Golf IV-Projektes waren damit zwischen der Primär- und der Sekundärorganisation aufgeteilt. Die Erfahrungen mit der Projektorganisation erlauben den Schluß, daß nicht zuletzt diese spezifische Organisationsform einen wesentlichen Beitrag zur erfolgreichen Planung, Entwicklung und Markteinführung des Golf IV geleistet hat. Die Aufgabe des Projektmanagement ist es letztlich, dafür zu sorgen, „daß das richtige Auto zum richtigen Zeitpunkt, zum richtigen Preis, in der richtigen Qualität und der richtigen Anzahl auf den Markt kommt".

10. Erfolgsfaktoren des Golf-Konzeptes

In 1999 feierte der Golf sein 25jähriges Jubiläum. In der Zwischenzeit sind fast 20 Millionen Fahrzeuge der Modelltypen I bis IV vom Band gelaufen, so daß die außergewöhnliche Bestmarke des noch in Mexiko produzierten „Käfers" in naher Zukunft übertroffen sein wird. Angesichts des außerordentlichen Markterfolges des Golf im Inland sowie auf den europäischen Automobilmärkten stellt sich die Frage, welche Faktoren diesem Erfolg zugrunde liegen. Der Kenntnis dieser Faktoren kommt naturgemäß auch für die Ausgestaltung der weiteren Modellentwicklung wesentliche Bedeutung zu. Die wohl zentralen Erfolgsfaktoren des Golf sind:

- **Beibehalten der Kernposition: Klassenlosigkeit der Produktidee**
  Der Golf besetzt seit der ersten Generation eine gleichbleibende Kernposition. Diese Kernposition speist einerseits die Markenidentität von VW, wird aber andererseits auch durch die Marke VW unterstützt.

- **Continuous Improvement**
  Durch ständige Verbesserung der technischen Leistung des Golf gelang es VW, die überragende Stellung und Kernposition beizubehalten. In jüngster Zeit kann beispielsweise die Entwicklung des TDI als entsprechende Weiterentwicklung genannt werden. Überdies zeichnet sich Continuous Improvement aber vor allem durch viele kleine Verbesserungen im Detail aus.

- **Synthese von Innovationskraft und Kontinuität: Zeitgemäße Variation**
  Über die Länge des Modellzyklus kann sich ein Automobilhersteller gegenüber der Konkurrenz nicht mehr differenzieren, da die Zyklen nahezu aller Hersteller mehr oder weniger gleich kurz sind. Daher gilt es, beim Modellwechsel oder mit Produktvarianten jeweils andere Akzente zu setzen. VW legt hier Wert darauf, bei Variation in der Positionierung stets auf gesellschaftliche Ansprüche einzugehen. Zentrale Schlüssel zum Markterfolg sind somit einerseits in dem gekonnten Abwägen von Kontinuität durch evolutionäre Weiterentwicklung und andererseits in dem Setzen von Innovationsakzenten zur Beibehaltung der Spitzenposition im Markt zu sehen.

- **Starke Differenzierung: Tragfähigkeit und Vielseitigkeit des Konzepts**
  Zur Pflege des Golf differenziert VW die Modelle klar sowohl in bezug auf die Ausstattung als auch auf die Motorisierung. Es werden hierzu Cabrios und Diesel-Fahrzeuge angeboten, ein Kombimodell (Golf Variant) ergänzt seit 1993 das Sortiment. Beim Einführungstermin des Golf IV standen dem Käufer beispielsweise bereits fünf Ausstattungs-, zwei Karosserie- und acht Motorvarianten zur Verfügung.

Wie außer ihm wohl nur der Käfer zeichnet sich der Golf durch ein **klassenloses und statusneutrales Image** aus: er ist gleichermaßen als Zweitwagen einer Unternehmerfamilie wie als Familienauto eines Arbeitnehmerhaushaltes etabliert; junge Aufsteiger fahren ihn ebenso wie Rentner.

Mit der Ansprache der breitest möglichen Zielgruppe – letztlich der autofahrenden Gesamtbevölkerung – eröffnet sich dem Golf ein Absatzpotential wie nur wenigen Wettbewerbern. Die **Produktpolitik** war bereits in den siebziger Jahren auf die bestmögliche Ausschöpfung dieses Absatzpotentials hin ausgerichtet. So befanden sich zum Beispiel mit dem GTI schon frühzeitig Varianten im Angebot, die auf die Bedürfnisse spezifischer Segmente hin ausgerichtet waren und die über eine entsprechende Umsetzung in der Kommunikationspolitik ein up-grading des Golf-Image ermöglicht hätten. Doch hier führte gerade das Nebeneinander verschiedener segmentspezifischer Modellversionen dazu, daß das Golf-Image eben nicht durch eine Version dominiert werden konnte. So kam zum Beispiel im Jahr der GTI-Einführung auch der von seinem zentralen Produktnutzen her völlig konträr ausgerichtete Golf Diesel auf den Markt, der als besonders wirtschaftliches Fahrzeug eine ganz andere Zielgruppe ansprach als der sportliche GTI.

Es war also nicht fehlendes Profil, das den Golf klassenlos – im Sinne einer fehlenden Spezifität – machte, sondern die Existenz verschiedener, jeder für sich aber präzise positionierter und profilierter Modellversionen, die gewissermaßen eine „Multi-Spezifität" – das Vorhandensein individueller Angebote für jeden Käuferwunsch – erzeugte. Der Golf wurde gewissermaßen selber zur Dachmarke, unter der ganz verschiedene Modellvarianten erfolgreich angeboten werden konnten.

So erfolgreich VW diesen Weg beschritten hat, viele Wettbewerber sind mit ähnlich differenzierten Modellpaletten gefolgt, ohne daß ihre Modelle den Golf als klassenloses Automobil je erreicht hätten. Insofern ist die Produktpolitik nur ein erklärender Faktor. Von wohl kaum geringerer Bedeutung ist das **Markenimage** von Volkswagen. Wurde durch den Käfer das Image eines für die breite Masse der Bevölkerung gebauten Automobils geschaffen, machte sich der Golf dieses Markenimage in vorbildlicher Weise zunutze. Mit anderen Worten: nur unter dem VW-Markenimage konnte der Golf zum klassenlosen Fahrzeug werden.

Die Höherpositionierung der Marken Volkswagen im Sinne der „Demokratisierung von Luxus" läßt sich dabei als evolutorische Weiterentwicklung der Marke interpretieren, deren Berechtigung und Erfolg auch von dritter Stelle unterstrichen wird (vgl. Abbildung 90). So hebt sich der Golf IV in einem Test-Vergleich zu den grundsätzlich höher positionierten Marken Audi A3 und Mercedes A-160 deutlich ab. „Er ist", so die Zeitschrift auto-motor-sport, „summa summarum der Beste."

Ermöglicht wurde die erfolgreiche Einführung verschiedener Varianten erst durch die **technische Vielseitigkeit** des Golf-Konzepts. Diese erklärt sich vor allem aus dem überaus flexiblen Antriebsaggregat, das die VW-Ingenieure ebenso zu treibstoffsparenden, auf wirtschaftliches Fahren ausgelegte Motoren, wie zu leistungsstarken, sportlichen Aggregaten weiterentwickelten. Hierin zeigt sich die beim Golf in vorbildlicher Weise gelungene Verbindung zwischen Forschung & Entwicklung einerseits und Marketing andererseits: Die technischen Spezifikationen ermöglichen eine hohe Variabilität des Fahrzeugs und durch zielgerichtete Marketingaktivitäten wird diese technische Variationsfähigkeit in eine marktbezogene, auf differenzierte Kundenbedürfnisse hin ausgerichtete Versionenvielfalt „übersetzt".

Im Ergebnis ist damit eine Modellpalette entstanden, die unterschiedlichste Modellversionen und Derivate umfaßt und somit hinsichtlich der Vielseitigkeit des Fahrzeugkonzepts Maßstäbe setzt. Dabei wirkt die Vielseitigkeit des Golf gewissermaßen **selbstverstärkend**. Denn die Varianten „strahlen" wiederum auf das Modellimage zurück, das dadurch in der entsprechenden Imagedimension eine Verstärkung erfährt.

Seit der Einführung im Jahr 1974 zeichnet sich der Golf durch ein hohes Maß an **Innovationskraft** aus. Im Zentrum stehen hierbei Weiterentwicklungen im Bereich der Motoren- und Antriebstechnik, die über 25 Jahre hinweg immer wieder richtungsweisende Impulse im Automobilbau gesetzt haben. Meilensteine waren dabei:

- die Einführung des Golf GTI mit einem 110-PS-Motor im Jahr 1976,
- die Entwicklung des Golf Diesel, dessen Markteinführung ebenfalls 1976 erfolgte,
- die Einführung des Golf Cabrio im Jahre 1979,
- das frühzeitige Angebot des geregelten Drei-Wege-Katalysators ab 1986; seit 1989 werden auch Dieselmotoren mit Katalysator ausgestattet,
- die Entwicklung des ersten Sechs-Zylinder-Motors für ein Fahrzeug der Kompakt-Klasse, der ab 1991 im Golf VR6 in Serie ging,
- die Einführung des Golf Ecomatic, der mit seiner elektronisch gesteuerten Schwung-Nutz-Automatik noch geringere Schadstoffemissionen als der Kat-Diesel erreicht,
- die Einführung des Golf Variant in 1993,
- die Entwicklung der TDI- und SDI- Motoren, die als Einspritzer eine nochmalige Verbrauchssenkung im Diesel-Bereich erbringen, sowie
- der neuartige Allrad-Antrieb 4MOTION.

Diese Innovationskraft hat das Image des Golf maßgeblich geprägt; er gilt als technisch fortschrittliches Fahrzeug, das nicht nur stets dem neuesten Stand der Technik entsprochen hat, sondern selbst vielfach **Trendsetter** bei der Einführung neuer Lösungen, insbesondere in den Bereichen Antriebs- und Sicherheitstechnologie, war.

Erfolgsfaktoren des Golf-Konzeptes

Fahrzeugtyp (Maximalpunkte in Klammern)	VW Golf 1.6	Audi A3 1.6	Mercedes A 160
Karosserie			
Raumangebot vorn (15)	15	14	12
Raumangebot hinten (15)	13	10	10
Kofferraum/Zuladung (15)	11	11	14
Bedienung/Funktionalität (10)	9	7	7
Ausstattung (20)	16	18	18
Qualität (25)	25	23	20
SUMME (100)	**89**	**83**	**81**
Fahrkomfort			
Federung leer (25)	21	16	18
Federung beladen (10)	8	7	4
Sitze vorn (20)	19	17	17
Sitze hinten (15)	13	11	12
Klimatisierung (10)	9	8	9
Innengeräusch (20)	15	18	13
SUMME (100)	**85**	**77**	**73**
Antrieb			
Laufkultur (20)	15	16	14
Leistungscharakteristik (10)	7	7	7
Schaltung/Getriebeabstufung (10)	8	8	8
Beschleunigung/Höchstgeschwindigkeit (15)	12	14	14
Elastizität (15)	12	14	9
Testverbrauch (20)	16	16	18
Reichweite (10)	8	8	9
SUMME (100)	**78**	**89**	**79**
Fahreigenschaften			
Fahrverhalten leer (30)	29	29	24
Fahrverhalten beladen (15)	15	14	11
Lenkung (15)	13	13	11
Handlichkeit (20)	14	15	16
Traktion/Wintertauglichkeit (10)	10	10	8
Geradeauslauf/Windempfindlichkeit (10)	10	9	8
SUMME (100)	**97**	**90**	**78**
Sicherheit			

GABLER GRAFIK

Abbildung 90: Test-Vergleich VW Golf IV, Audi A3 und Mercedes A-160
(Quelle: Zeitschrift auto-motor-sport, Heft 22, 1997, S. 48)

Bremsen/Verzögerung kalt/leer (20)	17	16	19
Bremsen/Verzögerung kalt/beladen (10)	8	8	9
Bremsen/Verzögerung warm/beladen (10)	7	8	8
Bremsen-Dosierbarkeit (10)	10	10	10
Gurtsystem (10)	10	9	10
Sicherheitsausstattung (30)	21	19	25
Sicht/Licht (10)	10	10	10
SUMME (100)	89	80	91
Eigenschaftwertung (500)	**426**	**413**	**402**
Umwelt			
Normverbrauch/CO_2-Emission (50)	40	40	45
Schadstoffeinstufung (15)	15	15	15
Außengeräusch (10)	10	9	10
Verkehrsfläche (5)	3	3	5
Produktion (10)	5	5	5
Entsorgung/ Recycling (10)	5	5	5
SUMME (100)	78	77	85
Kosten			
Preis (30)	29	25	24
Wiederverkauf (15)	15	15	15
Festkosten(20)	20	16	18
Wartung/Reparaturen/Garantie (15)	14	13	13
Kraftstoffkosten (20)	17	18	20
SUMME (100)	95	87	90
Gesamtwertung (700)	**599**	**577**	**577**

GABLER GRAFIK

Abbildung 90: Test-Vergleich VW Golf IV, Audi A3 und Mercedes A-160 (Fortsetzung)
(Quelle: Zeitschrift auto-motor-sport, Heft 22, 1997, S. 48.)

Gleichwohl war die Entwicklung des Golf während seiner bisherigen Modellebenszyklen nicht durch abrupte Wandlungsprozesse gekennzeichnet. Im Gegenteil: entgegen manchen Wettbewerbsmodellen wurde der Golf nie bewußt an kurzlebige Modeströmungen zum Beispiel im Bereich des Karosseriedesigns angepaßt. Trotz der Innovationsdynamik, die der Golf bis heute verkörpert, weist daher seine Gesamtentwicklung ein hohes Maß an **Kontinuität** auf. Es ist nicht zuletzt die Verläßlichkeit, die aus einer solch stetigen, für den Kunden nachvollziehbaren Entwicklung erwächst, die einen weiteren zentralen Erfolgsfaktor darstellt.

Erfolgsfaktoren des Golf-Konzeptes

Unter dem Volkswagen-Markendach verkörpert der Golf wie kein anderes Modell Eigenschaften wie Zuverlässigkeit, Funktionalität und Wirtschaftlichkeit. Dabei gehören Eigenschaften wie „wenig Wertverlust", „allgemeine Wirtschaftlichkeit", „Robustheit" und „Motorleistung" zu den wichtigsten Kaufkriterien für den Golf. Der Wettbewerbsvorteil des Golf beruht allerdings nicht auf einer oder wenigen Produkteigenschaften. Vielmehr definiert sich seine Überlegenheit aus einer Kombination verschiedener Stärken. Damit ist allerdings auch die zentrale Herausforderung an die Weiterentwicklung des Golf-Konzepts angesprochen, die in der Sicherung und dem Ausbau der führenden Wettbewerbsposition durch ein **ganzheitlich überlegenes Produktkonzept** liegt. Zusammenfassend bleibt festzuhalten, daß Volkswagen mit dem Golf nie das Ziel verfolgte, „den" Wettbewerbsvorteil zu schaffen, sondern stets durch die Kombination aller Eigenschaften eine **wettbewerbsüberlegene Leistung** hervorbrachte.

11. Fragen und Aufgabenstellungen zur Fallstudie

Kapitel 1

Frage 1: Beschreiben Sie den Übergang von der produktionsorientierten zur marktorientierten Unternehmensführung bei Volkswagen. Welche Ursachen waren für diese Neuorientierung verantwortlich?

Frage 2: Welche wesentlichen Veränderungen ereigneten sich seit Beginn der siebziger Jahre auf den Automobilmärkten? Welche Auswirkungen hatten diese Veränderungen auf die Absatzpolitik der Automobilhersteller?

Frage 3: Analysieren Sie die Risiken, denen sich der Volkswagen-Konzern aufgrund produktpolitischer Entscheidungen ausgesetzt sah! Beschreiben Sie dabei auch mögliche Konsequenzen für das Unternehmen!

Frage 4: Analysieren Sie die in Abbildung 1 dargestellte Entwicklung der Marktanteile des Golf im Lebenszyklus. Welche Konsequenzen ergeben sich daraus für die modellpolitische Weiterentwicklung des Golf?

Kapitel 2

Frage 5: Entwickeln Sie mögliche Maßnahmen der Hersteller angesichts der Herausforderungen im Automobil- und Verkehrsbereich.

Frage 6: Welche Konsequenzen ergeben Sie aus der Absatzpotentialbeurteilung nach Regionen für Automobilhersteller? Wie beurteilen Sie die Triadestaaten im Vergleich?

Frage 7: Welche Konsequenzen ergeben sich aus der zunehmenden Fragmentierung des Automobilmarktes?

Frage 8: Wie beurteilen Sie die zunehmende Konzentration im Automobilmarkt? Welche Ursachen sind hierfür zu nennen?

Frage 9: Welche Chancen und Risiken sehen Sie bei der Verfolgung einer Mehrmarkenstrategie? Gehen Sie hierzu insbesondere auf das Spannungsfeld der Differenzierung und Standardisierung im Automobilmarkt ein.

Frage 10: Im Oktober 1999 wurde dem Volkswagen-Konzern der Deutsche Marketing-Preis für die „rechenbare Umsetzung der Mehrmarkenstrategie" verliehen. Wie beurteilen Sie die Umsetzung der Mehrmarkenstrategie im Volkswagen-Konzern?

Fragen und Aufgabenstellungen zur Fallstudie

Frage 11: Welche Aussage läßt sich aus der Entwicklung der Ertragskennzahlen hinsichtlich des operativen Gewinns – also des Ergebnisbeitrages des originären Automobilgeschäfts – ableiten?

Frage 12: Wie beurteilen sie die Entwicklung der Ertragskennzahlen des Volkswagen-Konzerns in den neunziger Jahren? Welche Maßnahmen scheinen hierfür ausschlaggebend zu sein?

Kapitel 3

Frage 13: Vergleichen Sie den Planungshorizont eines Automobilherstellers mit dem eines Produzenten kurzlebiger Konsumgüter! Welche zentralen Probleme bringt ein derart langer Planungshorizont mit sich?

Frage 14: Beurteilen Sie – mit Bezug auf die Entwicklung des Golf IV – die Eignung der Szenariotechnik für die strategische Marketing-Planung! Wie realistisch sind die dem Golf IV-Produktkonzept zugrundegelegten Annahmen über die zukünftige Konstellation der Makroumwelt?

Frage 15: Versetzen Sie sich in die Situation der für die Golf IV-Entwicklung zuständigen Projekt-Gruppe. Welche Konsequenzen würden Sie aus den erwarteten Veränderungen in der Makro- und Aufgabenumwelt des VW-Konzerns für die Entwicklung des Golf IV ziehen?

Frage 16: Diskutieren Sie die in den Abbildungen 27 und 28 dargestellte Entwicklung der Volumen- und Marktanteile des Golf. Welche Schlußfolgerungen lassen sich aus einem Vergleich der Lebenszyklen der unterschiedlichen Golf-Generationen ziehen?

Frage 17: Seit 1997 sind alle Hersteller-Marken des Volkswagen-Konzerns in der Golf-Klasse mit eigenen Modellen vertreten. Diskutieren Sie Chancen und Risiken, die sich hieraus für den Golf ergeben.

Frage 18: Interpretieren Sie die Kennzahlen Marken- und Modell-Loyalität sowie Eroberungsrate hinsichtlich ihres Aussagewertes für das Marketing. Inwieweit können sie zum Nachweis von Kannibalisierungseffekten innerhalb des Modellprogramms eines Automobilherstellers genutzt werden?

Frage 19: Eine der wesentlichen Anforderungen an die Formulierung von Zielen ist deren Operationalität. Wie ist das Operationalitätskriterium definiert? Erfüllen die für den Golf IV formulierten strategischen Marketingziele die Anforderungen an operationale Ziele?

Frage 20: Beschreiben Sie dezidiert die Vorgehensweise zur Berechnung des Absatzpotentials.

Kapitel 4

Frage 21: Nennen Sie Beispiele für die Notwendigkeit von Rückkopplungen innerhalb des Planungs- und Entwicklungsprozesses für Neuwagen! Welche Probleme können sich aus derartigen Rückkopplungen ergeben?

Frage 22: Welche Risiken sind Ihrer Meinung nach mit der Durchführung einer Produkt-Klinik verbunden? Welche Möglichkeiten existieren aus der Sicht eines Automobilherstellers, um sich gegen derartige Risiken zu schützen?

Frage 23: Mit der Sondermodellpolitik wird ein breites Zielspektrum verfolgt. Erläutern Sie anhand geeigneter Beispiele, inwieweit dieses produktpolitische Instrumentarium zur Erreichung dieser Ziele beizutragen vermag! Welche Ursachen sehen Sie für den großen Erfolg der Sondermodellpolitik Volkswagens?

Kapitel 5

Frage 24: Erklären Sie, warum durch das Angebot von Finanzdienstleistungen die Möglichkeit besteht:
– die Markenattraktivität zu steigern,
– die Kundenloyalität zu erhöhen sowie
– eine nachhaltige Ergebnisverbesserung zu erreichen.

Frage 25: Die Determinanten der Preisfindung lassen sich allgemein in konsumenten-, unternehmens- und konkurrenzbezogene unterteilen. Ordnen Sie die sieben Einflußfaktoren der Preispositionierung für Neuwagen diesen drei Kategorien zu!

Frage 26: Interpretieren Sie die beiden Varianten des Ergebnisbeitrages! Warum besitzt – angesichts der ökonomischen Situation des Volkswagen-Konzerns – der relative Ergebnisbeitrag eine so große Bedeutung?

Frage 27: Beurteilen Sie die Instrumente der kurzfristig-flexiblen Preisgestaltung hinsichtlich ihrer Auswirkungen auf die Preistransparenz!

Kapitel 6

Frage 28: Stellen Sie die Konzeption für die Golf IV-Einführungskampagne dar! Berücksichtigen Sie dabei insbesondere die Beziehungen zwischen den Marketing- und Kommunikationszielen und der daraus abgeleiteten Kommunikationsstrategie!

Frage 29: Wie beurteilen Sie die Idee der Golf Generation? Wie steht die Botschaft im Vergleich zu den Golf I–III-Botschaften?

Frage 30: Wie beurteilen Sie die inhaltliche Umsetzung der Kommunikationsstrategie in den Anzeigenmotiven? Berücksichtigen Sie dabei insbesondere die Rahmenbedingungen für die Strategieformulierung!

Fragen und Aufgabenstellungen zur Fallstudie

Frage 31: Welche Probleme sehen Sie angesichts der Vielfalt der verwendeten Anzeigenmotive? Gehen Sie dabei auch auf allgemeine psychographische Kommunikationsziele ein!

Frage 32: Diskutieren Sie Chancen und Risiken der neuen Golf-Kommunikation.

Frage 33: Trotz enormer Werbeinvestitionen im Einführungsjahr des Golf IV fiel der Marktanteil zunächst. Wie ist diese scheinbar widersprüchliche Entwicklung zu erklären?

Frage 34: Wie beurteilen Sie die Werbekosten per Car der Marke Volkswagen?

Frage 35: Interpretieren Sie die Kennzahl „Share of Advertising" hinsichtlich ihres Aussagegehaltes. Ist es angemessen, von einer relativen Kennzahl zu sprechen? Welche Bedeutung kommt ihr für die Prognose der Marktanteilsentwicklung zu?

Frage 36: Mitte der achtziger Jahre setzte für die Marke Volkswagen ein eindeutiger Trend hin zur Fernsehwerbung ein. Welche Gründe können für diese Entwicklung verantwortlich sein? Denken Sie dabei auch an Veränderungen im Medienangebot!

Kapitel 7

Frage 37: Beurteilen Sie das in Abbildung 73 dargestellte Direkthändlersystem von Volkswagen! Gehen Sie dabei insbesondere auf mögliche Probleme ein, die durch das Nebeneinander von Direkthändlersystem und dem alten, ursprünglichen indirekten Absatzweg entstehen!

Frage 38: Wie beurteilen Sie das neue Margen- und Bonussystem für die Händler? Welche Anreizwirkungen ergeben sich hieraus?

Frage 39: Kennzeichnen Sie die Beziehungen zwischen den Zielen, die der Volkswagen-Konzern mit der neuen Vertriebsstrategie verfolgt!

Frage 40: Beschreiben Sie die Elemente des von der Volkswagen AG installierten Informations- und Berichtssystems! Welche Vorteile besitzt es aus Hersteller- und Handelssicht?

Kapitel 8

Frage 41: Beschreiben Sie die Phasen der Kundenkontaktkette und beurteilen Sie diese hinsichtlich ihrer Relevanz für die Kundenzufriedenheit.

Frage 42: Welche Bedeutung kommt der Markenpolitik für Automobilhersteller zu? Welche Herausforderungen sehen Sie hier?

Frage 43: Beschreiben Sie die Veränderungen in der Markenführung vom Golf I–IV im Hinblick auf das Spannungsfeld von Kontinuität und Innovation. Inwieweit kann hier von Evolution in der Markenführung gesprochen werden?

Frage 44: Diskutieren Sie die Möglichkeiten, die sich dem Markenmanagement Volkswagens aus einem mixübergreifenden Einsatz des Marketinginstrumentariums zur stärkeren Abgrenzung des Golf von den angrenzenden Modellen Lupo, Polo und Passat bieten.

Frage 45: Wie beurteilen Sie die Abgrenzung zu weiteren Modellen aus dem Markenportfolio des Volkswagen-Konzerns wie etwa Audi, Seat und Skoda?

Kapitel 9

Frage 46: Kennzeichnen Sie das technische und das emotionale Image des Golf IV.

Frage 47: Die Abbildungen 85 und 86 zeigen die Entwicklung der Werbeausgaben und der Recall-Werte. Welche Schlüsse ziehen Sie aus den Kurvenverläufen hinsichtlich der Vorteilhaftigkeit kontinuierlicher im Vergleich zu pulsierender Werbung?

Frage 48: Beurteilen Sie die Organisationsstruktur des Volkswagen-Konzerns! Wo sehen Sie besondere Vorteile, wo vermuten Sie Nachteile gegenüber alternativen Organisationsstrukturen?

Frage 49: Welche Probleme sehen Sie in der Marketingorganisation des Volkswagen-Konzerns? Gehen Sie dabei auch auf Aspekte der Führung und Motivation ein!

Frage 50: Beschreiben Sie den Aufbau der für den Golf IV eingesetzten Projektorganisation. Welche Vor- und Nachteile sind mit derartigen temporären Organisationsformen verbunden?

Kapitel 10

Frage 51: Kennzeichnen Sie die zentralen Erfolgsfaktoren des Golf-Konzeptes.

Frage 52: Welchen Stellenwert nimmt ihrer Meinung nach ein potentielles Golf V-Konzept für die Marke Volkswagen ein? Nehmen Sie hierzu Bezug auf die übergeordnete Mehrmarkenstrategie des Volkswagen-Konzerns.

Stichwortverzeichnis

Abbruchentscheidung 403
Ablauforganisation 1065
Ablehnungsfehler 398
Absatzfinanzierung
– internationale 1254
Absatzhelfer 600 f.
Absatzkanal 614, 1147
– Aufbaudauer 602
– Beziehungsmanagement 646
– Flexibilität 602
– Image 601
– Kontrollierbarkeit 602
– Kooperationsbereitschaft 602
– Management 610 ff.
– Selektion 623
– System 600 ff.
Absatzkanalstruktur
– horizontale 604, 614 ff., 1253
– vertikale 604, 614 ff., 1254
Absatzmittler 600 f.
– Auswahl 604
– Bewertung 604
– Gremien 650
Absatzmittlergerichtete Basisstrategie 603 ff.
Absatz
– Potential 171, 1356 f.
– Prognose s. Prognosen
– Segmentrechnung 1142, 1145, s. auch Marktsegmentierung und Segmentierung
– Verbundenheit 449
– Volumen 171
– Wirkungen 997
Absatzweg 614
– Breite 617
– Tiefe 617
Abweichungsanalysen 1129
ADBUDG-Modell 797
Adopter
– Kategorien 418 f.
Adoption
– Neuprodukt 419
– Prozeß 418
AdServer 779 f.
Advertising on demand 750
Advertainment 751
Affinität 444
Agentursystem 633
Ähnlichkeitsmessung 869

AIDA-Formel 696 f.
A-I-O-Variablen 125, 200
Akquisitionskonzept 605
Akquisitorisches Potential 523, 555
Aktiviertheit 109, 110 ff.
Aktivierung
– Messung 836
– Potential 800 f.
– Techniken 111
Aktivität 114
Aktualisierung 682 f.
Allgemeine Geschäftsbedingungen 591
Allianzen
– Cost-Sharing- 631
– strategische 1176
Allokation
– Budget- 975
– Fähigkeit 1116
– Ressourcen- 971
Alter
– kalendarisches 193
– psychologisches 193
Amoroso-Robinson-Relation 491
Amortisationsperiode 406
Analyse
– Altersstruktur- 346 f.
– Break-Even- 405
– Chancen-Risiken- 65 f.
– Deckungsbeitrags- 527 ff.
– Erfolgs- 346
– Konkurrenz- 391
– Kosten-Nutzen- 552
– Produktlebenszyklus- 338 ff.
– Risiko- 346
Analyseverfahren
– analytische 220
– Cluster- 169, 213
– Conjoint- 170, 213, 401, 446, 544 ff.
– dekompositionelle 205
– Dependenz- 165
– Diskriminanz- 169
– Faktoren- 168 f., 213
– Funktions- 394
– heuristische 220
– Interdependenz- 167
– kausale 169
– kompositionelle 205
– Korrelations- 167
– lineare Einfachregression 166

- Mehrfachregression 168
- Multidimensionale Skalierung 170, 213, 356
- Nutzwert- 408
- Positionierungs- 396
- Regressions- 165 ff.
- Sensitivitäts- 406 f.
- Varianz- 169
- Zeitreihen 165

Anlagengeschäft 1223
Anmutungen 692 f.
- Qualitäten 693
Annahmefehler 398
Anpassung
- Fähigkeit 621 f.
- Widerstand 434
Anreiz
- Mechanismen 137
- nicht-monetärer 651
- Systeme 435 f., 911
Ansatz
- designorientierter 705
- führungsorientierter 706
- kulturorientierter 1175
- planungstechnokratischer 1175
- strategieorientierter 706
- strukturorientierter 1175
Anspruchs
- Gruppe 30, 268, 729
- Niveau 1022
Anzeige
- Coupon- 744
- Größe 805 f.
Arbeitsspeicher 704
Arbeitsteilung 1006
Arbitrage 555
Artikelausgleich 562
Assoziationen 805
Ästhetik 276
Aufbauorganisation 1065
Aufgaben
- Analyse 35
- öffentliche 1266
- Umwelt 35
Aufmerksamkeit 109, 111, 693 ff., 767
Auftrag
- öffentlicher 1270
Auftragsbearbeitung
- parallele 1054
- sukzessive 1054
Auftragsforschung 386
Aufwendungen
- Produktentwicklungs- 403
Auktion 934

Ausbringungsmengenvarianz 1037
Ausgleich
- kalkulatorischer 509, 512, 1199
Außendienst 751
Außendienst-Leasing 631
Ausstattungspolitik 1167, 1367
Ausstellungen 685, 741 ff.
Austauschprozesse 1178
Auswahl
- bewußte 150
- Fein- 398
- Grob- 398
- Klumpen- 152
- mehrstufige 152
- Zufalls- 150 f.
Auswahlverfahren 150 ff.
Auswertungsplan 164
Auswertungsverfahren 164
Autonomiekosten 1030

Badge-Engineering 1329
Banner Ad 764, 773 ff.
- Ad Server 779
- animiert 775
- getarnt 774
- HTML- 775
- Java-Script- 776
- Nanosite 777
- statisch 774
- Werbeträger 777
Barrieren s. Markteintrittsbarrieren
Bartergeschäft 593
Basismedien 716
Baukastensystem 440
Bedarfsverbund 467
Bedürfnis-Pyramide 118
Bedürfnisse 237 f.
Befragung 155 ff.
- direkte 157
- indirekte 157
- Techniken 833
Behavior Scan 411
Bekanntheit
- Firmen- 680
- Marken- 680
Belieferung
- verbrauchssynchrone 659
Benchmarking 391 f.
Benefit-Segmentierung 545
- Definition 204
- Phasen 205 f.
- Verfahren 204 f.
- Zielgruppen 207

1444

Beobachtung 113, 154 f.
Beobachtungseffekt 155
Beschaffungsstrategien 1189
Beschwerde 135, 366 ff.
- Analyse 366
- Management 367 ff.
Bestellverhalten 668
Bestimmungsfaktoren
- endogene 488
- exogene 488
- interpersonale 109
- intrapersonale 109
Besuchsnormen 904 f.
Besuchsreaktionsfunktionen 905 f.
Betriebe
- öffentliche 1265
Betriebsergebnis 582
Betriebsformen 1179, 1193,
　s. auch Betriebstypen
- Abgrenzung 1193
- Differenzierung 1181
- Dynamik 1195
- Entwicklung 1180
- filialisierende 1181
- Franchising 633, s. auch Franchising
- preisaggressive 1181
- wettbewerbsstrategische Positionierung 1188
Betriebs
- Maximum 522
- Minimum 522
- Optimum 522
Betriebstypen 210, 1179, 1193,
　s. auch Betriebsformen
- strategie 1192, s. auch Strategie
Bevölkerungsstruktur 104
Bewertungsprozeß 132
Beziehungen
- Kommunikations- 611 f.
- komplementäre 973
- Macht- 611
- Rollen- 611
- substitutionale 973
- Ursache-Wirkungs- 165
- Ziel- 611
Beziehungsmarketing 25,
　s. auch Relationship-Marketing
Bezugsgrößenhierarchie 1146
Bezugsgruppen 129
Bilderskalen 836
Bindung
- Kunden 26, 372, 744, 947, 1118
- Mitarbeiter 1118
Black-Box-Modelle 43, 99

Blickaufzeichnung 836
Blindleistung 1012
Bonus 588
Botschaft
- Gestaltung 711
- kommunikative 799
Bottom-up-Ansatz 1115
BPR s. Business Process Reeingeneering
Brainstorming 395
Branchenrendite 262
BRANDAID-Modell 829
Brand Philosophy 709
Brands
- local 874 ff.
Break-Even-Analyse 405 f.
Broadening 1276 f.
Brutto
- Erfolg 1142
- Nutzen 484
Budgetallokation 811
Budgetierung 784 f.
- Methoden der 785 ff.
- Werbe- 788 f.
Bürokratie 1271
Business Mission 71, 236
Business Process Reengineering 1011 f.
Buying Center 137, 139 f., 1204

Car-Clinic 1364
Carry-over-Effekt 568, 789
Cash-flow 351, 424
Category Management 653, 1191
CD-Rom 750
Ceteris-paribus-Prämisse 515
Chancen-/Risiken-Analyse 65 f.
Checklisten 392, 453
CIM-Technologien 1049
Clusteranalyse s. Analyseverfahren
Co-Branding 447
Commitment 881
Competence 881
Concentration 881
Conjoint-Analyse 170, 213, 401, 446, 544 ff.
Continuity 881
Controlling
- Begriff 1123
- Instrumente 372, 1129
Cooperation 881
Copy-Strategie 709
Corporate
- Behavior 690, 708
- Communication 691, 707 f.

- Coordination 708
- Culture 707 f.
- Design 690, 707 f.
- Idendity 26, 70, 691, 705 ff., 1271
- Image 708

Couponanzeigen 744
Cournotscher Punkt 794
Credibility 881
Critical Incident Technique 136
Customer as co-producer 1176
Customer Integration 1178
Customer-Life-Cycle-Ansatz 895,
   s. auch Lebenszyklus
Customization 26, 1176
Cybermediaries 924

Dachmarken 1330
Database-Marketing 192, 746, 1163
Daten
- nominalskalierte 148
- ordinalskalierte 148

Day-After-Recall 833
Decision-Calculus-Ansätze 797
Deckungsbeitrag 76, 362 ff., 1142, 1147
- Profil 363
- Soll- 510

Deckungsspanne 362
Deepening 1276 f.
Degenerationsphase 341 f.
De-Integrationsprozeß 431
De-Marketing 1163
DEMON-Modell 407, 829
Denotationen 866 f.
Dependenzanalyse 165
- des Fragebogens 157

Designorientierter Ansatz 705
Desinvestitionsstrategie 455,
   s. auch Strategie
Dezentralisierung 239
Dienstleistung
- Abgrenzung 53
- Immaterialität 1160
- Materialisierung 1171
- Nichtlagerfähigkeit 1161
- Nichttransportfähigkeit 1161
- Prozeß 1162
- Qualität 1166
- Verbünde 1176

Dienstleistungs
- Kompetenz 1161
- Konzepte 1176
- Marketing 1159

Dienstleistungsanbieter
- Einfühlungsvermögen des 1166

Differential
- semantisches 113

Differenzierung 1244
- Preis- 502
- Produkt- 440 ff.
- psychologische 277
- Strategie s. Strategie
- Wirkung 445

Differenzierungsgrad 1020
- Produkt- 450

Differenzierungspotentiale
- produktorientierte 1308

Diffusion 565
- Forschung 418
- Kurven 418

Dilemma
- der Anpasssung 1009
- objektives 273
- organisatorisches 435
- strategisches 1101
- technisches 273
- wahrgenommenes 369

Direct Mailing 744
Direct Response
- Television (DRTV) 892
- Werbung 744

Direkte Produkt Profitibility (DPP) 1191
Direkthändlersystem 1409
Direkt-Kommunikation 685, 743 ff.
Direktvertrieb 1147
Discounter 1181
Diseconomies of Scale 1043
Disintermediation 923, 926
Diskontinuitäten 65
Diskriminanzanalyse s. Analyseverfahren
Distribution
- exklusive 617
- Grad 601
- intensive 617
- Retro- 660, 1310
- selektive 617
- Ziele 600

Distributionspolitik
- Managementprozeß 603

Distributionssysteme
- Konfliktursachen 611 f.
- Verhaltensbeziehungen 610 ff.

Diversifikation
- Entscheidung 463
- externe 260
- horizontale 245, 464

– interne 260
– laterale 245 f., 464
– Strategie 428, s. auch Strategie
– vertikale 245, 464
Dorfman-Steiner-Theorem 983
Downsizing 1352
DPP 1191
Durchlaufzeiten 1010, 1056
Durchschnittskostenpreisregel 1273
Dyopol 531 ff.

E-Commerce 917 ff.
– Business-to-Business 919
– Business-to-Consumer 919
– Definition 917 f.
– Wirtschaftssubjekte 918
– Ziele 928
Economies-of-Scope 279, 1043
Economies-of-Scale 250
ECR (Efficient Consumer Response) 1191
– Basisstrategien 651
EDI (Electronic Data Interchange) 362, 607, 670, 1191
EDIFACT 607
Effekt
– Carry-over- 568
– Erfahrungskurven- 569
– Kannibalisierungs- 449, 631
– Partizipations- 449, 631
– Substitutions- 449
– Verbund- 350, 467 f., 564, 568
Efficient
– Consumer Response 1191
– Introductions 652
– Promotion 652
– Replenishment 652
– Store Assortments 652
Effizienz
– Gesamtsystem- 1095
Eigenmarke 872 f.
Eigenschaftsbeurteilung
– Verfahren 356
Eigenschaftstypologie 56
Einfachregression s. auch Analyseverfahren
– lineare 166
Einflußagenten 139
Einführungs
– Kampagne 1386
– Phase 340, 342 ff.
Einheiten
– prozeßorientierte 1089

Einkaufs
– Atmosphäre 1200
– Prozeß 1200
Einkaufsstätten
– Image 1182
– Treue 1182
– Wahl 210
Einkaufszentren 1188
Einstellungen 109, 118 ff., 369, 693, 769 f.
– affektive Komponente 204 ff.
– Begriff 109, 118 ff.
– Elemente 198
– zur Marktsegmentierung 196
Eintrittsrisiko 383, s. auch Markteintritt
Einzelhandelsbetriebe 1178
Einzelkostenrechnung
– relative 1145
Einzelpreis 496
Eisbrecherfragen 157
Elastizität
– Determinanten 492
– Kreuzpreis- 505
– Nachfrage- 997
– Preis- 999
– sonstige Elastizitätskoeffizienten 997 ff.
– Substitutions- 505
– Werbe- 999
Electronic-Business 918
Electronic Data Interchange / EDI 362, 607, 670, 1191
Elektronische Medien 717
Elektronischer Markt 922
Elektronisierung
– von Dienstleistungen 1176
Eliminierung
– Kriterien 453
– Produkt- 451 ff.
– Strategie 455
Email 754, 762, 771
– Verteilerliste 771
Emotionen 109
– Begriff 113
– Messung 113
Empfänger-Effekt 910
Empowerment 277, 1053
Engpaß
– Faktoren 365
– Orientierung 10
Entbürokratisierung 1113
Entkopplung
– funktionale 1016 f.
– gepufferte 1016
– prozeßorientierte 1015 ff.

Entscheidung
- Abbruch- 403
- Delegation 1112
- Diversifikations- 463
- Ebenen 335
- Marketing- 93
- Markteintritts- 388
- Prozeß 132
- Risikoneigung 432
- schlecht strukturierte 380
- Träger 506

Entsprechungs-Effekt 916
Entstehungszyklus 403 f.
Entwicklung
- Kosten 329, 365
- Risiko 383
- Zeiten 423 f.

Erbengeneration 106
Erfahrungseigenschaften 24, 55
Erfahrungskurven
- Analyse 253
- Effekte 251, 253, 279, 569
- Schlüsselfaktoren 253

Erfolg 1128
- Analyse 346
- Faktoren 242, 249, 422, 433 f., 472
- Markt- 432
- Potential 236, 1128
- Struktur 350
- technischer 432

Erfolgskontrolle 734, 780, 1419 ff.
- von Messen 743

Erhebungen
- Panel- 162
- Teil- 149
- Voll- 149

Erinnerung
- ungestützte 1354 f.

Erklärungsansätze
- behavioristische 100
- industrieller Kaufentscheidungen 138
- kognitive 100
- monoorganisationale 138
- multiorganisationale 138
- neobehavioristische 99

Erlebnis
- Messung 836
- Orientierung 463, 1200
- Profil 810

Erlebniswerte
- emotionale 810

Erlös
- Netto-Netto- 582
- Schmälerung 582

Erlösplanung
- phasenspezifische 1223

Erreichbarkeit 187
Ersatzbeschaffung 340
Erstkauf 137
EURO 1256 f.
Event-Marketing 685, 737 ff.
- Formen 740
Experimente 158 ff.
- Ex-post-facto- 159
- Feld- 159, 410
- Labor- 159, 410
- projektive 159
Extensivierung 448
Externer Faktor
- Integration 1162 f.

Fachgeschäfte
- filialisierte 1181
Fach
- Handel 1179
- Märkte 1181
- Promotoren 1208
- Zeitschriften 716
Factory Outlet Center 1188
Faktoren
- Engpaß- 365
Faktorenanalyse s. Analyseverfahren
Familie 109, 128, 131
Familienlebenszyklus 193
Feedback 382
Fehler
- Ablehnungs- 398
- Annahme- 398
Feinauswahl 398
Feldexperiment 410
F&E-Potential
- relatives 251
Fertigungssegmentierung 1017
File Transfer Protocol (FTP) 754
Filialisierung 633, 638
Finanz
- Hilfe 650
- Mittelausgleich 248
First-to-market 434
Fishbein-Modell 121
Fit 1101
Fixkosten 363
Fixkostendeckung
- stufenweise 528 ff.
Fixkostendegressions-Effekte 279
Flächenproduktivität 1182
Flexibilität 1065

Floprate 378
Fokussierung 239, 242, 1018, 1058
Foldertest 833
Forschung
– Diffusions- 418
– Kommunikations- 687
Fragebogen
– Gestaltung 157 f.
Fragen
– Eisbrecher- 157
– geschlossene 157
– Kataloge 392
– offene 158
– Plausibilitäts- 157
Fragmentierung
– der Märkte 107, 1006
Franchise
– Geber 641
– Nehmer 641
– Systeme 633 ff.
– Vertrag 639
Franchising
– konstitutive Systemmerkmale 640
– Systemzentrale 640
Frühwarnsignale 136
Führung
– Systeme 435
– Unterstützungsfunktion 1123
Führungskonzeption
– vom Ergebnis her 1123
– vom Markt her 1123
Führungsorientierter Ansatz 706
Führungsqualifikation
– relative 251
Funktion 724 ff.
– Analysen 392
– der Marketingforschung 96 ff.
Funktionsbereichsziele 75
Funkwerbung 720
Furchtappelle 810

Garantiepolitik 276 f.
Gatekeeper 33, 139
Gebietsexklusivität 619
Gebrauchsnutzen 274
Gegengeschäft 593
Generation
– Erben- 106
Generics 872
Gesamtkosten 508
Geschäft
– Barter- 593
– Gegen- 593
– Kompensations- 593
Geschäftsbedingungen
– allgemeine 591
Geschäftsbeziehung 25
– dauerhafte 1205, 1209
Geschäftsfeld
– Abgrenzung 237 f., 268
– strategisches 235 ff.
– Wahl 239 ff.
Geschäftstreue 210
Geschäftstypenansatz 1213 f.
Gesellschaft
– Überalterung der 104
– Wohlstands- 106
Gewichtung
– Ziel- 80
Gewinn
– Brutto- 528
– Handels- 582
– Netto- 363
Gewinnschwelle 405, 522 f.
Gewinnvergleichsrechnung 628 ff.
Gewinnzuschlag 509
GfK Behavior-Scan 411
Glaubwürdigkeit 1294
Globalisierung
– des Wettbewerbs 483
– Marketing 1231 f.
– Netzwerke 1260
– Umwelt 1233 f.
Goods
– Convenience- 657
– Shopping- 657
– Speciality- 657
Goodwill-Transfer 467 f.
Gratifikationsprinzip 10
Grauer Markt 553 f.
Grenzkosten 508
– Informationen 363
– Preisregel 1273
Grenzpreise 525 f.
Grobauswahl 398
Größeneffekte 279
Großhandelsbetriebe 1178
– Großkunden- 1081
Gruppen 109, 128 f.
– Bezugsgruppen 129
– formale 129
– informale 129
Gruppenexploration 164
Güter
– Substitutions- 492
– Typologie 54
Güterspezifischer Ansatz 1212 f.

Händler
- Loyalität 940
- Selektionsklausel 637

Haltbarkeit 274

Handel
- Adoption von Neuprodukten 419
- Einkaufsmacht 583
- Einzel- 618 f.
- Groß- 618 f.
- im funktionalen Sinne 1178
- im institutionellen Sinne 1178
- Nachfragemacht 329
- Sonderleistung 582 f.
- Standardleistung 582 f.

Handelsbetrieb 1178
Handelsgewinn 582
Handelsmarken s. auch Marke
- Premium 874

Handelsspanne 582, 601, 650, 1199
Handelssystem
- direktes 1408 f.
- vertragliches 1406 f.

Handelsvermittler 632 ff.
Handelsvertreter 1147
Handelsvertretung
- Erscheinungsformen 626 ff.

Handlung
- Fähigkeit 187
- Zeitpunkt 448

Hard-Selling 895
Haushalte
- Single- 106

Heuristik 797
- der beschränkten Rationalität 988
- Modellbildung 988
- Prinzipien 987 f.
- Problemfaktorisation 988
- Sukzessivität 988
- Verfahren 982, 987

Hierarchie
- Dissonanz-Attributions- 698
- Lern- 698

Hit 781
Hochrechnungsverfahren 414 ff.
Homepage-Flash 777
Homogenität 277
- technisch-qualitative Produkt- 328

Human-Concept of Marketing 13
Hygienefaktor 663
Hypermedialität 759
Hypothesenprüfung 96

Idealproduktwahrnehmung 359
Ideen
- Gewinnung 382
- Produktion 390
- Prüfung 382
- Realisation 382

Image 78, 118, 693, 1164, 1354
- Affinität 732
- Klammer 867
- Marken- 503
- Preis 502
- preisgünstiges 1199
- Studien 1354 f.

Imageryforschung 800
Imitation 375, 385
Immaterialitätsgrad 49 ff.
IMP-Group 1209
Implementierung
- Konflikte 1107
- Lücke 1101
- Marketing- 1101
- Stil 1114, 1116
- Träger 1114

Incentives 651
Incoterms 591 ff.
Individualgüter
- öffentliche 1268
- private 1268

Individualisierung 26, 107, 1176
Individualisierungsgrad 51 ff., 1205
Individualnutzen 1298
Industriestandards 272
Information
- Bild- 800
- Overload 108, 111
- Text- 800
- Vernetzung 1092

Informationsaspekt des Marketing 8
Informationsasymmetrie 24
Informationsauswertung 164 ff.
- Verfahren s. Analyseverfahren

Informationsdefizite 1258
Informationsgewinnung 145, 152 ff.
Informationsökonomie 24 f.
Informationsökonomisches Dreieck 55 f.
Informationsquellen
- externe 152
- interne 152

Informationssuche 132
Informationsunsicherheit 24
Informationsverarbeitungs-
- phase 145
- prozesse 99

1450

Informationsverbund 467 f.
Informationsverhalten 115, 1163
In-home-Test 410
Innovation
- Begriff 374
- Bereitschaft 1065
- Chancen 376
- Dimensionen 375
- Erträge 273
- Intensität 375, 434
- Kultur 380
- Mißerfolg 374
- netzwerkabhängige Produkt- 385
- Orientierung 272 f.
- Phase 376
- Produkt- 374
- Prozeß- 374
- Risiken 376
- Strategie s. Strategie
- Ziele 273
Innovationsmanagement 431
- organisatorische Verankerung des 388
- systematisches 379
Innovationsmanager 393
Innovationsorientierung 1218, 1242 f.
Innovationsprozeß 430
Innovationsrate
- Produkt- 346
Innovationsstrategie
- nachfrageinduzierte 383
- technologieinduzierte 383
Insertionsmedien 715 ff.
Institutionenökonomie 19 f.
Instrumentarium
- präferenzpolitisches 511
Instrumente
- psychobiologische 119
Integration
- Begriff 683
- externe 671 f.
- formale 689
- funktionale 689
- Grad 49 ff.
- horizontale 689
- inhaltliche 690
- instrumentelle 689
- interne 671 f.
- kulturorientierte 689
- organisationsorientierte 689
- vertikale 689
- Vorteile 1232
- zeitliche 689
Intensivierung 488

Interaktion
- Fähigkeit 1116
- Grad 51 ff.
- Modell 1210
- Prozeß 908
Interaktionsansätze
- organisationale 142
- personale 140 ff.
Interaktivität 759, 1165
Interdependenzen 962, 973
- funktionale 973
- hierarchische 973
- innerbetriebliche 962
- Markt- 962
- Ressourcen- 962
- zeitliche 885
Inter-Koordination 914
Intermediäre 921, 926
Intermediaselektion 811
Intermediavergleich
- Kriterien zum 812 f.
International
- Absatzfinanzierung 1254
- going international 1230
- Marketing 1242 ff.
- Marketing and Purchasing Group (IMP) 1209
- Marktforschung 1235
- Marktwahl 1236 ff.
- Sponsoring 1252 f.
- Verkaufsförderung 1244
Internationalisierung 1205
Internes Marketing 26
Internet 241 f., 753 ff., 917 ff.
- Bedeutung 756
- by Call 755
- Dienste 753
- Kommunikation 766
- Navigationsprozesse 763
- Nutzer 756
- Ökonomie 924, 930
- Service Provider (ISP) 755
- Verkauf 917 ff.
- Zugang 754
Intervallskalen 148 f.
Interview
- freies 158
- standardisiertes 158
- Tiefen- 163 f.
Intra-Koordination 913
Intramediaselektion 811 ff.
Investitionsgüterbereich
- Kaufprozesse im 1204

1451

Investitionsgütermarketing
  1203 ff.
Investitionsrechnung
– dynamische 625
– statische 625
Involvement 109, 110 ff., 768
– Begriff 112
– High-Involvement-Käufe 112
– Low-Involvement-Käufe 112
– Modell 701

Jahresgespräch 583
Jingle 805
Joint space 354
Just-in-Time-Verfahren 657 ff.

Kaizen 1012
Kalkulatorischer Ausgleich 509, 512
Kannibalisierung 466
– Effekt 449
Kapazitätssteuerung 570
Kapitalrentabilität
– umsatzbezogene 365
Kapitalumschlag 365
Kapitalwertmethode 407
Kauf
– Erst- 137
– Frequenz 330
– High-Involvement- 112
– Impuls- 657
– Klassen 1208
– Low-Involvement- 112
– Programm 102
– Risiko 501
– Selbstbedienungs- 890
– Verbund- 467 f., 561 f., 1213
– Wahrscheinlichkeit 207, 353 f.
– Wiederholungs- 138, 366 f.
Kaufverhalten
– kollektives 101 f.
– Muster 191
– Relevanz 186 f.
Kaufentscheidungen
– echte 102
– familiale 101 f.
– habituelle 102
– impulsive 102
– individuelle 101
– kollektive 102
– limitierte 102
– in Organisationen 101

– Typen 103, 137
– in Unternehmen 102
Kaufentscheidungsprozeß
– formalisierter 1204
Käufer
– Probier- 330
– Struktur 1231, 1233
– Wanderungen 563
– Wiederholungs- 330
Käuferstruktur
– soziodemographische 1344
Käuferverhaltensforschung
– Modellansätze der 98
Kausalanalyse s. Analyseverfahren
Kennzahlen 1143
Kennzahlensysteme 1143
Kennziffer
– Planungs- 786 ff.
Kernkompetenz 270, 1092
Kernprozesse 1018
Key Account Management 916, 1223
Key-Issue-Analyse 28 f., 1341 f.
Kioskterminal 750
Klumpenauswahl 152
Knappheitsprinzip s. Engpaßorientierung
Kognition 109, 110, 115
Kollektivgüter 1267 f., 1298
Kommissionär 634 ff.
Kommittent 634 ff.
Kommunikation
– direkte 685, 686, 743 ff.
– einstufige 686
– Forschung 687
– händlergerichtete 1384 f.
– indirekte 686
– integrierte Unternehmens- 684
– Kommunikationswettbewerb 683
– mehrstufige 686
– Multimedia 678, 747 ff.
– Online 753 ff.
– One-to-few- 761
– One-to-many- 760
– One-to-one- 761
– Offline 749 ff.
– Phase 145
– Regelkreis der Markt- 688
– Situation 678
– Wirkung 692
Kommunikationsbudget
– zeitliche Streuung 819
Kommunikationsformen 762
Kommunikations-Mix
– Budgetierung 784
– Wirkungskontrolle 830 f.

Kommunikationsmodelle 759
Kommunikationsplanung 707
– strategische 707
Kommunikationspull 762
Kommunikationspush 762, 764, 773
Kommunikationsstrategie s. auch Strategie
– Dimensionen der integrierten 710
Kommunikationsträger
– Qualität 695
Kommunikator-Effekt 910
Kompensationsgeschäft 593
Kompetenz 66, 1164
Komplementarität
– Ziel- 79
Komplexität 28, 920, 986, 1033, 1123
– Abbau 440
– Analyse 1039
– Anbieter 1007
– Beherrschung 1049
– dynamische 1042
– Elemente- 1042
– Erlöswirkungen 1037 ff.
– Grad 57
– innerbetriebliche 1033
– interne 1040
– Kostenwirkungen 1040
– Nachfrager 1007
– Produkt- 329
– Reduktion 1049
– Relationen- 1042
– technologische 1008
– Wettbewerbssituation 1008
Komplexitätskosten 278, 448
– Zurechnungsproblem 1037
Komponente
– affektive 119
– kognitive 119
– konative 119
Konditionierung 115
Konditionsforderung 584
Konflikte
– Arten von Implementierungs- 1107
– Durchsetzungs- 1107
– Handhabung 1107
– Kultur- 1107
– Ziel- 79
Konfliktsituationen
– motivationale 118
Konfrontation
– systematische 392
Konkurrenz
– Analyse 391
– Änderungsrate 788
– atomistische 520

– Eintritt 569
– totale 520
Konnotationen 866 f.
Konstrukte
– theoretische 147
Konsumenten
– Rationalverhalten 541
– Rente 550
– Typologie 200, 1234
Konsumentenverhalten
– Bestimmungsfaktoren des 109
– Individualisierung des 194
– Polarisierung des 194
Konsumentenzufriedenheit 135, 1142
– Messung der 136
Konsumerismus 13, 470
Konsumstrukturen
– hybride 107
Kontakt
– Häufigkeit 817
– Intensität 720
– Maßzahl 817
– Qualität 815
– Summe 817
– Verteilung 817
– Wahrscheinlichkeit 720
Kontinuierliche Verbesserung der Prozesse
 (KVP) 1011
Kontrahierungs-Mix 482
Kontrahierungspolitik
– Wirkungsstärke 482
Kontraktkonzept 613 f.
Kontrolle 780, 1124
– Preis-Kosten- 521
Kontrollfunktion 1132
Kontrollgrößen
– ökonomische 1419
– psychographische 1419
Konventionalstrafe 591
Konvergenz 747
– Kriterien 1257
– These 1239
Konzentration 613
– Prozeß 1180
– Verfahren 151
Konzepttest 409
Kooperation 388
– Bereitschaft 602
– Strategien 1220, s. auch Strategien
– „Win-win"- 1097
– zwischenbetriebliche 632
Kooperationswerbung 935
Koordination 1112
– Aufgaben 1137

- Bedarf 1013
- Funktion 1133
- funktionsübergreifende 1006
- hierarchiebezogene Aufgaben 1006
- Intensität 1030
- interdependenter Tätigkeiten 1013
- marktbezogene 12, 1006
- durch Pläne 1027
- durch Programme 1026
- durch Unternehmensidentität 1028
- durch Unternehmenskultur 1028
- durch Verrechnungspreise 1028
- Reduktion 1013 ff.

Koordinationsaspekt des Marketings 8 ff.
Koordinationsformen
- hybride 1025
- klassische 1023
- nicht-strukturelle 1028 f.
- personenorientierte 1025
- strukturelle 1025
- symbiotische 1025
- Synergien 1025
- technokratische 1026

Koordinationskosten
- Abgrenzung 1023
- Bestimmung 1023

Korrelation
- Analyse s. Analyseverfahren
- Koeffizient 167

Kosten
- Bestell- 667
- Einstands- 582
- Entwicklungs- 329
- fixe 363, 507
- Gesamt- 508
- Grenz- 508
- Lagerhaltungs- 667
- Out-of-stock- 667
- Senkungspotentiale 253, 264
- Stück- 507
- Theorie 507
- Transaktions- 554
- Treiber 1044
- variable 507
- Vergleich 627 f.
- Vertriebs- 601, 621
- Warenbezugs- 582

Kostendeckung
- Teil- 511

Kostenfunktion 507
Kosteninformationen
- Grenz- 363
- Voll- 363

Kosten-Nutzen-Analyse 552

Kostenorientierte Verfahren 625
Kosten-plus-Preisbildung 507
Kostenverlauf
- linearer 522 ff.
- nicht-linerarer 521 f.

Kostenvorteile 1187
Kreativität 390
Kreativitätstechniken 397
Kreditarten 590
Kreislauf
- Wertschöpfungs- 328, 472

Kreuzpreiselastizität 40, 505
Kühn-Modell 992 ff.
Kultur 109, 128
- culture bound 1238
- culture free 1238
- ethnozentrische 1261
- geozentrische 1261
- Konflikte 1107
- polyzentrische 1261
- Sub- 109, 128
- Unternehmens- 235, 276 f., 1110

Kultursponsoring 731, 734
Kunden
- gruppenmanagement 1080
- Integration 1221
- interne 1118 f.
- Kontaktsituation 237
- Management 1080
- Nähe 278, 743
- Orientierung 267, 1096
- Profil 350
- Vertrauen 1211, 1220

Kundenbindung 26, 366, 372, 744, 947
- Potential 1211

Kundendienst 940 ff., 1411 ff.
- Bereitschaft 949
- Formen 944
- Funktionen 943
- Hardware 943
- Image 946
- Management 940 ff.
- Mix 944, 954 ff.
- Politik 336
- Prognosen 951
- Software 943
- Solutionware 943
- Strategien 944, 952 ff.
- Zeit 948
- Zufriedenheit 946, 1080

Kundenkontaktkette 1411
Kundenwert 26, 448, 948
Kundenwertmethode 1374

Kundenzufriedenheit 366 ff., 653, 1152, 1182
– Studien 372
Kurzzeitgedächtnis 704
Kurzzeittests 833

Labor
– Experiment 410
– Testmarkt 411
Ladengestaltung 1200
Lager
– Bestandsmanagement 667
– Bestandsreduzierung 658 f.
– Umschlag 365
Lagerhaltung 605
– selektive 666
– vollständige 666
Längsschnittanalyse 353
Langzeitgedächtnis 704
Layout 711
Lead-User 391, 431
Lean-Management 1009
Leasing 589 ff.
– Außendienst- 631
Lebensstile 191, 201, s. auch Marktsegmentierung
Lebensstilstudien (Milieu-Ansatz) 1345
Lebenszyklus 980 f.
– Familien- 193
– Markt- 47, 256
– Phasen 256, 980
– Produkt- 47, 258, 329 ff., 980 f.
– Verkürzung 1048
Lebenszykluskontraktion 388, 1123
Lebenszykluskonzept 329 ff., 502
– Aussagewert 343
– gesellschaftlicher Ansprüche 34
Legitimität 1294
– Krise 34
Leistungen
– Kann- 444, 956 f.
– Muß- 444, 956 f.
– Primär- 336
– Raum- 365
– Sekundär- 336
– Soll- 444, 956 f.
– System 1112 f.
Leistungsbündel 327, 444
Leistungsdifferenzierung 1169
– optimale 1170
Leistungsdimensionen
– Ergebnisdimension 1060

– Potentialdimension 1060
– Prozeßdimension 1060
Leistungsfähigkeit 1161
– Bereitstellung 1161
Leistungskompetenz 1166
Leistungstypologie 50
Leistungsversprechen 1174
Leistungsvorteile 269, 1187
Leitbild
– Marken- 503
Lernen
– Begriff 114
– sozial-kognitives 115
Lernprozesse 119
Lerntheorie 114
Lieferanten
– Akquisition 1190
– Selektion 1190
Lieferantenauswahl
– horizontale 143
– Institutionalisierung der 143
– vertikale 143
Lieferantentreue 262
Lieferflexibilität 654
Lieferservice 654
– Elastizität 662
– Komponenten 654
– Niveau 654 ff.
– Niveau-Maximum 663
– Niveau-Minimum 664
Lieferung
– verbrauchssynchrone 659
Lieferungsbeschaffenheit 654
Lieferzeit 654, 1174
Lieferzuverlässigkeit 654
Life-Style-Konstrukt 125
Lineare Programmierung 825 ff.
Linienorganisation 1069
Liquidität 1128
Listenpreise
– standardisierte 1222
Listung 360
Local brands 874 ff.
Lock-in-Effekt 1215
Lockvogelangebot 562
Logistisches System 600 ff.
Logo 705
Lorenzkurve 348
Lösungsansatz
– heuristischer 380 f.
Loyalität 366, 369
Loyalitätsabfall 1269
Loyalitätsrate 1355
Lückenplanung 246

1455

Macht
- Asymmetrie 583
- Kampf 606
- Promotoren 1208
Mailing 744
Makroumwelt 29
Management
- Absatzkanal- 610 ff.
- Beschwerde- 367
- Beziehungs- 646
- Category 653, 1094 ff.
- Efficient-Consumer-Response-(ECR) 362
- Innovations- 431
- Key Account- 1079, 1096
- Konflikt- 613
- Kunden- 1079
- Lagerbestands- 667
- marktorientiertes Zielkosten- 527 f.
- Personal 1118
- Prozeß- 13, 1094
- Risikoneigung 569
- Routine- 380, 435
- Schnittstellen- 389
- Supply-Chain- 362
- Total Quality 327, 1120 f.
- Yield 570 ff.
Management by Objektives 913
Management des Zeitfaktors 423
Managementprozeß der Distributionspolitik 603
Managementsynergien 434
Manipulationen
- handelsübliche 1178
Map
- Perceptual 354
- Preference 354
Marginalanalyse 982 ff.
Marke
- Adaption 852
- Dominanz 852
- Funktion 847
- Gestaltung 848, 855
- Gleichheit 853
- Handels- 869 ff.
- Integration 855
- Penetration 852
- Positionierung 850 ff.
- Profilierung 850 ff.
- Treue 208, 259 ff., 848
- Wahl 208
Marken
- Bewußtsein 498
- Identität 879 ff.
- Komponenten 880
- Leitbild 503
- Loyalität 851 ff.
- Management 1414 ff.
- Politik 336, 1168, 1197
- Treue 1163
Markenportfolio 1331
Markenstrategie
- Dachmarken- 862 ff.
- Eigen- 872 f.
- Einzelmarken- 856 ff.
- Gattungs- 872
- gemischte 877 f.
- globale 876
- Handels- 870
- konzeptionell gebündelte 877 f.
- Markenfamilie- 861 f.
- modulare 878
- multinationale 874 ff
Market Impact 380
Marketing
- Abgrenzung 11
- absatzmittlergerichtetes Beziehungs- 606
- Audit 1137
- Begriff 8 ff.
- Broadening 13
- Database- 746
- Deepening 13
- Definition 8, 10
- differenziertes 1318
- Effizienz 372
- Entscheidung 58, 95
- Entscheidungsfeld 58
- Entwicklungsstufen 5
- Event- 685, 737 ff.
- Frühwarnsysteme 136
- Führungskonzept 6 f.
- globales 1231 f.
- Implementierung 1101 ff.
- Institutionalisierung 1064
- integriertes 268, 1065
- internationales 1231 f.
- internes 26, 1118, 1174
- Kontrolldimensionen 1133
- Leitprinzipien (Maxime, Mittel, Methode) 4
- Merkmale 8
- multinationales 1231 f.
- Ökomarketing 1293 ff.
- Philosophie 7, 8 ff.
- Prozeß 9
- Relationship- 328

- Social   1276 ff.
- Sozialtechnik   9
- Telefon-   744
- transnationales   1231 f.
- vertikales   360, 605 ff., 1189, 1305
- Vertrauens-   1296
- Ziele   69 ff.

Marketingaktivitäten
- Dezentralisierung   1152

Marketingaufgaben
- gesellschafts- und umweltbezogene 11, 13
- marktbezogene   11, 12
- unternehmensbezogene   11

Marketing-Controlling   1123 ff.
- Institutionalisierung   1131
- Instrumente   1129
- Kontrollgrößen   1141 f.
- operatives   1138 ff.
- strategisches   1135 ff.

Marketing-Forschung   93
- Arbeitsschritte   96 f.
- demoskopische   145
- Funktionen   96
- institutionenorientierte   19
- ökoskopische   145
- Prozeß   145

Marketingführerschaft   607 ff.
- partielle   608

Marketinginstrumente
- im Handel   1196

Marketingkonzepte
- Durchsetzung   1103
- Implementierung   1103 f.
- Umsetzung   1103

Marketingkonzeption   61
- integrierte   1195

Marketing-Management s. auch Strategie
- Funktionen   12

Marketing-Mix   15, 969 ff.
- integrierter   1109
- Norm-   991
- optimaler   985

Marketingorganisation   1064 ff., 1426
- abnehmerorientierte   1079
- Aufgabengliederung   1071
- dauerhafte   1066
- dezentrale   1060
- eindimensionale   1066, 1069
- externe   1065
- Grundmodelle   1069
- interne   1065
- kundenorientierte   1079
- mehrdimensionale   1066, 1069

- modulare   1089
- objektorientierte   1074
- produktorientierte   1074
- regionenorientierte   1074
- teilintegrierte   1066
- temporäre   1066
- virtuelle   1090
- vollintegrierte   1066
- zentrale   1066

Marketingplanung
- Interdependenzen   235
- Markteintrittszeitpunkt   257
- operative   15, 234
- strategische   234

Marketingstrategien
- Spezifizierung   1108

Marketingsynergien   434

Marketingtheorie   970
- entscheidungsorientierter Ansatz 19 ff., 22 f.
- funktionenorientierter Ansatz   21
- systemtheoretischer Ansatz   23
- verhaltenswisssenschaftlicher Ansatz   22
- warenorientierter Ansatz   21

Marketingverständnis
- verkürztes   1182

Marketingziele   62, 69 ff., 76
- ökonomische   76, 1164
- psychographische   78

Market-Pull   383

Marketspace   922

Markierung
- als Strategie s. Strategie

Markt
- Abgrenzung   35
- Durchdringung   244
- Dynamik   46, 434
- Einführung   382, 418
- elektronischer   922
- Entwicklung   245
- Fragmentierung   107
- grauer   1256
- High-Tech-   257
- junger   256 ff.
- Käufer-   3, 44
- Konsumenten- s. Käufer-
- Lebenszyklus   46, 256
- der öffentlichen Betriebe   46
- Produzenten-   44
- Reaktionsfunktion   35
- relevanter   35, 39, 185, 272
- schrumpfender   259 ff.
- stagnierender   259 ff.
- Typen   44

1457

- Typologie 46
- Verkäufer- 3, 35
- Versagen 1299
- virtueller s. Virtuelle Unternehmen
- vollkommener 924
- Vollkommenheitsgrad 38 f., 504
- Wiederverkäufer- 45

Marktabdeckung
- Basisstrategien 1183

Marktanteil 76
- Begriff 171
- relativer 366
- relevanter 250

Marktattraktivität 251

Marktaufgabe 235
- Eigenständigkeit- 235
- Erfolgspotentialbeitrag 235 f.

Marktbearbeitung 185
- differenzierte 268 f., 439, 1305
- optimaler Differenzierungsgrad 1042
- standardisierte 1241
- undifferenzierte 268, 1305

Markteintritt
- Barrieren 238, 366, 369, 385, 565, 567, 1240 f.
- Formen 260
- Risiken 1241
- Timing 1241 f.

Markterfassung 183

Markterfolg 432

Marktfeldstrategische Optionen 244, 246 ff.

Marktformenabgrenzungskriterien 504

Marktformenschema
- morphologisches 504

Marktforschung 93, s. auch Forschung
- internationale 1233 f.
- Multimedia- 163

Markt-Fragmentierung 1327

Marktidentifizierung 183

Marktleistung
- Typologisierung 49

Markenleitbild 1416

Marktmacht 251

Marktnischen 359

Marktorientierung 1064

Marktpenetration 933

Marktposition
- relative 251 f.

Marktpotential 171

Marktsättigung
- Phase 341 ff.

Marktsegmentbearbeitungsstrategien
s. Segmentbearbeitungsstrategien

Marktsegment
- beschreibende Variablen 211
- Bezug 79
- Erfassung 185 ff.
- Struktur 1007

Marktsegmentierung 235, 245, 269, 444, 1053, 1217
- Angebots- 210
- Benefit- 204
- Bewertung 214
- Definition 183
- geographische 189 ff.
- Intensität 218
- klassische 195
- Kriterien 186 ff.
- Lebensstil- 199 ff.
- moderne 195
- auf Nutzenbasis 204
- soziodemographische 192 ff.
- zeitliche Stabilität 215
- Ziele 184 f.
- Zielgruppenauswahl 214

Marktteilnehmer 267

Markttests 1169

Markttransparenz 561

Marktvolumen 171

Marktwachstums-Marktanteils-Portfolio 351

Marktwahl
- internationale 1238
- strategische 1236 ff.

Marktabdeckung
- Grad 270
- Strategie s. Strategien

Mass Customization 931

Massenproduktion 268

Materialisierung 1161, 1171

Mechanismen
- Anreiz- 137
- Sanktions- 137

Mediabudget
- geographische Streuung 823

Mediaselektion 785, 811
- Inter- 811 ff.
- Intra- 811
- Modelle 824

Medien
- Basis- 716
- elektronische 717 ff.
- Insertionsmedien 715
- Nutzerqualität 815
- Nutzung 714
- Struktur 1404
- Zusatz- 716

Medienbruch 771
Mehrmarkenstrategie 1329 ff.
Mehrwert 920
Meinungsführer 33, 129, 208, 687
Meßansätze
– nonverbale 113
– verbale 113
Messe 685, 741 ff.
– Beteiligungs-Mix 742
– Erfolgskontrolle 743
– Erscheinungsformen 741
Meßniveau 147 f.
Metaanalyse 997
Mischkalkulation 1199
Mitarbeiter
– Bindung 1118
– Orientierung 1118, 1120
– Qualifikation 251
Mittel-Zweck-
– Beziehung 679
– Vermutung von Zielen 82
Mix-Planung
– instrumentebezogene 972
– produktbezogene 972
Modell
– AIO- 125, 200
– analytische 220
– Ansätze der Käuferverhaltensforschung 98 ff.
– Bildung 96
– Black-Box- 99
– Brand a(i)d 829
– DEMON- 407 f.
– Engel-Kollat-Blackwell- 132
– Fishbein- 121 ff.
– Gedächtnis- 116
– heuristisches 220
– Howard und Sheth- 132
– Idealpunkt- 544
– Idealvektor- 544
– Involvement- 701 f.
– Lebenszyklus- 339 ff.
– Neo-behavioristische Verhaltens- 701 ff.
– Partial- 109, 138
– Präferenz- 543 f.
– Prozeß- 109
– Punktbewertungs- 399
– Scoring- 214, 399, 610, 625
– SPRINTER- 407 f.
– S-Q-R- 99
– S-R- 99
– Struktur- 109
– System- 138
– Teilnutzenwert- 544

– Total- 109, 132
– Trommsdorf- 123
– Webster-Wind- 140, 141
Modellebenszyklus 1339
Modified Rebuy 1208
Modulare Konzepte 278, 440
Modularisierung von Produktkonzepten 329
Monoorganisationale Ansätze 1206
Monopol 514 ff.
– künstlich geschaffenes 514
– natürliches 514
– unvollkommenes 520
Monopolistischer
– Bereich 524, 537
– Spielraum 555
Motive 109, 117 ff., 693
– extrinsische 117
– intrinsische 117
MP3-Format 927
Multidimensionale Skalierung (MDS) 356
Multifunktionalität 760
Multimedia 746
– Kommunikation 678, 685, 746 ff.
– Marktforschung 163
– Technologie 748
Multiorganisationalität 1204
Multipersonalität 1204
Multiplikation
– erfolgreicher Dienstleistungskonzepte 1176
Multi-Spezialist 1185
Mund-zu-Mund-Kommunikation 1165

Nachbarschafts-Affinität 191
Nachfrage
– abgeleitete 1204
– Funktion 489
– Kurve, geknickt 532
– Polarisierung der 107
– Sog 649
– Verbund 467 f., 561 f.
Nachfragemacht 1189
– des Handels 329
Navigationsprozesse 763
Neobehavioristisches Verhaltensmodell 701 ff.
Netto-
– Erlös 582
– Gewinn 363
– Nutzen 484
– Preis 582
Netzplantechnik 420 f.

1459

Netzwerk 25
- Konzept 1209
Neukauf 1208
Neuronale Netze 214
Neutralität
- Ziel- 79
NEWS 829
Newsgroup 754
Newsletter 772
New Task 1209
Nielsen-Gebiete 190
Nische 853
Niveau
- nominales 148
No Names 872
Non-price-deals 723
Normen 109, 128, 1110
Norm
- gerechtigkeit 276
- strategien 233
Normierung 167
Nutzen 44
- basierte Zielgruppen 207
- Brutto- 484
- Erbauungs- 333
- Funktion 61
- Geltungs- 333
- Grund- 333
- Messung 446
- Netto- 484
- Segmentierung 204 ff., 545
- Zusatz- 333, 854
Nutzungsintensität 210
Nutzwertanalyse 408

Obsoleszenz
- künstliche 470
OEM-Geschäft 1213, 1222 ff.
Öffentlichkeitsarbeit 724
Ökologie
- Bilanzen 1301
- ökologieorientierte Kommunikationspolitik 1310
- ökologieorientierte Positionierung 1305 f.
- ökologieorientierte Produktpolitik 1306
- ökologieorientierte Qualitätseinschätzung 1310
- ökologieorientiertes Controlling 1312
- Ökologisierung 1293
- Öko-Marketing 1293 ff.
- Pseudo-Öko-Marketing 1295
- Pull-Wirkung 1307

- Push-Wirkung 1293
- verkürztes Ökomarketing 1295
Oligopol 530 ff.
One-to-one-Marketing 931
Online
- Dienste 646, 755
- Kommunikation 753 ff.
- Werbung 758
Operationalisierung 680
Operationalität 187
Operations Research
- Verfahren 626
Opportunitätskosten 383
Opportunity Window 380
Optimierungsansatz
- marginalanalytischer 792
Organisation
- Ablauf 1065
- Ansätze 1209
- Aufbau 1065
- „Best-of-Everything"- 1092
- Fähigkeit 1116
- Identität 1025
- innerbetriebliche 1091
- Kultur 1025
- Linien- 1070
- Matrix- 1070
- nichtkommerzielle 1279
- Pozeß- 1086
- Projekt- 1086, 1088
- Stab-Linien- 1070
- Struktur 238, 280, 1071
- virtuelle 1091
- zwischenbetriebliche 1091
Orientierung
- Mitarbeiter 1118, 1121
- Personal- 1113
- Prozeß- 1121
Outsourcing 264, 430, 447, 659, 1018 ff.

Page Impression 779, 781
Panel
- Effekt 162 f.
- Erhebungen 162
- Erstarrung 163
- Sterblichkeit 162
Paradigma 19, 98
Partial
- Ansätze 1206 ff.
- Modelle 109, 139
Partizipationseffekt 449
Peak Load-Pricing 1273
Perceptual map 354

Personal
- Ansätze 1209
- Management 1118
- Orientierung 1113
- Politik 1167, 1197
- Produktivität 1182
- Selling 886

Persönlichkeit 109, 127 ff.

Phase
- Degenerations- 341 ff.
- Einführungs- 340
- Informationsgewinnungs- 145
- Informationsverarbeitungs- 145
- Kommunikations- 146
- Marktsättigung 34 ff.
- Problemdefinitions- 145
- Produktlebenszyklus 344 f.
- Reife- 341 ff.
- Wachstums- 340 ff.

Philosophieaspekt des Marketing 8

PIMS 74, 249
- Projekt 351

Pionier 427

Plakat 717
- Test 834

Planung 1128
- Kennwerte 789
- Kennziffer 786
- Marketing s. Marketingplanung
- Produkt 440
- strategische 233 ff.
- Termin- 420
- Top-Down- 1115
- Unternehmens- 233 ff.

Planungsorientierter Ansatz 706

Plattformstrategie 1331

Plausibilitätsfragen 157

Plazierung
- Zweit- 360

Polarisierung
- der Nachfrage 107

Politik
- Kundendienst 336
- Marken- 336
- Preis- 550, 557
- Produkt- 335
- Programm- 335

Polypol 520 ff.

Portfolioanalyse 249 ff.
- BCG- 251
- Marktattraktivitäts-Wettbewerbsvorteils- 251
- Marktwachstums-Marktanteils- 351

- McKinsey- 251
- Neun-Felder-Matrix 251
- SGE 262
- Vier-Felder-Matrix 251

Positionierung 395 f., 693
- Betroffenheits- 1294
- Entscheidung 1305 f.
- Lücke 356
- ökologieorientierte 1307
- Produkt- 353 ff., 619

Post-Tests
- Recall-Test 835
- Recognition-Test 835

Potential
- akquisitorisches 523, 555

Präferenzstrategie 1218, s. auch Strategie

Prämissen
- Ceteris-paribus- 515
- Kontrolle 1137

Präsentations-Effekt 910

Preference map 354

Preis
- Agentur 934
- Bereitschaft 447, 542, 555
- Beurteilung 499
- Bewußtsein 484, 498 f.
- Bildung 507
- Druck 262
- Einstands- 562, 582
- Einzel- 496, 559 ff.
- Elastizität 489 f.
- Empfinden 497
- Endverbraucher 527, 582
- Erhöhungsspielraum 367
- Erstarrung 535
- gebrochener 499
- glatter 499
- Grenz- 525 ff.
- Handelsabgabe- 527
- Herstellerabgabe- 582
- Interesse 493 ff.
- Kampf 483
- Kenntnis 495 ff.
- Klassen 210
- Leit- 541 f.
- Listen- 582
- Netto-Netto- 582
- Penetrations- 565
- Prämien- 449
- Prohibitiv- 514
- Promotions- 549
- psychologischer 499
- runder 499
- Schwellen 496

1461

- Skimming- 565
- Sonder- 550
- Starrheit 535
- Stellung 499, 532
- Transparenz 1257
- Urteilsanker 496
- Verfall 562 f.
- Verhalten 210
- Vorteile 269
- Wahrnehmung 488
- Würdigkeitsurteil 499

Preisabhängige Qualitätsbeurteilung 500
Preis-Absatz-Funktion 514
- Änderungswirkung 569
- atomistischer Abschnitt 524
- monopolistischer Abschnitt 524, 537
- Sprungstellen 525

Preis-Bestimmung
- nutzenorientierte 548

Preisbündelung 556
- gemischte 559 f.
- horizontale 554
- leistungsbezogene 552
- personelle 556
- qualitative 552
- quantitative 556
- räumliche 556
- reine 559 f.
- vertikale 553 f.
- zeitliche 556

Preisdifferenzierung 934, 1172
Preisgünstigkeitsurteil 497, 499
Preis-Image-Konsistenz 502
Preisindex 1373
Preis-Mengen-Steuerung
- ertragsorientierte 1172

Preisnormenbereich 496
Preispolitik 997
- Ausgleich 561
- konkurrenzgebundene 531
- nicht-lineare 557
- reaktionsfreie 527
- Spielraum 369, 848

Preispositionierung 1372
Preis-Qualitäts-Irradiationen 549
Preis-Qualitätsvermutung 1169
Preistheorie
- klassische 504

Preisuntergrenze 510 f.
- dynamische 564
- kurzfristige 511
- langfristige 511
- Wirkungen 511

Pre-Tests
- apparative Verfahren 832
- Befragungstechniken 833
- Foldertest 833
- Kurzzeittest 833
- Plakattest 834
- TV-Test 834
- Werbekauftest 834

Pricebundling 1172
Price deals 723
Primacy-Regency-Effekt 823
Primärforschung 145
Primärleistung 336
Print-DAR-Tests 833
Prinzip
- „Down-up"- 1115
- Gegenstrom- 1115
- Gratifikations- 1277
- Knappheits- 1277
- des Nicht-Ausschlusses 1267
- der Nicht-Rivalität 1267

Problemdefinitionsphase 145
Product Life Cycle Management 346
Product Placement 734
Produkt
- Entwicklung 245
- Entwicklungsaufwendungen 403
- Franchising 633
- Geschäft 1213
- gesellschaftliches 1278
- Grundfunktionen 437
- Kompetenz 1018
- Komplexität 329
- Leistung 360
- Linie 335, 464
- Manager 1074
- Modifikation 438
- Pflege 436
- Planung 440
- Politik 335, 372
- Positionierung 693
- Produktwissen 693
- Relaunch 438
- Standardkosten 1139
- Test 408 f., 1169
- Typologien 331
- Varietät 440
- Vielfalt 1044, 1048
- Wahl 208

Produktbegriff 332 f.
- generischer 333
- substantieller 332 f.

Produktdifferenzierung
- Grad 450
- i.e.S. 440
- i.w.S. 440
Produkteliminierung
- Prozeß 451 ff.
Produkthomogenität
- technisch-qualitative 328
Produktimage
- emotionales 1422
- technisches 1421
Produktinnovationen 338, 373 ff., 390, s. auch Innovation
- Begriff 374
- netzwerkabhängige 385
Produktinnovationsrate 348
Produktionsfunktion 507
Produktionsprogramm 1044
Produktionsprozesse 1044
Produktivität
- Flächen- 365
Produktkonzept 1051
- erweitertes 333
- Modularisierung 329
Produktlebenszyklus 46, 238, 329, 338 f., 1321, 1351, s. auch Lebenszyklus
Produktlebenszyklusphasen 344 f.
Produkt-Markt-Kombinationen 233, 237
Produkt-Markt-Matrix 244, 246
Produktmarktraum 354 ff.
Produktpositionierung 353 ff., 619, 693
- emotionale 693
Produktpotential 252
Produkt-Profitabilität (DPP) 1145
Produktprogramm 335, 1043
- relatives 252
Produktqualität
- wahrgenommene 367
Produkt-Rentabilität (DPR)
- direkte 1145
Produktwahrnehmung
- Ideal- 354
- Real- 354
Produzentenhaftung 328, 470
Prognosemethoden
- exponentielle Glättung 174
- gewogener gleitender Durchschnitt 173
- gleitender Durchschnitt 173
- Indikatormodelle 176
- qualitative 178 ff.
- quantitative 173 ff.
- Trendverfahren 174 ff.

Prognosen s. auch Analyseverfahren
- Absatzpotential- 171
- Absatzvolumens- 171
- Entwicklungs- 172
- Marktanteils- 171
- Marktpotential- 171
- Marktvolumen- 171
- Wirkungs- 172
Prognostische Relevanz 173 f.
Programmbereinigung 1050
Programmbreite 462
Programmierung
- ganzzahlige 987
- geometrische 987
- lineare 986 f.
- mathematische 986
- parametrische 987
Programmpolitik 335, 372
Programmstrukturanalyse 1046
Programmtiefe 462
- als Strategie s. Strategie
Projekt
- Organisation 1086, 1088
- Team 1088
Projektionsverfahren 414
Projektmanagement
- externes 1089
- gemischtes 1089
- internes 1089
Projektorganisation 1428 f.
Promotoren
- Fach- 1114
- Macht- 1114
Provision 911
Prozeß
- Bewertung 132
- Entscheidung 132
- Informationsverarbeitung 99
- Innovation 374
- interaktiver 1205
- Kern- 1018
- Kompetenz 1018
- Komplexität 1058, s. auch Komplexität
- Lern- 119
- Management 1094
- Modelle 382, 1210
- Organisation 1086 f.
- Orientierung 26 ff., 1010, 1086, 1121
Prozeßkostenrechnung 27
Prozeßorientierte Entkopplung 1015
Prozeßpolitik 1167
Psychogalvanometer 833
Psychologischer Fit 695

1463

Public Relations 684, 724
Publikumszeitschriften 716
Punktbewertungsmodell 399
Punktbewertungsverfahren 625, 630 f.
Pupillometer 833
Pyramide
- Bedürfnis- 118
- Ziel- 69

QFD 401
Qualität
- Ansprüche 328
- Begriff 273, 1120
- Credence qualities 1310
- Experience qualtities 1310
- Kommunikationsmittel- 696
- Kommunikationsträger- 695
- Mediennutzer 815
- ökologieorientierte Qualtitätseinschätzung 1310
- Personenqualität 694
- Qualitätsorientierung 273 ff.
- Search Qualities 1310
- Sender- 695
- Situations- 696
- Unsicherheit 1219
- Vorteile 1187
- Werbeträgergattung 815
Qualitätsbeurteilung
- abhängige 500
Quality Commitment 277
Quality Function Deployment (QFD) 401
Quantensprünge 392
Querschnittskoordination 1074
Quoten
- Verfahren 151

Rabatt 650
- Arten 589, 651
- Barzahlungs- 585
- Delkredere- 585
- Form 585
- Funktions- 585 f.
- Inkasso- 585
- Mengen- 586 ff.
- Pauschalfunktions- 582, 586
- System 586, 1222
- Treue- 586 ff.
- Verbraucher- 586 ff.
- Zeit- 586 ff.
Rabatthöhe
- optimale 585, 589

Rating-Skalen 149
Rationalverhalten der Konsumenten 541
Raumleistung 365
Reaktionsfähigkeit 1166
Reaktionsfunktionen s. Marktreaktionsfunktionen
Reaktionsgeschwindigkeit 1042
Reaktionskoeffizienten 186, 188
Reaktionsverbundenheit 482
Realibilität 146
Realproduktwahrnehmung 359
Reason Why 711
Rechnungswesen 1125
Redaktionelles Umfeld 815
Referenzanlagen 1219
Regressionsanalyse 165 ff.,
   s. auch Analyseverfahren
Reichweite
- Brutto- 818
- kombinierte 818
- Netto- 818
- qualitative 816
- quantitative 816
Reifephase 341 ff., 981
Reintegration von Arbeitsinhalten 1011, 1053
Reisender 627 ff.
Reklamationen 276
Relationship-Marketing 328, 1209 ff.
Relevanter Markt 35, 37 ff.
Reliability Leistungen
- Soll-Leistungen 956 f.
Rentabilität
- Umsatz- 365
- umsatzbezogene Kapital- 365
Repräsentativität 149, 411
Responsefunktionen
- dynamische 790
Ressourcen
- Analyse 66 ff.
- Flexibilisierung 1020
- knappe 455
- Überschuß- 1020
- Verteilung 233
Return on Investment (RoI) 327
Revision 1125
Risiko
- Analyse 346
- Arten 383
- Ausgleich 455
- Eintritts- 383
- Einstellung 124
- Entwicklungs- 383

– Kauf- 501
– Mißerfolgs- 398
Risikobereitschaft 124
– der Entscheidungsträger 506
– des Käufers 418
Risikoneigung
– der Entscheider 432
– des Managements 567
Risikozuschläge 406
Rohertrag 582
RoI 327
Rollenverteilung 139
Routinemanagement 380
Rückführungskanal 1310
Rückkopplung 234, 382
Rückkopplungsprozesse 62
Rulemakers 1094
Ruletakers 1094

Sachleistung
– Abgrenzung zur Dienstleistung 53
Sachziele 1126
Sammelkauf 935
Sanktionsmechanismen 137
Sanktionssysteme 1136
Sättigung und Degeneration 981
Sättigungsmenge 515 ff.
Sättigungsniveau 790
SB-Warenhäuser 1188
Scan
– GfK Behavior- 411
Scannerkassen 469, 580
Scanning 612, 669 ff.
Scanning-Kassen 1191
Schicht 127
– soziale 109, 128
Schlüsselfaktoren 28
Schnittstellen 1015, 1094
Schnittstellen-Management 389, 969, 1015
Schnittstellenproblematik 1014, 1215
Schock-Werbung 810
Schwächen 66 f.
Scoring-Modell 399, 610, 625
Selbstkannibalisierung 925
Segment
– Bewertung 1239
– integrale Segmentbildung 1239
Segmentbearbeitungsstrategien
– differenzierte 217
– konzentrierte 216
– teilweise 216
– undifferrenzierte 216
– vollständige 216

Segmentbeitrag
– Brutto 1149
– kontrollierter 1149
– Netto 1149
– umsatzvariabler 1149
Segmentierung
– Benefit s. Benefit-Segmentierung
– Fertigungs- 1017, 1051
– I-Segmentierung 1217
– K-Segmentierung 1217
– Makro- 1217
– Markt- s. Marktsegmentierung
– mehrdimensionale 1217
– mehrstufige 1217
– Mikro- 1217
– Nutzen 545
– O-Segmentierung 1217
– Unternehmens- 1051
Segmentierungsaspekt des Marketing 9
Segmentierungskriterien
s. Marktsegmentierung
Sekundär
– Forschung 145, 152
– Leistung 335
Selbstabstimmung 1026
Selbstbedienungskauf 890
Selbstverkäuflichkeit 361
Selektion
– qualitative 635 f.
Selektionskonzept 604
Selektionsverfahren 622
Selektivität 114
Self-Controlling 1152
Selling Center 1205
Sender
– Effekt 910
– Qualität 695
Sensitivitätsanalyse 406 f.
Servicecenter 963
Service-Image 1413
Service-Niveau 961, 1412 f.
Servicepolitik 1197
Servicezufriedenheit 940
Share of Advertising 1401
Share of Voice 1404
Shopping
– CD-ROM- 888
– Electronic- 893
– interaktives Tele- 888, 893
Sicherheitsbestand 668
Signet 707
Simultaneität
– der Absatzmarktorientierung 1179
– der Beschaffungsmarktorientierung 1179

Single-Haushalte 106
Single sourcing 1190
SINUS/SIGMA-Lebensweltforschung 202
Situationsqualität 695
Situationswandel 1230
Skalen 147 ff.
– Intervall- 148 f.
– Rating- 149
– Verhältnis- 149
S-Kurvensprung 422 f.
Slack 1022
Sleeper-Effekt 910
Society
– sustainable 1293
Solldeckungsbeiträge 510
Soll-Ist-Vergleich 1129
Sonderangebot 562 f.
Sondermodellpolitik 1369 ff.
Sortiment
– Abdeckung 1183
– Konzentration 1183
– Spezialisierung 1183
– Standardisierung 1186
– Standardisierungsgrad 1185
– Strategien 1185
Sortimentspolitik 1197
Sozialaspekt des Marketing 9
Soziale Schichtung 194
Sozialnutzen 1298
Sozialziele 1126
Spartencontrolling 1152,
  s. auch Controlling
Special-Interest-Zeitschriften 716
Speed to Market 1218
Speicher
– Arbeits- 116
– Kurzzeit- 116
– Langzeit- 116
– sensorischer 115
Spezialisierung 1006, 1112
– Bedürfnis- 240
– Funktions- 240, 1055
– kombinierte 240
– Markt- 240
– Produkt- 240
– selektive 1185
– Technologie- 240
– Zielgruppen- 240
Spezifizierung
– von Marketingstrategien 1108
Sponsoring 729
– Erscheinungsformen 731
– Kultur- 734
– im ökologischen Bereich 734

– Overkill 732
– Programm- 731
– im sozialen Bereich 734
SPRINTER-Modell 407 f.
S-O-R-Modelle 99
S-R-Modelle 99
Stärken 66 ff., s. auch Analysen
Stakeholder 18
Standardisierung 268, 1168, 1244
– Intensität 1244
– preispolitische 1254 f.
Standards 1022
– Industrie- 272
Standort
– Forschung 1163
– Gebundenheit 1179
– Politik 1187
– Strategien 1185
– Typen 1186
– Wahl 666, 1186
Stichproben-
– Auswahlverfahren 147, 150 ff.
– umfang 147
Stickiness 783 ff.
Stimulierungskonzept 605
Stoßrichtung
– strategische 233, 463
Straight Rebuy 1208
Strategie
– abnehmergerichtete 269 ff.
– absatzmittlergerichtete Basis- 603 ff.
– Abschöpfungs- 252
– Akquisitions- 260
– Anpassungs- 604
– anspruchsgruppengerichtete 1220 f.
– Behauptungs- 233, 263
– Copy- 709, 711
– Desinvestitions- 252, 254, 455
– Differenzierungs- 270 f.
– Diversifikations- 245 f., 418, 1241
– Extensivierungs- 12
– Fokussierungs- 239, 242
– Folger 257 f.
– Full-Service- 958
– Gesamtmarktabdeckung- 239, 242
– Gestaltungs- 709
– Imitations- 271
– Innovations- 272 ff., 382 ff.,
  s. auch Innovation
– integrierte Unternehmens- 234
– Intensivierungs- 12, 244
– Investitions- 251
– Konflikt- 606
– Konzentrations- 264, 271, 1241

- Kooperations- 259 f., 606
- Kostenführer- 271
- kostenorientierte Marketing- 1242 f.
- Low-Service- 958
- Marken- s. Markenstrategie
- Markierung 271, 277, 846 ff.
- Marktabdeckungs- 239 ff., 263, 271
- Marktaustritts- 264
- Marktbearbeitungs- 216 ff.
- Marktdurchdringungs- 244
- Markteinführungs- 418
- Markteintritts- 259 ff.
- Marktentwicklungs- 245
- Marktfeld 244, 246 ff.
- Marktteilnehmer- 268 f.
- Neuprodukteinführungs- 260
- Norm- 233
- Pionier- 257 f., 272
- Präferenz- 269
- Preis-Mengen- 269 f.
- Produkteliminierungs- 455
- Produktentwicklungs- 244
- Produkt-Segment Spezialisierungs- 270
- Programmbreite 278
- Pull- 605, 647 ff.
- Push- 605, 647 ff.
- Qualitätsführerschafts- 270, 271
- reaktive Basis- 1304 f.
- Rückzugs- 233, 264
- Selektions- 252
- SGE- 234
- Sprinkler- 1241 f.
- „structure follows strategie" 1112
- Timing 1242
- Umgehungs- 609
- Umwelt 1301
- Unternehmens- 233 ff.
- Wachstums- 233
- Wasserfall 1241 f.
- Zerschlagungs- 264

Strategieaspekt des Marketing 8
Strategiefestlegung 15
Strategiekombination 381
Strategieorientierter Ansatz 706
Strategiesystematik 270
Strategische
- Allianzen 1176
- Fenster 68
- Geschäftseinheiten 233
- Geschäftsfelder 235 ff., 264
- Grunddimensionen 271
- Kommunikationsplanung 707
- Marktwahl 1238
- Stoßrichtung 463

Strategischer Korridor 1233
Streuplan 1386 f.
Streuplanung 785
Struktur
- „Ad hoc" 1092
- „Als-ob" 1090
- Bevölkerungs- 104
- Konsum- 107
- Unternehmens- 1108, 1112
Stuck in the middle 1187
Stückkosten 507
Subjektivität 114
Substituierbarkeit
- wahrgenommene 44
Substitutionsbeziehungen 43, 186
Substitutionseffekt 449, 1041
Substitutionselastizität 505
Substitutionsgüter 492
Sucheigenschaften 24, 54
SWOT-Analyse 68, 1135
Synektik 395
Synergie 380
- Management- 434
- Marketing- 434
Synthetischer Ansatz 799
System
- Absatzkanäle 600 ff.
- Anreiz- 435 f.
- Bildung 1126
- Baukasten- 440
- computergestütztes 163
- Führungs- 435
- Leistungs- 1112
- logistisches 600 ff.
- Modul- 440
- Unternehmens- 1111
- Warenwirtschaft- 469
Systemgeschäft 1214 f.
Systemkopplung 1126
Systemmodelle 138, 140
System-Sourcing 1058
Systemzentrale 640
Szenario 172

Tachistoskop 832
Tangibles Umfeld
- Annehmlichkeit des 1166
Target Costing 27, 1137 f.
Target pricing 527 f.
Tarif
- Block- 575
- zweiteiliger 575
Tarifzugang 575

1467

Tausenderkontaktpreis (TKP) 779
Tausenderpreis 817
Team
- Projekt- 1088
- Strukturen 1152
Technologiewechsel 422
Technology-Push 383
Teilerhebung 149
Telefonmarketing 744
- temporäres 1092
Terminplanung 420
Test
- In-home- 410
- Konzept- 409
- Typen von Produkt- 409
- Voll- 410
Testimonials 807
Testmarkt
- Alternativen 423
- Labor- 412
- Mini- 411
- Simulation 412
Testmethoden 832 ff.
- Post-Tests 835 ff., s. auch Post-Tests
- Pre-Tests 832 ff., s. auch Pre-Tests
Testverfahren
- psychologische 163
Tiefeninterview 163
Time-lag 540, 973
Timing
- länderspezifisches 1241
- Strategien 1242
Tonality 711
Totalmodelle 1206
- von Howard und Sheth 132
Total Quality Management (TQM) 277, 327, 1009, 1120
TQM s. Total Quality Management
Trade-Off 401, 542
Trading-Up 465, 894
Trading-Down 465
Trajektorie
- Zielbündel- 81
Transaktionen 30
- Form 1213
- Kosten 554, 1211
- Prozeß 55
- Theorie 1022
Transaktionskosten 921
- Theorie 921
Transaktionskostensenkungspotential 920
Transfer
- Goodwill- 467 f.

- Potential 865
- Produkt 865
Transport 605, 669
Trendsetterrolle 391
Trendverfahren
- exponentielle 175
- lineare 175
- logistische 176
Triffinischer Koeffizient 505
Trommsdorf-Modell 123
TV-Spots 806
TV-Tests 834

UAP s. Unique Advertising Proposition
Überalterung s. Gesellschaft
Überwachung
- Fähigkeit 1116
Ubiquität 894
Umsatz
- Abnahmerate 790
- Funktion 512
- Kapitalrentabilität 365
- Rentabilität 365
- Struktur 348
- Verdrängung 574
- Verlust 574
Umwelt
- Aufgaben- 1233
- Bewußtsein 107, 328
- Dynamik 28
- globale 1233
- heterogene 1230
- Strategie 1301
Umweltorientierte Absatzmittlerselektion 1311
Ungewißheit 57, 404
Unique Advertising Proposition (UAP) 682, 711, 855
Unique Selling Proposition (USP) 711, 854
Universal Product Code (UPC) 670
Unsicherheit 28
- strategische 256
- technologische 256
- wahrgenommene 769
Untereinstandspreisverkäufe 562
Unternehmen
- modulare 1057
- Netzwerke 1091
- öffentliche 1265 ff.
- Philosophie 1110
- Potentiale 1109
- regulierte 1268
- Struktur 1109, 1112

1468

- symbiotisches 1093
- Systeme 1111
- virtuelle 1025, 1057
Unternehmensführung 1011
- ergebnisorientierte 1123
Unternehmensgrundsätze 71
Unternehmensidentität 70, 235
Unternehmenskommunikation
- Funktionen 685 f.
- Grundformen 686
- integrierte 684
Unternehmenskultur 235, 276 f., 1109, 1111
- Fit 388
Unternehmenspersönlichkeit 70
Unternehmensplanung
- operative 1129
- strategische 234, 1127
Unternehmensstrategien 233 ff.
Unternehmenswebseiten 764
Unternehmensziele 62 f., 69 ff., 73, 262
Unternehmenszweck 71
Unterordnungsverhältnis 1025
Unterstützungsfond 650
Unvoiced complainer 367
Unvoiced Complaints 136
Ursache-Wirkungsbeziehungen 165
UPC s. Unique Product Code
USP s. Unique Selling Proposition
User 782

Validität 146
Value-Added-Services 328, 336, 442, 1226
Variable
- kontrollierte 58
- nicht kontrollierte 58
Variantenbildung 1051
Variantenmanagement 278
Variantenvielfalt 1043
Varianzanalyse s. Analyseverfahren
Variety-Seeking-Behavior 851 ff.
Verantwortung
- gesellschaftliche 470
Verbrauchermärkte 1180
Verbraucherverhalten
- Theorie 970
Verbund
- Bedarfs- 467
- Beziehung 442, 454 f., 461
- Effekt 350, 467, 564, 568, 1199
- Informations- 467 f.
- Kauf- 467 f., 561 f.
- Modelle 468 f.
- Nachfrage- 467 f., 561
- Wirkungen 364 f.
Verbundenheitsgefühl 367
Verdrängungswettbewerb 261 f.
Vereinigungen
- öffentliche 1265
Verfahren s. auch Analyseverfahren
- apparative 163
- dekompositionelle 205
- diagnostische 831
- diskursive 392
- ereignisorientierte 136
- evaluative 831
- intuitive 392
- kompositionelle 205
- Konzentrations- 151
- merkmalsorientierte 136
- Quoten- 151
- Stichproben- 151
Vergessenseffekte 823
Vergleich
- Gewinn- 628 ff.
- Kosten- 627 f.
Verhalten
- Absichten 694
- Imitations- 115
- Informations- 115
- Kampf- 532
- Koalitions- 532
- prozyklisches 509
- wirtschaftsfriedliches 532
Verhaltensaspekt des Marketing 8
Verhaltensgitter 908
Verhältnisskalen 149
Verkauf
- Außendienst- 888 f.
- Automaten- 888
- elektronischer 888
- Event 888, 890
- klassischer persönlicher 888
- medialer 888
- Messe- 888, 890
- multimedialer 888, 893
- Party-/Event- 888, 890
- persönlicher 888 f.
- printmedialer 888
- semipersönlicher 888
- stationärer 888
- Telefon- 888, 891
- unpersönlicher 888
- unter Einstandspreis 562
- Versand- 893
Verkäuflichkeit
- Selbst- 361

1469

Verkaufs
- Aktivitäten 903
- Bezirke 903
- Budgetierung 901
Verkaufsförderung 684
- handelsorientierte 721
- konsumentenorientierte 721
- verkaufspersonalorientierte 721
Verkaufsmanagement 899
Verkaufspersonal 902
Verkaufsorganisation 913
Verkaufsplanung
- konzeptionelle 899
- operative 900
Verkaufsprämien 912
Verkaufsprozeß 887 ff., 906
- im Geschäft 1200
- Interaktionsansätze 906
- käuferorientierte Ansätze 906
- Verhaltensansätze 906
- verkäuferorientierte Ansätze 906
Verkaufswettbewerbe 912
Vernetzung
- mixübergreifende 737
Verpackungen
- Ansprüche 437 ff.
- Funktionen 456
- Transport- 455
- Um- 455
- Verkaufs- 455
Verrechnungspreise 1028
Versagerquote 378
Versandhandel 1180
Versuchsanlagen
- experimentelle 159
Vertikales Marketing 360, 605 ff.
- Aufgaben 606 f.
Vertragliche Beziehungsstruktur 604
Vertragshändler 634 ff., 1406
Vertrauen 25, 367, 724
- Eigenschaften 24, 56
Vertrauensgutcharakter von
  Dienstleistungen 1164
Vertreter s. auch Reisender
- Abschluß- 626
- Allein- 626
- Bezirks- 626
- Einfirmen- 626
- General- 626
- Mehrfirmen- 626
- Vermittlungs- 626
Vertrieb
- Allein- 634 ff.
- Anweisungs- 633

- direkter 616 f., 642 f.
- exklusiver 637
- indirekter 615 f.
- Kommisions- 633 ff.
- Universal- 617
Vertriebsbindungen 635
- Klassen 635
- System 633 ff.
Vertriebs
- Formen 614 ff.
- Kosten 601, 621
- Strategie 1406 ff.
Vertriebssysteme
- Allein- 633
- einstufige 619
- Grundtypen 618
- Konflikte 621
- Kontrolle 621
- vertragliche 616, 632
- zweistufige 619
Vertriebsweg 621
Verursachungsprinzip 1145
Verwaltungen
- öffentliche 1265 ff.
Verwendungsintensität 210
Vidale-Wolfe Modell 790
Virtualität
- Organisation 1091
- Produkte 1090
- Verständnis 1090
Virtual shopping 414
Virtueller Marktplatz 922
Virtuelles Kaufhaus 646
Virtuelle Unternehmen 1025, 1057
Visit 781
Vollerhebung 149
Vollkommenheitsgrad des Marktes 38, 504
Vollkosteninformationen 363
Volltest 410
Vorschlagswesen
- betriebliches 392
Vorteil
- Zeit- 422

Wachstumsphase 981
Wahrnehmung 114, 691
- im Unterbewußtsein 691
- subliminale 114
- Wirkungen 691
Wahrnehmungsschwelle 543, 823
Wahrnehmungsverzerrungen 359, 543
Währungsumrechnung 1257
Warenhaus 1179, 1181

Warenpräsentation   1200
Warenspezifische Analogiemethode   989
Warenverteilung
– Strukturen   665 ff.
– System   666
– Zentrum   672
Warenwirtschaftssysteme (WWS)   469, 670 ff.
– integrierte   669 ff., 1191
Wear-out-Effekte   822
Webseiten   764
Wechselbarriere   367, 368
Wechselkosten   1211 f.
Weiße Ware   872
Werbeanteil-Marktanteil-Methode   789
Werbebotschaften
– Gestaltung   806, 1391 ff.
– inhaltliche Gestaltung   806
– psychologische Gestaltung   807
Werbebudgetierung
– konkurrenzbezogener Ansatz   788
Werbeerinnerung
– ungestützte   1425
Werbeertragsgesetz   796
Werbekauftest   834
Werbemittel   692, 709
– Kontakt mit   692, 826
– Kontaktchance   816
– räumliche Plazierung   823
– zeitliche Plazierung   823
Werbepsychologie   705
Werbeschaltung
– saisonale Aufteilung   823
Werbeträger   711
– Kontakt   826
– Kontaktchance   816
– Gattungsqualität   815
Werbeträgerüberschneidung
– externe   818
– interne   818
Werbewirkung   767
– Forschung   831 ff.
– Funktion   789, 798
– Koeffizienten   826
Werbung
– Direct-Response-   744
– Erhaltungs-   823
– Fernseh-   719
– Funk-   720
– klassische   684
– kontinuierliche   822
– pulsierende   822
Werte   109, 125 ff., 1110
– Wandel   126 f.

Wertkette   26
Wertschöpfung
– Kette   362, 921 ff.
– Kreislauf   328, 472
– Prozeß   1011
Wertsteigerung von Unternehmen   849
Wertziele   1126
Wettbewerb
– Globalisierung   483, 1230 ff.
– horizontaler   850
– internationaler   850
– Position   250
– Strategie s. Strategie
– Verdrängungs-   261
– vertikaler   850, 869 ff.
Wettbewerbsvorteil
– Definition   267
– kostenbezogener   263, 270
– qualitätsbezogener   263, 270
– relativer   250
– zeitbezogener   272
Wheel of retailing (Betriebsformendynamik)   1197
Wiederbeschaffungszeit   668
Wiederkauf
– Absicht   940
– identischer   1208
– modifizierter   138, 1208
– Rate   681
– reiner   138
– Zyklus   366
Wiederverkäufer   1179
Wirkungen
– Hierarchie der   697
– Interdependenzen   836 ff.
– Konstante   790
– Kontrolle   830, 1419
– Prognose   165
Wirkungsforschung
– diagnostische Verfahren   831
– evaluative Verfahren   831
– Testmethoden   832 ff., s. auch Pre-Tests und Post-Tests
Wirkungskurven   819
Wirkungspfade
– Modell der   698
Wirtschaftlichkeit   187
Wirtschaftswachstum   374
Wissen   114 ff.
Wohlstandsgesellschaft   106
Wohngebietszellen   191
World Wide Web (WWW)   754
WWS s. Warenwirtschaftssysteme

Yield Management 570 ff., 1172

Zahlungsbedingungen 593
Zeitfaktor
– Management des 423
Zeitliche Stabilität 187
Zeitpunkt
– Handlungs- 448
Zeitreihenanalyse 165
Zeitschriften
– Fach- 716
– Publikums- 716
– Special-Interest- 716
Zeitvorteil 422
Zentralisationsgrad 389
Ziel
– Ausmaß 78
– betriebsgerichtetes 486
– Beziehungen 79
– Distributions- 600
– Divergenzen 464, 612
– Ebenen 71, 75
– Funktionsbereichs- 75
– Gewichtung 80
– Hierarchie 71, 679
– Inhalt 76
– Komplementarität 79
– Konflikte 79, 1183
– Kosten 1138
– Marketing- 69 ff.
– marktgerichtetes 486
– Mittel-Zweck-Vermutung 82, 679
– Neutralität 79
– öffentliches 1270 f.
– ökonomisches 331
– Operationalisierung 680
– Planung 69
– Portfolio 253
– psychographisches 331, 1164

– Pyramide 69
– System 73, 262
– Unternehmens- 62 ff., 69 ff., 262
Zielbeziehungen 486, 611
Zielbündel-Trajektorie 81
Zielgruppen
– Abdeckung 1183
– Auswahl 214
– Konzentration 1183
– Spezialisierung 1183
Zielgruppenabgrenzung 682
– horizontale 682
– personale 682
– vertikale 682
Zielkostenfestlegung 1139
Zielkostenspaltung 1138
Zielrevision 1136
Ziel- und Aufgabenmethode 787
Zirkelschluß 787
Zufallsauswahl 150
– einfache 151
Zufriedenheit 135, 941, 1118, 1423
– Analyse 372 ff.
– Forschung 1163
– Händler- 372
– Kundendienst 372
– Produkt 372
Zugang
– Netz- 575
– System- 575
– Tarif- 575
Zugänglichkeit 187
Zusatzleistungspreise 1222
Zusatzmedium 716
Zusatznutzen 457
Zuständigkeitskonflikt 916
Zuverlässigkeit 274, 1166
Zweitplazierung 360
Zyklus
– Entstehungs- 403 f.

GABLER-Fachliteratur zum Thema „Marketing" (Auswahl)

Martin Benkenstein
Entscheidungsorientiertes Marketing
Eine Einführung
2000, ca. 400 Seiten, gebunden
ca. DM 68,–
ISBN 3-409-12262-1

Manfred Bruhn
Marketing
Grundlagen für Studium und Praxis
4., überarbeitete Auflage 1999,
331 Seiten, Broschur, DM 49,80
ISBN 3-409-43646-4

Manfred Bruhn
Marketing interaktiv
Grundlagen für Studium und Praxis
1999, CD-ROM, DM 68,–*
ISBN 3-409-19841-5

Manfred Bruhn/Heribert Meffert (Hrsg.)
Handbuch Dienstleistungsmanagement
Von der strategischen Konzeption
zur praktischen Umsetzung
1998, XVIII, 1030 Seiten,
gebunden, DM 198,–
ISBN 3-409-13593-6

Manfred Bruhn/Hartwig Steffenhagen (Hrsg.)
Marktorientierte Unternehmensführung
Reflexionen – Denkanstöße – Perspektiven
2., aktualisierte Auflage 1998,
XVIII, 588 Seiten, gebunden DM 128,–
ISBN 3-409-22217-0

Heribert Meffert (Hrsg.)
Marktorientierte Unternehmensführung im Wandel
Retrospektive und Perspektiven
des Marketing
1999, XI, 562 Seiten, gebunden,
DM 128,–
ISBN 3-409-11520-X

Heribert Meffert (Hrsg.)
Verkehrsdienstleistungsmarketing
Marktorientierte Unternehmensführung
bei der Deutschen Bahn AG
2000, XIV, 272 Seiten,
gebunden, DM 118,–
ISBN 3-409-11555-2

Heribert Meffert/Norbert Krawitz (Hrsg.)
Unternehmensrechnung und -besteuerung
Grundfragen und Entwicklungen
1998, XXIX, 798 Seiten, gebunden,
DM 128,–
ISBN 3-409-12307-5

* unverbindliche Preisempfehlung

Zu beziehen über den Buchhandel
oder den Verlag.
Stand: 1.9.2000
Änderungen vorbehalten.

GABLER
BETRIEBSWIRTSCHAFTLICHER VERLAG DR. TH. GABLER GMBH,
ABRAHAM-LINCOLN-STRAßE 46, 65189 WIESBADEN

Heribert Meffert (Hrsg.)

Marktorientierte Unternehmensführung im Wandel
Retrospektive und Perspektiven des Marketing

1999, XII, 562 Seiten, gebunden, DM 128,–
ISBN 3-409-11520-X

Das Konzept der marktorientierten Unternehmensführung war in den letzten Jahrzehnten einem stetigen Wandel unterworfen. Prof. Dr. Dr. h. c. mult. Heribert Meffert, der Gründer des ersten Instituts für Marketing an einer deutschen Hochschule, hat die Entwicklungen der marktorientierten Unternehmensführung dabei maßgeblich in Forschung und intensiver Zusammenarbeit mit Unternehmen geprägt.

Vor dem Hintergrund fortwährend veränderter Rahmenbedingungen werden aus der nunmehr 30jährigen wissenschaftlichen Arbeit Heribert Mefferts Retrospektiven und Perspektiven des Marketing zu folgenden Themenbereichen dargestellt:

- Marktorientierte Unternehmensführung,
- Käuferverhalten und Marketingforschung,
- Strategisches Marketing,
- Marktorientiertes Umweltmanagement,
- Internationales Marketing sowie
- Marketing und Allgemeine Betriebswirtschaftlehre.

Mit dieser breit angelegten Sichtweise des Marketing schafft dieses Werk sowohl für Studenten und Wissenschaftler als auch für Praktiker einen umfassenden Überblick über die Entwicklungslinien der marktorientierten Unternehmensführung.

Betriebswirtschaftlicher Verlag Dr. Th. Gabler GmbH, Abraham-Lincoln-Straße 46, 65189 Wiesbaden

Manfred Bruhn/Heribert Meffert (Hrsg.)

Handbuch Dienstleistungsmanagement
Von der strategischen Konzeption zur praktischen Umsetzung

1998, XVIII, 1.030 Seiten, gebunden mit Schutzumschlag,
DM 198,–, ISBN 3-409-13593-6

Prof. Dr. Manfred Bruhn ist Professor der Betriebswirtschaftslehre, insbesondere Marketing und Unternehmensführung, am Wirtschaftswissenschaftlichen Zentrum (WWZ) der Universität Basel.

Prof. Dr. Dr. h. c. Heribert Meffert ist Professor der Betriebswirtschaftslehre und Direktor des Instituts für Marketing an der Westfälischen Wilhelms-Universität Münster.

Fast alle Industriestaaten befinden sich seit Jahrzehnten auf dem Weg in eine „Dienstleistungsgesellschaft". Auch in den nächsten Jahren wird die Bedeutung klassischer und produktbegleitender Dienstleistungen weiter zunehmen. In Wissenschaft und Praxis bestehen jedoch noch zahlreiche Defizite bei der Entwicklung und Umsetzung einer ganzheitlichen Konzeption des Dienstleistungsmanagements.

Manfred Bruhn und Heribert Meffert schließen diese Lücke mit einem umfassenden und kompakten Grundlagenwerk. In 40 Beiträgen bietet das Handbuch einen State of the Art zum Dienstleistungsmanagement. Renommierte Experten aus dem In- und Ausland beziehen zu den zentralen Themenbereichen des Dienstleistungsmanagements Stellung:

– Märkte, Leistungen und Erstellungsprozesse,
– Informationsgrundlagen,
– Strategische Ausrichtung und operative Umsetzung,
– Führungs- und Organisationsaspekte,
– Implementierung und Erfolgskontrolle,
– Erfolgsfaktoren und Entwicklungstendenzen.

Das Handbuch Dienstleistungsmanagement wendet sich mit innovativen Konzepten, wertvollen Denkanstößen, aktuellen Beispielen und konkreten Handlungsempfehlungen an Führungskräfte aus den klassischen Dienstleistungsbranchen und aus Sachgüterunternehmen, die eine Serviceprofilierung anstreben sowie an Wissenschaftler und Studierende.

Betriebswirtschaftlicher Verlag Dr. Th. Gabler GmbH, Abraham-Lincoln-Straße 46, 65189 Wiesbaden

MEFFERT Marketing Edition

Heribert Meffert
Marketing
Grundlagen marktorientierter Unternehmensführung
Konzepte – Instrumente – Praxisbeispiele
Mit neuer Fallstudie VW Golf
9., überarbeitete und erweiterte Auflage 2000,
XXIV, 1472 Seiten, gebunden, DM 79,80
ISBN 3-409-69017-4

Heribert Meffert
Marketing-Management
Analyse – Strategie – Implementierung
1994, XXII, 486 Seiten, Broschur, DM 69,80
ISBN 3-409-23613-9

Heribert Meffert/Manfred Bruhn
Dienstleistungsmarketing
Grundlagen – Konzepte – Methoden. Mit Fallstudien
3., vollständig überarbeitete und erweiterte Auflage 2000,
XXVIII, 619 Seiten, gebunden, DM 86,–
ISBN 3-409-33688-5

Heribert Meffert
Marketingforschung und Käuferverhalten
2., vollständig überarbeitete und erweiterte Auflage 1992,
XVIII, 474 Seiten, Broschur, DM 89,–
ISBN 3-409-23606-6

Heribert Meffert
Marketing
Arbeitsbuch
Aufgaben – Fallstudien – Lösungen
7., aktualisierte und erweiterte Auflage 1999,
VIII, 517 Seiten, Broschur, DM 58,–
ISBN 3-409-79086-1

Heribert Meffert/Manfred Bruhn
Marketing
Fallstudien
Fallbeispiele – Aufgaben – Lösungen
2., vollständig überarbeitete und erweiterte Auflage 1993,
IX, 363 Seiten, Broschur, DM 69,80
ISBN 3-409-23610-4

GABLER

BETRIEBSWIRTSCHAFTLICHER VERLAG DR. TH. GABLER GMBH,
ABRAHAM-LINCOLN-STRAßE 46, 65189 WIESBADEN